Equações Fundamentais da Mecânica dos Materiais

Transformações do estado plano de tensões

Tensões normais e cisalhantes em um plano arbitrário

$$\sigma_n = \sigma_x \cos^2\theta + \sigma_y \operatorname{sen}^2\theta + 2\tau_{xy} \operatorname{sen}\theta\cos\theta$$

$$\tau_{nt} = -(\sigma_x - \sigma_y)\operatorname{sen}\theta\cos\theta + \tau_{xy}(\cos^2\theta - \operatorname{sen}^2\theta)$$

ou

$$\sigma_n = \frac{\sigma_x + \sigma_y}{2} + \frac{\sigma_x - \sigma_y}{2}\cos 2\theta + \tau_{xy}\operatorname{sen} 2\theta$$

$$\tau_{nt} = -\frac{\sigma_x - \sigma_y}{2}\operatorname{sen} 2\theta + \tau_{xy}\cos 2\theta$$

Valor absoluto das tensões principais

$$\sigma_{p1,p2} = \frac{\sigma_x + \sigma_y}{2} \pm \sqrt{\left(\frac{\sigma_x - \sigma_y}{2}\right)^2 + \tau_{xy}^2}$$

Orientação dos planos principais

$$\tan 2\theta_p = \frac{\tau_{xy}}{(\sigma_x - \sigma_y)/2}$$

Módulo da tensão cisalhante máxima no plano das tensões

$$\tau_{\text{máx}} = \pm\sqrt{\left(\frac{\sigma_x - \sigma_y}{2}\right)^2 + \tau_{xy}^2} \quad \text{ou} \quad \tau_{\text{máx}} = \frac{\sigma_{p1} - \sigma_{p2}}{2}$$

$$\sigma_{\text{méd}} = \frac{\sigma_x + \sigma_y}{2}$$

Módulo da tensão cisalhante máxima absoluta

$$\tau_{\text{máx abs}} = \frac{\sigma_{\text{máx}} - \sigma_{\text{min}}}{2}$$

Invariante das tensões normais

$$\sigma_x + \sigma_y = \sigma_n + \sigma_t = \sigma_{p1} + \sigma_{p2}$$

Transformações do estado plano de deformações

Deformações específicas normais e de cisalhamento em uma direção arbitrária

$$\varepsilon_n = \varepsilon_x \cos^2\theta + \varepsilon_y \operatorname{sen}^2\theta + \gamma_{xy}\operatorname{sen}\theta\cos\theta$$

$$\gamma_{nt} = -2(\varepsilon_x - \varepsilon_y)\operatorname{sen}\theta\cos\theta + \gamma_{xy}(\cos^2\theta - \operatorname{sen}^2\theta)$$

ou

$$\varepsilon_n = \frac{\varepsilon_x + \varepsilon_y}{2} + \frac{\varepsilon_x - \varepsilon_y}{2}\cos 2\theta + \frac{\gamma_{xy}}{2}\operatorname{sen} 2\theta$$

$$\frac{\gamma_{nt}}{2} = -\frac{\varepsilon_x - \varepsilon_y}{2}\operatorname{sen} 2\theta + \frac{\gamma_{xy}}{2}\cos 2\theta$$

Módulo das deformações específicas normais

$$\varepsilon_{p1,p2} = \frac{\varepsilon_x + \varepsilon_y}{2} \pm \sqrt{\left(\frac{\varepsilon_x - \varepsilon_y}{2}\right)^2 + \left(\frac{\gamma_{xy}}{2}\right)^2}$$

Orientação das deformações específicas principais

$$\tan 2\theta_p = \frac{\gamma_{xy}}{\varepsilon_x - \varepsilon_y}$$

Deformação específica de cisalhamento máxima no plano das deformações

$$\frac{\gamma_{\text{máx}}}{2} = \pm\sqrt{\left(\frac{\varepsilon_x - \varepsilon_y}{2}\right)^2 + \left(\frac{\gamma_{xy}}{2}\right)^2} \quad \text{ou} \quad \gamma_{\text{máx}} = \varepsilon_{p1} - \varepsilon_{p2}$$

$$\varepsilon_{\text{méd}} = \frac{\varepsilon_x + \varepsilon_y}{2}$$

Invariante das deformações específicas normais

$$\varepsilon_x + \varepsilon_y = \varepsilon_n + \varepsilon_t = \varepsilon_{p1} + \varepsilon_{p2}$$

Lei de Hooke generalizada

Relações entre tensão normal/deformação específica normal

$$\varepsilon_x = \frac{1}{E}[\sigma_x - \nu(\sigma_y + \sigma_z)]$$

$$\varepsilon_y = \frac{1}{E}[\sigma_y - \nu(\sigma_x + \sigma_z)]$$

$$\varepsilon_z = \frac{1}{E}[\sigma_z - \nu(\sigma_x + \sigma_y)]$$

Relações entre tensão cisalhante/deformação específica por cisalhamento

$$\gamma_{xy} = \frac{1}{G}\tau_{xy} \qquad \gamma_{yz} = \frac{1}{G}\tau_{yz} \qquad \gamma_{zx} = \frac{1}{G}\tau_{zx}$$

em que

$$G = \frac{E}{2(1+\nu)}$$

Relações entre tensão normal/deformação específica normal para o estado plano de tensões

$$\varepsilon_x = \frac{1}{E}(\sigma_x - \nu\sigma_y) \qquad \sigma_x = \frac{E}{1-\nu^2}(\varepsilon_x + \nu\varepsilon_y)$$

$$\varepsilon_y = \frac{1}{E}(\sigma_y - \nu\sigma_x) \quad \text{ou} \quad \sigma_y = \frac{E}{1-\nu^2}(\varepsilon_y + \nu\varepsilon_x)$$

$$\varepsilon_z = -\frac{\nu}{E}(\sigma_x + \sigma_y)$$

Relações entre tensão cisalhante/deformação específica por cisalhamento para o estado plano de tensões

$$\gamma_{xy} = \frac{1}{G}\tau_{xy} \quad \text{ou} \quad \tau_{xy} = G\gamma_{xy}$$

Vasos de pressão

Tensão axial em um vaso de pressão esférico

$$\sigma_a = \frac{pr}{2t} = \frac{pd}{4t}$$

Tensão longitudinal e tangencial em vasos de pressão cilíndricos

$$\sigma_{\text{long}} = \frac{pr}{2t} = \frac{pd}{4t} \qquad \sigma_{\text{tang}} = \frac{pr}{t} = \frac{pd}{2t}$$

Critérios de ruptura

Tensão equivalente de Mises para o estado plano de tensões

$$\sigma_M = [\sigma_{p1}^2 - \sigma_{p1}\sigma_{p2} + \sigma_{p2}^2]^{1/2} = [\sigma_x^2 - \sigma_x\sigma_y + \sigma_y^2 + 3\tau_{xy}^2]^{1/2}$$

Flambagem de colunas

Carga de flambagem de Euler

$$P_{cr} = \frac{\pi^2 EI}{(KL)^2}$$

Tensão de flambagem de Euler

$$\sigma_{cr} = \frac{\pi^2 E}{(KL/r)^2}$$

Raio de giração

$$r^2 = \frac{I}{A}$$

MECÂNICA DOS MATERIAIS
Um Sistema Integrado de Ensino

O GEN | Grupo Editorial Nacional – maior plataforma editorial brasileira no segmento científico, técnico e profissional – publica conteúdos nas áreas de ciências exatas, humanas, jurídicas, da saúde e sociais aplicadas, além de prover serviços direcionados à educação continuada e à preparação para concursos.

As editoras que integram o GEN, das mais respeitadas no mercado editorial, construíram catálogos inigualáveis, com obras decisivas para a formação acadêmica e o aperfeiçoamento de várias gerações de profissionais e estudantes, tendo se tornado sinônimo de qualidade e seriedade.

A missão do GEN e dos núcleos de conteúdo que o compõem é prover a melhor informação científica e distribuí-la de maneira flexível e conveniente, a preços justos, gerando benefícios e servindo a autores, docentes, livreiros, funcionários, colaboradores e acionistas.

Nosso comportamento ético incondicional e nossa responsabilidade social e ambiental são reforçados pela natureza educacional de nossa atividade e dão sustentabilidade ao crescimento contínuo e à rentabilidade do grupo.

MECÂNICA DOS MATERIAIS
Um Sistema Integrado de Ensino

Timothy A. Philpot

Missouri University of Science & Technology

Rolla, Missouri

Segunda Edição

Tradução e Revisão Técnica

Amir Elias Abdalla Kurban

Engenheiro de Fortificação e Construção, D.Sc. em Estruturas
Antigo Comandante do Instituto Militar de Engenharia e
Coordenador de Engenharia da FTEC

Apesar dos melhores esforços do autor, do tradutor, do editor e dos revisores, é inevitável que surjam erros no texto. Assim, são bem-vindas as comunicações de usuários sobre correções ou sugestões referentes ao conteúdo ou ao nível pedagógico que auxiliem o aprimoramento de edições futuras. Os comentários dos leitores podem ser encaminhados à **LTC — Livros Técnicos e Científicos Editora** pelo e-mail faleconosco@grupogen.com.br.

ISBN: 978-0-470-56514-8

Travessa do Ouvidor, 11
Rio de Janeiro, RJ – CEP 20040-040
Tels.: 21-3543-0770 / 11-5080-0770
Fax: 21-3543-0896
faleconosco@grupogen.com.br
www.grupogen.com.br

Capa: Studio Creamcrackers
Crédito da imagem: São Paulo, Brasil © iStockphoto.com/ricardoazoury

Editoração Eletrônica: Performa

CIP-BRASIL. CATALOGAÇÃO-NA-FONTE
SINDICATO NACIONAL DOS EDITORES DE LIVROS, RJ

P639m

Philpot, Timothy A.
Mecânica dos materiais : um sistema integrado de ensino / Timothy A. Philpot ; tradução e revisão técnica Amir Elias Abdalla Kurban. - [Reimpr.]. - Rio de Janeiro : LTC, 2019.
il. ; 28 cm

Tradução de: Mechanics of materials : an integrated learning system, 2nd ed.
Apêndice
Inclui bibliografia e índice
ISBN 978-85-216-2163-8

1. Resistência de materiais. I. Título.

12-6440. CDD: 620.1123
CDU: 621.11

SOBRE O AUTOR

Timothy A. Philpot é professor-associado do Departamento de Engenharia Ambiental, Arquitetônica e Civil da Missouri University of Science and Technology (conhecida anteriormente como University of Missouri–Rolla). Concluiu sua graduação na University of Kentucky, em 1979, obteve seu mestrado em Engenharia na Cornell University, em 1980, e seu Ph.D. na Purdue University, em 1992. Na década de 1980, trabalhou como engenheiro estrutural na indústria de construção *offshore* em Nova Orleans, Londres, Houston e Cingapura. Integrou o corpo docente da Murray State University em 1986 e, desde 1999, faz parte do corpo docente da Missoury S&T.

As áreas principais de ensino e pesquisa do dr. Philpot são mecânica e desenvolvimento de software interativo, software educacional multimídia para cursos de introdução à mecânica. É o desenvolvedor do *MDSolids* e do *MecMovies*, dois premiados pacotes de softwares educacionais. Em 1998, o *MDSolids–Educational Software for Mechanics of Materials* ganhou o Premier Award for Excellence in Engineering Education Courseware pela NEEDS, o National Engineering Education Delivery System. Em 2004, o *MecMovies* foi o vencedor da competição NEEDS Premier Award e, em 2006, venceu o MERLOT Classics e o MERLOT Editors' Choice Awards for Exemplary Online Learning Resources. O dr. Philpot é professor afiliado e certificado do *Project Lead the Way* para o curso de Princípios de Engenharia, que apresenta o *MDSolids* no programa.

Timothy A. Philpot é engenheiro profissional licenciado e membro da American Society of Civil Engineers e da American Society for Engineering Education. Participa há algum tempo da direção da ASEE Mechanics Division.

Material Suplementar

Este livro conta com os seguintes materiais suplementares:

- Ilustrações da obra em formato de apresentação (acesso restrito a docentes);
- Link para o Website MecMovies (software educacional em inglês criado pelo autor. Para visualizar os vídeos, acesse o website http://web.mst.edu/~mecmovie/;
- Solutions Manual (em inglês, acesso restrito a docentes).

O acesso ao material suplementar é gratuito. Basta que o leitor se cadastre em nosso *site* (www.grupogen.com.br), faça seu *login* e clique em GEN-IO, no menu superior do lado direito. É rápido e fácil.

Caso haja alguma mudança no sistema ou dificuldade de acesso, entre em contato conosco (gendigital@grupogen.com.br).

GEN-IO (GEN | Informação Online) é o ambiente virtual de aprendizagem do GEN | Grupo Editorial Nacional, maior conglomerado brasileiro de editoras do ramo científico-técnico-profissional, composto por Guanabara Koogan, Santos, Roca, AC Farmacêutica, Forense, Método, Atlas, LTC, E.P.U. e Forense Universitária.

Os materiais suplementares ficam disponíveis para acesso durante a vigência das edições atuais dos livros a que eles correspondem.

PREFÁCIO

No início de cada semestre, sempre conto a meus alunos a história de minha experiência como graduando em Mecânica dos Materiais (ou Resistência dos Materiais). Enquanto de alguma forma eu tentava obter um conceito A no curso, a Mecânica dos Materiais foi um dos cursos mais confusos de meu programa de graduação. Ao continuar meus estudos, observei que realmente não entendia bem os conceitos do curso e essa deficiência prejudicou meu entendimento nos outros cursos subsequentes de projetos. Só depois de iniciar minha carreira como engenheiro é que comecei a relacionar os conceitos estudados na disciplina de Mecânica dos Materiais a situações específicas dos projetos. Depois de feita a conexão com o mundo real, entendi mais completamente os procedimentos de projeto associados à minha disciplina e adquiri confiança como engenheiro. Os cursos que fiz e as experiências relacionadas com o trabalho convenceram-me da importância fundamental do curso de Mecânica dos Materiais como base para os cursos avançados de projeto e de prática de engenharia.

A EDUCAÇÃO DO OLHO MENTAL

À medida que fui ganhando experiência na minha recém-iniciada carreira no magistério, ocorreu-me que eu era capaz de entender e explicar os conceitos de Mecânica dos Materiais porque me apoiava em um conjunto de imagens mentais que facilitavam o entendimento do assunto. Anos mais tarde, durante uma avaliação de desenvolvimento do software MecMovies, o dr. Andrew Dillon, decano da School of Information da Texas University em Austin, expressou sucintamente o papel das imagens mentais da seguinte forma: "Uma característica que define um especialista é a de que ele tem uma forte imagem mental da área de sua especialidade ao passo que um novato não a tem." Com base nesse entendimento, pareceu lógico que um dos principais objetivos de um professor deve ser ensinar aos olhos mentais – transportar e cultivar imagens mentais pertinentes que informem e guiem os estudantes no estudo da Mecânica dos Materiais. As ilustrações, assim como o software MecMovies integrado a este livro, foram desenvolvidos com esse objetivo em mente.

SOFTWARE EDUCACIONAL MECMOVIES*

Frequentemente, instruções baseadas em computador melhoram o entendimento do estudante sobre a Mecânica dos Materiais. Com a modelagem tridimensional e o software de processamento (renderização), é possível criar imagens fotográficas realistas de vários componentes e mostrá-las segundo vários pontos de vista. Além disso, o software de animação permite que os objetos ou processos sejam mostrados em movimento. Combinando essas duas capacidades, pode ser apresentada uma descrição mais completa de um objeto físico, o que pode facilitar a importante visualização mental para compreender e solucionar problemas de engenharia.

*O software MecMovies aqui mencionado e que aparece em toda esta obra foi criado e desenvolvido pelo autor, sendo este o único responsável pela manutenção, atualização e disponibilização de seu conteúdo, não cabendo à LTC Editora qualquer responsabilidade sobre ele, seja quanto ao acesso ou ao conteúdo. Para acessar os vídeos apresentados nos capítulos do livro, utilize o website: http://web.mst.edu/~mecmovie/ (N.E.)

A animação também oferece uma nova geração de ferramentas baseadas em computador. Os recursos educacionais tradicionais usados para ensinar Mecânica dos Materiais – problemas de exemplos – podem ser muito melhorados por meio da animação, na qual serão enfatizados e ilustrados os processos desejados para solucionar os problemas de uma maneira mais marcante e mais atraente. A animação pode ser usada para criar ferramentas interativas que enfoquem práticas específicas que os estudantes precisam para se tornarem eficientes solucionadores de problemas. Essas ferramentas computacionais podem fornecer não apenas a solução correta, mas também uma explicação visual e verbal detalhada do processo necessário para alcançar a solução. O retorno fornecido pelo software pode aliviar alguma ansiedade tipicamente associada às atribuições de tarefas de casa tradicionais, ao mesmo tempo em que permite aos leitores adquirirem competência e confiança em um ritmo adequado a cada um.

Este livro integra instruções computacionais ao formato tradicional de livro-texto com a adição do software educacional MecMovies. Atualmente, o MecMovies consiste em mais de 160 "filmes" animados sobre tópicos que abrangem toda a extensão do curso de Mecânica dos Materiais. A maioria dessas animações apresenta exemplos detalhados de problemas e cerca de 80 filmes são interativos, fornecendo assim aos leitores a oportunidade de aplicar os conceitos e de receber retorno imediato entre os quais se incluem observações fundamentais, detalhes de cálculo e resultados intermediários. Em 2004, o software MecMovies foi o vencedor do Premier Award for Excellence in Engineering Education Courseware oferecido pelo NEEDS (National Engineering Education Delivery System, uma biblioteca digital de recursos de aprendizagem para o ensino de engenharia).

CARACTERÍSTICAS DO LIVRO

Em 20 anos de ensino relacionados aos tópicos fundamentais de resistência, deformação e estabilidade, obtive sucessos e frustrações e aprendi com ambos. Este livro surgiu de um desejo imenso de comunicação clara entre o professor e o estudante e de uma necessidade de documentação eficiente para transmissão do material fundamental a diferentes estudantes em minhas aulas. Com este livro e com o software educacional MecMovies que está totalmente integrado, meu desejo é apresentar e desenvolver a teoria e a prática da Resistência dos Materiais de uma forma direta e com termos simples que atendam às necessidades de vários estudantes. O texto e o software pretendem ser "amigáveis ao estudante" sem prejudicar o rigor ou a profundidade na apresentação dos tópicos.

Comunicação visual: Convido você a folhear este livro, na esperança de que encontre uma clareza revigorante tanto no texto como nas ilustrações. Como autor e ilustrador do livro, tentei produzir conteúdo visual que ajudasse a destacar o assunto para os olhos mentais do leitor. As ilustrações utilizam duas cores, sombras, perspectiva, texturas e dimensões para transmitir claramente os conceitos, ao mesmo tempo em que procuram ambientá-los no contexto de componentes e objetos do mundo real. Essas ilustrações foram preparadas por um engenheiro para serem usadas por engenheiros no ensino de futuros engenheiros.

Esquema para a Solução dos Problemas: A pesquisa educacional sugere que a transferência do aprendizado é mais eficiente quando os estudantes são capazes de desenvolver um *esquema para a solução dos problemas*, cuja definição pelo Dicionário Webster é "uma codificação mental que inclui um modo organizado de responder a uma situação complexa". Em outras palavras, o entendimento e a proficiência são aprimorados se os estudantes forem estimulados a construir um sistema estruturado para organizar mentalmente os conceitos e seu método de aplicação. Este livro e software incluem vários recursos que se destinam a ajudar os estudantes a organizar e a classificar os conceitos de Mecânica dos Materiais e os procedimentos para resolver problemas. Por exemplo, a experiência demonstrou que as estruturas estaticamente indeterminadas quanto a esforços axiais e de torção estão entre os tópicos mais difíceis para os estudantes. Para ajudar a organizar o processo de solução para esses tópicos, é utilizado um método de cinco etapas. Esse modo de tratar o assunto fornece aos estudantes um método de resolver problemas que transforma de forma sistemática uma situação potencialmente confusa em um procedimento de cálculo de fácil compreensão. Também são apresentadas tabelas de resumo nesses tópicos para ajudar os estudantes a enquadrarem as estruturas estaticamente indeterminadas em categorias baseadas na geometria específica da estrutura. Outro tópico que é comum os estudantes acharem confuso é o uso do método da superposição para determinar deslocamentos transversais (deflexões) em vigas. Esse tópico é apresentado no texto por meio da listagem de oito práticas simples usadas frequentemente na solução de problemas desse tipo. Esse esquema organizacional permite que os estudantes desenvolvam incrementalmente proficiência antes de tratarem de configurações mais complexas.

Estilo e clareza dos exemplos: Em um sentido amplo, o curso de Mecânica dos Materiais é ensinado por meio de exemplos e, consequentemente, este livro dedica grande ênfase à apresentação e à qualidade dos exemplos de problemas. Os comentários e as ilustrações associados aos exemplos de problemas são particularmente importantes para o estudante. Os comentários explicam o motivo de serem adotadas várias etapas e descreve a razão de cada etapa no processo de solução, ao passo que as ilustrações ajudam a construir uma imagem visual necessária para transferir os conceitos para diferentes situações. Os estudantes acharam particularmente útil o modo passo a passo usado no MecMovies e um estilo similar é usado no texto. Ao todo, este livro e o software MecMovies apresentam mais de 270 exemplos de problemas completamente ilustrados que fornecem tanto a amplitude como a profundidade exigida para desenvolver competência e confiança nas técnicas de solução de problemas.

Filosofia das tarefas para casa: Tendo em vista que o curso de Mecânica dos Materiais é um curso de resolução de problemas, houve muita reflexão sobre o desenvolvimento de problemas como tarefas para casa que elucidassem e reforçassem os conceitos do curso. Este livro inclui mais de 940 problemas como tarefas para casa em um intervalo de dificuldade adequado para estudantes em vários níveis de desenvolvimento. Esses problemas foram criados com o objetivo de proporcionar a base técnica e o conhecimento necessários para os cursos subsequentes de projeto de engenharia. Os problemas pretendem ser desafiadores e, ao mesmo tempo, práticos e relacionados com a prática tradicional de engenharia.

NOVIDADES DA SEGUNDA EDIÇÃO

- As Seções 5.7, 6.10 e 8.9 sobre Concentração de Tensões foram completamente reescritas. Além disso, foram acrescentados gráficos atuais sobre a conduta recomendável em projetos a respeito de concentração de tensões em elementos sujeitos a esforços axiais, de torção e de flexão (adaptados de *Peterson's Stress Concentration Factors, Second Edition*, de Walter D. Pilkey, publicado pela John Wiley & Sons, Inc., 1997).
- Foram adicionadas três novas seções referentes ao tópico de descontinuidade de funções para a análise de vigas. Essas seções são:
  - **Seção 7.4: Funções de Descontinuidade para Representar Cargas, Esforços Cortantes e Momentos Fletores**
  - **Seção 10.6: Deflexões Usando Funções de Descontinuidade**
  - **Seção 11.4: Uso das Funções de Descontinuidade para Vigas Estaticamente Indeterminadas**
- Foi adicionada uma nova seção no Capítulo 12. A **Seção 12.5, Geração do Paralelepípedo Elementar**, usa objetos geometricamente simples para apresentar o conceito de tensões múltiplas agindo em um único ponto.
- Foi adicionada a **Tabela A.1, Propriedades de Figuras Planas** ao Apêndice A.
- Os símbolos usados no livro foram revisados; mais especificamente, os símbolos usados para representar a deformação axial e o momento polar de inércia. Foram feitas várias modificações adicionais de símbolos para melhorar a consistência no interior do livro e para refletir o consenso da notação simbólica usada em outros livros-textos sobre esse assunto.
- Foram feitas revisões editoriais significativas nos procedimentos recomendados de solução para componentes estaticamente indeterminados submetidos a carregamento axial e de torção.
- Foram feitas várias modificações nos problemas do livro-texto: 277 problemas que apareceram na primeira edição foram revisados (27% do total de problemas no livro) e foram adicionados 105 novos problemas (10%).

INCORPORANDO MECMOVIES NO PROGRAMA DO CURSO

Alguns professores podem ter tido experiências insatisfatórias com software educacional no passado. Frequentemente os resultados não atendiam às expectativas e é compreensível que eles se sintam relutantes quanto a incorporar conteúdo computacional em seus cursos. Para esses professores, este livro é completamente suficiente sem a necessidade do software MecMovies. Eles verão que o livro pode ser usado para ter êxito no ensino do consagrado curso de Mecânica dos Materiais sem fazer nenhum uso do software MecMovies. Entretanto, o software MecMovies integrado a este livro é um meio educacional novo e valioso que mostrou ser tanto popular como eficiente para os estudantes de Mecânica dos Materiais. Os que discordam disso podem argumentar que por muitos anos foi incluído software educacional como material suplementar em livros-textos e ele não produziu mudanças significativas no desempenho dos estudantes. Embora eu não possa discordar dessa assertiva, vou tentar persuadi-lo a ver o MecMovies de uma maneira diferente.

A experiência demonstrou que a *maneira* pela qual o software educacional é integrado a um curso é tão importante quanto a qualidade do software em si. Os estudantes apresentam várias demandas em seu tempo de estudo e, em geral, eles não investem seu tempo e esforço em software que observam ser periférico às exigências do curso. Em outras palavras, o software *suplementar* está destinado ao fracasso, independentemente de sua qualidade ou mérito. Para ser eficiente, o software educacional deve ser *integrado ao programa do curso* de modo regular e frequente. Por que um professor alteraria sua rotina tradicional de ensino para integrar unidades didáticas baseadas em computador aos seus cursos? A resposta é porque os recursos exclusivos oferecidos pelo MecMovies podem (a) fornecer instrução individualizada aos seus alunos, (b) permitir que seja dedicado mais tempo para a análise de aspectos avançados ao invés de aspectos introdutórios de muitos tópicos e (c) tornar seus esforços didáticos mais eficientes.

O computador como um meio educacional é bastante adequado aos exercícios interativos individuais de aprendizado, particularmente para aquelas técnicas que exigem repetição para serem dominadas. O MecMovies tem muitos exercícios interativos e, no mínimo, esses recursos podem ser utilizados por professores para (a) assegurar que os estudantes dominem técnicas apropriadas em tópicos mandatórios como centroides e momentos de inércia, (b) desenvolver proficiência necessária em técnicas específicas de solução de problemas e (c) estimular os alunos a estarem atualizados com a matéria das aulas. No MecMovies, estão incluídos três tipos de recursos interativos:

1. **Pontos de Verificação de Conceitos** – Esse recurso é usado para problemas elementares que exigem apenas um ou dois cálculos. Ele também é usado para aquisição de proficiência e confiança em problemas mais complicados subdividindo o processo de solução em uma sequência de etapas que podem ser completadas sequencialmente.
2. **Problemas Piloto** – Esse recurso é anexado a exemplos de problemas específicos. Em um problema piloto, o aluno é apresentado a um problema similar ao exemplo de forma que possa ter a oportunidade de aplicar imediatamente os conceitos e os procedimentos de resolução de problemas ilustrados no exemplo.
3. **Jogos** – Os jogos são usados para desenvolver proficiência em técnicas específicas que exigem repetição para serem dominadas. Por exemplo, os jogos são usados para ensinar centroides, momentos de inércia, força cortante, diagramas de momentos fletores e círculo de Mohr.

Com o uso de cada um desses recursos de software, os valores numéricos nos enunciados dos problemas são gerados dinamicamente para cada estudante, as respostas deles são avaliadas, e é gerado um relatório de resumo adequado para impressão. *Isso permite que as tarefas diárias sejam coletadas sem impor ao professor a obrigação de fornecer uma nota ao trabalho.*

Muitos dos exercícios interativos do MecMovies pressupõem que não há conhecimento anterior sobre o assunto. Consequentemente, um professor pode exigir que um recurso do MecMovie seja completado *antes de ministrar uma aula sobre o assunto*. Por exemplo, a instrução sobre o Círculo de Mohr de Tensões (Coach Mohr's Circle of Stress) guia os alunos passo a passo através dos detalhes da construção de um círculo de Mohr para o estado plano de tensões. Se os alunos completarem esse exercício antes da primeira aula sobre círculo de Mohr, então o professor pode acreditar que eles terão ao menos um entendimento básico de como usar o círculo de Mohr para determinar as tensões principais. O professor fica assim livre para desenvolver o assunto a partir desse nível básico de entendimento e explicar aspectos adicionais dos cálculos que envolvem círculo de Mohr.

A resposta dos alunos ao MecMovies tem sido excelente. Muitos informam que preferem estudar no MecMovies em vez de estudarem no livro. Eles percebem rapidamente que na realidade o MecMovies os ajuda a entender melhor o material do curso e assim a alcançarem melhores graus nos testes. Além disso, alguns benefícios menores foram observados quando o MecMovies foi incorporado ao curso. Os alunos se tornaram capazes de responder melhor durante as aulas a perguntas mais específicas relativas a aspectos da teoria que ainda não entenderam por completo e aparentemente melhoram as atitudes deles a respeito do curso como um todo.

AGRADECIMENTOS

- Agradeço a Joe Hayton, antigo editor de aquisições da John Wiley & Sons, sem o qual esse livro não teria sido realizado. Obrigado por ver mérito e potencial em meu trabalho durante todos esses anos.
- Agradeço a Sujin Hong, Dan Sayre, Mike McDonald, Renata Marchione e à equipe da Wiley que trabalhou eficiente e objetivamente para sustentar esse projeto.
- A Ron Fannin, presidente do Departamento de Engenharia Interdisciplinar da University of Missouri-Rolla, por perceber que a inovação educacional ocorre a qualquer hora do dia (e da noite). Obrigada por sua flexibilidade, discernimento e apoio incansável.
- A Doug Carroll da University of Missouri-Rolla pela disposição para ensinar a partir de um original incompleto, por sua receptividade quanto à integração do MecMovies em suas aulas e por seu trabalho para gerar muitas e muitas soluções de lições de casa. Também agradeço a Carla Campbell da University of Missouri-Rolla pelo uso do MecMovies em suas aulas durante o desenvolvimento do programa e por seu apoio ao projeto deste livro. Obrigado a vocês dois por seu companheirismo.
- A David Oglesby anteriormente da University of Missouri-Rolla e a Scott Hendricks do Virginia Polytechnic Institute and State University por sua revisão rigorosa da precisão do original. Obrigado por sua atenção aos detalhes.
- A Kurt Gramoll da University of Oklahoma, um verdadeiro pioneiro e inovador em meios educacionais com base computacional para engenharia mecânica. Obrigado por sua inspiração.
- A Loren W. Zachary da Iowa State University e ao espólio de William F. Riley por permitir que eu fizesse meu trabalho com base no livro deles de 1989, *Introduction to Mechanics of Materials*.
- A Lou Ann Philpot, minha mãe, cuja percepção para cores, padrões e projetos é insuperável. Obrigado pelos bons genes.
- A Madeleine e Larkin Philpot por sua compreensão. Obrigado por aceitarem um pai obstinado e frequentemente preocupado.
- E finalmente a Pooch, minha esposa, a mãe de meus filhos, o amor de minha vida e minha companhia constante nos últimos 38 anos. As palavras são inadequadas para transmitir a profundidade do amor, do apoio, da força, do encorajamento, do otimismo, da sabedoria, do entusiasmo, do bom humor e do amparo que você me forneceu tão espontaneamente.

Os seguintes colegas de docência de engenharia revisaram partes de todo o original e a eles tenho um grande débito em razão de sua crítica construtiva e de suas palavras de estímulo.

Segunda Edição. John Baker, *University of Kentucky*; George R. Buchanan, *Tennessee Technological University*; Debra Dudick, *Corning Community College*; Yalcin Ertekin, *Trine University*; Nicholas Xuanlai Fang, *University of Illinois Urbana-Champaign*; Noe Vargas Hernandez, *University of Texas at El Paso*; Ernst W. Kiesling, *Texas Tech University*; Lee L. Lowery, Jr., *Texas A&M University*; Kenneth S. Manning, *Adirondack Community College*; Prasad S. Mokashi, *Ohio State University*; Ardavan Motahari, *University of Texas at Arlington*; Dustyn Roberts, *New York University*; Zhong-Sheng Wang, *Embry-Riddle Aeronautical University.*

Primeira Edição. Stanton Apple, *Arkansas Tech University*; John Baker, *University of Kentucky*; Kenneth Belanus, *Oklahoma State University*; Xiaomin Deng, *University of South Carolina*; Udaya Halahe, *West Virginia University*; Scott Hendricks, *Virginia Polytechnic Institute and State University*; Tribikram Kundu, *University of Arizona*; Patrick Kwon, *Michigan State University*; Shaofan Li, *University of California, Berkeley*; Cliff Lissenden, *Pennsylvania State University*; Vlado Lubarda, *University of California, San Diego*; Gregory Olsen, *Mississippi State University*; Ramamurthy Prabhakaran, *Old Dominion University*; Oussama Safadi, *University of Southern California*; Hani Salim, *University of Missouri–Columbia*; Scott Schiff, *Clemson University*; Justin Schwartz, *Florida State University*; Lisa Spainhour, *Florida State University*; e Leonard Spunt, *California State University, Northridge.*

CONTATO

Gostaria muito de receber seus comentários e sugestões a respeito deste livro e do software MecMovies. Por favor, sinta-se plenamente à vontade para me enviar uma mensagem de e-mail para os endereços *philpott@mst.edu* ou *philpott@mdsolids.com*.

SUMÁRIO

Capítulo 1 TENSÃO 1

1.1 Introdução 1
1.2 Tensão Normal sob o Carregamento Axial 2
1.3 Tensão de Cisalhamento Direto (Corte) 7
1.4 Tensão de Esmagamento 11
1.5 Tensões em Seções Inclinadas 18
1.6 Igualdade das Tensões de Cisalhamento em Planos Perpendiculares 20

Capítulo 2 DEFORMAÇÃO 25

2.1 Deslocamento, Deformação (Variação de Comprimento) e o Conceito de Deformação Específica 25
2.2 Deformação Específica Normal 26
2.3 Deformação por Cisalhamento 33
2.4 Deformação Específica Térmica 37

Capítulo 3 PROPRIEDADES MECÂNICAS DOS MATERIAIS 40

3.1 O Ensaio de Tração 40
3.2 O Diagrama Tensão-Deformação 42
3.3 Lei de Hooke 49
3.4 Coeficiente de Poisson 50

Capítulo 4 CONCEITOS DE PROJETO 61

4.1 Introdução 61
4.2 Tipos de Cargas 62
4.3 Segurança 63
4.4 Método da Tensão Admissível 63
4.5 Método dos Estados-Limite 73

Capítulo 5 DEFORMAÇÃO AXIAL 80

5.1 Introdução 80
5.2 Princípio de Saint-Venant 81
5.3 Deformações em Barras Carregadas Axialmente 82
5.4 Deformações em um Sistema de Barras Carregadas Axialmente 91
5.5 Elementos Estruturais Estaticamente Indeterminados Carregados Axialmente 98
5.6 Efeitos Térmicos sobre a Deformação Axial 114
5.7 Concentração de Tensões 125

Capítulo 6 TORÇÃO 131

6.1 Introdução 131
6.2 Deformação de Cisalhamento (Distorção) Devida à Torção 133
6.3 Tensão Cisalhante Devida à Torção 134
6.4 Tensões em Planos Oblíquos 135
6.5 Deformações Causadas pela Torção 137
6.6 Convenções de Sinais Utilizadas em Problemas de Torção 139
6.7 Engrenagens em Conjuntos Sujeitos a Torção 150
6.8 Transmissão de Potência 158
6.9 Elementos Estruturais Estaticamente indeterminados Submetidos a Torção 164
6.10 Concentrações de Tensões em Eixos Circulares Submetidos ao Carregamento de Torção 182
6.11 Torção de Eixos Não Circulares 185
6.12 Torção de Tubos de Paredes Finas: Fluxo de Cisalhamento 187

Capítulo 7 EQUILÍBRIO DE VIGAS 192

7.1 Introdução 192
7.2 Esforços Cortantes e Momentos Fletores em Vigas 194
7.3 Método Gráfico para a Construção de Diagramas de Esforços Cortantes e de Momentos Fletores 206
7.4 Funções de Descontinuidade para Representar Cargas, Esforços Cortantes e Momentos Fletores 225

Capítulo 8 FLEXÃO 237
8.1 Introdução 237
8.2 Deformações Específicas de Flexão 239
8.3 Deformações Específicas Normais em Vigas 240
8.4 Análise das Tensões Normais Produzidas pela Flexão em Vigas 254
8.5 Projeto Inicial de Vigas com Base na Resistência 265
8.6 Tensões Provocadas pela Flexão em vigas de Dois Materiais 270
8.7 Flexão Devida a um Carregamento Axial Excêntrico 283
8.8 Flexão Assimétrica 293
8.9 Concentração de Tensões sob Carregamentos de Flexão 302

Capítulo 9 TENSÃO DE CISALHAMENTO EM VIGAS 306
9.1 Introdução 306
9.2 Forças Resultantes Produzidas por Tensões de Flexão 306
9.3 A Fórmula da Tensão Cisalhante 313
9.4 O Momento Estático de Área Q 317
9.5 Tensões Cisalhantes em Vigas com Seção Transversal Retangular 319
9.6 Tensões Cisalhantes em Vigas de Seção Transversal Circular 325
9.7 Tensões Cisalhantes nas Almas de Perfis com Abas 326
9.8 Fluxo de Cisalhamento em Elementos Estruturais Compostos 336

Capítulo 10 DESLOCAMENTOS TRANSVERSAIS EM VIGAS 349
10.1 Introdução 349
10.2 Relação Momento-Curvatura 350
10.3 A Equação Diferencial da Curva Elástica 350
10.4 Deflexões por Integração da Equação dos Momentos Fletores 353
10.5 Deflexões por Integração das Equações do Esforço Cortante ou do Carregamento 367
10.6 Deflexões Usando Funções de Descontinuidade 371
10.7 Método da Superposição 381

Capítulo 11 VIGAS ESTATICAMENTE INDETERMINADAS 404
11.1 Introdução 404
11.2 Tipos de Vigas Estaticamente Indeterminadas 404
11.3 O Método da Integração 406
11.4 Uso das Funções de Descontinuidade para Vigas Estaticamente Indeterminadas 413
11.5 Método da Superposição 419

Capítulo 12 TRANSFORMAÇÃO DE TENSÕES 436
12.1 Introdução 436
12.2 Tensão em um Ponto Geral de um Corpo Carregado Arbitrariamente 437
12.3 Equilíbrio do Paralelepípedo Elementar 439
12.4 Estado Bidimensional ou Estado Plano de Tensões 440
12.5 Geração do Paralelepípedo Elementar 440
12.6 Método do Equilíbrio para Transformações do Estado Plano de Tensões 446
12.7 Equações Gerais para a Transformação do Estado Plano de Tensões 448
12.8 Tensões Principais e Tensão Cisalhante Máxima 456
12.9 Apresentação dos Resultados da Transformação de Tensões 463
12.10 Círculo de Mohr do Estado Plano de Tensões 471
12.11 Estado de Tensões Geral em um Ponto 489

Capítulo 13 TRANSFORMAÇÃO DE DEFORMAÇÕES ESPECÍFICAS 495
13.1 Introdução 495
13.2 Estado Bidimensional ou Estado Plano de Deformações 496
13.3 Equações de Transformação para o Estado Plano de Deformações 497
13.4 Deformações Específicas Principais e Deformação Específica Máxima por Cisalhamento 501
13.5 Apresentação dos Resultados das Transformações das Deformações Específicas 502
13.6 Círculo de Mohr para o Estado Plano de Deformações 506
13.7 Medidas de Deformações Específicas e Rosetas de Deformações 510
13.8 Lei de Hooke Generalizada para Materiais Isotrópicos 517

Capítulo 14 VASOS DE PRESSÃO DE PAREDES FINAS 530
14.1 Introdução 530
14.2 Vasos de Pressão Esféricos 531

14.3 Vasos de Pressão Cilíndricos 533
14.4 Deformações Específicas em Vasos de Pressão 536

Capítulo 15 CARREGAMENTOS COMBINADOS 543
15.1 Introdução 543
15.2 Cargas Axiais e de Torção Combinadas 543
15.3 Tensões Principais em um Elemento Estrutural Sujeito à Flexão 548
15.4 Carregamentos Combinados Gerais 561
15.5 Critérios de Resistência (Teorias de Falha) 584

Capítulo 16 COLUNAS 596
16.1 Introdução 596
16.2 Flambagem de Colunas com Apoios nas Extremidades 599
16.3 O Efeito das Condições de Extremidade na Flambagem de Colunas 609
16.4 A Fórmula da Secante 620
16.5 Fórmulas Empíricas para Colunas – Carregamento Centrado 626
16.6 Colunas Carregadas Excentricamente 638

Apêndice A PROPRIEDADES GEOMÉTRICAS DE UMA ÁREA 648
A.1 Centro de Gravidade de uma Área 648
A.2 Momento de Inércia de uma Área 652
A.3 Produto de Inércia de uma Área 656
A.4 Momentos Principais de Inércia 659
A.5 Círculo de Mohr para os Momentos Principais de Inércia 662

Apêndice B PROPRIEDADES GEOMÉTRICAS DE PERFIS ESTRUTURAIS DE AÇO 666

Apêndice C TABELA DE INCLINAÇÕES E DESLOCAMENTOS TRANSVERSAIS EM VIGAS 679

Apêndice D PROPRIEDADES MÉDIAS DE MATERIAIS SELECIONADOS 682

RESPOSTAS AOS PROBLEMAS ÍMPARES 682

ÍNDICE 706

MECÂNICA DOS MATERIAIS
Um Sistema Integrado de Ensino

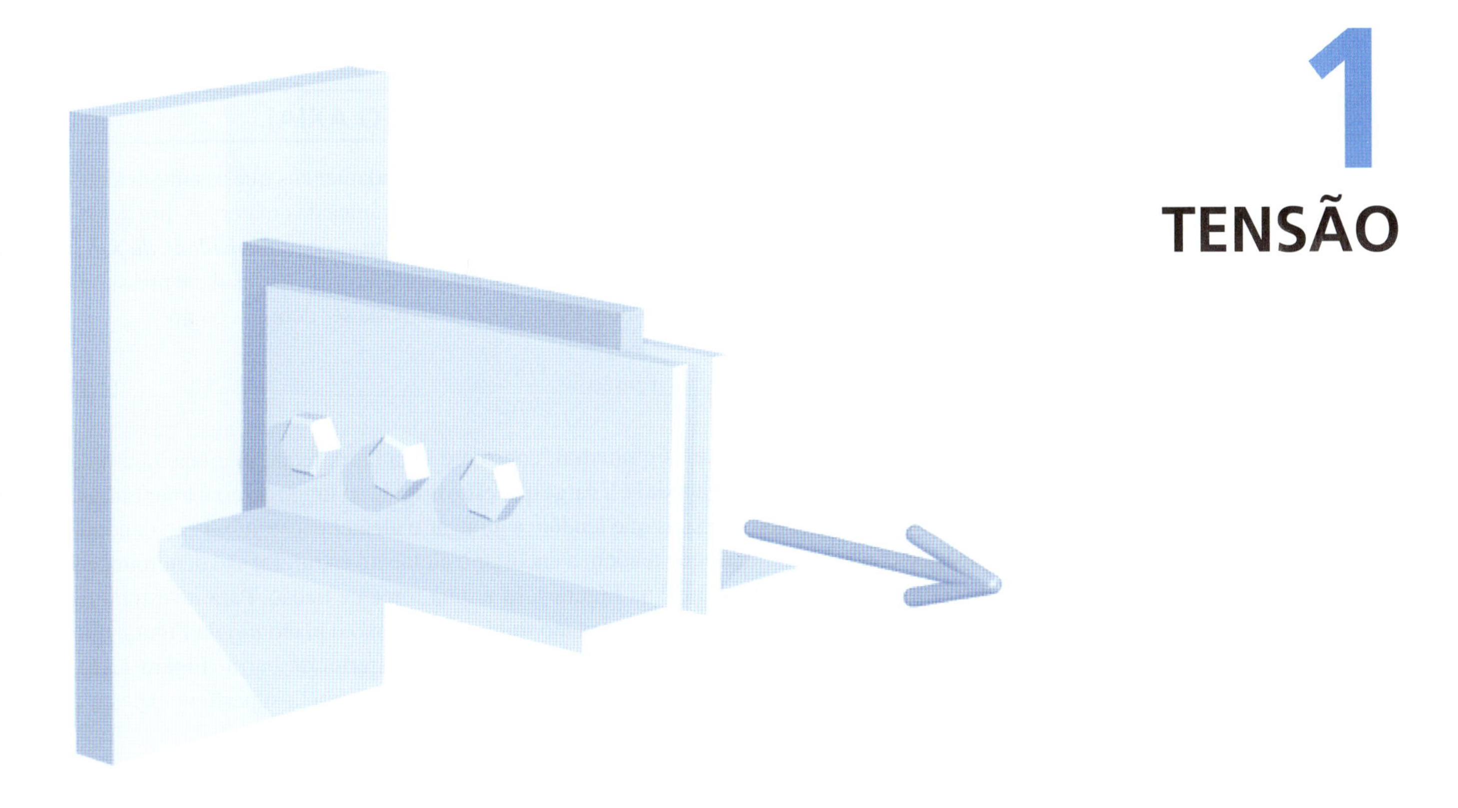

1 TENSÃO

1.1 INTRODUÇÃO

As três áreas fundamentais da mecânica são estática, dinâmica e mecânica dos materiais (também chamada mecânica dos sólidos ou ainda resistência dos materiais). Estática e dinâmica dedicam-se principalmente ao estudo das forças *externas* e dos movimentos associados a partículas e corpos rígidos (isto é, objetos idealizados nos quais qualquer modificação de tamanho ou de formato devida a forças pode ser ignorada). A mecânica dos materiais estuda os efeitos *internos* causados pelas cargas externas que agem nos corpos reais e que deformam (considerando objetos que possam ser esticados, flexionados ou torcidos). Por que os efeitos internos em um objeto são importantes? Os engenheiros são requisitados para projetar e produzir vários objetos e estruturas como automóveis, aviões, navios, tubulações, pontes, edifícios, túneis, muros de contenção, motores e equipamentos. Independentemente da aplicação, entretanto, um projeto seguro e bem-sucedido deve levar em conta três aspectos relativos ao comportamento mecânico de seus objetos.

1. **Resistência:** O objeto é forte o suficiente para suportar as cargas que serão aplicadas nele? Ele se quebrará ou apresentará fraturas? Ele continuará a se comportar satisfatoriamente sob carregamentos repetidos?
2. **Rigidez:** O objeto apresentará deflexão ou se deformará de tal maneira que não possa realizar a função pretendida?
3. **Estabilidade:** O objeto se curvará repentinamente ou apresentará flambagem de modo que não possa mais continuar a desempenhar sua função?

A consideração desses aspectos exige tanto uma determinação da intensidade das forças internas e das deformações que agem no interior do corpo como um entendimento das características mecânicas do material usado para fazer o objeto.

A mecânica dos materiais é um assunto básico em muitos campos da engenharia. O curso concentra vários tipos de componentes: barras sujeitas a cargas axiais, eixos submetidos a torção, vigas submetidas a flexão e pilares submetidos a compressão. Várias fórmulas e regras de projeto encontradas nas normas técnicas e nas especificações de engenharia são baseadas nos conceitos fundamentais da mecânica dos materiais associadas a esses tipos de componentes. De posse de uma base forte em conceitos de mecânica dos materiais e das melhores técnicas para resolução de problemas, o estudante está bem preparado para enfrentar cursos mais avançados de projetos de engenharia.

1.2 TENSÃO NORMAL SOB O CARREGAMENTO AXIAL

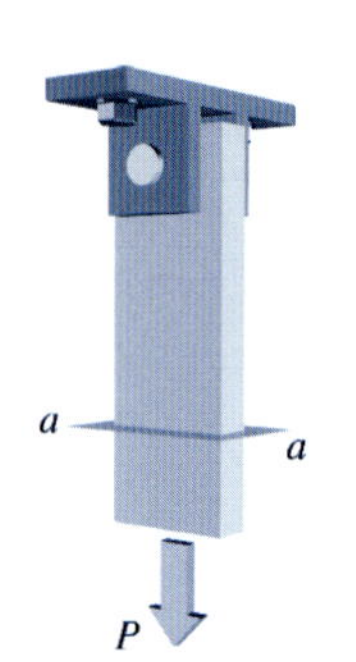

FIGURA 1.1*a* Barra com carga axial *P*.

Em muitas áreas do conhecimento, há determinados conceitos fundamentais que assumem a máxima importância para um bom entendimento do assunto. Em mecânica dos materiais, um desses conceitos é o de **tensão**. Em termos quantitativos mais simples, *tensão é a intensidade da força interna*. Força é a quantidade vetorial e, como tal, possui módulo e direção. Intensidade pressupõe uma área sobre a qual a força está distribuída. Portanto, tensão pode ser definida como

$$\text{Tensão} = \frac{\text{Força}}{\text{Área}} \tag{1.1}$$

Para introduzir o conceito de **tensão normal**, considere uma barra retangular sujeita a uma força axial (Figura 1.1*a*). Uma **força axial** é a carga que está dirigida ao longo do eixo longitudinal do elemento estrutural. As forças axiais que tendem a alongar o elemento estrutural são denominadas forças de **tração**, e as forças que tendem a encurtar o elemento estrutural são denominadas forças de **compressão**. A força axial *P* na Figura 1.1*a* é uma força de tração. Para investigar os efeitos internos, a barra é seccionada por um plano transversal, como o plano *a-a* da Figura 1.1*a* a fim de ser apresentado o diagrama de corpo livre da metade inferior da barra (Figura 1.1*b*). Como esse plano de corte é perpendicular ao eixo longitudinal da barra, a superfície exposta é denominada **seção transversal**.

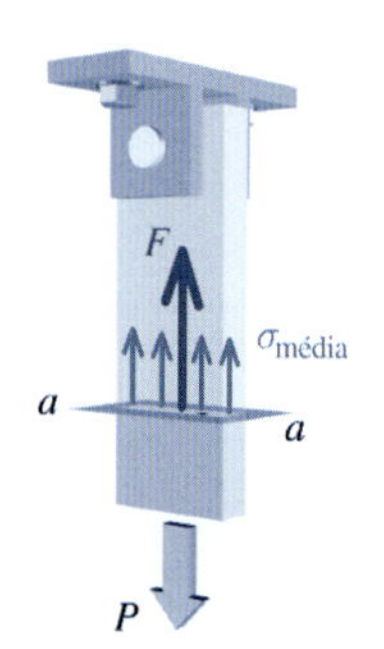

FIGURA 1.1*b* Tensão média.

A técnica de seccionar um objeto para expor as forças internas que agem em uma superfície plana é normalmente conhecida como **método das seções**. O plano de corte é denominado **plano da seção**. Para investigar os efeitos internos, pode-se apenas dizer algo como "cortar uma seção da barra" para inferir o uso da técnica do método das seções. Essa técnica será usada ao longo do estudo da mecânica dos materiais para investigar os efeitos internos causados por forças externas que agem em um corpo sólido.

O equilíbrio da parte inferior da barra é alcançado por meio de uma distribuição da força interna que se processa na seção transversal exposta. Essa distribuição da força interna tem uma resultante *F*, que é normal à superfície exposta, possui módulo idêntico a *P* e tem uma linha de atuação que é colinear com a linha de atuação de *P*. A intensidade da força interna distribuída que age no material é conhecida como tensão.

Nesse exemplo, a tensão age em uma superfície que é *perpendicular* à direção da força interna. Uma tensão desse tipo é denominada **tensão normal** e é representada pela letra grega σ (sigma). Para determinar o módulo da tensão normal na barra, a intensidade média da força interna na seção transversal pode ser calculada como

$$\sigma_{\text{média}} = \frac{F}{A} \tag{1.2}$$

em que A é a área da seção transversal da barra.

A **convenção de sinais** para tensões normais é definida da seguinte maneira:

- um sinal positivo significa uma *tensão normal trativa*, e
- um sinal negativo significa uma *tensão normal compressiva*.

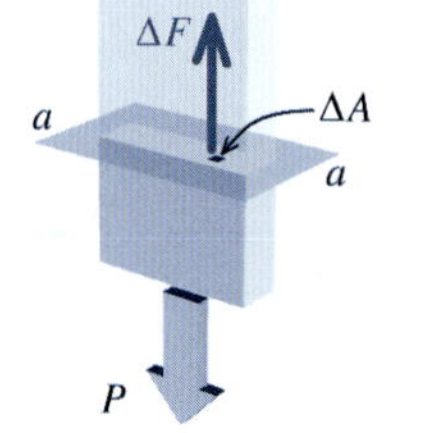

FIGURA 1.1*c* Tensão em um ponto.

Considere agora uma pequena área ΔA da seção transversal exposta da barra, conforme mostra a Figura 1.1*c*, e admita que ΔF represente a resultante das forças internas transmitidas a essa pequena área. A intensidade média da força interna que está sendo transmitida na área ΔA é obtida pela divisão de ΔF por ΔA. Se for admitido que as forças internas transmitidas através da seção estão distribuídas uniformemente, a área ΔA pode ser considerada cada vez menor e, no limite, ela se aproximará a um ponto da superfície exposta. A força correspondente ΔF também se torna cada vez menor. A tensão no ponto da seção transversal para a qual converge ΔA é definida como

$$\sigma = \lim_{\Delta A \to 0} \frac{\Delta F}{\Delta A} \tag{1.3}$$

Se a distribuição de tensões deve ser uniforme, como na Equação (1.2), a força resultante deve agir através do centroide da área da seção transversal. Para elementos estruturais longos e finos carregados axialmente, como os encontrados em treliças e estruturas similares, geralmente admite-se que a tensão normal está distribuída uniformemente, exceto nas proximidades do ponto onde a carga externa é aplicada. As distribuições de tensão em elementos estruturais carregados axialmente não são uniformes nas proximidades de orifícios, entalhes, cavidades e outros detalhes de projeto. Essas situações serão analisadas nas próximas seções que tratam de concentração de tensões. *Neste livro, entende-se que as forças axiais são aplicadas nos centroides das seções transversais, a menos que seja mencionado especificamente o contrário.*

UNIDADES DE TENSÃO

Como as tensões normais são calculadas dividindo a força interna pela área da seção transversal, a tensão tem dimensão de força por unidade de área. Quando forem usadas unidades americanas, a tensão é expressa normalmente em libras por polegada quadrada (psi, que significa *pounds per square inch*) ou quilolibras (*kilopounds* ou kip) por polegada quadrada (ksi) em que 1 kip = 1.000 libras. Ao usar o Sistema Internacional de Unidades, abreviado universalmente como SI (do francês, *Le Système International d'Unités*), a tensão é expressa em pascals (Pa) e calculada como força em newtons (N) dividida pela área em metros quadrados (m^2). Para aplicações rotineiras em engenharia, o pascal é uma unidade muito pequena e, portanto, a tensão é expressa com mais frequência em megapascal (MPa), sendo 1 MPa = 1.000.000 Pa (1 ksi = 1.000 psi = 6,89476 MPa = 6.894.760 Pa). Uma alternativa conveniente ao calcular tensões em MPa é exprimir a força em newtons e a área em milímetros quadrados (mm^2). Assim

$$1 \text{ MPa} = 1.000.000 \text{ N/m}^2 = 1 \text{ N/mm}^2 \tag{1.4}$$

DÍGITOS SIGNIFICATIVOS

Neste livro, as respostas numéricas finais são apresentadas normalmente com três dígitos significativos quando um número começar com os dígitos de 2 a 9 e com quatro dígitos significativos quando o número começar com o dígito 1. Valores intermediários são calculados com dígitos adicionais para minimizar a perda de precisão numérica devida ao arredondamento.

Ao desenvolver conceitos de tensão por meio dos problemas de exemplo e dos exercícios, é conveniente usar a noção de um **elemento rígido**. Dependendo de como ele é apoiado, um elemento rígido pode se mover horizontal ou verticalmente, ou pode girar em torno de um local de apoio. Admite-se que o elemento rígido é infinitamente forte.

EXEMPLO 1.1

Um tirante sólido de aço e com 0,5 in (1,27 cm) de diâmetro é usada para sustentar uma viga de apoio de uma passagem de pedestres. A força transmitida pelo tirante é 5.000 lb (22,24 kN). Determine a tensão normal no tirante. (Ignore o peso do tirante.)

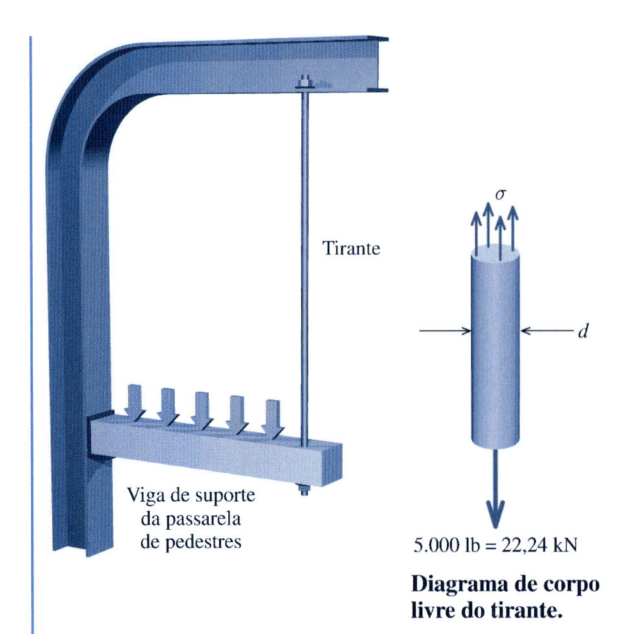

Diagrama de corpo livre do tirante.

SOLUÇÃO

Um diagrama de corpo livre do tirante é desenhado. O tirante sólido tem uma seção transversal circular e sua área é calculada como

$$A = \frac{\pi}{4}d^2 = \frac{\pi}{4}(0{,}5\text{ in})^2 = 0{,}19635\text{ in}^2(1{,}267\text{ cm}^2)$$

na qual d = diâmetro do tirante.

Como a força no tirante é de 5.000 lb (22,24 kN), a tensão normal no tirante pode ser calculada como

$$\sigma = \frac{F}{A} = \frac{5.000\text{ lb}}{0{,}19635\text{ in}^2} = 25.464{,}73135\text{ psi}(175{,}573142194\text{ MPa})$$

Embora essa resposta seja numericamente correta, não seria adequado fornecer uma tensão de 25.464,73135 psi (175,573142194 MPa) como resposta final. Um número com essa quantidade de dígitos indica uma precisão que não tem motivo para ser utilizada. Nesse exemplo, tanto o diâmetro do tirante como a força são dadas com apenas um dígito significativo de precisão; entretanto, o valor da tensão que calculamos aqui tem 10 dígitos significativos.

Em engenharia, é comum arredondar as respostas finais para três dígitos significativos (se o primeiro dígito for diferente de 1) ou quatro dígitos significativos (se o primeiro dígito for 1). Usando esse critério, a tensão normal no tirante pode ser expressa como

$\sigma = 25.500$ psi ou, utilizando a mesma regra para valor no SI, $\sigma = 175{,}6$ MPa/2 **Resp.**

Em muitos casos, as ilustrações neste livro tentam mostrar objetos em uma perspectiva tridimensional realista. Sempre que for possível, foi feito um esforço para mostrar os diagramas de corpo livre dentro do contexto real do objeto ou da estrutura. Nessas ilustrações, o diagrama de corpo livre é mostrado em tom escuro, ao passo que as outras partes do objeto são em tom claro (com menor nitidez).

EXEMPLO 1.2

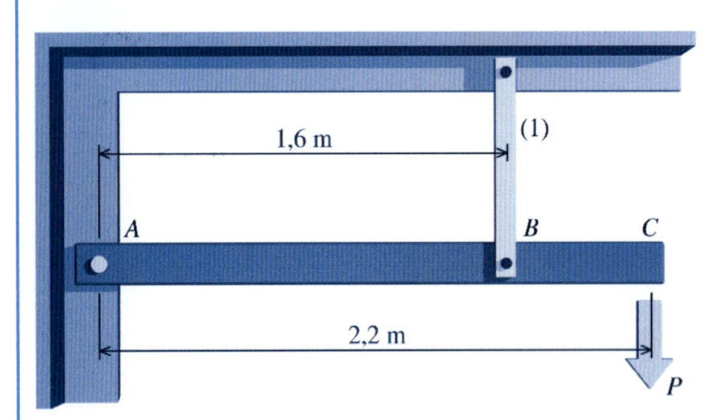

A barra rígida ABC é suportada por um pino em A e um elemento estrutural axial (1) que tem uma área de seção transversal de 540 mm². O peso da barra rígida pode ser ignorado nos cálculos. (**Nota:** 1 kN = 1.000 N.)

(a) Determine a tensão normal no elemento estrutural (1) se for aplicada uma carga de $P = 8$ kN em C.

(b) Se a tensão normal máxima no elemento (1) for limitada a 50 MPa, qual o módulo da carga máxima que pode ser aplicada à barra rígida em C?

Planejamento da Solução

(Parte a)

Antes de a tensão normal no elemento (1) ser calculada, sua força axial deve ser determinada. Para calcular essa força, examine o diagrama de corpo livre da barra rígida ABC e escreva uma equação de equilíbrio de momentos em torno do pino A.

SOLUÇÃO

(Parte a)

Para a barra rígida ABC, escreva a equação de equilíbrio para a soma dos momentos em torno do pino A. Seja F_1 = força interna no elemento (1) e admita que F_1 é uma força de tração. Os momentos positivos na equação de equilíbrio são definidos pela regra da mão direita.

$$\Sigma M_A = -(8 \text{ kN})(2{,}2 \text{ m}) + (1{,}6 \text{ m})F_1 = 0$$

$$\therefore F_1 = 11 \text{ kN}$$

A tensão normal no elemento (1) pode ser calculada como

$$\sigma_1 = \frac{F_1}{A_1} = \frac{(11 \text{ kN})(1.000 \text{ N/kN})}{540 \text{ mm}^2} = 20{,}370 \text{ N/mm}^2 = 20{,}4 \text{ MPa}$$

Resp.

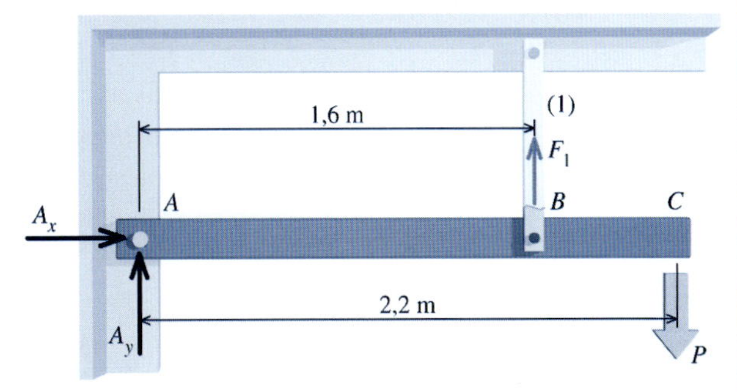

Diagrama de corpo livre da barra rígida *ABC*.

(Observe-se o uso do fator de conversão 1 MPa = 1 N/mm².)

Planejamento da Solução

(Parte b)

Usando a tensão dada, calcule a força máxima que o elemento (1) pode suportar com segurança. Depois de essa força ser calculada, use a equação de equilíbrio de momentos para determinar a carga P.

SOLUÇÃO

(Parte b)

Determine a força máxima permitida para o elemento (1)

$$\sigma = \frac{F}{A}$$

$$\therefore F_1 = \sigma_1 A_1 = (50 \text{ MPa})(540 \text{ mm}^2) = (50 \text{ N/mm}^2)(540 \text{ mm}^2) = 27.000 \text{ N} = 27 \text{ kN}$$

Calcule a carga máxima admissível P a partir da equação de equilíbrio de momentos:

$$\Sigma M_A = -(2{,}2 \text{ m})P + (1{,}6 \text{ m})(27 \text{ kN}) = 0$$

$$\therefore P = 19{,}64 \text{ kN}$$

Resp.

EXEMPLO 1.3

Uma barra de ferro com 50 mm de largura tem cargas axiais aplicadas nos pontos B, C e D. Se o módulo da tensão normal na barra não pode ser superior a 60 MPa, determine a espessura mínima que pode ser usada na barra.

Planejamento da Solução

Desenhe os diagramas de corpo livre que mostrem a força interna em cada um dos três segmentos. Determine o módulo e a direção da força interna axial em cada segmento necessária para satisfazer a equação. Use o maior módulo de força axial interna e a tensão normal admissível para calcular a área mínima de seção transversal necessária para a barra. Divida a área da seção transversal pela largura de 50 mm para calcular a espessura mínima da barra.

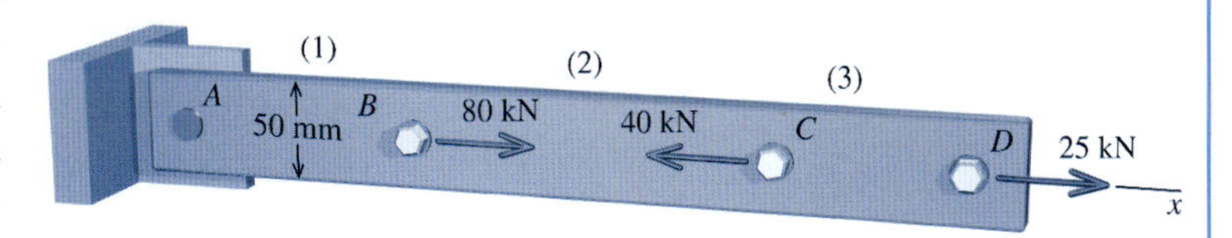

SOLUÇÃO

Comece desenhando um diagrama de corpo livre (DCL) que mostre a força interna no segmento (3). Como a força de reação em A não foi calculada, é mais fácil fazer um corte na barra através do segmento (3) e considerar a parte da barra que começa na superfície de corte e se estende até a extremidade livre da barra em D. Há uma força interna axial F_3 desconhecida no segmento (3) e é útil estabelecer uma convenção consistente para problemas desse tipo.

Dica para Solução de Problemas: Ao fazer um corte de um DCL em um elemento sujeito a forças axiais, admita que a força interna seja de tração e desenhe a seta da força *afastando-se da superfície de corte*. Se a força interna calculada for um número positivo, então a hipótese de tração será confirmada. Se o valor calculado for um número negativo, então na realidade a força é de compressão.

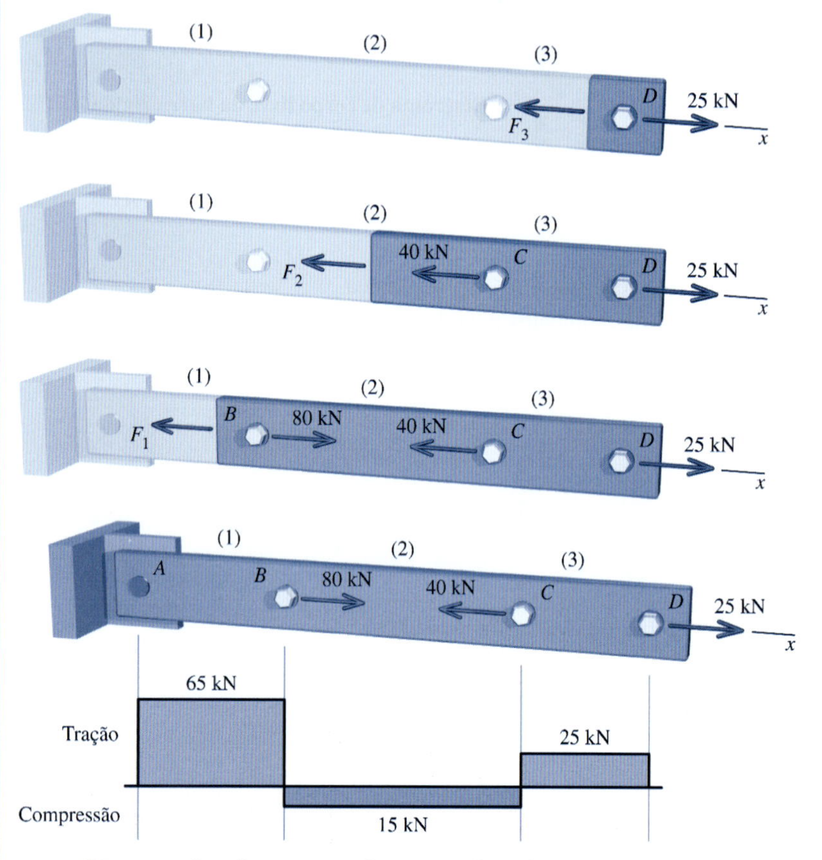

Diagrama de esforços normais mostrando as forças internas em cada segmento de barra.

Com base no DCL do corte através do segmento axial (3), a equação de equilíbrio é

$$\Sigma F_x = -F_3 + 25 \text{ kN} = 0$$

$$\therefore F_3 = 25 \text{ kN} = 25 \text{ kN (T)}$$

Repita esse procedimento para um DCL que mostre a força interna no segmento (2):

$$\Sigma F_x = -F_2 - 40 \text{ kN} + 25 \text{ kN} = 0$$

$$\therefore F_2 = -15 \text{ kN} = 15 \text{ kN (C)}$$

e para um DCL que mostre a força interna no segmento (1):

$$\Sigma F_x = -F_1 + 80 \text{ kN} - 40 \text{ kN} + 25 \text{ kN} = 0$$

$$\therefore F_1 = 65 \text{ kN (T)}$$

É sempre uma boa prática construir um gráfico simples que resuma visualmente as forças internas axiais ao longo da barra. O diagrama de esforços normais (axiais) na figura mostra as forças internas de tração acima do eixo e as forças internas de compressão abaixo do eixo.

A área da seção transversal exigida será calculada com base no módulo (isto é, valor absoluto) da maior força interna. A tensão normal na barra deve estar limitada a 60 MPa. *Para facilitar os cálculos, utiliza-se a conversão 1 MPa = 1 N/mm²; portanto 60 MPa = 60 N/mm².*

$$\sigma = \frac{F}{A} \qquad \therefore A \geq \frac{F}{\sigma} = \frac{(65 \text{ kN})(1.000 \text{ N/kN})}{60 \text{ N/mm}^2} = 1.083{,}333 \text{ mm}^2$$

Como a barra plana de aço tem largura de 50 mm, a espessura mínima que pode ser usada para a barra é

$$t_{\text{mín}} \geq \frac{1.083.333 \text{ mm}^2}{50 \text{ mm}} = 21{,}667 \text{ mm} = 21{,}7 \text{ mm}$$ **Resp.**

Na prática, a espessura da barra seria arredondada para cima, para o tamanho-padrão imediatamente superior.

Revisão

Verifique novamente seus cálculos, dedicando atenção especial às unidades. Sempre mostre as unidades em seus cálculos porque esse é um modo fácil e rápido de descobrir erros. As respostas são aceitáveis? Se a espessura da barra fosse 0,0217 mm em vez de 21,7 mm, isso seria uma solução aceitável de acordo com seu bom-senso e sua intuição?

Exemplo do MecMovies M1.4

São usados dois elementos sujeitos a cargas axiais para suportar a carga P aplicada no nó B.

- O elemento (1) tem área de seção transversal de $A_1 = 3.080$ mm² e tensão normal admissível de 180 MPa.
- O elemento (2) tem área de seção transversal de $A_2 = 4.650$ mm² e tensão normal admissível de 75 MPa.

Determine a carga máxima P que pode ser sustentada sem que seja superada qualquer uma das tensões normais admissíveis.

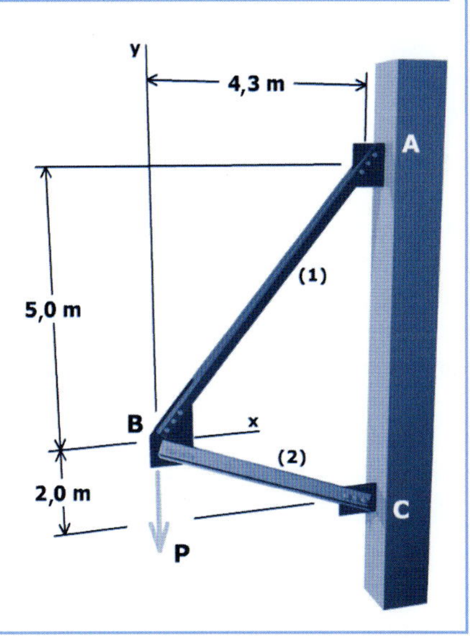

1.3 TENSÃO DE CISALHAMENTO DIRETO (CORTE)

Em geral, as cargas aplicadas a uma estrutura ou um equipamento são transmitidas por elementos individuais por meio de conexões que usam rebites, parafusos, pinos, pregos ou soldas. Em todas essas conexões, uma das tensões mais significativas induzidas é a *tensão de cisalhamento* (*tensão cisalhante*, ou, no caso de conexões, também denominada *tensão de corte*). Na seção anterior, a tensão normal foi definida como a intensidade da força interna que age em uma superfície *perpendicular* à direção da força interna. A tensão de cisalhamento é também a intensidade da força interna, mas a tensão de cisalhamento age na superfície que é *paralela* à força interna.

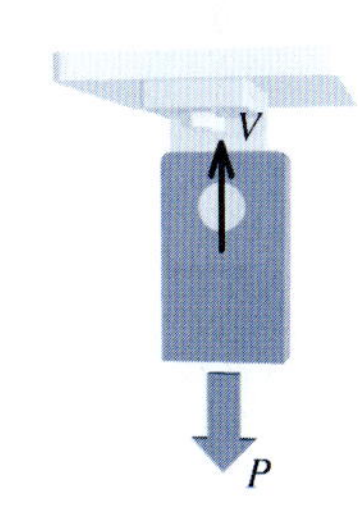

FIGURA 1.2*a* Conexão com pino submetido ao cisalhamento (ou corte) simples.

Para examinar a tensão de cisalhamento, considere uma conexão simples na qual a força suportada pelo elemento solicitado axialmente é transmitida para um apoio por meio de um pino sólido de seção circular (Figura 1.2*a*). A carga é transmitida do elemento solicitado axialmente para o apoio pela **força cortante** (ou força de cisalhamento, isto é, a força que tende a fazer um corte) distribuída em uma seção transversal do pino. Um diagrama de corpo livre do elemento solicitado axialmente com os pinos é mostrado na Figura 1.2*b*. Nesse diagrama, uma força cortante resultante V substituiu a distribuição da força cortante na seção transversal do pino. O equilíbrio exige que a força de cortante resultante V seja igual à carga aplicada P. Como apenas uma seção transversal do pino transmite a carga entre o elemento solicitado axialmente e o apoio, diz-se que o pino está solicitado por **cisalhamento simples** (**corte simples**).

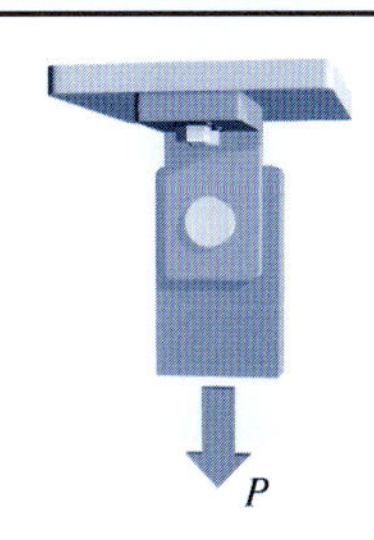

FIGURA 1.2*b* Diagrama de corpo livre mostrando a força de cisalhamento transmitida pelo pino.

Da definição de tensão dada pela Equação (1.1), uma tensão média de cisalhamento na seção transversal do pino pode ser calculada como

$$\tau_{\text{média}} = \frac{V}{A_V} \qquad (1.5)$$

na qual A_V = área que transmite a tensão de cisalhamento. Normalmente é usada a letra grega τ (tau) para indicar a tensão de cisalhamento. Em uma seção posterior deste livro será apresentada uma convenção de sinais para a tensão de cisalhamento.

A tensão em um ponto da seção transversal do pino pode ser obtida usando o mesmo tipo de processo de limite que foi usado para obter a Equação (1.3) para a tensão normal em um ponto. Desta forma,

$$\tau = \lim_{\Delta A_V \to 0} \frac{\Delta V}{\Delta A_V} \qquad (1.6)$$

MecMovies 1.7 e 1.8 apresentam ilustrações animadas de conexões aparafusadas submetidas ao corte simples e ao corte duplo.

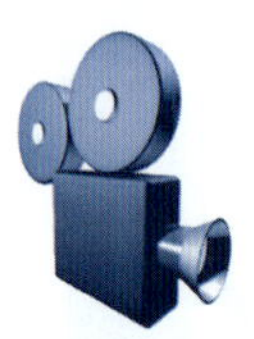

MecMovies 1.9 apresenta uma ilustração animada de uma conexão por chaveta de cisalhamento (corte) entre uma engrenagem e um eixo.

Será mostrado mais adiante neste texto que as tensões de cisalhamento não podem estar distribuídas uniformemente na seção transversal de um pino ou parafuso e que a *tensão máxima de cisalhamento* na seção transversal pode ser muito maior do que a tensão média obtida utilizando a Equação (1.5). Entretanto, o projeto de conexões simples se baseia normalmente nas considerações de tensão média e esse procedimento será adotado neste livro.

A chave para determinar a tensão de cisalhamento em conexões é visualizar a superfície ou superfícies de ruptura que serão criadas se os elementos conectores (isto é, pinos, parafusos, pregos ou soldas) realmente se romperem (isto é, se acontecer sua fratura). A área do cisalhamento A_V que transmite a força cortante é a área que aparece quando o elemento conector se rompe.

EXEMPLO 1.4

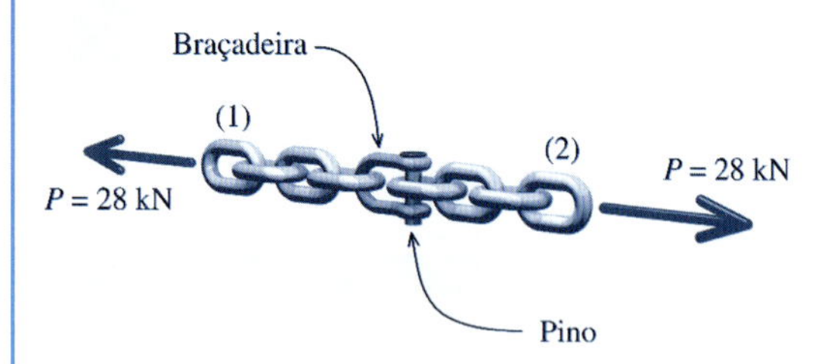

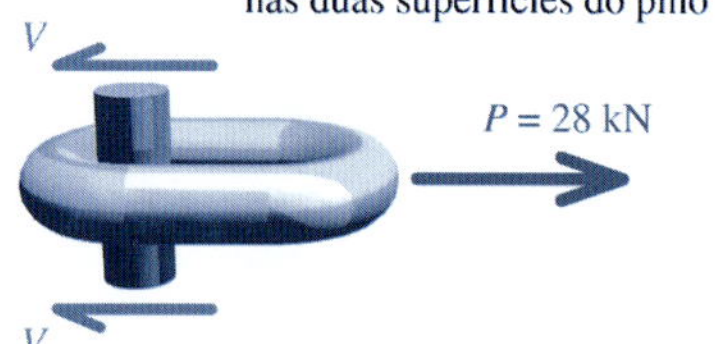

Diagrama de corpo livre do pino.

Os elos (1) e (2) das correntes são ligados por um bracelete e um pino. Se a força axial nas correntes é $P = 28$ kN e a tensão de cisalhamento admissível no pino é $\tau_{adm} = 90$ MPa, determine o diâmetro mínimo d aceitável para o pino.

Planejamento da Solução

Para resolver o problema, primeiro visualize as superfícies que seriam reveladas se o pino se rompesse em consequência da carga aplicada P. Surgiriam tensões de cisalhamento nessas superfícies do pino, que se localizariam nas duas interfaces (isto é, bordas comuns de contato) entre o pino e a braçadeira. A área de cisalhamento necessária para resistir à força cortante que age em cada uma dessas superfícies deve ser encontrada e, a partir dessa área, pode ser calculado o diâmetro mínimo do pino.

SOLUÇÃO

Desenhe um diagrama de corpo livre (DCL) do pino, que conecta a corrente (2) à braçadeira. As duas forças cortantes V resistirão à carga aplicada de $P = 28$ kN. A força cortante V que age em cada superfície deve ser igual à metade da carga aplicada P; portanto, $V = 14$ kN.

A seguir, a área de cada superfície é simplesmente a área da seção transversal do pino. A tensão de cisalhamento média que age nas superfícies de ruptura do pino é, portanto, a força de cisalhamento V dividida pela área da seção transversal do pino. Como a tensão de cisalhamento média deve estar limitada a 90 MPa, a área de seção transversal mínima exigida para satisfazer a tensão de cisalhamento admissível pode ser calculada como

$$\tau = \frac{V}{A_{pino}} \qquad \therefore A_{pino} \geq \frac{V}{\tau_{adm}} = \frac{(14 \text{ kN})(1.000 \text{ N/kN})}{90 \text{ N/mm}^2} = 155{,}556 \text{ mm}^2$$

O diâmetro mínimo do pino exigido para uso na braçadeira pode ser determinado a partir da área da seção transversal exigida:

$$A_{pino} \geq \frac{\pi}{4} d_{pino}^2 = 155{,}556 \text{ mm}^2 \qquad \therefore d_{pino} \geq 14{,}07 \text{ mm} \quad \text{assim, } d_{pino} = 15 \text{ mm}$$ **Resp.**

Nessa conexão, as duas seções transversais do pino estão sujeitas a forças cortantes V; consequentemente, diz-se que o pino está sujeito a **cisalhamento duplo**.

Exemplo do MecMovies M1.5

Um pino em C e uma haste redonda de alumínio em B suportam a barra rígida BCD. Se a tensão cisalhante admissível no pino for 50 MPa, qual é o diâmetro mínimo exigido para o pino em C?

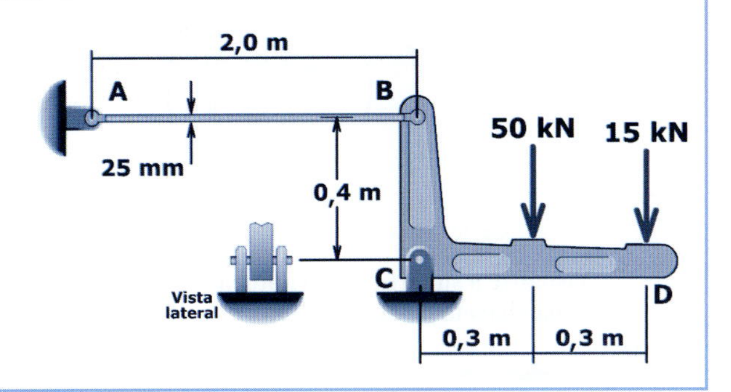

EXEMPLO 1.5

Uma correia de polia usada para movimentar um dispositivo está ligada a um eixo de 30 mm de diâmetro com uma chaveta quadrada de acoplamento (chaveta de cisalhamento ou, ainda, chaveta de corte). As tensões na correia são 1.500 N e 600 N, conforme a figura. As dimensões da chaveta ao 6 mm por 6 mm por 25 mm de comprimento. Determine a tensão de cisalhamento produzida na chaveta.

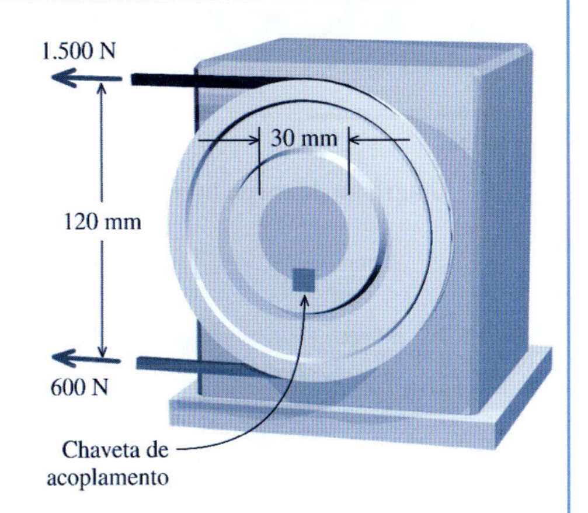

Planejamento da Solução

Uma chaveta de acoplamento é um componente comum usado para conectar polias, roldanas, rodas dentadas para correntes e engrenagens a eixos sólidos circulares. Um entalhe retangular é recortado no eixo e é feita na polia uma ranhura correspondente de mesma largura. Depois de alinhar o entalhe e a ranhura, é inserida uma peça de metal na abertura. Essa peça de metal é chamada chaveta de acoplamento (chaveta de cisalhamento ou simplesmente chaveta); ela obriga o eixo e a polia a girarem em conjunto.

Antes de iniciar os cálculos, tente visualizar a superfície de ruptura (fratura) na chaveta de acoplamento. Como as tensões na correia são diferentes, é criado um momento em torno do centro do eixo que faz com que o eixo e a polia girem. Esse tipo de momento é chamado **torque**. Se o torque T criado pelas tensões desiguais nas correias for muito grande, a chaveta se romperá na interface entre o eixo e a polia, permitindo que a polia gire livremente sobre o eixo. Essa superfície de ruptura representa o local onde é criada a tensão de cisalhamento na chaveta.

A partir das tensões da correia e do diâmetro da polia, determine o torque T exercido no eixo pela polia. Com base no diagrama de corpo livre (DCL) da polia, determine a força que deve ser fornecida pela chaveta de acoplamento para satisfazer o equilíbrio. Após a força na chaveta ser conhecida, a tensão de cisalhamento na chaveta pode ser calculada com base nas dimensões dela.

SOLUÇÃO

Examine um DCL da polia. Esse DCL inclui as tensões na correia, mas exclui especificamente o eixo. O DCL corta a chaveta na interface entre a polia e o eixo. Admitiremos que deve haver uma força interna agindo na superfície de corte. Essa força será indicada como força cortante V. A distância de V até o centro O do eixo é igual ao raio do eixo. Como o diâmetro do eixo é 30 mm, a distância de O à força cortante V é 15 mm. O módulo da força cortante pode ser encontrado a partir da equação de equilíbrio de momentos em torno do ponto O, que é o centro de rotação, tanto para a polia, como para o eixo. Nessa equação, os momentos positivos são definidos pela regra da mão direita.

$$\Sigma M_O = (1.500 \text{ N})(60 \text{ mm}) - (600 \text{ N})(60 \text{ mm}) - (15 \text{ mm})V = 0$$

$$\therefore V = 3.600 \text{ N}$$

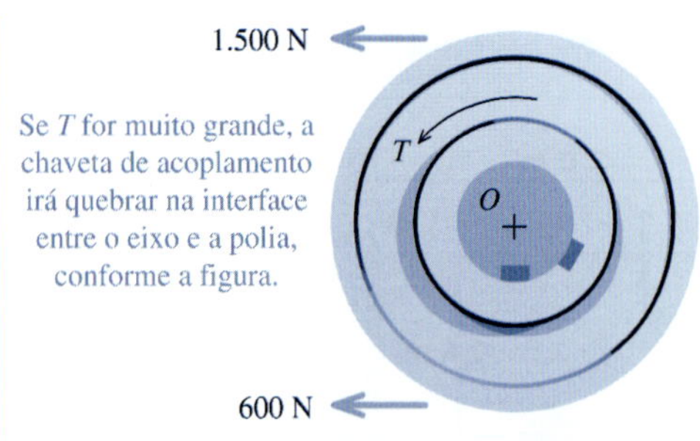

Visualize a superfície de ruptura na chaveta de acoplamento.

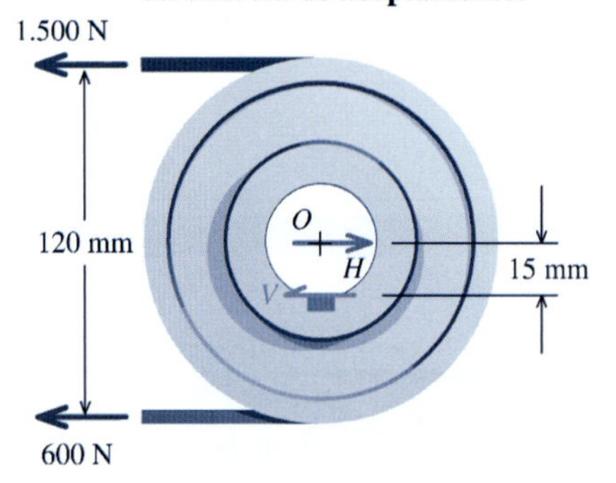

Diagrama de corpo livre da polia.

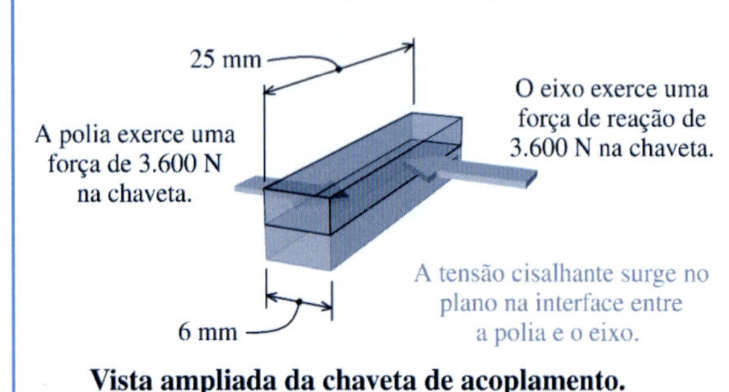

Vista ampliada da chaveta de acoplamento.

Para a polia estar em equilíbrio, deve ser fornecida pela chaveta uma força cortante de $V = 3.600$ N.

Uma vista ampliada da chaveta de acoplamento é mostrada à esquerda. O torque criado pelas tensões da correia exerce uma força de 3.600 N na chaveta. Para haver o equilíbrio, uma força de mesmo módulo, mas de direção contrária, deve ser exercida na chaveta pelo eixo. Esse par de forças tende a cortar a chaveta, produzindo uma tensão de cisalhamento, ou tensão de corte. A tensão de corte age no plano iluminado em tom escuro.

Se a polia estiver em equilíbrio, deve existir uma força interna de $V = 3.600$ N em um plano interno da chaveta. A área dessa superfície plana é o produto da largura pelo comprimento da chaveta:

$$A_V = (6 \text{ mm})(25 \text{ mm}) = 150 \text{ mm}^2$$

Agora, a tensão de cisalhamento produzida na chaveta pode ser calculada:

$$\tau = \frac{V}{A_V} = \frac{3.600 \text{ N}}{150 \text{ mm}^2} = 24{,}0 \text{ N/mm}^2 = 24{,}0 \text{ MPa} \qquad \textbf{Resp.}$$

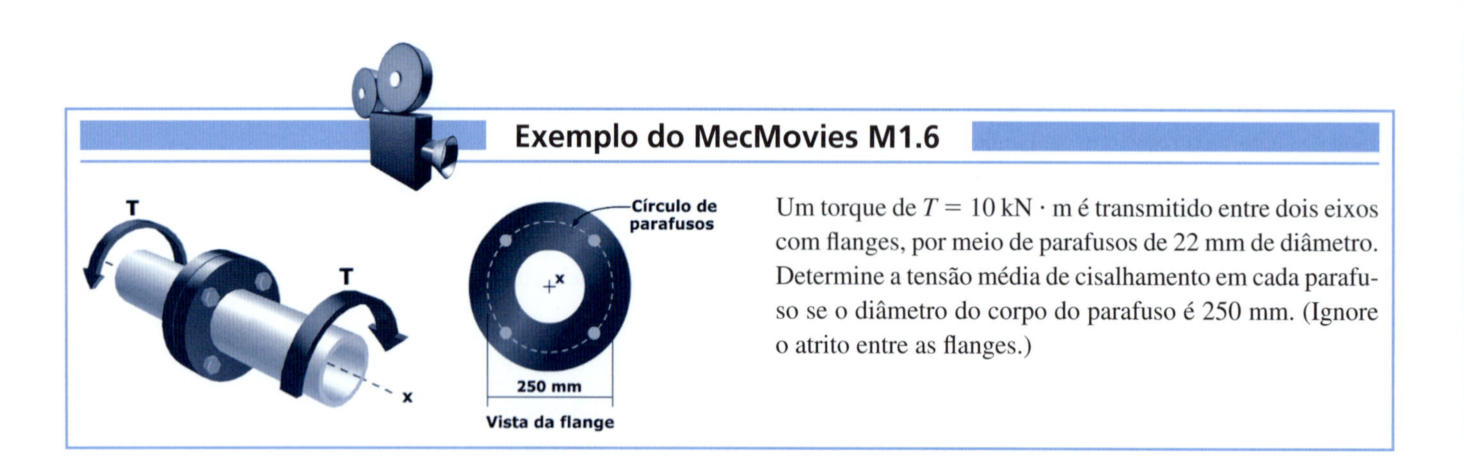

Exemplo do MecMovies M1.6

Um torque de $T = 10$ kN · m é transmitido entre dois eixos com flanges, por meio de parafusos de 22 mm de diâmetro. Determine a tensão média de cisalhamento em cada parafuso se o diâmetro do corpo do parafuso é 250 mm. (Ignore o atrito entre as flanges.)

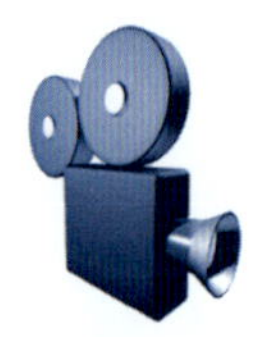

MecMovies 1.10 apresenta uma ilustração animada do cisalhamento por punção.

Outro tipo comum de carregamento de cisalhamento é denominado **cisalhamento por punção**. Exemplos deste tipo de carregamento incluem a ação de uma prensa perfuradora (vazador ou "punch") para criar furos de rebites em uma placa de metal, a tendência de pilares de edifícios perfurarem os pisos e a de uma carga axial de tração em um parafuso puxar o corpo do parafuso (ou pescoço do parafuso) através de sua cabeça. Sob uma carga de cisalhamento por punção, a tensão significativa é a tensão cisalhante média na superfície descrita pelo *perímetro* do elemento puncionador e a *espessura* do elemento puncionado.

EXEMPLO 1.6

Uma prensa perfuradora destinada a criar furos em placas de metal é mostrado na figura. É exigida uma força de punção dirigida para baixo e com o valor de 32 kip (142,3 kN) para criar um furo de 0,75 in (1,91 cm) de diâmetro em uma placa de aço que tenha 0,25 in (0,64 cm) de espessura. Determine a tensão média de cisalhamento na placa de aço no instante em que o disco é recortado da placa de metal.

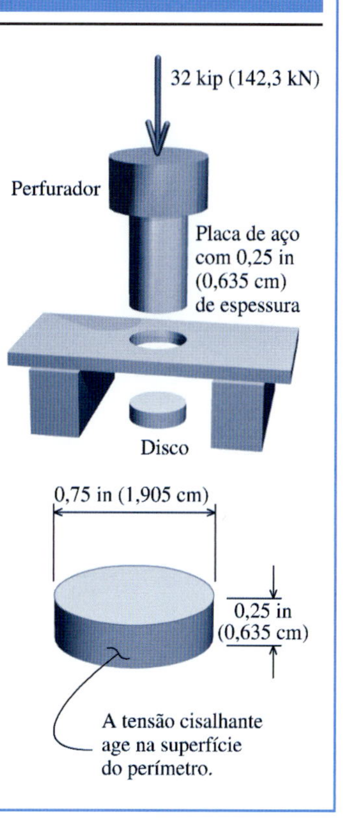

Planejamento da Solução

Visualize a superfície que surge quando o disco é removido da placa. Calcule a tensão de cisalhamento usando a força de punção aplicada e a área da superfície exposta.

SOLUÇÃO

A parte da placa de aço removida para criar o furo é chamada disco ou "slug" (conhecido também por moeda ou biscoito). A área sujeita a tensão de cisalhamento é aquela ao longo do perímetro do disco. Use o diâmetro do disco d e a espessura da placa t para calcular a área de cisalhamento A_V:

$$A_V = \pi\, dt = \pi(0{,}75\,\text{in})(0{,}25\,\text{in}) = 0{,}58905\,\text{in}^2$$

A tensão cisalhante média τ é calculada com base na força de punção $P = 32$ kip (142,3 kN) e na área de cisalhamento:

$$\tau = \frac{P}{A_V} = \frac{32\text{ kip}}{0{,}58905\text{ in}^2} = 54{,}3\text{ ksi (374,4 MPa)}$$ **Resp.**

1.4 TENSÃO DE ESMAGAMENTO

Um terceiro tipo de tensão, **tensão de esmagamento**, é na verdade uma categoria especial de tensão normal. As tensões de esmagamento são tensões normais de compressão que ocorrem na superfície de contato *entre dois elementos separados que estão em contato*. Esse tipo de tensão normal é definido da mesma maneira que a tensão normal e a tensão cisalhante (isto é, força por unidade de área), portanto, a tensão média de esmagamento, σ_b, é expressa como

$$\sigma_b = \frac{F}{A_b} \qquad (1.7)$$

na qual A_b = área de contato entre os dois elementos componentes.

EXEMPLO 1.7

Uma coluna tubular de aço (diâmetro externo de 6,5 in = 16,51 cm; espessura da parede 0,25 in = 0,64 cm) suporta uma carga de 11 kip (48,9 kN). O tubo de aço se apoia em uma placa de aço de base quadrada que, por sua vez, se apoia em uma laje de concreto.

(a) Determine a tensão de esmagamento entre o tubo de aço e a placa de aço.
(b) Se a tensão de esmagamento da placa de aço na laje de concreto deve estar limitada a 90 psi (0,621 MPa), qual a dimensão a mínima admissível para a placa?

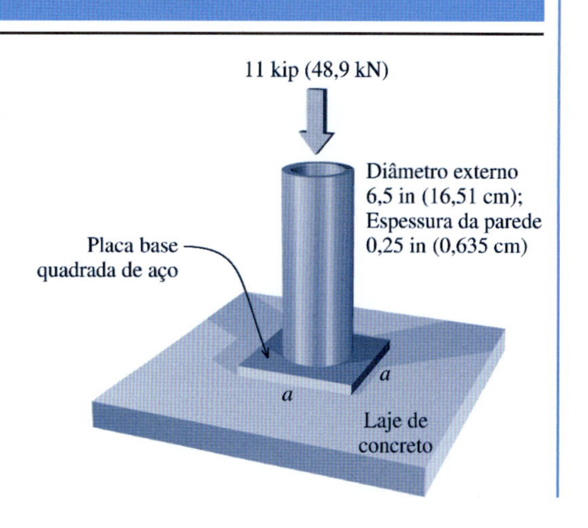

Planejamento da Solução

Para calcular a tensão de esmagamento, deve-se determinar a área de contato entre dois objetos.

SOLUÇÃO

(a) É exigida a área da seção transversal do tubo para que seja calculada a tensão compressiva de esmagamento entre a coluna tubular e a placa da base. A área da seção transversal de um tubo é dada por

$$A_{\text{tubo}} = \frac{\pi}{4}(D^2 - d^2)$$

na qual D = diâmetro externo e d = diâmetro interno. O diâmetro interno d relaciona-se ao diâmetro externo D por

$$d = D - 2t$$

no qual t = espessura da parede. Portanto, usando D = 6,5 in (16,51 cm) e d = 6,0 in (15,24 cm), a área do tubo é

$$A_{\text{tubo}} = \frac{\pi}{4}(D^2 - d^2) = \frac{\pi}{4}[(6{,}5\text{ in})^2 - (6{,}0\text{ in})^2] = 4{,}9087\text{ in}^2\ (31{,}67\text{ cm}^2)$$

A tensão de esmagamento entre o tubo e a placa da base é

$$\sigma_b = \frac{F}{A_b} = \frac{11\text{ kip}}{4{,}9087\text{ in}^2} = 2{,}24\text{ ksi (15,44 MPa)}$$

(b) A área mínima exigida para a placa de aço a fim de que a tensão de esmagamento esteja limitada a 90 psi (0,621 MPa) é

$$\sigma_b = \frac{F}{A_b} \qquad \therefore A_b = \frac{F}{\sigma_b} = \frac{(11\text{ kip})(1{,}000\text{ lb/kip})}{90\text{ psi}} = 122{,}222\text{ in}^2\ (788{,}5\text{ cm}^2)$$

Como a placa de aço é quadrada, sua área de contato com a laje de concreto é

$$A_b = a \times a = 122{,}222\text{ in}^2 \qquad \therefore a = \sqrt{122{,}222\text{ in}^2} = 11{,}06\text{ in (28,09 cm)}$$

aproximadamente, 12 in ou, arredondando o valor no SI, 30 cm. **Resp.**

As tensões de esmagamento também aparecem na superfície de contato entre uma placa e o corpo de um parafuso ou de um pino. Como a distribuição dessas tensões em uma superfície de contato semicircular é bastante complicada, usa-se frequentemente uma tensão média de esmagamento para fins de projeto. Essa tensão média de esmagamento σ_b é calculada dividindo a força transmitida pela **área projetada** do contato entre uma placa e o parafuso ou o pino, em vez da área real de contato. Esse método é ilustrado no exemplo a seguir.

EXEMPLO 1.8

Uma placa de aço com 2,5 in (6,35 cm) de largura e 0,125 in (0,318 cm) de espessura está conectada a um suporte com um pino de 0,75 in (1,905 cm) de diâmetro. A placa de aço suporta uma carga de 1,8 kip (8,01 kN). Determine a tensão de esmagamento na placa de aço.

Planejamento da Solução

As tensões de esmagamento se desenvolverão na superfície onde a placa de aço está em contato com o pino, que é o lado direito do furo. Para determinar a tensão de esmagamento média, deve-se calcular a área projetada de contato entre a placa e o pino.

SOLUÇÃO

A carga de 1,8 kip (8,01 kN) puxa a placa de aço para a esquerda, que coloca em contato o lado direito do furo com o pino. Surgirão tensões de esmagamento no lado direito do furo (na placa de aço) e na metade direita do pino.

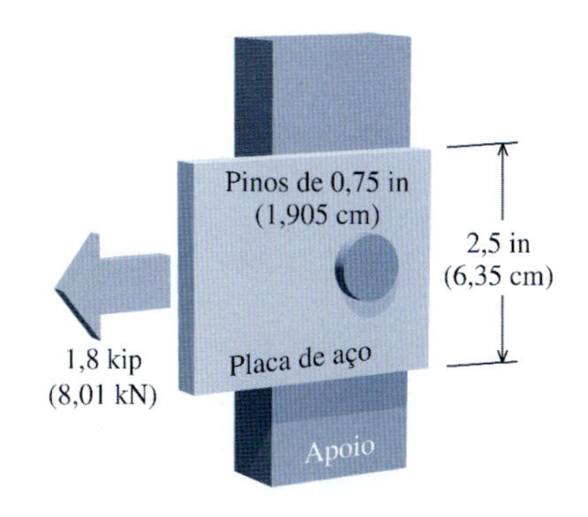

Como a distribuição real da tensão de esmagamento em uma superfície semicircular é complicada, normalmente usa-se uma tensão de esmagamento média para fins de projeto. Em vez de usar a área real de contato, usa-se a área de contato projetada nos cálculos.

A figura da direita mostra uma vista ampliada da área de contato projetada entre a placa de aço e o pino. Uma tensão de esmagamento média σ_b é exercida no pino pela placa de aço. Não é mostrada a tensão de esmagamento de igual valor exercida no pino pela placa de aço.

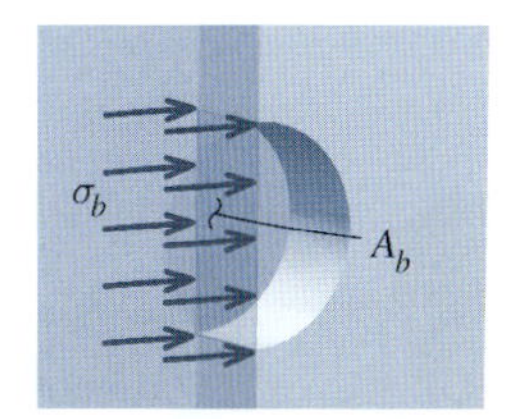

Vista ampliada da área de contato projetada.

A área projetada A_b é igual ao produto do diâmetro d do pino (ou parafuso) pela espessura da placa t. Para a conexão com pinos apresentada, a área projetada A_b entre a placa de aço com 0,125 in de espessura e o diâmetro do pino com 0,75 in é calculada como

$$A_b = dt = (0{,}75 \text{ in})(0{,}125 \text{ in}) = 0{,}09375 \text{ in}^2 (0{,}60 \text{ cm}^2)$$

A tensão de esmagamento média entre a placa e o pino é

$$\sigma_b = \frac{F}{A_b} = \frac{1{,}8 \text{ kip}}{0{,}09375 \text{ in}^2} = 19{,}20 \text{ ksi} \qquad \textbf{Resp.}$$

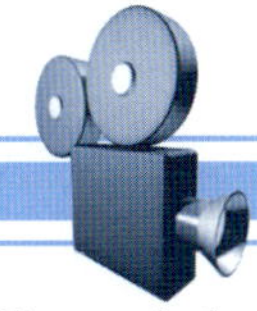

Exemplo do MecMovies M1.1

Uma placa de aço com 60 mm de largura e 8 mm de espessura está conectada a uma placa de união (*gusset*) por meio de um pino com 20 mm de diâmetro. Se for aplicada uma carga $P = 70$ kN, determine a tensão normal, a tensão de cisalhamento e a tensão de esmagamento nessa conexão.

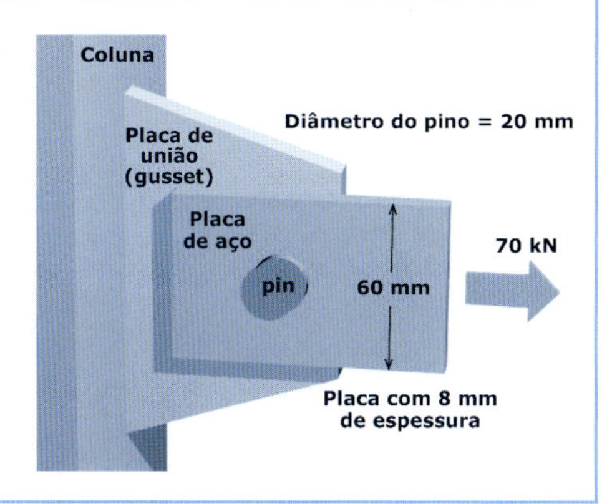

EXERCÍCIOS do MecMovies

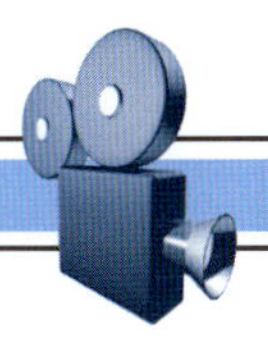

M1.1 Para a conexão com pinos mostrada, determine a tensão normal que age na área bruta, a tensão normal que age na área líquida, a tensão de cisalhamento no pino e a tensão de esmagamento entre a placa de aço e o pino.

M1.2 Use os conceitos de tensão normal para os quatro problemas introdutórios.

M1.3 Use os conceitos de tensão de cisalhamento para os quatro problemas introdutórios.

M1.4 Dadas as áreas e as tensões normais admissíveis para as barras (1) e (2), determine a carga máxima P que pode ser suportada pela estrutura sem que nenhuma tensão admissível seja ultrapassada.

M1.5 Para o pino localizado em C, determine a força resultante, a tensão de cisalhamento ou diâmetro mínimo do pino para seis variações de configuração.

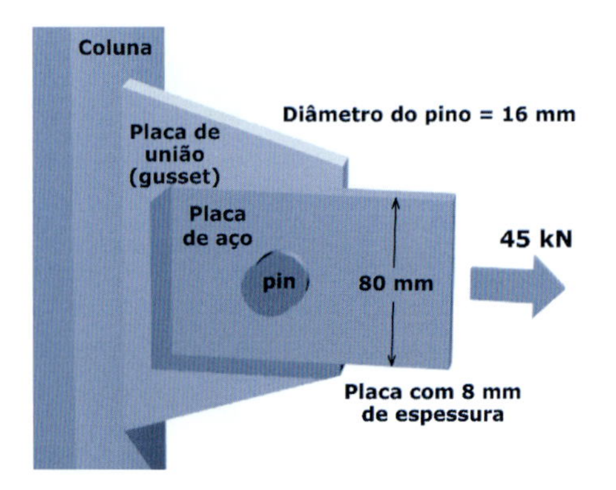

FIGURA M1.1

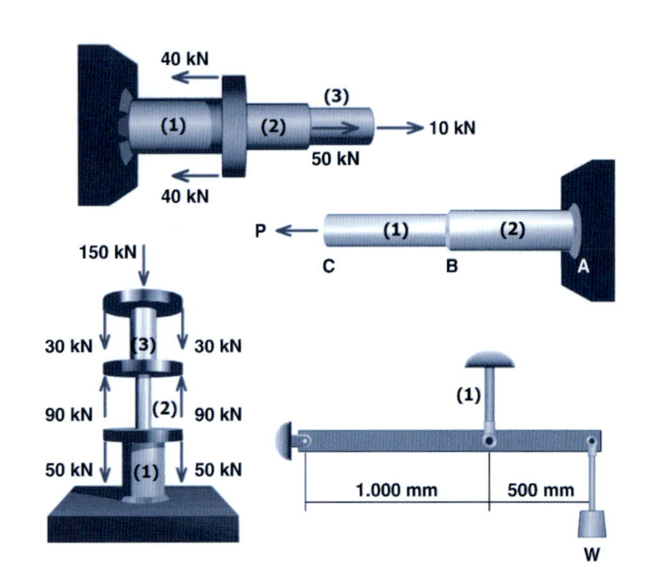

FIGURA M1.2

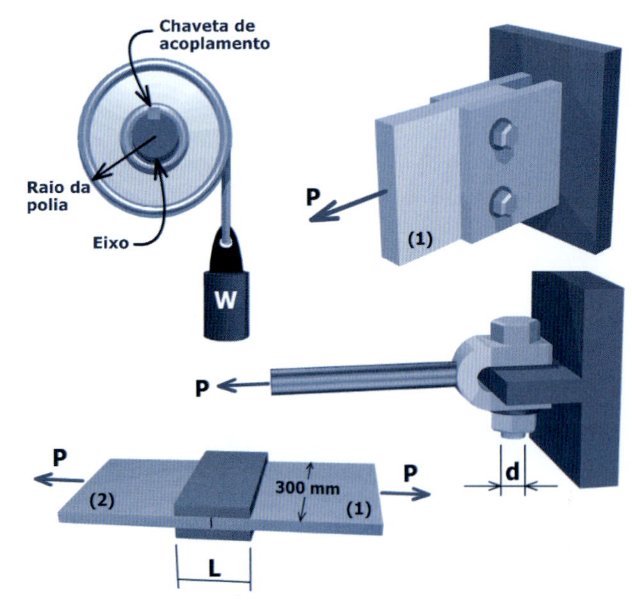

FIGURA M1.3

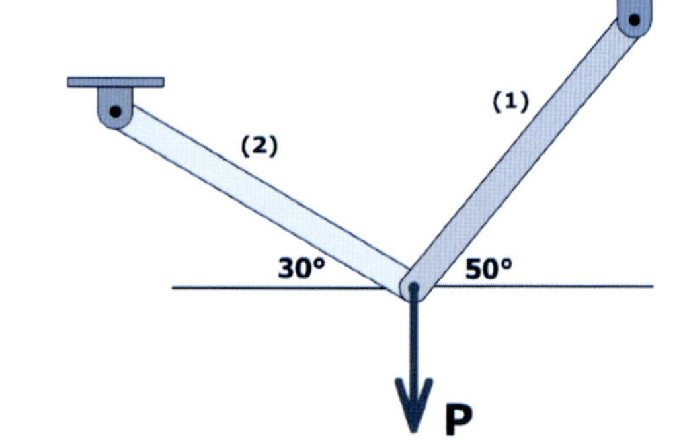

FIGURA M1.4

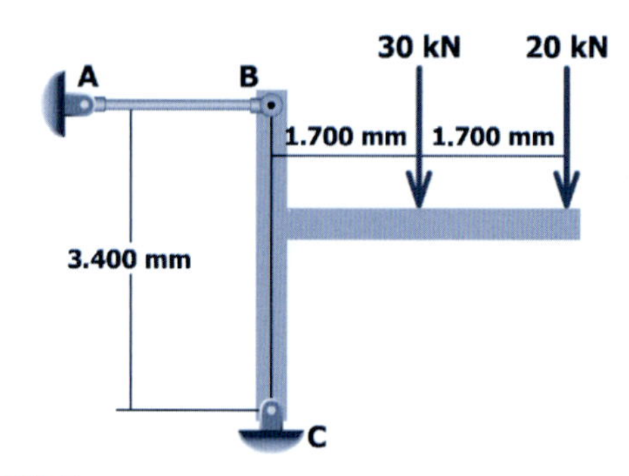

FIGURA M1.5

M1.6 Um torque T é transmitido entre dois eixos com flanges por intermédio de seis parafusos. Se a tensão de cisalhamento nos parafusos deve estar limitada a um valor especificado, determine o diâmetro mínimo do parafuso exigido para a conexão.

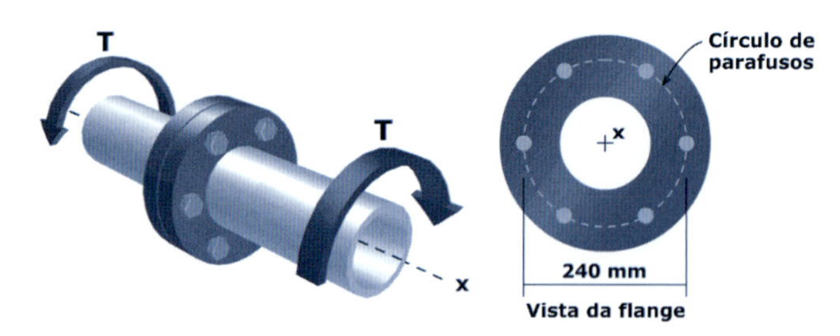

FIGURA M1.6

PROBLEMAS

P1.1 Um tubo de aço inoxidável com diâmetro externo de 60 mm e espessura de parede de 5 mm é usado como elemento estrutural sob compressão. Se a tensão axial no elemento estrutural deve estar limitada a 200 MPa, determine a carga máxima P que o elemento estrutural pode suportar.

P1.2 Um tubo de alumínio 2024-T4 com diâmetro externo de 2,50 in (6,35 cm) será usado para suportar uma carga de 27 kip (120,1 kN). Se a tensão axial no elemento estrutural deve estar limitada a 18 ksi (124,1 MPa), determine a espessura de parede exigida para o tubo.

P1.3 Duas hastes cilíndricas maciças (1) e (2) estão unidas na flange B e carregadas conforme ilustrado na Figura P1.3/4. O diâmetro da haste (1) é $d_1 = 24$ mm e o diâmetro da haste (2) é $d_2 = 42$ mm. Determine as tensões normais nas hastes (1) e (2).

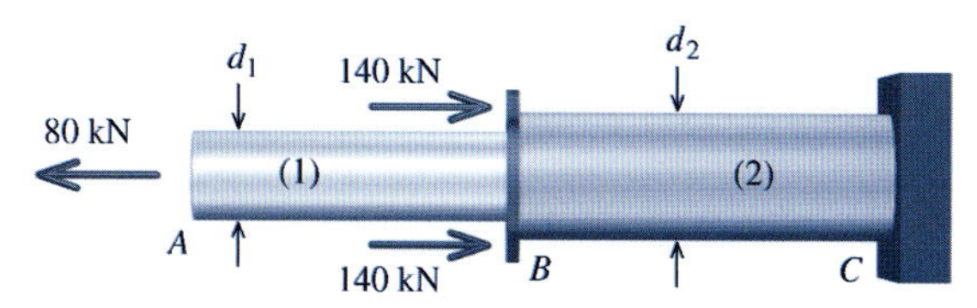

FIGURA P1.3/4

P1.4 Duas hastes cilíndricas maciças (1) e (2) estão unidas na flange B e carregadas conforme ilustrado na Figura P1.3/4. Se a tensão normal em cada haste deve estar limitada a 120 MPa, determine o diâmetro mínimo exigido para cada haste.

P1.5 Duas hastes cilíndricas maciças (1) e (2) estão unidas na flange B e carregadas conforme ilustrado na Figura P1.5/6. Se a tensão normal em cada haste deve estar limitada a 40 ksi (275,8 MPa), determine o diâmetro mínimo exigido para cada haste.

P1.6 Duas hastes cilíndricas maciças (1) e (2) estão unidas na flange B e carregadas conforme ilustrado na Figura 1.5/6. O diâmetro da haste (1) é $d_1 = 1,75$ in. (4,445 cm) e o diâmetro da haste (2) é $d_2 = 2,50$ in (6,35 cm). Determine as tensões normais nas hastes (1) e (2).

P1.7 Por intermédio de placas rígidas de apoio são aplicadas cargas axiais às hastes cilíndricas maciças mostradas na Figura P1.7/8. O diâmetro da haste de alumínio (1) é 2,00 in (5,08 cm), o diâmetro da haste de latão (2) é 1,50 in (3,81 cm) e o diâmetro da haste de aço (3) é 3,00 in (7,62 cm). Determine a tensão axial em cada uma das três hastes.

P1.8 Por intermédio de placas rígidas de apoio são aplicadas cargas axiais às hastes cilíndricas maciças mostradas na Figura P1.7/8. A tensão normal na haste de alumínio (1) deve estar limitada a 18 ksi (124,1 MPa), a tensão normal na haste de latão (2) deve estar limitada a 25 ksi (172,4 MPa) e a tensão normal na haste de aço (3) deve estar limitada a 15 ksi (103,4 MPa). Determine o diâmetro mínimo exigido para cada uma das três hastes.

P1.9 Duas hastes cilíndricas maciças suportam a carga $P = 50$ kN conforme a Figura P1.9/10. Se a tensão normal em cada haste deve estar limitada a 130 MPa, determine o diâmetro mínimo exigido para cada haste.

P1.10 Duas hastes cilíndricas maciças suportam uma carga $P = 27$ kN conforme a Figura P1.9/10. A haste (1) tem um diâmetro de 16 mm e o diâmetro da haste (2) é 12 mm. Determine a tensão axial em cada haste.

P1.11 Uma treliça simples conectada por pinos está carregada e apoiada conforme a Figura P1.11. Todas as barras da treliça são tubos de alumínio que possuem diâmetro externo de 4,00 in (10,16 cm) e espessura de parede de 0,226 in (0,574 cm). Determine a tensão normal em cada barra da treliça.

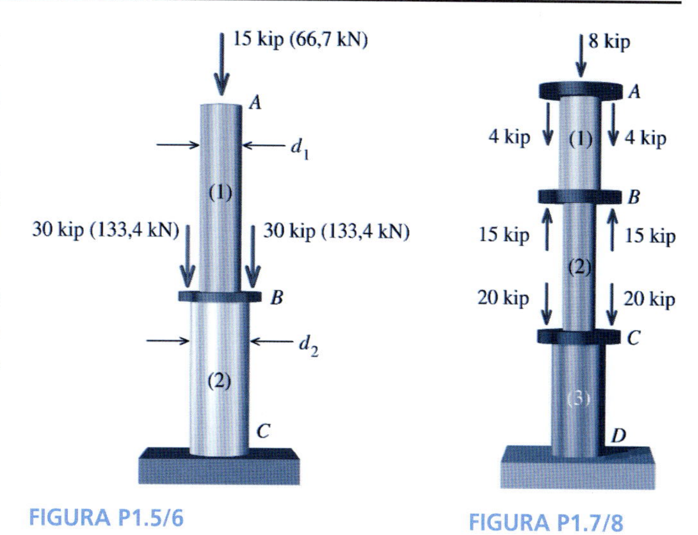

FIGURA P1.5/6

FIGURA P1.7/8

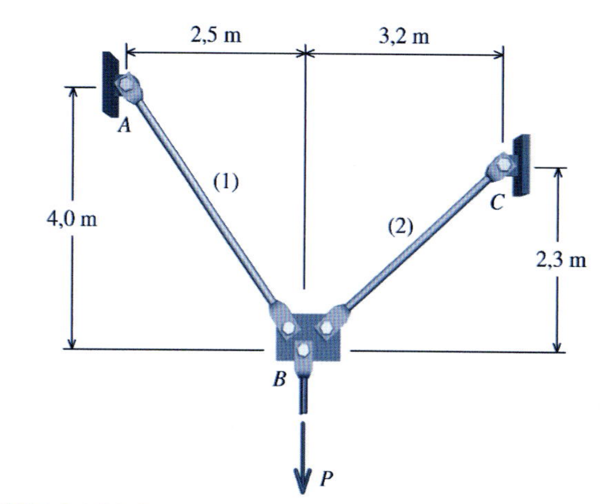

FIGURA P1.9/10

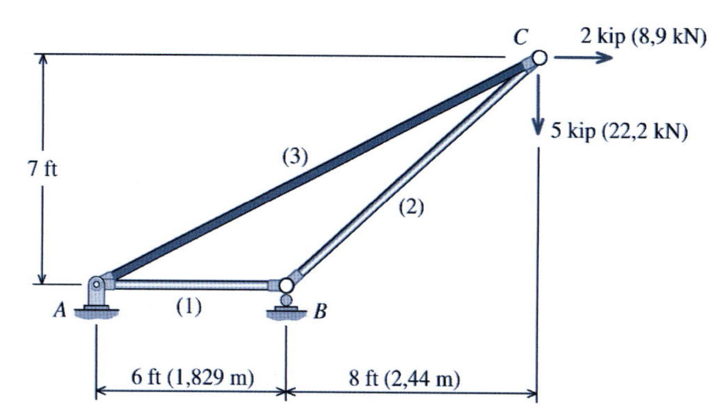

FIGURA P1.11

P1.12 Uma treliça simples conectada por pinos está carregada e apoiada conforme a Figura P1.12. Todas as barras da treliça são tubos de alumínio que possuem diâmetro externo de 60 mm e espessura de parede de 4 mm. Determine a tensão normal em cada barra da treliça.

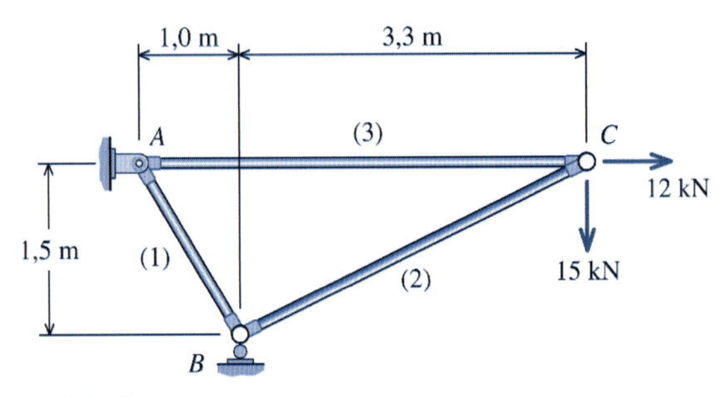

FIGURA P1.12

P1.13 Uma treliça simples conectada por pinos está carregada e apoiada conforme a Figura P1.13. Todas as barras da treliça são tubos de alumínio que possuem diâmetro externo de 42 mm e espessura de parede de 3,5 mm. Determine a tensão normal em cada barra da treliça.

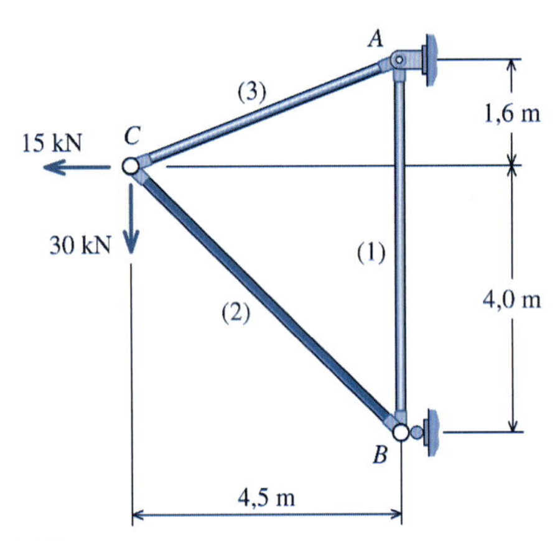

FIGURA P1.13

P1.14 As barras da treliça mostrada na Figura P1.14 são tubos de alumínio que possuem diâmetro externo de 4,50 in (11,43 cm) e espessura de parede de 0,237 in (0,602 cm). Determine a tensão normal em cada barra da treliça.

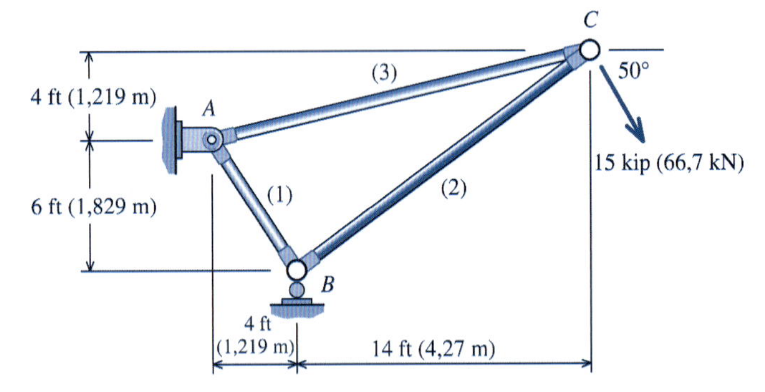

FIGURA P1.14

P1.15 A barra (1) da Figura P1.15 tem área de seção transversal de 0,75 in² (4,84 cm²). Se a tensão na barra (1) deve estar limitada a 30 ksi (206,8 MPa), determine a carga máxima P que pode ser suportada pela estrutura.

P1.16 Duas tábuas de madeira com largura de 6 in (15,24 cm) são unidas por talas de junção que serão completamente cobertas por cola nas superfícies de contato conforme mostra a Figura P1.16. A cola a ser usada pode fornecer com segurança uma resistência de cisalhamento de 120 psi (0,827 MPa). Determine o menor comprimento admissível L que pode ser usado para as talas de junção para uma carga aplicada P = 10.000 lb (44,48 kN). Observe que é exigida uma folga de 0,5 in (1,27 cm) entre as tábuas (1) e (2).

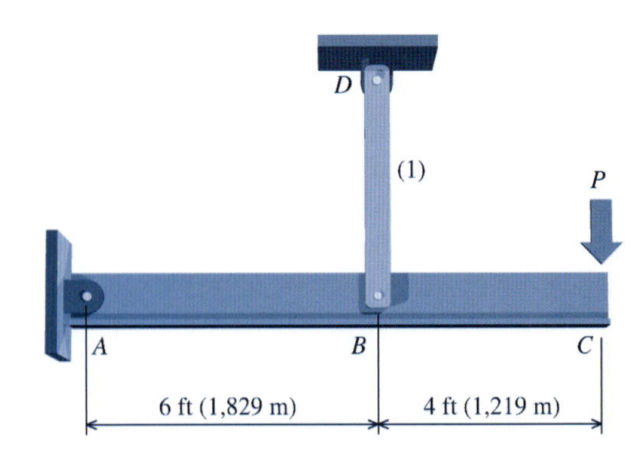

FIGURA P1.15

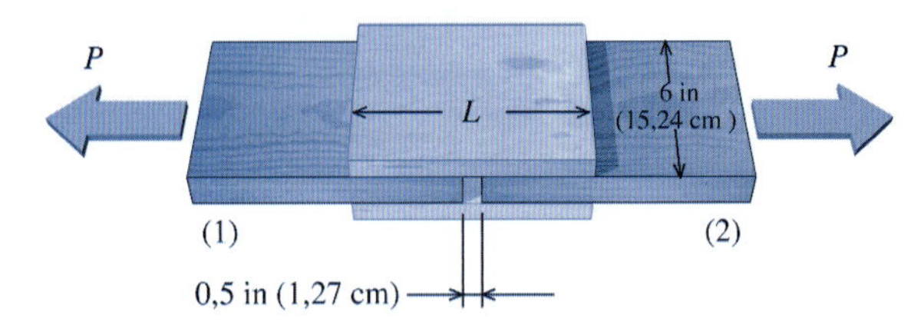

FIGURA P1.16

P1.17 Para a conexão que utiliza um grampo em U e mostrada na Figura P1.17/18, determine a tensão de cisalhamento no parafuso com 22 mm de diâmetro para uma carga aplicada P = 90 kN.

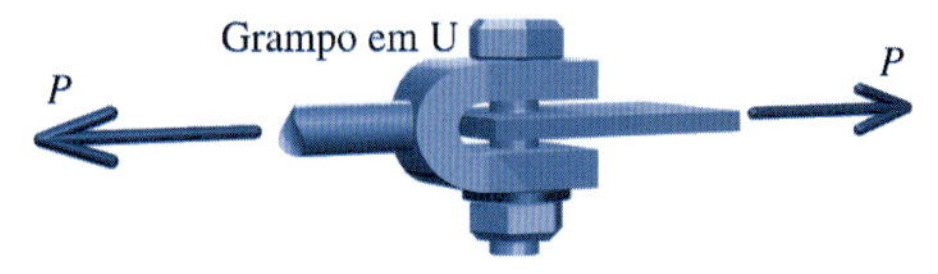

FIGURA P1.17/18

P1.18 Para a conexão que utiliza um grampo em U e mostrada na Figura P1.17/18, a tensão de cisalhamento no parafuso com 3/8 in (0,953 cm) de diâmetro deve estar limitada a 36 ksi (248,2 MPa). Determine a carga máxima P que pode ser aplicada à conexão.

P1.19 Para a conexão mostrada na Figura P1.19/20, determine a tensão cisalhante média nos parafusos de 7/8 in (2,223 cm) de diâmetro se a carga for de P = 45 kip (200,2 kN).

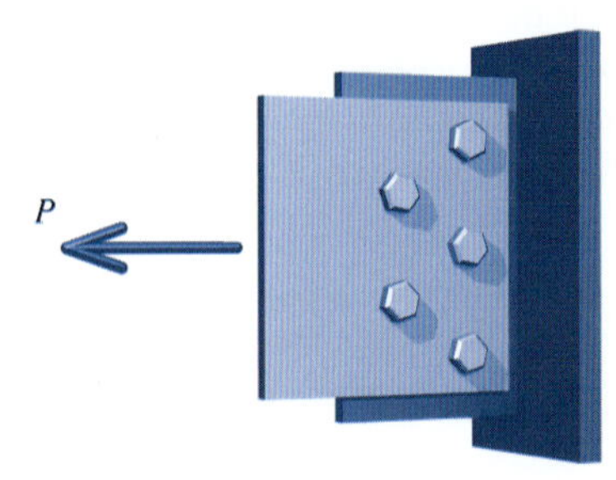

FIGURA P1.19/20

P1.20 A conexão de cinco parafusos mostrada na Figura 1.19/20 deve suportar uma carga aplicada de P = 300 kN. Se a tensão cisalhante média nos parafusos deve estar limitada a 225 MPa, determine o diâmetro mínimo dos parafusos que podem ser usados na conexão.

P1.21 A conexão de três parafusos mostrada na Figura P1.21/22 deve suportar uma carga aplicada $P = 40$ kip (177,9 kN). Se a tensão cisalhante média nos parafusos deve estar limitada a 24 ksi (165,5 MPa), determine o diâmetro mínimo dos parafusos que podem ser usados na conexão.

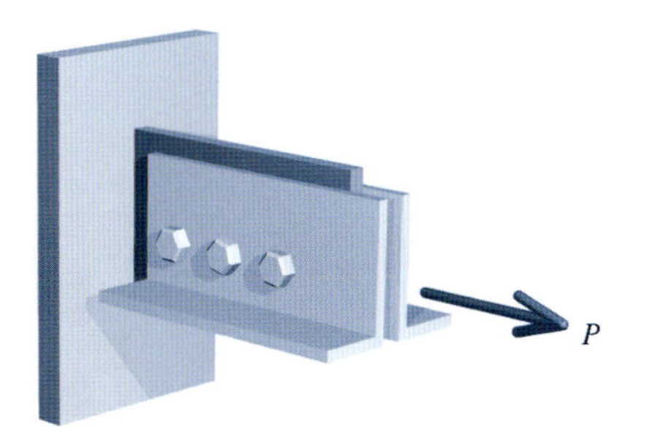

FIGURA P1.21/22

P1.22 Para a conexão mostrada na Figura P1.21/22, a tensão cisalhante média nos parafusos de 12 mm deve estar limitada a 160 MPa. Determine a carga máxima P que pode ser aplicada à conexão.

P1.23 Um prensa hidráulica de perfuração é usada para fazer um furo em uma placa espessa de 0,50 in (1,27 cm) conforme ilustra a Figura P1.23. Se a placa sofre cisalhamento sob uma tensão de 30 ksi (206,8 MPa), determine a força P exigida para realizar o furo.

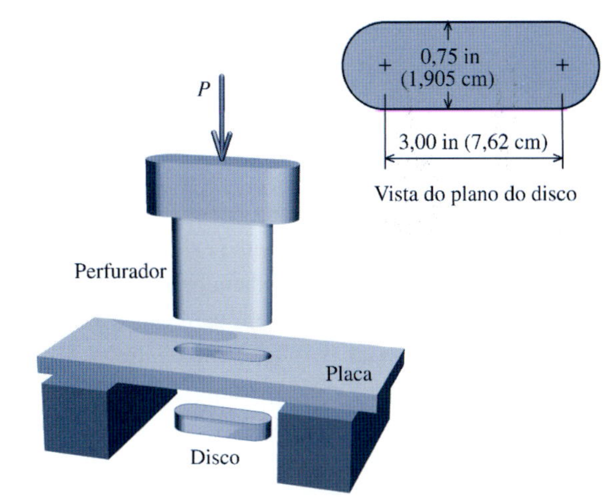

FIGURA P1.23

P1.24 Usa-se um acoplamento para conectar um tubo plástico (1) com 2 in (5,08 cm) de diâmetro a um tubo (2) com 1,5 in (3,81 cm) de diâmetro, conforme mostra a Figura P1.24. Se a tensão cisalhante média no adesivo deve estar limitada a 400 psi (2,76 MPa), determine os comprimentos mínimos L_1 e L_2 exigidos para a conexão, se a carga aplicada P for de 5.000 lb (22,24 kN).

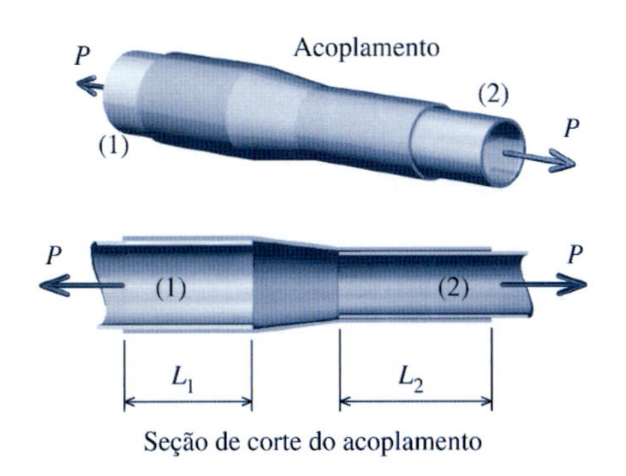

FIGURA P1.24

P1.25 Uma alavanca está conectada a um eixo por meio de uma chaveta quadrada de cisalhamento conforme mostra a Figura P1.25. A força aplicada à alavanca é $P = 400$ N. Se a tensão de cisalhamento na chaveta não deve superar 90 MPa, determine a dimensão mínima a que deve ser usada se a chaveta tiver 15 mm de comprimento.

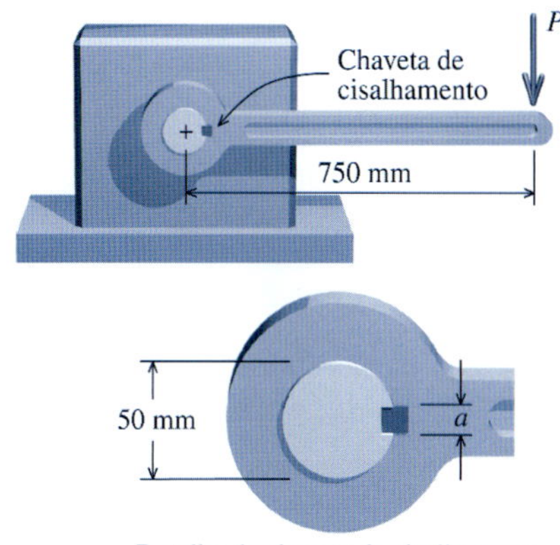

FIGURA P1.25

P1.26 Um engate comum de reboque é mostrado na Figura P1.26. A tensão cisalhante no pino deve estar limitada a 30.000 psi (206,8 MPa). Se a carga aplicada for $P = 4.000$ lb (17,79 kN), determine o diâmetro mínimo que pode ser usado para o pino.

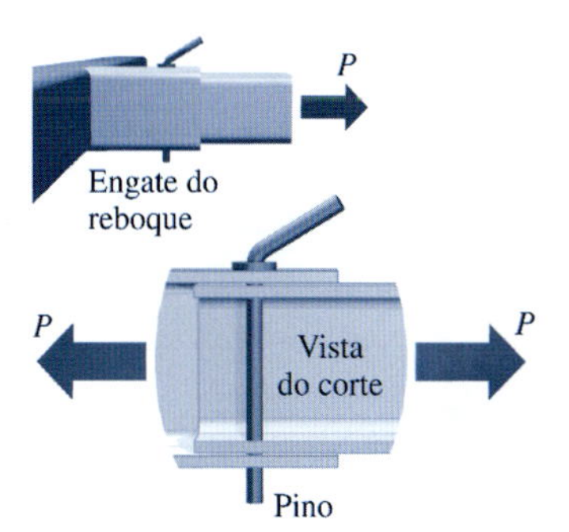

FIGURA P1.26

P1.27 Na Figura P1.27, uma carga axial P é suportada por uma coluna curta de aço, que tem uma seção transversal de 11.400 mm². Se a tensão normal média na coluna de aço não deve superar 110 MPa, determine a dimensão a mínima exigida de forma que a tensão de esmagamento entre a placa de base e a laje de concreto não seja superior a 8 MPa.

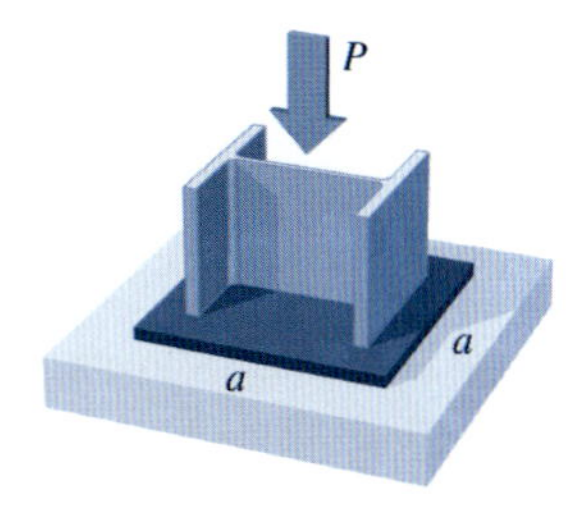

FIGURA P1.27

P1.28 A coluna tubular de aço mostrada na Figura P1.28 tem um diâmetro externo de 8,625 in (21,908 cm) e espessura de parede de 0,25 in (0,635 cm). A viga de madeira tem largura de 10,75 in (27,305 cm) e a placa superior tem a mesma largura. A carga imposta na coluna pela viga de madeira é 80 kip (355,9 kN). Determine:

(a) a tensão média de esmagamento nas superfícies entre a coluna tubular e as placas de aço superior e inferior utilizadas para apoio.

(b) o comprimento L da placa de apoio superior se sua largura for 10,75 in (27,305 cm) e a tensão média de esmagamento entre a placa de aço e a viga de madeira não deve ser superior a 500 psi (3,45 MPa).

(c) A dimensão a da placa de apoio quadrada inferior se a tensão média de esmagamento entre a placa de apoio inferior e a laje de concreto não deve ser superior a 900 psi (6,21 MPa).

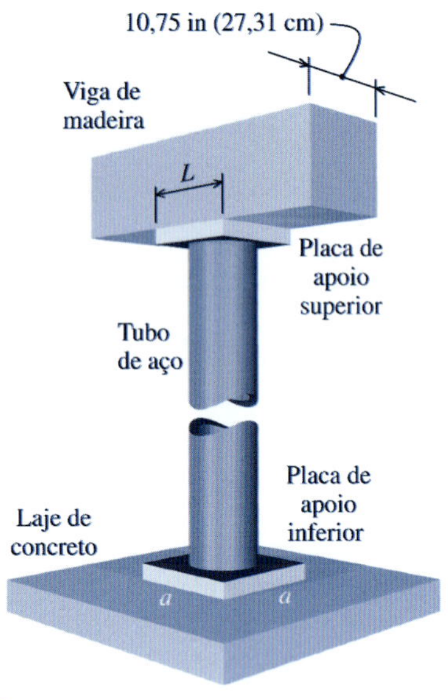

FIGURA P1.28

P1.29 Um eixo vertical é suportado por um anel de pressão e uma placa de apoio conforme mostra a Figura P1.29. A tensão média de cisalhamento no anel deve estar limitada a 18 ksi (124,1 MPa), e a tensão média de esmagamento entre o anel e a placa, a 24 ksi (165,5 MPa). Com base nesses limites, determine a carga axial máxima P que pode ser aplicada ao eixo

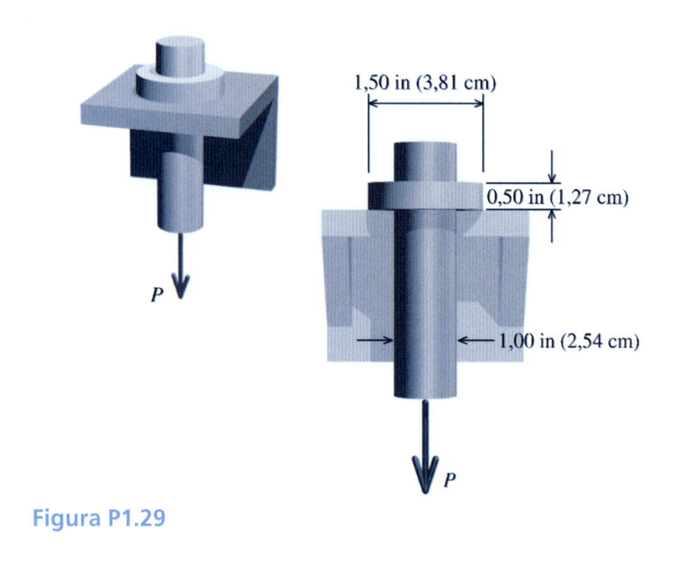

Figura P1.29

1.5 TENSÕES EM SEÇÕES INCLINADAS

MecMovies 1.11 é uma apresentação animada da teoria das tensões em um plano inclinado.

Nas seções anteriores, foram apresentadas tensões normais, de cisalhamento e de esmagamento em planos paralelos e perpendiculares aos eixos de elementos estruturais submetidos a cargas centradas. Serão analisadas agora as tensões em planos inclinados aos eixos de barras carregados axialmente.

Considere uma barra prismática sujeita a uma força axial P aplicada no centroide da barra (Figura 1.3a). O carregamento desse tipo é denominado **uniaxial** uma vez que a força aplicada na barra age em uma direção (isto é, tanto em tração como em compressão). A área da seção transversal da barra é A. Para investigar as tensões que estão agindo internamente no material, faremos um corte na barra ao longo da seção a-a. O diagrama de corpo livre (Figura 1.3b) mostra a tensão normal σ que está distribuída ao longo da seção de corte da barra. O valor da tensão normal pode ser calculado a partir de $\sigma = P/A$, admitindo que a tensão esteja distribuída uniformemente. Nesse caso, a tensão será uniforme uma vez que a barra é prismática e a força P é aplicada no centroide da seção transversal. A resultante dessa distribuição de tensão normal tem mesmo módulo que a carga aplicada P e tem uma linha de ação que é coincidente com os eixos da barra, conforme ilustrado. Observe que não há tensão cisalhante τ porque a superfície de corte é perpendicular à direção da força resultante.

Para fazer referência a planos, a orientação do plano é especificada pela normal ao plano. O plano inclinado mostrado na Figura 1.3d é denominado face n porque o eixo n é a normal a essa superfície.

Entretanto, a seção a-a é específica por ser a única superfície perpendicular à força P. Um caso mais geral consideraria uma seção cortada através da barra em um ângulo arbitrário. Considere um diagrama de corpo livre ao longo da seção b-b (Figura 1.3c). Como as tensões são as mesmas ao longo de toda a barra, as tensões na superfície inclinada devem estar distribuídas uniformemente. Como a barra está em equilíbrio, a resultante da tensão uniformemente distribuída deve ser igual a P ainda que atue em uma superfície inclinada.

A orientação da superfície inclinada pode ser definida pelo ângulo θ entre o eixo x e um eixo *normal* ao plano, que é o eixo n, conforme a ilustração da Figura 1.3d. Define-se um ângulo θ positivo como o correspondente a uma rotação no sentido contrário ao dos ponteiros do relógio do eixo x ao eixo n. O eixo t é *tangencial* à superfície de corte e o os eixos n-t formam um sistema coordenado que respeita a regra da mão direita.

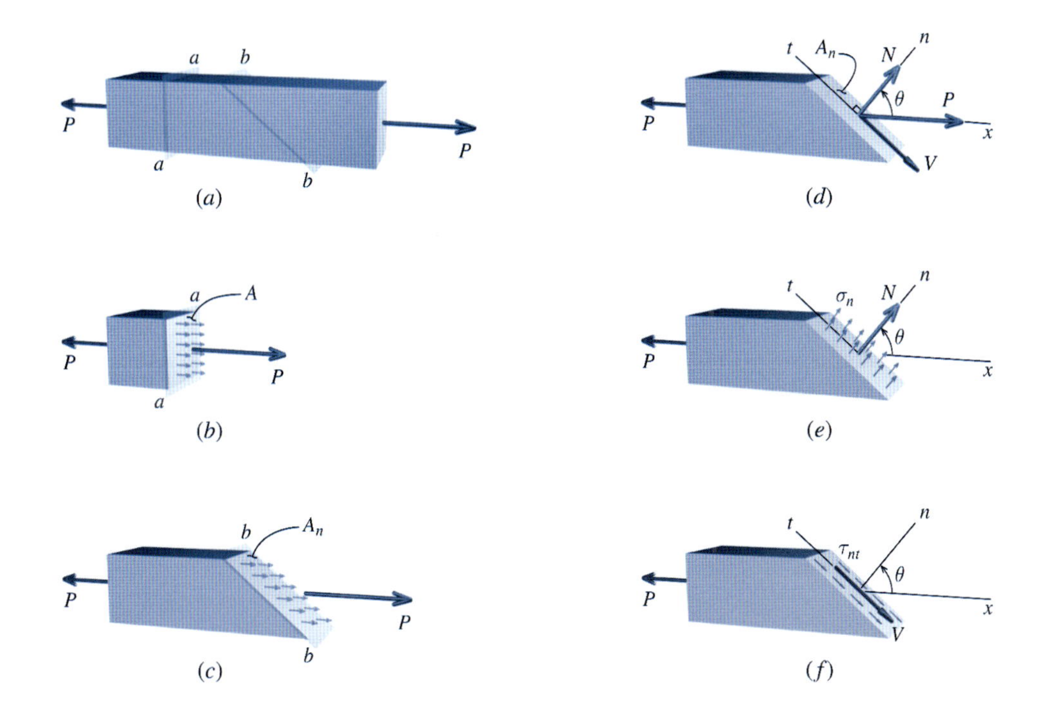

FIGURA 1.3 (*a*) Barra prismática sujeita a uma força axial *P*. (*b*) Tensões normais na seção inclinada *b-b*. (*c*) Tensões na seção inclinada *b-b*. (*d*) Componentes de força que agem perpendicular e paralelamente ao plano inclinado. (*e*) Tensões normais que agem em um plano inclinado. (*f*) Tensões de cisalhamento que agem em um plano inclinado.

Para analisar as tensões que agem no plano inclinado (Figura 1.3*d*), devem ser calculados os componentes da força resultante *P* que agem perpendicular e paralelamente ao plano. Usando θ da maneira definida anteriormente, o componente perpendicular da força (isto é, força normal) é $N = P\cos\theta$ e o componente paralelo da força (isto é, força cisalhante) é $V = -P \text{ sen } \theta$. (O sinal negativo indica que a força cisalhante age na direção $-t$, conforme a ilustração da Figura 1.3*d*.) A área do plano inclinado é $A_n = A/\cos\theta$, na qual *A* é a área da seção transversal do elemento carregado axialmente. Agora, a tensão normal e a tensão cisalhante que agem em um plano inclinado (Figuras 1.3*e* e 1.3*f*) podem ser determinadas dividindo o componente de força pela área do plano inclinado:

$$\sigma_n = \frac{N}{A_n} = \frac{P\cos\theta}{A/\cos\theta} = \frac{P}{A}\cos^2\theta = \frac{P}{2A}(1+\cos 2\theta) \tag{1.8}$$

$$\tau_{nt} = \frac{V}{A_n} = \frac{-P \text{ sen }\theta}{A/\cos\theta} = -\frac{P}{A}\text{sen}\theta\,\cos\theta = -\frac{P}{2A}\text{sen}\,2\theta \tag{1.9}$$

Como tanto a área da superfície inclinada A_n como os valores da força normal *N* e da força cisalhante *V* na superfície dependem do ângulo de inclinação θ, a tensão normal σ_n e a tensão cisalhante τ_{nt} também dependem da inclinação θ do plano. *A dependência que a tensão apresenta tanto da força como da área significa que a tensão não é uma quantidade vetorial*; portanto, as leis da soma de vetores não se aplicam às tensões.

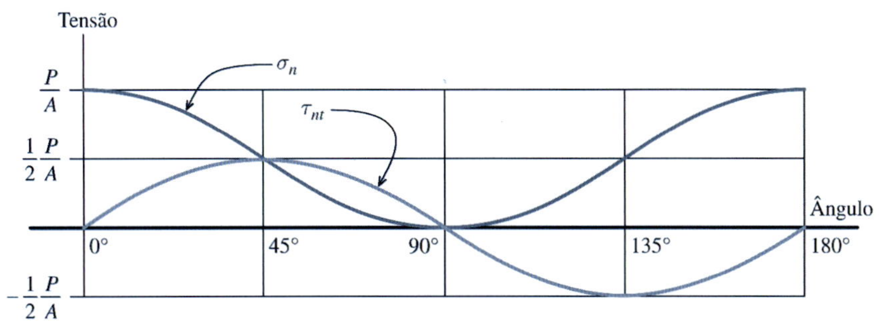

FIGURA 1.4 Variação da tensão normal e da tensão de cisalhamento em função da orientação do plano inclinado θ.

A Figura 1.4 fornece um gráfico que mostra os valores de σ_n e τ_{nt} em função de θ. Esses resultados indicam que σ_n é máximo quando θ é 0º ou 180º, que τ_{nt} é máximo quando θ é 45º ou 135º e que $\tau_{\text{máx}} = \sigma_{\text{máx}}/2$. Portanto, a tensão normal máxima e a tensão cisalhante máxima em um elemento que está sujeito a uma força uniaxial de tração ou compressão aplicada ao longo do centroide do elemento (denominado **carregamento central** ou **carregamento cêntrico**) valem

$$\sigma_{\text{máx}} = \frac{P}{A} \quad \text{e} \quad \tau_{\text{máx}} = \frac{P}{2A} \tag{1.10}$$

Observe que a tensão normal é máxima ou mínima em planos para os quais a tensão cisalhante é nula. Pode-se demonstrar que a tensão cisalhante é sempre nula nos planos de tensão normal máxima ou mínima. Os conceitos de tensão normal máxima e mínima e de tensão cisalhante máxima para casos mais gerais serão vistos em seções posteriores deste livro.

O gráfico das tensões normais e cisalhantes devidas ao carregamento axial, mostrado na Figura 1.4, indica que o sinal da tensão cisalhante muda quando θ for maior do que 90º. Entretanto, o valor da tensão cisalhante para qualquer ângulo de θ é o mesmo que para $90° + \theta$. A mudança de sinal indica simplesmente que a força cisalhante V muda de direção.

SIGNIFICADO

Embora alguém possa imaginar que há apenas uma única tensão em um material (particularmente em um elemento axial simples), essa análise demonstrou que há muitas combinações diferentes da tensão normal e da tensão cisalhante em um objeto sólido. O módulo e a direção da tensão normal e da tensão cisalhante em qualquer ponto depende da orientação do plano que está sendo analisado.

Por que Isso É Importante? Ao projetar um componente, um engenheiro deve estar ciente de todas as combinações possíveis de tensão normal σ_n e a tensão cisalhante τ_{nt} que existem nas superfícies internas do objeto, não apenas nas mais óbvias. Além disso, diferentes materiais são sensíveis a diferentes tipos de tensão. Por exemplo, ensaios de laboratório em corpos de prova carregados em tração uniaxial revelam que materiais frágeis tendem a se romper em resposta à intensidade da tensão normal. Esses materiais se fraturam em um plano transversal (isto é, um plano como a seção *a-a* da Figura 1.3*a*). Materiais dúteis, por outro lado, são sensíveis à tensão de cisalhamento. Um material dútil carregado sob tração uniaxial se fraturará em um plano de 45º, uma vez que a máxima tensão de cisalhamento ocorre nessa superfície.

1.6 IGUALDADE DAS TENSÕES DE CISALHAMENTO EM PLANOS PERPENDICULARES

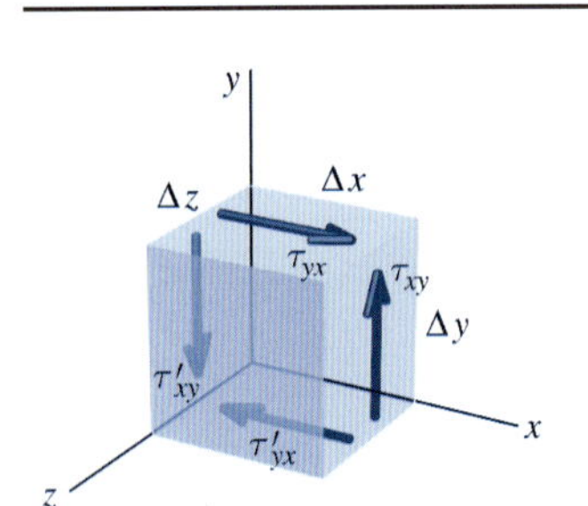

FIGURA 1.5 Tensões cisalhantes que agem em volume pequeno de material.

Se um objeto estiver em equilíbrio, qualquer parte do objeto que seja examinada também deve estar em equilíbrio, independentemente do quanto ela possa ser pequena. Portanto, vamos considerar um pequeno volume elementar do material que está sujeito a tensão cisalhante, conforme mostra a Figura 1.5. A face frontal e a face traseira desse pequeno elemento estão livres de tensões.

O equilíbrio envolve forças, não tensões. Para considerar o equilíbrio desse elemento, as forças produzidas pelas tensões que agem em cada face devem ser encontradas multiplicando a tensão que age em cada face pela área da face. Por exemplo, a força horizontal que age na face superior desse elemento é dada por $\tau_{yx}\Delta x\Delta z$ e a força vertical que age na face direita desse elemento é dada por $\tau_{xy}\Delta y\Delta z$. O equilíbrio na direção horizontal fornece

$$\Sigma F_x = \tau_{yx}\Delta x\Delta z - \tau'_{yx}\Delta x\Delta z = 0 \qquad \therefore \tau_{yx} = \tau'_{yx}$$

e o equilíbrio na direção vertical fornece

$$\Sigma F_y = \tau_{xy}\Delta y\,\Delta z - \tau'_{xy}\Delta y\,\Delta z = 0 \qquad \therefore \tau_{xy} = \tau'_{xy}$$

Finalmente, calculando os momentos em torno do eixo z tem-se

$$\Sigma M_z = (\tau_{xy}\,\Delta y\,\Delta z)\,\Delta x - (\tau_{yx}\,\Delta x\,\Delta z)\,\Delta y = 0 \qquad \therefore \tau_{xy} = \tau_{yx}$$

Portanto, o equilíbrio exige que

$$\tau_{xy} = \tau_{yx} = \tau'_{xy} = \tau'_{yx} = \tau$$

Em outras palavras, se uma tensão de cisalhamento agir em um plano do objeto, então tensões de cisalhamento de igual módulo agem nos outros três planos. As tensões de cisalhamento devem estar orientadas tanto no modo como é mostrado na Figura 1.5, como nas direções opostas em cada face.

As setas das tensões cisalhantes em faces adjacentes aparecem, ou convergindo para uma aresta, ou se afastando dela. Em outras palavras, as setas são dispostas ponta a ponta ou cauda a cauda — nunca ponta a cauda — em planos perpendiculares que se interceptam.

EXEMPLO 1.9

Uma barra de aço com 120 mm de largura e com uma junta por solda de topo, conforme mostra a figura, será usada para aplicar uma carga axial de tração $P = 180$ kN. Se a tensão normal e a tensão cisalhante no plano da solda de topo devem estar limitadas a 80 MPa e 45 MPa, respectivamente, determine a espessura mínima exigida para a barra.

Planejamento da Solução

Tanto o limite da tensão normal como o limite da tensão cisalhante determinarão a área da seção exigida para a barra. Não há maneira de saber de antemão que tensão será a determinante; portanto, ambas as possibilidades devem ser verificadas. A área mínima da seção transversal exigida para cada limite deve ser determinada. Usando o maior desses dois resultados, a espessura mínima da barra será determinada. Para ilustrar, esse exemplo será executado de duas maneiras:

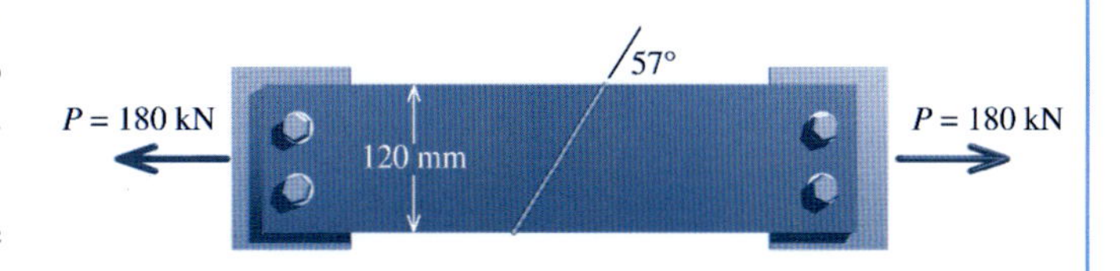

(a) usando diretamente o componente normal e o componente cisalhante da força P,
(b) usando as Equações (1.8) e (1.9).

SOLUÇÃO

(a) Solução Usando o Componente Normal e Cisalhante da Força

Considere o diagrama de corpo livre (DCL) da metade esquerda da barra. Decomponha a força $P = 180$ kN em um componente de força N perpendicular à solda e um componente de força V paralelo à solda.

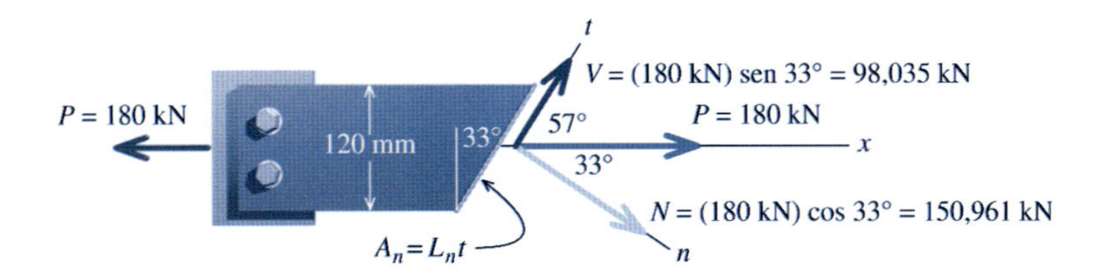

A área mínima de seção transversal da solda A_n necessária para limitar em 80 MPa a tensão normal na solda pode ser calculada a partir de

$$\sigma_n = \frac{N}{A_n} \qquad \therefore A_n \geq \frac{(150{,}961 \text{ kN})(1.000 \text{ N/kN})}{80 \text{ N/mm}^2} = 1.887{,}013 \text{ mm}^2$$

Similarmente, a área mínima de seção transversal da solda A_n necessária para limitar em 45 MPa a tensão cisalhante na solda pode ser calculada a partir de

$$\tau_{nt} = \frac{V}{A_n} \qquad \therefore A_n \geq \frac{(98{,}035 \text{ kN})(1.000 \text{ N/kN})}{45 \text{ N/mm}^2} = 2.178{,}556 \text{ mm}^2$$

Para satisfazer tanto o limite da tensão normal como o limite da tensão cisalhante, a área mínima da seção transversal A_n necessária para a solda é $A_n = 2.178{,}556\ \text{mm}^2$. A seguir, podemos determinar o comprimento da solda L_n ao longo da superfície inclinada. Da geometria da superfície

$$\cos 33° = \frac{120\ \text{mm}}{L_n} \qquad \therefore L_n = \frac{120\ \text{mm}}{\cos 33°} = 143{,}084\ \text{mm}$$

Portanto, para fornecer a área de solda necessária, a espessura mínima é

$$t_{\text{mín}} \geq \frac{2.178{,}556\ \text{mm}^2}{143{,}084\ \text{mm}} = 15{,}23\ \text{mm} \qquad \textbf{Resp.}$$

(b) Solução Usando as Equações (1.8) e (1.9)

Determine o ângulo θ necessário para as Equações (1.8) e (1.9). O ângulo θ é definido como o ângulo entre a seção transversal (isto é, a seção perpendicular à carga aplicada) e a superfície inclinada, com ângulos positivos definidos na direção contrária à dos ponteiros do relógio. Embora o ângulo da solda de topo esteja identificado com 57° no esquema do problema, esse não é o valor necessário para θ. Para usar nas equações, $\theta = -33°$.

A tensão normal e a tensão cisalhante no plano inclinado podem ser calculadas de

$$\sigma_n = \frac{P}{A}\cos^2\theta \qquad \text{e} \qquad \tau_{nt} = -\frac{P}{A}\,\text{sen}\,\theta\cos\theta$$

Baseado no limite de 80 MPa para a tensão normal, a área mínima de seção transversal exigida para a barra é

$$A_{\text{mín}} \geq \frac{P}{\sigma_n}\cos^2\theta = \frac{(180\ \text{kN})(1.000\ \text{N/kN})}{80\ \text{N/mm}^2}\cos^2(-33°) = 1.582{,}58\ \text{mm}^2$$

Similarmente, a área mínima exigida para a barra com base no limite de 45 MPa para a tensão cisalhante é

$$A_{\text{mín}} \geq -\frac{P}{\tau_{nt}}\,\text{sen}\theta\cos\theta = -\frac{(180\ \text{kN})(1.000\ \text{N/kN})}{45\ \text{N/mm}^2}\,\text{sen}(-33°)\cos(-33°) = 1.827{,}09\ \text{mm}^2$$

Nota: Aqui nos preocupamos com os valores absolutos da força e da área. Se os cálculos das áreas produzirem um valor negativo, consideraremos apenas o valor absoluto.

Para satisfazer ambos os limites de tensões, deve ser usado o maior valor dentre as duas áreas. Como a barra de aço tem 120 mm de largura, a espessura mínima da barra deve ser

$$t_{\text{mín}} \geq \frac{1.827{,}09\ \text{mm}^2}{120\ \text{mm}} = 15{,}23\ \text{mm} \qquad \textbf{Resp.}$$

Exemplo do MecMovies M1.12

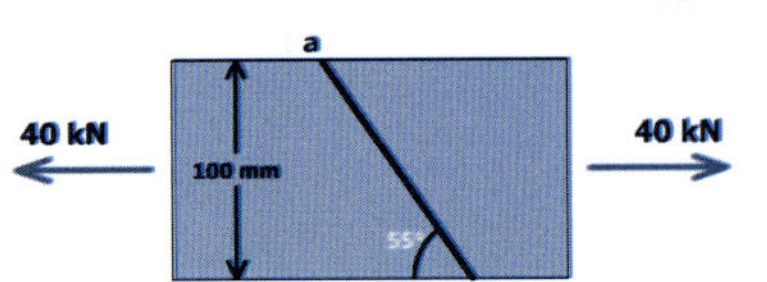

A barra de aço mostrada tem uma seção retangular de 100 mm por 25 mm. Se for aplicada uma força axial $P = 40$ kN à barra, determine a tensão normal e a tensão de cisalhamento que age na superfície inclinada *a-a*.

Exemplo do MecMovies M1.13

A barra de aço mostrada na figura tem uma seção transversal retangular de 50 mm por 10 mm. A tensão normal admissível e a tensão de cisalhamento admissível na superfície inclinada devem estar limitadas a 40 MPa e 25 MPa, respectivamente. Determine o valor da força axial máxima P que pode ser aplicada à barra.

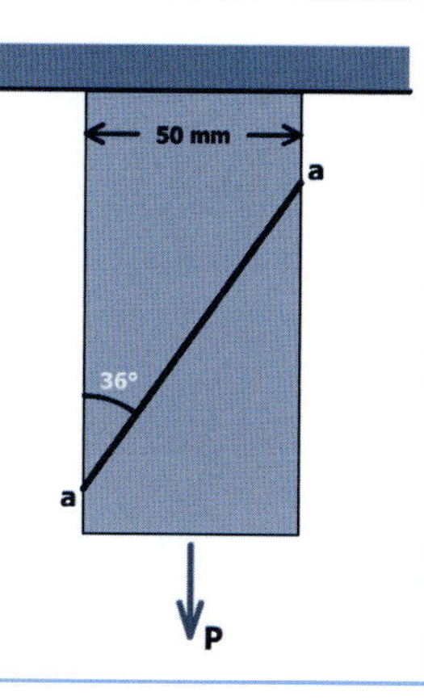

EXERCÍCIOS do MecMovies

M1.12 A barra tem uma seção transversal retangular. Para uma dada carga P determine seu componente perpendicular e seu componente paralelo à seção a-a, a área da superfície inclinada e o valor da tensão normal e de cisalhamento que agem na superfície a-a.

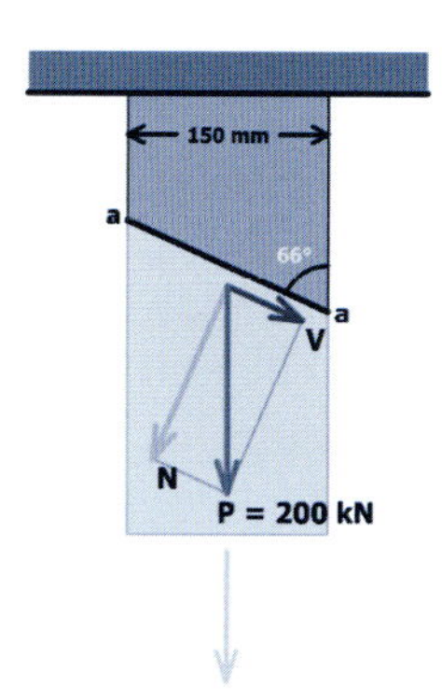

FIGURA M1.12

M1.13 A barra tem uma seção transversal retangular. São dadas a tensão normal admissível e a tensão cisalhante admissível na superfície inclinada a-a. Determine o valor da força axial máxima P que pode ser aplicada à barra e determine as tensões reais normal e de cisalhamento que agem no plano inclinado a-a.

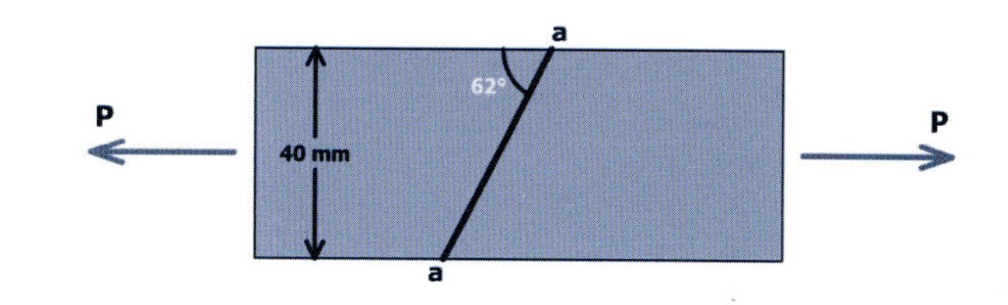

FIGURA M1.13

PROBLEMAS

P1.30 Uma barra de aço estrutural com seção retangular de 25 mm por 75 mm está sujeita a uma força axial de 150 kN. Determine a tensão normal máxima e a tensão cisalhante máxima na barra.

P1.31 Uma haste de aço com seção transversal retangular será usada para receber uma carga axial de 92 kip (409,2 kN). As tensões máximas na haste devem estar limitadas a 30 ksi (206,8 MPa) em tração e 12 ksi (82,7 MPa) em cisalhamento. Determine o diâmetro exigido para a barra.

P1.32 Uma carga axial P é aplicada à barra retangular mostrada na Figura P1.32. A área da seção transversal da barra é 400 mm². Determine a tensão normal perpendicular ao plano AB e a tensão cisalhante paralela ao plano AB se a barra estiver sujeita a uma carga axial $P = 70$ kN.

P1.33 Uma carga axial P é aplicada à barra retangular de 1,75 in (4,445 cm) por 0,75 in (1,905 cm) mostrada na Figura P1.33. Determine a tensão normal perpendicular ao plano AB e a tensão cisalhante paralela ao plano AB se a barra estiver sujeita a uma carga axial $P = 18$ kip (80,1 kN).

P1.34 Uma carga de compressão de $P = 80$ kip (355,9 kN) é aplicada a um poste quadrado de 4 in por 4 in (10,16 cm por 10,16 cm) mostrado na Figura P1.34/35. Determine a tensão normal perpendicular ao plano AB e a tensão cisalhante paralela ao plano AB.

P1.35 As especificações da barra quadrada de 50 mm por 50 mm mostrada na Figura P1.34/35 exigem que a tensão normal e a tensão cisalhante no plano AB não ultrapassem 120 MPa e 90 MPa, respectivamente. Determine a carga máxima P que pode ser aplicada sem que as especificações sejam excedidas.

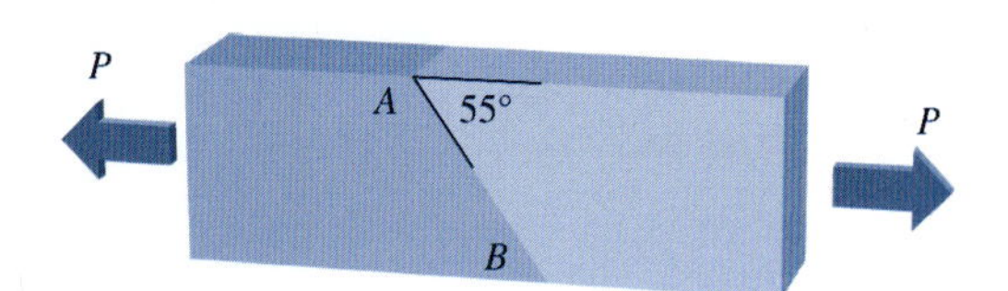

FIGURA P1.32

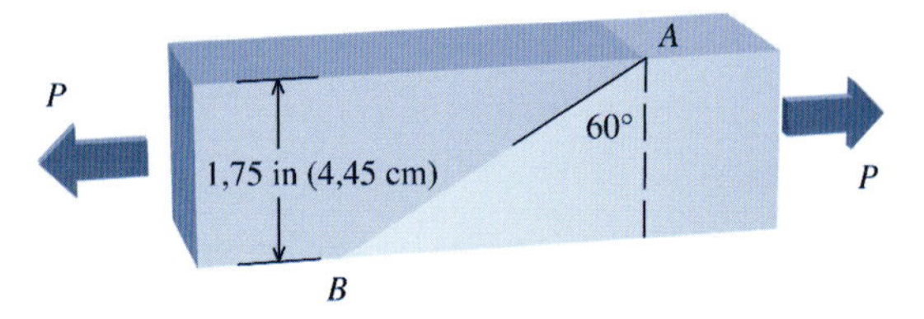

FIGURA P1.33

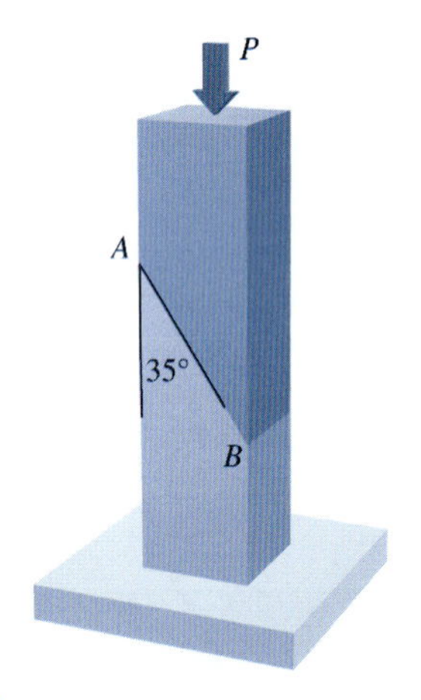

FIGURA P1.34/35

P1.36 As especificações do poste quadrado de 6 in por 6 in (15,24 cm por 15,24 cm) mostrado na Figura P1.36 exigem que a tensão normal e a tensão cisalhante no plano AB não ultrapassem 800 psi (5,52 MPa) e 400 psi (2,76 MPa), respectivamente. Determine a carga máxima P que pode ser aplicada sem que sejam ultrapassadas as especificações.

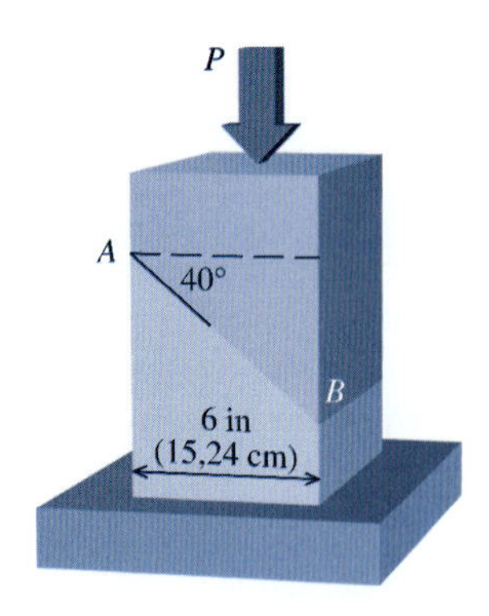

FIGURA P1.36

P1.37 Uma barra com 90 mm de largura será usada para suportar uma carga de tração com o valor de 280 kN conforme mostra a Figura P1.37. A tensão normal e a tensão cisalhante no plano AB não devem ultrapassar 150 MPa e 100 MPa, respectivamente. Determine a espessura mínima t exigida para a barra.

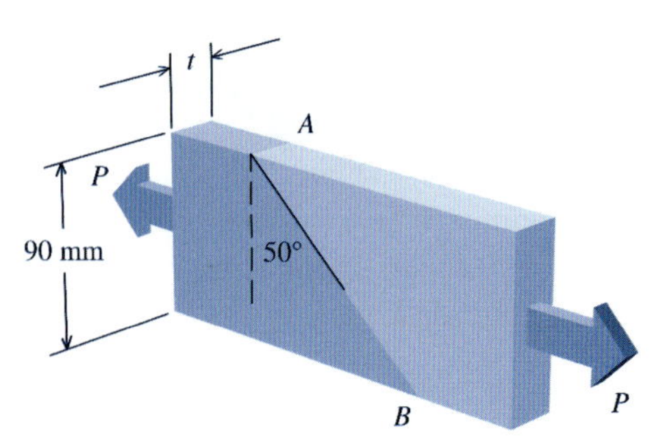

FIGURA P1.37

P1.38 Uma barra retangular com largura w = 6,00 in (15,24 cm) e espessura t = 1,50 in (3,81 cm) está sujeita a uma carga de tração P conforme mostra a Figura P1.38/39. A tensão normal e a tensão cisalhante no plano AB não devem ultrapassar 16 ksi (110,3 MPa) e 8 ksi (55,2 MPa), respectivamente. Determine a carga máxima P que pode ser aplicada sem que seja ultrapassado qualquer um dos limites de tensão.

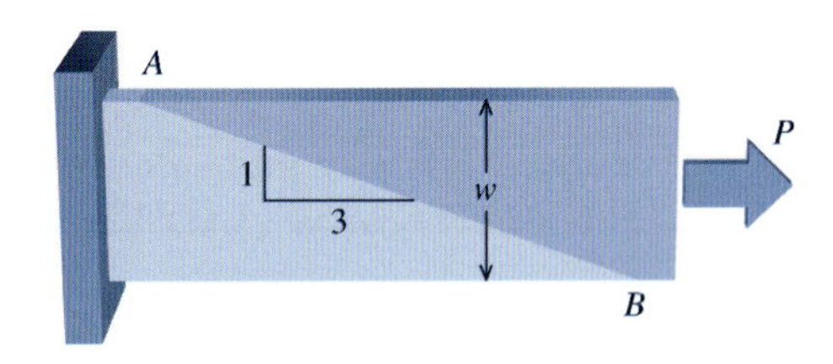

FIGURA P1.38/39

P1.39 Na Figura P1.38/39, uma barra retangular com largura w = 1,25 in (3,175 cm) e espessura t está sujeita a uma carga de tração P = 30 kip. A tensão normal e a tensão cisalhante no plano AB não devem ultrapassar 12 ksi (82,7 MPa) e 8 ksi (55,2 MPa), respectivamente. Determine a espessura mínima t exigida para a barra.

P1.40 A barra retangular tem largura w = 3,00 in (7,62 cm) e espessura t = 2,00 in (5,08 cm). A tensão normal no plano AB do bloco retangular mostrado na Figura P1.40/41 é 6 ksi (41,4 MPa) (C) quando a carga P é aplicada. Determine:

(a) o valor da carga P.
(b) a tensão cisalhante no plano AB.
(c) a tensão normal máxima e a tensão cisalhante máxima no bloco em qualquer orientação possível.

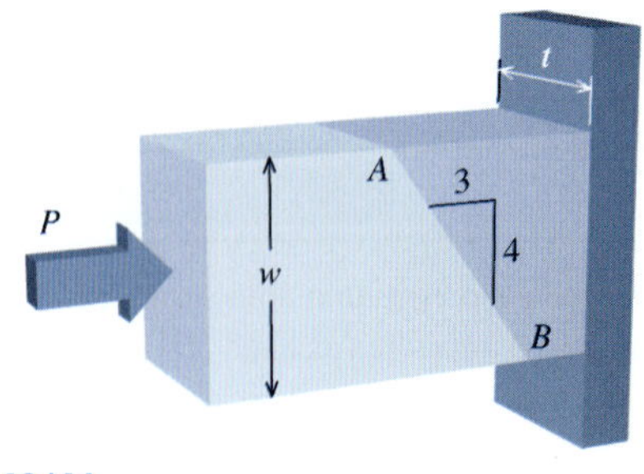

FIGURA P1.40/41

P1.41 A barra retangular tem largura w = 100 mm e espessura t = 75 mm. A tensão cisalhante no plano AB do bloco retangular mostrado na Figura P1.40/41 é 12 MPa quando a carga P é aplicada. Determine:

(a) o valor da carga P.
(b) a tensão normal no plano AB.
(c) a tensão normal máxima e a tensão cisalhante máxima no bloco em qualquer orientação possível.

2

DEFORMAÇÃO

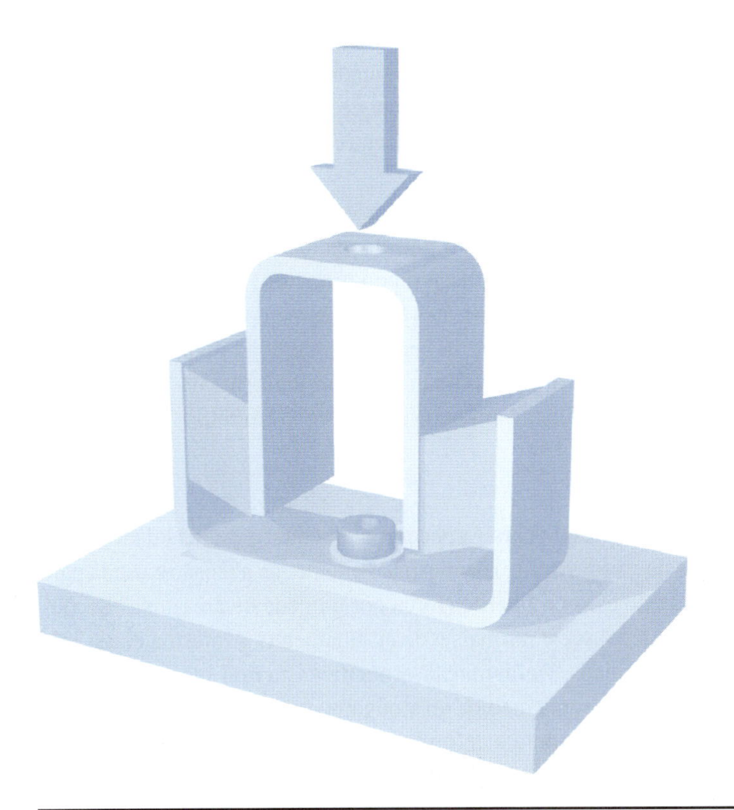

2.1 DESLOCAMENTO, DEFORMAÇÃO (VARIAÇÃO DE COMPRIMENTO) E O CONCEITO DE DEFORMAÇÃO ESPECÍFICA

No projeto de elementos estruturais ou componentes de máquinas, as deformações (variações de comprimentos) experimentadas pelo corpo em consequência das cargas aplicadas representam frequentemente uma consideração de projeto tão importante quanto a tensão. Por esse motivo, a natureza das deformações experimentadas por um corpo deformável como resultado das tensões internas será estudada e serão estabelecidos os métodos para medir ou calcular essas deformações.

DESLOCAMENTO

Quando um sistema de cargas for aplicado a um componente de máquina ou a um elemento estrutural, geralmente pontos individuais do corpo se movem. Esse movimento de um ponto em relação a algum sistema de eixos conveniente de referência é uma quantidade vetorial conhecida como **deslocamento**. Em alguns casos, os deslocamentos estão associados a uma translação e/ou a uma rotação do corpo como um todo. O tamanho e a forma do corpo não são modificados por esse tipo de deslocamento, que é denominado **deslocamento de corpo rígido**. Na Figura 2.1*a*, verifique os pontos H e K em um corpo sólido. Se o corpo for deslocado (tanto por translação como por rotação), os pontos H e K se moverão para novas posições H' e K'. O vetor de posição entre H' e K', entretanto, tem o mesmo comprimento que o vetor de posição entre H e K. Em outras palavras, a orientação relativa entre si de H e K não se modifica quando um corpo sofre um deslocamento.

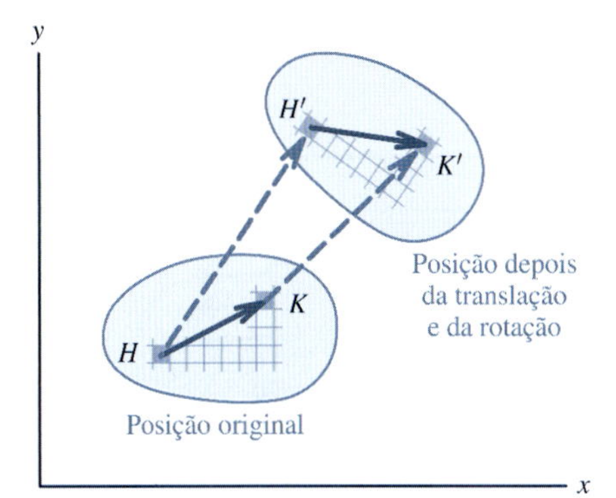

FIGURA 2.1*a* Deslocamento de corpo rígido.

DEFORMAÇÃO (VARIAÇÃO DE COMPRIMENTO)

Quando os deslocamentos forem causados por uma carga aplicada ou por uma variação de temperatura, pontos individuais do corpo se movem, uns em relação aos outros. A variação de qualquer dimensão associada a esses deslocamentos induzidos por cargas ou temperaturas é conhecida como **deformação**. A Figura 2.1*b* mostra um corpo antes e depois da deformação. Por simplicidade, a deformação mostrada na figura é tal que o ponto H não muda de posição, entretanto, o ponto K no corpo não deformado se move para a posição K' depois da deformação. Por causa da deformação, o vetor de posição entre H e K' é muito maior do que o vetor HK no corpo não deformado. Além disso, observe que os quadrados da grade mostrados no corpo antes da deformação (Figura 2.1*a*) não permanecem quadrados após a deformação. Consequentemente, tanto o tamanho como a forma do corpo foram alterados pela deformação.

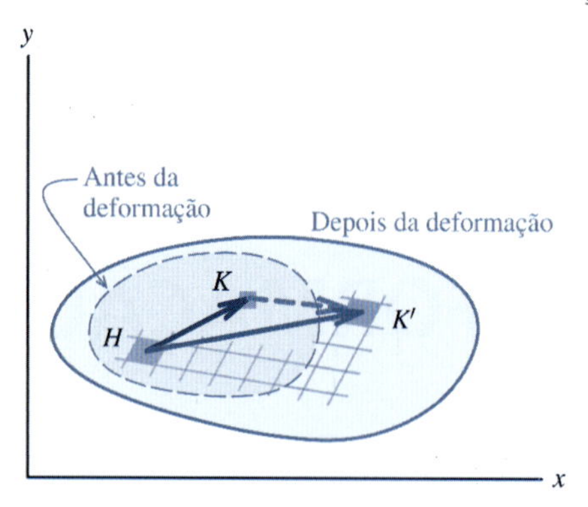

FIGURA 2.1*b* Deformação de um corpo.

Sob condições gerais de carregamento, as deformações não serão uniformes ao longo de todo o corpo. Alguns segmentos de linha sofrerão alongamentos, ao passo que outros, encurtamentos. Segmentos diferentes (de mesmo comprimento) ao longo da mesma linha podem experimentar quantidades diferentes de alongamentos ou encurtamentos. Similarmente, as variações de ângulos entre os segmentos de linha podem variar com a posição e com a orientação do corpo. Essa natureza não uniforme de deformações induzidas por carregamentos será vista com mais detalhes no Capítulo 13.

DEFORMAÇÃO ESPECÍFICA

Deformação específica é uma quantidade usada para fornecer uma medida da intensidade de deformação (deformação por unidade de comprimento) da mesma maneira que a tensão é usada para fornecer uma medida da intensidade do esforço interno (força por unidade de área). Nas Seções 1.2 e 1.3, foram definidos dois tipos de tensões: normais e de cisalhamento. A mesma classificação é usada para as deformações específicas. **Deformação específica normal** identificada pela letra grega ε (epsílon) é usada para fornecer uma medida do alongamento ou encurtamento de um segmento de linha arbitrário em um corpo durante a deformação. **Deformação específica de cisalhamento** identificada pela letra grega γ (gama) é usada para fornecer uma medida da variação angular (mudança de ângulo entre duas linhas que eram ortogonais no estado não deformado). A deformação ou a deformação específica podem ser resultado de uma variação de temperatura, de uma tensão ou algum outro fenômeno físico, como um crescimento de grãos ou retração. Neste livro, serão analisadas apenas as deformações específicas resultantes de variações de temperatura ou de tensões.

2.2 DEFORMAÇÃO ESPECÍFICA NORMAL

DEFORMAÇÃO ESPECÍFICA NORMAL MÉDIA

A deformação (variação de comprimento e largura) de uma barra simples sob a ação de uma carga axial (veja a Figura 2.2) pode ser usada para ilustrar a ideia de uma deformação específica. A deformação específica normal média $\varepsilon_{\text{média}}$ ao longo do comprimento da barra é obtida dividindo a deformação axial δ da barra por seu comprimento inicial L; isto é

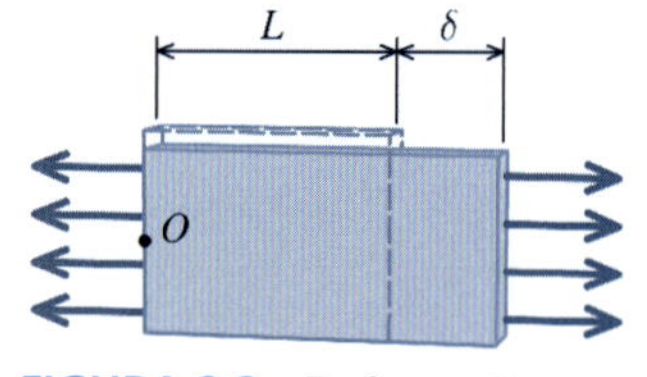

FIGURA 2.2 Deformação específica normal.

$$\varepsilon_{\text{média}} = \frac{\delta}{L} \tag{2.1}$$

O símbolo δ é usado para indicar a deformação do elemento axial.

De acordo com isso, um valor positivo de δ indica que o elemento axial se alonga e um valor negativo de δ indica que o elemento axial se encurta (denominado *contração*).

Uma deformação específica normal em um elemento sujeito a forças axiais também é denominada **deformação específica axial**.

DEFORMAÇÃO ESPECÍFICA NORMAL EM UM PONTO

Nos casos em que a deformação não é uniforme ao longo do comprimento da barra (por exemplo, uma barra longa submetida à ação do próprio peso), a deformação específica normal média dada pela Equação (2.1) pode ser significativamente diferente da deformação específica normal em um ponto arbitrário O ao longo da barra. A deformação específica normal em um ponto pode ser determinada diminuindo o comprimento no qual a deformação real é medida. No limite, uma quantidade definida como deformação específica normal no ponto $\varepsilon(O)$ é obtida. Esse processo de limite é indicado pela expressão

$$\varepsilon(O) = \lim_{\Delta L \to 0} \frac{\Delta\delta}{\Delta L} = \frac{d\delta}{dL} \tag{2.2}$$

UNIDADES DE DEFORMAÇÃO ESPECÍFICA

As Equações (2.1) e (2.2) indicam que a deformação específica normal é uma quantidade adimensional, entretanto, frequentemente as deformações normais específicas são expressas em unidades de in/in, mm/mm, m/m, μin/in, μm/m ou $\mu\varepsilon$. O símbolo μ no contexto de deformação específica é dito como "micro" e indica um fator de 10^{-6}. A conversão de quantidades adimensionais como in/in ou m/m em unidades de "microdeformação específica" (como μin/in, μm/m ou $\mu\varepsilon$) é

$$\mathbf{1\ \mu\varepsilon = 1 \times 10^{-6}\ in/in = 1 \times\ 10^{-6}\ m/m}$$

Como as deformações normais específicas são números pequenos e adimensionais, também é conveniente exprimir as deformações específicas em termos de *porcentagens*. Para os objetos mais empregados em engenharia, feitos de metais e ligas metálicas, as deformações específicas normais raramente superam os valores de 0,2%, que é equivalente a 0,002 m/m.

MEDINDO EXPERIMENTALMENTE DEFORMAÇÕES NORMAIS ESPECÍFICAS

As deformações normais específicas podem ser medidas usando um componente simples chamado **extensômetro** (também conhecido por seu nome em inglês, **strain gage**). O extensômetro comum (Figura 2.3) consiste em uma grelha metálica fina que é colada a uma superfície de peça de uma máquina ou a um elemento estrutural. Quando forem aplicadas cargas (e também variações de temperatura), o objeto a ser testado se alonga ou se contrai, criando deformações normais específicas. Como o extensômetro está colado ao objeto, ele sofre a mesma deformação específica que o objeto. À medida que o extensômetro se alonga ou se contrai, a resistência elétrica da grelha metálica varia proporcionalmente. A relação entre a deformação específica no extensômetro e sua variação da resistência correspondente é predeterminada pelo fabricante do extensômetro por meio de um procedimento de calibração para cada tipo do componente. Consequentemente, a medida precisa da variação da resistência no extensômetro serve como uma medida indireta da deformação específica. Os extensômetros são precisos e extremamente sensíveis, permitindo que sejam medidas deformações específicas tão pequenas quanto 1 $\mu\varepsilon$. No Capítulo 13, serão analisadas com mais detalhes aplicações envolvendo extensômetros.

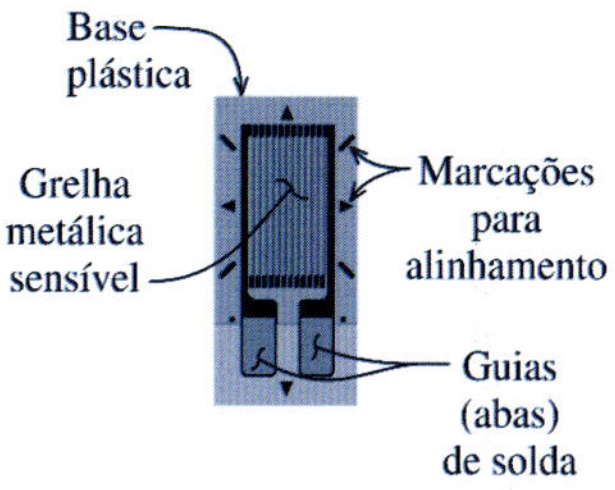

FIGURA 2.3

CONVENÇÕES DE SINAIS PARA DEFORMAÇÕES ESPECÍFICAS NORMAIS

Da definição dada pela Equação (2.1) ou pela Equação (2.2), a deformação específica normal é positiva quando o objeto se alonga e negativa quando o objeto se encurta. Em geral, o alongamento ocorrerá se a tensão axial no objeto for de tração. Portanto, deformações específicas normais positivas são chamadas *deformações específicas de tração*. O oposto será verdadeiro para tensões axiais de compressão, portanto, deformações específicas normais negativas são chamadas *deformações específicas de compressão*.

Ao desenvolver o conceito de deformação específica normal por meio de exemplos de problemas e exercícios, é conveniente usar a noção de **barra rígida**. Uma barra rígida tem a finalidade de representar um objeto que não sofre deformação de nenhuma espécie. Dependendo de como ela é apoiada, a barra rígida pode sofrer translação (isto é, se mover para cima/baixo ou para a direita/esquerda) ou girar em torno do local de um apoio (veja o Exemplo 2.1), mas não pode flexionar ou se deformar de qualquer maneira independentemente das cargas que agem sobre ela. Se uma barra rígida for reta antes de serem aplicadas as cargas, então permanecerá reta depois de as cargas serem aplicadas. A barra pode sofrer translação ou girar, mas permanecerá reta.

EXEMPLO 2.1

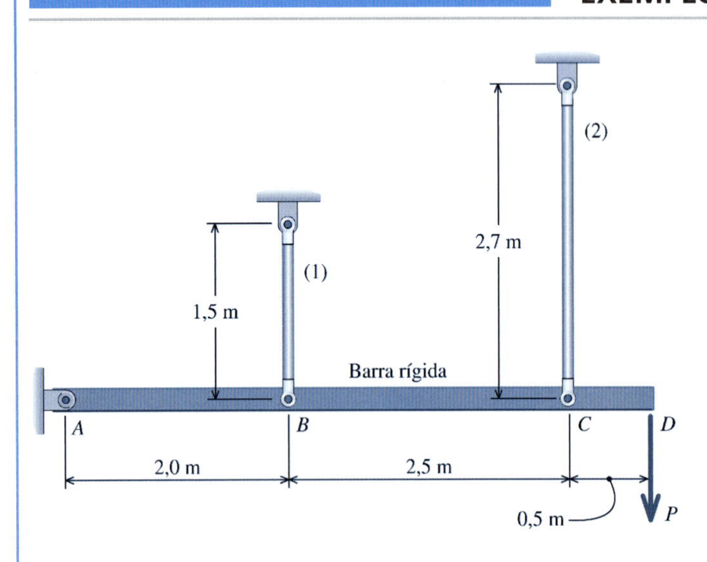

Uma barra rígida $ABCD$ possui um pino em A e é suportada por hastes em B e C, conforme ilustrado. A deformação específica nas hastes verticais é nula antes de a carga P ser aplicada. Após a carga P ser aplicada, a deformação específica normal na haste (2) é 800 $\mu\varepsilon$. Determine:

(a) a deformação específica normal na haste (1).
(b) a deformação específica normal na haste (1) se houver uma folga de 1 mm na conexão entre a barra rígida e a haste (2) antes de a carga ser aplicada.

Planejamento da Solução

Para este problema, a definição de deformação específica normal será usada para relacionar a deformação específica com o alongamento de cada haste. Como a barra rígida possui um pino em A, vai girar em torno do apoio; entretanto, permanecerá reta. Os deslocamentos verticais (deflexões) nos pontos B, C e D ao longo da barra rígida podem ser determinados por semelhança de triângulos. Na parte (b), a folga de 1 mm causará uma deflexão aumentada da barra rígida em C e isso, por sua vez, levará a uma deformação específica maior na haste (1).

SOLUÇÃO

(a) A deformação específica normal da haste (2) é dada, portanto, a deformação na haste pode ser calculada a partir de

$$\varepsilon_2 = \frac{\delta_2}{L_2} \qquad \therefore \delta_2 = \varepsilon_2 L_2 = (800\ \mu\varepsilon)\left[\frac{1\ \text{mm/mm}}{1.000.000\ \mu\varepsilon}\right](2.700\ \text{mm}) = 2{,}16\ \text{mm}$$

Para calcular a deformação, observe que o valor dado da deformação específica ε_2 deve ser convertido das unidades de $\mu\varepsilon$ para unidades adimensionais (isto é, mm/mm). Como a deformação específica é positiva, a haste (2) se alonga.

Como a haste (2) está conectada à barra rígida e como a barra (2) se alonga, a barra rígida deve ter um deslocamento de 2,16 mm para baixo no ponto C. Entretanto, a barra rígida $ABCD$ é suportada por um pino em A e o abaixamento é impedido em sua extremidade esquerda. Portanto, a barra rígida $ABCD$ gira em torno do pino em A. Faça um esboço da configuração da barra rígida após a rotação mostrando a deflexão que ocorre em C. Esboços desse tipo são conhecidos como *diagramas de deformação.*

Embora as deflexões sejam muito pequenas, elas foram muito exageradas aqui para tornar o desenho mais claro. Para problemas desse tipo, usa-se uma aproximação de pequenos deslocamentos:

$$\operatorname{sen}\theta \approx \tan\theta \approx \theta$$

em que θ é o ângulo de rotação da barra rígida em radianos.

Para fazer uma clara distinção entre alongamentos que ocorrem nas hastes e as deflexões nos locais ao longo da barra rígida, os *deslocamentos transversais* da barra rígida (isto é, as deflexões para cima ou para baixo, como é este caso) serão identificadas pelo símbolo v. Portanto, a deflexão da barra rígida no nó C é indicada por v_C.

Admitiremos que há um ajuste perfeito na conexão do pino no nó C, portanto, a deflexão da barra rígida em C é igual ao alongamento que ocorre na haste (2) ($v_C = \delta_2$).

Do diagrama de deformações da geometria da barra rígida, pode-se determinar a deflexão da barra rígida no nó B (v_B) a partir da **semelhança de triângulos**:

$$\frac{v_B}{2{,}0 \text{ m}} = \frac{v_C}{4{,}5 \text{ m}} \qquad \therefore v_B = \frac{2{,}0 \text{ m}}{4{,}5 \text{ m}}(2{,}16 \text{ mm}) = 0{,}96 \text{ mm}$$

Se houver um ajuste perfeito na conexão entre a haste (1) e a barra rígida no nó B, a haste (1) se alonga de uma quantidade idêntica à deflexão da barra rígida em B; em consequência, $\delta_1 = v_B$. Conhecendo a deformação produzida na haste (1), sua deformação específica pode ser calculada a seguir:

$$\varepsilon_1 = \frac{\delta_1}{L_1} = \frac{0{,}96 \text{ mm}}{1.500 \text{ mm}} = 0{,}000640 \text{ mm/mm} = 640 \text{ }\mu\varepsilon$$ **Resp.**

(b) Como na parte (a), a deformação na haste pode ser calculada a partir de

$$\varepsilon_2 = \frac{\delta_2}{L_2} \qquad \therefore \delta_2 = \varepsilon_2 L_2 = (800 \text{ }\mu\varepsilon)\left[\frac{1 \text{ mm/mm}}{1.000.000 \text{ }\mu\varepsilon}\right](2.700 \text{ mm}) = 2{,}16 \text{ mm}$$

Faça um esboço da configuração da barra rígida após o giro para o caso (b). Nesse caso, há uma folga de 1 mm entre a haste (2) e a barra rígida em C. Isso significa que a barra rígida sofre um deslocamento de 1 mm para baixo em C antes de começar a alongar a haste (2). A deflexão total em C consiste em 1 mm de folga mais o alongamento que ocorrer na haste (2); em consequência, $v_C = 2{,}16 \text{ mm} + 1 \text{ mm} = 3{,}16 \text{ mm}$.

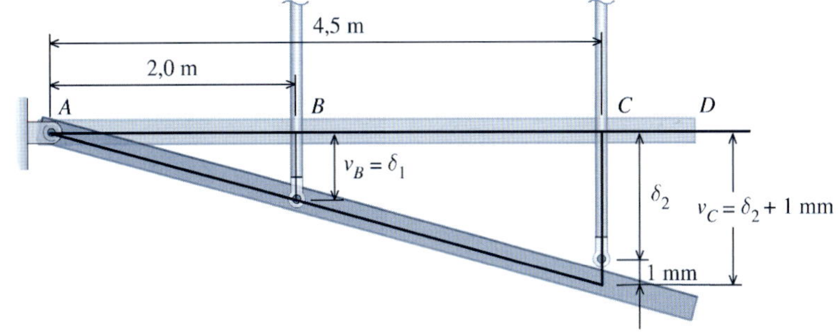

Como antes, a deflexão da barra rígida no nó B (v_B) pode ser determinada a partir da semelhança de triângulos:

$$\frac{v_B}{2{,}0 \text{ m}} = \frac{v_C}{4{,}5 \text{ m}} \qquad \therefore v_B = \frac{2{,}0 \text{ m}}{4{,}5 \text{ m}}(3{,}16 \text{ mm}) = 1{,}404 \text{ mm}$$

Como há um ajuste perfeito na conexão entre a haste (1) e a barra rígida no nó B, $\delta_1 = v_B$, e a deformação específica na haste (1) pode ser calculada:

$$\varepsilon_1 = \frac{\delta_1}{L_1} = \frac{1{,}404 \text{ mm}}{1.500 \text{ mm}} = 0{,}000936 \text{ mm/mm} = 936 \text{ }\mu\varepsilon$$ **Resp.**

Compare as deformações específicas na haste (1) para os casos (a) e (b). Observe que uma pequena folga em C fez com que a deformação específica na haste (1) aumentasse significativamente.

Exemplo do MecMovies M2.1

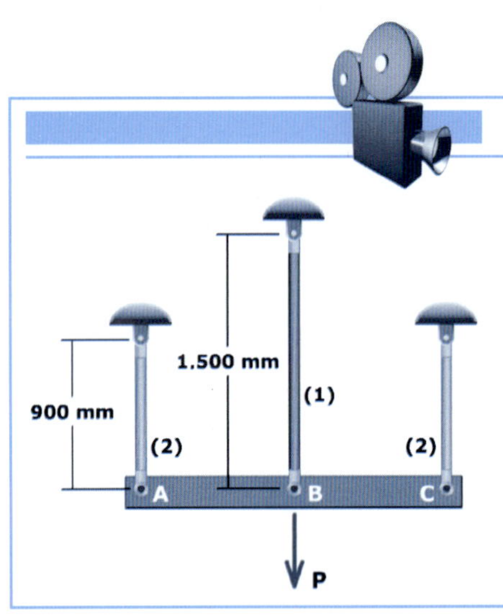

Uma barra rígida de aço ABC é suportada por três hastes. Antes de a carga P ser aplicada as hastes não apresentam deformação específica alguma. Depois de a carga P ser aplicada, a deformação específica axial na haste (1) é 1.200 $\mu\varepsilon$.

(a) Determine a deformação específica axial nas hastes (2).

(b) Determine a deformação específica axial nas hastes (2) se houver uma folga de 0,5 mm nas conexões entre as hastes (2) e a barra rígida antes de a carga ser aplicada.

Exemplo do MecMovies M2.2

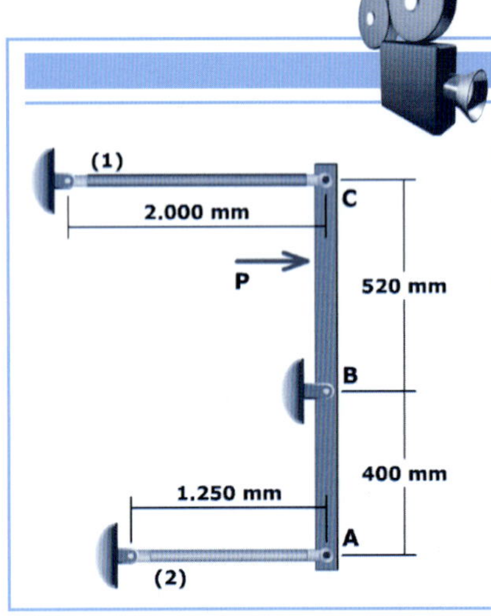

Uma barra rígida de aço ABC possui um pino em B e é suportada por duas hastes em A e C. Antes de a carga P ser aplicada não há deformação específica nenhuma nas hastes. Depois de a carga P ser aplicada, a deformação específica axial na haste (1) é +910 $\mu\varepsilon$. Determine a deformação específica axial na haste (2).

Exemplo do MecMovies M2.4

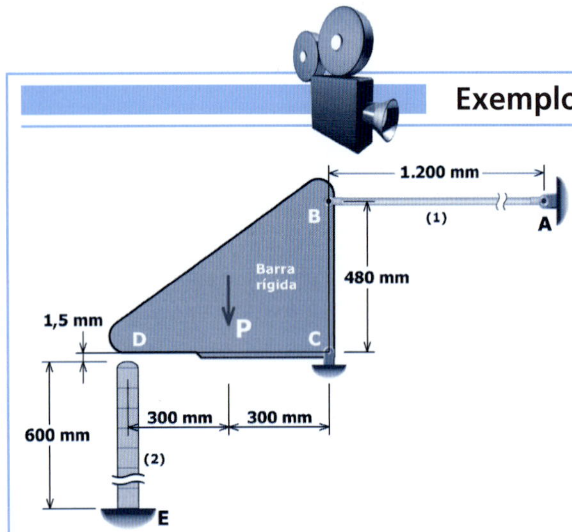

A carga P produz uma deformação específica axial de −1.800 $\mu\varepsilon$ na coluna (2). Determine a deformação específica axial na haste (1).

EXERCÍCIOS do MecMovies

M2.1 Uma barra horizontal rígida ABC é suportada por três hastes verticais. Antes de a carga P ser aplicada, as hastes não apresentam deformação específica nenhuma. Depois de a carga P ser aplicada, a deformação específica axial assume um valor definido. Determine a deflexão da barra rígida em B e a deformação específica normal nas hastes (2) se houver uma folga especificada entre a haste (1) e a barra rígida antes de a carga ser aplicada.

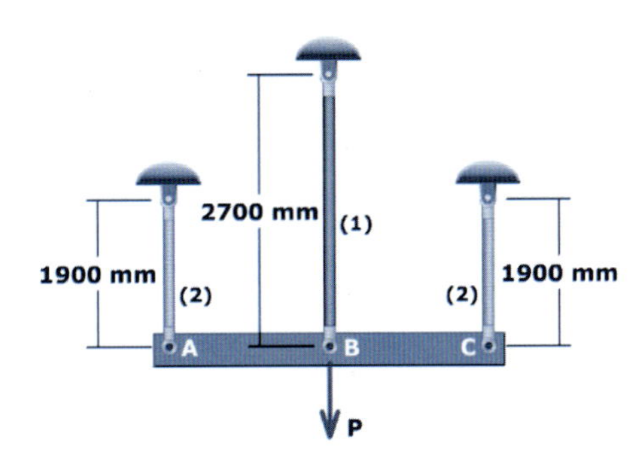

FIGURA M2.1

M2.2 Uma barra rígida de aço AB possui um pino em A e é suportada por duas hastes. Antes de a carga P ser aplicada não há deformação específica nenhuma nas hastes. Depois de a carga P ser aplicada, a deformação específica axial da haste (1) assume um valor definido. Determine a deformação específica axial na haste (2) e o deslocamento para baixo da barra rígida em B.

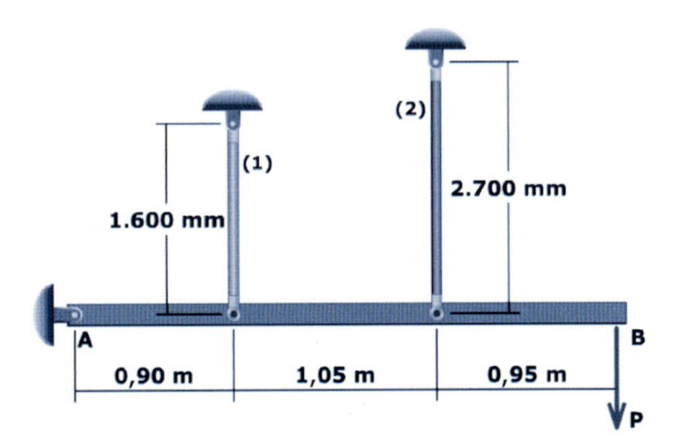

FIGURA M2.2

M2.3 Use os conceitos de deformação específica normal para quatro problemas básicos empregando essas duas configurações estruturais.

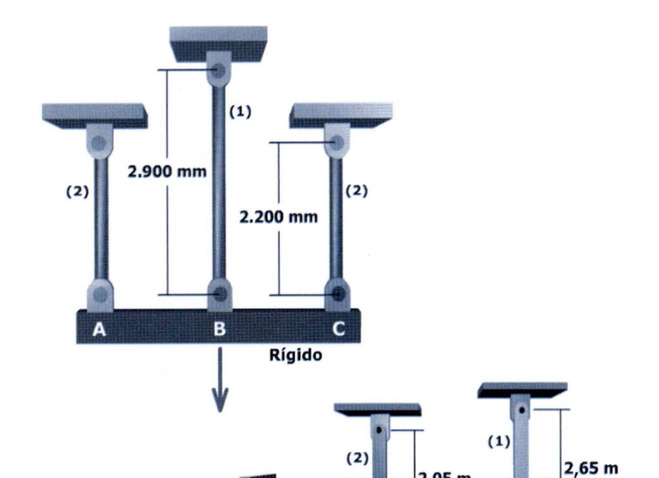

FIGURA M2.3

PROBLEMAS

P2.1 Quando uma carga axial é aplicada às extremidades da barra mostrada na Figura P2.1, o alongamento total da barra entre os nós A e C é 0,15 in (0,381 cm). No segmento (2), a deformação específica normal é medida como 1.300 μin/in Determine:

(a) o alongamento do segmento (2).
(b) a deformação específica normal no segmento (1) da barra.

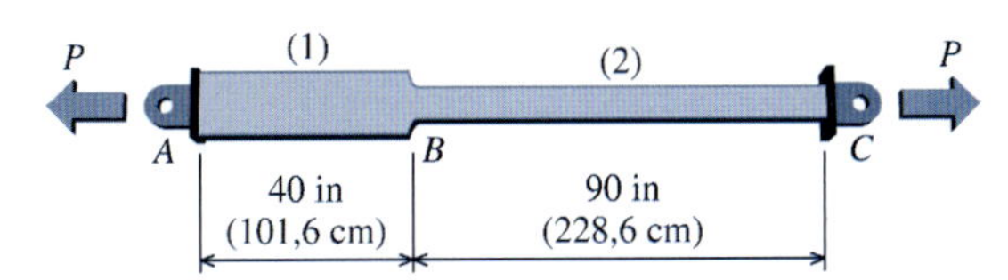

FIGURA P2.1

P2.2 Uma barra rígida de aço é suportada por três hastes conforme mostra a Figura P2.2/3. Não há deformação nas hastes antes de a carga P ser aplicada. Depois de a carga P ser aplicada, a deformação específica normal na haste (2) é 1.080 μin/in. Admita que os comprimentos iniciais das hastes são L_1 = 130 in (330,2 cm) e L_2 = 75 in (190,5 cm). Determine:

(a) a deformação específica normal nas hastes (1).
(b) a deformação específica normal nas hastes (1) se houver uma folga de 1/32 in na conexão entre a barra rígida e as hastes (1) nos nós A e C antes de a carga ser aplicada.
(c) a deformação específica normal nas hastes (1) se houver uma folga de 1/32 in na conexão entre a barra rígida e a haste (2) no nó B antes de a carga ser aplicada.

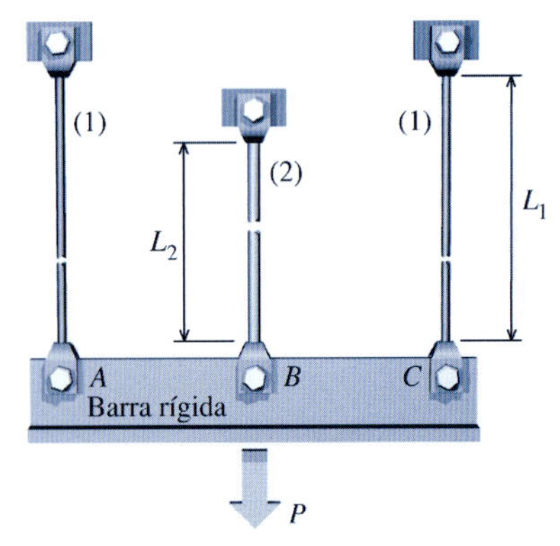

FIGURA P2.2/3

P2.3 Uma barra rígida de aço é suportada por três hastes conforme mostra a Figura P2.2/3. Não existe deformação específica nas hastes antes de a carga P ser aplicada. Depois de a carga P ser aplicada, a deformação específica normal nas hastes (1) é 860 μm/m. Admita que os comprimentos iniciais das hastes são $L_1 = 2.400$ mm e $L_2 = 1.800$ mm. Determine:

(a) a deformação específica normal nas hastes (2).
(b) a deformação específica normal na haste (2) se houver uma folga de 2 mm nas conexões entre a barra rígida e as hastes (1) nos nós A e C antes de a carga P ser aplicada.
(c) a deformação específica normal na haste (2) se houver uma folga de 2 mm na conexão entre a barra rígida e a haste (2) no nó B antes de a carga ser aplicada.

P2.4 Uma barra rígida $ABCD$ é suportada por duas barras conforme mostra a Figura P2.4. Não existe deformação específica nas barras verticais antes de a carga P ser aplicada. Depois de a carga P ser aplicada, a deformação específica normal na haste (1) é −570 μm/m. Determine:

(a) a deformação normal específica na barra (2).
(b) a deformação específica normal na barra (2) se houver uma folga de 1 mm na conexão do pino em C antes de a carga ser aplicada.
(c) a deformação específica normal na barra (2) se houver uma folga de 1 mm no pino da conexão em B antes de a carga ser aplicada.

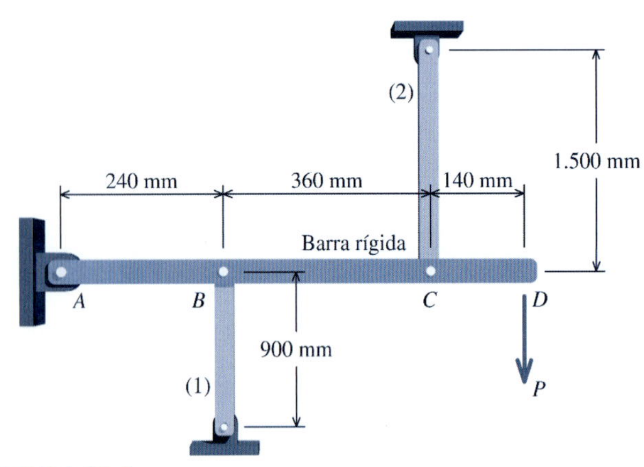

FIGURA P2.4

P2.5 Na Figura P2.5, a barra rígida ABC é suportada por uma conexão de pino em B e duas barras sujeitas a solicitações axiais. Uma abertura na barra (1) permite que o pino em A deslize 0,25 in (0,635 cm) antes que entre em contato com a barra sujeita a solicitação axial. Se a carga P produzir uma deformação específica normal de compressão na barra (1) de −1.300 μin/in, determine a deformação específica normal na barra (2).

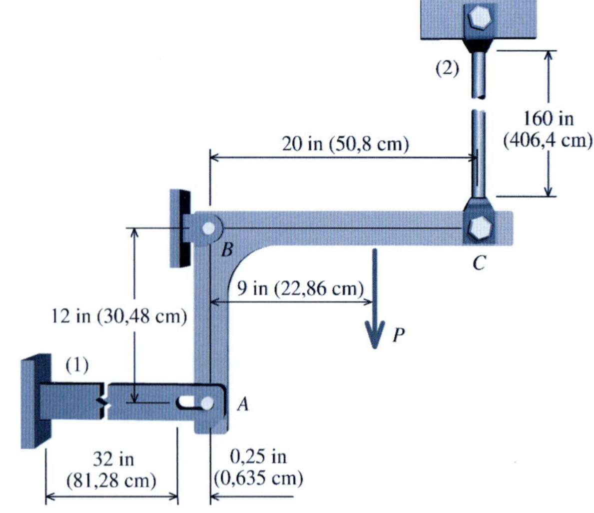

FIGURA P2.5

P2.6 O mandril com tambor de lixar mostrado na Figura P2.6 é feito para uso com uma furadeira manual. O mandril é feito de um material emborrachado que se expande quando a porca é apertada para segurar a luva de lixamento colocada sobre a superfície externa. Se o diâmetro D do mandril aumentar de 2,00 in (5,08 cm) para 2,15 in (5,46 cm) quando a porca for apertada, determine:

(a) a deformação específica normal média ao longo de um diâmetro do mandril.
(b) a deformação específica tangencial (ou circunferencial) na superfície média do mandril.

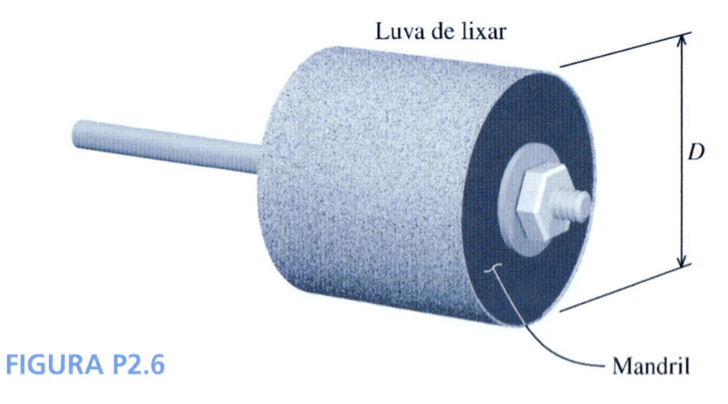

FIGURA P2.6

P2.7 A deformação específica normal em uma barra suspensa de material de seção transversal variável devida ao seu próprio peso é dada pela expressão $\gamma y/3E$, em que γ é o peso específico do material, y é a distância da extremidade livre da barra (isto é, parte inferior) e E é uma constante do material. Em termos de γ, L e E determine:

(a) a variação de comprimento da barra devida ao seu peso próprio.
(b) a deformação específica normal média ao longo do comprimento L da barra.
(c) a deformação específica normal máxima da barra.

P2.8 Um cabo de aço é usado para suportar uma cabine de elevador na base de um poço de mina com 2.000 ft (610 m) de profundidade. Devido ao peso da cabine, é produzida no cabo uma deformação específica normal uniforme de 250 μin/in. Em cada ponto, o peso do cabo produz uma deformação específica normal adicional que é proporcional ao comprimento do cabo abaixo do ponto. Se a deformação específica normal total do cabo no seu carretel (extremidade superior do cabo) for de 700 μin/in, determine:

(a) a deformação específica no cabo a uma profundidade de 500 ft.
(b) o alongamento total do cabo.

2.3 DEFORMAÇÃO POR CISALHAMENTO

Uma deformação que envolve uma mudança de forma (distorção) pode ser usada para ilustrar uma deformação específica por cisalhamento. Uma deformação específica por cisalhamento média $\gamma_{\text{média}}$ associada a duas linhas de referência que são ortogonais no estado não deformado (duas bordas do elemento mostrado na Figura 2.4) pode ser obtida dividindo a deformação por cisalhamento δ_x (deslocamento da borda superior do elemento em relação à borda inferior) pela distância perpendicular L entre essas duas bordas. Se as deformações (deslocamentos) forem pequenas, significando que sen $\gamma \approx$ tg $\gamma \approx \gamma$ e cos $\gamma \approx 1$, então a deformação específica por cisalhamento pode ser definida como

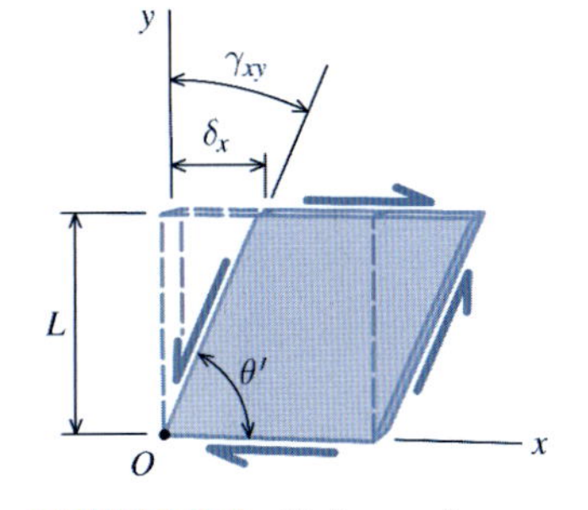

FIGURA 2.4 Deformação específica por cisalhamento.

$$\gamma_{\text{média}} = \frac{\delta_x}{L} \tag{2.3}$$

Para esses casos nos quais a deformação não é uniforme, a deformação específica por cisalhamento em um ponto $\gamma_{xy}(O)$, associada a duas linhas de referência ortogonais x e y é obtida medindo a deformação específica por cisalhamento à medida que o tamanho do elemento é tornado sucessivamente menor. No limite

$$\gamma_{xy}(O) = \lim_{\Delta L \to 0} \frac{\Delta\delta_x}{\Delta L} = \frac{d\delta_x}{dL} \tag{2.4}$$

Como a deformação específica por cisalhamento é definido como a tangente do ângulo de distorção que é igual ao ângulo em radianos para pequenos ângulos, uma expressão equivalente para a deformação específica por cisalhamento, algumas vezes útil para os cálculos, é

$$\gamma_{xy}(O) = \frac{\pi}{2} - \theta' \tag{2.5}$$

Nessa expressão θ' é o ângulo no estado deformado entre as duas linhas de referência inicialmente ortogonais.

UNIDADES DE DEFORMAÇÃO

Das Equações (2.3) a (2.5) são indicadas que as deformações específicas por cisalhamento são quantidades angulares adimensionais, expressas em radianos (rad) ou microrradianos (μrad). A conversão de radianos, uma quantidade adimensional, para microrradianos é **1 μrad = 1 × 10⁻⁶ rad**.

MEDINDO DEFORMAÇÕES POR CISALHAMENTO EXPERIMENTALMENTE

A deformação específica por cisalhamento é uma medida angular e não é possível medir as variações angulares extremamente pequenas típicas das estruturas de engenharia. Entretanto, a deformação específica por cisalhamento pode ser determinada experimentalmente usando uma disposição de três extensômetros (*strain gages*) chamada **roseta de deformações**. As rosetas de deformação serão analisadas mais detalhadamente no Capítulo 13.

CONVENÇÃO DE SINAIS PARA AS DEFORMAÇÕES ESPECÍFICAS POR CISALHAMENTO

A Equação (2.5) mostra que as deformações específicas por cisalhamento serão positivas se o ângulo θ' entre os eixos x e y diminuir. Se o ângulo θ' aumentar, a deformação específica por cisalhamento será negativa. Para enunciar isso de outra forma, a Equação (2.5) pode ser reorganizada para fornecer o ângulo θ' no estado deformado entre as duas linhas de referência que inicialmente fazem 90° entre si:

$$\theta' = \frac{\pi}{2} - \gamma_{xy}$$

Se o valor γ_{xy} for positivo, então o ângulo θ' na configuração deformada será menor do que 90° (isto é, $\pi/2$ rad) (Figura 2.5*a*). Se o valor de γ_{xy} for negativo, então o ângulo θ' na configuração deformada será maior do que 90° (Figura 2.5*b*). As deformações específicas por cisalhamento positivas ou negativas não recebem nomes específicos ou distintos.

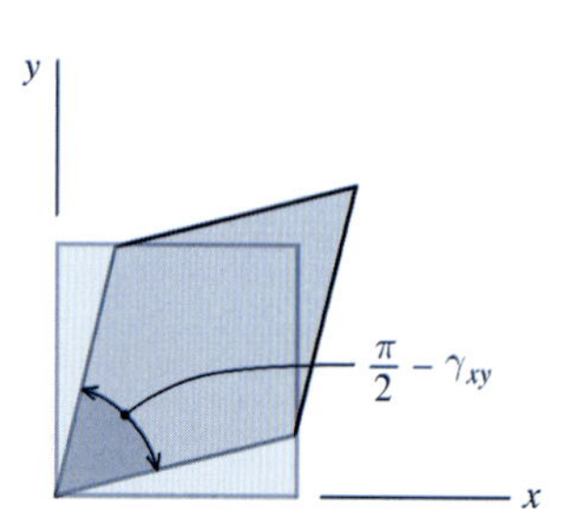

FIGURA 2.5*a* Um valor positivo para a deformação específica por cisalhamento γ_{xy} significa que o ângulo θ' entre os eixos x e y diminui no objeto deformado.

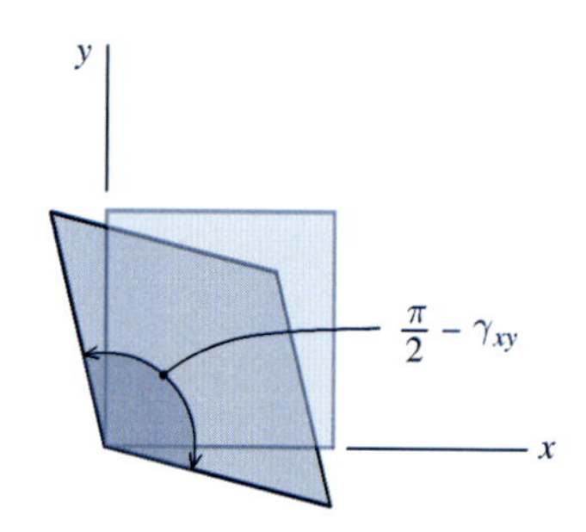

FIGURA 2.5*b* O ângulo entre os eixos x e y aumenta quando a deformação específica por cisalhamento γ_{xy} tem um valor negativo.

EXEMPLO 2.2

A força cortante V mostrada faz com que o lado QS da placa retangular fina se desloque 0,0625 in (0,15875 cm) para baixo. Determine a deformação específica por cisalhamento γ_{xy} em P.

Planejamento da Solução

A deformação específica por cisalhamento é uma medida angular. Determine o ângulo entre o eixo x e o lado PQ da placa deformada.

SOLUÇÃO

Determine os ângulos criados pelo deslocamento de 0,0625 in (0,15875 cm). **Nota:** Será usada aqui a aproximação de pequenos ângulos, portanto, sen $\gamma \approx$ tg $\gamma \approx \gamma$.

$$\gamma = \frac{0{,}0625 \text{ in}}{8 \text{ in}} = 0{,}0078125 \text{ rad}$$

Na placa não deformada, o ângulo em P é $\pi/2$ rad. Depois de a placa estar deformada, o ângulo em P aumenta. Como o ângulo depois da deformação é igual a $(\pi/2) - \gamma$, a deformação específica por cisalhamento em P deve ser um valor negativo. Portanto, a deformação específica por cisalhamento em P é

$$\gamma = -0{,}00781 \text{ rad}$$ **Resp.**

EXEMPLO 2.3

Uma placa retangular fina é deformada uniformemente conforme ilustrado. Determine a deformação específica por cisalhamento γ_{xy} em P.

Planejamento da Solução

A deformação específica por cisalhamento é uma medida angular. Determine os dois ângulos criados pela deflexão de 0,25 mm e pela deflexão de 0,50 mm. Some esses dois ângulos para determinar a deformação específica por cisalhamento em P.

SOLUÇÃO

Determine os ângulos criados em cada deformação. **Nota:** Será usada aqui a aproximação de pequenos ângulos, portanto, sen $\gamma \approx$ tg $\gamma \approx \gamma$.

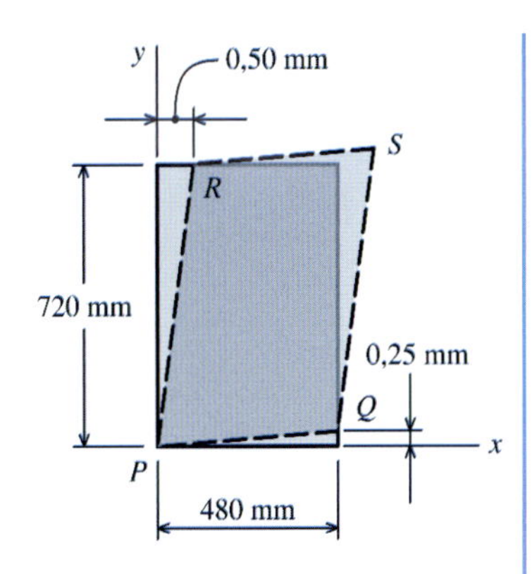

$$\gamma_1 = \frac{0{,}50 \text{ mm}}{720 \text{ mm}} = 0{,}000694 \text{ rad}$$

$$\gamma_2 = \frac{0{,}25 \text{ mm}}{480 \text{ mm}} = 0{,}000521 \text{ rad}$$

A deformação específica por cisalhamento em P é simplesmente a soma desses dois ângulos:

$$\gamma = \gamma_1 + \gamma_2 = 0{,}000694 \text{ rad} + 0{,}000521 \text{ rad} = 0{,}001215 \text{ rad}$$
$$= 1.215 \ \mu\text{rad}$$ **Resp.**

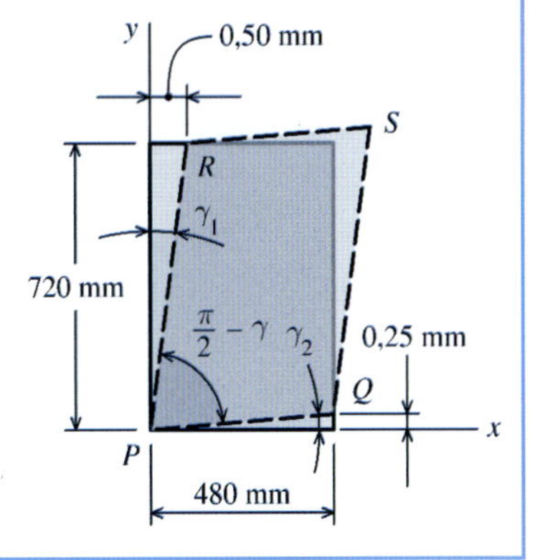

Nota: O ângulo em P na placa deformada é menor do que $\pi/2$, como deveria ser para uma deformação específica por cisalhamento positiva. Embora não seja pedido no problema, a deformação específica por cisalhamento nos cantos Q e R será negativa, tendo o mesmo módulo que a deformação específica por cisalhamento no canto P.

Exemplo do MecMovies M2.5

Uma placa triangular fina é deformada uniformemente. Determine a tensão cisalhante em P depois de P ter se deslocado 1 mm para baixo.

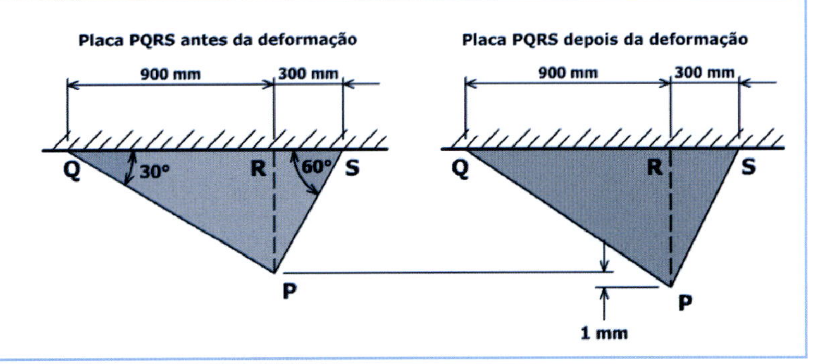

PROBLEMAS

P2.9 Os blocos de borracha de 16 mm por 22 mm por 25 mm mostrados na Figura P2.9 são usados em um dispositivo de cisalhamento duplo U para isolar a vibração de um equipamento de seus apoios. Uma carga aplicada $P = 690$ N faz com que a parte superior sofra um deslocamento de 7 mm para baixo. Determine a deformação específica média por cisalhamento e a tensão cisalhante nos blocos de borracha.

P2.10 Uma placa fina de polímero PQR é deformada de tal maneira que o canto Q é deslocado 1/16 in para baixo e para a nova posição Q', conforme mostra a Figura P2.10. Determine a deformação específica por cisalhamento em Q' associada às duas bordas (PQ e QR).

P2.11 Uma placa fina de polímero PQR é deformada de tal maneira que o canto Q é deslocado 1,0 mm para baixo e para a nova posição Q', conforme mostra a Figura P2.11. Determine a deformação específica por cisalhamento em Q' associada às duas bordas (PQ e QR).

P2.12 Uma placa fina retangular é deformada uniformemente conforme mostra a Figura P2.12. Determine a deformação específica por cisalhamento γ_{xy} em P.

P2.13 Uma placa fina retangular é deformada uniformemente conforme mostra a Figura P2.13. Determine a deformação específica por cisalhamento γ_{xy} em P.

P2.14 Uma placa fina de polímero PQR é deformada de tal maneira que o canto Q é deslocado 1,0 mm para baixo e para a nova posição Q', conforme mostra a Figura P2.14. Determine a deformação específica por cisalhamento em Q' associada às duas bordas (PQ e QR).

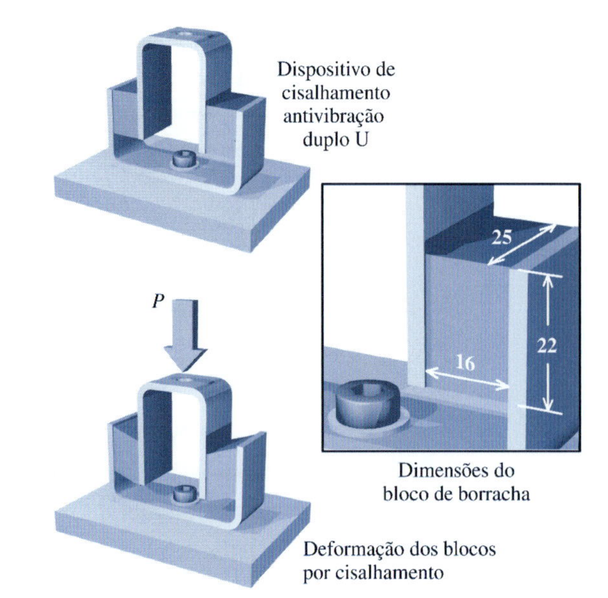

FIGURA P2.9

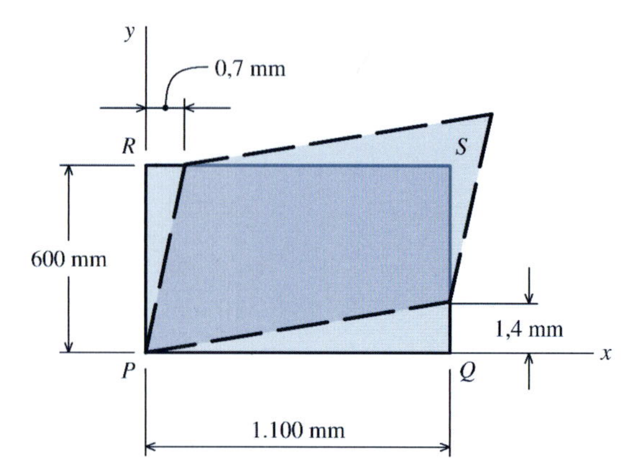

FIGURA P2.12

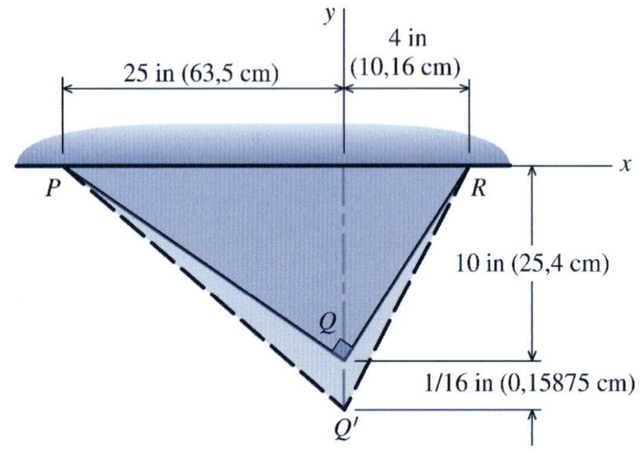

FIGURA P2.10

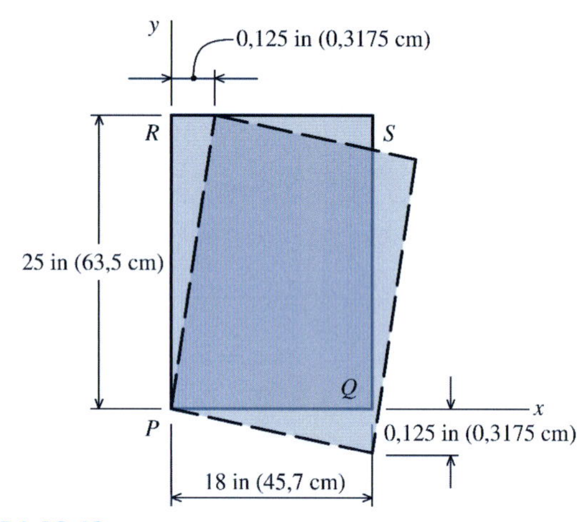

FIGURA P2.13

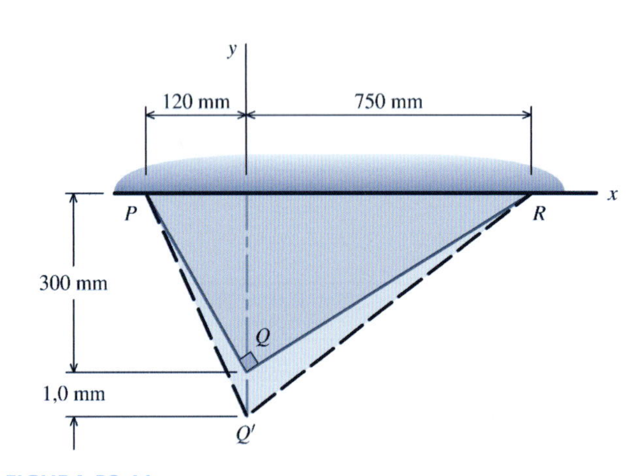

FIGURA P2.11

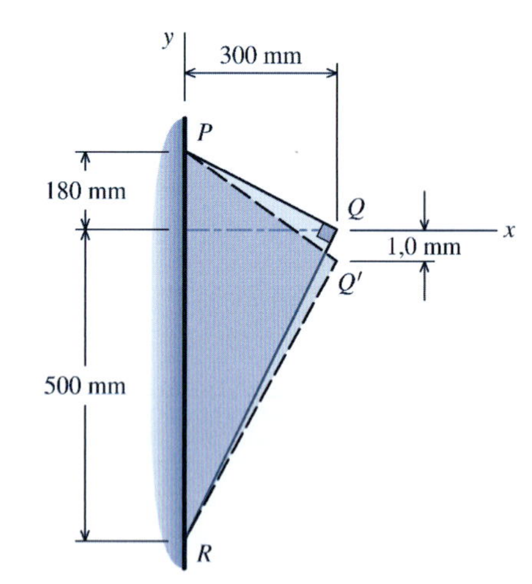

FIGURA P2.14

2.4 DEFORMAÇÃO ESPECÍFICA TÉRMICA

Quando não restritos, a maioria dos materiais empregados em engenharia se expandem ao serem aquecidos e se contraem quando resfriados. A deformação específica térmica causada pela variação de um grau (1°) na temperatura é designada pela letra grega α (alfa) e é conhecida como **coeficiente de expansão** (ou **dilatação térmica**). A deformação específica devida a uma variação de temperatura ΔT é

$$\varepsilon_T = \alpha \, \Delta T \tag{2.6}$$

O coeficiente de dilatação térmica é aproximadamente constante para uma faixa considerável de temperaturas (em geral, o coeficiente aumenta com o aumento da temperatura). Para um material uniforme (denominado **material homogêneo**) que tenha as mesmas propriedades mecânicas em qualquer direção (denominado **material isotrópico**), o coeficiente se aplica a todas as dimensões (isto é, a todas as direções). Os valores do coeficiente de dilatação para os materiais mais comuns estão apresentados no Apêndice D.

Um material de composição uniforme é chamado um **material homogêneo**. Em materiais desse tipo, as variações locais na composição podem ser consideradas insignificantes para as aplicações da engenharia. Além disso, os materiais homogêneos não podem ser separados mecanicamente em materiais diferentes (por exemplo, fibras de carbono em uma matriz de polímero). Materiais homogêneos comuns são metais, ligas metálicas, materiais cerâmicos, vidro, e alguns tipos de plásticos.

DEFORMAÇÕES ESPECÍFICAS TOTAIS

Basicamente, as deformações específicas causadas pelas variações de temperatura e as deformações específicas causadas pelas cargas aplicadas são independentes. A deformação específica normal total em um corpo que sofre tanto variações de temperatura como cargas aplicadas é dada por

$$\varepsilon_{\text{total}} = \varepsilon_\sigma + \varepsilon_T \tag{2.7}$$

Como materiais homogêneos e isotrópicos, quando não restritos, se dilatam uniformemente em todas as direções ao serem aquecidos (e se contraem uniformemente ao serem resfriados), nem o formato do corpo, nem as tensões de cisalhamento e as deformações específicas por cisalhamento são afetadas por variações de temperatura.

Um **material isotrópico** tem as mesmas propriedades mecânicas em todas as direções.

EXEMPLO 2.4

Uma viga de ponte de aço tem um comprimento total de 150 m. Ao longo de um ano, a ponte ficou submetida a temperaturas de −40°C a +40°C e essas variações de temperatura fizeram com que a viga se dilatasse e se contraísse. São colocadas juntas de dilatação entre as vigas da ponte e os apoios nas extremidades da ponte (chamados encontros) para permitir que ocorra essa variação de comprimento sem restrições. Determine a variação de comprimento que deve ser permitida pelas juntas de dilatação. Admita que o coeficiente de dilatação térmica para o aço seja $11{,}9 \times 10^{-6}$/°C.

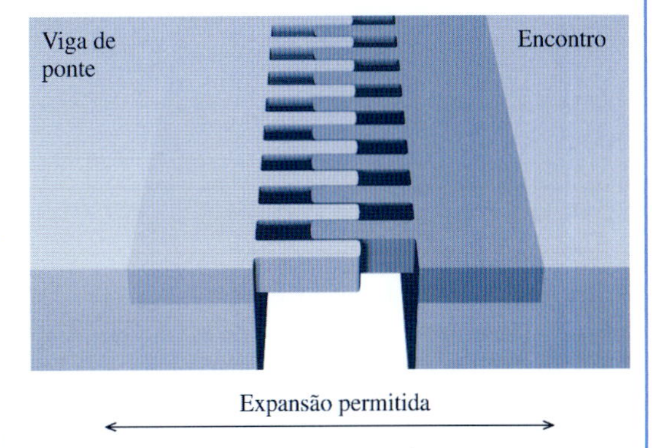

Junta de dilatação denteada típica para pontes

Planejamento da Solução

Determine a deformação específica térmica com base na Equação (2.6) para a variação total da temperatura. A variação de comprimento é o produto da deformação específica térmica pelo comprimento da viga.

SOLUÇÃO

A deformação específica térmica para uma variação de temperatura de 80°C é

$$\varepsilon_T = \alpha \Delta T = (11{,}9 \times 10^{-6}/°\text{C})(80°\text{C}) = 0{,}000952 \text{ m/m}$$

Portanto, a variação total de comprimento da viga é

$$\delta_T = \varepsilon L = (0{,}000952 \text{ m/m})(150 \text{ m}) = 0{,}1428 \text{ m} = 142{,}8 \text{ mm} \qquad \textbf{Resp.}$$

A junta de dilatação deve permitir pelo menos 142,8 mm de movimento horizontal.

EXEMPLO 2.5

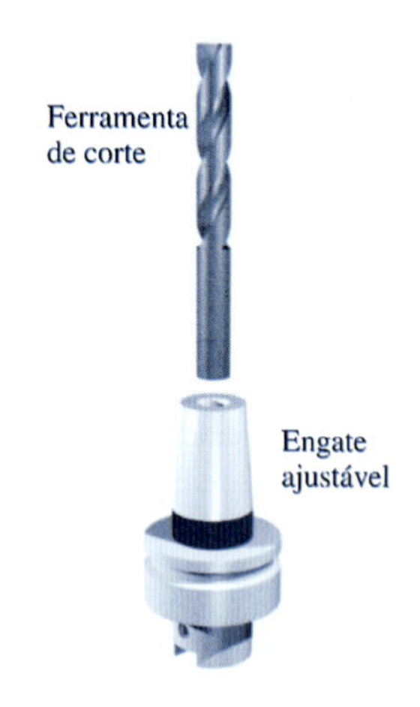

Ferramentas de corte como fresadoras e furadeiras são conectadas a equipamentos de usinagem por meio de engates. A ferramenta de corte deve estar firmemente fixada ao engate para que seja conseguida uma usinagem precisa e os engates ajustáveis aproveitam as propriedades da expansão térmica para criar uma força elevada e concêntrica. Para inserir uma ferramenta de corte, o engate ajustável é aquecido rapidamente enquanto a ferramenta de corte permanece à temperatura ambiente. Quando o engate se dilatou o bastante, a ferramenta de corte é inserida no engate. O engate é então resfriado, prendendo a ferramenta de corte com uma força muito elevada diretamente na haste da ferramenta.

A 20°C, a haste da ferramenta de corte tem um diâmetro externo de 18,000 ± 0,005 mm e o engate da ferramenta tem um diâmetro interno de 17,950 ± 0,005 mm. Se a haste da ferramenta for mantida a 20°C, qual a temperatura mínima que o engate da ferramenta deve ser aquecido a fim de que seja inserida a haste da ferramenta? Admita que o coeficiente de dilatação térmica para o engate da ferramenta seja $11{,}9 \times 10^{-6}$/°C.

Planejamento da Solução

Use os diâmetros e tolerâncias para calcular o diâmetro externo máximo da haste e o diâmetro interno mínimo do engate. A diferença entre esses dois diâmetros é o valor da dilatação que deve ocorrer no engate. Para que a haste da ferramenta seja inserida no engate, o diâmetro interno do engate deve ser igual ou superior ao diâmetro da haste.

SOLUÇÃO

O diâmetro externo máximo da haste é 18,000 + 0,005 = 18,005 mm. O diâmetro interno mínimo do engate é 17,950 − 0,005 mm = 17,945 mm. Portanto, o diâmetro interno do engate deve ser aumentado de 18,005 − 17,945 mm = 0,060 mm. Para que o engate tenha a dilatação desse valor é exigido um aumento de temperatura:

$$\delta_T = \alpha \Delta T d = 0{,}060 \text{ mm} \qquad \therefore \Delta T = \frac{0{,}060 \text{ mm}}{(11{,}9 \times 10^{-6}/°\text{C})(17{,}945 \text{ mm})} = 281°\text{C}$$

Portanto, o engate da ferramenta deve estar submetido a uma temperatura mínima de

$$20°\text{C} + 281°\text{C} = 301°\text{C}$$ **Resp.**

PROBLEMAS

P2.15 Um avião tem tamanho de meia asa de 33 m. Determine a variação de comprimento da longarina da asa de liga de alumínio [$\alpha_A = 22{,}5 \times 10^{-6}$/°C] se o avião decola a uma temperatura de 15°C e sobe a uma altitude onde a temperatura é −55°C.

P2.16 Um grande forno de cimento tem comprimento de 400 ft e um diâmetro de 20 ft. Determine a variação do comprimento e do diâmetro do cilindro de aço estrutural [$\alpha_S = 6{,}5 \times 10^{-6}$/°F ($11{,}7 \times 10^{-6}$/°C)] causada por um aumento de temperatura de 350 °F (194,4°C).

P2.17 Um tubo de ferro fundido tem diâmetro interno d = 208 mm e diâmetro externo D = 236 mm. O comprimento do tubo é L = 3,0 m. O coeficiente de dilatação térmica para o ferro fundido é $\alpha_F = 12{,}1 \times 10^{-6}$/°C. Determine as variações das dimensões causadas por um aumento de temperatura de 70°C.

P2.18 A uma temperatura de 40°F (4,4°C), existe uma folga de 0,08 in (0,20 cm) entre as extremidades das duas barras mostradas na Figura P2.18. A barra (1) é de uma liga de alumínio [$\alpha = 12{,}5 \times 10^{-6}$/°F ($22{,}5 \times 10^{-6}$/°C)] e a barra 2 é de aço inoxidável [$\alpha = 9{,}6 \times 10^{-6}$/°F ($17{,}3 \times 10^{-6}$/°C)]. Os apoios em A e C são rígidos. Determine a temperatura mais baixa para a qual as duas barras entram em contato entre si.

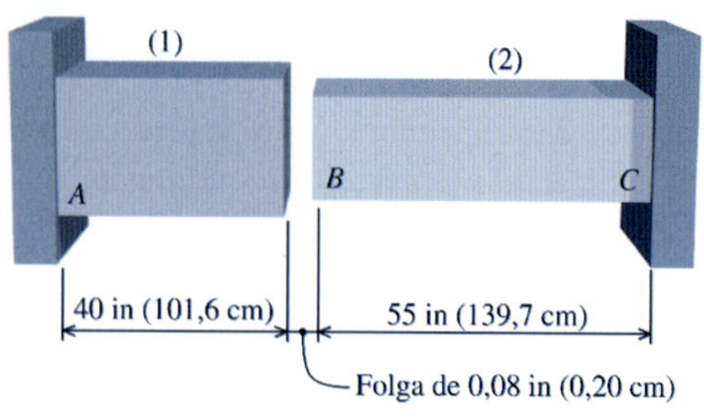

FIGURA P2.18

P2.19 A uma temperatura de 5°C, existe uma folga de 3 mm entre as duas barras de polímero e um suporte rígido, conforme mostra a Figura P2.19. As barras (1) e (2) possuem coeficiente de dilatação térmica $\alpha_1 = 140 \times 10^{-6}$/°C e $\alpha_2 = 67 \times 10^{-6}$/°C. Os apoios em A e C são rígidos. Determine a temperatura mais baixa para a qual a folga de 3 mm é fechada.

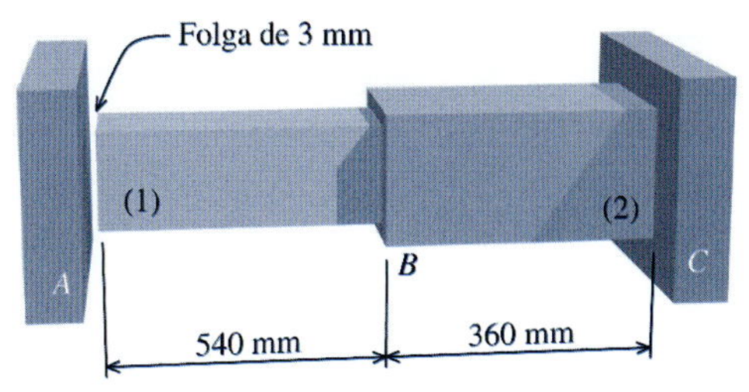

FIGURA P2.19

P2.20 Um tubo de alumínio tem comprimento de 60 m a uma temperatura de 10°C. Um tubo de aço adjacente à mesma temperatura tem 5 mm a mais. A que temperatura o tubo de alumínio será 15 mm mais longo do que o tubo de aço? Admita que o coeficiente de dilatação térmica do alumínio é $22{,}5 \times 10^{-6}$/°C e que o coeficiente de dilatação térmica do aço é $12{,}5 \times 10^{-6}$/°C.

P2.21 Determine o movimento do ponteiro da Figura P2.21 em relação à marca zero da escala em consequência de um aumento de temperatura de 60°F (33,3°C). Os coeficientes de dilatação térmica são $6{,}6 \times 10^{-6}$/°F ($11{,}9 \times 10^{-6}$/°C) para o aço e $12{,}5 \times 10^{-6}$/°F ($22{,}5 \times 10^{-6}$/°C) para o alumínio.

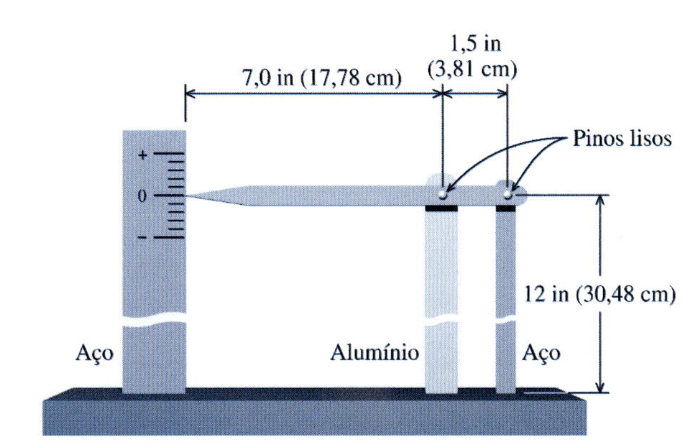

FIGURA P2.21

P2.22 Determine o movimento horizontal do ponto A da Figura P2.22 devido ao aumento de temperatura de 75°C. Admita que a barra AE tem coeficiente de dilatação térmica insignificante. Os coeficientes de dilatação térmica são $11{,}9 \times 10^{-6}$/°C para o aço e $22{,}5 \times 10^{-6}$/°C para a liga de alumínio.

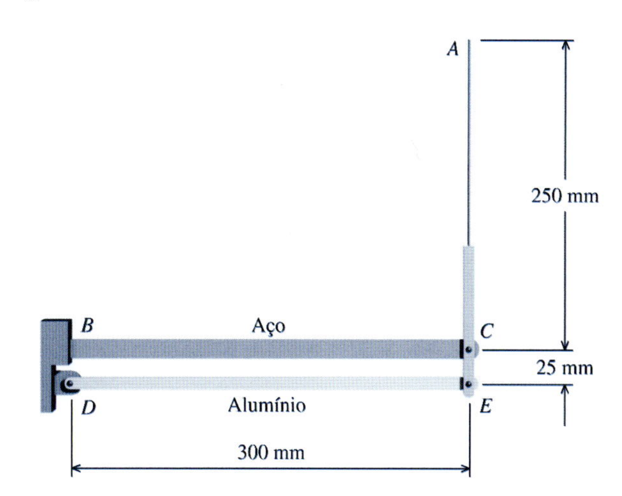

FIGURA P2.22

P2.23 A uma temperatura de 25°C, uma luva de latão (bronze) vermelho laminada a frio [$\alpha_B = 17{,}6 \times 10^{-6}$/°C] tem diâmetro interno d_B = 299,75 mm e diâmetro externo D_B = 310 mm. A luva deve ser colocada em um eixo de aço [$\alpha_S = 11{,}9 \times 10^{-6}$/°C] com diâmetro externo D_S = 300 mm. Se as temperaturas da luva e do eixo permanecerem as mesmas, determine a temperatura na qual a luva deslizará pelo eixo com uma folga de 0,05 mm.

3

PROPRIEDADES MECÂNICAS DOS MATERIAIS

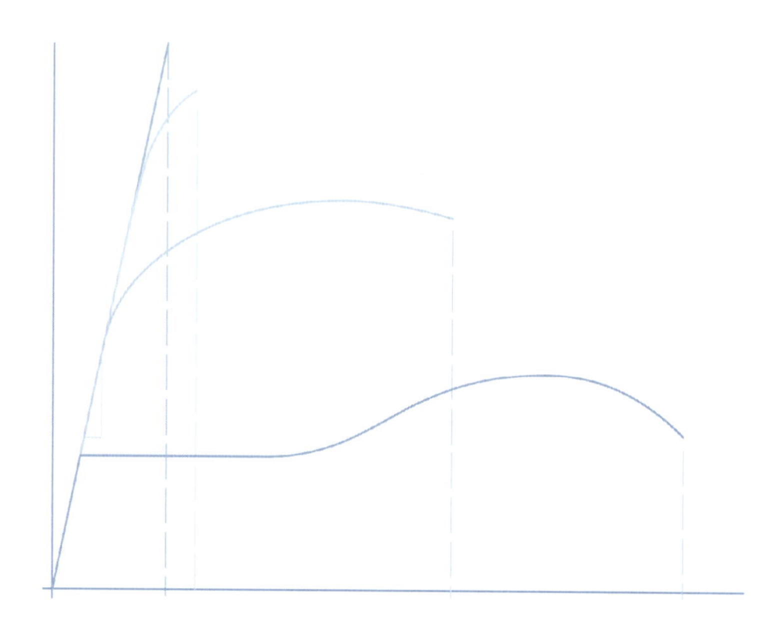

3.1 O ENSAIO DE TRAÇÃO

Para projetar adequadamente um componente estrutural ou mecânico, o engenheiro deve entender e trabalhar respeitando as características e as limitações do material usado no componente. Materiais como aço, alumínio, plástico e madeira respondem de maneiras diferentes a cargas aplicadas e a tensões. Para determinar a resistência e as características dos materiais como esses são exigidos ensaios laboratoriais. Um dos ensaios de laboratório mais simples e mais eficientes para obter informações úteis aos projetos de engenharia sobre um material é denominado **ensaio de tração**.

O ensaio de tração é muito simples. Um corpo de prova do material, normalmente uma haste cilíndrica ou uma barra plana, é submetida a uma força de tração controlada. Na medida em que a força é aumentada, o alongamento do corpo de prova é medido e registrado. A relação entre a carga aplicada e o alongamento resultante pode ser observada em um gráfico de dados. No entanto, esse diagrama carga-alongamento tem utilidade direta limitada porque só se aplica ao corpo de prova específico (ou seja, ao diâmetro específico ou às dimensões da seção transversal) usado no procedimento do ensaio.

Um diagrama mais útil do que o gráfico carga-alongamento é o que mostra a relação entre a tensão e a deformação específica, chamado **diagrama tensão-deformação específica**. O diagrama tensão-deformação específica é mais útil porque se aplica ao material em geral ao invés de ao corpo de prova em particular utilizado no ensaio. As informações obtidas no diagrama tensão-deformação específica podem ser aplicadas a todos os componentes, independentemente de suas dimensões. Os dados sobre a carga e o alongamento pelo ensaio de tração podem ser convertidos com facilidade em dados de tensão e de deformação específica.

PREPARAÇÃO PARA O ENSAIO DE TRAÇÃO

Para realizar o ensaio de tração, o corpo de prova do ensaio é inserido em garras que seguram com firmeza o corpo de prova quando a força de tração for aplicada pelo equipamento do ensaio

(Figura 3.1). Geralmente, a garra inferior permanece estacionária enquanto a garra superior se move para cima, criando assim a tração no corpo de prova.

Normalmente são usados vários tipos de garras, dependendo do corpo de prova que está sendo ensaiado. Para corpos de prova cilíndricos ou planos, na maioria das vezes são usadas garras no formato de cunha, em pares que se encaixam em um suporte com formato de V. As cunhas possuem dentes que seguram o corpo de prova. A força de tração aplicada ao corpo de prova faz com que as garras se aproximem, aumentando a força de fixação do corpo de prova. Garras mais sofisticadas usam pressão de fluidos para agir nas cunhas e aumentar o poder de fixação.

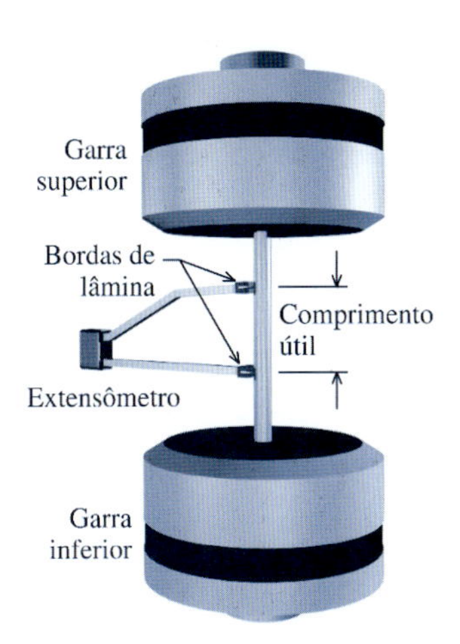

FIGURA 3.1 Preparação para o ensaio de tração.

Alguns corpos de prova de tração são usinados com incisões de fio (ranhuras) nas extremidades da haste e com redução de diâmetro entre as extremidades usinadas (Figura 3.2). As incisões desse tipo são chamadas *roscas recalcadas* (*roscas entalhadas*). Como o diâmetro da haste nas extremidades é maior do que o diâmetro do corpo de prova, a presença dos fios (ranhuras) não reduz a resistência do corpo de prova. Os corpos de prova de tração com roscas entalhadas são fixadas ao equipamento de ensaio por meio de suportes, que eliminam qualquer possibilidade de o corpo de prova deslizar ou ser arrancado das garras durante o ensaio.

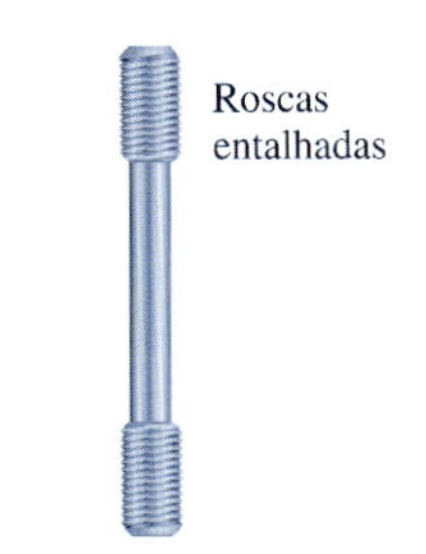

FIGURA 3.2 Corpo de prova do ensaio de tração com ranhuras (entalhes) nas extremidades.

Um instrumento denominado *extensômetro* é usado para medir o alongamento do corpo de prova do ensaio de tração. O extensômetro tem duas extremidades com bordas de lâmina, que são presas ao corpo de prova do ensaio (as presilhas não estão mostradas na Figura 3.1). A distância inicial entre as bordas de lâmina é denominada *comprimento útil* (ou *comprimento de medição*). Quando a tração for aplicada, o extensômetro medirá o alongamento que ocorre no corpo de prova no interior do comprimento útil. Os extensômetros são capazes de medições muito precisas—alongamentos de até 0,0001 in ou 0,002 mm. Eles estão disponíveis em vários comprimentos úteis diferentes, com os modelos mais frequentes variando de 0,3 in a 2 in (em unidades americanas) e de 8 mm a 100 mm (em unidades SI).

MEDIDAS DO ENSAIO DE TRAÇÃO

São feitas várias medidas antes, durante e depois do ensaio. Antes do ensaio, a área da seção transversal do corpo de prova deve ser determinada. A área do corpo de prova será usada com os dados da força para calcular a tensão normal. O comprimento útil do extensômetro também deverá ser observado. A deformação específica normal será calculada a partir da deformação do corpo de prova (isto é, seu alongamento axial) e do comprimento útil. Durante o ensaio, a força aplicada ao corpo de prova é registrada e o alongamento do corpo de prova entre as bordas de lâmina do extensômetro é medida. Depois de o corpo de prova ter se rompido, as metades são reunidas e o alongamento entre as bordas de lâmina do extensômetro é medido. A deformação específica média utilizada em engenharia e determinada com base no comprimento útil inicial e no comprimento útil final fornece uma medida de ductilidade. A redução de área (considerando a área da superfície de ruptura e a área da seção transversal original) dividida pela área da seção transversal original fornece uma segunda medida de ductilidade do material. O termo **ductilidade** descreve a quantidade de deformação específica que o material pode suportar antes que ocorra a sua fratura.

Resultados do Ensaio de Tração. Os resultados típicos de um ensaio de tração em um material dúctil são mostrados na Figura 3.3. Vários aspectos característicos são encontrados normalmente no gráfico de força-alongamento. Quando a carga é aplicada, há uma faixa de valores na qual a deformação está relacionada de forma linear com a carga (1). Para um determinado valor de carga, o gráfico força-deslocamento começará a se encurvar e haverá com nitidez deformações maiores em resposta a aumentos de carga relativamente pequenos (2). De acordo com o aumento contínuo da carga, o alongamento do corpo de prova será evidente (3).

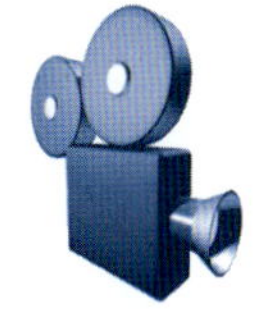

MecMovies 3.1 mostra uma animação de um ensaio de tração.

Em algum ponto, será alcançada a intensidade máxima de carga (4). Logo após esse valor máximo, o corpo de prova começará a reduzir sua seção transversal e a se alongar nitidamente em um local específico, o que faz com que a carga incidente no corpo de prova diminua (5). Em seguida, o corpo de prova irá se quebrar (6), partindo-se em dois pedaços na seção transversal mais estreita.

Pode-se observar outra característica interessante dos materiais, particularmente os metais, se o ensaio for interrompido em um ponto que se situe após a região linear. Para o ensaio ilustra-

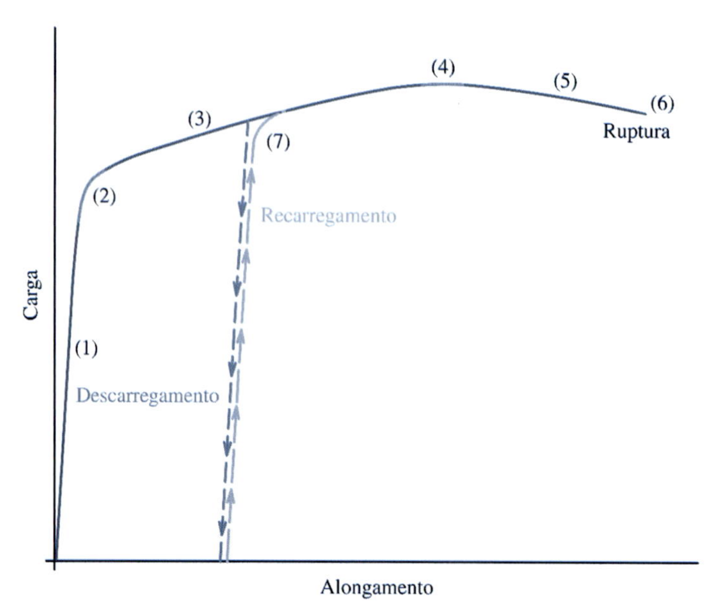

FIGURA 3.3 Gráfico força-alongamento de um ensaio de tração.

do na Figura 3.3, o corpo de prova foi carregado até a região (3) e então a carga foi removida. O corpo de prova não é descarregado ao longo da curva original de carregamento. Ao invés disso, ele se descarrega ao longo de um trajeto que é paralelo ao trecho linear inicial (1). Quando a totalidade da carga for removida, o alongamento do corpo de prova não será igual a zero, como era no início do ensaio. Em outras palavras, o corpo de prova estará permanente e irreversivelmente deformado. Quando o ensaio reiniciar, e a carga for aumentada, a trajetória do recarregamento segue com exatidão a trajetória do descarregamento. Quando ela se aproximar do gráfico original de força-deslocamento, o gráfico de recarregamento começa a se encurvar (7) de modo semelhante à região (2) no gráfico original. Entretanto, a carga na qual o gráfico de recarregamento apresenta a curva (7) é notadamente maior do que era no carregamento original (2). O processo de descarregamento e recarregamento endureceu o material de forma que ele pode suportar uma carga maior antes de se tornar claramente não linear. O comportamento de descarregamento/recarregamento visto aqui é uma característica muito útil, em especial para os metais. Uma técnica para endurecer um material é um processo de alongamento e relaxamento denominado **endurecimento por encruamento** (também denominado **endurecimento por trabalho mecânico** ou ainda **endurecimento a frio**).

Preparando o Diagrama Tensão-Deformação Específica. Os dados de força-alongamento obtidos no ensaio de tração fornecem informações sobre apenas um tamanho específico de corpo de prova. Os resultados do ensaio de tração são mais úteis se forem generalizados em um diagrama tensão-deformação específica (chamado com mais frequência simplesmente de diagrama tensão-deformação). Para construir um diagrama tensão-deformação a partir dos resultados do ensaio de tração,

(a) divida os dados de alongamento do corpo de prova pelo comprimento útil do extensômetro para obter a deformação específica normal.
(b) divida os dados da carga pela área de seção transversal inicial do corpo de prova para obter a tensão normal e
(c) faça um gráfico com os dados da deformação específica no eixo horizontal e da tensão no eixo vertical.

3.2 O DIAGRAMA TENSÃO-DEFORMAÇÃO

Os diagramas tensão-deformação típicos para uma liga de alumínio e um aço de baixo teor de carbono (chamado também aço de baixo carbono ou aço doce) são mostrados na Figura 3.4. As propriedades dos materiais essenciais para projetos de engenharia são obtidas a partir do diagrama tensão-deformação. Esses diagramas tensão-deformação serão examinados para determinar várias propriedades importantes, incluindo o limite de proporcionalidade, o módulo de elasticidade, o limite de escoamento e a resistência de ruptura. Será analisada a diferença entre tensão nominal e tensão real e será apresentado o conceito de ductilidade.

MecMovies 3.1 mostra uma animação sobre a análise dos diagramas tensão-deformação específica.

LIMITE DE PROPORCIONALIDADE

O **limite de proporcionalidade** é a tensão na qual o gráfico tensão-deformação específica deixa de ser linear. As deformações específicas na parte linear do diagrama tensão-deformação representam normalmente apenas uma pequena parte da deformação específica total no momento da ruptura. Em consequência, torna-se necessário ampliar a escala para observar com clareza a parte linear da curva. A região linear do diagrama tensão-deformação específica de uma liga de alumínio está ampliada na Figura 3.5. A linha mais ajustada está traçada através dos pontos obtidos com os dados de tensão-deformação. A tensão na qual os dados de tensão-deformação começam a se encurvar em relação a essa linha é chamada limite de proporcionalidade. O limite de proporcionalidade desse material é aproximadamente 43,5 ksi (300 MPa).

Relembre o comportamento de descarregamento/recarregamento mostrado na Figura 3.3. Contanto que a tensão permaneça abaixo do limite de proporcionalidade, não será causado dano permanente algum durante o carregamento e o descarregamento. No contexto de engenharia, isso significa que um componente pode ser carregado e descarregado muitas e muitas vezes e ainda estará "como novo". Essa propriedade é chamada **elasticidade** e significa que um material retorna a suas dimensões originais durante o descarregamento. Diz-se que o material em si é **elástico** nessa região.

A maioria dos componentes utilizados em engenharia são projetados para trabalharem elasticamente a fim de evitar deformações permanentes que ocorrem após o limite de proporcionalidade ser superado. Adicionalmente, o tamanho e a forma de um objeto não se modificam muito caso as deformações específicas e os alongamentos sejam mantidos pequenos. Isso pode ser um aspecto particularmente importante para mecanismos e equipamentos que consistem em muitas partes que devem se encaixar para funcionar de forma adequada.

MÓDULO DE ELASTICIDADE

A maioria dos componentes é projetada para trabalhar elasticamente. Em consequência, o relacionamento entre tensão e deformação específica na região linear inicial do diagrama tensão-deformação é de interesse especial para os materiais empregados em engenharia. Em 1807, Thomas Young propôs caracterizar o comportamento do material na região elástica pela relação entre a tensão normal e a deformação específica normal. Essa relação é a inclinação do trecho inicial em linha reta do diagrama tensão-deformação. Ela é chamada **módulo de Young, módulo elástico**, **módulo de elasticidade longitudinal** ou simplesmente, como é mais comum, **módulo de elasticidade** e é indicada pelo símbolo E.

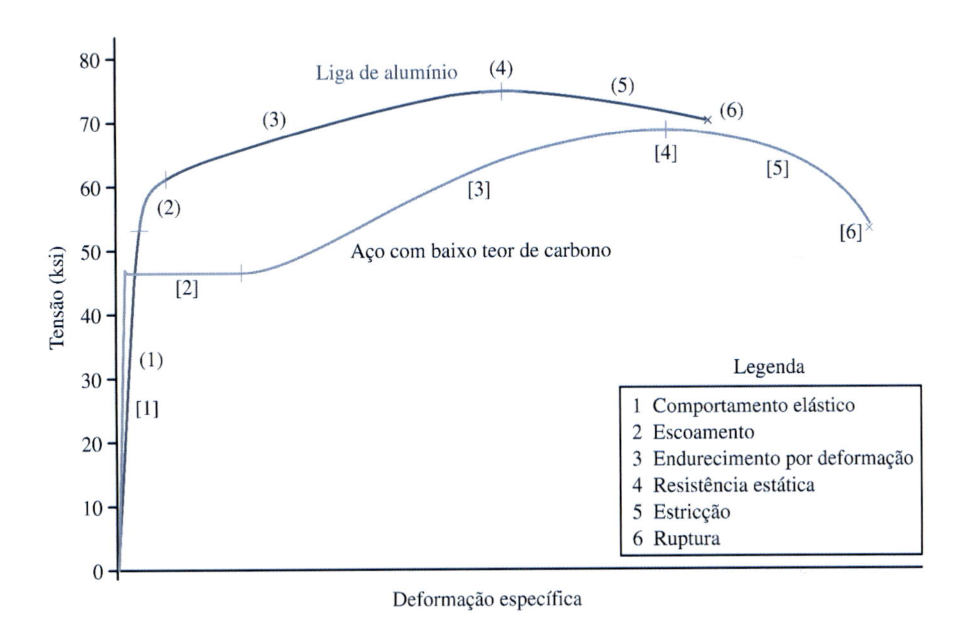

FIGURA 3.4 Diagramas tensão-deformação específica típicos para dois metais comuns.

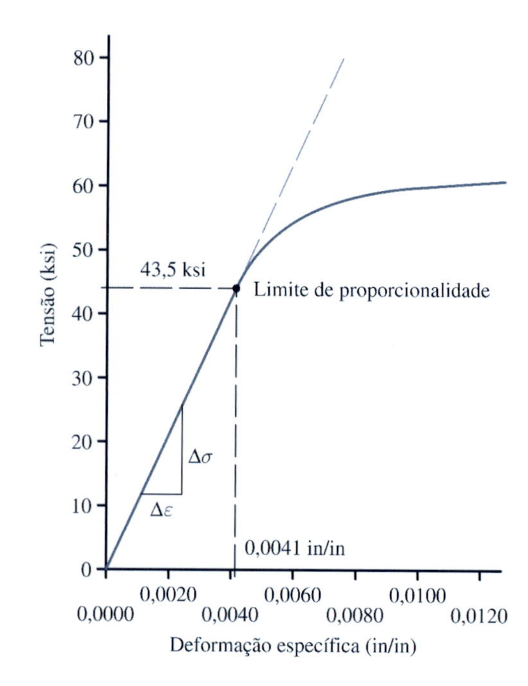

FIGURA 3.5 Limite de proporcionalidade.

$$E = \frac{\Delta\sigma}{\Delta\varepsilon} \tag{3.1}$$

O módulo de elasticidade E é uma medida da *rigidez* do material. Em contraste com as medidas de resistência que indicam que carga um componente pode suportar, uma medida de rigidez como o módulo de elasticidade E é importante porque define que valor de alongamento, encurtamento, flexão ou deflexão ocorrerá em um componente em resposta às cargas que agem sobre ele.

Em qualquer procedimento experimental, há alguma quantidade de erro associada a uma medição. Para minimizar o efeito desse erro de medição no valor do módulo de elasticidade calculado, é melhor usar pontos bem separados para calcular E. No trecho linear do diagrama tensão-deformação, os dois pontos de dados mais separados são o ponto do limite de proporcionalidade e a origem. Usando o limite de proporcionalidade e a origem, o módulo de elasticidade E seria calculado como

$$E = \frac{43{,}5 \text{ ksi}}{0{,}0041 \text{ in/in}} = 10.610 \text{ ksi} \tag{3.2}$$

Na prática, o melhor valor para o módulo de elasticidade E é obtido a partir do ajuste de uma curva pelos mínimos quadrados usando os dados entre a origem e o limite de proporcionalidade. Usando uma análise dos mínimos quadrados, o módulo para esse material é E = 10.750 ksi (74.119 MPa).

ENDURECIMENTO POR ENCRUAMENTO

O efeito do descarregamento e do recarregamento do gráfico carga-alongamento foi mostrado na Figura 3.3. O efeito do descarregamento e do recarregamento no diagrama tensão-deformação é mostrado na Figura 3.6. Suponha que a tensão que age em um material é elevada acima do limite de proporcionalidade até o ponto B. A deformação específica entre a origem O e o limite de proporcionalidade A é denominada **deformação específica elástica**. Essa deformação específica será recuperada completamente depois de a tensão ser removida do material. A deformação específica entre os pontos A e B é denominada **deformação específica inelástica**. Quando a tensão é removida (isto é, descarregada), apenas uma parte da deformação inelástica será recuperada. Quando a tensão for removida do material, ela se descarrega em um percurso paralelo à linha do módulo de elasticidade; isto é, paralelo ao trecho AO. Uma parte da deformação específica em B é recuperada elasticamente. Entretanto, uma parte da deformação específica permanece no material. Essa deformação é denominada **deformação específica residual** ou **deformação específica**

permanente ou ainda **deformação plástica**. Quando a tensão é novamente aplicada, o material é recarregado ao longo do trecho *CB*. Ao atingir o ponto *B*, o material retomará o trajeto da curva tensão-deformação original. O limite de proporcionalidade depois do recarregamento se torna a tensão no ponto *B*, que é maior do que o limite de proporcionalidade do carregamento original (isto é, o ponto *A*). Esse fenômeno é denominado **endurecimento por encruamento** (também chamado **endurecimento por trabalho mecânico** ou ainda **endurecimento a frio**) porque tem o efeito de aumentar o limite de proporcionalidade do material.

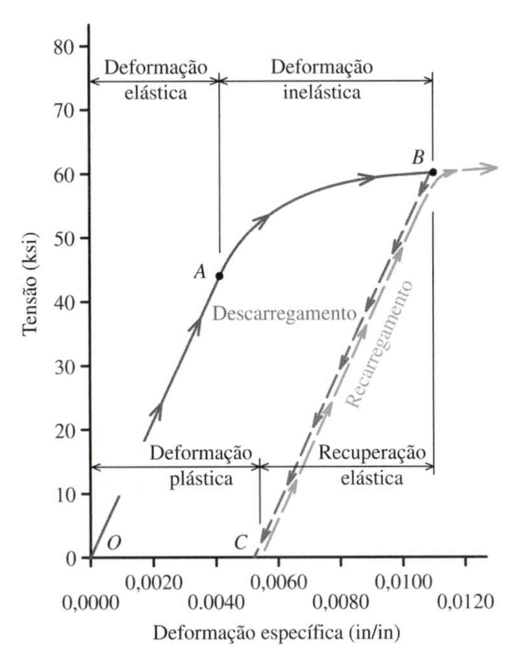

FIGURA 3.6 Endurecimento por encruamento.

Em geral, diz-se que um material que esteja trabalhando no trecho linear da curva tensão-deformação exibe **comportamento elástico**. Deformações específicas no material são temporárias, significando que toda a deformação específica é recuperada quando a tensão é removida do material. Além da região elástica, diz-se que um material exige **comportamento plástico**. Enquanto alguma deformação na região plástica é temporária e pode ser recuperada depois da remoção da tensão, uma parte da deformação do material é permanente. A deformação específica permanente é denominada **deformação plástica**.

LIMITE DE ELASTICIDADE

A maioria dos componentes usados em engenharia é projetada para trabalhar com elasticidade, significando que quando as cargas forem removidas, o componente retornará a sua configuração não deformada original. Para o projeto adequado, portanto, é importante definir a tensão na qual o material não mais se comportará elasticamente. Com a maioria dos materiais, há uma transição gradual do comportamento elástico para o comportamento plástico e o ponto no qual inicia a deformação plástica é difícil de definir com precisão. Uma medida que tem sido usada para estabelecer esse limite é denominada limite de elasticidade.

O **limite de elasticidade** é a maior tensão que um material pode suportar sem qualquer deformação permanente mensurável remanescente depois do alívio completo de tensões. O procedimento exigido para determinar o limite de elasticidade envolve ciclos de carregamento e descarregamento, aumentando de forma incremental a tensão aplicada a cada vez (Figura 3.7). Por exemplo, a tensão é aumentada até o ponto *A* e depois aliviada por completo, com a deformação específica retornando à origem *O*. Esse processo é repetido para os pontos *B*, *C*, *D* e *E*. Em cada processo, a deformação específica retorna à origem *O* depois do descarregamento. Mais tarde, será alcançada uma tensão (ponto *F*) tal que nem toda a deformação específica será recuperada durante o descarregamento (ponto *G*). O limite de elasticidade é a tensão no ponto *F*.

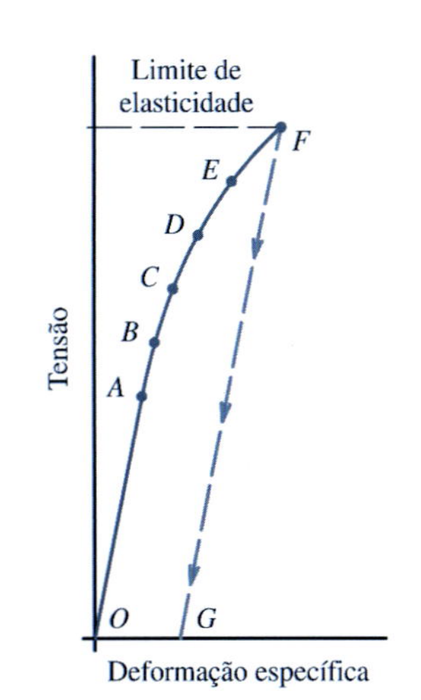

FIGURA 3.7 Limite de elasticidade.

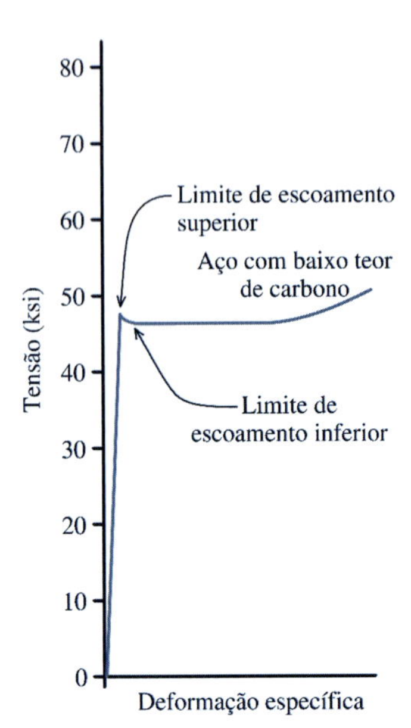

FIGURA 3.8 Limite de escoamento para o aço de baixo carbono.

Qual a diferença entre o limite de elasticidade e o limite de proporcionalidade? Embora tais materiais não sejam comuns em aplicações de engenharia, um material pode ser elástico, embora o relacionamento tensão-deformação não seja linear. Para um material elástico não linear, o limite de elasticidade seria substancialmente maior do que a tensão no limite de proporcionalidade. Apesar disso, na prática prefere-se em geral o limite de proporcionalidade uma vez que o procedimento exigido para estabelecer o limite de elasticidade é cansativo.

ESCOAMENTO

Para muitos materiais comuns (como o aço de baixo teor de carbono mostrado na Figura 3.4 e ampliado na Figura 3.8), o limite de elasticidade é indistinguível do limite de proporcionalidade. Após o limite de elasticidade, ocorrerão deformações relativamente grandes para aumentos pequenos ou quase insignificantes de tensão. Esse comportamento é denominado **escoamento**.

Diz-se que um material que se comporta da forma descrita na Figura 3.8 tem um **limite de escoamento**. O limite de escoamento é a tensão na qual há um aumento considerável de deformação sem aumento de tensão. Na realidade, o aço de baixo teor de carbono tem dois limites de escoamento. Após ser alcançado o limite de escoamento superior, a tensão cai de forma abrupta para um limite de escoamento inferior visível. Quando um material escoar sem um aumento de tensão é conhecido como **perfeitamente plástico**. Os materiais que apresentam um diagrama tensão-deformação similar ao da Figura 3.8 são denominados **elastoplásticos**.

Nem todos os materiais possuem um limite de escoamento. Materiais como a liga de alumínio mostrada na Figura 3.4 não possuem um limite de escoamento claramente definido. Enquanto o limite de proporcionalidade marca a extremidade superior do trecho linear do gráfico tensão-deformação, na prática algumas vezes é difícil determinar a tensão do limite de proporcionalidade, em particular para materiais com uma transição gradual da linha reta para uma curva. Para materiais como esse, define-se um limite de deformação (também chamado resistência de escoamento). O **limite de deformação** é definido como a tensão que ocasionará uma deformação permanente especificada (isto é, deformação plástica) no material, normalmente 0,05% ou 0,2%. (**Nota:** uma deformação permanente de 0,2% é outra maneira de especificar um valor de deformação de 0,002 in/in ou 0,002 mm/mm.) Para determinar o limite de deformação do diagrama tensão-deformação, marque um ponto no eixo das deformações no valor da deformação permanente especificada (Figura 3.9). Através desse ponto, desenhe uma linha que seja paralela à linha do módulo de elasticidade inicial. É denominada limite de deformação (ou resistência de escoamento) a tensão na qual a linha assim traçada intercepta o diagrama tensão-deformação.

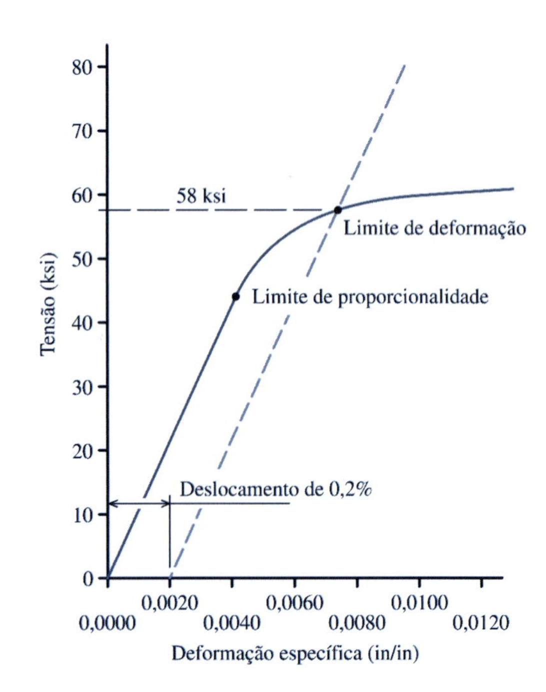

FIGURA 3.9 Limite de deformação usando o método do deslocamento.

ENDURECIMENTO POR DEFORMAÇÃO PLÁSTICA E RESISTÊNCIA ESTÁTICA

Depois de ocorrer o escoamento, a maioria dos materiais pode suportar tensões adicionais antes da ruptura. A curva tensão-deformação específica sobe continuamente em direção a um valor máximo de tensão, que é denominado **resistência estática**. A resistência estática também pode ser chamada resistência à tração ou resistência última à tração (UTS, do inglês *ultimate tensile stress*). A elevação da curva é chamada **endurecimento por deformação plástica**. As regiões de endurecimento por deformação plástica e os pontos de resistência estática para um aço de baixo teor de carbono (aço doce) e uma liga de alumínio estão indicados nos diagramas tensão-deformação específica na Figura 3.4.

ESTRICÇÃO

Nas regiões do escoamento e do endurecimento por deformação plástica, a área da seção transversal do corpo de prova diminui de maneira uniforme e permanente. Entretanto, depois que o corpo de prova alcançar o ponto de resistência estática, a variação na área da seção transversal do corpo de prova deixa de ser uniforme ao longo do comprimento útil. A área da seção transversal começa a diminuir em uma região específica do corpo de prova, formando uma contração, denominada "gargalo" ou "pescoço". Esse comportamento é denominado **estricção** (ou **estrangulamento**) (Figura 3.10). A estricção ocorre em materiais dúcteis, mas não em materiais frágeis (ver ductilidade adiante).

Estricção no corpo de prova durante o ensaio de tração

FIGURA 3.10 Estricção no corpo de prova durante o ensaio de tração.

RUPTURA

A tensão na qual o corpo de prova se rompe em duas partes é denominada **tensão de ruptura**. Examine o relacionamento entre a resistência estática e a tensão de ruptura na Figura 3.4. *Não parece estranho que a tensão de ruptura seja menor do que a resistência estática?* Se o corpo de prova não se rompeu na resistência estática, porque se romperia sob uma tensão menor? Lembre-se de que a tensão normal no corpo de prova foi encontrada dividindo a carga no corpo de prova pela área de sua seção transversal. Esse método de calcular as tensões é conhecido como **tensão nominal**. A tensão nominal não leva em consideração quaisquer variações da área da seção transversal durante a aplicação da carga. Depois de a resistência estática ser alcançada, o corpo de prova começa a se estrangular. À medida que a contração dentro da região de estricção se torna mais pronunciada, a área da seção transversal diminui continuamente. Entretanto, os cálculos da tensão nominal baseiam-se na área da seção transversal original do corpo de prova. Em consequência, a tensão nominal calculada na ruptura e mostrada no diagrama não é um reflexo exato da **tensão real** no material. Se alguém medisse o diâmetro do corpo de prova durante o ensaio de tração e calculasse a tensão real com base no diâmetro reduzido, encontraria que a tensão real continua a aumentar acima da tensão da resistência estática (Figura 3.11).

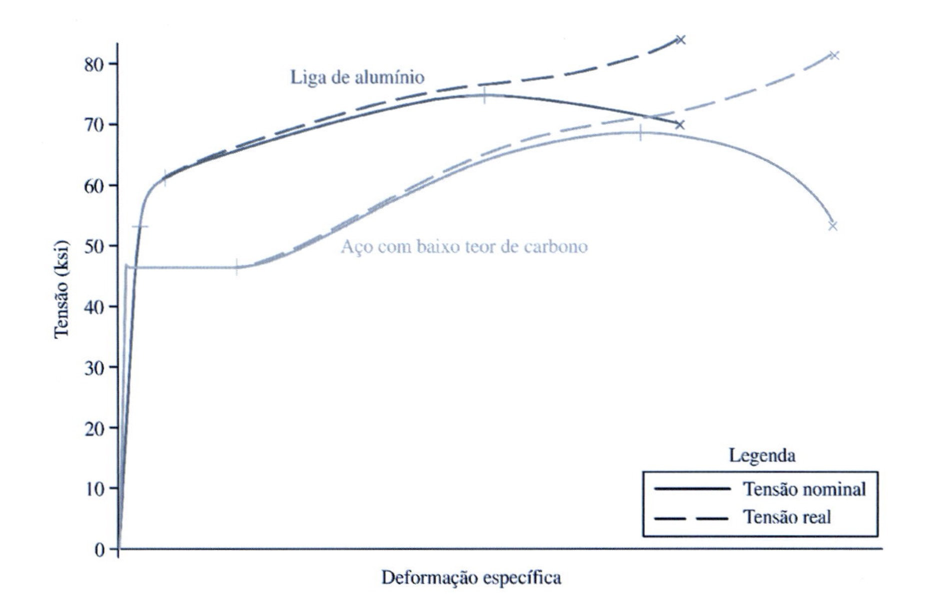

FIGURA 3.11 Tensão real *versus* tensão nominal.

DUCTILIDADE

A resistência e a rigidez não são as únicas propriedades de interesse para um engenheiro de projetos. Outra propriedade importante é a ductilidade. A **ductilidade** descreve a capacidade do material de sofrer deformação plástica.

Um material que pode suportar grandes deformações antes da ruptura é chamado de **material dúctil**. Os materiais que exibem pouco ou mesmo nenhum escoamento antes da ruptura são denominados **materiais frágeis**. A ductilidade não está necessariamente relacionada com a resistência. Dois materiais poderiam ter a mesma resistência, mas deformações específicas muito diferentes na ruptura (Figura 3.12).

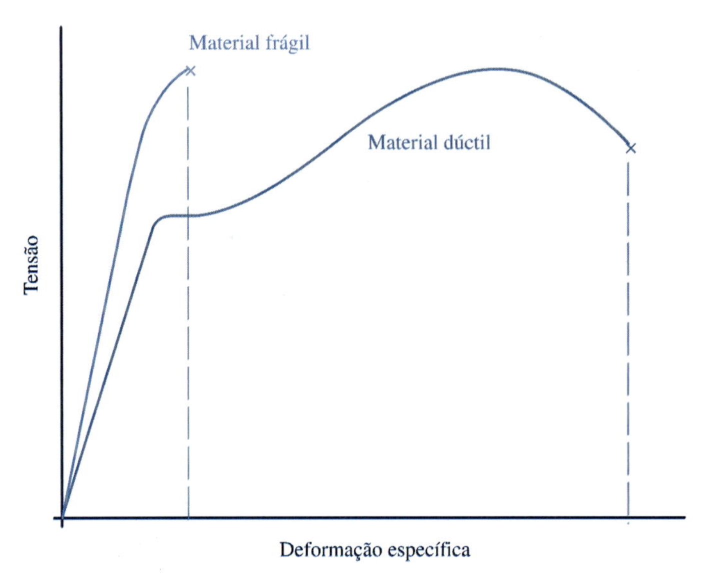

FIGURA 3.12 Materiais dúcteis *versus* materiais frágeis.

Frequentemente, consegue-se aumentar a resistência do material à custa da redução da ductilidade. Na Figura 3.13, são comparadas as curvas tensão-deformação de quatro tipos diferentes de aço. Todas as quatro curvas apresentam a mesma linha de módulo de elasticidade; portanto, cada um dos aços tem a mesma rigidez. Os aços variam de um aço frágil (1) a um aço dúctil (4). O aço (1) representa um aço duro de ferramenta, que não apresenta deformação plástica antes da ruptura. O aço (4) é um típico aço com baixo teor de carbono, que apresenta grandes deformações

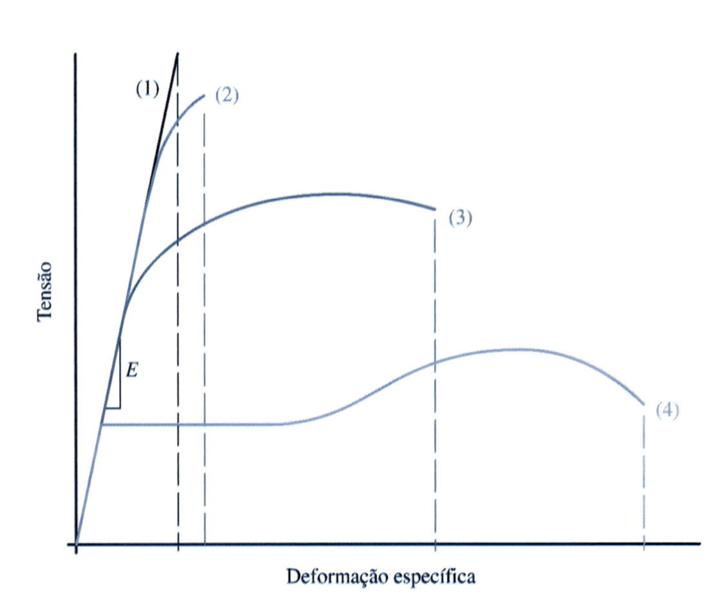

FIGURA 3.13 Comparação entre resistência e ductilidade dos aços.

plásticas antes da ruptura. Desses aços, o aço (1) é o mais forte, mas também o menos dúctil. O aço (4) é o mais fraco, mas também o mais dúctil.

Para o engenheiro, a ductilidade é importante, uma vez que ela indica o valor até o qual um metal pode ser deformado sem ruptura nas operações de usinagem como dobragem, laminação, conformação, trefilamento e extrusão. Em estruturas fabricadas e componentes de máquinas, a ductilidade também fornece uma indicação da capacidade do material de se deformar em furos, entalhes, filetes, fendas e outras descontinuidades que fazem com que as tensões se concentrem localmente. A deformação plástica em um material dúctil permite que a tensão flua para uma região maior em torno das descontinuidades. Essa redistribuição de tensões minimiza o módulo do valor máximo de tensão e ajuda a evitar a ruptura do componente. Como os materiais dúcteis se alongam muito antes da ruptura, deformações excessivas de componentes estruturais em edifícios, pontes e outras estruturas podem servir de aviso para evitar a ruptura, fornecendo oportunidades para a saída segura da estrutura e permitindo reparos. Os materiais frágeis apresentam fratura repentina com pouco ou nenhum aviso. Os materiais dúcteis também fornecem à estrutura alguma capacidade de absorver e redistribuir os efeitos de casos de cargas excepcionais, como terremotos.

Medidas de Ductilidade. São obtidas duas medidas de ductilidade a partir do ensaio de tração. A primeira é a deformação específica nominal na ruptura. Para determinar essa medida, as duas metades do corpo de prova rompido são unidas, mede-se o comprimento útil final e então calcula-se a deformação específica com base no comprimento útil inicial e no comprimento útil final. Esse valor é expresso como uma porcentagem e é conhecido por **alongamento percentual**.

A segunda medida é a redução de área na superfície de ruptura. Esse valor também é expresso como uma porcentagem e é conhecido como **contração percentual de ruptura** ou **estricção**. Ela é calculada da seguinte forma

$$\text{Redução percentual de área} = \frac{A_0 - A_f}{A_0}(100\%) \tag{3.3}$$

em que A_0 = área da seção transversal original do corpo de prova e A_f = área da seção transversal do corpo de prova na superfície de ruptura.

REVISÃO DOS ASPECTOS IMPORTANTES

O diagrama tensão-deformação específica fornece informações essenciais para o projeto de engenharia que se aplicam a componentes estruturais de qualquer forma ou tamanho. Embora cada material tenha sua característica particular, são encontrados vários aspectos importantes nos diagramas tensão-deformação específica de materiais utilizados normalmente em aplicações de engenharia. Esses aspectos estão resumidos na Figura 3.14.

3.3 LEI DE HOOKE

Conforme mencionado anteriormente, a parte inicial do diagrama tensão-deformação específica da maioria dos materiais utilizados em estruturas de engenharia é uma linha reta. Os diagramas tensão-deformação específica de alguns materiais, como ferro fundido cinzento e concreto, mostram uma leve curva ainda com tensões pequenas, mas é uma prática comum ignorar a curvatura e desenhar uma linha reta como média dos dados da primeira parte do diagrama. A proporcionalidade da carga em relação ao alongamento foi registrada pela primeira vez por Robert Hooke, que a observou em 1678, *Ut tensio sic vis* ("tal qual o alongamento, assim é a força"). Essa relação é conhecida como **Lei de Hooke**. Para a tensão normal σ e a deformação específica normal ε agindo em uma direção (denominada tensão e deformação específica **uniaxial**), a Lei de Hooke é escrita como

$$\sigma = E\varepsilon \tag{3.4}$$

em que E é o módulo de elasticidade.

Endurecimento por deformação plástica

- Quando o material se alonga, pode suportar valores crescentes de tensões.

Resistência estática

- Baseada na definição de engenharia para tensão, a resistência estática é a maior tensão que o material pode suportar.

Escoamento

- Um leve aumento de tensão causa um aumento acentuado de deformação específica.
- Uma vez iniciado o escoamento, o material fica alterado definitivamente. Apenas uma parte da deformação específica será recuperada depois de a tensão ser removida.
- As deformações específicas são denominadas inelásticas uma vez que apenas uma parte da deformação será recuperada depois da remoção da tensão.
- O limite de deformação é um parâmetro importante em projetos para o material.

Estricção

- A seção transversal começa a diminuir acentuadamente em uma região localizada do corpo de prova.
- A força de tração exigida para produzir alongamento adicional no corpo de prova diminui quando a área é reduzida.
- Ocorre a estricção em materiais dúcteis, mas não em materiais frágeis.

Comportamento elástico

- Em geral, o relacionamento inicial entre tensão e deformação específica é linear.
- A deformação específica elástica é temporária, significando que toda a deformação é completamente recuperada quando a tensão for removida.
- A inclinação dessa linha é chamada módulo de elasticidade ou módulo de Young.

Tensão de ruptura

- A tensão de ruptura é a tensão nominal na qual o corpo de prova se rompe em duas partes.

FIGURA 3.14 Revisão dos aspectos importantes do diagrama tensão-deformação específica.

A Lei de Hooke também se aplica à tensão cisalhante τ e à distorção γ,

$$\tau = G\gamma \tag{3.5}$$

em que G é chamado **módulo de elasticidade transversal**, **módulo de elasticidade ao escorregamento** ou ainda **módulo de rigidez**.

3.4 COEFICIENTE DE POISSON

Um material carregado em uma direção sofrerá deformações no sentido perpendicular à direção do carregamento assim como no sentido paralelo a ele. Em outras palavras

- Se um corpo sólido estiver sujeito a uma tração axial, ele se contrai nas direções laterais.
- Se um corpo sólido estiver comprimido, ele se expande nas direções laterais.

Esse fenômeno é ilustrado na Figura 3.15, onde as deformações foram *bastante exageradas*. Testes experimentais mostraram que o relacionamento entre as deformações laterais e longitudinais causadas por uma força axial permanece constante, uma vez que o material permaneça *elástico* e seja *homogêneo e isotrópico* (conforme a definição na Seção 2.4). Essa constante é uma propriedade do material, assim como outras propriedades como o módulo de elasticidade longitudinal E. A razão entre a deformação específica lateral ou transversal (ε_{lat} ou ε_t) e a deformação específica longitudinal ou axial (ε_{long} ou ε_a) para um estado uniaxial de tensões é denominada **coeficiente de Poisson**, em homenagem a Simeon D. Poisson, que identificou a constante em 1811. O coeficiente de Poisson é indicado pela letra grega ν (ni) e é definido da seguinte forma:

$$\nu = -\frac{\varepsilon_{\text{lat}}}{\varepsilon_{\text{long}}} = -\frac{\varepsilon_t}{\varepsilon_a} \tag{3.6}$$

A razão $\nu = -\varepsilon_t/\varepsilon_a$ só é válida para um estado uniaxial de tensões (isto é, tração ou compressão simples). O sinal negativo aparece na Equação (3.6) porque as deformações laterais e longitudinais sempre são de sinais opostos para tensões uniaxiais (isto é, se uma deformação for de alongamento, a outra deformação será de contração).

Os valores variam para diferentes materiais, mas para a maioria dos metais o coeficiente de Poisson tem um valor entre 1/4 e 1/3. Levando em consideração que o volume de material deve permanecer constante, o maior valor possível para o coeficiente de Poisson é 0,5. Os valores próximos ao limite máximo superior só são encontrados para materiais como a borracha.

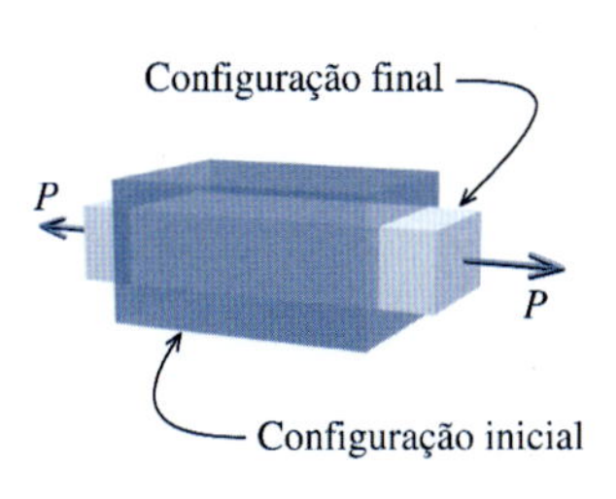

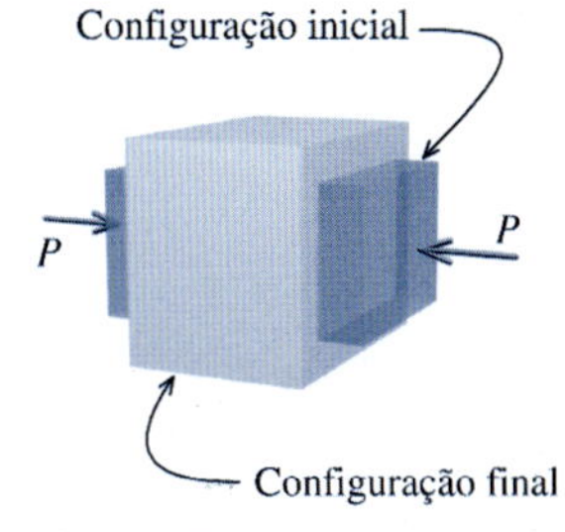

FIGURA 3.15 Contratação e dilatação transversal de um corpo sólido sujeito a forças axiais.

RELAÇÃO ENTRE *E*, G E ν

O coeficiente de Poisson está relacionado ao módulo de elasticidade longitudinal E e ao módulo de elasticidade transversal G pela fórmula

$$G = \frac{E}{2(1+\nu)} \tag{3.7}$$

O efeito de Poisson exibido pelos materiais não causa tensões adicionais na direção transversal, a menos que a deformação transversal esteja impedida ou evitada de alguma maneira.

EXEMPLO 3.1

Foi realizado um ensaio de tração em um corpo de prova de plástico Nylon com 1,975 in (5,0165 cm) de largura e 0,375 in (0,9525 cm) de espessura. Foi marcado um comprimento útil de 4,000 in (10,160 cm) no corpo de prova antes da aplicação da carga. Na parte elástica da curva tensão-deformação específica e uma carga aplicada de P = 6.000 lb (26,69 kN), o alongamento no comprimento útil foi medido como 0,023 in (0,0584 cm) e a contração da largura da barra foi medida como 0,004 in (0,01016 cm). Determine:

(a) o módulo de elasticidade longitudinal E.
(b) o coeficiente de Poisson ν.
(c) o módulo de elasticidade transversal G.

Planejamento da Solução

(a) Com base nos valores da carga e das dimensões iniciais medidas na barra, a tensão normal pode ser calculada. A deformação específica normal na direção longitudinal (isto é, axial) ε_{long} pode ser calculada a partir do alongamento do comprimento útil e do comprimento útil inicial. De posse desses dois valores, o módulo de elasticidade longitudinal pode ser calculado a partir da Equação (3.4).
(b) A partir da contração da largura e da largura inicial da barra, a deformação específica na direção lateral (isto é, transversal) ε_{lat} pode ser calculada. A seguir, o coeficiente de Poisson pode ser calculado utilizando a Equação (3.6).
(c) O módulo de elasticidade transversal pode ser calculado utilizando a Equação (3.7).

SOLUÇÃO

(a) A tensão normal no corpo de prova de plástico é

$$\sigma = \frac{6.000 \text{ lb}}{(1{,}975 \text{ in})(0{,}375 \text{ in})} = 8.101{,}27 \text{ psi}$$

A deformação específica longitudinal é

$$\varepsilon_{\text{long}} = \frac{0{,}023 \text{ in}}{4{,}000 \text{ in}} = 0{,}005750 \text{ in/in}$$

Portanto, o módulo de elasticidade E é

$$E = \frac{\sigma}{\varepsilon} = \frac{8.101{,}27 \text{ psi}}{0{,}005750 \text{ in/in}} = 1.408.916 \text{ psi} = 1.409.000 \text{ psi}$$ **Resp.**

(b) A deformação específica lateral é

$$\varepsilon_{\text{lat}} = \frac{-0{,}004 \text{ in}}{1{,}975 \text{ in}} = -0{,}002025 \text{ in/in}$$

Da Equação (3.6), o coeficiente de Poisson pode ser calculado como

$$\nu = -\frac{\varepsilon_{\text{lat}}}{\varepsilon_{\text{long}}} = -\frac{-0{,}002025 \text{ in/in}}{0{,}005750 \text{ in/in}} = 0{,}352$$ **Resp.**

(c) O módulo de elasticidade transversal G é calculado utilizando a Equação (3.7) como

$$G = \frac{E}{2(1+\nu)} = \frac{1.408.916 \text{ psi}}{2(1+0{,}352)} = 521.049 \text{ psi} = 521.000 \text{ psi}$$ **Resp.**

EXEMPLO 3.2

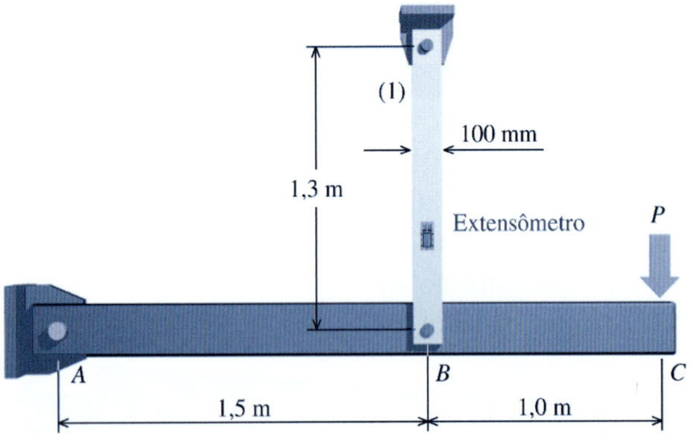

A barra rígida ABC é suportada por um pino em A e uma barra de liga de alumínio [E = 70 GPa; α = 22,5 × 10^{-6}/°C; ν = 0,33] com 100 mm de largura e 6 mm de espessura em B. Usa-se um extensômetro fixado na superfície da barra de alumínio para medir sua deformação específica longitudinal. Antes de a carga P ser aplicada à barra rígida em C, o extensômetro acusa deformação específica longitudinal igual a zero em uma temperatura ambiente de 20°C. Depois de a carga P ser aplicada à barra rígida em C e a temperatura cair para −10°C, foi medida uma deformação específica longitudinal de +2.400 $\mu\varepsilon$ na barra de alumínio. Determine:

(a) a tensão na barra (1).
(b) o valor da carga P.
(c) a variação de largura da barra de alumínio (isto é, a dimensão de 100 mm).

Planejamento da Solução

Este problema ilustra alguns erros comuns na aplicação da Lei de Hooke e do coeficiente de Poisson, particularmente, quando a variação de temperatura for um dos fatores de análise.

SOLUÇÃO

(a) Como o módulo de elasticidade E e a deformação específica ε são dados pelo problema, alguém poderia ficar tentado a calcular a tensão normal na barra de alumínio (1) utilizando a Lei de Hooke [Equação (3.4)]:

$$\sigma_1 = E_1\varepsilon_1 = (70 \text{ GPa})(2.400\ \mu\varepsilon)\left[\frac{1.000 \text{ MPa}}{1 \text{ GPa}}\right]\left[\frac{1 \text{ mm/mm}}{1.000.000\ \mu\varepsilon}\right] = 168 \text{ MPa}$$

Esse cálculo não está correto para a tensão normal na barra (1). Por que ele está incorreto?

Da Equação (2.7), a deformação específica total ε_{total} em um objeto inclui uma parcela devida à tensão ε_σ e uma parcela devida à variação de temperatura ε_T. O extensômetro fixado à barra (1) mediu a deformação específica total da barra de alumínio como $\varepsilon_{total} = +2.400$ $\mu\varepsilon = +0{,}002400$ mm/mm. Entretanto, neste problema, a temperatura da barra (1) teve uma queda de 30°C antes da medida da deformação. Da Equação (2.6), a deformação causada pela variação de temperatura na barra de alumínio é

$$\varepsilon_T = \alpha\,\Delta T = (22{,}5 \times 10^{-6}/°\text{C})(-30°\text{C}) = -0{,}000675 \text{ mm/mm}$$

Portanto, a deformação causada pela tensão normal na barra (1) é

$$\varepsilon_{total} = \varepsilon_\sigma + \varepsilon_T$$

$$\therefore \varepsilon_\sigma = \varepsilon_{total} - \varepsilon_T = 0{,}002400 \text{ mm/mm} - (-0{,}000675 \text{ mm/mm})$$
$$= +0{,}003075 \text{ mm/mm}$$

Usando esse valor de deformação, a tensão normal na barra (1) pode ser calculada agora utilizando a Lei de Hooke:

$$\sigma_1 = E\varepsilon = (70 \text{ GPa})(0{,}003075 \text{ mm/mm}) = 215{,}25 \text{ MPa} = 215 \text{ MPa}$$ **Resp.**

(b) A força axial na barra (1) é calculada com base na tensão normal e na área da barra:

$$F_1 = \sigma_1 A_1 = (215{,}25 \text{ N/mm}^2)(100 \text{ mm})(6 \text{ mm}) = 129.150 \text{ N}$$

Escreva uma equação de equilíbrio para a soma de momentos em torno do nó A e encontre o valor da carga P:

$$\Sigma M_A = (1{,}5 \text{ m})(129.150 \text{ N}) - (2{,}5 \text{ m})P = 0$$

$$\therefore P = 77.490 \text{ N} = 77{,}5 \text{ kN}$$ **Resp.**

(a) A variação de largura da barra é calculada multiplicando a deformação lateral (isto é, transversal) ε_{lat} pela largura inicial de 100 mm. Para determinar ε_{lat}, é usada a definição de coeficiente de Poisson [Equação (3.6)]:

$$\nu = -\frac{\varepsilon_{lat}}{\varepsilon_{long}} \qquad \therefore \varepsilon_{lat} = -\nu\varepsilon_{long}$$

Usando o valor dado de coeficiente de Poisson e a deformação medida, ε_{lat} poderia ser calculada como

$$\varepsilon_{lat} = -\nu\varepsilon_{long} = -(0{,}33)(2.400\ \mu\varepsilon) = -792\ \mu\varepsilon$$

Esse cálculo não está correto para a deformação lateral na barra (1). Por que ele está incorreto?

O efeito de Poisson se aplica apenas às deformações causadas pelas tensões (isto é, efeitos mecânicos). Embora os materiais sem restrições, homogêneos e isotrópicos se dilatem com uniformidade em todas as direções no momento em que são aquecidos (e se contraiam uniformemente ao serem resfriados), as deformações térmicas não devem ser incluídas no cálculo do coeficiente de Poisson. Para este problema, a deformação lateral deve ser calculada como

$$\varepsilon_{lat} = -(0{,}33)(0{,}003075 \text{ mm/mm}) + (-0{,}000675 \text{ m/m}) = -0{,}0016898 \text{ mm/mm}$$

Portanto, a variação de largura da barra de alumínio é

$$\delta_{largura} = (-0{,}0016898 \text{ mm/mm})(100 \text{ mm}) = -0{,}1690 \text{ mm}$$ **Resp.**

EXEMPLO 3.3

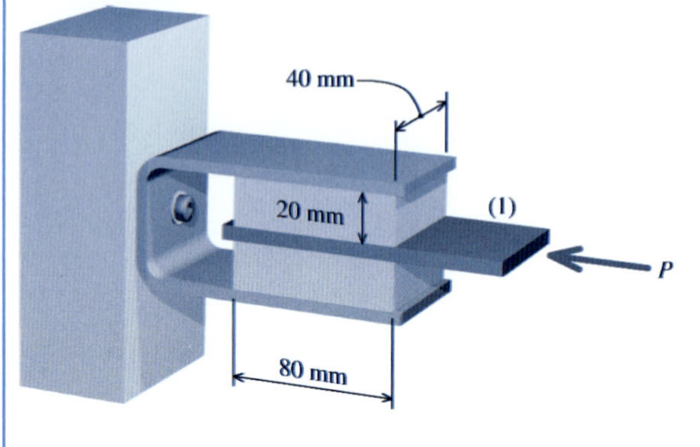

Dois blocos de borracha, cada um com 80 mm de comprimento por 40 mm de largura e 20 mm de espessura, são colados a um suporte e a uma placa móvel (1). Quando é aplicada uma força $P = 2.800$ N ao conjunto, a placa (1) se move horizontalmente 8 mm. Determine o módulo de elasticidade transversal G da borracha usada para os blocos.

Planejamento da Solução

A Lei de Hooke exprime o relacionamento entre a tensão cisalhante e a deformação de cisalhamento [Equação (3.5)]. A tensão cisalhante pode ser determinada com base na carga aplicada P e na área dos blocos de borracha que estão em contato com a placa móvel (1). A deformação de cisalhamento é uma medida angular, que pode ser determinada a partir do movimento horizontal da placa (1) e da espessura dos blocos de borracha. O módulo de elasticidade transversal G é calculado pela divisão da tensão cisalhante pela deformação por cisalhamento.

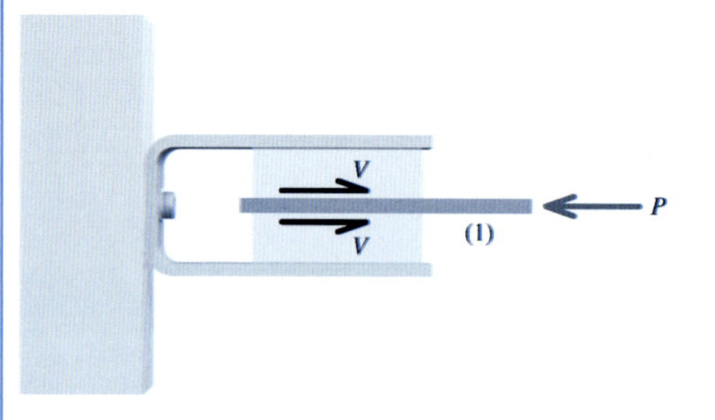

SOLUÇÃO

Examine o diagrama de corpo livre da placa móvel (1). Cada bloco de borracha fornece uma força cisalhante que se opõe à carga aplicada P. Do equilíbrio, a soma de forças na direção horizontal é

$$\Sigma F_x = 2V - P = 0$$

$$\therefore V = P/2 = (2.800 \text{ N})/2 = 1.400 \text{ N}$$

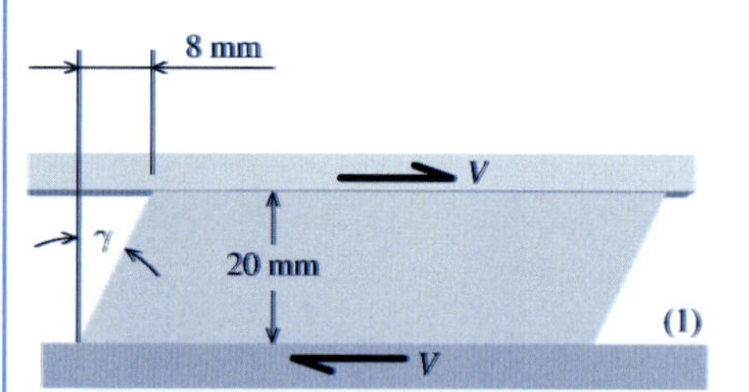

A seguir, examine o diagrama de corpo livre do bloco superior de borracha na posição deslocada. A força cisalhante V age na superfície que tem 80 mm de comprimento e 40 mm de largura. Portanto, a tensão cisalhante τ no bloco de borracha é

$$\tau = \frac{1.400 \text{ N}}{(80 \text{ mm})(40 \text{ mm})} = 0{,}4375 \text{ MPa}$$

O movimento horizontal de 8 mm faz com que o bloco se deforme de acordo com a ilustração. O ângulo γ (medido em radianos) é a deformação específica por cisalhamento:

$$\tan \gamma = \frac{8 \text{ mm}}{20 \text{ mm}} \qquad \therefore \gamma = 0{,}3805 \text{ rad}$$

A tensão cisalhante τ, o módulo de elasticidade transversal G e a deformação específica por cisalhamento γ estão relacionadas pela Lei de Hooke:

$$\tau = G\gamma$$

Portanto, o módulo de elasticidade transversal G da borracha usada nos blocos é

$$G = \frac{\tau}{\gamma} = \frac{0{,}4375 \text{ MPa}}{0{,}3805 \text{ rad}} = 1{,}150 \text{ MPa}$$ **Resp.**

EXERCÍCIOS do MecMovies

M3.1 Três problemas básicos que exigem o uso da Lei de Hooke.

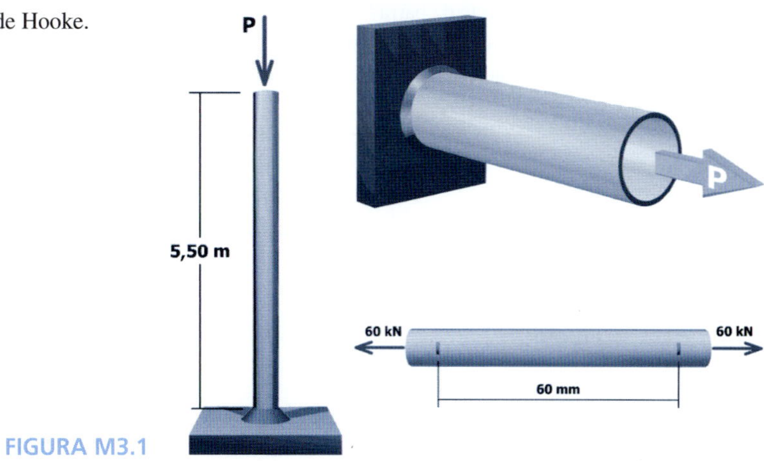

FIGURA M3.1

PROBLEMAS

P3.1 No limite de proporcionalidade, um comprimento útil de 2 in (5,08 cm) de uma haste de liga metálica de 0,375 in (0,9525 cm) de diâmetro alongou-se 0,0083 in (0,0211 cm) e o diâmetro foi reduzido 0,0005 in (0,00127 cm). A força total de tração na haste foi 4,75 kip. Determine as seguintes propriedades do material:

(a) o módulo de elasticidade.
(b) o coeficiente de Poisson.
(c) o limite de proporcionalidade.

P3.2 No limite de proporcionalidade, uma barra com 30 mm de largura e 12 mm de espessura se alonga 2,0 mm sob uma carga axial de 41,5 kN. A barra tem 1,5 m de comprimento. Se o coeficiente de Poisson do material for 0,33, determine:

(a) o módulo de elasticidade.
(b) o coeficiente de Poisson.
(c) a variação em cada dimensão lateral.

P3.3 Sob uma carga axial de 22 kN, uma barra de polímero com 45 mm de largura e 15 mm de espessura se alonga 3,0 mm, ao mesmo tempo que sua largura se contrai 0,25 mm. A barra tem 200 mm de comprimento. Sob a ação da carga de 22 kN a tensão na barra de polímero é menor do que seu limite de proporcionalidade. Determine:

(a) o módulo de elasticidade.
(b) o coeficiente de Poisson.
(c) a variação de espessura da barra.

P3.4 Uma barra de liga metálica tem 0,75 in (1,905 cm) de espessura e está sujeita a uma carga de tração P por meio dos pinos em A e B conforme mostra a Figura P3.4/5. A largura da barra é $w = 3{,}0$ in (7,62 cm). Os extensômetros colados ao corpo de prova acusaram as seguintes medidas de deformações específicas na direção longitudinal (x) e na direção transversal (y): $\varepsilon_x = 840\ \mu\varepsilon$ e $\varepsilon_y = -250\ \mu\varepsilon$.

(a) Determine o Coeficiente de Poisson para esse corpo de prova.
(b) Se as deformações específicas foram produzidas por uma carga axial $P = 32$ kip (142,3 kN), qual é o módulo de elasticidade desse corpo de prova?

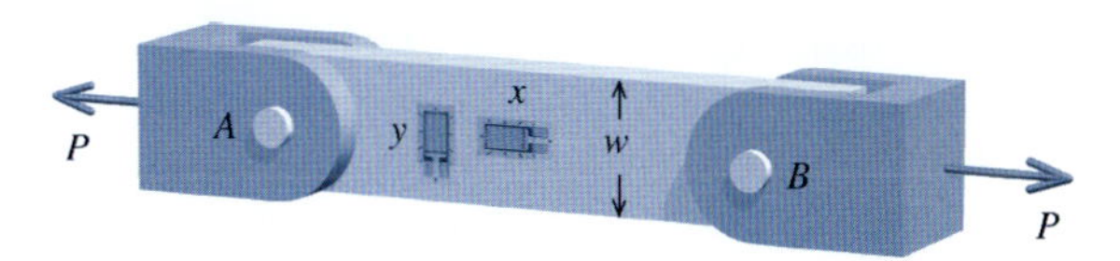

FIGURA P3.4/5

P3.5 Uma barra de liga metálica com 6 mm de espessura está sujeita a uma carga de tração P por meio de pinos em A e B conforme mostra a Figura P3.4/5. A largura da barra é $w = 30$ mm. Os extensômetros colados no corpo de prova acusaram as seguintes medidas de deformações específicas na direção longitudinal (x) e na direção transversal (y): $\varepsilon_x = 900\ \mu\varepsilon$ e $\varepsilon_y = -275\ \mu\varepsilon$.

(a) Determine o Coeficiente de Poisson para esse corpo de prova.
(b) Se as deformações específicas foram produzidas por uma carga axial $P = 19$ kN, qual é o módulo de elasticidade desse corpo de prova?

P3.6 Uma haste de cobre [$E = 110$ GPa] originalmente com 350 mm de comprimento está submetida a tração com uma tensão normal de 180 MPa. Se a deformação for inteiramente elástica, qual é o alongamento resultante?

P3.7 Um tubo de alumínio 6061-T6 [$E = 10.000$ ksi (68.047 MPa); $\nu = 0{,}33$] tem diâmetro externo de 4,000 in (10,160 cm) e espessura de parede de 0,065 in (0,1651 cm).

(a) Determine a força de tração que deve ser aplicada ao tubo para fazer com que o diâmetro externo tenha uma contração de 0,005 in (0,0127 cm).
(b) Se o tubo tiver 84 in (213,4 cm) de comprimento, qual será o alongamento total?

P3.8 Um corpo de prova de metal com diâmetro original de 0,500 in (1,270 cm) e comprimento útil de 2,000 in (5,080 cm) é submetido a um ensaio de tração até acontecer a ruptura. No ponto de ruptura, o diâmetro do corpo de prova é 0,260 in (0,660 cm) e o comprimento útil na ruptura é 3,08 in (7,82 cm). Calcule a ductilidade em termos do alongamento percentual de ruptura e da contração percentual de área na ruptura.

P3.9 Uma parte do diagrama tensão-deformação específica de uma liga de aço inoxidável é mostrada na Figura P3.9. Uma barra de 350 mm é tracionada até se alongar 2,0 mm e depois a carga é removida.

(a) Qual a deformação permanente da barra?
(b) Qual é o comprimento da barra descarregada?
(c) se a barra for recarregada, qual será o limite de proporcionalidade?

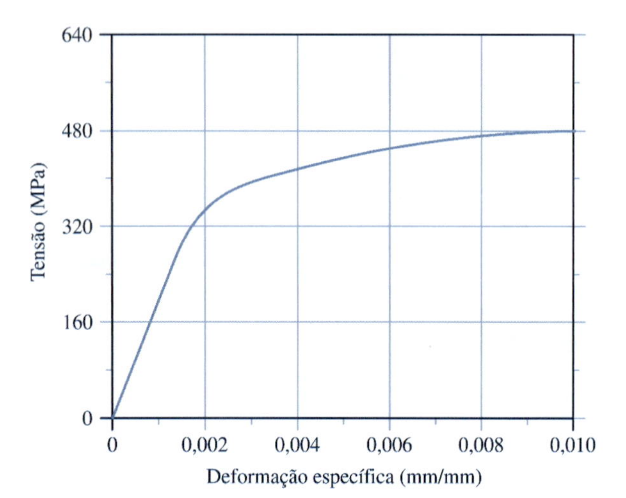

FIGURA P3.9

P3.10 Os blocos de borracha de 16 por 22 por 25 mm mostrados na Figura P3.10 são usados em um dispositivo de cisalhamento com formato "duplo U" a fim de isolar a vibração de um equipamento de seus apoios. Uma carga aplicada $P = 285$ N faz com que a parte superior tenha um deslocamento de 5 mm para baixo. Determine o módulo de elasticidade transversal G dos blocos de borracha.

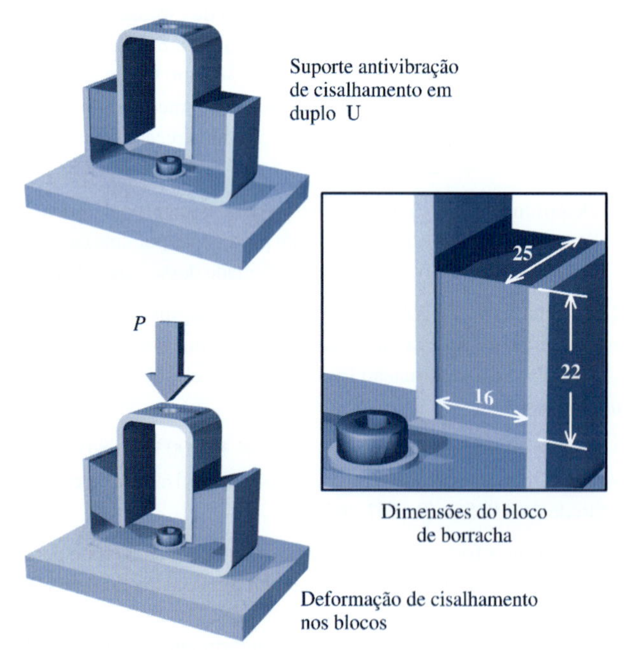

FIGURA P3.10

P3.11 Dois blocos de borracha são usados em um dispositivo antivibração para suportar um pequeno equipamento conforme ilustra a Figura P3.11/12. Uma carga aplicada $P = 150$ lb (667 N) causa um deslocamento de 0,25 in (0,635 cm) para baixo. Determine o módulo de elasticidade transversal dos blocos de borracha. Admita $a = 0,5$ in (1,27 cm), $b = 1,0$ in (2,54 cm) e $c = 2,5$ in (6,350 cm).

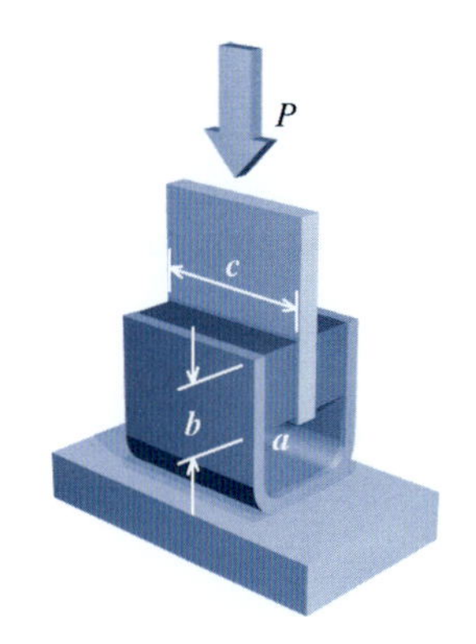

FIGURA P3.11/12

P3.12 Dois blocos de borracha [$G = 350$ kPa] são usados em um dispositivo antivibração para suportar um pequeno equipamento conforme ilustra a Figura P3.11/12. Determine o deslocamento para baixo que ocorrerá para carga aplicada $P = 900$ N. Admita $a = 20$ mm, $b = 50$ mm e $c = 80$ mm.

P3.13 Um ensaio de tração em uma barra de liga de alumínio com 6 mm de diâmetro por 225 mm de comprimento demonstrou que a carga de tração de 4.800 N causou um alongamento elástico de 0,52 mm na haste. Usando esse resultado, determine o alongamento elástico que seria esperado para uma haste de 24 mm do mesmo material se ela tivesse 1,2 m de comprimento e estivesse sujeita a uma força de tração de 37 kN.

P3.14 O diagrama tensão-deformação de uma determinada liga de aço inoxidável é mostrado na Figura P3.14. Uma haste feita desse material tem inicialmente 800 mm de comprimento a uma temperatura de 20°C. Depois de uma força de tração ser aplicada à haste e a temperatura ser aumentada de 200°C, o comprimento da barra ficou 804 mm. Determine a tensão na haste e indique se o alongamento da haste é elástico ou inelástico. Admita que o coeficiente de dilatação térmica para esse material é 18×10^{-6}/°C.

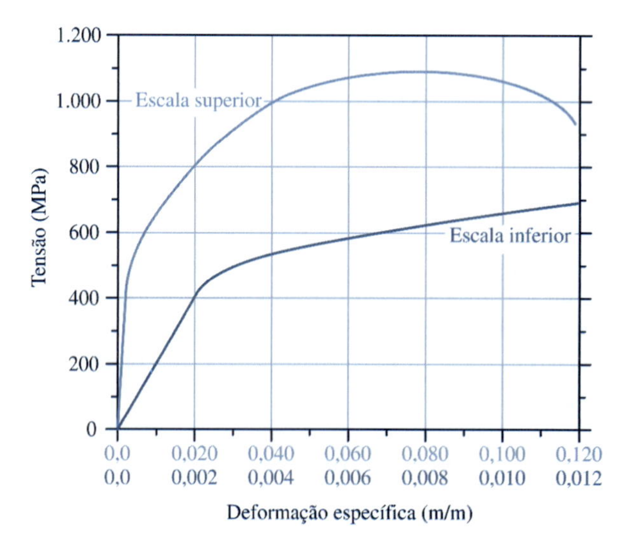

FIGURA P3.14

P3.15 Na Figura P3.15, a barra rígida ABC é suportada por um elemento estrutural solicitado axialmente (1), que tem área de seção transversal de 400 mm², módulo de elasticidade $E = 70$ GPa e coeficiente de dilatação térmica $\alpha = 22,5 \times 10^{-6}$/°C. Depois de a carga P ser aplicada à barra rígida e de a temperatura se elevar 40°C, um extensômetro fixado à barra (1) acusa um aumento de deformação específica de 2.150 $\mu\varepsilon$. Determine:

(a) a tensão normal na barra (1).
(b) o valor da carga aplicada P.
(c) a deflexão da barra rígida em C.

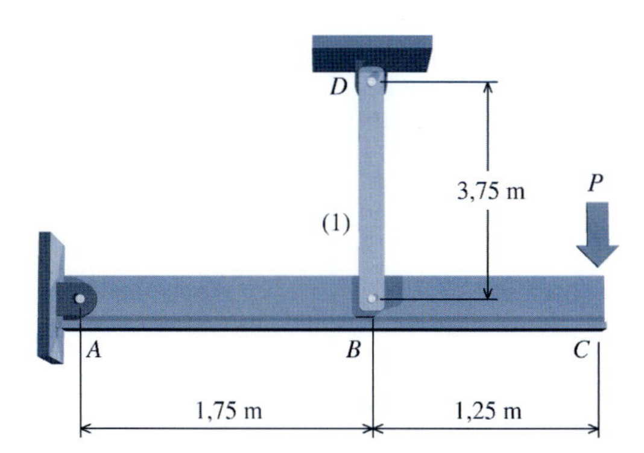

FIGURA P3.15

P3.16 Um corpo de prova de aço 1045 laminado a quente, com diâmetro de 0,505 in (1,283 cm) e comprimento útil de 2,00 in (5,08 cm), foi submetido a um ensaio de tração até a ruptura. Os dados de tensão e deformação específica obtidos durante o ensaio estão mostrados na Figura P3.16. Determine:

(a) o módulo de elasticidade.
(b) o limite de proporcionalidade.
(c) a resistência estática.
(d) o limite de escoamento (deslocamento de 0,20%).
(e) a tensão de ruptura.
(f) a tensão real de ruptura, considerando que o diâmetro final do corpo de prova no local da ruptura tenha sido 0,392 in (0,996 cm).

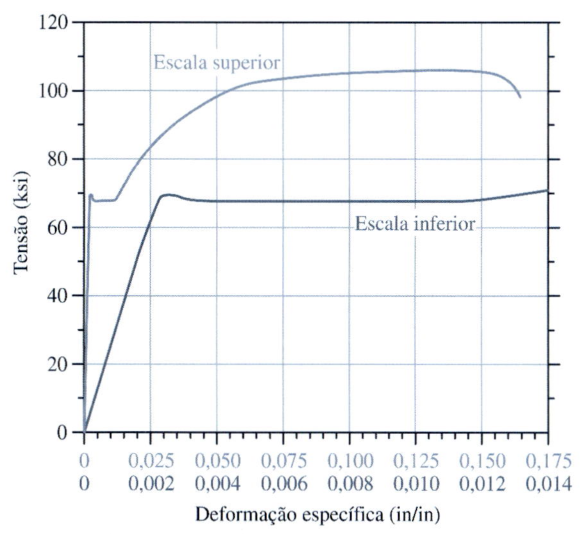

FIGURA P3.16

P3.17 Um corpo de prova de liga de aço inoxidável, com diâmetro de 0,495 in (1,257 cm) e comprimento útil de 2,00 in (5,08 cm), foi submetido a um ensaio de tração até a ruptura. Os dados de tensão e deformação específica obtidos durante o ensaio estão mostrados na Figura P3.17. Determine:

(a) o módulo de elasticidade.
(b) o limite de proporcionalidade.
(c) a resistência estática.
(d) o limite de escoamento (deslocamento de 0,20%).
(e) a tensão de ruptura.
(f) a tensão real de ruptura, considerando que o diâmetro final do corpo de prova no local da ruptura tenha sido 0,350 in (0,889 cm).

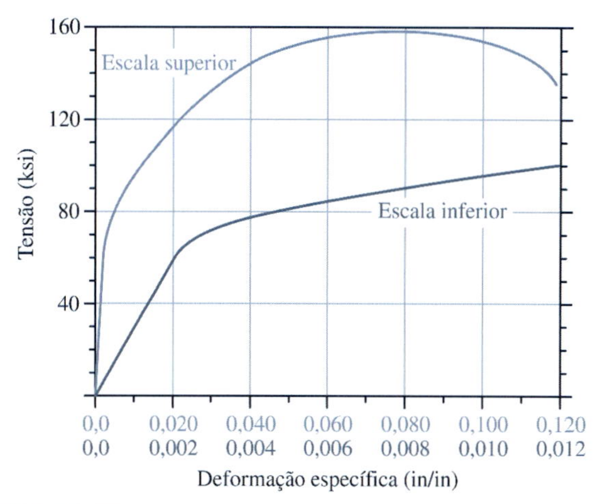

FIGURA P3.17

P3.18 Um corpo de prova de liga de bronze, com diâmetro de 12,8 mm e comprimento útil de 50 mm, foi submetido a um ensaio de tração até a ruptura. Os dados de tensão e deformação específica obtidos durante o ensaio estão mostrados na Figura P3.18. Determine:

(a) o módulo de elasticidade.
(b) o limite de proporcionalidade.
(c) a resistência estática.
(d) o limite de escoamento (deslocamento de 0,20%).
(e) a tensão de ruptura.
(f) a tensão real de ruptura, considerando que o diâmetro final do corpo de prova no local da ruptura tenha sido 10,5 mm.

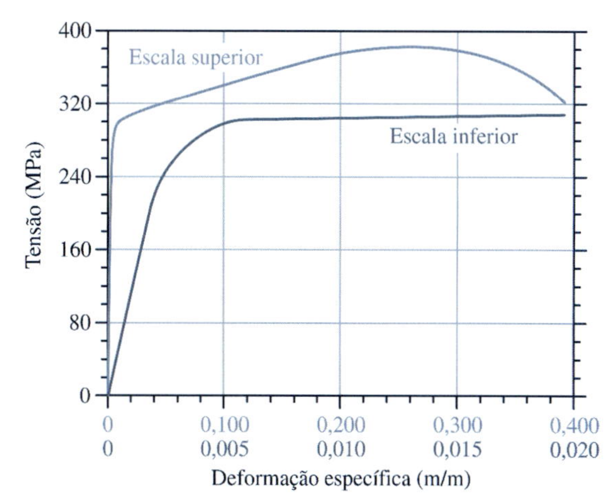

FIGURA P3.18

P3.19 Um corpo de prova de liga metálica, com diâmetro de 12,8 mm e comprimento útil de 50 mm, foi submetido a um ensaio de tração até a ruptura. Os dados de carga e alongamento obtidos durante o ensaio são fornecidos. Determine:

(a) o módulo de elasticidade.
(b) o limite de proporcionalidade.
(c) a resistência estática.
(d) o limite de escoamento (deslocamento de 0,05%).
(e) o limite de escoamento (deslocamento de 0,20%).
(f) a tensão de ruptura.
(g) a tensão real de ruptura, considerando que o diâmetro final do corpo de prova no local da ruptura tenha sido 11,3 mm.

Carga (kN)	Variação de comprimento (mm)	Carga (kN)	Variação de comprimento (mm)
0	0		
7,6	0,02	43,8	1,50
14,9	0,04	45,8	2,00
22,2	0,06	48,3	3,00
28,5	0,08	49,7	4,00
29,9	0,10	50,4	5,00
30,6	0,12	50,7	6,00
32,0	0,16	50,4	7,00
33,0	0,20	50,0	8,00
33,3	0,24	49,7	9,00
36,8	0,50	47,9	10,00
41,0	1,00	45,1	ruptura

P3.20 Um corpo de prova de aço 1035 laminado a quente, com diâmetro de 0,500 in (1,270 cm) e comprimento útil de 2,0 in (5,08 cm), foi submetido a um ensaio de tração até a ruptura. Os dados de carga e alongamento obtidos durante o ensaio são fornecidos. Determine:

(a) o módulo de elasticidade.
(b) o limite de proporcionalidade.
(c) a resistência estática.
(d) o limite de escoamento (deslocamento de 0,05%).
(e) o limite de escoamento (deslocamento de 0,20%).
(f) a tensão de ruptura.
(g) a tensão real de ruptura, considerando que o diâmetro final do corpo de prova no local da ruptura tenha sido 0,387 in (0,983 cm).

Carga (lb)	Variação de comprimento (in)	Carga (lb)	Variação de comprimento (in)
0	0	12.540	0,0209
2.690	0,0009	12.540	0,0255
5.670	0,0018	14.930	0,0487
8.360	0,0028	17.020	0,0835
11.050	0,0037	18.220	0,1252
12.540	0,0042	18.820	0,1809
13.150	0,0046	19.110	0,2551
13.140	0,0060	19.110	0,2968
12.530	0,0079	18.520	0,3107
12.540	0,0098	17.620	0,3246
12.840	0,0121	16.730	0,3339
12.840	0,0139	16.130	0,3385
		15.900	ruptura

P3.21 Um corpo de prova de alumínio 2024-T4, com diâmetro de 0,505 in (1,283 cm) e comprimento útil de 2,0 in (5,08 cm), foi submetido a um ensaio de tração até a ruptura. Os dados de carga e alongamento obtidos durante o ensaio são fornecidos. Determine:

(a) o módulo de elasticidade.
(b) o limite de proporcionalidade.
(c) a resistência estática.
(d) o limite de escoamento (deslocamento de 0,05%).
(e) o limite de escoamento (deslocamento de 0,20%).
(f) a tensão de ruptura.
(g) a tensão real de ruptura, considerando que o diâmetro final do corpo de prova no local da ruptura tenha sido 0,452 in (1,148 cm).

Carga (lb)	Variação de comprimento (in)	Carga (lb)	Variação de comprimento (in)
0	0,0000	11.060	0,0139
1.300	0,0014	11.500	0,0162
2.390	0,0023	12.360	0,0278
3.470	0,0032	12.580	0,0394
4.560	0,0042	12.800	0,0603
5.640	0,0051	13.020	0,0788
6.720	0,0060	13.230	0,0974
7.380	0,0070	13.450	0,1159
8.240	0,0079	13.670	0,1391
8.890	0,0088	13.880	0,1623
9.330	0,0097	14.100	0,1994
9.980	0,0107	14.100	0,2551
10.200	0,0116	14.100	0,3200
10.630	0,0125	14.100	0,3246
		14.100	ruptura

P3.22 Um corpo de prova de aço 1045 laminado a quente tem diâmetro de 6,00 mm e comprimento útil de 25 mm. Em um ensaio de tração conduzido até a ruptura foram obtidos os dados de carga e alongamento a seguir. Determine:

(a) o módulo de elasticidade.
(b) o limite de proporcionalidade.
(c) a resistência estática.
(d) o limite de escoamento (deslocamento de 0,05%).
(e) o limite de escoamento (deslocamento de 0,20%).
(f) a tensão de ruptura.
(g) a tensão real de ruptura, considerando que o diâmetro final do corpo de prova no local da ruptura tenha sido 4,65 mm.

Carga (kN)	Variação de comprimento (mm)	Carga (kN)	Variação de comprimento (mm)
0,00	0,00	13,22	0,29
2,94	0,01	16,15	0,61
5,58	0,02	18,50	1,04
8,52	0,03	20,27	1,80
11,16	0,05	20,56	2,26
12,63	0,05	20,67	2,78
13,02	0,06	20,72	3,36
13,16	0,08	20,61	3,83
13,22	0,08	20,27	3,94
13,22	0,10	19,97	4,00
13,25	0,14	19,68	4,06
13,22	0,17	19,09	4,12
		18,72	ruptura

P3.23 A barra rígida *BCD* na Figura P3.23 é suportada por um pino em *C* e por uma haste de alumínio (1). Uma carga concentrada *P* é aplicada na extremidade inferior da haste de alumínio (2), que está ligada à barra rígida em D. A área da seção transversal de cada haste é A = 0,20 in² (1,29 cm²) e o módulo de elasticidade do material alumínio é E = 10.000 ksi (68.947 MPa). Depois de a carga P ser aplicada em E, a deformação específica medida na haste (1) é de 1.350 $\mu\varepsilon$ (tração). Determine:

(a) o valor da carga P.
(b) a deflexão total do ponto E em relação a sua posição inicial.

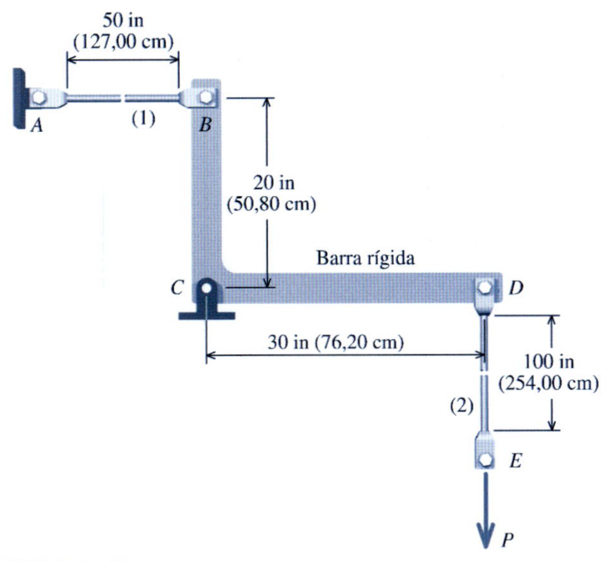

FIGURA P3.23

P3.24 A barra rígida ABC é suportada pelo elemento estrutural (1) solicitado axialmente e conectado por pino e pela conexão de um pino com 0,75 in (1,905 cm) de diâmetro submetido a cisalhamento duplo em C, conforme mostra a Figura P3.24. O elemento estrutural (1) é uma barra com 2,75 in (6,895 cm) de largura e com 1,25 in (3,175 cm) de espessura feita de alumínio com módulo de elasticidade de 10.000 ksi (68.947 MPa). Quando uma carga concentrada P é aplicada à barra rígida em A, a deformação específica normal medida na barra (1) é −880 $\mu\varepsilon$. Determine:

(a) o valor da carga aplicada P.
(b) a tensão cisalhante média no pino em C.

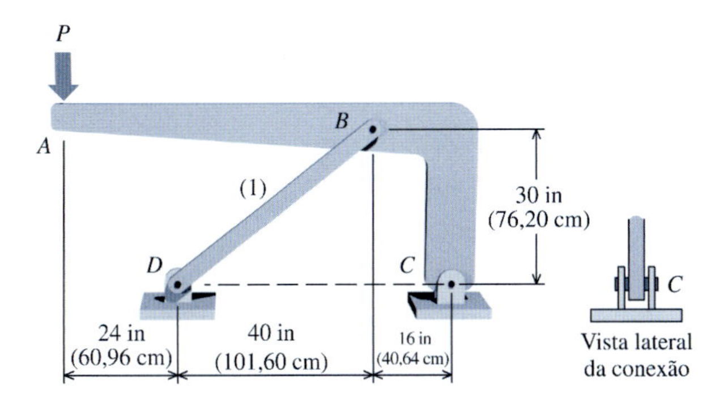

FIGURA P3.24

P3.25 Uma carga concentrada P é suportada por duas barras conforme mostra a Figura P3.25. A barra (1) é feita de latão vermelho laminado a frio [E = 16.700 ksi (115.142 MPa); α = 10,4 × 10⁻⁶/°F (19,08 × 10⁻⁶/°C)] e tem área de seção transversal e 0,225 in² (1,452 cm²). A barra (2) é feita de alumínio 6061−T6 [E = 10.000 ksi (68.947 MPa); α = 13,1 × 10⁻⁶/°F (23,6 × 10⁻⁶/°C)] e tem área de seção transversal de 0,375 in² (2,419 cm²). Depois de a carga P ser aplicada e de a temperatura de todo o conjunto estrutural ser *aumentada* em 50 °F (27,8°C), a deformação específica total medida na barra (1) é de 1.400 $\mu\varepsilon$ (alongamento). Determine:

(a) o valor da carga P.
(b) a deformação específica total da barra (2).

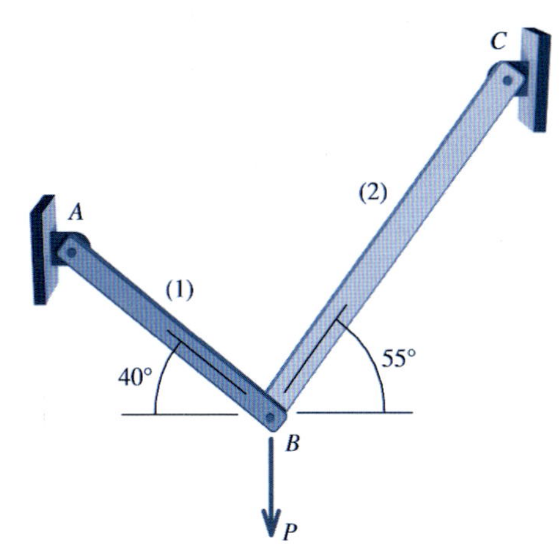

FIGURA P3.25

P3.26 A barra rígida AC na Figura P3.26 é suportada por duas barras solicitadas axialmente (1) e (2). Ambas as barras são feitas de bronze [E = 100 GPa; α = 18 × 10⁻⁶/°C]. A área da seção transversal da barra (1) é A_1 = 240 mm² e a área da seção transversal da barra (2) é A_2 = 360 mm². Depois de a carga P ser aplicada e de a temperatura de todo o conjunto estrutural ser *aumentada* em 30°C, a deformação específica total medida na barra (2) é 1.220 $\mu\varepsilon$ (alongamento). Determine:

(a) o valor da carga P.
(b) o deslocamento vertical do pino A.

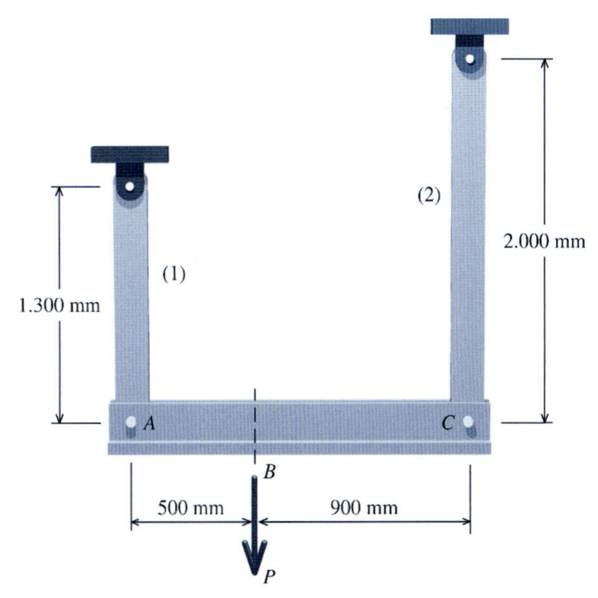

FIGURA P3.26

P3.27 A barra rígida da Figura P3.27/28 é suportada por uma barra solicitada axialmente (1) e por uma conexão de pino em C. A barra (1) tem área da seção transversal A_1 = 275 mm², módulo de elasticidade E = 200 GPa e coeficiente de dilatação térmica α = 11,9 × 10⁻⁶/°C. O pino em C tem diâmetro de 25 mm. Depois de a carga P ser aplicada e de a temperatura de todo o conjunto estrutural ser *aumentada* em 20°C, a deformação específica total medida na barra (1) é 925 $\mu\varepsilon$ (alongamento). Determine:

(a) o valor da carga P.

(b) a tensão cisalhante média no pino C.

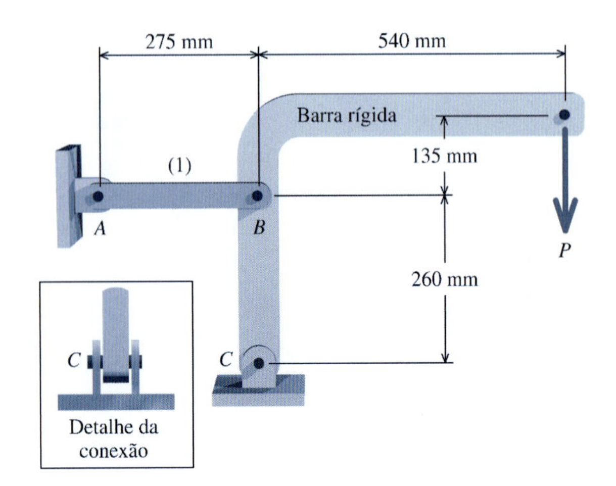

FIGURA P3.27/28

P3.28 A barra rígida da Figura P3.27/28 é suportada por uma barra solicitada axialmente (1) e por uma conexão de pino em C. A barra (1) tem área da seção transversal $A_1 = 275$ mm², módulo de elasticidade $E = 200$ GPa e coeficiente de dilatação térmica $\alpha = 11{,}9 \times 10^{-6}$/°C. O pino em C tem diâmetro de 25 mm. Depois de a carga P ser aplicada e de a temperatura de todo o conjunto estrutural ser *reduzida* em 30°C, a deformação específica total medida na barra (1) é 925 $\mu\varepsilon$ (alongamento). Determine:

(a) o valor da carga P.

(b) a tensão cisalhante média no pino C.

4 CONCEITOS DE PROJETO

4.1 INTRODUÇÃO

Os problemas de projeto enfrentados pelos engenheiros envolvem muitas considerações, como funcionalidade, segurança, custo inicial, custo ao longo do ciclo de vida, impactos ambientais, eficiência e estética. Em mecânica dos materiais, entretanto, nosso interesse está voltado para três considerações mecânicas principais: resistência, rigidez e estabilidade. Ao tratar desses três aspectos, várias incertezas devem ser consideradas e levadas em conta para que seja obtido um projeto que tenha sucesso.

Em geral, as cargas que agem em estruturas ou equipamentos são estimadas e elas podem apresentar uma variação substancial.

- A taxa de carregamento pode diferir das hipóteses de projeto.
- Há indefinição associada ao material usado em uma estrutura ou equipamento. Como normalmente os ensaios danificam o material, as propriedades mecânicas não podem ser avaliadas de modo direto, mas sim determinadas por testes em corpos de prova em um material similar. Para um material como madeira, pode haver variação significativa na resistência e na rigidez de tábuas e troncos.
- A resistência dos materiais pode variar ao longo do tempo em consequência da corrosão e de outros efeitos.
- Condições ambientais como temperatura, umidade e exposição à chuva e neve podem ser diferentes das hipóteses de projeto.
- Embora sua composição química possa ser a mesma, os materiais usados em protótipos ou componentes de teste podem ser diferentes daqueles usados nos componentes de produção devido a fatores como microtextura, tamanho, efeitos de prensagem ou fabricação e acabamento da superfície.
- Podem ser geradas tensões em um componente durante o processo de fabricação.
- Os modelos e os métodos usados na análise podem simplificar demais ou idealizar incorretamente uma estrutura e assim representar de forma inadequada seu comportamento real.

Os problemas do livro podem transmitir a impressão de que a análise e o projeto são um processo de aplicação de procedimentos rigorosos de cálculo para estruturas e equipamentos perfeitamente definidos a fim de que sejam obtidos resultados definitivos. Entretanto, na prática, os procedimentos de projeto devem fazer concessões para muitos fatores que não podem ser quantificados com muita certeza.

4.2 TIPOS DE CARGAS

As forças que agem em uma estrutura ou equipamento são denominadas **cargas**. Os tipos específicos de cargas que agem em uma estrutura ou equipamento dependem da aplicação em particular. Vários tipos de cargas que agem em estruturas de edifícios são analisados a seguir.

CARGAS PERMANENTES

As cargas permanentes consistem no peso de vários elementos estruturais e nos pesos dos objetos que estão ligados permanentemente a uma estrutura. Para um edifício, o peso próprio de uma estrutura inclui itens como vigas, pilares, lajes de piso, paredes, encanamentos, aparelhos elétricos, equipamentos mecânicos permanentes e o telhado. A amplitude e o local dessas cargas são invariáveis durante a vida útil da estrutura.

Ao projetar uma estrutura, o tamanho das vigas isoladas, das lajes, dos pilares e de outros componentes é de início desconhecido. Deve ser realizada uma análise da estrutura antes de determinar os tamanhos finais dos elementos, entretanto, a análise deve incluir os respectivos pesos. Em consequência, é comum haver a necessidade de realizar interativamente cálculos de projeto — estimando o peso dos vários elementos, realizando a análise, selecionando os tamanhos adequados e, se aparecerem diferenças muito grandes, repetindo a análise usando estimativas melhoradas dos pesos dos elementos.

Embora o peso próprio de uma estrutura geralmente seja bem definido, a carga permanente pode ser subestimada em face da incerteza de seus outros componentes como o peso dos equipamentos permanentes, divisórias em salas, materiais de cobertura, revestimentos de pisos, equipamento fixo de serviço e outros aparelhos que não podem ser movimentados. Pode ser necessário também levar em conta as modificações futuras da estrutura. Por exemplo, materiais adicionais de pavimentação podem ser acrescentados em uma ocasião futura no tabuleiro de uma estrutura de ponte.

CARGAS VARIÁVEIS

As cargas variáveis são aquelas cujo módulo, duração e local de aplicação variam ao longo da vida útil da estrutura. Elas podem ser causadas pelo peso dos objetos colocados temporariamente nas estruturas, veículos ou pessoas, ou forças naturais. Em geral, a carga variável em pisos e plataformas é modelada como uma carga distribuída com uniformidade em uma área que leva em conta itens mais associados ao uso pretendido do espaço. Para estruturas típicas comerciais e residenciais, esses itens incluem os ocupantes, os móveis e os depósitos.

Para estruturas como pontes e edifícios garagens, uma carga (ou cargas) variável concentrada representando o peso dos veículos ou outros itens pesados deve ser levada em conta além da área do carregamento uniformemente distribuído. Na análise, devem-se investigar os efeitos de tais cargas concentradas em locais críticos em potencial.

Uma carga aplicada repentinamente a uma estrutura é denominada carga de **impacto**. A queda de uma caixa no piso de um armazém ou um caminhão saltando em um pavimento irregular cria uma força maior em uma estrutura do que aquela que ocorreria na maioria das vezes se a carga fosse aplicada lenta e gradualmente. Determinadas cargas variáveis incluem em geral um valor adicional para efeitos de impacto relativos ao uso normal e ao tráfego. Podem ser necessárias considerações especiais de impacto para estruturas de apoio a equipamentos de elevadores, grandes equipamentos rotatórios ou trepidantes e guindastes.

Por sua natureza, as cargas variáveis são conhecidas com muito menos incertezas do que as cargas permanentes. As cargas variáveis podem mudar de intensidade e local ao longo da vida útil da estrutura. Em um edifício, por exemplo, pode ocorrer o agrupamento imprevisto de pessoas em determinada ocasião ou talvez um espaço possa estar sujeito a cargas extraordinariamente grandes durante a renovação do mobiliário ou de outros materiais que sejam colocados temporariamente em outro local.

CARGA DE NEVE

Em climas frios, a carga de neve pode ser uma consideração significativa de projeto para elementos de telhado. O valor e a duração das cargas de neve não podem ser conhecidos com grande exatidão. Além disso, em geral a distribuição da neve não será uniforme em uma estrutura de telhado devido aos acúmulos formados pelo vento. Grandes acúmulos de neve ocorrerão com frequência em locais próximos ao de onde um telhado altera a altura, criando efeitos adicionais de carregamento.

CARGA DE VENTO

O vento exerce pressão em um edifício de modo proporcional ao quadrado de sua velocidade. Em qualquer momento determinado, as velocidades do vento consistem em uma velocidade média mais uma turbulência superposta conhecida como golpe de vento. As pressões do vento são distribuídas ao longo das superfícies externas do edifício, tanto como pressões positivas, que empurram as superfícies das paredes e dos telhados, como pressões negativas (ou sucção), que levantam telhados e movimentam as paredes para o exterior. Os valores das cargas de vento que agem em estruturas variam com a posição geográfica, altitude em relação ao nível do solo, características do terreno circunvizinho, formato e aspecto do edifício e outros fatores. O vento é capaz de atingir uma estrutura em qualquer direção. Além disso, essas características tornam muito difícil prever precisamente o valor e a distribuição da carga de vento.

4.3 SEGURANÇA

Os engenheiros procuram produzir objetos que sejam fortes o bastante para desempenharem suas funções com segurança. Para atingir a segurança no projeto em relação à resistência, as estruturas e os equipamentos sempre são projetados com cargas solicitantes acima das que seriam esperadas sob condições normais (denominada **sobrecarga**). Enquanto essa capacidade de reserva é necessária para garantir a segurança em resposta a um evento de carga extrema, ela também permite que a estrutura ou o equipamento seja usado de modo não previsto originalmente durante o projeto.

Entretanto, a questão crucial é "Que segurança é suficiente?" se uma estrutura ou um equipamento não possuir capacidade extra, há uma probabilidade significativa de que uma sobrecarga possa causar falha estrutural, onde a falha estrutural é definida como fratura, ruptura ou colapso. Se for incorporada muita capacidade de reserva ao projeto de um componente, o potencial de falha pode ser pequeno, mas o objeto pode se tornar desnecessariamente volumoso, pesado ou caro para ser construído. Os melhores projetos conseguem um equilíbrio entre economia e uma margem de segurança razoável, porém conservativa, em relação à falha estrutural.

Normalmente, são usadas duas filosofias para tratar de segurança na prática atual de projeto de engenharia de estruturas e equipamentos. Esses dois métodos são denominados *método da tensão admissível* e *método dos estados-limite*.

4.4 MÉTODO DA TENSÃO ADMISSÍVEL

O **método da tensão admissível** (**ASD, allowable stress design**) concentra-se nas cargas que existem em condições normais ou típicas. Essas cargas são denominadas **cargas de serviço** e consistem em cargas permanentes, variáveis, de vento e outras cargas que se espera que ocorram enquanto a estrutura estiver sendo utilizada. No método ASD, um elemento estrutural é projetado de forma que as tensões elásticas produzidas pelas cargas de serviço não superem alguma fração da tensão de escoamento mínima especificada para o material — um limite de tensões que é conhecido como **tensão admissível** (Figura 4.1). Se as tensões sob condições comuns forem mantidas iguais ou abaixo da tensão admissível, estará disponível uma capacidade reserva de resistência se ocorrer uma sobrecarga não prevista, sendo fornecida assim uma margem de segurança para o projeto.

A tensão admissível usada nos cálculos do projeto é obtida dividindo a tensão de ruptura por um **coeficiente de segurança** (**CS** ou, em inglês, **FS** para **factor of safety**):

$$\sigma_{adm} = \frac{\sigma_{falha}}{CS} \quad \text{ou} \quad \tau_{adm} = \frac{\tau_{falha}}{CS} \tag{4.1}$$

A ruptura pode ser definida de várias maneiras. Pode ser que a ruptura se refira a uma ruptura real do componente, caso em que a resistência última do material (conforme determinado pela curva tensão–deformação específica) é usada como tensão de ruptura na Equação (4.1). Alternativamente, a ruptura pode se referir a uma deformação excessiva do material associada ao escoamento que torne o componente impróprio para a função desejada. Nessa situação, a tensão de ruptura na Equação (4.1) é a tensão de escoamento.

Os coeficientes de segurança são estabelecidos por grupos de engenheiros experientes que escrevem as normas e as especificações usadas por outros projetistas. As regras das normas e especificações pretendem fornecer níveis de segurança razoáveis sem custo excessivo. O tipo de ruptura previsto assim como a história de componentes similares, as consequências da ruptura e outras incertezas são consideradas na decisão dos coeficientes de segurança adequados para várias situações. Os coeficientes de segurança típicos variam de 1,5 a 3, embora valores maiores possam ser encontrados em aplicações específicas.

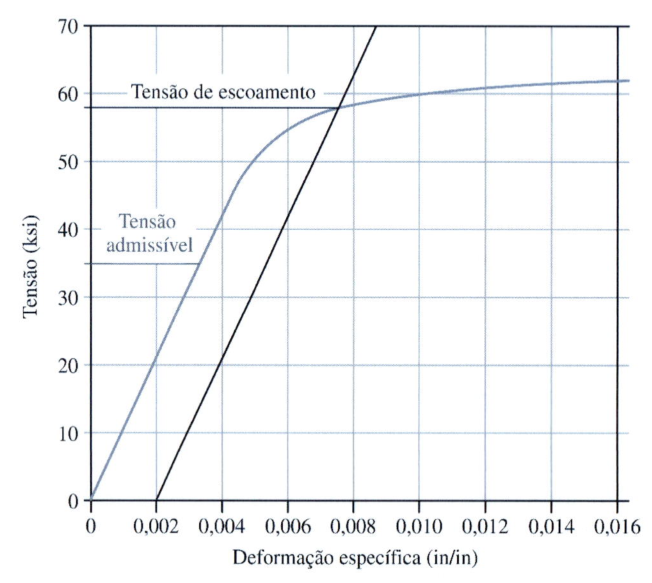

FIGURA 4.1 Tensão admissível na curva tensão-deformação específica.

Em algumas ocasiões, os engenheiros podem precisar garantir o nível de segurança exigido em um projeto existente ou proposto. Com esse objetivo, o coeficiente de segurança pode ser calculado como a razão entre a tensão de ruptura prevista e a tensão real estimada:

$$CS = \frac{\sigma_{falha}}{\sigma_{real}} \quad \text{ou} \quad CS = \frac{\tau_{falha}}{\tau_{real}} \tag{4.2}$$

Os cálculos de coeficiente de segurança não precisam estar limitados a tensões. O coeficiente de segurança também pode ser definido como a razão entre uma força que produz a ruptura e a força real estimada, por exemplo:

$$CS = \frac{P_{falha}}{P_{real}} \quad \text{ou} \quad CS = \frac{V_{falha}}{V_{real}} \tag{4.3}$$

EXEMPLO 4.1

Uma carga de 8,9 kN é aplicada a uma placa de aço com 6 mm de espessura, conforme ilustrado. A placa de aço é suportada por um pino de aço com 10 mm de diâmetro em uma conexão sujeita ao cisalhamento simples em *A* e por um pino de aço com 10 mm de diâmetro sujeito ao cisalhamento duplo em *B*. A resistência última ao cisalhamento dos pinos de aço é 280 MPa e a resistência última de compressão (esmagamento) da placa de aço é 530 MPa. Determine:

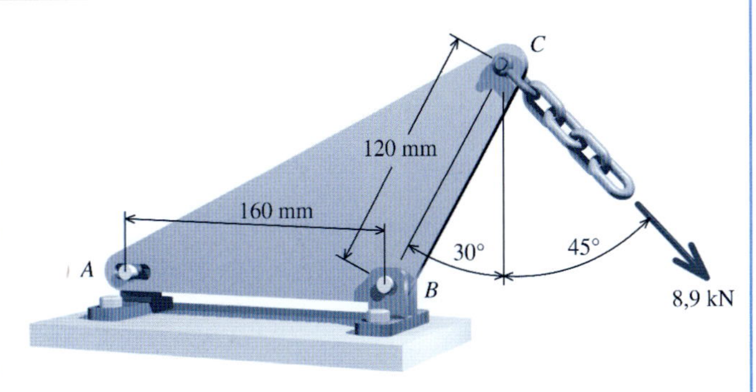

(a) o coeficiente de segurança para os pinos *A* e *B* em relação à resistência última ao cisalhamento.

(b) o coeficiente de segurança em relação à resistência última à compressão (esmagamento) para a placa de aço no pino *B*.

Planejamento da Solução

A partir das considerações de equilíbrio, as forças de reação no pino *A* e *B* serão calculadas. Em particular, a força resultante em *B* deve ser calculada a partir das reações horizontais e verticais em *B*. Uma vez determinadas as forças nos pinos, serão calculadas as tensões de cisalhamento nos pinos, levando em conta se o pino está atuando em uma conexão de cisalhamento simples ou de cisalhamento duplo. A tensão de esmagamento na placa em *B* é encontrada a partir da força resultante no pino em *B* e do produto da espessura da placa com o diâmetro do pino. Depois de essas três tensões serem determinadas, os coeficientes de segurança em relação às resistências últimas serão calculados para cada consideração.

SOLUÇÃO

Com base nas considerações de equilíbrio, as forças de reação nos pinos *A* e *B* podem ser determinadas. **Nota:** O pino em *A* pode se deslocar ao longo de um furo alongado; portanto, ele exerce apenas força vertical na placa de aço.

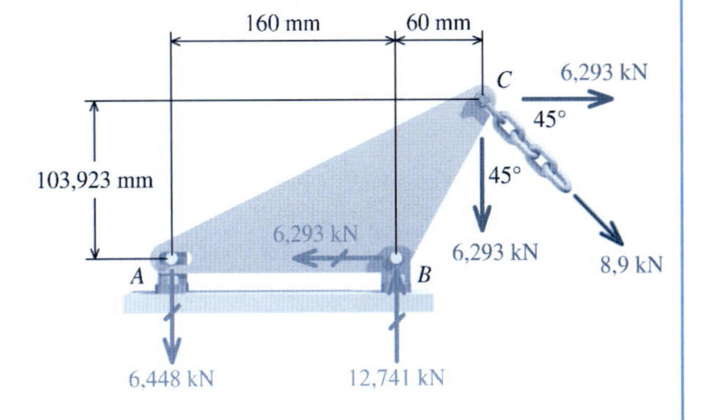

As forças de reação estão ilustradas no esboço juntamente a dimensões adequadas.

A força resultante exercida pelo pino *B* na placa é

$$R_B = \sqrt{(6{,}293\text{ kN})^2 + (12{,}741\text{ kN})^2} = 14{,}210\text{ kN}$$

Nota: A força resultante sempre deve ser usada no cálculo da tensão de cisalhamento em um pino ou rebite.

(a) A área da seção transversal de um pino de 10 mm de diâmetro é $A_{\text{pino}} = 78{,}540\text{ mm}^2$. Como o pino *A* é uma conexão submetida ao cisalhamento simples, sua área de cisalhamento A_V é igual à área da seção transversal do pino A_{pino}. A tensão de cisalhamento no pino *A* é encontrada com base na força de cisalhamento V_A que age no pino (isto é, a força de reação de 6,448 kN) e em A_V:

$$\tau_A = \frac{V_A}{A_V} = \frac{(6{,}448\text{ kN})(1.000\text{ N/kN})}{78{,}540\text{ mm}^2} = 82{,}1\text{ MPa}$$

O pino *B* é uma conexão submetida ao cisalhamento duplo; portanto, a área do pino sujeita à tensão de cisalhamento A_V é igual a duas vezes a área da seção transversal do pino A_{pino}. A força de cisalhamento V_A que age no pino é igual à força resultante em *B*:

$$\tau_B = \frac{V_B}{A_V} = \frac{(14{,}210\text{ kN})(1.000\text{ N/kN})}{2(78{,}540\text{ mm}^2)} = 90{,}5\text{ MPa}$$

Usando a Equação (4.2), os coeficientes de segurança do pino em relação à resistência última ao cisalhamento são

$$CS_A = \frac{\tau_{falha}}{\tau_{real}} = \frac{280 \text{ MPa}}{82{,}1 \text{ MPa}} = 3{,}41 \qquad CS_B = \frac{\tau_{falha}}{\tau_{real}} = \frac{280 \text{ MPa}}{90{,}5 \text{ MPa}} = 3{,}09 \qquad \textbf{Resp.}$$

(b) A tensão de esmagamento em B ocorre na superfície de contato entre o pino com 10 mm de diâmetro e a placa de aço com 6 mm de espessura. Embora a distribuição real de tensões nesse local de contato seja muito complexa, a tensão média de esmagamento é calculada normalmente a partir da força de contato e de uma área projetada igual ao produto do diâmetro do pino pela espessura da placa. Portanto, a tensão de esmagamento média na placa de aço no pino B é calculada como

$$\sigma_b = \frac{R_B}{d_B t} = \frac{(14{,}210 \text{ kN})(1.000 \text{ N/kN})}{(10 \text{ mm})(6 \text{ mm})} = 236{,}8 \text{ MPa}$$

O coeficiente de segurança da placa em relação à resistência última de esmagamento de 530 MPa é

$$CS_{esmagamento} = \frac{530 \text{ MPa}}{236{,}8 \text{ MPa}} = 2{,}24 \qquad \textbf{Resp.}$$

EXEMPLO 4.2

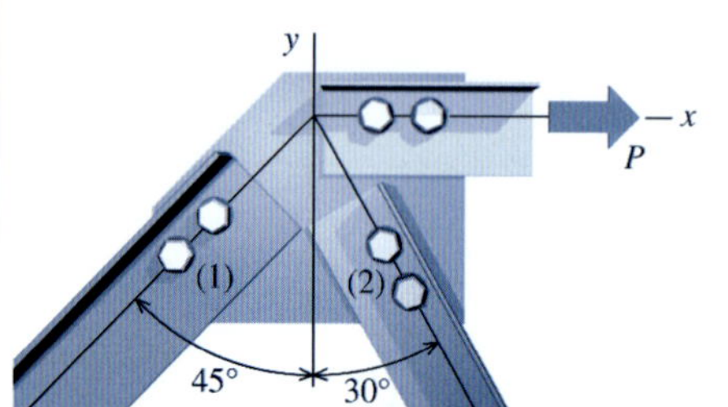

Um nó (conexão) de treliça é mostrado na figura. A barra (1) tem área de seção transversal de 7,22 in^2 (46,6 cm^2) e a barra (2) tem área de seção transversal de 3,88 in^2 (25,03 cm^2). Ambas as barras são de aço A36 com tensão de escoamento de 36 ksi (248,21 MPa). Se for exigido um coeficiente de segurança igual a 1,5, determine a carga máxima P que pode ser aplicada ao nó.

Planejamento da Solução

Como as barras da treliça são elementos sujeitos a forças axiais, podem ser escritas duas equações de equilíbrio para o sistema de forças concorrentes. Dessas equações, pode-se expressar a carga desconhecida P em termos das forças F_1 e F_2 nas barras. Com base no limite de escoamento do aço e no coeficiente de segurança, pode-se determinar uma tensão admissível. Com a tensão admissível e a área da seção transversal, pode-se determinar a força máxima admissível na barra. Entretanto, não é provável que ambas as barras sejam submetidas a tensões iguais aos seus limites admissíveis. É mais provável que uma barra controle o projeto. Usando os resultados obtidos das equações de equilíbrio e as forças admissíveis nas barras, será determinada a barra que controlará o projeto e, a seguir, poderá ser calculada a força máxima P.

SOLUÇÃO

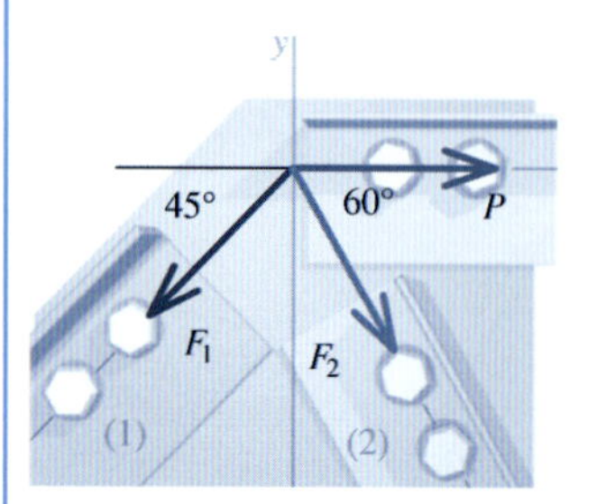

Equilíbrio

O diagrama de corpo livre (DCL) do nó da treliça é ilustrado. Do DCL, podem ser escritas as duas equações de equilíbrio em termos de três incógnitas — F_1, F_2 e P. **Nota:** Admitiremos que as forças internas nas barras F_1 e F_2 são forças de tração [muito embora possamos esperar que a barra (2) esteja comprimida].

$$\Sigma F_x = -F_1 \cos 45° + F_2 \cos 60° + P = 0 \tag{a}$$

$$\Sigma F_y = -F_1 \operatorname{sen} 45° - F_2 \operatorname{sen} 60° = 0 \tag{b}$$

Dessas duas equações, as expressões para a carga desconhecida P podem ser obtidas em termos das forças nas barras F_1 e F_2:

$$P = \left[\cos 45° + \frac{\operatorname{sen} 45°}{\operatorname{sen} 60°} \cos 60°\right] F_1 \tag{c}$$

$$P = -\left[\frac{\text{sen}\,60°}{\text{sen}\,45°}\cos 45° + \cos 60°\right]F_2 \tag{d}$$

Tensão admissível: A tensão normal admissível nas barras de aço pode ser calculada utilizando a Equação (4.1):

$$\sigma_{\text{adm}} = \frac{\sigma_Y}{\text{CS}} = \frac{36\text{ ksi}}{1{,}5} = 24\text{ ksi} \tag{e}$$

Força admissível nas barras: Com base na tensão admissível, a força admissível em cada barra pode ser calculada:

$$F_{1,\text{adm}} = \sigma_{\text{adm}}A_1 = (24\text{ ksi})(7{,}22\text{ in}^2) = 173{,}28\text{ kip} \tag{f}$$

$$F_{2,\text{adm}} = \sigma_{\text{adm}}A_2 = (24\text{ ksi})(3{,}88\text{ in}^2) = 93{,}12\text{ kip} \tag{g}$$

Dica para a Solução do Problema: Um erro comum nesse ponto da solução seria calcular P substituindo as duas forças admissíveis na Equação (a). Esse procedimento, entretanto, não funciona porque o equilíbrio não será satisfeito na Equação (b). *O equilíbrio sempre deve ser satisfeito.*

Cálculo do máximo valor de P: A seguir, devem ser investigadas duas possibilidades: ou a barra (1) é crítica, ou a barra (2) é crítica. Em primeiro lugar, admita que a força admissível na barra (1) controla o projeto. Substitua a força admissível para a barra (1) na Equação (c) para calcular a força máxima P que seria permitida:

$$\begin{aligned} P &= \left[\cos 45° + \frac{\text{sen}\,45°}{\text{sen}\,60°}\cos 60°\right]F_1 = 1{,}11536F_{1,\text{adm}} \\ &= (1{,}11536)(173{,}28\text{ kip}) \\ &\therefore P \leq 193{,}27\text{ kip} \end{aligned} \tag{h}$$

Em seguida, use a Equação (d) para calcular a carga máxima P que seria permitida se a barra (2) controlasse o projeto:

$$\begin{aligned} P &= -\left[\frac{\text{sen}\,60°}{\text{sen}\,45°}\cos 45° + \cos 60°\right]F_2 = -1{,}36603F_{2,\text{adm}} \\ &= -(1{,}36603)(93{,}12\text{ kip}) \\ &\therefore P \leq -127{,}20\text{ kip} \end{aligned} \tag{i}$$

Por que P é negativo na Equação (i) e, principalmente, como devemos interpretar esse valor negativo? A tensão admissível calculada na Equação (e) não faz distinção entre tensões de tração e de compressão. De acordo com isso, as forças admissíveis nas varras calculadas nas Equações (f) e (g) são apenas *valores absolutos*. Essas forças nas barras poderiam ser de tração (isto é, valores positivos) ou de compressão (ou seja, valores negativos). Na Equação (i), foi calculada uma carga máxima como $P = -127{,}20$ kip. Isso significa que a carga P age na direção $-x$ e, claramente, isso não é a intenção do problema. Portanto, devemos concluir que a força admissível na barra (2) é na realidade uma força compressiva:

$$P \leq -(1{,}36603)(-93{,}12\text{ kip}) = 127{,}20\text{ kip} \tag{j}$$

Compare os resultados das Equações (h) e (j) para concluir que a carga máxima que pode ser aplicada a esse nó de treliça é

$$P = 127{,}20\text{ kip }(565{,}81\text{ kN})$$ **Resp.**

Forças nas barras para a força P máxima: Foi mostrado que a barra (2) *controla* o projeto; em outras palavras, a resistência da barra (2) é o fator limitante ou a consideração mais crítica. Quando a carga P for máxima, use as Equações (c) e (d) para calcular as forças reais nas barras:

$$F_1 = 114{,}05 \text{ kip (T)}$$

e

$$F_2 = -93{,}12 \text{ kip} = 93{,}12 \text{ kip (C)}$$

As tensões normais reais nas barras são

$$\sigma_1 = \frac{F_1}{A_1} = \frac{114{,}05 \text{ kip}}{7{,}22 \text{ in}^2} = 15{,}80 \text{ ksi (T)}$$

e

$$\sigma_2 = \frac{F_2}{A_2} = \frac{-93{,}12 \text{ kip}}{3{,}88 \text{ in}^2} = 24{,}0 \text{ ksi (C)}$$

Nota: Os *valores absolutos* das tensões normais em ambas as barras são menores ou iguais à tensão admissível de 24 ksi.

Exemplo do MecMovies M4.1

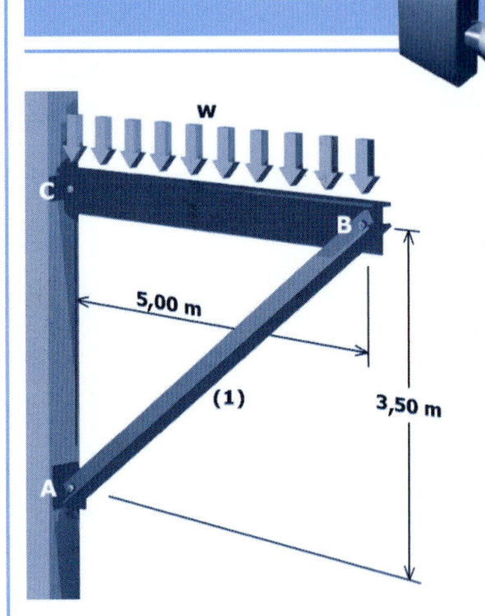

A estrutura é usada para suportar uma carga distribuída de $w = 15$ kN/m. Cada um dos parafusos em A, B e C possui diâmetro de 16 mm e cada parafuso é utilizado em uma conexão de cisalhamento duplo. A área da seção transversal da barra (1) sujeita a solicitações axiais é 3.080 mm^2.

A tensão limitante na barra (1), sujeita a solicitações axiais, é 50 MPa e a tensão limitante nos parafusos é 280 MPa. Determine os coeficientes de segurança da barra (1) e do parafuso C em relação às tensões limitantes especificadas.

Exemplo do MecMovies M4.2

Duas placas de aço estão unidas por um par de placas de junção com oito parafusos, conforme ilustrado. A resistência última dos parafusos é 270 MPa. Uma carga axial de tração $P = 480$ kN é transmitida pelas placas de aço.

Se for especificado um coeficiente de segurança de 1,6 em relação à ruptura, determine o diâmetro mínimo admissível para os parafusos.

Exemplo do MecMovies M4.3

A estrutura suporta uma carga distribuída de w kN/m. Os parafusos A, B e C com 16 mm de diâmetro cada são usados em conexões sujeitas ao cisalhamento duplo. A área da seção transversal da barra (1) sujeita a solicitações axiais é 3.080 mm^2.

A tensão normal limitante na barra (1), sujeita a solicitações axiais, é 50 MPa e a tensão limitante no parafuso é 280 MPa. Se for exigido um coeficiente de segurança mínimo de 2,0 para todos os componentes, determine a carga distribuída máxima que pode ser suportada pela estrutura.

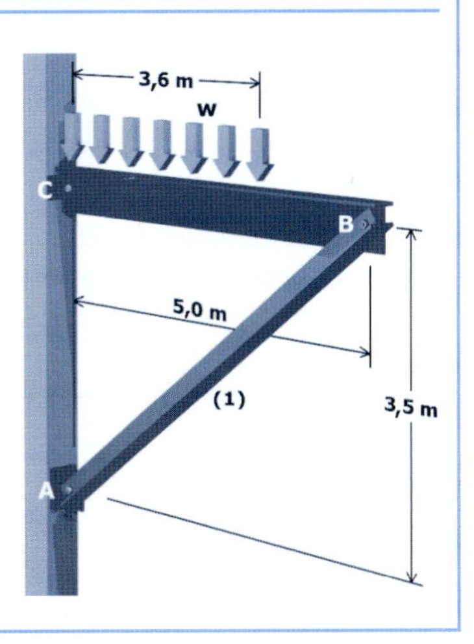

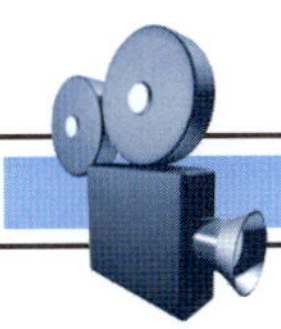

EXERCÍCIOS do MecMovies

M4.1 A estrutura suporta uma carga distribuída. São dadas as tensões limitantes para a haste (1) e os pinos A, B e C. Determine a força axial na haste (1), a força resultante no pino C e o coeficiente de segurança da haste (1) e dos pinos B e C em relação às tensões limitantes especificadas.

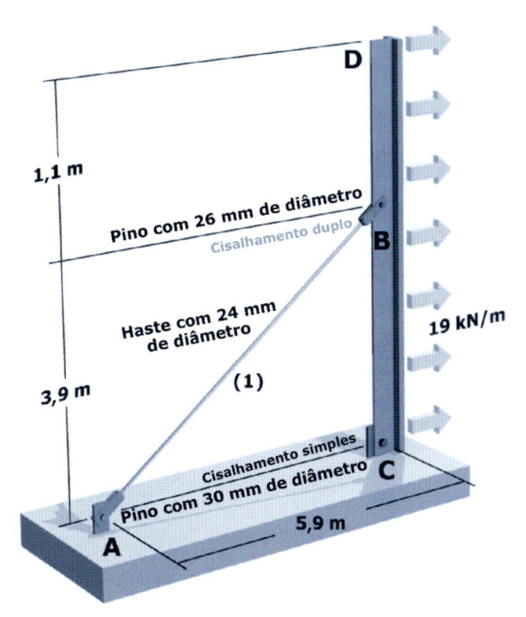

FIGURA M4.1

M4.2 A conexão solicitada por cisalhamento duplo consiste em vários parafusos, conforme ilustrado. Dado o diâmetro do parafuso e a resistência última dos parafusos, determine o coeficiente de segurança da conexão para uma carga de tração especificada P.

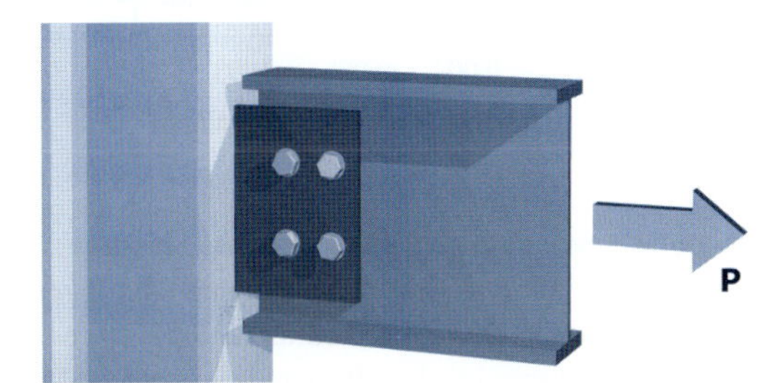

FIGURA M4.2

M4.3 A estrutura suporta um carga não especificada w. São dadas as tensões limitantes para a haste (1) e os pinos. Para um dado coeficiente de segurança mínimo, determine o valor absoluto da maior carga w que pode ser aplicada à estrutura, assim como as tensões na haste e nos pinos para a carga máxima w.

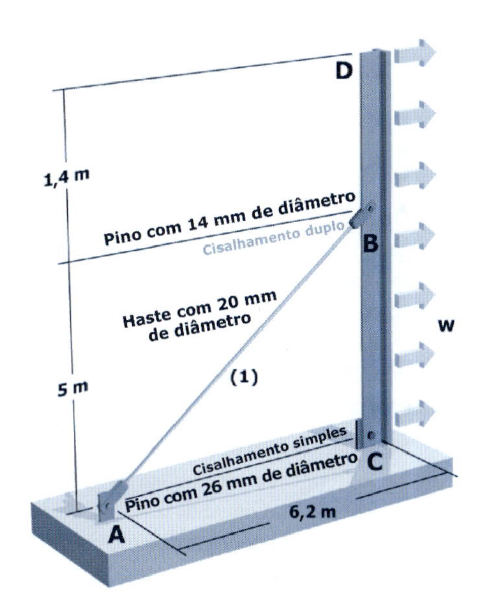

FIGURA M4.3

PROBLEMAS

P4.1 Uma barra de liga de aço inoxidável com 25 mm de largura por 16 mm de espessura está sujeita a uma carga axial $P = 145$ kN. Usando o diagrama tensão-deformação específica dado na Figura P4.1, determine:

(a) o coeficiente de segurança em relação ao limite de deformação definido por uma deformação permanente (deslocamento) de 0,20%.
(b) o coeficiente de segurança em relação à resistência estática.

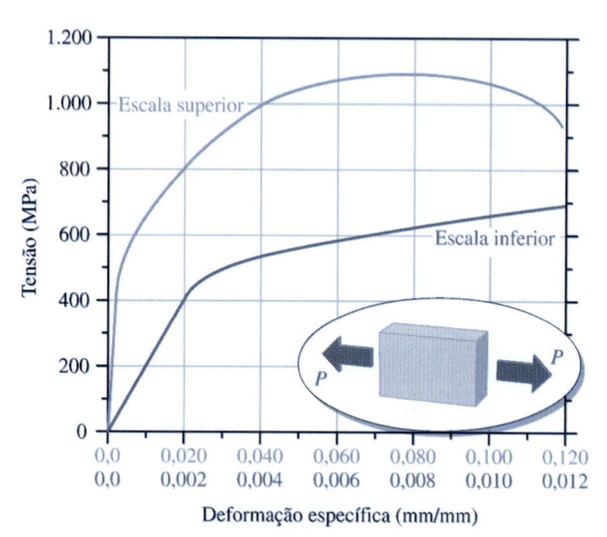

FIGURA P4.1

P4.2 São usados seis parafusos na conexão entre a barra sujeita a cargas axiais e o suporte, conforme ilustrado na Figura P4.2. A resistência estática (última) ao cisalhamento dos parafusos é 300 MPa e é exigido um coeficiente de segurança igual a 4,0 em relação à ruptura. Determine o diâmetro mínimo de parafuso admissível exigido para suportar a carga aplicada $P = 475$ kN.

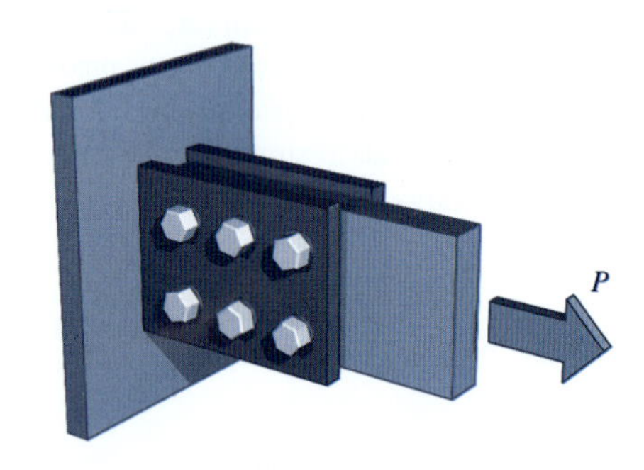

FIGURA P4.2

P4.3 Uma carga de 14 kip (62,28 kN) é suportada por duas barras, conforme mostra a Figura P4.3. A barra (1) é feita de latão vermelho laminado a frio [$\sigma_Y = 60$ ksi (413,69 MPa)] e tem área de seção transversal igual a 0,225 in² (1,45 cm²). A barra (2) é feita de alumínio 6061-T6 [$\sigma_Y = 40$ ksi (275,79 MPa)] e tem área de seção transversal igual a 0,375 in² (2,42 cm²)]. Determine o coeficiente de segurança de cada uma das barras em relação ao escoamento.

P4.4 Uma placa de aço deve ser ligada a um suporte por meio de três parafusos, conforme mostra a Figura P4.4. A área da seção transversal da placa é 560 mm² e o limite de deformação do aço é 250 MPa. A resistência estática (última) ao cisalhamento dos parafusos é 425 MPa. Para a placa é exigido um coeficiente de segurança de 1,67 em relação ao escoamento. Para os parafusos é exigido um coeficiente de segurança 4,0 em relação à resistência estática (última) ao cisalhamento. Determine o diâmetro mínimo dos parafusos exigido para que a placa seja exigida por toda sua resistência. (*Nota:* Considere apenas a seção transversal bruta da placa — não a área líquida.)

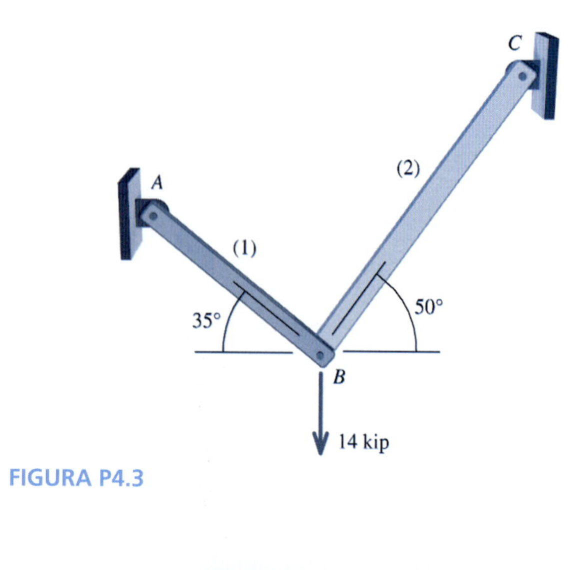

FIGURA P4.3

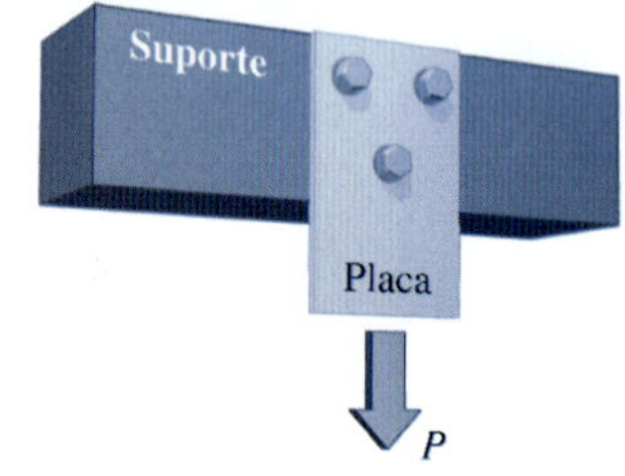

FIGURA P4.4

P4.5 Na Figura P4.5, o elemento estrutural (1) é uma barra de aço com uma área de seção transversal de 1,35 in² (8,71 cm²) e limite de deformação de 50 ksi (344,74 MPa). O elemento estrutural (2) consiste em um par de barras de alumínio com área de seção transversal combinada igual a 3,50 in² (22,58 cm²) e limite de deformação de 40 ksi (275,79 cm²). É exigido um coeficiente de segurança de 1,6 em relação ao escoamento para ambos os elementos estruturais. Determine a carga máxima admissível P que pode ser aplicada à estrutura. Indique os coeficientes de segurança para ambos os elementos para a carga máxima.

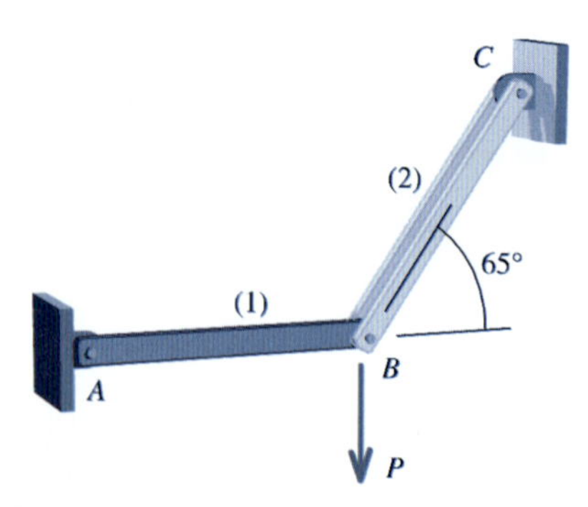

FIGURA P4.5

P4.6 A estrutura rígida *ABD* na Figura P4.6 é suportada em *B* por uma haste (1) e em *A* por um pino de 30 mm de diâmetro usado em uma conexão submetida ao cisalhamento simples. A haste está presa em *B* e C por pinos de 24 mm de diâmetro usados em conexões submetidas ao cisalhamento duplo. A haste (1) tem limite de deformação de 250 MPa e cada um dos pinos tem resistência estática (última) de cisalhamento de 330 MPa. Uma carga concentrada P age em D conforme a figura. Determine:

(a) a tensão normal na haste (1).
(b) a tensão cisalhante média nos pinos em A e B.
(c) o coeficiente de segurança da haste (1) em relação ao limite de deformação.
(d) o coeficiente de segurança dos pinos em A e B em relação à resistência estática de cisalhamento.

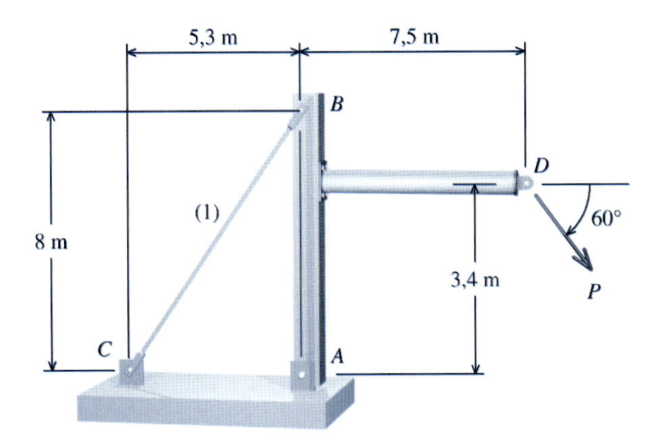

FIGURA P4.6

P4.7 A barra rígida ABD na Figura P4.7 é suportada por uma conexão de pino em A e uma ligação tracionada BC. O pino de 8 mm de diâmetro em A é utilizado em uma conexão de cisalhamento duplo e os dois pinos de 12 mm de diâmetro em B e C são utilizados em conexões de cisalhamento simples. A ligação BC tem largura de 30 mm e espessura de 6 mm. A resistência estática (última) de cisalhamento dos pinos é 330 MPa e o limite de deformação da ligação BC é 250 MPa. Determine:

(a) o coeficiente de segurança dos pinos em A e B em relação à resistência estática de cisalhamento.
(b) o coeficiente de segurança da ligação BC em relação ao limite de deformação.

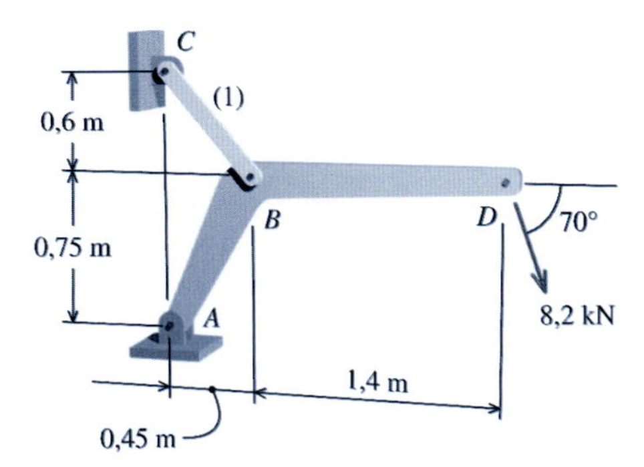

FIGURA P4.7

P4.8 Na Figura P4.8, o guindaste ABD é suportado em A por uma conexão de pino submetido ao cisalhamento simples e em B por uma haste de ligação (1). O pino em A tem diâmetro de 1,25 in (3,18 cm) e cada um dos pinos em B e C tem diâmetro de 0,75 in (1,91 cm). A haste tem área de 1,50 in² (9,68 cm²). A resistência estática (última) de cisalhamento em cada pino é de 80 ksi (551,58 MPa) e o limite de deformação da haste é 36 ksi (248,21 MPa). Uma carga concentrada de 25 kip (111,21 kN) é aplicada conforme ilustrado à estrutura de guindaste em D. Determine:

(a) a tensão normal na haste (1).
(b) a tensão cisalhante média nos pinos em A e B.
(c) o coeficiente de segurança da haste (1) em relação ao limite de deformação.
(d) o coeficiente de segurança dos pinos em A e B em relação à resistência estática de cisalhamento.

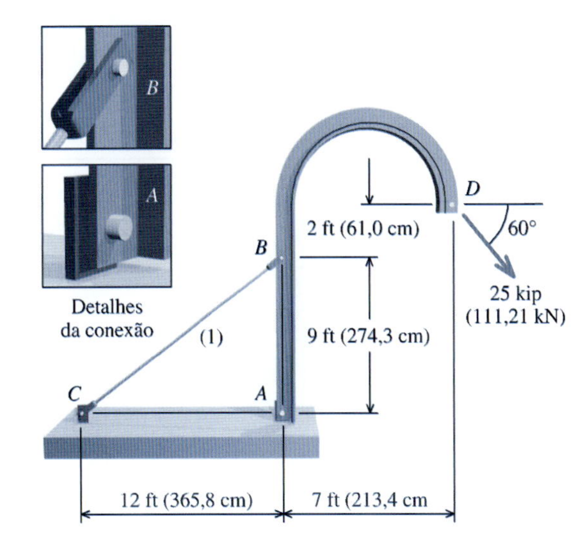

FIGURA P4.8

P4.9 A estrutura conectada por pinos está sujeita a uma carga P conforme mostra a Figura P4.9. A barra inclinada (1) tem área de seção transversal de 250 mm² e limite de deformação de 255 MPa. Ela é conectada a uma barra rígida ABC por meio de um pino com diâmetro de 16 mm submetido ao cisalhamento duplo em B. A resistência estática (última) ao cisalhamento do material do pino é 300 MPa. Para a barra inclinada (1), o coeficiente de segurança mínimo em relação ao limite de deformação é $CS_{mín} = 1{,}5$. Para as conexões dos pinos, o coeficiente de segurança mínimo em relação à resistência estática é $CS_{mín} = 3{,}0$.

(a) Com base na capacidade da barra (1) e do pino B, determine a carga máxima admissível P que pode ser aplicada à estrutura.
(b) A barra rígida ABC é suportada por uma conexão que utiliza um pino submetido ao cisalhamento duplo em A. Usando $CS_{mín} = 3{,}0$, determine o diâmetro mínimo do pino que pode ser usado no apoio A.

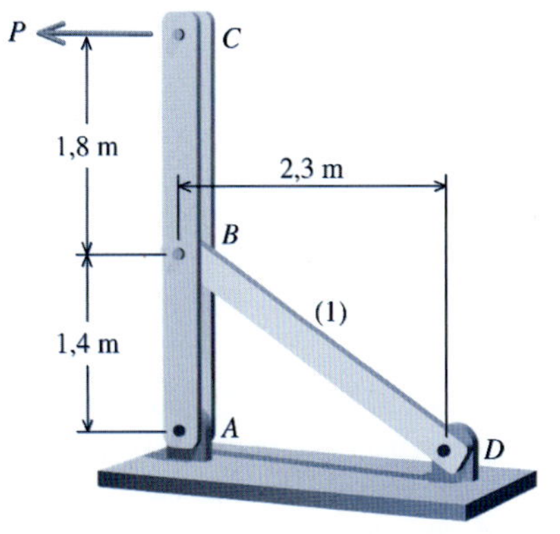

FIGURA P4.9

P4.10 Depois de a carga P ser aplicada à estrutura conectada por pinos mostrada na Figura P4.10, é medida uma deformação normal ε =

+550 $\mu\varepsilon$ na direção longitudinal da barra (1). A área da seção transversal da barra (1) é A_1 = 0,60 in² (3,87 cm²), seu módulo de elasticidade é E = 29.000 ksi (199.950 MPa) e seu limite de deformação é 36 ksi (248,21 MPa).

(a) Determine a força axial na barra (1), a carga aplicada P e a força resultante no pino B.

(b) A resistência estática (última) de cisalhamento dos pinos de aço é 54 ksi (372,32 MPa). Determine o diâmetro mínimo do pino em B se for exigido um coeficiente de segurança de 2,5 em relação à resistência estática de cisalhamento.

(c) Calcule o coeficiente de segurança para a barra (1) em relação ao limite de deformação.

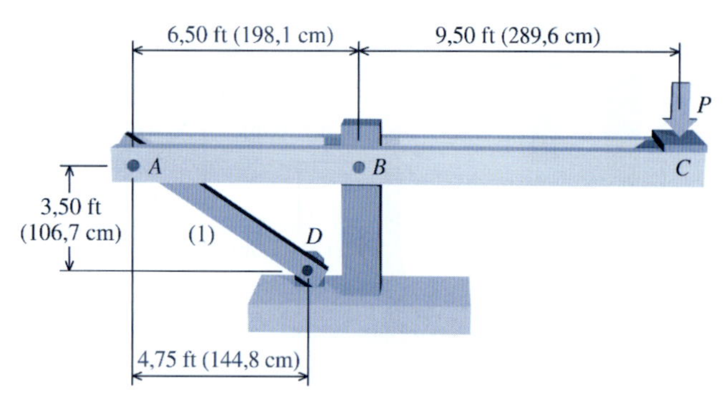

FIGURA P4.10

P4.11 A estrutura simples com conexões de pinos suporta uma carga concentrada P conforme mostra a Figura P4.11. A barra rígida é suportada pela escora AB e por um suporte de pino em C. A escora de aço AB tem área de seção transversal de 0,25 in² (1,61 cm²) e limite de deformação de 60 ksi (413,69 MPa). O diâmetro do pino de aço em C é 0,375 in (2,42 cm²) e a resistência estática (última) de cisalhamento é 54 ksi (372,32 MPa). Se for exigido um coeficiente de segurança de 2,0 tanto na escora como no pino em C, determine a carga máxima P que pode ser suportada pela estrutura.

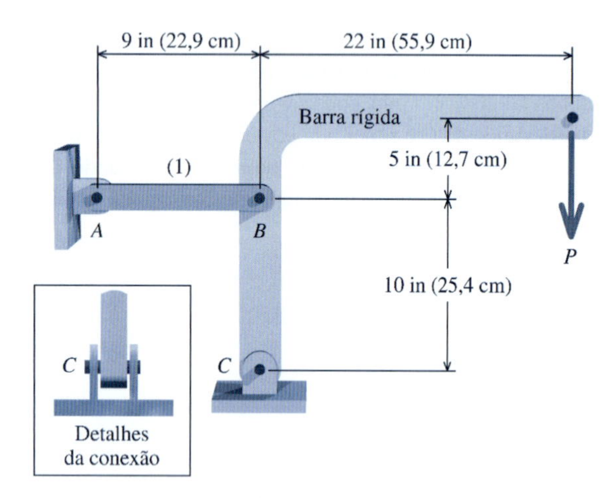

FIGURA P4.11

P4.12 Na Figura P4.12/13, a viga T rígida ABC é suportada em A por uma conexão de um pino submetido ao cisalhamento simples e em B por uma escora, que consiste em duas barras de aço de 30 mm de largura e 8 mm de espessura. Os pinos em A, B e D possuem 12 mm de diâmetro, cada um. O limite de deformação nas barras de aço na escora (1) é 250 MPa e a resistência estática de cada pino é 500 MPa. Determine a carga admissível P que pode ser aplicada à barra rígida em C se for exigido um coeficiente de segurança global de 3,0. Use L_1 = 1,1 m e L_2 = 1,3 m.

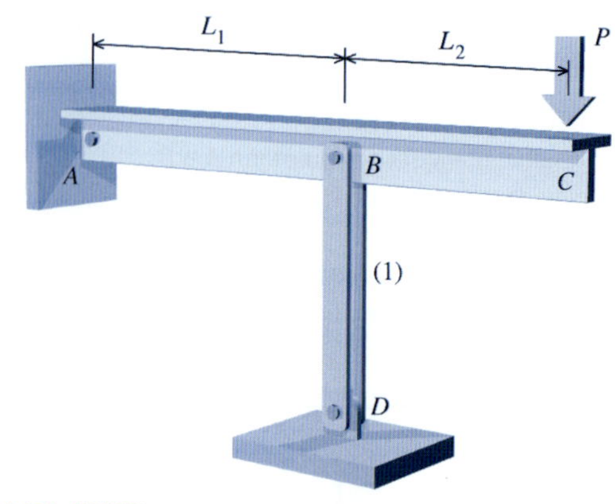

FIGURA P4.12/13

P4.13 Na Figura P4.12/13, a barra rígida ABC é suportada em A por uma conexão de um pino submetido ao cisalhamento simples e em B por uma escora, que consiste em duas barras de aço de 2 in (5,1 cm) de largura e 0,25 in (0,6 cm) de espessura. Os pinos em A, B e D possuem 0,5 in (1,3 cm) de diâmetro, cada um. O limite de deformação nas barras de aço na escora (1) é 36 ksi (248,21 MPa) e a resistência estática de cada pino é 72 ksi (496,42 MPa). Determine a carga admissível P que pode ser aplicada à barra rígida em C se for exigido um coeficiente de segurança global de 3,0. Use L_1 = 36 in (91,4 cm) e L_2 = 24 in (61,0 cm).

P4.14 Uma carga concentrada P = 70 kip (311,38 kN) é aplicada à viga AB conforme mostra a Figura P4.14/15. A haste (1) tem diâmetro de 1,50 in (3,8 cm) e seu limite de deformação é 60 ksi (413,69 MPa). O pino A é utilizado em uma conexão na qual está submetido ao cisalhamento simples e a resistência estática ao cisalhamento do pino é 80 ksi (551,58 MPa).

(a) Determine a tensão normal na haste (1).

(b) Determine o coeficiente de segurança da haste (1) em relação ao limite de deformação.

(c) Se for especificado um coeficiente de segurança igual a 3,0 para o pino A, determine o diâmetro mínimo exigido para o pino.

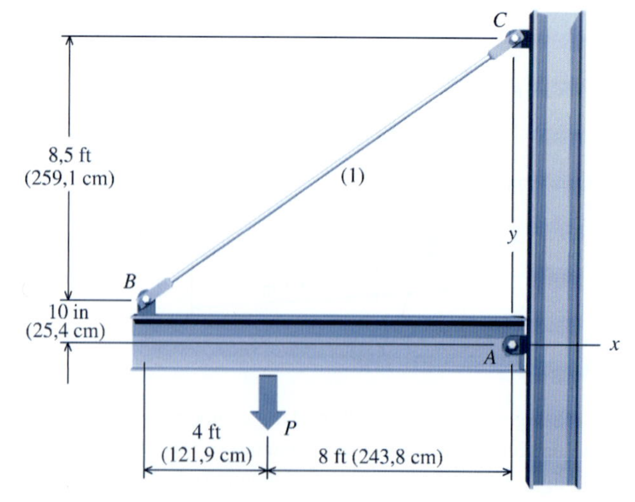

FIGURA P4.14/15

P4.15 A viga AB é suportada conforme está ilustrado na Figura P4.14/15. O tirante (1) está preso a B e C por meio de conexões nas quais os pinos estão submetidos ao cisalhamento duplo. Cada um dos pinos em A, B e C possui resistência estática (última) ao cisalhamento de 54 ksi (372,32 MPa) e o tirante (1) tem limite de deformação de 36 ksi (248,21 MPa). Uma carga concentrada $P = 16$ kips (71,17 kN) é aplicada à viga da maneira indicada. É exigido um coeficiente de segurança igual a 3,0 para todos os componentes. Determine:

(a) o diâmetro mínimo exigido para o tirante (1).
(b) o diâmetro mínimo exigido para os pinos submetidos ao cisalhamento duplo em B e C.
(c) o diâmetro mínimo exigido para o pino submetido ao cisalhamento simples em A.

P4.16 Na Figura P4.16, a barra rígida *ABDE* está suportada em *A* por uma conexão que utiliza um pino submetido ao cisalhamento simples e em *B* por um tirante. O tirante está fixo em *B* e *C* por meio de conexões nas quais os pinos estão submetidos ao cisalhamento duplo. Os pinos em *A*, *B* e *C* possui resistência estática ao cisalhamento de 80 ksi (551,6 MPa) e o tirante (1) tem limite de deformação de 60 ksi (413,69 MPa). Uma carga concentrada $P = 24$ kips (106,76 kN) é aplicada no sentido perpendicular a *DE*, conforme ilustrado. É exigido um coeficiente de segurança igual a 2,0 para todos os componentes. Determine:

(a) o diâmetro mínimo exigido para o tirante.
(b) o diâmetro mínimo exigido para o pino em *B*.
(c) o diâmetro mínimo exigido para o pino em *A*.

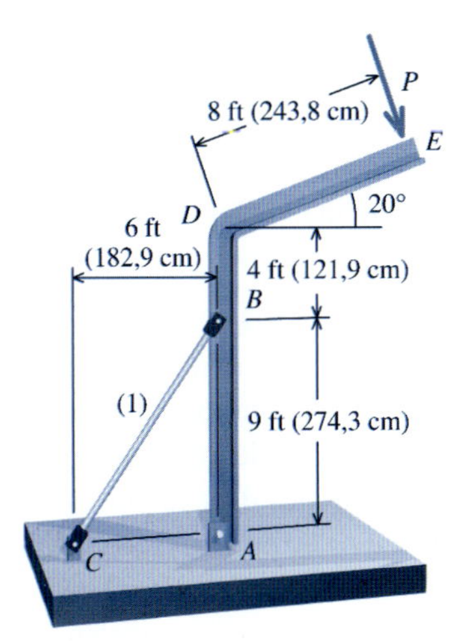

FIGURA P4.16

P4.17 A barra rígida *ABC* está sujeita a uma carga concentrada *P* conforme ilustrado na Figura P4.17. A barra inclinada (1) tem área de seção transversal $A_1 = 2{,}250$ in² (14,52 cm²) e está presa em suas extremidades *B* e *D* por pinos de 1,00 in (2,54 cm) de diâmetro sujeitos ao cisalhamento duplo. A barra rígida é suportada em *C* por um pino com diâmetro de 1,00 in (2,54 cm) sujeito ao cisalhamento simples. O limite de deformação da barra inclinada (1) é 36 ksi (248,21 MPa) e a resistência estática (última) de cada pino é 60 ksi (413,69 MPa). Para a barra inclinada (1) o coeficiente de segurança mínimo em relação ao limite de deformação é $CS_{mín} = 1{,}5$. Para as conexões de pinos, o coeficiente de segurança mínimo em relação ao limite de deformação é $CS_{mín} = 2{,}0$. Determine a carga máxima *P* que pode ser suportada pela estrutura.

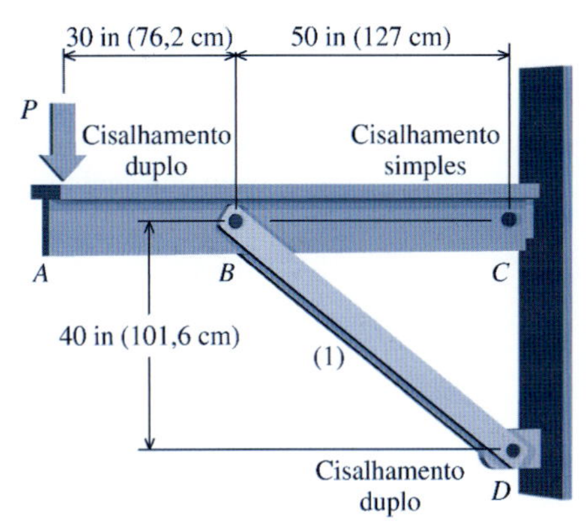

FIGURA P4.17

P4.18 A barra rígida *ABC* é suportada pela barra (1) sujeita a solicitações axiais e conectada por pinos e pela conexão de um pino em *C* conforme mostra a Figura P4.18. Uma carga concentrada de 6.300 lb (28,02 kN) é aplicada à barra rígida em *A*. A barra (1) é retangular e tem 2,75 in (7 cm) de largura por 1,25 in (3,2 cm) de espessura e é feita de aço com limite de deformação $\sigma_Y = 36.000$ psi (248,21 MPa). O pino em *C* tem resistência estática (última) ao cisalhamento de $\tau_U = 60.000$ psi (413,69 MPa).

(a) Determine a força axial na barra (1).
(b) Determine o coeficiente de segurança na barra (1) em relação ao limite de deformação.
(c) Determine o valor absoluto da força de reação resultante que age no pino em *C*.
(d) Se for exigido um coeficiente de segurança $CS = 3{,}0$ em relação à resistência estática ao cisalhamento, determine o diâmetro mínimo que pode ser usado no pino em *C*.

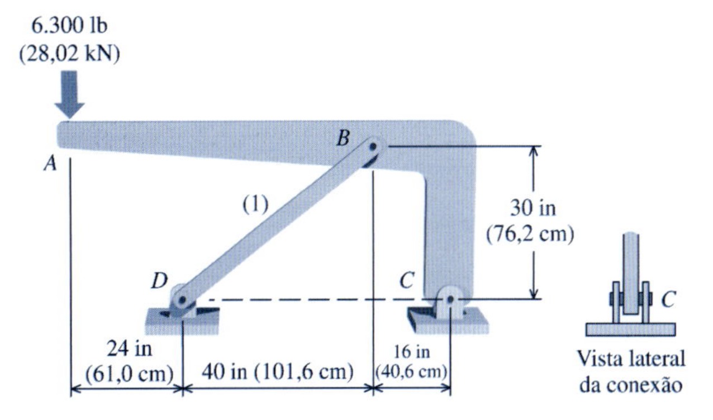

FIGURA P4.18

4.5 MÉTODO DOS ESTADOS-LIMITE

Uma segunda filosofia conhecida de projeto é denominada **método dos estados- limite** (ou, **Projeto pelos Fatores de Carga e Resistência**, com base no termo em inglês, **Load and Resistance Factor Design, LRFD**). Esse método é usado mais frequentemente no projeto de estruturas de concreto armado, aço e madeira.

Para ilustrar as diferenças entre as filosofias ASD e LRFD, analise o seguinte exemplo. Suponha que um engenheiro usando o método ASD calcule que um determinado elemento estrutural de uma treliça de uma ponte de aço estará sujeita a uma carga de 100 kN. Usando um coeficiente de segurança adequado para esse tipo de elemento estrutural — digamos 1,6 — o engenheiro dimensiona de modo coerente o elemento de treliça de forma que ele possa suportar uma carga de 160 kN. Como a resistência do elemento estrutural é maior do que a carga que age sobre ele, o elemento de treliça desempenha satisfatoriamente sua função pretendida. Entretanto, sabemos que a carga no elemento de treliça irá variar ao longo da vida útil da estrutura. Haverá muitas vezes em que nenhum veículo estará atravessando a ponte e, em consequência, a carga no elemento será muito menor do que 100 kN. Também poderá haver ocasiões em que a ponte estará completamente lotada de veículos e a carga no elemento estrutural será maior do que 100 kN. O engenheiro projetou de forma adequada o elemento de treliça para suportar uma carga de 160 kN, mas suponha que o material do aço não era forte o bastante como o esperado e que foram criadas tensões no elemento durante o processo de construção. É possível que, portanto, a resistência verdadeira do elemento poderia ser, digamos, 150 kN em vez dos 160 kN esperados. Se a carga real de nosso elemento de treliça hipotético superasse 150 kN, o elemento poderia apresentar uma falha estrutural (ruptura). A pergunta é “Qual a probabilidade de que essa situação ocorra?”. O método ASD não pode responder a essa pergunta de qualquer forma quantitativa.

As especificações do método LRFD são baseadas em conceitos de probabilidades. Os procedimentos de projetos de resistência no LRFD reconhecem que as cargas que agem nas estruturas e a resistência real dos componentes estruturais (denominada **resistance**, no LRFD) são na realidade variáveis aleatórias que não podem ser conhecidas com certeza absoluta. Usando estatística para caracterizar tanto a carga como as variáveis de resistência, os procedimentos de projeto são desenvolvidos de maneira que os componentes dimensionados corretamente apresentem uma pequena, mas aceitável, probabilidade de falha e essa probabilidade de falha seja consistente entre os elementos estruturais (por exemplo, vigas, colunas, conexões etc.) de materiais diferentes (tais como, aço *versus* madeira *versus* concreto) usados para finalidades similares.

CONCEITOS DE PROBABILIDADE

Para ilustrar os conceitos inerentes ao método LRFD (sem se aprofundar muito na teoria das probabilidades), considere o exemplo de elemento de treliça anterior. Suponha que 1.000 pontes de treliça são examinadas e, em cada uma dessas pontes, um elemento tracionado típico foi selecionado. Para aquele elemento sob tração, foram registrados dois valores de cargas. Primeiro, foi anotado o efeito da carga de serviço usada nos cálculos de projeto (isto é, a força de tração de projeto, neste caso). Para os fins desta demonstração, o efeito dessa carga de serviço será indicado como Q^*. Segundo, o efeito da máxima carga de tração que age no elemento de treliça em qualquer ocasião ao longo de toda a vida útil da estrutura foi identificado. Para cada caso, o efeito da máxima carga de tração é comparado com o efeito da carga de serviço Q^* e os resultados são exibidos em um histograma que mostra a frequência da ocorrência de níveis de carregamento distintos (Figura 4.2). Por exemplo, em 128 ocorrências dentre 1.000 casos, a carga máxima de tração no elemento de treliça foi 20% maior do que a tração usada nos cálculos do projeto.

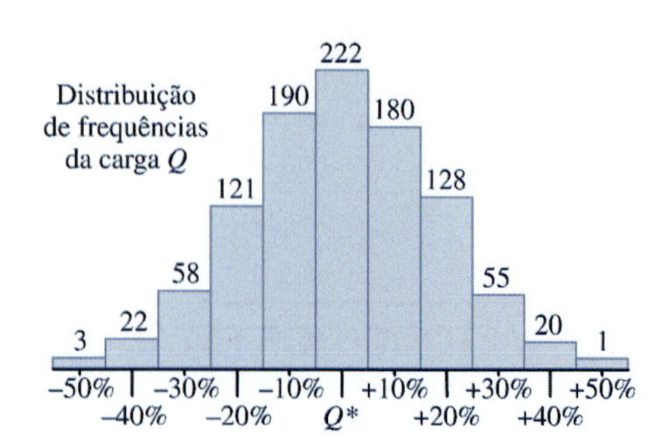

FIGURA 4.2 Histograma dos efeitos da carga.

Para os mesmos elementos tracionados, suponha que foram registrados dois valores absolutos de resistência. Primeiro, foi anotada a resistência calculada do elemento estrutural. Para os fins desta ilustração, essa resistência de projeto será indicada como resistência R^*. Segundo, a resistência máxima de tração realmente disponível no elemento estrutural foi determinada. Esse valor representa a carga de tração que faria com que o elemento apresentasse falha estrutural se fosse testado até a destruição. A resistência máxima de tração pode ser comparada com a resistência de projeto R^* e os resultados podem ser exibidos em um histograma que mostre a frequência da ocorrência de níveis de resistência distintos (Figura 4.3). Por exemplo, em 210 ocorrências, dentre 1.000 casos, a resistência máxima de tração no elemento da treliça foi 10% menor do que a resistência nominal prevista pelos cálculos do projeto.

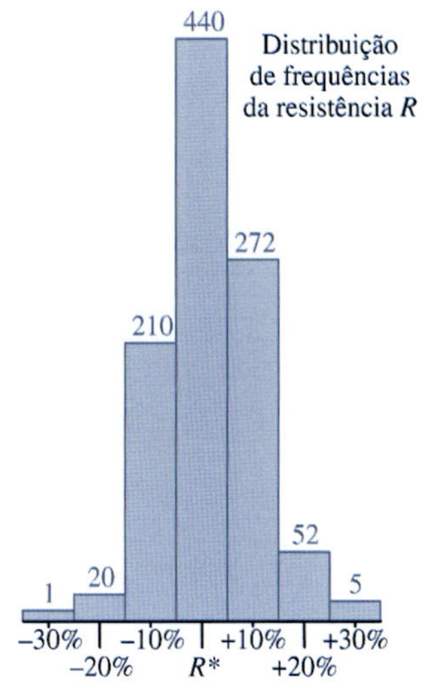

FIGURA 4.3 Histograma da resistência.

Um componente estrutural não falhará, contanto que a resistência fornecida pelo componente seja maior do que o efeito causado pelas cargas. No método LRFD, o formato geral para uma especificação de projeto é expresso como

$$\phi R_n \geq \Sigma \gamma_i Q_{ni} \tag{4.4}$$

em que ϕ = fator de resistência correspondente ao tipo de componente (isto é, viga, pilar, conexão etc.), R_n = resistência nominal do componente (ou seja, capacidade de suporte), γ_i = fatores de carga correspondentes a cada tipo de carga (isto é, carga permanente, carga variável etc.) e Q_{ni} = efeitos nominais da carga de serviço (tais como esforço normal, esforço cortante e momento fletor) para cada tipo de carga. Em geral, os fatores de resistência ϕ são menores do que 1 e os fatores de carga γ_i são maiores do que 1. Em linguagem não técnica, a resistência do componente estrutural é *subestimada* (para levar em conta a possibilidade de a resistência do elemento real poder ser menor do que a prevista), ao passo que o efeito da carga no elemento estrutural é *superestimada* (para levar em conta a possibilidade de ocorrerem eventos extremos de carga em consequência da variabilidade inerente das cargas).

Independente da filosofia do projeto, um componente corretamente projetado deve ser maior do que os efeitos da carga que age sobre ele. No LRFD, entretanto, o processo de estabelecer fatores de carga adequados considera a resistência do elemento R e o efeito da carga Q como variáveis aleatórias em vez de quantidades que sejam conhecidas com exatidão. Fatores adequados para uso nas equações de projeto do LRFD, conforme o exemplo da Equação (4.4), são determinados ao longo do processo que leva em consideração as posições relativas da distribuição de resistência do elemento R (Figura 4.3) e a distribuição dos efeitos de carga Q (Figura 4.2). Valores apropriados dos fatores ϕ e γ_i são determinados por meio de um procedimento conhecido como **calibração do código** usando uma **análise de confiabilidade** na qual os fatores ϕ e γ_i são escolhidos de forma que seja atingida uma meta de probabilidade de falha estrutural específica. A resistência de projeto dos elementos estruturais baseia-se nos efeitos das cargas; portanto, os fatores de projeto "deslocam" a distribuição de resistências para a direita da distribuição das cargas de forma que a resistência seja maior do que o feito das cargas (Figura 4.4).

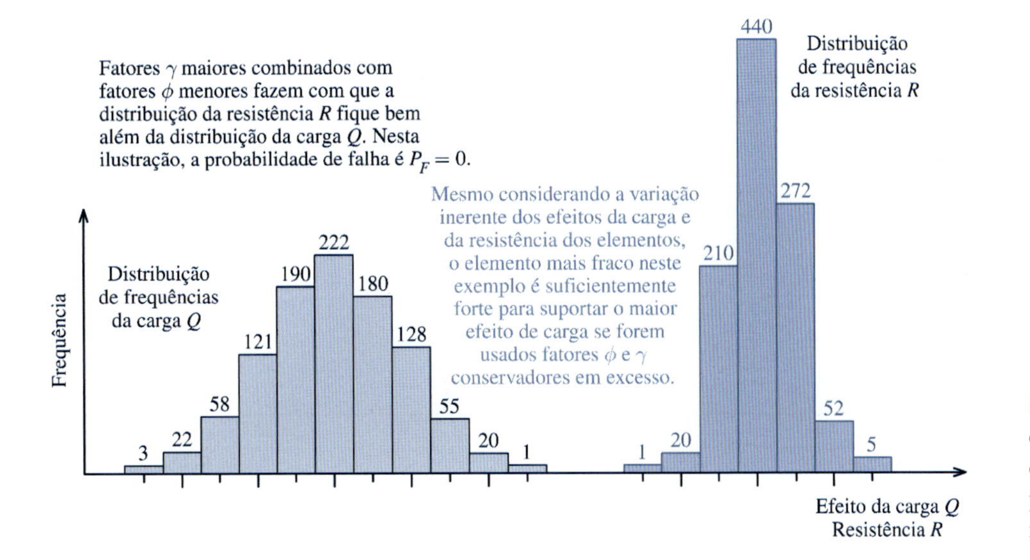

FIGURA 4.4 Fatores de carga e de resistência excessivamente conservadores produzem um projeto com probabilidade quase nula de falha estrutural.

Para ilustrar esse conceito, considere os dados obtidos do exemplo de 1.000 casos da ponte. O uso de fatores ϕ muito pequenos e fatores γ_i muito grandes asseguraria que todos os elementos de treliça fossem fortes o suficiente para suportar todos os efeitos das cargas (Figura 4.4). Entretanto, essa situação seria por demais conservadora e poderia produzir estruturas que seriam caras.

O uso de fatores ϕ relativamente grandes e de fatores γ_i relativamente pequenos criaria uma região na qual a distribuição das resistências R e a distribuição de cargas Q se sobrepõem (Figura 4.5), em outras palavras, a resistência do elemento será menor ou igual ao efeito das cargas. Da Figura 4.5, alguém poderia prever que 22 dos 1.000 elementos de treliça iriam falhar. (**Nota:** Os elementos estão dimensionados corretamente. A falha estrutural analisada aqui se deve à variação aleatória e não ao erro ou à incompetência.) Uma probabilidade de falha estrutural $P_F = 0{,}022$ representa muito risco para ser aceitável, em especial onde a segurança pública está diretamente envolvida.

Uma combinação apropriada dos fatores ϕ e γ_i cria uma pequena região de superposição entre R e Q (Figura 4.6). Da Figura 4.6, a probabilidade de falha é 1 em 1.000 elementos de treliça, ou $P_F = 0{,}001$. Esse valor pode representar uma compensação aceitável entre risco e custo. (O valor $P_F = 0{,}001$ é conhecido como uma **taxa teórica de falha**. A taxa real de falha é sempre muito menor, como a experiência em engenharia mostrou ao longo dos anos de prática bem-sucedida.

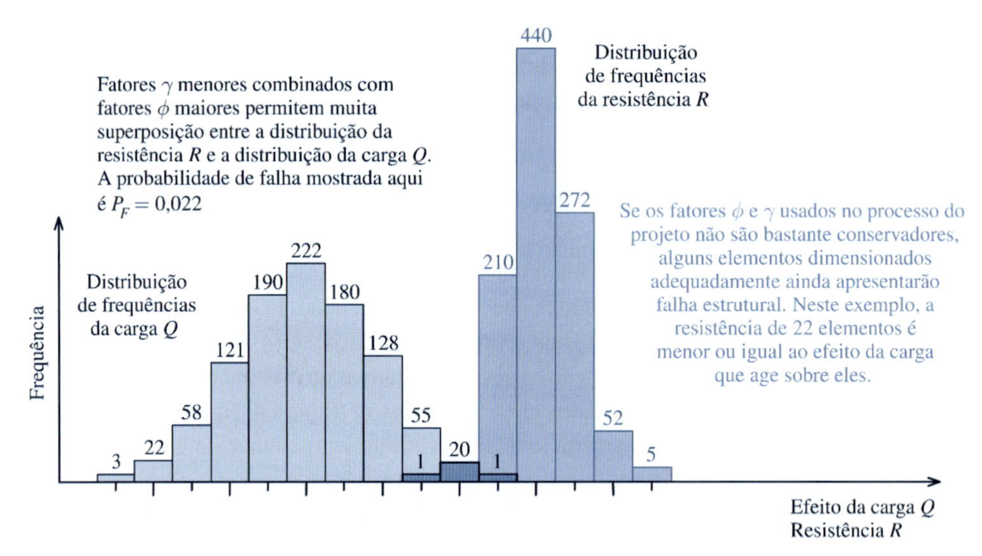

FIGURA 4.5 Fatores de carga e de resistência não conservadores produzem probabilidade de falha estrutural inaceitável.

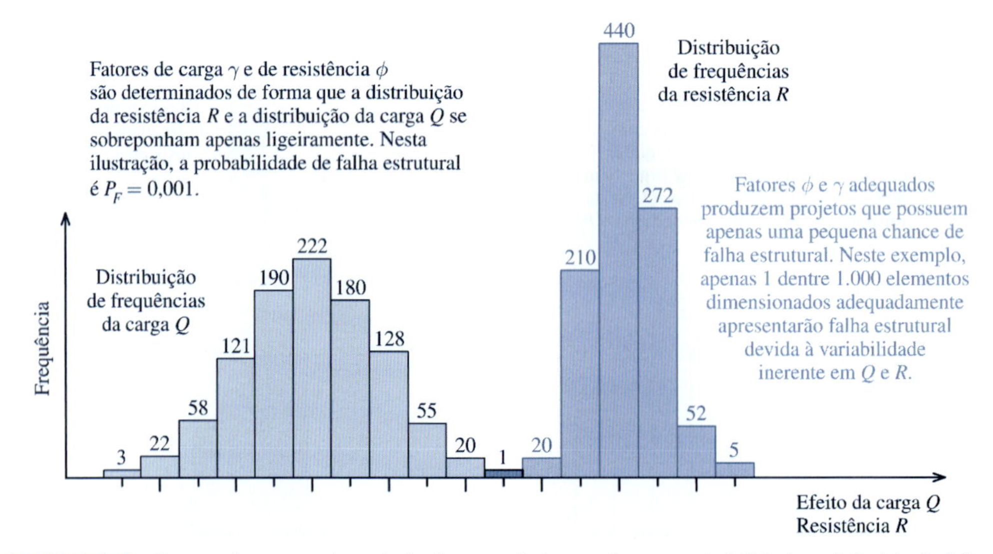

FIGURA 4.6 Fatores de carga e de resistência apropriados produzem probabilidade satisfatória de falha estrutural.

Em análise de confiabilidade, frequentemente apenas as médias e os desvios-padrão de muitas variáveis podem ser estimadas e o formato verdadeiro das distribuições de variáveis aleatórias em geral não é conhecido. Essas e outras considerações levam a taxas maiores de falhas previstas do que aquelas que de fato ocorrem na prática.)

COMBINAÇÕES DE CARGAS

As cargas que agem em estruturas são intrinsecamente variáveis. Embora o projetista possa fazer uma estimativa razoável das cargas de serviço nas quais se supõe que irão agir sobre uma estrutura, é provável que as cargas reais venham a diferir das cargas de serviço. Além disso, o intervalo de variação esperado para cada tipo de carga é diferente. Por exemplo, poderia se esperar que as cargas variáveis se alterassem mais amplamente do que as cargas permanentes. Para levar em conta a variabilidade das cargas, o método LRFD multiplica cada tipo de carga pelos fatores de carga γ_i e soma os componentes de carga para obter uma carga crítica (ou última) na qual a falha estrutural (isto é, ruptura ou colapso) é considerada iminente. A estrutura ou o componente estrutural é então dimensionado de forma que a resistência nominal ϕR_n do componente seja igual ou maior do que a carga crítica U.

Por exemplo, a carga crítica U devida a uma combinação de carga permanente D e carga variável L que agem ao mesmo tempo em um componente estrutural de aço seria calculada com os seguintes fatores de carga:

$$U = \Sigma\gamma_i Q_{ni} = 1{,}2D + 1{,}6L \tag{4.5}$$

O fator de carga maior $\gamma_L = 1{,}6$ associado à carga variável L reflete a maior incerteza inerente a esse tipo de carga em comparação à carga permanente D, que é conhecida com muito maior precisão e, em consequência, recebe um fator de carga menor de $\gamma_D = 1{,}2$.

Combinações variadas de carga possíveis devem ser examinadas e cada combinação tem um conjunto exclusivo de fatores de carga. Por exemplo, a carga crítica U que age em um elemento estrutural de aço devido a uma combinação de carga permanente D, carga variável L, carga de vento W e carga de neve S seria calculada como

$$U = \Sigma\gamma_i Q_{ni} = 1{,}2D + 1{,}3W + 0{,}5L + 0{,}5S \tag{4.6}$$

Enquanto os fatores de carga são geralmente maiores do que 1, fatores de carga menores são apropriados para alguns tipos de carga quando são analisadas combinações de tipos variados de carga. Isso reflete a pequena probabilidade de que eventos extremos em tipos variados de cargas ocorram simultaneamente. Por exemplo, não é provável que a maior carga de neve ocorra no mesmo momento que a carga de vento extrema ou a maior carga variável.

ESTADOS-LIMITE

O método LRFD baseia-se na filosofia dos **estados-limite**, onde o termo *estado-limite* é usado para descrever uma condição na qual uma estrutura ou alguma parte de uma estrutura para de realizar sua função pretendida. Dois tipos de estados-limite se aplicam a estruturas: **estado-limite último** (ou **de resistência**) e **estado-limite de utilização** (ou **de serviço**). Os estados-limite últimos definem a segurança em relação a eventos extremos de carga onde a preocupação principal é a proteção da vida humana de falhas estruturais repentinas e catastróficas. Os estados-limite de serviço dizem respeito ao desempenho satisfatório das estruturas sob condições normais de carregamento. Esses estados-limite incluem considerações como excessivos deslocamentos transversais, vibrações, fissurações e outros aspectos que podem trazer consequências funcionais ou econômicas, mas não ameaçam a segurança das pessoas.

EXEMPLO 4.3

Uma placa retangular de aço está sujeita a uma carga permanente axial de 30 kip (133,45 kN) e a uma carga variável de 48 kip (213,52 kN). O limite de deformação do aço é 36 ksi (248,21 MPa).

(a) *Método ASD:* Se for exigido um coeficiente de segurança de 1,5 em relação ao escoamento, determine a área de seção transversal exigida para a placa, com base no método ASD.

(b) *Método LRFD:* Determine a área da seção transversal exigida para a placa com base no escoamento da seção bruta usando o método LRFD. Use um fator de resistência de $\phi_t = 0{,}9$ e fatores de carga de 1,2 e 1,6 para as cargas permanentes e variáveis, respectivamente.

Planejamento da Solução

Um problema simples de projeto ilustra como os dois métodos são utilizados.

SOLUÇÃO

(a) Método ASD

Determine a tensão normal admissível a partir do escoamento e do coeficiente de segurança especificados:

$$\sigma_{\text{adm}} = \frac{\sigma_Y}{\text{CS}} = \frac{36 \text{ ksi}}{1{,}5} = 24 \text{ ksi}$$

A carga de serviço que age no elemento sob tração é a soma dos componentes de carga permanente e de carga variável.

$$P = D + L = 30 \text{ kip} + 48 \text{ kip} = 78 \text{ kip}$$

A área de seção transversal exigida para suportar a carga de serviço é calculada como

$$A = \frac{P}{\sigma_{\text{adm}}} = \frac{78 \text{ kip}}{24 \text{ ksi}} = 3{,}25 \text{ in}^2 (20{,}97 \text{ cm}^2)$$ **Resp.**

(b) Método LRFD

A carga fatorada que age no elemento sob tração é calculada como

$$P_u = 1{,}2D + 1{,}6L = 1{,}2(30 \text{ kip}) + 1{,}6(48 \text{ kip}) = 112{,}8 \text{ kip}$$

A resistência nominal do elemento sob tração é o produto da tensão de escoamento pela área da seção transversal:

$$P_n = \sigma_Y A$$

A resistência de projeto é o produto da resistência nominal pelo fator de resistência para esse tipo de componente (isto é, elemento tracionado). A resistência de projeto deve ser igual ou superior à carga fatorada que age no elemento.

$$\phi_t P_n \geq P_u$$

Portanto, a área de seção transversal exigida para suportar o carregamento dado é

$$\phi_t P_n = \phi_t \sigma_Y A \geq P_u$$

$$\therefore A = \frac{P_u}{\phi_t \sigma_Y} = \frac{112{,}8 \text{ kip}}{0{,}9(36 \text{ ksi})} = 3{,}48 \text{ in}^2 (22{,}45 \text{ cm}^2)$$ **Resp.**

PROBLEMAS

P4.19 Uma placa retangular de aço é usada como um elemento sujeito a forças axiais para suportar uma carga permanente de 70 kip (311,38 kN) e uma carga variável de 110 kip (489,30 kN). O limite de deformação do aço é 50 ksi (344,74 MPa).

(a) Use o método ASD para determinar a área de seção transversal mínima exigida para o elemento sujeito a forças axiais se for necessário um coeficiente de segurança igual a 1,67 em relação ao escoamento.

(b) Use o método LRFD para determinar a área de seção transversal mínima exigida para o elemento sujeito a forças axiais com base no escoamento da seção bruta. Use um fator de resistência de ϕ_t = 0,9 e fatores de carga de 1,2 e 1,6 para as cargas permanentes e variáveis, respectivamente.

P4.20 Uma placa de aço com 20 mm de espessura será usada como um elemento estrutural sujeito a forças axiais para suportar uma carga permanente de 150 kN e uma carga variável de 220 kN. O limite de deformação do aço é 250 MPa.

(a) Use o método ASD para determinar a largura mínima da placa b exigida para o elemento estrutural sujeito a forças axiais se for requerido um coeficiente de segurança igual a 1,67 em relação ao escoamento.

(b) Use o método LRFD para determinar a largura mínima da placa b exigida para o elemento estrutural sujeito a forças axiais com base no escoamento da seção bruta. Use um fator de resistência de ϕ_t = 0,9 e fatores de carga de 1,2 e 1,6 para as cargas permanentes e variáveis, respectivamente.

P4.21 Um tirante circular de aço é usado como elemento estrutural sujeito a forças axiais para suportar uma carga permanente de 30 kip (133,45 kN) e uma carga variável de 15 kip (66,72 kN). O limite de deformação do aço é 46 ksi (317,16 MPa).

(a) Use o método ASD para determinar o diâmetro mínimo exigido para o tirante se for requerido um coeficiente de segurança igual a 2,0 em relação ao escoamento.

(b) Use o método LRFD para determinar o diâmetro mínimo exigido para o tirante com base no escoamento da seção bruta. Use um fator de resistência de ϕ_t = 0,9 e fatores de carga de 1,2 e 1,6 para as cargas permanentes e variáveis, respectivamente.

P4.22 Um tirante circular de aço é usado como elemento estrutural sujeito a forças axiais para suportar uma carga permanente de 190 kN e uma carga variável de 220 kN. O limite de deformação do aço é 320 MPa.

(a) Use o método ASD para determinar o diâmetro mínimo exigido para o tirante se for requerido um coeficiente de segurança igual a 2,0 em relação ao escoamento.

(a) Use o método LRFD para determinar o diâmetro mínimo exigido para o tirante com base no escoamento da seção bruta. Use um fator de resistência de ϕ_t = 0,9 e fatores de carga de 1,2 e 1,6 para as cargas permanentes e variáveis, respectivamente.

5

DEFORMAÇÃO AXIAL

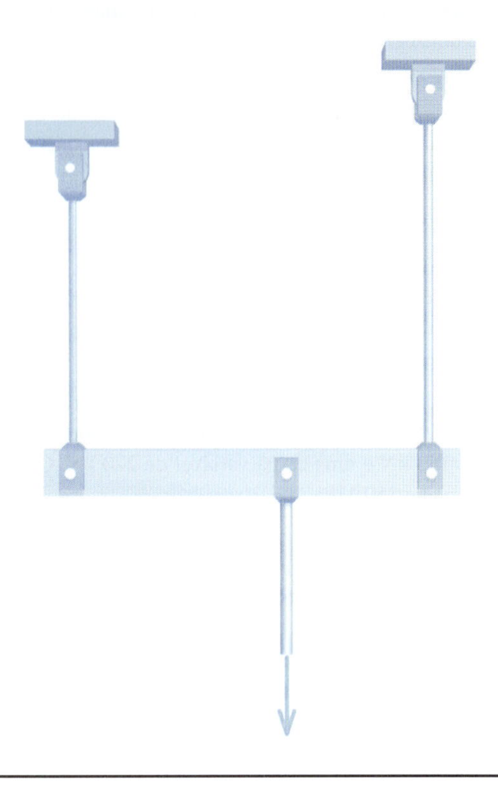

5.1 INTRODUÇÃO

No Capítulo 1 foi desenvolvido o conceito de tensão como um meio de medir a distribuição de forças no interior de um corpo. No Capítulo 2 foi apresentado o conceito de deformação específica para descrever a deformação produzida em um corpo. O Capítulo 3 analisou o comportamento dos materiais típicos de engenharia e como esse comportamento pode ser idealizado por equações que relacionam a tensão com a deformação específica. São de interesse particular os materiais que se comportam de maneira linear e elástica. Para esses materiais há um relacionamento proporcional entre tensão e deformação específica, que pode ser idealizado pela Lei de Hooke. O Capítulo 4 analisou dois métodos gerais usados no projeto de componentes e de estruturas que desempenham sua função prevista com uma margem de segurança apropriada. Nos capítulos ao longo do livro, esses conceitos serão empregados para examinar uma grande variedade de elementos estruturais sujeitos a carregamentos axiais, de torção e de flexão.

O problema de determinar forças e deformações em todos os pontos no interior de um corpo sujeito a forças externas se torna extremamente difícil quando o carregamento ou a geometria do corpo são complicados. Portanto, as soluções práticas para a maioria dos problemas de projeto é obtida pelo que se tornou conhecido como o *método da mecânica* (ou *resistência*) *dos materiais*. Com esse método, os elementos estruturais reais são analisados conforme modelos idealizados sujeitos a carregamentos e restrições simplificados. As soluções resultantes são aproximadas, uma vez que consideram apenas os efeitos que afetam significativamente os valores absolutos das tensões, deformações específicas e alongamentos.

Estão disponíveis os métodos computacionais mais poderosos desenvolvidos com base na *teoria da elasticidade* para analisar objetos que envolvem carregamento e geometria complicados. Desses métodos, o *método dos elementos finitos* é o mais frequente. Embora o *método da mecânica dos materiais* aqui apresentado seja um tanto menos rigoroso do que o *método da teoria da elasticidade*, a experiência indica que os resultados obtidos são muito satisfatórios para uma grande variedade de problemas importantes para a engenharia. Uma das razões principais para isso é o **Princípio de Saint-Venant**.

5.2 PRINCÍPIO DE SAINT-VENANT

Examine uma barra retangular sujeita a uma força de compressão axial P (Figura 5.1). A barra está fixa na base e a força total P está aplicada no topo da barra em três partes distribuídas por igual, conforme ilustrado, em uma região estreita igual a um quarto da largura da barra. O valor absoluto da força P é tal que o material se comporta elasticamente: portanto, a Lei de Hooke é válida. As deformações na barra são indicadas pelas linhas da malha (grade) mostradas. Em particular, observe que as linhas da malha estão distorcidas nas proximidades da força P e nas proximidades da base fixa. Entretanto, longe dessas duas regiões as linhas da malha não estão distorcidas, permanecendo ortogonais e comprimidas uniformemente na direção da força aplicada P.

Uma vez que a lei de Hooke é válida, a tensão deve ser proporcional à deformação específica (e, em consequência, às variações de comprimento). Portanto, a tensão será distribuída de modo mais uniforme ao longo da barra na medida em que a distância à carga P aumentar. Para ilustrar a variação da tensão com a distância a P, as tensões normais que agem na direção vertical nas Seções *a–a*, *b–b*, *c–c* e *d–d* (ver Figura 5.1) são mostradas na Figura 5.2. Na Seção *a–a* (Figura 5.2*a*), as tensões normais diretamente abaixo de P são muito grandes, ao passo que as tensões no restante da seção transversal são muito pequenas. Na Seção *b–b* (Figura 5.2*b*), as tensões no meio da barra ainda são pronunciadas, mas as tensões distantes da parte central são significativamente maiores do que aquelas na Seção *a–a*. As tensões são mais uniformes na Seção *c–c* (Figura 5.2*c*). Na Seção *d–d* (Figura 5.2*d*), que está localizada abaixo de P a uma distância igual à largura da barra w, as tensões são basicamente constantes ao longo da largura da barra retangular. Essa comparação mostra que os efeitos localizados causados por uma carga tendem a desaparecer na medida em que a distância em relação à carga aumenta. Em geral, a distribuição de tensões se torna próxima à uniforme a uma distância, a contar da extremidade da barra, igual à largura da barra w, em que w é a maior dimensão lateral do elemento sujeito a forças axiais (como a largura da barra ou o diâmetro de uma haste). A tensão máxima a essa distância é apenas alguns percentuais maiores do que a tensão média.

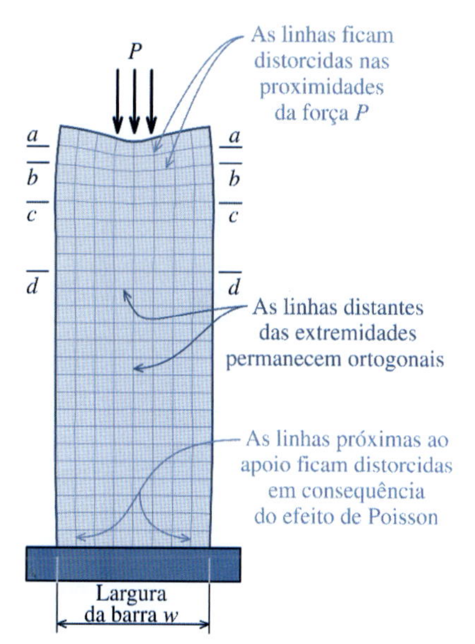

FIGURA 5.1 Barra retangular sujeita a uma força de compressão.

Na Figura 5.1, as linhas da malha também estão distorcidas nas proximidades da base da barra sujeita a uma força axial em consequência do efeito de Poisson. Em geral, a barra se expandiria no sentido da largura em resposta à deformação normal de compressão causada por P. Como a base está fixa, essa expansão é impedida e, em consequência, são criadas tensões adicionais. Usando um argumento similar ao fornecido anteriormente, poderíamos mostrar que esse aumento de tensão se torna insignificante a uma distância w em relação à base.

Os valores absolutos grandes da tensão normal nas proximidades de P e nas proximidades da base fixa são exemplos de **concentração de tensões**. As concentrações de tensões ocorrem quando são aplicadas cargas, e também nas vizinhanças de orifícios, furos, entalhes, ressaltos, ranhuras e outras modificações de formato que interrompem o fluxo suave de tensões ao longo de um corpo sólido. As concentrações de tensões associadas a cargas axiais serão analisadas mais detalhadamente na Seção 5.7 e as concentrações de tensões associadas a outros tipos de carregamento nos capítulos subsequentes.

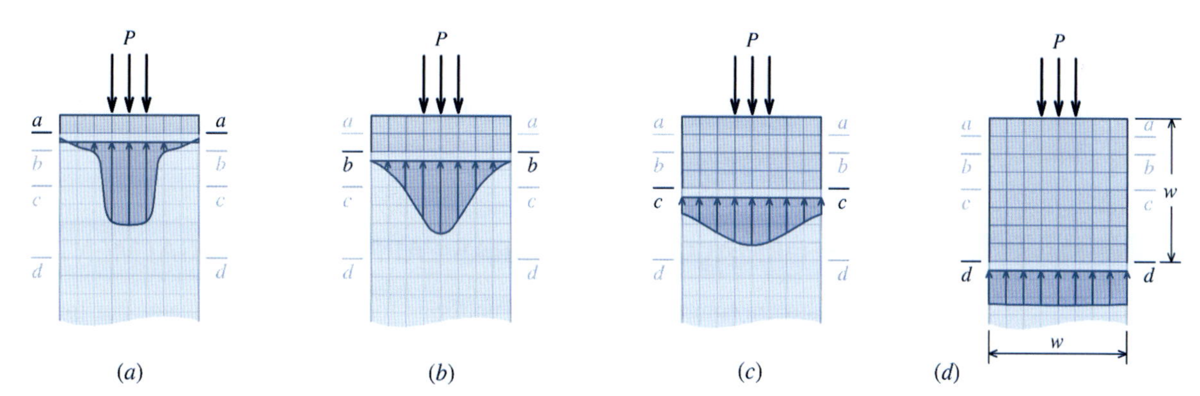

FIGURA 5.2 Distribuição da tensão normal nas seções.

Em 1855 o comportamento da deformação específica nas proximidades da aplicação da carga foi analisado pelo matemático francês Barré Saint-Venant (1797-1886). Ele observou que os efeitos localizados desapareciam a alguma distância dos pontos de aplicação das cargas. Além disso, observou que o fenômeno não dependia da distribuição da carga aplicada contanto que as forças aplicadas fossem "equipolentes" (isto é, estaticamente equivalentes). Essa ideia é conhecida como o **Princípio de Saint-Venant** e é muito utilizado em projetos de engenharia.

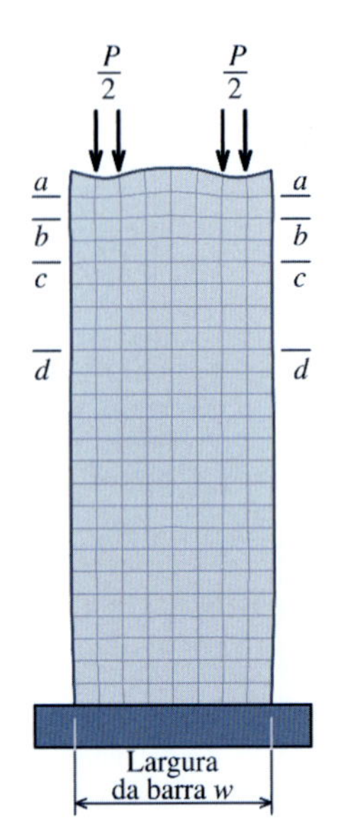

FIGURA 5.3 Barra retangular com uma distribuição de cargas aplicadas diferente, porém equivalente.

O Princípio de Saint-Venant não depende da distribuição da carga aplicada, contanto que as forças resultantes sejam equivalentes. Para ilustrar essa independência, considere a mesma barra anterior sujeita a forças axiais; entretanto, neste momento, a força P está dividida em quatro parcelas iguais, aplicadas na extremidade superior da barra, conforme mostra a Figura 5.3. Da mesma forma que o caso anterior, as linhas da malha estão distorcidas nas proximidades das cargas aplicadas, mas elas se tornam uniformes a uma distância moderada em relação ao ponto de aplicação das cargas. As distribuições das tensões normais nas Seções *a–a*, *b–b*, *c–c* e *d–d* são mostradas na Figura 5.4. Na Seção *a–a* (Figura 5.4*a*), as tensões normais logo abaixo das cargas aplicadas são muito grandes, ao passo que as tensões na parte central da seção transversal são muito pequenas. À medida que a distância em relação às cargas aumenta, as tensões de pico diminuem (Figura 5.4*b*; Figura 5.4*c*) até as tensões se tornarem basicamente uniformes na Seção *d–d* (Figura 5.4*d*), que está localizada a uma distância igual à largura (w) da barra, abaixo de P.

Para resumir, as tensões de pico (Figura 5.2*a*; Figura 5.4*a*) podem ser várias vezes a tensão média (Figura 5.2*d*; Figura 5.4*d*); entretanto, a tensão máxima diminui rápido à medida que aumenta a distância até o ponto de aplicação. Em geral, essa observação também é verdadeira para a maioria das concentrações de tensões (como furos, entalhes e ranhuras). Desta forma, a distribuição complexa das tensões localizadas que ocorrem nas proximidades das cargas, apoios e outras concentrações de tensões não afetará significativamente as tensões em um corpo em seções *distantes o bastante* delas. Em outras palavras, as tensões e as deformações localizadas causam pouco efeito no comportamento global de um corpo.

Serão desenvolvidas expressões para tensões e deformações em todo o estudo de mecânica dos materiais para vários elementos sob diversos tipos de carregamentos. Com base no Princípio de Saint-Venant, podemos assegurar que essas expressões são válidas para todos os elementos, com exceção daquelas regiões muito próximas aos pontos de aplicação às cargas, aos apoios ou a modificações abruptas da seção transversal do elemento.

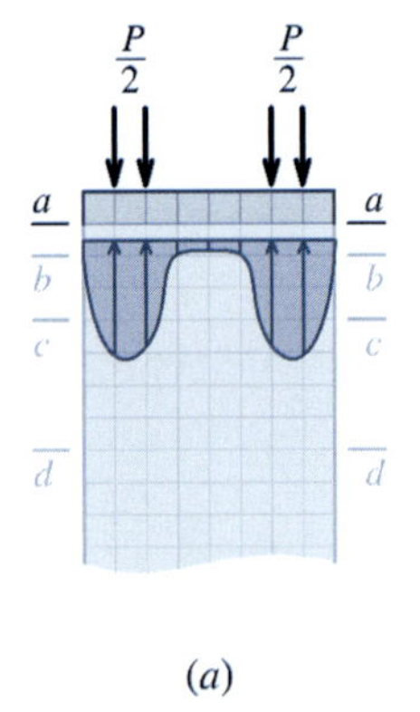

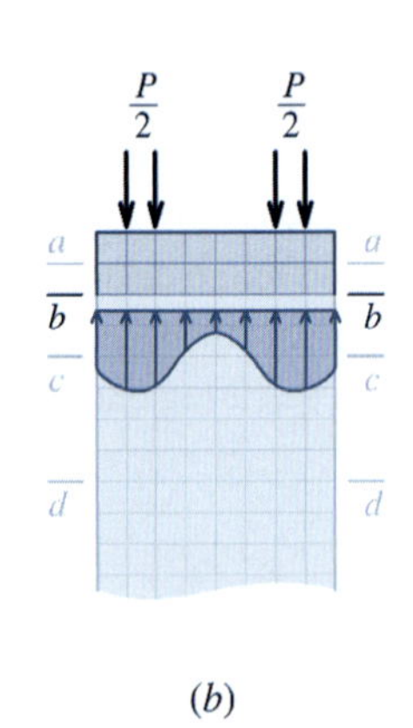

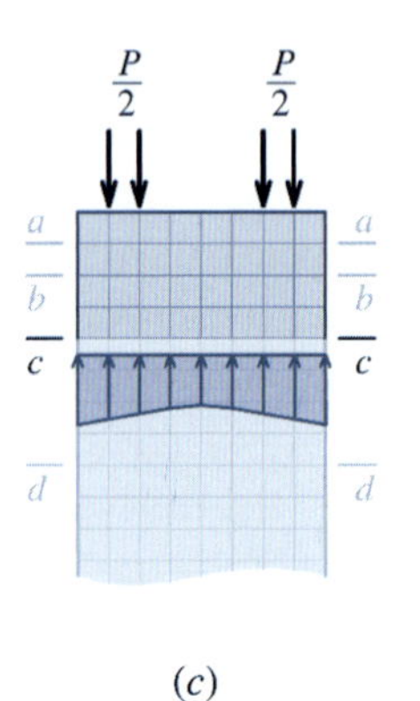

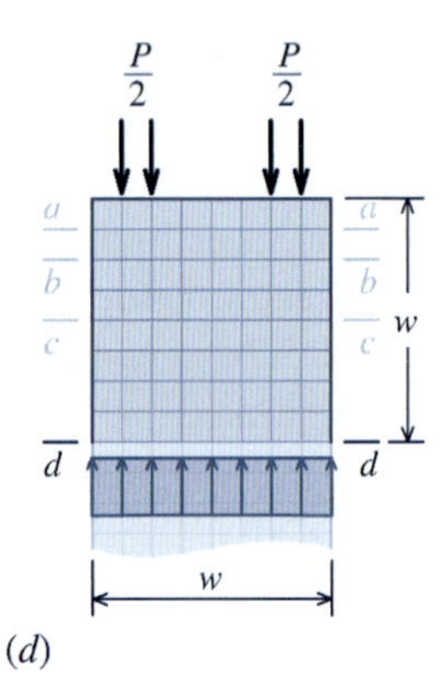

FIGURA 5.4 Distribuição das tensões normais nas seções.

5.3 DEFORMAÇÕES EM BARRAS CARREGADAS AXIALMENTE

Quando uma barra com seção transversal uniforme for carregada axialmente por forças aplicadas nas extremidades (elementos sujeitos a duas forças), admite-se que a deformação específica axial ao longo do comprimento da barra tenha um valor constante. Por definição, pode-se esperar que a variação de comprimento, ou deformação, δ (Figura 5.5) da barra resultante de uma força axial seja expressa por $\sigma = \varepsilon L$. A tensão na barra é dada por $\sigma = F/A$, em que A é a área da seção transversal. Se a tensão normal não superar o limite de proporcionalidade do material, a Lei de Hooke pode ser aplicada para relacionar a tensão com a deformação específica: $\sigma = E\varepsilon$. Desta forma, a deformação axial (variação de comprimento) pode ser expressa em termos da carga da seguinte maneira:

$$\delta = \varepsilon L = \frac{\sigma L}{E} \tag{5.1}$$

ou

$$\delta = \frac{FL}{AE} \tag{5.2}$$

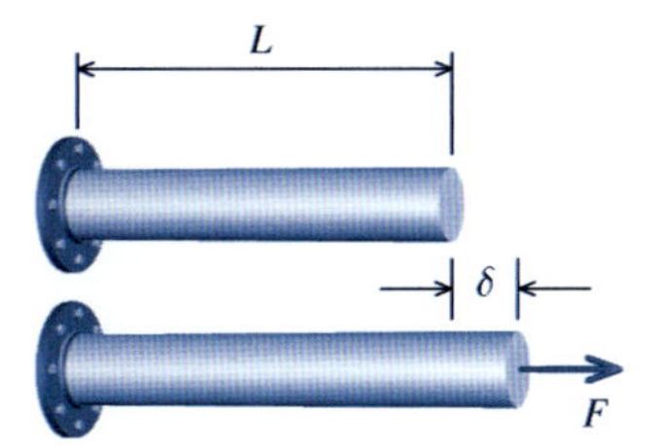

FIGURA 5.5 O alongamento de uma barra prismática sujeita a forças axiais.

Frequentemente, a primeira forma [Equação (5.1)] será considerada conveniente em problemas elásticos nos quais tanto a tensão axial limitante como a deformação axial são especificadas. A tensão correspondente à deformação especificada pode ser obtida por meio da Equação (5.1) e comparada com a tensão admissível especificada, sendo o menor dos dois valores utilizado para calcular a carga desconhecida ou a área da seção transversal. Em geral, a Equação (5.1) é a forma preferida quando o problema envolve uma determinação ou comparação de tensões.

Um elemento que não esteja sujeito a momentos e tenha apenas forças aplicadas apenas em dois pontos é denominado **elemento sujeito a forças axiais**. Para haver equilíbrio, a linha de ação de ambas as forças deve passar pelos dois pontos onde as forças estão aplicadas.

Um material de composição uniforme é denominado **material homogêneo**. O termo **prismático** descreve um elemento estrutural que tenha eixo longitudinal reto e seção transversal constante.

As Equações (5.1) e (5.2) só podem ser usadas se o elemento sujeito a forças axiais:

- for homogêneo (isto é, E constante),
- for prismático (área de seção transversal A uniforme), e
- apresentar um esforço interno constante (isto é, estiver submetido apenas a forças atuando em suas extremidades).

Se o elemento estiver sujeito a cargas axiais em pontos intermediários (isto é, pontos que não estejam nas extremidades) ou se ele consistir em várias áreas de seção transversal ou em vários materiais, o elemento sujeito a forças axiais deve ser dividido em segmentos que satisfaçam as três exigências listadas anteriormente. Para elementos estruturais compostos sujeitos a forças axiais constituídos de dois ou mais segmentos, a deformação global do elemento sujeito a forças axiais pode ser determinada de forma algébrica somando as deformações de cada segmento:

$$\delta = \sum_i \frac{F_i L_i}{A_i E_i} \tag{5.3}$$

em que F_i, L_i, A_i e E_i são o esforço interno, o comprimento, a área da seção transversal e o módulo de elasticidade, respectivamente, para cada um dos segmentos i do elemento estrutural composto e sujeito a forças axiais.

Na Equação (5.3), torna-se necessária uma convenção de sinais consistente para calcular a deformação (variação de comprimento) δ produzida por um esforço interno F. A **convenção de sinais** para a variação de comprimento é definida da seguinte maneira (Figura 5.6):

- Um valor positivo de δ indica que o elemento sujeito a forças axiais se torna mais longo; desta forma, um esforço interno positivo produz tração.
- Um valor negativo de δ indica que o elemento sujeito a forças axiais se torna mais curto; desta forma, um esforço interno negativo produz compressão.

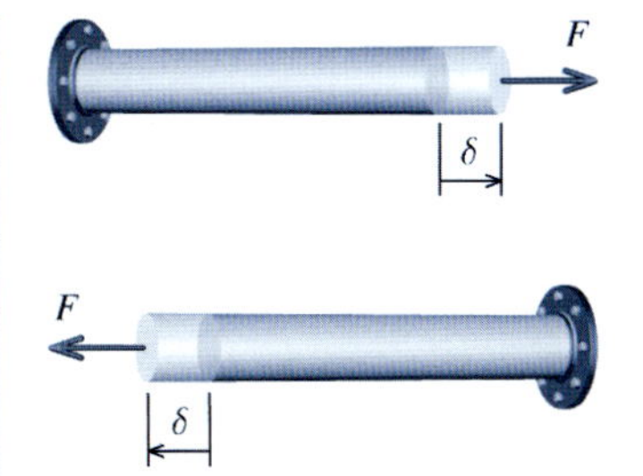

FIGURA 5.6 A convenção de sinal positivo para o esforço interno F e a deformação δ.

Um elemento estrutural sujeito a forças axiais e composto por três segmentos é mostrado na Figura 5.7*a*. Para determinar a deformação global desse elemento estrutural sujeito a forças axiais, em primeiro lugar são calculadas separadamente as deformações em cada um dos três segmentos. A seguir, os três valores de deformações são somados entre si para fornecer a deformação total. A força interna F_i em cada segmento é determinada por meio dos diagramas de corpo livre mostrados nas Figuras 5.7*b*–*d*.

Para os casos nos quais a força axial ou a área da seção transversal varia continuamente ao longo do comprimento da barra (Figura 5.8*a*), as Equações (5.1), (5.2) e (5.3) não podem ser apli-

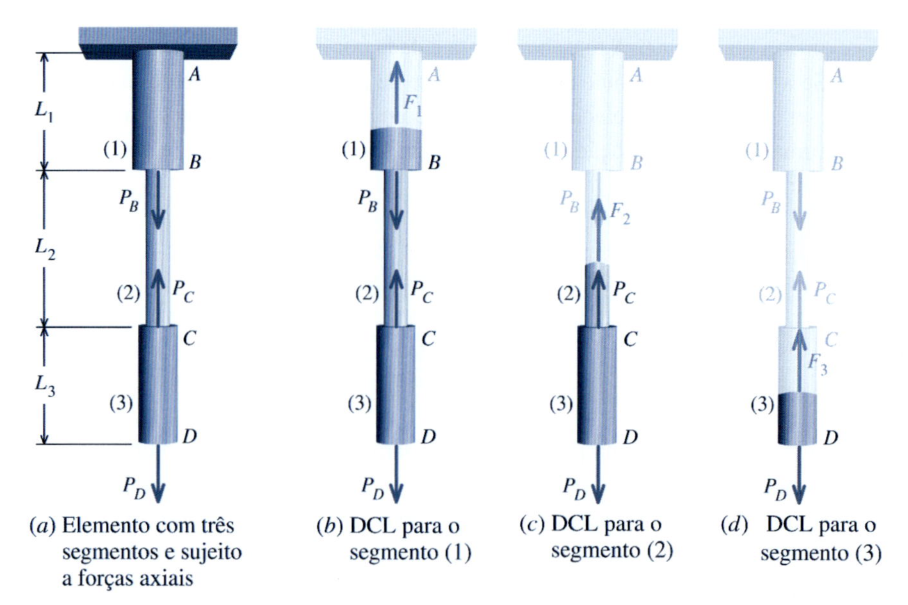

(*a*) Elemento com três segmentos e sujeito a forças axiais (*b*) DCL para o segmento (1) (*c*) DCL para o segmento (2) (*d*) DCL para o segmento (3)

FIGURA 5.7 Elemento estrutural composto sujeito a forças axiais e os diagramas de corpo livre correspondentes.

cadas. Na Seção 2.2, a deformação específica axial em um ponto para o caso de deformação não uniforme foi definido como $\varepsilon = d\delta/dL$. Desta forma, o incremento de deformação associado a um elemento diferencial de comprimento $dL = dx$ pode ser expresso como $d\delta = \varepsilon dx$. Se a Lei de Hooke puder ser aplicada, a deformação específica pode ser expressa novamente como $\varepsilon = \sigma/E$, no qual $\sigma = F(x)/A(x)$ e tanto a força interna F como área da seção transversal A podem ser funções da posição x ao longo da barra (Figura 5.8*b*). Desta forma,

$$d\delta = \frac{F(x)}{A(x)E}dx \tag{5.4}$$

Integrar a Equação (5.4) leva à seguinte expressão para a deformação total da barra:

$$\delta = \int_0^L d\delta = \int_0^L \frac{F(x)}{A(x)E}dx \tag{5.5}$$

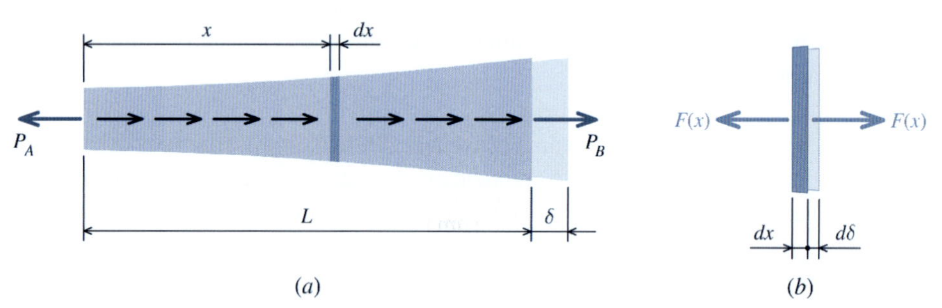

(*a*) (*b*)

FIGURA 5.8 Elemento estrutural sujeito a forças axiais com força interna e área de seção transversal variáveis.

A Equação (5.5) se aplica apenas a materiais elásticos lineares (uma vez admitida como válida a Lei de Hooke). A Equação (5.5) foi obtida admitindo a hipótese de que a distribuição de tensões foi uniforme ao longo de toda a seção transversal [isto é, $F(x)/A(x)$]. Embora essa distribuição seja verdadeira para barras prismáticas, ela não é verdadeira para barras onde a seção transversal varia. Entretanto, a Equação (5.5) fornece resultados aceitáveis se o ângulo entre os lados da barra for pequeno. Por exemplo, se o ângulo entre os lados da barra não for maior do que 20°, há menos de 3% de diferença entre os resultados obtidos pela Equação (5.5) e os resultados obtidos por métodos de elasticidade mais modernos.

Exemplo do MecMovies M5.3

Uma carga $P = 50$ kN é aplicada a um elemento estrutural composto e sujeito a cargas axiais. O segmento (1) é uma haste sólida de latão com 20 mm de diâmetro [$E = 100$ GPa]. O segmento (2) é uma haste sólida de alumínio [$E = 70$ GPa]. Determine o diâmetro mínimo do segmento de alumínio se o deslocamento axial de C em relação ao suporte A não deve superar 5 mm.

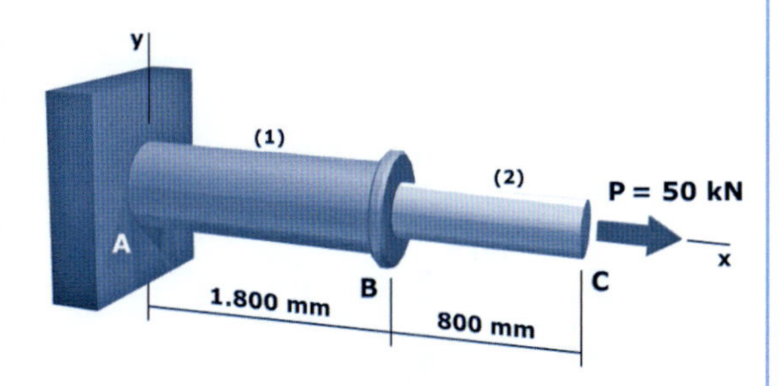

EXEMPLO 5.1

Um elemento estrutural composto e sujeito a cargas axiais consiste em um segmento (1) sólido de alumínio [$E = 70$ GPa] com 20 mm de diâmetro, um segmento (2) sólido de alumínio com 24 mm de diâmetro e um segmento (3) sólido de aço [$E = 200$ GPa] com 16 mm de diâmetro. Determine os deslocamentos dos pontos B, C e D em relação à extremidade A.

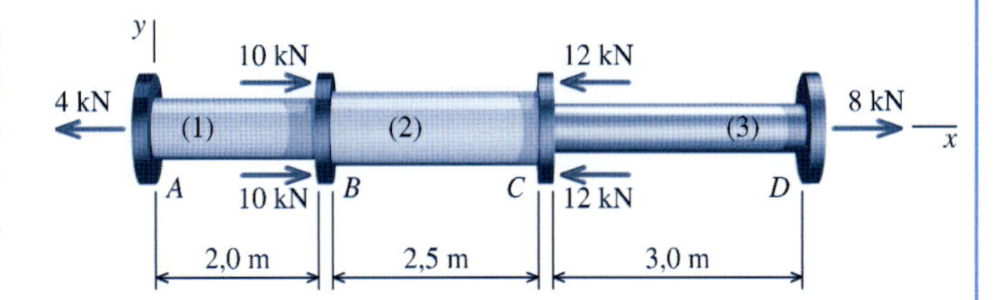

Planejamento da Solução

Será desenhado o diagrama de corpo livre (DCL) para mostrar as forças axiais internas em cada segmento. Usando a força interna e a área da seção transversal, a tensão normal pode ser calculada. A variação de comprimento de cada segmento pode ser calculada por meio da Equação (5.2) e a Equação (5.3) será utilizada para calcular os deslocamentos dos pontos B, C e D em relação à extremidade A.

Nomenclatura

Antes de iniciar a solução, serão definidos os termos usados para analisar os problemas desse tipo. Os segmentos (1), (2) e (3) serão denominados *elementos estruturais sujeitos a forças axiais* ou *elementos estruturais* ou ainda simplesmente *elementos*. Os elementos estruturais são deformáveis. Ou eles se alongam, ou se contraem em resposta às suas forças axiais internas. Como regra, admite-se que a força axial interna em um elemento estrutural seja de *tração*. Embora essa convenção não seja essencial, muitas vezes é útil para estabelecer um procedimento repetitivo de solução que pode ser aplicado automaticamente em várias situações. Os elementos estruturais são identificados por um número entre parênteses, como o elemento (1) e as deformações (variações de comprimento) nos elementos são indicadas por δ_1.

Os pontos A, B, C e D são conhecidos por *nós*. Um nó é um ponto de conexão entre os componentes (elementos adjacentes neste exemplo) ou um nó pode simplesmente indicar um local específico (como os nós A e D). Os nós não se alongam ou se contraem — se *movem* tanto em translação como em rotação. Portanto, diz-se que um nó pode sofrer um *deslocamento*. (Em outros contextos, um nó pode *girar* ou *defletir*.) Os nós são indicados por uma letra maiúscula. O deslocamento de um nó na direção longitudinal é indicado por u e um subscrito que identifica o nó (por exemplo, u_A).

SOLUÇÃO

Equilíbrio

Desenhe um diagrama de corpo livre (DCL) que exponha a força interna no elemento (1). Admita tração no elemento (1).

A equação de equilíbrio para esse DCL é

$$\Sigma F_x = F_1 - 4 \text{ kN} = 0$$

$$\therefore F_1 = +4 \text{ kN} = 4 \text{ kN (T)}$$

Desenhe um DCL para o elemento (2) e admita tração no elemento (2).

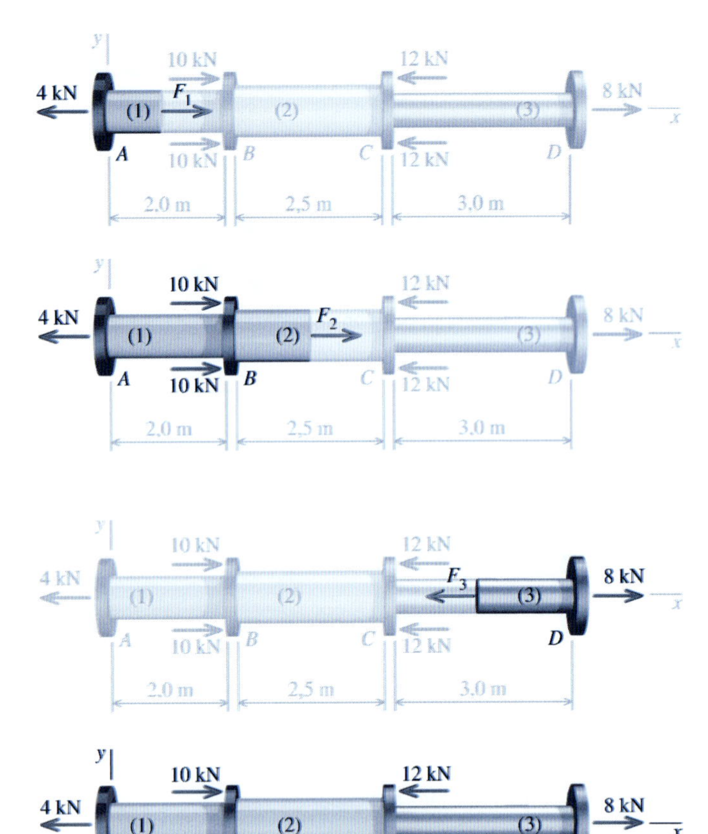

Diagrama de esforços normais para o elemento composto.

A equação de equilíbrio para esse DCL é

$$\Sigma F_x = F_2 + 2(10 \text{ kN}) - 4 \text{ kN} = 0$$

$$\therefore F_2 = -16 \text{ kN} = 16 \text{ kN (C)}$$

Similarmente, desenhe um DCL para o elemento estrutural (3) e admita tração no elemento. Embora sejam possíveis dois DCL, é mostrado o DCL mais simples.

A equação de equilíbrio para esse DCL é

$$\Sigma F_x = -F_3 + 8 \text{ kN} = 0$$

$$\therefore F_3 = +8 \text{ kN} = 8 \text{ kN (T)}$$

Antes de prosseguir, desenhe as *forças internas* (ou *esforços internos*) F_1, F_2 e F_3 que agem no elemento composto. São os *esforços internos* e não as forças externas aplicadas nos nós A, B, C e D que originam as deformações nos elementos submetidos a cargas axiais.

Dica para Solução do Problema: Ao cortar um DCL através de um elemento sujeito a forças axiais, admita que o esforço interno seja de tração e desenhe a seta da força na que está dirigida para o *sentido exterior da superfície de corte*. Se o valor da força interna calculada resultar em um número positivo, então a hipótese de tração terá sido confirmada. Se o valor calculado resultar em um número negativo, então o esforço interno é na realidade de compressão.

Relações Força-Deformação

A relação entre a deformação de um elemento sujeito a forças axiais e seu esforço interno é expresso pela Equação (5.2).

$$\delta = \frac{FL}{AE}$$

Como foi admitido o esforço interno ser uma força de tração, admite-se que a deformação axial (variação de comprimento) é um alongamento. Se o esforço interno fosse de compressão, o uso de um valor negativo para o esforço interno F na equação anterior produziria uma *deformação negativa*, ou em outras palavras, um *encurtamento*.

Calcule as deformações em cada um dos três elementos. O elemento (1) é uma haste sólida de alumínio com diâmetro de 20 mm; portanto, a área de sua seção transversal é $A_1 = 314{,}159$ mm².

$$\delta_1 = \frac{F_1 L_1}{A_1 E_1} = \frac{(4 \text{ kN})(1.000 \text{ N/kN})(2{,}0 \text{ m})(1.000 \text{ mm/m})}{(314{,}159 \text{ mm}^2)(70 \text{ GPa})(1.000 \text{ MPa/GPa})} = 0{,}364 \text{ mm}$$

O elemento (2) tem diâmetro de 24 mm; portanto, a área de sua seção transversal é $A_2 = 452{,}389$ mm².

$$\delta_2 = \frac{F_2 L_2}{A_2 E_2} = \frac{(-16 \text{ kN})(1.000 \text{ N/kN})(2{,}5 \text{ m})(1.000 \text{ mm/m})}{(452{,}389 \text{ mm}^2)(70 \text{ GPa})(1.000 \text{ MPa/GPa})} = -1{,}263 \text{ mm}$$

O valor negativo de δ_2 indica que o elemento (2) se encurta.

O elemento (3) é uma haste sólida de aço com 16 mm de diâmetro. A área de sua seção transversal é $A_3 = 201{,}062$ mm².

$$\delta_3 = \frac{F_3 L_3}{A_3 E_3} = \frac{(8 \text{ kN})(1.000 \text{ N/kN})(3{,}0 \text{ m})(1.000 \text{ mm/m})}{(201{,}062 \text{ mm}^2)(200 \text{ GPa})(1.000 \text{ MPa/GPa})} = 0{,}597 \text{ mm}$$

Geometria da Deformação

Como são desejados os deslocamentos dos nós B, C e D em relação ao nó A, esse será tomado como origem do sistema de coordenadas. *Como os deslocamentos dos nós estão relacionados com as deformações dos elementos na estrutura composta sujeita a cargas axiais?* A deformação de um elemento sujeito a forças axiais pode ser expressa como a diferença entre os deslocamentos dos nós das extremidades do elemento. Por exemplo, a deformação do elemento (1) pode ser expressa como a diferença entre o deslocamento do nó A (isto é, a extremidade $-x$ do elemento) e o deslocamento do nó B (isto é, a extremidade $+x$ do elemento).

$$\delta_1 = u_B - u_A$$

Similarmente, para os elementos (2) e (3):

$$\delta_2 = u_C - u_B \qquad \delta_3 = u_D - u_C$$

Como os deslocamentos são medidos em relação ao nó A, defina o deslocamento do nó A como $u_A = 0$. As equações anteriores podem ser resolvidas de modo a fornecer os deslocamentos dos nós em termos das variações de comprimento dos elementos:

$$u_B = \delta_1 \qquad u_C = u_B + \delta_2 = \delta_1 + \delta_2 \qquad u_D = u_C + \delta_3 = \delta_1 + \delta_2 + \delta_3$$

Usando essas expressões, agora os deslocamentos dos nós podem ser calculados:

$$u_B = \delta_1 = 0{,}364 \text{ mm} = 0{,}364 \text{ mm} \rightarrow$$

$$u_C = \delta_1 + \delta_2 = 0{,}364 \text{ mm} + (-1{,}263 \text{ mm}) = -0{,}899 \text{ mm} = 0{,}899 \text{ mm} \leftarrow$$

$$u_D = \delta_1 + \delta_2 + \delta_3 = 0{,}364 \text{ mm} + (-1{,}263 \text{ mm}) + 0{,}597 \text{ mm} = -0{,}302 \text{ mm} = 0{,}302 \text{ mm} \leftarrow$$

Resp.

Um valor positivo para u indica um deslocamento na direção $+x$ e um valor negativo para u indica um deslocamento na direção $-x$. O nó D se move para a esquerda muito embora exista tração no elemento (3).

A nomenclatura e as convenções de sinais apresentadas neste exemplo podem parecer desnecessárias para um problema tão simples. Entretanto, o procedimento de cálculo estabelecido aqui se mostrará muito poderoso à medida que forem introduzidos problemas mais complexos, particularmente aqueles que não podem ser resolvidos apenas com a estática.

Exemplo do MecMovies M5.2

O teto e o segundo piso de um edifício são suportados pelo pilar mostrado. O pilar de aço estrutural [E = 200 GPa] tem área de seção transversal constante de 7.500 mm². Determine a deflexão do ponto C em relação à fundação A.

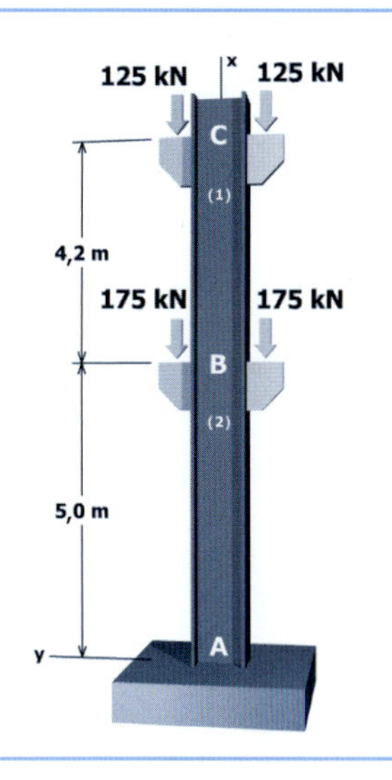

EXEMPLO 5.2

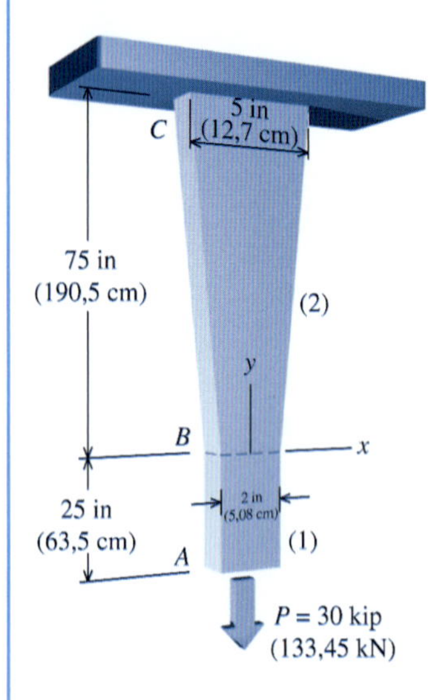

A barra de aço [E = 36.000 ksi (248,21GPa)] com seção transversal retangular consiste em um segmento (1) com largura uniforme e um segmento (2) com largura variável, conforme ilustrado. A largura do segmento variável modifica-se linearmente de 2 in (5,08 cm) na base até 5 in (12,7 cm) no topo. A barra tem espessura constante de 0,50 in (1,27 cm). Determine o alongamento da barra resultante da aplicação da carga de 30 kip (133,45 kN). Ignore o peso da barra.

Planejamento da Solução

O alongamento do segmento (1) de largura uniforme pode ser determinado por meio da Equação (5.2). O segmento (2) com largura variável exige o uso da Equação (5.5). Deve ser obtida uma expressão para a área de seção transversal variável do segmento (2) e ela deve ser usada na integral para o comprimento de 75 in (190,5 cm) do segmento variável.

SOLUÇÃO

Para o segmento (1) de largura uniforme, a deformação fornecida pela Equação (5.2) é

$$\delta_1 = \frac{F_1 L_1}{A_1 E_1} = \frac{(30\text{ kip})(25\text{ in})}{(2\text{ in})(0{,}5\text{ in})(30.000\text{ ksi})} = 0{,}0250\text{ in}$$

Para a seção variável (2), a largura w da barra varia linearmente com a posição y. A área da seção transversal na seção variável pode ser expressa como

$$A_2(y) = wt = \left[2\text{ in} + \frac{3\text{ in}}{75\text{ in}}(y\text{ in})\right](0{,}5\text{ in}) = 1 + 0{,}02y\text{ in}^2$$

Como o peso da barra é ignorado nos cálculos, a força no segmento variável é constante e simplesmente igual à carga de 30 kip (133,45 kN) aplicada. A integração da Equação (5.5) leva a

$$\delta_2 = \int_{75}^{0} \frac{F_2}{A_2(y)E_2}\,dy = \frac{F_2}{E_2}\int_{75}^{0}\frac{1}{A_2(y)}\,dy = \frac{30\text{ kip}}{30.000\text{ ksi}}\int_{75}^{0}\frac{1}{(1+0{,}02y)}\,dy$$

$$= (0{,}001\text{ in}^2)\left(\frac{1}{0{,}02\text{ in}}\right)[\ln(1+0{,}02y)]_0^{75} = 0{,}0458\text{ in}$$

O alongamento total da barra é a soma dos alongamentos dos segmentos:

$$u_A = \delta_1 + \delta_2 = 0{,}0250\text{ in} + 0{,}0458\text{ in} = 0{,}0708\text{ in}\downarrow$$ **Resp.**

Nota: Se o peso da barra não fosse ignorado nos cálculos, o esforço interno F tanto no segmento (1) de largura uniforme como no segmento (2) de largura variável não seria constante e seria exigida a Equação (5.5) para ambos os segmentos. Para incluir o peso da barra na análise, deve ser obtida uma função para cada segmento exprimindo a modificação do esforço interno em função da posição vertical y. O esforço interno F em qualquer posição y é a soma da força constante igual a P com uma força variável igual ao peso próprio do elemento estrutural abaixo da posição y. A força devida ao peso próprio será uma função que expressa o volume da barra abaixo de qualquer posição y multiplicado pelo peso específico do material do qual a barra é constituída. Como o esforço interno F varia com y, ele deve ser incluído na integral da Equação (5.5).

EXERCÍCIOS do MecMovies

M5.1 Use a equação da deformação axial para três problemas iniciais.

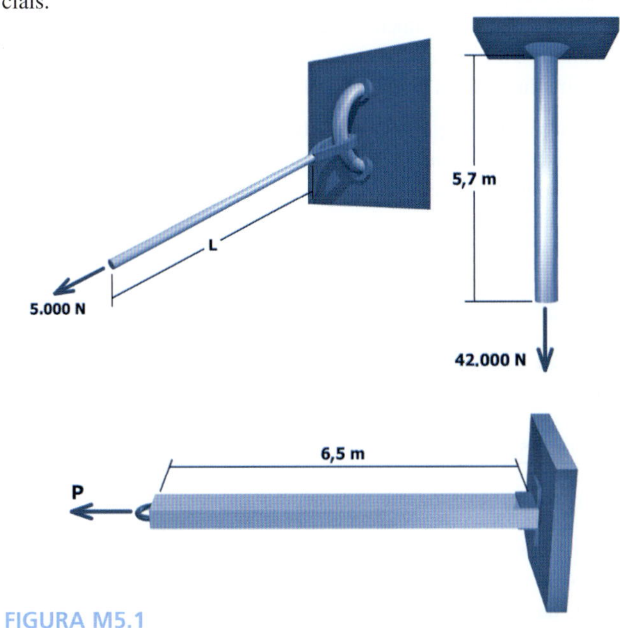

FIGURA M5.1

M5.2 Aplique o conceito de deformação axial para os elementos compostos sujeitos a cargas axiais.

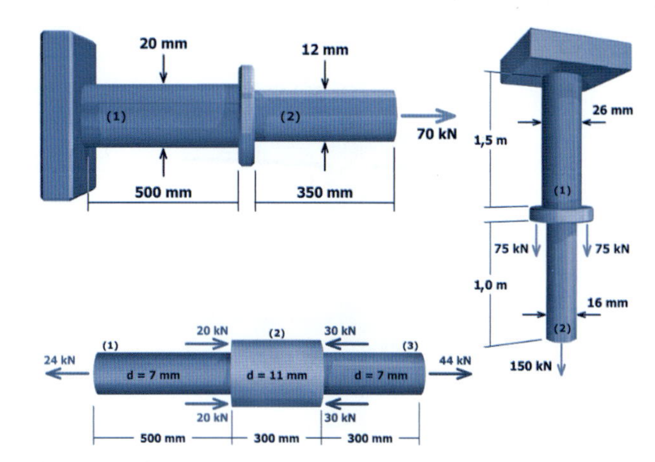

FIGURA M5.2

PROBLEMAS

P5.1 Uma haste de aço [E = 200 GPa] com seção transversal circular tem 7,5 m de comprimento. Determine o diâmetro mínimo exigido para a haste uma vez que ela deve transmitir uma força de tração de 50 kN sem superar uma tensão admissível de 180 MPa ou se alongar mais do que 5 mm.

P5.2 Um haste de controle de alumínio [E = 10.000 ksi (68,95 GPa)] com seção transversal circular não deve se alongar mais do que 0,25 in (0,64 cm) quando a tração na haste for 2.200 lb (9.786 kN). Se a tensão normal admissível máxima na haste é 12 ksi (82,74 MPa), determine:

(a) o menor diâmetro que pode ser usado na haste.

(b) o comprimento máximo correspondente da barra.

P5.3 A haste (2) de aço [E = 200 GPa] com 12 mm de diâmetro está conectada à barra retangular (1) de alumínio [E = 70 GPa] com 30 mm de largura e 8 mm de espessura, conforme ilustra a Figura P5.3. Determine a força P exigida para fazer com que o conjunto tenha um alongamento de 10 mm.

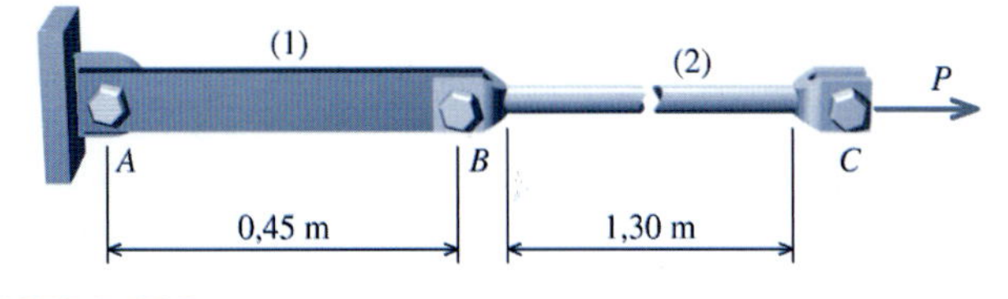

FIGURA P5.3

P5.4 Duas barras de polímero estão conectadas a uma placa rígida em B conforme ilustra a Figura P5.4. A barra (1) tem área de seção transversal igual a 1,65 in² (1064,5 mm²) e módulo de elasticidade de 2.400 ksi (16,55 GPa). A barra (2) tem área de seção transversal igual a 0,975 in² (629 mm²) e módulo de elasticidade de 4.000 ksi (27,58 GPa). Determine a deformação total da barra.

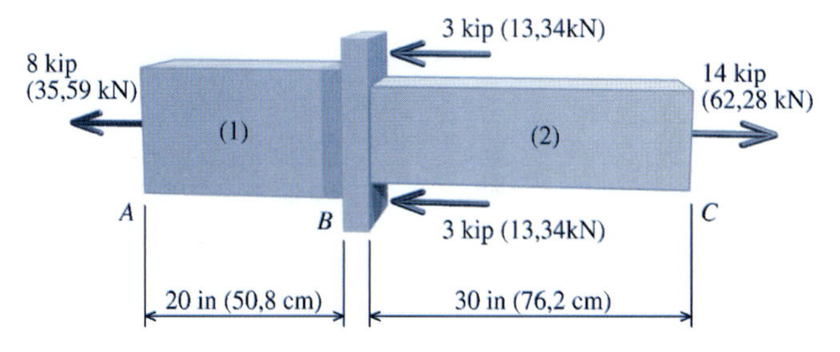

FIGURA P5.4

P5.5 Um elemento estrutural sujeito a forças axiais consiste em duas barras de polímero e está engastada em C conforme ilustra a Figura P5.5. A barra (1) tem área de seção transversal igual a 550 mm² e módulo de elasticidade de 28 GPa. A barra (2) tem área de seção transversal de 880 mm² e módulo de elasticidade de 16,5 GPa. Determine a deflexão (abaixamento) do ponto A em relação ao apoio C.

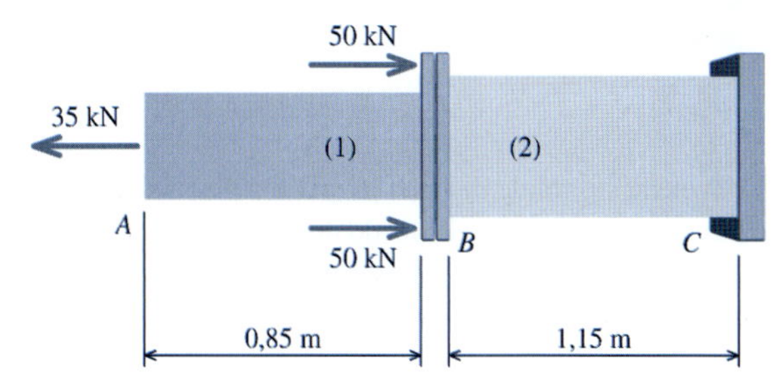

FIGURA P5.5

P5.6 O teto e o segundo piso de um edifício são suportados pelo pilar mostrado na Figura P5.6. O pilar é um perfil de abas largas W10 × 60 de aço estrutural [E = 29.000 ksi (199,95 GPa); A = 17,6 in² (11.354,8 mm²)]. O teto e o piso submetem o pilar às forças axiais mostradas. Determine:

(a) quanto o segundo piso se abaixará.
(b) quanto o teto se abaixará.

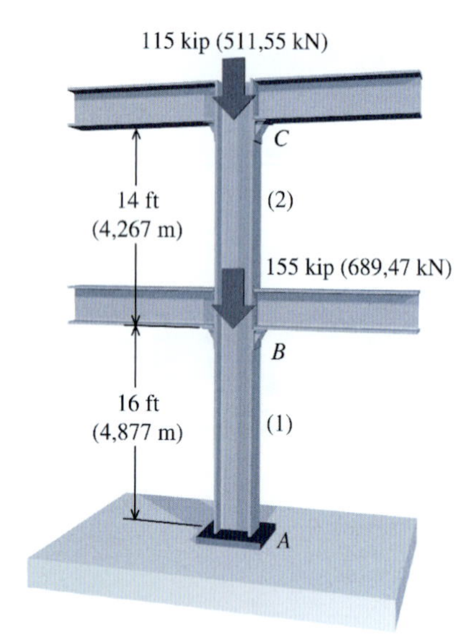

FIGURA P5.6

P5.7 O elemento ABC de alumínio [E = 70 GPa] suporta uma carga de 28 kN conforme ilustra a Figura P5.7. Determine:

(a) o valor de P de modo que o abaixamento do ponto C seja igual a zero.
(b) o abaixamento correspondente do nó B.

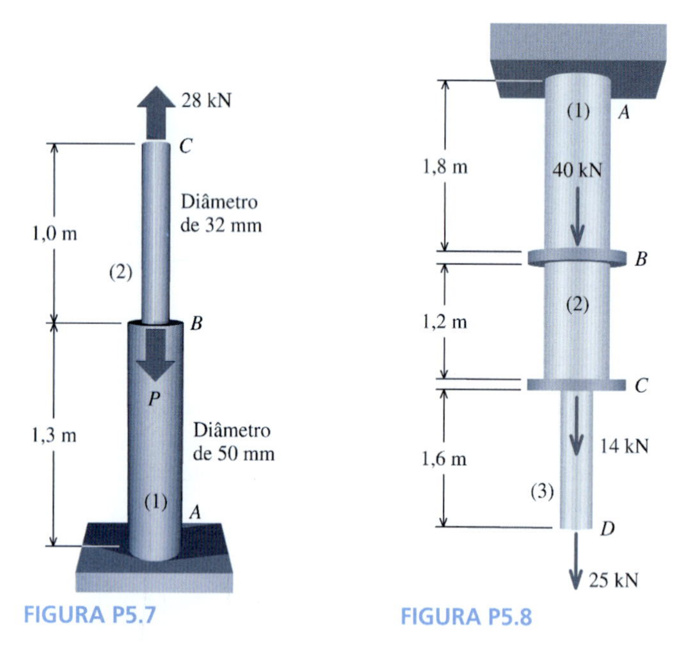

FIGURA P5.7

FIGURA P5.8

P5.8 Um elemento sólido de latão [E = 100 GPa] e sujeito a forças axiais está carregado e apoiado do modo ilustrado na Figura P5.8. Cada um dos segmentos (1) e (2) tem diâmetro de 25 mm e o segmento (3) tem diâmetro de 14 mm. Determine:

(a) a deformação do segmento (2).
(b) a deflexão do nó D em relação ao apoio fixo em A.

(c) a tensão normal mínima em todo o elemento estrutural sujeito a forças axiais.

P5.9 O tubo oco (1) de aço [E = 30.000 ksi (206,84 GPa)] com diâmetro externo de 2,75 in (6,99 cm) e espessura de parede de 0,25 in (0,64 cm) está preso a uma haste sólida de alumínio [E = 10.000 ksi (68,95 GPa)] que tem diâmetro de 2 in (5,08 cm) e a uma haste sólida de alumínio com 1,375 in (3,49 cm) de diâmetro. A barra está carregada da maneira ilustrada na Figura P5.9. Determine:

(a) a variação de comprimento do tubo de aço.
(b) o abaixamento do nó D em relação ao suporte fixo em A.
(c) a tensão normal máxima em todo o conjunto sujeita a forças axiais.

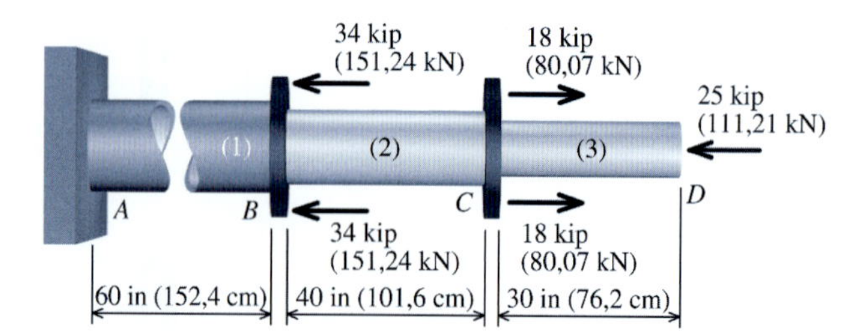

FIGURA P5.9

P5.10 A haste sólida (1) de 5/8 in (1,59 cm) de aço [E = 29.000 ksi (199,95 GPa)] suporta a viga AB conforme ilustra a Figura P5.10. Se a tensão na haste não deve superar 30 ksi (206,84 MPa) e a deformação máxima na haste não deve ser superior a 9,25 in (23,5 cm), determine a carga P que pode ser suportada.

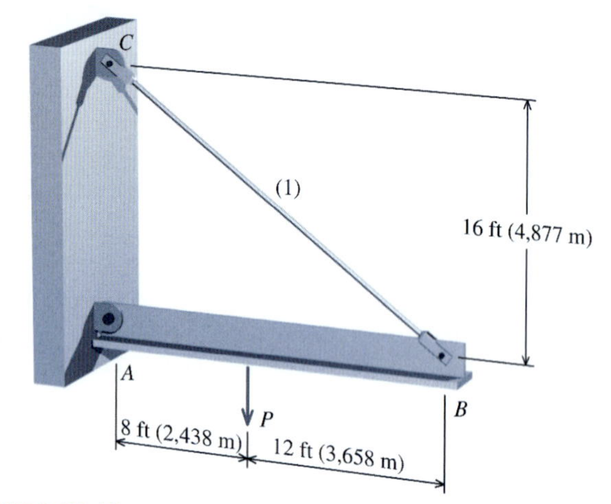

FIGURA P5.10

P5.11 Uma barra de bronze laminado a frio [E = 15.000 ksi (103,42 GPa) e γ = 0,320 lb/in³ (86,9 kN/m³)], com 1 in (2,54 cm) de diâmetro por 16 ft (4,877 m) de comprimento é mantida na vertical, suspensa por uma de suas extremidades. Determine a variação de comprimento da barra em consequência de seu peso próprio.

P5.12 Uma haste homogênea de comprimento L e módulo de elasticidade E é um tronco de cone com diâmetro que varia linearmente de d_0 em uma extremidade a $2d_0$ na outra. Uma carga axial P é aplicada às extremidades da haste conforme ilustra a Figura P5.12. Admita que a redução de diâmetro do cone seja suave o suficiente para que seja válida a hipótese de distribuição de tensões normais uniforme ao longo da seção transversal. Determine:

(a) uma expressão para a distribuição de tensões em uma seção transversal arbitrária localizada em x.
(b) uma expressão para o alongamento da haste.

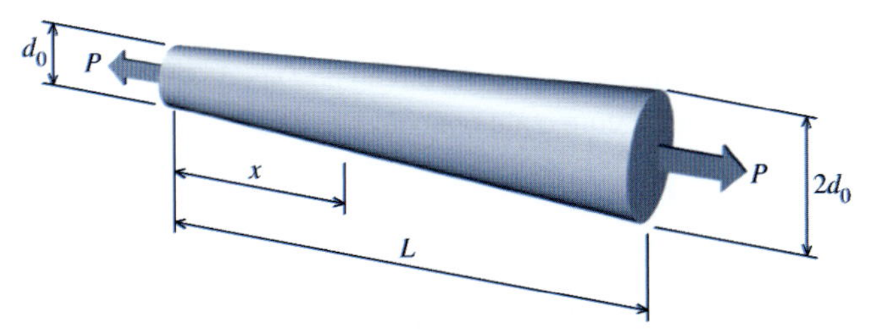

FIGURA P5.12

P5.13 Determine o alongamento devido ao seu peso próprio, da barra cônica mostrada na Figura P5.13. A barra é feita de liga de alumínio [E = 16.000 ksi (110,32 GPa) e γ = 0,100 lb/in³ (27,1 kN/m³)]. A barra tem um raio de 2 in (5,08 cm) na extremidade superior e comprimento de 20 ft (6,096 m). Admita que a redução de diâmetro da barra seja suficientemente suave para que seja válida a hipótese de distribuição uniforme das tensões normais ao longo da seção transversal.

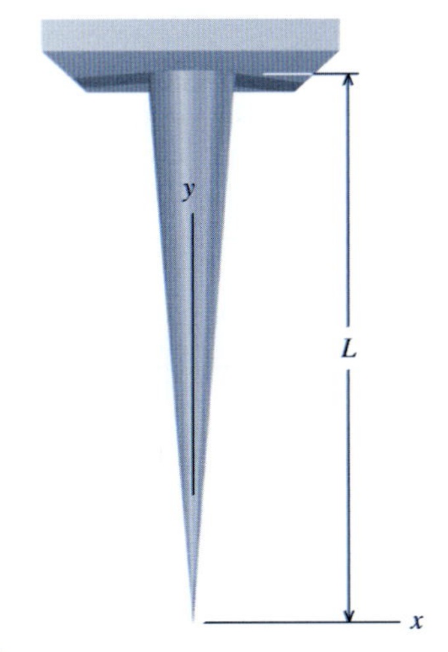

FIGURA P5.13

5.4 DEFORMAÇÕES EM UM SISTEMA DE BARRAS CARREGADAS AXIALMENTE

Muitas estruturas consistem em mais de um elemento estrutural carregado axialmente e para essas estruturas devem ser determinadas as deformações e as tensões normais para um *sistema* de barras deformáveis conectadas por pinos.

Nesta seção, será realizada a análise de estruturas estaticamente determinadas consistindo em barras homogêneas, prismáticas e sujeitas a forças axiais. Ao analisar esses tipos de estruturas, comece com um diagrama de corpo livre que mostre todas as forças que agem nos elementos principais da estrutura. A seguir, investigue como a estrutura como um todo se modifica em resposta às deformações que ocorrem nas barras sujeitas a forças axiais.

Uma barra prismática (a) é reta, (b) tem uma área de seção transversal constante e (c) consiste em um único material (isto é, um valor de E).

EXEMPLO 5.3

A estrutura mostrada consiste em uma barra rígida ABC, duas hastes, (1) e (3), de plástico reforçado por fibras (*fiber-reinforced plastic*, ou FRP) e a coluna (2) de FRP. O módulo de elasticidade do FRP é E = 18 GPa. Determine a deflexão vertical do nó D em relação a sua posição inicial depois de ser aplicada uma carga de 30 kN.

y
2,4 m
1,8 m
Barra rígida
B
C
x
A
(1)
(2)
(3)
3,0 m
3,6 m
A_1 = 500 mm²
A_3 = 500 mm²
D
A_2 = 1.500 mm²
P = 30 kN
F
E

Os três elementos sujeitos a forças axiais estão unidos à barra rígida por meio de pinos. Admita que o elemento (1) possui um pino na conexão com a fundação em F e que o elemento (2) está fixo na fundação em E.

Planejamento da Solução

Deve ser calculada deflexão do ponto D em relação a sua posição inicial. A deflexão de D em relação ao nó C é simplesmente o alongamento da barra (3). A dificuldade deste problema, entretanto, reside no cálculo da deflexão em C. A barra rígida sofrerá um abaixamento e um giro em consequência do alongamento e do encurtamento das barras (1) e (2). Para determinar a posição final da barra rígida, devemos calcular inicialmente as forças nas três barras sujeitas a esforços normais usando as equações de equilíbrio. A seguir, pode-se usar a Equação (5.2) para calcular a deformação em cada barra. Pode-se desenhar um diagrama de deformações para definir as relações entre as deflexões da barra rígida em A, B e C. A seguir, as deformações nas barras serão relacionadas com as deflexões da barra rígida. Finalmente, a deflexão no nó D pode ser calculada com base na soma da deflexão da barra rígida em C com o alongamento da barra (3).

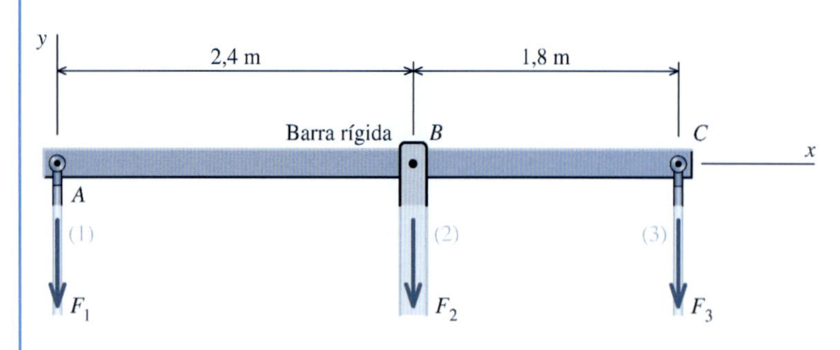

SOLUÇÃO

Equilíbrio

Desenhe um diagrama de corpo livre (DCL) da barra rígida e escreva as duas equações de equilíbrio:

$$\Sigma F_y = -F_1 - F_2 - F_3 = 0$$

$$\Sigma M_B = (2{,}4\text{ m})\,F_1 - (1{,}8\text{ m})\,F_3 = 0$$

Por inspeção, $F_1 = P = 30$ kN. Usando esse resultado, as duas equações podem ser resolvidas simultaneamente para fornecer $F_1 = 22{,}5$ kN e $F_2 = -52{,}5$ kN.

Relações Força-Deformação

Calcule as deformações em cada uma das três barras.

$$\delta_1 = \frac{F_1 L_1}{A_1 E_1} = \frac{(22{,}5\text{ kN})(1.000\text{ N/kN})(3{,}6\text{ m})(1.000\text{ mm/m})}{(500\text{ mm}^2)(18\text{ GPa})(1.000\text{ MPa/GPa})} = 9{,}00\text{ mm}$$

$$\delta_2 = \frac{F_2 L_2}{A_2 E_2} = \frac{(-52{,}5\text{ kN})(1.000\text{ N/kN})(3{,}6\text{ m})(1.000\text{ mm/m})}{(1.500\text{ mm}^2)(18\text{ GPa})(1.000\text{ MPa/GPa})} = -7{,}00\text{ mm}$$

O valor negativo de δ_2 indica que o elemento (2) sofre um encurtamento

$$\delta_3 = \frac{F_3 L_3}{A_3 E_3} = \frac{(30\text{ kN})(1.000\text{ N/kN})(3{,}0\text{ m})(1.000\text{ mm/m})}{(500\text{ mm}^2)(18\text{ GPa})(1.000\text{ MPa/GPa})} = 10{,}00\text{ mm}$$

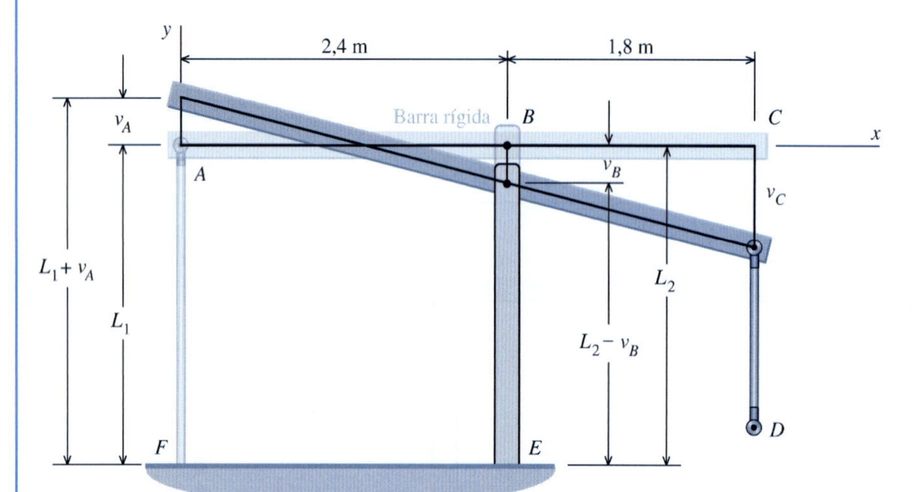

Geometria da Deformação

Faça um esboço da configuração final defletida da barra rígida. O elemento (1) se alonga, portanto A se deslocará para cima. O elemento (2) se encurta, portanto B se deslocará para baixo. O deslocamento de C deve ser determinado.

(**Nota:** Os deslocamentos transversais à barra rígida dos nós são indicados por v.)

Os deslocamentos da barra rígida nos nós A, B e C podem ser relacionados por semelhança de triângulos.

$$\frac{v_A + v_B}{2{,}4\text{ m}} = \frac{v_C - v_B}{1{,}8\text{ m}} \qquad \therefore v_C = \frac{1{,}8\text{ m}}{2{,}4\text{ m}}(v_A + v_B) + v_B = 0{,}75(v_A + v_B) + v_B$$

Como os deslocamentos v_A e v_B da barra rígida mostrados no esboço estão relacionados com as deformações δ_1 e δ_2? Por definição, a variação de comprimento é a diferença entre o comprimento inicial e o comprimento final de um elemento sujeito a forças axiais. Usando o esboço da barra rígida deformada, podemos definir as variações de comprimento do elemento (1) em termos de seus comprimentos iniciais e finais:

$$\delta_1 = L_{\text{final}} - L_{\text{inicial}} = (L_1 + v_A) - L_1 = v_A \qquad \therefore v_A = \delta_1 = 9{,}00\text{ mm}$$

Similarmente, para o elemento (2):

$$\delta_2 = L_{\text{final}} - L_{\text{inicial}} = (L_2 - v_B) - L_2 = -v_B \qquad \therefore v_B = -\delta_2 = -(-7{,}00\text{ mm}) = 7{,}00\text{ mm}$$

Com esses resultados, pode-se calcular o valor absoluto do deslocamento da barra rígida em C:

$$v_C = 0{,}75(v_A + v_B) + v_B = 0{,}75(9{,}00 \text{ mm} + 7{,}00 \text{ mm}) + 7{,}00 \text{ mm} = 19{,}00 \text{ mm}$$

A direção do deslocamento é mostrado no diagrama de deformações, isto é, o nó C tem um deslocamento de 19,00 mm.

Deslocamento em D

O deslocamento do nó D para baixo é a soma do deslocamento da barra rígida em C com o alongamento do elemento (3):

$$v_D = v_C + \delta_3 = 19{,}00 \text{ mm} + 10{,}00 \text{ mm} = 29{,}0 \text{ mm} \qquad \textbf{Resp.}$$

Exemplo do MecMovies M5.4

Um conjunto consiste em três hastes ligadas a uma barra rígida AB. A haste (1) é de aço e as hastes (2) e (3) são de alumínio. A área e o módulo de elasticidade de cada haste estão indicados na figura. A força de 80 kN é aplicada em D. Determine os deslocamentos verticais dos pontos A, B, C e D.

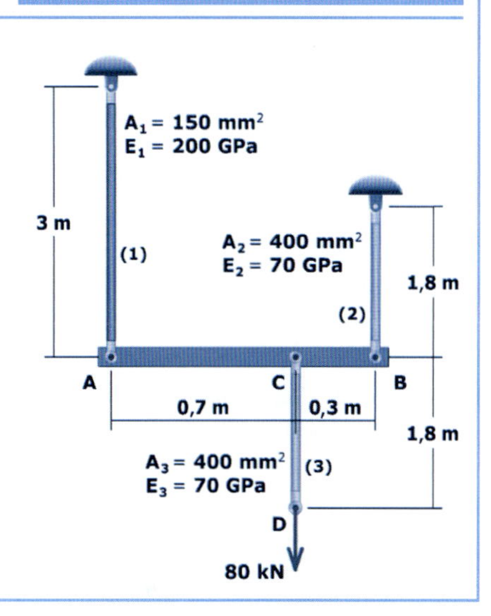

Os exemplos anteriores mostraram estruturas que consistiam em barras paralelas e sujeitas a forças axiais, o que tornou a geometria da deformação da estrutura relativamente simples de analisar. Suponha, por exemplo, que alguém esteja interessado em uma estrutura na qual os elementos sujeitos a forças axiais não sejam paralelos. A estrutura mostrada na Figura 5.9 consiste em três barras sujeitas a forças axiais (AB, BC e BD) e conectadas a um nó comum em B. Na figura, as linhas sólidas representam a configuração indeformada (isto é, descarregada) do sistema e as linhas tracejadas representam as configurações devidas a uma força aplicada ao nó B. Do teorema de Pitágoras, a deformação real da barra AB é

$$\delta_{AB} = \sqrt{(L + y)^2 + x^2} - L$$

Transpondo o último termo e elevando ao quadrado ambos os lados tem-se

$$\delta_{AB}^2 + 2L\delta_{AB} + L^2 = L^2 + 2Ly + y^2 + x^2$$

Se os deslocamentos forem pequenos (caso normal para materiais rígidos e ações elásticas), os termos que envolvem os quadrados dos deslocamentos podem ser ignorados; em consequência, a deformação da barra AB é

$$\delta_{AB} \approx y$$

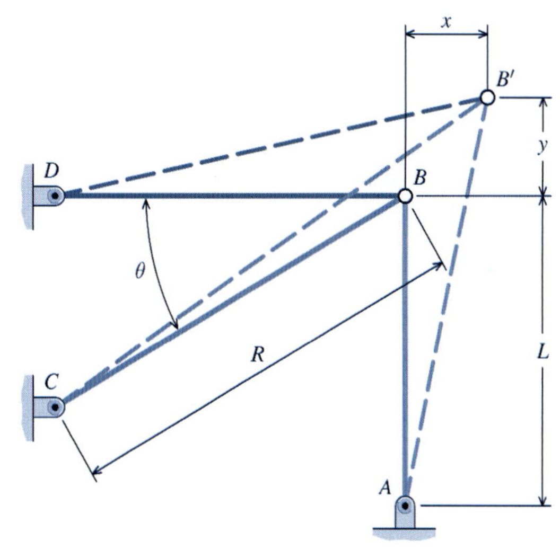

FIGURA 5.9 Estrutura sujeita a forças axiais com elementos que se interceptam.

De modo similar, a deformação da barra BD é

$$\delta_{BD} \approx x$$

A deformação axial (normal) da barra BC é

$$\delta_{BC} = \sqrt{(R\cos\theta + x)^2 + (R\,\text{sen}\theta + y)^2} - R$$

Transpondo o último termo e elevando ao quadrado ambos os termos tem-se

$$\delta_{BC}^2 + 2R\delta_{BC} + R^2$$
$$= R^2\cos^2\theta + 2Rx\cos\theta + x^2 + R^2\text{sen}^2\theta + 2Ry\,\text{sen}\theta + y^2$$

Os termos de deslocamentos de segundo grau podem ser ignorados uma vez que os deslocamentos são pequenos. Usando a identidade trigonométrica $\text{sen}^2\,\theta + \cos^2\,\theta = 1$, a deformação do elemento BC pode ser declarada como

$$\delta_{BC} \approx x\cos\theta + y\,\text{sen}\theta$$

ou em termos das deformações das outras duas barras,

$$\delta_{BC} \approx \delta_{BD}\cos\theta + \delta_{AB}\,\text{sen}\theta$$

A interpretação geométrica dessa equação é indicada pelos triângulos escurecidos à direita da Figura 5.10.

A conclusão geral que pode ser obtida da análise anterior é que, *para pequenos deslocamentos*, a deformação axial em qualquer barra pode ser admitida como igual ao componente do deslocamento de uma extremidade da barra (em relação à outra extremidade) tomado na direção da orientação não restrita da barra. Os elementos rígidos do sistema podem mudar de orientação ou posição, mas não se deformarão de modo algum. Por exemplo, se a barra BD da Figura 5.9 fosse rígida e estivesse sujeita a uma pequena rotação para cima, seria possível admitir que o ponto B se deslocasse verticalmente uma distância y e δ_{BC} seria igual a y sen θ.

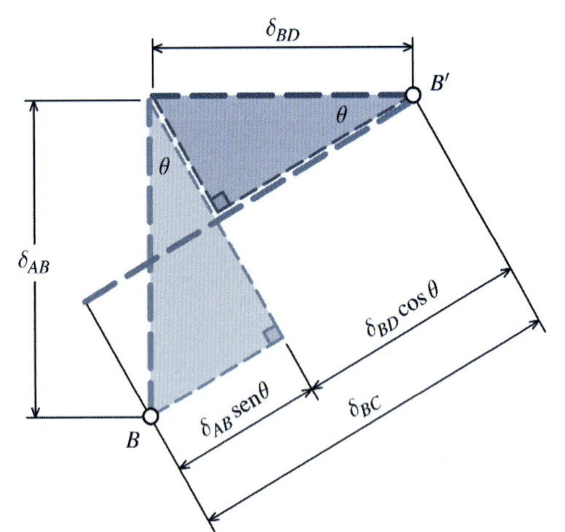

FIGURA 5.10 Interpretação geométrica das deformações dos elementos estruturais.

EXEMPLO 5.4

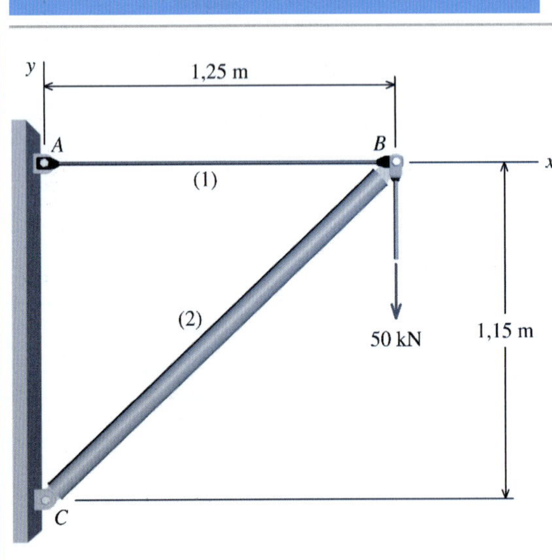

Um tirante (1) e uma escora tubular (2) são usados para suportar uma carga de 50 kN, conforme ilustrado. As áreas das seções transversais são A_1 = 650 mm² para o tirante (1) e A_2 = 925 mm² para a escora tubular (2). Ambos os elementos são feitos de aço estrutural que tem módulo de elasticidade E = 200 GPa.

(a) Determine as tensões normais axiais no tirante (1) e na escora tubular (2).
(b) Determine o alongamento ou encurtamento de cada elemento.
(c) Faça o esboço de um diagrama de deformações que mostre a posição do nó B após o deslocamento.
(d) Calcule o deslocamento horizontal e o deslocamento vertical do nó B.

Planejamento da Solução

Do diagrama de corpo livre do nó B, podem ser calculadas as forças internas axiais nos elementos (1) e (2). O alongamento ou encurtamento de cada elemento pode então ser obtido utilizando a Equação (5.2). Para determinar a posição do nó B após a deformação será utilizado o seguinte procedimento. Imaginaremos que o pino no nó B seja removido temporariamente, permitindo que os elementos (1) e (2) se deformem tanto para alongamento quanto para encurtamento. A seguir, o elemento (1) será girado em torno do nó A, o elemento (2) será girado em torno do nó C e o ponto de interseção desses dois elementos será localizado. Imaginaremos agora que o pino em

B seja reinserido no nó nessa posição. O diagrama de deformações que descreve os movimentos anteriores é usado para calcular o deslocamento horizontal e o deslocamento vertical do nó B.

SOLUÇÃO

(a) Tensões nos Elementos

As forças internas axiais nos elementos (1) e (2) podem ser determinadas a partir das equações de equilíbrio criadas com base no diagrama de corpo livre do nó B. A soma das forças na direção horizontal (x) pode ser escrita como

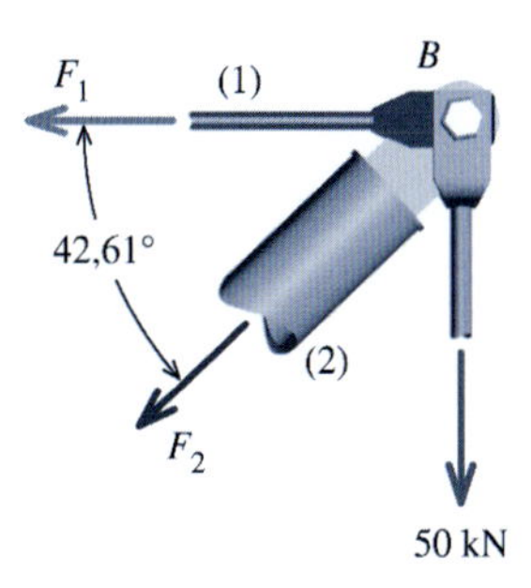

$$\Sigma F_x = -F_1 - F_2 \cos 42{,}61° = 0$$

e a soma das forças na direção vertical (y) pode ser expressa como

$$\Sigma F_y = -F_2 \operatorname{sen} 42{,}61° - 50 \text{ kN} = 0$$

$$\therefore F_2 = -73{,}85 \text{ kN}$$

Substituindo esse resultado na equação anterior tem-se

$$F_1 = 54{,}36 \text{ kN}$$

A tensão normal axial no tirante (1) é

$$\sigma_1 = \frac{F_1}{A_1} = \frac{(54{,}36 \text{ kN})(1.000 \text{ N/kN})}{650 \text{ mm}^2} = 83{,}63 \text{ N/mm}^2 \text{ (T)} = 83{,}6 \text{ MPa (T)} \qquad \textbf{Resp.}$$

e a tensão normal axial na escora tubular (2) é

$$\sigma_2 = \frac{F_2}{A_2} = \frac{(73{,}85 \text{ kN})(1.000 \text{ N/kN})}{925 \text{ mm}^2} = 79{,}84 \text{ N/mm}^2 \text{ (C)} = 79{,}8 \text{ MPa (C)} \qquad \textbf{Resp.}$$

(b) Deformações nos Elementos

As deformações nos elementos são determinadas utilizando tanto a Equação (5.1) quanto a Equação (5.2). O alongamento no tirante (1) é

$$\delta_1 = \frac{\sigma_1 L_1}{E_1} = \frac{(83{,}63 \text{ N/mm}^2)(1{,}25 \text{ m})(1.000 \text{ mm/m})}{200.000 \text{ N/mm}^2} = 0{,}5227 \text{ mm} \qquad \textbf{Resp.}$$

O comprimento da escora tubular inclinada (2) é

$$L_2 = \sqrt{(1{,}25 \text{ m})^2 + (1{,}15 \text{ m})^2} = 1{,}70 \text{ m}$$

e sua deformação

$$\delta_2 = \frac{\sigma_2 L_2}{E_2} = \frac{(-79{,}84 \text{ N/mm}^2)(1{,}70 \text{ m})(1.000 \text{ mm/m})}{200.000 \text{ N/mm}^2} = -0{,}6786 \text{ mm} \qquad \textbf{Resp.}$$

O sinal negativo indica que o elemento (2) sofre uma contração (isto é, encurta-se).

(c) Diagrama de Deformações

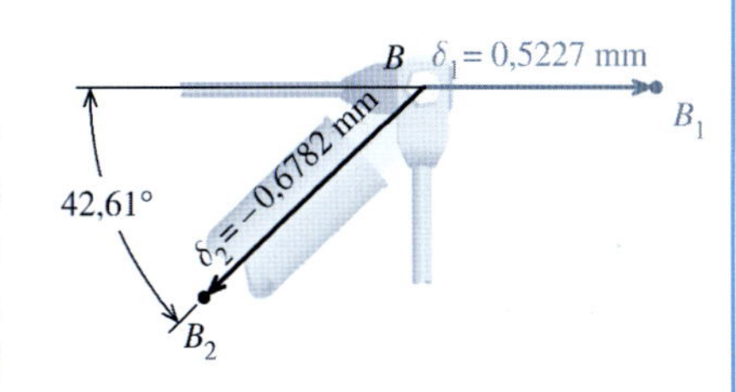

Passo 1: Para determinar a posição do nó B após a deformação, primeiro vamos imaginar que o pino no nó B seja removido por um tempo, permitindo que os elementos (1) e (2) se deformem livremente segundo os valores calculados na parte (b). Como o nó A do tirante está fixo a um apoio, ele permanece estacionário. Desta forma, quando o tirante (1) se alonga 0,5227 mm, o nó B se move para a direita, *afastando-se* do nó A para a posição deslocada B_1.

Similarmente, o nó C da escora tubular permanece estacionário. Quando o elemento (2) se contrai 0,6782 mm, o nó B da escora tubular se move em direção ao nó C, ficando em uma posição deslocada B_2. Essas deformações são mostradas na figura à direita.

Passo 2: No passo anterior, imaginamos a remoção do pino em B e a permissão para que cada elemento se deforme livremente, ou se alongando, ou se encurtando, conforme determinado

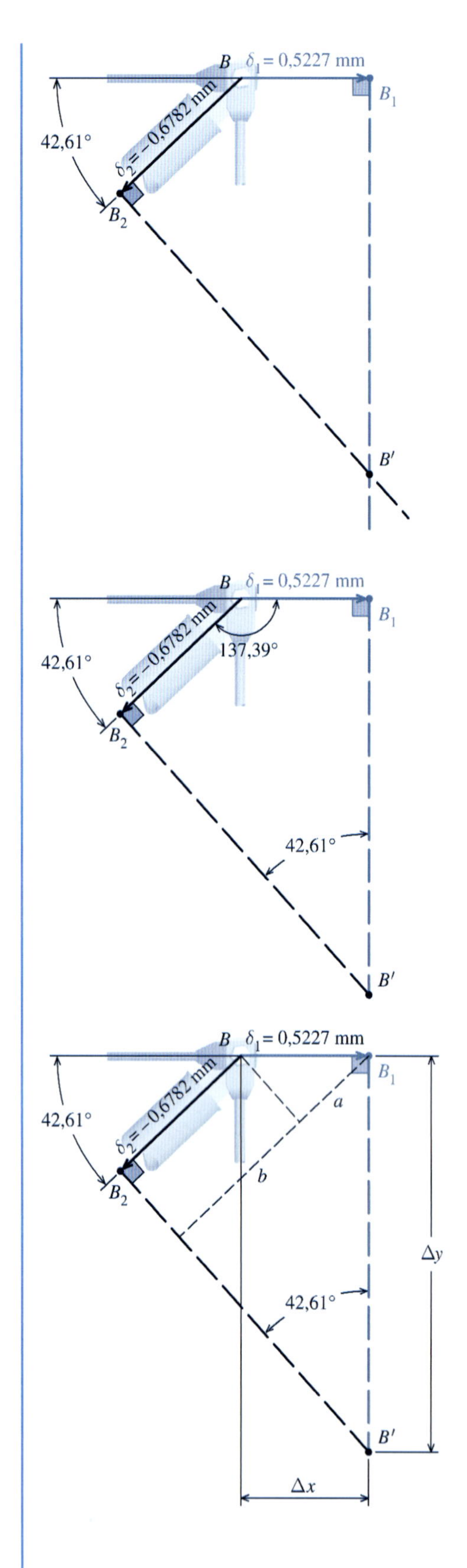

pelas forças internas que agem em cada elemento. Entretanto, na realidade, os dois elementos estão conectados pelo pino B. O segundo passo nesse processo exige encontrar a posição B', após a deformação, do pino que conecta a haste (1) e a escora tubular (2) que seja consistente com as variações de comprimento δ_1 e δ_2 dos elementos.

Devido à deformação axial, tanto a haste (1) como a escora tubular (2) devem girar levemente para que permaneçam conectadas ao pino B. A haste (1) irá girar em torno da extremidade A e a escora tubular (2) irá girar em torno da extremidade imóvel C. Se os ângulos de rotação forem pequenos, os arcos circulares que descrevem as possíveis posições deformadas do nó B podem ser substituídos por linhas retas que sejam perpendiculares às orientações indeformadas dos elementos.

Veja a figura apresentada. Como o tirante (1) gira no sentido dos ponteiros do relógio em torno da extremidade fixa A, o nó B se move para baixo. Se o ângulo de rotação for pequeno, o arco circular que descreve as posições possíveis após a deformação do nó B pode ser aproximado por uma linha que seja perpendicular à orientação original do elemento (2).

A interseção dessas duas perpendiculares em B' marca a posição final do nó B após a deformação.

Passo 3: Para a estrutura composta de duas barras considerada aqui, o diagrama de deformações apresenta uma figura quadrangular. O ângulo entre o elemento (2) e o eixo x é 42,61°, portanto, o ângulo obtuso em B deve ser igual a 180° − 42,61° = 137,39°.

Como a soma dos quatro ângulos interiores em uma figura quadrangular deve ser igual a 360° e como os ângulos em B_1 e B_2 são 90°, cada um, o ângulo agudo em B' deve ser igual a 360° − 90° − 90° − 137,39° = 42,61°.

Usando esse diagrama de deformações, a distância horizontal e a distância vertical entre a posição inicial do nó B e a posição deformada do nó B' podem ser determinadas.

(d) Deslocamento do Nó

Agora o diagrama de deformações pode ser analisado para determinar a localização de B', que é a posição final do nó B. Por inspeção, a translação horizontal Δx do nó B é

$$\Delta x = \delta_1 = 0{,}5227 \text{ mm} = 0{,}523 \text{ mm} \qquad \textbf{Resp.}$$

O cálculo da translação vertical Δy exige vários passos intermediários. Do diagrama de deformações, a distância denominada b é simplesmente igual ao valor absoluto da deformação δ_2; portanto, $b = |\delta_2| = 0{,}6782$ mm. A distância a é encontrada de

$$\cos 42{,}61° = \frac{a}{0{,}5227 \text{ mm}}$$

$$\therefore a = (0{,}5227 \text{ mm}) \cos 42{,}61° = 0{,}3847 \text{ mm}$$

Agora a translação vertical Δy pode ser calculada como

$$\text{sen}\, 42{,}61° = \frac{(a + b)}{\Delta y}$$

$$\therefore \Delta y = \frac{(a + b)}{\text{sen}\, 42{,}61°} = \frac{(0{,}3847 \text{ mm} + 0{,}6782 \text{ mm})}{\text{sen}\, 42{,}61°} = 1{,}570 \text{ mm} \qquad \textbf{Resp.}$$

Por inspeção, o nó B é deslocado para baixo e para a direita.

PROBLEMAS

P5.14 A barra rígida *ABCD* está carregada e apoiada da maneira mostrada na Figura 5.14. As barras (1) e (2) de aço [E = 30.000 ksi (206,84 GPa)] estão livres de tensão antes de a carga P ser aplicada. A barra (1) tem uma área de seção transversal de 0,75 in² (483,9 mm²). Depois de a carga P ser aplicada, verifica-se que a deformação específica na barra (1) é 780 $\mu\varepsilon$. Determine:

(a) as tensões nas barras (1) e (2).
(b) o deslocamento (deflexão) vertical do ponto D.
(c) a carga P.

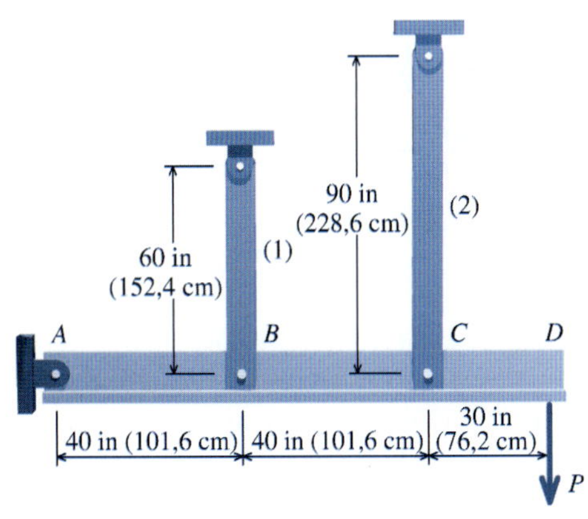

FIGURA P5.14

P5.15 A barra rígida *ABCD* está carregada e apoiada conforme mostra a Figura P5.15. As barras (1) e (2) estão livres de tensões antes de a carga P ser aplicada. A barra (1) é feita de bronze [E = 100 GPa] e tem área de seção transversal de 520 mm². A barra (2) é feita de alumínio [E = 70 GPa] e tem área de seção transversal de 960 mm². Depois de a carga P ser aplicada, verifica-se que a força na barra (2) é 25 kN (tração). Determine:

(a) as tensões nas barras (1) e (2).
(b) o deslocamento (deflexão) do ponto A.
(c) a carga P.

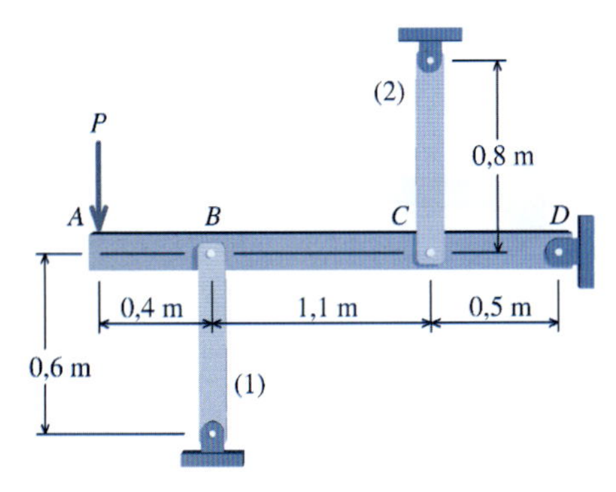

FIGURA P5.15

P5.16 Na Figura P5.16, as barras de ligação (1) e (2) de alumínio [E = 70 GPa] suportam a barra rígida *ABC*. A barra de ligação (1) tem área de seção transversal de 300 mm² e a barra de ligação (2) tem área de seção transversal de 450 mm². Para uma carga aplicada P = 55 kN, determine o deslocamento da barra rígida no ponto B.

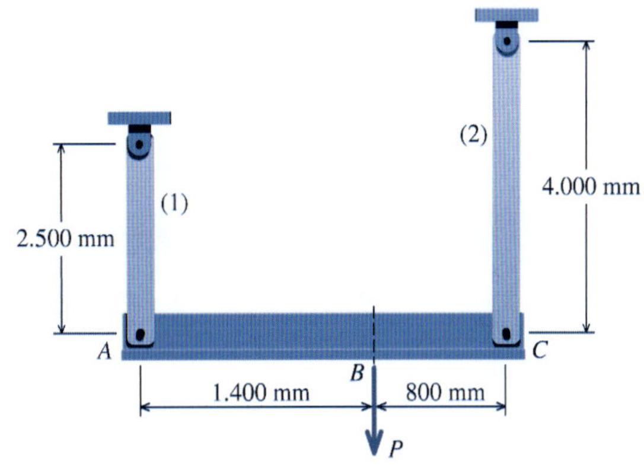

FIGURA P5.16

P5.17 A barra rígida *ABC* é suportada por uma haste de bronze (1) e uma haste de alumínio (2) conforme mostra a Figura P5.17. Uma carga concentrada P é aplicada à extremidade livre da barra de alumínio (3). A haste de bronze (1) tem módulo de elasticidade E_1 = 15.000 ksi (103,42 GPa) e um diâmetro d_1 = 0,50 in (1,27 cm). A haste de alumínio (2) tem módulo de elasticidade E_2 = 10.000 ksi (68,95 GPa) e diâmetro d_2 = 0,75 in (1,91 cm). A haste de alumínio (3) tem diâmetro d_3 = 1,0 in (2,54 cm). O limite de deformação do bronze é 48 ksi (330,95 MPa), e o limite de deformação do alumínio é 40 ksi (275,79 MPa).

(a) Determine o valor da carga P que pode ser aplicada com segurança à estrutura se for exigido um coeficiente de segurança mínimo de 1,67.
(b) Determine o deslocamento do ponto D para a carga determinada na parte (a).
(c) O pino usado em B tem resistência última à deformação de 54 ksi (372,32 MPa). Se for exigido um coeficiente de segurança mínimo de 3,0 para essa conexão com um pino submetido ao cisalhamento duplo, determine o diâmetro mínimo do pino que pode ser usado em B.

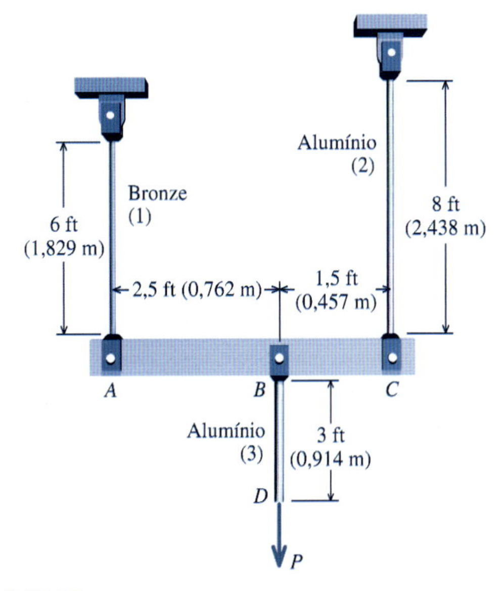

FIGURA P5.17

P5.18 Resolva o Problema 5.14 quando houver uma folga de 0,05 in (0,13 cm) na conexão do pino em C.

P5.19 A viga rígida na Figura P5.19 é suportada pelas barras de ligação (1) e (2), que são feitas de um material a base de polímero [E = 16 GPa]. A barra de ligação (1) tem área de 400 mm² e a barra de ligação (2) tem área de seção transversal de 800 mm². Determine a carga máxima P que pode ser aplicada se a deflexão da barra rígida não deve ser superior a 20 mm no ponto C.

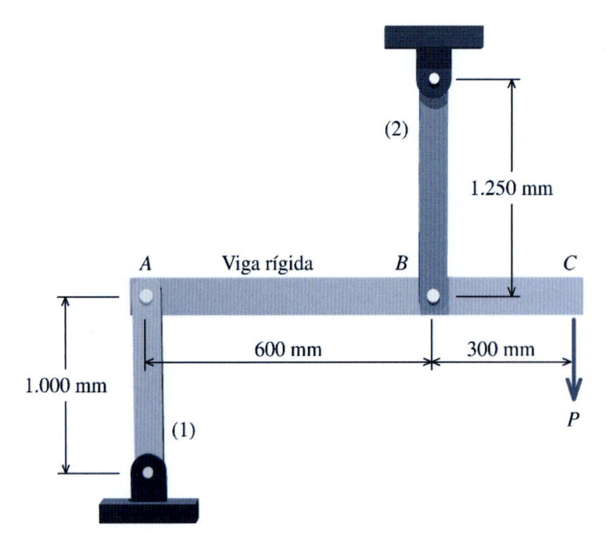

FIGURA P5.19

P5.20 São usadas três barras de alumínio [E = 10.000 ksi (68,95 GPa)] para suportar as cargas mostradas na Figura P5.20. O alongamento de cada barra deve ser limitado a 0,25 in (0,64 cm). Determine a área de seção transversal mínima exigida para cada barra.

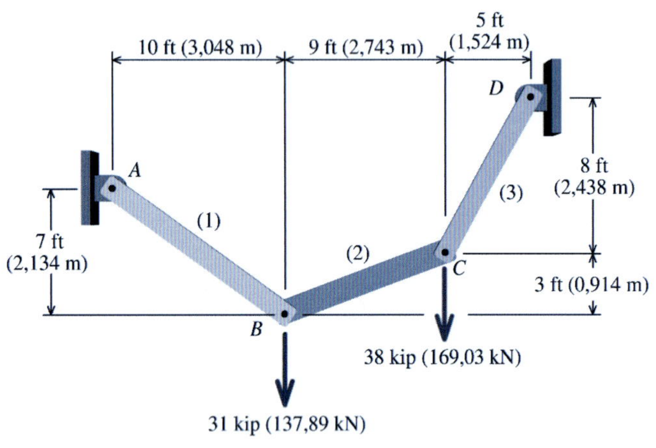

FIGURA P5.20

P5.21 Um tirante (1) e uma escora tubular (2) são usados para suportar uma carga de 80 kip (355,86 kN) conforme mostra a Figura P5.21. A escora tubular (2) tem diâmetro externo de 6,625 in (16,83 cm) e espessura de parede de 0,280 in (0,71 cm). Tanto o tirante como a escora tubular são feitos de aço estrutural com módulo de elasticidade E = 29.000 ksi (199,95 GPa) e limite de deformação σ_Y = 36 ksi (248,21 MPa). Para a haste, o coeficiente de segurança mínimo em relação ao escoamento é 1,5 e o alongamento máximo permitido é 0,20 in (0,51 cm).

(a) Determine o diâmetro mínimo exigido para satisfazer ambas as restrições para o tirante (1).
(b) Desenhe o diagrama de deformações mostrando a posição final do nó B.

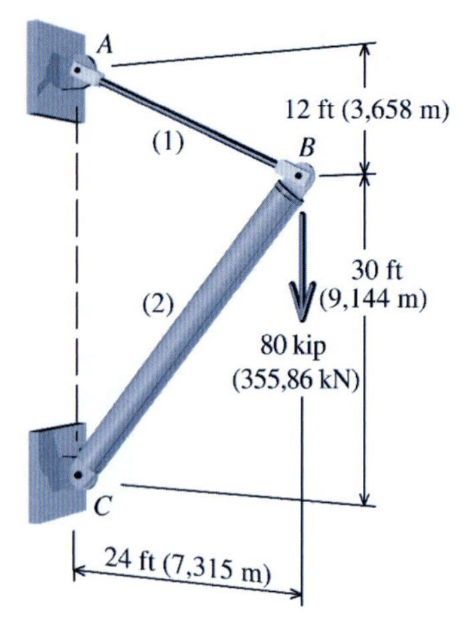

FIGURA P5.21

P5.22 Duas barras sujeitas a forças axiais são usadas para suportar uma carga P = 72 kip (320,27 kN) conforme mostra a Figura P5.22. A barra (1) tem 12 ft (3,658 m) de comprimento, tem área de seção transversal A_1 = 1,75 in² (1129,0 mm²) e é feita de aço estrutural [E = 29.000 ksi (199,95 GPa)]. A barra (2) tem 16 ft (4,877 m) de comprimento, tem área de seção transversal A_2 = 4,50 in² (2903,2 mm²) e é feita de uma liga de alumínio [E = 10.000 ksi (68,95 GPa)].

(a) Calcule a tensão normal em cada barra sujeita a forças axiais.
(b) Calcule a deformação em cada barra sujeita a forças axiais.
(c) Desenhe um diagrama de deformações mostrando a posição final do nó B.
(d) Calcule o deslocamento horizontal e o deslocamento vertical do nó B.

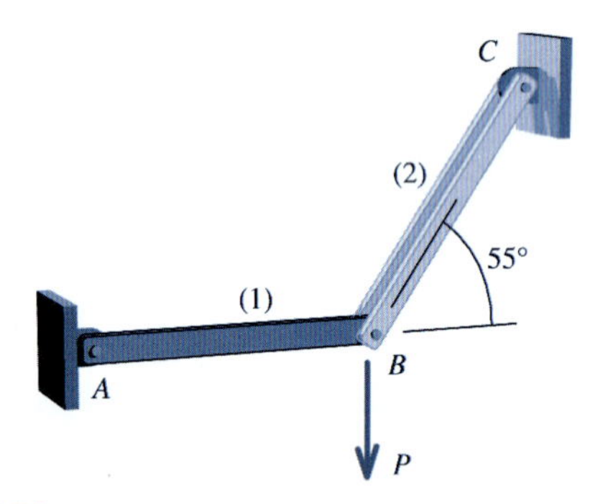

FIGURA P5.22

5.5 ELEMENTOS ESTRUTURAIS ESTATICAMENTE INDETERMINADOS CARREGADOS AXIALMENTE

Em muitas estruturas simples e sistemas mecânicos construídos com elementos estruturais carregados axialmente, é possível determinar as reações nos apoios e as forças internas nos elementos isolados desenhando diagramas de corpo livre e resolvendo as equações de equilíbrio. Tais estruturas e sistemas são classificados como **estaticamente determinados**.

Para outras estruturas e sistemas mecânicos, apenas as equações de equilíbrio não são suficientes para a determinação das forças axiais nos elementos estruturais e as reações nos apoios. Em outras palavras, não há equações de equilíbrio suficientes para encontrar todos os valores desconhecidos do sistema. Essas estruturas e sistemas são denominados **estaticamente indeterminados**. As estruturas desse tipo podem ser analisadas complementando as equações de equilíbrio com equações adicionais que envolvem a geometria da deformação dos elementos estruturais ou do sistema. O processo geral de solução pode ser organizado em um método de cinco etapas:

Etapa 1 — Equações de Equilíbrio: São obtidas equações expressas em termos das forças axiais desconhecidas para a estrutura com base nas considerações de equilíbrio.

Etapa 2 — Geometria da Deformação: A geometria da estrutura específica é avaliada a fim de que seja determinado como as deformações dos elementos sujeitos a forças axiais estão relacionadas entre si.

Etapa 3 — Relações Força-Deformação: A relação entre os esforços internos em um elemento estrutural sujeito a forças axiais e suas variações de comprimento (deformações) correspondentes é expressa pela Equação (5.2).

Etapa 4 — Equação de Compatibilidade: As relações força-deformação são substituídas na equação da geometria da deformação para que seja obtida uma equação baseada na geometria da estrutura, mas expressa em termos das forças axiais desconhecidas.

Etapa 5 — Solução das Equações: As equações de equilíbrio e as equações de compatibilidade a fim de que sejam calculadas as forças axiais desconhecidas.

O uso desse método de analisar uma estrutura indeterminada sujeita a forças axiais está ilustrado no exemplo a seguir.

Em literatura de engenharia as **relações força-deformação** são também chamadas **relações constitutivas** uma vez que essas relações idealizam as propriedades físicas do material — em outras palavras, a *constituição* do material.

Conforme analisado nos Capítulos 1 e 2, é conveniente usar a ideia de **elemento rígido** para desenvolver os conceitos de deformação axial. Um elemento rígido (como uma barra, uma viga ou uma placa) representa um objeto que é infinitamente forte e não se deforma de modo algum. Embora possa sofrer translação ou rotação, um elemento rígido não se estica, não se comprime, não se entorta e não se curva.

EXEMPLO 5.5

Uma viga rígida *ABC* com 1,5 m de comprimento é suportada por três elementos sujeitos a forças axiais. Uma carga concentrada de 220 kN é aplicada à viga rígida diretamente abaixo de *B*.

Os elementos estruturais (1) sujeitos a forças axiais conectados em *A* e *C* são barras idênticas de liga de alumínio [E = 70 GPa] que possuem área de seção transversal A_1 = 550 mm² e comprimento L_1 = 2 m. O elemento estrutural (2) é uma barra de aço [E = 200 GPa] que possui área de seção transversal A_2 = 900 mm² e comprimento L_2 = 2 m. Todos os elementos estão conectados por pinos sujeitos ao cisalhamento simples. Se todas as três estiverem inicialmente livres de tensões, determine:

(a) as tensões normais nas barras de alumínio e de aço e
(b) a deflexão da viga rígida após a aplicação da carga de 200 kN.

Planejamento da Solução

Será desenhado um diagrama de corpo livre (DCL) da viga rígida *ABC* e a partir desse diagrama, serão obtidas as equações de equilíbrio em termos das forças desconhecidas F_1 e F_2.

Como os elementos sujeitos a forças axiais e a carga de 220 kN estão dispostos simetricamente em relação ao ponto médio *B* da barra rígida, as forças nas duas barras de alumínio (1) devem ser idênticas. As forças internas nos elementos sujeitos a forças axiais estão relacionadas com suas deformações por meio da Equação (5.2). Por estarem conectados à barra rígida *ABC*, os elementos estruturais (1) e (2) não estão livres para se deformarem de maneira independente entre si. Com base nessa observação e levando em conta a simetria da estrutura, podemos afirmar que as deformações nos elementos (1) e (2) devem ser iguais. Esse fato pode ser combinado com a relação entre a força e a deformação no elemento [Equação (5.2)] para obter outra equação, que é expressa em termos das forças desconhecidas F_1 e F_2. Essa equação é denominada *equação de compatibilidade*. As equações de equilíbrio e compatibilidade podem ser resolvidas simultaneamente para que sejam calculadas as forças nos elementos. Depois de F_1 e F_2 serem determinadas, podem ser calculadas as tensões normais em cada barra e a deflexão da barra rígida *ABC*.

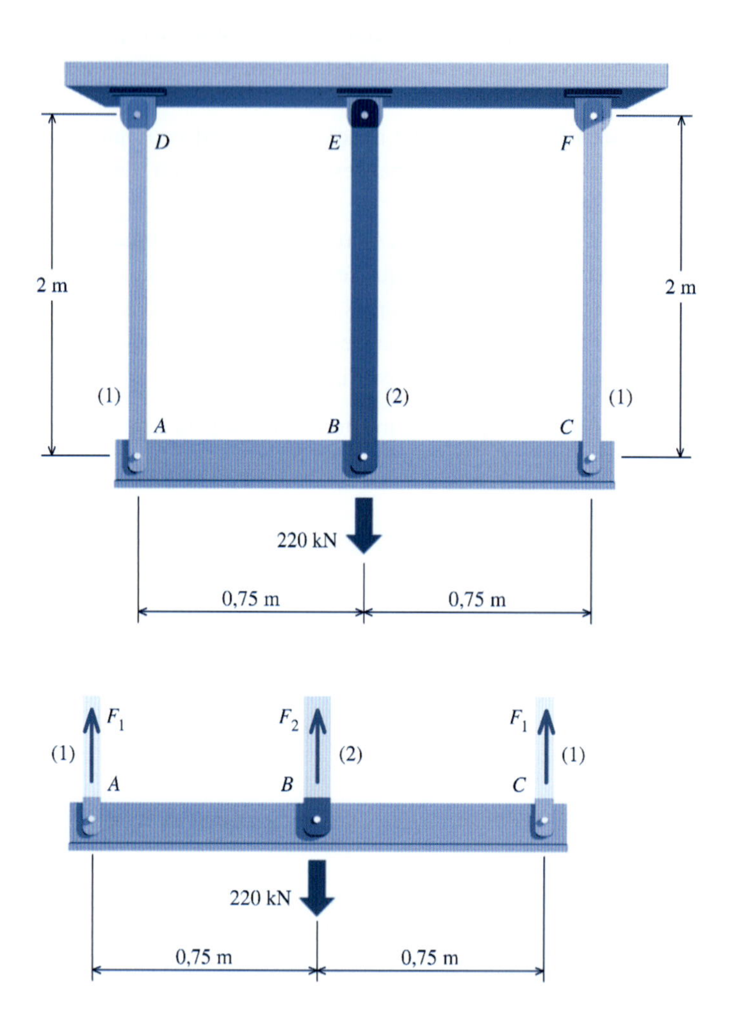

SOLUÇÃO

Etapa 1 — Equações de Equilíbrio: É mostrado um diagrama de corpo livre (DCL) da viga rígida *ABC*. Da simetria global da estrutura e das cargas, sabemos que as forças nos elementos *AD* e *CF* devem ser idênticas; portanto, indicaremos as forças internas em cada um desses elementos como F_1. A força interna no elemento *BE* será indicada por F_2.

Desse DCL podem ser escritas duas equações de equilíbrio para (a) a soma das forças na direção vertical (isto é, a direção y) e (b) a soma dos momentos em torno do nó A:

$$\Sigma F_y = 2F_1 + F_2 - 220 \text{ kN} = 0 \quad \text{(a)}$$

$$\Sigma M_A = (1{,}5 \text{ m})F_1 + (0{,}75 \text{ m})F_2 - (0{,}75 \text{ m})(220 \text{ kN}) = 0 \quad \text{(b)}$$

As duas incógnitas aparecem nessas equações (F_1 e F_2) e, a primeira vista, parece que podemos resolvê-las simultaneamente e achar os valores de F_1 e F_2. Entretanto, se a Equação (b) for dividida por 0,75 m, então as Equações (a) e (b) serão idênticas. Em consequência, deve ser obtida uma segunda equação que seja independente da equação de equilíbrio, a fim de que, ao serem resolvidas, sejam encontrados os valores de F_1 e F_2.

Etapa 2 — Geometria da Deformação: Por simetria, sabemos que a viga rígida ABC deve permanecer horizontal depois de a carga de 220 kN ser aplicada. Assim, todos os nós A, B e C devem igualmente se deslocar para baixo: $v_A = v_B = v_C$. *Como esses deslocamentos dos nós da viga rígida estão relacionados com as deformações δ_1 e δ_2 dos elementos?* Como os elementos estão conectados direto na viga rígida (e não há outras considerações como intervalos ou folgas nas conexões dos pinos),

$$v_A = v_C = \delta_1 \quad \text{e} \quad v_B = \delta_2 \tag{c}$$

Etapa 3 — Relações Força-Deformação: Sabemos que o alongamento de um elemento sujeito a forças axiais pode ser expresso pela Equação (5.2). Portanto, a relação entre a força interna e a deformação de um elemento pode ser expressa para cada elemento como

$$\delta_1 = \frac{F_1 L_1}{A_1 E_1} \quad \text{e} \quad \delta_2 = \frac{F_2 L_2}{A_2 E_2} \tag{d}$$

Etapa 4 — Equação de Compatibilidade: As relações força-deformação [Equação (d)] podem ser substituídas na equação da geometria da deformação [Equação (c)] para que seja obtida uma nova equação, que está baseada nas deformações mas está expressa em termos das forças nos elementos F_1 e F_2.

$$v_A = v_B = v_C \qquad \therefore \frac{F_1 L_1}{A_1 E_1} = \frac{F_2 L_2}{A_2 E_2} \tag{e}$$

Etapa 5 — Solução das Equações: Da equação de compatibilidade (e), obtém-se uma expressão para F_1:

$$F_1 = F_2 \frac{L_2}{L_1} \frac{A_1}{A_2} \frac{E_1}{E_2} = F_2 \frac{(2\text{ m})}{(2\text{ m})} \frac{(550\text{ mm}^2)}{(900\text{ mm}^2)} \frac{(70\text{ GPa})}{(200\text{ GPa})} = 0{,}2139 F_2 \tag{f}$$

Substitua a Equação (f) na Equação (a) e encontre os valores de F_1 e F_2:

$$\Sigma F_y = 2F_1 + F_2 = 2(0{,}2139 F_2) + F_2 = 220\text{ kN}$$

$$\therefore F_2 = 154{,}083\text{ kN} \quad \text{e} \quad F_1 = 32{,}958\text{ kN}$$

A tensão normal nas barras de alumínio (1) é

$$\sigma_1 = \frac{F_1}{A_1} = \frac{32.958\text{ N}}{550\text{ mm}^2} = 59{,}9\text{ MPa (T)}$$ **Resp.**

e a tensão normal na barra (2) é

$$\sigma_2 = \frac{F_2}{A_2} = \frac{154.083\text{ N}}{900\text{ mm}^2} = 171{,}2\text{ MPa (T)}$$ **Resp.**

Da Equação (c), a deflexão da barra rígida é igual à deformação dos elementos sujeitos a forças axiais. Como tanto o elemento (1) quanto o elemento (2) se alongam o mesmo valor, pode-se usar qualquer termo na Equação (d).

$$\delta_1 = \frac{F_1 L_1}{A_1 E_1} = \frac{(32.958\text{ N})(2.000\text{ mm})}{(550\text{ mm}^2)(70.000\text{ N/mm}^2)} = 1{,}712\text{ mm}$$

Portanto, a deflexão da viga rígida é $v_A = v_B = v_C = 1{,}712$ mm. **Resp.**

Por inspeção, a viga rígida se desloca para baixo.

O método em cinco etapas demonstrado no exemplo anterior fornece uma maneira versátil de análise de estruturas estaticamente indeterminadas. Considerações adicionais para solução de problemas e sugestões para cada etapa do processo são:

Método de Solução para Estruturas Estaticamente Indeterminadas Sujeitas a Forças Axiais

Etapa 1	Equações de Equilíbrio	Desenhe um ou mais diagramas de corpo livre (DCLs) para a estrutura, concentrando-se nos nós que conectam os elementos. Os nós estão localizados sempre que (a) uma força externa for aplicada, (b) as propriedades da seção transversal (como área ou diâmetro) variarem, (c) as propriedades do material (isto é, E) variarem ou (d) um elemento se conectar a uma peça rígida (como barra, viga, placa ou flange rígidos). Geralmente, os DCLs dos nós das reações de apoio não são úteis. Escreva as equações de equilíbrio para os DCLs. Observe o número de incógnitas existentes e o número de equações de equilíbrio independentes. Se o número de incógnitas for superior ao número de equações de equilíbrio, deve ser escrita uma equação de deformação para cada incógnita extra. Comentários: • Identifique os nós com letras maiúsculas e os elementos estruturais com números. Esse esquema simples pode ajudar a reconhecer nitidamente os efeitos que ocorrem em elementos (como deformações) e efeitos que se relacionam aos nós (como deslocamentos dos elementos rígidos). • Como regra, quando desenhar um DCL em um corte de um elemento sujeito a forças axiais, *admita que o esforço interno no elemento seja de tração*. O uso consistente de esforços internos de tração juntamente a deformações positivas (na Etapa 2) mostrou-se muito eficiente para muitas situações, em particular aquelas onde a variação de temperatura merecer ser levada em consideração. A variação de temperatura será analisada na Seção 5.6.
Etapa 2	Geometria das Deformações	Essa etapa é diferente para problemas estaticamente indeterminados. A estrutura ou o sistema deve ser estudado para assegurar como as deformações dos elementos sujeitos a forças axiais estão relacionadas entre si. A maioria das estruturas estaticamente indeterminadas e sujeitas a forças axiais recai sobre uma das três configurações gerais: 1. Elementos coaxiais ou paralelos sujeitos a forças axiais. 2. Elementos sujeitos a forças axiais e conectados em série, de extremidade a extremidade. 3. Elementos sujeitos a forças axiais e conectados a um elemento rígido que pode sofrer rotação. As características dessas três categorias são analisadas mais detalhadamente a seguir.
Etapa 3	Relações Força-Deformação	A relação entre a força interna e a deformação em um elemento i sujeito a forças axiais pode ser expressa por $${}_i = \frac{F_i L_i}{A_i E_i}$$ Na prática, escrever as relações força-deformação para os elementos sujeitos a forças axiais nesse estágio da solução é um procedimento útil. Essas relações serão usadas para construir a(s) equação(ões) de compatibilidade na Etapa 4 a seguir.
Etapa 4	Equação de Compatibilidade	As relações força-deformação (da Etapa 3) são incorporadas às relações geométricas das deformações dos elementos (da Etapa 2) para que seja obtida uma nova equação, que é expressa em termos das forças desconhecidas nos elementos. Juntas, as equações de compatibilidade e as equações de equilíbrio fornecem informações suficientes para que sejam encontrados os valores das variáveis desconhecidas.
Etapa 5	Solução das Equações	A equação de compatibilidade e a(s) equação(ões) de equilíbrio são resolvidas simultaneamente. Embora simples em termos de conceito, essa etapa exige muita atenção para os detalhes de cálculo como convenção de sinais e consistência de unidades.

A aplicação satisfatória do método de solução em cinco etapas depende muito da capacidade de entender como as deformações estão relacionadas entre si em uma estrutura. A tabela a seguir destaca as três categorias comuns de estruturas estaticamente indeterminadas, que são compostas de elementos sujeitos a forças axiais. Para cada categoria geral, analisam-se as geometrias possíveis de deformações.

Geometria das Deformações para Estruturas Típicas Estaticamente Indeterminadas Sujeitas a Forças Axiais

Forma da Equação	Comentários	Problemas Típicos
1. Elementos coaxiais ou paralelos sujeitos a forças axiais.		
	Problemas dessa categoria incluem placas lado a lado, um tubo com núcleo preenchido, uma coluna de concreto armado e três hastes paralelas conectadas simetricamente a uma barra rígida.	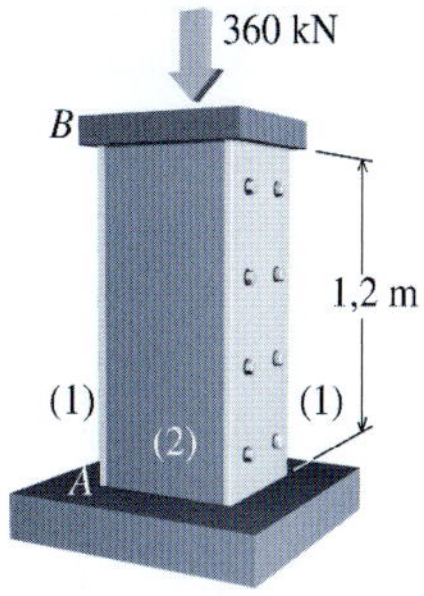 360 kN; B; 1,2 m; (1); (2); (1); A; 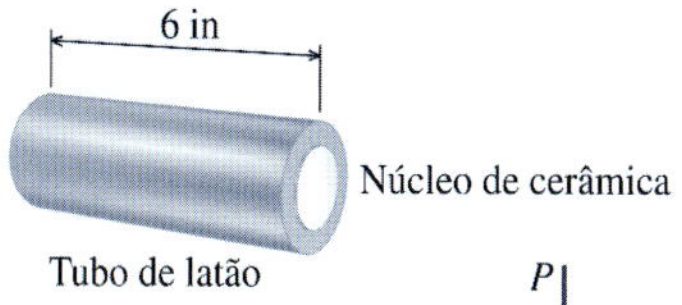 6 in; Núcleo de cerâmica; Tubo de latão 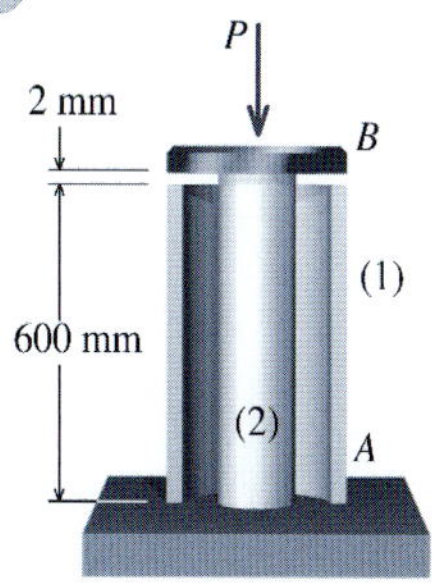
$\delta_1 = \delta_2$	A deformação de cada elemento sujeito a forças axiais deve ser a mesma a menos que haja uma folga ou espaço nas conexões.	P; 2 mm; B; (1); 600 mm; (2); A
$\delta_1 + \text{folga} = \delta_2$ $\delta_1 = \delta_2 + \text{folga}$	Se houver uma folga, então a deformação de um elemento deve ser igual à deformação do outro elemento mais a distância da folga.	(1); (2); (1); 1,8 m; 2,4 m; A; B; C; P
2. Elementos sujeitos a forças axiais e conectados em série, de extremidade a extremidade.		
	Problemas dessa categoria incluem dois ou mais elementos conectados de extremidade a extremidade.	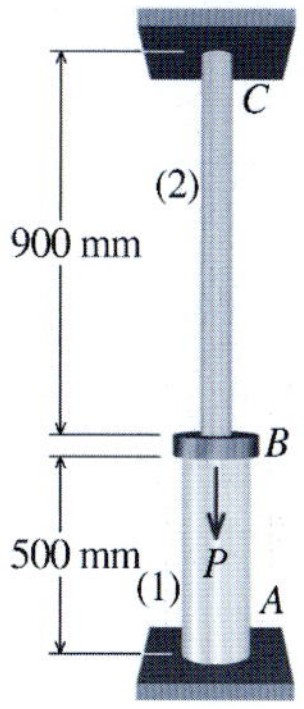 C; (2); 900 mm; B; 500 mm; P; (1); A 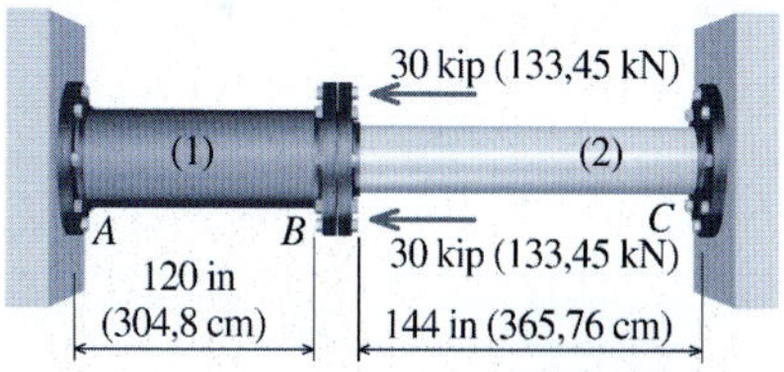
$\delta_1 + \delta_2 = 0$	Se não houver folga ou espaço na configuração, a soma das deformações dos elementos deve ser igual a zero ou, em outras palavras, um alongamento do elemento (1) é acompanhado por um encurtamento idêntico no elemento (2).	30 kip (133,45 kN); (1); (2); A; B; C; 30 kip (133,45 kN); 120 in (304,8 cm); 144 in (365,76 cm) 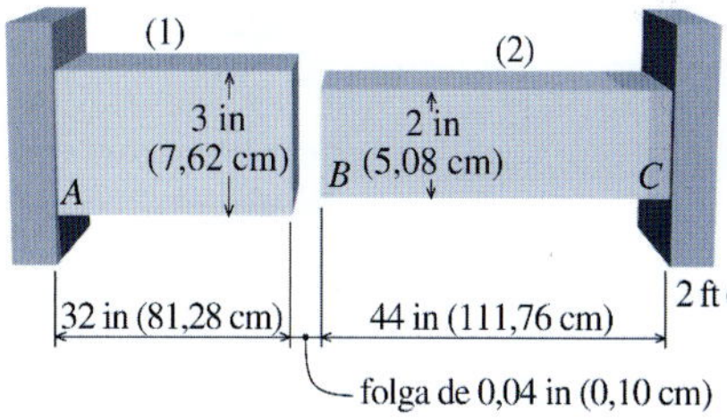
$\delta_1 + \delta_2 = \text{constante}$	Se houver folga ou espaço entre os dois elementos ou se os apoios se moverem quando a carga for aplicada então a soma das deformações dos elementos deve ser igual à distância especificada.	(1); 3 in (7,62 cm); A; (2); 2 in (5,08 cm); B; C; 32 in (81,28 cm); 44 in (111,76 cm); folga de 0,04 in (0,10 cm); 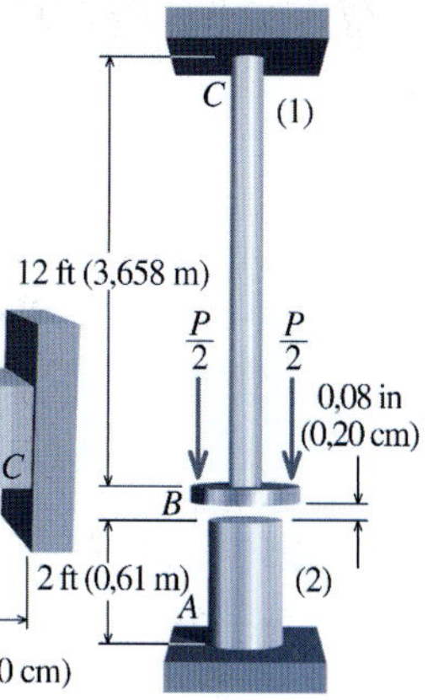 C; (1); 12 ft (3,658 m); P/2; P/2; 0,08 in (0,20 cm); B; 2 ft (0,61 m); A; (2)

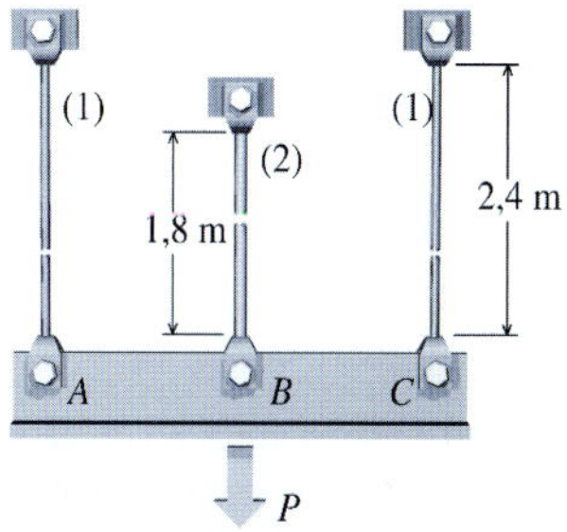

(Continua)

Forma da Equação	Comentários	Problemas Típicos
3. Elementos sujeitos a forças axiais conectados a um elemento rígido que pode sofrer rotação.		
	Problemas dessa categoria apresentam uma barra rígida ou uma placa rígida à qual os elementos sujeitos a forças axiais estão ligados.	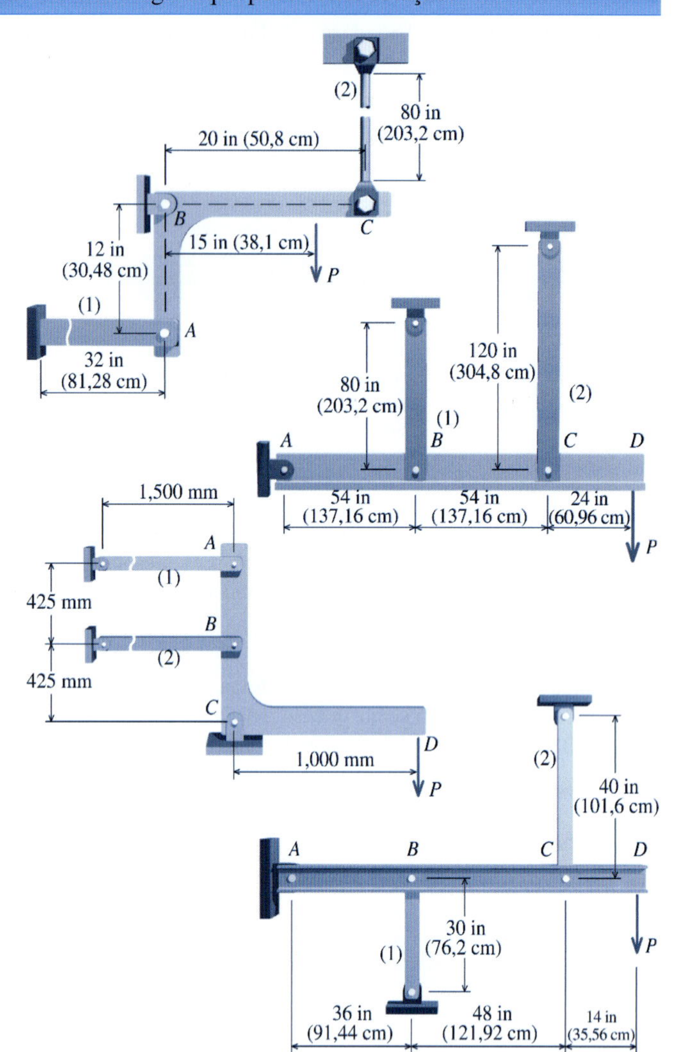
	O elemento rígido possui pinos de forma que pode girar em torno de um ponto fixo. Como os elementos sujeitos a forças axiais estão ligados ao elemento que pode girar, suas deformações são restritas pela geometria da posição da barra rígida após o giro. A relação entre as deformações dos elementos pode ser encontrada com base no princípio da semelhança de triângulos.	
$\frac{\delta_1}{a} = \frac{\delta_2}{b}$	Se ambos os elementos se alongarem ou se ambos os elementos se encurtarem quando a barra rígida gira, obtém-se a primeira forma de equação.	
$\frac{\delta_1}{a} = -\frac{\delta_2}{b}$	Se um elemento se alongar quando o outro se encurtar quando a barra rígida gira, a equação de geometria da deformação assume a segunda forma.	
$\frac{\delta_1 + \text{folga}}{a} = \frac{\delta_2}{b}$	Se houver uma folga ou espaço em um nó, então a equação de geometria da deformação assume a terceira forma.	

EXEMPLO 5.6

Um tubo de aço (1) é conectado a um tubo de alumínio (2) por meio de um flange B. Tanto o tubo de aço (1) como o tubo de alumínio (2) estão fixos a suportes rígidos em A e C, respectivamente.

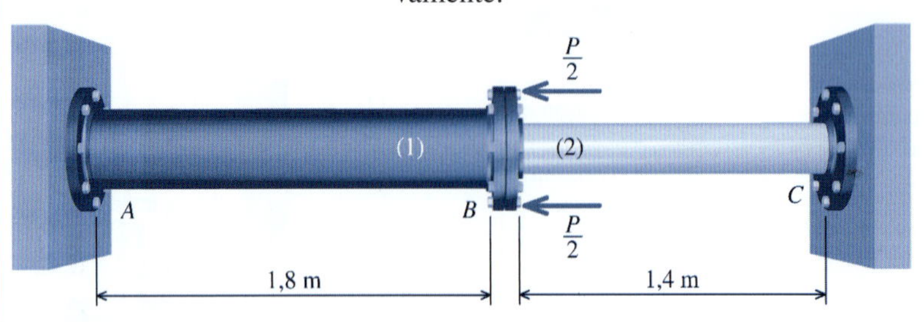

O elemento (1) tem área de seção transversal $A_1 = 3.600$ mm², módulo de elasticidade $E_1 = 200$ GPa e tensão normal admissível de 160 MPa. O elemento (2) tem área de seção transversal $A_2 = 2.000$ mm², módulo de elasticidade $E_2 = 70$ GPa e tensão normal admissível de 120 MPa. Determine a carga máxima P que pode ser aplicada ao flange B sem que seja superada nenhuma das tensões admissíveis.

Planejamento da Solução

Analise um diagrama de corpo livre (DCL) do flange B e escreva as **equações de equilíbrio** para a soma das forças na direção x. Essa equação terá três incógnitas: F_1, F_2 e P.

Determine as **equações da geometria da deformação** e escreva as **relações força-deformação** para os elementos (1) e (2). Substitua as relações força-deformação na equação da geometria da deformação a fim de obter a **equação de compatibilidade**. A seguir, use a tensão admissível e a área do elemento (1) para calcular um valor para P. Repita esse procedimento, usando a tensão admissível e a área do elemento (2), para calcular um segundo valor para P. Escolha o menor desses dois valores como a máxima força P que pode ser aplicada ao flange B.

SOLUÇÃO

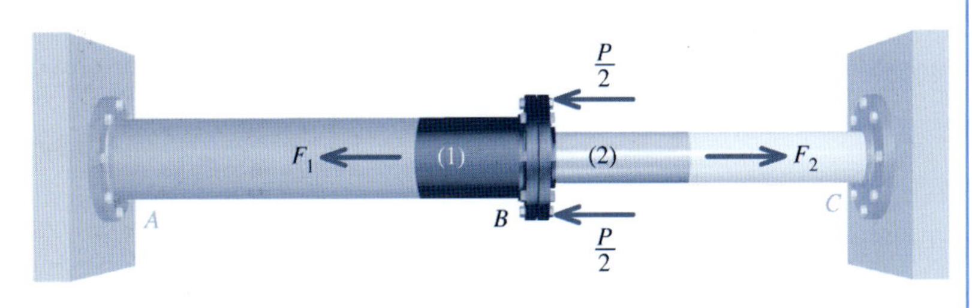

Etapa 1 — Equações de Equilíbrio: É mostrado o diagrama de corpo livre (DCL) do nó B. Observe que são admitidas forças internas de tração tanto no elemento (1) como no elemento (2) [muito embora seja esperado encontrar que o elemento (1) na realidade esteja comprimido].

A equação de equilíbrio para o nó B é simplesmente

$$\Sigma F_x = F_2 - F_1 - P = 0 \tag{a}$$

Etapa 2 — Geometria da Deformação: Como o elemento sujeito a forças axiais está ligado a suportes rígidos em A e C, a deformação global da estrutura deve ser zero. Em outras palavras.

$$\delta_1 + \delta_2 = 0 \tag{b}$$

Etapa 3 — Relações Força-Deformação: Escreva as relações força-deformação genéricas para os dois elementos:

$$\delta_1 = \frac{F_1 L_1}{A_1 E_1} \quad \text{e} \quad \delta_2 = \frac{F_2 L_2}{A_2 E_2} \tag{c}$$

Etapa 4 — Equação de Compatibilidade: Substitua as Equações (c) na Equação (b) para obter a equação de compatibilidade

$$\frac{F_1 L_1}{A_1 E_1} + \frac{F_2 L_2}{A_2 E_2} = 0 \tag{d}$$

Etapa 5 — Solução das Equações: Em primeiro lugar, faremos as substituições para obter F_2 na Equação (a). Para fazer isso, resolva a Equação (d) de modo a encontrar a expressão para F_2:

$$F_2 = -F_1 \frac{L_1}{L_2} \frac{A_2}{A_1} \frac{E_2}{E_1} \tag{e}$$

Substitua a Equação (e) na Equação (a) para obter

$$-F_1 \frac{L_1}{L_2} \frac{A_2}{A_1} \frac{E_2}{E_1} - F_1 = -F_1 \left[\frac{L_1}{L_2} \frac{A_2}{A_1} \frac{E_2}{E_1} + 1 \right] = P$$

Ainda há duas incógnitas nessa equação; consequentemente, é necessária outra equação para obter a solução. Seja F_1 igual à força correspondente à tensão admissível no elemento (1) $\sigma_{\text{adm},1}$ e resolva de modo a encontrar o valor da carga aplicada P. (**Nota:** O sinal negativo relacionado a F_1 pode ser omitido uma vez que estamos interessados apenas no valor absoluto da carga P.)

$$\sigma_{\text{adm},1} A_1 \left[\frac{L_1}{L_2} \frac{A_2}{A_1} \frac{E_2}{E_1} + 1 \right] = (160 \text{ N/mm}^2)(3.600 \text{ mm}^2) \left[\left(\frac{1{,}8}{1{,}4} \right) \left(\frac{2.000}{3.600} \right) \left(\frac{70}{200} \right) + 1 \right]$$

$$= (576.000 \text{ N})[1{,}25] = 720.000 \text{ N} = 720 \text{ kN} \geq P$$

Repita esse procedimento para o elemento (2). Reorganize a Equação (e) para obter uma expressão para F_1:

$$F_1 = -F_2 \frac{L_2}{L_1} \frac{A_1}{A_2} \frac{E_1}{E_2} \qquad \text{(f)}$$

Substitua a Equação (f) na Equação (a) para obter

$$F_2 + F_2 \frac{L_2}{L_1} \frac{A_1}{A_2} \frac{E_1}{E_2} = F_2 \left[1 + \frac{L_2}{L_1} \frac{A_1}{A_2} \frac{E_1}{E_2} \right] = P$$

Seja F_2 igual à força admissível e resolva de modo a encontrar a força aplicada correspondente P.

$$\sigma_{\text{adm},2} A_2 \left[1 + \frac{L_2}{L_1} \frac{A_1}{A_2} \frac{E_1}{E_2} \right] = (120 \text{ N/mm}^2)(2.000 \text{ mm}^2) \left[1 + \left(\frac{1{,}4}{1{,}8} \right) \left(\frac{3.600}{2.000} \right) \left(\frac{200}{70} \right) \right]$$

$$= (240.000 \text{ N})[5{,}0] = 1.200.000 \text{ N} = 1.200 \text{ kN} \geq P$$

Portanto, a carga máxima P que pode ser aplicada ao flange em B é $P = 720$ kN. **Resp.**

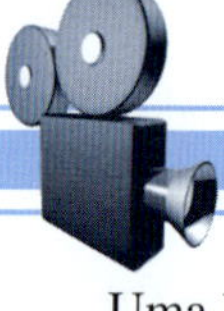

Exemplo do MecMovies M5.5

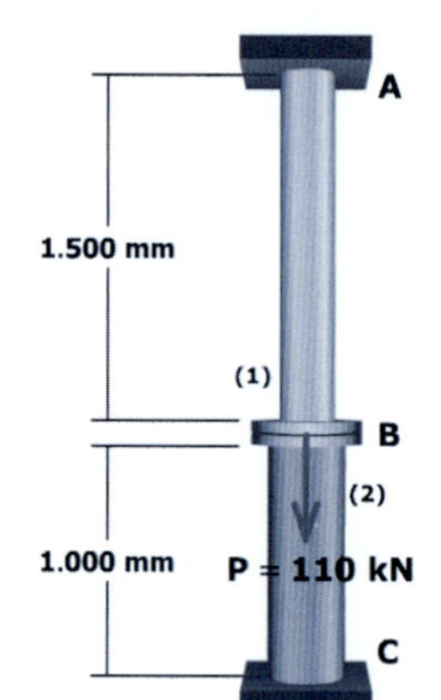

Uma haste de aço (1) está conectada a uma coluna de aço em um flange em B. Uma carga dirigida para baixo é aplicada ao flange em B. Tanto a haste (1) como a coluna (2) estão fixas a suportes rígidos em A e C, respectivamente. A haste (1) tem área de seção transversal de 800 mm² e módulo de elasticidade de 200 GPa. A coluna (2) tem área de seção transversal de 1.600 mm² e módulo de elasticidade de 200 GPa.

(a) Calcule a tensão normal na haste (1) e na coluna (2).
(b) Calcule o deslocamento do flange em B.

Exemplo do MecMovies M5.6

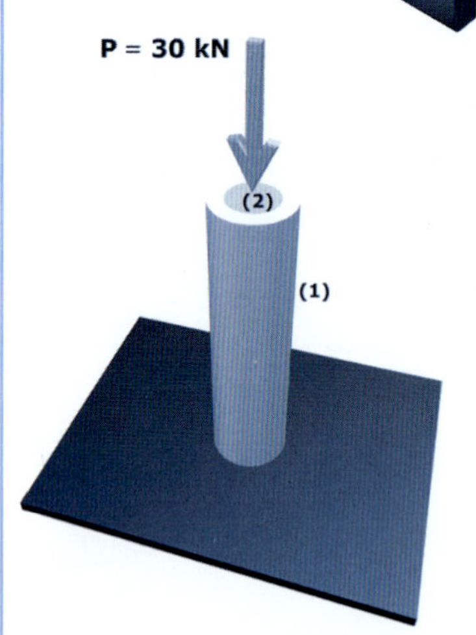

Um tubo de alumínio (1) envolve um núcleo de latão. Os dois componentes estão grudados entre si para formar um elemento sujeito a uma força axial relativa a uma carga dirigida para baixo de 30 kN. O tubo (1) tem diâmetro externo $D = 30$ mm e diâmetro interno $d = 22$ mm. O módulo de elasticidade do alumínio é 70 GPa. O núcleo de latão tem diâmetro $d = 22$ mm e módulo de elasticidade de 105 MPa. Calcule as tensões normais no tubo (1) e no núcleo (2).

ESTRUTURAS COM BARRA RÍGIDA SUJEITA A ROTAÇÃO LIVRE

Problemas que envolvem um elemento rígido sujeito a rotação podem ser particularmente difíceis. Para essas estruturas, primeiro deve ser desenhado um diagrama de deformações. Esse diagrama é essencial para que seja obtida a geometria correta da equação de deformação. Em geral, desenhe o diagrama de deformações admitindo que os elementos estruturais internos estejam submetidos à tração. O Exemplo M5.7 do MecMovies ilustra os problemas desse tipo.

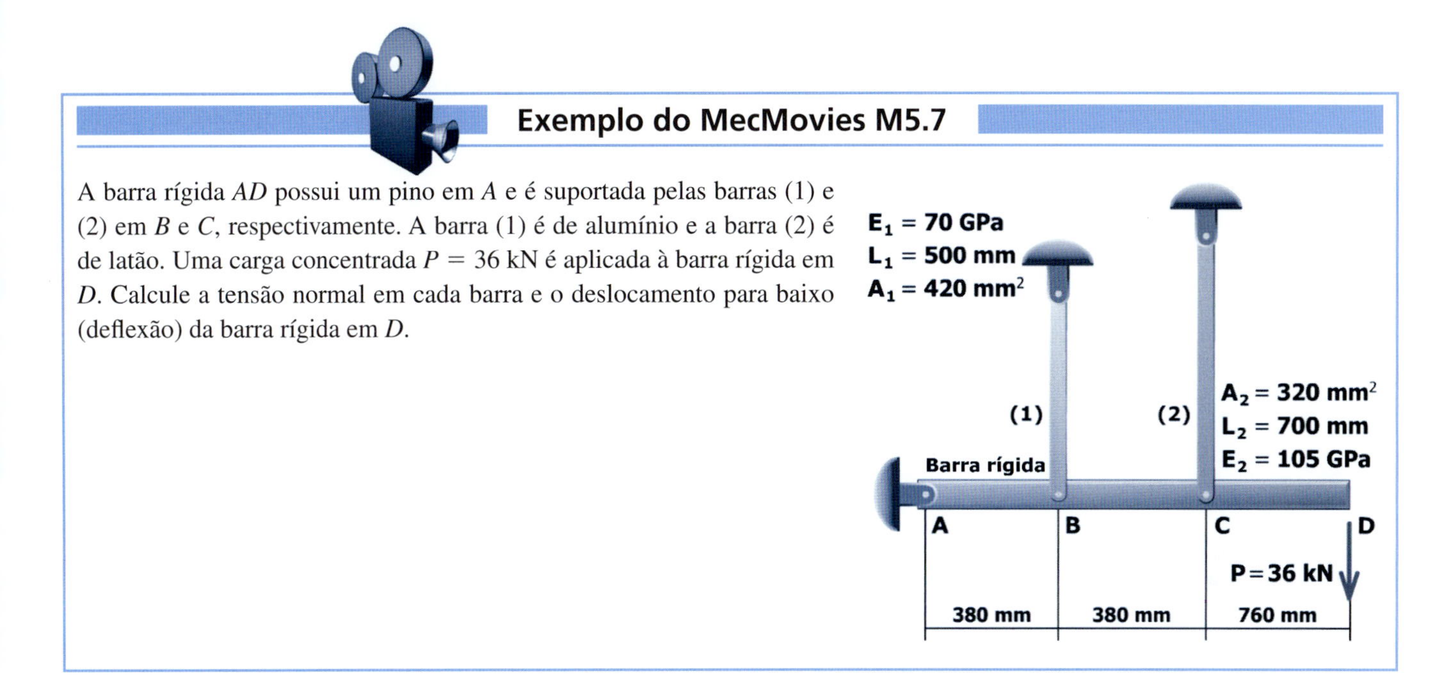

Algumas estruturas com barras rígidas sujeitas a rotação possuem elementos que apresentam efeitos opostos, isto é, um elemento sofre alongamento, enquanto o outro elemento sofre encurtamento. A Figura 5.11 ilustra a diferença sutil entre esses dois tipos de configuração.

Para a estrutura com dois elementos tracionados (Figura 5.11*a*), a geometria da deformação em termos dos deslocamentos dos nós, v_B e v_C, é encontrada por meio de semelhança de triângulos (Figura 5.11*b*):

$$\frac{v_B}{x_B} = \frac{v_C}{x_C}$$

Da Figura 5.11*c*, as deformações dos elementos δ_1 e δ_2 estão relacionadas às deflexões dos nós v_B e v_C por

$$\delta_1 = L_{\text{final}} - L_{\text{inicial}} = (L_1 + v_B) - L_1 = v_B \qquad \therefore v_B = \delta_1$$

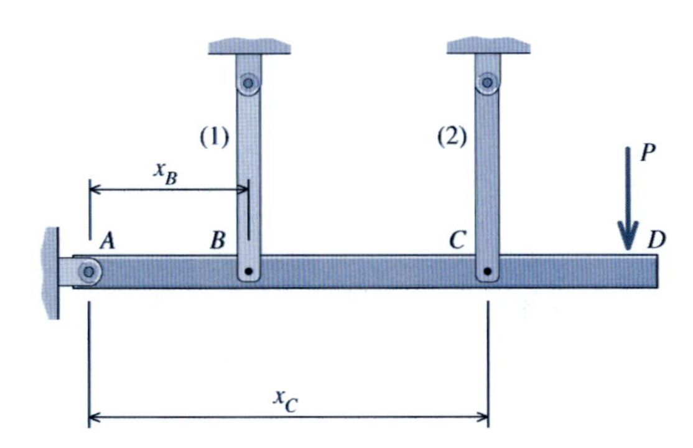

FIGURA 5.11*a* Configuração com dois elementos tracionados.

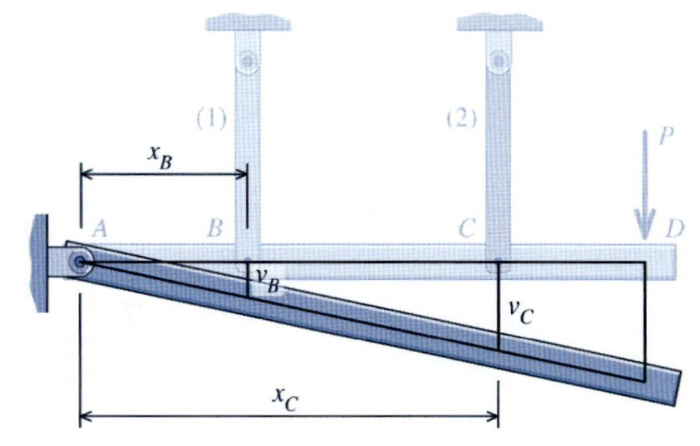

FIGURA 5.11*b* Diagrama das deformações.

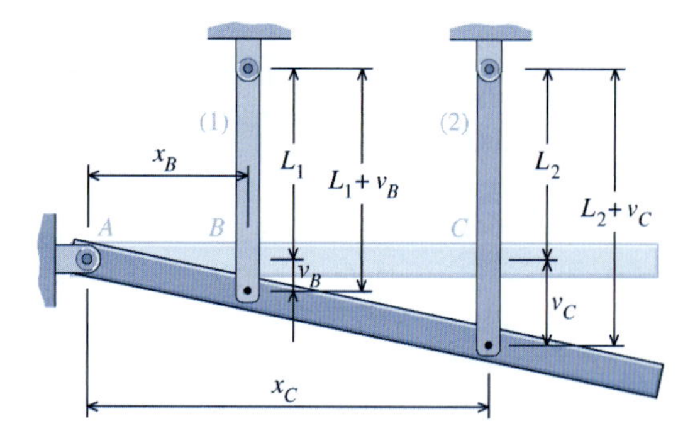

FIGURA 5.11c Exibição das deformações dos elementos.

e

$$\delta_2 = L_{\text{final}} - L_{\text{inicial}} = (L_2 + v_C) - L_2 = v_C \qquad \therefore v_C = \delta_2 \tag{5.6}$$

Portanto, a equação da geometria das deformações pode ser escrita em termos das deformações dos elementos como

$$\frac{\delta_1}{x_B} = \frac{\delta_2}{x_C} \tag{5.7}$$

Para a estrutura com dois elementos sujeitos a forças normais opostas (Figura 5.11*d*), a geometria das deformações em termos dos deslocamentos dos nós, v_B e v_C, é a mesma anterior (Figura 5.11*e*):

$$\frac{v_B}{x_B} = \frac{v_C}{x_C}$$

Da Figura 5.11*f*, as deformações dos elementos δ_1 e δ_2 estão relacionadas às deflexões dos nós v_B e v_C por

$$\delta_1 = L_{\text{final}} - L_{\text{inicial}} = (L_1 + v_B) - L_1 = v_B \qquad \therefore v_B = \delta_1$$

e

$$\delta_2 = L_{\text{final}} - L_{\text{inicial}} = (L_2 - v_C) - L_2 = -v_C \qquad \therefore v_C = -\delta_2 \tag{5.8}$$

Observe a diferença sutil entre a Equação (5.6) e a Equação (5.8). A equação da geometria das deformações para a configuração dos elementos sujeitos a esforços normais opostos em termos

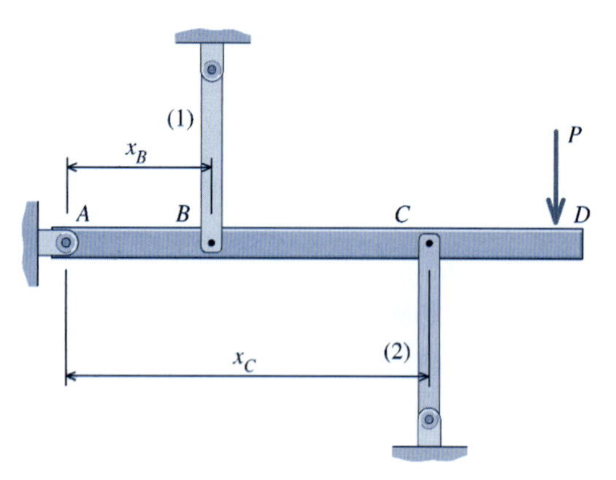

FIGURA 5.11*d* Configuração com elementos sujeitos a esforços normais de sinais opostos.

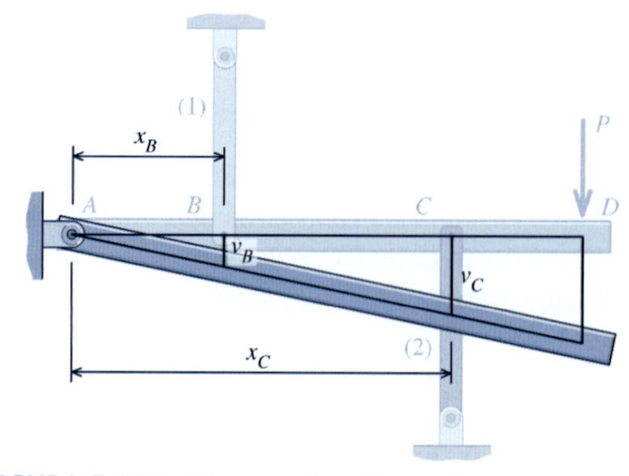

FIGURA 5.11e Diagrama das deformações.

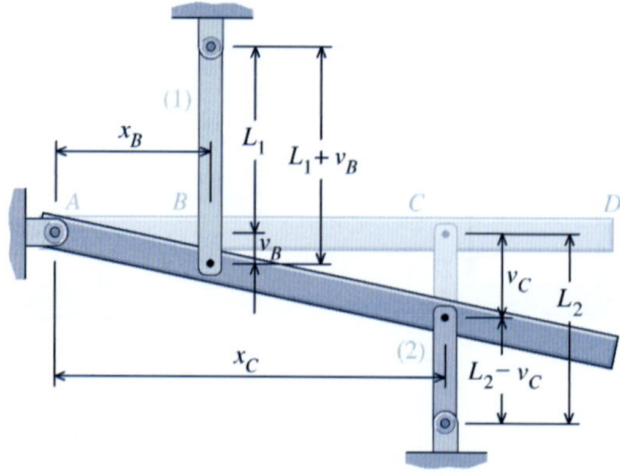

FIGURA 5.11*f* Exibição das deformações dos elementos.

das deformações dos elementos é, portanto

$$\frac{\delta_1}{x_B} = -\frac{\delta_2}{x_C} \tag{5.9}$$

Uma equação de equilíbrio e a equação das deformações correspondente devem ser compatíveis, isto é, quando for admitida uma força de tração em um elemento em um diagrama de corpo livre, deve ser indicada uma deformação de tração para o mesmo elemento no diagrama das deformações. Na configuração mostrada aqui, foram assumidas forças internas de tração para todos os elementos sujeitos a forças axiais. Para a estrutura mostrada na Figura 5.11*d*, o deslocamento da barra rígida em *C* (Figura 5.11*e*), entretanto, corresponde a uma contração do elemento sujeito a forças axiais (2). De acordo com a Equação (5.8), essa condição produz um sinal negativo para δ_2 e, em consequência, a equação da geometria das deformações na Equação (5.9) é levemente diferente da equação da geometria das deformações encontrada para a estrutura com dois elementos tracionados [Equação (5.7)].

Estruturas com barras rígidas e com elementos sujeitos a forças axiais com sinais opostos são analisadas nos Exemplos do MecMovies M5.8 e M5.9.

Exemplo do MecMovies M5.8

Uma estrutura conectada por pinos é carregada e suportada da maneira ilustrada. O elemento *ABCD* é uma barra rígida que está na horizontal antes de ser aplicada uma carga *P*. Os elementos (1) e (2) são feitos de alumínio [$E = 70$ GPa] com área de seção transversal de $A_1 = A_2 = 160$ mm². O elemento (1) tem comprimento de 900 mm e o elemento (2) tem comprimento de 1.250 mm. É aplicada uma carga $P = 35$ kN à estrutura em *D*.

(a) Calcule as forças axiais nos elementos (1) e (2).
(b) Calcule as tensões normais nos elementos (1) e (2).
(c) Calcule o deslocamento para baixo da barra rígida em *D*.

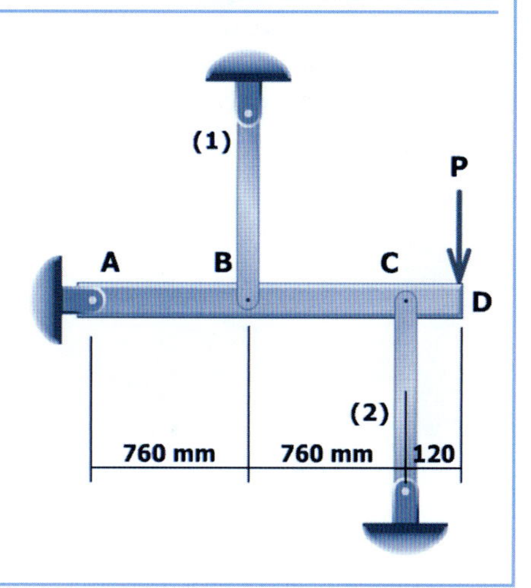

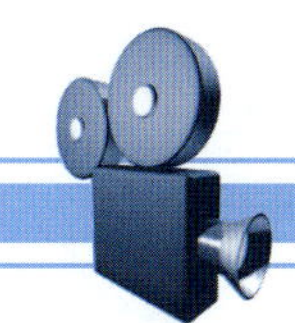

Exemplo do MecMovies M5.9

A barra rígida *ABCD* possui um pino em *C* e é suportada pelas barras (1) e (2) em *A* e *D*, respectivamente. A barra (1) é de alumínio e a barra (2) é de bronze. Uma carga concentrada $P = 80$ kN é aplicada à barra rígida em *B*. Calcule a tensão normal em cada barra e o deslocamento da barra rígida para baixo em *A*.

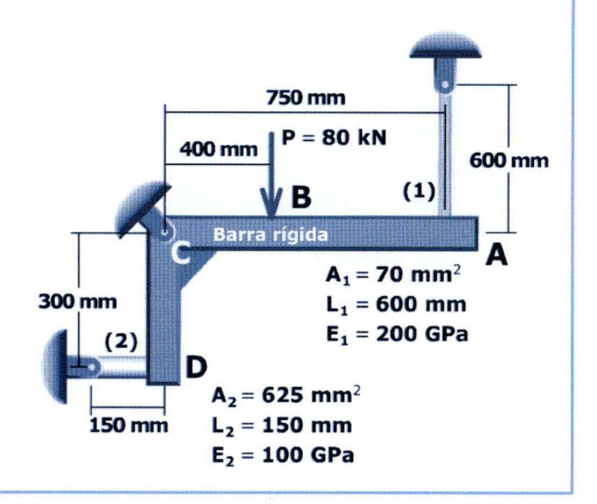

Exemplo do MecMovies M5.10

1/16 polegadas
nota:
1/16 polegadas = 0,0625 in
= (0,16 cm)
A
B
C
(1)
(2)
6 in
(15,24 cm)
18 in
(45,72 cm)

Uma barra de alumínio (2) deve ser conectada a uma haste de latão (1). Entretanto, quando os dois elementos sujeitos a forças axiais foram instalados, descobriu-se que havia uma folga de 1/16 in (0,16 cm) entre o flange B e a haste de latão. A haste de latão (1) tem área de seção transversal $A_1 = 0{,}60$ in² (387,1 mm²) e módulo de elasticidade $E_1 = 16.000$ ksi (110,32 GPa). A barra de alumínio (2) tem como propriedades $A_2 = 0{,}20$ in² (129,0 mm²) e $E_2 = 10.000$ ksi (68,95 GPa).

Se forem inseridos parafusos através do flange B e apertados até que a folga seja fechada, qual a tensão que será introduzida em cada um dos elementos sujeitos a forças axiais?

EXERCÍCIOS do MecMovies

M5.5 Uma estrutura composta e sujeita a forças axiais consiste em duas hastes unidas no flange B. As hastes (1) e (2) estão fixas a suportes rígidos em A e C, respectivamente. Uma carga concentrada P é aplicada ao flange B na direção mostrada. Determine as forças internas e as tensões normais em cada barra. Além disso, determine o deslocamento do flange B na direção x.

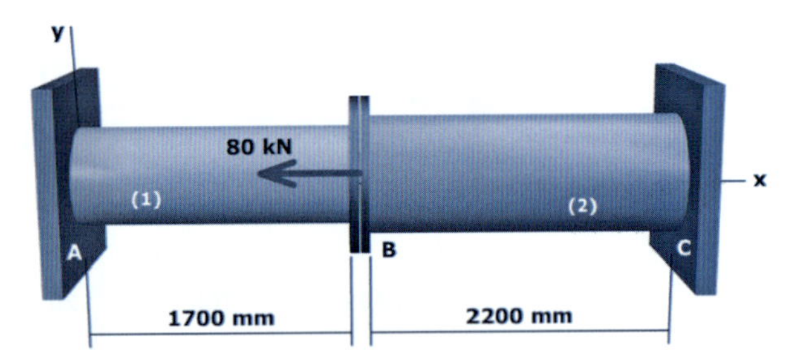

FIGURA M5.5

M5.6 Uma estrutura composta sujeita a forças axiais consiste em uma luva (1) ligada ao comprimento AB de uma haste sólida contínua que se estende de A a C e é identificada por (2) e (3). Uma carga concentrada P é aplicada à extremidade livre C da haste na direção mostrada. Determine as forças internas e as tensões normais na luva (1) e no núcleo (2) (isto é, entre A e C). Além disso, determine o deslocamento da extremidade C na direção x em relação ao apoio A.

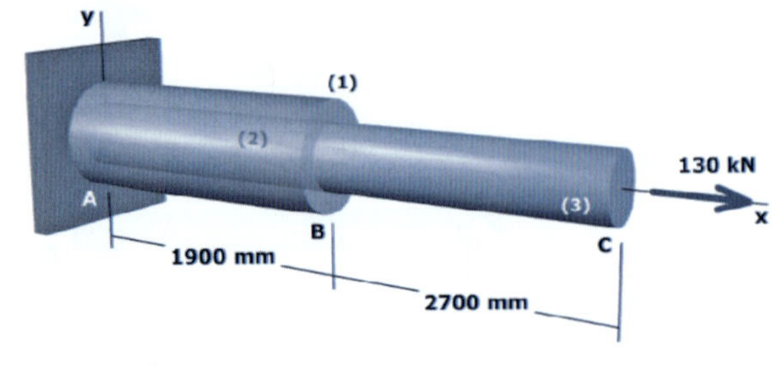

FIGURA M5.6

M5.7 Determine as forças internas e as tensões normais nas barras (1) e (2). Além disso, determine o deslocamento da barra rígida na direção x em C.

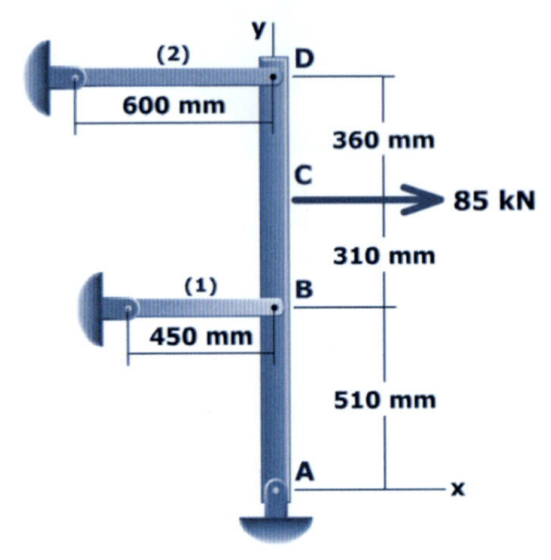

FIGURA M5.7

M5.8 Determine as forças internas e as tensões normais nas barras (1) e (2). Além disso, determine o deslocamento da barra rígida na direção x em C.

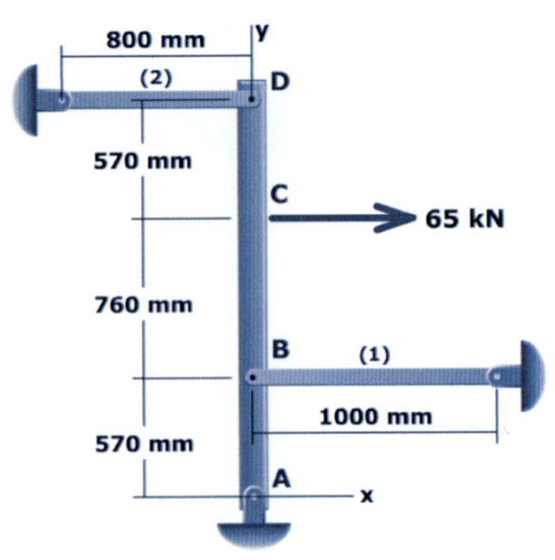

FIGURA M5.8

PROBLEMAS

P5.23 O bloco (2) de carvalho [E = 12 GPa], de 200 mm por 200 mm por 1.200 mm mostrado na Figura P5.23 é reforçado pelo aparafusamento de duas placas (1) de aço [E = 200 GPa] com 6 mm por 200 mm por 1.200 mm em lados opostos do bloco. Uma carga concentrada de 360 kN é aplicada à cobertura rígida. Determine:

(a) as tensões normais nas placas de aço (1) e no bloco de carvalho.
(b) o encurtamento do bloco quando a carga for aplicada.

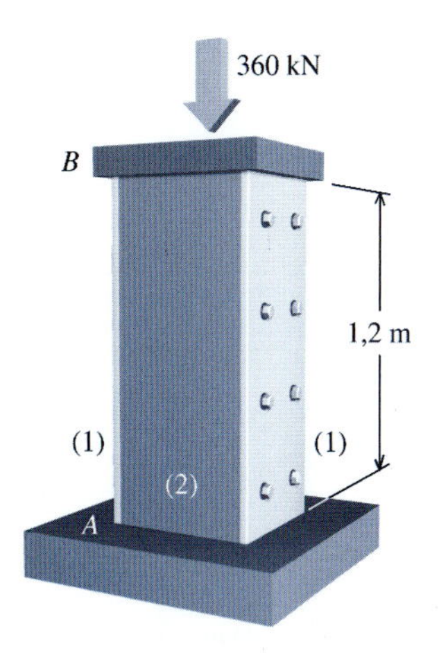

FIGURA P5.23

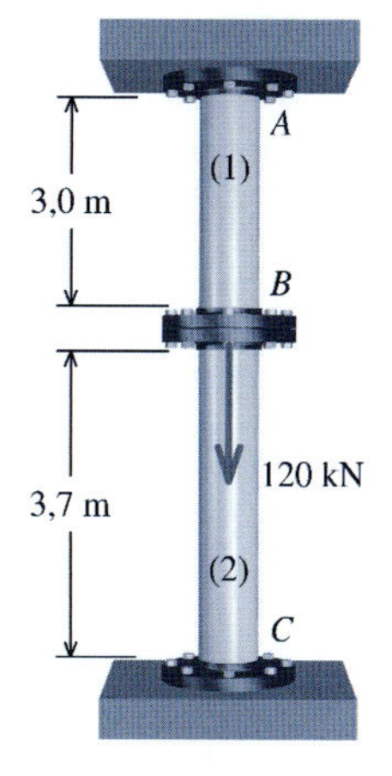

FIGURA P5.24/25

P5.24 Dois tubos de aço [E = 200 GPa] idênticos, cada um deles com área de seção transversal 1.475 mm², estão ligados a apoios indeslocáveis no topo e na base, conforme ilustra a Figura P5.24/25. No flange B, é aplicada uma carga concentrada de cima para baixo de 120 kN. Determine:

(a) as tensões normais no tubo superior e no tubo inferior.
(b) o deslocamento do flange B.

P5.25 Resolva o Problema 5.24 se o suporte inferior na Figura P5.24/25 pudesse se mover e se deslocar 1,0 mm para baixo quando a carga P fosse aplicada.

P5.26 Uma carga P é suportada por uma estrutura que consiste em uma barra rígida ABC, duas hastes sólidas idênticas de bronze [E = 15.000 ksi (103,42 GPa)] e uma haste sólida de aço [E = 30.000 ksi (206,84 GPa)], conforme mostra a Figura P5.26. Cada uma das hastes de bronze (1) possui um diâmetro de 0,75 in (1,91 cm) e elas estão posicionadas simetricamente em relação à haste central (2) e à carga aplicada P. A haste de aço (2) tem diâmetro de 0,50 in (1,27 cm). Se todas as barras estiverem livres de tensões antes de a carga P ser aplicada, determine as tensões normais nas hastes de bronze e de aço depois de a carga P = 20 kip (88,96 kN) ser aplicada.

P5.27 Um tubo de liga de alumínio [E = 10.000 ksi (68,95 GPa)] com área de seção transversal A_1 = 4,40 in² (2838,7 mm²) está conectada no flange B a um tubo de aço [E = 30.000 ksi (206,84 GPa)] com área de seção transversal A_2 = 3,20 in² (2064,5 mm²). O conjunto mostrado na Figura P5.27 está conectado a suportes rígidos em A e C. Para o carregamento mostrado, determine:

(a) as tensões normais no tubo de alumínio (1) e no tubo de aço (2).
(b) o deslocamento do flange B.

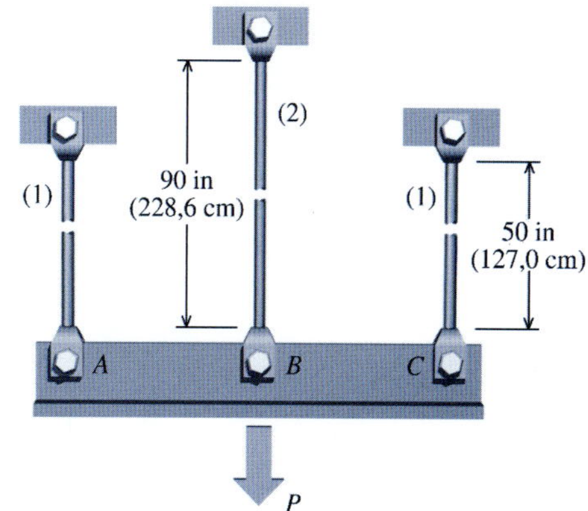

FIGURA P5.26

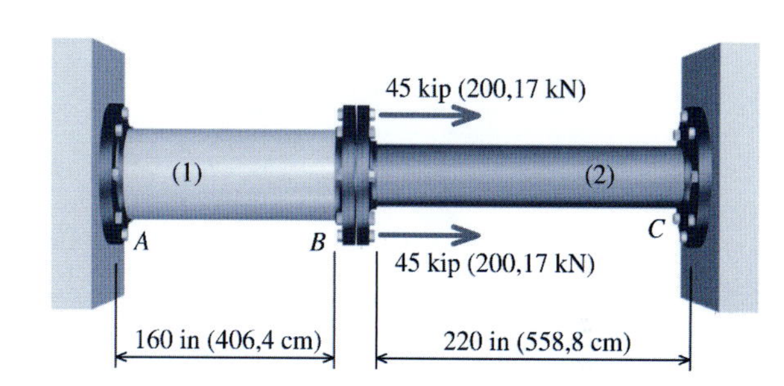

FIGURA P5.27

P5.28 O pilar de concreto [E = 29 GPa] mostrado na Figura P5.28/29 é armado com quatro barras de aço [E = 200 GPa], cada uma delas com diâmetro de 19 mm. Se o pilar deve estar sujeito a uma carga axial de 670 kN, determine:

(a) a tensão normal no concreto e nas barras da armadura de aço.
(b) o encurtamento do pilar.

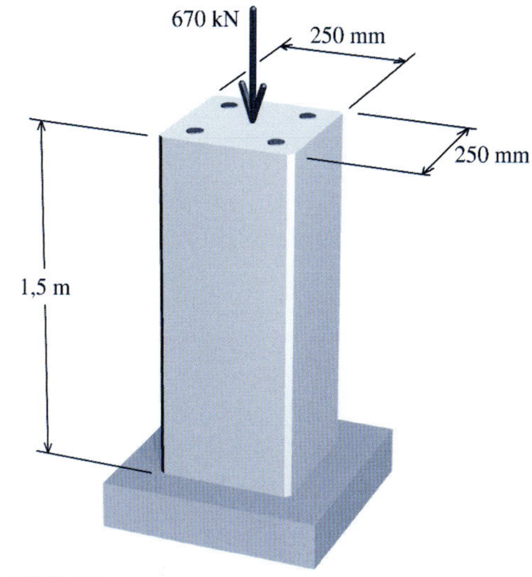

FIGURA P5.28/29

P5.29 O pilar de concreto [E = 29 GPa] mostrado na Figura P5.28/29 é armado com quatro barras de aço [E = 200 GPa]. Se o pilar estiver sujeito a uma carga axial de 670 kN, determine o diâmetro D de cada barra de forma que 20% da carga total sejam suportados pelo aço.

P5.30 Uma carga P = 100 kN é suportada por uma estrutura que consiste em uma barra rígida ABC, duas hastes sólidas idênticas de bronze [E = 100 GPa] e uma haste sólida de aço [E = 200 GPa] conforme mostra a Figura P5.30. Cada uma das hastes de bronze (1) tem um diâmetro de 20 mm e elas estão posicionadas simetricamente em relação à haste central e à carga aplicada P. A haste de aço (2) tem diâmetro de 24 mm. Todas as barras estão aliviadas de tensões antes de a carga P ser aplicada, entretanto, há uma folga de 3 mm na conexão aparafusada em B. Determine:

(a) as tensões normais nas hastes de bronze e de aço.

(b) o deslocamento da barra rígida ABC para baixo.

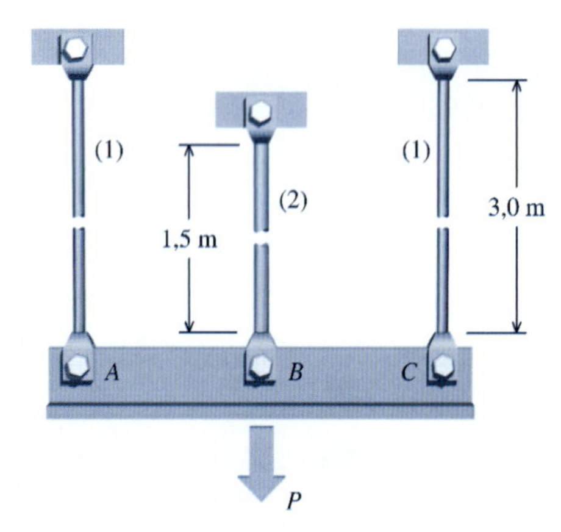

FIGURA P5.30

P5.31 Dois tubos (1) e (2) de aço [E = 30.000 ksi (206,84 GPa)] estão conectados entre si no flange B conforme mostra a Figura P5.31. O tubo (1) tem diâmetro externo de 6,625 in (16,83 cm) e espessura de parede de 0,28 in (0,71 cm). O tubo (2) tem diâmetro externo de 4,00 in (10,16 cm) e espessura de parede de 0,226 in (0,57 cm). Se a tensão normal em cada tubo de aço deve estar limitada a 18 ksi (124,11 MPa), determine:

(a) a carga máxima P de cima para baixo que pode ser aplicada ao flange B.

(b) o deslocamento do flange B sob a carga determinada na parte (a).

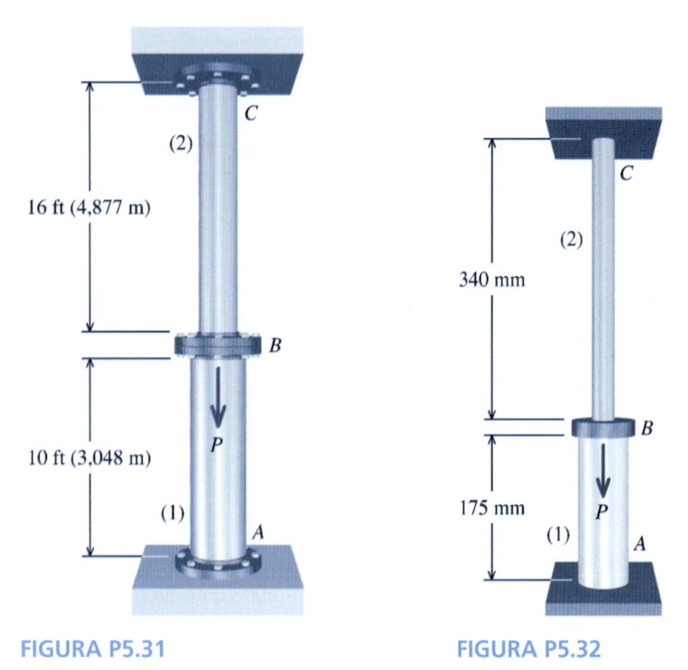

FIGURA P5.31

FIGURA P5.32

P5.32 Uma haste sólida (1) de alumínio [E = 70 GPa] está conectada a uma haste sólida (2) de bronze [E = 100 GPa] no flange B conforme mostra a Figura P5.32. A haste de alumínio (1) tem diâmetro externo de 35 mm e a haste de bronze (2) tem diâmetro externo de 20 mm. A tensão normal na haste de alumínio deve estar limitada a 160 MPa e a tensão normal na haste de bronze deve estar limitada a 110 MPa. Determine:

(a) a carga máxima P de cima para baixo que pode ser aplicada ao flange B.

(b) o deslocamento do flange B sob a carga determinada na parte (a).

P5.33 Uma estrutura conectada por pinos está suportada e carregada de acordo com o ilustrado na Figura P5.33/34. O elemento $ABCD$ é rígido e está na horizontal antes de ser aplicada a carga P. As barras (1) e (2) são feitas de aço [E = 30.000 ksi (206,84 GPa)] e possuem área de seção transversal igual a 1,25 in² (806,5 mm²). Uma carga concentrada P = 25 kip (111,21 kN) age na estrutura em D. Determine:

(a) as tensões normais nas barras (1) e (2).

(b) o deslocamento para baixo do ponto D na barra rígida.

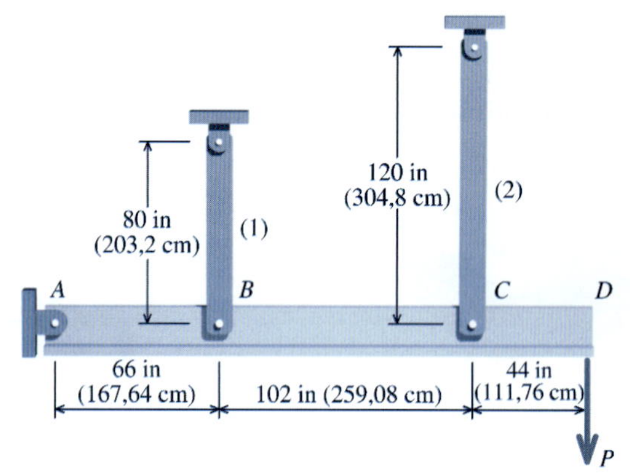

FIGURA P5.33/34

P5.34 Uma estrutura conectada por pinos está suportada e carregada de acordo com o ilustrado na Figura P5.33/34. O elemento $ABCD$ é rígido e está na horizontal antes de ser aplicada a carga P. As barras (1) e (2) são feitas de aço [E = 30.000 ksi (206,84 GPa)] e possuem área de seção transversal igual a 1,25 in² (806,5 mm²). Se a tensão normal em cada barra de aço deve estar limitada a 18 ksi (124,11 MPa), determine a carga P máxima que pode ser aplicada à barra rígida.

P5.35 A estrutura conectada por pinos mostrada na Figura P5.35/36 consiste em uma viga rígida $ABCD$ e duas barras de apoio. A barra (1) é de liga de alumínio [E = 70 GPa] com área de seção transversal A_1 = 800 mm². A barra (2) é uma liga de bronze [E = 100 GPa] com área de seção transversal A_2 = 500 mm². A tensão normal na barra de alumínio deve estar limitada a 70 MPa e a tensão normal na haste de bronze deve estar limitada a 90 MPa. Determine:

(a) a carga P máxima, de cima para baixo, que pode ser aplicada em B.

(b) o deslocamento da barra rígida em B.

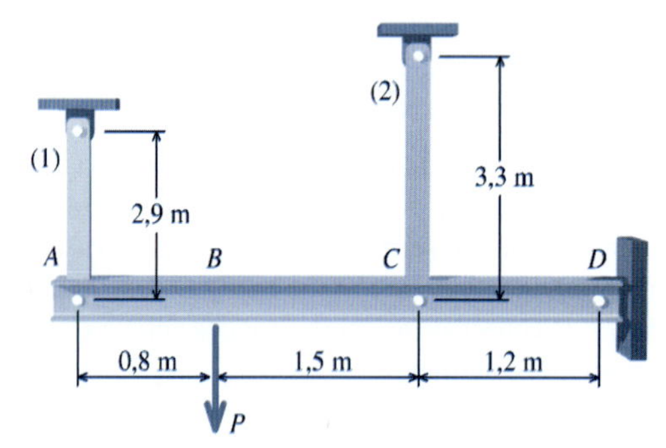

FIGURA P5.35/36

P5.36 A estrutura conectada por pinos mostrada na Figura P5.35/36 consiste em uma viga rígida *ABCD* e duas barras de apoio. A barra (1) é de liga de alumínio [$E = 70$ GPa] com área de seção transversal $A_1 = 800$ mm². A barra (2) é uma liga de bronze [$E = 100$ GPa] com área de seção transversal $A_2 = 500$ mm². Todas as barras estão livres de tensões antes de a carga P ser aplicada, entretanto, há uma folga de 3 mm na conexão do pino em A. Se for aplicada uma carga $P = 54$ kN em B, determine:

(a) as tensões normais nas barras (1) e (2).
(b) as deformações específicas normais nas barras (1) e (2).
(c) o deslocamento para baixo no ponto A da barra rígida.

P5.37 A estrutura conectada por pinos mostrada na Figura P5.37/38 consiste em uma barra rígida *ABCD* e dois elementos sujeitos a forças axiais. A barra (1) é de bronze [$E = 100$ GPa] com área de seção transversal $A_1 = 620$ mm². A barra (2) é uma liga de alumínio [$E = 70$ GPa] com área de seção transversal $A_2 = 340$ mm². Uma carga concentrada $P = 75$ kN age na estrutura em D. Determine:

(a) as tensões normais nas barras (1) e (2).
(b) o deslocamento para baixo do ponto D na barra rígida.

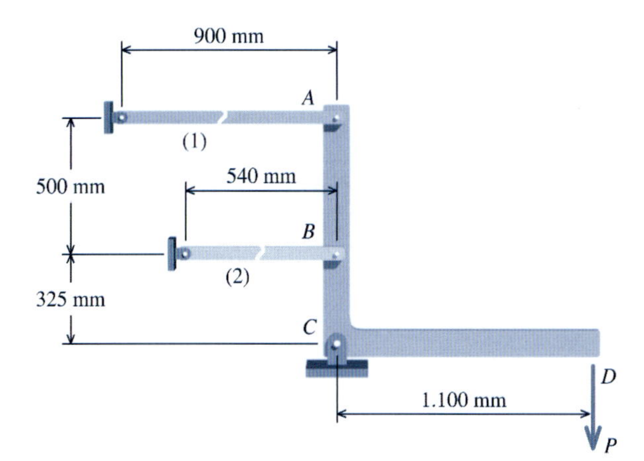

FIGURA P5.37/38

P5.38 A estrutura conectada por pinos mostrada na Figura P5.37/38 consiste em uma barra rígida *ABCD* e dois elementos sujeitos a forças axiais. A barra (1) é de bronze [$E = 100$ GPa] com área de seção transversal $A_1 = 620$ mm². A barra (2) é uma liga de alumínio [$E = 70$ GPa] com área de seção transversal $A_2 = 340$ mm². Todas as barras estão livres de tensões antes de a carga P ser aplicada, entretanto, há uma folga de 3 mm na conexão do pino em A. Se houver a aplicação de uma carga $P = 90$ kN na estrutura em D, determine:

(a) as tensões normais nas barras (1) e (2).
(b) as deformações normais específicas nas barras (1) e (2).
(c) o deslocamento para baixo do ponto D na barra rígida.

P5.39 O conjunto mostrado na Figura P5.39 consiste em uma coluna sólida (2) de liga de alumínio [$E = 70$ GPa] envolvida por um tubo (1) de bronze [$E = 100$ GPa]. Antes de a carga P ser aplicada, há uma folga de 2 mm entre a coluna e o tubo. A tensão de escoamento da coluna de alumínio é 260 MPa e a tensão de escoamento do tubo de bronze é 340 MPa. Determine:

(a) a carga máxima P que pode ser aplicada ao conjunto sem que aconteça o escoamento, tanto da coluna, como do tubo.
(b) o deslocamento para baixo do topo rígido B.
(c) a deformação específica normal no tubo de bronze.

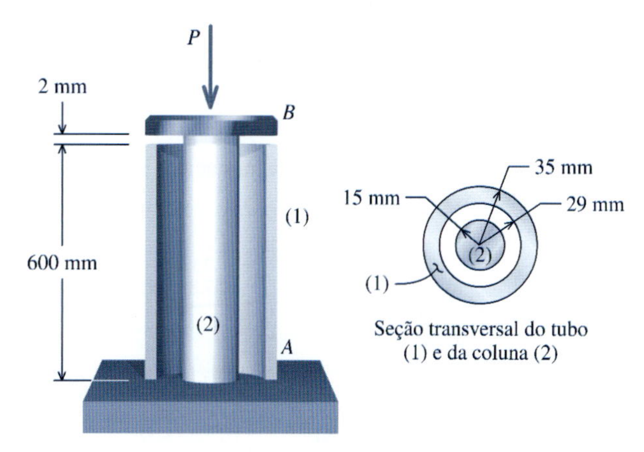

FIGURA P5.39

P5.40 Um tubo de alumínio (1) com 4,5 m de comprimento deve ser conectado a um tubo de bronze (2) com 2,4 m de comprimento em B. Quando colocados em seus locais, entretanto, verificou-se uma folga de 8 mm entre os dois elementos, conforme mostra a Figura P5.40. O tubo de alumínio (1) tem módulo de elasticidade de 70 GPa e área de seção transversal de 2.000 mm². O tubo de bronze (2) tem módulo de elasticidade de 100 GPa e área de seção transversal de 3.600 mm². Se forem inseridos parafusos nos flanges e eles forem apertados de forma que a folga seja fechada, determine:

(a) as tensões normais produzidas em cada um dos elementos.
(b) a posição final do flange B em relação ao apoio A.

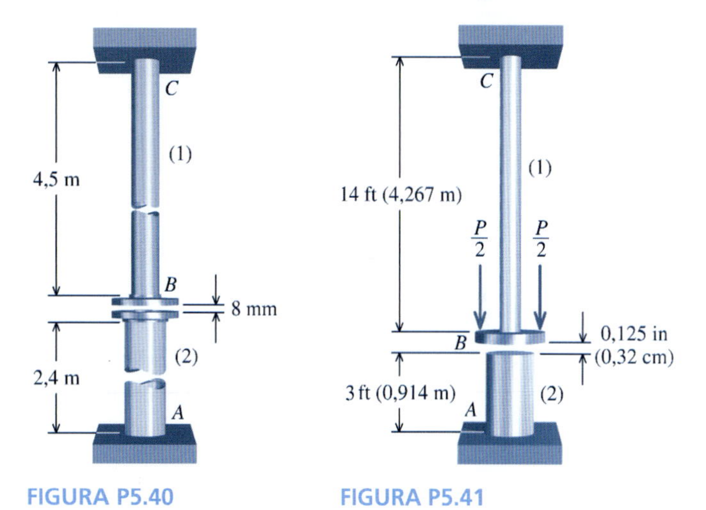

FIGURA P5.40 FIGURA P5.41

P5.41 O conjunto mostrado na Figura P5.41 consiste em uma haste (1) de aço [$E_1 = 30.000$ ksi (206,84 GPa); $A_1 = 1,25$ in² (806,5 mm²)], uma placa de apoio rígida B que está seguramente presa à haste (1) e uma barra (2) de bronze [$E_2 = 15.000$ ksi (103,42 GPa); $A_2 = 3,75$ in² (2419,3 mm²)]. Os limites de deformação do aço e do bronze são 62 ksi (427,48 MPa) e 75 ksi (517,11 MPa), respectivamente. Existe uma folga de 0,125 in (0,32 cm) entre a placa de apoio B e a barra de bronze (2) antes de o conjunto ser carregado. Depois de a carga $P = 65$ kip (289,13 kN) ser aplicada à placa de apoio, determine:

(a) as tensões normais nas barras (1) e (2).
(b) os coeficientes de segurança em relação ao escoamento para cada um dos elementos.
(c) o deslocamento vertical da placa de apoio B.

P5.42 Um tubo oco (1) de aço [$E = 30.000$ ksi (206,84 GPa)] com diâmetro externo de 3,50 in (8,89 cm) e espessura de parede de 0,216 in

(0,549 cm) está preso a uma haste maciça de alumínio [E = 10.000 ksi (68,95 GPa)]. O conjunto está preso a apoios indeslocáveis nas extremidades direita e esquerda e está carregado conforme a Figura P5.42. Determine:

(a) as tensões em todas as partes da estrutura sujeita a esforços axiais.
(b) os deslocamentos dos nós B e C.

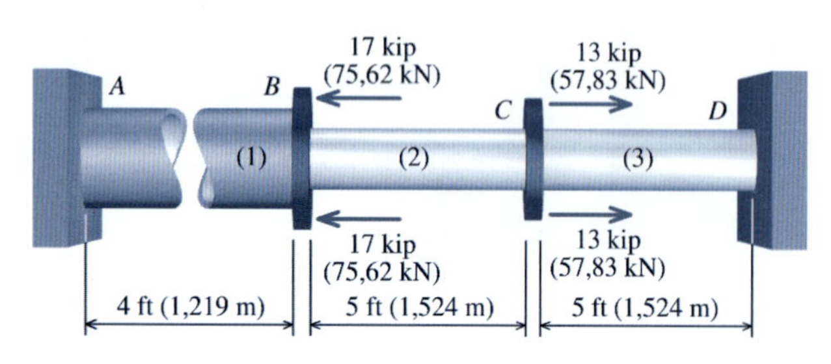

FIGURA P5.42

P5.43 A barra rígida $ABCD$ na Figura P5.43 é suportada por uma conexão que utiliza pinos em A e por duas barras sujeitas a forças axiais, (1) e (2). A barra (1) é uma barra de bronze com 30 in (76,2 cm) de comprimento [E = 15.000 ksi (103,12 GPa)] com área de seção transversal de 1,25 in² (806,5 mm²). A barra (2) é feita de liga de alumínio [E = 10.000 ksi (68,95 GPa)] e tem área de seção transversal de 2,00 in² (1290,3 mm²). Ambas as barras estão livres de tensão antes de a carga P ser aplicada. Se for aplicada à barra rígida uma carga concentrada P = 27 kip (120,1 kN) em D, determine:

(a) as tensões normais nas barras (1) e (2).
(b) o deslocamento da barra rígida no ponto D.

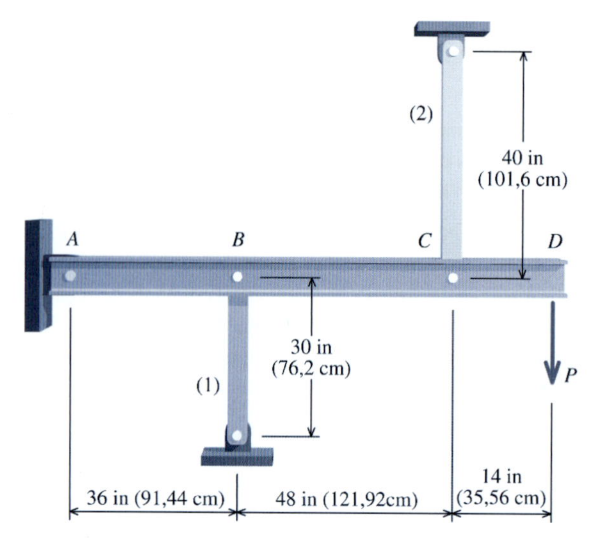

FIGURA P5.43

5.6 EFEITOS TÉRMICOS SOBRE A DEFORMAÇÃO AXIAL

Conforme analisado na Seção 2.4, a variação de temperatura ΔT cria deformações normais em um material:

$$\varepsilon_T = \alpha \Delta T \tag{5.10}$$

Ao longo do comprimento L de um elemento sujeito a forças axiais, a deformação resultante de uma variação de temperatura é

$$\delta_T = \varepsilon_T L = \alpha \Delta T L \tag{5.11}$$

Se um elemento sujeito a forças axiais estiver livre para se alongar ou se contrair, a variação de temperatura em si não cria tensões em um material. Entretanto, podem aparecer tensões significativas em um elemento sujeito a forças axiais se o alongamento ou a contração estiverem impedidos.

RELAÇÃO FORÇA-TEMPERATURA-DEFORMAÇÃO

A relação entre a força interna e a deformação axial desenvolvida na Equação (5.2) pode ser adaptada para incluir os efeitos da variação de temperatura.

$$\delta = \frac{FL}{AE} + \alpha \Delta T L \tag{5.12}$$

A deformação de um elemento estrutural sujeito a forças axiais e estaticamente determinado pode ser calculada por meio da Equação (5.12) uma vez que o elemento está livre para se alongar ou se contrair em resposta a uma variação de temperatura. Entretanto, em uma estrutura estaticamente determinada a deformação devida à variação de temperatura pode estar restrita por apoios ou outros componentes na estrutura. As restrições desse tipo inibem o alongamento ou a contração de um elemento estrutural, fazendo com que sejam desenvolvidas tensões normais. Frequentemente, essas tensões são conhecidas como *tensões térmicas*, muito embora a variação de temperatura em si não cause tensões.

Exemplo do MecMovies M5.11

Uma haste de aço de 20mm [$E = 200$ GPa; $\alpha = 12{,}0 \times 10^{-6}$/°C] é mantida perfeitamente ajustada entre duas paredes rígidas conforme ilustrado. Calcule a queda de temperatura ΔT na qual a tensão cisalhante no parafuso de 15 mm de diâmetro se torna 70 MPa.

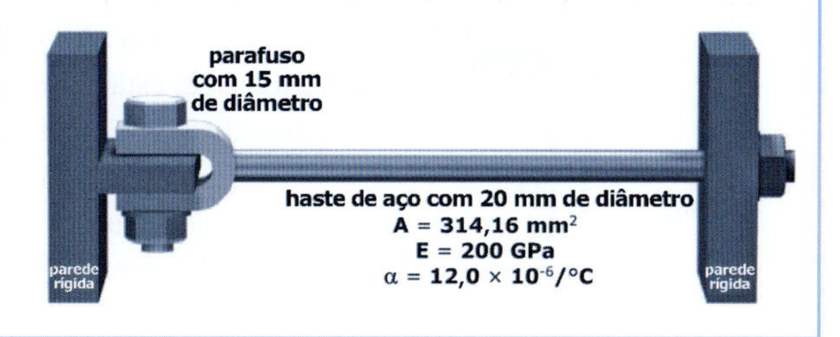

Exemplo do MecMovies M5.12

Uma barra rígida ABC possui um pino em A e é suportada por um fio de aço em B. Antes de o peso W ser preso à barra rígida em C, a barra rígida está na horizontal. Depois de o peso W ser preso e a temperatura do conjunto aumentada em 50°C, medidas cuidadosas revelam que a barra rígida se deslocou 2,52 mm para baixo no ponto C. Determine:

(a) a deformação específica normal no fio (1).
(b) a tensão normal no fio (1).
(c) o valor do peso W.

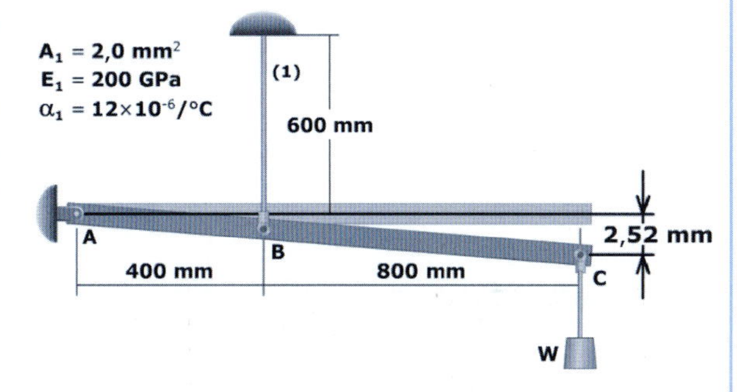

INCORPORANDO EFEITOS DA TEMPERATURA EM ESTRUTURAS ESTATICAMENTE INDETERMINADAS

Na Seção 5.5, foi apresentado um procedimento em cinco etapas para a análise de estruturas estaticamente determinadas sujeitas a forças axiais. Os efeitos da temperatura podem ser incorporados facilmente a esse procedimento utilizando a Equação (5.12) para definir as relações força-temperatura-deformação para os elementos sujeitos a forças axiais ao invés da Equação (5.2). Usando o procedimento em cinco etapas, a análise de estruturas estaticamente indeterminadas que envolvem variações de temperatura não é mais difícil em termos de conceito do que os problemas sem efeitos térmicos. O acréscimo do termo $\alpha \Delta T L$ na Equação (5.12) aumenta a dificuldade computacional, mas o procedimento global é o mesmo. Na realidade, é nos problemas mais complicados como aqueles que envolvem variação de temperatura que as vantagens e o potencial do procedimento em cinco etapas ficam mais evidentes.

É essencial que a Equação (5.12) seja consistente, significando que uma força interna positiva F (isto é, força de tração) e uma variação ΔT positiva devem produzir uma deformação positiva na estrutura (isto é, alongamento). A necessidade de consistência explica a ênfase em admitir uma força interna de tração em todos os elementos sujeitos a forças axiais, mesmo que, intuitivamente, possa-se prever que um elemento sujeito a força axial deva sofrer compressão.

Exemplo do MecMovies M5.13

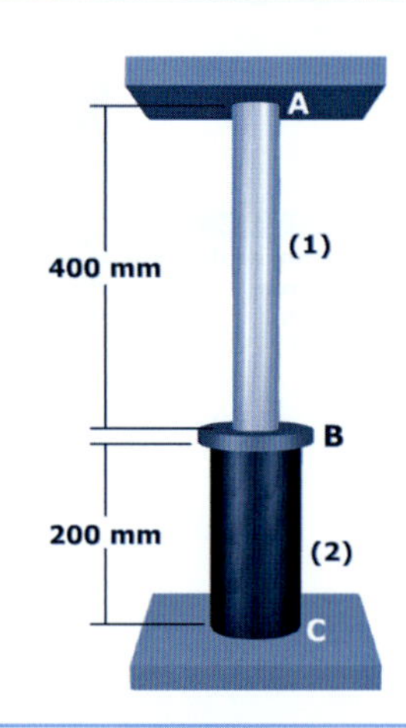

Uma barra de alumínio (1) está ligada a uma coluna de aço (2) no flange rígido B. A barra (1) e a coluna (2) estão inicialmente livres de tensões quando são conectadas ao flange a uma temperatura de 20°C. A barra de alumínio (1) tem área de seção transversal $A_1 = 200$ mm², módulo de elasticidade $E_1 = 70$ GPa e coeficiente de dilatação térmica $\alpha_1 = 23{,}6 \times 10^{-6}$/°C. Determine as tensões normais nos elementos (1) e (2) e o deslocamento do flange B depois de a temperatura aumentar para 75°C.

EXEMPLO 5.7

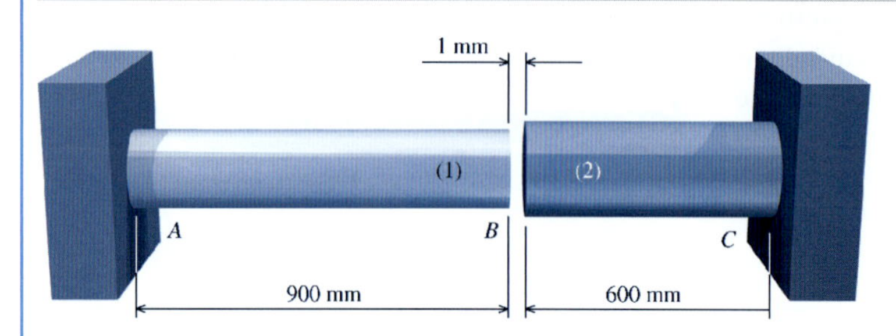

Uma haste de alumínio (1) [$E = 70$ GPa; $\alpha = 22{,}5 \times 10^{-6}$/°C] e uma haste de latão (2) [$E = 105$ GPa; $\alpha = 18{,}0 \times 10^{-6}$/°C] estão conectadas a apoios rígidos conforme ilustrado. As áreas das seções transversais das hastes (1) e (2) são 2.000 mm² e 3.000 mm², respectivamente. A temperatura da estrutura irá aumentar.

(a) Determine o aumento de temperatura que fechará a folga inicial de 1 mm.

(b) Calcule a tensão normal em cada haste se o aumento total de temperatura for de +60°C.

Planejamento da Solução

Em primeiro lugar, devemos determinar se o aumento de temperatura causará alongamento suficiente para fechar a folga de 1 mm. Se os dois elementos sujeitos a forças axiais entrarem em contato, o problema se torna estaticamente indeterminado e a solução prosseguirá com o procedimento em cinco etapas apresentado na Seção 5.5. Para manter a consistência das relações força-temperatura-deformação, será admitida tração tanto no elemento (1) como no elemento (2) muito embora seja aparente que ambos os elementos serão comprimidos em resposta ao aumento de temperatura. Consequentemente, os valores obtidos para as forças axiais internas F_1 e F_2 devem ser negativas.

SOLUÇÃO

(a) O alongamento total das duas hastes devido exclusivamente ao aumento de temperatura pode ser expresso como

$$\delta_{1,T} = \alpha_1 \Delta T L_1 \quad \text{e} \quad \delta_{2,T} = \alpha_2 \Delta T L_2$$

Se as duas hastes entrarem em contato em B, a soma dos alongamentos das hastes deve ser igual a 1 mm.

$$\delta_{1,T} + \delta_{2,T} = \alpha_1 \Delta T L_1 + \alpha_2 \Delta T L_2 = 1 \text{ mm}$$

Resolvendo essa equação e encontrando o valor de ΔT:

$$(22{,}5 \times 10^{-6}/°\text{C})\Delta T(900 \text{ mm}) + (18{,}0 \times 10^{-6}/°\text{C})\Delta T(600 \text{ mm}) = 1 \text{ mm}$$

$$\therefore \Delta T = 32{,}2°\text{C}$$ **Resp.**

(b) Considerando que o aumento de temperatura de 32,2°C fecha a folga de 1 mm, um aumento de temperatura maior (isto é, 60°C neste caso) fará com que as hastes de alumínio e de latão comprimam uma à outra, uma vez que as hastes estão impedidas de se dilatar livremente pelos apoios em A e C.

Etapa 1 — Equações de Equilíbrio: Examine o diagrama de corpo livre (DCL) do nó B após as hastes de alumínio e de latão terem entrado em contato. A soma das forças na direção horizontal consiste exclusivamente nas forças internas nos elementos.

$$\Sigma F_x = F_2 - F_1 = 0 \qquad \therefore F_1 = F_2$$

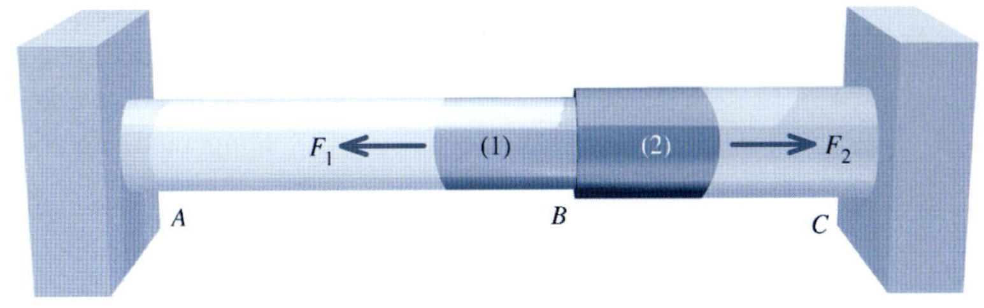

Etapa 2 — Geometria da Deformação: Como o elemento composto sujeito a forças axiais está preso a apoios rígidos em A e C, o alongamento total da estrutura não pode ser maior do que 1 mm. Em outras palavras,

$$\delta_1 + \delta_2 = 1 \text{ mm} \tag{a}$$

Etapa 3 — Relações Força-Deformação: Escreva as relações força-temperatura-deformação para os dois elementos estruturais:

$$\delta_1 = \frac{F_1 L_1}{A_1 E_1} + \alpha_1 \Delta T L_1 \quad \text{e} \quad \delta_2 = \frac{F_2 L_2}{A_2 E_2} + \alpha_2 \Delta T L_2 \tag{b}$$

Etapa 4 — Equação de Compatibilidade: Substitua as Equações (b) na Equação (a) para obter as equações de compatibilidade:

$$\frac{F_1 L_1}{A_1 E_1} + \alpha_1 \Delta T L_1 + \frac{F_2 L_2}{A_2 E_2} + \alpha_2 \Delta T L_2 = 1 \text{ mm} \tag{c}$$

Etapa 5 — Solução das Equações: Substitua $F_2 = F_1$ (da equação de equilíbrio) na Equação (c) e encontre o valor da força interna F_1.

$$F_1 \left[\frac{L_1}{A_1 E_1} + \frac{L_2}{A_2 E_2} \right] = 1 \text{ mm} - \alpha_1 \Delta T L_1 - \alpha_2 \Delta T L_2 \tag{d}$$

Ao calcular o valor de F_1, tenha atenção especial para as unidades, certificando-se de que elas são consistentes:

$$F_1 \left[\frac{900 \text{ mm}}{(2.000 \text{ mm}^2)(70.000 \text{ N/mm}^2)} + \frac{600 \text{ mm}}{(3.000 \text{ mm}^2)(105.000 \text{ N/mm}^2)} \right]$$
$$= 1 \text{ mm} - (22{,}5 \times 10^{-6}/°\text{C})(60°\text{C})(900 \text{ mm}) - (18{,}0 \times 10^{-6}/°\text{C})(60°\text{C})(600 \text{ mm}) \tag{e}$$

Portanto,

$$F_1 = -103.560 \text{ N} = -103{,}6 \text{ kN}$$

A tensão normal na haste (1) é

$$\sigma_1 = \frac{F_1}{A_1} = \frac{-103.560 \text{ N}}{2.000 \text{ mm}^2} = -51{,}8 \text{ MPa} = 51{,}8 \text{ MPa (C)}$$ **Resp.**

e a tensão normal na haste (2) é

$$\sigma_2 = \frac{F_2}{A_2} = \frac{-103.560 \text{ N}}{3.000 \text{ mm}^2} = -34{,}5 \text{ MPa} = 34{,}5 \text{ MPa (C)}$$ **Resp.**

Exemplo do MecMovies M5.14

pino (1) Barra de cobre 30 mm × 12 mm pino

(2) Barra de alumínio 30 mm × 24 mm

(1) Barra de cobre 30 mm × 12 mm

Uma barra retangular com 30 mm de largura e 24 mm de espessura e feita de alumínio [E = 70 GPa; $\alpha = 23{,}0 \times 10^{-6}/°C$] e duas barras retangulares de cobre [E = 120 GPa; $\alpha = 16{,}0 \times 10^{-6}/°C$] com 30 mm de largura e 12 mm de espessura estão conectadas por dois pinos lisos com 11 mm de diâmetro. Quando os pinos são inseridos inicialmente nas barras, tanto as de cobre como a de alumínio estão livres de tensões. Em seguida, a temperatura do conjunto é aumentada em 65°C, determine:

(a) a força interna axial na barra de alumínio.
(b) a deformação específica normal nas barras de cobre.
(c) a tensão de cisalhamento nos pinos com 11 mm de diâmetro.

EXEMPLO 5.8

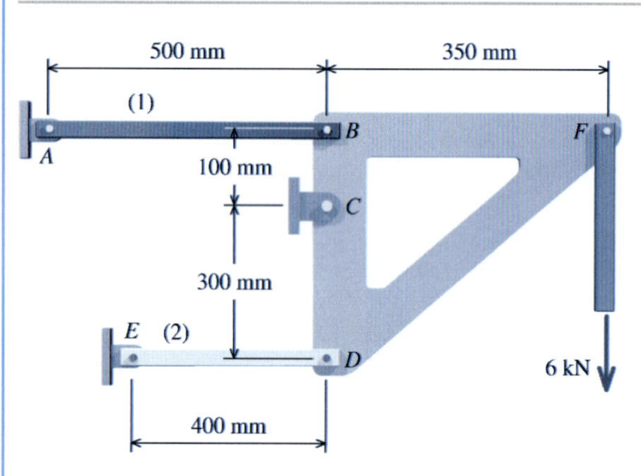

Uma estrutura conectada por pinos é carregada e apoiada conforme ilustrado. O elemento $ABCD$ é uma placa rígida. O elemento (1) é uma barra de aço [E = 200 GPa; A_1 = 310 mm²; $\alpha = 22{,}5 \times 10^{-6}/°C$] e o elemento (2) é uma barra de alumínio [E = 70 GPa; A_2 = 620 mm²; $\alpha = 22{,}5 \times 10^{-6}/°C$]. Uma carga de 6 kN é aplicada à placa em F. Se a temperatura for elevada em 20°C, calcule as tensões normais nos elementos (1) e (2).

Planejamento da Solução

Será usado o procedimento em cinco etapas para solução de problemas indeterminados. Como a placa rígida possui um pino em C, ela rodará em torno de C. Será feito um desenho do diagrama de deformações para mostrar o relacionamento entre os deslocamentos da placa rígida nos nós B e D, com base na hipótese de que a placa gira no sentido dos ponteiros do relógio em torno de C. Os deslocamentos dos nós estarão relacionados com as deformações δ_1 e δ_2, que levarão a uma equação de compatibilidade expressa em termos das forças F_1 e F_2 nos elementos.

SOLUÇÃO

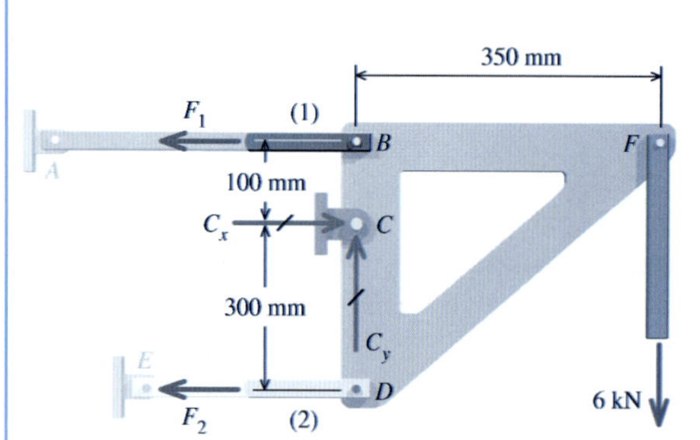

Etapa 1 — Equações de Equilíbrio:

$$\Sigma M_C = F_1(100\text{ mm}) - F_2(300\text{ mm}) - (6\text{ kN})(350\text{ mm}) = 0 \quad \text{(a)}$$

Etapa 2 — Geometria da Deformação: Faça um esquema da configuração deformada da placa rígida. Como a placa possui um pino em C, ela girará em torno de C. A relação entre os deslocamentos dos nós B e D pode ser expressa utilizando a semelhança de triângulos:

$$\frac{v_B}{100\text{ mm}} = \frac{v_D}{300\text{ mm}} \quad \text{(b)}$$

Como as deformações nos elementos (1) e (2) estão relacionadas com os deslocamentos em B e D?

Por definição, a deformação em um elemento é a diferença entre seu comprimento final (isto é, depois de a carga ser aplicada e a temperatura ter sido elevada) e seu comprimento inicial. Portanto, para o elemento (1),

$$\delta_1 = L_{\text{final}} - L_{\text{inicial}} = (L_1 + v_B) - L_1 = v_B$$
$$\therefore v_B = \delta_1 \quad \text{(c)}$$

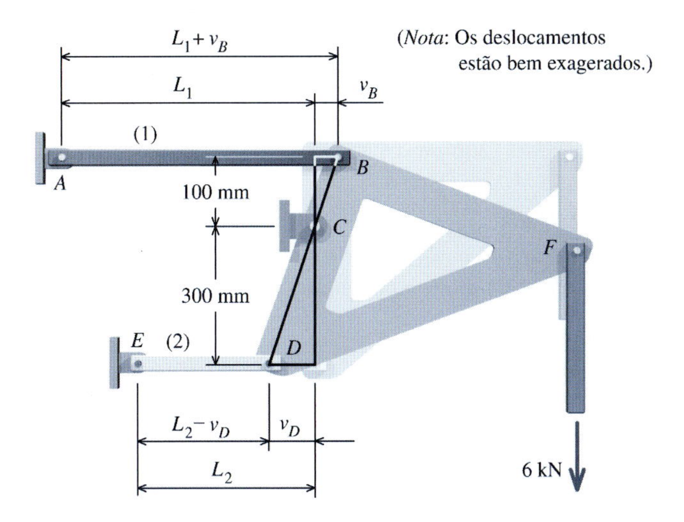

Similarmente, para o elemento (2):

$$\delta_2 = L_{\text{final}} - L_{\text{inicial}} = (L_2 - v_D) - L_2 = -v_D$$
$$\therefore v_D = -\delta_2 \tag{d}$$

Substitua os resultados das Equações (c) e (d) na Equação (b) para obter

$$\frac{\delta_1}{100 \text{ mm}} = -\frac{\delta_2}{300 \text{ mm}} \tag{e}$$

Etapa 3 — Relações Força-Deformação: Escreva as relações força-temperatura-deformação gerais para os dois elementos estruturais sujeitos a forças axiais:

$$\delta_1 = \frac{F_1 L_1}{A_1 E_1} + \alpha_1 \Delta T L_1 \quad \text{e} \quad \delta_2 = \frac{F_2 L_2}{A_2 E_2} + \alpha_2 \Delta T L_2 \tag{f}$$

Etapa 4 — Equação de Compatibilidade: Substitua as relações força-temperatura-deformação da Equação (f) na Equação (e) para obter a equação de compatibilidade:

$$\frac{1}{100 \text{ mm}}\left[\frac{F_1 L_1}{A_1 E_1} + \alpha_1 \Delta T L_1\right] = -\frac{1}{300 \text{ mm}}\left[\frac{F_2 L_2}{A_2 E_2} + \alpha_2 \Delta T L_2\right] \tag{g}$$

Essa equação é obtida com base na informação a respeito da posição deformada da estrutura e é expressa em termos das duas forças desconhecidas F_1 e F_2 que agem nos elementos.

Etapa 5 — Solução das Equações: Reorganize a equação de compatibilidade [Equação (g)], agrupando os termos que incluem F_1 e F_2 no lado esquerdo da equação:

$$\frac{F_1 L_1}{(100 \text{ mm})A_1 E_1} + \frac{F_2 L_2}{(300 \text{ mm})A_2 E_2} = -\frac{1}{100 \text{ mm}}\alpha_1 \Delta T L_1 - \frac{1}{300 \text{ mm}}\alpha_2 \Delta T L_2 \tag{h}$$

A equação de equilíbrio (a) pode ser reorganizada da mesma maneira:

$$F_1(100 \text{ mm}) - F_2(300 \text{ mm}) = (6 \text{ kN})(350 \text{ mm}) \tag{i}$$

As Equações (h) e (i) podem ser resolvidas simultaneamente de várias maneiras. A solução manual usará aqui o método da substituição. Resolvendo a Equação (i) e encontrando o valor de F_2:

$$F_2 = \frac{F_1(100 \text{ mm}) - (6 \text{ kN})(350 \text{ mm})}{300 \text{ mm}} \tag{j}$$

Substitua essa expressão na Equação (h) e reúna os termos com F_1 no lado esquerdo da equação:

$$\frac{F_1 L_1}{(100 \text{ mm})A_1 E_1} + \frac{[(100 \text{ mm}/300 \text{ mm})F_1]L_2}{(300 \text{ mm})A_2 E_2}$$

$$= -\frac{1}{100 \text{ mm}}\alpha_1 \Delta T L_1 - \frac{1}{300 \text{ mm}}\alpha_2 \Delta T L_2 + (6 \text{ kN})\left[\frac{350 \text{ mm}}{300 \text{ mm}}\right]\frac{L_2}{(300 \text{ mm})A_2 E_2}$$

Simplificando e resolvendo de modo a encontrar o valor de F_1, obtém-se

$$F_1\left[\frac{500 \text{ mm}}{(100 \text{ mm})(310 \text{ mm}^2)(200.000 \text{ N/mm}^2)} + \frac{(1/3)(400 \text{ mm})}{(300 \text{ mm})(620 \text{ mm}^2)(70.000 \text{ N/mm}^2)}\right]$$

$$= -\frac{1}{100 \text{ mm}}(11{,}9 \times 10^{-6}/°\text{C})(20°\text{C})(500 \text{ mm})$$

$$- \frac{1}{300 \text{ mm}}(22{,}5 \times 10^{-6}/°\text{C})(20°\text{C})(400 \text{ mm})$$

$$+ (6.000 \text{ N})\left[\frac{350 \text{ mm}}{300 \text{ mm}}\right]\frac{400 \text{ mm}}{(300 \text{ mm})(620 \text{ mm}^2)(70.000 \text{ N/mm}^2)}$$

Portanto,

$$F_1 = -17.328{,}8 \text{ N} = -17{,}33 \text{ kN} = 17{,}33 \text{ kN (C)}$$

Substituindo os valores encontrados na Equação (j), obtém-se

$$F_2 = -12.776{,}3 \text{ N} = -12{,}78 \text{ kN} = 12{,}78 \text{ kN (C)}$$

Agora as tensões normais nos elementos (1) e (2), podem ser determinadas:

$$\sigma_1 = \frac{F_1}{A_1} = \frac{-17.328{,}8 \text{ N}}{310 \text{ mm}^2} = -55{,}9 \text{ MPa} = 55{,}9 \text{ MPa (C)}$$

$$\sigma_2 = \frac{F_2}{A_2} = \frac{-12.776{,}3 \text{ N}}{620 \text{ mm}^2} = -20{,}6 \text{ MPa} = 20{,}6 \text{ MPa (C)}$$

Resp.

Nota: A deformação do elemento (1) pode ser calculada como

$$\delta_1 = \frac{F_1 L_1}{A_1 E_1} + \alpha_1 \Delta T L_1 = \frac{(-17.328{,}8 \text{ N})(500 \text{ mm})}{(310 \text{ mm}^2)(200.000 \text{ N/mm}^2)}$$

$$+ (11{,}9 \times 10^{-6}/°\text{C})(20°\text{C})(500 \text{ mm})$$

$$= -0{,}1397 \text{ mm} + 0{,}1190 \text{ mm} = -0{,}0207 \text{ mm}$$

e a deformação do elemento (2) é

$$\delta_2 = \frac{F_2 L_2}{A_2 E_2} + \alpha_2 \Delta T L_2 = \frac{(-12.776{,}3 \text{ N})(400 \text{ mm})}{(620 \text{ mm}^2)(70.000 \text{ N/mm}^2)}$$

$$+ (22{,}5 \times 10^{-6}/°\text{C})(20°\text{C})(400 \text{ mm})$$

$$= -0{,}1178 \text{ mm} + 0{,}1800 \text{ mm} = 0{,}0622 \text{ mm}$$

Ao contrário da suposição inicial no diagrama de deformações, na realidade o elemento (1) se contrai e o elemento (2) se alonga. Esse resultado é explicado pelo alongamento causado pela elevação de temperatura. Na realidade a placa rígida gira no sentido contrário ao dos ponteiros do relógio em torno de *C*.

Exemplo do MecMovies M5.15

Um aro de latão e uma haste de aço possuem as dimensões mostradas à temperatura de 20°C. A haste de aço é resfriada até que se encaixe livremente no aro. A temperatura do conjunto inteiro aro-haste é então aquecida a 40°C. Determine:

(a) a tensão normal final na haste de aço.
(b) a deformação da haste de aço.

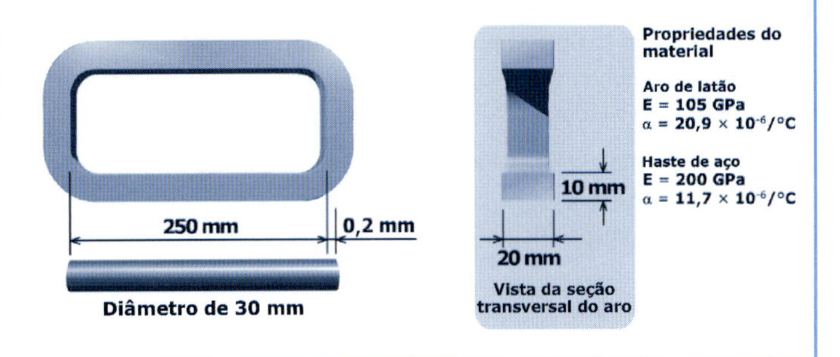

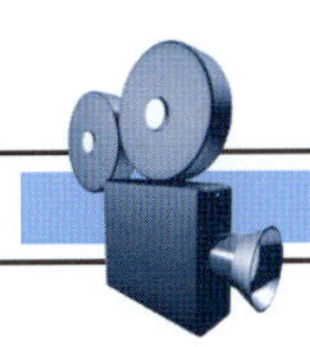

EXERCÍCIOS do MecMovies

M5.13 Uma estrutura composta e sujeita a forças axiais consiste em duas hastes unidas em uma flange B. As hastes (1) e (2) estão fixas a suportes rígidas em A e C, respectivamente. É aplicada uma carga concentrada P à flange B na direção mostrada. Determine as forças internas e as tensões normais em cada haste após a temperatura variar o ΔT indicado. Além disso, determine o deslocamento do flange B na direção x.

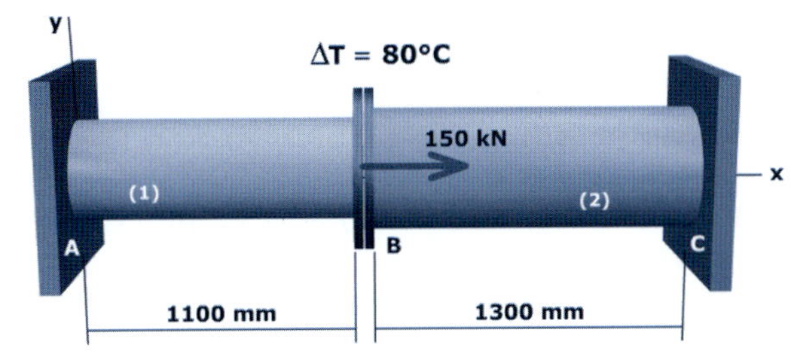

FIGURA M5.13

M5.14 Uma barra horizontal rígida ABC é suportada por três hastes verticais. O sistema está livre de tensões antes de a carga ser aplicada. Após a carga P ser aplicada, a temperatura de todas as três hastes é elevada pelo ΔT indicado. Determine:

(a) a força interna na haste (1).
(b) a tensão normal na haste (2).
(c) a deformação específica normal na haste (1).
(d) o deslocamento para baixo da barra rígida em B.

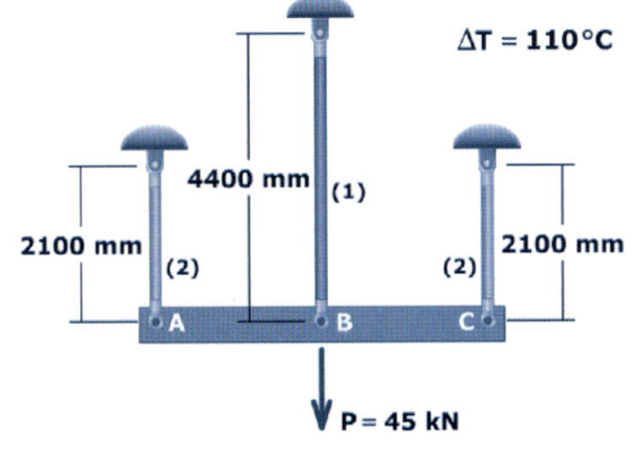

FIGURA M5.14

PROBLEMAS

P5.44 Uma haste (1) de aço com 25 mm de diâmetro e 3,5 m de comprimento está livre de tensões depois de ser conectada a suportes rígidos, conforme ilustrado na Figura P5.44/45. Em A, um parafuso de 16 mm é usado para conectar a haste ao apoio. Determine a tensão normal na haste de aço (1) e a tensão cisalhante no parafuso A depois de a temperatura cair 60°C. Use $E = 200$ GPa e $\alpha = 11{,}9 \times 10^{-6}$/°C.

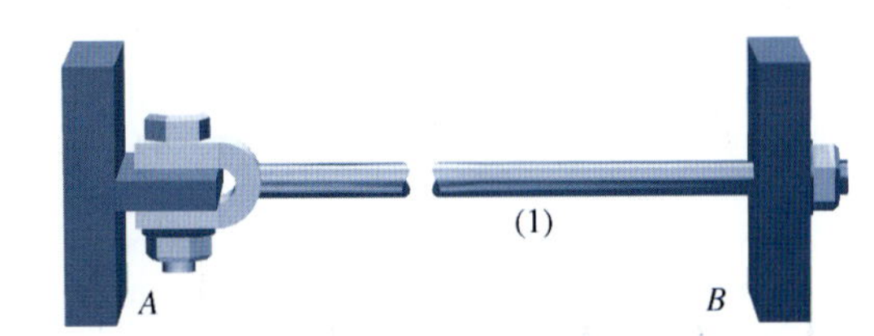

FIGURA P5.44/45

P5.45 Uma haste (1) de aço com 0,875 in (2,22 cm) de diâmetro e 15 ft (4,572 m) de comprimento está livre de tensões depois de ser conectada a suportes rígidos. A conexão grampo-parafuso ilustrado na Figura P5.44/45 conecta a haste com o apoio em A. A tensão normal na haste de aço deve estar limitada a 18 ksi (124,11 MPa) e a tensão cisalhante no parafuso deve estar limitada a 42 ksi (289,58 MPa). Admita $E = 29.000$ ksi (199,95 GPa) e $\alpha = 6{,}6 \times 10^{-6}$/°F ($11{,}9 \times 10^{-6}$/°C) e determine:

(a) a queda de temperatura que pode ser suportada com segurança pela haste (1), com base na tensão normal admissível.
(b) o diâmetro mínimo exigido para o parafuso em A usando a queda de temperatura encontrada na parte (a).

P5.46 Uma haste de aço [$E = 29.000$ ksi (199,95 GPa) e $\alpha = 6{,}6 \times 10^{-6}$/°F ($11{,}9 \times 10^{-6}$/°C)] contendo um esticador tem suas extremidades presas a paredes rígidas. Durante o verão, quando a temperatura é 82°F (27,8°C), o esticador é apertado a fim de produzir uma tensão na haste de 5 ksi (34,47 MPa). Determine a tensão na haste no inverno quando a temperatura é 10°F (−12,2°C).

P5.47 Um bloco (1) de polietileno de alta densidade [E = 120 ksi (827,37 MPa) e $\alpha = 78 \times 10^{-6}$/°F (140,4 $\times 10^{-6}$/°C)] está posicionado em um quadro conforme mostra a Figura P5.47. O bloco tem 2 in (5,08 cm) por 2 in (5,08 cm) por 32 in (81,28 cm) de comprimento. A temperatura ambiente, existe uma folga de 0,10 in (0,25 cm) entre o bloco e o suporte rígido em B. Determine:

(a) a tensão normal no bloco causada por um aumento de temperatura de 100°F (37,8°C).

(b) a deformação específica normal no bloco (1) com a temperatura aumentada.

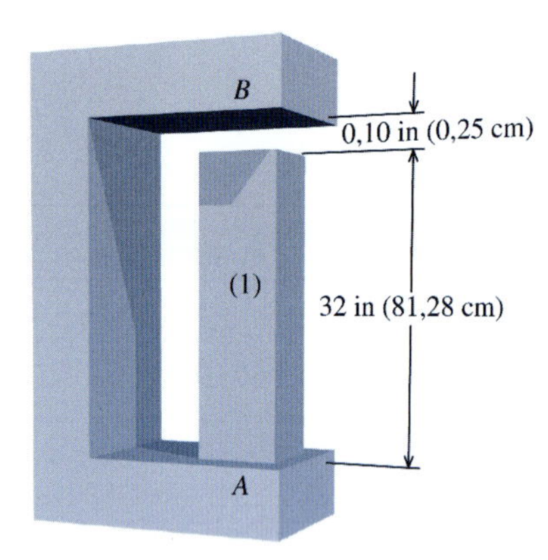

FIGURA P5.47

P5.48 O conjunto mostrado na Figura P5.48 consiste em um tubo de latão (1) totalmente unido a um núcleo de cerâmica (2). O tubo de latão [E = 115 GPa, $\alpha = 18,7 \times 10^{-6}$/°C] tem diâmetro externo de 50 mm e diâmetro interno de 35 mm. A uma temperatura de 15°C, o conjunto está livre de tensões. Determine o maior aumento de temperatura que é aceitável para o conjunto se a tensão normal na direção longitudinal do tubo de latão não deve ser superior a 80 MPa.

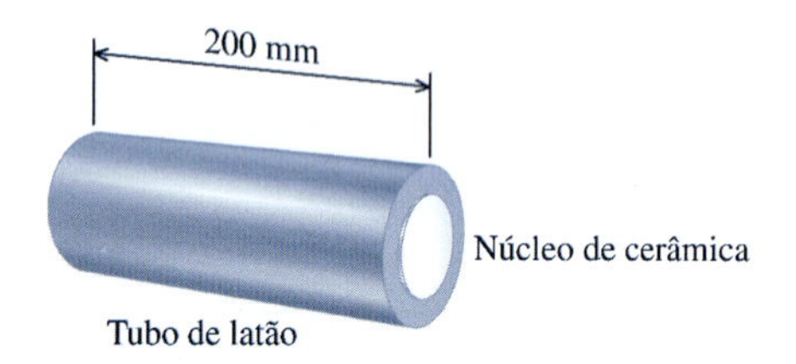

FIGURA P5.48

P5.49 A uma temperatura de 60°F (15,6°C), existe uma folga de 0,04 in (0,10 cm) entre as extremidades das duas barras mostradas na Figura P5.49. A barra (1) é de liga de alumínio [E = 10.000 ksi (68,95 GPa); ν = 0,32; $\alpha = 12,5 \times 10^{-6}$/°F (22,5 $\times 10^{-6}$/°C)] com largura de 3 in (7,62 cm) e espessura de 0,75 in (1,91 cm). A barra (2) é de aço inoxidável [E = 28.000 ksi (193,05 GPa); ν = 0,12; $\alpha = 9,6 \times 10^{-6}$/°F (17,3 $\times 10^{-6}$/°C)] com largura de 2 in (5,08 cm) e espessura de 0,75 in (1,91 cm). Os apoios em A e C são rígidos. Determine:

(a) a menor temperatura na qual as duas barras entram em contato entre si.

(b) a tensão normal nas duas barras a uma temperatura de 250°F (121,1°C).

(c) a deformação específica normal das duas barras a 250°F (121,1°C).

(d) a variação da largura da barra de alumínio a uma temperatura de 250°F (121,1°C).

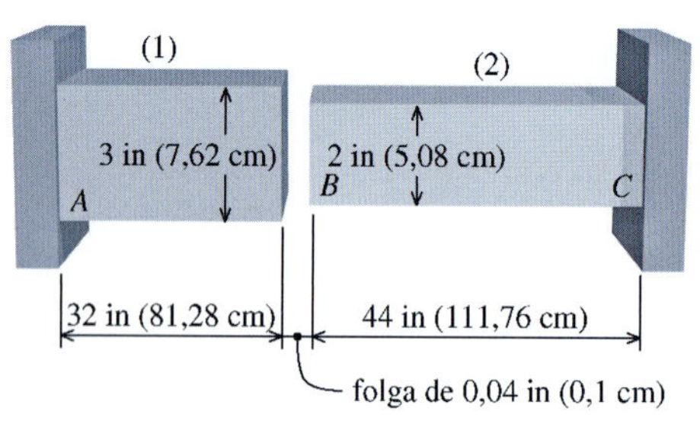

FIGURA P5.49

P5.50 A uma temperatura de 5°C, existe uma folga de 3 mm entre as duas barras de polímero e um apoio rígido conforme ilustrado na Figura P5.50. A barra (1) tem 50 mm de largura e 20 mm de espessura [E = 800 MPa, $\alpha = 140 \times 10^{-6}$/°C]. A barra (2) tem 75 mm de largura e 25 mm de espessura [E = 2,7 GPa, $\alpha = 67 \times 10^{-6}$/°C]. Os apoios em A e C são rígidos. Determine:

(a) a menor temperatura na qual a folga de 3 mm é preenchida.

(b) a tensão normal nas duas barras a uma temperatura de 60°C.

(c) a deformação específica normal nas duas barras a 60°C.

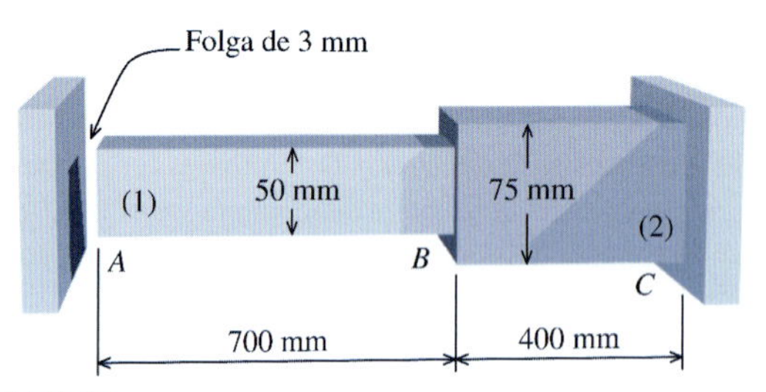

FIGURA P5.50

P5.51 O conjunto sujeito a forças axiais mostrado na Figura P5.51 consiste em uma haste sólida (1) de liga de alumínio [E = 10.000 ksi (68,95 GPa); ν = 0,32; $\alpha = 12,5 \times 10^{-6}$/°F (22,5 $\times 10^{-6}$/°C)] com diâmetro de 1 in (2,54 cm) e uma haste sólida (2) de bronze [E = 15.000 ksi (103,42 GPa); ν = 0,15; $\alpha = 9,4 \times 10^{-6}$/°F (16,9 $\times 10^{-6}$/°C)]. Se os apoios em A e C forem rígidos e o conjunto estiver livre de tensões a 0°F (−17,8°C), determine:

(a) a tensão normal em ambas as hastes a 160°F (71,1°C).

(b) o deslocamento do flange B.

(c) a variação de diâmetro da haste de alumínio.

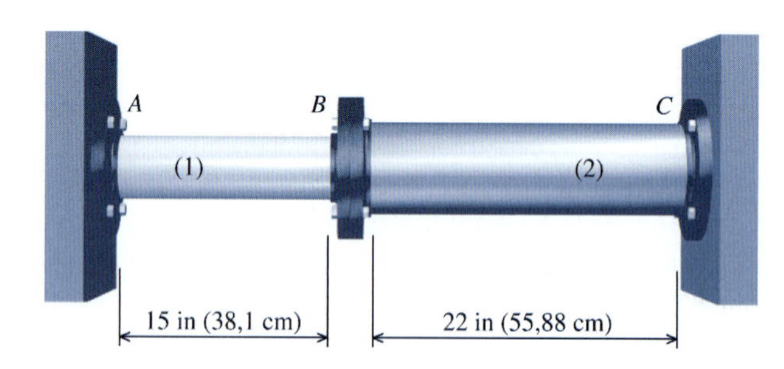

FIGURA P5.51

P5.52 A estrutura conectada por pinos mostrada na Figura P5.52 consiste em uma barra rígida ABC, uma haste maciça (1) de bronze [E = 100 GPa; $\alpha = 16,9 \times 10^{-6}$/°C] e uma haste maciça (2) de liga de alumínio [E = 70 GPa; $\alpha = 22,5 \times 10^{-6}$/°C]. A haste de bronze (1) tem diâmetro de 24 mm e a haste de alumínio (2) tem diâmetro de 16 mm. As barras estão livres de tensão quando a estrutura é montada a 25°C. Depois da montagem, a temperatura da barra (2) é reduzida em 40°C, enquanto a temperatura da haste (1) permanece constante a 25°C. Determine as tensões normais em ambas as hastes para essa condição.

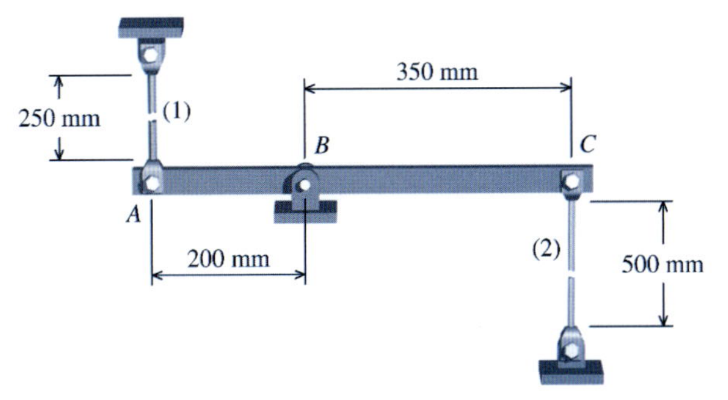

FIGURA P5.52

P5.53 A barra rígida ABC é apoiada por duas hastes maciças idênticas de bronze [E = 100 GPa; $\alpha = 16{,}9 \times 10^{-6}/°C$] e uma haste maciça de aço [E = 200 GPa; $\alpha = 11{,}9 \times 10^{-6}/°C$] conforme mostra a Figura P5.53. Cada uma das hastes de bronze (1) possui diâmetro de 16 mm e elas estão posicionadas simetricamente em relação à haste central (2) e à carga aplicada P. A haste de aço (2) tem diâmetro de 20 mm. As barras estão livres de tensão quando a estrutura é montada a 30°C. Quando a temperatura é reduzida a −20°C, determine:

(a) as tensões normais nas hastes de bronze e de aço.
(b) as deformações específicas normais nas hastes de bronze e de aço.

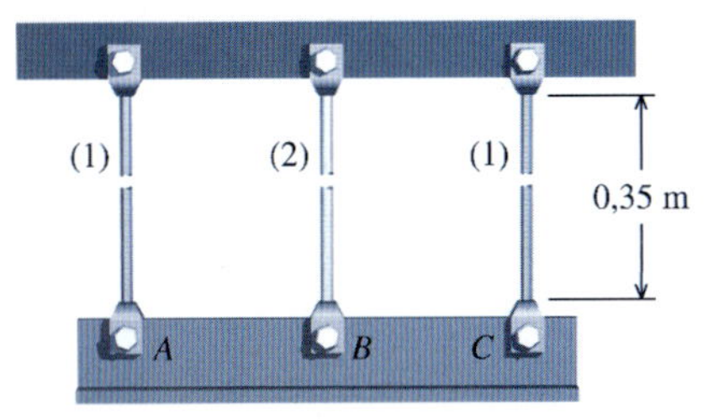

FIGURA P5.53

P5.54 Uma carga P = 85 kN é apoiada por uma estrutura que consiste em uma barra rígida ABC, duas hastes maciças de bronze [E = 100 GPa; $\alpha = 16{,}9 \times 10^{-6}/°C$] e uma haste maciça de aço [E = 200 GPa; $\alpha = 11{,}9 \times 10^{-6}/°C$] conforme mostra a Figura P5.54. Cada uma das hastes de bronze (1) possui diâmetro de 20 mm e elas estão posicionadas simetricamente em relação à haste central e à carga aplicada P. A haste de aço (2) tem diâmetro de 14 mm. As barras estão livres de tensão quando a estrutura é montada. Depois de a temperatura da estrutura ser elevada em 45°C, determine:

(a) as tensões normais nas hastes de bronze e de aço.
(b) as deformações normais específicas nas hastes de bronze e de aço.
(c) o deslocamento para baixo da barra rígida ABC.

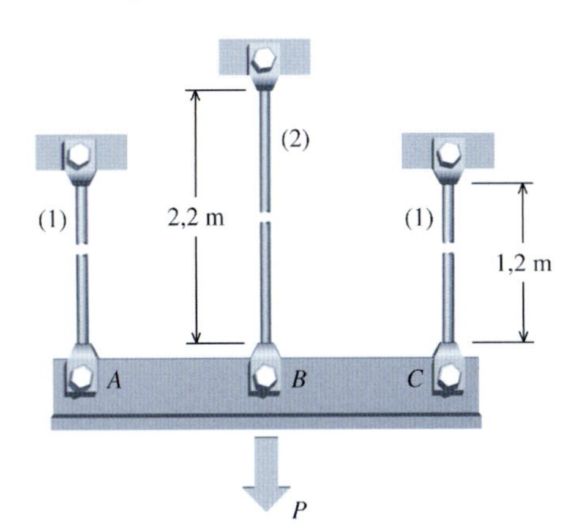

FIGURA P5.54

P5.55 Uma haste maciça (1) de alumínio [E = 70 GPa; $\alpha = 22{,}5 \times 10^{-6}/°C$] está conectada a uma haste de bronze [E = 100 GPa; $\alpha = 16{,}9 \times 10^{-6}/°C$] em um flange B conforme mostra a Figura P5.55. A haste de alumínio (1) tem diâmetro de 40 mm e a haste de bronze (2) tem diâmetro de 120 mm. As barras estão livres de tensões quando a estrutura é montada a 30°C. Depois de a carga de 300 kN ser aplicada ao flange B, a temperatura é elevada a 45°C. Determine:

(a) as tensões normais nas hastes (1) e (2).
(b) o deslocamento do flange B.

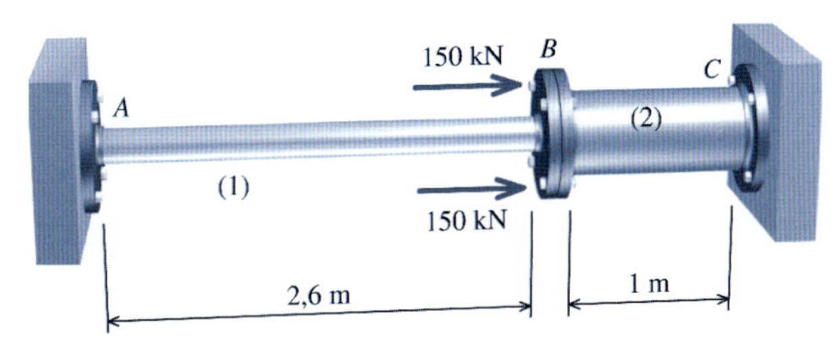

FIGURA P5.55

P5.56 Um tubo (1) de aço [E = 30.000 ksi (206,84 GPa); $\alpha = 6{,}6 \times 10^{-6}/°F$ ($11{,}9 \times 10^{-6}/°C$)] com área de seção transversal A_1 = 5,60 in² (3612,9 mm²) está conectado no flange B a um tubo (2) de liga de alumínio [E = 10.000 ksi (68,95 GPa), $\alpha = 12{,}5 \times 10^{-6}/°F$ ($22{,}5 \times 10^{-6}/°C$)] com área de seção transversal A_2 = 4,40 in² (2838,7 mm²). O conjunto mostrado na Figura P5.56 está conectado a suportes rígidos em A e C. Inicialmente o conjunto está livre de tensões a uma temperatura de 90°F (32,2°C).

(a) A que temperatura a tensão normal no tubo de aço (2) será reduzida a zero?
(b) Determine as tensões normais no tubo de aço (1) e no tubo de alumínio (2) quando a temperatura alcançar −10°F (−23,3°C).

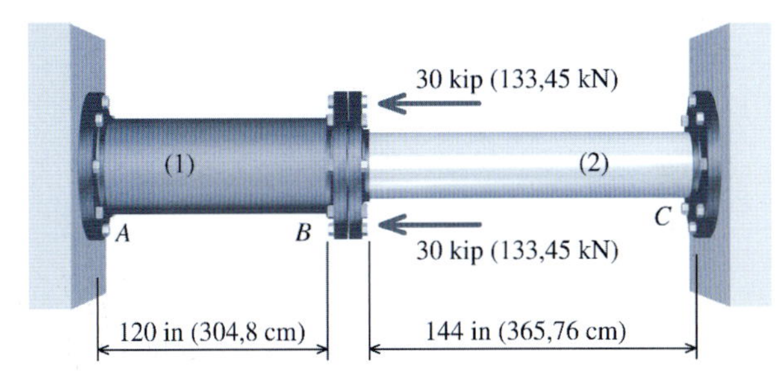

FIGURA P5.56

P5.57 Uma carga P será suportada por uma estrutura que consiste em uma barra rígida $ABCD$, uma barra (1) de polímero [E = 2.300 ksi (15,86 GPa); $\alpha = 2{,}9 \times 10^{-6}/°F$ ($5{,}2 \times 10^{-6}/°C$)] e uma barra (2) de liga de alumínio [E = 10.000 ksi (68,95 GPa); $\alpha = 12{,}5 \times 10^{-6}/°F$ ($22{,}5 \times 10^{-6}/°C$)] conforme mostra a Figura P5.57/58. Cada barra tem área de seção transversal de 2,00 in² (1290,3 mm²). As barras estão livres de tensão quando a estrutura é montada a 30°F (−1,1°C). Depois de uma carga concentrada de P = 26 kip (115,65 kN) ser aplicada e a temperatura ser elevada a 100°F (37,8°C), determine:

(a) as tensões normais nas barras (1) e (2).
(b) o deslocamento vertical no nó D.

P5.58 Uma carga P será suportada por uma estrutura que consiste em uma barra rígida $ABCD$, uma barra (1) de liga de alumínio [E = 10.000 ksi (68,95 GPa); $\alpha = 12{,}5 \times 10^{-6}/°F$ ($22{,}5 \times 10^{-6}/°C$)] e uma barra (2) de aço [E = 29.000 ksi (199,95 GPa); $\alpha = 6{,}5 \times 10^{-6}/°F$ ($11{,}7 \times 10^{-6}/°C$)] conforme mostra a Figura P5.57/58. Cada barra tem área de seção transversal de 2,00 in² (1290,3 mm²). As barras estão livres de tensão quando a estrutura é montada a 80°F (26,7°C). Depois de uma carga concentrada de $P = 42$ kip (186,83 kN) ser aplicada e a temperatura ser reduzida a −10°F (−23,3°C), determine:

(a) as tensões normais nas barras (1) e (2).
(b) o deslocamento vertical no nó *D*.

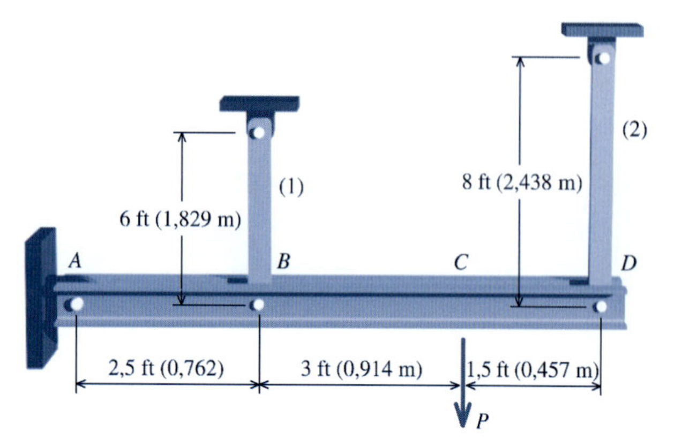

FIGURA P5.57/58

P5.59 A estrutura conectada por pinos mostrada na Figura P5.59/60 consiste em uma barra rígida *ABCD* e dois elementos sujeitos a forças axiais. A barra (1) é de aço [$E = 200$ GPa; $\alpha = 11{,}7 \times 10^{-6}$/°C] com área de seção transversal $A_1 = 400$ mm². A barra (2) é de liga de alumínio [$E = 70$ GPa; $\alpha = 22{,}5 \times 10^{-6}$/°C] com área de seção transversal $A_2 = 400$ mm². As barras estão livres de tensões quando a estrutura é montada. Depois de ser aplicada uma carga concentrada $P = 36$ kN e a temperatura ser elevada em 25°C, determine:

(a) as tensões normais nas barras (1) e (2).
(b) o deslocamento do ponto *D* na barra rígida.

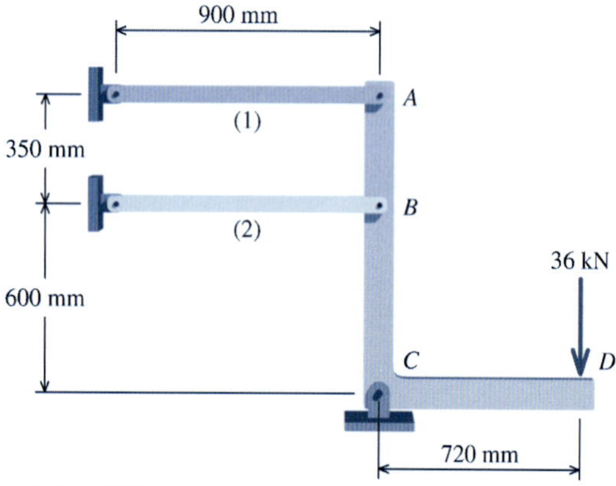

FIGURA P5.59/60

P5.60 A estrutura conectada por pinos mostrada na Figura P5.59/60 consiste em uma barra rígida *ABCD* e dois elementos sujeitos a forças axiais. A barra (1) é de aço [$E = 200$ GPa; $\alpha = 11{,}7 \times 10^{-6}$/°C] com área de seção transversal $A_1 = 400$ mm². A barra (2) é de liga de alumínio [$E = 70$ GPa; $\alpha = 22{,}5 \times 10^{-6}$/°C] com área de seção transversal $A_2 = 400$ mm². As barras estão livres de tensões quando a estrutura é montada. Depois de ser aplicada uma carga concentrada $P = 36$ kN e a temperatura ser reduzida em 50°C, determine:

(a) as tensões normais nas barras (1) e (2).
(b) o deslocamento do ponto *D* na barra rígida.

P5.61 A barra rígida *ABCD* é suportada da maneira mostrada na Figura P5.61. A barra (1) é feita de bronze [$E = 100$ GPa; $\alpha = 16{,}9 \times 10^{-6}$/°C] e tem área de seção transversal de 400 mm². A barra (2) é feita de alumínio [$E = 70$ GPa; $\alpha = 22{,}5 \times 10^{-6}$/°C] e tem área de seção transversal de 600 mm². As barras (1) e (2) estão de início livres de tensões. Posteriormente, a temperatura foi elevada em 40°C, determine:

(a) as tensões normais nas barras (1) e (2).
(b) o deslocamento vertical do ponto *A*.

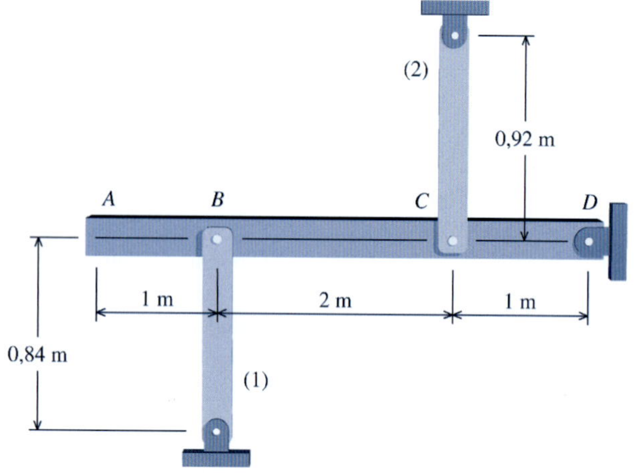

FIGURA P5.61

P5.62 A barra rígida *ABCD* na Figura P5.62 é suportada por uma conexão de pino em *A* e por duas barras (1) e (2) sujeitas a forças axiais. A barra (1) é de bronze [$E = 15.000$ ksi (103,42 GPa); $\alpha = 9{,}4 \times 10^{-6}$/°F ($16{,}9 \times 10^{-6}$/°C)] com área de seção transversal de 1,25 in² (806,5 mm²). A barra (2) é de liga de alumínio [$E = 10.000$ ksi (68,95 MPa); $\alpha = 12{,}5 \times 10^{-6}$/°F ($22{,}5 \times 10^{-6}$/°C)] com área de seção transversal de 2,00 in² (1290,3 mm²). Ambas as barras estão livres de tensões antes de a carga *P* ser aplicada. Se for aplicada uma carga $P = 27$ kip (120,1 kN) à barra rígida em *D* e a temperatura for reduzida em 100°F (37,8°C), determine:

(a) as tensões normais nas barras (1) e (2).
(b) as deformações específicas normais nas barras (1) e (2).
(c) o deslocamento da barra rígida no ponto *D*.

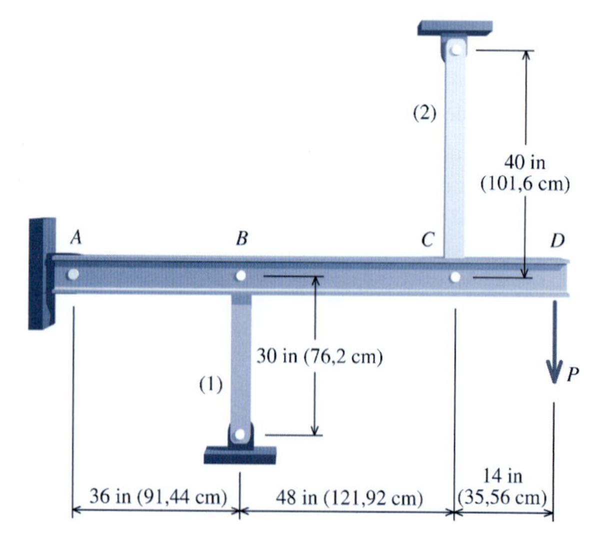

FIGURA P5.62

P5.63 A estrutura conectada por pinos mostrada na Figura P5.63 consiste em uma barra rígida *ABC*, uma barra de aço (1) e uma haste de aço (2). A área de seção transversal da barra (1) é 1,5 in² (967,7 mm²) e o diâmetro da haste (2) é 0,75 in² (483,9 mm²). Admita $E = 30.000$ ksi

(206,84 GPa) e $\alpha = 6{,}6 \times 10^{-6}$/°F ($11{,}9 \times 10^{-6}$/°C) para ambos os elementos estruturais. As barras estão livres de tensões quando a estrutura é montada a 70°F (21,1°C). Depois da aplicação de uma força concentrada $P = 20$ kip (88,96 kN), a temperatura é reduzida a 30°F (−1,1°C). Determine:

(a) as tensões normais na barra (1) e na haste (2).
(b) as deformações específicas normais na barra (1) e na haste (2).
(c) o deslocamento do pino C em relação a sua posição original.

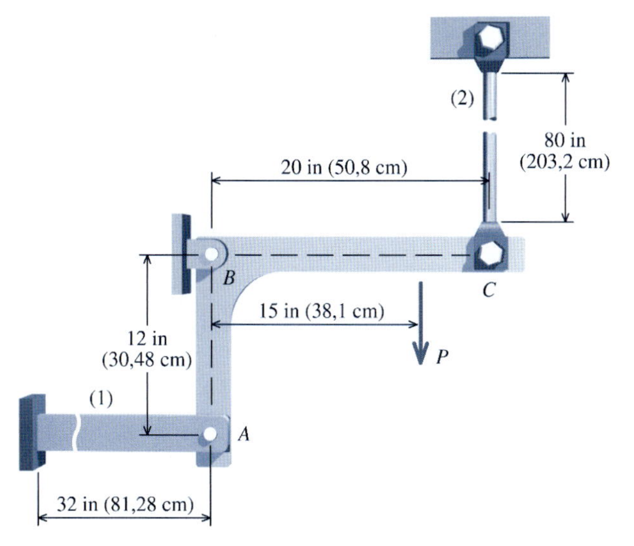

FIGURA P5.63

Alumínio (1)	Ferro Fundido (2)	Bronze (3)
$L_1 = 10$ in (25,4 cm)	$L_2 = 5$ in (12,7 cm)	$L_3 = 7$ in (17,78 cm)
$A_1 = 0{,}8$ in² (516,1 mm²)	$A_2 = 1{,}8$ in² (1161,3 mm²)	$A_3 = 0{,}6$ in² (387,1 mm²)
$E_1 = 10.000$ ksi (68,95 GPa)	$E_2 = 22.500$ ksi (155,13 GPa)	$E_3 = 15.000$ ksi (103,42 GPa)
$\alpha_1 = 12{,}5 \times 10^{-6}$/°F ($22{,}5 \times 10^{-6}$/°C)	$\alpha_2 = 7{,}5 \times 10^{-6}$/°F ($13{,}5 \times 10^{-6}$/°C)	$\alpha_3 = 9{,}4 \times 10^{-6}$/°F ($16{,}9 \times 10^{-6}$/°C)

P5.64 Três barras de diferentes materiais estão conectadas e colocadas entre suportes rígidos em A e D conforme mostra a Figura P5.64/65. As propriedades de cada uma das três hastes são fornecidas a seguir. As barras estão inicialmente livres de tensões quando a estrutura é montada a 70°F (21,1°C). Depois de a temperatura ser elevada a 250°F (121,1°C), determine:

(a) as tensões normais nas três hastes.
(b) a força exercida nos suportes rígidos.
(c) os deslocamentos dos pontos B e C em relação ao suporte rígido A.

P5.65 Três barras de diferentes materiais estão conectadas e colocadas entre suportes rígidos em A e D conforme mostra a Figura P5.64/65. As propriedades de cada uma das três hastes são fornecidas a seguir. As barras estão inicialmente livres de tensões quando a estrutura é montada a 20°C. Depois de a temperatura ser elevada a 100°C, determine:

(a) as tensões normais nas três hastes.
(b) a força exercida nos suportes rígidos.
(c) os deslocamentos dos pontos B e C em relação ao suporte rígido A.

Alumínio (1)	Ferro Fundido (2)	Bronze (3)
$L_1 = 440$ mm	$L_2 = 200$ mm	$L_3 = 320$ mm
$A_1 = 1.200$ mm²	$A_2 = 2.800$ mm²	$A_3 = 800$ mm²
$E_1 = 70$ GPa	$E_2 = 155$ GPa	$E_3 = 100$ GPa
$\alpha_1 = 22{,}5 \times 10^{-6}$/°C	$\alpha_2 = 13{,}5 \times 10^{-6}$/°C	$\alpha_3 = 17{,}0 \times 10^{-6}$/°C

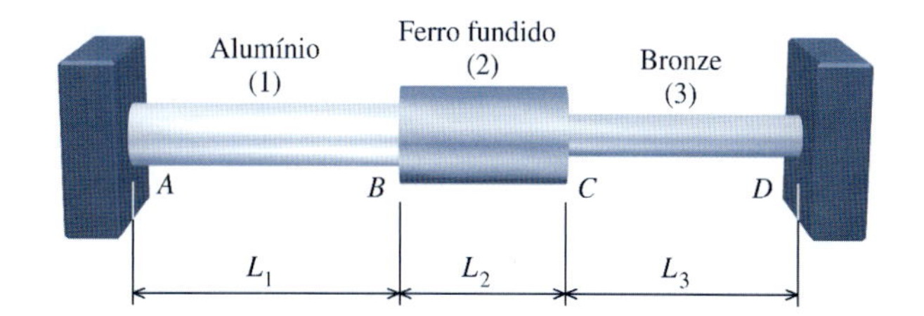

FIGURA P5.64/65

5.7 CONCENTRAÇÃO DE TENSÕES

Nas seções anteriores, foi admitido que a tensão média, de acordo com o valor determinado pela expressão $\sigma = P/A$, é a tensão significativa ou crítica. Embora isso seja verdadeiro para muitos problemas, a tensão normal máxima em uma determinada seção pode ser consideravelmente maior do que a tensão normal média e, para algumas combinações de carregamento e material, a tensão normal máxima, em vez de a tensão normal média, é a consideração mais importante. Se em uma estrutura ou em um elemento de máquina, houver uma descontinuidade que interrompa o fluxo das tensões (também conhecido por *trajetória das tensões*), a tensão na descontinuidade pode ser consideravelmente maior do que a tensão média na seção (denominada tensão *nominal*). Isso é denominado *concentração de tensões* na descontinuidade. O efeito da concentração de tensões é ilustrado na Figura 5.12, na qual um tipo de descontinuidade é mostrado na figura superior e a distribuição aproximada da tensão normal em um plano transversal é mostrada na figura adjacente inferior. A relação entre a tensão máxima e a tensão nominal na seção é conhecida como *fator K de concentração de tensões*. Desta forma, a expressão para a tensão normal máxima em um elemento sujeito a cargas axiais se torna

Uma trajetória de tensões é uma linha paralela à tensão normal máxima em qualquer lugar.

$$\sigma_{máx} = K\sigma_{nom} \tag{5.13}$$

Curvas similares às apresentadas nas Figuras 5.13, 5.14 e 5.15[1] podem ser encontradas em vários manuais de projetos. É importante que o usuário de tais curvas (ou tabelas de fatores) saiba se os fatores estão baseados na seção bruta ou na seção líquida. Neste livro, os fatores K de concentração de tensões devem ser usados em conjunto com as tensões nominais produzidas na área de seção transversal mínima ou líquida, conforme mostra a Figura 5.12. Os fatores K apresentados nas Figuras 5.13, 5.14 e 5.15 estão baseados nas tensões na seção líquida.

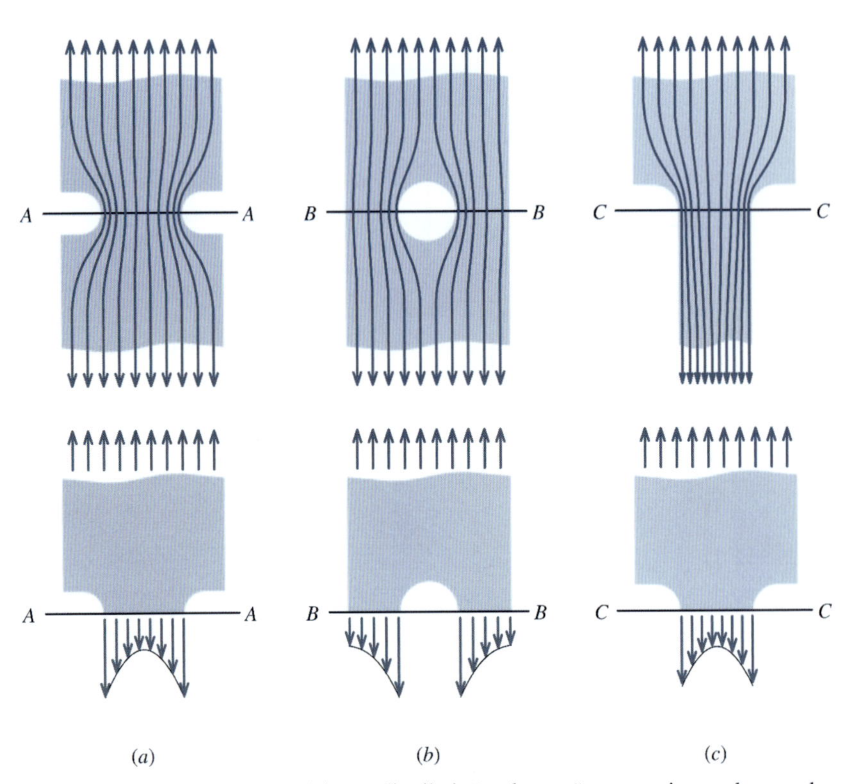

FIGURA 5.12 Trajetórias de tensões típicas e distribuições de tensões normais para barras planas com (*a*) entalhes, (*b*) furos centralizados e (*c*) filetes laterais.

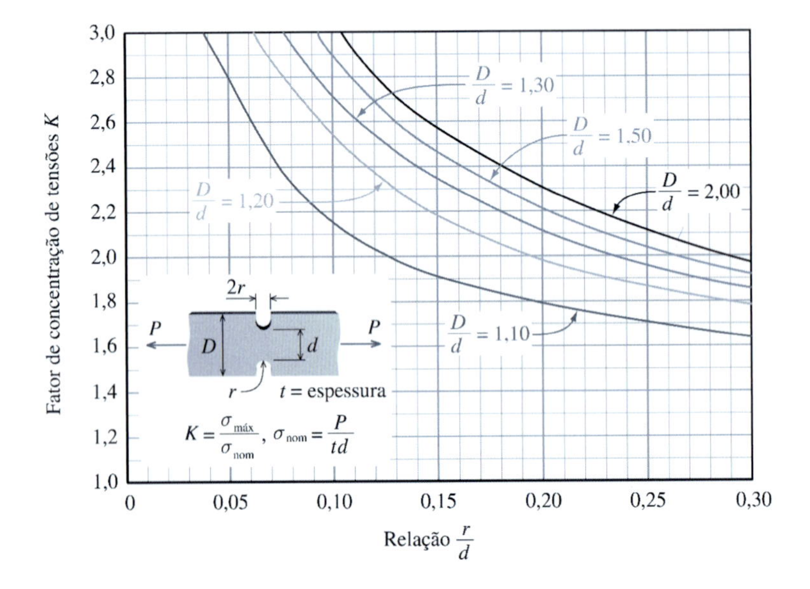

FIGURA 5.13 Fatores de concentração de tensões K para uma barra plana com entalhes laterais opostos no formato de U.

[1]Adaptado de Walter D. Pilkey, *Peterson's Stress Concentration Factors,* 2ª Edição (New York; John Wiley & Sons, Inc. 1997).

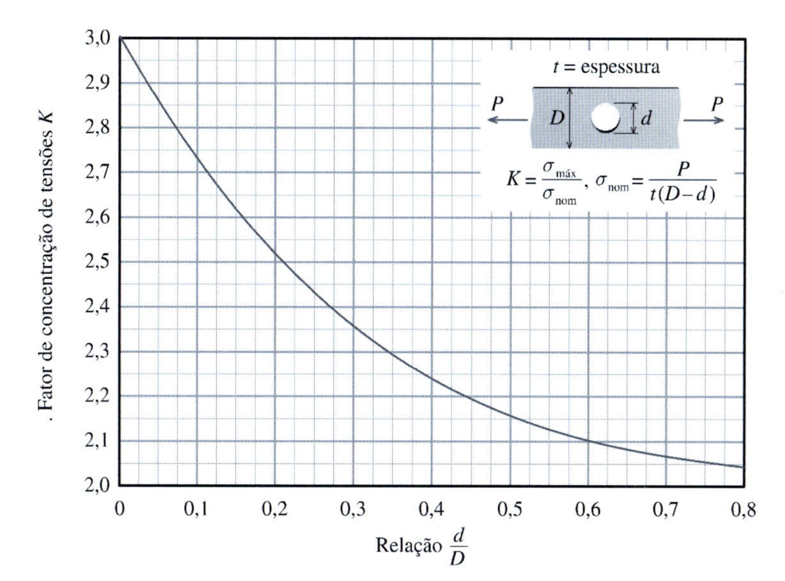

FIGURA 5.14 Fatores de concentração de tensões K para uma barra plana com um furo circular centralizado.

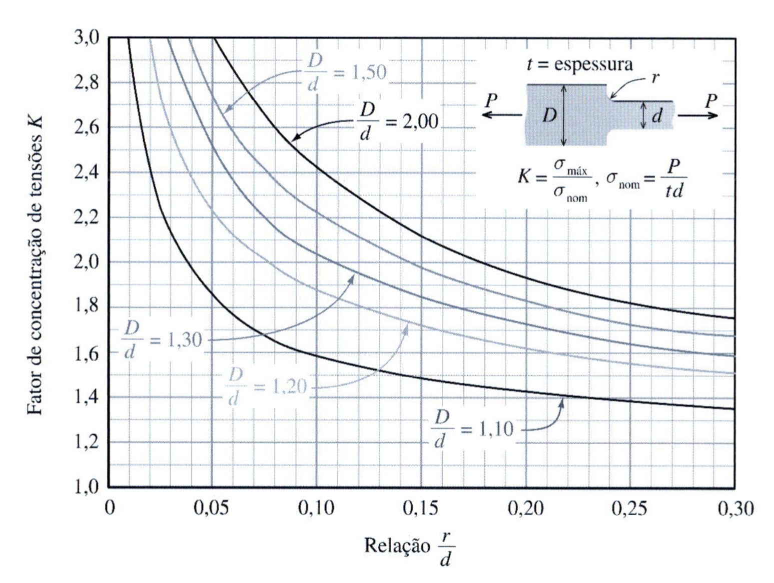

FIGURA 5.15 Fatores de concentração de tensões K para uma barra plana com filetes laterais.

O caso de um pequeno orifício circular em uma placa larga sujeita a uma tração unidirecional uniforme (Figura 5.16) oferece uma excelente ilustração da redistribuição das tensões localizadas. A solução da teoria da elasticidade é expressa em termos de uma tensão radial σ_r, de uma tensão tangencial σ_θ e de uma tensão cisalhante $\tau_{r\theta}$, conforme mostra a Figura 5.16. As equações são

$$\sigma_r = \frac{\sigma}{2}\left(1 - \frac{a^2}{r^2}\right) - \frac{\sigma}{2}\left(1 - \frac{4a^2}{r^2} + \frac{3a^4}{r^4}\right)\cos 2\theta$$

$$\sigma_\theta = \frac{\sigma}{2}\left(1 + \frac{a^2}{r^2}\right) + \frac{\sigma}{2}\left(1 + \frac{3a^4}{r^4}\right)\cos 2\theta$$

$$\tau_{r\theta} = \frac{\sigma}{2}\left(1 + \frac{2a^2}{r^2} - \frac{3a^4}{r^4}\right)\operatorname{sen} 2\theta$$

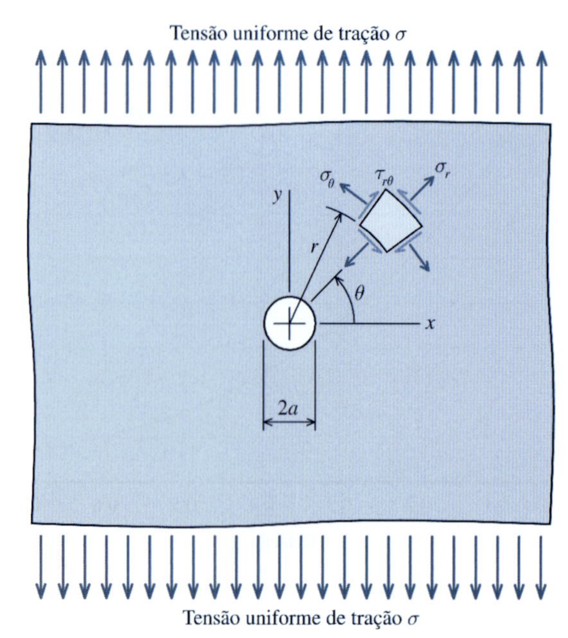

FIGURA 5.16 Furo circular em uma placa larga sujeita a tração uniforme unidirecional.

No contorno do orifício (em $r = a$) essas equações se reduzem a

$$\sigma_r = 0$$
$$\sigma_\theta = \sigma(1 + 2\cos 2\theta)$$
$$\tau_{r\theta} = 0$$

Em $\theta = 0°$, a tensão tangencial $\sigma_\theta = 3\sigma$, em que σ é a tensão uniforme de tração na placa em regiões distantes do orifício. Desta forma, o fator de concentração de tensões associado a esse tipo de descontinuidade é 3.

A natureza localizada de uma concentração de tensões pode ser avaliada considerando a distribuição da tensão tangencial σ_θ ao longo do eixo x ($\theta = 0°$). Aqui

$$\sigma_\theta = \frac{\sigma}{2}\left(2 + \frac{a^2}{r^2} + \frac{3a^4}{r^4}\right)$$

A uma distância $r = 3a$ (isto é, um diâmetro completo a partir do contorno do orifício) essa equação leva a $\sigma_\theta = 1{,}074\sigma$. Desta forma, a tensão que começou como o triplo da tensão nominal no contorno do orifício decresceu para um valor apenas 7% maior do que a tensão nominal a uma distância de um diâmetro do orifício. Esse decréscimo rápido é típico da redistribuição de tensões na vizinhança da descontinuidade.

Para um material dúctil, a concentração de tensões associada ao carregamento estático não causa preocupação porque o material irá escoar na região da tensão elevada. Com a redistribuição de tensões que acompanha esse escoamento local, o equilíbrio será alcançado e não haverá dano algum. Entretanto, se a carga for uma carga de impacto ou carga repetida, em vez de uma carga estática, o material pode se romper. Além disso, se o material for frágil, mesmo uma carga estática pode causar fratura. Portanto, no caso de cargas de impacto ou cargas repetidas em qualquer material ou carregamento estático em um material frágil, a presença de concentração de tensões não deve ser ignorada.

Além das considerações geométricas, fatores específicos de concentração de tensões também dependem do tipo de carregamento. Nesta seção, foram analisados os fatores de concentração de tensões relativos ao carregamento axial. Fatores de concentração de tensões para torção ou flexão serão analisados nos capítulos subsequentes.

EXEMPLO 5.9

O componente de máquina mostrado na figura tem 20 mm de espessura e é feito de bronze C86100 (veja as propriedades no Apêndice D). Determine a carga máxima P que pode ser aplicada com segurança se for especificado um coeficiente de segurança de 2,5 em relação à falha por escoamento.

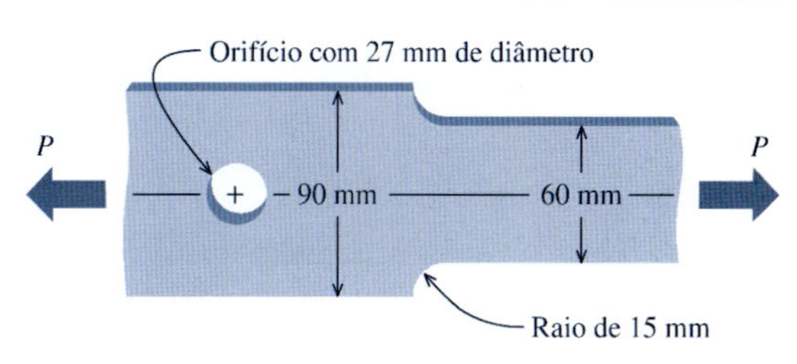

SOLUÇÃO

O limite de deformação do bronze C86100 é 331 MPa (veja as propriedades no Apêndice D). A tensão admissível, com base em um coeficiente de segurança de 2,5 é 331/2,5 = 132,4 MPa. A tensão máxima no componente de máquina ocorrerá no filete (curvatura) entre as duas seções ou no contorno do orifício circular.

No Filete

$$\frac{D}{d} = \frac{90 \text{ mm}}{60 \text{ mm}} = 1{,}5 \quad \text{e} \quad \frac{r}{d} = \frac{15 \text{ mm}}{60 \text{ mm}} = 0{,}25$$

Da Figura 5.15, $K \cong 1{,}73$. Desta forma,

$$P = \frac{\sigma_{\text{adm}} A_{\text{mín}}}{K} = \frac{(132{,}4 \text{ N/mm}^2)(60 \text{ mm})(20 \text{ mm})}{1{,}73} = 91.838 \text{ N} = 91{,}8 \text{ kN}$$

No Orifício

$$\frac{d}{D} = \frac{27 \text{ mm}}{90 \text{ mm}} = 0{,}3$$

Da Figura 5.14, $K \cong 2{,}36$. Desta forma,

$$P = \frac{\sigma_{\text{adm}} A_{\text{líq}}}{K} = \frac{(132{,}4 \text{ N/mm}^2)(90 \text{ mm} - 27 \text{ mm})(20 \text{ mm})}{2{,}36} = 70.688 \text{ N} = 70{,}7 \text{ kN}$$

Portanto,

$$P_{\text{máx}} = 70{,}7 \text{ kN}$$

Resp.

PROBLEMAS

P5.66 O componente de máquina mostrado na Figura P5.66 tem espessura de 3/8 in (0,95 cm) e é feito de aço inoxidável laminado a frio (veja as propriedades no Apêndice D). Determine a carga máxima P que pode ser aplicada com segurança se for especificado um coeficiente de segurança de 2,5 em relação à falha por escoamento.

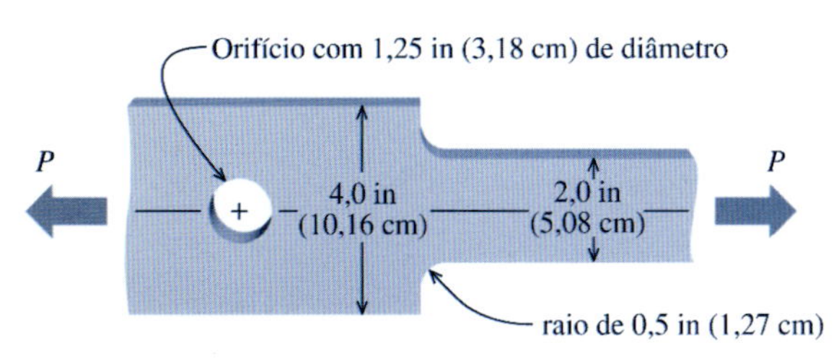

FIGURA P5.66

P5.67 O componente de máquina mostrado na Figura P5.67 tem 12 mm de espessura e é feito de aço SAE 4340 tratado a quente (veja as propriedades no Apêndice D). Os orifícios estão centrados na barra. Determine a carga máxima P que pode ser aplicada com segurança se for especificado um coeficiente de segurança de 3,0 em relação à falha por escoamento.

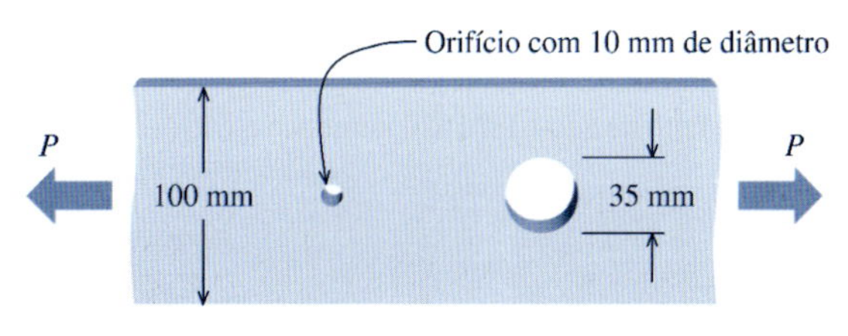

FIGURA P5.67

P5.68 Uma barra de aço com 100 mm de largura por 8 mm de espessura está transmitindo uma carga axial de tração de 3.000 N. Depois de a carga ser aplicada, é perfurado um orifício com 4 mm de diâmetro na placa conforme mostra a Figura P5.68. O orifício está centrado na barra.

(a) Determine a tensão no ponto A (na borda do orifício) na barra antes e depois de o furo ter sido realizado.

(b) A tensão axial no ponto B na borda da barra aumenta ou diminui quando o orifício é realizado? Explique.

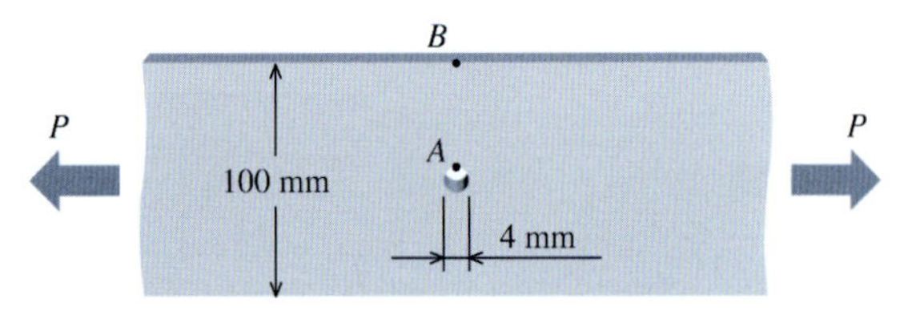

FIGURA P5.68

P5.69 O componente de máquina mostrado na Figura P5.69 tem 90 mm de largura por 12 mm de espessura e é feito de alumínio 2014-T4 (veja as propriedades no Apêndice D). O orifício está centrado na barra. Determine a carga máxima P que pode ser aplicada com segurança se for especificado um coeficiente de segurança de 1,5 em relação à falha por escoamento.

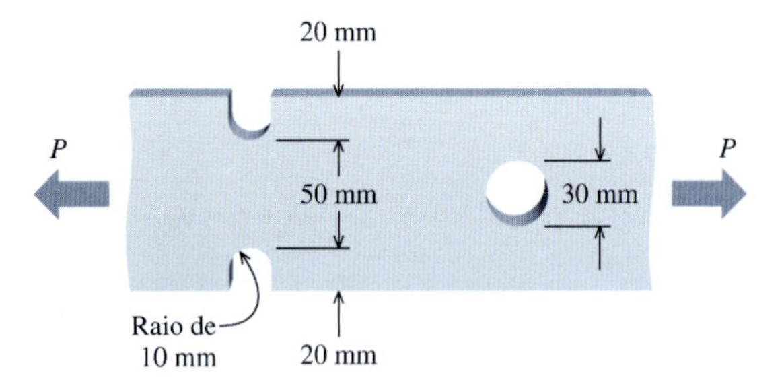

FIGURA P5.69

P5.70 O componente de máquina mostrado na Figura P5.70 tem 8 mm de espessura e é feito de aço AISI 1020 laminado a frio (veja as propriedades no Apêndice D). Determine a carga máxima P que pode ser aplicada com segurança se for especificado um coeficiente de segurança de 3 em relação à falha por escoamento.

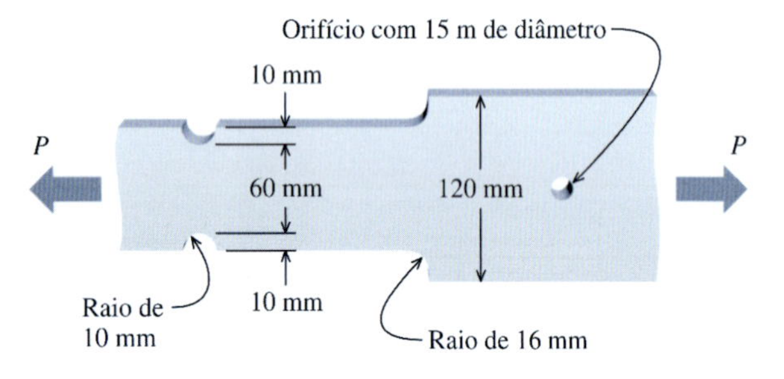

FIGURA P5.70

P5.71 O componente de máquina mostrado na Figura P5.71 tem 10 mm de espessura, é feito de aço AISI 1020 laminado a frio (veja as propriedades no Apêndice D) e está sujeito a uma carga de tração $P = 45$ kN. Determine o raio mínimo r que pode ser usado entre as duas seções se for especificado um coeficiente de segurança de 2,0 em relação à falha por escoamento. Arredonde o raio do filete (curvatura) mínimo até o valor mais próximo múltiplo de 1 mm.

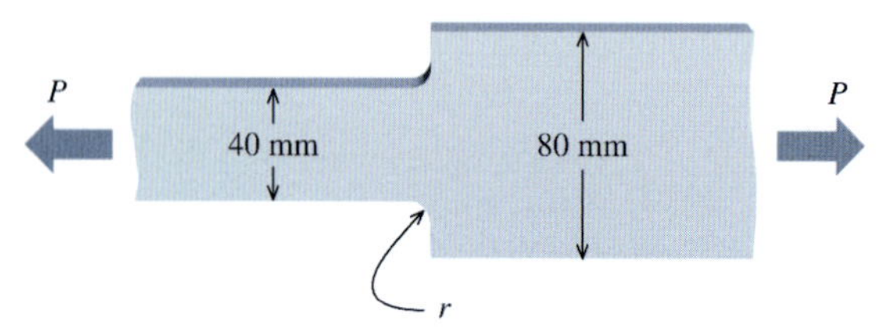

FIGURA P5.71

P5.72 A barra com 0,25 in (0,64 cm) de espessura mostrada na Figura P5.72 é feita de alumínio 2014–T4 (veja as propriedades no Apêndice D) e estará sujeita a uma carga axial de tração $P = 1.500$ lb (6.672 kN). Um furo com 0,5625 in (1,43 cm) de diâmetro está localizado na linha central da barra. Determine a largura mínima D que pode ser empregada com segurança, uma vez que deve ser conservado um coeficiente de segurança de 2,5 em relação à falha por escoamento.

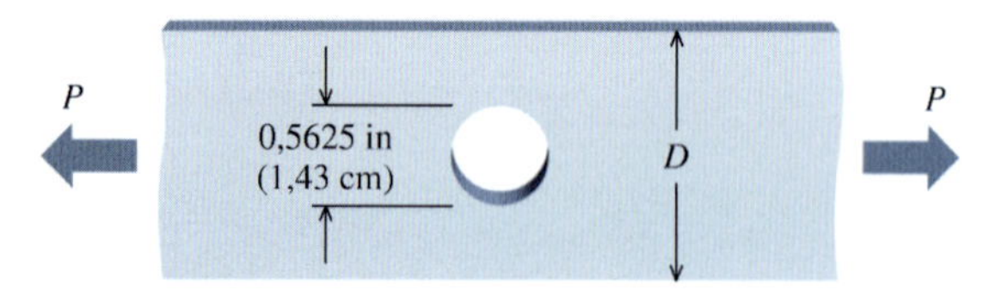

FIGURA P5.72

P5.73 A barra com seção transversal variável e com um furo circular mostrada na Figura 5.73 é feita de aço inoxidável temperado 18-8. A barra tem 12 mm de espessura e estará sujeita a uma carga axial de tração $P = 70$ kN. A tensão normal na barra não deve superar 150 MPa. Arredondando para o milímetro mais próximo, determine:

(a) o diâmetro máximo admissível d.
(b) o raio mínimo do filete admissível r.

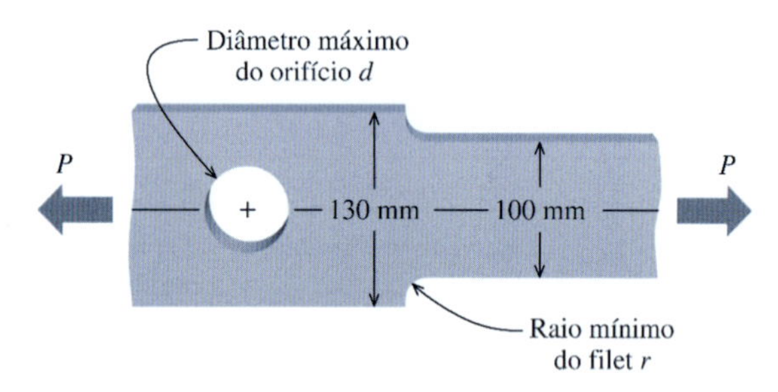

FIGURA P5.73

6 TORÇÃO

6.1 INTRODUÇÃO

Torque (ou *momento torçor*) é um momento que tende a torcer um elemento estrutural *em torno de seu eixo longitudinal*. No projeto de equipamentos e máquinas (e em algumas estruturas), o problema da transmissão do torque de um plano para um plano paralelo é encontrado com frequência. O dispositivo mais simples para realizar essa função é denominado *eixo*. Os eixos são usados normalmente para conectar uma máquina ou um motor a uma bomba, a um compressor, a uma árvore de transmissão ou a um dispositivo similar. Os eixos que conectam engrenagens e polias são uma aplicação comum que envolve elementos sujeitos a torção. A maioria dos eixos possui uma seção transversal circular, seja ele sólido ou tubular. Um diagrama de corpo livre modificado para um dispositivo típico é mostrado na Figura 6.1. O peso e as reações no suporte não são mostrados nesse diagrama modificado, uma vez que eles não fornecem informações úteis para o problema de torção. A relsultante das forças eletromagnéticas aplicadas à armadura *A* do motor é um momento que encontra resistência na resultante das forças nos parafusos (outro momento) que age no flange de acoplamento *B*. O eixo circular (1) transmite o torque da armadura para o acoplamento. O problema de torção volta-se para a determinação das tensões no eixo (1) e a deformação no eixo. Para a análise elementar desenvolvida neste livro, os segmentos de eixos como o segmento entre os planos transversais *a–a* e *b–b* na Figura 6-1 serão levados em consideração. Limitando a análise a elementos de eixos como este, os estados complicados de tensão que ocorrem nos locais dos componentes de aplicação de torque (isto é, acoplamento da armadura com o flange) podem ser evitados. Lembre-se de que princípio de Saint-Venant declara que os efeitos introduzidos pela junção da armadura e do acoplamento ao eixo deixarão de ser evidentes a uma distância de aproximadamente um diâmetro do eixo desses componentes.

Em 1784, C. A. Coulomb, um engenheiro francês, desenvolveu experimentalmente a relação entre o torque aplicado e o ângulo de torção para barras circulares.[1] A. Duleau, outro engenheiro francês, em um artigo publicado em 1820, obteve analiticamente as mesmas expressões adotando

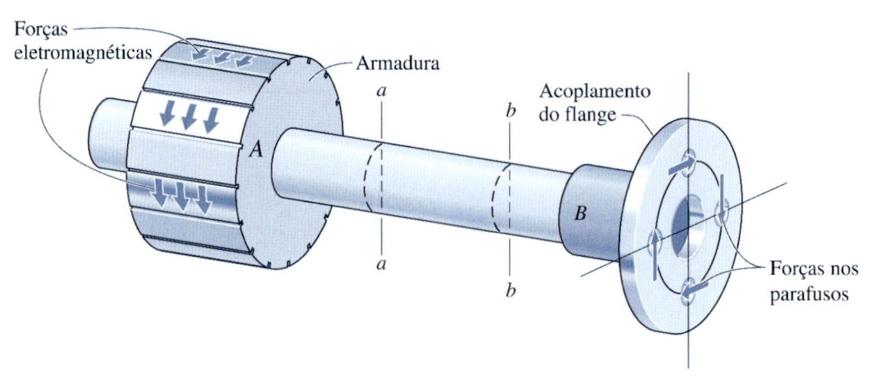

FIGURA 6.1 Diagrama de corpo livre modificado de um eixo típico de motor elétrico.

a hipótese *de que uma seção plana antes da torção permanece plana após a torção* e *que uma linha radial na seção transversal permanece plana após a torção*. O exame visual de modelos torcidos indica que aparentemente essas hipóteses estão corretas tanto para seções sólidas quanto para ocas (contanto que a seção oca seja circular e simétrica em relação à linha central longitudinal), mas incorretas para qualquer outro formato. Por exemplo, compare as distorções evidentes nos dois modelos de eixos prismáticos de borracha mostrados na Figura 6.2. As Figuras 6.2*a* e 6.2*b* mostram um eixo circular de borracha antes e depois de um torque externo T ser aplicado em suas extremidades. Quando o torque T é aplicado à extremidade do eixo circular, as seções transversais e linhas da grade longitudinal marcadas no eixo se deformam de acordo com o padrão mostrado na Figura 6.2*b*. Cada linha da grade longitudinal é torcida no formato de uma hélice que intercepta as seções transversais circulares em ângulos iguais. O comprimento do eixo e seu raio permanecem inalterados. Cada seção transversal permanece plana e sem distorção quando gira em relação a uma seção transversal adjacente.

A torção de formatos não circulares produz o *empenamento* no qual as seções transversais planas antes da aplicação do carregamento se tornam não planas ou *empenadas* depois de ser aplicado um torque.

As Figuras 6.2*c* e 6.2*d* mostram um eixo quadrado de borracha antes e depois de ser aplicado um torque externo T as suas extremidades. As seções transversais planas na Figura 6.2*c* antes de o torque ser aplicado não permanecem planas depois de T ser aplicado (Figura 6.2*d*). O comportamento exibido pelo eixo quadrado é característico de todas as seções que não se-

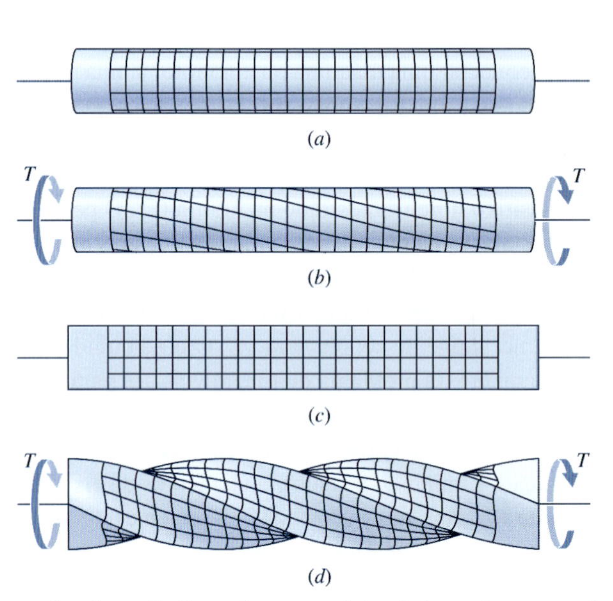

FIGURA 6.2 Deformações de torção ilustradas por modelos de borracha com seções transversais circulares (*a*, *b*) e quadradas (*c*, *d*).

[1] De S.P. Timoshenko, *History of Strength of Materials* (Nova York; McGraw-Hill, 1953).

jam circulares; portanto, a análise que se segue é válida *apenas para eixos circulares sólidos (maciços) ou ocos.*

6.2 DEFORMAÇÃO DE CISALHAMENTO (DISTORÇÃO) DEVIDA À TORÇÃO

Examine um eixo longo e esbelto de comprimento L e raio c que esteja fixo em uma extremidade, conforme mostra a Figura 6.3*a*. Quando é aplicado um torque T na extremidade livre do eixo em B, o eixo se deforma da maneira indicada pela Figura 6.3*b*. Todas as seções transversais do eixo estão sujeitas ao mesmo torque interno T; portanto, diz-se que o eixo está submetido à *torção pura*. As linhas longitudinais na Figura 6.3*a* assumem o formato de hélices quando a extremidade livre do eixo gira um ângulo ϕ. Esse ângulo de rotação é conhecido como *ângulo de torção*. O ângulo de torção varia ao longo do comprimento L do eixo. Para um eixo prismático, o ângulo de torção variará linearmente entre as extremidades do eixo. A deformação de torção não distorce as seções transversais do eixo de modo algum e o comprimento total do eixo permanece constante. Conforme mencionado na Seção 6.1, as seguintes hipóteses podem ser aplicadas à torção de eixos que tenham seções transversais circulares — sejam elas sólidas (maciças) ou ocas.

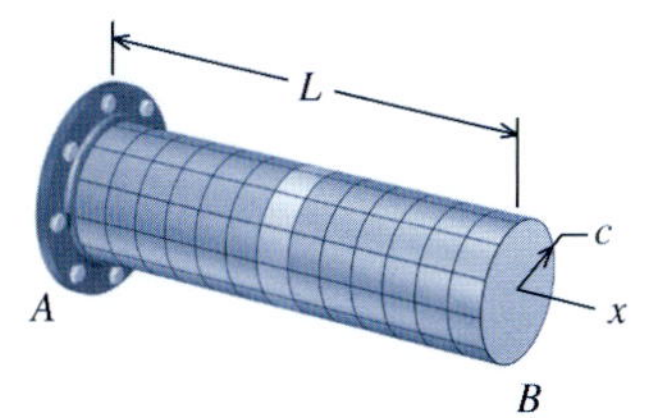

(*a*) Eixo não deformado

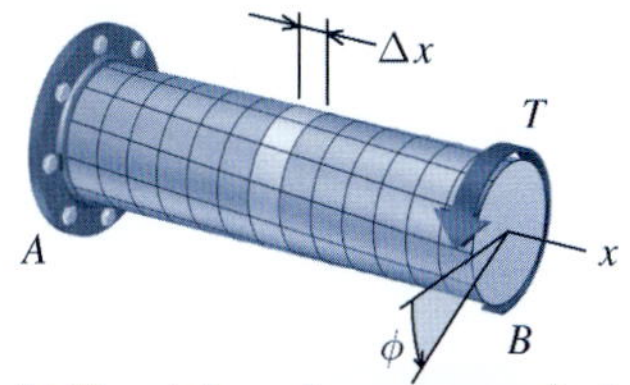

(*b*) Eixo deformado em consequência do torque T

FIGURA 6.3 Eixo prismático sujeito à torção pura.

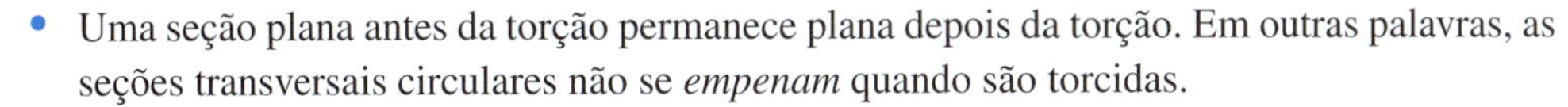

- Uma seção plana antes da torção permanece plana depois da torção. Em outras palavras, as seções transversais circulares não se *empenam* quando são torcidas.
- As seções transversais giram e permanecem perpendiculares à linha longitudinal do eixo.
- Cada seção transversal permanece sem distorção ao girar em relação à seção transversal vizinha. Em outras palavras, a seção transversal permanece circular e não há deformação no plano da seção transversal. As linhas radiais permanecem retas e radiais quando a seção transversal gira.
- As distâncias entre as seções transversais permanecem constantes durante a deformação devida à torção. Em outras palavras, não ocorre deformação axial em um eixo circular quando sofre torção.

Para examinar as deformações que ocorrem durante a torção, será isolado, na Figura 6.4*a*, um pequeno segmento Δx do eixo mostrado na Figura 6.3. O raio do eixo é c; entretanto, para assumir um caso mais geral, será examinada uma parte interna cilíndrica do núcleo do eixo (Figura 6.4*b*). O raio dessa parte do núcleo é indicado por ρ, em que $0 < \rho \leq c$. Quando o eixo é torcido, as duas seções transversais do segmento giram em torno do eixo x e um elemento linear CD do eixo não deformado assume o formato da hélice $C'D'$. A diferença angular entre as rotações das duas seções transversais é igual a $\Delta\phi$. Essa diferença angular cria uma deformação de cisalhamento (distorção) γ no eixo. A deformação de cisalhamento γ é igual ao ângulo entre os elementos lineares $C'D'$ e $C'D''$, conforme mostra a Figura 6.4*b*. O valor do ângulo γ é dado por

$$\tan\gamma = \frac{D'D''}{\Delta x}$$

A distância $D'D''$ também pode ser expressa pelo comprimento de arco $\rho\Delta\phi$, que fornece

$$\tan\gamma = \frac{\rho\Delta\phi}{\Delta x}$$

Se a deformação for pequena, tg $\gamma \approx \gamma$, portanto,

$$\gamma = \rho\frac{\Delta\phi}{\Delta x}$$

Como o comprimento Δx do segmento de eixo se reduz a zero, a deformação se torna

$$\gamma = \rho\frac{d\phi}{dx} \qquad (6.1)$$

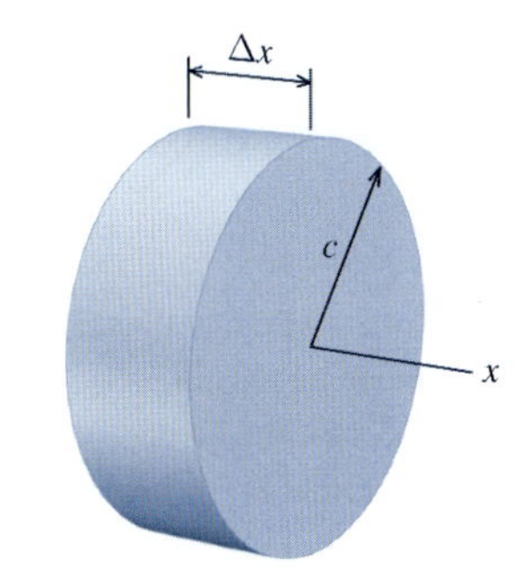

FIGURA 6.4*a* Segmento de eixo de comprimento Δx.

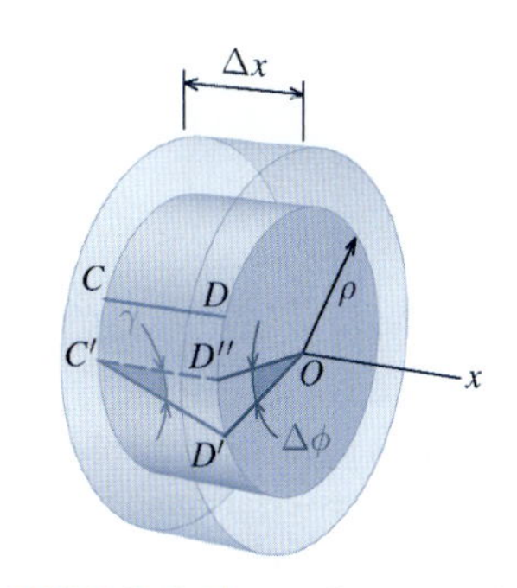

FIGURA 6.4*b* Deformação de torção do segmento de eixo.

A quantidade $d\phi/dx$ é o ângulo de torção por unidade de comprimento. Observe que a Equação (6.1) é linear em relação à coordenada radial ρ; portanto, a deformação de cisalhamento na linha central do eixo (isto é, $\rho = 0$) é zero enquanto a maior deformação por cisalhamento (distorção) ocorre para o maior valor de ρ (isto é, $\rho = c$), que acontece na superfície externa do eixo.

$$\gamma_{\text{máx}} = c\frac{d\phi}{dx} \qquad 6.2)$$

As Equações (6.1) e (6.2) podem ser combinadas para expressar a deformação por cisalhamento em qualquer coordenada radial ρ em termos da máxima deformação por cisalhamento.

$$\gamma_\rho = \frac{\rho}{c}\gamma_{\text{máx}} \qquad (6.3)$$

Além disso, observe que essas equações são válidas para ação elástica ou inelástica e para materiais homogêneos ou não homogêneos, contanto que as deformações não sejam muito grandes (isto é, tg $\gamma \approx \gamma$). Admite-se que os problemas e os exemplos neste livro satisfazem a essa exigência.

6.3 TENSÃO CISALHANTE DEVIDA À TORÇÃO

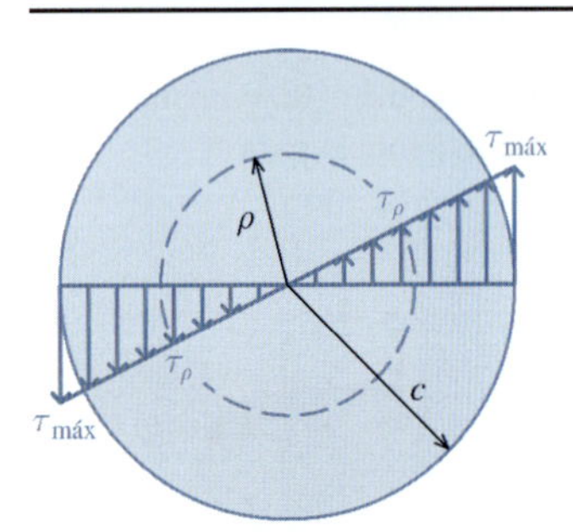

FIGURA 6.5 Variação linear da intensidade da tensão cisalhante como função da coordenada radial ρ.

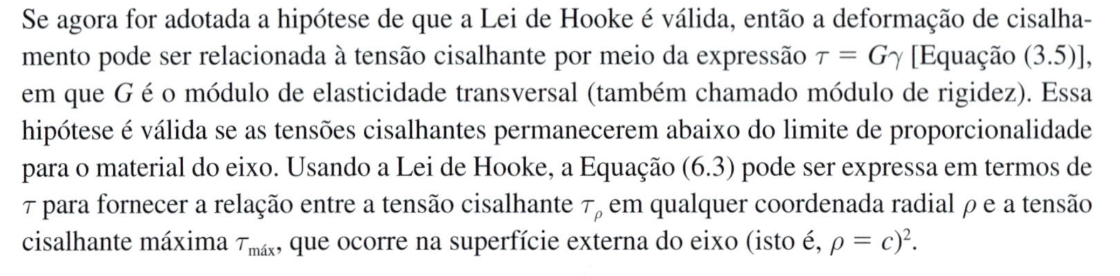

Se agora for adotada a hipótese de que a Lei de Hooke é válida, então a deformação de cisalhamento pode ser relacionada à tensão cisalhante por meio da expressão $\tau = G\gamma$ [Equação (3.5)], em que G é o módulo de elasticidade transversal (também chamado módulo de rigidez). Essa hipótese é válida se as tensões cisalhantes permanecerem abaixo do limite de proporcionalidade para o material do eixo. Usando a Lei de Hooke, a Equação (6.3) pode ser expressa em termos de τ para fornecer a relação entre a tensão cisalhante τ_ρ em qualquer coordenada radial ρ e a tensão cisalhante máxima $\tau_{\text{máx}}$, que ocorre na superfície externa do eixo (isto é, $\rho = c$)[2].

$$\tau_\rho = \frac{\rho}{c}\tau_{\text{máx}} \qquad (6.4)$$

Da mesma forma que a deformação de cisalhamento, a tensão cisalhante em um eixo circular aumenta sua intensidade linearmente à medida que aumenta a distância radial ρ à linha central do eixo. A intensidade de tensão cisalhante máxima ocorre na superfície externa do eixo. A variação da magnitude da tensão cisalhante é ilustrada na Figura 6.5. **Além disso, a tensão cisalhante nunca age isoladamente em uma única superfície. A tensão cisalhante na superfície de uma seção transversal sempre é acompanhada de uma tensão cisalhante de igual magnitude agindo em uma superfície longitudinal, conforme ilustra a Figura 6.6.**

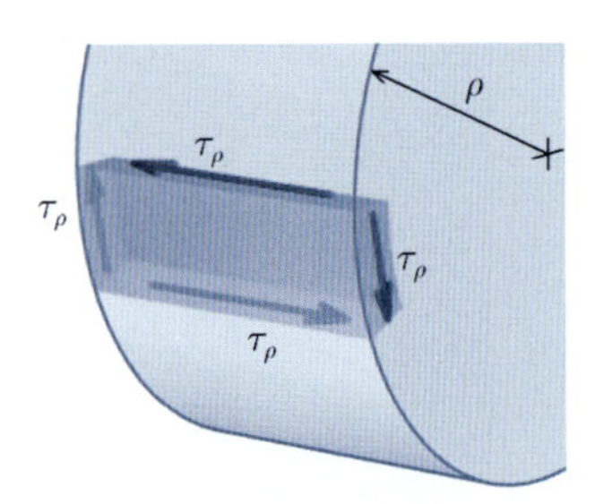

FIGURA 6.6 As tensões cisalhantes agem tanto no plano da seção transversal como no plano longitudinal.

Deve ser obtida a relação entre o torque T transmitido por um eixo e a tensão cisalhante τ_ρ desenvolvida internamente no eixo. Considere uma parte muito pequena dA da superfície de uma seção transversal (Figura 6.7). Em resposta ao torque T, são desenvolvidas tensões cisalhantes τ_ρ na área dA da superfície da seção transversal, que está localizado a uma distância radial ρ da linha longitudinal do eixo. A força cisalhante resultante dF que age no elemento infinitesimal é dada pelo produto da tensão cisalhante τ_ρ pela área dA. A força dF produz um momento dM em torno da linha central do eixo O, que pode ser expresso como $dM = \rho dF = \rho(\tau_\rho dA)$. O momento resultante produzido pela tensão cisalhante em torno da linha central do eixo é encontrado realizando a integração de dM ao longo da área da seção transversal:

[2] Mantendo a notação apresentada na Seção 1.5, a tensão cisalhante τ_ρ deve ser designada $\tau_{x\theta}$ para indicar que ela age na face x e na direção do aumento de θ. Entretanto, para a teoria elementar da torção de seções circulares analisada neste livro, a tensão cisalhante em qualquer plano transversal *sempre age perpendicularmente à direção radial* em qualquer ponto. Consequentemente, a notação formal de subscrito duplo para a tensão cisalhante não é necessária para fornecer precisão às expressões e pode ser omitida aqui.

$$\int dM = \int_A \rho \tau_\rho \, dA$$

Se a Equação (6.4) for substituída nessa equação, o resultado é

$$\int dM = \int_A \rho \frac{\tau_{\text{máx}}}{c} \rho \, dA = \int_A \frac{\tau_{\text{máx}}}{c} \rho^2 \, dA$$

Como $\tau_{\text{máx}}$ e c não variam com dA, esses termos podem ser levados para fora da integral. Além disso, a soma de todos os momentos elementares dM deve ser igual ao torque T para que o equilíbrio seja satisfeito; portanto,

$$T = \int dM = \frac{\tau_{\text{máx}}}{c} \int_A \rho^2 \, dA \qquad \text{(a)}$$

FIGURA 6.7 Calculando o momento resultante produzido pela tensão cisalhante devida à torção.

A integral na Equação (a) é chamada *momento polar de inércia*, J:

$$J = \int_A \rho^2 \, dA \qquad \text{(b)}$$

Substituindo a Equação (b) na Equação (a) obtém-se a relação entre o torque T e a tensão cisalhante máxima $\tau_{\text{máx}}$:

$$T = \frac{\tau_{\text{máx}}}{c} J \qquad \text{(c)}$$

ou, exprimindo em termos da tensão cisalhante máxima,

$$\tau_{\text{máx}} = \frac{Tc}{J} \qquad (6.5)$$

Se a Equação (6.4) for substituída na Equação (6.5), pode-se obter uma relação mais geral para a tensão cisalhante τ_ρ a qualquer distância radial ρ da linha de centro do eixo:

$$\tau_\rho = \frac{T\rho}{J} \qquad (6.6)$$

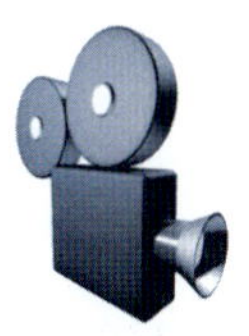

MecMovies 6.2 apresenta uma animação da obtenção da fórmula da torção no regime elástico.

A Equação (6.6), da qual a Equação (6.5) é um caso especial, é conhecida como a *fórmula da torção no regime elástico*. Em geral, o torque interno T em um eixo ou segmento de eixo é obtido a partir do diagrama de corpo livre e da equação de equilíbrio. **Nota:** As Equações (6.5) e (6.6) aplicam-se apenas para a ação linearmente elástica em materiais homogêneos e isótropos.

MOMENTO POLAR DE INÉRCIA, *J*

O momento polar de inércia J de um eixo circular maciço é

$$J = \frac{\pi}{2} r^4 = \frac{\pi}{32} d^4 \qquad (6.7)$$

O momento polar de inércia também é conhecido como o segundo momento polar de área.

em que r = raio e d = diâmetro. Para um eixo circular oco, o momento polar de inércia J é dado por

$$J = \frac{\pi}{2}[R^4 - r^4] = \frac{\pi}{32}[D^4 - d^4] \qquad (6.8)$$

em que R = raio externo, r = raio interno, D = diâmetro externo e d = diâmetro interno.

Tipicamente, J tem unidades de in^4 no sistema de unidades utilizado nos EUA (U.S. Customary System) e mm^4 no SI.

6.4 TENSÕES EM PLANOS OBLÍQUOS

A fórmula da torção no regime elástico [Equação (6.6)] pode ser usada para calcular a tensão cisalhante máxima produzida por um torque em uma seção transversal de um eixo circular. É necessário determinar se a seção transversal é um plano de máxima tensão de cisalhamento e se há outras tensões significativas induzidas pela torção. Para esse estudo, serão analisadas as tensões no ponto A do eixo da Figura 6.8*a*. A Figura 6.8*b* mostra um elemento diferencial tomado do eixo em A assim como as tensões cisalhantes que agem em planos transversais e longitudinais. A tensão τ_{xy} pode ser determinada por meio da fórmula da torção no regime elástico e $\tau_{yx} = \tau_{xy}$ (veja a Seção 1.6). Se as equações de equilíbrio forem aplicadas ao diagrama de corpo livre da Figura 6.8*c*, são obtidos os resultados seguintes:

$$\Sigma F_t = \tau_{nt}\, dA - \tau_{xy}(dA \cos\theta)\cos\theta + \tau_{yx}(dA \operatorname{sen}\theta)\operatorname{sen}\theta = 0$$

do qual

$$\tau_{nt} = \tau_{xy}(\cos^2\theta - \operatorname{sen}^2\theta) = \tau_{xy}\cos 2\theta \tag{6.9}$$

e

$$\Sigma F_n = \sigma_n\, dA - \tau_{xy}(dA \cos\theta)\operatorname{sen}\theta - \tau_{yx}(dA \operatorname{sen}\theta)\cos\theta = 0$$

do qual

$$\sigma_n = 2\tau_{xy} \operatorname{sen}\theta\cos\theta = \tau_{xy} \operatorname{sen}2\theta \tag{6.10}$$

Esses resultados são mostrados no gráfico da Figura 6.9, do qual fica aparente que a tensão cisalhante máxima ocorre nos planos diametrais transversais e longitudinais (isto é, planos longitudinais que incluem a linha central do eixo). O gráfico mostra também que a tensão normal máxima ocorre em planos com orientação de 45º com a linha central do eixo e perpendiculares à superfície do eixo. Em um desses planos (θ = 45º na Figura 6.8*b*), a tensão normal é de tração e no outro (θ = 135º) a tensão normal é de compressão. Além disso, os *valores absolutos máximos, tanto para σ como para τ são iguais*. Portanto, a tensão cisalhante máxima dada pela fórmula da torção no

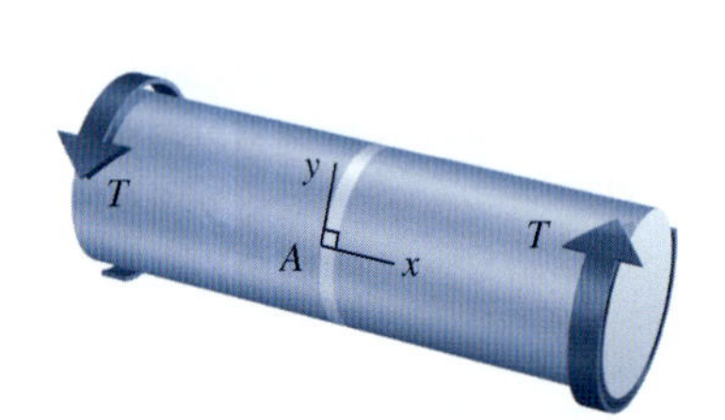

FIGURA 6.8*a* Eixo sujeito à torção pura.

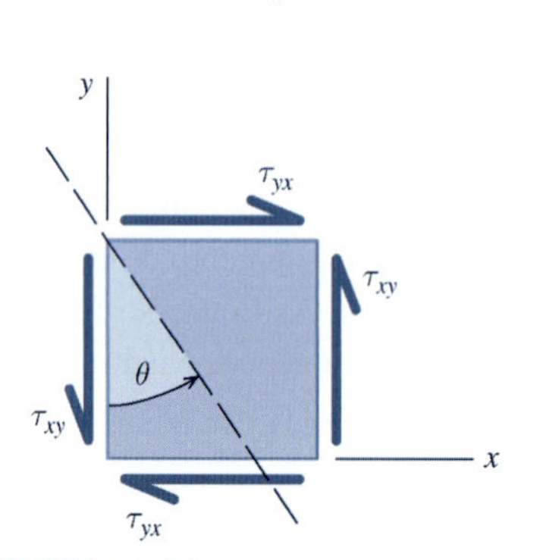

FIGURA 6.8*b* Elemento diferencial no ponto A do eixo.

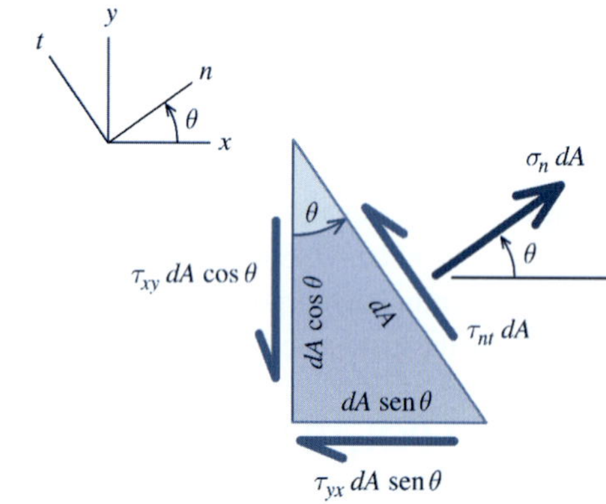

FIGURA 6.8*c* Diagrama de corpo livre de uma parte do elemento diferencial com formato triangular.

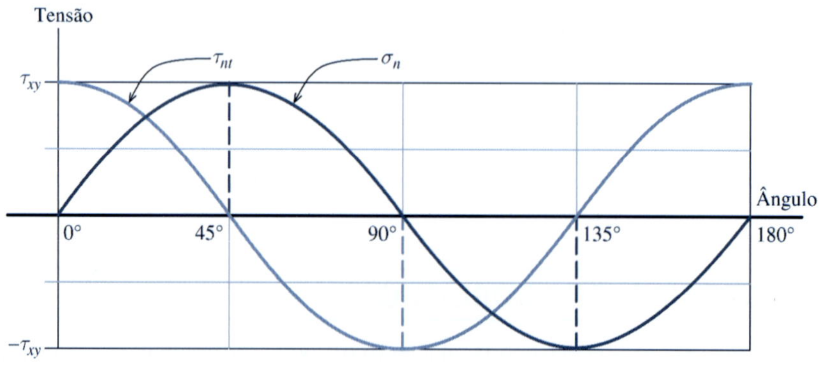

FIGURA 6.9 Variação da tensão normal e da tensão cisalhante em função do ângulo θ no ponto A.

regime elástico também é numericamente igual à tensão normal máxima que ocorre em um ponto de um eixo circular sujeito à torção pura.

Qualquer uma das tensões analisadas no parágrafo anterior pode ser significativa em um problema específico. Compare, por exemplo, as rupturas mostradas na Figura 6.10. Na Figura 6.10*a*, o eixo de aço de um caminhão trincou longitudinalmente. Poderia se esperar que esse tipo de fratura ocorresse em um eixo de madeira com as fibras no sentido longitudinal. Na Figura 6.10*b*, a tensão de compressão fez com que o tubo de paredes finas de liga de alumínio sofresse *flambagem* (*buckling*) ao longo de um plano de 45°, enquanto a tensão de tração fez com que houvesse um rasgo no outro plano de 45°. A flambagem de tubos de paredes finas (e de outros perfis) sujeitos ao carregamento de torção é uma questão de grande importância para o projetista. Na Figura 6.10*c*, as tensões normais de tração fizeram com que o eixo de ferro fundido cinza se rompesse por tração — comportamento típico de qualquer material frágil sujeito a torção. Na Figura 6.10*d*, o aço de baixo carbono rompeu por cisalhamento em um plano quase transversal — fratura típica de materiais dúcteis. O motivo de a fratura da Figura 6.10*d* não ocorrer em um plano transversal é que sob a grande deformação plástica de torção antes da ruptura (observe as linhas espirais indicando os elementos originalmente paralelos ao eixo da barra), os elementos longitudinais estavam sujeitos a um carregamento axial de tração. Esse carregamento axial foi induzido porque as garras do equipamento de teste não permitem que o corpo de prova de torção apresente encurtamento quando o elemento for torcido em espirais. Essa tensão axial de tração (não mostrada na Figura 6.8) muda o plano de máxima tensão de cisalhamento de um plano transversal para um plano oblíquo (resultando em uma superfície inclinada de ruptura).[3]

A flambagem é uma *falha de estabilidade* (*instabilidade estrutural*). O fenômeno da instabilidade estrutural é analisado no Capítulo 16.

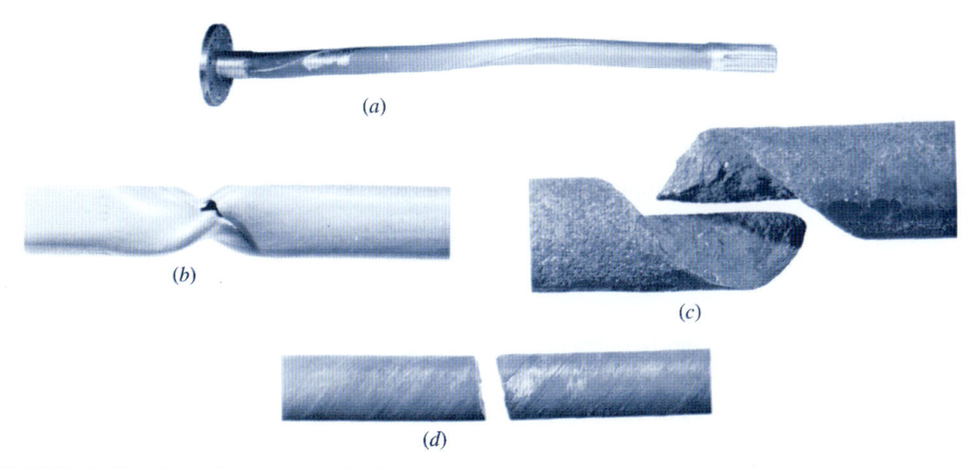

FIGURA 6.10 Fotos de rupturas reais de eixos.

6.5 DEFORMAÇÕES CAUSADAS PELA TORÇÃO

Se as tensões de cisalhamento em um eixo estiverem abaixo do limite de proporcionalidade do material do eixo (isto é, ação elástica), então a Lei de Hooke, $\tau = G\gamma$, relacionará a tensão cisalhante com a distorção no elemento estrutural sujeito a torção. A relação entre a tensão cisalhante em um eixo em qualquer coordenada radial ρ e o torque T é dada pela Equação (6.6):

$$\tau_p = \frac{T\rho}{J} \tag{6.6}$$

[3] A tensão de tração não se deve totalmente às garras porque a deformação plástica dos elementos externos da barra é consideravelmente maior do que a dos elementos internos. Isso resulta em uma tensão de tração espiral nos elementos externos e uma tensão similar de compressão nos elementos internos.

A deformação de cisalhamento está relacionada com o ângulo de torção por unidade de comprimento pela Equação (6.1):

$$\gamma = \rho \frac{d\phi}{dx} \tag{6.1}$$

As Equações (6.6) e (6.1) podem ser substituídas na Lei de Hooke:

$$\tau_\rho = G\gamma \qquad \therefore \frac{T\rho}{J} = G\rho \frac{d\phi}{dx}$$

para exprimir o ângulo de torção por unidade de comprimento em termos do torque T.

$$\frac{d\phi}{dx} = \frac{T}{JG} \tag{6.11}$$

MecMovies 6.2 apresenta uma animação sobre a obtenção do ângulo de torção.

Para obter o ângulo de torção para um determinado segmento do eixo, a Equação (6.11) pode ser integrada em relação à coordenada longitudinal x ao longo do comprimento L do segmento:

$$\int d\phi = \int_L \frac{T}{JG} dx$$

Se o eixo for homogêneo (isto é, G constante) e prismático (significando diâmetro constante e, por sua vez, J constante) e se o eixo tiver um torque interno T constante, então o *ângulo de torção* ϕ do eixo pode ser expresso como

$$\phi = \frac{TL}{JG} \tag{6.12}$$

As unidades de ϕ são radianos, tanto no SI como no sistema usado nos EUA (U.S. Customary System).

Alternativamente, a Lei de Hooke e as Equações (6.1), (6.2), (6.5) e (6.6) podem ser combinadas para fornecer relações complementares para o ângulo de torção:

$$\phi = \frac{\gamma_\rho L}{\rho} = \frac{\tau_\rho L}{\rho G} = \frac{\tau_{\text{máx}} L}{cG} \tag{6.13}$$

Essas relações são usadas com frequência em problemas de especificação dupla, como aqueles onde são especificados valores limitantes tanto para ϕ como para τ.

Para reiterar, as Equações (6.12) e (6.13) podem ser usadas para calcular o ângulo de torção ϕ apenas se o elemento estrutural sujeito a torção

- for homogêneo (isto é, G constante).
- for prismático (isto é, diâmetro constante e, por sua vez, J constante), e
- tiver um torque interno constante T.

Se um elemento submetido a torção estiver sujeito a torques externos em pontos intermediários (isto é, outros pontos diferentes das extremidades) ou se ele consistir em vários diâmetros ou vários materiais, o elemento submetido a torção deve ser dividido em segmentos que satisfaçam as três exigências listadas anteriormente. Para elementos compostos submetidos a torção e constituídos de dois ou mais segmentos, o ângulo de torção global pode ser determinado somando algebricamente os ângulos de torção dos segmentos:

$$\phi = \sum_i \frac{T_i L_i}{J_i G_i} \tag{6.14}$$

em que T_i, L_i, G_i e J_i são o torque interno, o comprimento, o módulo de elasticidade transversal e o momento de inércia polar, respectivamente, para cada segmento i do elemento composto submetido a torção.

O valor total do ângulo de torção em um eixo (ou um elemento estrutural) é frequentemente uma consideração importante no projeto. O ângulo de torção ϕ determinado pelas Equações (6.12) e (6.13) aplica-se a um segmento de eixo com diâmetro constante que seja removido adequadamente de seções nas quais polias, acoplamentos ou outros dispositivos mecânicos estejam presentes (de forma que o princípio de Saint-Venant seja aplicável). Entretanto, na prática, é normal ignorar a distorção local em todas as conexões e calcular os ângulos de torção como se não houvesse descontinuidades.

ÂNGULOS DE ROTAÇÃO

Frequentemente torna-se necessário determinar os deslocamentos angulares em pontos específicos de um elemento estrutural composto submetido a torção ou dentro de um sistema de vários elementos submetidos a torção. Por exemplo, o funcionamento adequado de um sistema de eixos e engrenagens pode exigir que o deslocamento angular em uma determinada engrenagem não seja maior do que um valor limitante. O termo *ângulo de torção* relaciona-se com a deformação devida à torção em eixos ou segmentos de eixo. O termo *ângulo de rotação* é usado como referência ao deslocamento angular em um ponto específico no sistema sujeito a torção ou em componentes rígidos, como polias, engrenagens, acoplamentos e flanges.

6.6 CONVENÇÕES DE SINAIS UTILIZADAS EM PROBLEMAS DE TORÇÃO

Uma convenção de sinais consistente é muito útil na análise de elementos sujeitos a torção e em conjuntos de elementos sob torção. As seguintes convenções de sinais serão usadas para

- torque interno em eixos ou segmentos de eixos,
- ângulos de torção em eixos ou segmentos de eixos e
- ângulos de rotação em pontos específicos ou componentes rígidos.

CONVENÇÃO DE SINAIS PARA O TORQUE INTERNO

Especificamente, os momentos em geral e os torques internos são representados de forma conveniente por um vetor com seta de duas cabeças. Essa convenção se baseia na regra da mão direita.

- Dobre os dedos de sua mão direita na direção que o momento tende a girar. A direção que o seu polegar direito apontar indica a direção do vetor com seta de duas cabeças.
- Inversamente, aponte o polegar da mão direita na direção do vetor com seta de duas cabeças e os dedos de sua mão direita irão se dobrar na direção em que o momento tende a girar.

Um torque interno positivo em um eixo ou outro elemento sujeito a torção mostra tendência a um giro, no sentido da regra da mão direita, em torno da normal externa a uma seção exposta. Em outras palavras, um torque interno é positivo se a regra da mão direita apontar no sentido externo da superfície seccionada quando os dedos da mão direita estiverem dobrados na direção que o torque interno tende a girar. A convenção de sinais é ilustrada na Figura 6.11.

MecMovies 6.3 apresenta uma animação das convenções de sinais usada para o torque interno, ângulos de torção de elementos de eixos e ângulo de rotação.

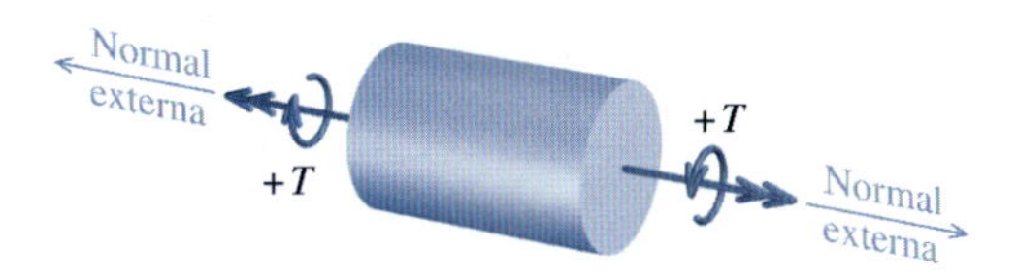

FIGURA 6.11 Convenção de sinais para o torque interno.

CONVENÇÃO PARA O ÂNGULO DE TORÇÃO

A convenção de sinais para ângulos de torção é consistente com a convenção de sinais do torque interno. Um ângulo de torção ϕ positivo em um eixo ou em outro elemento estrutural sujeito a torção age no sentido da regra da mão direita em torno da normal externa a uma seção exposta. Em outras palavras

- Em uma seção exposta de elemento sujeito a torção, dobre os dedos da sua mão direita na direção da deformação de torção.
- Se o polegar de sua mão direita apontar para fora, no sentido externo à superfície seccionada, o ângulo de torção é positivo.

A convenção de sinais está ilustrada na Figura 6.12.

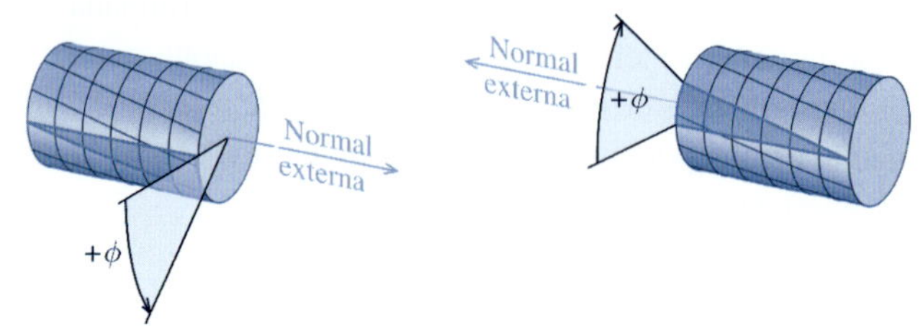

FIGURA 6.12 Convenção de sinais para o ângulo de torção.

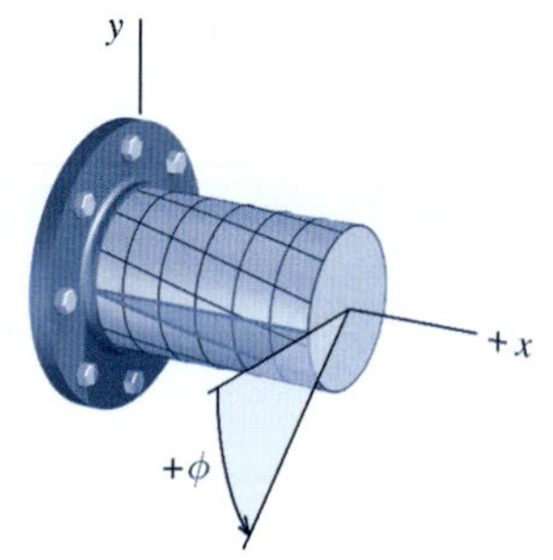

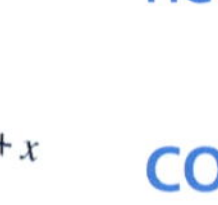

FIGURA 6.13 Convenção de sinais para os ângulos de rotação.

CONVENÇÃO DE SINAIS PARA O ÂNGULO DE ROTAÇÃO

Seja o eixo longitudinal de uma barra definida como o eixo x. Um ângulo de rotação positivo atua no sentido da regra da mão direita em torno do eixo x positivo. Para essa convenção de sinais, deve ser definida uma origem para o sistema de coordenadas do elemento sujeito a torção. Se forem consideradas duas barras, então os dois eixos positivos x devem apontar para a mesma direção. Essa convenção de sinais está ilustrada na Figura 6.13.

EXEMPLO 6.1

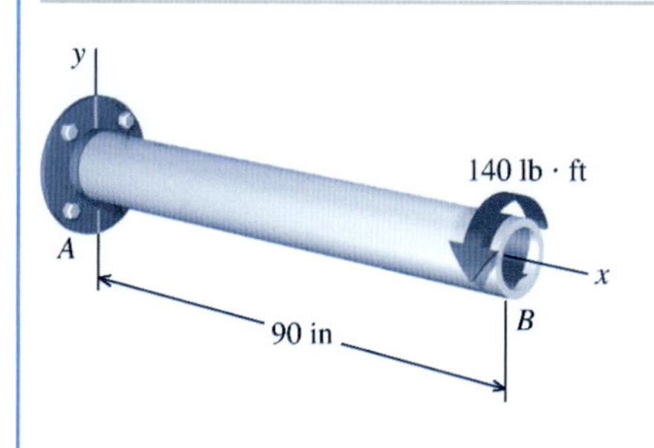

Um eixo circular oco de aço com diâmetro externo de 1,50 in (3,81 cm) e espessura de parede de 0,125 in (0,318 cm) está sujeito ao torque puro de 140 lb · ft (189,81 N · m). O eixo tem 90 in (228,6 cm) de comprimento. O módulo de elasticidade transversal do aço é $G = 12.000$ ksi (82,74 GPa). Determine:

(a) a tensão cisalhante máxima no eixo.
(b) o valor do ângulo de torção no eixo.

Planejamento da Solução

Será usada a fórmula da torção no regime elástico [Equação (6.5)] para calcular a tensão cisalhante máxima e a equação do ângulo de torção [Equação (6.12)] para determinar o ângulo de torção no eixo oco.

SOLUÇÃO

Será necessário conhecer o valor do momento de inércia polar J para o eixo oco para esses cálculos. O eixo tem diâmetro externo $D = 1{,}50$ in e espessura de parede $t = 0{,}125$ in. O diâmetro interno d do eixo é $d = D - 2t = 1{,}50 \text{ in} - 2(0{,}125 \text{ in}) = 1{,}25$ in. O momento de inércia polar do eixo oco é

$$J = \frac{\pi}{32}[D^4 - d^4] = \frac{\pi}{32}[(1{,}50 \text{ in})^4 - (1{,}25 \text{ in})^4 = 0{,}257325 \text{ in}^4$$

(a) A tensão cisalhante máxima é calculada utilizando a fórmula da torção no regime elástico

$$\tau = \frac{Tc}{J} = \frac{(140 \text{ lb} \cdot \text{ft})\,(1{,}50 \text{ in}/2)\,(12 \text{ in/ft})}{0{,}257325 \text{ in}^4} = 4.896{,}5 \text{ psi} = 4.900 \text{ psi } (33{,}78 \text{ MPa}) \quad \textbf{Resp.}$$

(b) O valor do ângulo de torção no eixo de 90 in de comprimento é

$$\phi = \frac{TL}{JG} = \frac{(140 \text{ lb} \cdot \text{ft})\,(90 \text{ in})\,(12 \text{ in/ft})}{(0{,}257325 \text{ in}^4)\,(12.000.000 \text{ lb/in}^2)} = 0{,}0490 \text{ rad} \quad \textbf{Resp.}$$

EXEMPLO 6.2

Um eixo de aço [G = 80 GPa] com 500 mm de comprimento está sendo projetado para transmitir um torque T = 20 N · m. A tensão cisalhante máxima no eixo não deve ser superior a 70 MPa e o ângulo de torção não deve ser superior a 3° no comprimento de 500 mm. Determine o diâmetro mínimo d exigido para o eixo.

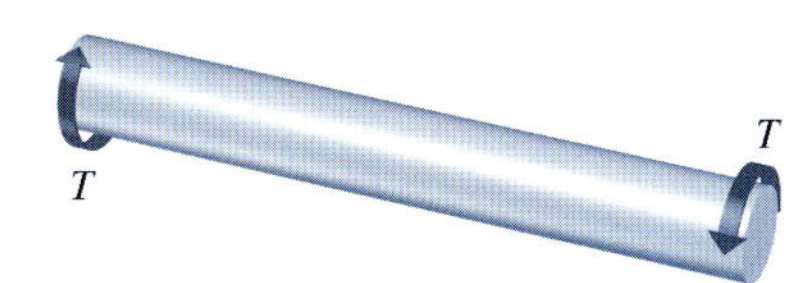

Planejamento da Solução

A fórmula da torção no regime elástico [Equação (6.5)] e a equação do ângulo de torção [Equação (6.12)] serão reorganizadas para que seja encontrado o diâmetro mínimo exigido para satisfazer cada uma das limitações. O maior dos dois diâmetros indicará o diâmetro mínimo d que pode ser usado no eixo.

SOLUÇÃO

A fórmula da torção no regime elástico relaciona à tensão cisalhante com o torque:

$$\tau = \frac{Tc}{J}$$

Neste caso, o torque e a tensão cisalhante admissível são conhecidos para o eixo. Reorganize a fórmula da torção no regime elástico, colocando os termos conhecidos no lado direito da equação:

$$\frac{J}{c} = \frac{T}{\tau}$$

Exprima o lado esquerdo dessa equação em termos do diâmetro d do eixo:

$$\frac{(\pi/32)d^4}{d/2} = \frac{\pi}{16}d^3 = \frac{T}{\tau}$$

e encontre o valor do diâmetro mínimo que irá satisfazer o limite de 80 MPa para a tensão cisalhante admissível:

$$d^3 \geq \frac{16}{\pi}\frac{T}{\tau} = \frac{16(20 \text{ N} \cdot \text{m})\,(1.000 \text{ mm/m})}{\pi\,(70 \text{ N/mm}^2)} = 1.455{,}1309 \text{ mm}^3$$

$$\therefore d \geq 11{,}33 \text{ mm}$$

O ângulo de torção no eixo não deve ser superior a 3° no comprimento de 500 mm. Reorganize a equação do ângulo de torção de forma que o momento polar de inércia J seja isolado no lado esquerdo da equação:

$$\phi = \frac{TL}{JG} \qquad \therefore J = \frac{TL}{G\phi}$$

Exprima o momento polar de inércia em termos do diâmetro d e encontre o valor do diâmetro mínimo que satisfaça o limite de 3°:

$$d^4 \geq \frac{32TL}{\pi G\phi} = \frac{32(20 \text{ N} \cdot \text{m})\,(500 \text{ mm})\,(1.000 \text{ mm/m})}{\pi\,(80.000 \text{ N/mm}^2)\,(3°)\,(\pi \text{ rad}/180°)} = 24.317{,}084 \text{ mm}^4$$

$$\therefore d \geq 12{,}49 \text{ mm}$$

Com base nesses dois cálculos, o diâmetro mínimo aceitável para o eixo é $d \geq 12{,}49$ mm. **Resp.**

EXEMPLO 6.3

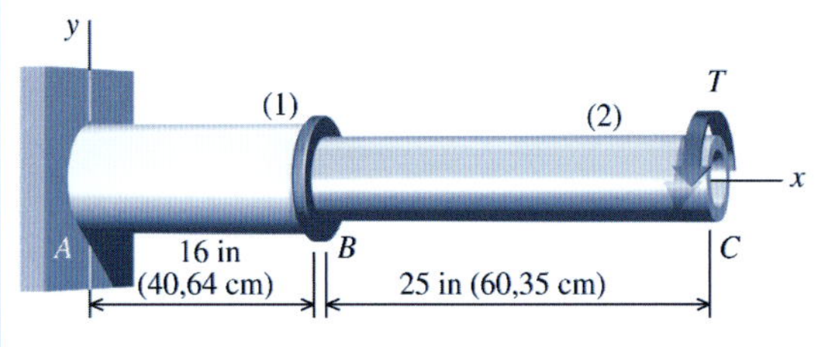

Um eixo composto consiste em um segmento maciço de alumínio (1) e um segmento oco de aço (2). O segmento (1) é um eixo maciço de alumínio com 1,625 in (4,128 cm) de diâmetro, tensão cisalhante admissível de 6.000 psi (41,37 MPa) e módulo de elasticidade transversal de 4×10^6 psi (27,58 GPa). O segmento (2) é um eixo oco de aço com diâmetro externo de 1,25 in (3,175 cm), espessura de parede de 0,125 in (0,318 cm), tensão cisalhante admissível de 9.000 psi (62,05 MPa) e módulo de elasticidade transversal de 11×10^6 psi (75,84 GPa). Além das tensões admissíveis, as especificações exigem que o ângulo de rotação da extremidade livre do eixo não seja superior a 2°. Determine o valor do maior torque T que pode ser aplicado ao eixo composto em C.

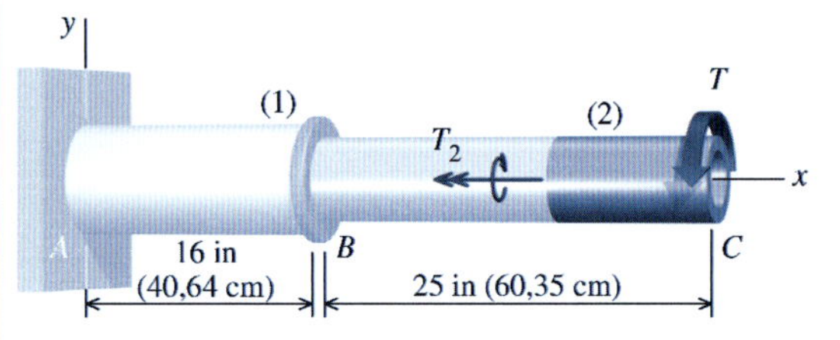

Planejamento da Solução

Para determinar o maior torque T que pode ser aplicado em C, a análise deve levar em consideração as tensões cisalhantes máximas e os ângulos de torção em ambos os segmentos de eixo.

SOLUÇÃO

Os torques internos que agem nos segmentos (1) e (2) podem ser determinados facilmente utilizando os diagramas de corpo livre dos cortes em cada segmento.

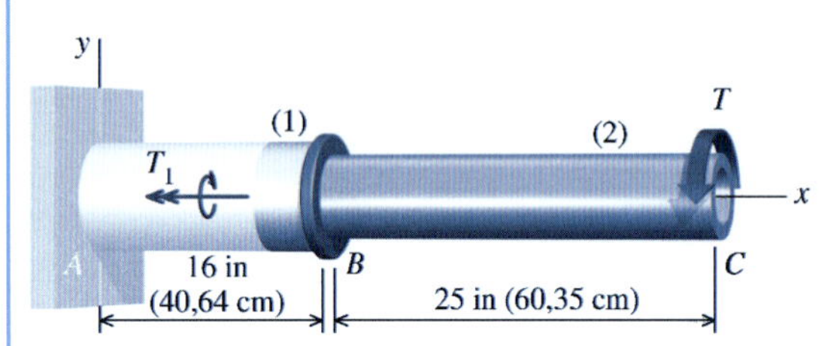

Corte um diagrama de corpo livre ao longo do segmento (2) e inclua a extremidade livre do eixo. Considere que atue um torque interno positivo T_2 no segmento (2). Obtém-se a seguinte equação de equilíbrio:

$$\Sigma M_x = T - T_2 = 0 \qquad \therefore T_2 = T$$

Repita o processo com um diagrama de corpo livre cortado ao longo do segmento (1) que inclua a extremidade livre do eixo. Desse diagrama de corpo livre, obtém-se uma equação de equilíbrio similar:

$$\Sigma M_x = T - T_1 = 0 \qquad \therefore T_1 = T$$

Portanto, o torque interno em ambos os segmentos do eixo é igual ao torque externo aplicado em C.

Tensão Cisalhante

Nesse eixo composto, os diâmetros e as tensões admissíveis nos segmentos (1) e (2) são conhecidos. A fórmula da torção no regime elástico pode ser reorganizada para que seja encontrado o torque que pode ser aplicado a cada segmento.

$$T_1 = \frac{\tau_1 J_1}{c_1} \qquad T_2 = \frac{\tau_2 J_2}{c_2}$$

O segmento (1) é um eixo maciço de alumínio com 1,625 in de diâmetro. O momento polar de inércia para esse segmento é

$$J_1 = \frac{\pi}{32}(1{,}625 \text{ in})^4 = 0{,}684563 \text{ in}^4$$

Use esse valor em conjunto com o valor da tensão cisalhante admissível de 6.000 psi para determinar o torque admissível T_1:

$$T_1 \leq \frac{\tau_1 J_1}{c_1} = \frac{(6.000 \text{ psi})(0{,}684563 \text{ in}^4)}{(1{,}625 \text{ in}/2)} = 5.055{,}2 \text{ lb} \cdot \text{in} \qquad \text{(a)}$$

O segmento (2) é um eixo oco de aço com diâmetro externo $D = 1{,}25$ in e espessura de parede $t = 0{,}125$ in. O diâmetro interno d desse segmento é $d = D - 2t = 1{,}25 \text{ in} - 2(0{,}125 \text{ in}) = 1{,}00$

in. O momento polar de inércia do segmento (2) é

$$J_2 = \frac{\pi}{32}[(1{,}2 \text{ in})^4 - (1{,}00 \text{ in})^4] = 0{,}141510 \text{ in}^4$$

Use esse valor em conjunto com o valor de tensão cisalhante admissível de 9.000 psi para determinar o torque admissível T_2:

$$T_2 \leq \frac{\tau_2 J_2}{c_2} = \frac{(9.000 \text{ psi})(0{,}141510 \text{ in}^4)}{(1{,}25 \text{ in}/2)} = 2.037{,}7 \text{ lb} \cdot \text{in} \qquad \text{(b)}$$

Ângulo de Rotação em *C*

Os ângulos de rotação nos segmentos (1) e (2) podem ser expressos como

$$\phi_1 = \frac{T_1 L_1}{J_1 G_1} \qquad \phi_2 = \frac{T_2 L_2}{J_2 G_2}$$

O ângulo de rotação em C é a soma desses dois ângulos de torção:

$$\phi_C = \phi_1 + \phi_2 = \frac{T_1 L_1}{J_1 G_1} + \frac{T_2 L_2}{J_2 G_2}$$

e como $T_1 = T_2 = T$,

$$\phi_C = T\left[\frac{L_1}{J_1 G_1} + \frac{L_2}{J_2 G_2}\right]$$

Encontrando o valor do torque interno T tem-se

$$\begin{aligned} T &\leq \frac{\phi_C}{\dfrac{L_1}{J_1 G_1} + \dfrac{L_2}{J_2 G_2}} \\ &\leq \frac{(2°)(\pi \text{ rad}/180°)}{\dfrac{16 \text{ in}}{(0{,}684563 \text{ in}^4)(4.000.000 \text{ psi})} + \dfrac{25 \text{ in}}{(0{,}141510 \text{ in}^4)(11.000.000 \text{ psi})}} \\ &= 1.593{,}6 \text{ lb} \cdot \text{in} \end{aligned} \qquad \text{(c)}$$

Torque Externo *T*

Compare os três limites de torque obtidos nas Equações (a), (b) e (c). Com base nos resultados, o torque externo máximo que pode ser aplicado ao eixo em C é

$$T = 1.594 \text{ lb} \cdot \text{in} = 132{,}8 \text{ lb} \cdot \text{ft} \; (180{,}1 \text{ N} \cdot \text{m})$$ **Resp.**

EXEMPLO 6.4

Um eixo maciço de aço [G = 80 GPa] com diâmetro variável está sujeito aos torques mostrados. O segmento (1) do eixo tem diâmetro de 36 mm, o segmento (2) tem diâmetro de 30 mm e o segmento (3) tem diâmetro de 25 mm. O suporte mostrado permite que o eixo gire livremente. Suportes adicionais foram omitidos em prol da clareza.

(a) Determine o torque interno nos segmentos (1), (2) e (3) do eixo. Desenhe um diagrama mostrando os torques internos em todos os segmentos do eixo. Use a convenção de sinais apresentada na Seção 6.6.

(b) Calcule o valor da tensão cisalhante máxima em cada segmento do eixo.

(c) Determine os ângulos de rotação ao longo do eixo medidos nas

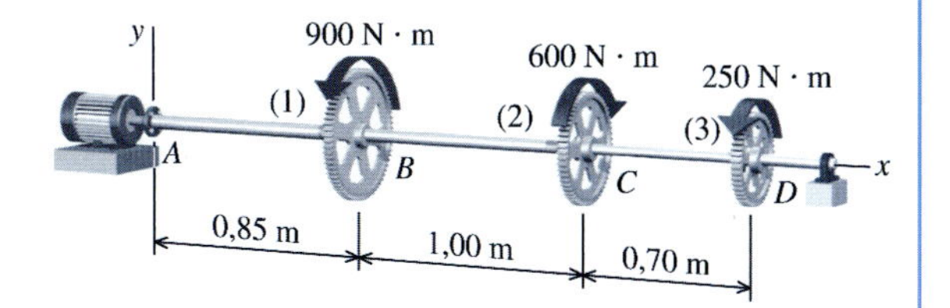

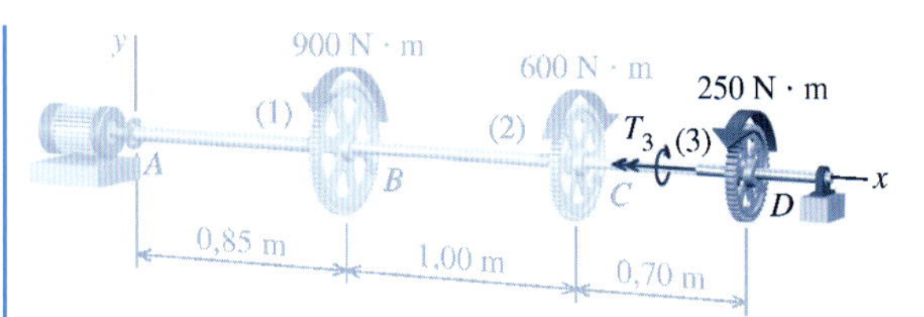

engrenagens B, C e D em relação ao flange A. Desenhe um diagrama mostrando os ângulos de rotação em todas as posições do eixo.

Planejamento da Solução

Os torques internos nos três segmentos de eixo serão determinados utilizando os diagramas de corpo livre e as equações de equilíbrio. Será usada a fórmula da torção no regime elástico [Equação (6.5)] para calcular a tensão cisalhante máxima. As equações do ângulo de torção [Equações (6.12) e (6.14)] serão usadas para determinar a torção em cada um dos eixos assim como o ângulo de rotação nas engrenagens B, C e D.

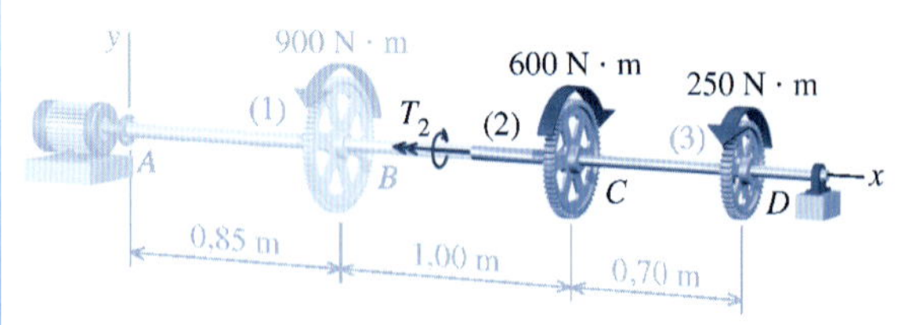

SOLUÇÃO

Equilíbrio

Considere um diagrama de corpo livre que corte o segmento de eixo (3) e inclua a extremidade livre do eixo. Suponha que atue um torque interno positivo T_3 no segmento (3). A equação de equilíbrio obtida para esse diagrama de corpo livre fornece o torque interno no segmento (3) do eixo.

$$\Sigma M_x = 250\ \text{N}\cdot\text{m} - T_3 = 0$$
$$\therefore T_3 = 250\ \text{N}\cdot\text{m}$$

Similarmente, o torque interno no segmento (2) é encontrado utilizando a equação de equilíbrio obtida de um diagrama de corpo livre cortado através do segmento (2) do eixo. Considere que atue um torque interno positivo T_2 no segmento (2).

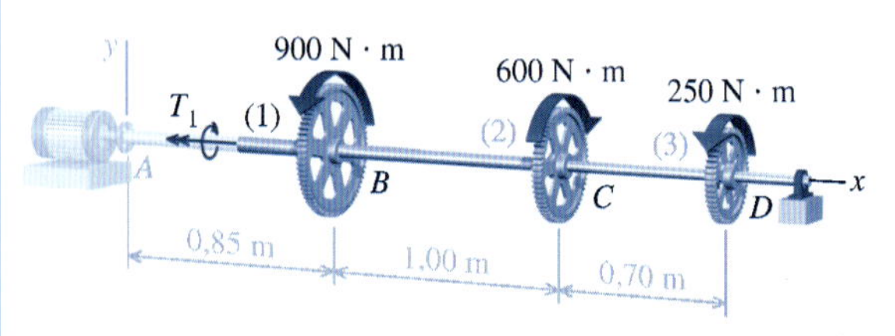

$$\Sigma M_x = 250\ \text{N}\cdot\text{m} - 600\ \text{N}\cdot\text{m} - T_2 = 0$$
$$\therefore T_2 = -350\ \text{N}\cdot\text{m}$$

E para o segmento (1),

$$\Sigma M_x = 250\ \text{N}\cdot\text{m} - 600\ \text{N}\cdot\text{m} + 900\ \text{N}\cdot\text{m} - T_1 = 0$$
$$\therefore T_1 = 550\ \text{N}\cdot\text{m}$$

É produzido um diagrama de torques colocando esses três torques em um gráfico.

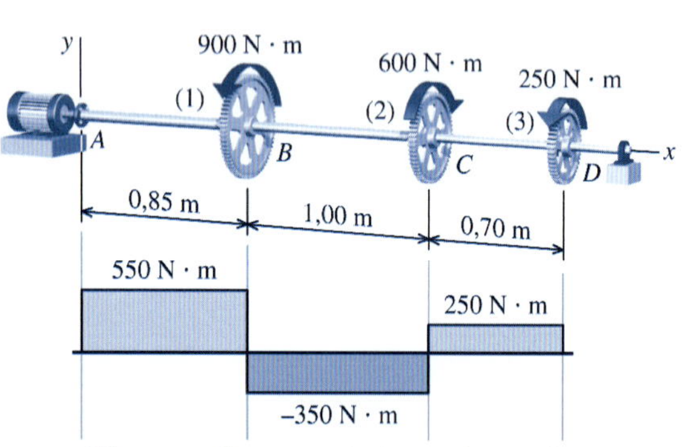

Diagrama de momento torçor (torque) interno para o eixo composto.

Momentos Polares de Inércia

Será usada a fórmula da torção no regime elástico para calcular a tensão cisalhante máxima em cada segmento. Para esse cálculo, devem ser conhecidos os momentos polares de inércia de cada segmento. O segmento (1) é um eixo macio com 36 mm de diâmetro. O momento polar de inércia para esse segmento de eixo é

$$J_1 = \frac{\pi}{32}(36\ \text{mm})^4 = 164.895{,}9\ \text{mm}^4$$

O segmento de eixo (2), que é um eixo maciço com 30 mm de diâmetro, tem momento polar de inércia de

$$J_2 = \frac{\pi}{32}(30\ \text{mm})^4 = 79.521{,}6\ \text{mm}^4$$

O momento polar de inércia do segmento de eixo (3), que é um eixo maciço com 25 mm de diâmetro, tem o valor de

$$J_3 = \frac{\pi}{32}(25\ \text{mm})^4 = 38.349{,}5\ \text{mm}^4$$

Tensões Cisalhantes

O valor absoluto da maior tensão cisalhante em cada segmento pode ser calculado usando a fórmula da torção no regime elástico:

$$\tau_1 = \frac{T_1 c_1}{J_1} = \frac{(550 \text{ N} \cdot \text{m})(36 \text{ mm}/2)(1.000 \text{ mm/m})}{164.895,9 \text{ mm}^4} = 60,0 \text{ MPa}$$

$$\tau_2 = \frac{T_2 c_2}{J_2} = \frac{(350 \text{ N} \cdot \text{m})(30 \text{ mm}/2)(1.000 \text{ mm/m})}{79.521,6 \text{ mm}^4} = 66,0 \text{ MPa}$$

$$\tau_3 = \frac{T_3 c_3}{J_3} = \frac{(250 \text{ N} \cdot \text{m})(25 \text{ mm}/2)(1.000 \text{ mm/m})}{38.349,5 \text{ mm}^4} = 81,5 \text{ MPa}$$

Ângulos de Torção

Antes de serem determinados os ângulos de rotação, devem ser encontrados os ângulos de torção de cada segmento. No cálculo anterior, o sinal do torque interno não foi levado em consideração porque era desejado apenas o *valor absoluto* da tensão cisalhante. Para os cálculos dos ângulos de torção aqui, deve ser incluído o sinal do torque interno.

$$\phi_1 = \frac{T_1 L_1}{J_1 G_1} = \frac{(550 \text{ N} \cdot \text{m})(850 \text{ mm})(1.000 \text{ mm/m})}{(164.895,9 \text{ mm}^4)(80.000 \text{ N/mm}^2)} = 0,035439 \text{ rad}$$

$$\phi_2 = \frac{T_2 L_2}{J_2 G_2} = \frac{(-350 \text{ N} \cdot \text{m})(1.000 \text{ mm})(1.000 \text{ mm/m})}{(79.521,6 \text{ mm}^4)(80.000 \text{ N/mm}^2)} = -0,055017 \text{ rad}$$

$$\phi_3 = \frac{T_3 L_3}{J_3 G_3} = \frac{(250 \text{ N} \cdot \text{m})(700 \text{ mm})(1.000 \text{ mm/m})}{(38.349,5 \text{ mm}^4)(80.000 \text{ N/mm}^2)} = 0,057041 \text{ rad}$$

Ângulos de Rotação

Os ângulos de torção podem ser definidos em termos dos ângulos de rotação nas extremidades de cada segmento:

$$\phi_1 = \phi_B - \phi_A \qquad \phi_2 = \phi_C - \phi_B \qquad \phi_3 = \phi_D - \phi_C$$

A origem do sistema de coordenadas está localizada no flange A. Arbitrariamente, será definido o ângulo de rotação no flange A como igual a zero ($\phi_A = 0$). O ângulo de rotação na engrenagem B pode ser calculado utilizando o ângulo de torção do segmento (1):

$$\phi_1 = \phi_B - \phi_A$$

$$\therefore \phi_B = \phi_A + \phi_1 = 0 + 0,035439 \text{ rad} = 0,035439 \text{ rad} = 0,0354 \text{ rad}$$

Similarmente, o ângulo de rotação em C é determinado utilizando o ângulo de torção do segmento (2) e o ângulo de rotação da engrenagem B:

$$\phi_2 = \phi_C - \phi_B$$

$$\therefore \phi_C = \phi_B + \phi_2 = 0,035439 \text{ rad} + (-0,055017 \text{ rad}) = -0,019578 \text{ rad} = -0,01958 \text{ rad}$$

E, por fim, o ângulo de rotação na engrenagem D é

$$\phi_3 = \phi_D - \phi_C$$

$$\therefore \phi_D = \phi_C + \phi_3 = -0,019578 \text{ rad} + 0,057041 \text{ rad} = 0,037464 \text{ rad} = 0,0375 \text{ rad}$$

Um gráfico dos resultados para os ângulos de rotação pode ser adicionado ao diagrama de torques para fornecer um relatório completo desse eixo composto de três segmentos.

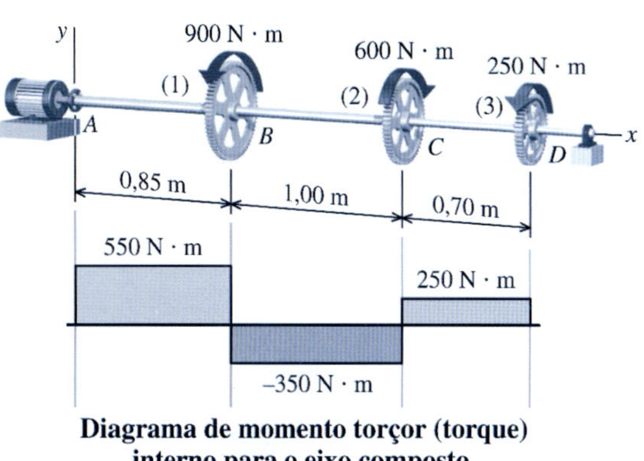

Diagrama de momento torçor (torque) interno para o eixo composto.

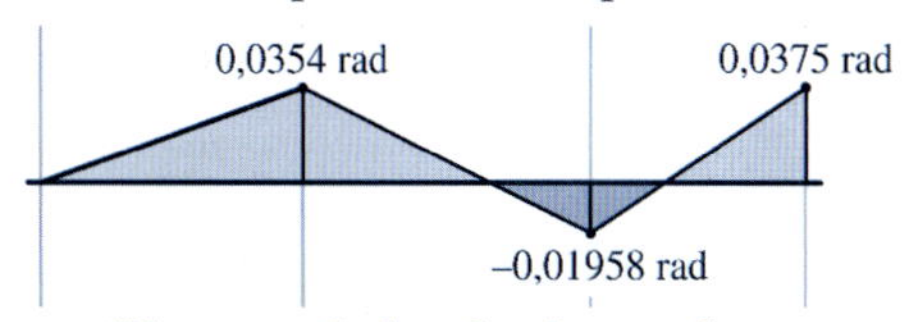

Diagrama de ângulos de rotação para o eixo composto.

Exemplo do MecMovies M6.4

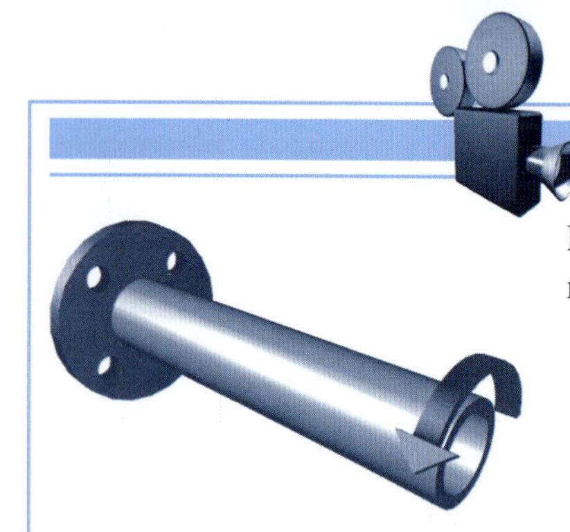

Determine o torque T que causa a tensão cisalhante máxima de 50 MPa no eixo oco. O diâmetro externo do eixo é 40 mm e a espessura da parede é 5 mm.

Exemplo do MecMovies M6.5

Determine o diâmetro mínimo admissível para o eixo maciço sujeito a um torque de 5 kN · m. A tensão admissível para o eixo é de 65 MPa.

Exemplo do MecMovies M6.6

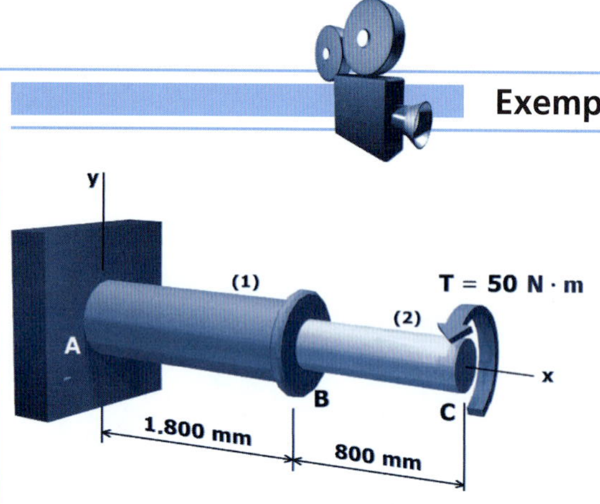

É aplicado um único torque de $T = 50$ kN · m ao elemento estrutural composto submetido a torção. O segmento (1) é uma haste maciça de latão [$G = 37$ GPa] com 32 mm de diâmetro. O segmento (2) é uma haste sólida de alumínio [$G = 26$ GPa]. Determine o diâmetro mínimo do segmento de alumínio se o ângulo de rotação em C em relação ao apoio A não deve ser maior do que 3°.

Exemplo do MecMovies M6.7

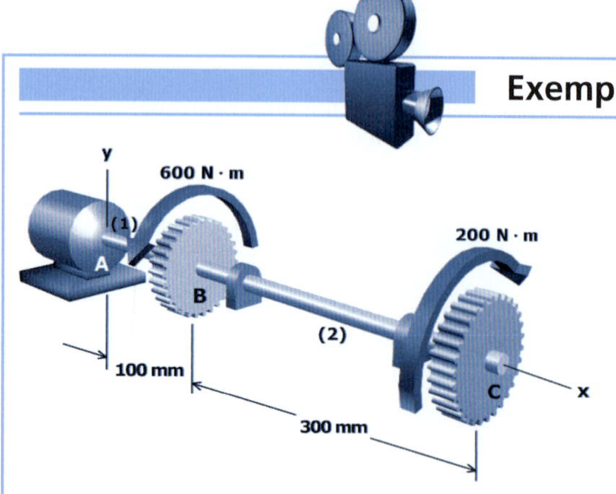

Um eixo (árvore) de transmissão maciço e circular conecta um motor às engrenagens B e C. O torque na engrenagem B é 600 N · m e o torque na engrenagem C é 200 N · m, atuando na direção mostrada na figura. O eixo de transmissão é de aço [$G = 66$ MPa] com diâmetro de 25 mm.

(a) Determine a tensão cisalhante máxima nos eixos (1) e (2).

(b) Determine o ângulo de rotação em C em relação a A.

Exemplo do MecMovies M6.8

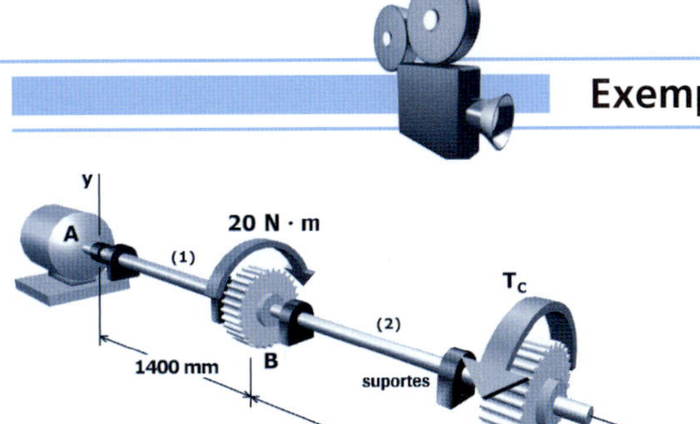

O eixo maciço de aço [$G = 80$ GPa] entre o acoplamento A e a engrenagem B tem diâmetro de 35 mm. Entre as engrenagens B e C, o diâmetro do eixo maciço é reduzido para 25 mm. Na engrenagem B, é aplicado ao eixo um torque concentrado de 20 N · m na direção indicada. Será aplicado um torque concentrado T_C na engrenagem C. Se o ângulo total de rotação em C não deve ser maior do que 1°, determine o valor absoluto do torque T_C que pode ser aplicado na direção mostrada.

EXERCÍCIOS do MecMovies

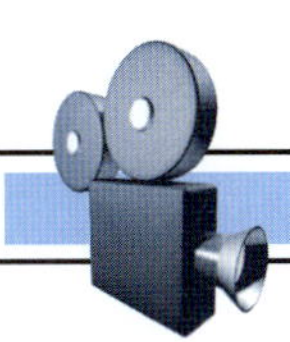

M6.1 Dez problemas básicos sobre torção envolvendo torques internos, tensões cisalhantes e ângulos de torção para o eixo composto de vários segmentos.

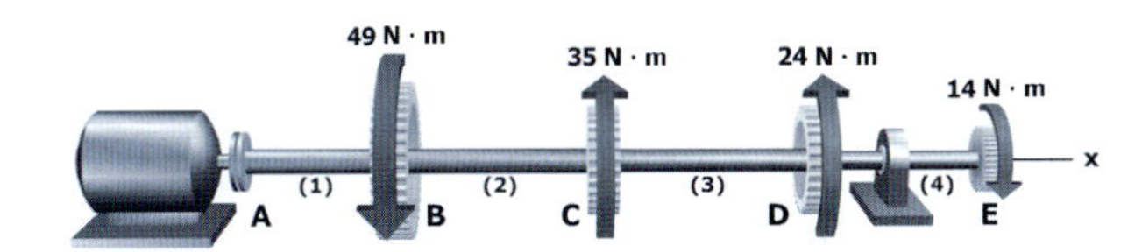

FIGURA M6.1

PROBLEMAS

P6.1 Um eixo circular maciço de aço com diâmetro externo $d = 0{,}75$ in (1,905 cm) está sujeito a um torque puro $T = 650$ lb · in (73,44 N · m). Determine a tensão cisalhante máxima no eixo.

P6.2 Um eixo oco de alumínio com diâmetro externo de 80 mm e espessura de parede de 5 mm tem tensão cisalhante admissível de 75 MPa. Determine o torque máximo T que pode ser aplicado ao eixo.

P6.3 Um eixo oco de aço com diâmetro externo de 100 mm e espessura de parede de 10 mm está sujeito a um torque puro $T = 5.500$ N · m. Determine:

(a) a tensão cisalhante máxima no eixo oco.

(b) o diâmetro mínimo de um eixo maciço de aço para o qual a tensão cisalhante mínima seja a mesma que a do item (a) para o mesmo torque T.

P6.4 Um eixo composto consiste em dois segmentos de tubos. O segmento (1) tem diâmetro externo de 200 mm e espessura de parede de 10 mm. O segmento (2) tem diâmetro externo de 150 mm e espessura de parede de 10 mm. O eixo está sujeito aos torques $T_B = 42$ kN · m e $T_C = 18$ kN · m, que agem nas direções mostradas na Figura P6.4/5. Determine o valor absoluto da tensão cisalhante máxima em cada segmento do eixo.

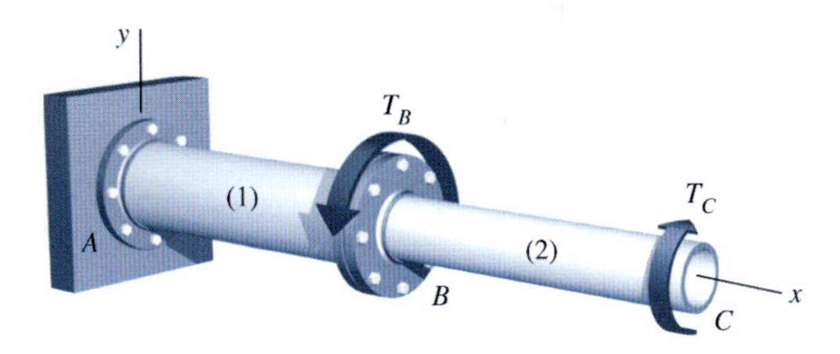

FIGURA P6.4/5

P6.5 Um eixo composto consiste em dois segmentos de tubos. O segmento (1) tem diâmetro externo de 10,75 in (27,305 cm) e espessura de parede de 0,365 in (0,927 cm). O segmento (2) tem diâmetro externo de 6,625 in (16,828 cm) e espessura de parede de 0,280 in (0,711 cm). O eixo está sujeito aos torques $T_B = 60$ kip · ft (81,349 kN · m) e $T_C = 24$ kip · ft (32,54 kN · m), que agem nas direções mostradas na Figura P6.4/5. Determine a tensão cisalhante máxima em cada segmento do eixo.

P6.6 Um eixo composto (Figura P6.6/7) consiste em um segmento de latão (1) e um segmento de alumínio (2). O segmento (1) é um eixo maciço de latão com diâmetro externo de 0,625 in (1,5875) e tensão cisalhante admissível de 6.000 psi (41,37 MPa). O segmento (2) é um eixo maciço de alumínio com diâmetro externo de 0,50 in (1,27 cm) e tensão cisalhante admissível de 9.000 psi (62,05 MPa). Determine o valor absoluto do maior torque T_C que pode ser aplicado em C.

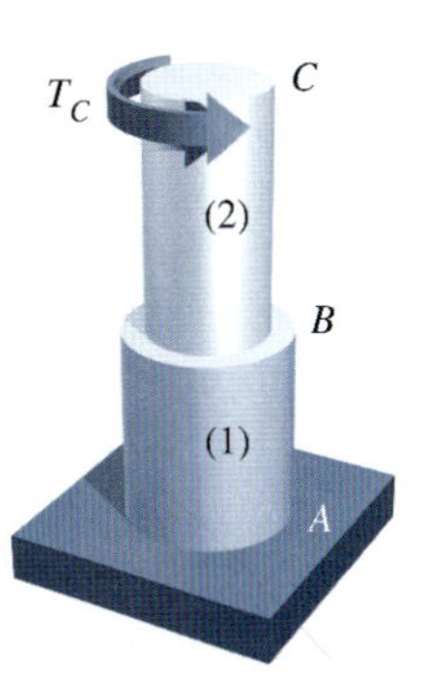

FIGURA P6.6/7

P6.7 Um eixo composto (Figura P6.6/7) consiste em um segmento de latão (1) e um segmento de alumínio (2). O segmento (1) é um eixo maciço de latão com tensão cisalhante admissível de 60 MPa. O segmento (2) é um eixo maciço de alumínio com tensão cisalhante admissível de 90 MPa. Se for aplicado um torque de T_C = 23.000 N · m em C, determine o diâmetro mínimo exigido do:

(a) eixo de latão.
(b) eixo de alumínio.

P6.8 Um eixo maciço com 0,75 in (1,905 cm) de diâmetro está sujeito aos torques mostrados na Figura 6.8. Os suportes mostrados permitem que o eixo gire livremente.

(a) Desenhe um diagrama de torques mostrando o torque interno nos segmentos (1), (2) e (3) do eixo. Use a convenção de sinais apresentada na Seção 6.6.
(b) Determine o valor da tensão cisalhante máxima no eixo.

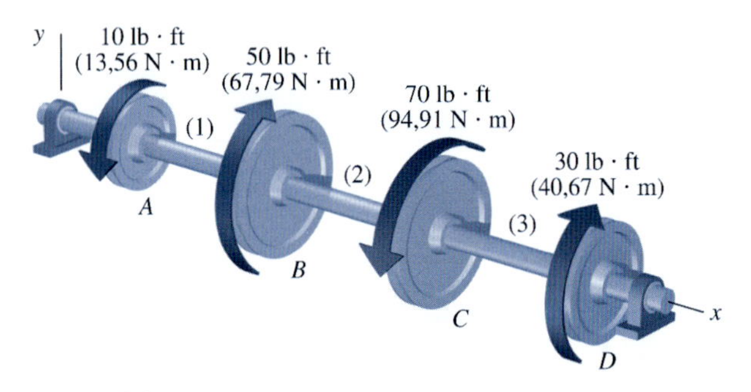

FIGURA P6.8

P6.9 Um eixo maciço e com diâmetro constante está sujeito aos torques mostrados na Figura P6.9. Os suportes mostrados permitem que o eixo gire livremente.

(a) Desenhe um diagrama de torques mostrando o torque interno nos segmentos (1), (2) e (3) do eixo. Use a convenção de sinais apresentada na Seção 6.6.
(b) Se a tensão cisalhante admissível no eixo for de 80 MPa, determine o diâmetro mínimo aceitável para o eixo.

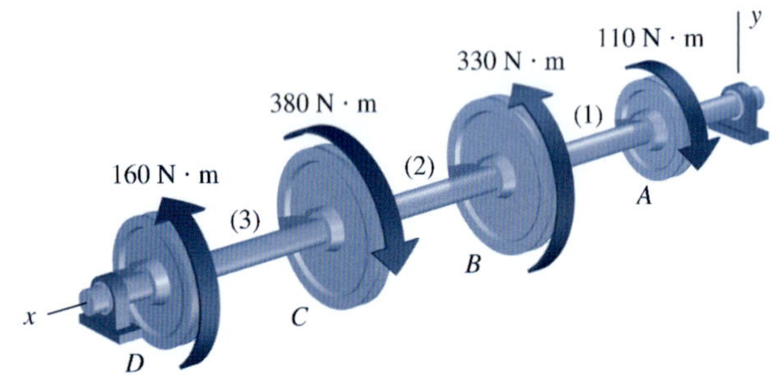

FIGURA P6.9

P6.10 Um eixo circular maciço de aço com diâmetro externo de 1,25 in (3,175 cm) está sujeito a um torque puro de T = 2.200 lb · in (248,57 N · m). O módulo de elasticidade transversal do aço é G = 12.000 ksi (82,74 GPa). Determine:

(a) a tensão cisalhante máxima no eixo.
(b) o valor do ângulo de torção no comprimento de 6 ft (1,829 m) do eixo.

P6.11 Um eixo circular maciço de aço com diâmetro externo de 35 mm está sujeito a um torque puro T = 640 N · m. O módulo de elasticidade transversal do aço é G = 80 GPa. Determine:

(a) a tensão cisalhante máxima no eixo.
(b) o valor do ângulo de torção em um comprimento de 1,5 m do eixo.

P6.12 Um eixo oco de aço com diâmetro externo de 85 mm e espessura de parede de 10 mm está sujeito a um torque puro T = 7.000 N · m. O módulo de elasticidade transversal do aço é G = 80 GPa. Determine:

(a) a tensão cisalhante máxima no eixo.
(b) o valor do ângulo de torção em um comprimento de 2,5 m do eixo.

P6.13 Um eixo maciço de aço inoxidável [G = 12.500 ksi (86,18 GPa)] com 72 in (182,88 cm) de comprimento estará sujeito a um torque puro T = 900 lb · in (101,69 N · m). Determine o diâmetro mínimo exigido uma vez que a tensão cisalhante não pode superar 8.000 psi (55,16 MPa) e o ângulo de torção não deve superar 5°. Indique tanto a tensão cisalhante máxima τ como o ângulo de torção ϕ para esse diâmetro mínimo.

P6.14 Um eixo maciço de aço inoxidável [G = 86 GPa] com 2,0 m de comprimento estará sujeito a um torque puro T = 75 N · m. Determine o diâmetro mínimo exigido uma vez que a tensão cisalhante não deve superar 50 MPa e o ângulo de torção não deve superar 4°. Indique tanto a tensão cisalhante máxima τ como o ângulo de torção ϕ para esse diâmetro mínimo.

P6.15 Um eixo oco de aço [G = 12.000 ksi (82,74 GPa)] com diâmetro externo de 3,50 in (8,89 cm) estará sujeito a um torque puro T = 3.750 lb · ft (5,084 kN · m). Determine o diâmetro interno máximo d que pode ser usado se a tensão cisalhante não deve ser maior do que 8.000 psi (55,16 MPa) e o ângulo de torção não deve ser maior do que 3° em um eixo com 8 ft (2,438 m) de comprimento. Indique tanto a tensão cisalhante máxima τ como o ângulo de torção ϕ para esse diâmetro interno máximo.

P6.16 Um eixo composto de aço [G = 80 GPa] (Figura P6.16) consiste em um segmento maciço (1) com 55 mm de diâmetro e um segmento maciço (2) com 40 mm de diâmetro. A tensão cisalhante admissível do aço é 70 MPa e o ângulo de rotação máximo na extremidade livre do eixo composto deve estar limitado a $\phi_C \leq 3°$. Determine o valor do maior torque T_C que pode ser aplicado em C.

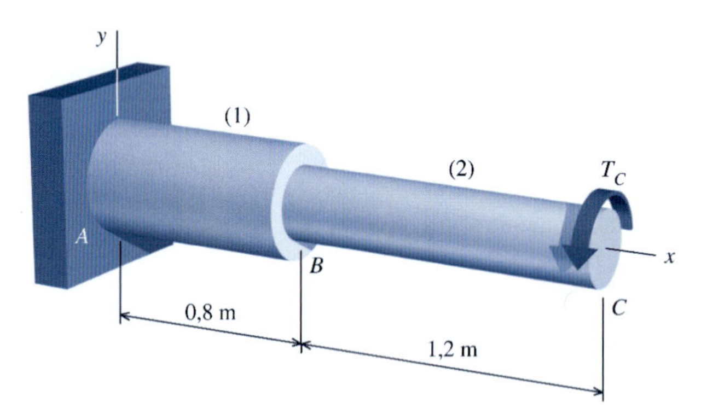

FIGURA P6.16

P6.17 Um eixo composto (Figura P6.17) consiste em um segmento de latão (1) e um segmento de alumínio (2). O segmento (1) é um eixo maciço de latão [G = 5.600 ksi (38,61 GPa)] com diâmetro interno de 1,75 in (4,445 cm) e tensão cisalhante admissível de 9.000 psi (62,05 MPa). O segmento (2) é um eixo maciço de alumínio [G = 4.000 ksi (27,58 GPa)] com diâmetro externo de 1,25 in (3,175 cm) e tensão cisalhante admissível de 12.000 ksi (82,74 GPa). O ângulo máximo de rotação na extremidade superior do eixo composto deve estar limitado a $\phi_C \leq 4°$. Determine o valor do maior torque T_C que pode ser aplicado em C.

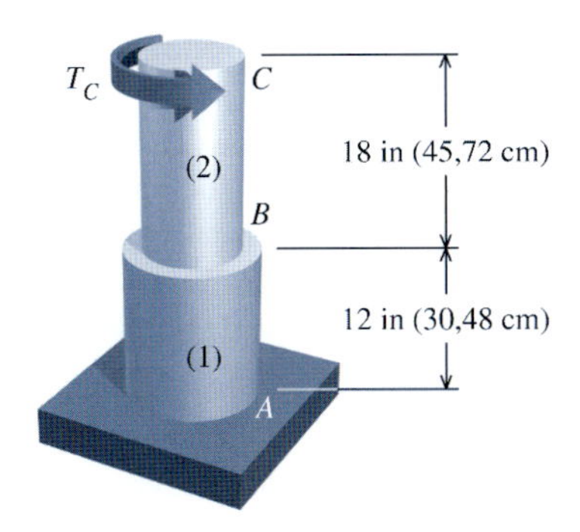

FIGURA P6.17

P6.18 Um eixo composto, de aço [G = 80 GPa], consiste nos segmentos maciços (1) e (3) com 30 mm de diâmetro e no segmento tubular (2), que tem diâmetro externo de 60 mm e diâmetro interno de 50 mm (Figura P6.18/19). Determine:

(a) a tensão cisalhante máxima no segmento tubular (2).
(b) o ângulo de torção no segmento tubular (2).
(c) o ângulo de rotação da engrenagem D em relação à engrenagem A.

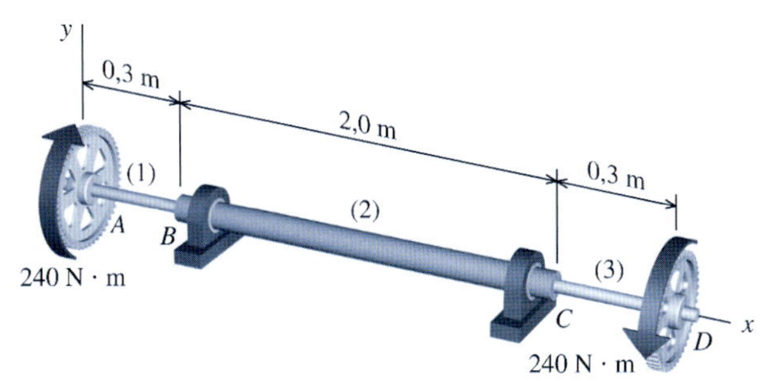

FIGURA P6.18/19

P6.19 Um eixo composto, de aço [G = 80 GPa], consiste nos segmentos maciços (1) e (3) com 40 mm de diâmetro e no segmento tubular (2), que diâmetro externo de 75 mm (Figura P6.18/19). Se o ângulo de rotação da engrenagem D em relação à engrenagem A não deve ser superior a 0,01 rad, determine o diâmetro interno máximo que pode ser usado para o segmento tubular (2).

P6.20 O eixo composto mostrado na Figura P6.20 consiste em um segmento de alumínio (1) e em um segmento de aço (2). O segmento de alumínio (1) é um tubo com diâmetro externo D_1 = 4,00 in (10,16 cm), espessura de parede t_1 = 0,25 in (0,635 cm) e módulo de elasticidade transversal G_1 = 4.000 ksi (27,58 GPa). O segmento de aço (2) é um tubo com diâmetro externo D_2 = 2,50 in (6,35 cm), espessura de parede t_2 = 0,125 in (0,318 cm) e módulo de elasticidade transversal G_2 = 12.000 ksi (82,74 GPa). O eixo composto está sujeito aos torques aplicados em B e C, conforme ilustra a Figura P6.20.

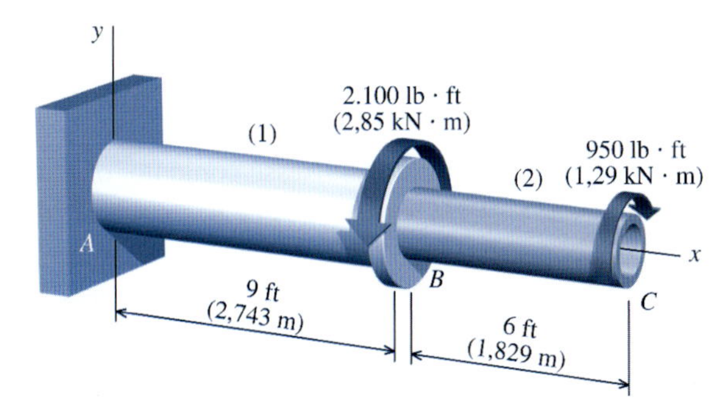

FIGURA P6.20

(a) Desenhe um diagrama que mostre o torque interno e a tensão cisalhante máxima nos segmentos (1) e (2) do eixo. Use a convenção de sinais apresentada na Seção 6.6.
(b) Determine o ângulo de rotação de B em relação ao apoio em A.
(c) Determine o ângulo de rotação de C em relação ao apoio em A.

P6.21 Um eixo maciço de aço [G = 12.000 ksi (82,74 GPa)], com diâmetro de 1,00 in (2,54 cm), está sujeito aos torques mostrados na Figura P6.21.

(a) Desenhe um diagrama que mostre o torque interno e a tensão cisalhante máxima nos segmentos (1), (2) e (3) do eixo. Use a convenção de sinais apresentada na Seção 6.6.
(b) Determine o ângulo de rotação da roldana em C em relação ao apoio em A.
(c) Determine o ângulo de rotação da roldana em D em relação ao apoio em A.

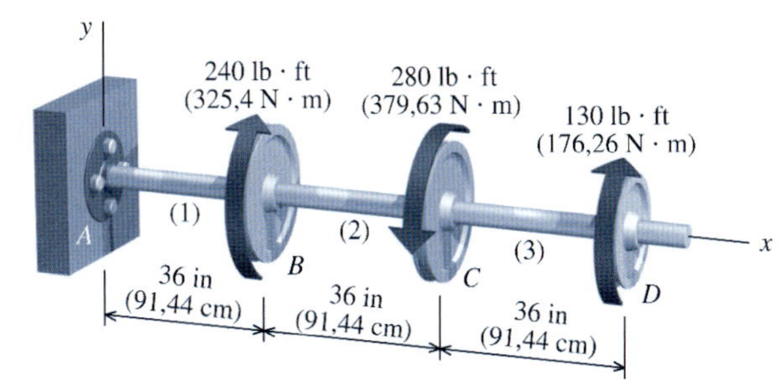

FIGURA P6.21

P6.22 Um eixo composto suporta várias roldanas conforme ilustra a Figura P6.22. Os segmentos (1) e (4) são eixos maciços, de aço [G = 80 GPa], com 25 mm de diâmetro. Os segmentos (2) e (3) são eixos maciços, de aço, com 50 mm de diâmetro. Os apoios mostrados permitem que o eixo gire livremente. Determine:

(a) a tensão cisalhante máxima no eixo composto.
(b) o ângulo de rotação da roldana D em relação à roldana B.
(c) o ângulo de rotação da roldana E em relação à roldana A.

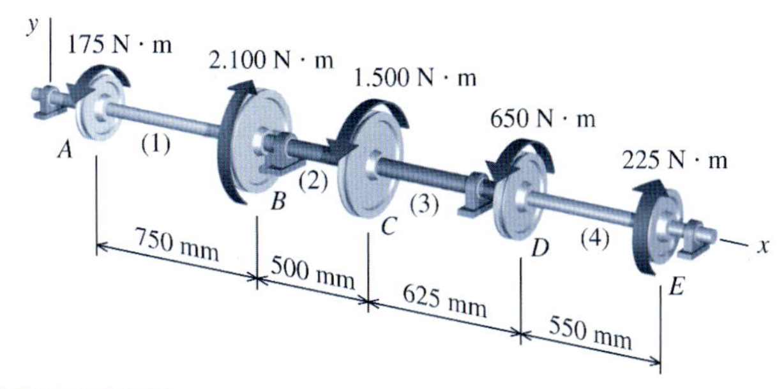

FIGURA P6.22

P6.23 Um eixo maciço de aço [G = 80 GPa] e com diâmetro variável está sujeito aos torques mostrados na Figura P6.23. O diâmetro do eixo nos segmentos (1) e (3) é 50 mm e o diâmetro do eixo no segmento (2) é 80 mm. Os apoios mostrados permitem que os eixos girem livremente. Determine:

(a) a tensão cisalhante máxima no eixo composto.
(b) o ângulo de rotação da roldana D em relação à roldana A.

P6.24 Um eixo composto comanda três engrenagens conforme mostra a Figura P6.24. Os segmentos (1) e (2) do eixo composto são tubos ocos de alumínio [G = 4.000 ksi (27,58 GPa)], com diâmetro externo de 3,00 in (7,62 cm) e espessura de parede de 0,25 in (0,635 cm). Os

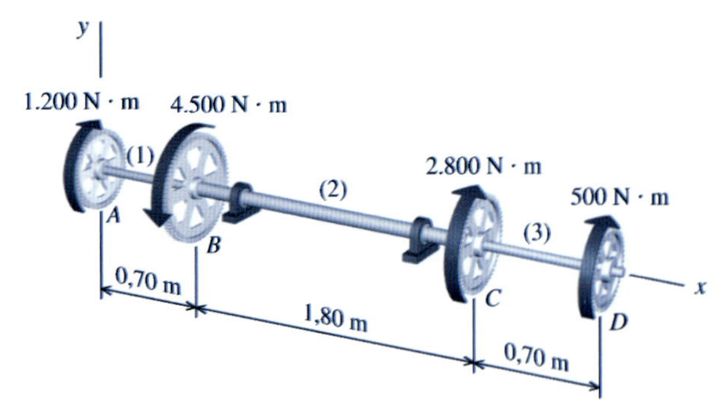

FIGURA P6.23

segmentos (3) e (4) são eixos maciços de aço [G = 12.000 ksi (82,74 GPa)] com diâmetro de 2,00 in (5,08 cm). Os apoios mostrados permitem que o eixo gire livremente. Determine:

(a) a tensão cisalhante máxima no eixo composto.
(b) o ângulo de rotação do flange C em relação ao flange A.
(c) o ângulo de rotação da engrenagem E em relação ao flange A.

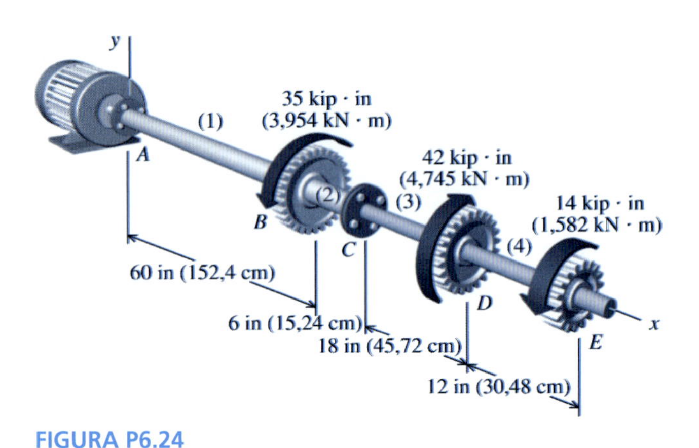

FIGURA P6.24

P6.25 Um eixo composto comanda várias roldanas, conforme mostra a Figura P6.25. Os segmentos (1) e (2) do eixo composto são tubos ocos de alumínio [G = 4.000 ksi (27,58 GPa)], com diâmetro externo de 3,00 in (7,62 cm) e espessura de parede de 0,125 in (0,318 cm). Os segmentos (3) e (4) são eixos maciços de aço [G = 12.000 ksi (82,74 GPa)] com 1,50 in (3,81 cm) de diâmetro. Os apoios mostrados permitem que o eixo gire livremente. Determine:

(a) a tensão cisalhante máxima no eixo composto.
(b) o ângulo de rotação do flange C em relação à roldana A.
(c) o ângulo de rotação da roldana E em relação à roldana A.

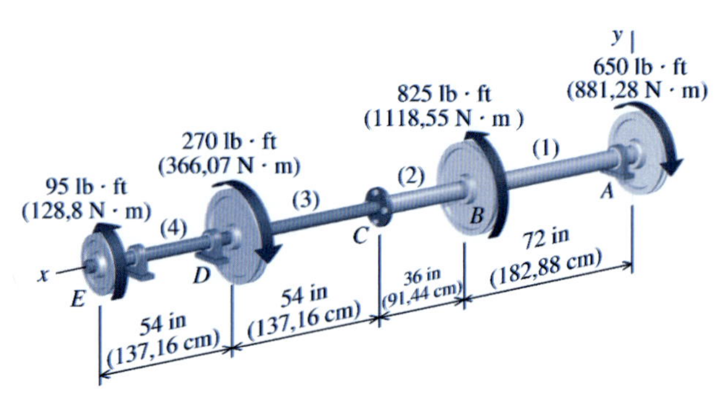

FIGURA P6.25

6.7 ENGRENAGENS EM CONJUNTOS SUJEITOS A TORÇÃO

As engrenagens são componentes fundamentais encontrados em muitos tipos de mecanismos e dispositivos—particularmente os dispositivos que são movidos por motores, elétricos ou à explosão. As engrenagens são usadas com muitas finalidades, como:

- transmitir torque de um eixo para outro,
- aumentar ou diminuir o torque em um eixo,
- aumentar ou diminuir a taxa de rotação de um eixo,
- mudar a direção da rotação de dois eixos, e
- mudar o movimento rotacional de uma orientação para outra; por exemplo, mudar a rotação em torno de um eixo horizontal para a rotação em torno de um eixo vertical.

Além disso, como as engrenagens possuem *dentes*, os eixos conectados por engrenagens estão sempre sincronizados entre si.

Um conjunto básico de engrenagens é mostrado na Figura 6.14. Nesse conjunto, o torque é transmitido do eixo (1) para o eixo (2) por meio das engrenagens A e B, que possuem raios R_A e R_B, respectivamente. O número de dentes de cada engrenagem é indicado por N_A e N_B. Admitem-se torques internos positivos T_1 e T_2 nos eixos (1) e (2). Para simplificar, os apoios necessários para suportar os dois eixos foram omitidos. Essa configuração será usada para ilustrar os relacionamentos básicos que envolvem torque, ângulo de rotação e velocidade de rotação em conjunto com engrenagens sujeitos a torção.

Para ilustrar o relacionamento entre os torques internos nos eixos (1) e (2), são mostrados, na Figura 6.15, os diagramas de corpo livre de cada engrenagem. Se o sistema deve estar em equilíbrio, então cada engrenagem deve satisfazer as condições de equilíbrio. Verifique o diagrama de corpo livre da engrenagem A. O torque interno T_1 que age no eixo (1), é transmitido diretamente para a engrenagem A. Esse torque faz com que a engrenagem A gire no sentido contrário ao dos ponteiros do relógio. À medida que as engrenagens A e B giram, os dentes da engrenagem B exercem uma força na engrenagem A que age tangencialmente a ambas as engrenagens. Essa força, que se opõe à rotação da engrenagem A, é indicada por F.

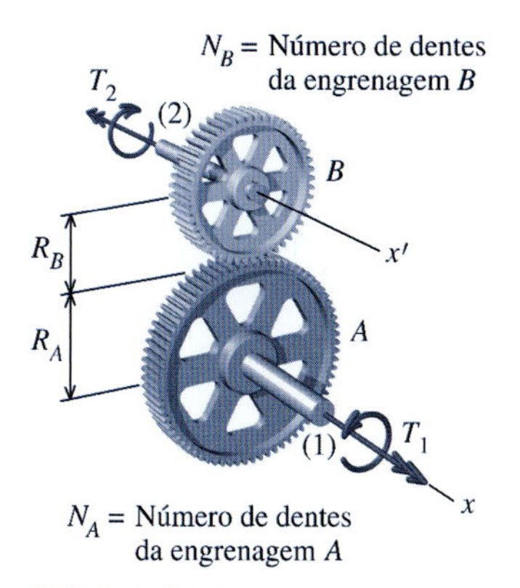

FIGURA 6.14 Conjunto básico de engrenagens.

Uma equação de equilíbrio de momentos em torno do eixo x fornece o relacionamento entre T_1 e F para a engrenagem A:

$$\Sigma M_x = T_1 - F \cdot R_A = 0 \qquad \therefore F = \frac{T_1}{R_A} \tag{a}$$

A seguir, verifique o diagrama de corpo livre da engrenagem B. Se os dentes da engrenagem B exercem uma força F na engrenagem A, então os dentes da engrenagem A devem exercer na engrenagem B uma força de valor absoluto idêntico, mas agindo em sentido oposto. Essa força faz com que a engrenagem B gire no sentido dos ponteiros do relógio. Uma equação de equilíbrio de momentos em torno do eixo x' fornece:

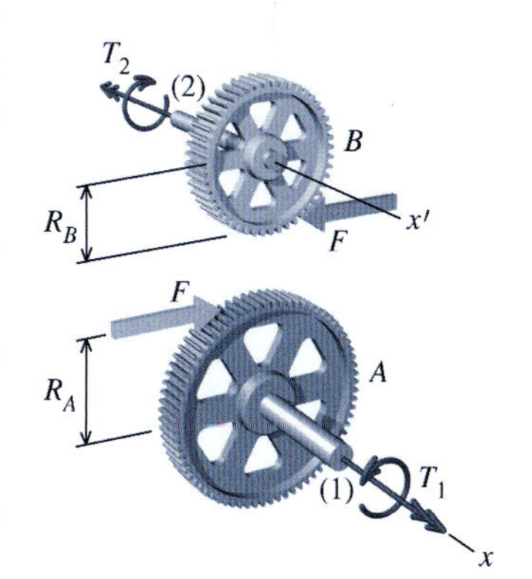

FIGURA 6.15 Diagramas de corpo livre das engrenagens A e B.

$$\Sigma M_{x'} = -F \cdot R_B - T_2 = 0 \tag{b}$$

Se a expressão de F determinada na Equação (a) for substituída na Equação (b), então o torque T_2 exigido para satisfazer o equilíbrio pode ser expresso em termos do torque T_1:

$$-\frac{T_1}{R_A} \cdot R_B - T_2 = 0 \qquad \therefore T_2 = -T_1 \frac{R_B}{R_A} \tag{c}$$

O valor absoluto de T_2 está relacionado com T_1 pela razão entre os dentes das engrenagens. Entretanto, como as duas engrenagens giram em direções opostas, o sinal de T_2 será oposto ao sinal de T_1.

Relação de Transmissão. A razão R_B/R_A na Equação (c) é chamada *relação* (ou *razão*) *de transmissão* (ou ainda *relação entre engrenagens*) e essa razão é o parâmetro principal que determina o relacionamento entre os eixos conectados por engrenagens. A relação de transmissão na Equação (c) é expressa em termos dos raios das engrenagens; entretanto, esse parâmetro pode ser expresso também em termos dos diâmetros das engrenagens ou dos dentes das engrenagens.

MecMovies 6.9 apresenta uma animação que ilustra as relações básicas das engrenagens para o torque, para os ângulos de rotação, para a velocidade de rotação e para a transmissão de potência.

O diâmetro D de uma engrenagem é simplesmente duas vezes seu raio R. De acordo com isso, a relação de transmissão na Equação (c) poderia ser expressa também como D_B/D_A, em que D_A e D_B são os diâmetros das engrenagens A e B, respectivamente.

Para as duas engrenagens se encaixarem de forma adequada, os dentes devem ter o mesmo tamanho. Em outras palavras, o comprimento de arco de um dente isolado, que é denominado *passo* p, deve ser o mesmo para ambas as engrenagens. A circunferência C das engrenagens A e B pode ser expressa tanto em termos dos raios das engrenagens:

$$C_A = 2\pi R_A \qquad C_B = 2\pi R_B$$

como em termos do passo p e do número de dentes N na engrenagem:

$$C_A = pN_A \qquad C_B = pN_B$$

As expressões das circunferências de cada engrenagem podem ser igualadas a essas expressões e assim ser encontrado o passo p de cada engrenagem:

$$p = \frac{2\pi R_A}{N_A} \qquad p = \frac{2\pi R_B}{N_B}$$

e como o passo dos dentes p deve ser o mesmo para ambas as engrenagens,

$$\frac{R_B}{R_A} = \frac{N_B}{N_A}$$

Em resumo, a relação de transmissão entre duas engrenagens quaisquer A e B pode ser expressa de maneira equivalente tanto pelos raios das engrenagens, como pelos diâmetros das engrenagens, ou pelos números de dentes das engrenagens.

$$\text{Relação de transmissão} = \frac{R_B}{R_A} = \frac{D_B}{D_A} = \frac{N_B}{N_A} \quad \text{(d)}$$

Ângulo de Rotação. Quando a engrenagem A girar um ângulo ϕ_A conforme mostra a Figura 6.16, o comprimento de arco s_A ao longo do perímetro da engrenagem A é $s_A = R_A\phi_A$. Similarmente, o comprimento de arco ao longo do perímetro da engrenagem B é $s_B = -R_B\phi_B$. Como os dentes de cada engrenagem devem ter o mesmo tamanho, os comprimentos de arco percorridos pelas duas engrenagens devem ter valor absoluto idêntico. Entretanto, as duas engrenagens giram em sentidos opostos, e se s_A e s_B forem igualados e for levado em conta o fato de as rotações acontecerem em sentidos opostos, então o ângulo de rotação ϕ_A pode ser expresso como

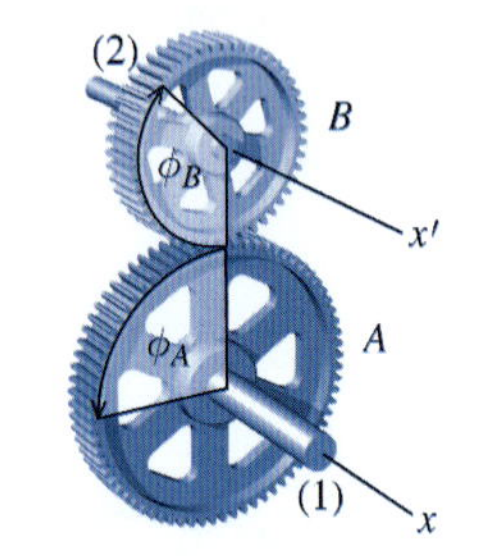

FIGURA 6.16 Ângulos de rotação para as engrenagens A e B.

$$R_A\phi_A = -R_B\phi_B \qquad \therefore \phi_A = -\frac{R_B}{R_A}\phi_B \quad \text{(e)}$$

Nota: O termo R_A/R_B na Equação (e) é simplesmente a relação de transmissão; portanto,

$$\phi_A = -(\text{Relação de transmissão})\phi_B \quad \text{(f)}$$

Velocidade de Rotação: A velocidade de rotação ω é o ângulo de rotação girado pela engrenagem por unidade de tempo; portanto, as velocidades de rotação das duas engrenagens em contato estão relacionadas da mesma maneira descrita para os ângulos de rotação.

$$\omega_A = -(\text{Relação de transmissão})\,\omega_B \quad \text{(g)}$$

EXEMPLO 6.5

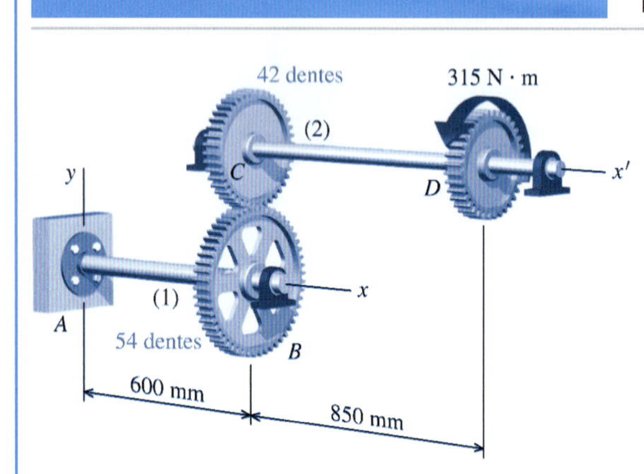

Dois eixos maciços de aço [G = 80 GPa] estão conectados pelas engrenagens mostradas. O eixo (1) tem diâmetro de 35 mm e o eixo (2) tem diâmetro de 30 mm. Admita que os suportes mostrados permitem a livre rotação dos eixos. Se for aplicado um torque 315 N · m à engrenagem D, determine:

(a) os valores absolutos da tensão cisalhante máxima em cada eixo.
(b) os ângulos de torção ϕ_1 e ϕ_2.
(c) os ângulos de rotação ϕ_B e ϕ_C das engrenagens B e C, respectivamente.
(d) o ângulo de rotação da engrenagem D.

Planejamento da Solução

O torque interno no eixo (2) pode ser determinado facilmente utilizando um diagrama de corpo livre da engrenagem D; entretanto, o torque interno no eixo (1) será determinado pela relação entre o tamanho das engrenagens. Uma vez determinados os torques internos em ambos os eixos, serão calculados os ângulos de torção de cada eixo, dedicando atenção especial para os sinais dos ângulos de torção. O ângulo de torção do eixo (1) determinará quanto a engrenagem B girará e, por sua vez, determinará o ângulo de rotação da engrenagem C. O ângulo de rotação da engrenagem D dependerá do ângulo de rotação da engrenagem C e do ângulo de torção do eixo (2).

SOLUÇÃO

Equilíbrio

Considere um diagrama de corpo livre que corte o eixo (2) e inclua a engrenagem D. Será admitido um torque interno positivo no eixo (2). Utilizando esse diagrama de corpo livre, pode ser escrita a equação de equilíbrio de momentos em torno do eixo x' para determinar o torque interno T_2 no eixo (2).

$$\Sigma M_{x'} = 315 \text{ N} \cdot \text{m} - T_2 = 0 \qquad \therefore T_2 = 315 \text{ N} \cdot \text{m} \tag{a}$$

A seguir, considere um diagrama de corpo livre que corte o eixo (2) e inclua a engrenagem C. Mais uma vez, admite-se um torque interno positivo no eixo (2). Os dentes da engrenagem B exercem uma força F nos dentes da engrenagem C. Se o raio da engrenagem C for denominado R_C, pode ser escrita uma equação de equilíbrio de momentos em torno do eixo x' como

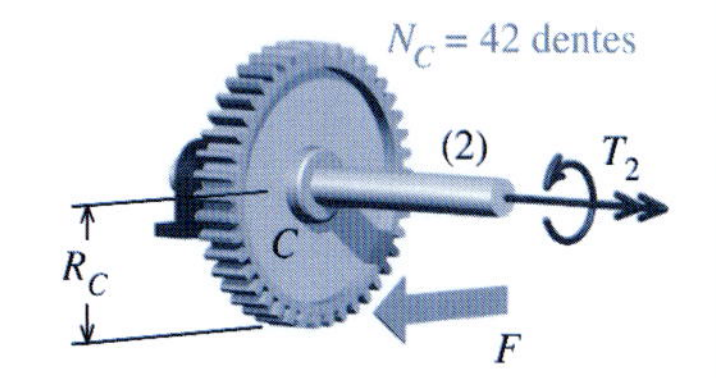

$$\Sigma M_{x'} = T_2 - F \cdot R_C = 0 \qquad \therefore F = \frac{T_2}{R_C} \tag{b}$$

Um diagrama de corpo livre da engrenagem B que corte o eixo (1) é mostrado. Admite-se que esteja atuando um torque interno positivo no eixo (1). Se os dentes da engrenagem B exercerem uma força F nos dentes da engrenagem C, então o equilíbrio exigirá que os dentes em C exerçam uma força de mesmo módulo na direção oposta sobre os dentes da engrenagem B. Indicando o raio da engrenagem B por R_B, pode-se escrever uma equação de equilíbrio de momentos em torno do eixo x como

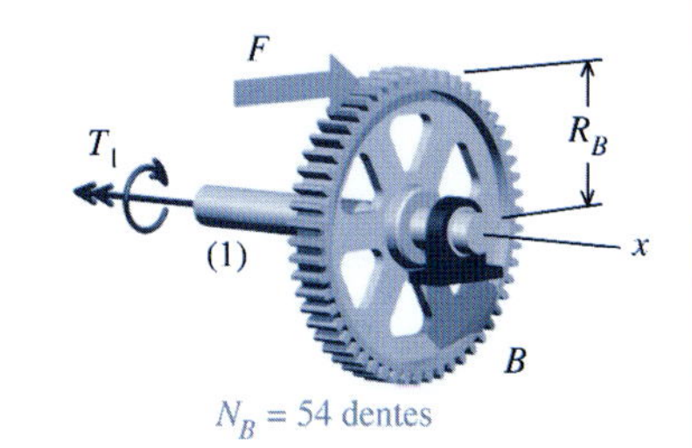

$$\Sigma M_x = -T_1 - F \cdot R_B = 0 \qquad \therefore T_1 = -F \cdot R_B \tag{c}$$

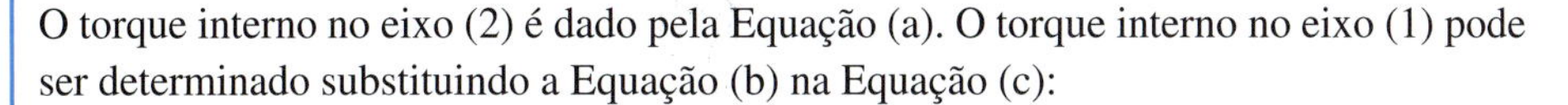

O torque interno no eixo (2) é dado pela Equação (a). O torque interno no eixo (1) pode ser determinado substituindo a Equação (b) na Equação (c):

$$T_1 = -F \cdot R_B = -\frac{T_2}{R_C} R_B = -T_2 \frac{R_B}{R_C}$$

Os raios das engrenagens R_B e R_C não são conhecidos. Entretanto, R_B/R_C é apenas a relação de transmissão entre as engrenagens B e C. Como os dentes de ambas as engrenagens devem ter o mesmo tamanho para que elas se ajustem adequadamente, a razão entre os dentes de cada engrenagem é equivalente à relação entre os raios das engrenagens. Em consequência, o torque no eixo (1) pode ser expresso em termos de N_B e N_C, o número de dentes das engrenagens B e C, respectivamente:

$$T_1 = -T_2 \frac{R_B}{R_C} = -T_2 \frac{N_B}{N_C} = -(315 \text{ N} \cdot \text{m}) \frac{54 \text{ dentes}}{42 \text{ dentes}} = -405 \text{ N} \cdot \text{m}$$

Tensões Cisalhantes

Será calculado o módulo da tensão cisalhante máxima em cada eixo utilizando a fórmula da torção no regime elástico. Será exigido o momento polar de inércia de cada eixo para esse cálculo. O eixo (1) é um eixo maciço com 35 mm de diâmetro, que tem um momento polar de inércia de

$$J_1 = \frac{\pi}{32}(35 \text{ mm})^4 = 147.324 \text{ mm}^4$$

O eixo (2) é um eixo maciço com 30 mm de diâmetro, que tem um momento polar de inércia de

$$J_2 = \frac{\pi}{32}(30 \text{ mm})^4 = 79.552 \text{ mm}^4$$

Para calcular os módulos das tensões cisalhantes máximas, os valores absolutos de T_1 e T_2 serão utilizados. O módulo da tensão cisalhante máxima no eixo (1) com 35 mm de diâmetro é

$$\tau_1 = \frac{T_1 c_1}{J_1} = \frac{(405\text{ N}\cdot\text{m})(35\text{ mm}/2)(1.000\text{ mm/m})}{147.324\text{ mm}^4} = 48{,}1\text{ MPa} \qquad \textbf{Resp.}$$

e o módulo da tensão cisalhante máxima no eixo (2) com 30 mm de diâmetro é

$$\tau_2 = \frac{T_2 c_2}{J_2} = \frac{(315\text{ N}\cdot\text{m})(30\text{ mm}/2)(1.000\text{ mm/m})}{79.552\text{ mm}^4} = 59{,}4\text{ MPa} \qquad \textbf{Resp.}$$

Ângulos de Torção

Os ângulos de torção devem ser calculados com os valores de T_1 e T_2 com os devidos sinais. O eixo (1) tem 600 mm de comprimento e seu módulo de elasticidade transversal é G = 80 GPa = 80.000 MPa. O ângulo de torção nesse eixo é

$$\phi_1 = \frac{T_1 L_1}{J_1 G_1} = \frac{(-405\text{ N}\cdot\text{m})(600\text{ mm})(1.000\text{ mm/m})}{(147.324\text{ mm}^4)(80.000\text{ N/mm}^2)} = -0{,}020618\text{ rad} = -0{,}0206\text{ rad} \qquad \textbf{Resp.}$$

O eixo (2) tem 850 mm de comprimento; portanto, seu ângulo de torção é

$$\phi_2 = \frac{T_2 L_2}{J_2 G_2} = \frac{(315\text{ N}\cdot\text{m})(850\text{ mm})(1.000\text{ mm/m})}{(79.522\text{ mm}^4)(80.000\text{ N/mm}^2)} = 0{,}042087\text{ rad} = 0{,}0421\text{ rad} \qquad \textbf{Resp.}$$

Ângulos de Rotação das Engrenagens *B* e *C*

A rotação da engrenagem *B* é igual ao ângulo de torção do eixo (1):

$$\phi_B = \phi_1 = -0{,}020618\text{ rad} = -0{,}0206\text{ rad} \qquad \textbf{Resp.}$$

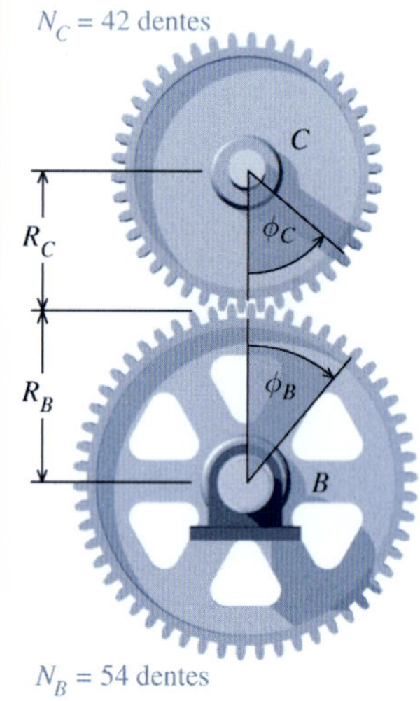

Nota: Da convenção de sinais para os ângulos de rotação descrita na Seção 6.6 e ilustrada na Figura 6.13, um ângulo de rotação negativo para a engrenagem *B* indica que a engrenagem *B* gira no sentido dos ponteiros do relógio, conforme ilustra a figura ao lado.

Os ângulos de rotação das engrenagens *B* e *C* estão relacionados entre si porque os comprimentos de aço associados às respectivas rotações devem ser iguais. Por quê? Porque os dentes das engrenagens estão ajustados entre si. Entretanto, as engrenagens giram em sentidos opostos. Neste exemplo, a engrenagem *B* gira no sentido dos ponteiros do relógio, o que faz com que a engrenagem *C* gire no sentido contrário ao dos ponteiros do relógio. Essa mudança de direção de rotação é levado em conta nos cálculos por meio de um sinal negativo:

$$R_C\,\phi_C = -R_B\,\phi_B$$

em que R_B e R_C são os raios das engrenagens *B* e *C*, respectivamente. Usando essa relação, o ângulo de rotação da engrenagem *C* pode ser expresso como

$$\phi_C = -\frac{R_B}{R_C}\phi_B$$

mas a relação R_B/R_C é simplesmente a relação de transmissão entre as engrenagens *B* e *C* e essa relação pode ser expressa de forma equivalente em termos de N_B e N_C, o número de dentes das engrenagens *B* e *C*, respectivamente:

$$\phi_C = -\frac{N_B}{N_C}\phi_B$$

Portanto, o ângulo de rotação da engrenagem *C* é

$$\phi_C = -\frac{N_B}{N_C}\phi_B = -\frac{54\text{ dentes}}{42\text{ dentes}}(-0{,}020618\text{ rad}) = 0{,}026509\text{ rad} = 0{,}0265\text{ rad} \qquad \textbf{Resp.}$$

Ângulo de Rotação da Engrenagem *D*

O ângulo de rotação da engrenagem *D* é igual ao ângulo de rotação da engrenagem *C* mais a torção que ocorre no eixo (2):

$$\phi_D = \phi_C + \phi_2 = 0{,}026509\text{ rad} + 0{,}042087\text{ rad} = 0{,}068596\text{ rad} = 0{,}0686\text{ rad} \qquad \textbf{Resp.}$$

Exemplo do MecMovies M6.13

Dois eixos maciços de aço [G = 80 GPa] estão conectados por meio das engrenagens mostradas. O diâmetro de cada eixo é 35 mm. É aplicado um torque T = 685 N · m ao sistema em D. Determine:

(a) a tensão cisalhante máxima em cada eixo.

(b) o ângulo de rotação em D.

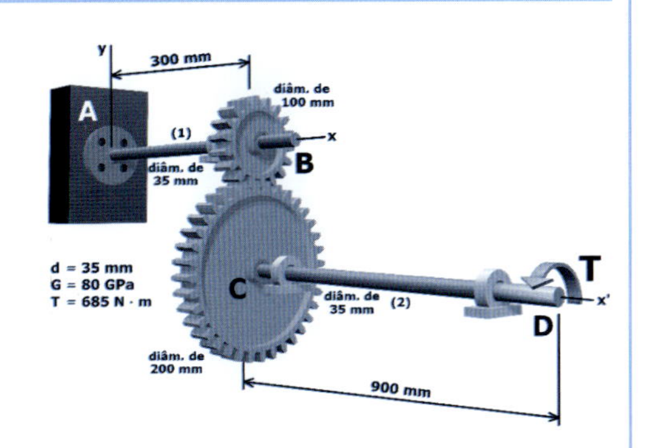

EXERCÍCIOS do MecMovies

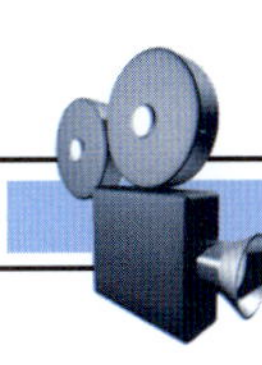

M6.9 Seis questões de múltipla escolha relativas a torque, ângulo de rotação e velocidade de rotação de engrenagens.

FIGURA M6.9

M6.10 Seis cálculos básicos envolvendo dois eixos conectados entre si por meio de engrenagens.

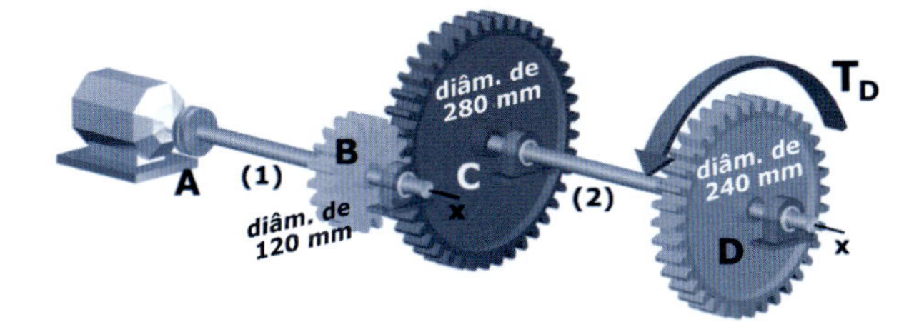

FIGURA M6.10

M6.11 Seis cálculos básicos envolvendo três eixos conectados entre si por meio de engrenagens.

FIGURA M6.11

M6.12 Cinco cálculos básicos de torção e ângulo de rotação envolvendo dois eixos conectados entre si por meio de engrenagens.

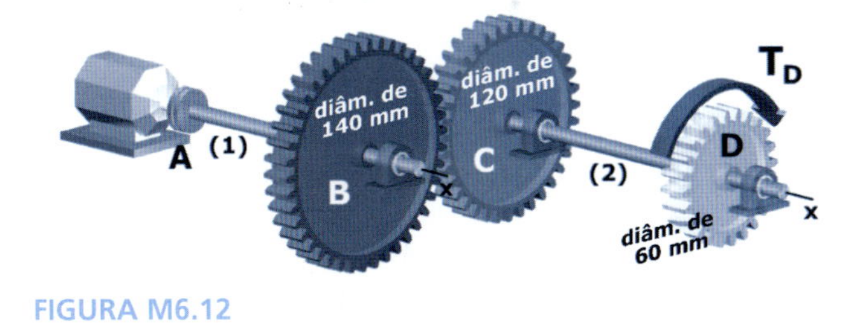

FIGURA M6.12

PROBLEMAS

6.26 Um torque T_A = 460 lb · ft (623,68 N · m) é aplicado à engrenagem A do trem de engrenagens mostrado na Figura P6.26. Os suportes mostrados permitem que os eixos girem livremente.

(a) Determine o torque T_B exigido para o equilíbrio do sistema.

(b) Admita que os eixos (1) e (2) são maciços de aço e com 1,5 in (3,81 cm) de diâmetro. Determine o módulo das tensões cisalhantes máximas que agem em cada eixo.

(c) Admita que os eixos (1) e (2) são maciços de aço e que possuem uma tensão cisalhante admissível de 6.000 psi (41,37 MPa). Determine o diâmetro mínimo exigido para cada eixo.

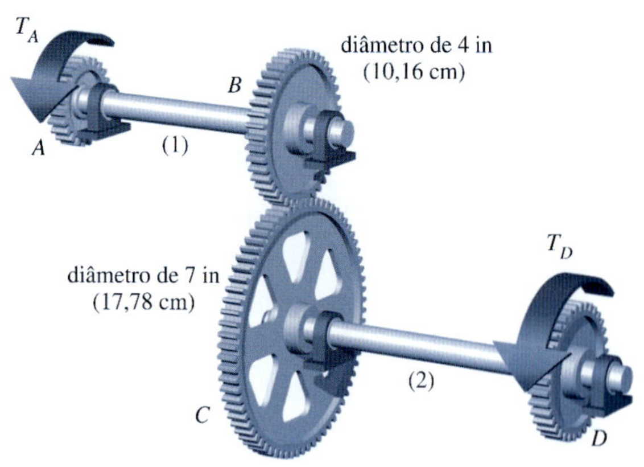

FIGURA P6.26

P6.27 Um torque T_D é aplicado à engrenagem D do trem de engrenagens mostrado na Figura P6.27. Os suportes permitem que os eixos girem livremente.

(a) Determine o torque T_A exigido para o equilíbrio do sistema.

(b) Considere que os eixos (1) e (2) são maciços de aço com 30 mm de diâmetro. Determine os módulos das tensões cisalhantes máximas que agem em cada eixo.

(c) Considere que os eixos (1) e (2) são maciços de aço e que possuem tensão cisalhante admissível de 60 MPa. Determine o diâmetro mínimo exigido para cada eixo.

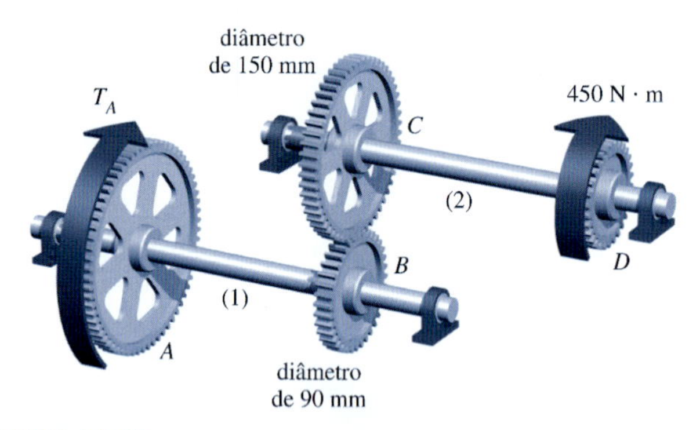

FIGURA P6.27

P6.28 O sistema de trem de engrenagens mostrado na Figura P6.28 inclui os eixos (1) e (2), que são maciços, de aço e com 1,375 in (3,493 cm) de diâmetro. A tensão cisalhante admissível de cada eixo é 8.000 psi (55,16 MPa). Os suportes mostrados permitem que os eixos girem livremente. Determine o torque máximo T_D que pode ser aplicado ao sistema sem superar a tensão cisalhante admissível em cada eixo.

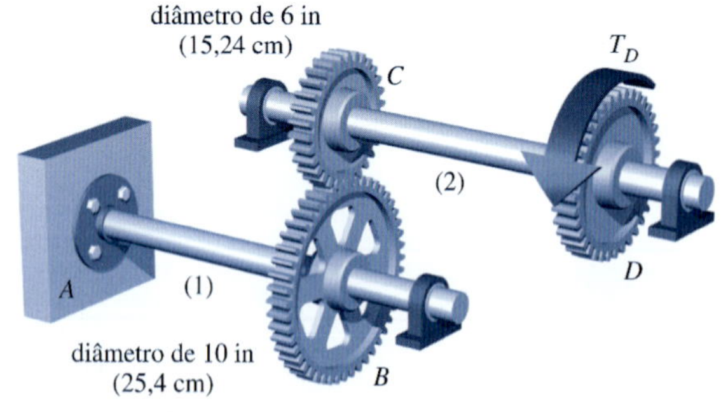

FIGURA P6.28

P6.29 O sistema de trem de engrenagens mostrado na Figura P6.29 inclui os eixos (1) e (2), que são maciços, de aço e com 20 mm de diâmetro. A tensão cisalhante admissível em cada eixo é 50 MPa. Os suportes mostrados permitem que os eixos girem livremente. Determine o torque máximo T_D que pode ser aplicado ao sistema sem superar a tensão cisalhante admissível em cada eixo.

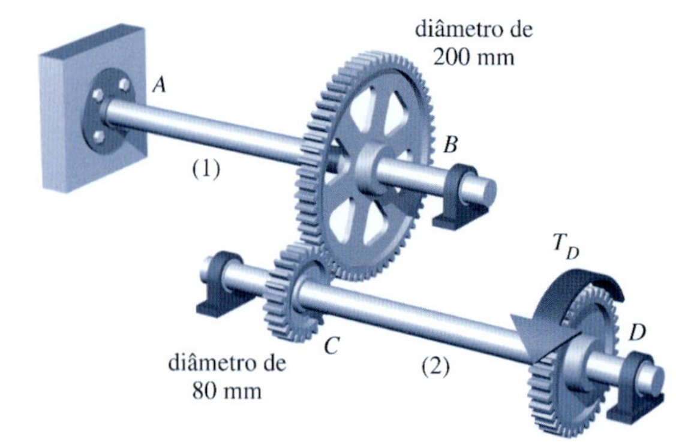

FIGURA P6.29

P6.30 No sistema de engrenagens mostrado na Figura P6.30/31, o motor aplica um torque de 210 lb · ft (284,72 N · m) à engrenagem em A. Um torque T_C = 300 lb · ft (406,75 N · m) é obtido do eixo na engrenagem C e o torque remanescente é obtido na engrenagem D. Os segmentos (1) e (2) são maciços, de aço [G = 12.000 ksi (82,74 GPa)], com 1,5 in (3,81 cm) de diâmetro e os suportes mostrados permitem livre rotação do eixo. Determine:

(a) a tensão cisalhante máxima nos segmentos (1) e (2) do eixo.

(b) o ângulo de rotação da engrenagem D em relação à engrenagem B.

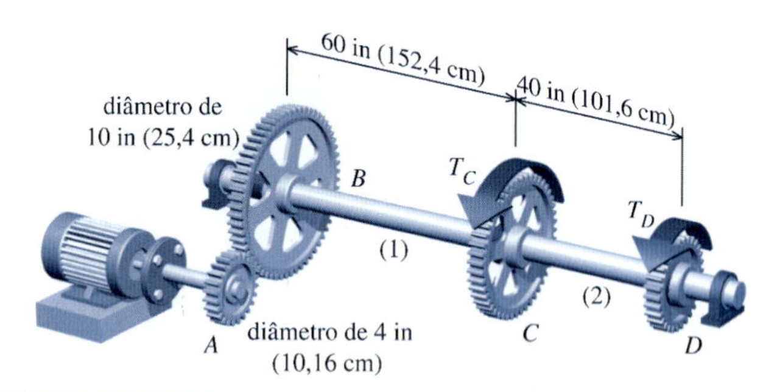

FIGURA P6.30/31

P6.31 No sistema de engrenagens mostrado na Figura P6.30/31, o motor aplica um torque de 360 lb · ft (488,09 N · m) à engrenagem A. Um torque T_C = 500 lb · ft (677,91 N · m) é retirado do eixo na engrenagem C e o torque remanescente é retirado na engrenagem D. Os segmentos (1) e (2) são maciços, de aço [G = 12.000 ksi (82,74 GPa)] e os suportes mostrados permitem a livre rotação do eixo.

(a) Determine os diâmetros admissíveis para os segmentos (1) e (2) do eixo, se a tensão cisalhante máxima não deve ser superior a 6.000 psi (41,37 MPa).

(b) Admitindo que o mesmo diâmetro deve ser usado tanto para o segmento (1) como para o segmento (2), determine o diâmetro mínimo admissível que pode ser usado no eixo, se a tensão cisalhante máxima não deve ser superior a 6.000 psi (41,37 MPa) e o ângulo de rotação da engrenagem D em relação à engrenagem B não deve ser superior a 0,10 rad.

P6.32 No sistema de engrenagens mostrado na Figura P6.32/33, o motor aplica um torque de 220 N · m à engrenagem em A. Um torque T_C = 400 N · m é retirado do eixo na engrenagem em C e o torque remanescente é retirado na engrenagem em D. Os segmentos (1) e (2) são maciços, de aço [$G = 80$ GPa], com 40 mm de diâmetro e os suportes mostrados permitem a livre rotação do eixo. Determine:

(a) a tensão cisalhante máxima nos segmentos (1) e (2) do eixo.

(b) o ângulo de rotação da engrenagem D em relação à engrenagem B.

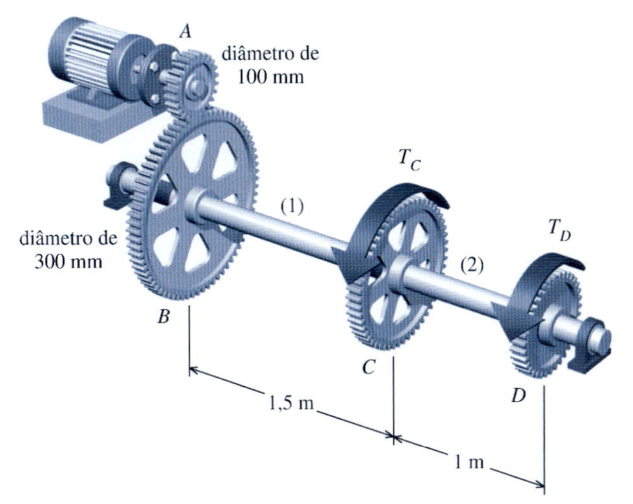

FIGURA P6.32/33

P6.33 No sistema de engrenagens mostrado na Figura P6.32/33, o motor aplica um torque de 400 N · m à engrenagem em A. Um torque $T_C = 700$ N · m é retirado do eixo na engrenagem em C e o torque remanescente é retirado na engrenagem em D. Os segmentos (1) e (2) são maciços de aço [$G = 80$ GPa] e os suportes mostrados permitem a livre rotação do eixo.

(a) Determine os diâmetros mínimos admissíveis para os segmentos (1) e (2) do eixo, se a tensão cisalhante máxima admissível não deve ser superior a 40 MPa.

(b) Admitindo que o mesmo diâmetro deve ser usado tanto para o segmento (1) como para o segmento (2), determine o diâmetro mínimo admissível que pode ser usado no eixo, se a tensão cisalhante máxima não deve ser superior a 40 MPa e o ângulo de rotação da engrenagem D em relação à engrenagem B não deve ser superior a 3,0º.

P6.34 No sistema de engrenagens mostrado na Figura P6.34/35/36/37, o motor aplica um torque de 250 N · m na engrenagem A. O eixo (1) é maciço e tem 35 mm de diâmetro e o eixo (2) também é maciço e tem 50 mm de diâmetro. Os suportes mostrados permitem a livre rotação dos eixos. Determine:

(a) o torque T_E fornecido pelo sistema de engrenagens na engrenagem E.

(b) as tensões cisalhantes máximas nos eixos (1) e (2).

P6.35 No sistema de engrenagens mostrado na Figura P6.34/35/36/37, o motor aplica um torque de 600 N · m na engrenagem A. Os eixos (1) e (2) são maciços e os suportes mostrados permitem a livre rotação dos eixos.

(a) Determine o torque T_E fornecido pelo sistema de engrenagens na engrenagem E.

(b) Se a tensão cisalhante admissível em cada eixo deve estar limitada a 70 MPa, determine o diâmetro mínimo admissível para cada eixo.

P6.36 No sistema de engrenagens mostrado na Figura P6.34/35/36/37, o motor aplica um torque $T_E = 1.500$ lb · ft (2,034 kN · m) é transmitido

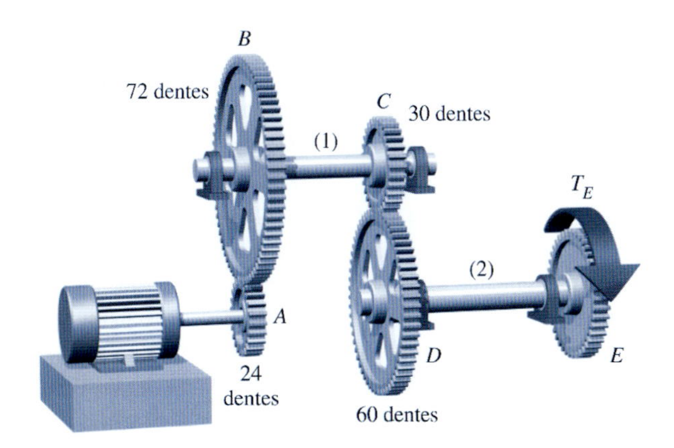

FIGURA P6.34/35/36/37

à engrenagem E. Os eixos (1) e (2) são maciços e os suportes mostrados permitem a livre rotação dos eixos.

(a) Determine o torque fornecido pelo motor à engrenagem A.

(b) Admitindo que a tensão cisalhante admissível em cada eixo deve estar limitada a 4.000 psi (27,58 MPa), determine o diâmetro mínimo admissível para cada eixo.

P6.37 No sistema de engrenagens mostrado na Figura P6.34/35/36/37, um torque $T_E = 720$ lb · ft (976,19 N · m) é transmitido à engrenagem E. O eixo (1) é maciço e tem 1,50 in (3,81 cm) de diâmetro e o eixo (2) também é maciço e tem 2,00 in (5,08 cm) de diâmetro. Os suportes mostrados permitem a livre rotação dos eixos. Determine:

(a) o torque fornecido pelo motor à engrenagem A.

(b) as tensões cisalhantes máximas nos eixos (1) e (2).

P6.38 Dois eixos maciços de aço com 30 mm de diâmetro estão conectados pelas engrenagens mostradas na Figura P6.38/39. Os comprimentos dos eixos são $L_1 = 300$ mm e $L_2 = 500$ mm. Admita que o módulo de elasticidade transversal de ambos os eixos é $G = 80$ GPa e que os suportes mostrados permitem livre rotação dos eixos. Se o torque aplicado na engrenagem D for $T_D = 160$ N · m, determine:

(a) os torques internos T_1 e T_2 nos dois eixos.

(b) o ângulo de torção ϕ_1 e ϕ_2.

(c) os ângulos de rotação ϕ_B e ϕ_C das engrenagens B e C.

(d) o ângulo de rotação da engrenagem D.

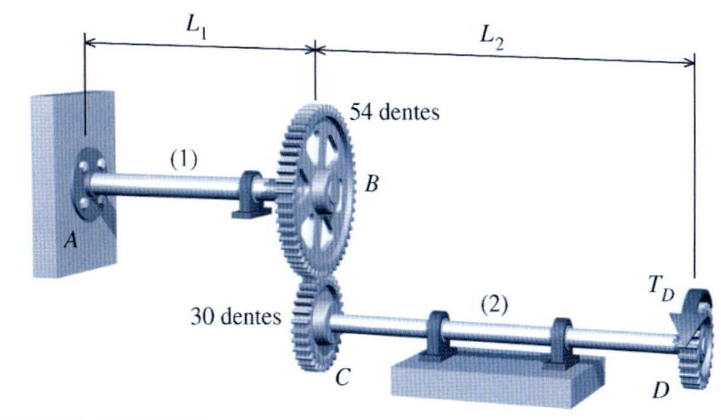

FIGURA P6.38/39

P6.39 Dois eixos maciços de aço com 1,75 in (4,445 cm) de diâmetro estão conectados pelas engrenagens mostradas na Figura P6.38/39. Os comprimentos dos eixos são $L_1 = 6$ ft (1,829 m) e $L_2 = 10$ ft (3,048 m). Admita que o módulo de elasticidade transversal de ambos os eixos é $G = 12.000$ ksi (82,74 GPa) e que os suportes mostrados permitem livre rotação dos eixos. Se o torque aplicado na engrenagem D for $T_D = 225$ lb · ft (305,06 N · m), determine:

(a) os torques internos T_1 e T_2 nos dois eixos.

(b) o ângulo de torção ϕ_1 e ϕ_2.

(c) os ângulos de rotação ϕ_B e ϕ_C das engrenagens B e C.

(d) o ângulo de rotação da engrenagem D.

P6.40 Dois eixos maciços de aço estão conectados pelas engrenagens mostradas na Figura P6.40/41. As exigências de projeto para o sistema determinam (1) que ambos os eixos devem ter o mesmo diâmetro, (2) que a tensão cisalhante máxima em cada eixo deve ser menor do que 6.000 psi (41,37 MPa) e (3) que o ângulo de rotação da engrenagem D não seja superior a 3°. Determine o diâmetro mínimo exigido dos eixos se o torque aplicado na engrenagem D for T_D = 345 lb · ft (467,76 N · m). Os comprimentos dos eixos são L_1 = 10 ft (3,048 m) e L_2 = 8 ft (2,438 m). Admita que o módulo de elasticidade transversal de ambos os eixos seja G = 12.000 ksi (82,74 GPa) e que os suportes mostrados permitem livre rotação dos eixos.

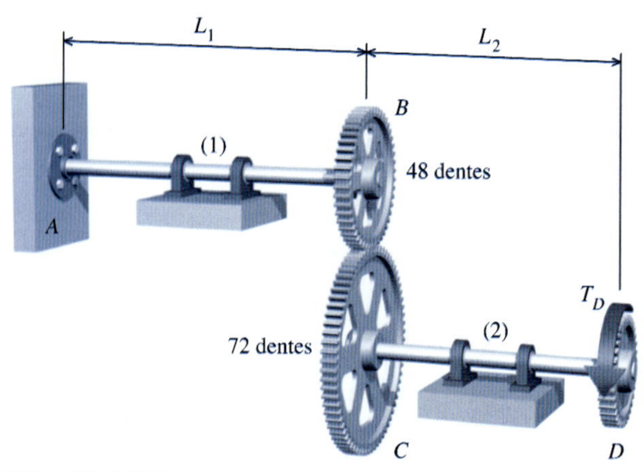

FIGURA P6.40/41

P6.41 Dois eixos maciços de aço estão conectados pelas engrenagens mostradas na Figura P6.40/41. As exigências de projeto para o sistema determinam (1) que ambos os eixos devem ter o mesmo diâmetro, (2) que a tensão cisalhante máxima em cada eixo deve ser menor do que 50 MPa e (3) que o ângulo de rotação da engrenagem D não seja superior a 3°. Determine o diâmetro mínimo exigido dos eixos se o torque aplicado na engrenagem D for T_D = 750 N · m. Os comprimentos dos eixos são L_1 = 2,5 m e L_2 = 2,0 m. Admita que o módulo de elasticidade transversal de ambos os eixos seja G = 80 MPa e que os suportes mostrados permitem livre rotação dos eixos.

6.8 TRANSMISSÃO DE POTÊNCIA

Um dos usos mais comuns para um eixo circular é a transmissão de potência de motores, elétricos ou à explosão, a dispositivos e componentes. **Potência** é definida como o *trabalho* realizado em uma unidade de tempo. O trabalho W realizado por um torque de módulo constante T é igual ao produto do torque T pelo ângulo ϕ causado pelo torque:

$$W = T\phi \tag{6.15}$$

Potência é a *taxa* na qual o trabalho é realizado. Portanto, a Equação (6.15) pode ser diferenciada em relação ao tempo t para fornecer uma expressão para a potência P transmitida por um eixo sujeito a um torque constante T:

$$P = \frac{dW}{dt} = T\frac{d\phi}{dt} \tag{6.16}$$

A taxa de variação do deslocamento angular $d\phi/dt$ é a velocidade rotacional ou velocidade angular ω. Portanto, a potência P transmitida por um eixo é uma função do módulo do torque T no eixo e de sua velocidade angular ω:

$$P = T\omega \tag{6.17}$$

em que ω é medida em radianos por segundo.

UNIDADES DE POTÊNCIA

No SI, uma unidade apropriada para o torque é N · m. A unidade correspondente para potência, no SI, é denominada *watt*:

$$P = T\omega = (\text{N} \cdot \text{m})(\text{rad/s}) = \frac{\text{N} \cdot \text{m}}{\text{s}} = 1 \text{ watt} = 1 \text{ W}$$

Nas unidades usuais americanas (U.S. Customary Units), frequentemente o torque é medido em lb · ft e assim a unidade correspondente de potência é

$$P = T\omega = (\text{lb} \cdot \text{ft})(\text{rad/s}) = \frac{\text{lb} \cdot \text{ft}}{\text{s}}$$

Na prática, nos EUA, a potência é normalmente expressa em termos de *hp* (cavalo de força, ou *horsepower*), que possui o seguinte fator de conversão:

$$1 \text{ hp} = 550 \frac{\text{lb} \cdot \text{ft}}{\text{s}} \tag{6.18}$$

UNIDADES DE VELOCIDADE ANGULAR

A velocidade angular ω de um eixo é expressa normalmente tanto em termos da frequência f como em termos de revoluções por minuto (rpm). Frequência é o número de revoluções por unidade de tempo. A unidade-padrão de frequência é o hertz (Hz), que é igual a uma revolução por segundo (s^{-1}). Com um eixo gira um ângulo de 2π radianos em uma revolução (rev), a velocidade angular ω pode ser expressa em termos da frequência f medida em Hz:

$$\omega = \left(\frac{f \text{ rev}}{\text{s}}\right)\left(\frac{2\pi \text{ rad}}{\text{rev}}\right) = 2\pi f \text{ rad/s}$$

Em consequência, a Equação (6.17) pode ser escrita em termos da frequência f (medida em Hz) como

$$P = T\omega = 2\pi f T \tag{6.19}$$

Outra medida comum da velocidade angular é revoluções por minuto (rpm). A velocidade angular ω pode ser expressa em termos de revoluções por minuto n como

$$\omega = \left(\frac{n \text{ rev}}{\text{min}}\right)\left(\frac{2\pi \text{ rad}}{\text{rev}}\right)\left(\frac{1 \text{ min}}{60 \text{ s}}\right) = \frac{2\pi n}{60} \text{rad/s}$$

A Equação (6.17) pode ser escrita em termos de rpm n como

$$P = T\omega = \frac{2\pi n T}{60} \tag{6.20}$$

EXEMPLO 6.6

Um eixo maciço de aço com 0,75 in (1,905 cm) de diâmetro transmite 7 hp a 3200 rpm. Determine o módulo da tensão cisalhante máxima produzida no eixo.

Planejamento da Solução

Será usada a equação de transmissão de potência [Equação (6.17)] para calcular o torque no eixo. A tensão cisalhante máxima no eixo pode então ser calculada utilizando a fórmula da torção no regime elástico [Equação (6.5)].

SOLUÇÃO

A potência P está relacionada ao torque T e à velocidade angular ω por meio da expressão $P = T\omega$. Como são dadas as informações a respeito da potência e da velocidade angular, essa expressão pode ser reorganizada de forma a exprimir o torque desconhecido T. Entretanto, a primeira vista, os fatores de conversão exigidos nesse processo podem ser confusos.

$$T = \frac{P}{\omega} = \frac{(7 \text{ hp})[550 \text{ (lb} \cdot \text{ft)/s/1 hp}]}{(3.200 \text{ rev/min})\left(\frac{2\pi \text{ rad}}{1 \text{ rev}}\right)\left(\frac{1 \text{ min}}{60 \text{ s}}\right)} = \frac{3.850 \text{ (lb} \cdot \text{ft)/s}}{335{,}1032 \text{ rad/s}} = 11{,}4890 \text{ lb} \cdot \text{ft}$$

O momento polar de inércia para um eixo maciço com 0,75 in de diâmetro é

$$J = \frac{\pi}{32}(0{,}75 \text{ in})^4 = 0{,}0310631 \text{ in}^4$$

Portanto, a tensão máxima produzida no eixo é

$$\tau = \frac{Tc}{J} = \frac{(11{,}4890 \text{ lb} \cdot \text{ft})(0{,}75 \text{ in}/2)(12 \text{ in/ft})}{0{,}0310631 \text{ in}^4} = 1.664 \text{ psi } (11{,}47 \text{ MPa})$$ **Resp.**

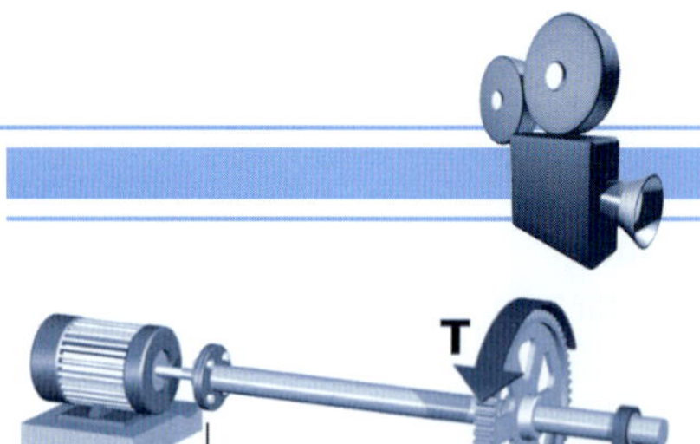

Exemplo do MecMovies M6.16

Um eixo oco de aço [G = 75 GPa] com 2 m de comprimento tem diâmetro externo de 75 mm e diâmetro interno de 65 mm. Se a tensão cisalhante máxima no eixo deve estar limitada a 50 MPa e o ângulo de torção deve estar limitado a 1°, determine a potência máxima que pode ser transmitida por esse eixo quando estiver girando a 600 rpm.

Exemplo do MecMovies M6.17

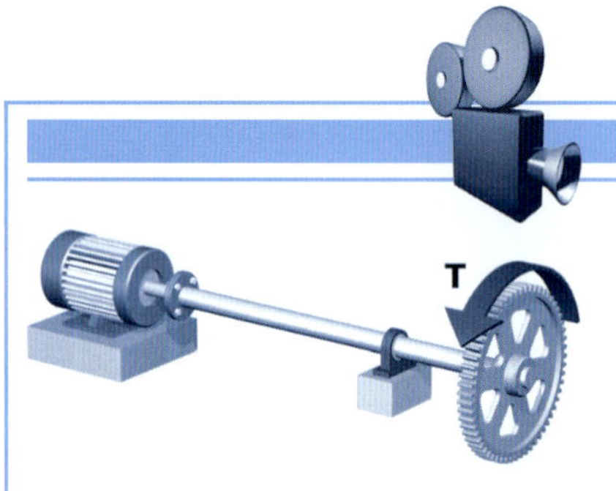

Um eixo de motor está sendo projetado para transmitir 40 kW de potência a 900 rpm. Se a tensão cisalhante no eixo deve estar limitada a 75 MPa, determine:

(a) o diâmetro mínimo exigido para um eixo maciço.

(b) o diâmetro externo exigido para um eixo oco se for admitido que seu diâmetro interno seja 80% do diâmetro externo.

Exemplo do MecMovies M6.18

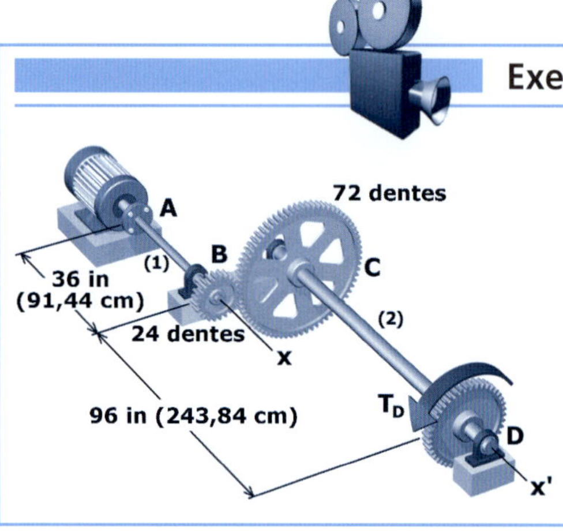

O motor elétrico mostrado fornece 15 hp a 1.800 rpm em A. O eixo (1) é maciço com 0,75 in (1,905 cm) de diâmetro e o eixo (2) também é maciço com 1,5 in (3,81 cm) de diâmetro. Ambos os eixos são feitos de aço [G = 12.000 ksi (82,74 GPa)]. Os apoios mostrados permitem a livre rotação dos eixos. Determine:

(a) a tensão cisalhante máxima produzida em cada eixo.

(b) o ângulo de rotação da engrenagem D em relação ao flange A.

EXEMPLO 6.7

Dois eixos macios de aço, com 25 mm de diâmetro, estão conectados pelas engrenagens mostradas. Um motor elétrico fornece 20 kW a 15 Hz ao sistema em A. Os apoios mostrados permitem a livre rotação dos eixos. Determine:

(a) o torque disponível na engrenagem D.

(b) os módulos das tensões cisalhantes máximas em cada eixo.

Planejamento da Solução

O torque no eixo (1) pode ser calculado utilizando a equação da transmissão de potência. O torque no eixo (2) pode então ser determinado utilizando a razão de transmissão. Depois de os torques serem conhecidos, os módulos das tensões cisalhantes máximas serão determinados utilizando a fórmula da torção no regime elástico.

SOLUÇÃO

O torque no eixo (1) pode ser calculado utilizando a equação de transmissão de potência. A potência fornecida pelo motor é 20 kW, ou

$$P = (20\ \text{kW})\left(\frac{1.000\ \text{W}}{1\ \text{kW}}\right) = 20.000\ \text{W} = 20.000\ \frac{\text{N}\cdot\text{m}}{\text{s}}$$

O motor gira a 15 Hz. Essa velocidade de rotação deve ser convertida a unidades de rad/s:

$$\omega = 15\ \text{Hz} = \left(\frac{15\ \text{rev}}{\text{s}}\right)\left(\frac{2\pi\ \text{rad}}{1\ \text{rev}}\right) = 94{,}24778\ \frac{\text{rad}}{\text{s}}$$

Portanto, o torque no eixo (1) é

$$T_1 = \frac{P}{\omega} = \frac{20.000\ \text{N}\cdot\text{m/s}}{94{,}24778\ \text{rad/s}} = 212{,}2066\ \text{N}\cdot\text{m}$$

O torque no eixo (2) será aumentado porque a engrenagem C é maior do que a engrenagem B. Use o número de dentes de cada engrenagem para estabelecer a relação de transmissão e calcular o módulo do torque no eixo (2) como

$$T_2 = (212{,}2066\ \text{N}\cdot\text{m})\left(\frac{48\ \text{dentes}}{30\ \text{dentes}}\right) = 339{,}5306\ \text{N}\cdot\text{m}$$

Nota: Apenas o módulo do torque é necessário neste caso; consequentemente, o valor absoluto de T_2 é calculado aqui.

O torque disponível na engrenagem D nesse sistema é, portanto, $T_D = 340\ \text{N}\cdot\text{m}$. **Resp.**

Tensões de Cisalhamento

O momento polar de inércia para os eixos maciços com 25 mm de diâmetro é

$$J = \frac{\pi}{32}(25\ \text{mm})^4 = 38.349{,}5\ \text{mm}^4$$

Os módulos das tensões cisalhantes máximas em cada segmento podem ser calculados pela fórmula da torção no regime elástico:

$$\tau_1 = \frac{T_1 c_1}{J_1} = \frac{(212{,}2066\ \text{N}\cdot\text{m})(25\ \text{mm}/2)(1.000\ \text{mm/m})}{38.349{,}5\ \text{mm}^4} = 69{,}2\ \text{MPa}$$ **Resp.**

$$\tau_2 = \frac{T_2 c_2}{J_2} = \frac{(339{,}5306\ \text{N}\cdot\text{m})(25\ \text{mm}/2)(1.000\ \text{mm/m})}{38.349{,}5\ \text{mm}^4} = 110{,}7\ \text{MPa}$$ **Resp.**

EXERCÍCIOS do MecMovies

M6.14 Seis cálculos básicos envolvendo transmissão de potência em dois eixos conectados por engrenagens.

M6.15 Seis cálculos básicos envolvendo transmissão de potência em três eixos conectados por engrenagens.

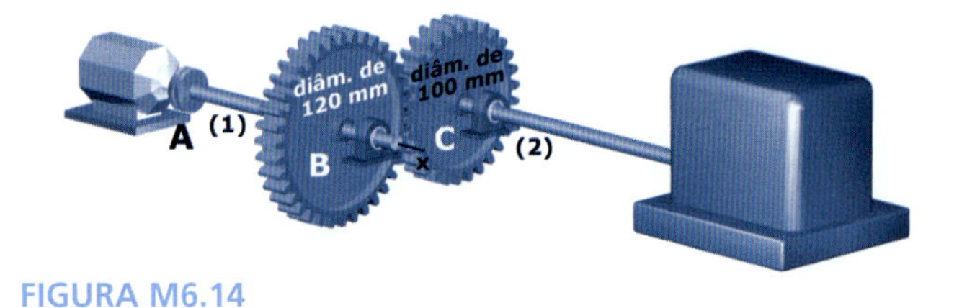

FIGURA M6.14

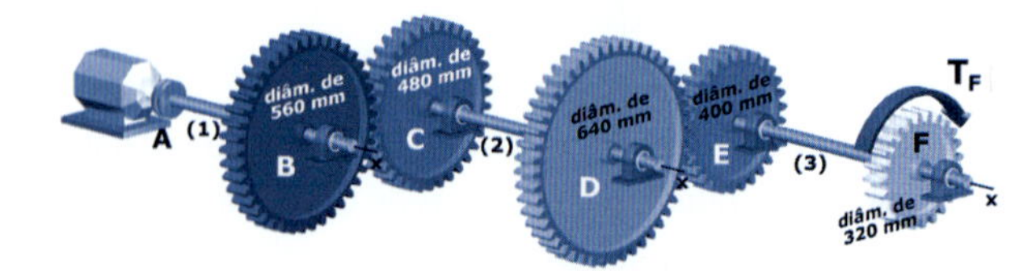

FIGURA M6.15

PROBLEMAS

P6.42 O eixo (árvore) de transmissão de um automóvel está sendo projetado para transmitir 180 hp a 3.500 rpm. Determine o diâmetro mínimo exigido para um eixo maciço de aço se a tensão cisalhante admissível no eixo não deve ser superior a 6.000 psi (41,37 MPa).

P6.43 Um eixo tubular de aço transmite 225 hp a 4.000 rpm. Determine a tensão cisalhante máxima produzida no eixo se o diâmetro externo é D = 3,00 in (7,62 cm) e a espessura da parede é t = 0,125 in (0,318 cm).

P6.44 Um eixo tubular de aço está sendo projetado para transmitir 225 kW a 1.700 rpm. A tensão cisalhante máxima no eixo não deve ser superior a 30 MPa. Se o diâmetro externo do eixo é D = 75 mm, determine a espessura mínima da parede para o eixo.

P6.45 Um eixo maciço de bronze com 20 mm de diâmetro transmite 11 kW a 25 Hz ao propulsor de um pequeno bote. Determine a tensão cisalhante máxima produzida no eixo.

P6.46 Um propulsor de aço para um moinho de vento transmite 5,5 kW a 65 rpm. Se a tensão admissível no eixo deve estar limitada a 60 MPa, determine o diâmetro mínimo exigido para um eixo maciço.

P6.47 Um eixo maciço de aço [G = 12.000 ksi (82,74 GPa)] com 3 in (7,62 cm) de diâmetro não deve ser torcido mais do que 0,06 rad em um comprimento de 16 ft (4,877 m). Determine a potência máxima, em hp, que o eixo pode transmitir a 4 Hz.

P6.48 Um eixo tubular de aço [G = 80 GPa] com diâmetro externo D = 100 mm e espessura de parede t = 6 mm não deve ser torcido mais do que 0,05 rad em comprimento de 7 m. Determine a potência máxima que o eixo pode transmitir a 375 rpm.

P6.49 Um eixo maciço de bronze [G = 6.000 ksi (41,37 GPa)], com 3 in (7,62 cm) de diâmetro, tem 7 ft (2,134 m) de comprimento. A tensão cisalhante admissível no eixo é 8 ksi (55,16 MPa) e o ângulo de torção não deve ser superior a 0,03 rad. Determine a potência, em hp, que esse eixo pode transmitir:

(a) quando estiver girando a 150 rpm.
(b) quando estiver girando a 540 rpm.

P6.50 Um eixo oco de titânio [G = 43 GPa] tem diâmetro externo D = 50 mm e espessura de parede t = 1,25 mm. A tensão cisalhante máxima no eixo deve estar limitada a 150 MPa. Determine:

(a) a potência máxima que pode ser transmitida pelo eixo se a velocidade de rotação deve estar limitada a 20 Hz.
(b) o módulo do ângulo de torção em um comprimento de 700 mm de eixo quando estiverem sendo transmitidos 30 kW a 8 Hz.

P6.51 Um eixo tubular de liga de alumínio [G = 4.000 ksi (27,58 MPa)] está sendo projetado para transmitir 400 hp a 1.500 rpm. A tensão cisalhante máxima no eixo não deve ser superior a 6 ksi (41,37 MPa) e o ângulo de torção não deve ser superior a 5° em comprimento de 8 ft (2,438 m). Determine o diâmetro externo mínimo admissível se o diâmetro interno deve ter três quartos do diâmetro externo.

P6.52 Um eixo tubular de aço [G = 80 GPa] está sendo projetado para transmitir 150 kW a 30 Hz. A tensão cisalhante máxima no eixo não deve ser superior a 80 MPa e o ângulo de torção não deve ser superior a 6° em um comprimento de 4 m. Determine o diâmetro externo mínimo admissível se a proporção entre o diâmetro interno e o diâmetro externo é 0,80.

P6.53 Um motor de automóvel fornece 180 hp a 4.200 rpm a um eixo (árvore) de transmissão. Se a tensão cisalhante admissível no eixo de transmissão deve estar limitada a 5 ksi (34,47 MPa), determine:

(a) o diâmetro mínimo exigido para um eixo de transmissão maciço.
(b) o diâmetro interno máximo permitido para um eixo de transmissão oco se o diâmetro externo for igual a 2,00 in (5,08 cm).
(c) o percentual de economia em peso conseguida se for usado o eixo oco ao invés do eixo maciço. (*Sugestão:* O peso de um eixo é proporcional à área de sua seção transversal.)

P6.54 O eixo impulsor de um agitador de fluidos transmite 28 kW a 440 rpm. Se a tensão cisalhante admissível no eixo impulsor deve estar limitada a 80 MPa, determine:

(a) o diâmetro mínimo exigido para um eixo impulsor maciço.
(b) o diâmetro interno máximo permitido para um eixo impulsor oco se o diâmetro externo for igual a 40 mm.
(c) o percentual de economia em peso conseguida se for usado o eixo oco em vez do eixo maciço. (*Sugestão:* O peso de um eixo é proporcional à área de sua seção transversal.)

P6.55 Um motor elétrico fornece 200 kW a 6 Hz ao flange A do eixo mostrado na Figura 6.55. A engrenagem B transfere 125 kW de potência às máquinas operatrizes da unidade de produção e a potência restante no eixo é transferida pela engrenagem D. Os eixos (1) e (2) são maciços, de alumínio [G = 28 GPa], que possuem o mesmo diâmetro e a tensão cisalhante admissível τ = 40 MPa. O eixo (3) é maciço, de aço [G = 80 GPa] com tensão cisalhante admissível τ = 55 MPa. Determine:

(a) o diâmetro mínimo admissível para os eixos de alumínio (1) e (2).
(b) o diâmetro mínimo admissível para o eixo de aço (3).
(c) o ângulo de rotação da engrenagem D em relação ao flange A se os eixos tiverem os diâmetros mínimos indicados determinados em (a) e (b).

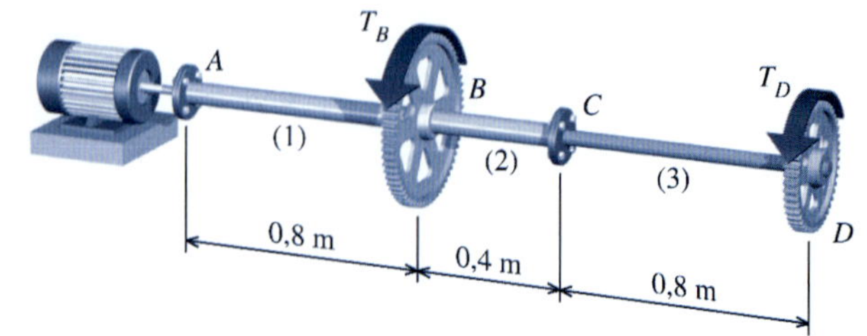

FIGURA P6.55

P6.56 Um motor elétrico fornece 150 hp a 520 rpm ao flange A do eixo mostrado na Figura P6.56. A engrenagem B transfere 90 hp de potência às máquinas operatrizes da unidade de produção e a potência restante do eixo é transferida pela engrenagem D. Os eixos (1) e (2) são maciços, de alumínio [$G = 4.000$ ksi (27,58 GPa)], que possuem o mesmo diâmetro e tensão cisalhante admissível $\tau = 6$ ksi (41,37 MPa). O eixo (3) é maciço, de aço [$G = 12.000$ ksi (82,74 GPa)], com tensão cisalhante admissível $\tau = 8$ ksi (55,16 MPa). Determine:

(a) o diâmetro mínimo admissível para os eixos de alumínio (1) e (2).
(b) o diâmetro mínimo admissível para o eixo de aço (3).
(c) o ângulo de rotação da engrenagem D em relação ao flange A se os eixos possuírem os diâmetros mínimos determinados em (a) e (b).

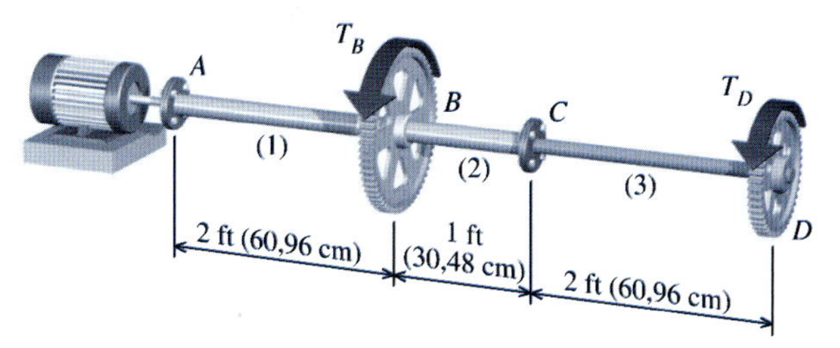

FIGURA P6.56

P6.57 Um motor elétrico fornece potência suficiente ao sistema mostrado na Figura P6.57/58 de forma que as engrenagens C e D forneçam torques de $T_C = 800$ N · m e $T_D = 550$ N · m, respectivamente, a máquinas de uma unidade de produção. Os segmentos (1) e (2) do eixo de potência são tubos ocos de aço com diâmetro externo $D = 60$ mm e diâmetro interno $d = 50$ mm. Se o eixo de potência [isto é, os segmentos (1) e (2)] girar a 40 rpm, determine:

(a) a tensão cisalhante máxima nos segmentos do eixo de potência (1) e (2).
(b) a potência (em kW) que deve ser fornecida pelo motor elétrico assim como a velocidade de rotação (em rpm).
(c) o torque aplicado na engrenagem A pelo motor elétrico.

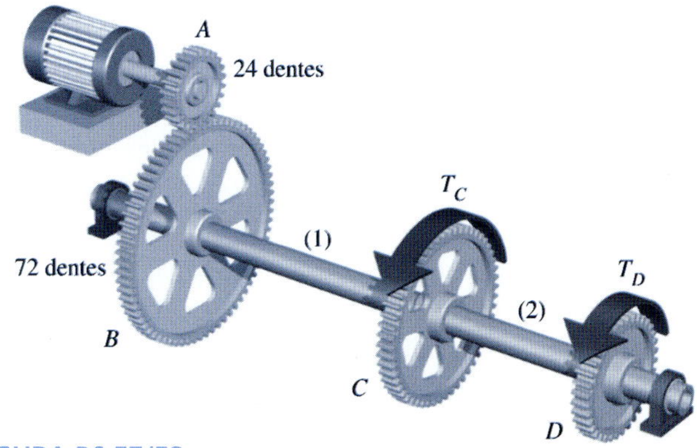

FIGURA P6.57/58

P6.58 Um motor elétrico fornece potência suficiente ao sistema mostrado na Figura P6.57/58 de forma que as engrenagens C e D forneçam torques $T_C = 100$ lb · ft (135,58 N · m) e $T_D = 80$ lb · ft (108,47 N · m), respectivamente, a máquinas de uma unidade de produção. Os segmentos (1) e (2) do eixo de potência são tubos ocos de aço com diâmetro externo $D = 1{,}75$ in (4,445 cm) e diâmetro interno $d = 1{,}50$ in (3,81 cm). Se o eixo de potência [isto é, os segmentos (1) e (2)] girar a 540 rpm, determine:

(a) a tensão cisalhante máxima nos segmentos do eixo de potência (1) e (2).
(b) a potência (em hp) que deve ser fornecida pelo motor elétrico assim como a velocidade de rotação (em rpm).
(c) o torque aplicado na engrenagem A pelo motor elétrico.

P6.59 Um motor fornece 25 hp a 6 Hz à engrenagem A do sistema de direção mostrado na Figura P6.59/60. O eixo (1) é maciço, de alumínio [$G = 4.000$ ksi (27,58 GPa)], com 2,25 in (5,715 cm), de diâmetro e comprimento $L_1 = 16$ in (40,64 cm). O eixo (2) é maciço, de aço [12.000 ksi (82,74 GPa)], com 1,5 in (3,81 cm) de diâmetro e comprimento $L_2 = 12$ in (30,48 cm). Os eixos (1) e (2) estão conectados ao flange C e os suportes mostrados permitem a livre rotação do eixo. Determine:

(a) a tensão cisalhante máxima nos eixos (1) e (2).
(b) o ângulo de rotação da engrenagem D em relação à engrenagem B.

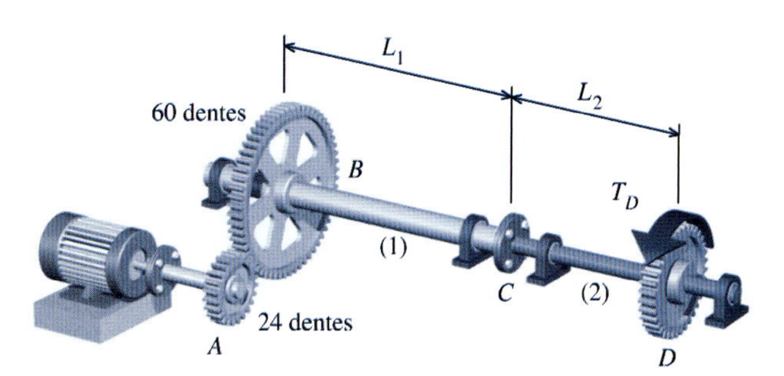

FIGURA P6.59/60

P6.60 Um motor fornece 20 kW a 400 rpm à engrenagem A do sistema de direção mostrado na Figura P6.59/60. O eixo (1) é maciço, de alumínio [$G = 28$ GPa], com 50 mm de diâmetro e comprimento $L_1 = 1.200$ mm. O eixo (2) é maciço, de aço [$G = 80$ GPa], com 40 mm de diâmetro e comprimento $L_2 = 750$ mm. Os eixos (1) e (2) estão conectados ao flange C e os suportes mostrados permitem a livre rotação do eixo. Determine:

(a) a tensão cisalhante máxima nos eixos (1) e (2)
(b) o ângulo de rotação da engrenagem D em relação à engrenagem B.

P6.61 O motor elétrico mostrado na Figura P6.61/62 fornece 10 hp a 1.500 rpm em A. Os suportes mostrados permitem a livre rotação dos eixos.

(a) O eixo (1) é maciço, de aço, com 0,875 in (2,223 cm) de diâmetro. Determine a tensão cisalhante mínima produzida no eixo (1).
(b) Se a tensão cisalhante no eixo (2) deve estar limitada a 6.000 psi (41,37 MPa), determine o diâmetro mínimo aceitável para o eixo (2) se for usado um eixo maciço.

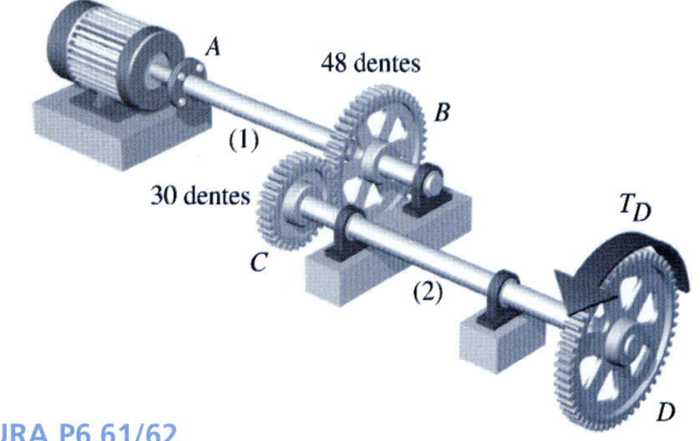

FIGURA P6.61/62

P6.62 O motor elétrico mostrado na Figura P6.61/62 fornece 12 kW a 15 Hz em A. Os suportes mostrados permitem a livre rotação dos eixos.

(a) O eixo (2) é maciço, de aço, com 35 mm de diâmetro. Determine a tensão cisalhante mínima produzida no eixo (2).
(b) Se a tensão cisalhante no eixo (1) deve estar limitada a 40 MPa,

determine o diâmetro mínimo aceitável para o eixo (1) se for usado um eixo maciço.

P6.63 O motor elétrico mostrado na Figura 6.63/64 fornece 9 kW a 15 Hz em A. Os eixos (1) e (2) são maciços, de aço [$G = 80$ GPa], possuem 25 mm de diâmetro cada e comprimentos $L_1 = 900$ mm e $L_2 = 1.200$ mm, respectivamente. Os suportes mostrados permitem a livre rotação dos eixos. Determine:

(a) a tensão cisalhante máxima produzida nos eixos (1) e (2).
(b) o ângulo de rotação da engrenagem D em relação ao flange A.

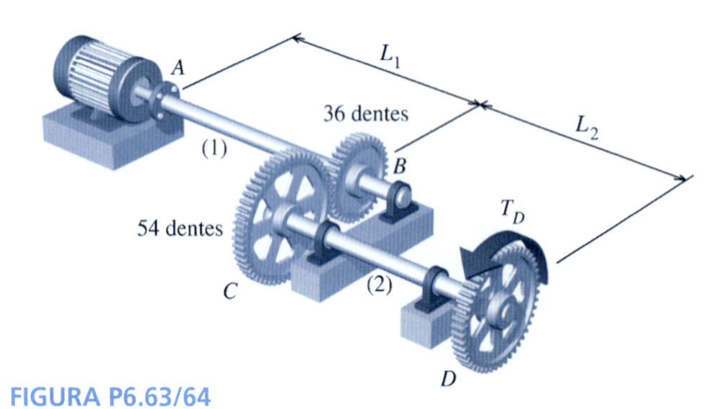

FIGURA P6.63/64

P6.64 O motor elétrico mostrado na Figura 6.63/64 fornece 150 hp a 1.800 rpm em A. Os eixos (1) e (2) são maciços, de aço [$G = 12.000$ ksi (82,74 GPa)], possuem 2 in (5,08 cm) de diâmetro cada e comprimentos $L_1 = 75$ in (190,5 cm) e $L_2 = 90$ in (228,6 cm), respectivamente. Os suportes mostrados permitem a livre rotação dos eixos. Determine:

(a) a tensão cisalhante máxima produzida nos eixos (1) e (2).
(b) o ângulo de rotação da engrenagem D em relação ao flange A.

P6.65 O trem de engrenagens mostrado na Figura P6.65/66 transmitem potência de um motor elétrico para uma máquina em E. O motor gira a uma frequência de 50 Hz. O diâmetro do eixo maciço (1) é de 25 mm, o diâmetro do eixo maciço (2) é de 32 mm e a tensão cisalhante admissível de cada eixo é 60 MPa. Determine:

(a) a potência máxima que pode ser transmitida pelo trem de engrenagens.
(b) o torque fornecido na engrenagem E.
(c) a velocidade de rotação da engrenagem E (em Hz).

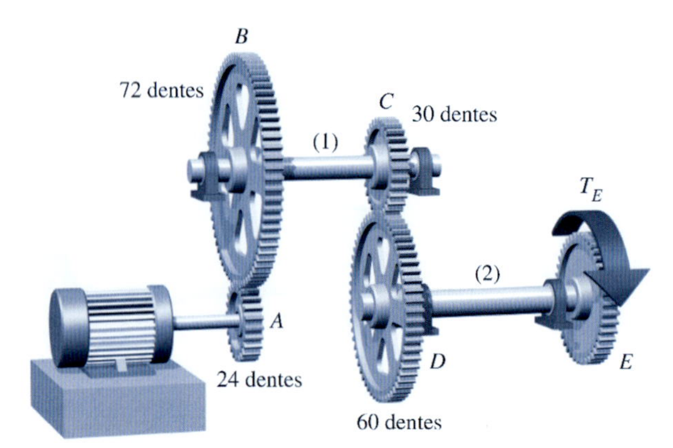

FIGURA P6.65/66

P6.66 O trem de engrenagens mostrado na Figura P6.65/66 transmitem potência de um motor elétrico para uma máquina em E. O motor gira a uma frequência de 2.250 rpm. O diâmetro do eixo maciço (1) é de 1,50 in (3,81 cm), o diâmetro do eixo maciço (2) é 2,00 in (5,08 cm) e a tensão cisalhante admissível de cada eixo é 6 ksi (41,37 MPa). Determine:

(a) a potência máxima que pode ser transmitida pelo trem de engrenagens.
(b) o torque fornecido na engrenagem E.
(c) a velocidade de rotação da engrenagem E (em Hz).

6.9 ELEMENTOS ESTRUTURAIS ESTATICAMENTE INDETERMINADOS SUBMETIDOS A TORÇÃO

Em muitos sistemas mecânicos e estruturais sujeito a um carregamento de torção, é possível determinar as reações nos apoios e os torques internos em cada um dos elementos desenhando diagramas de corpo livre e resolvendo as equações de equilíbrio. Tais sistemas sujeitos a torção são classificados como **estaticamente determinados**.

Para muitos sistemas mecânicos e estruturais, apenas as equações de equilíbrio não são suficientes para a determinação de torques internos nos elementos e das reações nos apoios. Em outras palavras, não há equações de equilíbrio suficientes para que sejam encontrados os valores de todas as incógnitas do sistema. Essas estruturas e sistemas são denominados **estaticamente indeterminados**. As estruturas desse tipo podem ser analisadas complementando as equações de equilíbrio com equações adicionais da geometria das deformações dos elementos da estrutura ou sistema. O processo geral de solução pode ser organizado em um procedimento de cinco etapas, análogo ao desenvolvido para estruturas estaticamente indeterminadas e sujeitas às forças axiais tal como mostrado na Seção 5.5:

Etapa 1 — Equações de Equilíbrio: Com base nas considerações de equilíbrio, são obtidas as equações expressas em termos dos torques internos desconhecidos.

Etapa 2 — Geometria da Deformação: a geometria do sistema específico é avaliada de modo que seja determinado como as deformações dos elementos sujeitos a torção estão relacionadas entre si.

Etapa 3 — Relacionamento Torque-Ângulo de Torção: As relações entre o torque interno em um elemento estrutural e seu ângulo de torção são expressas pela Equação (6.12).

Etapa 4 — Equação de Compatibilidade: As relações torque-ângulo de torção são substituídas na equação da geometria da deformação para que seja obtida uma equação com base na geometria da estrutura, mas expressa em termos dos torques internos desconhecidos.

Etapa 5 — Solução das Equações: As equações de equilíbrio e a equação de compatibilidade são resolvidas simultaneamente para que sejam calculados os torques desconhecidos.

O uso desse procedimento na análise de um sistema estaticamente indeterminado sujeito a torção é ilustrado no exemplo a seguir.

EXEMPLO 6.8

Um eixo composto consiste em dois eixos maciços que estão conectados no flange B e ligados fixamente a paredes rígidas em A e C. O eixo (1) é maciço, de alumínio [$G = 4.000$ ksi (27,58 GPa)], com 3,00 in (7,62 cm) de diâmetro e com 60 in (152,4 cm) de comprimento. O eixo (2) é maciço, de bronze, com 2,00 in (5,08 cm) de diâmetro e com 40 in (101,6 cm) de comprimento. Se for aplicado um torque de 32 kip · in (3,616 kN · m) ao flange B, determine:

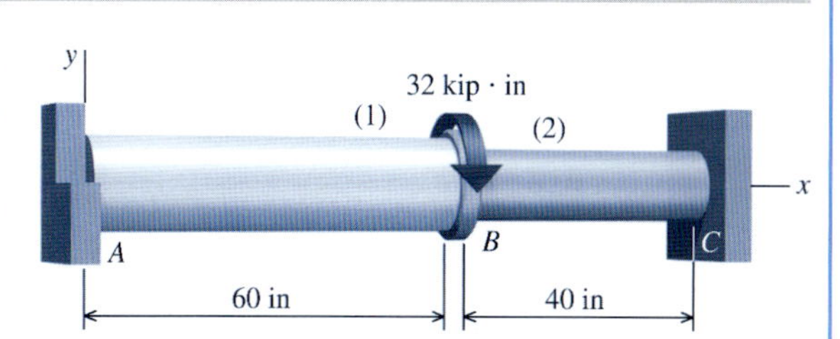

(a) os módulos das tensões cisalhantes máximas nos eixos (1) e (2).
(b) o ângulo de rotação do flange B em relação ao apoio A.

Planejamento da Solução

A solução inicia com um diagrama de corpo livre do flange B. A equação de equilíbrio obtida desse diagrama de corpo livre revela que o eixo composto é estaticamente indeterminado. A informação adicional necessária para resolver o problema pode ser obtida considerando a relação entre os ângulos de torção nos segmentos de alumínio e de bronze do eixo.

SOLUÇÃO

Etapa 1 — Equações de Equilíbrio: Desenhe um diagrama de corpo livre do flange B. Admita que *os torques internos sejam positivos* nos segmentos (1) e (2) do eixo [veja a convenção de sinais detalhada na Seção 6.6]. Desse diagrama de corpo livre, pode-se obter a seguinte equação de equilíbrio:

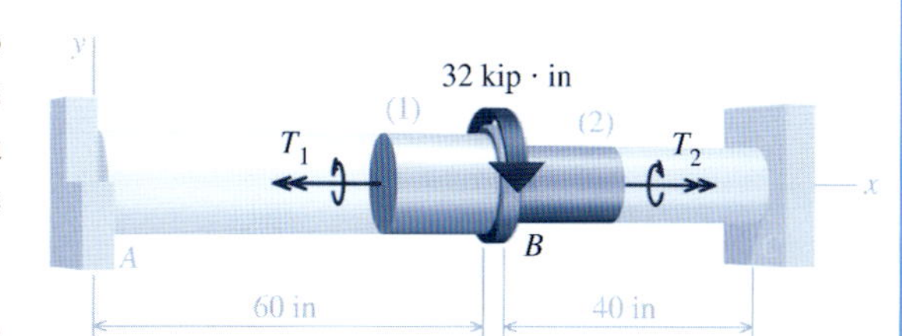

$$\Sigma M_x = -T_1 + T_2 + 32 \text{ kip} \cdot \text{in} = 0 \quad \text{(a)}$$

Há duas incógnitas na Equação (a): T_1 e T_2. Consequentemente, apenas a estática não fornece informações suficientes para permitir a solução desse problema. Para obter outra relação envolvendo os torques desconhecidos T_1 e T_2, consideraremos a seguir a relação geral entre os ângulos de torção no eixo composto.

Etapa 2 — Geometria da Deformação: A próxima questão é: "Como os ângulos de torção dos dois eixos estão relacionados entre si?" O eixo composto está preso a paredes rígidas em A e C; portanto, a torção que ocorre no segmento (1) mais a torção que ocorre no segmento (2) não pode resultar em qualquer rotação no eixo composto. Em outras palavras, a soma desses ângulos de torção deve ser igual a zero:

$$\phi_1 + \phi_2 = 0 \quad \text{(b)}$$

Etapa 3 — Relacionamento Torque-Ângulo de Torção: Os ângulos de torção nos segmentos (1) e (2) do eixo podem ser expressos pela equação do ângulo de torção [Equação (6.12)]. Podem ser escritas as equações de ângulo de torção tanto para o segmento (1) como para o segmento (2):

$$\phi_1 = \frac{T_1 L_1}{J_1 G_1} \qquad \phi_2 = \frac{T_2 L_2}{J_2 G_2} \quad \text{(c)}$$

Etapa 4 — Equação de Compatibilidade: As relações torque-ângulo de torção [Equação (c)] podem ser substituídas na equação da geometria da deformação [Equação (d)] para que seja obtida uma nova relação entre os torques desconhecidos T_1 e T_2:

$$\frac{T_1 L_1}{J_1 G_1} + \frac{T_2 L_2}{J_2 G_2} = 0 \tag{d}$$

Observe que essa relação não está baseada no equilíbrio, mas sim na relação entre as deformações que ocorrem no eixo composto. Esse tipo de equação é denominado *equação de compatibilidade*.

Etapa 5 — Solução das Equações: Foram desenvolvidas duas equações em termos dos torques internos T_1 e T_2:

$$\Sigma M_x = -T_1 + T_2 + 32 \text{ kip} \cdot \text{in} = 0 \tag{a}$$

e

$$\frac{T_1 L_1}{J_1 G_1} + \frac{T_2 L_2}{J_2 G_2} = 0 \tag{d}$$

Essas duas equações devem ser resolvidas simultaneamente para que sejam calculados os torques em cada segmento do eixo. A equação de compatibilidade [Equação (d)] pode ser reorganizada para que seja encontrado o valor do torque interno T_2:

$$T_2 = -T_1 \left(\frac{L_1}{J_1 G_1}\right)\left(\frac{J_2 G_2}{L_2}\right) = -T_1 \left(\frac{L_1}{L_2}\right)\left(\frac{J_2}{J_1}\right)\left(\frac{G_2}{G_1}\right)$$

Substitua esse resultado na equação de equilíbrio [Equação (a)]:

$$-T_1 - T_1 \left(\frac{L_1}{L_2}\right)\left(\frac{J_2}{J_1}\right)\left(\frac{G_2}{G_1}\right) + 32 \text{ kip} \cdot \text{in} = 0$$

e encontre o valor do torque interno T_1:

$$T_1 = \frac{32 \text{ kip} \cdot \text{in}}{\left[1 + \left(\frac{L_1}{L_2}\right)\left(\frac{J_2}{J_1}\right)\left(\frac{G_2}{G_1}\right)\right]} \tag{e}$$

Para esses cálculos, não são necessários os momentos polares de inércia dos segmentos de alumínio e de bronze do eixo. O segmento de alumínio (1) é um eixo maciço com 3,00 in de diâmetro, com 60 in de comprimento e com um módulo de elasticidade transversal de 4.000 ksi. O momento polar de inércia do segmento (1) é

$$J_1 = \frac{\pi}{32}(3{,}00 \text{ in})^4 = 7{,}952156 \text{ in}^4$$

O segmento de bronze (2) é um eixo maciço com 2,00 in de diâmetro, com 40 in de comprimento e com módulo de elasticidade transversal de 6.500 ksi. Seu momento polar de inércia é

$$J_2 = \frac{\pi}{32}(2{,}00 \text{ in})^4 = 1{,}570796 \text{ in}^4$$

O torque interno T_1 é calculado substituindo todos os valores na Equação (e):

$$T_1 = \frac{32 \text{ kip} \cdot \text{in}}{\left[1 + \left(\frac{60 \text{ in}}{40 \text{ in}}\right)\left(\frac{1{,}570796 \text{ in}^4}{7{,}952156 \text{ in}^4}\right)\left(\frac{6.500 \text{ ksi}}{4.000 \text{ ksi}}\right)\right]} = \frac{32 \text{ kip} \cdot \text{in}}{1{,}481481} = 21{,}600 \text{ kip} \cdot \text{in}$$

O torque interno T_2 pode ser encontrado voltando a utilizar a Equação (a):

$$T_2 = T_1 - 32 \text{ kip} \cdot \text{in} = 21{,}600 \text{ kip} \cdot \text{in} - 32 \text{ kip} \cdot \text{in} = -10{,}400 \text{ kip} \cdot \text{in}$$

Tensões Cisalhantes

Como agora os torques internos são conhecidos, os módulos das tensões cisalhantes máximas podem ser calculados para cada segmento utilizando a fórmula da torção no regime elástico [Equação (6.5)]. No cálculo do módulo da tensão cisalhante máxima, usa-se apenas o valor absoluto do torque interno. No segmento (1), o módulo da tensão cisalhante máxima no eixo de alumínio com 3,00 in de diâmetro é

$$\tau_1 = \frac{T_1 c_1}{J_1} = \frac{(21{,}600 \text{ kip} \cdot \text{in})(3{,}00 \text{ in}/2)}{7{,}952156 \text{ in}^4} = 4{,}07 \text{ ksi } (28{,}06 \text{ MPa}) \qquad \textbf{Resp.}$$

O módulo da tensão cisalhante máxima no segmento (2) do eixo, que é de bronze e tem 2,00 in de diâmetro, é

$$\tau_2 = \frac{T_2 c_2}{J_2} = \frac{(10{,}400 \text{ kip} \cdot \text{in})(2{,}00 \text{ in}/2)}{1{,}570796 \text{ in}^4} = 6{,}62 \text{ ksi } (45{,}64 \text{ MPa}) \qquad \textbf{Resp.}$$

Ângulo de Rotação do Flange *B*

O ângulo de torção no segmento (1) do eixo pode ser expresso como a diferença entre os ângulos de rotação nas extremidades $+x$ e $-x$ do segmento:

$$\phi_1 = \phi_B - \phi_A$$

Como o eixo está fixo com rigidez à parede em A, $\phi_A = 0$. O ângulo de rotação no flange B, portanto, é simplesmente igual ao ângulo de torção no segmento (1) do eixo. **Nota:** deve ser usado o sinal adequado do torque interno T_1 no cálculo do ângulo de torção.

$$\phi_B = \phi_1 = \frac{T_1 L_1}{J_1 G_1} = \frac{(21{,}600 \text{ kip} \cdot \text{in})(60 \text{ in})}{(7{,}952156 \text{ in}^4)(4.000 \text{ ksi})} = 0{,}040744 \text{ rad} = 0{,}0407 \text{ rad} \qquad \textbf{Resp.}$$

O procedimento em cinco etapas demonstrado no exemplo anterior fornece um método versátil para a análise de estruturas estaticamente indeterminadas submetidas a torção. Considerações adicionais para a solução de problemas e sugestões para cada etapa do processo são analisadas na tabela a seguir.

Método de Solução para Sistemas Estaticamente Indeterminados Submetidos a Torção

Passo 1	Equações de Equilíbrio	Desenhe um ou mais diagramas de corpo livre (DCLs) para a estrutura, prestando atenção para os nós, que conectam os elementos. Os nós estão localizados sempre que (a) um torque externo for aplicado, (b) as propriedades da seção transversal (como o diâmetro) variarem, (c) as propriedades do material (isto é, G) variarem, ou (d) um elemento se conectar a um elemento rígido (como uma engrenagem, uma roldana, um apoio ou um flange). Geralmente, os DCLs dos nós das reações não são úteis. Escreva as equações de equilíbrio para os DCLs. Observe o número de incógnitas existentes e o número de equações de equilíbrio independentes. Se o número de incógnitas for maior do que o número de equações de equilíbrio, deve-se escrever uma equação de deformação para cada incógnita adicional. Comentários: • Identifique os nós com letras maiúsculas e identifique os elementos com números. Esse esquema simples pode ajudá-lo a reconhecer claramente os efeitos que ocorrem nos elementos estruturais (como ângulos de torção) e os efeitos que estão relacionados com os nós (como ângulos de rotação de elementos rígidos). • Como regra, ao cortar um DCL através de um elemento sujeito a torção, *admita que o torque interno seja positivo*, conforme foi detalhado na Seção 6.6. O uso consistente de torques internos positivos junto a ângulos positivos de torção (no Passo 3) mostra-se bastante eficiente para muitas situações.
Passo 2	Geometria da Deformação	Este passo é diferente para problemas estaticamente indeterminados. A estrutura ou o sistema deve ser estudado para assegurar como as deformações dos elementos sujeitos a torção estão relacionadas entre si. A maioria dos sistemas estaticamente indeterminados sujeitos a torção podem ser divididos nas seguintes categorias 1. sistemas com elementos coaxiais sujeitos a torção, ou 2. sistemas com elementos sujeitos a torção conectados em série pelas extremidades

(Continua)

Passo 3	Relação Torque/ Ângulo de Torção	A relação entre o torque interno e o ângulo de torção em um elemento estrutural sujeito a torção é expressa por $$\phi_i = \frac{T_i L_i}{J_i G_i}$$ Na prática, escrever as relações entre o torque e o ângulo de torção para os elementos sujeitos à torção é uma rotina útil nesse estágio do procedimento de cálculo. Essas relações serão usadas para construir a(s) equação(ões) de compatibilidade no Passo 4 a seguir.
Passo 4	Equação de Compatibilidade	As relações entre o torque e o ângulo de torção (do Passo 3) são incorporadas à relação geométrica dos ângulos de torção dos elementos (Passo 2) para que seja obtida uma nova equação, expressa em termos dos torques internos desconhecidos. Juntas, as equações de compatibilidade e de equilíbrio fornecem informações suficientes para que sejam encontradas as variáveis desconhecidas.
Passo 5	Solução das Equações	A equação de compatibilidade e a(s) equação(ões) de equilíbrio são resolvidas simultaneamente. Embora conceitualmente simples, esse passo exige atenção cuidadosa para os detalhes de cálculo com as convenções de sinais e a consistência de unidades.

A aplicação satisfatória dos métodos de solução em cinco etapas depende da capacidade de entender como as deformações de torção estão relacionadas a um sistema. A tabela a seguir apresenta considerações para duas categorias comuns de sistemas estaticamente indeterminados sujeitos a torção. Para cada categoria geral, são analisadas as equações das possíveis geometrias de deformação.

Geometria das Deformações de Sistemas Estaticamente Indeterminados Típicos Sujeitos a Torção

Forma da Equação	**Comentários**	**Problemas Típicos**
1. Elementos estruturais coaxiais sujeitos a torção.		
$\phi_1 = \phi_2$	Os problemas dessa categoria incluem um tubo envolvendo um eixo interno. Os ângulos de torção para ambos os elementos sujeitos a torção devem ser idênticos para esse tipo de sistema.	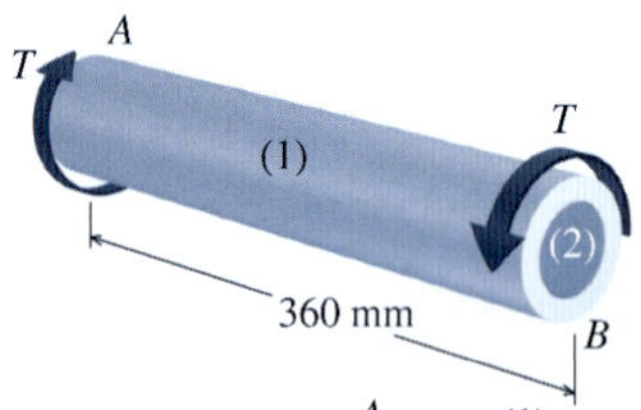 T; A; (1); T; (2); 360 mm; B 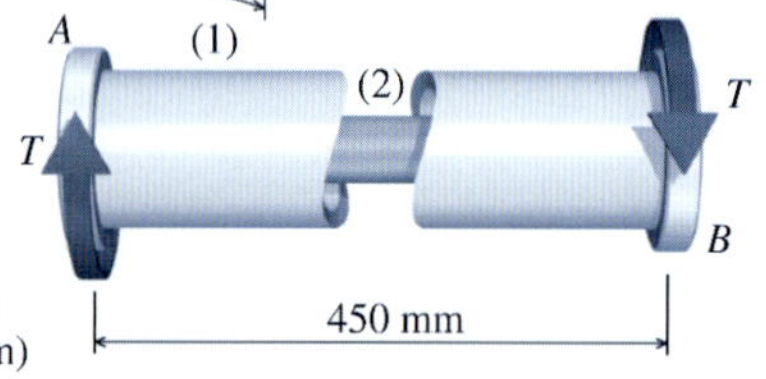 A; (1); (2); T; T; B; 450 mm 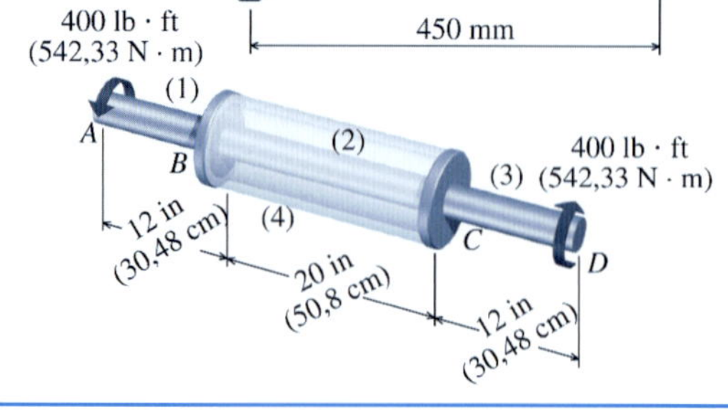 400 lb · ft (542,33 N · m); (1); A; B; (2); 400 lb · ft (542,33 N · m); (3); (4); 12 in (30,48 cm); C; D; 20 in (50,8 cm); 12 in (30,48 cm)

(Continua)

Forma da Equação	Comentários	Problemas Típicos
2. Elementos estruturais conectados em série pelas extremidades.		
	Os problemas dessa categoria incluem dois ou mais elementos conectados pelas extremidades.	
$\phi_1 + \phi_2 = 0$	Se não houver folga ou espaço na configuração, a soma dos ângulos de torção dos elementos estruturais deve ser igual a zero.	
$\phi_1 + \phi_2 =$ constante	Se houver um desajuste entre dois elementos estruturais ou se os apoios se moverem quando o torque ou os torques forem aplicados, então a soma dos ângulos de torção dos elementos deve ser igual à rotação angular especificada.	

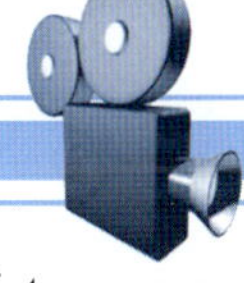

Exemplo do MecMovies M6.19

Um eixo composto consiste em um eixo (1) oco de alumínio [G = 26 GPa] colado a um eixo (2) oco de bronze [G = 38 MPa]. O diâmetro externo do eixo (1) é 50 mm e seu diâmetro interno é 42 mm. O diâmetro externo do eixo (2) é 42 mm e seu diâmetro interno é 30 mm. Um torque concentrado T = 1.400 N · m é aplicado ao eixo composto na extremidade livre B. Determine:

(a) os torques T_1 e T_2 desenvolvidos nos eixos de alumínio e de bronze.
(b) as tensões cisalhantes máximas τ_1 e τ_2 em cada eixo.
(c) o ângulo de rotação na extremidade B.

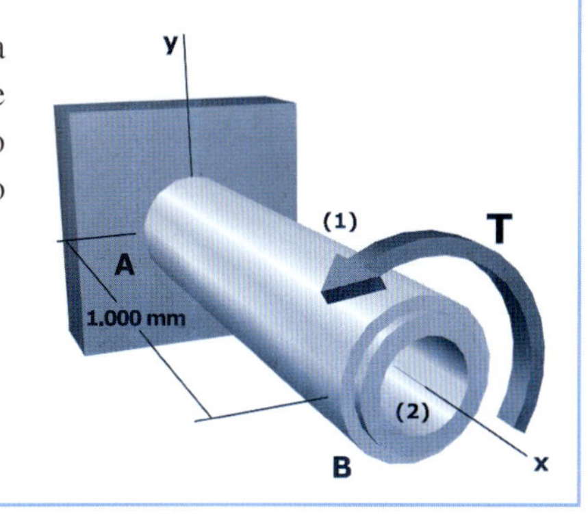

Exemplo do MecMovies M6.20

Um eixo composto consiste em um eixo oco (1) de aço [G = 75 MPa] conectado a um eixo maciço (2) de latão [G = 40 MPa] no flange B. O diâmetro externo do eixo (1) é 50 mm e seu diâmetro interno é 40 mm. O diâmetro externo do eixo (2) é 50 mm. Um torque concentrado T = 1.000 N · m é aplicado ao eixo composto no flange B. Determine:

(a) os torques T_1 e T_2 desenvolvidos nos eixos de aço e de latão.
(b) as tensões cisalhantes máximas τ_1 e τ_2 em cada eixo.
(c) o ângulo de rotação do flange B.

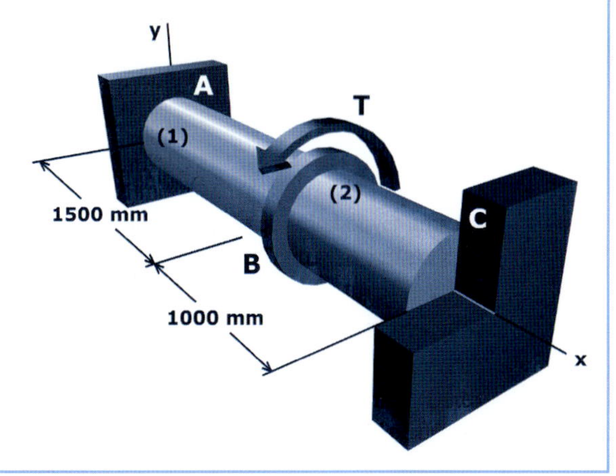

EXEMPLO 6.9

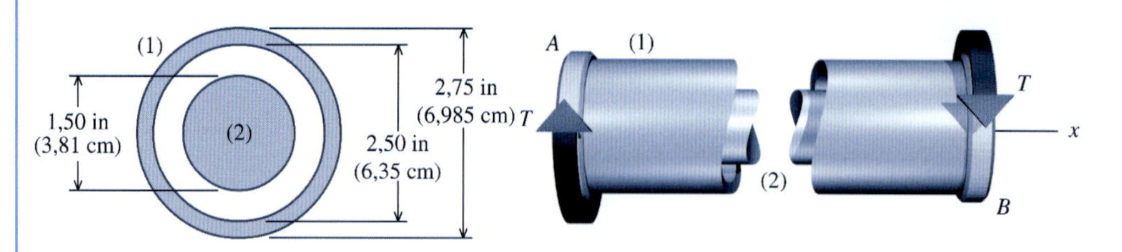

Dimensões da seção transversal

Um conjunto formado por um eixo composto consiste em um núcleo central (2) de aço inoxidável [$G = 12.500$ ksi (86,18 MPa)] conectado por placas rígidas em A e B às extremidades de um tubo (1) de latão [$G = 5.600$ ksi (38,61 GPa)]. As dimensões da seção transversal da peça são mostradas na figura. A tensão cisalhante admissível do tubo de bronze (1) é 12 ksi (82,74 MPa) e a tensão cisalhante admissível do tubo de aço inoxidável (2) é 18 ksi (124,11 GPa). Determine o torque máximo T que pode ser aplicado ao eixo composto.

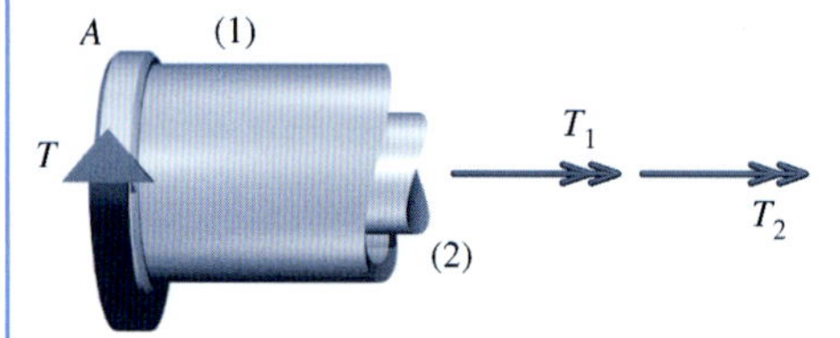

Planejamento da Solução

Um diagrama de corpo livre cortado através da peça irá expor os torques internos no tubo e no núcleo. Como há dois torques internos e apenas uma equação de equilíbrio, a peça é estaticamente indeterminada. O tubo e o núcleo estão ligados a placas rígidas nas extremidades; portanto, quando a peça for torcida, tanto o tubo como o núcleo serão torcidos do mesmo valor. Essa relação será usada para ser obtida uma equação de compatibilidade em termos dos torques internos desconhecidos. As informações sobre as tensões cisalhantes admissíveis serão usadas posteriormente para determinar qual dos dois componentes controla a capacidade de torque do conjunto formado pelo eixo composto.

SOLUÇÃO

Etapa 1 — Equações de Equilíbrio: Corte um diagrama de corpo livre através do conjunto em volta da placa rígida A. Desse diagrama de corpo livre, pode-se obter a seguinte equação de equilíbrio:

$$\Sigma M_x = -T + T_1 + T_2 = 0 \tag{a}$$

Como há três incógnitas — T_1, T_2 e o torque externo T — esse conjunto é estaticamente indeterminado.

Etapa 2 — Geometria da Deformação: Tanto o tubo como o núcleo estão ligados a placas rígidas nas extremidades. Portanto, quando o conjunto for torcido, ambos os componentes deverão ser torcidos do mesmo valor:

$$\phi_1 = \phi_2 \tag{b}$$

Etapa 3 — Relacionamento Torque-Ângulo de Torção: Os ângulos de torção no tubo (1) e no núcleo (2) podem ser expressos como

$$\phi_1 = \frac{T_1 L_1}{J_1 G_1} \qquad \phi_2 = \frac{T_2 L_2}{J_2 G_2} \tag{c}$$

Etapa 4 — Equação de Compatibilidade: Substitua as relações entre torque e ângulo de torção [Equação (c)] na equação da geometria da deformação [Equação (d)] para que seja obtida a equação de compatibilidade

$$\frac{T_1 L_1}{J_1 G_1} = \frac{T_2 L_2}{J_2 G_2} \tag{d}$$

Etapa 5 — Solução das Equações: Foram obtidas duas equações em termos dos três torques desconhecidos (T_1, T_2 e o torque externo T). São necessárias informações adicionais para que sejam encontrados os valores dos torques desconhecidos.

Tensões Cisalhantes Admissíveis

As tensões cisalhantes máximas no tubo e no núcleo serão determinadas pela fórmula da torção no regime elástico. Como as tensões admissíveis são especificadas para ambos os componentes, a fórmula da torção no regime elástico pode ser escrita para cada componente e reorganizada para que seja encontrado o valor do torque. Para o tubo de latão (1),

$$\tau_1 = \frac{T_1 c_1}{J_1} \qquad \therefore T_1 = \frac{\tau_1 J_1}{c_1} \tag{e}$$

e para o núcleo de aço inoxidável (2):

$$\tau_2 = \frac{T_2 c_2}{J_2} \qquad \therefore T_2 = \frac{\tau_2 J_2}{c_2} \tag{f}$$

Substituindo as Equações (e) e (f) na equação de compatibilidade [Equação (d)] e simplificando:

$$T_1 \frac{L_1}{J_1 G_1} = T_2 \frac{L_2}{J_2 G_2}$$

$$\frac{\tau_1 J_1}{c_1} \frac{L_1}{J_1 G_1} = \frac{\tau_2 J_2}{c_2} \frac{L_2}{J_2 G_2}$$

$$\frac{\tau_1 L_1}{c_1 G_1} = \frac{\tau_2 L_2}{c_2 G_2} \tag{g}$$

Nota: a Equação (g) é simplesmente a Equação (6.13) escrita para o tubo (1) e o núcleo (2). Como tanto o tubo como o núcleo possuem o mesmo comprimento, a Equação (g) pode ser simplificada para

$$\frac{\tau_1}{c_1 G_1} = \frac{\tau_2}{c_2 G_2} \tag{h}$$

Não podemos saber de antemão que componente controlará a capacidade do conjunto submetido à torção. Suponha que a máxima tensão cisalhante no núcleo de aço inoxidável (2) controlará a capacidade; isto é, $\tau_2 = 18$ ksi. Nesse caso, a tensão cisalhante correspondente no tubo de latão pode ser calculada utilizando a Equação (h):

$$\tau_1 = \tau_2 \left(\frac{c_1}{c_2}\right)\left(\frac{G_1}{G_2}\right) = (18 \text{ ksi})\left(\frac{2{,}75 \text{ in}/2}{1{,}50 \text{ in}/2}\right)\left(\frac{5.600 \text{ ksi}}{12.500 \text{ ksi}}\right) = 14{,}784 \text{ ksi} > 12 \text{ ksi} \quad \text{Não serve}$$

Essa tensão cisalhante supera a tensão admissível de 12 ksi para o tubo de latão. Portanto, nossa hipótese inicial mostrou-se incorreta — na verdade, a tensão cisalhante máxima no tubo de latão controla a capacidade de torque do conjunto.

A Equação (h) é reorganizada para que seja encontrado o valor de τ_2, uma vez que a tensão cisalhante admissível do tubo de latão é $\tau_1 = 12$ ksi.

$$\tau_2 = \tau_1 \left(\frac{c_2}{c_1}\right)\left(\frac{G_2}{G_1}\right) = (12 \text{ ksi})\left(\frac{1{,}50 \text{ in}/2}{2{,}75 \text{ in}/2}\right)\left(\frac{12.500 \text{ ksi}}{5.600 \text{ ksi}}\right) = 14{,}610 \text{ ksi} < 12 \text{ ksi} \quad \text{O.K.}$$

Torques Admissíveis

Com base na equação de compatibilidade, agora conhecemos as tensões cisalhantes máximas que serão desenvolvidas em cada um dos componentes. Dessas tensões cisalhantes, podem ser determinados os torques em cada componente usando as Equações (e) e (f).

São necessários os momentos polares de inércia de cada componente. Para o tubo de latão (1):

$$J_1 = \frac{\pi}{32}[(2{,}75 \text{ in})^4 - (2{,}50 \text{ in})^4] = 1{,}779801 \text{ in}^4$$

e para o núcleo de aço inoxidável (2):

$$J_2 = \frac{\pi}{32}(1{,}50 \text{ in})^4 = 0{,}497010 \text{ in}^4$$

Da Equação (e), o torque interno admissível no tubo de latão (1) pode ser calculado como

$$T_1 = \frac{\tau_1 J_1}{c_1} = \frac{(12 \text{ ksi})(1{,}779801 \text{ in}^4)}{2{,}75 \text{ in}/2} = 15{,}533 \text{ kip} \cdot \text{in}$$

e da Equação (f), o torque interno correspondente no núcleo de aço inoxidável (2) é

$$T_2 = \frac{\tau_2 J_2}{c_2} = \frac{(14{,}610 \text{ ksi})(0{,}497010 \text{ in}^4)}{1{,}50 \text{ in}/2} = 9{,}682 \text{ kip} \cdot \text{in.}$$

Substituindo esses resultados na equação de equilíbrio [Equação (a)] para determinar o módulo do torque externo T que pode ser aplicado no conjunto formado por um eixo composto:

$$T = T_1 + T_2 = 15{,}533 \text{ kip} \cdot \text{in} + 9{,}682 \text{ kip} \cdot \text{in} = 25{,}2 \text{ kip} \cdot \text{in}$$ **Resp.**

Exemplo do MecMovies M6.21

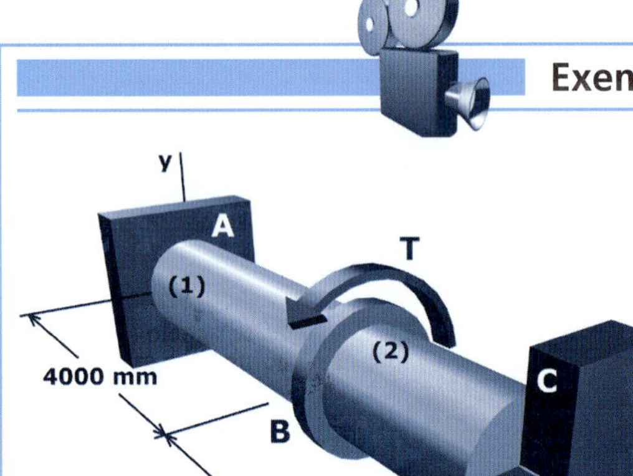

Um eixo composto consiste em um eixo oco (1) de aço [$G = 75$ GPa] conectado a um eixo maciço (2) de bronze [$G = 38$ GPa] no flange B. O diâmetro externo do eixo (1) é 80 mm e seu diâmetro interno é 65 mm. O diâmetro externo do eixo (2) é 80 mm. As tensões admissíveis para os materiais aço e bronze são 90 MPa e 50 MPa, respectivamente. Determine:

(a) o torque máximo T que pode ser aplicado ao flange B.
(b) as tensões τ_1 e τ_2 desenvolvidas nos eixos de aço e de bronze.
(c) o ângulo de rotação do flange B.

Exemplo do MecMovies M6.22

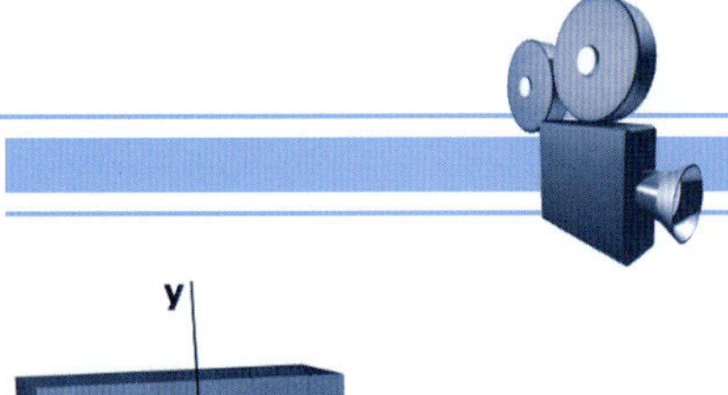

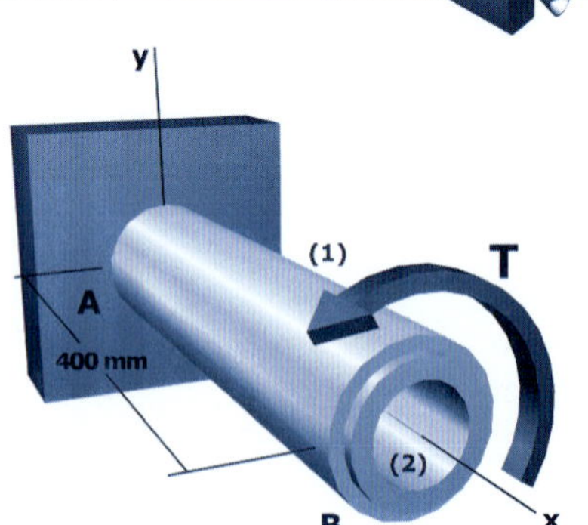

Um eixo composto consiste em um eixo oco (1) de alumínio [$G = 26$ GPa] colado a um eixo oco (2) de bronze [$G = 38$ GPa] no flange B. O diâmetro externo do eixo (1) é 50 mm e seu diâmetro interno é 42 mm. O diâmetro externo do eixo (2) é 42 mm e seu diâmetro interno é 30 mm. As tensões cisalhantes admissíveis para os materiais alumínio e bronze são 85 MPa e 100 MPa, respectivamente. Determine:

(a) o torque máximo T que pode ser aplicado à extremidade livre B.
(b) as tensões τ_1 e τ_2 desenvolvidas nos eixos de aço e de bronze.
(c) o ângulo de rotação da extremidade B.

Exemplo do MecMovies M6.23

Um eixo composto consiste em um eixo oco (1) de aço inoxidável [G = 86 GPa] conectado a um eixo maciço (2) de bronze [G = 38 GPa] no flange B. O diâmetro externo do eixo (1) é 75 mm e seu diâmetro interno é 55 mm. O diâmetro externo do eixo (2) é 75 mm. Um torque concentrado T será aplicado ao eixo composto no flange B. Determine:

(a) o módulo máximo do torque concentrado T se o ângulo de rotação no flange B não pode ser superior a 3°.

(b) as tensões cisalhantes máximas τ_1 e τ_2 em cada eixo.

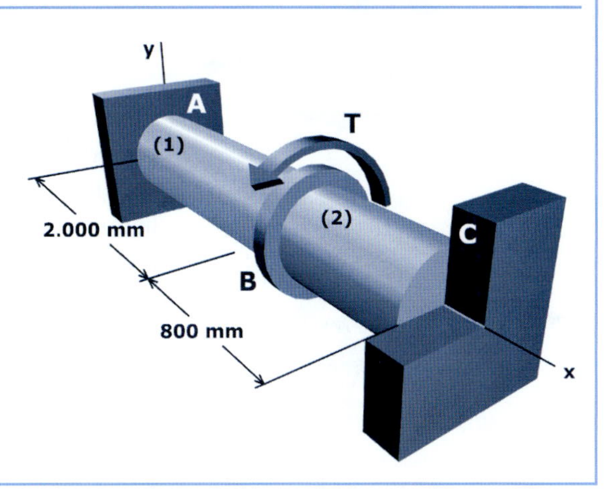

EXEMPLO 6.10

Um torque de 18 kip · in (2,034 kN · m) age na engrenagem C do conjunto mostrado na figura. Os eixos (1) e (2) são maciços, de aço, com 2,00 in (5,08 cm) de diâmetro e o eixo (3) é maciço, de aço, com 2,50 in (6,35 cm) de diâmetro. Admita G = 12.000 ksi (82,74 GPa) para todos os eixos. Os suportes mostrados permitem livre rotação dos eixos. Determine:

(a) os módulos das tensões cisalhantes máximas nos eixos (1), (2) e (3).

(b) o ângulo de rotação da engrenagem E.

(c) o ângulo de rotação da engrenagem C.

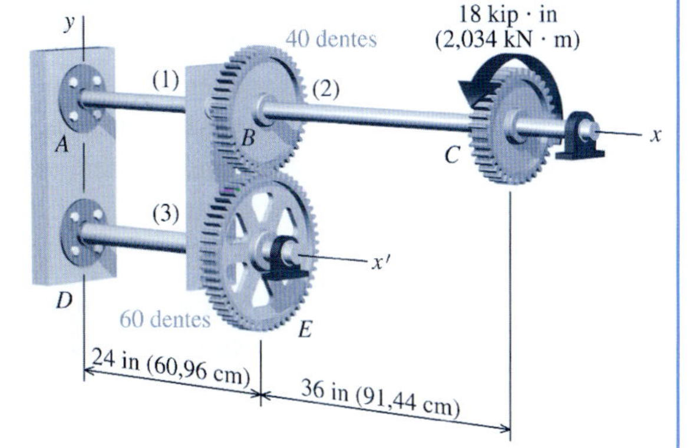

Planejamento da Solução

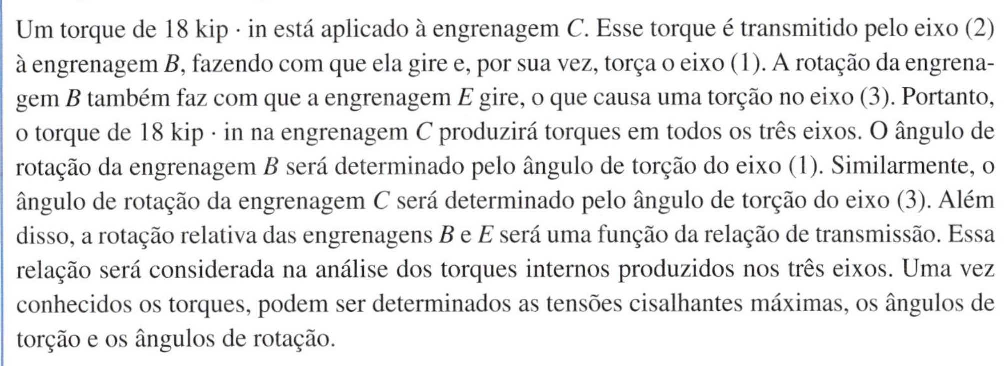

Um torque de 18 kip · in está aplicado à engrenagem C. Esse torque é transmitido pelo eixo (2) à engrenagem B, fazendo com que ela gire e, por sua vez, torça o eixo (1). A rotação da engrenagem B também faz com que a engrenagem E gire, o que causa uma torção no eixo (3). Portanto, o torque de 18 kip · in na engrenagem C produzirá torques em todos os três eixos. O ângulo de rotação da engrenagem B será determinado pelo ângulo de torção do eixo (1). Similarmente, o ângulo de rotação da engrenagem C será determinado pelo ângulo de torção do eixo (3). Além disso, a rotação relativa das engrenagens B e E será uma função da relação de transmissão. Essa relação será considerada na análise dos torques internos produzidos nos três eixos. Uma vez conhecidos os torques, podem ser determinados as tensões cisalhantes máximas, os ângulos de torção e os ângulos de rotação.

SOLUÇÃO

Etapa 1 — Equações de Equilíbrio: Considere um diagrama de corpo livre que corte o eixo (2) e inclua a engrenagem C. Será admitido um torque interno positivo no eixo (2). Desse diagrama de corpo livre, pode-se escrever uma equação de equilíbrio de momentos em torno do eixo x para determinar o torque interno T_2 no eixo (2).

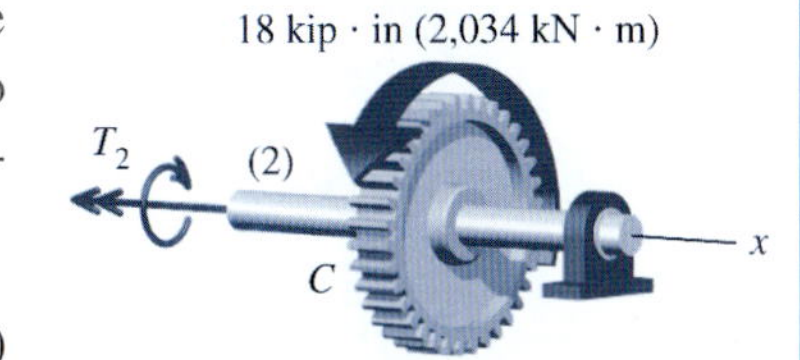

$$\Sigma M_x = 18 \text{ kip} \cdot \text{in} - T_2 = 0 \qquad \therefore T_2 = 18 \text{ kip} \cdot \text{in} \qquad \text{(a)}$$

A seguir, examine um diagrama de corpo livre de um corte os eixos (1) e (2) e inclua a engrenagem B. Mais uma vez, será admitido um torque interno positivo nos eixos (1) e (2). Os dentes da engrenagem E exercem uma força F nos dentes da engrenagem B. Se o raio da

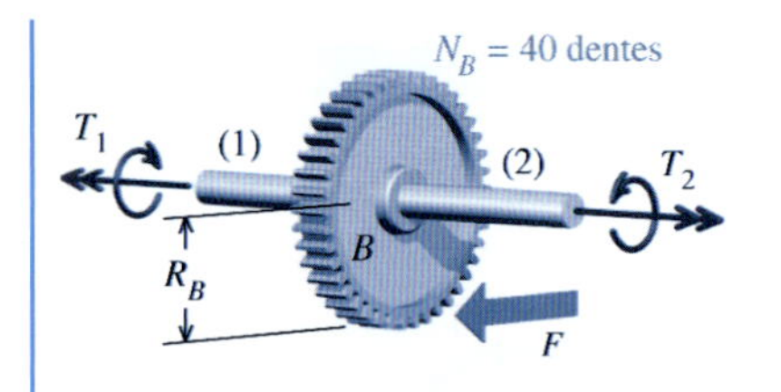

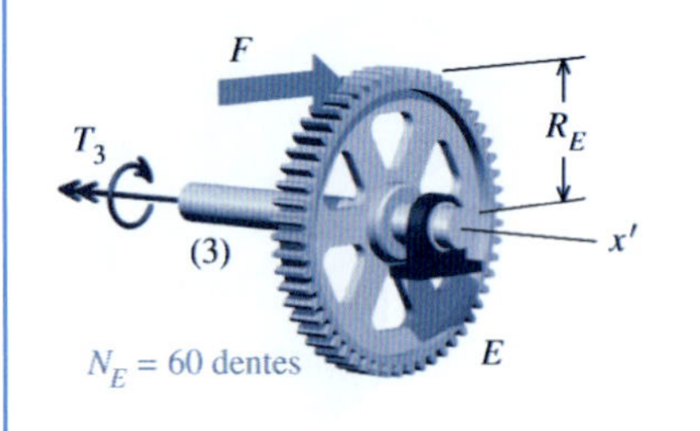

engrenagem B for indicado por R_B, pode-se escrever uma equação de equilíbrio de momentos em torno do eixo x como

$$\Sigma M_x = T_2 - T_1 - F \cdot R_B = 0 \tag{b}$$

Agora, examine um diagrama de corpo livre que corte o eixo (3) e inclua a engrenagem E, conforme ilustrado. Admite-se que atue um torque interno positivo T_3 no eixo (3). Como os dentes da engrenagem E exercem uma força F nos dentes da engrenagem B, o equilíbrio exige que os dentes da engrenagem B exerçam nos dentes da engrenagem E uma força de módulo idêntico e de sentido oposto. Indicando o raio da engrenagem E por R_E, pode-se escrever uma equação de equilíbrio de momentos em torno do eixo x' como

$$\Sigma M_{x'} = -T_3 - F \cdot R_E = 0 \qquad \therefore F = -\frac{T_3}{R_E} \tag{c}$$

Os resultados das Equações (a) e (c) podem ser substituídos na Equação (b) para fornecer

$$T_1 = T_2 - F \cdot R_B = 18 \text{ kip} \cdot \text{in} - \left(-\frac{T_3}{R_E}\right) R_B = 18 \text{ kip} \cdot \text{in} + T_3 \frac{R_B}{R_E}$$

Os raios R_B e R_E não são conhecidos. Entretanto, a razão R_B/R_E é apenas a relação de transmissão entre as engrenagens B e E. Como os dentes de ambas as engrenagens devem ter o mesmo tamanho a fim de que as engrenagens se ajustem adequadamente, a razão entre os dentes de cada engrenagem é equivalente à razão entre os raios das engrenagens. Em consequência, o torque no eixo (1) pode ser expresso em termos de N_B e N_E, o número de dentes das engrenagens B e E, respectivamente:

$$T_1 = 18 \text{ kip} \cdot \text{in} + T_3 \frac{N_B}{N_E} \tag{d}$$

A Equação (d) resume os resultados das considerações de equilíbrio, mas há ainda duas incógnitas nessa equação: T_1 e T_3. Em consequência, esse problema é estaticamente indeterminado. Para resolver o problema, deve-se desenvolver uma equação adicional. Essa segunda equação será obtida utilizando a relação entre os ângulos de torção nos eixos (1) e (3).

Etapa 2 — Geometria da Deformação: A rotação da engrenagem B é igual ao ângulo de torção do eixo (1):

$$\phi_B = \phi_1$$

e a rotação da engrenagem E é igual ao ângulo de torção do eixo (3):

$$\phi_E = \phi_3$$

Entretanto, como os dentes das engrenagens se encaixam, os ângulos de rotação para as engrenagens B e E não são independentes. Os comprimentos de arco associados às respectivas rotações devem ser iguais, mas as engrenagens giram em sentidos opostos. A relação entre as rotações das engrenagens pode ser expressa como

$$R_B \phi_B = -R_E \phi_E$$

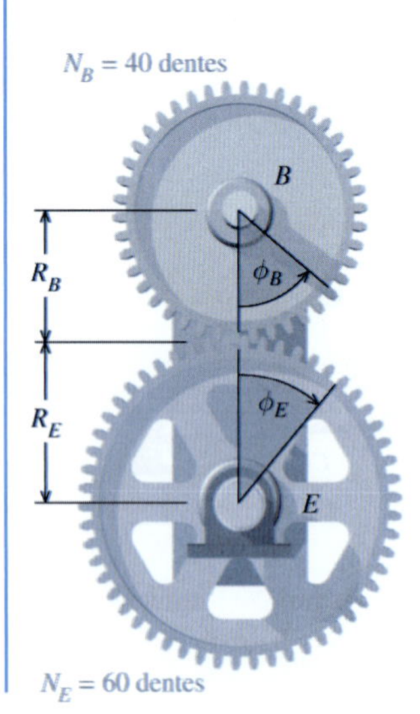

em que R_B e R_E são os raios das engrenagens B e E, respectivamente. Como os ângulos de rotação das engrenagens estão relacionados aos ângulos de torção dos eixos, essa relação pode ser expressa como

$$R_B \phi_1 = -R_E \phi_3 \tag{e}$$

Etapa 3 — Relacionamento Torque-Ângulo de Torção: Os ângulos de torção nos eixos (1) e (3) podem ser expressos como

$$\phi_1 = \frac{T_1 L_1}{J_1 G_1} \qquad \phi_3 = \frac{T_3 L_3}{J_3 G_3} \tag{f}$$

Etapa 4 — Equação de Compatibilidade: Substitua as relações entre torque e ângulo de torção [Equação (f)] na relação de geometria da deformação [Equação (e)] para obter

$$R_B \frac{T_1 L_1}{J_1 G_1} = -R_E \frac{T_3 L_3}{J_3 G_3}$$

que pode ser reorganizada e expressa em termos da relação entre as engrenagens N_B/N_E:

$$\frac{N_B}{N_E} \frac{T_1 L_1}{J_1 G_1} = -\frac{T_3 L_3}{J_3 G_3} \qquad \text{(g)}$$

Nota: A equação de compatibilidade tem duas incógnitas: T_1 e T_3. Essa equação pode ser resolvida simultaneamente com a equação de equilíbrio [Equação (d)] para que sejam calculados os torques internos nos eixos (1) e (3).

Etapa 5 — Solução das Equações: Encontrando o valor do torque T_3 na Equação (g):

$$T_3 = -T_1 \frac{N_B}{N_E}\left(\frac{L_1}{L_3}\right)\left(\frac{J_3}{J_1}\right)\left(\frac{G_3}{G_1}\right)$$

e substituindo esse resultado na Equação (d):

$$\begin{aligned} T_1 &= 18 \text{ kip} \cdot \text{in} + T_3 \frac{N_B}{N_E} \\ &= 18 \text{ kip} \cdot \text{in} + \left[-T_1 \frac{N_B}{N_E}\left(\frac{L_1}{L_3}\right)\left(\frac{J_3}{J_1}\right)\left(\frac{G_3}{G_1}\right)\right]\frac{N_B}{N_E} \\ &= 18 \text{ kip} \cdot \text{in} - T_1 \left(\frac{N_B}{N_E}\right)^2 \left(\frac{L_1}{L_3}\right)\left(\frac{J_3}{J_1}\right)\left(\frac{G_3}{G_1}\right) \end{aligned}$$

Agrupando os termos em T_1 obtém-se

$$T_1\left[1 + \left(\frac{N_B}{N_E}\right)^2 \left(\frac{L_1}{L_3}\right)\left(\frac{J_3}{J_1}\right)\left(\frac{G_3}{G_1}\right)\right] = 18 \text{ kip} \cdot \text{in} \qquad \text{(h)}$$

São necessários os momentos polares de inércia para esse cálculo. O eixo (1) é maciço com 2,00 in de diâmetro e o eixo (3) é maciço com 2,50 in de diâmetro. Os momentos polares de inércia para esses eixos são

$$J_1 = \frac{\pi}{32}(2{,}00 \text{ in})^4 = 1{,}570796 \text{ in}^4$$

$$J_3 = \frac{\pi}{32}(2{,}50 \text{ in})^4 = 3{,}834952 \text{ in}^4$$

Ambos os eixos possuem o mesmo comprimento e ambos possuem o mesmo módulo de elasticidade transversal. Portanto, a Equação (h) se reduz a

$$T_1\left[1 + \left(\frac{40 \text{ dentes}}{60 \text{ dentes}}\right)^2 (1)\left(\frac{3{,}834952 \text{ in}^4}{1{,}570796 \text{ in}^4}\right)(1)\right] = T_1(2{,}085070) = 18 \text{ kip} \cdot \text{in}$$

Dessa equação, o torque interno no eixo (1) é calculado como $T_1 = 8{,}6328$ kip · in. Substituindo esse resultado na Equação (d) a fim de encontrar o torque interno no eixo (3) é $T_3 =$ –14,0508 kip · in.

Tensões Cisalhantes

Agora, os módulos das tensões cisalhantes máximas nos três eixos podem ser calculados usando a fórmula da torção no regime elástico:

$$\tau_1 = \frac{T_1 c_1}{J_1} = \frac{(8{,}6328 \text{ kip} \cdot \text{in})(2{,}00 \text{ in}/2)}{1{,}570796 \text{ in}^4} = 5{,}50 \text{ ksi } (37{,}92 \text{ MPa}) \qquad \textbf{Resp.}$$

$$\tau_2 = \frac{T_2 c_2}{J_2} = \frac{(18 \text{ kip} \cdot \text{in})(2{,}00 \text{ in}/2)}{1{,}570796 \text{ in}^4} = 11{,}46 \text{ ksi } (79{,}01 \text{ MPa}) \qquad \textbf{Resp.}$$

$$\tau_3 = \frac{T_3 c_3}{J_3} = \frac{(14{,}0508 \text{ kip} \cdot \text{in})(2{,}50 \text{ in}/2)}{3{,}834952 \text{ in}^4} = 4{,}58 \text{ ksi } (31{,}58 \text{ MPa}) \qquad \textbf{Resp.}$$

Como aqui são exigidos apenas os módulos das tensões cisalhantes, é usado o valor absoluto de T_3.

Ângulo de Rotação da Engrenagem *E*

O ângulo de rotação da engrenagem *E* é igual ao ângulo de torção do eixo (3):

$$\phi_E = \phi_3 = \frac{T_3 L_3}{J_3 G_3} = \frac{(-14{,}0508 \text{ kip} \cdot \text{in})(24 \text{ in})}{(3{,}834952 \text{ in}^4)(12.000 \text{ ksi})} = -0{,}007328 \text{ rad} = -0{,}00733 \text{ rad} \qquad \textbf{Resp.}$$

Ângulo de Rotação da Engrenagem *C*

O ângulo de rotação da engrenagem *C* é igual ao ângulo de rotação da engrenagem *B* mais a torção adicional que ocorre no eixo (2):

$$\phi_C = \phi_B + \phi_2$$

O ângulo de rotação da engrenagem *B* é igual ao ângulo de torção do eixo (1):

$$\phi_B = \phi_1 = \frac{T_1 L_1}{J_1 G_1} = \frac{(8{,}6328 \text{ kip} \cdot \text{in})(24 \text{ in})}{(1{,}570796 \text{ in}^4)(12.000 \text{ ksi})} = 0{,}010992 \text{ rad}$$

Nota: O ângulo de rotação da engrenagem *B* também pode ser encontrado utilizando o ângulo de rotação da engrenagem *E*:

$$\phi_B = -\frac{N_E}{N_B}\phi_E = -\frac{60}{40}(-0{,}007328 \text{ rad}) = 0{,}010992 \text{ rad}$$

O ângulo de torção no eixo (2) é

$$\phi_2 = \frac{T_2 L_2}{J_2 G_2} = \frac{(18 \text{ kip} \cdot \text{in})(36 \text{ in})}{(1{,}570796 \text{ in}^4)(12{,}000 \text{ ksi})} = 0{,}034377 \text{ rad}$$

Portanto, o ângulo de rotação da engrenagem *C* é

$$\phi_C = \phi_B + \phi_2 = 0{,}010992 \text{ rad} + 0{,}034377 \text{ rad} = 0{,}045369 \text{ rad} = 0{,}0454 \text{ rad} \qquad \textbf{Resp.}$$

Exemplo do MecMovies M6.24

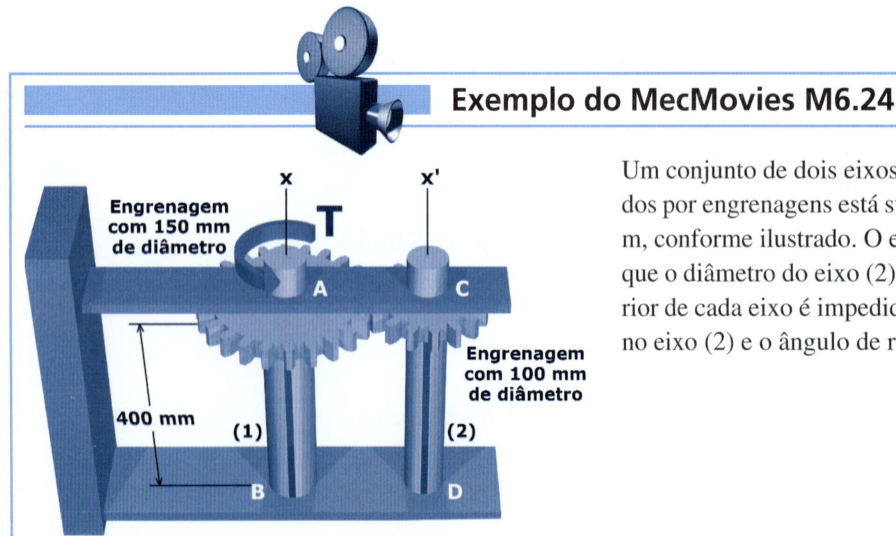

Um conjunto de dois eixos maciços de latão [$G = 44$ GPa] conectados por engrenagens está sujeito a um torque concentrado de 240 N · m, conforme ilustrado. O eixo (1) tem diâmetro de 20 mm, ao passo que o diâmetro do eixo (2) é 16 mm. A rotação da extremidade inferior de cada eixo é impedida. Determine a tensão cisalhante máxima no eixo (2) e o ângulo de rotação em *A*.

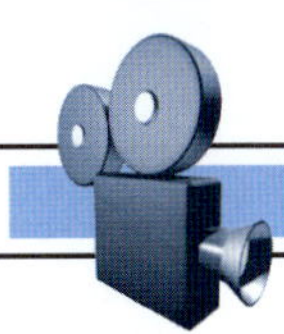

EXERCÍCIOS do MecMovies

M6.19 Um elemento estrutural composto sujeito a torção consiste em uma cobertura tubular (1) ligada ao comprimento *AB* de um eixo maciço contínuo que se estende de *A* até *C*, que é denominado (2) e (3). É aplicado um torque concentrado *T* à extremidade livre *C* do eixo, no sentido mostrado. Determine os torques internos e as tensões cisalhantes na cobertura (1) e no núcleo (2) (isto é, entre *A* e *B*). Além disso, determine o ângulo de rotação na extremidade *C*.

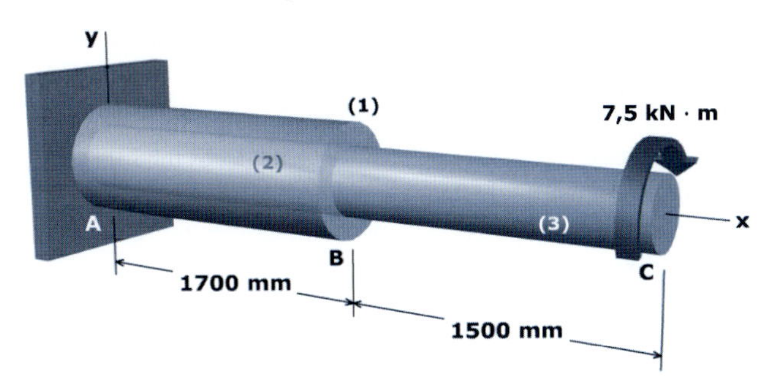

FIGURA M6.19

M6.20 Um elemento estrutural sujeito a torção consiste em dois eixos maciços unidos ao flange *B*. Os eixos (1) e (2) estão presos a suportes rígidos em *A* e *C*, respectivamente. É aplicado um torque concentrado *T* ao flange *B* no sentido mostrado. Determine os torques internos e as tensões cisalhantes em cada eixo. Além disso, determine o ângulo de rotação do flange *B*.

M6.21 Um elemento estrutural sujeito a torção consiste em dois eixos maciços unidos ao flange *B*. Os eixos (1) e (2) estão presos a suportes rígidos em *A* e *C*, respectivamente. Usando as tensões cisalhantes admissíveis indicadas no esquema, determine o torque máximo *T* que pode ser aplicado ao flange *B* no sentido mostrado. Determine a tensão cisalhante máxima em cada eixo e o ângulo de rotação do flange *B* quando o torque for máximo.

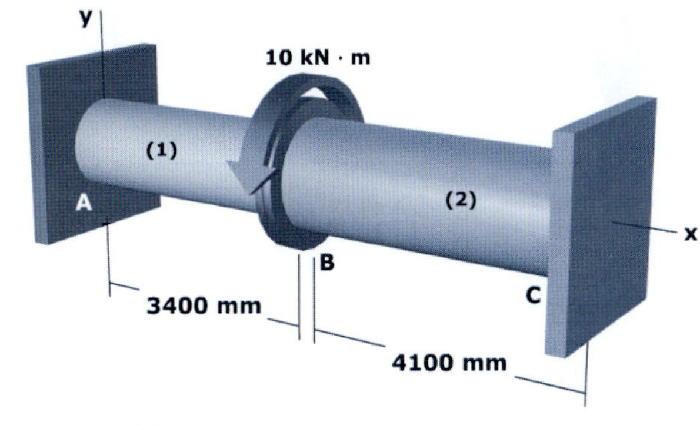

FIGURA M6.20

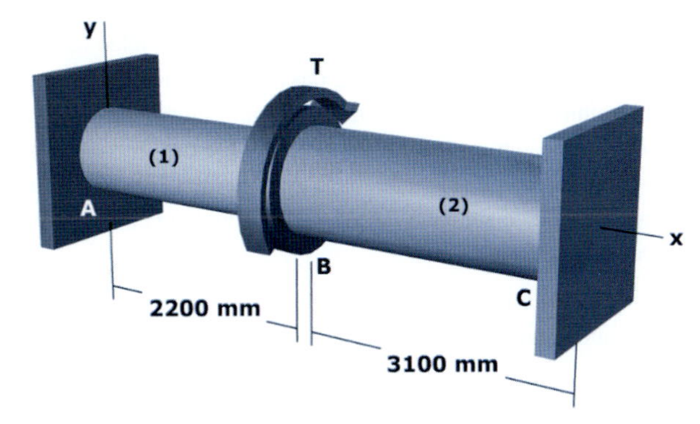

FIGURA M6.21

PROBLEMAS

P6.67 Um tubo oco circular (1) de bronze laminado a frio [G_1 = 6.500 ksi (44,82 GPa)] com diâmetro externo de 1,75 in (4,445 cm) e diâmetro interno de 1,25 in (3,175 cm) está ligado firmemente a um núcleo maciço (2) de aço [G_2 = 12.500 ksi (86,18 GPa)] com diâmetro de 1,25 in (3,175 cm) conforme mostra a Figura P6.67/68. A tensão cisalhante admissível no tubo (1) é 27 ksi (186,16 MPa) e a tensão cisalhante admissível no núcleo (2) é 60 ksi (413,69 MPa). Determine:

(a) o torque admissível *T* que pode ser aplicado ao conjunto tubo-e-núcleo.
(b) os torques correspondentes produzidos no tubo (1) e no núcleo (2).
(c) o ângulo de torção produzido pelo torque admissível *T* em um comprimento de 10 in (25,4 cm) do conjunto.

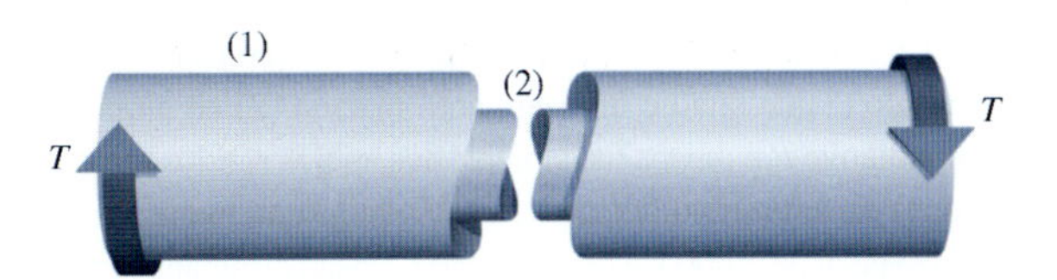

Figura P6.67/68

P6.68 Um tubo oco circular (1) de bronze laminado a frio [G_1 = 6.500 ksi (44,82 GPa)] com diâmetro externo de 1,75 in (4,445 cm) e diâmetro interno de 1,25 in (3,175 cm) está ligado firmemente a um núcleo maciço (2) de aço [G_2 = 12.500 ksi (86,16 GPa)] com diâmetro de 1,25 in (3,175 cm) conforme mostra a Figura P6.67/68. Se for aplicado um torque T = 20 kip · in (2,26 kN · m) ao conjunto tubo-e-núcleo, determine:

(a) os torques produzidos no tubo (1) e no núcleo (2).
(b) a tensão cisalhante máxima no tubo de bronze e no núcleo de aço inoxidável.
(c) o ângulo de torção produzido em um comprimento de 10 in (25,4 cm) do conjunto.

P6.69 Um conjunto composto consistindo em um núcleo (2) de aço [G = 80 GPa] conectado a placas rígidas nas extremidades de um tubo (1) de alumínio [G = 28 GPa] é mostrado na Figura P6.69*a*/70*a*. As dimensões da seção transversal do conjunto estão mostradas na Figura P6.69*b*/70*b*. Se for aplicado um torque T = 1.100 N · m ao conjunto composto, determine:

(a) a tensão cisalhante máxima no tubo de alumínio e no núcleo de aço.
(b) o ângulo de rotação da extremidade B em relação à extremidade A.

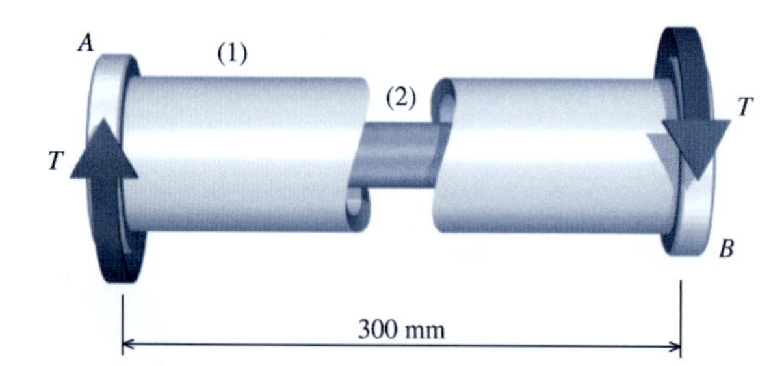

FIGURA P6.69A/70*a* Eixo composto de tubo-e-núcleo.

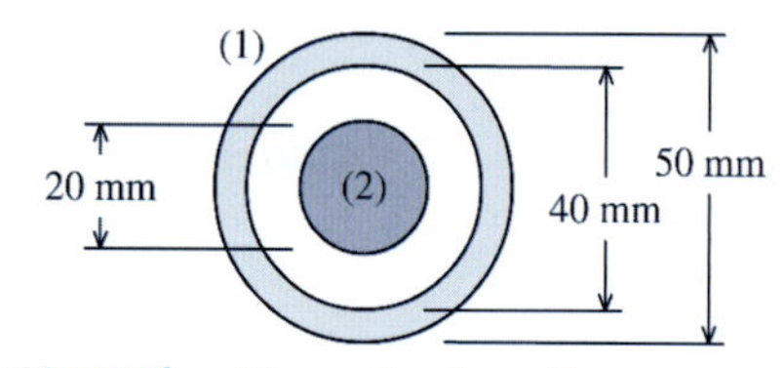

FIGURA P6.69B/70*b* Dimensões da seção transversal.

P6.70 Um conjunto composto consistindo em um núcleo (2) de aço [G = 80 GPa] conectado às placas rígidas nas extremidades de um tubo (1) de alumínio [G = 28 GPa] é mostrado na Figura P6.69*a*/70*a*. As dimensões da seção transversal do conjunto estão mostradas na Figura P6.69*b*/70*b*. A tensão cisalhante admissível do tubo (1) de alumínio é 90 MPa e a tensão cisalhante admissível no núcleo (2) de aço é 130 MPa. Determine:

(a) o torque admissível T que pode ser aplicado ao eixo composto.
(b) os torques correspondentes produzidos no tubo (1) e no núcleo (2).
(c) o ângulo de rotação produzido pelo torque admissível T.

P6.71 O eixo composto mostrado na Figura P6.71/72 consiste em uma luva (1) de bronze unido fixamente a um núcleo central (2) de aço. A luva de bronze tem diâmetro externo de 35 mm, diâmetro interno de 25 mm e módulo de elasticidade transversal G_1 = 45 GPa. O núcleo maciço de aço tem diâmetro de 25 mm e módulo de elasticidade transversal G_2 = 80 MPa. A tensão cisalhante admissível da luva (1) é 180 MPa, e a tensão cisalhante admissível no núcleo (2) é 150 MPa. Determine:

(a) o torque admissível T que pode ser aplicado ao eixo composto.
(b) os torques produzidos na luva (1) e no núcleo (2).
(c) o ângulo de rotação da extremidade B em relação à extremidade A, produzido pelo torque admissível T.

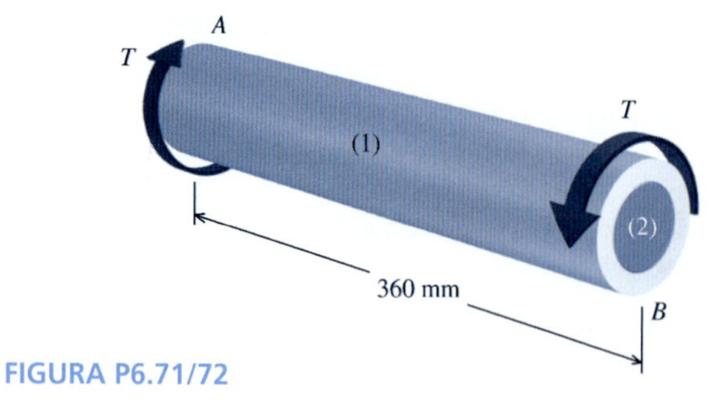

FIGURA P6.71/72

P6.72 O eixo composto mostrado na Figura P6.71/72 consiste em uma luva (1) de bronze unido fixamente a um núcleo central (2) de aço. A luva de bronze tem diâmetro externo de 35 mm, diâmetro interno de 25 mm e módulo de elasticidade transversal G_1 = 45 GPa. O núcleo maciço de aço tem diâmetro de 25 mm e módulo de elasticidade transversal G_2 = 80 MPa. O eixo composto está sujeito a um torque T = 900 N · m. Determine:

(a) tensão cisalhante máxima na luva de bronze e no núcleo de aço.
(b) o ângulo de rotação da extremidade B em relação à extremidade A.

P6.73 O eixo composto mostrado na Figura P6.73 consiste em dois tubos de aço conectados ao flange B e presos firmemente a paredes rígidas em A e C. O tubo (1) de aço tem diâmetro externo de 168 mm e espessura de parede de 7 mm. O tubo (2) de aço tem diâmetro externo de 114 mm espessura de parede de 6 mm. Ambos os tubos possuem comprimento de 3 m e módulo de elasticidade transversal de 80 GPa. Se for aplicado ao flange B um torque concentrado de 20 kN · m, determine:

(a) os módulos das tensões cisalhantes máximas nos tubos (1) e (2).
(b) o ângulo de rotação do flange B em relação ao suporte A.

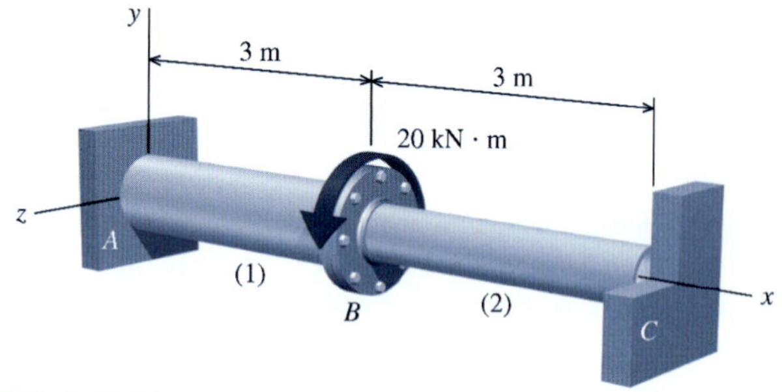

FIGURA P6.73

P6.74 O eixo composto mostrado na Figura P6.74 consiste em dois tubos de aço conectados ao flange B e presos firmemente às paredes rígidas em A e C. O tubo (1) de aço tem diâmetro externo de 8,625 in (21,908 cm), espessura de parede de 0,322 in (0,818 cm) e comprimento de 15 ft (4,572 m). O tubo (2) de aço tem diâmetro externo de 6,625 in (16,827 cm), espessura de parede de 0,280 in (0,711 cm) e comprimento de 25 ft (7,62 m). Ambos os tubos possuem módulo de elasticidade transversal de 12.000 ksi (82,74 GPa). Se for aplicado ao flange B um torque concentrado de 36 kip · in (4,067 kN · m), determine:

(a) os módulos das tensões cisalhantes máximas nos tubos (1) e (2).
(b) o ângulo de rotação do flange B em relação ao suporte A.

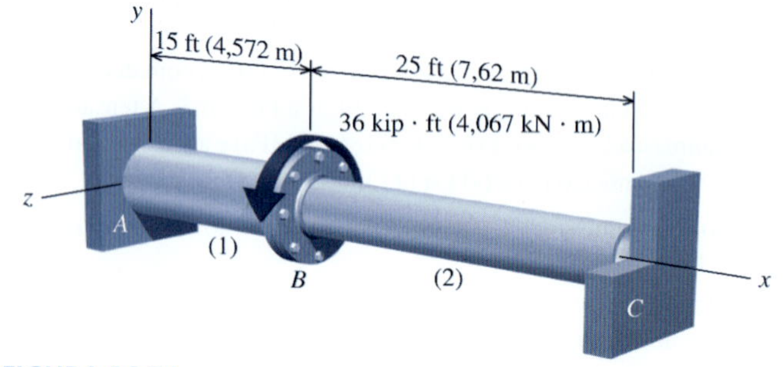

FIGURA P6.74

P6.75 O eixo composto mostrado na Figura P6.75 consiste em um segmento maciço (1) de latão e um segmento maciço (2) de alumínio, conectados ao flange B e presos firmemente aos apoios rígidos em A e C. O segmento (1) de latão tem diâmetro de 1,00 in (2,54 cm), módulo de elasticidade transversal de 5.600 ksi (38,61 GPa) e tensão cisalhante admissível de 8 ksi (55,16 MPa). O segmento (2) de alumínio tem diâmetro de 0,75 in

(1,905 cm), módulo de elasticidade transversal de 4.000 ksi (27,58 GPa) e tensão cisalhante admissível de 6 ksi (41,37 MPa). Determine:

(a) o torque admissível T_B que pode ser aplicado ao eixo composto no flange B.
(b) os módulos dos torques internos nos segmentos (1) e (2).
(c) o ângulo de rotação do flange B produzido pelo torque admissível T_B.

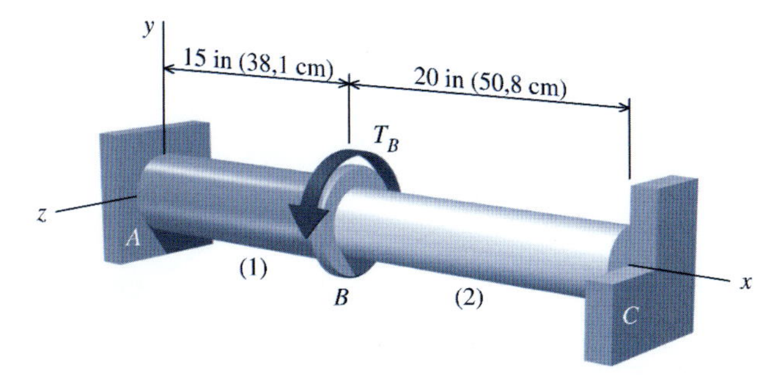

FIGURA P6.75

P6.76 O eixo composto mostrado na Figura P6.76 consiste em um segmento maciço (1) de latão e um segmento maciço (2) de alumínio que estão conectados ao flange B e presos firmemente às paredes rígidas em A e C. O segmento (1) de latão tem diâmetro de 18 mm e módulo de elasticidade transversal de 39 GPa. O segmento (2) de alumínio tem diâmetro de 24 mm e módulo de elasticidade transversal de 28 GPa. Se for aplicado um torque concentrado de 270 N · m ao flange B, determine:

(a) os módulos das tensões cisalhantes máximas nos segmentos (1) e (2).
(b) o ângulo de rotação do flange B em relação ao apoio A.

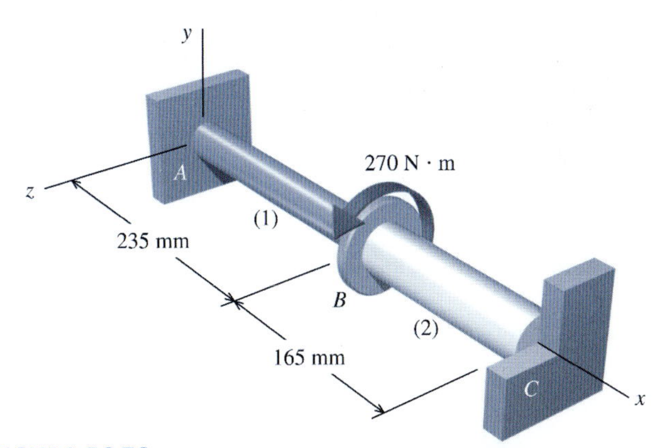

FIGURA P6.76

P6.77 O eixo composto mostrado na Figura P6.77/78 consiste em um tubo (1) de aço inoxidável e um tubo (2) de latão que estão conectados ao flange B e presos firmemente aos apoios rígidos em A e C. O tubo (1) de aço inoxidável tem diâmetro externo de 2,25 in (5,715 cm), espessura de parede de 0,250 in (0,635 cm), comprimento L_1 = 40 in (101,6 cm) e módulo de elasticidade transversal de 12.500 ksi (86,18 GPa). O tubo (2) de latão tem diâmetro externo de 3,500 in (8,89 cm), espessura de parede de 0,219 in (0,556 cm), comprimento L_2 = 20 in (50,8 cm) e módulo de elasticidade transversal de 5.600 ksi (38,61 GPa). Se for aplicado um torque concentrado T_B = 42 kip · in (4,745 kN · m) ao flange B, determine:

(a) os módulos das tensões cisalhantes máximas nos tubos (1) e (2).
(b) o ângulo de rotação do flange B em relação ao apoio A.

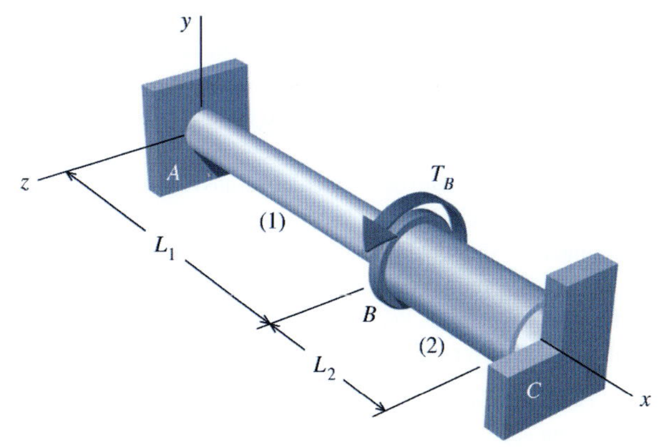

FIGURA P6.77/78

P6.78 O eixo composto mostrado na Figura P6.77/78 consiste em um tubo (1) de aço inoxidável e um tubo (2) de latão que estão conectados ao flange B e presos firmemente aos apoios rígidos em A e C. O tubo (1) de aço inoxidável tem diâmetro externo de 2,25 in (5,715 cm), espessura de parede de 0,250 in (0,635 cm), comprimento L_1 = 40 in (101,6 cm) e módulo de elasticidade transversal de 12.500 ksi (86,18 GPa). O tubo (2) de latão tem diâmetro externo de 3,500 in (8,89 cm), espessura de parede de 0,219 in (0,556 cm), comprimento L_2 = 20 in (50,8 cm) e módulo de elasticidade transversal de 5.600 ksi (38,61 GPa). A tensão cisalhante admissível no aço inoxidável é 50 ksi (344,74 MPa) e a tensão cisalhante admissível no latão é 18 ksi (124,11 MPa). Determine:

(a) o torque admissível T_B que pode ser aplicado ao eixo composto no flange B.
(b) o ângulo de rotação do flange B produzido pelo torque admissível T_B.

P6.79 O conjunto submetido a torção da Figura P6.79/80 consiste em um tubo de aço inoxidável laminado a frio conectado no flange C a um segmento maciço de latão laminado a frio. O conjunto está firmemente preso aos apoios rígidos em A e D. O tubo (1) e (2) de aço inoxidável tem diâmetro externo de 3,50 in (8,89 cm), espessura de parede de 0,120 in (0,305 cm) e módulo de elasticidade transversal G = 12.500 ksi (86,18 GPa). O segmento maciço (3) de latão tem diâmetro de 2,00 in (5,08 cm) e módulo de elasticidade transversal de G = 5.600 ksi (38,61 GPa). Um torque concentrado T_B = 6 kip · ft (8,135 kN · m) é aplicado ao tubo de aço inoxidável em B. Determine:

(a) o módulo da tensão cisalhante máxima no tubo de aço inoxidável.
(b) o módulo da tensão cisalhante máxima no segmento (3) de latão.
(c) o ângulo de rotação do flange C.

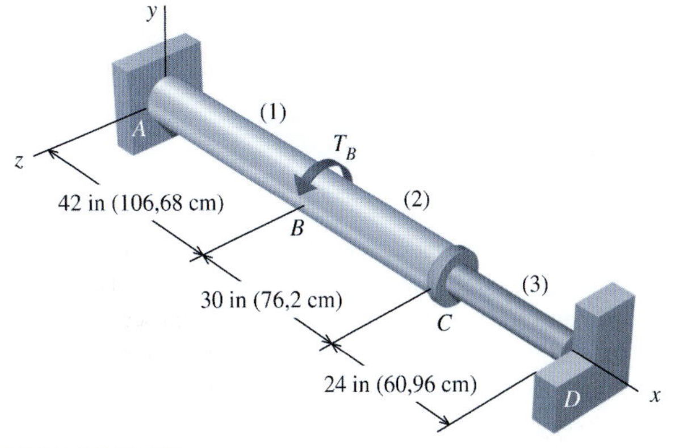

FIGURA P6.79/80

P6.80 O conjunto submetido a torção da Figura P6.79/80 consiste em um tubo de aço inoxidável laminado a frio conectado no flange C a um segmento maciço de latão laminado a frio. O conjunto está firmemente preso aos apoios rígidos em A e D. O tubo (1) e (2) de aço inoxidável tem diâmetro externo de 3,50 in (8,89 cm), espessura de parede de 0,120 in (0,305 cm), módulo de elasticidade transversal $G = 12.500$ ksi (86,18 GPa) e tensão cisalhante admissível de 30 ksi (206,84 MPa). O segmento maciço (3) de latão tem diâmetro de 2,00 in (5,08 cm), módulo de elasticidade transversal de $G = 5.600$ ksi (38,61 GPa) e tensão cisalhante admissível de 18 ksi (124,11 MPa). Determine o maior módulo admissível para o torque concentrado T_B.

P6.81 O conjunto submetido a torção apresentado na Figura P6.81*a* consiste em um segmento maciço (1) de bronze [$G = 45$ GPa] com 75 mm de diâmetro conectado firmemente, no flange B, aos segmentos maciços (2) e (3) de aço inoxidável [$G = 86$ MPa]. O flange B é seguro por quatro parafusos de 14 mm de diâmetro, que estão localizados em uma peça circular com 120 mm de diâmetro (Figura P6.81*b*). A tensão cisalhante admissível dos parafusos é 90 MPa e os efeitos do atrito no flange podem ser ignorados nesta análise. Determine:

(a) o torque admissível T_C que pode ser aplicado ao conjunto em C sem que seja superada a capacidade da conexão aparafusada no flange.
(b) o módulo da tensão cisalhante máxima no segmento (1) de bronze quando o torque T_C do item (a) for aplicado.
(c) o módulo da tensão cisalhante máxima nos segmentos (2) e (3) de aço inoxidável quando o torque T_C do item (a) for aplicado.

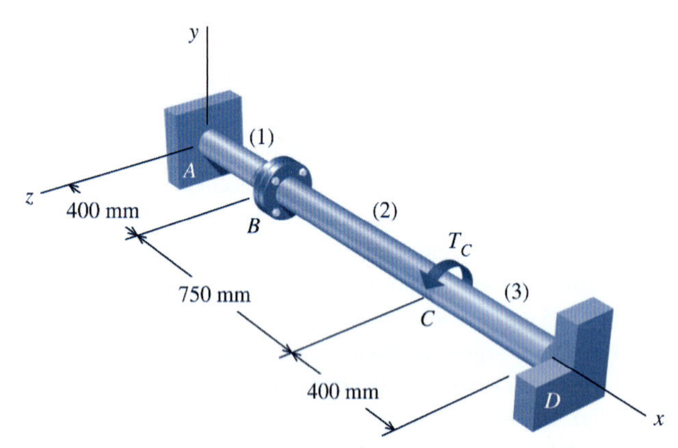

FIGURA P6.81*a*

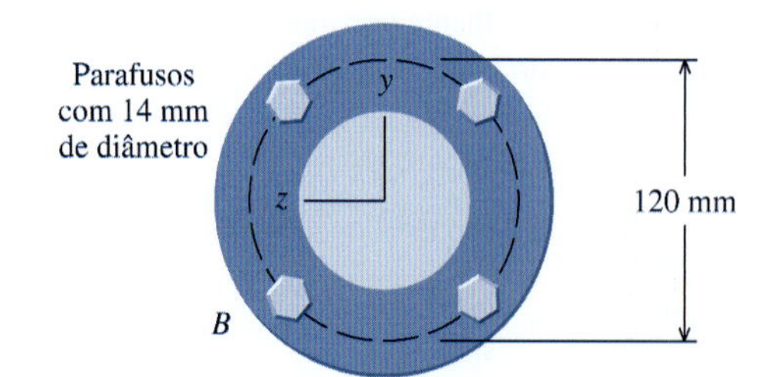

FIGURA P6.81*b* Parafusos no flange B.

P6.82 O conjunto submetido a torção mostrado na Figura P6.82/83 consiste nos segmentos maciços (1) e (3) de alumínio com 2,50 in (6,35 cm) de diâmetro [$G = 4.000$ ksi (27,58 GPa)] e um segmento central maciço (2) de bronze [$G = 6.500$ ksi (44,82 GPa)] com 3,00 in (7,62 cm) de diâmetro. São aplicados os torques concentrados $T_B = T_0$ e $T_C = 2T_0$ ao conjunto, em B e C, respectivamente. Se $T_0 = 20$ kip · in (2,26 kN · m), determine:

(a) o módulo da tensão cisalhante máxima nos segmentos (1) e (3) de alumínio.
(b) o módulo da tensão cisalhante máxima no segmento (2) de bronze.
(c) o ângulo de rotação da conexão C.

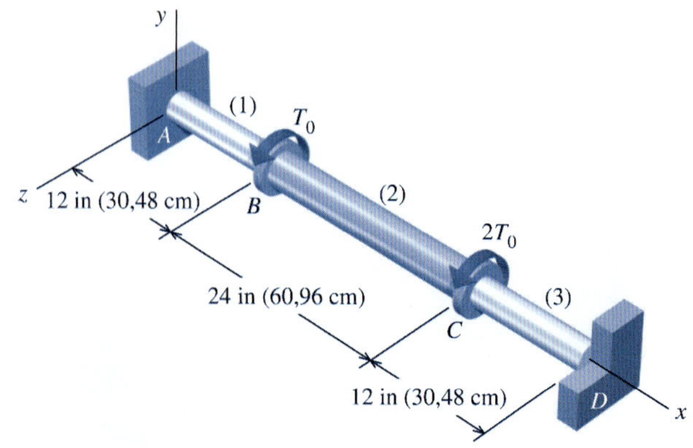

FIGURA P6.82/83

P6.83 O conjunto submetido a torção mostrado na Figura P6.82/83 consiste nos segmentos maciços (1) e (3) de alumínio com 2,50 in (6,35 cm) de diâmetro [$G = 4.000$ ksi (27,58 GPa)] e um segmento central maciço (2) de bronze [$G = 6.500$ ksi (44,82 GPa)] com 3,00 in (7,62 cm) de diâmetro. São aplicados os torques concentrados $T_B = T_0$ e $T_C = 2T_0$ ao conjunto, em B e C, respectivamente. Se o ângulo de rotação da conexão C não deve ser superior a 3°, determine:

(a) o módulo máximo de T_0 que pode ser aplicado ao conjunto.
(b) o módulo da tensão cisalhante máxima nos segmentos (1) e (3) de alumínio.
(c) o módulo da tensão cisalhante máxima no segmento (2) de bronze.

P6.84 O conjunto submetido a torção mostrado na Figura P6.84/85 consiste em um segmento maciço (2) de alumínio [$G = 28$ MPa] com 60 mm de diâmetro e nos segmentos tubulares (2) e (3) de bronze, que possuem diâmetro externo de 75 mm e espessura de parede de 5 mm. Se forem aplicados os torques $T_B = 9$ kN · m e $T_C = 9$ kN · m nos sentidos mostrados, determine:

(a) o módulo da tensão cisalhante máxima nos segmentos tubulares (1) e (3) de bronze.
(b) o módulo da tensão cisalhante máxima no segmento (2) de alumínio.
(c) o ângulo de rotação da conexão C.

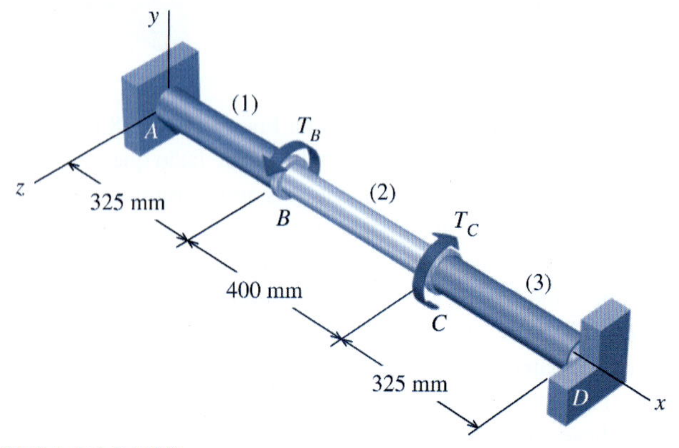

FIGURA P6.84/85

P6.85 O conjunto submetido a torção mostrado na Figura P6.84/85 consiste em um segmento maciço (2) de alumínio [$G = 28$ MPa] com

60 mm de diâmetro e nos segmentos tubulares (2) e (3) de bronze, que possuem diâmetro externo de 75 mm e espessura de parede de 5 mm. Se forem aplicados os torques $T_B = 6$ kN · m e $T_C = 10$ kN · m nos sentidos mostrados, determine:

(a) o módulo da tensão cisalhante máxima nos segmentos tubulares (1) e (3) de bronze.
(b) o módulo da tensão cisalhante máxima no segmento (2) de alumínio.
(c) o ângulo de rotação da conexão C.

P6.86 Um eixo maciço de latão [G = 5.600 ksi (38,61 GPa)] com 1,50 in (3,81 cm) de diâmetro [os segmentos (1), (2) e (3) foram enrijecidos entre B e C por meio da adição do tubo (4) de aço inoxidável laminado a frio (Figura P6.86*a*)]. O tubo (Figura 6.86*b*) tem diâmetro externo de 3,50 in (8,89 cm), espessura de parede de 0,12 in (0,305 cm) e módulo de elasticidade transversal G = 12.500 ksi (86,18 GPa). O tubo está ligado ao eixo de latão por meio de flanges *rígidos* soldado no tubo e no eixo. (A espessura dos flanges pode ser ignorada nesta análise.) Se for aplicado um torque de 400 lb · ft (542,33 N· m) ao eixo, conforme mostra a Figura P6.86*a*, determine

(a) o módulo da tensão cisalhante máxima no segmento (1) do eixo de latão.
(b) o módulo da tensão cisalhante máxima no segmento (2) do eixo de latão (isto é, entre os flanges B e C).
(c) o módulo da tensão cisalhante máxima no tubo (4) de aço inoxidável.
(d) o ângulo de rotação da extremidade D em relação à extremidade A.

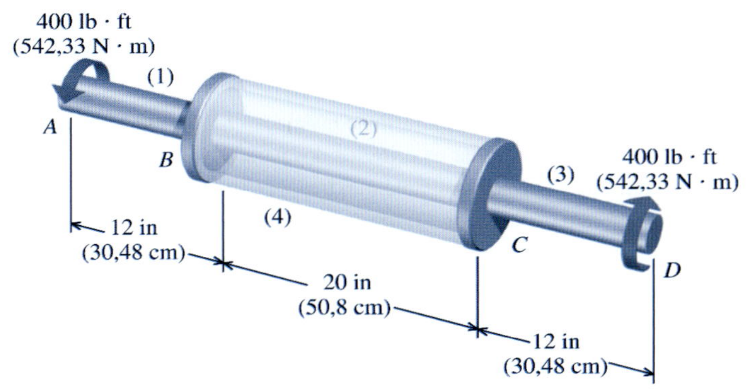

FIGURA P6.86*a*

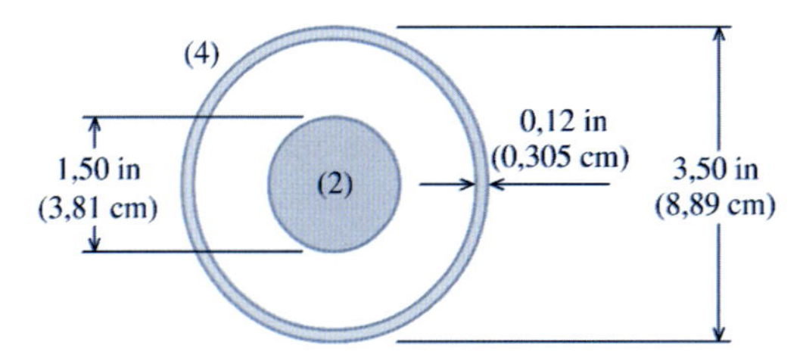

FIGURA P6.86*b* Seção transversal do tubo.

P6.87 Um eixo maciço de latão [G = 39 GPa] laminado a frio com 60 mm de diâmetro que tem 1,25 m de comprimento se estende além de um tubo oco de alumínio [G = 28 GPa] ao qual *está firmemente preso*, conforme mostra a Figura P6.87. O tubo de alumínio (1) tem diâmetro externo de 90 mm, diâmetro interno de 60 mm e comprimento de 0,75 m. Tanto o eixo de latão como o tubo de alumínio estão seguramente engastados ao apoio de parede em A. Quando forem aplicados ao eixo composto os dois torques mostrados, determine:

(a) o módulo da tensão cisalhante máxima no tubo de alumínio (1).
(b) o módulo da tensão cisalhante máxima no segmento (2) do eixo de latão.
(c) o módulo da tensão cisalhante máxima no segmento (3) do eixo de latão.
(d) o ângulo de rotação na seção em B.
(e) o ângulo de rotação na extremidade C.

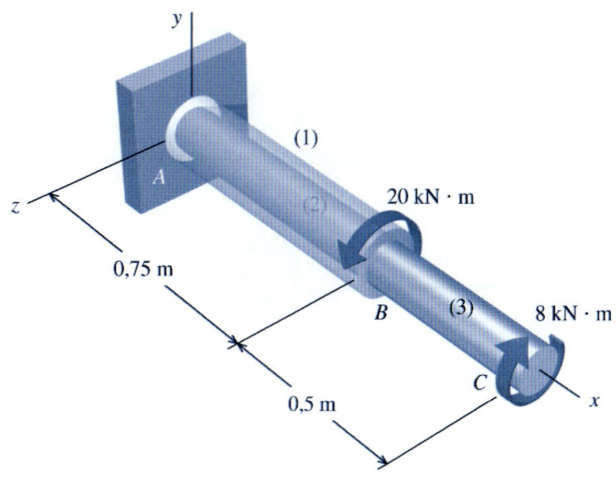

FIGURA P6.87

P6.88 O conjunto de engrenagens mostrado na Figura P6.88/89 está sujeito a um torque T_C = 140 N · m. Os eixos (1) e (2) são maciços de aço, com 20 mm de diâmetro e o eixo (3) é maciço, de aço, com 25 mm de diâmetro. Admita L = 400 mm e G = 80 GPa. Determine:

(a) o módulo da tensão cisalhante máxima no eixo (1).
(b) o módulo da tensão cisalhante máxima no segmento (3) do eixo.
(c) o ângulo de rotação da engrenagem E.
(d) o ângulo de rotação da engrenagem C.

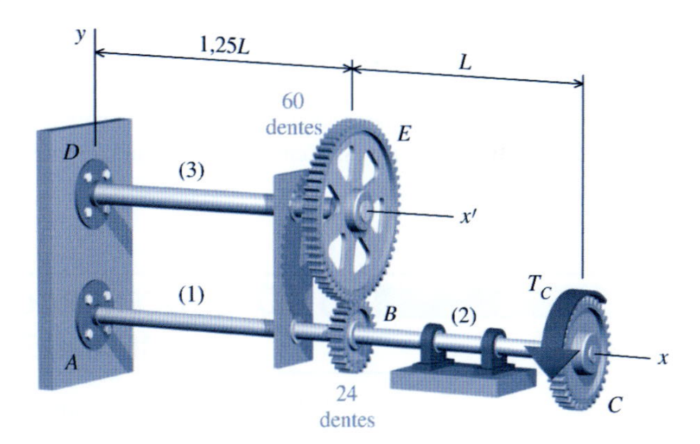

FIGURA P6.88/89

P6.89 O conjunto de engrenagens mostrado na Figura P6.88/89 está sujeito a um torque T_C = 1.100 lb · ft (1,491 kN · m). Os eixos (1) e (2) são maciços, de alumínio, com 1,625 in (4,128 cm) de diâmetro e o eixo (3) é maciço, de alumínio, com 2,00 in (5,08 cm) de diâmetro. Admita L = 20 in (50,8 cm) e G = 4.000 ksi (27,58 MPa). Determine:

(a) o módulo da tensão cisalhante máxima no eixo (1).
(b) o módulo da tensão cisalhante máxima no segmento (3) do eixo.
(c) o ângulo de rotação da engrenagem E.
(d) o ângulo de rotação da engrenagem C.

P6.90 Um torque T_C = 460 N · m age na engrenagem C do conjunto mostrado na Figura P6.90/91. Os eixos (1) e (2) são maciços, de alumínio, com 35 mm de diâmetro e o eixo (3) é maciço, de alumínio, com 25 mm de diâmetro. Admita $L = 200$ mm e $G = 28$ GPa. Determine:

(a) o módulo da tensão cisalhante máxima no eixo (1).
(b) o módulo da tensão cisalhante máxima no segmento de eixo (3).
(c) o ângulo de rotação da engrenagem E.
(d) o ângulo de rotação da engrenagem C.

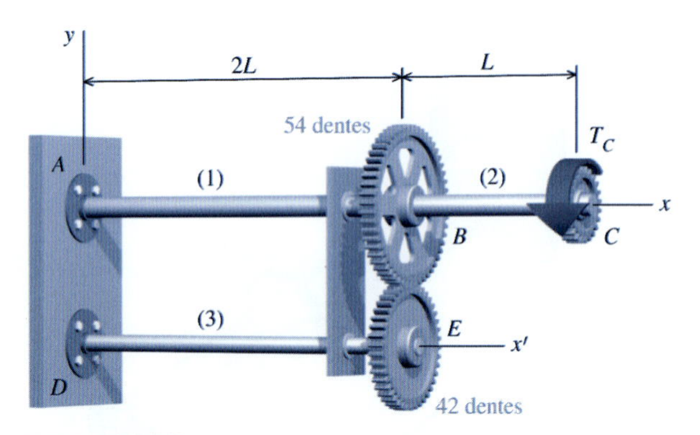

FIGURA P6.90/91

P6.91 Um torque $T_C = 40$ kip · in (4,519 kN · m) age na engrenagem C do conjunto mostrado na Figura P6.90/91. Os eixos (1) e (2) são maciços, de aço inoxidável, com 2,00 in (5,08 cm) de diâmetro e o eixo (3) é maciço, de aço inoxidável, com 1,75 in (4,445 cm) de diâmetro. Admita $L = 8$ in (20,32 cm) e $G = 12.500$ ksi (86,18 GPa). Determine:

(a) o módulo da tensão cisalhante máxima no eixo (1).
(b) o módulo da tensão cisalhante máxima no segmento (3) do eixo.
(c) o ângulo de rotação da engrenagem E.
(d) o ângulo de rotação da engrenagem C.

P6.92 O tubo de aço [$G = 12.000$ ksi (82,74 GPa)] mostrado na Figura P6.92/93 está fixo ao suporte de parede em C. Os orifícios dos parafusos no flange A deviam estar alinhados com os orifícios correspondentes do suporte na parede; entretanto, foi verificado que havia um desalinhamento angular de 4°. Para conectar o tubo a seus apoios, deve ser aplicado um torque temporário de instalação T'_B em B para alinhar o flange A com os orifícios correspondentes no suporte da parede. O diâmetro externo do tubo é 3,50 in (8,89 cm) e sua espessura de parede é 0,216 in (0,549 cm).

(a) Determine o torque temporário de instalação T'_B que deve ser aplicado em B para alinhar os orifícios dos parafusos em A.
(b) Determine a tensão cisalhante máxima τ_{inicial} no tubo após os parafusos serem conectados e o torque temporário de instalação em B ser removido.
(c) Se a tensão cisalhante máxima no eixo tubular não deve ser superior a 12 ksi (82,74 MPa), determine o torque externo máximo T_B que pode ser aplicado em B depois de os parafusos serem conectados.

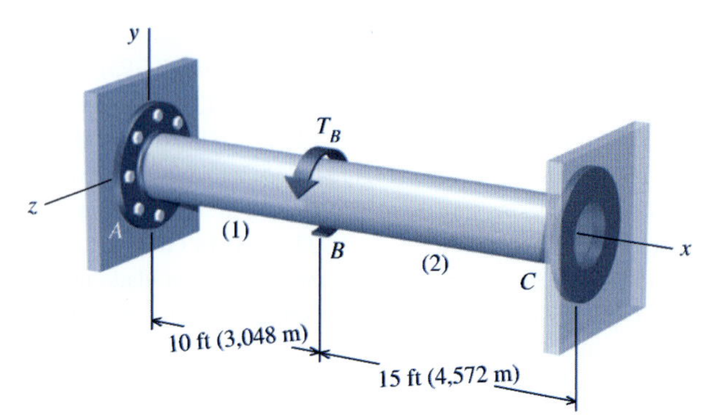

FIGURA P6.92/93

P6.93 O tubo de aço [$G = 12.000$ ksi (82,74 GPa)] mostrado na Figura P6.92/93 está fixo ao suporte de parede em C. Os orifícios dos parafusos no flange A deviam estar alinhados com os orifícios correspondentes do suporte na parede; entretanto, foi verificado que havia um desalinhamento angular de 4°. Para conectar o tubo a seus apoios, deve ser aplicado um torque temporário de instalação T'_B em B para alinhar o flange A com os orifícios correspondentes no suporte da parede. O diâmetro externo do tubo é 2,875 in (7,302 cm) e sua espessura de parede é 0,203 in (0,516 cm).

(a) Determine o torque temporário de instalação T'_B que deve ser aplicado em B para alinhar os orifícios dos parafusos em A.
(b) Determine a tensão cisalhante máxima τ_{inicial} no tubo após os parafusos serem conectados e o torque temporário de instalação em B ser removido.
(c) Determine o módulo da tensão cisalhante máxima nos segmentos (1) e (2) se for aplicado um torque externo $T_B = 80$ kip · in (9,039 kN · m) em B depois de os parafusos serem conectados.

6.10 CONCENTRAÇÕES DE TENSÕES EM EIXOS CIRCULARES SUBMETIDOS AO CARREGAMENTO DE TORÇÃO

Na Seção 5.7, foi mostrado que a introdução de um orifício circular ou outra descontinuidade geométrica em um elemento estrutural carregado axialmente causava um aumento significativo de módulo da tensão na vizinhança imediata da descontinuidade. Esse fenômeno, chamado concentração de tensões, também ocorre para eixos circulares sob várias formas de carregamento de torção.

Anteriormente neste capítulo, a tensão cisalhante máxima em um eixo circular de seção transversal uniforme e feito de material linearmente elástico foi dada pela Equação (6.5):

$$\tau_{\text{máx}} = \frac{Tc}{J} \tag{6.5}$$

No contexto de concentrações de tensões em eixos circulares, essa tensão é considerada uma *tensão nominal*, significando que ela fornece a tensão cisalhante em regiões do eixo que estejam suficientemente afastadas das descontinuidades do eixo. As tensões cisalhantes se tornam muito mais intensas nas proximidades de mudanças abruptas no diâmetro do eixo e a Equação (6.5) não prevê as tensões cisalhantes máximas nas proximidades de descontinuidades do eixo, como entalhes ou concordâncias arredondadas para diferentes diâmetros. A tensão cisalhante máxima nas descontinuidades é expressa em termos do fator de concentração de tensões K, que é definido por

$$K = \frac{\tau_{\text{máx}}}{\tau_{\text{nom}}} \tag{6.21}$$

Nessa relação, τ_{nom} é a tensão dada por Tc/J para o diâmetro mínimo do eixo (denominado *menor diâmetro*) na descontinuidade.

O diâmetro máximo D na descontinuidade é denominado *diâmetro maior*. O diâmetro reduzido do eixo d na descontinuidade é denominado *diâmetro menor*.

Os fatores de concentração de tensões K para eixos circulares com entalhes em U e para eixos circulares com diâmetros variáveis são mostrados nas Figuras 6.17 e 6.18[4], respectivamente. Para ambos os tipos de descontinuidade, os fatores de concentração de tensões K depende (a) da relação D/d entre o maior diâmetro D e o menor diâmetro d e (b) da relação r/d entre o raio do entalhe ou do friso e o menor diâmetro d. Um exame das Figuras 6.17 e 6.18 sugere que deve ser um raio grande de friso sempre que ocorrer uma variação no diâmetro do eixo. A Equação (6.21) pode ser usada para determinar tensões máximas localizadas contanto que o valor de $\tau_{\text{máx}}$ não ultrapasse o do limite de proporcionalidade do material.

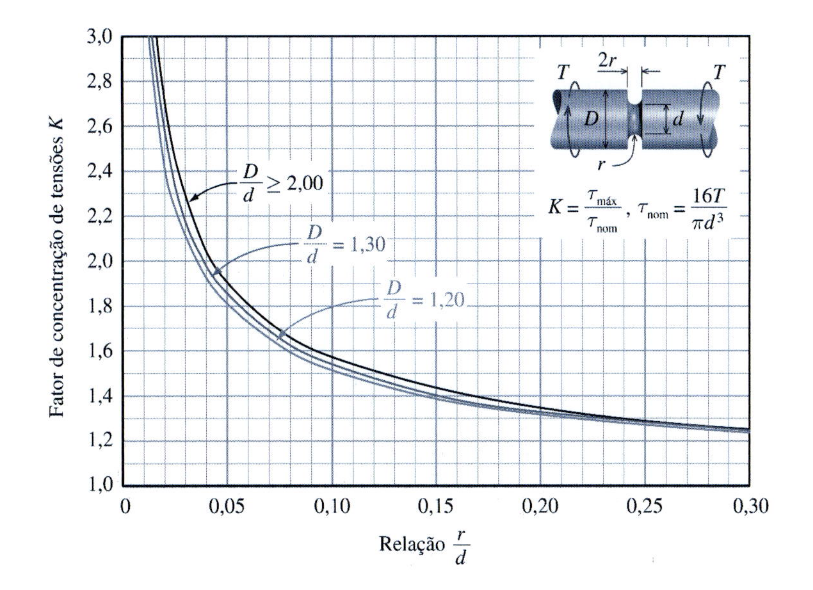

FIGURA 6.17 Fatores de concentração de tensões K para um eixo circular com entalhe no formato de U.

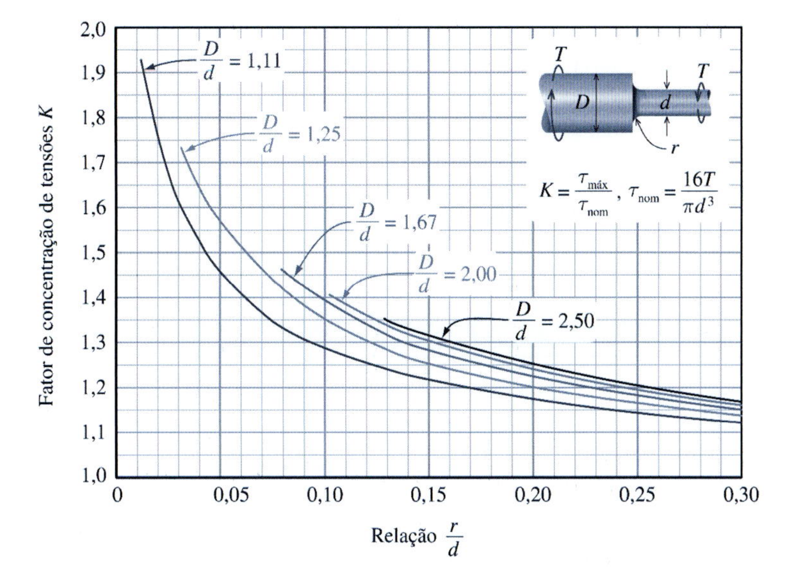

FIGURA 6.18 Fatores de concentração de tensões K para um eixo circular com diâmetro variável.

[4] Adaptado de Walter D. *Pilkey, Peterson's Stress Concentration Factors,* 2ª Ed. (Nova York: John Wiley & Sons, Inc., 1997).

Também ocorrem concentrações de tensões em outros locais específicos encontrados normalmente em eixos circulares como gaxetas e ranhuras para chavetas usadas para conectar polias e engrenagens ao eixo. Cada uma dessas descontinuidades exige atenção especial durante a etapa de projeto.

EXEMPLO 6.11

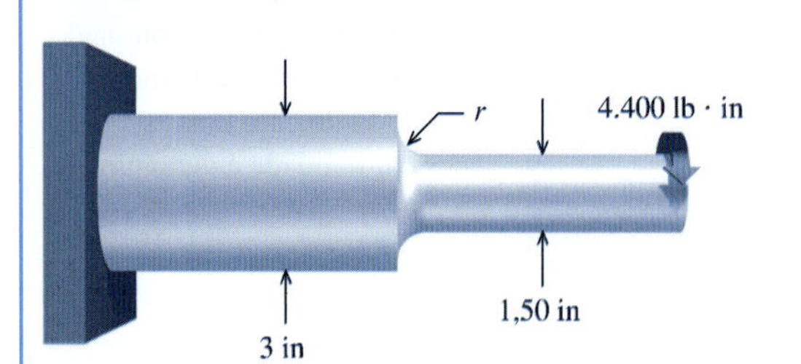

Um eixo com diâmetro variável tem 3 in (7,62 cm) de diâmetro em metade de seu comprimento e 1,5 in (3,81 cm) de diâmetro na outra metade. Se a tensão cisalhante máxima no eixo deve estar limitada a 8.000 psi (55,16 MPa) quando o eixo estiver transmitindo um torque de 4.400 lb · in (497,13 N · m), determine o raio mínimo da concordância necessária na junção entre duas partes do eixo.

Planejamento da Solução

Será determinada a tensão cisalhante máxima produzida no segmento de menor diâmetro do eixo. Dessa tensão cisalhante e da tensão cisalhante admissível, pode-se determinar o fator de concentração de tensões K máximo. Com o K admissível e outros parâmetros do eixo, pode-se usar a Figura 6.18 para determinar o raio mínimo admissível para a concordância.

SOLUÇÃO

A tensão cisalhante máxima produzida pelo torque de 4.000 lb · in no segmento do menor diâmetro do eixo é

$$\tau_{\text{nom}} = \frac{Tc}{J} = \frac{(4.400 \text{ lb} \cdot \text{in})(0{,}75 \text{ in})}{\dfrac{\pi}{32}(1{,}5 \text{ in})^4} = 6.639{,}7 \text{ psi}$$

Como a tensão cisalhante máxima na concordância entre as duas partes do eixo deve estar limitada a 8.000 psi, o valor máximo admissível para o fator de concentração de tensões K com base na tensão cisalhante nominal na seção de menor diâmetro.

$$K = \frac{\tau_{\text{máx}}}{\tau_{\text{nom}}} \qquad \therefore K \leq \frac{8.000 \text{ psi}}{6.639{,}7 \text{ psi}} = 1{,}20$$

O fator de concentração de tensões K depende de duas relações: D/d e r/d. Para o eixo de 3 in de diâmetro com a seção reduzida de 1,5 in de diâmetro, a razão $D/d = (3{,}00 \text{ in})/(1{,}50 \text{ in}) = 2{,}00$. Das curvas da Figura 6.18, uma relação $r/d = 0{,}238$ juntamente a uma relação $D/d = 2{,}00$ produzirá um fator de concentração de tensões $K = 1{,}20$. Desta forma, o raio mínimo admissível para a concordância arredondada entre as duas partes do eixo é

$$\frac{r}{d} \geq 0{,}238 \qquad \therefore r \geq 0{,}238(1{,}50 \text{ in}) = 0{,}357 \text{ in}$$

Resp.

PROBLEMAS

P6.94 Um eixo com diâmetro variável, cujos diâmetros maior e menor são $D = 1{,}375$ in (3,493 cm) e $d = 1{,}00$ in (2,54 cm), respectivamente, está sujeito a um torque de 500 lb · in (56,49 N · m). É usada uma concordância arredondada com raio $r = 3/16$ in (0,476 cm) para transição do maior para o menor diâmetro. Determine a tensão cisalhante máxima no eixo.

P6.95 Um eixo com diâmetro variável, cujos diâmetros maior e menor são $D = 20$ mm e $d = 16$ mm, respectivamente, está sujeito a um torque de 25 N · m. É usada uma concordância de um quadrante de círculo completo com raio $r = 2$ mm para transição do maior para o menor diâmetro. Determine a tensão cisalhante máxima no eixo.

P6.96 Uma concordância com raio de 1/2 in (1,27 cm) é usada na transição de um eixo de diâmetro variável, no qual o diâmetro é reduzido de 8,00 in (20,32 cm) para 6,00 in (15,24 cm). Determine o torque máximo que o eixo pode transmitir se a tensão cisalhante máxima na concordância deve estar limitada a 5 ksi (34,47 MPa).

P6.97 Um eixo com diâmetro variável, cujos diâmetros maior e menor são $D = 2{,}50$ in (6,35 cm) e $d = 1{,}25$ in (3,175 cm), respectivamente, está sujeito a um torque de 1.200 lb · in (135,58 N · m). Se a tensão cisalhante máxima não deve ultrapassar 4.000 psi (27,58 MPa), determine o raio máximo r que pode ser usado em uma concordância arredondada na união entre os dois segmentos de eixo. O raio da concordância deve ser escolhido como múltiplo de 0,05 in (0,127 cm).

P6.98 Uma concordância com raio de 16 mm é usada na união de eixo de diâmetro variável, no qual o diâmetro é reduzido de 200 mm para 150 mm. Determine o torque máximo que o eixo pode transmitir, se a tensão cisalhante máxima na concordância deve estar limitada a 55 MPa.

P6.99 Um eixo com diâmetro variável, cujos diâmetros maior e menor são $D = 50$ mm e $d = 32$ mm, respectivamente, está sujeito a um torque de 210 N · m. Se a tensão cisalhante máxima não deve ultrapassar 60 MPa, determine o raio mínimo r que pode ser usado em uma concordância na união entre os dois segmentos de eixo. O raio da concordância deve ser escolhido como um múltiplo de 1 mm.

P6.100 Em um eixo com diâmetro variável, cujos diâmetros maior e menor são $D = 2{,}00$ in (5,08 cm) e $d = 1{,}50$ in (3,81 cm), respectivamente, uma concordância com raio de 0,25 in (0,635 cm) é usada na transição entre os dois segmentos de eixo. A tensão cisalhante máxima no eixo deve estar limitada a 9.000 psi (62,05 MPa). Se o eixo girar a uma velocidade angular constante de 800 rpm, determine a potência máxima que pode ser transmitida pelo eixo.

P6.101 Um eixo de diâmetro variável tem diâmetro maior $D = 100$ mm e diâmetro menor $d = 75$ mm. Uma concordância com raio de 10 mm é usada na transição entre os dois segmentos de eixo. A tensão cisalhante máxima no eixo deve estar limitada a 60 MPa. Se o eixo girar a uma velocidade angular constante de 500 rpm, determine a potência máxima que pode ser transmitida pelo eixo.

P6.102 Um eixo com diâmetro de 2 in (5,08 cm) contém um entalhe em U de 1/2 in (1,27 cm) de profundidade e raio de 1/4 in (0,635 cm) na sua base. O eixo deve transmitir um torque $T = 720$ lb · in (81,35 N · m). Determine a tensão cisalhante máxima no eixo.

P6.103 É exigido um entalhe semicircular com raio de 6 mm em um eixo de 50 mm de diâmetro. Se a tensão cisalhante máxima admissível no eixo deve estar limitada a 40 MPa, determine o torque máximo que pode ser transmitido pelo eixo.

P6.104 Um eixo com 40 mm de diâmetro contém um entalhe em U de 6 mm de raio na base do entalhe. A tensão cisalhante máxima no eixo deve estar limitada a 60 MPa. Se o eixo girar a uma velocidade angular constante de 22 Hz, determine a potência máxima que pode ser transmitida pelo eixo.

P6.105 Um eixo com 1,25 in (3,175 cm) de diâmetro contém um entalhe em U com 0,25 in (0,635 cm) de profundidade e com 1/8 in (0,318 cm) de raio na sua base. A tensão cisalhante máxima no eixo deve estar limitada a 12.000 psi (82,74 MPa). Se o eixo girar a uma velocidade angular constante de 6 Hz, determine a potência máxima que pode ser transmitida pelo eixo.

6.11 TORÇÃO DE EIXOS NÃO CIRCULARES

Antes de 1820, quando A. Duleau publicou resultados experimentais ao contrário, pensava-se que as tensões cisalhantes em qualquer elemento submetido a torção eram proporcionais à distância de seu eixo longitudinal. Duleau provou experimentalmente que isso não é verdadeiro para seções transversais retangulares. Um exame da Figura 6.19 demonstra a conclusão de Duleau. Se as tensões cisalhantes na barra retangular fossem proporcionais à distância de seu eixo, a tensão máxima ocorreria nos cantos. Entretanto, se houvesse uma tensão de qualquer módulo no canto, conforme indica a Figura 6.19*a*, poderia ser decomposta nos componentes mostrados na Figura 6.19*b*. Se esses componentes existissem, os dois componentes mostrados pelas setas azuis também existiriam. Esses dois últimos componentes não podem existir, uma vez que as superfícies nas quais eles se situam são superfícies livres. Portanto, as tensões cisalhantes nos cantos da barra retangular devem ser nulas.

A primeira análise correta da torção de uma barra prismática de seção transversal não circular foi publicada por Saint-Venant em 1855; entretanto, o escopo dessa análise está além das análises elementares desse livro[5]. Os resultados da análise de Saint-Venant indicam que, em geral, toda a seção irá se empenar (isto é, não permanecerá plana) quando torcida *exceto aqueles elementos com seções transversais circulares.*

Para o caso da barra retangular mostrada na Figura 6.2*d*, a distorção dos pequenos quadrados é maior no ponto médio de um lado da seção transversal e desaparece nos cantos. Como essa distorção é a medida da deformação de cisalhamento, a Lei de Hooke exige que a tensão cisalhante seja maior no ponto médio de um lado da seção transversal e zero nos cantos. As equações para a tensão cisalhante máxima e o ângulo de torção para uma seção retangular obtidas da teoria de Saint-Venant são

$$\tau_{\text{máx}} = \frac{T}{\alpha a^2 b} \qquad (6.22)$$

[5] Uma análise completa da teoria é apresentada em vários livros, como *Mathematical Theory of Elasticity*, I. S. Sokolnikoff, 2ª Ed. (Nova York: McGraw-Hill, 1956): 109-134.

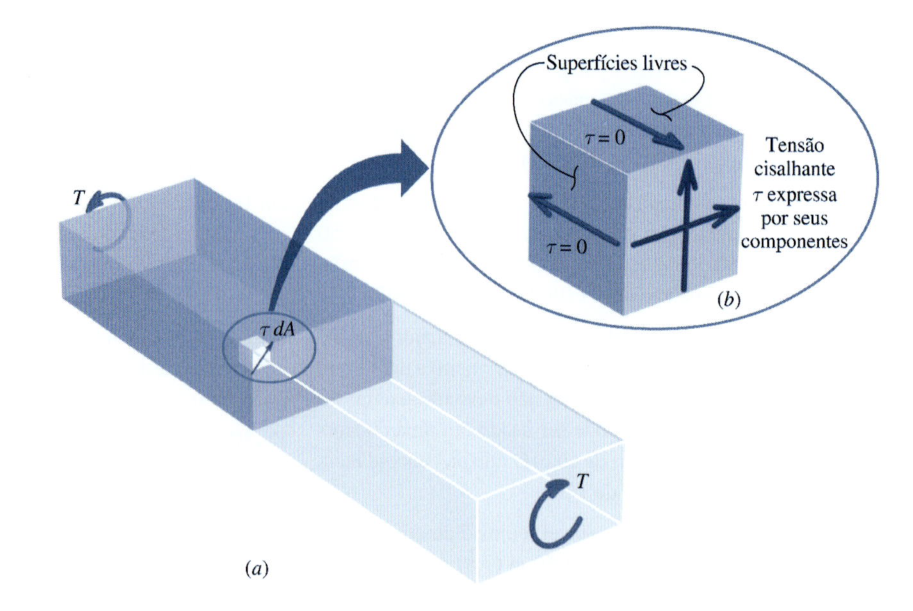

FIGURA 6.19 Tensões cisalhantes ocasionadas pela torção de uma barra retangular.

$$\phi = \frac{TL}{\beta a^3 bG} \tag{6.23}$$

em que a e b são os comprimentos dos lados menores e maiores do retângulo, respectivamente. As constantes numéricas α e β podem ser obtidas da Tabela 6.1.[6]

Tabela 6.1 Tabela de Constantes para Torção de uma Barra Retangular

Relação b/a	α	β
1,0	0,208	0,1406
1,2	0,219	0,166
1,5	0,231	0,196
2,0	0,246	0,229
2,5	0,258	0,249
3,0	0,267	0,263
4,0	0,282	0,281
5,0	0,291	0,291
10,0	0,312	0,312
∞	0,333	0,333

EXEMPLO 6.12

Cada uma das duas barras retangulares de polímero mostradas está sujeita a um torque $T = 2.000$ lb · in (225,97 N · m). Para cada barra, determine:

(a) a tensão cisalhante máxima.

(b) o ângulo de rotação na extremidade livre se cada barra tiver o comprimento de 12 in (30,48 cm). Admita $G = 500$ ksi (3,45 GPa) para o material polimérico.

Planejamento da Solução

Será calculada a relação entre as dimensões (proporção de aspecto, ou razão de aspecto) b/a de cada barra. Com base nessa relação, serão determinadas as constantes α e β da Tabela 6.1. A

[6] Veja S. P. Timoshenko e J.N. Goodier, *Theory of Elasticity,* 3ª Ed. (Nova York: McGraw-Hill, 1969): Seção 109.

tensão cisalhante máxima e os ângulos de rotação serão calculados utilizando as Equações (6.22) e (6.23), respectivamente.

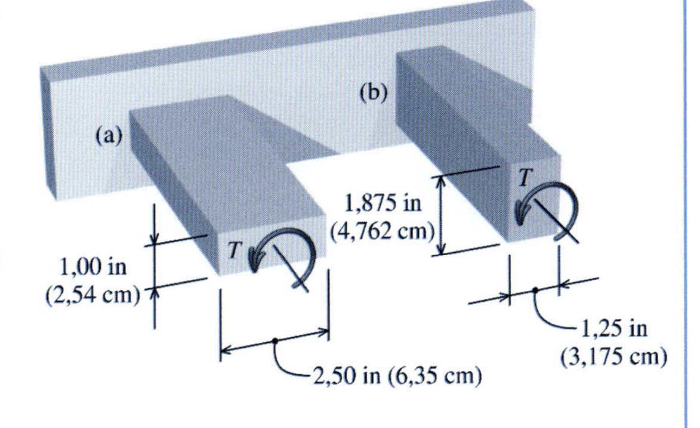

SOLUÇÃO

Para a barra (a), o lado maior da barra é $b = 2{,}50$ in e o lado menor é $a = 1{,}00$ in; portanto, $b/a = 2{,}5$. Da Tabela 6.1, $\alpha = 0{,}258$ e $\beta = 0{,}249$.

A tensão cisalhante máxima produzida na barra (a) por um torque $T = 2.000$ lb · in é

$$\tau_{\text{máx}} = \frac{T}{\alpha a^2 b} = \frac{2.000 \text{ lb} \cdot \text{in}}{(0{,}258)(1{,}00 \text{ in})^2 (2{,}50 \text{ in})} = 3.100 \text{ psi } (21{,}37 \text{ MPa})$$

Resp.

e o ângulo de torção para uma barra com 12 in de comprimento é

$$\phi = \frac{TL}{\beta a^3 b G} = \frac{(2.000 \text{ lb} \cdot \text{in})(12 \text{ in})}{(0{,}249)(1{,}00 \text{ in})^3 (2{,}50 \text{ in})(500.000 \text{ psi})} = 0{,}0771 \text{ rad} \qquad \textbf{Resp.}$$

Para a barra (b), o lado maior da barra é $b = 1{,}875$ in e o lado menor é $a = 1{,}25$ in; portanto, $b/a = 1{,}5$. Da Tabela 6.1, $\alpha = 0{,}231$ e $\beta = 0{,}196$.

A tensão cisalhante máxima produzida na barra (b) por um torque $T = 2.000$ lb · in é

$$\tau_{\text{máx}} = \frac{T}{\alpha a^2 b} = \frac{2.000 \text{ lb} \cdot \text{in}}{(0{,}231)(1{,}25 \text{ in})^2 (1{,}875 \text{ in})} = 2{,}960 \text{ psi } (20{,}41 \text{ MPa}) \qquad \textbf{Resp.}$$

e o ângulo de torção para uma barra com 12 in de comprimento é

$$\phi = \frac{TL}{\beta a^3 b G} = \frac{(2.000 \text{ lb} \cdot \text{in})(12 \text{ in})}{(0{,}196)(1{,}25 \text{ in})^3 (1{,}875 \text{ in})(500.000 \text{ psi})} = 0{,}0669 \text{ rad} \qquad \textbf{Resp.}$$

6.12 TORÇÃO DE TUBOS DE PAREDES FINAS: FLUXO DE CISALHAMENTO

A teoria elementar da torção apresentada nas Seções 6.1, 6.2 e 6.3 está limitada a seções circulares; no entanto, uma classe de seções não circulares pode ser prontamente analisada pelos métodos elementares. Essas formas são tubos de paredes finas, como o ilustrado na Figura 6.20*a*, que representam uma seção não circular com parede de espessura variável.

Um conceito útil associado à análise de seções de paredes finas é o do *fluxo de cisalhamento* q, definido como a força interna de cisalhamento por unidade de comprimento da seção de paredes finas. Em termos de tensões, q é igual a $\tau \times t \times 1$ (isto é, unidade), na qual τ é a tensão cisalhante média ao longo da espessura t.

Em primeiro lugar, demonstraremos que o fluxo de cisalhamento em uma seção transversal é constante, muito embora a espessura da parede da seção possa variar. A Figura 6.20*b* mostra o corte de um bloco da estrutura da Figura 6.20*a* entre A e B. Como o elemento está sujeito à torção pura, apenas as forças cortantes (cisalhantes) V_1, V_2, V_3 e V_4 são necessárias e suficientes para o equilíbrio (isto é, não há forças normais envolvidas). Somando as forças na direção x, obtém-se

$$V_1 = V_3$$

ou

$$q_1\, dx = q_3\, dx$$

da qual

$$q_1 = q_3$$

Observe que o fluxo de cisalhamento e a tensão cisalhante sempre agem na direção tangente à parede do tubo.

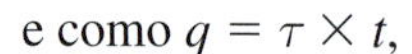
e como $q = \tau \times t$,

$$\tau_1 t_A = \tau_3 t_B \qquad \text{(a)}$$

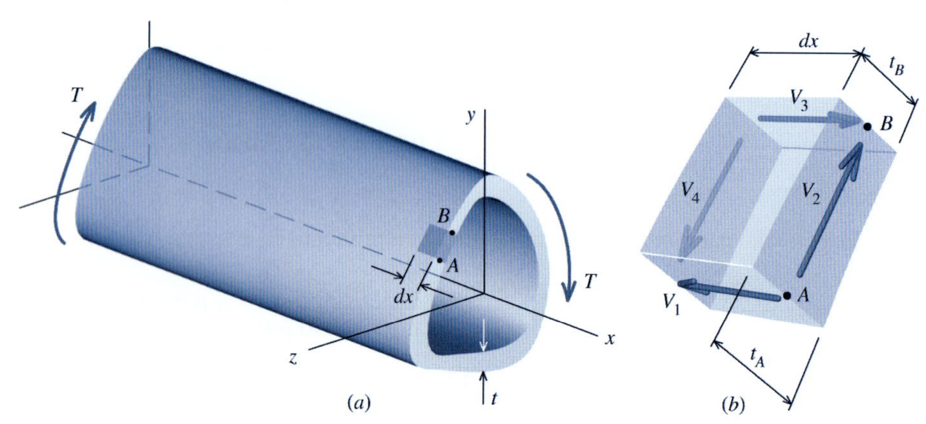

FIGURA 6.20 Fluxo de cisalhamento em tubos de paredes finas.

As tensões de cisalhamento no ponto A no plano longitudinal e no plano transversal possuem o mesmo módulo; da mesma forma, as tensões cisalhantes no ponto B possuem o mesmo módulo no plano longitudinal e no plano transversal. Consequentemente, a Equação (a) pode ser escrita como

$$\tau_A t_A = \tau_B t_B$$

ou

$$q_A = q_B$$

que demonstra que o *fluxo de cisalhamento em uma seção transversal é constante* muito embora a espessura da parede da seção varie. Como q é constante ao longo de uma seção transversal, a *maior* tensão cisalhante média ocorrerá onde a espessura de parede for *menor*.

A seguir, será desenvolvida uma expressão para relacionar o torque com a tensão cisalhante. Considere a força dF agindo através do centro de um comprimento diferencial do perímetro ds, conforme mostra a Figura 6.21. O momento diferencial produzido por dF em torno da origem O é simplesmente $\rho \times dF$, em que ρ é a distância radial média do elemento de perímetro até a origem. O torque interno é igual à resultante de todos os momentos diferenciais; isto é,

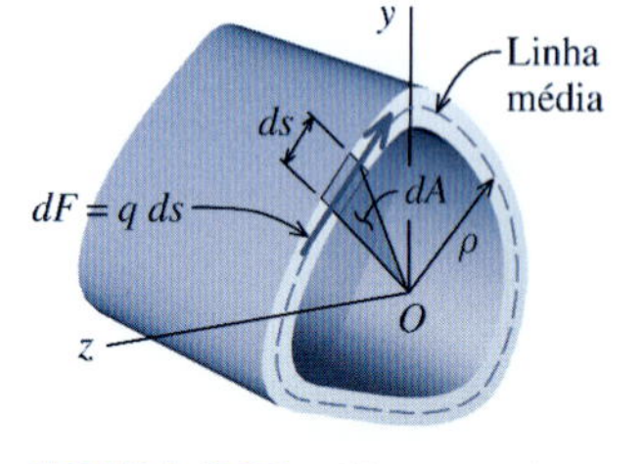

FIGURA 6.21 Obtenção da relação entre o torque interno e a tensão cisalhante em uma seção de paredes finas.

$$T = \int (dF)\rho = \int (q\,ds)\rho = q\int \rho\,ds$$

Essa integral pode ser difícil de se obter pelo cálculo formal; entretanto, a quantidade $\rho\,ds$ é o dobro da área do triângulo sombreado na Figura 6.21, o que torna a integral igual ao dobro da área A_m *circunscrita pela linha média*. Em outras palavras, A_m é a área média encerrada pelo contorno da *linha de centro* da espessura do tubo. A expressão resultante relaciona o torque T com o fluxo de cisalhamento q:

$$T = q(2A_m) \qquad (6.24)$$

ou, em termos de atrito

$$\tau = \frac{T}{2A_m t} \qquad (6.25)$$

em que τ é a tensão cisalhante *média* através da espessura t (e da direção tangente ao perímetro). A tensão cisalhante determinada pela Equação (6.25) é razoavelmente precisa quando t for mais ou menos pequena. Por exemplo, em um tubo redondo com proporção entre o diâmetro e a espessura da parede de 20, a tensão dada pela Equação (6.25) é 5% menor do que a dada pela fórmula da torção. Deve-se enfatizar que a Equação (6.25) se aplica apenas a seções "fechadas"— isto é, seções com periferia contínua. Se o elemento estrutural for cortado longitudinalmente (por exemplo, veja a Figura 6.22), a resistência à torção será bastante reduzida em relação àquela da seção fechada.

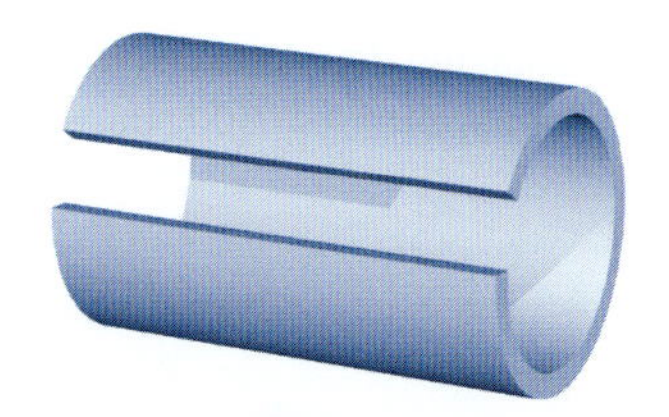

FIGURA 6.22 Perfil de paredes finas com uma seção transversal "aberta".

EXEMPLO 6.13

Uma seção retangular vazada de liga de alumínio tem dimensões externas de 100 mm por 50 mm. A espessura da placa é 2 mm para os lados de 50 mm e 3 mm para os lados de 100 mm. Se a tensão cisalhante máxima deve estar limitada a 95 MPa, determine o torque máximo T que pode ser aplicado à seção.

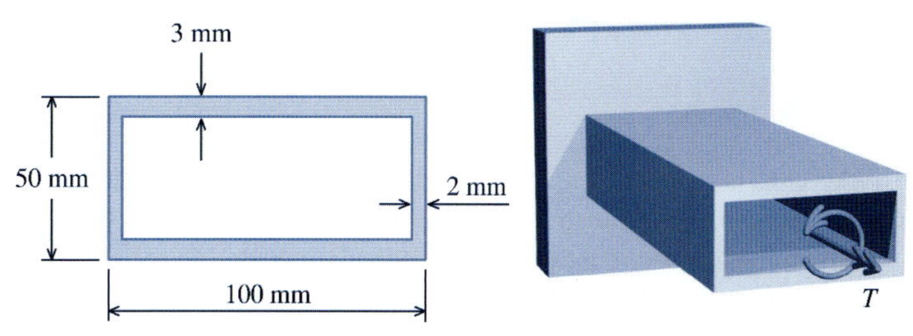

Dimensões da seção transversal.

Planejamento da Solução

A tensão cisalhante máxima ocorrerá na placa mais fina. Usando a tensão cisalhante admissível, será calculado o fluxo de cisalhamento na placa mais fina. A seguir, será calculada a área A encerrada pela linha média (veja a Figura 6.21) da parede da seção. Finalmente, o torque máximo será calculado por meio da Equação (6.24).

SOLUÇÃO

A tensão cisalhante máxima ocorrerá na placa mais fina; portanto, o fluxo de cisalhamento crítico q é

$$q = \tau t = (95 \text{ N/mm}^2)(2 \text{ mm}) = 190 \text{ N/mm}$$

A área encerrada pela linha média é

$$A_m = (100 \text{ mm} - 2 \text{ mm})(50 \text{ mm} - 3 \text{ mm}) = 4.606 \text{ mm}^2$$

Finalmente, o torque que pode ser transmitido pela seção é calculada por meio da Equação (6.24):

$$T = q(2A_m) = (190 \text{ N/mm})(2)(4.606 \text{ mm}^2) = 1.750.280 \text{ N} \cdot \text{mm} = 1.750 \text{ N} \cdot \text{m} \qquad \textbf{Resp.}$$

PROBLEMAS

P6.106 Um torque de módulo $T = 1{,}5$ kip · in (169,5 N · m) é aplicado a cada uma das barras mostradas na Figura P6.106/107. Se a tensão cisalhante admissível for especificada como $\tau_{adm} = 8$ ksi (55,16 MPa), determine a dimensão b mínima para cada barra.

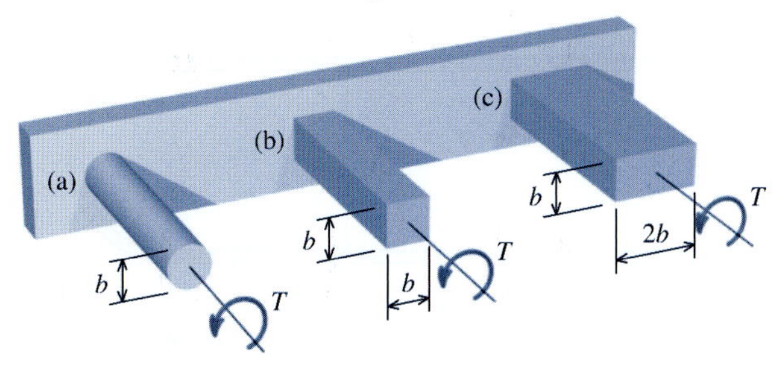

FIGURA P6.106/107

P6.107 Um torque de módulo $T = 270$ N · m é aplicado a cada uma das barras mostradas na Figura P6.106/107. Se a tensão cisalhante admissível for especificada como $\tau_{adm} = 70$ MPa, determine a dimensão b mínima para cada barra.

P6.108 As barras mostradas na Figura P6.108/109 possuem seções transversais com áreas iguais e estão sujeitas a um torque $T = 160$ N · m. Determine:

(a) a tensão cisalhante máxima em cada barra.
(b) o ângulo de rotação na extremidade livre se cada barra tiver um comprimento de 300 mm. Admita $G = 28$ GPa.

P6.109 A tensão cisalhante admissível para cada barra mostrada na Figura P6.108/109 é 75 MPa. Determine:

(a) o máximo torque T que pode ser aplicado em cada barra.

(b) o ângulo de rotação na extremidade livre se cada barra tiver um comprimento de 300 mm. Admita $G = 28$ GPa.

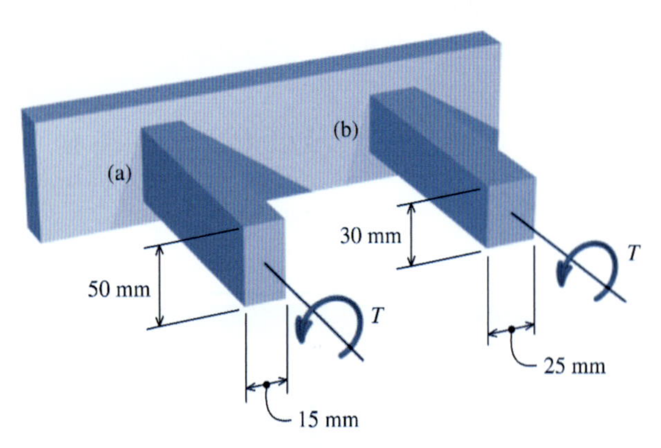

FIGURA P6.108/109

P6.110 Uma haste circular maciça com diâmetro D deve ser substituída por um tubo retangular com dimensões de seção transversal $D \times 2D$ (que são medidas em relação à linha média das paredes da seção transversal mostrada na Figura P6.110). Determine a espessura mínima exigida $t_{mín}$ do tubo de forma que a tensão cisalhante máxima no tubo não ultrapasse a tensão cisalhante máxima admissível da barra maciça;

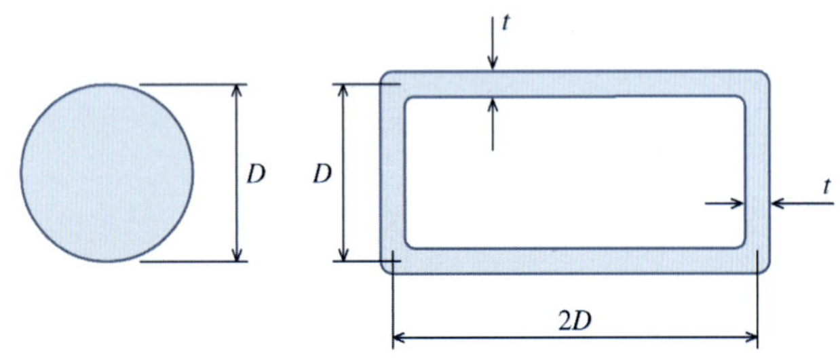

FIGURA P6.110

P6.111 Uma placa de aço com 24 in (60,96 cm) de largura por 0,100 in (0,254 cm) de espessura por 100 in (254 cm) de comprimento deve formar uma seção oca ao ser dobrada 360º e serem soldados os lados correspondentes ao comprimento (isto é, solda de topo). Admita que o comprimento da seção transversal média seja 24 in (60,96 cm) (não há encurtamento da placa em consequência do dobramento). Se a tensão cisalhante média deve estar limitada a 12 ksi, determine o torque máximo que pode ser suportado pela seção oca se:

(a) o formato da seção for um círculo.
(b) o formato da seção for um triângulo equilátero.
(c) o formato da seção for um quadrado.
(d) o formato da seção for um retângulo de 8 × 4 in (20,32 × 10,16 cm).

P6.112 Uma placa de alumínio com 500 mm de largura por 3 mm de espessura por 2 m de comprimento deve formar uma seção oca ao ser dobrada 360º e soldados (isto é, solda de topo) os lados correspondentes ao comprimento. Admita que o comprimento da seção transversal média seja 500 mm (não há encurtamento da placa em consequência do dobramento). Se a tensão cisalhante média deve estar limitada a 75 MPa, determine o torque máximo que pode ser suportado pela seção oca se:

(a) o formato da seção for um círculo.
(b) o formato da seção for um triângulo equilátero.
(c) o formato da seção for um quadrado.
(d) o formato da seção for um retângulo de 150 × 100 mm.

P6.113 Um torque $T = 150$ kip · in (16,948 kN · m) será aplicado à seção oca de paredes finas de liga de alumínio mostrada na Figura P6.113. Se a tensão cisalhante máxima deve estar limitada a 10 ksi (68,95 MPa), determine a espessura mínima exigida para a seção. (*Nota:* As dimensões mostradas são medidas em relação à linha média da parede.)

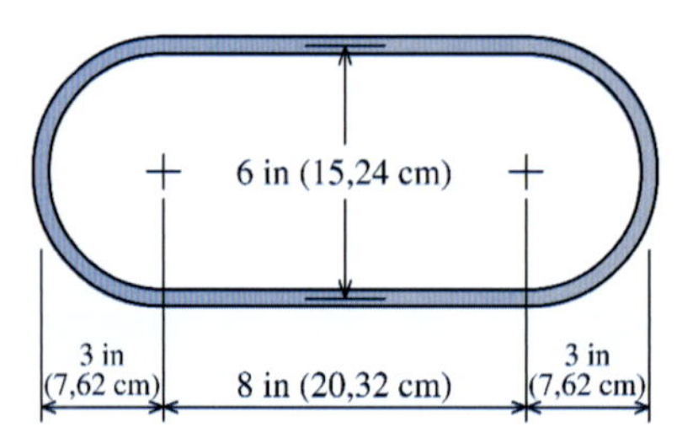

FIGURA P6.113

P6.114 Um torque $T = 2{,}5$ kN · m será aplicado à seção oca de paredes finas de liga de alumínio mostrada na Figura P6.114. Se a tensão cisalhante máxima deve estar limitada a 50 MPa, determine a espessura mínima exigida para a seção. (*Nota:* As dimensões mostradas são medidas em relação à linha média da parede.)

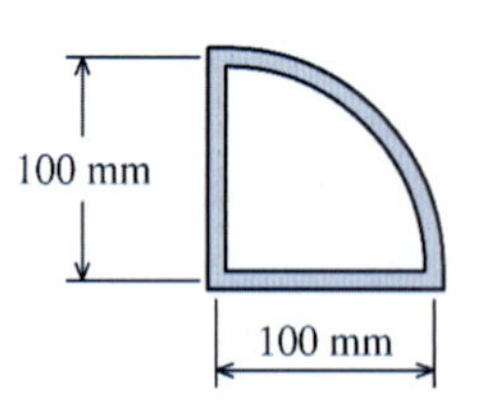

FIGURA P6.114

P6.115 Um torque $T = 100$ kip · in (11,298 kN · m) será aplicado à seção oca de paredes finas de liga de alumínio mostrada na Figura P6.115. Se a seção tiver espessura uniforme de 0,100 in (0,254 cm), determine o módulo da tensão cisalhante máxima desenvolvida na seção. (*Nota:* As dimensões mostradas são medidas em relação à linha média da parede.)

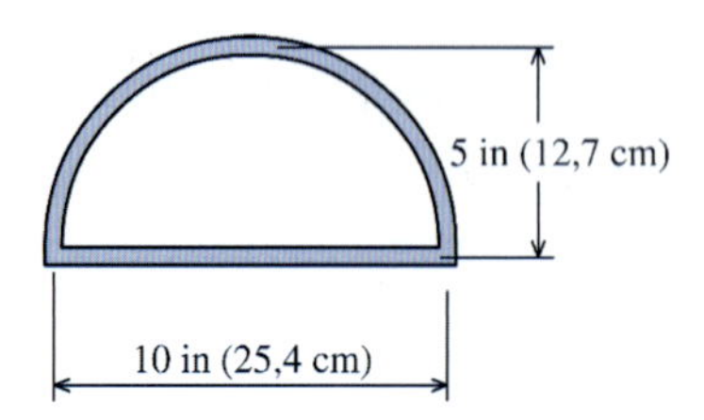

FIGURA P6.115

P6.116 Um torque $T = 2{,}75$ kN · m será aplicado à seção oca de paredes finas de liga de alumínio mostrada na Figura P6.116. Se a seção tiver espessura uniforme de 4 mm, determine o módulo da tensão cisalhante máxima desenvolvida na seção. (*Nota:* As dimensões mostradas são medidas em relação à linha média da parede.)

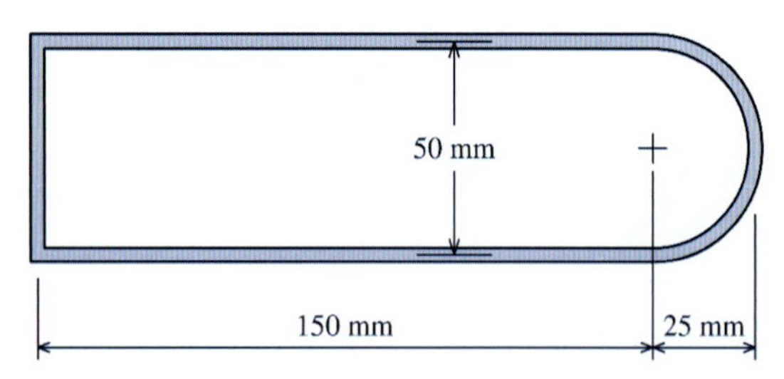

FIGURA P6.116

P6.117 Uma seção transversal do bordo de ataque (borda dianteira) da asa de um avião é mostrada na Figura P6.117. A área interna é 82 in^2 (529,03 cm^2). As espessuras das placas são mostradas no diagrama. Para um torque aplicado $T = 100$ kip · in (11,298 kN · m), determine o módulo da tensão cisalhante máxima desenvolvida na seção. (*Nota:* As dimensões mostradas são medidas em relação à linha média da parede.)

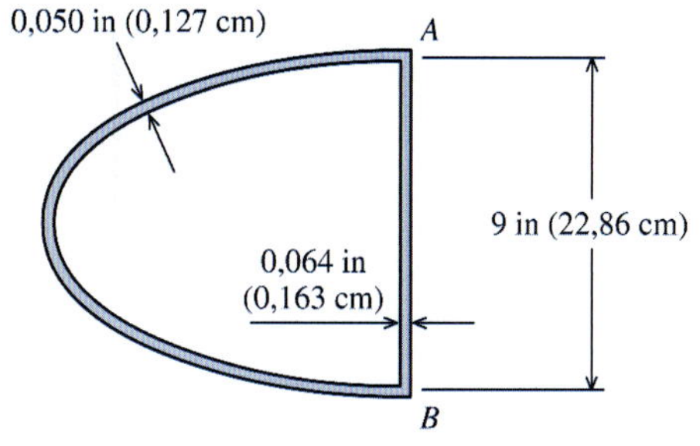

FIGURA P6.117

P6.118 Uma seção transversal da fuselagem de um avião feita de liga de alumínio é mostrada na Figura P6.118. Para um torque aplicado $T = 1.250$ kip · in (141,231 kN · m) e tensão cisalhante admissível $\tau = 7{,}5$ ksi (51,71 MPa), determine a espessura mínima da placa (que deve ser constante ao longo de toda a periferia) exigida para resistir o torque. (*Nota:* As dimensões mostradas são medidas em relação à linha média da parede.)

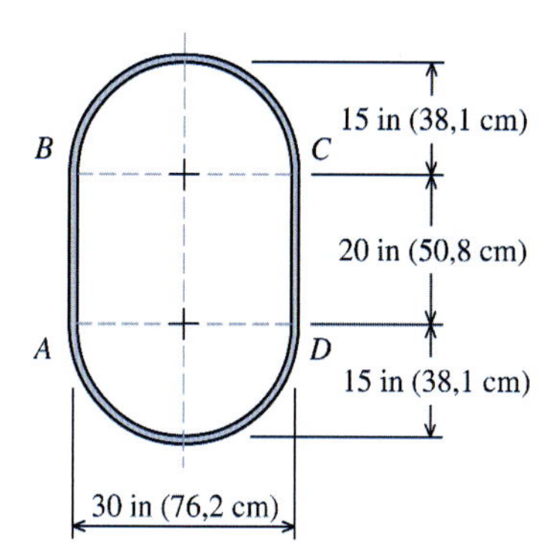

FIGURA P6.118

7

EQUILÍBRIO DE VIGAS

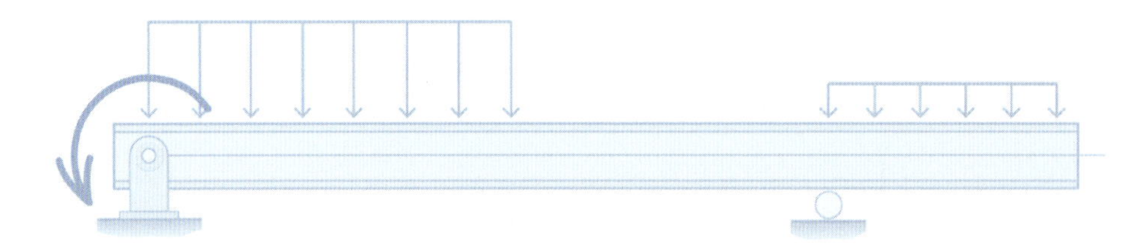

7.1 INTRODUÇÃO

O termo **transversal** se refere a cargas e seções que sejam perpendiculares ao eixo longitudinal do elemento estrutural.

O comportamento de elementos estruturais esbeltos sujeitos às cargas axiais e aos carregamentos de torção foram analisados nos Capítulos 5 e 6, respectivamente. Este capítulo inicia as considerações a respeito de vigas, um dos componentes mais comuns e importantes usados em aplicações estruturais e mecânicas. **Vigas** são normalmente elementos longos (em relação às dimensões de suas seções transversais), retos e prismáticos que suportam cargas cuja ação está no sentido perpendicular ao eixo longitudinal do elemento. Elas resistem a cargas transversais aplicadas por uma combinação de esforço cortante e momento fletor internos.

TIPOS DE APOIOS

Normalmente as vigas são classificadas pelo modo como estão apoiadas. A Figura 7.1 mostra símbolos gráficos usados para representar três tipos de apoios.

- A Figura 7.1*a* mostra um **apoio de segundo gênero (apoio de pino)**. Um apoio de segundo gênero evita translação em duas direções ortogonais. Para vigas, isso significa que os deslocamentos paralelos (isto é, a direção x na Figura 7.1*a*) e perpendiculares (isto é, a direção y na Figura 7.1*a*) ao eixo longitudinal da viga estão restritos no local (nó) do apoio. Embora a translação esteja restrita em um apoio de pino, a rotação do nó do apoio é permitida. Na Figura 7.1*a*, a viga está livre para girar em torno do eixo z e as forças de reação agem na viga nas direções x e y.
- A Figura 7.1*b* mostra um **apoio de primeiro gênero (apoio de rolete)**. Um apoio de primeiro gênero evita a translação no sentido perpendicular ao eixo longitudinal da viga (isto é, a direção y da Figura 7.1*b*); entretanto, o nó do apoio está livre para se deslocar na direção x e para girar em torno do eixo z. A menos que seja mencionado explicitamente o contrário, deve-se admitir que um apoio de primeiro gênero impeça os deslocamentos nas direções $+y$ e $-y$. Um apoio de primeiro gênero da Figura 7.1*b* fornece uma força de reação na viga apenas na direção y.

- A Figura 7.1*c* mostra um **apoio de terceiro gênero** (**engastamento**). Um apoio de terceiro gênero evita tanto a translação como a rotação do nó de apoio. O apoio fixo mostrado na Figura 7.1*c* fornece forças de reação na viga nas direções x e y assim como uma reação momento na direção z. Esse tipo de apoio é denominado algumas vezes de **apoio fixo**.

A Figura 7.1 mostra os *símbolos* que representam os três tipos de apoio em geral associados a vigas. É importante ter em mente que esses símbolos são meras abreviações gráficas usadas para comunicar facilmente as condições de apoio das vigas. Os reais apoios de primeiro, segundo e terceiro gêneros podem assumir muitas configurações. A Figura 7.2 mostra uma possibilidade para cada tipo de conexão.

Um tipo de apoio de segundo gênero é mostrado na Figura 7.2*a*. Nessa conexão, são usados três parafusos para unir a viga a uma *cantoneira* que, por sua vez, está aparafusada a um elemento de apoio vertical (chamado **pilar** ou **coluna**). Os parafusos impedem que a viga se mova tanto na horizontal como na vertical. Rigorosamente falando, os parafusos também fornecem alguma resistência contra a rotação do nó. Entretanto, como os parafusos estão localizados nas proximidades do meio da viga, eles não são capazes de restringir por completo a rotação na conexão. Esse tipo de conexão permite rotação suficiente de forma que o apoio seja classificado como de segundo gênero.

A Figura 7.2*b* mostra um tipo de apoio de primeiro gênero. Os parafusos são inseridos em orifícios entalhados em uma pequena placa denominada *placa de cisalhamento*. Como os parafusos estão em entalhes, a viga está livre para se deslocar na direção horizontal, mas está impedida de se deslocar tanto para cima como para baixo. Os orifícios entalhados são usados algumas vezes para facilitar o processo construtivo, tornando mais fácil unir rapidamente vigas pesadas a colunas.

A Figura 7.2*c* mostra um apoio de terceiro gênero que utiliza solda em aço. Observe que foram soldadas placas adicionais na superfície do topo e da base da viga e que essas placas estão unidas diretamente à coluna. Essas placas adicionais evitam que a viga gire no local da conexão.

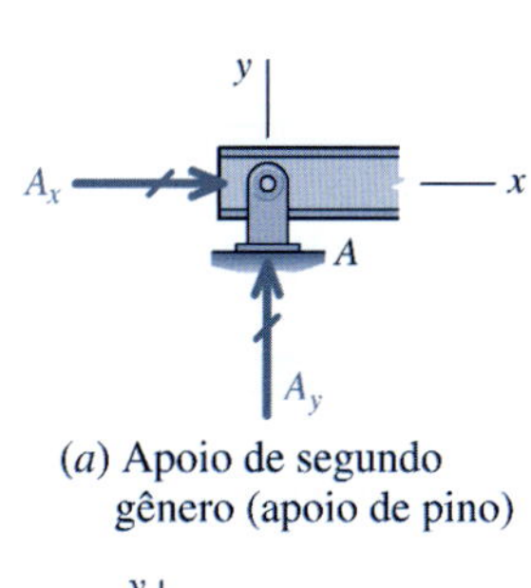

(*a*) Apoio de segundo gênero (apoio de pino)

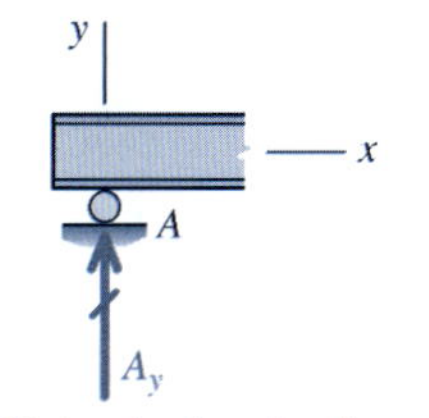

(*b*) Apoio de primeiro gênero (apoio de rolete)

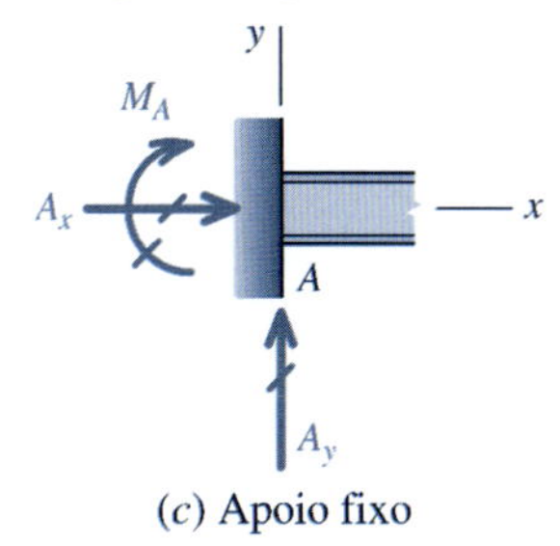

(*c*) Apoio fixo

FIGURA 7.1 Tipos de apoios.

TIPOS DE VIGAS ESTATICAMENTE DETERMINADAS

As vigas são classificadas ainda de acordo com a maneira que os suportes estão dispostos. A Figura 7.3 mostra os três tipos comuns de vigas estaticamente determinadas. A Figura 7.3*a* mostra uma viga **biapoiada** (ou uma **viga simplesmente apoiada**). Uma viga simplesmente apoiada tem um apoio de segundo gênero em uma extremidade e um apoio de primeiro gênero no apoio oposto. A Figura 7.3*b* mostra uma variante da viga simplesmente apoiada na qual a viga se prolonga além do apoio – conhecido como **trecho em balanço**. Em ambos os casos, os apoios de segundo e primeiro gêneros fornecem três forças de reação para a viga simplesmente apoiada: uma força de reação horizontal no apoio de segundo gênero (pino) e forças de reação vertical tanto no apoio de segundo gênero (pino) como no apoio de primeiro gênero (rolete). A Figura 7.3*c* mostra uma

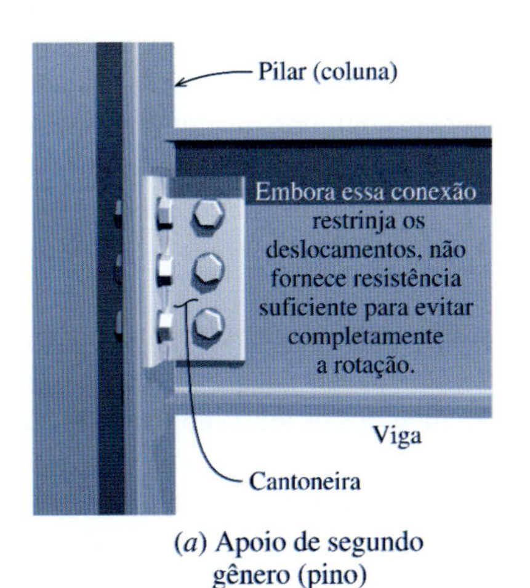

(*a*) Apoio de segundo gênero (pino)

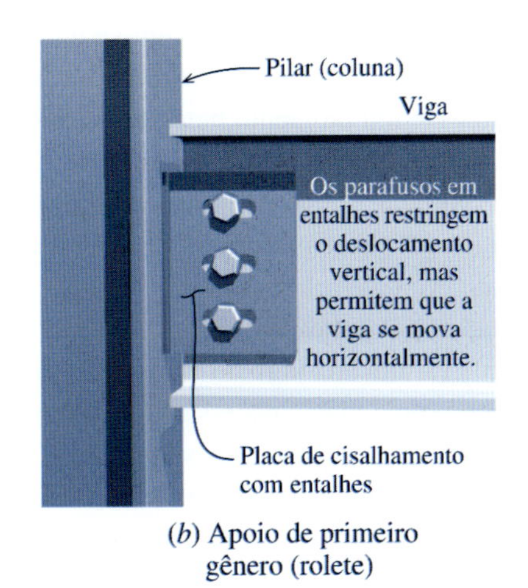

(*b*) Apoio de primeiro gênero (rolete)

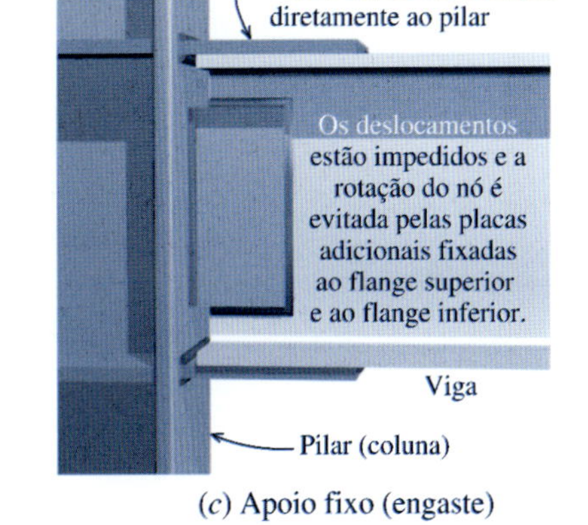

(*c*) Apoio fixo (engaste)

FIGURA 7.2 Exemplos de apoios reais de vigas.

(*a*) Viga simplesmente apoiada

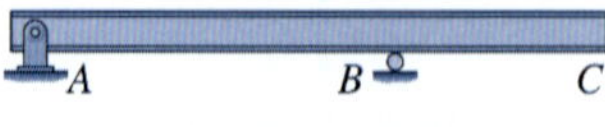

(*b*) Viga simples com balanço

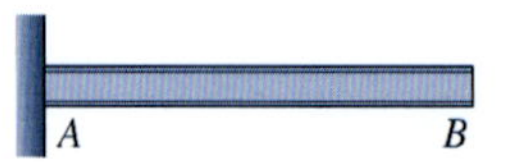

(*c*) Viga engastada e livre (viga em balanço)

FIGURA 7.3 Tipos de vigas estaticamente determinadas.

viga engastada e livre. Uma viga engastada tem um apoio fixo em apenas uma extremidade. O apoio fixo fornece três reações à viga: forças de reação horizontal e vertical e uma reação momento. Essas três forças de reação desconhecidas podem ser determinadas utilizando as equações de equilíbrio (isto é, $\Sigma F_x = 0$, $\Sigma F_y = 0$ e $\Sigma M = 0$) disponíveis para o corpo rígido.

TIPOS DE CARGAS

Em geral, vários tipos de cargas são suportados por vigas (Figura 7.4). As cargas que atuam em um pequeno comprimento de viga são denominadas **cargas concentradas**. As cargas de pilares (colunas) ou de outros elementos estruturais assim como as forças de reações de apoio são representadas tipicamente por cargas concentradas. As cargas concentradas também podem representar cargas por roda de veículos ou as forças aplicadas por equipamentos à estrutura. As cargas que se estendem ao longo de uma parte da viga são denominadas **cargas distribuídas**. As cargas distribuídas que possuem módulo constante são denominadas **cargas uniformemente distribuídas**. Exemplos de cargas uniformemente distribuídas incluem o peso da laje de um piso de concreto ou as forças resultantes da ação do vento. Em alguns casos, a carga pode ser **linearmente distribuída**, o que significa que a carga distribuída, como o próprio termo sugere, tem seu módulo variando linearmente ao longo do vão de carregamento. Pressões de neve, de solo e de fluidos são exemplos de considerações que podem criar cargas linearmente distribuídas. Uma viga também pode estar sujeita aos **momentos concentrados**, que tendem a flexionar e girar a viga. Com frequência, os momentos concentrados são criados por outros elementos estruturais que se conectam à viga.

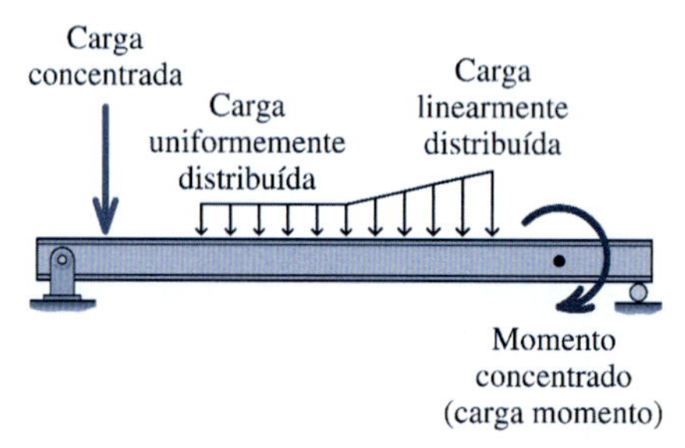

FIGURA 7.4 Símbolos usados para vários tipos de cargas.

7.2 ESFORÇOS CORTANTES E MOMENTOS FLETORES EM VIGAS

Para determinar as tensões criadas pelas cargas aplicadas, é necessário determinar primeiro o esforço cortante interno V e o momento fletor interno M que agem em qualquer ponto de interesse. O método geral para encontrar V e M é ilustrado na Figura 7.5. Nessa figura, uma viga simplesmente apoiada com balanço está sujeita às duas cargas concentradas P_1 e P_2 assim como a uma carga uniformemente distribuída w. Obtém-se um diagrama de corpo livre cortando uma seção a uma distância x do apoio de segundo gênero A. O plano de corte expõe uma força cisalhante (esforço cortante) V e um momento fletor M. Se a viga estiver em equilíbrio, qualquer parte examinada da viga também deve estar em equilíbrio. Consequentemente, um diagrama de corpo livre com esforço cortante V e momento fletor M deve satisfazer as condições de equilíbrio. Dessa forma, as considerações de equilíbrio podem ser usadas para determinar os valores de V e M que agem no local x.

Por causa das cargas aplicadas, as vigas desenvolvem esforços cortantes internos V e momentos fletores M que variam ao longo do comprimento da viga. Para analisar adequadamente as tensões produzidas em uma viga é necessário determinar V e M em todos os locais ao longo do vão da viga. Esses resultados são colocados normalmente em um gráfico como função de x no que é denominado **diagrama de esforços cortantes e de momentos fletores**. Esses diagramas resumem todos os esforços cortantes e momentos fletores ao longo da viga, tornando mais simples identificar os valores máximos e mínimos tanto para V como para M. Esses valores extremos são exigidos para o cálculo das maiores tensões.

Como podem agir na viga muitas cargas diferentes, as funções que descrevem a variação de $V(x)$ e $M(x)$ podem não ser contínuas ao longo de todo o vão. Por isso, devem ser determinadas as funções do esforço cortante e do momento fletor para vários intervalos ao longo da viga. Em geral, os intervalos são limitados

(a) pelos locais de cargas concentradas, momentos concentrados e reações de apoio ou
(b) pela extensão das cargas distribuídas.

Os exemplos que se seguem ilustram como são obtidas as funções de esforço cortante e momento fletor para vários intervalos usando as considerações de equilíbrio.

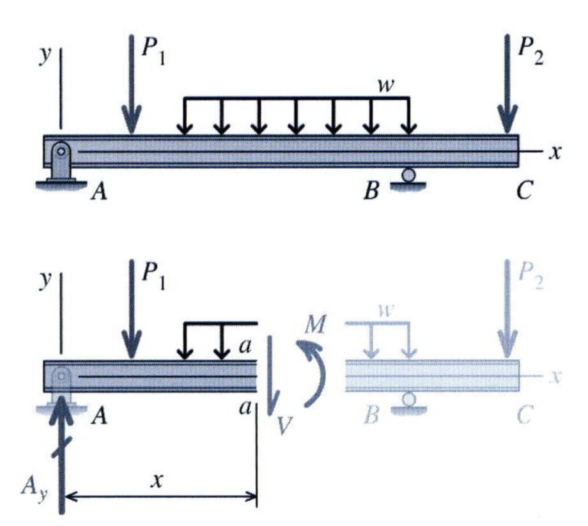

FIGURA 7.5 Método das seções aplicado a vigas.

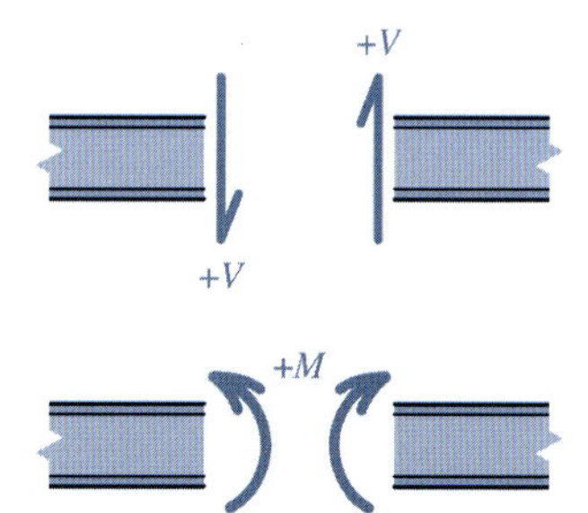

FIGURA 7.6 Convenções de sinais para o esforço cortante interno V e para o momento fletor M.

Convenções de Sinais para o Diagrama de Esforços Cortantes (DEC) e o Diagrama de Momentos Fletores (DMF). Antes de obter as funções internas de esforços cortantes e de momentos fletores, é necessário desenvolver uma convenção de sinais consistente. Essas convenções de sinais estão ilustradas na Figura 7.6.

Um esforço cortante interno positivo V

- age de cima para baixo na face direita de uma viga.
- age de baixo para cima na face esquerda de uma viga.

Um momento fletor interno positivo M

- age no sentido contrário ao dos ponteiros do relógio na face direita de uma viga.
- age no sentido dos ponteiros do relógio na face esquerda de uma viga.

Essa convenção de sinais também pode ser expressa pelas direções de V e M que agem em um pequeno trecho da viga. Essa definição alternativa da convenção de sinais de V e M está ilustrada na Figura 7.7.

Um esforço cortante interno positivo V faz com que um elemento de viga gire no sentido dos ponteiros do relógio.

Um momento fletor interno positivo M faz com que a concavidade de um elemento de viga seja tal que a parte superior esteja comprimida.

Será criado um diagrama de esforços cortantes e de momentos fletores para cada viga ao ser feito um gráfico das funções de esforço cortante e de momento fletor. Para assegurar a consistência entre as funções, é muito importante que essa convenção de sinais seja observada.

V positivo causa uma rotação da viga *no sentido dos ponteiros do relógio*

V negativo causa uma rotação da viga *no sentido contrário ao dos ponteiros do relógio*

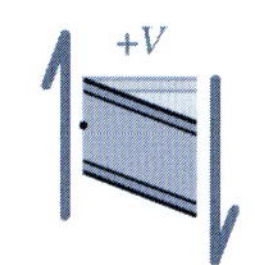

M positivo faz com que a viga se flexione com a concavidade (boca) para cima formando um "*sorriso* (*aprovação*)"

M negativo faz que a viga se com flexione com a concavidade (boca) para baixo formando um "*choro* (*desaprovação*)"

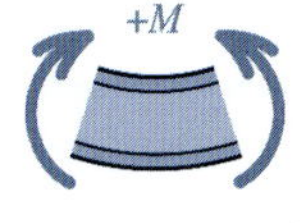

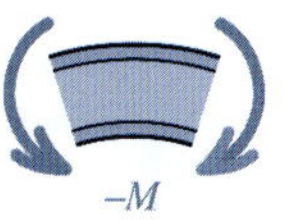

FIGURA 7.7 Convenções de sinais para V e M mostradas em um trecho de viga.

EXEMPLO 7.1

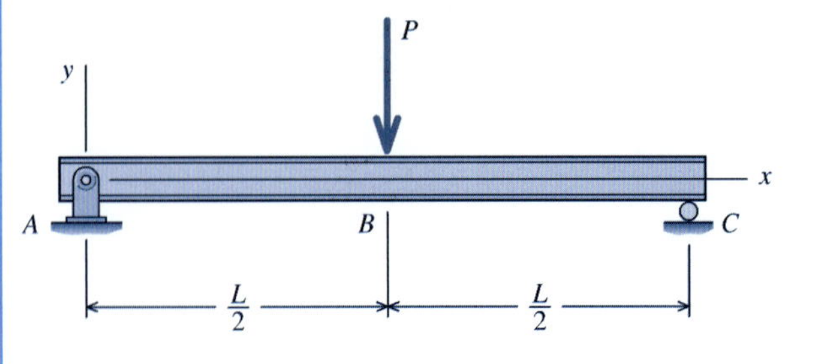

Desenhe os diagramas de esforços cortantes e de momentos fletores da viga simplesmente apoiada da figura.

Planejamento da Solução

Em primeiro lugar, determine as forças de reação no pino (apoio de segundo gênero) *A* e no rolete (apoio de primeiro gênero) *C*. A seguir, considere dois intervalos ao longo do vão da viga: entre *A* e *B*, e entre *B* e *C*. Corte uma seção em cada intervalo e desenhe o diagrama de corpo livre (DCL) adequado, mostrando o esforço cortante interno desconhecido *V* e o momento fletor interno *M* que agem na superfície exposta. Escreva as equações de equilíbrio para cada diagrama de corpo livre e encontre as funções que descrevem a variação de *V* e *M* de acordo com a posição *x* ao longo do vão. Faça um gráfico dessas funções para completar os diagramas de esforços cortantes e de momentos fletores.

SOLUÇÃO

Reações de Apoio

Como a viga está apoiada e carregada simetricamente, as forças de reação também devem ser simétricas. Portanto, cada apoio exerce uma força de baixo para cima igual a *P*/2. Como não há cargas aplicadas na direção *x*, a força de reação horizontal no apoio de segundo gênero *A* é igual a zero.

Funções do Esforço Cortante e do Momento Fletor

Em geral, a viga será seccionada a uma distância arbitrária *x* do apoio de segundo gênero *A* e serão mostradas todas as forças que agem no corpo livre, incluindo os desconhecidos esforço cortante interno *V* e o momento fletor interno *M* que agem na superfície exposta.

Intervalo $0 \leq x < L/2$: A viga é cortada na seção *a–a*, que está localizada a uma distância arbitrária *x* do apoio de segundo gênero *A*. Um esforço cortante desconhecido *V* e um momento fletor desconhecido *M* são mostrados na superfície exposta da viga. Observe que se admite agindo como positivas as direções de *V* e *M* na superfície exposta (veja a convenção de sinais na Figura 7.6).

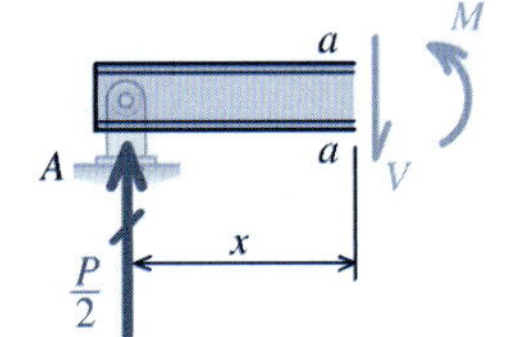

Como não existem forças agindo na direção *x*, a equação de equilíbrio $\Sigma F_x = 0$ é trivial. A soma das forças na direção vertical leva à seguinte função para *V*:

$$\Sigma F_y = \frac{P}{2} - V = 0 \qquad \therefore V = \frac{P}{2} \tag{a}$$

A soma dos momentos em torno da seção *a–a* fornece a seguinte função de *M*:

$$\Sigma M_{a-a} = -\frac{P}{2}x + M = 0 \qquad \therefore M = \frac{P}{2}x \tag{b}$$

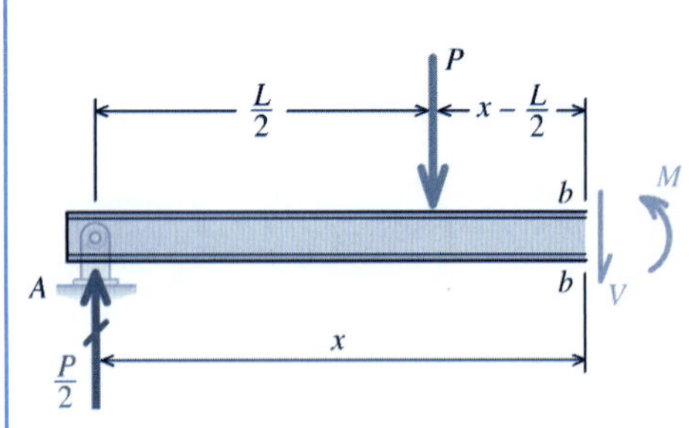

Esses resultados mostram que o esforço cortante interno *V* é constante e que o momento fletor interno *M* varia linearmente no intervalo $0 \leq x < L/2$.

Intervalo $L/2 \leq x < L$: A viga é cortada na seção *b−b*, que está localizada a uma distância arbitrária *x* do apoio de segundo gênero *A*. Entretanto, a seção *b–b* está localizada além de *B*, em que a carga concentrada *P* está aplicada. Da mesma forma que antes, um esforço cortante desconhecido *V* e um momento fletor desconhecido *M* são mostrados na superfície exposta da viga e admite-se que as direções, tanto de *V* como de *M*, são positivas.

A soma das forças na direção vertical leva à seguinte função para *V*:

$$\Sigma F_y = \frac{P}{2} - P - V = 0 \qquad \therefore V = -\frac{P}{2} \tag{c}$$

A equação de equilíbrio para a soma dos momentos em torno da seção b–b fornece a seguinte função de M:

$$\Sigma M_{b-b} = P\left(x - \frac{L}{2}\right) - \frac{P}{2}x + M = 0$$
$$\therefore M = -\frac{P}{2}x + \frac{PL}{2} \tag{d}$$

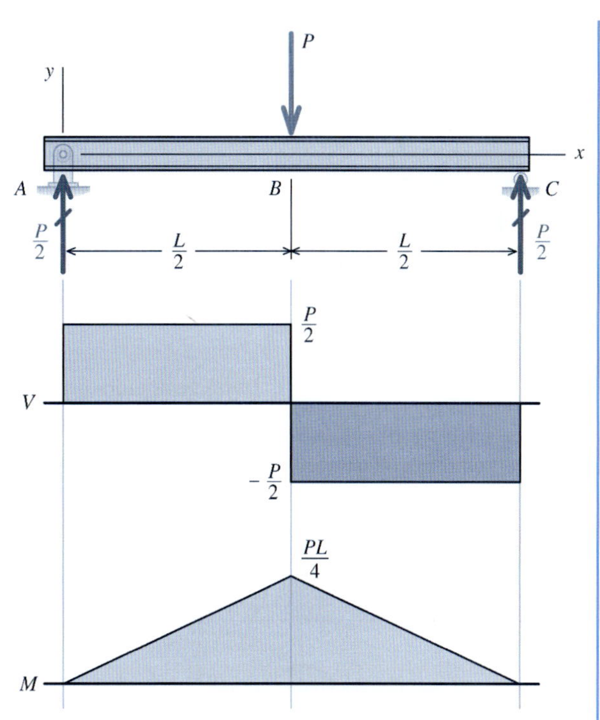

Outra vez, o esforço cortante interno V é constante e o momento fletor interno M varia linearmente no intervalo $L/2 \leq x < L$.

Gráfico das Funções

Faça um gráfico das funções dadas pelas Equações (a) e (b) para o intervalo $0 \leq x < L/2$ e das funções dadas pelas Equações (c) e (d) para o intervalo $L/2 \leq x < L$ para criar os diagramas de esforços cortantes e de momentos fletores ilustrados.

O esforço cortante interno máximo é $V_{\text{máx}} = \pm P/2$. O momento fletor interno máximo é $M_{\text{máx}} = PL/4$ e ocorre em $x = L/2$.

Observe que a carga concentrada causa uma descontinuidade nesse ponto de aplicação. Em outras palavras, o diagrama de esforços cortantes apresenta um "salto" com valor igual ao módulo da carga concentrada. No presente caso, o salto se direciona para baixo, que é a mesma direção da carga concentrada P.

EXEMPLO 7.2

Desenhe os diagramas de esforços cortantes e de momentos fletores para a viga simples ilustrada.

Planejamento da Solução

Será usado o processo de solução delineado no Exemplo 7.1 a fim de que sejam obtidas as funções V e M para essa viga.

SOLUÇÃO

Reações de Apoio

É mostrado um diagrama de corpo livre (DCL) da viga. As equações de equilíbrio são

$$\Sigma F_y = A_y + C_y = 0$$
$$\Sigma M_A = -M_0 + C_y L = 0$$

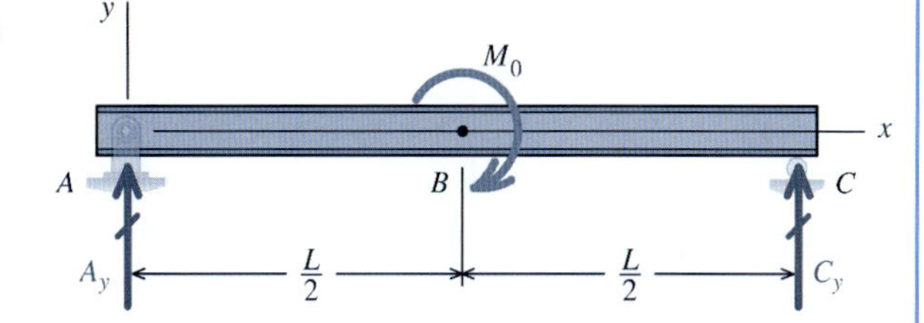

Dessas equações, as reações na viga são

$$C_y = \frac{M_0}{L} \quad \text{e} \quad A_y = -\frac{M_0}{L}$$

O valor negativo para A_y indica que essa reação age na direção oposta à admitida inicialmente. Os diagramas de corpo livre subsequentes serão revistos para mostrar essa reação agindo de cima para baixo.

Intervalo $0 \leq x < L/2$: Seccione a viga a uma distância arbitrária x entre A e B. Mostre o esforço cortante desconhecido V e o momento fletor desconhecido M na superfície exposta da viga.

Admita direções positivas tanto para V como para M, de acordo com a convenção de sinais dada na Figura 7.6.

A soma das forças na direção vertical leva à seguinte função para V:

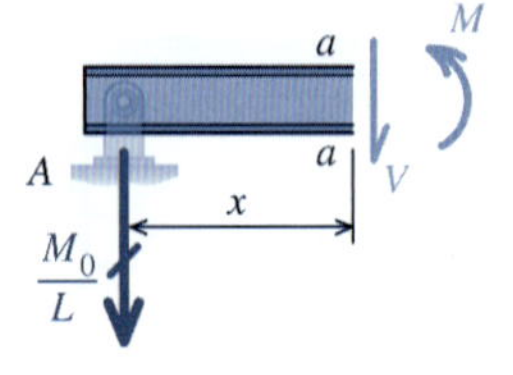

$$\Sigma F_y = -\frac{M_0}{L} - V = 0 \qquad \therefore V = -\frac{M_0}{L} \tag{a}$$

A soma dos momentos em torno da seção $a-a$ fornece a seguinte função para M:

$$\Sigma M_{a-a} = \frac{M_0}{L}x + M = 0 \qquad \therefore M = -\frac{M_0}{L}x \tag{b}$$

Esses resultados indicam que o esforço cortante interno V é constante e que o momento fletor M varia linearmente no intervalo $0 \leq x < L/2$.

Intervalo $L/2 \leq x < L$: A viga é cortada na seção $b–b$, que está localizada em uma posição arbitrária entre B e C. A soma das forças na direção vertical leva à seguinte função de V:

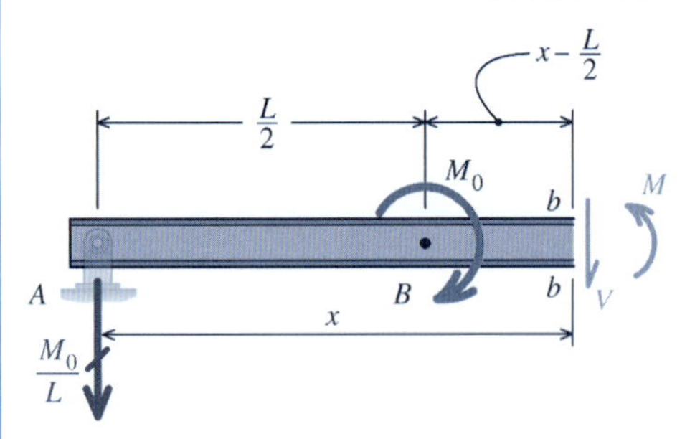

$$\Sigma F_y = -\frac{M_0}{L} - V = 0 \qquad \therefore V = -\frac{M_0}{L} \tag{c}$$

A equação de equilíbrio para a soma dos momentos em torno da seção $b–b$ fornece a seguinte função para M:

$$\Sigma M_{b-b} = \frac{M_0}{L}x - M_0 + M = 0$$
$$\therefore M = M_0 - \frac{M_0}{L}x \tag{d}$$

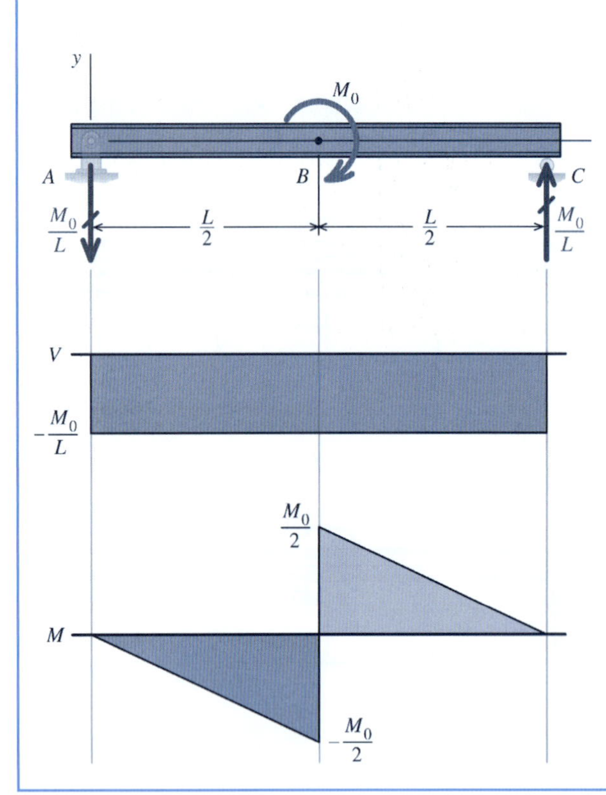

Mais uma vez, o esforço cortante interno V é constante e o momento fletor interno M varia linearmente no intervalo $L/2 \leq x < L$.

Gráfico das Funções

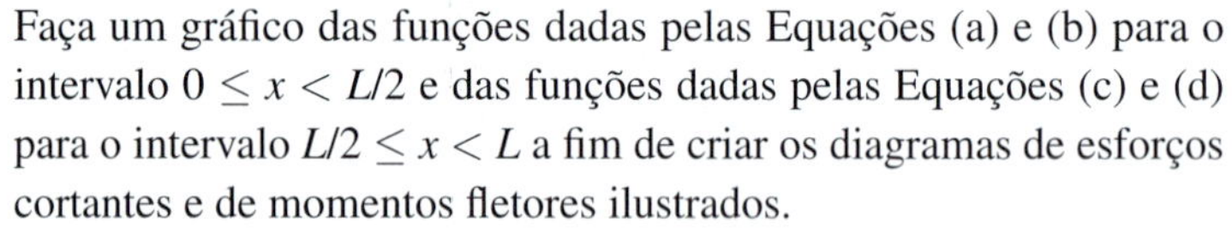

Faça um gráfico das funções dadas pelas Equações (a) e (b) para o intervalo $0 \leq x < L/2$ e das funções dadas pelas Equações (c) e (d) para o intervalo $L/2 \leq x < L$ a fim de criar os diagramas de esforços cortantes e de momentos fletores ilustrados.

O esforço cortante interno máximo é $V_{máx} = -M_0/L$. O momento fletor interno máximo é $M_{máx} = \pm M_0/2$ e ocorre em $x = L/2$.

Observe que o momento concentrado não afeta o diagrama de esforços cortantes em B. Entretanto, cria uma descontinuidade no diagrama de momentos fletores no local de seu ponto de aplicação. O diagrama de momentos fletores apresenta um "salto" com valor igual ao módulo do momento concentrado. *O momento concentrado externo M_0 no sentido dos ponteiros do relógio faz com que o diagrama de momentos fletores apresente um salto para cima* em B com o valor igual ao módulo do momento concentrado.

EXEMPLO 7.3

Desenhe os diagramas de esforços cortantes e de momentos fletores para a viga simplesmente apoiada ilustrada.

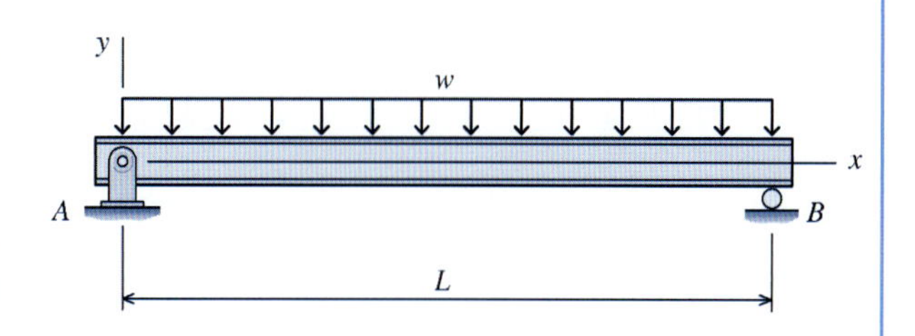

Planejamento da Solução

Depois de as reações no apoio de segundo gênero em A e de primeiro gênero em B terem sido determinadas, corte uma seção em um local arbitrário x e desenhe o diagrama de corpo livre (DCL) correspondente demonstrando o esforço cortante V desconhecido e o momento fletor M desconhecido agindo na superfície do corte. Obtenha as equações de equilíbrio para o DCL e resolva essas duas equações encontrando as funções que descrevem a variação de V e de M em função do local x ao longo do vão. Faça o gráfico dessas funções para completar os diagramas de esforços cortantes e de momentos fletores.

SOLUÇÃO

Reações de Apoio

Como a viga está apoiada e carregada simetricamente, as forças de reação também devem ser simétricas. A carga total que age sobre a viga é wL; portanto, cada suporte exerce uma força de baixo para cima igual à metade dessa carga: $wL/2$.

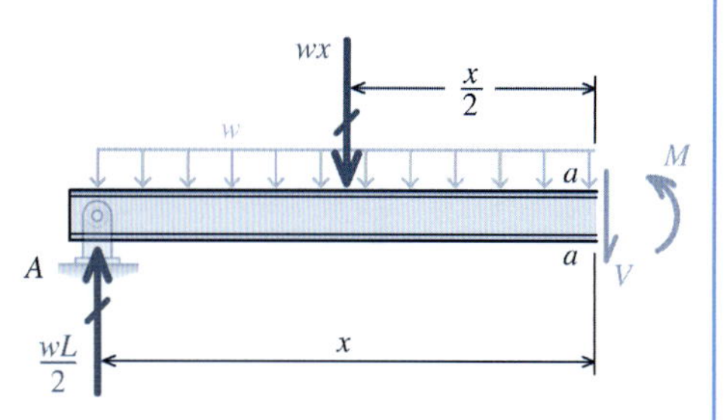

Intervalo $0 \leq x < L$: Seccione a viga a uma distância arbitrária x entre A e B. **Certifique-se de que a carga distribuída original w está mostrada no diagrama de corpo livre desde o início.** Mostre o esforço cortante desconhecido V e o momento fletor desconhecido M na superfície de corte da viga. Admita as direções positivas tanto para V como para M, de acordo com a convenção de sinais dada na Figura 7.6. A resultante da carga uniformemente distribuída w atuando em um comprimento x da viga é igual a wx. A força resultante age no meio desse carregamento (isto é, no centroide do retângulo que tem largura x e altura w). A soma das forças na direção vertical leva à seguinte função para V:

$$\Sigma F_y = \frac{wL}{2} - wx - V = 0$$
$$\therefore V = \frac{wL}{2} - wx = w\left(\frac{L}{2} - x\right) \quad \text{(a)}$$

A função do esforço cortante é linear (isto é, função de primeiro grau) e a inclinação dessa linha é igual a $-w$ (que é a intensidade da carga distribuída).

A soma dos momentos em torno da seção $a-a$ fornece a seguinte função para M:

$$\Sigma M_{a-a} = -\frac{wL}{2}x + wx\frac{x}{2} + M = 0$$
$$\therefore M = \frac{wL}{2}x - \frac{wx^2}{2} = \frac{wx}{2}(L - x) \quad \text{(b)}$$

O momento fletor interno M é uma função quadrática (isto é, uma função de segundo grau).

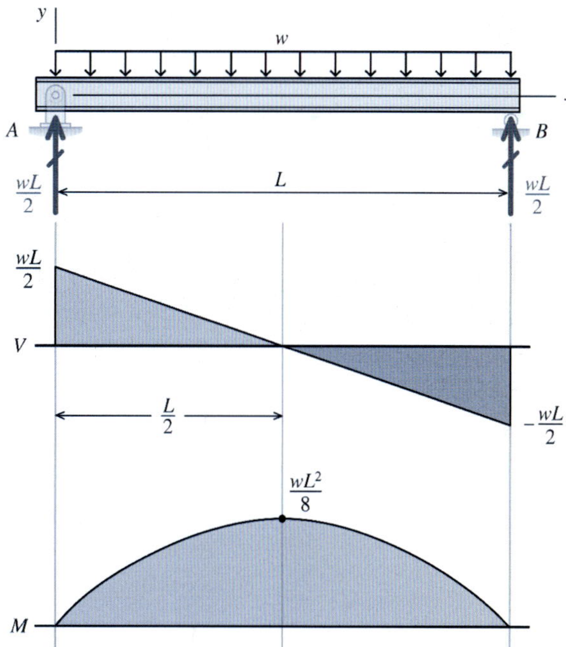

Gráfico das Funções

Faça um gráfico das funções dadas nas Equações (a) e (b) para criar os diagramas de esforços cortantes e de momentos fletores mostrados.

O esforço cortante interno máximo é $V_{máx} = \pm wL/2$ e é encontrado em A e B. O momento fletor interno máximo é $M_{máx} = wL^2/8$ e ocorre em $x = L/2$.

Observe que o momento fletor máximo ocorre em um local onde o esforço cortante V é igual a zero.

EXEMPLO 7.4

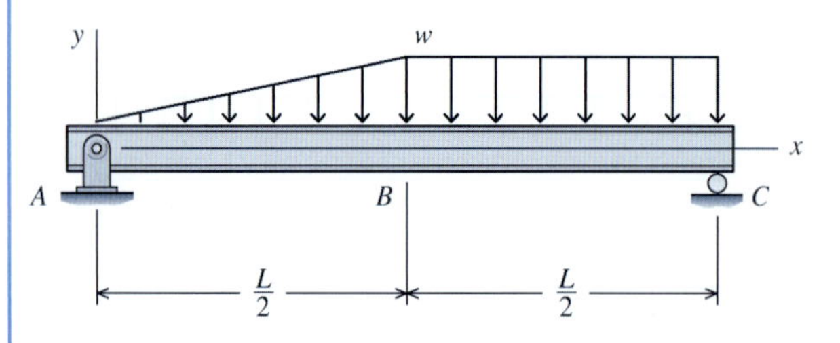

Desenhe os diagramas de esforços cortantes e de momentos fletores para a viga simplesmente apoiada ilustrada.

Planejamento da Solução

Depois de terem sido determinadas as reações no apoio de segundo gênero em A e no apoio de primeiro gênero em C, corte seções entre A e B (no carregamento linearmente distribuído) e entre B e C (no carregamento uniformemente distribuído). Desenhe os diagramas de corpo livre adequados, construa as equações de equilíbrio para cada diagrama de corpo livre e resolva essas equações encontrando as funções que descrevem a variação de V e M de acordo com o local x ao longo do vão. Faça um gráfico dessas funções para completar os diagramas de esforços cortantes e de momentos fletores.

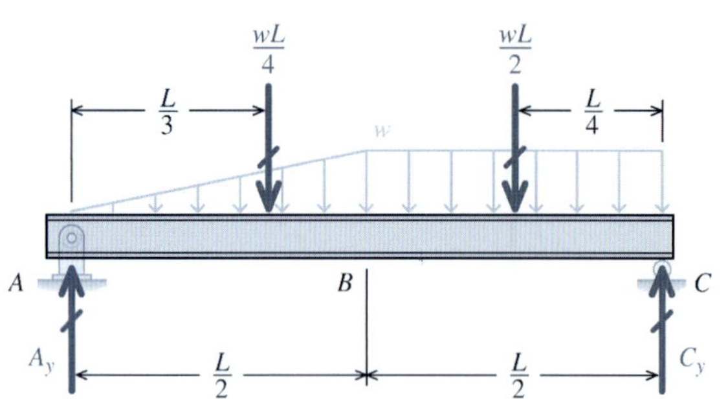

SOLUÇÃO

Reações de Apoio

O diagrama de corpo livre de toda a viga está ilustrado. A força resultante do carregamento linearmente distribuído é igual à área do triângulo que tem base $L/2$ e altura w:

$$\frac{1}{2}\left(\frac{L}{2}\right)w = \frac{wL}{4}$$

A força resultante age no centroide desse triângulo, que está localizado a dois terços da dimensão da base, medida a partir do vértice do triângulo:

$$\frac{2}{3}\left(\frac{L}{2}\right) = \frac{L}{3}$$

As equações de equilíbrio para a viga podem ser escritas como

$$\Sigma F_y = A_y + C_y - \frac{wL}{4} - \frac{wL}{2} = 0 \quad \text{e} \quad \Sigma M_A = C_y L - \frac{wL}{4}\left(\frac{L}{3}\right) - \frac{wL}{2}\left(\frac{3L}{4}\right) = 0$$

que pode ser resolvida para determinação das forças de reação:

$$A_y = \frac{7}{24}wL \quad \text{e} \quad C_y = \frac{11}{24}wL$$

Intervalo $0 \leq x < L/2$: Seccione a viga a uma distância arbitrária x entre A e B. **Certifique-se de inserir a carga linearmente distribuída original no diagrama de corpo livre.** Deve ser obtida uma nova força resultante para a carga linearmente distribuída de modo específico para esse diagrama de corpo livre.

A inclinação da carga linearmente distribuída é igual a $w/(L/2) = 2w/L$. Em consequência, a altura do carregamento triangular na seção $a-a$ é igual ao produto dessa inclinação pela distância x, isto é, $(2w/L)x$. Portanto, a resultante da carga linearmente distribuída que está agindo nesse diagrama de corpo livre é $(1/2)x[(2w/L)x] = (wx^2/L)$ e age a uma distância $x/3$ da seção $a-a$.

As funções V e M aplicáveis para o intervalo $0 \leq x < L/2$ podem ser obtidas utilizando as equações de equilíbrio para o diagrama de corpo livre:

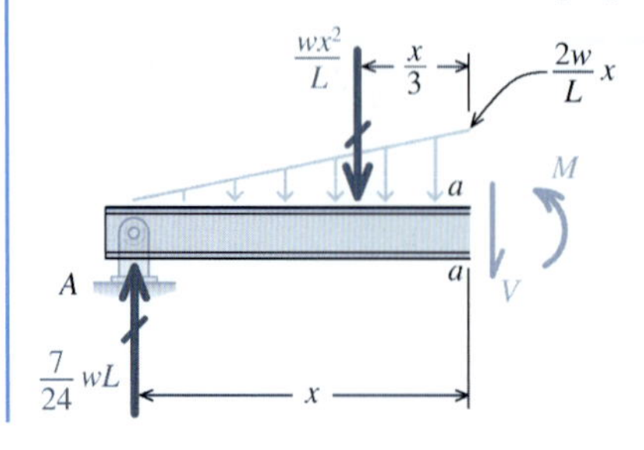

$$\Sigma F_y = \frac{7}{24}wL - \frac{wx^2}{L} - V = 0 \qquad \therefore V = -\frac{wx^2}{L} + \frac{7}{24}wL \tag{a}$$

$$\Sigma M_{a-a} = -\frac{7}{24}wLx + \frac{wx^2}{L}\left(\frac{x}{3}\right) + M = 0 \qquad \therefore M = -\frac{wx^3}{3L} + \frac{7}{24}wLx \tag{b}$$

A função do esforço cortante é quadrática (isto é, uma função de segundo grau) e a função do momento fletor é cúbica (isto é, uma função de terceiro grau).

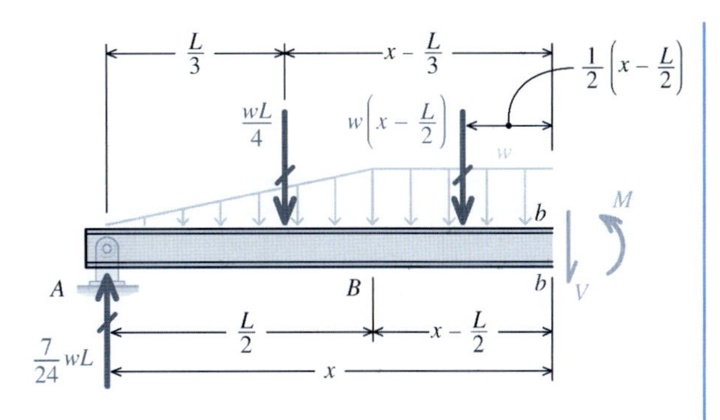

Intervalo $L/2 \leq x < L$: Seccione a viga a uma distância arbitrária x entre B e C. **Certifique-se de inserir as cargas distribuídas originais no diagrama de corpo livre antes de obter as funções para V e M.**

Com base nesse diagrama de corpo livre, podem-se escrever as equações de equilíbrio como

$$\Sigma F_y = \frac{7}{24}wL - \frac{wL}{4} - w\left(x - \frac{L}{2}\right) - V = 0 \qquad \therefore V = \frac{7}{24}wL - \frac{wL}{4} - w\left(xx - \frac{L}{2}\right) \tag{c}$$

$$\Sigma M_{a-a} = -\frac{7}{24}wLx + \frac{wL}{4}\left(x - \frac{L}{3}\right) + w\left(x - \frac{L}{2}\right)\frac{1}{2}\left(x - \frac{L}{2}\right) + M = 0$$

$$\therefore M = \frac{7}{24}wLx - \frac{wL}{4}\left(x - \frac{L}{3}\right) - \frac{w}{2}\left(x - \frac{L}{2}\right)^2 \tag{d}$$

Essas equações podem ser simplificadas para

$$V = w\left(\frac{13}{24}L - x\right) \quad \text{e}$$

$$M = \frac{w}{24}(-12x^2 + 13Lx - L^2)$$

A função do esforço cortante é linear (isto é, função de primeiro grau) e a função do momento fletor é quadrática (isto é, função de segundo grau) entre B e C.

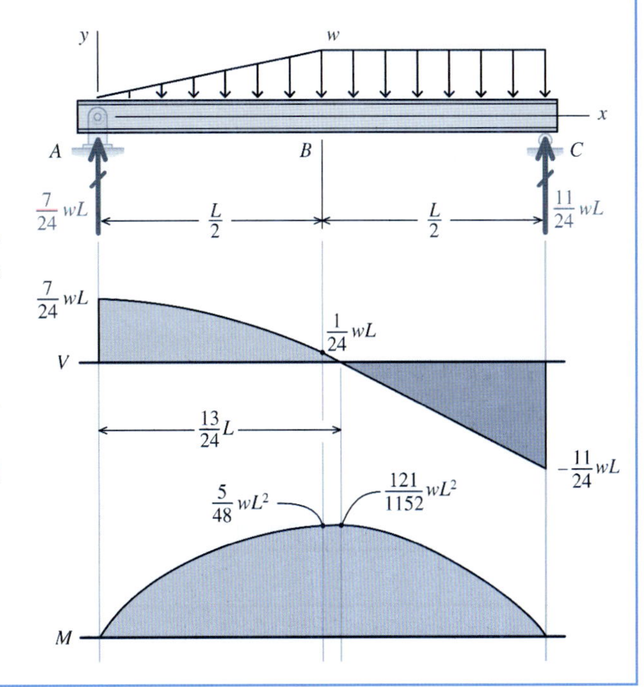

Gráfico das Funções

Faça um gráfico das funções V e M para criar os diagramas de esforços cortantes e de momentos fletores mostrados.

Observe que o momento fletor máximo ocorre em um local onde o esforço cortante V é igual a zero.

EXEMPLO 7.5

Desenhe os diagramas de esforços cortantes e de momentos fletores para a viga engastada e livre (em balanço) ilustrada.

Planejamento da Solução

Inicialmente, determine a reação no apoio fixo A. Será necessário examinar três seções para os intervalos entre AB, BC e CD. Para cada seção, desenhe o diagrama de corpo livre apropriado, desenvolva as equações de equilíbrio e resolva essas equações encontrando as funções que descrevem as variações de V e M de acordo com o local x ao longo do vão. Faça um gráfico dessas funções para completar os diagramas de esforços cortantes e de momentos fletores.

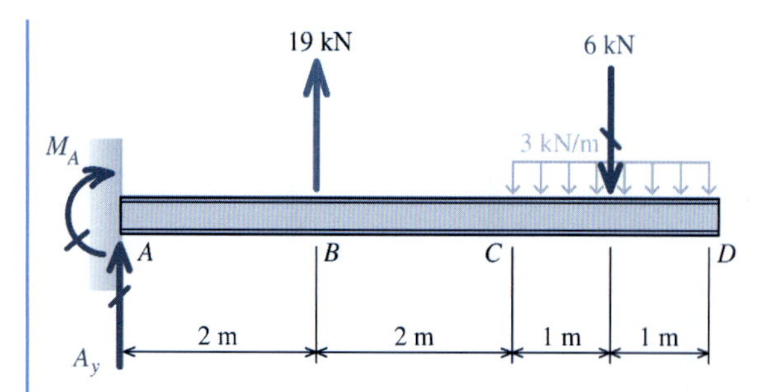

SOLUÇÃO

Reações de Apoio

É mostrado um diagrama de corpo livre de toda a viga. Como não há forças agindo na direção x, a força de reação $A_x = 0$ será omitida no DCL. As equações de equilíbrio não triviais são

$$\Sigma F_y = A_y + 19 \text{ kN} - 6 \text{ kN} = 0$$

$$\Sigma M_A = -M_A + (19 \text{ kN})(2 \text{ m}) - (6 \text{ kN})(5 \text{ m}) = 0$$

Dessas equações, encontra-se as reações da viga como

$$A_y = -13 \text{ kN} \quad \text{e} \quad M_A = 8 \text{ kN} \cdot \text{m}$$

Como A_y é negativo, na realidade ela age de cima para baixo. A direção correta dessa força de reação será mostrada nos diagramas de corpo livre subsequentes.

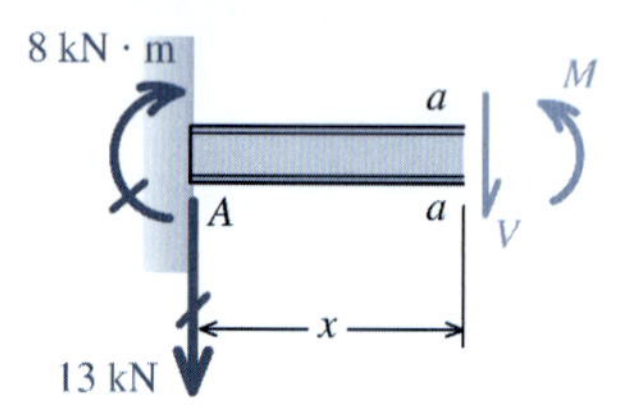

Intervalo $0 \leq x < 2$ m: Seccione a viga a uma distância arbitrária x entre A e B. O diagrama de corpo livre dessa seção está ilustrado. Das equações de equilíbrio para esse DCL, determine as funções de V e M.

$$\Sigma F_y = -13 \text{ kN} - V = 0 \qquad \therefore V = -13 \text{ kN} \tag{a}$$

$$\Sigma M_{a-a} = (13 \text{ kN})x - 8 \text{ kN} \cdot \text{m} + M = 0 \qquad \therefore M = -(13 \text{ kN})x + 8 \text{ kN} \cdot \text{m} \tag{b}$$

Intervalo $2 \text{ m} \leq x < 4$ m: De uma seção cortada entre B e C, determine as seguintes funções para os esforços cortantes e os momentos fletores.

$$\Sigma F_y = -13 \text{ kN} + 19 \text{ kN} - V = 0 \qquad \therefore V = 6 \text{ kN} \tag{c}$$

$$\Sigma M_{b-b} = (13 \text{ kN})x - (19 \text{ kN})(x - 2 \text{ m}) - 8 \text{ kN} \cdot \text{m} + M = 0 \qquad \therefore M = (6 \text{ kN})x - 30 \text{ kN} \cdot \text{m} \tag{d}$$

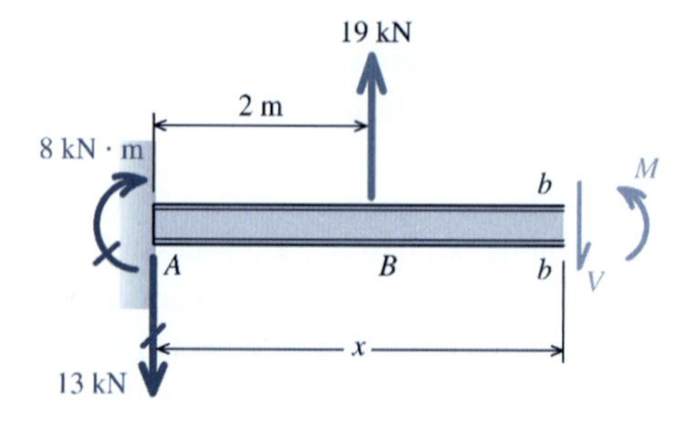

Intervalo $4 \text{ m} \leq x < 6$ m: De uma seção cortada entre C e D, determine as seguintes funções para os esforços cortantes e os momentos fletores.

$$\Sigma F_y = -13\text{ kN} + 19\text{ kN} - (3\text{ kN/m})(x - 4\text{ m}) - V = 0$$
$$\therefore V = (3\text{ kN/m})x + 18\text{ kN} \quad \text{(e)}$$

$$\Sigma M_{c-c} = (13\text{ kN})x - (19\text{ kN})(x - 2\text{ m}) + (3\text{ kN/m})(x - 4\text{ m})\frac{(x - 4\text{ m})}{2} - 8\text{ kN}\cdot\text{m} + M = 0$$
$$\therefore M = -(1{,}5\text{ kN/m})x^2 + (18\text{ kN})x - 54\text{ kN}\cdot\text{m} \quad \text{(f)}$$

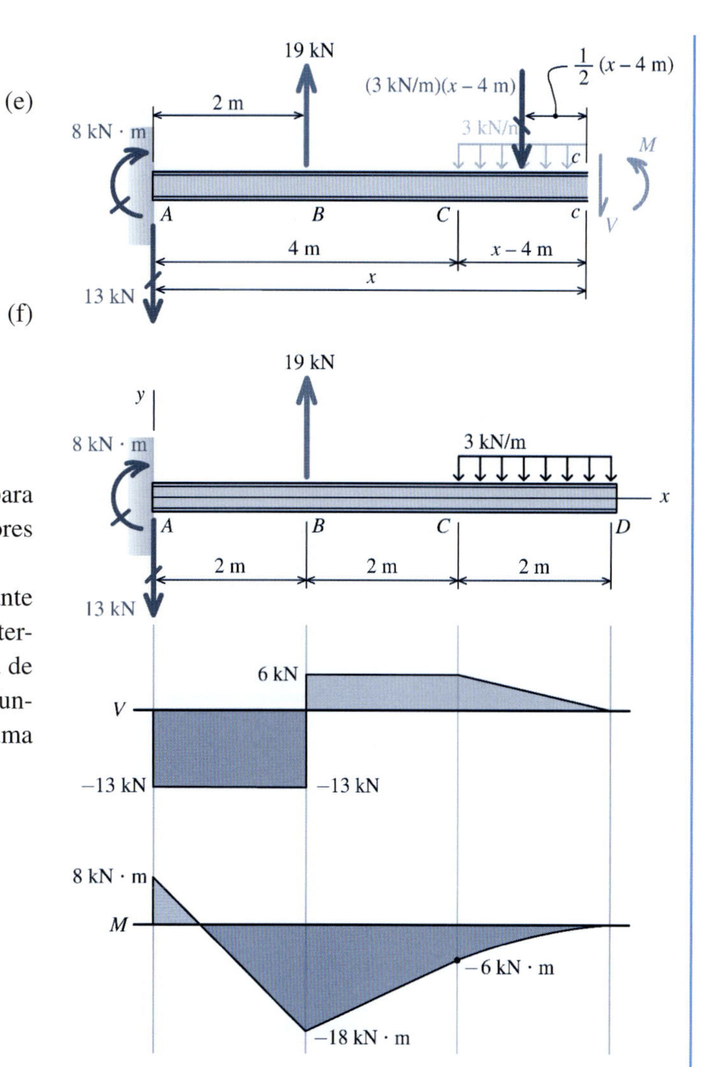

Gráfico das Funções

Faça um gráfico das funções dadas nas Equações (a) a (f) para criar os diagramas de esforços cortantes e de momentos fletores mostrados.

Observe que o diagrama de esforços cortantes é constante nos intervalos *AB* e *BC* (funções de grau zero) e linear no intervalo *CD* (isto é, uma função de primeiro grau). O diagrama de momentos fletores é linear nos intervalos *AB* e *BC* (ou seja, funções de primeiro grau) e quadrático no intervalo *CD* (isto é, uma função de segundo grau).

PROBLEMAS

P7.1 Para a viga em balanço e para o carregamento mostrado na Figura P7.1:

(a) desenvolva as equações para os esforços cortantes V e os momentos fletores M para qualquer local da viga (coloque a origem no ponto A).
(b) faça um gráfico dos diagramas de esforços cortantes e de momentos fletores da viga usando as funções obtidas.

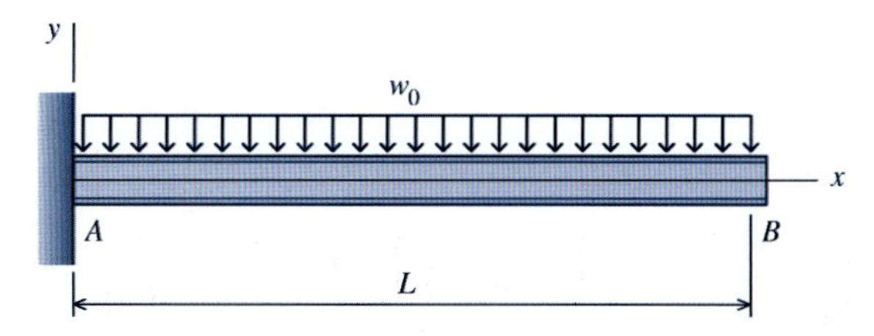

FIGURA P7.1

P7.2 Para a viga simplesmente apoiada mostrada na Figura P7.2:

(a) desenvolva as equações para os esforços cortantes V e os momentos fletores M para qualquer local da viga (coloque a origem no ponto A).
(b) faça um gráfico dos diagramas de esforços cortantes e de momentos fletores da viga usando as funções obtidas.

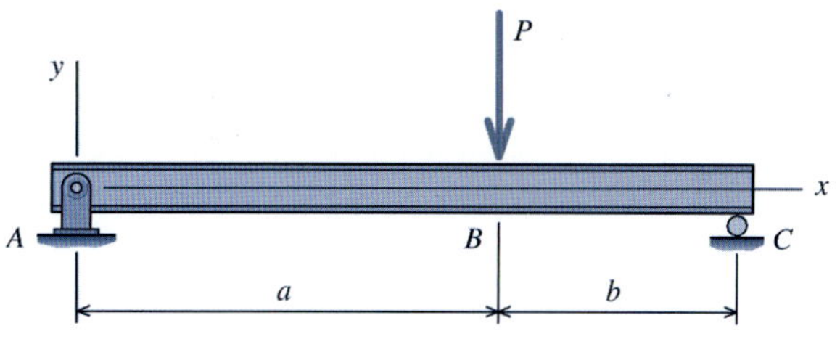

FIGURA P7.2

P7.3 Para a viga em balanço e para o carregamento mostrado na Figura P7.3:

(a) desenvolva as equações para os esforços cortantes V e os momentos fletores M para qualquer local da viga (coloque a origem no ponto A).
(b) faça um gráfico dos diagramas de esforços cortantes e de momentos fletores da viga usando as funções obtidas.

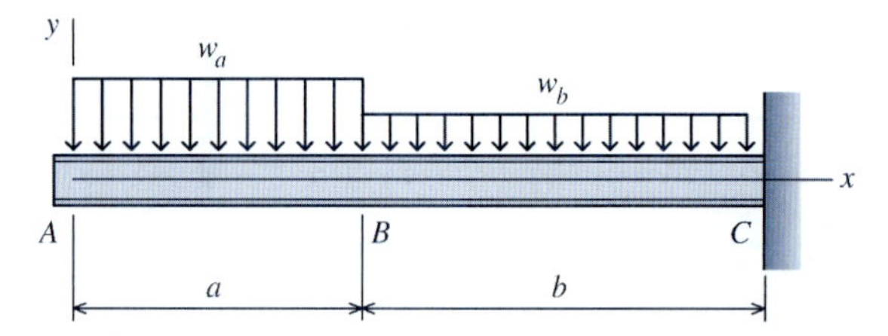

FIGURA P7.3

P7.4 Para a viga simplesmente apoiada sujeita ao carregamento mostrado na Figura P7.4:

(a) desenvolva as equações para os esforços cortantes V e os momentos fletores M para qualquer local da viga (coloque a origem no ponto A).
(b) faça um gráfico dos diagramas de esforços cortantes e de momentos fletores da viga usando as funções obtidas.

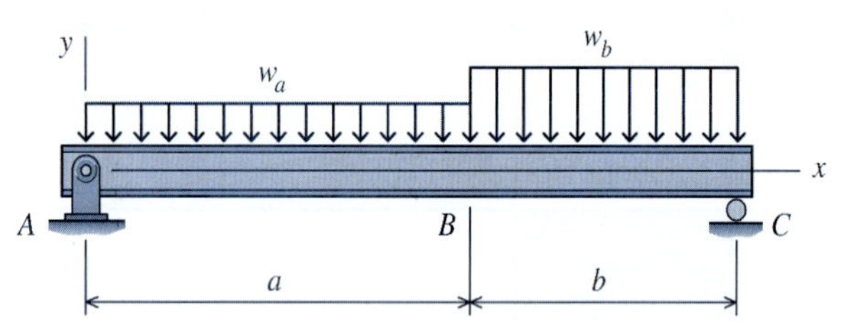

FIGURA P7.4

P7.5 Para a viga em balanço e para o carregamento mostrado na Figura P7.5:

(a) desenvolva as equações para os esforços cortantes V e os momentos fletores M para qualquer local da viga (coloque a origem no ponto A).
(b) faça um gráfico dos diagramas de esforços cortantes e de momentos fletores da viga usando as funções obtidas.

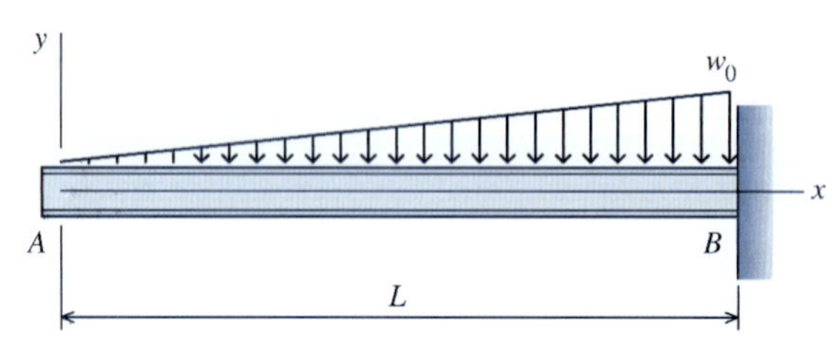

FIGURA P7.5

P7.6 Para a viga simplesmente apoiada mostrada na Figura P7.6:

(a) desenvolva as equações para os esforços cortantes V e os momentos fletores M para qualquer local da viga (coloque a origem no ponto A).
(b) faça um gráfico dos diagramas de esforços cortantes e de momentos fletores da viga usando as funções obtidas.
(c) determine o local e o módulo do momento fletor máximo.

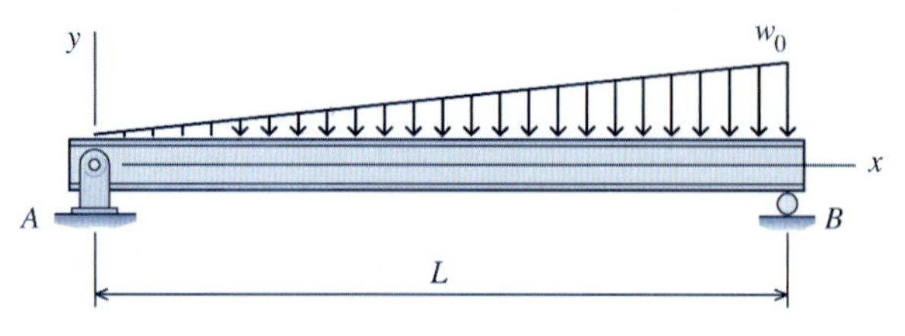

FIGURA P7.6

P7.7 Para a viga simplesmente apoiada sujeita ao carregamento mostrado na Figura P7.7:

(a) desenvolva as equações para os esforços cortantes V e os momentos fletores M para qualquer local da viga (coloque a origem no ponto A).
(b) faça um gráfico dos diagramas de esforços cortantes e de momentos fletores da viga usando as funções obtidas.
(c) indique o valor do momento fletor máximo e sua posição.

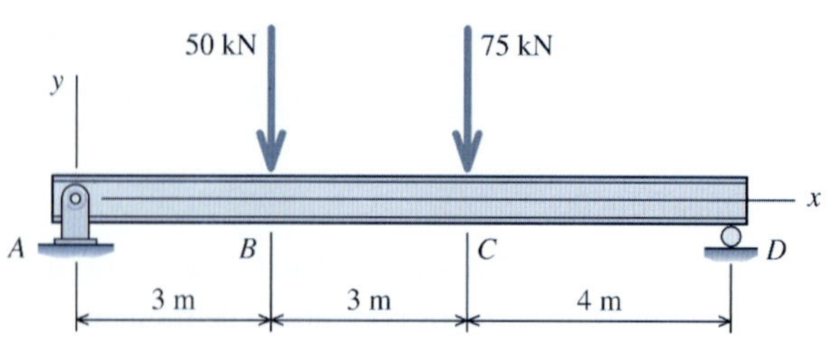

FIGURA P7.7

P7.8 Para a viga simplesmente apoiada sujeita ao carregamento mostrado na Figura P7.8:

(a) desenvolva as equações para os esforços cortantes V e os momentos fletores M para qualquer local da viga (coloque a origem no ponto A).
(b) faça um gráfico dos diagramas de esforços cortantes e de momentos fletores da viga usando as funções obtidas.
(c) indique o valor do momento fletor positivo máximo, do momento fletor negativo máximo e suas respectivas posições.

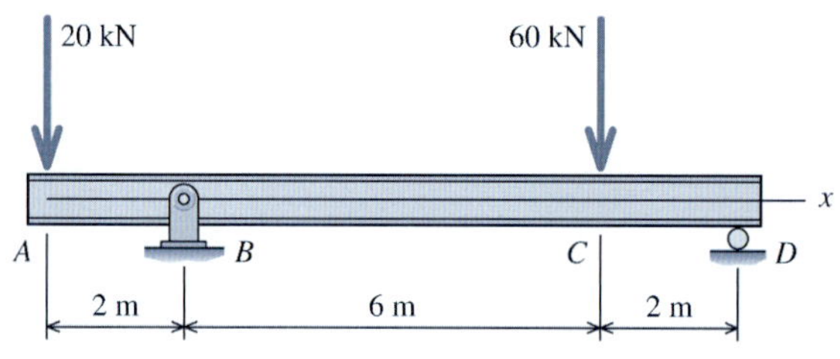

FIGURA P7.8

P7.9 Para a viga simplesmente apoiada sujeita ao carregamento mostrado na Figura P7.9:

(a) desenvolva as equações para os esforços cortantes V e os momentos fletores M para qualquer local da viga (coloque a origem no ponto A).
(b) faça um gráfico dos diagramas de esforços cortantes e de momentos fletores da viga usando as funções obtidas.
(c) indique o valor do momento fletor positivo máximo, do momento fletor negativo máximo e suas respectivas posições.

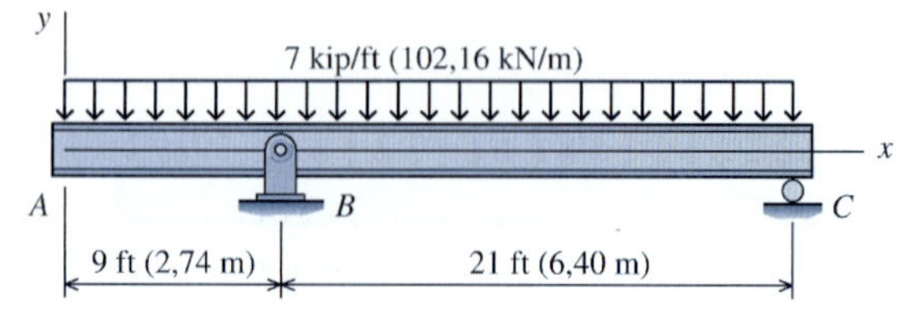

FIGURA P7.9

P7.10 Para a viga em balanço e para o carregamento mostrado na Figura P7.10:

(a) desenvolva as equações para os esforços cortantes V e os momentos fletores M para qualquer local da viga (coloque a origem no ponto A).

(b) faça um gráfico dos diagramas de esforços cortantes e de momentos fletores da viga usando as funções obtidas.

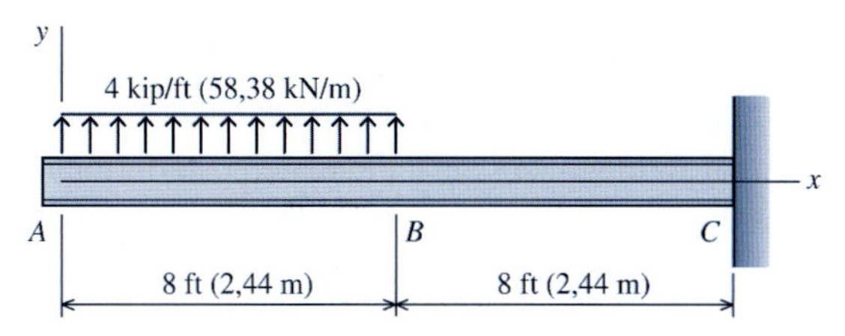

FIGURA P7.10

P7.11 Para a viga simplesmente apoiada sujeita ao carregamento mostrado na Figura P7.11:

(a) desenvolva as equações para os esforços cortantes V e os momentos fletores M para qualquer local da viga (coloque a origem no ponto A).
(b) faça um gráfico dos diagramas de esforços cortantes e de momentos fletores da viga usando as funções obtidas.
(c) indique o valor do momento fletor máximo e sua posição.

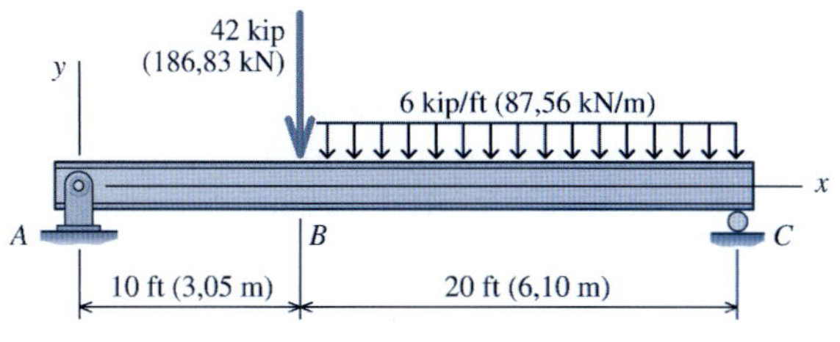

FIGURA P7.11

P7.12 Para a viga simplesmente apoiada sujeita ao carregamento mostrado na Figura P7.12:

(a) desenvolva as equações para os esforços cortantes V e os momentos fletores M para qualquer local da viga (coloque a origem no ponto A).
(b) faça um gráfico dos diagramas de esforços cortantes e de momentos fletores da viga usando as funções obtidas.
(c) indique o valor do momento fletor positivo máximo, do momento fletor negativo máximo e suas respectivas posições.

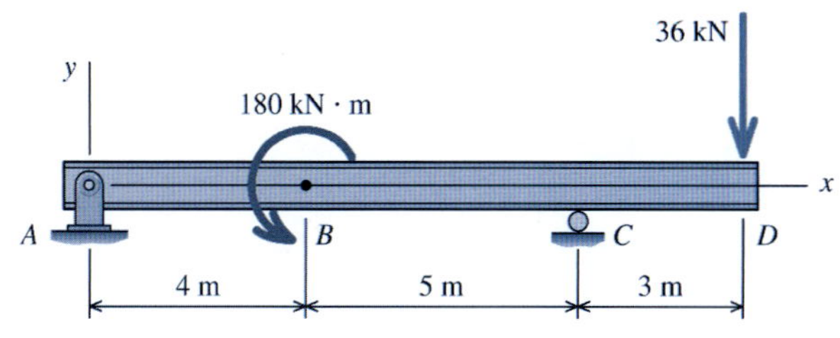

FIGURA P7.12

P7.13 Para a viga em balanço e para o carregamento mostrado na Figura P7.13:

(a) desenvolva as equações para os esforços cortantes V e os momentos fletores M para qualquer local da viga (coloque a origem no ponto A).
(b) faça um gráfico dos diagramas de esforços cortantes e de momentos fletores da viga usando as funções obtidas.

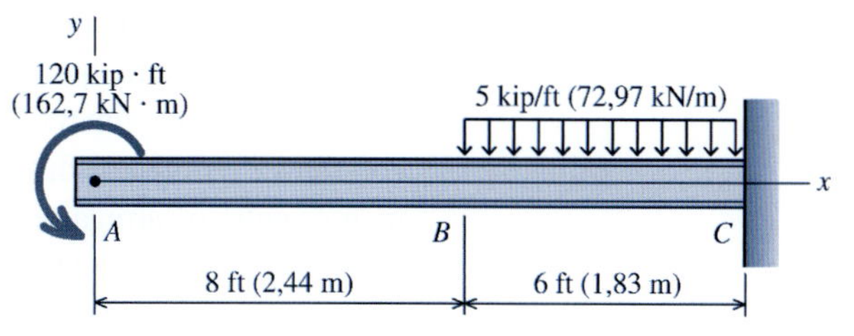

FIGURA P7.13

P7.14 Para a viga em balanço e para o carregamento mostrado na Figura P7.14:

(a) desenvolva as equações para os esforços cortantes V e os momentos fletores M para qualquer local da viga (coloque a origem no ponto A).
(b) faça um gráfico dos diagramas de esforços cortantes e de momentos fletores da viga usando as funções obtidas.

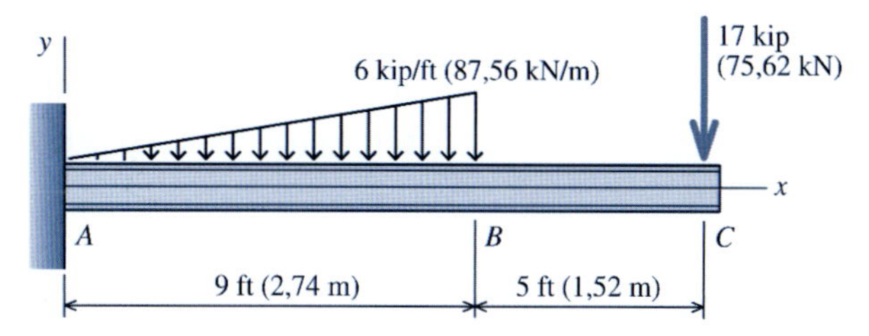

FIGURA P7.14

P7.15 Para a viga simplesmente apoiada sujeita ao carregamento mostrado na Figura P7.15:

(a) desenvolva as equações para os esforços cortantes V e os momentos fletores M para qualquer local da viga (coloque a origem no ponto A).
(b) faça um gráfico dos diagramas de esforços cortantes e de momentos fletores da viga usando as funções obtidas.
(c) indique o valor do momento fletor positivo máximo, do momento fletor negativo máximo e suas respectivas posições.

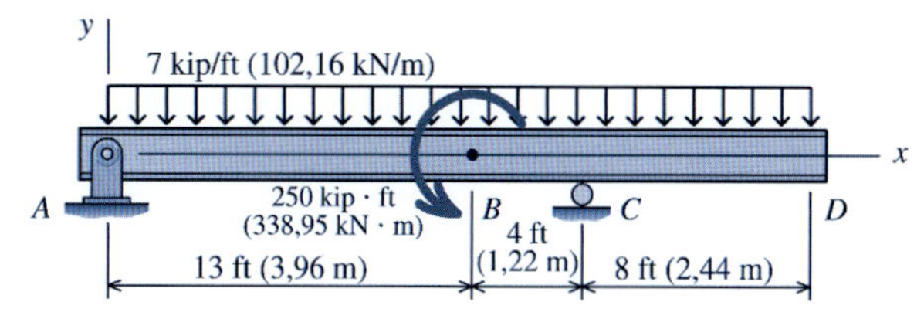

FIGURA P7.15

7.3 MÉTODO GRÁFICO PARA A CONSTRUÇÃO DE DIAGRAMAS DE ESFORÇOS CORTANTES E DE MOMENTOS FLETORES

Conforme demonstrado na Seção 7.2, os diagramas de esforços cortantes e de momentos fletores podem ser construídos desenvolvendo as funções que expressam a variação do esforço cortante interno $V(x)$ e do momento fletor interno $M(x)$ ao longo da viga e plotando posteriormente essas funções. Entretanto, quando uma viga possuir várias cargas, esse método pode ser demorado, o que nos faz buscar um método mais simples. O processo de construção dos diagramas de esforços cortantes e momentos fletores é muito mais fácil se forem levados em consideração os relacionamentos entre o carregamento, o esforço cortante e o momento fletor.

Considere uma viga sujeita a várias cargas, conforme mostra a Figura 7.8*a*. **Todas as cargas são mostradas em suas respectivas direções positivas.** Examinaremos uma pequena parte da viga onde não há cargas concentradas ou momentos concentrados. Esse pequeno elemento de viga tem comprimento Δx (Figura 7.8*b*). Um esforço cortante interno V e um momento fletor interno M agem no lado esquerdo do elemento de viga. Por causa da carga distribuída que age nesse elemento, o esforço cortante e o momento fletor no lado direito devem ser ligeiramente diferentes a fim de que as condições de equilíbrio sejam satisfeitas, tendo os valores $V + \Delta V$ e $M + \Delta M$, respectivamente. Admite-se que todos os esforços cortantes e os momentos fletores ajam em seus sentidos positivos, conforme a definição da convenção de sinais mostrada na Figura 7.6. A carga distribuída pode ser substituída por sua resultante $w(x)\,\Delta x$ que age a uma pequena distância $k\Delta x$ do lado direito, em que $0 < k < 1$ (por exemplo, se a carga distribuída for uniforme, $k = 0{,}5$). Essa pequena parte da viga deve satisfazer o equilíbrio; por isso, podemos levar em consideração duas condições de equilíbrio: a soma das forças na direção vertical e a soma dos momentos em torno do ponto O no lado direito do elemento:

$$\Sigma F_y = V + w(x)\Delta x - (V + \Delta V) = 0$$

$$\therefore \Delta V = w(x)\Delta x$$

$$\Sigma M_O = -V\,\Delta x - w(x)\Delta x \bullet k\,\Delta x - M + (M + \Delta M) = 0$$

$$\therefore \Delta M = V\,\Delta x + w(x)\Delta x \bullet k\,\Delta x$$

Dividindo cada uma das expressões por Δx e levando ao limite $\Delta x \to 0$, obtém-se as seguintes relações:

$$\frac{dV}{dx} = w(x) \tag{7.1}$$

$$\frac{dM}{dx} = V \tag{7.2}$$

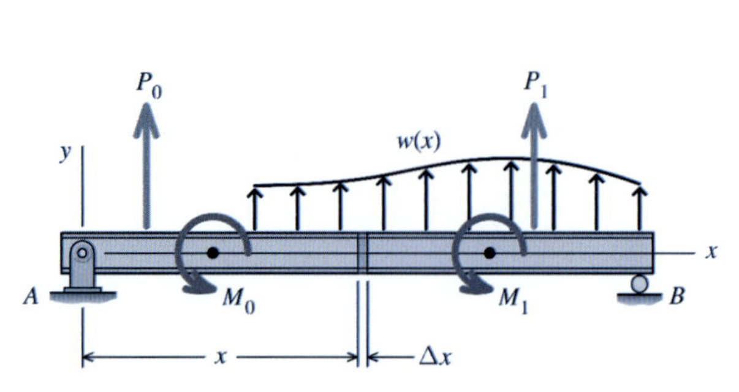

FIGURA 7.8*a* Viga generalizada sujeita às cargas externas positivas.

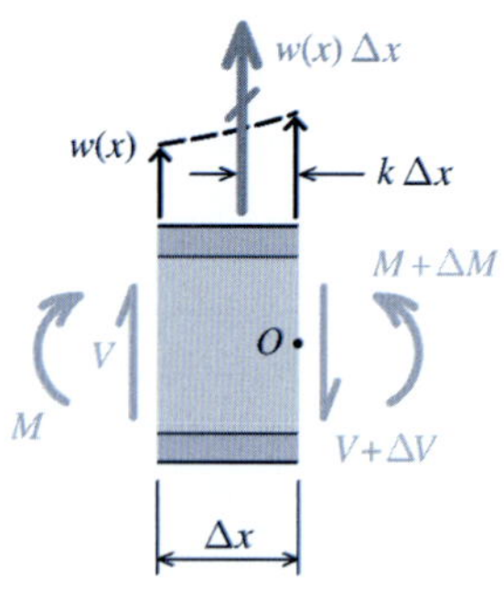

FIGURA 7.8*b* Elemento de viga mostrando os esforços cortantes internos e os momentos fletores.

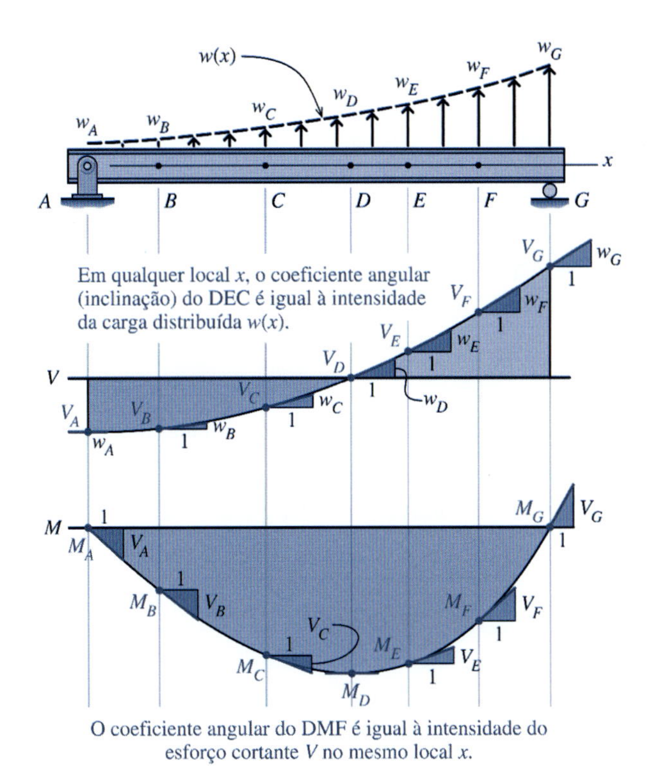

FIGURA 7.9 Relações entre os coeficientes angulares para as cargas e os diagramas de esforços cortantes e de momentos fletores.

A Equação (7.1) indica que o *coeficiente angular* (*inclinação*) do diagrama de esforços cortantes é igual ao valor numérico da intensidade da carga em qualquer local x. Similarmente, a Equação (7.2) indica que o *coeficiente angular* (*inclinação*) do diagrama de momentos fletores é igual ao valor numérico do esforço cortante em qualquer local x.

Uma **inclinação positiva** (**coeficiente angular positivo**) inclina a curva para cima, quando considerado o movimento de x para a direita, ou para baixo, quando considerado o movimento para a esquerda.

Para ilustrar o significado da Equação (7.1), veja a viga mostrada na Figura 7.9, que está sujeita a uma carga distribuída $w(x)$ que aumenta de $w(x) = w_A = 0$ em A para $w(x) = w_G$ em G. Em A, onde a carga distribuída w é igual a zero, a inclinação do diagrama de esforço cortante também é igual a zero. Movendo-se para a direita ao longo da viga, a carga distribuída aumenta para um valor positivo pequeno em B e, correspondentemente, a inclinação do diagrama de esforços cortantes em B é um valor positivo pequeno (isto é, o diagrama de esforços cortantes se inclina levemente para cima). Nos pontos entre C e G, o módulo da carga distribuída fica cada vez maior (isto é, valores positivos crescentes). Similarmente, a inclinação do diagrama de esforços cortantes nesses pontos assume valores positivos crescentes. Em outras palavras, a curva V se torna cada vez mais acentuada à medida que a carga se torna maior.

De modo similar, a Equação (7.2) expressa que a inclinação do diagrama de momentos fletores em um ponto qualquer é igual ao esforço cortante V no mesmo ponto. No ponto A da Figura 7.9, o esforço cortante V_A é um valor negativo relativamente grande; portanto, a inclinação do diagrama de momentos fletores é um valor negativo relativamente grande. Em outras palavras, o diagrama M se inclina de forma acentuada para baixo. Entre os pontos B e C, os esforços cortantes V_B e V_C ainda são negativos, mas não com o módulo tão grande quanto em V_A. Em consequência, o diagrama M ainda se inclina para baixo, mas não tão acentuadamente quanto em A. No ponto D, o esforço cortante V_D é igual a zero, o que significa que a inclinação no diagrama M é zero. (Isso é um detalhe importante porque os valores máximos e mínimos de uma função estão localizados nos pontos onde a inclinação do diagrama V for igual a zero.) No ponto E, o esforço cortante V_E se torna um número positivo pequeno e, correspondentemente, o diagrama M começa a se inclinar um pouco para cima. Nos pontos F e G, os esforços cortantes V_F e V_G são números positivos relativamente grandes, o que significa que o diagrama M se inclina de forma muito acentuada para cima.

Para ser breve, o diagrama de esforços cortantes (DEC) também é denominado diagrama V ou a curva V. O diagrama de momentos fletores (DMF) também é denominado diagrama M ou curva M.

As Equações (7.1) e (7.2) também podem ser reescritas na forma $dV = w(x)dx$ e $dM = Vdx$. Os termos $w(x)dx$ e Vdx representam as áreas diferenciais sob os diagramas da carga e dos esforços cortantes, respectivamente. A Equação (7.1) pode ser integrada entre dois locais quaisquer x_1 e x_2 da viga:

$$\int_{V_1}^{V_2} dV = \int_{x_1}^{x_2} w(x)\,dx$$

Os termos **diagrama das cargas** e **curva da carga distribuída** são sinônimos. Para abreviar, a curva da carga distribuída é chamada diagrama w ou curva w.

para fornecer a seguinte relação:

$$\Delta V = V_2 - V_1 = \int_{x_1}^{x_2} w(x)\,dx \tag{7.3}$$

Similarmente, a Equação (7.2) pode ser expressa na forma integral como

$$\int_{M_1}^{M_2} dM = \int_{x_1}^{x_2} V\,dx$$

que fornece a relação

$$\Delta M = M_2 - M_1 = \int_{x_1}^{x_2} V\,dx \tag{7.4}$$

A Equação (7.3) revela que a *variação do esforço cortante* ΔV entre dois pontos quaisquer da viga é igual à área sob a curva da carga distribuída entre esses mesmos dois pontos. Similarmente, a Equação (7.4) declara que a *variação no momento fletor* ΔM entre dois pontos quaisquer é igual à área correspondente sob a curva dos esforços cortantes.

Para ilustrar o significado das Equações (7.3) e (7.4), examine a viga mostrada na Figura 7.10. A variação do esforço cortante entre os pontos E e F pode ser encontrada com base na área sob a curva da carga distribuída entre os mesmos dois pontos. Similarmente, a variação do momento fletor entre os pontos B e C é dada pela área sob a curva V entre os mesmos dois pontos.

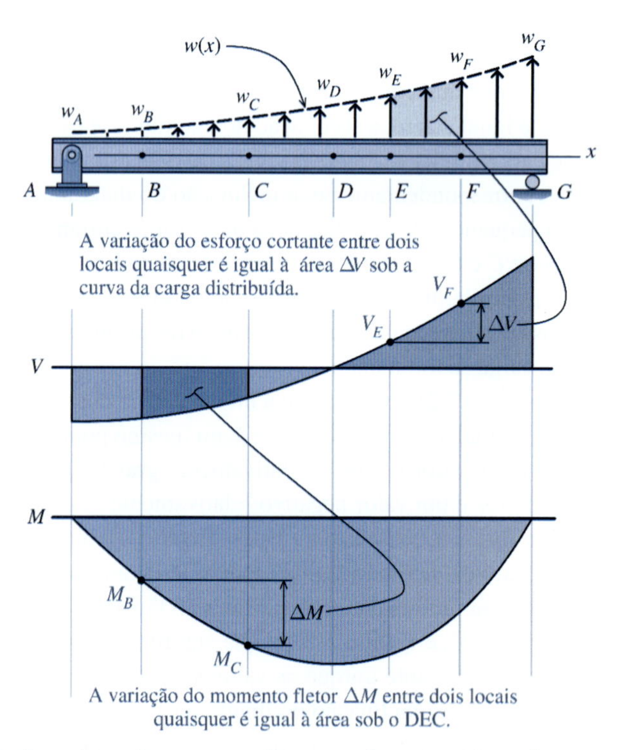

FIGURA 7.10 Relações entre as áreas para os diagramas das cargas, dos esforços cortantes e dos momentos fletores.

REGIÕES DAS CARGAS E DOS MOMENTOS CONCENTRADOS

As Equações (7.1) a (7.4) foram obtidas para uma parte da viga sujeita apenas a uma carga distribuída. A seguir, examine o diagrama de corpo livre de uma parte muito fina da viga (veja a Figura 7.8*a*) diretamente abaixo de uma das cargas concentradas (Figura 7.11*a*). O equilíbrio de forças para esse corpo livre pode ser expresso por

$$\Sigma F_y = V + P_0 - (V + \Delta V) = 0 \qquad \therefore \Delta V = P_0 \tag{7.6}$$

Essa equação mostra que a variação do esforço cortante ΔV entre os lados esquerdo e direito de um fino elemento de viga é igual à intensidade da carga concentrada externa P_0 que age no elemento de viga. No local de uma carga externa positiva, o diagrama de esforços cortantes tem uma descontinuidade. O diagrama de esforços cortantes apresenta um "salto" para cima com valor igual ao módulo de uma carga concentrada para cima. Uma carga concentrada externa de cima para baixo faz com que o diagrama de esforços cortantes apresente um salto para baixo (veja o Exemplo 7.1).

Um sentido positivo para uma carga concentrada é o de baixo para cima.

Uma carga P de baixo para cima faz com que o DEC apresente um salto para cima. Similarmente, uma carga P de cima para baixo fará com que o DEC apresente um salto para baixo.

A seguir, examine um elemento fino de viga localizado em um momento concentrado (Figura 7.11*b*). O equilíbrio de momentos para esse elemento pode ser expresso por

$$\Sigma M_O = -M - V\,\Delta x + M_0 + (M + \Delta M) = 0$$

Quando Δx tende a zero, obtemos

$$\Delta M = -M_0 \tag{7.6}$$

O diagrama de momentos mostra uma descontinuidade nos locais onde estão aplicados momentos concentrados. A Equação (7.6) revela que a variação do momento fletor interno ΔM entre os lados esquerdo e direito de um elemento fino de viga é igual ao oposto do momento concentrado externo M_0 que age no elemento de viga. Se for definido um momento externo positivo com o sentido contrário do movimento dos ponteiros do relógio, então um momento externo positivo faz com que o diagrama de momentos fletores apresente um "salto" para baixo. Inversamente, um momento externo negativo (isto é, um momento que age no sentido do movimento dos ponteiros do relógio) fará com que o diagrama de momentos fletores internos apresente um salto para cima (veja o Exemplo 7.2).

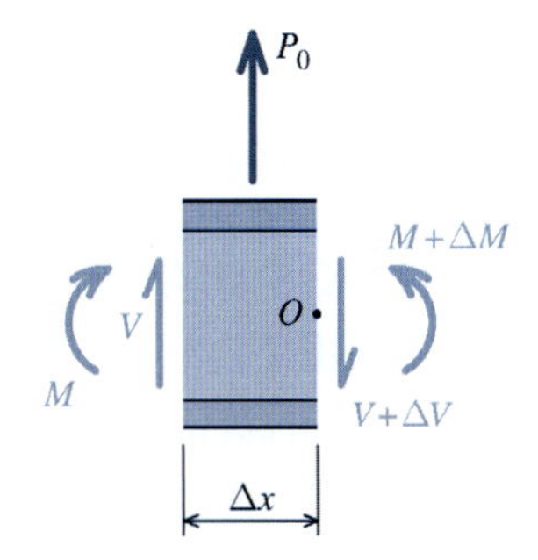

FIGURA 7.11*a* Diagrama de corpo livre do elemento de viga sujeito a uma carga concentrada P_0.

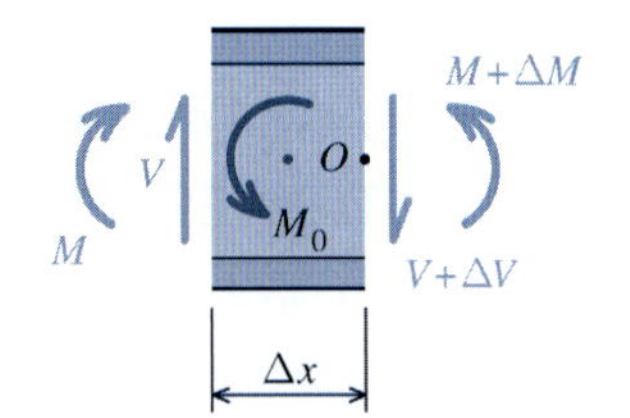

FIGURA 7.11*b* Diagrama de corpo livre do elemento de viga sujeito a um momento concentrado M_0.

MOMENTOS FLETORES MÁXIMOS E MÍNIMOS

Em matemática, o valor máximo de uma função $f(x)$ é encontrado derivando a função, igualando a derivada a zero e determinando o local correspondente de x. Uma vez conhecido esse valor de x, ele pode ser substituído em $f(x)$ e o valor máximo pode ser encontrado.

No contexto dos diagramas de esforços cortantes e momentos fletores, a função de interesse é a dos momentos fletores $M(x)$. A derivada dessa função é dM/dx e, correspondentemente, o momento fletor máximo ocorrerá nos locais em que $dM/dx = 0$. Observe, entretanto, que a Equação (7.2) declara que $dM/dx = V$. Se essas duas equações forem combinadas, podemos concluir que o momento fletor máximo ou mínimo ocorre nos locais em que $V = 0$. Essa conclusão será verdadeira a menos que haja uma descontinuidade no diagrama M causada por um momento externo concentrado. Consequentemente, os momentos fletores máximos e mínimos ocorrerão em pontos onde a curva V cruza o eixo $V = 0$ assim como em pontos onde os momentos concentrados forem aplicados à viga. Os momentos fletores correspondentes aos locais das descontinuidades também devem ser calculados para que sejam pesquisados os valores máximos ou mínimos dos momentos fletores.

SEIS REGRAS PARA A CONSTRUÇÃO DOS DIAGRAMAS DE ESFORÇOS CORTANTES E MOMENTOS FLETORES

As Equações (7.1) a (7.6) exprimem seis regras que podem ser usadas para construir diagramas de esforços cortantes e de momentos fletores para qualquer viga. Essas regras, agrupadas de acordo com o uso, podem ser enunciadas da seguinte maneira:

Regras para o Diagrama de Esforços Cortantes (DEC)

Regra 1: O diagrama de esforços cortantes é descontínuo nos pontos sujeitos às cargas concentradas P. Uma carga P de baixo para cima faz com que o DEC tenha um salto para cima e uma carga P de cima para baixo faz com que o DEC tenha um salto para baixo [Equação (7.5)].

Regra 2: A *variação* do esforço cortante interno entre dois locais quaisquer x_1 e x_2 é igual à área sob a curva da carga distribuída [Equação (7.3)].

Uma área negativa é consequência de uma carga w negativa (isto é, carga distribuída de cima para baixo).

Regra 3: Em qualquer local x, a *inclinação* do DEC é igual ao módulo da carga distribuída w [Equação (7.1)].

Regras para o Diagrama de Momentos Fletores (DMF)

Regra 4: A *variação* do momento fletor interno entre dois locais quaisquer x_1 e x_2 é igual à área sob o diagrama de esforços cortantes [Equação (7.4)].

A área calculada a partir de valores negativos do esforço cortante é considerada negativa.

Regra 5: Em qualquer local x, a *inclinação* do DMF é igual ao módulo do esforço cortante interno V [Equação (7.2)].

Regra 6: O diagrama de momentos fletores é descontínuo nos pontos sujeitos aos momentos concentrados externos. Um momento no sentido do movimento dos ponteiros do relógio faz com que o DMF apresente um salto para cima e um momento externo no sentido contrário ao do movimento dos ponteiros do relógio faz com que o DMF tenha um salto para baixo [Equação (7.6)].

Por conveniência, essas seis regras são apresentadas junto a suas ilustrações na Tabela 7.1.

PROCEDIMENTO GERAL PARA A CONSTRUÇÃO DOS DIAGRAMAS DE ESFORÇOS CORTANTES E DE MOMENTOS FLETORES

O método para a construção do DEC e do DMF apresentado aqui é chamado **método gráfico** porque o diagrama de carregamento é usado para a construção do diagrama de esforços cortantes e em seguida o diagrama de esforços cortantes é usado para a construção do diagrama de momentos fletores. As seis regras mencionadas anteriormente são usadas para que sejam feitas essas construções. O método gráfico é muito menos demorado do que obter as funções $V(x)$ e $M(x)$ para toda a viga, e fornece as informações necessárias para análise e projeto de vigas. O procedimento geral pode ser resumido pelas seguintes etapas:

O método gráfico é mais útil quando as áreas associadas às Equações (7.3) e (7.4) são retângulos simples. Esses tipos de áreas surgem quando os carregamentos da viga são cargas concentradas ou cargas uniformemente distribuídas.

Etapa 1 — Complete o Diagrama de Cargas: Faça um esboço da viga incluindo os apoios, as cargas e as dimensões principais. Calcule as forças de reação externas e se a viga for engastada e livre (em balanço), o momento externo de reação. Mostre essas reações no diagrama de cargas, usando setas para indicar a direção adequada para essas forças e momentos.

Etapa 2 — Construa o Diagrama de Esforços Cortantes: O diagrama de esforços cortantes será construído logo abaixo do diagrama das cargas. Por esse motivo, é conveniente desenhar uma série de linhas verticais abaixo dos locais significativos da viga para ajudar no alinhamento dos diagramas. Inicie o diagrama de esforços cortantes desenhando um eixo horizontal,

Tabela 7.1 Regras para a Construção dos Diagramas de Esforços Cortantes e de Momentos Fletores

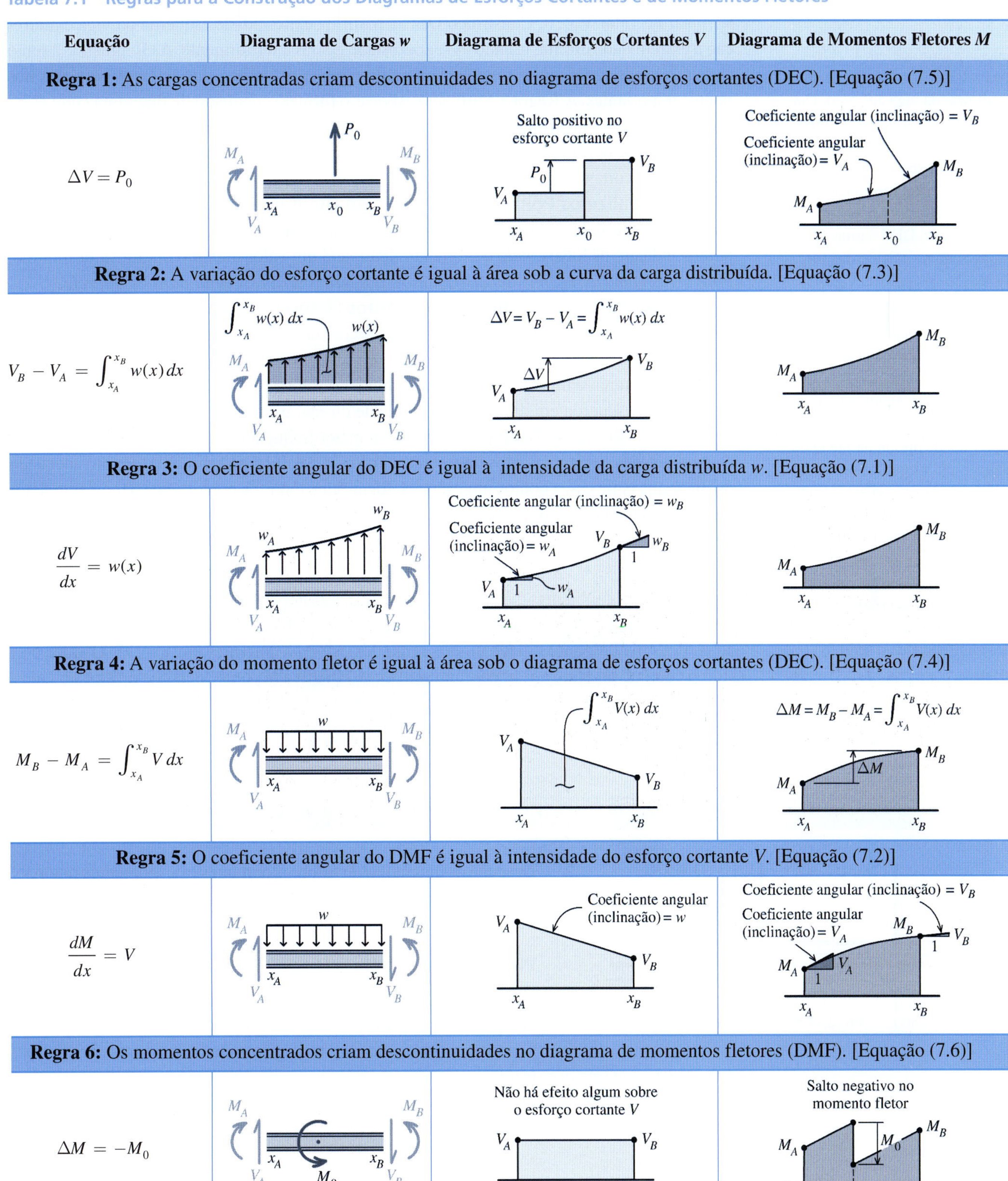

Equação	Diagrama de Cargas w	Diagrama de Esforços Cortantes V	Diagrama de Momentos Fletores M
Regra 1: As cargas concentradas criam descontinuidades no diagrama de esforços cortantes (DEC). [Equação (7.5)]			
$\Delta V = P_0$		Salto positivo no esforço cortante V	Coeficiente angular (inclinação) = V_B; Coeficiente angular (inclinação) = V_A
Regra 2: A variação do esforço cortante é igual à área sob a curva da carga distribuída. [Equação (7.3)]			
$V_B - V_A = \int_{x_A}^{x_B} w(x)\,dx$	$\int_{x_A}^{x_B} w(x)\,dx$	$\Delta V = V_B - V_A = \int_{x_A}^{x_B} w(x)\,dx$	
Regra 3: O coeficiente angular do DEC é igual à intensidade da carga distribuída w. [Equação (7.1)]			
$\frac{dV}{dx} = w(x)$		Coeficiente angular (inclinação) = w_B; Coeficiente angular (inclinação) = w_A	
Regra 4: A variação do momento fletor é igual à área sob o diagrama de esforços cortantes (DEC). [Equação (7.4)]			
$M_B - M_A = \int_{x_A}^{x_B} V\,dx$		$\int_{x_A}^{x_B} V(x)\,dx$	$\Delta M = M_B - M_A = \int_{x_A}^{x_B} V(x)\,dx$
Regra 5: O coeficiente angular do DMF é igual à intensidade do esforço cortante V. [Equação (7.2)]			
$\frac{dM}{dx} = V$		Coeficiente angular (inclinação) = w	Coeficiente angular (inclinação) = V_B; Coeficiente angular (inclinação) = V_A
Regra 6: Os momentos concentrados criam descontinuidades no diagrama de momentos fletores (DMF). [Equação (7.6)]			
$\Delta M = -M_0$		Não há efeito algum sobre o esforço cortante V	Salto negativo no momento fletor

que servirá de eixo x para o DEC. O diagrama de esforços cortantes sempre deve começar e terminar no valor $V = 0$. Construa o DEC a partir da extremidade esquerda da viga em direção à extremidade direita, usando as regras estabelecidas anteriormente. As Regras 1 e 2 serão as regras usadas com maior frequência para determinar os valores dos esforços cortantes nos pontos importantes. A Regra 3 é útil para esboçar o formato adequado do diagrama entre esses pontos principais. Identifique todos os pontos onde o esforço cortante muda abruptamente e em locais onde ocorrem os valores máximos ou mínimos (isto é, valores máximos negativos) dos esforços cortantes.

Iniciar e terminar em $V = 0$ está relacionado à equação de equilíbrio da viga $\Sigma F_y = 0$. Um diagrama de esforços cortantes que não retorna a $V = 0$ na extremidade direita da viga indica que o equilíbrio não foi satisfeito. A causa mais comum desse erro no DEC é uma imprecisão no cálculo das forças de reação de apoio da viga.

Etapa 3 — Localize os Pontos Importantes no Diagrama de Esforços Cortantes: Dedique atenção especial para localizar os pontos onde o DEC cruza o eixo $V = 0$ porque esses pontos indicam os locais onde o momento fletor será um valor máximo ou um valor mínimo. *Para vigas com carregamentos distribuídos, a Regra 3 será essencial para essa tarefa.*

Etapa 4 — Construa o Diagrama de Momentos Fletores: O diagrama de momentos fletores será construído logo abaixo do diagrama de esforços cortantes. Inicie o diagrama de momentos fletores desenhando um eixo horizontal, que servirá como eixo x para o DMF. O diagrama de momentos fletores sempre deve iniciar e terminar no valor $M = 0$. Construa o DMF a partir da extremidade esquerda em direção à extremidade direita, usando as regras estabelecidas anteriormente. As Regras 4 e 6 serão as usadas com maior frequência na determinação dos valores de momentos fletores em pontos importantes. A Regra 5 é útil para esboçar o formato adequado do diagrama entre esses pontos importantes. Identifique todos os pontos onde o momento fletor varia abruptamente e os locais onde ocorrem os valores máximos ou mínimos (isto é, valores negativos máximos) do momento fletor.

Iniciar e terminar em $M = 0$ está relacionado à equação de equilíbrio da viga $\Sigma M = 0$. Um diagrama de momentos fletores que não retorna a $M = 0$ na extremidade direita da viga pode indicar que o equilíbrio não foi satisfeito. A causa mais comum desse erro no DMF é uma imprecisão no cálculo das forças de reação de apoio da viga. Se as cargas aplicadas incluírem momentos concentrados, outro erro comum é um "salto" da descontinuidade no sentido errado.

Nos exemplos de problemas que se seguem, é usada uma notação especial para indicar os valores do diagrama nas descontinuidades do DEC e do DMF. Para ilustrar essa notação, suponha que ocorra uma descontinuidade no diagrama dos esforços cortantes em $x = 15$. O valor do esforço cortante no lado $-x$ da descontinuidade será indicada como $V(15^-)$ e o valor no lado $+x$ será indicada como $V(15^+)$. Similarmente, se ocorrer uma descontinuidade no DMF em $x = 0$, então os valores dos momentos nessa descontinuidade serão indicados por $M(0^-)$ e $M(0^+)$.

EXEMPLO 7.6

12 kip (53,38 kN) | 10 kip (44,48 kN) | y | x | A | B | C | D | 4 ft (1,22 m) | 8 ft (2,44 m) | 9 ft (2,74 m)

Desenhe os diagramas de esforços cortantes e de momentos fletores para a viga simplesmente apoiada mostrada. Determine o momento fletor máximo que ocorre no vão.

Planejamento da Solução

Complete o diagrama de cargas calculando as forças de reação no apoio de segundo gênero A e no apoio de primeiro gênero D. Como agem somente cargas concentradas nessa viga, será usada a Regra 1 para que seja construído o diagrama de esforços cortantes com base no diagrama de cargas. O diagrama de momentos fletores será construído com base no diagrama de esforços cortantes, usando a Regra 4 para calcular a variação dos momentos fletores entre os pontos importantes.

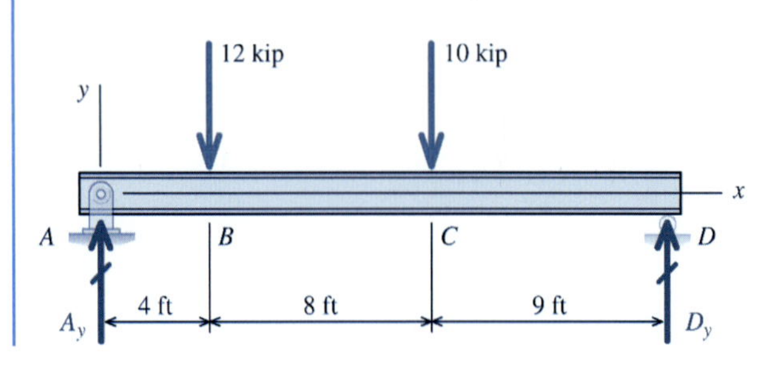

SOLUÇÃO

Reações de Apoio

A figura mostra um diagrama de corpo livre (DCL) de toda a viga. Como não existem cargas agindo na direção horizontal, a equação de equilíbrio $\Sigma F_x = 0$ é trivial e não será levada em consideração nos cálculos. As equações de equilíbrio não triviais são

$$\Sigma F_y = A_y + D_y - 12 \text{ kip} - 10 \text{ kip} = 0$$

$$\Sigma M_A = -(12 \text{ kip})(4 \text{ ft}) - (10 \text{ kip})(12 \text{ ft}) + D_y(21 \text{ ft}) = 0$$

Utilizando essas equações, as seguintes reações da viga podem ser calculadas:

$$A_y = 14 \text{ kip} \quad \text{e} \quad D_y = 8 \text{ kip}$$

Construção do Diagrama de Esforços Cortantes (DEC)

Mostre as forças das reações de apoio no diagrama de cargas agindo em suas direções corretas. Desenhe uma série de linhas verticais abaixo dos pontos importantes da viga e desenhe uma linha horizontal que definirá o eixo x para o DEC. Então, são usados os passos seguintes para construir o DEC. (Nota: As letras minúsculas no DEC correspondem às explicações fornecidas para cada passo.)

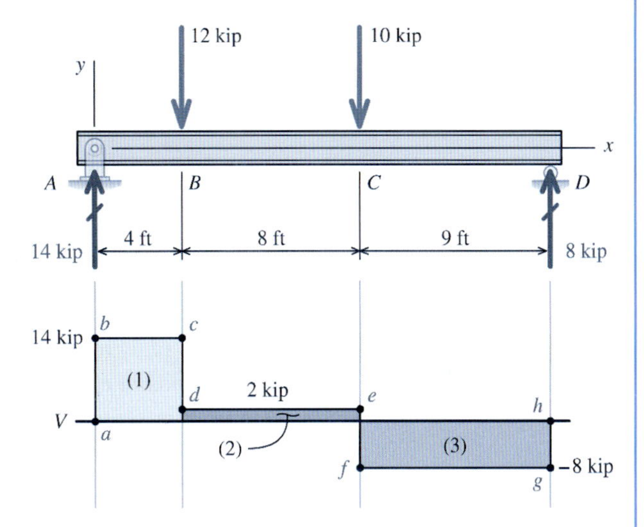

a $V(0^-) = 0$ kip (esforço cortante nulo na extremidade da viga).

b $V(0^+) = 14$ kip (**Regra 1:** O DEC apresenta um salto para cima com valor igual ao da reação de 14 kip.)

c $V(4^-) = 14$ kip (**Regra 2:** Como $w = 0$, a área sob a curva w também é nula. Portanto, o diagrama de esforços cortantes não sofre alteração.)

d $V(4^+) = 2$ kip (**Regra 1:** O DEC apresenta um salto para baixo de 12 kip.)

e $V(12^-) = 2$ kip (**Regra 2:** A área sob a curva w é nula. Portanto, $\Delta V = 0$.)

f $V(12^+) = -8$ kip (**Regra 1:** O DEC apresenta um salto para baixo de 10 kip.)

g $V(21^-) = -8$ kip (**Regra 2:** A área sob a curva w é nula. Portanto, $\Delta V = 0$.)

h $V(21^+) = 0$ kip (**Regra 1:** O DEC apresenta um salto para cima de um valor igual à força de reação de 8 kip e retorna para $V = 0$ kip.)

Observe que o DEC iniciou com $V_a = 0$ e terminou com $V_h = 0$.

Construção do Diagrama de Momentos Fletores (DMF)

Iniciando com o DEC, são usados os seguintes passos para construir o DMF. (Nota: As letras minúsculas no DMF correspondem às explicações fornecidas para cada passo.)

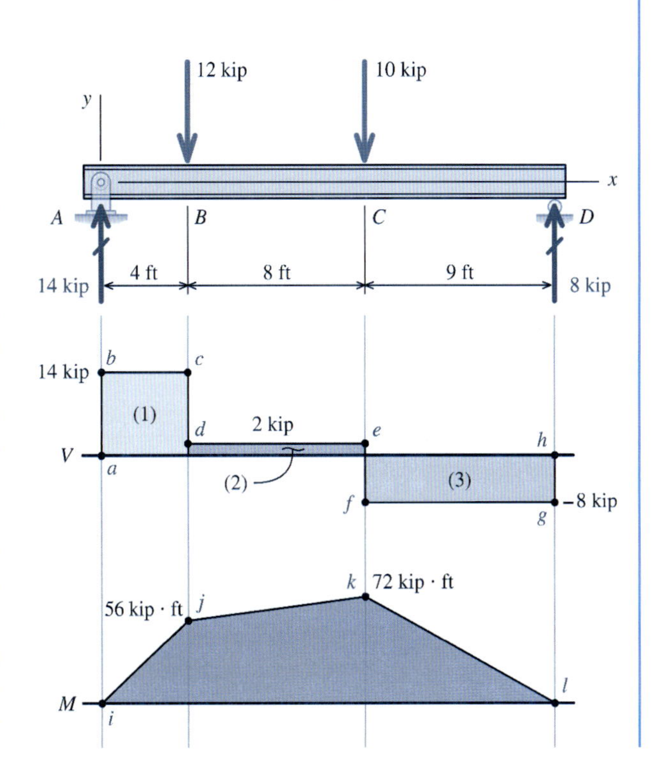

i $M(0) = 0$ (momento fletor nulo no apoio de segundo gênero de uma viga simplesmente apoiada).

j $M(4) = 56$ kip · ft (**Regra 4:** A variação no momento fletor ΔM entre dois pontos quaisquer é igual à área sob o DEC.) A área sob o DEC entre $x = 0$ ft e $x = 4$ ft é simplesmente a área do retângulo (1), que tem 4 ft de largura e +14 kip de altura. A área desse retângulo é (+14 kip)(4 ft) = +56 kip · ft (um valor positivo). Como $M = 0$ kip · ft em $x = 0$ e a variação do momento fletor é $\Delta M = +56$ kip · ft, o momento fletor em $x = 4$ ft é $Mj = 56$ kip · ft.

k $M(12) = 72$ kip · ft (**Regra 4:** ΔM = área sob o DEC.) ΔM é igual à área sob o DEC entre $x = 4$ ft e $x = 12$ ft. A área do retângulo (2) é (+2 kip)(8 ft) = +16 kip · ft. Portanto, $\Delta M = +16$ kip · ft (um valor positivo). Como $M = +56$ kip · ft em j e $\Delta M = +16$ kip · ft, o momento fletor em k é $M_k = +56$ kip · ft + 16 kip · ft = + 72 kip · ft. Embora o esforço cortante diminua de +14 kip para + 2 kip, observe que o momento fletor continua a crescer nessa região.

l $M(21) = 0$ kip · ft (**Regra 4:** ΔM = área sob o DEC.) A área sob o DEC entre $x = 12$ ft e $x = 21$ ft é a área do retângulo (3), que vale $(-8 \text{ kip})(9 \text{ ft}) = -72$ kip · ft (um valor negativo); portanto, $\Delta M = -72$ kip · ft. No ponto *k*, $M = +72$ kip · ft. O momento fletor varia de $\Delta M = -72$ kip · ft entre *k* e *l*; consequentemente, o momento fletor em $x = 21$ ft é $M_l = 0$ kip · ft. Esse resultado está correto uma vez que sabemos que o momento fletor no apoio de primeiro gênero (rolete) *D* deve ser nulo.

Observe que o DMF iniciou com $M_i = 0$ e terminou em $M_l = 0$. Além disso, observe que o DMF consiste em segmentos lineares. Da **Regra 5** (a inclinação do DMF é igual ao módulo do esforço cortante *V*) podemos observar que a inclinação do DMF deve ser constante entre os pontos *i*, *j*, *k* e *l* porque o esforço cortante é constante nas regiões correspondentes. A inclinação do DMF entre os pontos *i* e *j* é +14 kip, a inclinação do DMF entre os pontos *j* e *k* é +2 kip, e a inclinação do DMF entre os pontos *k* e *l* é −8 kip. O único tipo de curva que tem inclinação constante é uma linha reta.

O esforço cortante máximo é $V = 14$ kip. O momento fletor máximo é $M = +72$ kip · ft em $x = 12$ ft. Observe que o momento fletor máximo ocorre onde o diagrama de esforços cortantes cruza o eixo $V = 0$ (entre os pontos *e* e *f*).

RELAÇÕES ENTRE OS FORMATOS DOS DIAGRAMAS

A Equação (7.3) revela que o DEC é obtido pela integração da carga distribuída *w* e a Equação (7.4) mostra que o DMF é obtido pela integração do esforço cortante *V*. Considere, por exemplo, um segmento de viga que não tenha carga distribuída ($w = 0$). Para esse caso, a integração de *w* fornece uma função constante para o esforço cortante [isto é, uma função de grau zero $f(x^0)$], e a integração de um valor constante para *V* fornece uma função linear para o momento fletor [isto é, uma função de primeiro grau $f(x^1)$]. Se um segmento de viga apresentasse *w* constante [isto é, uma função de grau zero $f(x^0)$], então o DEC seria uma função de primeiro grau $f(x^1)$ e o DMF seria uma função de segundo grau $f(x^2)$. Como se vê, o grau da função aumenta sucessivamente em 1 ao se passar do diagrama de cargas (*w*) para o DEC e daí para o DMF.

Se o DEC for constante para um segmento de viga, então o DMF será linear, o que torna o DMF relativamente simples de desenhar. Se o DEC for linear para o segmento de viga, então o DMF será quadrático (isto é, uma parábola). Uma parábola pode assumir dois formatos: ou côncava, ou convexa. O formato adequado para o DMF pode ser determinado com base nas informações encontradas no DEC uma vez que a inclinação do DMF é igual ao módulo do esforço cortante [**Regra 5:** Equação (7.2)]. Vários formatos de diagramas de esforços cortantes e os formatos correspondentes dos diagramas de momentos fletores estão ilustrados na Figura 7.12.

Se o diagrama de esforços cortantes (DEC) for positivo e seu aspecto for assim...

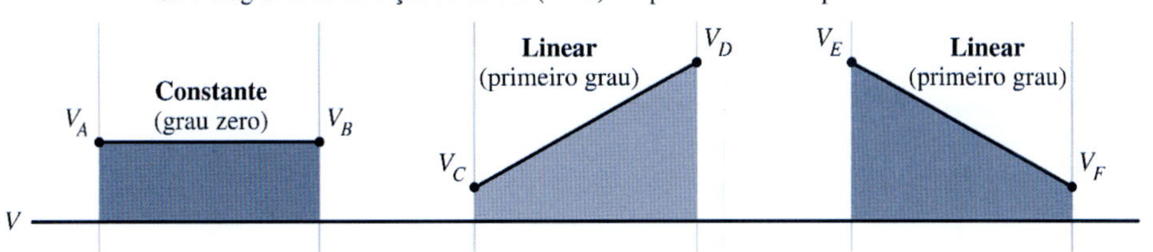

...então o diagrama de momentos fletores (DMF) terá o seguinte aspecto.

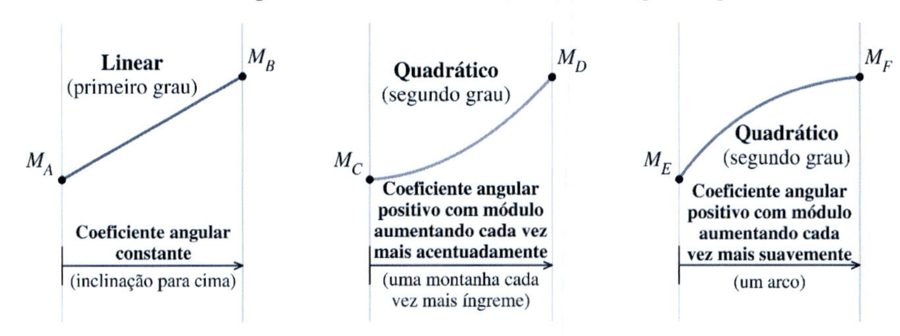

(*a*) Diagramas de esforços cortantes (DEC) positivos

Se o diagrama de esforços cortantes (DEC) for negativo e seu aspecto for assim...

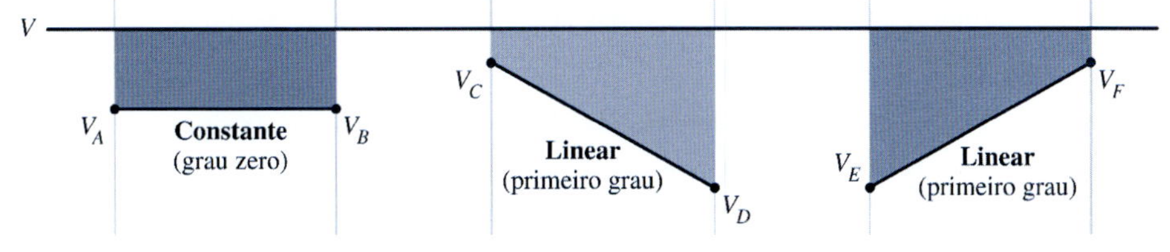

...então o diagrama de momentos fletores (DMF) terá o seguinte aspecto.

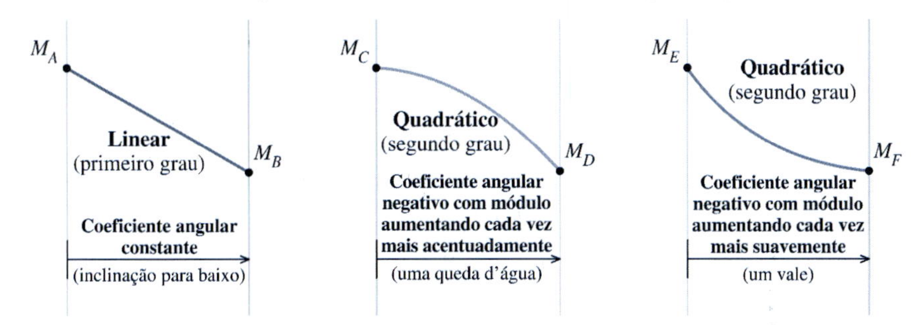

(*b*) Diagramas de esforços cortantes (DEC) negativos

FIGURA 7.12 Relações entre o formato do DEC e o formato do DMF.

EXEMPLO 7.7

Desenhe o diagrama de esforços cortantes e o diagrama de momentos fletores para a viga simplesmente apoiada mostrada na figura. Determine o momento fletor máximo que ocorre no vão.

Planejamento da Solução

Este exemplo se volta para a localização do momento máximo em uma viga que está sujeita a uma carga uniformemente distribuída. Para calcular o momento máximo, devemos em primeiro lugar encontrar o local em que $V = 0$. Para isso, será determinada a inclinação do diagrama de esforços cortantes com base no módulo do carregamento distribuído, usando a Regra 3. Uma vez estabelecido o local em que $V = 0$, o momento fletor máximo pode ser calculado utilizando a Regra 4.

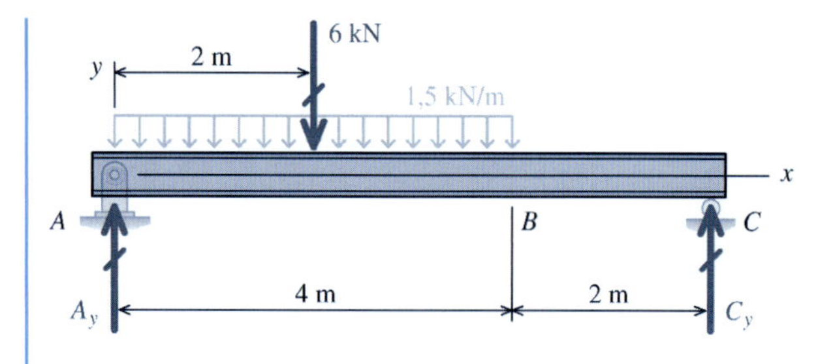

SOLUÇÃO

Reações de Apoio

A figura mostra um diagrama de corpo livre (DCL) da viga. Com a finalidade de calcular as reações externas na viga, a carga distribuída de $-1{,}5$ kN/m pode ser substituída por sua força resultante de $(1{,}5 \text{ kN/m})(4 \text{ m}) = 6$ kN agindo de cima para baixo no centroide do carregamento. As equações de equilíbrio são

$$\Sigma F_y = A_y + C_y - 6 \text{ kN} = 0$$
$$\Sigma M_A = -(6 \text{ kN})(2 \text{ m}) + C_y(6 \text{ m}) = 0$$

Dessas equações, as reações da viga são

$$A_y = 4 \text{ kN} \quad \text{e} \quad C_y = 2 \text{ kN}$$

Construção do Diagrama de Esforços Cortantes (DEC)

Mostre as forças de reação agindo em suas direções corretas. A carga original distribuída deve ser usada para a construção do DEC...*e não a força resultante de 6 kN*. A força resultante pode ser usada na determinação das reações externas na viga; entretanto, ela não pode ser usada na determinação da variação do esforço cortante na viga.

Os passos seguintes são usados para a construção do DEC. (**Nota:** As letras minúsculas no diagrama correspondem às explicações fornecidas para cada passo.)

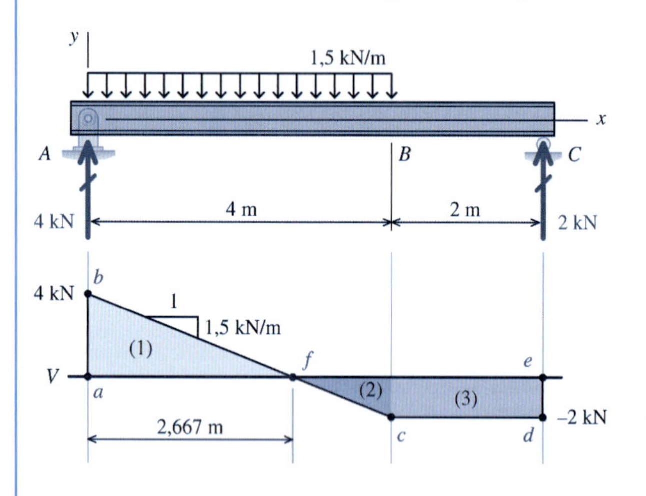

a $V(0^-) = 0$ kN (esforço cortante nulo na extremidade da viga).

b $V(0^+) = 4$ kN (**Regra 1:** O DEC apresenta um salto para cima com valor igual ao da força de reação de 4 kN.)

c $V(4) = -2$ kN (**Regra 2:** A variação do esforço cortante ΔV é igual à área sob a curva w.) A área sob a curva w entre A e B é $(-1{,}5 \text{ kN/m})(4 \text{ m}) = -6$ kN; portanto, $\Delta V = -6$ kN. Como $V_b = +4$ kN, o esforço cortante em c é $V_c = +4 \text{ kN} - 6 \text{ kN} = -2$ kN.

Como w é constante entre A e B, a inclinação do DEC também é constante (**Regra 3**) e igual a $-1{,}5$ kN/m entre b e c. Consequentemente, o DEC é linear nessa região.

d $V(6^-) = -2$ kN (**Regra 2:** A área sob a curva w é nula entre B e C; portanto, $\Delta V = 0$.)

e $V(6^+) = 0$ kN (**Regra 1:** O DEC apresenta um salto para cima de valor igual à força de reação de 2 kN e retorna a $V = 0$ kN.)

f Antes de o DEC ser concluído, devemos localizar o ponto entre b e c no qual $V = 0$. Para isso, lembre-se de que a inclinação do diagrama de esforços cortantes (dV/dx) é igual ao módulo da carga distribuída w (**Regra 3**). Neste caso, é considerado um comprimento finito da viga Δx em vez de um comprimento infinitesimal dx. Correspondentemente, a Equação (7.1) pode ser expressa como

$$\text{Inclinação do DEC} = \frac{\Delta V}{\Delta x} = w \qquad \text{(a)}$$

Como a carga distribuída é $w = -1{,}5$ kN/m entre os pontos A e B, a inclinação do DEC entre os pontos b e c é igual a $-1{,}5$ kN/m. Como $V = 4$ kN em b, o esforço cortante deve variar de $\Delta V = -4$ kN para cruzar o eixo $V = 0$. Use a inclinação conhecida e o ΔV exigido para encontrar Δx na Equação (a):

$$\Delta x = \frac{\Delta V}{w} = \frac{-4 \text{ kN}}{-1{,}5 \text{ kN/ m}} = 2{,}667 \text{ m}$$

Como $x = 0$ m em b, o ponto f está localizado a 2,667 m da extremidade esquerda da viga.

Construção do Diagrama de Momentos Fletores (DMF)

Iniciando com o DEC, são usados os seguintes passos para construir o DMF. (**Nota:** As letras minúsculas no DMF correspondem às explicações fornecidas para cada passo.)

g $M(0) = 0$ (momento fletor nulo no apoio de segundo gênero de uma viga simplesmente apoiada).

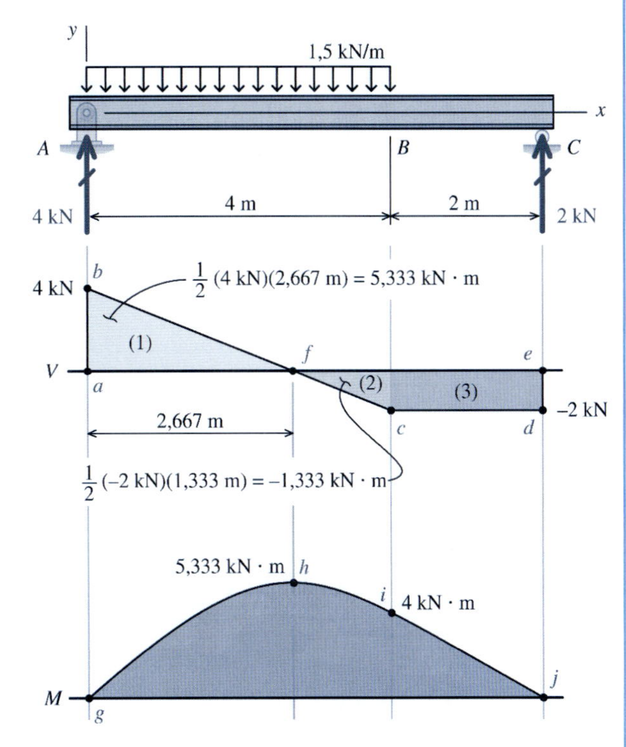

h $M(2{,}667) = +5{,}333$ kN · m (**Regra 4:** A variação no momento fletor ΔM entre dois pontos quaisquer é igual à área sob o DEC.) A área sob o DEC entre *b* e *f* é um triângulo (1) com base de 2,667 m e altura de +4 kN. A área desse triângulo é +5,333 kN · m; portanto, $\Delta M = +5{,}333$ kN · m. Como $M = 0$ kN · m em $x = 0$ e $\Delta M = +5{,}333$ kN · m, o momento fletor em $x = 2{,}667$ m é $M_h = +5{,}333$ kN · m.

O formato do diagrama de momentos fletores entre *g* e *h* pode ser esboçado usando a **Regra 5** (a inclinação do DMF é igual ao esforço cortante *V*). O esforço cortante em *b* é +4 kN; portanto, o DMF tem uma grande inclinação positiva em *g*. Entre *b* e *f*, o esforço cortante ainda é positivo, mas seu módulo diminui; consequentemente, a inclinação do DMF é positiva, mas se torna menos acentuada à medida que *x* aumenta. Em *f*, $V = 0$ e, por isso, a inclinação do DMF se torna nula.

i $M(4) = +4$ kN · m (**Regra 4:** ΔM = área sob o DEC.) O diagrama de esforços cortantes entre *f* e *c* é um triângulo (2) com base de 1,333 m e altura de −2 kN. Esse triângulo tem área negativa de −1,333 kN · m; portanto, $\Delta M = -1{,}333$ kN · m. Em *h*, $M = +5{,}333$ kN · m. Somando $\Delta M = -1{,}333$ kN · m a esse valor obtém-se o momento fletor em $x = 4$ m: $M_i = +4$ kN · m.

O formato do diagrama de momentos fletores entre *h* e *i* pode ser esboçado usando a **Regra 5** (a inclinação do DMF é igual ao esforço cortante *V*). A inclinação do DMF é zero em *h*, o que corresponde a $V = 0$ em *f*. À medida que *x* aumenta, *V* assume valores negativos de módulo crescente; consequentemente, a inclinação do DMF assume valores negativos de módulos cada vez maiores até alcançar uma inclinação $dM/dx = -2$ kN no ponto *i*.

j $M(6) = 0$ kN · m (**Regra 4:** ΔM = área sob o DEC.) A área sob o DEC entre $x = 4$ m e $x = 6$ m é simplesmente a área do retângulo (3): $(-2 \text{ kN}) \times (2 \text{ m}) = -4$ kN · m. Somando $\Delta M = -4$ kN · m ao momento fletor no ponto *i* ($M_i = +4$ kN · m) fornece o momento fletor no ponto *j*: $M_j = 0$ kN · m. Esse resultado está correto, uma vez que sabemos que o momento fletor no apoio de segundo gênero (rolete) *C* deve ser nulo.

O esforço cortante máximo é $V = 4$ kN. O momento fletor máximo é $M = +5{,}333$ kN · m em $x = 2{,}667$ m, ocorrendo onde o diagrama de esforços cortante cruza $V = 0$ (entre os pontos *b* e *c*).

EXEMPLO 7.8

Desenhe os diagramas de esforços cortantes e de momentos fletores para a viga simplesmente apoiada mostrada na figura. Determine o momento fletor positivo máximo e o momento fletor negativo máximo que ocorrem na viga.

30 kip (133,45 kN); 2 kip/ft (29,19 kN/m); 5 kip/ft (72,97 kN/m); A; B; C; D; 5 ft (1,52 m); 10 ft (3,05 m); 10 ft (3,05 m)

Planejamento da Solução

Os desafios desse problema são:

(a) determinar tanto o maior momento positivo como o maior momento negativo e

(b) esquematizar o formato adequado para a curva do DMF à medida que ela passa de valores negativos para valores positivos.

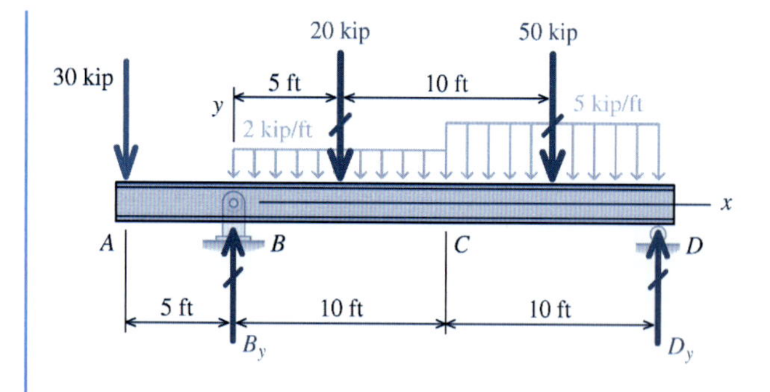

SOLUÇÃO

Reações de Apoio

A figura mostra um diagrama de corpo livre (DCL) da viga. Com a finalidade de calcular as reações externas da viga, as cargas distribuídas são substituídas por suas forças resultantes. As equações de equilíbrio são

$$\Sigma F_y = B_y + D_y - 30 \text{ kip} - 20 \text{ kip} - 50 \text{ kip} = 0$$

$$\Sigma M_B = (30 \text{ kip})(5 \text{ ft}) - (20 \text{ kip})(5 \text{ ft}) - (50 \text{ kip})(15 \text{ ft}) + D_y(20 \text{ ft}) = 0$$

Dessas equações, as reações na viga são $B_y = 65$ kip e $D_y = 35$ kip.

Construção do Diagrama de Esforços Cortantes (DEC)

Antes de começar, complete o diagrama das cargas colocando as forças de reação e usando setas para indicar suas direções corretas. Use as *cargas distribuídas originais* para construir o DEC... *e não as forças resultantes*.

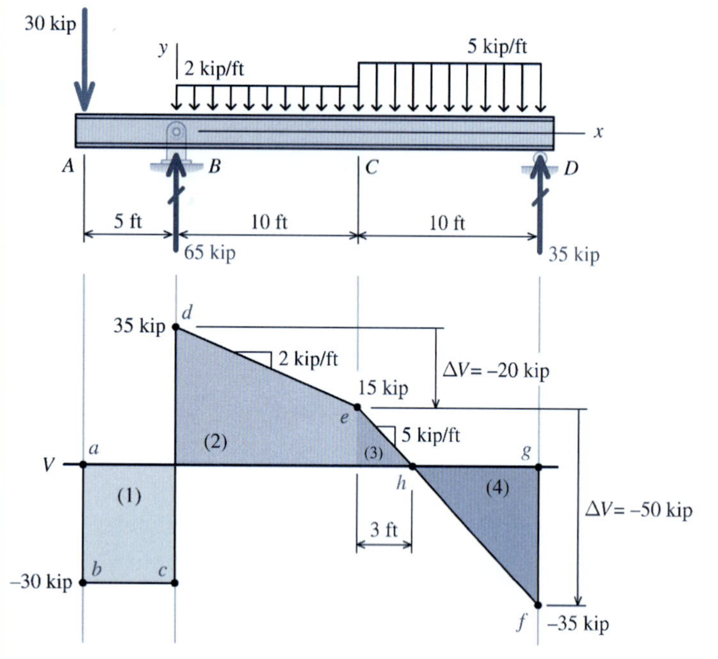

a $V(-5^-) = 0$ kip

b $V(-5^+) = -30$ kip (**Regra 1**)

c $V(0^-) = -30$ kip (**Regra 2**)
Área nula sob a curva w entre A e B; portanto, $\Delta V = 0$ entre b e c.

d $V(0^+) = +35$ kip (**Regra 1**)

e $V(10) = +15$ kip (**Regra 2:** ΔV = área sob a curva w). A área sob a curva w entre B e C é -20 kip. Como w é constante nessa região, a inclinação do DEC também é constante (**Regra 3**) e igual a -2 kip/ft entre d e e.

f $V(20^-) = -35$ kip (**Regra 2:** ΔV = área sob a curva w). A área sob a curva w entre C e D é -50 kip. A inclinação do DEC é constante (**Regra 3**) e igual a -5 kip/ft entre e e f.

g $V(20^+) = 0$ kip (**Regra 1**).

h Para completar o DEC, localize o ponto entre e e f em que $V = 0$. A inclinação do DEC nesse intervalo é -5 kip/ft (**Regra 3**).

No ponto e, $V = +15$ kip; consequentemente, o esforço cortante deve variar de $\Delta V = -15$ kip para interceptar o eixo $V = 0$. Use a inclinação conhecida e o ΔV exigido para encontrar Δx:

$$\Delta x = \frac{\Delta V}{w} = \frac{-15 \text{ kip}}{-5 \text{ kip/ft}} = 3{,}0 \text{ ft}$$

Como $x = 10$ ft no ponto e, o ponto h está localizado em $x = 13$ ft.

Construção do Diagrama de Momentos Fletores (DMF)

Iniciando com o DEC, são usados os seguintes passos para construir o DMF.

i $M(-5) = 0$ (momento fletor nulo na extremidade livre de uma viga simplesmente apoiada).

j $M(0) = -150$ kip · ft (**Regra 4:** ΔM = área sob o DEC.) A área da região (1) é $(-30 \text{ kip})(5 \text{ ft}) = -150$ kip · ft; portanto, $\Delta M = -150$ kip · ft. O DMF é linear entre os pontos i e j, tendo uma inclinação constante negativa de -30 kip.

k $M(10) = +100$ kip · ft (**Regra 4:** ΔM = área sob o DEC.) A área do trapézio (2) é $+250$ kip · ft; em consequência, $\Delta M = +250$ kip · ft. Somando $\Delta M = +250$ kip · ft ao momento de -150 kip · ft tem-se $M_k = +100$ kip · ft em $x = 10$ ft.

Use a **Regra 5** (inclinação do DMF = esforço cortante V) para esboçar o DMF entre j e k. Como $V_d = +35$ kip, o DMF tem uma grande inclinação positiva em j. À medida que x aumenta, o esforço cortante permanece positivo, mas diminui para um valor de $V_e = +15$ kip no ponto e. Como resultado, a inclinação do DMF será positiva entre j e k, mas se achatará ao se aproximar do ponto k.

l $M(13) = +122{,}5$ kip · ft (**Regra 4:** ΔM = área sob o DEC.) A área (3) sob o DEC é $+22{,}5$ kip · ft; assim, $\Delta M = +22{,}5$ kip · ft. Somando $+22{,}5$ kip · ft a $M_k = +100$ kip · ft para calcular $M_l = +122{,}5$ kip · ft no ponto l.

Como $V = 0$ nesse local, a inclinação do DMF é igual a zero no ponto l.

m $M(20) = 0$ kip · ft (**Regra 4:** ΔM = área sob o DEC.) A área do triângulo (4) é $-122{,}5$ kip · ft; portanto, $\Delta M = -122{,}5$ kip · ft.

O formato do diagrama de momentos fletores entre l e m pode ser esquematizado usando a **Regra 5** (inclinação do DMF = esforço cortante V). A inclinação do DMF é nula em l. À medida que x aumenta, V assume valores negativos com módulos cada vez maiores; consequentemente, a inclinação do DMF se torna negativa com módulo cada vez maior até alcançar a maior inclinação negativa em $x = 20$ ft.

O momento fletor máximo positivo é $+122{,}5$ kip · ft e ele ocorre em $x = 13$ ft. O momento fletor máximo negativo é -150 kip · ft e esse momento fletor ocorre em $x = 0$.

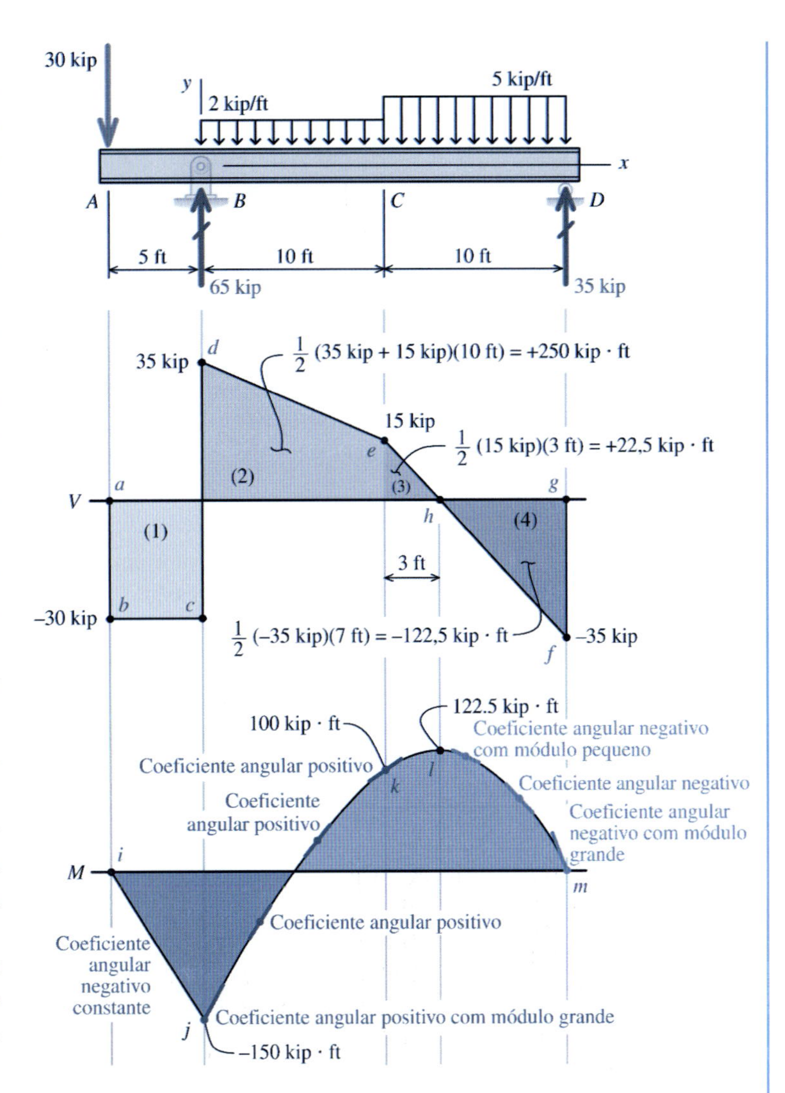

EXEMPLO 7.9

Desenhe os diagramas de esforços cortantes e de momentos fletores para a viga em balanço mostrada na figura. Determine o momento fletor máximo que ocorre na viga.

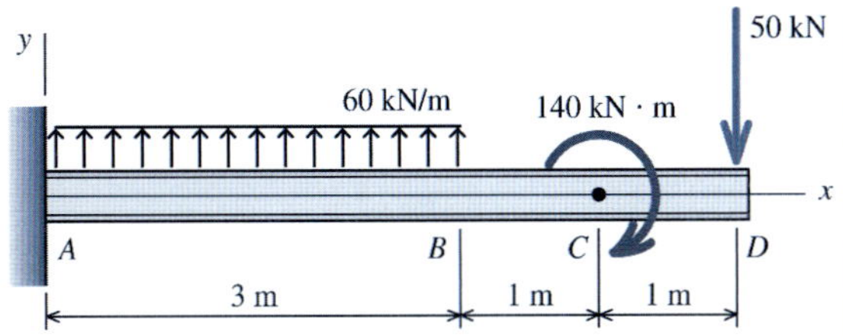

Planejamento da Solução

Algumas vezes, os efeitos dos momentos concentrados sobre o DEC e o DMF são confusos. Dois momentos concentrados externos agem sobre esta viga em balanço.

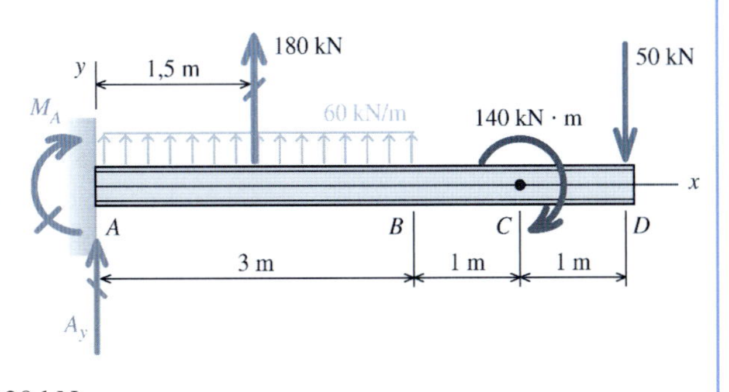

SOLUÇÃO

Reações de Apoio

A figura mostra um diagrama de corpo livre (DCL) da viga. Com a finalidade de calcular as reações externas na viga, as cargas distribuídas são substituídas por suas forças resultantes. As equações de equilíbrio são

$$\Sigma F_y = A_y + 180 \text{ kN} - 50 \text{ kN} = 0$$

$$\Sigma M_A = (180 \text{ kN})(1{,}5 \text{ m}) - (50 \text{ kN})(5 \text{ m}) - 140 \text{ kN} \cdot \text{m} - M_A = 0$$

Dessas equações, as reações da viga são $A_y = -130$ kN e $M_A = -120$ kN · m.

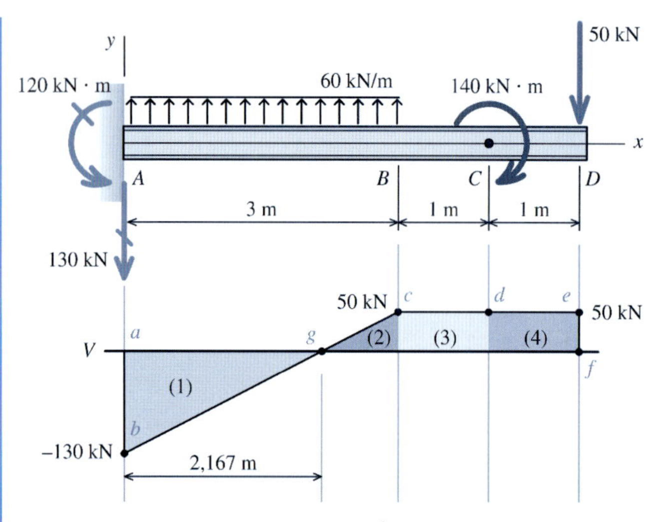

Construção do Diagrama de Esforços Cortantes (DEC)

Antes de começar, complete o diagrama de cargas colocando as forças de reação e usando setas para indicar suas direções corretas. Use o *carregamento distribuído original* para construir o DEC... *e não a força resultante*.

a $V(0^-) = 0$ kN.

b $V(0^+) = -130$ kN (**Regra 1**).

c $V(3) = +50$ kN (**Regra 2**).
A área sob a curva w entre A e B é $+180$ kN; portanto, $\Delta V = +180$ kN entre b e c.

d $V(4) = +50$ kN (**Regra 2:** ΔV = área sob a curva w.)
Área nula sob a curva w entre B e C; portanto, não há alteração em V.

e $V(5^-) = +50$ kN (**Regra 2:** ΔV = área sob a curva w.)
Área nula sob a curva w entre C e D; portanto, não há alteração em V.

f $V(5^+) = 0$ kN (**Regra 1**).

g Para completar o DEC, localize o ponto entre b e c onde $V = 0$. A inclinação do DEC nesse intervalo é $+60$ kN/m (**Regra 3**). No ponto b, $V = -130$ kN; consequentemente, o esforço cortante deve variar de $\Delta V = +130$ kN para interceptar o eixo $V = 0$. Use a inclinação conhecida e o ΔV exigido para encontrar Δx:

$$\Delta x = \frac{\Delta V}{w} = \frac{+130 \text{ kN}}{+60 \text{ kN/m}} = 2{,}1667 \text{ m}$$

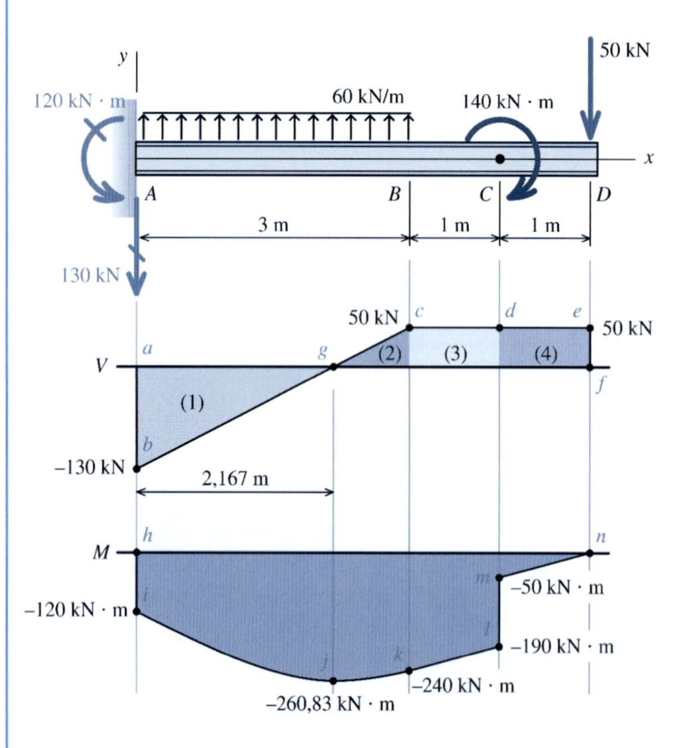

Construção do Diagrama de Momentos Fletores (DMF)

Iniciando com o DEC, são usados os seguintes passos para construir o DMF.

h $M(0^-) = 0$

i $M(0^+) = -120$ kN · m (**Regra 6:** Para um momento externo no sentido contrário ao movimento dos ponteiros do relógio, o DMF apresenta um salto para baixo de valor igual à reação de 120 kN · m.)

j $M(2{,}1667) = -260{,}836$ kN · m (**Regra 4:** ΔM = área sob o DEC.) Área (1) = $-140{,}836$ kN · m; portanto, $\Delta M = -140{,}836$ kN · m.
Use a **Regra 5** (inclinação do DMF = esforço cortante V) para esboçar o DMF entre i e j. Como $V_b = -130$ kN, o DMF tem uma grande inclinação negativa em i. À medida que x aumenta, o módulo do esforço cortante negativo diminui até alcançar o valor zero em g. Como resultado, a inclinação do DMF será negativa entre i e j, mas se achatará ao alcançar o ponto j.

k $M(3) = -240$ kN · m (**Regra 4:** ΔM = área sob o DEC.) Área (2) $= +20{,}833$ kN · m; em consequência, $\Delta M = +20{,}833$ kN · m. Somando ΔM ao momento de $-260{,}836$ kN · m em j tem-se $M_k = -240$ kN · m em $x = 3$ m.
Use a **Regra 5** (inclinação do DMF = esforço cortante V) para esboçar o DMF entre j e k. Como $V_g = 0$, o DMF tem inclinação nula em j. À medida que x aumenta, o módulo do esforço cortante positivo aumenta até alcançar seu maior valor positivo no ponto c. Isso significa que o coeficiente angular do diagrama de momentos fletores (DMF) será positivo entre j e k, curvando-se para cima cada vez mais na medida em que x aumentar.

l $M(4^-) = -190$ kN · m (**Regra 4:** ΔM = área sob o DEC.) Área (3) = $+50$ kN · m. Somando $\Delta M = +50$ kN · m ao momento de -240 kN · m em k, tem-se $M_l = -190$ kN · m em $x = 4$m.

m $M(4^+) = -50$ kN · m (**Regra 6:** Para um momento externo no sentido contrário ao do movimento dos ponteiros do relógio, o DMF apresenta um salto para cima de valor igual ao do momento concentrado de 140 kN · m.)

n $M(5) = 0$ kN · m (**Regra 4:** ΔM = área sob o DEC.) Área (4) = +50 kN · m.

O momento fletor máximo é −260,8 kN · m e ocorre em $x = 2{,}1667$ m.

Exemplo do MecMovies M7.1

Seis regras para a construção de diagramas de esforços cortantes e de momentos fletores.

Exemplo do MecMovies M7.3

Diagramas de esforços cortantes e de momentos fletores gerados dinamicamente para 48 vigas com várias configurações de apoios e carregamento. São dadas breves explicações para todos os pontos importantes tanto para o DEC como para o DMF.

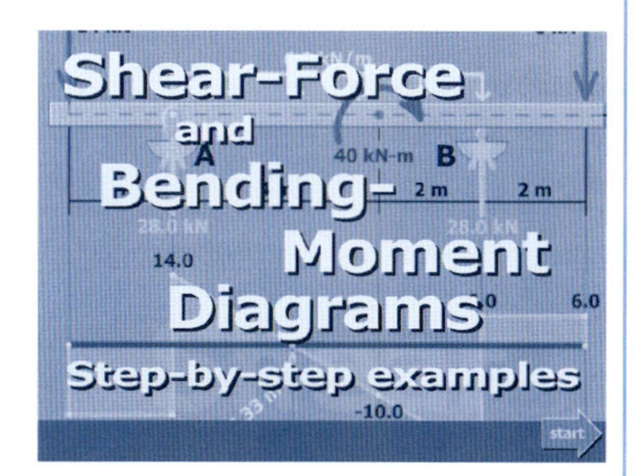

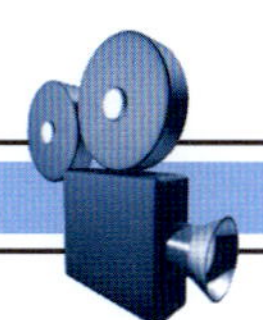

EXERCÍCIOS do MecMovies

M7.1 **Seis Regras para Construir Diagramas de Esforços Cortantes e de Momentos Fletores.** Atinja pelo menos 40 pontos para cada uma das seis regras. (Pontuação total mínima = 240 pontos.)

FIGURA M7.1

M7.2 Seguindo as regras, atinja pelo menos 350 pontos dentre os 400 pontos possíveis.

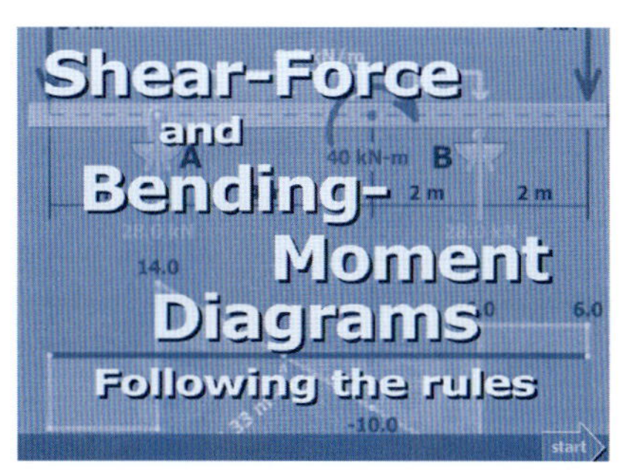

FIGURA M7.2

PROBLEMAS

P7.16-P7.30 Use o método gráfico para construir os diagramas de esforços cortantes e de momentos fletores para as vigas mostradas nas Figuras P7.16 a P7.30. Marque todos os pontos significativos em cada diagrama e identifique os momentos máximos (tanto positivos como negativos) assim como seus respectivos locais. Faça uma distinção clara entre os trechos de linhas retas e de curvas nos diagramas.

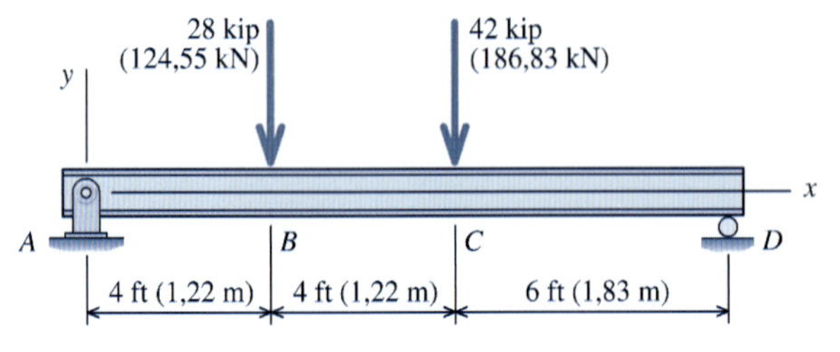

FIGURA P7.16

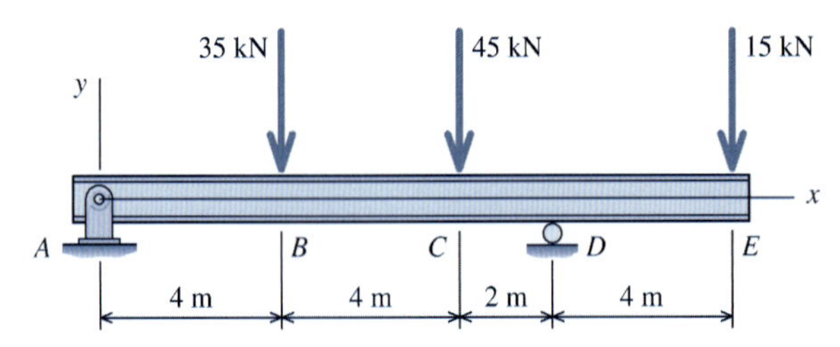

FIGURA P7.17

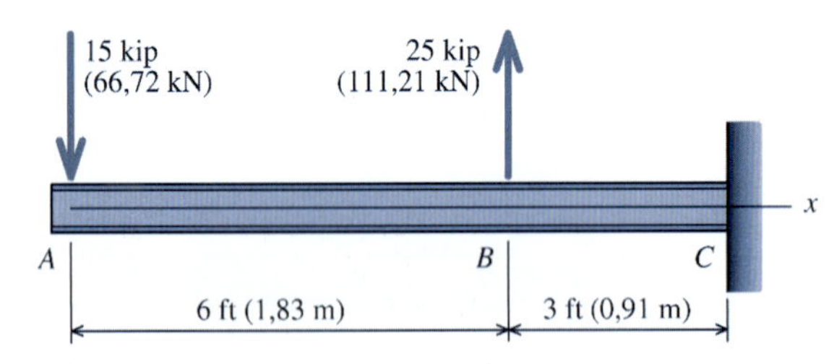

FIGURA P7.18

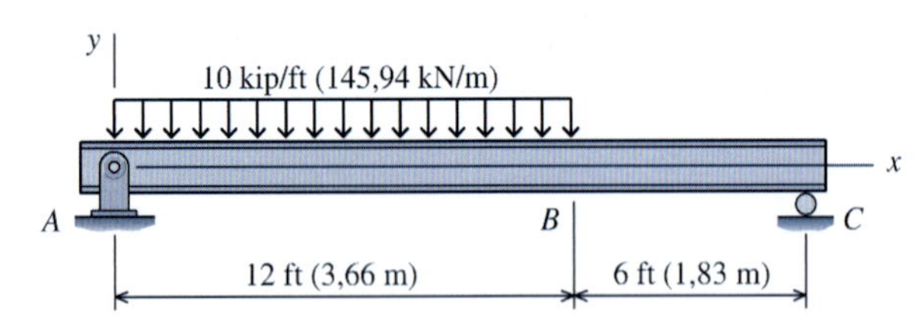

FIGURA P7.19

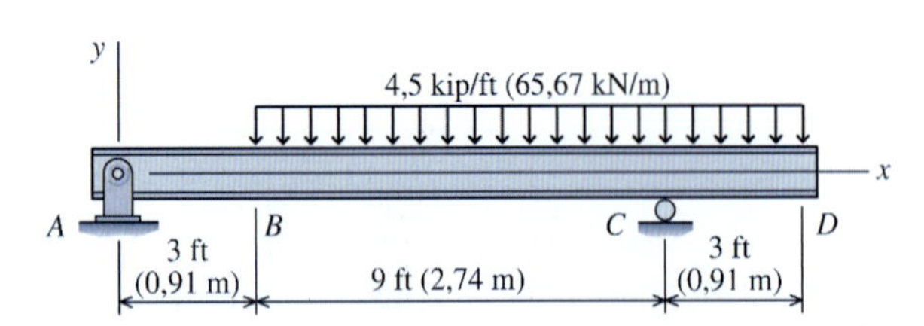

FIGURA P7.20

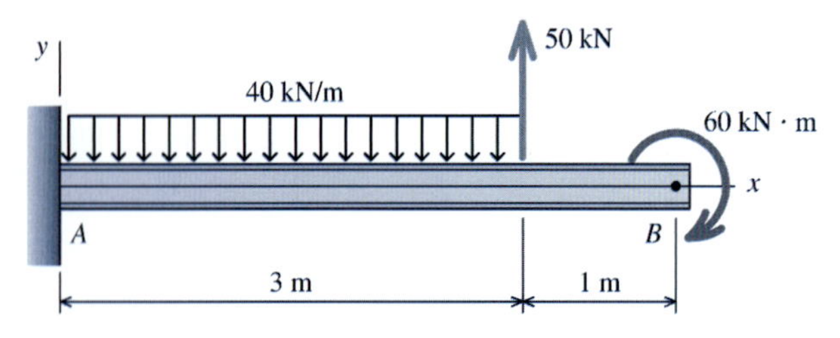

FIGURA P7.21

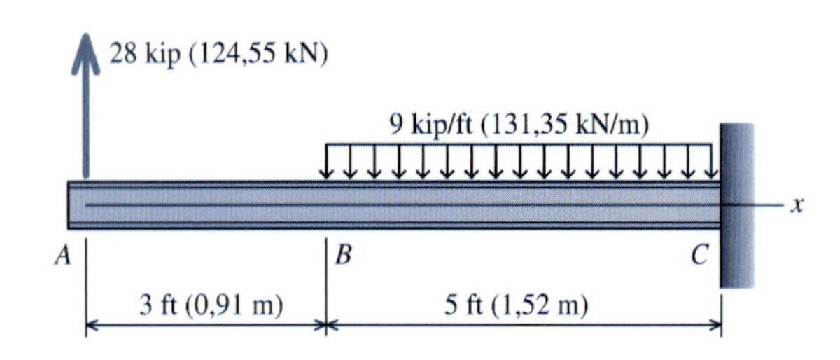

FIGURA P7.22

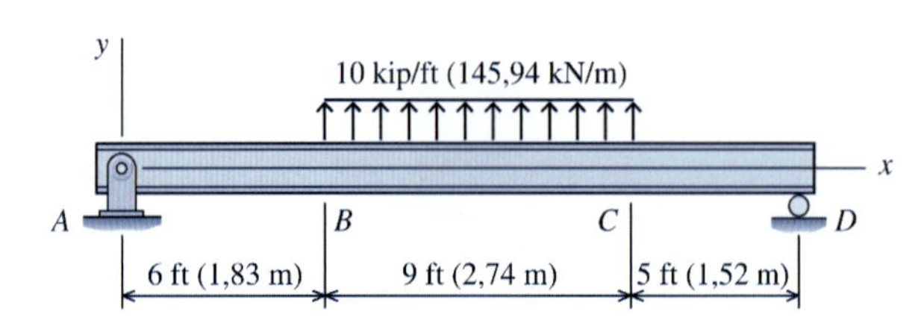

FIGURA P7.23

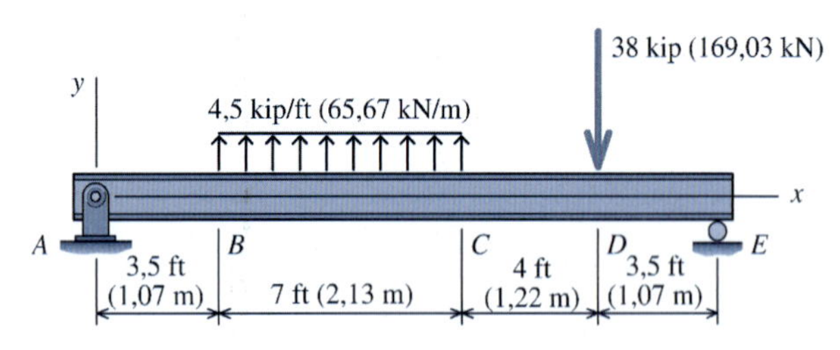

FIGURA P7.24

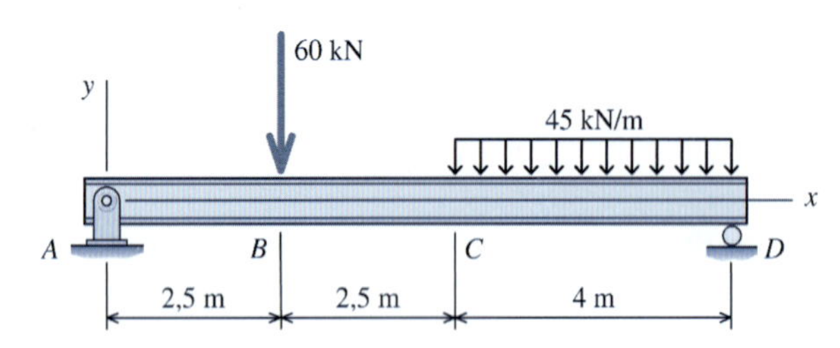

FIGURA P7.25

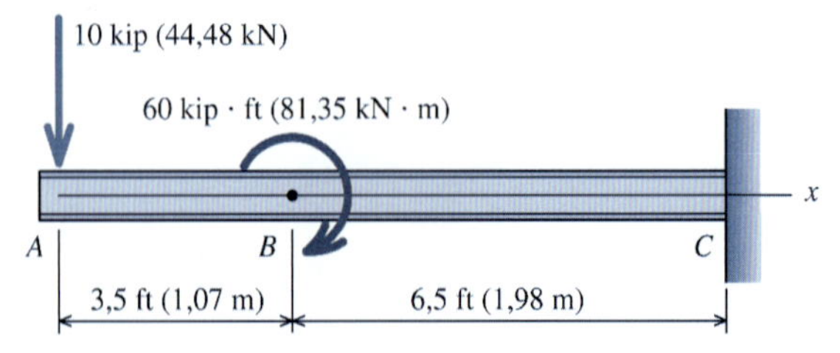

FIGURA P7.26

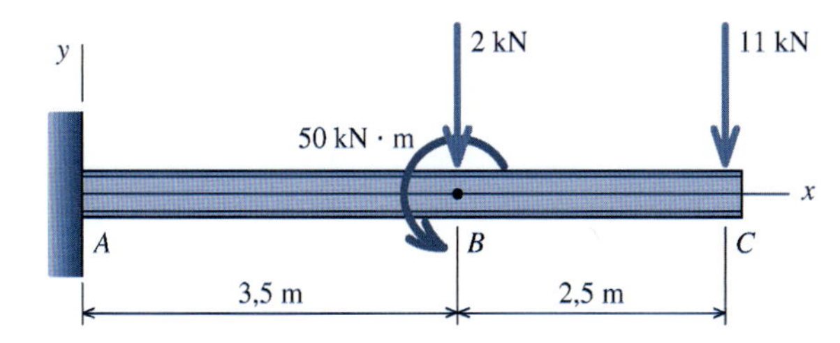

FIGURA P7.27

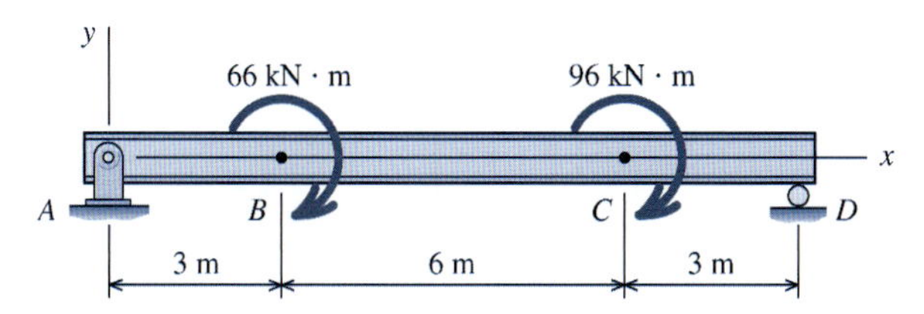

FIGURA P7.28

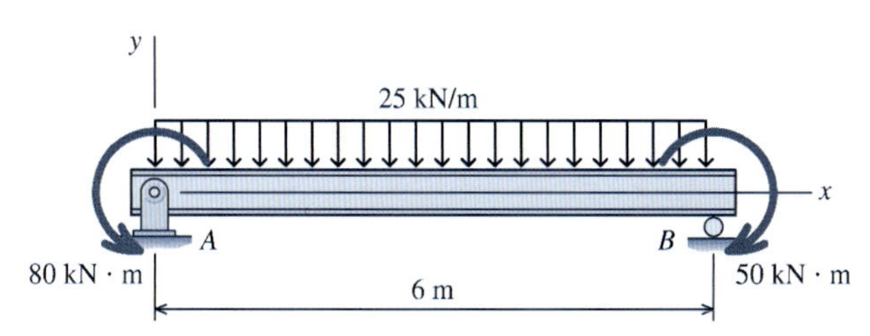

FIGURA P7.29

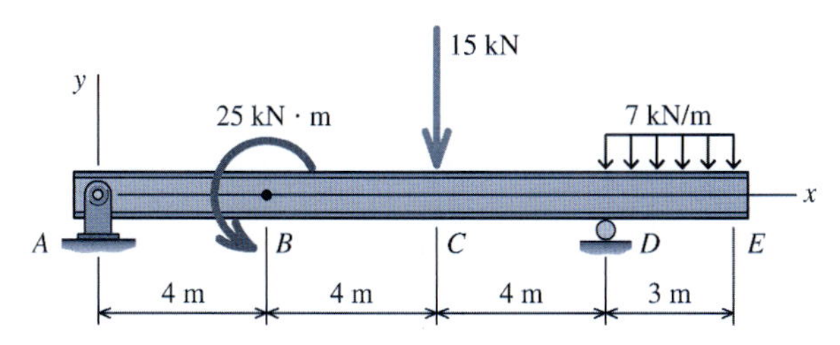

FIGURA P7.30

P7.31 e P7.32 Desenhe os diagramas de esforços cortantes e de momentos fletores para as vigas mostradas nas Figuras P7.31 e P7.32. Considere que a reação de baixo para cima fornecida pelo solo seja uniformemente distribuída. Marque todos os pontos significativos em cada diagrama. Determine o valor máximo do:

(a) esforço cortante interno e
(b) momento fletor interno.

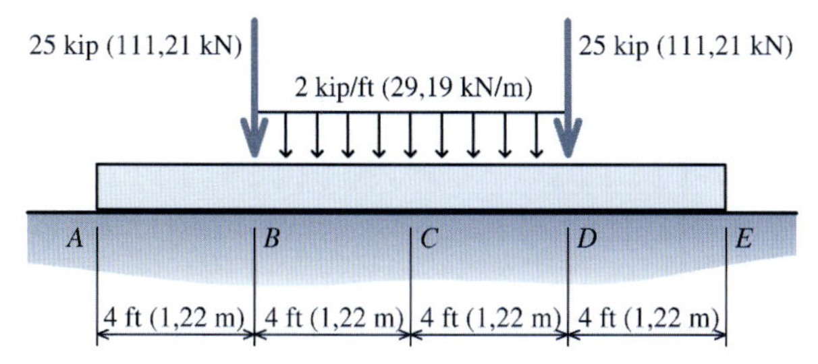

FIGURA P7.31

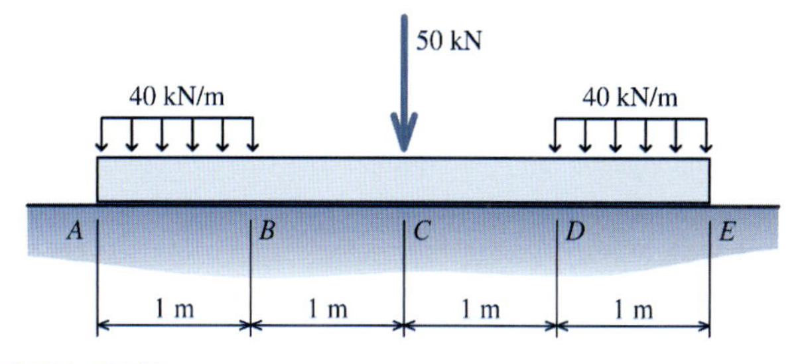

FIGURA P7.32

P7.33-P7.36 Use o método gráfico para construir os diagramas de esforços cortantes e de momentos fletores para as vigas mostradas nas Figuras P7.33 a P7.36. Marque todos os pontos significativos e identifique os momentos máximos junto a seus respectivos locais. **Adicionalmente, determine:**

(a) V e M na viga em um ponto localizado a 0,75 m à direita de B.
(b) V e M na viga em um ponto localizado a 1,25 m à esquerda de C.

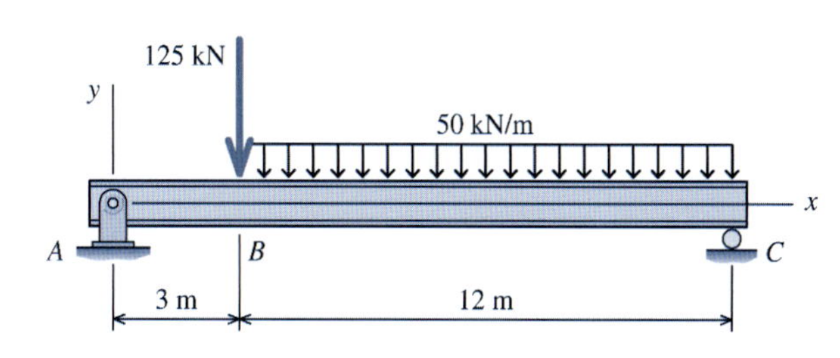

FIGURA P7.33

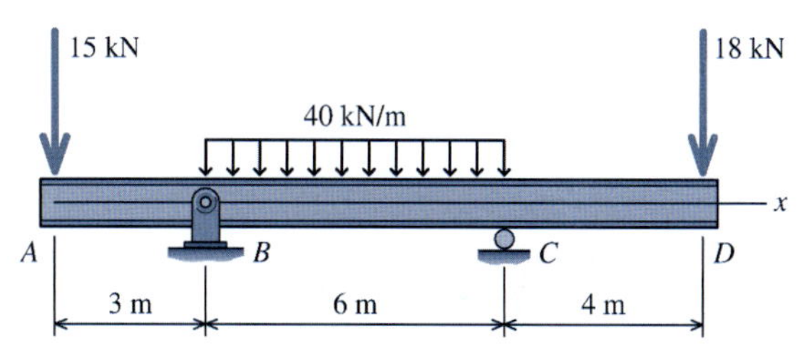

FIGURA P7.34

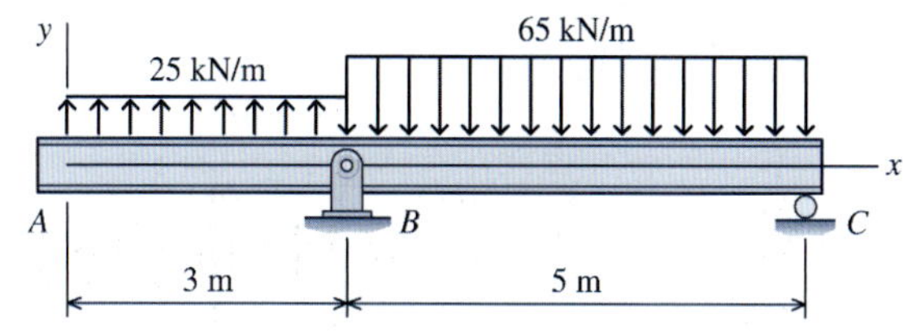

FIGURA P7.35

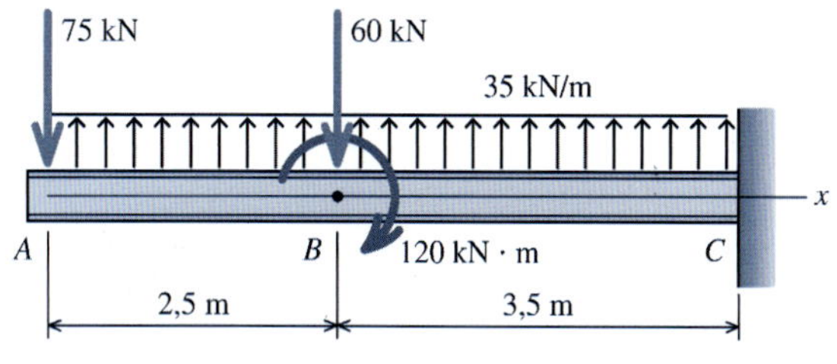

FIGURA P7.36

P7.37-P7.39 Use o método gráfico para construir os diagramas de esforços cortantes e de momentos fletores para as vigas mostradas nas Figuras P7.37 a P7.39. Marque todos os pontos significativos e identifique os momentos máximos junto a seus respectivos locais. **Adicionalmente, determine:**

(a) V e M na viga em um ponto localizado a 1,50 m à direita de B.

(b) V e M na viga em um ponto localizado a 1,25 m à esquerda de D.

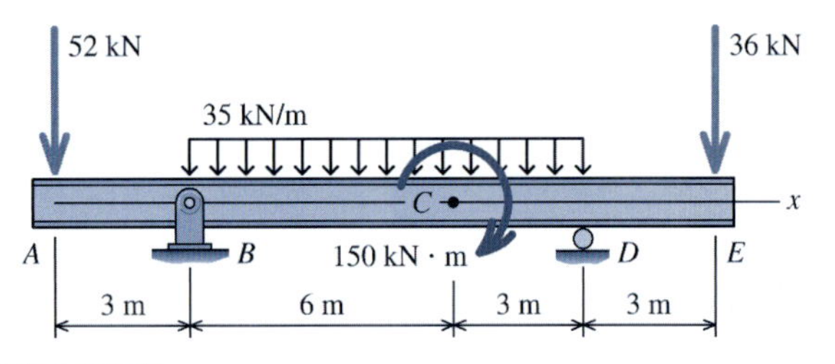

FIGURA P7.37

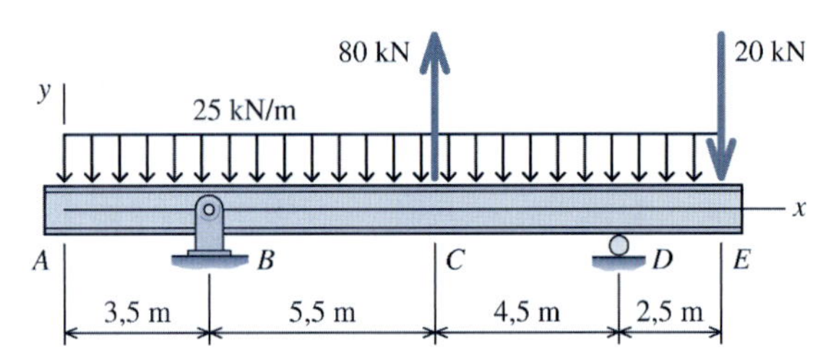

FIGURA P7.38

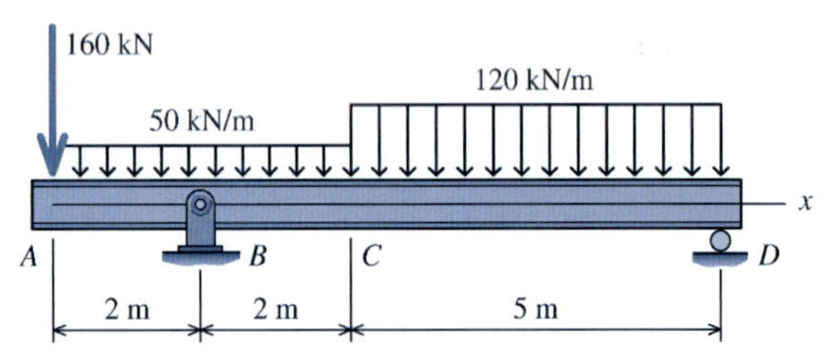

FIGURA P7.39

P7.40-P7.55 Use o método gráfico para construir os diagramas de esforços cortantes e de momentos fletores para as vigas mostradas nas Figuras P7.40 a P7.55. Marque todos os pontos significativos e identifique os momentos máximos (tanto positivos como negativos) junto a seus respectivos locais. Faça uma distinção clara entre os trechos de linhas retas e de curvas nos diagramas.

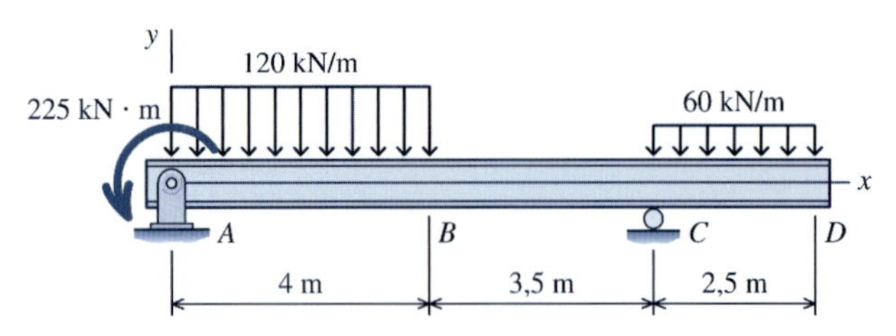

FIGURA P7.40

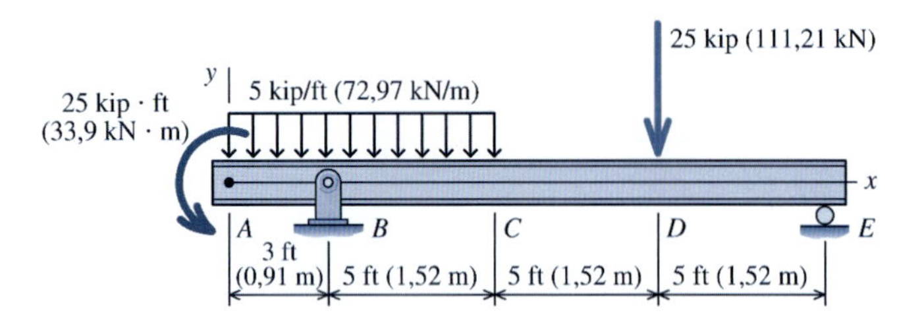

FIGURA P7.41

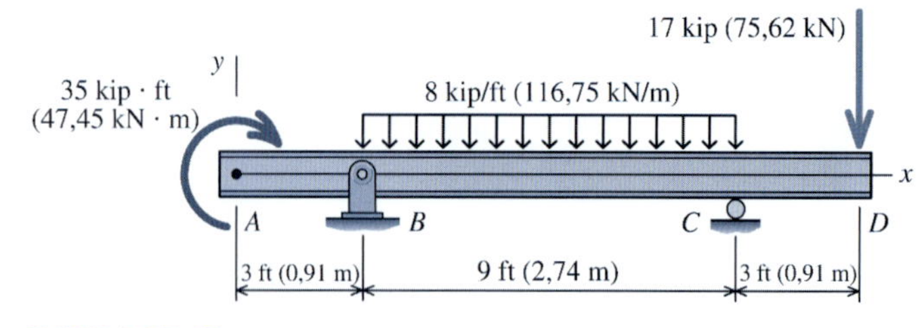

FIGURA P7.42

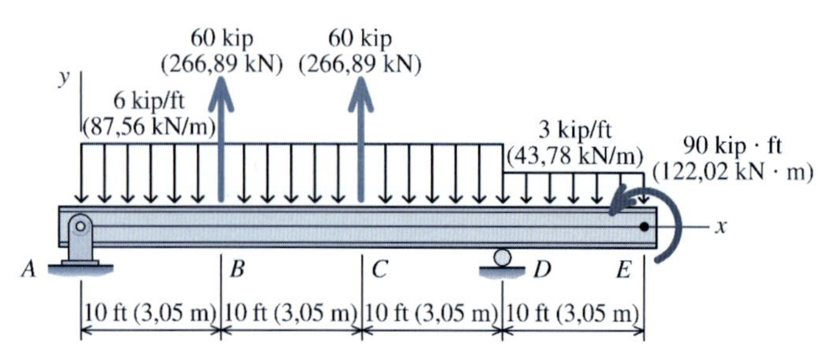

FIGURA P7.43

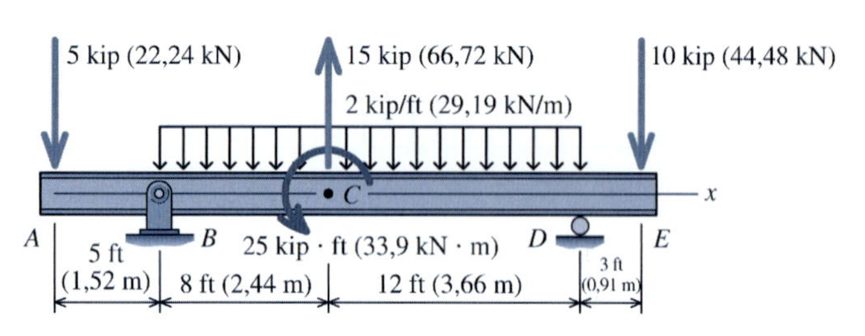

FIGURA P7.44

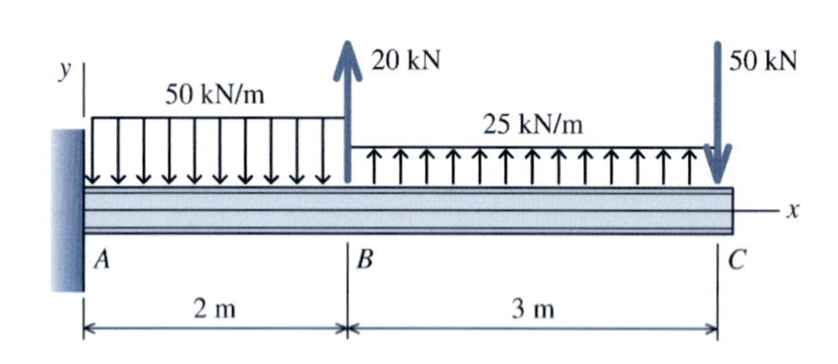

FIGURA P7.45

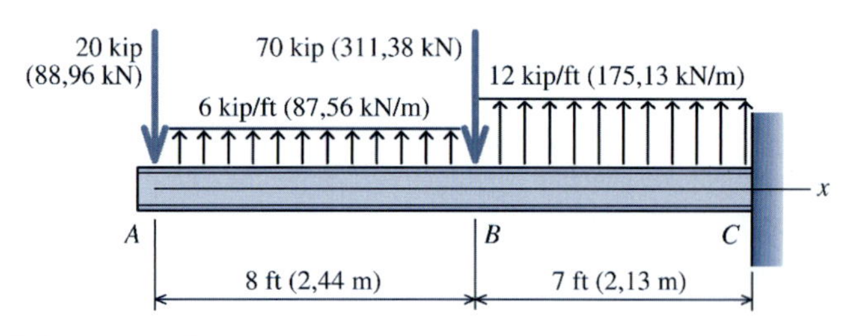

FIGURA P7.46

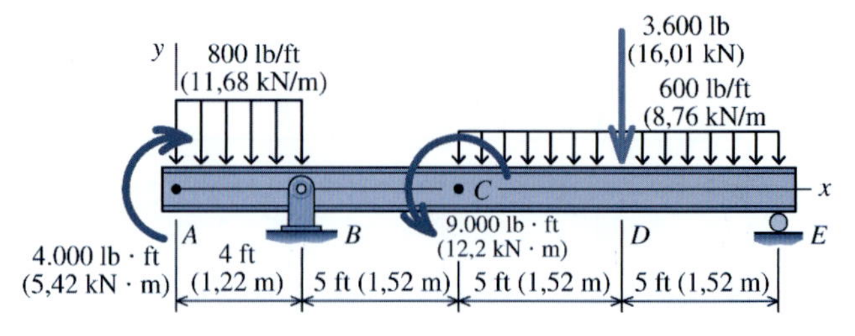

FIGURA P7.47

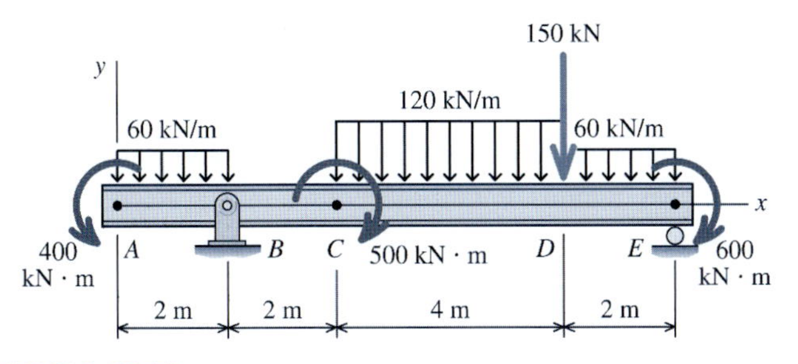

FIGURA P7.48

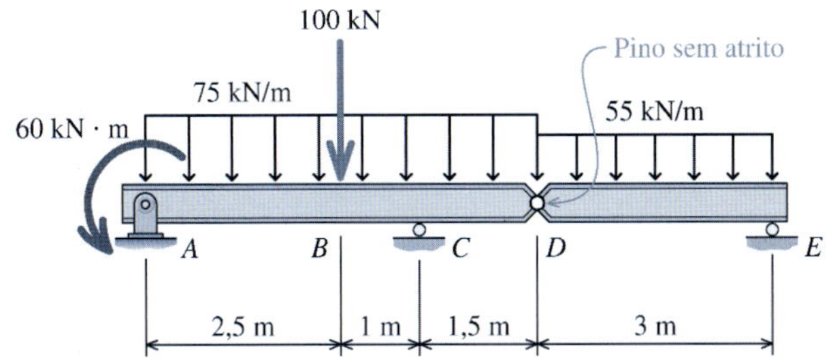

FIGURA P7.49

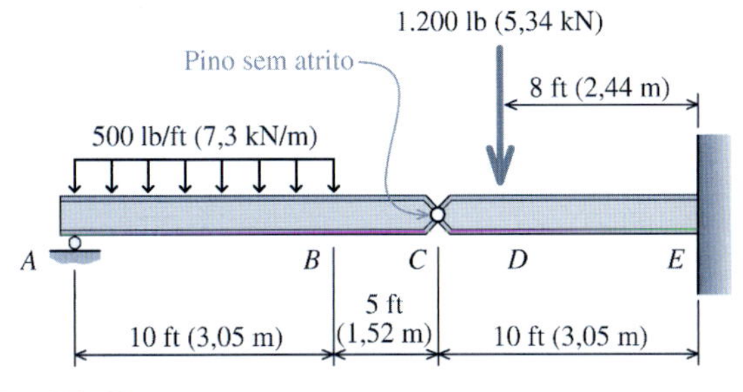

FIGURA P7.50

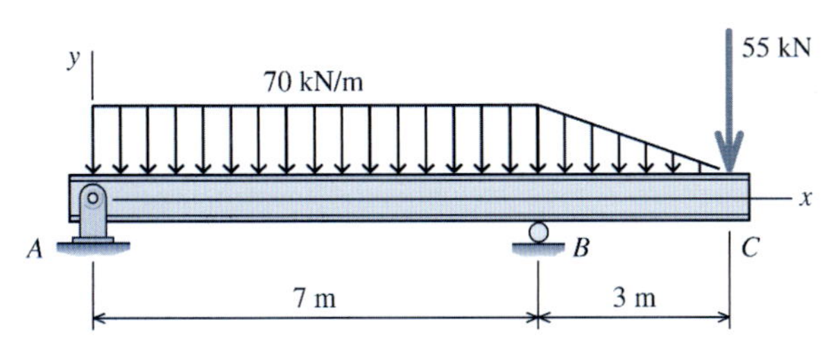

FIGURA P7.51

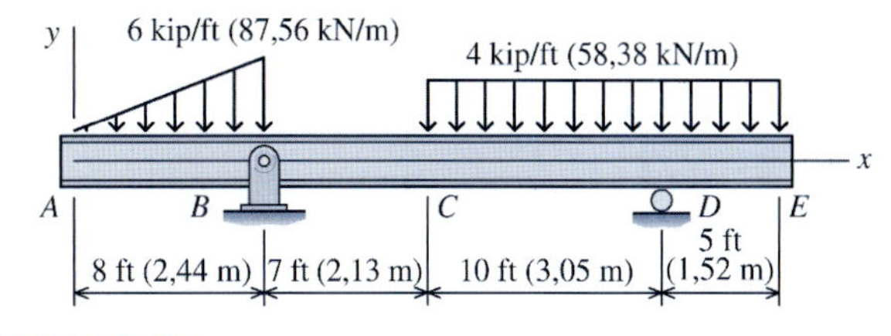

FIGURA P7.52

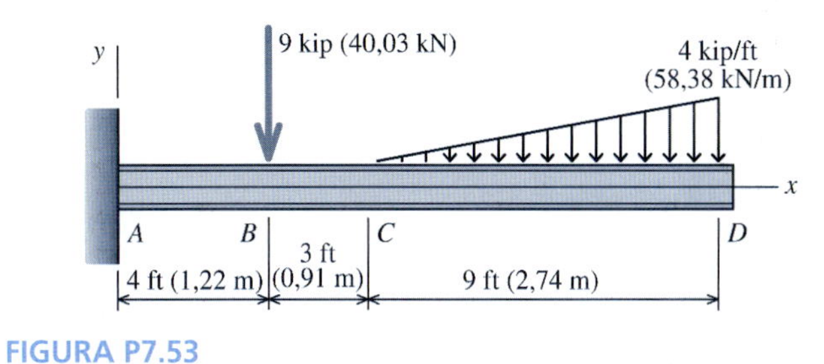

FIGURA P7.53

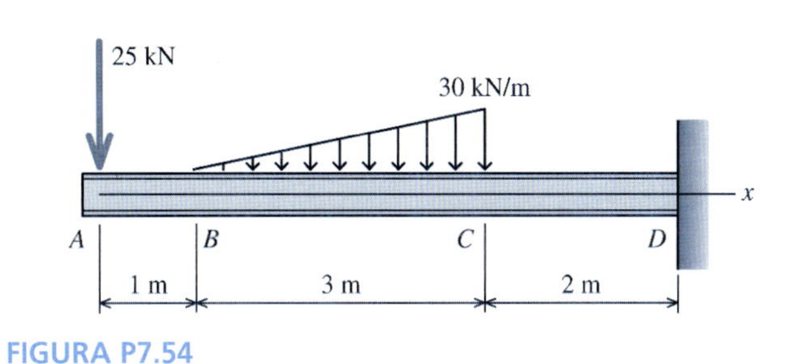

FIGURA P7.54

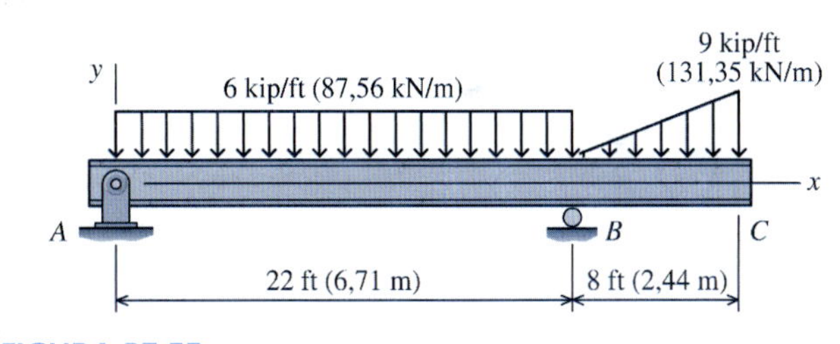

FIGURA P7.55

7.4 FUNÇÕES DE DESCONTINUIDADE PARA REPRESENTAR CARGAS, ESFORÇOS CORTANTES E MOMENTOS FLETORES

Na Seção 7.2, os diagramas de esforços cortantes e de momentos fletores foram construídos após o desenvolvimento de funções que expressassem a variação do esforço cortante interno $V(x)$ e do momento fletor interno $M(x)$ ao longo da viga e, a seguir, pelo desenho do gráfico dessas funções. O método de integração usado na Seção 7.2 é conveniente se as cargas podem ser expressas como funções contínuas que agem sobre todo o comprimento da viga. Entretanto, se várias cargas agirem na viga, esse método pode se tornar extremamente tedioso e demorado porque deve ser desenvolvido um novo conjunto de funções para cada intervalo da viga.

Nesta seção, será apresentado um método no qual é formulada uma única função que incorpora todas as cargas que agem na viga. Essa função única $w(x)$ será construída de tal forma que será contínua para toda a viga embora as cargas não sejam. A função de carregamento $w(x)$ poderá então ser integrada duas vezes — a primeira para encontrar $V(x)$ e a segunda vez para obter

$M(x)$. Para exprimir por uma única função a carga na viga, serão empregados dois tipos de operadores matemáticos. As *funções de Macaulay* serão usadas para descrever as cargas distribuídas e as *funções de singularidade* serão usadas para representar as forças concentradas e os momentos concentrados. Juntas, essas funções são denominadas **funções de descontinuidade**. Seu uso apresenta restrições que as distinguem das funções comuns. Para fornecer uma indicação clara dessas restrições, os parênteses tradicionais usados com as funções serão substituídos por parênteses angulares, chamados *parênteses de Macaulay*, que assumem a forma $\langle x - a \rangle^n$.

FUNÇÕES DE MACAULAY

As cargas distribuídas podem ser representadas pelas funções de Macaulay, que são definidas, em termos gerais, da seguinte forma

$$\langle x - a \rangle^n = \begin{cases} 0 & \text{quando } x < a \\ (x-a)^n & \text{quando } x \geq a \end{cases} \quad \text{para } n \geq 0 \ (n = 0, 1, 2, \ldots) \tag{7.7}$$

Sempre que o termo no interior dos parênteses angulares for menor do que zero, a função não tem valor e é como se ela não existisse. Entretanto, quando o termo no interior dos parênteses angulares for maior ou igual a zero, então a função de Macaulay se comporta como uma função normal, que seria escrita com os parênteses normais (curvos). Em outras palavras, a função de Macaulay age como um interruptor que aciona a função para valores de x maiores ou iguais a a.

Na Figura 7.13 são representadas três funções de Macaulay correspondendo a $n = 0$, $n = 1$ e $n = 2$. Na Figura 7.13*a*, a função $\langle x - a \rangle^0$ é descontínua em $x = a$, produzindo um gráfico no formato de um degrau. Correspondentemente, essa função é denominada **função degrau (step function)**. Da definição dada na Equação (7.7) e reconhecendo que qualquer número elevado à potência zero é definido como a unidade, a função degrau pode ser resumida como

$$\langle x - a \rangle^0 = \begin{cases} 0 & \text{quando } x < a \\ 1 & \text{quando } x \geq a \end{cases} \tag{7.8}$$

Quando o valor de a (valor da escala) for uma constante igual a uma intensidade de carga, a função $\langle x - a \rangle^0$ pode ser usada para representar carregamentos uniformemente distribuídos. Na Figura 7.13*b*, a função $\langle x - a \rangle^1$ é denominada **função rampa** porque produz um gráfico linearmente crescente começando em $x = a$. De forma correspondente, a função rampa combinada com a intensidade de carga apropriada pode ser usada para representar carregamentos linearmente distribuídos. A função $\langle x - a \rangle^2$ na Figura 7.13*c* produz um gráfico parabólico iniciando em $x = a$.

Observe que a quantidade no interior dos parênteses de Macaulay é uma medida de comprimento; portanto, ela incluirá uma dimensão de comprimento como metros ou pés. As funções de Macaulay serão dimensionadas por uma constante para levar em conta a intensidade do carregamento e para assegurar que todos os termos incluídos na função de carregamento $w(x)$ tenham unidades consistente de força por unidade de comprimento. A Tabela 7.2 fornece expressões de descontinuidade para vários tipos de cargas.

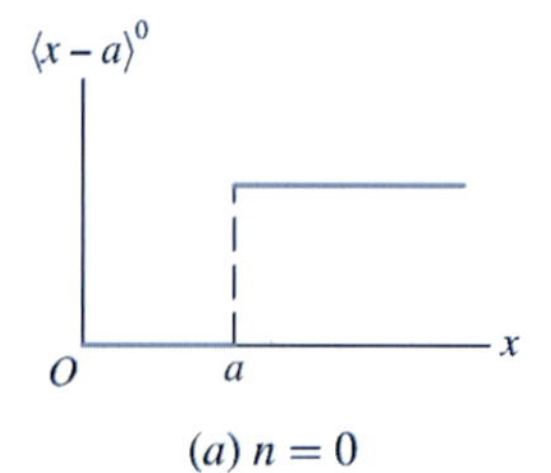

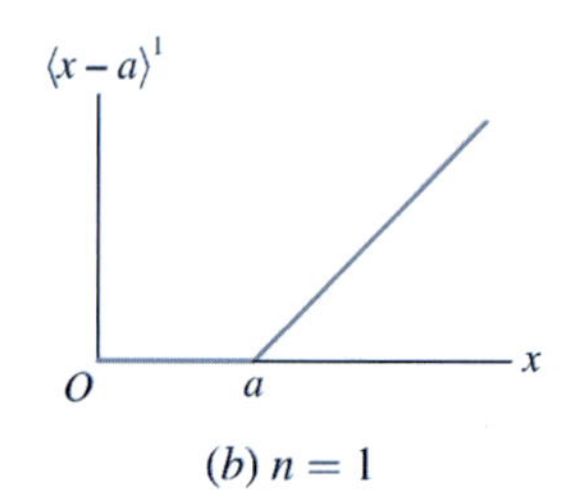

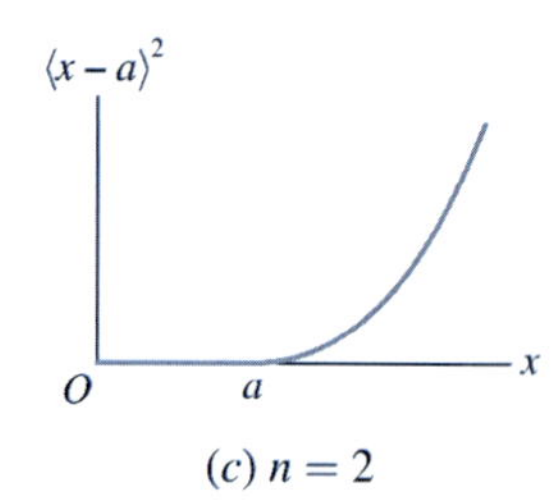

FIGURA 7.13 Gráficos de função de Macaulay.

FUNÇÕES DE SINGULARIDADE

As funções de singularidades são usadas para representar forças concentradas P_0 e momentos concentrados M_0. Uma força concentrada pode ser considerada um caso especial de uma carga distribuída na qual uma carga extremamente grande age em uma distância ε que tende a zero (Figura 7.14*a*). Desta forma, a intensidade do carregamento é $w = P_0/\varepsilon$ e a área sob o carregamento é equivalente a P. Isso pode ser expresso pela função de singularidade:

$$w(x) = P_0 \langle x - a \rangle^{-1} = \begin{cases} 0 & \text{quando } x \neq a \\ P_0 & \text{quando } x = a \end{cases} \tag{7.9}$$

na qual a função tem um valor P_0 apenas em $x = a$ e é igual a zero em caso contrário. Observe que $n = -1$. Como o termo entre parênteses angulares tem um comprimento unitário, o resultado da função tem dimensão de força por unidade de comprimento, conforme exigido para consistência dimensional.

Similarmente, um momento concentrado M_0 pode ser considerado como um caso especial envolvendo dois carregamentos distribuídos, conforme mostra a Figura 7.14*b*. Para esse tipo de carregamento, a seguinte função de singularidade pode ser empregada:

$$w(x) = M_0 \langle x - a \rangle^{-2} = \begin{cases} 0 & \text{quando } x \neq a \\ M_0 & \text{quando } x = a \end{cases} \tag{7.10}$$

Como antes, a função tem um valor de M_0 somente em x = a e é igual a zero em caso contrário. Na Equação (7.10), observe que $n = -2$, o que assegura que o resultado da função tenha unidades consistentes de força por unidade de comprimento.

INTEGRAIS DAS FUNÇÕES DE DESCONTINUIDADE

A integração das funções de descontinuidade é definida pelas seguintes regras:

$$\int \langle x - a \rangle^n dx = \begin{cases} \dfrac{\langle x - a \rangle^{n+1}}{n+1} & \text{para } n \geq 0 \\ \langle x - a \rangle^{n+1} & \text{para } n < 0 \end{cases} \tag{7.11}$$

Observe que para valores negativos do expoente n, o único efeito da integração é que n é aumentado em 1.

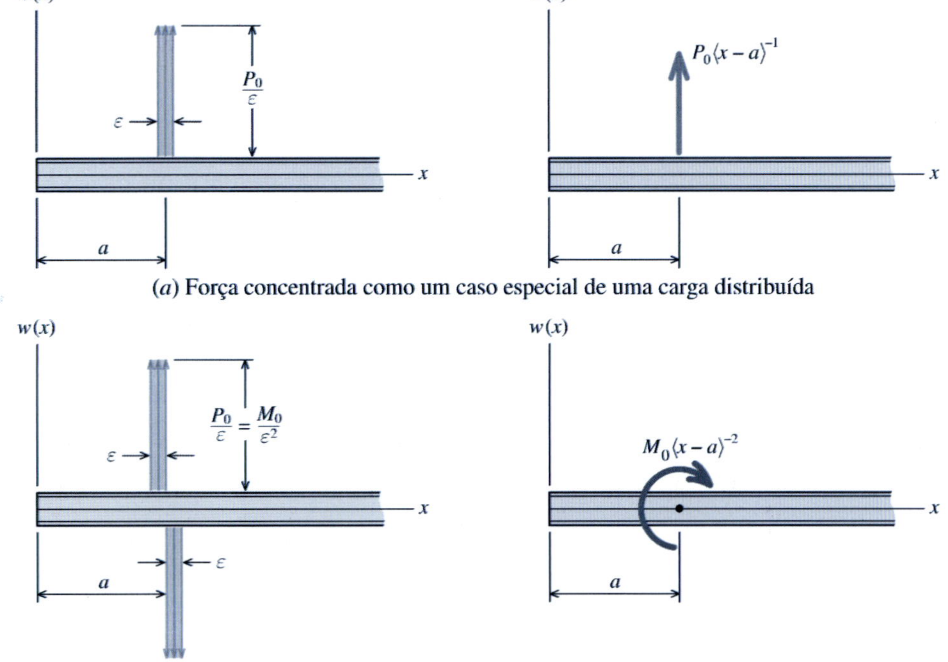

FIGURA 7.14 Funções de singularidade para representar (*a*) cargas concentradas e (*b*) momentos concentrados.

Constantes de Integração. A integração das funções de Macaulay produz constantes de integração. A constante de integração que resulta da integração de $w(x)$ para obter $V(x)$ é simplesmente o esforço cortante em $x = 0$; isto é, $V(0)$. Similarmente, a segunda constante de integração que aparece quando $V(x)$ é integrado em $M(x)$ é o momento fletor em $x = 0$; isto é, $M(0)$. Se a função de carregamento for escrita apenas em termos das cargas aplicadas, então as constantes de integração devem ser incluídas no processo de integração e avaliadas por meio das condições de contorno. Como essas constantes de integração são introduzidas tanto na função $V(x)$ como na função $M(x)$, elas são expressas usando as funções de singularidade na forma $C\langle x\rangle^0$. Depois da introdução tanto em $V(x)$ como em $M(x)$, as constantes são então integradas da maneira normal nas integrais subsequentes.

Entretanto, o mesmo resultado tanto para $V(x)$ como para $M(x)$ pode ser obtido incluindo as forças e os momentos de reação da função de carregamento $w(x)$. A inclusão de forças e momentos de reação em $w(x)$ tem um atrativo considerável uma vez que as constantes de integração tanto para $V(x)$ como para $M(x)$ são determinadas automaticamente sem a necessidade de uma referência explícita à s condições de contorno. As reações para as vigas estaticamente determinadas são fáceis de se calcular de um modo que é familiar a todos os estudantes de engenharia. De forma correspondente, as forças e os momentos de reação em vigas serão incorporados à função $w(x)$ nos exemplos apresentados mais adiante nesta seção.

Para resumir, as constantes de integração surgem na integração dupla de $w(x)$ para obter $V(x)$ e $M(x)$. Se $w(x)$ for formulado apenas em termos das cargas aplicadas, então essas constantes de integração serão determinadas explicitamente usando as condições de contorno. Entretanto, se as forças e os momentos de reação da viga estiverem incluídos em $w(x)$ juntamente com as cargas aplicadas, então as constantes de integração serão redundantes e, por isso, desnecessárias nas funções $V(x)$ e $M(x)$.

As funções de Macaulay continuam indefinidamente para $x > a$. Portanto, deve ser introduzida uma nova função (ou em alguns casos, várias funções) para encerrar uma função anterior.

Aplicação das Funções de Descontinuidade para Determinar *V* e *M*. A Tabela 7.2 resume as expressões de descontinuidade para $w(x)$ exigidas para vários carregamentos comuns. É importante ter em mente que as funções de Macaulay continuam indefinidamente para $x > a$. Em outras palavras, uma vez acionada uma função de Macaulay, ela permanece para todos os valores crescentes de x. Usando conceito de superposição, uma função de Macaulay é cancelada adicionando outra função de Macaulay à função $w(x)$ da viga.

Tabela 7.2 Cargas Básicas Representadas por Funções de Descontinuidade

Caso	Carga na Viga	Expressões das Descontinuidades
1	w; M_0; x; a	$w(x) = M_0\langle x-a\rangle^{-2}$ $V(x) = M_0\langle x-a\rangle^{-1}$ $M(x) = M_0\langle x-a\rangle^{0}$
2	P_0; w; x; a	$w(x) = P_0\langle x-a\rangle^{-1}$ $V(x) = P_0\langle x-a\rangle^{0}$ $M(x) = P_0\langle x-a\rangle^{1}$
3	w; w_0; x; a	$w(x) = w_0\langle x-a\rangle^{0}$ $V(x) = w_0\langle x-a\rangle^{1}$ $M(x) = \frac{w_0}{2}\langle x-a\rangle^{2}$

(Continua)

Caso	Carga na Viga	Expressões das Descontinuidades
4		$w(x) = \frac{w_0}{b}\langle x - a\rangle^1$ $V(x) = \frac{w_0}{2b}\langle x - a\rangle^2$ $M(x) = \frac{w_0}{6b}\langle x - a\rangle^3$
5		$w(x) = w_0\langle x - a_1\rangle^0 - w_0\langle x - a_2\rangle^0$ $V(x) = w_0\langle x - a_1\rangle^1 - w_0\langle x - a_2\rangle^1$ $M(x) = \frac{w_0}{2}\langle x - a_1\rangle^2 - \frac{w_0}{2}\langle x - a_2\rangle^2$
6		$w(x) = \frac{w_0}{b}\langle x - a_1\rangle^1 - \frac{w_0}{b}\langle x - a_2\rangle^1 - w_0\langle x - a_2\rangle^0$ $V(x) = \frac{w_0}{2b}\langle x - a_1\rangle^2 - \frac{w_0}{2b}\langle x - a_2\rangle^2 - w_0\langle x - a_2\rangle^1$ $M(x) = \frac{w_0}{6b}\langle x - a_1\rangle^3 - \frac{w_0}{6b}\langle x - a_2\rangle^3 - \frac{w_0}{2}\langle x - a_2\rangle^2$
7		$w(x) = w_0\langle x - a_1\rangle^0 - \frac{w_0}{b}\langle x - a_1\rangle^1 + \frac{w_0}{b}\langle x - a_2\rangle^1$ $V(x) = w_0\langle x - a_1\rangle^1 - \frac{w_0}{2b}\langle x - a_1\rangle^2 + \frac{w_0}{2b}\langle x - a_2\rangle^2$ $M(x) = \frac{w_0}{2}\langle x - a_1\rangle^2 - \frac{w_0}{6b}\langle x - a_1\rangle^3 + \frac{w_0}{6b}\langle x - a_2\rangle^3$

EXEMPLO 7.10

Use as funções de descontinuidade para obter as expressões para o esforço cortante interno $V(x)$ e o momento fletor interno $M(x)$ na viga mostrada. Use essas expressões para fazer um gráfico dos diagramas de esforços cortantes e momentos fletores para a viga.

Planejamento da Solução

Determine as reações nos apoios simples A e F. Usando a Tabela 7.2 escreva as expressões de $w(x)$ para cada uma das três cargas que agem sobre a viga assim como para as duas reações de apoio. Integre $w(x)$ para determinar a equação do esforço cortante $V(x)$ e depois integre $V(x)$ para determinar a equação para o momento fletor $M(x)$. Faça um gráfico dessas funções para completar os diagramas de esforços cortantes e de momentos fletores.

SOLUÇÃO

Reações de Apoio

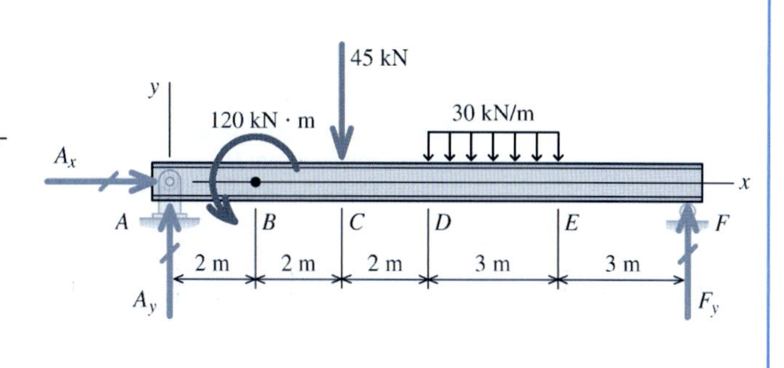

A figura mostra um diagrama de corpo livre da viga. As equações de equilíbrio são

$$\Sigma F_x = A_x = 0 \qquad \text{(trivial)}$$

$$\Sigma F_y = A_y + F_y - 45 \text{ kN} - (30 \text{ kN/m})(3 \text{ m}) = 0$$

$$\Sigma M_A = 120 \text{ kN·m} - (45 \text{ kN})(4 \text{ m}) - (30 \text{ kN/m})(3 \text{ m})(7{,}5 \text{ m}) + F_y(12 \text{ m}) = 0$$

Dessas equações, as reações da viga são

$$A_y = 73{,}75 \text{ kN} \quad \text{e} \quad F_y = 61{,}25 \text{ kN}$$

Expressões das Descontinuidades

Força de reação A_y: A força de reação dirigida para cima em A é expressa por

$$w(x) = A_y\langle x - 0 \text{ m}\rangle^{-1} = 73{,}75 \text{ kN}\langle x - 0 \text{ m}\rangle^{-1} \quad \text{(a)}$$

Momento concentrado de 120 kN · m: Do caso 1 da Tabela 7.2, o momento concentrado que age em $x = 2$ m é representada pela função de singularidade:

$$w(x) = -120 \text{ kN}\cdot\text{m}\langle x - 2 \text{ m}\rangle^{-2} \quad \text{(b)}$$

Observe que é incluído o sinal negativo para levar em consideração a rotação do momento no sentido contrário ao dos ponteiros do relógio mostrado para essa viga.

Carga concentrada de 45 kN: Do caso 2 da Tabela 7.2, a carga concentrada de 45 kN que age em $x = 4$ m é representada pela função de singularidade:

$$w(x) = -45 \text{ kN}\langle x - 4 \text{ m}\rangle^{-1} \quad \text{(c)}$$

Observe que é incluído o sinal negativo para levar em consideração o sentido de cima para baixo da carga concentrada de 45 kN mostrada na viga.

Carga uniformemente distribuída de 30 kN/m: A carga uniformemente distribuída exige o uso de dois termos. O termo 1 aplica a carga de 30 kN/m, de cima para baixo, no ponto D onde $x = 6$ m:

$$w(x) = -30 \text{ kN/m}\langle x - 6 \text{ m}\rangle^{0}$$

A carga uniformemente distribuída representada por esse termo continua a agir na viga para os valores de x maiores do que $x = 6$ m. Para a viga e o carregamento considerado aqui, a carga distribuída deve agir apenas no intervalo $6 \text{ m} \leq x \leq 9$ m. Para encerrar a carga distribuída de cima para baixo em $x = 9$ m exige a superposição de um segundo termo. O segundo termo aplica uma carga uniformemente distribuída, de baixo para cima e de mesmo módulo que inicia em E onde $x = 9$ m:

$$w(x) = -30 \text{ kN/m}\langle x - 6 \text{ m}\rangle^{0} + 30 \text{ kN/m}\langle x - 9 \text{ m}\rangle^{0} \quad \text{(d)}$$

A soma desses dois termos produz uma carga distribuída de 30 kN/m, de cima para baixo que começa em $x = 6$ m e termina em $x = 9$ m.

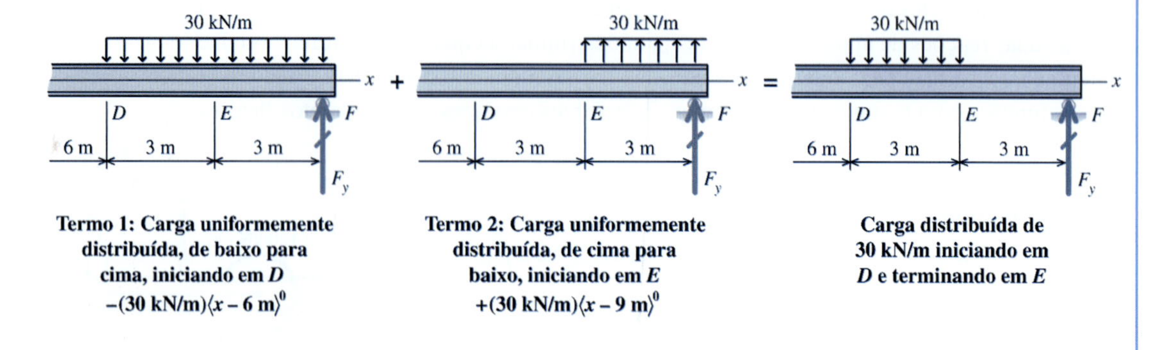

Força de reação F_y: A força de reação, de baixo para cima em F é expressa por

$$w(x) = F_y\langle x - 12 \text{ m}\rangle^{-1} = 61{,}25 \text{ kN}\langle x - 12 \text{ m}\rangle^{-1} \quad \text{(e)}$$

Na prática, esse termo não causa efeito algum uma vez que o valor da Equação (e) é zero para todos os valores $x \leq 12$ m. Como a viga tem apenas 12 m de comprimento, os valores de $x >$ 12 m não têm sentido algum nessa situação. Entretanto, esse termo será mantido aqui em prol da completude e da clareza.

Expressão completa do carregamento da viga: A soma das Equações (a) a (e) fornece a expressão $w(x)$ para toda a viga:

$$w(x) = 73{,}75 \text{ kN}\langle x - 0 \text{ m}\rangle^{-1} - 120 \text{ kN}\cdot\text{m}\langle x - 2 \text{ m}\rangle^{-2} - 45 \text{ kN}\langle x - 4 \text{ m}\rangle^{-1} - 30 \text{ kN/m}\langle x - 6 \text{ m}\rangle^{0} + 30 \text{ kN/m}\langle x - 9 \text{ m}\rangle^{0} + 61{,}25 \text{ kN}\langle x - 12 \text{ m}\rangle^{-1} \quad \text{(f)}$$

Equação do esforço cortante: Integre a Equação (f) usando as regras de integração dadas na Equação (7.11) para obter a equação de esforço cortante da viga:

$$\begin{aligned} V(x) &= \int w(x)dx \\ &= 73{,}75 \text{ kN}\langle x - 0 \text{ m}\rangle^{0} - 120 \text{ kN}\cdot\text{m}\langle x - 2 \text{ m}\rangle^{-1} - 45 \text{ kN}\langle x - 4 \text{ m}\rangle^{0} \\ &\quad - 30 \text{ kN/m}\langle x - 6 \text{ m}\rangle^{1} + 30 \text{ kN/m}\langle x - 9 \text{ m}\rangle^{1} + 61{,}25 \text{ kN}\langle x - 12 \text{ m}\rangle^{0} \end{aligned} \quad \text{(g)}$$

Equação do momento fletor: Similarmente, integre a Equação (g) para obter a equação do momento fletor da viga:

$$\begin{aligned} M(x) &= \int V(x)dx \\ &= 73{,}75 \text{ kN}\langle x - 0 \text{ m}\rangle^{1} - 120 \text{ kN}\cdot\text{m}\langle x - 2 \text{ m}\rangle^{0} - 45 \text{ kN}\langle x - 4 \text{ m}\rangle^{1} \\ &\quad - \frac{30 \text{ kN/m}}{2}\langle x - 6 \text{ m}\rangle^{2} + \frac{30 \text{ kN/m}}{2}\langle x - 9 \text{ m}\rangle^{2} + 61{,}25 \text{ kN}\langle x - 12 \text{ m}\rangle^{1} \end{aligned} \quad \text{(h)}$$

Gráfico das Funções

Desenhe o gráfico das funções $V(x)$ e $M(x)$ dadas nas Equações (g) e (h) para $0 \text{ m} \leq x \leq 12$ m para criar os diagramas de esforços cortantes e de momentos fletores mostrados.

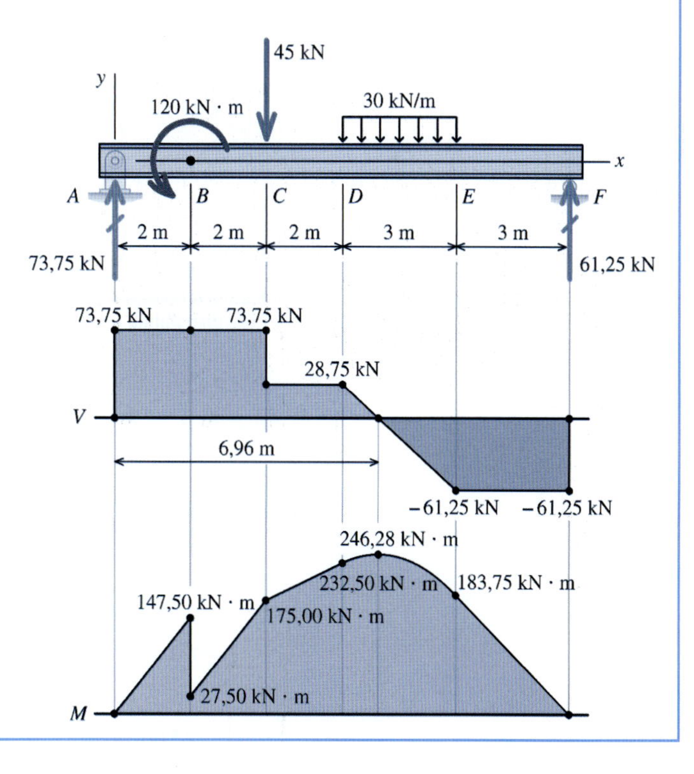

EXEMPLO 7.11

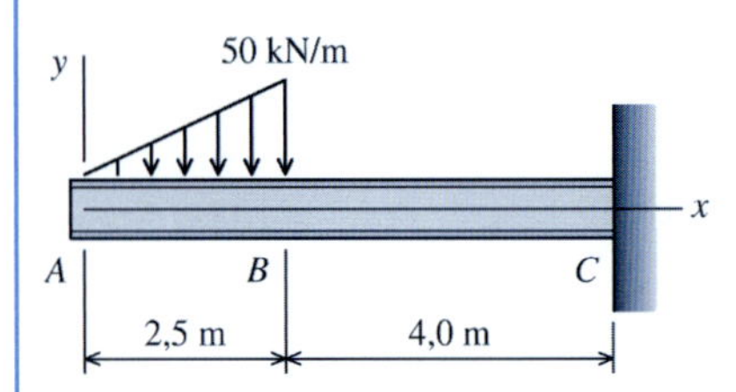

Exprima o carregamento linearmente distribuído que age na viga entre *A* e *B* com funções de descontinuidade.

Planejamento da Solução

As expressões encontradas na Tabela 7.2 são explicadas usando o exemplo do carregamento mostrado na viga à esquerda.

SOLUÇÃO

Usando como referência o caso 4 da Tabela 7.2, nosso primeiro instinto pode ser representar o carregamento linearmente distribuído da viga com apenas um único termo:

$$w(x) = -\frac{50 \text{ kN/m}}{2{,}5 \text{ m}}\langle x - 0 \text{ m}\rangle^1$$

Entretanto, esse termo por si produz um carregamento que aumenta à medida que x aumenta. Para terminar a carga linear em *B*, podemos tentar adicionar o inverso algébrico da carga linearmente distribuída à equação de $w(x)$:

$$w(x) = -\frac{50 \text{ kN/m}}{2{,}5 \text{ m}}\langle x - 0 \text{ m}\rangle^1 + \frac{50 \text{ kN/m}}{2{,}5 \text{ m}}\langle x - 2{,}5 \text{ m}\rangle^1$$

A soma dessas duas expressões representa o carregamento mostrado adiante. Enquanto a segunda expressão na verdade cancelou a carga linearmente distribuída a partir de *B*, permanece uma carga uniformemente distribuída.

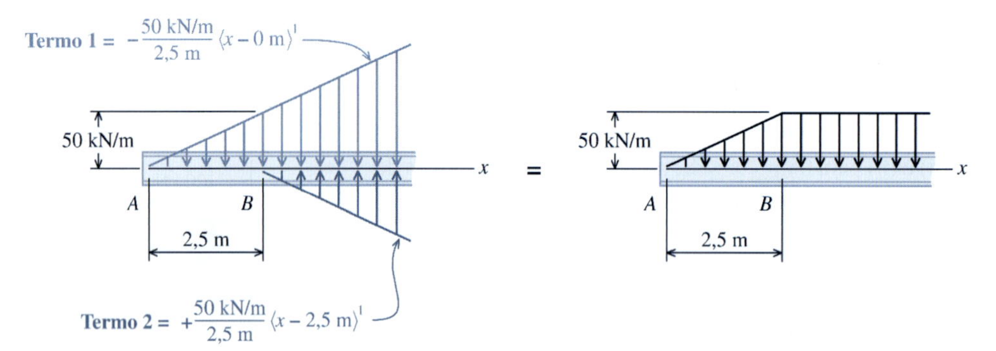

Somando o inverso da carga linearmente distribuída à viga em *B*...

...é eliminada a parte linear da carga; entretanto, uma carga uniformemente distribuída permanece.

Para cancelar essa carga uniformemente distribuída, é exigido um terceiro termo que comece em *B*:

$$w(x) = -\frac{50 \text{ kN/m}}{2{,}5 \text{ m}}\langle x - 0 \text{ m}\rangle^1 + \frac{50 \text{ kN/m}}{2{,}5 \text{ m}}\langle x - 2{,}5 \text{ m}\rangle^1 + 50 \text{ kN/m}\langle x - 2{,}5 \text{ m}\rangle^0$$

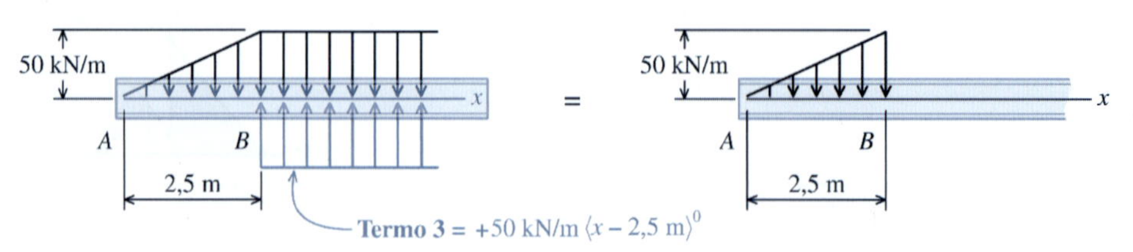

É exigido um termo adicional de carga uniforme iniciando em *B* para cancelar a carga uniforme remanescente.

Portanto, os três termos devem ser superpostos para que seja obtida a carga linearmente distribuída desejada entre *A* e B.

Conforme mostra este exemplo, são exigidos três termos para representar a carga distribuída linearmente crescente que age entre A e B. O caso 6 da Tabela 7.2 resume as expressões de descontinuidade geral para uma carga linearmente crescente. Justificativa similar é usada para desenvolver o caso 7 da Tabela 7.2 para uma carga distribuída linearmente decrescente.

EXEMPLO 7.12

Use as funções de descontinuidade para obter as expressões para o esforço cortante interno $V(x)$ e para o momento fletor interno $M(x)$ na viga mostrada. Use as expressões para fazer o gráfico dos diagramas de esforços cortantes e de momentos fletores para a viga.

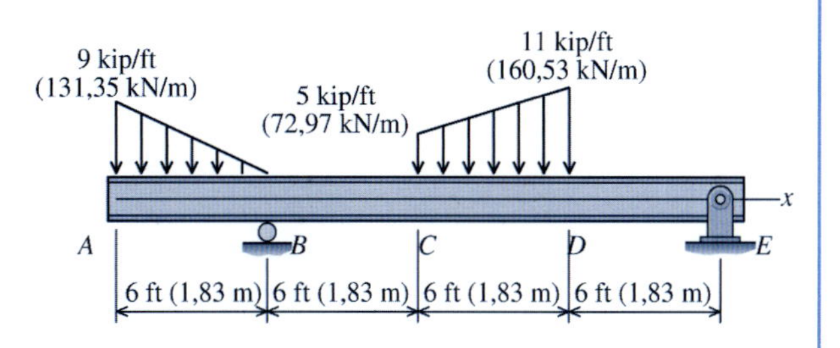

Planejamento da Solução

Determine as reações nos apoios simples A e F. Usando a Tabela 7.2, escreva as expressões de $w(x)$ para uma carga linearmente decrescente entre A e B e para a carga linearmente crescente entre C e D assim como as duas reações de apoio. Integre $w(x)$ para determinar uma equação para o esforço cortante $V(x)$ e então integre $V(x)$ para determinar uma equação para o momento fletor $M(x)$. Faça o gráfico dessas funções para completar o diagrama de esforços cortantes e de momentos fletores.

SOLUÇÃO

Reações de Apoio

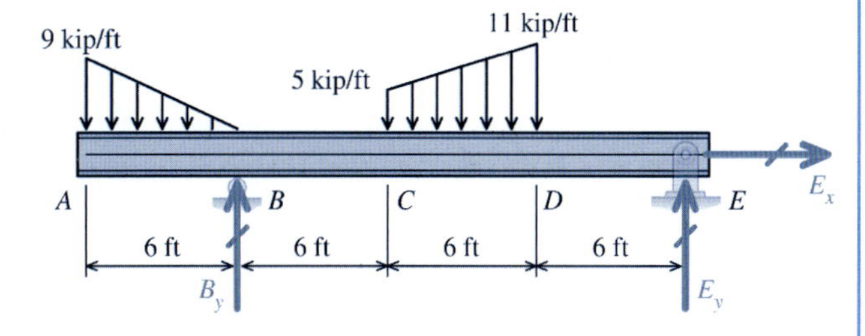

À esquerda, é mostrado um diagrama de corpo livre (DCL) da viga. Antes de começar, é conveniente subdividir a carga linearmente crescente entre C e D em

(a) uma carga uniformemente distribuída que tenha intensidade de 5 kip/ft e

(b) uma carga linearmente distribuída que tenha intensidade máxima de 6 kip/ft.

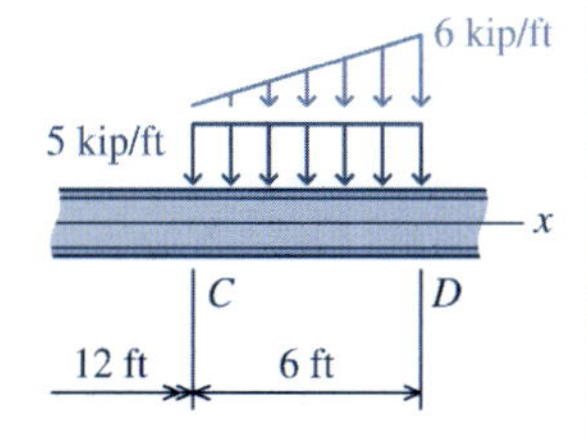

Correspondentemente, as equações de equilíbrio da viga são

$$\Sigma F_x = E_x = 0 \quad \text{(trivial)}$$

$$\Sigma F_y = B_y + E_y - \frac{1}{2}(9 \text{ kip/ft})(6 \text{ ft}) - (5 \text{ kip/ft})(6 \text{ ft}) - \frac{1}{2}(6 \text{ kip/ft})(6 \text{ ft}) = 0$$

$$\Sigma M_B = \frac{1}{2}(9 \text{ kip/ft})(6 \text{ ft})(4 \text{ ft}) - (5 \text{ kip/ft})(6 \text{ ft})(9 \text{ ft}) - \frac{1}{2}(6 \text{ kip/ft})(6 \text{ ft})(10 \text{ ft}) + E_y(18 \text{ ft}) = 0$$

Dessas equações, as reações da viga são

$$B_y = 56{,}0 \text{ kip} \qquad \text{e} \qquad E_y = 19{,}0 \text{ kip}$$

Expressões de Descontinuidade

Carga distribuída linearmente decrescente entre A e B: Use o caso 7 da Tabela 7.2 para escrever a seguinte expressão para o carregamento linearmente distribuído de 9 kip/ft:

$$w(x) = -9 \text{ kip/ft} \langle x - 0 \text{ ft}\rangle^0 + \frac{9 \text{ kip/ft}}{6 \text{ ft}}\langle x - 0 \text{ ft}\rangle^1 - \frac{9 \text{ kip/ft}}{6 \text{ ft}}\langle x - 6 \text{ ft}\rangle^1 \qquad \text{(a)}$$

Força de reação B_y: A força de reação, de baixo para cima, é expressa usando o caso 2 da Tabela 7.2:

$$w(x) = 56{,}0 \text{ kip}\langle x - 6 \text{ ft}\rangle^{-1} \qquad \text{(b)}$$

Carregamento uniformemente distribuído entre C e D: A carga uniformemente distribuída exige o uso de dois termos. Do caso 5 da Tabela 7.2, exprima esse carregamento como

$$w(x) = -5\ \text{kip/ft}\,\langle x - 12\ \text{ft}\rangle^0 + 5\ \text{kip/ft}\,\langle x - 18\ \text{ft}\rangle^0 \tag{c}$$

Carregamento distribuído linearmente crescente entre C e D: Use o caso 6 da Tabela 7.2 para escrever a seguinte expressão para a carga linearmente distribuída de 6 kip/ft:

$$w(x) = -\frac{6\ \text{kip/ft}}{6\ \text{ft}}\langle x - 12\ \text{ft}\rangle^1 + \frac{6\ \text{kip/ft}}{6\ \text{ft}}\langle x - 18\ \text{ft}\rangle^1 - 6\ \text{kip/ft}\langle x - 18\ \text{ft}\rangle^0 \tag{d}$$

Força de reação E_y: A força de reação, de baixo para cima, em E é expressa por

$$w(x) = 19\ \text{kip}\langle x - 24\ \text{ft}\rangle^{-1} \tag{e}$$

Na prática, esse termo não causa efeito algum uma vez que o valor da Equação (e) é zero para todos os valores de $x \leq 24$ ft. Entretanto, esse termo será mantido aqui em prol da completude e da clareza.

Expressão completa do carregamento da viga: A soma das Equações (a) a (e) fornece a expressão para a carga $w(x)$ de toda a viga:

$$\begin{aligned} w(x) = & -9\ \text{kip/ft}\,\langle x - 0\ \text{ft}\rangle^0 + \frac{9\ \text{kip/ft}}{6\ \text{ft}}\langle x - 0\ \text{ft}\rangle^1 - \frac{9\ \text{kip/ft}}{6\ \text{ft}}\langle x - 6\ \text{ft}\rangle^1 \\ & + 56{,}0\ \text{kip}\,\langle x - 6\ \text{ft}\rangle^{-1} - 5\ \text{kip/ft}\langle x - 12\ \text{ft}\rangle^0 + 5\ \text{kip/ft}\langle x - 18\ \text{ft}\rangle^0 \\ & - \frac{6\ \text{kip/ft}}{6\ \text{ft}}\langle x - 12\ \text{ft}\rangle^1 + \frac{6\ \text{kip/ft}}{6\ \text{ft}}\langle x - 18\ \text{ft}\rangle^1 \\ & - 6\ \text{kip/ft}\langle x - 18\ \text{ft}\rangle^0 + 19\ \text{kip}\langle x - 24\ \text{ft}\rangle^{-1} \end{aligned} \tag{f}$$

Equação do esforço cortante: Integre a Equação (f) usando as regras de integração dadas na Equação (7.11) para obter a equação do esforço cortante da viga:

$$\begin{aligned} V(x) &= \int w(x)\,dx \\ &= -9\ \text{kip/ft}\,\langle x - 0\ \text{ft}\rangle^1 + \frac{9\ \text{kip/ft}}{2(6\ \text{ft})}\langle x - 0\ \text{ft}\rangle^2 - \frac{9\ \text{kip/ft}}{2(6\ \text{ft})}\langle x - 6\ \text{ft}\rangle^2 \\ &\quad + 56{,}0\ \text{kip}\,\langle x - 6\ \text{ft}\rangle^0 - 5\ \text{kip/ft}\langle x - 12\ \text{ft}\rangle^1 + 5\ \text{kip/ft}\langle x - 18\ \text{ft}\rangle^1 \\ &\quad - \frac{6\ \text{kip/ft}}{2(6\ \text{ft})}\langle x - 12\ \text{ft}\rangle^2 + \frac{6\ \text{kip/ft}}{2(6\ \text{ft})}\langle x - 18\ \text{ft}\rangle^2 \\ &\quad - 6\ \text{kip/ft}\langle x - 18\ \text{ft}\rangle^1 + 19\ \text{kip}\langle x - 24\ \text{ft}\rangle^0 \end{aligned} \tag{g}$$

Equação do momento fletor: Similarmente, integre a Equação (g) para obter a equação do momento fletor da viga:

$$\begin{aligned} M(x) &= \int V(x)\,dx \\ &= -\frac{9\ \text{kip/ft}}{2}\langle x - 0\ \text{ft}\rangle^2 + \frac{9\ \text{kip/ft}}{6(6\ \text{ft})}\langle x - 0\ \text{ft}\rangle^3 \\ &\quad - \frac{9\ \text{kip/ft}}{6(6\ \text{ft})}\langle x - 6\ \text{ft}\rangle^3 + 56{,}0\ \text{kip}\langle x - 6\ \text{ft}\rangle^1 \\ &\quad - \frac{5\ \text{kip/ ft}}{2}\langle x - 12\ \text{ft}\rangle^2 + \frac{5\ \text{kip/ft}}{2}\langle x - 18\ \text{ft}\rangle^2 \\ &\quad - \frac{6\ \text{kip/ft}}{6(6\ \text{ft})}\langle x - 12\ \text{ft}\rangle^3 + \frac{6\ \text{kip/ft}}{6(6\ \text{ft})}\langle x - 18\ \text{ft}\rangle^3 \\ &\quad - \frac{6\ \text{kip/ft}}{2}\langle x - 18\ \text{ft}\rangle^2 + 19\ \text{kip}\langle x - 24\ \text{ft}\rangle^1 \end{aligned} \tag{h}$$

Gráfico das Funções

Faça o gráfico das funções $V(x)$ e $M(x)$ dadas nas Equações (g) e (h) para $0 \text{ ft} \leq x \leq 24 \text{ ft}$ para criar os diagramas de esforços cortantes e de momentos fletores mostrados.

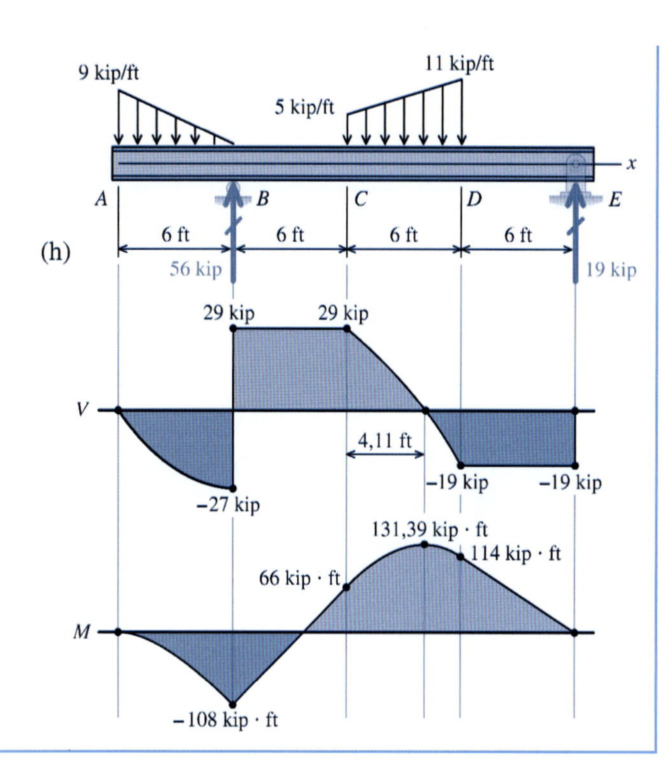

PROBLEMAS

P7.56-P7.66 Para as vigas e o carregamento mostrado nas Figuras P7.56 a P7.66:

(a) use as funções de descontinuidades para escrever a expressão para $w(x)$; inclua as reações da viga nessa expressão.
(b) integre $w(x)$ duas vezes para determinar $V(x)$ e $M(x)$.
(c) use $V(x)$ e $M(x)$ para fazer o gráfico dos diagramas de esforços cortantes e de momentos fletores.

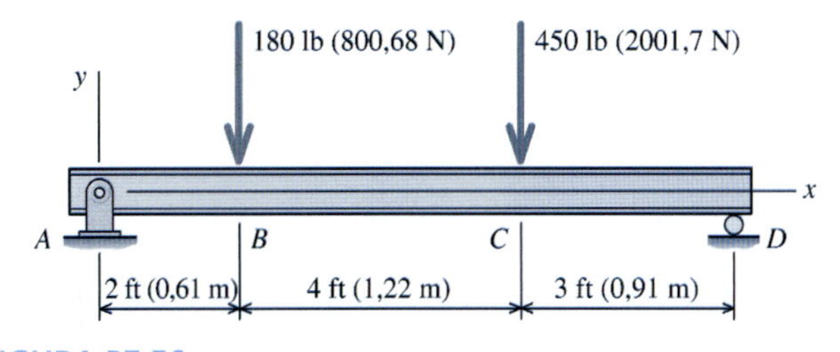

FIGURA P7.56

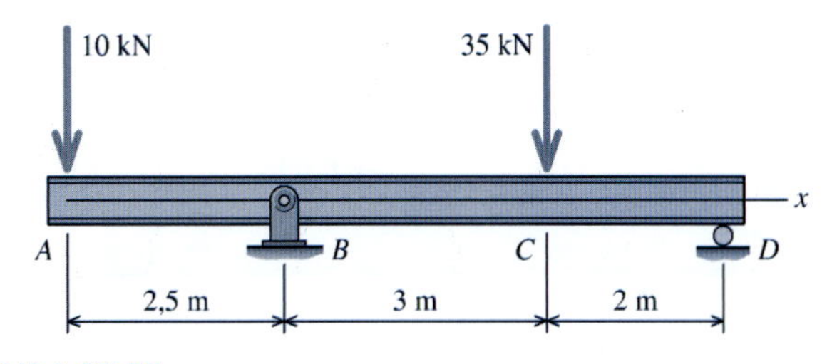

FIGURA P7.57

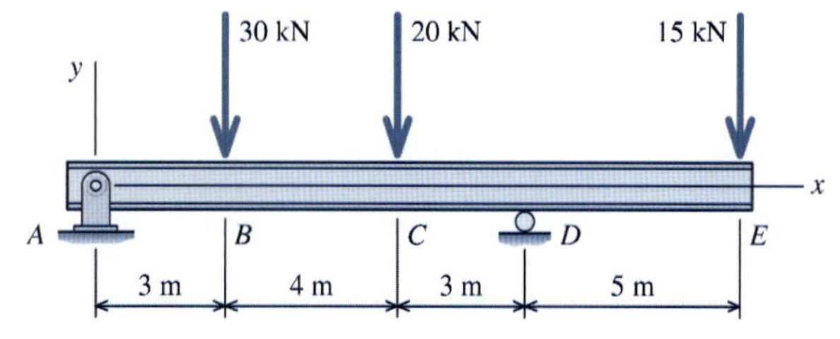

FIGURA P7.58

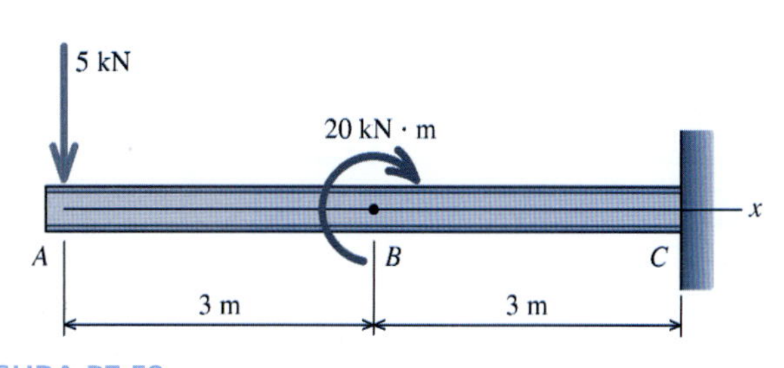

FIGURA P7.59

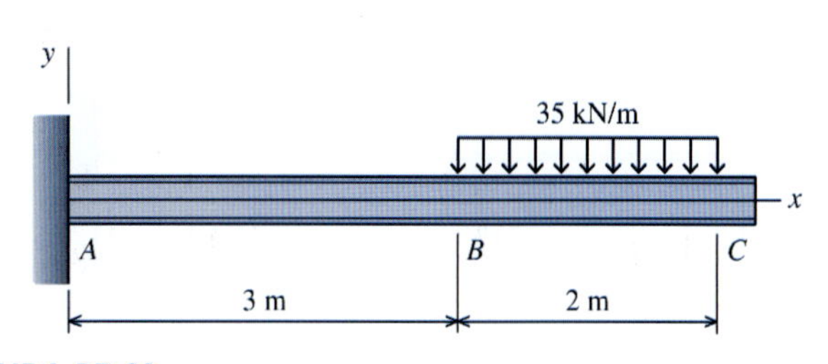

FIGURA P7.60

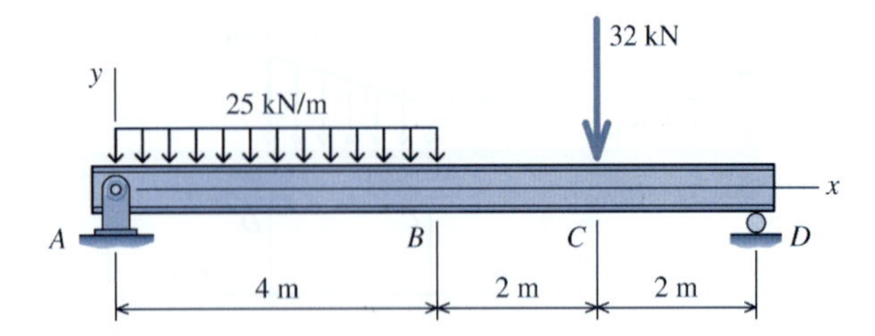

FIGURA P7.61

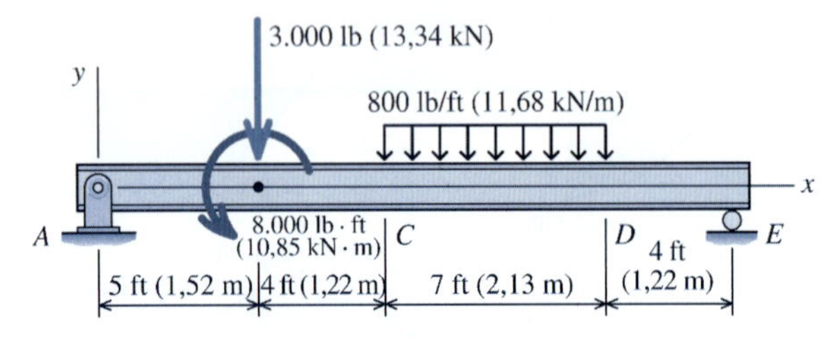

FIGURA P7.62

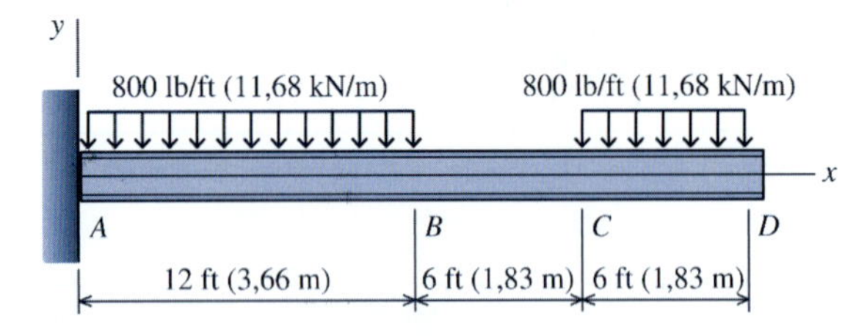

FIGURA P7.63

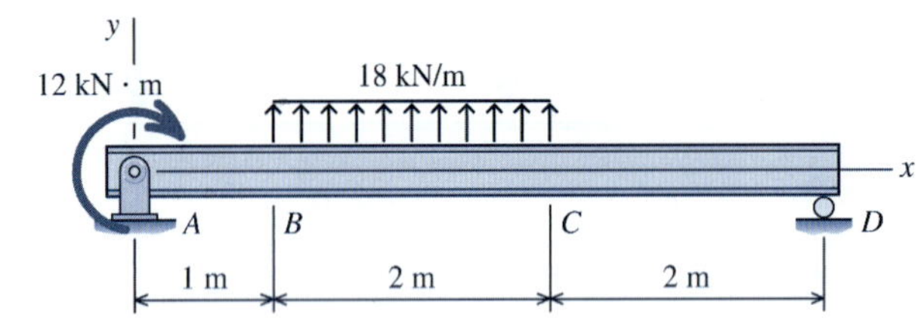

FIGURA P7.64

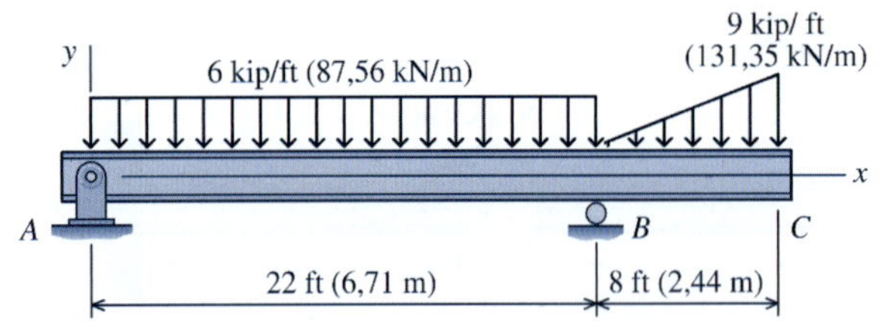

FIGURA P7.65

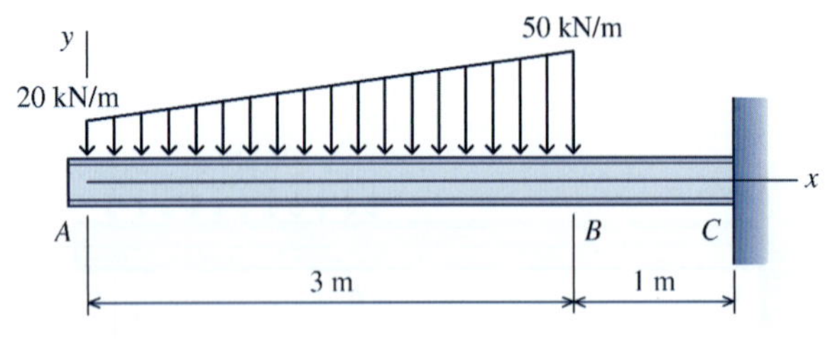

FIGURA P7.66

P7.67-P7.72 Para as vigas e o carregamento mostrado nas Figuras P7.67 a P7.72:

(a) use as funções de descontinuidades para escrever a expressão para $w(x)$; inclua as reações da viga nessa expressão.

(b) integre $w(x)$ duas vezes para determinar $V(x)$ e $M(x)$.

(c) determine o momento fletor máximo na viga entre os dois apoios simples.

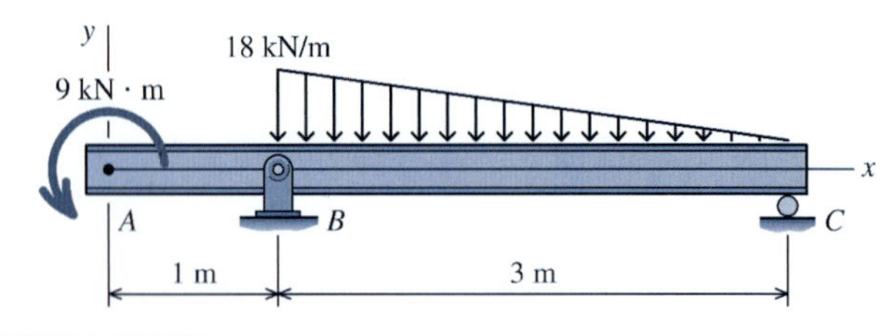

FIGURA P7.67

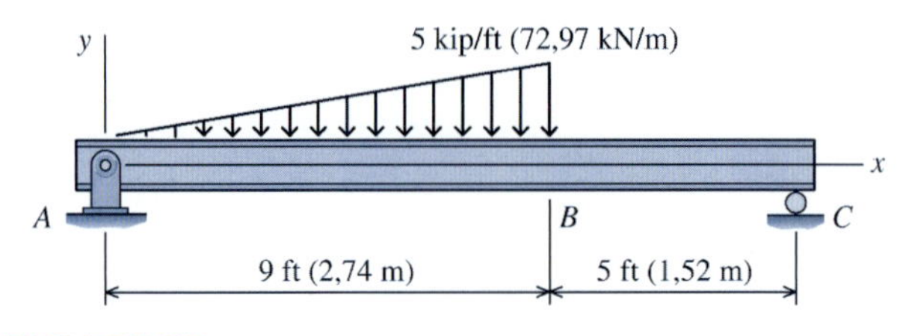

FIGURA P7.68

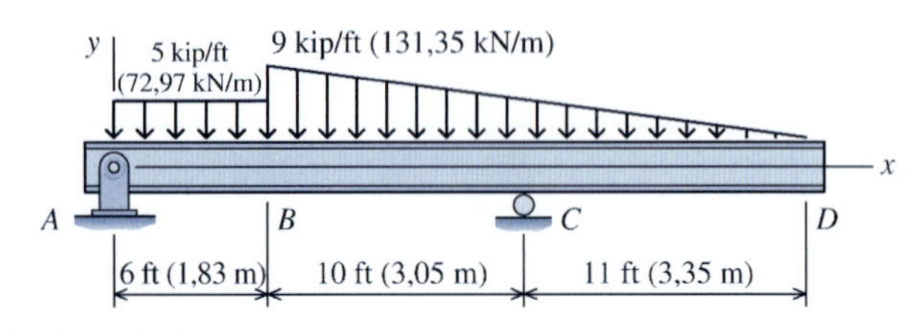

FIGURA P7.69

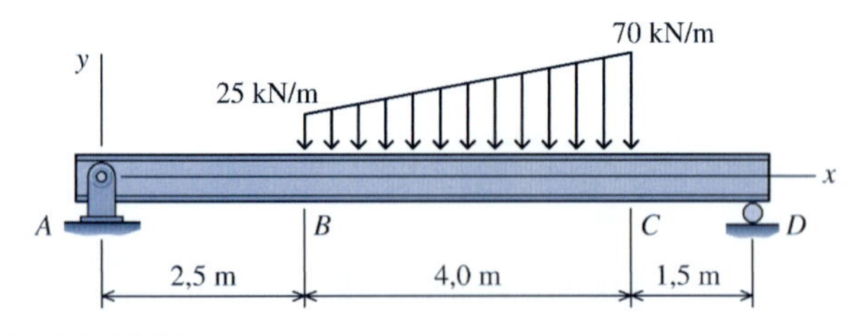

FIGURA P7.70

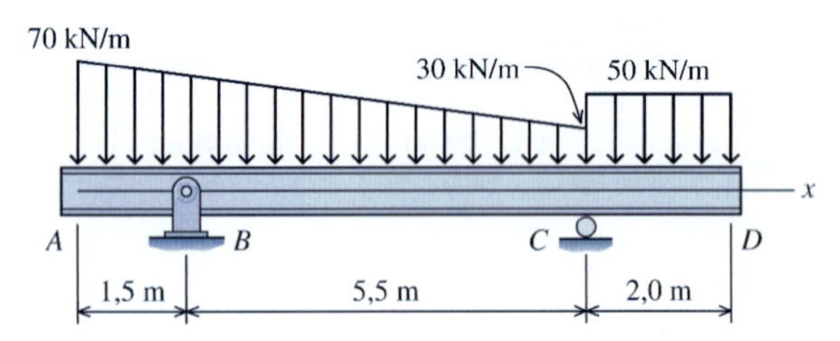

FIGURA P7.71

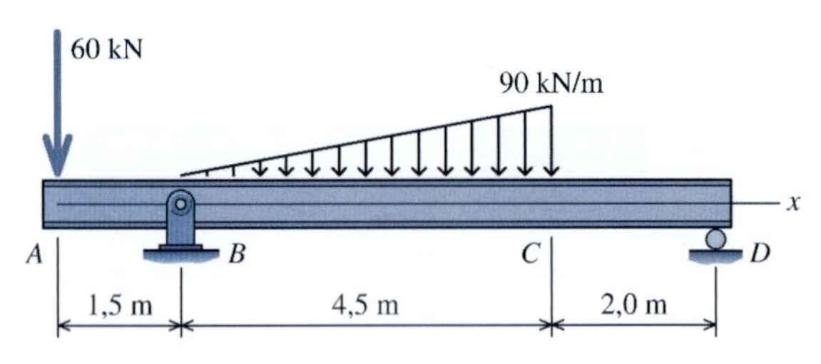

FIGURA P7.72

8 FLEXÃO

8.1 INTRODUÇÃO

Talvez o tipo mais comum de elemento estrutural seja a viga. Em estruturas e máquinas reais as vigas podem ser encontradas em uma imensa variedade de tamanhos, formas e orientações. A análise elementar de tensões da viga constitui um dos aspectos mais interessantes da mecânica dos materiais.

Em geral, as **vigas** são elementos estruturais longos (comparados às dimensões de suas seções transversais), retos e prismáticos que suportam **cargas transversais**, que são cargas que agem perpendicularmente ao eixo longitudinal do elemento (Figura 8.1*a*). As cargas em uma viga fazem com que ela se **flexione** (ou se **curve**), em contraste com o alongamento, encurtamento ou torção. As cargas aplicadas fazem com que o elemento inicialmente reto se deforme e adquira um formato curvo (Figura 8.1*b*), que é denominado **curva de deflexão** ou **curva elástica**.

O termo **transversal** se refere às cargas e às seções que estão no sentido perpendicular ao eixo longitudinal do elemento.

Neste estudo, trataremos de vigas que são inicialmente retas e que possuem um **plano longitudinal de simetria** (Figura 8.2*a*). A seção transversal do elemento, as condições dos apoios e as cargas aplicadas são simétricas em relação a esse plano de simetria. Os eixos coordenados usados para vigas serão definidos de forma que o **eixo longitudinal** do elemento será denominado eixo x; o eixo y estará dimensionado verticalmente apontando para cima e o eixo z será orientado de

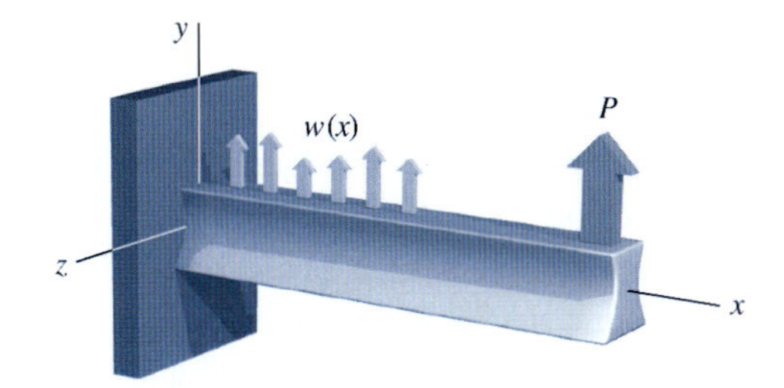

FIGURA 8.1*a* Cargas transversais aplicadas a uma viga.

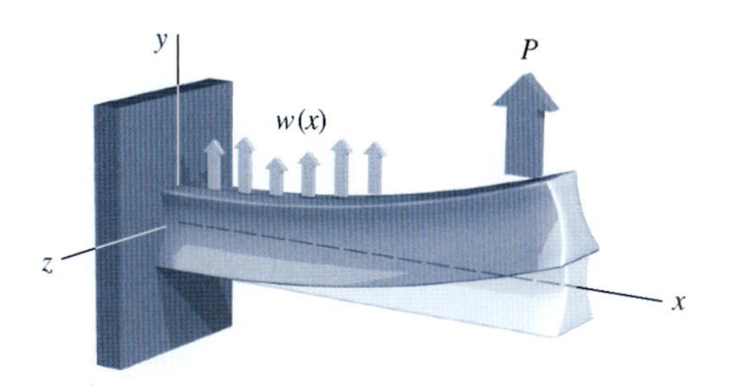

FIGURA 8.1*b* Deflexão causada pela flexão.

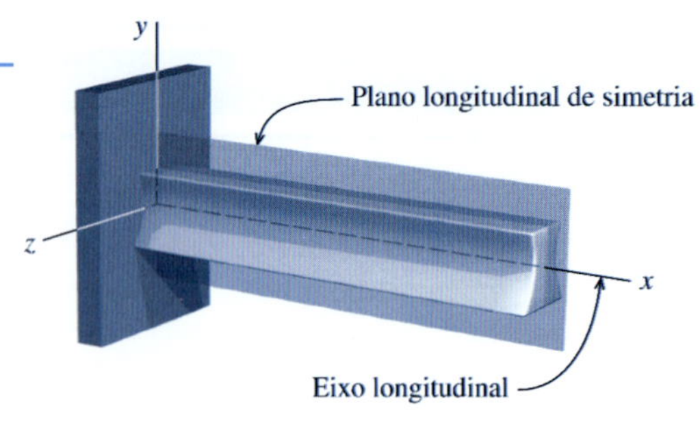

FIGURA 8.2*a* Plano longitudinal de simetria.

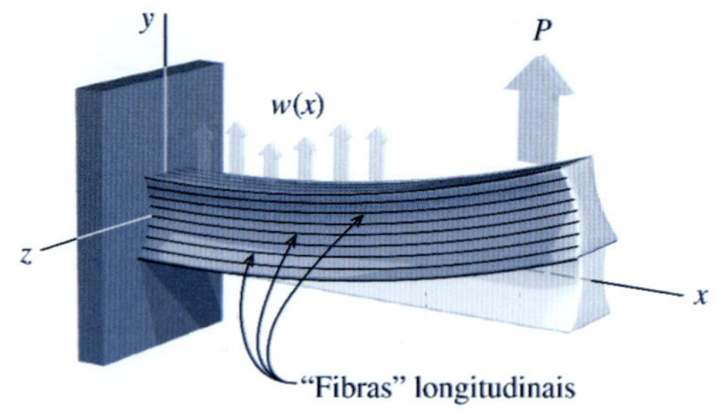

FIGURA 8.2*b* A noção de "fibras" longitudinais.

forma que os eixos x–y–z formem um sistema coordenado de acordo com a regra da mão direita. Na Figura 8.1*b*, o plano x–y é chamado **plano de flexão**, uma vez que as cargas e a deflexão do elemento ocorrem nesse plano. Diz-se que a flexão (também denominada **curvatura**) ocorre em torno do eixo z.

Na análise e no entendimento do comportamento de vigas, é conveniente imaginar que a viga seja um conjunto de muitas *fibras longitudinais*, colocadas em paralelo ao eixo longitudinal (ou simplesmente o **eixo**) da viga (Figura 8.2*b*). Essa terminologia se originou quando o material mais comum utilizado na construção de vigas era a madeira, que é um material fibroso. Embora os metais como o aço e o alumínio não possuam fibras, a terminologia é muito útil para descrever e entender o comportamento da flexão. Com referência à Figura 8.2*b*, a flexão faz com que as fibras da parte superior da viga sejam encurtadas ou comprimidas, ao passo que as fibras na parte inferior da viga são alongadas por tração.

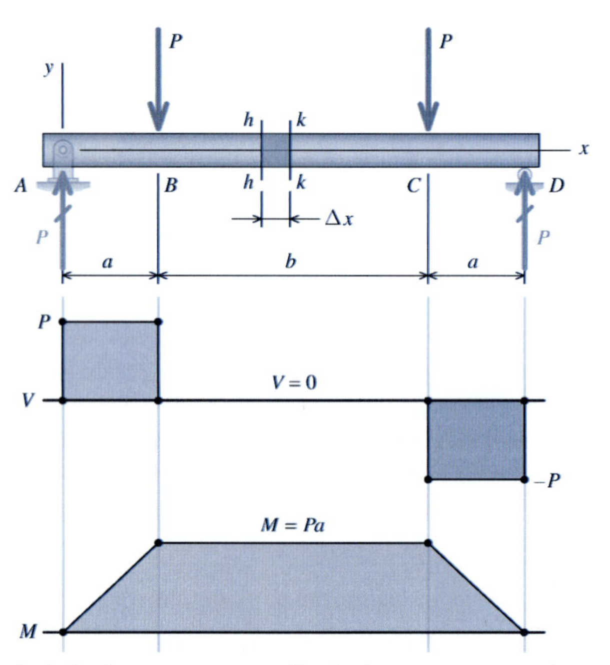

FIGURA 8.3 Exemplo de flexão pura em uma região da viga.

FLEXÃO PURA

Flexão pura se refere à flexão de uma viga em resposta a momentos fletores constantes (isto é, iguais). Por exemplo, a região entre os pontos B e C da viga mostrada na Figura 8.3 tem um momento fletor constante M e, consequentemente, diz-se que ela está submetida à flexão pura. A flexão pura só ocorre em regiões onde o esforço cortante transversal V é igual a zero. Lembre-se da Equação (7.2), que mostra que $V = dM/dx$. Se o momento fletor M for constante, então $dM/dx = 0$, o que por sua vez significa que $V = 0$. A flexão pura também significará que nenhuma força axial agirá na viga.

Ao contrário, a **flexão não uniforme** se refere à flexão na qual o esforço cortante V não é igual a zero. Se $V \neq 0$, então $dM/dx \neq 0$, o que significa que o momento fletor variará ao longo do vão da viga.

Nas seções a seguir, serão analisadas as deformações específicas e as tensões nas vigas sujeitas à flexão pura. Felizmente, os resultados obtidos para a flexão pura poderão ser aplicados a vigas com flexão não uniforme se a viga for relativamente longa em relação às dimensões de sua seção transversal ou, em outras palavras, se a viga for "esbelta".

8.2 DEFORMAÇÕES ESPECÍFICAS DE FLEXÃO

Para analisar as deformações específicas produzidas em uma viga sujeita à flexão pura, examine um segmento curto da viga mostrada na Figura 8.3. O segmento, localizado entre as seções h–h e k–k, é mostrado na Figura 8.4 com as deformações grandemente exageradas. Admite-se que a viga seja reta antes de a flexão ocorrer e que a seção transversal da viga seja constante (em outras palavras, a viga é um elemento prismático). As seções h–h e k–k, que eram superfícies planas antes da deformação, permanecerão planas após a deformação.

Se a viga for inicialmente reta, então todas as fibras da viga entre as seções h–h e k–k possuirão inicialmente o mesmo comprimento Δx. Depois de a flexão ocorrer, as fibras da viga nas partes superiores da seção transversal vão se encurtar e as fibras nas partes inferiores vão se alongar. Entretanto, existe uma superfície em particular entre as superfícies superiores e inferiores na qual as fibras da viga não se encurtam nem se alongam. Essa superfície é denominada **superfície neutra** da viga e a interseção dessa superfície com qualquer seção transversal é denominada **eixo neutro** da seção. Todas as fibras em um lado da superfície neutra estão comprimidas e as fibras no laço oposto estão tracionadas.

Quando sujeita à flexão pura, a viga se deforma no formato de um arco circular. O centro desse arco O é chamado **centro de curvatura**. A distância radial do centro de curvatura à superfície neutra da viga é chamada **raio de curvatura** e é indicado pela letra grega ρ (rô).

Considere uma fibra longitudinal localizada a uma distância y acima da superfície neutra. Em outras palavras, a origem do eixo coordenado y estará localizada na superfície neutra. Antes da flexão, a fibra terá um comprimento Δx. Depois da flexão, ela vai se encurtar e seu comprimento deformado será indicado por $\Delta x'$. A partir da definição de deformação específica normal dada na Equação (2.1), a deformação específica normal dessa fibra longitudinal pode ser expressa como:

$$\varepsilon_x = \frac{\delta}{L} = \lim_{\Delta x \to 0} \frac{\Delta x' - \Delta x}{\Delta x}$$

O segmento de viga sujeito à flexão pura assume o formato de um arco circular e o ângulo interno desse arco será indicado por $\Delta\theta$. Com base na geometria mostrada na Figura 8.4, os comprimentos Δx e $\Delta x'$ podem ser expressos em termos dos comprimentos de arco de modo que a deformação específica normal possa estar relacionada com o raio de curvatura ρ da seguinte forma:

$$\varepsilon_x = \lim_{\Delta x \to 0} \frac{\Delta x' - \Delta x}{\Delta x} = \lim_{\Delta\theta \to 0} \frac{(\rho - y)\Delta\theta - \rho\Delta\theta}{\rho\Delta\theta} = -\frac{1}{\rho}y \qquad (8.1)$$

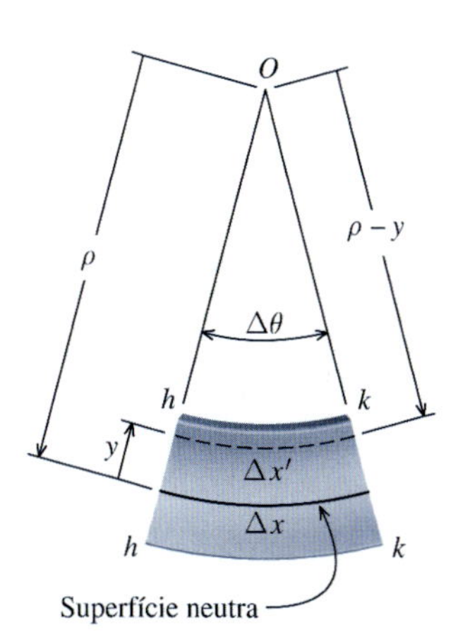

FIGURA 8.4 Deformações devidas à flexão.

A Equação (8.1) indica que a deformação normal específica desenvolvida em qualquer fibra é diretamente proporcional à distância da fibra à superfície neutra. A Equação (8.1) é válida para vigas de qualquer material, seja ele elástico ou inelástico, linear ou não linear. Observe que a deformação específica determinada aqui ocorre na direção x, muito embora as cargas aplicadas à viga ajam na direção y e a viga sofra flexão em torno do eixo z. Para um valor positivo de ρ (conforme a definição a seguir), o sinal negativo na Equação (8.1) indica que será desenvolvida uma deformação específica de compressão acima da superfície neutra (isto é, valores positivos de y), ao passo que ocorrerá deformação específica de tração abaixo da superfície neutra (onde os valores de y são negativos). Observe que a convenção de sinais para ε_x é a mesma definida para as deformações normais específicas no Capítulo 2; especificamente, o alongamento é positivo e o encurtamento é negativo.

A **curvatura** κ (letra grega capa) é uma medida da intensidade com que a viga é flexionada e está relacionada ao raio de curvatura ρ por

$$\kappa = \frac{1}{\rho} \tag{8.2}$$

Se a carga na viga for pequena, então a deflexão da viga será pequena, o raio de curvatura ρ será muito grande e a curvatura κ será muito pequena. Inversamente, uma viga com grandes deflexões terá um pequeno raio de curvatura ρ e uma grande curvatura κ. Para os eixos coordenados x–y–z usados aqui, a convenção de sinais para κ é definida de forma que κ será positivo se o centro de curvatura estiver localizado acima da viga. O centro de curvatura O do segmento de viga mostrado na Figura 8.4 está localizado acima da viga; portanto, essa viga tem uma curvatura κ positiva e, de acordo com a Equação (8.2), o raio de curvatura ρ também deve ser positivo. Para resumir, κ e ρ sempre possuem o mesmo sinal. Ambos serão positivos se o centro de curvatura estiver localizado acima da viga e ambos serão negativos se o centro de curvatura estiver localizado abaixo da viga.

DEFORMAÇÕES TRANSVERSAIS

As deformações específicas longitudinais ε_x da viga são acompanhadas de deformações no plano da seção transversal (isto é, deformações nas direções y e z) devido ao efeito de Poisson. Como a maioria das vigas é esbelta, a deformação no plano y–z devida aos efeitos de Poisson é muito pequena. Se a viga estiver livre para se deformar lateralmente (como é em geral o caso), as deformações específicas normais nas direções y e z não causarão tensões transversais. Essa situação é comparável àquela de uma barra prismática submetida a tração ou compressão e, portanto, as fibras longitudinais de uma viga sujeita à flexão pura estão no estado *uniaxial de tensões.*

8.3 DEFORMAÇÕES ESPECÍFICAS NORMAIS EM VIGAS

Para a flexão pura, a deformação específica longitudinal ε_x que ocorre na viga varia proporcionalmente à distância da fibra à superfície neutra da viga. A variação da tensão normal σ_x que age em uma seção transversal pode ser determinada a partir de uma curva tensão–deformação específica para o material em particular usado para fabricar a viga. Para a maioria dos materiais utilizados em engenharia, os diagramas tensão–deformação específica tanto para a tração como para a compressão são idênticos na região elástica. Embora os diagramas possam apresentar alguma diferença na região inelástica, as diferenças podem ser ignoradas em muitos casos. *Para os problemas de viga levados em consideração neste livro, os diagramas tensão–deformação específica para a tração e para a compressão serão admitidos como idênticos.*

A relação tensão–deformação específica mais comum encontrada em engenharia é a equação para o material elástico, que é definida pela Lei de Hooke: $\sigma = E\varepsilon$. Se a relação de deformação específica definida na Equação (8.1) for combinada com a Lei de Hooke, então a variação da tensão normal com a distância y da superfície neutra poderá ser expressa como

Como as seções transversais planas permanecem planas, a tensão normal σ_x causada pela flexão também está distribuída uniformemente na direção z.

$$\sigma_x = E\varepsilon_x = -\frac{E}{\rho}y = -E\kappa y \tag{8.3}$$

A Equação (8.3) mostra que a tensão normal σ_x na seção transversal da viga varia linearmente com a distância y à superfície neutra. Esse tipo de distribuição de tensões é mostrado na Figura 8.5*a* para o caso do momento fletor M, que produz tensões de compressão acima da superfície neutra e tensões de tração abaixo da superfície neutra.

Embora a Equação (8.3) descreva a variação da tensão normal ao longo da altura de uma viga, sua utilidade depende do conhecimento do local da superfície neutra. Além disso, em geral o raio de curvatura ρ não é conhecido, ao passo que o momento fletor M está prontamente disponível pelos diagramas de esforços cortantes (DEC) e de momentos fletores (DMF). Uma relação mais útil do que a Equação (8.3) será aquela que relaciona as tensões normais produzidas na viga com o momento fletor interno M. Ambos os objetivos podem ser alcançados pela determinação da tensão normal resultante σ_x que age ao longo da altura da seção transversal.

Em geral, a resultante das tensões normais em uma viga consiste em dois componentes:

(a) uma força resultante que age na direção x (isto é, a direção longitudinal) e
(b) um momento resultante que age em torno do eixo z.

Se a viga estiver sujeita à flexão pura, a força resultante na direção longitudinal deverá ser igual a zero. O momento resultante deverá ser igual ao momento fletor interno M na viga. Com base na distribuição de tensões mostrada na Figura 8.5*a*, podem ser escritas duas equações de equilíbrio: $\Sigma F_x = 0$ e $\Sigma M_z = 0$. Dessas duas equações,

(a) pode-se determinar o local da superfície neutra e
(b) pode-se estabelecer a relação entre o momento fletor e a tensão normal.

LOCAL DA SUPERFÍCIE NEUTRA

A interseção da **superfície neutra** (que é um plano) com qualquer seção transversal da viga (também uma superfície plana) é uma linha, denominada **eixo neutro**.

A Figura 8.5*b* mostra a seção transversal da viga. Consideraremos um pequeno elemento dA da área da seção transversal A. Admite-se que a viga seja homogênea e que as tensões de flexão sejam produzidas por um raio de curvatura arbitrário ρ. A distância da área dA ao eixo neutro é medida pela coordenada y. As tensões normais que agem na área dA produzem uma força resultante dF dada por $\sigma_x dA$ (lembre-se de que a força pode ser considerada como o produto da tensão pela área). A fim de satisfazer o equilíbrio horizontal, todas as forças dF da viga na Figura 8.5*a* devem produzir uma soma zero ou, exprimindo em termos matemáticos:

$$\Sigma F_x = \int dF = \int_A \sigma_x \, dA = 0$$

A substituição da Equação (8.3) para σ_x leva a

$$\Sigma F_x = \int_A \sigma_x \, dA = -\int_A \frac{E}{\rho} y \, dA = -\frac{E}{\rho}\int_A y \, dA = 0 \tag{8.4}$$

Na Equação (8.4), o módulo de elasticidade E não pode ser zero para um material sólido. O raio de curvatura ρ poderia ser igual a infinito; entretanto, isso implicaria que a viga não se flexionasse de forma alguma. Consequentemente, o equilíbrio horizontal das tensões normais só poderia ser satisfeito se

$$\int_A y \, dA = 0 \tag{a}$$

Essa equação indica que o momento estático (ou primeiro momento de área) da área da seção transversal em relação ao eixo z deve ser igual a zero. Da estática, lembre-se de que a definição

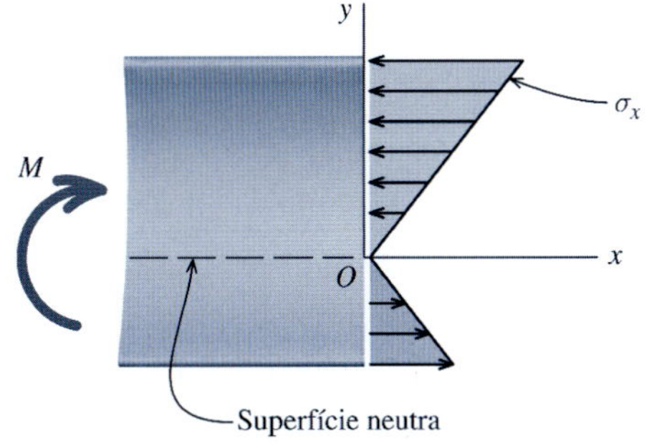

(*a*) Vista lateral mostrando a distribuição das tensões normais

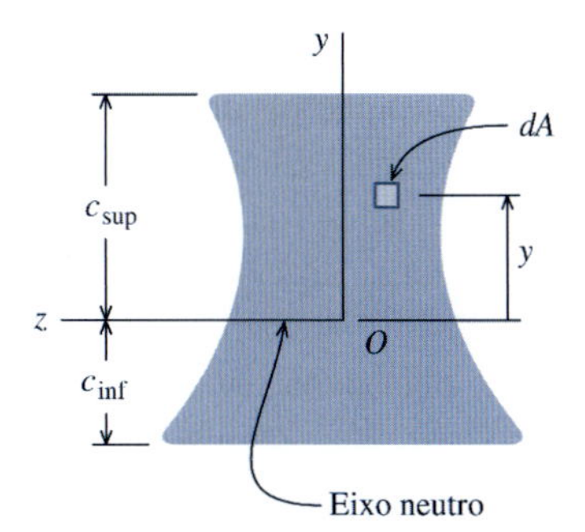

(*b*) Seção transversal da viga

FIGURA 8.5 Tensões normais em uma viga de material linearmente elástico.

Na Figura 8.5*a*, as tensões de compressão são indicadas por setas que apontam para a seção transversal e as tensões de tração são indicadas por setas que apontam para fora da seção transversal.

de centroide (centro de gravidade) de uma área em relação ao eixo horizontal também inclui o termo do momento estático

$$\bar{y} = \frac{\int_A y\,dA}{\int_A dA} \tag{b}$$

Tenha em mente que essa conclusão admite a flexão pura de um material elástico. Se existir uma força axial no elemento flexionado ou se o material for inelástico, a superfície neutra não passará pelo centroide (centro de gravidade) da área da seção transversal.

A substituição da Equação (a) na Equação (b) mostra que o equilíbrio só pode ser satisfeito se $\bar{y} = 0$ ou, em outras palavras, a distância $\bar{y}$ medida do centroide da área da seção transversal à superfície neutra deve ser igual a zero. Desta forma, para flexão pura, **o eixo neutro deve passar pelo centroide da área da seção transversal**.

Conforme analisado na Seção 8.1, o estudo da flexão apresentado aqui se aplica a vigas que tenham um plano longitudinal de simetria. Consequentemente, o eixo y deve passar pelo centroide. A origem O do sistema de coordenadas da viga (veja a Figura 8.5*b*) está localizada no centroide da área da seção transversal. O eixo x se situa no plano da superfície neutra e é coincidente com o eixo longitudinal do elemento estrutural. O eixo y se situa no plano longitudinal de simetria, tem origem no centroide da seção transversal e está dirigido verticalmente para cima (para uma viga horizontal). O eixo z também tem origem no centroide e está na direção que produz o sistema de coordenadas x–y–z de acordo com a regra da mão direita.

RELAÇÃO MOMENTO-CURVATURA

Um momento inclui um termo de força e um termo de distância. O termo da distância é chamado frequentemente *braço do momento*. Na área dA, a força é $\sigma_x dA$. O braço do momento é y, que é a distância da superfície neutra a dA.

A segunda equação de equilíbrio a ser satisfeita exige que a soma dos momentos seja igual a zero. Mais uma vez examine o elemento de área dA e a tensão normal que age sobre ele (Figura 8.5*b*). Como a força resultante dF que age em dA está localizada a uma distância y do eixo z, ela produz um momento dM em torno do eixo z. A força resultante pode ser expressa como $dF = \sigma_x dA$. Uma tensão normal positiva σ_x (isto é, tensão normal de tração) que age na área dA, localizada em uma coordenada y positiva, produz um momento dM que gira em torno do eixo z segundo um sentido negativo de acordo com a regra da mão direita; portanto, o momento infinitesimal dM é expresso como $dM = -y\sigma_x dA$.

Todos esses incrementos de momentos que agem na seção transversal juntamente com o momento fletor interno M devem oferecer soma nula a fim de que seja satisfeito o equilíbrio em torno do eixo z:

$$\Sigma M_z = -\int_A y\sigma_x\,dA - M = 0$$

Se a Equação (8.3) for substituída no lugar de σ_x então o momento fletor M poderá ser relacionado com o raio de curvatura ρ:

$$M = -\int_A y\sigma_x\,dA = \frac{E}{\rho}\int_A y^2\,dA \tag{8.5}$$

Mais uma vez da estática, lembre-se de que o termo integral na Equação (8.5) é chamado segundo momento de área ou, mais comumente, **momento de inércia de área**:

No contexto de mecânica (ou resistência) dos materiais, o momento de inércia de área é conhecido normalmente como **momento de inércia**.

$$I_z = \int_A y^2\,dA$$

O raio de curvatura ρ é medido a partir do centro de curvatura até a superfície neutra da viga (Figura 8.5*b*).

O subscrito z implica um momento de inércia determinado em relação ao eixo z que passa pelo centroide (isto é, o eixo em torno do qual age o momento fletor M). O termo da integral na Equação (8.5) pode ser substituído pelo momento de inércia I_z;

$$M = \frac{EI_z}{\rho}$$

para fornecer uma expressão que relaciona a curvatura da viga com seu momento fletor interno:

$$\kappa = \frac{1}{\rho} = \frac{M}{EI_z} \tag{8.6}$$

Essa relação é denominada **equação momento-curvatura** e mostra que a curvatura da viga está diretamente relacionada com o momento fletor e indiretamente relacionada com a quantidade EI_z. Em geral, o termo EI é conhecido como **rigidez à flexão** e é uma medida da resistência à flexão da viga.

FÓRMULA DA FLEXÃO

A relação entre a tensão normal σ_x e a curvatura foi desenvolvida na Equação (8.3), e a relação entre a curvatura e o momento fletor M foi dada pela Equação (8.6). Essas duas relações podem ser combinadas:

$$\sigma_x = -E\kappa y = -E\left(\frac{M}{EI_z}\right)y$$

para definir a tensão produzida em uma viga por um momento fletor:

$$\sigma_x = -\frac{My}{I_z} \tag{8.7}$$

A Equação (8.7) é conhecida como a **fórmula da flexão no regime elástico** ou simplesmente a **fórmula da flexão**. Do modo desenvolvido aqui, um momento fletor M que age em torno do eixo z produz tensões normais que agem na direção x (isto é, direção longitudinal) da viga. As tensões variam linearmente em intensidade ao longo da altura da seção transversal. As tensões normais produzidas em uma viga por um momento fletor são denominadas frequentemente **tensões de flexão** ou **tensões de curvatura**.

O exame da fórmula da flexão revela que um momento fletor positivo causa tensões normais negativas (isto é, compressão) para as partes da seção transversal acima do eixo neutro (ou seja, valores positivos de y) e tensões normais positivas (tração) para partes abaixo do eixo neutro (valores negativos de y). Ocorrem tensões opostas a essas para um momento fletor negativo. A distribuição das tensões de flexão tanto para momentos fletores positivos como para momentos fletores negativos está ilustrada na Figura 8.6.

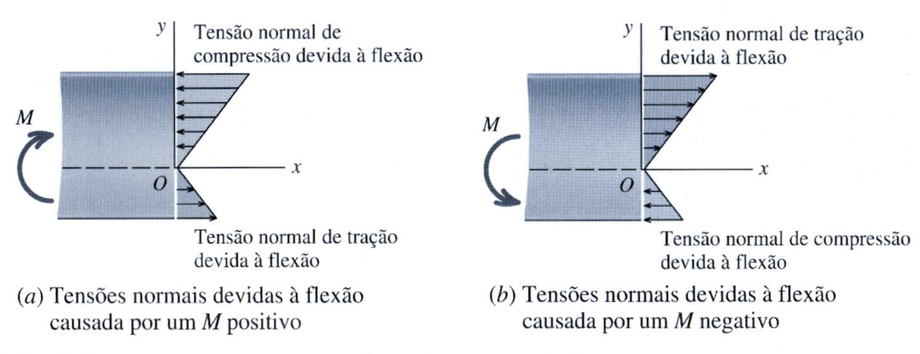

FIGURA 8.6 Relação entre o momento fletor M e a tensão de flexão.

No Capítulo 7, foi definido um momento fletor interno positivo como um momento que

- age no sentido contrário ao dos ponteiros do relógio na face direita da viga;
- age no sentido dos ponteiros do relógio na face esquerda da viga.

Essa convenção de sinais pode ser ampliada levando em consideração as tensões de flexão produzidas pelo momento interno. A convenção de sinais ampliada do momento fletor está ilustrada na Figura 8.7.

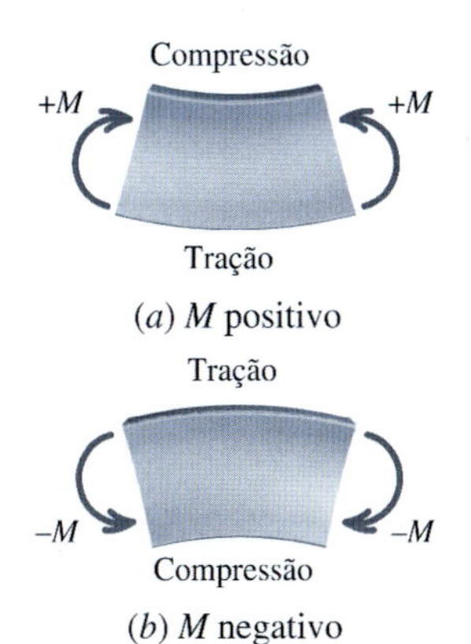

FIGURA 8.7 Convenção de sinais ampliada para o momento fletor.

Um momento fletor interno positivo M causa
- tensões de flexão de compressão acima do eixo neutro;
- tensões de flexão de tração abaixo do eixo neutro; e
- uma curvatura positiva κ.

Um momento fletor interno negativo M causa
- tensões de flexão de tração acima do eixo neutro;
- tensões de flexão de compressão abaixo do eixo neutro; e
- uma curvatura negativa κ.

TENSÕES MÁXIMAS EM UMA SEÇÃO TRANSVERSAL

Como a intensidade da tensão de flexão σ_x varia linearmente com a distância y até a superfície neutra [veja a Equação (8.3)], a tensão de flexão máxima $\sigma_{máx}$ ocorre, ou na superfície superior, ou na superfície inferior da viga, dependendo da superfície que estiver mais distante do eixo neutro. Na Figura 8.5*b*, as distâncias do eixo tanto à superfície superior como à superfície inferior da seção transversal são indicadas c_{sup} e c_{inf}, respectivamente. Nesse contexto, c_{sup} e c_{inf} são tomados como valores absolutos das coordenadas y para as superfícies superior e inferior. Os valores absolutos das tensões de flexão correspondentes são dados por

$$\begin{aligned} \sigma_{máx} &= \frac{Mc_{sup}}{I_z} = \frac{M}{S_{sup}} \quad \text{para a superfície superior da viga} \\ \sigma_{máx} &= \frac{Mc_{inf}}{I_z} = \frac{M}{S_{inf}} \quad \text{para a superfície inferior da viga} \end{aligned} \tag{8.8}$$

O sentido de σ_x (ou de tração, ou de compressão) é determinado pelo sinal do momento fletor. As quantidades S_{sup} e S_{inf} são chamados **módulos de resistência à flexão** (ou **módulos resistentes**, ou ainda **módulos da seção**) para a seção transversal e são definidos como

$$S_{sup} = \frac{I_z}{c_{sup}} \qquad \text{e} \qquad S_{inf} = \frac{I_z}{c_{inf}} \tag{8.9}$$

O módulo de resistência à flexão da seção é uma propriedade conveniente para o projeto de vigas porque ele combina duas importantes propriedades da seção transversal em uma única quantidade.

A seção transversal da viga mostrada na Figura 8.5 é simétrica em relação ao eixo y. Se a seção transversal de uma viga também for simétrica em relação ao eixo z, ela será chamada de **seção transversal duplamente simétrica**. Para um formato duplamente simétrico, $c_{sup} = c_{inf} = c$ e os *valores absolutos* das tensões de flexão nas extremidades superior e inferior da seção transversal são iguais e dados por

$$\sigma_{máx} = \frac{Mc}{I_z} = \frac{M}{S} \qquad \text{em que} \qquad S = \frac{I_z}{c} \tag{8.10}$$

Mais uma vez, a Equação (8.10) fornece apenas o valor absoluto da tensão. O sentido de σ_x (ou de tração, ou de compressão) é determinado pelo sentido do momento fletor.

FLEXÃO NÃO UNIFORME

A análise anterior admitiu que uma viga esbelta, homogênea e prismática estava sujeita à flexão pura. Se a viga estiver sujeita à flexão não uniforme, que ocorre quando existe um esforço cortante transversal V, então o esforço cortante produzirá distorções fora do plano das seções transversais. A rigor, essas distorções violam a hipótese inicial de que as superfícies planas antes da flexão permanecem planas após a flexão. Entretanto, a distorção causada pelas forças cortantes transversais não são significativas em vigas comuns e seu efeito pode ser ignorado. Portanto, as equações desenvolvidas nesta seção podem ser usadas para calcular as tensões de flexão de vigas sujeitas a flexão não uniforme.

RESUMO

As tensões de flexão em uma viga são avaliadas em um processo de três etapas.

Etapa 1 — Determine o Momento Fletor Interno M: O momento fletor pode ser especificado, mas mais geralmente, o momento fletor é determinado pela construção dos diagramas de esforços cortantes (DEC) e de momentos fletores (DMF).

Etapa 2 — Calcule as Propriedades da Seção Transversal da Viga: O local do centroide deve ser determinado em primeiro lugar uma vez que o centroide define a superfície neutra para a flexão pura. A seguir, o momento inércia da área da seção transversal em torno do eixo que passa pelo centroide e correspondente ao momento fletor M deve ser calculado. Se o momento fletor M agir em torno do eixo z, então o momento de inércia em torno do eixo z será exigido. Finalmente, as tensões de flexão no interior da seção transversal variam ao longo da altura. Portanto, deve ser estabelecida a coordenada y na qual as tensões devem ser calculadas.

Etapa 3 — Use a Fórmula da Flexão para Calcular as Tensões de Flexão: São obtidas duas equações para as tensões de flexão:

$$\sigma_x = -\frac{My}{I_z} \tag{8.7}$$

e

$$\sigma_x = \frac{Mc}{I_z} = \frac{M}{S} \tag{8.10}$$

Na prática, essas duas equações são chamadas frequentemente *fórmula da flexão*. A primeira forma é mais útil para o cálculo da tensão de flexão em locais diferentes do topo e da base da seção transversal da viga. O uso dessa forma exige muita atenção para a convenção de sinais para M e y. A segunda forma é mais útil para o cálculo dos valores absolutos das tensões de flexão máximas. Se for importante determinar se a tensão de flexão é de tração ou de compressão, então isso será feito por inspeção usando o sentido do momento fletor interno M.

EXEMPLO 8.1

Uma viga com seção transversal no formato de T invertido está sujeita a momentos fletores positivos M_z = 5 kN · m. As dimensões da seção transversal da viga são mostradas a seguir. Determine:

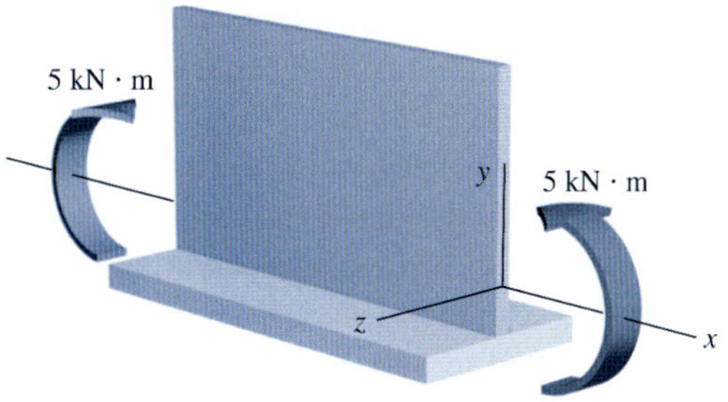

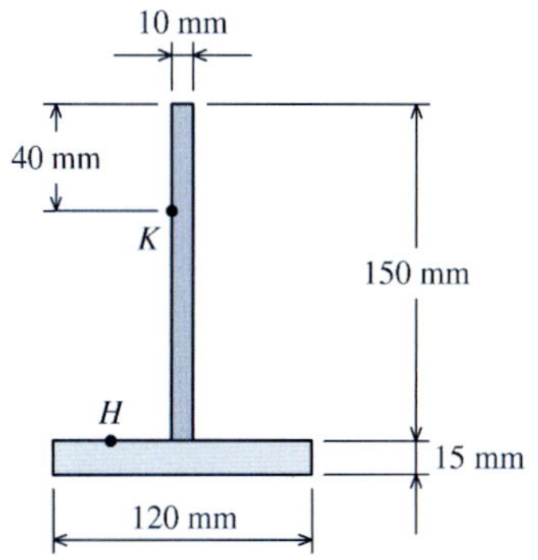

(a) o local do centroide, o momento de inércia em torno do eixo z e o módulo de resistência à flexão determinante da seção em torno do eixo z.

(b) a tensão de flexão nos pontos H e K. Indique se a tensão normal é de *tração* ou de *compressão*.

(c) a tensão de flexão máxima produzida na seção transversal. Indique se a tensão é de *tração* ou de *compressão*.

Planejamento da Solução

As tensões normais produzidas pelo momento fletor serão determinadas por meio da fórmula de flexão [Equação (8.7)]. Entretanto, antes de usar a fórmula de flexão, devem ser calculadas as propriedades da seção transversal da viga. O momento fletor age em torno do eixo baricêntrico z; portanto, deve ser determinado o local do centro de gravidade (centroide) na direção y. Uma vez localizado o centroide, será calculado o momento de inércia da seção transversal em torno do eixo baricêntrico z. Conhecido o local do centro de gravidade e o momento de inércia em torno do eixo baricêntrico, as tensões de flexão podem ser calculadas prontamente por meio da fórmula da flexão.

SOLUÇÃO

(a) O local do centro de gravidade na direção horizontal pode ser determinado apenas por simetria. Deve ser determinado o local do centroide na direção y para a seção transversal em T invertido. O formato em T de início é dividido em formas retangulares (1) e (2) e é calculada a área A_i para cada uma dessas formas. Para fins de cálculo, é estabelecido arbitrariamente um eixo de referência. Neste exemplo, o eixo de referência será colocado na superfície inferior do formato em T. É determinada a distância y_i na direção vertical do eixo de referência até o centro de gravidade de cada área retangular A_i e o produto y_iA_i (chamado *momento estático* ou *primeiro momento de área*) é calculado. O local do centroide $\bar{y}$ medido até o eixo de referência é calculado como a soma dos momentos estáticos das áreas y_iA_i dividida pela soma das áreas A_i. O cálculo da seção transversal em T invertido é resumido na tabela a seguir.

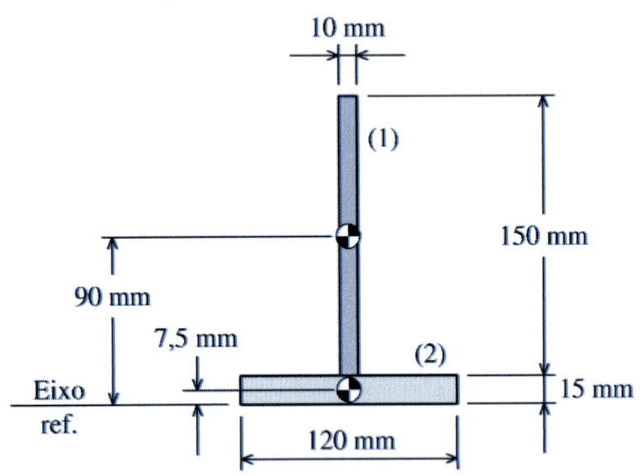

	A_i (mm²)	y_i (mm)	y_iA_i (mm³)
(1)	1.500	90	135.000
(2)	1.800	7,5	13.500
	3.300		148.500

$$\bar{y} = \frac{\Sigma y_i A_i}{\Sigma A_i} = \frac{148.500 \text{ mm}^3}{3.300 \text{ mm}^2} = 45{,}0 \text{ mm}$$

O eixo baricêntrico z está localizado 45,0 mm acima do eixo de referência para a seção em T invertido. **Resp.**

O momento fletor interno age em torno do eixo baricêntrico z e, consequentemente, o momento de inércia deve ser determinado em torno do mesmo eixo para a seção transversal em T invertido. Como os centros de gravidade das áreas (1) e (2) não coincidem com o eixo baricêntrico z de toda a seção transversal, deve ser usado o teorema dos eixos paralelos para que seja calculado o momento de inércia da seção em formato de T invertido.

Deve ser calculado o momento de inércia I_{ci} de cada formato retangular em torno de seu próprio centro de gravidade no início dos cálculos. Por exemplo, o momento de inércia da área (1) em torno do eixo baricêntrico z é calculado como $I_{c1} = bh^3/12 = (10 \text{ mm})(150 \text{ mm})^3/12 = 2.812.500 \text{ mm}^4$. A seguir, a distância perpendicular d_i entre o eixo baricêntrico z do formato em T invertido e o eixo baricêntrico z para a área A_i deve ser determinada. O termo d_i é elevado ao quadrado e multiplicado por A_i e o resultado é adicionado a I_{ci} para que seja fornecido o momento de inércia de cada figura retangular em torno do eixo baricêntrico z da seção em formato de T invertido. Os resultados para todas as áreas A_i são somados para que seja determinado o momento de inércia da seção transversal em torno de seu eixo baricêntrico. O procedimento completo de cálculo está resumido na tabela a seguir.

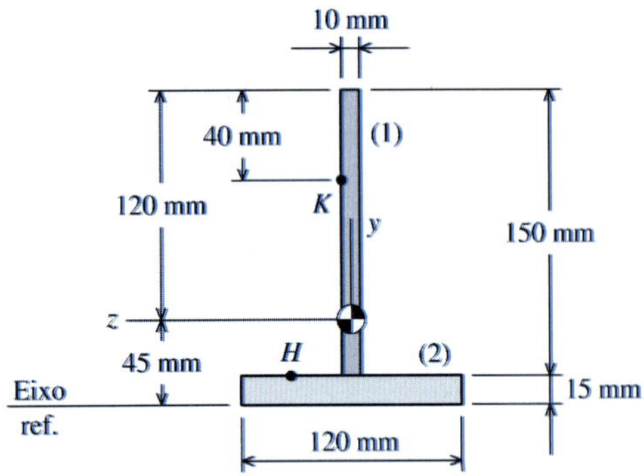

	I_{ci} (mm⁴)	$\|d_i\|$ (mm)	$d_i^2A_i$ (mm⁴)	I_z (mm⁴)
(1)	2.812.500	45,0	3.037.500	5.850.000
(2)	33.750	37,5	2.531.250	2.565.000
				8.415.000

O momento de inércia da seção transversal em torno de seu eixo baricêntrico z é $I_z = 8.415.000 \text{ mm}^4$. **Resp.**

Levando em consideração que a seção transversal em T invertido não é simétrica em relação a seu eixo baricêntrico z, são possíveis dois módulos de resistência à flexão para a seção [veja a Equação (8.9)]. A distância do eixo z à superfície superior da seção transversal será indicada por c_{sup}. O módulo de resistência à flexão calculado com base nesse valor é

$$S_{\text{sup}} = \frac{I_z}{c_{\text{sup}}} = \frac{8.415.000 \text{ mm}^4}{120 \text{ mm}} = 70.136 \text{ mm}^3$$

Seja a distância do eixo z à superfície inferior da seção transversal indicada por c_{inf}. O módulo de resistência à flexão correspondente é

$$S_{\text{inf}} = \frac{I_z}{c_{\text{inf}}} = \frac{8.415.000 \text{ mm}^4}{45 \text{ mm}} = 187.000 \text{ mm}^3$$

O módulo de resistência à flexão determinante é o menor desses dois valores; portanto, o módulo de resistência à flexão para a seção transversal em T invertido é

$$S = 70.125 \text{ mm}^3$$ **Resp.**

Por que se diz que o menor módulo de resistência à flexão é o que determina esse contexto? A tensão máxima de flexão é calculada usando módulo de resistência à flexão na expressão seguinte da fórmula da flexão [veja a Equação (8.10)]:

$$\sigma_{\text{máx}} = \frac{M}{S}$$

O módulo de resistência à flexão S aparece no denominador dessa fórmula; consequentemente, há uma relação inversa entre o módulo de resistência à flexão e a tensão de flexão. O menor valor de S corresponde à maior tensão de flexão.

(b) Tendo sido determinado o local do centro de gravidade (centroide) e o momento de inércia em torno do eixo baricêntrico, a fórmula da flexão [Equação (8.7)] pode agora ser usada para determinar a tensão de flexão no local de qualquer coordenada y. (Lembre-se de que o eixo coordenado y tem origem no centroide.) O ponto H está localizado em $y = -30$ mm; portanto, a tensão de flexão em H é dada por

$$\sigma_x = -\frac{My}{I_z} = -\frac{(5 \text{ kN} \cdot \text{m})(-30 \text{ mm})(1.000 \text{ N/kN})(1.000 \text{ mm/m})}{8.415.000 \text{ mm}^4}$$
$$= 17{,}83 \text{ MPa} = 17{,}83 \text{ MPa (T)}$$ **Resp.**

O ponto K está localizado em $y = +80$ mm; portanto, a tensão de flexão em K é calculada como

$$\sigma_x = -\frac{My}{I_z} = -\frac{(5 \text{ kN} \cdot \text{m})(80 \text{ mm})(1.000 \text{ N/kN})(1.000 \text{ mm/m})}{8.415.000 \text{ mm}^4}$$
$$= -47{,}5 \text{ MPa} = 47{,}5 \text{ MPa (C)}$$ **Resp.**

(c) Independentemente da geometria específica da seção transversal, a maior tensão de flexão em qualquer viga ocorrerá, ou na superfície superior, ou na superfície inferior da viga. Se a seção transversal não for simétrica em torno do eixo de flexão, então o valor absoluto da maior tensão de flexão (para qualquer momento M dado) ocorrerá no local mais afastado do eixo neutro, ou em outras palavras, no ponto que tenha a maior coordenada y. Para a seção em T invertido, a maior tensão de flexão ocorrerá na superfície superior:

$$\sigma_x = -\frac{My}{I_z} = -\frac{(5 \text{ kN} \cdot \text{m})(120 \text{ mm})(1.000 \text{ N/kN})(1.000 \text{ mm/m})}{8{,}415.000 \text{ mm}^4}$$
$$= -71{,}3 \text{ MPa} = 71{,}3 \text{ MPa (C)}$$ **Resp.**

Alternativamente, poderia ser usado o módulo de resistência à flexão da seção na Equação (8.10) para determinar o valor absoluto da tensão de flexão máxima.

$$\sigma_{\text{máx}} = \frac{M}{S} = \frac{(5 \text{ kN} \cdot \text{m})(1.000 \text{ N/kN})(1.000 \text{ mm/m})}{70.125 \text{ mm}^3}$$
$$= 71{,}3 \text{ MPa} = 71{,}3 \text{ MPa (C) por inspeção}$$

Se fosse usada a Equação (8.10) para calcular a tensão de flexão máxima, o sentido da tensão (ou seja, de tração ou de compressão) deveria ser determinado por inspeção.

EXEMPLO 8.2

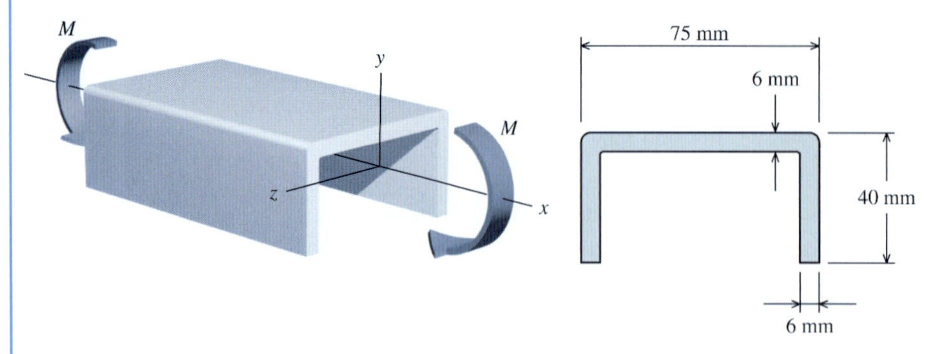

As dimensões da seção transversal da viga são mostradas à direita. Se a tensão de flexão máxima admissível for $\sigma_b = 230$ MPa, determine o valor absoluto do momento fletor interno máximo M que poderá ser suportado pela viga. (**Nota:** Os cantos arredondados da seção podem ser ignorados para efeito do cálculo das propriedades da seção.)

Planejamento da Solução

Para iniciar, devem ser calculados o local do centro de gravidade e o momento de inércia da seção transversal da viga. Uma vez calculadas as propriedades da seção, a fórmula da flexão será reorganizada para determinar o momento fletor máximo que pode ser aplicado sem que seja superada a tensão de flexão máxima admissível a 230 MPa.

SOLUÇÃO

O local do centroide na direção horizontal pode ser determinado com base na simetria. A seção transversal pode ser subdividida em três figuras retangulares. Seguindo o procedimento descrito no Exemplo 8.1, o cálculo do centro de gravidade para essa seção está resumido na tabela a seguir.

	A_i (mm²)	y_i (mm)	y_iA_i (mm³)
(1)	450	37	16.650
(2)	204	17	3.468
(3)	204	17	3.468
	858		23.586

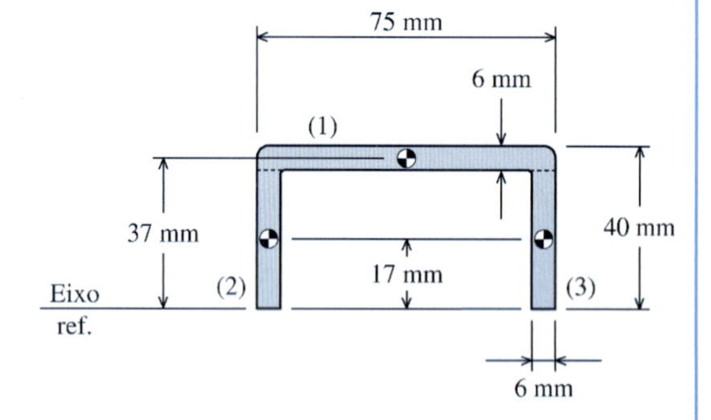

$$\bar{y} = \frac{\Sigma y_i A_i}{\Sigma A_i} = \frac{23.586 \text{ mm}^3}{858 \text{ mm}^2} = 27{,}49 \text{ mm}$$

O eixo baricêntrico z está localizado 27,49 mm acima do eixo de referência para essa seção transversal. **Resp.**

O cálculo do momento de inércia em torno desse eixo está resumido na tabela a seguir.

	I_c (mm⁴)	$\lvert d_i \rvert$ (mm)	$d_i^2A_i$ (mm⁴)	I_z (mm⁴)
(1)	1.350	9,51	40.698,0	42.048,0
(2)	19.652	10,49	22.448,2	42.100,2
(3)	19.652	10,49	22.448,2	42.100,2
				126.248,4

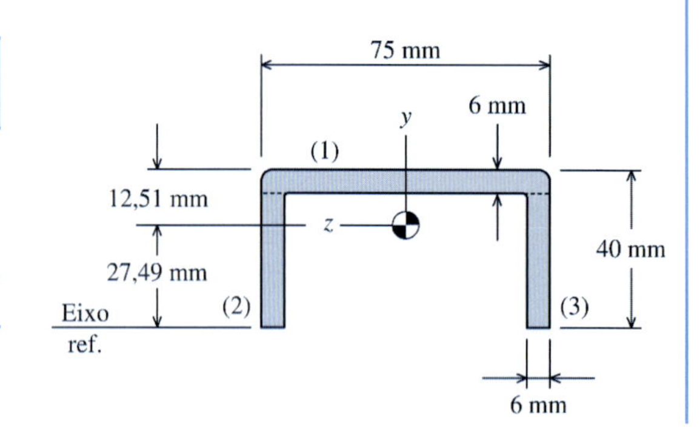

O momento de inércia da seção transversal em torno do eixo baricêntrico z é
$I_z = 126.248{,}4\ \text{mm}^4$. **Resp.**

A maior tensão de flexão em qualquer viga ocorrerá na superfície superior ou na superfície inferior da viga. Para essa seção transversal, a distância até a base da viga é maior do que a distância até o topo. Portanto, a maior tensão de flexão ocorrerá na superfície inferior da seção transversal em $y = -27{,}49$ mm. Nessa situação, é conveniente usar a fórmula da flexão na forma da Equação (8.10), fazendo $c = 27{,}49$ mm, a Equação (8.10) pode ser reorganizada para fornecer o valor do momento fletor M que produzirá uma tensão de flexão de 230 MPa na superfície inferior da viga:

$$M \leq \frac{\sigma_x I_z}{c} = \frac{(230\ \text{N/mm}^2)(126.248{,}4\ \text{mm}^4)}{27{,}49\ \text{mm}}$$
$$= 1.056.280\ \text{N} \cdot \text{mm} = 1.056\ \text{N} \cdot \text{m} \qquad \textbf{Resp.}$$

Para o sentido do momento fletor indicado na figura anterior, um momento fletor $M = 1.056$ N-m produzirá uma tensão de compressão de 230 MPa na superfície inferior da viga.

Exemplo do MecMovies M8.4

Examine as tensões de flexão que agem nas várias partes de uma seção transversal e determine os momentos fletores internos, dadas as tensões de flexão.

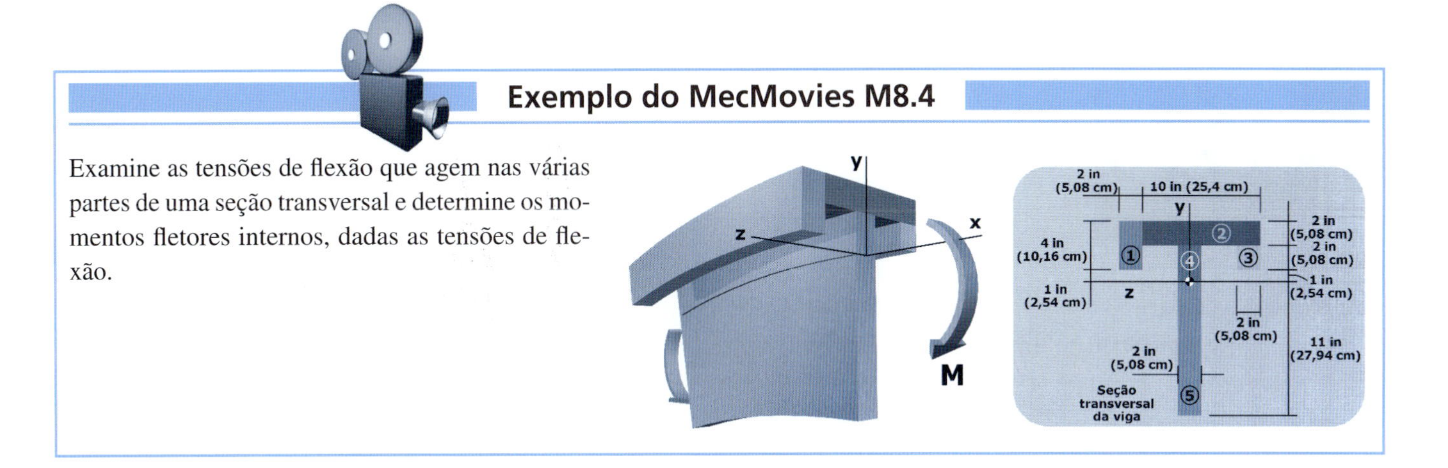

Exemplo do MecMovies M8.5

Exemplo animado do procedimento de cálculo do centro de gravidade (centroide) de uma seção em T.

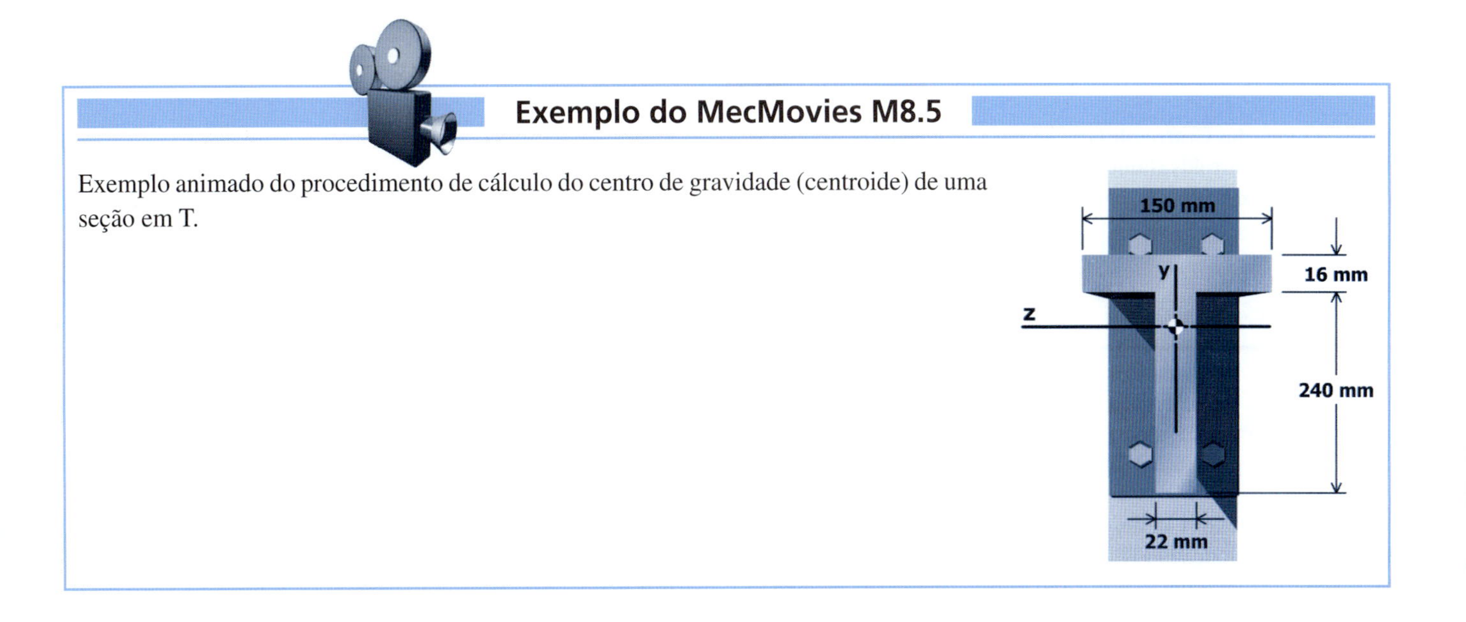

Exemplo do MecMovies M8.6

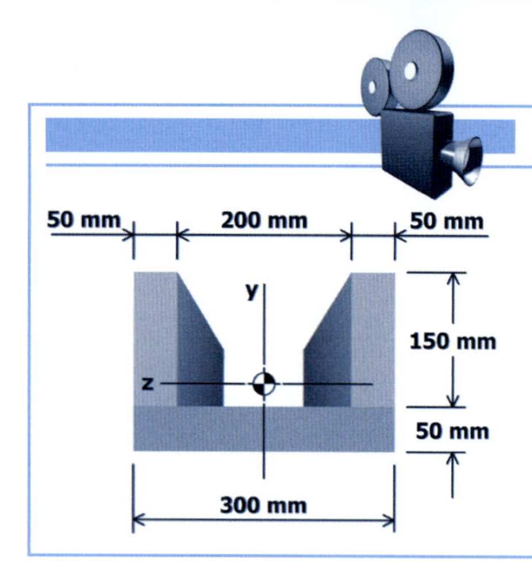

Exemplo animado do procedimento de cálculo do centro de gravidade (centroide) de uma seção em U.

Exemplo do MecMovies M8.7

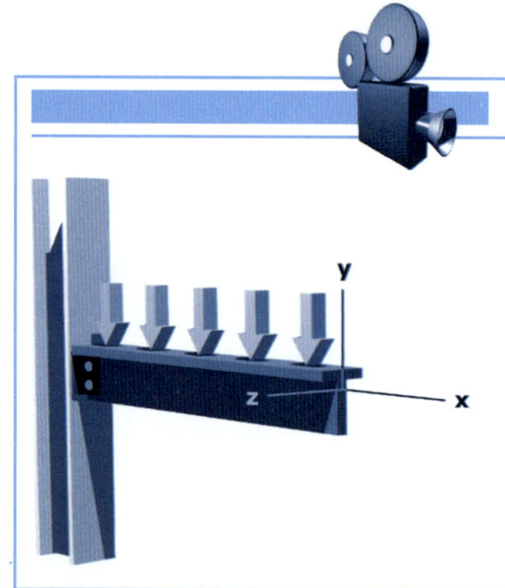

Determine o local do centro de gravidade e o momento de inércia em torno do eixo baricêntrico para uma seção em T.

EXERCÍCIOS do MecMovies

M8.1 **O Jogo dos Centros de Gravidade: Aprendendo os Conceitos Básicos (The Centroids Game: Learning the Ropes).** Atinja a pontuação de pelo menos 90% do jogo.

The Centroids Game

Learning the Ropes

FIGURA M8.1

M8.2 **O Jogo dos Momentos de Inércia: Iniciando com o Momento de Inércia do Quadrado (The Moment of Inertia Game: Starting from Square One).** Atinja a pontuação de pelo menos 90% do jogo.

The Moment of Inertia Game

Starting From Square One

FIGURA M8.2

M8.3 Use a fórmula da flexão para determinar as tensões de flexão de um perfil com flanges.

FIGURA M8.3

PROBLEMAS

P8.1 Durante a fabricação de um arco laminado de madeira, uma das pranchas de abeto de Douglas [E = 1.900 ksi (13,1 GPa)] com 10 in (25,4 cm) de largura por 1 in (2,54 cm) de espessura deve ser flexionada em um raio de curvatura de 40 ft (12,19 m). Determine a tensão de flexão máxima desenvolvida na prancha.

P8.2 Um tubo de aço de alta resistência [E = 200 GPa], com diâmetro externo de 80 mm e espessura de parede de 3 mm deve ser flexionado em uma curva circular com raio de curvatura de 52 m. Determine a tensão de flexão máxima do tubo.

P8.3 Uma lâmina de serra de aço de alta resistência [E = 200 GPa] envolve uma roldana que tem diâmetro de 450 mm. Determine a tensão de flexão máxima desenvolvida na lâmina. A lâmina tem 12 mm de largura e 1 mm de espessura.

P8.4 As placas de uma forma de concreto devem ser flexionadas em um formato circular com diâmetro interno de 10 m. Que espessura mínima pode ser usada nas placas se a tensão normal não deve ser superior a 7 MPa? Admita que o módulo de elasticidade da madeira seja 12 GPa.

P8.5 Uma viga com seção transversal em T está sujeita a momentos fletores iguais de 12 kN · m conforme mostrado na Figura P8.5*a*. As dimensões da seção transversal da viga estão ilustradas na Figura P8.5*b*. Determine:

(a) o local do centro de gravidade, o momento de inércia em relação ao eixo z e o módulo resistente da seção determinante em torno do eixo z.

(b) a tensão de flexão no ponto H; diga se a tensão normal em H é de *tração* ou de *compressão*.

(c) a tensão máxima de flexão produzida na seção transversal; diga se a tensão é de *tração* ou de *compressão*.

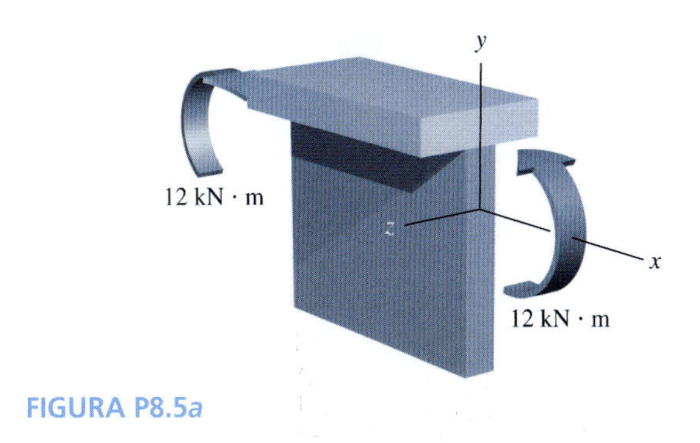

FIGURA P8.5*a*

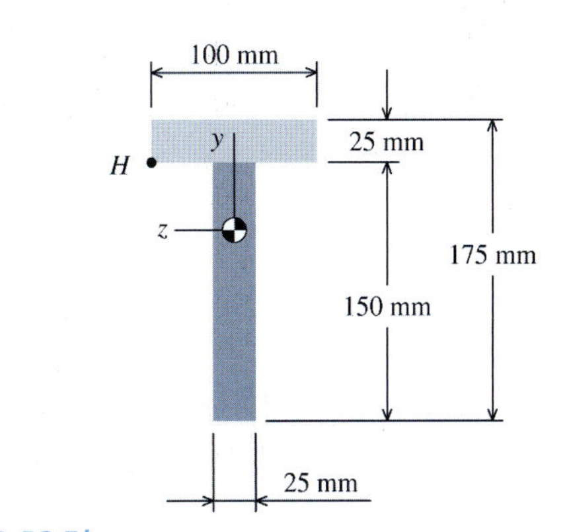

FIGURA P8.5*b*

P8.6 Uma viga está sujeita a momentos fletores iguais de 6,5 kip · ft (8,81 kN · m) conforme mostra a Figura P8.6*a*. As dimensões da seção transversal da viga estão ilustradas na Figura P8.6*b*. Determine:

(a) o local do centro de gravidade, o momento de inércia em torno do eixo z e o módulo resistente determinante da seção em torno do eixo z.

(b) a tensão normal de flexão no ponto H, que está localizado 2 in (5,08 cm) abaixo do eixo baricêntrico z; diga se a tensão normal em H é de *tração* ou de *compressão*.

(c) a tensão normal máxima de flexão produzida na seção transversal; diga se a tensão é de *tração* ou de *compressão*.

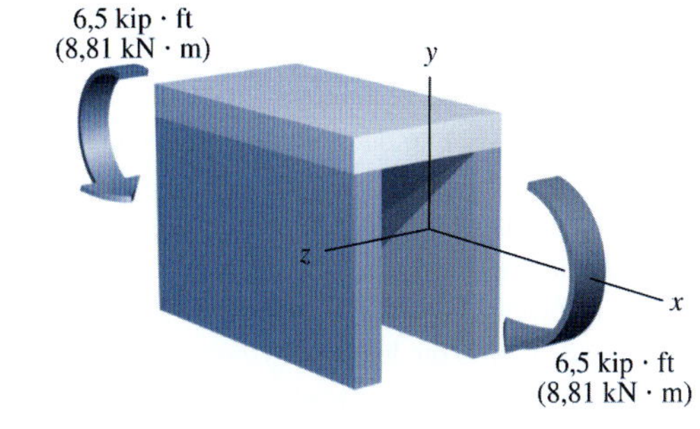

FIGURA P8.6*a*

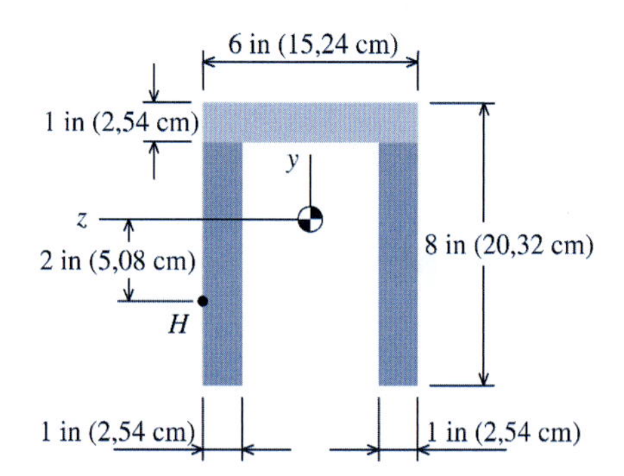

FIGURA P8.6*b*

P8.7 Uma viga está sujeita a dois momentos fletores iguais de 470 N · m conforme mostra a Figura P8.7*a*. As dimensões da seção transversal da viga estão ilustradas na Figura P8.7*b*. Determine:

(a) o local do centro de gravidade, o momento de inércia em torno do eixo *z* e o módulo resistente determinante da seção em torno do eixo *z*.

(b) a tensão normal de flexão no ponto *H*; diga se a tensão normal em *H* é de *tração* ou de *compressão*.

(c) a tensão normal máxima de flexão produzida na seção transversal; diga se a tensão é de *tração* ou de *compressão*.

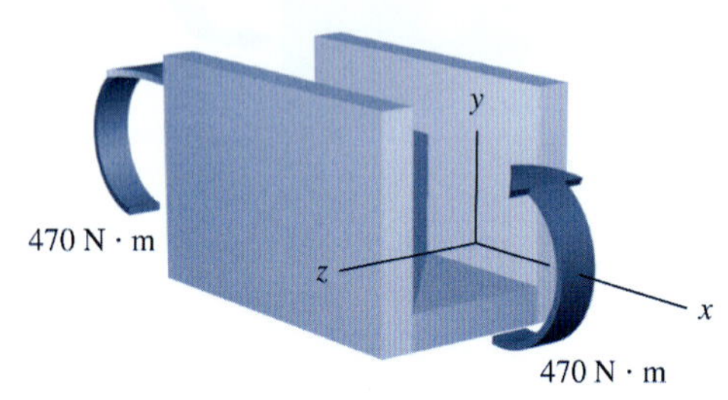

FIGURA P8.7*a*

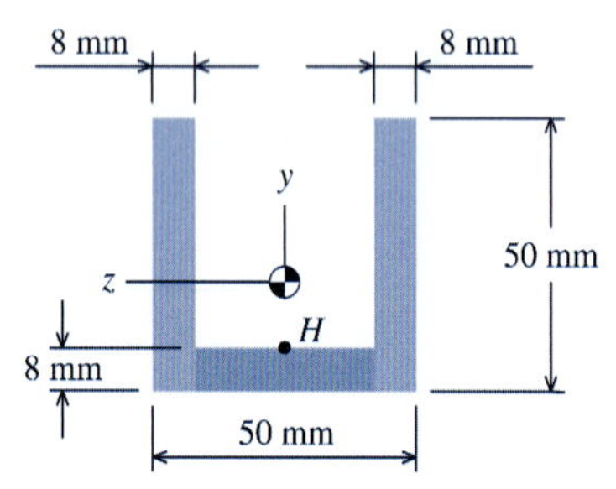

FIGURA P8.7*b*

P8.8 Uma viga está sujeita a momentos fletores iguais de 17,5 kip · ft (23,73 kN · m) conforme mostra a Figura P8.8*a*. As dimensões da seção transversal da viga estão ilustradas na Figura P8.8*b*. Determine:

(a) o local do centro de gravidade, o momento de inércia em torno do eixo *z* e o módulo resistente determinante da seção em torno do eixo *z*.

(b) a tensão normal originada pela flexão no ponto *H*; diga se a tensão normal em *H* é de *tração* ou de *compressão*.

(c) a tensão normal originada pela flexão no ponto *K*; diga se a tensão normal em *K* é de *tração* ou de *compressão*.

(d) a tensão normal máxima produzida pela flexão na seção transversal; diga se a tensão é de *tração* ou de *compressão*.

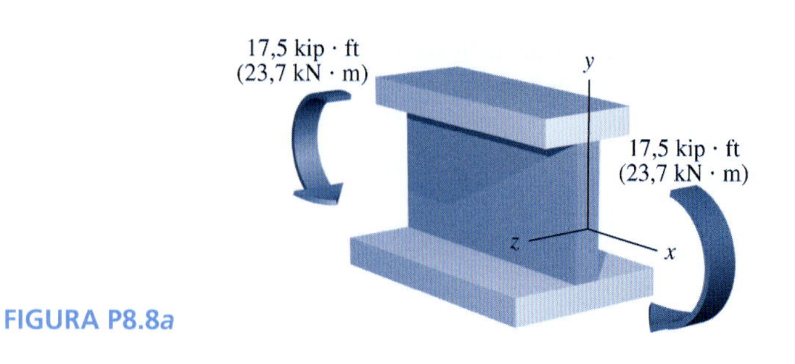

FIGURA P8.8*a*

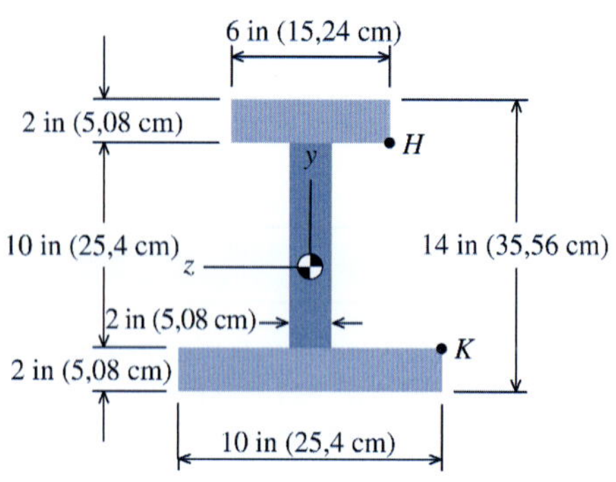

FIGURA P8.8*b*

P8.9 As dimensões da seção transversal de uma viga estão mostradas na Figura P8.9.

(a) Se a tensão normal produzida pela flexão em *K* for de 43 MPa (C), determine o momento fletor interno M_z que agirá em torno do eixo baricêntrico *z* da viga.

(b) Determine a tensão normal produzida pela flexão no ponto *H*. Diga se a tensão normal em *H* é de *tração* ou de *compressão*.

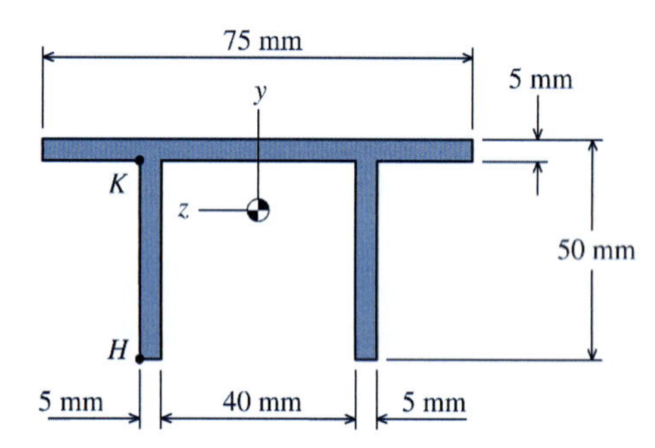

FIGURA P8.9

P8.10 As dimensões da seção transversal de uma viga estão mostradas na Figura P8.10.

(a) Se a tensão normal produzida pela flexão em *K* for de 2.600 psi (T), determine o momento fletor interno M_z que age em torno do eixo baricêntrico *z* da viga.

(b) Determine a tensão normal produzida pela flexão no ponto *H*. Diga se a tensão normal em *H* é de *tração* ou de *compressão*.

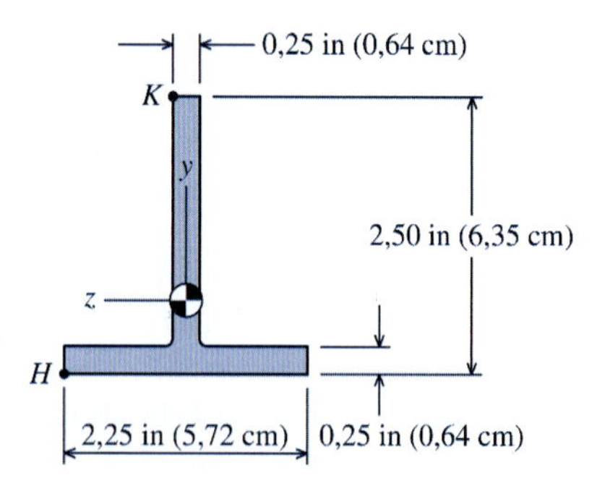

FIGURA P8.10

P8.11 As dimensões da seção transversal de uma viga caixão estão mostradas na Figura P8.11. Se a tensão máxima admissível produzida pela flexão for $\sigma_b = 15.000$ psi, determine o valor absoluto do momento fletor interno máximo M_z que pode ser aplicado à viga.

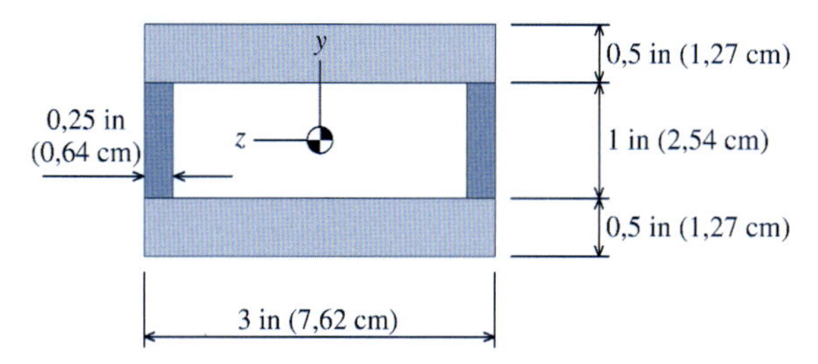

FIGURA P8.11

P8.12 As dimensões da seção transversal de uma viga estão mostradas na Figura P8.12. O momento fletor interno em torno do eixo baricêntrico z é $M_z = +2{,}70$ kip · ft (3,66 kN · m). Determine:

(a) a tensão normal máxima de tração produzida pela flexão na viga.
(b) a tensão normal máxima de compressão produzida pela flexão na viga.

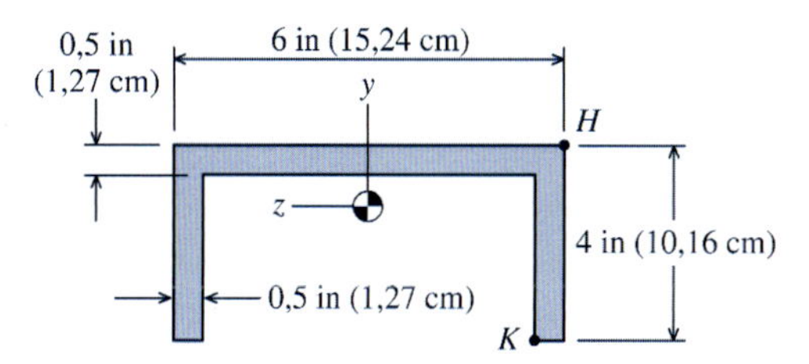

FIGURA P8.12

P8.13 As dimensões da seção transversal de uma viga estão mostradas na Figura P8.13.

(a) Se a tensão normal produzida pela flexão no ponto K for 35,0 MPa (T), determine a tensão normal produzida pela flexão no ponto H. Diga se a tensão normal em H é de *tração* ou de *compressão*.
(a) Se a tensão normal admissível produzida pela flexão for $\sigma_b = 165$ MPa, determine o valor absoluto do momento fletor máximo M_z que pode ser suportada pela viga.

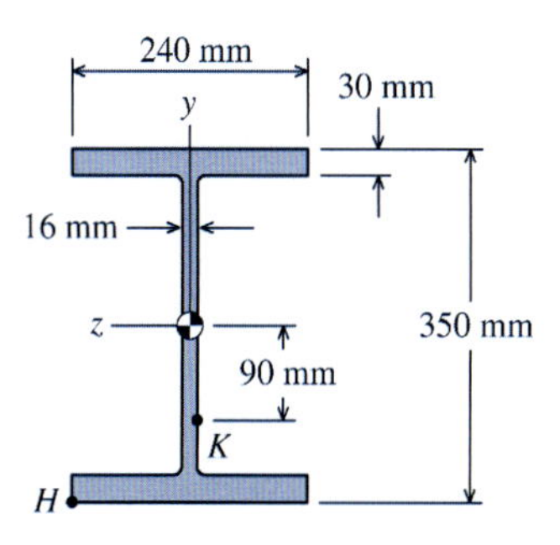

FIGURA P8.13

P8.14 As dimensões da seção transversal de uma viga estão mostradas na Figura P8.14.

(a) Se a tensão normal produzida pela flexão no ponto K for 9,0 MPa (T), determine a tensão normal produzida pela flexão no ponto H. Diga se a tensão normal em H é de *tração* ou de *compressão*.
(b) Se a tensão normal admissível produzida pela flexão for $\sigma_b = 165$ MPa, determine o valor absoluto do momento fletor interno máximo M_z que pode ser suportado pela viga.

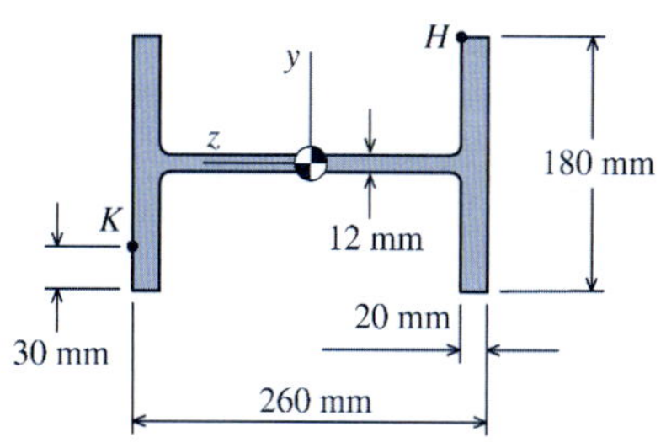

FIGURA P8.14

P8.15 As dimensões da seção transversal de uma viga estão mostradas na Figura P8.15. O momento fletor interno em torno do eixo baricêntrico é $M_z = -1{,}55$ kip · ft ($-2{,}1$ kN · m). Determine:

(a) a tensão normal máxima de tração produzida pela flexão na viga.
(b) a tensão normal máxima de compressão produzida pela flexão na viga.

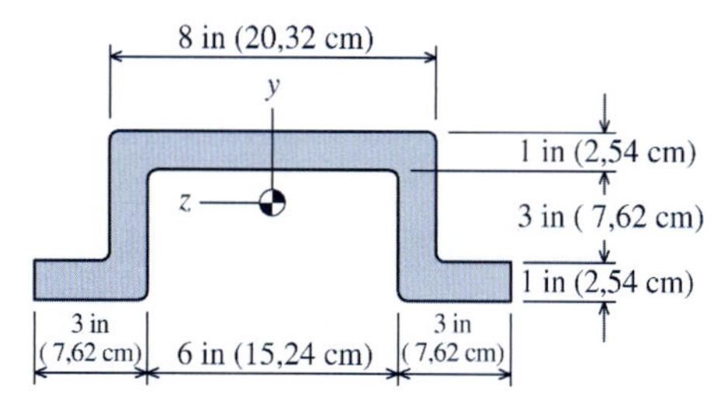

FIGURA P8.15

P8.16 As dimensões da seção transversal de uma viga estão mostradas na Figura P8.16. O momento fletor interno em torno do eixo baricêntrico z é $M_z = +270$ lb · ft (366,1 N · m). Determine:

(a) a tensão normal máxima de tração produzida pela flexão na viga.
(b) a tensão normal máxima de compressão produzida pela flexão na viga.

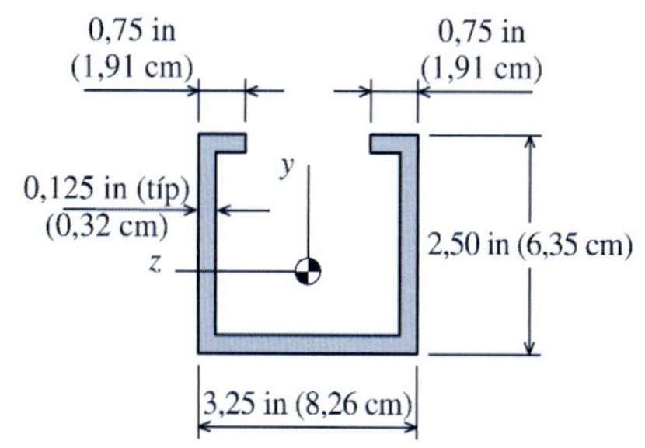

FIGURA P8.16

P8.17 Duas forças verticais estão aplicadas a uma viga simplesmente apoiada (Figura P8.17*a*) que possui a seção transversal mostrada na Figura P8.17*b*. Determine as tensões normais máximas de tração e compressão produzidas pela flexão no segmento *BC* da viga.

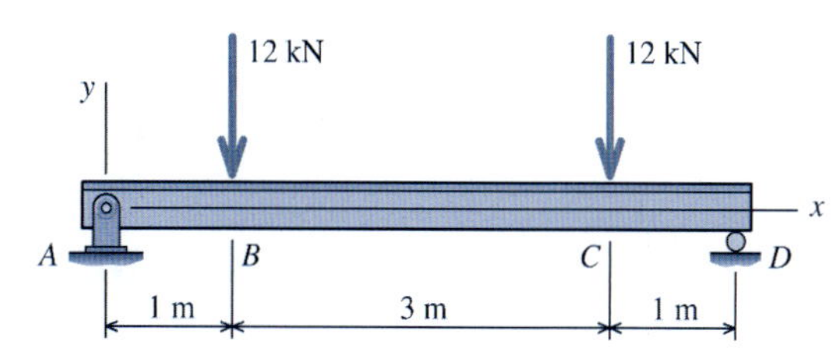

FIGURA P8.17*a*

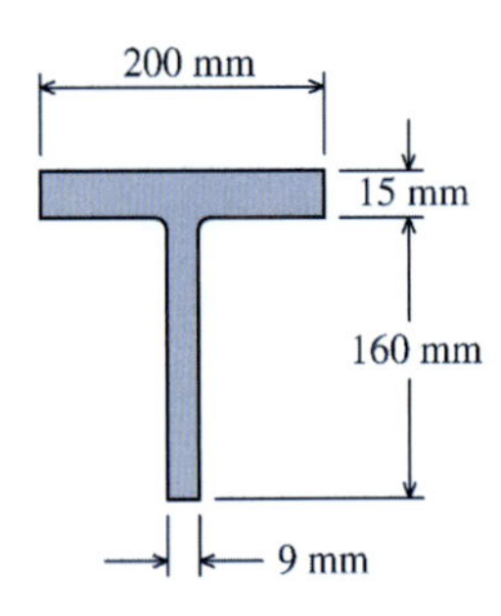

FIGURA P8.17*b*

P8.18 Duas forças verticais estão aplicadas a uma viga simplesmente apoiada (Figura P8.18*a*) que possui a seção transversal mostrada na Figura P8.18*b*. Determine as tensões normais máximas de tração e compressão produzidas pela flexão no segmento *BC* da viga.

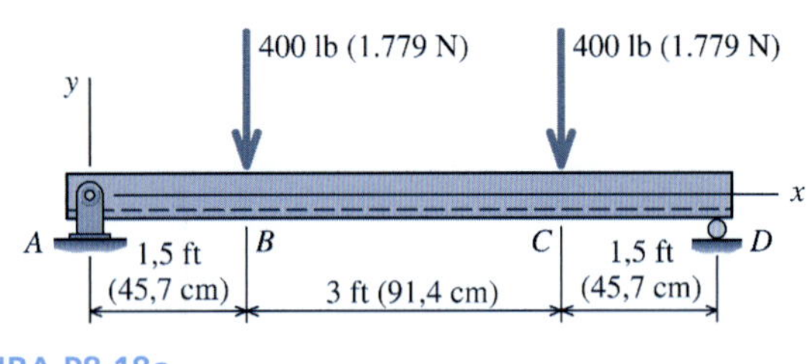

FIGURA P8.18*a*

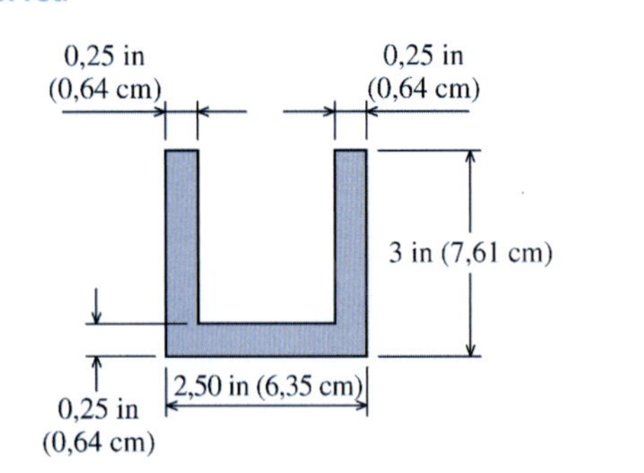

FIGURA P8.18*b*

8.4 ANÁLISE DAS TENSÕES NORMAIS PRODUZIDAS PELA FLEXÃO EM VIGAS

Nesta seção, a fórmula da flexão será aplicada na análise das tensões normais produzidas pela flexão em vigas estaticamente determinadas sujeitas a várias cargas aplicadas. O processo de análise começa com a construção dos diagramas de esforços cortantes (DEC) e de momentos fletores (DMF) para um determinado vão e um determinado carregamento. As propriedades da seção transversal da viga serão determinadas a seguir. As propriedades essenciais incluem

(a) o centro de gravidade da seção transversal,
(b) o momento de inércia da área da seção transversal em torno do eixo baricêntrico de flexão e
(c) as distâncias do eixo baricêntrico tanto a superfície superior como a superfície inferior da viga.

Depois de esses cálculos preliminares obrigatórios terem sido realizados, as tensões normais produzidas pela flexão podem ser calculadas usando a fórmula da flexão em qualquer posição da viga.

As vigas podem ser suportadas e carregadas de várias maneiras; consequentemente, a distribuição e a intensidade dos momentos fletores positivos e negativos são únicas para cada viga. Entender o significado do diagrama de momentos fletores do modo como ele se relaciona com as tensões normais ocasionadas pela flexão é essencial para a análise de vigas. Por exemplo, examine uma viga de concreto armado com um balanço, conforme mostra a Figura 8.8. O concreto é um material com elevada resistência à compressão, mas muito pequena resistência à tração. Quando o concreto é usado na construção de uma viga, são colocadas barras de aço nas regiões onde ocorrem tensões de tração a fim de reforçar (armar) o concreto. Em algumas partes da viga em balanço, as tensões de tração surgirão abaixo do eixo neutro, ao passo que surgirão tensões de tração acima do eixo neutro em outras partes. O engenheiro deve definir essas regiões de tensões de tração de modo que o aço da armadura seja colocado onde for necessário. Em resumo, o engenheiro deve estar atento, não apenas para o valor absoluto das tensões de tração, mas também para o sentido (de tração ou de compressão) das tensões que surgem acima e abaixo do eixo neutro e variam de acordo com os momentos fletores positivos e negativos ao longo da viga.

FORMATOS DE SEÇÕES TRANSVERSAIS DE VIGAS

As vigas podem ser construídas com muitos formatos diferentes de seções transversais, como quadrados, retângulos, formas circulares maciças e formas de tubos (anel circular). Várias formas adicionais estão disponíveis para serem usadas em estruturas feitas de aço, alumínio e plásticos reforçados com fibras, e vale a pena analisar alguma terminologia associada a esses formatos padronizados. Como, talvez, o aço seja o material mais comum usado em estruturas, essa análise enfocará os cinco perfis padronizados de aço estrutural laminados mostrados na Figura 8.9.

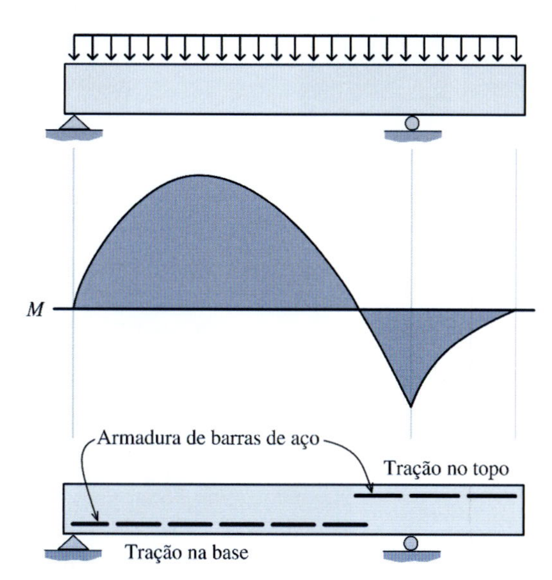

FIGURA 8.8 Viga de concreto armado.

O perfil de aço mais comum usado em vigas é chamado **perfil de abas largas** (Figura 8.9*a*). O perfil de abas largas é otimizado para que se consiga ter economia nas aplicações de flexão. Conforme mostra a Equação (8.10), a tensão normal produzida pela flexão é inversamente proporcional ao seu módulo de resistência (módulo resistente) da seção S. Sendo possível escolher entre dois perfis que tenham a mesma tensão admissível, o perfil com maior S será capaz de suportar maior momento fletor do que o de menor S. O peso de uma viga é proporcional à área de sua seção transversal e, normalmente, o custo de uma viga tem relação direta com seu peso. Portanto, o perfil otimizado para uso em peças flexionadas é configurado de modo que forneça maior módulo resistente S possível para uma determinada área de seção transversal do material. A área de um perfil de abas largas está concentrada em suas abas (também chamadas **mesas** ou **flanges**). A área da **alma**, que liga as duas abas, é relativamente pequena. Aumentando a distância entre o centro de gravidade e cada aba, o momento de inércia do perfil (em torno do eixo X–X) pode aumentar de forma drástica, aproximadamente na proporção do quadrado dessa distância. Em consequência, o módulo resistente do perfil pode aumentar substancialmente com um acréscimo mínimo de área.

Para o perfil de abas largas, o momento de inércia I e o módulo resistente S em torno do eixo baricêntrico X–X (mostrado na Figura 8.9*a*) são muito maiores do que I e S em torno do eixo baricêntrico Y–Y. Por isso, diz-se que um perfil que esteja colocado de modo que a flexão ocorra em torno do eixo X–X experimenta flexão em torno de seu **eixo mais forte**. Inversamente, a flexão em torno do eixo Y–Y é dita como a que ocorre em torno do **eixo mais fraco**.

Nas unidades empregadas nos Estados Unidos, um perfil de abas largas é designado pela letra W seguida da altura nominal do perfil medida em polegadas e seu peso por comprimento medido em libras por pé. Uma designação típica americana é W12 × 50, que é pronunciada "W12 por 50". Esse perfil possui nominalmente 12 polegadas de altura e pesa 50 lb/ft. Os perfis W são construídos pela passagem de um tarugo (*billet*) quente de aço através de vários roletes dispostos em série que transformam gradualmente o aço quente no perfil desejado. Variando o espaçamento entre os roletes, podem ser produzidos vários perfis diferentes da mesma dimensão nominal, fornecendo ao engenheiro uma seleção finamente graduada de perfis. Na confecção de perfis W, a distância entre as abas é mantida constante ao passo que a espessura da aba é aumentada. Em consequência, geralmente a **altura real** de um perfil W não é igual a sua **altura nominal**. Por exemplo, a altura nominal de um perfil W12 × 50 é 12 in (30,48 cm), mas sua altura real é 12,2 in (30,99 cm).

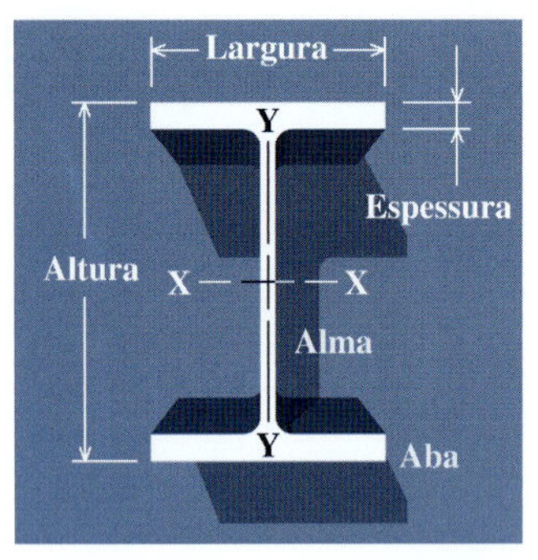

(*a*) Perfil de abas largas (W)

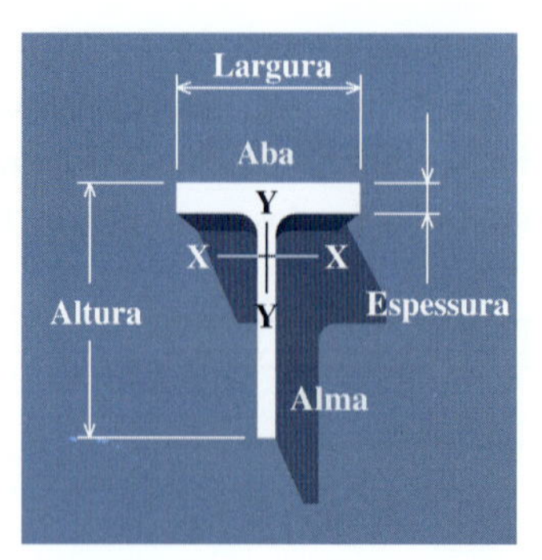

(*b*) Perfil T (WT)

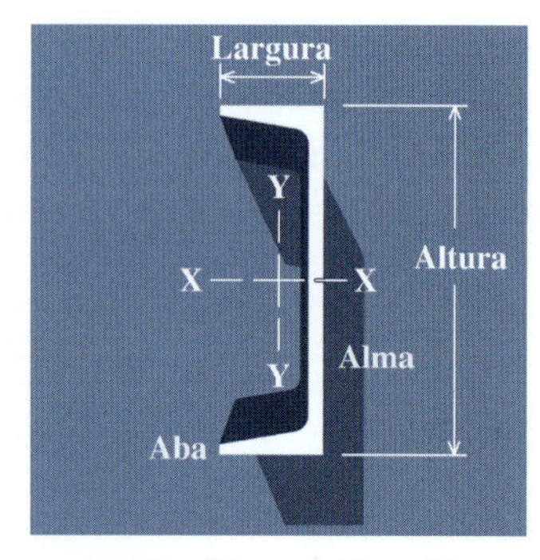

(*c*) Perfil canal (C ou U)

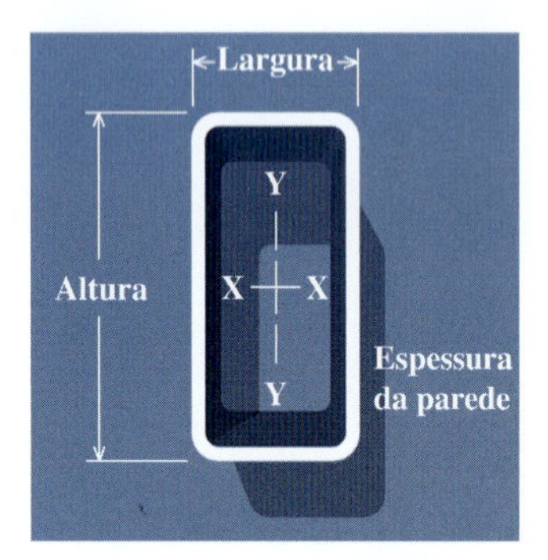

(*d*) Seção vazada (HSS)

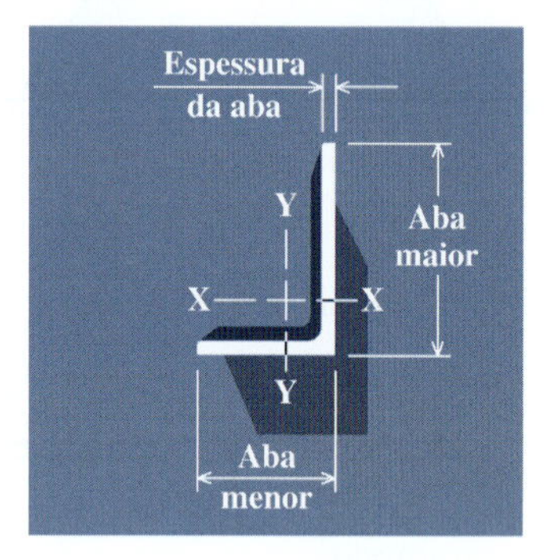

(*e*) Cantoneira (L)

FIGURA 8.9 Perfis-padrão de aço.

Em unidades do Sistema Internacional (SI) a altura nominal do perfil W é medida em milímetros. Em vez de peso por comprimento, a designação do perfil fornece massa por comprimento, na qual a massa é medida em quilogramas e o comprimento é medido em metros. Uma designação típica do SI é W310 × 74. Normalmente, esse perfil tem 310 mm de altura e distribuição de massa de 74 kg/m.

A Figura 8.9*b* mostra um **perfil T**, que consiste em uma aba e uma **alma**. A Figura 8.9*c* mostra um **perfil em C** (também conhecido por perfil em U), que é similar ao perfil W exceto que as abas estão truncadas de modo que o perfil tem apenas uma superfície vertical plana. Os perfis T de aço são indicados pelas letras WT e os perfis em U são indicados pela letra C. Os perfis WT e C são denominados de maneira idêntica aos perfis W, nos quais a altura nominal e, ou o peso por comprimento, ou a massa por comprimento, são especificados. Os perfis de aço WT são fabricados pelo corte de um perfil W na metade de sua altura; portanto, geralmente a altura nominal de um perfil WT não é igual a sua altura real. Os perfis C são laminados de forma que sua altura real seja igual a sua altura nominal. Tanto os perfis WT como os perfis C possuem eixos mais fortes e eixos mais fracos à flexão.

A Figura 8.9*d* mostra um formato tubular denominado **HSS** (em inglês, ***hollow structural section***). A designação usada para os perfis HSS fornece a altura total seguida da largura externa, seguida ainda pela espessura da parede. Por exemplo, um perfil HSS10 × 6 × 0,50 tem 10 in (25,4 cm) de altura, 6 in (15,24 cm) de largura e espessura de parede de 0,50 in (1,27 cm).

A Figura 8.9*e* mostra uma **cantoneira**, que consiste em duas **abas**. As cantoneiras são designadas pela letra L seguida pela dimensão da **aba maior**, pela dimensão da **aba menor** e pela espessura das abas (por exemplo, L6 × 4 × 0,50). Embora as cantoneiras sejam elementos muito versáteis que podem ser usados com muitas finalidades, os perfis L isolados são usados raramente como vigas por não serem muito fortes e tenderem a se torcer em torno de seu eixo longitudinal quando submetidos à flexão. Entretanto, pares de cantoneiras ligadas aba-a-aba são usados regularmente como elementos solicitados à flexão em uma configuração que é denominada **perfil de cantoneira dupla** (**2L**).

As propriedades das seções transversais dos perfis padronizados são apresentadas no Apêndice B. Embora seja possível calcular a área e o momento de inércia de um perfil W ou de um perfil

C (ou perfil U) a partir das dimensões da aba (mesa) e da alma especificadas, é preferível usar os valores numéricos dados nas tabelas do Apêndice B por esses levarem em consideração detalhes específicos das seções, como os cantos arredondados (filetes, ou *fillets*).

EXEMPLO 8.3

Uma seção transversal com abas é utilizada para suportar as cargas mostradas na viga a seguir. As dimensões do perfil estão indicadas. Considere todo o comprimento de 20 ft (6,1 m) da viga e determine:

(a) a tensão normal máxima de tração produzida pela flexão em qualquer local ao longo da viga e
(b) a tensão normal máxima de compressão produzida pela flexão em qualquer local ao longo da viga.

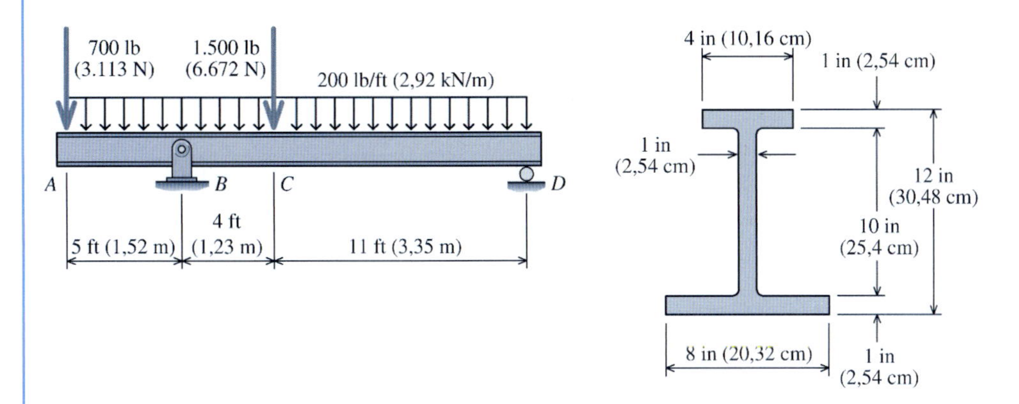

Planejamento da Solução

Será usada a fórmula da flexão para determinar as tensões produzidas pela flexão na viga. Entretanto, os momentos fletores internos que são produzidos na viga e as propriedades da seção transversal devem ser determinados antes que os cálculos das tensões sejam realizados. Usando o método gráfico apresentado na Seção 7.3, serão construídos os diagramas de esforços cortantes (DEC) e de momentos fletores (DMF). A seguir, serão calculados o local do centro de gravidade e os momentos de inércia para a seção transversal. Como a seção transversal não é simétrica em relação ao eixo de flexão, as tensões normais oriundas da flexão devem ser examinadas tanto para o maior momento fletor positivo, como para o maior momento fletor negativo que ocorrem ao longo de todo o vão da viga.

SOLUÇÃO

Reações nos Apoios

A figura mostra um diagrama de corpo livre (DCL). Com a finalidade de calcular as reações externas da viga, a carga distribuída de 200 lb/ft dirigida para baixo pode ser substituída por uma força resultante de (200 lb/ft)(20 ft) = 4.000 lb agindo de cima para baixo no centro de gravidade do carregamento. As equações de equilíbrio são

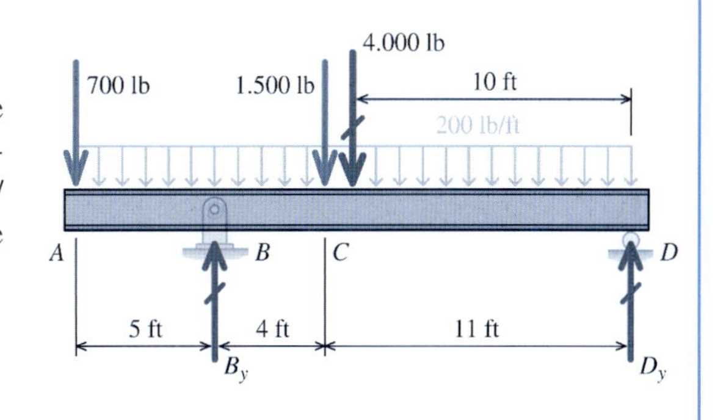

$$\Sigma F_y = B_y + D_y - 700 \text{ lb} - 1.500 \text{ lb} - 4.000 \text{ lb} = 0$$

$$\Sigma M_D = (700 \text{ lb})(20 \text{ ft}) + (1.500 \text{ lb})(11 \text{ ft}) + (4.000 \text{ lb})(10 \text{ ft}) - B_y(15 \text{ ft}) = 0$$

Dessas equações de equilíbrio, as reações da viga no apoio de segundo gênero (suporte de pino) B e no apoio de primeiro gênero (rolete) D são

$$B_y = 4.700 \text{ lb} \qquad \text{e} \qquad D_y = 1.500 \text{ lb}$$

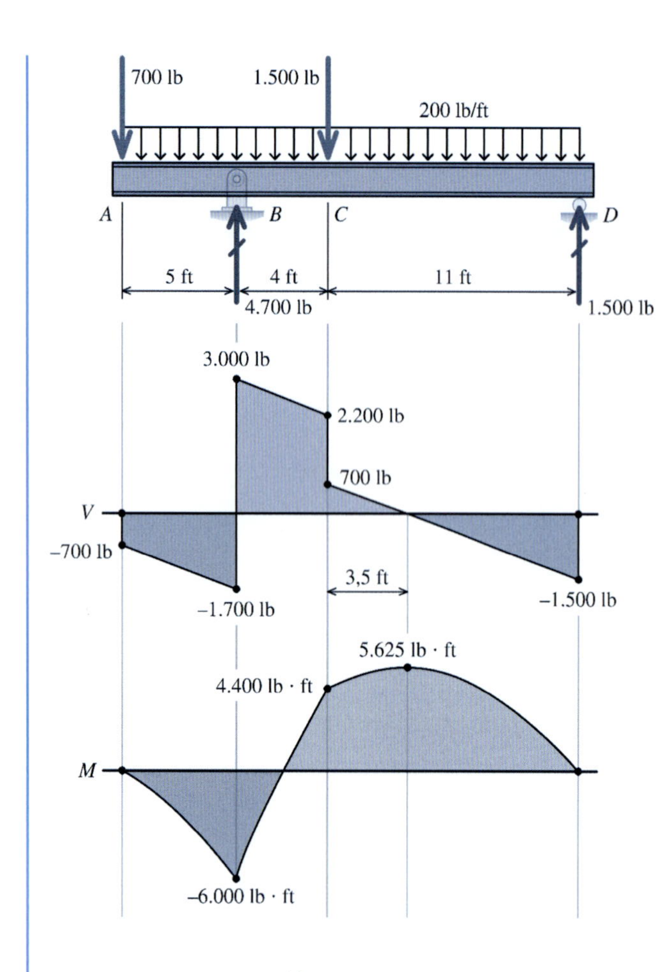

Construção dos Diagramas de Esforços Cortantes (DEC) e de Momentos Fletores (DMF)

Os diagramas de esforços cortantes e de momentos fletores podem ser construídos usando as seis regras mencionadas na Seção 7.3.

O máximo momento fletor interno positivo ocorre 3,5 ft à direita de C e tem o valor $M = 5.625$ lb · ft.

O máximo momento fletor interno negativo ocorre no apoio de segundo gênero (pino) B e tem o valor $M = -6.000$ lb · ft.

Local do Centro de Gravidade

O local do centro de gravidade na direção horizontal pode ser determinado unicamente com base na simetria. Para determinar o local vertical do centro de gravidade, a seção transversal com abas é subdividida em três figuras retangulares. Na superfície da base da aba inferior é estabelecido um eixo de referência para os cálculos. O cálculo do centro de gravidade para a seção com abas é mostrado na tabela a seguir.

	A_i (in²)	y_i (in)	y_iA_i (in³)
(1)	4,0	11,5	46,0
(2)	10,0	6,0	60,0
(3)	8,0	0,5	4,0
	22,0		110,0

$$\bar{y} = \frac{\Sigma y_i A_i}{\Sigma A_i} = \frac{110{,}0 \text{ in}^3}{22{,}0 \text{ in}^2} = 5{,}0 \text{ in}$$

O eixo baricêntrico z está localizado 5 in acima do eixo de referência para essa seção transversal. **Resp.**

Momento de Inércia

Como os centros de gravidade das áreas (1), (2) e (3) não coincidem com o eixo z do centro de gravidade de toda a seção transversal, deve ser usado o teorema dos eixos paralelos para que seja calculado o momento de inércia da seção transversal em torno desse eixo. O cálculo completo está resumido na tabela a seguir.

	I_c (in⁴)	$\lvert d_i \rvert$ (in)	$d_i^2A_i$ (in⁴)	I_z (in⁴)
(1)	0,333	6,5	169,000	169,333
(2)	83,333	1,0	10,000	93,333
(3)	0,667	4,5	162,000	162,667
				425,333

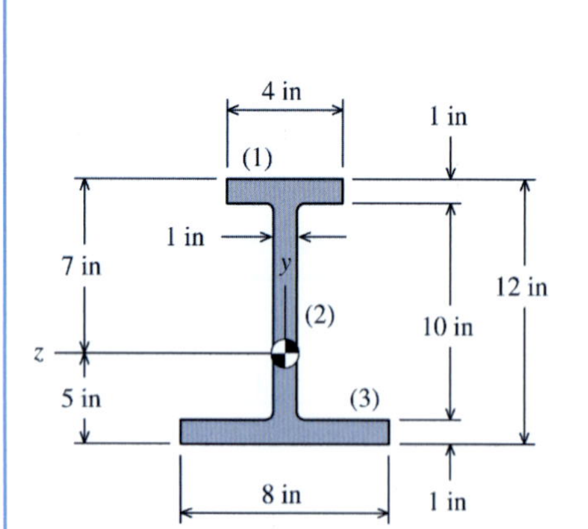

O momento de inércia da seção transversal em torno do eixo baricêntrico z é $I_z = 425{,}333$ in⁴. **Resp.**

Fórmula da Flexão

Um momento fletor positivo produz tensão normal de compressão no topo da viga e tensão de tração na base. Como a seção transversal não é simétrica em torno do eixo da flexão (isto é, eixo

z), o valor absoluto da tensão normal oriunda da flexão no topo da viga será maior do que a tensão normal oriunda da flexão na base da viga.

O maior momento fletor interno positivo é $M = 5.625 \text{ lb} \cdot \text{ft}$. Para esse momento positivo, a tensão normal de compressão produzida no topo da seção transversal com abas (em $y = +7$ in) é calculada como

$$\sigma_x = -\frac{My}{I_z} = -\frac{(5.625 \text{ lb} \cdot \text{ft})(7 \text{ in})(12 \text{ in/ft})}{425{,}333 \text{ in}^4} = -1.111 \text{ psi} = 1.111 \text{ psi (C)}$$

e a tensão normal de tração produzida na base da seção transversal com abas (em $y = -5$ in) é calculada como

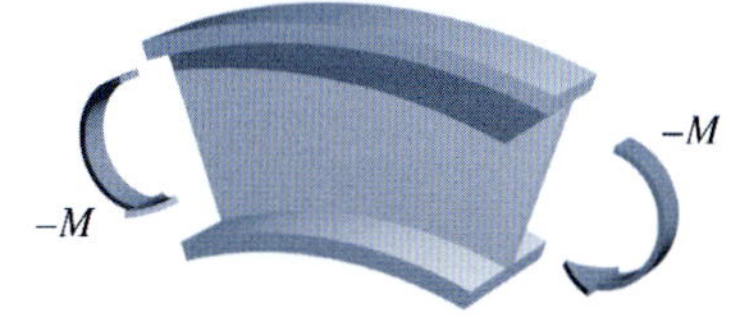

$$\sigma_x = -\frac{My}{I_z} = -\frac{(5.625 \text{ lb} \cdot \text{ft})(-5 \text{ in})(12 \text{ in/ft})}{425{,}333 \text{ in}^4} = +793 \text{ psi} = 793 \text{ psi (T)}$$

Um momento negativo produz tensão normal de tração no topo da viga e tensão normal de compressão na base. O maior momento fletor interno negativo é $M = -6.000 \text{ lb} \cdot \text{ft}$. Para esse momento negativo, a tensão normal de tração oriunda da flexão produzida no topo do perfil com abas (em $y = +7$ in) é calculada como

$$\sigma_x = -\frac{My}{I_z} = -\frac{(-6.000 \text{ lb} \cdot \text{ft})(7 \text{ in})(12 \text{ in/ft})}{425{,}333 \text{ in}^4} = +1.185 \text{ psi} = 1.185 \text{ psi (T)}$$

e a tensão normal de compressão produzida na base da seção transversal com abas (em $y = -5$ in) é calculada como

$$\sigma_x = -\frac{My}{I_z} = -\frac{(-6.000 \text{ lb} \cdot \text{ft})(-5 \text{ in})(12 \text{ in/ft})}{425{,}333 \text{ in}^4} = -846 \text{ psi} = 846 \text{ psi (C)}$$

(a) Máxima tensão normal de tração oriunda da flexão: Para essa viga, a tensão normal máxima de tração oriunda da flexão ocorre no topo da viga, no local do momento fletor interno máximo negativo. A tensão normal máxima de tração oriunda da flexão é $\sigma_x = 1.185$ psi (T). **Resp.**

(b) Máxima tensão normal de compressão oriunda da flexão: A tensão normal máxima de compressão oriunda da flexão também ocorre no topo da viga; entretanto, ela ocorre no local do momento fletor interno máximo positivo. A tensão normal máxima de compressão oriunda da flexão é $\sigma_x = 1.111$ psi (C). **Resp.**

EXEMPLO 8.4

Um eixo maciço de aço, com 40 mm de diâmetro, suporta as cargas mostradas. Determine o valor absoluto e o local da máxima tensão normal oriunda da flexão que surge no eixo.

Nota: Com a finalidade de análise, o suporte em B pode ser considerado como um apoio de primeiro gênero (rolete) e o suporte em E pode ser considerado como um apoio de segundo gênero (pino).

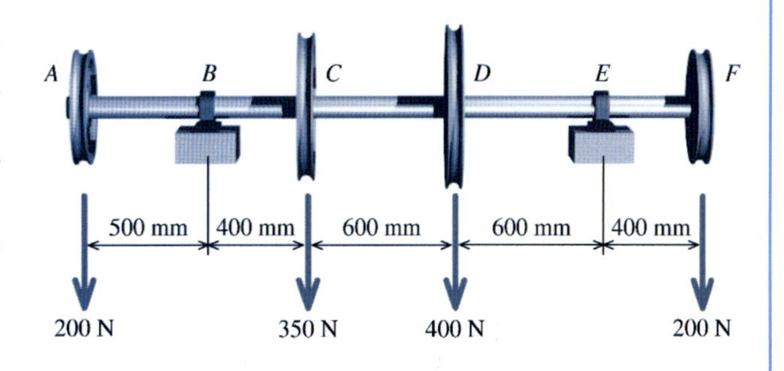

Planejamento da Solução

Usando o método gráfico apresentado na Seção 7.3, serão construídos os diagramas de esforços cortantes e de momentos fletores para o eixo e o carregamento correspondente. Como a seção transversal circular é simétrica em relação ao eixo da flexão, a tensão normal máxima oriunda da flexão ocorrerá no local do momento fletor interno máximo.

SOLUÇÃO

Reações de Apoio

A figura mostra um diagrama de corpo livre (DCL) da viga. Do DCL, podem ser escritas as equações de equilíbrio como

$$\Sigma F_y = B_y + E_y - 200 \text{ N} - 350 \text{ N} - 400 \text{ N} - 200 \text{ N} = 0$$

$$\Sigma M_B = (200 \text{ N})(500 \text{ mm}) - (350 \text{ N})(400 \text{ mm}) - (400 \text{ N})(1.000 \text{ mm}) - (200 \text{ N})(2.000 \text{ mm}) + E_y(1.600 \text{ mm}) = 0$$

Dessas equações de equilíbrio, as reações da viga no apoio de segundo gênero e no apoio de primeiro gênero são

$$B_y = 625 \text{ N} \qquad \text{e} \qquad E_y = 525 \text{ N}$$

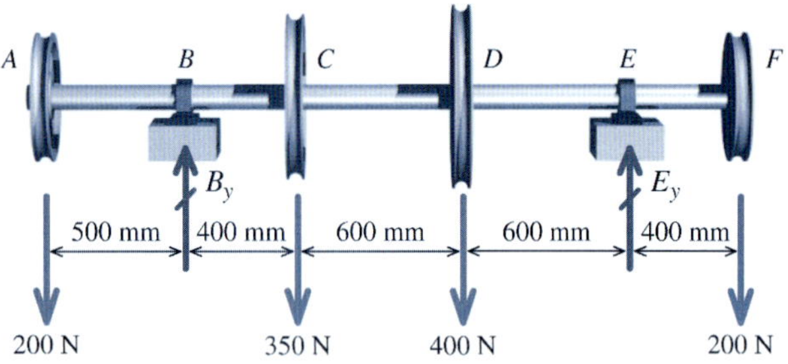

Construção do Diagrama de Esforços Cortantes e do Diagrama de Momentos Fletores

Os diagramas de esforços cortantes e de momentos fletores podem ser construídos usando as seis regras destacadas na Seção 7.3.

O momento fletor interno máximo ocorre em D e tem valor absoluto de $M = 115 \text{ N} \cdot \text{m}$.

Momento de Inércia

O momento de inércia do eixo maciço com 40 mm de diâmetro é

$$I_z = \frac{\pi}{64} d^4 = \frac{\pi}{64}(40 \text{ mm})^4 = 125.664 \text{ mm}^4$$

Fórmula da Flexão

A tensão normal máxima oriunda da flexão no eixo ocorre em D. Como a seção circular é simétrica em relação ao eixo da flexão, tanto a tensão de tração como a de compressão possuem o mesmo valor absoluto. Nessa situação, é conveniente a fórmula da flexão no aspecto da Equação (8.10) para o cálculo das tensões normais provocadas pela flexão. A distância c usada na Equação (8.10) é simplesmente o raio do eixo. Usando essa forma da expressão da flexão, o valor absoluto da tensão normal máxima provocada pela flexão no eixo é

$$\sigma_{\text{máx}} = \frac{Mc}{I_z} = \frac{(115 \text{ N} \cdot \text{m})(20 \text{ mm})(1.000 \text{ mm/m})}{125.664 \text{ mm}^4}$$

$$= 18{,}30 \text{ MPa}$$

Resp.

Módulo Resistente para uma Seção Circular Maciça

Alternativamente, o valor absoluto da máxima tensão normal provocada pela flexão no eixo pode ser calculado usando o módulo resistente. Para uma seção circular maciça, pode ser obtida a seguinte fórmula para o módulo resistente:

$$S = \frac{I_z}{c} = \frac{(\pi/64)d^4}{d/2} = \frac{\pi}{32}d^3$$

Portanto, para o eixo maciço de aço com 40 mm de diâmetro considerado aqui, o módulo resistente é

$$S = \frac{\pi}{32}d^3 = \frac{\pi}{32}(40 \text{ mm})^3 = 6.283 \text{ mm}^3$$

e o valor absoluto da tensão normal máxima provocada pela flexão no eixo pode ser calculado de

$$\sigma_{\text{máx}} = \frac{M}{S} = \frac{(115 \text{ N} \cdot \text{m})(1.000 \text{ mm/m})}{6.283 \text{ mm}^3} = 18{,}30 \text{ MPa} \qquad \textbf{Resp.}$$

Exemplo do MecMovies M8.9

Determine o diagrama de momentos fletores (DMF) e as tensões normais máximas de tração e de compressão oriundas da flexão para um perfil T.

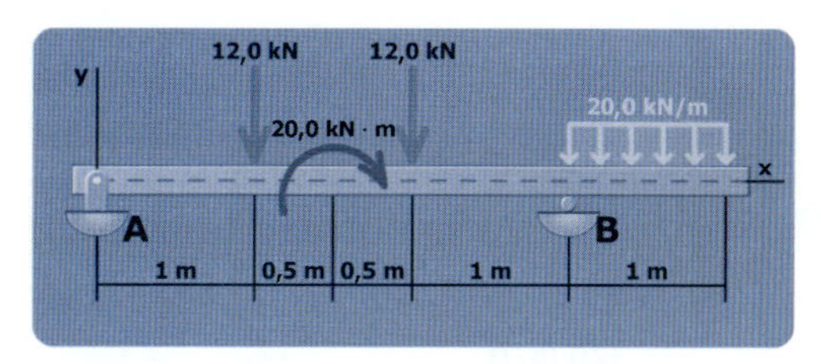

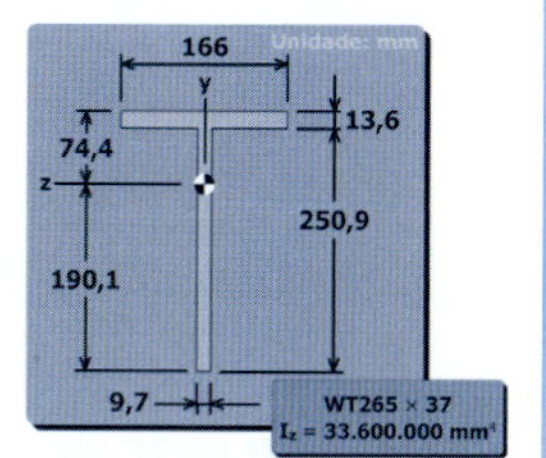

Exemplo do MecMovies M8.10

Determine os momentos fletores máximos para as dadas tensões normais admissíveis de tração e de compressão oriundas da flexão.

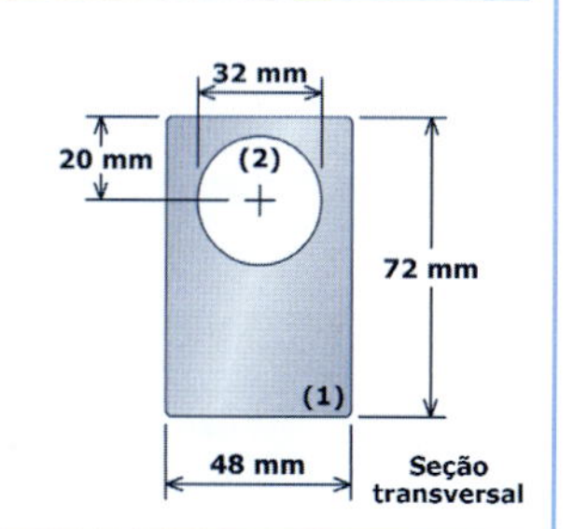

Exemplo do MecMovies M8.11

Determine o diagrama de momentos fletores (DMF), o momento de inércia e as tensões normais oriundas da flexão produzidas na viga com vão simples que consiste em um perfil de aço de abas largas.

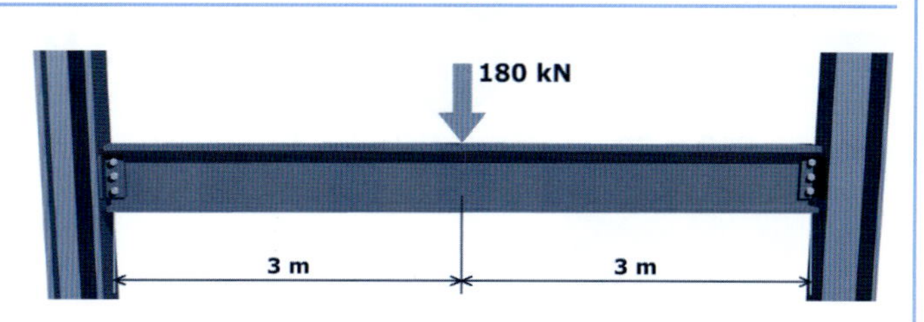

Exemplo do MecMovies M8.12

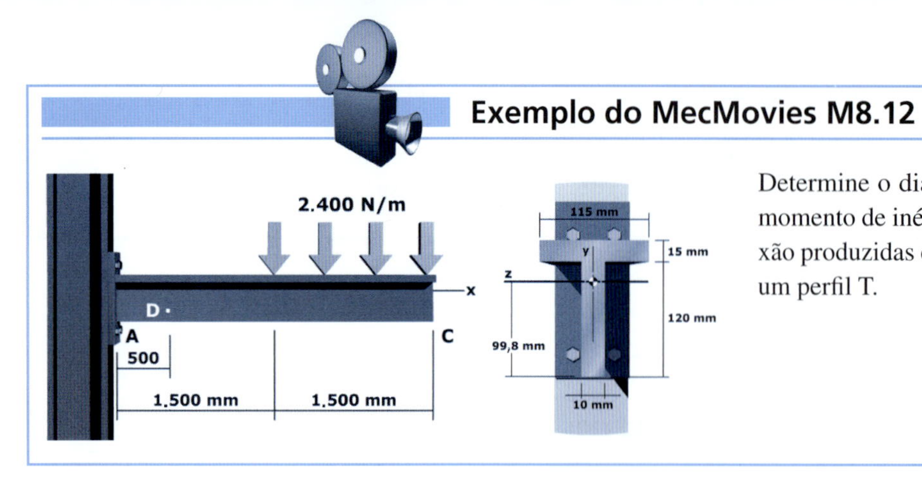

Determine o diagrama de momentos fletores (DMF), o momento de inércia e as tensões normais oriundas da flexão produzidas em uma viga em balanço que consiste em um perfil T.

Exemplo do MecMovies M8.13

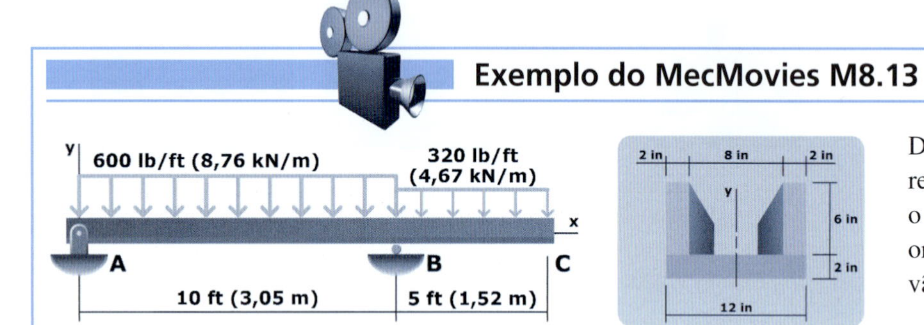

Determine o diagrama de momentos fletores (DMF), o local do centro de gravidade, o momento de inércia e as tensões normais oriundas da flexão produzidas na viga com vão simples que consiste em um perfil U.

Exemplo do MecMovies M8.14

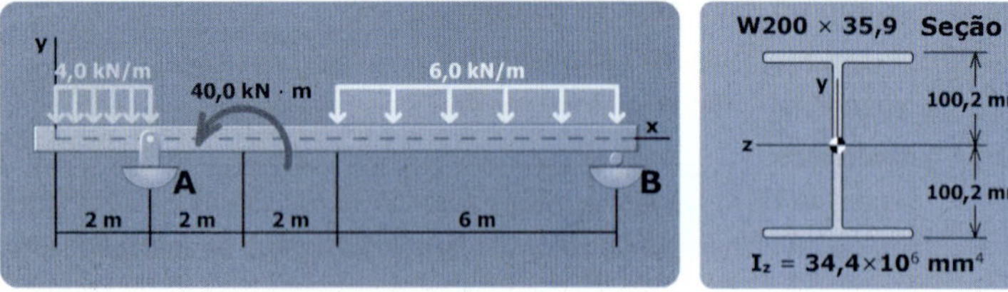

Determine o diagrama de momentos fletores (DMF) e as tensões normais oriundas da flexão para um perfil padronizado de aço usado como uma viga simplesmente apoiada com balanço.

Exemplo do MecMovies M8.15

C10 × 30

y

z

W18 × 50

C10 × 30

Cálculos de momento de inércia envolvendo perfis compostos construídos a partir de perfis padronizados de aço.

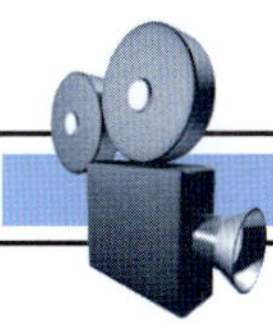

EXERCÍCIOS do MecMovies

M8.8 Calcule as tensões normais de tração e de compressão produzidas pela flexão de seções transversais simétricas em relação a apenas um eixo.

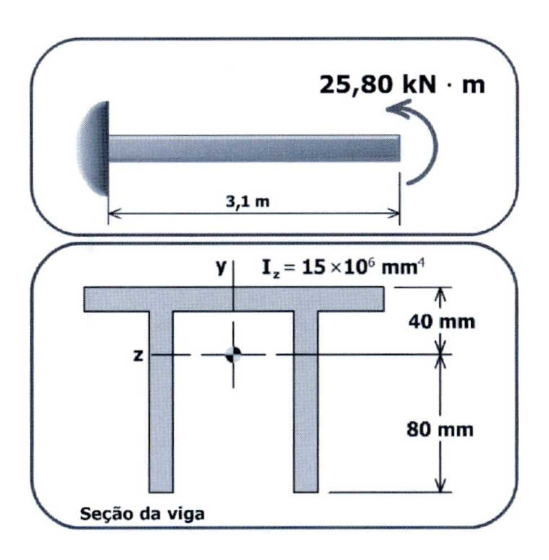

FIGURA M8.8

M8.9 Dado um determinado diagrama de momentos fletores, calcule as tensões normais máximas de tração e de compressão produzidas pela flexão em qualquer local ao longo do vão.

M8.10 Dadas uma tensão normal de tração admissível e uma tensão normal de compressão admissível oriundas da flexão, determine o valor absoluto do momento fletor interno máximo que pode ser aplicado à viga.

PROBLEMAS

P8.19 Um perfil de aço-padrão WT230 × 26 é usado para suportar as cargas indicadas na viga da Figura P8.19*a*. As distâncias do topo e da base do perfil ao eixo baricêntrico estão mostradas na ilustração da seção transversal (Figura P8.19*b*). Considere todo o comprimento de 4 m da viga e determine:

(a) a tensão normal de tração máxima oriunda da flexão em qualquer local ao longo da viga e

(b) a tensão normal de compressão máxima oriunda da flexão em qualquer local ao longo da viga.

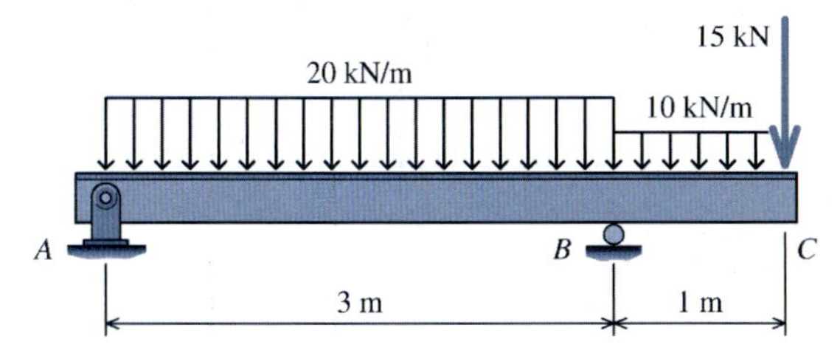

FIGURA P8.19*a*

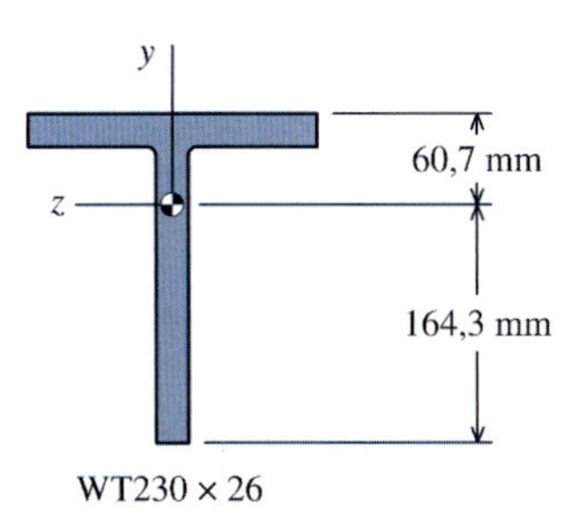

FIGURA P8.19*b* WT230 × 26

P8.20 Um perfil de aço-padrão WT305 × 41 é usado para suportar as cargas indicadas na viga da Figura P8.20*a*. As distâncias do topo e da base do perfil ao eixo baricêntrico estão mostradas na ilustração da seção transversal (Figura P8.20*b*). Considere todo o comprimento de 10 m da viga e determine:

(a) a tensão normal de tração máxima oriunda da flexão em qualquer local ao longo da viga e

(b) a tensão normal de compressão máxima oriunda da flexão em qualquer local ao longo da viga.

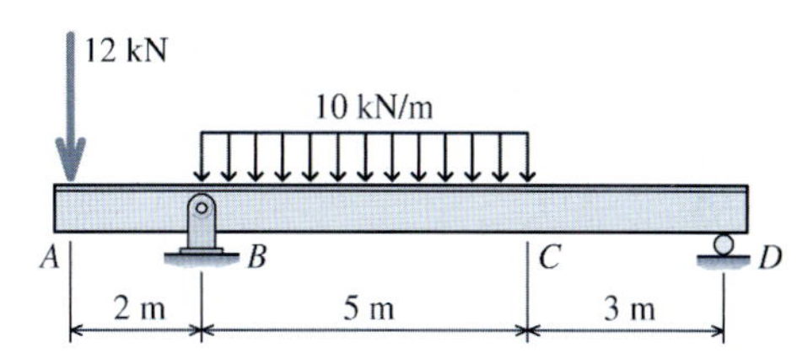

FIGURA P8.20*a*

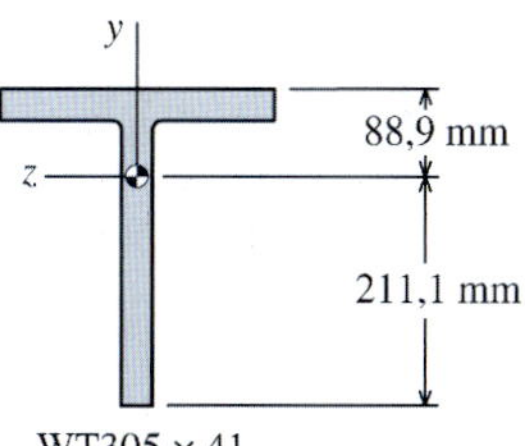

FIGURA P8.20*b* WT305 × 41

P8.21 Um perfil T de aço é usado para suportar as cargas indicadas na viga da Figura P8.21*a*. As dimensões do perfil estão mostradas na Figura P8.21*b*. Considere todo o comprimento de 24 ft (7,32 m) da viga e determine:

(a) a tensão normal de tração máxima oriunda da flexão em qualquer local ao longo da viga e

(b) a tensão normal de compressão máxima oriunda da flexão em qualquer local ao longo da viga.

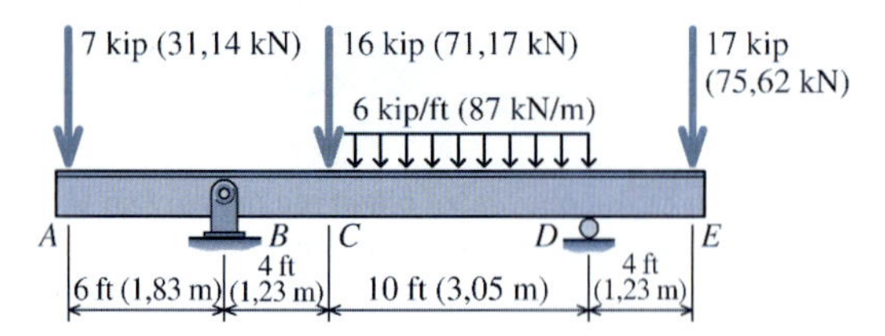

FIGURA P8.21*a*

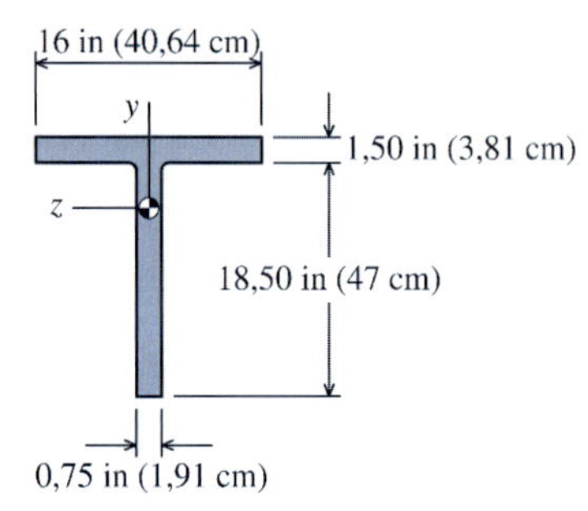

FIGURA P8.21*b*

P8.22 Um perfil de madeira, com abas, é usado para suportar as cargas indicadas na viga da Figura P8.22*a*. As dimensões do perfil estão mostradas na Figura P8.22*b*. Considere todo o comprimento de 18 ft (5,49 m) da viga e determine:

(a) a tensão normal de tração máxima oriunda da flexão em qualquer local ao longo da viga e

(b) a tensão normal de compressão máxima oriunda da flexão em qualquer local ao longo da viga.

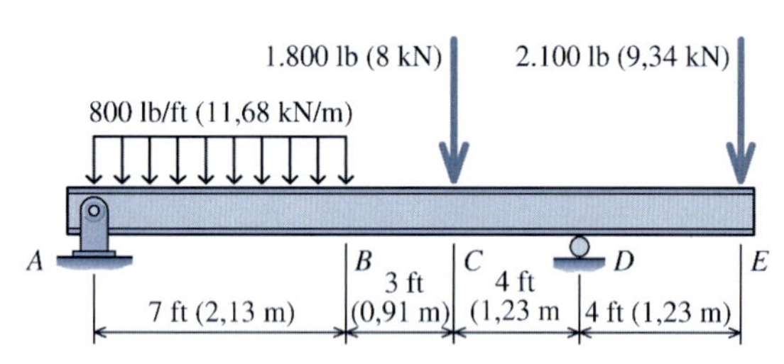

FIGURA P8.22*a*

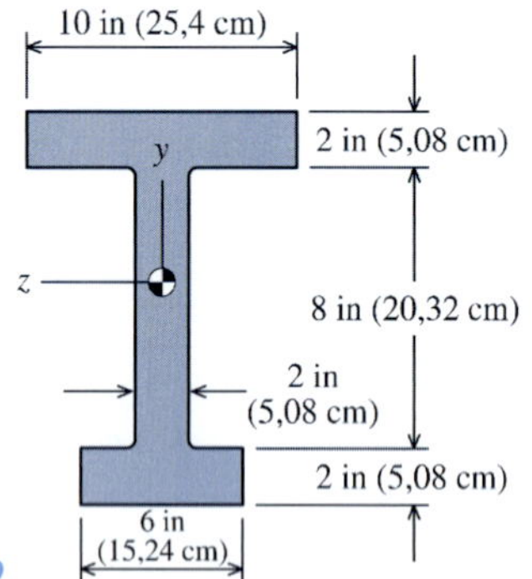

FIGURA P8.22*b*

P8.23 Um perfil canal é usado para suportar as cargas indicadas na viga da Figura P8.23*a*. As dimensões do perfil estão mostradas na Figura P8.23*b*. Considere todo o comprimento de 12 ft (3,66 m) da viga e determine:

(a) a tensão normal de tração máxima oriunda da flexão em qualquer local ao longo da viga e

(b) a tensão normal de compressão máxima oriunda da flexão em qualquer local ao longo da viga.

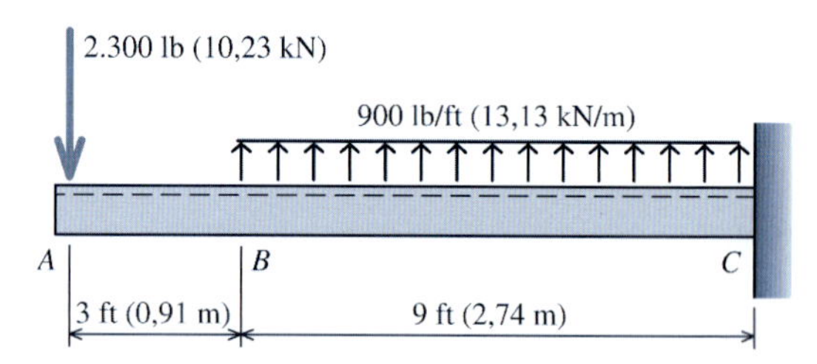

FIGURA P8.23*a*

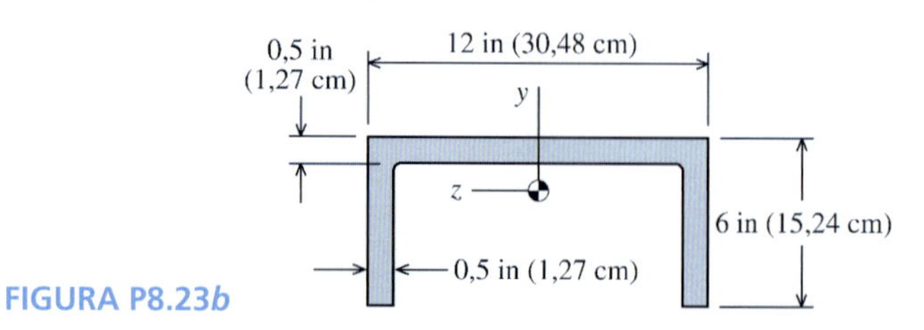

FIGURA P8.23*b*

P8.24 Um perfil-padrão de aço WT360 × 72 é usado para suportar as cargas indicadas na viga da Figura P8.24*a*. O perfil está orientado de maneira que a flexão ocorra em torno de seu eixo mais fraco, conforme mostra a Figura P8.24*b*. Considere todo o comprimento de 6 m da viga e determine:

(a) a tensão normal de tração máxima oriunda da flexão em qualquer local ao longo da viga e

(b) a tensão normal de compressão máxima oriunda da flexão em qualquer local ao longo da viga.

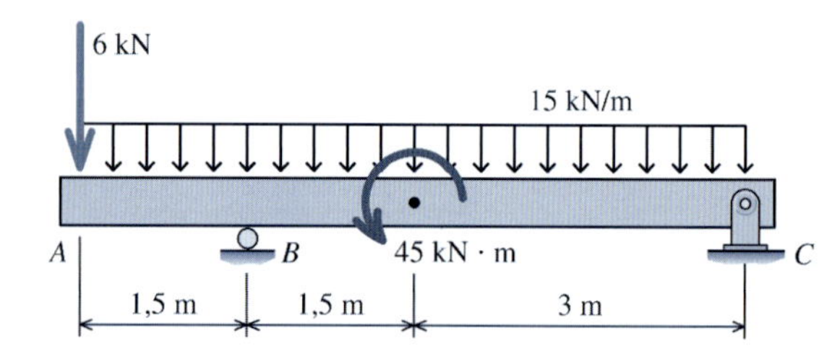

FIGURA P8.24*a*

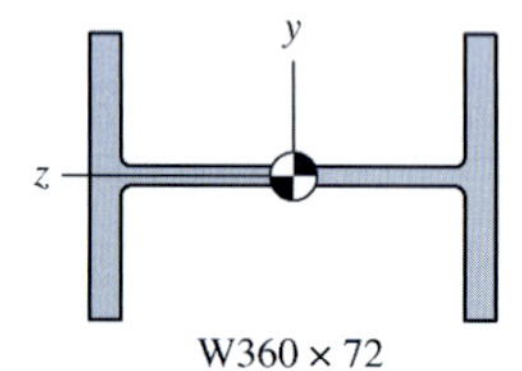

FIGURA P8.24*b*

P8.25 Um eixo maciço de aço com 1,00 in (2,54 cm) de diâmetro suporta as cargas P_A = 180 lb (800,7 N) e P_C = 240 lb (1.067 N), conforme mostra a Figura P8.25/26. Admita L_1 = 5 in (12,7 cm), L_2 = 16 in (40,64 cm) e L_3 = 8 in (20,32 cm). O apoio em *B* pode ser considerado como um apoio de primeiro gênero (rolete) e o apoio em *D* pode ser considerado um apoio de segundo gênero (pino). Determine o valor absoluto e o local da tensão normal máxima oriunda da flexão no eixo.

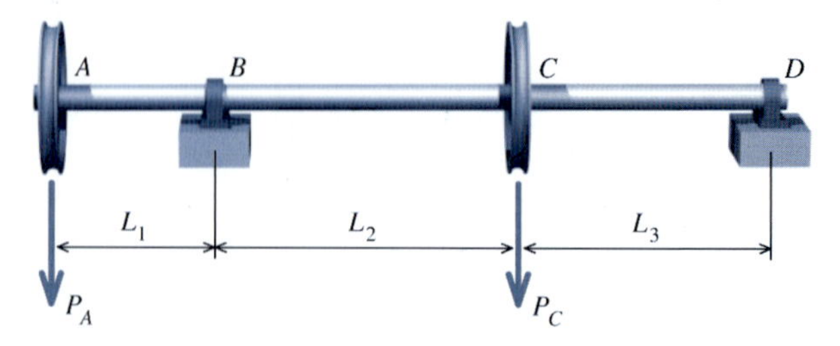

FIGURA P8.25/26

P8.26 Um eixo maciço de aço com 30 mm de diâmetro suporta as cargas P_A = 1.400 N e P_C = 2.600 N, conforme mostra a Figura P8.25/26. Admita L_1 = 100 mm, L_2 = 200 mm e L_3 = 150 mm. O apoio em *B* pode ser considerado como um apoio de primeiro gênero (rolete) e o apoio em *D* pode ser considerado um apoio de segundo gênero (pino). Determine o valor absoluto e o local da tensão normal máxima oriunda da flexão no eixo.

P8.27 Um eixo maciço de aço com 20 mm de diâmetro suporta as cargas P_A = 500 N, P_C = 1.750 N e P_E = 500 N, conforme mostra a Figura P8.27/28. Admita L_1 = 90 mm, L_2 = 260 mm, L_3 = 140 mm e L_4 = 160 mm. O apoio em *B* pode ser considerado como um apoio de primeiro gênero (rolete) e o apoio em *D* pode ser considerado um apoio de segundo gênero (pino). Determine o valor absoluto e o local da tensão normal máxima oriunda da flexão no eixo.

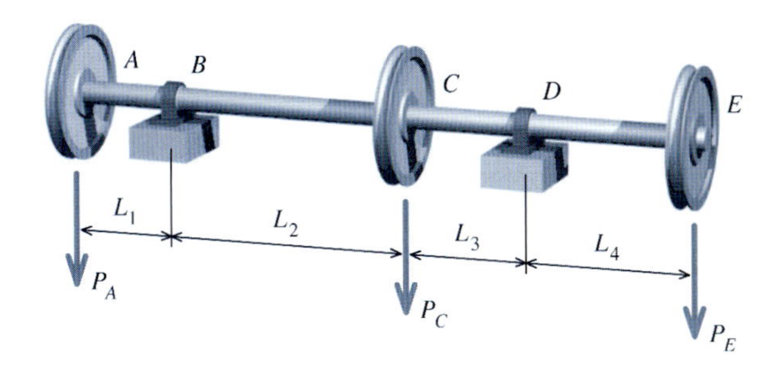

FIGURA P8.27/28

P8.28 Um eixo maciço de aço com 1,75 in (4,45 cm) de diâmetro suporta as cargas P_A = 250 lb (1.112 N), P_C = 600 lb (2.669 N) e P_E = 250 lb (1.112 N), conforme mostra a Figura P8.27/28. Admita L_1 = 9 in (22,86 cm), L_2 = 24 in (60,96 cm), L_3 = 12 in (30,48 cm) e L_4 = 15 in (38,1 cm). O apoio em *B* pode ser considerado como um apoio de primeiro gênero (rolete) e o apoio em *D* pode ser considerado um apoio de segundo gênero (pino). Determine o valor absoluto e o local da tensão normal máxima oriunda da flexão no eixo.

P8.29 Um perfil de aço HSS12 × 8 × 1/2 é usado para suportar as cargas mostradas na viga da Figura P8.29. O perfil está orientado de forma que a flexão ocorra em torno do eixo mais forte. Determine o valor absoluto e o local da tensão normal máxima oriunda da flexão na viga.

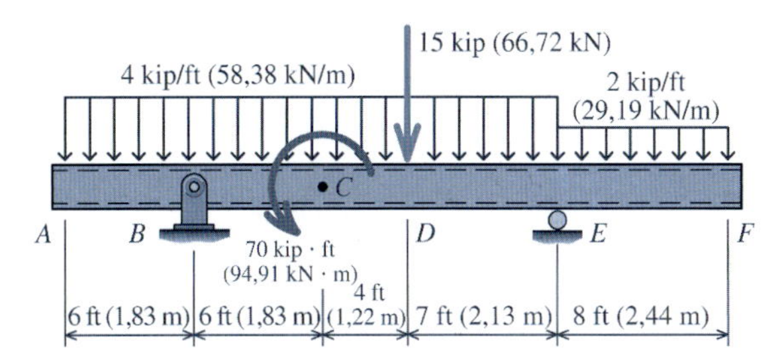

FIGURA P8.29

P8.30 Um perfil de aço W410 × 60 é usado para suportar as cargas mostradas na viga da Figura P8.30. O perfil está orientado de forma que a flexão ocorra em torno do eixo mais forte. Determine o valor absoluto e o local da tensão normal máxima oriunda da flexão na viga.

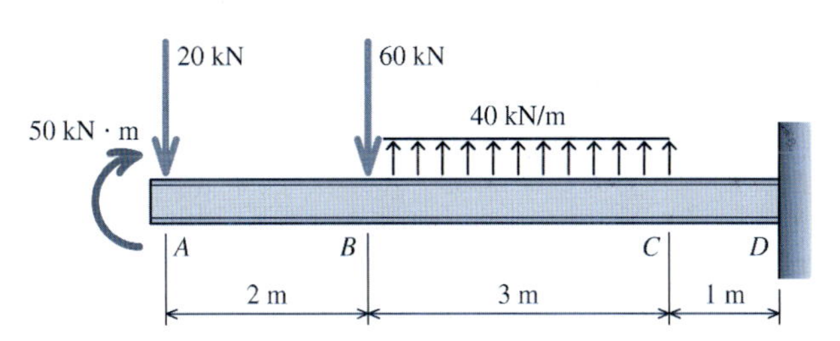

FIGURA P8.30

8.5 PROJETO INICIAL DE VIGAS COM BASE NA RESISTÊNCIA

No mínimo, uma viga deve ser projetada de forma que seja capaz de suportar as cargas que agem sobre ela, sem que sejam ultrapassadas as tensões normais admissíveis oriundas da flexão. Um projeto bem-sucedido envolve a determinação de uma seção transversal *econômica* para a viga – uma que realize a função pretendida, mas que não desperdice materiais. O projeto elementar geralmente envolve, ou

(a) a determinação das dimensões apropriadas para as formas básicas, como as seções retangulares ou circulares, ou
(b) a seleção de perfis fabricados adequados que estejam disponíveis para o material preferido.

O projeto completo de uma viga exige atenção a muitos aspectos. Entretanto, essa análise estará limitada à tarefa de dimensionar seções transversais de forma que as tensões normais admissíveis oriundas da flexão sejam satisfeitas, assegurando assim que a viga tenha resistência suficiente para suportar as cargas que agem sobre ela.

O módulo resistente da seção *S* é uma propriedade particularmente conveniente para o projeto de vigas com base na resistência. Uma forma da expressão da flexão foi dada pela Equação (8.10) para seções transversais com dupla simetria:

$$\sigma_{\text{máx}} = \frac{Mc}{I} = \frac{M}{S} \qquad \text{em que} \qquad S = \frac{I}{c}$$

Se for especificada uma tensão normal admissível oriunda da flexão para o material da viga, então a fórmula da flexão poderá ser reorganizada para que seja encontrado o módulo resistente mínimo da seção $S_{\text{mín}}$:

$$S_{mín} \geq \left| \frac{M}{\sigma_{adm}} \right| \qquad (8.11)$$

Usando a Equação (8.11), o engenheiro pode, ou

(a) determinar as dimensões da seção transversal necessárias para estar de acordo com o módulo resistente mínimo, ou
(b) selecionar um perfil-padrão que ofereça um módulo resistente igual ou maior do que $S_{mín}$.

O momento fletor máximo na viga é encontrado a partir de um diagrama de momentos fletores (DMF). Se a seção transversal a ser usada na viga apresentar dupla simetria, então deverá ser usado o valor absoluto do momento fletor máximo (isto é, tanto para M positivo como para M negativo) na Equação (8.11). Em alguns casos, pode ser necessário investigar tanto o momento fletor máximo positivo como o momento fletor máximo negativo. Surge uma de tais situações quando forem especificadas tensões normais admissíveis de tração e de compressão diferentes para uma seção transversal que não apresente dupla simetria, como um perfil T.

A taxa de uma dimensão em relação à outra é denominada **taxa** (ou **razão**) **de aspecto**. Para uma seção transversal retangular, a razão entre a altura h e a largura b é a taxa de aspecto da viga.

Se uma viga possuir uma forma simples de seção transversal, como um círculo, um quadrado ou um retângulo, de proporções altura-comprimento especificadas, então suas dimensões poderão ser determinadas diretamente do $S_{mín}$, uma vez que, por definição, $S = I/c$. Se for usada uma forma mais complexa (por exemplo, um perfil W) na viga, então serão utilizadas tabelas de propriedades das seções transversais, como as incluídas no Apêndice B. O processo geral para a seleção do perfil de aço padrão econômico utilizando uma tabela de propriedades das seções está demonstrado na Tabela 8.1.

Tabela 8.1 Seleção de Perfis-Padrão para Vigas

Etapa 1: Calcule o módulo resistente mínimo exigido para o vão e para o carregamento especificados.

Etapa 2: Nas tabelas das propriedades das seções (como as apresentadas no Apêndice B), localize os valores dos módulos resistentes. Normalmente, a viga estará orientada de forma que a flexão ocorra em torno do eixo mais forte; portanto, encontre a coluna que fornece S para o eixo mais forte (que é geralmente designado como eixo X–X).

Etapa 3: Inicie sua procura na base da tabela das propriedades das seções. Em geral, os perfis são classificados do mais pesado para o mais leve; portanto, os perfis na base da tabela são normalmente os elementos mais leves. Percorra a coluna até que seja encontrado um módulo resistente igual ou ligeiramente maior do que o $S_{mín}$. Esse perfil é satisfatório e sua designação deve ser anotada.

Etapa 4: Continue procurando de baixo para cima até determinar vários perfis satisfatórios.

Etapa 5: Depois de ter identificado vários perfis satisfatórios, selecione um perfil para usar na seção transversal da viga. Normalmente é escolhida a seção transversal mais leve porque o custo da viga é diretamente proporcional ao seu peso. Entretanto, outras combinações podem influir na escolha. Por exemplo, uma limitação de altura pode ser determinada para a viga, desta forma sendo necessária uma seção transversal mais curta e mais pesada em vez de um perfil mais alto e mais leve.

EXEMPLO 8.5

Uma viga simplesmente apoiada, de madeira, com 24 ft (7,32 m) de comprimento, suporta três cargas concentradas de 1.200 lb (5,34 kN) que estão localizadas nos pontos do vão que o dividem em quatro partes. A tensão normal admissível oriunda da flexão na madeira é 1.800 psi (12,41 MPa). Se for especificada a taxa de aspecto da madeira maciça retangular como $h/b = 2{,}0$, determine a largura mínima b que pode ser usada na viga.

Planejamento da Solução

Usando o método gráfico apresentado na Seção 7.3, serão construídos inicialmente os diagramas de esforços cortantes e de momentos fletores correspondentes à viga e ao carregamento. Usando o momento fletor interno máximo e a tensão normal admissível especificada oriunda da flexão, pode ser determinado o módulo resistente exigido a partir da fórmula da flexão [Equação (8.10)].

A seção transversal da viga pode ser determinada de forma que a altura da seção transversal seja duas vezes maior do que a largura.

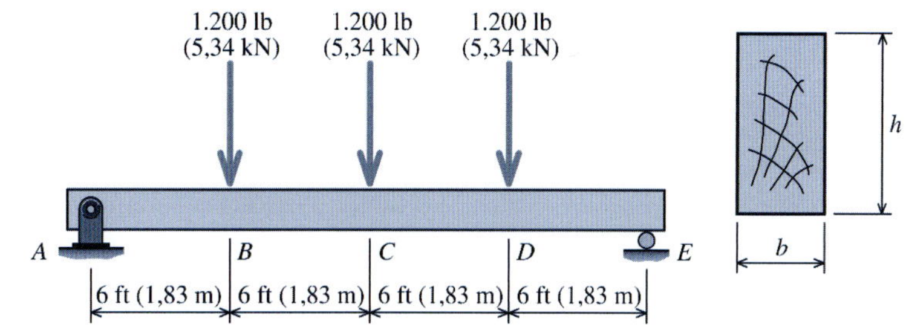

Viga e carregamento

Seção transversal

SOLUÇÃO

Construção do Diagrama de Esforços Cortantes e do Diagrama de Momentos Fletores

O diagrama de esforços cortantes e o diagrama de momentos fletores da viga e do carregamento são mostrados na figura. O momento fletor interno máximo ocorre em C.

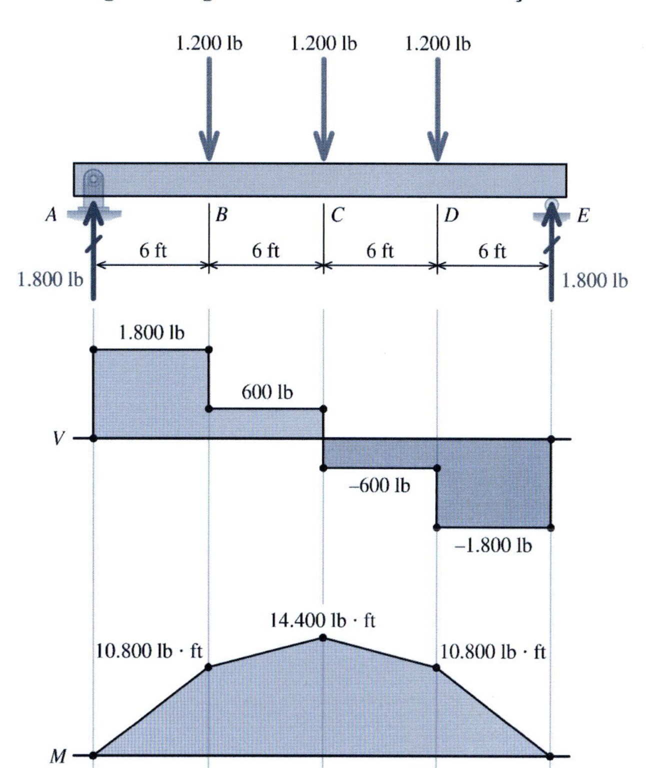

Módulo Resistente Exigido

A fórmula da flexão pode ser empregada para que seja encontrado o valor do módulo resistente mínimo para suportar um momento fletor interno máximo de $M = 14.400$ lb · ft sem que seja ultrapassada a tensão normal admissível de 1.800 psi oriunda da flexão:

$$\sigma_{\text{máx}} = \frac{M}{S} \leq \sigma_{\text{adm}}$$

$$\therefore S \geq \frac{M}{\sigma_{\text{adm}}} = \frac{(14.400 \text{ lb} \cdot \text{ft})(12 \text{ in/ft})}{1.800 \text{ psi}}$$
$$= 96{,}0 \text{ in}^3$$

Módulo Resistente para uma Seção Retangular

Para uma seção retangular maciça com largura b e altura h, pode ser obtida a fórmula seguinte para o módulo resistente:

$$S = \frac{I_z}{c} = \frac{bh^3/12}{h/2} = \frac{bh^2}{6}$$

A taxa de aspecto especificada para a viga deste problema é $h/b = 2$; portanto, $h = 2b$. Substituindo essa exigência na fórmula do módulo resistente tem-se

$$S = \frac{bh^2}{6} = \frac{b(2b)^2}{6} = \frac{4}{6}b^3 = \frac{2}{3}b^3$$

Agora pode ser determinada a largura mínima exigida para a viga:

$$\frac{2}{3}b^3 \geq 96{,}0 \text{ in}^3 \qquad \therefore b \geq 5{,}24 \text{ in}$$ **Resp.**

EXEMPLO 8.6

A viga mostrada na figura será construída com um perfil de aço-padrão W usando uma tensão normal admissível oriunda da flexão de 30 ksi (206,8 MPa).

(a) Desenvolva uma lista de perfis aceitáveis que poderiam ser usados para essa viga. Inclua os perfis mais econômicos W8, W10, W12, W14, W16 e W18 na lista de possibilidades.
(b) Selecione o perfil W mais econômico para essa viga.

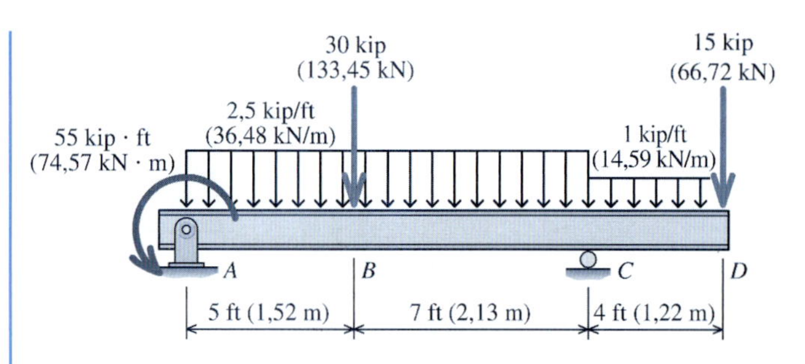

Planejamento da Solução

Usando o método gráfico apresentado na Seção 7.3, serão construídos inicialmente o diagrama de esforços cortantes e o diagrama de momentos fletores. Usando o momento fletor interno máximo e a tensão normal admissível especificada oriunda da flexão, pode ser determinado o módulo resistente exigido para a seção, utilizando a fórmula da flexão [Equação (8.10)]. Serão selecionados no Apêndice B perfis W de aço aceitáveis e o mais leve dentre esses perfis será escolhido como o mais econômico para esse caso.

SOLUÇÃO

Reações de Apoio

A figura mostra um diagrama de corpo livre (DCL) da viga. Desse DCL, podem ser escritas as equações de equilíbrio como

$$\Sigma F_y = A_y + C_y - 30\text{ kip} - 15\text{ kip} - 30\text{ kip} - 4\text{ kip} = 0$$

$$\Sigma M_C = (30\text{ kip})(7\text{ ft}) + (30\text{ kip})(6\text{ ft}) - (4\text{ kip})(2\text{ ft}) - (15\text{ kip})(4\text{ ft}) + 55\text{ kip}\cdot\text{ft} - A_y(120\text{ ft}) = 0$$

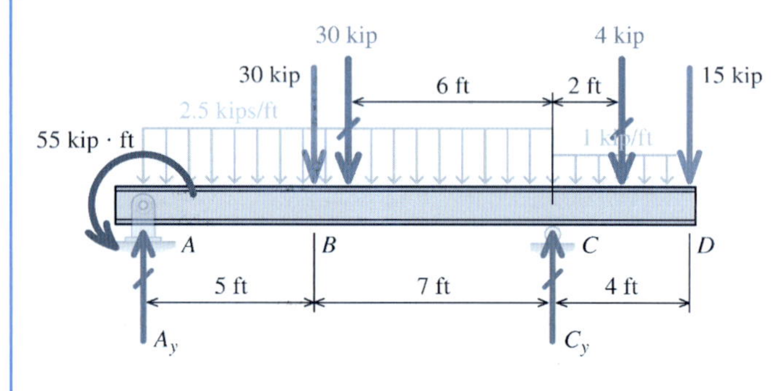

Dessas equações de equilíbrio, as reações da viga no apoio de segundo gênero (pino) em A e no apoio de primeiro gênero (rolete) em C são

$$A_y = 31{,}42\text{ kip} \quad \text{e} \quad C_y = 47{,}58\text{ kip}$$

Diagrama de Esforços Cortantes (DEC) e Diagrama de Momentos Fletores (DMF)

Os diagramas de esforços cortantes e de momentos fletores para a viga e o carregamento estão mostrados na figura. O momento fletor interno máximo na viga é $M = 70{,}83$ kip · ft e ocorre em B.

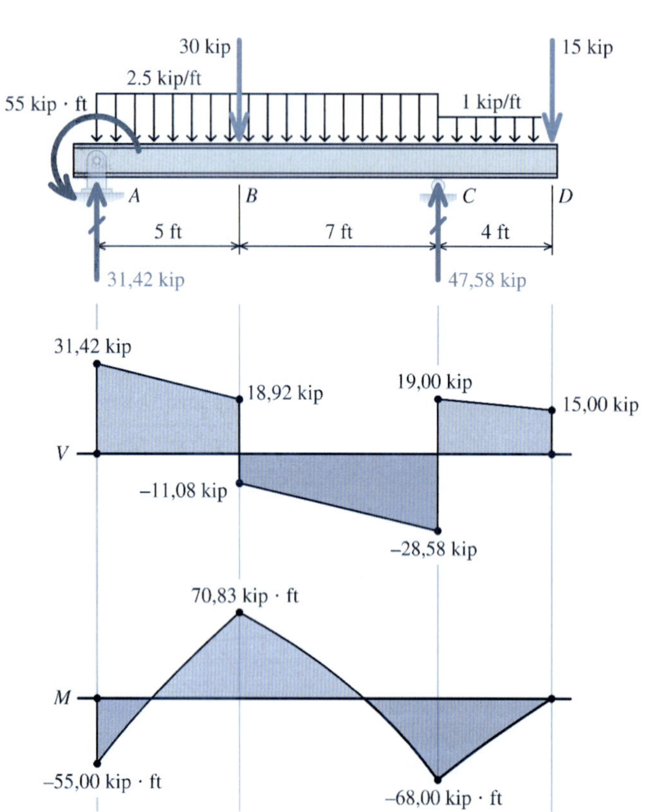

Módulo Resistente da Seção Exigido

Pode ser utilizada a fórmula da flexão para que seja encontrado o valor módulo resistente mínimo da seção exigido para suportar o momento fletor interno máximo sem que seja ultrapassada a tensão normal admissível de 30 ksi provocada pela flexão:

$$\sigma_{\text{máx}} = \frac{M}{S} \leq \sigma_{\text{adm}}$$

$$\therefore S \geq \frac{M}{\sigma_{\text{adm}}} = \frac{(70{,}83\text{ kip}\cdot\text{ft})(12\text{ in/ft})}{30\text{ ksi}}$$

$$= 28{,}33\text{ in}^3$$

(a) Seleção dos perfis de aço aceitáveis: As propriedades dos perfis-padrão de abas largas de aço selecionados estão apresentadas no Apêndice B. Os perfis W que possuem um módulo resistente maior ou igual a 28,33 in³ são adequados para a viga e o carregamento considerados aqui. Como o custo de uma viga de aço é proporcional ao seu peso, geralmente é preferível selecionar para emprego o perfil mais leve.

Siga o procedimento para seleção dos perfis-padrão de aço apresentados na Tabela 8.1. Usando esse processo, são identificados os seguintes perfis como aceitáveis para a viga e o carregamento:

$$W8 \times 40, S = 35{,}5 \text{ in}^3$$
$$W10 \times 30, S = 32{,}4 \text{ in}^3$$
$$W12 \times 26, S = 33{,}4 \text{ in}^3$$
$$W14 \times 22, S = 29{,}0 \text{ in}^3$$
$$W16 \times 31, S = 47{,}2 \text{ in}^3$$
$$W18 \times 35, S = 57{,}6 \text{ in}^3$$

(b) Selecione o perfil W mais econômico: Agora o perfil W mais econômico pode ser selecionado em uma pequena lista de perfis aceitáveis. Dessa lista, é identificado um perfil-padrão de abas largas W14 × 22 como a seção mais leve para essa viga e esse carregamento. **Resp.**

PROBLEMAS

P8.31 Um eixo maciço de aço suporta as cargas $P_A = 200$ lb (890 N) e $P_D = 300$ lb (1.334 N), conforme mostra a Figura P8.31/32. Admita $L_1 = 6$ in (15,24 cm), $L_2 = 20$ in (50,8 cm) e $L_3 = 10$ in (25,4 cm). O apoio em B pode ser considerado como um apoio de primeiro gênero (rolete) e o apoio em C pode ser considerado como um apoio de segundo gênero (pino). Se a tensão normal admissível produzida pela flexão for 8 ksi (55,16 MPa), determine o diâmetro mínimo que poderá ser usado para o eixo.

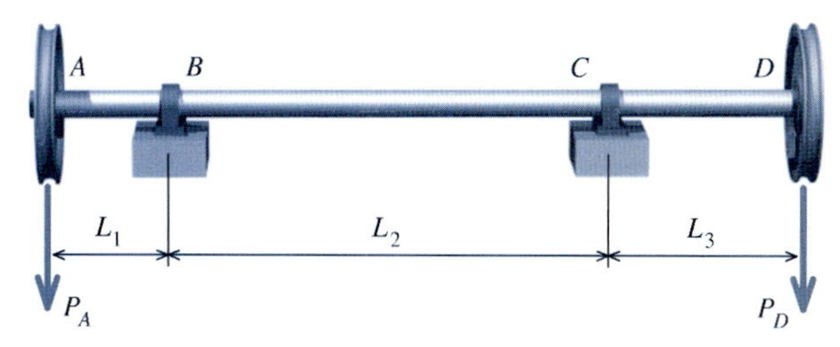

FIGURA P8.31/32

P8.32 Um eixo maciço de aço suporta as cargas $P_A = 500$ N e $P_D = 400$ N, conforme mostra a Figura P8.31/32. Admita $L_1 = 200$ mm, $L_2 = 660$ mm e $L_3 = 340$ mm. O apoio em B pode ser considerado como um apoio de primeiro gênero (rolete) e o apoio em C pode ser considerado como um apoio de segundo gênero (pino). Se a tensão normal admissível produzida pela flexão for 25 MPa, determine o diâmetro mínimo que poderá ser usado para o eixo.

P8.33 Uma viga simplesmente apoiada de madeira (Figura P8.33*a*/34*a*) com um vão de $L = 20$ ft (6,1 m) suporta uma carga uniformemente distribuída de $w = 800$ lb/ft (11,68 kN/m). A tensão normal admissível provocada pela flexão na madeira é 1.400 psi. Se a taxa de aspecto da viga maciça retangular de madeira for especificada como $h/b = 1{,}5$ (Figura P8.33*b*/34*b*), determine a largura mínima b que pode ser usada na viga.

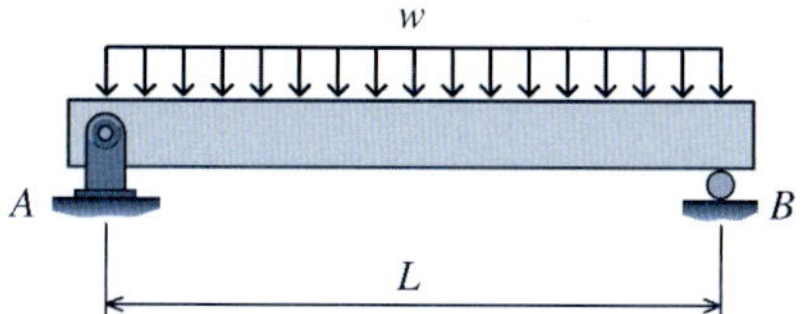

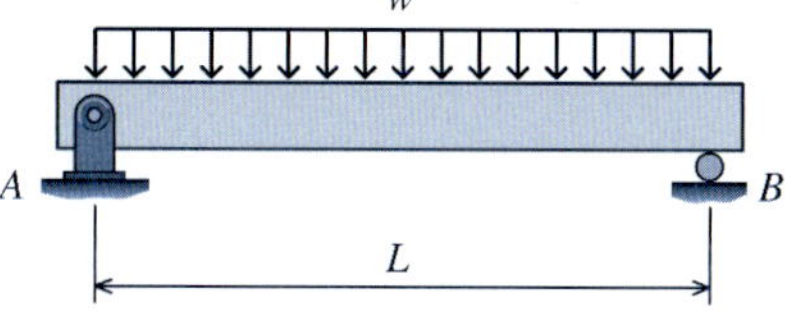

FIGURA P8.33*a*/34*a*

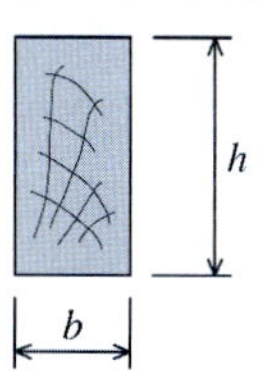

FIGURA P8.33*b*/34*b*

P8.34 Uma viga simplesmente apoiada de madeira (Figura P8.33*a*/34*a*) com um vão de $L = 14$ ft (4,27 m) suporta uma carga uniformemente distribuída de w. A largura da viga é $b = 6$ in (15,24 cm) e a altura da viga é $h = 10$ in (25,4 cm) (Figura P8.33*b*/34*b*). A tensão normal admissível oriunda da flexão na madeira é 900 psi. Determine o valor absoluto da carga máxima w que pode ser suportada pela viga.

P8.35 Uma viga de madeira em balanço (Figura P8.35*a*/36*a*) com vão de $L = 2{,}5$ m suporta uma carga uniformemente distribuída de $w = 4$ kN/m. A tensão normal admissível oriunda da flexão na madeira é 9 MPa. Se a taxa de aspecto da viga retangular de madeira for especificada como $h/b = 0{,}5$ (Figura P8.35*b*/36*b*), determine a largura mínima b que poderá ser usada na viga.

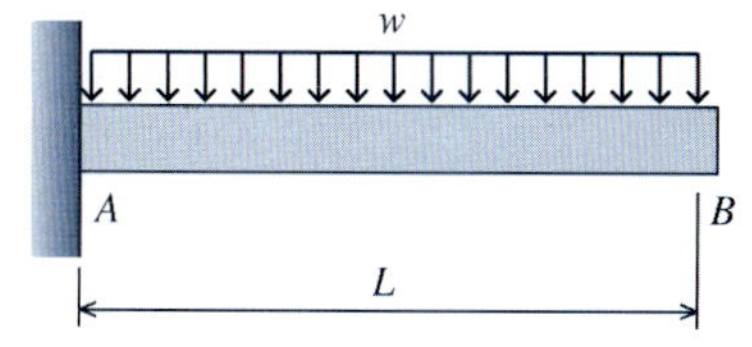

FIGURA P8.35*a*/36*a*

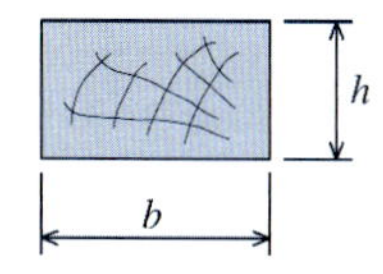

FIGURA P8.35*b*/36*b*

P8.36 Uma viga de madeira em balanço (Figura P8.35*a*/36*a*) com vão de $L = 3$ m suporta uma carga uniformemente distribuída de w. A largura da viga é $b = 300$ mm e a altura da viga é $h = 200$ mm (Figura P8.35*b*/36*b*). A tensão normal admissível oriunda da flexão na madeira é 6 MPa. Determine o valor absoluto da máxima carga w que poderá ser suportada pela viga.

P8.37 A viga mostrada na Figura P8.37 será construída com um perfil de aço-padrão W usando uma tensão admissível oriunda da flexão de 24 ksi (165,47 MPa).

(a) Desenvolva uma lista de cinco perfis aceitáveis que poderiam ser utilizados nessa viga. Nessa lista, inclua os perfis mais econômicos W10, W12, W14, W16 e W18.
(b) Selecione o perfil W mais econômico para essa viga.

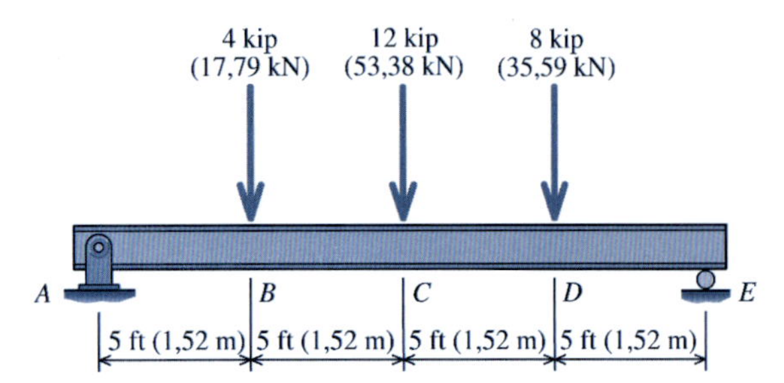

FIGURA P8.37

P8.38 A viga mostrada na Figura P8.38 será construída com um perfil de aço-padrão W usando uma tensão admissível oriunda da flexão de 165 MPa.

(a) Desenvolva uma lista de quatro perfis aceitáveis que poderiam ser utilizados nessa viga. Nessa lista, inclua os perfis mais econômicos W360, W410, W460 e W530.
(b) Selecione o perfil W mais econômico para essa viga.

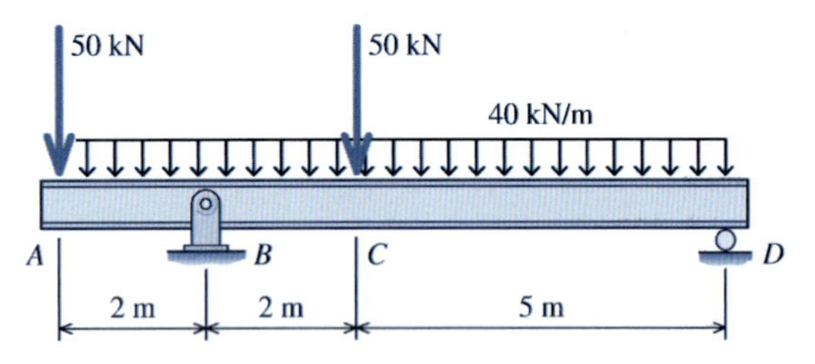

FIGURA P8.38

P8.39 A viga mostrada na Figura P8.39 será construída com um perfil de aço-padrão W usando uma tensão admissível oriunda da flexão de 165 MPa.

(a) Desenvolva uma lista de quatro perfis aceitáveis que poderiam ser utilizados nessa viga. Nessa lista, inclua os perfis mais econômicos W360, W410, W460 e W530.
(b) Selecione o perfil W mais econômico para essa viga.

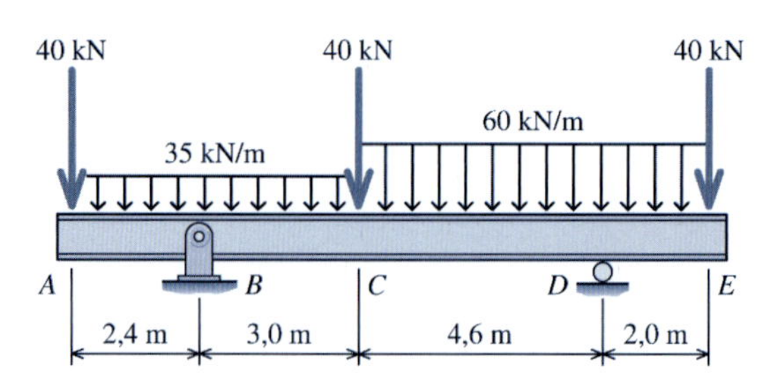

FIGURA P8.39

P8.40 A viga mostrada na Figura P8.40 será construída com um perfil de aço-padrão W usando uma tensão admissível oriunda da flexão de 165 MPa.

(a) Desenvolva uma lista de quatro perfis aceitáveis que poderiam ser utilizados nessa viga. Nessa lista, inclua os perfis mais econômicos W310, W360, W410 e W460.
(b) Selecione o perfil W mais econômico para essa viga.

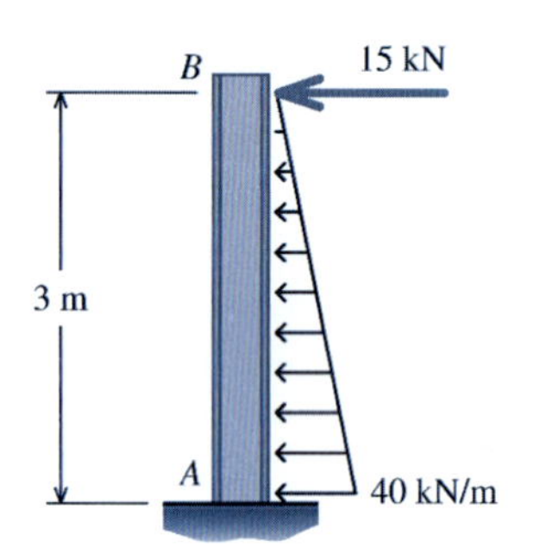

FIGURA P8.40

P8.41 A viga mostrada na Figura P8.41 será construída com um perfil de aço-padrão HSS usando uma tensão admissível oriunda da flexão de 30 ksi (206,8 MPa).

(a) Desenvolva uma lista de três perfis aceitáveis que poderiam ser utilizados nessa viga. Nessa lista, inclua os perfis mais econômicos HSS8, HSS10 e HSS12.
(b) Selecione o perfil HSS mais econômico para essa viga

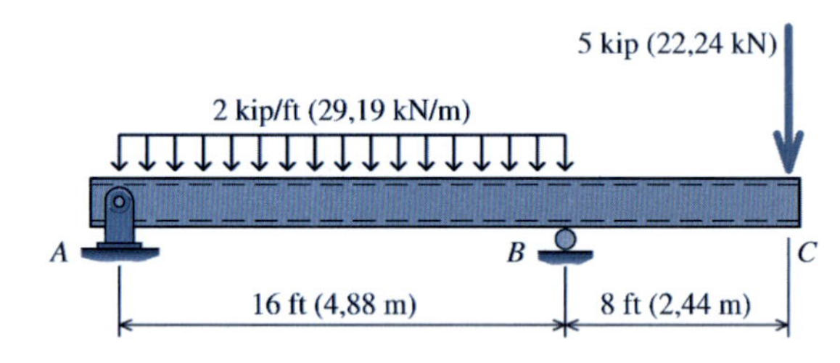

FIGURA P8.41

8.6 TENSÕES PROVOCADAS PELA FLEXÃO EM VIGAS DE DOIS MATERIAIS

Muitas aplicações estruturais envolvem vigas feitas com dois materiais. Esses tipos de vigas são chamados **vigas compostas**. Exemplos disso incluem vigas feitas de madeira reforçadas com placas de metal ligadas às superfícies do topo e da base e vigas de concreto armado, nas quais são embutidas barras de aço para resistir às tensões de tração. Os engenheiros projetam propositalmente vigas dessa maneira de forma que as vantagens oferecidas por material possam ser utilizadas de modo eficiente.

A fórmula da flexão foi obtida para vigas homogêneas, isto é, vigas consistindo em um material único e uniforme caracterizado por um módulo de elasticidade E. Em consequência, a fórmula da flexão não pode ser usada para determinar as tensões normais em vigas compostas em algumas modificações adicionais. Nesta seção, será desenvolvido um método computacional de forma que a seção transversal de uma viga que consista em dois materiais possa ser "transformada" em uma seção transversal *equivalente* consistindo em um único material. Usando essa viga homogênea equivalente, pode ser usada a fórmula da flexão para avaliar as tensões normais oriundas da flexão na viga.

VIGAS EQUIVALENTES

Antes de tratar das vigas feitas de dois materiais, vamos examinar inicialmente o que é exigido para que duas vigas de materiais diferentes possam ser consideradas *equivalentes*. Suponha que uma pequena barra retangular de alumínio com módulo de elasticidade $E_{alum} = 70$ GPa seja usada como uma viga submetida à flexão pura (Figura 8.10*a*). A barra está sujeita a um momento fletor interno $M = 140.000$ N · mm, que causa uma flexão da barra em torno do eixo z. A largura da barra é 15 mm e sua altura é 40 mm (Figura 8.10*b*); portanto, seu momento de inércia em torno do eixo z é $I_{alum} = 80.000$ mm⁴. O raio de curvatura ρ dessa viga pode ser calculado por meio da Equação (8.6):

$$\frac{1}{\rho} = \frac{M}{EI_{alum}} = \frac{140.000 \text{ N} \cdot \text{mm}}{(70.000 \text{ N/mm}^2)(80.000 \text{ mm}^4)}$$
$$\therefore \rho = 40.000 \text{ mm}$$

A deformação específica máxima devida à flexão causada pelo momento fletor pode ser determinada por meio da Equação (8.1):

$$\varepsilon_x = -\frac{1}{\rho}y = -\frac{1}{40.000 \text{ mm}}(\pm 20 \text{ mm}) = \pm 0{,}0005 \text{ mm/mm}$$

A seguir, suponha que desejamos substituir a barra de alumínio por madeira, que tem módulo de elasticidade $E_{mad} = 10$ GPa. Além disso, exigimos que a viga de madeira seja equivalente à viga de alumínio. A pergunta se torna "Que dimensões são exigidas a fim de que a viga de madeira seja equivalente à viga de alumínio?"

O que significa "equivalente" nesse contexto? Para ser equivalente, a viga de madeira deve ter o mesmo raio de curvatura ρ e a mesma distribuição das deformações específicas ε_x que a viga de alumínio para um determinado momento fletor interno M. Para produzir o mesmo ρ para o momento fletor de 140 N · m, o momento de inércia da viga deve ser aumentado para

$$I_{mad} = \frac{M}{E}\rho = \frac{140.000 \text{ N} \cdot \text{mm}}{10.000 \text{ N/mm}^2}(40.000 \text{ mm}) = 560.000 \text{ mm}^4$$

A viga de madeira deve ser maior do que a barra de alumínio a fim de que tenha o mesmo raio de curvatura. Entretanto, a equivalência também exige que a viga de madeira exiba a mesma distribuição das deformações específicas. Como as deformações específicas são proporcionais a y, *a viga de madeira deve ter as mesmas coordenadas y que a viga de alumínio*, em outras palavras, a altura da viga de madeira deve ser igual a 40 mm.

O momento de inércia da viga de madeira deve ser maior do que o da barra de alumínio, *mas a altura de ambas deve ser a mesma*. Portanto, a viga de madeira deve ser mais larga do que a barra de alumínio para que as duas barras sejam equivalentes:

$$I_{mad} = \frac{bh^3}{12} = \frac{b_{mad}(40 \text{ mm})^3}{12} = 560.000 \text{ mm}^4$$
$$\therefore b_{mad} = 105 \text{ mm}$$

Neste exemplo, uma viga de madeira que tenha 105 mm de largura e 40 mm de altura é equivalente a uma viga de alumínio com 15 mm de largura e 40 mm de altura (Figura 8.10*c*). Como os módulos de elasticidade dos dois materiais são diferentes (por um fator de 7 neste caso), a viga

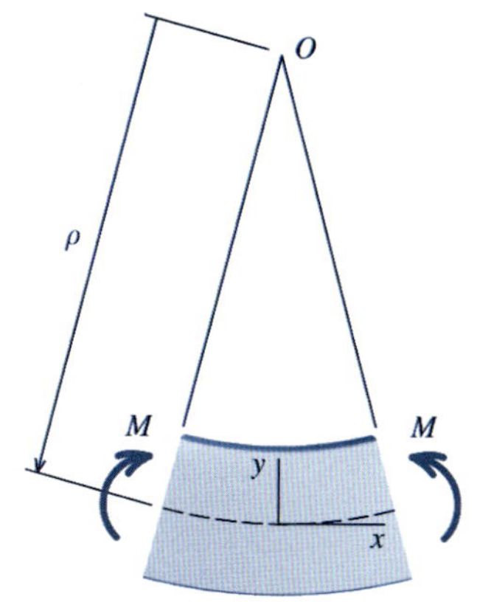

(*a*) Barra sujeita a flexão pura

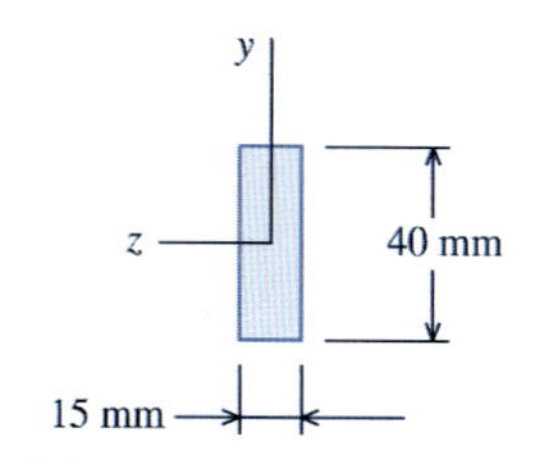

(*b*) Dimensões da seção transversal da barra de alumínio

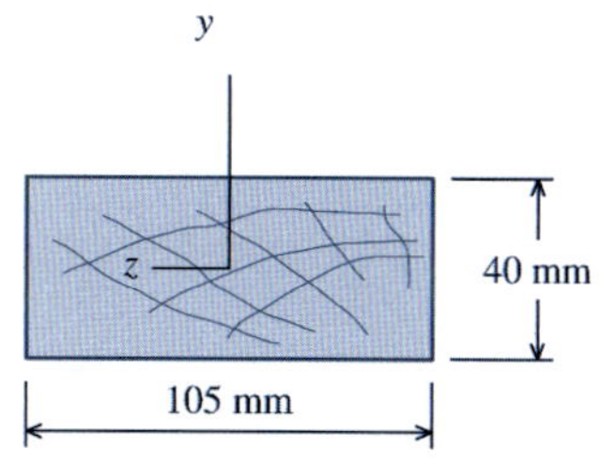

(*c*) Dimensões da seção transversal da viga de madeira equivalente

FIGURA 8.10 Vigas equivalentes de alumínio e de madeira.

de madeira (que tem o menor E) deve ser mais larga do que a viga de alumínio (que tem maior E), mais larga neste caso por um fator 7.

Se as duas vigas forem equivalentes, as tensões normais oriundas da flexão são as mesmas? As tensões normais devidas à flexão e produzidas na viga de alumínio podem ser calculadas por meio da fórmula da flexão:

$$\sigma_{alum} = \frac{(140.000 \text{ N} \cdot \text{mm})(20 \text{ mm})}{80.000 \text{ mm}^4} = 35 \text{ MPa}$$

Similarmente, a tensão normal devida à flexão e produzida na viga de madeira é

$$\sigma_{mad} = \frac{(140.000 \text{ N} \cdot \text{mm})(20 \text{ mm})}{560.000 \text{ mm}^4} = 5 \text{ MPa}$$

A tensão normal oriunda da flexão na madeira é um sétimo da tensão normal no alumínio; portanto, as vigas equivalentes não possuem necessariamente as mesmas tensões normais oriundas da flexão, apenas o mesmo ρ e o mesmo ε.

Neste exemplo, o módulo de elasticidade, as larguras das vigas e todas as tensões normais oriundas da flexão diferem de um fator 7. Compare as relações momento-curvatura para as duas vigas:

$$\frac{1}{\rho} = \frac{M}{E_{alum} I_{alum}} = \frac{M}{E_{mad} I_{mad}}$$

Exprimindo os momentos de inércia em termos das larguras respectivas das vigas b_{alum} e b_{mad} e a altura comum das vigas h fornece

$$\frac{M}{E_{alum}\left(\frac{b_{alum} h^3}{12}\right)} = \frac{M}{E_{mad}\left(\frac{b_{mad} h^3}{12}\right)}$$

que pode ser simplificada para

$$\frac{b_{mad}}{b_{alum}} = \frac{E_{alum}}{E_{mad}}$$

A relação entre os módulos de elasticidade será denominada **taxa modular** e será indicada pelo símbolo n. Para os dois materiais considerados aqui, a taxa modular n tem um valor de

$$n = \frac{E_{alum}}{E_{mad}} = \frac{70 \text{ GPa}}{10 \text{ GPa}} = 7$$

Em consequência, o fator 7 que aparece ao longo de todo este exemplo é resultado da taxa modular entre os dois materiais. A largura exigida da viga de madeira pode ser expressa em termos da taxa modular n como

$$\frac{b_{mad}}{b_{alum}} = \frac{E_{alum}}{E_{mad}} = n \qquad \therefore b_{mad} = n b_{alum} = 7(15 \text{ mm}) = 105 \text{ mm}$$

As tensões normais oriundas da flexão para os dois materiais também diferem de um fator 7. Como as vigas de alumínio e de madeira são equivalentes, as deformações específicas devidas à flexão são as mesmas para as duas vigas:

$$(\varepsilon_x)_{alum} = (\varepsilon_x)_{mad}$$

As tensões estão relacionadas às deformações específicas pela Lei de Hooke; portanto, as deformações específicas podem ser expressas como

$$(\varepsilon_x)_{alum} = \left(\frac{\sigma}{E}\right)_{alum} \qquad \text{e} \qquad (\varepsilon_x)_{mad} = \left(\frac{\sigma}{E}\right)_{mad}$$

Agora a relação entre as tensões normais oriundas da flexão para os dois materiais pode ser expressa em termos da taxa modular n:

$$\frac{\sigma_{\text{alum}}}{E_{\text{alum}}} = \frac{\sigma_{\text{mad}}}{E_{\text{mad}}} \quad \text{ou} \quad \frac{\sigma_{\text{alum}}}{\sigma_{\text{mad}}} = \frac{E_{\text{alum}}}{E_{\text{mad}}} = n$$

Mais uma vez, a relação entre as tensões normais oriundas da flexão diferem de uma quantidade igual à taxa modular n.

Para resumir, uma viga feita de um material é transformada em uma viga equivalente de um material diferente modificando a largura da viga (*e apenas a largura da viga*). A relação entre os módulos de elasticidade dos dois materiais (denominada taxa modular) determina a variação de largura exigida para haver a equivalência. As tensões normais oriundas da flexão não são iguais para vigas equivalentes; em vez disso, elas diferem também de um fator igual à taxa modular.

MÉTODO DA SEÇÃO TRANSFORMADA

Os conceitos introduzidos no exemplo anterior podem ser usados para desenvolver um método para a análise de vigas constituídas de dois materiais. A ideia básica é transformar uma seção transversal que consiste em dois materiais diferentes em uma seção transversal equivalente de apenas um material. Uma vez concluída essa transformação, podem ser usadas as técnicas desenvolvidas anteriormente para a flexão de vigas homogêneas a fim de que sejam determinadas as tensões normais oriundas da flexão.

Observe a seção transversal de uma viga que seja constituída de dois materiais elásticos lineares (denominados Material 1 e Material 2) que estejam perfeitamente ligados entre si (Figura 8.11*a*). Essa viga composta será flexionada da maneira descrita na Seção 8.2. Se for aplicado um momento fletor a essa viga, então, da mesma forma que a uma viga homogênea, a área total da seção transversal permanecerá plana depois da flexão. Isso significa que as deformações normais específicas variarão linearmente de acordo com a coordenada y medida a partir da superfície neutra e que a Equação (8.1) é válida:

$$\varepsilon_x = -\frac{1}{\rho}y \tag{8.1}$$

Entretanto, nessa situação, não se pode admitir que a superfície neutra passe no centroide da área composta.

Desejamos transformar o Material 2 em uma quantidade equivalente do Material 1 e, uma vez feito isso, definir uma seção transversal nova constituída inteiramente do Material 1. Para que essa seção transversal transformada seja válida para fins de cálculos, ela deve ser equivalente à seção transversal real (que consiste em Material 1 e Material 2), significando que as deformações específicas e a curvatura da seção transformada devem ser as mesmas deformações específicas e a mesma curvatura da seção transversal real.

Nesse procedimento, o Material 1 pode ser considerado como "moeda de troca" para a transformação. Todas as áreas são convertidas em suas áreas equivalentes na moeda de troca.

Que área do Material 1 é equivalente a uma área dA do Material 2? Considere uma seção transversal que consista em dois materiais, na qual o Material 2 é mais rígido do que o Material 1 ou, em outras palavras, $E_2 > E_1$ (Figura 8.11*b*). Analisaremos a força transmitida por um elemento de área dA_2 do Material 2. O elemento dA tem largura dz e altura dy. A força dF transmitida por esse elemento de área é dada por $dF = \sigma_x\, dz\, dy$. Da Lei de Hooke, a tensão σ_x pode ser expressa como produto do módulo de elasticidade pela deformação específica; portanto,

$$dF = (E_2\varepsilon)dz\,dy$$

Como o Material 2 é mais rígido do que o Material 1, será exigida uma área maior do Material 1 para transmitir uma força igual a dF. A distribuição da deformação específica na seção transformada deve ser a mesma distribuição das deformações específicas da seção transversal real. Por esse motivo, as dimensões y (isto é, as dimensões perpendiculares ao eixo neutro) na seção transformada devem ser iguais àquelas da seção transversal original. Entretanto, a dimensão da largura (isto é, a dimensão paralela ao eixo neutro) pode ser modificada. Seja a área equivalente dA' de Material 1 dada pela altura dy e pela largura modificada $n\,dz$, em que n é um fator a ser determinado (Figura 8.11*c*). A força transmitida por essa área do Material 1 pode ser expressa como

Suponha que o Material 2 seja um material "duro" como o aço e o Material 1 seja um material "mole" como a borracha. Se as deformações tanto na borracha como no aço fossem iguais, uma área muito maior de borracha seria necessária para transmitir a força igual à transmitida por uma pequena área de aço.

$$dF' = (E_1\varepsilon)(n\,dz)dy$$

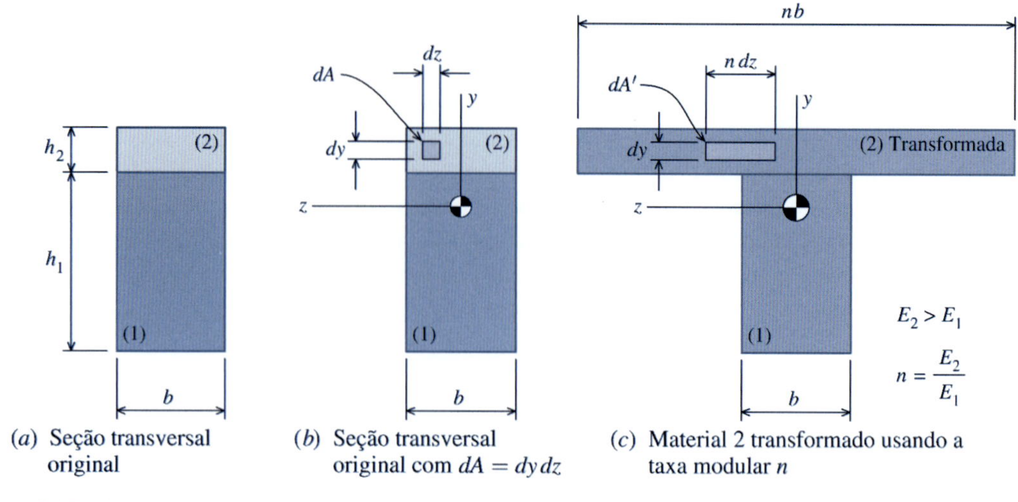

(a) Seção transversal original (b) Seção transversal original com $dA = dy\,dz$ (c) Material 2 transformado usando a taxa modular n

FIGURA 8.11 Vigas de dois materiais: geometria básica e geometria transformada da seção transversal.

Se a seção transformada deve ser equivalente à seção transversal real, as forças dF' e dF devem ser iguais:

$$(E_1\varepsilon)(n\,dz)\,dy = (E_2\varepsilon)\,dz\,dy$$

e portanto,

$$n = \frac{E_2}{E_1} \tag{8.12}$$

A razão n é chamada **taxa modular**.

Essa análise mostra que a seção transversal real constituída de dois materiais pode ser transformada pela taxa modular em uma seção transversal equivalente constituída de um único material. A seção transversal real é transformada da seguinte maneira. A área do Material 1 não é modificada, significando que as dimensões reais permanecem inalteradas. A área do Material 2 é transformada em uma área equivalente de Material 1 multiplicando a *largura* real (isto é, a dimensão que é paralela ao eixo neutro) pela taxa modular n. A *altura* do Material 2 (ou seja, a dimensão perpendicular ao eixo neutro) é mantida a mesma. Esse procedimento produz uma **seção transformada** feita inteiramente do Material 1 que transmite a mesma força (para qualquer deformação específica ε dada) que a seção transversal real, que é constituída de dois materiais.

A seção transformada tem o mesmo eixo neutro que a seção transversal real? Se a seção transversal transformada é equivalente à seção transversal real, então ela deve produzir a mesma distribuição de deformações específicas. Portanto, é essencial que ambas as seções transversais tenham o mesmo local de eixo neutro. Para uma viga homogênea, o eixo neutro foi determinado pela soma das forças na direção x na Equação (8.4). A aplicação desse mesmo procedimento para uma viga constituída de dois materiais fornece

$$\Sigma F_x = \int_{A_1} \sigma_{x1}\,dA + \int_{A_2} \sigma_{x2}\,dA = 0$$

na qual σ_{x1} é a tensão normal no Material 1 e σ_{x2} é a tensão normal no Material 2. Nessa equação, a primeira integral é avaliada tendo por base a seção transversal do Material 1 e a segunda integral é avaliada tendo por base a área do Material 2. Da Equação (8.3), as tensões normais em y (medidas a partir do eixo neutro) para os dois materiais podem ser expressas em termos do raio de curvatura ρ como

$$\sigma_{x1} = -\frac{E_1}{\rho}y \quad \text{e} \quad \sigma_{x2} = -\frac{E_2}{\rho}y \tag{8.13}$$

Substituindo essas expressões para σ_{x1} e σ_{x2} tem-se

$$\Sigma F_x = -\int_{A_1} \frac{E_1}{\rho} y\, dA - \int_{A_2} \frac{E_2}{\rho} y\, dA = 0$$

O raio de curvatura pode ser cancelado de forma que essa equação se reduz a

$$E_1 \int_{A_1} y\, dA + E_2 \int_{A_2} y\, dA = 0$$

Nessa equação, as integrais representam o momento estático (primeiro momento de área) das duas partes da seção transversal em relação ao eixo neutro. Nesse ponto, a taxa modular será utilizada de forma que a equação anterior possa ser reescrita em termos de n:

$$E_1 \int_{A_1} y\, dA + E_1 \int_{A_2} yn\, dA = 0$$

que se reduz a

$$\int_{A_1} y\, dA + \int_{A_2} yn\, dA = 0 \tag{8.14}$$

A área da seção transversal deformada pode ser expressa como

$$\int_{A_1} dA + \int_{A_2} n\, dA = \int_{A_t} dA_t$$

de tal forma que a Equação (8.14) pode ser reescrita simplesmente como

$$\int_{A_t} y\, dA_t = 0 \tag{8.15}$$

Portanto, o *eixo neutro passa pelo centroide da seção transformada*, da mesma forma que passa pelo centroide de uma viga homogênea.

A seção transformada tem a mesma relação momento-curvatura que a seção transversal real? Usando as relações da Equação (8.13), a relação momento-curvatura de uma viga de dois materiais é

$$\begin{aligned} M &= -\int_A y\sigma_x\, dA \\ &= -\int_{A_1} y\sigma_x\, dA - \int_{A_2} y\sigma_x\, dA \\ &= \frac{1}{\rho}\left[\int_{A_1} E_1 y^2\, dA + \int_{A_2} E_2 y^2\, dA\right] \end{aligned}$$

Usando a taxa modular, o módulo de elasticidade do Material 2 pode ser expresso como $E_2 = nE_1$, que reduz a equação anterior a

$$M = \frac{E_1}{\rho}\left[\int_{A_1} y^2\, dA + \int_{A_2} y^2 n\, dA\right]$$

O termo entre colchetes está imediatamente acima do momento de inércia I_t da seção transformada em torno de seu eixo neutro (que, como já foi mostrado antes, passa pelo centroide). Portanto, a relação momento-curvatura pode ser escrita como

$$M = \frac{E_1 I_t}{\rho} \quad \text{em que} \quad I_t = \int_{A_t} y^2\, dA_t \tag{8.16}$$

Portanto, a relação momento-curvatura da seção transversal transformada é igual ao da seção transversal real.

Como são calculadas as tensões normais oriundas da flexão para cada um dos dois materiais usando a seção transformada? A Equação (8.16) pode ser expressa como

$$\frac{1}{\rho} = \frac{M}{E_1 I_t}$$

e substituída nas relações de tensões da Equação (8.13) para fornecer a tensão normal oriunda da flexão nos locais correspondentes ao Material 1 na seção transversal real:

$$\sigma_{x1} = -\frac{E_1}{\rho}y = -\left(\frac{M}{E_1 I_t}\right)E_1 y = -\frac{My}{I_t} \tag{8.17}$$

Observe que a tensão normal oriunda da flexão no Material 1 é calculada a partir da fórmula da flexão. Lembre-se de que a área real do Material 1 não foi modificada para o desenvolvimento da seção transformada.

A tensão normal oriunda da flexão nos locais correspondentes ao Material 2 na seção transversal real é dada por

$$\sigma_{x2} = -\frac{E_2}{\rho}y = -\left(\frac{M}{E_1 I_t}\right)E_2 y = -\frac{E_2}{E_1}\frac{My}{I_t} = -n\frac{My}{I_t} \tag{8.18}$$

Ao usar a seção transformada para calcular as tensões normais oriundas da flexão nos locais correspondentes ao Material 2 (isto é, o material transformado) na seção transversal real, a fórmula da flexão deve ser multiplicada pela taxa modular n.

Para uma seção transversal consistindo em dois materiais (Figura 8.12*a*), as deformações específicas causadas por um momento fletor estão distribuídas linearmente ao longo da altura da seção transversal (Figura 8.12*b*), da mesma forma que para uma seção homogênea. As tensões normais correspondentes também estão distribuídas linearmente; entretanto, há uma descontinuidade na interseção dos dois materiais (Figura 8.12*c*), que é uma consequência dos diferentes módulos de elasticidade dos dois materiais. No método da seção transformada, as tensões normais para o material que foi transformado (Material 2, neste caso) são calculadas multiplicando a fórmula da flexão pela taxa modular n.

Para recapitular, o procedimento para calcular as tensões normais oriundas da flexão usando o método da seção transformada depende se o material foi transformado ou não:

- Se a área não foi transformada, então simplesmente calcule as tensões normais oriundas da flexão correspondentes utilizando a fórmula da flexão.
- Se a área foi transformada, então multiplique a fórmula da flexão por n ao calcular as tensões normais oriundas da flexão correspondentes.

Nesta análise, a seção transversal real da viga foi transformado em uma seção transversal equivalente, que consiste inteiramente no Material 1. Também é permitido transformar a seção transversal do Material 2. Nesse caso, a taxa modular é definida como $n = E_1/E_2$. As tensões normais oriundas da flexão no Material 2 da seção transversal real serão as mesmas tensões normais oriundas da flexão na parte correspondente da seção transversal transformada. As tensões normais oriundas da flexão nos locais correspondentes ao Material 1 na seção transversal real serão obtidas multiplicando a fórmula da flexão por $n = E_1/E_2$.

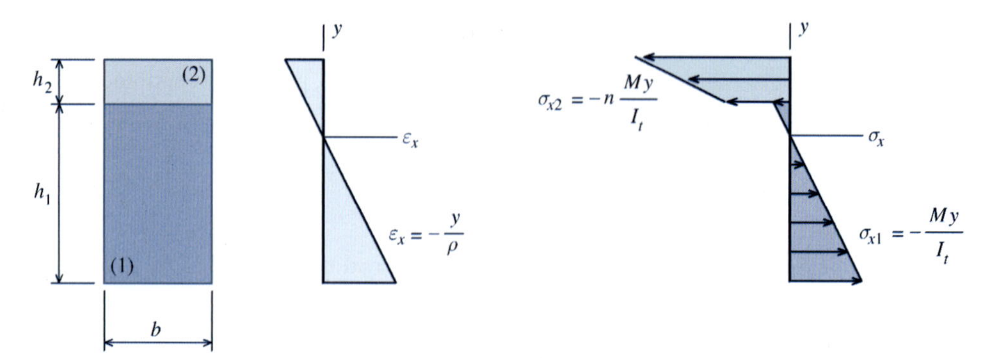

FIGURA 8.12 Viga com dois materiais: distribuição das deformações específicas e de tensões.

EXEMPLO 8.7

Uma viga em balanço de 10 ft (3,05 m) de comprimento suporta uma carga uniformemente distribuída de $w = 100$ lb/ft (1,46 kN/m). A viga é construída com uma prancha de madeira (1), com 3 in (7,62 cm) de largura e 8 in (20,32 cm) de altura, que é reforçada em sua superfície superior por uma placa de alumínio (2) de 3 in (7,62 cm) de largura por 0,25 in (0,64 cm) de espessura. O módulo de elasticidade da madeira é $E = 1.700$ ksi (11,72 GPa) e o módulo de elasticidade da placa de alumínio é $E = 10.200$ ksi (70,33 GPa). Determine as tensões normais máximas oriundas da flexão produzidas na madeira (1) e na placa de alumínio (2).

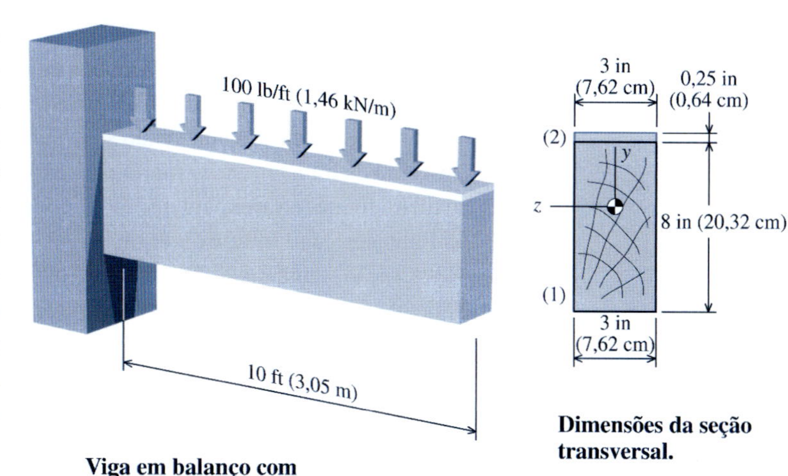

Viga em balanço com $w = 100$ lb/ft (1,46 kN/m).

Dimensões da seção transversal.

Planejamento da Solução

Será usado o método da seção transformada para transformar a seção transversal consistindo em dois materiais em uma seção transversal equivalente consistindo em apenas um material. Essa seção transformada será usada para fins de cálculos. O local do centro de gravidade (centroide) e o momento de inércia da seção transformada em torno de seu centro de gravidade serão calculados. Usando as propriedades dessa seção, será usada a fórmula da flexão para calcular as tensões normais oriundas da flexão, tanto na madeira como no alumínio, correspondentes ao momento fletor interno máximo produzido no vão da viga em balanço.

SOLUÇÃO

Taxa Modular

O procedimento de transformação está baseado na razão entre os módulos de elasticidade dos dois materiais, denominado *taxa* (ou *razão*) *modular* e indicado por n. A taxa modular é definida como o módulo de elasticidade do *material transformado* dividido pelo módulo de elasticidade do *material de referência*. Neste exemplo, um material mais rígido (isto é, o alumínio) será transformado em uma quantidade equivalente do material menos rígido (ou seja, madeira); portanto, a madeira será usada como material de referência. A taxa modular para essa transformação é

$$n = \frac{E_{\text{trans}}}{E_{\text{ref}}} = \frac{E_2}{E_1}$$
$$= \frac{10.200 \text{ ksi}}{1.700 \text{ ksi}} = 6$$

A *largura* da parte de alumínio da seção transversal é multiplicada pela taxa modular n. A seção transversal resultante, consistindo unicamente em madeira, é equivalente à seção transversal real, que consiste tanto em madeira como em alumínio.

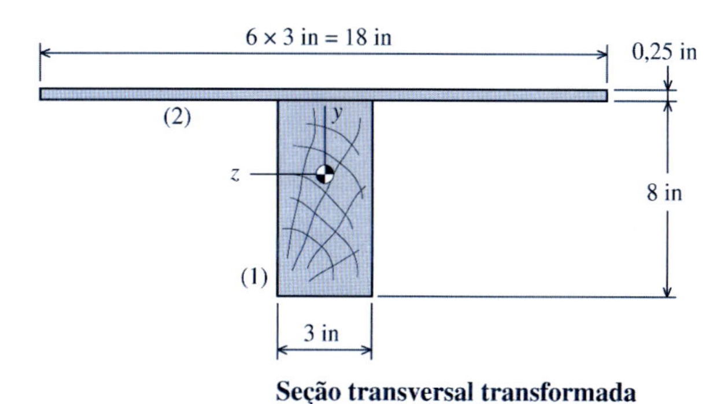

Seção transversal transformada

Propriedades da Seção

O local do centro de gravidade para a seção transformada é mostrado na figura à direita. O momento de inércia da seção transformada em torno do eixo baricêntrico z é $I_t = 192{,}5$ in^4.

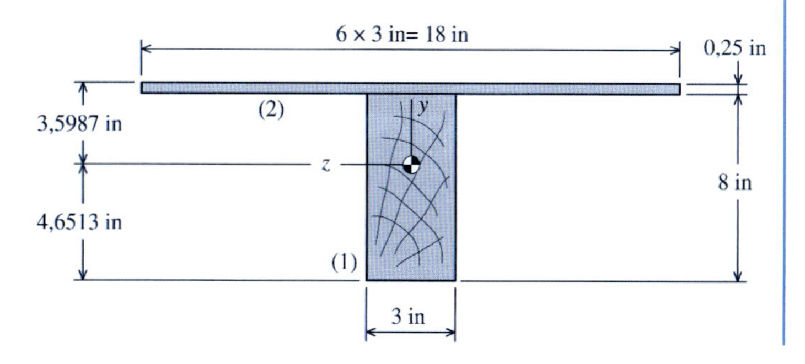

Momento Fletor Máximo

O momento fletor máximo para uma viga em balanço de 10 ft de comprimento com uma carga uniformemente distribuída $w = 100$ lb/ft é

$$M_{máx} = -\frac{wL^2}{2} = -\frac{(100 \text{ lb/ft})(10 \text{ ft})^2}{2} = -5.000 \text{ lb} \cdot \text{ft} = -60.000 \text{ lb} \cdot \text{in}$$

Fórmula da Flexão

A fórmula da flexão [Equação (8.7)] fornece a tensão normal oriunda da flexão em qualquer local y; entretanto, a fórmula da flexão só é válida se a viga consistir em um material homogêneo. O processo de transformação usado para substituir o alumínio por uma quantidade equivalente de madeira foi necessário para que fosse obtida uma seção transversal homogênea que satisfizesse as limitações da fórmula da flexão.

A seção transformada consistindo inteiramente em madeira é *equivalente* à seção transversal real. A seção transformada é *equivalente* porque as *deformações específicas* causadas pela flexão e produzidas na seção transformada são idênticas às deformações específicas produzidas na seção transversal real. Entretanto, as *tensões normais* na seção transformada, oriundas da flexão, exigem um ajuste adicional. As tensões normais oriundas da flexão calculadas para a parte original de madeira da seção transversal [isto é, área (1)] são calculadas corretamente pela fórmula da flexão. As tensões normais oriundas da flexão calculadas para a placa de alumínio devem ser multiplicadas pela taxa modular n para levar em consideração a diferença entre os módulos de elasticidade dos dois materiais.

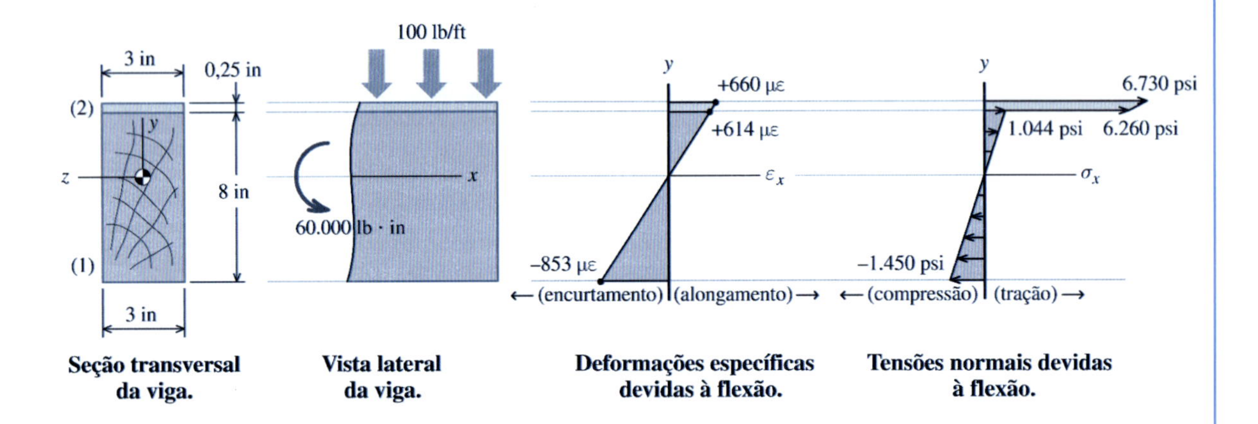

Seção transversal da viga. **Vista lateral da viga.** **Deformações específicas devidas à flexão.** **Tensões normais devidas à flexão.**

Tensões Normais Máximas Produzidas pela Flexão na Madeira

A tensão normal máxima produzida pela flexão na parte de madeira (1) da seção transversal ocorre na superfície inferior da viga. Como a madeira não foi transformada, a Equação (8.17) é usada para calcular a tensão normal máxima produzida pela flexão:

$$\sigma_{x1} = -\frac{My}{I_t} = -\frac{(-60.000 \text{ lb} \cdot \text{in})(-4{,}6513 \text{ in})}{192{,}5 \text{ in}^4} = -1.450 \text{ psi} = 1.450 \text{ psi (C)} \qquad \textbf{Resp.}$$

Tensões Normais Máximas Produzidas pela Flexão no Alumínio

Nessa análise, a parte de alumínio da seção transversal foi transformada em uma largura equivalente de madeira. Embora as *deformações específicas* produzidas pela flexão para a seção transformada estejam corretas, a *tensão normal* produzida pela flexão para o material transformado deve ser multiplicada pela taxa modular n para levar em consideração os diferentes módulos de elasticidade dos dois materiais. A tensão normal máxima produzida pela flexão na parte de alumínio (2) da seção transversal, que ocorre na superfície superior da viga, é calculada por meio da Equação (8.18):

$$\sigma_{x2} = -n\frac{My}{I_t} = -6\frac{(-60.000 \text{ lb} \cdot \text{in})(3{,}5987 \text{ in})}{192{,}5 \text{ in}^4} = 6.730 \text{ psi} = 6.730 \text{ psi (T)} \qquad \textbf{Resp.}$$

Tensões Normais Provocadas pela Flexão na Interseção dos Dois Materiais

A união entre a madeira (1) e a placa de alumínio (2), ocorre em $y = 3{,}3487$ in. Nesse local, a deformação específica produzida pela flexão em ambos os materiais é idêntica: $\varepsilon_x = +614\ \mu\varepsilon$.

Como o módulo de elasticidade do alumínio é seis vezes maior do que o módulo de elasticidade da madeira, a tensão normal provocada pela flexão no alumínio:

$$\sigma_{x2} = -n\frac{My}{I_t} = -6\frac{(-60.000 \text{ lb} \cdot \text{in})(3{,}3487 \text{ in})}{192{,}5 \text{ in}^4} = 6.263 \text{ psi} = 6.263 \text{ psi (T)}$$

é seis vezes maior do que a tensão normal provocada pela flexão na madeira:

$$\sigma_{x1} = -\frac{My}{I_t} = -\frac{(-60.000 \text{ lb} \cdot \text{in})(3{,}3487 \text{ in})}{192{,}5 \text{ in}^4} = 1.044 \text{ psi} = 1.044 \text{ psi (T)}$$

Esse resultado pode ser visto pela aplicação da Lei de Hooke para cada material. Para uma deformação específica normal de $\varepsilon_x = +614\ \mu\varepsilon$, encontra-se a tensão normal na prancha de madeira (1) por meio da Lei de Hooke como

$$\sigma_{x1} = E_1\varepsilon_x = (1.700.000 \text{ psi})(614 \times 10^{-6}\text{in/in}) = 1{,}044 \text{ psi} = 1{,}044 \text{ psi (T)}$$

e a tensão normal na placa de alumínio é

$$\sigma_{x2} = E_2\varepsilon_x = (10.200.000 \text{ psi})(614 \times 10^{-6}\text{in/in}) = 6.263 \text{ psi} = 6.263 \text{ psi (T)}$$

Exemplo do MecMovies M8.16

Determine as tensões normais oriundas da flexão em uma viga composta usando o método da seção transformada.

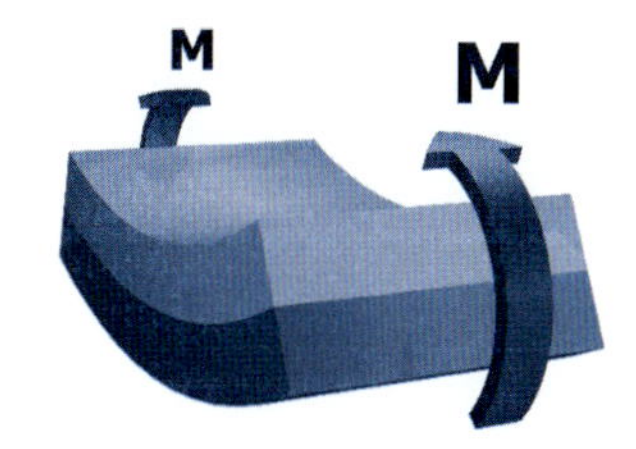

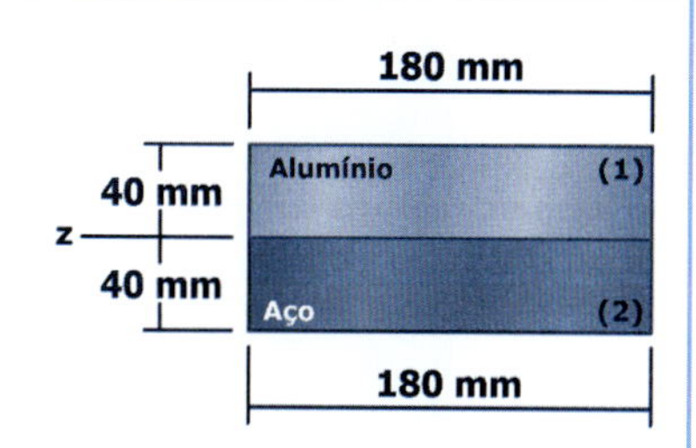

Exemplo do MecMovies M8.17

Dadas as tensões admissíveis para os materiais de aço e de alumínio, determine o maior momento admissível que pode ser aplicado em torno do eixo z para a seção transversal da viga.

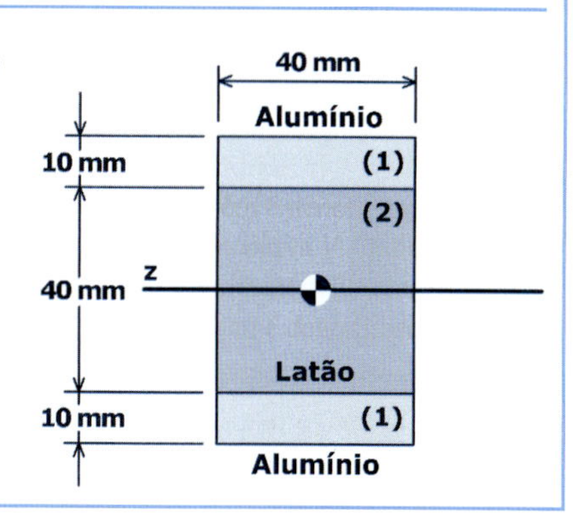

Exemplo do MecMovies M8.18

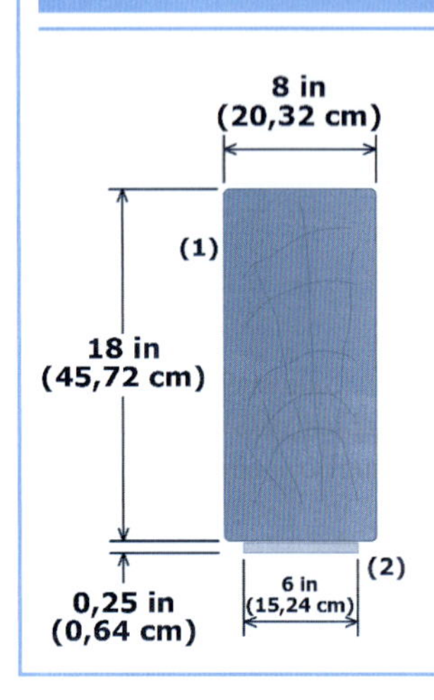

Dadas as tensões admissíveis para os dois materiais, determine o maior momento admissível que pode ser aplicado em torno do eixo horizontal da seção transversal da viga mostrada na figura.

Exemplo do MecMovies M8.19

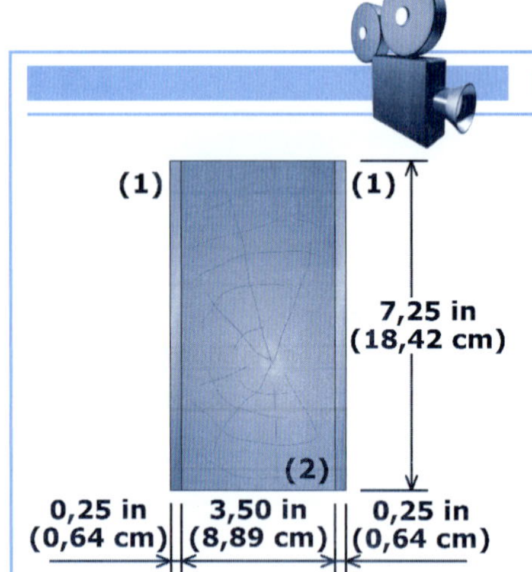

Dadas as tensões admissíveis para os materiais de madeira e de aço, determine o maior momento admissível e, em seguida, a máxima carga distribuída que pode ser aplicada a uma viga simplesmente apoiada.

EXERCÍCIOS do MecMovies

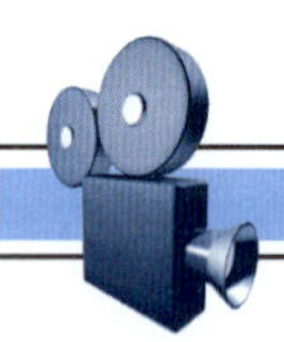

M8.16 A seção transversal de uma viga composta consiste em duas barras retangulares ligadas seguramente entre si. A viga está sujeita a um momento fletor especificado de M. Determine:

(a) a distância vertical de K ao eixo baricêntrico.
(b) a tensão normal produzida pela flexão em H.
(c) a tensão normal produzida pela flexão em K.

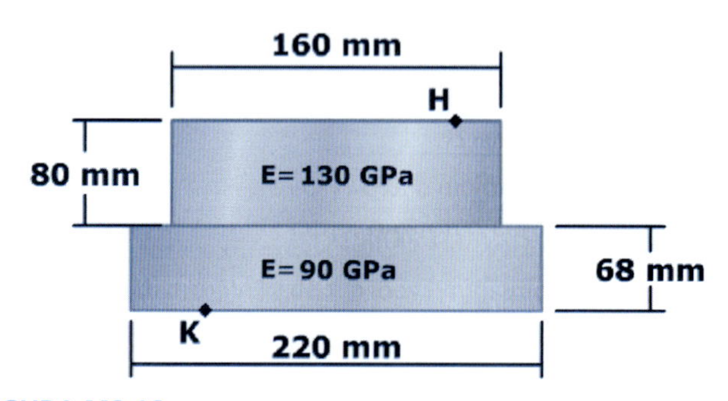

FIGURA M8.16

M8.17 A seção transversal de uma viga composta consiste em duas barras retangulares ligadas seguramente entre si. Com base nas tensões admissíveis indicadas, determine:

(a) a distância vertical de K ao eixo baricêntrico.
(b) o momento fletor máximo admissível M.
(c) a tensão normal provocada pela flexão em H.
(d) a tensão normal provocada pela flexão em K.

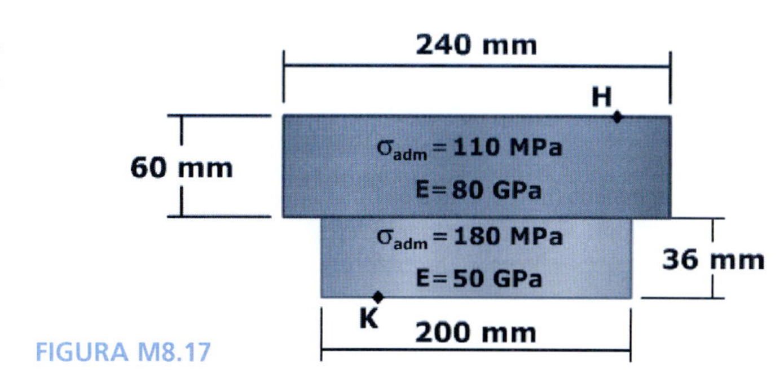

FIGURA M8.17

PROBLEMAS

P8.42 Uma viga composta é fabricada aparafusando duas pranchas de madeira de 3 in (7,62 cm) de largura por 12 in (30,48 cm) de altura aos lados de uma placa de aço de 0,50 in (1,27 cm) por 12 in (30,48 cm) (Figura P8.42*b*). Os módulos de elasticidade da madeira e do aço são respectivamente 1.800 ksi (12,41 GPa) e 30.000 ksi (206,8 GPa). A viga simplesmente apoiada se estende sobre um vão de 20 ft (6,1 m) e suporta duas cargas concentradas P, que são aplicadas a uma distância dos apoios igual a um quarto do vão (Figura P8.42*a*).

(a) Determine as tensões normais máximas produzidas pela flexão nas pranchas de madeira e na placa de aço se P = 3 kip (13,34 kN).
(a) Admita que as tensões admissíveis produzidas pela flexão na madeira e no aço são 1.200 psi (8,27 GPa) e 24.000 psi (165,5 GPa), respectivamente. Determine o maior valor absoluto aceitável para as cargas concentradas P.
(O peso da viga pode ser ignorado nos seus cálculos.)

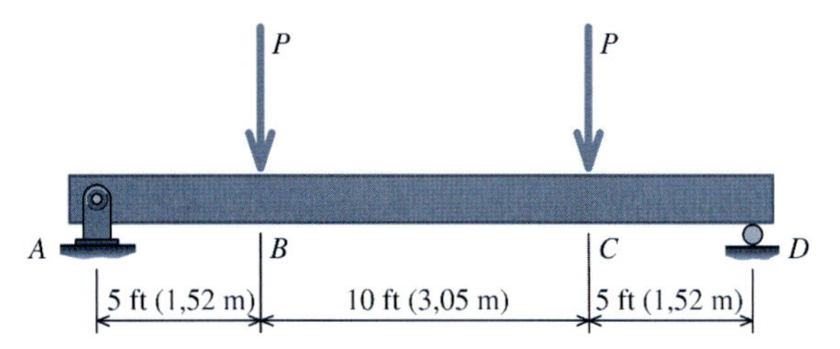

FIGURA P8.42*a*

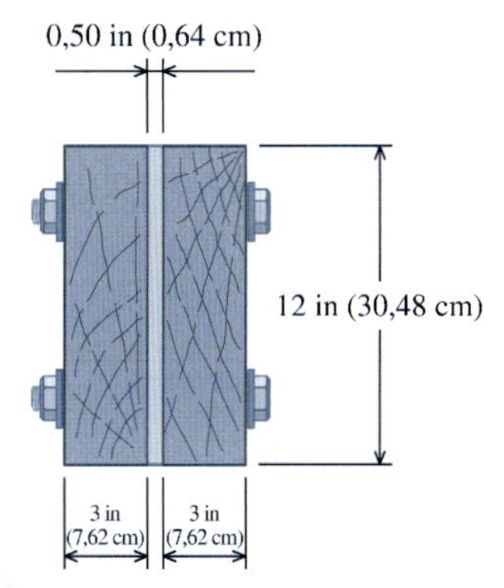

FIGURA P8.42*b*

P8.43 A seção transversal de uma viga composta que consiste em faces de fibra de vidro com 4 mm de espessura ligadas a um núcleo de *particleboard* (painel de partículas) é mostrada na Figura P8.43. A viga está sujeita a um momento fletor de 55 N · m agindo em torno do eixo z. Os módulos de elasticidade da fibra de vidro e do painel de partículas são 30 GPa e 10 GPa, respectivamente. Determine:

(a) as tensões normais máximas produzidas pela flexão nas faces de fibra de vidro e no núcleo de painel de partículas.
(b) a tensão na fibra de vidro no local onde os dois materiais são ligados entre si.

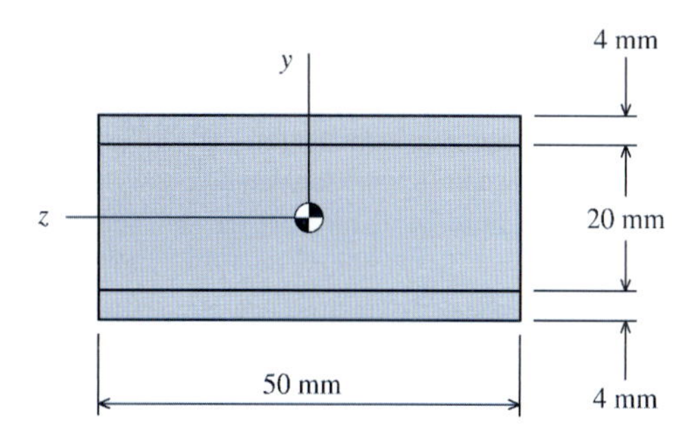

FIGURA P8.43

P8.44 Uma viga composta é feita de duas placas de latão [E = 100 GPa] ligadas a uma barra de alumínio [E = 75 GPa] conforme ilustra a Figura P8.44. A viga está sujeita a um momento fletor de 1.750 N · m agindo em torno do eixo z. Determine:

(a) as tensões normais máximas produzidas pela flexão nas placas de latão e na barra de alumínio.
(b) a tensão no latão nas ligações onde os dois materiais são unidos entre si.

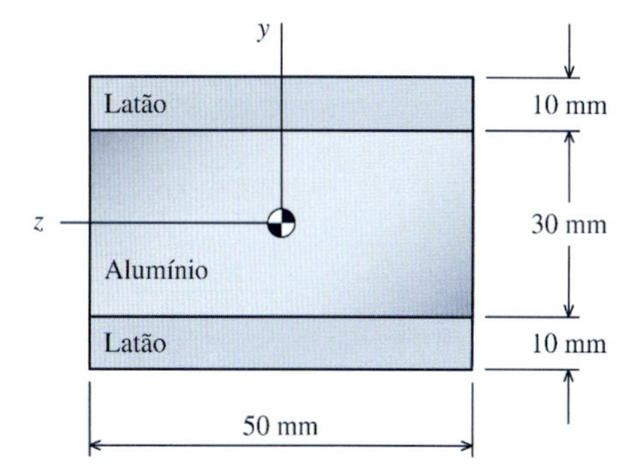

FIGURA P8.44

P8.45 Uma barra de alumínio [E = 10.000 ksi (68,95 GPa)] está ligada a uma barra de aço [E = 30.000 ksi (206,8 GPa)] para formar uma viga composta (Figura 8.45*b*/46*b*). A viga composta está sujeita a um momento fletor de M = +300 lb · ft (407 N · m) em torno do eixo z (Figura P8.45*a*/46*a*). Determine:

(a) as tensões normais máximas provocadas pela flexão nas barras de alumínio e de aço.
(b) a tensão nos dois materiais na união onde eles são ligados entre si.

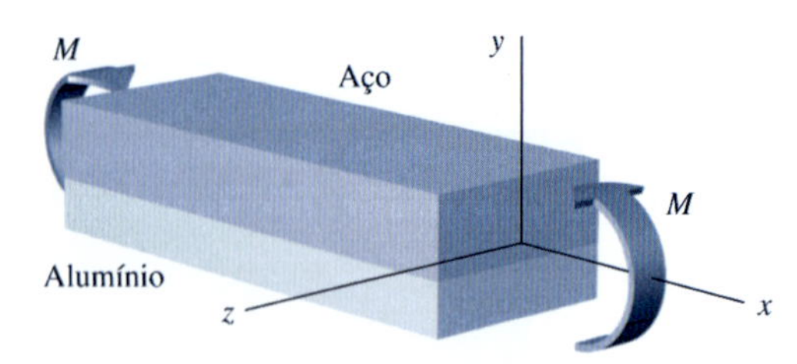

FIGURA P8.45a/46a

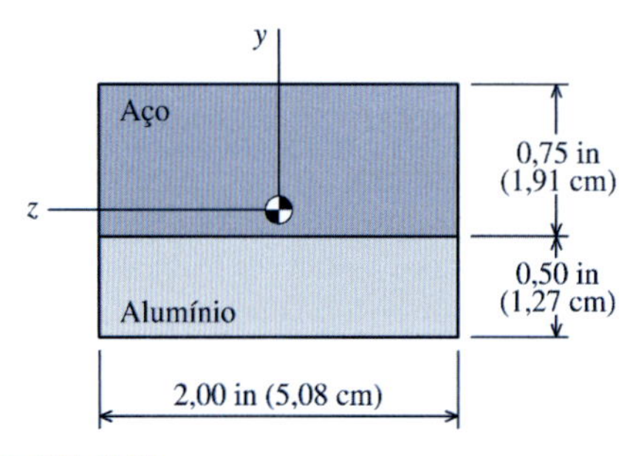

FIGURA P8.45b/46b

P8.46 Uma barra de alumínio [E = 10.000 ksi (68,95 GPa)] está ligada a uma barra de aço [E = 30.000 ksi (206,8 GPa)] para formar uma viga composta (Figura 8.45*b*/46*b*). As tensões normais admissíveis para a flexão das barras de alumínio e de aço são 20 ksi (137,9 MPa) e 30 ksi (206,8 MPa), respectivamente. Determine o momento fletor máximo M que pode ser aplicado à viga.

P8.47 Duas placas de aço [E = 30.000 ksi (206,8 GPa)] estão ligadas a uma prancha de pinho [E = 1.800 ksi (12,41 GPa)] para formar uma viga composta (Figura P8.47). A tensão normal admissível para a flexão das placas de aço é 24.000 psi (165,5 MPa) e a tensão normal admissível para a flexão da peça de pinho é 1.200 psi (8,27 MPa). Determine o momento fletor máximo que pode ser aplicado em torno do eixo horizontal da viga.

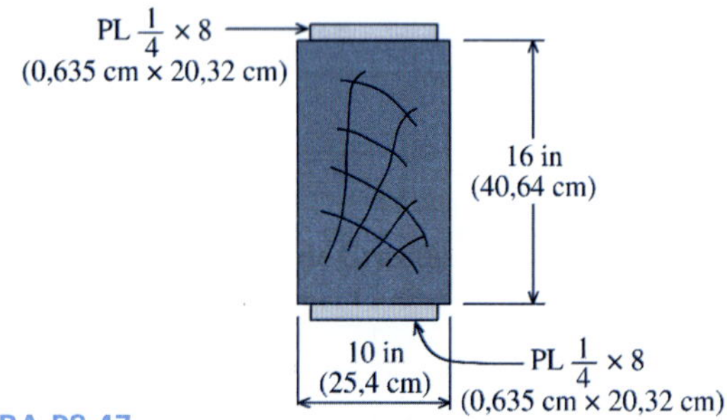

FIGURA P8.47

P8.48 Uma viga composta simplesmente apoiada com 5 m de comprimento suporta uma carga uniformemente distribuída w (Figura P8.48*a*). A viga é construída com uma prancha de pinho [E = 12 GPa], com 200 mm de largura por 360 mm de altura, reforçada em sua superfície inferior por uma placa de aço [E = 200 GPa], com 150 mm de largura por 12 mm de espessura (Figura P8.48*b*).

(a) Determine as tensões normais máximas produzidas pela flexão das peças de madeira e de aço se w = 12 kN/m.

(b) Admita que as tensões normais admissíveis para a flexão das peças de madeira e de aço sejam 9 MPa e 165 MPa, respectivamente. Determine o valor absoluto da máxima carga w admissível. (O peso da viga pode ser ignorado em seus cálculos.)

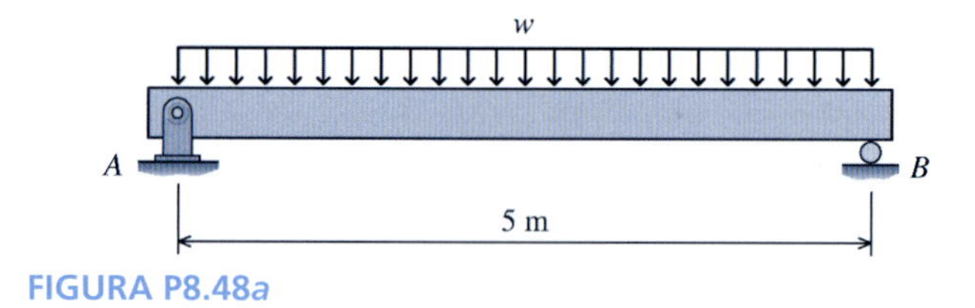

FIGURA P8.48a

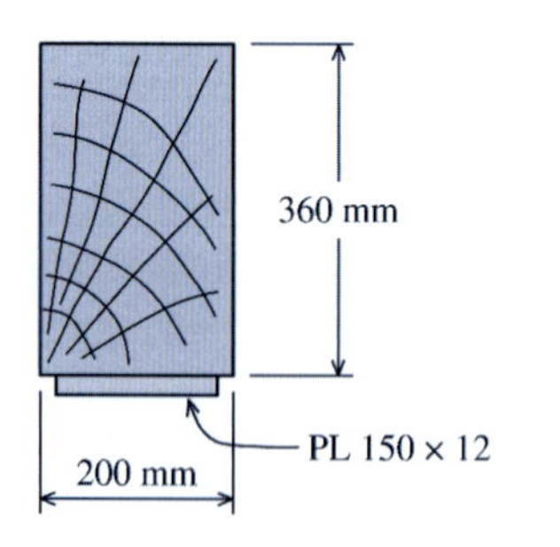

FIGURA P8.48b

P8.49 Uma viga de madeira laminada e colada é reforçada por uma peça de plástico reforçado por fibras de carbono (*carbon fiber reinforced plastic*, CFRP) ligada a sua superfície inferior. A seção transversal da viga composta é mostrada na Figura P8.49*b*. O módulo de elasticidade da madeira é 12 GPa e o módulo de elasticidade do CFRP é 112 GPa. A viga simplesmente apoiada se estende por um vão de 6 m e suporta uma carga concentrada P no meio do vão (Figura P8.49*a*).

(a) Determine as tensões normais máximas produzidas pela flexão nas peças de madeira e de CFRP se P = 4 kN.

(b) Admita que as tensões normais admissíveis ocasionadas pela flexão para as peças de madeira e de CFRP sejam 9 MPa e 1.500 MPa, respectivamente. Determine o valor absoluto da maior carga concentrada P admissível. (O peso da viga pode ser ignorado em seus cálculos.)

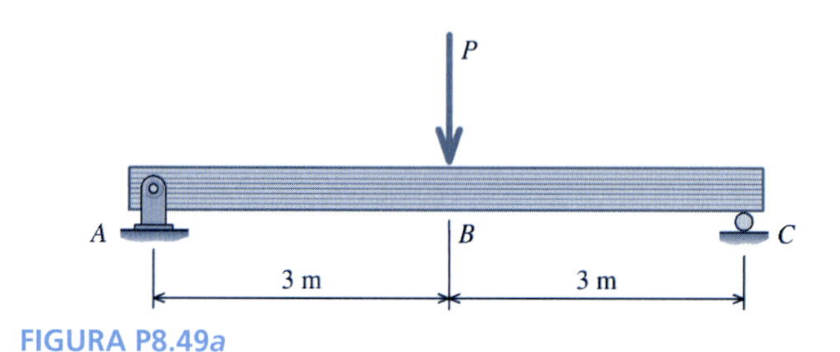

FIGURA P8.49a

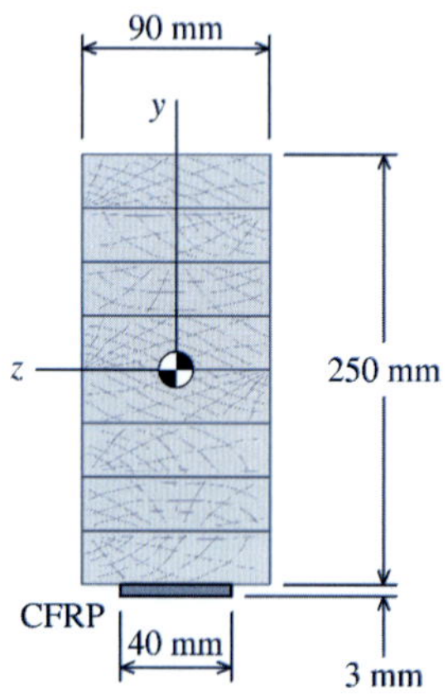

FIGURA P8.49b

P8.50 Duas placas de aço, com 4 in (10,16 cm) e 0,25 in (0,635 cm) de espessura, cada uma, reforçam uma viga de madeira que tem 3 in (7,62 cm) de largura e 8 in (20,32 cm) de altura. As placas de aço estão ligadas aos lados verticais da viga de madeira em uma posição tal que a seção transversal composta seja simétrica em relação ao eixo z, conforme mostra a ilustração da seção transversal da viga (Figura P8.50). Determine as tensões normais máximas produzidas pela flexão, tanto na madeira como no aço, se for aplicado um momento fletor $M_z = +50$ kip · in (+5,65 kN · m) em torno do eixo z. Admita $E_{mad} = 2.000$ ksi (13,79 GPa) e $E_{aço} = 30.000$ ksi (206,8 GPa).

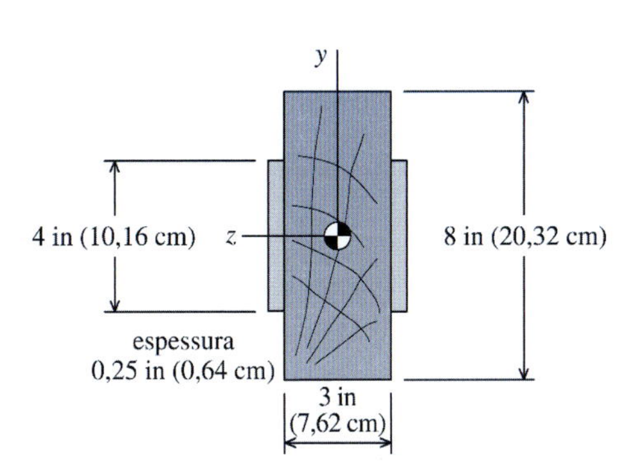

FIGURA P8.50

P8.51 Uma viga de madeira laminada e colada é reforçada por uma peça de material plástico reforçado por fibras de carbono (*carbon fiber reinforced plastic*, CFRP) colada a sua superfície inferior. A seção transversal da viga composta é mostrada na Figura P8.51*b*. O módulo de elasticidade da madeira é 1.700 ksi (11,72 GPa) e o módulo de elasticidade do CFRP é 23.800 ksi (164,1 GPa). A viga simplesmente apoiada se estende por um vão de 24 ft (7,32 m) e suporta duas cargas concentradas P, situadas a uma distância dos apoios igual a um quarto do vão (Figura P8.51*a*). As tensões normais admissíveis ocasionadas pela flexão para as peças de madeira e de CFRP são 2.400 psi e 175.000 psi, respectivamente. Determine o valor absoluto das maiores cargas concentradas P admissíveis. (O peso da viga pode ser ignorado em seus cálculos.)

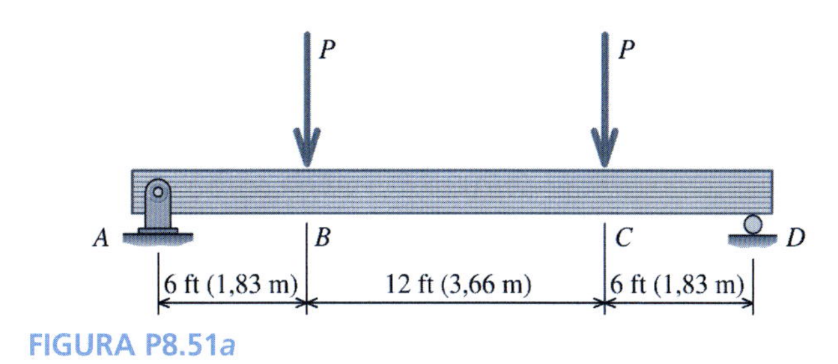

FIGURA P8.51*a*

FIGURA P8.51*b*

8.7 FLEXÃO DEVIDA A UM CARREGAMENTO AXIAL EXCÊNTRICO

Conforme foi visto nos Capítulos 1, 4 e 5, uma carga axial cuja linha de ação passe pelo centro de gravidade (centroide) de uma seção transversal (denominada **carga axial centrada**) cria tensão normal que é distribuída uniformemente ao longo da área da seção transversal de um elemento estrutural. Uma **carga axial excêntrica** é uma força cuja linha de ação não passa pelo centroide de uma seção transversal. Quando uma força axial está deslocada do centroide de um elemento estrutural, são criadas tensões normais provocadas pela flexão além das tensões normais causadas pela força axial. A análise desse tipo de flexão exige que se leve em consideração tanto as tensões normais devidas à carga axial como as tensões normais devidas à flexão. Muitas estruturas estão sujeitas a cargas axiais excêntricas, incluindo objetos comuns como postes de sinalização, braçadeiras e píeres.

As tensões normais que agem em uma seção que passa por C devem ser determinadas para o objeto mostrado na Figura 8.13*a*. A análise apresentada aqui admite que o elemento estrutural flexionado tem um plano de simetria (veja a Figura 8.2*a*) e que todas as cargas estão aplicadas no plano de simetria.

A linha de ação da carga axial P não passa pelo centroide C; portanto, esse objeto (entre os pontos H e K) está sujeito a uma carga axial excêntrica. A **excentricidade** entre a linha de ação de P e o centroide C é indicada pelo símbolo e.

As forças internas que agem em uma seção transversal podem ser representadas por uma força interna axial F agindo no centroide da seção transversal e por um momento fletor interno M agindo no plano de simetria, conforme mostra o diagrama de corpo livre passando por C (Figura 8.13*b*).

Tanto a força axial interna F como o momento fletor interno M produzem tensões normais (Figura 8.14). Essas tensões devem ser combinadas para que seja determinado a distribuição completa de tensões na seção de interesse. A força axial F produz uma tensão normal $\sigma_x = F/A$ que está distribuída uniformemente ao longo de toda a seção transversal. O momento fletor M produz uma tensão normal dada pela fórmula da flexão $\sigma_x = -My/I_z$ que está distribuída linearmente ao longo da altura da seção transversal. A distribuição de tensões completa é obtida superpondo as tensões produzidas por F e M da seguinte forma

$$\sigma_x = \frac{F}{A} - \frac{My}{I_z} \tag{8.19}$$

As convenções de sinais para F e M são as mesmas apresentadas nos capítulos anteriores. Uma força axial interna positiva produz tensões normais de tração. Um momento fletor interno positivo produz tensões normais de compressão para valores positivos de y.

Uma força axial cuja linha de ação esteja distante do centroide da seção transversal por uma excentricidade e produz um momento fletor interno $M = P \times e$. Desta forma, para uma força axial excêntrica, a Equação (8.19) pode ser expressa como

$$\sigma_x = \frac{F}{A} - \frac{(Pe)\,y}{I_z} \tag{8.20}$$

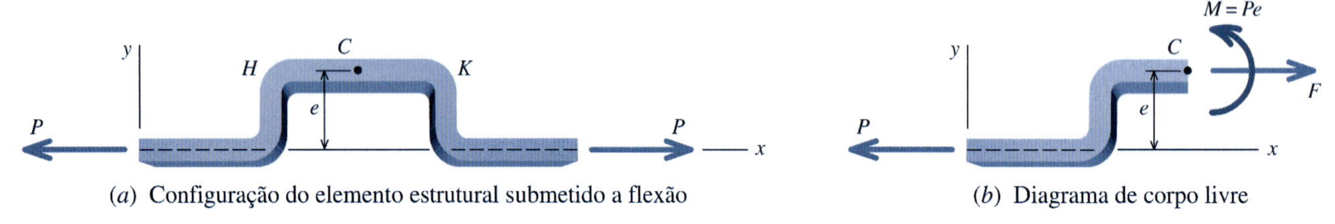

(*a*) Configuração do elemento estrutural submetido a flexão (*b*) Diagrama de corpo livre

FIGURA 8.13 Flexão devida a uma carga axial excêntrica.

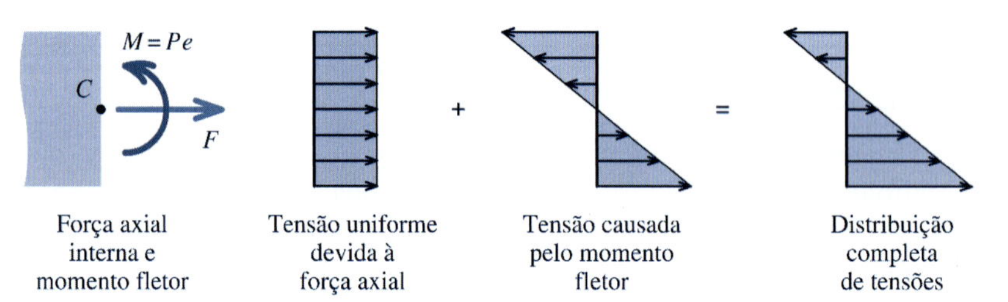

FIGURA 8.14 Tensões normais causadas por uma carga axial excêntrica.

LOCAL DO EIXO NEUTRO

Sempre que uma força axial interna F agir simultaneamente a um momento fletor interno M, *o eixo neutro não mais passará pelo centroide da seção transversal.* Na realidade, dependendo do valor absoluto da força interna F, pode não haver nenhum eixo neutro. Todas as tensões normais na seção transversal podem ser tanto tensões de tração como tensões de compressão. O local do eixo neutro pode ser determinado estabelecendo $\sigma_x = 0$ na Equação (8.19) e a resolvendo de modo a encontrar a distância y medida a partir do centroide da seção transversal.

LIMITAÇÕES

As tensões determinadas por esse procedimento admitem que o momento fletor interno no elemento estrutural flexionado pode ser calculado precisamente com base nas dimensões originais não deformadas. Em outras palavras, as deflexões causadas pelo momento fletor interno devem ser mais ou menos pequenas. Se o elemento estrutural flexionado for relativamente longo e esbelto, as deflexões laterais causadas pela carga excêntrica podem aumentar de forma significativa a excentricidade e, o que amplifica o momento fletor.

O uso das Equações (8.19) e (8.20) devem ser consistentes com o Princípio de Saint-Venant. Na prática, isso significa que as tensões não podem ser calculadas com precisão nas proximidades dos pontos H e K na Figura 8.13a.

EXEMPLO 8.8

Um elemento estrutural com seção transversal retangular de 10 in (25,4 cm) de largura por 6 in (15,24 cm) de altura suporta uma carga concentrada de 30 kip (133,45 kN) conforme ilustrado. Determine a distribuição das tensões normais na seção a–a do elemento.

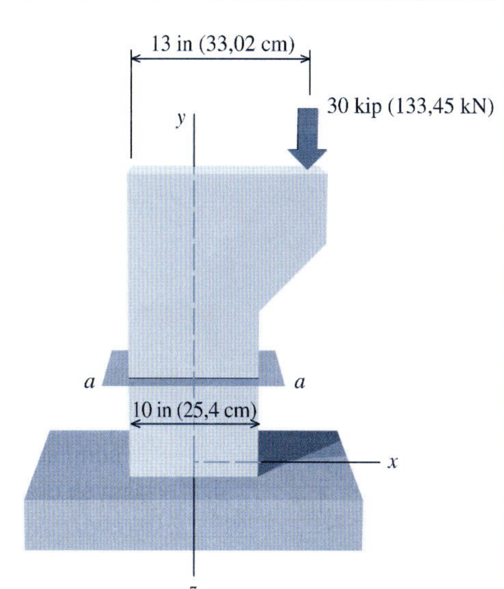

Planejamento da Solução

Em primeiro lugar, devem ser calculadas as forças internas que agem na seção a–a. Será usado o princípio dos *sistemas equivalentes de forças* para determinar uma força e um momento atuantes na seção de interesse que sejam equivalentes a uma única força concentrada de 30 kip agindo no topo do elemento estrutural. Uma vez determinados a força e o momento, podem ser calculadas as tensões produzidas na seção a–a.

SOLUÇÃO

Força e Momento Equivalentes

A seção transversal do elemento estrutural é retangular; portanto, por simetria, o centroide deve estar localizado a 5 in do lado esquerdo do elemento estrutural. A carga concentrada de 30 kip está localizada a 13 in do lado esquerdo do elemento estrutural. Em consequência, a carga concentrada está localizada 8 in à direita do eixo baricêntrico do elemento estrutural. A distância entre a linha de ação da carga e o eixo baricêntrico do elemento é normalmente denominada *excentricidade e*. Neste caso, diz-se que a carga está localizada a uma excentricidade $e = 8$ in.

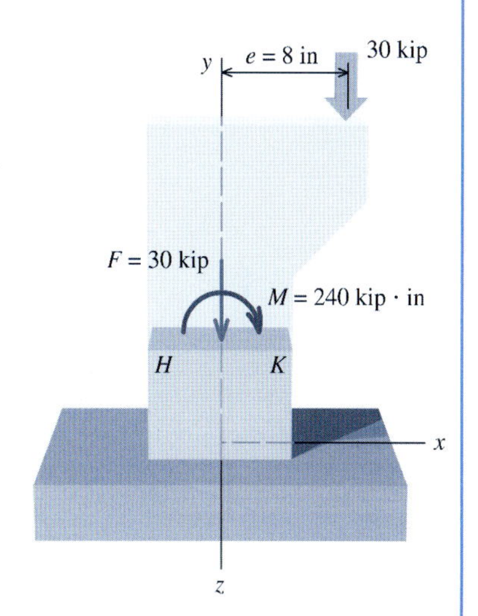

Como a linha de ação da carga concentrada de 30 kip não coincide com o eixo baricêntrico do elemento estrutural, são exigidos tanto uma força como um momento na seção a–a a fim de que o carregamento seja equivalente à carga de 30 kip agindo no topo do elemento estrutural a uma excentricidade de $e = 8$ in A força equivalente é simplesmente igual à força real. O momento exigido para equivalência é igual ao produto da força real pela excentricidade e. Portanto, uma força interna $F = 30$ kip e um momento fletor interno $M = F \times e = (30 \text{ kip})\,(8 \text{ in}) = 240 \text{ kip} \cdot \text{in}$ agindo no centroide da seção a–a são equivalentes à carga de 30 kip aplicada no topo do elemento estrutural.

Propriedades da Seção

O local do centro de gravidade é conhecido por simetria. A área da seção transversal é $A = (10 \text{ in})(6 \text{ in}) = 60 \text{ in}^2$. O momento fletor $M = 240 \text{ kip} \cdot \text{in}$ age em torno do eixo z; em consequência, deve ser determinado o momento de inércia em torno do eixo z a fim de que sejam calculadas as tensões normais devidas à flexão:

$$I_z = \frac{(6 \text{ in})(10 \text{ in})^3}{12} = 500 \text{ in}^4$$

Tensão Normal Devida à Carga Axial

Na seção a–a, a força interna $F = 30$ kip (que age ao longo do eixo baricêntrico y) produz uma tensão normal de

$$\sigma_{\text{axial}} = \frac{F}{A} = \frac{30 \text{ kip}}{60 \text{ in}^2} = 0{,}5 \text{ ksi (C)}$$

que age na vertical (isto é, na direção y). A tensão normal devida à força axial é uma tensão normal de compressão que está distribuída uniformemente ao longo de toda a seção.

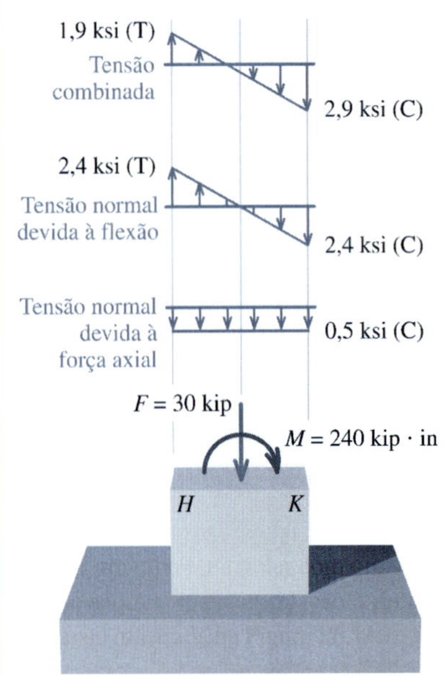

Tensão Normal Devida à Flexão

O valor absoluto da tensão normal máxima devida à flexão na seção a–a pode ser determinado por meio da utilização da fórmula da flexão:

$$\sigma_{\text{flexão}} = \frac{Mc}{I_z} = \frac{(240 \text{ kip} \cdot \text{in})(5 \text{ in})}{500 \text{ in}^4} = 2{,}4 \text{ ksi}$$

A tensão normal devida à flexão age na direção vertical (isto é, na direção y) e aumenta linearmente com o aumento da distância para o eixo da flexão. No sistema de coordenadas definido para este problema, a distância do eixo da flexão é medida na direção x a partir do eixo z.

O sentido da tensão normal devida à flexão (seja de tração, seja de compressão) pode ser determinada imediatamente por inspeção visual, com base na direção do momento fletor interno M. Neste caso, M causa tensões normais de compressão no lado de K do elemento estrutural e tensões normais de tração no lado de H.

Tensões Normais Combinadas

Como as tensões devidas à carga axial e à flexão são tensões normais que agem na mesma direção (isto é, direção y), elas podem ser somadas diretamente para fornecer as tensões combinadas que agem na seção a–a. A tensão normal combinada no lado H do elemento estrutural é

$$\sigma_H = \sigma_{\text{axial}} + \sigma_{\text{flexão}} = -0{,}5 \text{ ksi} + 2{,}4 \text{ ksi} = +1{,}9 \text{ ksi} = 1{,}9 \text{ ksi (T)}$$ **Resp.**

e a tensão normal combinada no lado K é

$$\sigma_K = \sigma_{\text{axial}} + \sigma_{\text{flexão}} = -0{,}5 \text{ ksi} - 2{,}4 \text{ ksi} = -2{,}9 \text{ ksi} = 2{,}9 \text{ ksi (C)}$$ **Resp.**

Local do Eixo Neutro

Para uma carga excêntrica, o eixo neutro (isto é, o local com tensão nula) não está localizado no centro de gravidade da seção transversal. Muito embora não tenha sido solicitado neste exemplo, o local do eixo de tensões nulas pode ser determinado por meio da distribuição das tensões combinadas. Usando o princípio da semelhança de triângulos, a tensão combinada é igual a zero a uma distância de 3,958 in do lado esquerdo do elemento estrutural.

EXEMPLO 8.9

O grampo (braçadeira) em C ilustrado é feito de uma liga que tem limite de escoamento de 324 MPa, tanto para tração como para compressão. Determine a força admissível de fixação que o grampo pode exercer se for exigido um coeficiente de segurança igual a 3,0.

Planejamento da Solução

Em primeiro lugar, deve ser determinado o local do centroide para a seção transversal em T. Uma vez localizado o centroide, pode ser determinada a excentricidade e da força de fixação P e podem ser estabelecidos a força e o momento fletor equivalentes que agem na seção a–a. As expressões para as tensões normais combinadas devidas à força axial e ao momento fletor, escritas em termos da incógnita P, podem ser igualadas à tensão normal admissível. Dessas expressões, pode ser determinada a força máxima admissível de fixação.

Propriedades da Seção

O centroide da seção transversal em T está localizado de acordo com a ilustração adiante. A área da seção transversal é A = 96 mm² e o momento de inércia em torno do eixo baricêntrico z pode ser calculado como I_z = 2.176 mm⁴.

Tensão Normal Admissível

A liga usada para o grampo tem limite de escoamento de 324 MPa. Por ser exigido um coeficiente de segurança igual a 3,0, a tensão normal admissível para esse material é 108 MPa.

Seção transversal *a–a*.

Força e Momento Internos

A ilustração mostra um diagrama de corpo livre traçado através da seção *a–a*. A força interna F é igual à força de fixação P. O momento fletor interno M é igual à força de fixação P vezes a excentricidade e entre o centroide da seção *a–a* e a linha de ação de P, que é $e = 40\text{ mm} + 6\text{ mm} = 46\text{ mm}$.

Tensão Normal Devida à Força Axial

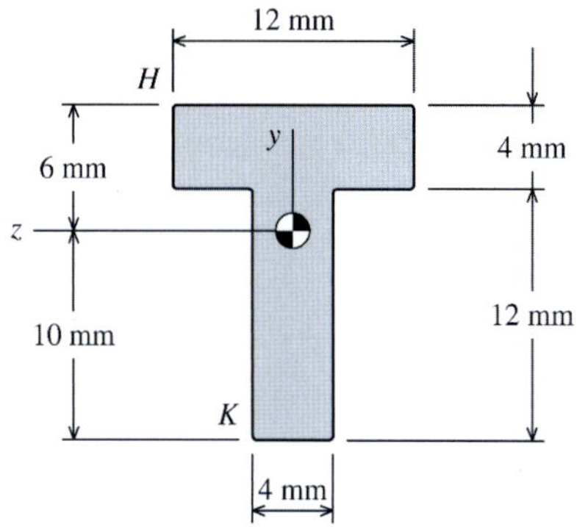

Na seção *a–a*, a força interna F (que é igual à força de fixação P) produz uma tensão normal de

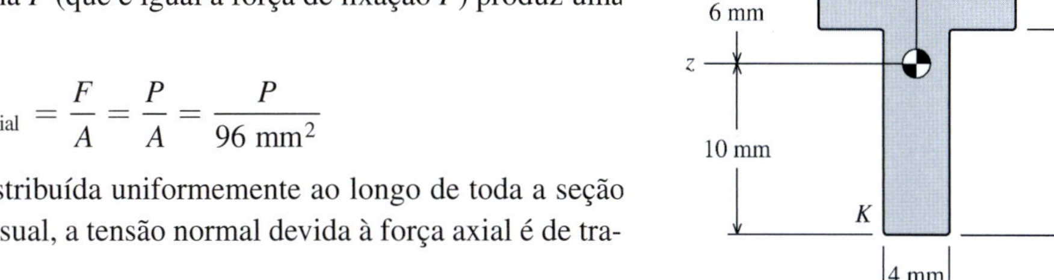

$$\sigma_{\text{axial}} = \frac{F}{A} = \frac{P}{A} = \frac{P}{96\text{ mm}^2}$$

Essa tensão normal está distribuída uniformemente ao longo de toda a seção transversal. Por inspeção visual, a tensão normal devida à força axial é de tração.

Tensão Normal Devida à Flexão

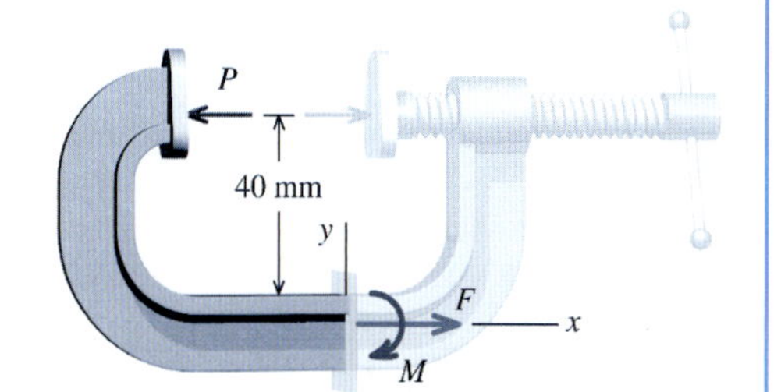

Como a seção em T não é simétrica em torno do eixo z, a tensão normal devida à flexão na seção *a–a* no topo da aba (ponto H) será diferente da tensão normal devida à flexão na base da alma (ponto K). No ponto H, a tensão normal devida à flexão pode ser expressa em termos da força de fixação P como

$$\sigma_{\text{flexão},\,H} = \frac{My}{I_z} = \frac{P(46\text{ mm})(6\text{ mm})}{2.176\text{ mm}^4} = \frac{P}{7{,}88406\text{ mm}^2}$$

Por inspeção visual, a tensão normal devida à flexão no ponto H será de tração.

A tensão normal devida à flexão no ponto K pode ser expressa como

$$\sigma_{\text{flexão},\,K} = \frac{My}{I_z} = \frac{P(46\text{ mm})(10\text{ mm})}{2.176\text{ mm}^4} = \frac{P}{4{,}73043\text{ mm}^2}$$

Por inspeção visual, a tensão normal devida à flexão no ponto K será de compressão.

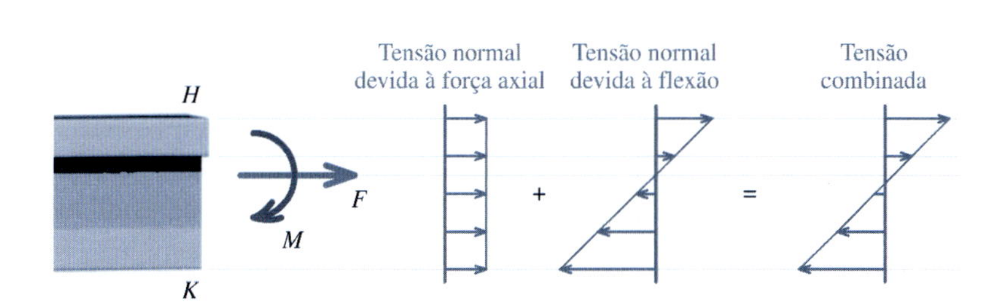

Tensão Combinada em *H*

A tensão normal combinada no ponto H pode ser expressa em termos da força desconhecida de fixação P como

$$\sigma_{\text{comb},H} = \frac{P}{96\text{ mm}^2} + \frac{P}{7{,}88406\text{ mm}^2} = P\left[\frac{1}{96\text{ mm}^2} + \frac{1}{7{,}88406\text{ mm}^2}\right] = \frac{P}{7{,}28572\text{ mm}^2}$$

Observe que as expressões para as tensões normais devidas à força axial e devidas à flexão são somadas uma vez que ambas são tensões de tração. Essa expressão pode ser igualada à tensão normal admissível a fim de que seja obtido um valor possível para P:

$$\frac{P}{7{,}28572 \text{ mm}^2} \leq 108 \text{ MPa} = 108 \text{ N/mm}^2 \qquad \therefore P \leq 787 \text{ N} \tag{a}$$

Tensão Normal Combinada em K

A tensão normal combinada no ponto K é a soma da tensão normal de tração devida à força axial com a tensão normal de compressão devida à flexão:

$$\sigma_{\text{comb},K} = \frac{P}{96 \text{ mm}^2} - \frac{P}{4{,}73043 \text{ mm}^2} = P\left[\frac{1}{96 \text{ mm}^2} - \frac{1}{4{,}73043 \text{ mm}^2}\right] = -\frac{P}{4{,}97560 \text{ mm}^2}$$

O sinal negativo indica que a tensão normal combinada em K é uma tensão normal de compressão. Um segundo valor possível para P pode ser obtido da seguinte expressão. Os sinais negativos podem ser omitidos aqui porque só estamos interessados no valor absoluto de P.

$$\frac{P}{4{,}97560 \text{ mm}^2} \leq 108 \text{ MPa} = 108 \text{ N/mm}^2 \qquad \therefore P \leq 537 \text{ N} \tag{b}$$

Força de Fixação Determinante

A força de fixação admissível terá o menor dos dois valores obtidos das Equações (a) e (b). Para esse grampo, a força de fixação máxima admissível é $P = 537$ N. **Resp.**

Exemplo do MecMovies M8.20

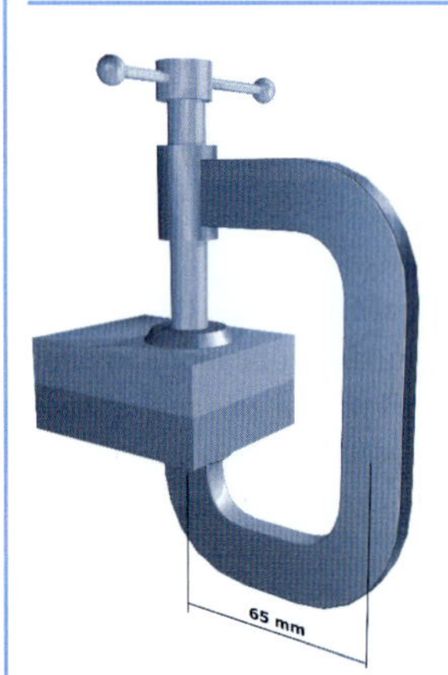

Deseja-se que uma braçadeira (grampo) em C exerça uma força de fixação total máxima de 400 N. A seção transversal da braçadeira tem 20 mm de largura e 10 mm de espessura. Determine as tensões máximas de tração e de compressão na braçadeira.

Exemplo do MecMovies M8.21

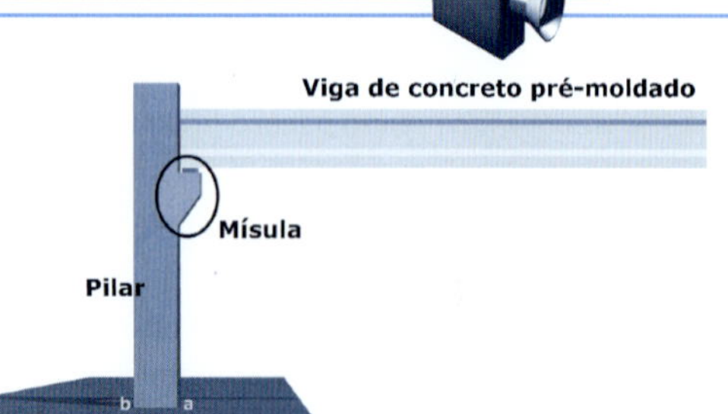

Uma viga de concreto pré-moldado é suportada por uma mísula em um pilar de concreto. A força de reação na extremidade da viga é 1.200 kN. Essa força de reação age na mísula a uma distância de 240 mm da linha de centro do pilar. Determine as tensões na base do pilar nos pontos a e b.

Exemplo do MecMovies M8.23

Um perfil de aço em T invertido é usado como uma lança de um guindaste de parede de braço fixo que pode elevar cargas de até 5 kN. A lança possui um pino na parede em A. No ponto B, a lança é suportada por uma haste de aço BC. O pino em A está localizado no eixo baricêntrico do T invertido, mas em B, a haste de aço está conectada ao T 65 mm acima do eixo baricêntrico. Quando a carga de 5 kN do guindaste estiver na posição mostrada, determine a tensão normal no ponto H, localizado na borda superior do T invertido, a 1,0 m de A.

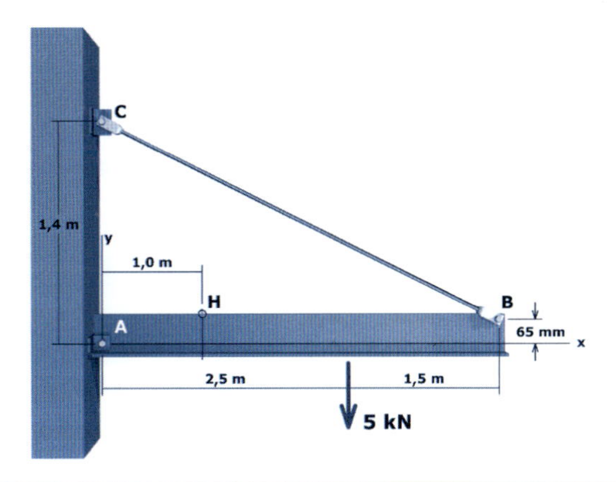

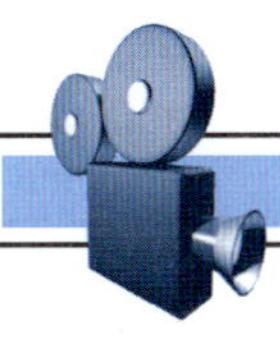

EXERCÍCIOS do MecMovies

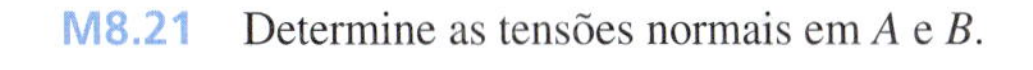

M8.20 Determine as tensões normais em A e B.

FIGURA M8.20

M8.21 Determine as tensões normais em A e B.

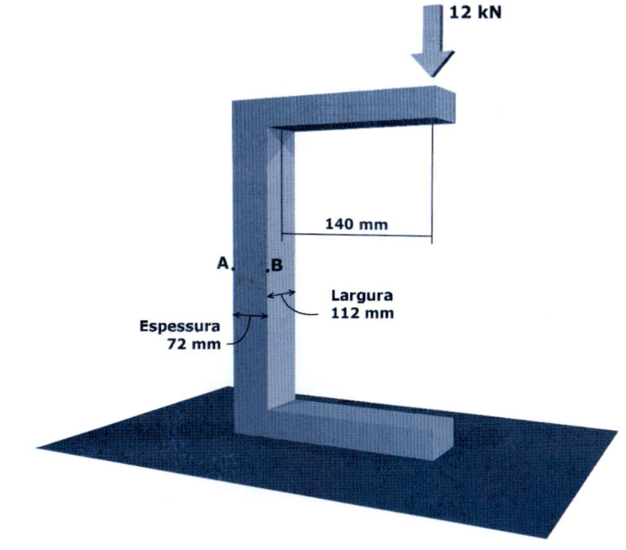

FIGURA M8.21

M8.22 Responda 10 perguntas sobre a estrutura mostrada a seguir e sujeita a várias cargas.

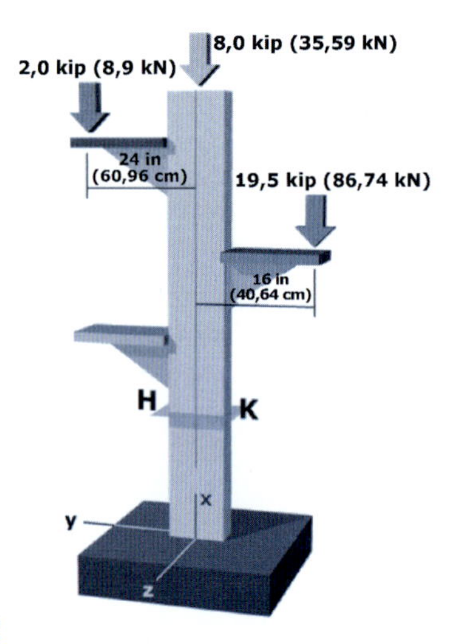

FIGURA M8.22

M8.23 O tubo *AB* (diâmetro externo e espessura de parede especificados) suporta uma carga uniformemente distribuída *w*. Determine as forças de reação no pino *A*, a força axial no elemento (1) e as tensões normais nos pontos *H* e *K*, localizados nas distâncias especificadas acima do pino *A*.

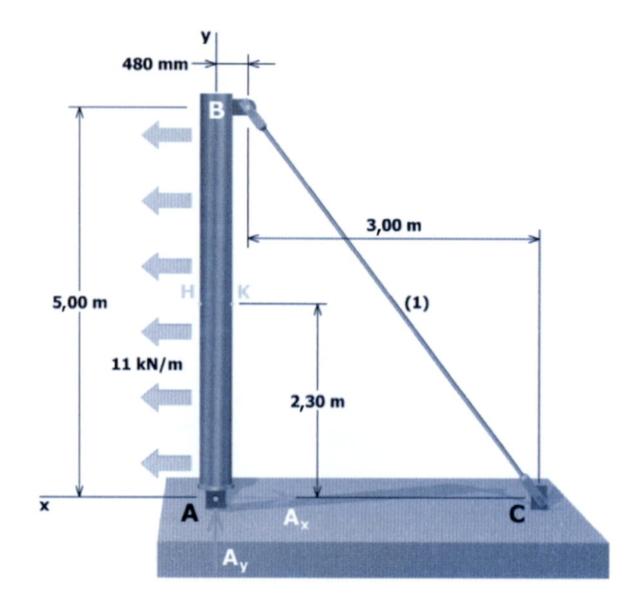

FIGURA M8.23

PROBLEMAS

P8.52 Um tubo de aço suporta uma carga concentrada de 22 kN conforme ilustrado na Figura P8.52. O diâmetro externo do tubo é 142 mm e a espessura da parede é 6,5 mm. Determine as tensões normais produzidas nos pontos *H* e *K*.

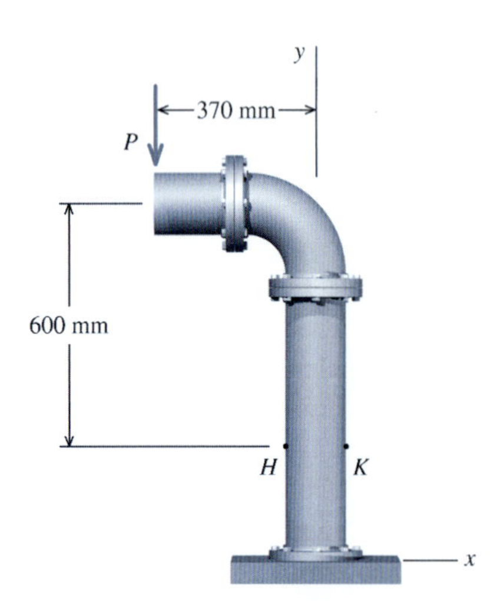

FIGURA P8.52

P8.53 A rosca de um grampo (braçadeira) exerce uma força de compressão de 350 lb (1.557 N) nos blocos de madeira conforme mostra a Figura P8.53. Determine as tensões normais produzidas nos pontos *H* e *K*. As dimensões da seção transversal do grampo na seção de interesse são 1,25 in (3,18 cm) por 0,375 in (0,95 cm) de espessura.

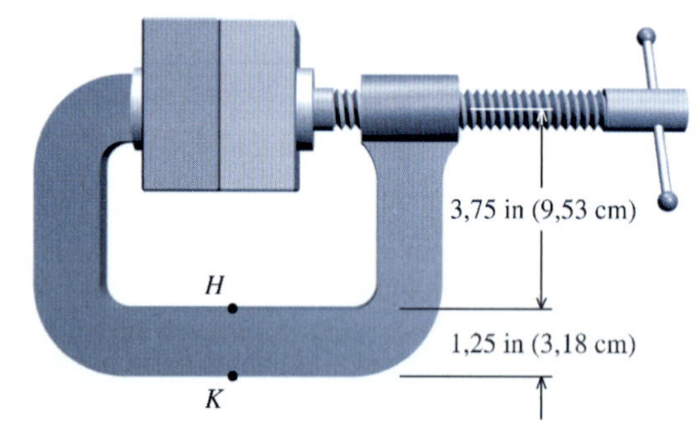

FIGURA P8.53

P8.54 Determine as tensões normais produzidas nos pontos *H* e *K* do suporte de píer mostrado na Figura P8.54*a*. As dimensões da seção transversal do píer são mostradas na Figura P8.54*b*.

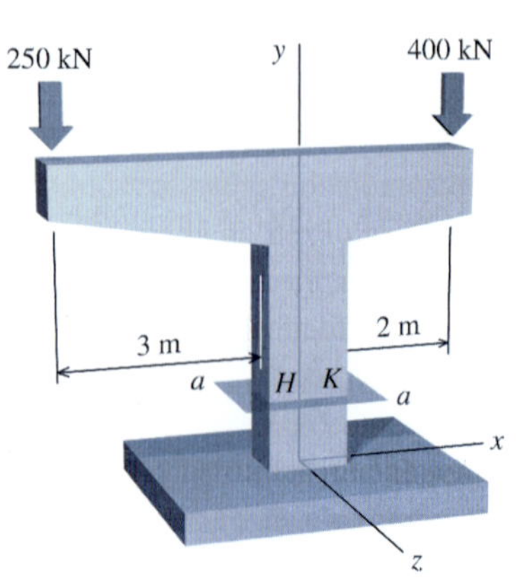

FIGURA P8.54*a*

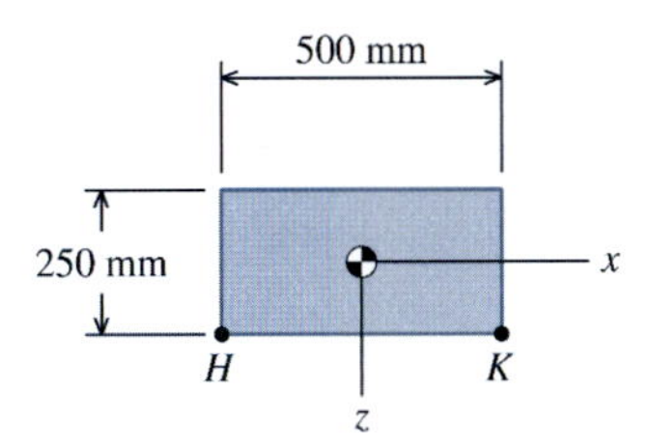

FIGURA P8.54*b* Seção transversal *a–a*.

P8.55 Uma coluna tubular de aço *CD* suporta um braço horizontal em balanço *ABC* conforme mostra a Figura P8.55. A coluna *CD* tem diâmetro externo de 10,75 in (27,31 cm) e espessura de parede de 0,365 in (0,93 cm). Determine a tensão normal máxima de compressão na base da coluna *CD*.

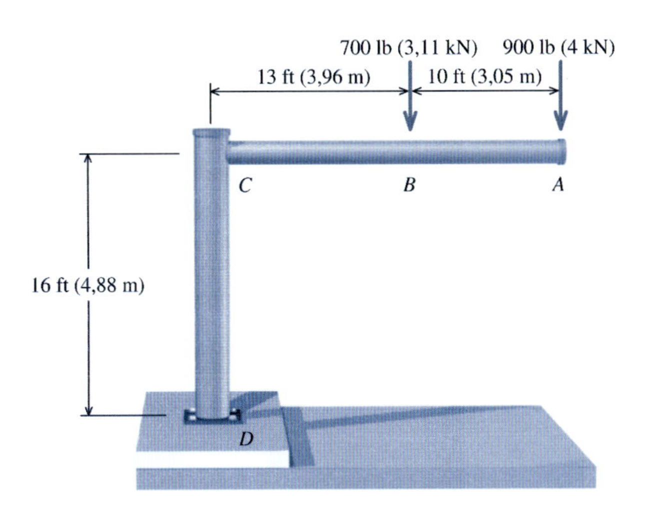

FIGURA P8.55

P8.56 Determine as tensões normais que agem nos pontos *H* e *K* para a estrutura mostrada na Figura P8.56*a*. As dimensões da seção transversal do elemento vertical estão mostradas na Figura P8.56*b*.

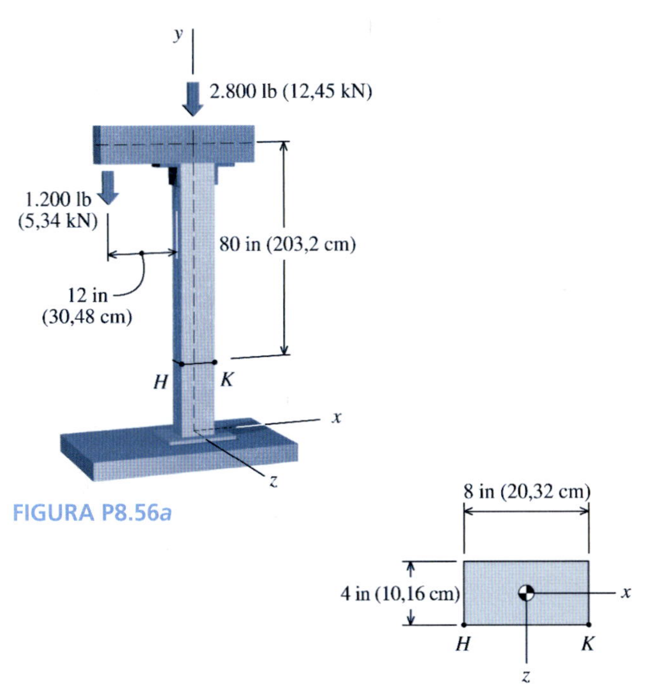

FIGURA P8.56*a*

FIGURA P8.56*b* Seção transversal.

P8.57 Um perfil-padrão de aço W18 × 35 está sujeito a uma força de tração *P* que está aplicada 15 in (38,1 cm) acima da superfície inferior do perfil de abas largas conforme mostra a Figura P8.57. Se a tensão normal de tração da superfície superior do perfil W estiver limitada a 18 ksi (124,1 MPa), determine a força admissível *P* que pode ser aplicada ao elemento estrutural.

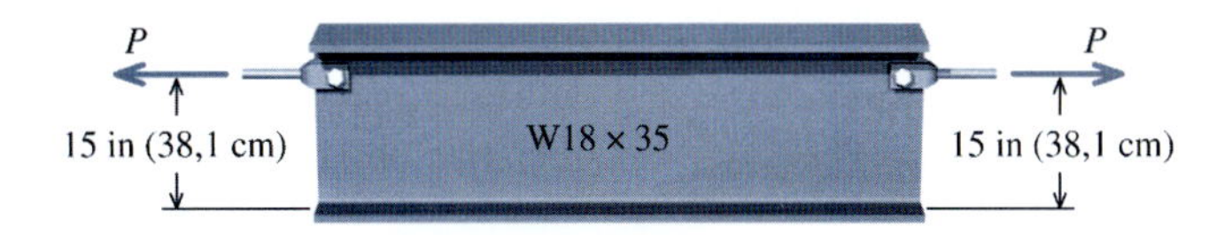

FIGURA P8.57

P8.58 Um perfil-padrão de aço WT305 × 41 está sujeito a uma força de tração *P* que está aplicada 250 mm acima da superfície inferior do perfil de abas largas conforme mostra a Figura P8.58. Se a tensão normal de tração da superfície superior do perfil WT tiver de estar limitada a 150 MPa, determine a força admissível *P* que poderá ser aplicada ao elemento estrutural.

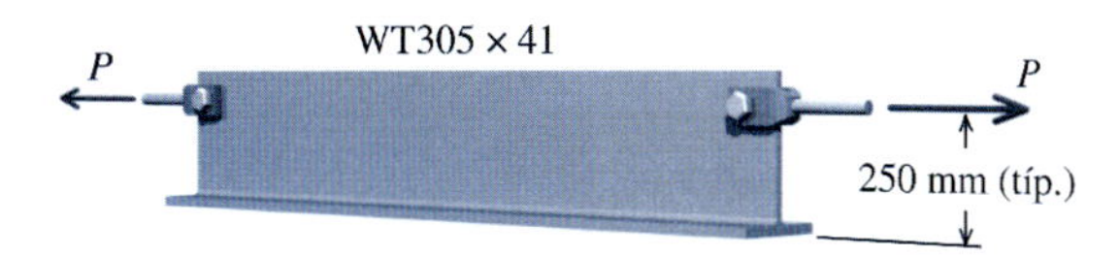

FIGURA P8.58

P8.59 Um suporte de pino consiste em uma placa vertical de 60 mm de largura por 10 mm de espessura. O pino suporta uma carga de 1.200 N. Determine as tensões normais que agem nos pontos *H* e *K* para a estrutura mostrada na Figura P8.59.

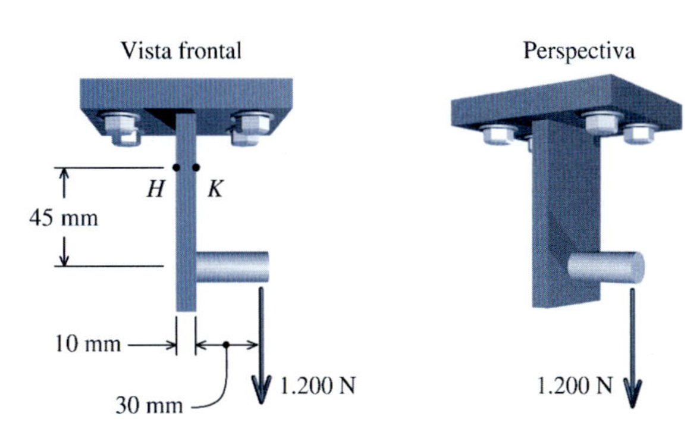

FIGURA P8.59

P8.60 O perfil T mostrado na Figura P8.60*b*/61*b* é usado como um pilar curto para suportar uma carga *P* = 4.600 lb (20,5 kN). A carga *P* é aplicada a uma distância de 5 in (12,7 cm) da superfície da aba conforme mostra a Figura P8.60*a*/61*a*. Determine as tensões normais nos pontos *H* e *K*, que estão localizados na seção *a–a*.

P8.61 O perfil T mostrado na Figura P8.60*b*/61*b* é usado como um pilar curto para suportar uma carga *P*. A carga *P* é aplicada a uma distância de 5 in (12,7 cm) da superfície da aba conforme mostra a Figura P8.60*a*/61*a*. As tensões normais de tração e de compressão devem estar limitadas a 1.000 psi e 800 psi, respectivamente. Determine o valor absoluto da maior carga *P* que satisfaz tanto o limite da tensão de tração como o da tensão de compressão.

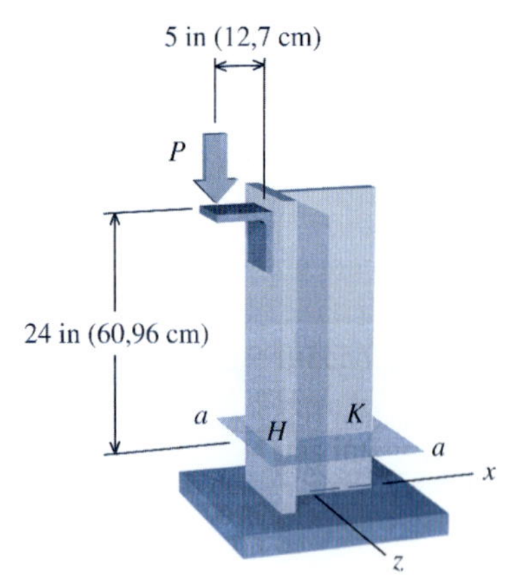

FIGURA P8.60*a*/61*a*

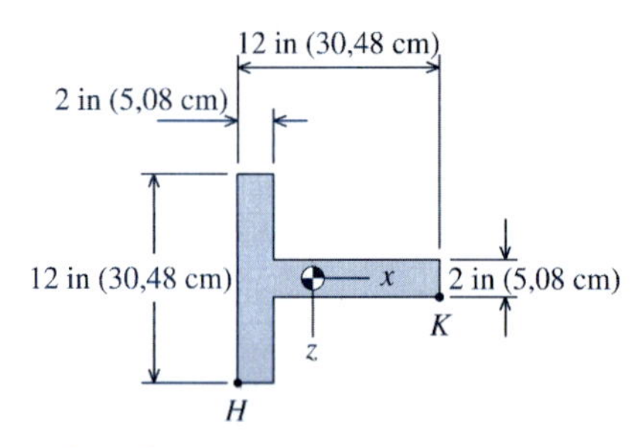

FIGURA P8.60*b*/61*b* Dimensões da seção transversal.

P8.62 O perfil T mostrado na Figura P8.62*b*/63*b* é usado como um pilar que suporta uma carga $P = 25$ kN. Observe que a carga P está aplicada a 400 mm da aba do perfil T conforme mostra a Figura P8.62*a*/63*a*. Determine as tensões normais nos pontos H e K.

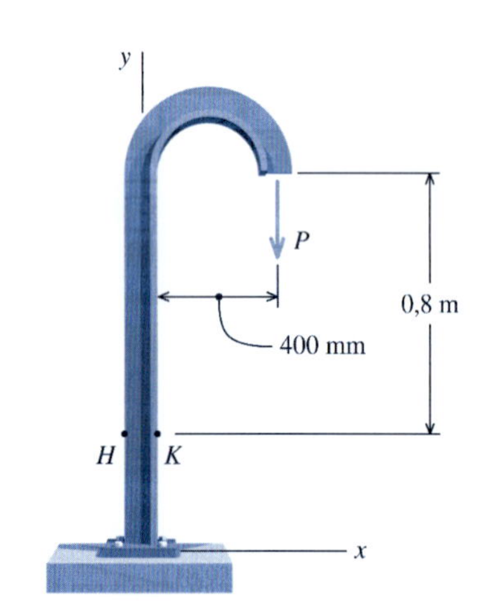

FIGURA P8.62*a*/63*a*

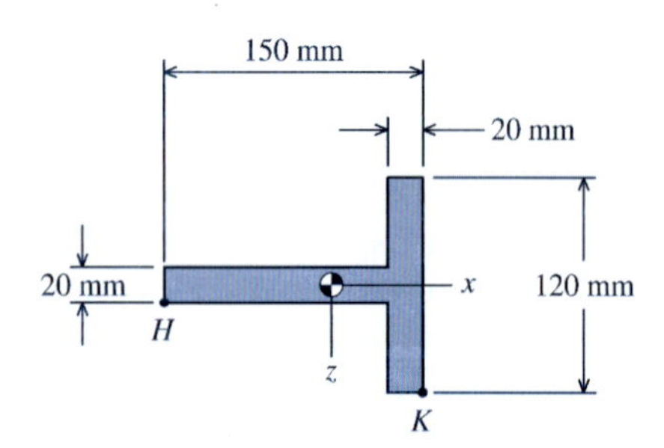

FIGURA P8.62*b*/63*b*

P8.63 O perfil T mostrado na Figura P8.62*b*/63*b* é usado como um pilar que suporta uma carga P. Observe que a carga P está aplicada a 400 mm da aba do perfil T conforme mostra a Figura P8.62*a*/63*a*. As tensões normais de tração e de compressão no pilar devem estar limitadas a 165 MPa e 80 MPa, respectivamente. Determine o valor absoluto da maior carga P que satisfaz tanto o limite da tensão de tração como o da tensão de compressão.

P8.64 O perfil T mostrado na Figura P8.64*b* é usado como um poste que suporta uma carga $P = 25$ kN, que é aplicada a 400 mm da aba do perfil T, conforme mostra a Figura P8.64*a*. Determine os valores absolutos e os locais das tensões normais máximas de tração e de compressão dentro da parte vertical BC do poste.

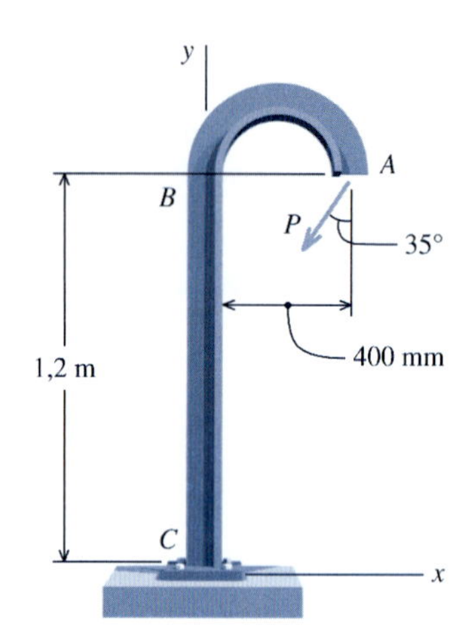

FIGURA P8.64*a*

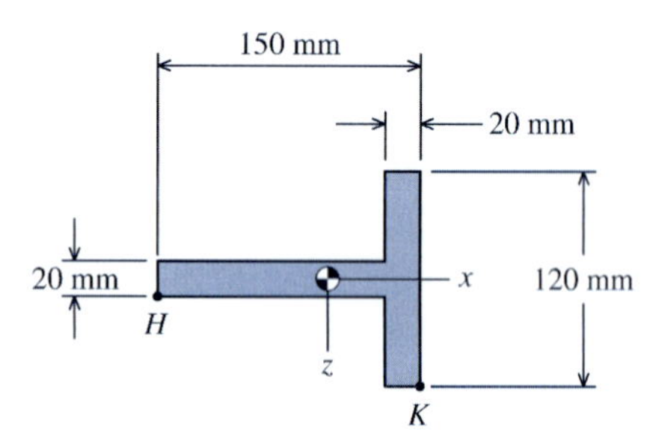

FIGURA P8.64*b* Dimensões da seção transversal.

8.8 FLEXÃO ASSIMÉTRICA

Da Seção 8.1 à Seção 8.3, foi desenvolvida a teoria da flexão para vigas prismáticas. No desenvolvimento dessa teoria, foi admitido que as vigas possuíssem um plano longitudinal de simetria (Figura 8.2*a*), que foi denominado **plano da flexão**. Além disso, foi admitido que as cargas que agiam na viga, assim como as curvaturas e as deflexões resultantes, ocorriam apenas no plano de flexão. Se a seção transversal da viga fosse assimétrica ou se as cargas na viga não agissem no plano da flexão, então a teoria da flexão desenvolvida da Seção 8.1 à Seção 8.3 não seria válida.

Considere a seguinte experiência imaginária. A seção transversal com abas mostrada na Figura 8.15*a* (denominada seção em Z) está sujeita a momentos fletores M de mesmo valor absoluto, que agem conforme a ilustração, em torno do eixo z. Além disso, suponha que a viga sofra flexão apenas no plano x–y em resposta a M_z e que o eixo z é o eixo neutro para a flexão. Se essa suposição for correta, então serão produzidas na seção em Z as tensões normais devidas à flexão mostradas na Figura 8.15*b*. Acima do eixo z surgirão as tensões normais de compressão devidas à flexão e abaixo do eixo z surgirão as tensões normais de tração devidas à flexão.

A seguir, verifique as tensões que agem nas abas da seção em Z. As tensões normais devidas à flexão estarão uniformemente distribuídas ao longo da largura de cada aba. A força interna resultante das tensões normais de compressão causadas pela flexão que agem na aba superior será denominada F_C (Figura 8.15*c*). Sua linha de ação passa pelo ponto médio da aba (na direção horizontal) a uma distância z_C do eixo y. Similarmente, a força interna resultante das tensões normais de tração causadas pela flexão que agem na aba inferior será denominada F_T e sua linha de ação está localizada a uma distância z_T do eixo y. Como as forças resultantes F_C e F_T são de mesmo valor absoluto, mas agem em sentidos opostos, elas formam um binário (momento) interno que cria um momento fletor em torno do eixo y. Esse momento interno em torno do eixo y (isto é, agindo no plano x–z) não tem contrapartida por qualquer momento externo (uma vez que os momentos aplicados M_z agem apenas em torno do eixo z); portanto, o equilíbrio não está satisfeito. Consequentemente, a flexão de uma viga assimétrica não pode ocorrer somente no plano das cargas aplicadas (isto é, o plano x–y). Essa experiência imaginária mostra que a viga assimétrica deve apresentar flexão tanto no plano dos momentos aplicados M_z (plano x–y) como na direção do plano transversal (ou seja, plano x–z).

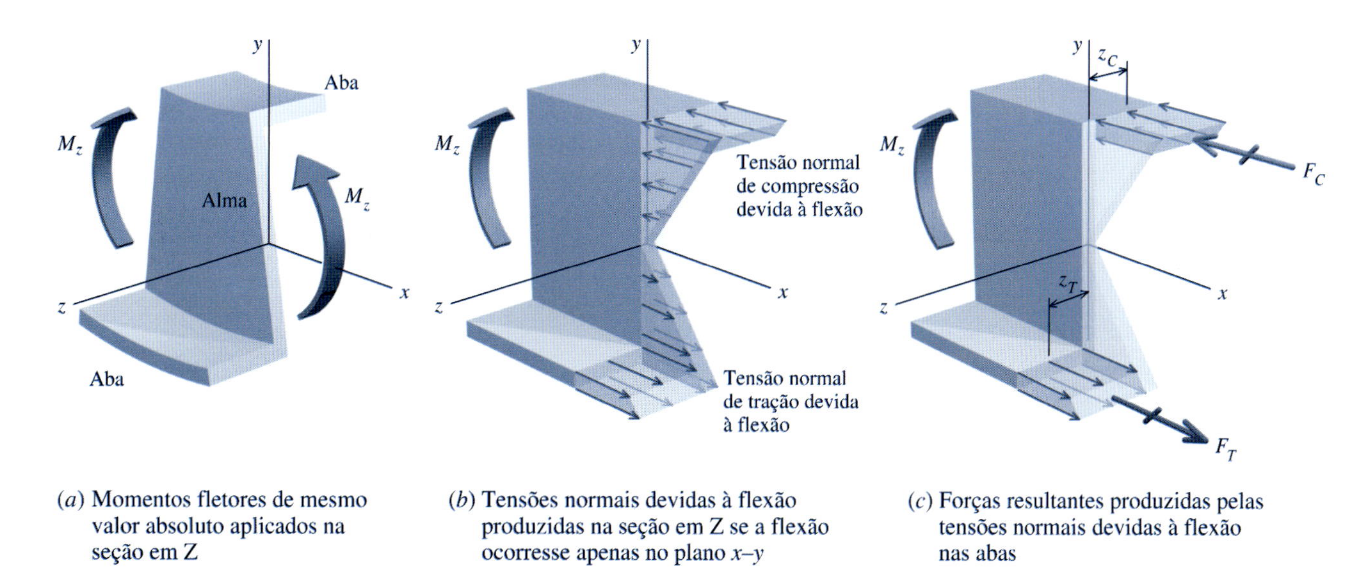

(*a*) Momentos fletores de mesmo valor absoluto aplicados na seção em Z

(*b*) Tensões normais devidas à flexão produzidas na seção em Z se a flexão ocorresse apenas no plano x–y

(*c*) Forças resultantes produzidas pelas tensões normais devidas à flexão nas abas

FIGURA 8.15 Experiência imaginária de flexão assimétrica.

VIGAS PRISMÁTICAS DE SEÇÃO TRANSVERSAL ARBITRÁRIA

É exigida uma teoria mais geral para vigas que possuam uma *seção transversal arbitrária*. Admitiremos que a viga esteja sujeita a flexão pura, que as seções transversais planas antes da flexão permanecem planas após a flexão e que as tensões normais devidas à flexão permanecem elásti-

Nesse contexto, o termo seção transversal arbitrária significa formatos que podem não ter eixos simétricos.

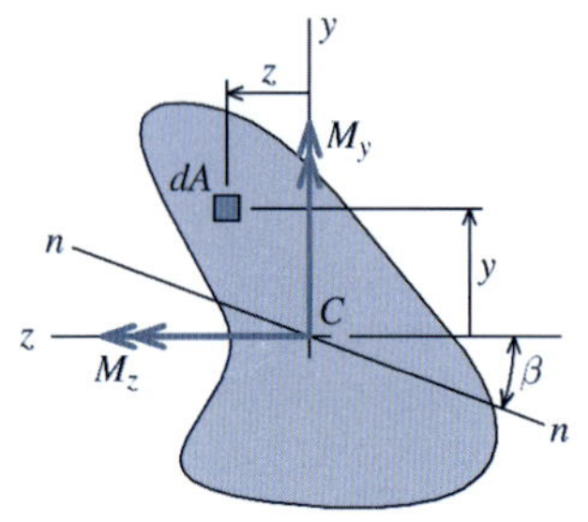

FIGURA 8.16 Flexão de uma viga com seção transversal arbitrária.

cas. A seção transversal da viga é mostrada na Figura 8.16 e o eixo longitudinal da viga é definido como o eixo x. Nesse desenvolvimento, será admitido que os eixos y e z estejam orientados na vertical e na horizontal, respectivamente. Entretanto, esses eixos podem estar em qualquer orientação, desde que sejam perpendiculares entre si.

Será admitido que os momentos fletores M_y e M_z atuem na viga, criando a curvatura da viga nos planos x–z e x–y, respectivamente. Os momentos fletores criam tensões normais σ_x que estão distribuídas linearmente acima e abaixo do eixo neutro n–n. Conforme ilustrado na experiência imaginária anterior, as cargas que agem em uma viga assimétrica podem produzir flexão tanto no interior do plano do carregamento como perpendicular a ele.

Considere $1/\rho_z$ a curvatura da viga no plano x–y e seja $1/\rho_y$ a curvatura no plano x–z. Como as seções transversais planas antes da flexão permanecem planas após a flexão, a deformação específica normal no sentido longitudinal ε_x em qualquer local (y, z) da seção transversal da viga pode ser expressa como

$$\varepsilon_x = -\frac{y}{\rho_z} - \frac{z}{\rho_y}$$

Se a flexão for elástica, então a tensão normal devida à flexão σ_x será proporcional à deformação específica devida à flexão, e a distribuição de tensões ao longo da seção transversal poderá ser definida como

$$\sigma_x = E\varepsilon_x = -\frac{Ey}{\rho_z} - \frac{Ez}{\rho_y} \tag{a}$$

Para satisfazer o equilíbrio, a resultante de todas as tensões normais devidas à flexão deve reduzir a zero a força axial final:

$$\int_A \sigma_x \, dA = 0 \tag{b}$$

e a seguinte equação de momentos deve ser satisfeita:

$$\int_A z\sigma_x \, dA = M_y \tag{c}$$

$$\int_A y\sigma_x \, dA = -M_z \tag{d}$$

Substitua a expressão para σ_x dada pela Equação (a) na Equação (b) para obter

$$\int_A \left(-\frac{Ey}{\rho_z} - \frac{Ez}{\rho_y}\right) dA = \int_A \left(\frac{y}{\rho_z} + \frac{z}{\rho_y}\right) dA = \frac{1}{\rho_z}\int_A y\, dA + \frac{1}{\rho_y}\int_A z\, dA = 0 \tag{e}$$

Essa equação só pode ser satisfeita se o eixo neutro passar através do centroide da seção transversal.

A substituição da Equação (a) na Equação (c) fornece

$$\int_A z\left(-\frac{Ey}{\rho_z} - \frac{Ez}{\rho_y}\right) dA = -\frac{E}{\rho_z}\int_A yz\, dA - \frac{E}{\rho_y}\int_A z^2\, dA = M_y \tag{f}$$

mas os termos das integrais são simplesmente o momento de inércia em torno do eixo z e o produto de inércia, respectivamente:

$$I_y = \int_A z^2\, dA \qquad I_{yz} = \int_A yz\, dA$$

O Apêndice A traz uma revisão de momentos de inércia e de produto de inércia de áreas.

e, portanto, a Equação (f) pode ser reescrita como

$$-\frac{EI_{yz}}{\rho_z} - \frac{EI_y}{\rho_y} = M_y \tag{g}$$

Similarmente, a Equação (a) pode ser substituída na Equação (d) para fornecer

$$-\frac{EI_z}{\rho_z} + \frac{EI_{yz}}{\rho_y} = M_z \qquad \text{(h)}$$

em que

$$I_z = \int_A y^2\, dA$$

As Equações (g) e (h) podem ser resolvidas de forma simultânea para fornecer as expressões para as curvaturas nos planos x–y e x–z, respectivamente, devidas aos momentos fletores M_y e M_z.

$$\frac{1}{\rho_z} = \frac{M_z I_y + M_y I_{yz}}{E(I_y I_z - I_{yz}^2)} \qquad \frac{1}{\rho_y} = -\frac{M_y I_z + M_z I_{yz}}{E(I_y I_z - I_{yz}^2)} \qquad \text{(i)}$$

Essas expressões para as curvaturas podem ser substituídas na Equação (a) para fornecer uma relação geral para as tensões normais devidas à flexão produzidas em uma viga prismática com seção transversal arbitrária e sujeitas aos momentos fletores M_y e M_z:

$$\sigma_x = -\frac{(M_z I_y + M_y I_{yz})y}{I_y I_z - I_{yz}^2} + \frac{(M_y I_z + M_z I_{yz})z}{I_y I_z - I_{yz}^2} \qquad (8.21)$$

ou

$$\sigma_x = \left(\frac{I_z z - I_{yz} y}{I_y I_z - I_{yz}^2}\right) M_y + \left(\frac{-I_y y + I_{yz} z}{I_y I_z - I_{yz}^2}\right) M_z \qquad (8.22)$$

ORIENTAÇÃO DO EIXO NEUTRO

Deve ser determinada a orientação do eixo neutro a fim de que sejam encontrados os pontos da seção transversal onde a tensão normal tem valor máximo ou mínimo. Como σ é igual a zero na superfície neutra, a orientação do eixo neutro pode ser determinada igualando a Equação (8.21) a zero:

$$-(M_z I_y + M_y I_{yz})y + (M_y I_z + M_z I_{yz})z = 0$$

ou

$$y = \frac{M_y I_z + M_z I_{yz}}{M_z I_y + M_y I_{yz}} z$$

que é a equação do eixo neutro no plano y–z. Se a inclinação do eixo neutro for expressa como $dy/dz = \tan\beta$, a orientação do eixo neutro será dada por

$$\tan\beta = \frac{M_y I_z + M_z I_{yz}}{M_z I_y + M_y I_{yz}} \qquad (8.23)$$

VIGAS COM SEÇÕES TRANSVERSAIS SIMÉTRICAS

Se a seção transversal de uma viga tiver pelo menos um eixo de simetria, então o produto de inércia para a seção transversal será $I_{yz} = 0$. Nesse caso, as Equações (8.21) e (8.22) se reduzem a

$$\sigma_x = \frac{M_y z}{I_y} - \frac{M_z y}{I_z} \qquad (8.24)$$

e a orientação do eixo neutro pode ser expressa por

$$\tan\beta = \frac{M_y I_z}{M_z I_y} \qquad (8.25)$$

Observe que, se o carregamento agir inteiramente no plano x–y da viga, então $M_y = 0$ e a Equação (8.24) se reduzirá a

$$\sigma_x = -\frac{M_z y}{I_z}$$

que é idêntica à fórmula da flexão no regime elástico [Equação (8.7)] desenvolvida na Seção 8.3.

A Equação (8.24) é usada para a análise da flexão de muitos formatos comuns de seções transversais (p.ex., retângulo, perfil W, perfil C, perfil WT) que estão sujeitos a momentos fletores em torno dos dois eixos (isto é, M_y e M_z).

EIXOS PRINCIPAIS DAS SEÇÕES TRANSVERSAIS

Como os eixos principais são ortogonais, se tanto o eixo y como o eixo z for um eixo principal, então o outro eixo será automaticamente outro eixo principal.

No desenvolvimento das expressões anteriores, foi admitido que os eixos y e z estavam orientados na vertical e na horizontal, respectivamente. Entretanto, qualquer par de eixos ortogonais pode ser considerado como y e z ao serem empregadas as Equações (8.21) a (8.25). Para qualquer seção transversal, pode ser demonstrado que há sempre dois eixos baricêntricos ortogonais para os quais o produto de inércia $I_{yz} = 0$. Esses eixos são chamados *eixos principais* da seção transversal e os planos correspondentes da viga são chamados *planos principais de flexão*. Para os momentos fletores aplicados nos planos principais, a flexão ocorre somente naqueles planos. Se uma viga estiver sujeita a um momento fletor que não esteja em um plano principal, então o momento fletor sempre poderá ser decomposto em componentes que coincidam com os dois planos principais da viga. Assim usando a superposição de efeitos, a tensão normal total devida à flexão em qualquer coordenada (y, z) da seção transversal pode ser obtida algebricamente somando as tensões normais produzidas por momento componente.

LIMITAÇÕES

A análise anterior se refere rigorosamente apenas à flexão pura. Durante a flexão, também ocorrerão tensões cisalhantes e deformações por cisalhamento na seção transversal; entretanto, essas tensões cisalhantes não afetam muito o efeito da flexão e podem ser ignoradas nos cálculos das tensões normais devidas à flexão usando as Equações (8.21) a (8.25).

EXEMPLO 8.10

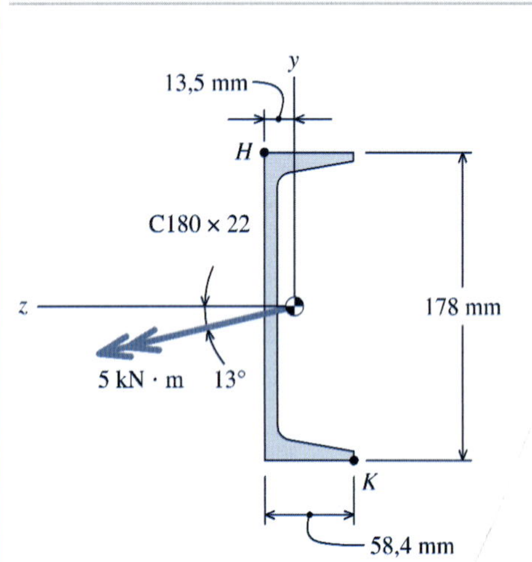

Um perfil-padrão C180 × 22 de aço está sujeito a um momento fletor resultante $M = 5$ kN · m orientado a um ângulo de 13° em relação ao eixo z, conforme ilustrado. Calcule as tensões normais ocasionadas pela flexão nos pontos H e K e determine a orientação do eixo neutro.

Planejamento da Solução

As propriedades da seção para o perfil C180 × 22 podem ser obtidas no Apêndice B. Os componentes do momento nas direções y e z serão calculados com base no valor absoluto e na orientação do momento fletor resultante. Como esse perfil tem apenas um eixo de simetria, as tensões normais devidas à flexão nos pontos H e K serão calculadas usando a Equação (8.24) e a orientação do eixo neutro será calculada por meio da Equação (8.25).

SOLUÇÃO

Propriedades da Seção

Do Apêndice B, os momentos de inércia do perfil C180 × 22 são $I_y = 570.000$ mm^4 e $I_z = 11{,}3 \times 10^6$ mm^4. Como o perfil tem um eixo de simetria, o produto de inércia $I_{yz} = 0$. A altura e a largura da aba do perfil C180 × 22 são $d = 178$ mm e $b_f = 58{,}4$ mm, respectivamente, e a distância da parte traseira do perfil ao seu centroide é 13,5 mm. Essas dimensões são mostradas na figura.

Coordenadas dos Pontos H e K

As coordenadas (y, z) do ponto H são

$$y_H = \frac{178 \text{ mm}}{2} = 89 \text{ mm} \qquad z_H = 13{,}5 \text{ mm}$$

e as coordenadas do ponto K são

$$y_K = -\frac{178 \text{ mm}}{2} = -89 \text{ mm} \qquad z_K = 13{,}5 \text{ mm} - 58{,}4 \text{ mm} = -44{,}9 \text{ mm}$$

Componentes do Momento

Os momentos fletores em torno dos eixos y e z são

$$M_y = M \operatorname{sen}\theta = (5 \text{ kN} \cdot \text{m}) \operatorname{sen}(-13°) = -1{,}12576 \text{ kN} \cdot \text{m} = -1{,}12576 \times 10^6 \text{ N} \cdot \text{mm}$$

$$M_z = M \cos\theta = (5 \text{ kN} \cdot \text{m}) \cos(-13°) = -4{,}87185 \text{ kN} \cdot \text{m} = 4{,}87185 \times 10^6 \text{ N} \cdot \text{mm}$$

Tensões Normais Devidas à Flexão em H e K

Como o perfil C180 × 22 tem um eixo de simetria, as tensões normais devidas à flexão nos pontos H e K podem ser calculadas por meio da Equação (8.24). No ponto H, a tensão normal devida à flexão é

$$\begin{aligned}\sigma_H &= \frac{M_y z}{I_y} - \frac{M_z y}{I_z} \\ &= \frac{(-1{,}12576 \times 10^6 \text{ N} \cdot \text{mm})\,(13{,}5 \text{ mm})}{570.000 \text{ mm}^4} - \frac{(4{,}87185 \times 10^6 \text{ N} \cdot \text{mm})(89\text{mm})}{11{,}3^6 \times 10^4 \text{ mm}} \\ &= -65{,}0 \text{ MPa} = 65{,}0 \text{ MPa (C)}\end{aligned}$$

Resp.

No ponto K, a tensão normal devida à flexão é

$$\begin{aligned}\sigma_K &= \frac{M_y z}{I_y} - \frac{M_z y}{I_z} \\ &= \frac{(-1{,}12576 \times 10^6 \text{ N} \cdot \text{mm})(-44{,}9 \text{ mm})}{570.000 \text{ mm}^4} - \frac{(4{,}87185 \times 10^6 \text{ N} \cdot \text{mm})(-89 \text{ mm})}{11{,}3 \times 10^6 \text{ mm}^4} \\ &= +127{,}0 \text{ MPa} = 127{,}0 \text{ MPa (T)}\end{aligned}$$

Resp.

Orientação do Eixo Neutro

A orientação do eixo neutro pode ser calculada por meio da Equação (8.25).

$$\tan\beta = \frac{M_y I_z}{M_z I_y} = \frac{(-1{,}12576 \text{ kN} \cdot \text{m})\,(11{,}3 \times 10^6 \text{mm}^4)}{(4{,}87185 \text{ kN} \cdot \text{m})(570.000 \text{ mm}^4)} = -4{,}580949$$

$$\therefore \beta = -77{,}7°$$

Os ângulos β positivos são medidos no sentido dos ponteiros do relógio a partir do eixo z; portanto, o eixo neutro está orientado conforme ilustrado na figura. A ilustração foi sombreada de modo a indicar as regiões das tensões normais de tração e de compressão na seção transversal.

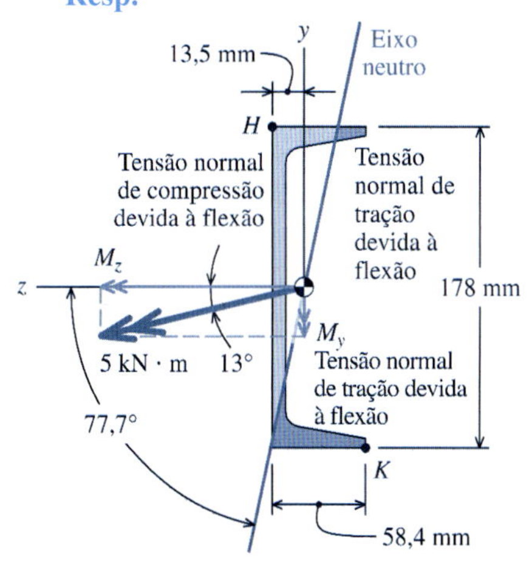

EXEMPLO 8.11

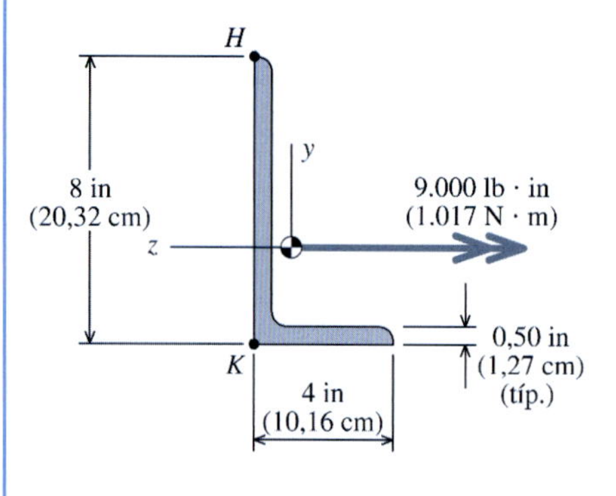

Uma cantoneira de abas desiguais está sujeita a um momento fletor $M = 9.000$ lb·in orientado conforme a ilustração. Calcule as tensões normais devidas à flexão nos pontos H e K e determine a orientação do eixo neutro.

Planejamento da Solução

Para começar os cálculos, inicialmente devemos localizar o centro de gravidade da cantoneira. A seguir, devem ser calculados os momentos de inércia I_y e I_z e o produto de inércia I_{yz} em relação ao local do centro de gravidade. As tensões normais devidas à flexão nos pontos H e K serão calculadas por meio da Equação (8.21) e a orientação do eixo neutro será calculada por meio da Equação (8.23).

SOLUÇÃO

Propriedades da Seção

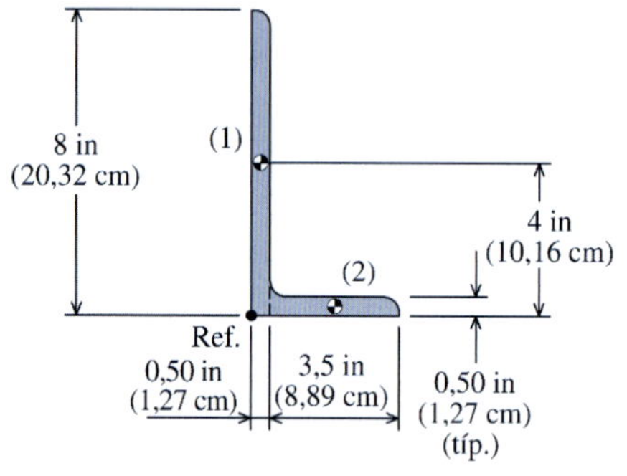

A cantoneira será subdividida em duas áreas (1) e (2), conforme ilustrado. (**Nota:** cantos arredondados, ou filetes, serão ignorados nestes cálculos.) O canto da cantoneira (conforme indicado na figura) será usado como local de referência para os cálculos, tanto na direção horizontal como na direção vertical. O local do centroide na direção vertical é calculado da seguinte maneira:

	A_i (in²)	y_i (in)	y_iA_i (in³)
(1)	4,00	4	16,00
(2)	1,75	0,25	0,4375
	5,75		16,4375

$$\bar{y} = \frac{\Sigma y_i A_i}{\Sigma A_i} = \frac{16{,}4375 \text{ in}^3}{5{,}75 \text{ in}^2} = 2{,}859 \text{ in}$$

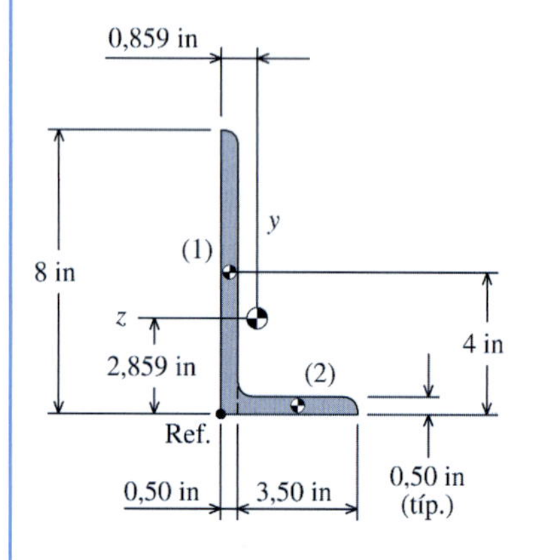

Similarmente, o local do centro de gravidade na direção horizontal é calculado por meio de

	A_i (in²)	z_i (in)	z_iA_i (in³)
(1)	4,00	−0,25	−1,00
(2)	1,75	−2,25	−3,9375
	5,75		−4,9375

$$\bar{z} = \frac{\Sigma z_i A_i}{\Sigma A_i} = \frac{-4{,}9375 \text{ in}^3}{5{,}75 \text{ in}^2} = -0{,}859 \text{ in}$$

O local do centroide para a cantoneira é mostrado na figura. A seguir, é calculado o momento de inércia I_y para a cantoneira em torno do eixo baricêntrico y.

	A_i (in²)	z_i (in)	I_{yi} (in⁴)	$\lvert d_i \rvert$ (in)	$d_i^2 A_i$ (in⁴)	I_y (in⁴)
(1)	4,00	−0,25	0,0833	0,609	1,4835	1,5668
(2)	1,75	−2,25	1,7865	1,391	3,3860	5,1725
						6,7393

Similarmente, o momento de inércia I_z em torno do eixo baricêntrico z é calculado por meio de

	A_i (in²)	y_i (in)	I_{zi} (in⁴)	$\|d_i\|$ (in)	$d_i^2A_i$ (in⁴)	I_z (in⁴)
(1)	4,00	4	21,3333	1,1410	5,2075	26,5408
(2)	1,75	0,25	0,0365	2,6090	11,9120	11,9485
						38,4893

e o produto de inércia I_{yz} em torno do centro de gravidade é calculado por meio de

	A_i (in²)	y_i (in)	z_i (in)	$\bar{y} - y_i$ (in)	$\bar{z} - z_i$ (in)	$I_{yz} = (y - y_i)(z - z_i)A_i$ (in⁴)
(1)	4,00	4	−0,25	−1,1410	−0,6090	2,7795
(2)	1,75	0,25	−2,25	2,6090	1,3910	6,3510
						9,1304

Coordenadas dos Pontos *H* e *K*

As coordenadas (y, z) do ponto H são

$$y_H = 8 \text{ in} - 2{,}859 \text{ in} = 5{,}141 \text{ in} \qquad z_H = 0{,}859 \text{ in}$$

e as coordenadas do ponto K são

$$y_K = -2{,}859 \text{ in} \qquad z_K = 0{,}859 \text{ in}$$

Componentes do Momento

O momento fletor age em torno do eixo $-z$; portanto,

$$M_z = -9.000 \text{ lb} \cdot \text{in.} \qquad \text{e} \qquad M_y = 0$$

Tensões Normais Devidas à Flexão em *H* e *K*

Como a cantoneira não tem um eixo de simetria, as tensões normais devidas à flexão nos pontos H e K devem ser calculadas por meio da Equação (8.21) ou da Equação (8.22). Como $M_y = 0$, a Equação (8.22) é a mais conveniente dentre as duas equações neste caso. A tensão normal devida à flexão no ponto H é calculada por meio da Equação (8.22) como

$$\begin{aligned}\sigma_H &= \left(\frac{I_z z - I_{yz} y}{I_y I_z - I_{yz}^2}\right) M_y + \left(\frac{-I_y y + I_{yz} z}{I_y I_z - I_{yz}^2}\right) M_z \\ &= 0 + \left[\frac{-(6{,}7393 \text{ in}^4)(5{,}141 \text{ in}^4) + (9{,}1304 \text{ in}^4)(0{,}859 \text{ in})}{(6{,}7393 \text{ in}^4)(38{,}4893 \text{ in}^4) - (9{,}1304 \text{ in}^4)^2}\right](-9.000 \text{ lb} \cdot \text{in}) \\ &= +1.370 \text{ psi} = 1.370 \text{ psi (T)}\end{aligned}$$

e a tensão normal devida à flexão no ponto K é

$$\begin{aligned}\sigma_K &= \left(\frac{I_z z - I_{yz} y}{I_y I_z - I_{yz}^2}\right) M_y + \left(\frac{-I_y y + I_{yz} z}{I_y I_z - I_{yz}^2}\right) M_z \\ &= 0 + \left[\frac{-(6{,}7393 \text{ in}^4)(-2{,}859 \text{ in}) + (9{,}1304 \text{ in}^4)(0{,}859 \text{ in})}{(6{,}7393 \text{ in}^4)(38{,}4893 \text{ in}^4) - (9{,}1304 \text{ in}^4)^2}\right](-9.000 \text{ lb} \cdot \text{in}) \\ &= -1.386 \text{ psi} = 1.386 \text{ psi (C)}\end{aligned}$$

0,859 in
H
Tensão normal de tração devida à flexão
y
8 in
53,6°
9.000 lb · in
z
2,859 in
0,50 in (típ.)
K
Tensão normal de compressão devida à flexão
4 in
Eixo neutro

Orientação do Eixo Neutro

A orientação do eixo neutro pode ser calculada por meio da Equação (8.23):

$$\tan\beta = \frac{M_y I_z + M_z I_{yz}}{M_z I_y + M_y I_{yz}} = \frac{0 + (-9.000 \text{ lb} \cdot \text{in})(9{,}1304 \text{ in}^4)}{(-9.000 \text{ lb} \cdot \text{in})(6{,}7393 \text{ in}^4) + 0} = 1{,}3548$$

$$\therefore \beta = 53{,}6°$$

Os ângulos β positivos são medidos no sentido dos ponteiros do relógio a partir do eixo z; portanto, o eixo neutro está orientado conforme mostra a figura. A ilustração foi sombreada para indicar as regiões das tensões normais de tração e de compressão da seção transversal.

PROBLEMAS

P8.65 Uma viga com uma seção transversal vazada (em caixão) está sujeita a um momento resultante com valor absoluto de 2.100 N · m agindo no ângulo mostrado na Figura P8.65. Determine:

(a) as tensões normais máximas de tração e de compressão devidas à flexão na viga.
(b) a orientação do eixo neutro em relação ao eixo $+z$; mostre sua localização em uma ilustração da seção transversal.

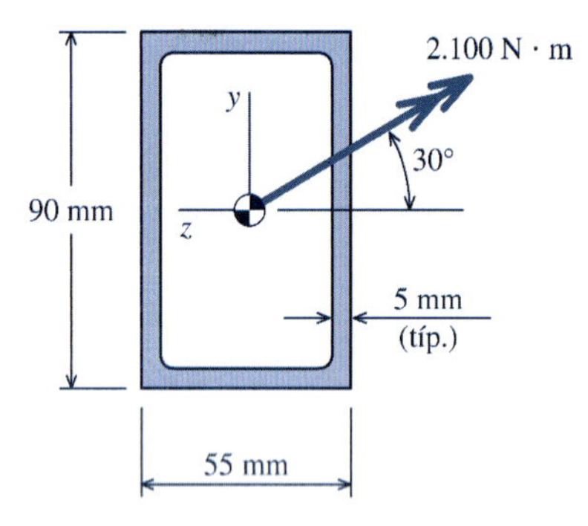

FIGURA P8.65

P8.66 O momento que age na seção transversal da viga T tem valor absoluto de 22 kip · ft (29,83 kN · m) e está orientado conforme mostra a Figura P8.66. Determine:

(a) a tensão normal causada pela flexão no ponto H.
(b) a tensão normal causada pela flexão no ponto K.
(c) a orientação do eixo neutro em relação ao eixo $+z$; mostre sua localização em uma figura da seção transversal.

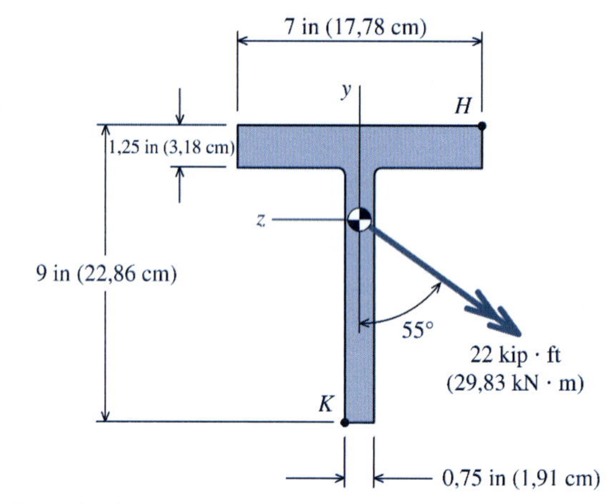

FIGURA P8.66

P8.67 Uma viga com seção transversal vazada (em caixão) está sujeita a um momento resultante com valor absoluto de 75 kip · in. (8,47 kN · m), agindo segundo o ângulo mostrado na Figura P8.67. Determine:

(a) a tensão normal causada pela flexão no ponto H.
(b) a tensão normal causada pela flexão no ponto K.
(c) as tensões normais máximas de tração e de compressão causadas pela flexão da viga.
(d) a orientação do eixo neutro em relação ao eixo $+z$; mostre sua localização em uma figura da seção transversal.

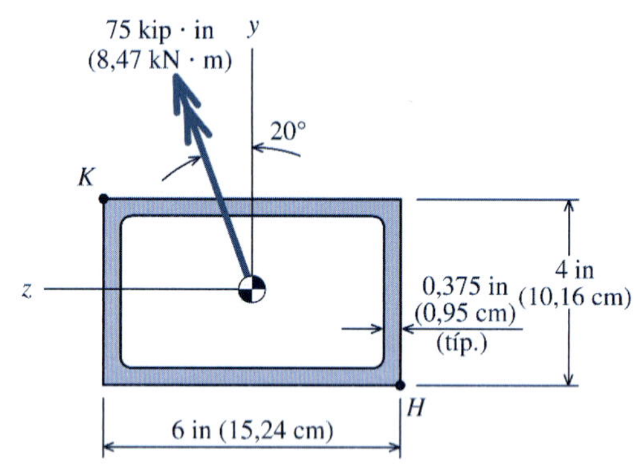

FIGURA P8.67

P8.68 O momento que age na seção transversal da viga de perfil de abas largas tem valor absoluto de M = 12 kN · m e está orientado conforme mostra a Figura P8.68/69. Determine:

(a) a tensão normal causada pela flexão no ponto H.
(b) a tensão normal causada pela flexão no ponto K.
(c) a orientação do eixo neutro em relação ao eixo $+z$; mostre sua localização em uma figura da seção transversal.

P8.69 Para a seção transversal mostrada na Figura P8.68/69, determine o máximo valor absoluto do momento fletor M de forma que a tensão normal causada pela flexão no perfil de abas largas não ultrapasse 165 MPa.

P8.70 A cantoneira de abas desiguais está sujeita a um momento fletor M_z = 20 kip · in (2,26 kN · m) que age na orientação mostrada na Figura P8.70/71. Determine:

(a) a tensão normal causada pela flexão no ponto H.
(b) a tensão normal causada pela flexão no ponto K.
(c) as tensões normais máximas de tração e de compressão causadas pela flexão na seção transversal.
(d) a orientação do eixo neutro em relação ao eixo $+z$; mostre sua localização em uma figura da seção transversal.

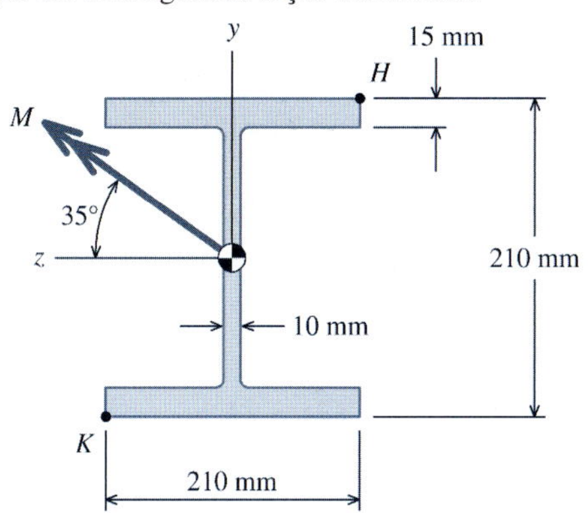

FIGURA P8.68/69

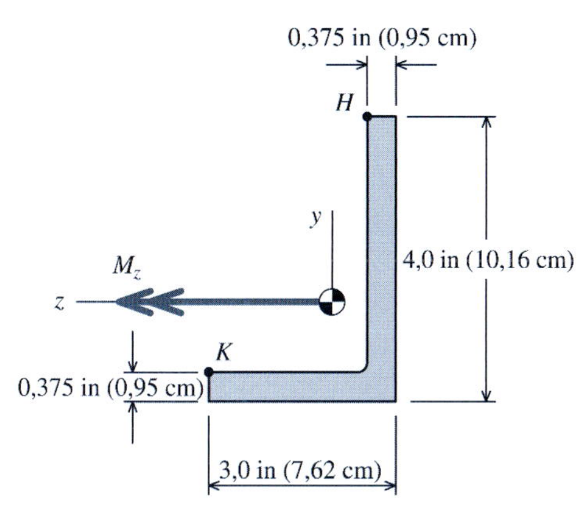

FIGURA P8.70/71

P8.71 Para a seção transversal mostrada na Figura P8.70/71, determine o máximo valor absoluto do momento fletor M de forma que a tensão normal causada pela flexão na cantoneira não ultrapasse 24 ksi (165,5 MPa).

P8.72 O momento que age na seção transversal do perfil Z tem valor absoluto $M = 20$ kip · in. (2,26 kN · m) e está orientado de acordo com a Figura P8.72. Determine:

(a) a tensão normal causada pela flexão no ponto H.
(b) a tensão normal causada pela flexão no ponto K.
(c) as tensões normais máximas de tração e de compressão causadas pela flexão na seção transversal.
(d) a orientação do eixo neutro em relação ao eixo $+z$; mostre sua localização em uma figura da seção transversal.

P8.73 O momento que age na seção transversal da cantoneira de abas desiguais tem valor absoluto de 14 kN · m e está orientado de acordo com a Figura P8.73. Determine:

(a) a tensão normal causada pela flexão no ponto H.
(b) a tensão normal causada pela flexão no ponto K.
(c) as tensões normais máximas de tração e de compressão causadas pela flexão na seção transversal.
(d) a orientação do eixo neutro em relação ao eixo $+z$; mostre sua localização em uma figura da seção transversal.

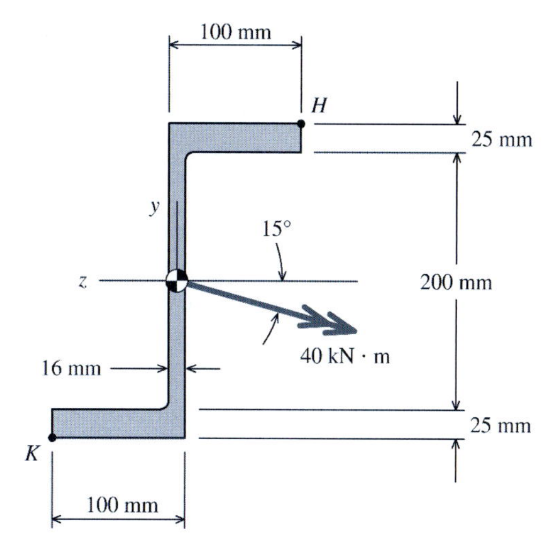

FIGURA P8.72

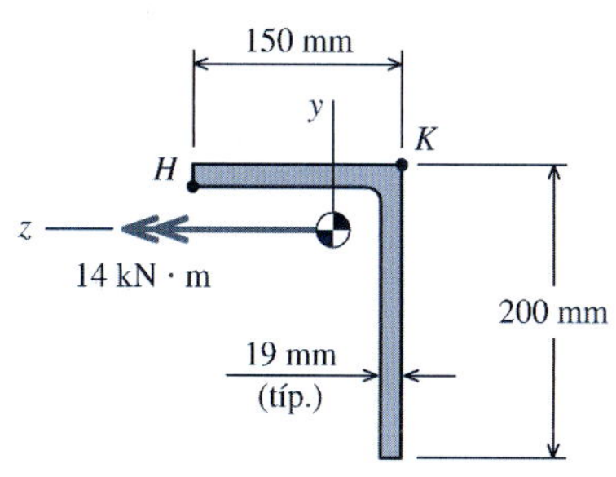

FIGURA P8.73

P8.74 O momento que age na seção transversal do perfil Z tem valor absoluto $M = 4{,}75$ kip · ft (6,44 kN · m) e está orientado de acordo com a Figura P8.74/75. Determine:

(a) a tensão normal causada pela flexão no ponto H.
(b) a tensão normal causada pela flexão no ponto K.
(c) as tensões normais máximas de tração e de compressão causadas pela flexão na seção transversal.
(d) a orientação do eixo neutro em relação ao eixo $+z$; mostre sua localização em uma figura da seção transversal.

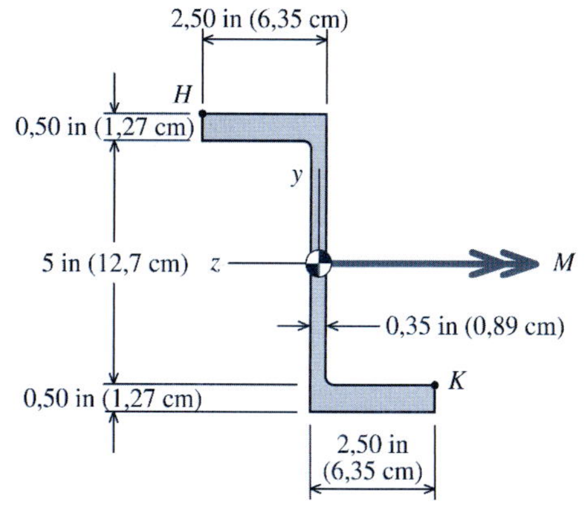

FIGURA P8.74/75

P8.75 Para a seção transversal mostrada na Figura P8.74/75, determine o máximo valor absoluto do momento fletor M de forma que a tensão normal causada pela flexão no perfil Z não ultrapasse 24 ksi (165,5 MPa).

8.9 CONCENTRAÇÃO DE TENSÕES SOB CARREGAMENTOS DE FLEXÃO

Na Seção 5.7, foi mostrado que a introdução de um orifício circular ou de outra descontinuidade geométrica em um elemento estrutural carregado axialmente poderia causar aumento significativo da tensão nas vizinhanças da descontinuidade. Similarmente, ocorrem tensões ampliadas nas vizinhanças de qualquer redução de diâmetro de um eixo circular sujeito a torção. Esse fenômeno, denominado *concentração de tensões*, também ocorre em elementos estruturais submetidos a flexão.

Na Seção 8.3, foi mostrado que o valor absoluto da tensão normal em uma viga de seção transversal uniforme em uma região de flexão pura é dado pela Equação (8.10) como

$$\sigma_{\text{máx}} = \frac{Mc}{I_z} \tag{8.10}$$

O valor absoluto da tensão normal causada pela flexão e calculado pela Equação (8.10) é denominado *tensão nominal* porque ele não leva em consideração o fenômeno da concentração de tensões. Nas proximidades de entalhes, ranhuras, filetes ou qualquer outra mudança abrupta de seção transversal, a tensão normal devida à flexão pode ser significativamente maior. A relação entre a tensão normal devida à flexão na descontinuidade e a tensão nominal calculada por meio da Equação (8.10) é expressa em termos do fator de concentração de tensões K como

Para uma viga retangular, a tensão normal nominal devida à flexão usada na Equação (8.26) é a tensão para sua altura mínima. Para um eixo circular, a tensão normal nominal devida à flexão é calculada para seu diâmetro mínimo.

$$K = \frac{\sigma_{\text{máx}}}{\sigma_{\text{nom}}} \tag{8.26}$$

A tensão nominal usada na Equação (8.26) é a tensão normal devida à flexão calculada para a mínima altura ou o mínimo diâmetro do elemento estrutural sujeito a flexão no local da descontinuidade. Como o fator K depende apenas da geometria do elemento estrutural, podem ser desenvolvidas curvas que mostrem o fator de concentração de tensões K como uma função das relações entre os parâmetros envolvidos no problema. Tais curvas para entalhes e filetes, em seções transversais retangulares sujeitas à flexão pura são mostradas nas Figuras 8.17 e 8.18.[1] Curvas similares para ranhuras e filetes em eixos circulares sujeitos à flexão pura são mostradas nas Figuras 8.19 e 8.20.[2]

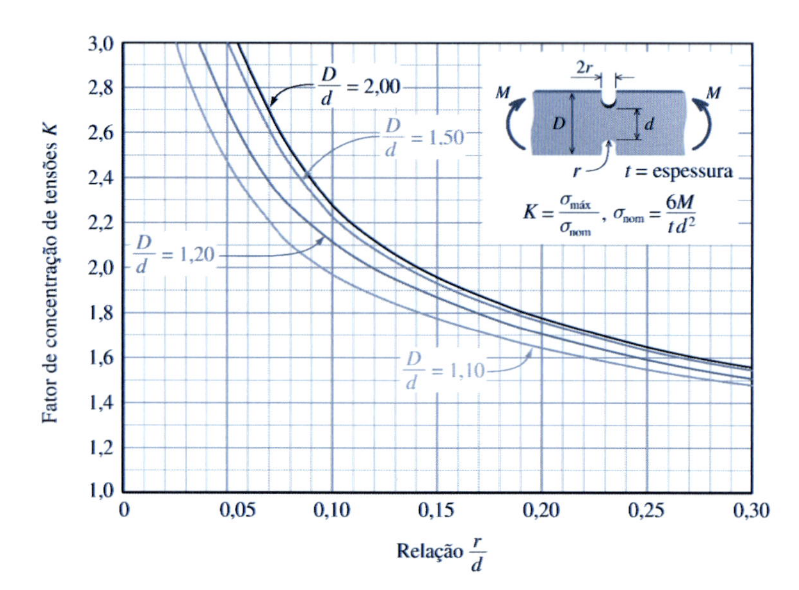

FIGURA 8.17 Fatores de concentração de tensões K para a flexão de uma barra chata com entalhes em U opostos.

[1] Adaptado de Walter D. Pilkey, *Peterson's Stress Concentration Factors,* 2ª ed. (Nova York: John Wiley & Sons, Inc., 1997).

[2] Adaptado de Walter D. Pilkey, *Peterson's Stress Concentration Factors,* 2ª ed. (Nova York: John Wiley & Sons, Inc., 1997).

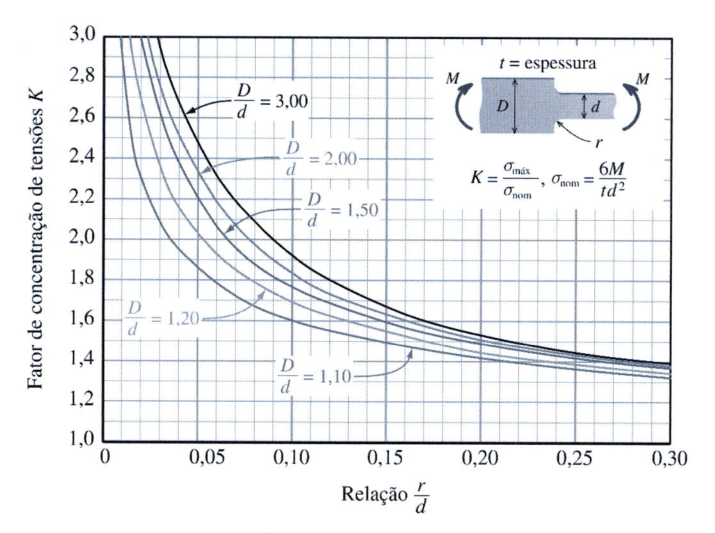

FIGURA 8.18 Fatores de concentração de tensões K para a flexão de uma barra chata com variação de seção transversal e filetes (cantos arredondados) laterais.

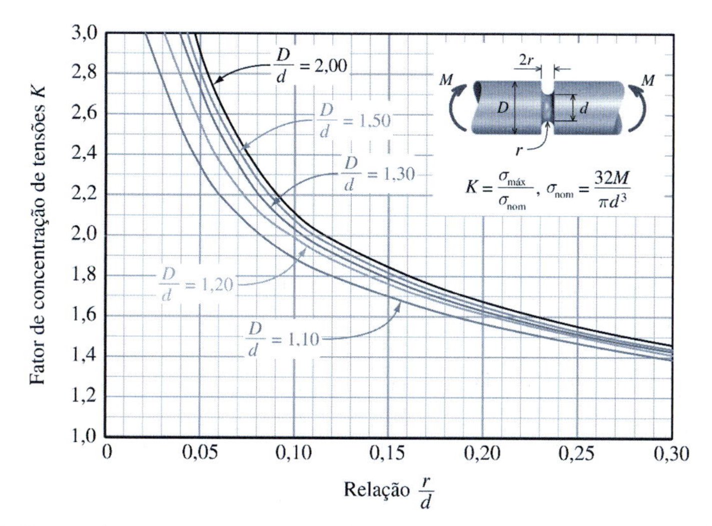

FIGURA 8.19 Fatores de concentração de tensões K para a flexão de um eixo circular com ranhura (sulco) em U.

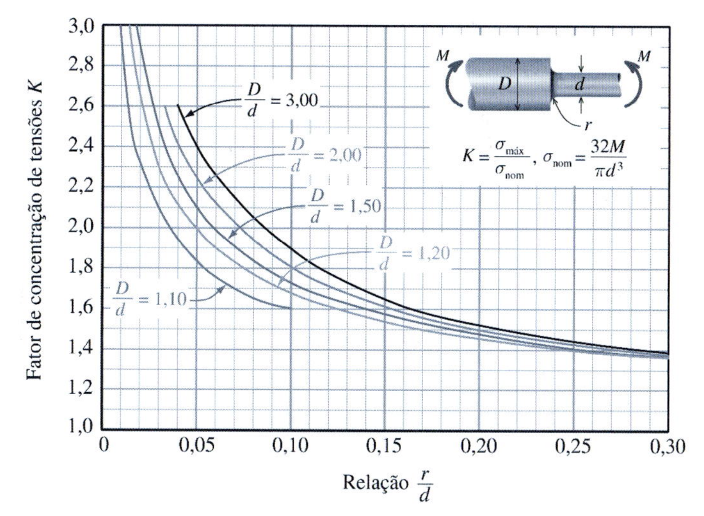

FIGURA 8.20 Fatores de concentração de tensões K para a flexão de um eixo circular com variação de diâmetro e filetes (cantos arredondados) laterais.

EXEMPLO 8.12

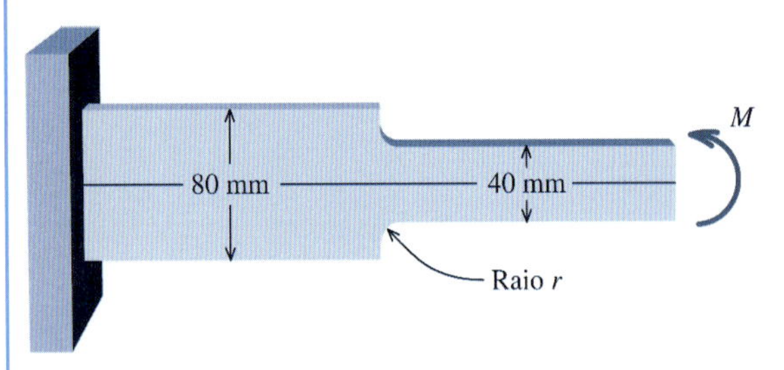

Uma mola em balanço, feita de aço SAE 4340 tratado termicamente, tem 50 mm de espessura. De acordo com a figura, a altura da seção transversal retangular é reduzida de 80 mm para 40 mm usando uma concordância curva (filete) na transição. É especificado para a mola um coeficiente de segurança de 2,5 em relação à ruptura. Determine o maior momento admissível para a mola se:

(a) o raio do filete r for 4 mm.
(b) o raio do filete r for 12 mm.

SOLUÇÃO

A resistência estática (última) σ_U para o aço SAE 4340 tratado a quente (veja as propriedades desse material no Apêndice D) é 1.030 MPa. Desta forma, a tensão admissível para a mola é

$$\sigma_{\text{adm}} = \frac{\sigma_U}{\text{FS}} = \frac{1.034 \text{ MPa}}{2{,}5} = 413{,}6 \text{ MPa}$$

O momento de inércia I na altura mínima da mola é

$$I = \frac{(50 \text{ mm})(40 \text{ mm})^3}{12} = 266.667 \text{ mm}^4$$

O valor absoluto do momento fletor admissível pode ser obtido da Equação (8.26) em termos do fator de concentração de tensões K:

$$M_{\text{adm}} = \frac{\sigma_{\text{adm}} I}{Kc} = \frac{(413{,}6 \text{ N/mm}^2)(266.667 \text{ mm}^4)}{K(20 \text{ mm})} = \frac{5.514.574 \text{ N} \cdot \text{mm}}{K} = \frac{5.515 \text{ N} \cdot \text{m}}{K}$$

Utilizando a nomenclatura empregada na Figura 8.18, a relação entre a altura máxima da mola D e a altura reduzida d é $D/d = 80/40 = 2{,}0$.

(a) Raio do Filete $r = 4$ mm

Da Figura 8.18, é obtido um fator de concentração de tensões $K = 1{,}84$ usando $D/d = 2{,}0$ e $r/d = 4/40 = 0{,}10$. Portanto, o momento fletor máximo admissível é

$$M = \frac{5.515 \text{ N} \cdot \text{m}}{K} = \frac{5.515 \text{ N} \cdot \text{m}}{1{,}84} = 2.997 \text{ N} \cdot \text{m}$$ **Resp.**

(b) Raio do Filete $r = 12$ mm

Para um filete de 12 mm, $r/d = 12/40 = 0{,}30$ e, portanto, o fator de concentração de tensões correspondente da Figura 8.18 é $K = 1{,}38$. De acordo com o exposto, o momento fletor máximo admissível é

$$M = \frac{5.515 \text{ N} \cdot \text{m}}{K} = \frac{5.515 \text{ N} \cdot \text{m}}{1{,}38} = 3.996 \text{ N} \cdot \text{m}$$ **Resp.**

PROBLEMAS

P8.76 Uma mola de aço inoxidável (Figura P8.76/77) tem espessura de 3/4 in (1,91 cm) e uma variação de altura na seção B de $D = 1{,}50$ in (3,81 cm) para $d = 1{,}25$ in (3,18 cm). O raio da concordância curva (filete) entre as duas seções é $r = 0{,}125$ in (0,32 cm). Se o momento fletor aplicado à mola for $M = 2.000$ lb · in. (226 kN · m), determine a tensão normal máxima na mola.

P8.77 Uma mola de uma liga de aço (Figura P8.76/77) tem espessura de 25 mm e uma variação de altura na seção B de $D = 75$ mm para $d = 50$ mm. Se o raio da concordância curva (filete) entre as duas seções for $r = 8$ mm, determine o momento fletor máximo que a mola poderá resistir se a tensão normal máxima causada pela flexão na mola não puder ultrapassar 120 MPa.

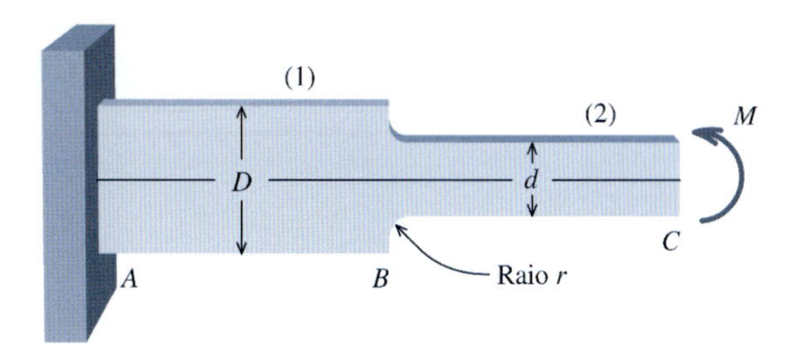

FIGURA P8.76/77

P8.78 A barra com entalhes mostrada na Figura P8.78/79 está sujeita a um momento fletor $M = 300$ N · m. A largura maior da barra é $D = 75$ mm, a largura menor da barra é $d = 50$ mm e o raio de cada entalhe é $r = 10$ mm. Se a tensão normal máxima na barra causada pela flexão não puder ultrapassar 90 MPa, determine a espessura mínima b exigida para a barra.

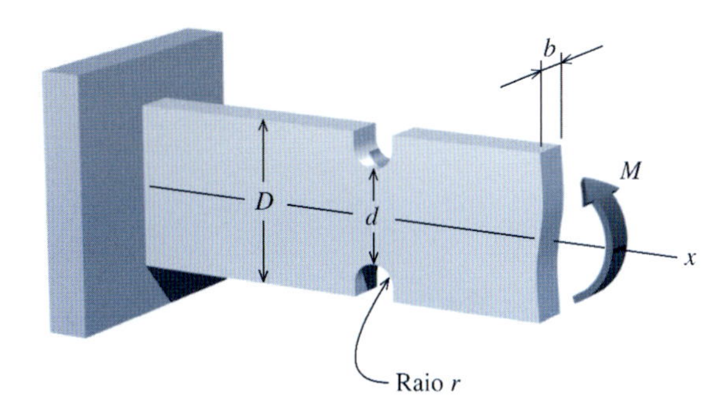

FIGURA P8.78/79

P8.79 A peça de máquina mostrada na Figura P8.78/79 é feita de aço inoxidável 18-8 laminado a frio (veja as propriedades desse material no Apêndice D). A largura maior da barra é $D = 1{,}50$ in (3,81 cm), a largura menor da barra é $d = 1{,}00$ in (2,54 cm), o raio de cada entalhe é $r = 0{,}125$ in (0,32 cm) e a espessura da barra é $b = 0{,}25$ in (0,64 cm). Determine o momento fletor máximo admissível M que pode ser aplicado à barra se for especificado um coeficiente de segurança de 2,5 em relação à ruptura.

P8.80 O eixo mostrado na Figura P8.80/81 é suportado em cada extremidade por apoios autorreguláveis. O diâmetro maior é $D = 2{,}00$ in (5,08 cm), o diâmetro menor é $d = 1{,}50$ in (3,81 cm) e o raio do filete entre as seções de diâmetros maior e menor é $r = 0{,}125$ in (0,32 cm). O comprimento do eixo é $L = 24$ in (60,96 cm) e os filetes estão localizados em $x = 8$ in (20,32 cm) e $x = 16$ in (40,64 cm). Determine a carga máxima P que pode ser aplicada ao eixo se a tensão normal máxima deve estar limitada a 24.000 psi.

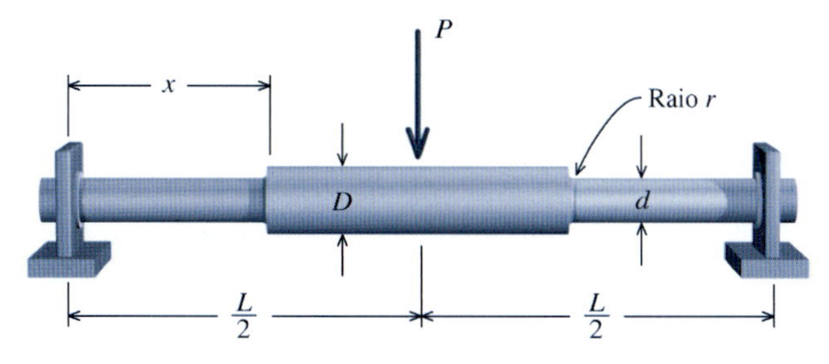

FIGURA P8.80/81

P8.81 Um eixo de bronze C86100 (veja as propriedades desse material no Apêndice D) mostrado na Figura P8.80/81 é suportado em cada extremidade por apoios autorreguláveis. O diâmetro maior é $D = 40$ mm, o diâmetro menor é $d = 25$ mm e o raio do filete entre as seções de diâmetros maior e menor é $r = 5$ mm. O comprimento do eixo é $L = 500$ mm e os filetes estão localizados em $x = 150$ mm e $x = 350$ mm. Determine a carga máxima P que poderá ser aplicada ao eixo se for especificado um coeficiente de segurança igual a 3,0 em relação à falha por escoamento.

P8.82 O eixo de máquina mostrado na Figura P8.82/83 é feito de aço 1020 laminado a frio (veja as propriedades desse material no Apêndice D). O diâmetro maior é $D = 1{,}000$ in (2,54 cm), o diâmetro menor é $d = 0{,}625$ in (1,59 cm) e o raio do filete entre as seções de diâmetros maior e menor é $r = 0{,}0625$ in (0,16 cm). O filete está localizado a $x = 4$ in (10,16 cm) de C. Se uma carga $P = 125$ lb (556 N) for aplicada em C, determine o coeficiente de segurança em relação à falha por escoamento para o filete em B.

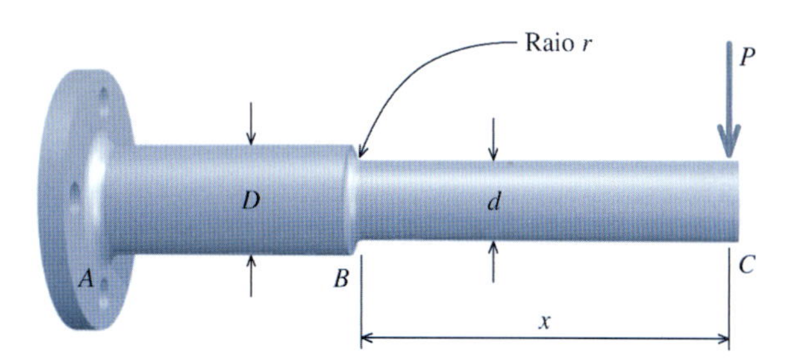

FIGURA P8.82/83

P8.83 O eixo de máquina mostrado na Figura P8.82/83 é feito de aço 1020 laminado a frio (veja as propriedades desse material no Apêndice D). O diâmetro maior é $D = 30$ mm, o diâmetro menor é $d = 20$ mm e o raio do filete entre as seções de diâmetros maior e menor é $r = 3$ mm. O filete está localizado a $x = 90$ mm de C. Determine a carga máxima P que poderá ser aplicada ao eixo em C se for especificado um coeficiente de segurança de 1,5 em relação à falha por escoamento para o filete em B.

P8.84 O eixo com ranhura mostrado na Figura P8.84 é feito de bronze C86100 (veja as propriedades desse material no Apêndice D). O diâmetro maior é $D = 50$ mm, o diâmetro menor na ranhura é $d = 34$ mm e o raio da ranhura é $r = 4$ mm. Determine o momento máximo admissível M que poderá ser aplicado ao eixo se for especificado um coeficiente de segurança de 1,5 em relação à falha por escoamento.

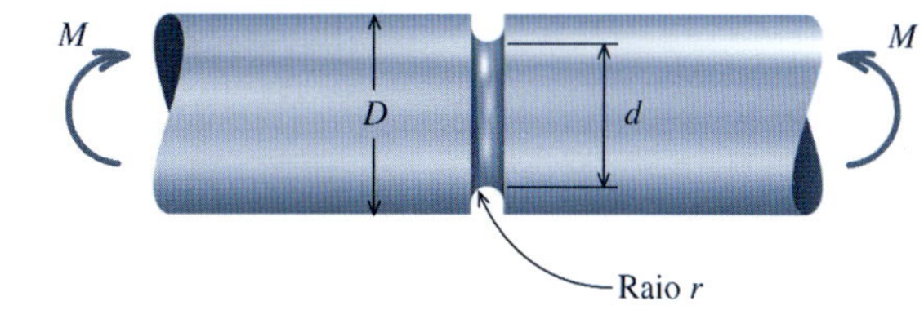

FIGURA P8.84

9 TENSÃO DE CISALHAMENTO EM VIGAS

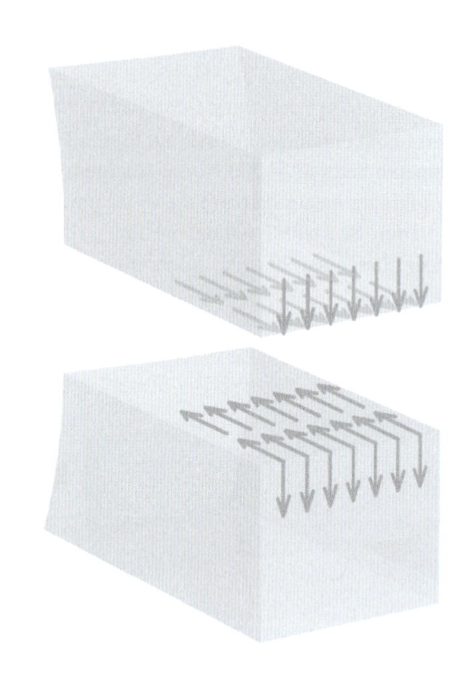

9.1 INTRODUÇÃO

Para vigas sujeitas à flexão pura, são desenvolvidas apenas as tensões normais de tração e compressão no elemento estrutural. Entretanto, na maior parte das situações os carregamentos aplicados a uma viga fazem surgir flexões não uniformes; isto é, os momentos fletores internos são acompanhados por esforços cortantes internos. Como consequência da flexão não uniforme, são produzidas tensões de cisalhamento, assim como tensões normais na viga. Neste capítulo, será desenvolvido um método para determinar as tensões de cisalhamento produzidas pela flexão não uniforme. O método será adaptado também para levar em consideração as vigas fabricadas por várias peças unidas entre si por ligações discretas.

9.2 FORÇAS RESULTANTES PRODUZIDAS POR TENSÕES DE FLEXÃO

Antes de desenvolver as equações que descrevem as tensões cisalhantes em vigas, é instrutivo examinar com mais detalhes forças resultantes produzidas pelas tensões de flexão em partes da seção transversal da viga. Veja a viga simplesmente apoiada e mostrada na Figura 9.1 na qual uma carga concentrada de P = 9.000 N é aplicada no meio do vão de 2 m. São apresentados na figura os diagramas de esforços cortantes e de momentos fletores para esse vão e esse carregamento.

Para essa análise, consideraremos arbitrariamente um segmento BC, com 150 mm de comprimento, que esteja localizado a 300 mm do apoio esquerdo, conforme ilustra a Figura 9.1. A viga é feita de duas pranchas de madeira, tendo cada uma delas o mesmo módulo de elasticidade. A prancha inferior será designada elemento (1) e a prancha superior será designada elemento (2). As dimensões da seção transversal da viga estão mostradas na Figura 9.2.

O objetivo desta análise é determinar as forças que agem nas seções B e C do elemento (1).

Do diagrama de momentos fletores, os momentos internos nas seções B e C são M_B = 1,350 kN · m e M_C = 2,025 kN · m, respectivamente. Ambos os momentos são positivos; em consequência, o

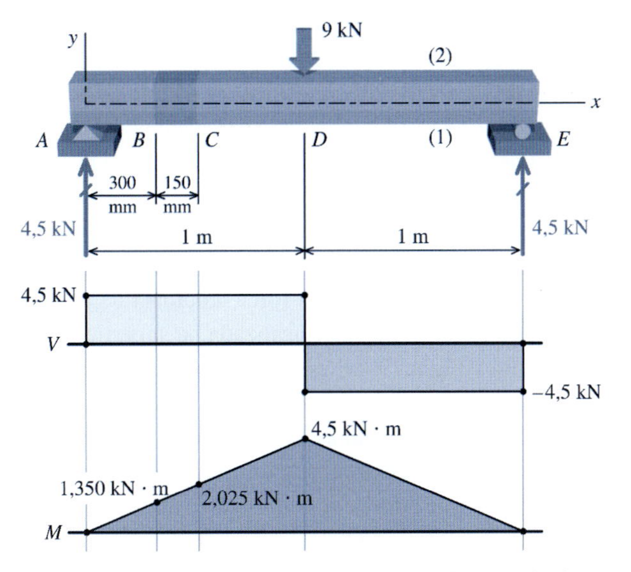

FIGURA 9.1 Viga simplesmente apoiada com uma carga concentrada no meio do vão.

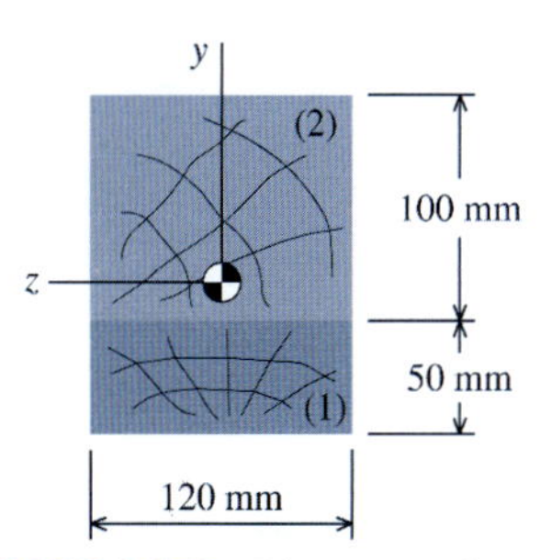

FIGURA 9.2 Dimensões da seção transversal da viga.

segmento BC da viga será deformado da maneira mostrada na Figura 9.3a. Serão produzidas tensões normais de compressão na metade superior da seção transversal da viga e serão produzidas tensões normais de tração na metade inferior. A distribuição das tensões normais causadas pela flexão, ao longo da altura da seção transversal nesses dois locais, pode ser determinada pela fórmula da flexão usando o momento de inércia $I_z = 33.750.000\ \text{mm}^4$ em torno do eixo baricêntrico z. A distribuição das tensões normais causadas pela flexão é mostrada na Figura 9.3b.

Para determinar as forças que agem no elemento (1) serão consideradas apenas as tensões normais que agem entre os pontos b e c (na seção B) e entre os pontos e e f (na seção C). Em B, a tensão normal causada pela flexão varia de 1,0 MPa (T) em b a 3,0 MPa (T) em c. Em C, a tensão normal varia de 1,5 MPa (T) em e a 4,5 MPa (T) em f.

Da Figura 9.2, a área da seção transversal do elemento (1) é

$$A_1 = (50\ \text{mm})(120\ \text{mm}) = 6.000\ \text{mm}^2$$

Para determinar a força resultante na seção B que age nessa área, a distribuição de tensões pode ser dividida em dois componentes: uma parte uniformemente distribuída com valor absoluto de 1,0 MPa e uma parte triangular com intensidade máxima de (3,0 MPa − 1,0 MPa) = 2,0 MPa. Usando esse procedimento, a força resultante que age na seção B do elemento (1) pode ser calculada como

$$\begin{aligned}\text{Resultante } F_B &= (1\ 0\ \text{N/mm}^2)(6.000\ \text{mm}^2) + \frac{1}{2}(2{,}0\ \text{N/mm}^2)(6.000\ \text{mm}^2)\\ &= 12.000\ \text{N} = 12\ \text{kN}\end{aligned}$$

Como as tensões normais são de tração, a força resultante age tracionando a seção B.

Da mesma maneira, a distribuição de tensões na seção C pode ser dividida em dois componentes: uma parte uniformemente distribuída com valor absoluto de 1,5 MPa e uma parte triangular tendo intensidade máxima de (4,5 MPa − 1,5 MPa) = 3,0 MPa. A força resultante que age na seção C do elemento (1) é encontrada por meio de

$$\begin{aligned}\text{Resultante } F_C &= (1{,}5\ \text{N/mm}^2)(6.000\ \text{mm}^2) + \frac{1}{2}(3{,}0\ \text{N/mm}^2)(6.000\ \text{mm}^2)\\ &= 18.000\ \text{N} = 18\ \text{kN}\end{aligned}$$

As forças resultantes causadas pelas tensões normais devidas à flexão no elemento (1) são mostradas na Figura 9.3c. Observe que as forças resultantes não possuem valores absolutos iguais. *Por que essas forças resultantes são diferentes?* A força resultante na seção C é maior do que a força resultante na seção B porque o momento fletor interno M_C é maior do que o momento fletor interno M_B. As forças resultantes F_B e F_C terão o mesmo valor absoluto somente quando os momentos fletores internos forem os mesmos nas seções *B* e *C*. *O segmento BC do elemento (1) da viga está em equilíbrio?* Essa parte da viga não está em equilíbrio porque $\Sigma F_x \neq 0$. *Que força adicional é exigida para satisfazer o equilíbrio?* É exigida uma força adicional de 6 kN na direção horizontal para satisfazer o equilíbrio do elemento (1). *Onde essa força adicional deve estar localizada?* Todas as tensões normais que agem nas duas faces verticais (*b–c* e *e–f*) foram consideradas nos cálculos de F_B e F_C. A face horizontal inferior *c–f* é uma superfície livre que não possui tensões agindo sobre ela. Portanto, a força adicional de 6 kN exigida para satisfazer o equilíbrio deve estar localizada na superfície horizontal *b–e*, conforme ilustra a Figura 9.4. Essa superfície é a interface entre o elemento (1) e o elemento (2). *Qual é o termo dado a uma força que age em uma superfície paralela a sua linha de ação?* A força horizontal de 6 kN que age na superfície *b–e* é denominada **força de cisalhamento** (ou **força cisalhante**). Observe que a força de 6 kN age na mesma direção que as resultantes das tensões normais causadas pela flexão; isto é, paralela ao eixo *x*.

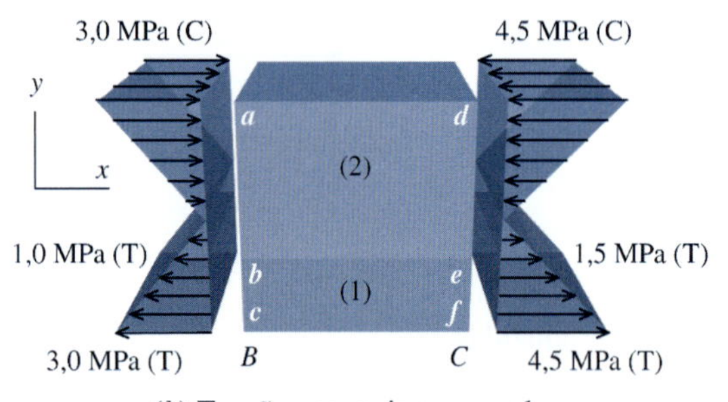

(*a*) Momentos fletores internos

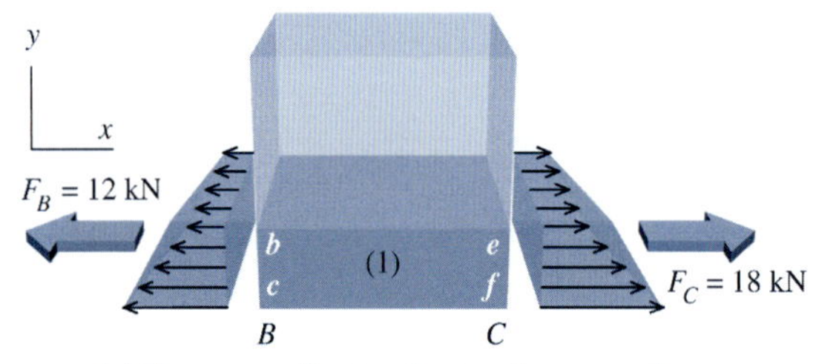

(*b*) Tensões normais provocadas pela flexão

(*c*) Forças resultantes das tensões normais provocadas pela flexão

FIGURA 9.3 Momentos, tensões e forças agindo no segmento *BC* da viga.

Que lições podemos aprender dessa simples análise? Nos vãos de vigas em que o momento fletor não for constante, as resultantes das forças que agem nas partes da seção transversal terão valores absolutos diferentes. O equilíbrio dessas partes só poderá ser satisfeito por uma força cisalhante adicional, desenvolvida internamente na viga.

Na seção a seguir, descobriremos que essa força interna adicional de cisalhamento exigida para satisfazer o equilíbrio pode ser desenvolvida de duas maneiras. A força cisalhante interna pode ser a resultante das tensões cisalhantes desenvolvidas na viga ou ela pode ser fornecida por uma ligação específica, como rebites, pregos ou parafusos.

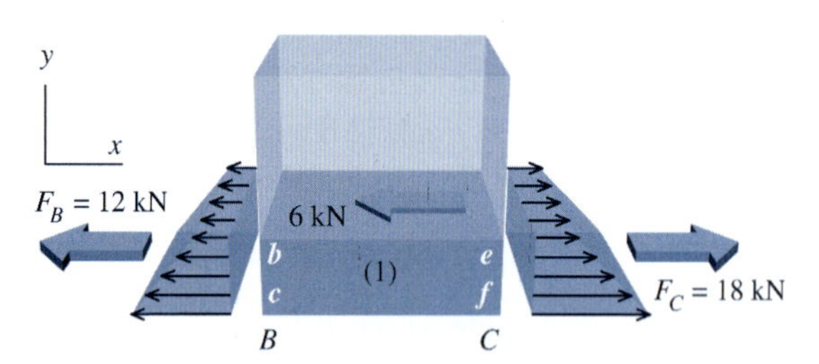

FIGURA 9.4 Diagrama de corpo livre do elemento (1).

EXEMPLO 9.1

Um segmento de viga está sujeito aos momentos fletores internos mostrados. As dimensões da seção transversal são dadas.

(a) Faça um desenho da vista lateral do segmento de viga e construa um gráfico da distribuição das tensões normais causadas pela flexão que agem nas seções *A* e *B*. Indique no desenho o valor absoluto das tensões normais principais causadas pela flexão.

(b) Determine as forças resultantes que agem na direção *x* sobre a área (2) nas seções *A* e *B* e mostre essas forças resultantes no desenho.

(c) *A área especificada está em equilíbrio no que diz respeito às forças que agem na direção x?* Se não estiver, determine a força horizontal exigida para satisfazer o equilíbrio para a área especificada e mostre o local e a direção dessa força no desenho.

Planejamento da Solução

Depois de calcular as propriedades da seção, serão determinadas, por meio da fórmula da flexão, as tensões normais produzidas pelo momento fletor. Em particular, serão calculadas as tensões normais produzidas pela flexão e que agem na área (2). Usando essas tensões, serão calculadas as forças resultantes que agem na direção horizontal em cada extremidade da viga.

SOLUÇÃO

(a) O local do centro de gravidade na direção z pode ser determinado por meio da geometria. O local do centroide na direção y deve ser determinado para a seção transversal no formato de U. O formato em U é dividido nas formas retangulares (1), (2) e (3) e o local y do centro de gravidade é calculado com base no seguinte:

	A_i (mm²)	y_i (mm)	y_iA_i (mm³)
(1)	3.000	50	150.000
(2)	4.500	15	67.500
(3)	3.000	50	150.000
	10.500		367.500

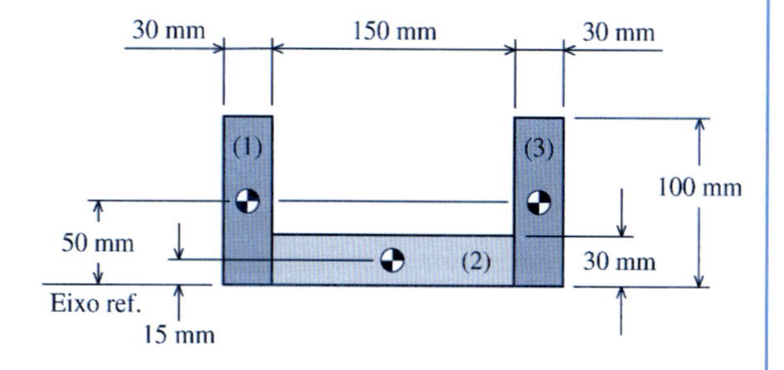

$$\bar{y} = \frac{\Sigma y_i A_i}{\Sigma A_i} = \frac{367.500 \text{ mm}^3}{10.500 \text{ mm}^2} = 35{,}0 \text{ mm}$$

O eixo baricêntrico z está localizado 35,0 mm acima do eixo de referência para a seção transversal no formato de U. A seguir, será calculado o momento de inércia em torno do eixo baricêntrico z. É exigido o teorema dos eixos paralelos uma vez que os centros de gravidade das áreas (1), (2) e (3) não coincidem com o eixo baricêntrico z da seção transversal com formato em U. O cálculo completo está resumido na tabela a seguir.

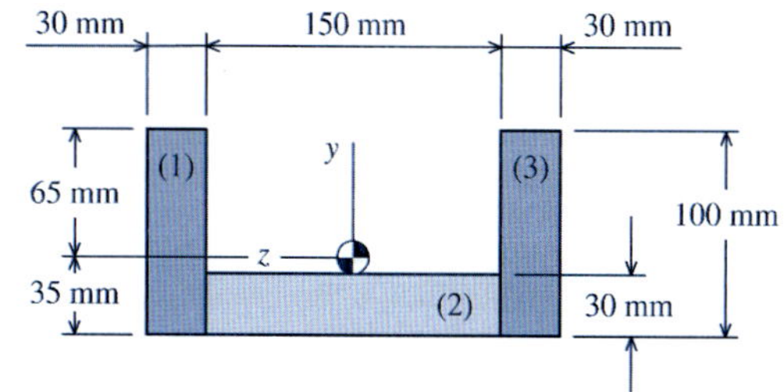

	I_{ci} (mm⁴)	$\lvert d_i \rvert$ (mm)	$d_i^2A_i$ (mm⁴)	I_z (mm⁴)
(1)	2.500.000	15,0	675.000	3.175.000
(2)	337.500	20	1.800.000	2.137.500
(3)	2.500.000	15,0	675.000	3.175.000
				8.487.500

O momento de inércia da seção transversal em U em torno do eixo baricêntrico z é $I_z = 8.487.500$ mm⁴.

Para os momentos fletores positivos M_A e M_B agindo sobre o segmento de viga no sentido ilustrado, serão produzidas tensões normais de compressão acima do eixo baricêntrico z e ocorrerão tensões normais de tração abaixo do eixo baricêntrico z. Será usada a fórmula da flexão [Equação (8.7)] para calcular a tensão normal devida à flexão em qualquer local de coordenada y. (Lembre-se de que o eixo coordenado y tem sua origem no centro de gravidade.) Por exemplo, a tensão normal devida à flexão no topo da área (1) na seção A é calculada usando $y = +65$ mm.

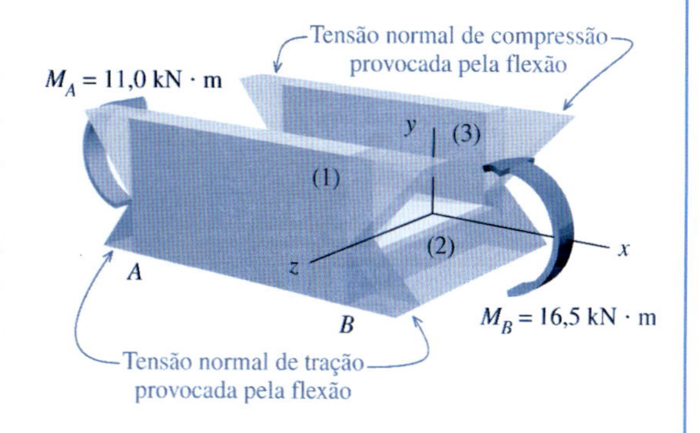

$$\sigma_x = -\frac{M_y}{I_z} = -\frac{(11 \text{ kN} \cdot \text{m})(65 \text{ mm})(1.000 \text{ N/kN})(1.000 \text{ mm/m})}{8.487.500 \text{ mm}^4}$$

$$= -84{,}2 \text{ MPa} = 84{,}2 \text{ MPa (C)}$$

As tensões normais máximas de tração e de compressão causadas pela flexão nas seções A e B estão mostradas na figura ao lado.

(b) São de especial interesse neste exemplo as tensões normais produzidas pela flexão que agem na área (2) da seção transversal em U. As tensões normais que agem na área (2) são mostradas a seguir.

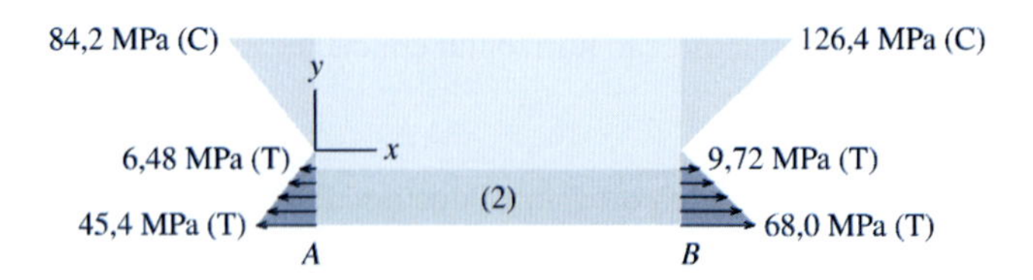

A força resultante das tensões normais produzidas pela flexão na área (2) deve ser determinada na seção A e na seção B. As tensões normais que agem na área (2) estão todas no mesmo sentido (isto é, tração) e como essas tensões estão distribuídas linearmente na direção y, precisamos apenas determinar a intensidade da tensão média. A distribuição de tensões é distribuída de modo uniforme ao longo da dimensão z da área (2). Portanto, a força resultante que age na área (2) pode ser determinada por meio do produto da tensão normal média pela área na qual ela age. A área (2) tem 150 mm de largura e 30 mm de altura; portanto, $A_2 = 4.500$ mm². Na seção A, a força resultante na direção x é

$$F_A = \frac{1}{2} = (6{,}48 \text{ MPa} + 45{,}4 \text{ MPa})(4.500 \text{ mm}^2) = 116.730 \text{ N} = 116{,}7 \text{ kN}$$

e na seção B, a força resultante horizontal é

$$F_B = \frac{1}{2} = (9{,}72 \text{ MPa} + 68{,}0 \text{ MPa})(4.500 \text{ mm}^2) = 174.870 \text{ N} = 174{,}9 \text{ kN}$$

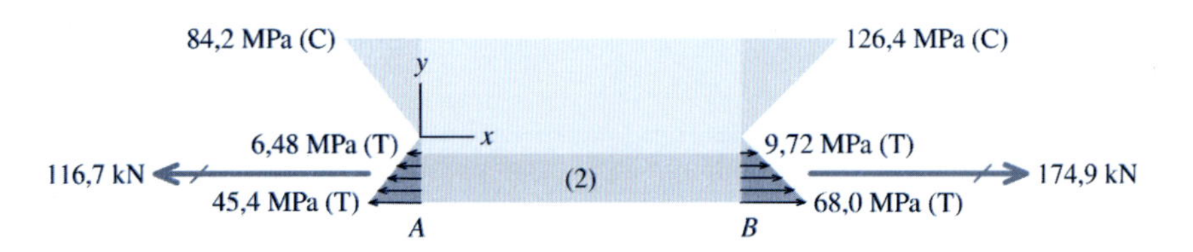

(c) Considere o equilíbrio da área (2). Na direção x, a soma das forças resultantes é

$$\Sigma F_x = 174{,}9 \text{ kN} - 116{,}7 \text{ kN} = 58{,}2 \text{ kN} \neq 0$$

A área (2) não está em equilíbrio. *Que observações podem ser feitas com base nessa situação?* Sempre que um segmento de viga estiver sujeito à flexão não uniforme, isto é, sempre que os momentos fletores estiverem variando ao longo do vão da viga, partes da seção transversal da viga exigirão forças adicionais a fim de satisfazer o equilíbrio na direção longitudinal. *Onde essas forças adicionais podem ser aplicadas na área (2)?*

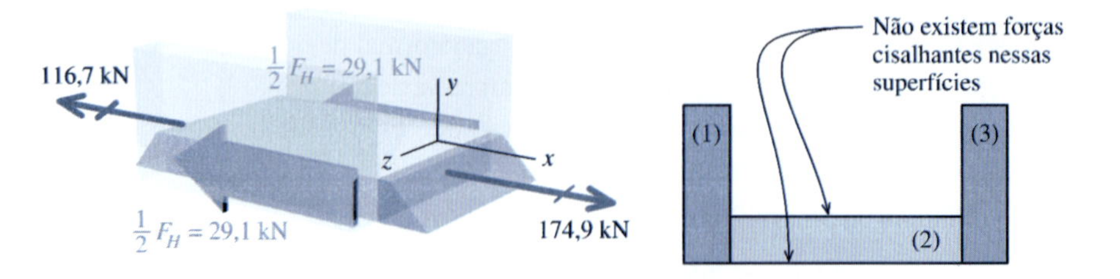

A força adicional na direção horizontal F_H exigida para satisfazer o equilíbrio não pode surgir da superfície superior ou da superfície inferior da área (2) uma vez que essas são superfícies livres. Portanto, F_H deve agir nos limites entre a área (1) e (2) e entre as áreas (2) e (3). Por simetria, metade da força horizontal agirá em cada superfície. Como F_H age ao longo dos lados verticais da área (2), ela é denominada força de cisalhamento.

Exemplo do MecMovies M9.1

Análise do esforço cortante horizontal desenvolvido em um elemento sob flexão.

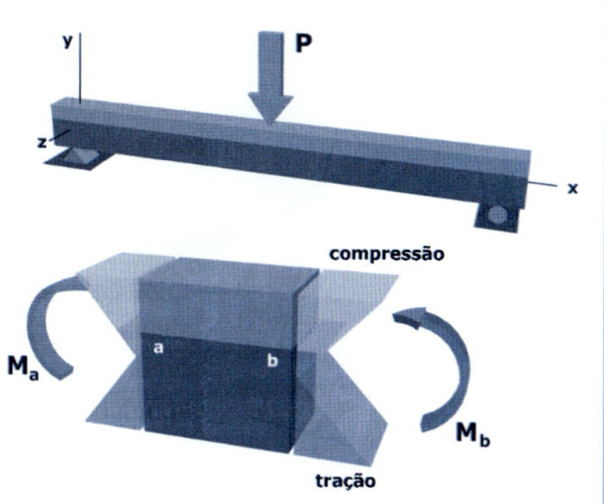

PROBLEMAS

Para os problemas a seguir, é mostrado um segmento de viga sujeito a momentos fletores internos nas seções *A* e *B* junto a um desenho que traz as dimensões da seção transversal. Para cada problema:

(a) Desenhe uma vista lateral do segmento de viga e faça um gráfico da distribuição das tensões normais provocadas pela flexão que agem nas seções *A* e *B*. Indique em cada desenho o valor absoluto das principais tensões normais provocadas pela flexão.

(b) Determine as forças resultantes que agem na direção *x* sobre a área especificada nas seções *A* e *B* e mostre no desenho essas forças resultantes.

(c) A área especificada está em equilíbrio em relação às forças que agem na direção *x*? Se não estiver, determine a força horizontal exigida para satisfazer o equilíbrio para a área especificada e mostre no desenho o local e a direção dessa força.

P9.1 O segmento de viga com 20 in (50,8 cm) de comprimento mostrado na Figura P9.1*a* está sujeito a momentos fletores internos de M_A = 24 kip · ft (32,54 kN · m) e M_B = 28 kip · ft (37,96 kN · m). Considere a área (1) mostrada na Figura P9.1*b*.

P9.2 O segmento de viga com 12 in (30,48 cm) de comprimento mostrado na Figura P9.2*a* está sujeito a momentos fletores internos de M_A = 700 lb · ft (949,1 N · m) e M_B = 400 lb · ft (542,3 N · m). Considere a área (1) mostrada na Figura P9.2*b*.

P9.3 O segmento de viga com 500 mm de comprimento mostrado na Figura P9.3*a* está sujeito a momentos fletores internos de M_A = −5,8 kN · m e M_B = −3,2 kN · m. Considere a área (1) mostrada na Figura P9.3*b*.

P9.4 O segmento de viga com 16 in (40,64 cm) de comprimento mostrado na Figura P9.4*a* está sujeito a momentos fletores internos de M_A = −3.300 lb · ft (−4.474,2 N · m) e M_B = −4.700 lb · ft (−6.372,3 N · m). Considere a área (1) mostrada na Figura P9.4*b*.

P9.5 O segmento de viga com 18 in (45,72 cm) de comprimento mostrado na Figura P9.5*a*/6*a* está sujeito a momentos fletores internos de M_A = −42 kip · in (−4,74 kN · m) e M_B = −36 kip · in (−4,07 kN · m). Considere a área (1) mostrada na Figura P9.5*b*/6*b*.

P9.6 O segmento de viga com 18 in (45,72 cm) de comprimento mostrado na Figura P9.5*a*/6*a* está sujeito a momentos fletores internos de M_A = −42 kip · in (4,74 kN · m) e M_B = −36 kip · in (4,07 kN · m). Considere a área (2) mostrada na Figura P9.5*b*/6*b*.

P9.7 O segmento de viga com 300 mm de comprimento mostrado na Figura P9.7*a*/8*a* está sujeito a momentos fletores internos de M_A = 7,5 kN · m e M_B = 8,0 kN · m. Considere a área (1) mostrada na Figura P9.7*b*/8*b*.

P9.8 O segmento de viga com 300 mm de comprimento mostrado na Figura P9.7*a*/8*a* está sujeito a momentos fletores internos de M_A = 7,5 kN · m e M_B = 8,0 kN · m. Considere as áreas combinadas (1), (2) e (3) mostradas na Figura P9.7*b*/8*b*.

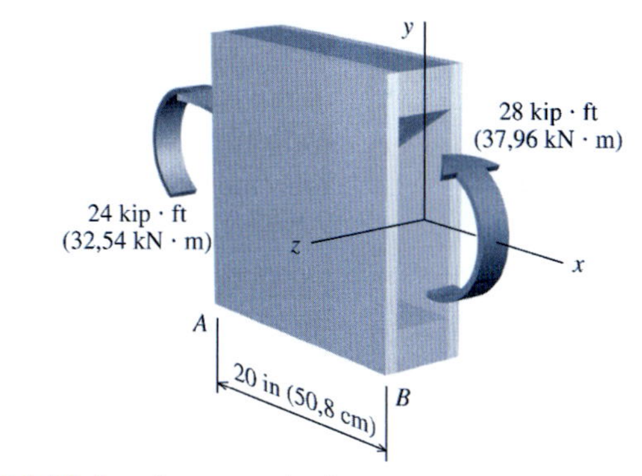

FIGURA P9.1*a* Segmento de viga.

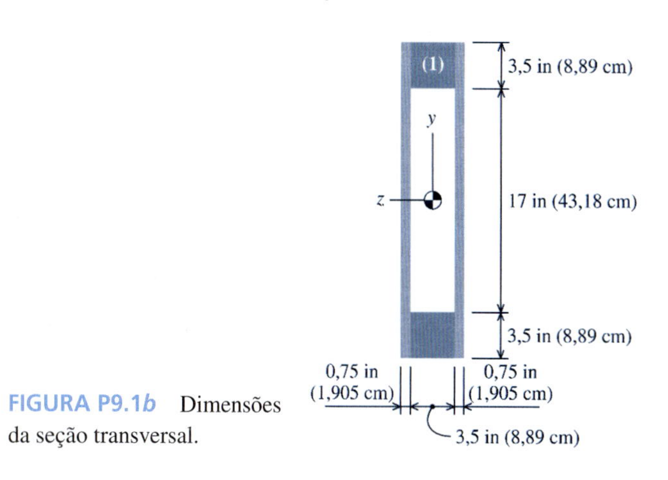

FIGURA P9.1*b* Dimensões da seção transversal.

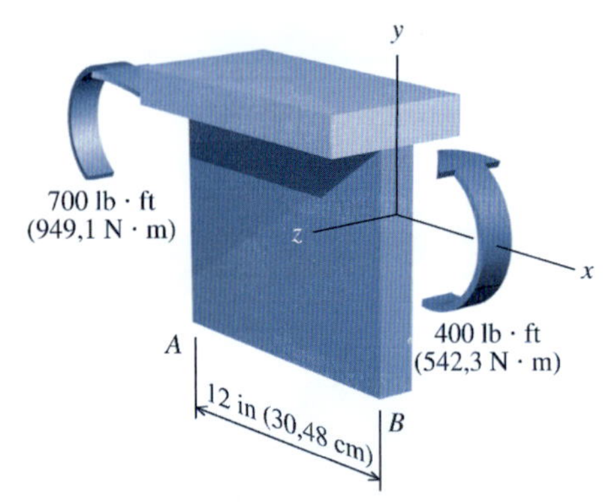

FIGURA P9.2a Segmento de viga.

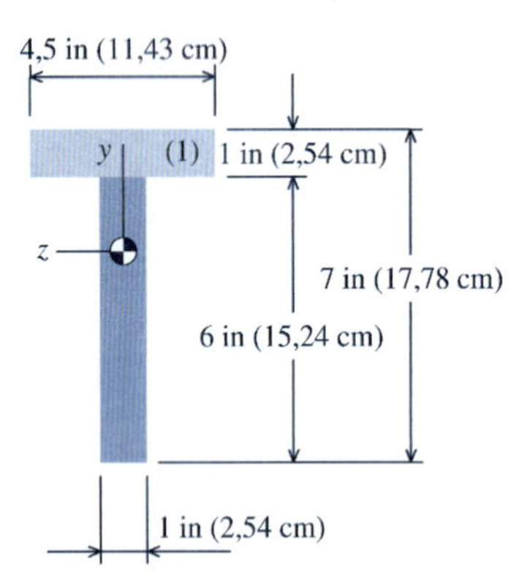

FIGURA P9.2b Dimensões da seção transversal.

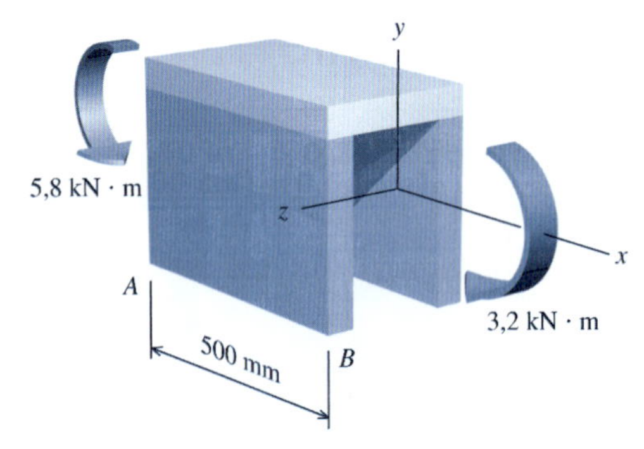

FIGURA P9.3a Segmento de viga.

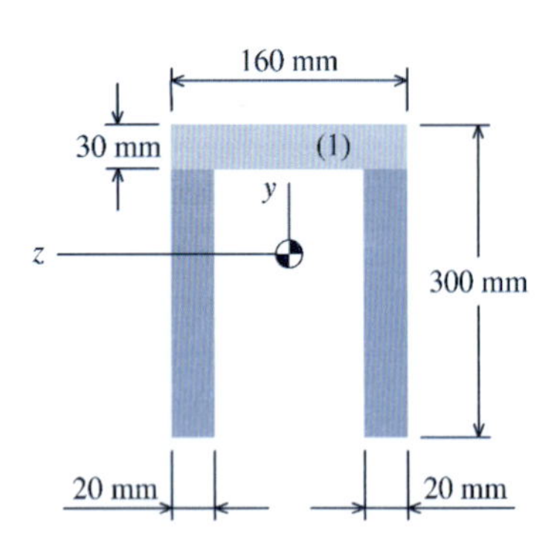

FIGURA P9.3b Dimensões da seção transversal.

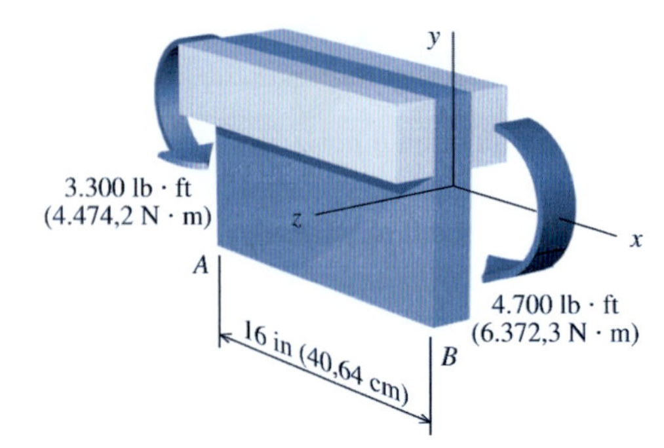

FIGURA P9.4a Segmento de viga.

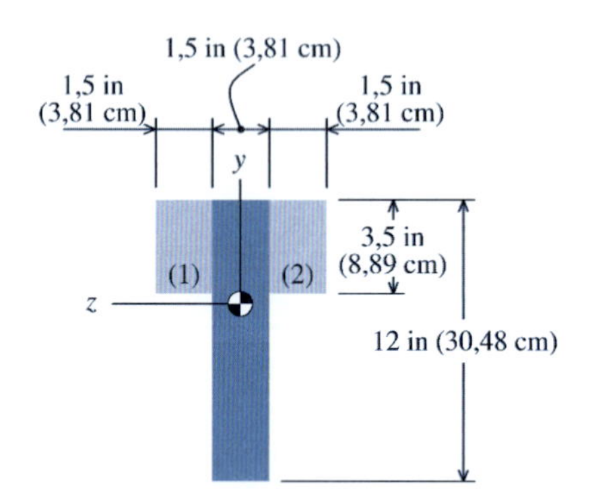

FIGURA P9.4b Dimensões da seção transversal.

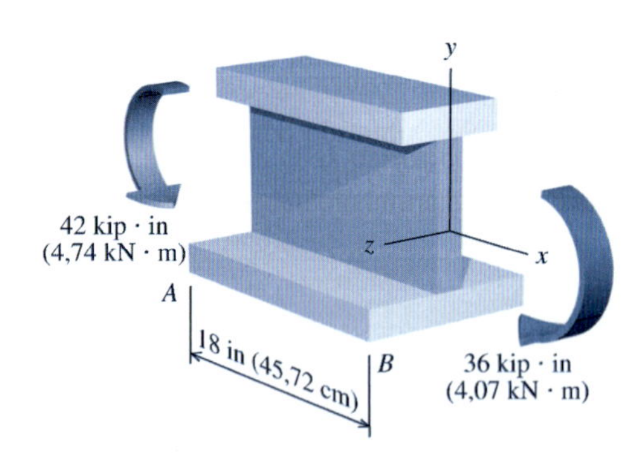

FIGURA P9.5a/6a Segmento de viga.

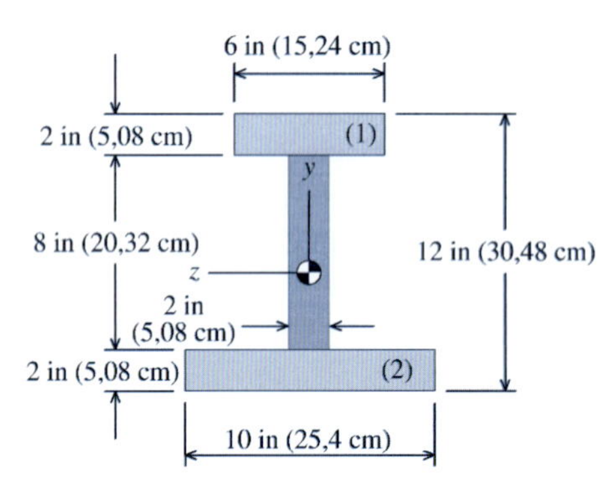

FIGURA P9.5b/6b Dimensões da seção transversal.

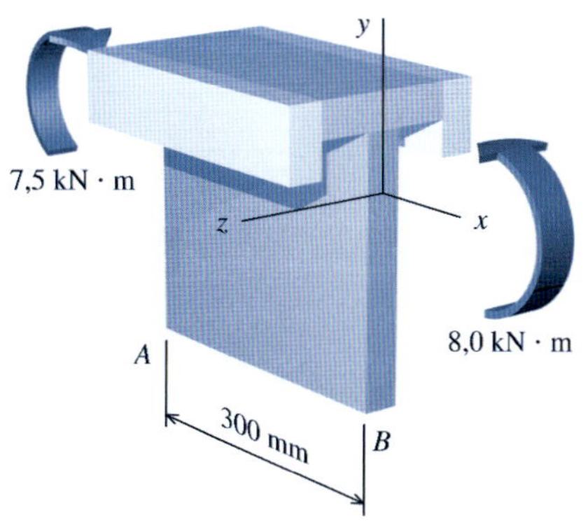

FIGURA P9.7*a*/8*a* Segmento de viga.

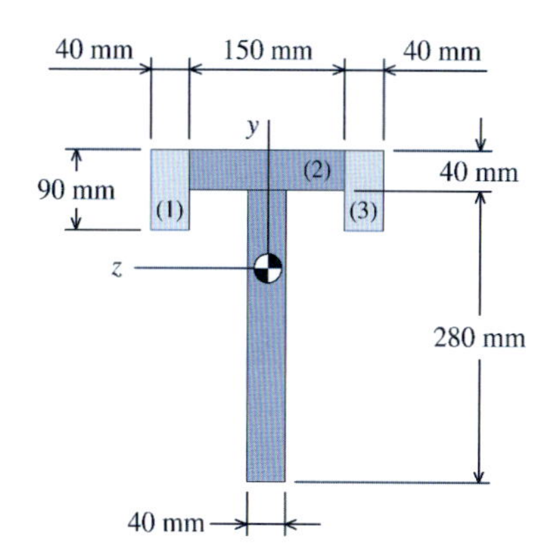

FIGURA P9.7*b*/8*b* Dimensões da seção transversal.

9.3 A FÓRMULA DA TENSÃO CISALHANTE

Nesta seção, será desenvolvido um método para determinar as tensões cisalhantes produzidas em uma viga prismática feita de material homogêneo e linearmente elástico. Veja a viga mostrada na Figura 9.5*a*, que está sujeita a vários carregamentos. A seção transversal da viga é mostrada na Figura 9.5*b*. Nesse desenvolvimento, é dedicada atenção especial a uma parte da seção transversal que será designada por A'.

Será examinado um diagrama de corpo livre com comprimento Δx e localizado a uma distância x da origem (Figura 9.6*a*). O esforço interno e o momento fletor no lado esquerdo do diagrama de corpo livre (seção *a–b–c*) são designados como V e M, respectivamente. No lado direito do diagrama de corpo livre (seção *d–e–f*), o esforço interno e momento fletor são ligeiramente diferentes: $V + \Delta V$ e $M + \Delta M$. Será examinado aqui o equilíbrio na direção horizontal. Os esforços cortantes internos V e $V + \Delta V$ e a carga distribuída $w(x)$ agem na direção vertical; portanto, eles não influem no equilíbrio na direção x e podem ser omitidos na análise que se segue.

As tensões normais que agem nesse diagrama de corpo livre (Figura 9.6*b*) podem ser determinadas por meio da fórmula da flexão. No lado esquerdo do diagrama de corpo livre, as tensões normais devidas ao momento fletor interno M são dadas por My/I_z e no lado direito, o momento fletor interno $M + \Delta M$ cria tensões normais dadas por $(M + \Delta M)y/I_z$. Os sinais associados a essas tensões normais causadas pela flexão serão determinados por inspeção visual. Acima do eixo neutro, os momentos fletores internos produzem tensões normais de compressão, que agem no diagrama de corpo livre na direção mostrada.

Se uma viga estiver em equilíbrio, então qualquer parte da viga que escolhermos analisar também estará em equilíbrio. Consideraremos uma parte do diagrama de corpo livre mostrada na Figura 9.6, iniciando na seção *b–e* ($y = y_1$) e se *afastando do eixo neutro* (nesse caso, no sentido de baixo para cima) para o limite externo da seção transversal ($y = y_2$). Essa será a parte da seção

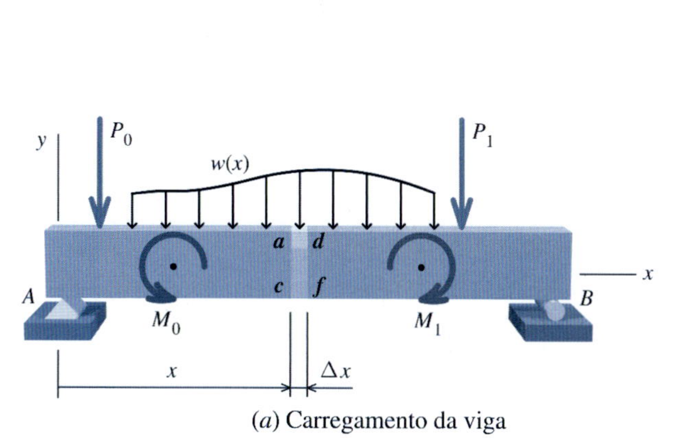

(*a*) Carregamento da viga

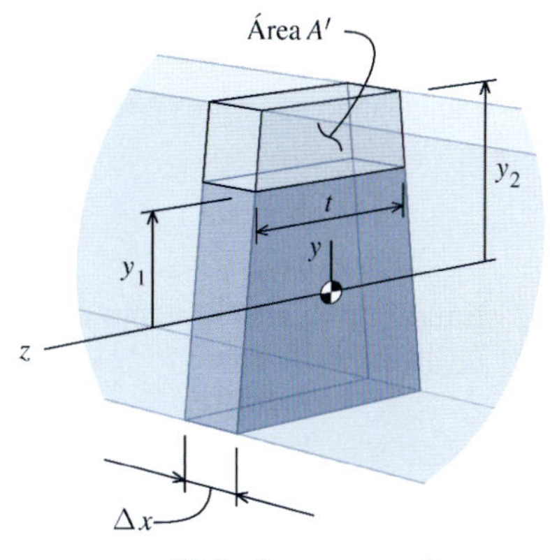

(*b*) Seção transversal

FIGURA 9.5 Viga prismática sujeita à flexão não uniforme.

(*a*) Diagrama de corpo livre

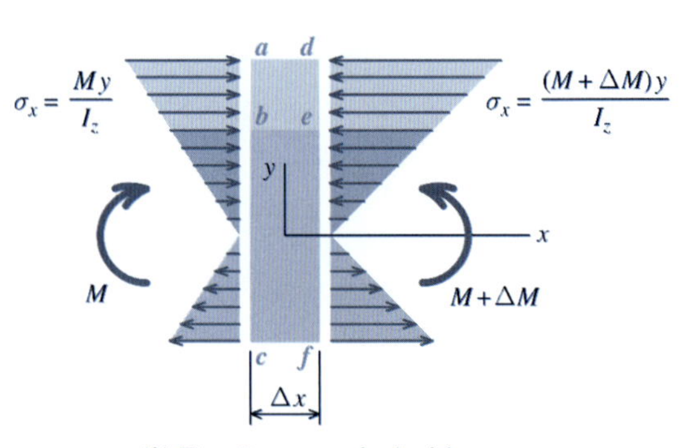

(*b*) Tensões normais devidas aos momentos fletores internos

FIGURA 9.6 Diagramas de corpo livre do segmento de viga.

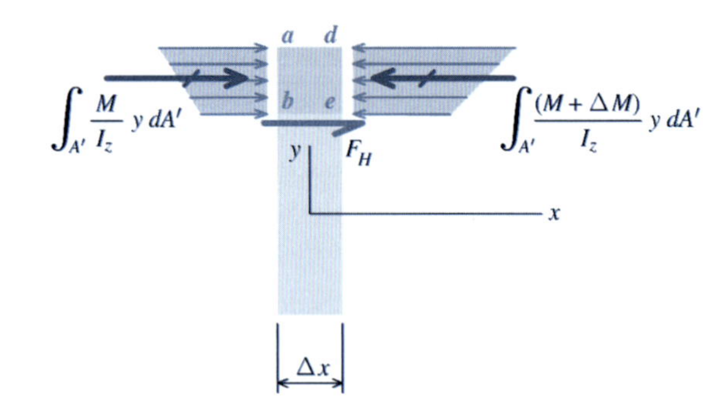

FIGURA 9.7 Diagrama de corpo livre da área A' (vista de perfil).

transversal designada como A' na Figura 9.5*b*. Um diagrama de corpo livre da área A' é mostrado na Figura 9.7.

A força resultante nas seções *a–b* e *d–e* pode ser encontrada integrando as tensões normais que agem na área A', que inclui a parte da área da seção transversal que inicia em $y = y_1$ e se estende verticalmente ao topo da seção transversal em $y = y_2$ (veja a Figura 9.5*b*). Não existe força na seção transversal *a–d*; entretanto, admitiremos que pode estar presente uma força interna horizontal F_H na seção *b–e*. A equação de equilíbrio para a soma das forças que agem na área A' e na direção x pode ser escrita como

$$\Sigma F_x = \int_{A'} \frac{M}{I_z} y \, dA' - \int_{A'} \frac{(M + \Delta M)}{I_z} y \, dA' + F_H = 0 \qquad \text{(a)}$$

onde os sinais de cada termo são determinados por inspeção visual na Figura 9.7. Os termos das integrais na Equação (a) podem ser expandidos para fornecer

$$\Sigma F_x = \int_{A'} \frac{M}{I_z} y \, dA' - \int_{A'} \frac{M}{I_z} y \, dA' - \int_{A'} \frac{\Delta M}{I_z} y \, dA' + F_H = 0 \qquad \text{(b)}$$

Cancelando os termos e reorganizando tem-se

$$F_H = \int_{A'} \frac{\Delta M}{I_z} y \, dA' \qquad \text{(c)}$$

Em relação à área A', tanto ΔM como I_z são constantes; portanto, a Equação (c) pode ser simplificada para

$$F_H = \frac{\Delta M}{I_z} \int_{A'} y \, dA' \qquad \text{(d)}$$

O termo da integral na Equação (d) é o *momento estático* (ou *primeiro momento de área*) *da área A' em relação ao eixo neutro da seção transversal*. Essa quantidade será designada por Q. Mais

O termo do momento de inércia que aparece na Equação (9.1) tem origem na **fórmula da flexão** que foi usada para determinar as tensões normais provocadas pela flexão, que agem ao longo de toda a altura da viga e sobre a área A', em particular. Por esse motivo, I_z é o momento de inércia **de toda a seção transversal** em torno do eixo z.

detalhes a respeito do cálculo de Q estarão apresentados na Seção 9.4. Substituindo o termo da integral pela designação Q, pode-se reescrever a Equação (d) como

$$F_H = \frac{\Delta M Q}{I_z} \tag{9.1}$$

Qual o significado da Equação (9.1)? Se **o momento fletor interno em uma viga não for constante** (isto é, $\Delta M \neq 0$), então deve existir um esforço cortante interno horizontal F_H em $y = y_1$ para satisfazer o equilíbrio. Além disso, observe que o termo Q se refere nitidamente à área A' (veja a Figura 9.5*b*). Como o valor de Q varia de acordo com a área A', assim também acontece com F_H. Em outras palavras, em cada valor possível de y dentro de uma seção transversal, a força cortante interna F_H exigida para o equilíbrio é específica.

Antes de continuar, pode ser útil aplicar a Equação (9.1) ao problema analisado na Seção 9.2. Naquele problema, os momentos fletores internos nos lados direito e esquerdo do segmento de viga (que possuem comprimento de $\Delta x = 150$ mm) eram $M_B = 1{,}350$ kN · m e $M_C = 2{,}025$ kN · m, respectivamente. Usando esses dois momentos, $\Delta M = 2{,}025$ kN · m − 1,350 kN · m = 0,675 kN · m = 675 kN · mm. O momento de inércia I_z foi dado como $I_z = 33.750.000$ mm^4.

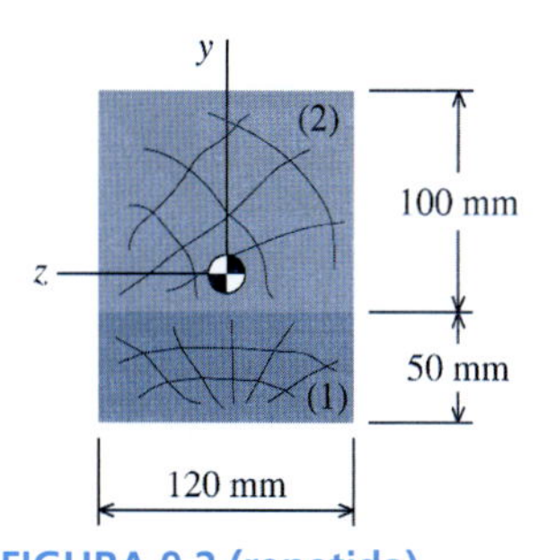

FIGURA 9.2 (repetida)
Dimensões da seção transversal da viga.

A área A' relativa a esse problema é simplesmente a área do elemento (1), a peça de 50 mm por 120 mm na parte inferior da seção transversal. O momento estático da área Q é calculado por meio de $\int y\, dA'$. Considere a largura do elemento (1) indicada por b. Como essa largura é constante, a área infinitesimal dA' pode ser expressa convenientemente como $dA' = b\, dy$. Neste caso, a área A' inicia em $y = -25$ mm e se estende afastando-se do eixo neutro, de cima para baixo, em direção ao limite externo da seção transversal de $y = -75$ mm. Usando $b = 120$ mm, o momento estático de área Q é calculado como

$$Q = \int_{y=-25}^{y=-75} by\, dy = b\frac{1}{2}[y^2]_{y=-25}^{y=-75} = 300.000 \text{ mm}^3$$

e, da Equação (9.1), a força de cisalhamento (cortante) horizontal F_H exigida para manter o elemento (1) em equilíbrio é

$$F_H = \frac{\Delta M Q}{I_z} = \frac{(675 \text{ kN} \cdot \text{mm})(300.000 \text{ mm}^3)}{33.750.000 \text{ mm}^4} = 6 \text{ kN}$$

Esse resultado está de acordo com a força horizontal determinada na Seção 9.2.

TENSÃO CISALHANTE EM UMA VIGA

A Equação (9.1) pode ser estendida para definir a tensão cisalhante produzida em uma viga sujeita à flexão não uniforme. A superfície na qual age F_H tem comprimento Δx. Dependendo do formato da seção transversal da viga, a largura da área A' pode variar e portanto a largura da área A' em $y = y_1$ será indicada pela variável t (veja a Figura 9.5*b*). Como a tensão é definida como força dividida pela área, a tensão cisalhante média horizontal que age na seção *b–e* pode ser obtida dividindo F_H dada pela Equação (9.1) pela área da superfície na qual a força age, que é $t\,\Delta x$:

$$\tau_{H,\text{méd}} = \frac{F_H}{t\Delta x} = \frac{\Delta M Q}{t\Delta x I_z} = \frac{\Delta M}{\Delta x}\frac{Q}{I_z t} \tag{e}$$

Está implícito nessa equação a hipótese de que a tensão cisalhante é constante ao longo da largura da seção transversal em qualquer posição y. Isto é, em qualquer posição específica y, a tensão cisalhante é constante para qualquer local z. Essa suposição também admite que as tensões cisalhantes τ são paralelas aos lados verticais da seção transversal (isto é, o eixo y).

No limite quando $\Delta x \to 0$, $\Delta M/\Delta x$ pode ser expressa em termos dos diferenciais quando dM/dx, e portanto a Equação (e) pode ser adaptada para fornecer a tensão cisalhante horizontal que age em um local x ao longo do vão da viga:

$$\tau_H = \frac{dM}{dx}\frac{Q}{I_z t} \tag{f}$$

A Equação (f) define a tensão cisalhante horizontal em uma viga. **Observe que surgirá tensão cisalhante nos locais de uma viga onde o momento fletor não for constante** (isto é, $dM/dx \neq 0$). Conforme analisado anteriormente, o valor do momento estático de área Q varia para todos y possíveis na seção transversal da viga. Dependendo do formato da seção transversal, a largura t pode variar com y. Portanto, a tensão cisalhante horizontal varia ao longo da altura da seção transversal em qualquer local x ao longo do vão da viga.

A análise simples apresentada na Seção 9.2 e a equação obtida nesta seção demonstraram o conceito que é essencial ao entendimento das tensões cisalhantes em vigas.

As forças de cisalhamento (cortantes) horizontais e consequentemente as tensões cisalhantes horizontais são causadas em um elemento estrutural flexionado nos locais onde o momento fletor interno estiver variando ao longo do vão da viga. O desequilíbrio nas forças resultantes das tensões normais devidas à flexão que agem em uma parte da seção transversal requer uma força de cisalhamento horizontal interna para restabelecimento do equilíbrio.

A Equação (f) fornece uma expressão para a tensão cisalhante horizontal desenvolvida em uma viga. Embora o termo dM/dx ajude a esclarecer a origem da tensão cisalhante em vigas, ele é inadequado para fins de cálculo. *Há uma expressão equivalente para dM/dx?* Lembre-se das relações desenvolvidas na Seção 7.3 entre o esforço cortante interno e o momento fletor interno. A Equação (7.2) definiu a seguinte relação:

$$\frac{dM}{dx} = V \tag{7.2}$$

Em outras palavras, sempre que o momento fletor variar, há um esforço cortante interno V. O termo dM/dx na Equação (f) pode ser substituído pelo esforço cortante V para fornecer uma expressão para τ_H que seja mais fácil de usar:

$$\tau_H = \frac{VQ}{I_z t} \tag{g}$$

Os termos **tensão cisalhante horizontal** e **tensão cisalhante transversal** são usados para fazer referência à tensão cisalhante em vigas. Como as tensões cisalhantes em planos perpendiculares devem ter o mesmo valor absoluto, esses dois termos são efetivamente sinônimos uma vez que ambos se referem ao mesmo valor numérico de tensão cisalhante.

A Seção 1.6 demonstrou que uma tensão cisalhante nunca age somente em uma superfície. Se houver uma tensão cisalhante τ_H em um plano horizontal na viga, então também haverá uma tensão cisalhante τ_V de mesmo valor absoluto em um plano vertical (Figura 9.8). Como as tensões cisalhantes horizontais e verticais são iguais, faremos $\tau_H = \tau_V = \tau$, desta forma, a Equação (g) pode ser simplificada em uma forma conhecida normalmente como a **fórmula da tensão cisalhante**:

$$\tau = \frac{VQ}{I_z t} \tag{9.2}$$

A Equação (9.2) do momento de inércia I_z se refere ao momento de inércia *de toda a seção transversal* em torno do eixo z.

Como Q varia de acordo com a área A', o valor de τ varia ao longo da altura da seção transversal. No limite superior e no limite inferior da seção transversal (por exemplo, nos pontos a, c, d e f na Figura 9.8), o valor de Q é zero porque a área A' é zero. O valor máximo de Q ocorre no eixo neutro da seção transversal. De acordo com isso, a maior tensão cisalhante τ normalmente está localizada no eixo neutro; entretanto, isso não é necessariamente assim. Na Equação (9.2), o esforço cortante interno V e o momento de inércia I_z são constante em qualquer local particular x ao longo do vão. O valor de Q é claramente dependente da coordenada y em particular que estiver sendo considerada. O termo t (que é a largura da seção transversal na direção z em qualquer local y específico) no denominador da Equação (9.2) também pode variar ao longo da altura da seção transversal. Portanto, a tensão cisalhante máxima τ ocorre na coordenada y que tenha o maior valor de Q/t. De maneira frequente, o maior valor de Q/t ocorre no eixo neutro, mas esse não é necessariamente o caso.

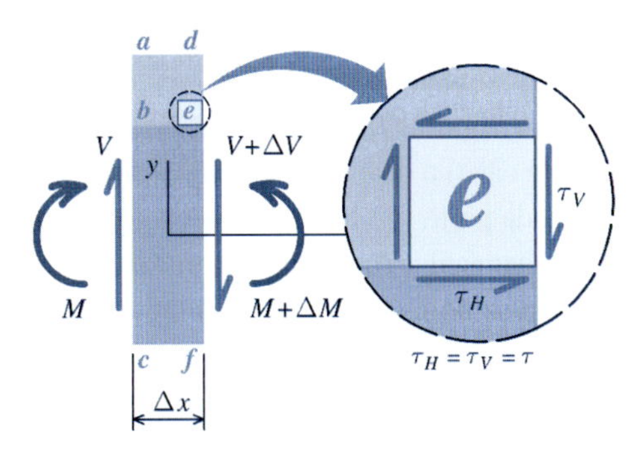

FIGURA 9.8 Tensão de cisalhamento no ponto *e*.

A direção da tensão cisalhante que age em um plano transversal é a mesma que na direção do esforço cortante interno. Conforme ilustrado na Figura 9.8, o esforço cortante interno age de cima para baixo na seção *d–e–f*. A tensão de cisalhamento age na mesma direção no plano vertical. Uma vez determinada a direção da tensão de cisalhamento em uma face, serão conhecidas as tensões de cisalhamento que agem em outros planos.

Embora a tensão dada pela Equação (9.2) esteja associada a um ponto em particular na viga, ela se distribui ao longo da espessura t e, em consequência, só é precisa caso t não seja muito grande. Para uma seção retangular que tenha a altura com o dobro da largura, a tensão máxima calculada por métodos mais rigorosos será cerca de 3% maior do que a dada pela Equação (9.2). Se a seção transversal for quadrada, o erro será de aproximadamente 12%. Se a largura for quatro vezes a altura, o erro será de quase 100%! Além disso, se a fórmula da tensão cisalhante for aplicada a seções transversais onde os lados da viga não sejam paralelos, como uma seção triangular, a tensão média estará sujeita a um erro adicional porque a variação transversal da tensão será maior quando os lados não forem paralelos.

9.4 O MOMENTO ESTÁTICO DE ÁREA *Q*

O cálculo do momento estático de área Q para um local y específico da seção transversal de uma viga é inicialmente um dos aspectos mais confusos associados à tensão cisalhante em elementos sujeitos à flexão. Ele tende a ser confuso porque não há um único valor de Q para uma seção transversal em particular — há muitos valores de Q. Por exemplo, considere a seção transversal vazada mostrada na Figura 9.9*a*. A fim de calcular a tensão cisalhante associada ao esforço cortante V nos pontos a, b e c, devem ser determinados três valores diferentes de Q.

O que é Q? Q é uma abstração matemática denominada momento estático (ou primeiro momento) de área. Lembre-se de que o termo momento estático aparece como numerador na definição do centro de gravidade:

$$\bar{y} = \frac{\int_A y\,dA}{\int_A dA} \tag{a}$$

Q é o momento estático de área da parte específica A' da área total da seção transversal A. A Equação (a) pode ser reescrita em termos de A' em vez da área total A e reorganizada para fornecer uma formulação útil para Q:

$$Q = \int_{A'} y\,dA' = \bar{y}' \int_{A'} dA' = \bar{y}'A' \tag{9.3}$$

em que $\bar{y}'$ é a distância *do eixo neutro* da seção transversal ao centro de gravidade da área A'.

Para determinar Q para o ponto a na Figura 9.9*a*, a área da seção transversal é subdividida em a, fazendo um corte paralelo ao eixo neutro (que é perpendicular à direção do esforço cortante interno V). A área A' começa nessa linha de corte e se estende *afastando-se do eixo neutro* até a superfície livre da viga (lembre-se do diagrama de corpo livre na Figura 9.7 usado para avaliar o equilíbrio horizontal da área A' no desenvolvimento anterior). A área A' a ser usada no cálculo de Q para o ponto a está destacada na Figura 9.9*b*. O centro de gravidade da área destacada em relação ao eixo neutro (o eixo z neste caso) é determinado e Q é calculado pelo produto da distância ao centro de gravidade pela área da parte sombreada da seção transversal.

É usado um processo similar para calcular Q para o ponto b. A figura vazada é seccionada em b paralelamente ao eixo neutro. (**Nota:** V é sempre perpendicular a seu eixo neutro correspondente e vice-versa.) A área A' começa nessa linha de corte e se *estende afastando-se do eixo neutro* até a superfície livre, conforme mostra a Figura 9.9*c*. É determinado o local do centro de gravidade $\bar{y}'$ da área sombreada em relação ao seu eixo neutro e Q é calculado de $Q = \bar{y}'A'$.

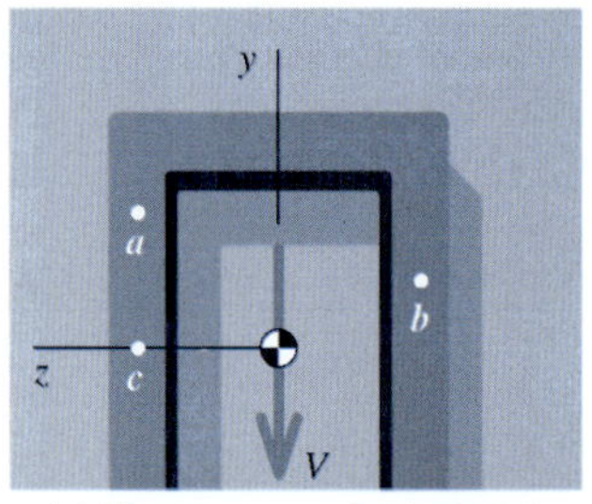

(*a*) Formato vazado (caixão)

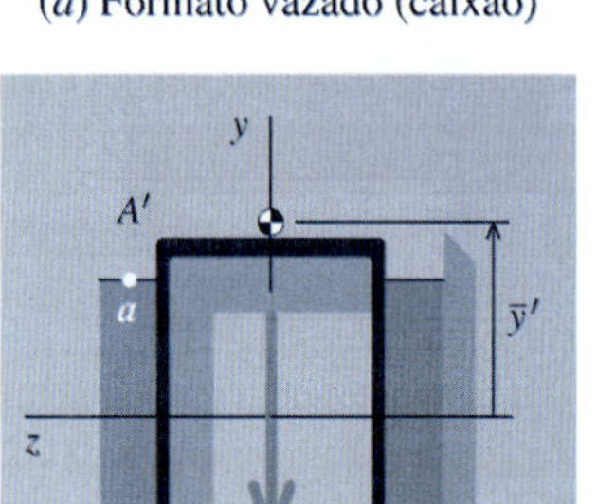

(*b*) Área A' para o ponto a

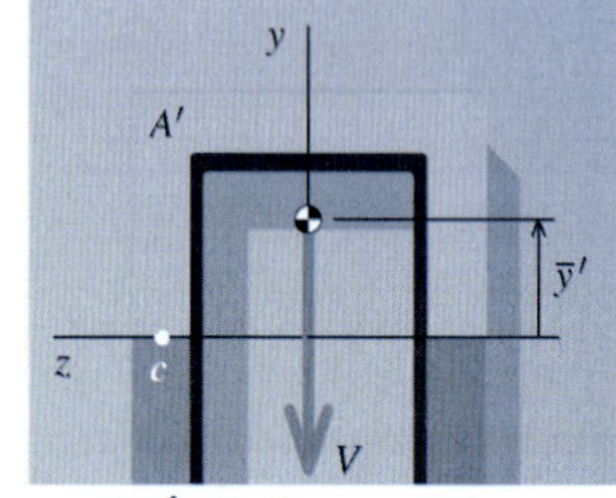

(*d*) Área A' para o ponto c

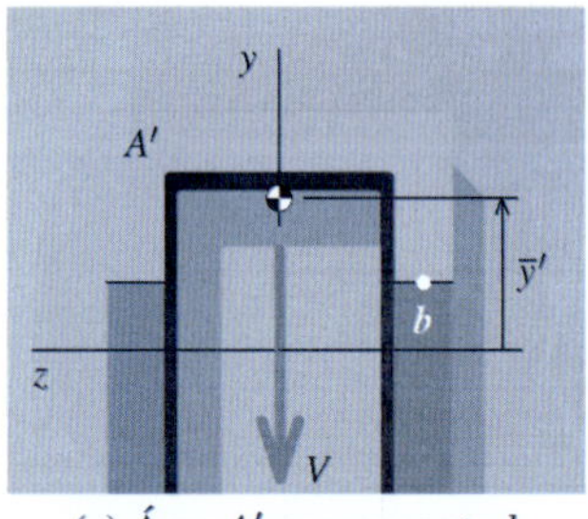

(*c*) Área A' para o ponto b

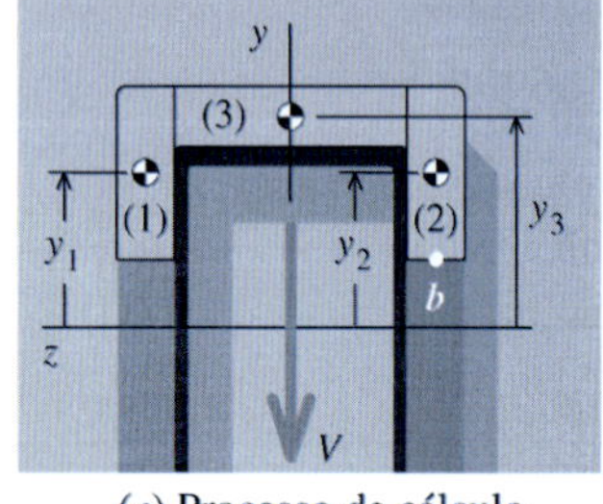

(*e*) Processo de cálculo

FIGURA 9.9 Cálculo de Q em diferentes locais de uma seção transversal vazada.

O ponto c está localizado no eixo neutro da seção vazada; desta forma, a área A' começa no eixo neutro (Figura 9.9*d*). Para os pontos a e b, estava claro que direção significava a expressão "afastando-se do eixo neutro". Entretanto, neste caso, c está realmente sobre o eixo neutro, o que levanta a questão: *A área A' deve se estender acima ou abaixo do eixo neutro?* A resposta é: "Qualquer direção fornecerá o mesmo Q no ponto c." Embora a área acima do eixo neutro esteja sombreada na Figura 9.9*d*, a área abaixo do eixo neutro forneceria o mesmo resultado. É determinado o local do centro de gravidade $\bar{y}'$ da área sombreada em relação ao eixo neutro e Q é calculado por $Q = \bar{y}'A'$.

O momento estático da área total da seção transversal A tomado em relação ao eixo neutro deve ser nulo (por definição de eixo neutro). Enquanto as ilustrações dadas aqui tenham mostrado que Q pode ser calculado usando uma área A' *acima* dos pontos a, b e c, o momento estático da área *abaixo* dos pontos a, b e c é simplesmente o oposto (negativo). Em outras palavras, o valor de Q calculado usando uma área A' *abaixo* dos pontos a, b e c deve ter o mesmo valor absoluto que Q calculado de uma área A' *acima* dos pontos a, b e c. Normalmente é mais fácil calcular Q usando uma área que se estende afastando-se do eixo neutro, mas há exceções.

Geralmente, se o ponto de interesse estiver acima do eixo neutro, será conveniente considerar uma área A' que comece no ponto e se *estenda para cima*. Se o ponto de interesse estiver abaixo do eixo neutro, considere a área A' que começa no ponto e se *estende para baixo*.

Vamos examinar com mais detalhes os cálculos de Q para o ponto b (Figura 9.9*c*). A área A' pode ser dividida em três áreas retangulares (Figura 9.9*e*) de forma que $A' = A_1 + A_2 + A_3$. O local do centro de gravidade $\bar{y}'$ da área sombreada pode ser calculado em relação ao eixo neutro a partir da seguinte expressão:

$$\bar{y}' = \frac{y_1A_1 + y_2A_2 + y_3A_3}{A_1 + A_2 + A_3}$$

O valor de Q associado ao ponto b é calculado a partir da seguinte expressão:

$$Q = y'A' = \frac{y_1A_1 + y_2A_2 + y_3A_3}{A_1 + A_2 + A_3}(A_1 + A_2 + A_3) = y_1A_1 + y_2A_2 + y_3A_3$$

Esse resultado sugere um procedimento de cálculo mais direto que frequentemente é vantajoso. Q para seções transversais que consistem em i figuras pode ser calculado como o somatório:

$$Q = \sum_i y_iA_i \tag{9.4}$$

em que y_i = distância entre o eixo neutro e o centro de gravidade da figura i e A_i = área da figura i.

9.5 TENSÕES CISALHANTES EM VIGAS COM SEÇÃO TRANSVERSAL RETANGULAR

Vigas com seções transversais retangulares serão analisadas para desenvolver algum entendimento de como as tensões cisalhantes se distribuem ao longo da altura de uma viga. Considere uma viga sujeita a um esforço cortante interno V. Tenha em mente que só existe um esforço cortante quando o momento fletor interno não for constante e que é a variação do momento fletor interno ao longo do vão que cria a tensão de cisalhamento em uma viga, conforme foi analisado na Seção 9.3. A seção retangular mostrada na Figura 9.10*a* tem largura b e altura h; portanto, a área total da seção transversal é $A = bh$. Por simetria, o centro de gravidade do retângulo está localizado na metade da altura. O momento de inércia em torno do eixo baricêntrico z (isto é, o eixo neutro) é $I_z = bh^3/12$.

A tensão cisalhante na viga será determinada por meio da Equação (9.2). Para investigar a distribuição de τ ao longo da seção transversal, a tensão cisalhante será calculada em uma altura arbitrária y a partir do eixo neutro (Figura 9.10*b*). O momento estático Q da área sombreada A' pode ser expresso como

$$Q = \bar{y}'A' = \left[y + \frac{1}{2}\left(\frac{h}{2} - y\right)\right]\left(\frac{h}{2} - y\right)b = \frac{1}{2}\left(\frac{h^2}{4} - y^2\right)b \tag{a}$$

Agora a tensão de cisalhamento τ como função da coordenada vertical y pode ser determinada a partir da fórmula do cisalhamento:

$$\tau = \frac{VQ}{I_z t} = \frac{V}{\left(\frac{1}{12}bh^3\right)b} \times \frac{1}{2}\left(\frac{h^2}{4} - y^2\right)b = \frac{6V}{bh^3}\left(\frac{h^2}{4} - y^2\right) \tag{9.5}$$

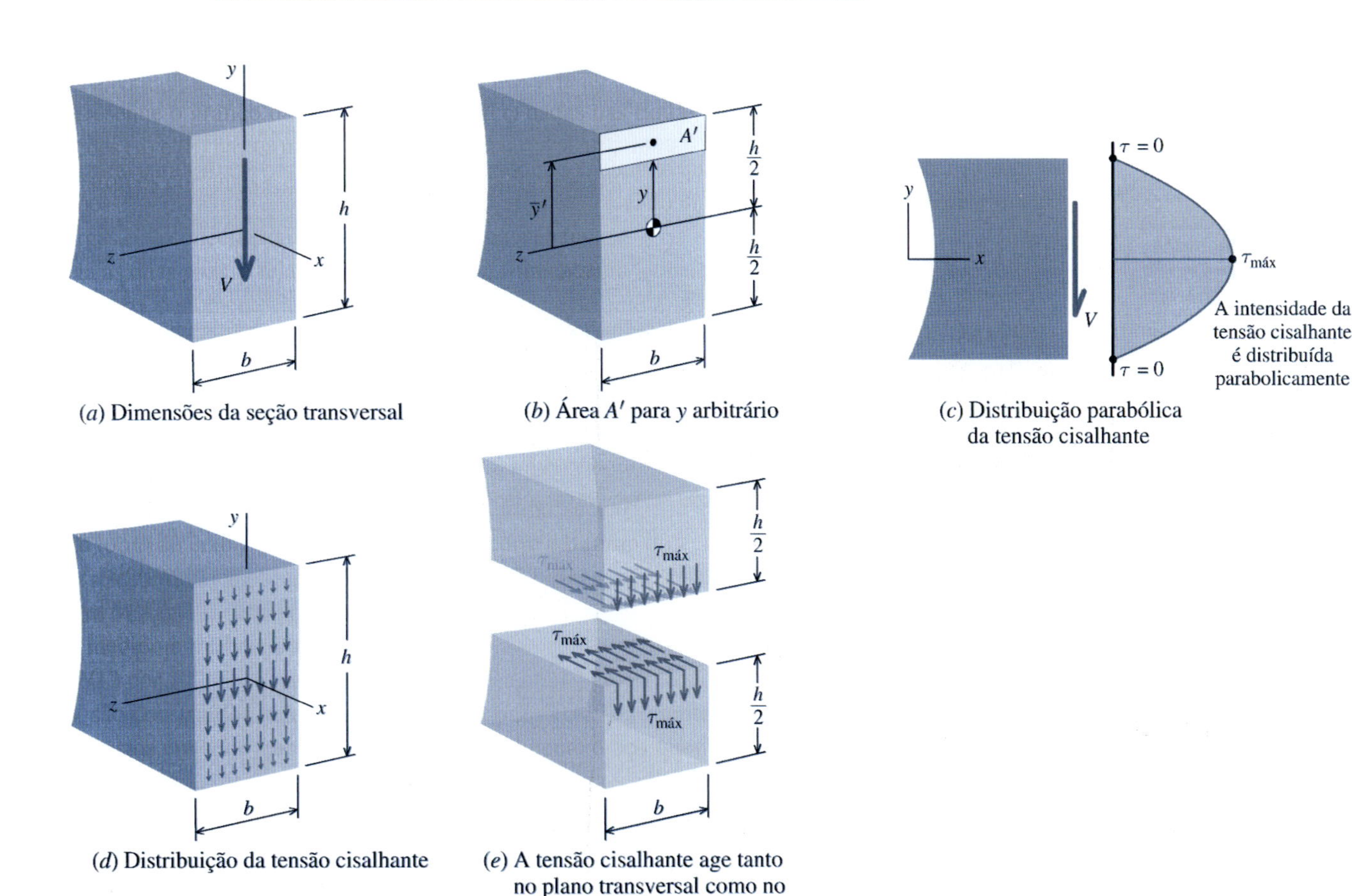

(*a*) Dimensões da seção transversal

(*b*) Área A' para y arbitrário

(*c*) Distribuição parabólica da tensão cisalhante

(*d*) Distribuição da tensão cisalhante

(*e*) A tensão cisalhante age tanto no plano transversal como no plano longitudinal

FIGURA 9.10 Distribuição do cisalhamento em uma seção transversal retangular.

A Equação (9.5) é uma equação de segunda ordem, o que indica que τ é distribuído parabolicamente em relação a y (Figura 9.10*c*). Em $y = \pm h/2$, $\tau = 0$. A tensão cisalhante se anula nas fibras extremas da seção transversal porque $A' = 0$ e consequentemente $Q = 0$ nesses locais. *Não há tensão de cisalhamento em uma superfície livre da viga.* A tensão horizontal máxima de cisalhamento ocorre em $y = 0$, que é o local do eixo neutro. No eixo neutro, a tensão horizontal máxima de cisalhamento em uma seção transversal retangular é dada por

$$\tau_{\text{máx}} = \frac{VQ}{I_z t} = \frac{V}{\left(\frac{1}{12}bh^3\right)b} \times \frac{1}{2}\left(\frac{h}{2}\right)\frac{bh}{2} = \frac{3V}{2bh} = \frac{3}{2}\frac{V}{A} \tag{9.6}$$

A precisão da Equação (9.6) depende da relação entre a altura e a largura da seção transversal. Para vigas nas quais a altura é muito maior do que a largura, a Equação (9.6) pode ser considerada exata. À medida que a seção transversal se aproxima de uma forma quadrada, a tensão cisalhante horizontal máxima fica bem maior do que o resultado dado pela Equação (9.6).

É importante enfatizar que a Equação (9.6) fornece a máxima tensão horizontal de cisalhamento *apenas para seções transversais retangulares*. Observe que a máxima tensão horizontal de cisalhamento no eixo neutro é 50% maior que a tensão média total dada por $\tau = V/A$.

Para resumir, a intensidade da tensão cisalhante associada a um esforço cortante interno V em uma seção transversal retangular está distribuída parabolicamente na direção perpendicular ao eixo neutro (isto é, na direção y) e de maneira uniforme na direção paralela ao eixo neutro (ou seja, na direção z) (Figura 9.10*d*). A tensão cisalhante desaparece nas bordas superior e inferior da seção transversal retangular e tem seu valor máximo no local do eixo neutro. É importante lembrar que a tensão cisalhante age tanto nos planos transversais como nos planos longitudinais (Figura 9.10*e*).

A expressão "tensão cisalhante máxima" no contexto das tensões cisalhantes em vigas é problemática. No Capítulo 12, o tópico de transformação de tensões mostrará que o estado de tensões existente em qualquer ponto pode ser expresso por muitas combinações diferentes da tensão normal com a tensão cisalhante, dependendo da orientação da superfície plana na qual agem as tensões. (Essa noção foi apresentada previamente na Seção 1.5, relativa a elementos sujeitos a forças axiais e na Seção 6.4, para tratar de elementos submetidos a torção.) Consequentemente, a expressão "tensão cisalhante máxima" quando aplicada a vigas poderia ser interpretada para significar

(a) o valor máximo de $\tau = VQ/It$ para qualquer coordenada y na seção transversal, ou
(b) a tensão de cisalhamento em um ponto em particular na seção transversal quando todas as superfícies planas que passam pelo ponto forem levadas em consideração.

Neste capítulo, para eliminar a ambiguidade, a expressão "máxima tensão cisalhante horizontal" será usada para indicar que o valor máximo de $\tau = VQ/It$ para qualquer coordenada y na seção transversal deve ser determinado. Como as tensões de cisalhamento em planos perpendiculares devem ter mesmo valor absoluto, seria igualmente adequado usar a expressão "máxima tensão cisalhante transversal" com essa finalidade. No Capítulo 12, será determinada a máxima tensão cisalhante em um determinado ponto usando a noção de transformações de tensões e, no Capítulo 15, serão analisadas mais detalhadamente as tensões normais e cisalhantes máximas em pontos específicos em vigas.

EXEMPLO 9.2

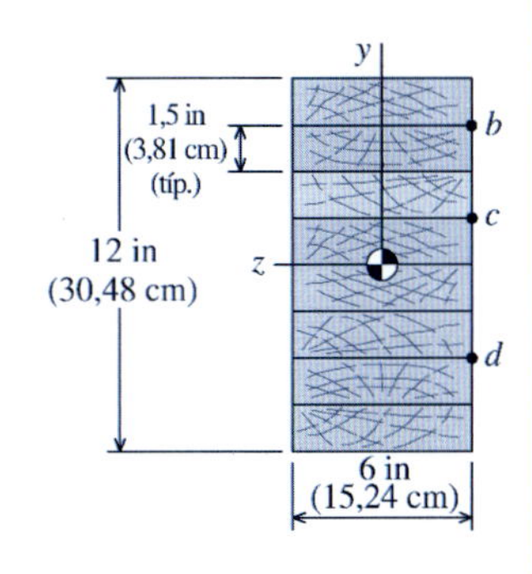

A viga laminada de madeira simplesmente apoiada e com 10 ft (3,05 m) de comprimento consiste em oito pranchas de 1,5 in (3,81 cm) por 6 in (15,24 cm) coladas entre si para formar uma seção com 6 in (15,24 cm) de altura e 12 in (30,48 cm) de altura, conforme mostra a figura. A viga suporta uma carga concentrada de 9 kip (40,03 kN) no meio do vão. Na seção *a–a* localizada a 2,5 ft (76,2 cm) do apoio de segundo gênero (pino) *A*, determine:

(a) a tensão cisalhante horizontal média nas ligações coladas em *b*, *c* e *d*.

(b) a tensão cisalhante horizontal máxima na seção transversal.

Planejamento da Solução

A força de cisalhamento transversal *V* que age na seção *a–a* pode ser determinada por meio do diagrama de esforços cortantes (DEC) para a viga simplesmente apoiada. Para determinar a tensão cisalhante horizontal nas ligações coladas pedidas, deve ser calculado o momento estático de área em cada local. A tensão cisalhante horizontal média será então determinada usando a fórmula da tensão cisalhante dada na Equação (9.2).

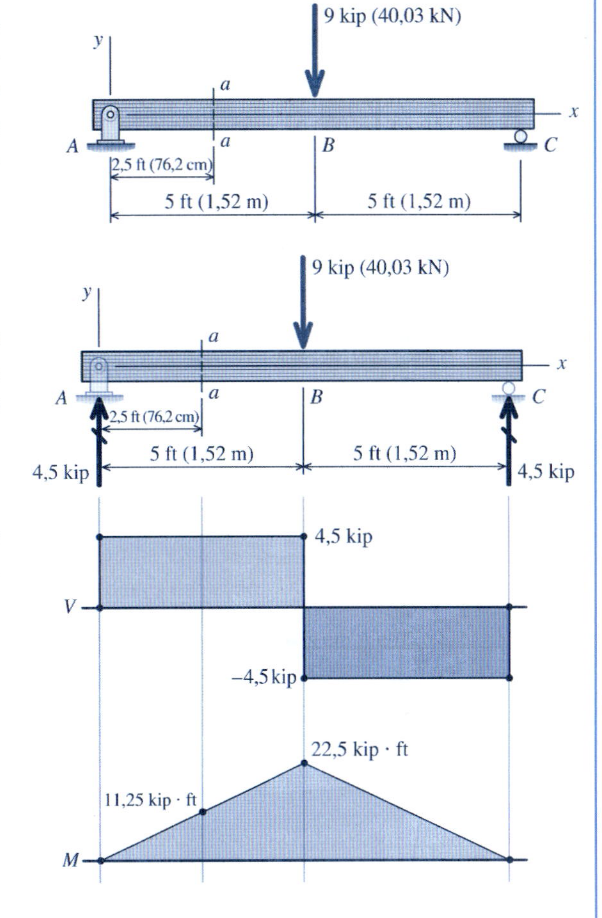

SOLUÇÃO

Esforço Cortante Interno na Seção *a–a*

Os diagramas de esforços cortantes (DEC) e de momentos fletores (DMF) podem ser construídos com rapidez para a viga simplesmente apoiada. Do diagrama de esforços cortantes, o esforço cortante interno *V* que age na seção *a–a* é $V = 4{,}5$ kip.

Propriedades da Seção

O local do centro de gravidade para a seção transversal retangular pode ser determinado por simetria. O momento de inércia da seção transversal em torno do eixo baricêntrico *z* é igual a

$$I_z = \frac{bh^3}{12} = \frac{(6\text{ in})(12\text{ in})^3}{12} = 864\text{ in}^4$$

(a) Tensão Cisalhante Horizontal Média nas Ligações Coladas

A fórmula da tensão cisalhante é

$$\tau = \frac{VQ}{I_z t}$$

Para determinar a tensão cisalhante horizontal média nas ligações coladas em *b*, *c* e *d* usando a fórmula da tensão cisalhante, devem ser determinados o momento estático de área *Q* e a largura da superfície *t* onde a tensão atua em cada local.

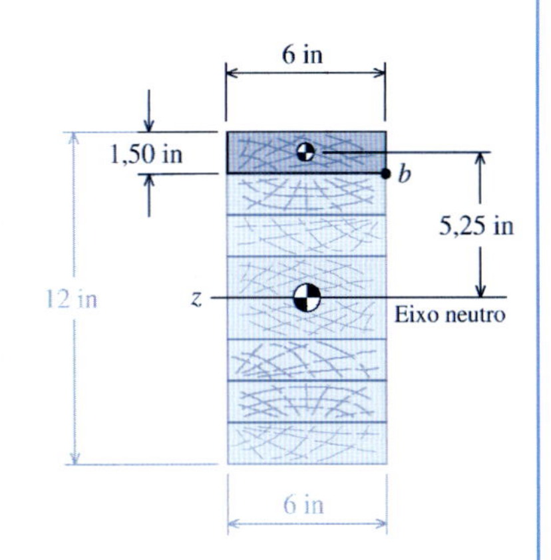

Tensão cisalhante na ligação colada em b: A parte da seção transversal a ser considerada para *Q* inicia no ponto *b* e se estende **afastando-se do eixo neutro**. O momento estático dessa área em torno do eixo neutro é indicado por *Q*. A área a ser considerada para a ligação *b* está sombreada na figura. A área da região sombreada é (1,50 in) (6 in) = 9 in². A distância do eixo neutro ao centroide da área sombreada é 5,25 in. O momento estático de área *Q* correspondente à ligação em *b* é calculado como

$$Q_b = (1{,}50\text{ in})(6\text{ in})(5{,}25\text{ in}) = 47{,}25\text{ in}^3$$

A largura da ligação colada é $t = 6$ in. Pela fórmula da tensão cisalhante, a tensão cisalhante horizontal média na ligação colada em *b* é calculada como

$$\tau_b = \frac{VQ_b}{I_z t_b} = \frac{(4{,}5 \text{ kip})(47{,}25 \text{ in}^3)}{(864 \text{ in}^4)(6 \text{ in})} = 0{,}0410 \text{ ksi} = 41{,}0 \text{ psi } (282{,}7 \text{ kPa}) \qquad \textbf{Resp.}$$

Essa tensão cisalhante age na direção x na ligação colada. (**Nota:** a tensão cisalhante determinada pela fórmula da tensão cisalhante é uma tensão cisalhante *média* porque o valor absoluto da tensão cisalhante varia muito ao longo da largura de 6 in da seção transversal. A variação é mais nítida para seções transversais que sejam relativamente curtas e largas.)

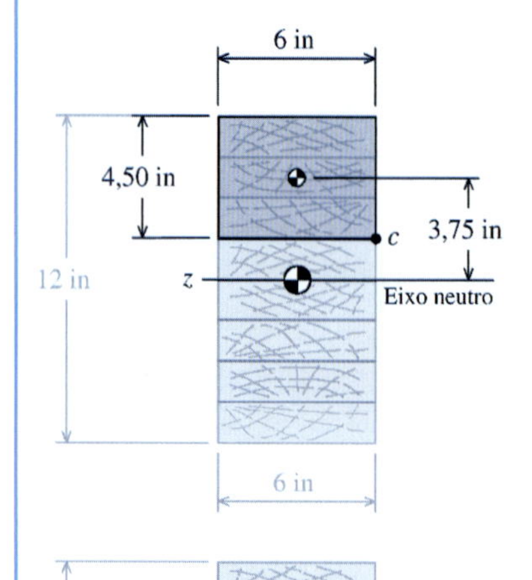

Tensão cisalhante na ligação colada em c: A área a ser considerada para a ligação em c, sombreada na figura, inicia em c e se estende **afastando-se** do eixo neutro. O momento estático de área Q correspondente à ligação em c é calculado como

$$Q_c = (4{,}50 \text{ in})(6 \text{ in})(3{,}75 \text{ in}) = 101{,}25 \text{ in}^3$$

A largura da ligação colada é $t = 6$ in. Pela fórmula da tensão cisalhante, a tensão cisalhante horizontal média que age na direção x na ligação colada em c é calculada como

$$\tau_c = \frac{VQ_c}{I_z t_c} = \frac{(4{,}5 \text{ kip})(101{,}25 \text{ in}^3)}{(864 \text{ in}^4)(6 \text{ in})} = 0{,}0879 \text{ ksi} = 87{,}9 \text{ psi } (606 \text{ kPa}) \qquad \textbf{Resp.}$$

Tensão cisalhante na ligação colada em d: A área a ser considerada para a ligação em d, sombreada na figura, inicia em d e se estende **afastando-se** do eixo neutro. Entretanto, neste caso, a área se estende para baixo a partir de d, afastando-se do eixo z. O momento estático de área Q correspondente à ligação em d é calculado como

$$Q_d = (3 \text{ in})(6 \text{ in})(4{,}50 \text{ in}) = 81{,}0 \text{ in}^3$$

A tensão cisalhante horizontal média que age na direção x na ligação colada em d é calculada como

$$\tau_d = \frac{VQ_d}{I_z t_d} = \frac{(4{,}5 \text{ kip})(81{,}0 \text{ in}^3)}{(864 \text{ in}^4)(6 \text{ in})} = 0{,}0703 \text{ ksi} = 70{,}3 \text{ psi } (484{,}7 \text{ kPa}) \qquad \textbf{Resp.}$$

(b) Tensão Cisalhante Horizontal Máxima na Seção Transversal

A tensão cisalhante horizontal máxima na seção transversal retangular ocorre no eixo neutro. Para calcular Q, pode ser usada a área que se inicia no eixo z e se estende para cima ou a área que se estende para baixo, conforme mostram as duas figuras a seguir. Para qualquer uma das áreas, Q é calculado como

$$Q_{\text{máx}} = (6 \text{ in})(6 \text{ in})(3 \text{ in}) = 108 \text{ in}^3$$

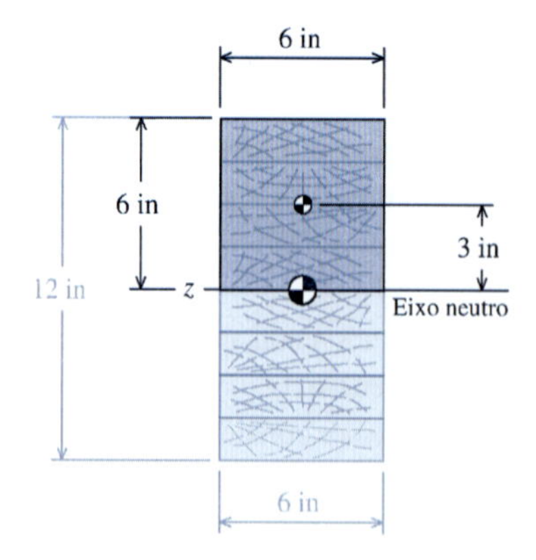

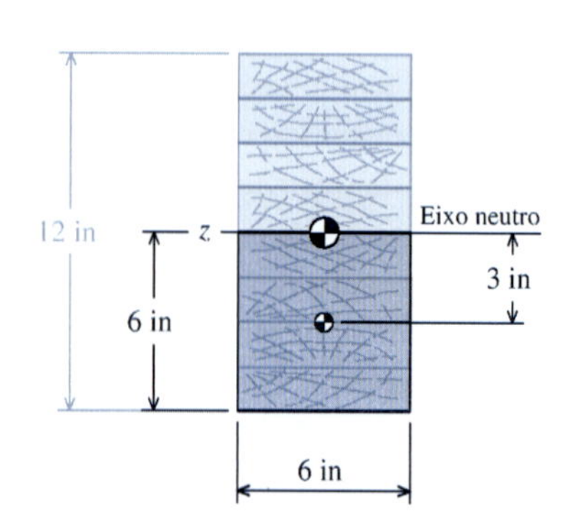

O valor máximo de Q sempre ocorre no local do eixo neutro. Além disso, a tensão cisalhante horizontal máxima *normalmente* ocorre no eixo neutro. Entretanto, há casos nos quais a largura t da superfície sob tensão varia ao longo da altura da seção transversal. Em tais casos, é possível que a tensão cisalhante máxima ocorra em um local y diferente do local do eixo neutro.

A tensão cisalhante horizontal máxima na seção transversal retangular é calculada como

$$\tau_{\text{máx}} = \frac{VQ_{\text{máx}}}{I_z t} = \frac{(4{,}5 \text{ kip})(108 \text{ in}^3)}{(864 \text{ in}^4)(6 \text{ in})} = 0{,}0938 \text{ ksi} = 93{,}8 \text{ psi } (646{,}7 \text{ kPa}) \qquad \textbf{Resp.}$$

PROBLEMAS

P9.9 Uma viga em balanço com 1,6 m de comprimento suporta uma carga concentrada de 7,2 kN, conforme mostra a Figura P9.9*a*. A viga é feita de uma peça retangular de madeira com largura de 120 mm e altura de 280 mm, conforme a Figura P9.9*b*. Calcule as tensões cisalhantes horizontais máximas nos pontos localizados a 35 mm, 70 mm, 105 mm e 140 mm abaixo da superfície superior da viga. Com base nesses resultados, trace um gráfico que mostre a distribuição das tensões cisalhantes do topo até a base da viga.

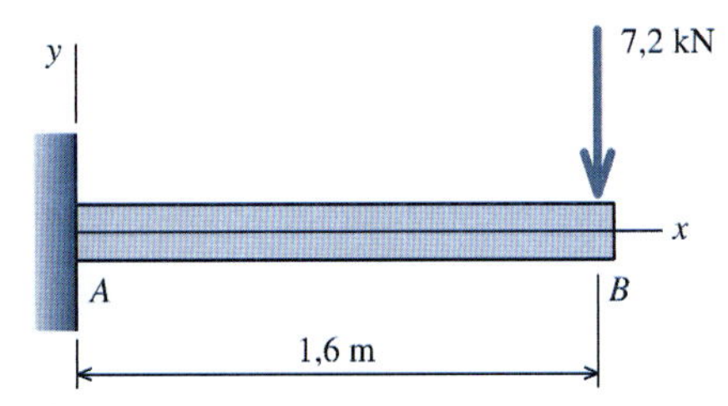

FIGURA P9.9*a* Viga em balanço.

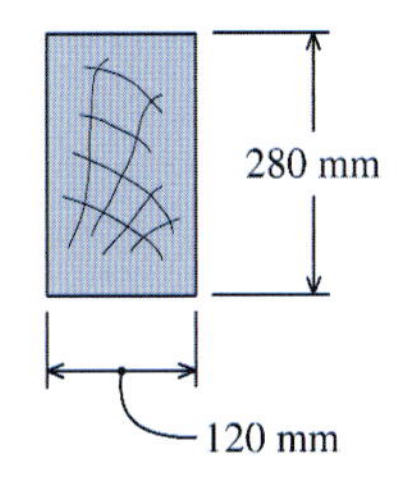

FIGURA P9.9*b* Dimensões da seção transversal.

P9.10 Uma viga simplesmente apoiada de madeira com 14 ft (4,26 m) de comprimento suporta uma carga concentrada de 6 kip (26,69 kN) no meio do vão, conforme mostra a Figura P9.10*a*. As dimensões da seção transversal da viga estão indicadas na Figura P9.10*b*.

(a) Na seção *a–a*, determine o valor absoluto da tensão cisalhante no ponto *H* da viga.
(b) Na seção *a–a*, determine o valor absoluto da tensão cisalhante no ponto *K* da viga.
(c) Determine a tensão cisalhante horizontal máxima que ocorre em qualquer local dentro do comprimento de 14 ft (4,26 m) do vão da viga.
(d) Determine a tensão normal de tração máxima devida à flexão que ocorre em qualquer local dentro do comprimento de 14 ft (4,26 m) do vão da viga.

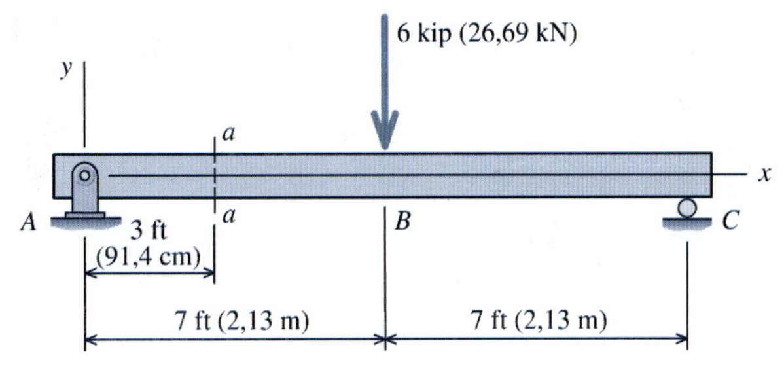

FIGURA P9.10*a* Viga de madeira simplesmente apoiada.

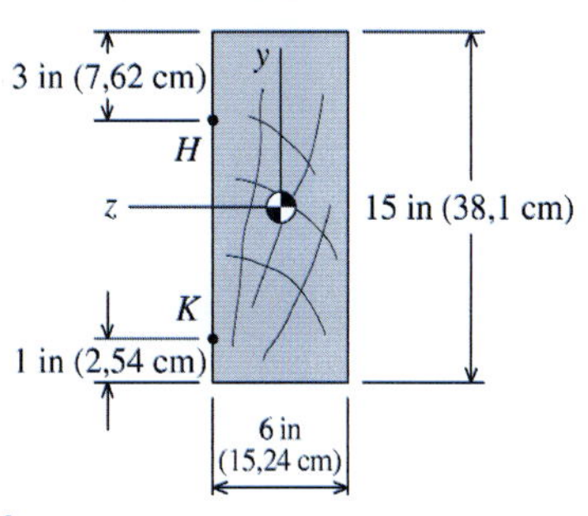

FIGURA P9.10*b* Dimensões da seção transversal.

P9.11 Uma viga de madeira simplesmente apoiada com 5 m de comprimento suporta uma carga uniformemente distribuída de 12 kN/m, conforme mostra a Figura P9.11*a*. As dimensões da seção transversal da viga estão mostradas na Figura P9.11*b*.

(a) Na seção *a–a*, determine o valor absoluto da tensão cisalhante no ponto *H* da viga.
(b) Na seção *a–a*, determine o valor absoluto da tensão cisalhante no ponto *K* da viga.
(c) Determine a tensão cisalhante horizontal máxima que ocorre em qualquer local dentro do comprimento de 5 m do vão da viga.
(d) Determine a tensão normal de compressão máxima devida à flexão que ocorre em qualquer local dentro do comprimento de 5 m do vão da viga.

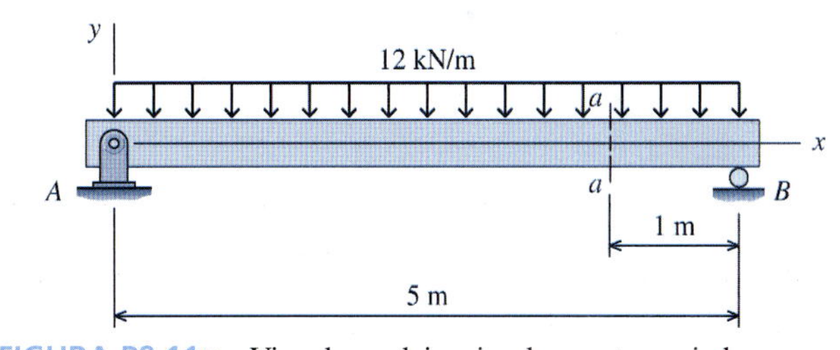

FIGURA P9.11*a* Viga de madeira simplesmente apoiada.

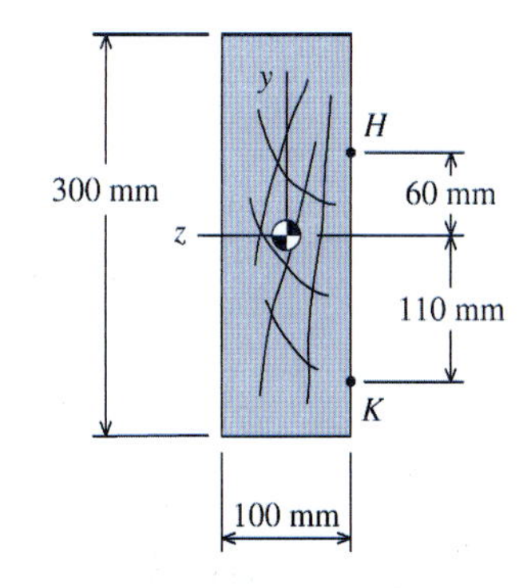

FIGURA P9.11*b* Dimensões da seção transversal.

P9.12 Uma viga de madeira simplesmente apoiada com 5 m de comprimento suporta duas cargas concentradas, conforme mostra a Figura P9.12*a*. As dimensões da seção transversal da viga estão mostradas na Figura P9.12*b*.

(a) Na seção *a–a*, determine o valor absoluto da tensão cisalhante no ponto *H* da viga.
(b) Na seção *a–a*, determine o valor absoluto da tensão cisalhante no ponto *K* da viga.
(c) Determine a tensão cisalhante horizontal máxima que ocorre em qualquer local dentro do comprimento de 5 m do vão da viga.
(d) Determine a tensão normal de compressão máxima devida à flexão que ocorre em qualquer local dentro do comprimento de 5 m do vão da viga.

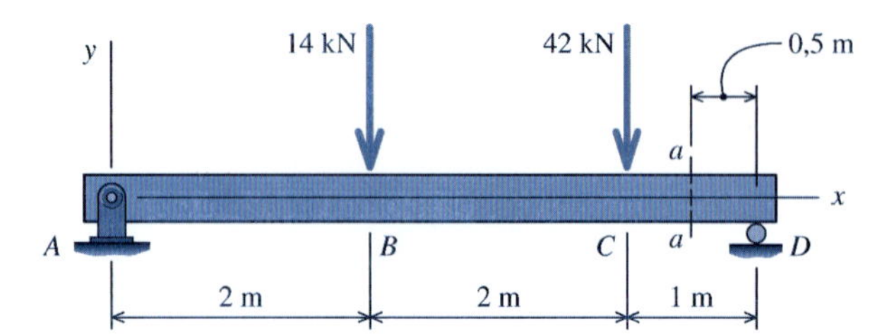

FIGURA P9.12*a* Viga de madeira simplesmente apoiada.

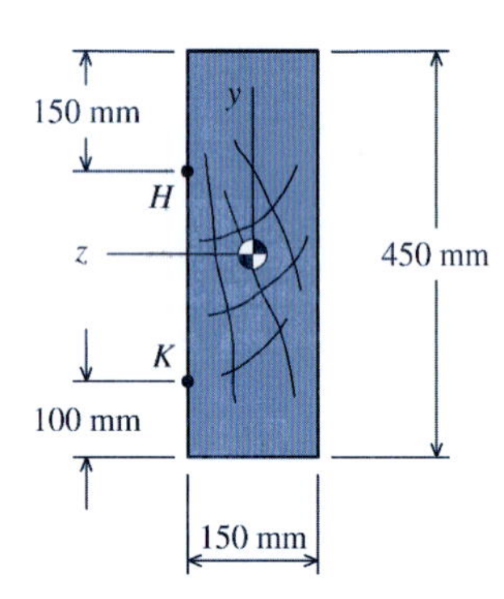

FIGURA P9.12*b* Dimensões da seção transversal.

P9.13 A viga laminada de madeira da Figura P9.13*a* consiste em pranchas de 2 in (5,08 cm) de altura por 6 in (15,24 cm) da largura, coladas entre si para formar uma seção de 6 in (15,24 cm) de largura por 16 in (40,64 cm) de altura, conforme mostra a Figura P9.13*b*. Se a resistência admissível da cola em relação ao cisalhamento é de 160 psi (1,1 MPa), determine:

(a) a carga uniformemente distribuída máxima *w* que pode ser aplicada ao longo de todo o comprimento da viga se ela estiver simplesmente apoiada e tiver um vão de 20 ft (6,1 m).
(b) a tensão cisalhante na ligação colada em *H*, que está localizado 4 in (10,16 cm) acima da superfície inferior da viga e a 3 ft (91,44 cm) do apoio esquerdo; admita que a viga esteja sujeita à carga *w* determinada na parte (a).
(c) a tensão normal máxima de tração devida à flexão na viga quando a carga da parte (a) for aplicada.

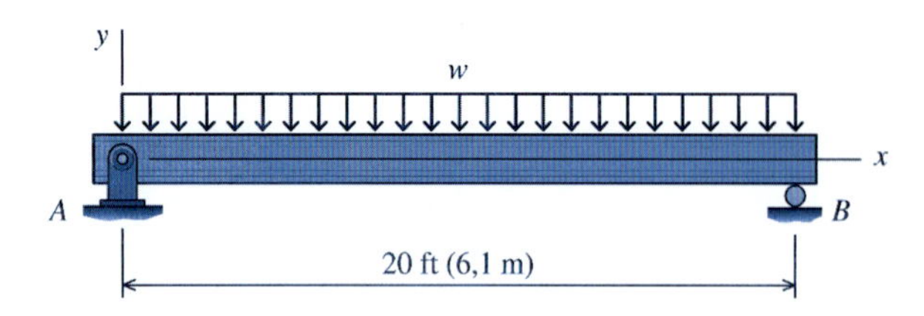

FIGURA P9.13*a* Viga de madeira simplesmente apoiada.

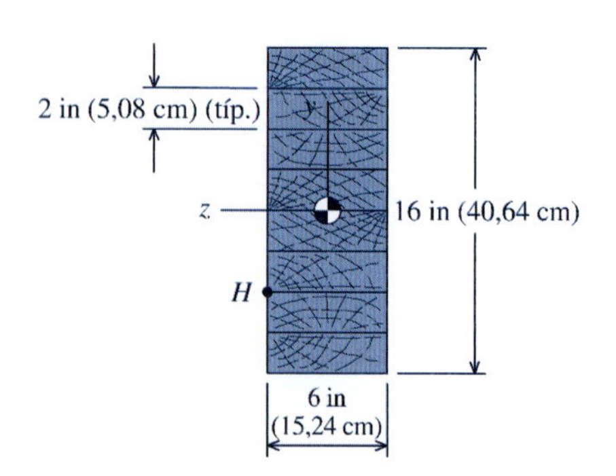

FIGURA P9.13*b* Dimensões da seção transversal.

P9.14 Uma viga simplesmente apoiada de madeira com 5 ft (1,52 m) de comprimento suporta uma carga concentrada *P* no meio do vão, conforme mostra a Figura P9.14*a*. As dimensões da seção transversal da viga estão mostradas na Figura P9.14*b*. Se a tensão cisalhante admissível da madeira for de 80 psi (551,6 kPa), determine a carga máxima *P* que pode ser aplicada no meio do vão.

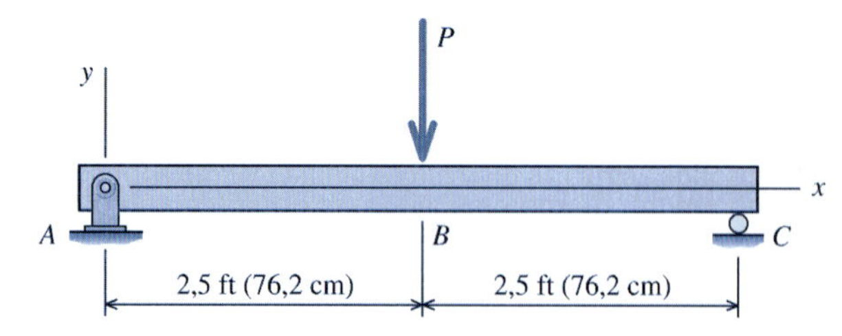

FIGURA P9.14*a* Viga de madeira simplesmente apoiada.

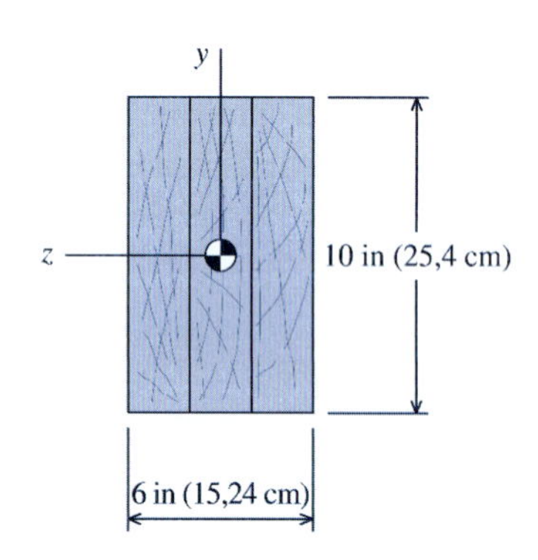

FIGURA P9.14*b* Dimensões da seção transversal.

P9.15 Uma viga de madeira suporta as cargas mostradas na Figura P9.15*a*. As dimensões da seção transversal da viga estão mostradas na Figura P9.15*b*. Determine o valor absoluto e o local da:

(a) tensão cisalhante horizontal máxima na viga.
(b) tensão normal de tração máxima devida à flexão da viga.

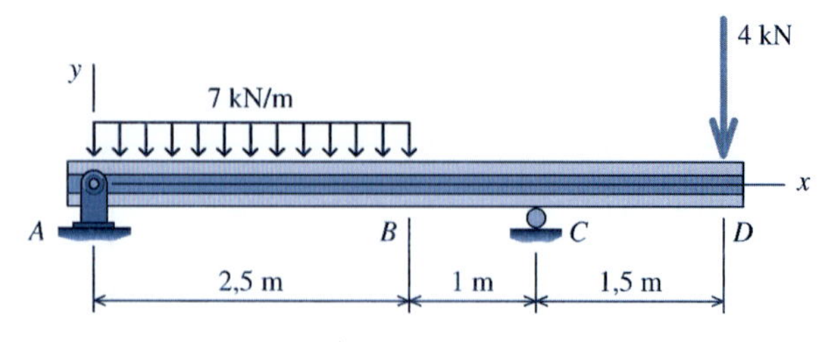

FIGURA P9.15*a* Viga de madeira simplesmente apoiada.

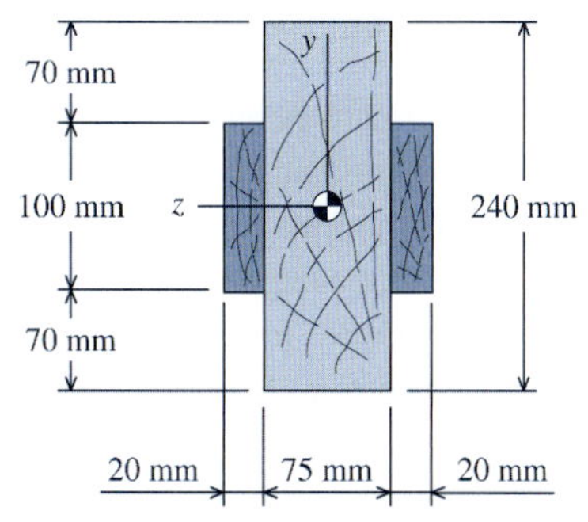

FIGURA P9.15*b* Dimensões da seção transversal.

9.6 TENSÕES CISALHANTES EM VIGAS DE SEÇÃO TRANSVERSAL CIRCULAR

Em vigas com seções transversais circulares, a tensão cisalhante não age no sentido paralelo ao eixo y ao longo de toda a altura da seção. Consequentemente, em geral, a fórmula da tensão cisalhante não se aplica para uma seção transversal circular. Entretanto, a Equação (9.2) pode ser usada para determinar a tensão cisalhante no eixo neutro.

Uma **seção transversal circular maciça** de raio r é mostrada na Figura 9.11. Para usar a fórmula da tensão de cisalhamento, deve ser determinado o valor de Q para a área semicircular sombreada. A área A' do semicírculo é $A' = \pi r^2/2$. A distância do eixo neutro para o centro de gravidade do semicírculo é dada por $\bar{y}' = 4r/3\pi$. Desta forma, Q pode ser calculado como

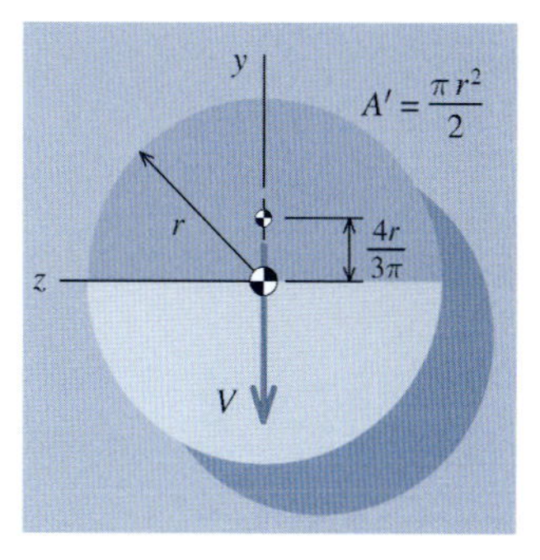

FIGURA 9.11 Seção transversal circular maciça.

$$Q = \bar{y}'A' = \frac{4r}{3\pi}\frac{\pi r^2}{2} = \frac{2}{3}r^3 \tag{9.7}$$

ou em termos do diâmetro $d = 2r$:

$$Q = \frac{1}{12}d^3 \tag{9.8}$$

A largura da seção circular maciça no eixo neutro é $t = 2r$ e o momento de inércia em torno do eixo z é $I_z = \pi r^4/4 = \pi d^4/64$. Substituindo essas relações na fórmula da tensão cisalhante, tem-se a seguinte expressão para $\tau_{máx}$ no eixo neutro de uma seção transversal circular maciça:

$$\tau_{máx} = \frac{VQ}{I_z t} = \frac{V}{\pi r^4/4} \times \frac{2}{3}r^3 \times \frac{1}{2r} = \frac{4V}{3\pi r^2} = \frac{4V}{3A} \tag{9.9}$$

Uma **seção transversal circular vazada** com diâmetro externo R e diâmetro interno r é mostrada na Figura 9.12. Os resultados das Equações (9.7) e (9.8) podem ser usados para determinar Q para a área sombreada acima do eixo neutro:

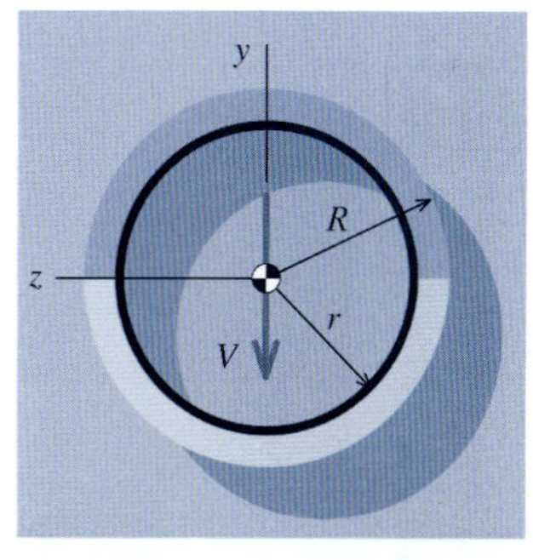

FIGURA 9.12 Seção transversal circular vazada.

$$Q = \frac{2}{3}[R^3 - r^3] = \frac{1}{12}[D^3 - d^3] \tag{9.10}$$

A largura t da seção transversal circular vazada (oca) no eixo neutro é duas vezes a espessura da parede, ou $t = 2(R - r) = D - d$. O momento de inércia da figura circular vazada em torno do eixo z é

$$I_z = \frac{\pi}{4}[R^4 - r^4] = \frac{\pi}{64}[D^4 - d^4]$$

9.7 TENSÕES CISALHANTES NAS ALMAS DE PERFIS COM ABAS

A teoria elementar usada para desenvolver a fórmula da tensão cisalhante só é adequada para a determinação da tensão cisalhante desenvolvida na alma de um perfil com abas (admitindo que a viga esteja flexionada em torno de seu eixo mais forte). Um perfil de abas largas é mostrado na Figura 9.13. Para determinar a tensão cisalhante em um ponto a localizado na alma da seção transversal, o cálculo de Q consiste em determinar o momento estático das duas áreas sombreadas (1) e (2) em torno do eixo neutro z (Figura 9.13*b*). Uma parte substancial da área total de um perfil com abas está concentrada nas abas e por isso o momento estático da área (1) em torno do eixo z assume uma grande porcentagem de Q. Como Q aumenta à medida que y diminui, a variação não é pronunciada em um perfil com abas do modo como acontece com uma seção transversal retangular. Consequentemente, a distribuição dos valores da tensão cisalhante ao longo da altura da alma, ainda que seja parabólica, é relativamente uniforme (Figura 9.13*a*). A tensão cisalhante horizontal mínima ocorre na junção entre a alma e a aba e a tensão cisalhante horizontal máxima ocorre no eixo neutro. Para vigas de perfis de abas largas, a diferença entre as tensões cisalhantes máxima e mínima na alma está normalmente na faixa de 10-60%.

Na obtenção da fórmula para a tensão cisalhante, foi admitido que a tensão cisalhante ao longo da largura da viga (isto é, na direção z) seria considerada constante. Essa suposição não é válida para as abas das vigas; portanto, as tensões cisalhantes calculadas para a superfície superior e para a superfície inferior das abas por meio da Equação (9.2) e desenhadas no gráfico da Figura 9.13*a* são fictícias. As tensões cisalhantes são desenvolvidas nas abas (1) de uma viga de perfis de abas largas, mas elas agem nas direções x e z, não nas direções x e y.

(*a*) Distribuição da tensão cisalhante

(*b*) Seção transversal

FIGURA 9.13 Distribuição da tensão cisalhante em um perfil de abas largas.

EXEMPLO 9.3

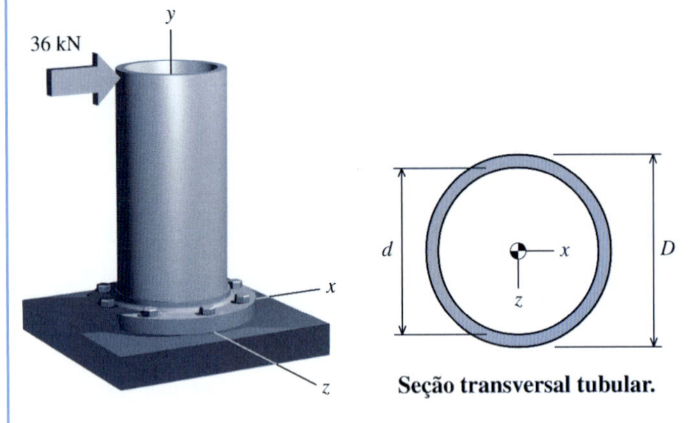

Seção transversal tubular.

Uma carga concentrada $P = 36$ kN é aplicada à extremidade superior de um tubo conforme mostra a figura. O diâmetro externo do tubo é $D = 220$ mm e o diâmetro interno é $d = 200$ mm. Determine a tensão cisalhante vertical no plano y–z da parede do tubo.

Planejamento da Solução

A tensão cisalhante em uma peça tubular pode ser determinada por meio da fórmula da tensão cisalhante [Equação (9.2)], usando o momento estático de área calculado por meio da Equação (9.10).

SOLUÇÃO

Propriedades da Seção

O local do centro de gravidade (ou centroide) da seção transversal tubular pode ser determinado com base na simetria. O momento de inércia da seção transversal em torno do eixo baricêntrico z é igual a

$$I_z = \frac{\pi}{64}[D^4 - d^4] = \frac{\pi}{64}[(220 \text{ mm})^4 - (200 \text{ mm})^4] = 36.450.329 \text{ mm}^4$$

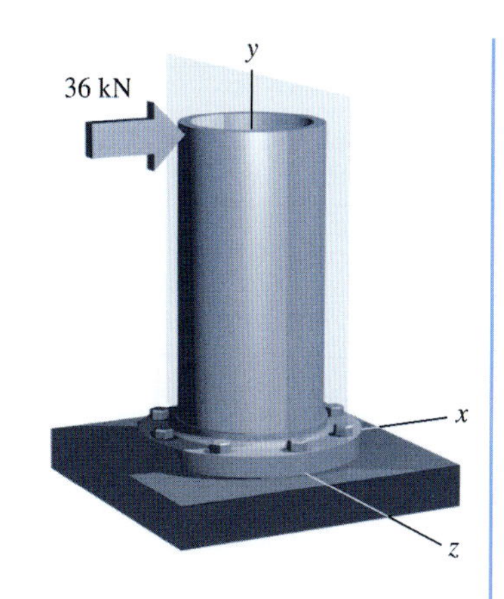

A Equação (9.10) é usada para calcular o momento estático de área Q para um perfil tubular.

$$Q = \frac{1}{12}[D^3 - d^3] = \frac{1}{12}[(220 \text{ mm})^3 - (200 \text{ mm})^3] = 220.667 \text{ mm}^3$$

Fórmula da Tensão Cisalhante

A tensão cisalhante vertical máxima nesse tubo ocorre ao longo da interseção do plano y–z com a parede do tubo. Observe que o plano y–z é perpendicular à direção do esforço cortante V, que age na direção x neste caso. A espessura t sobre a qual age a tensão cisalhante é igual a $t = D - d = 20$ mm. A tensão cisalhante máxima nesse plano é calculada por meio da fórmula da tensão cisalhante:

$$\tau_{\text{máx}} = \frac{VQ}{I_z t} = \frac{(36.000 \text{ N})(220.667 \text{ mm}^3)}{(36.450.329 \text{ mm}^4)(20 \text{ mm})} = 10{,}90 \text{ MPa} \qquad \textbf{Resp.}$$

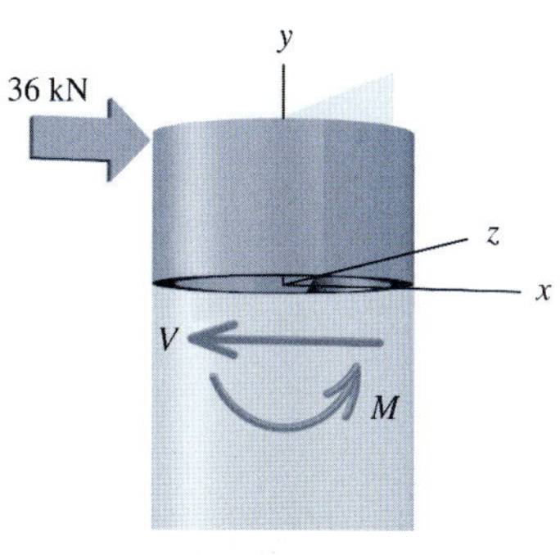

Diagrama de corpo livre do tubo.

Explicação Adicional

Inicialmente pode ser difícil para o estudante visualizar a tensão cisalhante agindo em um perfil tubular. Para entender melhor a causa da tensão cisalhante nessa situação, examine o diagrama de corpo livre de um segmento curto do tubo próximo ao ponto de aplicação da carga. A carga externa de 36 kN produz um momento fletor interno M, que produz tensões normais de tração e de compressão nos trechos $-x$ e $+x$ do tubo, respectivamente. Examinaremos o equilíbrio de metade do tubo.

As tensões normais de compressão são criadas na metade direita do tubo pelo momento fletor interno M. O equilíbrio na direção y exige uma força resultante agindo de cima para baixo para resistir à força que age de baixo para cima criada pelas tensões normais de compressão. Essa força resultante que age de cima para baixo resulta das tensões cisalhantes que agem verticalmente na parede do tubo. Para o exemplo visto aqui, a tensão cisalhante tem valor absoluto de $\tau = 10{,}90$ MPa.

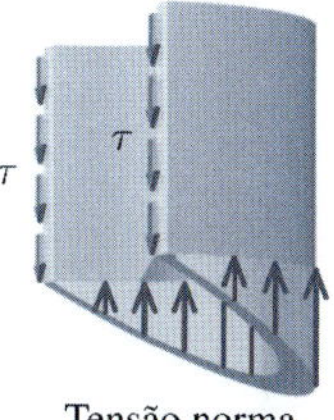

Tensões agindo na metade direita do tubo.

EXEMPLO 9.4

Uma viga em balanço está sujeita a uma carga concentrada de 2.000 N. As dimensões da seção transversal do perfil duplo T estão indicadas na figura. Determine:

(a) a tensão cisalhante no ponto H, que está localizado 17 mm abaixo do centro de gravidade do perfil duplo T.

(b) a tensão cisalhante no ponto K, que está localizado 5 mm acima do centro de gravidade do perfil duplo T.

(c) a tensão cisalhante horizontal máxima no perfil duplo T.

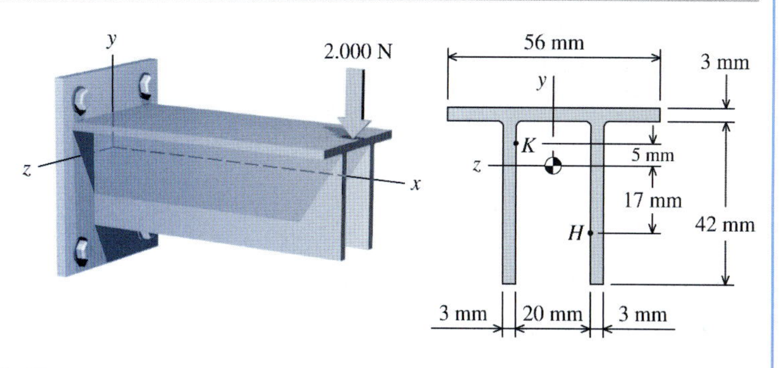

Planejamento da Solução

A tensão cisalhante no perfil duplo T pode ser determinada por meio da fórmula da tensão cisalhante [Equação (9.2)]. A dificuldade deste problema reside na determinação dos valores apropriados de Q para cada cálculo.

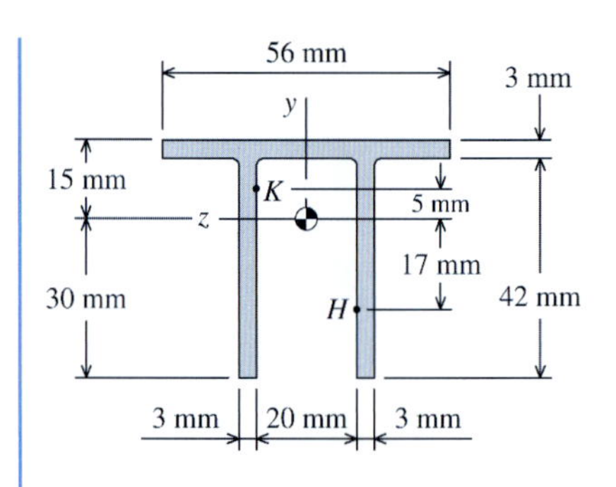

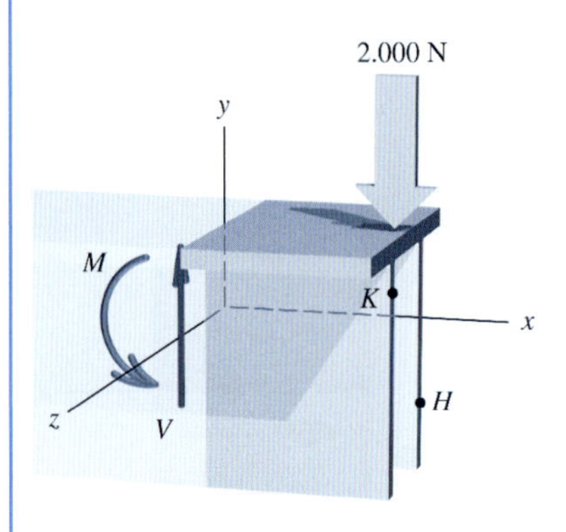

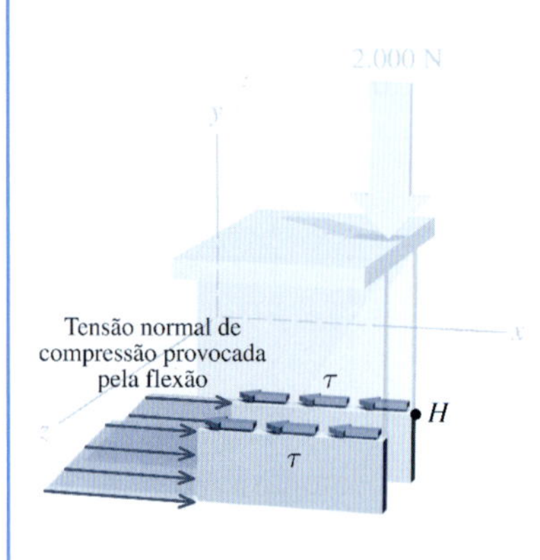

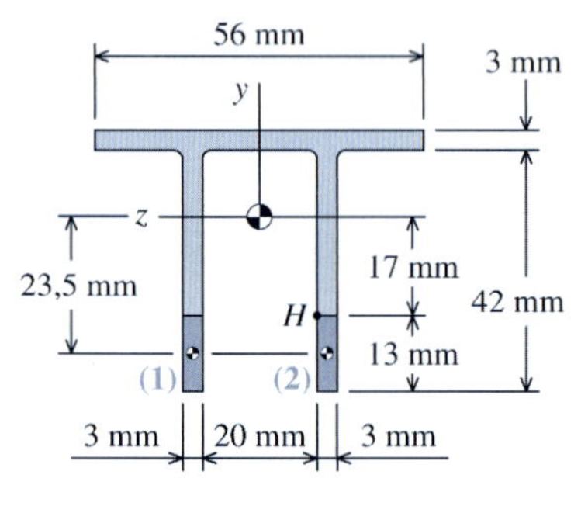

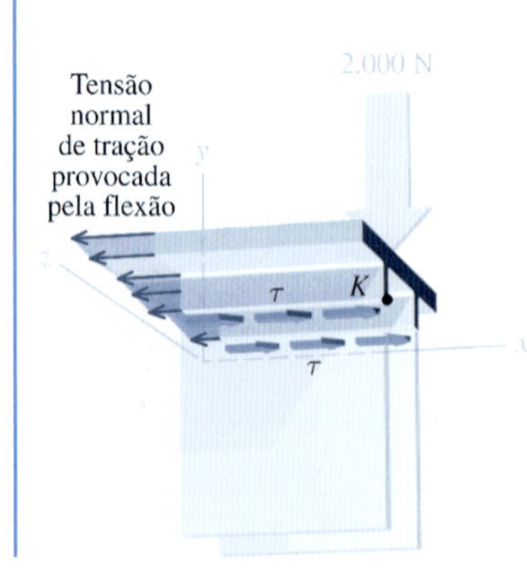

SOLUÇÃO

Propriedades da Seção

Para começar, deve ser determinado o local do centro de gravidade (centroide) da seção transversal em duplo T. Os resultados são mostrados na figura. O momento de inércia da seção transversal em torno do eixo baricêntrico z é $I_z = 88.200 \text{ mm}^4$.

(a) Tensão Cisalhante em *H*

Antes de prosseguir com os cálculos de τ, é útil visualizar a fonte das tensões cisalhantes produzidas em um elemento estrutural sujeito à flexão. Examine o diagrama de corpo livre seccionado nas proximidades da extremidade livre da viga em balanço. A carga concentrada externa de 2.000 N cria um esforço cortante interno $V = 2.000$ N e um momento fletor interno M, que varia ao longo do vão da viga em balanço. Para pesquisar as tensões cisalhantes produzidas na seção transversal duplo T, esse corpo livre será dividido ainda mais de maneira similar ao desenvolvimento apresentado na Seção 9.3.

A tensão cisalhante que age em H é exposta pelo corte do diagrama de corpo livre mostrado. O momento fletor interno M produz tensões normais de compressão que estão distribuídas linearmente ao longo das almas do perfil duplo T. A força resultante dessas tensões normais de compressão tende a empurrar as almas do perfil duplo T na direção positiva de x. Para satisfazer o equilíbrio na direção horizontal, as tensões cisalhantes τ devem agir nas superfícies horizontais expostas em H. O valor absoluto dessas tensões cisalhantes é encontrado por meio da fórmula da tensão cisalhante [Equação (9.2)].

Ao determinar o valor adequado do momento estático de área Q a ser utilizado na fórmula da tensão cisalhante, é útil ter em mente esse diagrama de corpo livre.

Calculando Q no ponto H: A seção duplo T está ilustrada na figura. Apenas uma parte de toda a seção transversal é levada em consideração no cálculo de Q. Para determinar a área adequada, corte uma seção transversal *paralela ao eixo de flexão* no ponto H e considere a parte da seção transversal que inicia em H e se estende *afastando-se do eixo neutro*. Observe que fazer o corte através de uma seção *paralela ao eixo da flexão* também pode ser descrito como fazer um corte através da seção *perpendicular à direção do esforço cortante interno V*.

A área a ser considerada no cálculo de Q para o ponto H está realçada na seção transversal. (Essa é a área indicada por A' no desenvolvimento da fórmula da tensão cisalhante na Seção 9.3, particularmente nas Figuras 9.5 e 9.7.)

Q para o ponto H é o momento estático das áreas (1) e (2) em torno do eixo baricêntrico z (isto é, o eixo neutro em torno do qual ocorre a flexão). Do desenho da seção transversal, Q_H é calculado como

$$Q_H = 2[(3 \text{ mm})(13 \text{ mm})(23{,}5 \text{ mm})] = 1.833 \text{ mm}^3$$

Agora a tensão cisalhante que age em H pode ser calculada por meio da fórmula da tensão cisalhante:

$$\tau_H = \frac{VQ_H}{I_z t} = \frac{(2.000 \text{ N})(1.833 \text{ mm}^3)}{(88.200 \text{ mm}^4)(6 \text{ mm})} = 6{,}93 \text{ MPa} \qquad \textbf{Resp.}$$

Observe que o termo t na fórmula da tensão cisalhante é a largura da superfície exposta pelo corte do diagrama de corpo livre através do ponto H. Ao cortar através das duas almas do perfil duplo T, é exposta uma superfície de 6 mm; portanto, $t = 6$ mm.

(b) Tensão Cisalhante em *K*

Considere novamente um diagrama de corpo livre cortado nas proximidades da extremidade livre da viga em balanço. Esse diagrama de corpo livre será ainda mais analisado cortando um diagrama de corpo livre, iniciando no ponto K e se estendendo *afastando-se do eixo neutro*, conforme mostra a figura. O momento fletor interno M produz tensões normais de tração devidas à flexão que estão distribuídas ao longo das almas e das abas do perfil duplo T. A força resultante das tensões normais de tração tendem a empurrar essa parte da seção transversal na direção $-x$. As tensões cisalhantes τ devem agir nas superfícies horizontais expostas em K para satisfazer o equilíbrio na direção horizontal.

Calculando Q no ponto K: A área a ser considerada no cálculo de Q para o ponto K está realçada na seção transversal. Q para o ponto K é o momento estático das áreas (3), (4) e (5) em torno do eixo baricêntrico z:

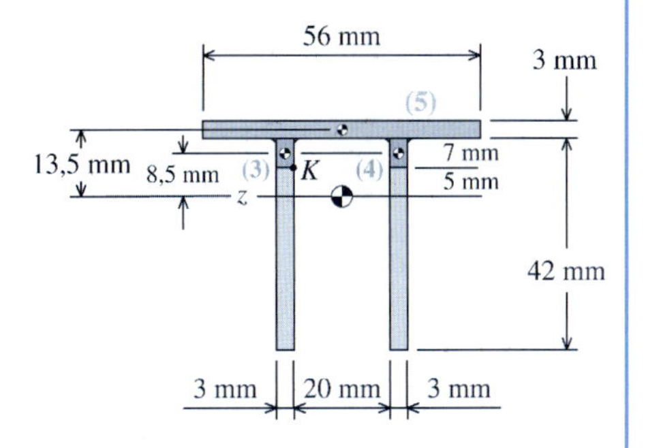

$$Q_K = 2[(3\text{ mm})(7\text{ mm})(8{,}5\text{ mm})] + (56\text{ mm})(3\text{ mm})(13{,}5\text{ mm}) = 2.625\text{ mm}^3$$

A tensão cisalhante que age em K é

$$\tau_K = \frac{VQ_K}{I_z t} = \frac{(2.000\text{ N})(2.625\text{ mm}^3)}{(88.200\text{ mm}^4)(6\text{ mm})} = 9{,}92\text{ MPa} \qquad \textbf{Resp.}$$

(c) Tensão Cisalhante Horizontal Máxima

O valor máximo de Q corresponde a uma área que inicia e se estende afastando-se do eixo neutro. Entretanto, para esse local a diretriz *afastando-se do eixo neutro* pode significar a área tanto *acima* como *abaixo* do eixo neutro. O valor obtido para Q é o mesmo em qualquer um dos casos. Para a seção duplo T, o cálculo de Q fica muito mais simples se considerarmos a área abaixo do eixo neutro:

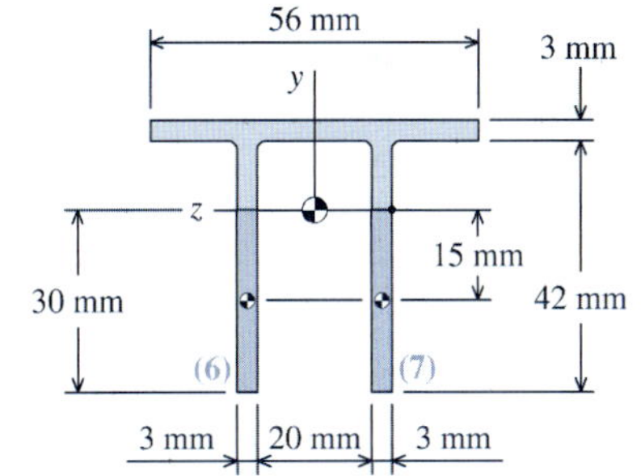

$$Q_{\text{máx}} = 2[(3\text{ mm})(30\text{ mm})(15\text{ mm})] = 2.700\text{ mm}^3$$

A tensão cisalhante horizontal máxima no perfil duplo T é

$$\tau_{\text{máx}} = \frac{VQ_{\text{máx}}}{I_z t} = \frac{(2.000\text{ N})(2.700\text{ mm}^3)}{(88.200\text{ mm}^4)(6\text{ mm})} = 10{,}20\text{ MPa} \qquad \textbf{Resp.}$$

Exemplo do MecMovies M9.4

Determine a tensão cisalhante nos pontos H e K para uma viga simplesmente apoiada, que consiste no perfil-padrão de aço WT265 × 37.

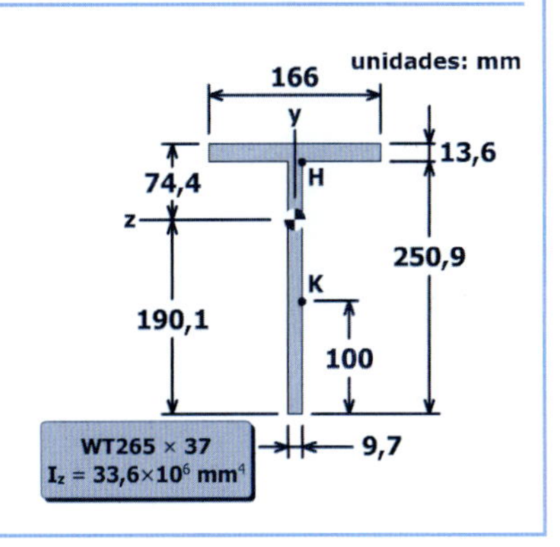

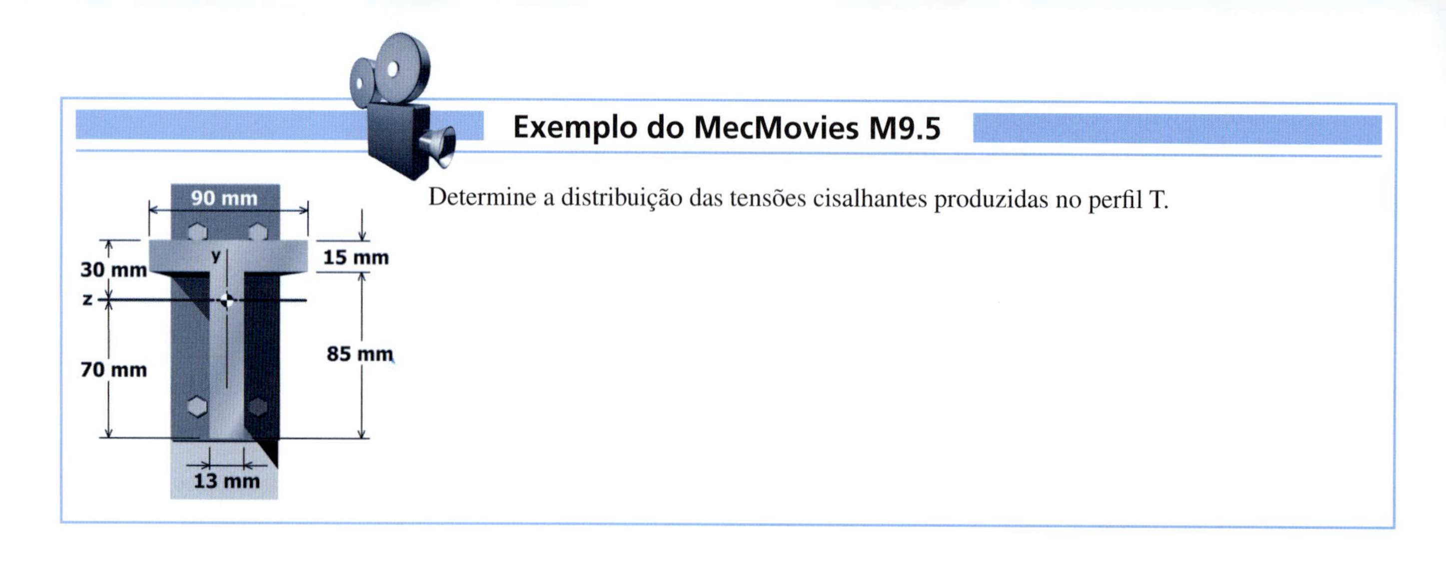

Exemplo do MecMovies M9.5

Determine a distribuição das tensões cisalhantes produzidas no perfil T.

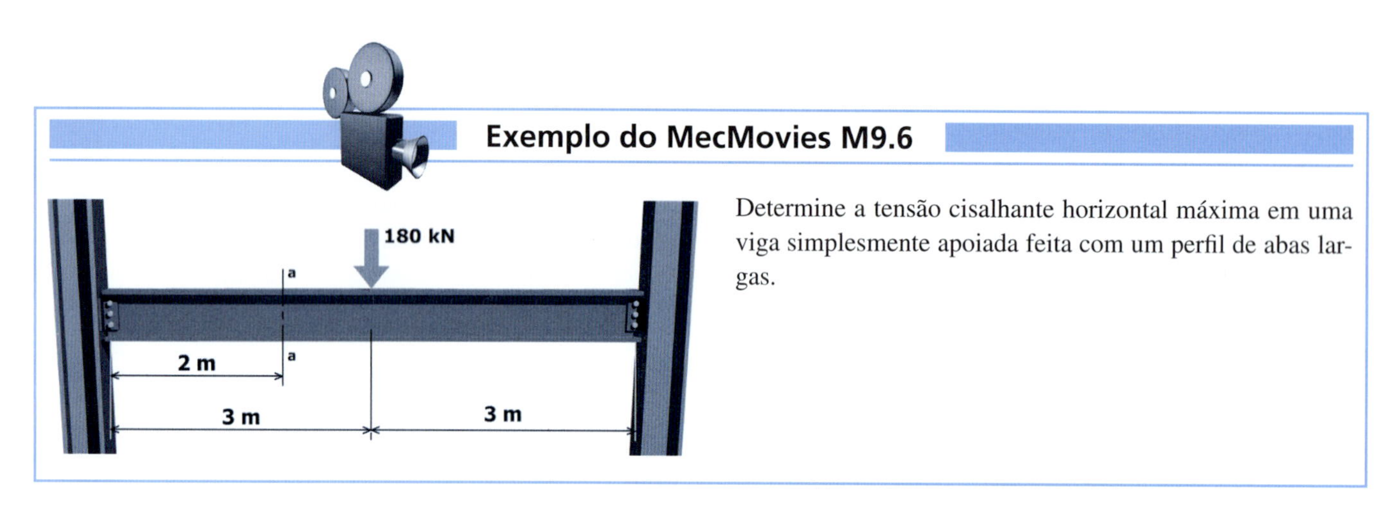

Exemplo do MecMovies M9.6

Determine a tensão cisalhante horizontal máxima em uma viga simplesmente apoiada feita com um perfil de abas largas.

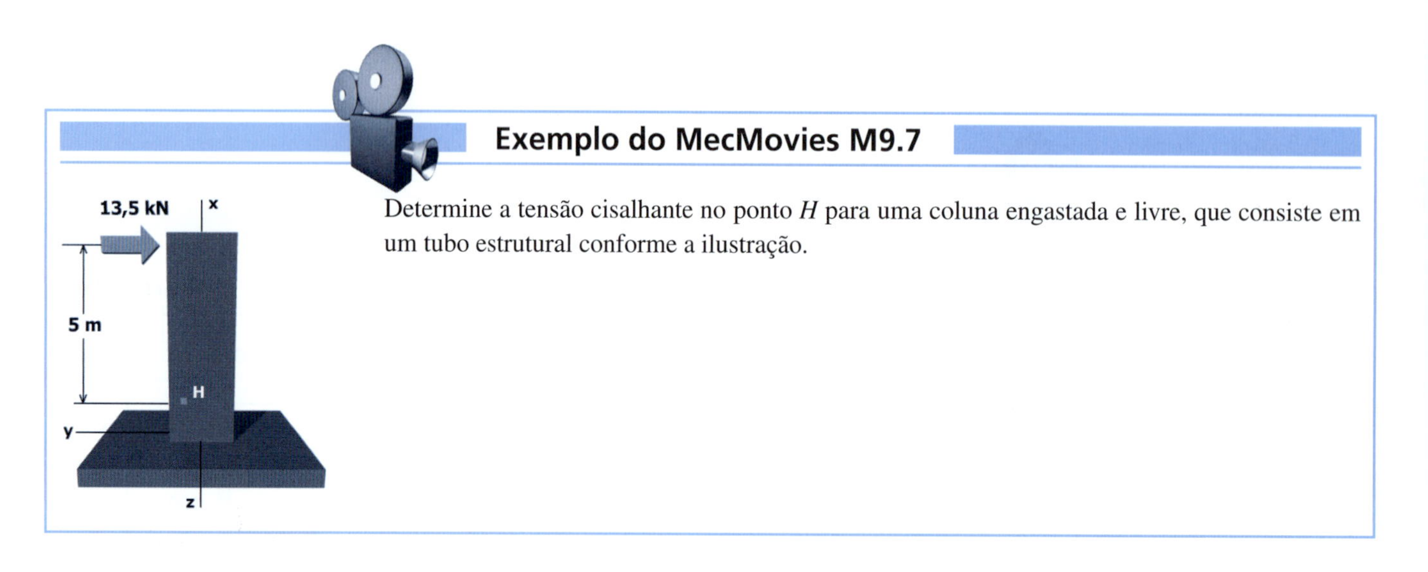

Exemplo do MecMovies M9.7

Determine a tensão cisalhante no ponto *H* para uma coluna engastada e livre, que consiste em um tubo estrutural conforme a ilustração.

Exemplo do MecMovies M9.8

Determine a tensão normal e a tensão cisalhante no ponto H, que está localizado 3 in (7,62 cm) acima do eixo baricêntrico para o perfil de abas largas.

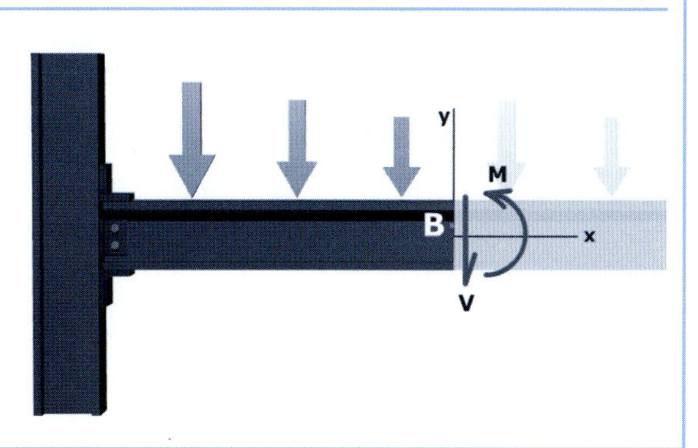

EXERCÍCIOS do MecMovies

M9.3 **Q-tile: O Jogo da Propriedade Q das Seções.** Acerte pelo menos 90% do jogo Q-tile.

FIGURA M9.3

M9.4 Determine as tensões cisalhantes que agem nos pontos H e K para um perfil de abas largas sujeito a um esforço cortante interno V.

FIGURA M9.4

PROBLEMAS

P9.16 Um eixo maciço de aço com 50 mm de diâmetro suporta as cargas P_A = 1,5 kN e P_C = 3,0 kN conforme ilustra a Figura P9.16/17. Admita L_1 = 150 mm, L_2 = 300 mm e L_3 = 225 mm. O suporte em B pode ser considerado como um apoio de primeiro gênero (rolete) e o apoio em D pode ser considerado como um apoio de segundo gênero (pino). Determine o valor absoluto e o local da:

(a) tensão cisalhante horizontal máxima no eixo.
(b) tensão normal máxima de tração devida à flexão no eixo.

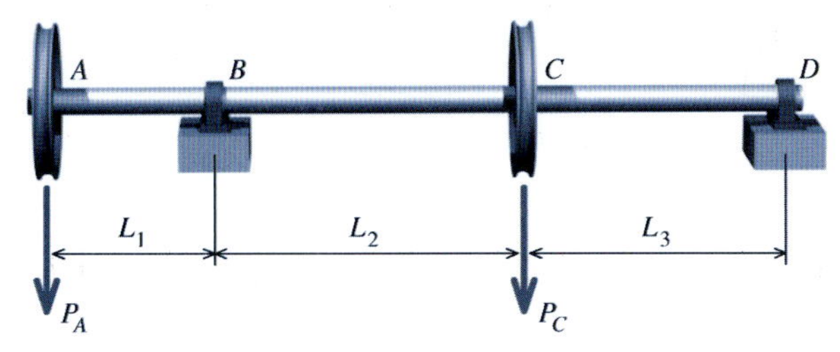

FIGURA P9.16/17

P9.17 Um eixo maciço de aço com 1,25 in (3,18 cm) de diâmetro suporta as cargas P_A = 400 lb (1.778 N) e P_C = 900 lb (4.003 N) conforme ilustra a Figura P9.16/17. Admita L_1 = 6 in (15,24 cm), L_2 = 12 in (30,48 cm) e L_3 = 8 in (20,32 cm). O suporte em B pode ser considerado como um apoio de primeiro gênero (rolete) e o apoio em D pode ser considerado como um apoio de segundo gênero (pino). Determine o valor absoluto e o local da:

(a) tensão cisalhante horizontal máxima no eixo.
(b) tensão normal máxima de tração devida à flexão no eixo.

P9.18 Um eixo maciço de aço com 1,00 in (2,54 cm) de diâmetro suporta as cargas P_A = 200 lb (890 N) e P_D = 240 lb (1.068 N) conforme ilustra a Figura P9.18/19. Admita L_1 = 2 in (5,08 cm), L_2 = 5 in (12,7 cm) e L_3 = 4 in (10,16 cm). O suporte em B pode ser considerado como um apoio de segundo gênero (pino) e o apoio em C pode ser considerado como um apoio de primeiro gênero (rolete). Determine o valor absoluto e o local da:

(a) tensão cisalhante horizontal máxima no eixo.
(b) tensão normal máxima de tração devida à flexão no eixo.

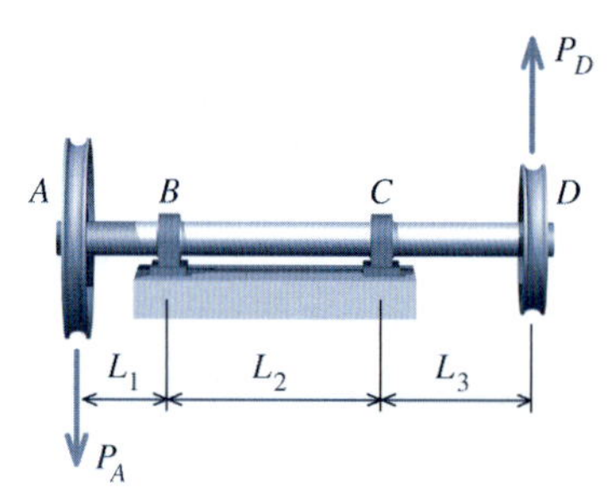

FIGURA P9.18/19

P9.19 Um eixo maciço de aço com 20 mm de diâmetro suporta as cargas $P_A = 900$ N e $P_D = 1.200$ N conforme ilustra a Figura P9.18/19. Admita $L_1 = 50$ mm, $L_2 = 120$ mm e $L_3 = 90$ mm. O suporte em *B* pode ser considerado como um apoio de segundo gênero (pino) e o apoio em *C* pode ser considerado como um apoio de primeiro gênero (rolete). Determine o valor absoluto e o local da:

(a) tensão cisalhante horizontal máxima no eixo.
(b) tensão normal máxima de compressão devida à flexão no eixo.

P9.20 Um eixo maciço de aço com 1,25 in (3,18 cm) de diâmetro suporta as cargas $P_A = 600$ lb (2.669 N), $P_C = 1.600$ lb (7.117 N) e $P_E = 400$ lb (1.779 N) conforme ilustra a Figura P9.20/21. Admita $L_1 = 6$ in (15,24 cm), $L_2 = 15$ in (38,1 cm), $L_3 = 8$ in (20,32 cm) e $L_4 = 10$ in (25,4 cm). O suporte em *B* pode ser considerado como um apoio de primeiro gênero (rolete) e o apoio em *D* pode ser considerado como um apoio de segundo gênero (pino). Determine o valor absoluto e o local da:

(a) tensão cisalhante horizontal máxima no eixo.
(b) tensão normal máxima de tração devida à flexão no eixo.

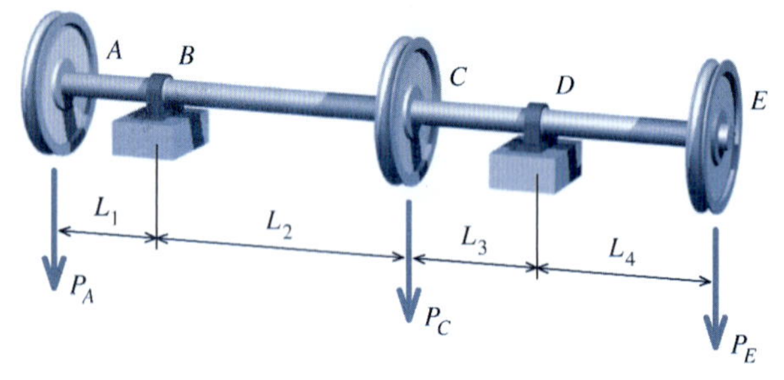

FIGURA P9.20/21

P9.21 Um eixo maciço de aço com 25 mm de diâmetro suporta as cargas $P_A = 1.000$ N, $P_C = 3.200$ N e $P_E = 800$ N conforme ilustra a Figura P9.20/21. Admita $L_1 = 80$ mm, $L_2 = 200$ mm, $L_3 = 100$ mm e $L_4 = 125$ mm. O suporte em *B* pode ser considerado como um apoio de primeiro gênero (rolete) e o apoio em *D* pode ser considerado como um apoio de segundo gênero (pino). Determine o valor absoluto e o local da:

(a) tensão cisalhante horizontal máxima no eixo.
(b) tensão normal máxima de tração devida à flexão no eixo.

P9.22 Um tubo padrão de aço de 3 in (7,62 cm)[$D = 3,500$ in (8,89 cm); $d = 3,068$ in (13,647 cm)] da Figura 9.22*b*/23*b* suporta uma carga concentrada $P = 900$ lb (4003 N) conforme mostra a Figura P9.22*a*/23*a*. O comprimento do vão da viga em balanço é $L = 3$ ft (91,44 cm). Determine o valor absoluto da:

(a) tensão cisalhante horizontal máxima no tubo.
(b) tensão normal de tração máxima devida à flexão no tubo.

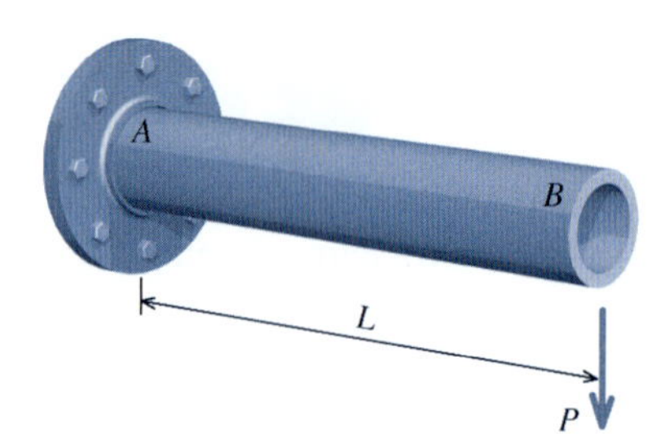

FIGURA P9.22*a*/23*a* Viga em balanço.

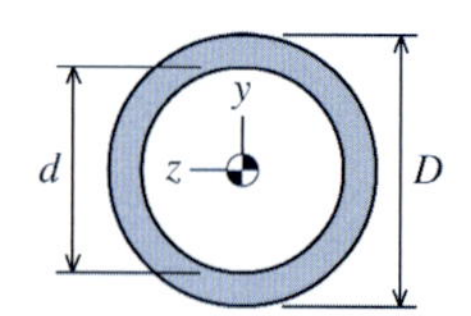

FIGURA P9.22*b*/23*b* Seção transversal do tubo.

P9.23 Um tubo de aço ($D = 170$ mm; $d = 150$ mm) da Figura P9.22*b*/23*b* suporta uma carga concentrada *P* conforme mostra a Figura P9.22*a*/23*a*. O comprimento do vão da viga em balanço é $L = 1,2$ m.

(a) Calcule o valor de *Q* para o tubo.
(b) Se a tensão cisalhante admissível para o perfil tubular for 75 MPa, determine a carga *P* máxima que pode ser aplicada à viga em balanço.

P9.24 Uma carga concentrada *P* é aplicada à extremidade superior do tubo de 1 m de comprimento conforme mostra a Figura P9.24*a*/25*a*. O diâmetro externo do tubo é $D = 114$ mm e o diâmetro interno é $d = 102$ mm.

(a) Calcule o valor de *Q* para o tubo.
(b) Se a tensão cisalhante admissível para o perfil tubular for 75 MPa, determine a carga *P* máxima que pode ser aplicada à viga em balanço.

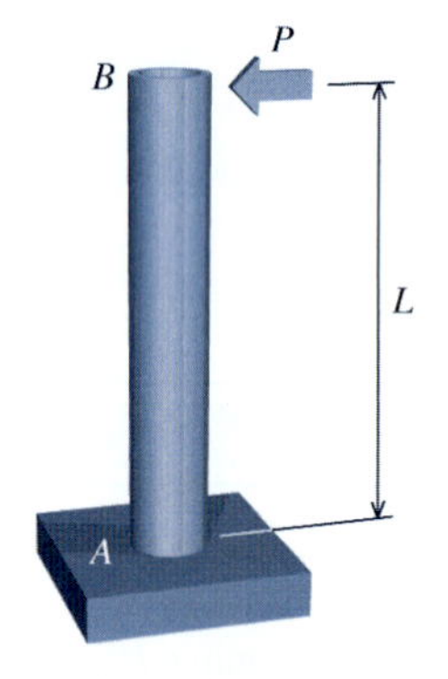

FIGURA P9.24*a*/25*a* Tubo em balanço.

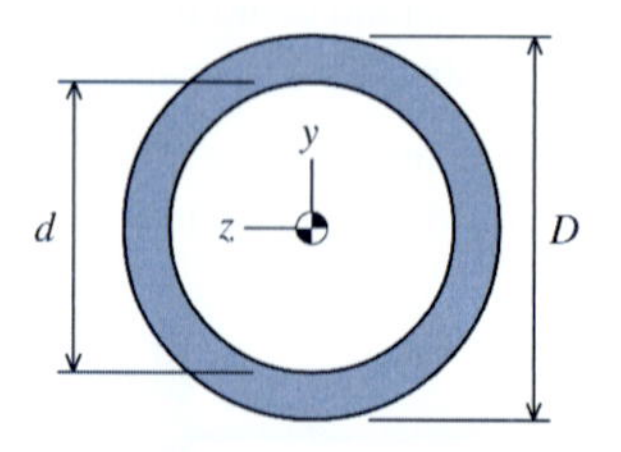

FIGURA P9.24*b*/25*b* Seção transversal do tubo.

P9.25 Uma carga concentrada $P = 6$ kip (26,69 kN) é aplicada à extremidade superior do tubo de 4 ft (1,22 m) de comprimento conforme mostra a Figura P9.24*a*/25*a*. O tubo é de aço e do padrão de 8 in (20,32 cm), que tem diâmetro externo $D = 8,625$ in (21,907 cm) e diâmetro interno $d = 7,981$ in (20,272 cm). Determine o valor absoluto da:

(a) tensão cisalhante vertical máxima no tubo.
(b) tensão normal máxima de tração devida à flexão no tubo.

P9.26 A viga em balanço mostrada na Figura P9.26*a*/27*a* está sujeita a uma carga concentrada P = 38 kip (169 kN). As dimensões da seção transversal do perfil de abas largas estão indicadas na Figura P9.26*b*/27*b*. Determine:

(a) a tensão cisalhante no ponto H, que está localizado 4 in (10,16 cm) abaixo do centro de gravidade do perfil de abas largas.
(b) a tensão cisalhante horizontal máxima no perfil de abas largas.

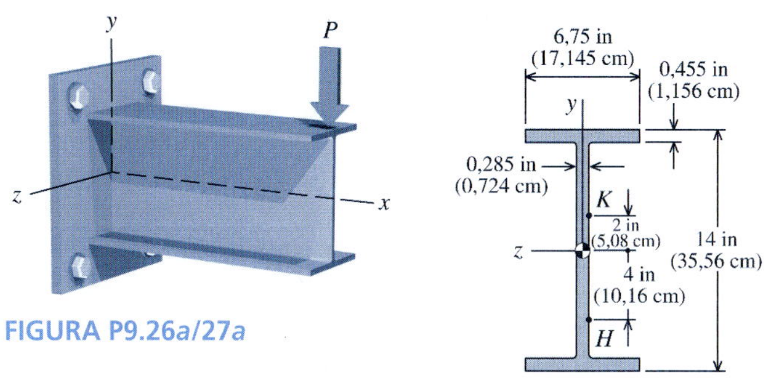

FIGURA P9.26*a*/27*a*

FIGURA P9.26*b*/27*b*

P9.27 A viga em balanço mostrada na Figura P9.26*a*/27*a* está sujeita a uma carga concentrada P. As dimensões da seção transversal do perfil de abas largas estão indicadas na Figura P9.26*b*/27*b*.

(a) Calcule o valor de Q que está associado ao ponto K, que está localizado 2 in (5,08 cm) acima do centro de gravidade (centroide) do perfil de abas largas.
(b) cisalhante admissível para o perfil de abas largas for 14 ksi (96,53 MPa), determine a carga concentrada P máxima que pode ser aplicada à viga em balanço.

P9.28 A viga em balanço mostrada na Figura P9.28*a*/29*a* está sujeita a uma carga concentrada P. As dimensões da seção transversal do perfil tubular retangular estão indicadas na Figura P9.28*b*/29*b*.

(a) Calcule o valor de Q que está associado ao ponto H, que está localizado 90 mm acima do centro de gravidade (centroide) do perfil tubular retangular.
(b) Se a tensão cisalhante admissível para o perfil de abas largas for 125 MPa, determine a carga concentrada P máxima que pode ser aplicada à viga em balanço.

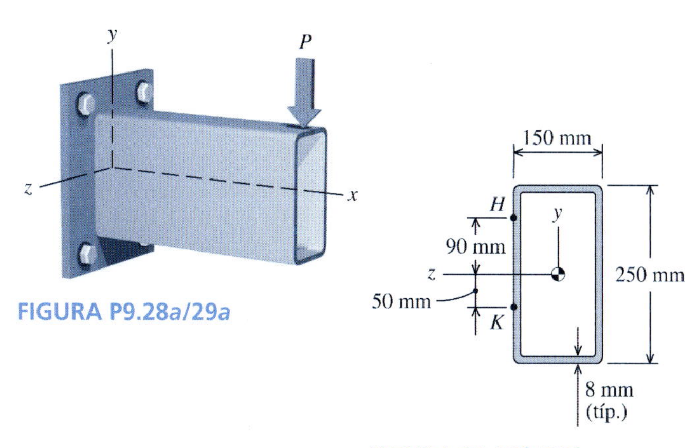

FIGURA P9.28*a*/29*a*

FIGURA P9.28*b*/29*b*

P9.29 A viga em balanço mostrada na Figura P9.28*a*/29*a* está sujeita a uma carga concentrada P = 175 kN. As dimensões da seção transversal do perfil tubular retangular estão indicadas na Figura P9.28*b*/29*b*. Determine:

(a) a tensão cisalhante no ponto K, que está localizado 50 mm abaixo do centro de gravidade (centroide) do perfil tubular retangular.
(b) a tensão cisalhante horizontal máxima no perfil tubular retangular.

P9.30 O esforço cortante interno V em uma determinada seção de uma viga de alumínio é 8 kN. Se a viga tiver a seção transversal mostrada na Figura P9.30, determine:

(a) a tensão cisalhante no ponto H, que está localizado 30 mm acima da superfície inferior do perfil T.
(b) a tensão cisalhante horizontal máxima no perfil T.

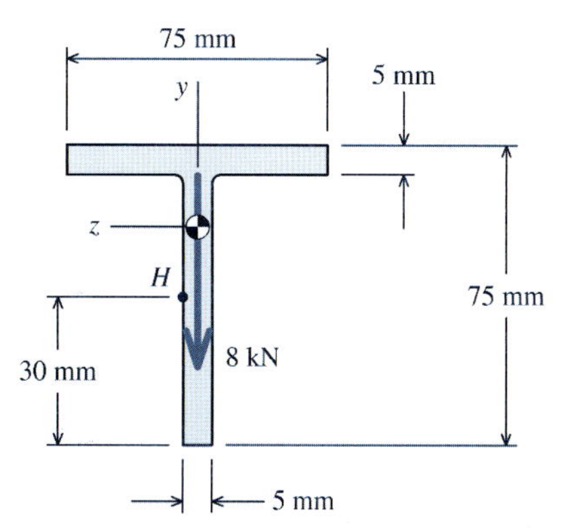

FIGURA P9.30

P9.31 O esforço cortante interno V em uma determinada seção de uma viga de aço é 80 kN. Se a viga tiver a seção transversal mostrada na Figura P9.31, determine:

(a) a tensão cisalhante no ponto H, que está localizado 30 mm abaixo do centro de gravidade do perfil de abas largas.
(b) a tensão cisalhante horizontal máxima no perfil de abas largas.

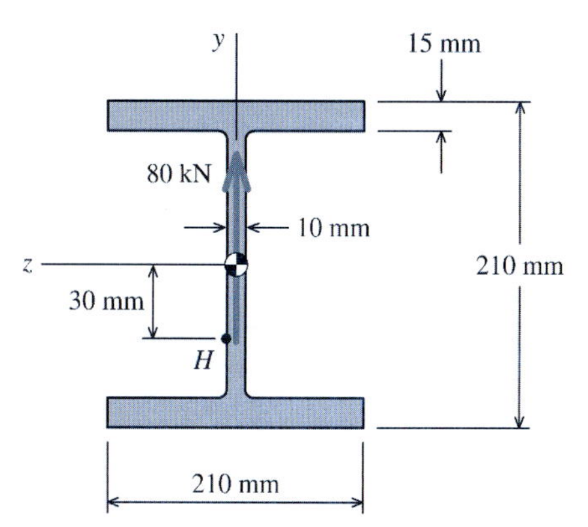

FIGURA P9.31

P9.32 O esforço cortante interno V em uma determinada seção de uma viga de aço é 110 kip (489 kN). Se a viga tiver a seção transversal mostrada na Figura P9.32, determine:

(a) o valor de Q associado ao ponto H, que está localizado 2 in (5,08 cm) abaixo da superfície superior do perfil com abas.
(b) a tensão cisalhante horizontal máxima no perfil com abas.

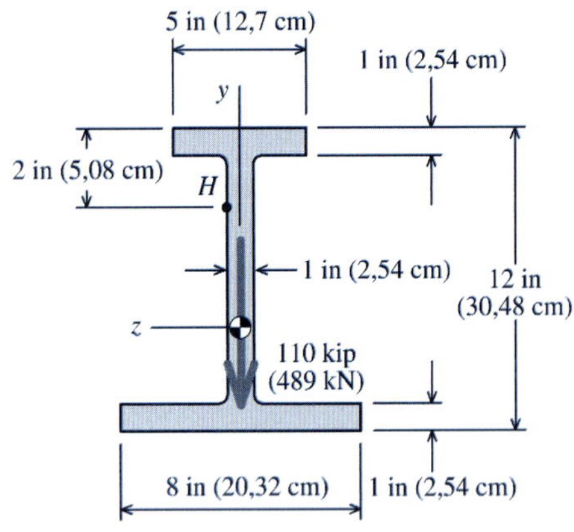

FIGURA P9.32

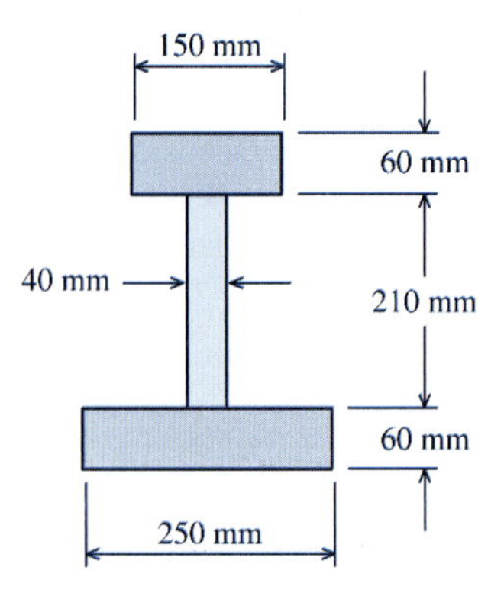

FIGURA P9.34*b* Dimensões da seção transversal.

P9.33 O esforço cortante interno V em uma determinada seção de uma viga de aço é 75 kip (333,6 kN). Se a viga tiver a seção transversal mostrada na Figura P9.33, determine:

(a) a tensão cisalhante no ponto H, que está localizado 2 in (5,08 cm) acima da superfície inferior do perfil com abas.

(b) a tensão cisalhante no ponto K, que está localizado 4,5 in (11,43 cm) abaixo da superfície superior do perfil com abas.

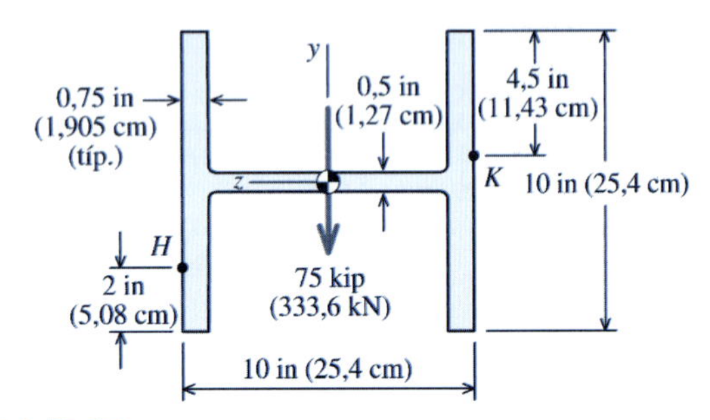

FIGURA P9.33

P9.34 Considere um segmento de 100 mm de comprimento de uma viga simplesmente apoiada (Figura P9.34*a*). Os momentos fletores internos no lado direito e no lado esquerdo do segmento são 75 kN · m e 80 kN · m, respectivamente. As dimensões da seção transversal do perfil com abas estão indicadas na Figura P9.34*b*. Determine a tensão cisalhante horizontal máxima nesse segmento da viga.

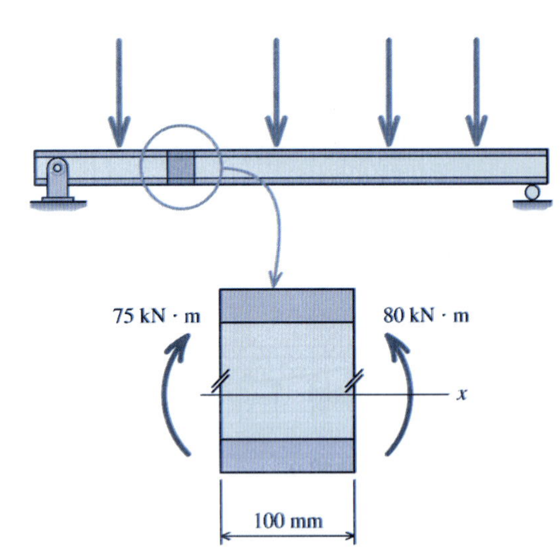

FIGURA P9.34*a* Segmento de viga (vista lateral).

P9.35 Uma viga simplesmente apoiada suporta as cargas mostradas na Figura P9.35*a*. As dimensões da seção transversal do perfil de abas largas estão indicadas na Figura P9.35*b*.

(a) Determine o esforço cortante máximo na viga.

(b) Na seção de máximo esforço cortante, determine a tensão cisalhante na seção transversal do ponto H, que está localizado 100 mm abaixo do eixo neutro do perfil de abas largas.

(c) Na seção de máximo esforço cortante, determine a tensão cisalhante horizontal máxima na seção transversal.

(d) Determine o valor absoluto da tensão normal máxima devida à flexão na viga.

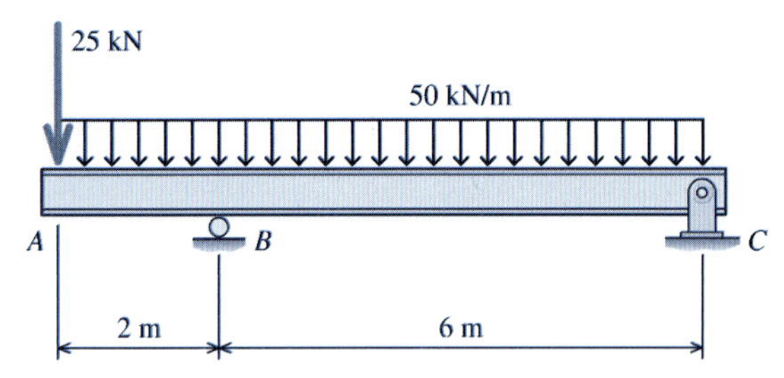

FIGURA P9.35*a*

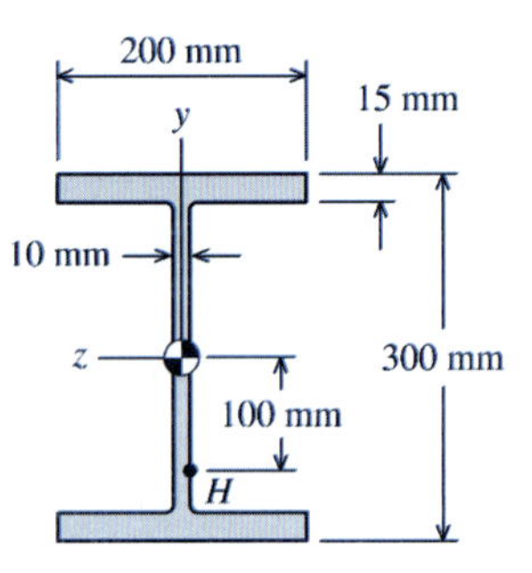

FIGURA P9.35*b*

P9.36 Uma viga simplesmente apoiada suporta as cargas mostradas na Figura P9.36*a*. As dimensões da seção transversal do perfil estrutural tubular estão indicadas na Figura P9.36*b*.

(a) Na seção *a–a*, que está localizada 4 ft (1,22 m) à direita do apoio de segundo gênero B, determine a tensão normal causada pela flexão e a tensão cisalhante no ponto H, que está localizado 3 in (7,62 cm) abaixo da superfície superior do perfil tubular.

(b) Determine o valor absoluto e o local da tensão cisalhante horizontal máxima no perfil tubular na seção *a–a*.

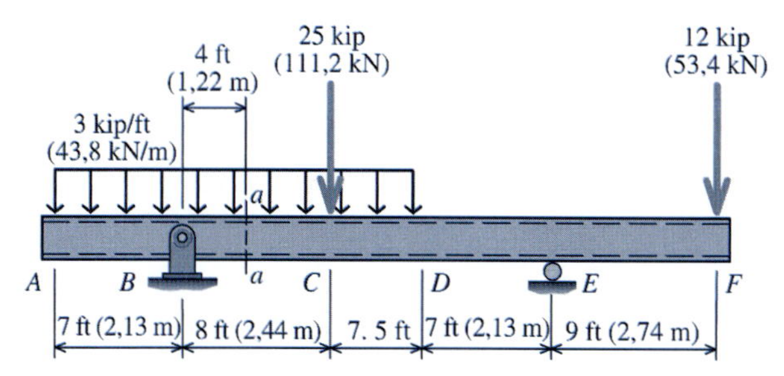

FIGURA P9.36*a*

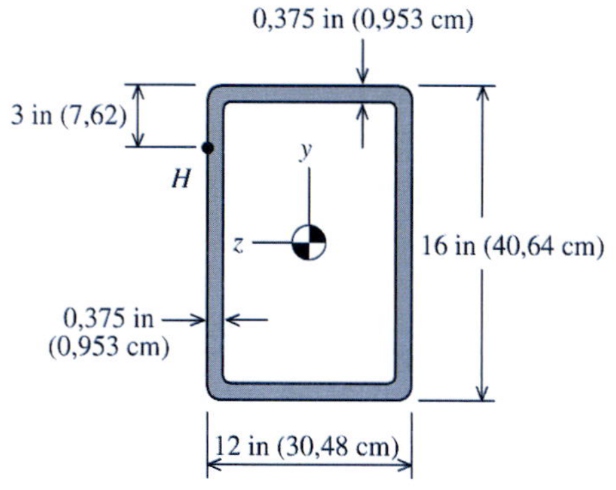

FIGURA P9.36*b*

P9.37 Uma viga em balanço suporta as cargas mostradas na Figura P9.37*a*. As dimensões da seção transversal do perfil estão indicadas na Figura P9.37*b*. Determine:

(a) a tensão cisalhante vertical máxima.
(b) a tensão normal máxima de compressão provocada pela flexão.
(c) a tensão normal máxima de tração provocada pela flexão.

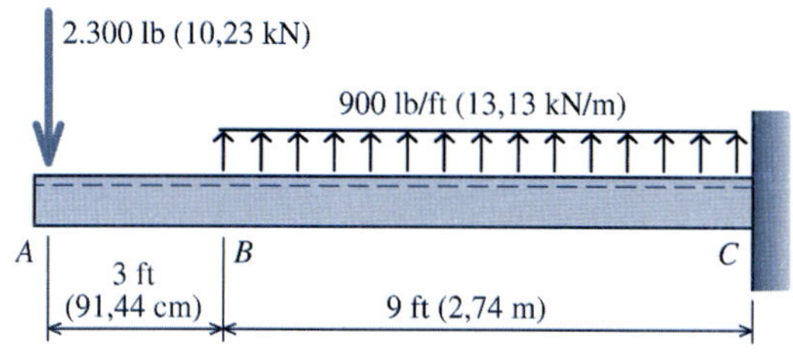

FIGURA P9.37*a*

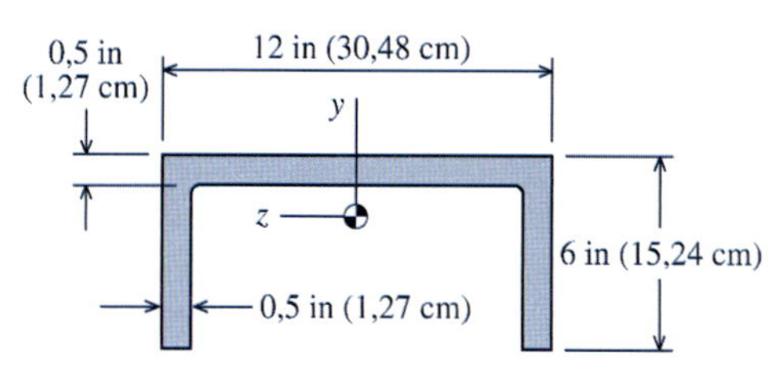

FIGURA P9.37*b*

P9.38 Uma viga em balanço suporta as cargas mostradas na Figura P9.38*a*. As dimensões da seção transversal do perfil estão indicadas na Figura P9.38*b*. Determine:

(a) a tensão cisalhante vertical máxima.
(b) a tensão normal máxima de compressão provocada pela flexão.
(c) a tensão normal máxima de tração provocada pela flexão.

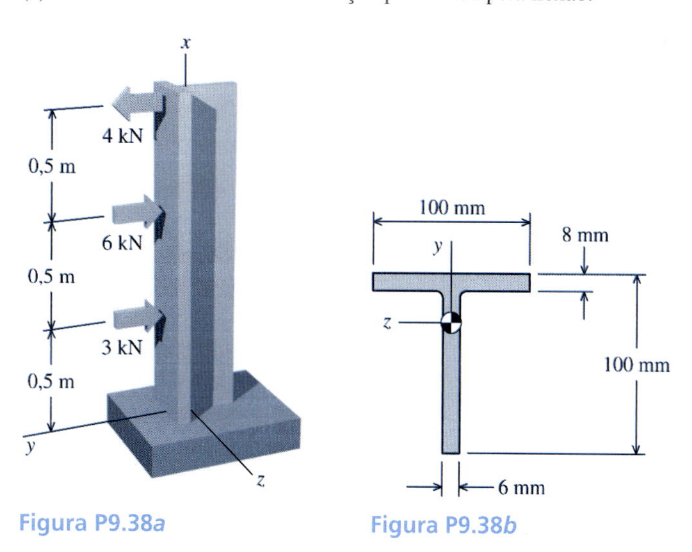

Figura P9.38*a*

Figura P9.38*b*

P9.39 Uma viga simplesmente apoiada fabricada de plástico reforçado e pultrudado suporta as cargas mostradas na Figura P9.39*a*. As dimensões da seção transversal do perfil plástico de abas largas estão indicadas na Figura P9.39*b*.

(a) Determine o valor absoluto do esforço cortante máximo na viga.
(b) Na seção de máximo esforço cortante, determine o valor absoluto da tensão cisalhante na seção transversal do ponto *H*, que está localizado 2 in (5,08 cm) acima da superfície inferior do perfil de abas largas.
(c) Na seção de máximo esforço cortante, determine o valor absoluto da tensão cisalhante horizontal máxima na seção transversal.
(d) Determine o valor absoluto da tensão normal máxima de compressão devida à flexão na viga. Em que local do vão ocorre essa tensão?

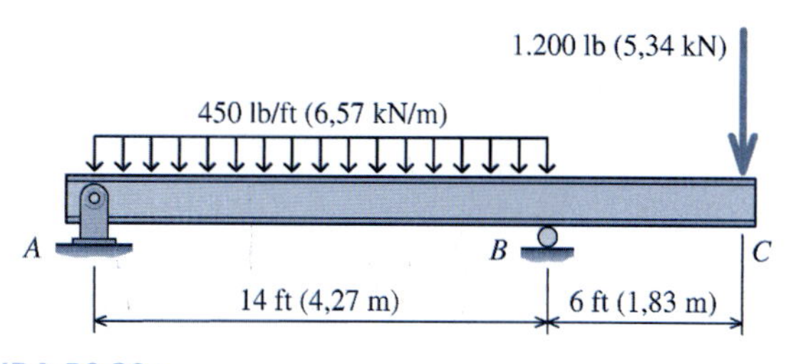

FIGURA P9.39*a*

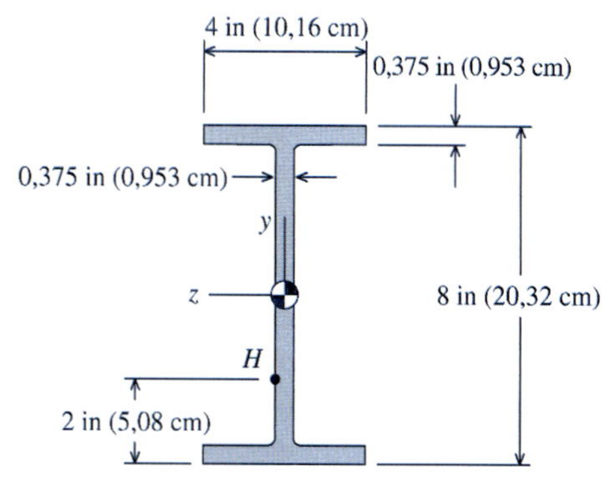

FIGURA P9.39*b*

9.8 FLUXO DE CISALHAMENTO EM ELEMENTOS ESTRUTURAIS COMPOSTOS

Enquanto os perfis-padrão de aço e outras seções transversais particularmente projetadas são usados com frequência na construção de vigas, há casos em que as vigas devem ser fabricadas de componentes como pranchas de madeira ou placas de metal para atender a uma finalidade específica. Como foi demonstrado na Seção 9.2, a flexão não uniforme cria forças horizontais (isto é, forças paralelas ao eixo longitudinal da viga) em cada parte da seção transversal. Para satisfazer o equilíbrio, devem ser desenvolvidas internamente forças adicionais entre essas partes. Para uma seção transversal feita de componentes distintos, devem ser adicionados elementos de ligação e de união como pregos, parafusos, rebites e outros conectores individuais de modo que as peças isoladas trabalhem em conjunto como um único elemento unificado de resistência à flexão (Figura 9.14*a*).

A seção transversal de um elemento estrutural composto e sujeito à flexão é mostrada na Figura 9.14*a*. Os pregos unem quatro pranchas de madeira de forma que elas ajam como um elemento unificado submetido à flexão. Da mesma forma que na Seção 9.3, consideraremos um comprimento Δx da viga, que está sujeito à flexão não uniforme (Figura 9.14*b*). A seguir, examinaremos uma parte A' da seção transversal para assegurar que as forças agem na direção longitudinal (ou seja, na direção x). Neste caso, consideraremos a prancha (3) como a área A'. Um diagrama de corpo livre da prancha (3) é mostrado na Figura 9.14*c*. Usando um procedimento similar ao desenvolvimento apresentado na Seção 9.3, encontra-se que a Equação (9.1) relaciona a variação do momento fletor interno ΔM ao longo de um comprimento Δx com a força horizontal exigida para satisfazer o equilíbrio da área A':

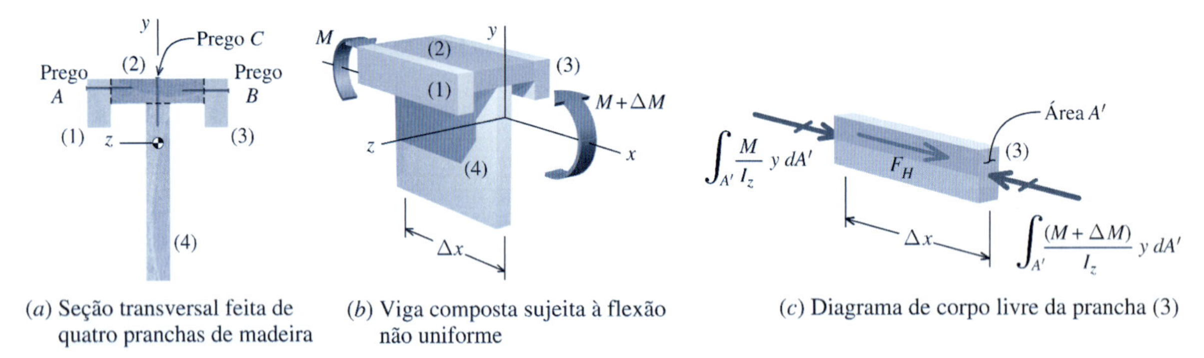

(*a*) Seção transversal feita de quatro pranchas de madeira

(*b*) Viga composta sujeita à flexão não uniforme

(*c*) Diagrama de corpo livre da prancha (3)

FIGURA 9.14 Equilíbrio horizontal de uma viga composta.

O termo I_z que aparece nas Equações (9.1), (9.11) e (9.12) **sempre** é o momento de inércia de *toda a seção transversal* em torno do eixo baricêntrico z.

$$F_H = \frac{\Delta M Q}{I_z} \tag{9.1}$$

A variação do momento fletor interno ΔM pode ser expresso como $\Delta M = (dM/dx)\Delta x = V\Delta x$, permitindo assim que a Equação (9.1) seja escrita novamente em termos do esforço cortante V:

$$F_H = \frac{VQ}{I_z}\Delta x \tag{9.11}$$

A Equação (9.11) relaciona o esforço cortante interno V em uma viga com a força horizontal F_H exigida para manter uma parte específica da seção transversal (área A') em equilíbrio. O termo Q é o momento estático da área A' e I_z é o momento de inércia de *toda a seção transversal* em torno do eixo neutro.

A força F_H exigida para manter a prancha (3) (isto é, área A') em equilíbrio deve ser fornecida pelo prego B mostrado na Figura 9.14*a* e é a presença de elementos de ligação individuais (como pregos) que é exclusiva para o projeto de elementos estruturais compostos sujeitos à flexão. Além da consideração das tensões normais devidas à flexão e das tensões cisalhantes por meio da fórmula da flexão e da fórmula da tensão cisalhante, o projetista de um elemento estrutural composto sujeito à flexão também deve assegurar que os elementos de ligação usados para unir as peças entre si sejam adequados para transmitir as forças horizontais exigidas para o equilíbrio.

Para facilitar esse tipo de análise, é conveniente introduzir uma quantidade conhecida como **fluxo de cisalhamento**. Se ambos os lados da Equação (9.1) forem divididos por Δx, o **fluxo de cisalhamento** q pode ser definido como

$$\frac{F_H}{\Delta x} = q = \frac{VQ}{I_z} \tag{9.12}$$

É importante entender que o fluxo de cisalhamento é originado pelas tensões normais criadas pelos momentos fletores internos que variam ao longo do vão da viga. O termo V aparece na Equação (9.12) como um substituto de dM/dx. O fluxo de cisalhamento age paralelo ao eixo longitudinal da viga — isto é, na mesma direção das tensões normais oriundas da flexão.

O fluxo de cisalhamento q é a *força cortante por unidade de comprimento do vão da viga* exigida para satisfazer o equilíbrio horizontal para uma parte específica da seção transversal. A Equação (9.12) é chamada **fórmula do fluxo de cisalhamento**.

ANÁLISE E PROJETO DE ELEMENTOS DE LIGAÇÃO

Seções transversais compostas usam elementos de ligação individuais como pregos, parafusos ou rebites para unir vários componentes em um elemento estrutural unificado a ser submetido à flexão. Um exemplo de uma seção transversal composta é mostrado na Figura 9.14*a* e vários outros exemplos são mostrados na Figura 9.15. Embora esses exemplos consistam em pranchas de madeira unidas por pregos, os princípios são os mesmos independentemente do material da viga e do tipo do elemento de ligação.

Normalmente o estudo de elementos de ligação envolve um dos seguintes objetivos:

- Dado o esforço cortante interno V na viga e a capacidade do esforço cortante de um elemento de ligação, qual é o intervalo de espaçamento adequado s ao longo do vão da viga (ou seja, na direção longitudinal x)?
- Dado o diâmetro e o intervalo de espaçamento s dos elementos de ligação, qual é a tensão cisalhante τ_f produzida em cada elemento de ligação para um determinado esforço cortante na viga?
- Dado o diâmetro, o intervalo de espaçamento s e a tensão cisalhante admissível dos elementos de ligação, qual é o esforço cortante máximo V aceitável para o elemento estrutural composto?

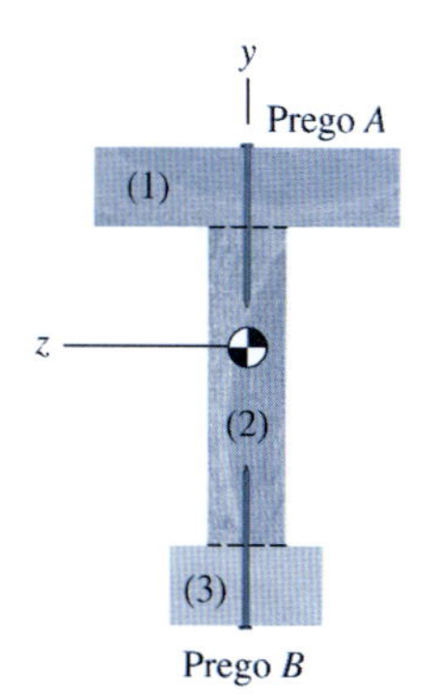

(*a*) Seção transversal em I para uma viga de madeira.

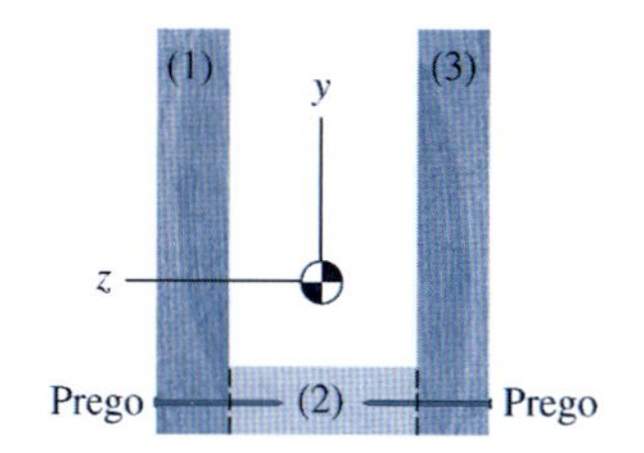

(*b*) Seção transversal em U para uma viga de madeira.

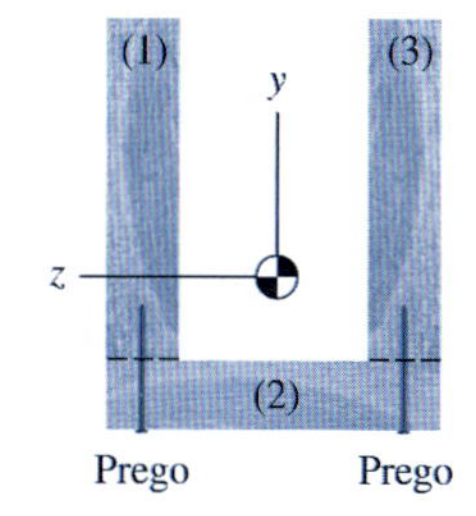

(*c*) Alternativa de seção transversal em U para uma viga de madeira.

FIGURA 9.15 Exemplos de elementos estruturais compostos submetidos à flexão.

Para atingir esses objetivos, pode ser desenvolvida uma expressão a partir da Equação (9.12) que relacione a resistência do elemento de ligação com a força horizontal F_H exigida para manter a área A' em equilíbrio. O termo do comprimento Δx na Equação (9.12) será igualado ao intervalo de espaçamento do elemento de ligação s ao longo do eixo x da viga. Em termos do fluxo de cisalhamento q, a força horizontal total F_H que deve ser transmitida entre as partes unidas em um intervalo s de viga pode ser expressa por

$$F_H = qs \tag{a}$$

A força interna horizontal F_H deve ser transmitida entre as pranchas ou placas pelos elementos de ligação. (**Nota:** O efeito do atrito entre as partes unidas é ignorado.) A força de cisalhamento que pode ser transmitida por um elemento de ligação isolado (prego, parafuso ou rebite) será indicada por V_f. Como poderiam ser usados mais de um elemento de ligação dentro do intervalo de espaçamento s, o número de elementos de ligação no intervalo será indicado por n_f. A resistência fornecida por n_f elementos de ligação deve ser maior ou igual à força horizontal F_H exigida para manter horizontalmente em equilíbrio a parte conectada:

$$F_H \leq n_f V_f \tag{b}$$

Combinando a Equação (a) com a Equação (b) tem-se a relação entre o fluxo de cisalhamento q, o intervalo de espaçamento s e o esforço cortante que pode ser transmitido por um único elemento de ligação V_f. Essa equação será denominada **relação entre o espaçamento e a força em um elemento de ligação**.

$$qs \leq n_f V_f \tag{9.13}$$

A tensão cisalhante média τ_f produzida por um elemento de ligação pode ser expressa como

$$\tau_f = \frac{V_f}{A_f} \tag{c}$$

em que se admite que o elemento de ligação esteja submetido ao cisalhamento simples e A_f = área da seção transversal do elemento de ligação. Usando essa relação, a Equação (9.13) pode ser reescrita em termos da tensão cisalhante no elemento de ligação. Essa equação será denominada **relação entre o espaçamento e a tensão em um elemento de ligação**.

$$qs \leq n_f \tau_f A_f \tag{9.14}$$

IDENTIFICANDO A ÁREA ADEQUADA PARA Q

Ao analisar o fluxo de cisalhamento q para uma determinada aplicação, frequentemente a decisão mais confusa se refere a que parte da seção transversal deve ser incluída no cálculo de Q. O segredo para identificar a área adequada A' é determinar que parte da seção transversal está sendo mantida no local pelo elemento de ligação.

As Figuras 9.14*a* e 9.15 mostram várias seções transversais compostas de vigas de madeira. Em cada caso, são usados pregos para unir as pranchas de madeira entre si e formar um elemento estrutural unificado a ser submetido à flexão. Admite-se que exista um esforço cortante interno V na viga em cada seção transversal.

Para o perfil T mostrado na Figura 9.14*a*, a prancha (1) é mantida no local pelo prego A. Para analisar o prego A, o projetista deve determinar o fluxo de cisalhamento q transmitido entre a prancha (1) e o restante da seção transversal. O valor adequado de Q para essa finalidade é o momento estático da área da prancha (1) em relação ao eixo baricêntrico z. Similarmente, o fluxo de cisalhamento associado ao prego B exige Q para a prancha (3) em relação ao eixo neutro. O prego C deve transmitir o fluxo de cisalhamento proveniente das pranchas (1), (2) e (3) para a alma do perfil T. Portanto, o valor adequado de Q inclui as pranchas (1), (2) e (3).

A Figura 9.15*a* mostra uma seção transversal de um perfil I que é fabricada pregando pranchas das abas (1) e (3) à prancha da alma (2). O prego A une a prancha (1) ao restante da seção transversal; portanto, o fluxo de cisalhamento associado ao prego A está baseado no momento estático de área Q da prancha (1) em relação ao eixo z. O prego B conecta a prancha (3) ao restante da seção transversal. Como a prancha (3) é menor do que a prancha (1) e mais distante do eixo z, será calculado um valor diferente de Q, resultando em um valor diferente de q para a prancha (3). Consequentemente, é provável que o intervalo de espaçamento s do prego B seja diferente do valor de s para o prego A. Em ambos os casos, I_z é o momento de inércia de *toda a seção transversal* em torno do eixo baricêntrico z.

As Figuras 9.15*b* e 9.15*c* mostram configurações alternativas para seções transversais em U nas quais a prancha (2) está ligada ao restante da seção transversal por meio de dois pregos. A parte mantida no local pelos pregos é a prancha (2) em ambas as configurações. Ambas as alternativas possuem as mesmas dimensões, a mesma área de seção transversal e o mesmo momento de inércia. Entretanto, o valor de Q calculado para a prancha (2) na Figura 9.15*b* será menor do que o valor de Q para a prancha (2) na Figura 9.15*c*. Portanto, o fluxo de cisalhamento para a primeira configuração será menor do que o valor de q para a configuração alternativa.

EXEMPLO 9.5

Uma viga simplesmente apoiada com balanço suporta uma carga concentrada de 500 lb (2,22 kN) em *D*. A viga é fabricada de duas pranchas de madeira com 2 in (5,08 cm) por 8 in (20,32 cm), unidas entre si por parafusos autoatarraxantes (*lag screw*) espaçados em intervalos de 5 in (12,7 cm) ao longo do comprimento da viga. O local do centro de gravidade da seção transversal fabricada é mostrado no desenho e o momento de inércia da seção transversal em torno do eixo baricêntrico z é $I_z = 290{,}667$ in^4 (12.098,5 cm^4). Determine o esforço cortante que age nos parafusos autoatarraxantes.

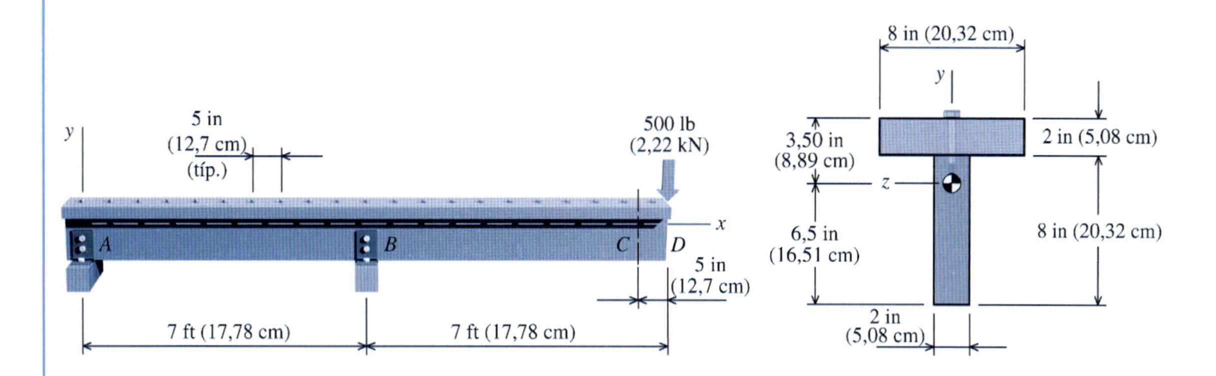

Planejamento da Solução

Sempre que uma seção transversal incluir elementos de ligação discretos (como pregos, parafusos ou rebites), a fórmula do fluxo de cisalhamento [Equação (9.12)] e o relacionamento [Equação (9.13)] será útil para assegurar a adequabilidade dos elementos para a finalidade pretendida. Para determinar o esforço cortante nos elementos de ligação, em primeiro lugar devemos identificar as partes da seção transversal que estão mantidas em seus lugares pelos referidos elementos de ligação. Para a seção transversal T básica considerada aqui, fica evidente que a prancha da aba superior está fixa à alma pelos parafusos autoatarraxantes. Se toda a seção transversal estiver em equilíbrio, a força resultante que age na direção horizontal da prancha da aba deverá ser transmitida à prancha da alma pelas forças cortantes nos elementos de ligação. Na análise, um pequeno segmento de viga igual ao intervalo de espaçamento dos parafusos autoatarraxantes será considerado para determinar a força cortante que deve ser fornecida por elemento de ligação para satisfazer o equilíbrio.

SOLUÇÃO

Diagrama de Corpo Livre em *C*

Para entender melhor a função dos elementos de ligação, considere um diagrama de corpo livre (DCL) obtido do corte na seção *C*, a 5 in da extremidade do balanço. Esse DCL inclui um elemento de ligação de parafuso autoatarraxante. A carga concentrada externa de 500 lb cria um esforço cortante interno $V = 500$ lb e um momento fletor interno $M = 2.500$ lb · in agindo em *C* na direção mostrada.

O momento fletor interno $M = 2.500$ lb · in cria tensões normais de tração acima do eixo neutro (ou seja, eixo baricêntrico z) e tensões normais de compressão abaixo do eixo neutro. As tensões normais principais que agem na aba e na alma podem ser calculadas por meio da fórmula da flexão. Essas tensões estão indicadas na figura.

O procedimento descrito na Seção 9.2 pode ser usado para calcular a força horizontal resultante criada pelas tensões normais de tração causadas pela flexão que agem na aba. A força resultante tem o valor absoluto de 344 lb e ela empurra a aba na direção $-x$. Se a aba precisa estar em equilíbrio, deve estar presente uma força adicional agindo na direção $+x$. Essa força adicional é fornecida pela resistência ao cisalhamento do parafuso autoatarraxante. Indicando essa força como V_f, o equilíbrio na direção horizontal indica que $V_f = 344$ lb.

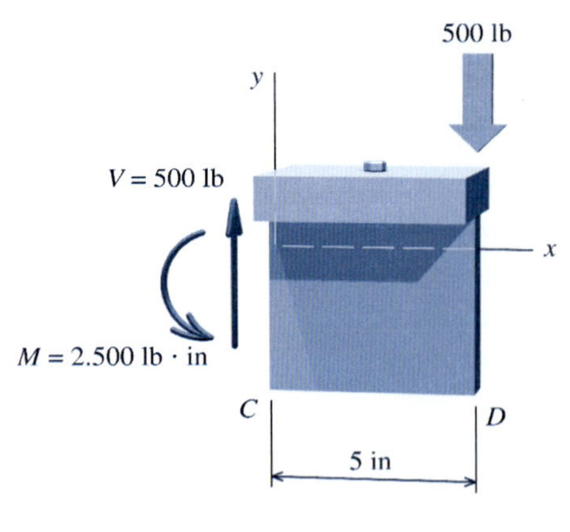

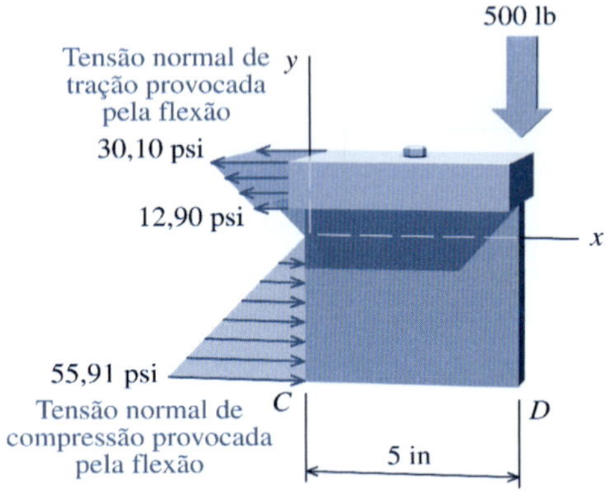

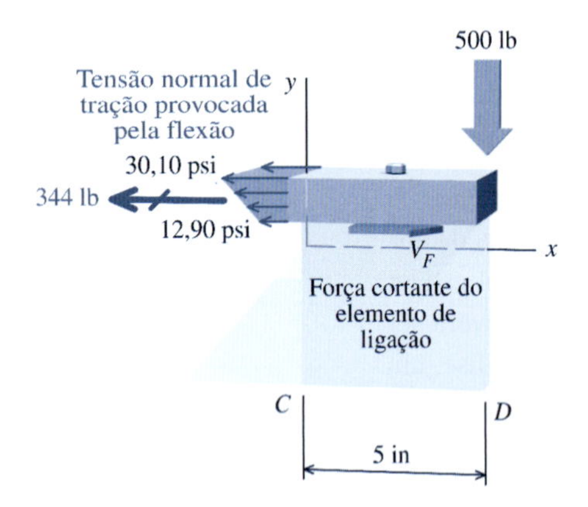

Em outras palavras, o equilíbrio da aba só poderá ser satisfeito se a resistência de 344 lb da alma *fluir através do parafuso autoatarraxante* para a aba. O valor absoluto de V_f determinado aqui só se aplica para um segmento da viga com 5 in de comprimento. Se fosse considerado um segmento maior do que 5 in, o momento fletor interno seria maior, o que por sua vez criaria maiores tensões normais devidas à flexão e uma força resultante de maior valor absoluto. Consequentemente, é conveniente expressar a quantidade de força que deve fluir para a parte conectada em termos da resistência horizontal exigida por unidade de vão da viga. O fluxo de cisalhamento nesse caso é

$$q = \frac{344 \text{ lb}}{5 \text{ in}} = 68{,}8 \text{ lb/in} \quad \text{(a)}$$

O exame anterior pretende esclarecer o comportamento de uma viga composta. Um entendimento básico das forças e das tensões envolvidas nesse tipo de elemento estrutural sujeito à flexão facilita o uso adequado da fórmula do fluxo de cisalhamento [Equação (9.12)] e a relação entre o espaçam ento e a força no elemento de ligação [Equação (9.13)] para analisar e projetar elementos de ligação em peças compostas sujeitas à flexão.

Fórmula do Fluxo de Cisalhamento

A fórmula do fluxo de cisalhamento pode ser reescrita como

$$q = \frac{VQ}{I_z} \quad \text{(b)}$$

e a relação entre a força e o espaçamento no elemento de ligação

$$qs \leq n_f V_f \quad \text{(c)}$$

será empregada para determinar o esforço cortante V_f produzido nos parafusos autoatarraxantes da viga composta. Valores apropriados dos termos que aparecem nessas equações serão desenvolvidos.

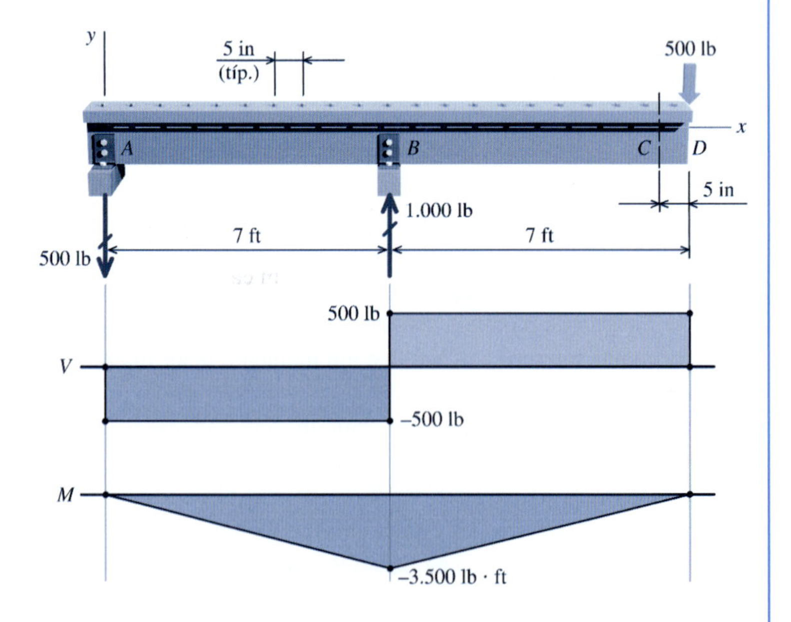

Esforço cortante interno na viga V: Os diagramas de esforço cortante (DEC) e de momento fletor (DMF) da viga simplesmente apoiada são apresentados na figura. O DEC revela que o esforço cortante interno tem valor absoluto constante de $V = 500$ lb ao longo de todo o vão da viga.

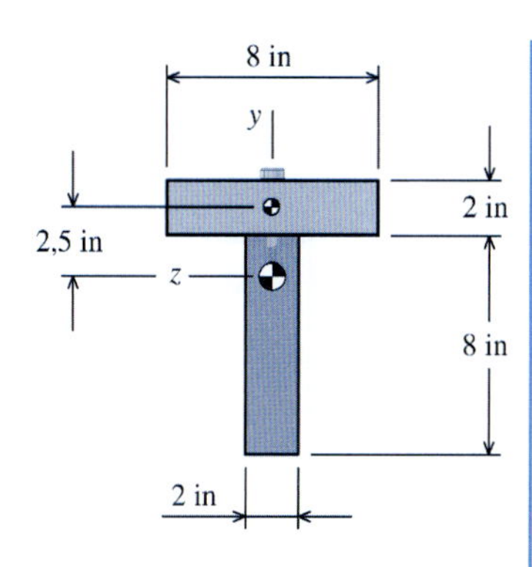

Momento estático de área Q: Calcula-se Q para a parte da seção transversal unida pelo parafuso autoatarraxante. Consequentemente, Q é calculado para a prancha da aba nessa situação:

$$Q = (8 \text{ in})(2 \text{ in})(2{,}5 \text{ in}) = 40 \text{ in}^3$$

Intervalo de espaçamento s do elemento de ligação: Os parafusos autoatarraxantes estão instalados em intervalos de 5 in ao longo do vão; portanto, $s = 5$ in.

Esforço cortante q: O fluxo de cisalhamento que deve ser transmitido da alma para a aba através do elemento de ligação pode ser calculado por meio da fórmula do fluxo de cisalhamento:

$$q = \frac{VQ}{I_z} = \frac{(500 \text{ lb})(40 \text{ in}^3)}{(290{,}667 \text{ in}^4)} = 68{,}8 \text{ lb/in} \qquad \text{(d)}$$

Observe que o resultado obtido na Equação (d) pela aplicação da fórmula do fluxo de cisalhamento é idêntico ao resultado obtido na Equação (a). Enquanto a fórmula do fluxo de cisalhamento fornece um formato conveniente para fins de cálculo, o comportamento básico de flexão abrangido por essa equação pode não estar muito evidente. O exame anterior usando um DCL da viga em C pode ajudar a melhorar o entendimento desse comportamento.

Esforço cortante V_f no elemento de ligação: A força de cisalhamento que deve ser fornecida pelo elemento de ligação pode ser calculada por meio do relacionamento entre a força e o espaçamento do elemento de ligação. A viga é fabricada com um parafuso autoatarraxante instalado a cada intervalo de 5 in; portanto, $n_f = 1$.

$$qs \leq n_f V_f$$

$$\therefore V_f = \frac{qs}{n_f} = \frac{(68{,}8 \text{ lb/in})(5 \text{ in})}{1 \text{ elemento de ligação}} = 344 \text{ lb (1.530 N) por elemento de ligação} \qquad \textbf{Resp.}$$

EXEMPLO 9.6

Foi proposta uma seção transversal alternativa para a viga simplesmente apoiada do Exemplo 9.5. No projeto alternativo, a viga é fabricada utilizando duas pranchas de madeira de 1 in (1,27 cm) por 10 in (12,7 cm) pregadas a uma prancha de aba de 2 in (5,08 cm) por 6 in (15,24 cm). O local do centro de gravidade da seção transversal fabricada é mostrado no desenho e o momento de inércia da seção transversal em torno do eixo baricêntrico z é $I_z = 290{,}667$ in^4 (12.098,5 cm^4). Se a resistência ao cisalhamento admissível em cada prego for de 80 lb (355,9 N), determine o intervalo de espaçamento máximo s que será aceitável para a viga composta.

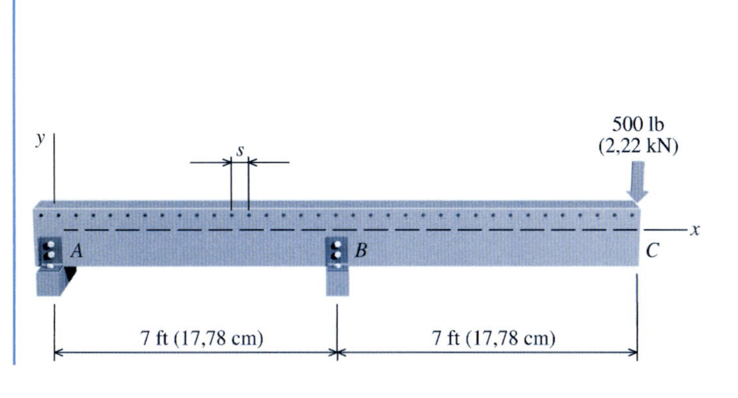

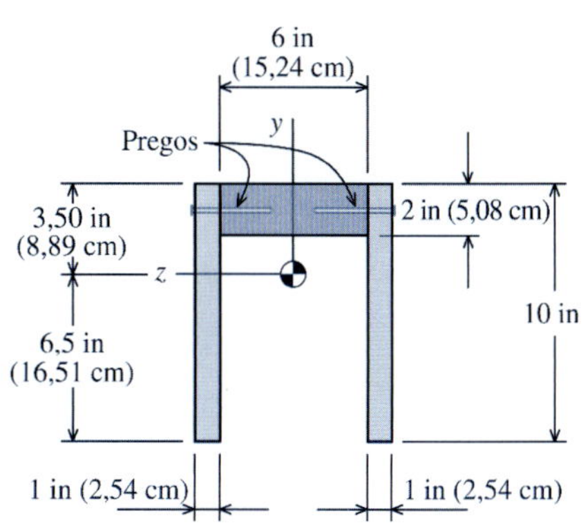

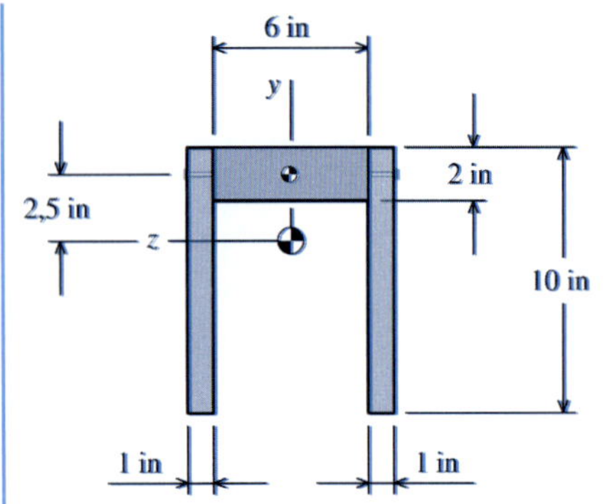

Planejamento da Solução

São exigidas a fórmula do fluxo de cisalhamento [Equação (9.12)] e a relação entre a força e o espaçamento no elemento de ligação [Equação (9.13)] para a determinação do intervalo de espaçamento s máximo. Como a prancha da aba, de 2 in por 6 in, é mantida em seu lugar pelos pregos, o momento estático de área Q assim como o fluxo de cisalhamento q estarão baseados nessa região da seção transversal.

SOLUÇÃO

Esforço Cortante Interno V na Viga

Os diagramas de esforços cortantes (DEC) e de momentos fletores (DMF) da viga simplesmente apoiada estão apresentados no Exemplo 9.5. O esforço cortante V tem valor absoluto constante $V = 500$ lb ao longo de todo o vão da viga.

Momento estático de área Q: Calcula-se Q para a prancha da aba de 2 in por 6 in, que é a parte da seção transversal mantida em seu lugar pelos pregos.

$$Q = (6 \text{ in})(2 \text{ in})(2{,}5 \text{ in}) = 30 \text{ in}^3$$

Fluxo de cisalhamento q: O fluxo de cisalhamento que deve ser transmitido através do par de pregos é

$$q = \frac{VQ}{I_z} = \frac{(500 \text{ lb})(30 \text{ in}^3)}{(290{,}667 \text{ in}^4)} = 51{,}6 \text{ lb/in}$$

Intervalo de espaçamento s máximo entre os pregos: O intervalo de espaçamento máximo entre os pregos pode ser calculado por meio da relação entre a força e o espaçamento do elemento de ligação [Equação (9.13)]. A viga é fabricada com dois pregos instalados em cada intervalo; portanto, $n_f = 2$.

$$qs \leq n_f V_f$$

$$\therefore s \leq \frac{n_f V_f}{q} = \frac{(2 \text{ pregos})(80 \text{ lb/prego})}{51{,}6 \text{ lb/in}} = 3{,}10 \text{ in } (7{,}87 \text{ cm}) \qquad \textbf{Resp.}$$

Os pares de pregos devem ser instalados em intervalos menores ou iguais a 3,10 in. Na prática, os pregos seriam colocados em intervalos de 3 in.

Exemplo do MecMovies M9.9

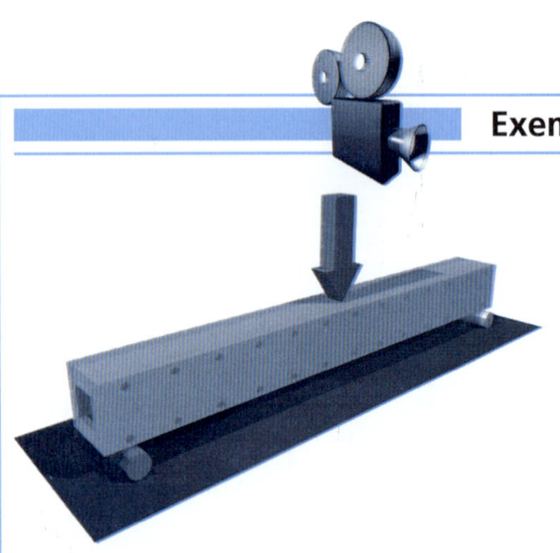

Determine o valor do esforço cortante admissível das duas vigas com seção em caixão de madeira, fabricadas com duas configurações diferentes de pregos.

Exemplo do MecMovies M9.10

Determine o espaçamento máximo entre os pregos que pode ser usado para construir uma viga de madeira em U.

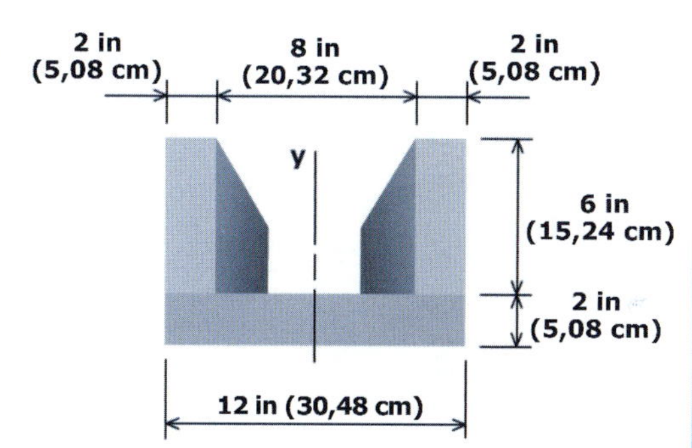

Exemplo do MecMovies M9.11

Determine o espaçamento longitudinal máximo entre os parafusos exigido para suportar um esforço cortante de 50 kip.

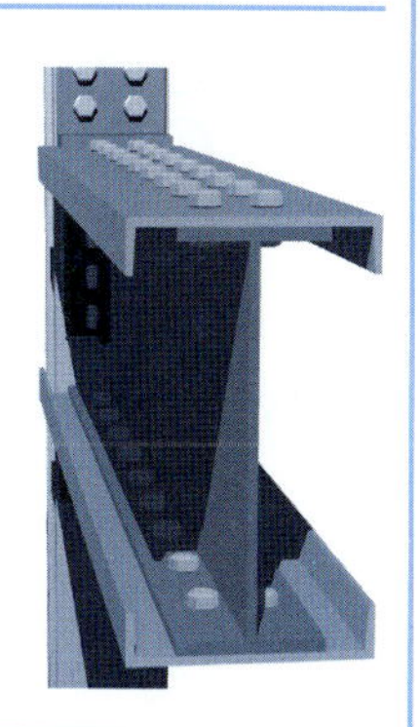

Exemplo do MecMovies M9.12

Determine a tensão cisalhante desenvolvida nos parafusos usados para unir dois perfis em U por seus lados maiores (costa a costa, ou fundo a fundo).

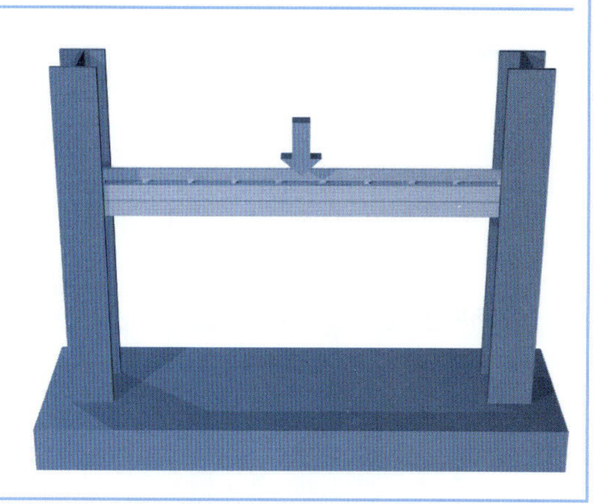

Exemplo do MecMovies M9.13

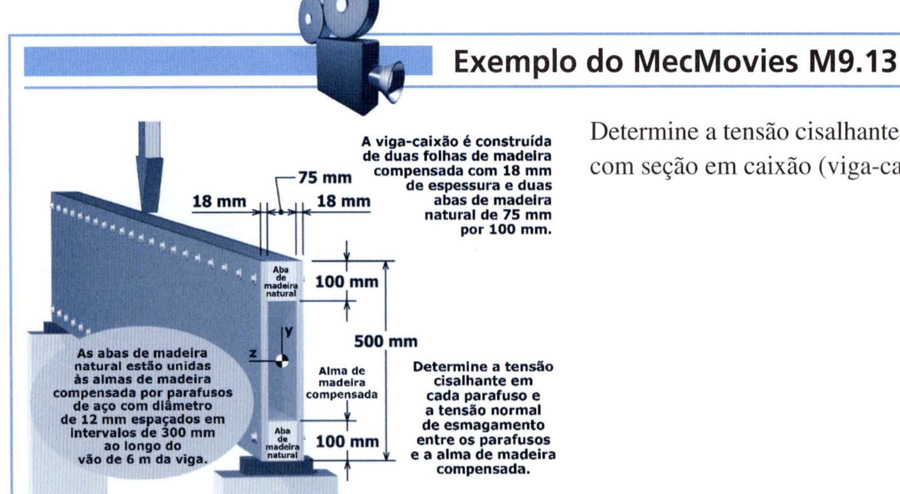

Determine a tensão cisalhante nos parafusos usados para fabricar a viga com seção em caixão (viga-caixão) de madeira.

EXERCÍCIOS do MecMovies

M9.9 Cinco questões de múltipla escolha envolvendo o cálculo de Q para seções transversais de vigas compostas.

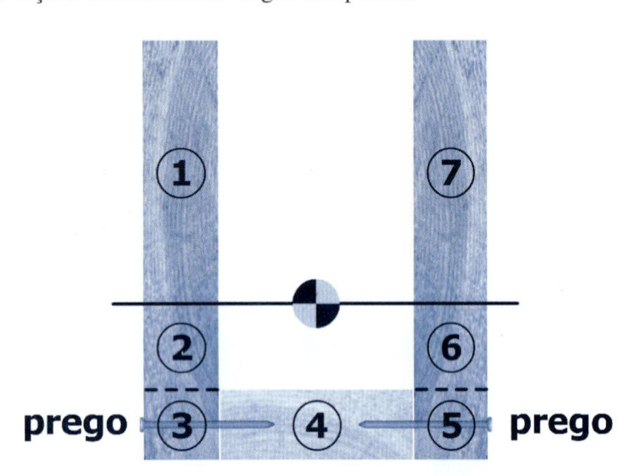

FIGURA M9.9

M9.10 Cinco questões de múltipla escolha relativas ao fluxo de cisalhamento em seções transversais de vigas compostas.

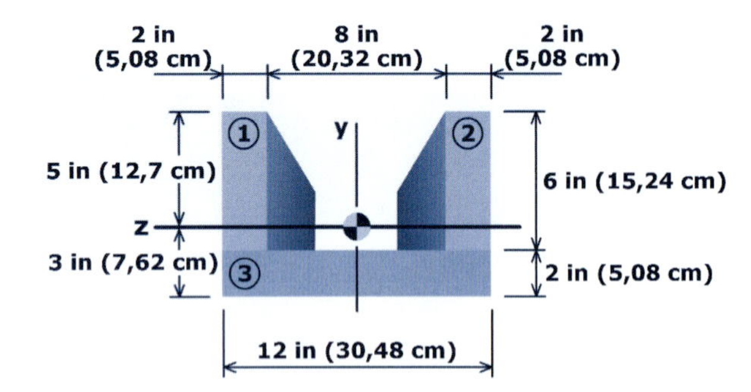

FIGURA M9.10

M9.11 Quatro questões de múltipla escolha relativas ao fluxo de cisalhamento em seções transversais de vigas compostas.

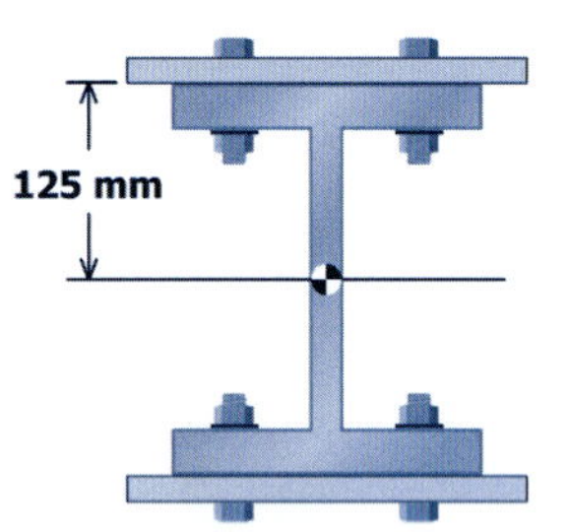

FIGURA M9.11

PROBLEMAS

P9.40 Uma viga de madeira é fabricada de pranchas de dimensões comerciais padronizadas, sendo uma peça de 2 × 10 e duas peças de 2 × 4, para formar a seção transversal de viga I mostrada na Figura P9.40/41. As abas da viga são unidas à alma por pregos que podem transmitir com segurança uma força de 120 lb (533,8 N) por cisalhamento direto. Se a viga for simplesmente apoiada e suportar uma carga de 1.000 lb (4.448,2 N) no centro de um vão de 12 ft (3,66 m), determine:

(a) a força horizontal transferida de cada aba para a alma em um segmento de 12 in (30,48 cm) da viga.
(b) o espaçamento máximo s (ao longo do comprimento da viga) exigido para os pregos.
(c) a tensão cisalhante horizontal máxima na viga I.

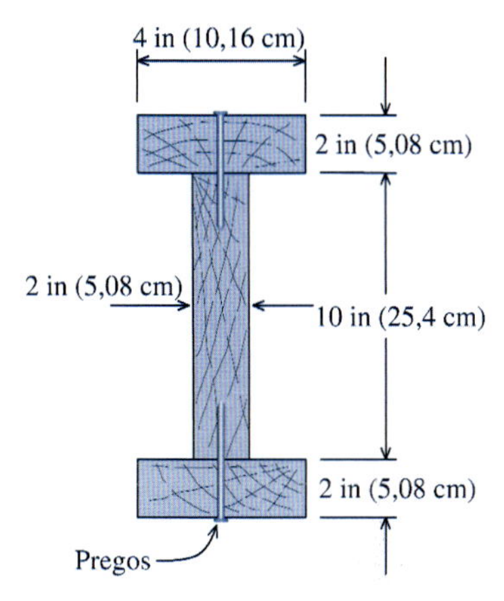

FIGURA P9.40/41

P9.41 Uma viga de madeira é fabricada de pranchas de dimensões comerciais padronizadas, sendo uma peça 2 × 10 e duas peças de 2 × 4, para formar a seção transversal de viga I mostrada na Figura P9.40/41. A viga I será usada como uma viga simplesmente apoiada para receber uma carga concentrada P no centro de um vão de 20 ft (6,1 m). A madeira tem tensão normal admissível provocada pela flexão de 1.200 psi (8.273,7 kPa) e tensão cisalhante admissível de 90 psi (620,5 kPa). Os flanges da viga são unidos à alma por pregos que podem transmitir com segurança uma força de 120 lb (533,8 N) por cisalhamento direto.

(a) Se os pregos forem distribuídos uniformemente em um intervalo s = 4,5 in (11,43 cm) ao longo do vão, qual é a carga concentrada máxima P que pode ser suportada pela viga? Demonstre que as tensões normais máximas provocadas pela flexão e as tensões cisalhantes máximas produzidas por P são aceitáveis.
(b) Determine o valor absoluto da carga P que produz tensão normal admissível devida à flexão no vão [isto é, $\sigma_{\text{flexão}}$ = 1.200 psi (8.273,7 kPa)]. Qual espaçamento entre os pregos é exigido para suportar esse valor de carga? Demonstre que as tensões horizontais máximas de cisalhamento produzidas por P são aceitáveis.

P9.42 Uma viga-caixão de madeira é fabricada de quatro pranchas que são unidas entre si por pregos, conforme mostra a Figura P9.42*b*. Os pregos são colocados em um espaçamento s = 125 mm (Figura P9.42*a*) e cada prego pode fornecer uma resistência de V_f = 500 N. Em serviço, a viga-caixão será empregada de forma que a flexão ocorra em torno do eixo z. Determine o esforço cortante máximo V que pode ser suportado pela viga com base na capacidade de cisalhamento das conexões pregadas.

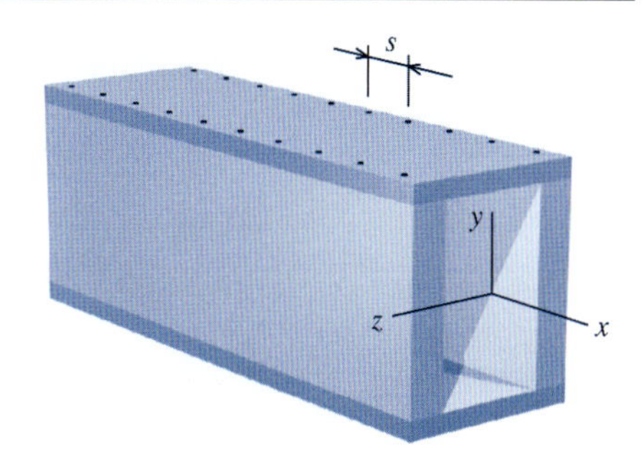

FIGURA P9.42*a*

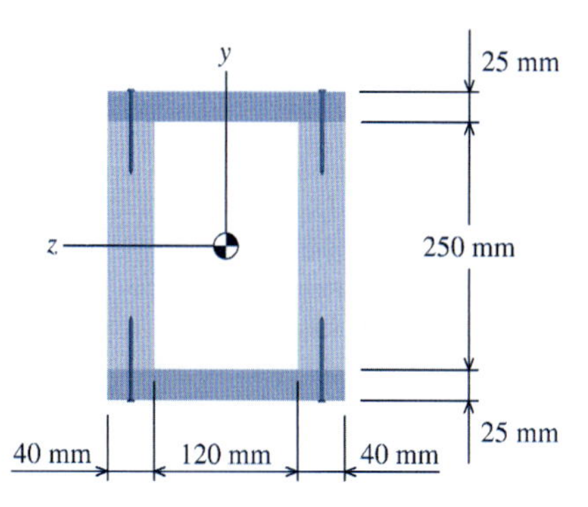

FIGURA P9.42*b*

P9.43 Uma viga-caixão de madeira é fabricada de quatro pranchas que estão unidas entre si por parafusos, conforme mostra a Figura P9.43*b*. Cada parafuso pode fornecer uma resistência de 800 N. Em serviço, a viga-caixão será empregada de modo que a flexão ocorra em torno do eixo z e o esforço cortante máximo na viga será de 9 kN. Determine o intervalo de espaçamento máximo s para os parafusos (veja a Figura P9.43*a*).

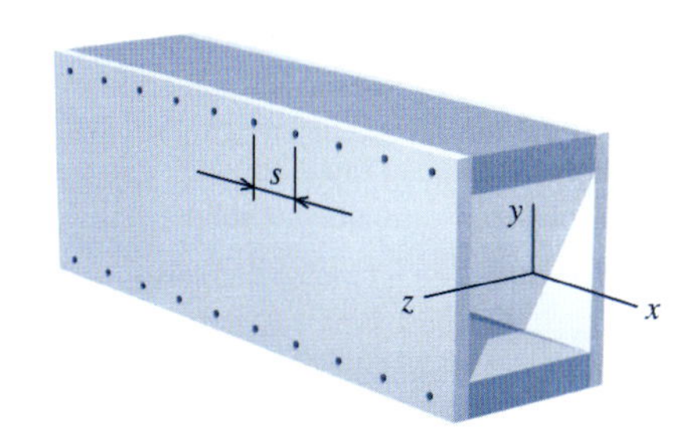

FIGURA P9.43*a*

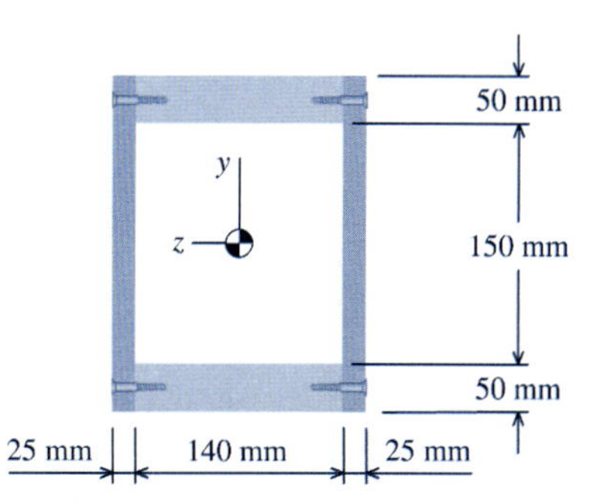

FIGURA P9.43*b*

P9.44 Uma viga de madeira é fabricada pregando entre si três pranchas de dimensões comerciais padronizadas conforme mostra a Figura P9.44*a*. As dimensões da seção transversal da viga são mostradas na Figura P9.44*b*. A viga deve suportar um esforço cortante interno de V = 750 lb (3.336,2 N).

(a) Determine a tensão cisalhante horizontal máxima na seção transversal para V = 750 lb (3.336,2 N).

(b) Se cada prego pode fornecer 100 lb (444,8 N) de resistência horizontal, determine o espaçamento máximo *s* para os pregos.

(c) Se as três pranchas forem unidas por cola em vez de pregos, que resistência mínima ao cisalhamento seria necessária para as superfícies coladas?

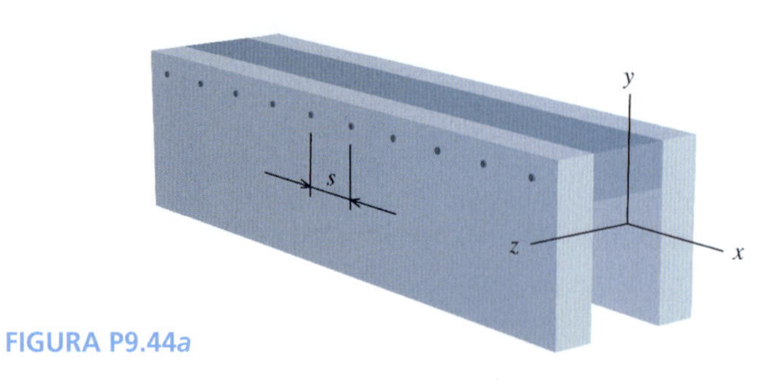

FIGURA P9.44*a*

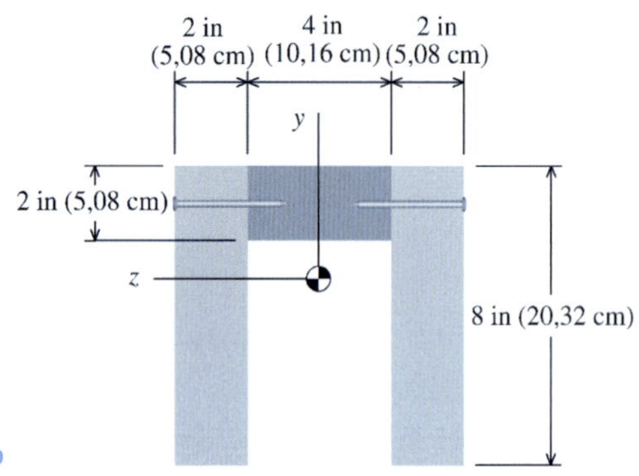

FIGURA P9.44*b*

P9.45 Uma viga de madeira é fabricada colando quadro pranchas de dimensões comerciais padronizadas, cada uma com 40 mm de largura e 90 mm de altura, a uma alma de madeira compensada de 32 × 400, conforme mostra a Figura P9.45. Determine o esforço cortante admissível máximo e o momento fletor admissível máximo que essa seção poderá receber se a tensão normal admissível provocada pela flexão for 6 MPa, a tensão cisalhante admissível na madeira compensada for 640 kPa e a tensão admissível nas superfícies coladas for 250 kPa.

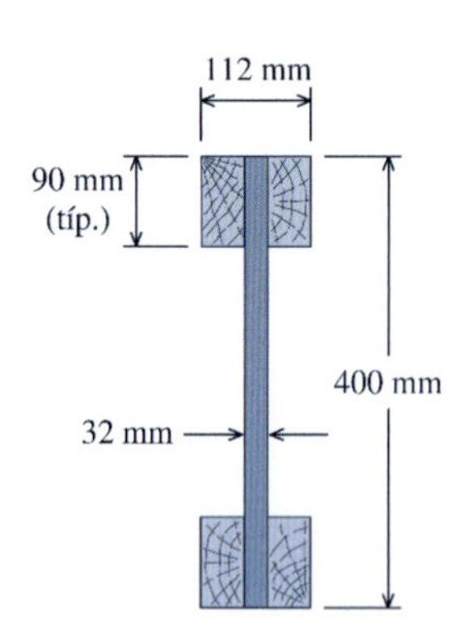

FIGURA P9.45

P9.46 Uma viga de madeira é fabricada de pranchas de dimensões comerciais padronizadas, sendo uma peça de 2 × 12 e duas peças de 2 × 10, para formar uma seção transversal em duplo T sujeita ao cisalhamento duplo mostrada na Figura P9.46. O flange da viga é unido à alma por pregos. Cada prego pode transmitir seguramente uma força de 175 lb (778,4 N) sob cisalhamento direto. A tensão cisalhante admissível na madeira é 70 psi (482,6 kPa).

(a) Se os pregos estiverem espaçados uniformemente em um intervalo de s = 4 in (10,16 cm) ao longo do vão, qual é o esforço cortante interno máximo V que pode ser suportado pela seção transversal em duplo T?

(b) Que espaçamento de pregos *s* seria necessário para desenvolver a *resistência completa* do perfil duplo T sob cisalhamento? (*Resistência completa* significa que a tensão cisalhante horizontal máxima no perfil duplo T se iguale à tensão cisalhante admissível da madeira.)

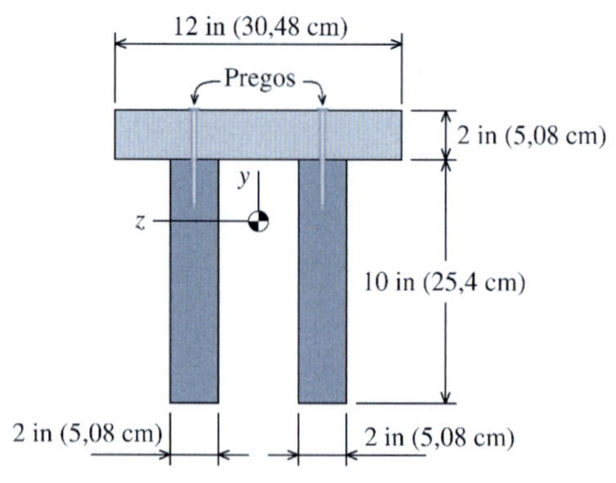

FIGURA P9.46

P9.47 Uma viga-caixão de madeira é fabricada de duas almas de madeira compensada que estão fixas a pranchas de dimensões comerciais padronizadas em suas abas da parte superior e da parte inferior (Figura P9.47*b*/48*b*). A viga suporta uma carga concentrada P = 5.000 lb (22,24 kN) no centro de um vão de 15 ft (4,57 m) (Figura P9.47*a*/48*a*). Parafusos [diâmetro de 3/8 in (0,95 cm)] unem as almas de madeira compensada as abas de madeira natural comercial segundo um espaçamento de s = 12 in (30,48 cm) ao longo do vão. Os apoios *A* e *C* podem ser considerados como de segundo e de primeiro gênero, respectivamente. Determine:

(a) a tensão cisalhante horizontal máxima nas almas de madeira compensada.

(b) a tensão cisalhante média nos parafusos.

(c) a tensão normal máxima provocada pela flexão nas abas de madeira natural comercial.

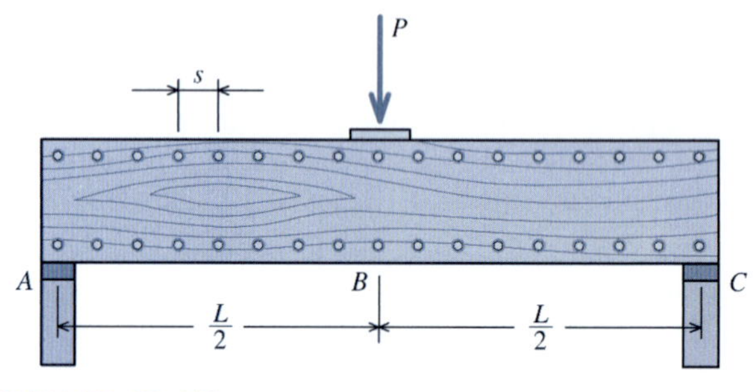

FIGURA P9.47*a*/48*a*

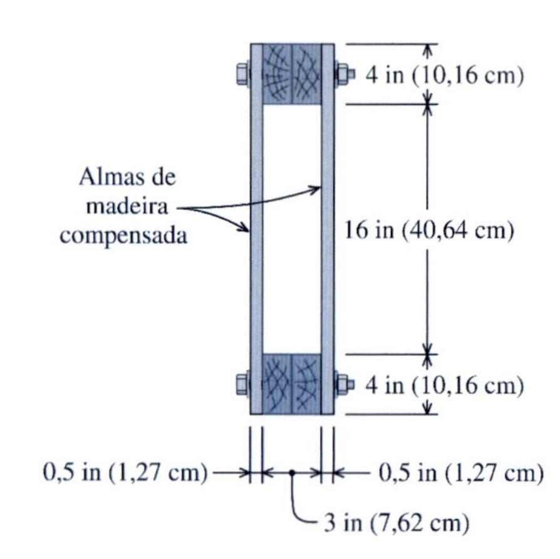

FIGURA P9.47*b*/48*b*

P9.48 Uma viga-caixão de madeira é fabricada de duas almas de madeira compensada que estão fixas a pranchas de dimensões comerciais padronizadas em seus flanges das partes superior e inferior (Figura P9.47*b*/48*b*). A madeira comercial tem tensão normal admissível provocada pela flexão de 1.500 psi (10,34 MPa). A madeira compensada tem tensão cisalhante admissível de 300 psi (2,07 MPa). Os parafusos de 3/8 in (0,95 cm) de diâmetro têm uma tensão cisalhante admissível de 6.000 psi (41,36 MPa) e estão espaçados em intervalos de $s = 9$ in (22,86 cm). O vão da viga é $L = 15$ ft (4,57 m) (Figura P9.47*a*/48*a*). O apoio *A* pode ser considerado de segundo gênero e o apoio *C* pode ser considerado de primeiro gênero.

(a) Determine a carga *P* máxima que pode ser aplicada no meio do vão da viga.

(b) Informe a tensão normal provocada pela flexão nas pranchas de madeira comercial, a tensão cisalhante na madeira compensada e a tensão cisalhante média nos parafusos sob a carga *P* determinada na parte (a).

P9.49 Uma viga de madeira é fabricada de três pranchas, que estão unidas entre si por parafusos, conforme mostra a Figura P9.49*b*. Os parafusos estão espaçados uniformemente ao longo do vão em intervalos de 150 mm (Figura P9.49*a*). Em serviço, a viga será colocada de modo que a flexão ocorra em torno do eixo *z*. O momento fletor máximo na viga é $M_z = -4{,}50$ kN · m e o esforço cortante máximo na viga é $V_y = -2{,}25$ kN. Determine:

(a) o valor absoluto da tensão cisalhante horizontal máxima na viga.

(b) o esforço cortante em cada parafuso.

(c) o valor absoluto da tensão normal máxima provocada pela flexão na viga.

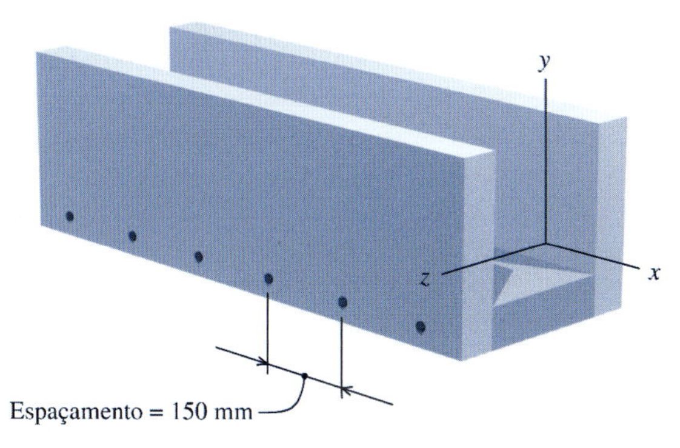

FIGURA P9.49*a*

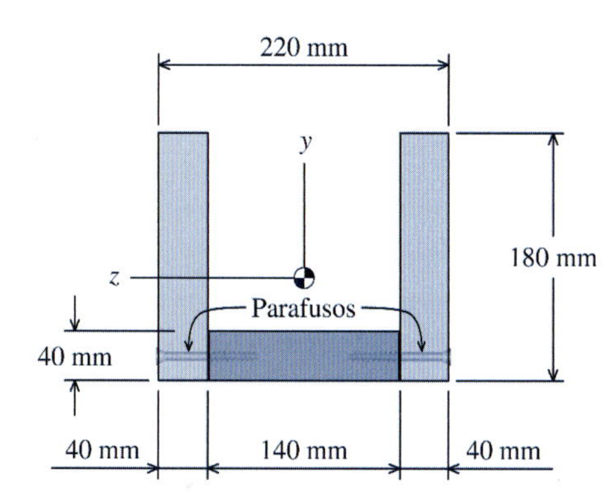

FIGURA P9.49*b*

P9.50 Uma viga de madeira é fabricada aparafusando entre si três peças, conforme mostra a Figura P9.50*a*/51*a*. As dimensões da seção transversal estão indicadas na Figura P9.50*b*/51*b*. Os parafusos de 8 mm de diâmetro estão espaçados por intervalos de $s = 200$ mm ao longo do eixo *x* da viga. Se o esforço cortante interno na viga for $V = 7$ kN, determine a tensão cisalhante em cada parafuso.

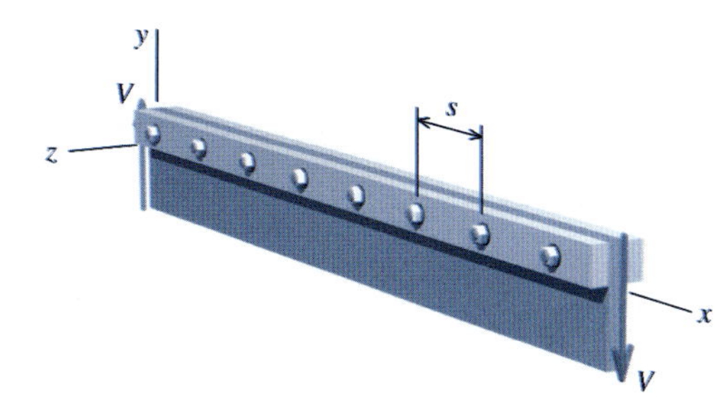

FIGURA P9.50*a*/51*a*

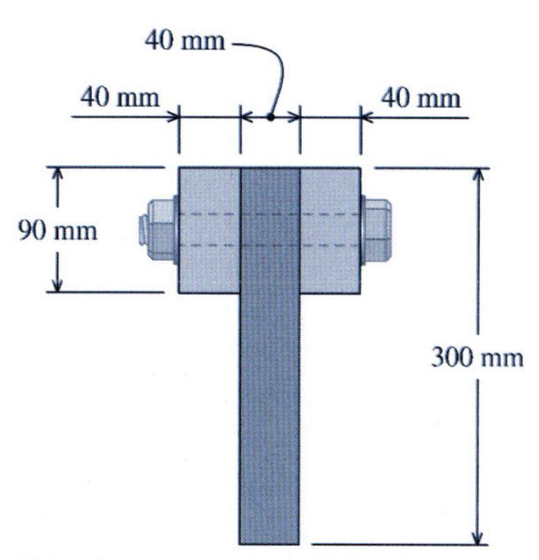

FIGURA P9.50*b*/51*b*

P9.51 Uma viga de madeira é fabricada aparafusando entre si três peças, conforme mostra a Figura P9.50*a*/51*a*. As dimensões da seção transversal estão indicadas na Figura P9.50*b*/51*b*. A tensão cisalhante admissível da madeira é 850 kPa e a tensão cisalhante admissível nos parafusos de 10 mm de diâmetro é 40 MPa. Determine:

(a) o esforço cortante interno máximo *V* que a seção transversal pode suportar com base na tensão cisalhante admissível na madeira.

(b) o espaçamento máximo admissível *s* entre os parafusos exigido para desenvolver o esforço cortante interno calculado na parte (a).

P9.52 Um elemento estrutural engastado é fabricado aparafusando dois perfis de aço idênticos laminados a frio segundo suas maiores dimensões (costa-a-costa), conforme mostra a Figura P9.52*a*. A viga engastada e livre (em balanço) tem um vão $L = 1.600$ mm e suporta uma carga concentrada $P = 600$ N. As dimensões da seção transversal do perfil composto estão indicadas na Figura P9.52*b*. O efeito dos cantos arredondados pode ser ignorado na determinação das propriedades da seção para o perfil composto.

(a) Se forem colocados parafusos de 4 mm de diâmetro em intervalos de $s = 75$ mm, determine a tensão cisalhante produzida nos parafusos.

(b) Se a tensão cisalhante média admissível no parafuso for de 96 MPa, determine o diâmetro mínimo dos parafusos exigidos se for usado o espaçamento de $s = 400$ mm.

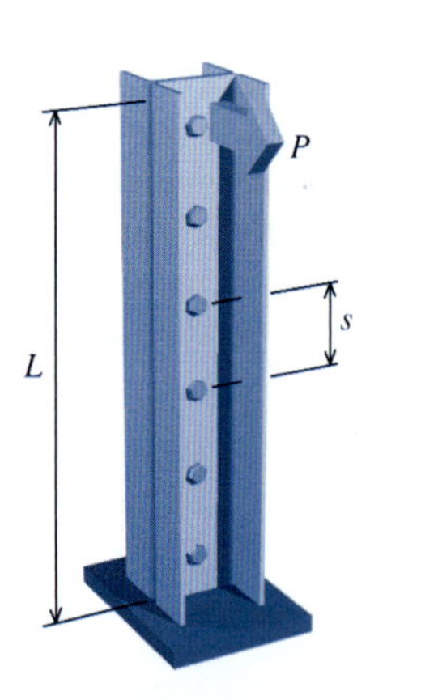

FIGURA P9.52*a*

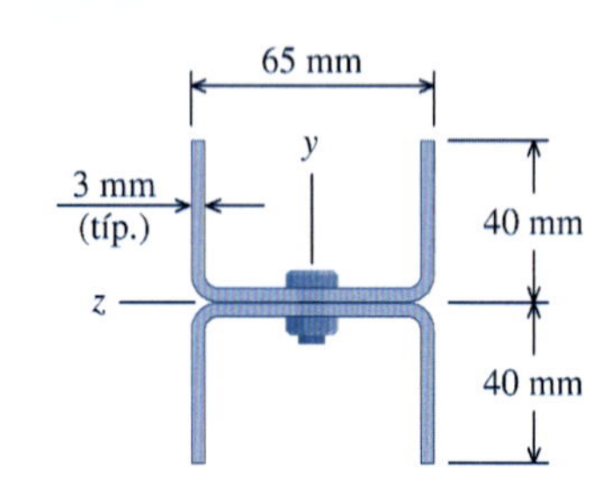

FIGURA P9.52*b*

P9.53 Uma viga de aço com perfil W310 × 60 (veja o Apêndice B) em uma estrutura existente deve ser reforçada pela adição de uma placa de cobertura (ou placa de reforço) com 250 mm de largura por 16 mm de espessura da sua aba inferior conforme mostrado na Figura P9.53. A placa de reforço está unida à aba inferior por pares de parafusos de 24 mm de diâmetro espaçados em intervalos de s ao longo do vão da viga. A flexão ocorre em torno do eixo baricêntrico z.

(a) Se a tensão cisalhante admissível no parafuso for de 96 MPa, determine o intervalo de espaçamento máximo s entre os parafusos exigido para suportar um esforço cortante interno na viga de $V = 50$ kN.

(b) Se a tensão normal admissível provocada pela flexão for 150 MPa, determine o momento fletor admissível para o perfil W310 × 60, o momento fletor para o perfil W310 × 60 com a placa de reforço adicionada e o aumento percentual da capacidade de momento que é ganha pela adição da placa de reforço.

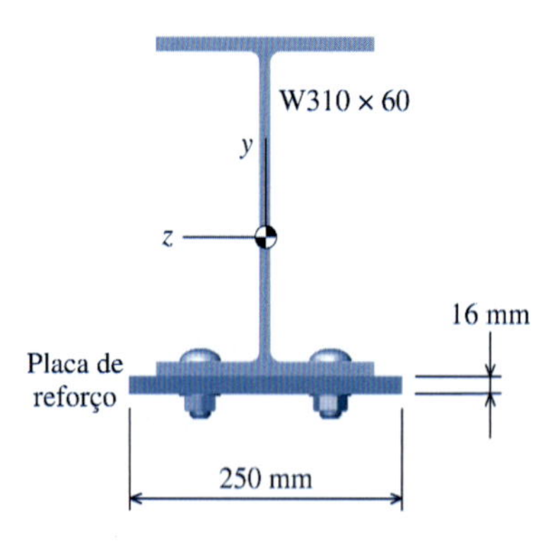

FIGURA P9.53

P9.54 Uma viga de aço com o perfil W410 × 60 (veja o Apêndice B) é simplesmente apoiada em suas extremidades e suporta uma carga concentrada P no centro de seu vão de 7 m. O perfil W410 × 60 será reforçado pela adição de duas placas de cobertura (placas de reforço) com 250 mm de largura por 16 mm de espessura as suas abas, conforme mostra a Figura P9.54/55. Cada placa de reforço está unida ao seu flange por pares de parafusos com diâmetro de 20 mm, espaçados em intervalos de s ao longo do vão da viga. A tensão normal admissível provocada pela flexão é 150 MPa, a tensão cisalhante média admissível nos parafusos é 96 MPa e a flexão ocorre em torno do eixo baricêntrico z.

(a) Com base na tensão normal admissível provocada pela flexão de 150 MPa, determine a carga concentrada máxima P que pode ser aplicada ao centro de um vão de 7 m para uma viga de perfil de aço W410 × 60 com duas placas de reforço.

(b) Para o esforço cortante V associado à carga concentrada P determinada na parte (a), calcule o intervalo de espaçamento máximo s exigido para os parafusos que unem as placas de reforço as abas.

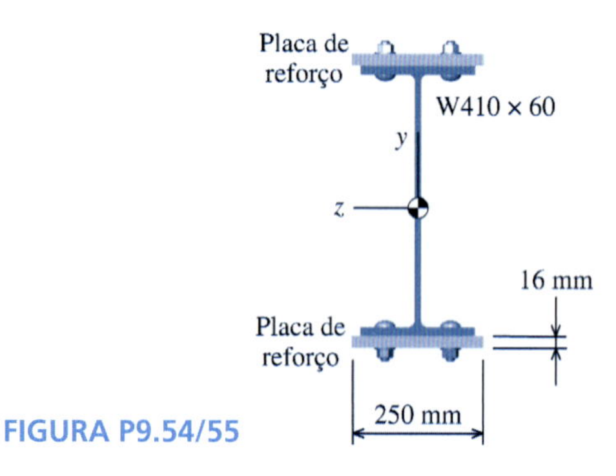

FIGURA P9.54/55

P9.55 Uma viga de aço com o perfil W410 × 60 (veja o Apêndice B) é simplesmente apoiada em suas extremidades e suporta uma carga concentrada $P = 420$ kN no centro de seu vão de 7 m. O perfil W410 × 60 será reforçado pela adição de duas placas de cobertura (placas de reforço) com 250 mm de largura por 16 mm de espessura as suas abas, conforme mostra a Figura P9.54/55. Cada placa de reforço está unida as suas abas por pares de parafusos espaçados em intervalos de $s = 250$ mm ao longo do vão da viga. A tensão cisalhante média admissível nos parafusos é 96 MPa e a flexão ocorre em torno do eixo baricêntrico z. Determine o diâmetro mínimo exigido para os parafusos.

P9.56 Uma viga de aço feita com o perfil W310 × 60 (veja o Apêndice B) tem um perfil C250 × 45 aparafusado à aba superior conforme mostra a Figura P9.56/57. A viga está simplesmente apoiada em suas extremidades e suporta uma carga concentrada de 100 kN no centro de seu vão de 6 m. São colocados pares de parafusos com diâmetro de 24 mm espaçados em intervalos s ao longo da viga. Se a tensão cisalhante média admissível nos parafusos estiver limitada a 125 MPa, determine o intervalo de espaçamento máximo s entre os parafusos.

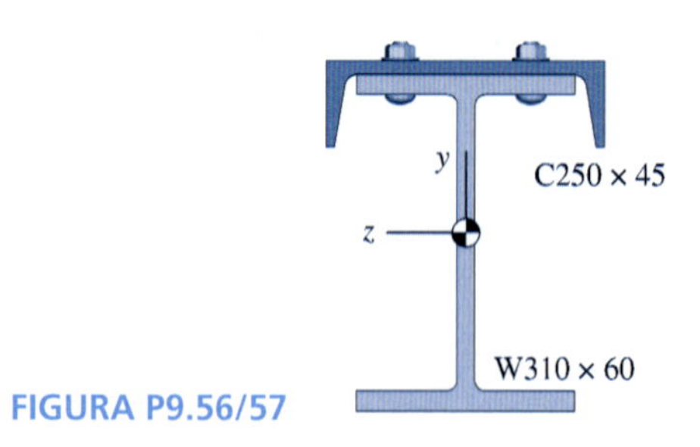

FIGURA P9.56/57

P9.57 Uma viga de aço feita com o perfil W310 × 60 (veja o Apêndice B) tem um perfil C250 × 45 aparafusado à aba superior conforme mostra a Figura P9.56/57. A viga está simplesmente apoiada em suas extremidades e suporta uma carga concentrada de 90 kN no centro de seu vão de 8 m. Se os pares de parafusos estiverem espaçados em intervalos de 600 mm ao longo da viga, determine:

(a) o esforço cortante suportado por parafuso.

(b) o diâmetro necessário para os parafusos se a tensão cisalhante média nos parafusos estiver limitada a 75 MPa.

10

DESLOCAMENTOS TRANSVERSAIS EM VIGAS

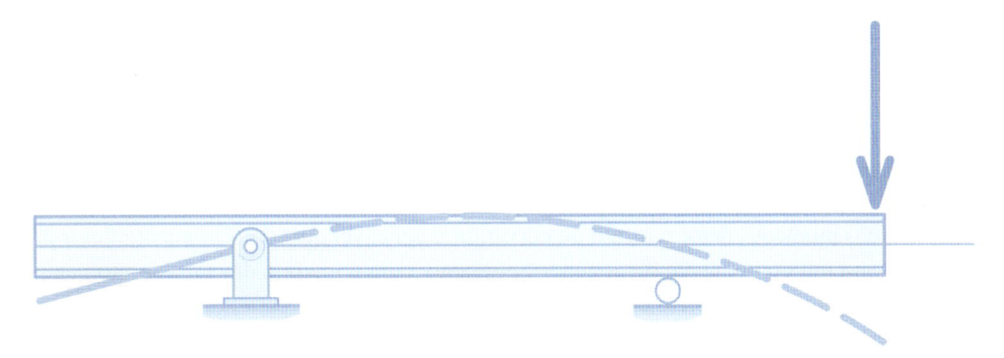

10.1 INTRODUÇÃO

Nos Capítulos 8 e 9 foram apresentadas importantes relações entre carga aplicada e tanto a tensão normal como a tensão cisalhante desenvolvidas em uma viga. Entretanto, normalmente um projeto não está completo até quando as deflexões (deslocamentos transversais) tenham sido determinadas para esse carregamento em particular. Embora por si só em geral não criem risco à segurança, os deslocamentos transversais das vigas podem prejudicar o funcionamento satisfatório de uma estrutura de outras maneiras. Na construção de edificações, as deflexões excessivas podem causar fendas em paredes e tetos. Portas e janelas podem não fechar adequadamente. Pisos podem ceder ou vibrar demais quando as pessoas caminharem sobre eles. Em muitos equipamentos, as vigas e componentes submetidos à flexão devem sofrer deslocamentos transversais apenas na quantidade certa para que as engrenagens ou outras partes tenham o contato adequado. Em resumo, o projeto satisfatório de um componente sujeito à flexão inclui normalmente uma deflexão (deslocamento transversal) máxima especificada, além de uma capacidade mínima de suporte de carga.

O deslocamento transversal de uma viga depende da rigidez do material e das dimensões da seção transversal da viga assim como da configuração das cargas aplicadas e dos apoios. São apresentados aqui três métodos comuns para o cálculo de deflexões em vigas: (1) o método da integração, (2) o uso das funções de descontinuidade e (3) o método da superposição.

Na análise que se segue, serão usadas três coordenadas. Conforme ilustra a Figura 10.1, o eixo x (positivo para a direita) se estende ao longo do eixo longitudinal e inicialmente reto da viga. A coordenada x é usada para localizar um elemento diferencial da viga, que tem uma largura não deformada de dx. O eixo v se estende com o sentido positivo para cima a partir do eixo x. A coordenada v mede o deslocamento da superfície neutra da viga. A terceira coordenada é y que é uma coordenada local com sua origem na superfície neutra da seção transversal da viga. A coordenada y é medida com o sentido positivo para cima e é usada para descrever locais específicos no interior da seção transversal da viga. As coordenadas x e y são as mesmas usadas na obtenção da fórmula da flexão no regime elástico no Capítulo 8.

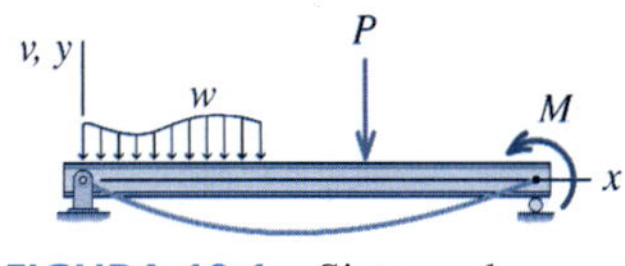

FIGURA 10.1 Sistema de coordenadas.

10.2 RELAÇÃO MOMENTO-CURVATURA

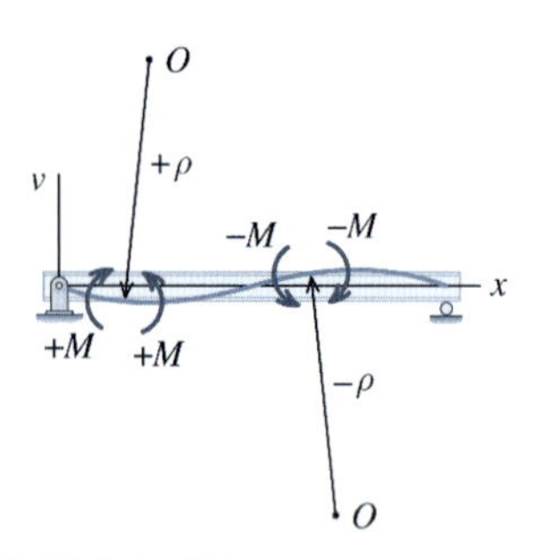

FIGURA 10.2 Raio de curvatura ρ relacionado ao sinal de M.

Quando uma viga é carregada e a ação é elástica, o eixo baricêntrico longitudinal da viga se torna uma curva, denominada **curva elástica**. A relação entre o momento fletor interno e a curvatura da curva elástica foi desenvolvida na Seção 8.4. A Equação 8.5 resumiu a relação **momento-curvatura**:

$$\kappa = \frac{1}{\rho} = \frac{M}{EI_z} \tag{8.5}$$

Essa equação relaciona o raio de curvatura ρ da superfície neutra da viga com o momento fletor interno M (em torno do eixo z), com o módulo de elasticidade E do material e com o momento de inércia I_z da área da seção transversal. Como E e I_z são sempre positivos, o sinal de ρ é consistente com o sinal do momento fletor. Conforme mostra a Figura 10.2, um momento fletor positivo cria um raio de curvatura ρ que se estende acima da viga, isto é, na direção positiva de v. Quando M for negativo, ρ se estenderá abaixo da viga, no sentido negativo de v.

10.3 A EQUAÇÃO DIFERENCIAL DA CURVA ELÁSTICA

A relação entre o momento fletor e o raio de curvatura é aplicável quando o momento fletor M for constante para um componente flexionado. Entretanto, para a maioria das vigas o momento fletor varia ao longo do seu vão e é exigida uma expressão mais geral para definir v como uma função da coordenada x.

Do cálculo, a curvatura κ é definida como

$$\kappa = \frac{1}{\rho} = \frac{d^2v/dx^2}{\left[1 + (dv/dx)^2\right]^{3/2}}$$

Para vigas típicas, a inclinação da tangente à curva elástica dv/dx é muito pequena e seu quadrado pode ser ignorado na presença da unidade. Essa aproximação simplifica a expressão da curvatura

$$\kappa = \frac{1}{\rho} = \frac{d^2v}{dx^2}$$

e a Equação (8.5) se torna

$$EI\frac{d^2v}{dx^2} = M(x) \tag{10.1}$$

Essa é a **equação diferencial da curva elástica** para uma viga. Em geral, o momento fletor M será função da posição x ao longo do vão da viga.

A equação diferencial da curva elástica também pode ser obtida por meio da geometria da curva dos deslocamentos transversais, conforme mostra a Figura 10.3. A Figura 10.3*a* mostra a deflexão v no ponto A da curva elástica. O ponto A está localizado a uma distância x da origem. Um segundo ponto, B, está localizado a uma distância $x + dx$ da origem e tem uma deflexão $v + dv$.

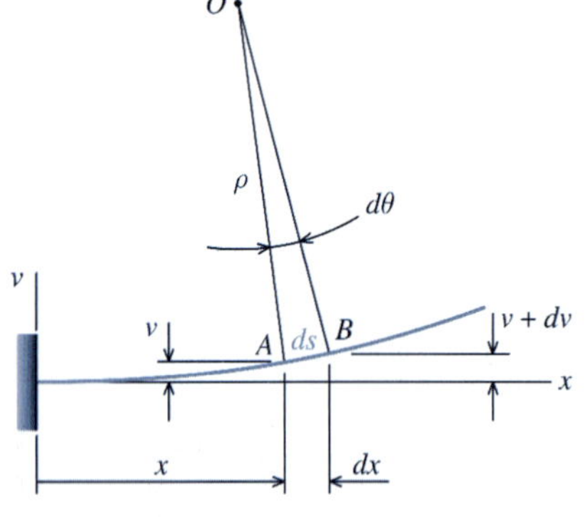

FIGURA 10.3*a* Curva elástica.

Quando a viga é flexionada, pontos ao longo dela tanto se deslocam transversalmente como giram. O **ângulo de rotação** θ da curva elástica é o ângulo entre o eixo x e a tangente à curva elástica, conforme é ilustrado para o ponto A na vista ampliada da Figura 10.3*b*. Similarmente, o ângulo de rotação do ponto B é $\theta + d\theta$, no qual $d\theta$ é a variação do ângulo de rotação entre os pontos A e B.

A inclinação (ou coeficiente angular) da tangente à curva elástica é a primeira derivada dv/dx da deflexão (deslocamento transversal) v. Da Figura 10.3*b*, a inclinação da tangente à curva elástica também pode ser definida como o incremento vertical dv dividido pelo incremento horizontal dx entre os pontos A e B. Como dv e dx são infinitesimalmente pequenos, a primeira derivada dv/dx pode se relacionar com o ângulo de rotação θ pela função tangente:

$$\frac{dv}{dx} = \tan\theta \qquad \text{(a)}$$

Observe que a inclinação (ou coeficiente angular) da tangente à curva elástica dv/dx é positiva quando a tangente à curva elástica se inclinar para cima à direita.

Na Figura 10.3*b*, a distância ao longo da curva elástica entre os pontos A e B é indicada por ds e da definição de comprimento de arco, $ds = \rho\, d\theta$. Se o ângulo de rotação θ for muito pequeno (como seria para uma viga com pequenos deslocamentos), então a distância ds ao longo da curva elástica na Figura 10.3*b* será basicamente a mesma que o incremento dx ao longo do eixo x. Portanto, $dx = \rho\, d\theta$ ou

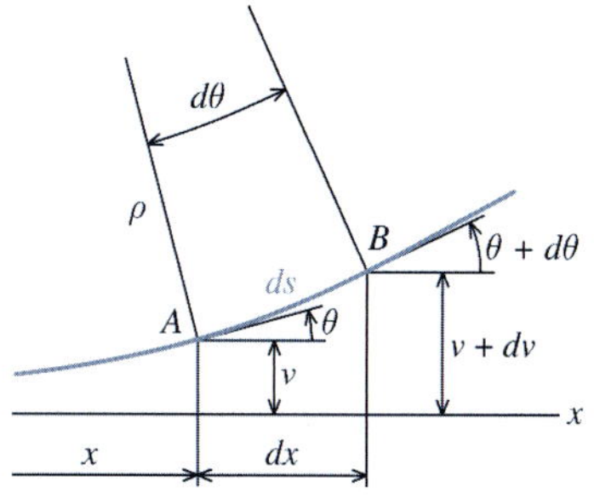

FIGURA 10.3*b* Região ampliada em torno do ponto A.

$$\frac{1}{\rho} = \frac{d\theta}{dx} \qquad \text{(b)}$$

Como $\tan\theta \approx \theta$ para pequenos ângulos, a Equação (a) pode ser aproximada por

$$\frac{dv}{dx} \approx \theta \qquad \text{(c)}$$

Portanto, o ângulo de rotação da viga θ (medido em radianos) e o coeficiente angular dv/dx serão iguais se os deslocamentos transversais (deflexões) da viga forem pequenos.

Derivando a Equação (c) em relação a x obtém-se

$$\frac{d^2v}{dx^2} = \frac{d\theta}{dx} \qquad \text{(d)}$$

Da Equação (b), $d\theta/dx = 1/\rho$. Adicionalmente, a Equação (8.5) fornece o relacionamento entre M e ρ. Combinando essas expressões tem-se

$$\frac{d^2v}{dx^2} = \frac{d\theta}{dx} = \frac{1}{\rho} = \frac{M}{EI} \qquad \text{(e)}$$

ou

$$EI\frac{d^2v}{dx^2} = M(x) \qquad \text{(10.1)}$$

Em geral, o momento fletor M será uma função da posição x ao longo do vão da viga.

CONVENÇÕES DE SINAIS

Para a Equação (10.1), será usada a convenção de sinais para os momentos fletores estabelecida na Seção 7.3 (veja a Figura 10.4). Tanto E como I são sempre positivos; portanto, os sinais dos momentos fletores e da segunda derivada devem ser consistentes. Com os eixos coordenados de acordo com a Figura 10.5, o coeficiente angular da viga muda de positivo para negativo no segmento de A para B; portanto, a segunda derivada é negativa, o que está de acordo com a convenção de sinais da Seção 7.3. Verifica-se que, para o segmento BC, tanto d^2v/dx^2 como M são positivos.

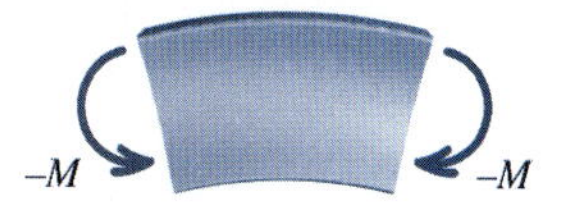

FIGURA 10.4 Convenção de sinais para o momento fletor.

Um estudo cuidadoso da Figura 10.5 revela que os sinais do momento fletor e da segunda derivada também estão consistentes quando a origem for selecionada à direita com valores positivos de x à esquerda e com valores positivos de v para cima. Entretanto, os sinais serão inconsistentes quando os valores de v forem positivos para baixo. Consequentemente, neste livro, para vigas horizontais, v sempre será escolhido como positivo para cima.

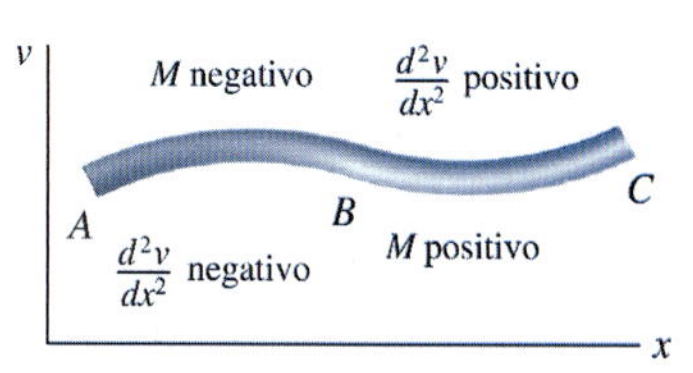

FIGURA 10.5 Relação entre d^2v/dx^2 e o sinal de M.

RELAÇÃO ENTRE AS DERIVADAS

Antes de prosseguir com a solução da Equação (10.1), é esclarecedor associar as sucessivas derivadas da deflexão v da curva elástica com as quantidades físicas que elas representam no comportamento da viga. Elas são

$$\text{Deslocamento transversal (deflexão)} = v$$

$$\text{Coeficiente angular (inclinação) da tangente à curva elástica} = \frac{dv}{dx} = \theta$$

$$\text{Momento fletor } M = EI\frac{d^2v}{dx^2} \qquad \text{(da Equação 10.1)}$$

$$\text{Esforço Cortante } V = \frac{dM}{dx} = EI\frac{d^3v}{dx^3} \quad \text{(para } EI \text{ constante)}$$

$$\text{Carregamento } w = \frac{dV}{dx} = EI\frac{d^4v}{dx^4} \qquad \text{(para } EI \text{ constante)}$$

onde os sinais são os definidos nas Seções 7.2 e 7.3.

Iniciando pelo diagrama de cargas, foi apresentado na Seção 7.3 um método com base nessas relações diferenciais para construir em primeiro lugar o diagrama de esforços cortantes (DEC) e depois o diagrama de momentos fletores (DMF). Esse método pode ser estendido imediatamente para a construção do diagrama de inclinações (coeficientes angulares) θ e o diagrama de deslocamentos transversais (deflexões) v da viga. Da Equação (e),

$$\frac{d\theta}{dx} = \frac{M}{EI} \tag{f}$$

Essa equação pode ser integrada para fornecer

$$\int_{\theta_A}^{\theta_B} d\theta = \int_{x_A}^{x_B} \frac{M}{EI}dx \qquad \therefore \theta_B - \theta_A = \int_{x_A}^{x_B} \frac{M}{EI}dx$$

Essa relação mostra que a área sob o diagrama de momentos entre dois pontos quaisquer ao longo da viga (com a consideração adicional de EI) fornece a variação da inclinação da tangente à curva elástica entre os mesmos dois pontos. Da mesma forma, a área sob o diagrama de inclinações entre dois pontos ao longo da viga fornece a variação da deflexão entre esses dois pontos. Essas relações foram usadas para construir a série completa de diagramas mostrada na Figura 10.6 para

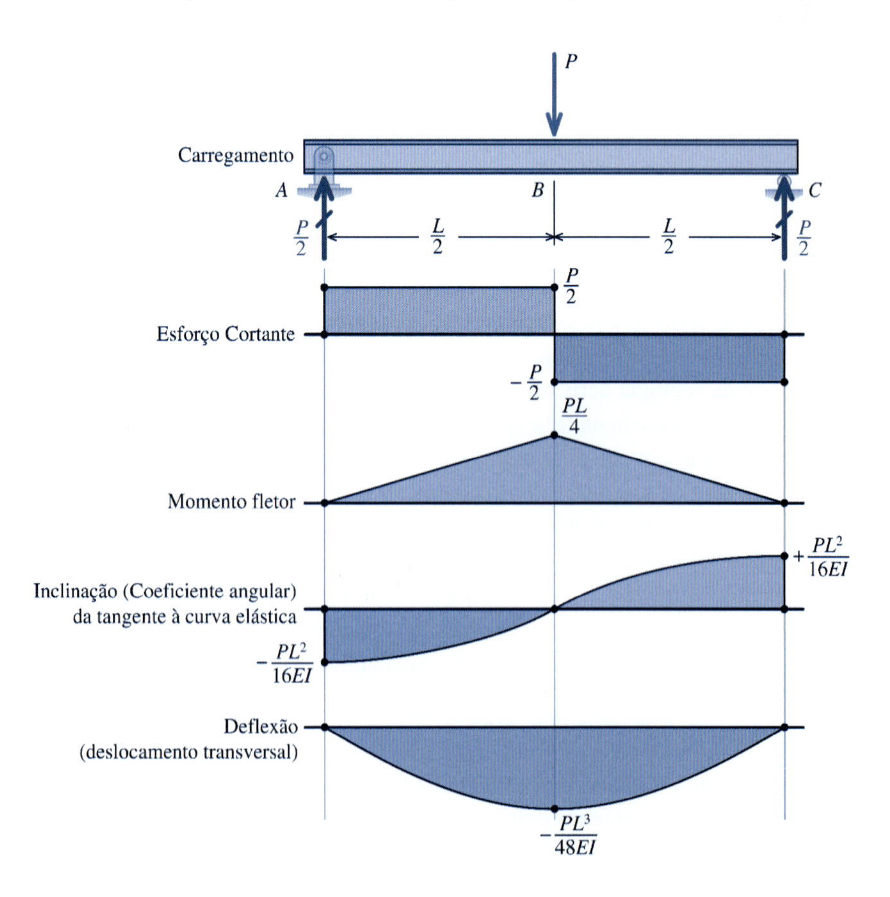

FIGURA 10.6 Relação entre os diagramas de uma viga.

uma viga simplesmente apoiada com uma carga concentrada no meio do vão. A geometria da viga foi usada para localizar os pontos de inclinação nula e deslocamento nulo, exigidos como pontos iniciais para a construção. Nas seções a seguir, serão desenvolvidos métodos usados mais frequentemente para o cálculo das deflexões das vigas.

RECAPITULAÇÃO DAS HIPÓTESES

Antes de prosseguir com os métodos específicos para o cálculo das deflexões em vigas, é útil ter em mente as hipóteses usadas no desenvolvimento da equação diferencial da curva elástica. Todas as limitações que se aplicam à fórmula da flexão no regime elástico, também se aplicam ao cálculo dos deslocamentos transversais (deflexões) porque a fórmula da flexão foi usada no desenvolvimento e obtenção da Equação (10.1). Admite-se ainda que

1. O quadrado do coeficiente angular (inclinação) da tangente à curva elástica da viga pode ser ignorado na presença da unidade. Essa hipótese significa que as deflexões da viga devem ser relativamente pequenas.
2. As seções transversais planas da viga permanecem planas quando a viga se deformar. Essa hipótese significa admitir que as deflexões da viga devidas às tensões cisalhantes podem ser ignoradas.
3. Os valores de E e I permanecem constantes para qualquer segmento ao longo da viga. Se tanto E como I variarem ao longo do vão da viga e se essa variação puder ser expressa como uma função da distância x ao longo da viga, poderá haver uma solução da Equação (10.1) que leve em consideração essa variação.

10.4 DEFLEXÕES POR INTEGRAÇÃO DA EQUAÇÃO DOS MOMENTOS FLETORES

Sempre que as hipóteses da seção anterior forem satisfeitas e o momento fletor puder ser prontamente expresso como uma função integrável de x, a Equação (10.1) poderá ser resolvida de modo a fornecer o valor de v da curva elástica em qualquer local de x ao longo do vão da viga. O procedimento começa com a derivação de uma função de momento fletor $M(x)$ com base em considerações de equilíbrio. Pode ser obtida uma única função que seja aplicável a todo o vão ou pode ser necessário obter várias funções, cada uma delas aplicável a uma região específica do vão da viga. A função momento fletor é substituída na Equação (10.1) para definir a equação diferencial. Esse tipo de equação diferencial pode ser resolvido por integração. A integração da Equação (10.1) produz uma equação que define a inclinação (coeficiente angular) da tangente à curva elástica da viga. Integrando novamente é produzida uma equação que define o deslocamento transversal (deflexão) da curva elástica. Esse procedimento para determinar a equação da curva elástica é chamado **método da dupla integração**.

Cada integração produz uma constante de integração e essas constantes devem ser determinadas com base nas condições conhecidas de inclinação e deflexão. Os tipos de condições para as quais os valores de v e dv/dx são conhecidos podem ser agrupados em três categorias: condições de contorno, condições de continuidade e condições de simetria.

CONDIÇÕES DE CONTORNO

As condições de contorno são valores específicos de deflexão (deslocamento transversal) v ou de inclinação da tangente à curva elástica dv/dx que são conhecidas em locais particulares ao longo do vão da viga. Como o termo sugere, as condições de contorno são encontradas nos limites inferiores e superiores do intervalo sob consideração. Por exemplo, pode ser obtida uma equação de momento fletor $M(x)$ para uma viga em particular dentro de uma região $x_1 \leq x \leq x_2$. Neste caso, seriam encontradas as condições de contorno em $x = x_1$ e em $x = x_2$.

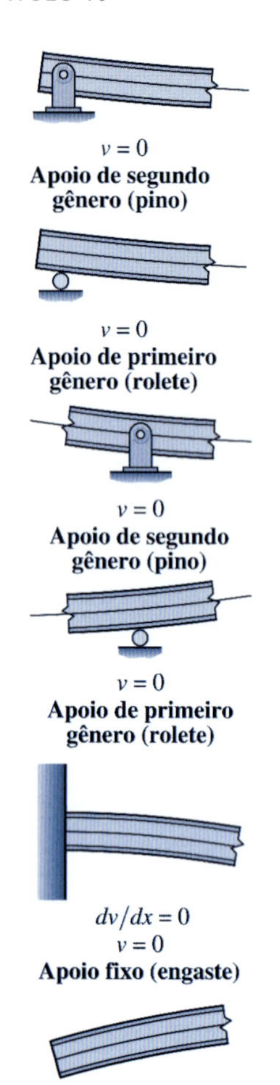

FIGURA 10.7 Condições de contorno.

As condições de contorno são inclinações e deflexões conhecidas nos limites da *equação do momento fletor* $M(x)$. O termo "contorno" se refere aos contornos de $M(x)$, não necessariamente aos contornos da viga. Embora as condições de contorno sejam encontradas nos apoios da viga, apenas os apoios dentro dos limites de $M(x)$ podem ser usados como condições de contorno.

A Figura 10.7 mostra várias condições de apoio e lista as condições de contorno associadas a cada uma delas. Um apoio de segundo gênero ou de primeiro gênero representa um apoio simples no qual a viga mostra uma restrição ao deslocamento transversal (seja para cima, seja para baixo, para uma viga horizontal); consequentemente, a deflexão (deslocamento transversal) da viga tanto em um apoio de primeiro gênero como em um apoio do segundo gênero deve ser $v = 0$. Entretanto, nem um apoio de primeiro gênero, nem um apoio de segundo gênero, restringe a viga no que diz respeito à rotação e, por conseguinte, a inclinação da tangente à curva elástica da viga em um apoio simples não pode ser uma condição de contorno. Em uma conexão fixa, a viga está restrita tanto contra a deflexão como contra a rotação; portanto, $v = 0$ e $dv/dx = 0$ em uma conexão fixa.

Embora as condições de contorno que envolvam a deflexão v e a inclinação da tangente à curva elástica dv/dx normalmente sejam iguais a zero nos apoios, pode haver muitos casos nos quais o engenheiro deseja analisar os efeitos do deslocamento dos apoios da viga. Por exemplo, uma preocupação comum de projeto é a possibilidade de um **recalque de apoio**, no qual a compressão do solo abaixo de uma fundação faz com que o apoio se desloque para baixo. Para examinar as possibilidades dessa espécie, algumas vezes podem ser especificadas condições de contorno diferentes de zero.

Uma condição de contorno pode ser usada para determinar uma e somente uma constante de integração.

CONDIÇÕES DE CONTINUIDADE

Muitas vigas estão sujeitas a mudanças abruptas de carregamento ao longo de seu vão, como cargas concentradas, reações ou mesmo variações nítidas na intensidade de uma carga uniformemente distribuída. A equação $M(x)$ para a região logo à esquerda de uma mudança abrupta será diferente da equação de $M(x)$ para a região imediatamente à direita. Em consequência, não é possível obter uma equação única para o momento fletor (em termos de funções algébricas ordinárias) que seja válida para todo o comprimento da viga. Isso pode ser resolvido escrevendo equações separadas para os momentos fletores de cada segmento da viga. Embora os segmentos sejam limitados por mudanças abruptas das cargas, a viga em si é contínua em tais locais e, consequentemente, as deflexões entre dois segmentos adjacentes, assim como suas inclinações, devem ser iguais. Isso é denominado **condição de continuidade**.

CONDIÇÕES DE SIMETRIA

Em alguns casos, os apoios da viga e as cargas aplicadas podem ser configurados de modo que exista a simetria para o vão. Quando existir simetria, o valor da inclinação da tangente à curva elástica da viga será conhecido em determinados locais. Por exemplo, uma viga simplesmente apoiada com uma carga uniformemente distribuída é simétrica. Da simetria, a inclinação da tangente à curva elástica da viga deve ser igual a zero. A simetria também abrevia a análise da deflexão devido ao fato de que a curva elástica só necessita ser determinada para metade do vão.

Cada condição de contorno, continuidade ou simetria produz uma equação contendo uma ou mais constantes de integração. No método da dupla integração, são produzidas duas constantes de integração para cada segmento de viga; portanto, são exigidas duas condições para que sejam encontrados os valores das constantes.

PROCEDIMENTO PARA O MÉTODO DA DUPLA INTEGRAÇÃO

Calcular a deflexão de uma viga pelo método da dupla integração envolve vários passos bem definidos e recomenda-se enfaticamente a sequência a seguir:

1. **Esboço:** Faça um esboço da viga incluindo os apoios, as cargas e o sistema de coordenadas x–v. Faça um esboço do formato aproximado da curva elástica. Dedique uma atenção especial para a inclinação e a deflexão da viga nos apoios.
2. **Reações nos apoios:** Para algumas configurações de vigas, pode ser necessário determinar as reações nos apoios antes de prosseguir com a análise de segmentos específicos de vigas. Para esses casos, determine as reações das vigas considerando o equilíbrio de toda a viga. Mostre essas reações na sua direção adequada no esboço da viga.
3. **Equilíbrio:** Selecione o segmento ou os segmentos da viga a serem considerados. Para cada segmento, desenhe um diagrama de corpo livre (DCL) que corte um segmento de viga a uma distância x da origem. Mostre todas as cargas que agem no DCL. Se as cargas distribuídas agirem na viga, então a parte do carregamento distribuído que age no DCL deverá ser mostrada desde o início. Inclua o momento fletor interno que age na superfície de corte da viga e sempre mostre M agindo na direção positiva (veja a Figura 10.5). Isso assegura que a equação do momento fletor será o sinal correto. Do DCL obtenha a equação do momento fletor, tomando o cuidado de anotar o intervalo para o qual ela se aplica (por exemplo, $x_1 \leq x \leq x_2$).
4. **Integração:** Para cada segmento, iguale a equação do momento fletor a $EI\, d^2v/dx^2$. Integre duas vezes essa equação diferencial, obtendo a equação das inclinações (coeficientes angulares) dv/dx, a equação dos deslocamentos transversais (deflexões) e duas constantes de integração.
5. **Condições de contorno e de continuidade:** Liste as condições de contorno que sejam aplicáveis à equação do momento fletor. Se a análise envolver dois ou mais segmentos de viga, liste também as condições de continuidade. Lembre-se de que são exigidas duas condições para que sejam encontrados os valores das duas constantes de integração produzidas em cada segmento de viga.
6. **Valores das constantes de integração:** Use as condições de contorno e de continuidade para encontrar o valor de todas as constantes de integração.
7. **Equações da curva elástica e das inclinações:** Substitua as constantes de integração no passo 4 pelos valores obtidos ao utilizar as condições de contorno e de continuidade no passo 6. Verifique a homogeneidade dimensional das equações resultantes.
8. **Deslocamentos transversais e coeficientes angulares em pontos específicos:** Calcule o deslocamento transversal em pontos específicos quando exigido.

Os exemplos a seguir ilustram o uso do método da dupla integração para o cálculo das deflexões em vigas.

EXEMPLO 10.1

A viga em balanço mostrada está sujeita a uma carga concentrada P em sua extremidade livre. Determine a equação da curva elástica assim como a deflexão (deslocamento transversal) e a inclinação (coeficiente angular) da tangente à curva elástica da viga em A. Admita EI constante para a viga.

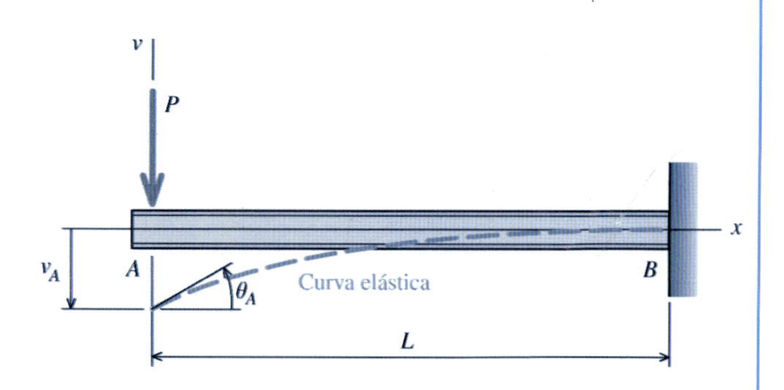

Planejamento da Solução

Considere o diagrama de corpo livre que representa um corte da viga a uma distância x da extremidade livre do balanço. Escreva uma equação de equilíbrio para a soma dos momentos e, a partir dela, determine a equação para o momento fletor M de acordo com sua variação em relação a x. Substitua M na Equação (10.1) e integre duas vezes. Use as condições de contorno conhecidas na extremidade fixa do balanço para encontrar o valor das constantes de integração.

SOLUÇÃO

Equilíbrio

Faça um corte na viga, a uma distância arbitrária x da origem e desenhe um diagrama de corpo livre, tomando o cuidado de mostrar o momento interno M que age no sentido positivo. A equação de equilíbrio para a soma dos momentos em torno da seção a–a é

$$\Sigma M_{a-a} = Px + M = 0$$

Portanto, a equação do momento fletor para essa viga é simplesmente

$$M = -Px \tag{a}$$

Observe que a equação do momento (a) é válida para todos os valores de x dessa viga em particular. Em outras palavras, a Equação (a) é válida no intervalo $0 \leq x \leq L$. Substitua a expressão para M na Equação (10.1) para obter

$$EI\frac{d^2v}{dx^2} = -Px \tag{b}$$

Integração

A Equação (b) será integrada duas vezes. A primeira integração fornece uma equação geral para as inclinações, ou os coeficientes angulares, dv/dx da viga:

$$EI\frac{dv}{dx} = -\frac{Px^2}{2} + C_1 \tag{c}$$

em que C_1 é uma constante de integração. Uma segunda integração fornece uma equação geral para a curva elástica v:

$$EIv = -\frac{Px^3}{6} + C_1x + C_2 \tag{d}$$

em que C_2 é uma segunda constante de integração. As constantes C_1 e C_2 devem ter seus valores determinados para que sejam completadas as equações das inclinações e da curva elástica.

Condições de Contorno

As condições de contorno são valores da deflexão v ou da inclinação da tangente à curva elástica dv/dx que são conhecidos em locais particulares ao longo do vão da viga. Para essa viga, a equação do momento fletor M na Equação (a) é válida no intervalo $0 \leq x \leq L$. Portanto, as condições de contorno são encontradas tanto em $x = 0$ como em $x = L$.

Considere o intervalo $0 \leq x \leq L$ para essa viga e para esse carregamento. Em $x = 0$, a viga não possui apoio algum. A viga sofrerá um deslocamento transversal para baixo e, quando se deslocar, sua inclinação não será mais igual a zero. Consequentemente, nem a deflexão v, nem a inclinação da tangente à curva elástica dv/dx, são conhecidas em $x = 0$. Em $x = L$, a viga está apoiada por um suporte fixo. O suporte fixo em B evita o deslocamento transversal e a rotação; portanto, sabemos duas parcelas de informação com certeza absoluta em $x = L$: $v = 0$ e $dv/dx = 0$. Essas são as duas condições de contorno que serão usadas para que sejam encontrados os valores das constantes de integração C_1 e C_2.

Valores das Constantes

Substitua a condição de contorno $dv/dx = 0$ em $x = L$ na Equação (c) para encontrar o valor da constante C_1.

$$EI\frac{dv}{dx} = -\frac{Px^2}{2} + C_1 \quad \Rightarrow \quad EI(0) = -\frac{P(L)^2}{2} + C_1 \qquad \therefore C_1 = \frac{PL^2}{2}$$

A seguir, substitua o valor de C_1 e a condição de contorno $v = 0$ em $x = L$ na Equação (d) para encontrar o valor da segunda constante de integração C_2.

$$EIv = -\frac{Px^3}{6} + C_1x + C_2 \quad \Rightarrow \quad EI(0) = -\frac{P(L)^3}{6} + \frac{PL^2}{2}(L) + C_2 \qquad \therefore C_2 = -\frac{PL^3}{3}$$

Equação da Curva Elástica

Substitua as expressões obtidas para C_1 e C_2 na Equação (d) para completar a equação da curva elástica:

$$EIv = -\frac{Px^3}{6} + \frac{PL^2}{2}x - \frac{PL^3}{3} \quad \text{que é simplificada para} \quad v = \frac{P}{6EI}[-x^3 + 3L^2x - 2L^3] \qquad \text{(e)}$$

Similarmente, a equação das inclinações da viga da Equação (c) pode ser completada com a expressão obtida para C_1:

$$EI\frac{dv}{dx} = -\frac{Px^2}{2} + \frac{PL^2}{2} \quad \text{que é simplificada para} \quad \frac{dv}{dx} = \frac{P}{2EI}[L^2 - x^2] \qquad \text{(f)}$$

Deslocamento Transversal e Coeficiente Angular da Viga em *A*

O deslocamento transversal (deflexão) e o coeficiente angular (inclinação) da tangente à curva elástica da viga em A são obtidos fazendo $x = 0$ nas Equações (e) e (f). A deflexão da viga e sua inclinação na extremidade livre do balanço são

$$v_A = -\frac{PL^3}{3EI} \qquad \text{e} \qquad \left(\frac{dv}{dx}\right)_A = \frac{PL^2}{2EI} \qquad \textbf{Resp.}$$

Exemplo do MecMovies M10.2

Obtenha a equação para a curva elástica e determine as expressões para a inclinação e a deflexão da viga em B. Use o método da dupla integração.

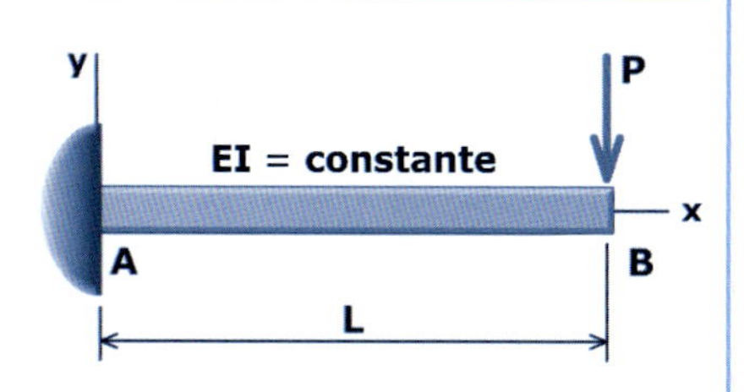

EXEMPLO 10.2

Uma viga simplesmente apoiada está sujeita ao carregamento linearmente distribuído mostrado. Determine a equação da curva elástica. Além disso, determine a deflexão da viga no meio do vão B e a inclinação da tangente à curva elástica da viga no apoio A. Admita EI constante para a viga.

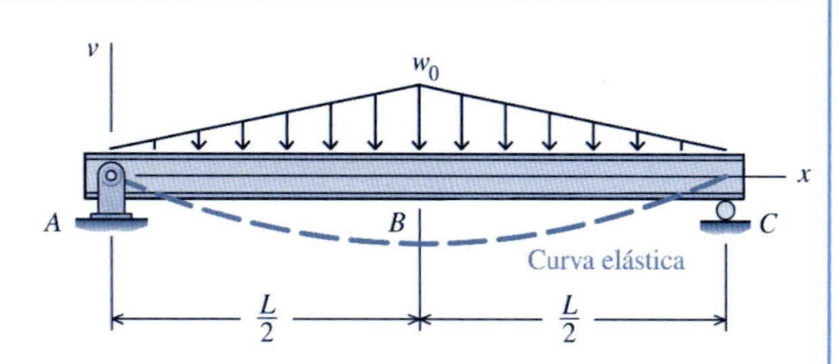

Planejamento da Solução

Geralmente, seriam necessárias duas equações de momento para definir a variação completa de M ao longo de todo o vão. Entretanto, neste caso, a viga e o carregamento são simétricos. Com base na simetria, precisamos apenas resolver a curva elástica no intervalo $0 \leq x \leq L/2$. As condições de simetria para esse intervalo serão encontradas no apoio de segundo gênero (pino) A e no meio do vão B.

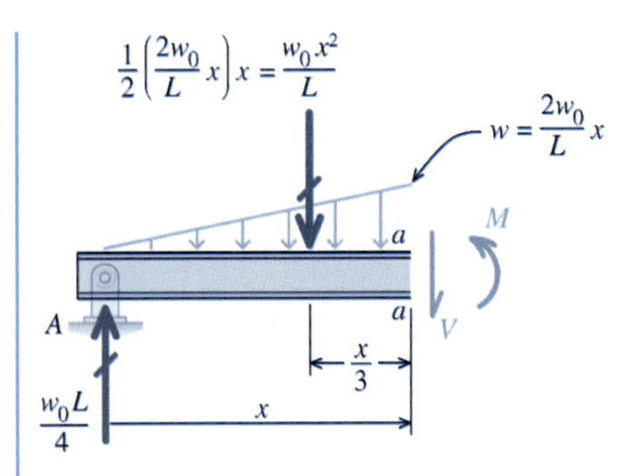

SOLUÇÃO

Reações de Apoio

Como a viga está apoiada e carregada simetricamente, as reações em A e C são idênticas:

$$A_y = C_y = \frac{w_0L}{4}$$

Não há cargas na direção x, portanto, $A_x = 0$.

Equilíbrio

Faça um corte na viga, a uma distância arbitrária x da origem, e desenhe um diagrama de corpo livre, tomando o cuidado de mostrar o momento interno M que age em uma direção positiva. A equação de equilíbrio para a soma dos momentos em torno da seção a–a é

$$\Sigma M_{a-a} = \frac{1}{2}\left(\frac{2w_0x}{L}\right)x\left(\frac{x}{3}\right) - \left(\frac{w_0L}{4}\right)x + M = 0$$

Em consequência, a equação do momento fletor para essa viga é

$$M = \frac{w_0Lx}{4} - \frac{w_0x^3}{3L} \quad \text{(válido para } 0 \leq x \leq L/2\text{)} \tag{a}$$

Substitua essa expressão para M na Equação (10.1) para obter

$$EI\frac{d^2v}{dx^2} = \frac{w_0Lx}{4} - \frac{w_0x^3}{3L} \tag{b}$$

Integração

Para obter a equação da curva elástica, a Equação (b) será integrada duas vezes. A primeira integração fornece

$$EI\frac{dv}{dx} = \frac{w_0Lx^2}{8} - \frac{w_0x^4}{12L} + C_1 \tag{c}$$

em que C_1 é uma constante de integração. Integrando novamente tem-se

$$EIv = \frac{w_0Lx^3}{24} - \frac{w_0x^5}{60L} + C_1x + C_2 \tag{d}$$

em que C_2 e uma segunda constante de integração.

Condições de Contorno

A equação do momento (a) é válida apenas no intervalo $0 \leq x \leq L/2$; portanto, as condições de contorno devem ser encontradas nesse mesmo intervalo. Em $x = 0$, a viga está suportada por um apoio de primeiro gênero; consequentemente, $v = 0$ em $x = 0$.

Um engano comum para esse tipo de problema é tentar usar o apoio de segundo gênero em C como a segunda condição de contorno. Embora certamente seja verdade que a deflexão da viga será nula em C, não podemos usar $v = 0$ em $x = L$ como uma condição de contorno para esse problema. **Por quê?** Devemos escolher uma condição de contorno que esteja no interior dos limites da equação do momento; isto é, dentro do intervalo $0 \leq x \leq L/2$.

A segunda condição de contorno exigida para que sejam determinados os valores das constantes de integração pode ser encontrada utilizando a simetria. A viga está apoiada simetricamente e o carregamento está colocado simetricamente no vão. Portanto, o coeficiente angular (inclinação) da tangente à curva elástica da viga em $x = L/2$ deve ser $dv/dx = 0$.

Valor das Constantes

Substitua a condição de contorno $v = 0$ em $x = 0$ na Equação (d) para encontrar que $C_2 = 0$.

A seguir, substitua o valor de C_2 e a condição de contorno $dv/dx = 0$ em $x = L/2$ na Equação (c) e encontre o valor da constante de integração C_1.

$$EI\frac{dv}{dx} = \frac{w_0 L x^2}{8} - \frac{w_0 x^4}{12L} + C_1 \quad \Rightarrow \quad EI(0) = \frac{w_0 L(L/2)^2}{8} - \frac{w_0 (L/2)^4}{12L} + C_1$$

$$\therefore C_1 = -\frac{5w_0 L^3}{192}$$

Equação da Curva Elástica

Substitua as expressões obtidas para C_1 e C_2 na Equação (d) para completar a equação da curva elástica:

$$EIv = \frac{w_0 L x^3}{24} - \frac{w_0 x^5}{60L} - \frac{5w_0 L^3}{192}x \text{ que é simplificada para } v = \frac{w_0 x}{960EI}\left[40Lx^2 - \frac{16x^4}{L} - 25L^3\right] \quad \text{(e)}$$

Similarmente, a equação das inclinações da Equação (c) pode ser completada com a expressão obtida para C_1:

$$EI\frac{dv}{dx} = \frac{w_0 L x^2}{8} - \frac{w_0 x^4}{12L} - \frac{5w_0 L^3}{192} \quad \text{que é simplificada para } \frac{dv}{dx} = \frac{w_0 x}{192EI}\left[24Lx^2 - \frac{16x^4}{L} - 5L^3\right] \quad \text{(f)}$$

Deslocamento Transversal da Viga no Meio do Vão

A deflexão da viga no meio do vão B é obtida estabelecendo $x = L/2$ na Equação (e):

$$EIv_B = \frac{w_0 L(L/2)^3}{24} - \frac{w_0 (L/2)^5}{60L} - \frac{5w_0 L^3}{192}(L/2)$$

$$\therefore v_B = -\frac{16w_0 L^4}{1.920EI} = -\frac{w_0 L^4}{120EI} \qquad \textbf{Resp.}$$

Coeficiente Angular da Viga em A

A inclinação da tangente à curva elástica da viga em A é obtida estabelecendo $x = 0$ na Equação (f):

$$EI\left(\frac{dv}{dx}\right)_A = \frac{w_0 L(0)^2}{8} - \frac{w_0 (0)^4}{12L} - \frac{5w_0 L^3}{192} \qquad \therefore \left(\frac{dv}{dx}\right)_A = -\frac{5w_0 L^3}{192} \qquad \textbf{Resp.}$$

EXEMPLO 10.3

A viga em balanço mostrada está sujeita a uma carga uniformemente distribuída w. Determine a equação da curva elástica assim como a deflexão v_B e o ângulo de rotação θ_B da viga na extremidade livre do balanço. Admita EI constante para a viga.

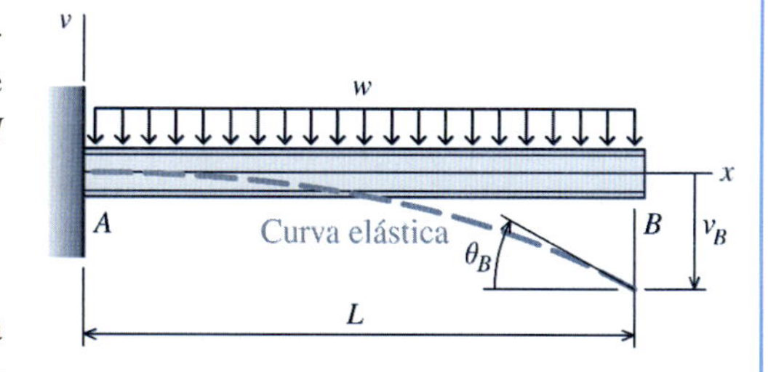

Planejamento da Solução

Neste exemplo, consideraremos um diagrama de corpo livre da ponta da viga em balanço para ilustrar como uma simples transformação de coordenadas pode simplificar a análise.

SOLUÇÃO

Equilíbrio

Antes de poder obter a equação da curva elástica, deve ser obtida uma equação que descreva a variação do momento fletor. Normalmente, esse processo seria iniciado desenhando um diagra-

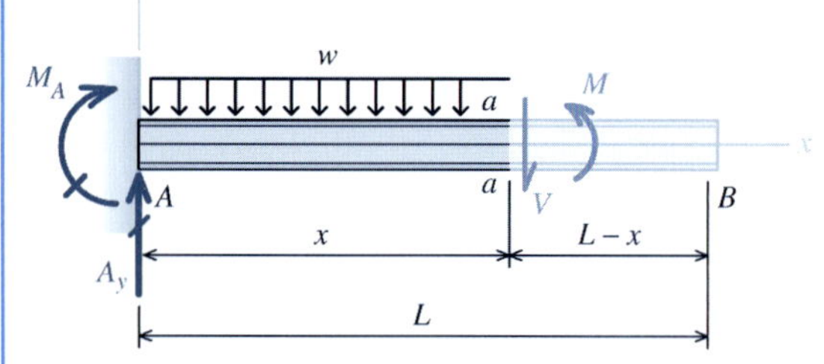

Diagrama de corpo livre da parte esquerda da viga em balanço.

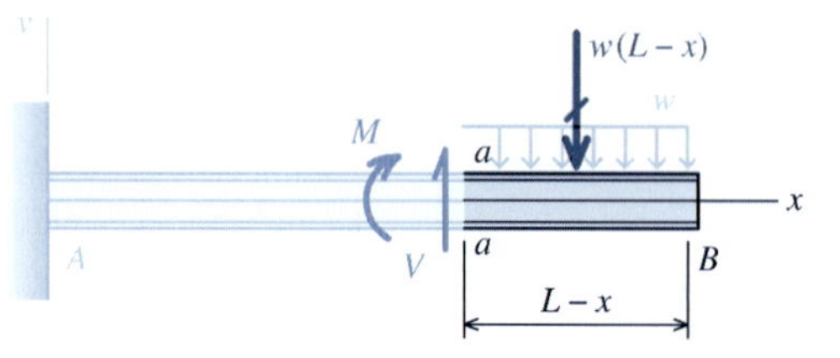

Diagrama de corpo livre da parte direita da viga em balanço.

ma de corpo livre (DCL) da parte esquerda da viga, idêntico ao da figura. Entretanto, a fim de completar esse DCL, deve ser determinada a força vertical de reação A_y e a reação momento M_A. Talvez seja mais simples considerar o DCL da parte direita da viga em balanço uma vez que as reações no apoio fixo A não aparecem nesse DCL.

Um DCL da parte direita da viga em balanço é mostrado na figura. Um engano comum nesse estágio da análise é definir o comprimento da viga entre a seção a–a e B como x. A origem do sistema de coordenadas x–v está localizada no apoio A, como os valores positivos de x se estendendo para a direita. Para ser consistente com o sistema de coordenadas definido, o comprimento do segmento de viga deve ser indicado por $L - x$. Essa simples transformação de coordenadas é a chave para o sucesso nesse tipo de problema.

Faça um corte da viga na seção a–a e considere a viga e seu carregamento entre a–a e a extremidade livre do balanço em B. Observe que é mostrado um momento interno M no sentido dos ponteiros do relógio agindo no segmento de viga em a–a. O sentido dos ponteiros do relógio é o sentido positivo para um momento interno agindo na face esquerda de um elemento flexionado e essa direção é consistente com a convenção de sinais mostrada na Figura 10.5.

A equação de equilíbrio para a soma dos momentos em torno de a–a é

$$\Sigma M_{a-a} = -w(L-x)\left(\frac{L-x}{2}\right) - M = 0$$

Portanto, a equação do momento fletor para essa viga é

$$M = -\frac{w}{2}(L-x)^2 \qquad \text{(a)}$$

Observe que essa equação é válida para o intervalo $0 \leq x - L$. Substitua a expressão para M na Equação (10.1) para obter

$$EI\frac{d^2v}{dx^2} = -\frac{w}{2}(L-x)^2 \qquad \text{(b)}$$

Integração

A primeira integração da Equação (b) fornece

$$EI\frac{dv}{dx} = +\frac{w}{6}(L-x)^3 + C_1 \qquad \text{(c)}$$

em que C_1 é uma constante de integração. Observe a mudança de sinal do primeiro termo. Integrando novamente obtém-se

$$EIv = -\frac{w}{24}(L-x)^4 + C_1x + C_2 \qquad \text{(d)}$$

em que C_2 é uma segunda constante de integração.

Condições de Contorno

As condições de contorno para a viga em balanço são

$$x = 0, v = 0 \qquad \text{e} \qquad x = 0, dv/dx = 0$$

Valor das Constantes

Substitua a condição de contorno $dv/dx = 0$ em $x = 0$ na Equação (c) para encontrar o valor da constante C_1.

$$EI\frac{dv}{dx} = \frac{w}{6}(L-x)^3 + C_1 \quad \Rightarrow \quad EI(0) = \frac{w}{6}(L-0)^3 + C_1 \qquad \therefore C_1 = -\frac{wL^3}{6}$$

A seguir, substitua o valor de C_1 e a condição de contorno $v = 0$ em $x = 0$ na Equação (d) e resolva de modo a encontrar o valor da segunda constante de integração C_2.

$$EIv = -\frac{w}{24}(L - x)^4 + C_1 x + C_2 \quad \Rightarrow \quad EI(0) = -\frac{w}{24}(L - 0)^4 - \frac{wL^3}{6}(0) + C_2$$

$$\therefore C_2 = \frac{wL^4}{24}$$

Equação da Curva Elástica

Substitua as expressões obtidas para C_1 e C_2 na Equação (d) para completar a equação da curva elástica:

$$EIv = -\frac{w}{24}(L - x)^4 - \frac{wL^3}{6}x + \frac{wL^4}{24} \quad \text{que é simplificada para} \quad v = -\frac{wx^2}{24EI}(6L^2 - 4Lx + x^2) \qquad \text{(e)}$$

Similarmente, a equação da inclinação da tangente à curva elástica da viga da Equação (c) pode ser completada com a expressão obtida para C_1:

$$EI\frac{dv}{dx} = \frac{w}{6}(L - x)^3 - \frac{wL^3}{6} \quad \text{que é simplificada para} \quad \frac{dv}{dx} = -\frac{wx}{6EI}(3L^2 - 3Lx + x^2) \qquad \text{(f)}$$

Deslocamento Transversal da Viga em B

Na extremidade do balanço, $x = L$. Substituindo esse valor na Equação (e) tem-se

$$EIv_B = -\frac{w}{24}[L - (L)]^4 - \frac{wL^3}{6}(L) + \frac{wL^4}{24} \qquad \therefore v_B = -\frac{wL^4}{8EI}$$ **Resp.**

Ângulo de Rotação da Viga em B

Se as deflexões da viga forem pequenas, o ângulo de rotação θ será igual ao coeficiente angular dv/dx. A substituição de $x = L$ na Equação (f) leva a

$$EI\left(\frac{dv}{dx}\right)_B = \frac{w}{6}[L - (L)]^3 - \frac{wL^3}{6} \qquad \therefore \left(\frac{dv}{dx}\right)_B = -\frac{wL^3}{6EI} = \theta_B$$ **Resp.**

EXEMPLO 10.4

A viga simplesmente apoiada suporta uma carga concentrada P que age às distâncias a e b dos apoios da esquerda e da direita, respectivamente. Determine as equações da curva elástica. Além disso, determine as inclinações da viga nos apoios A e C. Admita que EI seja constante para a viga.

Planejamento da Solução

Serão exigidas duas equações de curva elástica para essa viga e esse carregamento: uma curva que se aplica ao intervalo $0 \leq x \leq a$ e uma segunda curva que se aplica a $a \leq x \leq L$. No total, resultarão quatro constantes de integração da dupla integração das duas equações. Os valores de duas dessas constantes podem ser encontrados com base nas condições de contorno nos apoios da viga, onde as deflexões são conhecidas ($v = 0$ em $x = 0$ e $v = 0$ em $x = L$). As duas constantes de integração remanescentes serão encontradas por meio das *condições de continuidade*. Como a viga é contínua, ambos os conjuntos de equações devem produzir as mesmas inclinação e deflexão da viga em $x = a$, onde as duas curvas elásticas se encontram.

SOLUÇÃO

Reações nos Apoios

Do equilíbrio de toda a viga, as reações no apoio de segundo gênero em A e no apoio de primeiro gênero em C são

$$A_x = 0 \qquad A_y = \frac{Pb}{L} \qquad C_y = \frac{Pa}{L}$$

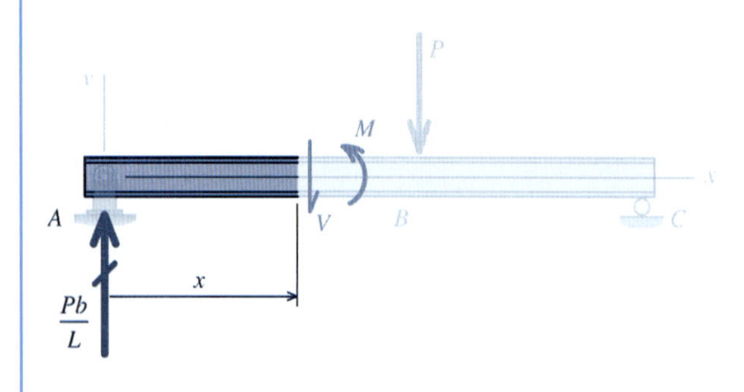

Equilíbrio

Neste exemplo, os momentos fletores são expressos por duas equações, uma para cada segmento da viga. Com base nos diagramas de corpo livre mostrados a seguir, as equações dos momentos fletores para essa viga são

$$M = \frac{Pbx}{L} \qquad (0 \leq x \leq a) \tag{a}$$

$$M = \frac{Pbx}{L} - P(x - a) \qquad (a \leq x \leq L) \tag{b}$$

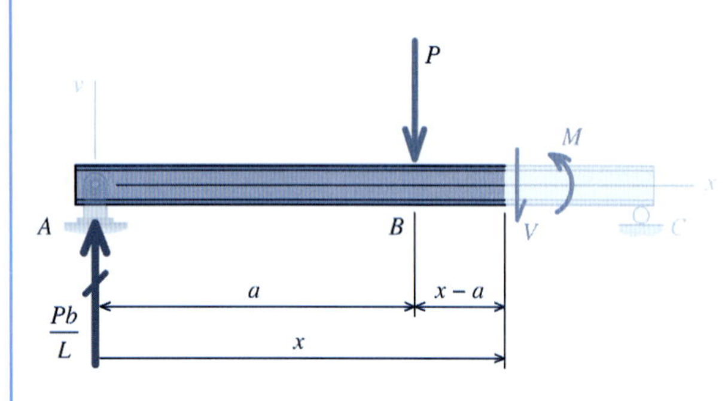

Integração para o Intervalo $0 \leq x \leq a$

Substitua a Equação (a) na Equação (10.1) para obter

$$EI\frac{d^2v}{dx^2} = \frac{Pbx}{L} \tag{c}$$

Integre duas vezes a Equação (c) para obter

$$EI\frac{dv}{dx} = \frac{Pbx^2}{2L} + C_1 \tag{d}$$

$$EIv = \frac{Pbx^3}{6L} + C_1x + C_2 \tag{e}$$

Integração para o Intervalo $a \leq x \leq L$

Substitua a Equação (b) na Equação (10.1) para obter

$$EI\frac{d^2v}{dx^2} = \frac{Pbx}{L} - P(x - a) \tag{f}$$

Integração

Integre duas vezes a Equação (f) para obter

$$EI\frac{dv}{dx} = \frac{Pbx^2}{2L} - \frac{P}{2}(x - a)^2 + C_3 \tag{g}$$

$$EIv = \frac{Pbx^3}{6L} - \frac{P}{6}(x - a)^3 + C_3x + C_4 \tag{h}$$

As Equações (d), (e), (g) e (h) contêm quatro constantes de integração; portanto, são exigidas quatro condições de contorno e de continuidade para que sejam encontrados os valores das constantes.

Condições de Continuidade

A viga é elemento único e contínuo. Consequentemente, os dois conjuntos de equações devem produzir a mesma inclinação e a mesma deflexão em $x = a$. Considere as equações das inclinações (d) e (g). Em $x = a$, essas equações devem produzir a mesma inclinação da tangente à curva elástica; portanto, faça com que as duas equações sejam iguais entre si e substitua o valor de a em cada variável x:

$$\frac{Pb(a)^2}{2L} + C_1 = \frac{Pb(a)^2}{2L} - \frac{P}{2}[(a) - a]^2 + C_3 \qquad \therefore C_1 = C_3 \tag{i}$$

Da mesma forma, as equações das deflexões (e) e (h) devem fornecer a mesma deflexão v em $x = a$. Igualando essas equações entre si e substituindo $x = a$ tem-se

$$\frac{Pb(a)^3}{6L} + C_1(a) + C_2 = \frac{Pb(a)^3}{6L} - \frac{P}{6}[(a) - a]^3 + C_3(a) + C_4 \qquad \therefore C_2 = C_4 \tag{j}$$

Condições de Contorno

Em $x = 0$, a viga está suportada por um apoio de segundo gênero; consequentemente, $v = 0$ em $x = 0$. Substitua essa condição de contorno na Equação (e) para encontrar

$$EIv = \frac{Pbx^3}{6L} + C_1x + C_2 \quad \Rightarrow \quad EI(0) = \frac{Pb(0)^3}{6L} + C_1(0) + C_2 \qquad \therefore C_2 = 0$$

Como $C_2 = C_4$ da Equação (j),

$$C_2 = C_4 = 0 \tag{k}$$

Em $x = L$, a viga está suportada por um apoio de primeiro gênero; consequentemente, $v = 0$ em $x = L$. Substitua essa condição de contorno na Equação (h) para encontrar

$$EIv = \frac{Pbx^3}{6L} - \frac{P}{6}(x - a)^3 + C_3x + C_4 \quad \Rightarrow \quad EI(0) = \frac{Pb(L)^3}{6L} - \frac{P}{6}(L - a)^3 + C_3(L) + C_4$$

Observando que $(L - a) = b$, essa equação pode ser simplificada para que se obtenha

$$EI(0) = \frac{PbL^2}{6} - \frac{Pb^3}{6} + C_3L \qquad \therefore C_3 = -\frac{PbL^2}{6L} + \frac{Pb^3}{6L} = -\frac{Pb(L^2 - b^2)}{6L}$$

Como $C_1 = C_3$,

$$C_1 = C_3 = -\frac{Pb(L^2 - b^2)}{6L} \tag{l}$$

Equação da Curva Elástica

Substitua as expressões obtidas para as constantes de integração [isto é, Equações (k) e (l)] nas Equações (e) e (h) para completar as equações da curva elástica:

$$EIv = \frac{Pbx^3}{6L} - \frac{Pb(L^2 - b^2)}{6L}x \quad \text{que é simplificada para}$$
$$v = -\frac{Pbx}{6LEI}[L^2 - b^2 - x^2] \qquad (0 \leq x \leq a) \tag{m}$$

e

$$EIv = \frac{Pbx^3}{6L} - \frac{P}{6}(x - a)^3 - \frac{Pb(L^2 - b^2)}{6L}x \quad \text{que é simplificada para}$$
$$v = -\frac{Pbx}{6LEI}[L^2 - b^2 - x^2] - \frac{P(x - a)^3}{6EI} \qquad (a \leq x \leq L) \tag{n}$$

As inclinações das duas partes da viga podem ser determinadas substituindo os valores de C_1 e C_3 nas Equações (d) e (g), respectivamente.

$$EI\frac{dv}{dx} = \frac{Pbx^2}{2L} - \frac{Pb(L^2 - b^2)}{6L}$$
$$\therefore \frac{dv}{dx} = -\frac{Pb}{6LEI}(L^2 - b^2 - 3x^2) \quad (0 \leq x \leq a) \tag{o}$$

e

$$EI\frac{dv}{dx} = \frac{Pbx^2}{2L} - \frac{P}{2}(x-a)^2 - \frac{Pb(L^2 - b^2)}{6L}$$
$$\therefore \frac{dv}{dx} = -\frac{Pb}{6LEI}(L^2 - b^2 - 3x^2) - \frac{P(x-a)^2}{2EI} \quad (a \leq x \leq L) \tag{p}$$

A deflexão v e a inclinação da tangente à curva elástica dv/dx podem ser calculadas para qualquer local x ao longo do vão da viga por meio das Equações (m), (n) e (p).

Inclinação da Tangente à Curva Elástica da Viga nos Apoios

A inclinação da tangente à curva elástica da viga pode ser determinada em cada apoio por meio das Equações (o) e (p). No apoio de segundo gênero A (pino), encontra-se a inclinação da tangente à curva elástica da viga utilizando a Equação (o) com $x = 0$ e identificando que $a = L - b$:

$$\left(\frac{dv}{dx}\right)_A = -\frac{Pb}{6LEI}(L^2 - b^2) = -\frac{Pb}{6LEI}(L-b)(L+b) = -\frac{Pab(L+b)}{6LEI} \qquad \textbf{Resp.}$$

No apoio de primeiro gênero C (rolete), encontra-se a inclinação da tangente à curva elástica da viga utilizando a Equação (p) com $x = L$:

$$\left(\frac{dv}{dx}\right)_C = -\frac{Pb}{6LEI}(L^2 - b^2 - 3L^2) - \frac{P(L-a)^2}{2EI}$$
$$= \frac{Pb(2L^2 - 3bL + b^2)}{6LEI} = \frac{Pab(L+a)}{6LEI} \qquad \textbf{Resp.}$$

EXERCÍCIOS do MecMovies

M10.1 **Jogo das Condições de Contorno de Vigas (*Beam Boundary Condition Game*).** Determine as condições de contorno apropriadas necessárias para determinar as constantes de integração pelo método da dupla integração.

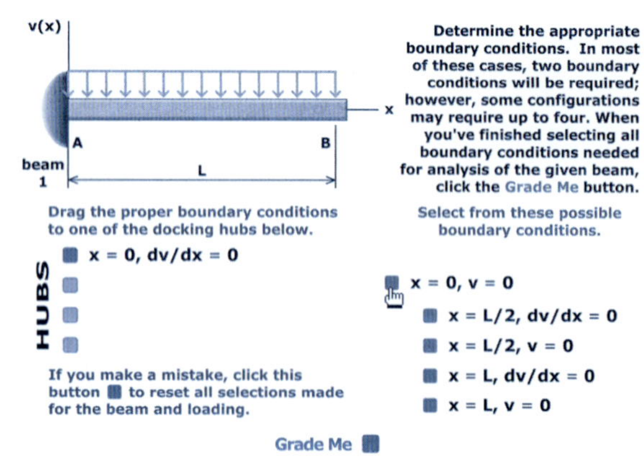

FIGURA M10.1

PROBLEMAS

P10.1-P10.3 Para o carregamento mostrado na Figura P10.1-P10.3, use o método da dupla integração para determinar:

(a) a equação da curva elástica para a viga em balanço,
(b) a deflexão da extremidade livre e
(c) a inclinação da tangente à curva elástica na extremidade livre.

Admita que EI seja constante para cada viga.

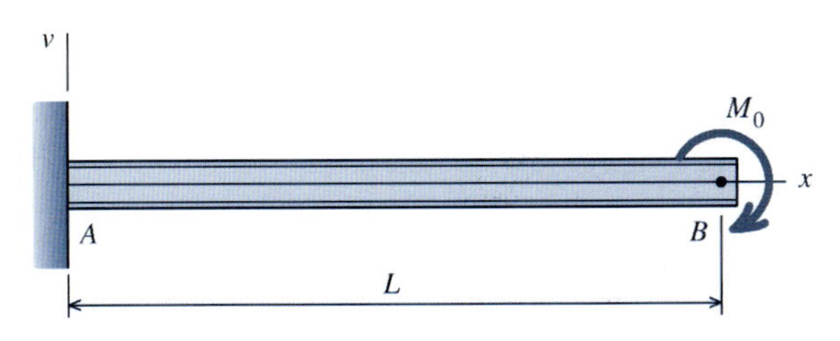

FIGURA P10.1

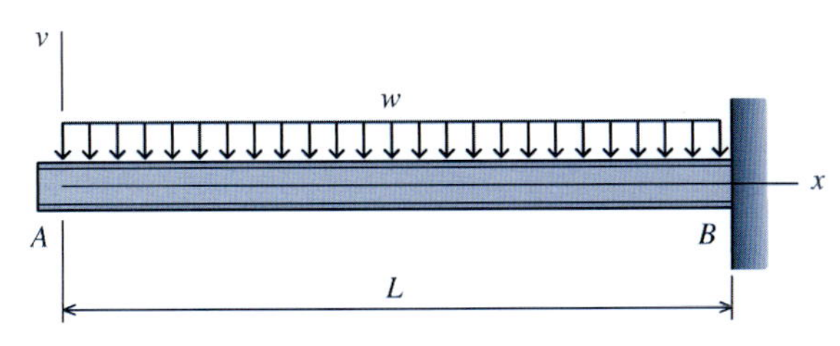

FIGURA P10.2

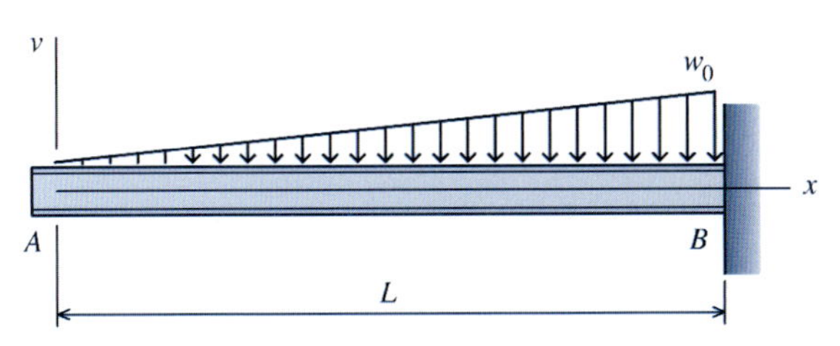

FIGURA P10.3

P10.4 Para a viga e o carregamento mostrados na Figura P10.4, use o método da dupla integração para determinar:

(a) a equação da curva elástica para o segmento AB da viga,
(b) a deflexão em B e
(c) a inclinação da tangente à curva elástica em A.

Admita que EI seja constante para a viga.

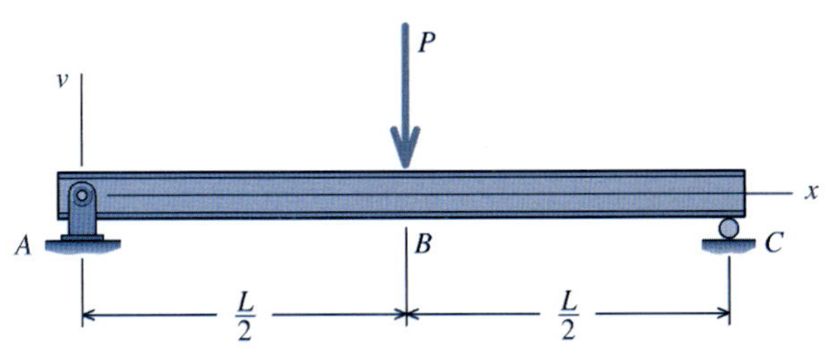

FIGURA P10.4

P10.5 Para a viga e o carregamento mostrados na Figura P10.5, use o método da dupla integração para determinar:

(a) a equação da curva elástica para a viga,
(b) a inclinação da tangente à curva elástica em A,
(c) a inclinação da tangente à curva elástica em B e
(d) a deflexão no meio do vão.

Admita que EI seja constante para a viga.

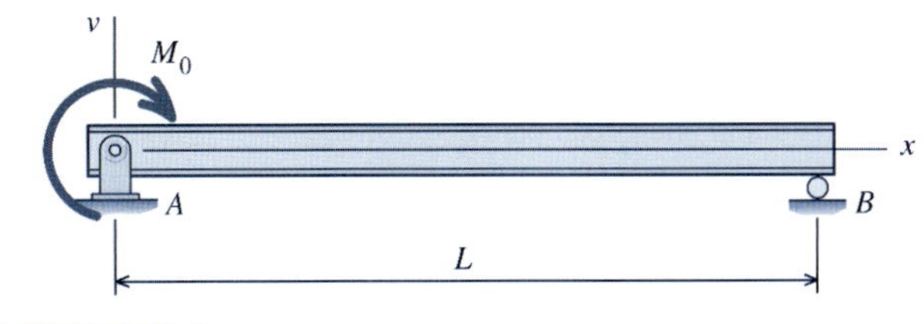

FIGURA P10.5

P10.6 Para a viga e o carregamento mostrados na Figura P10.6, use o método da dupla integração para determinar:

(a) a equação da curva elástica para a viga,
(b) a deflexão máxima e
(c) a inclinação da tangente à curva elástica em A.

Admita que EI seja constante para a viga.

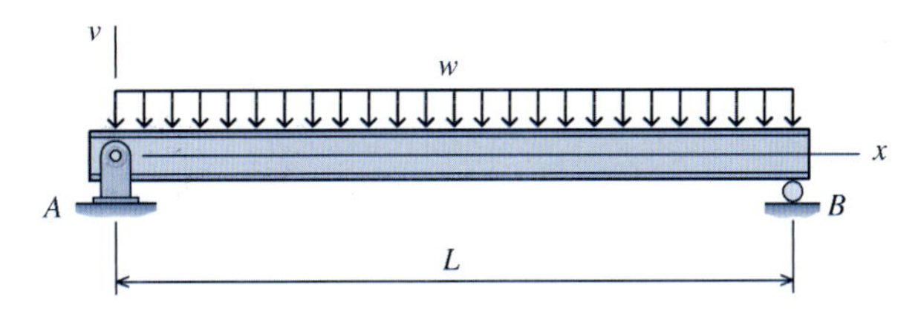

FIGURA P10.6

P10.7 Para a viga e o carregamento mostrados na Figura P10.7, use o método da dupla integração para determinar:

(a) a equação da curva elástica para o segmento AB da viga,
(b) a deflexão no meio da distância entre os dois apoios,
(c) a inclinação da tangente à curva elástica em A e
(d) a inclinação da tangente à curva elástica em B.

Admita que EI seja constante para a viga.

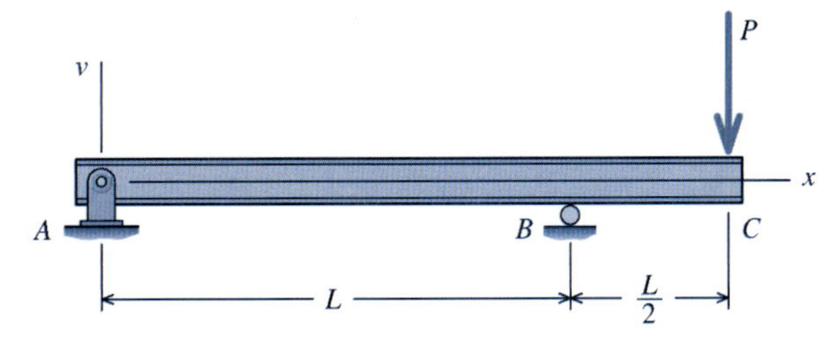

FIGURA P10.7

P10.8 Para a viga e o carregamento mostrados na Figura P10.8, use o método da dupla integração para determinar:

(a) a equação da curva elástica para o segmento BC da viga,
(b) a deflexão no meio da distância entre B e C e
(c) a inclinação da tangente à curva elástica em C.

Admita que EI seja constante para a viga.

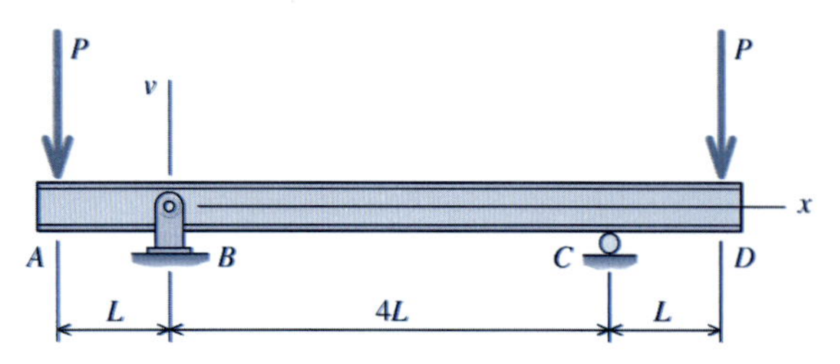

FIGURA P10.8

P10.9 Para a viga e o carregamento mostrados na Figura P10.9, use o método da dupla integração para determinar:

(a) a equação da curva elástica para o segmento *AB* da viga,
(b) a deflexão no meio da distância entre *A* e *B* e
(c) a inclinação da tangente à curva elástica em *B*.

Admita que *EI* seja constante para a viga.

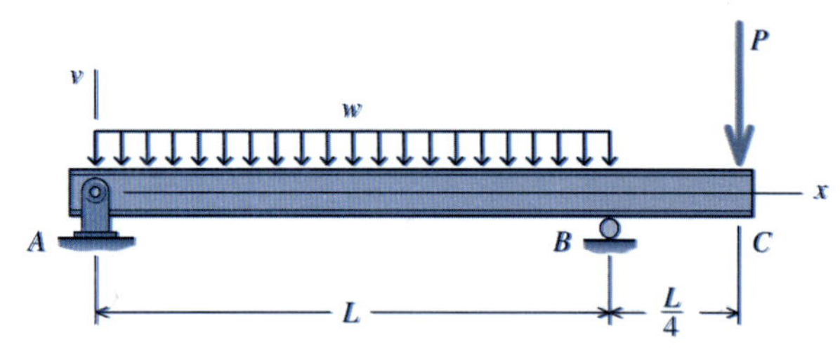

FIGURA P10.9

P10.10 Para a viga e o carregamento mostrados na Figura P10.10, use o método da dupla integração para determinar:

(a) a equação da curva elástica para o segmento *AC* da viga,
(b) a deflexão em *B* e
(c) a inclinação da tangente à curva elástica em *A*.

Admita que *EI* seja constante para a viga.

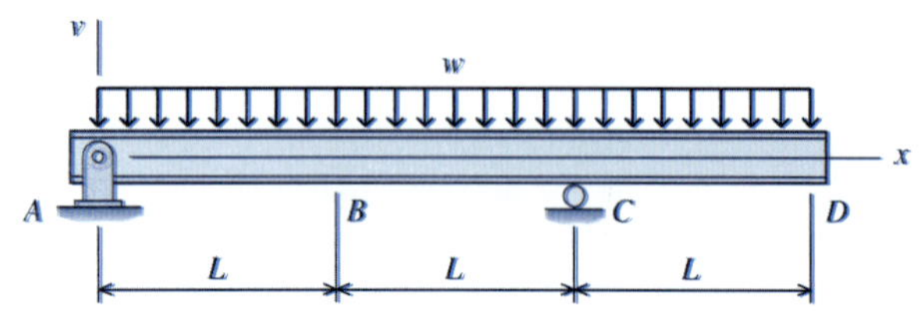

FIGURA P10.10

P10.11 Para a viga de aço simplesmente apoiada [$E = 200$ GPa; $I = 129 \times 10^6$ mm^4] mostrada na Figura P10.11, use o método da dupla integração para determinar a deflexão em *B*. Admita $L = 4$ m, $P = 60$ kN e $w = 40$ kN/m.

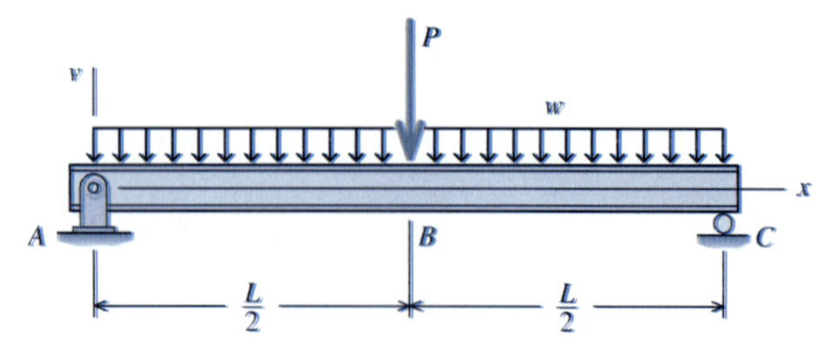

FIGURA P10.11

P10.12 Para a viga de aço em balanço [$E = 200$ GPa; $I = 129 \times 10^6$ mm^4] mostrada na Figura P10.12, use o método da dupla integração para determinar a deflexão em *A*. Admita $L = 2{,}5$ m, $P = 50$ kN e $w = 30$ kN/m.

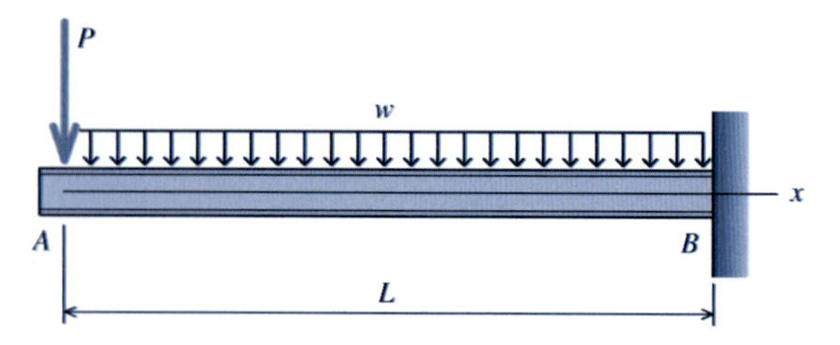

FIGURA P10.12

P10.13 Para a viga de aço em balanço [$E = 200$ GPa; $I = 129 \times 10^6$ mm^4] mostrada na Figura P10.13, use o método da dupla integração para determinar a deflexão em *B*. Admita $L = 3$ m, $M_0 = 70$ kN · m e $w = 15$ kN/m.

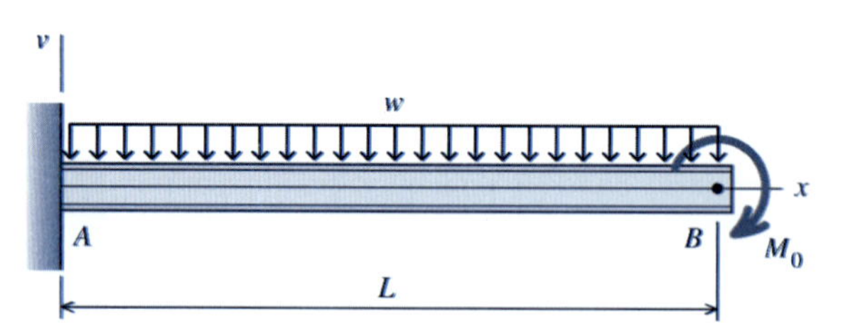

FIGURA P10.13

P10.14 Para a viga de aço em balanço [$E = 200$ GPa; I $= 129 \times 10^6$ mm^4] mostrada na Figura P10.14, use o método da dupla integração para determinar a deflexão em *A*. Admita $L = 2{,}5$ m, $P = 50$ kN e $w_0 = 90$ kN/m.

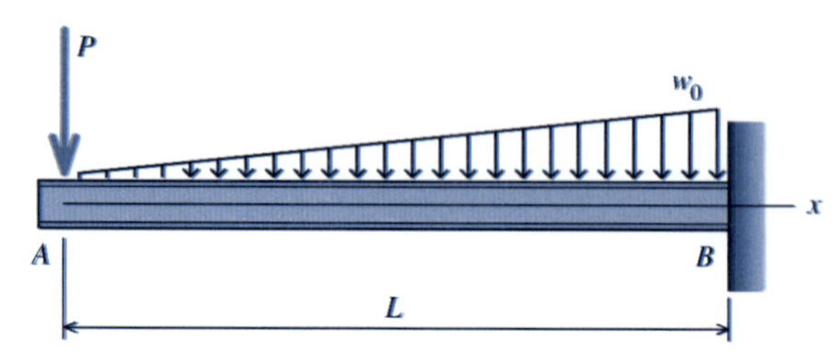

FIGURA P10.14

P10.15 Para a viga e o carregamento mostrados na Figura P10.15, use o método da dupla integração para determinar:

(a) a equação da curva elástica para a viga em balanço,
(b) a deflexão na extremidade livre e
(c) a inclinação da tangente à curva elástica na extremidade livre.

Admita que *EI* seja constante para a viga.

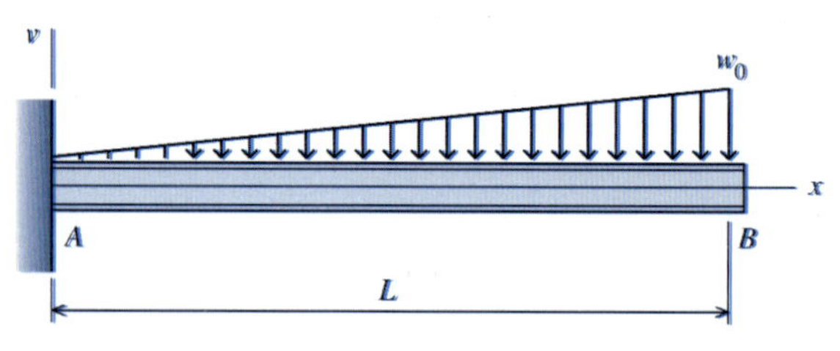

FIGURA P10.15

P10.16 Para a viga e o carregamento mostrados na Figura P10.16, use o método da dupla integração para determinar:

(a) a equação da curva elástica para a viga em balanço,
(b) a deflexão na extremidade livre e
(c) a inclinação da tangente à curva elástica na extremidade livre.

Admita que EI seja constante para a viga.

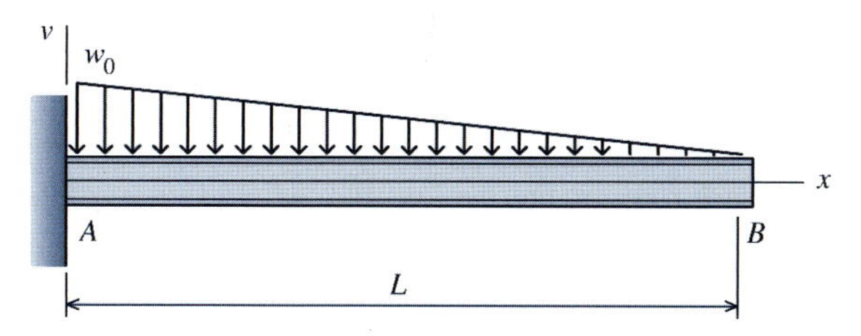

FIGURA P10.16

P10.17 Para a viga e o carregamento mostrados na Figura P10.17, use o método da dupla integração para determinar:

(a) a equação da curva elástica para a viga em balanço,
(b) a deflexão em B,
(c) a deflexão na extremidade livre e
(d) a inclinação da tangente à curva elástica na extremidade livre.

Admita que EI seja constante para a viga.

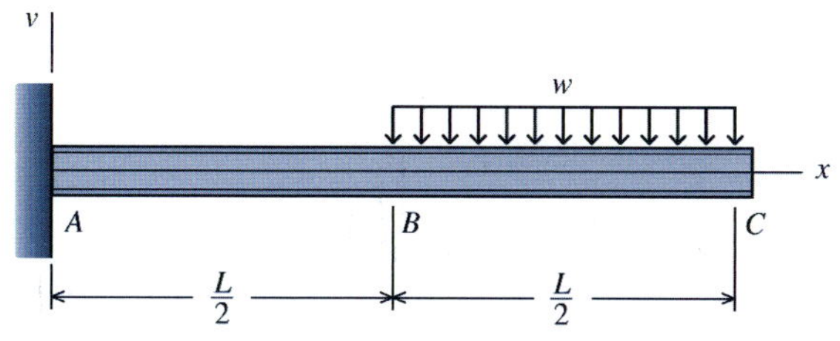

FIGURA P10.17

P10.18 Para a viga e o carregamento mostrados na Figura P10.18, use o método da dupla integração para determinar:

(a) a equação da curva elástica para a viga e
(b) a deflexão em B.

Admita que EI seja constante para a viga.

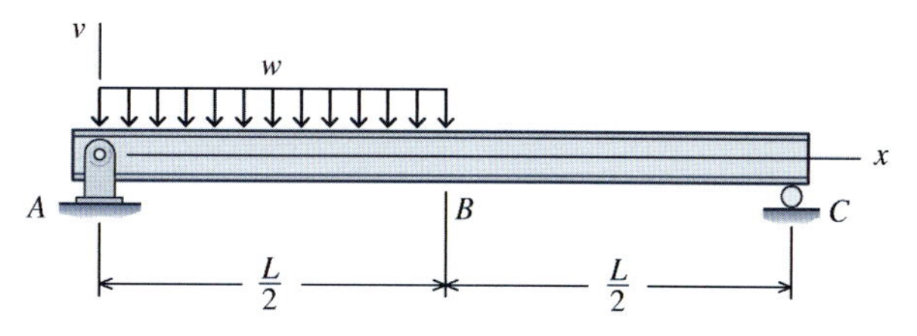

FIGURA P10.18

P10.19 Para a viga e o carregamento mostrados na Figura P10.19, use o método da dupla integração para determinar:

(a) a equação da curva elástica para toda a viga,
(b) a deflexão em C e
(c) a inclinação da tangente à curva elástica em B.

Admita que EI seja constante para a viga.

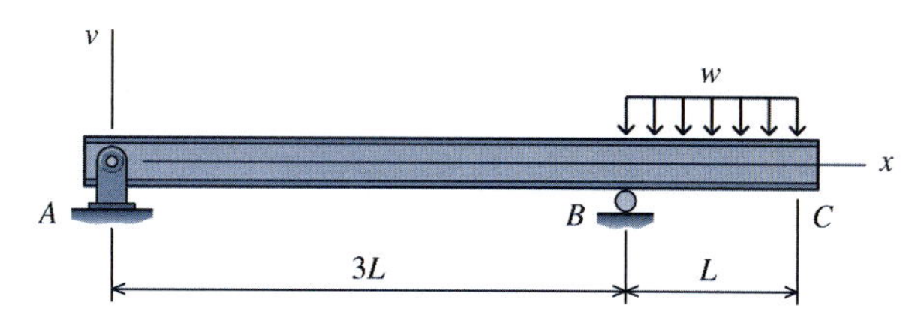

FIGURA P10.19

P10.20 Para a viga e o carregamento mostrados na Figura P10.20, use o método da dupla integração para determinar:

(a) a equação da curva elástica para a viga,
(b) o local da deflexão máxima e
(c) a deflexão máxima na viga.

Admita que EI seja constante para a viga.

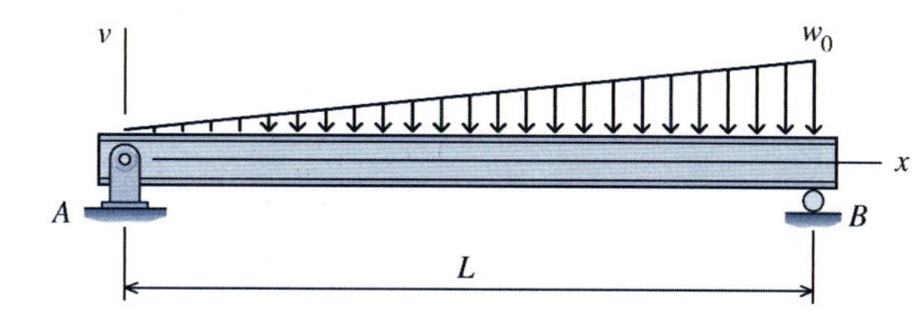

FIGURA P10.20

10.5 DEFLEXÕES POR INTEGRAÇÃO DAS EQUAÇÕES DO ESFORÇO CORTANTE OU DO CARREGAMENTO

Na Seção 10.3, a equação da curva elástica foi obtida integrando a equação diferencial

$$EI\frac{d^2v}{dx^2} = M \tag{10.1}$$

e aplicando as condições de contorno apropriadas para que fossem encontrados os valores das duas constantes de integração. De maneira similar, a equação da curva elástica pode ser obtida a partir da equação do esforço cortante ou da equação do carregamento. As equações diferenciais que relacionam a deflexão v com o esforço cortante V ou com o carregamento W são

$$EI\frac{d^3v}{dx^3} = V \tag{10.2}$$

$$EI\frac{d^4v}{dx^4} = w \tag{10.3}$$

em que tanto V como w são funções de x. Quando as Equações (10.2) ou (10.3) forem usadas para obter a equação da curva elástica, serão exigidas três ou quatro integrações, em vez das duas integrações exigidas pela Equação (10.1). Essas integrações adicionais introduzirão constantes de integração adicionais. Entretanto, as condições de contorno agora incluem condições relacionadas com o esforço cortante e com o momento fletor, além das condições relacionadas a inclinações e deflexões. Normalmente o uso de uma equação diferencial em particular se baseia na conveniência matemática ou na preferência pessoal. Nesses casos, quando a expressão para a carga for mais fácil de escrever do que a expressão para o momento, a Equação (10.3) seria a preferida em vez da Equação (10.1). O exemplo a seguir ilustra o uso da Equação (10.3) para o cálculo de deflexões em vigas.

EXEMPLO 10.5

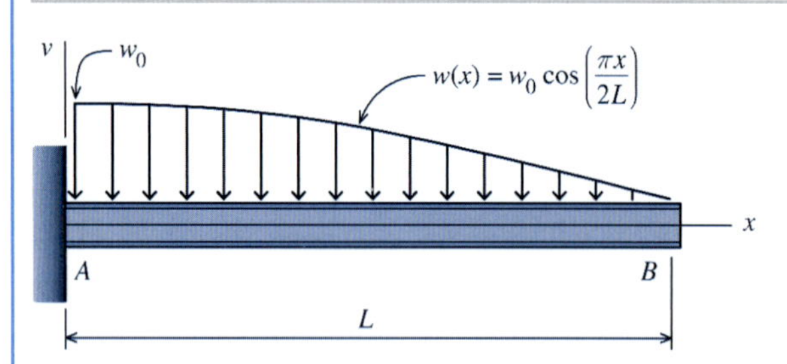

Uma viga é carregada e apoiada de acordo com a figura. Admita que EI seja constante para a viga. Determine:

(a) a equação da curva elástica em termos de w_0, L, x, E e I.
(b) a deflexão da extremidade direita da viga.
(c) as reações A_y e M_A no apoio da extremidade esquerda da viga.

Planejamento da Solução

Como a equação para a distribuição da carga é dada e a equação do momento não é fácil de obter, será usada a Equação (10.3) para determinação das deflexões.

SOLUÇÃO

A direção para cima é considerada positiva para uma carga distribuída w; portanto, a Equação (10.3) é escrita como

$$EI\frac{d^4v}{dx^4} = w(x) = -w_0\cos\left(\frac{\pi x}{2L}\right) \tag{a}$$

Integração

A Equação (a) será integrada quatro vezes para que seja obtida a equação da curva elástica.

$$EI\frac{d^3v}{dx^3} = V(x) = -\left(\frac{2w_0L}{\pi}\right)\text{sen}\left(\frac{\pi x}{2L}\right) + C_1 \tag{b}$$

$$EI\frac{d^2v}{dx^2} = M(x) = \left(\frac{4w_0L^2}{\pi^2}\right)\cos\left(\frac{\pi x}{2L}\right) + C_1x + C_2 \tag{c}$$

$$EI\frac{dv}{dx} = EI\theta = \left(\frac{8w_0L^3}{\pi^3}\right)\text{sen}\left(\frac{\pi x}{2L}\right) + C_1\frac{x^2}{2} + C_2x + C_3 \tag{d}$$

$$EIv = -\left(\frac{16w_0L^4}{\pi^4}\right)\cos\left(\frac{\pi x}{2L}\right) + C_1\frac{x^3}{6} + C_2\frac{x^2}{2} + C_3x + C_4 \tag{e}$$

Condições de Contorno e Constantes

As quatro constantes de integração são determinadas aplicando as condições de contorno. Desta forma, em $x = 0, v = 0;$ portanto, $C_4 = \frac{16w_0L^4}{\pi^4}$

em $x = 0, \frac{dv}{dx} = 0;$ portanto, $C_3 = 0$

em $x = L, V = 0;$ portanto, $C_1 = \frac{2w_0L}{\pi}$

em $x = L, M = 0;$ portanto, $C_2 = \frac{2w_0L^2}{\pi}$

Equação da Curva Elástica

Substitua a expressão obtida para as constantes de integração na Equação (e) para completar a equação da curva elástica:

$$v = -\frac{w_0}{3\pi^4EI}\left[48L^4\cos\left(\frac{\pi x}{2L}\right) - \pi^3Lx^3 + 3\pi^3L^2x^2 - 48L^4\right]$$ **Resp.**

Deflexão da Viga na Extremidade Direita da Viga

A deflexão da viga em B é obtida fazendo $x = L$ na equação da curva elástica:

$$v_B = -\frac{w_0}{3\pi^4EI}[-\pi^3L^4 + 3\pi^3L^4 - 48L^4] = -\frac{(2\pi^3 - 48)w_0L^4}{3\pi^4EI} = -0{,}04795\frac{w_0L^4}{EI}$$ **Resp.**

Reações de Apoio em A

O esforço cortante V e o momento fletor M a qualquer distância x do apoio são dados pelas seguintes equações obtidas a partir das Equações (b) e (c):

$$V(x) = \frac{2w_0L}{\pi}\left[1 - \text{sen}\left(\frac{\pi x}{2L}\right)\right]$$

$$M(x) = \frac{2w_0L}{\pi^2}\left[2L\cos\left(\frac{\pi x}{2L}\right) + \pi x - \pi L\right]$$

Desta forma, as reações no apoio na extremidade esquerda da viga (isto é, $x = 0$) são

$$A_y = V_A = \frac{2w_0L}{\pi}$$ **Resp.**

$$M_A = -\frac{2(\pi - 2)w_0L^2}{\pi^2}$$ **Resp.**

PROBLEMAS

P10.21 Para a viga e o carregamento mostrados na Figura P10.21, integre a distribuição da carga para determinar:

(a) a equação da curva elástica para a viga e
(b) a deflexão máxima na viga.

Admita que EI seja constante para a viga.

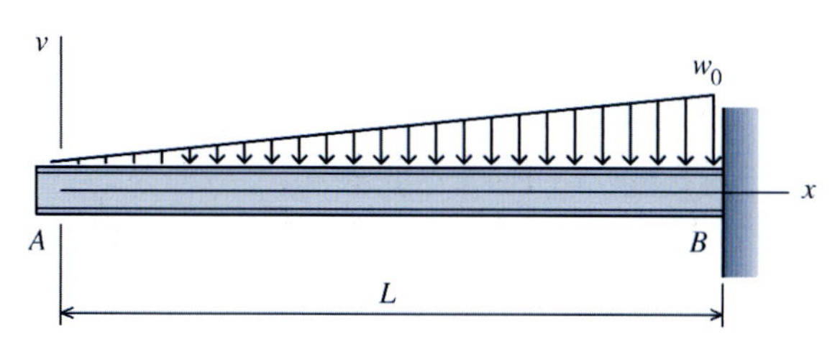

FIGURA P10.21

P10.22 Para a viga e o carregamento mostrados na Figura P10.22, integre a distribuição da carga para determinar:

(a) a equação da curva elástica para a viga e
(b) a deflexão no meio da distância entre os apoios.

Admita que EI seja constante para a viga.

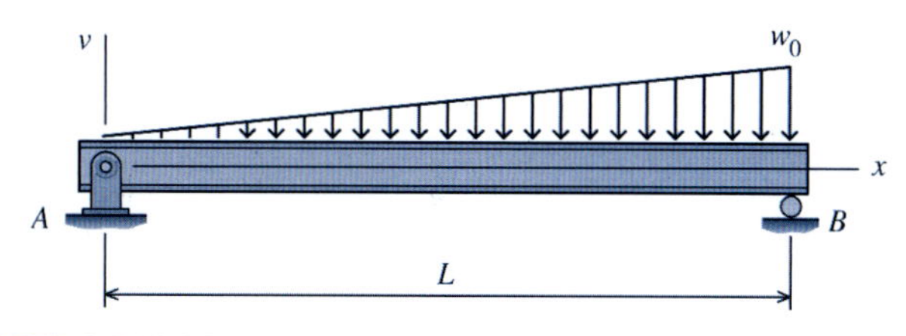

FIGURA P10.22

P10.23 Para a viga e o carregamento mostrados na Figura P10.23, integre a distribuição da carga para determinar:

(a) a equação da curva elástica,
(b) a deflexão na extremidade esquerda da viga e
(c) as reações B_y e M_B nos apoios.

Admita que EI seja constante para a viga.

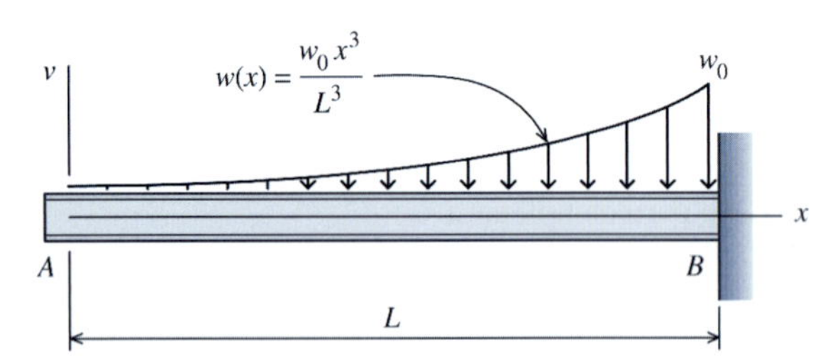

FIGURA P10.23

P10.24 Para a viga e o carregamento mostrados na Figura P10.24, integre a distribuição da carga para determinar:

(a) a equação da curva elástica,
(b) a deflexão no meio da distância entre os apoios e
(c) as reações A_y e B_y nos apoios.

Admita que EI seja constante para a viga.

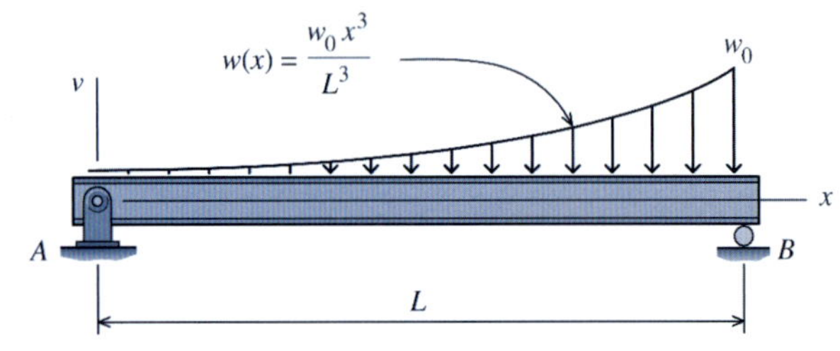

FIGURA P10.24

P10.25 Para a viga e o carregamento mostrados na Figura P10.25, integre a distribuição da carga para determinar:

(a) a equação da curva elástica,
(b) a deflexão na extremidade esquerda da viga e
(c) as reações B_y e M_B nos apoios.

Admita que EI seja constante para a viga.

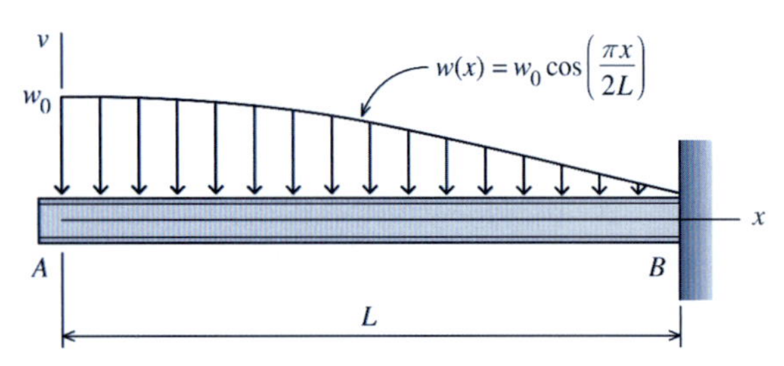

FIGURA P10.25

P10.26 Para a viga e o carregamento mostrados na Figura P10.26, integre a distribuição da carga para determinar:

(a) a equação da curva elástica,
(b) a deflexão no meio da distância entre os apoios,
(c) a inclinação da tangente à curva elástica na extremidade esquerda da viga e
(d) as reações A_y e B_y nos apoios.

Admita que EI seja constante para a viga.

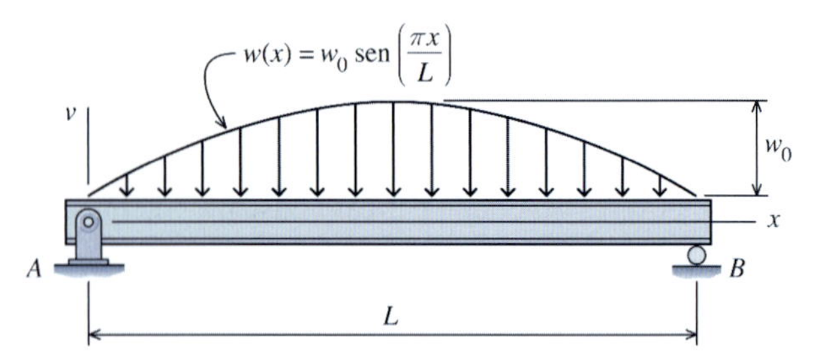

FIGURA P10.26

P10.27 Para a viga e o carregamento mostrados na Figura P10.27, integre a distribuição da carga para determinar:

(a) a equação da curva elástica,
(b) a deflexão no meio da distância entre os apoios,
(c) a inclinação da tangente à curva elástica na extremidade esquerda da viga e
(d) as reações A_y e B_y nos apoios.

Admita que EI seja constante para a viga.

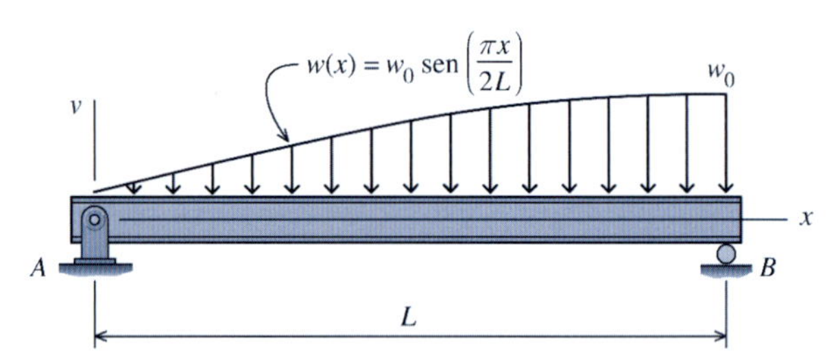

FIGURA P10.27

P10.28 Para a viga e o carregamento mostrados na Figura P10.28, integre a distribuição da carga para determinar:

(a) a equação da curva elástica,
(b) a deflexão na extremidade esquerda da viga e
(c) as reações B_y e M_B nos apoios.

Admita que EI seja constante para a viga.

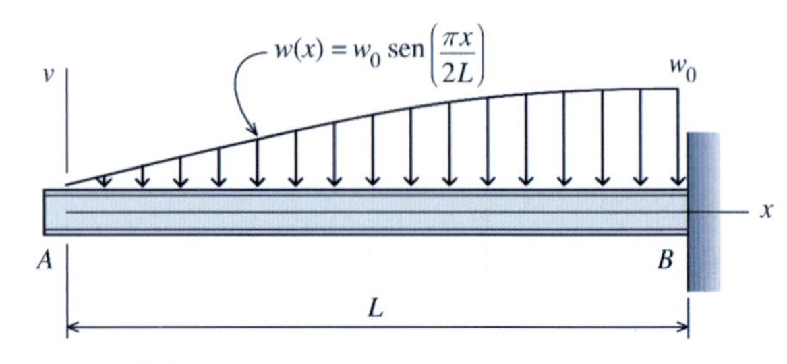

FIGURA P10.28

10.6 DEFLEXÕES USANDO FUNÇÕES DE DESCONTINUIDADE

Os procedimentos de integração usados para desenvolver as equações da curva elástica serão relativamente simples se o carregamento da viga puder ser expresso como uma única função contínua agindo em todo o comprimento da viga. Entretanto, os procedimentos analisados nas Seções 10.4 e 10.5 podem se tornar muito complicados e tediosos para vigas que suportem muitas cargas concentradas ou muitas cargas distribuídas segmentadas. Por exemplo, a viga no Exemplo 10.4 foi carregada por uma única carga concentrada. A fim de determinar a curva elástica para essa viga e para esse carregamento relativamente descomplicados, a equação dos momentos precisou ser obtida para dois segmentos de viga. A integração dupla dessas duas equações de momentos gerou quatro constantes de integração que precisaram ter seus valores determinados pela utilização das condições de contorno e de continuidade. Para vigas mais complicadas, como as com várias cargas concentradas ou várias cargas distribuídas segmentadas, fica evidente que os cálculos exigidos para obter todas as equações necessárias para encontrar o valor de todas as constantes de integração podem se tornar muito extensos. O uso das funções de descontinuidade simplifica em muito esse processo. Nesta seção, serão usadas as funções de descontinuidade para determinar a curva elástica de vigas com várias cargas. Essas funções que serão usadas fornecem uma técnica versátil e eficiente para o cálculo de deflexões, tanto de vigas estaticamente determinadas como de vigas estaticamente indeterminadas, com rigidez à flexão EI constante. O uso das funções de descontinuidade para vigas estaticamente indeterminadas será analisado na Seção 11.4.

Conforme foi visto na Seção 7.4, as funções de descontinuidade permitem que todas as cargas que agem na viga sejam incorporadas a uma única função $w(x)$ que é contínua para todo o comprimento da viga, muito embora as cargas não o sejam. Por $w(x)$ ser uma função contínua, a necessidade de condições de continuidade é eliminada, simplificando assim o processo de cálculo. Quando as forças e os momentos de reação forem incluídos em $w(x)$, as constantes de integração, tanto para $V(x)$ como para $M(x)$ são determinadas automaticamente sem a necessidade de referência explícita às condições de contorno. Entretanto, surgem constantes de integração adicionais na dupla integração de $M(x)$ para que seja obtida a curva elástica $v(x)$. Cada integração produz uma constante e o valor dessas duas constantes deve ser encontrado com base nas condições de contorno da viga. Iniciando com a relação momento-curvatura expressa na Equação (10.1), $M(x)$ é integrado para que seja obtido $EIv'(x)$, produzindo uma constante de integração que tem o valor $C_1 = EIv'(0)$. Uma segunda integração fornece $EIv(x)$ e a constante resultante tem o valor $C_2 = EIv(0)$. Para algumas vigas, o coeficiente angular ou o deslocamento transversal ou ambos podem ser conhecidos em $x = 0$, sendo fácil determinar tanto C_1 quanto C_2. Simbolicamente, as condições de contorno tais como suportes de pino, de rolete e fixos ocorrem em locais diferentes de $x = 0$. Para tais vigas será necessário usar duas condições de contorno para desenvolver as equações que contêm as constantes desconhecidas C_1 e C_2. Essas equações são então resolvidas simultaneamente para que sejam calculados C_1 e C_2.

A aplicação das funções de descontinuidade para calcular inclinações e deflexões está ilustrada nos exemplos que se seguem.

EXEMPLO 10.6

Para a viga mostrada, use funções de descontinuidade para calcular a deflexão da viga:

(a) em A.
(b) em C.

Admita um valor constante de $EI = 17 \times 10^3$ kN · m² para a viga.

Planejamento da Solução

Determine as reações nos apoios simples B e D. Usando a Tabela 7.2, escreva expressões de $w(x)$ para a carga concentrada de 25 kN assim como para as duas reações

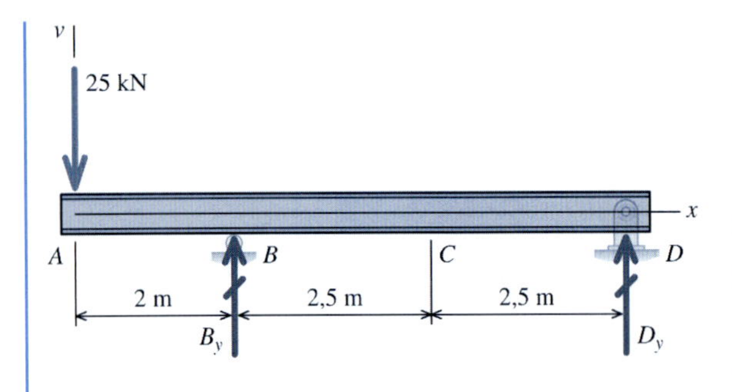

nos apoios. Integre $w(x)$ quatro vezes para determinar as equações para a inclinação da tangente à curva elástica e a deflexão da viga. Use as condições de contorno conhecidas nos apoios simples para encontrar o valor das constantes de integração.

SOLUÇÃO

Reações nos apoios

A figura mostra um diagrama de corpo livre (DCL) da viga. Com base nesse DCL, as forças de reação na viga podem ser calculadas como

$$\Sigma M_B = (25 \text{ kN})(2 \text{ m}) + D_y(5 \text{ m}) = 0$$
$$\therefore D_y = -10 \text{ kN}$$
$$\Sigma F_y = B_y + D_y - 25 \text{ kN} = 0$$
$$\therefore B_y = 35 \text{ kN}$$

Expressões de Descontinuidade

Carga concentrada de 25 kN: Use o caso 2 da Tabela 7.2 para escrever a seguinte expressão para a carga concentrada de 25 kN:

$$w(x) = -25 \text{ kN}\langle x - 0 \text{ m}\rangle^{-1}$$

Forças de reação B_y e D_y: As forças de reação dirigidas para cima em B_y e D_y são expressas usando o caso 2 da Tabela 7.2:

$$w(x) = 35 \text{ kN}\langle x - 2 \text{ m}\rangle^{-1} - 10 \text{ kN}\langle x - 7 \text{ m}\rangle^{-1}$$

Observe que o termo para a força de reação D_y sempre terá um valor zero nesse exemplo uma vez que a viga possui apenas 7 m de comprimento; portanto, esse termo pode ser omitido aqui.

Integração da expressão de carregamento da viga: Integre a expressão do carregamento $w(x)$ para a viga:

$$w(x) = -25 \text{ kN}\langle x - 0 \text{ m}\rangle^{-1} + 35 \text{ kN}\langle x - 2 \text{ m}\rangle^{-1}$$

para obter a função do esforço cortante $V(x)$:

$$V(x) = \int w(x)dx = -25 \text{ kN}\langle x - 0 \text{ m}\rangle^{0} + 35 \text{ kN}\langle x - 2 \text{ m}\rangle^{0}$$

e novamente para obter a função do momento fletor $M(x)$:

$$M(x) = \int V(x)dx = -25 \text{ kN}\langle x - 0 \text{ m}\rangle^{1} + 35 \text{ kN}\langle x - 2 \text{ m}\rangle^{1}$$

Observe que, como $w(x)$ está escrito tanto em termos das cargas *como das reações*, nenhuma constante de integração se fez necessária até esse instante dos cálculos. Entretanto, as próximas duas integrações (que produzirão as funções para as inclinações e deflexões da viga) exigirão que os valores das constantes de integração sejam encontrados com base nas condições de contorno.

Da Equação (10.1), podemos escrever

$$EI\frac{d^2v}{dx^2} = M(x) = -25 \text{ kN}\langle x - 0 \text{ m}\rangle^{1} + 35 \text{ kN}\langle x - 2 \text{ m}\rangle^{1}$$

Integre novamente a função do momento para obter uma expressão para as inclinações da viga:

$$EI\frac{dv}{dx} = -\frac{25 \text{ kN}}{2}\langle x - 0 \text{ m}\rangle^{2} + \frac{35 \text{ kN}}{2}\langle x - 2 \text{ m}\rangle^{2} + C_1 \qquad \text{(a)}$$

Integre novamente para obter a função das deflexões da viga:

$$EIv = -\frac{25\text{ kN}}{6}\langle x - 0\text{ m}\rangle^3 + \frac{35\text{ kN}}{6}\langle x - 2\text{ m}\rangle^3 + C_1 x + C_2 \qquad \text{(b)}$$

Encontre o valor das constantes de integração usando as condições de contorno: As condições de contorno são valores específicos de deflexão v ou de inclinação da tangente à curva elástica dv/dx conhecidos em locais particulares ao longo do vão da viga. Para essa viga, a deflexão v é conhecida no apoio de primeiro gênero ($x = 2$ m) e no apoio de segundo gênero ($x = 7$ m). Substitua a condição de contorno $v = 0$ em $x = 2$ m na Equação (b) para obter

$$-\frac{25\text{ kN}}{6}(2\text{ m})^3 + \frac{35\text{ kN}}{6}(0\text{ m})^3 + C_1(2\text{ m}) + C_2 = 0 \qquad \text{(c)}$$

A seguir, substitua a condição de contorno $v = 0$ em $x = 7$ m na Equação (b) para obter

$$-\frac{25\text{ kN}}{6}(7\text{ m})^3 + \frac{35\text{ kN}}{6}(5\text{ m})^3 + C_1(7\text{ m}) + C_2 = 0 \qquad \text{(d)}$$

Resolva simultaneamente as Equações (c) e (d) para encontrar as duas constantes de integração C_1 e C_2:

$$C_1 = 133{,}3333\text{ kN}\cdot\text{m}^2 \quad \text{e} \quad C_2 = -233{,}3333\text{ kN}\cdot\text{m}^3$$

Agora as equações das deflexões e da curva elástica da viga estão completas:

$$EI\frac{dv}{dx} = -\frac{25\text{ kN}}{2}\langle x - 0\text{ m}\rangle^2 + \frac{35\text{ kN}}{2}\langle x - 2\text{ m}\rangle^2 + 133{,}3333\text{ kN}\cdot\text{m}^2$$

$$EIv = -\frac{25\text{ kN}}{6}\langle x - 0\text{ m}\rangle^3 + \frac{35\text{ kN}}{6}\langle x - 2\text{ m}\rangle^3 + (133{,}3333\text{ kN}\cdot\text{m}^2)x - 233{,}3333\text{ kN}\cdot\text{m}^3$$

(a) Deflexões da Viga em A

Na extremidade do balanço na qual $x = 0$ m, a deflexão da viga é

$$\begin{aligned} EIv_A &= -\frac{25\text{ kN}}{6}\langle x - 0\text{ m}\rangle^3 + \frac{35\text{ kN}}{2}\langle x - 2\text{ m}\rangle^3 + (133{,}3333\text{ kN}\cdot\text{m}^2)\,x - 233{,}3333\text{ kN}\cdot\text{m}^3 \\ &= -233{,}3333\text{ kN}\cdot\text{m}^3 \end{aligned}$$

$$\therefore v_A = -\frac{233{,}3333\text{ kN}\cdot\text{m}^3}{17\times10^3\text{ kN}\cdot\text{m}^2} = -0{,}013725\text{ m} = 13{,}73\text{ mm}\downarrow \qquad \textbf{Resp.}$$

(b) Deflexão da Viga em C

Em C em que $x = 4{,}5$ m, a deflexão da viga é

$$\begin{aligned} EIv_C &= -\frac{25\text{ kN}}{6}(4{,}5\text{ m})^3 + \frac{35\text{ kN}}{6}(2{,}5\text{ m})^3 + (133{,}3333\text{ kN}\cdot\text{m}^2)(4{,}5\text{ m}) - 233{,}3333\text{ kN}\cdot\text{m}^3 \\ &= 78{,}1249\text{ kN}\cdot\text{m}^3 \end{aligned}$$

$$\therefore v_C = \frac{78{,}1249\text{ kN}\cdot\text{m}^3}{17\times10^3\text{ kN}\cdot\text{m}^2} = 0{,}004596\text{ m} = 4{,}60\text{ mm}\uparrow \qquad \textbf{Resp.}$$

EXEMPLO 10.7

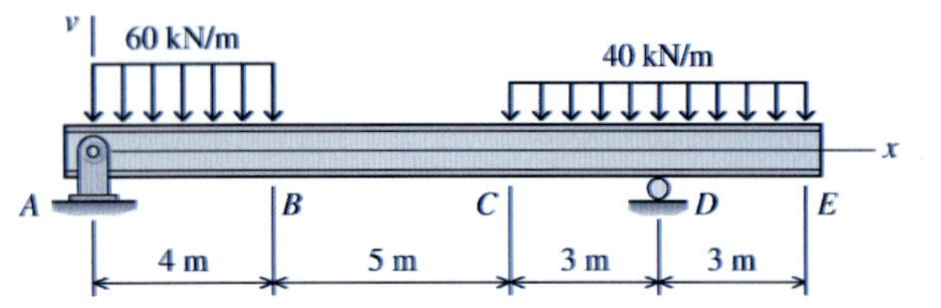

Para a viga mostrada, use funções de descontinuidade para calcular:

(a) a inclinação da tangente à curva elástica da viga em A.
(b) a deflexão da viga em B.

Admita um valor constante de $EI = 125 \times 10^3$ kN · m² para a viga.

Planejamento da Solução

Determine as reações nos apoios simples A e D. Usando a Tabela 7.2, escreva expressões de $w(x)$ para as duas cargas uniformemente distribuídas assim como para as duas reações nos apoios. Integre $w(x)$ quatro vezes para determinar as equações para a inclinação da tangente à curva elástica e a deflexão da viga. Use as condições de contorno conhecidas nos apoios simples para encontrar o valor das constantes de integração.

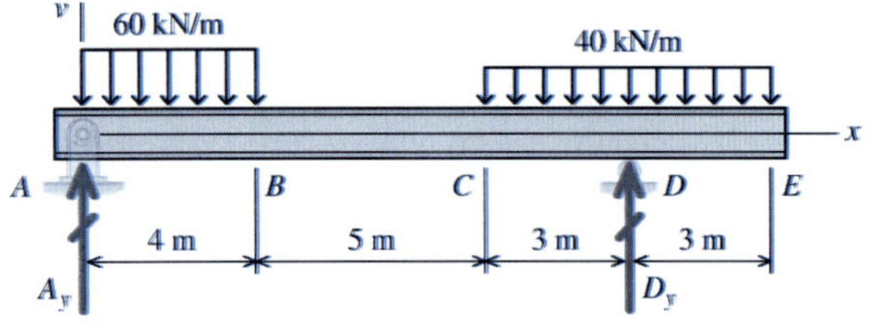

SOLUÇÃO

Reações nos Apoios

A figura mostra um diagrama de corpo livre (DCL) da viga. Com base nesse DCL, as forças de reação na viga podem ser calculadas como

$$\Sigma M_A = -(60 \text{ kN/m})(4 \text{ m})(2 \text{ m}) - (40 \text{ kN/m})(6 \text{ m})(12 \text{ m}) + D_y(12 \text{ m}) = 0$$

$$\therefore D_y = 280 \text{ kN}$$

$$\Sigma F_y = A_y + D_y - (60 \text{ kN/m})(4 \text{ m}) - (40 \text{ kN/m})(6 \text{ m}) = 0$$

$$\therefore A_y = 200 \text{ kN}$$

Expressões de Descontinuidade

Carga distribuída entre A e B: Use o caso 5 da Tabela 7.2 para escrever a seguinte expressão para a carga distribuída de 60 kN/m:

$$w(x) = -60 \text{ kN/m}\langle x - 0 \text{ m}\rangle^0 + 60 \text{ kN/m}\langle x - 4 \text{ m}\rangle^0$$

Observe que o segundo termo dessa expressão é exigido a fim de cancelar o primeiro termo para $x > 4$ m.

Carga distribuída entre C e E: Use novamente o caso 5 da Tabela 7.2 para escrever a seguinte expressão para a carga distribuída de 40 kN/m:

$$w(x) = -40 \text{ kN/m}\langle x - 9 \text{ m}\rangle^0 + 40 \text{ kN/m}\langle x - 15 \text{ m}\rangle^0$$

O segundo termo dessa expressão não terá efeito algum uma vez que a viga tem apenas 15 m de comprimento: portanto, esse termo será omitido nas considerações posteriores.

Forças de reação A_y e D_y: As forças de reação dirigidas para cima em A_y e D_y são expressas usando o caso 2 da Tabela 7.2:

$$w(x) = 200 \text{ kN}\langle x - 0 \text{ m}\rangle^{-1} + 280 \text{ kN}\langle x - 12 \text{ m}\rangle^{-1}$$

Integração da expressão de carregamento da viga: A expressão do carregamento $w(x)$ para a viga é então

$$w(x) = 200 \text{ kN}\langle x - 0 \text{ m}\rangle^{-1} - 60 \text{ kN/m}\langle x - 0 \text{ m}\rangle^0 + 60 \text{ kN/m}\langle x - 4 \text{ m}\rangle^0$$
$$-40 \text{ kN/m}\langle x - 9 \text{ m}\rangle^0 + 280 \text{ kN}\langle x - 12 \text{ m}\rangle^{-1}$$

Integre $w(x)$ para obter a função do esforço cortante $V(x)$:

$$V(x) = \int w(x)dx = 200\text{ kN}\langle x - 0\text{ m}\rangle^0 - 60\text{ kN/m}\langle x - 0\text{ m}\rangle^1 + 60\text{ kN/m}\langle x - 4\text{ m}\rangle^1$$
$$-40\text{ kN/m}\langle x - 9\text{ m}\rangle^1 + 280\text{ kN}\langle x - 12\text{ m}\rangle^0$$

e integre novamente para obter a função do momento fletor $M(x)$:

$$M(x) = \int V(x)dx = 200\text{ kN}\langle x - 0\text{ m}\rangle^1 - \frac{60\text{ kN/m}}{2}\langle x - 0\text{ m}\rangle^2 + \frac{60\text{ kN/m}}{2}\langle x - 4\text{ m}\rangle^2$$
$$-\frac{40\text{ kN/m}}{2}\langle x - 9\text{ m}\rangle^2 + 280\text{ kN}\langle x - 12\text{ m}\rangle^1$$

A inclusão das forças de reação na expressão para $w(x)$ leva em conta automaticamente as constantes de integração até este ponto. Entretanto, a próximas duas integrações (que produzirão as funções para as inclinações e deflexões da viga) exigirão que os valores das constantes de integração sejam encontrados com base nas condições de contorno.

Da Equação (10.1), podemos escrever

$$EI\frac{d^2v}{dx^2} = M(x) = 200\text{ kN}\langle x - 0\text{ m}\rangle^1 - \frac{60\text{ kN/m}}{2}\langle x - 0\text{ m}\rangle^2 + \frac{60\text{ kN/m}}{2}\langle x - 4\text{ m}\rangle^2$$
$$-\frac{40\text{ kN/m}}{2}\langle x - 9\text{ m}\rangle^2 + 280\text{ kN}\langle x - 12\text{ m}\rangle^1$$

Integre novamente a função do momento para obter uma expressão para as inclinações da viga:

$$EI\frac{dv}{dx} = \frac{200\text{ kN}}{2}\langle x - 0\text{ m}\rangle^2 - \frac{60\text{ kN/m}}{6}\langle x - 0\text{ m}\rangle^3 + \frac{60\text{ kN/m}}{6}\langle x - 4\text{ m}\rangle^3$$
$$-\frac{40\text{ kN/m}}{6}\langle x - 9\text{ m}\rangle^3 + \frac{280\text{ kN}}{2}\langle x - 12\text{ m}\rangle^2 + C_1 \qquad \text{(a)}$$

Integre novamente para obter a função das deflexões da viga:

$$EIv = \frac{200\text{ kN}}{6}\langle x - 0\text{ m}\rangle^3 - \frac{60\text{ kN/m}}{24}\langle x - 0\text{ m}\rangle^4 + \frac{60\text{ kN/m}}{24}\langle x - 4\text{ m}\rangle^4$$
$$-\frac{40\text{ kN/m}}{24}\langle x - 9\text{ m}\rangle^4 + \frac{280\text{ kN}}{3}\langle x - 12\text{ m}\rangle^3 + C_1x + C_2 \qquad \text{(b)}$$

Encontre o valor das constantes de integração usando as condições de contorno: As condições de contorno são valores específicos de deflexão v ou de inclinação da tangente à curva elástica dv/dx conhecidos em locais particulares ao longo do vão da viga. Para essa viga, a deflexão v é conhecida no apoio de segundo gênero ($x = 0$ m) e no apoio de primeiro gênero ($x = 12$ m). Substitua a condição de contorno $v = 0$ em $x = 0$ m na Equação (b) para obter

$$C_2 = 0$$

A seguir, substitua a condição de contorno $v = 0$ em $x = 12$ m na Equação (b) para obter a constante C_1:

$$\frac{200\text{ kN}}{6}(12\text{ m})^3 - \frac{60\text{ kN/m}}{24}(12\text{ m})^4 + \frac{60\text{ kN/m}}{24}(8\text{ m})^4 - \frac{40\text{ kN/m}}{24}(3\text{ m})^4 + C_1(12\text{ m}) = 0$$
$$\therefore C_1 = -1.322{,}0833\text{ kN}\cdot\text{m}^2$$

Agora as equações das deflexões e da curva elástica da viga estão completas:

$$EI\frac{dv}{dx} = \frac{200\text{ kN}}{2}\langle x - 0\text{ m}\rangle^2 - \frac{60\text{ kN/m}}{6}\langle x - 0\text{ m}\rangle^3 + \frac{60\text{ kN/m}}{6}\langle x - 4\text{ m}\rangle^3$$
$$-\frac{40\text{ kN/m}}{6}\langle x - 9\text{ m}\rangle^3 + \frac{280\text{ kN}}{2}\langle x - 12\text{ m}\rangle^2 - 1.322{,}0833\text{ kN}\cdot\text{m}^2$$

$$EIv = \frac{200\text{ kN}}{6}\langle x - 0\text{ m}\rangle^3 - \frac{60\text{ kN/m}}{24}\langle x - 0\text{ m}\rangle^4 + \frac{60\text{ kN/m}}{24}\langle x - 4\text{ m}\rangle^4$$
$$-\frac{40\text{ kN/m}}{24}\langle x - 9\text{ m}\rangle^4 + \frac{280\text{ kN}}{3}\langle x - 12\text{ m}\rangle^3 - (1.322{,}0833\text{ kN}\cdot\text{m}^2)x$$

(a) Inclinação da Tangente à Curva Elástica da Viga em *A*

A inclinação da tangente à curva elástica da viga em *A* ($x = 0$ m) é

$$EI\left(\frac{dv}{dx}\right)_A = -1.322{,}0833 \text{ kN} \cdot \text{m}^2$$

$$\therefore \left(\frac{dv}{dx}\right)_A = -\frac{1.322{,}0833 \text{ kN} \cdot \text{m}^2}{125 \times 10^3 \text{ kN} \cdot \text{m}^2} = -0{,}01058 \text{ rad}$$

Resp.

(b) Deflexão da Viga em *B*

A deflexão da viga em *B* ($x = 4$ m) é

$$EIv_B = \frac{200 \text{ kN}}{6}(4 \text{ m})^3 - \frac{60 \text{ kN/m}}{24}(4 \text{ m})^4 - (1.322{,}0833 \text{ kN} \cdot \text{m}^2)(4 \text{ m}) = -3.795 \text{ kN} \cdot \text{m}^3$$

$$\therefore v_B = -\frac{3.795 \text{ kN} \cdot \text{m}^3}{125 \times 10^3 \text{ kN} \cdot \text{m}^2} = -0{,}030360 \text{ m} = 30{,}4 \text{ mm} \downarrow$$

Resp.

EXEMPLO 10.8

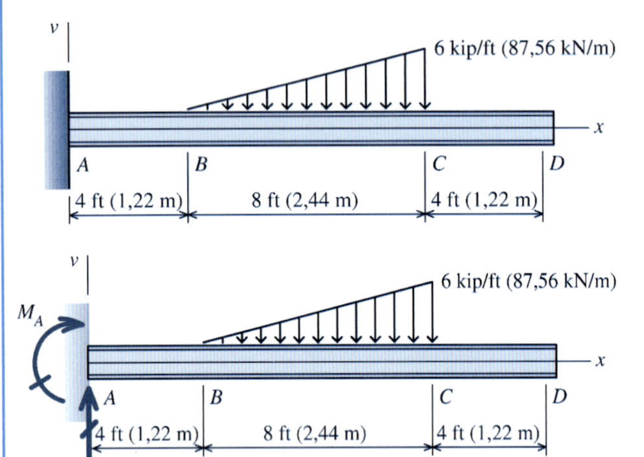

Para a viga mostrada, use funções de descontinuidade para calcular a deflexão da viga em *D*. Admita um valor constante de $EI = 192.000$ kip · ft² ($79{,}34 \times 10^3$ kN · m²)para a viga.

Planejamento da Solução

Determine as reações no apoio fixo *A*. Usando a Tabela 7.2, escreva expressões de $w(x)$ para a carga linearmente distribuída assim como para as duas reações nos apoios. Integre $w(x)$ quatro vezes para determinar as equações para a inclinação e a deflexão da viga. Use as condições de contorno conhecidas nos apoios simples para encontrar o valor das constantes de integração.

SOLUÇÃO

Reações nos apoios

A figura mostra um diagrama de corpo livre (DCL) da viga. Com base nesse DCL, as forças de reação na viga podem ser calculadas como

$$\Sigma F_y = A_y - \frac{1}{2}(6 \text{ kip/ft})(8 \text{ ft}) = 0$$

$$\therefore A_y = 24 \text{ kip}$$

$$\Sigma M_A = -M_A - \frac{1}{2}(6 \text{ kip/ft})(8 \text{ ft})\left[4 \text{ ft} + \frac{2(8 \text{ ft})}{3}\right] = 0$$

$$\therefore M_A = -224 \text{ kip} \cdot \text{ft}$$

Expressões de Descontinuidade

Carga distribuída entre B e C: Use o caso 6 da Tabela 7.2 para escrever a seguinte expressão para a carga distribuída:

$$w(x) = -\frac{6 \text{ kip/ft}}{8 \text{ ft}}\langle x - 4 \text{ ft}\rangle^1 + \frac{6 \text{ kip/ft}}{8 \text{ ft}}\langle x - 12 \text{ ft}\rangle^1 + 6 \text{ kip/ft}\langle x - 12 \text{ ft}\rangle^0$$

Forças de reação A_y e M_A: As forças de reação em *A* são expressas usando os casos 1 e 2 da Tabela 7.2:

$$w(x) = -224 \text{ kip} \cdot \text{ft}\langle x - 0 \text{ ft}\rangle^{-2} + 24 \text{ kip}\langle x - 0 \text{ ft}\rangle^{-1}$$

Integração da expressão de carregamento da viga: A expressão do carregamento $w(x)$ para a viga é então

$$w(x) = -224 \text{ kip} \cdot \text{ft} \langle x - 0 \text{ ft}\rangle^{-2} + 24 \text{ kip} \langle x - 0 \text{ ft}\rangle^{-1}$$
$$-\frac{6 \text{ kip/ft}}{8 \text{ ft}}\langle x - 4 \text{ ft}\rangle^{1} + \frac{6 \text{ kip/ft}}{8 \text{ ft}}\langle x - 12 \text{ ft}\rangle^{1} + 6 \text{ kip/ft}\langle x - 12 \text{ ft}\rangle^{0}$$

Integre $w(x)$ para obter a função do esforço cortante $V(x)$:

$$V(x) = \int w(x)\,dx = -224 \text{ kip} \cdot \text{ft} \langle x - 0 \text{ ft}\rangle^{-1} + 24 \text{ kip} \langle x - 0 \text{ ft}\rangle^{0}$$
$$-\frac{6 \text{ kip/ft}}{2(8 \text{ ft})}\langle x - 4 \text{ ft}\rangle^{2} + \frac{6 \text{ kip/ft}}{2(8 \text{ ft})}\langle x - 12 \text{ ft}\rangle^{2} + 6 \text{ kip/ft}\langle x - 12 \text{ ft}\rangle^{1}$$

e integre novamente para obter a função do momento fletor $M(x)$:

$$M(x) = \int V(x)\,dx = -224 \text{ kip} \cdot \text{ft} \langle x - 0 \text{ ft}\rangle^{0} + 24 \text{ kip} \langle x - 0 \text{ ft}\rangle^{1}$$
$$-\frac{6 \text{ kip/ft}}{6(8 \text{ ft})}\langle x - 4 \text{ ft}\rangle^{3} + \frac{6 \text{ kip/ft}}{6(8 \text{ ft})}\langle x - 12 \text{ ft}\rangle^{3} + \frac{6 \text{ kip/ft}}{2}\langle x - 12 \text{ ft}\rangle^{2}$$

A inclusão das forças de reação na expressão para $w(x)$ leva em conta automaticamente as constantes de integração até este ponto. Entretanto, as próximas duas integrações (que produzirão as funções para as inclinações e deflexões da viga) exigirão que os valores das constantes de integração sejam encontrados com base nas condições de contorno.

Da Equação (10.1), podemos escrever

$$EI\frac{d^2v}{dx^2} = M(x) = -224 \text{ kip} \cdot \text{ft} \langle x - 0 \text{ ft}\rangle^{0} + 24 \text{ kip} \langle x - 0 \text{ ft}\rangle^{1}$$
$$-\frac{6 \text{ kip/ft}}{6(8 \text{ ft})}\langle x - 4 \text{ ft}\rangle^{3} + \frac{6 \text{ kip/ft}}{6(8 \text{ ft})}\langle x - 12 \text{ ft}\rangle^{3} + \frac{6 \text{ kip/ft}}{2}\langle x - 12 \text{ ft}\rangle^{2}$$

Integre novamente a função do momento para obter uma expressão para as inclinações da viga:

$$EI\frac{dv}{dx} = -224 \text{ kip} \cdot \text{ft}\langle x - 0 \text{ ft}\rangle^{1} + \frac{24 \text{ kip}}{2}\langle x - 0 \text{ ft}\rangle^{2}$$
$$-\frac{6 \text{ kip/ft}}{24(8 \text{ ft})}\langle x - 4 \text{ ft}\rangle^{4} + \frac{6 \text{ kip/ft}}{24(8 \text{ ft})}\langle x - 12 \text{ ft}\rangle^{4} + \frac{6 \text{ kip/ft}}{6}\langle x - 12 \text{ ft}\rangle^{3} + C_1 \tag{a}$$

Integre novamente para obter a função das deflexões da viga:

$$EIv = -\frac{224 \text{ kip} \cdot \text{ft}}{2}\langle x - 0 \text{ ft}\rangle^{2} + \frac{24 \text{ kip}}{6}\langle x - 0 \text{ ft}\rangle^{3}$$
$$-\frac{6 \text{ kip/ft}}{120(8 \text{ ft})}\langle x - 4 \text{ ft}\rangle^{5} + \frac{6 \text{ kip/ft}}{120(8 \text{ ft})}\langle x - 12 \text{ ft}\rangle^{5} + \frac{6 \text{ kip/ft}}{24}\langle x - 12 \text{ ft}\rangle^{4} + C_1x + C_2 \tag{b}$$

Encontre o valor das constantes de integração usando as condições de contorno: Para essa viga, a inclinação da tangente à curva elástica e a deflexão são conhecidas em $x = 0$ ft. Substitua a condição de contorno $dv/dx = 0$ em $x = 0$ ft na Equação (a) para obter

$$C_1 = 0$$

A seguir, substitua a condição de contorno $v = 0$ em $x = 0$ ft na Equação (b) para obter a constante C_2:

$$C_2 = 0$$

Agora as equações das deflexões e da curva elástica da viga estão completas:

$$EI\frac{dv}{dx} = -224\text{ kip}\cdot\text{ft}\,\langle x-0\text{ ft}\rangle^1 + \frac{24\text{ kip}}{2}\langle x-0\text{ ft}\rangle^2$$

$$-\frac{6\text{ kip/ft}}{24(8\text{ ft})}\langle x-4\text{ ft}\rangle^4 + \frac{6\text{ kip/ft}}{24(8\text{ ft})}\langle x-12\text{ ft}\rangle^4 + \frac{6\text{ kip/ft}}{6}\langle x-12\text{ ft}\rangle^3$$

$$EIv = -\frac{224\text{ kip}\cdot\text{ft}}{2}\langle x-0\text{ ft}\rangle^2 + \frac{24\text{ kip}}{6}\langle x-0\text{ ft}\rangle^3$$

$$-\frac{6\text{ kip/ft}}{120(8\text{ ft})}\langle x-4\text{ ft}\rangle^5 + \frac{6\text{ kip/ft}}{120(8\text{ ft})}\langle x-12\text{ ft}\rangle^5 + \frac{6\text{ kip/ft}}{24}\langle x-12\text{ ft}\rangle^4$$

Deflexão da Viga em D: A deflexão da viga em D ($x = 16$ ft) é calculada da seguinte maneira:

$$EIv_D = -\frac{224\text{ kip}\cdot\text{ft}}{2}(16\text{ ft})^2 + \frac{24\text{ kip}}{6}(16\text{ ft})^3 - \frac{6\text{ kip/ft}}{120(8\text{ ft})}(12\text{ ft})^5 + \frac{6\text{ kip/ft}}{120(8\text{ ft})}(4\text{ ft})^5 + \frac{6\text{ kip/ft}}{24}(4\text{ ft})^4$$

$$= -13.772{,}8\text{ kip}\cdot\text{ft}^3$$

$$\therefore v_D = -\frac{13.772{,}8\text{ kip}\cdot\text{ft}^3}{192.000\text{ kip}\cdot\text{ft}^2} = -0{,}071733\text{ ft} = 0{,}861\text{ in}\downarrow$$ **Resp.**

PROBLEMAS

P10.29 Para a viga e o carregamento mostrados na Figura P10.29, use funções de descontinuidade para calcular a deflexão da viga em D. Admita um valor constante de $EI = 1.750$ kip · ft² (723,19 kN · m²) para a viga.

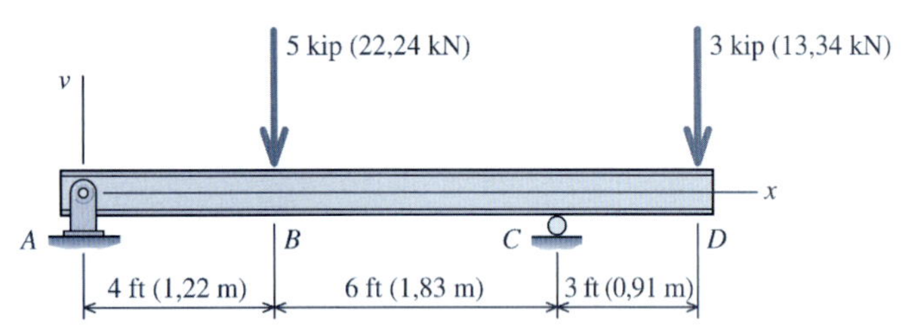

FIGURA P10.29

P10.30 O eixo maciço de aço [$E = 200$ GPa] com 30 mm de diâmetro mostrado na Figura P10.30 suporta duas roldanas. Para o carregamento mostrado, use funções de descontinuidade para calcular:

(a) a deflexão do eixo na roldana B.
(b) a deflexão do eixo na roldana C.

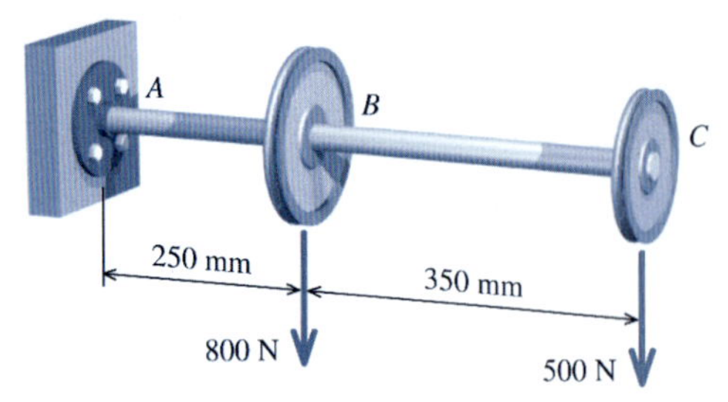

FIGURA P10.30

P10.31 Para a viga e o carregamento mostrados na Figura P10.31, use funções de descontinuidade para calcular:

(a) a inclinação da tangente à curva elástica da viga em C e
(b) a deflexão da viga em C.

Admita um valor constante de $EI = 560 \times 10^6$ N · mm² para a viga.

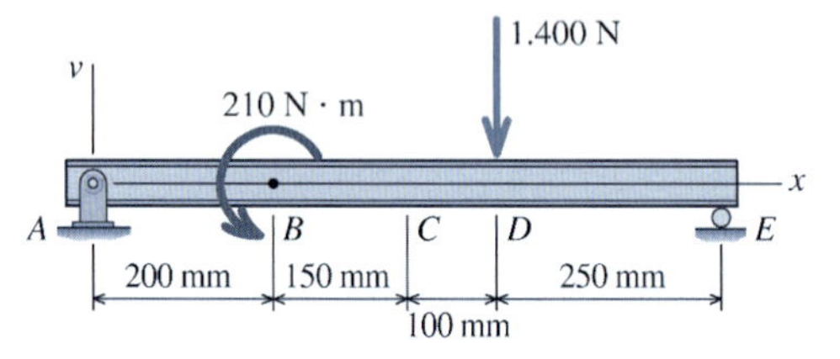

FIGURA P10.31

P10.32 O eixo maciço de aço [$E = 200$ GPa] com 30 mm de diâmetro mostrado na Figura P10.32 suporta duas roldanas de correia. Admita que o suporte em A possa ser considerado como um apoio de segundo gênero e que o apoio em E possa ser considerado como um apoio de primeiro gênero. Para o carregamento mostrado, use funções de descontinuidade para calcular:

(a) a deflexão do eixo na roldana B.
(b) a deflexão do eixo no ponto C.

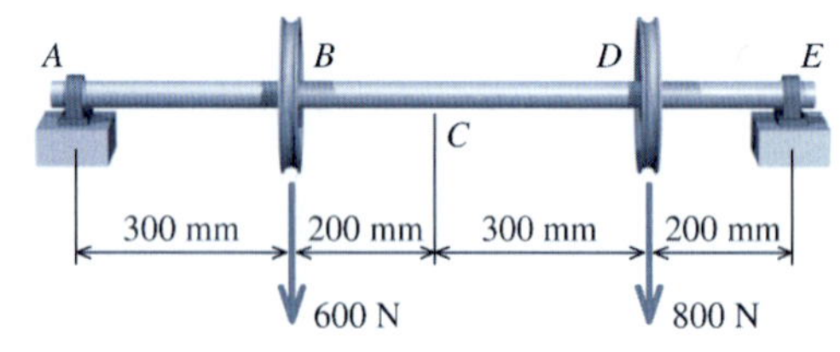

FIGURA P10.32

P10.33 A viga em balanço mostrada na Figura P10.33 consiste em um perfil de abas largas W530 × 74 de aço estrutural [$E = 200$ GPa; $I = 410 \times 10^6$ mm⁴]. Use funções de descontinuidade para calcular a deflexão da viga em C para o carregamento mostrado.

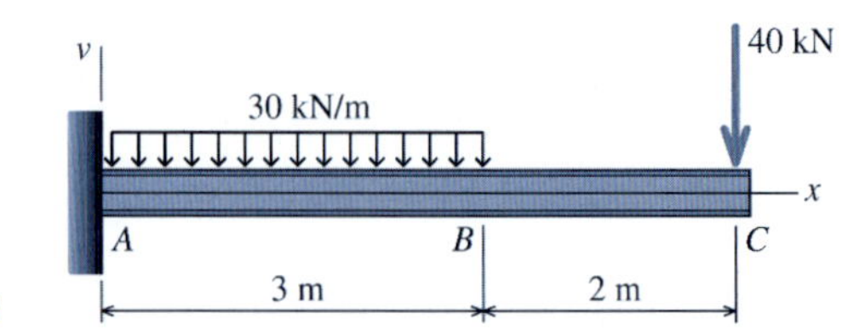

FIGURA P10.33

P10.34 A viga em balanço mostrada na Figura P10.34 consiste em um perfil de abas largas W21 × 50 de aço estrutural [E = 29.000 ksi (199,9 GPa); I = 984 in^4]. Use funções de descontinuidade para calcular a deflexão da viga em D para o carregamento mostrado.

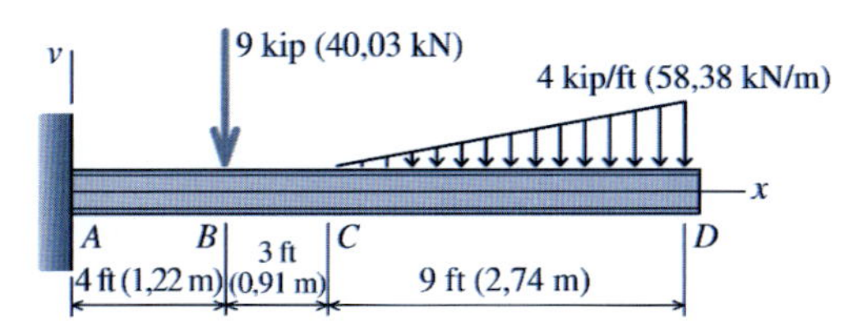

FIGURA P10.34

P10.35 A viga simplesmente apoiada mostrada na Figura P10.35 consiste em um perfil de abas largas W410 × 85 de aço estrutural [E = 200 GPa; I = 316 × 10^6 mm^4]. Para o carregamento mostrado, use funções de descontinuidade para calcular:

(a) a inclinação da tangente à curva elástica da viga em A e
(b) a deflexão da viga no meio do vão.

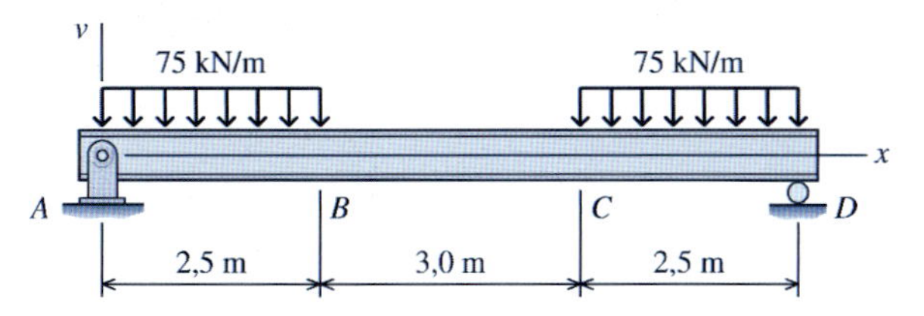

FIGURA P10.35

P10.36 A viga simplesmente apoiada mostrada na Figura P10.36 consiste em um perfil de abas largas W14 × 30 de aço estrutural [E = 29.000 ksi (199,9 GPa); I = 291 in^4]. Para o carregamento mostrado, use funções de descontinuidade para calcular:

(a) a inclinação da tangente à curva elástica da viga em A e
(b) a deflexão da viga no meio do vão.

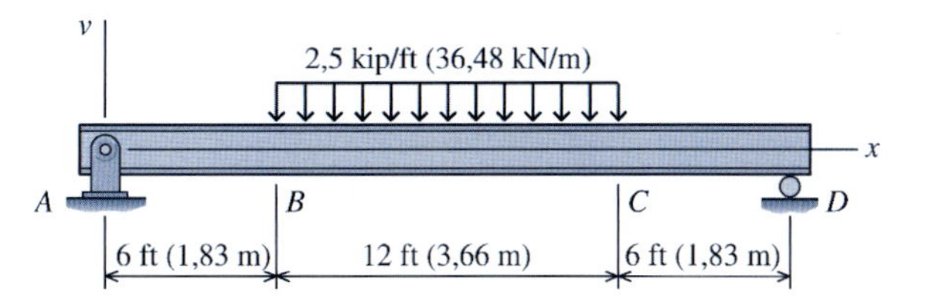

FIGURA P10.36

P10.37 A viga simplesmente apoiada mostrada na Figura P10.37 consiste em um perfil de abas largas W21 × 50 de aço estrutural [E = 29.000 ksi (199,9 GPa); I = 984 in^4]. Para o carregamento mostrado, use funções de descontinuidade para calcular:

(a) a inclinação da tangente à curva elástica da viga em A e
(b) a deflexão da viga em B.

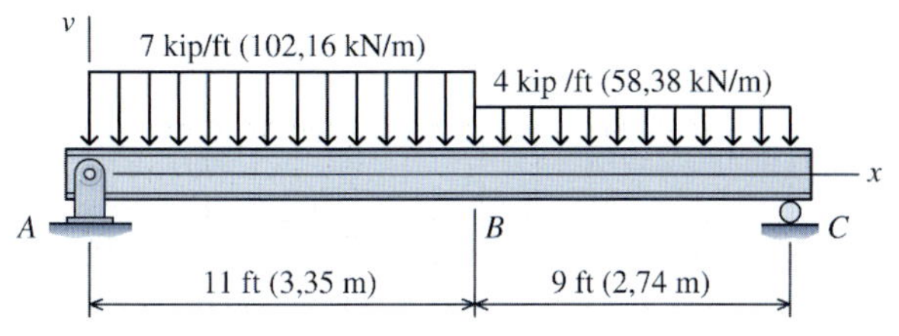

FIGURA P10.37

P10.38 A viga simplesmente apoiada mostrada na Figura P10.38 consiste em um perfil de abas largas W200 × 59 de aço estrutural [E = 200 GPa; I = 60,8 × 10^6 mm^4]. Para o carregamento mostrado, use funções de descontinuidade para calcular:

(a) a deflexão da viga em C e
(b) a deflexão da viga em F.

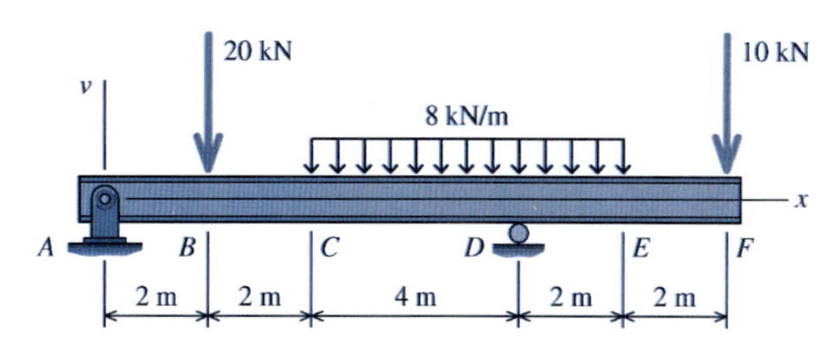

FIGURA P10.38

P10.39 O eixo maciço de aço [E = 30.000 ksi (206,8 GPa)] com 0,50 in (1,27 cm) de diâmetro mostrado na Figura P10.39 suporta duas roldanas de correia. Admita que o suporte em B possa ser considerado como um apoio de segundo gênero e que o apoio em D possa ser considerado como um apoio de primeiro gênero. Para o carregamento mostrado, use funções de descontinuidade para calcular:

(a) a deflexão do eixo na roldana A.
(b) a deflexão do eixo na roldana C.

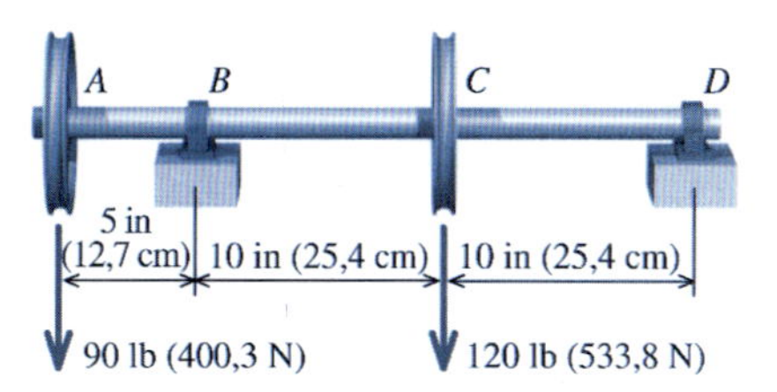

FIGURA P10.39

P10.40 A viga em balanço mostrada na Figura P10.40 consiste em um perfil de abas largas W8 × 31 de aço estrutural [E = 29.000 ksi (199,9 GPa); I = 110 in^4]. Para o carregamento mostrado, use funções de descontinuidade para calcular:

(a) a inclinação da tangente à curva elástica da viga em A e
(b) a deflexão da viga em A.

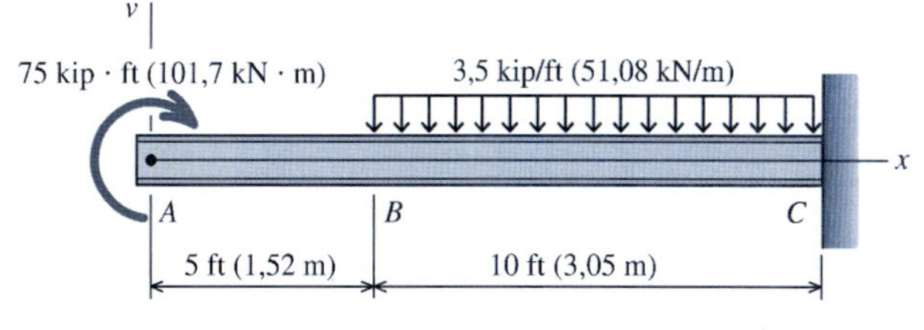

FIGURA P10.40

P10.41 A viga simplesmente apoiada mostrada na Figura P10.41 consiste em um perfil de abas largas W14 × 34 de aço estrutural [E = 29.000 ksi (199,9 GPa); I = 340 in^4]. Para o carregamento mostrado, use funções de descontinuidade para calcular:

(a) a inclinação da tangente à curva elástica da viga em E e
(b) a deflexão da viga em C.

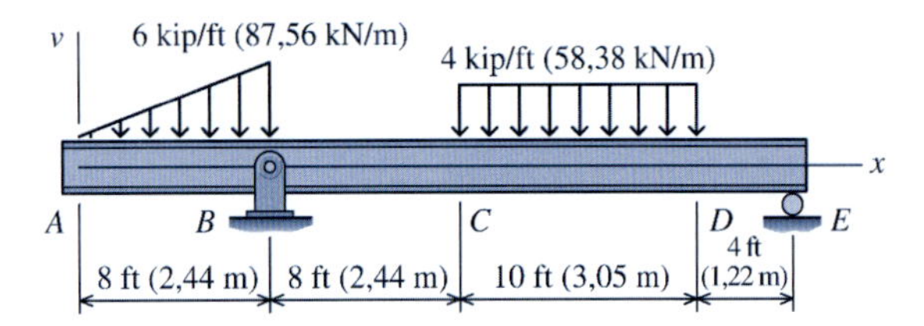

FIGURA P10.41

P10.42 Para a viga e o carregamento mostrados na Figura P10.42, use funções de descontinuidade para calcular:

(a) a deflexão da viga em A e
(b) a deflexão da viga no meio do vão (isto é, $x = 2{,}5$m).

Admita um valor constante de $EI = 1.500$ kN · m² para a viga.

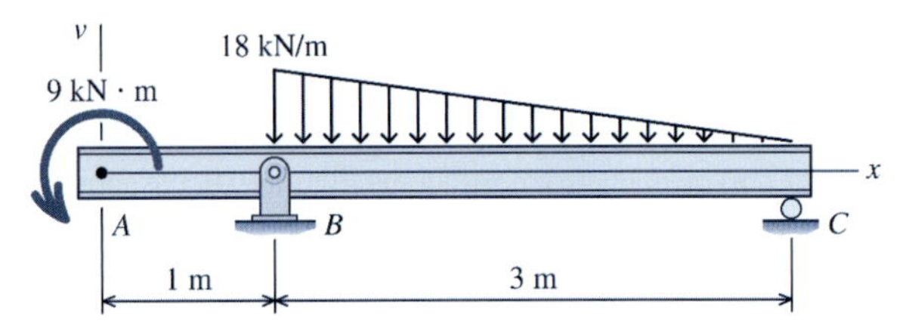

FIGURA P10.42

P10.43 Para a viga e o carregamento mostrados na Figura P10.43, use funções de descontinuidade para calcular:

(a) a inclinação da tangente à curva elástica da viga em B e
(b) a deflexão da viga em A.

Admita um valor constante de $EI = 133.000$ kip · ft² ($54{,}96 \times 10^3$ kN · m²) para a viga.

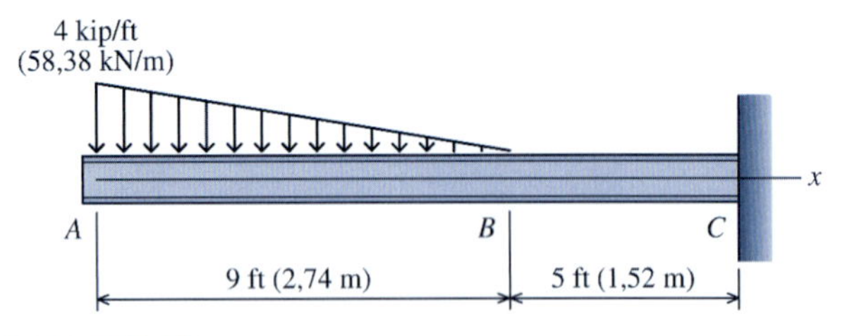

FIGURA P10.43

P10.44 Para a viga e o carregamento mostrados na Figura P10.44, use funções de descontinuidade para calcular:

(a) a inclinação da tangente à curva elástica da viga em B e
(b) a deflexão da viga em C.

Admita um valor constante de $EI = 34 \times 10^6$ lb · ft² ($14{,}05 \times 10^3$ kN · m²) para a viga.

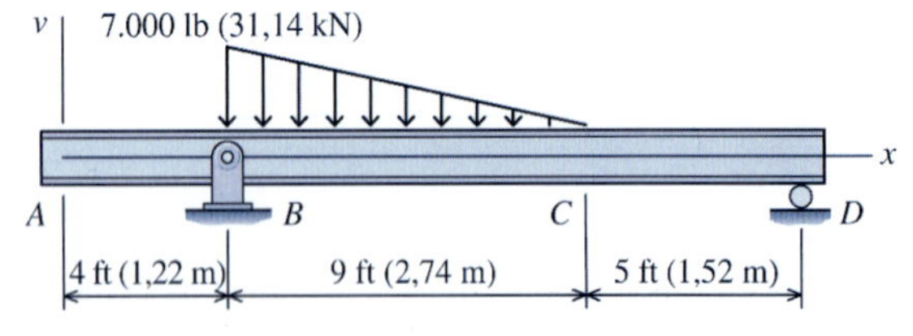

FIGURA P10.44

P10.45 Para a viga e o carregamento mostrados na Figura P10.45, use funções de descontinuidade para calcular:

(a) a inclinação da tangente à curva elástica da viga em A e
(b) a deflexão da viga em B.

Admita um valor constante de $EI = 370.000$ kip · ft² ($152{,}9 \times 10^3$ kN · m²) para a viga.

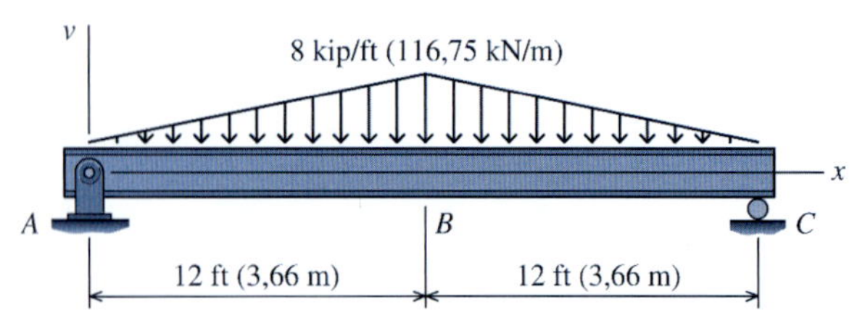

FIGURA P10.45

P10.46 Para a viga e o carregamento mostrados na Figura P10.46, use funções de descontinuidade para calcular:

(a) a inclinação da tangente à curva elástica da viga em B e
(b) a deflexão da viga em B.

Admita um valor constante de $EI = 110.000$ kN · m² para a viga.

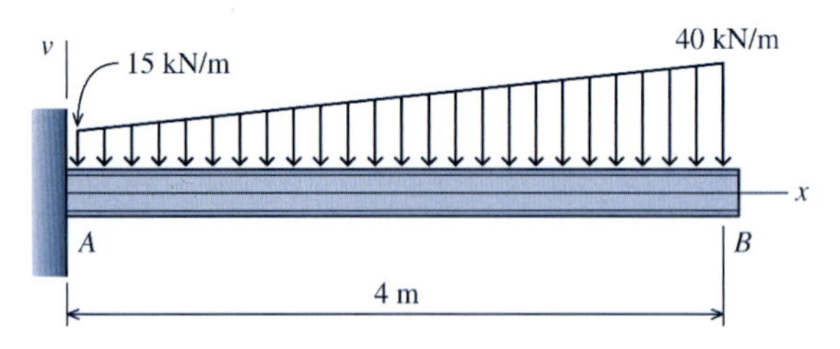

FIGURA P10.46

P10.47 Para a viga e o carregamento mostrados na Figura P10.47, use funções de descontinuidade para calcular:

(a) a deflexão da viga em A e
(b) a deflexão da viga em C.

Admita um valor constante de $EI = 24.000$ kN · m² para a viga.

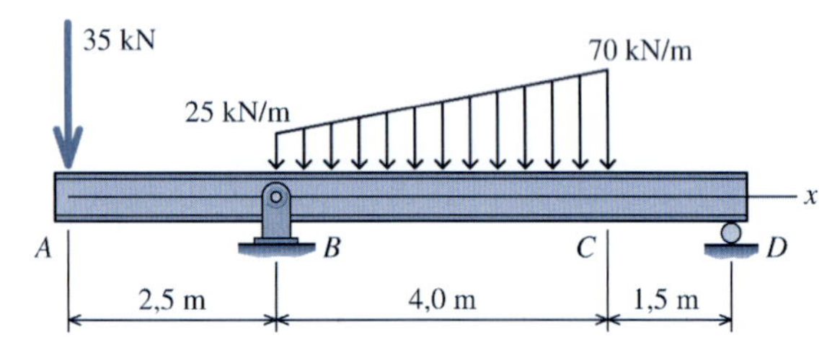

FIGURA P10.47

P10.48 Para a viga e o carregamento mostrados na Figura P10.48, use funções de descontinuidade para calcular:

(a) a inclinação da tangente à curva elástica da viga em B e
(b) a deflexão da viga em A.

Admita um valor constante de $EI = 54.000$ kN · m² para a viga.

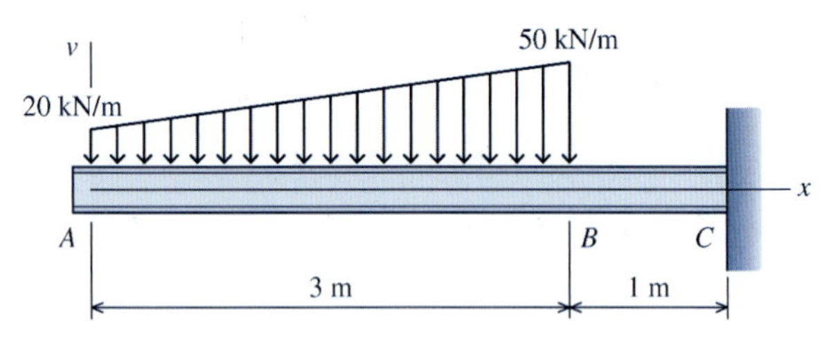

FIGURA P10.48

10.7 MÉTODO DA SUPERPOSIÇÃO

O método da superposição é um método prático e conveniente para obter deflexões de vigas. O **princípio da superposição** declara que efeitos combinados de várias cargas que agem simultaneamente em um objeto podem ser calculados pela soma dos efeitos produzidos por cada carga agindo em separado. Como esse princípio pode ser usado para calcular deflexões de vigas? Considere uma viga em balanço sujeita a uma carga uniformemente distribuída e uma carga concentrada em sua extremidade livre. Para calcular a deflexão em B (Figura 10.8*a*), podem ser realizados dois cálculos separados. Em primeiro lugar, é calculada a deflexão no ponto B da viga em balanço considerando apenas a carga uniformemente distribuída w (Figura 10.8*b*). A seguir, é calculada a deflexão causada apenas pela carga concentrada P (Figura 10.8*c*). Os resultados desses dois cálculos são então somados algebricamente para fornecer a deflexão em B para o carregamento total.

As equações das deflexões e das inclinações de vigas para configurações comuns de apoios e cargas estão normalmente tabulados em manuais de engenharia e outros materiais de consulta. Uma tabela das equações para vigas simplesmente apoiadas e em balanço usadas com mais frequência é apresentada no Apêndice C. (Essa tabela de fórmulas para vigas comuns é denominada, frequentemente, **tabela de vigas**.) A aplicação apropriada dessas equações permite que o analista determine as deflexões de vigas para uma imensa variedade de configurações de apoios e de carregamentos.

Várias condições devem ser satisfeitas para que o princípio da superposição seja válido para deflexões de vigas.

1. A deflexão deve estar relacionada linearmente com o carregamento. O exame das equações encontradas no Apêndice C mostra que todas as variáveis (isto é, w, P e M) são variáveis de primeira ordem.
2. A Lei de Hooke deve ser aplicável ao material, significando que a relação entre a tensão e a deformação específica permanece linear.
3. O carregamento não deve variar significativamente a geometria original da viga. Essa condição será satisfeita se as deflexões da viga forem pequenas.
4. As condições de contorno resultantes da soma dos casos isolados devem ser as mesmas condições de contorno na configuração original da viga. Nesse contexto, normalmente as condições de contorno são valores de deflexão e de inclinação da tangente à curva elástica nos apoios da viga.

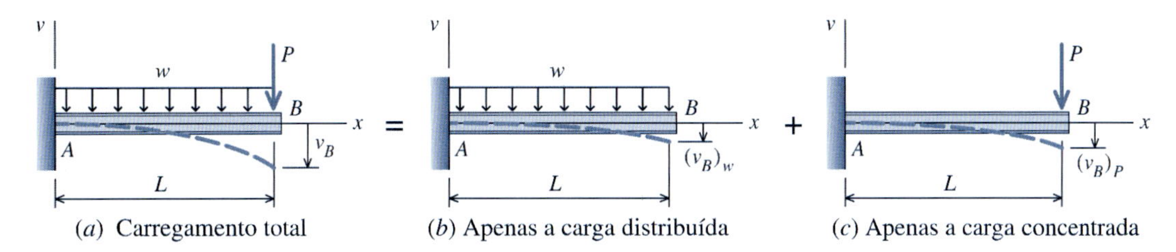

FIGURA 10.8 Princípio da superposição aplicado a deflexões de vigas.

APLICANDO O MÉTODO DA SUPERPOSIÇÃO

O método da superposição pode ser um método rápido e poderoso para calcular deflexões de vigas; entretanto, a aplicação desse método pode parecer inicialmente mais uma arte do que um cálculo de engenharia. Antes de prosseguir, pode ser útil levar em consideração várias técnicas de cálculo usadas frequentemente em configurações típicas de vigas e de carregamentos.

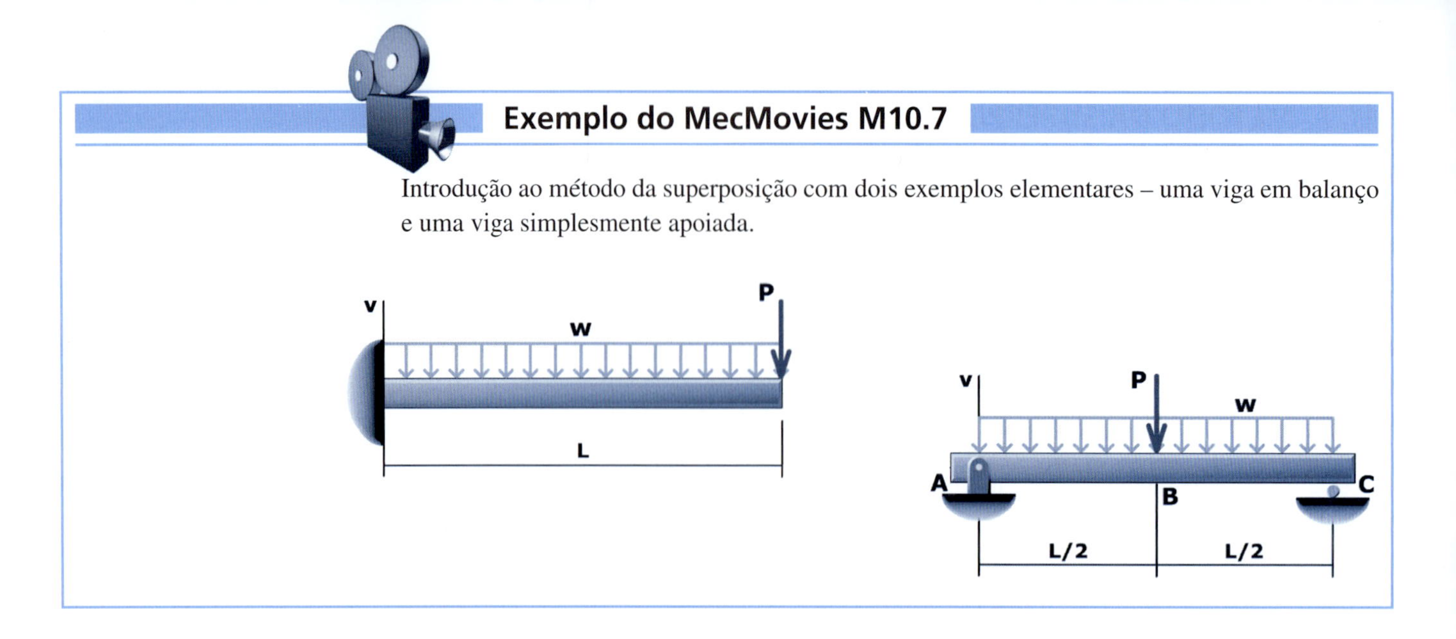

Técnica 1 — Usando a inclinação da tangente à curva elástica para calcular a deflexão: A inclinação da tangente à curva elástica da viga no local *A* pode ser necessária para calcular a deflexão da viga no local *B*.

Técnica 2 — Usando tanto os valores da deflexão como da inclinação da tangente à curva elástica para calcular deflexões: Tanto a inclinação da tangente à curva elástica como a deflexão da viga no local *A* podem ser necessárias para calcular a deflexão da viga no local *B*.

Técnica 3 — Usando a curva elástica: São dadas equações em tabelas de vigas para inclinações e deflexões de vigas em locais principais, como na extremidade livre de uma viga em balanço e no meio do vão para vigas simplesmente apoiadas. Entretanto, há muitos casos em que as deflexões devem ser calculadas em outros locais. Nessas ocasiões, as deflexões podem ser calculadas pela equação da curva elástica.

Técnica 4 — Usando os casos de vigas em balanço e de vigas simplesmente apoiadas: Para uma viga simplesmente apoiada com um balanço, são exigidas tanto a equação de viga em balanço como a equação da viga simplesmente apoiada para o cálculo da deflexão na extremidade livre do balanço.

Técnica 5 — Subtraindo cargas: Para uma viga com cargas distribuídas apenas em uma parte do vão, pode ser prudente considerar em primeiro lugar a carga distribuída em todo o vão. Depois, a carga pode ser cancelada apenas na parte do vão adicionando o inverso da carga (isto é, uma carga com mesmo módulo, mas com sentido oposto). Essa técnica também pode ser útil para casos que envolvem carregamentos linearmente distribuídos (ou seja, Cargas triangulares).

Técnica 6 — Deflexões conhecidas em locais específicos podem ser usadas para calcular forças ou momentos desconhecidos: Essa técnica é particularmente útil na análise de vigas indeterminadas.

Técnica 7 — Inclinações conhecidas em locais específicos podem ser usadas para calcular forças ou momentos desconhecidos: Essa técnica é particularmente útil na análise de vigas indeterminadas.

Técnica 8 — Frequentemente, uma configuração de viga ou carregamento pode ser subdividida de mais de uma maneira: Uma viga e um carregamento determinados podem ser subdivididos e somados de qualquer maneira que empregue as mesmas condições de contorno (isto é, a deflexão e/ou a inclinação da tangente à curva elástica nos apoios) que as da configuração original da viga. Procedimentos alternativos podem exigir menos cálculos para produzir os mesmos resultados.

As técnicas listadas anteriormente são apresentadas em vários exemplos e problemas interativos no MecMovies M10.3 e M10.4 (*8 Skills: Part I and II* – 8 Técnicas: Partes I e II) e no MecMovies 10.5 (*Superposition Warm-Up* – Tópicos de Preparação para a Superposição).

Exemplos do MecMovies M10.3 e M10.4

8 Skills: Parts I and II (**8 Técnicas:** Partes I e II)

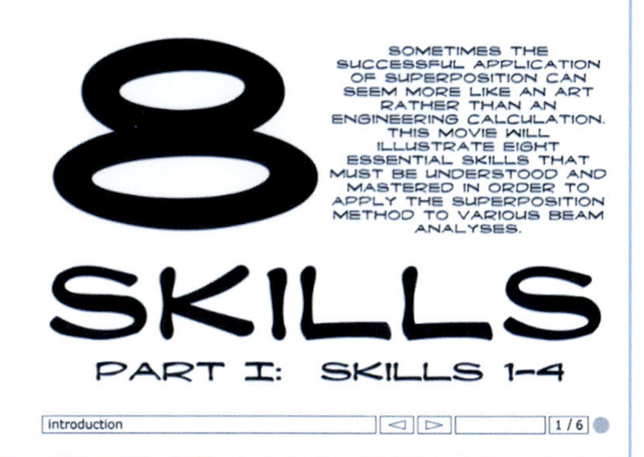

Exemplo do MecMovies M10.5

Superposition Warm-Up (Tópicos de Preparação para a Superposição). Uma série de exemplos e exercícios que ilustram as técnicas básicas exigidas para a aplicação satisfatória do método da superposição para problemas de deflexões de vigas.

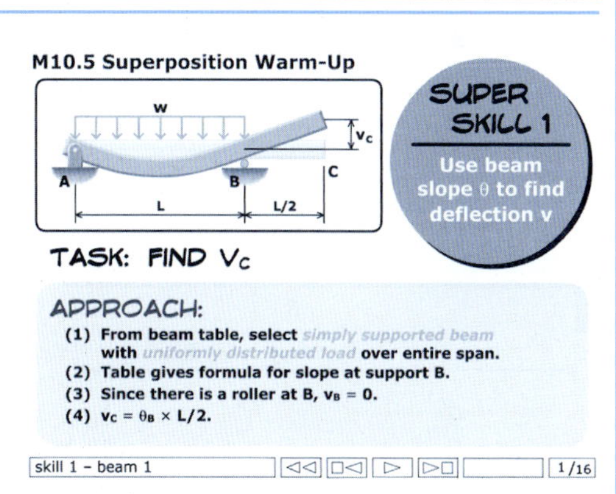

EXEMPLO 10.9

A viga em balanço mostrada consiste em um perfil de abas largas de aço estrutural [$E = 200$ GPa; $I = 650 \times 10^6$ mm^4]. Para o carregamento mostrado, determine:

(a) a deflexão da viga no ponto B.

(b) a deflexão da viga no ponto C.

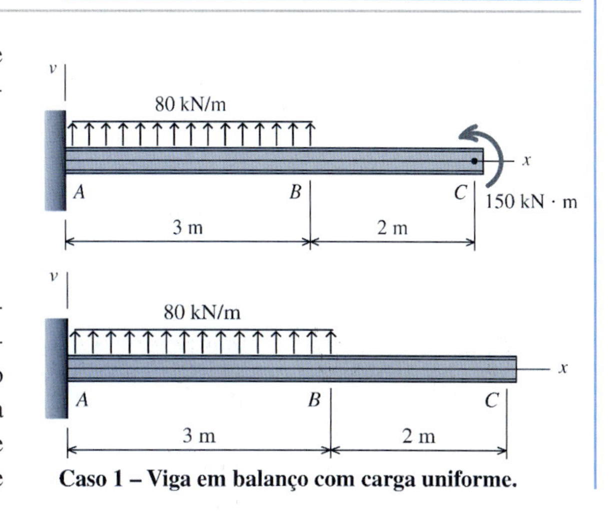

Caso 1 – Viga em balanço com carga uniforme.

Planejamento da Solução

Para resolver esse problema, um determinado carregamento será dividido em dois casos: (1) uma viga em balanço com uma carga uniformemente distribuída e (2) uma viga em balanço com um momento concentrado agindo na extremidade livre. As equações pertinentes para esses dois casos são dadas na tabela de vigas encontrada no Apêndice C. Para o caso 1, usaremos as equações para a deflexão e o ângulo de

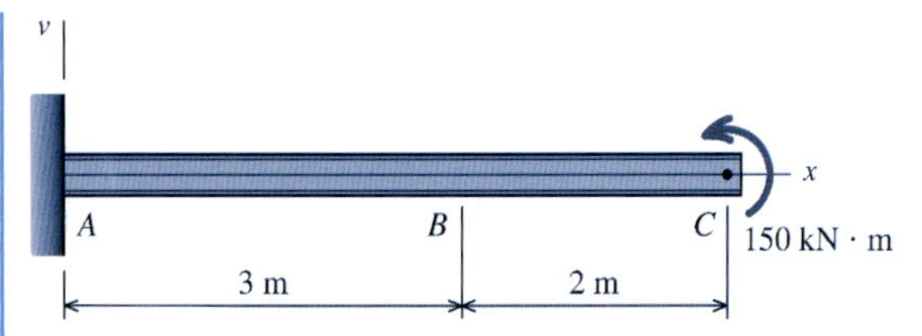

Caso 2 – Viga em balanço com momento concentrado.

rotação na extremidade livre para determinar as deflexões da viga em B e C. Para o caso 2, será usada a equação da curva elástica para calcular as deflexões da viga em ambos os locais.

SOLUÇÃO

Para essa viga, o módulo de elasticidade é $E = 200$ GPa e o momento de inércia é $I = 650 \times 10^6$ mm^4. Como o termo EI aparecerá em todas as equações, pode ser útil começar calculando esse valor:

$$EI = (200 \text{ GPa})(650 \times 10^6 \text{ mm}^4) = 130 \times 10^{12} \text{ N} \cdot \text{mm}^2$$
$$= 130 \times 10^3 \text{ kN} \cdot \text{m}^2$$

Como em todos os cálculos, é fundamental usar unidades consistentes ao longo de todas as operações matemáticas. Isso é particularmente importante no método da superposição. Ao substituir números nas várias equações obtidas da tabela de vigas, é muito fácil perder o controle das unidades. Se isso acontecer, você poderá chegar à conclusão de que calculou uma deflexão de viga aparentemente absurda, como uma deflexão de 1.000.000 mm para uma viga com um vão de apenas 3 m. Para evitar esse problema, sempre esteja ciente das unidades associadas a cada variável e certifique-se de que todas as unidades são consistentes.

Caso 1 — Viga em Balanço com Carga Uniforme

Da tabela de vigas no Apêndice C, a deflexão da extremidade livre da viga em balanço, que está sujeita a uma carga uniformemente distribuída ao longo de todo o seu vão, é dada por

$$v_{\text{máx}} = -\frac{wL^4}{8EI} \tag{a}$$

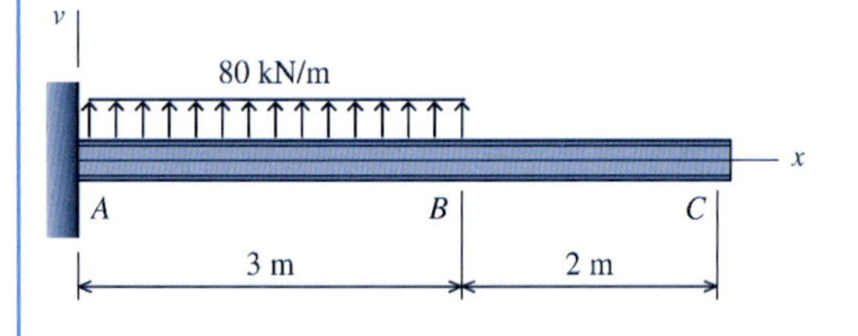

A deflexão da viga em B pode ser calculada com essa equação; entretanto, essa equação sozinha não será suficiente para calcular a deflexão em C. Para a viga considerada aqui, a carga uniforme se estende apenas entre A e B. Não há cargas agindo na viga entre B e C, o que significa que não haverá momento fletor na viga nessa região. Como não há momento, a viga não será flexionada (isto é, curvada) e sua inclinação da tangente à curva elástica entre B e C será constante. Como a viga é contínua, sua inclinação entre B e C deve ser igual ao ângulo de rotação da viga em B causada pela carga uniformemente distribuída. (**Nota:** Tendo em vista serem admitidas pequenas deflexões, a inclinação da tangente à curva elástica da viga dv/dx é igual ao ângulo de rotação θ e os termos "inclinação da tangente à curva elástica" e "ângulo de rotação" serão usados como sinônimos.)

A partir da tabela de vigas no Apêndice C, a inclinação da tangente à curva elástica na extremidade livre dessa viga em balanço é dada por

$$\theta_{\text{máx}} = -\frac{wL^3}{6EI} \tag{b}$$

A deflexão da viga em C será calculada usando tanto a Equação (a) como a Equação (b).

Dica para Solução de Problemas: *Antes de começar os cálculos*, é útil fazer um esboço da configuração defletida da viga. A seguir, faça uma lista das variáveis que aparecem nas equações usuais junto com os valores aplicáveis para a viga específica em análise. Certifique-se de que as unidades são consistentes nesse ponto do processo. Neste caso, por exemplo, todas as unidades de força serão expressas em termos de quilonewtons (kN) e todas as unidades de comprimento serão colocadas em termos de metros (m). Fazendo uma lista simples das variáveis que aparecem nas equações aumentará em muito sua probabilidade de sucesso e **economizará muito do seu tempo** ao verificar seu trabalho.

Deflexão da viga em B: Será usada a Equação (a) para calcular a deflexão da viga em B. Para essa viga,

$$w = -80 \text{ kN/m}$$
$$L = 3 \text{ m}$$
$$EI = 130 \times 10^3 \text{ kN} \cdot \text{m}^2$$

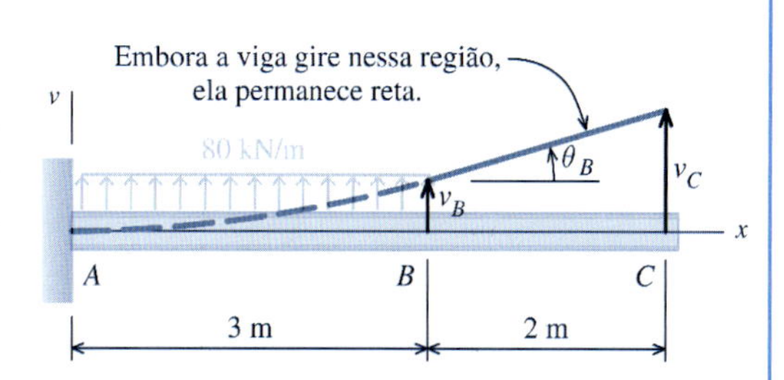

Nota: A carga distribuída w é negativa nesse caso porque a carga distribuída na viga age em sentido oposto ao mostrado na tabela de vigas. O comprimento do vão em balanço L é tomado como 3 m porque esse é o comprimento da carga uniformemente distribuída.

Substitua esses valores na Equação (a) para encontrar

$$v_B = -\frac{wL^4}{8EI} = -\frac{(-80 \text{ kN/m})(3 \text{ m})^4}{8(130 \times 10^3 \text{ kN} \cdot \text{m}^2)} = 6{,}231 \times 10^{-3} \text{ m} = 6{,}231 \text{ mm}$$

O valor positivo indica uma deflexão para cima, conforme o esperado.

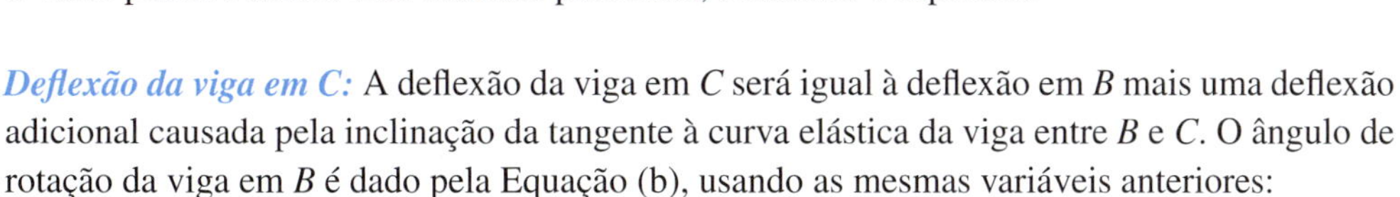

Deflexão da viga em C: A deflexão da viga em C será igual à deflexão em B mais uma deflexão adicional causada pela inclinação da tangente à curva elástica da viga entre B e C. O ângulo de rotação da viga em B é dado pela Equação (b), usando as mesmas variáveis anteriores:

$$\theta_B = -\frac{wL^3}{6EI} = -\frac{(-80 \text{ kN/m})(3 \text{ m})^3}{8(130 \times 10^3 \text{ kN} \cdot \text{m}^2)} = 2{,}769 \times 10^{-3} \text{ rad}$$

A deflexão em C é calculada de v_B, θ_B, e o comprimento da viga entre B e C:

$$v_C = v_B + \theta_B(2 \text{ m}) = (6{,}231 \times 10^{-3} \text{ m}) + (2{,}769 \times 10^{-3} \text{ rad})(2 \text{ m})$$
$$= 11{,}769 \times 10^{-3} \text{ m} = 11{,}769 \text{ mm}$$

O valor positivo indica uma deflexão para cima.

Caso 2 — Viga em Balanço com Momento Concentrado

Da tabela de vigas no Apêndice C, a equação da curva elástica para uma viga em balanço sujeita a um momento concentrado aplicado em sua extremidade livre é dada por

$$v = -\frac{Mx^2}{2EI} \qquad \text{(c)}$$

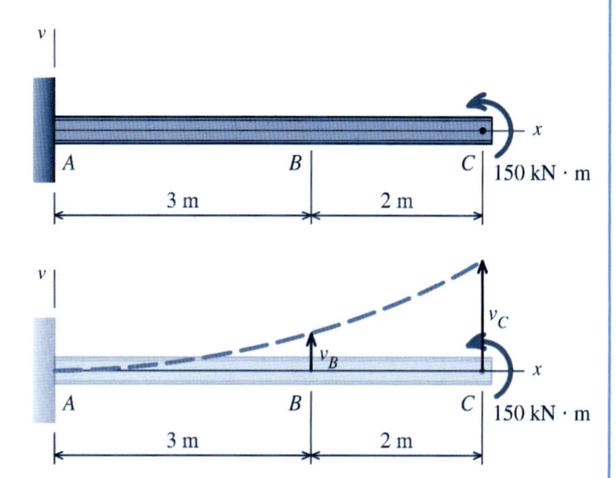

Deflexão da viga em B: Neste caso, a equação da curva elástica será usada para calcular as deflexões da viga tanto em B como em C. Para essa viga,

$$M = -150 \text{ kN} \cdot \text{m}$$
$$EI = 130 \times 10^3 \text{ kN} \cdot \text{m}^2$$

Nota: O momento M concentrado é negativo porque age na direção oposta à mostrada na tabela de vigas.

Substitua esses valores na Equação (c) usando $x = 3$ m para calcular a deflexão da viga em B:

$$v_B = -\frac{Mx^2}{2EI} = -\frac{(-150 \text{ kN} \cdot \text{m})(3 \text{ m})^2}{2(130 \times 10^3 \text{ kN} \cdot \text{m}^2)} = 5{,}192 \times 10^{-3} \text{ m} = 5{,}192 \text{ mm}$$

Deflexão da viga em C: Substitua os mesmos valores na Equação (c) usando $x = 5$ m para calcular a deflexão da viga em C:

$$v_C = -\frac{Mx^2}{2EI} = -\frac{(-150 \text{ kN} \cdot \text{m})(5 \text{ m})^2}{2(130 \times 10^3 \text{ kN} \cdot \text{m}^2)} = 14{,}423 \times 10^{-3} \text{ m} = 14{,}423 \text{ mm}$$

Combinação dos Dois Casos

As deflexões em B e C são encontradas pela soma dos casos 1 e 2:

$$v_B = 6{,}231 \text{ mm} + 5{,}192 \text{ mm} = 11{,}42 \text{ mm} \qquad \textbf{Resp.}$$

$$v_C = 11{,}769 \text{ mm} + 14{,}423 \text{ mm} = 26{,}2 \text{ mm} \qquad \textbf{Resp.}$$

Exemplo do MecMovies M10.8

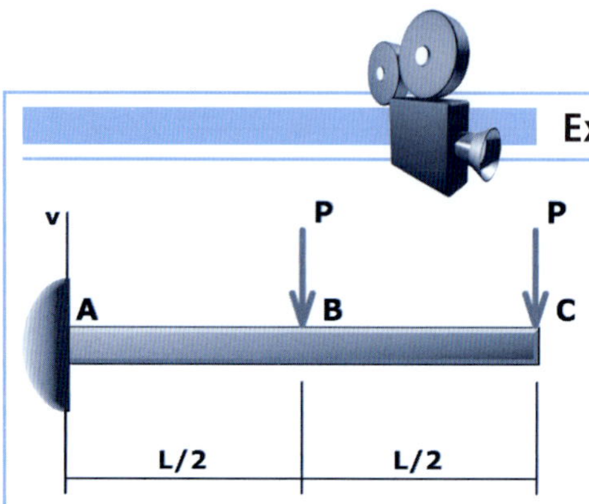

Determine a deflexão máxima da viga em balanço. Admita que EI seja constante para a viga.

Exemplo do MecMovies M10.9

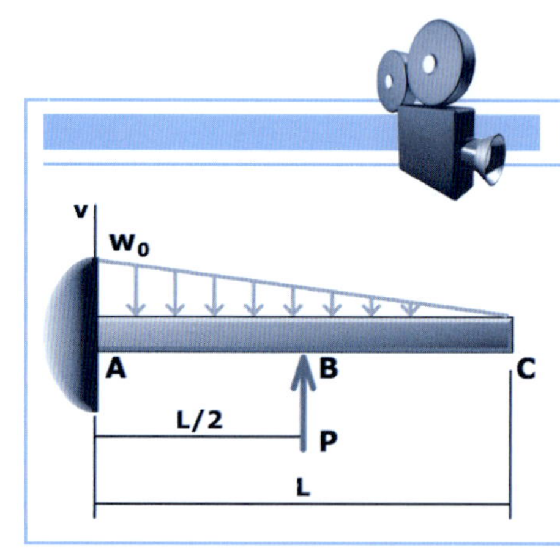

Determine a deflexão do ponto C da viga mostrada. Admita que EI seja constante para a viga.

EXEMPLO 10.10

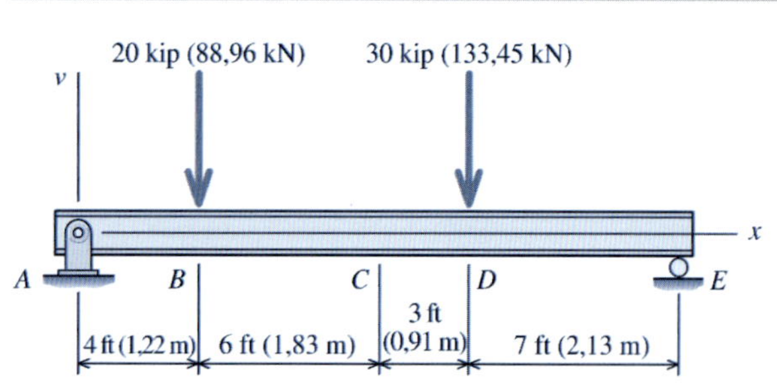

A viga simplesmente apoiada mostrada consiste em um perfil de abas largas W16 × 40 de aço estrutural [E = 29.000 ksi (199,9 GPa); I = 518 in^4 (21.560 cm^4)]. Para o carregamento mostrado, determine a deflexão da viga no ponto C.

Planejamento da Solução

Uma das configurações-padrão encontrada na tabela de vigas é uma viga simplesmente apoiada com uma carga concentrada agindo em um local que não seja o meio do vão. A equação da curva elástica para essa configuração-padrão da viga será usada para calcular a deflexão para a viga considerada aqui, que tem duas cargas concentradas. Entretanto, a equação da curva elástica deve ser aplicada diferentemente para cada carga porque se aplica apenas para uma parte do vão total.

SOLUÇÃO

A solução para esse problema de deflexão de viga será subdividido em dois casos. No caso 1, será levada em consideração a carga de 30 kip que age na viga simplesmente apoiada. O caso 2 levará em consideração a carga de 20 kip. A equação da curva elástica para uma viga simplesmente apoiada com uma carga concentrada agindo em um local que não seja o meio do vão é dada na tabela de vigas como

$$v = -\frac{Pbx}{6LEI}(L^2 - b^2 - x^2) \quad \text{para } 0 \le x \le a \tag{a}$$

Para essa viga, o módulo de elasticidade é $E = 29.000$ ksi e o momento de inércia é $I = 518$ in^4. O termo EI que aparece em todos os cálculos tem o valor

$$EI = (29.000 \text{ ksi})(518 \text{ in}^4) = 15{,}022 \times 10^6 \text{ kip} \cdot \text{in}^2$$

Caso 1 — Carga de 30 kip no Vão Simples

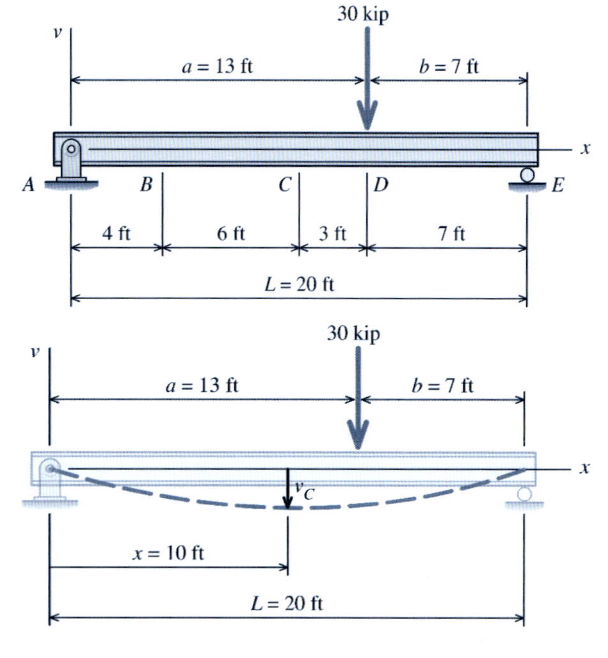

É essencial observar o intervalo ao qual a curva elástica está relacionada. A Equação (a) fornece a deflexão da viga a uma distância qualquer x da origem até o local, mas sem passar dele, da carga concentrada, que é indicado pelo termo a na equação. Para essa viga, $a = 13$ ft. Como o ponto C está localizado em $x = 10$ ft, a equação da curva elástica pode ser aplicada a esse caso.

A configuração defletida da viga é mostrada na figura. Liste as variáveis que aparecem na curva elástica junto aos seus valores correspondentes:

$$\begin{aligned} P &= 30 \text{ kip} \\ b &= 7 \text{ ft} = 84 \text{ in} \\ L &= 20 \text{ ft} = 240 \text{ in} \\ EI &= 15{,}022 \times 10^6 \text{ kip} \cdot \text{in}^2 \end{aligned}$$

Deflexão da viga em C: No ponto C, $x = 10$ ft $= 120$ in. Portanto, a deflexão da viga em C neste caso é

$$\begin{aligned} v_C &= -\frac{Pbx}{6LEI}(L^2 - b^2 - x^2) \\ &= -\frac{(30 \text{ kip})(84 \text{ in})(120 \text{ in})}{6(240 \text{ in})(15{,}022 \times 10^6 \text{ kip} \cdot \text{in}^2)}[(240 \text{ in})^2 - (84 \text{ in})^2 - (120 \text{ in})^2] \\ &= -0{,}5053 \text{ in} \end{aligned}$$

Caso 2 — Carga de 20 kip no Vão Simples

A seguir, considere a viga simplesmente apoiada com apenas a carga de 20 kip. Desse esboço, fica evidente que a distância a da origem ao ponto de aplicação da carga de 20 kip é $a = 4$ ft. Como C está localizado a $x = 10$ ft, a equação da curva elástica não pode ser aplicada a esse caso porque $x > a$.

Entretanto, a equação da curva elástica poderá ser usada para esse caso se fizermos uma transformação simples. A origem dos eixos coordenados x–v será reposicionada na extremidade direita da viga e o sentido positivo de x será redefinido como se estendendo do apoio de segundo gênero para a esquerda do vão. Com essa transformação, $x < a$ e a equação da curva elástica pode ser usada.

As variáveis que aparecem na equação da curva elástica e seus valores correspondentes são

$$\begin{aligned} P &= 20 \text{ kip} \\ b &= 4 \text{ ft} = 48 \text{ in} \\ L &= 20 \text{ ft} = 240 \text{ in} \\ EI &= 15{,}022 \times 10^6 \text{ kip} \cdot \text{in}^2 \end{aligned}$$

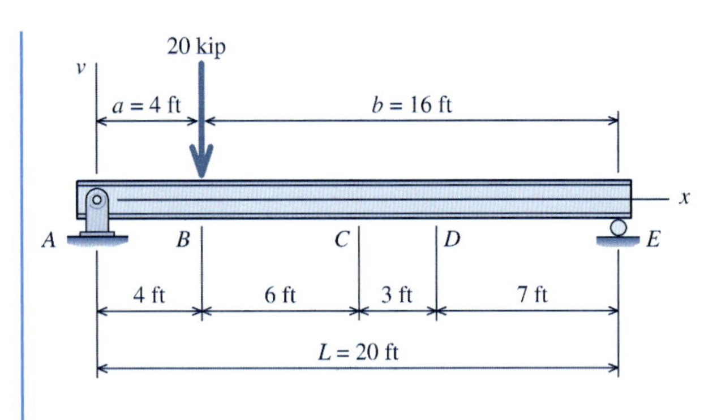

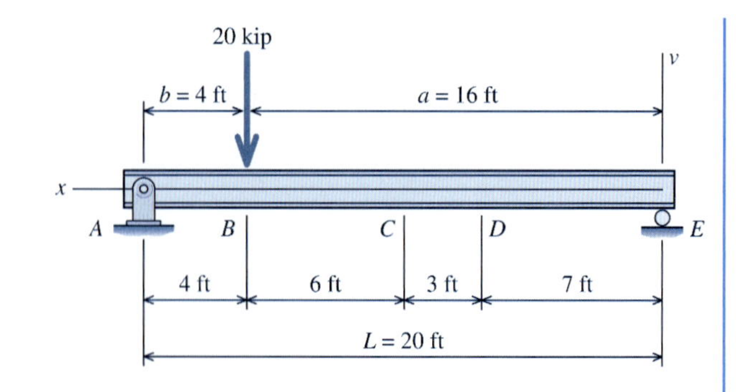

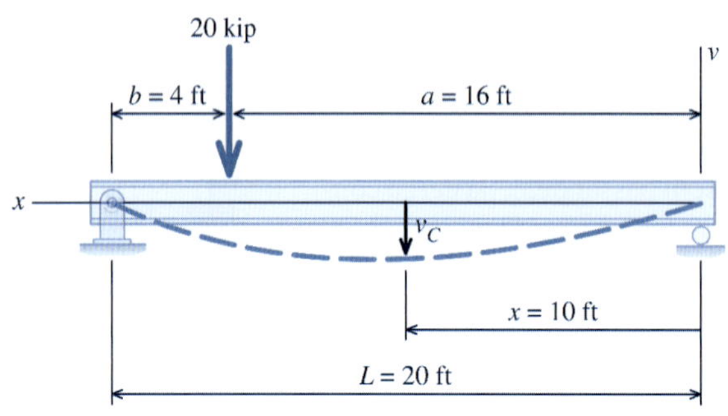

Deflexão da viga em C: No ponto C, $x = 10$ ft $= 120$ in e a deflexão da viga em C neste caso é

$$v_C = -\frac{Pbx}{6LEI}(L^2 - b^2 - x^2)$$

$$= -\frac{(20 \text{ kip})(48 \text{ in})(120 \text{ in})}{6(240 \text{ in})(15{,}022 \times 10^6 \text{ kip} \cdot \text{in}^2)}[(240 \text{ in})^2 - (48 \text{ in})^2 - (120 \text{ in})^2]$$

$$= -0{,}2178 \text{ in}$$

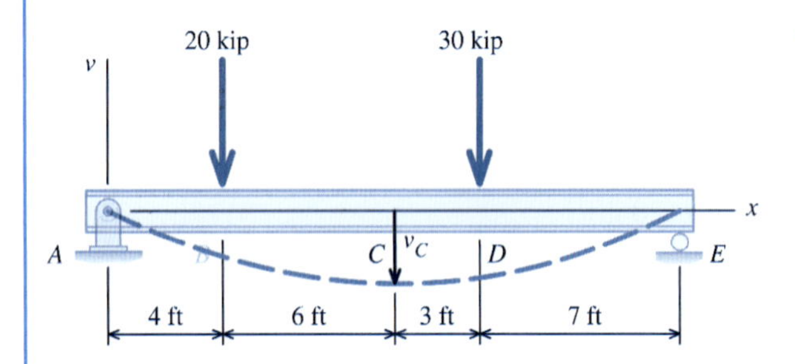

Combinação dos Dois Casos

A deflexão de C é a soma dos casos 1 e 2.

$$v_C = -0{,}5053 \text{ in} - 0{,}2178 \text{ in} = -0{,}723 \text{ in}$$ **Resp.**

EXEMPLO 10.11

A viga simplesmente apoiada mostrada consiste em um perfil de abas largas W24 × 76 de aço estrutural [$E = 29.000$ ksi (199,9 GPa); $I = 2.100$ in^4 (87.409 cm^4)]. Para o carregamento mostrado, determine:

(a) a deflexão da viga no ponto C.
(b) a deflexão da viga no ponto A.
(c) a deflexão da viga no ponto E.

Planejamento da Solução

Antes de começar a resolver esse problema, faça um esboço da configuração defletida da curva elástica. A carga de 40 kip fará com que a viga se flexione para baixo em E, que por sua vez fará com que a viga se flexione para cima entre os apoios simples. Como B é um apoio de segundo gênero, a deflexão da viga em B será nula, mas a inclinação da tangente à curva elástica será diferente de zero.

Vamos levar em consideração o vão da viga entre B e C mais detalhadamente. Qual é a causa exata de a viga se flexionar para cima nessa região? Com certeza, a carga de 40 kip está relacionada a isso, mas mais precisamente a carga de 40 kip cria um momento fletor, e é esse momento fletor que faz com que a viga se flexione para cima. Por esse motivo, o efeito de um momento concentrado aplicado a uma extremidade de um vão simplesmente apoiado é a única consideração exigida para o cálculo da deflexão em C.

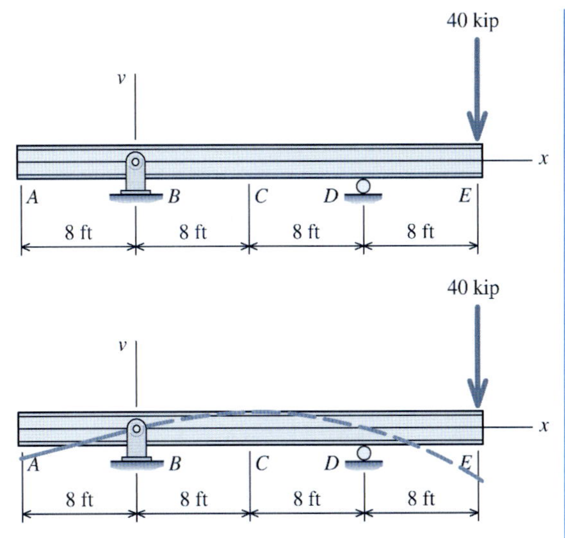

A seguir, considere o vão do balanço entre A e B. Não há momentos fletores agindo nessa parte da viga; desta forma, a viga não se flexiona, mas ela gira porque está presa ao vão central. A parte AB em balanço gira um ângulo igual ao ângulo de rotação θ_B que ocorre na extremidade esquerda do vão central. A deflexão do balanço AB deve-se exclusivamente a essa rotação e, de acordo com isso, a deflexão da viga em A pode ser calculada com base no ângulo de rotação θ_B do vão central.

Finalmente, leve em consideração o vão em balanço entre D e E. A deflexão em E é uma combinação de dois efeitos. O efeito mais óbvio é a deflexão da extremidade livre de uma viga em balanço sujeita a uma carga concentrada. Entretanto, essa deflexão corresponde a toda a deflexão de E. Os casos de viga em balanço-padrão encontrados no Apêndice C admitem que a viga não gire no suporte fixo ou, em outras palavras, os casos de viga em balanço admitem que o apoio seja rígido. Entretanto, o balanço DE não está conectado a um apoio rígido. Ele está conectado ao vão central BD, que é flexível. Quando o vão central é flexionado, o balanço gira para baixo e esse é o segundo efeito que causa a deflexão em E. Para calcular a deflexão em E, devemos levar em consideração tanto o caso da viga em balanço como o caso da viga simplesmente apoiada.

SOLUÇÃO

Para essa viga, o módulo de elasticidade é $E = 29.000$ ksi e o momento de inércia é $I = 2.100$ in^4. O termo EI, que aparece em todos os cálculos, tem o valor

$$EI = (29.000 \text{ ksi})\,(2.100 \text{ in}^4) = 60{,}9 \times 10^6 \text{ kip} \cdot \text{in}^2$$

O momento fletor produzido em D pela carga de 40 kip é $M = (40 \text{ kip})(8 \text{ ft}) = 320 \text{ kip} \cdot \text{ft} = 3.840 \text{ kip} \cdot \text{in}$.

Caso 1 — Deflexão para Cima do Vão Central

A deflexão para cima do ponto C no vão central é calculada pela equação da curva elástica para uma viga simplesmente apoiada sujeita a um momento concentrado em D:

$$v = -\frac{Mx}{6LEI}(x^2 - 3Lx + 2L^2) \qquad \text{(a)}$$

Deflexão da viga em C: Substitua os seguintes valores na Equação (a):

$$\begin{aligned} M &= -320 \text{ kip} \cdot \text{ft} = -3.840 \text{ kip} \cdot \text{in} \\ x &= 8 \text{ ft} = 96 \text{ in} \\ L &= 16 \text{ ft} = 192 \text{ in} \\ EI &= 60{,}9 \times 10^6 \text{kip} \cdot \text{in}^2 \end{aligned}$$

para calcular a deflexão da viga em C:

$$\begin{aligned} v_C &= -\frac{Mx}{6LEI}(x^2 - 3Lx + 2L^2) \\ &= -\frac{(-3.840 \text{ kip} \cdot \text{in})(96 \text{ in})}{6(192 \text{ in})\,(60{,}9 \times 10^6 \text{kip} \cdot \text{in})^2}\left[(96 \text{ in})^2 - 3(192 \text{ in})(96 \text{ in}) + 2(192 \text{ in})^2\right] = +0{,}1453 \text{ in} \end{aligned}$$

Resp.

Caso 2 — Deflexão para Baixo do Balanço *AB*

A deflexão para baixo do ponto *A* no vão em balanço é calculada com base no ângulo de rotação produzido no apoio *B* do vão central pelo momento concentrado, que age em *D*. Na tabela de vigas, o módulo do ângulo de rotação na extremidade do vão *oposta* à do momento concentrado é dado por

$$\theta = \frac{ML}{6EI} \tag{b}$$

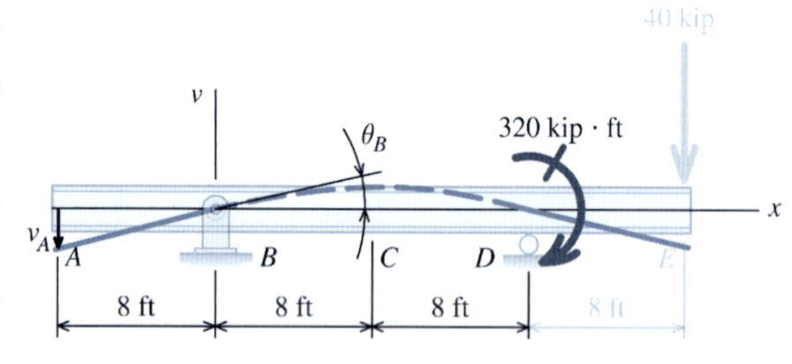

Usando os valores definidos anteriormente, o módulo do ângulo de rotação em *B* é

$$\theta_B = \frac{ML}{6EI} = \frac{(3.840 \text{ kip} \cdot \text{in})\,(192 \text{ in})}{6(60{,}9 \times 10^6 \text{ kip} \cdot \text{in}^2)} = 0{,}0020177 \text{ rad}$$

Deflexão da viga em A: Por inspeção, o ângulo de rotação em *B* deve ser positivo; isto é, a viga se inclina para cima à direita do apoio de segundo gênero. Como não há momento fletor no vão em balanço *AB*, a viga não se flexionará entre *A* e *B*. Sua inclinação da tangente à curva elástica será constante e igual a θ_B. O módulo da deflexão da viga em *A* será calculado com base na inclinação da tangente à curva elástica da viga:

$$v_A = \theta_B L_{AB} = (0{,}0020177 \text{ rad})\,(96 \text{ in}) = 0{,}1937 \text{ in}$$

Por inspeção, o balanço terá uma deflexão para baixo em *A*; portanto, $v_A = -0{,}1937$ in. **Resp.**

Caso 3 — Deflexão para Baixo do Balanço *DE*

A deflexão para baixo do ponto *E* no vão em balanço é calculada com base em duas considerações. Em primeiro lugar, considere uma viga em balanço sujeita a uma carga concentrada em sua extremidade livre. A deflexão da extremidade do balanço é dada pela equação

$$v_{\text{máx}} = -\frac{PL^3}{3EI} \tag{c}$$

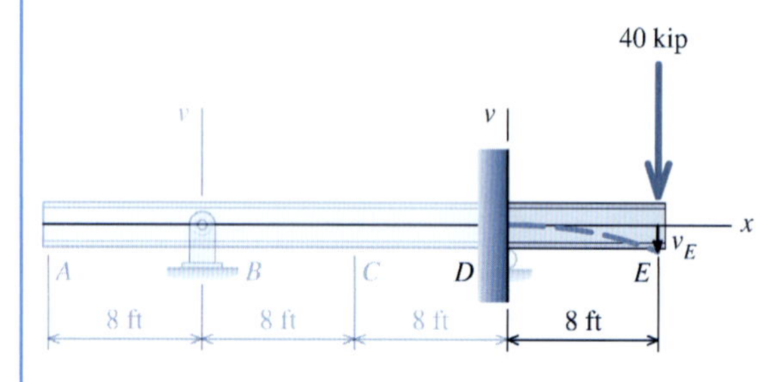

Usando os seguintes valores:

$$P = 40 \text{ kip}$$
$$L = 8 \text{ ft} = 96 \text{ in}$$
$$EI = 60{,}9 \times 10^6 \text{ kip} \cdot \text{in}^2$$

um componente da deflexão da viga em *E* pode ser calculado como

$$v_E = -\frac{PL^3}{3EI} = -\frac{(40 \text{ kip})(\,96 \text{ in})^3}{3(60{,}9 \times 10^6 \text{ kip} \cdot \text{in}^2)} = -0{,}1937 \text{ in} \tag{d}$$

Como já foi mencionado, esse caso de viga em balanço não abrange todas as deflexões em *E*. A Equação (c) admite que a viga em balanço não gira em seu apoio. Como o vão central *BD* é flexível, o balanço *DE* gira para baixo quando o vão central é flexionado. O módulo do ângulo de rotação no vão central causado pelo momento concentrado *M* pode ser calculado com base na seguinte equação:

$$\theta = \frac{ML}{3EI} \tag{e}$$

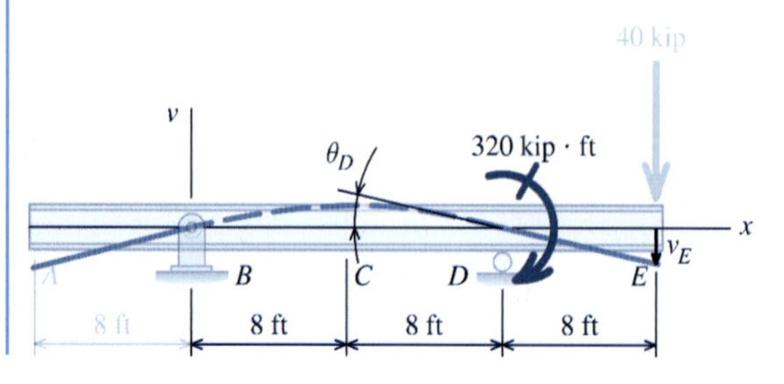

Nota: A Equação (e) fornece um ângulo de rotação *no local de M* para uma viga simplesmente apoiada sujeita a um momento concentrado aplicado em uma extremidade. Usando os valores definidos para o caso 2, o ângulo de rotação do vão central no apoio de primeiro gênero *D* pode ser calculado como

$$\theta_D = \frac{ML}{3EI} = \frac{(3.840 \text{ kip} \cdot \text{in})(192 \text{ in})}{3\,(60{,}9 \times 10^6 \text{ kip} \cdot \text{in}^2)} = 0{,}0040355 \text{ rad}$$

Por inspeção, o ângulo de rotação em D deve ser negativo; isto é, a viga se inclina para baixo à direita do apoio de primeiro gênero. O módulo da deflexão da viga em E devida à rotação do vão central em D é calculado com base na inclinação da tangente à curva elástica da viga e no comprimento do balanço DE:

$$v_E = \theta_D L_{DE} = (0{,}0040355 \text{ rad})(96 \text{ in}) = 0{,}3874 \text{ in}$$

Por inspeção, o balanço se deslocará para baixo em E; consequentemente esse componente de deflexão é

$$v_E = -0{,}3874 \text{ in} \qquad \text{(f)}$$

A deflexão total em E é a soma das deflexões (d) e (f):

$$v_E = -0{,}1937 \text{ in} - 0{,}3874 \text{ in} = -0{,}581 \text{ in}$$ **Resp.**

Exemplo do MecMovies M10.10

Determine as expressões para a inclinação da tangente à curva elástica θ_C e para a deflexão v_C na extremidade C da viga mostrada na figura. Admita que EI seja constante para a viga.

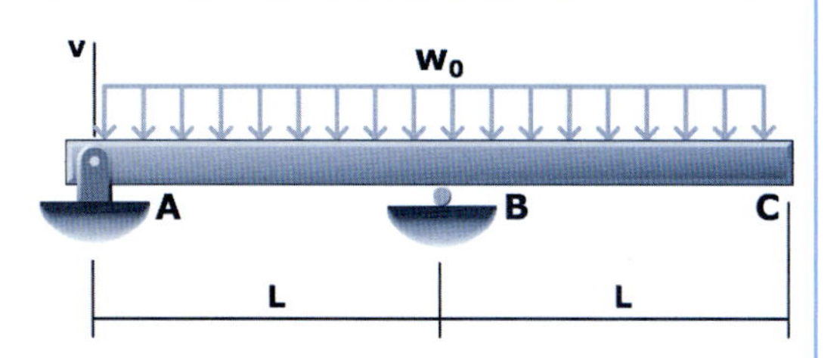

EXEMPLO 7.2

A viga simplesmente apoiada mostrada na figura consiste em um perfil de abas largas W410 × 60 de aço estrutural [E = 200 GPa; I = 216 × 10^6 mm^4]. Para o carregamento mostrado, determine:

(a) a deflexão da viga no ponto A.
(b) a deflexão da viga no ponto C.
(c) a deflexão da viga no ponto E.

Planejamento da Solução

Embora o carregamento neste exemplo seja mais complicado, será usado para essa viga o mesmo procedimento geral utilizado para resolver o Exemplo 10.8. O carregamento será dividido em três casos:

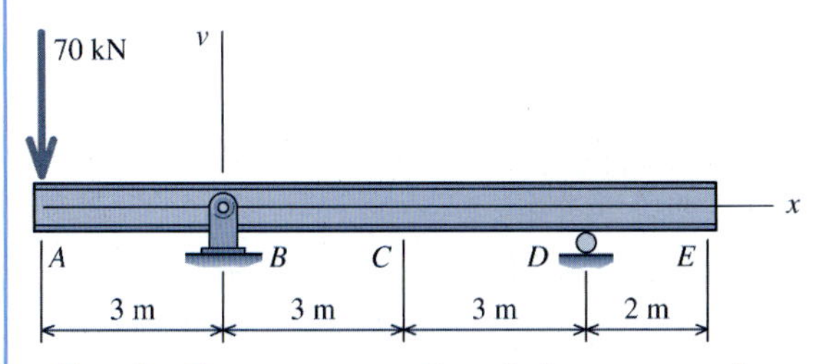

Caso 1 – Carga concentrada no balanço esquerdo.

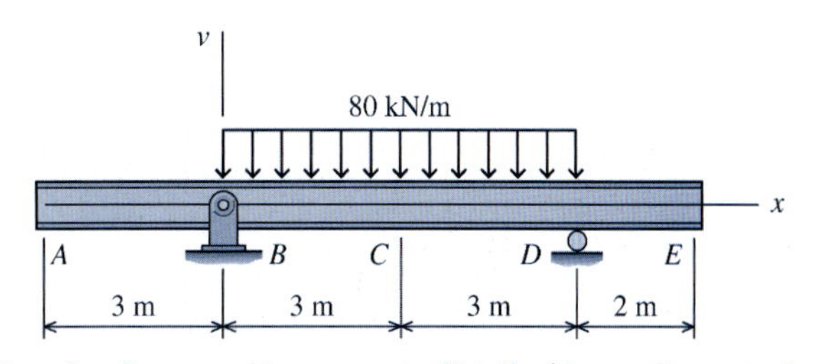

Caso 2 – Carga uniformemente distribuída no vão central.

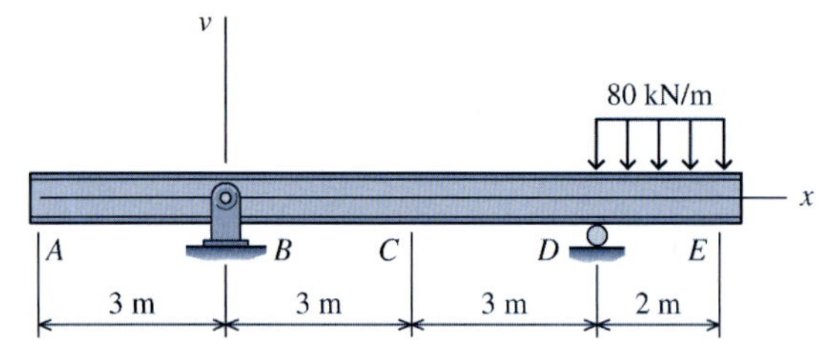

Caso 3 – Carga uniformemente distribuída no balanço direito.

As deflexões da viga em A, C e E serão calculadas para cada caso usando as equações-padrão do Apêndice C tanto para a deflexão como para a inclinação da tangente à curva elástica. Os casos 1 e 3 exigirão tanto as equações para vigas simplesmente apoiadas como as equações para vigas em balanço, ao passo que o caso 2 exigirá apenas as equações para vigas simplesmente apoiadas. Depois de completar os cálculos para todos os três casos, os resultados serão somados para fornecer as deflexões finais nos três locais.

SOLUÇÃO

Para essa viga, o módulo de elasticidade é $E = 200$ GPa e o momento de inércia é $I = 216 \times 10^6$ mm^4. Portanto,

$$EI = (200 \text{ GPa})(216 \times 10^6 \text{ mm}^4) = 43{,}2 \times 10^{12} \text{N} \cdot \text{m}^2 = 43{,}2 \times 10^3 \text{kN} \cdot \text{m}^2$$

Caso 1 — Carga Concentrada no Balanço Esquerdo

Serão exigidas tanto as equações para viga simplesmente apoiada como as equações para a viga em balanço a fim de calcular as deflexões em A, mas serão necessárias apenas as equações para viga simplesmente apoiada para calcular as deflexões em C e E.

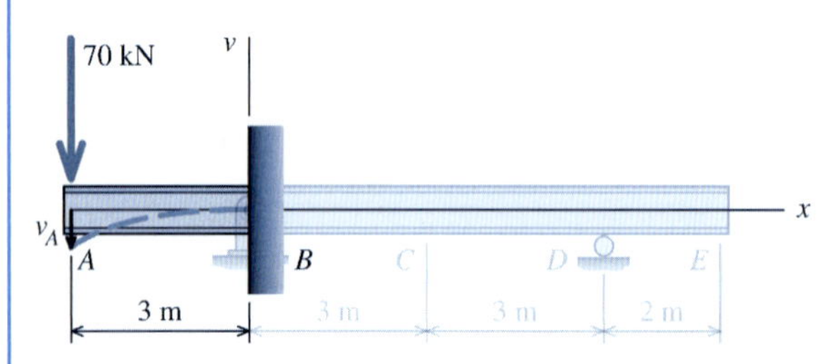

Deflexão da Viga em A: Considere a deflexão da viga em A, no balanço de 3 m de comprimento. Do Apêndice C, a deflexão máxima de uma viga em balanço com uma carga concentrada aplicada na extremidade é dada por

$$v_{\text{máx}} = -\frac{PL^3}{3EI} \tag{a}$$

A Equação (a) será usada para calcular uma parte da deflexão da viga em A usando

$$P = 70 \text{ kN}$$
$$L = 3 \text{ m}$$
$$EI = 43{,}2 \times 10^3 \text{ kN} \cdot \text{m}^2$$

A deflexão em A, na viga em balanço, será

$$v_A = -\frac{PL^3}{3EI} = -\frac{(70 \text{ kN})(3 \text{ m})^3}{3(43{,}2 \times 10^3 \text{kN} \cdot \text{m}^2)} = -14{,}583 \times 10^{-3} \text{ m} = -14{,}583 \text{ mm}$$

Esse cálculo admite implicitamente que a viga está fixa em um apoio rígido em B. Entretanto, o balanço não está ligado a um apoio fixo em B, mas sim a uma viga flexível que gira em resposta ao momento produzido pela carga de 70 kN. A rotação do balanço em B deve ser levada em consideração para que seja determinada a deflexão em A.

O momento em B devido à carga de 70 kN é $M = (70 \text{ kN})(3 \text{ m}) = 210 \text{ kN} \cdot \text{m}$, que age no sentido contrário ao dos ponteiros do relógio, conforme ilustrado. Os ângulos de rotação nas extremidades do vão de uma viga simplesmente apoiada sujeita a um momento concentrado podem ser obtidos no Apêndice C:

$$\theta_1 = -\frac{ML}{3EI} \quad \text{(na extremidade onde } M \text{ está aplicado)} \tag{b}$$

$$\theta_2 = +\frac{ML}{6EI} \quad \text{(na extremidade oposta àquela onde } M \text{ está aplicado)} \tag{c}$$

O ângulo de rotação em B é exigido para obter a deflexão em A. O ângulo de rotação em D será usado posteriormente para calcular a deflexão em E.

Usando as variáveis e os valores a seguir,

$$M = -210 \text{ kN} \cdot \text{m}$$
$$L = 6 \text{ m} \quad \text{(isto é, o comprimento do vão central)}$$
$$EI = 43{,}2 \times 10^3 \text{ kN} \cdot \text{m}^2$$

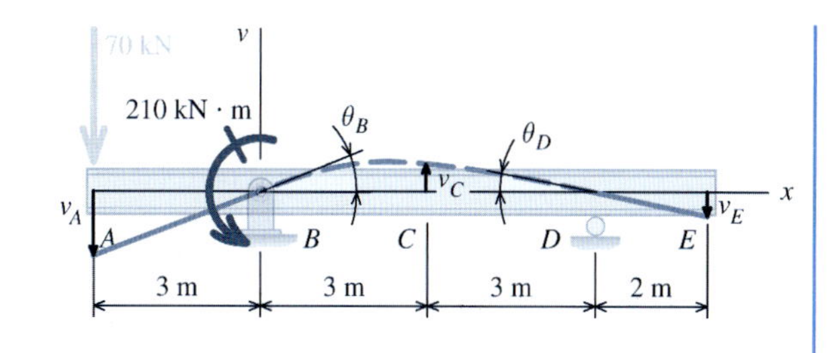

o ângulo de rotação em B é calculado por meio da Equação (b):

$$\theta_B = -\frac{ML}{3EI} = -\frac{(-210 \text{ kN} \cdot \text{m})(6 \text{ m})}{3(43{,}2 \times 10^3 \text{kN} \cdot \text{m}^2)} = 9{,}722 \times 10^{-3} \text{ rad}$$

A deflexão da viga em A é calculada com base no ângulo de rotação θ_B e no comprimento do balanço:

$$v_A = \theta_B x_{AB} = (9{,}722 \times 10^{-3} \text{ rad})(-3 \text{ m}) = -29{,}167 \times 10^{-3} \text{ m} = -29{,}167 \text{ mm}$$

Deflexão da viga em C: A deflexão da viga em C para esse caso é encontrada com base na equação da curva elástica para uma viga simplesmente apoiada com um momento concentrado aplicado a uma extremidade. Do Apêndice C, a equação da curva elástica é

$$v = -\frac{Mx}{6LEI}(x^2 - 3Lx + 2L^2) \tag{d}$$

Com as variáveis e os valores a seguir

$$M = -210 \text{ kN} \cdot \text{m}$$
$$x = 3 \text{ m}$$
$$L = 6 \text{ m} \quad \text{(isto é, o comprimento do vão central)}$$
$$EI = 43{,}2 \times 10^3 \text{ kN} \cdot \text{m}^2$$

a deflexão da viga em C é calculada por meio da Equação (d):

$$\begin{aligned} v_C &= -\frac{Mx}{6LEI}(x^2 - 3Lx + 2L^2) \\ &= -\frac{(-210 \text{ kN} \cdot \text{m})(3 \text{ m})}{6(6 \text{ m})(43{,}2 \times 10^3 \text{ kN} \cdot \text{m}^2)}[(3 \text{ m})^2 - 3(6 \text{ m})(3 \text{ m}) + 2(6 \text{ m})^2] \\ &= 10{,}938 \times 10^{-3} \text{ m} = 10{,}938 \text{ mm} \end{aligned}$$

Deflexão da viga em E: Para esse caso, não há momento fletor no balanço na extremidade direita do vão; portanto, o balanço não é flexionado. O ângulo de rotação em D, dado pela Equação (c), e o comprimento do balanço são usados para calcular a deflexão em E. Usando as variáveis e os valores a seguir,

$$M = -210 \text{ kN} \cdot \text{m}$$
$$L = 6 \text{ m} \quad \text{(isto é, o comprimento do vão central)}$$
$$EI = 43{,}2 \times 10^3 \text{ kN} \cdot \text{m}^2$$

o ângulo de rotação em D é calculado por meio da Equação (c):

$$\theta_D = +\frac{ML}{6EI} = \frac{(-210 \text{ kN} \cdot \text{m})(6\text{m})}{6(43{,}2 \times 10^3 \text{ kN} \cdot \text{m}^2)} = -4{,}861 \times 10^{-3} \text{ rad}$$

A deflexão da viga em E é calculada com base no ângulo de rotação θ_D e no comprimento do balanço:

$$v_E = \theta_D x_{DE} = (-4{,}861 \times 10^{-3} \text{ rad})(2 \text{ m}) = -9{,}722 \times 10^{-3} \text{ m} = -9{,}722 \text{ mm}$$

Caso 2 — Carga Uniformemente Distribuída no Vão Central

Para a carga uniformemente distribuída que age no vão central, serão exigidas as equações para a deflexão máxima verificada no meio do vão e para as inclinações nas extremidades do vão.

Deflexão da viga em A: Como a carga uniformemente distribuída age apenas entre os apoios, não há momento fletor nos vãos em balanço. Para calcular a deflexão em A, comece calculando a inclinação da tangente à curva elástica na extremidade do vão simples. Do Apêndice C, os ângulos de rotação nas extremidades do vão são dados por

$$\theta_1 = -\theta_2 = -\frac{wL^3}{24EI} \tag{e}$$

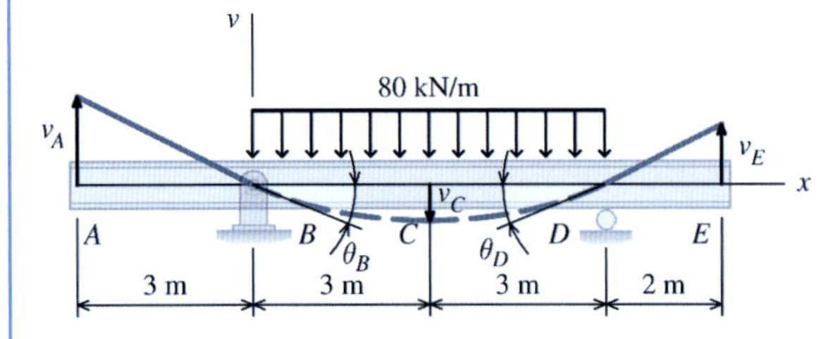

Para calcular o ângulo de rotação em B, use

$$w = 80 \text{ kN/m}$$
$$L = 6 \text{ m}$$
$$EI = 43{,}2 \times 10^3 \text{ kN} \cdot \text{m}^2$$

e calcule θ_B por meio da Equação (e):

$$\theta_B = -\frac{wL^3}{24EI} = -\frac{(80 \text{ kN/m})(6 \text{ m})^3}{24(43{,}2 \times 10^3 \text{ kN} \cdot \text{m}^2)} = -16{,}667 \times 10^{-3} \text{ rad}$$

A deflexão da viga em A é calculada com base no ângulo de rotação θ_B e no comprimento do balanço:

$$v_A = \theta_B x_{AB} = (-16{,}667 \times 10^{-3} \text{ rad})(-3 \text{ m}) = 50{,}001 \times 10^{-3} \text{ m} = 50{,}001 \text{ mm}$$

Deflexão da viga em C: A equação para a deflexão no meio do vão de uma viga simplesmente apoiada sujeita a uma carga uniformemente distribuída pode ser obtida no Apêndice C:

$$v_{\text{máx}} = -\frac{5wL^4}{384EI} \tag{f}$$

Da Equação (f), a deflexão em C para o caso 2 é

$$v_C = -\frac{5wL^4}{384EI} = -\frac{5(80 \text{ kN/m})(6 \text{ m})^4}{384(43{,}2 \times 10^3 \text{ kN} \cdot \text{m}^2)} = -31{,}250 \times 10^{-3} \text{ m} = -31{,}250 \text{ mm}$$

Deflexão da viga em E: O ângulo de rotação em D é calculado por meio da Equação (e):

$$\theta_D = \frac{wL^3}{24EI} = \frac{(80 \text{ kN/m})(6 \text{ m})^3}{24(43{,}2 \times 10^3 \text{ kN} \cdot \text{m}^2)} = 16{,}667 \times 10^{-3} \text{ rad}$$

A deflexão da viga em E é calculada com base na rotação θ_D e no comprimento do balanço:

$$v_E = \theta_D x_{DE} = (16{,}667 \times 10^{-3} \text{ rad})(2 \text{ m}) = 33{,}334 \times 10^{-3} \text{ m} = 33{,}334 \text{ mm}$$

Caso 3 — Carga Uniformemente Distribuída no Balanço Direito

Serão exigidas tanto as equações para viga simplesmente apoiada como as equações para viga em balanço para o cálculo das deflexões em E; apenas as equações para viga simplesmente apoiada serão necessárias para o cálculo das deflexões em A e C.

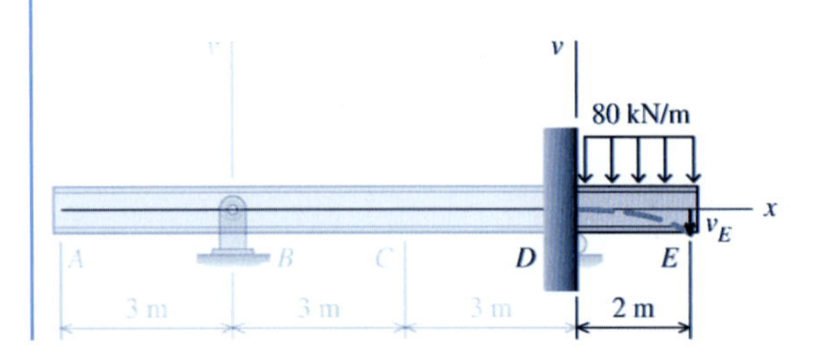

Deflexão da viga em E: Considere a deflexão da viga em balanço em E, no balanço com 2 m de comprimento. Do Apêndice C, a deflexão máxima de uma viga em balanço com uma carga uniformemente distribuída é dada por

$$v_{\text{máx}} = -\frac{wL^4}{8EI} \tag{g}$$

Sejam

$$w = -80 \text{ kN/m}$$
$$L = 2 \text{ m}$$
$$EI = 43{,}2 \times 10^3 \text{ kN} \cdot \text{m}^2$$

e use a Equação (g) para calcular uma parte da deflexão da viga em E:

$$v_E = -\frac{wL^4}{8EI} = -\frac{(80 \text{ kN/m})(2 \text{ m})^4}{8(43{,}2 \times 10^3 \text{ kN} \cdot \text{m}^2)} = -3{,}704 \times 10^{-3} \text{ m} = -3{,}074 \text{ mm}$$

Esse cálculo admite implicitamente que a viga está fixa a um apoio rígido em D. Entretanto, o balanço não está preso a um apoio fixo em D, mas sim a uma viga flexível que gira em resposta ao momento produzido pela carga uniformemente distribuída de 80 kN/m. A rotação do balanço em D deve ser levado em consideração na determinação da deflexão em E.

O momento em D devido à carga distribuída de 80 kN/m é $M = (0{,}5)(80 \text{ kN/m})(2 \text{ m})^2 = 160 \text{ kN} \cdot \text{m}$, que age no sentido dos ponteiros do relógio conforme ilustrado na figura. Os ângulos de rotação nas extremidades do vão de uma viga simplesmente apoiada sujeita a um momento concentrado são dados pelas Equações (b) e (c). Faça com que

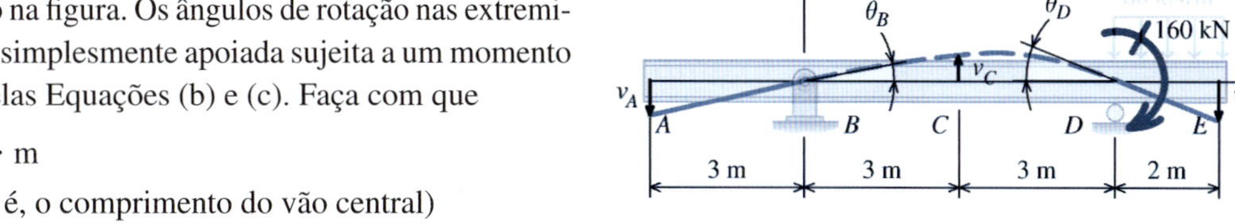

$$M = -160 \text{ kN} \cdot \text{m}$$
$$L = 6 \text{ m} \quad \text{(isto é, o comprimento do vão central)}$$
$$EI = 43{,}2 \times 10^3 \text{ kN} \cdot \text{m}^2$$

e use a Equação (b) para calcular o ângulo de rotação em D:

$$\theta_D = \frac{ML}{3EI} = -\frac{(-160 \text{ kN} \cdot \text{m})(6 \text{ m})}{3(43{,}2 \times 10^3 \text{ kN} \cdot \text{m}^2)} = -7{,}407 \times 10^{-3} \text{ rad}$$

A deflexão da viga em E é calculada com base no ângulo de rotação θ_D e no comprimento do balanço:

$$v_E = \theta_D x_{DE} = (-7{,}407 \times 10^{-3} \text{ rad})(2 \text{ m}) = -14{,}814 \times 10^{-3} \text{ m} = -14{,}814 \text{ mm}$$

Deflexão da viga em C: A deflexão da viga em C para esse caso é encontrada por meio da equação da curva elástica [Equação (d)] para uma viga simplesmente apoiada com um momento concentrado aplicado a uma extremidade. Com as seguintes variáveis e valores,

$$M = -160 \text{ kN} \cdot \text{m}$$
$$x = 3 \text{ m}$$
$$L = 6 \text{ m (isto é, o comprimento do vão central)}$$
$$EI = 43{,}2 \times 10^3 \text{ kN} \cdot \text{m}^2$$

a deflexão da viga em C é calculada por meio da Equação (d):

$$\begin{aligned} v_C &= -\frac{Mx}{6LEI}(x^2 - 3Lx + 2L^2) \\ &= -\frac{(-160 \text{ kN} \cdot \text{m})(3 \text{ m})}{6(6 \text{ m})(43{,}2 \times 10^3 \text{ kN} \cdot \text{m}^2)}[(3 \text{ m})^2 - 3(6 \text{ m})(3 \text{ m}) + 2(6 \text{ m})^2] \\ &= 8{,}333 \times 10^{-3} \text{ m} = 8{,}333 \text{ mm} \end{aligned}$$

Deflexão da viga em A: Use a Equação (c) para calcular o ângulo de rotação em B:

$$\theta_B = -\frac{ML}{6EI} = -\frac{(-160 \text{ kN} \cdot \text{m})(6 \text{ m})}{6(43{,}2 \times 10^3 \text{ kN} \cdot \text{m}^2)} = 3{,}704 \times 10^{-3} \text{ rad}$$

A deflexão em A é calculada com base no ângulo de rotação θ_B e no comprimento do balanço:

$$v_A = \theta_B x_{AB} = (3{,}704 \times 10^{-3} \text{ rad})(-3 \text{ m}) = -11{,}112 \times 10^{-3} \text{ m} = -11{,}112 \text{ mm}$$

Caso de Superposição	v_A (mm)	v_C (mm)	v_E (mm)
Caso 1 — Carga concentrada no balanço esquerdo	−14,583 −29,167	10,938	−9,722
Caso 2 — Carga uniformemente distribuída no vão central	50,001	−31,250	33,334
Caso 3 — Carga uniformemente distribuída no balanço direito	−11,112	8,333	−3,704 −14,814
Deflexão Total da Viga	**−4,86**	**−11,98**	**5,09**

Resp.

Exemplo do MecMovies M10.11

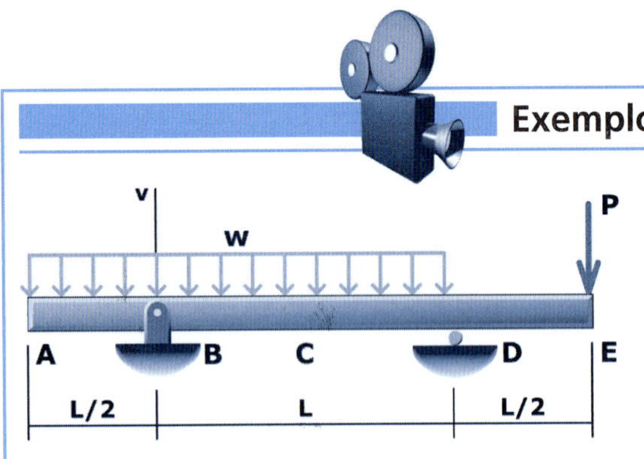

Determine uma expressão para a deflexão da viga no ponto médio do vão *BD*. Admita que *EI* para a viga seja constante ao longo de todos os vãos.

Exemplo do MecMovies M10.12

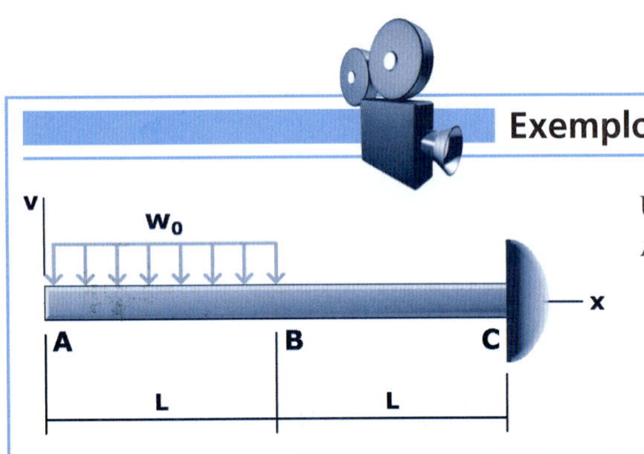

Use o método da superposição para determinar a deflexão da viga em *A*. Admita que *EI* seja constante para a viga.

Exemplo do MecMovies M10.13

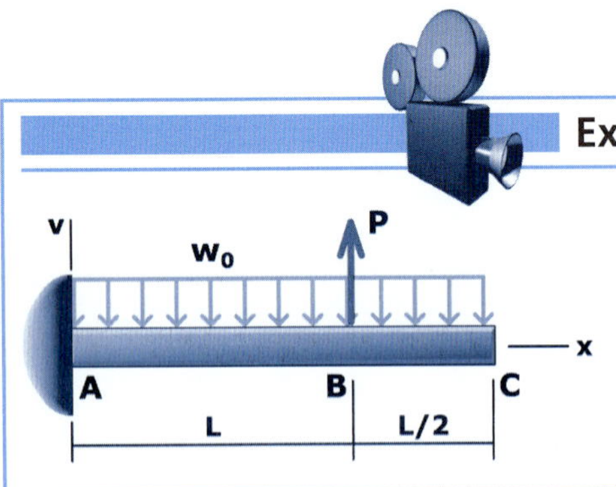

Use o método da superposição para determinar o valor absoluto da força *P* exigida para fazer com que a deflexão da viga seja igual a zero em *B*. Admita que *EI* seja constante para a viga.

Exemplo do MecMovies M10.14

Determine o valor máximo para M_0 de modo que a inclinação da tangente à curva elástica da viga em A seja igual a zero. Admita que EI seja constante para a viga.

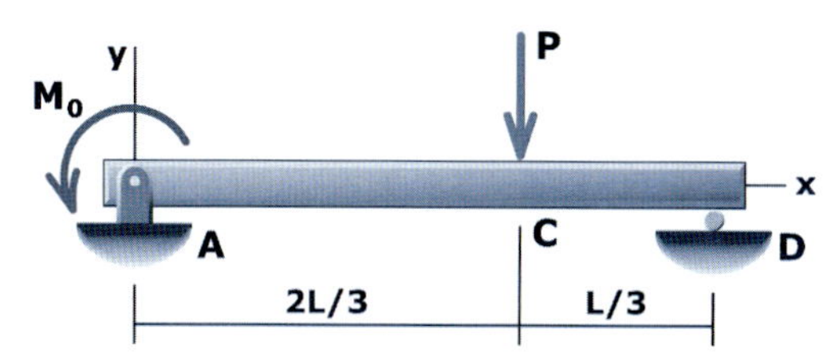

EXERCÍCIOS do MecMovies

M10.3 **8 Skills.** Part I: Skills 1-4. (**8 Técnicas:** Parte I: Técnicas 1-4). Série de técnicas necessárias para resolver problemas de deflexão de vigas usando o método da superposição.

FIGURA M10.3

M10.4 **8 Skills.** Part II: Skills 5-8. (**8 Técnicas:** Parte II: Técnicas 5-8). Série de técnicas necessárias para resolver problemas de deflexão de vigas usando o método da superposição.

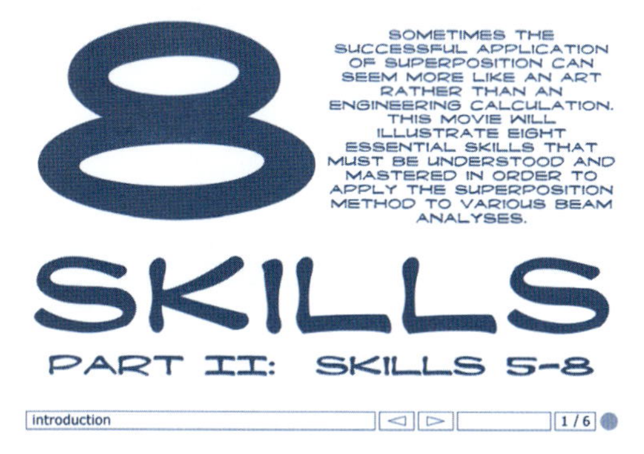

FIGURA M10.4

M10.5 **Superposition Warm-Up (Tópicos de Preparação para a Superposição).** Uma série de exemplos e exercícios que ilustram as técnicas básicas exigidas para a aplicação satisfatória do método da superposição para problemas de deflexões de vigas.

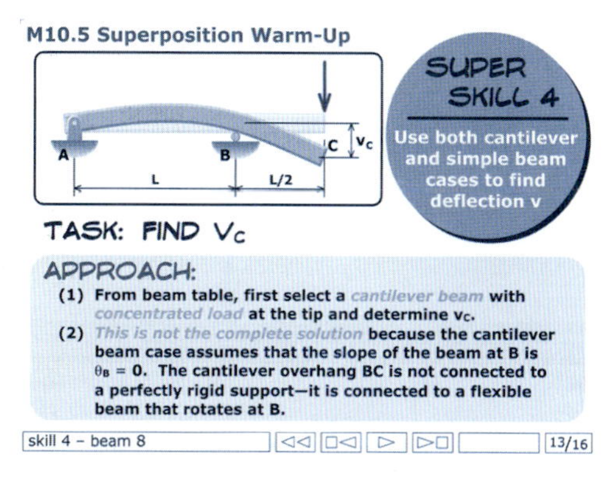

FIGURA M10.5

M10.6 **Uma viga, Uma Carga, Três Casos.** Determine os valores numéricos da deflexão da viga em vários pontos de uma viga simplesmente apoiada com dois balanços. Todas as deflexões podem ser determinadas por superposição de, no máximo, três casos básicos de deflexão.

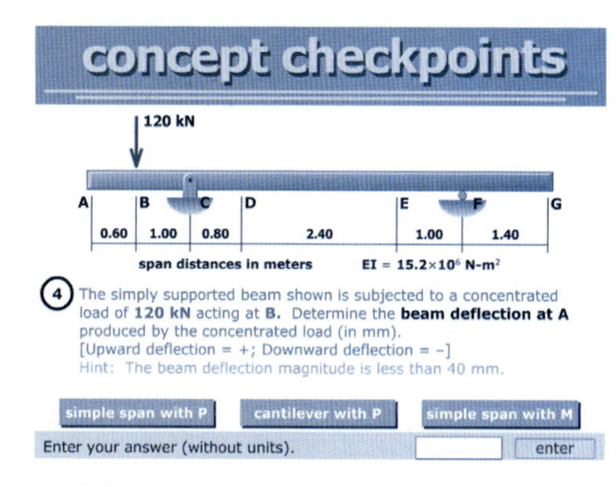

FIGURA M10.6

PROBLEMAS

P10.49 Para as vigas e os carregamentos mostrados nas Figuras P10.49*a–d*, determine a deflexão das vigas no ponto *H*. Admita que $EI = 8 \times 10^4$ kN · m² seja constante para cada viga.

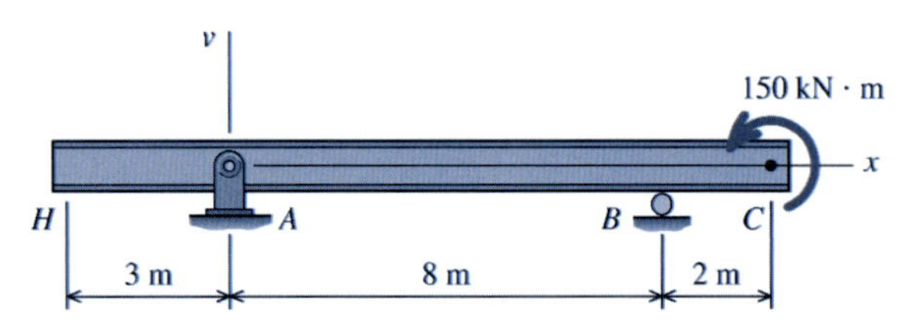

FIGURA P10.49*a*

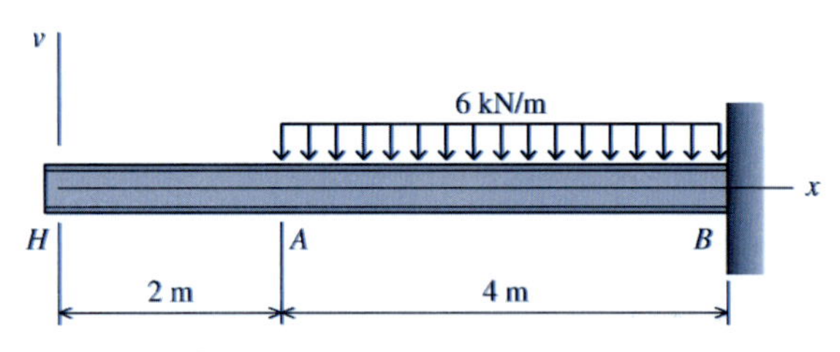

FIGURA P10.49*b*

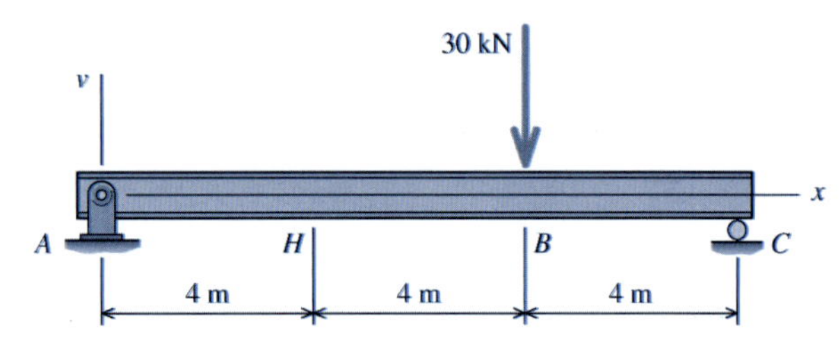

FIGURA P10.49*c*

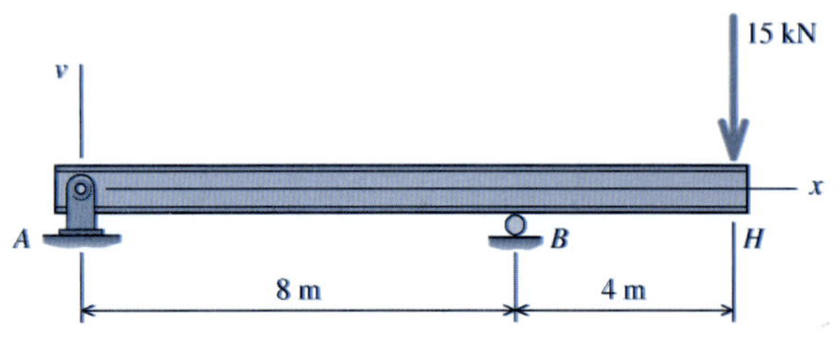

FIGURA P10.49*d*

P10.50 Para as vigas e os carregamentos mostrados nas Figuras P10.50*a–d*, determine a deflexão das vigas no ponto *H*. Admita que $EI = 1{,}2 \times 10^7$ kip · in² ($34{,}44 \times 10^3$ kN · m²) seja constante para cada viga.

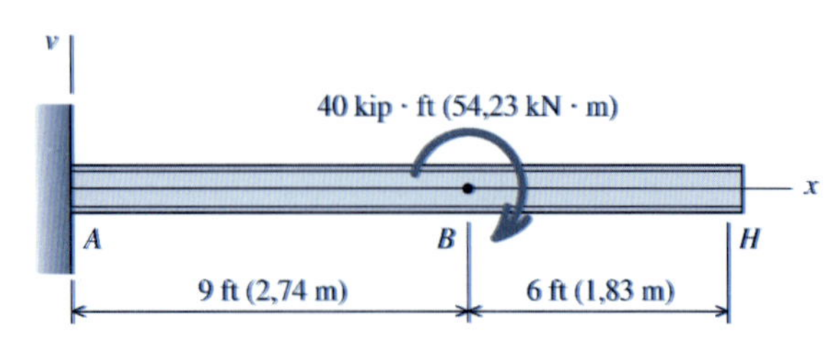

FIGURA P10.50*a*

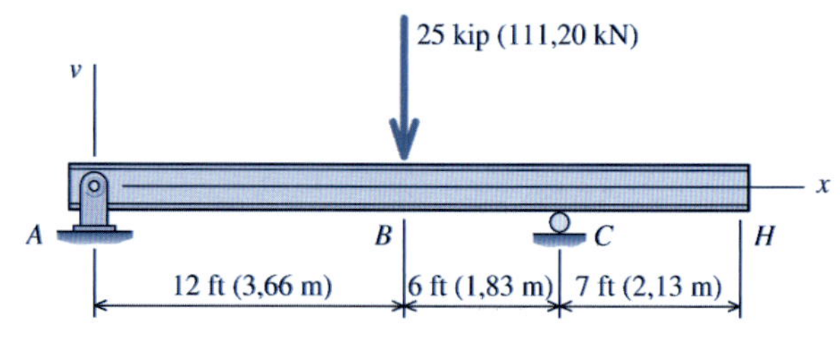

FIGURA P10.50*b*

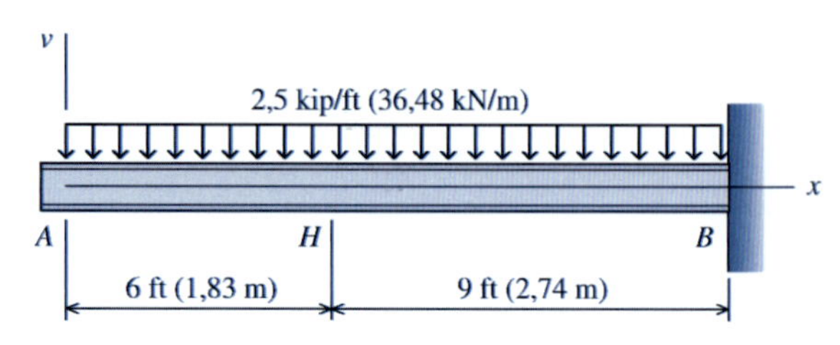

FIGURA P10.50*c*

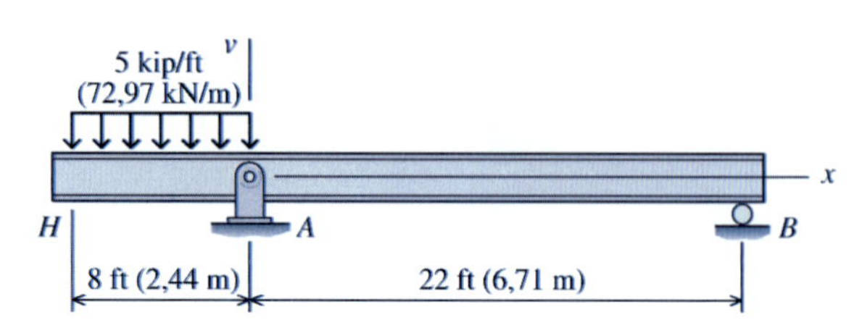

FIGURA P10.50*d*

P10.51 Para as vigas e os carregamentos mostrados nas Figuras P10.51*a–d*, determine a deflexão das vigas no ponto *H*. Admita que $EI = 6 \times 10^4$ kN · m² seja constante para cada viga.

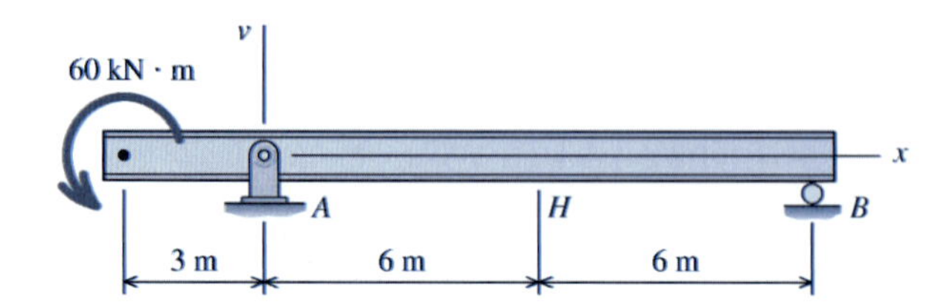

FIGURA P10.51*a*

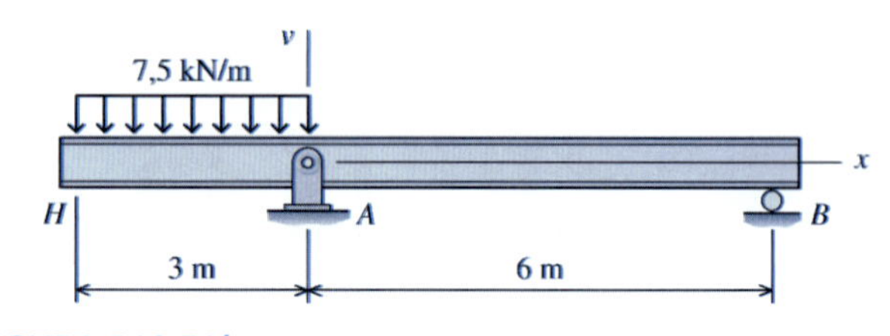

FIGURA P10.51*b*

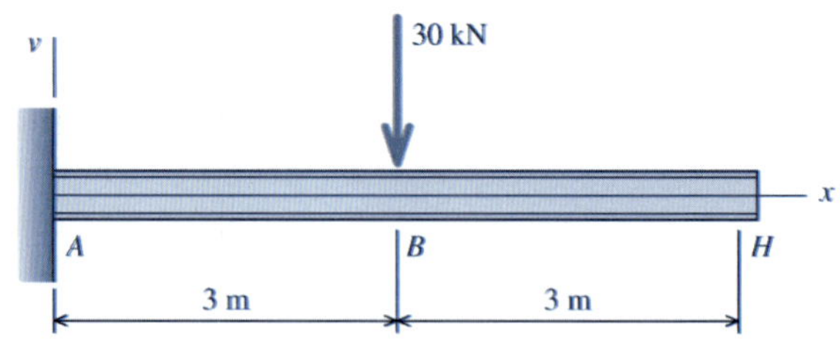

FIGURA P10.51*c*

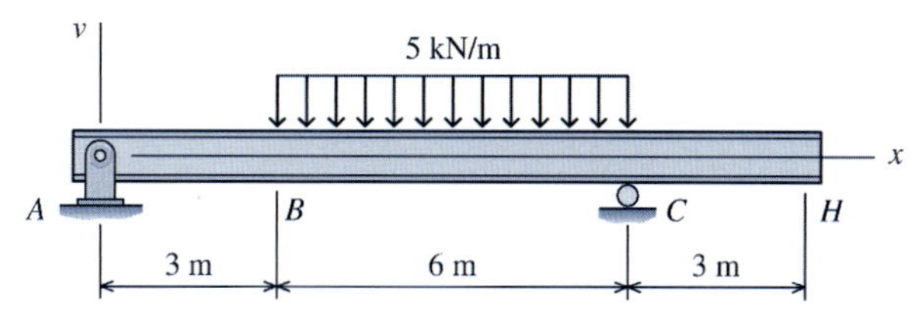

FIGURA P10.51*d*

P10.52 Para as vigas e os carregamentos mostrados nas Figuras P10.52*a–d*, determine a deflexão das vigas no ponto *H*. Admita que $EI = 3{,}0 \times 10^6$ kip · in² (8,61 × 10³ kN · m²) seja constante para cada viga.

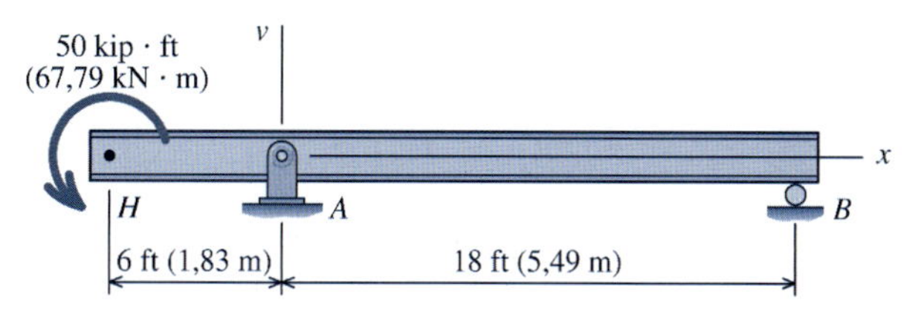

FIGURA P10.52*a*

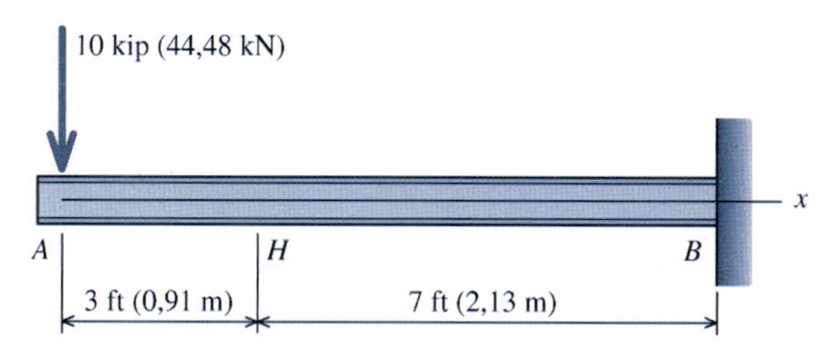

FIGURA P10.52*b*

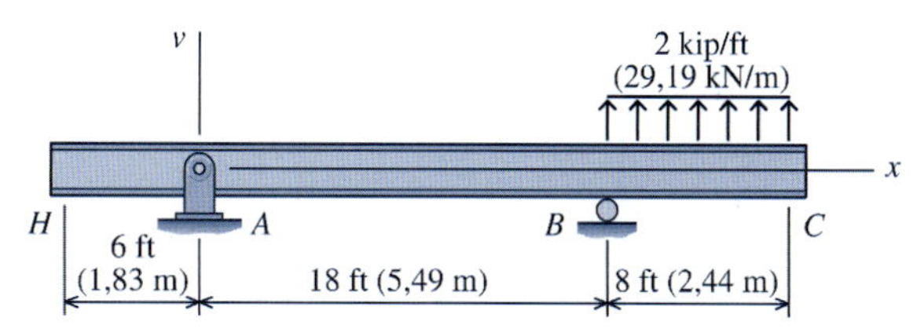

FIGURA P10.52*c*

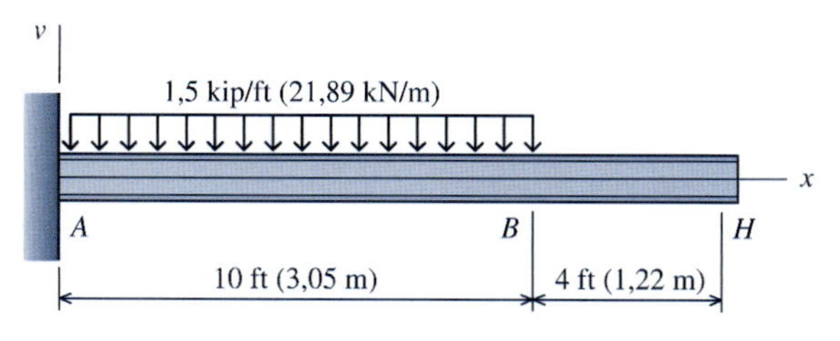

FIGURA P10.52*d*

P10.53 A viga simplesmente apoiada mostrada na Figura P10.53 consiste em um perfil de abas largas W24 × 94 de aço estrutural [E = 29.000 ksi (199,9 GPa); I = 2.700 in⁴ (112.382 cm⁴)]. Para o carregamento mostrado, determine a deflexão da viga no ponto *C*.

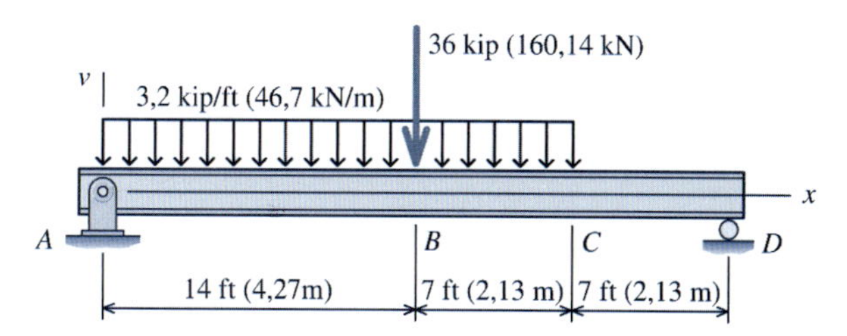

FIGURA P10.53

P10.54 A viga simplesmente apoiada mostrada na Figura P10.54 consiste em um perfil de abas largas W460 × 82 de aço estrutural [E = 200 GPa; $I = 370 \times 10^6$ mm⁴]. Para o carregamento mostrado, determine a deflexão da viga no ponto *C*.

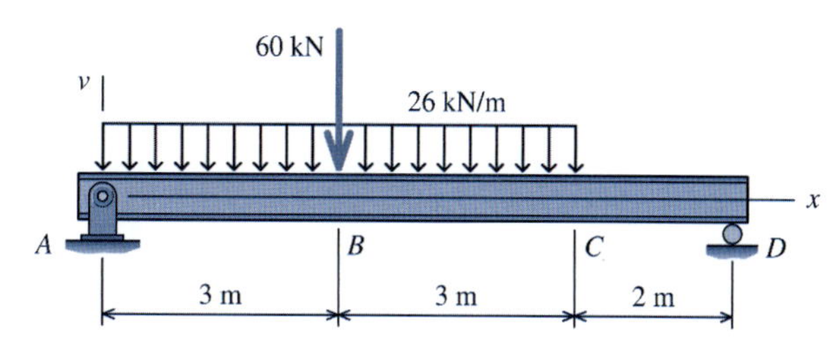

FIGURA P10.54

P10.55 A viga simplesmente apoiada mostrada na Figura P10.55 consiste em um perfil de abas largas W410 × 60 de aço estrutural [E = 200 GPa; $I = 216 \times 10^6$ mm⁴]. Para o carregamento mostrado, determine a deflexão da viga no ponto *B*.

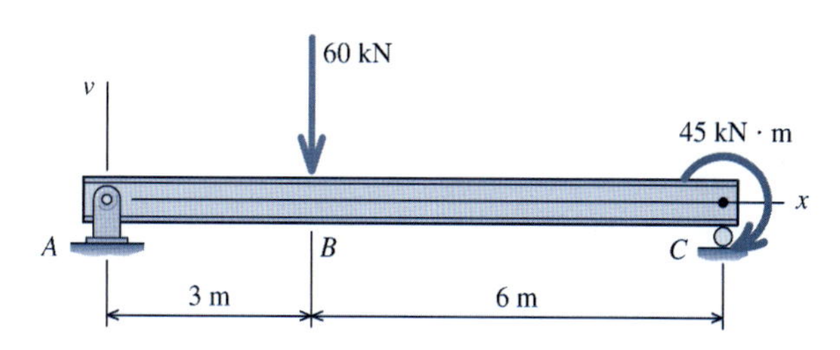

FIGURA P10.55

P10.56 A viga simplesmente apoiada mostrada na Figura P10.56 consiste em um perfil de abas largas W21 × 44 de aço estrutural [E = 29.000 ksi (199,9 GPa); I = 843 in⁴ (35.088 cm⁴)]. Para o carregamento mostrado, determine a deflexão da viga no ponto *B*.

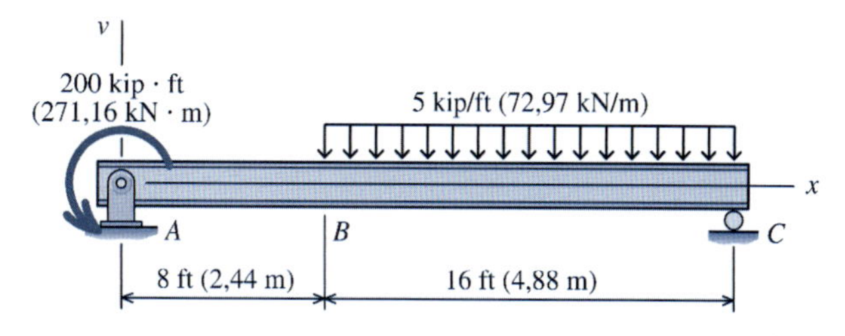

FIGURA P10.56

P10.57 A viga simplesmente apoiada mostrada na Figura P10.57 consiste em um perfil tubular retangular de aço estrutural [E = 29.000 ksi (199,9 GPa); I = 476 in⁴ (19.813 cm⁴)]. Para o carregamento mostrado, determine:

(a) a deflexão da viga no ponto *B*.
(b) a deflexão da viga no ponto *C*.

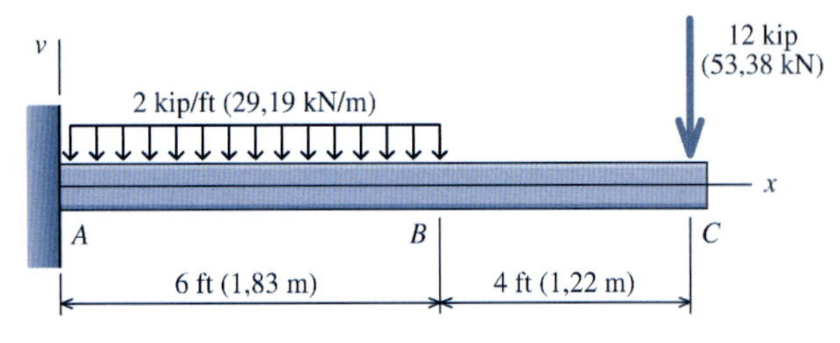

FIGURA P10.57

P10.58 A viga simplesmente apoiada mostrada na Figura P10.58 consiste em um perfil tubular retangular de aço estrutural [E = 200 GPa; $I = 400 \times 10^6$ mm^4]. Para o carregamento mostrado, determine:

(a) a deflexão da viga no ponto A.
(b) a deflexão da viga no ponto B.

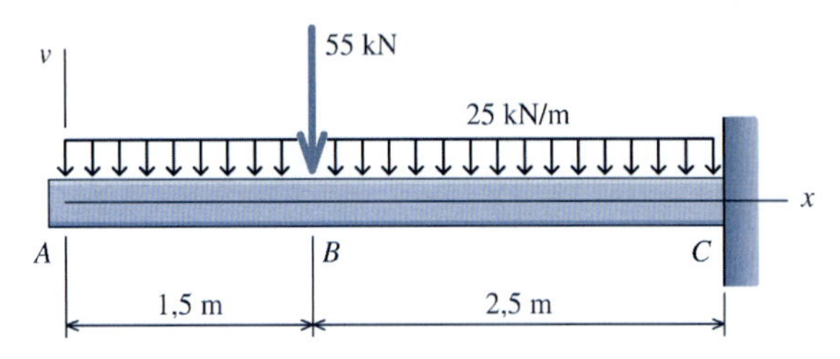

FIGURA P10.58

P10.59 O eixo maciço de aço [E = 29.000 ksi (199,9 GPa)] com 1,25 in (3,18 cm) de diâmetro mostrado na Figura P10.59 suporta duas roldanas. Para o carregamento mostrado, determine:

(a) a deflexão do eixo no ponto B.
(b) a deflexão do eixo no ponto C.

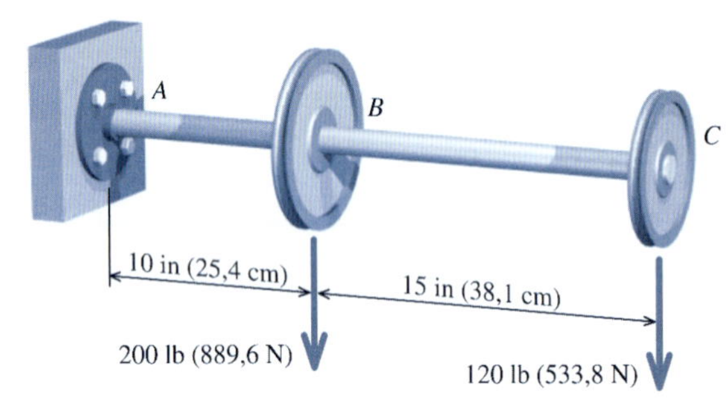

FIGURA P10.59

P10.60 A viga em balanço mostrada na Figura P10.60 consiste em um perfil tubular retangular de aço estrutural [E = 29.000 ksi (199,9 GPa); I = 1.710 in^4 (71.176 cm^4)]. Para o carregamento mostrado, determine:

(a) a deflexão da viga no ponto A.
(b) a deflexão da viga no ponto B.

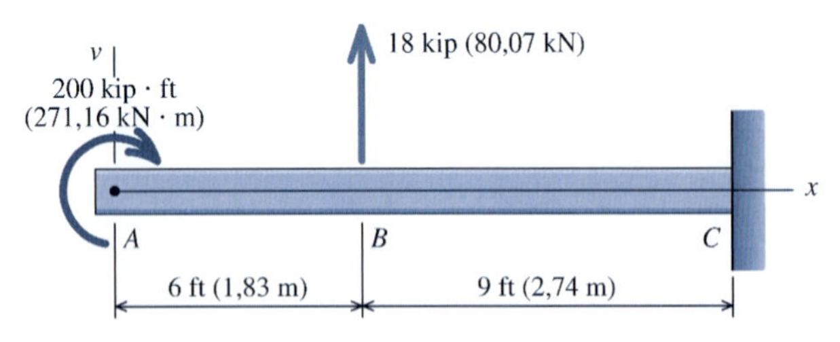

FIGURA P10.60

P10.61 A viga simplesmente apoiada mostrada na Figura P10.61 consiste em um perfil de abas largas W21 × 44 de aço estrutural [E = 29.000 ksi (199,9 GPa); I = 843 in^4 (35.088 cm^4)]. Para o carregamento mostrado, determine:

(a) a deflexão da viga no ponto A.
(b) a deflexão da viga no ponto C.

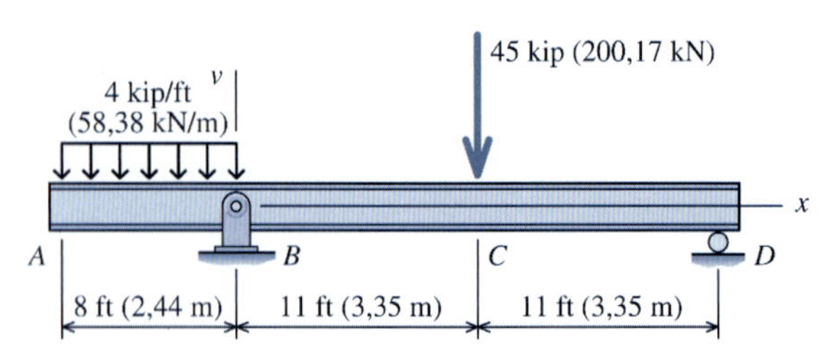

FIGURA P10.61

P10.62 A viga simplesmente apoiada mostrada na Figura P10.62 consiste em um perfil de abas largas W530 × 66 de aço estrutural [E = 200 GPa; $I = 351 \times 10^6$ mm^4]. Para o carregamento mostrado, determine:

(a) a deflexão da viga no ponto B.
(b) a deflexão da viga no ponto D.

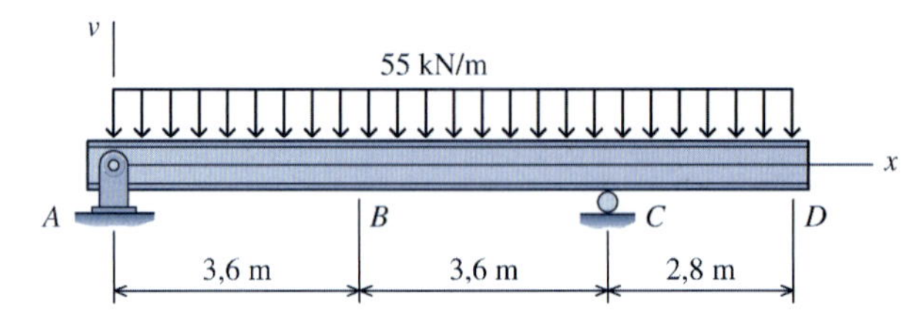

FIGURA P10.62

P10.63 A viga simplesmente apoiada mostrada na Figura P10.63/64 consiste em um perfil de abas largas W21 × 44 de aço estrutural [E = 29.000 ksi (199,9 GPa); I = 843 in^4 (35.088 cm^4)]. Para o carregamento de w = 6 kip/ft (87,56 kN/m), determine:

(a) a deflexão da viga no ponto A.
(b) a deflexão da viga no ponto C.

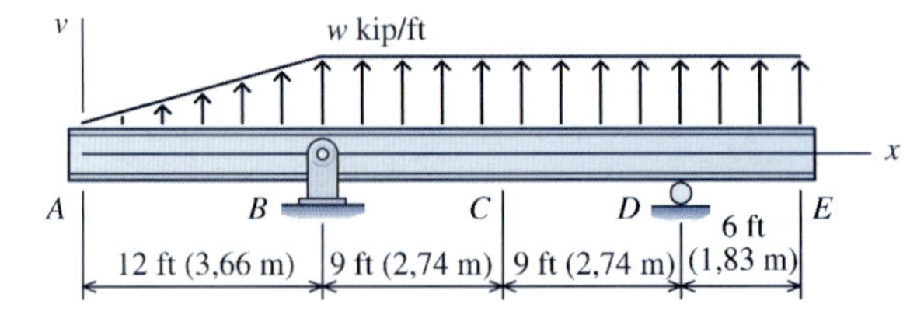

FIGURA P10.63/64

P10.64 A viga simplesmente apoiada mostrada na Figura P10.63/64 consiste em um perfil de abas largas W21 × 44 de aço estrutural [E = 29.000 ksi (199,9 GPa); I = 843 in^4 (35.088 cm^4)]. Para o carregamento de w = 8 kip/ft (116,75 kN/m), determine:

(a) a deflexão da viga no ponto C.
(b) a deflexão da viga no ponto E.

P10.65 O eixo maciço de aço [E = 200 GPa] com 30 mm de diâmetro mostrado na Figura P10.65 suporta duas roldanas de correias. Admita que o apoio em B possa ser considerado um apoio de primeiro gênero e que o apoio em D possa ser considerado um apoio de segundo gênero. Para o carregamento mostrado, determine:

(a) a deflexão do eixo na roldana A.
(b) a deflexão do eixo na roldana C.

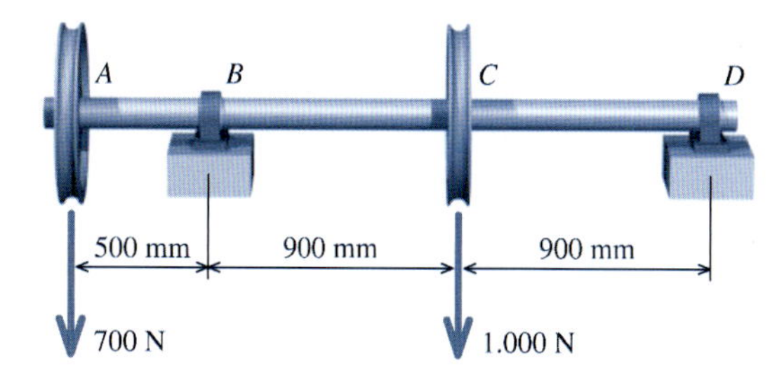

FIGURA P10.65

P10.66 A viga em balanço mostrada na Figura P10.66 consiste em um perfil de abas largas W530 × 92 de aço estrutural [E = 200 GPa; I = 552 × 10^6 mm^4]. Para o carregamento mostrado, determine:

(a) a deflexão da viga no ponto A.
(b) a deflexão da viga no ponto B.

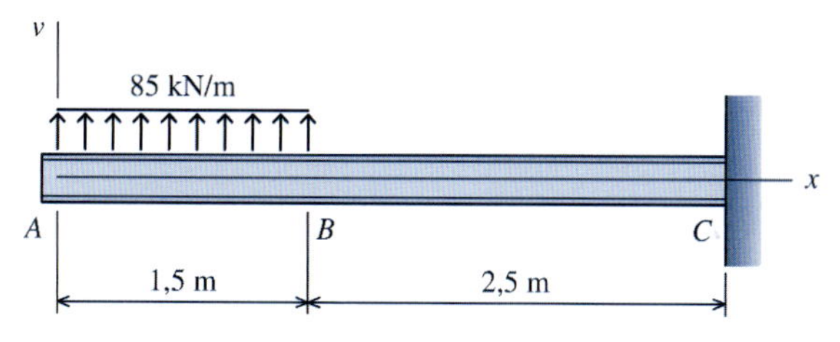

FIGURA P10.66

P10.67 O eixo maciço de aço [E = 200 GPa] com 30 mm de diâmetro mostrado na Figura P10.67/68 suporta duas roldanas de correias. Admita que o apoio em A possa ser considerado um apoio de segundo gênero e que o apoio em E possa ser considerado um apoio de primeiro gênero. Para o carregamento mostrado, determine a deflexão do eixo na roldana B.

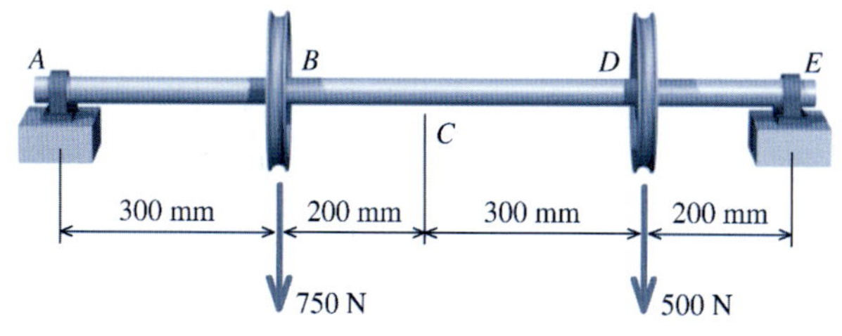

FIGURA P10.67/68

P10.68 O eixo maciço de aço [E = 200 GPa] com 30 mm de diâmetro mostrado na Figura P10.67/68 suporta duas roldanas de correias. Admita que o apoio em A possa ser considerado um apoio de segundo gênero e que o apoio em E possa ser considerado um apoio de primeiro gênero. Para o carregamento mostrado, determine a deflexão do eixo na roldana D.

P10.69 A viga simplesmente apoiada mostrada na Figura P10.69/70 consiste em um perfil de abas largas W410 × 60 de aço estrutural [E = 200 GPa; I = 216 × 10^6 mm^4]. Para o carregamento mostrado, determine a deflexão da viga no ponto B.

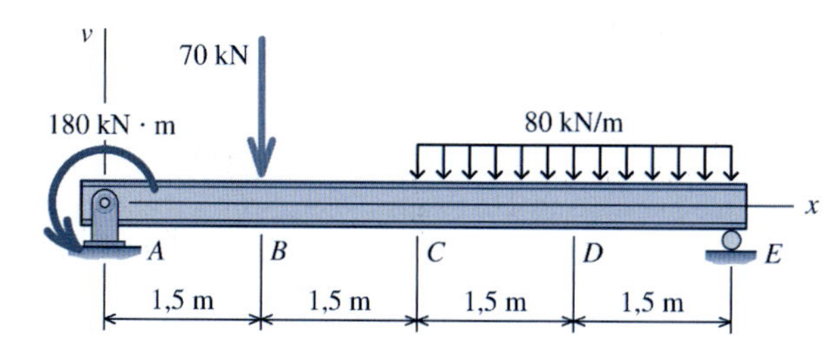

FIGURA P10.69/70

P10.70 A viga simplesmente apoiada mostrada na Figura P10.69/70 consiste em um perfil de abas largas W410 × 60 de aço estrutural [E = 200 GPa; I = 216 × 10^6 mm^4]. Para o carregamento mostrado, determine a deflexão da viga no ponto C.

P10.71 A viga simplesmente apoiada mostrada na Figura P10.71/72 consiste em um perfil de abas largas W530 × 66 de aço estrutural [E = 200 GPa; I = 351 × 10^6 mm^4]. Se w = 80 kN/m, determine:

(a) a deflexão da viga no ponto A.
(b) a deflexão da viga no ponto C.

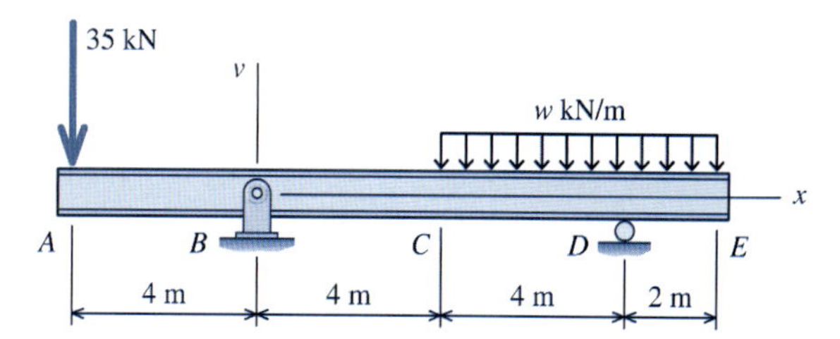

FIGURA P10.71/72

P10.72 A viga simplesmente apoiada mostrada na Figura P10.71/72 consiste em um perfil de abas largas W530 × 66 de aço estrutural [E = 200 GPa; I = 351 × 10^6 mm^4]. Se w = 90 kN/m, determine:

(a) a deflexão da viga no ponto C.
(b) a deflexão da viga no ponto E.

P10.73 A viga simplesmente apoiada mostrada na Figura P10.73 consiste em um perfil de abas largas W16 × 40 de aço estrutural [E = 29.000 ksi (199,9 GPa); I = 518 in^4]. Para o carregamento mostrado, determine:

(a) a deflexão da viga no ponto C.
(b) a deflexão da viga no ponto F.

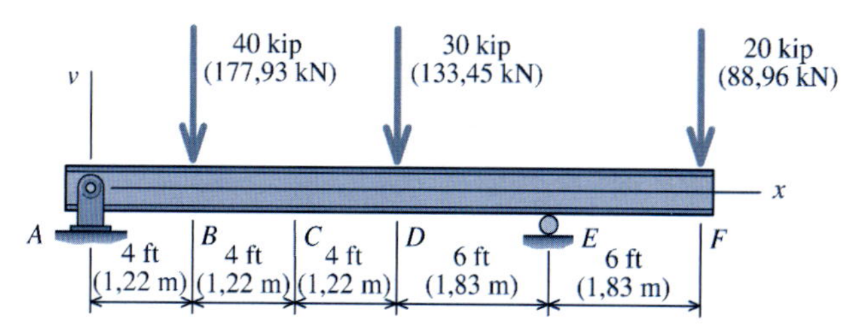

FIGURA P10.73

P10.74 A viga em balanço mostrada na Figura P10.74 consiste em um perfil tubular retangular de aço estrutural [E = 200 GPa; I = 170 × 10^6 mm^4]. Para o carregamento mostrado, determine:

(a) a deflexão da viga no ponto A.
(b) a deflexão da viga no ponto B.

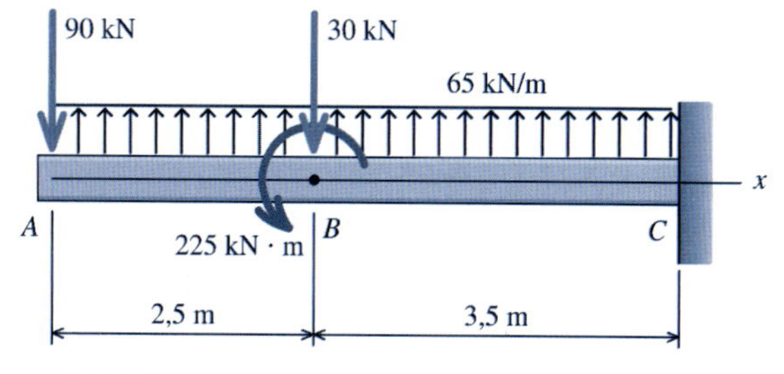

FIGURA P10.74

P10.75 A viga simplesmente apoiada mostrada na Figura P10.75 consiste em um perfil tubular retangular de aço estrutural [E = 200 GPa; I = 350 × 10^6 mm^4]. Para o carregamento mostrado, determine:

(a) a deflexão da viga no ponto C.
(b) a deflexão da viga no ponto E.

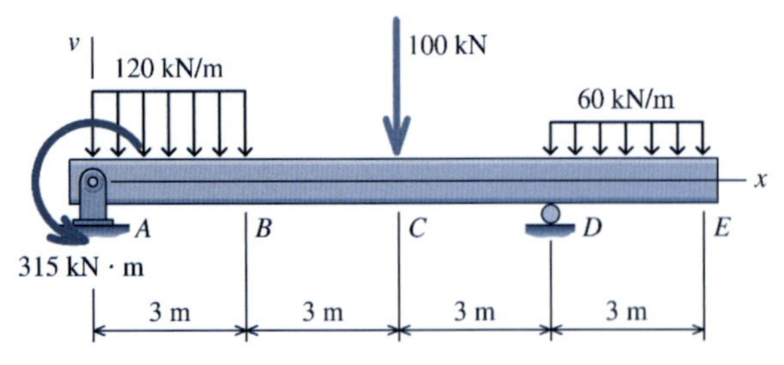

FIGURA P10.75

P10.76 A viga em balanço mostrada na Figura P10.76/77 consiste em um perfil tubular retangular de aço estrutural [E = 200 GPa; I = 95 × 10⁶ mm⁴]. Para o carregamento mostrado, determine a deflexão da viga no ponto B.

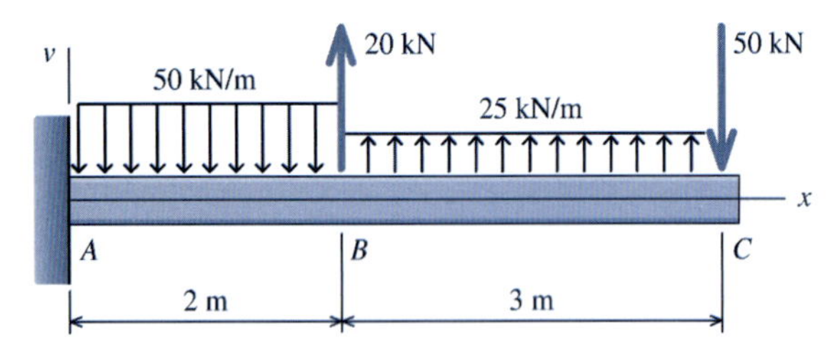

FIGURA P10.76/77

P10.77 A viga simplesmente apoiada mostrada na Figura P10.76/77 consiste em um perfil tubular retangular de aço estrutural [E = 200 GPa; I = 95 × 10^6 mm^4]. Para o carregamento mostrado, determine a deflexão da viga no ponto C.

P10.78 A viga simplesmente apoiada mostrada na Figura P10.78/79 consiste em um perfil de abas largas W10 × 30 de aço estrutural [E = 29.000 ksi (199,9 GPa); I = 170 in^4]. Se w = 5 kip/ft (72,97 kN/m), determine:

(a) a deflexão da viga no ponto A.
(b) a deflexão da viga no ponto C.

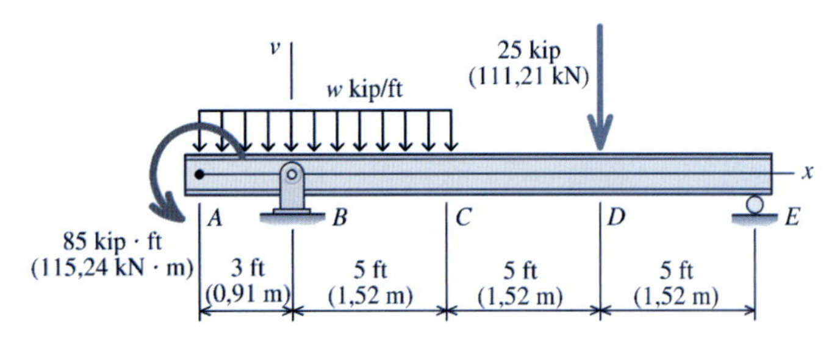

FIGURA P10.78/79

P10.79 A viga simplesmente apoiada mostrada na Figura P10.78/79 consiste em um perfil de abas largas W10 × 30 de aço estrutural [E = 29.000 ksi (199,9 GPa); I = 170 in^4]. Se w = 9 kip/ft (131,35 kN/m), determine:

(a) a deflexão da viga no ponto A.
(b) a deflexão da viga no ponto D.

P10.80 A viga simplesmente apoiada mostrada na Figura P10.80 consiste em um perfil de abas largas W10 × 30 de aço estrutural [E = 29.000 ksi (199,9 GPa); I = 170 in^4]. Para o carregamento mostrado, determine:

(a) a deflexão da viga no ponto A.
(b) a deflexão da viga no ponto C.

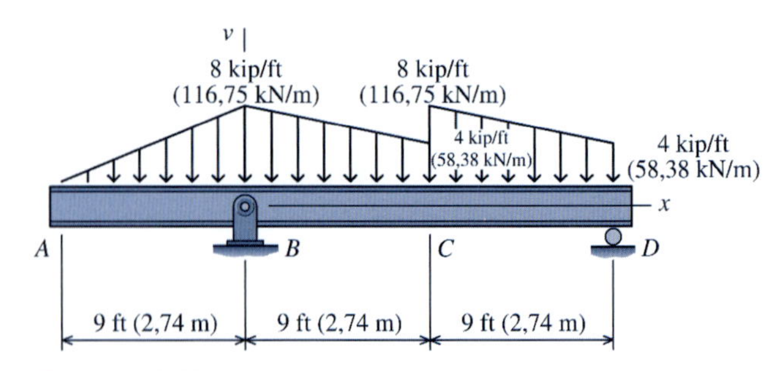

FIGURA P10.80

P10.81 A viga simplesmente apoiada mostrada na Figura P10.81 consiste em um perfil de abas largas W21 × 44 de aço estrutural [E = 29.000 ksi (199,9 GPa); I = 843 in^4]. Para o carregamento mostrado, determine:

(a) a deflexão da viga no ponto A.
(b) a deflexão da viga no ponto C.

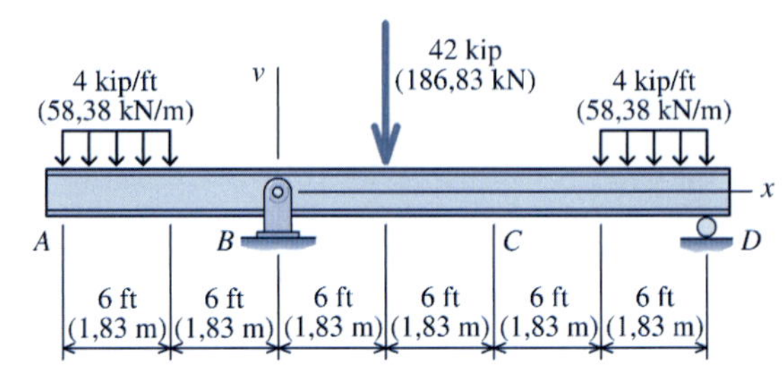

FIGURA P10.81

P10.82 A viga simplesmente apoiada mostrada na Figura P10.82/83 consiste em um perfil de abas largas W530 × 66 de aço estrutural [E = 200 GPa; I = 351 × 10^6 mm^4]. Se w = 85 kN/m, determine a deflexão da viga no ponto B.

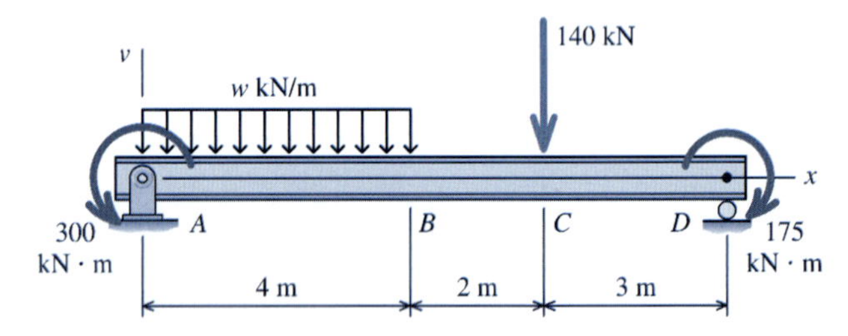

FIGURA P10.82/83

P10.83 A viga simplesmente apoiada mostrada na Figura P10.82/83 consiste em um perfil de abas largas W530 × 66 de aço estrutural [E = 200 GPa; I = 351 × 10^6 mm^4]. Se w = 115 kN/m, determine a deflexão da viga no ponto C.

P10.84 Uma viga com 25 ft (7,62 m) de comprimento é usada como componente principal de um sistema de contenção de terra em um local de escavação. A viga de sustentação está sujeita a um carregamento do solo distribuído linearmente de 520 lb/ft (7,59 kN/m) a 260 lb/ft (3,79 kN/m) conforme ilustrado na Figura P10.84. A viga de sustentação pode ser considerada uma viga em balanço com apoio fixo em A. Um suporte adicional é fornecido pela ancoragem de um tirante em B, que exerce uma força de 5.000 lb (22,24 kN) na viga de sustentação. Determine a deflexão horizontal da viga mestra no ponto C. Admita $EI = 5 \times 10^8$ lb · in² ($206{,}63 \times 10^3$ kN · m²).

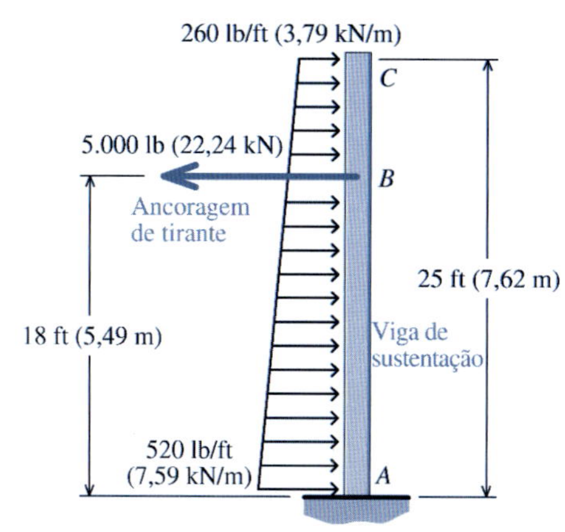

FIGURA P10.84

P10.85 Uma viga com 25 ft (7,62 m) de comprimento é usada como componente principal de um sistema de contenção de terra em um local de escavação. A viga de sustentação está sujeita a um carregamento do solo uniformemente distribuído de 260 lb/ft (3,79 kN/m) conforme ilustrado na Figura P10.85. A viga de sustentação pode ser considerada uma viga em balanço com apoio fixo em A. Um suporte adicional é fornecido pela ancoragem de um tirante em B, que exerce uma força de 4.000 lb (17,79 kN) na viga de sustentação. Determine a deflexão horizontal da viga de sustentação no ponto C. Admita $EI = 5 \times 10^8$ lb · in² ($206{,}63 \times 10^3$ kN · m²).

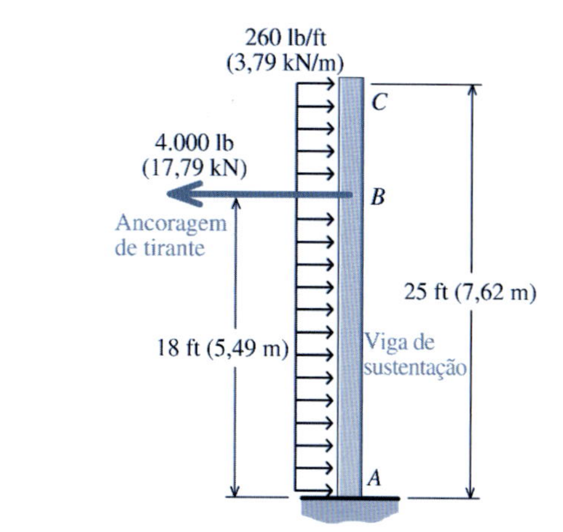

FIGURA P10.85

11

VIGAS ESTATICAMENTE INDETERMINADAS

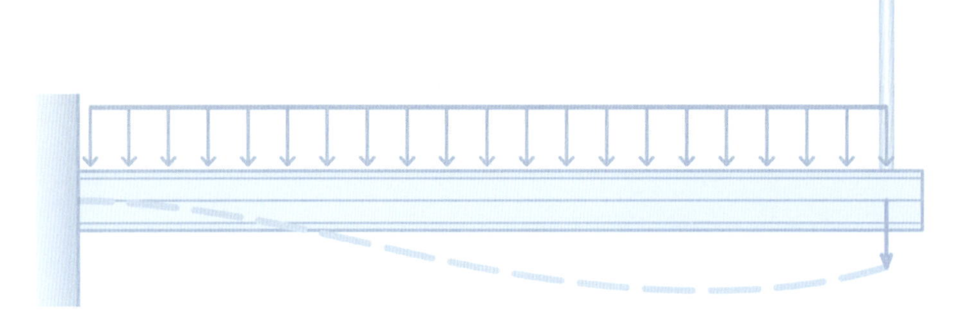

11.1 INTRODUÇÃO

Uma viga é classificada como estaticamente indeterminada se o número de reações de apoio desconhecidas for superior ao número de equações de equilíbrio. Em tais casos, a deformação da viga carregada é usada para que sejam desenvolvidas as relações adicionais necessárias para que sejam conhecidos os valores das reações desconhecidas (ou de outras forças desconhecidas). Os métodos de cálculo apresentados no Capítulo 10 serão empregados junto às inclinações da tangente da curva elástica e aos deslocamentos transversais (deflexões) nos apoios (ou outras restrições) para desenvolver as equações de compatibilidade. Juntas, as equações de compatibilidade e de equilíbrio fornecem a base necessária para determinar todas as reações da viga. Uma vez conhecidas todas as cargas que agem na viga, os métodos dos Capítulos 7 a 10 podem ser usados para determinar as tensões e deslocamentos transversais exigidos para as vigas.

11.2 TIPOS DE VIGAS ESTATICAMENTE INDETERMINADAS

Em geral, uma viga estaticamente indeterminada é identificada pela disposição de seus apoios. A Figura 11.1*a* mostra uma **viga engastada e apoiada**. Esse tipo de viga tem um apoio fixo em uma extremidade e um apoio de primeiro gênero (apoio em rolete) na extremidade oposta. O apoio fixo fornece três reações: restrições à translação A_x e A_y, nas direções horizontal e vertical, respectivamente, e uma restrição à rotação M_A. O apoio de primeiro gênero evita a translação na direção vertical (B_y). Por conseguinte, a viga engastada e apoiada tem quatro reações desconhecidas. Podem ser estabelecidas três equações de equilíbrio para a viga ($\Sigma F_x = 0$, $\Sigma F_y = 0$ e $\Sigma M = 0$). Por haver mais reações desconhecidas que equações de equilíbrio, a viga engastada e apoiada é classificada como **estaticamente indeterminada**. O número de reações *que excede* o número de equações de equilíbrio é denominado **grau de indeterminação estática**. Desta forma, diz-se que a viga engastada e livre é estaticamente indeterminada em primeiro grau [ou também pode-se

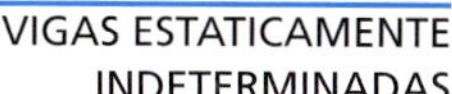

dizer que a viga possui 1 (um) grau de indeterminação]. As reações excedentes são denominadas **hiperestáticos** (ou **reações redundantes**, ou ainda simplesmente **redundantes**) porque as reações adicionais não são essenciais para a manutenção do equilíbrio da viga.

O método geral usado para resolver vigas estaticamente indeterminadas envolve a seleção dos hiperestáticos e o desenvolvimento de uma equação pertinente a cada hiperestático com base na configuração deformada da viga carregada. Para desenvolver essas equações da geometria, os hiperestáticos são selecionados e removidos da viga. A viga isostática que permanece é chamada **sistema principal** (ou **estrutura isostática fundamental** ou ainda **viga liberada**). O sistema principal deve ser **estável** (isto é, capaz de suportar as cargas) e estaticamente determinado, de forma que as reações da viga isostática resultante possam ser determinadas pelas considerações de equilíbrio. O efeito dos hiperestáticos é tratado separadamente, usando o conhecimento sobre os deslocamentos transversais ou sobre as inclinações da tangente à elástica que possam ocorrer nos apoios redundantes. Por exemplo, podemos saber com certeza que o deslocamento transversal em B deve ser igual a zero, uma vez que o apoio redundante B_y evita o movimento para cima e para baixo nesse local.

Conforme já mencionado, o sistema principal deve ser estável e estaticamente determinado. Por exemplo, a reação no apoio de primeiro gênero (apoio de rolete) B_y poderia ser removida da viga engastada e livre (Figura 11.1*b*), restando uma viga engastada e livre, que ainda é capaz de suportar as cargas aplicadas. Em outras palavras, a viga engastada e livre é **estável**. Como alternativa, a reação momento M_A poderia ser removida (Figura 11.1*c*) restando uma viga simplesmente apoiada com um apoio de segundo gênero em A e um apoio de primeiro gênero em B. Esse sistema principal também é estável.

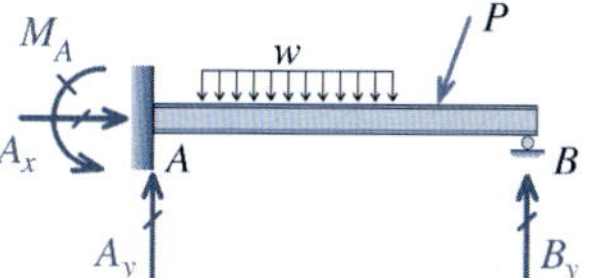

(*a*) Viga real com cargas e reações

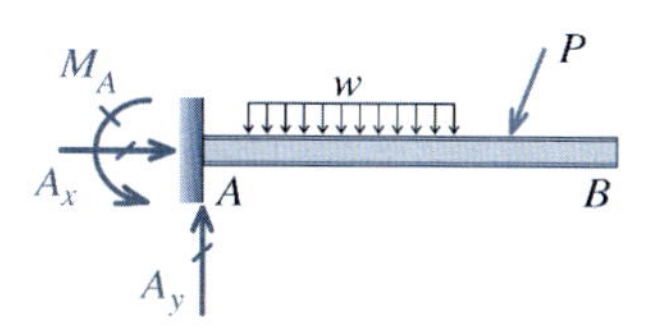

(*b*) Sistema principal se B_y for escolhido como hiperestático

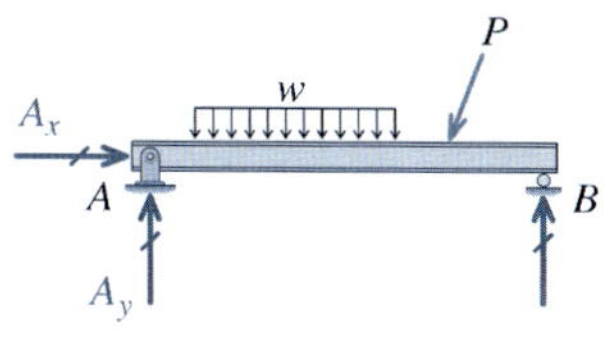

(*c*) Sistema principal se M_A for escolhido como hiperestático.

FIGURA 11.1 Viga engastada e apoiada.

Surge um caso especial se todas as cargas agirem no sentido transversal ao eixo longitudinal da viga. A viga engastada e apoiada mostrada na Figura 11.2 está sujeita apenas a cargas verticais. Nesse caso, a equação de equilíbrio $\Sigma F_x = A_x = 0$ é trivial de forma que a reação horizontal em A se anula, restando apenas três reações desconhecidas A_y, B_y e M_A. Mesmo assim, essa viga é estaticamente indeterminada em primeiro grau porque só estão disponíveis duas equações de equilíbrio.

Outro tipo de viga estaticamente indeterminada é chamado **viga de extremidades fixas** ou **viga engastada e engastada** (Figura 11.3). Cada uma das conexões fixas em A e B fornece três reações. Como há apenas três equações de equilíbrio, essa viga é estaticamente indeterminada em terceiro grau (diz-se também que ela possui três graus de indeterminação). No caso especial de agirem apenas cargas transversais (Figura 11.4), viga de extremidades fixas tem quatro reações diferentes de zero, mas apenas duas equações de equilíbrio. Portanto, a viga de extremidades fixas da Figura 11.4 é estaticamente indeterminada em segundo grau (a viga possui dois graus de indeterminação).

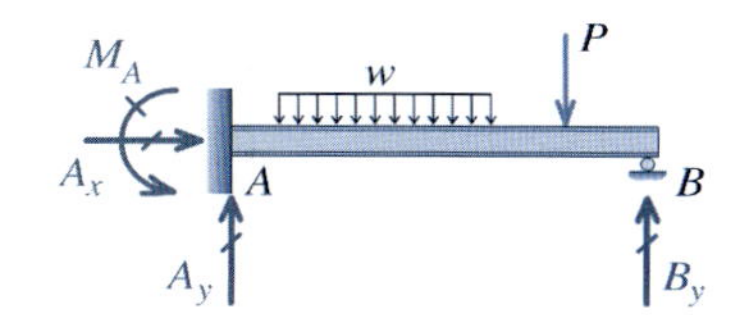

FIGURA 11.2 Viga engastada e apoiada sujeita apenas a cargas transversais.

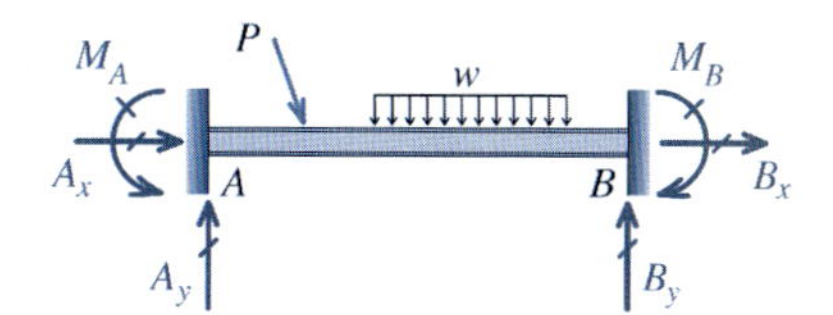

FIGURA 11.3 Viga de extremidades fixas com cargas e reações de apoio.

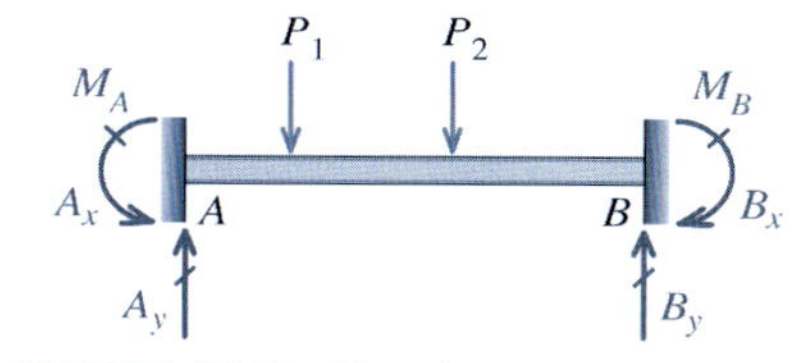

FIGURA 11.4 Viga de extremidades fixas apenas com cargas transversais.

A viga mostrada na Figura 11.5*a* é chamada de **viga contínua** porque tem mais do que um vão e a viga não apresenta interrupções ao longo de seu apoio interno. Se agirem apenas cargas transversais na viga, ela será estaticamente indeterminada em primeiro grau. O sistema principal para essa viga poderia ser obtido de duas maneiras. Na Figura 11.5*b*, o apoio interno em B é removido, de forma que o sistema principal é uma viga simplesmente apoiada em A e C, uma configuração estável. Na Figura 11.5*c*, o apoio externo em C é removido. Esse sistema principal também é uma viga simplesmente apoiada; entretanto, agora a viga possui um balanço (de B a C). Apesar disso, essa é uma configuração estável.

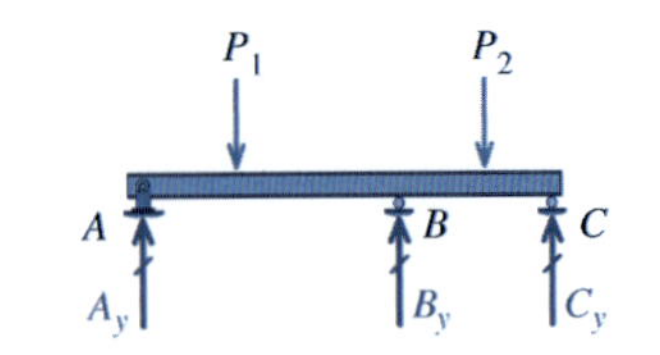

FIGURA 11.5*a* Viga contínua com três apoios.

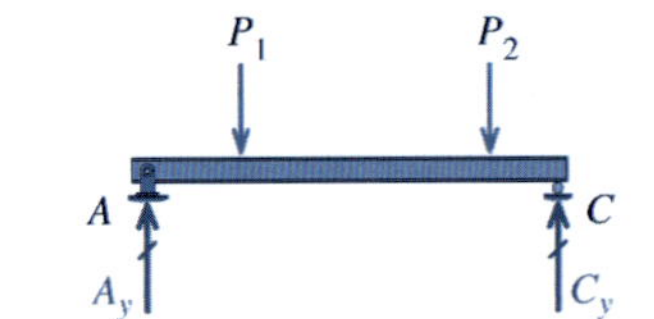

FIGURA 11.5*b* Sistema principal criado pela remoção do hiperestático B_y.

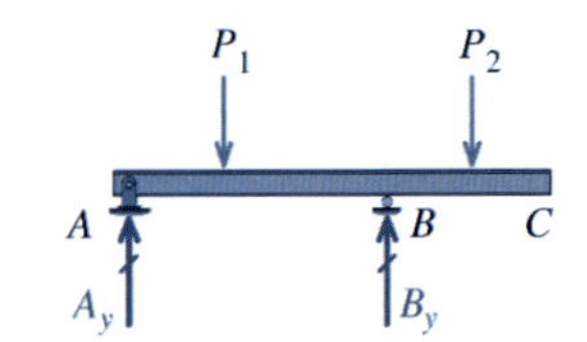

FIGURA 11.5*c* Sistema principal criado pela remoção do hiperestático C_y.

Nas seções a seguir, serão examinados três métodos para análise de vigas estaticamente indeterminadas. Em cada caso, o objetivo inicial será determinar o valor absoluto dos hiperestáticos. Depois de os hiperestáticos terem sido determinados, as reações restantes podem ser encontradas por meio das equações de equilíbrio. Depois de todas as reações serem conhecidas, os esforços cortantes, os momentos fletores, as tensões normais devidas à flexão, as tensões cisalhantes e os deslocamentos transversais podem ser determinados utilizando os métodos apresentados nos Capítulos 7 a 10.

11.3 O MÉTODO DA INTEGRAÇÃO

Para vigas estaticamente determinadas, foram usados deslocamentos transversais e inclinações da tangente à elástica conhecidos para obter as condições de contorno e de continuidade, das quais os valores das constantes de integração na equação da curva elástica poderiam ser encontrados. Para vigas estaticamente indeterminadas, o procedimento é idêntico. Entretanto, as equações dos momentos fletores desenvolvidas no início do procedimento conterão reações (ou cargas) que não podem ter seu valor estabelecido pelas equações de equilíbrio disponíveis. Será necessária uma equação de contorno adicional para determinar o valor de tais incógnitas. Por exemplo, considere uma viga carregada transversalmente com quatro reações desconhecidas e que deve ser resolvida pelo método da dupla integração. Aparecerão duas constantes de integração quando a equação dos momentos fletores for integrada duas vezes; por conseguinte, essa viga estaticamente indeterminada tem seis incógnitas. Como uma viga carregada transversalmente tem apenas duas equações de equilíbrio não triviais, devem ser desenvolvidas quatro equações adicionais das condições de contorno (ou de continuidade). Serão exigidas duas condições de contorno (ou de continuidade) para que sejam encontrados os valores das duas constantes de integração e serão exigidas duas condições de contorno adicionais para encontrar o valor das duas reações desconhecidas. Os exemplos a seguir ilustram o método.

EXEMPLO 11.1

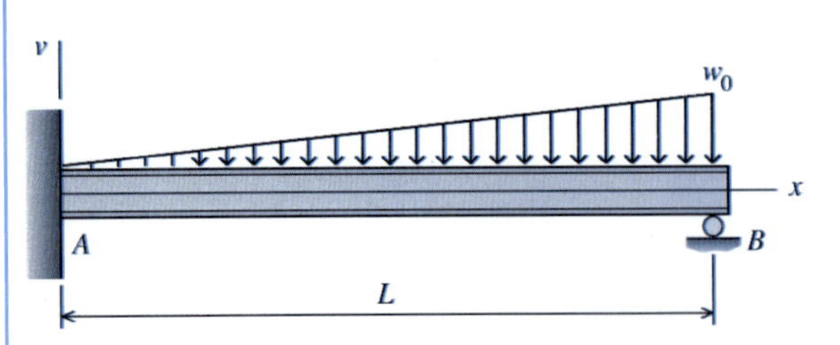

A viga engastada e apoiada é carregada e suportada conforme ilustrado. Admita que *EI* seja constante para a viga. Determine as reações nos apoios *A* e *B*.

Planejamento da Solução

Em primeiro lugar, desenhe um diagrama de corpo livre (DCL) de toda a viga e escreva três equações de equilíbrio em termos das quatro reações desconhecidas A_x, A_y, B_y e M_A. A seguir, considere um DCL que corte a viga a uma distância x da origem. Escreva uma equação de equilíbrio para a soma dos momentos e, com base nessa equação, determine a equação para o momento fletor M à medida que ele variar em relação a x. Substitua M na Equação (10.4) e integre duas vezes, produzindo duas constantes de integração. Nesse ponto da solução, haverá seis incógnitas, que exigirão seis equações para sua determinação. Além das três equações de equilíbrio, serão obtidas mais três equações por meio das condições de contorno. Essas seis equações serão resolvidas simultaneamente para levar ao valor das constantes de integração e das reações desconhecidas na viga.

SOLUÇÃO

Equilíbrio

Considere um DCL de toda a viga. A equação para a soma das forças na direção horizontal é trivial, uma vez que não há cargas na direção x:

$$\Sigma F_x = A_x = 0$$

A soma das forças na direção vertical leva a

$$\Sigma F_y = A_y + B_y - \frac{1}{2}w_0 L = 0 \qquad \text{(a)}$$

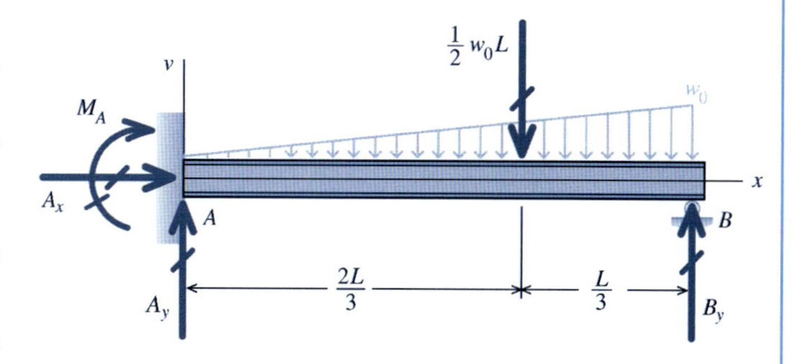

A soma dos momentos em torno do apoio de primeiro gênero (apoio de rolete) B fornece

$$\Sigma M_B = \frac{1}{2}w_0 L\left(\frac{L}{3}\right) - A_y L - M_A = 0 \qquad \text{(b)}$$

A seguir, corte uma seção através da viga a uma distância arbitrária x da origem e desenhe um diagrama de corpo livre, tendo o cuidado de mostrar o momento fletor interno M que age na direção positiva da superfície exposta da viga. A equação de equilíbrio para a soma dos momentos em torno da seção a–a é

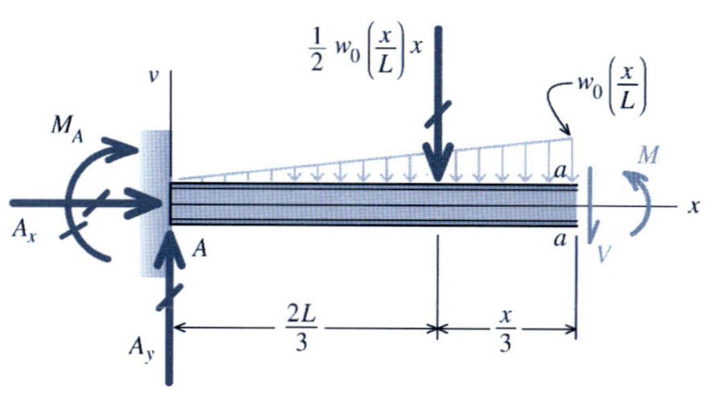

$$\Sigma M = \frac{1}{2}w_0\left(\frac{x}{L}\right)x\left(\frac{x}{3}\right) - A_y x - M_A + M = 0$$

Daí, a equação do momento fletor pode ser expressa como

$$M = -\frac{w_0}{6L}x^3 + A_y x + M_A \qquad (0 \leq x \leq L) \qquad \text{(c)}$$

Substitua a expressão para M na Equação (10.4) para obter

$$EI\frac{d^2v}{dx^2} = -\frac{w_0}{6L}x^3 + A_y x + M_A \qquad \text{(d)}$$

Integração

A Equação (d) será integrada duas vezes para fornecer

$$EI\frac{dv}{dx} = -\frac{w_0}{24L}x^4 + \frac{A_y}{2}x^2 + M_A x + C_1 \qquad \text{(e)}$$

$$EIv = -\frac{w_0}{120L}x^5 + \frac{A_y}{6}x^3 + \frac{M_A}{2}x^2 + C_1 x + C_2 \qquad \text{(f)}$$

Condições de Contorno

Para essa viga, a equação do momento fletor M na Equação (c) é válida para o intervalo $0 \leq x \leq L$. Portanto, as condições de contorno são encontradas em $x = 0$ e $x = L$. Do apoio fixo em A, as condições de contorno são $x = 0$, $dv/dx = 0$ e $x = 0$, $v = 0$. No apoio de primeiro gênero em B, a condição de contorno é $x = L$, $v = 0$.

Determinação do Valor das Constantes

Substitua as condições de contorno $x = 0$, $dv/dx = 0$ na Equação (e) para encontrar $C_1 = 0$. A substituição da condição de contorno $x = 0$, $v = 0$ na Equação (f) fornece $C_2 = 0$. A seguir, substituta os valores de C_1 e C_2 e a condição de contorno $x = L$, $v = 0$ na Equação (f) para obter

$$EI(0) = -\frac{w_0}{120L}(L)^5 + \frac{A_y}{6}(L)^3 + \frac{M_A}{2}(L)^2$$

Resolva essa equação a fim de encontrar o valor de M_A em termos da reação A_y:

$$M_A = \frac{w_0 L^2}{60} - \frac{A_y L}{3} \tag{g}$$

Da equação de equilíbrio, Equação (b), M_A também pode ser escrito como

$$M_A = \frac{w_0 L^2}{6} - A_y L \tag{h}$$

Determinação do Valor das Reações

Iguale as Equações (g) e (h):

$$\frac{w_0 L^2}{60} - \frac{A_y L}{3} = \frac{w_0 L^2}{6} - A_y L$$

e encontre o valor da força vertical de reação em A:

$$A_y = \frac{27}{120} w_0 L = \frac{9}{40} w_0 L \qquad \textbf{Resp.}$$

Substitua retroativamente esse resultado, ou na Equação (g), ou na Equação (h), para determinar o momento M_A:

$$M_A = -\frac{7}{120} w_0 L^2 \qquad \textbf{Resp.}$$

Para determinar a força de reação no apoio de primeiro gênero (apoio de rolete) B, substitua o resultado para A_y na Equação (a) e encontre o valor de B_y:

$$B_y = \frac{33}{120} w_0 L = \frac{11}{40} w_0 L \qquad \textbf{Resp.}$$

EXEMPLO 11.2

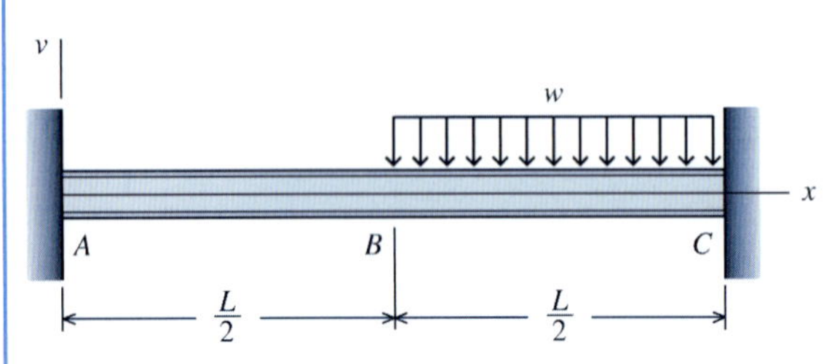

Uma viga está carregada e apoiada conforme a ilustração. Admita que EI seja constante para a viga. Determine as reações nos apoios A e C.

Planejamento da Solução

Em primeiro lugar, desenhe um diagrama de corpo livre (DCL) de toda a viga e escreva as equações de equilíbrio em termos das quatro reações desconhecidas A_y, C_y, M_A e M_C. Devem ser obtidas duas equações da curva elástica para essa viga e esse carregamento. Uma curva se aplica ao intervalo $0 \leq x \leq L/2$ e a segunda curva se aplica a $L/2 \leq x \leq L$. Resultarão quatro constantes de integração da integração dupla das duas equações; portanto, devem ser determinadas um total de oito incógnitas. Para encontrar o valor de oito variáveis, são exigidas oito equações. Quatro equações são obtidas das condições de contorno nos apoios da viga, nas quais são conhecidos o deslocamento transversal e a inclinação da tangente à elástica da viga. No local de contato entre os dois intervalos, podem ser obtidas duas equações das condições de continuidade e $x = L/2$. Finalmente, foram desenvolvidas duas equações não triviais com base no equilíbrio de toda a viga. Essas oito equações serão resolvidas para fornecer o valor das constantes de integração e das reações desconhecidas da viga.

SOLUÇÃO

Equilíbrio

Desenhe um diagrama de corpo livre (DCL) de toda a viga. Como não há cargas agindo na direção horizontal, as reações A_x e C_x serão omitidas. Escreva as duas equações de equilíbrio:

$$\Sigma F_y = A_y + C_y - \frac{wL}{2} = 0 \tag{a}$$

$$\Sigma M_C = \frac{wL}{2}\left(\frac{L}{4}\right) - A_y L - M_A + M_C = 0 \qquad \text{(b)}$$

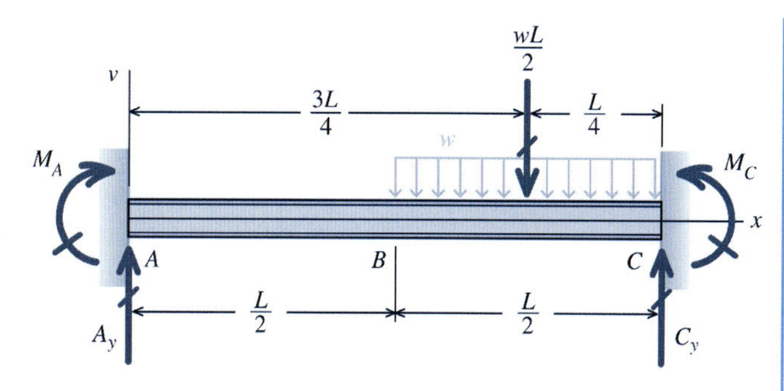

Para essa viga, são exigidas duas equações para descrever os momentos fletores para todo o vão. Desenhe dois diagramas de corpo livre: um DCL que corta a viga entre A e B e o segundo DCL que corte a viga entre B e C. Desses dois diagramas de corpo livre, obtenha as equações de momentos fletores e, em seguida, as equações diferenciais da curva elástica.

Para o Intervalo $0 \leq x \leq L/2$ entre A e B:

$$M = A_y x + M_A$$

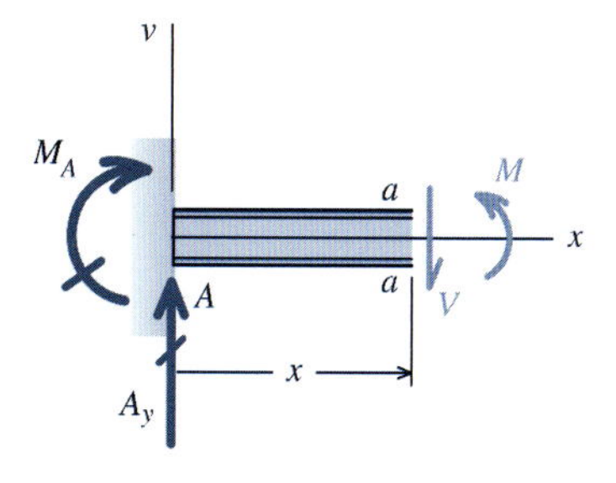

que fornece a equação diferencial

$$EI\frac{d^2v}{dx^2} = A_y x + M_A \qquad \text{(c)}$$

Integração

Integre a Equação (c) duas vezes para obter

$$EI\frac{dv}{dx} = \frac{A_y}{2}x^2 + M_A x + C_1 \qquad \text{(d)}$$

$$EIv = \frac{A_y}{6}x^3 + \frac{M_A}{2}x^2 + C_1 x + C_2 \qquad \text{(e)}$$

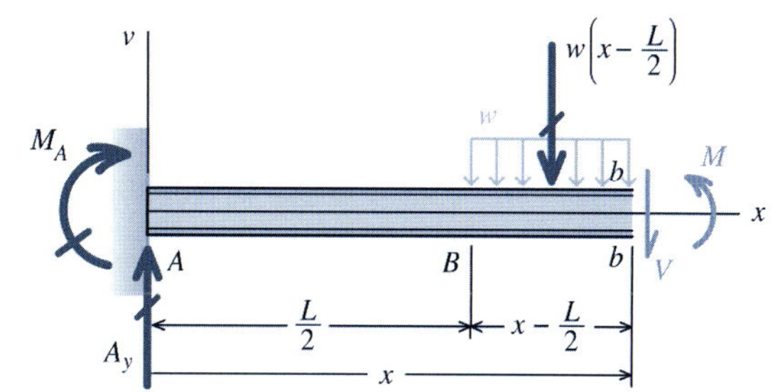

Para o Intervalo $L/2 \leq x \leq L$ entre B e C:

$$M = -\frac{w}{2}\left(x - \frac{L}{2}\right)^2 + A_y x + M_A$$

que fornece a equação diferencial

$$EI\frac{d^2v}{dx^2} = -\frac{w}{2}\left(x - \frac{L}{2}\right)^2 + A_y x + M_A \qquad \text{(f)}$$

Integração

Integre a Equação (f) duas vezes para obter

$$EI\frac{dv}{dx} = -\frac{w}{6}\left(x - \frac{L}{2}\right)^3 + \frac{A_y}{2}x^2 + M_A x + C_3 \qquad \text{(g)}$$

$$EIv = -\frac{w}{24}\left(x - \frac{L}{2}\right)^4 + \frac{A_y}{6}x^3 + \frac{M_A}{2}x^2 + C_3 x + C_4 \qquad \text{(h)}$$

Condições de Contorno

Há quatro condições de contorno para essa viga. Substituindo $x = 0$, $dv/dx = 0$ na Equação (d) tem-se $C_1 = 0$ e substituindo $x = 0$, $v = 0$ na Equação (e) tem-se $C_2 = 0$. A seguir, substitua a condição de contorno $x = L$, $dv/dx = 0$ na Equação (g) para obter a seguinte expressão para C_3:

$$C_3 = \frac{wL^3}{48} - \frac{A_y L^2}{2} - M_A L$$

E finalmente, substitua a condição de contorno $x = L$, $v = 0$ e a expressão obtida para C_3 na Equação (h) para obter a seguinte expressão para C_4:

$$C_4 = -\frac{7wL^4}{384} + \frac{A_y L^3}{3} + \frac{M_A L^2}{2}$$

Condições de Continuidade

A viga é um elemento único e contínuo. Consequentemente, os dois conjuntos de equações devem produzir a mesma inclinação da tangente à elástica e o mesmo deslocamento transversal em $x = L/2$. Considere as equações de inclinações da tangente à elástica (d) e (g). Em $x = L/2$, essas duas equações devem produzir a mesma inclinação da tangente à elástica; portanto, faça com que as duas equações sejam igualadas entre si e substitua o valor $L/2$ para cada variável x:

$$\frac{A_y}{2}\left(\frac{L}{2}\right)^2 + M_A\left(\frac{L}{2}\right) = -\frac{w}{6}(0)^3 + \frac{A_y}{2}\left(\frac{L}{2}\right)^2 + M_A\left(\frac{L}{2}\right) + C_3$$

que se reduz a

$$0 = C_3 = \frac{wL^3}{48} - \frac{A_y L^2}{2} - M_A L \qquad \therefore \frac{A_y L^2}{2} + M_A L = \frac{wL^3}{48} \qquad \text{(i)}$$

Similarmente, as equações dos deslocamentos transversais (e) e (h) devem produzir a mesma deflexão em $x = L/2$:

$$\frac{A_y}{6}\left(\frac{L}{2}\right)^3 + \frac{M_A}{2}\left(\frac{L}{2}\right)^2 = -\frac{w}{24}(0)^4 + \frac{A_y}{6}\left(\frac{L}{2}\right)^3 + \frac{M_A}{2}\left(\frac{L}{2}\right)^2 + C_3\left(\frac{L}{2}\right) + C_4$$

que se reduz a

$$C_4 = -C_3\left(\frac{L}{2}\right) \qquad \therefore -\frac{7wL^4}{384} + \frac{A_y L^3}{3} + \frac{M_A L^2}{2} = -\left[\frac{wL^3}{48} - \frac{A_y L^2}{2} - M_A L\right]\left(\frac{L}{2}\right) \qquad \text{(j)}$$

Determinação do Valor das Reações

Resolva a Equação (j) de modo a encontrar o valor da força de reação A_y:

$$A_y = \frac{36wL}{384} = \frac{3wL}{32} \qquad \textbf{Resp.}$$

Substitua a força de reação A_y na Equação (i) para encontrar o valor do momento em A:

$$M_A = \frac{wL^2}{48} - \frac{A_y L}{2} = \frac{wL^2}{48} - \frac{3wL^2}{64} = -\frac{10wL^2}{384} = -\frac{5wL^2}{192} \qquad \textbf{Resp.}$$

Substitua a força de reação A_y na Equação (a) para determinar a força de reação C_y:

$$C_y = \frac{wL}{2} - A_y = \frac{wL}{2} - \frac{3wL}{32} = \frac{13wL}{32} \qquad \textbf{Resp.}$$

e finalmente, determine a reação momento M_C utilizando a Equação (b):

$$M_C = M_A + A_y L - \frac{wL^2}{8} = -\frac{10wL^2}{384} + \frac{3wL^2}{32} - \frac{wL^2}{8} = -\frac{22wL^2}{384} = -\frac{11wL^2}{192} \qquad \textbf{Resp.}$$

PROBLEMAS

P11.1 Uma viga é carregada e apoiada conforme mostra a Figura P11.1. Use o método da dupla integração para determinar o valor absoluto do momento M_0 exigido para fazer com que a inclinação da tangente à elástica na extremidade esquerda da viga seja igual a zero.

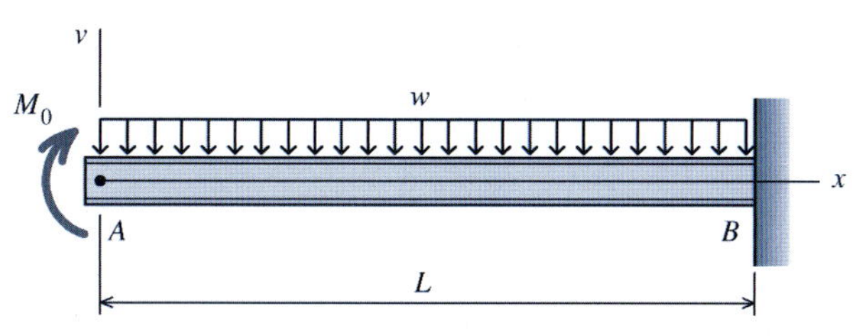

FIGURA P11.1

P11.2 Quando o momento M_0 é aplicado à extremidade esquerda da viga em balanço mostrada na Figura P11.2, a inclinação da tangente à elástica da viga em A é igual a zero. Use o método da dupla integração para determinar o valor absoluto do momento M_0.

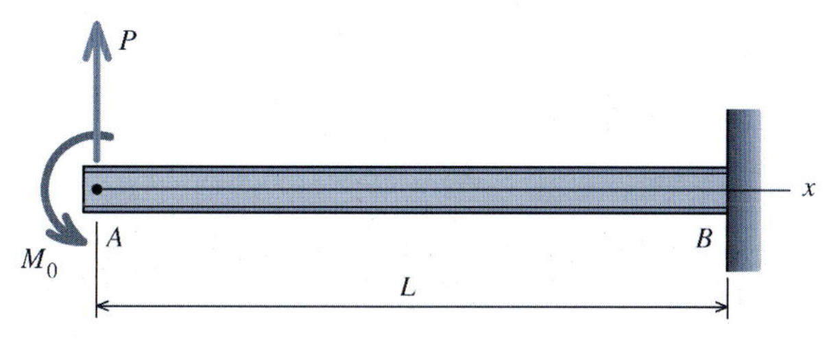

FIGURA P11.2

P11.3 Quando a carga P é aplicada à extremidade direita da viga em balanço mostrada na Figura P11.3, o deslocamento transversal (deflexão) da extremidade direita da viga é igual a zero. Use o método da dupla integração para determinar o valor absoluto da carga P.

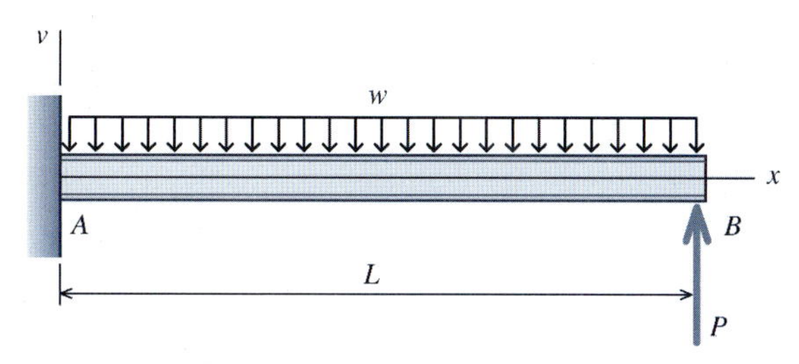

FIGURA P11.3

P11.4 Uma viga é carregada e apoiada conforme mostra a Figura P11.4. Use o método da dupla integração para determinar o valor das reações nos apoios A e B.

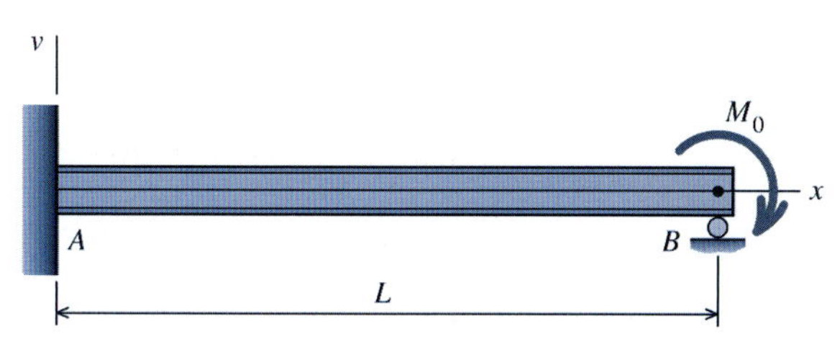

FIGURA P11.4

P11.5 Uma viga é carregada e apoiada conforme mostra a Figura P11.5.

(a) Use o método da dupla integração para determinar o valor das reações nos apoios A e B.

(b) Desenhe os diagramas de esforços cortantes (DEC) e de momentos fletores (DMF) para a viga.

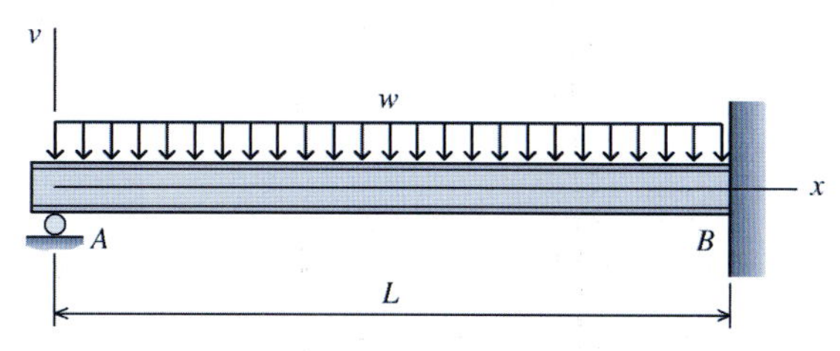

FIGURA P11.5

P11.6 Uma viga é carregada e apoiada conforme mostra a Figura P11.6. Use o método da dupla integração para determinar as reações nos apoios A e B.

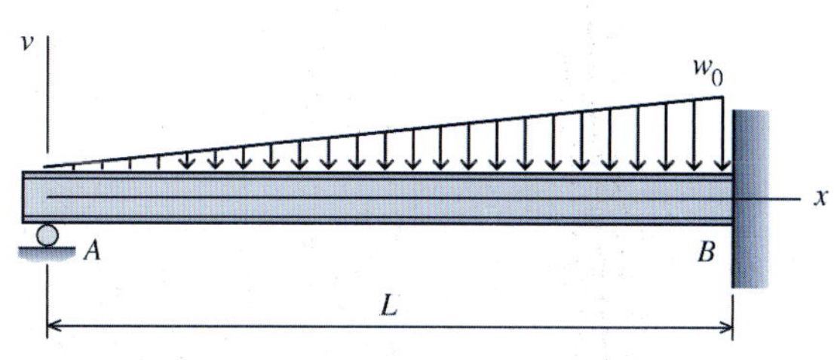

FIGURA P11.6

P11.7 Uma viga é carregada e apoiada conforme mostra a Figura P11.7. Use o método da integração de quarta ordem para determinar a reação no apoio de primeiro gênero B.

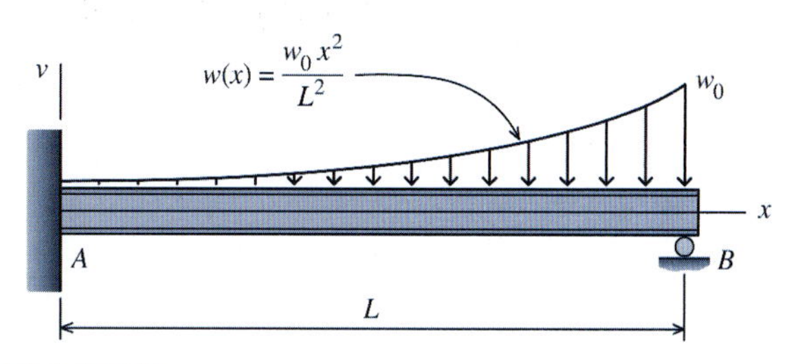

FIGURA P11.7

P11.8 e P11.9 Uma viga é carregada e apoiada conforme mostram as Figuras P11.8 e P11.9. Use o método da integração de quarta ordem para determinar a reação no apoio de primeiro gênero A.

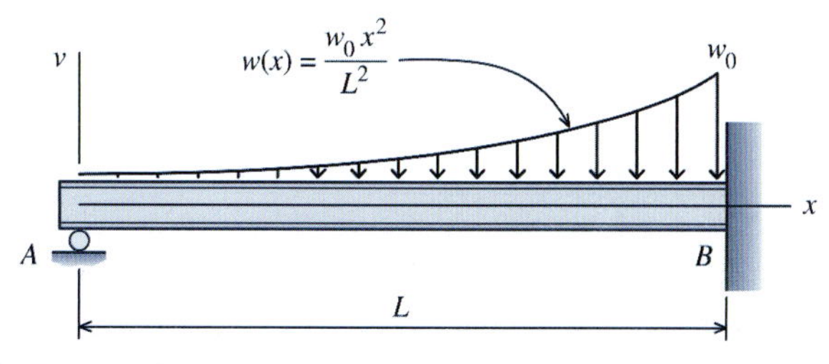

FIGURA P11.8

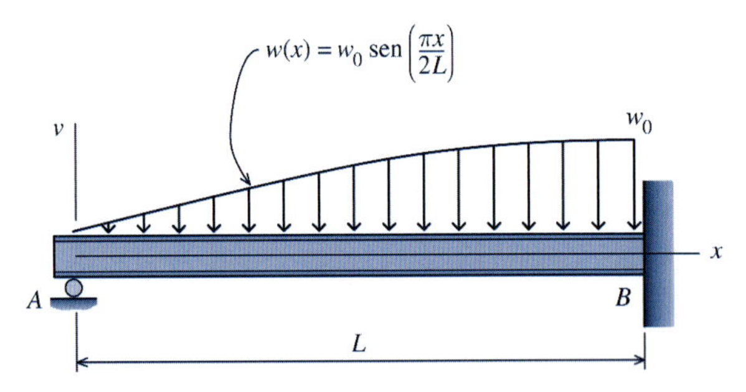

FIGURA P11.9

P11.10 Uma viga é carregada e apoiada conforme mostra a Figura P11.10. Use o método da integração de quarta ordem para determinar a reação nos apoios *A* e *B*.

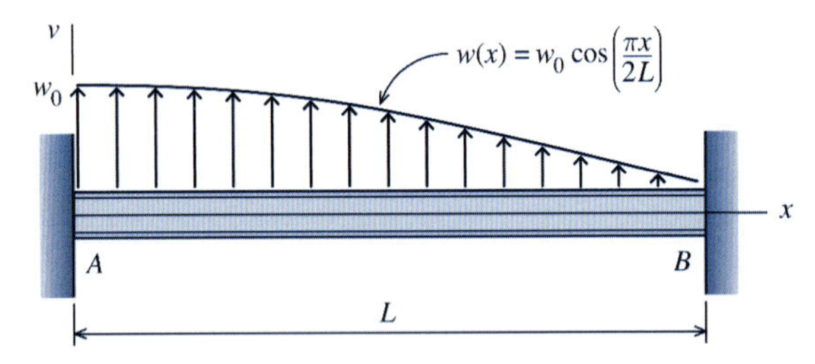

FIGURA P11.10

P11.11 Uma viga é carregada e apoiada conforme mostra a Figura P11.11. Use o método da integração de quarta ordem para determinar a reação nos apoios *A* e *B*.

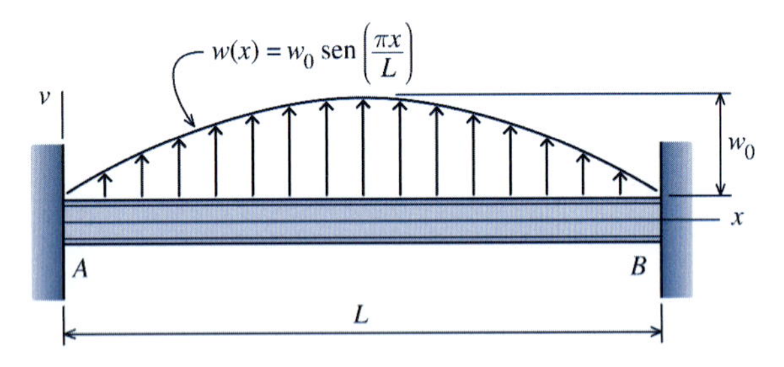

FIGURA P11.11

P11.12 Uma viga é carregada e apoiada conforme mostra a Figura P11.12.

(a) Use o método da integração dupla ordem para determinar a reação nos apoios *A* e *C*.
(b) Desenhe os diagramas de esforços cortantes e de momentos fletores para a viga.
(c) Determine o deslocamento transversal (deflexão) no meio do vão.

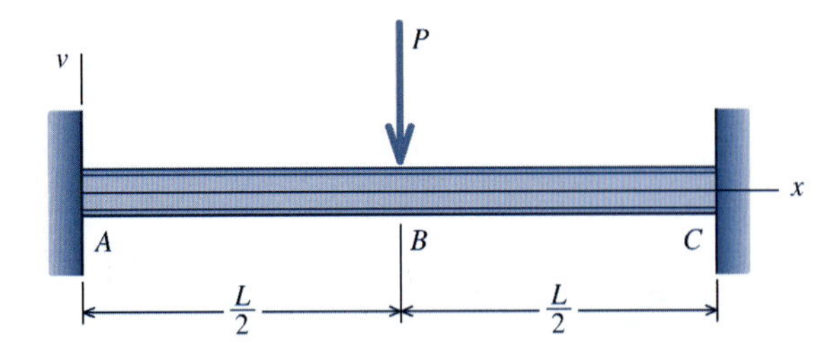

FIGURA P11.12

P11.13 Uma viga é carregada e apoiada conforme mostra a Figura P11.13.

(a) Use o método da integração dupla ordem para determinar a reação nos apoios *A* e *B*.
(b) Desenhe os diagramas de esforços cortantes e de momentos fletores para a viga.
(c) Determine o deslocamento transversal (deflexão) no meio do vão.

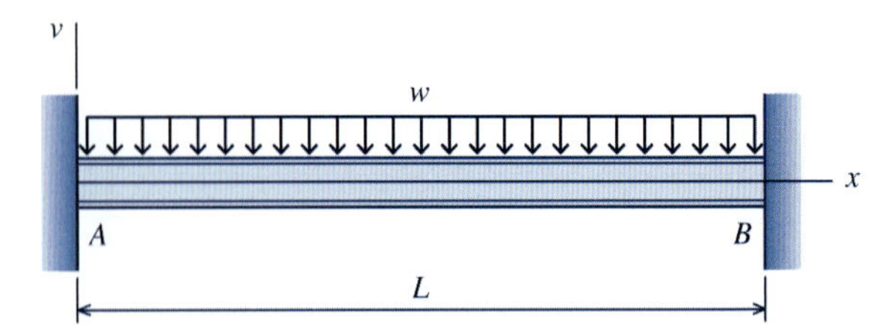

FIGURA P11.13

P11.14 Uma viga é carregada e apoiada conforme mostra a Figura P11.14.

(a) Use o método da integração dupla ordem para determinar a reação nos apoios *A* e *C*.
(b) Determine o deslocamento transversal (deflexão) no meio do vão.

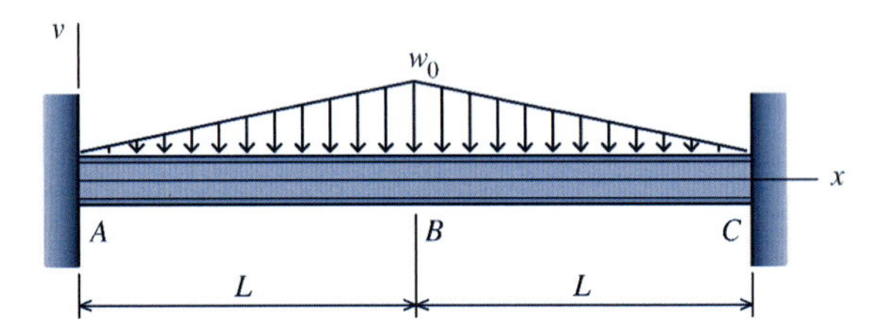

FIGURA P11.14

P11.15 Uma viga é carregada e apoiada conforme mostra a Figura P11.15.

(a) Use o método da integração dupla ordem para determinar a reação nos apoios *A* e *C*.
(b) Desenhe os diagramas de esforços cortantes e de momentos fletores para a viga.
(c) Determine o deslocamento transversal (deflexão) no meio do vão.

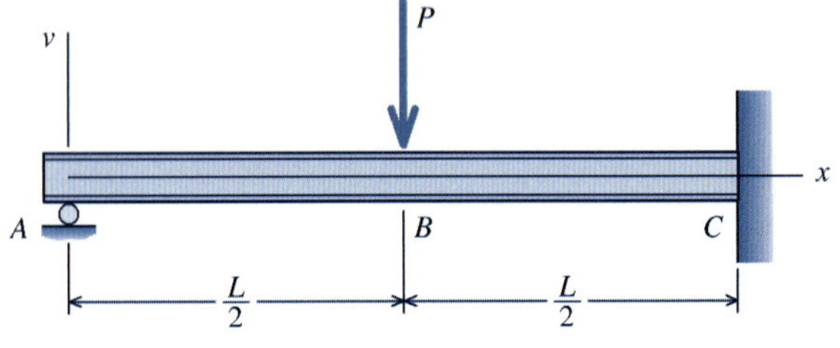

FIGURA P11.15

P11.16 e P11.17 Uma viga é carregada e apoiada conforme mostram as Figuras P11.16 e P11.17.

(a) Use o método da integração dupla ordem para determinar a reação nos apoios *A* e *C*.
(b) Desenhe os diagramas de esforços cortantes e de momentos fletores para a viga.

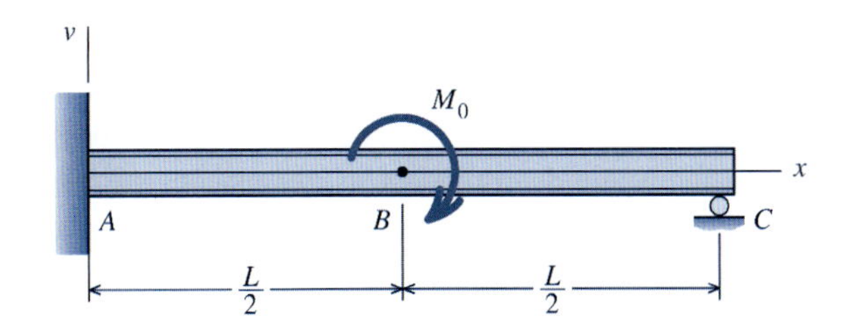

FIGURA P11.16

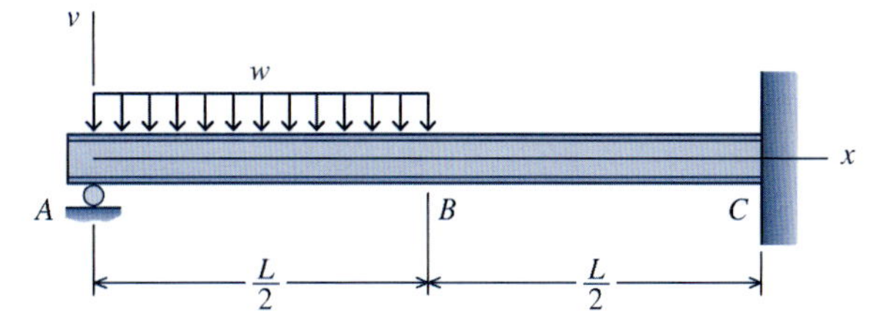

FIGURA P11.17

11.4 USO DAS FUNÇÕES DE DESCONTINUIDADE PARA VIGAS ESTATICAMENTE INDETERMINADAS

O uso das funções de descontinuidade para a análise de vigas estaticamente determinadas foi apresentado nos Capítulos 7 e 10. Na Seção 7.4 foram usadas funções de descontinuidade para obter as funções que expressavam o esforço cortante e o momento fletor em vigas. Os deslocamentos transversais de vigas estaticamente determinadas foram calculados com funções de descontinuidade na Seção 10.6. Em ambos os tópicos, as forças e os momentos de reação foram calculados de antemão por meio de equações de equilíbrio, tornando possível incorporar valores conhecidos na função de carregamento $w(x)$ no início do processo de cálculo. A dificuldade adicional acrescentada pelas vigas estaticamente indeterminadas é que as reações não podem ser determinadas apenas com base nas considerações de equilíbrio e, por isso, os valores conhecidos das forças e dos momentos de reação não podem ser incluídos em $w(x)$.

Para as vigas estaticamente indeterminadas, as forças e os momentos de reação são expressos inicialmente como quantidades desconhecidas na função de carregamento $w(x)$. O processo de integração prossegue então da maneira descrita na Seção 10.6, produzindo duas constantes de integração C_1 e C_2. Essas constantes de integração assim como as reações desconhecidas das vigas devem ser calculadas a fim de que a equação da curva elástica fique completa. As equações contendo as constantes C_1 e C_2 podem ser obtidas por meio das condições de contorno e, a seguir, essas equações, junto com as de equilíbrio, são resolvidas simultaneamente para que sejam encontrados os valores de C_1 e C_2 assim como das forças e momentos de reação da viga. O processo de solução é demonstrado nos exemplos que se seguem.

EXEMPLO 11.3

Para a viga estaticamente indeterminada mostrada, use as funções de descontinuidade para determinar:

(a) a força e o momento de reação em A e D.
(b) a deflexão da viga em C.

Admita um valor constante de $EI = 120.000$ kN · m² para a viga.

v
80 kN/m
x
A
B
C
D
2 m
5 m
3 m

Planejamento da Solução

A viga é estaticamente indeterminada; portanto, as forças de reação em A e D não podem ser determinadas apenas pelas considerações de equilíbrio. De um diagrama de corpo livre (DCL) da viga, podem ser obtidas duas equações de equilíbrio não triviais. Entretanto, como a viga é estaticamente indeterminada, as forças e os momentos de reação só podem ser declarados como desconhecidos. A carga distribuída na viga, assim como as reações desconhecidas, será expressa usando funções de descontinuidade. Essa função de carregamento será integrada duas vezes para que seja obtida a função do momento fletor da viga. Nessas duas primeiras integrações, não serão necessárias constantes de integração. A seguir, a função do momento fletor será integrada mais duas vezes para que seja obtida a equação da curva elástica. Nessas integrações, devem ser levadas em consideração as constantes de integração. As três condições de contorno conhecidas em A e D juntamente com as duas equações de equilíbrio não triviais produzirão cinco equações que podem ser resolvidas simultaneamente para que sejam determinadas as três reações desconhecidas e as duas constantes de integração. Depois de esses valores serem encontrados, a deflexão da viga em qualquer local pode ser calculada por meio da equação da curva elástica.

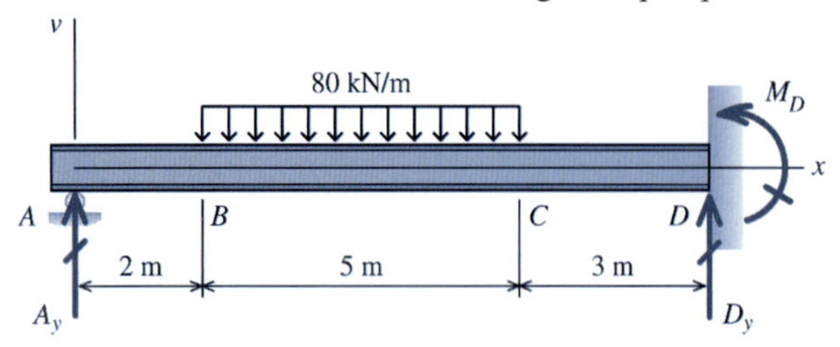

SOLUÇÃO

(a) Reações de Apoio

A figura mostra um diagrama de corpo livre da viga (DCL). Como não há forças agindo na direção x, a equação ΣF_x será omitida aqui. Com base no DCL, as forças de reação da viga podem ser expressas pelas seguintes relações:

$$\Sigma F_y = A_y + D_y - (80 \text{ kN/m})(5 \text{ m}) = 0 \qquad \therefore A_y + D_y = 400 \text{ kN} \tag{a}$$

$$\Sigma M_D = -A_y(10 \text{ m}) + (80 \text{ kN/m})(5 \text{ m})(5{,}5 \text{ m}) + M_D = 0$$
$$\therefore M_D - A_y(10 \text{ m}) = -2.200 \text{ kN} \cdot \text{m} \tag{b}$$

Expressões de Descontinuidade

Carga distribuída entre B e C: Use o caso 5 da Tabela 7.2 para escrever a seguinte expressão para a carga distribuída:

$$w(x) = -80 \text{ kN/m}\langle x - 2 \text{ m}\rangle^0 + 80 \text{ kN/m}\langle x - 7 \text{ m}\rangle^0$$

Forças de reação A_y, D_y e M_D: Como a viga é estaticamente indeterminada, neste instante, as forças de reação em A e D só podem ser expressas como quantidades desconhecidas:

$$w(x) = A_y\langle x - 0 \text{ m}\rangle^{-1} + D_y\langle x - 10 \text{ m}\rangle^{-1} - M_D\langle x - 10 \text{ m}\rangle^{-2}$$

Observe que os termos para a força de reação D_y e M_D sempre terão um valor zero neste exemplo porque a viga tem apenas 10 m de comprimento; portanto, esses termos podem ser omitidos aqui.

Integração da expressão do carregamento da viga: A expressão completa do carregamento $w(x)$ para a viga é, portanto,

$$w(x) = A_y\langle x - 0 \text{ m}\rangle^{-1} - 80 \text{ kN/m}\langle x - 2 \text{ m}\rangle^0 + 80 \text{ kN/m}\langle x - 7 \text{ m}\rangle^0$$

A função $w(x)$ será integrada para que seja obtida a função $V(x)$:

$$V(x) = \int w(x)dx = A_y\langle x - 0\text{m}\rangle^0 - 80 \text{ kN/m}\langle x - 2 \text{ m}\rangle^1 + 80 \text{ kN/m}\langle x - 7 \text{ m}\rangle^1$$

Observe que a constante de integração não é necessária aqui porque a reação desconhecida em A foi incluída na função. A função do esforço cortante é integrada para que seja obtida a função do momento fletor $M(x)$.

$$M(x) = \int V(x)dx = A_y\langle x - 0 \text{ m}\rangle^1 - \frac{80 \text{ kN/m}}{2}\langle x - 2 \text{ m}\rangle^2 + \frac{80 \text{ kN/m}}{2}\langle x - 7 \text{ m}\rangle^2$$

Como antes, não é necessária uma constante de integração para esse resultado. Entretanto, as próximas duas integrações (que produzirão as funções para as inclinações das tangentes à elástica e para as deflexões) exigirão constantes de integração que devem ser determinadas com base nas condições de contorno.

Da Equação (10.1), podemos escrever

$$EI\frac{d^2v}{dx^2} = M(x) = A_y\langle x - 0 \text{ m}\rangle^1 - \frac{80 \text{ kN/m}}{2}\langle x - 2 \text{ m}\rangle^2 + \frac{80 \text{ kN/m}}{2}\langle x - 7 \text{ m}\rangle^2$$

Integre a função momento para obter uma expressão para as inclinações das tangentes à elástica da viga:

$$EI\frac{dv}{dx} = \frac{A_y}{2}\langle x - 0 \text{ m}\rangle^2 - \frac{80 \text{ kN/m}}{6}\langle x - 2 \text{ m}\rangle^3 + \frac{80 \text{ kN/m}}{6}\langle x - 7 \text{ m}\rangle^3 + C_1 \quad \text{(c)}$$

Integre novamente para obter a função dos deslocamentos transversais da viga:

$$EIv = \frac{A_y}{6}\langle x - 0 \text{ m}\rangle^3 - \frac{80 \text{ kN/m}}{24}\langle x - 2 \text{ m}\rangle^4 + \frac{80 \text{ kN/m}}{24}\langle x - 7 \text{ m}\rangle^4 + C_1 x + C_2 \quad \text{(d)}$$

Determinação dos valores das constantes usando as condições de contorno: Para essa viga, a deflexão é conhecida em $x = 0$ m. Substitua a condição de contorno $v = 0$ em $x = 0$ na Equação (d) para obter a constante C_2:

$$C_2 = 0 \quad \text{(e)}$$

A seguir, substitua a condição de contorno $v = 0$ em $x = 10$ m na Equação (d):

$$0 = \frac{A_y}{6}(10 \text{ m})^3 - \frac{80 \text{ kN/m}}{24}(8 \text{ m})^4 + \frac{80 \text{ kN/m}}{24}(3 \text{ m})^4 + C_1(10 \text{ m})$$
$$\therefore (166{,}6667 \text{ m}^3)A_y + (10 \text{ m})C_1 = 13.383{,}3333 \text{ kN} \cdot \text{m}^3 \quad \text{(f)}$$

Finalmente, substitua a condição de contorno $dv/dx = 0$ em $x = 10$ m na Equação (c) para obter

$$0 = \frac{A_y}{2}(10 \text{ m})^2 - \frac{80 \text{ kN/m}}{6}(8 \text{ m})^3 + \frac{80 \text{ kN/m}}{6}(3 \text{ m})^3 + C_1$$
$$\therefore (50 \text{ m}^2)A_y + C_1 = 6.466{,}6667 \text{ kN} \cdot \text{m}^2 \quad \text{(g)}$$

As Equações (f) e (g) podem ser resolvidas simultaneamente para que sejam calculados C_1 e A_y:

$$C_1 = -1.225{,}8333 \text{ kN} \cdot \text{m}^3 \quad \text{e} \quad A_y = 153{,}85 \text{ kN}$$ **Resp.**

Agora que A_y é conhecida, as reações D_y e M_D podem ser determinadas utilizando as Equações (a) e (b):

$$D_y = 400 \text{ kN} - A_y = 400 \text{ kN} - 153{,}85 \text{ kN} = 246{,}15 \text{ kN}$$ **Resp.**

$$M_D = A_y(10 \text{ m}) - 2.200 \text{ kN} \cdot \text{m} = (153{,}85 \text{ kN})(10 \text{ m}) - 2.200 \text{ kN} \cdot \text{m}$$
$$= -661{,}50 \text{ kN} \cdot \text{m}$$ **Resp.**

Agora, a Equação (c) para a inclinação da tangente à elástica e a Equação (d) para a curva elástica podem ser completadas:

$$EI\frac{dv}{dx} = \frac{153{,}85 \text{ kN}}{2}\langle x - 0 \text{ m}\rangle^2 - \frac{80 \text{ kN/m}}{6}\langle x - 2 \text{ m}\rangle^3 + \frac{80 \text{ kN/m}}{6}\langle x - 7 \text{ m}\rangle^3 - 1.225{,}8333 \text{ kN} \cdot \text{m}^3 \quad \text{(h)}$$

$$EIv = \frac{153{,}85 \text{ kN}}{6}\langle x - 0 \text{ m}\rangle^3 - \frac{80 \text{ kN/m}}{24}\langle x - 2 \text{ m}\rangle^4 + \frac{80 \text{ kN/m}}{24}\langle x - 7 \text{ m}\rangle^4 - (1.225{,}8333 \text{ kN} \cdot \text{m}^3)x \quad \text{(i)}$$

(b) Deflexão da Viga em *C*

Da Equação (i), a deflexão da viga em C ($x = 7$ m) é calculada como se segue:

$$EIv_C = \frac{153{,}85 \text{ kN}}{6}(7 \text{ m})^3 - \frac{80 \text{ kN/m}}{24}(5 \text{ m})^4 - (1.225{,}8333 \text{ kN} \cdot \text{m}^3)(7 \text{ m})$$
$$= -1.869{,}075 \text{ kN} \cdot \text{m}^3$$

$$\therefore v_C = -\frac{1.869{,}075 \text{ kN} \cdot \text{m}^3}{120.000 \text{ kN} \cdot \text{m}^2} = -0{,}015576 \text{ m} = 15{,}58 \text{ mm}\downarrow$$ **Resp.**

EXEMPLO 11.4

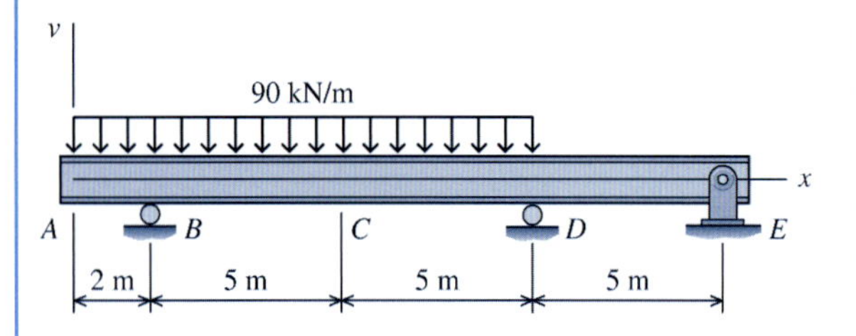

Para a viga estaticamente indeterminada mostrada, use funções de descontinuidade para determinar:

(a) as forças de reação em B, D e E.
(b) a deflexão da viga em A.
(c) a deflexão da viga em C.

Admita um valor constante de $EI = 120.000\ \text{kN} \cdot \text{m}^2$ para a viga.

Planejamento da Solução

A viga é estaticamente indeterminada; portanto, as forças de reação não podem ser determinadas apenas por meio das considerações de equilíbrio. De um diagrama de corpo livre da viga, podem ser obtidas duas equações de equilíbrio não triviais. Entretanto, como a viga é estaticamente indeterminada, as forças de reação só podem ser declaradas como incógnitas. A carga distribuída na viga, assim como as reações desconhecidas, será expressa usando as funções de descontinuidade. Essa função de carregamento será integrada duas vezes para que seja obtida a função do momento fletor para a viga. Nessas duas primeiras integrações, as constantes de integração não serão necessárias. A função do momento fletor será então integrada mais duas vezes para que seja obtida a equação da curva elástica. As constantes de integração devem ser levadas em consideração nessas duas integrações. As três condições de contorno conhecidas em B, D e E, junto com as duas equações de equilíbrio não triviais, produzirão cinco equações que podem ser resolvidas simultaneamente para que sejam determinados os valores das três reações desconhecidas e das duas constantes de integração. Depois de esses valores serem encontrados, a deflexão da viga em qualquer local pode ser calculada por meio da equação da curva elástica.

SOLUÇÃO

(a) Reações nos Apoios

Um diagrama de corpo livre (DCL) da viga é mostrado a seguir. Por não haver forças agindo na direção x, a equação ΣF_x será omitida aqui. Com base no DCL, as forças de reação da viga podem ser expressas pelas seguintes relações:

$$\Sigma F_y = B_y + D_y + E_y - (90\ \text{kN/m})(12\ \text{m}) = 0 \qquad \therefore B_y + D_y + E_y = 1.080\ \text{kN} \tag{a}$$

$$\Sigma M_E = -B_y(15\ \text{m}) - D_y(5\ \text{m}) + (90\ \text{kN/m})(12\ \text{m})(11\ \text{m}) = 0$$
$$\therefore B_y(15\ \text{m}) + D_y(5\ \text{m}) = 11.880\ \text{kN} \cdot \text{m} \tag{b}$$

Expressões de Descontinuidade

Carga distribuída entre A e D: Use o caso 5 da Tabela 7.2 para escrever a seguinte expressão para a carga distribuída:

$$w(x) = -90\ \text{kN/m}\langle x - 0\ \text{m}\rangle^0 + 90\ \text{kN/m}\langle x - 12\ \text{m}\rangle^0$$

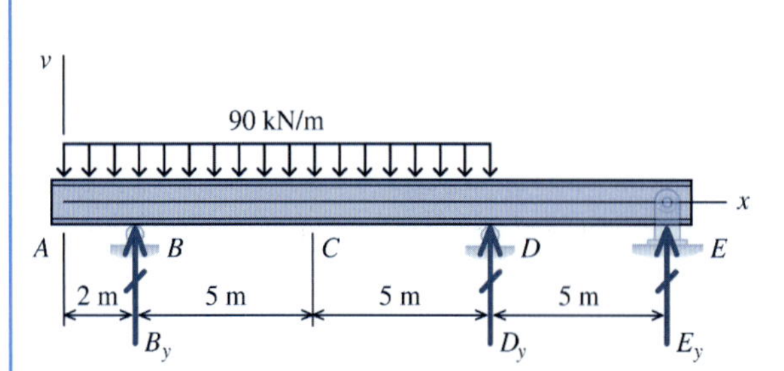

Forças de reação B_y, D_y e E_y: Em face de a viga ser estaticamente indeterminada, neste momento as forças de reação em B, D e E só podem ser expressas como quantidades desconhecidas:

$$w(x) = B_y\langle x - 2\ \text{m}\rangle^{-1} + D_y\langle x - 12\ \text{m}\rangle^{-1} + E_y\langle x - 17\ \text{m}\rangle^{-1}$$

Observe que o termo para a força de reação E_y sempre terá um valor igual a zero neste exemplo, tendo em vista que a viga tem apenas 17 m de comprimento; portanto, esse termo será omitido aqui.

Integração da expressão de carregamento da viga: Assim, a expressão completa para o carregamento $w(x)$ da viga é

$$w(x) = -90 \text{ kN/m}\langle x - 0 \text{ m}\rangle^0 + B_y\langle x - 2 \text{ m}\rangle^{-1} + 90 \text{ kN/m}\langle x - 12 \text{ m}\rangle^0 + D_y\langle x - 12 \text{ m}\rangle^{-1}$$

A função $w(x)$ será integrada para que seja obtida a função do esforço cortante $V(x)$:

$$V(x) = \int w(x)dx = -90 \text{ kN/m}\langle x - 0 \text{ m}\rangle^1 + B_y\langle x - 2 \text{ m}\rangle^0 + 90 \text{ kN/m}\langle x - 12 \text{ m}\rangle^1 + D_y\langle x - 12 \text{ m}\rangle^0$$

A função do esforço cortante será integrada para que seja obtida a função do momento fletor $M(x)$:

$$M(x) = \int V(x)dx = -\frac{90 \text{ kN/m}}{2}\langle x - 0 \text{ m}\rangle^2 + B_y\langle x - 2 \text{ m}\rangle^1 + \frac{90 \text{ kN/m}}{2}\langle x - 12 \text{ m}\rangle^2 + D_y\langle x - 12 \text{ m}\rangle^1$$

Por terem sido incluídas as reações nessas equações, as constantes de integração não serão necessárias até este instante. Entretanto, as próximas duas integrações (que produzirão as funções para a inclinação da tangente à elástica e para os deslocamentos transversais da viga) exigirão constantes de integração, cujos valores devem ser encontrados por meio das condições de contorno.

Da Equação (10.1), podemos escrever

$$EI\frac{d^2v}{dx^2} = M(x) = -\frac{90 \text{ kN/m}}{2}\langle x - 0 \text{ m}\rangle^2 + B_y\langle x - 2 \text{ m}\rangle^1 + \frac{90 \text{ kN/m}}{2}\langle x - 12 \text{ m}\rangle^2 + D_y\langle x - 12 \text{ m}\rangle^1$$

Integre a função momento para obter uma expressão para a inclinação (coeficiente angular) da tangente à elástica da viga:

$$EI\frac{dv}{dx} = -\frac{90 \text{ kN/m}}{6}\langle x - 0 \text{ m}\rangle^3 + \frac{B_y}{2}\langle x - 2 \text{ m}\rangle^2 + \frac{90 \text{ kN/m}}{6}\langle x - 12 \text{ m}\rangle^3 + \frac{D_y}{2}\langle x - 12 \text{ m}\rangle^2 + C_1 \quad \text{(c)}$$

Integre mais uma vez para obter a função do deslocamento transversal (deflexão) da viga:

$$EIv = -\frac{90 \text{ kN/m}}{24}\langle x - 0 \text{ m}\rangle^4 + \frac{B_y}{6}\langle x - 2 \text{ m}\rangle^3 + \frac{90 \text{ kN/m}}{24}\langle x - 12 \text{ m}\rangle^4 + \frac{D_y}{6}\langle x - 12 \text{ m}\rangle^3 + C_1x + C_2 \quad \text{(d)}$$

Encontre o valor das constantes usando as condições de contorno: Para essa viga, substitua a condição de contorno $v = 0$ em $x = 2$ m na Equação (d):

$$0 = -\frac{90 \text{ kN/m}}{24}(2 \text{ m})^4 + C_1(2 \text{ m}) + C_2$$
$$\therefore C_1(2 \text{ m}) + C_2 = 60 \text{ kN} \cdot \text{m}^3 \quad \text{(e)}$$

A seguir, substitua a condição de contorno $v = 0$ em $x = 12$ m na Equação (d).

$$0 = -\frac{90 \text{ kN/m}}{24}(12 \text{ m})^4 + \frac{B_y}{6}(10 \text{ m})^3 + C_1(12 \text{ m}) + C_2$$
$$\therefore B_y(166{,}6667 \text{ m}^3) + C_1(12 \text{ m}) + C_2 = 77.760 \text{ kN} \cdot \text{m}^3 \quad \text{(f)}$$

Finalmente, substitua a condição de contorno $v = 0$ em $x = 17$ m na Equação (d):

$$0 = -\frac{90 \text{ kN/m}}{24}(17 \text{ m})^4 + \frac{B_y}{6}(15 \text{ m})^3 + \frac{90 \text{ kN/m}}{24}(5 \text{ m})^4 + \frac{D_y}{6}(5 \text{ m})^3 + C_1(17 \text{ m}) + C_2$$
$$\therefore B_y(562{,}5 \text{ m}^3) + D_y(20{,}8333 \text{ m}^3) + C_1(17 \text{ m}) + C_2 = 310.860 \text{ kN} \cdot \text{m}^3 \quad \text{(g)}$$

Cinco equações — Equações (a), (b), (e), (f) e (g) — devem ser resolvidas simultaneamente para que sejam determinados os valores das forças de reação da viga em B, D e E assim como das duas constantes de integração C_1 e C_2:

$$C_1 = -1.880 \text{ kN} \cdot \text{m}^2 \quad \text{e} \quad C_2 = 3.820 \text{ kN} \cdot \text{m}^3$$
$$B_y = 579 \text{ kN} \qquad D_y = 639 \text{ kN} \qquad E_y = -138 \text{ kN}$$

Resp.

Agora, a Equação (c) para a inclinação da tangente à elástica da viga e a Equação (d) para a curva elástica podem ser completadas:

$$EI\frac{dv}{dx} = -\frac{90\text{ kN/m}}{6}\langle x - 0\text{ m}\rangle^3 + \frac{579\text{ kN}}{2}\langle x - 2\text{ m}\rangle^2 + \frac{90\text{ kN/m}}{6}\langle x - 12\text{ m}\rangle^3 + \frac{639\text{ kN}}{2}\langle x - 12\text{ m}\rangle^2 - 1.880\text{ kN}\cdot\text{m}^2 \quad \text{(h)}$$

$$EIv = -\frac{90\text{ kN/m}}{24}\langle x - 0\text{ m}\rangle^4 + \frac{579\text{ kN}}{6}\langle x - 2\text{ m}\rangle^3 + \frac{90\text{ kN/m}}{24}\langle x - 12\text{ m}\rangle^4 + \frac{639\text{ kN}}{6}\langle x - 12\text{ m}\rangle^3 - (1.880\text{ kN}\cdot\text{m}^2)x + 3.820\text{ kN}\cdot\text{m}^3 \quad \text{(i)}$$

Deflexão da Viga em *A*

A deflexão da viga em A ($x = 0$ m) é calculada por meio da Equação (i):

$$EIv_A = 3.820\text{ kN}\cdot\text{m}^3$$

$$\therefore v_A = \frac{3.820\text{ kN}\cdot\text{m}^3}{120.000\text{ kN}\cdot\text{m}^2} = 0{,}031833\text{ m} = 31{,}8\text{ mm}\uparrow \quad \textbf{Resp.}$$

(c) Deflexão da Viga em *C*

Da Equação (i), a deflexão da viga em C ($x = 7$ m) é calculada da seguinte maneira:

$$EIv_C = -\frac{90\text{ kN/m}}{24}(7\text{ m})^4 + \frac{579\text{ kN}}{6}(5\text{ m})^3 - (1.880\text{ kN}\cdot\text{m}^2)(7\text{ m}) + 3.820\text{ kN}\cdot\text{m}^3$$
$$= -6.281{,}250\text{ kN}\cdot\text{m}^3$$

$$\therefore v_C = -\frac{6.281{,}250\text{ kN}\cdot\text{m}^3}{120.000\text{ kN}\cdot\text{m}^2} = -0{,}052344\text{ m} = 52{,}3\text{ mm}\downarrow \quad \textbf{Resp.}$$

PROBLEMAS

P11.18 Uma viga engastada e apoiada é carregada conforme mostra a Figura P11.18. Admita $EI = 200.000$ kN · m² e use funções de descontinuidade para determinar:

(a) as reações em A e C.
(b) a deflexão da viga em B.

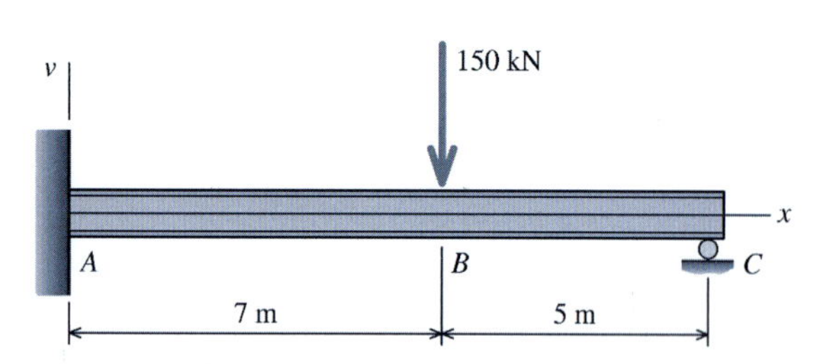

FIGURA P11.18

P11.19 Uma viga engastada e apoiada é carregada conforme mostra a Figura P11.19. Admita $EI = 200.000$ kN · m² e use funções de descontinuidade para determinar:

(a) as reações em A e B.
(b) a deflexão da viga em C.

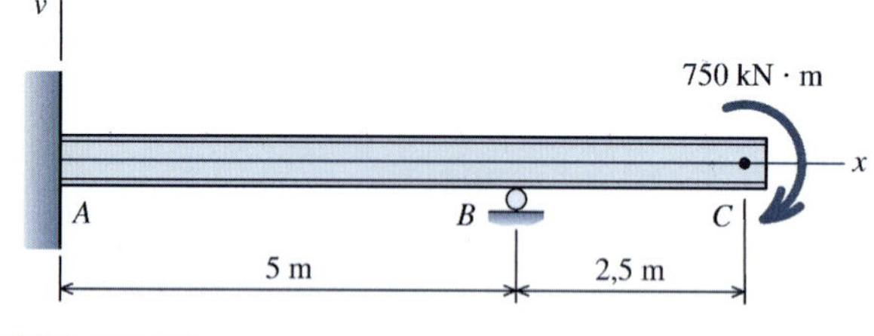

FIGURA P11.19

P11.20 Uma viga engastada e apoiada é carregada conforme mostra a Figura P11.20. Admita $EI = 100.000$ kip · ft² (41.325 kN · m²) e use funções de descontinuidade para determinar:

(a) as reações em A e E.
(b) a deflexão da viga em C.

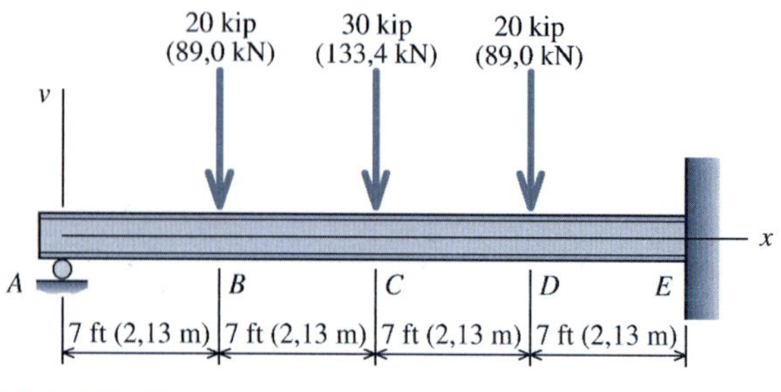

FIGURA P11.20

P11.21 Uma viga engastada e apoiada é carregada conforme mostra a Figura P11.21. Admita $EI = 100.000$ kip · ft² (41.325 kN · m²) e use funções de descontinuidade para determinar:

(a) as reações em A e B.
(b) a deflexão da viga em $x = 7$ ft (2,13 m).

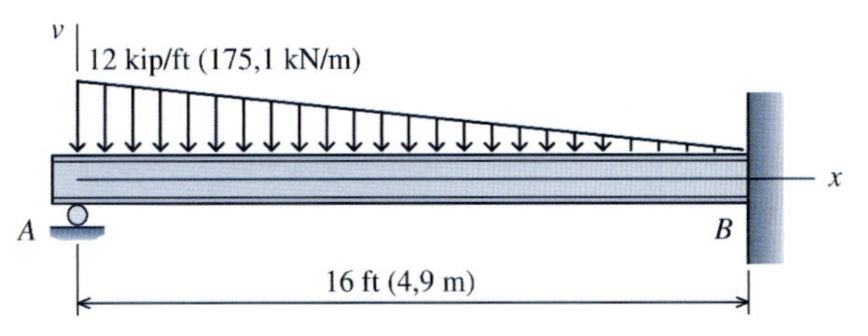

FIGURA P11.21

P11.22 Uma viga engastada e apoiada é carregada conforme mostra a Figura P11.22. Admita $EI = 200.000$ kN · m² e use funções de descontinuidade para determinar:

(a) as reações em A e B.
(b) a deflexão da viga em C.

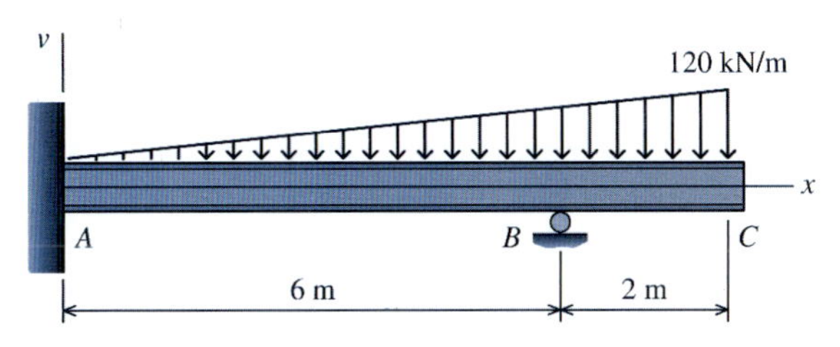

FIGURA P11.22

P11.23 Para a viga mostrada na Figura P11.23, admita $EI = 200.000$ kN · m² e use funções de descontinuidade para determinar:

(a) as reações em A, C e D.
(b) a deflexão da viga em B.

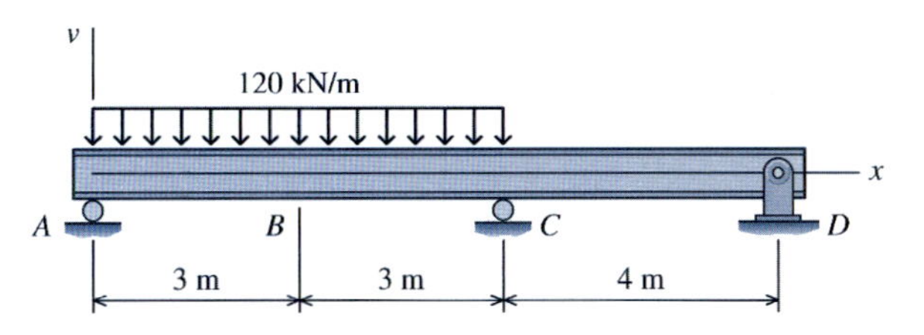

FIGURA P11.23

P11.24 Para a viga mostrada na Figura P11.24, admita $EI = 100.000$ kip · ft² (41.325 kN · m²) e use funções de descontinuidade para determinar:

(a) as reações em A, C e D.
(b) a deflexão da viga em B.

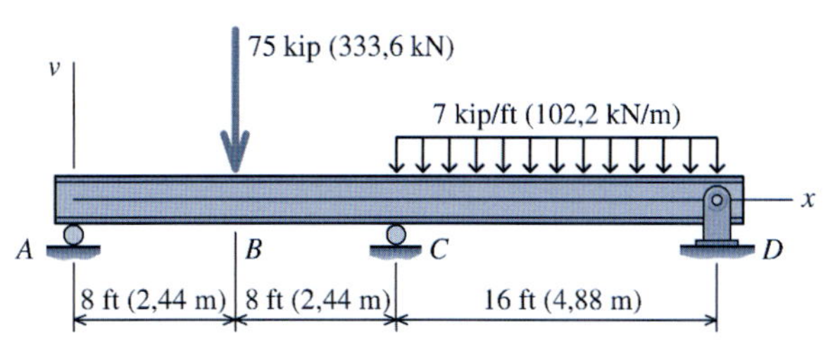

FIGURA P11.24

P11.25 Para a viga mostrada na Figura P11.25, admita $EI = 100.000$ kip · ft² (41.325 kN · m²) e use funções de descontinuidade para determinar:

(a) as reações em B e D.
(b) a deflexão da viga em C.

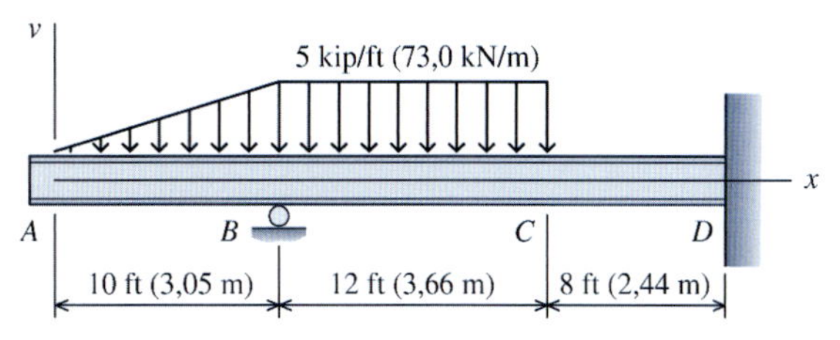

FIGURA P11.25

P11.26 e P11.27 Para as vigas mostradas nas Figuras P11.26 e P11.27, admita $EI = 200.000$ kN · m² e use funções de descontinuidade para determinar:

(a) as reações em B, C e D.
(b) a deflexão da viga em A.

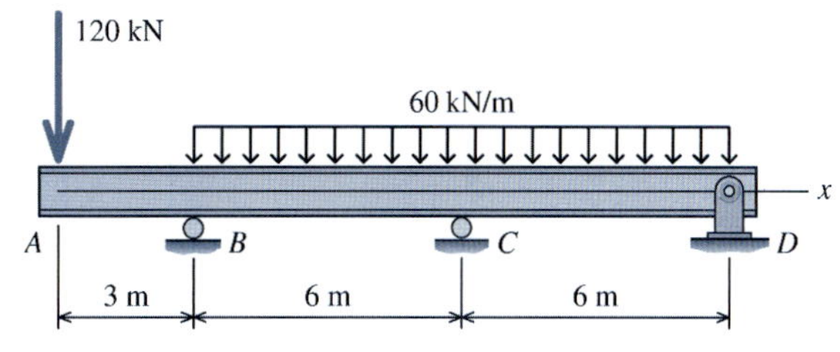

FIGURA P11.26

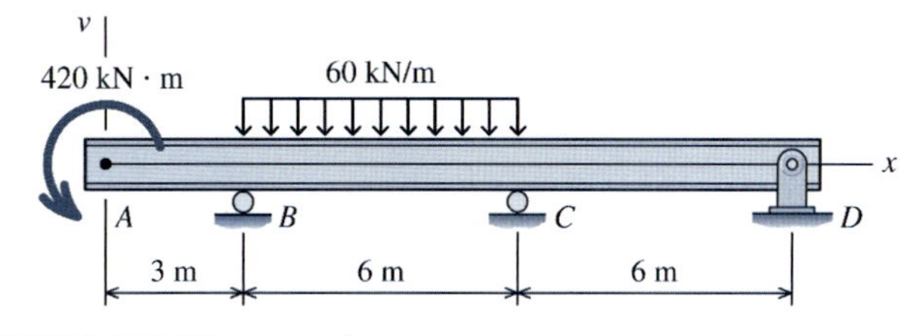

FIGURA P11.27

11.5 MÉTODO DA SUPERPOSIÇÃO

Os conceitos de **hiperestáticos** (também conhecidos como **reações redundantes**) e de **sistema principal** (também conhecido como **estrutura isostática fundamental**) foram apresentados na Seção 11.2. Essas noções podem ser combinadas com o princípio da superposição para que seja criado um método muito poderoso para a determinação das reações de apoio de vigas estaticamente indeterminadas. O método geral pode ser resumido da seguinte maneira:

- São identificados os hiperestáticos (reações de apoio redundantes) que agem nas vigas estaticamente indeterminadas.
- O hiperestático selecionado é removido da estrutura, sendo obtido assim um sistema principal (SP) que é estável e estaticamente determinado.
- O sistema principal sujeito ao carregamento aplicado é levado em consideração. É determinada a deflexão ou a rotação (dependendo da natureza do hiperestático) da viga no local do hiperestático.
- A seguir, o sistema principal (sem a carga aplicada) é submetido a um dos hiperestáticos e a deflexão ou a rotação dessa combinação viga-carregamento é determinada no local do hiperestático. Se houver mais de um hiperestático, esse procedimento será repetido para cada hiperestático.
- Usando o princípio da superposição, a viga real carregada é equivalente à soma desses casos individuais.
- Para encontrar o valor dos hiperestáticos, são escritas equações da geometria das deformações para cada um dos locais onde agem os hiperestáticos. O valor absoluto do hiperestático pode ser obtido com base nessa equação de deformação.
- Uma vez conhecidos os hiperestáticos, podem ser determinadas as outras reações da viga com base nas equações de equilíbrio.

Para ilustrar esse método, considere a viga engastada e apoiada mostrada na Figura 11.6*a*. O diagrama de corpo livre dessa viga (Figura 11.6*b*) mostra quatro reações desconhecidas. Podem ser escritas três equações de equilíbrio para essa viga ($\Sigma F_x = 0$, $\Sigma F_y = 0$ e $\Sigma M = 0$); portanto, essa viga é estaticamente indeterminada em primeiro grau (pode-se dizer também que a viga possui 1 grau de indeterminação). Deve-se desenvolver uma equação adicional a fim de calcular as reações da viga engastada e apoiada.

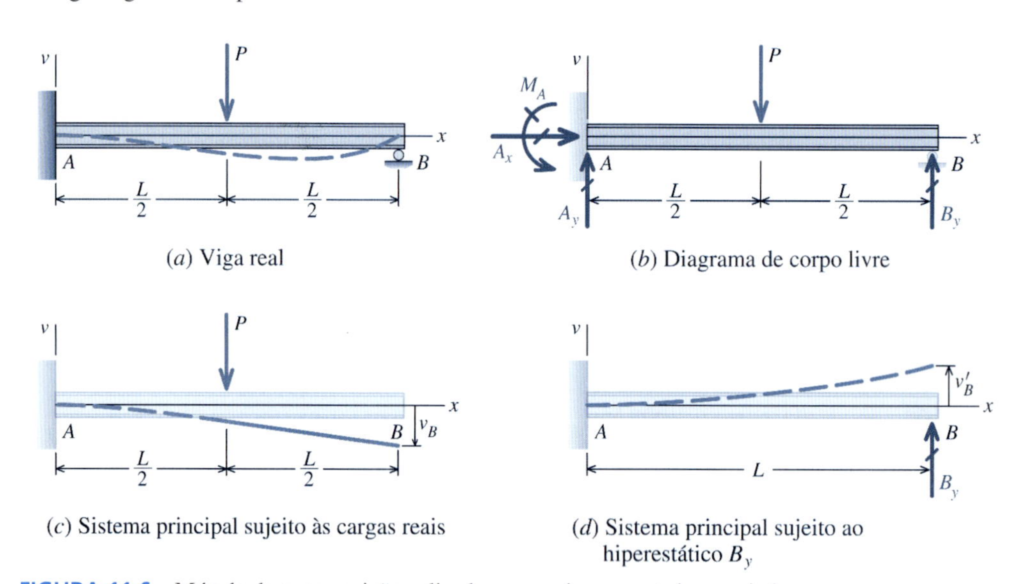

FIGURA 11.6 Método da superposição aplicado a uma viga engastada e apoiada.

A reação B_y no apoio de primeiro gênero será selecionada como hiperestático. Essa força de reação é removida da viga, restando uma viga em balanço como sistema principal. Observe que o sistema principal é estável e estaticamente determinado. A seguir, é analisada a deflexão do sistema principal no local do hiperestático para os dois casos de carregamento. O primeiro caso consiste em uma viga em balanço com a carga aplicada P, para o qual é calculado o deslocamento transversal para baixo v_B no local do hiperestático (Figura 11.6*c*). O segundo caso consiste em uma viga em balanço apenas com o hiperestático B_y, para o qual é determinado o deslocamento para cima v'_B causado por B_y (Figura 11.6*d*).

Com base no princípio da superposição, a soma desses dois casos de carregamento (Figuras 11.6*c* e 11.6*d*) será equivalente à viga real (Figura 11.6*a*) se a soma de v_B com v'_B for igual à deflexão real da viga em B. A deflexão real da viga em B é conhecida de antemão; a deflexão deve ser zero uma vez que a viga é suportada por um apoio (rolete) em B. Usando esse fato, a equação da geometria da deformação pode ser escrita para B em termos dos dois casos de carregamento:

$$v_B + v'_B = 0 \qquad \text{(a)}$$

As deflexões v_B e v'_B podem ser determinadas pelas equações dadas na tabela de vigas encontrada no Apêndice C.

$$v_B = -\frac{5PL^3}{48EI} \quad \text{e} \quad v'_B = \frac{B_yL^3}{3EI} \qquad \text{(b)}$$

Essas expressões das deflexões são substituídas na Equação (a) para produzir uma equação baseada na geometria deformada da viga, mas expressa em termos da reação desconhecida B_y. Essa **equação de compatibilidade** pode ser resolvida de modo a ser determinado o valor do hiperestático.

$$-\frac{5PL^3}{48EI} + \frac{B_yL^3}{3EI} = 0 \qquad \therefore B_y = \frac{5}{16}P \qquad \text{(c)}$$

Uma vez determinado o valor absoluto de B_y, as reações remanescentes podem ser encontradas por meio das equações de equilíbrio. Os resultados são

$$A_x = 0 \qquad A_y = \frac{11}{16}P \qquad M_A = \frac{3}{16}PL \qquad \text{(d)}$$

A escolha do hiperestático é *arbitrária*, contanto que a viga obtida permaneça estável. Considere o exemplo anterior de viga engastada e apoiada (Figura 11.6*a*) que tem quatro reações (Figura 11.6*b*). Suponha que, em vez do apoio de primeiro gênero (rolete) em B, fosse escolhida a reação momento M_A como hiperestático, restando uma viga simplesmente apoiada como sistema principal. Remover M_A permite que a viga gire livremente em A; portanto, deve ser determinado o ângulo de rotação θ_A para o sistema principal sujeito à carga aplicada P (Figura 11.7*b*). A seguir, o vão simples é submetido apenas ao hiperestático M_A e é determinado o ângulo de rotação θ'_A resultante (Figura 11.7*c*).

Da mesma forma que antes, a soma desses dois casos de carregamento (Figuras 11.7*b* e 11.7*c*) é equivalente à viga real (Figura 11.7*a*), contanto que as rotações produzidas pelos dois casos de carregamento isoladamente se somem para fornecer a mesma rotação da viga real em A. Como a viga real está engastada em A, o ângulo de rotação deve ser zero, o que leva à seguinte equação de geometria da deformação:

$$\theta_A + \theta'_A = 0 \qquad \text{(e)}$$

Mais uma vez, usando a tabela de vigas do Apêndice C, os ângulos de rotação para os dois podem ser expressos como

$$\theta_A = -\frac{PL^2}{16EI} \quad \text{e} \quad \theta'_A = \frac{M_AL}{3EI} \qquad \text{(f)}$$

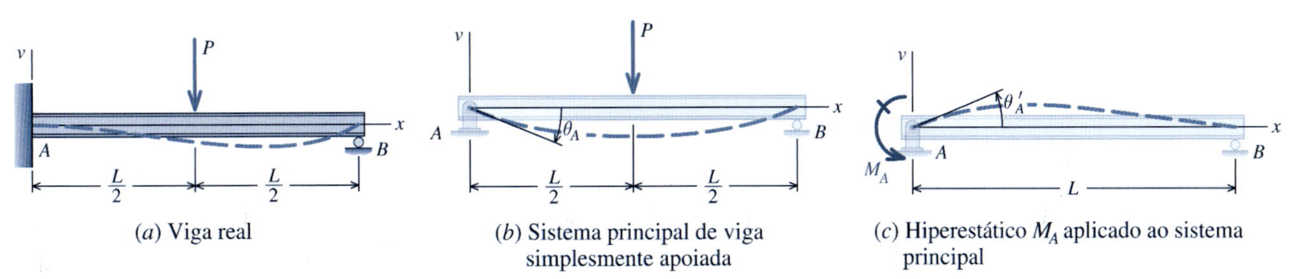

(*a*) Viga real

(*b*) Sistema principal de viga simplesmente apoiada

(*c*) Hiperestático M_A aplicado ao sistema principal

FIGURA 11.7 Método da superposição aplicado a uma viga engastada e apoiada usando um sistema principal que consiste em uma viga simplesmente apoiada.

Substituindo essas expressões na Equação (e) tem-se a seguinte equação de compatibilidade, que pode ser resolvida de modo a fornecer o valor do hiperestático desconhecido:

$$-\frac{PL^2}{16EI} + \frac{M_A L}{3EI} = 0 \qquad \therefore M_A = \frac{3}{16}PL \tag{g}$$

O valor de M_A é igual ao calculado antes. Uma vez determinado M_A, as reações remanescentes podem ser calculadas por meio das equações de equilíbrio.

Os exemplos a seguir ilustram a aplicação do método da superposição para a determinação das reações de apoio de vigas estaticamente indeterminadas.

Exemplo do MecMovies M11.3

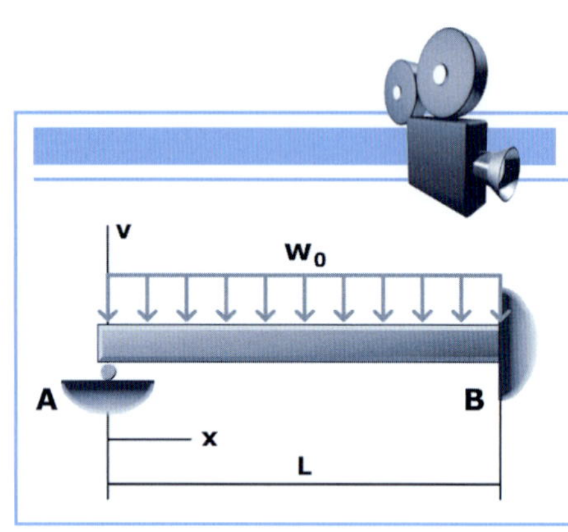

Use o método da superposição para determinar a reação no apoio de primeiro gênero em A usando dois métodos diferentes.

EXEMPLO 11.5

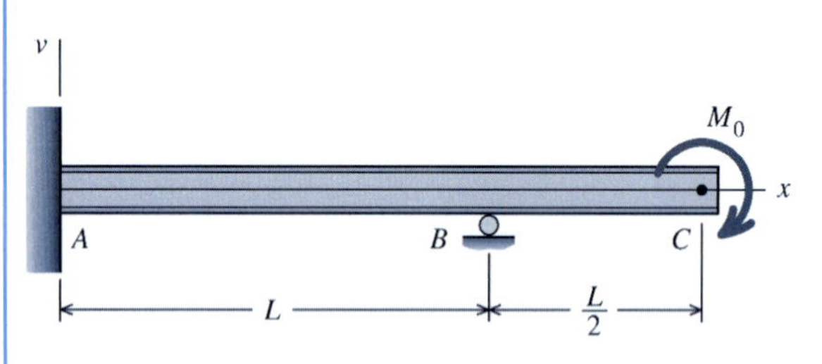

Para a viga e o carregamento mostrados, obtenha uma expressão para a reação no apoio em B. Admita que EI seja constante para a viga.

Planejamento da Solução

A viga engastada e apoiada tem quatro forças de reação desconhecidas (forças de reação horizontal e vertical no apoio fixo em A, reação momento em A e força de reação vertical no apoio de primeiro gênero em B). Como só podem ser escritas três equações de equilíbrio para a viga, deve ser desenvolvida uma equação adicional a fim de resolver esse problema. Essa equação adicional será desenvolvida levando em consideração uma configuração deformada da viga e, em particular, a deflexão conhecida da viga no apoio de primeiro gênero B. O apoio de primeiro gênero em B será escolhido como hiperestático; portanto, o sistema principal será uma viga em balanço apoiada em A. A análise será subdividida em dois casos. No primeiro caso, será determinada a deflexão em B produzida pelo momento concentrado M_0. No segundo caso, a força de reação desconhecida no apoio de primeiro gênero (rolete) será aplicada à viga em balanço em B e será obtida uma expressão para a deflexão correspondente da viga. Essas duas expressões para os deslocamentos transversais serão somadas entre si em uma equação de compatibilidade para exprimir a deflexão total da viga em B. Dessa equação de compatibilidade, pode ser determinado o valor absoluto da força desconhecida de reação no apoio de primeiro gênero em B.

SOLUÇÃO

Essa viga será analisada com dois casos de viga em balanço. Em ambos os casos, o apoio de primeiro gênero em B será removido, reduzindo a viga engastada e apoiada para uma viga em balanço. No primeiro caso, será considerado o momento concentrado M_0 agindo na extremidade livre da viga em balanço. No segundo caso, será considerada a deflexão causada pela força de reação no apoio em B.

Caso 1 — Momento Concentrado na Extremidade Livre da Viga em Balanço

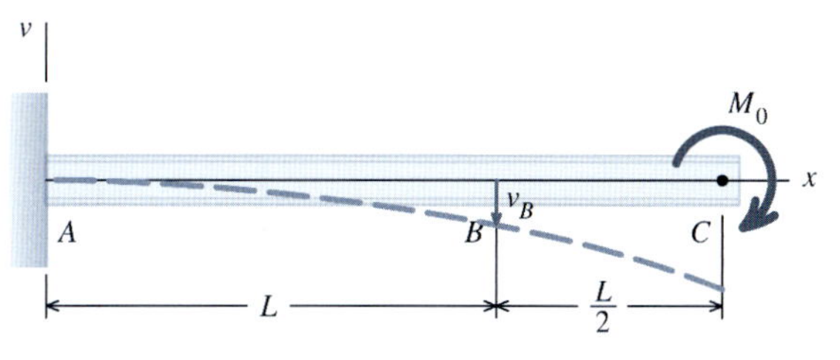

Remova o apoio de primeiro gênero (rolete) em B e considere a viga em balanço ABC. Do Apêndice C, a equação da curva elástica para uma viga em balanço sujeita a um momento concentrado agindo em sua extremidade livre é dada por

$$v = -\frac{Mx^2}{2EI} \qquad \text{(a)}$$

Use a equação da curva elástica para calcular a deflexão da viga em B. Na Equação (a), faça $M = M_0$ e $x = L$ e admita que EI seja constante para a viga. Substitua esses valores na Equação (a) para obter a expressão para o deslocamento transversal (deflexões) da viga em B:

$$v_B = -\frac{M_0 L^2}{2EI} \qquad \text{(b)}$$

Caso 2 — Força Concentrada no Local do Apoio de Primeiro Gênero (Rolete)

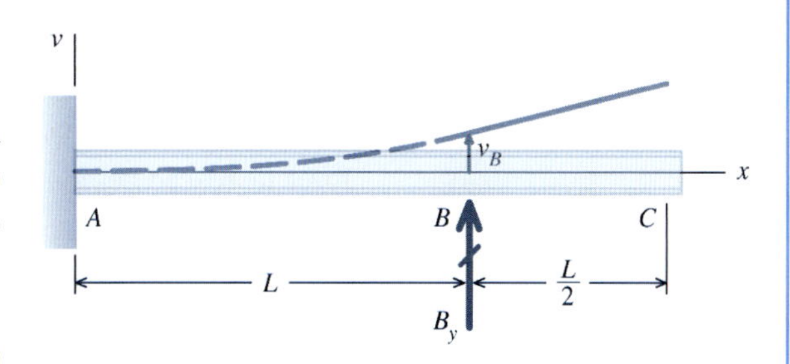

Aplicando apenas o hiperestático B_y à viga em balanço, obtém-se uma expressão para a deflexão resultante em B. Do Apêndice C, a deflexão máxima produzida por uma força concentrada que age nessa extremidade é dada pela expressão

$$v_{\text{máx}} = -\frac{PL^3}{3EI} \qquad \text{(c)}$$

Na Equação (c), faça $P = -B_y$ e $L = L$. Note que B_y é negativo uma vez que age de baixo para cima, direção oposta àquela admitida na tabela de vigas. Substitua esses valores na Equação (c) para obter uma expressão para a deflexão da viga em B em termos da reação desconhecida B_y no apoio de primeiro gênero:

$$v_B = -\frac{(-B_y)L^3}{3EI} = \frac{B_y L^3}{3EI} \qquad \text{(d)}$$

Equação de Compatibilidade

Foram desenvolvidas duas expressões para a deflexão da viga em B [Equações (b) e (d)]. Adicione essas duas expressões e iguale o resultado à deflexão da viga em B, que se sabe ser zero no apoio de primeiro gênero.

$$v_B = -\frac{M_0 L^2}{2EI} + \frac{B_y L^3}{3EI} = 0 \qquad \text{(e)}$$

Observe que EI aparece em ambos os termos: em consequência, pode ser cancelado. O valor específico de EI não tem efeito algum no valor absoluto da força no apoio de primeiro gênero para essa viga em particular. A reação no apoio de primeiro gênero B_y é a única grandeza desconhecida na equação de compatibilidade e, por isso, a reação nesse apoio em B é

$$B_y = \frac{3M_0}{2L} \qquad \textbf{Resp.}$$

Uma vez determinada a força de reação em B, a viga deixa de ser estaticamente indeterminada. As três reações desconhecidas no apoio fixo em A podem ser determinadas por meio das equações de equilíbrio.

EXEMPLO 11.6

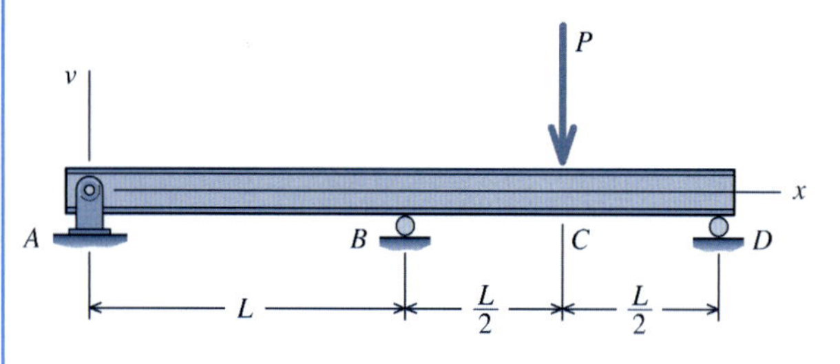

Para a viga e o carregamento mostrado, obtenha uma expressão para a reação no apoio B. Admita que EI seja constante para a viga.

Planejamento da Solução

A viga considerada aqui tem quatro forças de reação desconhecidas (forças de reação horizontal e vertical no apoio de segundo gênero em A e forças de reação vertical nos apoios de primeiro gênero em B e D). Como há apenas três equações de equilíbrio, deve ser desenvolvida uma quarta equação. Embora haja vários métodos que poderiam ser usados para desenvolver essa quarta equação, dedicaremos nossa atenção para o apoio de primeiro gênero (rolete) em B. O apoio de primeiro gênero em B será escolhido como hiperestático. Removendo esse hiperestático resta um sistema principal que é simplesmente apoiado em A e D. Serão analisados então dois casos. O primeiro caso consiste em uma viga simples AD sujeita à carga P. O segundo caso consiste em uma viga simples AD carregada em B pela reação desconhecida no apoio. Em ambos os casos, serão desenvolvidas as expressões para a deflexão da viga em B. Essas expressões serão combinadas em uma equação de compatibilidade usando o fato de que a deflexão da viga em B é igual a zero. Dessa equação de compatibilidade, pode ser obtida uma expressão para a força de reação desconhecida em B.

SOLUÇÃO

Caso 1 — Viga Simplesmente Apoiada com uma Carga Concentrada em C

Remova o apoio de primeiro gênero em B e considere a viga simplesmente apoiada AD com uma carga concentrada em C. Deve ser determinada a deflexão dessa viga em B. Do Apêndice C, a equação da curva elástica para essa viga é dada por

$$v = -\frac{Pbx}{6LEI}(L^2 - b^2 - x^2) \qquad \text{(a)}$$

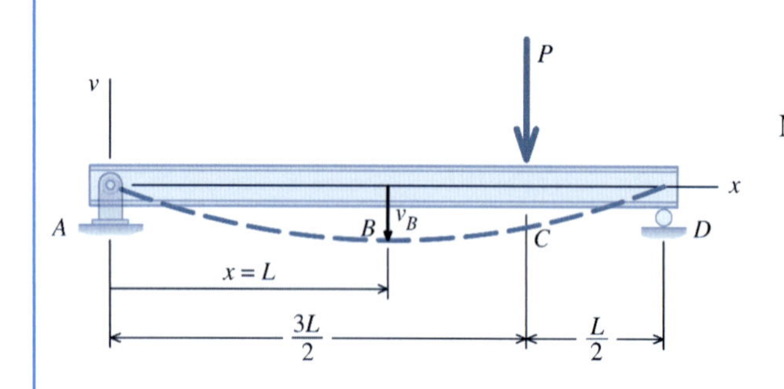

Nessa equação, serão usados os seguintes valores:

$$P = P$$
$$b = L/2$$
$$x = L$$
$$L = 2L$$
$$EI = \text{constante}$$

Substitua esses valores na Equação (a) e obtenha a deflexão da viga em B:

$$v_B = -\frac{P(L/2)(L)}{6(2L)EI}[(2L)^2 - (L/2)^2 - (L)^2] = -\frac{PL}{24EI}\left[\frac{11}{4}L^2\right] = -\frac{11PL^3}{96EI} \qquad \text{(b)}$$

Caso 2 — Viga Simplesmente Apoiada com Força de Reação Desconhecida em B

Considere a viga simplesmente apoiada AD com a reação desconhecida no apoio aplicada como carga concentrada em B. Do Apêndice C, a deflexão máxima para uma viga simplesmente apoiada com uma carga concentrada no meio do vão é dada por

$$v_{\text{máx}} = -\frac{PL^3}{48EI} \qquad \text{(c)}$$

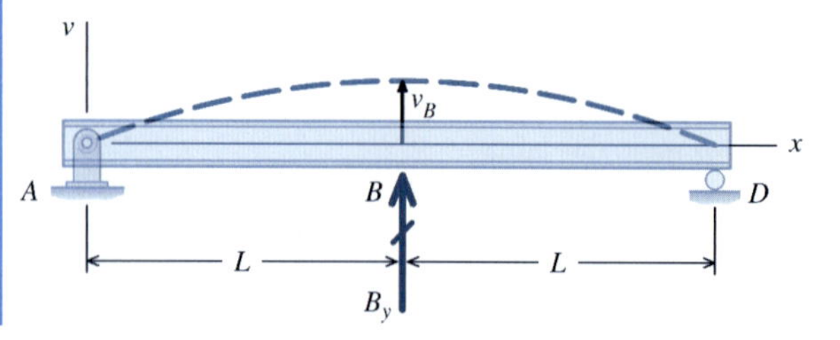

Para essa viga, faça

$$P = -B \text{ (negativo desde que } B_y \text{ aja para cima)}$$
$$L = 2L$$
$$EI = \text{constante}$$

Substitua esses valores na Equação (c) para obter a seguinte expressão para a deflexão da viga em B:

$$v_B = -\frac{(-B_y)(2L)^3}{48EI} = \frac{B_y L^3}{6EI} \quad \text{(d)}$$

Equação de Compatibilidade

Some as Equações (b) e (d) para obter uma expressão para a deflexão da viga em B. Como B é um apoio de primeiro gênero, a deflexão nesse local deve ser zero.

$$v_B = -\frac{11PL^3}{96EI} + \frac{B_y L^3}{6EI} = 0 \quad \text{(e)}$$

Como no exemplo anterior, EI aparece em ambos os termos, portanto pode ser cancelado. O valor específico de EI não tem efeito algum sobre o valor absoluto da reação no apoio de primeiro gênero em B. Da equação de compatibilidade, a força de reação desconhecida B_y no apoio de primeiro gênero pode ser expressa como

$$B_y = \frac{11}{16}P$$ **Resp.**

EXEMPLO 11.7

Considere a viga e o carregamento do Exemplo 11.6. A viga consiste em um perfil de abas largas W530 × 66 de aço estrutural [$E = 200$ GPa; $I = 351 \times 10^6$ mm^4]. Admita $P = 240$ kN e $L = 5$ m. Determine:

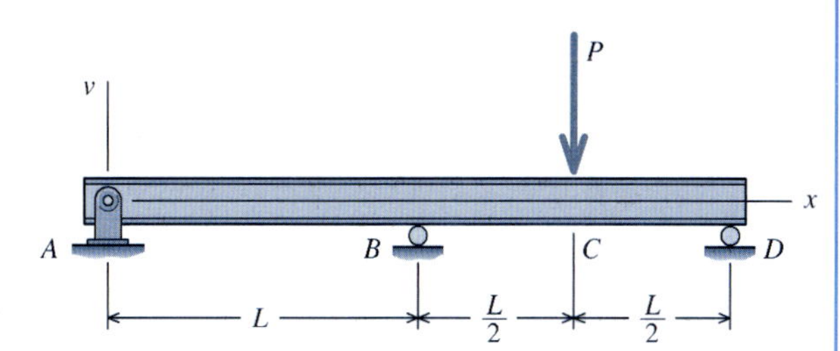

(a) a força de reação no apoio de primeiro gênero B.

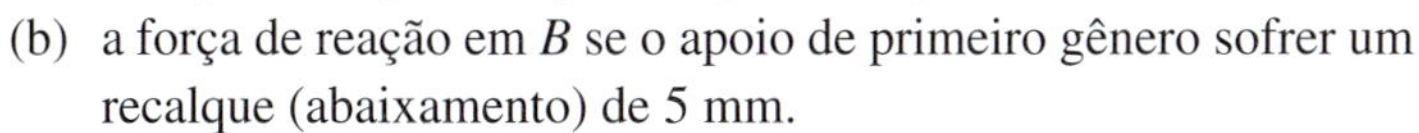

(b) a força de reação em B se o apoio de primeiro gênero sofrer um recalque (abaixamento) de 5 mm.

Planejamento da Solução

Para responder à parte (a) deste problema, será usada a equação desenvolvida para B_y no Exemplo 11.6 para calcular a força de reação. Na parte (b) deste exemplo, o apoio intermediário sofre um *recalque* de 5 mm que significa que o apoio de primeiro gênero se desloca 5 mm para baixo. A equação de compatibilidade desenvolvida no Exemplo 11.6 assumiu que a deflexão da viga em B era zero. Neste caso, entretanto, a equação de compatibilidade deve ser revista para levar em conta o deslocamento de 5 mm para baixo.

SOLUÇÃO

(a) Do Exemplo 11.6, a força de reação em B para essa viga e configuração de carregamento é dada por

$$B_y = \frac{11}{16}P$$

Como $P = 240$ kN, a força de reação em B é $B_y = 165$ kN.

(b) A equação de compatibilidade obtida no Exemplo 11.6 foi

$$v_B = -\frac{11PL^3}{96EI} + \frac{B_y L^3}{6EI} = 0$$

Essa equação baseou-se na hipótese de que a deflexão da viga no apoio de primeiro gênero em B seria zero. Na parte (b) deste exemplo, entretanto, a possibilidade de que o apoio sofra um recalque de 5 mm está sendo examinada. Essa é uma consideração muito prática. Todas as estruturas de edifícios são suportadas por fundações. Se essas fundações forem construídas em rocha sólida, poderá haver pouco ou nenhum recalque; entretanto, fundações suportadas por solo ou areia sempre apresentarão algum valor de recalque. Se todos os apoios sofrerem o mesmo recalque, a estrutura se deslocará como um corpo rígido e não haverá efeito algum sobre as forças e os momentos internos da estrutura. Entretanto, se um apoio tiver um recalque maior que os outros, então as reações e as forças internas na estrutura serão afetadas. A parte (b) deste exemplo examina a variação das forças de reação que ocorreria se o apoio de primeiro gênero em B sofresse um recalque de 5 mm maior do que os deslocamentos dos apoios A e C. Essa situação é denominada *recalque diferencial*.

O apoio de primeiro gênero em B sofre um recalque de 5 mm. A viga está conectada a esse apoio; portanto, a deflexão da viga em B deve ser $v_B = -5$ mm. A equação de compatibilidade do Exemplo 11.6 será revista para levar em consideração essa deflexão da viga diferente de zero em B:

$$v_B = -\frac{11PL^3}{96EI} + \frac{B_y L^3}{6EI} = -5 \text{ mm}$$

e se pode obter uma expressão para a força de reação em B:

$$B_y = \frac{6EI}{L^3}\left[-5 \text{ mm} + \frac{11PL^3}{96EI}\right] \tag{a}$$

Diferentemente dos exemplos anteriores, EI não pode ser cancelado nessa equação. O valor absoluto de B_y dependerá não apenas do valor absoluto do recalque no apoio, mas também das propriedades da viga em relação à flexão. Nessa equação, serão usados os seguintes valores

$$P = 240 \text{ kN} = 240.000 \text{ N}$$
$$L = 5 \text{ m} = 5.000 \text{ mm}$$
$$I = 351 \times 10^6 \text{ mm}^4$$
$$E = 200 \text{ GPa} = 200.000 \text{ MPa}$$

Substitua esses valores na Equação (a) e calcule B_y. Preste atenção especial para as unidades associadas a cada variável e certifique-se de que o cálculo está dimensionalmente consistente. Neste exemplo, todas as unidades de força serão convertidas em Newtons e todas as unidades de comprimento serão expressas em milímetros.

$$B_y = \frac{6(200.000 \text{ N/mm}^2)(351 \times 10^6 \text{ mm}^4)}{(5.000 \text{ mm})^3}\left[-5 \text{ mm} + \frac{11(240.000 \text{ N})(5.000 \text{ mm})^3}{96(200.000 \text{ N/mm}^2)(351 \times 10^6 \text{ mm}^4)}\right]$$
$$= (3.369{,}6 \text{ N/mm})[-5 \text{ mm} + 48{,}967 \text{ mm}]$$
$$= 148{,}152 \times 10^3 \text{ N} = 148{,}2 \text{ kN}$$

Resp.

O recalque de 5 mm no apoio B diminui a força de reação B_y de 165 kN para 148,2 kN. Os momentos fletores na viga também se modificarão em face do recalque do apoio. Se o apoio de primeiro gênero em B não sofresse recalque, o momento fletor máximo positivo na viga seria de 243,75 kN · m e o momento fletor máximo negativo seria −112,5 kN · m. Um recalque de 5 mm no apoio de primeiro gênero B modifica o momento fletor máximo positivo para 264,81 kN · m (um aumento de 8,6 %) e o momento fletor máximo negativo para −70,38 kN · m (um decréscimo de 37%). Esses valores mostram que um recalque diferencial relativamente pequeno pode produzir mudanças significativas nos momentos fletores da viga. O engenheiro deve estar atento para essas variações potenciais.

EXEMPLO 11.8

Uma viga tubular de aço estrutural [$E = 200$ GPa: $I = 300 \times 10^6$ mm^4] suporta uma carga uniformemente distribuída de 40 kN/m. A viga está fixa na extremidade esquerda e é suportada por um tirante maciço de alumínio [$E_1 = 70$ GPa] com 30 mm de diâmetro e 9 m de comprimento. Determine a tração no tirante de alumínio e a deflexão da viga em B.

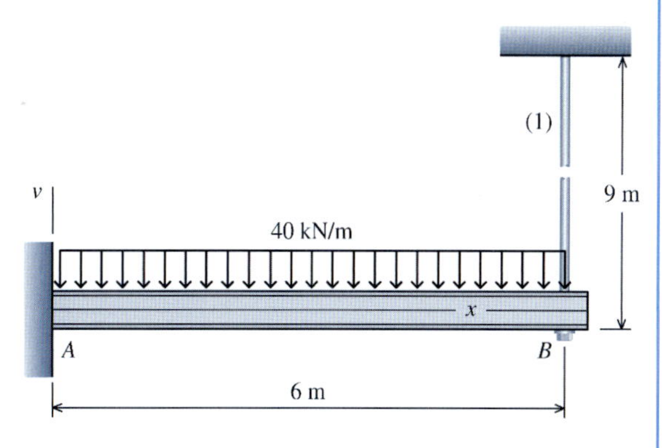

Planejamento da Solução

A viga em balanço está apoiada em B e ainda é suportada por um tirante. Diferentemente de um apoio de primeiro gênero, o tirante não é rígido — ele se estica em resposta a sua força de tração interna. Suportes como esse são denominados **apoios elásticos**. A deflexão da viga em B não será zero neste caso; em vez disso, a deflexão da viga será igual ao alongamento do tirante. Para analisar essa viga, selecione a força de reação fornecida pelo tirante como hiperestático. Removendo esse hiperestático resta uma viga em balanço como sistema principal. A seguir, serão examinados dois casos de vigas em balanço. No primeiro caso, será calculada a deflexão para baixo da viga em balanço em B em consequência da atuação da carga distribuída. O segundo caso considerará a deflexão para cima em B produzida pela força interna no tirante. Essas duas expressões serão adicionadas em uma equação de compatibilidade e sua soma será igualada à deflexão para baixo da extremidade esquerda do tirante, que é simplesmente igual ao seu alongamento. Como o alongamento do tirante depende de sua força interna, a equação de compatibilidade conterá dois termos que incluem a força desconhecida no tirante. Uma vez determinada a força no tirante por meio da equação de compatibilidade, a deflexão da viga em B poderá ser calculada.

SOLUÇÃO

Caso 1 — Viga em Balanço com Carga Uniformemente Distribuída

Remova o hiperestático da força no tirante e considere uma viga em balanço sujeita a uma carga uniformemente distribuída. Deve ser determinada a deflexão dessa viga em B. Do Apêndice C, a deflexão máxima da viga (que ocorre em B) é dada por

$$v_{máx} = v_B = -\frac{wL^4}{8EI} \qquad \text{(a)}$$

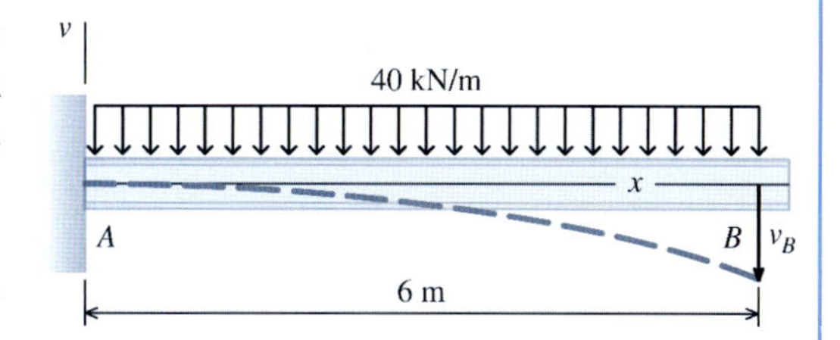

Caso 2 — Viga em Balanço com Carga Concentrada

O tirante fornece a força de reação para a viga em balanço em B. Considere a viga em balanço sujeita a essa força de reação para cima B_y. Do Apêndice C, a deflexão máxima da viga (que ocorre em B) devida à carga concentrada aplicada na extremidade do balanço é dada por

$$v_{máx} = v_B = -\frac{PL^3}{3EI} = -\frac{(-B_y)L^3}{3EI} = \frac{B_yL^3}{3EI} \qquad \text{(b)}$$

Equação de Compatibilidade

A expressão desenvolvida para v_B nos dois casos [Equações (a) e (b)] são combinadas em uma equação de compatibilidade:

$$v_B = -\frac{wL^4}{8EI} + \frac{B_yL^3}{3EI} \neq 0 \qquad \text{(c)}$$

Entretanto, nesta ocasião, a deflexão da viga em B não será igual a zero, como seria se houvesse um apoio de primeiro gênero em B. A viga é suportada em B por um elemento sujeito a força axial que se alongará; consequentemente, devemos determinar o quanto o tirante se alongará nessa situação.

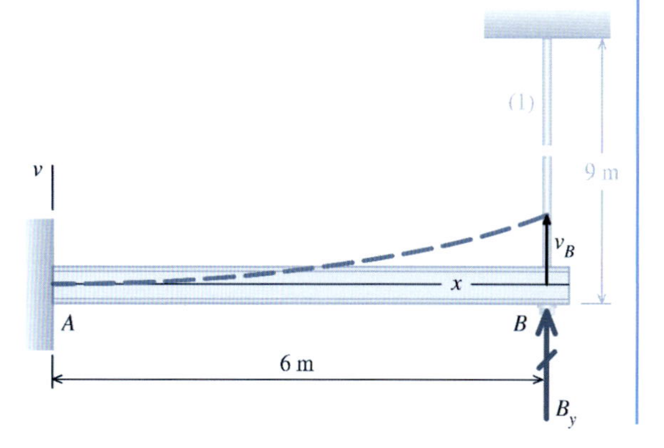

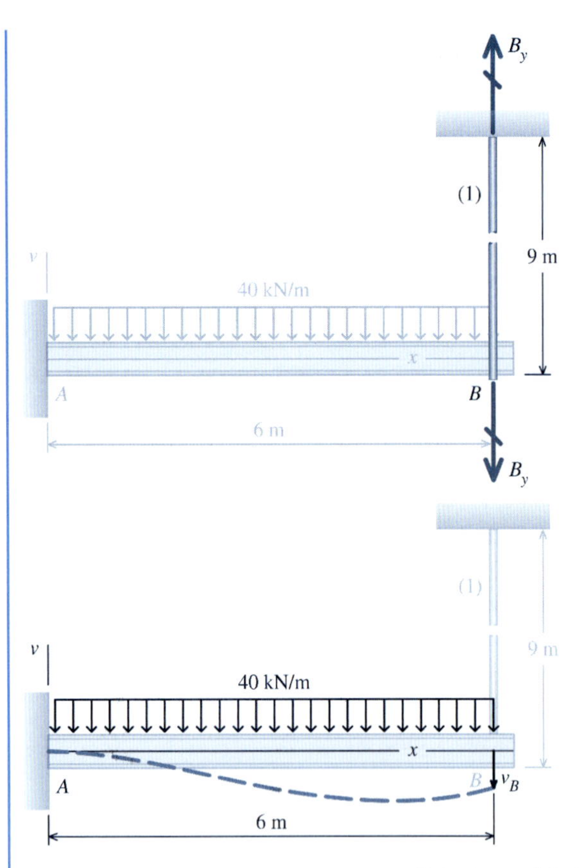

Considere um diagrama de corpo livre do tirante de alumínio. Em geral, o alongamento produzido no tirante (1) é dado por

$$\delta_1 = \frac{F_1 L_1}{A_1 E_1}$$

O tirante exerce uma força para cima B_y na viga em balanço. Por sua vez, a viga em balanço exerce uma força de mesmo módulo e em sentido oposto no tirante. Portanto, a deformação do tirante (1) pode ser enunciado em termos da força de reação B_y como

$$\delta_1 = \frac{B_y L_1}{A_1 E_1}$$

Quando o tirante (1) se alonga devido à força que age sobre ele, sua extremidade inferior sofre um abaixamento. Como a viga é suportada pelo tirante, a viga também tem um abaixamento nesse ponto. A equação de compatibilidade [Equação (c)] deve ser ajustada para levar em conta o alongamento do tirante.

$$v_B = -\frac{wL^4}{8EI} + \frac{B_y L^3}{3EI} = \frac{B_y L_1}{A_1 E_1} \quad \text{(d)}$$

Essa equação não está correta. O erro é sutil, mas importante. **Qual o erro da Equação (d)?**

O sentido de baixo para cima foi definido como positivo para os deslocamentos transversais de vigas. Quando o tirante (1) se alonga, o ponto B (a extremidade inferior do tirante) se move para baixo. Como a equação de compatibilidade se refere aos deslocamentos transversais da *viga*, o termo do tirante no lado direito da equação deve ter um sinal negativo:

$$v_B = -\frac{wL^4}{8EI} + \frac{B_y L^3}{3EI} = -\frac{B_y L_1}{A_1 E_1} \quad \text{(e)}$$

O único termo desconhecido nessa equação é a força no tirante; isto é, B_y. Reorganize essa equação para obter

$$B_y\left[\frac{L^3}{3EI} + \frac{L_1}{A_1 E_1}\right] = \frac{wL^4}{8EI} \quad \text{(f)}$$

Antes de iniciar o cálculo, preste atenção especial para os termos L_1, A_1 e E_1. Esses termos são propriedades do *tirante* — não da viga. Um erro comum nesse tipo de problema é usar o módulo de elasticidade da viga E tanto para a viga como para o tirante.

Calcule a força de reação que o tirante aplica à viga usando os seguintes valores:

Propriedades da viga	**Propriedades do tirante**
$w = 40$ kN/m $= 40$ N/mm	$L_1 = 9$ m $= 9.000$ mm
$L = 6$ m $= 6.000$ mm	$d_1 = 30$ mm
$I = 300 \times 10^6$ mm^4	$A_1 = 706{,}858$ mm^2
$E = 200$ GPa $= 200.000$ N/mm^2	$E_1 = 70$ GPa $= 70.000$ N/mm^2

Substitua esses valores na Equação (f) e calcule $B_y = 78.153{,}8$ N $= 78{,}2$ kN.

Portanto, a força axial interna no tirante é 78,2 kN (T). **Resp.**

A deflexão da viga em B pode ser calculada por meio da Equação (e) como

$$v_B = -\frac{B_y L_1}{A_1 E_1} = -\frac{(78.153{,}8 \text{ N})(9.000 \text{ mm})}{(706{,}858 \text{ mm}^2)(70.000 \text{ N/mm}^2)} = -14{,}22 \text{ mm} = 14{,}22 \text{ mm} \downarrow \quad \textbf{Resp.}$$

Exemplo do MecMovies M11.4

Determine as reações na viga simplesmente apoiada com um apoio elástico no meio do vão.

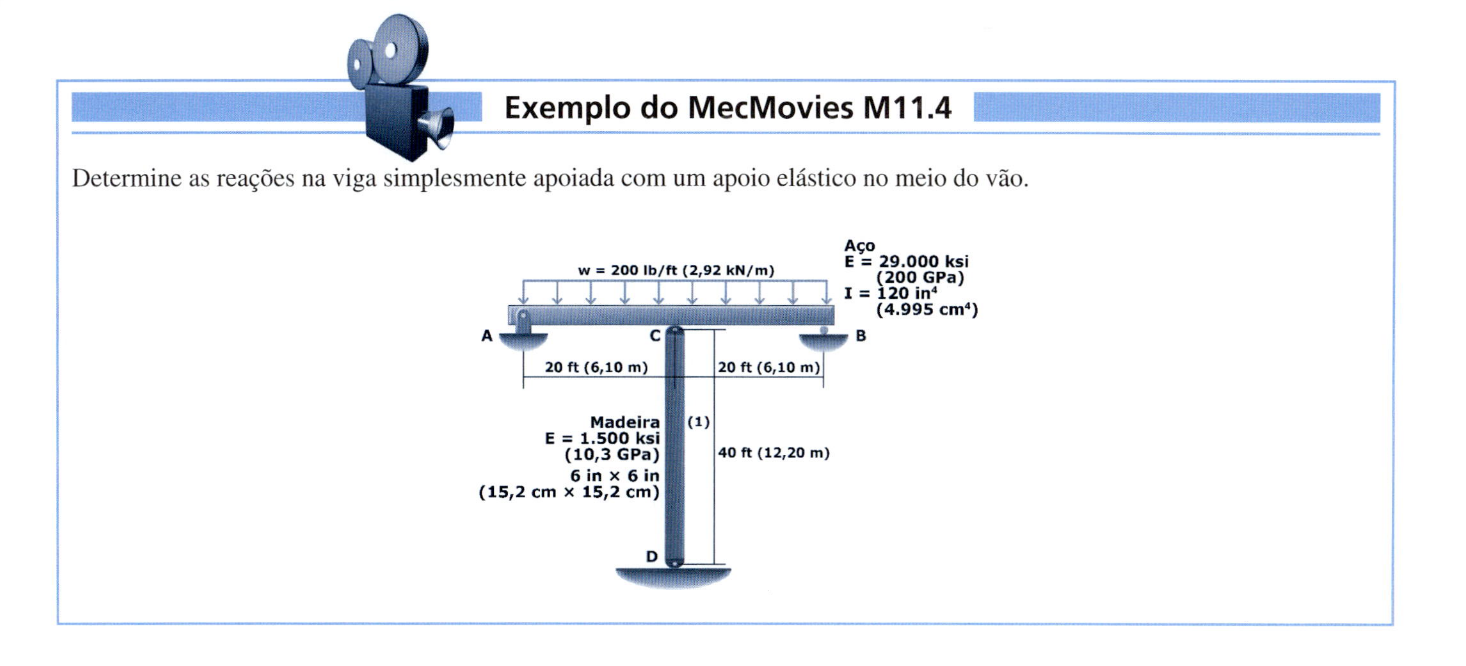

EXERCÍCIOS do MecMovies

M11.1 **Vigas Engastadas e Apoiadas (Propped Cantilevers).** Determine a reação no apoio de primeiro gênero de uma viga engastada e apoiada. Em cada configuração, a reação no apoio de primeiro gênero pode ser determinada usando a superposição de dois casos; viga em balanço com P e viga em balanço com w.

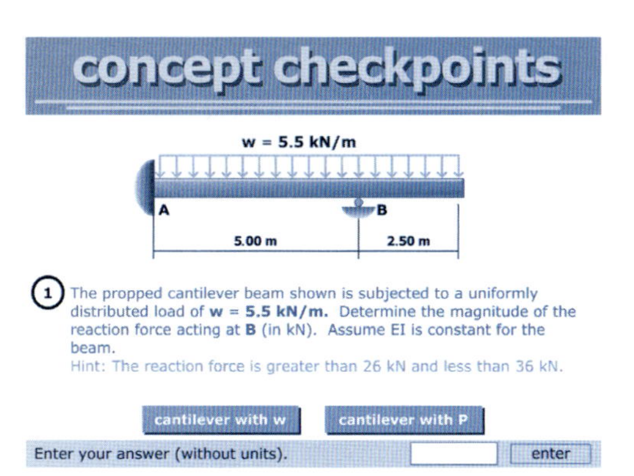

FIGURA M11.1

M11.2 **Viga com Três Apoios (Beam on Three Supports).** Use a superposição para determinar a reação de um apoio de primeiro gênero de uma viga contínua com três apoios.

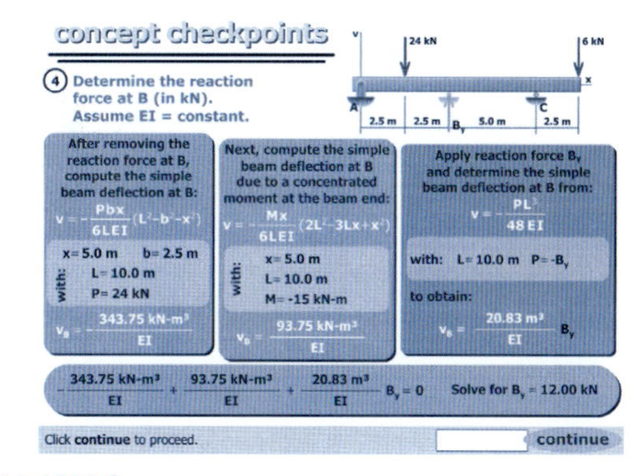

FIGURA M11.2

PROBLEMAS

P11.28 Para as vigas e os carregamentos mostrados a seguir, admita que $EI = 3{,}0 \times 10^4$ kN · m² seja constante para cada viga.

(a) Para a viga da Figura P11.28*a*, determine a força concentrada P de baixo para cima exigida para fazer com que a deflexão total da viga em B seja igual a zero (isto é, $v_B = 0$).

(b) Para a viga da Figura P11.28*b*, determine o momento concentrado M exigido para fazer com que a inclinação total da tangente à elástica da viga em A seja igual a zero (isto é, $\theta_A = 0$).

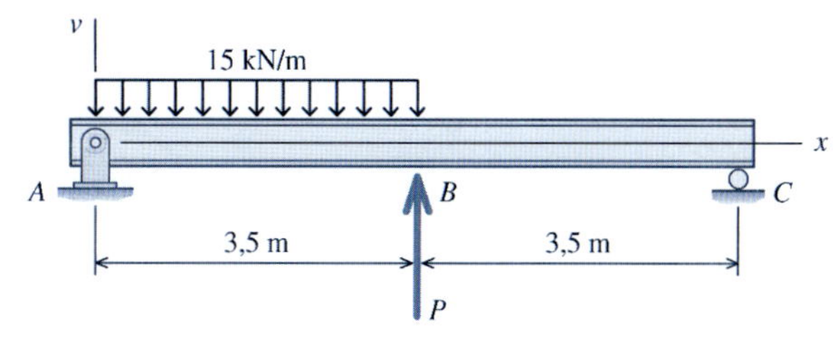

FIGURA P11.28*a*

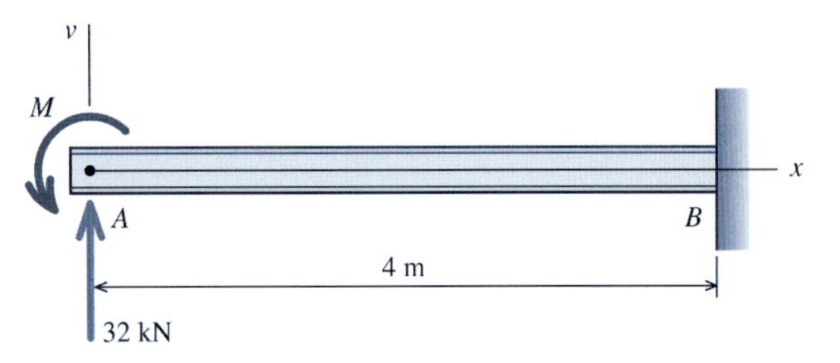

FIGURA P11.28*b*

P11.29 Para as vigas e os carregamentos mostrados a seguir, admita que $EI = 5{,}0 \times 10^6$ kip · in² (14.349 kN · m²) seja constante para cada viga.

(a) Para a viga da Figura P11.29*a*, determine a força concentrada *P* de baixo para cima exigida para fazer com que a deflexão total da viga em *B* seja igual a zero (isto é, $v_B = 0$).

(b) Para a viga da Figura P11.29*b*, determine o momento concentrado *M* exigido para fazer com que a inclinação total da tangente à elástica da viga em *C* seja igual a zero (isto é, $\theta_C = 0$).

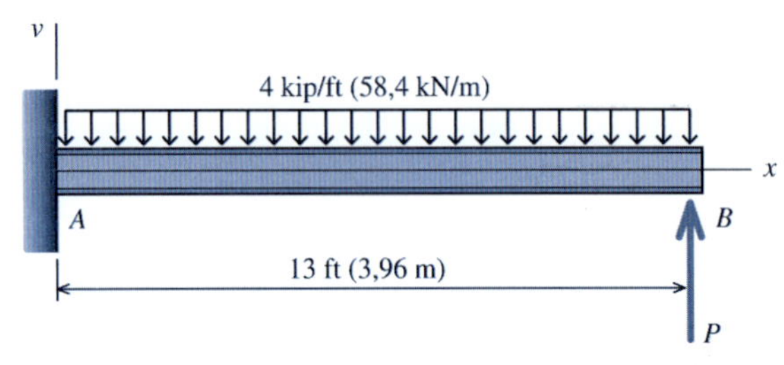

FIGURA P11.29*a*

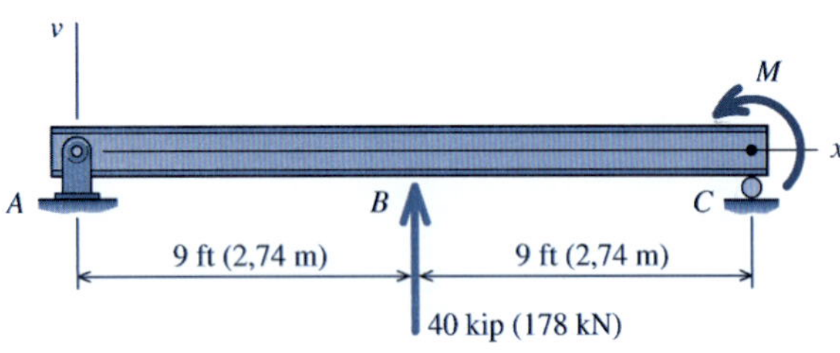

FIGURA P11.29*b*

P11.30 Para as vigas e os carregamentos mostrados a seguir, admita que $EI = 5{,}0 \times 10^4$ kN · m² seja constante para cada viga.

(a) Para a viga da Figura P11.30*a*, determine a força concentrada *P* de cima para baixo exigida para fazer com que a deflexão total da viga em *B* seja igual a zero (isto é, $v_B = 0$).

(b) Para a viga da Figura P11.30*b*, determine o momento concentrado *M* exigido para fazer com que a inclinação total da tangente à elástica da viga em *A* seja igual a zero (isto é, $\theta_A = 0$).

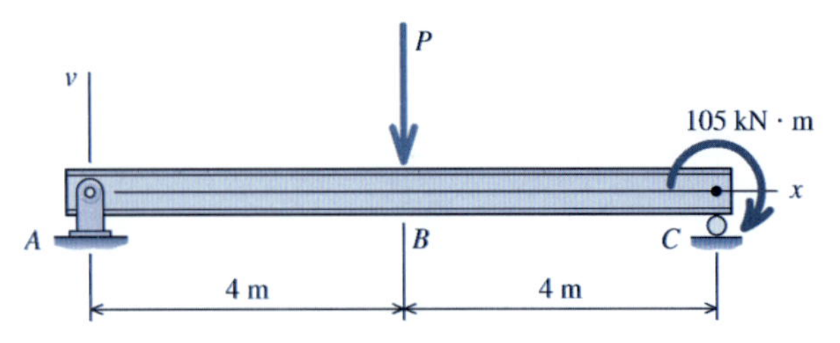

FIGURA P11.30*a*

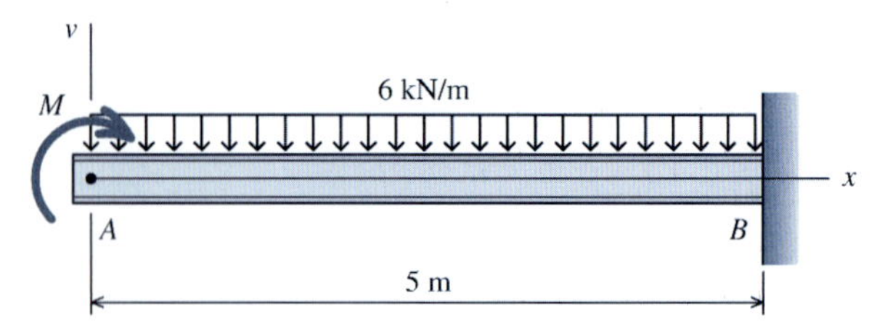

FIGURA P11.30*b*

P11.31 Para as vigas e os carregamentos mostrados a seguir, admita que $EI = 8{,}0 \times 10^6$ kip · in² (22.959 kN · m²) seja constante para cada viga.

(a) Para a viga da Figura P11.31*a*, determine a força concentrada *P* de cima para baixo exigida para fazer com que a deflexão total da viga em *B* seja igual a zero (isto é, $v_B = 0$).

(b) Para a viga da Figura P11.31*b*, determine o momento concentrado *M* exigido para fazer com que a inclinação total da tangente à elástica da viga em *A* seja igual a zero (isto é, $\theta_A = 0$).

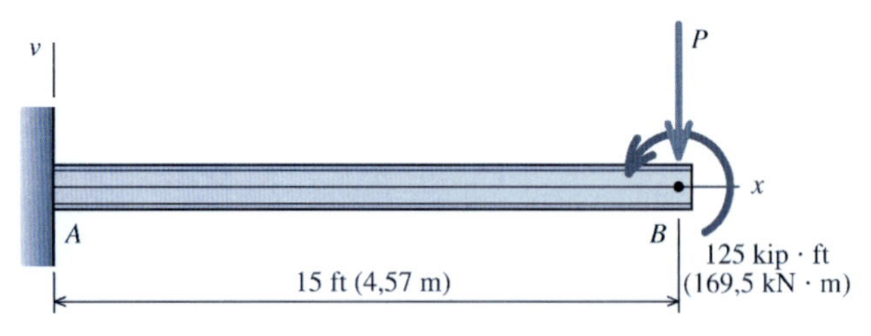

FIGURA P11.31*a*

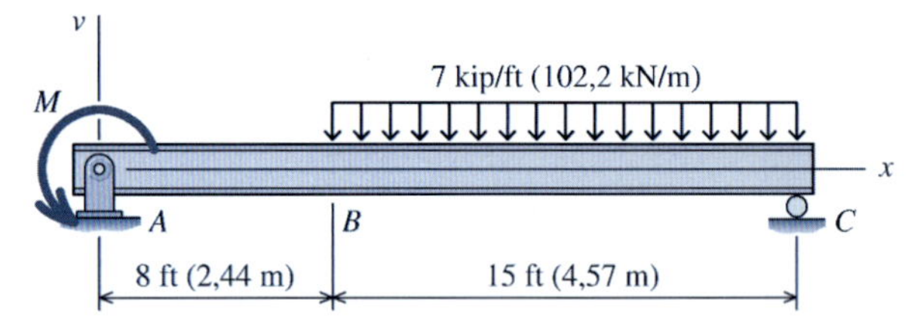

FIGURA P11.31*b*

P11.32-P11.36 Para a viga e os carregamentos mostrados nas Figuras P11.32-P11.36, obtenha uma expressão para as reações nos apoios *A* e *B*. Admita que *EI* seja constante para a viga.

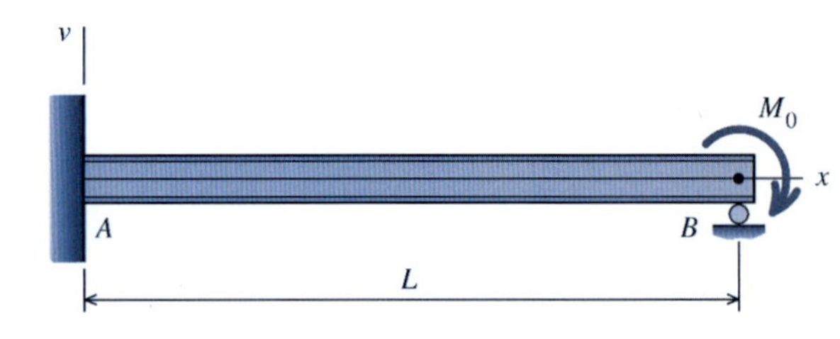

FIGURA P11.32

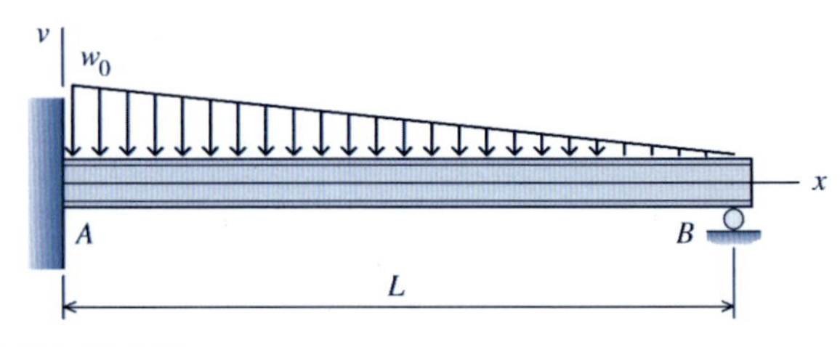

FIGURA P11.33

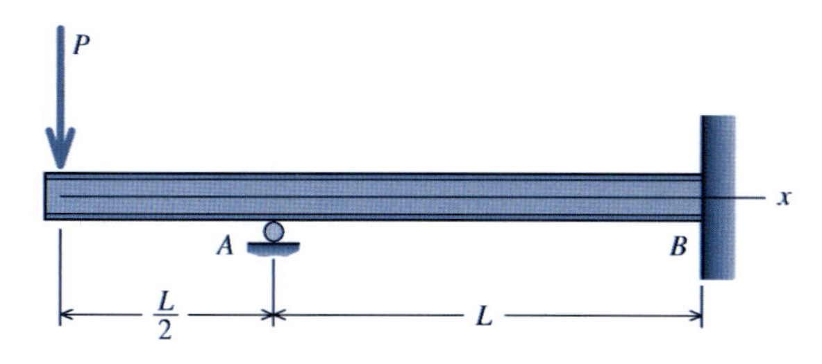

FIGURA P11.34

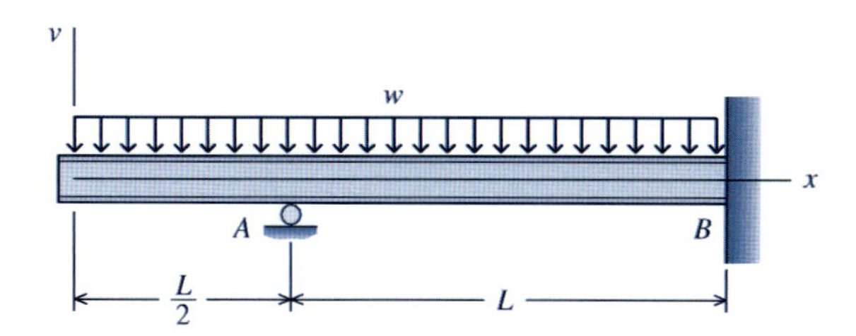

FIGURA P11.35

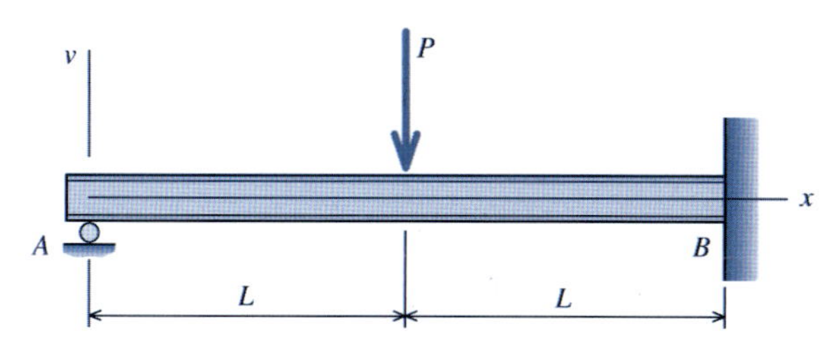

FIGURA P11.36

P11.37 e P11.38 Para a viga e os carregamentos mostrados nas Figuras P11.37 e P11.38, obtenha uma expressão para as reações nos apoios A e C. Admita que EI seja constante para a viga.

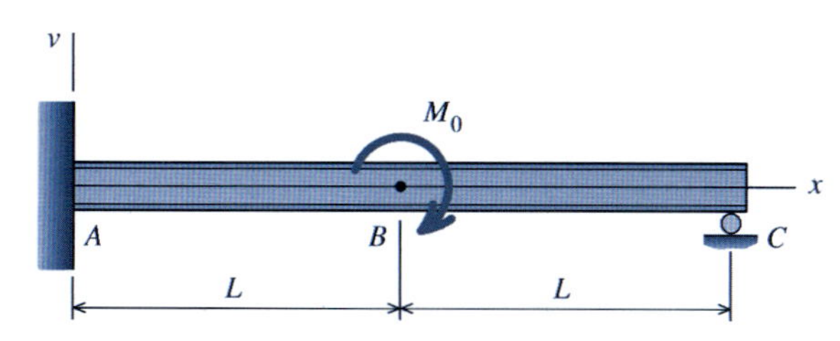

FIGURA P11.37

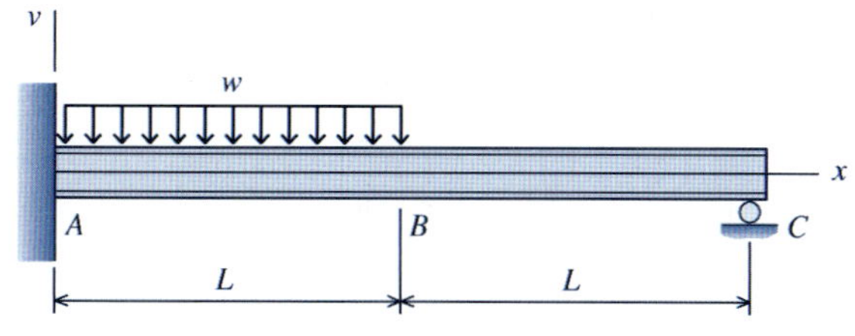

FIGURA P11.38

P11.39 Para a viga e o carregamento mostrado na Figura P11.39, obtenha uma expressão para as forças de reação em A, C e D. Admita que EI seja constante para a viga. (*Lembrete:* O símbolo de rolete, significando um apoio de primeiro gênero, indica que tanto os deslocamentos para cima como para baixo estão restritos.)

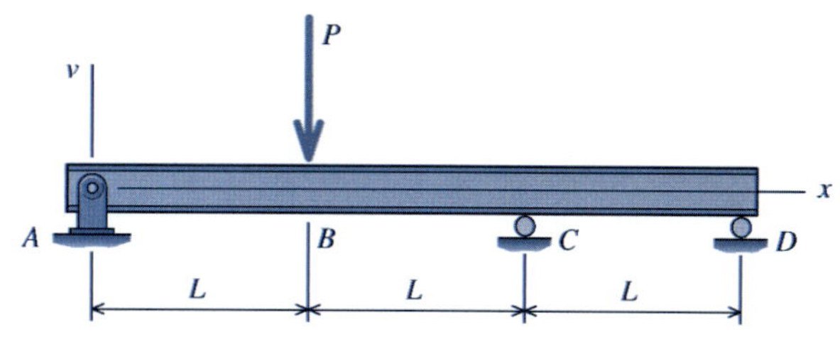

FIGURA P11.39

P11.40-P11.44 Para a viga e os carregamentos mostrados nas Figuras P11.40-P11.44, obtenha uma expressão para a força de reação em B. Admita que EI seja constante para a viga. (*Lembrete:* O símbolo de rolete, significando um apoio de primeiro gênero, indica que tanto os deslocamentos para cima como para baixo estão restritos.)

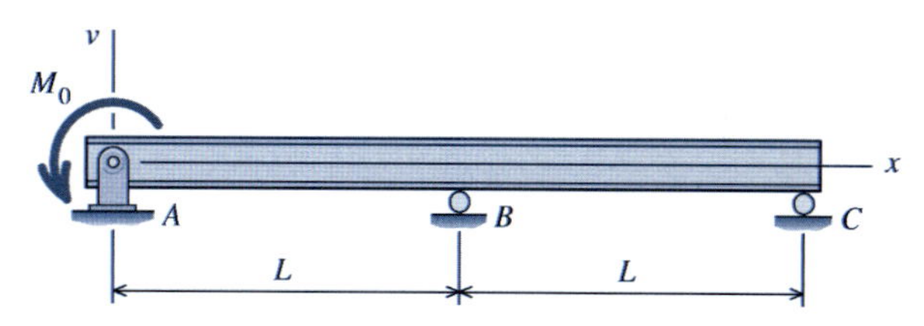

FIGURA P11.40

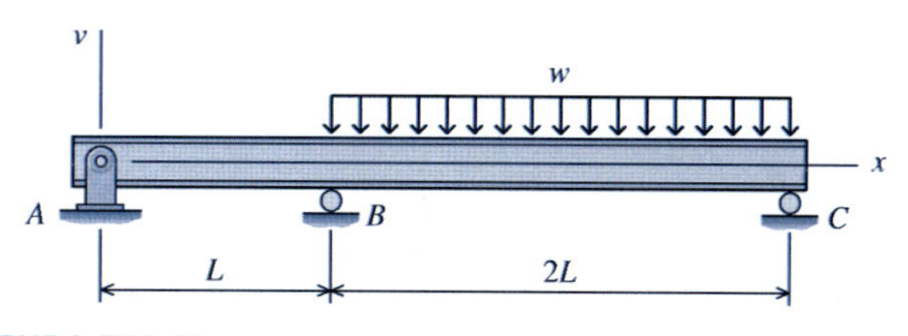

FIGURA P11.41

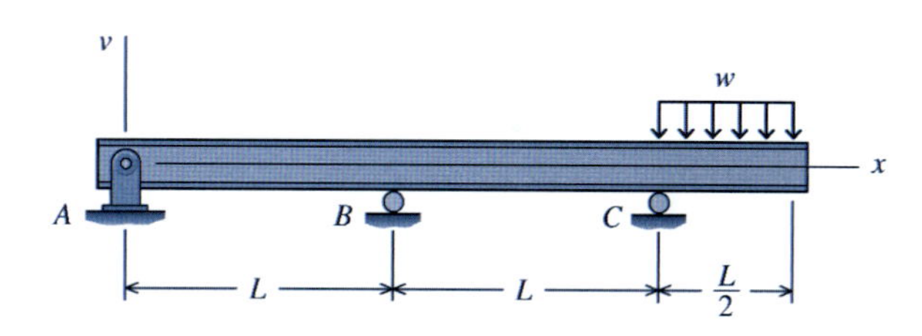

FIGURA P11.42

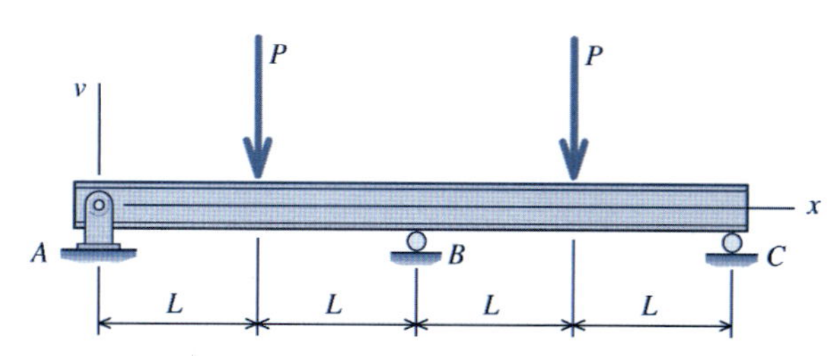

FIGURA P11.43

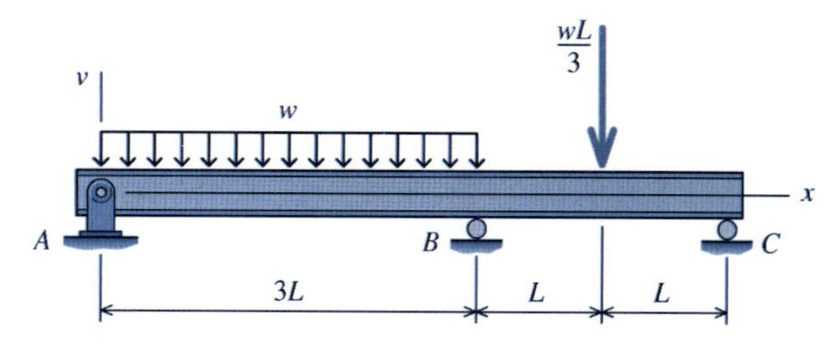

FIGURA P11.44

P11.45 A viga mostrada na Figura P11.45 consiste em um perfil de abas largas W360 × 79 de aço estrutural [E = 200 GPa; I = 225 × 10^6 mm^4]. Para o carregamento mostrado, determine:

(a) as reações em A, B e C.

(b) o valor absoluto da tensão normal máxima causada pela flexão da viga.

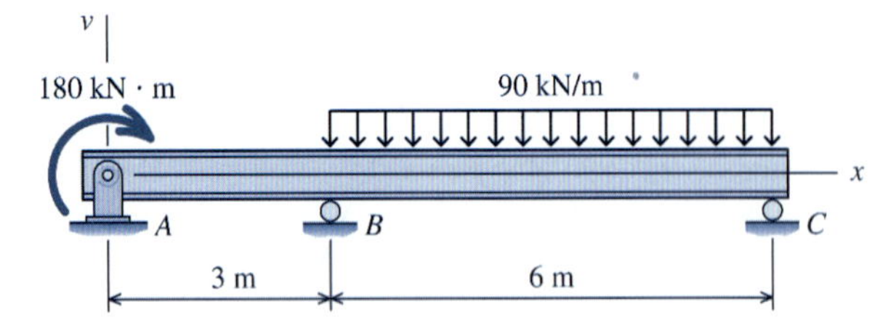

FIGURA P11.45

P11.46 A viga mostrada na Figura P11.46 consiste em um perfil de abas largas W610 × 140 de aço estrutural [E = 200 GPa; I = 1.120 × 10^6 mm^4]. Para o carregamento mostrado, determine:

(a) as reações em A, B e D.

(b) o valor absoluto da tensão normal máxima causada pela flexão da viga.

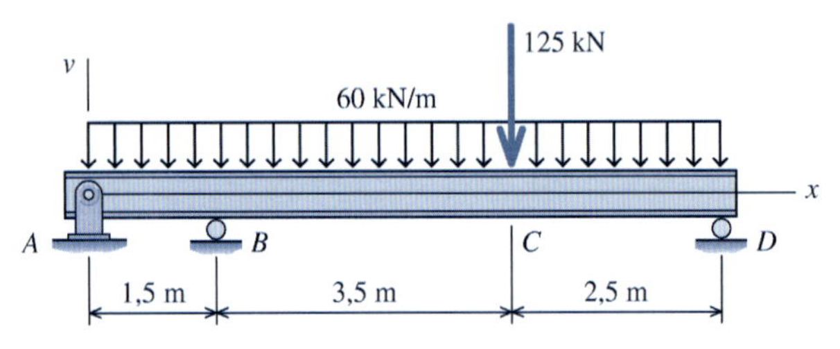

FIGURA P11.46

P11.47 Uma viga engastada e apoiada é carregada conforme ilustrado na Figura P11.47. Determine as reações em A e D para a viga. Admita EI = 12,8 × 10^6 lb · in² (36.734 N · m²).

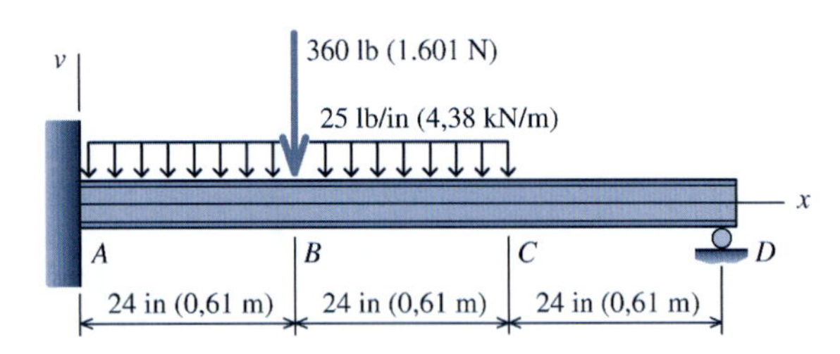

FIGURA P11.47

P11.48 Uma viga engastada e apoiada é carregada conforme ilustrado na Figura P11.48. Admita EI = 24 × 10^6 kip · in² (68.876 kN · m²). Determine:

(a) as reações em B e C para a viga.

(b) a deflexão em A.

P11.49 Uma viga engastada e apoiada é carregada conforme ilustrado na Figura P11.49. Admita EI = 86,4 × 10^6 N · mm². Determine:

(a) as reações em A e C para a viga.

(b) a deflexão em B.

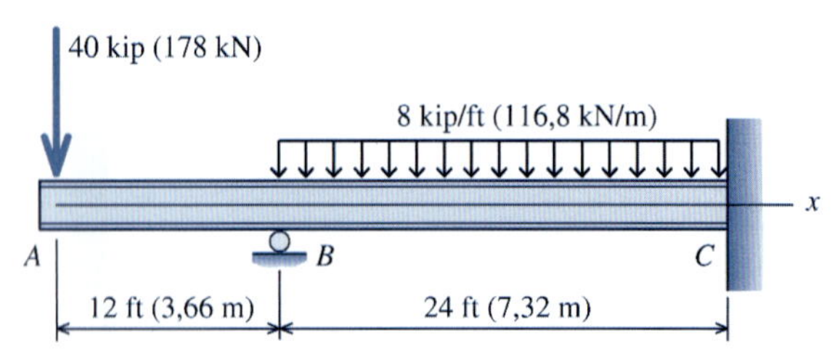

FIGURA P11.48

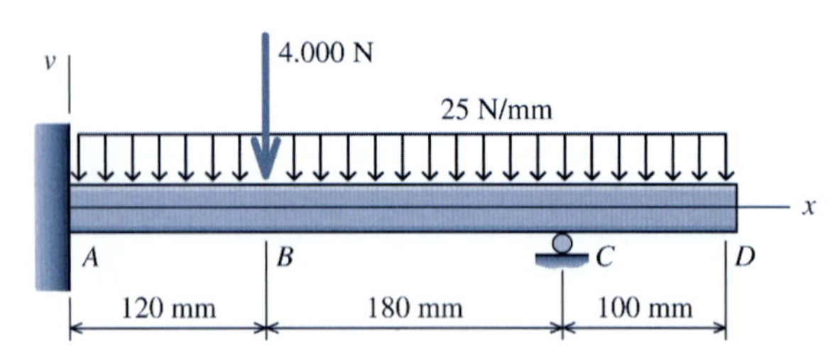

FIGURA P11.49

P11.50 A viga mostrada na Figura P11.50 consiste em um perfil de abas largas W610 × 82 de aço estrutural [E = 200 GPa; I = 562 × 10^6 mm^4]. Para o carregamento mostrado, determine:

(a) a força de reação em C.

(b) a deflexão da viga em A.

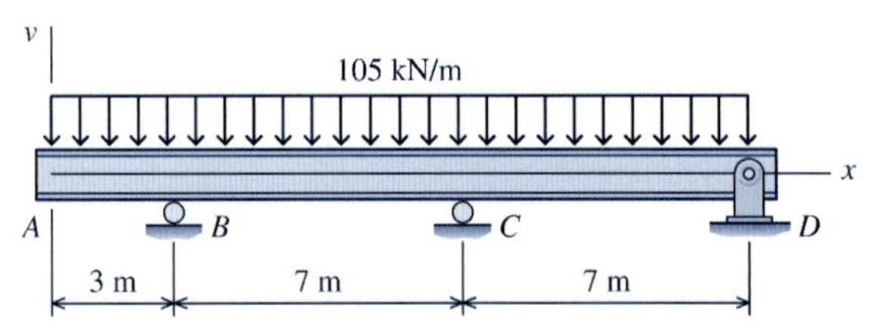

FIGURA P11.50

P11.51 A viga mostrada na Figura P11.51 consiste em um perfil de abas largas W8 × 15 de aço estrutural [E = 29.000 ksi (200 GPa); I = 48 in^4 (2.000 cm^4)]. Para o carregamento mostrado, determine:

(a) as reações em A e B.

(b) o valor absoluto da tensão normal máxima causada pela flexão da viga.

(*Lembrete:* O símbolo de rolete, significando um apoio de primeiro gênero, indica que tanto os deslocamentos para cima como para baixo estão restritos.)

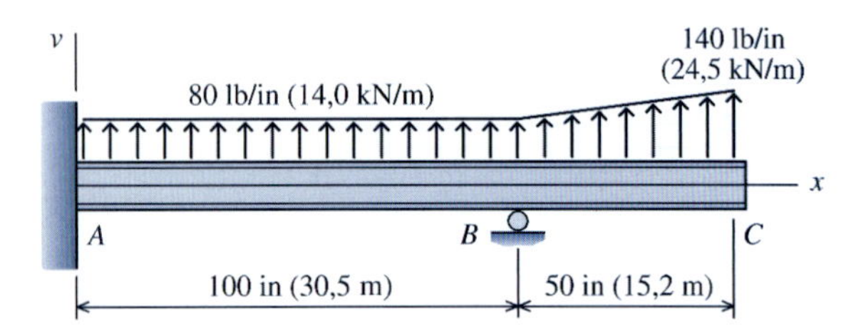

FIGURA P11.51

P11.52 A viga mostrada na Figura P11.52 consiste em um perfil de abas largas W24 × 94 de aço estrutural [E = 29.000 ksi (200 GPa); I = 2.700 in^4 (112.382 cm^4)]. Para o carregamento mostrado, determine:

(a) as reações em A e D.

(b) o valor absoluto da tensão normal máxima causada pela flexão da viga.

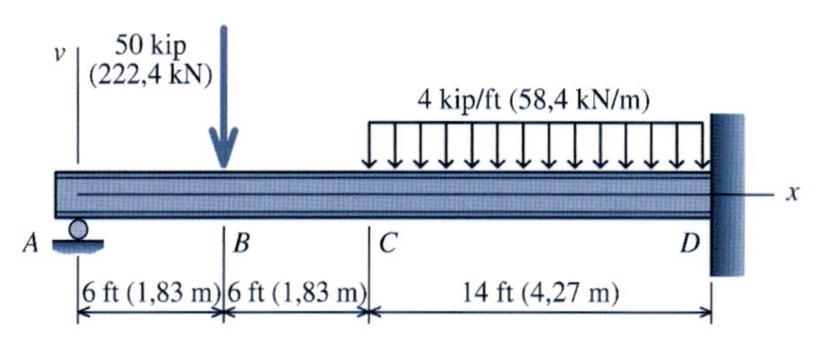

FIGURA P11.52

P11.53 O eixo maciço de aço [E = 200 GPa] com 20 mm de diâmetro mostrado na Figura P11.53 suporta duas roldanas de correias. Admita que o suporte em A possa ser considerado um apoio de segundo gênero e que os suportes em C e E possam ser considerados apoios de primeiro gênero. Para o carregamento mostrado, determine:

(a) as forças de reação nos apoios A, C e E.

(b) o valor absoluto da tensão normal máxima causada pela flexão do eixo.

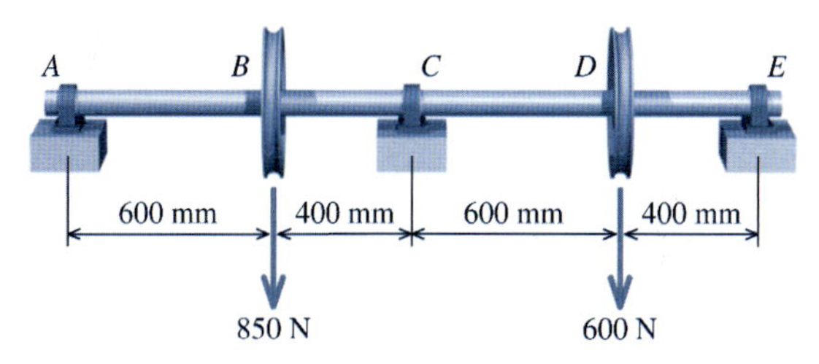

FIGURA P11.53

P11.54 O eixo maciço de aço [E = 29.000 ksi (200 GPa)] com 1,00 in (2,54 cm) de diâmetro mostrado na Figura P11.54 suporta três roldanas de correias. Admita que o suporte em A possa ser considerado um apoio de segundo gênero e que os suportes em C e E possam ser considerados apoios de primeiro gênero. Para o carregamento mostrado, determine:

(a) as forças de reação nos apoios A, C e E.

(b) o valor absoluto da tensão normal máxima causada pela flexão do eixo.

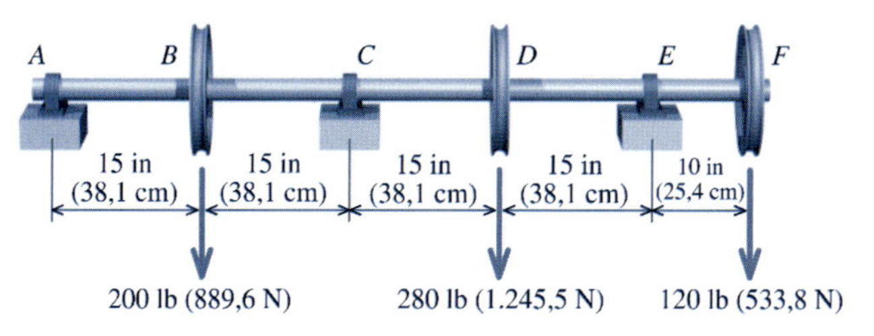

FIGURA P11.54

P11.55 O eixo maciço de aço [E = 29.000 ksi (200 GPa)] com 1,00 in (2,54 cm) de diâmetro mostrado na Figura P11.55 suporta duas roldanas de correias. Admita que o suporte em E possa ser considerado um apoio de segundo gênero e que os suportes em B e C possam ser considerados apoios de primeiro gênero. Para o carregamento mostrado, determine:

(a) as forças de reação nos apoios B, C e E.

(b) o valor absoluto da tensão normal máxima causada pela flexão do eixo.

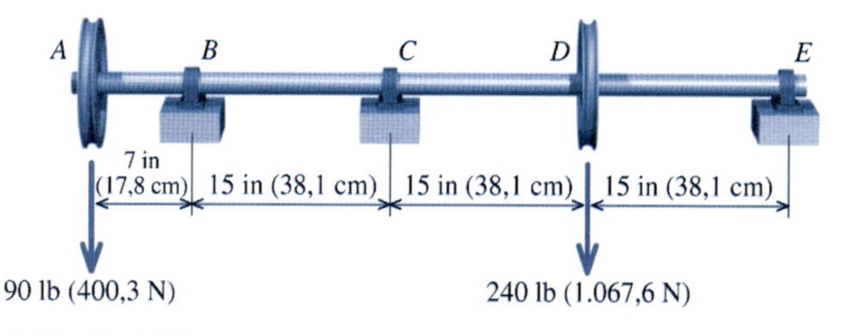

FIGURA P11.55

P11.56 A viga mostrada na Figura P11.56 consiste em um perfil de abas largas W360 × 101 de aço estrutural [E = 200 GPa; $I = 301 \times 10^6$ mm⁴]. Para o carregamento mostrado, determine:

(a) as reações em A e B.

(b) o valor absoluto da tensão normal máxima causada pela flexão da viga.

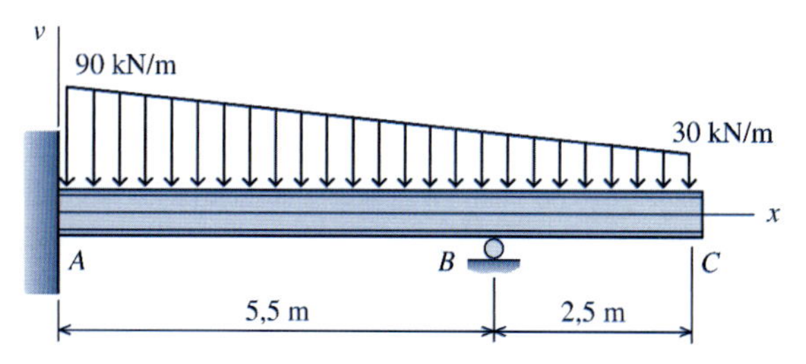

FIGURA P11.56

P11.57 e P11.58 Um perfil de abas largas W530 × 92 de aço estrutural [E = 200 GPa; $I = 554 \times 10^6$ mm⁴] é carregado e apoiado conforme ilustram as Figuras P11.57 e P11.58. Determine:

(a) as reações de força e momento nos apoios A e C.

(b) a tensão normal máxima causada pela flexão da viga.

(c) a deflexão da viga em B.

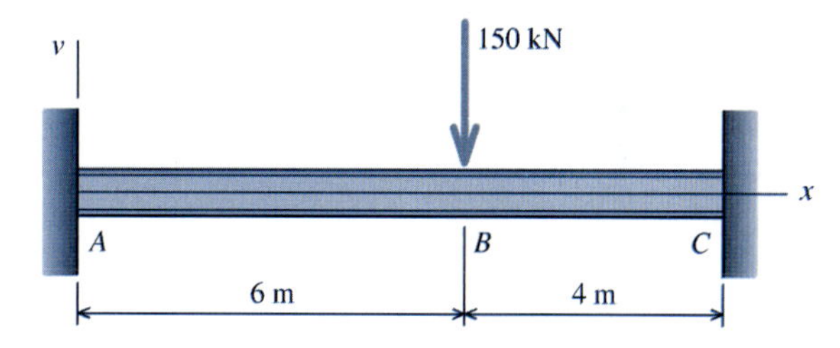

FIGURA P11.57

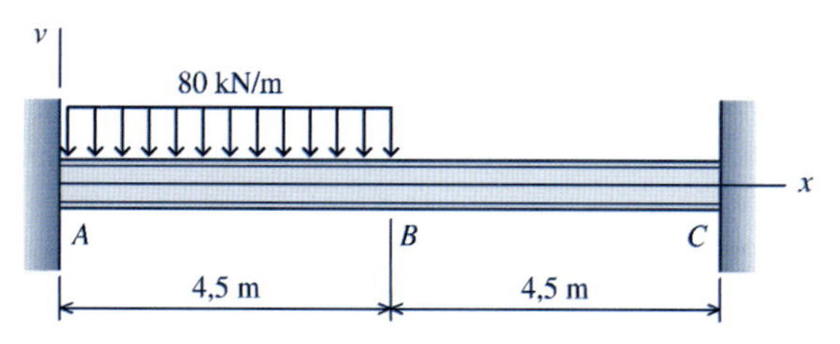

FIGURA P11.58

P11.59 Uma viga de madeira [E = 1.800 ksi] é carregada e apoiada conforme mostra a Figura P11.59. A seção transversal da viga de madeira possui 4 in (10,2 cm) de largura e 8 in (20,4 cm) de altura. A viga é suportada em B por uma haste de aço [E = 30.000 ksi (207 GPa)] com 1/2 in (1,27 cm) de diâmetro, que não está carregada até ser aplicada uma carga distribuída na viga. Depois de a carga distribuída de 900 lb/ft (13,1 kN/m) ser aplicada à viga, determine:

(a) a força suportada pela haste de aço.
(b) a tensão normal máxima causada pela flexão da viga de madeira.
(c) a deflexão da viga em B.

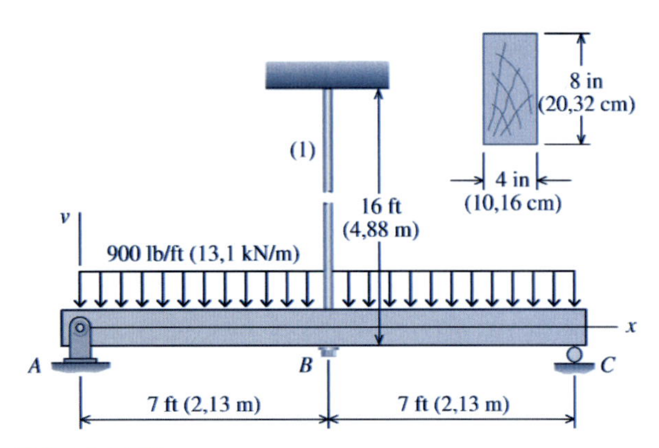

FIGURA P11.59

P11.60 Um perfil de abas largas W360 × 72 de aço estrutural [E = 200 GPa] é carregado e apoiado de acordo com a Figura P11.60. A viga é suportada em B por uma haste maciça de alumínio [E = 70 GPa] com 20 mm de diâmetro. Depois de uma carga concentrada de 40 kN ser aplicada à extremidade do balanço, determine:

(a) a força produzida na haste de alumínio.
(b) a tensão normal máxima causada pela flexão da viga.
(c) a deflexão da viga em B.

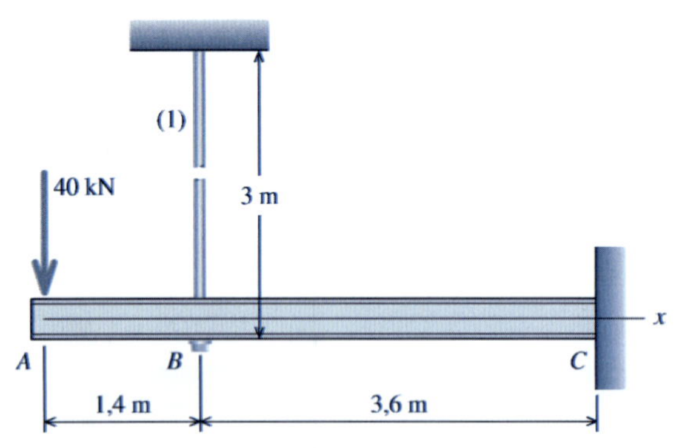

FIGURA P11.60

P11.61 Um perfil de abas largas W18 × 55 de aço estrutural [E = 29.000 ksi] é carregado e apoiado de acordo com a Figura P11.61. A viga é suportada em C por uma haste de alumínio [E = 10.000 ksi (69 GPa)] com 3/4 in (1,91 cm) de diâmetro, que não está carregada até ser aplicada uma carga distribuída na viga. Depois de uma carga concentrada de 4 kip/ft (58,4 kN/m) ser aplicada à viga, determine:

(a) a força suportada pela haste de alumínio.
(b) a tensão normal máxima causada pela flexão na viga de aço.
(c) a deflexão da viga em C.

P11.62 Um perfil de abas largas W250 × 32,7 de aço estrutural [E = 200 GPa] é carregado e apoiado de acordo com a Figura P11.62. Uma carga uniformemente distribuída de 16 kN/m é aplicada à viga, fazendo com que o apoio de primeiro gênero (rolete) em B tenha um recalque (isto é, se desloque para baixo) de 15 mm. Determine:

(a) as reações nos apoios A, B e C.
(b) a tensão normal máxima causada pela flexão da viga.

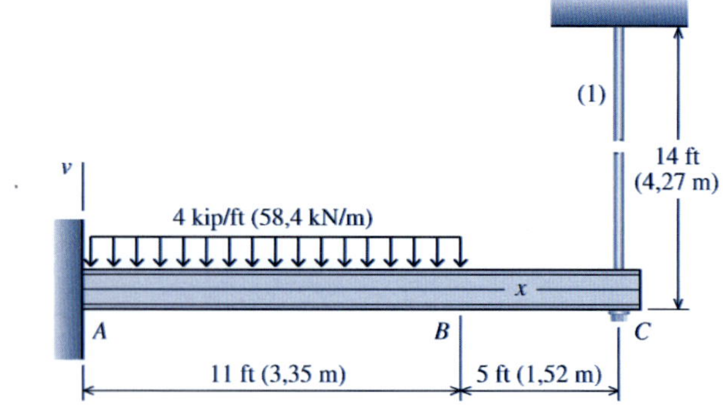

FIGURA P11.61

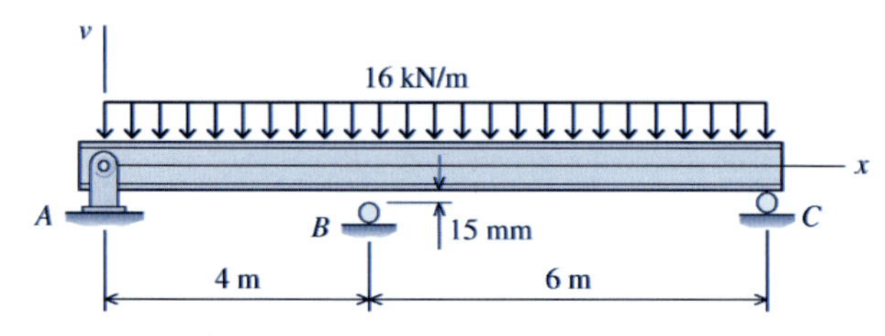

FIGURA P11.62

P11.63 Um perfil de abas largas W10 × 22 de aço estrutural [E = 29.000 ksi] é carregado e apoiado de acordo com a Figura P11.63. A viga é suportada em C por uma coluna de madeira [E = 1.800 ksi (12,4 GPa)] que tem seção transversal de 16 in² (103,2 cm²). Depois de uma carga concentrada de 10 kip (44,5 kN) ser aplicada à viga, determine:

(a) a reação nos apoios A e C.
(b) a tensão normal máxima causada pela flexão na viga.
(c) a deflexão da viga em C.

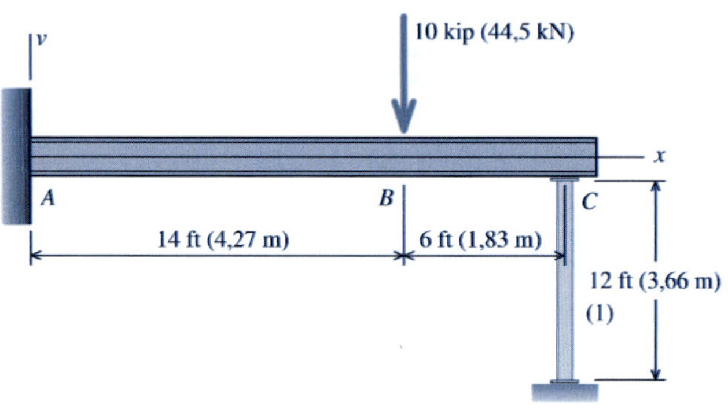

FIGURA P11.63

P11.64 Uma viga de madeira [E = 12 GPa] é carregada e apoiada conforme mostra a Figura P11.64. A seção transversal da viga de madeira possui 100 mm de largura e 300 mm de altura. A viga é apoiada em B por uma haste de aço [E = 200 GPa] com 12 mm de diâmetro, que não está carregada até ser aplicada uma carga distribuída na viga. Depois de uma carga distribuída de 7 kN/m ser aplicada à viga, determine:

(a) a força suportada pela haste de aço.
(b) a tensão normal máxima causada pela flexão na viga de madeira.
(c) a deflexão da viga em B.

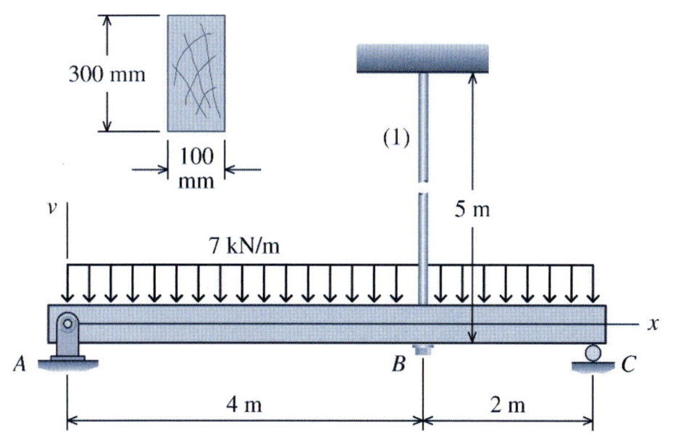

FIGURA P11.64

P11.65 Um perfil de abas largas W360 × 72 de aço estrutural [E = 200 GPa] é carregado e apoiado de acordo com a Figura P11.65. A viga é suportada em B por uma coluna de madeira [E = 12 GPa] que tem seção transversal de 20.000 mm². Depois de uma carga concentrada de 50 kN/m ser aplicada à viga, determine:

(a) as reações nos apoios A, B e C.
(b) a tensão normal máxima causada pela flexão na viga.
(c) a deflexão da viga em B.

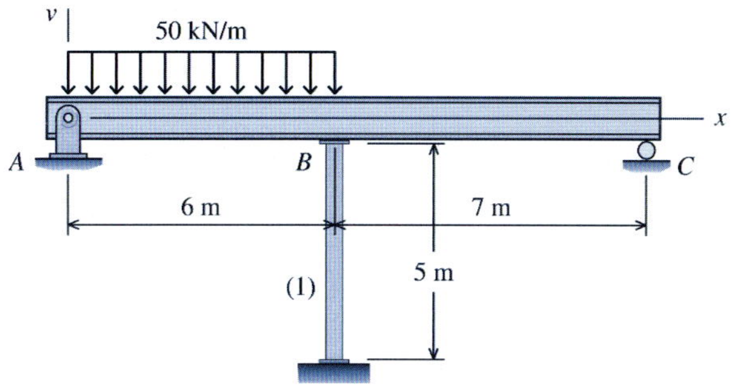

FIGURA P11.65

P11.66 Uma viga de madeira [E = 1.800 ksi] é carregada e apoiada conforme mostra a Figura P11.66. A seção transversal da viga de madeira possui 4 in (10,2 cm) de largura e 8 in (20,4 cm) de altura. A viga é suportada em B por uma haste de alumínio [E = 10.000 ksi (69 GPa)] com 3/4 in (1,91 cm) de diâmetro, que não está carregada até ser aplicada uma carga distribuída na viga. Depois de uma carga distribuída de 800 lb/ft (11,7 kN/m) ser aplicada à viga, determine:

(a) a força suportada pela haste de alumínio.
(b) a tensão normal máxima causada pela flexão na viga de madeira.
(c) a deflexão da viga em B.

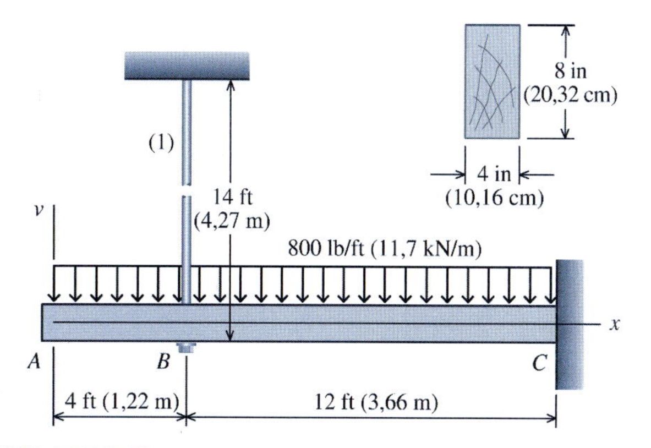

FIGURA P11.66

P11.67 Um perfil de abas largas W530 × 66 de aço estrutural [E = 200 GPa] é carregado e apoiado de acordo com a Figura P11.67. Uma carga uniformemente distribuída de 70 kN/m é aplicada à viga, fazendo com que o apoio de primeiro gênero em B sofra um recalque (isto é, se desloque para baixo) de 10 mm. Determine:

(a) as reações nos apoios A e B.
(b) a tensão normal máxima causada pela flexão na viga.

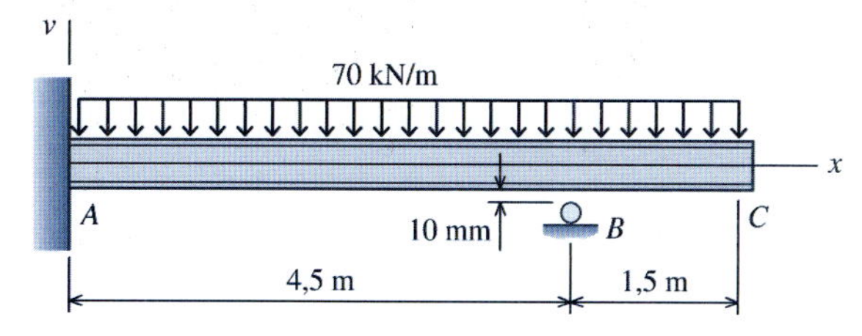

FIGURA P11.67

12 TRANSFORMAÇÃO DE TENSÕES

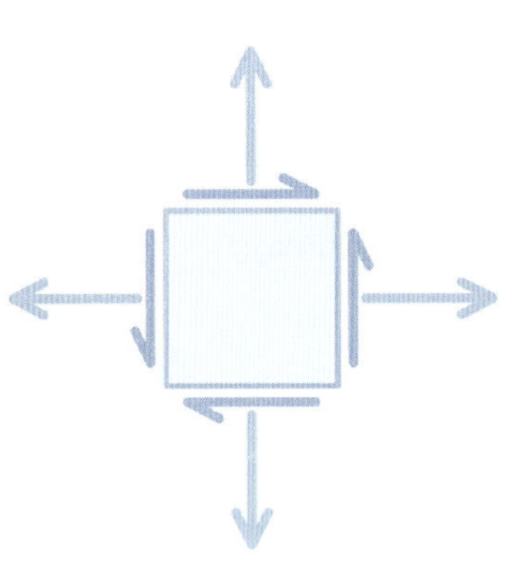

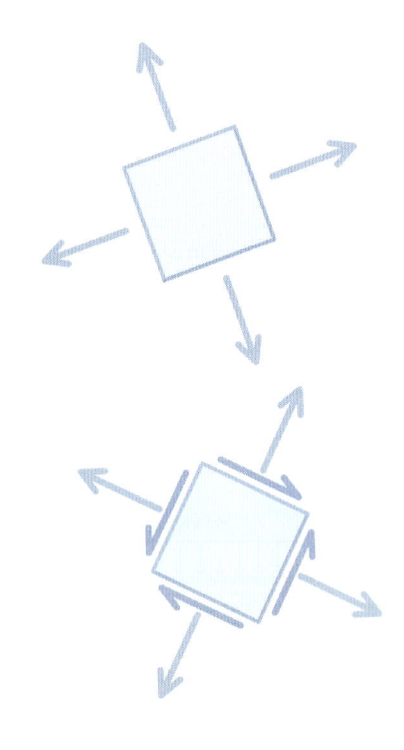

12.1 INTRODUÇÃO

Nos capítulos anteriores, foram desenvolvidas fórmulas para as tensões normais e cisalhantes que agem em planos específicos de barras axialmente carregadas, eixos circulares e vigas. Para barras axialmente carregadas, foram desenvolvidas expressões adicionais na Seção 1.5 para as tensões normais [Equação (1.8)] e cisalhantes [Equação (1.9)] que agem em planos inclinados através da barra. Essa análise revelou que as tensões normais máximas ocorrem em planos transversais e que as tensões cisalhantes máximas ocorrem em planos inclinados de 45° em relação ao eixo da barra (veja a Figura 1.4). Foram desenvolvidas expressões similares para o caso de torção pura em um eixo circular. Foi demonstrado que as tensões cisalhantes máximas [Equação (6.9)] ocorrem em planos transversais do elemento torcido, mas que as tensões máximas de tração e de compressão [Equação (6.10)] ocorrem em planos inclinados de 45° com o eixo do elemento (veja a Figura 6.9). Tanto para elementos sujeitos a esforços axiais como para os sujeitos a esforços de torção, as tensões normais e cisalhantes que agem em planos específicos foram determinadas por um procedimento baseado no diagrama de corpo livre. Esse procedimento, embora instrutivo, não é eficiente para a determinação das tensões normais e cisalhantes máximas que, com frequência são exigidas na análise de tensões. Neste capítulo, serão desenvolvidos métodos ainda mais poderosos a fim de determinar:

(a) as tensões normais e cisalhantes que agem em qualquer plano específico que passe através de um ponto de interesse, e
(b) as tensões normais e cisalhantes máximas que agem em qualquer orientação possível em um ponto de interesse.

12.2 TENSÃO EM UM PONTO GERAL DE UM CORPO CARREGADO ARBITRARIAMENTE

No Capítulo 1, foi apresentado o conceito de tensão considerando a distribuição das forças internas exigidas para satisfazer o equilíbrio em uma parte de uma barra sujeita a um carregamento axial. A natureza da distribuição das forças levou a tensões normais e cisalhantes uniformemente distribuídas em planos transversais considerados através da barra (veja a Seção 1.5). Em elementos estruturais mais complicados ou componentes de máquinas, as distribuições de tensões não serão uniformes em planos internos arbitrários; portanto, necessita-se de um conceito mais geral do estado de tensões em um ponto.

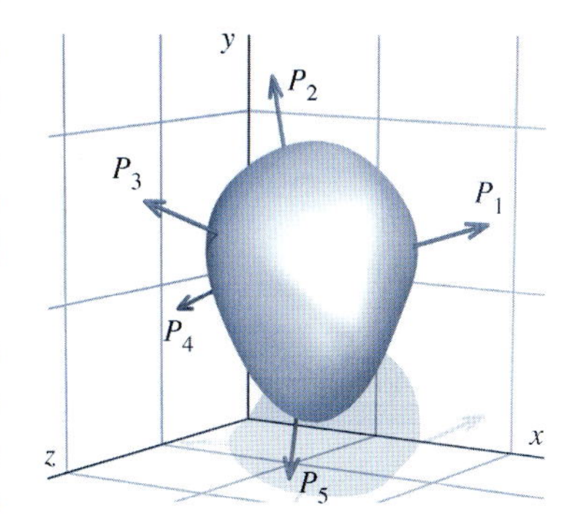

FIGURA 12.1 Corpo sólido em equilíbrio.

Considere um corpo de formato arbitrário que esteja em equilíbrio sob a ação de um sistema de cargas aplicadas P_1, P_2 etc. (Figura 12.1). A natureza das tensões criadas em um ponto interno arbitrário Q pode ser estudada cortando uma seção através do corpo em Q, usando um plano de corte que seja paralelo ao plano $y-z$, conforme mostra a Figura 12.2a. Esse corpo livre está sujeito a algumas das cargas originais (P_1, P_2 etc.) assim como a esforços normais e cisalhantes, distribuídos na superfície exposta do plano. Dedicaremos nossa atenção a uma pequena parte da superfície exposta do plano ΔA. A força resultante que age em ΔA pode ser decomposta em componentes que ajam perpendicular e paralelamente à superfície. O componente perpendicular é uma força normal ΔF_x e o componente paralelo é uma força cisalhante ΔV_x. O subscrito x é usado para indicar que essas forças agem em um plano cuja normal está na direção x (denominado plano x).

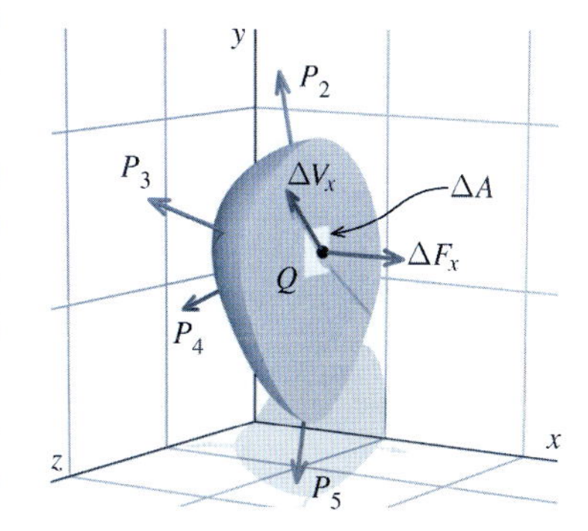

FIGURA 12.2a Forças resultantes na área ΔA.

Enquanto a direção da força normal ΔF_x está bem definida, a força cisalhante ΔV_x poderia estar orientada em qualquer direção no plano x. Portanto, a força cisalhante ΔV_x será decomposta em duas forças componentes, ΔV_{xy} e ΔV_{xz}, onde o segundo subscrito indica que as forças cisalhantes no plano x agem nas direções y e z, respectivamente. Os componentes x, y e z das forças normais e cisalhantes que agem em ΔA estão apresentadas na Figura 12.2b.

Se cada força componente for dividida pela área ΔA, obtém-se uma força média por unidade de área. Quando ΔA é tornado cada vez menor, são definidos três componentes de tensão no ponto Q (Figura 12.3):

$$\sigma_x = \lim_{\Delta A \to 0} \frac{\Delta F_x}{\Delta A} \qquad \tau_{xy} = \lim_{\Delta A \to 0} \frac{\Delta V_{xy}}{\Delta A} \qquad \tau_{xz} = \lim_{\Delta A \to 0} \frac{\Delta V_{xz}}{\Delta A} \tag{12.1}$$

Para reiterar, o primeiro subscrito para as tensões σ_x, τ_{xy} e τ_{xz} indica que essas tensões agem em um plano cuja normal está na direção x. O segundo subscrito em τ_{xy} e τ_{xz} indica a direção na qual age a tensão cisalhante no plano x.

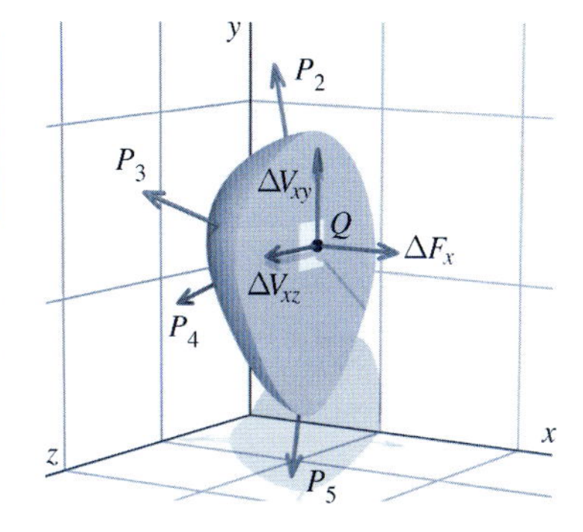

FIGURA 12.2b Forças resultantes na área ΔA decompostas em componentes x, y e z.

A seguir, suponha que um plano de corte paralelo ao plano $x-z$ seja passado através do corpo original (da Figura 12.1). Esse plano de corte expõe uma superfície cuja normal está na direção y (Figura 12.4). Usando o mesmo argumento anterior, são obtidas três tensões no plano y em Q: uma tensão normal σ_y que age na direção y, uma tensão cisalhante τ_{yx} que age no plano y e na direção x e uma tensão cisalhante τ_{yz} que age no plano y e na direção z.

Finalmente, é passado um plano de corte paralelo ao plano $x-y$ através do corpo original para expor uma superfície cuja normal está na direção z (Figura 12.5). Mais uma vez, são obtidas três tensões no plano z em Q: uma tensão normal σ_z que age na direção z, uma tensão cisalhante τ_{zx} que age no plano z e na direção x e uma tensão cisalhante τ_{zy} que age no plano z e na direção y.

Se fosse escolhido um conjunto de eixos coordenados diferentes (digamos $x'-y'-z'$) na análise anterior, então as tensões encontradas no ponto Q seriam diferentes daquelas determinadas nos planos x, y e z. Entretanto, as tensões no sistema de coordenadas $x'-y'-z'$ estão relacionadas com aquelas no sistema de coordenadas $x-y-z$ e, por meio de um processo matemático denominado **transformação de tensões**, as tensões podem ser convertidas de um sistema de coordenadas para outro. Se as tensões normais e cisalhantes nos planos $x-y-z$ no ponto Q forem conhecidas (Figuras 12.3, 12.4 e 12.5), então as tensões normais e cisalhantes em qualquer plano que passe através do ponto Q podem ser determinadas. Por esse motivo, as tensões nesses planos são denominadas

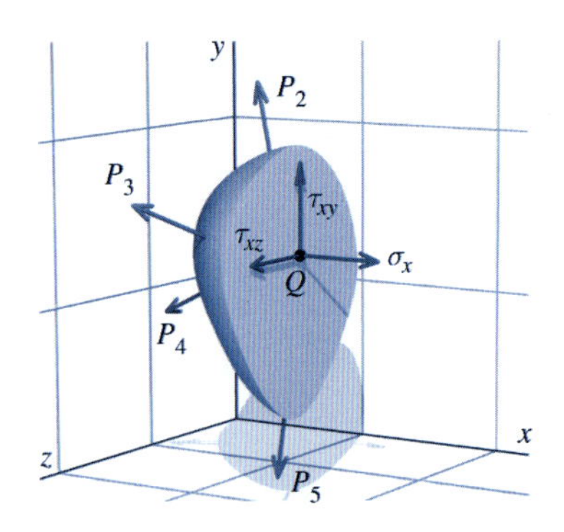

FIGURA 12.3 Tensões agindo em um plano x no ponto Q do corpo.

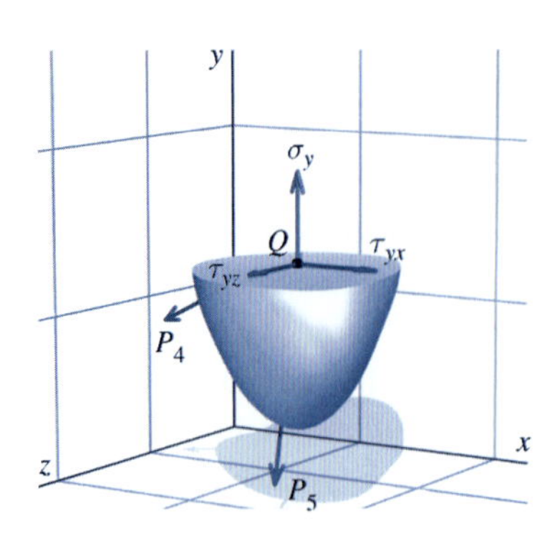

FIGURA 12.4 Tensões agindo em um plano y no ponto Q do corpo.

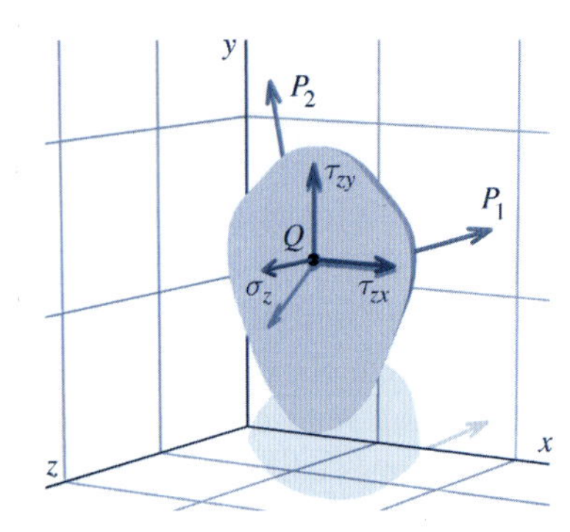

FIGURA 12.5 Tensões agindo em um plano z no ponto Q do corpo.

estado de tensões em um ponto. O estado de tensões pode ser definido com exclusividade por três componentes de tensão que ajam em cada um de três planos mutuamente perpendiculares.

O estado de tensões em um ponto (como o ponto Q nas figuras anteriores) é representado convenientemente pelos componentes de tensão que agem em um elemento cúbico *infinitesimalmente pequeno* do material conhecido como **elemento de tensões** (ou também **paralelepípedo elementar**, Figura 12.6). O paralelepípedo elementar é um *símbolo gráfico* que representa um ponto de interesse em um objeto (como um eixo ou uma viga). Cada uma das seis faces do paralelepípedo elementar é identificada pela normal externa à face. Por exemplo, a face positiva x é a face cuja normal externa está na direção positiva do eixo x. Os eixos coordenados x, y e z estão colocados como um sistema que respeita a regra da mão direita.

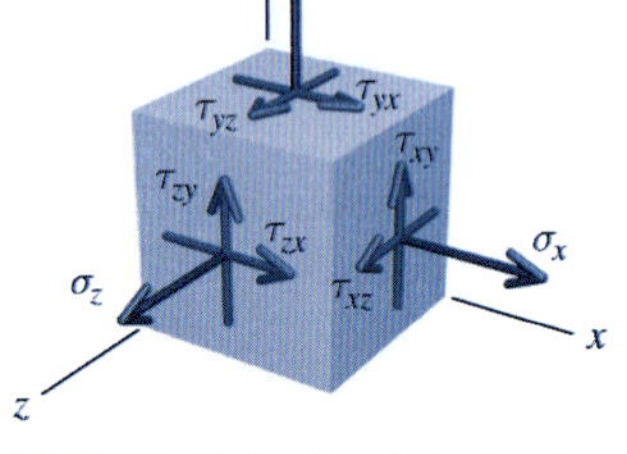

FIGURA 12.6 Paralelepípedo elementar representando o estado de tensões de um ponto.

Os componentes de tensão σ_x, σ_y e σ_z são as tensões normais que agem nas faces perpendiculares aos eixos coordenados x, y e z, respectivamente. Há seis componentes de tensões cisalhantes agindo no paralelepípedo elementar: τ_{xy}, τ_{xz}, τ_{yx}, τ_{yz}, τ_{zx} e τ_{zy}. Entretanto, apenas três dessas tensões cisalhantes são independentes, como será demonstrado a seguir. *Os valores específicos associados aos componentes de tensão dependem da orientação dos eixos coordenados.* O estado de tensões mostrado na Figura 12.6 seria representado por um conjunto diferente de componentes de tensão se os eixos coordenados sofressem uma rotação.

CONVENÇÕES DE SINAIS PARA AS TENSÕES

As tensões normais são indicadas pelo símbolo σ e por um subscrito isolado que indica o plano no qual age a tensão. A tensão normal que age na face de um paralelepípedo elementar é positiva se apontar na direção da normal externa. Em outras palavras, as tensões normais são positivas se causarem tração no material. As tensões normais de compressão são negativas.

As tensões cisalhantes são indicadas pelo símbolo τ seguido de dois subscritos. O primeiro subscrito indica o plano no qual age a tensão cisalhante. O segundo subscrito indica a direção na qual age a tensão cisalhante. Por exemplo, τ_{xz} é a tensão cisalhante em uma face x que age na direção z. A distinção entre uma tensão cisalhante positiva ou negativa depende de duas considerações: (1) a face do paralelepípedo elementar na qual age a tensão cisalhante e (2) a direção na qual age a tensão.

Uma tensão cisalhante é positiva se:

- agir na direção coordenada *positiva* em uma face *positiva* do paralelepípedo elementar, ou
- agir na direção coordenada *negativa* em uma face *negativa* do paralelepípedo elementar.

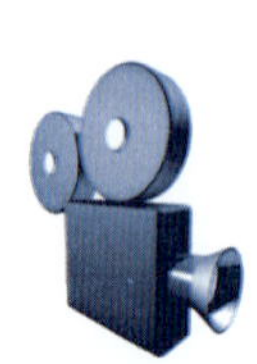

O MecMovies 12.5 apresenta uma análise animada da terminologia usada nas transformações de tensões.

Por exemplo, uma tensão cisalhante em uma face x positiva que aja em uma direção z positiva é uma tensão cisalhante positiva. Similarmente, uma tensão cisalhante que aja na direção x negativa em uma face y negativa também é considerada positiva. As tensões mostradas no paralelepípedo elementar da Figura 12.6 são todas positivas.

12.3 EQUILÍBRIO DO PARALELEPÍPEDO ELEMENTAR

A Figura 12.7*a* mostra uma projeção de um paralelepípedo elementar com largura dx e altura dy. A espessura do paralelepípedo elementar perpendicular ao plano $x-y$ é dz. O paralelepípedo elementar representa uma parte infinitesimalmente pequena de um objeto físico. Se um objeto estiver em equilíbrio, então qualquer parte do objeto que alguém decida examinar também deve estar em equilíbrio, independentemente do quanto essa parte possa ser pequena. Consequentemente, o paralelepípedo elementar deve estar em equilíbrio.

Tenha em mente que o quadrado mostrado na Figura 12.7 é simplesmente uma projeção bidimensional do cubo mostrado na Figura 12.6. Em outras palavras, na Figura 12.7 estamos vendo apenas um lado do cubo infinitesimalmente pequeno, mas o paralelepípedo elementar ao qual estamos nos referindo ainda é um cubo.

O equilíbrio envolve forças, não tensões. Para considerar o equilíbrio do paralelepípedo elementar da Figura 12.7*a*, as forças produzidas pelas tensões que agem em cada face devem ser encontradas multiplicando a tensão atuante em cada face pela área da face. Essas forças podem então ser consideradas em um diagrama de corpo livre do paralelepípedo.

Como o paralelepípedo elementar é infinitesimalmente pequeno, podemos assegurar que as tensões normais σ_x e σ_y que atuam em faces opostas do paralelepípedo elementar possuem o mesmo valor absoluto e estão colinearmente alinhadas aos pares. Consequentemente, as forças que surgem das tensões normais se contrabalançam e o equilíbrio está assegurado tanto em relação à translação ($\Sigma F = 0$) como em relação à rotação ($\Sigma M = 0$).

Embora as setas para a tensão cisalhante e para o esforço cortante na Figura 12.7 sejam mostradas levemente deslocadas das faces das tensões do paralelepípedo elementar, deve-se entender que as tensões cisalhantes e os esforços cortantes agem diretamente na face. As setas são mostradas deslocadas das faces das tensões para tornar o desenho mais claro.

A seguir, considere as tensões cisalhantes que agem nas faces x e y do paralelepípedo elementar (Figura 12.7*b*). Suponha que uma tensão cisalhante τ_{xy} positiva aja na face x positiva do paralelepípedo elementar. A força cortante produzida na face x na direção y por essa tensão é $V_{xy} = \tau_{xy}\,(dy\,dz)$ (em que dz é a espessura na direção perpendicular ao plano da figura). Para satisfazer o equilíbrio na direção y ($\Sigma F_y = 0$), a tensão cisalhante na face $-x$ deve agir na direção $-y$. Similarmente, uma tensão cisalhante positiva τ_{yx} que aja na face y positiva do paralelepípedo elementar produz uma força na direção x de $V_{yx} = \tau_{yx}\,(dx\,dz)$. Para satisfazer o equilíbrio na direção x ($\Sigma F_x = 0$), a tensão cisalhante na face $-y$ deve agir na direção $-x$. Portanto, as tensões cisalhantes mostradas na Figura 12.7 satisfazem o equilíbrio nas direções x e y.

Os momentos criados pelas tensões cisalhantes também devem satisfazer o equilíbrio. Considere os momentos produzidos em torno de O localizado no canto inferior esquerdo do paralelepípedo elementar. As linhas de ação das forças cortantes que agem nas faces $-x$ e $-y$ passam pelo ponto O; portanto, essas forças não produzem momentos. A força cortante V_{yx} que age na face $+y$ (a uma distância dy do ponto O) produz um momento no sentido dos ponteiros do relógio de $V_{yx}\,dy$. A força cortante V_{xy} que age na face $+x$ (a uma distância dx do ponto O) produz um momento no sentido contrário (anti-horário) ao dos ponteiros do relógio igual a $V_{xy}\,dx$. A aplicação da equação $\Sigma M_O = 0$ leva a

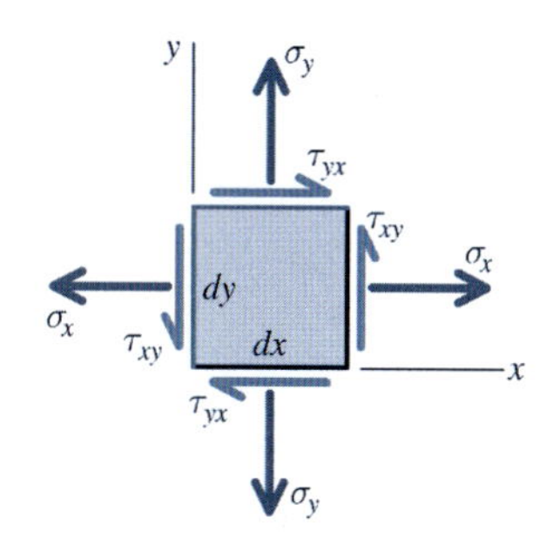

FIGURA 12.7*a*

$$\Sigma M_O = V_{xy}\,dx - V_{yx}\,dy = \tau_{xy}(dy\;dz)dx - \tau_{yx}(dx\;dz)dy = 0$$

que se reduz a

$$\tau_{yx} = \tau_{xy} \qquad (12.2)$$

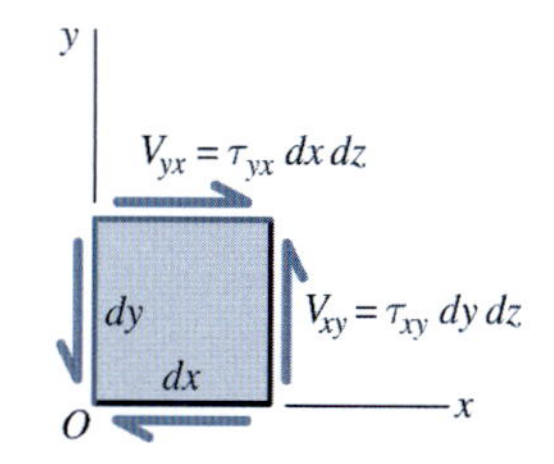

FIGURA 12.7*b*

O resultado dessa análise simples de equilíbrio produz uma conclusão significativa:

> *Se existir uma tensão cisalhante em qualquer plano, também deve haver uma tensão cisalhante de mesmo valor absoluto agindo em um plano ortogonal (isto é, um plano perpendicular).*

Dessa conclusão, também podemos afirmar que

$$\tau_{yx} = \tau_{xy} \qquad \tau_{yz} = \tau_{zy} \qquad \tau_{xz} = \tau_{zx}$$

Essa análise mostra que os subscritos das tensões cisalhantes são *comutativos*, significando que a ordem dos subscritos pode ser invertida. Consequentemente, apenas três dos seis componentes de tensão que agem no elemento cúbico representado na Figura 12.6 são independentes.

12.4 ESTADO BIDIMENSIONAL OU ESTADO PLANO DE TENSÕES

Pode-se obter um entendimento significativo das tensões em um corpo com o estudo de um estado de tensões conhecido como estado bidimensional, estado biaxial ou *estado plano de tensões*. Para esse caso, admite-se que duas faces paralelas do paralelepípedo elementar mostrado na Figura 12.6 estejam livres de tensões. Para fins de análise, admita que as faces perpendiculares ao eixo z (isto é, as faces $+z$ e $-z$) estejam livres de tensões. Desta forma,

$$\sigma_z = \tau_{zx} = \tau_{zy} = 0$$

Entretanto, da Equação (12.2), a hipótese do estado plano de tensões também implica que

$$\tau_{xz} = \tau_{yz} = 0$$

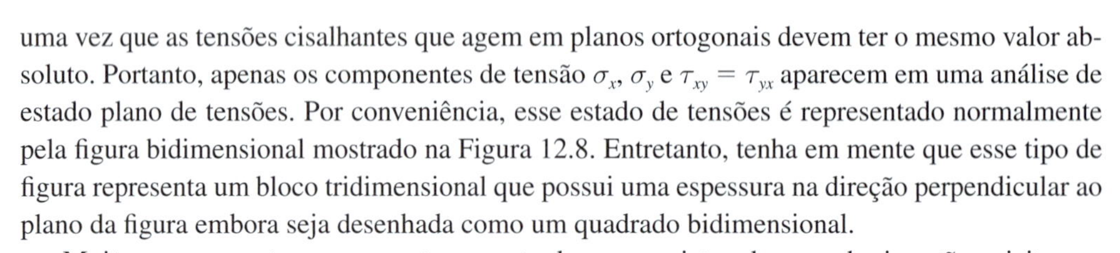

uma vez que as tensões cisalhantes que agem em planos ortogonais devem ter o mesmo valor absoluto. Portanto, apenas os componentes de tensão σ_x, σ_y e $\tau_{xy} = \tau_{yx}$ aparecem em uma análise de estado plano de tensões. Por conveniência, esse estado de tensões é representado normalmente pela figura bidimensional mostrado na Figura 12.8. Entretanto, tenha em mente que esse tipo de figura representa um bloco tridimensional que possui uma espessura na direção perpendicular ao plano da figura embora seja desenhada como um quadrado bidimensional.

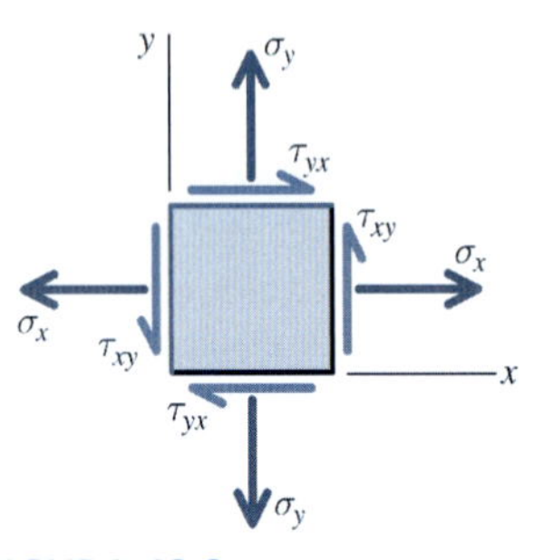

FIGURA 12.8

Muitos componentes comumente encontrados em projetos de engenharia estão sujeitos ao estado plano de tensões. Elementos de placas finas como almas e abas de vigas são carregados tipicamente no plano do elemento. O estado plano de tensões também descreve o estado de tensões de *todas as superfícies livres* de elementos estruturais e de componentes de máquinas.

12.5 GERAÇÃO DO PARALELEPÍPEDO ELEMENTAR

As Seções 12.6 a 12.11 deste capítulo analisarão as **transformações de tensões**, que são o método usado para determinar:

(a) as tensões normais e de cisalhamento que agem em qualquer plano específico que passe através de um ponto de interesse e

(b) tensões normais e de cisalhamento que agem em qualquer orientação possível em um ponto de interesse.

Ao analisar esses métodos, é conveniente representar em um paralelepípedo elementar o estado de tensões em qualquer ponto particular de um corpo sólido, como o mostrado na Figura 12.8. Enquanto o paralelepípedo elementar é uma representação conveniente, pode ser difícil à primeira vista para o estudante associar o conceito de paralelepípedo elementar aos tópicos apresentados nos capítulos anteriores, como a tensão normal produzida por cargas axiais ou momentos fletores ou a tensão cisalhante produzida pela torção ou pelo cisalhamento transversal em vigas. Antes de prosseguir para os métodos usados para a transformação de tensões, é útil saber como o analista determina as tensões que aparecem no paralelepípedo elementar. Esta seção trata dos componentes sólidos nos quais há a ação simultânea de cargas e momentos internos sobre a seção transversal de um elemento. Será usado o método da superposição para combinar as várias tensões que agem em um ponto particular e os resultados serão sumarizados em um paralelepípedo elementar.

A análise das tensões produzidas por várias cargas ou momentos que agem simultaneamente na seção transversal de um elemento é denominada **carregamentos combinados**. No Capítulo 15, os carregamentos combinados serão examinados mais completamente. Por exemplo, estruturas com várias cargas externas serão analisadas no Capítulo 15 juntamente a componentes sólidos que tenham geometria e carregamentos tridimensionais. Naquela ocasião, as transformações das tensões também serão incorporadas à análise. A intenção desta seção é simplesmente apresentar ao leitor o processo de avaliar o estado de tensões em um ponto específico. Usando componente geometricamente simples e carregamentos básicos, é demonstrado o processo de construção do paralelepípedo elementar.

EXEMPLO 12.1

Uma coluna tubular vertical com diâmetro externo de $D = 114$ mm e diâmetro interno de $d = 102$ mm suporta as cargas mostradas. Determine as tensões normais e cisalhantes que agem no ponto H e mostre essas tensões no paralelepípedo elementar.

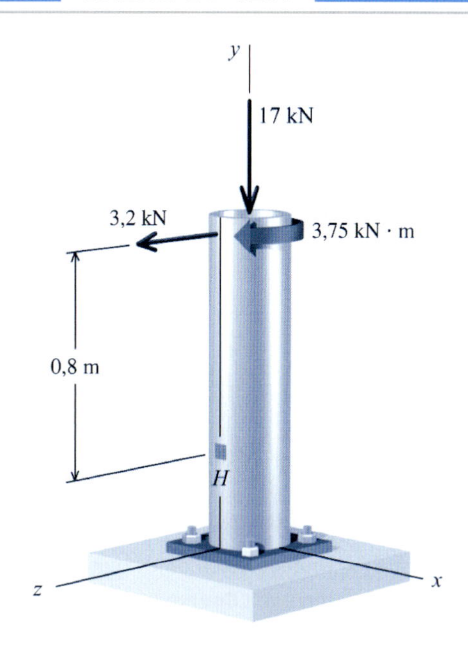

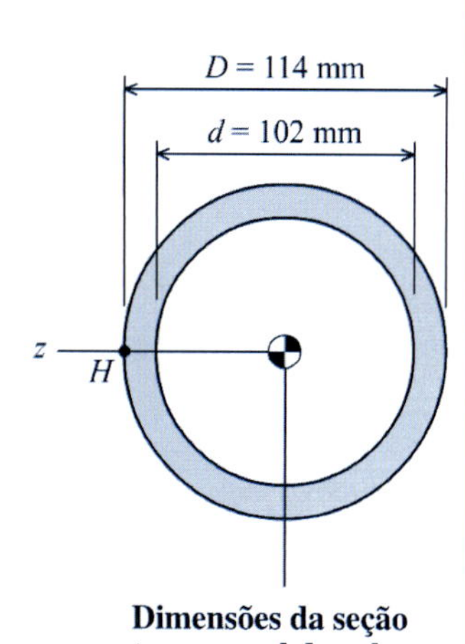

Dimensões da seção transversal da coluna.

Planejamento da Solução

Serão calculadas as propriedades da seção transversal para a coluna tubular. Cada uma das cargas aplicadas será considerada isoladamente. As tensões normais e cisalhantes criadas por cada uma das cargas no ponto H serão calculadas. Tanto o valor absoluto da tensão como sua direção e seu sentido serão definidos e mostrados na face correspondente do paralelepípedo elementar. Usando o princípio da superposição, as tensões serão combinadas adequadamente, de forma que o estado de tensões no ponto H seja resumido rapidamente pelo paralelepípedo elementar.

SOLUÇÃO

Propriedades da Seção

O diâmetro externo do tubo é $D = 114$ mm e o diâmetro interno é $d = 102$ mm. A área, o momento de inércia e o momento polar de inércia da seção transversal são

$$A = \frac{\pi}{4}[D^2 - d^2] = \frac{\pi}{4}[(114\text{ mm})^2 - (102\text{ mm})^2] = 2.035{,}752\text{ mm}^2$$

$$I = \frac{\pi}{64}[D^4 - d^4] = \frac{\pi}{64}[(114\text{ mm})^4 - (102\text{ mm})^4] = 2.977.287\text{ mm}^4$$

$$J = \frac{\pi}{32}[D^4 - d^4] = \frac{\pi}{32}[(114\text{ mm})^4 - (102\text{ mm})^4] = 5.954.575\text{ mm}^4$$

Tensões em H

As forças e os momentos que agem na seção desejada serão determinados sequencialmente para que seja definido o tipo, o valor absoluto e a direção de qualquer tensão criada em H.

A força axial de 17 kN cria tensão normal de compressão, que age na direção y:

$$\sigma_y = \frac{F_y}{A} = \frac{17.000\text{ N}}{2.035{,}752\text{ mm}^2} = 8{,}351\text{ MPa (C)}$$

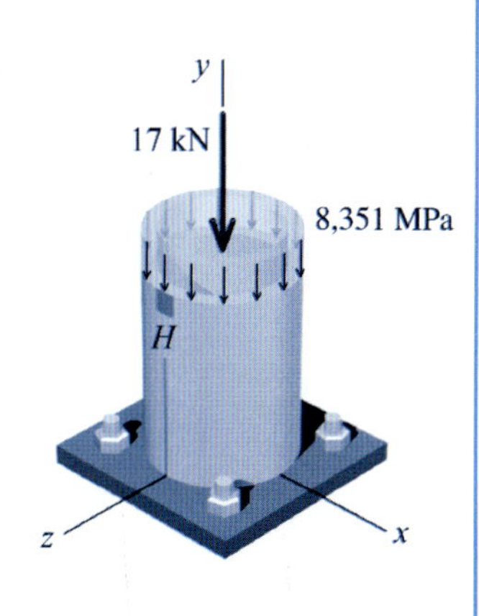

A força de 3,2 kN que age na direção positiva de z cria uma tensão cisalhante transversal (isto é, $\tau = VQ/It$) ao longo da seção transversal do tubo. Entretanto, o valor absoluto da tensão cisalhante transversal é zero no ponto H.

A força de 3,2 kN que age na direção positiva de z também cria um momento fletor na seção onde H está localizado. O valor absoluto do momento fletor é

$$M_x = (3{,}2\text{ kN})(0{,}8\text{ m}) = 2{,}56\text{ kN}\cdot\text{m}$$

Por inspeção, observamos que esse momento fletor em torno do eixo x cria tensão normal de compressão nas faces horizontais do paralelepípedo elementar em H:

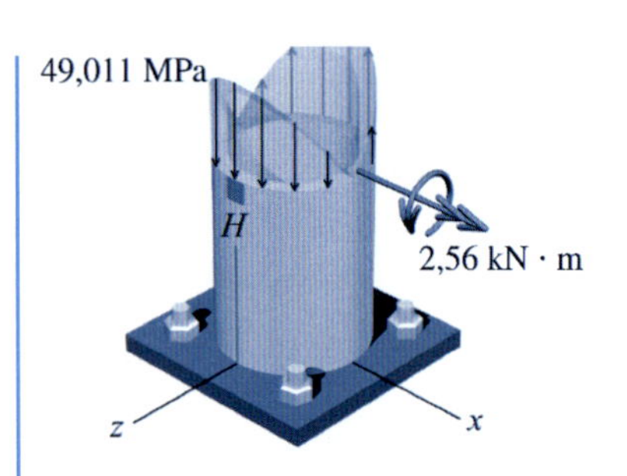

$$\sigma_y = \frac{M_x c}{I_x}$$
$$= \frac{(2{,}56 \text{ kN} \cdot \text{m})\,(57 \text{ mm})\,(1.000 \text{ mm/m})\,(1.000 \text{ N/kN})}{2.977.287 \text{ mm}^4}$$
$$= 49{,}011 \text{ MPa (C)}$$

O torque de 3,75 kN · m que age em torno do eixo y cria uma tensão cisalhante em H. O valor absoluto dessa tensão cisalhante pode ser calculado pela fórmula da torção no regime elástico:

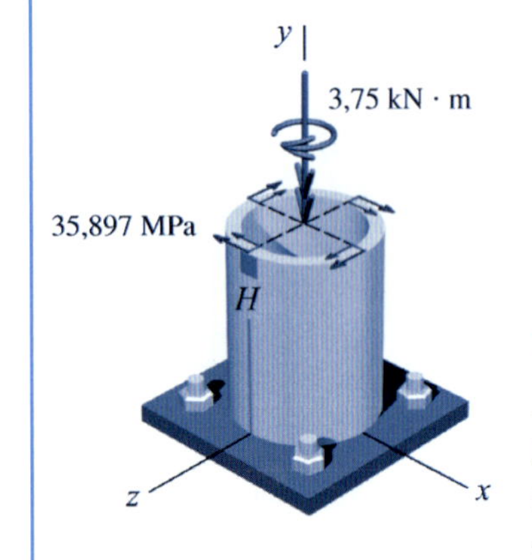

$$\tau = \frac{Tc}{J}$$
$$= \frac{(3{,}75 \text{ kN} \cdot \text{m})\,(57 \text{ mm})\,(1.000 \text{ mm/m})\,(1.000 \text{ N/kN})}{5.954.575 \text{ mm}^4}$$
$$= 35{,}897 \text{ MPa}$$

Tensões combinadas em H

As tensões normais e cisalhantes que agem no ponto H podem ser resumidas em um paralelepípedo elementar. Observe que no ponto H a tensão cisalhante originada pela torção age na direção $-x$ na face $+y$ do paralelepípedo elementar. Depois de ser estabelecida a direção correta da tensão cisalhante em uma face, serão conhecidas as direções correspondentes das tensões cisalhantes nas outras três faces.

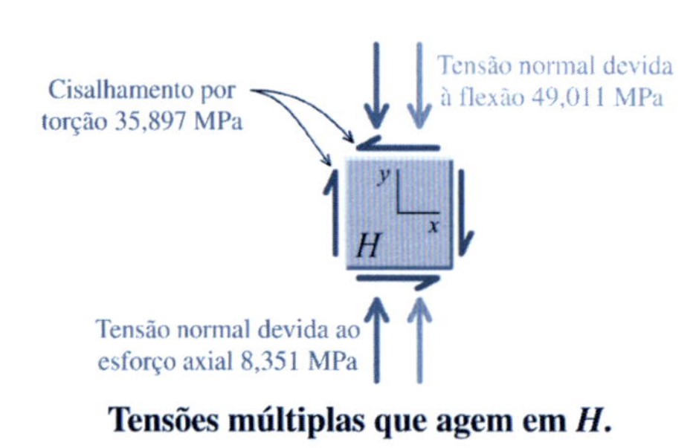

Tensões múltiplas que agem em *H*.

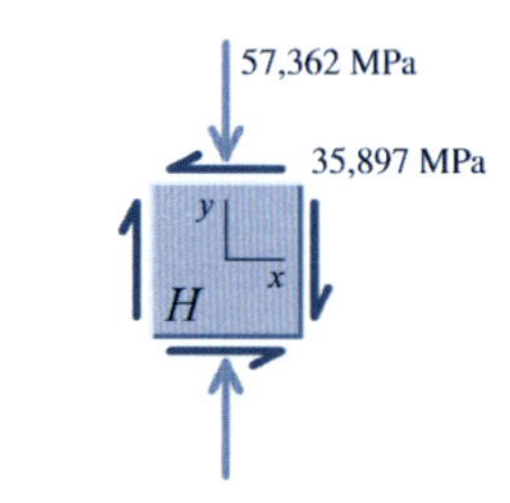

Resumo das tensões que agem em *H*.

PROBLEMAS

P12.1 Um eixo maciço de aço com 25 mm de diâmetro está sujeito tanto a um torque $T = 150$ N · m como a uma carga axial de tração $P = 13$ kN conforme ilustra a Figura P12.1. Determine as tensões normais e cisalhantes no ponto H e mostre essas tensões em um paralelepípedo elementar.

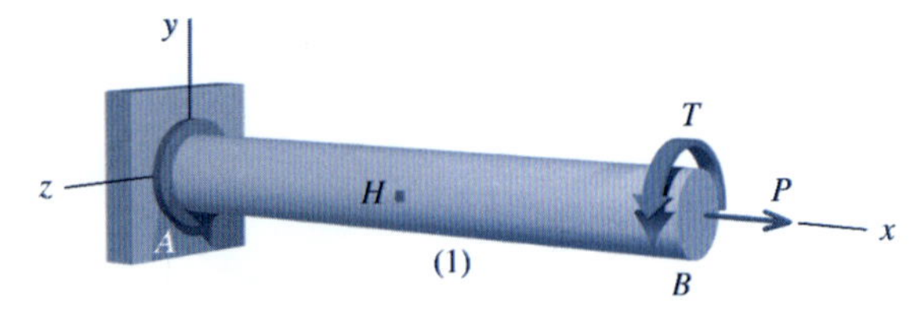

FIGURA P12.1

P12.2 Um eixo oco com diâmetro externo de 142 mm e diâmetro interno de 128 mm está sujeito simultaneamente a um torque $T = 7$ kN · m e a uma carga axial de tração $P = 90$ kN conforme ilustra a Figura P12.2. Determine as tensões normais e cisalhantes no ponto H e mostre essas tensões em um paralelepípedo elementar.

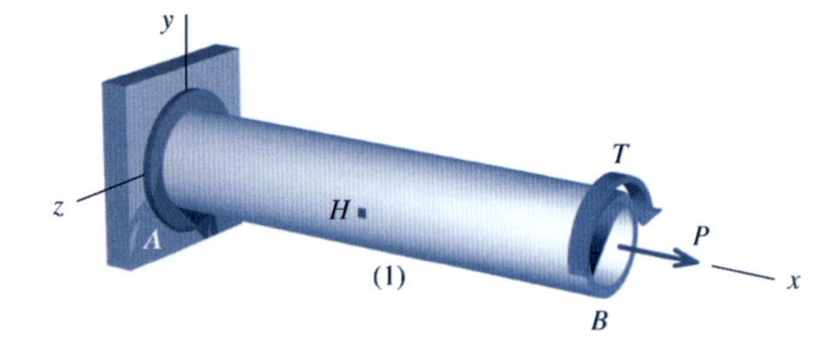

FIGURA P12.2

P12.3 Um eixo maciço composto consiste em um segmento (1), que tem diâmetro de 1,5 in (3,81 cm) e um segmento (2), que tem diâmetro de 1,0 in (2,54 cm). O eixo está sujeito a uma carga axial de compressão $P = 7$ kip (31,1 kN) e aos torques $T_B = 5$ kip · in (565 N · m) e $T_C = 1{,}5$ kip · in (169,5 N · m), que agem nas direções mostradas na Figura P12.3/4. Determine as tensões normais e cisalhantes:

(a) no ponto H.
(b) no ponto K.

Para cada ponto, mostre as tensões em um paralelepípedo elementar.

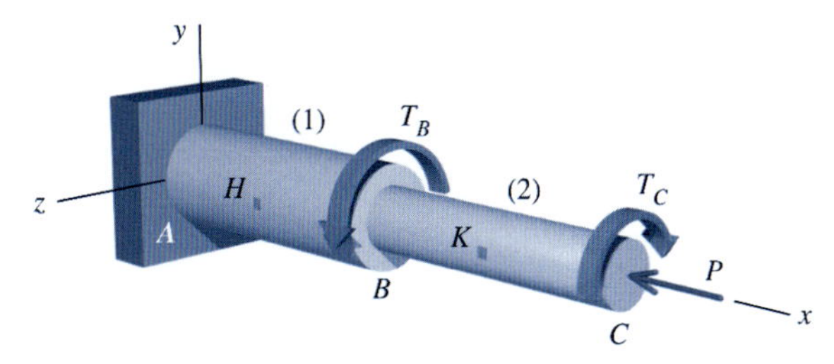

FIGURA P12.3/4

P12.4 Um eixo maciço composto consiste em um segmento (1), que tem diâmetro de 40 mm e um segmento (2), que tem diâmetro de 25 mm. O eixo está sujeito a uma carga axial de compressão $P = 22$ kN e aos torques $T_B = 725$ N · m e $T_C = 175$ N · m, que agem nas direções mostradas na Figura P12.3/4. Determine as tensões normais e cisalhantes:

(a) no ponto *H*.
(b) no ponto *K*.

Para cada ponto, mostre as tensões em um paralelepípedo elementar.

P12.5 Um perfil T submetido à flexão (Figura P12.5*b*) está sujeito a uma força axial interna de 2.200 lb (9,79 kN), a uma força cisalhante interna de 1.600 lb (7,12 kN) e a um momento fletor interno de 4000 lb · ft (5,42 kN · m) conforme ilustra a Figura P12.5*a*. Determine as tensões normais e cisalhantes no ponto *H*, que está localizado 1,5 in (3,81 cm) abaixo da superfície superior do perfil T. Mostre essas tensões em um paralelepípedo elementar.

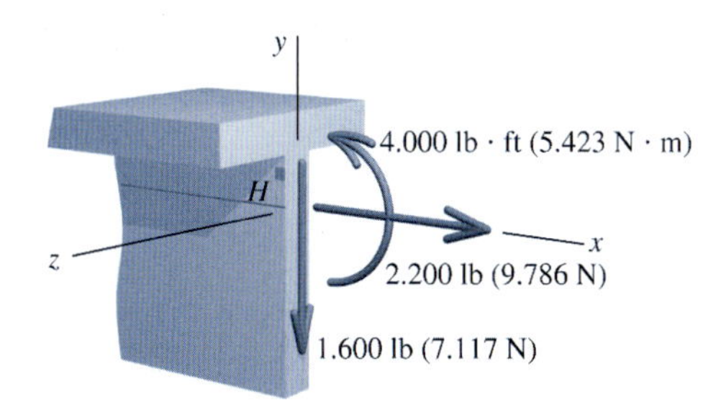

FIGURA P12.5*a*

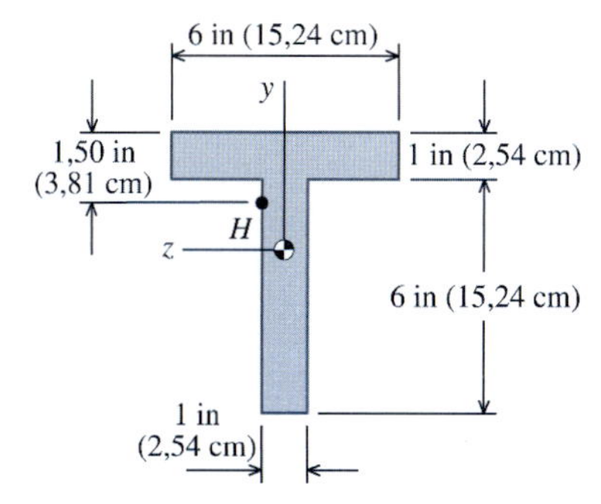

FIGURA P12.5*b*

P12.6 Um perfil com duas abas está submetido à flexão e está sujeito a uma força axial interna de 12,7 kN, a uma força cisalhante interna de 9,4 kN e a um momento fletor de 1,6 kN · m, conforme ilustra a Figura P12.6*a*. Determine as tensões normais e cisalhantes nos pontos *H* e *K* mostrados na Figura P12.6*b*. Para cada ponto, mostre essas tensões no paralelepípedo elementar.

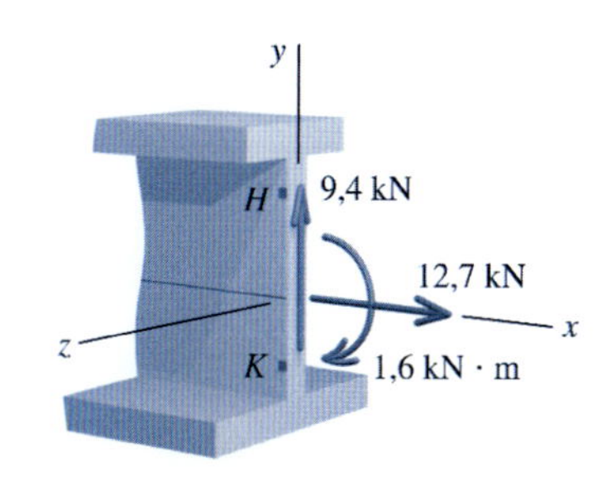

FIGURA P12.6*a*

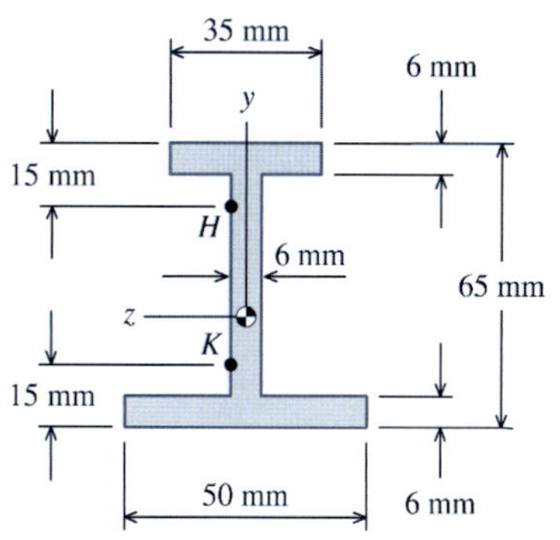

FIGURA P12.6*b*

P12.7 Um perfil com duas abas está submetido à flexão e está sujeito a uma força axial interna de 6.300 lb (28 kN), a uma força cisalhante interna de 8.500 lb (37,8 kN) e a um momento fletor de 18.200 lb · ft (24,7 kN · m), conforme ilustra a Figura P12.7*a*. Determine as tensões normais e cisalhantes nos pontos *H* e *K* mostrados na Figura P12.7*b*. Para cada ponto, mostre essas tensões no paralelepípedo elementar.

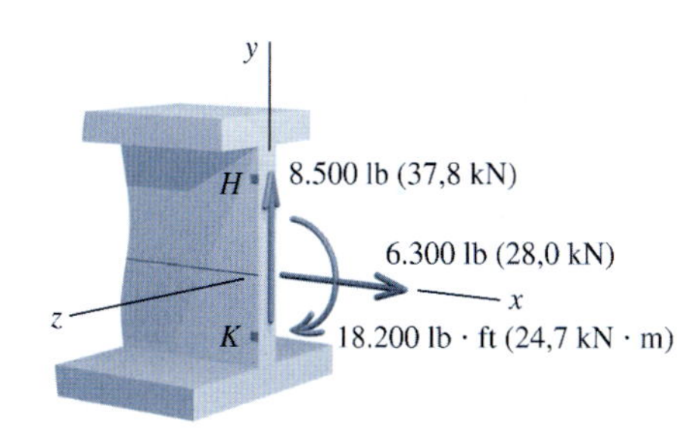

FIGURA P12.7*a*

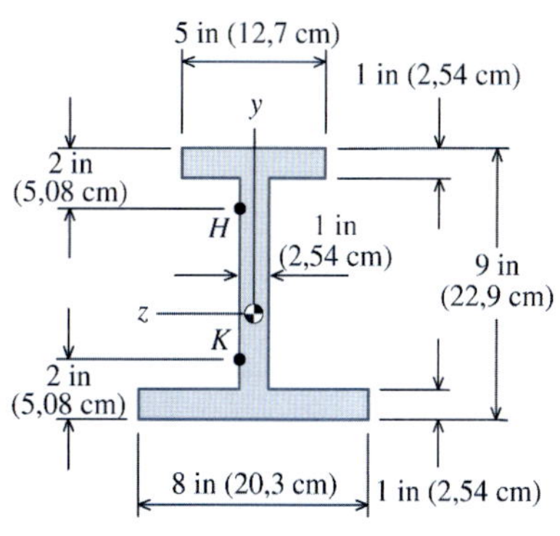

FIGURA P12.7*b*

P12.8 Um elemento estrutural oco, de aço, e submetido à flexão está sujeito ao carregamento mostrado na Figura P12.8*a*. Determine as tensões normais e cisalhantes nos pontos *H* e *K* conforme ilustra a Figura P12.8*b*. Mostre essas tensões em um paralelepípedo elementar para cada ponto.

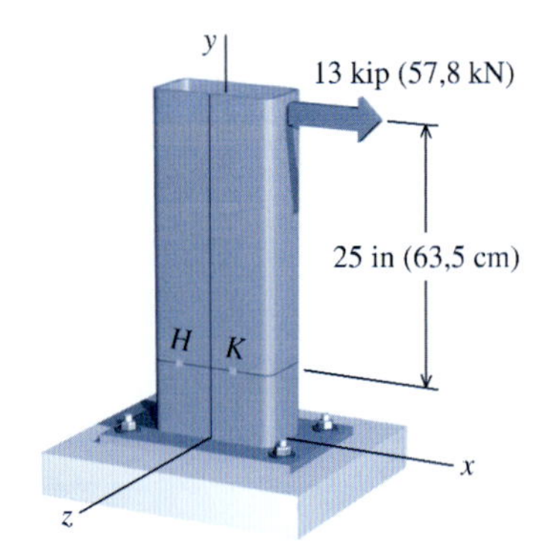

FIGURA P12.8*a*

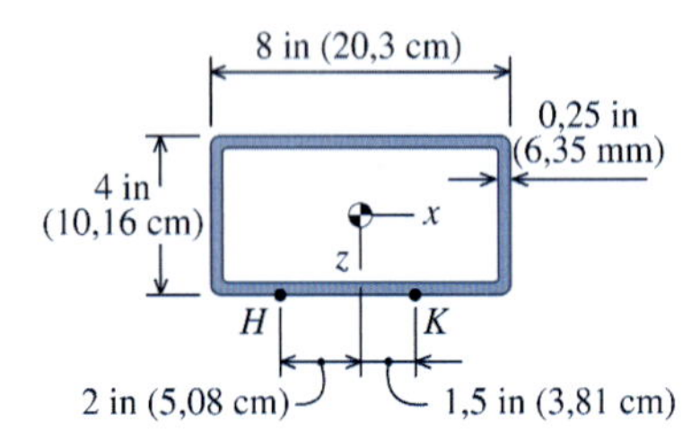

FIGURA P12.8*b*

P12.9 Um componente de máquina está sujeito a uma carga de 4.700 N. Determine as tensões normais e cisalhantes que agem no ponto *H* de acordo com o ilustrado nas Figuras P12.9*a* e P12.9*b*. Mostre essas tensões em um paralelepípedo elementar.

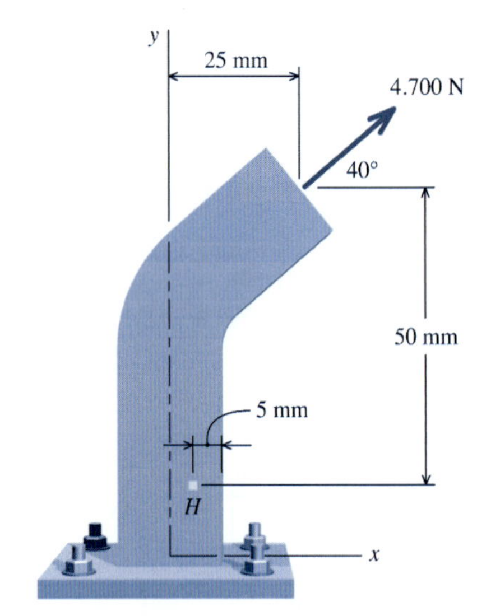

FIGURA P12.9*a*

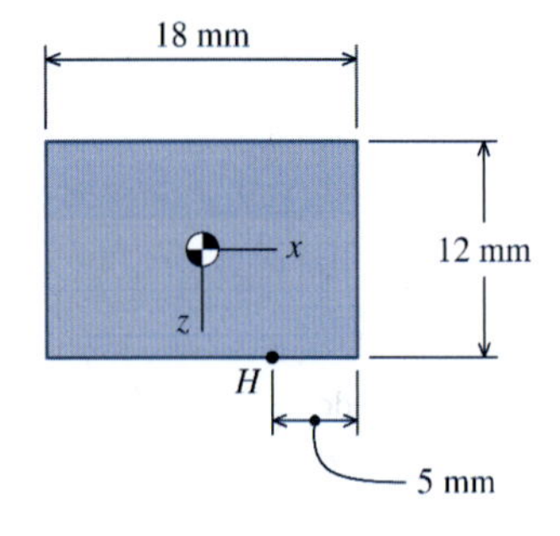

FIGURA P12.9*b* Seção transversal no ponto *H*.

P12.10 Uma carga de 6.100 N age na peça de máquina mostrada na Figura P12.10*a*. A peça de máquina tem espessura uniforme de 15 mm (isto é, espessura de 15 mm na direção *z*). Determine as tensões normais e cisalhantes que agem nos pontos *H* e *K*, que são mostrados em detalhe na Figura P12.10*b*. Para cada ponto, mostre essas tensões no paralelepípedo elementar.

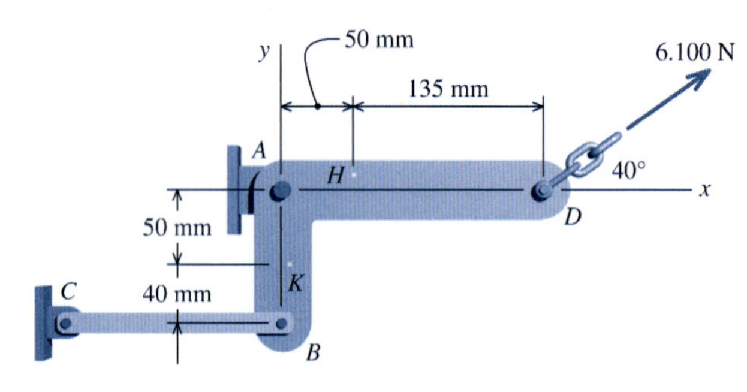

FIGURA P12.10*a*

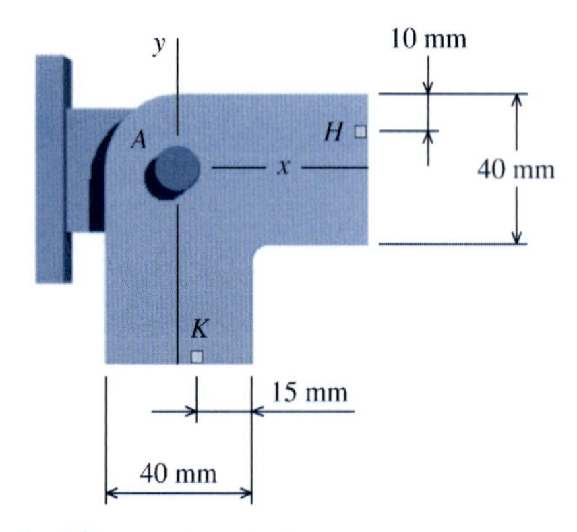

FIGURA P12.10*b* Detalhe do pino em *A*.

P12.11 Uma carga de 2.700 N age na peça de máquina mostrada na Figura P12.11*a*. A peça de máquina tem espessura uniforme de 12 mm (isto é, espessura de 12 mm na direção *z*). Determine as tensões normais e cisalhantes que agem nos pontos *H* e *K*, que são mostrados em detalhe na Figura P12.11*b*. Para cada ponto, mostre essas tensões no paralelepípedo elementar.

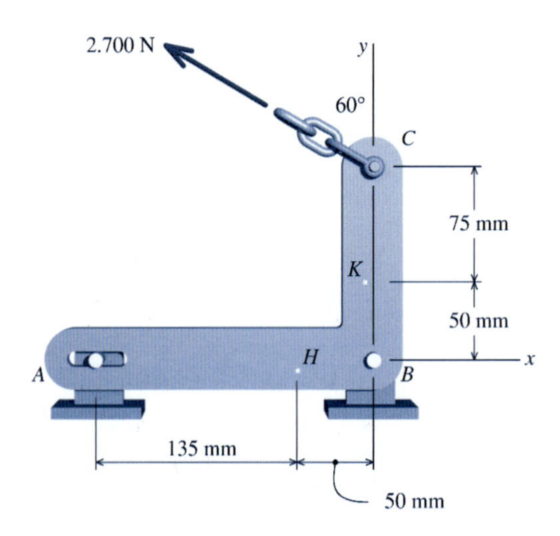

FIGURA P12.11*a*

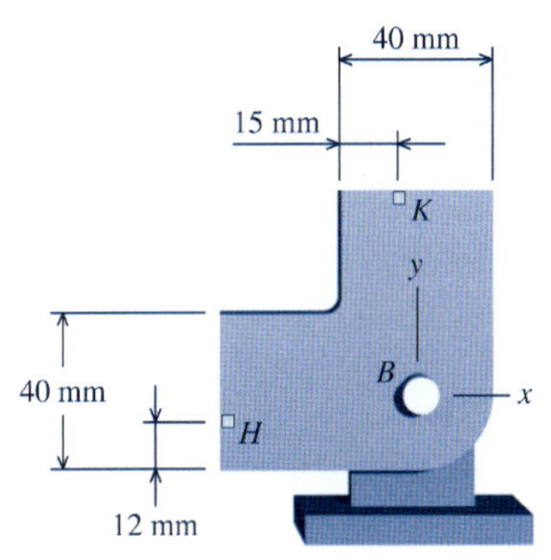

FIGURA P12.11*b* Detalhe do pino em *B*.

P12.12 Uma coluna maciça de alumínio com 2,5 in (6,35 cm) de diâmetro está sujeita a uma força horizontal $V = 6$ kip (26,7 kN), a uma força vertical $P = 15$ kip (66,7 kN), e a um torque concentrado $T = 22$ kip · in (2,49 kN · m) que agem nos sentidos mostrados na Figura P12.12/13. Admita $L = 4{,}5$ in (11,43 cm). Determine as tensões normais e cisalhantes:

(a) no ponto *H*.
(b) no ponto *K*.

Para cada ponto, mostre essas tensões em um paralelepípedo elementar.

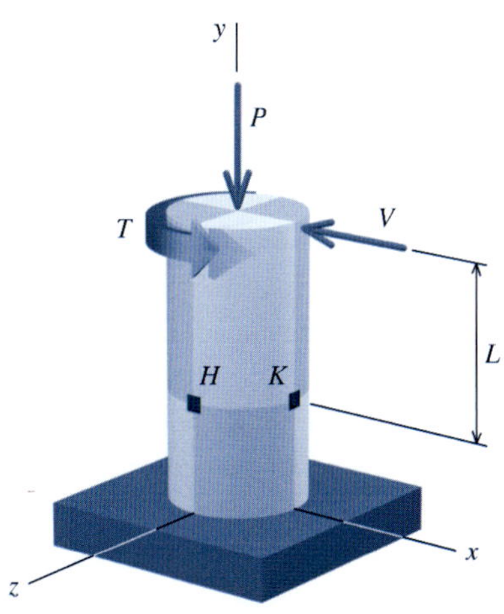

FIGURA P12.12/13

P12.13 Uma coluna maciça de alumínio com 60 mm de diâmetro está sujeita a uma força horizontal $V = 25$ kN, a uma força vertical $P = 70$ kN, e a um torque concentrado $T = 3{,}25$ kN · m que agem nos sentidos mostrados na Figura P12.12/13. Admita $L = 90$ mm. Determine as tensões normais e cisalhantes:

(a) no ponto *H*.
(b) no ponto *K*.

Para cada ponto, mostre essas tensões em um paralelepípedo elementar.

P12.14 Um eixo maciço com 1,25 in (3,18 cm) de diâmetro está sujeito a uma força axial $P = 520$ lb (2.313 N), a uma força cisalhante horizontal $V = 275$ lb (1.223 N) e a um torque concentrado $T = 880$ lb · in (99,4 N · m) que agem nos sentidos mostrados na Figura P12.14/15. Admita $L = 7{,}0$ in (17,78 cm). Determine as tensões normais e cisalhantes:

(a) no ponto *H*.
(b) no ponto *K*.

Para cada ponto, mostre essas tensões em um paralelepípedo elementar.

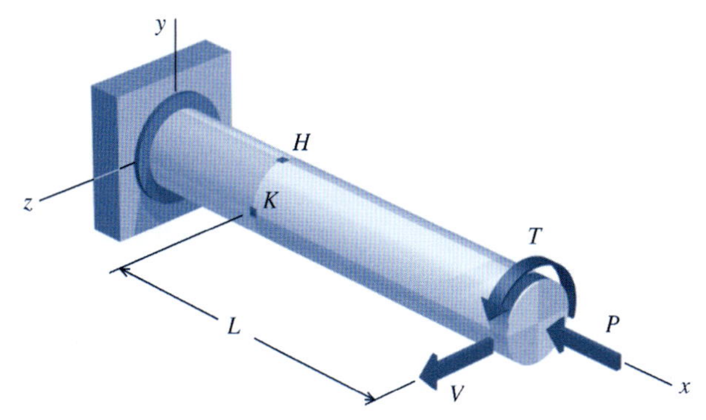

FIGURA P12.14/15

P12.15 Um eixo maciço com 30 mm de diâmetro está sujeito a uma força axial $P = 4.000$ N a uma força cisalhante horizontal $V = 2.200$ N e a um torque concentrado $T = 100$ N · m que agem nos sentidos mostrados na Figura P12.14/15. Admita $L = 125$ mm. Determine as tensões normais e cisalhantes:

(a) no ponto *H*.
(b) no ponto *K*.

Para cada ponto, mostre essas tensões em um paralelepípedo elementar.

P12.16 Um tubo de aço com diâmetro externo de 114 mm e diâmetro interno de 102 mm suporta os carregamentos mostrados na Figura P12.16. Determine as tensões normais e cisalhantes:

(a) no ponto *H*.
(b) no ponto *K*.

Para cada ponto, mostre essas tensões em um paralelepípedo elementar.

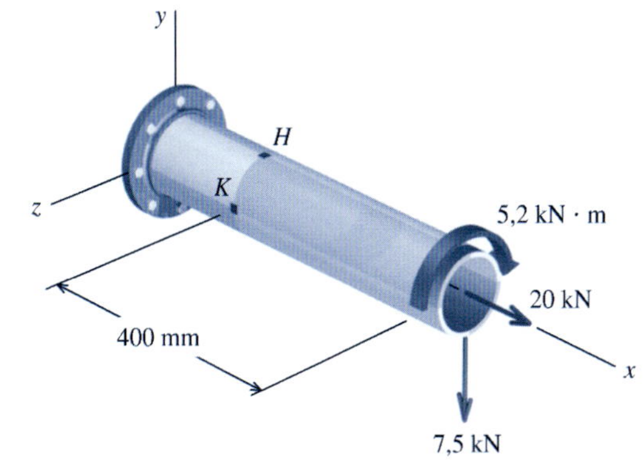

FIGURA P12.16

12.6 MÉTODO DO EQUILÍBRIO PARA TRANSFORMAÇÕES DO ESTADO PLANO DE TENSÕES

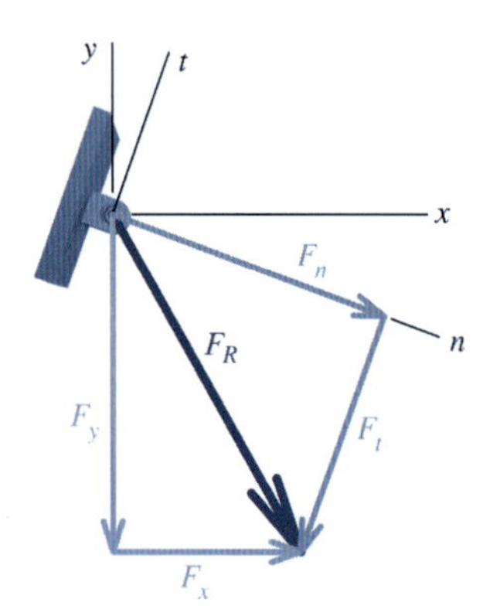

FIGURA 12.9

Conforme já foi visto nas Seções 1.5 e 12.2, a tensão não é simplesmente uma quantidade vetorial. A tensão depende da orientação da superfície plana sobre a qual age a tensão. Conforme mostrado na Seção 12.2, o estado de tensões em um ponto em um objeto material sujeito a um estado plano de tensões é definido completamente por três componentes de tensão − σ_x, σ_y e τ_{xy} − que agem em dois planos ortogonais x e y definidos em relação aos eixos coordenados $x-y$. O *mesmo estado de tensões* em um ponto pode ser representado por componentes de tensão diferentes − σ_n, σ_t e τ_{nt} − que agem em par diferente de planos ortogonais n e t, que estão inclinados em relação aos planos x e y. Em outras palavras, há apenas um único estado de tensões em um ponto, mas o estado de tensões pode ter diferentes representações, dependendo da orientação dos eixos usados. O processo de modificação das tensões de um conjunto de eixos coordenados para outro é denominado **transformação de tensões**.

De certa forma, o conceito de transformação de tensões é análogo ao de soma de vetores. Suponha que há dois componentes de força F_x e F_y, que estão orientados paralelamente aos eixos x e y, respectivamente (Figura 12.9). A soma desses dois vetores é a força resultante F_R. Dois componentes de força diferentes F_n e F_t, definidos em um sistema de eixos coordenados $n-t$ também poderiam ser somados entre si para produzir a mesma força resultante F_R. Em outras palavras, a força resultante F_R poderia ser expressa, tanto como a soma dos componentes F_x e F_y no sistema de eixos coordenados $x-y$, como pela soma dos componentes F_n e F_t no sistema de eixos coordenados $n-t$. Os componentes são diferentes nos dois sistemas de eixos coordenados, mas ambos os conjuntos de componentes representam a mesma força resultante.

Nessa ilustração de soma de vetores, a transformação das forças de um sistema de eixos coordenados (isto é, o sistema de eixos coordenados $x-y$) para um sistema diferente de eixos coordenados $n-t$ deve levar em consideração o módulo e a direção de cada um dos componentes de força. Entretanto, a transformação dos componentes de tensão é mais complicada do que a soma de vetores. No que diz respeito às tensões, a transformação não deve apenas satisfazer o módulo e o sentido de cada componente de tensão, mas também a orientação da área sobre a qual age o componente de tensão.

Será desenvolvido um método mais geral para as transformações de tensões na Seção 12.7; entretanto, no início, é conveniente do ponto de vista educacional usar considerações de equilíbrio para determinar as tensões normais e cisalhantes que agem em um plano arbitrário. O método de solução usado aqui é similar ao desenvolvido na Seção 1.5 para tensões em seções inclinadas de elementos sujeitos a forças axiais. O exemplo a seguir ilustra esse método para as condições de estado plano de tensões.

EXEMPLO 12.2

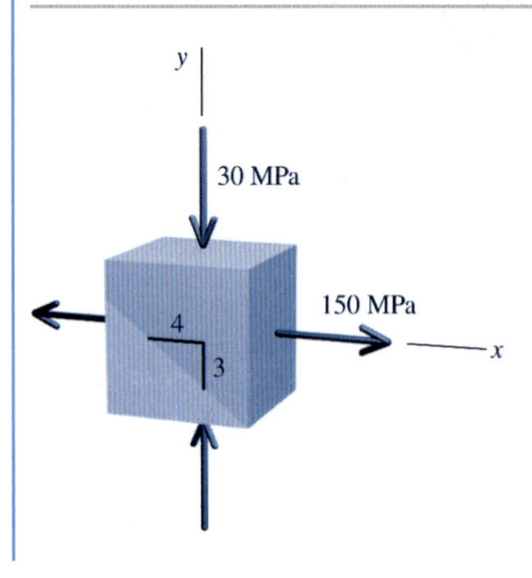

Em um determinado ponto de um componente de máquina, foram determinadas as seguintes tensões: 150 MPa (T) em um plano vertical, 30 MPa (C) em um plano horizontal e tensão cisalhante nula. Determine as tensões nesse ponto em um plano que tenha uma inclinação de 3 unidades na vertical para 4 unidades na horizontal.

Planejamento da Solução

Será examinado um diagrama de corpo livre em uma parte no formato de cunha do paralelepípedo elementar. As forças que agem em planos verticais e horizontais serão obtidas com base nas tensões dadas e nas áreas das faces das cunhas. Como a parte do paralelepípedo elementar, com o formato de cunha, deve satisfazer o equilíbrio, as tensões normais e cisalhantes da superfície inclinada podem ser determinadas.

SOLUÇÃO

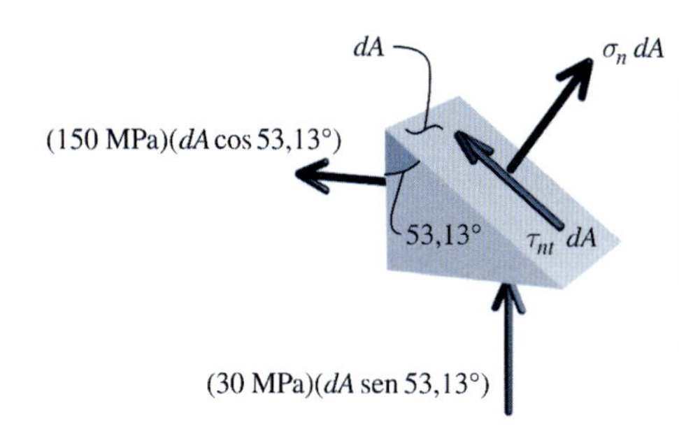

Faça um esboço do diagrama de corpo livre da parte do paralelepípedo elementar com formato de cunha. Pela inclinação 3:4 da superfície inclinada, o ângulo entre a face vertical e a superfície inclinada é 53,13°. A área da superfície inclinada será designada por dA. De acordo com isso, a área da face vertical pode ser expressa como dA cos 53,13° e a área da face horizontal pode ser expressa como dA sen 53,13°. As **forças** que agem nessas áreas são encontradas pelo produto das tensões dadas pelas respectivas áreas.

As forças que agem nas faces horizontais e verticais da cunha podem ser decompostas em componentes que agem na direção n (isto é, a direção **normal** ao plano inclinado) e na direção t (isto é, a direção **tangencial** ao plano inclinado).

Usando esses componentes de força, a soma das forças que agem na direção perpendicular ao plano inclinado é

$$\Sigma F_n = \sigma_n\,dA + (30\text{ MPa})(dA\,\text{sen}\,53{,}13°)\text{sen}\,53{,}13° - (150\text{ MPa})(dA\cos 53{,}13°)\cos 53{,}13° = 0$$

Observe que a área dA aparece em cada termo; consequentemente, ele será cancelado da equação. Da equação de equilíbrio, a tensão normal que age na direção n é encontrada como

$$\sigma_n = 34{,}80\text{ MPa (T)}$$ **Resp.**

Quando as forças são somadas na direção t, a equação de equilíbrio é

$$\Sigma F_t = \tau_{nt}\,dA + (30\text{ MPa})(dA\,\text{sen}\,53{,}13°)\cos 53{,}13° + (150\text{ MPa})(dA\cos 53{,}13°)\text{sen}\,53{,}13° = 0$$

Portanto, a tensão cisalhante, que age na direção t e situada na face n da cunha é

$$\tau_{nt} = -86{,}4\text{ MPa}$$ **Resp.**

O sinal negativo indica que, na realidade, a tensão cisalhante age no sentido negativo de t na face positiva de n. Observe que a tensão normal deve ser denominada *tração* ou *compressão*. A presença das tensões cisalhantes nos planos horizontais e verticais, se houver alguma, exigiria simplesmente mais duas forças no diagrama de corpo livre: uma paralela à face vertical e uma paralela à face horizontal. Entretanto, observe que os valores absolutos das tensões de cisalhamento (não as forças) devem ser os mesmos em dois planos ortogonais quaisquer.

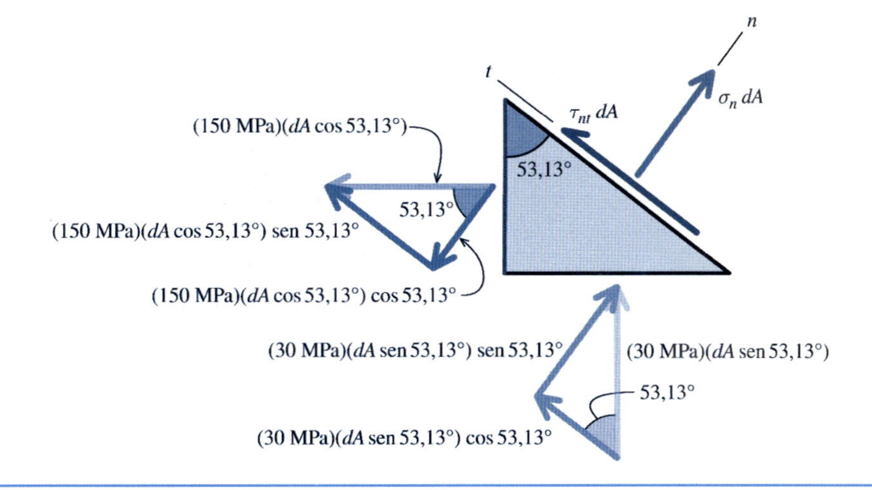

PROBLEMAS

P12.17-P12.24 As tensões mostradas nas Figuras P12.17-P12.24 agem em um ponto de um corpo submetido a tensões. Usando o método da equação de equilíbrio, determine as tensões normais e cisalhantes nesse ponto sobre o plano inclinado indicado.

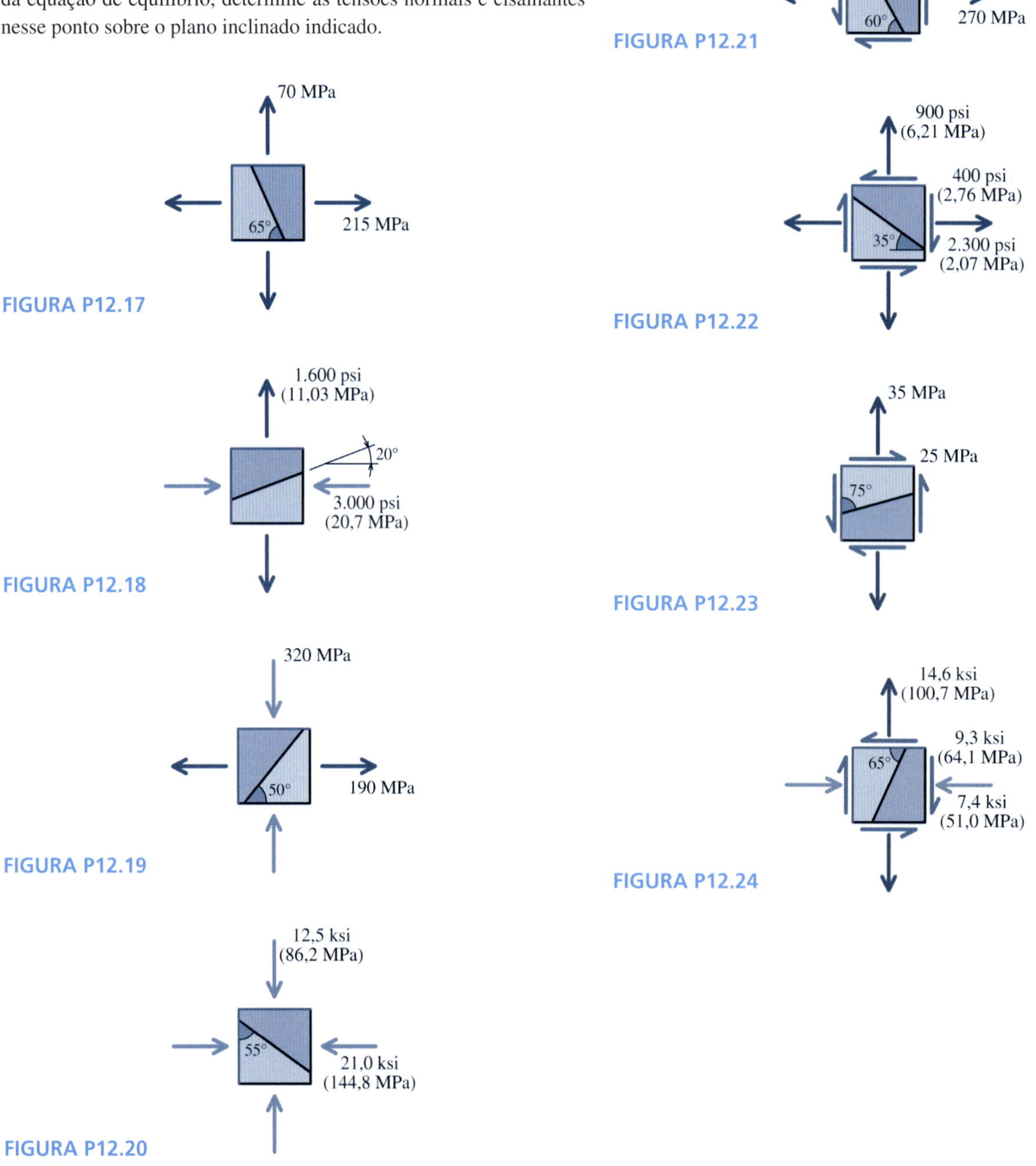

12.7 EQUAÇÕES GERAIS PARA A TRANSFORMAÇÃO DO ESTADO PLANO DE TENSÕES

Para um projeto ser bem-sucedido, o engenheiro deve ser capaz de determinar as tensões críticas em qualquer ponto de interesse em um objeto material. Usando a teoria da mecânica (ou resistência) dos materiais desenvolvida para elementos sujeitos a forças axiais, para elementos sujeitos a esforços de torção e para vigas, as tensões normais e cisalhantes em um ponto de objeto material podem ser calculadas com referência a um sistema de coordenadas em particular, como o sistema de eixos coordenados $x-y$. Entretanto, tal sistema de eixos coordenados não tem significado inerente para o material utilizado em um elemento estrutural. A falha do material acontecerá em resposta às maiores tensões que forem desenvolvidas no objeto, independentemente das orientações nas quais aquelas tensões críticas estiverem agindo. Por exemplo, um projetista não pode assegurar que uma tensão horizontal calculada em um ponto da alma do perfil de abas largas de uma viga será a maior tensão normal possível no ponto. Para encontrar as tensões críticas em um ponto de um objeto material, devem ser desenvolvidos métodos nos quais as tensões que agem em todas as orientações possíveis possam ser investigadas.

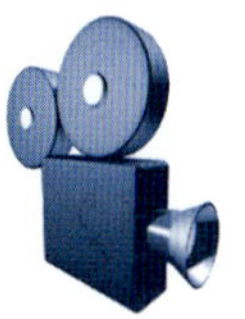

O MecMovies 12.1 apresenta um exemplo animado que ilustra a necessidade das transformações de tensões.

Considere um estado de tensões representado por um paralelepípedo elementar sujeito às tensões σ_x, σ_y e $\tau_{xy} = \tau_{yx}$, conforme ilustrado na Figura 12.10*a*. *Tenha em mente que o paralelepípedo elementar é simplesmente um símbolo gráfico conveniente para representar o estado de tensões em um ponto específico de interesse em um objeto (como um eixo ou uma viga).* Para obter as equações aplicáveis a qualquer orientação, começamos definindo uma superfície plana $A-A$ orientada segundo um ângulo θ em relação ao eixo de referência x. A normal à superfície $A-A$ é denominada eixo n. O eixo paralelo à superfície $A-A$ é denominado eixo t. O eixo z se estende além do plano do paralelepípedo elementar. Tanto os eixos $x-y-z$ como os eixos $n-t-z$ são organizados como sistemas de eixos coordenados que respeitam a regra da mão direita. Dadas as tensões σ_x, σ_y e $\tau_{xy} = \tau_{yx}$ agindo nas faces x e y do paralelepípedo elementar, determinaremos a tensão normal e a tensão cisalhante que age na superfície $A-A$, conhecida como a face n do paralelepípedo elementar. Esse processo de tensões que variam de um conjunto de eixos coordenados (isto é, $x-y-z$) para outro conjunto de eixos coordenados (ou seja, $n-t-z$) é denominado transformação de tensões.

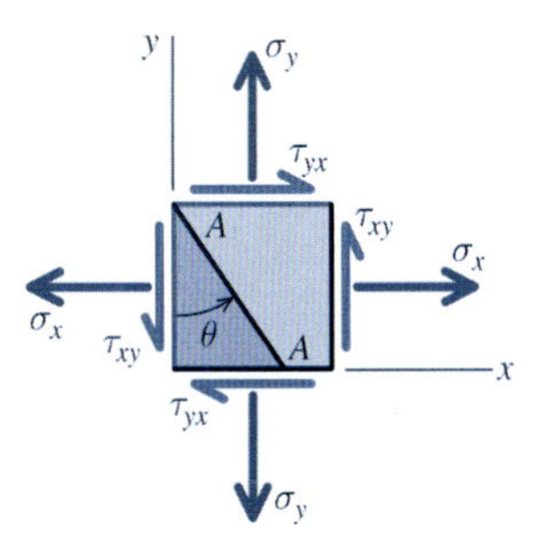

FIGURA 12.10*a*

A Figura 12.10*b* é um diagrama de corpo livre de um elemento com formato de cunha no qual as áreas das faces são dA para a face inclinada (plano $A-A$), dA cos θ para a face vertical (isto é, a face x) e dA sen θ para a face horizontal (ou seja, a face y). A equação de equilíbrio para a soma das forças na direção n fornece

$$\Sigma F_n = \sigma_n dA - \tau_{yx}(dA \operatorname{sen}\theta)\cos\theta - \tau_{xy}(dA\cos\theta)\operatorname{sen}\theta$$
$$- \sigma_x(dA\cos\theta)\cos\theta - \sigma_y(dA\operatorname{sen}\theta)\operatorname{sen}\theta = 0$$

Como $\tau_{yx} = \tau_{xy}$, essa equação pode ser simplificada para fornecer a seguinte expressão para a tensão normal que age na face n do elemento em cunha:

$$\sigma_n = \sigma_x \cos^2\theta + \sigma_y \operatorname{sen}^2\theta + 2\,\tau_{xy} \operatorname{sen}\theta\cos\theta \qquad (12.3)$$

Do diagrama de corpo livre na Figura 12.10*b*, a equação de equilíbrio para a soma das forças na direção t fornece

$$\Sigma F_t = \tau_{nt}\, dA - \tau_{xy}(dA\cos\theta)\cos\theta + \tau_{yx}(dA\operatorname{sen}\theta)\operatorname{sen}\theta$$
$$+ \sigma_x(dA\cos\theta)\operatorname{sen}\theta - \sigma_y(dA\operatorname{sen}\theta)\cos\theta = 0$$

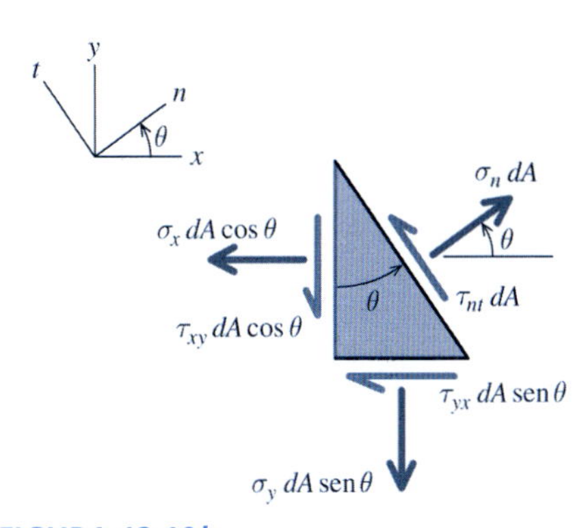

FIGURA 12.10*b*

Mais uma vez, usando $\tau_{yx} = \tau_{xy}$, essa equação pode ser simplificada de modo a fornecer a seguinte expressão para a tensão cisalhante que age na direção t na face n do elemento em cunha:

$$\tau_{nt} = -(\sigma_x - \sigma_y)\operatorname{sen}\theta\cos\theta + \tau_{xy}(\cos^2\theta - \operatorname{sen}^2\theta) \qquad (12.4)$$

Essas duas equações podem ser escritas na forma equivalente substituindo as seguintes identidades trigonométricas para o ângulo duplo:

$$\cos^2\theta = \frac{1}{2}(1 + \cos 2\theta)$$
$$\operatorname{sen}^2\theta = \frac{1}{2}(1 - \cos 2\theta)$$
$$2\operatorname{sen}\theta\cos\theta = \operatorname{sen}2\theta$$

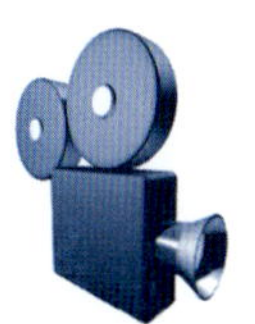

O MecMovies 12.6 apresenta um desenvolvimento animado das equações de transformação do estado plano de tensões.

Usando essas identidades de ângulo duplo, a Equação (12.3) pode ser escrita como

$$\sigma_n = \frac{\sigma_x + \sigma_y}{2} + \frac{\sigma_x - \sigma_y}{2}\cos 2\theta + \tau_{xy}\operatorname{sen}2\theta \qquad (12.5)$$

e a Equação (12.4) pode ser escrita como

$$\tau_{nt} = -\frac{\sigma_x - \sigma_y}{2}\,\text{sen}\,2\theta + \tau_{xy}\cos 2\theta \tag{12.6}$$

As Equações (12.3), (12.4), (12.5) e (12.6) são chamadas **equações de transformação do estado plano de tensões**. Elas fornecem um meio para determinar as tensões normais e cisalhantes em qualquer plano cuja normal seja

(a) perpendicular ao eixo z (isto é, o eixo atravessa o plano) e
(b) orientada segundo um ângulo θ em relação ao eixo de referência x.

Como as equações de transformação foram obtidas unicamente pelas considerações de equilíbrio, elas se aplicam a tensões em qualquer tipo de material, seja ele linear ou não linear, elástico ou inelástico.

INVARIANTE DE TENSÕES

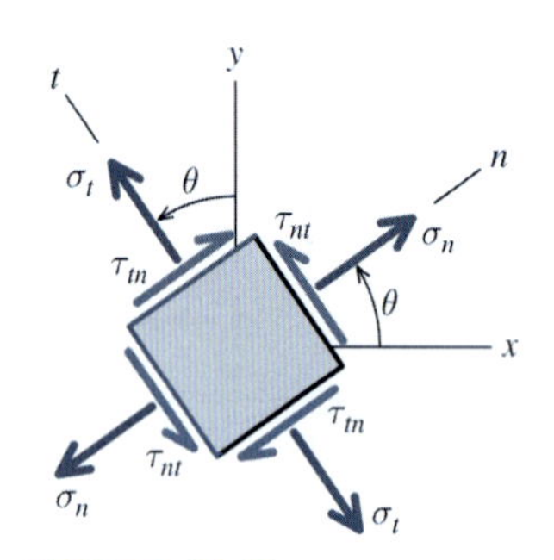

FIGURA 12.11

A tensão normal que age na face n do paralelepípedo elementar mostrado na Figura 12.11 pode ser determinada pela Equação (12.5). A tensão normal que age na face t também pode ser obtida pela Equação (12.5) substituindo $\theta + 90°$ no lugar de θ, obtendo-se a seguinte equação:

$$\sigma_t = \frac{\sigma_x + \sigma_y}{2} - \frac{\sigma_x - \sigma_y}{2}\cos 2\theta - \tau_{xy}\,\text{sen}\,2\theta \tag{12.7}$$

Se as expressões para σ_n e σ_t [Equações (12.5) e (12.7)] forem somadas, obtém-se a seguinte relação:

$$\sigma_n + \sigma_t = \sigma_x + \sigma_y \tag{12.8}$$

Essa equação mostra que a soma das tensões normais que agem em duas faces ortogonais quaisquer de um elemento do estado plano de tensões tem um valor constante, independente do ângulo θ. Essa característica matemática é denominada **invariante de tensões**.

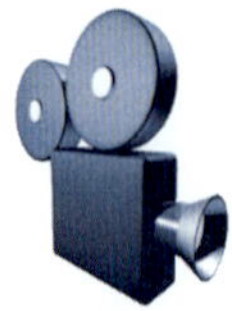
O MecMovies 12.5 apresenta uma análise animada da terminologia usada nas transformações de tensões.

A tensão é expressa em relação a sistemas de coordenadas específicos. As equações de transformação de tensões mostram que os componentes $n-t$ da tensão são diferentes dos componentes $x-y$, muito embora ambos sejam representações do mesmo estado de tensões. Entretanto, determinadas funções dos componentes de tensão não são dependentes da orientação dos sistemas de eixos coordenados. Essas funções, denominadas **invariantes de tensões**, possuem o mesmo valor, independentemente do sistema de eixos coordenados que estiver sendo usado. Para o estado plano de tensões, existem dois invariantes, denominados I_1 e I_2:

$$\begin{aligned} I_1 &= \sigma_x + \sigma_y \qquad &(\text{ou } I_1 = \sigma_n + \sigma_t) \\ I_2 &= \sigma_x\sigma_y - \tau_{xy}^2 \qquad &(\text{ou } I_2 = \sigma_n\sigma_t - \tau_{nt}^2) \end{aligned} \tag{12.9}$$

CONVENÇÕES DE SINAIS

Ao usar as equações de transformação de tensões, as convenções de sinais usadas em seu desenvolvimento devem ser seguidas rigorosamente. As convenções de sinais podem ser resumidas da seguinte maneira:

1. As tensões normais de tração são positivas; as tensões normais de compressão são negativas. Todas as tensões normais mostradas na Figura 12.11 são positivas.
2. Uma tensão cisalhante é positiva se:
   - agir no sentido da coordenada positiva em uma face positiva do paralelepípedo elementar ou
   - agir no sentido da coordenada negativa em uma face negativa do paralelepípedo elementar.

   Todas as tensões cisalhantes mostradas na Figura 12.11 são positivas. As tensões cisalhantes que apontam nos sentidos opostos são negativas.

O MecMovies 12.2 apresenta uma atividade interativa voltada para a determinação adequada do ângulo θ.

Uma maneira fácil de lembrar a convenção de sinais da tensão cisalhante é usar as direções associadas aos dois subscritos. O primeiro subscrito indica a face do paralelepípedo elementar na qual age a tensão cisalhante. Ela será, ou uma face positiva (mais), ou uma face negativa (menos). O segundo subscrito indica o sentido no qual age a tensão e será, ou um sentido positivo (mais), ou um sentido negativo (menos).

- Uma tensão cisalhante positiva tem subscritos que são, ou mais-mais, ou menos-menos.
- Uma tensão cisalhante negativa tem subscritos que são, ou mais-menos, ou menos-mais.

3. Um ângulo medido no sentido contrário ao dos ponteiros do relógio a partir do eixo x de referência é positivo. Inversamente, os ângulos medidos no sentido dos ponteiros do relógio a partir do eixo x de referência são negativos.
4. Os eixos $n-t-z$ possuem a mesma ordem que os eixos $x-y-z$. Ambos os conjuntos de eixos formam um sistema de coordenadas de acordo com a regra da mão direita.

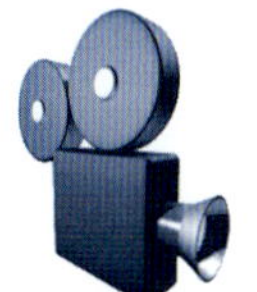

O MecMovies 12.3 apresenta um jogo que testa o entendimento das convenções de sinais adequadas e seu uso nas equações de transformação de tensões.

EXEMPLO 12.3

Em um ponto de um elemento estrutural sujeito a um estado plano de tensões, existem tensões normais e cisalhantes no plano horizontal e no plano vertical que passam através do ponto, conforme ilustrado. Use as equações de transformações de tensões para determinar a tensão normal e a tensão cisalhante na superfície do plano indicado.

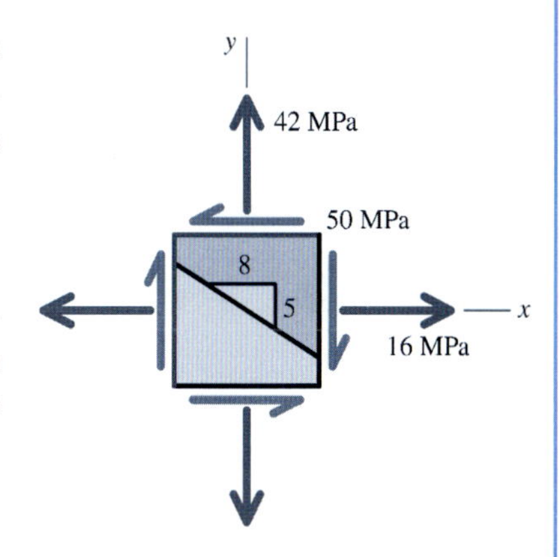

Planejamento da Solução

Problemas desse tipo são simples; entretanto, as convenções de sinais usadas para obtenção das equações de transformação de tensões devem ser seguidas rigorosamente para que o resultado seja satisfatório. Deve ser dedicada atenção especial para a identificação do valor adequado de θ, exigido para informar a inclinação da superfície plana.

SOLUÇÃO

A tensão normal que age na face x cria tração no elemento; portanto, ela é considerada uma tensão normal positiva ($\sigma_x = +16$ MPa) nas equações de transformação de tensões. Da mesma forma, a tensão normal na face y tem valor positivo de $\sigma_y = +42$ MPa.

A tensão cisalhante de 50 MPa na face x positiva agem na direção negativa de y; portanto, essa tensão cisalhante será considerada negativa quando forem usadas as equações de transformação de tensões ($\tau_{xy} = -50$ MPa). Observe que a tensão cisalhante na face horizontal também é negativa. Na face y positiva, a tensão cisalhante age no sentido negativo de x; daí, $\tau_{yx} = -50 \text{ MPa} = \tau_{xy}$.

Neste exemplo, as tensões normais e cisalhantes devem ser calculadas para uma superfície plana que tem inclinação de -5 (vertical) por 8 (horizontal). Essa informação sobre a inclinação deve ser convertida para um valor adequado de θ para o uso nas equações de transformação de tensões.

Um modo conveniente de determinar θ é encontrar o ângulo entre um plano vertical e a superfície inclinada. Esse ângulo sempre será o mesmo ângulo entre o eixo x e o eixo n. Para a superfície especificada aqui, o valor absoluto do ângulo entre um plano vertical e a superfície inclinada é

$$\tan\theta = \frac{8}{5} \qquad \therefore \theta = 58^\circ$$

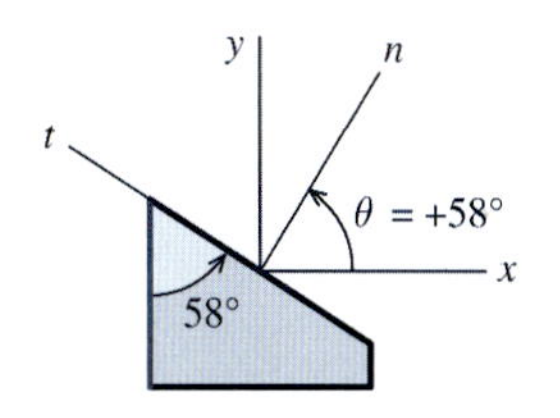

Observe que o cálculo anterior determina apenas o valor absoluto do ângulo. O sinal adequado de θ é determinado por inspeção. Se o ângulo **do** plano vertical **até** o plano inclinado for medido no sentido contrário ao dos ponteiros do relógio, o valor de θ é positivo. Portanto, $\theta = +58^\circ$ para este exemplo.

Com os valores adequados de σ_x, σ_y, τ_{xy} e θ definidas neste instante, as tensões normal e cisalhante que agem na superfície inclinada podem ser calculadas. A tensão normal na direção n é encontrada utilizando a Equação (12.3):

$$\begin{aligned}\sigma_n &= \sigma_x \cos^2\theta + \sigma_y \operatorname{sen}^2\theta + 2\,\tau_{xy} \operatorname{sen}\theta\cos\theta \\ &= (16 \text{ MPa})\cos^2 58° + (42 \text{ MPa})\operatorname{sen}^2 58° + 2(-50 \text{ MPa})\operatorname{sen} 58° \cos 58° \\ &= -10{,}24 \text{ MPa}\end{aligned}$$

Observe que a Equação (12.5) também poderia ser usada para obter o mesmo resultado:

$$\begin{aligned}\sigma_n &= \frac{\sigma_x + \sigma_y}{2} + \frac{\sigma_x - \sigma_y}{2}\cos 2\theta + \tau_{xy} \operatorname{sen} 2\theta \\ &= \frac{(16 \text{ MPa}) + (42 \text{ MPa})}{2} + \frac{(16 \text{ MPa}) - (42 \text{ MPa})}{2}\cos 2(58°) + (-50 \text{ MPa})\operatorname{sen} 2(58°) \\ &= -10{,}24 \text{ MPa}\end{aligned}$$

A escolha da Equação (12.3) ou da Equação (12.5) para calcular a tensão normal que age no plano inclinado é uma questão de preferência pessoal.

A tensão cisalhante τ_{nt} que age na face n e na direção t pode ser calculada tanto pela Equação (12.4):

$$\begin{aligned}\tau_{nt} &= -(\sigma_x - \sigma_y)\operatorname{sen}\theta\cos\theta + \tau_{xy}(\cos^2\theta - \operatorname{sen}^2\theta) \\ &= -[(16 \text{ MPa}) - (42 \text{ MPa})]\operatorname{sen} 58° \cos 58° + (-50 \text{ MPa})[\cos^2 58° - \operatorname{sen}^2 58°] \\ &= +33{,}6 \text{ MPa}\end{aligned}$$

como pela Equação (12.6):

$$\begin{aligned}\tau_{nt} &= -\frac{\sigma_x - \sigma_y}{2}\operatorname{sen} 2\theta + \tau_{xy}\cos 2\theta \\ &= -\frac{(16 \text{ MPa}) - (42 \text{ MPa})}{2}\operatorname{sen} 2(58°) + (-50 \text{ MPa})\cos 2(58°) \\ &= +33{,}6 \text{ MPa}\end{aligned}$$

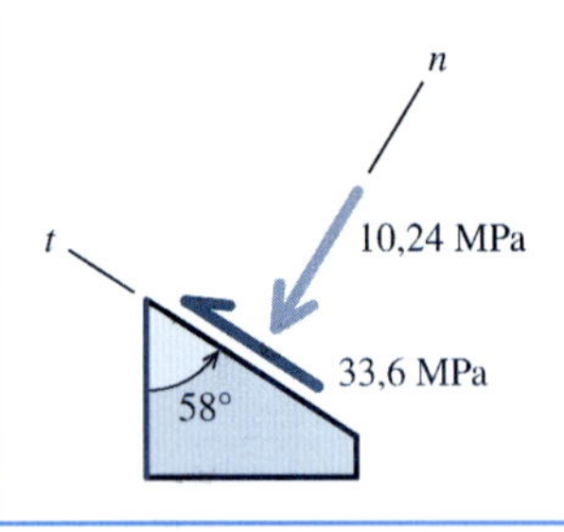

Para completar a solução do problema, as tensões que agem no plano inclinado são mostradas em um desenho. Como σ_n é negativo, a tensão normal que age na direção n é mostrada como uma tensão de compressão. Um valor positivo de τ_{nt} indica que a seta da tensão aponta no sentido positivo de t e na face positiva de n. As setas são identificadas com o mesmo módulo de tensão (ou seja, mesmo valor absoluto). Os sinais associados às tensões são indicados pelas direções das setas.

EXEMPLO 12.4

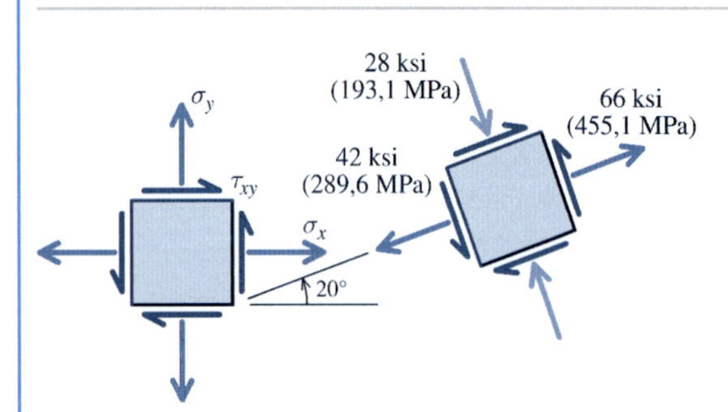

As tensões mostradas agem em um ponto da superfície livre de um componente de máquina. Determine as tensões normais σ_x e σ_y e a tensão cisalhante τ_{xy} no ponto.

Planejamento da Solução

As equações de transformação de tensões são escritas em termos de σ_x, σ_y e τ_{xy}; entretanto, as direções x e y não precisam ser necessariamente as direções horizontal e vertical, respectivamente. Duas direções ortogonais quaisquer podem ser tomadas como x e y, contanto que definam um sistema de coordenadas que respeite a regra da mão direita. Para resolver esse problema, redefiniremos os eixos x e y, alinhando-os com o elemento inclinado. As faces do elemento sem rotação serão redefinidas como as faces n e t.

SOLUÇÃO

Redefina as direções x e y, alinhando-as com o elemento inclinado. Os eixos do elemento inclinado serão definidos como as direções n e t.

Correspondentemente, as tensões que agem no elemento inclinado são definidas agora como

$$\sigma_x = +66 \text{ ksi}$$
$$\sigma_y = -28 \text{ ksi}$$
$$\tau_{xy} = +42 \text{ ksi}$$

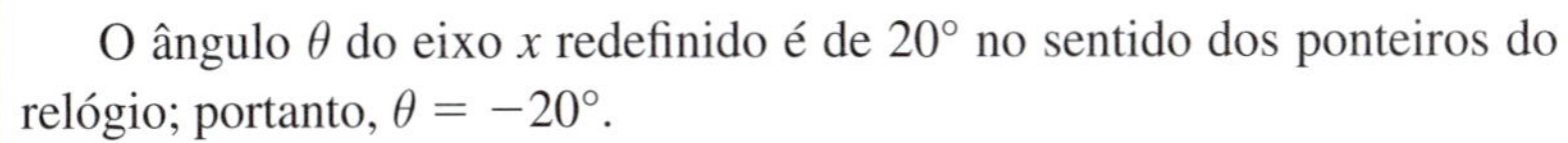

O ângulo θ do eixo x redefinido é de 20° no sentido dos ponteiros do relógio; portanto, $\theta = -20°$.

A tensão normal na face vertical do elemento sem rotação pode ser calculada pela Equação (12.3):

$$\begin{aligned}\sigma_n &= \sigma_x \cos^2\theta + \sigma_y \operatorname{sen}^2\theta + 2\tau_{xy} \operatorname{sen}\theta \cos\theta \\ &= (66 \text{ ksi})\cos^2(-20°) + (-28 \text{ ksi})\operatorname{sen}^2(-20°) + 2(42 \text{ ksi})\operatorname{sen}(-20°)\cos(-20°) \\ &= +28{,}0 \text{ ksi}\end{aligned}$$

A tensão normal na face horizontal do elemento sem rotação pode ser calculada pela Equação (12.3) se o ângulo θ for modificado para um valor de $\theta = -20° + 90° = 70°$:

$$\begin{aligned}\sigma_n &= \sigma_x \cos^2\theta + \sigma_y \operatorname{sen}^2\theta + 2\tau_{xy} \operatorname{sen}\theta \cos\theta \\ &= (66 \text{ ksi})\cos^2 70° + (-28 \text{ ksi})\operatorname{sen}^2 70° + 2(42 \text{ ksi}) \operatorname{sen} 70° \cos 70° \\ &= +9{,}99 \text{ ksi}\end{aligned}$$

A tensão cisalhante no elemento sem rotação pode ser calculada pela Equação (12.4):

$$\begin{aligned}\tau_{nt} &= -(\sigma_x - \sigma_y)\operatorname{sen}\theta\cos\theta + \tau_{xy}(\cos^2\theta - \operatorname{sen}^2\theta) \\ &= -[(66 \text{ ksi}) - (-28 \text{ ksi})]\operatorname{sen}(-20°)\cos(-20°) \\ &\quad + (42 \text{ ksi})[\cos^2(-20°) - \operatorname{sen}^2(-20°)] \\ &= +62{,}4 \text{ ksi}\end{aligned}$$

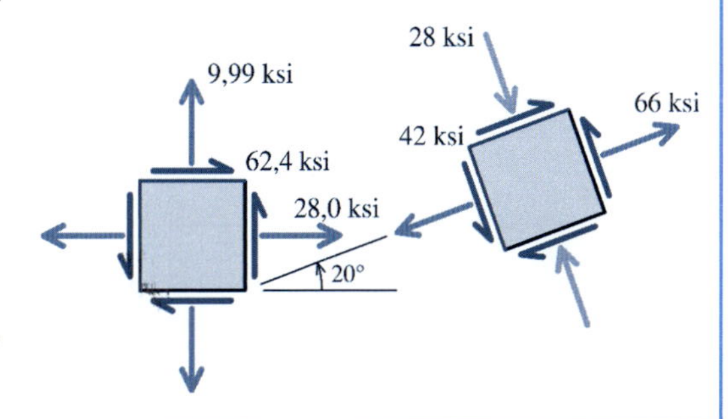

As tensões que agem nos planos horizontal e vertical são mostradas no desenho.

Exemplo do MecMovies M12.7

Determine a tensão normal e a tensão cisalhante que agem em uma superfície plana especificada.

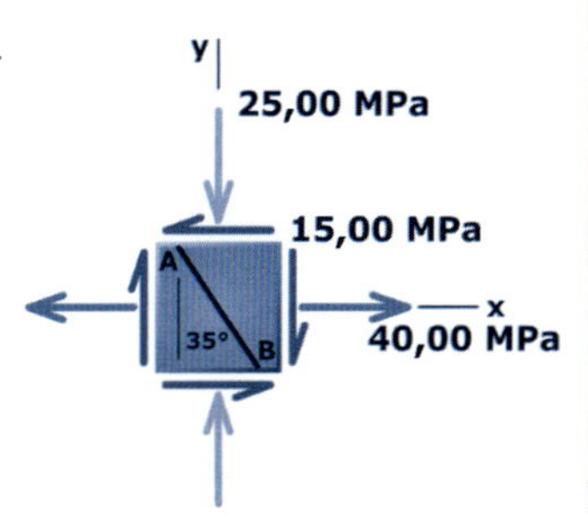

Exemplo do MecMovies M12.8

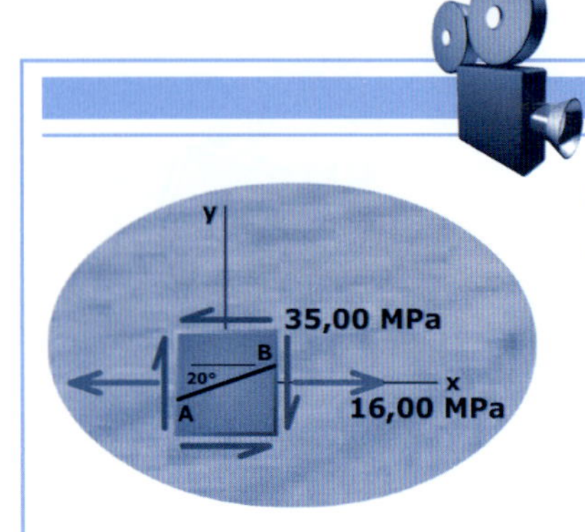

Determine as tensões normal e cisalhante que agem em uma superfície plana especificada em um objeto de madeira.

EXERCÍCIOS do MecMovies

M12.1 **A Incrível Câmera de Tensões (The Amazing Stress Camera).** Atividade interativa de pesquisa que apresenta o tópico das transformações de tensões.

FIGURA M12.1

M12.2 **Ao Topo-Abaixar-Girar (Top-Drop-Sweep the Clock).** Instrução animada ensinando o método adequado para determinação de θ. Oito questões fáceis de múltipla escolha.

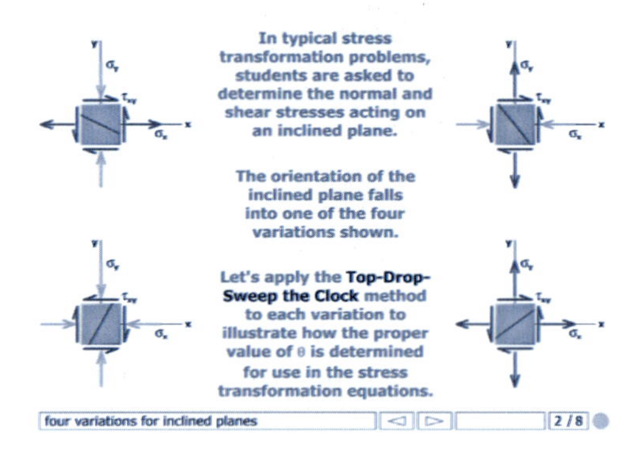

FIGURA M12.2

M12.3 **Sinais, Sinais, Sinais em Todos os Lugares (Sign, Sign, Everywhere a Sign).** Um jogo que trata das convenções corretas de sinais necessárias para as equações de transformação de tensões. O jogo é ganho quando dois cálculos para σ_n e τ_{nt} forem concluídos corretamente.

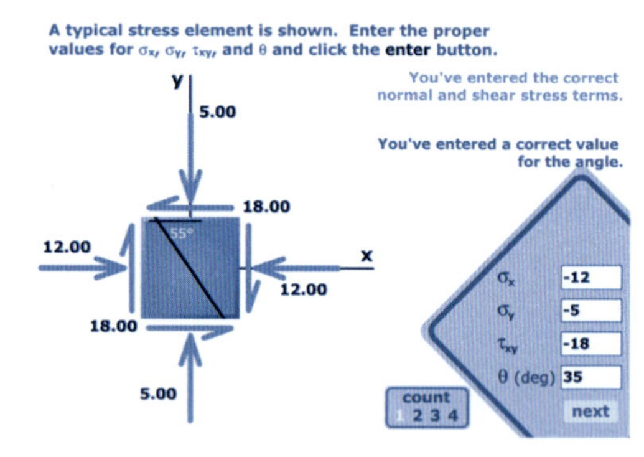

FIGURA M12.3

PROBLEMAS

P12.25-P12.36 As tensões mostradas nas Figuras P12.25-P12.36 agem em um ponto de um corpo submetido a tensões. Determine as tensões normal e cisalhante nesse ponto no plano inclinado mostrado.

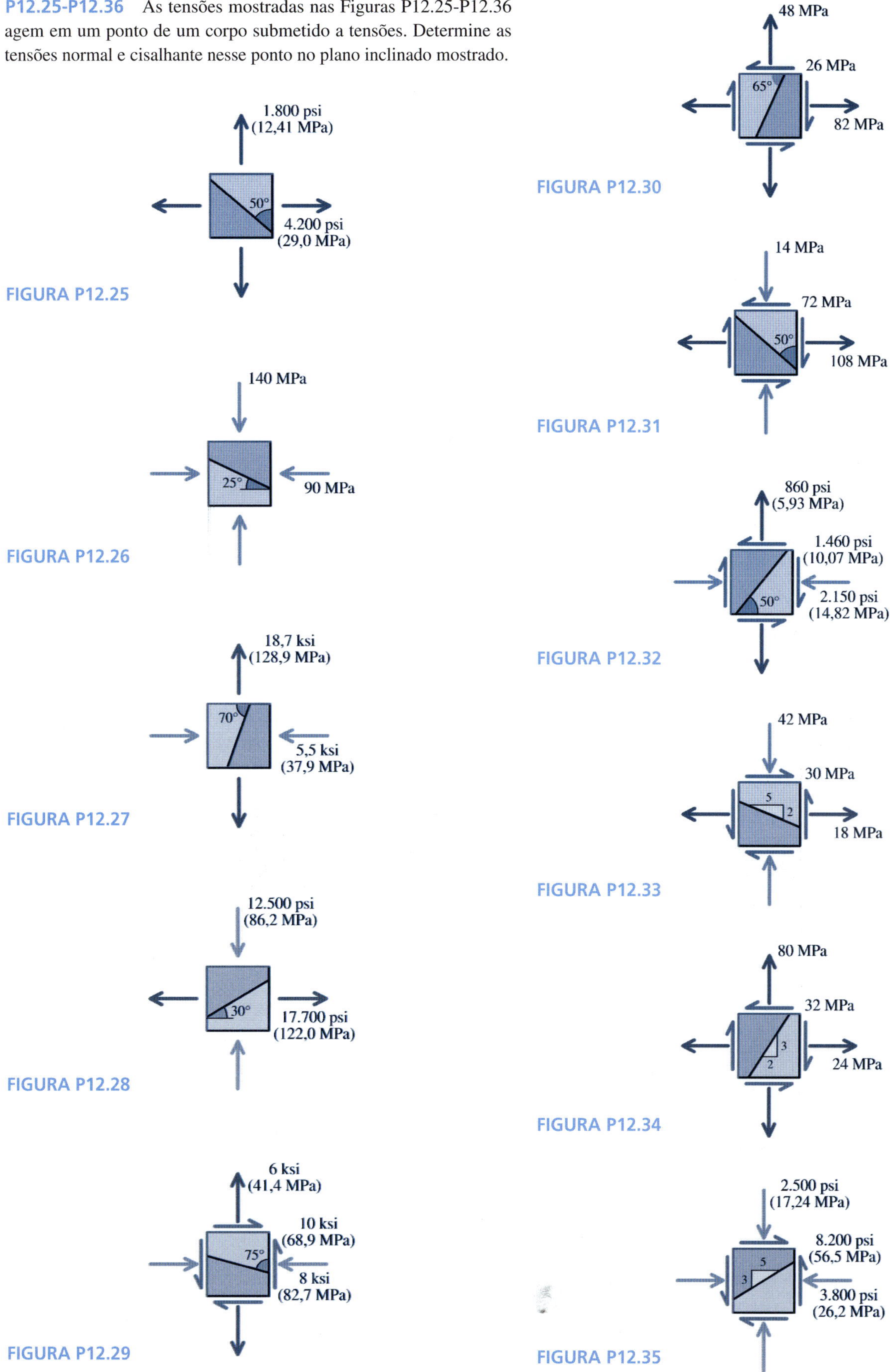

FIGURA P12.25

FIGURA P12.26

FIGURA P12.27

FIGURA P12.28

FIGURA P12.29

FIGURA P12.30

FIGURA P12.31

FIGURA P12.32

FIGURA P12.33

FIGURA P12.34

FIGURA P12.35

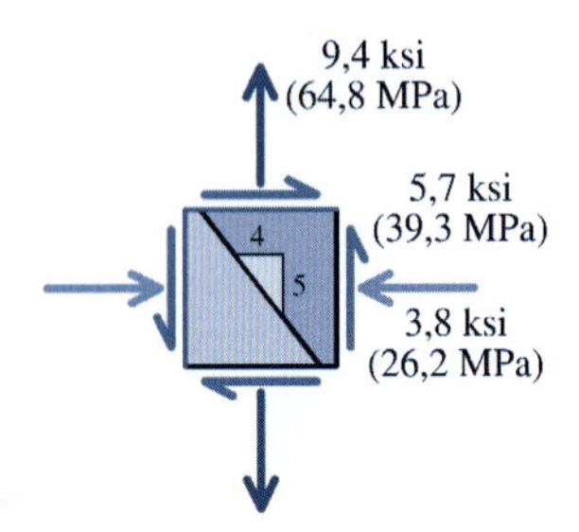

FIGURA P12.36

P12.37 e P12.38 As tensões mostradas nas Figuras P12.37*a* e P12.38*a* agem em um ponto de uma superfície livre de um corpo submetido a tensões. Determine as tensões normais σ_n e σ_t e a tensão cisalhante τ_{nt} nesse ponto se elas agirem no elemento inclinado mostrado nas Figuras P12.37*b* e P12.38*b*.

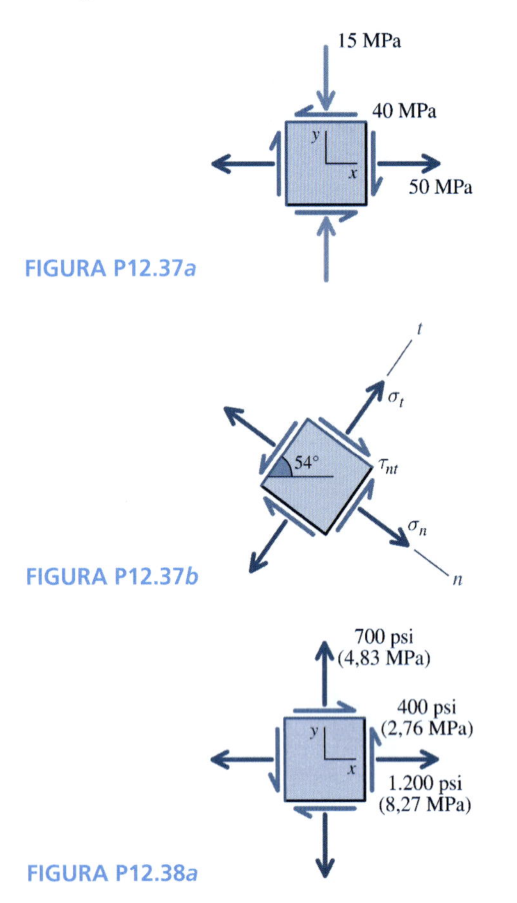

FIGURA P12.37*a*

FIGURA P12.37*b*

FIGURA P12.38*a*

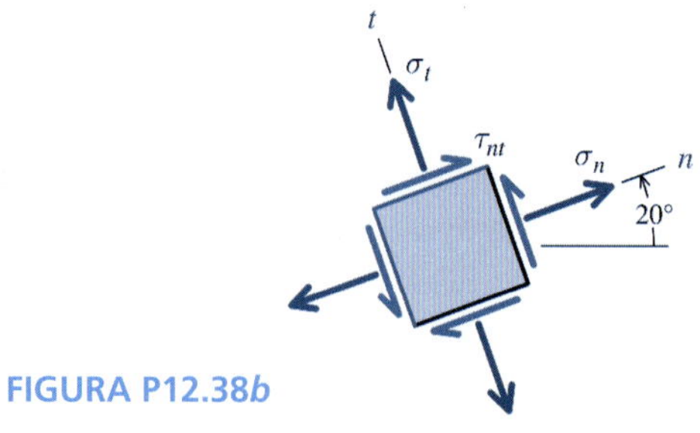

FIGURA P12.38*b*

P12.39 e P12.40 As tensões mostradas nas Figuras P12.39 e P12.40 agem em um ponto na superfície livre de um componente de máquina. Determine as tensões normais σ_x e σ_y e a tensão cisalhante τ_{xy} no ponto.

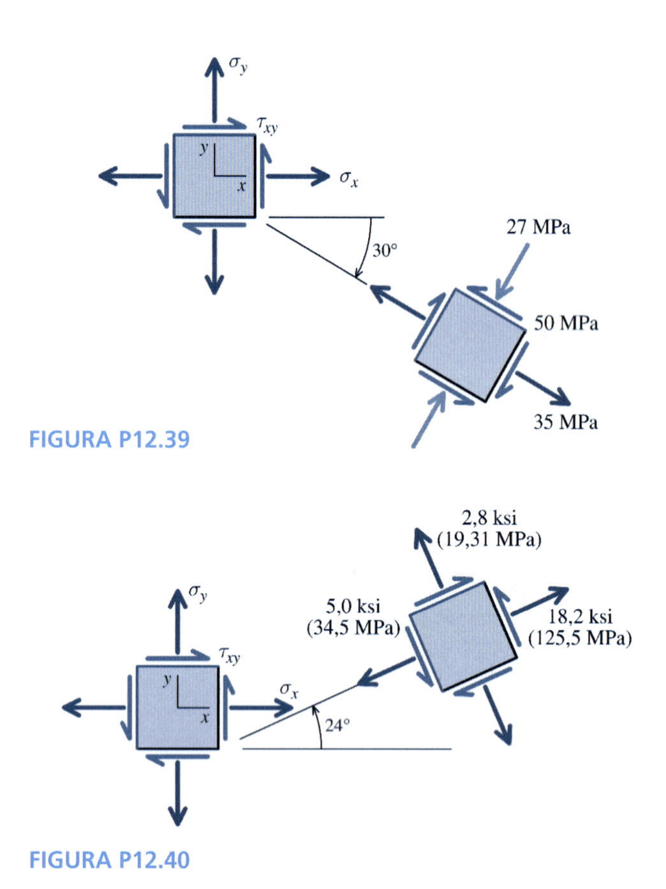

FIGURA P12.39

FIGURA P12.40

12.8 TENSÕES PRINCIPAIS E TENSÃO CISALHANTE MÁXIMA

As equações de transformação para o estado plano de tensões [Equações (12.3), (12.4), (12.5) e (12.6)] fornecem um meio de determinar a tensão normal σ_n e a tensão cisalhante τ_{nt} que agem em qualquer plano que passe através do ponto em um corpo submetido a tensões. Com a finalidade de projeto, frequentemente as tensões críticas em um ponto são a tensão normal máxima, a tensão normal mínima e a máxima tensão cisalhante. As equações de transformação de tensões podem ser usadas para desenvolver relacionamentos adicionais que indicam

(a) a orientação dos planos onde ocorrem a tensão normal máxima e a tensão normal mínima.
(b) os módulos (valores absolutos) da tensão normal máxima e da tensão normal mínima.
(c) o módulo (valor absoluto) das tensões cisalhantes máximas e
(d) a orientação dos planos onde ocorrem as tensões cisalhantes máximas.

As equações de transformação do estado plano de tensões foram desenvolvidas na Seção 12.7. As equações para a tensão normal σ_n e a tensão cisalhante τ_{nt} são

$$\sigma_n = \sigma_x \cos^2 \theta + \sigma_y \operatorname{sen}^2 \theta + 2\tau_{xy} \operatorname{sen} \theta \cos \theta \tag{12.3}$$

$$\tau_{nt} = -(\sigma_x - \sigma_y) \operatorname{sen} \theta \cos \theta + \tau_{xy} (\cos^2 \theta - \operatorname{sen}^2 \theta) \tag{12.4}$$

Essas mesmas equações também podem ser expressas em termos das funções trigonométricas de ângulo duplo como

$$\sigma_n = \frac{\sigma_x + \sigma_y}{2} + \frac{\sigma_x - \sigma_y}{2} \cos 2\theta + \tau_{xy} \operatorname{sen} 2\theta \tag{12.5}$$

$$\tau_{nt} = -\frac{\sigma_x - \sigma_y}{2} \operatorname{sen} 2\theta + \tau_{xy} \cos 2\theta \tag{12.6}$$

PLANOS PRINCIPAIS

Para um determinado estado plano de tensões, os componentes de tensão σ_x, σ_y e τ_{xy} são constantes. Na realidade, as variáveis dependentes σ_n e τ_{nt} são funções de apenas uma variável independente, θ. Portanto, o valor de θ para o qual a tensão normal σ_n é um máximo ou um mínimo pode ser determinado diferenciando a Equação (12.5) em relação a θ e igualando a derivada a zero.

$$\frac{d\sigma_n}{d\theta} = -\frac{\sigma_x - \sigma_y}{2} (2 \operatorname{sen} 2\theta) + 2\tau_{xy} \cos 2\theta = 0 \tag{12.10}$$

A solução dessa equação fornece a orientação $\theta = \theta_p$ de um plano onde ocorre, ou uma tensão normal máxima, ou uma tensão normal mínima:

$$\tan 2\theta_p = \frac{\tau_{xy}}{(\sigma_x - \sigma_y)/2} \tag{12.11}$$

Para um determinado conjunto de componentes de tensão σ_x, σ_y e τ_{xy}, a Equação (12.11) pode ser satisfeita por dois valores de $2\theta_p$ e a diferença entre esses dois valores será de 180°. Em consequência, a diferença entre os valores de θ_p será de 90°. Desse resultado podemos concluir

(a) que haverá apenas dois planos onde ocorre, ou uma tensão normal máxima, ou uma tensão normal mínima e

(b) que esses dois planos estarão separados por 90° (isto é, serão ortogonais entre si).

Observe a similaridade entre as expressões para $d\sigma_n/d\theta$ na Equação (12.10) e para τ_{nt} na Equação (12.6). Igualar a derivada de σ_n a zero é equivalente a igualar τ_{nt} a zero; portanto, os valores de θ_p que são soluções da Equação (12.11) produzem valores de $\tau_{nt} = 0$ na Equação (12.6). Isso nos leva a outra conclusão importante:

A tensão cisalhante é nula em planos onde ocorrem as tensões normais máximas e mínimas.

Os planos livres de tensões cisalhantes são denominados **planos principais**. As tensões normais que agem nesses planos – são chamadas **tensões principais**.

Os dois valores de θ_p que satisfazem a Equação (12.11) são chamados **ângulos principais**. Quando tan $2\theta_p$ for positiva, θ_p é positivo e o plano principal definido por θ_p está inclinado no sentido contrário ao dos ponteiros do relógio a partir do eixo x de referência. Quando tan $2\theta_p$ for negativa, a inclinação se dá no sentido dos ponteiros do relógio. Observe que um valor de θ_p será sempre entre 45° positivo e negativo (inclusive) e o segundo valor terá uma diferença de 90° em relação ao primeiro.

VALOR ABSOLUTO DAS TENSÕES PRINCIPAIS

As tensões normais que agem nos planos principais em um ponto de um corpo submetido a tensões são denominadas *tensões principais*. A tensão normal máxima (isto é, o valor algébrico mais positivo) que age em um ponto é indicada como σ_{p1} e a tensão normal mínima (isto é, o valor algébrico mais negativo) é indicada como σ_{p2}. Há dois métodos para calcular os módulos das tensões normais que agem nos planos principais.

Primeiro Método. O primeiro método é simplesmente substituir cada um dos valores de θ_p, ou na Equação (12.3), ou na Equação (12.5) e calcular a tensão normal correspondente. Além do valor da tensão principal, esse método tem a vantagem de que associa diretamente o módulo de uma tensão normal a cada um dos ângulos principais.

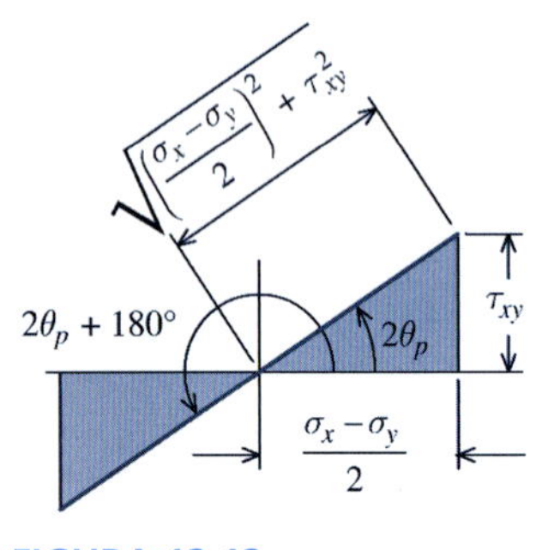

FIGURA 12.12

Segundo Método. Pode ser desenvolvida uma equação geral para fornecer tanto o valor de σ_{p1} como de σ_{p2}. Para desenvolver essa equação geral, devem ser substituídos os valores de $2\theta_P$ na Equação (12.5). A Equação (12.11) pode ser representada geometricamente pelos triângulos mostrados na Figura 12.12. Nessa figura, admitiremos os valores de τ_{xy} e $(\sigma_x - \sigma_y)$ serem ambos positivos ou ambos negativos. Da geometria de triângulos, podem ser desenvolvidas expressões para sen $2\sigma_p$ e cos $2\sigma_p$, dois termos que são necessários para a solução da Equação (12.5):

$$\text{sen } 2\theta_p = \frac{\tau_{xy}}{\sqrt{\left(\frac{\sigma_x - \sigma_y}{2}\right)^2 + \tau_{xy}^2}} \qquad \cos 2\theta_p = \frac{(\sigma_x - \sigma_y)/2}{\sqrt{\left(\frac{\sigma_x - \sigma_y}{2}\right)^2 + \tau_{xy}^2}}$$

Quando essas funções de $2\theta_p$ forem substituídas na Equação (12.5) e simplificadas, obtém-se

$$\sigma_{p1} = \frac{\sigma_x + \sigma_y}{2} + \sqrt{\left(\frac{\sigma_x - \sigma_y}{2}\right)^2 + \tau_{xy}^2}$$

Uma expressão similar é obtida para σ_{p2} repetindo esses passos com o ângulo principal $2\theta_p + 180°$:

$$\sigma_{p2} = \frac{\sigma_x + \sigma_y}{2} - \sqrt{\left(\frac{\sigma_x - \sigma_y}{2}\right)^2 + \tau_{xy}^2}$$

Essas duas equações podem ser combinadas em uma única equação para as duas tensões principais σ_{p1} e σ_{p2} coplanares ao plano das tensões:

$$\sigma_{p1,\,p2} = \frac{\sigma_x + \sigma_y}{2} \pm \sqrt{\left(\frac{\sigma_x - \sigma_y}{2}\right)^2 + \tau_{xy}^2} \qquad (12.12)$$

A Equação (12.12) não indica diretamente que tensão principal, σ_{p1} ou σ_{p2}, está associada a cada um dos ângulos principais e essa é uma consideração importante. A solução da Equação (12.11) sempre fornece um valor de θ_p entre $+45°$ e $-45°$ (inclusive). A tensão principal associada a esse valor de θ_p pode ser determinada pela seguinte regra:

- Se o termo $(\sigma_x - \sigma_y)$ for positivo, θ_p indica a orientação de σ_{p1}.
- Se o termo $(\sigma_x - \sigma_y)$ for negativo, θ_p indica a orientação de σ_{p2}.

A outra tensão principal está orientada no sentido perpendicular a θ_p.

As tensões principais determinadas pela Equação (12.12) podem ser ambas positivas, podem ser ambas negativas ou podem ter sinais opostos. Ao identificar as tensões principais, σ_{p1} é o valor positivo de maior módulo. Se uma ou ambas as tensões principais da Equação (12.12) forem negativas, σ_{p1} pode ter valor absoluto menor do que σ_{p2}.

TENSÕES CISALHANTES NOS PLANOS PRINCIPAIS

Conforme demonstrado na análise anterior, os valores de θ_p que forem soluções da Equação (12.11) produzirão valores de $\tau_{nt} = 0$ na Equação (12.6). Portanto, a tensão cisalhante em um plano principal deve ser nula. Essa é uma conclusão muito importante.

Essa característica dos planos principais pode ser enunciada diferentemente da seguinte maneira:

Se um plano for plano principal, então a tensão cisalhante que nele age deve ser nula.

O inverso desse enunciado também é verdadeiro:

Se uma tensão cisalhante em um plano for nula, então esse plano deve ser um plano principal.

Em muitas situações, um paralelepípedo elementar (que representa o estado de tensões em um ponto específico) terá apenas tensões normais agindo em suas faces x e y. Nesses casos, pode-se concluir que as faces x e y devem ser planos principais porque não há tensão cisalhante atuando neles.

Outra aplicação importante desse enunciado corresponde ao estado plano de tensões. Conforme analisado na Seção 12.4, um estado plano de tensões no plano $x-y$ significa que não há tensões agindo na face z do paralelepípedo elementar. Portanto,

$$\sigma_z = \tau_{zx} = \tau_{zy} = 0$$

Se a tensão cisalhante na face z for nula, pode-se concluir que a face z deve ser um plano principal. Consequentemente, a tensão normal que age na face z deve ser uma tensão principal − a terceira tensão principal.

A TERCEIRA TENSÃO PRINCIPAL

Na análise anterior, os planos principais e as tensões principais foram determinados para o estado plano de tensões. Os dois planos principais encontrados na Equação (12.11) foram orientados segundo ângulos θ_p e $\theta_p \pm 90°$ em relação ao eixo x de referência e foram orientados de forma que a normal exterior fosse perpendicular ao eixo z (isto é, o eixo perpendicular ao plano). As tensões principais correspondentes determinadas pela Equação (12.12) são denominadas **tensões principais coplanares ao plano das tensões** (ou resumidamente, **tensões principais coplanares**). São também chamadas aqui **tensões principais "no plano"**, ou ainda **tensões principais *in-plane***).

Se a normal a uma superfície estiver contida no plano $x-y$ (plano das tensões normais), então as tensões que agem naquela superfície são denominadas **tensões coplanares ao plano das tensões** (ou resumidamente, **tensões coplanares**. Podem ser chamadas ainda **tensões "no plano"** ou **tensões *in-plane***).

Embora seja conveniente representar o paralelepípedo elementar como um quadrado bidimensional, na realidade ele é um cubo tridimensional com faces x, y e z. Para um estado plano de tensões, as tensões que agem na face z − σ_z, τ_{zx} e τ_{zy} − são nulas. Como as tensões cisalhantes na face z são nulas, a tensão normal que age na face z deve ser uma tensão principal, muito embora seu valor absoluto seja zero. **Um ponto sujeito ao estado plano de tensões tem três tensões principais: duas tensões principais coplanares ao plano das tensões ("no plano" ou *in-plane*), σ_{p1} e σ_{p2}, mais uma terceira tensão principal σ_{p3}, que age na direção transversal ao plano das tensões ("fora do plano", ou *out-of-plane*) e tem valor absoluto igual a zero.**

ORIENTAÇÃO DA TENSÃO CISALHANTE MÁXIMA NO PLANO DAS TENSÕES NORMAIS

Para determinar os planos onde ocorre a tensão cisalhante máxima $\tau_{máx}$ coplanar ao plano das tensões (*in-plane*), a Equação (12.6) é diferenciada em relação a θ e igualada a zero, o que leva a

$$\frac{d\tau_{nt}}{d\theta} = -(\sigma_x - \sigma_y)\cos 2\theta - 2\tau_{xy} \operatorname{sen} 2\theta = 0 \qquad (12.13)$$

A solução dessa equação fornece a orientação $\theta = \theta_s$ de um plano onde a tensão cisalhante é, ou um máximo, ou um mínimo:

$$\tan 2\theta_s = -\frac{(\sigma_x - \sigma_y)/2}{\tau_{xy}} \qquad (12.14)$$

Essa equação define dois ângulos $2\theta_s$ que diferem de 180° entre si. Desta forma, os dois valores de θ_s diferem entre si de 90°. A comparação entre as Equações (12.14) e (12.11) revela que as duas funções tangentes são recíprocas negativas. Por esse motivo, os valores de $2\theta_p$ que satisfazem a Equação (12.11) estão a 90° das soluções correspondentes $2\ \theta_s$ da Equação (12.14). Consequentemente, θ_p e θ_s diferem de 45° entre si. Isso significa que **os planos nos quais ocorrem as tensões cisalhantes máximas coplanares ao plano das tensões estão inclinados de 45° em relação aos planos principais**.

VALOR ABSOLUTO DA TENSÃO CISALHANTE COPLANAR AO PLANO DAS TENSÕES

De modo similar às tensões principais, há dois métodos para calcular o valor absoluto da tensão cisalhante máxima $\tau_{\text{máx}}$ coplanar (tensão cisalhante máxima "no plano", ou seja, a tensão cisalhante máxima no plano das tensões).

Primeiro Método. O primeiro método consiste simplesmente em substituir um dos valores de θ_s na Equação (12.4) ou na Equação (12.6) e calcular a tensão cisalhante correspondente. Além de fornecer o valor da tensão cisalhante máxima coplanar ao plano das tensões, esse método apresenta a vantagem de associar diretamente um valor absoluto da tensão cisalhante (incluindo o sinal correspondente) ao ângulo θ_s. Em face de as tensões cisalhantes em planos ortogonais serem obrigatoriamente iguais, a determinação de apenas um ângulo θ_s é suficiente para definir de modo exclusivo as tensões cisalhantes em ambos os planos.

Por, normalmente, se estar interessado em encontrar as duas tensões principais e a tensão cisalhante máxima coplanar ao plano das tensões (tensão cisalhante máxima "no plano" ou *in-plane*), um procedimento computacional eficiente para encontrar tanto o valor absoluto como a orientação daquela tensão cisalhante máxima é o seguinte:

(a) Da Equação (12.11), será conhecido um valor específico para θ_p.

(b) Dependendo do sinal de θ_p e sabendo que θ_p e θ_s sempre diferem entre si de 45°, some ou subtraia 45° para encontrar a orientação de uma tensão cisalhante máxima *in-plane* θ_s. Para obter um ângulo θ_s entre $+45°$ e $-45°$ (inclusive), subtraia 45° de um valor positivo de θ_p ou some 45° a um valor negativo de θ_p.

(c) Substitua esse valor de θ_s, ou na Equação (12.4), ou na Equação (12.6) e calcule a tensão cisalhante correspondente. O resultado é $\tau_{\text{máx}}$, a maior tensão cisalhante coplanar ao plano das tensões (a maior tensão cisalhante "no plano").

(d) O resultado obtido da Equação (12.4), ou da Equação (12.6) para θ_s fornecerá tanto o valor absoluto como o *sinal* da tensão cisalhante máxima $\tau_{\text{máx}}$ coplanar ao plano das tensões. O sinal é particularmente significativo neste método porque o Segundo Método não oferece um modo direto para estabelecer o sinal de $\tau_{\text{máx}}$.

Segundo Método. Pode-se obter uma equação geral para fornecer o valor absoluto de $\tau_{\text{máx}}$ substituindo na Equação (12.6) as funções dos ângulos obtidas a partir da Equação (12.14). Os resultados são

$$\tau_{\text{máx}} = -\frac{\sigma_x - \sigma_y}{2}\left[\frac{\pm(\sigma_x - \sigma_y)/2}{\sqrt{\left(\frac{\sigma_x - \sigma_y}{2}\right)^2 + \tau_{xy}^2}}\right] + \tau_{xy}\left[\frac{\mp\tau_{xy}}{\sqrt{\left(\frac{\sigma_x - \sigma_y}{2}\right)^2 + \tau_{xy}^2}}\right]$$

que se reduz a

$$\tau_{\text{máx}} = \pm\sqrt{\left(\frac{\sigma_x - \sigma_y}{2}\right)^2 + \tau_{xy}^2} \tag{12.15}$$

Observe que a Equação (12.15) tem o mesmo valor absoluto que o segundo termo da Equação (12.12).

Da Equação (12.15), o sinal de $\tau_{máx}$ é ambíguo. A tensão cisalhante máxima difere da tensão cisalhante mínima apenas pelo sinal. Diferentemente da tensão normal, que pode ser tanto de tração como de compressão, o sinal da tensão cisalhante máxima coplanar ao plano das tensões (tensão cisalhante máxima "no plano") não tem significado físico para o comportamento material de um corpo submetido a tensões. O sinal simplesmente indica a direção na qual age a tensão cisalhante em uma determinada superfície plana.

Uma relação útil entre a tensão principal e a tensão cisalhante máxima coplanar ao plano das tensões é obtida das Equações (12.12) e (12.15) subtraindo os valores das duas tensões principais coplanares e substituindo o valor do radical da Equação (12.15). O resultado é

$$\tau_{máx} = \frac{\sigma_{p1} - \sigma_{p2}}{2} \tag{12.16}$$

ou, textualmente, o valor absoluto da tensão cisalhante máxima $\tau_{máx}$ coplanar ao plano das tensões é igual à metade da diferença entre as duas tensões principais coplanares ao plano das tensões.

TENSÕES NORMAIS NAS SUPERFÍCIES DAS TENSÕES CISALHANTES MÁXIMAS COPLANARES AO PLANO DAS TENSÕES

Diferentemente dos planos principais, que estão livres de tensão cisalhante, normalmente os planos sujeitos a $\tau_{máx}$ possuem tensões normais. Depois de substituir na Equação (12.5) as funções de ângulo obtidas na Equação (12.14) e simplificando, as tensões normais que agem nos planos da tensão cisalhante máxima coplanar ao plano das tensões são encontradas como

$$\sigma_{méd} = \frac{\sigma_x + \sigma_y}{2} \tag{12.17}$$

A tensão normal $\sigma_{méd}$ é a mesma em ambos os planos de $\tau_{máx}$.

TENSÃO CISALHANTE MÁXIMA ABSOLUTA

Na Equação (12.15), desenvolvemos uma expressão para o valor absoluto máximo da tensão cisalhante que age no plano de um corpo sujeito ao estado plano de tensões. Também encontramos que a tensão cisalhante máxima $\tau_{máx}$ coplanar ao plano das tensões (plano $x-y$) é igual em valor absoluto à metade da diferença entre as duas tensões principais coplanares ao plano $x-y$ [Equação (12.16)]. Vamos considerar brevemente um ponto em um corpo submetido a tensões que agem em três dimensões, fazendo a pergunta: "Qual é a tensão cisalhante máxima para esse estado de tensões mais geral?" Indicaremos como $\tau_{máx\ abs}$ o valor absoluto da tensão cisalhante máxima em qualquer plano que poderia ser passado através do ponto para diferenciá-la da tensão cisalhante máxima $\tau_{máx}$ coplanar ao plano das tensões. No ponto de interesse do corpo, haverá três planos ortogonais sem tensões de cisalhamento (veja a Seção 12.11) – os planos principais. As tensões normais que agem nesses planos são denominadas tensões principais e, em geral, cada uma delas possui valor algébrico próprio (isto é, $\sigma_{p1} \neq \sigma_{p2} \neq \sigma_{p3}$). Consequentemente, uma tensão principal será algebricamente o máximo ($\sigma_{máx}$), uma tensão principal será algebricamente o mínimo ($\sigma_{mín}$) e a terceira tensão principal terá um valor intermediário a esses dois extremos. O valor absoluto da tensão cisalhante máxima $\tau_{máx\ abs}$ é igual à metade da diferença entre a tensão principal máxima e a tensão principal mínima:

Por exemplo, se existem tensões somente no plano $x-y$, então a face z de um paralelepípedo elementar é um plano principal.

$$\tau_{máx\ abs} = \frac{\sigma_{máx} - \sigma_{mín}}{2} \tag{12.18}$$

Além disso, $\tau_{máx\ abs}$ age em planos que bissectam os ângulos entre o plano principal máximo e o plano principal mínimo.

Quando existir um estado plano de tensões, as tensões normais e cisalhantes na face "fora do plano" de um paralelepípedo elementar serão nulas. Como não agem tensões cisalhantes nela, a face "fora do plano" é um plano principal e a tensão principal que age nele é designada por σ_{p3}.

Portanto, duas tensões principais σ_{p1} e σ_{p2} agem no plano das tensões (tensões principais "no plano") e a terceira tensão principal, que age em uma direção transversal ao plano das tensões normais (tensão principal "fora do plano"), tem valor absoluto $\sigma_{p3} = 0$. Desta forma, para o estado plano de tensões, o valor absoluto da tensão cisalhante máxima absoluta pode ser determinado a partir de uma das três condições seguintes:

(a) Se tanto σ_{p1} como σ_{p2} forem positivas, então

$$\tau_{\text{máx abs}} = \frac{\sigma_{p1} - \sigma_{p3}}{2} = \frac{\sigma_{p1} - 0}{2} = \frac{\sigma_{p1}}{2}$$

(b) Se tanto σ_{p1} como σ_{p2} forem negativas, então

$$\tau_{\text{máx abs}} = \frac{\sigma_{p3} - \sigma_{p2}}{2} = \frac{0 - \sigma_{p2}}{2} = -\frac{\sigma_{p2}}{2}$$

(c) Se σ_{p1} for positiva e σ_{p2} for negativa, então

$$\tau_{\text{máx abs}} = \frac{\sigma_{p1} - \sigma_{p2}}{2}$$

Essas três possibilidades estão ilustradas na Figura 12.13, na qual um dos planos ortogonais no qual age a tensão cisalhante máxima está destacado para cada exemplo. Observe que $\sigma_{p3} = 0$ em todos os três casos.

A direção da tensão cisalhante máxima absoluta pode ser determinada desenhando um bloco em formato de cunha com dois lados paralelos aos planos que possuem a tensão principal máxima e a tensão principal mínima e com o terceiro lado a um ângulo de 45° com os outros dois lados. A direção da tensão cisalhante máxima deve ser oposta à da maior das duas tensões principais.

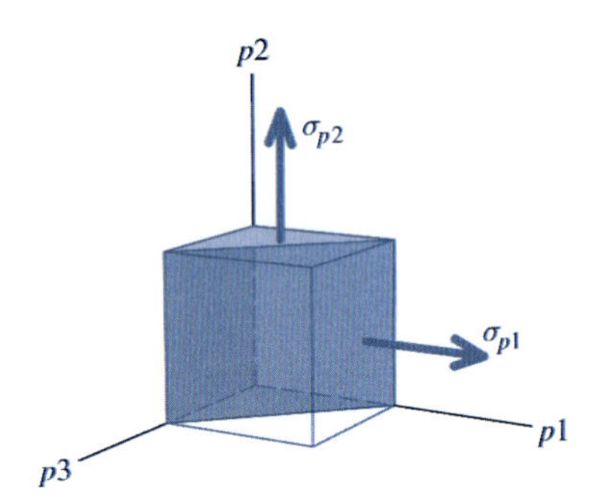

(*a*) Se tanto σ_{p1} como σ_{p2} forem positivas

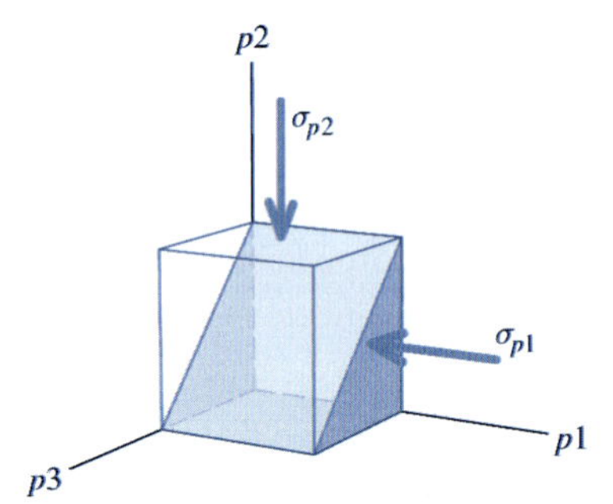

(*b*) Se tanto σ_{p1} como σ_{p2} forem negativas

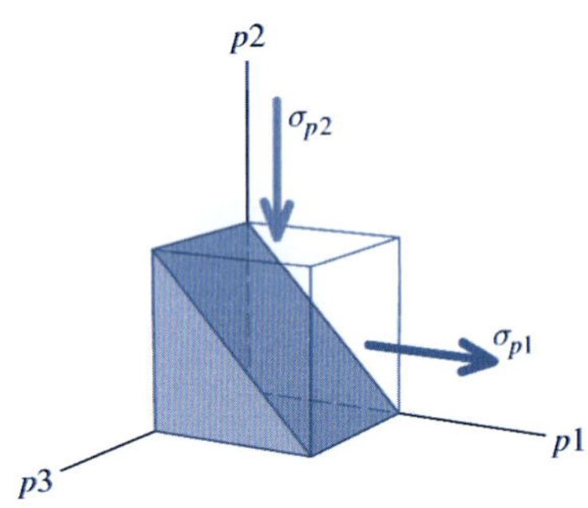

(*c*) Se σ_{p1} for positiva e σ_{p2} for negativa

FIGURA 12.13 Planos da tensão cisalhante máxima absoluta para o estado plano de tensões.

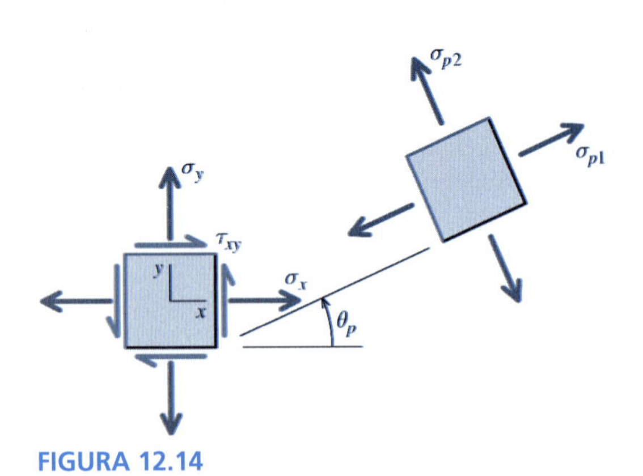

FIGURA 12.14

INVARIANTE DE TENSÕES

Uma relação útil entre as tensões principais e as tensões normais em planos ortogonais, mostrados na Figura 12.14, é obtida adicionando os valores das duas tensões principais fornecidos pela Equação (12.12). O resultado é

$$\sigma_{p1} + \sigma_{p2} = \sigma_x + \sigma_y \tag{12.19}$$

ou, textualmente, *para o estado plano de tensões, a soma das tensões normais em dois planos ortogonais quaisquer que passam por um ponto de um corpo é constante e independente do ângulo θ.*

12.9 APRESENTAÇÃO DOS RESULTADOS DA TRANSFORMAÇÃO DE TENSÕES

Os resultados das tensões principais e da tensão cisalhante máxima devem ser apresentados com um desenho que apresente a orientação de todas as tensões. Geralmente são usados dois formatos esquemáticos:

(a) duas representações quadradas de paralelepípedos elementares ou
(b) uma única representação do paralelepípedo elementar em formato de cunha.

DUAS REPRESENTAÇÕES QUADRADAS DE PARALELEPÍPEDOS ELEMENTARES

Esboçam-se duas representações quadradas de paralelepípedos elementares, conforme ilustra a Figura 12.15. Um paralelepípedo mostra a orientação e o valor das tensões principais e um segundo paralelepípedo mostra a orientação e o valor da tensão cisalhante máxima "no plano" junto às tensões normais associadas.

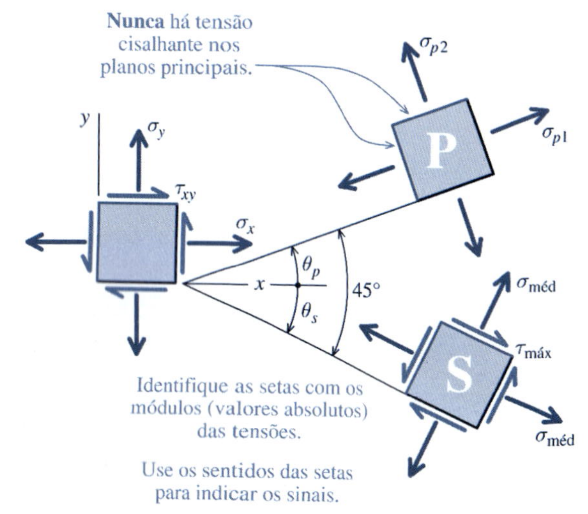

FIGURA 12.15

Paralelepípedo Elementar das Tensões Principais

- O paralelepípedo elementar das tensões principais é mostrado girado de um ângulo θ_p calculado pela Equação (12.11), que leva a um valor entre $+45°$ e $-45°$ (inclusive).

$$\tan 2\theta_p = \frac{\tau_{xy}}{(\sigma_x - \sigma_y)/2} \tag{12.11}$$

- Quando θ_p for positivo, o paralelepípedo elementar apresenta-se girado no sentido contrário ao dos ponteiros do relógio (anti-horário) em relação ao eixo de referência. Quando θ_p for negativo, a rotação dá-se no sentido dos ponteiros do relógio (horário).
- Observe que o ângulo calculado pela Equação (12.11) não fornece necessariamente a orientação do plano de σ_{p1}. Ou σ_{p1}, ou σ_{p2}, podem atuar no plano θ_p. A tensão principal orientada em θ_p pode ser determinada pela seguinte regra:
  - Se $\sigma_x - \sigma_y$ for positivo, θ_p indica a orientação de σ_{p1}.
  - Se $\sigma_x - \sigma_y$ for negativo, θ_p indica a orientação de σ_{p2}.
- A outra tensão principal é mostrada nas faces perpend... do paralelepípedo elementar.
- No desenho, use a direção da seta para indi... a tensão principal é de tração ou de compressão. Identifique a seta com ...soluto de σ_{p1} ou de σ_{p2}.
- **Nunca existe tensão** ... **os planos principais**; portanto, não mostre setas de tensões de cisalha... elepípedo elementar correspondente às tensões principais.

... Elementar da Tensão Cisalhante Máxima Coplanar ao ...as Tensões

- Desenhe o paralelepípedo elementar da máxima tensão cisalhante inclinado de 45° em relação ao paralelepípedo elementar das tensões principais.
  - Se o paralelepípedo elementar das tensões principais estiver inclinado no sentido contrário ao dos ponteiros do relógio (isto é, θ_p positivo) em relação ao eixo de referência x, então o paralelepípedo elementar da tensão cisalhante máxima deve ser mostrado inclinado de 45° no sentido dos ponteiros do relógio em relação ao paralelepípedo elementar das tensões principais. Portanto, o paralelepípedo elementar da tensão cisalhante máxima será orientado em um ângulo de $\theta_s = \theta_p - 45°$ em relação ao eixo x.
- Se o paralelepípedo elementar das tensões principais estiver inclinado no sentido dos ponteiros do relógio (isto é, θ_p negativo) em relação ao eixo de referência x, então o paralelepípedo elementar da tensão cisalhante máxima deve ser mostrado inclinado de 45° no sentido contrário ao dos ponteiros do relógio em relação ao paralelepípedo elementar

das tensões principais. Portanto, o paralelepípedo elementar da tensão cisalhante máxima será orientado em um ângulo de $\theta_s = \theta_p + 45°$ em relação ao eixo x.

- Substitua o valor de θ_s, ou na Equação (12.4), ou na Equação (12.6) e calcule $\tau_{máx}$.
- Se $\tau_{máx}$ for positivo, desenhe a seta da tensão cisalhante na face θ_s na direção que tenda a girar o paralelepípedo elementar no sentido contrário ao dos ponteiros do relógio. Se $\tau_{máx}$ for negativo, a seta da tensão cisalhante na face θ_s tende a girar o paralelepípedo elementar no sentido dos ponteiros do relógio. Identifique essa seta com o valor absoluto de $\tau_{máx}$.
- Uma vez definida a seta da tensão cisalhante na face θ_s, desenhe as setas adequadas das tensões cisalhantes nas outras três faces.
- Calcule a tensão normal média que age nos planos da tensão cisalhante máxima coplanar ao plano das tensões utilizando a Equação (12.17).
- Mostre a tensão normal média com setas **agindo em todas as quatro faces**. Use o sentido da seta para indicar se a tensão normal média é de tração ou de compressão. Identifique um par de setas com o valor dessa tensão.
- **Em geral, o paralelepípedo elementar da tensão cisalhante máxima coplanar ao plano das tensões incluirá tanto setas de tensão normal como setas de tensão cisalhante em todas as quatro faces.**

REPRESENTAÇÃO DO PARALELEPÍPEDO ELEMENTAR EM FORMATO DE CUNHA

Pode ser usada uma representação do paralelepípedo elementar em formato de cunha para apresentar tanto os resultados das tensões principais como da tensão cisalhante máxima coplanar ao plano das tensões em um único elemento, conforme mostra a Figura 12.16.

- As duas faces ortogonais no elemento de cunha são usadas para indicar a orientação e o valor das tensões principais.
- Siga os procedimentos mencionados anteriormente para o *Paralelepípedo Elementar das Tensões Principais* para especificar as tensões principais que agem nas duas faces ortogonais do elemento de cunha. Como essas duas faces são os planos principais, **não deve existir seta de tensão cisalhante em qualquer uma dessas faces**.
- A face inclinada da cunha está orientada a 45° das duas faces ortogonais e é usada para especificar a tensão cisalhante máxima coplanar ao plano das tensões e a tensão normal correspondente.
- Desenhe uma seta de tensão cisalhante na face inclinada e identifique-a com o módulo da tensão cisalhante máxima coplanar ao plano das tensões, calculado por intermédio da Equação (12.15).
- Há várias maneiras de determinar a dir[illegible] adequada da seta da tensão cisalhante máxima coplanar ao plano das tensões. Um modo partic[illegible]mente fácil de construir um desenho adequado é o seguinte: a cauda da seta da tensão cisalha[illegible] no lado σ_{p1} da cunha e a seta aponta para o lado σ_{p2} da cunha.
- Calcule a tensão normal média que age nos planos da tensão cisalha[illegible] coplanar ao plano das tensões por intermédio da Equação (12.17).
- Mostre a tensão normal média na face inclinada da cunha. Use o sentido da seta pa[illegible] se a tensão normal média é de tração ou de compressão. Identifique essa seta com o valo[illegible] tensão normal média.

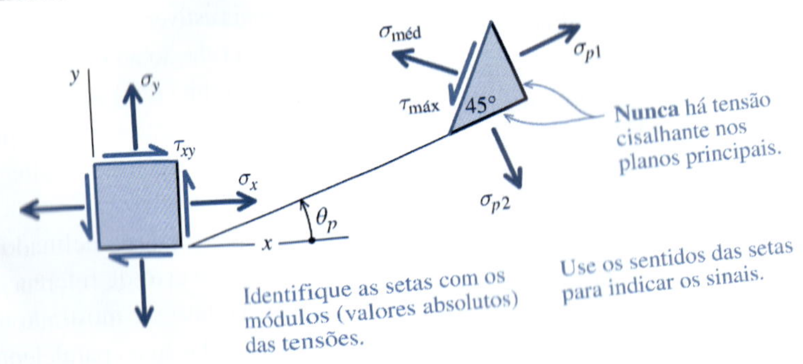

FIGURA 12.16

EXEMPLO 12.5

Considere um ponto em um elemento estrutural que esteja sujeito ao estado plano de tensões. São mostradas na figura as tensões normais e cisalhantes que agem nos planos horizontal e vertical no ponto.

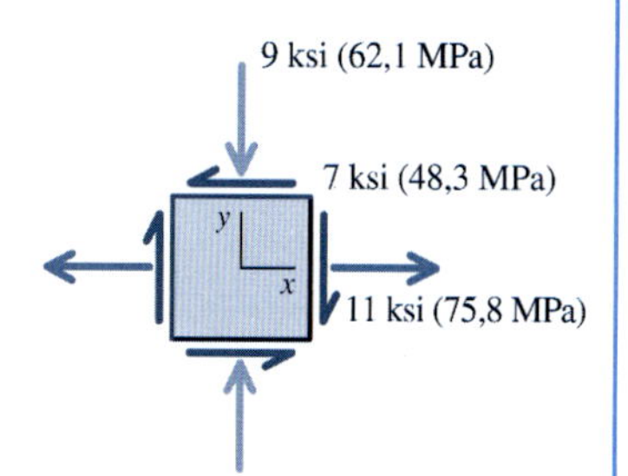

(a) Determine as tensões principais e a tensão cisalhante máxima "no plano" que agem no ponto.
(b) Mostre essas tensões em um desenho apropriado.
(c) Determine a tensão cisalhante máxima absoluta no ponto.

Planejamento da Solução

As equações de transformação de tensões desenvolvidas na seção anterior serão usadas para calcular as tensões principais e a tensão cisalhante máxima que age no ponto.

SOLUÇÃO

(a) Com base nas tensões dadas, os valores a serem usados nas equações de transformação de tensões são $\sigma_x = +11$ ksi, $\sigma_y = -9$ ksi e $\tau_{xy} = -7$ ksi. Os **valores absolutos das tensões principais coplanares ao plano das tensões** (ou seja, **as tensões principais "no plano"**) podem ser calculados pela Equação (12.12):

$$\sigma_{p1,p2} = \frac{\sigma_x + \sigma_y}{2} \pm \sqrt{\left(\frac{\sigma_x - \sigma_y}{2}\right)^2 + \tau_{xy}^2}$$

$$= \frac{(11 \text{ ksi}) + (-9 \text{ ksi})}{2} \pm \sqrt{\left(\frac{(11 \text{ ksi}) - (-9 \text{ ksi})}{2}\right)^2 + (-7 \text{ ksi})^2}$$

$$= 13{,}21 \text{ ksi}, \ -11{,}21 \text{ ksi}$$

Portanto,

$$\sigma_{p1} = 13{,}21 \text{ ksi} = 13{,}21 \text{ ksi (T)}$$

$$\sigma_{p2} = -11{,}21 \text{ ksi} = 11{,}21 \text{ ksi (C)}$$

A **tensão cisalhante máxima coplanar ao plano das tensões** (ou seja, **a tensão cisalhante máxima "no plano"**) pode ser calculada pela Equação (12.15):

$$\tau_{\text{máx}} = \pm\sqrt{\left(\frac{\sigma_x - \sigma_y}{2}\right)^2 + \tau_{xy}^2} = \pm\sqrt{\left(\frac{(11 \text{ ksi}) - (-9 \text{ ksi})}{2}\right)^2 + (-7 \text{ ksi})^2}$$

$$= \pm 12{,}21 \text{ ksi}$$

Nos planos da tensão cisalhante máxima coplanar ao plano das tensões, a tensão normal é simplesmente a **tensão normal média** conforme estabelece a Equação (12.17):

$$\sigma_{\text{méd}} = \frac{\sigma_x + \sigma_y}{2} = \frac{(11 \text{ ksi}) + (-9 \text{ ksi})}{2} = 1 \text{ ksi} = 1 \text{ ksi (T)}$$

(b) As tensões principais e a tensão cisalhante máxima "no plano" devem ser mostradas em um desenho adequado. O ângulo θ_p indica a orientação de um plano principal em relação à face x de referência. Da Equação (12.11),

$$\tan 2\theta_p = \frac{\tau_{xy}}{(\sigma_x - \sigma_y)/2} = \frac{-7 \text{ ksi}}{[(11 \text{ ksi}) - (-9 \text{ ksi})]/2} = \frac{-7 \text{ ksi}}{10 \text{ ksi}}$$

$$\therefore \theta_p = -17{,}5°$$

Como θ_p é negativo, o ângulo apresenta uma rotação no sentido dos ponteiros do relógio. Em outras palavras, a **normal** a um plano principal apresenta um giro de 17,5° abaixo do eixo x de referência. Uma das tensões principais "no plano" – ou σ_{p1} ou σ_{p2} – age nesse plano principal. Para determinar a tensão principal que age em $\theta_p = 17{,}5°$, use a seguinte regra:

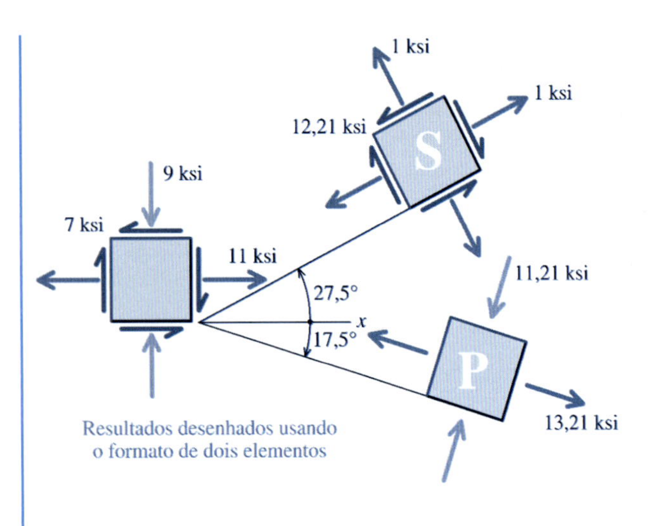

- Se o termo $\sigma_x - \sigma_y$ for positivo, θ_p indica a orientação de σ_{p1}.
- Se o termo $\sigma_x - \sigma_y$ for negativo, θ_p indica a orientação de σ_{p2}.

Como $\sigma_x - \sigma_y$ é positivo, θ_p indica a orientação de $\sigma_{p1} = 13{,}21$ ksi. A outra tensão principal, $\sigma_{p2} = -11{,}21$ ksi, age em um plano perpendicular. As tensões principais coplanares ao plano das tensões (tensões principais "no plano") são mostradas no elemento indicado por "P" na figura. Observe que nunca há tensões cisalhantes agindo nos planos principais. Os planos de tensão cisalhante máxima sempre estão localizados a 45° dos planos principais; portanto, $\theta_s = +27{,}5°$. Embora a Equação (12.15) forneça o valor absoluto da tensão cisalhante máxima coplanar ao plano das tensões (tensão cisalhante máxima "no plano"), ela não indica a direção na qual age a tensão cisalhante no plano definido por θ_s. Para determinar a direção da tensão cisalhante, encontre o valor de τ_{nt} na Equação (12.4) usando os valores $\sigma_x = +11$ ksi, $\sigma_y = -9$ ksi, $\tau_{xy} = -7$ ksi e $\theta = \theta_s = +27{,}5°$:

$$\begin{aligned}\tau_{nt} &= -(\sigma_x - \sigma_y)\,\text{sen}\,\theta\cos\theta + \tau_{xy}(\cos^2\theta - \text{sen}^2\theta)\\ &= -[(11\text{ ksi}) - (-9\text{ ksi})]\,\text{sen}\,27{,}5°\cos 27{,}5° + (-7\text{ ksi})[\cos^2 27{,}5° - \text{sen}^2 27{,}5°]\\ &= -12{,}21\text{ ksi}\end{aligned}$$

Como τ_{nt} é negativo, a tensão cisalhante age em um sentido t negativo e em uma face n positiva. Uma vez determinado o sentido da tensão cisalhante para uma face, então é conhecida a tensão cisalhante em todas as quatro faces do paralelepípedo elementar. A tensão cisalhante máxima "no plano" e a tensão normal média são mostradas no paralelepípedo elementar indicado por "S". Observe que diferentemente do paralelepípedo elementar das tensões principais, normalmente haverá tensão normal agindo nos planos da tensão cisalhante máxima "no plano".

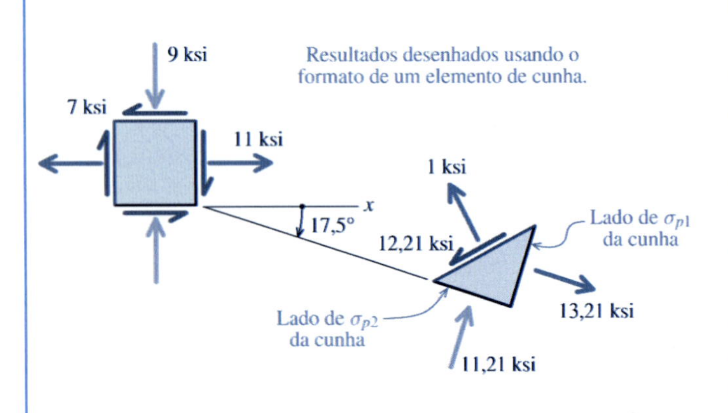

As tensões principais e a tensão cisalhante máxima coplanares ao plano das tensões ("no plano") também podem ser representadas em um único elemento com o formato de cunha, conforme mostra a figura. De alguma forma, esse formato pode ser bem mais fácil de usar do que o desenho de dois elementos, particularmente em relação à direção da tensão cisalhante máxima coplanar ao plano das tensões. A tensão cisalhante máxima "no plano" e a tensão normal média a ela associada são mostradas na face inclinada da cunha, que apresenta um giro de 45° para os planos principais. **A seta da tensão cisalhante nessa face sempre inicia no lado σ_{p1} da cunha e aponta em direção ao lado σ_{p2}.** Uma vez mais, nunca existe tensão de cisalhamento nos planos principais (isto é, os lados de σ_{p1} e σ_{p2} na cunha).

(c) Para o estado plano de tensões, como o exemplo apresentado aqui, a face z está livre de tensões. Portanto, $\tau_{zx} = 0$, $\tau_{zy} = 0$ e $\sigma_z = 0$. Por ser nula a tensão cisalhante na face z, esta face deve ser um plano principal com a tensão principal $\sigma_{p3} = \sigma_z = 0$. A tensão cisalhante máxima absoluta (considerando todos os planos possíveis em vez de simplesmente aqueles planos cuja norma seja perpendicular ao eixo z) pode ser determinada com base nas três tensões principais: em que $\sigma_{p1} = 13{,}21$ ksi, $\sigma_{p2} = -11{,}21$ ksi e $\sigma_{p3} = 0$. A tensão principal máxima (do ponto de vista algébrico) é $\sigma_{\text{máx}} = 13{,}21$ ksi e a tensão principal mínima é $\sigma_{\text{mín}} = -11{,}21$ ksi. A tensão cisalhante máxima absoluta pode ser calculada por meio da Equação (12.18):

$$\tau_{\text{máx abs}} = \frac{\sigma_{\text{máx}} - \sigma_{\text{mín}}}{2} = \frac{13{,}21\text{ ksi} - (-11{,}21\text{ ksi})}{2} = 12{,}21\text{ ksi}$$

Nesse caso, a tensão cisalhante máxima absoluta é igual à tensão cisalhante máxima coplanar ao plano das tensões (tensão cisalhante máxima "no plano"). Isso será sempre o caso quando σ_{p1} for um valor positivo e σ_{p2} for um valor negativo. A tensão cisalhante máxima absoluta será maior do que a tensão cisalhante máxima "no plano" quando σ_{p1} e σ_{p2} forem ambas positivas ou ambas negativas.

EXEMPLO 12.6

Considere um ponto em um elemento estrutural que esteja sujeito ao estado plano de tensões. São mostradas na figura as tensões normais e cisalhantes que agem nos planos horizontal e vertical no ponto.

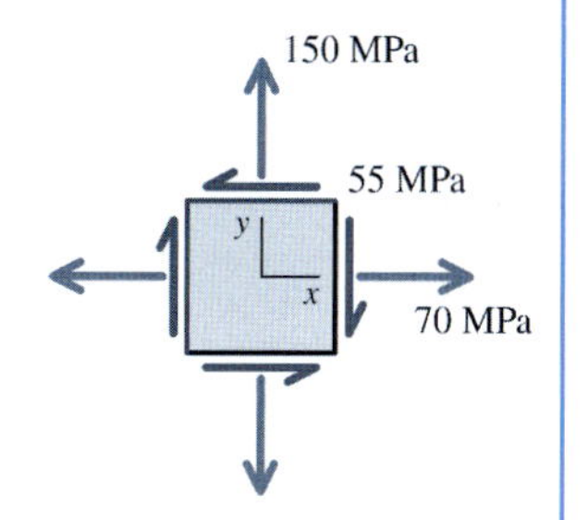

(a) Determine as tensões principais e a tensão cisalhante máxima "no plano" que agem no ponto.
(b) Mostre essas tensões em um desenho apropriado.
(c) Determine a tensão cisalhante máxima absoluta no ponto.

Planejamento da Solução

As equações de transformação de tensões desenvolvidas na seção anterior serão usadas para calcular as tensões principais e a tensão cisalhante máxima que age no ponto.

SOLUÇÃO

(a) Com base nas tensões dadas, os valores a serem usados nas equações de transformação de tensões são $\sigma_x = +70$ MPa, $\sigma_y = +150$ MPa e $\tau_{xy} = -55$ MPa. As **tensões principais coplanares ao plano das tensões** (ou seja, **as tensões principais "no plano"**) podem ser calculadas por meio da Equação (12.12):

$$\begin{aligned}\sigma_{p1,p2} &= \frac{\sigma_x + \sigma_y}{2} \pm \sqrt{\left(\frac{\sigma_x - \sigma_y}{2}\right)^2 + \tau_{xy}^2} \\ &= \frac{70 \text{ MPa} + 150 \text{ MPa}}{2} \pm \sqrt{\left(\frac{70 \text{ MPa} - 150 \text{ MPa}}{2}\right)^2 + (-55 \text{ MPa})^2} \\ &= 178{,}0 \text{ MPa}, \ 42{,}0 \text{ MPa}\end{aligned}$$

A **tensão cisalhante máxima coplanar ao plano das tensões** (ou seja, **a tensão cisalhante máxima "no plano"**) pode ser calculada por meio da Equação (12.15):

$$\begin{aligned}\tau_{\text{máx}} &= \pm\sqrt{\left(\frac{\sigma_x - \sigma_y}{2}\right)^2 + \tau_{xy}^2} = \pm\sqrt{\left(\frac{70 \text{ MPa} - 150 \text{ MPa}}{2}\right)^2 + (-55 \text{ MPa})^2} \\ &= \pm\, 68{,}0 \text{ MPa}\end{aligned}$$

Nos planos da tensão cisalhante máxima "no plano", a tensão normal é simplesmente a **tensão normal média** conforme estabelece a Equação (12.17):

$$\sigma_{\text{méd}} = \frac{\sigma_x + \sigma_y}{2} = \frac{70 \text{ MPa} + 150 \text{ MPa}}{2} = 110 \text{ MPa} = 110 \text{ MPa (T)}$$

(b) As tensões principais e a tensão cisalhante máxima "no plano" devem ser mostradas em um desenho adequado. O ângulo θ_p indica a orientação de um plano principal em relação à face x de referência. Da Equação (12.11):

$$\tan 2\theta_p = \frac{\tau_{xy}}{(\sigma_x - \sigma_y)/2} = \frac{-55 \text{ MPa}}{(70 \text{ MPa} - 150 \text{ MPa})/2} = \frac{-55 \text{ MPa}}{-40 \text{ MPa}}$$

$$\therefore \theta_p = 27{,}0°$$

O ângulo θ_p é positivo; consequentemente, o ângulo apresenta uma rotação no sentido contrário ao dos ponteiros do relógio em relação ao eixo x. Como $\sigma_x - \sigma_y$ é negativo, θ_p indica a orientação de $\sigma_{p2} = 42{,}0$ MPa. A outra tensão principal, $\sigma_{p1} = 178{,}0$ MPa, age em um plano perpendicular. As tensões principais "no plano" são mostradas na figura.

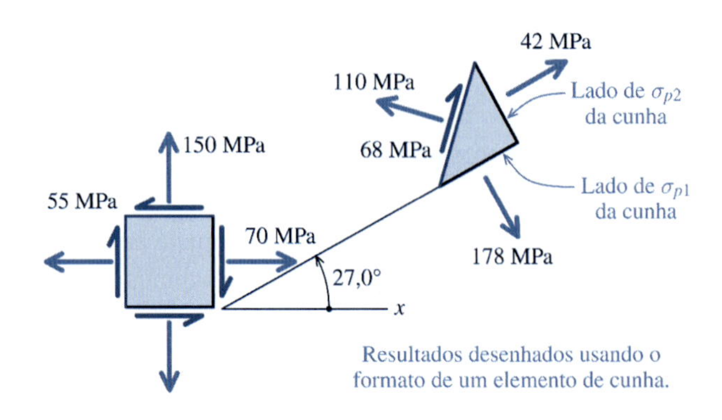

A tensão cisalhante máxima coplanar ao plano das tensões e a tensão normal correspondente estão mostradas na face inclinada da cunha, que apresenta uma rotação de 45° em relação aos planos principais. Observe que a seta de $\tau_{máx}$ inicia o lado de σ_{p1} da cunha e aponta na direção do lado de σ_{p2}.

(c) Como tanto σ_{p1} como σ_{p2} são valores positivos, a tensão cisalhante máxima absoluta será maior do que a tensão cisalhante máxima coplanar ao plano das tensões. Neste exemplo, as três tensões principais são $\sigma_{p1} = 178$ MPa, $\sigma_{p2} = 42$ MPa e $\sigma_{p3} = 0$. A tensão principal máxima é $\sigma_{máx} = 178$ MPa e a tensão principal mínima é $\sigma_{mín} = 0$. A tensão cisalhante máxima absoluta pode ser calculada por intermédio da Equação (12.18):

$$\tau_{máx\ abs} = \frac{\sigma_{máx} - \sigma_{mín}}{2} = \frac{178 \text{ MPa} - 0}{2} = 89{,}0 \text{ MPa} \qquad \textbf{Resp.}$$

A tensão cisalhante máxima absoluta age em um plano cuja normal não está contida no plano $x-y$.

Exemplo do MecMovies M12.9

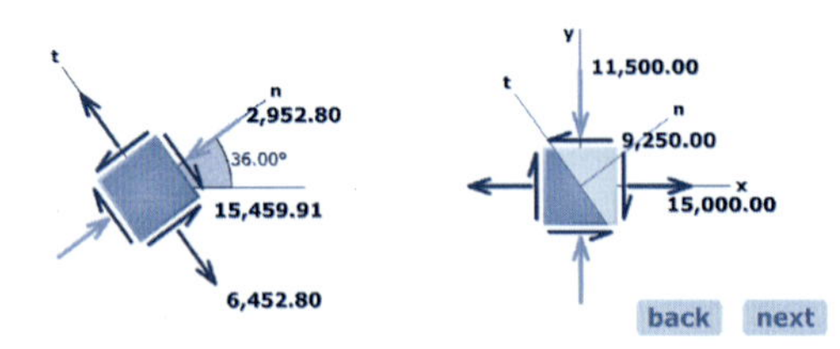

Ferramenta de Aprendizado de Transformação de Tensões

Ilustra o uso correto das equações de transformação de tensões na determinação das tensões que agem em um plano específico, das tensões principais e do estado da tensão cisalhante máxima "no plano" para valores de tensão especificados pelo usuário.

EXERCÍCIOS do MecMovies

M12.4 **Desenhando os Resultados da Transformação de Tensões.** Marque pelo menos 100 pontos nessa atividade interativa. (Ferramenta de aprendizado.)

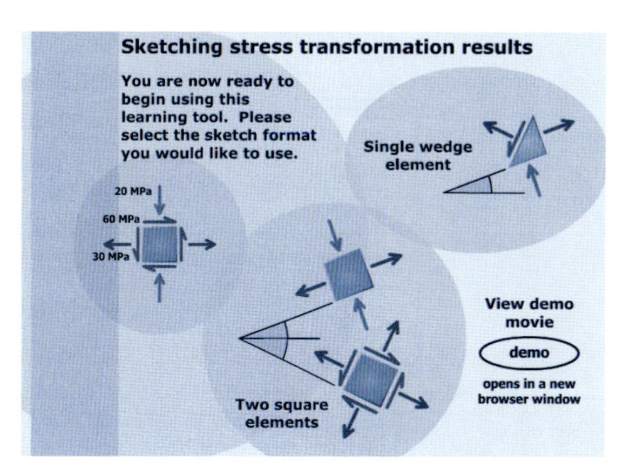

FIGURA M12.4

PROBLEMAS

P12.41-P12.44 Considere um ponto em um elemento estrutural que esteja sujeito a um estado plano de tensões. As tensões normais e cisalhantes que agem nos planos horizontais e verticais são mostradas nas Figuras P12.41-P12.44.

(a) Determine as tensões principais e a tensão cisalhante máxima "no plano" que age no ponto.

(b) Mostre essas tensões em um desenho apropriado (por exemplo, veja a Figura 12.15 ou a Figura 12.16).

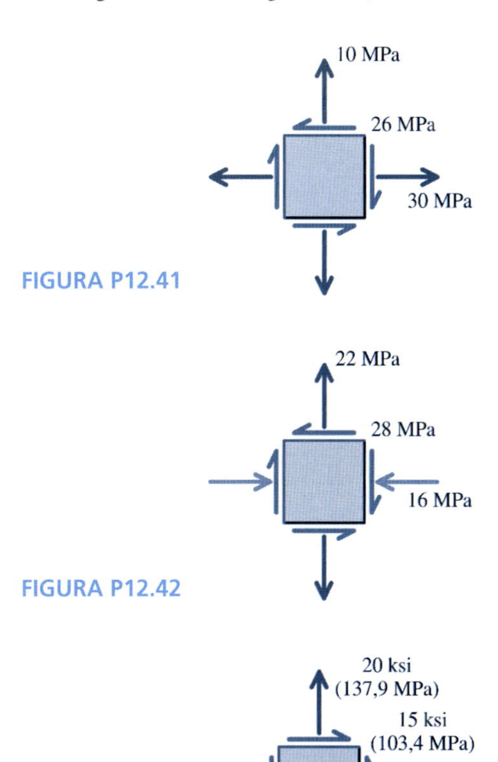

FIGURA P12.41

FIGURA P12.42

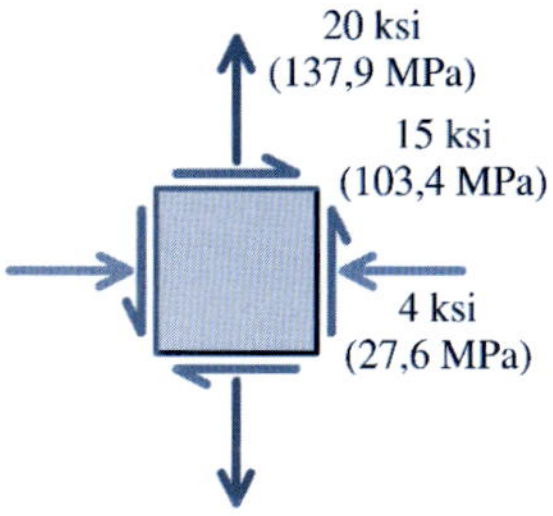

FIGURA P12.43

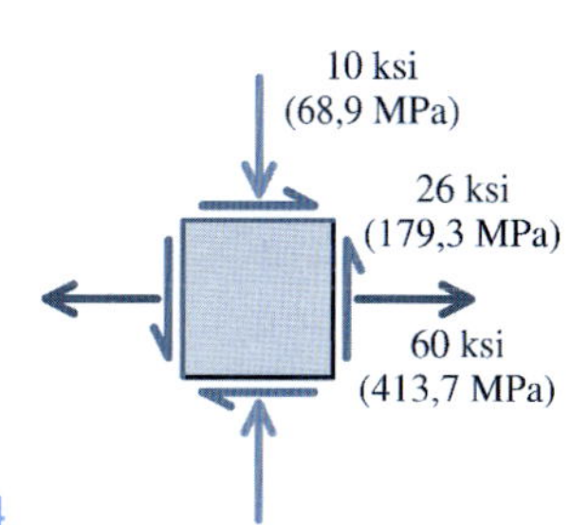

FIGURA P12.44

P12.45-P12.48 Considere um ponto em um elemento estrutural que esteja sujeito a um estado plano de tensões. As tensões normais e cisalhantes que agem nos planos horizontais e verticais são mostradas nas Figuras P12.45-P12.48.

(a) Determine as tensões principais e a tensão cisalhante máxima "no plano" que age no ponto.

(b) Mostre essas tensões em um desenho apropriado (por exemplo, veja a Figura 12.15 ou a Figura 12.16).

(c) Calcule a tensão cisalhante máxima absoluta no ponto.

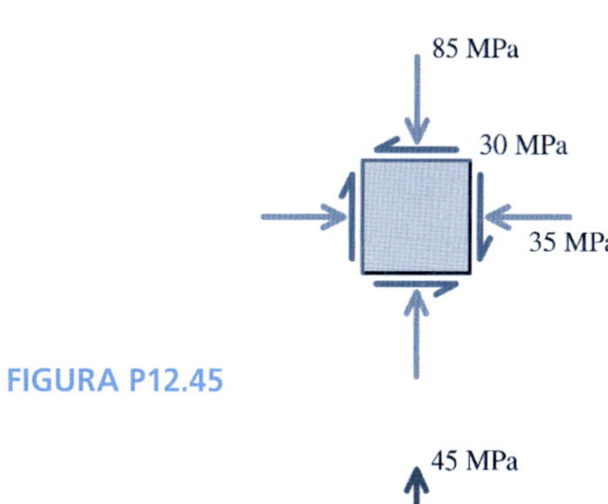

FIGURA P12.45

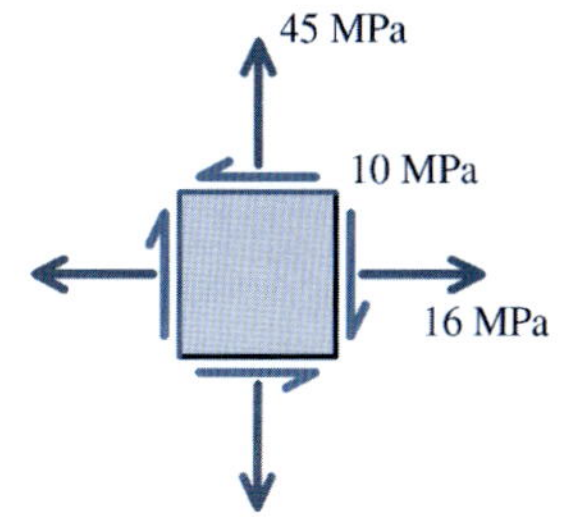

FIGURA P12.46

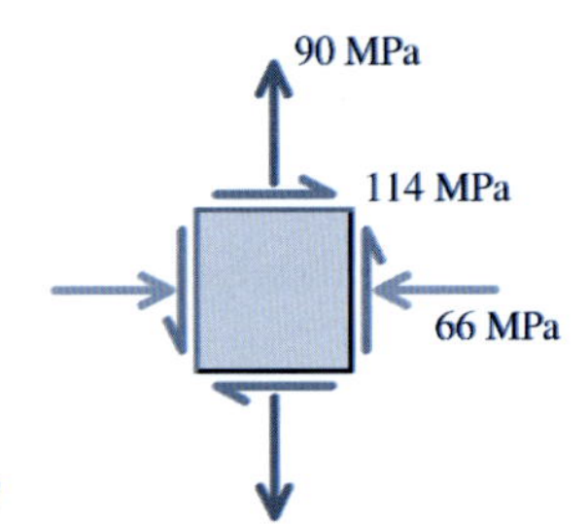

FIGURA P12.47

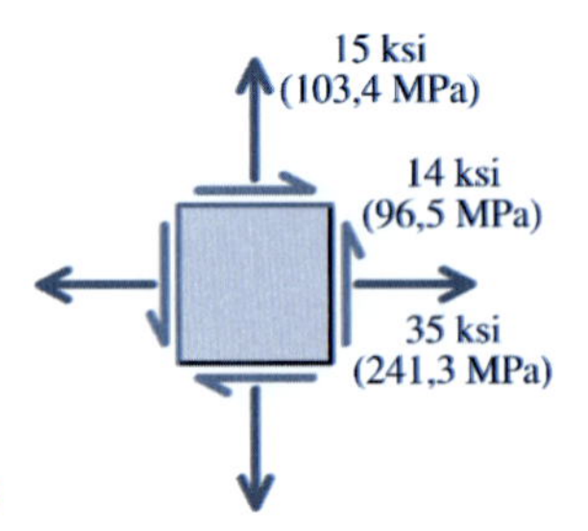

FIGURA P12.48

P12.49-P12.52 Considere um ponto em um elemento estrutural que esteja sujeito a um estado plano de tensões. As tensões normais e cisalhantes que agem nos planos horizontais e verticais são mostradas nas Figuras P12.49-P12.52.

(a) Determine as tensões principais e a tensão cisalhante máxima "no plano" que age no ponto.

(b) Mostre essas tensões em um desenho apropriado (por exemplo, veja a Figura 12.15 ou a Figura 12.16).

(c) Calcule a tensão cisalhante máxima absoluta no ponto.

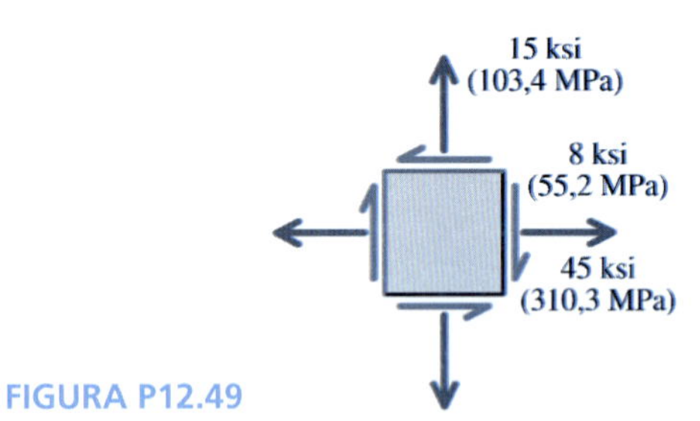

FIGURA P12.49

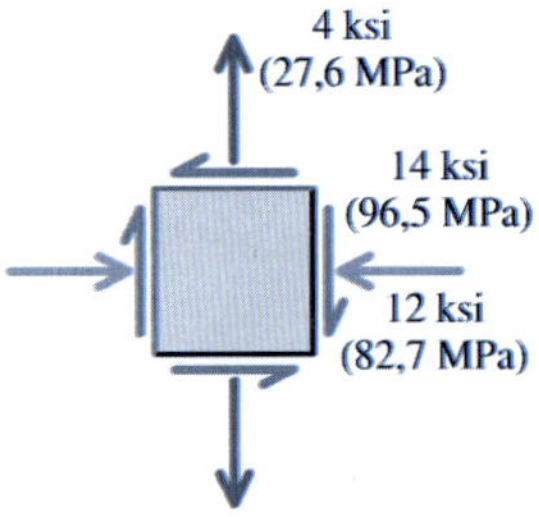

4 ksi
(27,6 MPa)
14 ksi
(96,5 MPa)
12 ksi
(82,7 MPa)

FIGURA P12.50

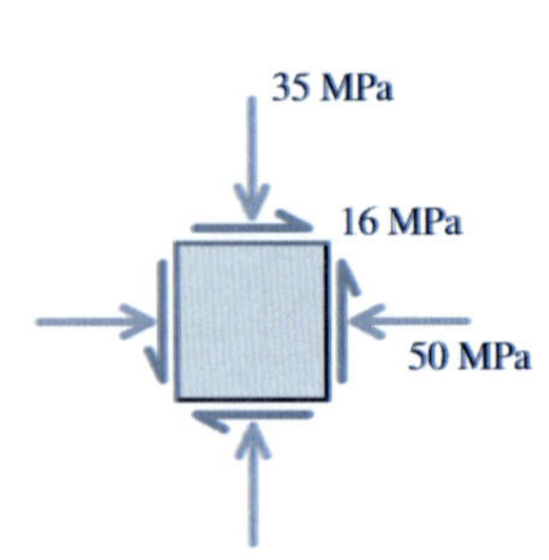

FIGURA P12.51

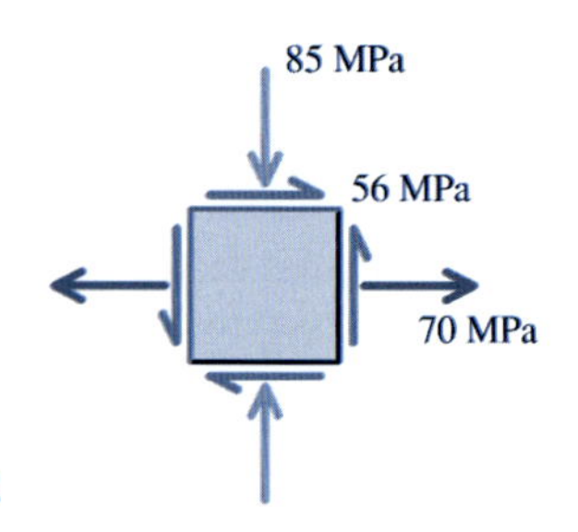

FIGURA P12.52

P12.53-P12.56 Considere um ponto em um elemento estrutural que esteja sujeito a um estado plano de tensões. As tensões normais e cisalhantes que agem nos planos horizontais e verticais são mostradas nas Figuras P12.53-P12.56.

(a) Determine as tensões principais e a tensão cisalhante máxima "no plano" que age no ponto.

(b) Mostre essas tensões em um desenho apropriado (por exemplo, veja a Figura 12.15 ou a Figura 12.16).

(c) Calcule a tensão cisalhante máxima absoluta no ponto.

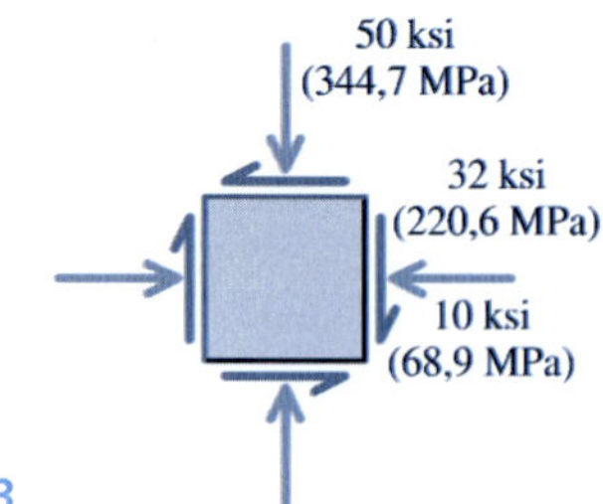

FIGURA P12.53

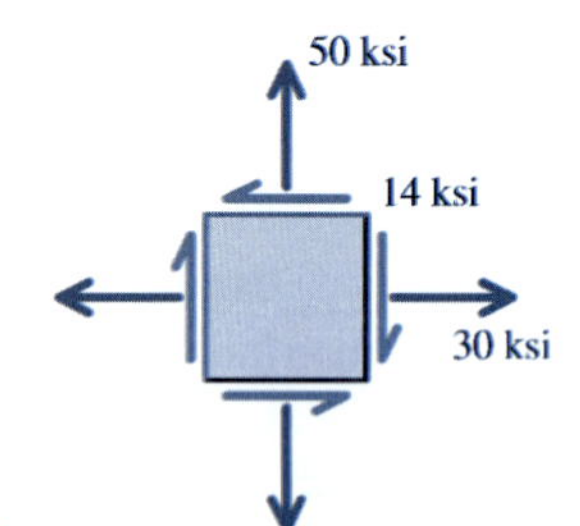

FIGURA P12.54

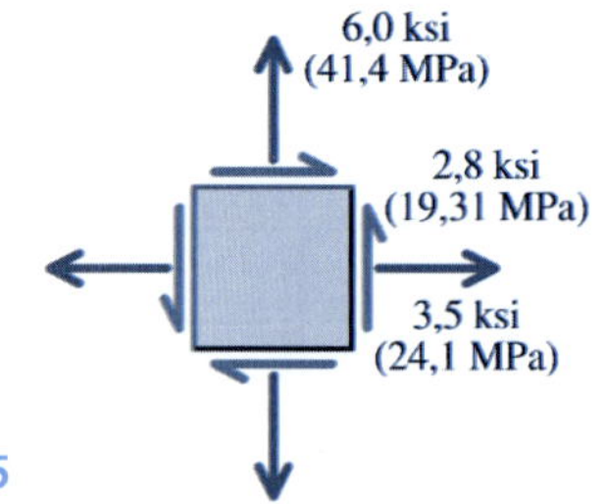

FIGURA P12.55

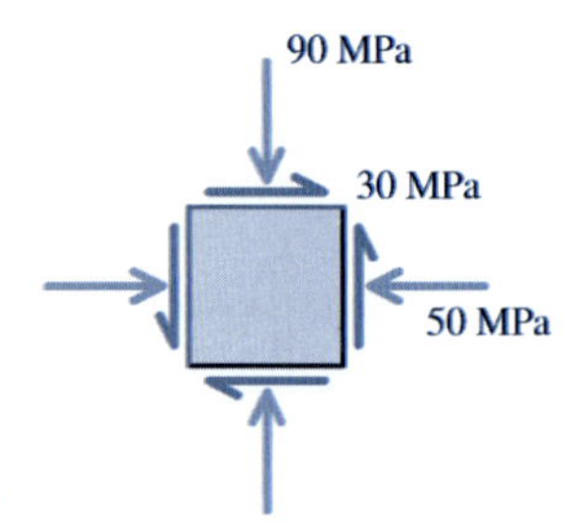

FIGURA P12.56

P12.57 A tensão principal de compressão em um plano vertical que passa através de um ponto em um bloco de madeira é igual a três vezes a tensão principal de compressão em um plano horizontal. O plano das fibras faz 25° no sentido dos ponteiros do relógio com o plano vertical. Se as tensões normais e cisalhantes não devem superar 400 psi (2.757 kPa) (C) e 90 psi (620 kPa) (cisalhamento), determine a tensão de compressão máxima admissível no plano horizontal.

P12.58 Em um ponto da superfície livre de um corpo submetido a tensões, existem uma tensão normal de 64 MPa (C) e uma tensão cisalhante positiva desconhecida em um plano horizontal. Uma das tensões principais no ponto é 8 MPa (C). A tensão cisalhante máxima absoluta no ponto tem o valor absoluto de 95 MPa. Determine as tensões desconhecidas nos planos horizontal e vertical e a tensão principal desconhecida no ponto.

P12.59 Em um ponto da superfície livre de um corpo submetido a tensões, as tensões normais são de 20 ksi (T) (137,9 MPa) em um plano vertical e 30 ksi (C) (207 MPa) em um plano horizontal. Existe uma tensão cisalhante negativa desconhecida em um plano vertical. A tensão cisalhante máxima absoluta no ponto tem o valor absoluto de 32 ksi (221 MPa). Determine as tensões principais e a tensão cisalhante no plano vertical no ponto.

P12.60 Em um ponto da superfície livre de um corpo submetido a tensões, existem uma tensão normal de 75 MPa (T) e uma tensão cisalhante negativa desconhecida em um plano horizontal. Uma das tensões principais no ponto é 200 MPa (T). A tensão cisalhante máxima coplanar ao plano das tensões no ponto tem o valor absoluto de 85 MPa. Determine as tensões desconhecidas no plano vertical, a tensão principal desconhecida e a tensão cisalhante máxima absoluta no ponto.

P12.61 Para o estado plano de tensões mostrado na Figura P12.61, determine:

(a) o maior valor de σ_y para o qual a tensão cisalhante máxima "no plano" seja igual ou menor do que 16 ksi (110,3 MPa).
(b) as tensões principais correspondentes.

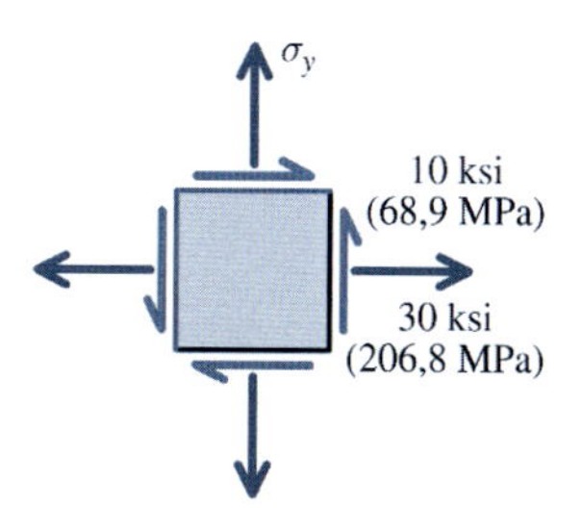

FIGURA P12.61

P12.62 Para o estado plano de tensões mostrado na Figura P12.62, determine:

(a) o maior valor de τ_{xy} para o qual a tensão cisalhante máxima "no plano" seja igual ou menor do que 150 MPa.
(b) as tensões principais correspondentes.

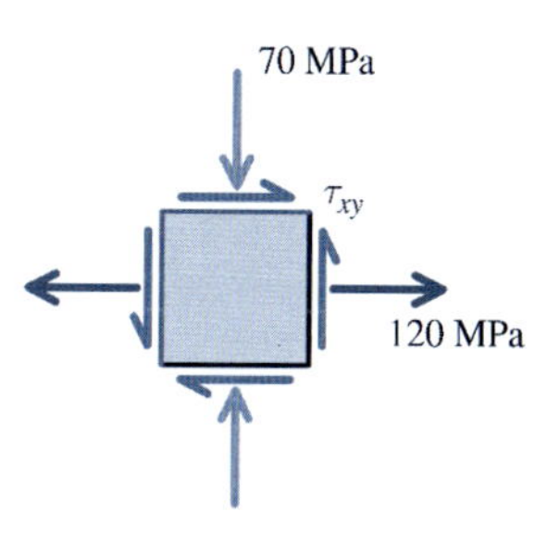

FIGURA P12.62

12.10 CÍRCULO DE MOHR DO ESTADO PLANO DE TENSÕES

O processo de mudar as tensões de um conjunto de eixos coordenados (ou seja, $x-y-z$) para outro conjunto de eixos (isto é, $n-t-z$) é denominado transformação de tensões e as equações gerais para a transformação do estado plano de tensões foram desenvolvidas na Seção 12.7. As equações para calcular as tensões principais e a tensão cisalhante máxima coplanar ao plano das tensões em um ponto de um corpo submetido a tensões foram desenvolvidas na Seção 12.8. Nesta seção, será desenvolvido um procedimento gráfico para as transformações do estado plano de tensões. Em comparação com as várias equações obtidas nas Seções 12.7 e 12.8, esse procedimento gráfico é muito mais fácil de lembrar e fornece uma figura dos relacionamentos entre os componentes de tensão que agem em diferentes planos que passam através de um ponto.

O engenheiro civil alemão Otto Christian Mohr (1835-1918) desenvolveu uma interpretação gráfica útil da equação de transformação de tensões. Esse método é conhecido como círculo de Mohr. Embora seja usado aqui para as transformações do estado plano de tensões, o método do círculo de Mohr também é válido para outras transformações que sejam similares matematicamente, como os momentos de inércia de área, momentos de inércia de massas, transformações de deformações e transformações de tensões tridimensionais.

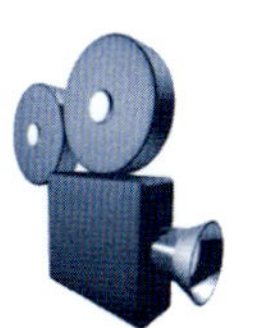

O MecMovies 12.15 apresenta uma animação da obtenção das equações de transformação de tensões do círculo de Mohr.

OBTENÇÃO DA EQUAÇÃO DO CÍRCULO

O círculo de Mohr para o estado plano de tensões é construído com a tensão normal σ plotada no eixo horizontal e a tensão cisalhante τ plotada no eixo vertical. O círculo é construído de forma que cada ponto do círculo represente uma combinação de uma tensão normal σ e de uma tensão cisalhante τ que agem em um plano específico que passe através de um ponto em um corpo submetido a tensões. As equações gerais de transformação do estado plano de tensões expressas usando funções trigonométricas de ângulo duplo foram apresentadas na Seção 12.7:

$$\sigma_n = \frac{\sigma_x + \sigma_y}{2} + \frac{\sigma_x - \sigma_y}{2}\cos 2\theta + \tau_{xy}\,\text{sen}\,2\theta \tag{12.5}$$

$$\tau_{nt} = -\frac{\sigma_x - \sigma_y}{2}\,\text{sen}\,2\theta + \tau_{xy}\cos 2\theta \tag{12.6}$$

As Equações (12.5) e (12.6) podem ser reescritas, com os termos envolvendo 2θ no lado direito das equações:

$$\sigma_n - \frac{\sigma_x + \sigma_y}{2} = \frac{\sigma_x - \sigma_y}{2}\cos 2\theta + \tau_{xy}\,\text{sen}\,2\theta$$

$$\tau_{nt} = -\frac{\sigma_x - \sigma_y}{2}\,\text{sen}\,2\theta + \tau_{xy}\cos 2\theta$$

Ambas as equações podem ser elevadas ao quadrado, somadas entre si e depois simplificadas de modo a fornecer

$$\left(\sigma_n - \frac{\sigma_x + \sigma_y}{2}\right)^2 + \tau_{nt}^2 = \left(\frac{\sigma_x - \sigma_y}{2}\right)^2 + \tau_{xy}^2 \tag{12.20}$$

Essa é a equação de um círculo em termos das variáveis σ_n e σ_{nt}. O centro do círculo está localizado no eixo σ (isto é, $\tau = 0$) em

$$C = \frac{\sigma_x + \sigma_y}{2} \tag{12.21}$$

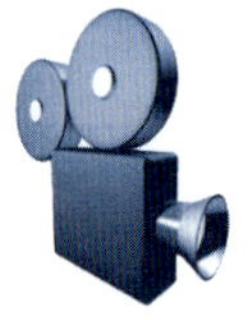

O MecMovies 12.16 apresenta um guia passo a passo da construção do círculo de Mohr para o estado plano de tensões.

O raio do círculo é dado pela regra da mão direita da Equação (12.20):

$$R = \sqrt{\left(\frac{\sigma_x - \sigma_y}{2}\right)^2 + \tau_{xy}^2} \tag{12.22}$$

A Equação (12.20) pode ser escrita em termos de C e R como

$$(\sigma_n - C)^2 + \tau_{nt}^2 = R^2 \tag{12.23}$$

que é a equação algébrica padrão para um círculo com raio R e centro C.

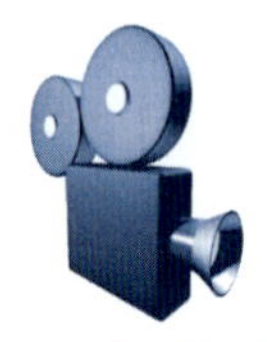

O MecMovies 12.17 mostra como são encontrados as tensões principais e os planos principais com o círculo de Mohr.

UTILIDADE DO CÍRCULO DE MOHR

O círculo de Mohr fornece uma ajuda extremamente útil para a visualização das tensões nos vários planos que passam através de um ponto de um corpo submetido a tensões. O círculo de Mohr pode ser usado para determinar as tensões que agem em qualquer plano que passe pelo ponto. É muito conveniente para a determinação das tensões principais e das tensões cisalhantes máximas (tanto as tensões cisalhantes máximas coplanares ao plano das tensões como as tensões cisalhantes máximas absolutas). Se o círculo de Mohr for plotado em escala, as medidas feitas diretamente do gráfico podem ser usadas para determinar os valores das tensões. Entretanto, provavelmente é mais útil como uma ajuda gráfica ao analista que está realizando determinações típicas das tensões e de suas direções em um ponto.

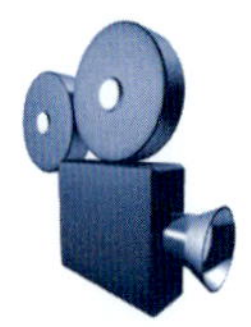

O MecMovies 12.18 mostra como é encontrada a tensão cisalhante máxima no plano das tensões.

CONVENÇÕES DE SINAIS USADAS NA CONSTRUÇÃO GRÁFICA DO CÍRCULO DE MOHR

Na construção do círculo de Mohr, as tensões normais são plotadas nas coordenadas horizontais e as tensões de cisalhamento são plotadas nas coordenadas verticais. Consequentemente, o eixo horizontal é denominado eixo σ e o eixo vertical τ. Para reiterar, o círculo de Mohr para o estado plano de tensões é um círculo desenhado inteiramente em termos da tensão normal σ e da tensão cisalhante τ.

Tensões Normais. As tensões normais de tração são plotadas no lado direito do eixo τ e as tensões normais de compressão são plotadas no lado esquerdo do eixo τ. Em outras palavras, a tensão normal de tração é plotada como um valor positivo (algebricamente) e a tensão normal de compressão é plotada como um valor negativo.

Tensões Cisalhantes. É exigida uma convenção de sinais exclusiva para determinar se uma tensão cisalhante em particular é plotada acima ou abaixo do eixo σ. A tensão cisalhante τ_{xy} que age na face x deve ser sempre igual à tensão cisalhante que age na face y (veja a Seção 12.3). Se agir uma tensão cisalhante positiva na face x do paralelepípedo elementar, então agirá também uma tensão cisalhante positiva na face y e vice-versa. Portanto, para a tensão cisalhante uma convenção simples de sinais (como valores positivos de τ colocados acima do eixo σ e valores negativos de τ colocados abaixo do eixo σ) não é suficiente porque

(a) as tensões de cisalhamento tanto na face x como na face y sempre terão o mesmo sinal e
(b) o centro do círculo de Mohr deve estar localizado no eixo σ [veja a Equação (12.20)].

Para determinar como o valor de uma tensão cisalhante deve ser plotado, deve-se considerar tanto a face na qual age a tensão cisalhante como o sentido na qual a tensão cisalhante age.

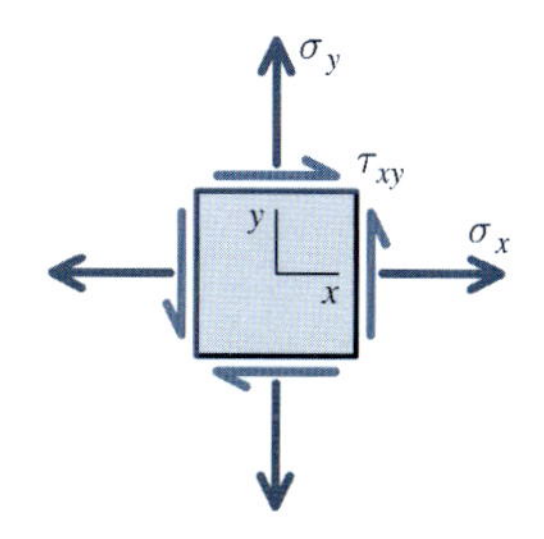

- Se a tensão cisalhante que age em uma face do paralelepípedo elementar tender a girar o paralelepípedo elementar no sentido dos ponteiros do relógio (sentido horário), então a tensão cisalhante deve ser plotada abaixo do eixo σ.
- Se a tensão cisalhante tender a girar o paralelepípedo elementar no sentido contrário ao dos ponteiros do relógio (sentido anti-horário), então a tensão cisalhante deve ser plotada abaixo do eixo σ.

CONSTRUÇÃO BÁSICA DO CÍRCULO DE MOHR

O círculo de Mohr pode ser construído de várias maneiras, dependendo que tensões são conhecidas e que tensões devem ser encontradas. Para ilustrar a construção básica do círculo de Mohr para o estado plano de tensões, admita que as tensões σ_x, σ_y e τ_{xy} são conhecidas. Os procedimentos a seguir podem ser usados para construir o círculo:

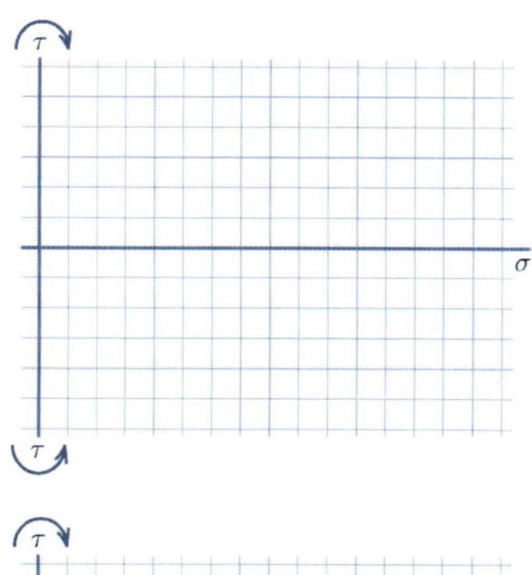

1. Identifique as tensões que agem em planos ortogonais que passem por um ponto. Normalmente essas são as tensões σ_x, σ_y e τ_{xy} que agem nas faces x e y do paralelepípedo elementar. É útil desenhar o paralelepípedo elementar antes de começar a construção do círculo de Mohr.
2. Desenhe um par de eixos coordenados. O eixo horizontal é σ. O eixo vertical é τ. Não é obrigatório, mas é útil construir o círculo de Mohr em uma escala aproximada. Selecione um intervalo apropriado de tensões para os dados e use o mesmo intervalo tanto para σ como para τ.

   Identifique a metade superior do eixo τ com uma seta curva indicando o sentido dos ponteiros do relógio. Identifique a metade inferior com uma seta curva indicando o sentido contrário ao dos ponteiros do relógio. Esses símbolos ajudarão a lembrar a convenção de sinais usada para a plotagem das tensões.
3. Plote o estado de tensões que age na face x. Se σ_x for positivo (ou seja, tração), então o ponto é plotado à direita do eixo τ. Inversamente, um valor negativo de σ_x é plotado à esquerda do eixo τ.

   Estabelecer o valor correto de τ_{xy} fica mais fácil se você usar a convenção de sinais do sentido a favor/contrário ao dos ponteiros do relógio. Olhe a seta da tensão cisalhante na face x. Se essa seta tender a girar o paralelepípedo elementar no sentido dos ponteiros do relógio, plote o ponto acima do eixo σ. Para o paralelepípedo elementar mostrado aqui, a tensão cisalhante que age na face x tende a girar o elemento no sentido contrário ao dos ponteiros do relógio; desta forma, o ponto deve ser plotado abaixo do eixo σ.

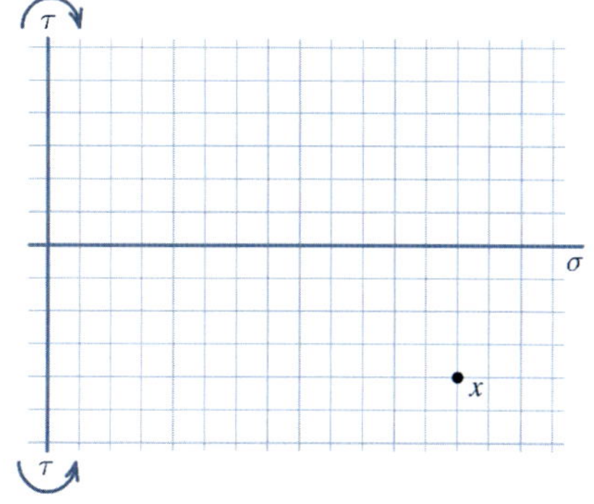

4. Identifique esse ponto como x. Esse ponto representa a combinação da tensão normal e da tensão cisalhante em uma determinada superfície plana, especificamente a face x do paralelepípedo elementar. Tenha em mente que as coordenadas usadas na plotagem do círculo de Mohr não são coordenadas espaciais como as distâncias x e y, que são usadas mais frequentemente em outros gráficos. Em vez disso, as coordenadas do círculo de Mohr são σ e τ. Para estabelecer as orientações de planos específicos usando o círculo de Mohr, devemos determinar os ângulos em relação a algum ponto de referência, como o ponto que representa o estado de tensões na face x do paralelepípedo elementar. Consequentemente, é muito importante identificar os pontos que são determinados no gráfico.

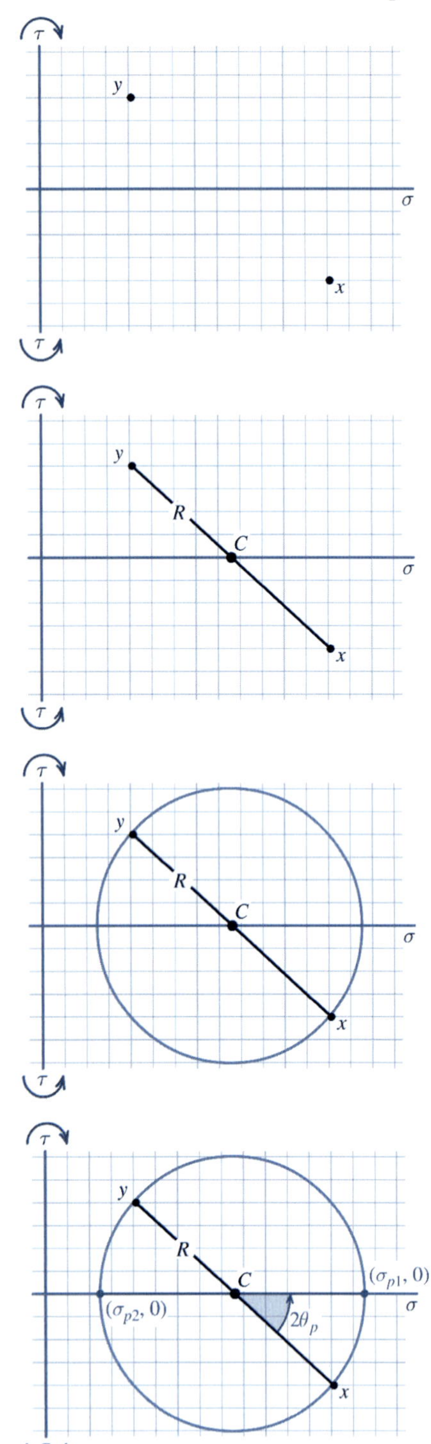

5. Plote o estado de tensões da face y. Olhe para a seta da tensão cisalhante na face y do paralelepípedo elementar anterior. Essa seta tende a girar o elemento no sentido dos ponteiros do relógio; desta forma, o ponto é plotado acima do eixo σ. Identifique esse ponto como y uma vez que ele representa a combinação da tensão normal e da tensão cisalhante que agem na face y do paralelepípedo elementar.

   Note que os pontos x e y estão à mesma distância do eixo σ — um está acima do eixo σ e o outro está abaixo. Isso sempre será verdadeiro porque as tensões cisalhantes que agem nas faces x e y devem sempre ter o mesmo valor absoluto [veja a Seção 12.3 e a Equação (12.2)].

6. Desenhe uma linha ligando os pontos x e y. O local onde essa linha cruza o eixo σ marca o centro C do círculo de Mohr.

   O raio R do círculo de Mohr é a distância do centro C ao ponto x ou ao ponto y.

   De acordo com a Equação (12.23), o centro C do círculo de Mohr sempre estará no eixo σ.

7. Desenhe um círculo com centro C e raio R. Todo ponto no círculo representa uma combinação de σ e τ que existe em alguma orientação.

   As equações usadas para obter o círculo de Mohr [Equações (12.5) e (12.6)] foram expressas em termos das funções trigonométricas de ângulo duplo. Consequentemente, todas as medidas angulares no círculo de Mohr são ângulos duplos 2θ. Os pontos x e y que representam as tensões em planos que diferem de 90° entre si no sistema de coordenadas $x-y$, estão afastados de 180° no sistema de coordenadas $\sigma-\tau$ do círculo de Mohr. Pontos nas extremidades de qualquer diâmetro representam tensões em planos ortogonais no sistema de coordenadas $x-y$.

8. Vários pontos no círculo de Mohr são de particular interesse. As tensões principais são os valores extremos da tensão normal que existe em um corpo submetido a tensões, dado o conjunto específico de tensões σ_x, σ_y e τ_{xy} que agem nas direções x e y. Do círculo de Mohr, os valores extremos de σ são observados ocorrerem nos dois pontos onde o círculo cruza o eixo σ. O ponto mais positivo (do ponto de vista algébrico) é σ_{p1} e o ponto mais negativo é σ_{p2}.

   Observe que a tensão cisalhante τ em ambos os pontos é zero. Conforme mencionado anteriormente, a tensão cisalhante τ é sempre zero nos planos onde a tensão normal σ tem um valor máximo ou um valor mínimo.

9. A geometria do círculo de Mohr pode ser usada para determinar a orientação dos planos principais. Da geometria do círculo, pode ser determinado o ângulo entre o ponto x e um dos pontos de tensão principal. O ângulo entre o ponto x e um dos pontos de tensão principal no círculo é $2\theta_p$. Além do valor absoluto de $2\theta_p$, o sentido do ângulo (ou no sentido dos ponteiros do relógio, ou no sentido contrário ao dos ponteiros do relógio) pode ser determinado por inspeção, por meio do círculo. A rotação de $2\theta_p$ **do** ponto x **para** o ponto de tensão principal deve ser determinada.

   No sistema de coordenadas $x-y$ do paralelepípedo elementar, o ângulo entre a face x do paralelepípedo elementar e um plano principal é θ_p onde θ_p gira no mesmo sentido (ou no sentido dos ponteiros do relógio, ou no sentido contrário ao dos ponteiros do relógio) no sistema de coordenadas $x-y$ que $2\theta_p$ gira no círculo de Mohr.

10. Dois outros pontos interessantes no círculo de Mohr são os valores extremos de tensões cisalhantes. Os valores absolutos das maiores tensões cisalhantes ocorrerão em pontos localizados no topo e na base do círculo. Como o centro C do círculo está sempre localizado no eixo σ, o maior valor possível de τ é simplesmente o raio do círculo R. Observe que esses dois pontos ocorrem diretamente acima e diretamente abaixo do centro do círculo C. Em contraste com os planos principais que sempre possuem tensão cisalhante nula, os planos de tensão cisalhante máxima geralmente possuem uma tensão normal. O valor absoluto dessa tensão normal é idêntico à coordenada σ do centro do círculo C.

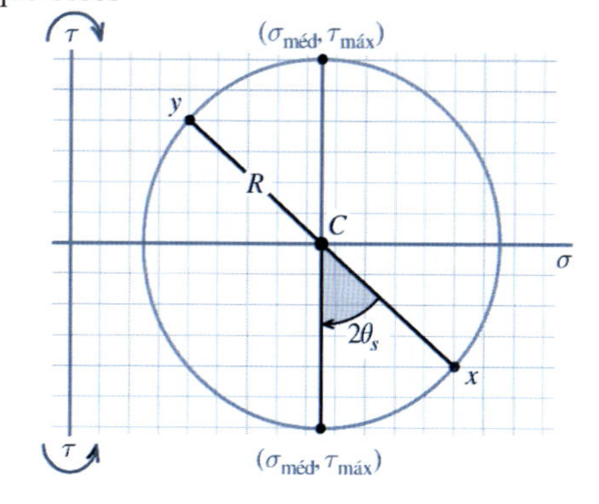

11. Observe que o ângulo entre os pontos de tensão principal e os pontos de tensão cisalhante máxima no círculo de Mohr é 90°. Como os ângulos no círculo de Mohr estão duplicados, o ângulo real entre os planos principais e os planos das tensões cisalhantes máximas é sempre de 45°.

As equações de transformação de tensões, apresentadas nas Seções 12.7 e 12.8, e a construção do círculo de Mohr apresentada aqui são dois métodos para atingir o mesmo resultado. A vantagem oferecida pelo círculo de Mohr é que ele fornece um resumo visual conciso de todas as combinações de tensões possíveis em qualquer ponto de um corpo submetido a tensões. Como todos os cálculos de tensões podem ser realizados usando a geometria do círculo e trigonometria básica, o círculo de Mohr fornece uma ferramenta fácil de lembrar para a análise de tensões. Ao desenvolver a prática na análise de tensões, o estudante pode achar menos confuso evitar misturar as equações de transformação de tensões apresentadas nas Seções 12.7 e 12.8 com a construção do círculo de Mohr. Aproveite a vantagem do círculo de Mohr usando a geometria do círculo para calcular todas as quantidades desejadas em vez de tentar misturar as equações de transformação de tensões na análise do círculo de Mohr.

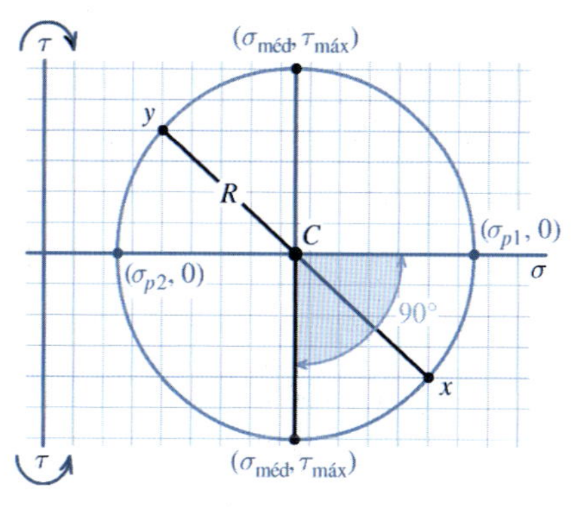

Exemplo do MecMovies M12.10

Prática de Círculo de Mohr para as Tensões (Coach Mohr's Circle of Stress)

Aprenda a construir e a usar o círculo de Mohr para determinar as tensões principais, incluindo a orientação adequada dos planos das tensões principais.

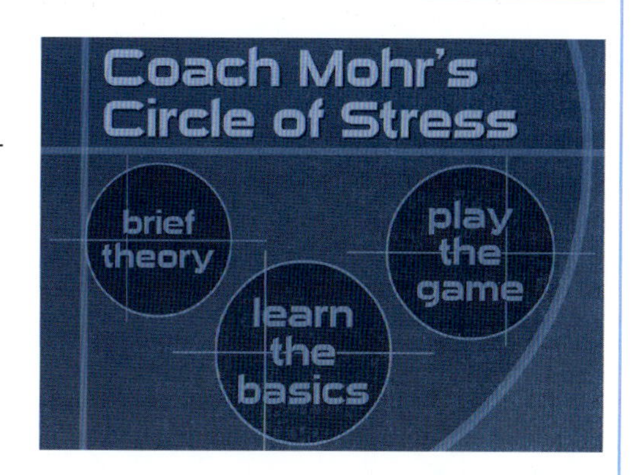

EXEMPLO 12.7

Tensões Principais e Tensão Cisalhante Máxima "no Plano"

Considere um ponto em um elemento estrutural que esteja sujeito a um estado plano de tensões. As tensões normais e cisalhantes que agem no plano horizontal e no plano vertical que passam pelo ponto estão mostradas na figura.

(a) Determine as tensões principais e a tensão cisalhante máxima "no plano" que agem no ponto.

(b) Mostre essas tensões em um desenho adequado.

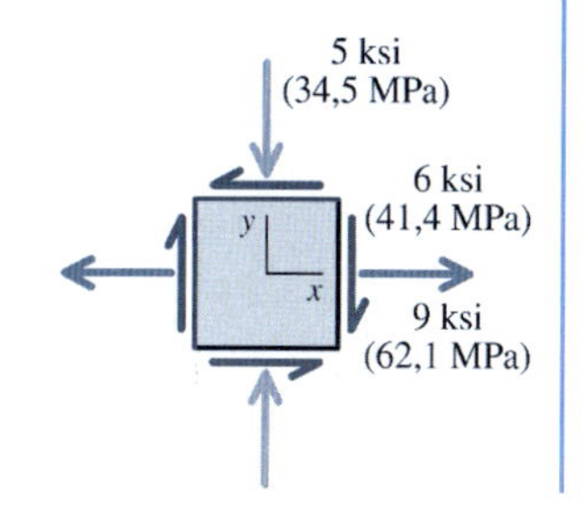

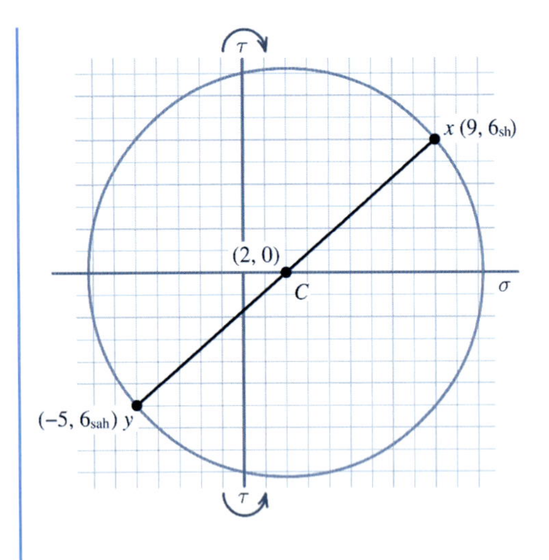

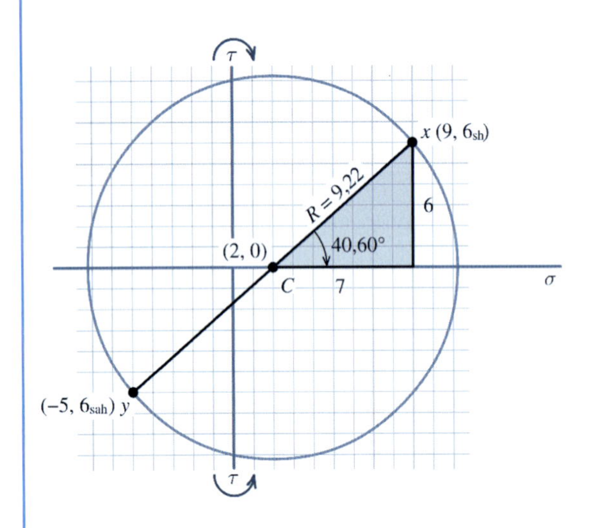

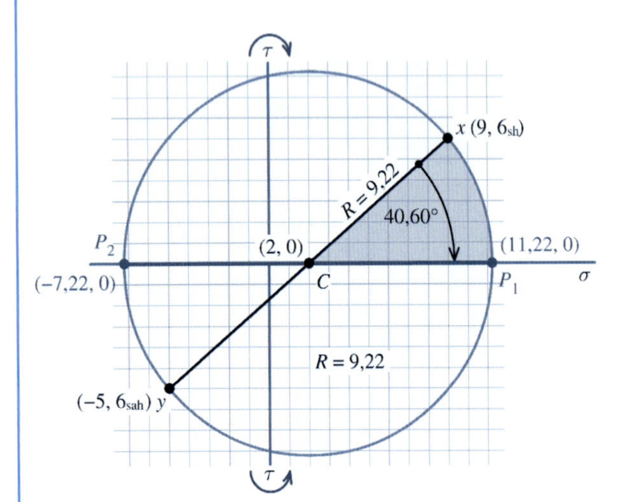

SOLUÇÃO

Comece com as tensões normais e cisalhantes que agem na face x do paralelepípedo elementar. Como $\sigma_x = 9$ ksi é uma tensão de tração, o ponto do círculo de Mohr será plotado à direita do eixo τ. A tensão cisalhante que age na face x tende a girar o paralelepípedo elementar no sentido dos ponteiros do relógio; portanto, o ponto x no círculo de Mohr é plotado acima do eixo σ.

Na face y, a tensão normal $\sigma_y = -5$ ksi será plotada à esquerda do eixo τ. A tensão cisalhante que age na face y tende a girar o paralelepípedo elementar no sentido contrário ao dos ponteiros do relógio; portanto, o ponto y no círculo de Mohr é plotado abaixo do eixo σ.

Nota: Associando um sinal positivo ou um sinal negativo aos valores de τ nos pontos x e y não adiciona qualquer informação útil para a análise do círculo de Mohr. Uma vez construído adequadamente o círculo de Mohr, todos os cálculos se baseiam na geometria do círculo, independentemente de quaisquer sinais. Neste exemplo introdutório, foi adicionado o subscrito "sh" à tensão cisalhante do ponto x simplesmente para enfatizar que a tensão cisalhante na face x gira o paralelepípedo elementar no sentido horário (sentido dos ponteiros do relógio). Similarmente, o subscrito "sah" é colocado para enfatizar que a tensão cisalhante na face y gira o elemento no sentido anti-horário (sentido contrário ao dos ponteiros do relógio).

Como os pontos x e y sempre estão à mesma distância acima e abaixo do eixo σ, o centro do círculo de Mohr pode ser encontrado pela média das tensões normais que agem nas faces x e y:

$$C = \frac{\sigma_x + \sigma_y}{2} = \frac{9 \text{ ksi} + (-5 \text{ ksi})}{2} = +2 \text{ ksi}$$

O centro do círculo de Mohr sempre está sobre o eixo σ.

A geometria do círculo é usada para calcular o raio. As coordenadas (σ, τ) do ponto x e do centro C são conhecidas. Use essas coordenadas com o teorema de Pitágoras para calcular a hipotenusa do triângulo sombreado na figura:

$$R = \sqrt{(9 \text{ ksi} - 2 \text{ ksi})^2 + (6 \text{ ksi} - 0)^2}$$
$$= \sqrt{7^2 + 6^2} = 9{,}22 \text{ ksi}$$

O ângulo entre o diâmetro $x{-}y$ e o eixo σ é $2\theta_p$, e pode ser calculado usando a função tangente:

$$\tan 2\theta_p = \frac{6}{7} \qquad \therefore 2\theta_p = 40{,}60°$$

Observe que esse ângulo é medido no sentido dos ponteiros do relógio do ponto x para o eixo σ.

O valor máximo de σ (isto é, o maior valor positivo, do ponto de vista algébrico) ocorre no ponto P_1, onde o círculo de Mohr cruza o eixo σ. Da geometria do círculo,

$$\sigma_{p1} = C + R = 2 \text{ ksi} + 9{,}22 \text{ ksi} = +11{,}22 \text{ ksi}$$

O valor mínimo de σ (ou seja, o menor valor negativo, do ponto de vista algébrico) ocorre no ponto P_2. Da geometria do círculo,

$$\sigma_{p2} = C - R = 2 \text{ ksi} - 9{,}22 \text{ ksi} = -7{,}22 \text{ ksi}$$

O ângulo entre o ponto x e o ponto P_1 foi calculado como $2\theta_p = 40{,}60°$; entretanto, os ângulos no círculo de Mohr são ângulos duplos. Para determinar a orientação dos planos principais no sistema de coordenadas $x-y$, divida esse valor por 2. Portanto, a tensão principal σ_{p1} age em um plano girado de 20,30° da face x do paralelepípedo elementar. O ângulo de 20,30° no sistema de coordenadas $x-y$ é girado no mesmo sentido que $2\theta_p$ no círculo de Mohr. Neste exemplo, o ângulo de 20,30° é girado no **sentido dos ponteiros do relógio (sentido horário)** em relação ao eixo x.

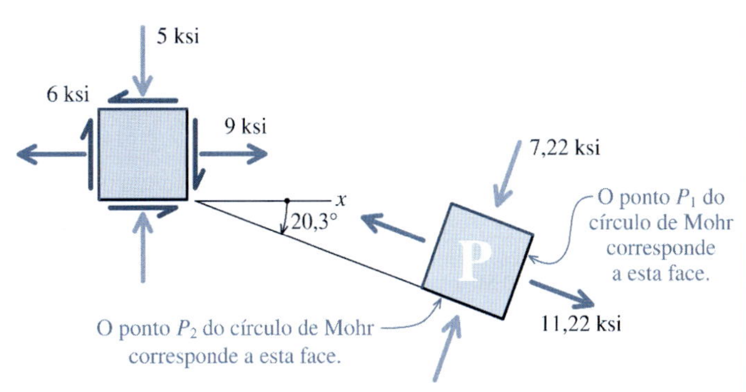

As tensões principais assim como a orientação dos planos principais são mostradas no desenho.

Os valores máximos de τ ocorrem nos pontos S_1 e S_2, localizados na base e no topo do círculo de Mohr. O valor absoluto da tensão cisalhante nesses pontos é simplesmente igual ao raio do círculo R. Observe que a tensão normal nos pontos S_1 e S_2 não é zero. Em vez disso, a tensão normal σ nesses pontos é igual ao valor do centro do círculo C.

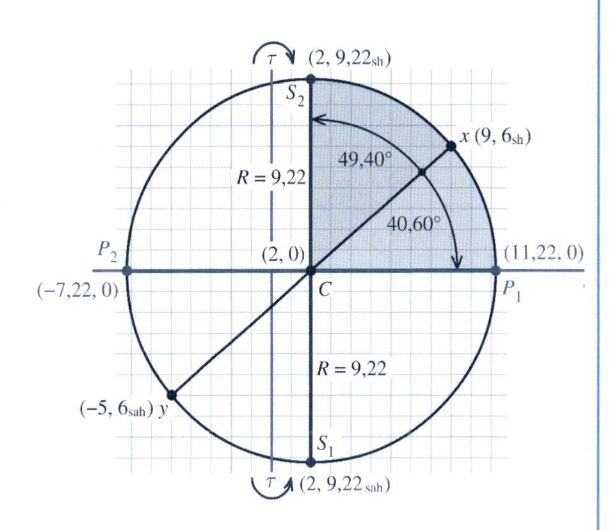

O ângulo entre os pontos P_1 e S_2 é 90°. Como o ângulo entre o ponto x e o ponto P_1 foi encontrado como 40,60°, o ângulo entre o ponto x e o ponto S_2 deve ser 49,40°. Esse ângulo é medido no sentido contrário ao dos ponteiros do relógio (sentido anti-horário).

Um plano sujeito à tensão cisalhante máxima coplanar ao plano das tensões está orientado a 24,70° no sentido contrário ao dos ponteiros do relógio em relação à face x. O valor absoluto dessa tensão cisalhante é igual ao raio do círculo:

$$\tau_{\text{máx}} = R = 9{,}22 \text{ ksi}$$

Para determinar a direção da seta da tensão cisalhante que age nessa face, observe que S_2 está na metade superior do círculo, acima do eixo σ. Consequentemente, a tensão cisalhante que age nessa face tende a girar o elemento no sentido horário. Tendo determinado o sentido da tensão cisalhante na face, os sentidos das tensões cisalhantes nas outras faces são conhecidos.

Agora pode ser traçado um desenho completo mostrando as tensões principais, a tensão cisalhante máxima "no plano" e as orientações dos respectivos planos.

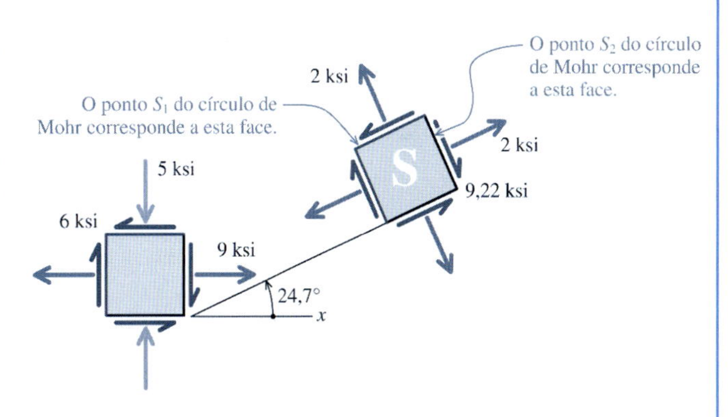

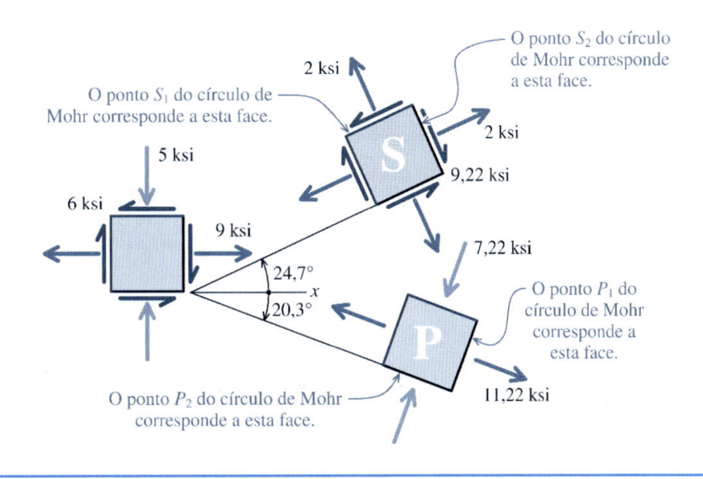

EXEMPLO 12.8

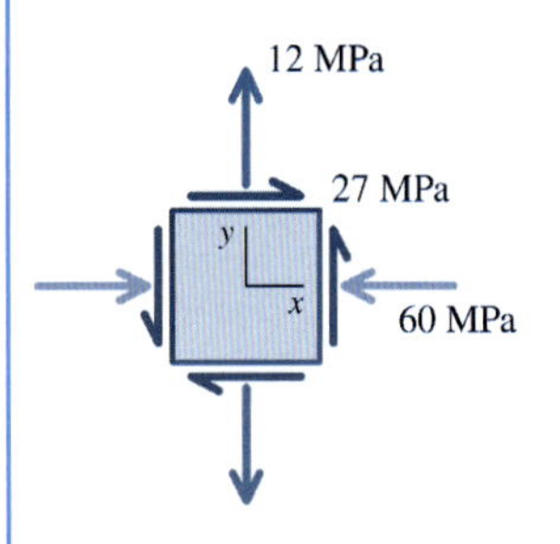

Tensões Principais e Tensão Cisalhante Máxima “no Plano”

Considere um ponto em um elemento estrutural que esteja sujeito a um estado plano de tensões. As tensões normais e cisalhantes que agem no plano horizontal e no plano vertical que passam pelo ponto estão mostradas na figura.

(a) Determine as tensões principais e a tensão cisalhante máxima “no plano” que agem no ponto.

(b) Mostre essas tensões em um desenho adequado.

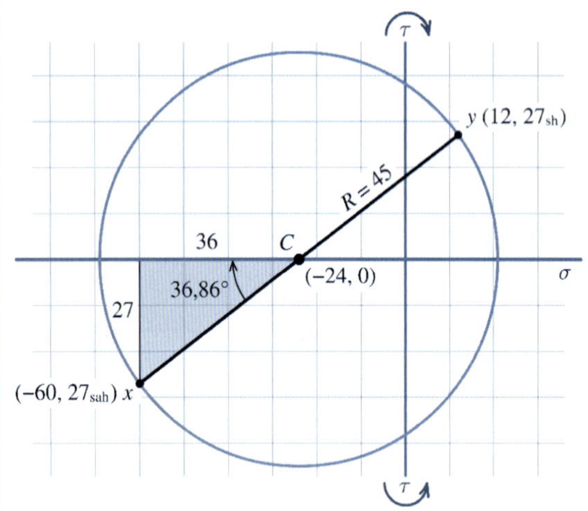

SOLUÇÃO

Comece com as tensões normais e cisalhantes que agem na face x do paralelepípedo elementar. A tensão normal é σ_x = 60 MPa (C) e a tensão cisalhante τ que age na face x tende a girar o paralelepípedo elementar no sentido contrário ao dos ponteiros do relógio; portanto, o ponto x é colocado à esquerda do eixo τ e abaixo do eixo σ. Na face y, a tensão normal σ_y = 12 MPa (T) e a tensão cisalhante τ que age na face y tende a girar o paralelepípedo elementar no sentido dos ponteiros do relógio; portanto, o ponto y é colocado à direita do eixo τ e acima do eixo σ.

Nota: Neste exemplo introdutório, foi adicionado o subscrito “sah” à tensão cisalhante do ponto x simplesmente para enfatizar ainda mais que a tensão cisalhante na face x gira o paralelepípedo elementar no sentido anti-horário (sentido contrário ao dos ponteiros do relógio). Similarmente, o subscrito “sh” adicionado à tensão cisalhante na face y pretende chamar a atenção para o fato de que a tensão cisalhante na face y gira o elemento no sentido horário (sentido dos ponteiros do relógio).

O centro do círculo de Mohr pode ser encontrado pela média das tensões normais que agem nas faces x e y:

$$C = \frac{\sigma_x + \sigma_y}{2} = \frac{(-60\text{ MPa}) + 12\text{ MPa}}{2} = -24\text{ MPa}$$

O raio R do círculo é encontrado por meio do cálculo da hipotenusa do triângulo sombreado na figura:

$$R = \sqrt{[(-60\text{ MPa}) - (-24\text{ ksi})]^2 + (27\text{ MPa} - 0)^2}$$
$$= \sqrt{36^2 + 27^2} = 45\text{ MPa}$$

O ângulo entre o diâmetro $x-y$ e o eixo σ é $2\sigma_p$, e pode ser calculado usando a função tangente:

$$\tan 2\theta_p = \frac{27}{36} \qquad \therefore 2\theta_p = 36{,}86°$$

Observe que esse ângulo é medido no sentido dos ponteiros do relógio do ponto x para o eixo σ.

As tensões principais são determinadas com base no local do centro do círculo C e do raio do círculo R:

$$\sigma_{p1} = C + R = -24\text{ MPa} + 45\text{ MPa} = +21\text{ MPa}$$
$$\sigma_{p2} = C - R = -24\text{ MPa} - 45\text{ MPa} = -69\text{ MPa}$$

Os valores máximos de τ ocorrem nos pontos S_1 e S_2, localizados na base e no topo do círculo de Mohr. O valor absoluto da tensão cisalhante nesses pontos é simplesmente igual ao raio R do círculo e a tensão normal σ nesses pontos é igual ao valor do centro do círculo C.

O ângulo entre os pontos P_2 e S_2 é 90°. Como o ângulo entre o ponto x e o ponto P_2 é 36,86°, o ângulo entre o ponto x e o ponto S_1 deve ser 53,14°. Por inspeção, esse ângulo é medido no sentido contrário ao dos ponteiros do relógio (sentido anti-horário).

O ângulo entre o ponto x e o ponto P_2 foi calculado como $2\theta_p = 36{,}86°$. A orientação desse plano principal no sistema de coordenadas $x-y$ é de 18,43° no sentido dos ponteiros do relógio em relação à face x do paralelepípedo elementar.

O ângulo entre o ponto x e o ponto S_1 é de 53,14°, portanto a orientação desse plano de máxima tensão cisalhante no sistema de coordenadas $x-y$ é de 26,57° no sentido contrário ao dos ponteiros do relógio em relação à face x do paralelepípedo elementar.

Para determinar a direção da seta da tensão cisalhante que age nessa face, observe que o ponto S_1 está na metade inferior do círculo, abaixo do eixo σ. Consequentemente, a tensão cisalhante que age nessa face tende a girar o paralelepípedo elementar no sentido contrário ao dos ponteiros do relógio.

É mostrado na figura um desenho completo mostrando as tensões principais, a tensão cisalhante máxima "no plano" e as orientações dos respectivos planos.

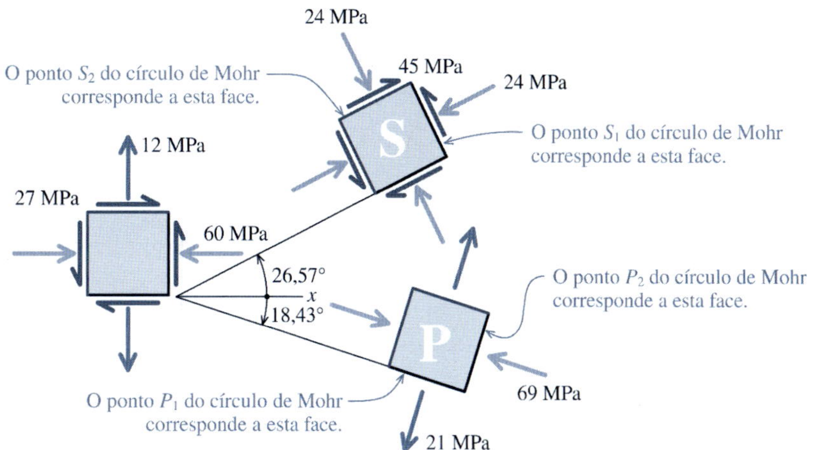

EXEMPLO 12.9

Tensões em um Plano Inclinado

As tensões mostradas agem em um ponto da superfície livre de um corpo submetido a tensões.

(a) Determine as tensões principais e a tensão cisalhante máxima "no plano" que agem no ponto.

(b) Mostre essas tensões em um desenho adequado.

(c) Determine as tensões normais σ_n e σ_t, e a tensão cisalhante τ_{nt} que agem no paralelepípedo elementar inclinado.

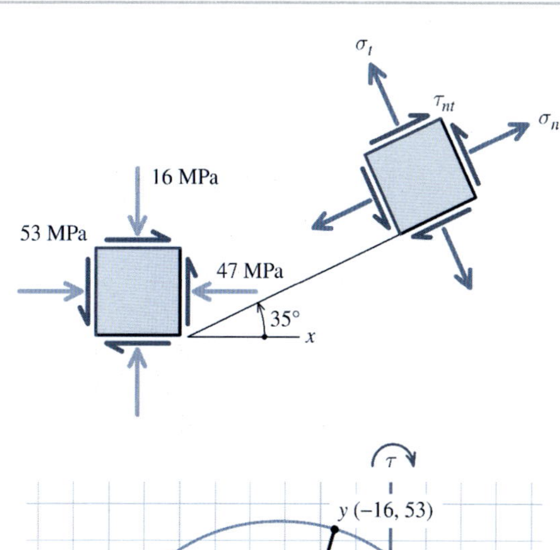

SOLUÇÃO

Construção do Círculo de Mohr

Das tensões normais e cisalhantes que agem nas faces x e y do paralelepípedo elementar, o círculo de Mohr é construído conforme ilustrado.

O centro do círculo de Mohr está localizado em

$$C = \frac{-47 + (-16)}{2} = -31{,}5 \text{ MPa}$$

O raio R do círculo é encontrado pela hipotenusa do triângulo sombreado:

$$R = \sqrt{15{,}5^2 + 53^2} = 55{,}22 \text{ MPa}$$

O ângulo entre o diâmetro $x-y$ e o eixo σ é $2\theta_p$ e pode ser calculado como

$$\tan 2\theta_p = \frac{53}{15{,}5} \qquad \therefore 2\theta_p = 73{,}7° \text{ (sh)}$$

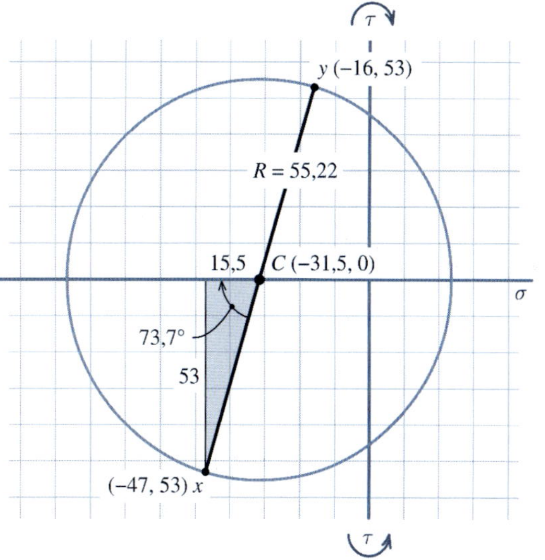

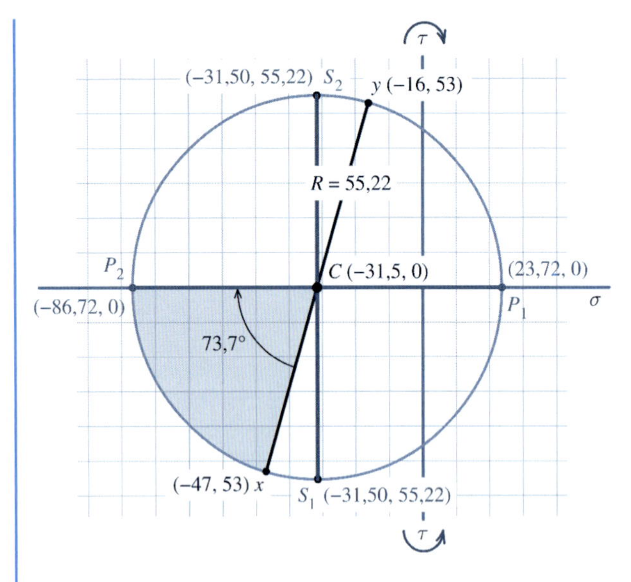

Tensão Principal e Tensão Cisalhante Máxima

As tensões principais (pontos P_1 e P_2) são determinadas a partir do local do centro do círculo C e do raio R do círculo:

$$\sigma_{p1} = C + R = -31{,}5 + 55{,}22 = +23{,}72 \text{ MPa}$$
$$\sigma_{p2} = C - R = -31{,}5 - 55{,}22 = -86{,}72 \text{ MPa}$$

A tensão cisalhante máxima coplanar ao plano das tensões (ou seja, a tensão cisalhante máxima "no plano") corresponde aos pontos S_1 e S_2 no círculo de Mohr. O valor absoluto da tensão cisalhante máxima "no plano" é

$$\tau_{\text{máx}} = R = 55{,}22 \text{ MPa}$$

e a tensão normal que age nos planos de tensão cisalhante máxima é

$$\sigma_{\text{méd}} = C = -31{,}5 \text{ MPa}$$

Um desenho completo mostrando as tensões principais, a tensão cisalhante máxima "no plano" e as orientações dos planos respectivos é mostrado na figura.

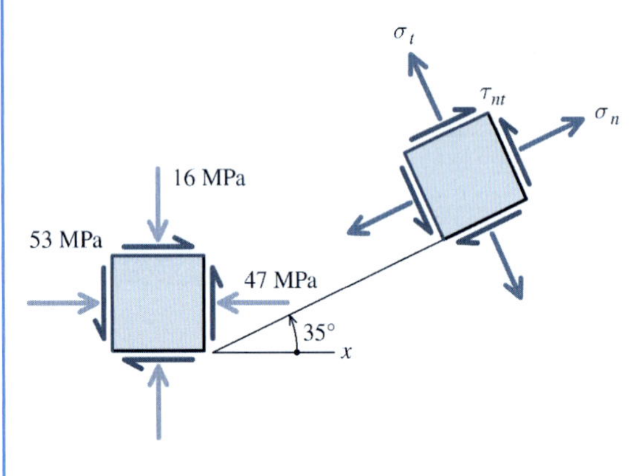

Determinação de σ_n, σ_t e τ_{nt}

A seguir, devem ser determinadas as tensões normais σ_n e σ_t e a tensão cisalhante τ_{nt} que agem em um paralelepípedo elementar que esteja inclinado em 35° no sentido anti-horário em relação à direção x conforme ilustrado.

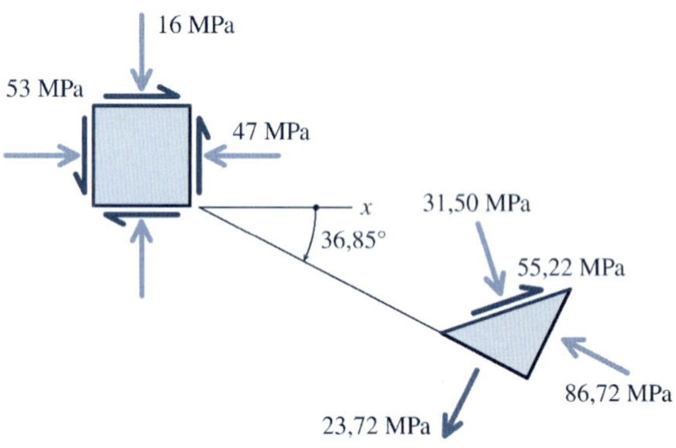

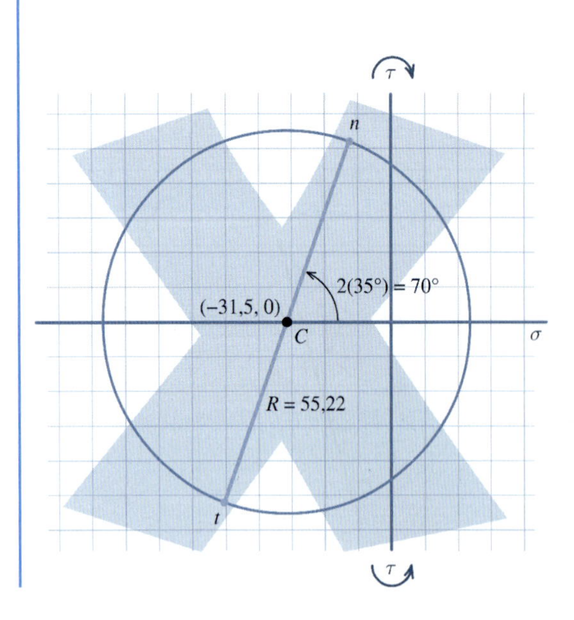

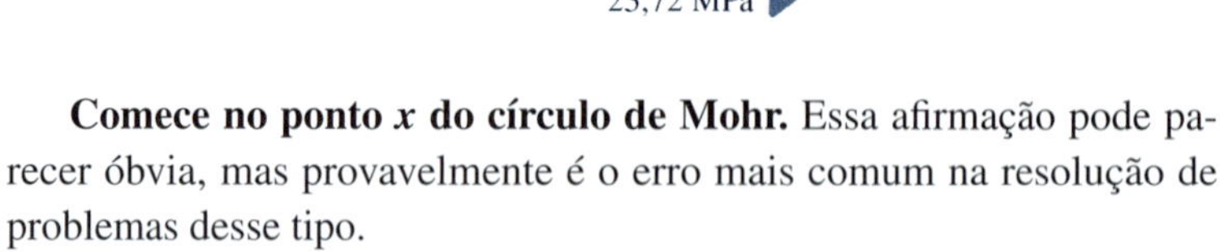

Comece no ponto x do círculo de Mohr. Essa afirmação pode parecer óbvia, mas provavelmente é o erro mais comum na resolução de problemas desse tipo.

No sistema de coordenadas $x-y$, gire o ângulo de 35° no sentido contrário ao dos ponteiros do relógio em relação ao eixo horizontal. Ao transferir essa medida angular para o círculo de Mohr, a tendência natural é desenhar um diâmetro que esteja girado 2(35°) = 70° no sentido anti-horário em relação ao eixo horizontal. **Isso está errado!**

Lembre-se de que o círculo de Mohr é um gráfico em termos da tensão normal σ e da tensão cisalhante τ. O eixo horizontal no círculo de Mohr não corresponde necessariamente à face x do paralelepípedo elementar. No círculo de Mohr, o ponto identificado como x é aquele que corresponde à face x. (Isso explica por que é tão importante identificar os pontos à medida que o círculo de Mohr é construído.)

Para determinar as tensões no plano que esteja inclinado de 35° em relação à face x, é desenhado no círculo de Mohr o diâmetro que é girado de $2(35°) = 70°$ no sentido anti-horário **a partir do ponto x**. O ponto a 70° do ponto x deve ser identificado como ponto n. As coordenadas desse ponto são a tensão normal e a tensão cisalhante que agem na face n do paralelepípedo elementar inclinado. A outra extremidade do diâmetro deve ser identificada como ponto t e suas coordenadas são σ e τ que agem na face t do paralelepípedo elementar inclinado.

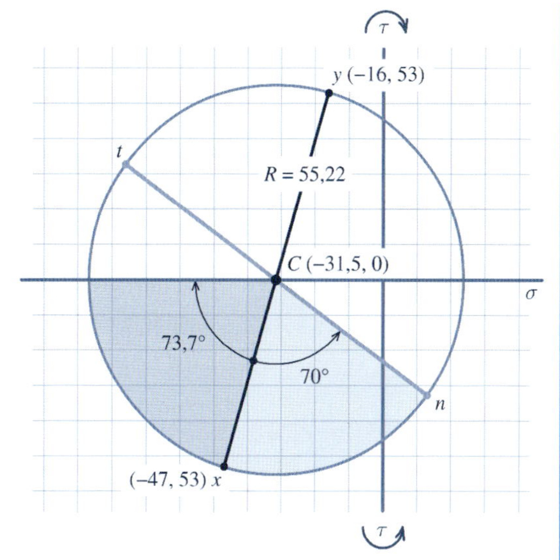

Comece no ponto x do círculo de Mohr. A face n do paralelepípedo está inclinada em 35° no sentido anti-horário em relação à face x. Como os ângulos no círculo de Mohr são duplos, o ponto n apresenta um giro de $2(35°) = 70°$ em relação ao ponto x do círculo. As coordenadas do ponto n são (σ_n, τ_{nt}). Essas coordenadas serão determinadas pela geometria do círculo.

Por inspeção, o ângulo entre o eixo σ e o ponto n é $180° - 73,7° - 70° = 36,3°$. Tendo em mente que as coordenadas do círculo de Mohr são σ e τ, o componente horizontal da linha entre o centro do círculo C e o ponto n é

$$\Delta\sigma = R\cos 36,3° = (55,22 \text{ MPa})\cos 36,3° = 44,50 \text{ MPa}$$

e o componente vertical é

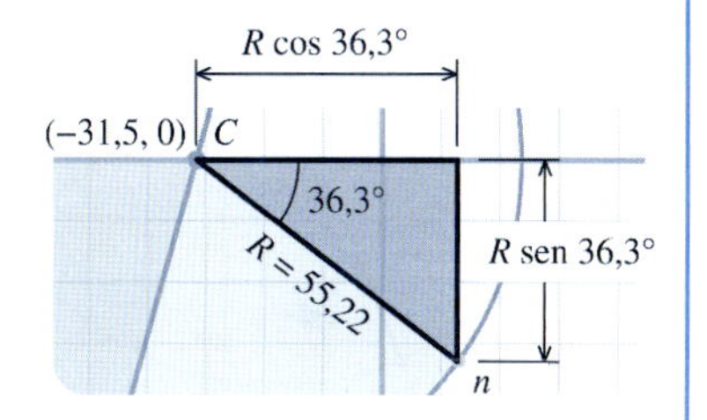

$$\Delta\tau = R\,\text{sen}\,36,3° = (55,22 \text{ MPa})\,\text{sen}\,36,3° = 32,69 \text{ MPa}$$

A tensão normal na face n do paralelepípedo elementar inclinado pode ser calculada utilizando as coordenadas do centro do círculo C e $\Delta\sigma$:

$$\sigma_n = -31,5 \text{ MPa} + 44,50 \text{ MPa} = +13,0 \text{ MPa}$$

A tensão cisalhante é calculada de maneira similar:

$$\tau_{nt} = 0 + 32,69 \text{ MPa} = 32,69 \text{ MPa}$$

Como o ponto n está localizado abaixo do eixo σ, a tensão cisalhante que age na face n tende a girar o elemento no sentido anti-horário.

É usado um procedimento similar para determinar as tensões no ponto t. Os componentes de tensão em relação ao centro do círculo C são os mesmos: $\Delta\sigma = 44,50$ MPa e $\Delta\tau = 32,69$ MPa. A tensão normal na face t do paralelepípedo elementar inclinado é

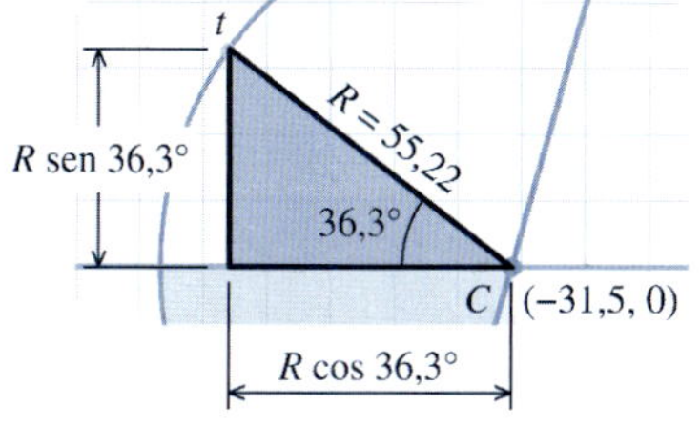

$$\sigma_t = -31,5 \text{ MPa} - 44,50 \text{ MPa} = -76,0 \text{ MPa}$$

Obviamente, a tensão cisalhante que age na face t deve ter o mesmo valor absoluto que a tensão cisalhante que age na face n. Como o ponto t está localizado acima do eixo σ, a tensão cisalhante que age na face t tende a girar o paralelepípedo elementar no sentido horário.

Para determinar a tensão normal na face t, também podemos usar a noção de *invariante de tensões*. A Equação (12.8) mostra que a soma das tensões normais que agem em duas faces ortogonais quaisquer de um elemento sujeito ao estado plano de tensões é um valor constante:

$$\sigma_n + \sigma_t = \sigma_x + \sigma_y$$

Portanto,

$$\begin{aligned}\sigma_t &= \sigma_x + \sigma_y - \sigma_n \\ &= -47 \text{ MPa} + (-16 \text{ MPa}) - 13 \text{ MPa} \\ &= -76 \text{ MPa}\end{aligned}$$

As tensões normais e as tensões cisalhantes que agem no paralelepípedo elementar inclinado são mostradas no desenho.

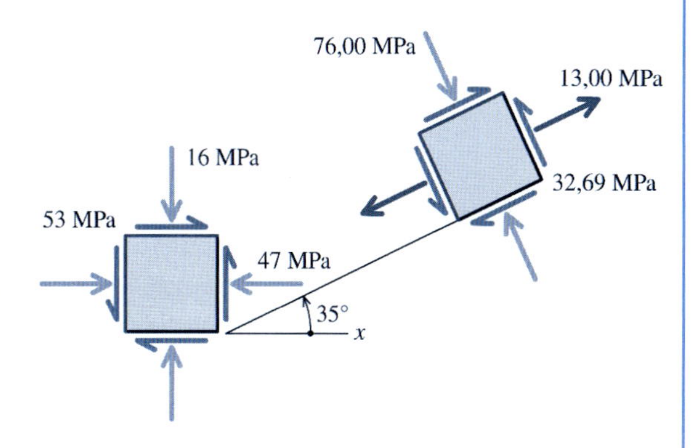

EXEMPLO 12.10

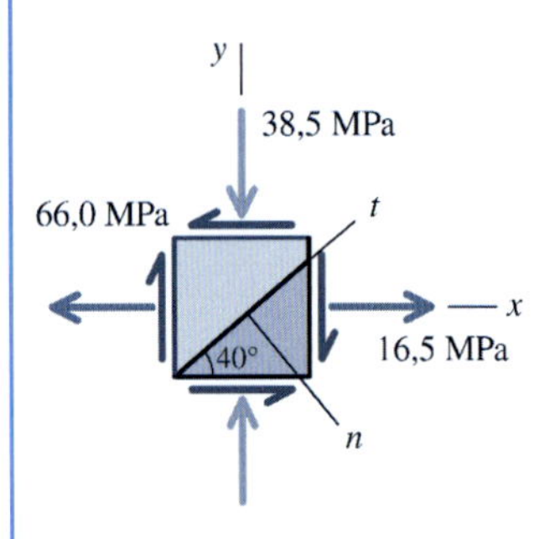

Tensões em um Plano Inclinado

As tensões mostradas agem em um ponto da superfície livre de um corpo submetido a tensões. Determine a tensão normal σ_n e a tensão cisalhante τ_{nt} que agem na superfície plana inclinada.

SOLUÇÃO

Das tensões normais e das tensões cisalhantes que agem nas faces x e y do paralelepípedo elementar, é construído o círculo de Mohr conforme ilustrado.

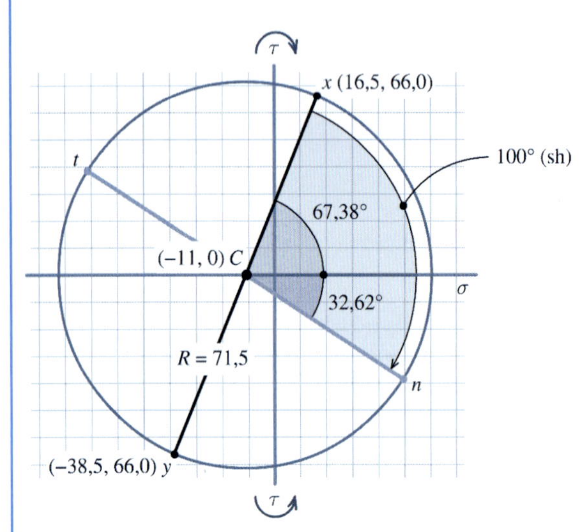

Como É Determinada a Orientação do Plano Inclinado?

Devemos encontrar o ângulo entre a normal à face x (isto é, o eixo x) e a normal ao plano inclinado (ou seja, o eixo n). O ângulo entre os eixos x e n é 50°; consequentemente, o plano inclinado está orientado a 50° no sentido horário em relação à face x.

No círculo de Mohr, o ponto n está localizado 100° no sentido horário em relação ao ponto x.

Usando as coordenadas do ponto x e do centro do círculo C, o ângulo entre o ponto x e o eixo σ é encontrado como 67,38°.

Consequentemente, o ângulo entre o ponto n e o eixo σ deve ser 32,62°.

O componente horizontal da linha entre o centro do círculo C e o ponto n é

$$\Delta\sigma = R\cos 32{,}62° = (71{,}5\text{ MPa})\cos 32{,}62° = 60{,}22\text{ MPa}$$

e o componente vertical é

$$\Delta\tau = R\,\text{sen}\,32{,}62° = (71{,}5\text{ MPa})\,\text{sen}\,32{,}62° = 38{,}54\text{ MPa}$$

A tensão normal na face n do paralelepípedo elementar inclinado pode ser calculada usando as coordenadas do centro do círculo C e $\Delta\sigma$:

$$\sigma_n = -11{,}0\text{ MPa} + 60{,}22\text{ MPa} = +49{,}22\text{ MPa}$$

A tensão cisalhante é calculada de modo similar:

$$\tau_{nt} = 0 + 38{,}54\text{ MPa} = 38{,}54\text{ MPa}$$

como o ponto n do círculo de Mohr está localizado abaixo do eixo σ, a tensão cisalhante que age na face n tende a girar o paralelepípedo elementar no sentido anti-horário.

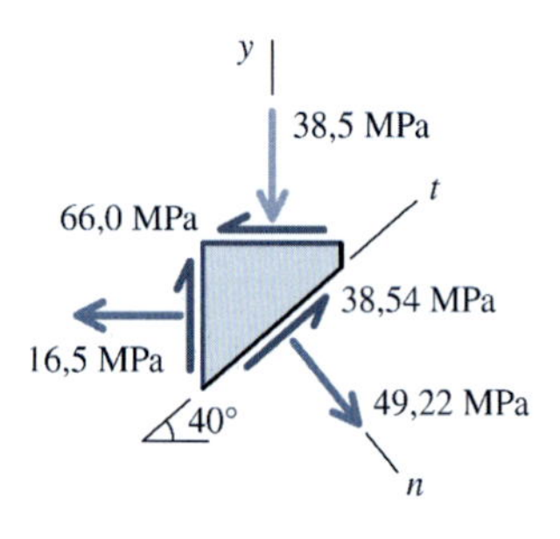

Exemplo do MecMovies M12.19

Ferramenta de Aprendizado do Círculo de Mohr

Ilustra o uso adequado do círculo de Mohr para determinar as tensões que agem em um determinado plano, as tensões principais e a tensão cisalhante máxima "no plano" para os valores de tensão especificados pelo usuário. Instruções detalhadas ao usuário.

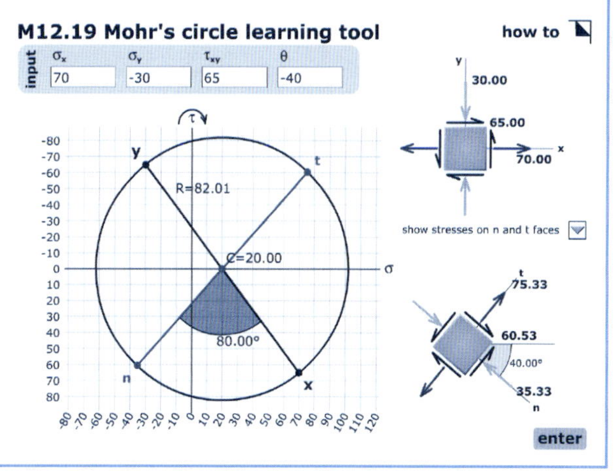

EXEMPLO 12.11

Tensão Cisalhante Máxima Absoluta

Dois paralelepípedos elementares sujeitos ao estado plano de tensões são mostrados na figura. Determine a tensão cisalhante máxima absoluta para cada paralelepípedo.

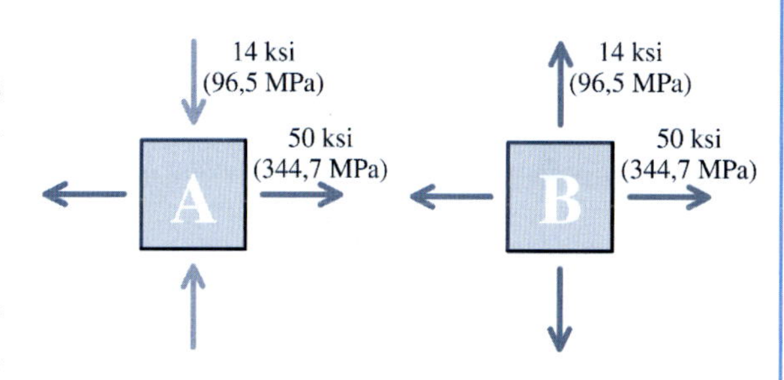

SOLUÇÃO

Na Seção 12.8, foi mostrado que não existe tensão cisalhante nos planos onde ocorrem a tensão normal máxima ou a tensão normal mínima. Além disso, também deve ser verdadeira a seguinte afirmação:

Se a tensão cisalhante em um plano for nula, então esse plano deve ser um plano principal.

Como não há tensão cisalhante agindo nas faces x e y tanto do paralelepípedo elementar A como do paralelepípedo elementar B, pode-se concluir que as tensões que estão agindo nesses paralelepípedos são tensões principais.

O círculo de Mohr para o paralelepípedo elementar A é construído conforme ilustrado na figura. Observe que o ponto x é a tensão principal σ_{p1} e o ponto y é a tensão principal σ_{p2}. Esse círculo mostra todas as combinações possíveis de σ e τ que ocorrem no plano $x-y$.

Qual é o significado do termo **plano *x–y*?** Esse termo se refere às superfícies planas cujas normais sejam **perpendiculares ao eixo *z*.**

A tensão cisalhante máxima coplanar ao plano das tensões (tensão cisalhante máxima "no plano") para o paralelepípedo elementar A é simplesmente igual ao raio do círculo de Mohr; portanto, $\tau_{\text{máx}} = 32$ ksi.

No enunciado do problema, foi dito que o paralelepípedo elementar A corresponde a um ponto *sujeito ao estado plano de tensões*. Da Seção 12.4, sabemos que o termo *estado plano de tensões* significa que não há tensões na face que não aparece na representação plana do paralelepípedo elementar (face "fora do plano"). Em outras palavras, não há tensão na face z; daí, $\sigma_z = 0$, $\tau_{zx} = 0$ e $\tau_{zy} = 0$. Sabemos também que um plano sem tensões cisalhantes é por definição um plano principal. Portanto, a face z do paralelepípedo elementar é um plano principal e a tensão principal que age nessa superfície é a terceira tensão principal: $\sigma_z = \sigma_{p3} = 0$.

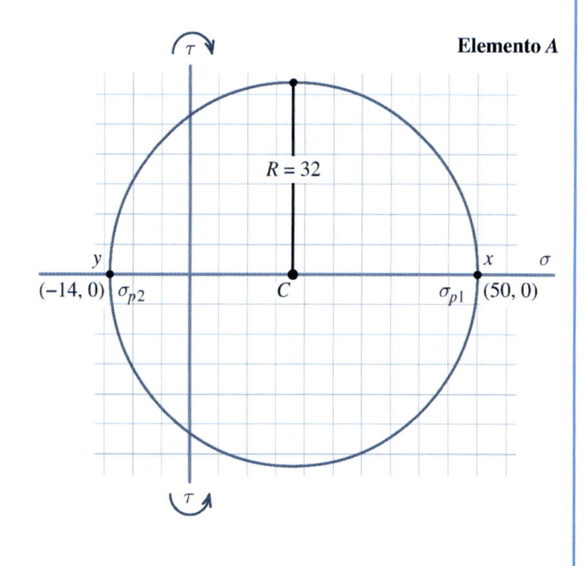

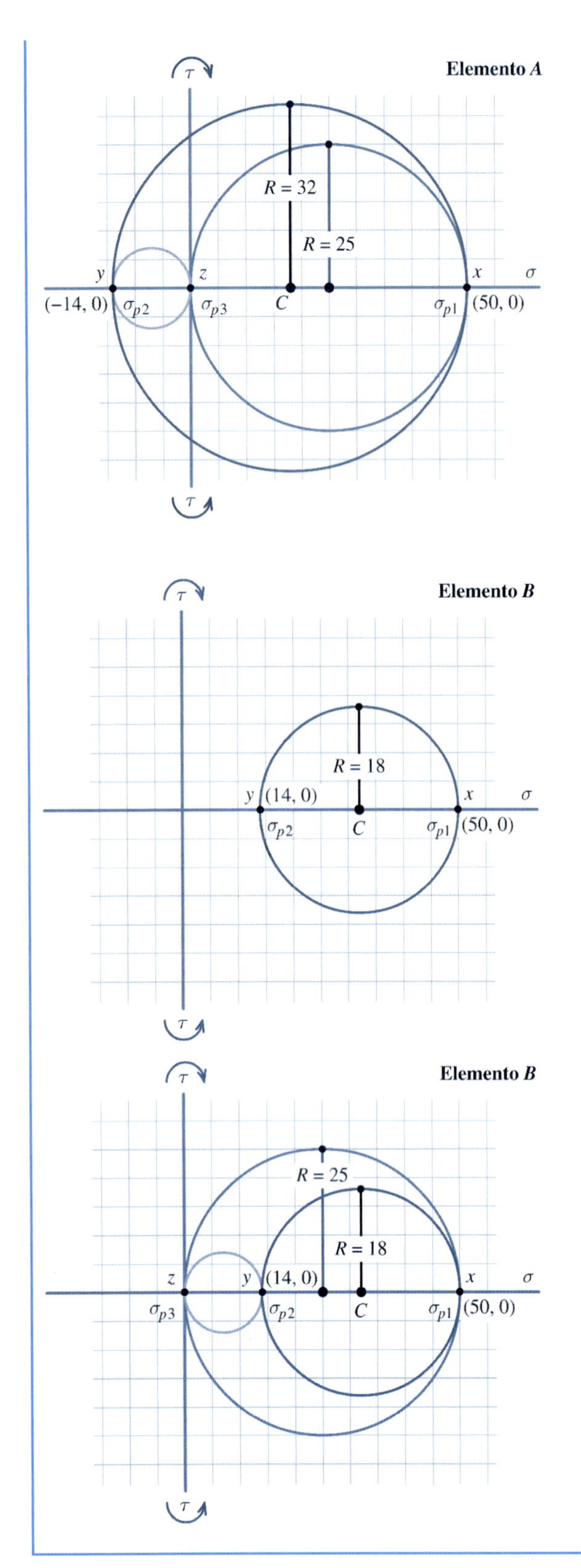

O estado de tensões na face z pode ser desenhado no gráfico do círculo de Mohr e dois círculos adicionais podem ser construídos.

- O círculo definido por σ_{p1} e σ_{p3} reflete todas as combinações de $\sigma - \tau$ que são possíveis nas superfícies no plano $x-z$ (significando superfícies planas cujas normais sejam perpendiculares ao eixo y).
- O círculo que conecta σ_{p2} e σ_{p3} representa todas as combinações de $\sigma - \tau$ que são possíveis em superfícies no plano $y-z$ (significando superfícies planas cujas normais sejam perpendiculares ao eixo x).

A tensão cisalhante máxima no plano $x-z$ é dada pelo raio do círculo de Mohr que liga os pontos x e z e a tensão cisalhante máxima no plano $y-z$ é dada pelo raio do círculo que liga os pontos y e z. Por inspeção, esses dois círculos são menores que o círculo $x-y$. Consequentemente, a tensão cisalhante máxima absoluta – isto é, a maior tensão cisalhante que pode ocorrer em qualquer plano possível – é igual à tensão cisalhante máxima "no plano" para o paralelepípedo elementar A.

Para o paralelepípedo elementar A, a tensão cisalhante máxima absoluta é $\tau_{\text{máx abs}} = 32$ ksi.

O círculo de Mohr para o paralelepípedo elementar B é construído conforme ilustrado na figura. O círculo mostra todas as combinações possíveis de σ e τ que ocorrem no plano $x-y$.

A tensão cisalhante máxima "no plano" para o paralelepípedo elementar B é igual ao raio do círculo de Mohr; portanto $\tau_{\text{máx}} = 18$ ksi.

Da mesma forma que o paralelepípedo elementar A, a face z do paralelepípedo elementar B também é um plano principal e, portanto, $\sigma_z = \sigma_{p3} = 0$.

Dois círculos adicionais podem ser construídos. A tensão cisalhante máxima no plano $x-z$ é dada pelo raio do círculo de Mohr que liga os pontos x e z e a tensão cisalhante máxima no plano $y-z$ é dada pelo raio do círculo que liga os pontos y e z.

Por inspeção, o maior desses dois círculos – o círculo $x-z$ – tem raio maior do que o círculo $x-y$. Consequentemente, a tensão cisalhante máxima absoluta para o paralelepípedo elementar B é $\tau_{\text{máx abs}} = 25$ ksi. Para o paralelepípedo elementar B, a tensão cisalhante máxima absoluta é maior do que a tensão cisalhante máxima coplanar ao plano das tensões.

Exemplo do MecMovies M12.13

Pesquise interativamente um estado de tensões tridimensional em um ponto usando o círculo de Mohr.

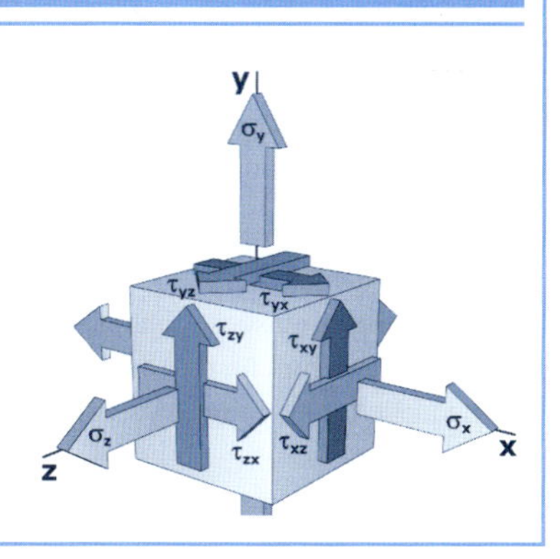

EXERCÍCIOS do MecMovies

M12.10 Prática de Círculo de Mohr para as Tensões (Coach Mohr's Circle of Stress). Aprenda a construir e a usar o círculo de Mohr para determinar as tensões principais, incluindo a orientação adequada dos planos das tensões principais.

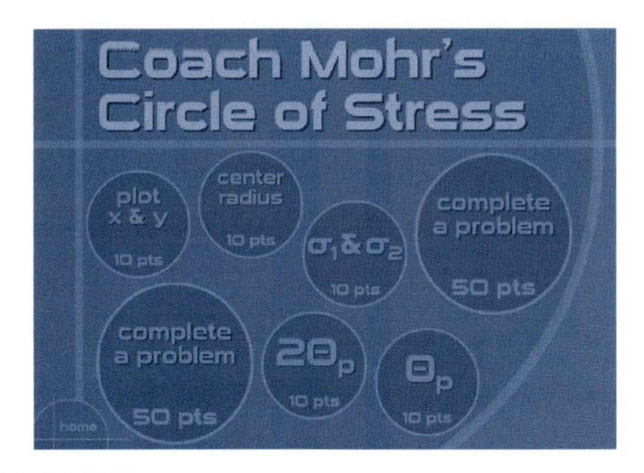

FIGURA M12.10

M12.11 **Jogo do Círculo de Mohr (Mohr's Circle Game).** Marque um mínimo de 400 pontos (em 450 pontos possíveis) nesse jogo, que testa sua capacidade de reconhecer círculos de Mohr construídos adequadamente.

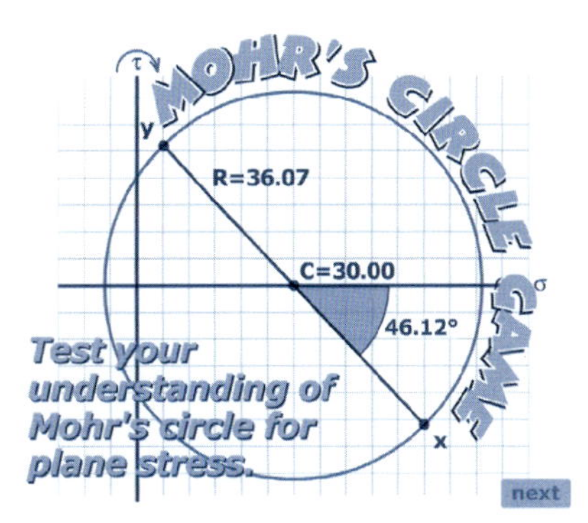

FIGURA M12.11

M12.12 **Jogo do Círculo de Mohr (Mohr's Circle Game).** Marque um mínimo de 1800 pontos (em 2000 pontos possíveis) nesse jogo, que testa sua capacidade de reconhecer o paralelepípedo elementar com as tensões principais ou o paralelepípedo elementar com a máxima tensão cisalhante "no plano" que corresponda ao círculo de Mohr dado.

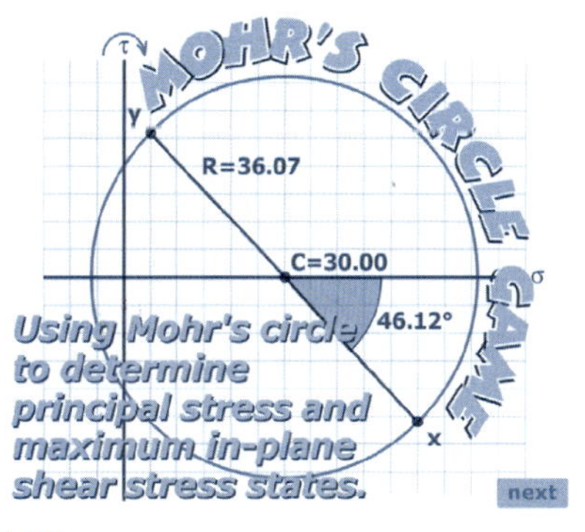

FIGURA M12.12

M12.13 Determine os valores absolutos das tensões principais, o valor absoluto da tensão cisalhante máxima "no plano" e o valor absoluto da tensão cisalhante máxima absoluta para um determinado estado de tensões.

M12.14 **Desenhando os Resultados das Transformações de Tensões (Sketching Stress Transformation Results).** Marque um mínimo de 100 pontos nessa atividade interativa.

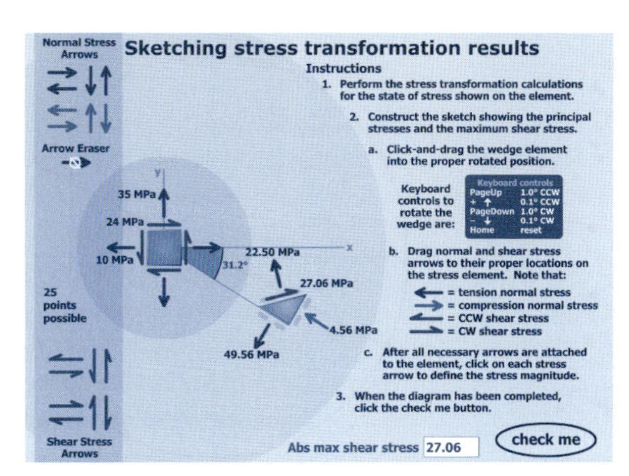

FIGURA M12.14

PROBLEMAS

P12.63-P12.66 O círculo de Mohr que é mostrado nas Figuras P12.63-P12.66 corresponde a um ponto em um objeto físico que está sujeito ao estado plano de tensões.

(a) Determine as tensões σ_x, σ_y e τ_{xy} e as represente em um paralelepípedo elementar.

(b) Determine as tensões principais e a tensão cisalhante máxima "no plano" que agem no ponto e mostre essas tensões em um desenho adequado (por exemplo, veja a Figura 12.15 ou a Figura 12.16).

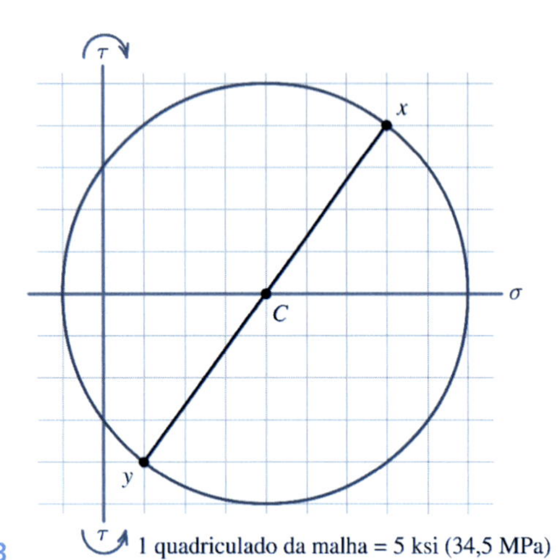

FIGURA P12.63 1 quadriculado da malha = 5 ksi (34,5 MPa)

FIGURA P12.64 1 quadriculado da malha = 10 ksi (68,9 MPa)

FIGURA P12.65 1 quadriculado da malha = 10 MPa

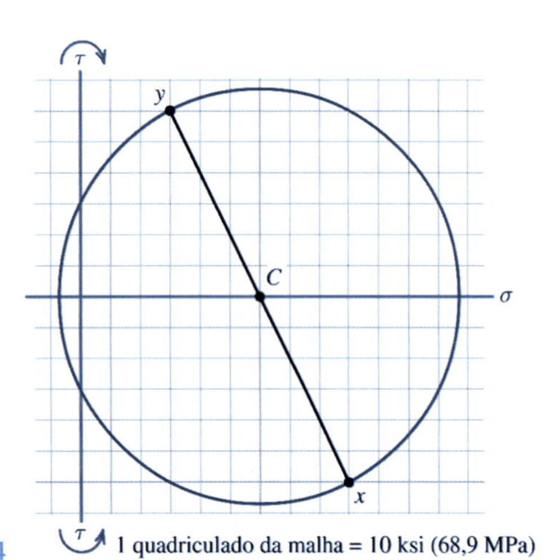

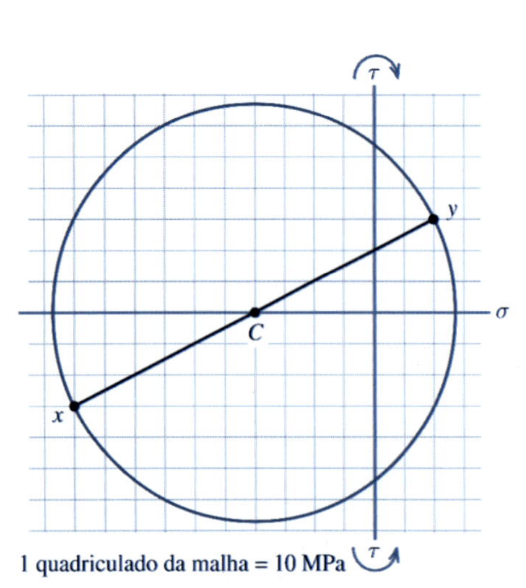

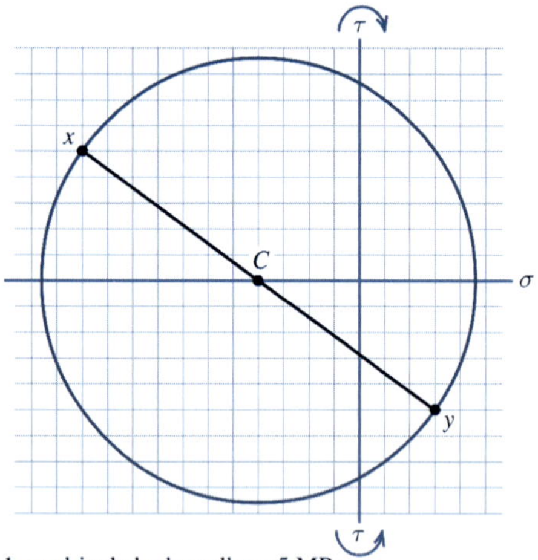

FIGURA P12.66 1 quadriculado da malha = 5 MPa

P12.67 e P12.68 O círculo de Mohr que é mostrado nas Figuras P12.67 e P12.68 corresponde a um ponto em um objeto físico que está sujeito ao estado plano de tensões.

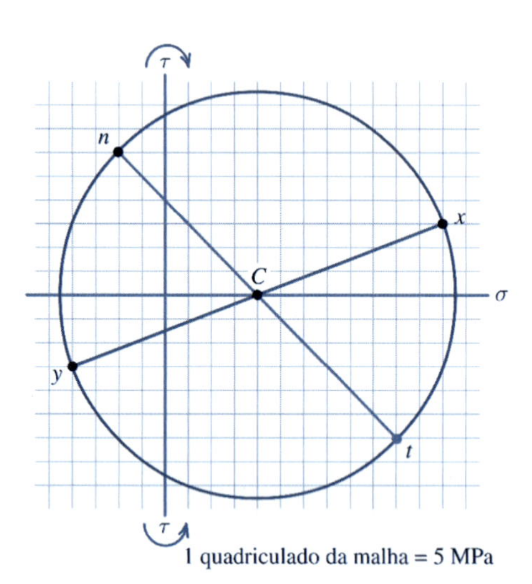

FIGURA P12.67 1 quadriculado da malha = 5 MPa

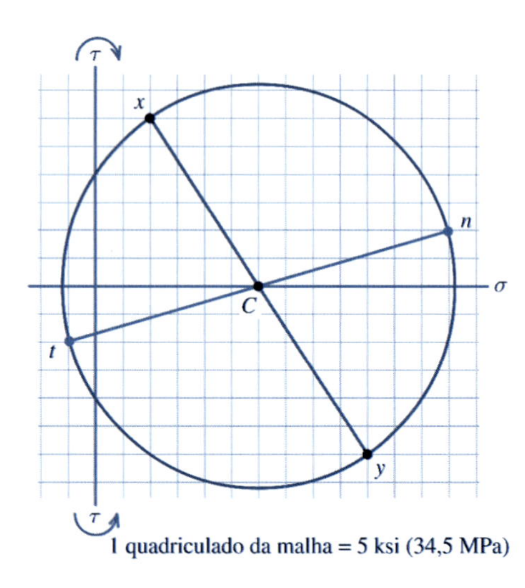

FIGURA P12.68 1 quadriculado da malha = 5 ksi (34,5 MPa)

(a) Determine as tensões σ_x, σ_y e τ_{xy} e as represente em um paralelepípedo elementar.

(b) Determine as tensões σ_n, σ_t e τ_{nt} e as represente em um paralelepípedo elementar que esteja **inclinado adequadamente** em relação ao paralelepípedo $x-y$. O desenho deve incluir o valor absoluto do ângulo entre os eixos x e n e uma indicação da direção da rotação (isto é, ou no sentido horário, ou no sentido anti-horário).

P12.69-P12.72 Considere um ponto em um elemento estrutural que esteja sujeito ao estado plano de tensões. As tensões normais e cisalhantes que agem nos planos horizontal e vertical que passam pelo ponto são mostradas nas Figuras P12.69-P12.72.

(a) Desenhe o círculo de Mohr para esse estado de tensões.
(b) Determine as tensões principais e a tensão cisalhante máxima "no plano" que agem no ponto utilizando o círculo de Mohr.
(c) Mostre essas tensões em um desenho adequado (por exemplo, veja a Figura 12.15 ou a Figura 12.16).

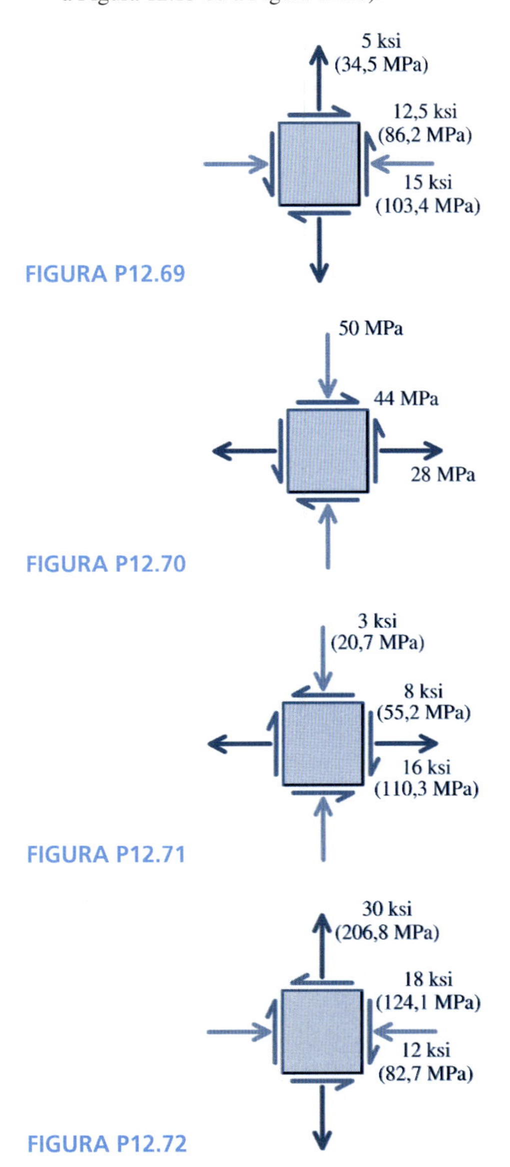

FIGURA P12.69

FIGURA P12.70

FIGURA P12.71

FIGURA P12.72

P12.73-P12.76 Considere um ponto em um elemento estrutural que esteja sujeito ao estado plano de tensões. As tensões normais e cisalhantes que agem nos planos horizontal e vertical que passam pelo ponto são mostradas nas Figuras P12.73-P12.76.

(a) Desenhe o círculo de Mohr para esse estado de tensões.
(b) Determine as tensões principais e a tensão cisalhante máxima "no plano" que agem no ponto.
(c) Mostre essas tensões em um desenho adequado (por exemplo, veja a Figura 12.15 ou a Figura 12.16).
(d) Determine a tensão cisalhante máxima absoluta no ponto.

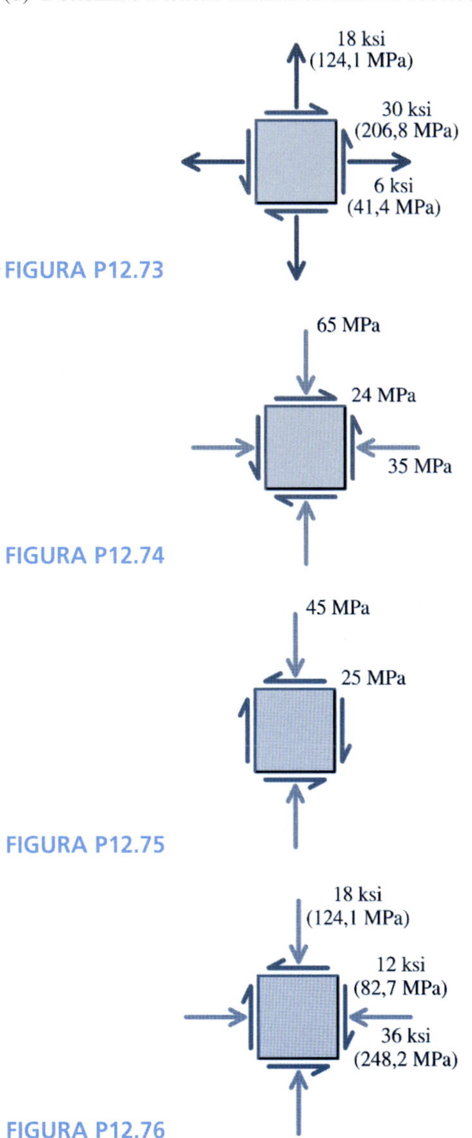

FIGURA P12.73

FIGURA P12.74

FIGURA P12.75

FIGURA P12.76

P12.77-P12.80 Considere um ponto em um elemento estrutural que esteja sujeito ao estado plano de tensões. As tensões normais e cisalhantes que agem nos planos horizontal e vertical que passam pelo ponto são mostradas nas Figuras P12.77-P12.80.

(a) Desenhe o círculo de Mohr para esse estado de tensões.
(b) Determine as tensões principais e a tensão cisalhante máxima "no plano" que agem no ponto.
(c) Mostre essas tensões em um desenho adequado (por exemplo, veja a Figura 12.15 ou a Figura 12.16).
(d) Determine a tensão cisalhante máxima absoluta no ponto.

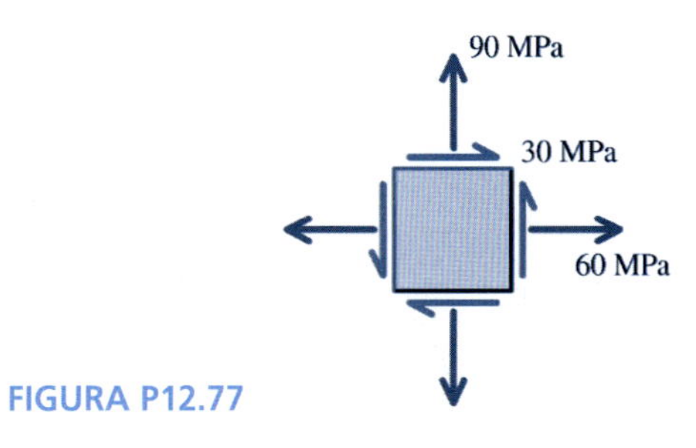

FIGURA P12.77

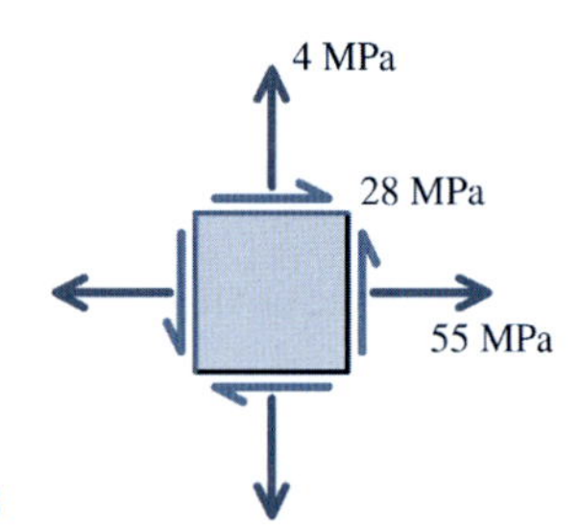

FIGURA P12.78

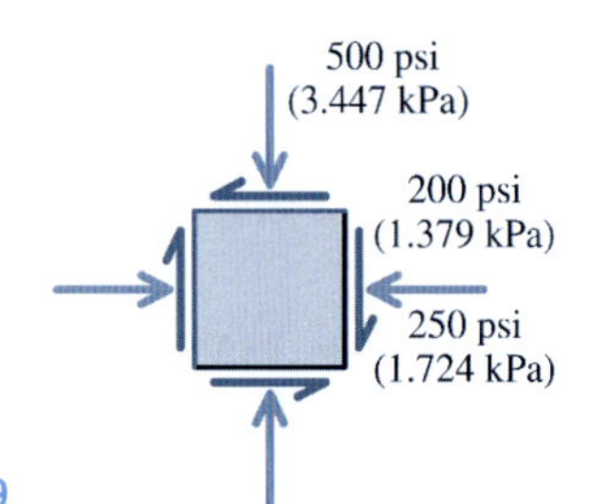

FIGURA P12.79

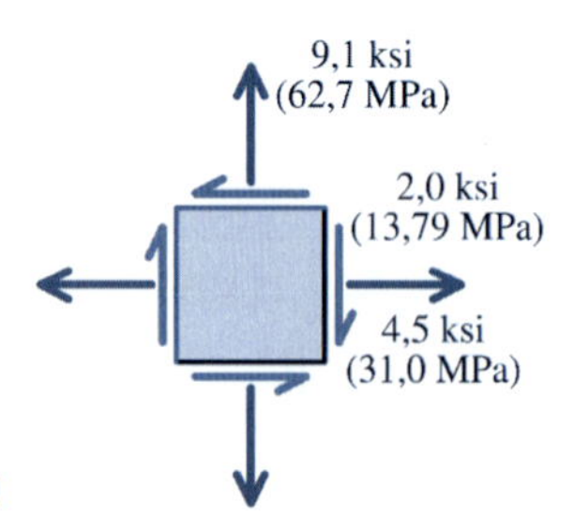

FIGURA P12.80

P12.81-P12.84 Considere um ponto em um elemento estrutural que esteja sujeito ao estado plano de tensões. As tensões normais e cisalhantes que agem nos planos horizontal e vertical que passam pelo ponto são mostradas nas Figuras P12.81-P12.84.

(a) Desenhe o círculo de Mohr para esse estado de tensões.
(b) Determine as tensões principais e a tensão cisalhante máxima "no plano" que agem no ponto e mostre essas tensões em um desenho adequado (por exemplo, veja a Figura 12.15 ou a Figura 12.16).
(c) Determine a tensão normal e a tensão cisalhante no plano indicado e mostre essas tensões em um desenho adequado.
(d) Determine a tensão cisalhante máxima absoluta no ponto.

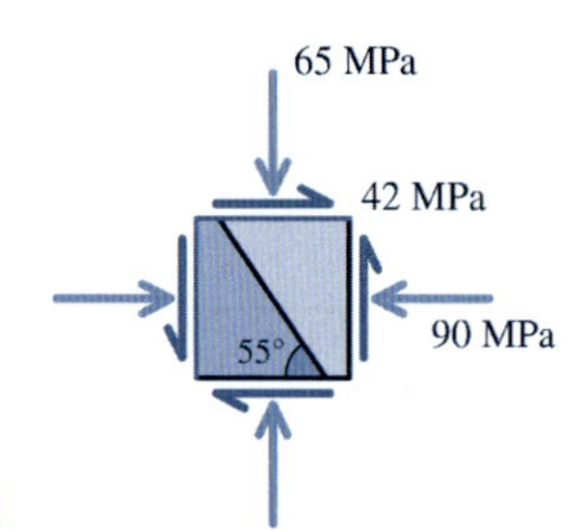

FIGURA P12.81

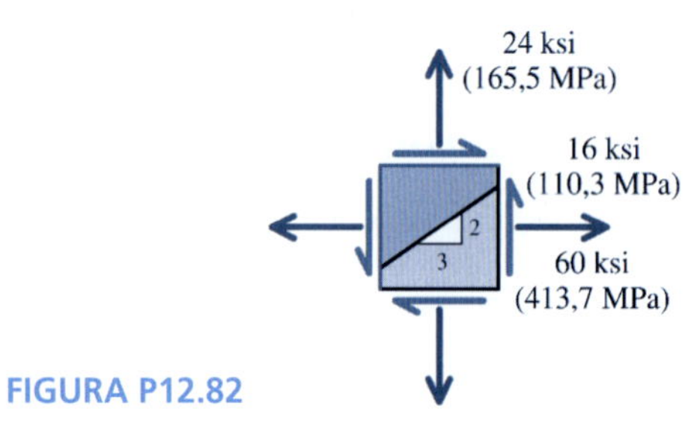

FIGURA P12.82

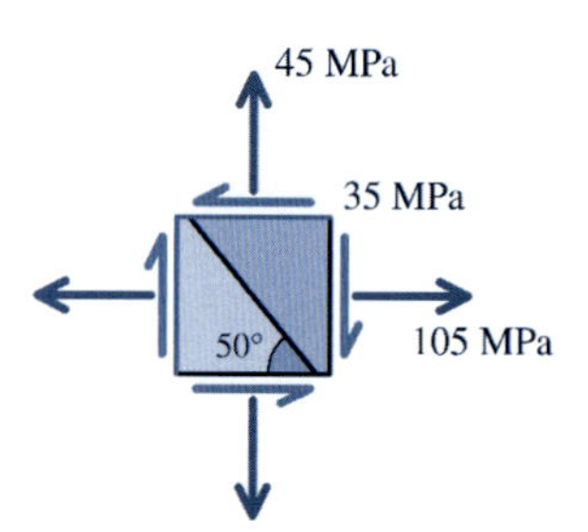

FIGURA P12.83

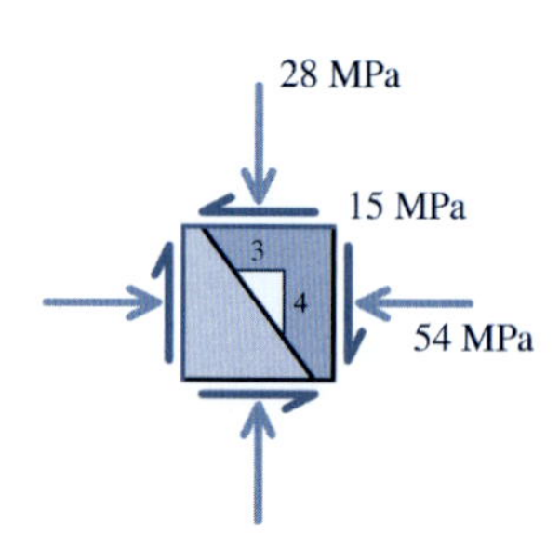

FIGURA P12.84

P12.85-P12.88 Considere um ponto em um elemento estrutural que esteja sujeito ao estado plano de tensões. As tensões normais e cisalhantes que agem nos planos horizontal e vertical que passam pelo ponto são mostradas nas Figuras P12.85-P12.88.

(a) Desenhe o círculo de Mohr para esse estado de tensões.
(b) Determine as tensões principais e a tensão cisalhante máxima "no plano" que agem no ponto e mostre essas tensões em um desenho adequado (por exemplo, veja a Figura 12.15 ou a Figura 12.16).
(c) Determine a tensão normal e a tensão cisalhante no plano indicado e mostre essas tensões em um desenho adequado.
(d) Determine a tensão cisalhante máxima absoluta no ponto.

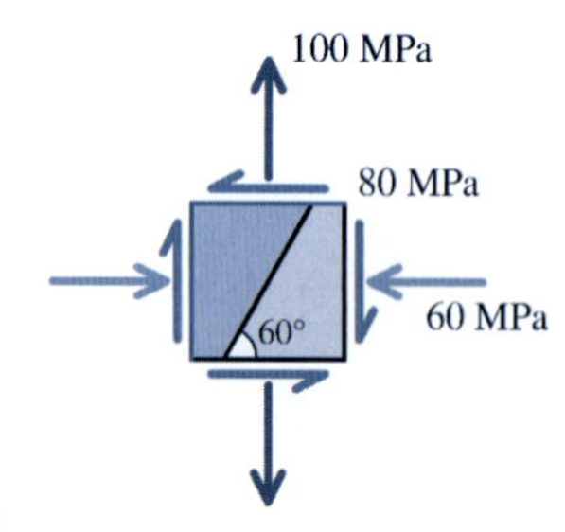

FIGURA P12.85

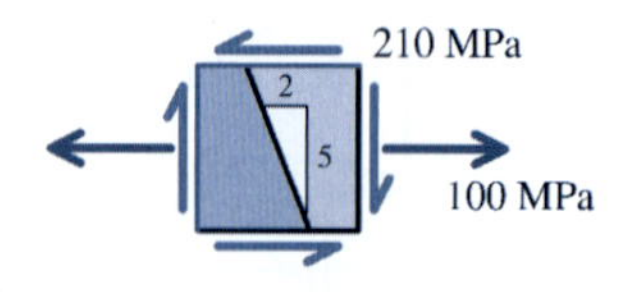

FIGURA P12.86

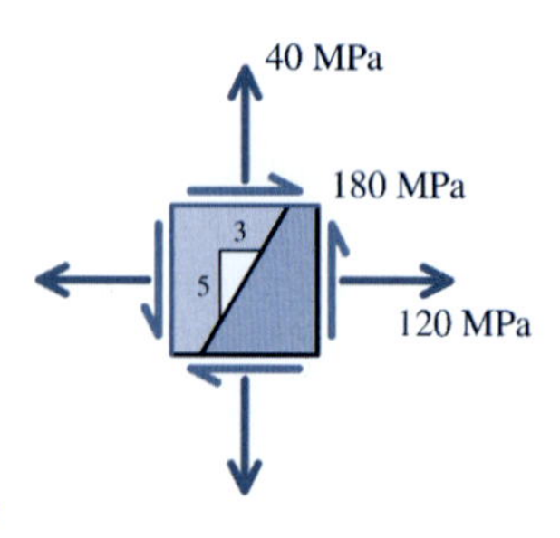

FIGURA P12.87

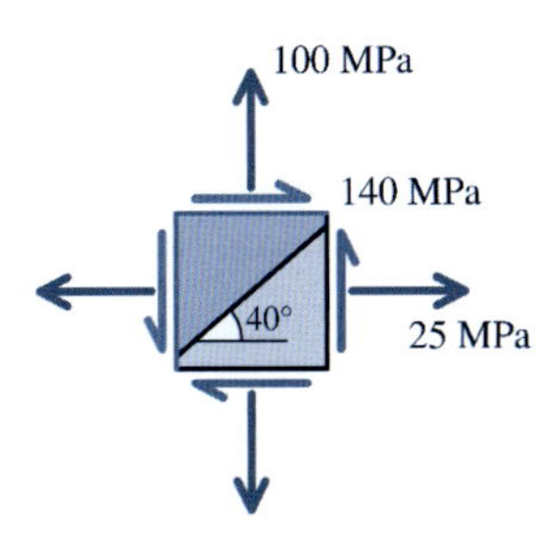

FIGURA P12.88

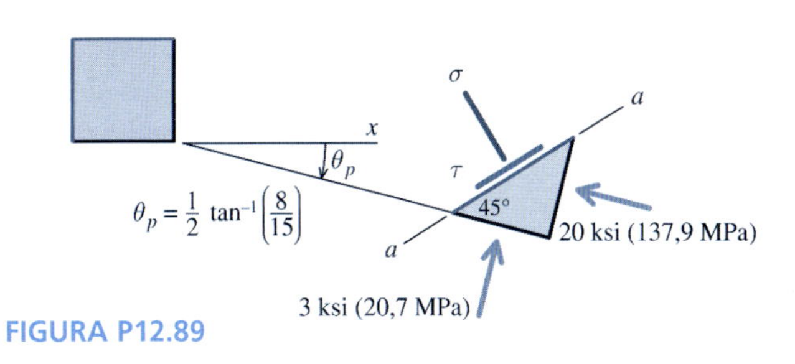

FIGURA P12.89

P12.89 e P12.90 Em um ponto de um corpo submetido a tensões, as tensões principais estão orientadas conforme mostram as Figuras P12.89 e P12.90. Use o círculo de Mohr para determinar:

(a) as tensões no plano $a-a$.
(b) as tensões nos planos horizontal e vertical que passam pelo ponto.
(c) a tensão cisalhante máxima absoluta no ponto.

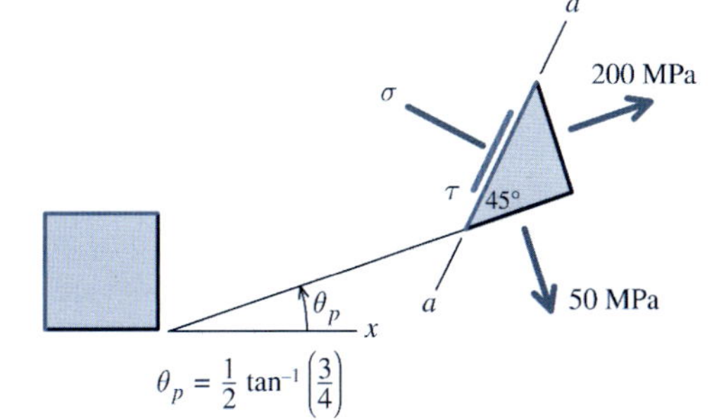

FIGURA P12.90

12.11 ESTADO DE TENSÕES GERAL EM UM PONTO

O estado de tensões geral tridimensional em um ponto foi apresentado anteriormente na Seção 12.2. Esse estado de tensões tem três componentes de tensão normal e seis componentes de tensão cisalhante, conforme ilustra a Figura 12.17. Entretanto, todos os componentes de tensão cisalhante mostrados na Figura 12.17 não são independentes, uma vez que o equilíbrio exige que

$$\tau_{yx} = \tau_{xy} \qquad \tau_{yz} = \tau_{zy} \qquad \tau_{xz} = \tau_{zx}$$

Todas as tensões mostradas na Figura 12.17 são positivas de acordo com a convenção de sinais adotada na Seção 12.2.

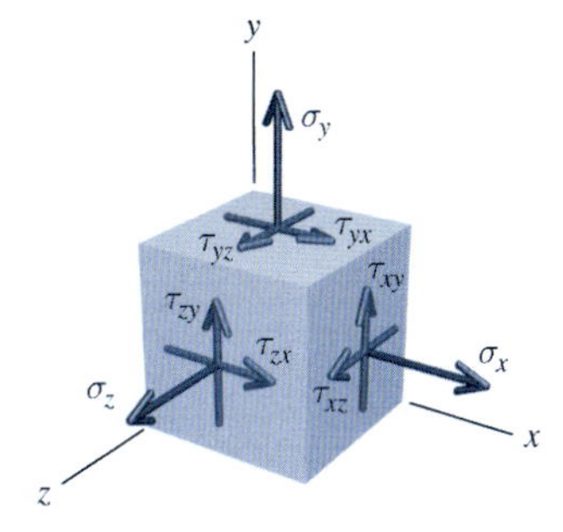

FIGURA 12.17

TENSÕES NORMAIS E CISALHANTES

As expressões para as tensões em qualquer plano oblíquo que passe através do ponto, em termos das tensões nos planos de referência x, y e z, podem ser desenvolvidas com a ajuda do diagrama de corpo livre mostrado na Figura 12.18a. O eixo n é normal à face oblíqua (sombreada). A orientação do eixo n pode ser definida pelos três ângulos α, β e γ, conforme ilustra a Figura 12.18b.

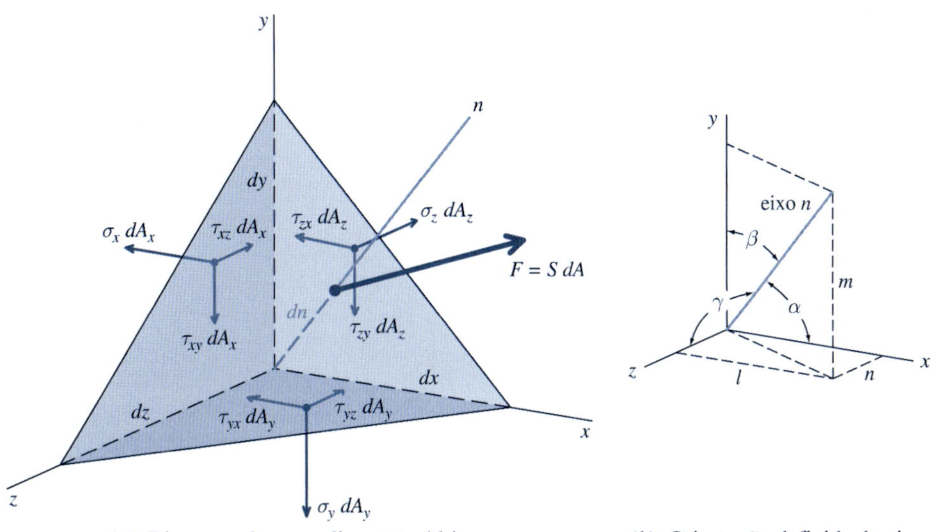

(a) Diagrama de corpo livre tetraédrico (b) Orientação definida do eixo n

FIGURA 12.18 Tetraedro para obtenção das tensões principais em um plano oblíquo.

A área da face inclinada do elemento tetraédrico é definida como dA. Assim, as áreas das faces x, y e z são $dA \cos \alpha$, $dA \cos \beta$ e $dA \cos \gamma$, respectivamente.[1] A força resultante F na face inclinada é $S\, dA$, na qual S é a resultante das tensões na área. A resultante das tensões S está relacionada com os componentes de tensão normal e de tensão cisalhante na face inclinada por meio da expressão:

$$S = \sqrt{\sigma_n^2 + \tau_{nt}^2} \tag{12.24}$$

As forças nas faces x, y e z são mostradas como três componentes, o valor absoluto de cada um deles é o produto da área pela tensão apropriada. Se usarmos l, m e n para representar $\cos \alpha$, $\cos \beta$ e $\cos \gamma$, respectivamente, as equações de equilíbrio de forças nas direções x, y e z são

$$\begin{aligned} F_x &= S_x\, dA = \sigma_x\, dA \cdot l + \tau_{yx}\, dA \cdot m + \tau_{zx}\, dA \cdot n \\ F_y &= S_y\, dA = \sigma_y\, dA \cdot m + \tau_{zy}\, dA \cdot n + \tau_{xy}\, dA \cdot l \\ F_z &= S_z\, dA = \sigma_z\, dA \cdot n + \tau_{xz}\, dA \cdot l + \tau_{yz}\, dA \cdot m \end{aligned}$$

das quais os três componentes ortogonais da resultante das tensões são

Os termos:
$l = \cos \alpha$
$m = \cos \beta$
$n = \cos \gamma$
são chamados **cossenos diretores**.

$$\begin{aligned} S_x &= \sigma_x \cdot l + \tau_{yx} \cdot m + \tau_{zx} \cdot n \\ S_y &= \tau_{xy} \cdot l + \sigma_y \cdot m + \tau_{zy} \cdot n \\ S_z &= \tau_{xz} \cdot l + \tau_{yz} \cdot m + \sigma_z \cdot n \end{aligned} \tag{a}$$

O componente normal σ_n da resultante das tensões S é igual a $S_x \cdot l + S_y \cdot m + S_z \cdot n$; portanto, da Equação (a), obtém-se a seguinte equação da tensão normal em qualquer plano oblíquo que passe através do ponto:

$$\sigma_n = \sigma_x l^2 + \sigma_y m^2 + \sigma_z n^2 + 2\tau_{xy}\, lm + 2\tau_{yz}\, mn + 2\tau_{zx}\, nl \tag{12.25}$$

A tensão cisalhante τ_{nt} no plano inclinado pode ser obtida por meio da relação $S^2 = \sigma_n^2 + \tau_{nt}^2$. Para um determinado problema, os valores de S e σ_n serão obtidos por meio das Equações (a) e (12.25).

VALOR ABSOLUTO E ORIENTAÇÃO DAS TENSÕES PRINCIPAIS

Foi definido anteriormente que um plano principal é um plano no qual a tensão cisalhante τ_{nt} é nula. A tensão normal σ_n em nesse plano foi definida como a tensão principal σ_p. Se o plano inclinado da Figura 12.18 for um *plano principal*, então $S = \sigma_p$ e $S_x = \sigma_p l$, $S_y = \sigma_p m$, $S_z = \sigma_p n$. Quando esses componentes forem substituídos na Equação (a), as equações podem ser reescritas para produzir as seguintes equações lineares em termos dos cossenos diretores l, m e n:

$$\begin{aligned} (\sigma_x - \sigma_p) l + \tau_{yx} m + \tau_{zx} n &= 0 \\ (\sigma_y - \sigma_p) m + \tau_{zy} n + \tau_{xy} l &= 0 \\ (\sigma_z - \sigma_p) n + \tau_{xz} l + \tau_{yz} m &= 0 \end{aligned} \tag{b}$$

Esse conjunto de equações só tem uma solução não trivial se o determinante dos coeficientes l, m e n for igual a zero. Desta forma,

$$\begin{vmatrix} (\sigma_x - \sigma_p) & \tau_{yx} & \tau_{zx} \\ \tau_{xy} & (\sigma_y - \sigma_p) & \tau_{zy} \\ \tau_{xz} & \tau_{yz} & (\sigma_z - \sigma_p) \end{vmatrix} = 0 \tag{12.26}$$

[1]Essas relações podem ser estabelecidas considerando o volume do tetraedro na Figura 12.18*a*. O volume V do tetraedro pode ser expresso como $V = 1/3\, dn\, dA = 1/3\, dx\, dA_x = 1/3\, dy\, dA_y = 1/3\, dz\, dA_z$. Entretanto, a distância dn da origem ao centro da face inclinada também pode ser expressa como $dn = dx \cos \alpha = dy \cos \beta = dz \cos \gamma$. Desta forma, as áreas das faces do tetraedro podem ser expressas como $dA_x = dA \cos \alpha$, $dA_y = dA \cos \beta$ e $dA_z = dA \cos \gamma$.

A expansão do determinante leva à seguinte equação cúbica para a determinação das tensões principais:

$$\sigma_p^3 - I_1\sigma_p^2 + I_2\sigma_p - I_3 = 0 \tag{12.27}$$

em que

$$\begin{aligned} I_1 &= \sigma_x + \sigma_y + \sigma_z \\ I_2 &= \sigma_x\sigma_y + \sigma_y\sigma_z + \sigma_z\sigma_x - \tau_{xy}^2 - \tau_{yz}^2 - \tau_{zx}^2 \\ I_3 &= \sigma_x\sigma_y\sigma_z + 2\tau_{xy}\tau_{yz}\tau_{zx} - (\sigma_x\tau_{yz}^2 + \sigma_y\tau_{zx}^2 + \sigma_z\tau_{xy}^2) \end{aligned} \tag{12.28}$$

As constantes I_1, I_2 e I_3 são invariantes de tensão. Lembre-se de que os invariantes de tensão para o estado plano de tensões foi analisado na Seção 12.7 e que os invariantes I_1 e I_2 foram dados na Equação (12.9) para o estado plano de tensões em que $\sigma_z = \tau_{yz} = \tau_{zx} = 0$. A Equação (12.27) sempre tem três raízes reais, que são as tensões principais em um determinado ponto. As raízes da Equação (12.27) podem ser encontradas por meio de vários métodos numéricos.

As raízes da Equação (12.27) podem ser estimadas rapidamente desenhando um gráfico do lado esquerdo da equação como função de σ.

Para valores dados de $\sigma_x, \sigma_y, \ldots, \tau_{zx}$, a Equação (12.27) fornece três valores das tensões principais σ_{p1}, σ_{p2} e σ_{p3}. Em seguida, substituindo esses valores para σ_p na Equação (b) e usando a relação

$$l^2 + m^2 + n^2 = 1 \tag{c}$$

tem-se três conjuntos de cossenos diretores para as normais aos três planos principais. A análise anterior estabelece a existência de três planos principais mutuamente ortogonais para o estado de tensões mais geral.

A Equação (b) também pode ser reescrita na forma matricial como

$$\begin{bmatrix} (\sigma_x - \sigma_p) & \tau_{yx} & \tau_{zx} \\ \tau_{xy} & (\sigma_y - \sigma_p) & \tau_{zy} \\ \tau_{xz} & \tau_{yz} & (\sigma_z - \sigma_p) \end{bmatrix} \begin{Bmatrix} l \\ m \\ n \end{Bmatrix} = \begin{Bmatrix} 0 \\ 0 \\ 0 \end{Bmatrix}$$

Observe que a solução não trivial ($l = m = n = 0$) não é possível para essa equação uma vez que os cossenos diretores devem satisfazer a Equação (c). Essa equação pode ser resolvida como um problema padrão de autovalor. Os três autovalores correspondem às três tensões principais σ_{p1}, σ_{p2} e σ_{p3}. O autovetor que corresponde a cada autovalor consiste nos cossenos diretores $\{l, m, n\}$ da normal ao plano principal. Ao desenvolver as equações para a tensão normal máxima e a tensão normal mínima, será considerado o caso especial no qual $\tau_{xy} = \tau_{yz} = \tau_{zx} = 0$. Não é introduzida perda da generalidade pela consideração desse caso especial, uma vez que ele envolve apenas uma reorientação dos eixos de referência x, y e z para coincidir com as direções principais. Dado que agora x, y e z são planos principais, as tensões σ_x, σ_y e σ_z se tornam σ_{p1}, σ_{p2} e σ_{p3}. Encontrando os valores dos cossenos diretores na Equação (a) tem-se

$$l = \frac{S_x}{\sigma_{p1}} \qquad m = \frac{S_y}{\sigma_{p2}} \qquad n = \frac{S_z}{\sigma_{p3}}$$

Substituindo esses valores na Equação (c), obtém-se a seguinte equação:

$$\frac{S_x^2}{\sigma_{p1}^2} + \frac{S_y^2}{\sigma_{p2}^2} + \frac{S_z^2}{\sigma_{p3}^2} = 1 \tag{d}$$

S é a resultante das tensões que agem no plano inclinado da Figura 12.19*a*. S_x, S_y e S_z são os componentes ortogonais da resultante de tensão S.

O gráfico da Equação (d) é o elipsoide mostrado na Figura 12.19. Pode-se observar que em qualquer lugar o valor absoluto de σ_n é menor do que o de S (uma vez que $S^2 = \sigma_n^2 + \tau_{nt}^2$) exceto nas intercessões com os eixos, em que $S = \sigma_{p1}$, σ_{p2} ou σ_{p3}. Portanto, pode-se concluir que duas das tensões principais (σ_{p1} e σ_{p3} da Figura 12.19) são a tensão normal máxima e a tensão normal mínima no ponto. A terceira tensão principal tem valor intermediário e não tem significado particular. A análise anterior demonstra que o conjunto de tensões principais inclui a tensão normal máxima e a tensão principal mínima no ponto.

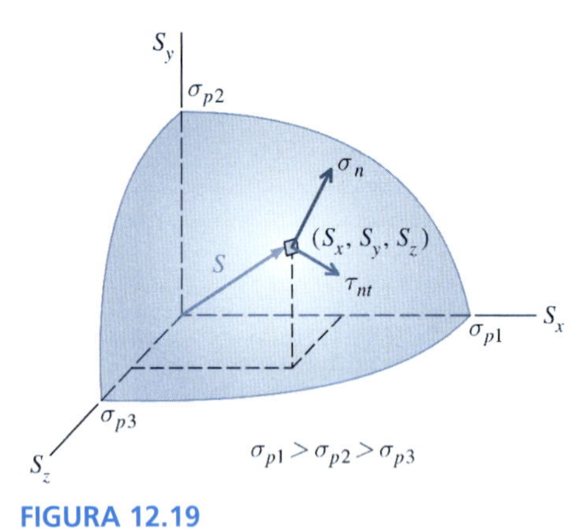

FIGURA 12.19

VALOR ABSOLUTO E ORIENTAÇÃO DA TENSÃO CISALHANTE MÁXIMA

Continuando com o caso especial onde as tensões dadas σ_x, σ_y e σ_z são as tensões principais, podemos desenvolver equações para a tensão cisalhante máxima no ponto. A resultante das tensões no plano inclinado é dada pela expressão

$$S^2 = S_x^2 + S_y^2 + S_z^2$$

A substituição dos valores de S_x, S_y e S_z da Equação (a), com tensões cisalhantes nulas, leva à expressão

$$S^2 = \sigma_x^2 l^2 + \sigma_y^2 m^2 + \sigma_z^2 n^2 \tag{e}$$

Além disso, da Equação (12.25),

$$\sigma_n^2 = (\sigma_x l^2 + \sigma_y m^2 + \sigma_z n^2)^2 \tag{f}$$

Como $S^2 = \sigma_n^2 + \tau_{nt}^2$, obtém-se uma expressão para a tensão cisalhante τ_{nt} no plano inclinado por intermédio das Equações (e) e (f) como

$$\tau_{nt} = \sqrt{\sigma_x^2 l^2 + \sigma_y^2 m^2 + \sigma_z^2 n^2 - (\sigma_x l^2 + \sigma_y m^2 + \sigma_z n^2)^2} \tag{12.29}$$

Os planos nos quais ocorrem a tensão cisalhante máxima e a tensão cisalhante mínima podem ser obtidos por meio da diferenciação da Equação (12.29) em relação aos cossenos diretores l, m e n. Um dos cossenos diretores na Equação (12.29) (por exemplo, n) pode ser eliminado resolvendo a Equação (c) onde encontramos o valor de n^2 e o substituímos na Equação (12.29). Desta forma,

$$\begin{aligned}\tau_{nt} = \{&(\sigma_x^2 - \sigma_z^2)l^2 + (\sigma_y^2 - \sigma_z^2)m^2 + \sigma_z^2 \\ &- [(\sigma_x - \sigma_z)l^2 + (\sigma_y - \sigma_z)m^2 + \sigma_z]^2\}^{1/2}\end{aligned} \tag{g}$$

Obtendo as derivadas parciais da Equação (g), primeiramente em relação a l e depois em relação a m e igualando a zero, são obtidas as seguintes equações para determinar os cossenos diretores associados aos planos que contêm a tensão cisalhante máxima e a tensão cisalhante mínima:

$$l\left[\frac{1}{2}(\sigma_x - \sigma_z) - (\sigma_x - \sigma_z)l^2 - (\sigma_y - \sigma_z)m^2\right] = 0 \tag{h}$$

$$m\left[\frac{1}{2}(\sigma_y - \sigma_z) - (\sigma_x - \sigma_z)l^2 - (\sigma_y - \sigma_z)m^2\right] = 0 \tag{i}$$

Obviamente, uma solução das equações é $l = m = 0$. Então, da Equação (c), $n = \pm 1$. Também são possíveis soluções diferentes de zero para esse conjunto de equações. Por exemplo, considere superfícies nas quais o cosseno diretor tenha o valor $m = 0$. Da Equação (h), $l = \pm\sqrt{1/2}$ e da Equação (c), $n = \pm\sqrt{1/2}$. Desta forma, a normal a essa superfície faz um ângulo de 45° tanto com o eixo x como com o eixo z e a normal é perpendicular ao eixo y. Essa superfície tem a maior tensão cisalhante de todas as superfícies cuja normal seja perpendicular ao eixo y. A seguir, considere as superfícies cuja normal seja perpendicular ao eixo x; isto é, o cosseno diretor tem o valor $l = 0$. Da Equação (i), $m = \pm\sqrt{1/2}$ e da Equação (c), $n = \pm\sqrt{1/2}$. A normal a essa superfície faz um ângulo de 45° tanto com o eixo y como com o eixo z. Essa superfície tem a maior tensão cisalhante de todas as superfícies cuja normal seja perpendicular ao eixo x. Repetindo o procedimento anterior e eliminando l e m sucessivamente da Equação (g) tem-se outros valores para os cossenos diretores que tornam a tensão cisalhante máxima ou mínima. Todas as combinações possíveis estão listadas na Tabela 12.1. Na última linha da tabela, os planos correspondentes aos cossenos diretores na sua coluna aparecem sombreados. Observe que em cada caso é mostrado apenas um dos dois planos possíveis.

As três primeiras colunas da Tabela 12.1 fornecem os cossenos diretores para os planos de tensão cisalhante mínima. Como estamos considerando aqui o caso especial onde as tensões dadas σ_x, σ_y e σ_z são tensões principais, as colunas 1, 2 e 3 são simplesmente os planos principais onde a tensão cisalhante deve ser nula. Em consequência, a tensão mínima é $\tau_{nt} = 0$.

Para determinar o valor absoluto da tensão cisalhante máxima, os valores dos cossenos diretores da Tabela 12.1 são substituídos na Equação (12.29), substituindo σ_x, σ_y e σ_z por σ_{p1}, σ_{p2} e σ_{p3}. Os cossenos diretores da coluna 4 da Tabela 12.1 fornecem a seguinte expressão para a tensão cisalhante máxima:

$$\tau_{\text{máx}} = \sqrt{\frac{1}{2}\sigma_{p1}^2 + \frac{1}{2}\sigma_{p2}^2 + 0 - \left(\frac{1}{2}\,\sigma_{p1} + \frac{1}{2}\,\sigma_{p2}\right)^2} = \frac{\sigma_{p1} - \sigma_{p2}}{2}$$

Similarmente, os cossenos diretores das colunas 5 e 6 fornecem

$$\tau_{\text{máx}} = \frac{\sigma_{p1} - \sigma_{p3}}{2} \qquad \text{e} \qquad \tau_{\text{máx}} = \frac{\sigma_{p2} - \sigma_{p3}}{2}$$

O maior valor absoluto dentre esses três resultados positivos é $\tau_{\text{máx abs}}$: em consequência, a tensão cisalhante máxima absoluta pode ser expressa como

$$\tau_{\text{máx abs}} = \frac{\sigma_{\text{máx}} - \sigma_{\text{mín}}}{2} \tag{12.30}$$

que confirma a Equação (12.18) no que diz respeito ao valor absoluto da tensão cisalhante máxima absoluta. A tensão cisalhante máxima age no plano que bissecta o ângulo entre as tensões principais máxima e mínima.

Tabela 12.1 Cossenos Diretores para os Planos de Tensões Cisalhantes Máxima e Mínima

	Mínimo			**Máximo**		
	1	**2**	**3**	**4**	**5**	**6**
l	± 1	0	0	$\pm\sqrt{1/2}$	$\pm\sqrt{1/2}$	0
m	0	± 1	0	$\pm\sqrt{1/2}$	0	$\pm\sqrt{1/2}$
n	0	0	± 1	0	$\pm\sqrt{1/2}$	$\pm\sqrt{1/2}$
y, x, z						

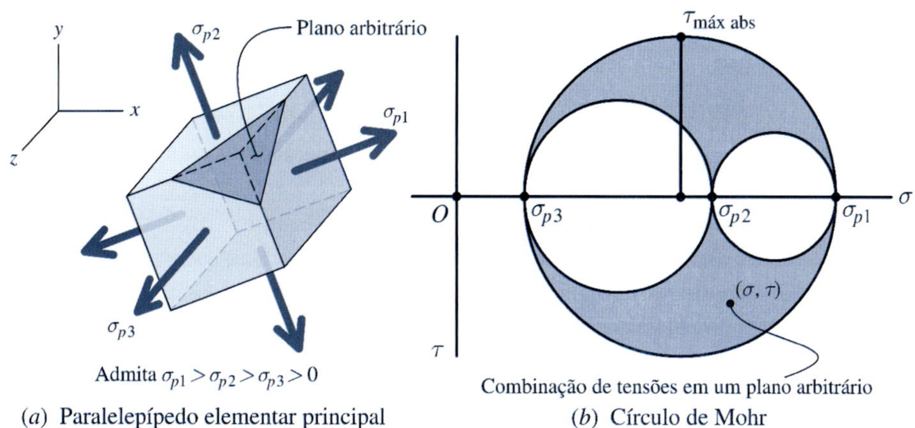

(*a*) Paralelepípedo elementar principal (*b*) Círculo de Mohr

FIGURA 12.20

APLICAÇÃO DO CÍRCULO DE MOHR À ANÁLISE TRIDIMENSIONAL DE TENSÕES

Na Figura 12.20*a*, as tensões principais σ_{p1}, σ_{p2} e σ_{p3} em um ponto são mostradas em um paralelepípedo elementar. Admitiremos que as tensões principais estejam ordenadas de modo que $\sigma_{p1} > \sigma_{p2} > \sigma_{p3}$ e que todas as três são maiores do que zero. Além disso, observe que os planos principais representados pelo paralelepípedo elementar estão inclinados em relação aos eixos $x-y-z$. Usando as três tensões principais, o círculo de Mohr pode ser desenhado para representar visualmente as várias combinações de tensões possíveis no ponto (Figura 12.20*b*). As combinações de tensões para todos os planos possíveis são plotados em um dos círculos ou na área sombreada. Do círculo de Mohr, fica evidente o módulo da tensão cisalhante máxima absoluta dado pela Equação (12.30).

PROBLEMAS

P12.91 Em um ponto de um corpo submetido a tensões, as tensões conhecidas são $\sigma_x = 40$ MPa (T), $\sigma_y = 20$ MPa (C), $\sigma_z = 20$ MPa (T), $\tau_{xy} = +40$ MPa, $\tau_{yz} = 0$ e $\tau_{zx} = +30$ MPa. Determine:

(a) a tensão normal e a tensão cisalhante em um plano cuja normal exterior está orientada em ângulos de 40°, 75° e 54° com os eixos x, y e z, respectivamente.
(b) as tensões principais e a tensão cisalhante máxima absoluta no ponto.

P12.92 Em um ponto de um corpo submetido a tensões, as tensões conhecidas são $\sigma_x = 14$ ksi (96,5 MPa) (T), $\sigma_y = 12$ ksi (82,7 MPa) (T), $\sigma_z = 10$ ksi (68,9 MPa) (T), $\tau_{xy} = +4$ ksi (+27,6 MPa), $\tau_{yz} = -4$ ksi (−27,6 MPa) e $\tau_{zx} = 0$. Determine:

(a) a tensão normal e a tensão cisalhante em um plano cuja normal exterior está orientada em ângulos de 40°, 60° e 66,2° com os eixos x, y e z, respectivamente.
(b) as tensões principais e a tensão cisalhante máxima absoluta no ponto.

P12.93 Em um ponto de um corpo submetido a tensões, as tensões conhecidas são $\sigma_x = 60$ MPa (T), $\sigma_y = 90$ MPa (T), $\sigma_z = 60$ MPa (T), $\tau_{xy} = +120$ MPa, $\tau_{yz} = +75$ MPa e $\tau_{zx} = +90$ MPa. Determine:

(a) a tensão normal e a tensão cisalhante em um plano cuja normal exterior está orientada em ângulos de 60°, 70° e 37,3° com os eixos x, y e z, respectivamente.
(b) as tensões principais e a tensão cisalhante máxima absoluta no ponto.

P12.94 Em um ponto de um corpo submetido a tensões, as tensões conhecidas são $\sigma_x = 0$, $\sigma_y = 0$, $\sigma_z = 0$, $\tau_{xy} = +6$ ksi (+41,4 MPa), $\tau_{yz} = +10$ ksi (+68,9 MPa) e $\tau_{zx} = +8$ ksi (+55,2 MPa). Determine:

(a) a tensão normal e a tensão cisalhante em um plano cuja normal exterior faça ângulos iguais com os eixos x, y e z.
(b) as tensões principais e a tensão cisalhante máxima absoluta no ponto.

P12.95 Em um ponto de um corpo submetido a tensões, as tensões conhecidas são $\sigma_x = 72$ MPa (T), $\sigma_y = 32$ MPa (C), $\sigma_z = 0$, $\tau_{xy} = +21$ MPa, $\tau_{yz} = 0$ e $\tau_{zx} = +21$ MPa. Determine:

(a) a tensão normal e a tensão cisalhante em um plano cuja normal exterior faça ângulos iguais com os eixos x, y e z.
(b) as tensões principais e a tensão cisalhante máxima absoluta no ponto.

P12.96 Em um ponto de um corpo submetido a tensões, as tensões conhecidas são $\sigma_x = 60$ MPa (T), $\sigma_y = 50$ MPa (C), $\sigma_z = 40$ MPa (T), $\tau_{xy} = +40$ MPa, $\tau_{yz} = -50$ MPa e $\tau_{zx} = +60$ MPa. Determine:

(a) a tensão normal e a tensão cisalhante em um plano cuja normal exterior está orientada em ângulos de 30°, 80° e 62° com os eixos x, y e z, respectivamente.
(b) as tensões principais e a tensão cisalhante máxima absoluta no ponto.

P12.97 Em um ponto de um corpo submetido a tensões, as tensões conhecidas são $\sigma_x = 60$ MPa (T), $\sigma_y = 40$ MPa (C), $\sigma_z = 20$ MPa (T), $\tau_{xy} = +40$ MPa, $\tau_{yz} = +20$ MPa e $\tau_{zx} = +30$ MPa. Determine:

(a) as tensões principais e a tensão cisalhante máxima absoluta no ponto.
(b) a orientação do plano no qual age a tensão máxima de tração.

P12.98 Em um ponto de um corpo submetido a tensões, as tensões conhecidas são $\sigma_x = 18$ ksi (124,1 MPa) (T), $\sigma_y = 12$ ksi (82,7 MPa) (T), $\sigma_z = 6$ ksi (41,4 MPa) (T), $\tau_{xy} = +12$ ksi (+82,7 MPa), $\tau_{yz} = -6$ ksi (−41,4 MPa) e $\tau_{zx} = +9$ ksi (+62,1 MPa). Determine:

(a) as tensões principais e a tensão cisalhante máxima absoluta no ponto.
(b) a orientação do plano no qual age a tensão máxima de tração.

P12.99 Em um ponto de um corpo submetido a tensões, as tensões conhecidas são $\sigma_x = 18$ ksi (124,1 MPa) (C), $\sigma_y = 15$ ksi (103,4 MPa) (C), $\sigma_z = 12$ ksi (82,7 MPa) (C), $\tau_{xy} = -15$ ksi (−103,4 MPa), $\tau_{yz} = +12$ ksi (+82,7 MPa) e $\tau_{zx} = -9$ ksi (−62,1 MPa). Determine:

(a) as tensões principais e a tensão cisalhante máxima absoluta no ponto.
(b) a orientação do plano no qual age a tensão máxima de tração.

13

TRANSFORMAÇÃO DE DEFORMAÇÕES ESPECÍFICAS

13.1 INTRODUÇÃO

A análise das deformações específicas apresentada no Capítulo 2 foi útil para apresentação de deformação específica como uma medida da deformação. Entretanto, ela foi adequada apenas para o carregamento unidimensional. Em muitas situações práticas envolvendo o projeto de componentes estruturais ou de máquina, as configurações e os carregamentos são tais que ocorrem deformações específicas em duas ou três direções simultaneamente.

O estado completo de deformações específicas em um ponto arbitrário de um corpo sob carregamento pode ser determinado considerando a deformação associada a um pequeno volume de material nas vizinhanças do ponto. Por conveniência, admite-se que o volume, denominado *paralelepípedo elementar de deformação específica*, tenha o formato de um bloco. No estado indeformado, as faces do elemento de deformação específica são orientadas perpendicularmente aos eixos de referência x, y e z, conforme mostra a Figura 13.1*a*. Como o elemento é muito pequeno, admite-se que as deformações são uniformes. Isso significa que

(a) os planos inicialmente paralelos entre si permanecerão paralelos depois da deformação e
(b) as linhas retas antes da deformação permanecerão retas depois da deformação, conforme mostra a Figura 13.1*b*.

O tamanho final do elemento deformado é determinado pelo comprimento das três arestas dx', dy' e dz'. A configuração distorcida é determinada pelos ângulos θ'_{xy}, θ'_{yz} e θ'_{zx} entre as faces.

Os componentes cartesianos da deformação específica no ponto podem ser expressos em termos das deformações usando as definições de deformação específica normal e de cisalhamento apresentadas na Seção 2.2. Desta forma,

$$\begin{aligned} \varepsilon_x &= \frac{dx' - dx}{dx} & \gamma_{xy} &= \frac{\pi}{2} - \theta'_{xy} \\ \varepsilon_y &= \frac{dy' - dy}{dy} & \gamma_{yz} &= \frac{\pi}{2} - \theta'_{yz} \\ \varepsilon_z &= \frac{dz' - dz}{dz} & \gamma_{zx} &= \frac{\pi}{2} - \theta'_{zx} \end{aligned} \qquad (13.1)$$

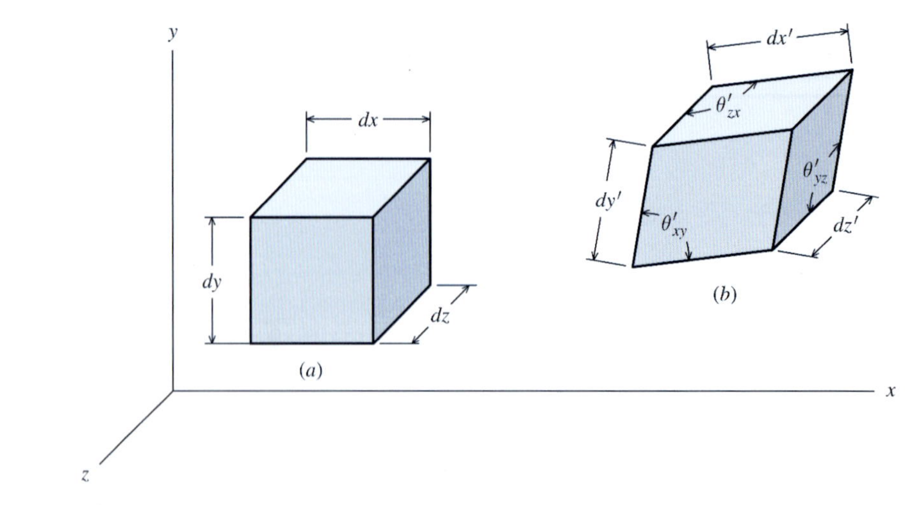

FIGURA 13.1

De maneira similar, o componente de deformação específica normal associado a uma linha orientada em uma direção arbitrária n e o componente de deformação específica de cisalhamento associado a duas linhas ortogonais quaisquer nas direções n e t no elemento indeformado são dados por

$$\varepsilon_n = \frac{dn' - dn}{dn} \qquad \gamma_{nt} = \frac{\pi}{2} - \theta'_{nt} \tag{13.2}$$

13.2 ESTADO BIDIMENSIONAL OU ESTADO PLANO DE DEFORMAÇÕES

Pode-se conseguir um grande entendimento da natureza das deformações considerando o estado de deformações conhecido como estado bidimensional ou *estado plano de deformações*. Para esse estado, o plano x–y será usado como o plano de referência. O comprimento dz mostrado na Figura 13.1 não se modifica e os ângulos θ'_{yz} e θ'_{zx} permanecem 90°. Desta forma, para as condições de estado plano de deformações, $\varepsilon_z = \gamma_{xz} = \gamma_{yz} = 0$.

Se as únicas deformações forem aquelas no plano x–y, então podem existir três componentes de deformação específica. A Figura 13.2 mostra um elemento infinitesimal de dimensões dx e dy, que será usado para ilustrar as deformações existentes no ponto O. Na Figura 13.2*a*, o elemento sujeito a uma deformação específica normal positiva ε_x se alongará de uma quantidade $\varepsilon_x\, dx$ na direção horizontal. Quando sujeito a uma deformação específica normal ε_y, o elemento se alongará da quantidade $\varepsilon_y\, dy$ na direção vertical (Figura 13.2*b*). Lembre-se de que as deformações específicas normais positivas causam alongamentos e as deformações específicas normais negativas causam encurtamentos no material.

A deformação específica por cisalhamento (ou distorção) γ_{xy} mostrada na Figura 13.2*c* é uma medida da variação angular entre os eixos x e y, que inicialmente são perpendiculares entre si. As deformações específicas por cisalhamento são consideradas positivas quando o ângulo entre os eixos diminui e negativas quando o ângulo aumenta.

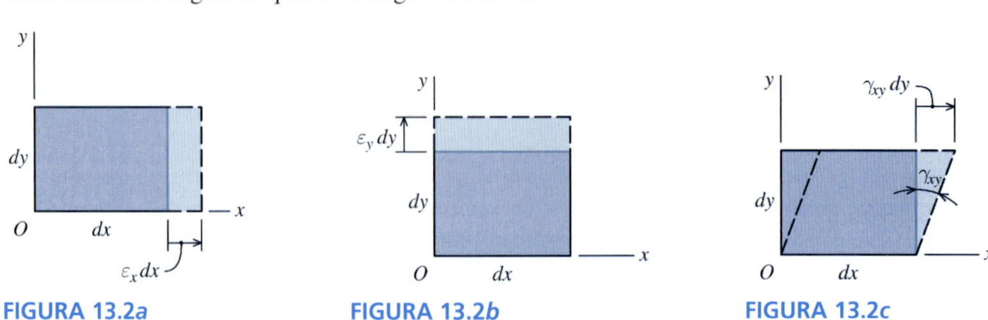

FIGURA 13.2*a* FIGURA 13.2*b* FIGURA 13.2*c*

Note que as convenções de sinais para as deformações específicas são consistentes com as convenções de sinais para as tensões. Uma tensão normal positiva (ou seja, tensão normal de tração) na direção x causa uma deformação específica normal positiva ε_x (isto é, alongamento) (Figura 13.2a), uma tensão normal positiva na direção y causa uma deformação específica normal positiva ε_y (Figura 13.2b) e uma tensão cisalhante positiva produz uma distorção (deformação específica por cisalhamento) positiva γ_{xy} (Figura 13.2c).

13.3 EQUAÇÕES DE TRANSFORMAÇÃO PARA O ESTADO PLANO DE DEFORMAÇÕES

O estado plano de deformações no ponto O é definido por três componentes de deformações: ε_x, ε_y e γ_{xy}. As equações de transformação fornecem os meios para determinar as deformações específicas normais e de cisalhamento no ponto O para eixos ortogonais inclinados com qualquer ângulo arbitrário θ.

Serão obtidas as equações que transformam as deformações específicas normais e de cisalhamento dos eixos x–y para quaisquer eixos ortogonais. Para facilitar o desenvolvimento, as dimensões do elemento são escolhidas de forma que a diagonal AO do elemento coincide com o eixo n (Figura 13.3). Também é conveniente admitir que o canto O está fixo e que a borda do elemento ao longo do eixo x não gira.

Quando todos os três componentes de deformação (ε_x, ε_y e ε_{xy}) ocorrem ao mesmo tempo (Figura 13.3), o canto A do elemento é deslocado para uma nova posição A'. Para tornar mais claro, as deformações são mostradas grandemente exageradas.

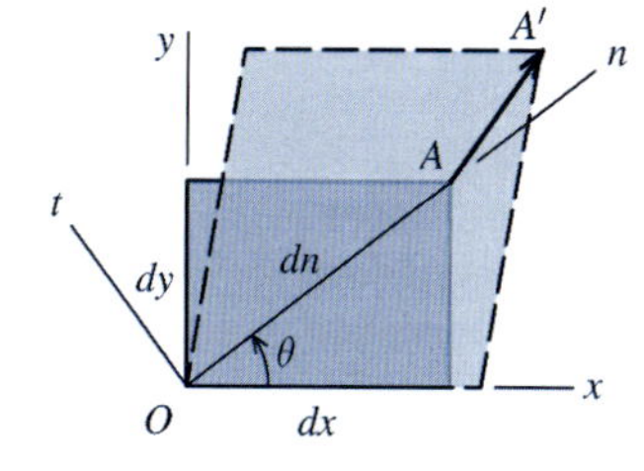

FIGURA 13.3

EQUAÇÃO DE TRANSFORMAÇÃO PARA A DEFORMAÇÃO ESPECÍFICA NORMAL

O vetor deslocamento de A para A' (mostrado na Figura 13.3) é isolado e ampliado na Figura 13.4. O componente horizontal do vetor $\mathbf{AA'}$ é composto das deformações devidas a ε_x (veja a Figura 13.2a) e γ_{xy} (veja a Figura 13.2c). O componente vertical de $\mathbf{AA'}$ é causado por ε_y (veja a Figura 13.2b).

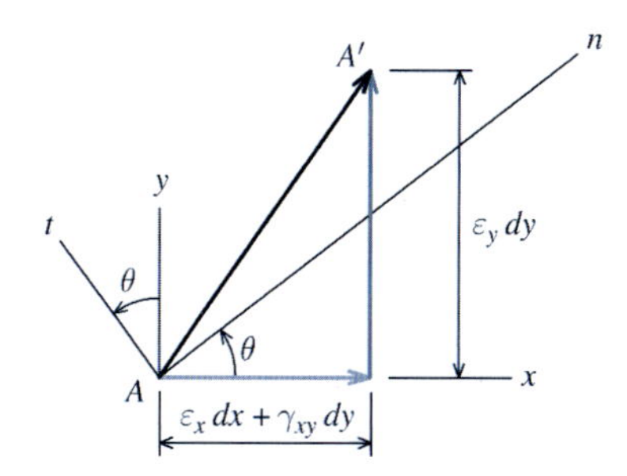

FIGURA 13.4a

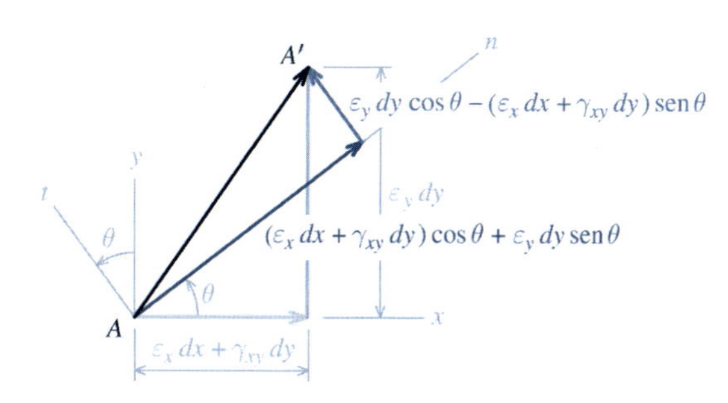

FIGURA 13.4b

A seguir, o vetor deslocamento $\mathbf{AA'}$ será decomposto nos componentes nas direções n e t. Os vetores unitários nas direções n e t são

$$\mathbf{n} = \cos\theta\,\mathbf{i} + \operatorname{sen}\theta\,\mathbf{j} \qquad \mathbf{t} = -\operatorname{sen}\theta\,\mathbf{i} + \cos\theta\,\mathbf{j}$$

O componente do deslocamento na direção n pode ser determinado pelo produto escalar:

$$\mathbf{AA'} \cdot \mathbf{n} = (\varepsilon_x dx + \gamma_{xy}\, dy)\cos\theta + \varepsilon_y dy \operatorname{sen}\theta \tag{a}$$

e o componente do deslocamento na direção t é

$$\mathbf{AA'} \cdot \mathbf{t} = \varepsilon_y dy \cos\theta - (\varepsilon_x dx + \gamma_{xy}\, dy)\operatorname{sen}\theta \tag{b}$$

Os deslocamentos nas direções n e t são mostrados na Figura 13.4b.

O deslocamento na direção n representa o alongamento da diagonal AO (veja a Figura 13.3) devido às deformações específicas normais e de cisalhamento ε_x, ε_y e γ_{xy}. A deformação específica na direção n pode ser encontrada dividindo o alongamento dado pela Equação (a) pelo comprimento inicial dn da diagonal:

$$\begin{aligned}\varepsilon_n &= \frac{(\varepsilon_x\,dx + \gamma_{xy}\,dy)\cos\theta + \varepsilon_y\,dy\,\text{sen}\,\theta}{dn} \\ &= \left(\varepsilon_x \frac{dx}{dn} + \gamma_{xy}\frac{dy}{dn}\right)\cos\theta + \varepsilon_y \frac{dy}{dn}\,\text{sen}\,\theta\end{aligned} \tag{c}$$

Da Figura 13.3, $dx/dn = \cos\theta$ e $dy/dn = \text{sen}\,\theta$. Substituindo essas relações na Equação (c), a deformação específica na direção n pode ser expressa como

$$\varepsilon_n = \varepsilon_x \cos^2\theta + \varepsilon_y\,\text{sen}^2\theta + \gamma_{xy}\,\text{sen}\,\theta\cos\theta \tag{13.3}$$

Usando as seguintes identidades de ângulo duplo:

$$\begin{aligned}\cos^2\theta &= \frac{1}{2}(1 + \cos 2\theta) \\ \text{sen}^2\theta &= \frac{1}{2}(1 - \cos 2\theta) \\ 2\,\text{sen}\,\theta\cos\theta &= \text{sen}\,2\theta\end{aligned}$$

A Equação (13.3) também pode ser expressa como

$$\varepsilon_n = \frac{\varepsilon_x + \varepsilon_y}{2} + \frac{\varepsilon_x - \varepsilon_y}{2}\cos 2\theta + \frac{\gamma_{xy}}{2}\,\text{sen}\,2\theta \tag{13.4}$$

EQUAÇÃO DE TRANSFORMAÇÃO PARA A DEFORMAÇÃO ESPECÍFICA DE CISALHAMENTO

O componente do vetor deslocamento **AA′** na direção t [Equação (b)] representa um comprimento de arco através do qual a diagonal OA gira. Indicando esse ângulo de rotação como α (Figura 13.5a), o comprimento de arco associado ao raio dn pode ser expresso como

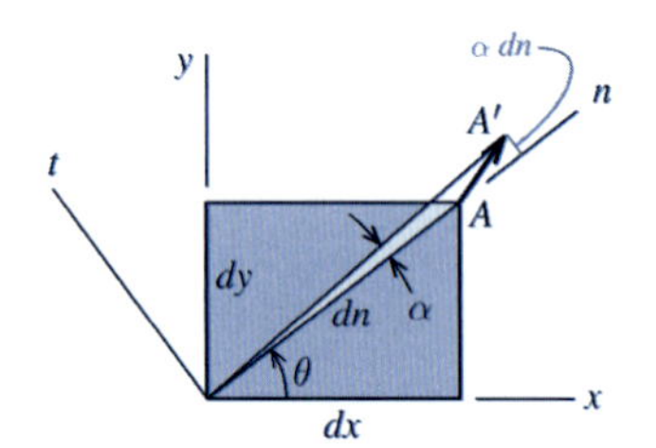

FIGURA 13.5a

$$\alpha\,dn = \varepsilon_y\,dy\cos\theta - (\varepsilon_x\,dx + \gamma_{xy}\,dy)\,\text{sen}\,\theta$$

Desta forma, a diagonal OA gira no sentido anti-horário de um ângulo de

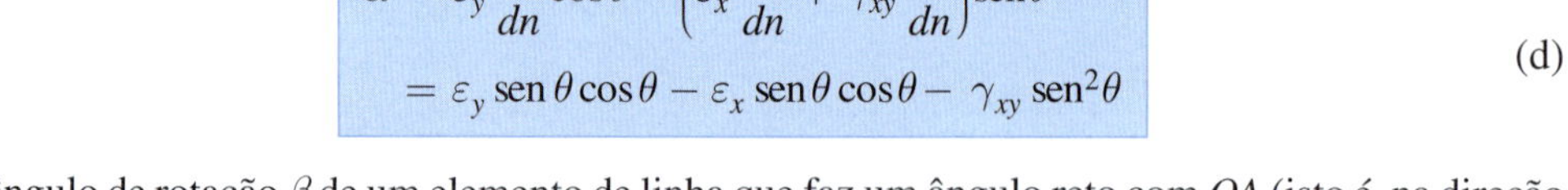

$$\begin{aligned}\alpha &= \varepsilon_y \frac{dy}{dn}\cos\theta - \left(\varepsilon_x\frac{dx}{dn} + \gamma_{xy}\frac{dy}{dn}\right)\text{sen}\,\theta \\ &= \varepsilon_y\,\text{sen}\,\theta\cos\theta - \varepsilon_x\,\text{sen}\,\theta\cos\theta - \gamma_{xy}\,\text{sen}^2\theta\end{aligned} \tag{d}$$

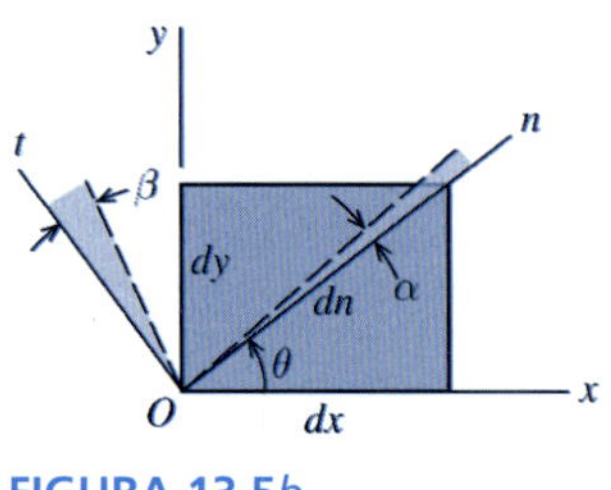

FIGURA 13.5b

O ângulo de rotação β de um elemento de linha que faz um ângulo reto com OA (isto é, na direção t, conforme ilustra a Figura 13.5b) pode ser determinado se o argumento $\theta + 90°$ for substituído por θ na Equação (d):

$$\beta = -\varepsilon_y\,\text{sen}\,\theta\cos\theta + \varepsilon_x\,\text{sen}\,\theta\cos\theta - \gamma_{xy}\cos^2\theta \tag{e}$$

A rotação de β se dá no sentido horário. Como o sentido positivo, tanto para α como para β é a anti-horário, a deformação por cisalhamento γ_{nt}, que é uma redução do ângulo reto formado pelos eixos n e t, é a diferença entre α [Equação (d)] e β [Equação (e)]:

$$\gamma_{nt} = \alpha - \beta = 2\varepsilon_y\,\text{sen}\,\theta\cos\theta - 2\,\varepsilon_x\,\text{sen}\,\theta\cos\theta - \gamma_{xy}\,\text{sen}^2\theta + \gamma_{xy}\cos^2\theta$$

Simplificando essa equação tem-se

$$\gamma_{nt} = -2(\varepsilon_x - \varepsilon_y)\,\text{sen}\,\theta\cos\theta + \gamma_{xy}(\cos^2\theta - \text{sen}^2\theta) \tag{13.5}$$

ou em termos de funções trigonométricas de ângulo duplo, é útil expressar a Equação (13.5) na forma:

$$\frac{\gamma_{nt}}{2} = -\frac{\varepsilon_x - \varepsilon_y}{2}\,\text{sen}\,2\theta + \frac{\gamma_{xy}}{2}\cos 2\theta \qquad (13.6)$$

COMPARAÇÃO COM AS EQUAÇÕES DE TRANSFORMAÇÃO DE TENSÕES

As equações de transformação de deformações específicas obtidas aqui são comparáveis às equações de transformação de tensões desenvolvidas no Capítulo 12. As variáveis correspondentes aos dois conjuntos de equações de transformações estão listadas na Tabela 13.1.

Tabela 13.1 Variáveis Correspondentes nas Equações de Transformação de Tensões e Deformações Específicas

Tensões	Deformações específicas
σ_x	ε_x
σ_y	ε_y
τ_{xy}	$\gamma_{xy}/2$
σ_n	ε_n
τ_{nt}	$\gamma_{nt}/2$

INVARIANTE DE DEFORMAÇÕES ESPECÍFICAS

A deformação específica normal na direção t pode ser obtida pela Equação (13.4) substituindo θ por $\theta + 90°$ na Equação (13.4), o que fornece a seguinte equação:

$$\varepsilon_t = \frac{\varepsilon_x + \varepsilon_y}{2} - \frac{\varepsilon_x - \varepsilon_y}{2}\cos 2\theta - \frac{\gamma_{xy}}{2}\,\text{sen}\,2\theta \qquad (13.7)$$

Se as expressões para ε_n e ε_t [Equações (13.4) e (13.7)] forem somadas, obtém-se a seguinte relação:

$$\varepsilon_n + \varepsilon_t = \varepsilon_x + \varepsilon_y \qquad (13.8)$$

Essa equação mostra que a soma das deformações específicas normais que agem em duas direções ortogonais quaisquer é um valor constante, independente do ângulo θ.

CONVENÇÕES DE SINAIS

As Equações (13.3) e (13.4) fornecem um meio de determinar a deformação específica normal ε_n associada a uma linha orientada em uma direção arbitrária n no plano x–y. As Equações (13.5) e (13.6) permitem a determinação da deformação específica por cisalhamento γ_{nt} associada a duas linhas ortogonais quaisquer orientadas nas direções n e t no plano x–y. Com essas equações, as convenções de sinais usadas em seu desenvolvimento devem ser seguidas rigorosamente:

1. As deformações específicas normais que causam alongamento são positivas e as deformações específicas que causam encurtamento são negativas.
2. Uma deformação específica por cisalhamento positiva reduz o ângulo reto entre duas linhas na origem das coordenadas.
3. Os ângulos medidos no sentido anti-horário (sentido contrário ao dos ponteiros do relógio) a partir do eixo de referência x são positivos. Inversamente, os ângulos medidos no sentido horário (sentido dos ponteiros do relógio) a partir do eixo x são negativos.
4. Os eixos n–t–z possuem a mesma ordem que os eixos x–y–z. Ambos os conjuntos de eixos formam um sistema de coordenadas que respeita a regra da mão direita.

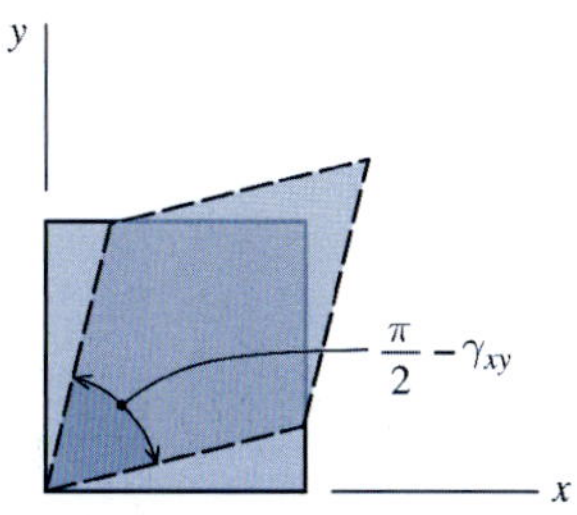

Deformação específica por cisalhamento positiva γ_{xy} na origem.

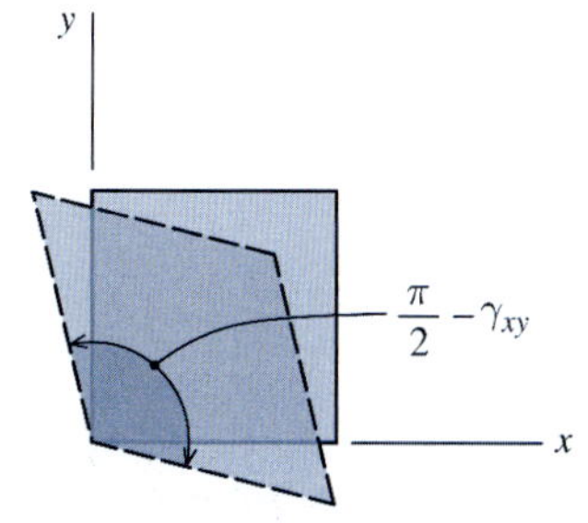

Deformação específica por cisalhamento negativa γ_{xy} na origem.

EXEMPLO 13.1

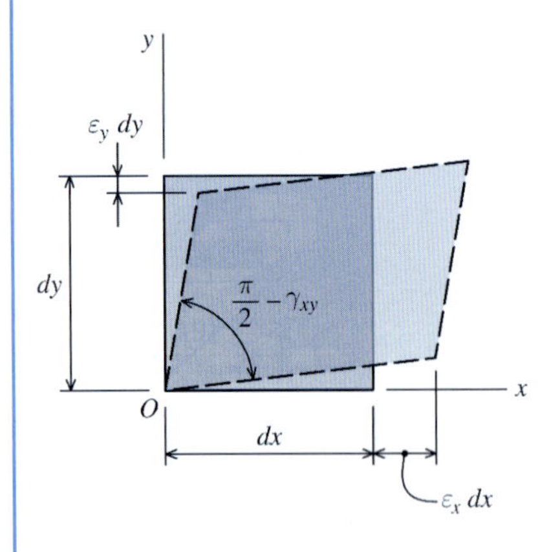

O elemento de um material no ponto O está sujeito a um estado plano de deformações com as deformações específicas determinadas como $\varepsilon_x = +600\ \mu\varepsilon$, $\varepsilon_y = -300\ \mu\varepsilon$ e $\gamma_{xy} = +400\ \mu\text{rad}$. A figura mostra a configuração deformada do elemento sujeito a essas deformações específicas. Determine as deformações específicas que agem no ponto O sobre um elemento que esteja inclinado 40° no sentido anti-horário a partir da posição original.

Planejamento da Solução

Serão as equações de transformação de deformações específicas para calcular ε_n, ε_t e γ_{nt}.

SOLUÇÃO

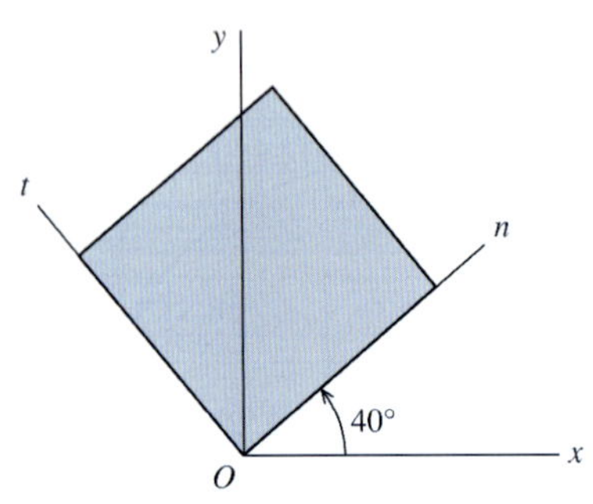

Será usada a equação de transformação de deformações específicas:

$$\varepsilon_n = \varepsilon_x \cos^2\theta + \varepsilon_y \operatorname{sen}^2\theta + \gamma_{xy} \operatorname{sen}\theta\cos\theta \qquad (13.3)$$

para calcular as deformações específicas normais ε_n, ε_t. Como os ângulos medidos no sentido anti-horário são positivos, o ângulo a ser usado neste caso é $\theta = +40°$. Para ε_n,

$$\begin{aligned}\varepsilon_n &= (600)\cos^2(40°) + (-300)\operatorname{sen}^2(40°) + (400)\operatorname{sen}(40°)\cos(40°)\\ &= 425\ \mu\varepsilon\end{aligned}$$

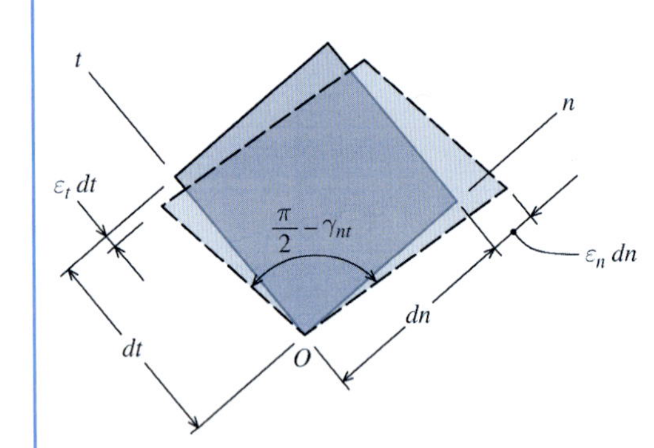

Para calcular a deformação específica normal ε_t use um ângulo $\theta = 40° + 90° = +130°$ na Equação (13.3):

$$\begin{aligned}\varepsilon_t &= (600)\cos^2(130°) + (-300)\operatorname{sen}^2(130°) + (400)\operatorname{sen}(130°)\cos(130°)\\ &= -125\ \mu\varepsilon\end{aligned}$$

A deformação específica por cisalhamento γ_{nt} é calculada pela Equação (13.5) usando um ângulo $\theta = +40°$:

$$\begin{aligned}\gamma_{nt} &= -2[600 - (-300)]\operatorname{sen}(40°)\cos(40°) + (400)[\cos^2(40°) - \operatorname{sen}^2(40°)]\\ &= -817\ \mu\text{rad}\end{aligned}$$

As deformações específicas calculadas tendem a distorcer o elemento da maneira mostrada na figura. A deformação específica normal ε_n indica que o elemento se alonga na direção n. Na direção t, o valor negativo para ε_t indica que o elemento se encurta na direção t. Embora inicialmente pareça anti-intuitivo, observe que, na realidade, a deformação específica por cisalhamento negativa $\gamma_{nt} = -817\ \mu\text{rad}$ significa que o ângulo entre os eixos n e t se torna maior do que 90° no ponto O.

Exemplo do MecMovies M13.1

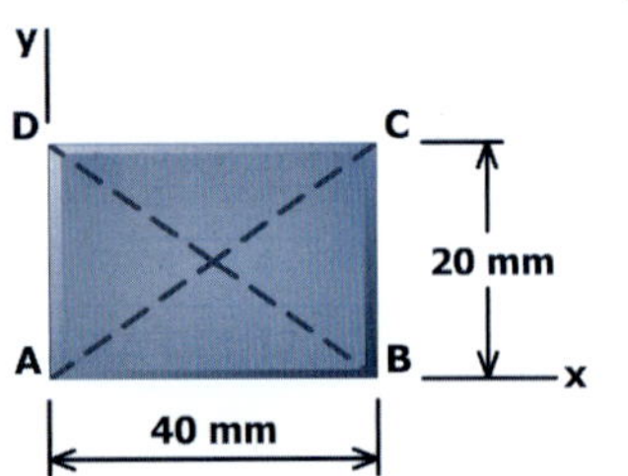

A placa retangular fina está deformada uniformemente de forma que $\varepsilon_x = -700\ \mu\varepsilon$, $\varepsilon_y = -500\ \mu\varepsilon$ e $\gamma_{xt} = +900\ \mu\text{rad}$. Determine as deformações específicas normais:

(a) ao longo da diagonal AC.
(b) ao longo da diagonal BD.

Exemplo do MecMovies M13.2

A placa retangular fina está deformada uniformemente de forma que $\varepsilon_x = +900\ \mu\varepsilon$, $\varepsilon_y = -600\ \mu\varepsilon$ e $\gamma_{xy} = -850\ \mu\text{rad}$. Determine as deformações específicas normais ε_n e ε_t e a deformação específica por cisalhamento γ_{nt} para $\theta = +50°$.

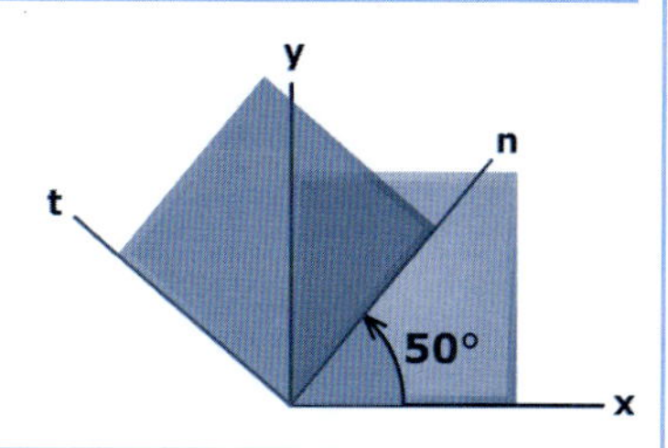

Exemplo do MecMovies M13.3

Uma placa triangular fina está deformada uniformemente de forma que, após a deformação, as bordas do triângulo são medidas como $AB = 300{,}30$ mm, $BC = 299{,}70$ mm, $AC = 360{,}45$ mm. Determine as deformações específicas ε_x, ε_y e γ_{xy} na placa.

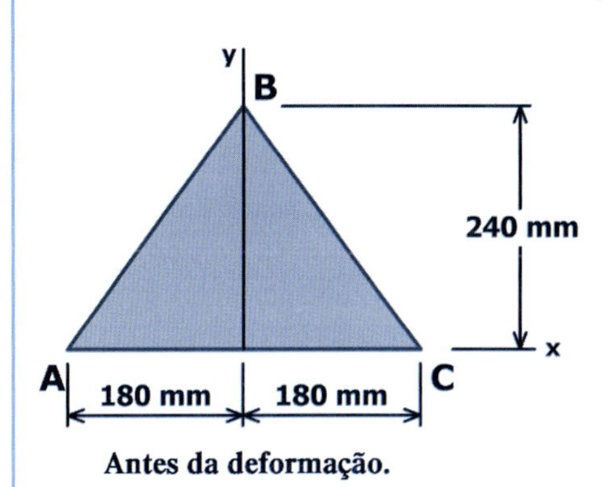

Antes da deformação.

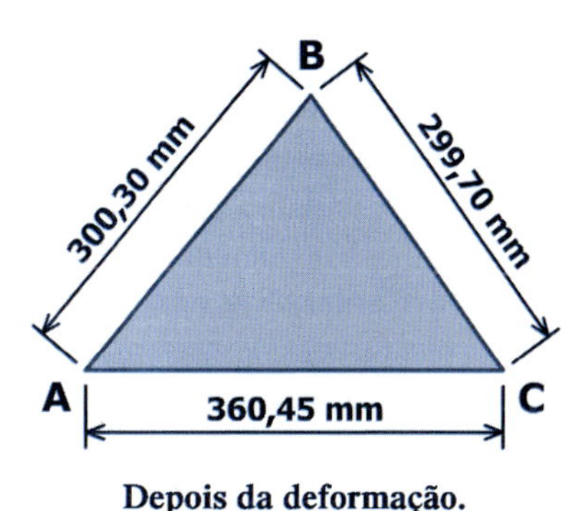

Depois da deformação.

13.4 DEFORMAÇÕES ESPECÍFICAS PRINCIPAIS E DEFORMAÇÃO ESPECÍFICA MÁXIMA POR CISALHAMENTO

Em face da similaridade entre as Equações (13.3), (13.4), (13.5) e (13.6) para o estado plano de deformações e as Equações (12.5), (12.6), (12.7) e (12.8) para o estado plano de tensões, não será surpresa que todas as relações desenvolvidas para o estado plano de tensões possam ser aplicadas à análise do estado plano de deformações, contanto que as substituições indicadas na Tabela 13.1 sejam feitas. As expressões para as direções principais coplanares, as deformações específicas principais coplanares e a deformação específica coplanar máxima por cisalhamento são as seguintes:

$$\tan 2\theta_p = \frac{\gamma_{xy}}{(\varepsilon_x - \varepsilon_y)} \qquad (13.9)$$

$$\varepsilon_{p1,p2} = \frac{\varepsilon_x + \varepsilon_y}{2} \pm \sqrt{\left(\frac{\varepsilon_x - \varepsilon_y}{2}\right)^2 + \left(\frac{\gamma_{xy}}{2}\right)^2} \qquad (13.10)$$

$$\frac{\gamma_{\text{máx}}}{2} = \pm\sqrt{\left(\frac{\varepsilon_x - \varepsilon_y}{2}\right)^2 + \left(\frac{\gamma_{xy}}{2}\right)^2} \qquad (13.11)$$

As Equações (13.9), (13.10) e (13.11) possuem formato muito similar às Equações (12.11), (12.12) e (12.15). Entretanto, as ocorrências de τ_{xy} nas equações de tensão são substituídas por $\gamma_{xy}/2$ nas equações de deformações específicas. Tenha o cuidado de não ignorar esses fatores de 2 quando permutar entre a análise de tensões e a análise de deformações específicas.

Nas equações anteriores, as deformações específicas normais que causam alongamento (isto é, aumento de comprimento produzido por uma tensão de tração) são positivas. As deformações por cisalhamento positivas reduzem o ângulo entre as faces do elemento na origem das coordenadas (veja a Figura 13.3).

Assim como era verdadeiro para a transformação de tensões, a Equação (13.10) não indica que deformação específica principal, ou ε_{p1}, ou ε_{p2}, está associado aos dois ângulos principais. A solução da Equação (13.9) sempre fornece um valor de θ_p entre $+45°$ e $-45°$ (inclusive). As deformações específicas principais associadas a esse valor de θ_p podem ser determinadas por meio da seguinte regra:

- Se o termo $\varepsilon_x - \varepsilon_y$ for positivo, θ_p indicará a orientação de ε_{p1}.
- Se o termo $\varepsilon_x - \varepsilon_y$ for negativo, θ_p indicará a orientação de ε_{p2}.

A outra deformação específica principal está orientada no sentido perpendicular a θ_p.

As duas deformações específicas principais determinadas pela Equação (13.10) podem ser tanto positivas, como negativas. Ao denominar as deformações específicas principais, ε_{p1} indica o valor positivo de maior módulo. Se uma ou ambas as deformações específicas principais da Equação (13.10) forem negativas, ε_{p1} poderá ter menor valor absoluto do que ε_{p2}.

DEFORMAÇÃO ESPECÍFICA POR CISALHAMENTO (DISTORÇÃO) MÁXIMA ABSOLUTA

Quando existir um estado plano de deformação (maior valor algébrico positivo), ε_x, ε_y e γ_{xy} podem ter valores diferentes de zero. Entretanto, as deformações específicas na direção z (isto é, direção fora do plano, ou transversal ao plano das deformações) são nulas; desta forma, $\varepsilon_z = 0$ e $\gamma_{xz} = \gamma_{yz} = 0$. A Equação (13.10) fornece as duas deformações específicas principais no plano das deformações (ou seja, as duas deformações específicas principais coplanares ao plano das deformações, resumidamente denominadas deformações específicas coplanares) e a terceira deformação específica principal é $\varepsilon_{p3} = \varepsilon_z = 0$. Um exame das Equações (13.10) e (13.11) revela que a deformação específica máxima no plano das deformações é igual à diferença entre as duas deformações específicas principais coplanares àquele plano:

$$\gamma_{\text{máx}} = \varepsilon_{p1} - \varepsilon_{p2} \tag{13.12}$$

Entretanto, o módulo da deformação específica por cisalhamento (distorção) máxima absoluta para um elemento em estado plano de deformações pode ser maior do que a deformação específica por cisalhamento máxima no plano das deformações, dependendo dos módulos e dos sinais relativos das deformações específicas principais. A deformação específica por cisalhamento máxima absoluta pode ser determinada com base em uma das três condições apresentadas na Tabela 13.2.

Essas condições só se aplicam a um **estado plano de deformações**. Conforme será demonstrado nas Seções 13.7 e 13.8, a terceira deformação específica principal não será nula para um **estado plano de tensões**.

13.5 APRESENTAÇÃO DOS RESULTADOS DAS TRANSFORMAÇÕES DAS DEFORMAÇÕES ESPECÍFICAS

Os resultados de deformações específicas principais e de deformação específica por cisalhamento máxima no plano das deformações pode ser apresentado com um desenho esquemático que represente a orientação de todas as deformações específicas. Os resultados de deformações específicas podem ser apresentados convenientemente em um único elemento.

Desenhe um elemento inclinado de um ângulo θ_p, calculado pela Equação (13.9), que será um valor entre $+45°$ e $-45°$ (inclusive).

$$\tan 2\theta_p = \frac{\gamma_{xy}}{(\varepsilon_x - \varepsilon_y)} \tag{13.9}$$

Tabela 13.2 Deformações Específicas por Cisalhamento (Distorções) Máximas Absolutas

	Paralelepípedo elementar das deformações específicas principais	Paralelepípedo elementar da deformação específica por cisalhamento máxima absoluta
(a) Se tanto ε_{p1} como ε_{p2} forem positivas, então $\gamma_{\text{máx abs}} = \varepsilon_{p1} - \varepsilon_{p3} = \varepsilon_{p1} - 0 = \varepsilon_{p1}$	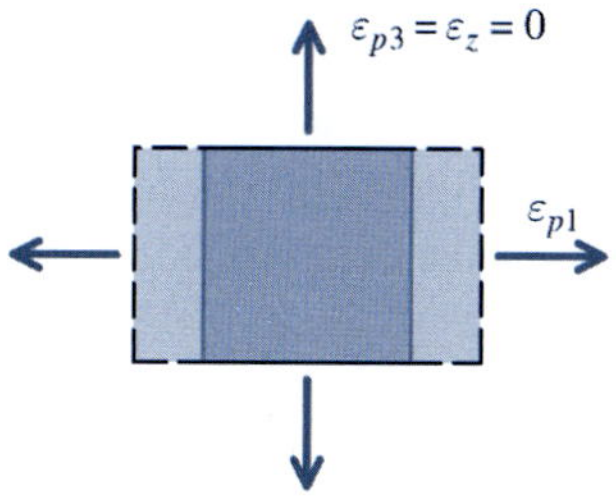 $\varepsilon_{p3} = \varepsilon_z = 0$; ε_{p1}	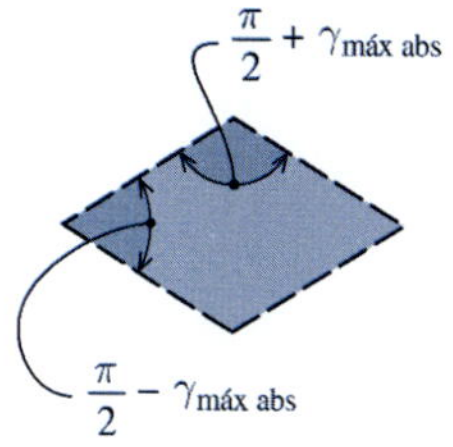 $\frac{\pi}{2} + \gamma_{\text{máx abs}}$; $\frac{\pi}{2} - \gamma_{\text{máx abs}}$
(b) Se tanto ε_{p1} como ε_{p2} forem negativas, então $\gamma_{\text{máx abs}} = \varepsilon_{p3} - \varepsilon_{p2} = 0 - \varepsilon_{p2} = -\varepsilon_{p2}$	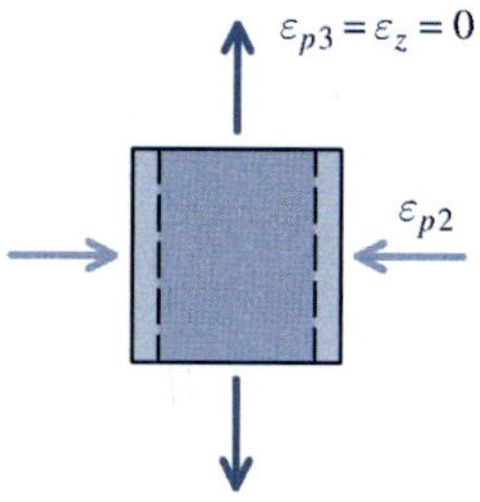 $\varepsilon_{p3} = \varepsilon_z = 0$; ε_{p2}	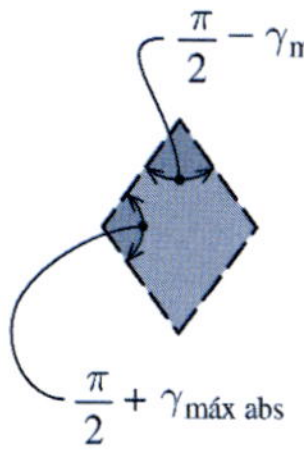 $\frac{\pi}{2} - \gamma_{\text{máx abs}}$; $\frac{\pi}{2} + \gamma_{\text{máx abs}}$
(c) Se ε_{p1} for positiva e ε_{p2} for negativa, então $\gamma_{\text{máx abs}} = \varepsilon_{p1} - \varepsilon_{p2}$	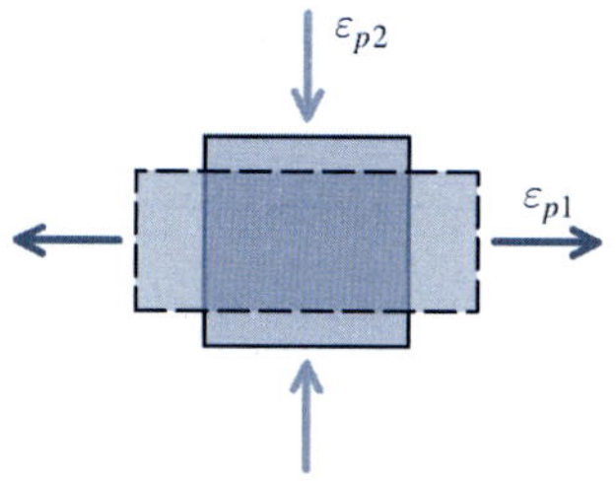 ε_{p2}; ε_{p1}	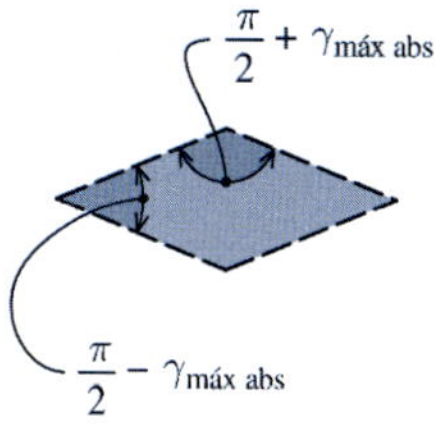 $\frac{\pi}{2} + \gamma_{\text{máx abs}}$; $\frac{\pi}{2} - \gamma_{\text{máx abs}}$

- Quando θ_p for positivo, o elemento estará inclinado no sentido anti-horário em relação ao eixo de referência x. Quando θ_p for negativo, a rotação é no sentido horário.
- Observe que o ângulo calculado pela Equação (13.9) não fornece necessariamente a orientação da direção ε_{p1}. Tanto ε_{p1} como ε_{p2} podem agir na direção θ_p dada pela Equação (13.9). A deformação específica principal orientada em θ_p pode ser determinada pela seguinte regra:
  - Se o termo $\varepsilon_x - \varepsilon_y$ for positivo, θ_p indicará a orientação de ε_{p1}.
  - Se o termo $\varepsilon_x - \varepsilon_y$ for negativo, θ_p indicará a orientação de ε_{p2}.
- Alongue ou encurte o elemento na forma de um retângulo de acordo com as deformações específicas principais que agem nas duas direções ortogonais. Se uma deformação específica principal for positiva, o elemento será alongado naquela direção. O elemento será encurtado se a deformação específica principal for negativa.
- Acrescente setas (setas de tração ou de compressão) identificadas com os valores absolutos das deformações específicas correspondentes em cada borda do elemento.
- Para mostrar a distorção causada pela deformação específica por cisalhamento, desenhe um losango dentro do elemento retangular que representa as deformações específicas principais. Os cantos do losango devem estar localizados no ponto médio de cada borda do retângulo.
- A deformação específica por cisalhamento máxima no plano das deformações calculada pela Equação (13.11) ou pela Equação (13.12) terá um valor positivo. Como uma deformação específica por cisalhamento faz com que o ângulo entre os dois eixos diminua, identifique um dos ângulos agudos com o valor $(\pi/2) - \gamma_{\text{máx}}$.

EXEMPLO 13.2

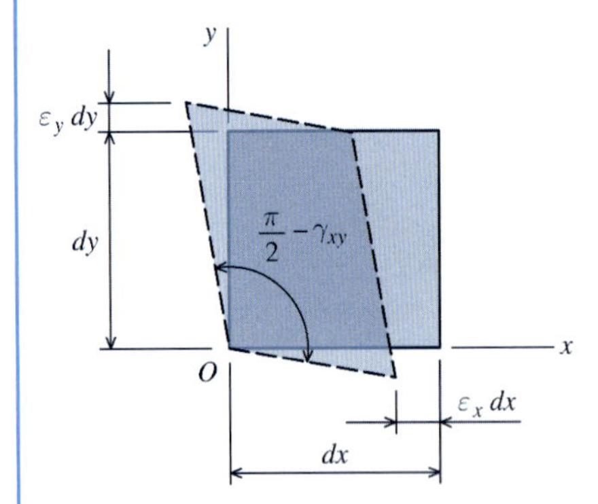

Os componentes da deformação específica em um ponto de um corpo sujeito ao estado plano de deformações são $\varepsilon_x = -680\ \mu\varepsilon$, $\varepsilon_y = +320\ \mu\varepsilon$ e $\gamma_{xy} = -980\ \mu\text{rad}$. A figura mostra a configuração deformada de um elemento que está sujeito a essas deformações específicas. Determine as deformações específicas principais no ponto O. Mostre em um desenho esquemático as deformações específicas principais e a deformação específica por cisalhamento (distorção) máxima no plano das deformações.

SOLUÇÃO

Da Equação (13.10), as deformações específicas principais no plano das deformações são

$$\begin{aligned}
\varepsilon_{p1,p2} &= \frac{\varepsilon_x + \varepsilon_y}{2} \pm \sqrt{\left(\frac{\varepsilon_x - \varepsilon_y}{2}\right)^2 + \left(\frac{\gamma_{xy}}{2}\right)^2} \\
&= \frac{-680 + 320}{2} \pm \sqrt{\left(\frac{-680 - 320}{2}\right)^2 + \left(\frac{-980}{2}\right)^2} \\
&= -180 \pm 700 \\
&= +500\ \mu\varepsilon,\ -800\ \mu\varepsilon
\end{aligned}$$

Resp.

e da Equação (13.11), a deformação específica por cisalhamento (distorção) máxima no plano das deformações é

$$\begin{aligned}
\frac{\gamma_{\text{máx}}}{2} &= \pm\sqrt{\left(\frac{\varepsilon_x - \varepsilon_y}{2}\right)^2 + \left(\frac{\gamma_{xy}}{2}\right)^2} \\
&= \pm\sqrt{\left(\frac{-680 - 320}{2}\right)^2 + \left(\frac{-980}{2}\right)^2} \\
&= 700\ \mu\text{rad} \\
\therefore \gamma_{\text{máx}} &= 1.400\ \mu\text{rad}
\end{aligned}$$

Resp.

As direções principais no plano das deformações podem ser determinadas pela Equação (13.9):

$$\tan 2\theta_p = \frac{\gamma_{xy}}{(\varepsilon_x - \varepsilon_y)} = \frac{-980}{-680 - 320} = \frac{-980}{-1000} \qquad \textbf{Nota: } \varepsilon_x - \varepsilon_y < 0$$

$$\therefore 2\theta_p = 44{,}42° \qquad \text{e assim} \qquad \theta_p = 22{,}21°$$

Como $\varepsilon_x - \varepsilon_y < 0$, o ângulo θ_p é o ângulo entre a direção x e a direção de ε_{p2}.

O problema declara que essa é uma condição de **estado plano de deformações**. Portanto, a deformação específica normal transversal ao plano das deformações $\varepsilon_z = 0$ é a terceira deformação específica principal ε_{p3}. Como ε_{p1} é positiva e ε_{p2} é negativa, a deformação específica por cisalhamento máxima absoluta *é* a deformação específica por cisalhamento máxima no plano das deformações. Portanto, o módulo da deformação específica por cisalhamento máxima absoluta (veja a Tabela 13.2) é

$$\gamma_{\text{máx abs}} = \varepsilon_{p1} - \varepsilon_{p2} = 1.400\ \mu\text{rad}$$

Desenho Esquemático das Deformações e das Distorções

As deformações específicas principais estão orientadas a 22,21° no sentido anti-horário em relação à direção x. A deformação específica principal correspondente a essa direção é $\varepsilon_{p2} = -880\ \mu\varepsilon$; portanto, o elemento se contrai na direção paralela à direção de 22,21°. Na direção perpendicular, a deformação específica principal é $\varepsilon_{p1} = 520\ \mu\varepsilon$, que faz com que o elemento se alongue.

Para mostrar a distorção causada pela deformação específica por cisalhamento máxima no plano das deformações, conecte os pontos médios de cada borda do retângulo para criar um losango. Dois ângulos internos desse losango serão ângulos agudos (isto é, menores do que 90°) e dois ângulos internos serão obtusos (maiores que 90°). Use o valor positivo de $\gamma_{máx}$ obtido pela Equação (13.11) para identificar um dos ângulos agudos internos com $\pi/2 - \gamma_{máx}$. Os ângulos obtusos internos terão o valor absoluto de $\pi/2 + \gamma_{máx}$. Observe que a soma dos quatro ângulos internos do losango (ou de qualquer quadrilátero) deve ser igual a 2π radianos (ou 360°).

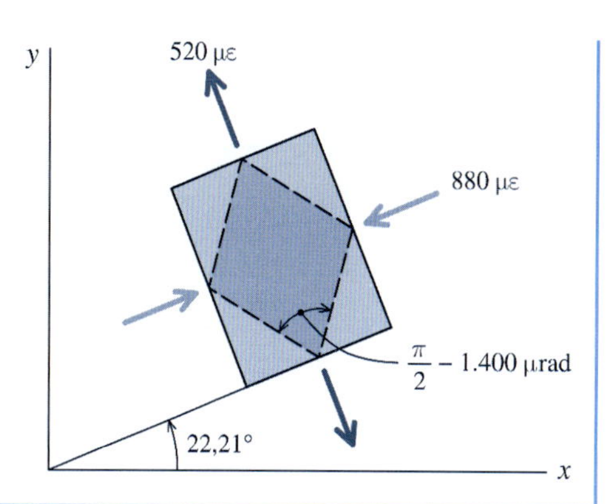

PROBLEMAS

P13.1 A placa retangular fina mostrada na Figura P13.1 está deformada uniformemente de modo que $\varepsilon_x = +890\ \mu\varepsilon$, $\varepsilon_y = -510\ \mu\varepsilon$ e $\gamma_{xy} = +680\ \mu\text{rad}$. Determine:

(a) a deformação específica normal ε_{AC} ao longo da diagonal AC da placa.

(b) a deformação específica normal ε_{BD} ao longo da diagonal BD da placa.

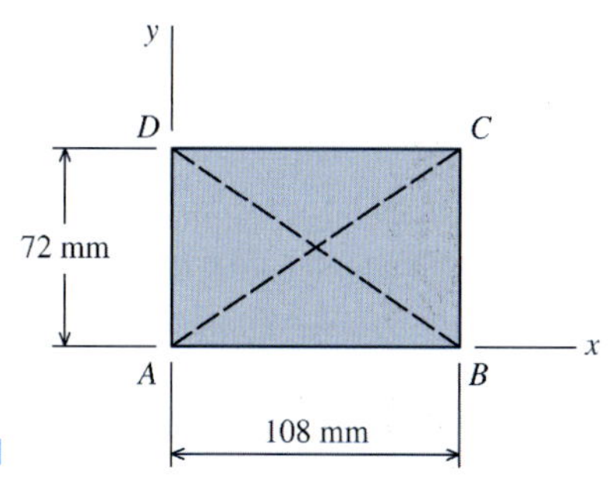

FIGURA P13.1

P13.2 A placa retangular fina mostrada na Figura P13.2 está deformada uniformemente de modo que $\varepsilon_x = -475\ \mu\varepsilon$, $\varepsilon_y = +750\ \mu\varepsilon$ e $\gamma_{xy} = -1.320\ \mu\text{rad}$. Determine:

(a) a deformação específica normal ε_{AC} ao longo da diagonal AC da placa.

(b) a deformação específica normal ε_{BD} ao longo da diagonal BD da placa.

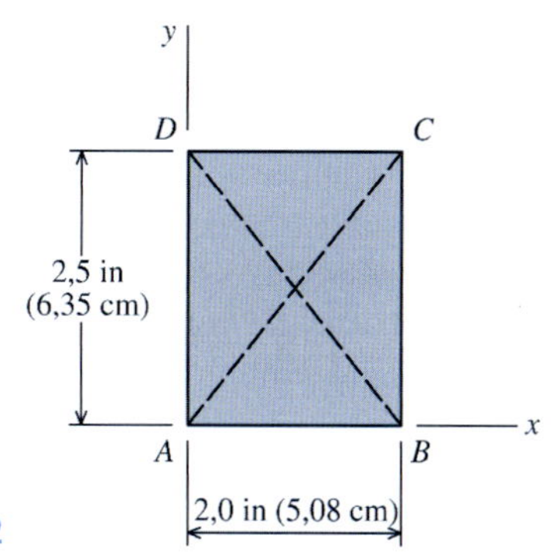

FIGURA P13.2

P13.3 A placa quadrada fina mostrada na Figura P13.3 está deformada uniformemente de modo que $\varepsilon_x = +1.400\ \mu\varepsilon$, $\varepsilon_y = -650\ \mu\varepsilon$ e $\gamma_{xy} = +1.200\ \mu\text{rad}$. Determine:

(a) a deformação específica normal ε_n na placa.

(b) a deformação específica normal γ_{nt} na placa.

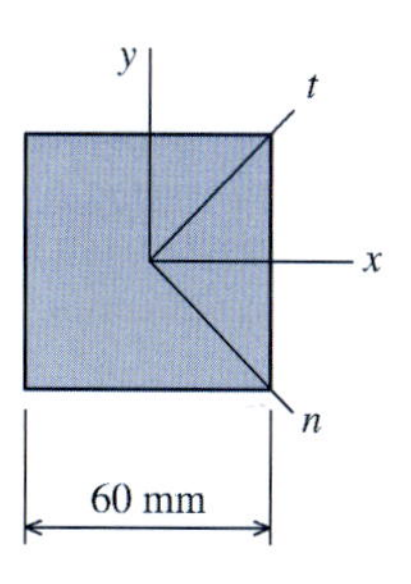

FIGURA P13.3

P13.4 A placa quadrada fina mostrada na Figura P13.4 está deformada uniformemente de modo que $\varepsilon_x = -450\ \mu\varepsilon$, $\varepsilon_y = -250\ \mu\varepsilon$ e $\gamma_{xy} = +900\ \mu\text{rad}$. Determine:

(a) a deformação específica normal ε_n na placa.

(b) a deformação específica normal γ_{nt} na placa.

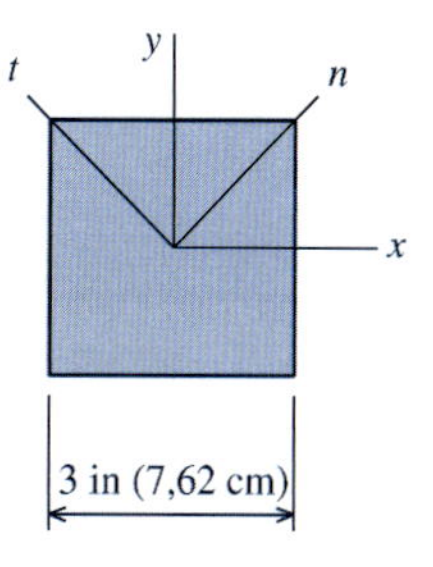

FIGURA P13.4

P13.5–13.10 São dados os componentes de deformação específica ε_x, ε_y e γ_{xy} para um ponto em um corpo sujeito ao **estado plano de deformações**. Determine os componentes de deformação específica ε_n, ε_t e γ_{nt} no ponto se os eixos n–t estiverem inclinados em relação aos eixos x–y de um valor e na direção indicados pelo ângulo θ mostrado, ou na Figura P13.5, ou na Figura P13.6. **Faça um desenho esquemático da configuração deformada do elemento.**

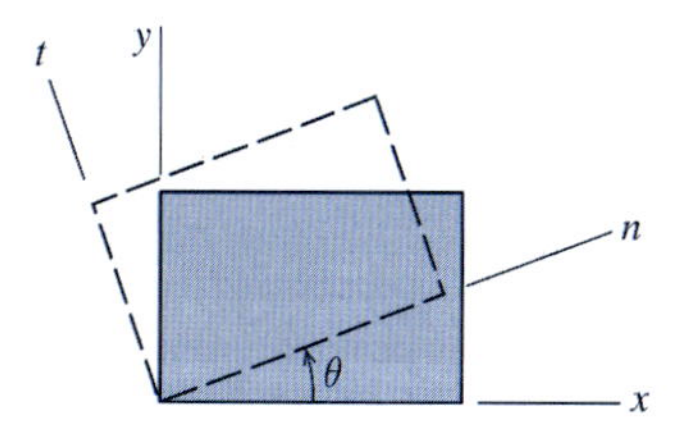

FIGURA P13.5

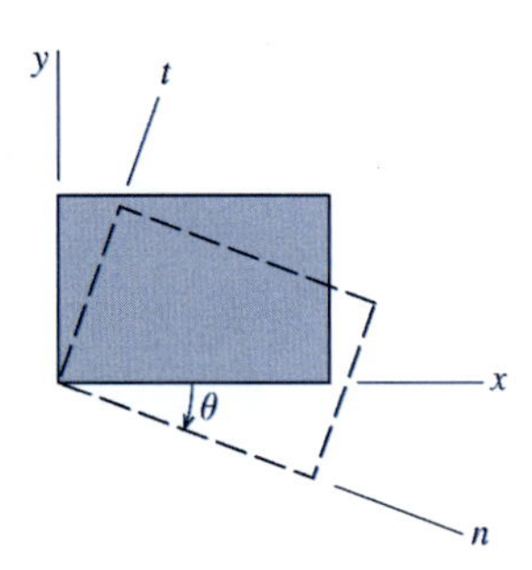

FIGURA P13.6

Problema	Figura	ε_x	ε_y	γ_{xy}	π
13.5	P13.5	520 $\mu\varepsilon$	−650 $\mu\varepsilon$	750 μrad	35°
13.6	P13.6	−1.230 $\mu\varepsilon$	570 $\mu\varepsilon$	325 μrad	26°
13.7	P13.5	946 $\mu\varepsilon$	−294 $\mu\varepsilon$	−362 μrad	12°
13.8	P13.6	480 $\mu\varepsilon$	−730 $\mu\varepsilon$	−510 μrad	40°
13.9	P13.5	−790 $\mu\varepsilon$	310 $\mu\varepsilon$	−830 μrad	32°
13.10	P13.6	−190 $\mu\varepsilon$	260 $\mu\varepsilon$	1.260 μrad	15°

P13.11–13.22 São dados os componentes de deformação específica ε_x, ε_y e γ_{xy} para um ponto em um corpo sujeito ao **estado plano de deformações**. Determine as deformações específicas principais, a deformação específica por cisalhamento máxima no plano das deformações e a deformação específica por cisalhamento máxima absoluta no ponto. Mostre o ângulo θ_p, as deformações específicas principais e a distorção máxima no plano das deformações em um desenho esquemático.

Problema	ε_x	ε_y	γ_{xy}
13.11	420 $\mu\varepsilon$	−510 $\mu\varepsilon$	−582 μrad
13.12	−800 $\mu\varepsilon$	400 $\mu\varepsilon$	−1.350 μrad
13.13	−1.250 $\mu\varepsilon$	−415 $\mu\varepsilon$	1.800 μrad
13.14	460 $\mu\varepsilon$	−290 $\mu\varepsilon$	350 μrad
13.15	−760 $\mu\varepsilon$	−240 $\mu\varepsilon$	480 μrad
13.16	630 $\mu\varepsilon$	1.050 $\mu\varepsilon$	−842 μrad
13.17	−410 $\mu\varepsilon$	−1.090 $\mu\varepsilon$	375 μrad
13.18	1.020 $\mu\varepsilon$	420 $\mu\varepsilon$	−730 μrad
13.19	−540 $\mu\varepsilon$	−240 $\mu\varepsilon$	−120 μrad
13.20	690 $\mu\varepsilon$	370 $\mu\varepsilon$	290 μrad
13.21	−610 $\mu\varepsilon$	−960 $\mu\varepsilon$	−705 μrad
13.22	850 $\mu\varepsilon$	250 $\mu\varepsilon$	390 μrad

13.6 CÍRCULO DE MOHR PARA O ESTADO PLANO DE DEFORMAÇÕES

As equações gerais de transformação de deformações específicas, expressas em termos das funções trigonométricas de ângulo duplo, foram apresentadas da Seção 13.3:

$$\varepsilon_n = \frac{\varepsilon_x + \varepsilon_y}{2} + \frac{\varepsilon_x - \varepsilon_y}{2}\cos 2\theta + \frac{\gamma_{xy}}{2}\,\text{sen}\,2\theta \tag{13.4}$$

$$\frac{\gamma_{nt}}{2} = -\frac{\varepsilon_x - \varepsilon_y}{2}\,\text{sen}\,2\theta + \frac{\gamma_{xy}}{2}\cos 2\theta \tag{13.6}$$

A Equação (13.4) pode ser reescrita de forma que apareçam apenas os termos contendo 2θ no lado direito da equação:

$$\varepsilon_n - \frac{\varepsilon_x + \varepsilon_y}{2} = \frac{\varepsilon_x - \varepsilon_y}{2}\cos 2\theta + \frac{\gamma_{xy}}{2}\,\text{sen}\,2\theta$$

$$\frac{\gamma_{nt}}{2} = -\frac{\varepsilon_x - \varepsilon_y}{2}\,\text{sen}\,2\theta + \frac{\gamma_{xy}}{2}\cos 2\theta$$

Ambas as equações podem ser elevadas ao quadrado, em seguida somadas entre si e simplificadas para fornecer

$$\left(\varepsilon_n - \frac{\varepsilon_x + \varepsilon_y}{2}\right)^2 + \left(\frac{\gamma_{nt}}{2}\right)^2 = \left(\frac{\varepsilon_x - \varepsilon_y}{2}\right)^2 + \left(\frac{\gamma_{xy}}{2}\right)^2 \tag{13.13}$$

Essa é a equação de um círculo em termos das variáveis ε_n e $\gamma_{nt}/2$. Ela tem formato similar ao da Equação (12.21), que foi a base do círculo de Mohr para as tensões.

O círculo de Mohr para o estado plano de deformações é construído e usado quase da mesma maneira que o círculo de Mohr para o estado plano de tensões. O eixo horizontal usado na construção é o eixo ε e o eixo vertical é $\gamma/2$. O círculo tem seu centro no eixo ε em

$$C = \frac{\varepsilon_x + \varepsilon_y}{2}$$

e ele tem um raio de

$$R = \sqrt{\left(\frac{\varepsilon_x - \varepsilon_y}{2}\right)^2 + \left(\frac{\gamma_{xy}}{2}\right)^2}$$

Comparado ao círculo de Mohr para as tensões, há duas diferenças fundamentais na construção e no uso do círculo de Mohr para as deformações. Em primeiro lugar, observe que o eixo vertical para o círculo das deformações é $\gamma/2$, em consequência, os valores das deformações por cisalhamento devem ser divididos por 2 antes de serem colocados no gráfico. Em segundo lugar, a convenção de sinais para a plotagem das deformações específicas normais é similar àquela usada para a plotagem das tensões normais; entretanto, a convenção para a plotagem das deformações específicas por cisalhamento exige explicação adicional.

CONVENÇÕES DE SINAIS USADAS NA PLOTAGEM DO CÍRCULO DE MOHR

As deformações específicas normais de tração são plotadas no lado direito do eixo $\gamma/2$ e as deformações específicas normais de compressão são plotadas no lado esquerdo do eixo $\gamma/2$. Em outras palavras, a deformação específica normal de tração é plotada como um valor positivo (algebricamente) e a deformação específica normal de compressão é plotada como um valor negativo.

Deformações Específicas por Cisalhamento. Para plotar os valores das deformações específicas por cisalhamento no círculo de Mohr, deve-se em primeiro lugar desenhar corretamente a configuração deformada de um elemento sujeito a uma determinada deformação específica por cisalhamento γ_{xy}. Considere um elemento sujeito a um valor positivo de γ_{xy}. A configuração deformada desse elemento é mostrada na Figura 13.6*a*. Um valor positivo de γ_{xy} significa que o ângulo entre os eixos x e y diminui no objeto deformado. Nesse caso, a borda horizontal do elemento paralela ao eixo x tende a girar no sentido anti-horário. Observe que essa borda será alongada ou encurtada pela deformação específica normal ε_x. O ponto no círculo de Mohr que representa a direção x será plotada abaixo do eixo horizontal. Um valor positivo de γ_{xy} também significa que a borda vertical do elemento irá girar no sentido horário. Essa é a borda do elemento que será alongada ou encurtada pela deformação específica normal ε_y. O ponto y no círculo de Mohr será plotado acima do eixo horizontal. Portanto, a convenção de sinais para a plotagem da deformação específica por cisalhamento pode ser resumida da seguinte maneira.

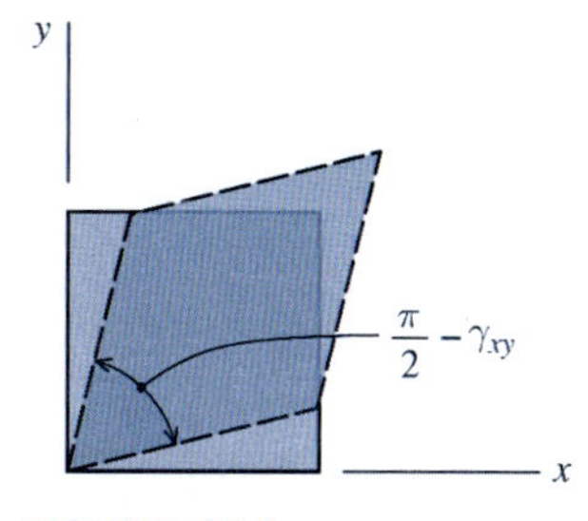

FIGURA 13.6*a*

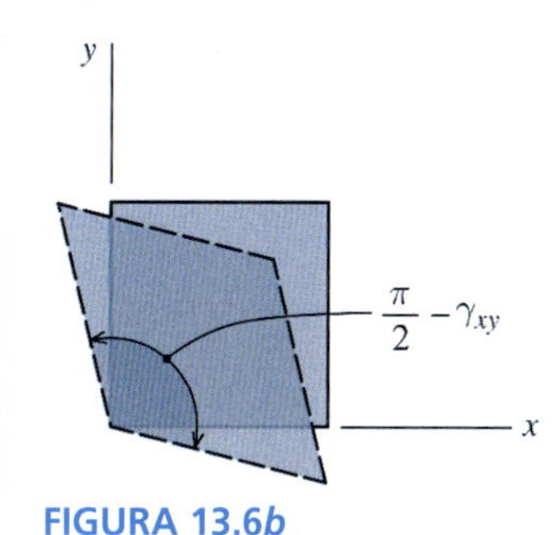

FIGURA 13.6*b*

> Se uma deformação específica por cisalhamento fizer com que a borda de um elemento gire no sentido horário, ela é plotada acima do eixo horizontal (isto é, o eixo ε). O ponto é plotado abaixo do eixo horizontal se a borda girar no sentido contrário ao dos ponteiros do relógio (anti-horário).

Considere um elemento sujeito a um valor negativo de γ_{xy}. A configuração deformada desse elemento é mostrada na Figura 13.6*b*. O ângulo entre os eixos x e y aumenta quando a deformação específica por cisalhamento tiver um valor negativo. Nesse caso, a borda do elemento paralela ao eixo x tende a girar no sentido horário; portanto, o ponto x será plotado acima do eixo horizontal. Um valor negativo de γ_{xy} também significa que a borda y do elemento irá girar no sentido anti-horário e, desta forma, o ponto y no círculo de Mohr será plotado abaixo do eixo horizontal.

Essa convenção de sinais é consistente com a convenção de sinais da tensão cisalhante usada para desenhar o círculo de Mohr do estado plano de tensões.

EXEMPLO 13.3

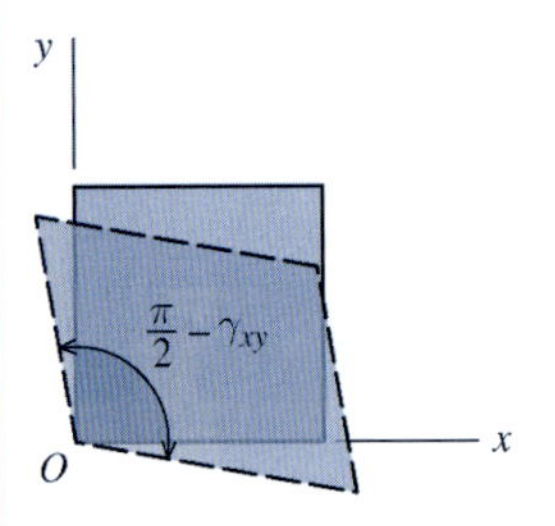

Os componentes de deformação específica em um ponto de um corpo sujeito ao estado plano de deformações são $\varepsilon_x = +435\ \mu\varepsilon$, $\varepsilon_y = -135\ \mu\varepsilon$ e $\gamma_{xy} = -642\ \mu\text{rad}$. A figura mostra a configuração deformada de um elemento sujeito a essas deformações. Determine as deformações específicas principais, a deformação por cisalhamento máxima no plano das deformações e a deformação específica por cisalhamento máxima absoluta no ponto *O*. Mostre em um desenho esquemático as deformações específicas principais e a distorção máxima no plano das deformações.

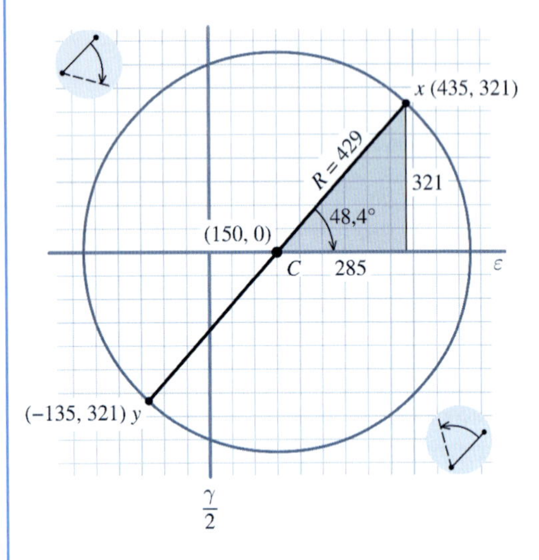

O ponto do círculo de Mohr associado às deformações na direção *x* é plotado à direita do eixo $\gamma/2$. Do desenho do elemento deformado, observe que a deformação específica por cisalhamento $\gamma_{xy} = -642\ \mu\text{rad}$ faz com que a borda do elemento paralela ao eixo *x* gire para baixo no sentido horário. Portanto, o ponto do círculo de Mohr é desenhado acima do eixo ε.

Por ε_y ser negativo, o ponto *y* é desenhado à esquerda do eixo $\gamma/2$. Da figura do elemento deformado, a borda *y* do elemento gira para a esquerda no sentido anti-horário em consequência da deformação por cisalhamento negativa. Portanto, o ponto *y* é desenhado abaixo do eixo ε.

Como os pontos *x* e *y* estão sempre à mesma distância acima ou abaixo do eixo ε, o centro do círculo de Mohr pode ser encontrado pela média das deformações específicas normais que agem nas direções *x* e *y*:

$$C = \frac{\varepsilon_x + \varepsilon_y}{2} = \frac{435 + (-135)}{2} = +150\ \mu\varepsilon$$

O centro do círculo de Mohr sempre está sobre o eixo ε.

A geometria do círculo é usada para calcular o seu raio. As coordenadas (ε, $\gamma/2$) tanto do ponto *x* como do centro *C* são conhecidas. Use essas coordenadas junto com o teorema de Pitágoras para calcular a hipotenusa do triângulo sombreado:

$$\begin{aligned} R &= \sqrt{(435 - 150)^2 + (321 - 0)^2} \\ &= \sqrt{285^2 + 321^2} = 429\ \mu \end{aligned}$$

Lembre-se de que a coordenada vertical usada no desenho do círculo de Mohr é $\gamma/2$. A deformação específica por cisalhamento é $\gamma_{xy} = -642\ \mu\text{rad}$; portanto, é usada uma coordenada vertical de 321 μrad no desenho do círculo de Mohr. O ângulo entre o diâmetro *x–y* e o eixo ε é $2\theta_p$ e seu módulo pode ser calculado usando a função tangente:

$$\tan 2\theta_p = \frac{321}{285} \qquad \therefore 2\theta_p = 48{,}4°$$

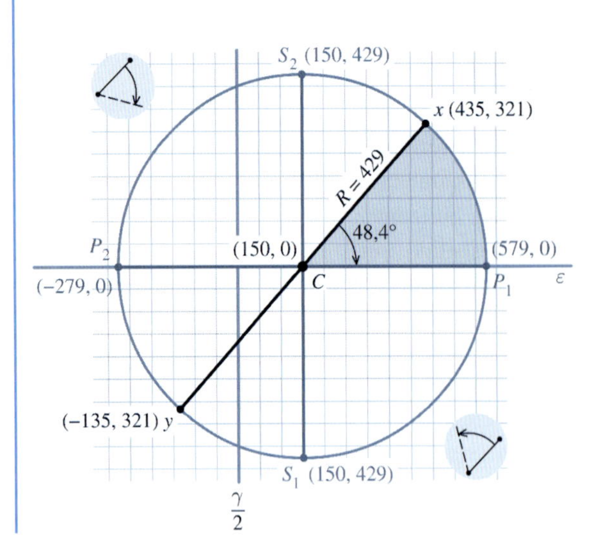

Observe que esse ângulo gira no sentido horário a partir do ponto *x* para o eixo ε.

As deformações específicas principais são determinadas pela localização do centro do círculo *C* e pelo raio do círculo *R*:

$$\begin{aligned} \varepsilon_{p1} &= C + R = 150\ \mu\varepsilon + 429\ \mu\varepsilon = 579\ \mu\varepsilon \\ \varepsilon_{p2} &= C - R = 150\ \mu\varepsilon - 429\ \mu\varepsilon = -279\ \mu\varepsilon \end{aligned}$$

Os valores máximos de γ ocorrem nos pontos S_1 e S_2 localizados na parte de baixo e na parte de cima do círculo de Mohr. O módulo da deformação específica por cisalhamento nesses pontos é igual **ao dobro** do raio do círculo ***R***; portanto, a máxima deformação específica por cisalhamento no plano das deformações é

$$\gamma_{\text{máx}} = 2R = 2(429\ \mu) = 858\ \mu\text{rad}$$

A deformação específica normal associada à deformação específica por cisalhamento máxima no plano das deformações é dada pelo centro do círculo C:

$$\varepsilon_{\text{méd}} = C = 150\ \mu\varepsilon$$

O problema declara que essa é uma condição de **estado plano de deformações**. Portanto, a deformação específica normal transversal ao plano das deformações $\varepsilon_z = 0$ é a terceira deformação específica principal ε_{p3}. Como ε_{p1} é positiva e ε_{p2} é negativa, a deformação específica por cisalhamento máxima absoluta é igual à deformação específica por cisalhamento máxima no plano das deformações. Portanto, o módulo da deformação específica por cisalhamento máxima absoluta (veja a Tabela 13.2) é

$$\gamma_{\text{máx abs}} = \varepsilon_{p1} - \varepsilon_{p2} = 858\ \mu\text{rad}$$ **Resp.**

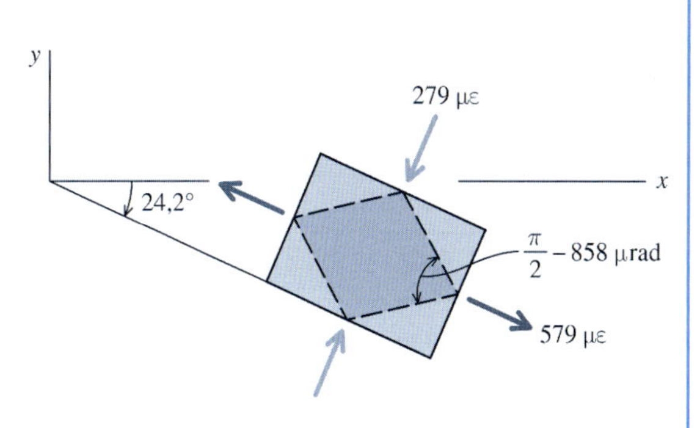

Um desenho completo mostrando as deformações específicas principais, a deformação por cisalhamento máxima no plano das deformações e as orientações das respectivas direções é mostrado na figura. As deformações específicas principais são mostradas pelo retângulo que foi alongado na direção de ε_{p1} (uma vez que $\varepsilon_{p1} = +579\ \mu\varepsilon$) e encurtado na direção de ε_{p2} (uma vez que $\varepsilon_{p2} = -279\ \mu\varepsilon$).

A distorção causada pela deformação específica por cisalhamento máxima no plano das deformações é mostrada por um losango que conecta os quatro pontos médios do paralelepípedo elementar das deformações. Como o raio do círculo de Mohr é $R = 429\ \mu$, a deformação específica por cisalhamento máxima no plano das deformações é $\gamma_{\text{máx}} = 2R = \pm 858$ μrad. Com referência à Figura 13.6, um valor positivo de γ faz com que o ângulo entre as bordas adjacentes de um elemento diminua, formando um ângulo agudo. Portanto, um dos ângulos agudos do losango é identificado com o valor positivo de $\gamma_{\text{máx}}$ como $\pi/2 - 858$ μrad.

Exemplo do MecMovies M13.4

Prática de Círculo de Mohr para as Deformações Específicas (Coach Mohr's Circle of Strain)

Aprenda a construir e a usar o círculo de Mohr para determinar as deformações específicas principais, incluindo a orientação adequada das direções das deformações específicas principais.

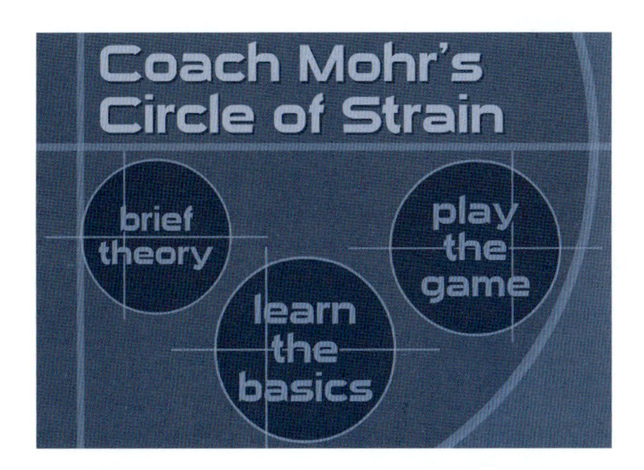

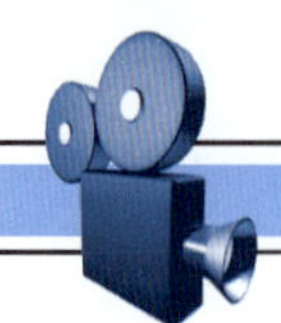

EXERCÍCIOS do MecMovies

M13.4 **Prática de Círculo de Mohr para as Tensões (Coach Mohr's Circle of Strain).** Aprenda a construir e a usar o círculo de Mohr para determinar as tensões principais, incluindo a orientação adequada dos planos das tensões principais. (Jogo)

FIGURA M13.4

PROBLEMAS

P13.23–P13.26 São fornecidas as deformações específicas principais para um ponto de um corpo sujeito ao **estado plano de deformações**. Construa o círculo de Mohr e use-o para:

(a) determinar as deformações específicas ε_x, ε_y e γ_{xy} (admita $\varepsilon_x > \varepsilon_y$).

(b) determinar a máxima deformação específica por cisalhamento das deformações e a deformação específica por cisalhamento máxima absoluta.

(c) desenhar um esquema que mostre o ângulo θ_p, as deformações específicas principais e as deformações específicas por cisalhamento máximas no plano das deformações.

Problema	ε_{p1}	ε_{p2}	θ_p
13.23	630 $\mu\varepsilon$	−470 $\mu\varepsilon$	−20,10°
13.24	760 $\mu\varepsilon$	−930 $\mu\varepsilon$	26,23°
13.25	1.500 $\mu\varepsilon$	335 $\mu\varepsilon$	29,53°
13.26	−575 $\mu\varepsilon$	−2.225 $\mu\varepsilon$	−37,98°

P13.27–P13.38 São fornecidos os componentes de deformações específicas ε_x, ε_y e γ_{xy} para um ponto de um corpo sujeito ao **estado plano de deformações**. Usando o círculo de Mohr, determine as deformações específicas principais, a deformação específica por cisalhamento máxima no plano das deformações e a deformação específica por cisalhamento máxima absoluta no ponto. Mostre em um desenho o ângulo θ_p, as deformações específicas principais e as deformações específicas por cisalhamento.

Problema	ε_x	ε_y	γ_{xy}
13.27	−300 $\mu\varepsilon$	410 $\mu\varepsilon$	−320 μrad
13.28	−240 $\mu\varepsilon$	−540 $\mu\varepsilon$	500 μrad
13.29	−400 $\mu\varepsilon$	−300 $\mu\varepsilon$	1.060 μrad
13.30	1.100 $\mu\varepsilon$	−1.000 $\mu\varepsilon$	−715 μrad
13.31	900 $\mu\varepsilon$	700 $\mu\varepsilon$	−850 μrad
13.32	−825 $\mu\varepsilon$	−225 $\mu\varepsilon$	−420 μrad
13.33	−1.300 $\mu\varepsilon$	−650 $\mu\varepsilon$	1.300 μrad
13.34	140 $\mu\varepsilon$	−280 $\mu\varepsilon$	−810 μrad
13.35	290 $\mu\varepsilon$	1.540 $\mu\varepsilon$	−660 μrad
13.36	970 $\mu\varepsilon$	850 $\mu\varepsilon$	−775 μrad
13.37	−780 $\mu\varepsilon$	120 $\mu\varepsilon$	950 μrad
13.38	−235 $\mu\varepsilon$	−835 $\mu\varepsilon$	175 μrad

13.7 MEDIDAS DE DEFORMAÇÕES ESPECÍFICAS E ROSETAS DE DEFORMAÇÕES

Muitos componentes utilizados em engenharia estão sujeitos a uma combinação de efeitos axiais, torcionais e de flexão. Foram desenvolvidos ao longo deste livro as teorias e os procedimentos para calcular as tensões que cada um desses efeitos causa. Entretanto, há situações nas quais a combinação de efeitos é muito complicada ou incerta para ser estimada apenas com a análise teórica. Nesses casos, é desejada uma análise experimental dos componentes de tensão, seja para uma determinação absoluta das tensões reais, seja para validação de um modelo numérico que será usado para análises subsequentes. A tensão é uma abstração matemática e não pode ser me dida. As deformações específicas, por outro lado, podem ser medidas diretamente por meio de procedimentos experimentais bem definidos. Uma vez medidas as deformações específicas em um componente, as tensões correspondentes podem ser calculadas usando as relações tensão–deformação como a Lei de Hooke.

EXTENSÔMETROS

As deformações podem ser medidas por meio de um componente simples denominado **extensômetro (strain gage)**. O extensômetro é um tipo de resistor elétrico. Mais frequentemente, os extensômetros são malhas finas de metal que ficam coladas à superfície de uma peça de máquina ou a um elemento estrutural. Quando as cargas forem aplicadas, o objeto a ser testado se alonga ou se contrai, criando deformações específicas normais. Como o extensômetro está colado ao objeto, ele sofre a mesma deformação que o objeto. A resistência elétrica da malha de metal varia na proporção de sua deformação. Consequentemente, a medida precisa da variação da resistência no extensômetro serve como medida indireta da deformação específica. A variação da resistência em um extensômetro é muito pequena – muito pequena para ser medida com um ohmímetro comum; entretanto, ela pode ser medida precisamente com um tipo específico de circuito elétrico denominado ponte de Wheatstone. Para cada tipo de extensômetro, a relação entre a deformação específica e a variação da resistência é determinada por meio do procedimento de calibração realizado pelo fabricante. Os fabricantes de extensômetros referem-se a essa propriedade como *fator do extensômetro* (também denominado *fator de sensibilidade*, ou simplesmente *sensibilidade*) que é definido como a relação entre a variação unitária de resistência do extensômetro R e a variação unitária de comprimento L:

$$GF = \frac{\Delta R / R}{\Delta L / L} = \frac{\Delta R / R}{\varepsilon_{\text{méd}}}$$

em que ΔR é a variação da resistência e ΔL é a variação de comprimento do extensômetro. O fator do extensômetro é constante para a pequena variação de resistência encontrada normalmente, e os extensômetros mais comuns possuem uma sensibilidade de cerca de 2. Os extensômetros são muito precisos, mais ou menos baratos e razoavelmente duráveis se forem protegidos de modo adequado de ataques químicos, condições ambientais adversas (como temperatura e umidade elevadas) e danos físicos. Os extensômetros podem medir deformações específicas normais muito pequenas de até 1×10^{-6} tanto para extensômetros estáticos como dinâmicos.

O processo fotocorrosão (*photoetching*) usado para criar as malhas de lâmina metálica é muito versátil, permitindo que seja produzida uma imensa variedade de tamanhos de extensômetros e de malhas. Um extensômetro simples típico é mostrado na Figura 13.7. Como o fio em si é muito frágil e facilmente dobrável, a malha é colada a um suporte de filme fino de plástico, que fornece tanto resistência como isolamento elétrico entre o extensômetro e o objeto a ser testado. Para aplicações gerais dos extensômetros é usado um plástico de poliamida que é resistente e flexível. São adicionadas marcações de alinhamento ao suporte para facilitar a instalação adequada. Fios de chumbo são ligados às guias soldadas (conectores) no extensômetro para que a variação de resistência possa ser monitorada por um sistema de instrumentação adequado.

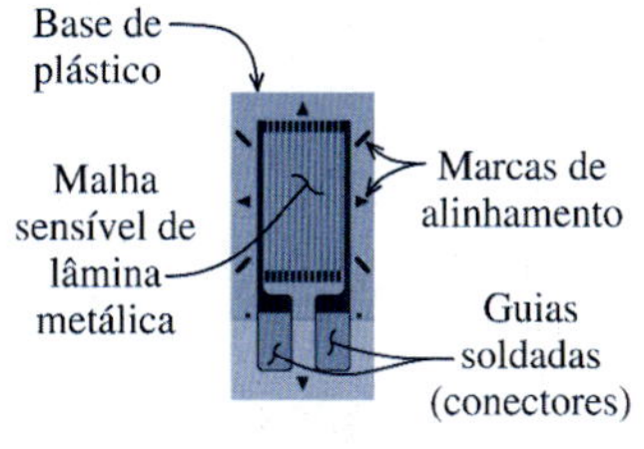

FIGURA 13.7

O objetivo da análise experimental de tensões é determinar o estado de tensões em um ponto específico do objeto a ser testado. Em outras palavras, em última análise o pesquisador deseja determinar σ_x, σ_y e τ_{xy} em um ponto. Para realizar isso, são usados extensômetros para determinar ε_x, ε_y e γ_{xy} e depois são usadas as relações tensão–deformação para calcular as tensões correspondentes. Entretanto, os extensômetros só podem medir deformações específicas normais em uma direção. Portanto, a pergunta se torna "Como podem ser determinados três valores (ε_x, ε_y e γ_{xy}) usando um componente que mede apenas a deformação específica normal ε em uma única direção?"

A equação de transformação de deformações específicas para a deformação específica normal ε_n em uma direção arbitrária θ foi desenvolvida na Seção 13.3.

$$\varepsilon_n = \varepsilon_x \cos^2\theta + \varepsilon_y \operatorname{sen}^2\theta + \gamma_{xy} \operatorname{sen}\theta\cos\theta \tag{13.3}$$

Suponha que ε_n possa ser medida por um extensômetro orientado segundo um ângulo conhecido θ. Permanecem três variáveis desconhecidas – ε_x, ε_y e γ_{xy} – na Equação (13.3). Para encontrar o valor dessas três incógnitas, são exigidas três equações em termos de ε_x, ε_y e γ_{xy}. Essas equações podem ser obtidas usando três extensômetros em conjunto, com cada extensômetro medindo a deformação específica em uma direção diferente. Essa combinação de extensômetros é denominada **roseta de deformações**.

ROSETAS DE DEFORMAÇÕES

A roseta de deformações mostrada na Figura 13.8 é chamada de roseta retangular porque o ângulo entre os extensômetros é 45°. A roseta retangular é o padrão mais comum de roseta.

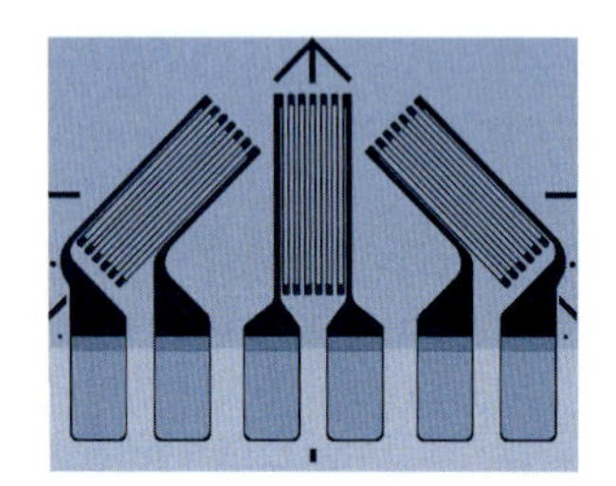

FIGURA 13.8 Roseta de deformações típica.

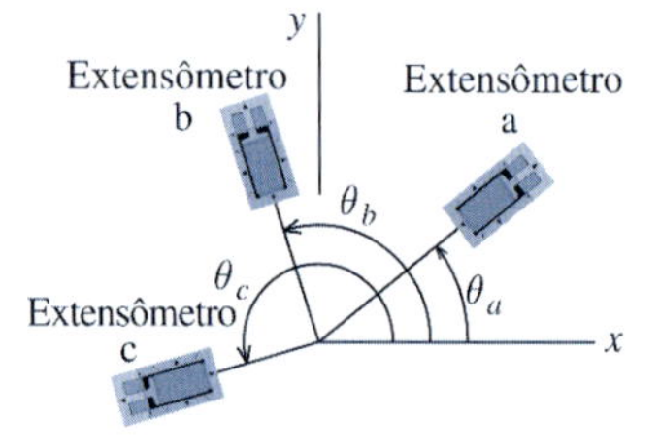

FIGURA 13.9

Uma roseta de deformações típica está ilustrada na Figura 13.8. O extensômetro está configurado de modo que os ângulos entre cada um dos três extensômetros sejam conhecidos. Quando a roseta for fixada no objeto a ser testado, um dos três extensômetros é alinhado a um eixo de referência no objeto; por exemplo, ao longo do eixo longitudinal de uma viga ou de um eixo. Durante o ensaio experimental, as deformações específicas são medidas em cada um dos extensômetros. Pode ser escrita uma equação de transformação de deformações específicas para cada um dos três extensômetros usando a notação indicada na Figura 13.9:

$$\begin{aligned}\varepsilon_a &= \varepsilon_x \cos^2\theta_a + \varepsilon_y \operatorname{sen}^2\theta_a + \gamma_{xy} \operatorname{sen}\theta_a \cos\theta_a \\ \varepsilon_b &= \varepsilon_x \cos^2\theta_b + \varepsilon_y \operatorname{sen}^2\theta_b + \gamma_{xy} \operatorname{sen}\theta_b \cos\theta_b \\ \varepsilon_c &= \varepsilon_x \cos^2\theta_c + \varepsilon_y \operatorname{sen}^2\theta_c + \gamma_{xy} \operatorname{sen}\theta_c \cos\theta_c\end{aligned} \tag{13.14}$$

Neste livro, o ângulo usado para identificar a orientação de cada extensômetro da roseta será medido no sentido anti-horário a partir do eixo x de referência.

As três equações de transformação das deformações específicas na Equação (13.14) podem ser resolvidas simultaneamente para que sejam encontrados os valores de ε_x, ε_y e γ_{xy}. Uma vez determinados ε_x, ε_y e γ_{xy}, podem ser usadas as Equações (13.9), (13.10) e (13.11) ou a construção correspondente do círculo de Mohr para determinar as deformações específicas principais no plano das deformações, suas orientações e a deformação específica por cisalhamento máxima no plano das deformações no ponto.

DEFORMAÇÕES ESPECÍFICAS NA DIREÇÃO TRANSVERSAL AO PLANO DAS DEFORMAÇÕES

As rosetas são fixadas à superfície de um objeto e as tensões na direção transversal ao plano da superfície de um objeto são sempre nulas. Consequentemente, existe um **estado plano de tensões** na roseta. Enquanto as deformações específicas estão na direção transversal ao plano da superfície são nulas para a condição de estado plano de deformações, as deformações específicas na direção transversal ao plano da superfície não são nulas para o estado plano de tensões.

A deformação específica principal $\varepsilon_z = \varepsilon_{p3}$ pode ser determinada com base nos dados medidos no plano das deformações por meio da seguinte equação:

$$\varepsilon_z = -\frac{\nu}{1-\nu}(\varepsilon_x + \varepsilon_y) \tag{13.15}$$

em que ν = coeficiente de Poisson. A obtenção dessa equação será apresentada na próxima seção na análise da Lei de Hooke generalizada. A deformação específica principal na direção transversal ao plano das tensões é importante uma vez que a deformação específica por cisalhamento máxima absoluta no ponto pode ser $(\varepsilon_{p1} - \varepsilon_{p2})$, $(\varepsilon_{p1} - \varepsilon_{p3})$ ou $(\varepsilon_{p3} - \varepsilon_{p2})$, dependendo dos valores relativos dos módulos e dos sinais das deformações específicas principais nos pontos (veja a Seção 13.4).

EXEMPLO 13.4

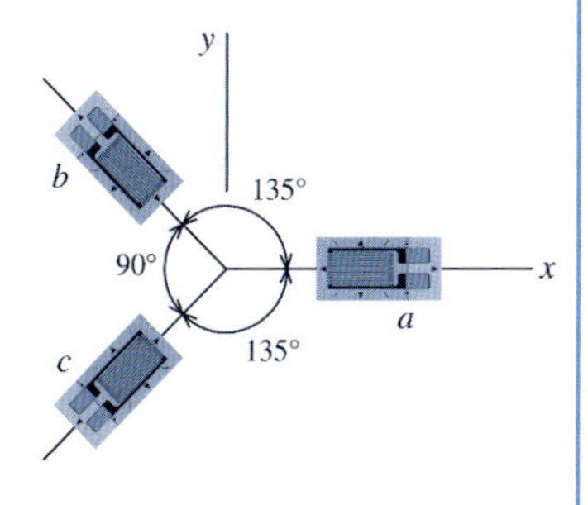

Uma roseta de deformações que consiste em três extensômetros e orientada conforme a figura foi montada na superfície livre de um componente de aço de um equipamento ($\nu = 0{,}30$). Sob carregamento, foram medidas as seguintes deformações específicas:

$$\varepsilon_a = -600\ \mu\varepsilon \qquad \varepsilon_b = -900\ \mu\varepsilon \qquad \varepsilon_c = +700\ \mu\varepsilon$$

Determine as deformações principais e a deformação específica máxima por cisalhamento no ponto. Mostre em um desenho as deformações específicas principais e a deformação específica por cisalhamento máxima no plano das deformações.

Planejamento da Solução

Para calcular as deformações específicas principais e a deformação específica por cisalhamento máxima no plano, devem ser determinadas as deformações específicas ε_x, ε_y e γ_{xy}. Essas deformações específicas normais e de cisalhamento podem ser obtidas a partir dos dados da roseta escrevendo uma equação de transformação de deformações específicas para cada extensômetro e em seguida resolvendo essas três equações ao mesmo tempo. Por estar alinhado com o eixo x, o extensômetro a mede diretamente a deformação específica normal ε_x e assim reduz os dados dos extensômetros que na realidade tornam necessário resolver simultaneamente apenas duas equações para que sejam encontrados os valores de ε_y e γ_{xy}.

SOLUÇÃO

Devem ser determinados os ângulos θ_a, θ_b e θ_c para os três extensômetros. Embora não seja uma exigência absoluta, os problemas de roseta de deformações como esse ficam mais fáceis de resolver se todos os ângulos θ forem medidos no sentido anti-horário a partir do eixo de referência x. Para a configuração de roseta usada neste problema, os três ângulos são $\theta_a = 0°$, $\theta_b = 135°$ e $\theta_c = 225°$. Usando esses ângulos, escreva uma equação de transformação de deformações específicas para cada extensômetro, em que ε_n é o valor da deformação específica medido experimentalmente. Portanto,

Equação para o extensômetro *a*:

$$-600 = \varepsilon_x \cos^2(0°) + \varepsilon_y \operatorname{sen}^2(0°) + \gamma_{xy} \operatorname{sen}(0°)\cos(0°) \qquad \text{(a)}$$

Equação para o extensômetro *b*:

$$-900 = \varepsilon_x \cos^2(135°) + \varepsilon_y \operatorname{sen}^2(135°) + \gamma_{xy} \operatorname{sen}(135°)\cos(135°) \qquad \text{(b)}$$

Equação para o extensômetro *c*:

$$+700 = \varepsilon_x \cos^2(225°) + \varepsilon_y \operatorname{sen}^2(225°) + \gamma_{xy} \operatorname{sen}(225°)\cos(225°) \qquad \text{(c)}$$

Como sen(0°) = 0, a Equação (a) se reduz a $\varepsilon_x = -600\ \mu\varepsilon$. Substitua esse resultado nas Equações (b) e (c) e reúna os termos constantes no lado esquerdo das equações:

$$-600 = 0{,}5\varepsilon_y - 0{,}5\gamma_{xy}$$
$$+1.000 = 0{,}5\varepsilon_y + 0{,}5\gamma_{xy}$$

Em geral, as orientações dos extensômetros usadas nos padrões comuns de rosetas produzem um par de equações de formato similar ao dessas duas equações, tornando-as especialmente fácil de serem resolvidas ao mesmo tempo. Para obter ε_y, as duas equações são somadas entre si para fornecer $\varepsilon_y = +400\ \mu\varepsilon$. Subtraindo essas duas equações tem-se $\gamma_{xy} = +1.600\ \mu\text{rad}$. Portanto, o estado de deformação que existe no ponto do componente de aço do equipamento pode ser resumido como $\varepsilon_x = -600\ \mu\varepsilon$, $\varepsilon_y = +400\ \mu\varepsilon$ e $\gamma_{xy} = +1.600\ \mu\text{rad}$. Essas deformações específicas serão usadas para determinar as deformações específicas principais e a deformação específica de cisalhamento máxima no plano das deformações.

Da Equação (13.10), as deformações específicas principais podem ser calculadas como

$$\varepsilon_{p1,\,p2} = \frac{\varepsilon_x + \varepsilon_y}{2} \pm \sqrt{\left(\frac{\varepsilon_x - \varepsilon_y}{2}\right)^2 + \left(\frac{\gamma_{xy}}{2}\right)^2}$$

$$= \frac{-600 + 400}{2} \pm \sqrt{\left(\frac{-600 - 400}{2}\right)^2 + \left(\frac{1.600}{2}\right)^2}$$

$$= -100 \pm 943$$

$$= +843\ \mu\varepsilon,\ -1.043\ \mu\varepsilon$$ **Resp.**

e da Equação (13.11), a máxima deformação específica de cisalhamento no plano das tensões é

$$\frac{\gamma_{\text{máx}}}{2} = \pm\sqrt{\left(\frac{\varepsilon_x - \varepsilon_y}{2}\right)^2 + \left(\frac{\gamma_{xy}}{2}\right)^2}$$

$$= \pm\sqrt{\left(\frac{-600 - 400}{2}\right)^2 + \left(\frac{1.600}{2}\right)^2}$$

$$= 943{,}4\ \mu\text{rad}$$

$$\therefore \gamma_{\text{máx}} = 1.887\ \mu\text{rad}$$ **Resp.**

As direções principais no plano das tensões podem ser determinadas pela Equação (13.9):

$$\tan 2\theta_p = \frac{\gamma_{xy}}{(\varepsilon_x - \varepsilon_y)} = \frac{1.600}{-600 - 400} = \frac{1.600}{-1.000} \qquad \textbf{Nota: } \varepsilon_x - \varepsilon_y < 0$$

$$\therefore 2\theta_p = -58{,}0° \quad \text{e assim} \quad \theta_p = -29{,}0°$$

Como $\varepsilon_x - \varepsilon_y < 0$, θ_p indicará o ângulo entre a direção x e a direção ε_{p2}.

A roseta das deformações é fixada à *superfície* do componente de aço do equipamento; portanto, essa é uma condição de **estado plano de tensões**. Em consequência, a **deformação específica normal na direção transversal ao plano das tensões** ε_z **não será nula**. A terceira deformação específica principal ε_{p3} pode ser calculada utilizando a Equação (13.15):

$$\varepsilon_{p3} = \varepsilon_z = -\frac{\nu}{1-\nu}(\varepsilon_x + \varepsilon_y) = -\frac{0{,}3}{1-0{,}3}(-600 + 400) = +85{,}7\ \mu\varepsilon$$

Como $\varepsilon_{p2} < \varepsilon_{p3} < \varepsilon_{p1}$ (veja a Tabela 13.2), a deformação específica por cisalhamento máxima absoluta será igual à máxima deformação específica por cisalhamento no plano das tensões:

$$\gamma_{\text{máx abs}} = \varepsilon_{p1} - \varepsilon_{p2} = 843\ \mu\varepsilon - (-1.043\ \mu\varepsilon) = 1.887\ \mu\text{rad}$$

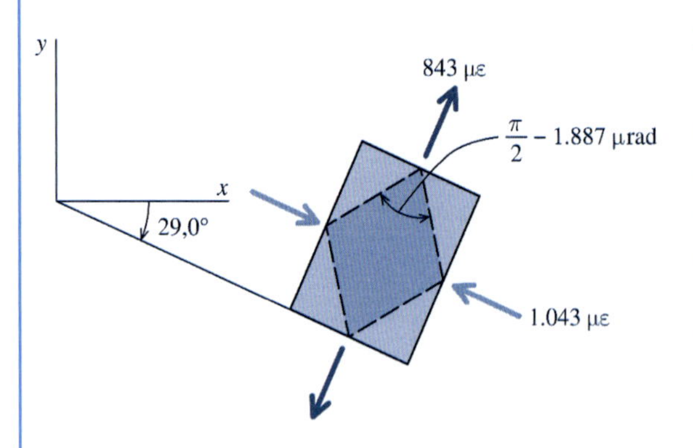

Desenho das Deformações e das Distorções

As deformações específicas principais estão orientadas a 29,0° no sentido horário a partir da direção x. Como $\varepsilon_x - \varepsilon_y < 0$, a deformação específica principal correspondente a essa direção é $\varepsilon_{p2} = -1.043\ \mu\varepsilon$. O elemento se contrai nessa direção. Na direção perpendicular, a deformação específica principal é $\varepsilon_{p1} = 843\ \mu\varepsilon$, significando que o elemento se alonga.

A distorção causada pela máxima deformação específica por cisalhamento no plano das tensões é mostrada pelo losango que liga os pontos médios de cada uma das bordas do retângulo.

Exemplo do MecMovies M13.5

A roseta de deformações mostrada foi usada para obter os dados de deformações específicas normais em um ponto da superfície livre de uma peça de um equipamento. Determine:

(a) os componentes ε_x, ε_y e γ_{xy} das deformações específicas no ponto.

(b) as deformações específicas principais e a deformação específica por cisalhamento máxima no ponto.

Exemplo 1

$\varepsilon_a = -215\ \mu\varepsilon$
$\varepsilon_b = -130\ \mu\varepsilon$
$\varepsilon_c = +460\ \mu\varepsilon$

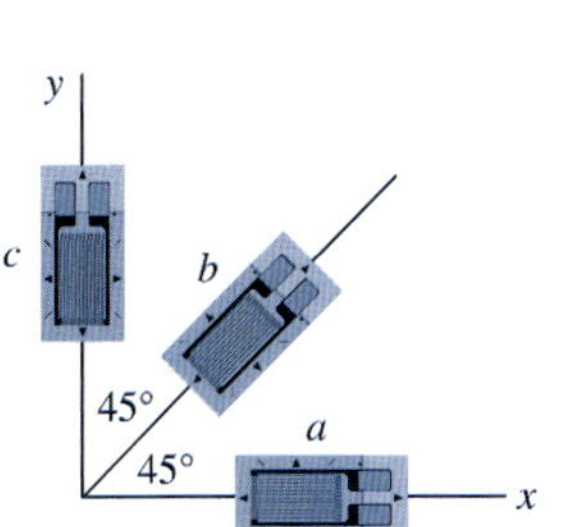

Exemplo 2

$\varepsilon_a = +800\ \mu\varepsilon$
$\varepsilon_b = -200\ \mu\varepsilon$
$\varepsilon_c = +625\ \mu\varepsilon$

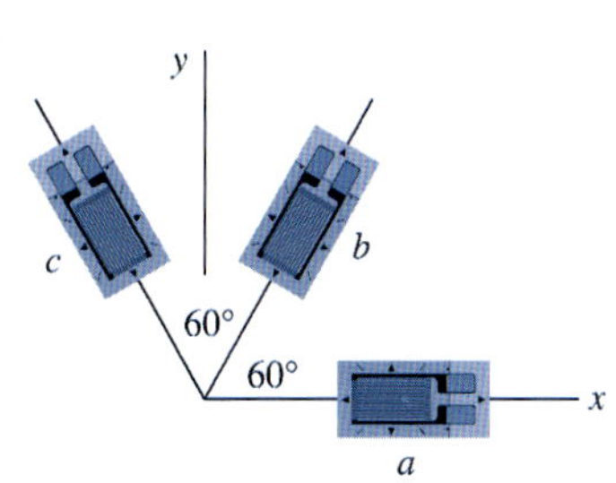

EXERCÍCIOS do MecMovies

M13.5 **Medição de Deformações Específicas por Meio de Rosetas.** Uma roseta de deformações foi usada para obter os dados de deformações específicas normais em um ponto na superfície livre de uma peça de um equipamento. Determine as deformações específicas normais, a deformação específica por cisalhamento e as deformações específicas principais no plano x–y.

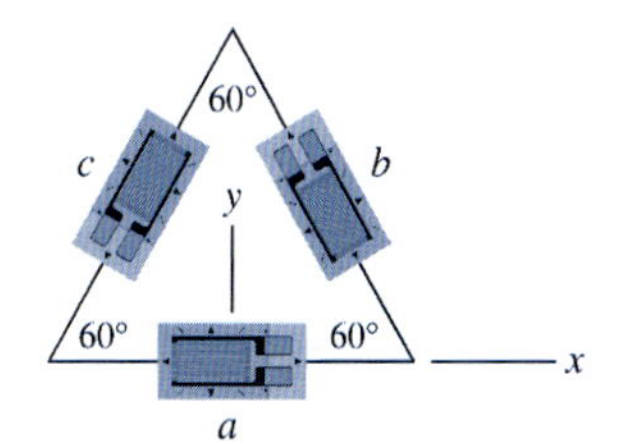

FIGURA M13.5

PROBLEMAS

P13.39–P13.48 A roseta de deformações mostrada nas Figuras P13.39–P13.48 foi usada para obter os dados de deformações específicas normais em um ponto da superfície livre de uma peça de um equipamento.

(a) Determine os componentes ε_x, ε_y e γ_{xy} das deformações específicas no ponto.

(b) Determine as deformações específicas principais e a máxima deformação específica por cisalhamento no plano das tensões no ponto.

(c) Desenhe uma figura mostrando o ângulo θ_p, as deformações específicas principais e a máxima deformação específica por cisalhamento no plano das tensões.

(d) Determine o módulo da deformação específica por cisalhamento máxima absoluta.

Problema	ε_a	ε_b	ε_c	ν
13,39	550 $\mu\varepsilon$	−730 $\mu\varepsilon$	−375 $\mu\varepsilon$	0,30
13,40	650 $\mu\varepsilon$	−450 $\mu\varepsilon$	−585 $\mu\varepsilon$	0,12
13,41	730 $\mu\varepsilon$	235 $\mu\varepsilon$	335 $\mu\varepsilon$	0,33
13,42	−1.320 $\mu\varepsilon$	−840 $\mu\varepsilon$	−215 $\mu\varepsilon$	0,33
13,43	−230 $\mu\varepsilon$	−130 $\mu\varepsilon$	205 $\mu\varepsilon$	0,15
13,44	−490 $\mu\varepsilon$	−375 $\mu\varepsilon$	350 $\mu\varepsilon$	0,30
13,45	−1.450 $\mu\varepsilon$	−1.625 $\mu\varepsilon$	−440 $\mu\varepsilon$	0,15
13,46	680 $\mu\varepsilon$	1.830 $\mu\varepsilon$	430 $\mu\varepsilon$	0,33
13,47	380 $\mu\varepsilon$	590 $\mu\varepsilon$	−295 $\mu\varepsilon$	0,12
13,48	285 $\mu\varepsilon$	−470 $\mu\varepsilon$	525 $\mu\varepsilon$	0,30

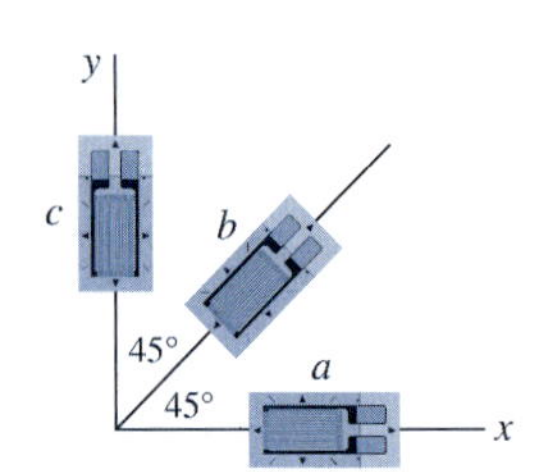

FIGURA P13.39

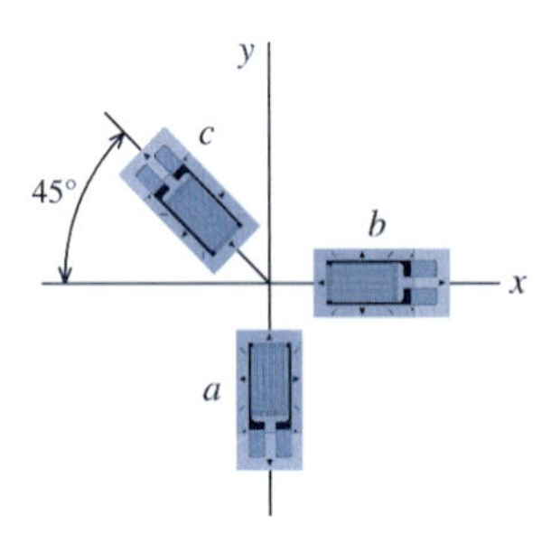

FIGURA P13.40

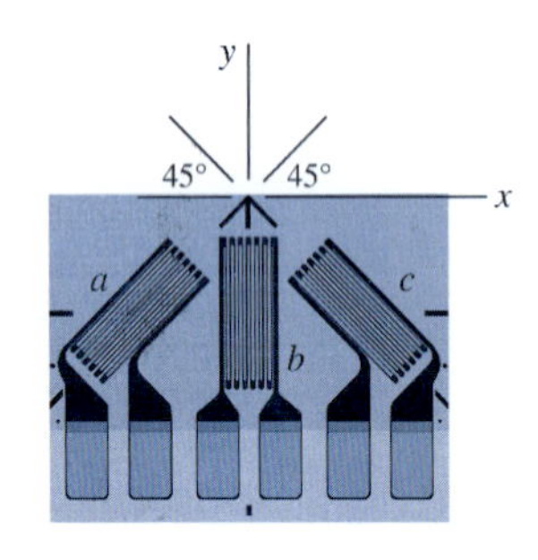

FIGURA P13.41

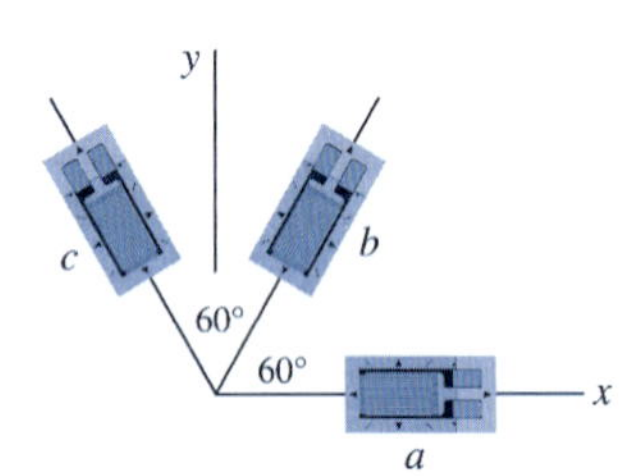

FIGURA P13.42

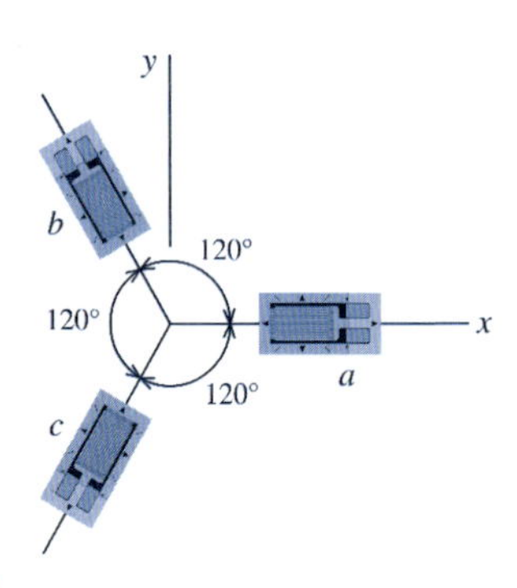

FIGURA P13.43

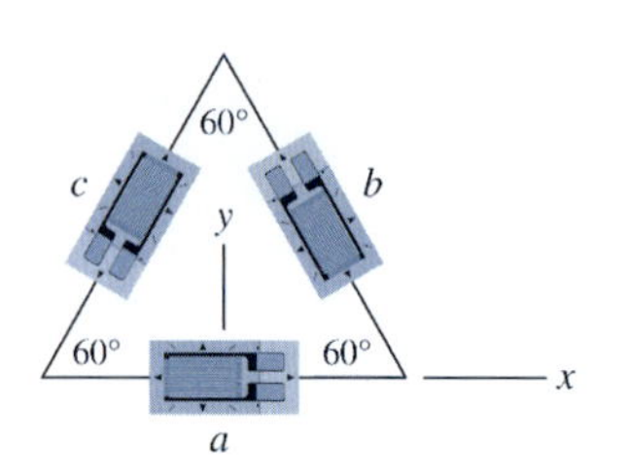

FIGURA P13.44

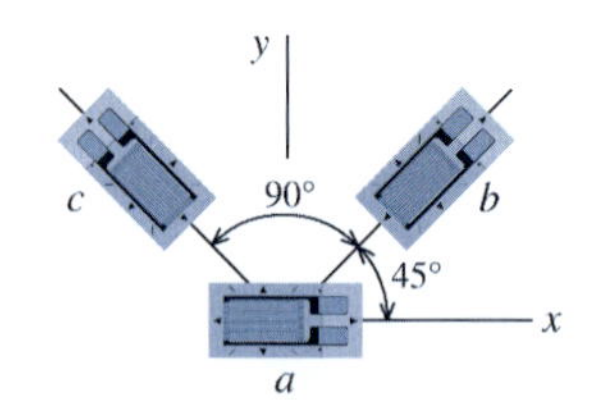

FIGURA P13.45

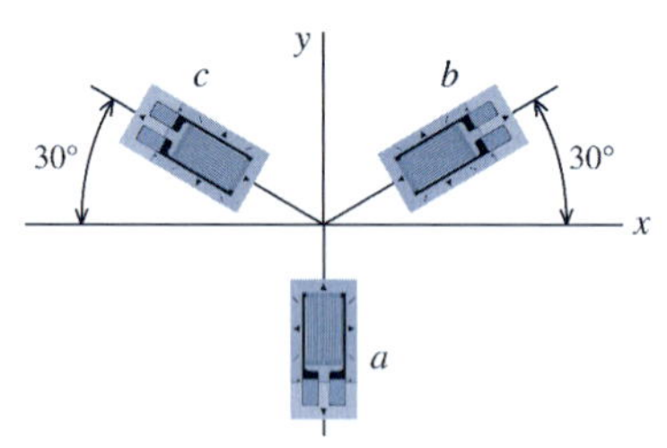

FIGURA P13.46

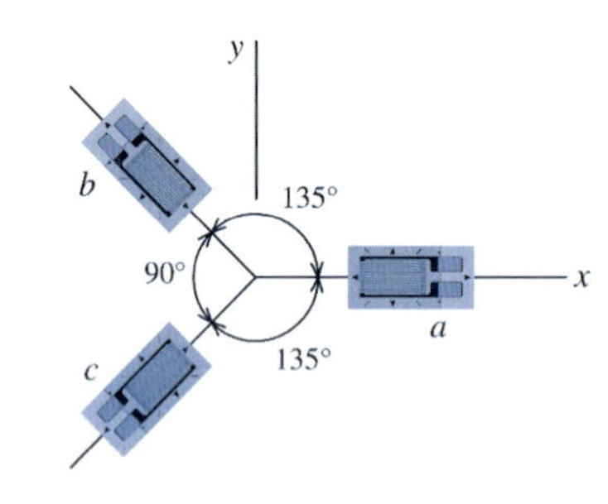

FIGURA P13.47

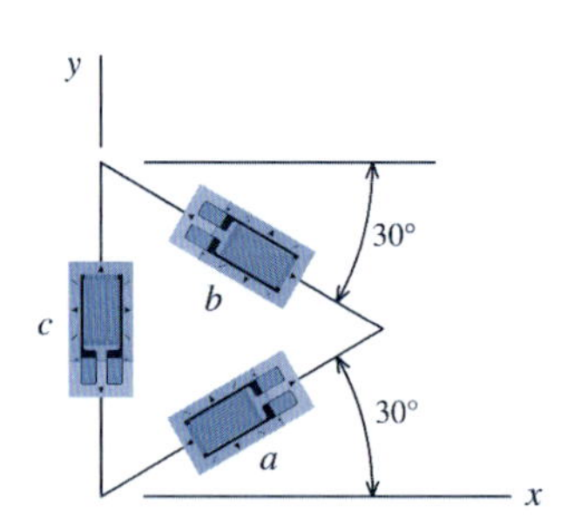

FIGURA P13.48

13.8 LEI DE HOOKE GENERALIZADA PARA MATERIAIS ISOTRÓPICOS

A Lei de Hooke [veja a Equação (3.4)] pode ser estendida de modo a incluir estados de tensões bidimensionais (Figura 13.10) e tridimensionais (Figura 13.11) encontrados frequentemente na prática da engenharia. Examinaremos os materiais isotrópicos, que são materiais com propriedades (como o módulo de elasticidade E e o coeficiente de Poisson ν) independentes da orientação. Em outras palavras, para materiais isotrópicos, E e ν são os mesmos em qualquer direção.

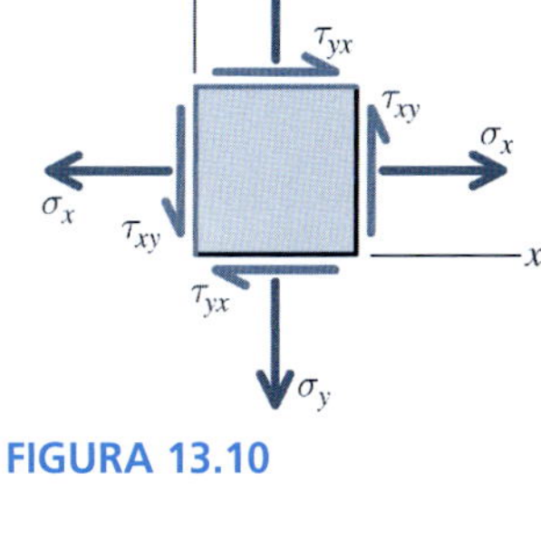

FIGURA 13.10

A Figura 13.2 mostra um elemento diferencial de material sujeito a três tensões normais diferentes: σ_x, σ_y e σ_z. Na Figura 13.12*a*, uma tensão normal positiva σ_x produz uma deformação específica normal positiva (isto é, um alongamento) na direção x:

$$\varepsilon_x = \frac{\sigma_x}{E}$$

Embora a tensão seja aplicada apenas na direção x, são produzidas deformações específicas normais nas direções y e z devido ao efeito de Poisson:

$$\varepsilon_y = -\nu\frac{\sigma_x}{E} \qquad \varepsilon_z = -\nu\frac{\sigma_x}{E}$$

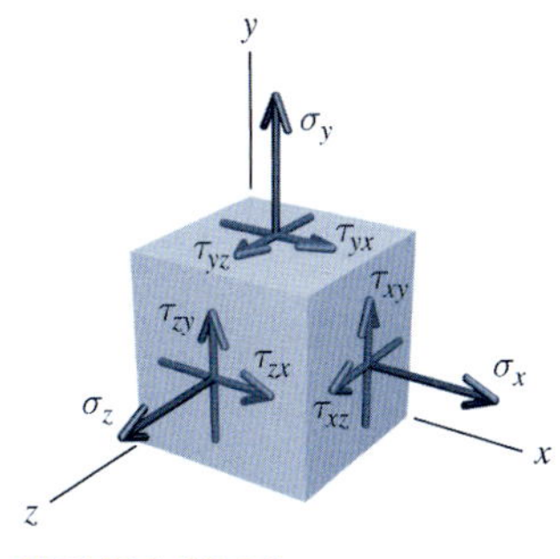

FIGURA 13.11

Observe que essas deformações específicas na direção transversal são negativas (ou seja, uma contração). Se o elemento se alongar na direção x, então ele vai se contrair nas direções transversais e vice-versa.

Similarmente, a tensão normal σ_y não apenas produz deformações específicas na direção y como também nas direções transversais (Figura 13.12*b*):

$$\varepsilon_y = \frac{\sigma_y}{E} \qquad \varepsilon_x = -\nu\frac{\sigma_y}{E} \qquad \varepsilon_z = -\nu\frac{\sigma_y}{E}$$

Da mesma forma, a tensão normal σ_z produz as deformações específicas (Figura 13.12*c*)

$$\varepsilon_z = \frac{\sigma_z}{E} \qquad \varepsilon_x = -\nu\frac{\sigma_z}{E} \qquad \varepsilon_y = -\nu\frac{\sigma_z}{E}$$

Se todas as três tensões normais σ_x, σ_y e σ_z agirem ao mesmo tempo no elemento, sua deformação pode ser determinada somando as deformações resultantes de cada tensão normal. Esse procedimento está baseado no *princípio da superposição*, que declara que os efeitos de carregamentos isolados podem ser somados algebricamente se forem satisfeitas duas condições:

1. Cada efeito estiver relacionado linearmente com o carregamento que o produziu.
2. O efeito do primeiro carregamento não modifica significativamente o efeito do segundo carregamento.

A primeira condição será satisfeita se as tensões não superarem o limite de proporcionalidade do material. A segunda condição será satisfeita se as deformações forem pequenas, de forma que as pequenas variações das áreas das faces do paralelepípedo elementar não produzam variação significativa de tensões.

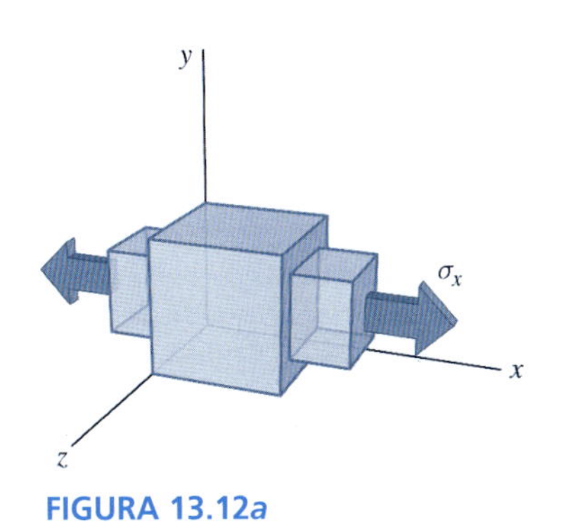

FIGURA 13.12*a*

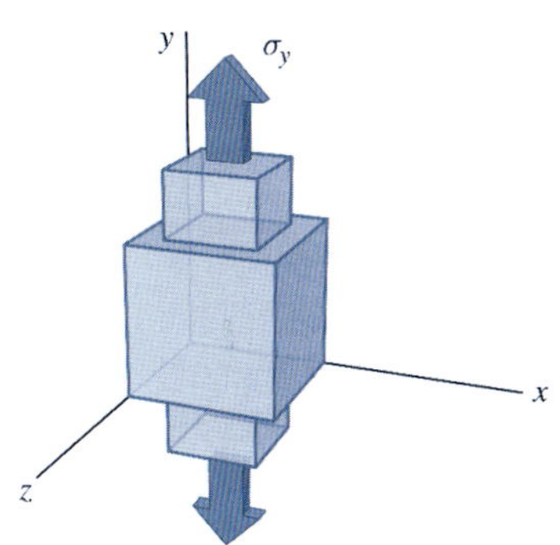

FIGURA 13.12*b*

FIGURA 13.12*c*

Usando o princípio da superposição, as relações entre as deformações específicas normais e as tensões normais podem ser escritas como

$$\begin{aligned} \varepsilon_x &= \frac{1}{E}[\sigma_x - \nu(\sigma_y + \sigma_z)] \\ \varepsilon_y &= \frac{1}{E}[\sigma_y - \nu(\sigma_x + \sigma_z)] \\ \varepsilon_z &= \frac{1}{E}[\sigma_z - \nu(\sigma_x + \sigma_y)] \end{aligned} \tag{13.16}$$

A deformação produzida em um paralelepípedo elementar pelas tensões cisalhantes τ_{xy}, τ_{yz} e τ_{xz} é mostrada na Figura 13.13. Não existe efeito de Poisson associado à deformação específica por cisalhamento; portanto, a relação entre a deformação específica por cisalhamento e a tensão cisalhante pode ser escrita como

$$\gamma_{xy} = \frac{1}{G}\tau_{xy} \qquad \gamma_{yz} = \frac{1}{G}\tau_{yz} \qquad \gamma_{zx} = \frac{1}{G}\tau_{zx} \tag{13.17}$$

em que G é o módulo de elasticidade transversal, que está relacionado com o módulo de elasticidade E e com o coeficiente de Poisson ν por

$$G = \frac{E}{2(1 + \nu)} \tag{13.18}$$

As Equações (13.16) e (13.17) são conhecidas como a **Lei de Hooke generalizada** para materiais isotrópicos. Observe que as tensões cisalhantes não afetam as expressões para as deformações específicas normais e que as tensões normais não afetam as expressões para as deformações específicas por cisalhamento; portanto, as relações normais e cisalhantes são independentes entre si. Além disso, as expressões para as deformações específicas por cisalhamento na Equação (13.17) são independentes entre si, diferentemente das expressões para as deformações específicas normais na Equação (13.16) onde aparecem todas as três tensões normais. Por exemplo, a deformação específica por cisalhamento γ_{xy} é afetada unicamente pela tensão cisalhante τ_{xy}.

Adicionalmente, as Equações (13.16) e (13.17) podem ser resolvidas de modo a fornecer os valores das tensões em termos das deformações como

$$\begin{aligned} \sigma_x &= \frac{E}{(1+\nu)(1-2\nu)}[(1-\nu)\varepsilon_x + \nu(\varepsilon_y + \varepsilon_z)] \\ \sigma_y &= \frac{E}{(1+\nu)(1-2\nu)}[(1-\nu)\varepsilon_y + \nu(\varepsilon_x + \varepsilon_z)] \\ \sigma_z &= \frac{E}{(1+\nu)(1-2\nu)}[(1-\nu)\varepsilon_z + \nu(\varepsilon_x + \varepsilon_y)] \end{aligned} \tag{13.19}$$

e

$$\tau_{xy} = G\gamma_{xy} \qquad \tau_{yz} = G\gamma_{yz} \qquad \tau_{zx} = G\gamma_{zx} \tag{13.20}$$

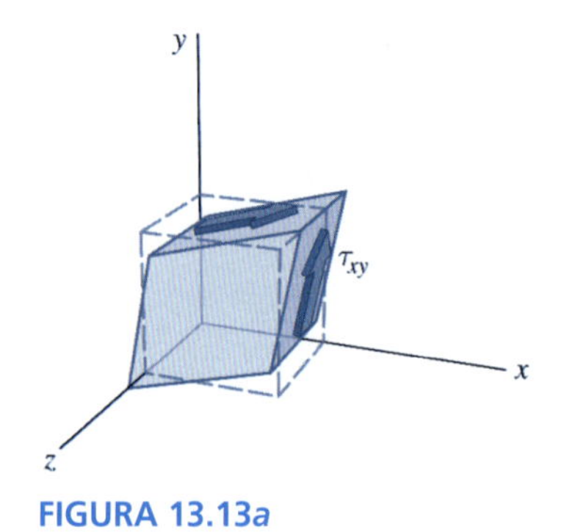

FIGURA 13.13*a*

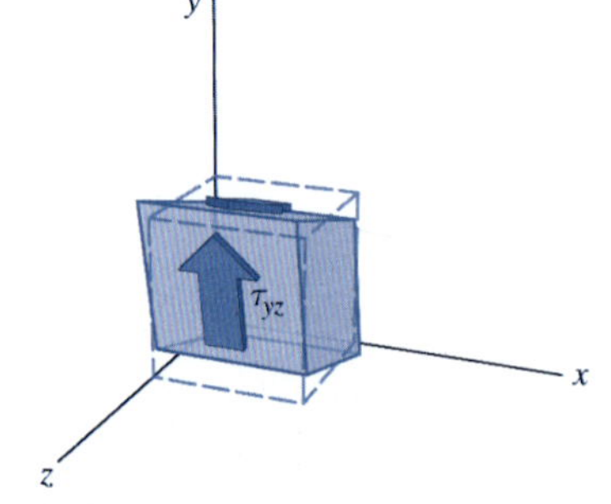

FIGURA 13.13*b*

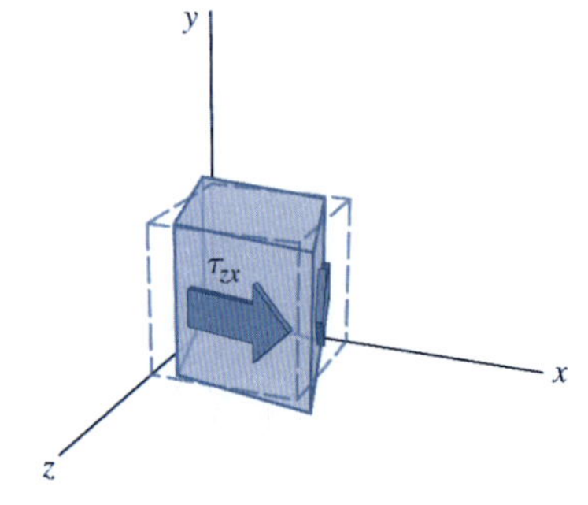

FIGURA 13.13*c*

CASO ESPECIAL DO ESTADO PLANO DE TENSÕES

Quando as tensões agem apenas no plano x–y (Figura 13.10), $\sigma_z = 0$ e $\tau_{yz} = \tau_{zx} = 0$. Consequentemente, a Equação (13.16) se reduz a

$$\begin{aligned} \varepsilon_x &= \frac{1}{E}(\sigma_x - \nu\sigma_y) \\ \varepsilon_y &= \frac{1}{E}(\sigma_y - \nu\sigma_x) \\ \varepsilon_z &= -\frac{\nu}{E}(\sigma_x + \sigma_y) \end{aligned} \tag{13.21}$$

O MecMovies 13.7 apresenta um desenvolvimento animado da equação da Lei de Hooke generalizada para tensões biaxiais.

e a Equação (13.17) é simplesmente

$$\gamma_{xy} = \frac{1}{G}\tau_{xy} \tag{13.22}$$

Quando as Equações (13.21) forem resolvidas simultaneamente para fornecer os valores das tensões em termos das deformações específicas, obtém-se

$$\begin{aligned} \sigma_x &= \frac{E}{1-\nu^2}(\varepsilon_x + \nu\varepsilon_y) \\ \sigma_y &= \frac{E}{1-\nu^2}(\varepsilon_y + \nu\varepsilon_x) \end{aligned} \tag{13.23}$$

As Equações (13.23) podem ser usadas para calcular as tensões normais correspondentes a deformações específicas normais medidas ou calculadas.

Observe que a deformação específica normal na direção transversal ao plano das tensões geralmente não é igual a zero para uma condição de estado plano de tensões. Uma expressão para ε_z em termos de ε_x e ε_y foi escrita na Equação (13.15). Essa equação pode ser obtida substituindo as Equações (13.23) na expressão

$$\varepsilon_z = -\frac{\nu}{E}(\sigma_x + \sigma_y)$$

para fornecer

$$\begin{aligned} \varepsilon_z &= -\frac{\nu}{E}(\sigma_x + \sigma_y) = -\frac{\nu}{E}\frac{E}{1-\nu^2}[(\varepsilon_x + \nu\varepsilon_y) + (\varepsilon_y + \nu\varepsilon_x)] \\ &= -\frac{\nu}{(1-\nu)(1+\nu)}[(1+\nu)\varepsilon_x + (1+\nu)\varepsilon_y] \\ &= -\frac{\nu}{(1-\nu)}(\varepsilon_x + \varepsilon_y) \end{aligned} \tag{13.24}$$

EXEMPLO 13.5

Na superfície livre de um componente de alumínio [E = 10.000 ksi (68,9 GPa); ν = 0,33], três extensômetros dispostos conforme a figura registraram as seguintes deformações específicas: $\varepsilon_a = -420\ \mu\varepsilon$, $\varepsilon_b = +380\ \mu\varepsilon$ e $\varepsilon_c = +240\ \mu\varepsilon$.

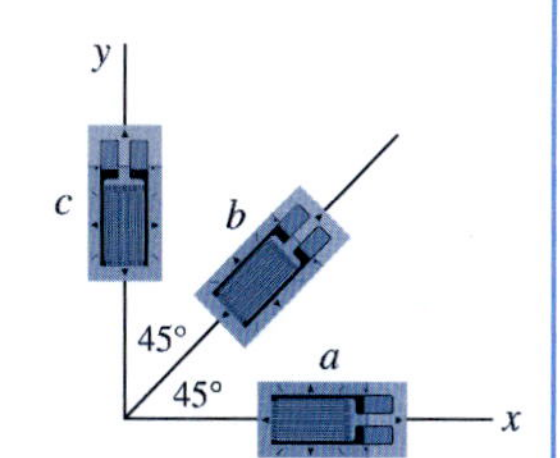

Determine a tensão normal que age ao longo do eixo do extensômetro b (isto é, em um ângulo de $\theta = +45°$ em relação ao eixo x positivo).

Planejamento da Solução

À primeira vista, pode-se ficar tentado a usar a deformação específica medida no extensômetro b e o módulo de elasticidade E para calcular a deformação específica normal que age na direção especificada. Entretanto, isso não é correto porque não existe um estado de tensões uniaxiais.

Em outras palavras, a tensão normal que age na direção de 45° não é a única tensão que atua no material. Para resolver esse problema, em primeiro lugar reduza os dados da roseta de deformações para obter ε_x, ε_y e γ_{xy}. A seguir, as tensões σ_x, σ_y e τ_{xy} podem ser calculadas pelas Equações (13.23) e (13.22). Finalmente, a tensão normal na direção especificada pode ser calculada por meio da equação de transformação de tensões.

SOLUÇÃO

Da geometria da roseta, o extensômetro a mede a deformação específica na direção x e o extensômetro c mede a deformação na direção y. Portanto, $\varepsilon_x = -420\ \mu\varepsilon$ e $\varepsilon_y = +240\ \mu\varepsilon$. Para calcular a deformação específica por cisalhamento γ_{xy}, escreva uma transformação de deformações específicas para o extensômetro b:

$$+380 = \varepsilon_x \cos^2(45°) + \varepsilon_y \,\text{sen}^2(45°) + \gamma_{xy}\,\text{sen}(45°)\cos(45°)$$

e encontre o valor de γ_{xy}:

$$+380 = (-420)\cos^2(45°) + (240)\,\text{sen}^2(45°) + \gamma_{xy}\,\text{sen}(45°)\cos(45°)$$

$$\therefore \gamma_{xy} = \frac{380 + (420)(0{,}5) - (240)(0{,}5)}{0{,}5} = +940\ \mu\text{rad}$$

Como a roseta de deformações está fixa à superfície do componente de alumínio, essa é uma condição de estado plano de tensões. Use as Equações (13.23) da Lei de Hooke generalizada e as propriedades do material $E = 10.000$ ksi e $\nu = 0{,}33$ para calcular as tensões normais σ_x e σ_y por meio das deformações específicas normais ε_x e ε_y:

$$\sigma_x = \frac{E}{1-\nu^2}(\varepsilon_x + \nu\varepsilon_y) = \frac{10.000\text{ ksi}}{1-(0{,}33)^2}[(-420\times10^{-6}) + 0{,}33(240\times10^{-6})] = -3{,}82\text{ ksi}$$

$$\sigma_y = \frac{E}{1-\nu^2}(\varepsilon_y + \nu\varepsilon_x) = \frac{10{,}00\text{ ksi}}{1-(0{,}33)^2}[(240\times10^{-6}) + 0{,}33(-420\times10^{-6})] = 1{,}138\text{ ksi}$$

Nota: As medidas de deformações específicas registradas em microdeformações ($\mu\varepsilon$) devem ser convertidas em quantidades adimensionais (isto é, in/in) durante esses cálculos.

Antes que a tensão cisalhante τ_{xy} possa ser calculada, deve ser encontrado o valor do módulo de elasticidade transversal G para o material alumínio por meio da Equação (13.18):

$$G = \frac{E}{2(1+\nu)} = \frac{10.000\text{ ksi}}{2(1+0{,}33)} = 3.760\text{ ksi}$$

A tensão cisalhante τ_{xy} é calculada por meio da Equação (13.22), que está reorganizada para que seja encontrado o valor da tensão:

$$\tau_{xy} = G\gamma_{xy} = (3.760\text{ ksi})(940\times10^{-6}) = 3{,}53\text{ ksi}$$

Finalmente, a tensão normal que age na direção de $\theta = 45°$ pode ser calculada por uma equação de transformação de tensões, como a Equação (12.5):

$$\begin{aligned}\sigma_n &= \sigma_x\cos^2\theta + \sigma_y\,\text{sen}^2\theta + 2\tau_{xy}\,\text{sen}\,\theta\cos\theta \\ &= (-3{,}82\text{ ksi})\cos^2 45° + (1{,}138\text{ ksi})\,\text{sen}^2 45° + 2(3{,}53\text{ ksi})\,\text{sen}\,45°\cos 45° \\ &= 2{,}19\text{ ksi (T)}\end{aligned}$$

Resp.

EXEMPLO 13.6

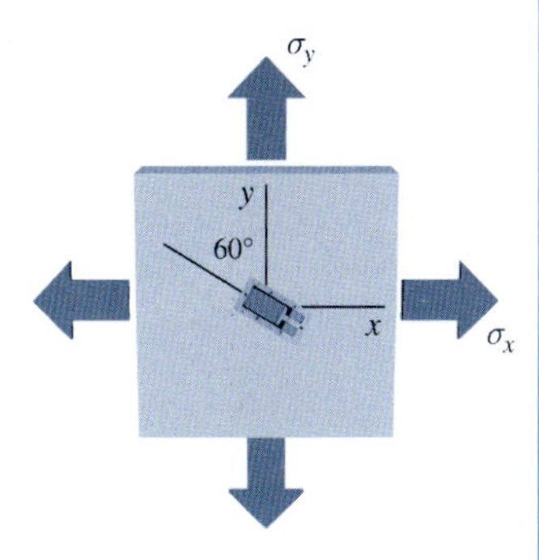

Uma placa fina de aço [E = 210 GPa; G = 80 GPa] está sujeita a um estado biaxial (plano) de tensões. A tensão normal na direção x é conhecida como σ_x = 70 MPa. O extensômetro mede uma deformação específica normal de +230 $\mu\varepsilon$ na direção indicada na superfície livre da placa.

(a) Determine o módulo de σ_x que age na placa.

(b) Determine as deformações específicas principais e a deformação específica por cisalhamento máxima no plano das tensões. Mostre em um desenho as deformações específicas principais e a máxima deformação específica por cisalhamento no plano das tensões.

(c) Determine o módulo da deformação específica por cisalhamento máxima na placa.

Planejamento da Solução

Para começar essa solução, escreveremos uma equação de transformação de deformações específicas para o extensômetro orientado conforme ilustrado. A equação vai expressar a deformação específica ε_n medida no extensômetro em termos das deformações específicas nas direções x e y. Como não há tensão cisalhante τ_{xy} agindo na placa, a deformação específica por cisalhamento γ_{xy} será zero e a equação de transformação de deformações será reduzida para termos que envolvem apenas ε_x e ε_y. As Equações (13.21) da Lei de Hooke generalizada para ε_x e ε_y em termos de σ_x e σ_y podem ser substituídas na equação de transformação de deformações, produzindo uma equação na qual a única incógnita será σ_y. Depois de encontrar o valor de σ_y, as Equações (13.21) podem ser usadas para calcular ε_x, ε_y e ε_z. Esses valores serão usados para determinar as deformações específicas principais, a máxima deformação específica por cisalhamento no plano das tensões e a deformação específica por cisalhamento máxima absoluta na placa.

SOLUÇÃO

(a) Tensão Normal σ_y

O extensômetro está orientado segundo um ângulo θ = 150°. Usando esse ângulo, escreva uma equação de transformação de deformação específica para o extensômetro, onde a deformação específica ε_n é o valor medido pelo extensômetro.

$$+230\ \mu\varepsilon = \varepsilon_x \cos^2(150°) + \varepsilon_y \operatorname{sen}^2(150°) + \gamma_{xy} \operatorname{sen}(150°)\cos(150°)$$

Observe que a deformação específica por cisalhamento γ_{xy} está relacionada à tensão cisalhante τ_{xy} pela Equação (13.22):

$$\gamma_{xy} = \frac{1}{G}\tau_{xy}$$

Como $\tau_{xy} = 0$, a deformação específica por cisalhamento γ_{xy} também deve ser igual a zero; desta forma, a equação de transformação de deformações específicas se reduz a

$$+230\ \mu\varepsilon = 230 \times 10^{-6}\text{mm/mm} = \varepsilon_x \cos^2(150°) + \varepsilon_y \operatorname{sen}^2(150°)$$

As Equações (13.21) da Lei de Hooke generalizada definem as seguintes relações entre as tensões e as deformações específicas para uma condição de estado plano de tensões (que se verifica ser aplicável à essa situação):

$$\varepsilon_x = \frac{1}{E}(\sigma_x - \nu\sigma_y)$$

e

$$\varepsilon_y = \frac{1}{E}(\sigma_y - \nu\sigma_x)$$

Substitua essas expressões na equação de transformação de deformações, expanda os termos e simplifique:

$$230 \times 10^{-6}\,\text{mm/mm} = \varepsilon_x \cos^2(150°) + \varepsilon_y \,\text{sen}^2(150°)$$

$$= \frac{1}{E}(\sigma_x - \nu\sigma_y)\cos^2(150°) + \frac{1}{E}(\sigma_y - \nu\sigma_x)\,\text{sen}^2(150°)$$

$$= \frac{1}{E}[\sigma_x \cos^2(150°) - \nu\sigma_x \,\text{sen}^2(150°)] + \frac{1}{E}[\sigma_y \,\text{sen}^2(150°) - \nu\sigma_y \cos^2(150°)]$$

$$= \frac{\sigma_x}{E}[\cos^2(150°) - \nu\,\text{sen}^2(150°)] + \frac{\sigma_y}{E}[\text{sen}^2(150°) - \nu\cos^2(150°)]$$

Encontre o valor da tensão desconhecida σ_y:

$$(230 \times 10^{-6}\,\text{mm/mm})E - \sigma_x[\cos^2(150°) - \nu\,\text{sen}^2(150°)] = \sigma_y[\text{sen}^2(150°) - \nu\cos^2(150°)]$$

$$\therefore \sigma_y = \frac{(230 \times 10^{-6}\,\text{mm/mm})E - \sigma_x[\cos^2(150°) - \nu\,\text{sen}^2(150°)]}{\text{sen}^2(150°) - \nu\cos^2(150°)}$$

Antes de calcular a tensão normal σ_y, deve ser calculado o valor do coeficiente de Poisson correspondente ao módulo de elasticidade longitudinal E e ao módulo de elasticidade transversal G:

$$G = \frac{E}{2(1+\nu)} \qquad \therefore \nu = \frac{E}{2G} - 1 = \frac{210\text{ GPa}}{2(80\text{ GPa})} - 1 = 0{,}3125$$

Agora a tensão normal σ_y pode ser calculada:

$$\sigma_y = \frac{(230 \times 10^{-6}\,\text{mm/mm})(210.000\text{ MPa}) - (70\text{ MPa})[\cos^2(150°) - (0{,}3125)\,\text{sen}^2(150°)]}{\text{sen}^2(150°) - (0{,}3125)\cos^2(150°)} = 81{,}2\text{ MPa}$$

Resp.

(b) Deformações Específicas Normais e por Cisalhamento no Plano das Tensões

As deformações específicas normais nas direções x, y e z podem ser calculadas pela Equação (13.21):

$$\varepsilon_x = \frac{1}{E}(\sigma_x - \nu\sigma_y) = \frac{1}{210.000\text{ MPa}}[70\text{ MPa} - (0{,}3125)(81{,}2\text{ MPa})] = 212{,}5 \times 10^{-6}\,\text{mm/mm}$$

$$\varepsilon_y = \frac{1}{E}(\sigma_y - \nu\sigma_x) = \frac{1}{210.000\text{ MPa}}[81{,}2\text{ MPa} - (0{,}3125)(70\text{ MPa})] = 282{,}5 \times 10^{-6}\,\text{mm/mm}$$

$$\varepsilon_z = -\frac{\nu}{E}(\sigma_x + \sigma_y) = -\frac{0{,}3125}{210.000\text{ MPa}}[81{,}2\text{ MPa} + 70\text{ MPa}] = -225 \times 10^{-6}\,\text{mm/mm}$$

Como $\gamma_{xy} = 0$, as deformações específicas ε_x e ε_y também são as deformações específicas principais. **Por quê?** Sabemos que nunca existe uma deformação específica por cisalhamento associada às direções principais. Inversamente, também podemos concluir que as direções nas quais a deformação específica por cisalhamento for zero também devem ser direções das deformações específicas principais. Portanto:

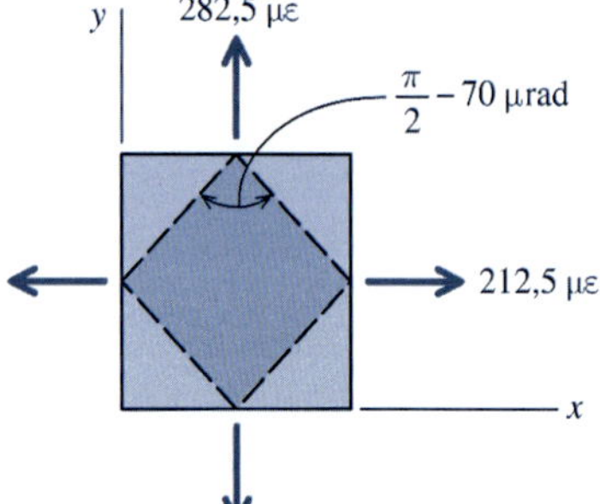

$$\varepsilon_{p1} = 282{,}5\ \mu\varepsilon \qquad \varepsilon_{p2} = 212{,}5\ \mu\varepsilon \qquad \varepsilon_{p3} = -225\ \mu\varepsilon$$ **Resp.**

Da Equação (13.12), a deformação específica por cisalhamento máxima no plano das tensões pode ser determinada por meio de ε_{p1} e ε_{p2}:

$$\gamma_{\text{máx}} = \varepsilon_{p1} - \varepsilon_{p2} = 282{,}5 - 212{,}5 = 70\ \mu\text{rad}$$ **Resp.**

As deformações específicas principais e a deformação específica por cisalhamento no plano das tensões são mostradas no desenho.

(c) Deformação Específica por Cisalhamento Máxima Absoluta

Para determinar a deformação específica por cisalhamento máxima absoluta, devem ser consideradas três possibilidades (veja a Tabela 13.2):

$$\gamma_{\text{máx abs}} = \varepsilon_{p1} - \varepsilon_{p2} \quad \text{(i)}$$

$$\gamma_{\text{máx abs}} = \varepsilon_{p1} - \varepsilon_{p3} \quad \text{(ii)}$$

$$\gamma_{\text{máx abs}} = \varepsilon_{p2} - \varepsilon_{p3} \quad \text{(iii)}$$

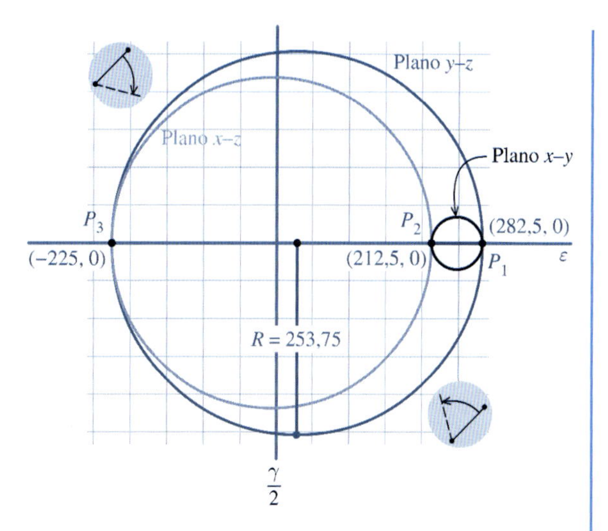

Essas possibilidades podem ser visualizadas rapidamente no círculo de Mohr para as deformações específicas. As combinações possíveis de ε e γ possíveis no plano x–y são mostradas pelo pequeno círculo entre os pontos P_1 (que corresponde à direção y) e P_2 (que representa a direção x). O raio desse círculo é relativamente pequeno; portanto, a deformação específica por cisalhamento máxima no plano x–y é pequena ($\gamma_{\text{máx}} = 70$ μrad). A placa de aço neste problema está sujeita ao **estado plano de tensões** e, consequentemente, a tensão normal $\sigma_{p3} = \sigma_z = 0$. Entretanto, a deformação específica normal na direção z, não será zero. Para esse problema, $\varepsilon_{p3} = \varepsilon_z = -225$ $\mu\varepsilon$. Quando essa deformação específica principal for desenhada no círculo de Mohr (isto é, ponto P_3), fica evidente que as deformações por cisalhamento na direção transversal ao plano das tensões será muito maior do que a deformação por cisalhamento no plano x–y.

A maior deformação por cisalhamento ocorrerá na direção transversal ao plano x–y; neste caso, uma distorção no plano y–z. Em consequência, a deformação específica por cisalhamento máxima absoluta será

$$\gamma_{\text{máx abs}} = \varepsilon_{p1} - \varepsilon_{p3} = 282{,}5 - (-225) = 507{,}5 \text{ μrad}$$ **Resp.**

EXEMPLO 13.7

Na superfície livre de um componente de liga de cobre [$E = 115$ GPa; $\nu = 0{,}307$], três extensômetros organizados de acordo com a figura registraram as seguintes deformações específicas:

$$\varepsilon_a = +350\ \mu\varepsilon \qquad \varepsilon_b = +900\ \mu\varepsilon \qquad \varepsilon_c = +900\ \mu\varepsilon$$

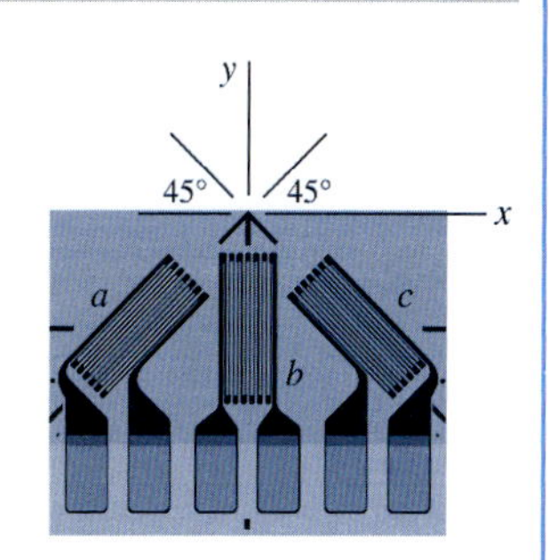

(a) Determine os componentes de deformações específicas ε_x, ε_y e γ_{xy} no ponto.
(b) Determine as deformações específicas principais e a máxima deformação específica por cisalhamento no plano das tensões no ponto.
(c) Usando os resultados da parte (b), determine as tensões principais e a máxima tensão cisalhante no plano das tensões. Mostre essas tensões em um desenho adequado que indique a orientação dos planos principais e os planos da máxima tensão cisalhante no plano das tensões.
(d) Determine o módulo da tensão de cisalhamento máxima absoluta no ponto.

Planejamento da Solução

Para resolver esse problema, em primeiro lugar reduza os dados da roseta de deformações para obter ε_x, ε_y e γ_{xy}. A seguir, use as Equações (13.9), (13.10) e (13.11) para determinar as deformações específicas principais, a máxima deformação específica por cisalhamento no plano das tensões e a orientação dessas deformações específicas. As tensões principais podem ser calculadas com os dados das deformações específicas principais usando a Equação (13.23) e a tensão cisalhante máxima no plano das tensões pode ser calculada pela Equação (13.22).

SOLUÇÃO

(a) Componentes de Deformação Específica ε_x, ε_y e γ_{xy}

Para reduzir os dados da roseta de deformações, devem ser determinados os ângulos θ_a, θ_b e θ_c para os três extensômetros. Para a configuração de roseta de deformações usada neste problema, os três ângulos são $\theta_a = 45°$, $\theta_b = 90°$ e $\theta_c = 135°$. (Alternativamente, poderiam ser usados os ângulos $\theta_a = 225°$, $\theta_b = 270°$ e $\theta_c = 315°$.) Usando esses ângulos, escreva uma equação de transformação de deformações específicas para cada extensômetro, onde a deformação específica ε_n é o valor medido experimentalmente. Portanto,

Equação para o extensômetro *a*:

$$+350 = \varepsilon_x \cos^2(45°) + \varepsilon_y \operatorname{sen}^2(45°) + \gamma_{xy} \operatorname{sen}(45°)\cos(45°) \quad \text{(a)}$$

Equação para o extensômetro *b*:

$$+990 = \varepsilon_x \cos^2(90°) + \varepsilon_y \operatorname{sen}^2(90°) + \gamma_{xy} \operatorname{sen}(90°)\cos(90°) \quad \text{(b)}$$

Equação para o extensômetro *c*:

$$+900 = \varepsilon_x \cos^2(135°) + \varepsilon_y \operatorname{sen}^2(135°) + \gamma_{xy} \operatorname{sen}(135°)\cos(135°) \quad \text{(c)}$$

Como $\cos(90°) = 0$, a Equação (b) se reduz a $\varepsilon_y = +990\ \mu\varepsilon$. Substitua esse resultado nas Equações (a) e (c) e reúna os termos constantes no lado esquerdo das equações:

$$-145 = 0{,}5\varepsilon_x + 0{,}5\gamma_{xy}$$
$$+405 = 0{,}5\varepsilon_x - 0{,}5\gamma_{xy}$$

Para obter ε_x, as duas equações são somadas entre si para fornecer $\varepsilon_x = +260\ \mu\varepsilon$. Subtraindo as duas equações, obtém-se $\gamma_{xy} = -550\ \mu\text{rad}$. Portanto, o estado de deformações que existe no ponto sobre o componente de liga de cobre pode ser resumido como $\varepsilon_x = +260\ \mu\varepsilon$, $\varepsilon_y = +990\ \mu\varepsilon$ e $\gamma_{xy} = -550\ \mu\text{rad}$. Essas deformações serão usadas para determinar as deformações específicas principais e a deformação específica por cisalhamento máxima no plano *x–y*. **Resp.**

(b) Deformações Específicas Principais e Máxima Deformação Específica por Cisalhamento no Plano das Tensões

Da Equação (13.10), as deformações específicas principais são calculadas como

$$\begin{aligned}
\varepsilon_{p1,p2} &= \frac{\varepsilon_x + \varepsilon_y}{2} \pm \sqrt{\left(\frac{\varepsilon_x - \varepsilon_y}{2}\right)^2 + \left(\frac{\gamma_{xy}}{2}\right)^2} \\
&= \frac{260 + 990}{2} \pm \sqrt{\left(\frac{260 - 990}{2}\right)^2 + \left(\frac{-550}{2}\right)^2} \\
&= 625 \pm 457 \\
&= +1.082\ \mu\varepsilon, \quad +168\ \mu\varepsilon
\end{aligned}$$

Resp.

e da Equação (13.11), a máxima deformação específica por cisalhamento no plano das tensões é

$$\begin{aligned}
\frac{\gamma_{\text{máx}}}{2} &= \pm\sqrt{\left(\frac{\varepsilon_x - \varepsilon_y}{2}\right)^2 + \left(\frac{\gamma_{xy}}{2}\right)^2} \\
&= \pm\sqrt{\left(\frac{260 - 990}{2}\right)^2 + \left(\frac{-550}{2}\right)^2} \\
&= 457\ \mu\text{rad} \\
\therefore \gamma_{\text{máx}} &= 914\ \mu\text{rad}
\end{aligned}$$

Resp.

As direções principais no plano das tensões podem ser determinadas pela Equação (13.9):

$$\tan 2\theta_p = \frac{\gamma_{xy}}{(\varepsilon_x - \varepsilon_y)} = \frac{-550}{260 - 990} = \frac{-550}{-730} \qquad \textbf{Nota: } \varepsilon_x - \varepsilon_y < 0$$

$$\therefore 2\theta_p = +37{,}0° \quad \text{e assim} \quad \theta_p = +18{,}5°$$

Como $\varepsilon_x - \varepsilon_y < 0$, θ_p é o ângulo entre a direção *x* e a direção ε_{p2}.

A roseta de deformações está presa à superfície do componente de liga de cobre; portanto, essa é uma condição de **estado plano de tensões**. Consequentemente, **a deformação ε_z transversal ao plano x–y será diferente de zero**. A terceira deformação específica principal ε_{p3} pode ser calculada pela Equação (13.15):

$$\varepsilon_{p3} = \varepsilon_z = -\frac{\nu}{1-\nu}(\varepsilon_x + \varepsilon_y) = -\frac{0{,}307}{1-0{,}307}(260 + 990) = -554\ \mu\varepsilon \qquad \textbf{Resp.}$$

A deformação específica por cisalhamento máxima absoluta será o maior valor obtido dentre três possibilidades (veja a Tabela 13.2):

$$\gamma_{\text{máx abs}} = \varepsilon_{p1} - \varepsilon_{p2} \quad \text{ou} \quad \gamma_{\text{máx abs}} = \varepsilon_{p1} - \varepsilon_{p3} \quad \text{ou} \quad \gamma_{\text{máx abs}} = \varepsilon_{p2} - \varepsilon_{p3}$$

Neste caso, a deformação específica por cisalhamento máxima absoluta será

$$\gamma_{\text{máx abs}} = \varepsilon_{p1} - \varepsilon_{p3} = 1.082 - (-554) = 1.636\ \mu\text{rad}$$

Para entender melhor como se determina $\gamma_{\text{máx abs}}$ neste caso, é útil fazer um desenho do círculo de Mohr para as deformações. As deformações específicas no plano x–y são representadas pelo círculo com centro em $C = 625\ \mu\varepsilon$ e raio $R = 437\ \mu$. As deformações específicas principais no plano x–y são $\varepsilon_{p1} = 1.082\ \mu\varepsilon$ e $\varepsilon_{p2} = 168\ \mu\varepsilon$.

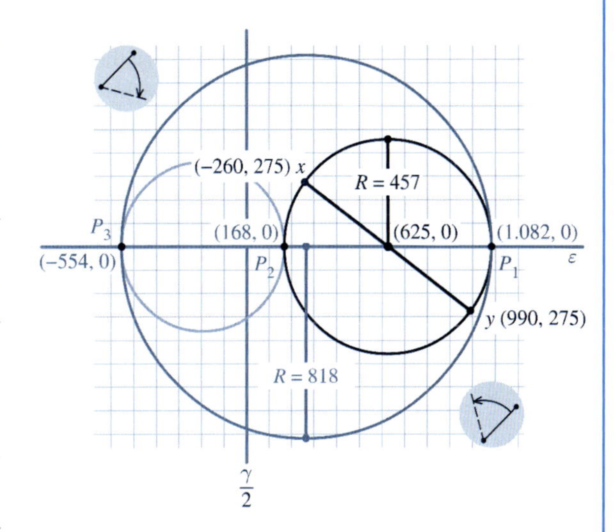

Como as deformações específicas foram obtidas na superfície livre de um componente de liga de cobre, este é um caso de **estado plano de tensões**. Na situação de um estado plano de tensões, a terceira tensão principal σ_{p3} (que é a tensão principal na direção transversal ao plano x–y) será igual a zero; entretanto, a terceira deformação principal ε_{p3} (significando que a deformação específica principal na direção transversal ao plano x–y) será diferente de zero devido ao efeito de Poisson.

A terceira deformação específica principal para este caso foi $\varepsilon_{p3} = -554\ \mu\varepsilon$. Esse ponto está situado sobre o eixo ε e dois círculos de Mohr adicionais são construídos. De acordo com o desenho, o círculo definido por ε_{p3} e ε_{p1} é o círculo maior. Esse resultado indica que a deformação específica por cisalhamento máxima absoluta $\gamma_{\text{máx abs}}$ não ocorrerá no plano x–y.

(c) Tensões Principais e Máxima Tensão Cisalhante no Plano das Tensões

Escreva as equações da Lei de Hooke generalizada em termos das direções x e y na Equação (13.23); entretanto, *essas equações se aplicam a duas direções ortogonais quaisquer*. Neste caso, serão usadas as direções principais. Usando as propriedades do material $E = 115$ GPa e $\nu = 0{,}307$, podem ser calculadas as tensões principais σ_{p1} e σ_{p2} com base nos valores das deformações específicas principais ε_{p1} e ε_{p2}:

$$\sigma_{p1} = \frac{E}{1-\nu^2}(\varepsilon_{p1} + \nu\varepsilon_{p2}) = \frac{115.000\text{ MPa}}{1-(0{,}307)^2}[(1.082 \times 10^{-6}) + 0{,}307(168 \times 10^{-6})] = 143{,}9\text{ MPa} \qquad \textbf{Resp.}$$

$$\sigma_{p2} = \frac{E}{1-\nu^2}(\varepsilon_{p2} + \nu\varepsilon_{p1}) = \frac{115.000\text{ MPa}}{1-(0{,}307)^2}[(168 \times 10^{-6}) + 0{,}307(1.082 \times 10^{-6})] = 63{,}5\text{ MPa} \qquad \textbf{Resp.}$$

Nota: As medidas de deformações específicas registradas em microdeformações ($\mu\varepsilon$) devem ser convertidas em valores adimensionais (ou seja, mm/mm) durante os cálculos.

Para que possa ser calculada a máxima tensão cisalhante $\tau_{\text{máx}}$ no plano das tensões, deve ser calculado, por meio da Equação (13.18), o módulo de elasticidade transversal G para o material de liga de cobre:

$$G = \frac{E}{2(1+\nu)} = \frac{115.000\text{ MPa}}{2(1+0{,}307)} = 44.000\text{ MPa}$$

A máxima tensão cisalhante $\tau_{\text{máx}}$ no plano das tensões é calculada por meio da Equação (13.22), que é reorganizada para fornecer o valor da tensão:

$$\tau_{\text{máx}} = G\gamma_{\text{máx}} = (44.000 \text{ MPa})(914 \times 10^{-6}) = 40{,}2 \text{ MPa} \qquad \textbf{Resp.}$$

Alternativamente, a máxima tensão cisalhante $\tau_{\text{máx}}$ no plano das tensões pode ser calculada com os valores das tensões principais:

$$\tau_{\text{máx}} = \frac{\sigma_{p1} - \sigma_{p2}}{2} = \frac{143{,}9 - 63{,}5}{2} = 40{,}2 \text{ MPa} \qquad \textbf{Resp.}$$

Nos planos onde atua essa tensão cisalhante máxima, a tensão normal é

$$\sigma_{\text{méd}} = \frac{\sigma_{p1} + \sigma_{p2}}{2} = \frac{143{,}9 + 63{,}5}{2} = 103{,}7 \text{ MPa}$$

A figura mostra um desenho conveniente das tensões principais no plano das tensões, da máxima tensão cisalhante no plano das tensões e da orientação desses planos.

(d) Tensão Cisalhante Máxima Absoluta

A tensão cisalhante máxima absoluta $\tau_{\text{máx abs}}$ pode ser calculada a partir da deformação específica máxima absoluta:

$$\tau_{\text{máx abs}} = G\gamma_{\text{máx abs}} = (44.000 \text{ MPa})(1.636 \times 10^{-6}) = 72{,}0 \text{ MPa} \qquad \textbf{Resp.}$$

ou a partir das tensões principais, observando que $\sigma_{p3} = \sigma_z = 0$ na superfície livre do componente de liga de cobre:

$$\tau_{\text{máx abs}} = \frac{\sigma_{p1} - \sigma_{p3}}{2} = \frac{143{,}9 - 0}{2} = 72{,}0 \text{ MPa} \qquad \textbf{Resp.}$$

Exemplo do MecMovies M13.6

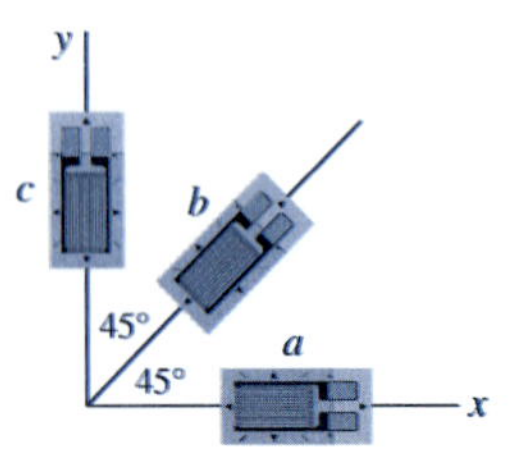

A roseta de deformações mostrada foi usada para obter os dados de deformações específicas normais em um ponto da superfície livre de uma placa de alumínio [E = 70 GPa; ν = 0,33]: $\varepsilon_a = +770\ \mu\varepsilon$, $\varepsilon_b = +1.180\ \mu\varepsilon$, $\varepsilon_c = -350\ \mu\varepsilon$.

(a) Determine os componentes de tensão σ_x, σ_y e τ_{xy} no ponto.
(b) Determine as tensões principais no ponto.
(c) Mostre as tensões principais em um desenho apropriado.

EXERCÍCIOS do MecMovies

M13.6 Tensões Principais a Partir dos Dados da Roseta de Deformações. Uma roseta de deformações foi usada para obter os dados de deformações específicas normais em um ponto da superfície livre de uma placa de aço [E = 200 GPa; ν = 0,32]. Determine as deformações específicas normais, a deformação específica por cisalhamento e as tensões principais no plano x–y.

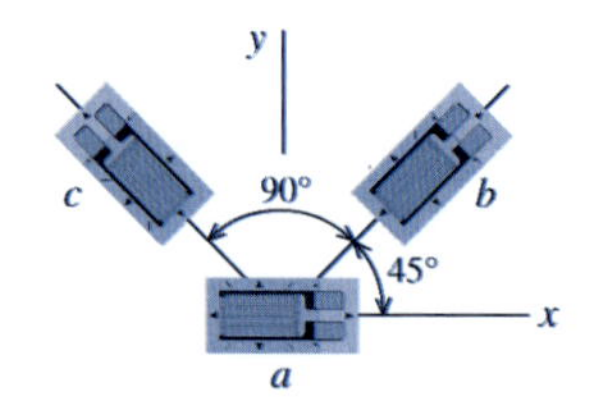

FIGURA M13.6

PROBLEMAS

P13.49 Uma placa de alumínio [$E = 70$ GPa; $\nu = 0{,}33$] com 10 mm de espessura está sujeita a uma tensão biaxial com $\sigma_x = 120$ MPa e $\sigma_y = 60$ MPa. As dimensões da placa são $b = 100$ mm e $h = 50$ mm (Figura P13.49/50). Determine:

(a) a variação de comprimento dos lados AB e AD.
(b) a variação de comprimento da diagonal AC.
(c) a variação de espessura da placa.

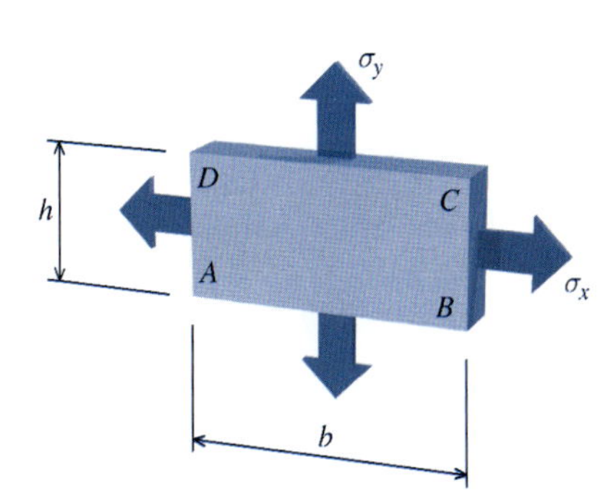

FIGURA P13.49/50

P13.50 Uma placa de titânio [$E = 14.000$ ksi (96,5 GPa); $\nu = 0{,}32$] com 0,500 in (1,27 cm) de espessura está sujeita a uma tensão biaxial com $\sigma_x = 20$ ksi (137,9 MPa) e $\sigma_y = 80$ ksi (551,6 MPa). As dimensões da placa são $b = 10{,}00$ in (25,4 cm) e $h = 4{,}00$ in (10,16 cm) (Figura P13.49/50). Determine:

(a) a variação de comprimento dos lados AB e AD.
(b) a variação de comprimento da diagonal AC.
(c) a variação de espessura da placa.

P13.51 Uma placa de aço inoxidável [$E = 190$ GPa; $\nu = 0{,}12$] está sujeita a uma tensão biaxial (Figura P13.51/52). As deformações específicas medidas na placa são $\varepsilon_x = 2.400$ $\mu\varepsilon$ e $\varepsilon_y = 750$ $\mu\varepsilon$. Determine σ_x e σ_y.

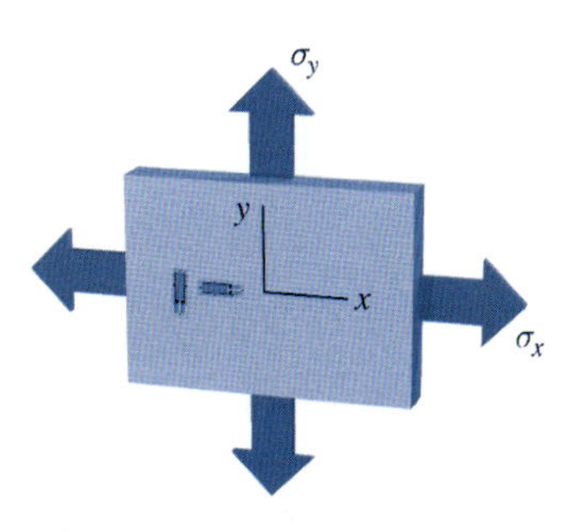

FIGURA P13.51/52

P13.52 Uma placa de liga metálica está sujeita a tensões de tração de $\sigma_x = 8$ ksi (55,2 MPa) e $\sigma_y = 5$ ksi (34,5 MPa) (Figura P13.51/52). As deformações específicas medidas na placa são $\varepsilon_x = 950$ $\mu\varepsilon$ e $\varepsilon_y = 335$ $\mu\varepsilon$. Determine o coeficiente de Poisson ν e o módulo de elasticidade E do material.

P13.53 Uma placa fina de alumínio [$E = 10.000$ ksi (68,9 GPa); $G = 3.800$ ksi (26,2 GPa)] está sujeita a uma tensão biaxial (Figura P13.53/54). As deformações específicas medidas na placa são $\varepsilon_x = 540$ $\mu\varepsilon$ e $\varepsilon_z = 1.220$ $\mu\varepsilon$. Determine σ_x e σ_z.

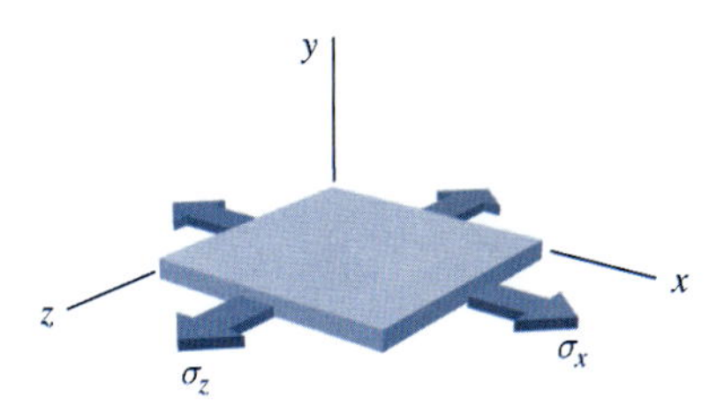

FIGURA P13.53/54

P13.54 Uma placa fina de aço inoxidável [$E = 190$ GPa; $G = 86$ GPa] está sujeita a uma tensão biaxial (Figura P13.53/54). As deformações específicas medidas na placa são $\varepsilon_x = 625$ $\mu\varepsilon$ e $\varepsilon_z = 475$ $\mu\varepsilon$. Determine σ_x e σ_z.

P13.55 Uma placa fina de latão [$E = 100$ GPa; $G = 39$ GPa] está sujeita a uma tensão biaxial (Figura P13.55/56). A tensão normal na direção y é conhecida e vale $\sigma_y = 125$ MPa. Se o extensômetro mede uma deformação específica normal de $+725$ $\mu\varepsilon$ na direção indicada, determine:

(a) o valor absoluto de σ_x que age na placa.
(b) as deformações específicas principais ε_{p1} e ε_{p2} e a máxima deformação específica por cisalhamento no plano das tensões $\gamma_{máx}$ na placa; mostre em um desenho esquemático as deformações específicas principais e a máxima deformação específica por cisalhamento no plano das tensões.
(c) a deformação específica por cisalhamento máxima absoluta na placa.

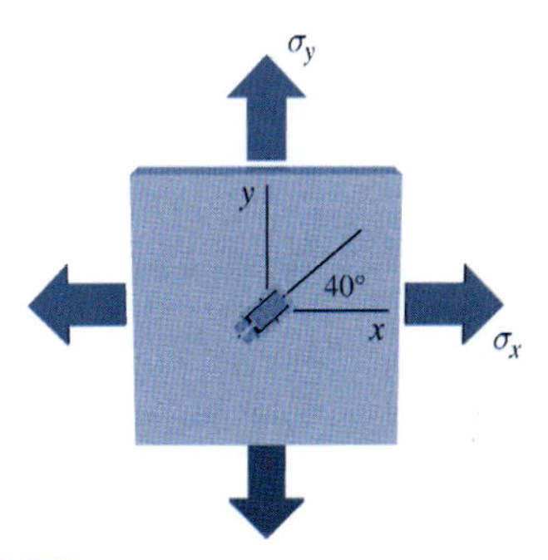

FIGURA P13.55/56

P13.56 Uma placa de alumínio [$E = 10.600$ ksi (73,1 GPa); $G = 4.000$ ksi (27,6 GPa)] está sujeita a uma tensão biaxial (Figura P13.55/56). A tensão normal na direção x é conhecida e vale o dobro da tensão normal na direção y. Se o extensômetro mede uma deformação específica normal de $+560$ $\mu\varepsilon$ na direção indicada, determine:

(a) o valor absoluto das tensões normais σ_x e σ_x que agem na placa.
(b) as deformações específicas principais ε_{p1} e ε_{p2} e a máxima deformação específica por cisalhamento no plano das tensões $\gamma_{máx}$ na placa; mostre em um desenho esquemático as deformações específicas principais e a máxima deformação específica por cisalhamento no plano das tensões.
(c) a deformação específica por cisalhamento máxima absoluta na placa.

P13.57 Na superfície livre de um componente de alumínio [$E = 10.000$ ksi (68,9 GPa); $\nu = 0{,}33$], foi usada a roseta de deformações mostrada na Figura P13.57 para obter os seguintes dados de deformações específicas normais: $\varepsilon_a = -500$ $\mu\varepsilon$, $\varepsilon_b = -220$ $\mu\varepsilon$ e $\varepsilon_c = +600$ $\mu\varepsilon$.

Determine a tensão normal que age ao longo de um eixo que esteja inclinado de um ângulo $\theta = 45°$ no sentido anti-horário a partir do eixo de referência x.

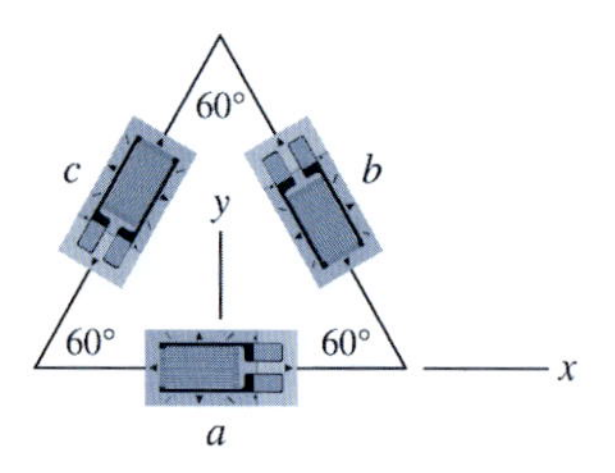

FIGURA P13.57

P13.58 Na superfície livre de um componente de alumínio [E = 70 GPa; ν = 0,35], foi usada a roseta de deformações mostrada na Figura P13.58 para obter os seguintes dados de deformações específicas normais: $\varepsilon_a = 980\ \mu\varepsilon$, $\varepsilon_b = 870\ \mu\varepsilon$ e $\varepsilon_c = 400\ \mu\varepsilon$. Determine a tensão normal que age ao longo de um eixo que esteja inclinado de um ângulo $\theta = 20°$ no sentido anti-horário a partir do eixo de referência x.

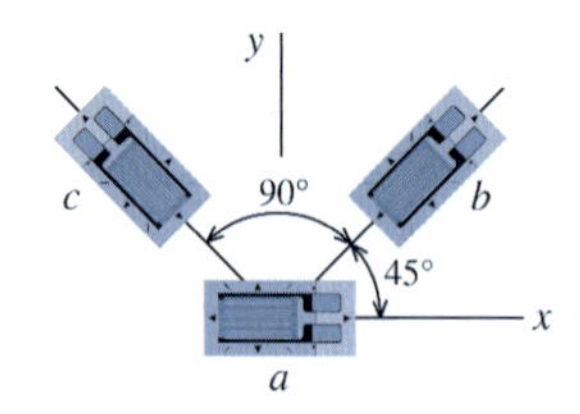

FIGURA P13.58

P13.59–P13.66 São dados os componentes de deformação ε_x, ε_y e γ_{xy} para um ponto na superfície livre de um componente de máquina. Determine as tensões σ_x, σ_y e τ_{xy} no ponto.

Problema	ε_x	ε_y	γ_{xy}	E	ν
13,59	−420 $\mu\varepsilon$	290 $\mu\varepsilon$	570 μrad	28.000 ksi	0,12
13,60	390 $\mu\varepsilon$	820 $\mu\varepsilon$	−560 μrad	73 GPa	0,30
13,61	620 $\mu\varepsilon$	−310 $\mu\varepsilon$	870 μrad	14.000 ksi	0,32
13,62	−530 $\mu\varepsilon$	450 $\mu\varepsilon$	−525 μrad	190 GPa	0,10
13,63	465 $\mu\varepsilon$	−490 $\mu\varepsilon$	−600 μrad	6.500 ksi	0,35
13,64	−1.020 $\mu\varepsilon$	−650 $\mu\varepsilon$	−750 μrad	96 GPa	0,33
13,65	−720 $\mu\varepsilon$	860 $\mu\varepsilon$	1.080 μrad	15.000 ksi	0,34
13,66	−380 $\mu\varepsilon$	200 $\mu\varepsilon$	310 μrad	100 GPa	0,11

P13.67–P13.72 A roseta de deformações mostrada nas Figuras P13.67–P13.72 foi usada para obter os dados de deformações específicas normais em um ponto da superfície livre de um componente de máquina. Determine:

(a) os componentes de tensão σ_x, σ_y e τ_{xy} no ponto.

(b as tensões principais e a máxima tensão cisalhante no plano das tensões no ponto; mostre essas tensões em um desenho conveniente que indique a orientação dos planos principais e os planos onde atua a máxima tensão cisalhante no plano das tensões.

(c) o módulo da tensão cisalhante máxima absoluta no ponto.

Problema	ε_a	ε_b	ε_c	E	ν
13,67	−1.250 $\mu\varepsilon$	−670 $\mu\varepsilon$	−845 $\mu\varepsilon$	10.600 ksi	0,33
13,68	−425 $\mu\varepsilon$	420 $\mu\varepsilon$	230 $\mu\varepsilon$	100GPa	0,28
13,69	760 $\mu\varepsilon$	1.220 $\mu\varepsilon$	1.270 $\mu\varepsilon$	28.000 ksi	0,12
13,70	125 $\mu\varepsilon$	250 $\mu\varepsilon$	815 $\mu\varepsilon$	210GPa	0,31
13,71	−585 $\mu\varepsilon$	785 $\mu\varepsilon$	−425 $\mu\varepsilon$	15.000 ksi	0,15
13,72	−80 $\mu\varepsilon$	−420 $\mu\varepsilon$	−1.190 $\mu\varepsilon$	96GPa	0,33

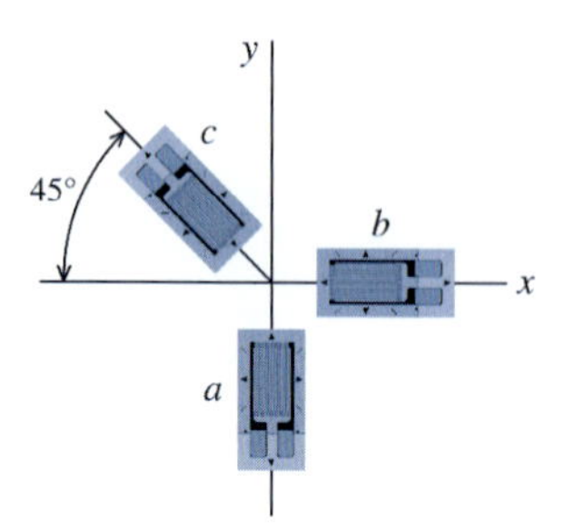

FIGURA P13.67

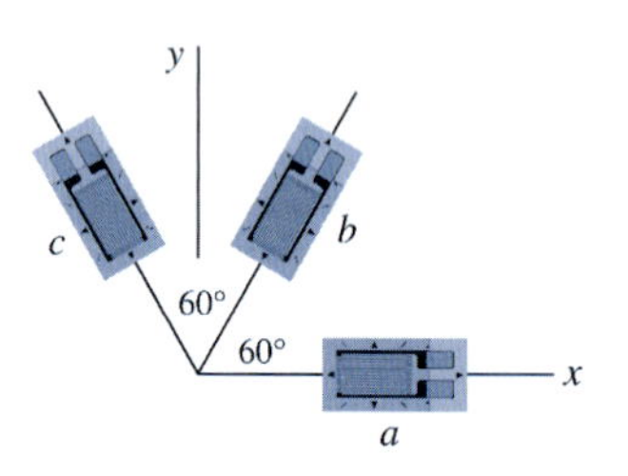

FIGURA P13.68

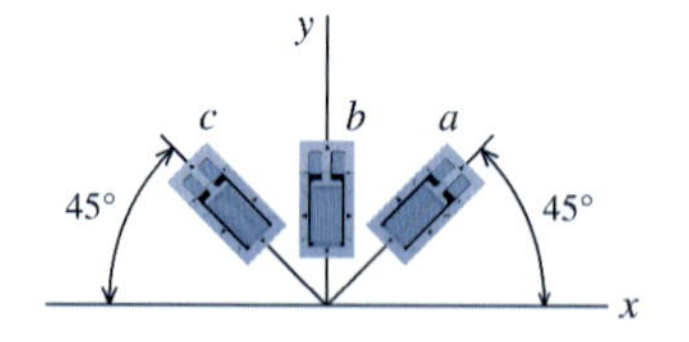

FIGURA P13.69

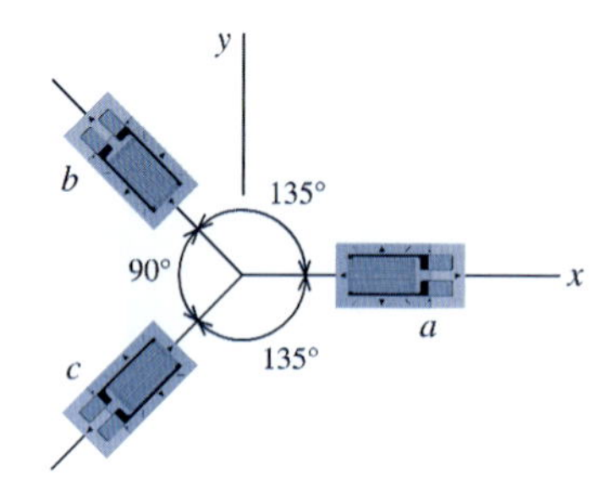

FIGURA P13.70

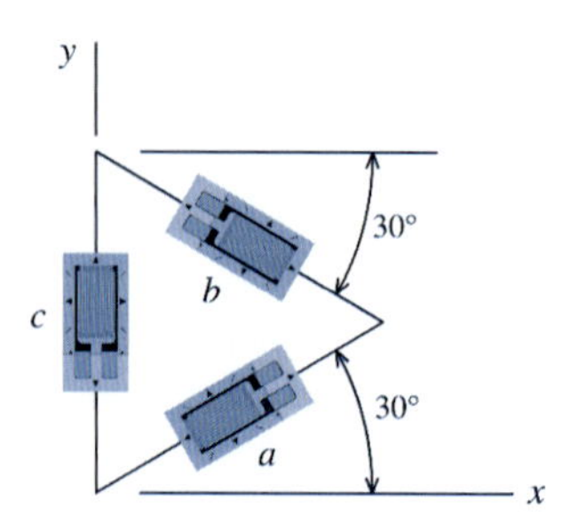

FIGURA P13.71

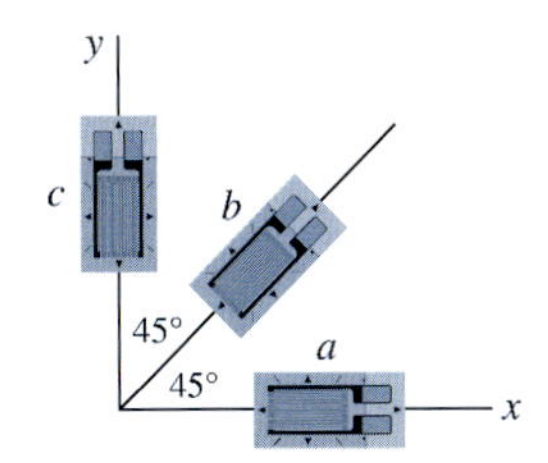

FIGURA P13.72

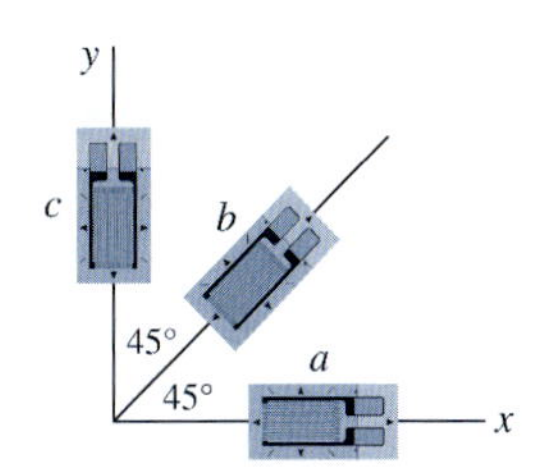

FIGURA P13.75

P13.73–P13.76 A roseta de deformações mostrada nas Figuras P13.73–P13.76 foi usada para obter os dados de deformações específicas normais em um ponto da superfície livre de um componente de máquina.

(a) Determine os componentes de deformação específica ε_x, ε_y e γ_{xy} no ponto.
(b) Determine as deformações específicas principais e a deformação específica por cisalhamento máxima no plano das tensões no ponto.
(c) Usando os resultados da parte (b), determine as tensões principais e a máxima tensão cisalhante no plano das tensões no ponto; mostre essas tensões em um desenho conveniente que indique a orientação dos planos principais e os planos onde atua a máxima tensão cisalhante "no plano".
(d) Determine o módulo da tensão cisalhante máxima absoluta no ponto.

Problema	ε_a	ε_b	ε_c	E	ν
13,73	$-910\ \mu\varepsilon$	$-150\ \mu\varepsilon$	$-620\ \mu\varepsilon$	9.000 ksi	0,24
13,74	$630\ \mu\varepsilon$	$-315\ \mu\varepsilon$	$100\ \mu\varepsilon$	103 GPa	0,28
13,75	$120\ \mu\varepsilon$	$690\ \mu\varepsilon$	$970\ \mu\varepsilon$	17.000 ksi	0,18
13,76	$-400\ \mu\varepsilon$	$-240\ \mu\varepsilon$	$-1.280\ \mu\varepsilon$	212 GPa	0,30

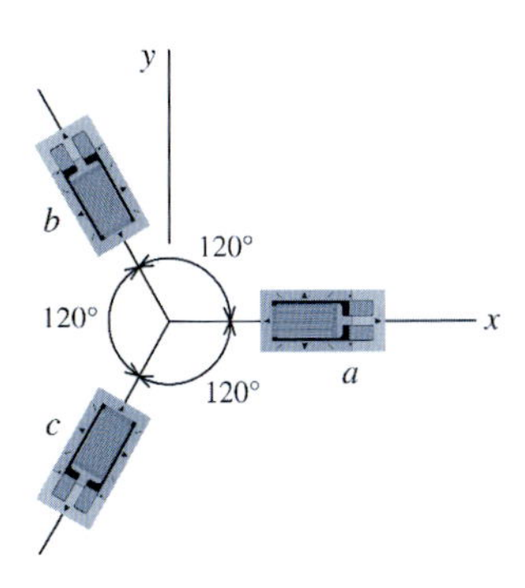

FIGURA P13.73

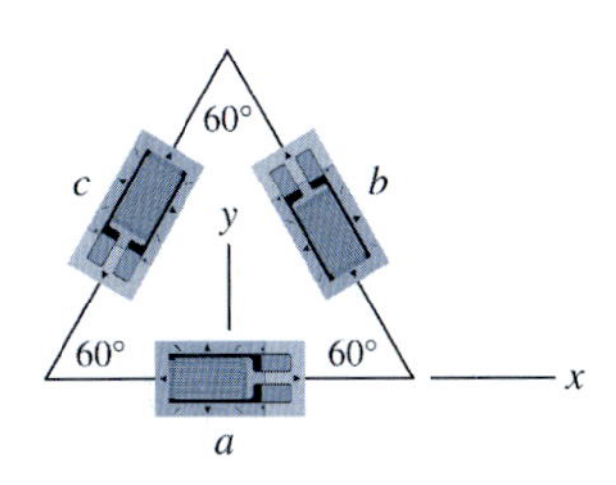

FIGURA P13.74

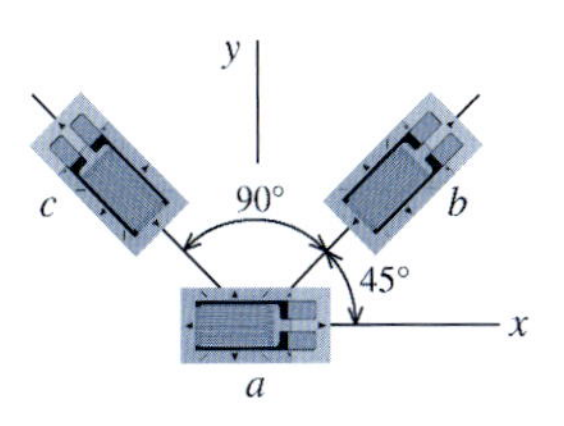

FIGURA P13.76

P13.77 Um eixo com 20 mm de diâmetro está sujeito a uma carga axial P. O eixo é feito de alumínio [E = 70 GPa; ν = 0,33]. Um extensômetro é preso ao eixo na orientação mostrada na Figura P13.77.

(a) Se P = 18,5 kN, determine a leitura da deformação específica que seria esperada obter no extensômetro.
(b) Se o extensômetro indicar um valor de deformação específica de $\varepsilon = 950\ \mu\varepsilon$, determine a força axial P aplicada ao eixo.

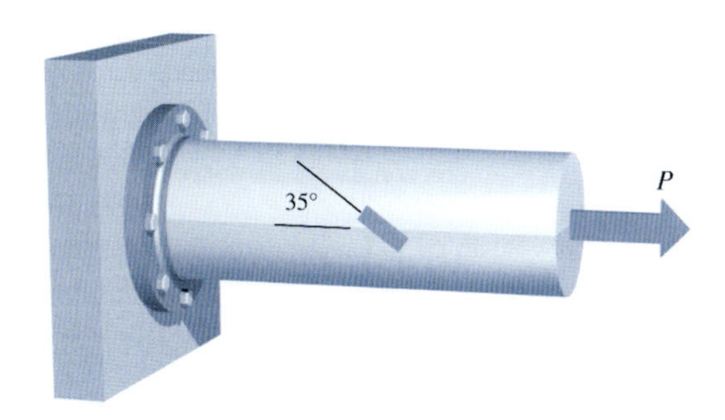

FIGURA P13.77

P13.78 Um eixo oco com diâmetro externo de 100 mm e diâmetro interno de 90 mm está sujeito a um torque T. O eixo é feito de alumínio [E = 70 GPa; ν = 0,33]. Um extensômetro é preso ao eixo na orientação mostrada na Figura P13.78.

(a) Se T = 2,75 kN · m, determine a leitura da deformação específica que seria esperada obter no extensômetro.
(b) Se o extensômetro indicar um valor de deformação específica de $\varepsilon = -1.630\ \mu\varepsilon$, determine o torque T aplicado ao eixo.

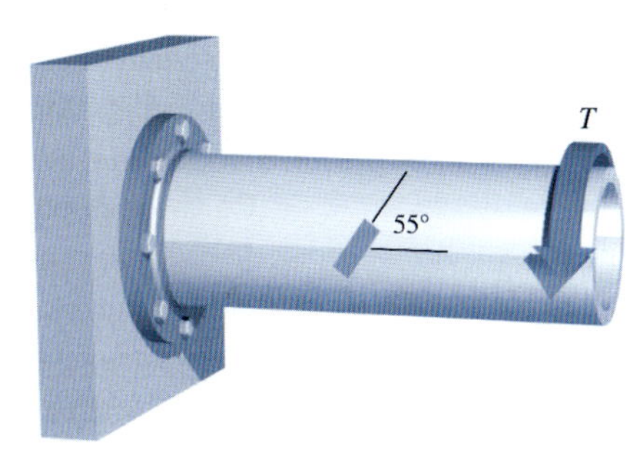

FIGURA P13.78

14

VASOS DE PRESSÃO DE PAREDES FINAS

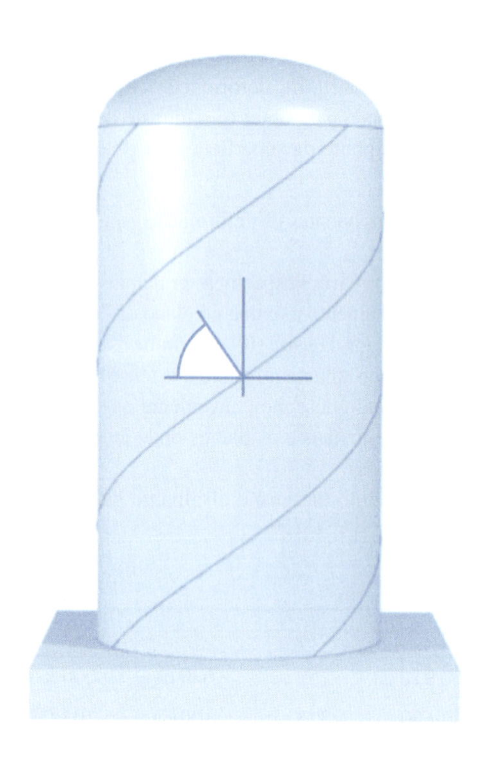

14.1 INTRODUÇÃO

Os vasos de pressão são usados para conter fluidos como líquidos ou gases que devem ser armazenados a pressões relativamente altas. Os vasos de pressão podem ser encontrados em locais como instalações químicas, aeronaves, usinas, veículos submersíveis e ambientes fabris. Aquecedores, tanques de armazenagem de gás, digestores, fuselagens de aviões, torres de distribuição de água, botes infláveis, torres de destilação, tanques de expansão e tubulações são exemplos de vasos de pressão.

Um vaso de pressão pode ser descrito como de *paredes finas* quando a razão entre o raio interno e a espessura da parede for suficientemente grande de modo que a tensão normal na direção radial seja essencialmente uniforme ao longo da parede do vaso. Na realidade a tensão normal varia de um valor máximo na superfície interna até um valor mínimo na superfície externa da parede do vaso. Entretanto, se a razão entre o raio interno e a espessura da parede for maior do que 10, poder-se-á demonstrar que a tensão normal máxima não é mais do que 5% maior do que a tensão normal média. Portanto, um vaso poderá ser classificado como de paredes finas se a razão entre o raio interno e a espessura da parede for maior do que 10 (isto é, $r/t > 10$).

Os vasos de pressão de paredes finas são classificados como *estruturas de casca*. As estruturas de casca devem grande parte de sua resistência ao formato da estrutura em si. Elas podem ser definidas como estruturas curvas que suportam cargas ou pressões através das tensões desenvolvidas em duas ou mais direções no plano da casca.

Algumas vezes denomina-se *casca* a parede de um vaso de pressão.

Os problemas que envolvem vasos de pressão de paredes finas sujeitas à pressão de um fluido p são resolvidos rapidamente utilizando diagramas de corpo livre das seções transversais dos vasos e *do fluido contido em seu interior*. Nas próximas seções são analisados vasos de pressão esféricos ou cilíndricos.

14.2 VASOS DE PRESSÃO ESFÉRICOS

Um vaso de pressão esférico de paredes finas típico é mostrado na Figura 14.1*a*. Se os pesos do gás e do vaso forem muito pequenos (uma consideração comum), a simetria do carregamento e da geometria exigirão que as tensões sejam iguais nas seções que passam através do centro da esfera. Desta forma, sobre o pequeno elemento mostrado na Figura 14.1*a*, $\sigma_x = \sigma_y = \sigma_n$. Além disso, não existem tensões cisalhantes em qualquer um desses planos, uma vez que não existe carga que as induza. O componente de tensão normal em uma esfera é denominado *tensão axial* e indicado normalmente por σ_a.

O diagrama de corpo livre mostrado na Figura 14.1*b* pode ser usado para avaliar a tensão $\sigma_x = \sigma_y = \sigma_n = \sigma_a$ em termos da pressão p, do raio interno r e da espessura da parede t do vaso esférico. A esfera é seccionada em um plano que passe através do centro da esfera para expor um hemisfério e o fluido nele contido. A pressão do fluido p age horizontalmente contra a área circular do fluido contido no hemisfério. A força resultante P da pressão interna é o produto da pressão do fluido pela área da seção transversal interna da esfera:

$$P = p\pi r^2$$

em que r é o *raio interno* da esfera.

Em face de a pressão do fluido e a parede da esfera serem simétricas em relação ao eixo x, a tensão normal σ_a produzida na parede é uniforme em torno da circunferência. Como o vaso tem paredes finas, admite-se que σ_a esteja distribuída uniformemente através da espessura da parede. Para um vaso de paredes finas, a área exposta da esfera pode ser aproximada pelo produto da circunferência interna ($2\pi r$) pela espessura da parede t da esfera. Portanto, a força resultante R das tensões internas na parede da esfera pode ser expressa como

$$R = \sigma_a(2\pi rt)$$

Do somatório de forças na direção x,

$$\Sigma F_x = R - P = \sigma_a(2\pi rt) - p\pi r^2 = 0$$

Dessa equação de equilíbrio, pode ser obtida uma expressão para a tensão axial na esfera em termos do raio interno r ou do diâmetro interno d:

$$\sigma_a = \frac{pr}{2t} = \frac{pd}{4t} \qquad (14.1)$$

em que t = espessura da parede do vaso.

Por simetria, uma esfera pressurizada está sujeita a tensões normais uniformes σ_a em todas as direções.

TENSÕES NA SUPERFÍCIE EXTERNA

Geralmente, as pressões especificadas para um vaso são pressões *manométricas*, significando que a pressão é medida em relação à pressão atmosférica. Se um vaso à pressão atmosférica estiver

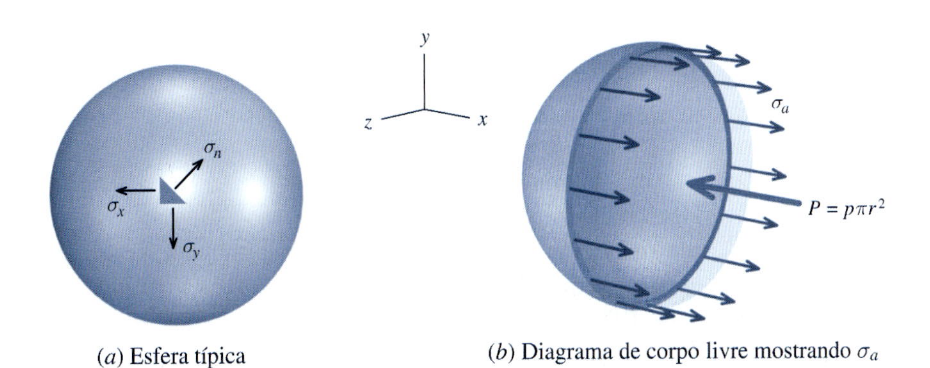

(*a*) Esfera típica

(*b*) Diagrama de corpo livre mostrando σ_a

FIGURA 14.1 Vaso de pressão esférico.

sujeito a uma pressão manométrica interna especificada, então a pressão externa no vaso será igual a zero, ao passo que a pressão interna será igual à pressão manométrica. A pressão interna em um vaso de pressão esférico cria a tensão normal σ_a que age na direção circunferencial da casca. Como existe a pressão atmosférica (isto é, a pressão manométrica nula) no exterior da esfera, não haverá tensões agindo na direção radial.

A pressão na esfera não cria tensões de cisalhamento; portanto, as tensões principais são $\sigma_{p1} = \sigma_{p2} = \sigma_a$. Além disso, não existem tensões de cisalhamento nas superfícies livres da esfera, o que significa que qualquer tensão normal na direção radial (perpendicular à parede da esfera) também é tensão principal. Como a pressão externa é nula (admitindo que a esfera esteja envolta por pressão atmosférica), a tensão normal na direção radial devida à pressão externa é zero. Portanto, a terceira tensão principal é $\sigma_{p3} = \sigma_{\text{radial}} = 0$. Consequentemente, a superfície externa da esfera (Figura 14.2) satisfaz uma condição de *estado plano de tensões*, que também é denominada aqui *estado biaxial de tensões*.

O círculo de Mohr para a superfície externa de um caso de pressão esférico (sujeito a uma pressão manométrica interna) é mostrado na Figura 14.3. O círculo de Mohr que descreve as tensões no plano da parede da esfera é um ponto isolado. Portanto, a tensão cisalhante máxima no plano da parede da esfera é igual a zero. As máximas *tensões de cisalhamento transversais ao plano* são

$$\tau_{\text{máx abs}} = \frac{1}{2}(\sigma_a - \sigma_{\text{radial}}) = \frac{1}{2}\left(\frac{pr}{2t} - 0\right) = \frac{pr}{4t} \tag{14.2}$$

TENSÕES NA SUPERFÍCIE INTERNA

A tensão σ_a na superfície interna do vaso de pressão esférico é igual a σ_a na superfície externa porque o vaso tem paredes finas (Figura 14.2). Existe pressão interna no vaso e ela empurra a parede da esfera, criando uma tensão normal na direção radial. A tensão normal na direção radial é igual à pressão: $\sigma_{\text{radial}} = -p$. Desta forma, a superfície interna está em um estado *triaxial de tensões*.

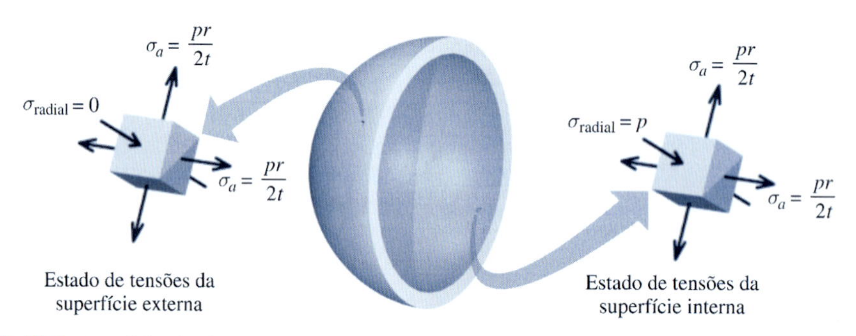

FIGURA 14.2 Paralelepípedos elementares nas superfícies externa e interna de um vaso de pressão esférico.

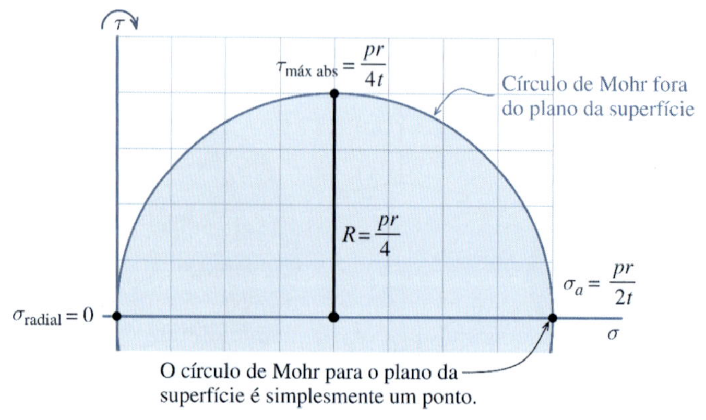

FIGURA 14.3 Círculo de Mohr para a superfície externa da esfera.

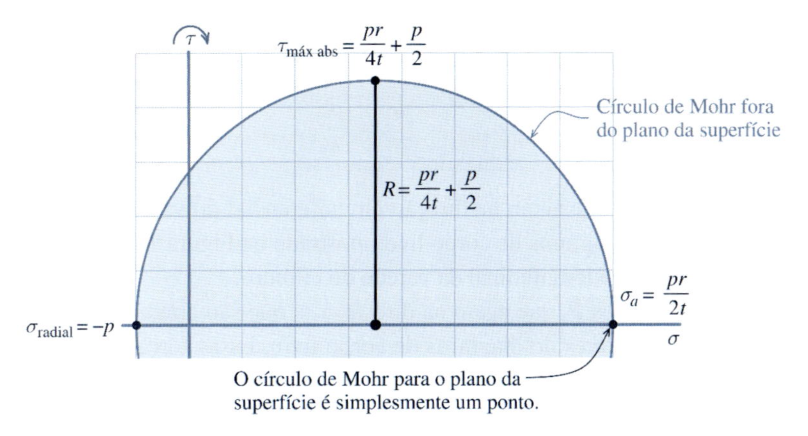

FIGURA 14.4 Círculo de Mohr para a superfície interna da esfera.

O círculo de Mohr para a superfície interna de um vaso de pressão esférico (sujeito a uma pressão manométrica interna) é mostrado na Figura 14.4. A tensão cisalhante máxima no plano da superfície da parede é zero. Entretanto, as máximas *tensões cisalhantes fora do plano* da superfície interna são maiores em consequência da tensão radial causada pela pressão:

$$\tau_{máx\ abs} = \frac{1}{2}(\sigma_a - \sigma_{radial}) = \frac{1}{2}\left[\frac{pr}{2t} - (-p)\right] = \frac{pr}{4t} + \frac{p}{2} \tag{14.3}$$

14.3 VASOS DE PRESSÃO CILÍNDRICOS

Um vaso de pressão de paredes finas cilíndrico típico é mostrado na Figura 14.5*a*. O componente de tensão normal na seção transversal é mostrado como a tensão axial σ_a, ou com mais frequência, a tensão *longitudinal*, que é indicada por σ_{long} ou simplesmente σ_l. O componente de tensão normal em uma seção longitudinal é conhecido como tensão *circunferencial* ou *tangencial* (*hoop stress*) e é indicado por σ_{tang} ou simplesmente σ_t. Apenas devido à pressão, não há tensões cisalhantes nas seções transversais ou longitudinais.

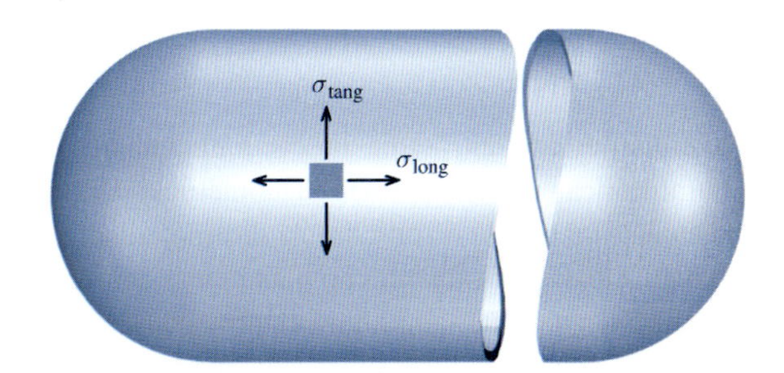

FIGURA 14.5*a* Vaso de pressões cilíndrico.

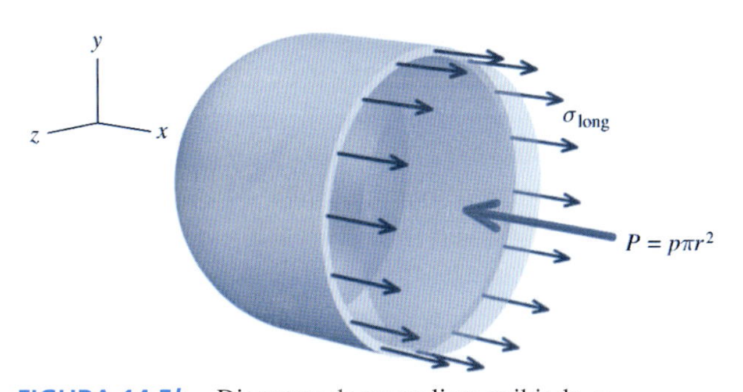

FIGURA 14.5*b* Diagrama de corpo livre exibindo σ_{long}.

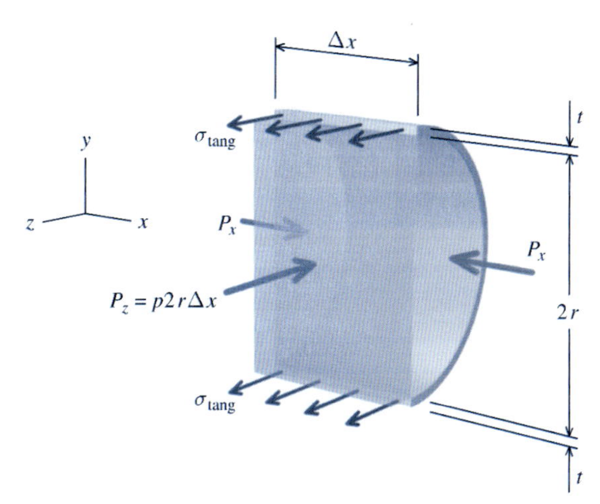

FIGURA 14.5*c* Diagrama de corpo livre exibindo σ_{tang}.

O diagrama de corpo livre usado para determinar a tensão longitudinal (Figura 14.5*b*) é similar à Figura 14.1*b*, que foi usada para a esfera e os resultados são idênticos. Especificamente,

$$\sigma_{\text{long}} = \frac{pr}{2t} = \frac{pd}{4t} \tag{14.4}$$

Para calcular as tensões que agem na direção circunferencial do vaso de pressão cilíndrico, leva-se em consideração o diagrama de corpo livre mostrado na Figura 14.5*c*. Esse diagrama de corpo livre mostra uma seção longitudinal da parede do cilindro.

Há duas forças resultantes P_x que agem na direção x, e que são criadas pela pressão atuante nas extremidades semicirculares do diagrama de corpo livre. Essas forças são de mesmo valor absoluto, mas possuem sentidos opostos; portanto, elas se cancelam mutuamente.

Na direção lateral (isto é, na direção z), a força resultante P_z devida à pressão p que age em uma área interna $2r\Delta x$ é

$$P_z = p\,2r\Delta x$$

em que Δx é o comprimento do segmento escolhido arbitrariamente para o diagrama de corpo livre.

A área da parede do cilindro exposta pela seção longitudinal (isto é, superfícies z expostas) é $2t\Delta x$. A pressão interna no cilindro é resistida pela tensão normal que age na direção circunferencial dessas superfícies expostas. A força resultante total na direção z relativa a essas tensões circunferenciais é

$$R_z = \sigma_{\text{tang}}\,(2t\Delta x)$$

O somatório das forças na direção z fornece

$$\Sigma F_z = R_z - P_z = \sigma_{\text{tang}}\,(2t\Delta x) - p\,2r\Delta x = 0$$

Dessa equação de equilíbrio, pode ser obtida uma expressão para a tensão circunferencial na parede do cilindro em termos do raio interno r ou do diâmetro interno d:

$$\sigma_{\text{tang}} = \frac{pr}{t} = \frac{pd}{2t} \tag{14.5}$$

Em um vaso de pressões cilíndrico, a tensão tangencial σ_{tang} é duas vezes maior do que a tensão longitudinal σ_{long}.

TENSÕES NA SUPERFÍCIE EXTERNA

A pressão em um vaso de pressão cilíndrico cria tensões na direção longitudinal e na direção circunferencial. Se existir pressão atmosférica (ou seja, pressão manométrica nula) no exterior do cilindro, então não haverá tensão atuante na parede do cilindro na direção radial.

Como a pressão no vaso não origina tensões cisalhantes no plano longitudinal e no plano circunferencial, as tensões longitudinais e tangenciais são as tensões principais: $\sigma_{p1} = \sigma_{\text{tang}}$ e $\sigma_{p2} = \sigma_{\text{long}}$. Além disso, como não existe tensão cisalhante nas superfícies livres do cilindro, qualquer tensão normal na direção radial (perpendicular à parede do cilindro) é também uma tensão principal. Como a pressão no exterior do cilindro é zero (admitindo pressão atmosférica), a tensão normal na direção radial devida à pressão externa é zero. Portanto, a terceira tensão principal é $\sigma_{p3} = \sigma_{\text{radial}} = 0$. A superfície externa do cilindro está em um estado *plano de tensões*, que também pode ser denominado estado *biaxial de tensões*.

O círculo de Mohr para a superfície externa de um vaso de pressão cilíndrico (com pressão interna) é mostrado na Figura 14.7. As *tensões cisalhantes máximas no plano das tensões* (ou seja, tensões no plano da parede do cilindro) ocorrem em planos que estão inclinados de 45° em relação à direção radial. Do círculo de Mohr, o valor absoluto dessas tensões cisalhantes é

$$\tau_{\text{máx}} = \frac{1}{2}(\sigma_{\text{tang}} - \sigma_{\text{long}}) = \frac{1}{2}\left(\frac{pr}{t} - \frac{pr}{2t}\right) = \frac{pr}{4t} \tag{14.6}$$

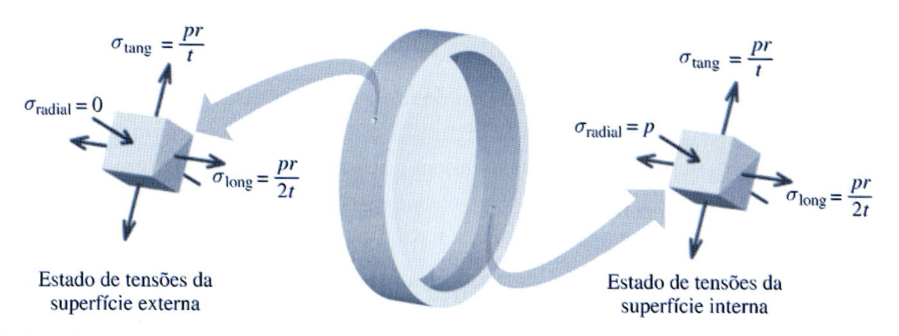

FIGURA 14.6 Paralelepípedos elementares na superfície externa e na superfície interna de um vaso de pressão cilíndrico.

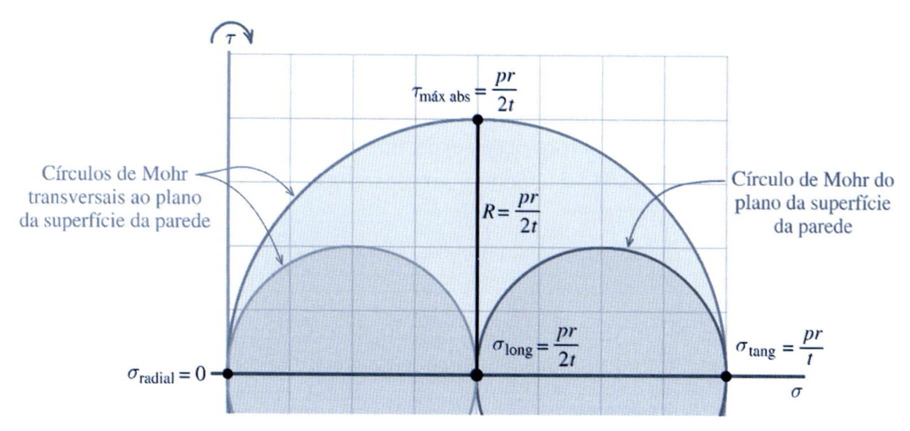

FIGURA 14.7 Círculo de Mohr para a superfície externa do cilindro.

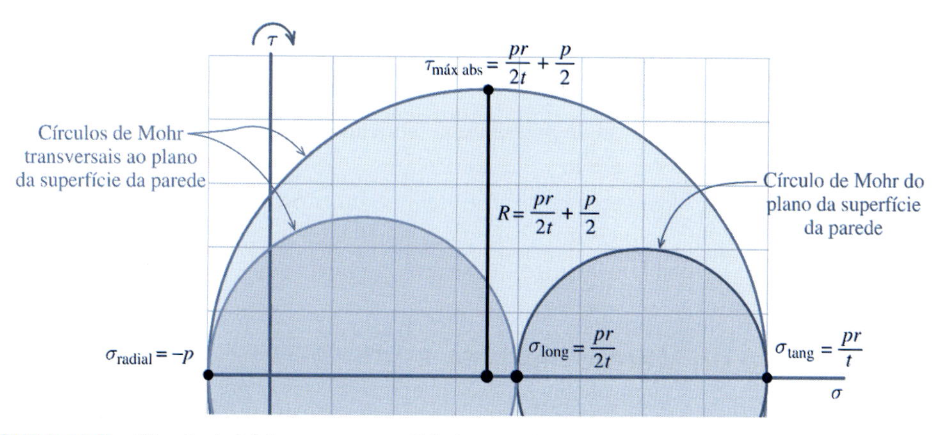

FIGURA 14.8 Círculo de Mohr para a superfície interna do cilindro.

As máximas *tensões de cisalhamento em planos transversais à parede do cilindro* (*tensões fora do plano*) são

$$\tau_{máx\ abs} = \frac{1}{2}(\sigma_{tang} - \sigma_{radial}) = \frac{1}{2}\left(\frac{pr}{t} - 0\right) = \frac{pr}{2t} \qquad (14.7)$$

TENSÕES NA SUPERFÍCIE INTERNA

As tensões σ_{long} e σ_{tang} agem na superfície interna do vaso de pressão cilíndrico e essas tensões são as idênticas àquelas da superfície externa porque foi admitido que o vaso tenha paredes finas (Figura 14.6). A pressão no interior do vaso empurra a parede do cilindro, criando uma tensão normal na direção radial de mesmo valor absoluto que a pressão interna. Consequentemente, a superfície interna está em um estado *triaxial de tensões* e a terceira tensão principal é igual a $\sigma_{p3} = \sigma_{radial} = -p$.

O círculo de Mohr para a superfície interna de um vaso de pressão cilíndrico (sujeito a uma pressão manométrica interna) é mostrado na Figura 14.8. As *tensões cisalhantes máximas no plano das tensões* na superfície interna são as idênticas àquelas da superfície externa. Entretanto, as máximas *tensões cisalhantes na direção transversal ao plano das tensões* (*tensões cisalhantes fora do plano*) são maiores em consequência da tensão radial causada pela pressão:

$$\tau_{\text{máx abs}} = \frac{1}{2}(\sigma_{\text{tang}} - \sigma_{\text{radial}}) = \frac{1}{2}\left[\frac{pr}{t} - (-p)\right] = \frac{pr}{2t} + \frac{p}{2} \tag{14.8}$$

14.4 DEFORMAÇÕES ESPECÍFICAS EM VASOS DE PRESSÃO

Como os vasos de pressão estão sujeitos tanto a tensões biaxiais (nas superfícies externas) como a tensões triaxiais (nas superfícies internas), deve ser usada a Lei de Hooke generalizada (Seção 13.8) para relacionar tensões com deformações específicas. Para a superfície externa de um vaso de pressão esférico, as Equações (13.21) podem ser reescritas em termos da tensão axial σ_a:

$$\varepsilon_a = \frac{1}{E}(\sigma_a - \nu\sigma_a) = \frac{1}{E}\left(\frac{pr}{2t} - \nu\frac{pr}{2t}\right) = \frac{pr}{2tE}(1 - \nu) \tag{14.9}$$

Para a superfície externa de um vaso de pressão cilíndrico, as Equações (13.21) podem ser reescritas em termos das tensões longitudinais e tangenciais:

$$\varepsilon_{\text{long}} = \frac{1}{E}(\sigma_{\text{long}} - \nu\sigma_{\text{tang}}) = \frac{1}{E}\left(\frac{pr}{2t} - \nu\frac{pr}{t}\right) = \frac{pr}{2tE}(1 - 2\nu) \tag{14.10}$$

$$\varepsilon_{\text{tang}} = \frac{1}{E}(\sigma_{\text{tang}} - \nu\sigma_{\text{long}}) = \frac{1}{E}\left(\frac{pr}{t} - \nu\frac{pr}{2t}\right) = \frac{pr}{2tE}(2 - \nu) \tag{14.11}$$

Essas equações admitem que o vaso de pressão seja fabricado de um material homogêneo e isotrópico que pode ser descrito por E e ν.

Exemplo do MecMovies M14.1

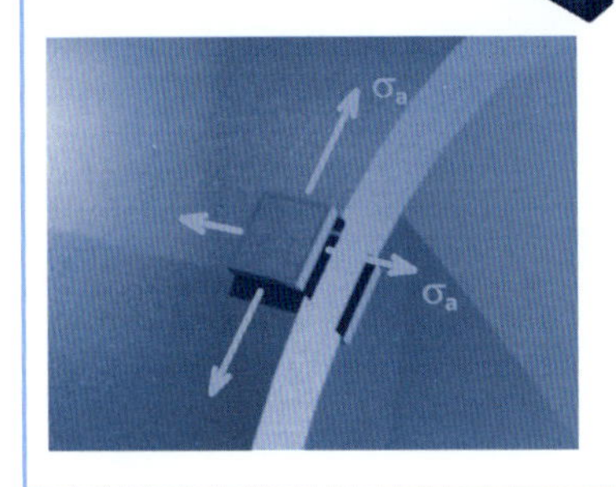

Obtenção das equações para as tensões axiais devidas à pressão em um vaso de pressão esférico.

Exemplo do MecMovies M14.2

Obtenção das equações para as tensões longitudinais e circunferenciais devidas à pressão em um vaso de pressão cilíndrico.

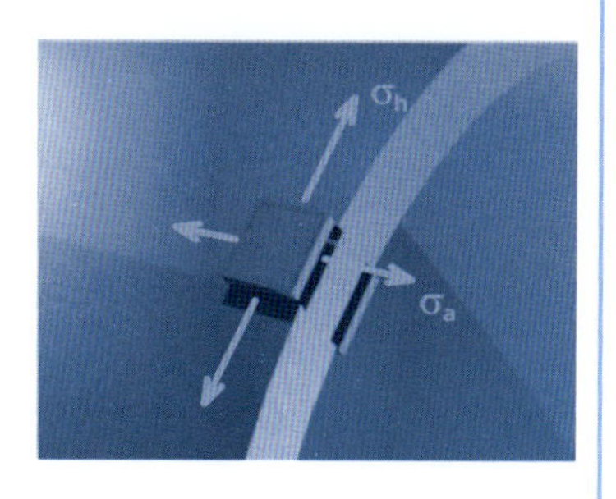

EXEMPLO 14.1

Um tubo vertical com diâmetro interno de 108 in (274,3 cm) contém água, que tem peso específico de 62,4 lb/ft³ (9.807 N/m³). A coluna de água fica 30 ft (9,14 m) acima de uma tubulação de saída, que tem diâmetro externo de 6,625 in (16,828 cm) e diâmetro 6,065 in (16,777 cm).

(a) Determine a tensão longitudinal e a tensão tangencial no tubo de saída em *B*.

(b) Se a tensão tangencial máxima no tubo vertical em *A* deve estar limitada a 2.500 psi (17.236 kPa), determine a espessura mínima de parede que poderá ser usada para o tubo vertical.

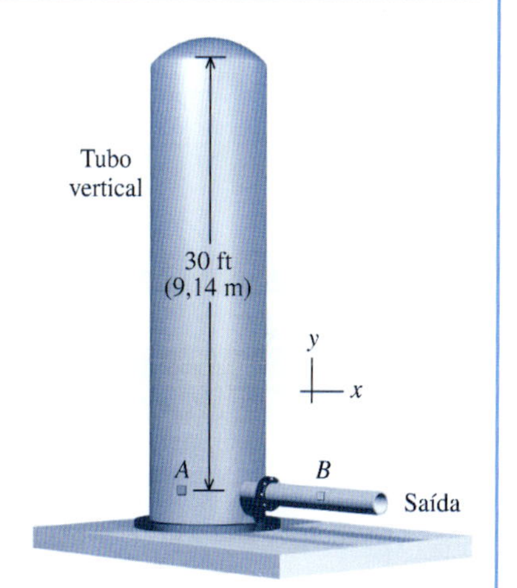

Planejamento da Solução

A pressão de fluido nos pontos *A* e *B* é encontrada com base no peso específico e na altura de fluido. Uma vez conhecida a pressão, as equações para a tensão longitudinal e a tensão tangencial serão utilizadas para determinar as tensões no tubo de saída e a espessura mínima exigida para o tubo vertical.

SOLUÇÃO

Pressão de Fluido

A pressão de fluido é o produto do peso específico pela altura do fluido:

$$p = \gamma h = (62{,}4 \text{ lb/ft}^3)(30 \text{ ft}) = 1.872 \text{ lb/ft}^2 = 13 \text{ lb/in}^2 = 13 \text{ psi}$$

Tensões no Tubo de Saída

As tensões longitudinal e tangencial produzidas em um cilindro por uma pressão de fluido são dadas por

$$\sigma_{\text{long}} = \frac{pd}{4t} \qquad \sigma_{\text{tang}} = \frac{pd}{2t}$$

em que d é o diâmetro interno do cilindro e t é a espessura da parede. Para o tubo de saída, a espessura da parede é $t = (6{,}625 \text{ in} - 6{,}065 \text{ in})/2 = 0{,}280$ in. A tensão longitudinal é

$$\sigma_{\text{long}} = \frac{pd}{4t} = \frac{(13 \text{ psi})(6{,}065 \text{ in})}{4(0{,}280 \text{ in})} = 70{,}4 \text{ psi}$$ **Resp.**

A tensão tangencial é duas vezes maior:

$$\sigma_{\text{tang}} = \frac{pd}{2t} = \frac{(13 \text{ psi})(6{,}065 \text{ in})}{2(0{,}280 \text{ in})} = 140{,}8 \text{ psi}$$ **Resp.**

140,8 psi

70,4 psi

Paralelepípedo Elementar das Tensões em *B*

O eixo longitudinal do tubo de saída se estende na direção x; portanto, a tensão longitudinal age na direção horizontal e a tensão tangencial age na direção vertical no ponto B.

Espessura Mínima de Parede para o Tubo Vertical

A tensão tangencial máxima no tubo vertical deve estar limitada a 2.500 psi:

$$\sigma_{\text{tang}} = \frac{pd}{2t} \leq 2.500 \text{ psi}$$

Essa relação é reorganizada para que seja encontrado o valor da espessura mínima da parede:

$$t \geq \frac{pd}{2\sigma_{\text{tang}}} = \frac{(13 \text{ psi})(108 \text{ in})}{2(2.500 \text{ psi})} = 0{,}281 \text{ in}$$ **Resp.**

EXEMPLO 14.2

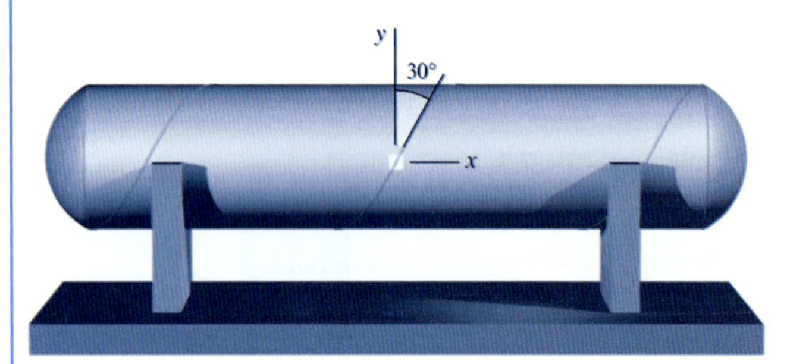

Um vaso de pressão cilíndrico com diâmetro externo de 900 mm é construído enrolando no formato de espiral uma placa de aço com 15 mm de espessura e fixando as bordas adjacentes por meio de uma solda de topo. As costuras da solda de topo formam um ângulo de 30° com um plano transversal através do cilindro. Determine a tensão normal σ perpendicular à solda e a tensão cisalhante τ paralela à solda quando a pressão interna no vaso for de 2,2 MPa.

Planejamento da Solução

Depois de calcular a tensão longitudinal e a tensão tangencial na parede do cilindro, são usadas as equações de transformação de tensões para determinar a tensão normal perpendicular à solda e a tensão cisalhante paralela à solda.

SOLUÇÃO

As tensões longitudinal e tangencial produzidas em um cilindro pela pressão de um fluido são dadas por

$$\sigma_{\text{long}} = \frac{pd}{4t} \qquad \sigma_{\text{tang}} = \frac{pd}{2t}$$

em que d é o diâmetro interno do cilindro e t é a espessura da parede. O diâmetro interno do cilindro é $d = 900 \text{ mm} - 2(15 \text{ mm}) = 870 \text{ mm}$. A tensão longitudinal no tanque é

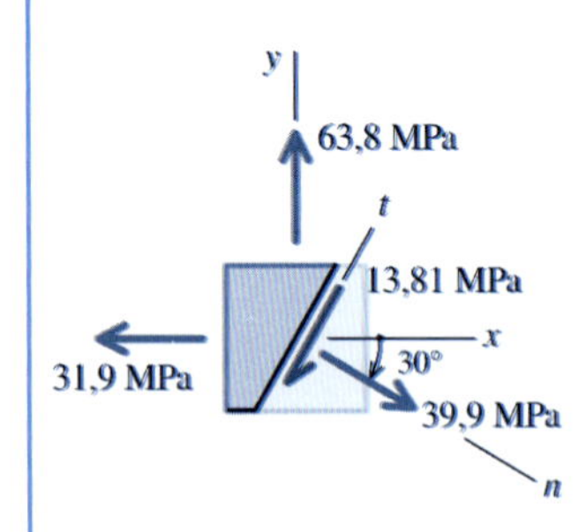

$$\sigma_{\text{long}} = \frac{pd}{4t} = \frac{(2{,}2 \text{ MPa})(870 \text{ mm})}{4(15 \text{ mm})} = 31{,}9 \text{ MPa}$$

A tensão tangencial é duas vezes maior do que a tensão longitudinal:

$$\sigma_{\text{tang}} = \frac{pd}{2t} = \frac{(2{,}2 \text{ MPa})(870 \text{ mm})}{2(15 \text{ mm})} = 63{,}8 \text{ MPa}$$

A costura da solda está orientada segundo um ângulo de 30°, conforme ilustrado. A tensão normal perpendicular à costura da solda pode ser determinada pela Equação (12.3) usando $\theta = -30°$:

$$\begin{aligned} \sigma_n &= \sigma_x \cos^2\theta + \sigma_y \operatorname{sen}^2\theta + 2\tau_{xy} \operatorname{sen}\theta \cos\theta \\ &= (31{,}9 \text{ MPa})\cos^2(-30°) + (63{,}8 \text{ MPa})\operatorname{sen}^2(-30°) \\ &= 39{,}9 \text{ MPa} \end{aligned}$$ **Resp.**

A tensão cisalhante paralela à costura da solda pode ser determinada pela Equação (12.4):

$$\begin{aligned}\tau_{nt} &= -(\sigma_x - \sigma_y)\,\text{sen}\,\theta\,\cos\theta + \tau_{xy}(\cos^2\theta - \text{sen}^2\theta) \\ &= -(31{,}9\text{ MPa} - 63{,}8\text{ MPa})\,\text{sen}(-30°)\cos(-30°) \\ &= -13{,}81\text{ MPa}\end{aligned}$$

Resp.

Exemplo do MecMovies M14.3

O tanque de pressão mostrado na figura tem um diâmetro externo de 200 mm e espessura de parede de 5 mm. O tanque tem as costuras da solda de topo formando um ângulo de $\beta = 25°$ com um plano transversal. Para uma pressão manométrica interna de $p = 1.500$ kPa, determine a tensão normal perpendicular à solda e a tensão cisalhante paralela à solda.

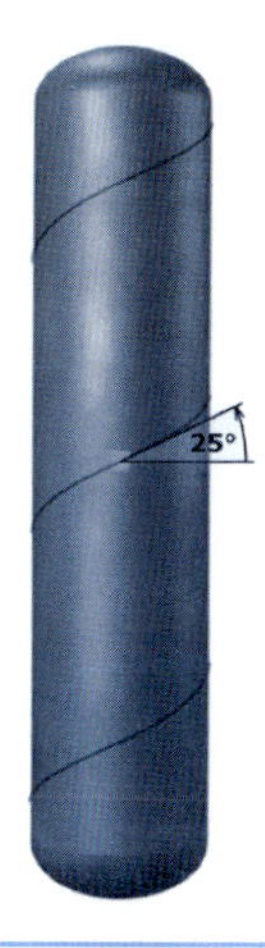

Exemplo do MecMovies M14.4

O extensômetro mostrado na figura é usado para determinar a pressão manométrica no tanque cilíndrico de aço. O tanque tem diâmetro externo de 1.250 mm e espessura de parede de 15 mm e é feito de aço [$E = 200$ GPa; $\nu = 0{,}32$]. O extensômetro está inclinado segundo um ângulo de 30° em relação ao eixo longitudinal do tanque. Determine a pressão no tanque correspondente a uma leitura de 290 $\mu\varepsilon$ no extensômetro.

Exemplo do MecMovies M14.5

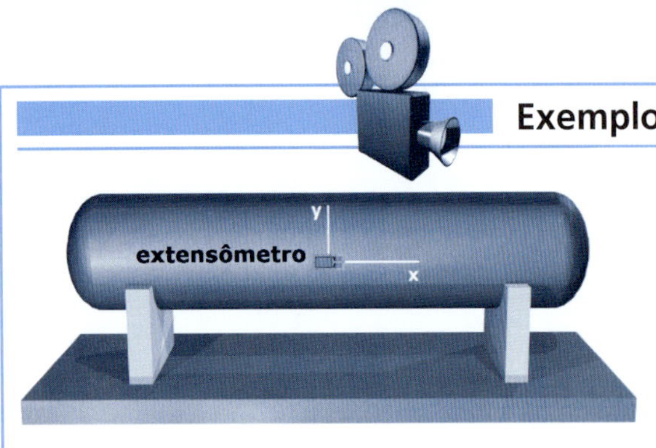

O tanque cilíndrico de aço [E = 200 GPa; ν = 0,3] contém um fluido sob pressão. A resistência à ruptura por cisalhamento do aço é 300 MPa e é exigido um coeficiente de segurança igual a 4. A pressão do fluido deve ser controlada cuidadosamente para assegurar que a tensão cisalhante no cilindro não supere o limite admissível de tensão cisalhante. Para monitorar o tanque, um extensômetro registra a tensão longitudinal no tanque. Determine a leitura crítica do extensômetro que não deve ser ultrapassada para a operação segura do tanque.

EXERCÍCIOS do MecMovies

M14.3 Para uma pressão manométrica indicada, determine a tensão normal perpendicular a uma solda e a tensão cisalhante paralela a uma solda.

FIGURA M14.4

M14.4 O extensômetro mostrado é usado para determinar a pressão manométrica no tanque cilíndrico de aço [E = 200 GPa; ν = 0,32]. O tanque tem diâmetro externo e espessura de parede especificados. Determine a leitura no extensômetro para uma pressão interna especificada.

FIGURA M14.5

M14.5 Um extensômetro é usado para controlar a deformação específica em um tanque esférico de aço [E = 200 GPa; ν = 0,32] que contém um fluido sob pressão. A resistência à ruptura do aço é 560 MPa. Determine o coeficiente de segurança em relação à resistência à ruptura se a leitura do extensômetro for um valor especificado.

PROBLEMAS

P14.1 Determine a tensão normal em uma bola (Figura P14.1) que tem diâmetro externo de 220 mm e espessura de parede de 3 mm, quando ela for inflada até uma pressão manométrica de 110 kPa.

FIGURA P14.1

P14.2 Um tanque esférico de armazenagem de gás com diâmetro interno de 30 ft (9,14 m) está sendo construído para conter gás sob uma pressão interna de 200 psi (1.378 kPa). O tanque será construído de aço estrutural que tem limite de escoamento de 36 ksi (248,2 MPa). Se for exigido um coeficiente de segurança de 3,0 em relação ao limite de escoamento, determine a espessura mínima de parede exigida para o tanque esférico.

P14.3 Um tanque esférico de armazenagem de gás com diâmetro interno de 12 m está sendo construído para conter gás sob uma pressão interna de 1,75 MPa. O tanque será construído de aço estrutural que tem limite de escoamento de 250 MPa. Se for exigido um coeficiente de segurança de 3,0 em relação ao limite de escoamento, determine a espessura mínima de parede exigida para o tanque esférico.

P14.4 Um vaso de pressão esférico tem um diâmetro interno de 4 m e uma espessura de parede de 15 mm. O tanque será construído de aço estrutural [E = 200 GPa; ν = 0,29] que tem limite de escoamento de 250 MPa. Se a pressão interna no vaso for 1.200 kPa, determine:

(a) a tensão normal na parede do vaso.
(b) o coeficiente de segurança em relação ao limite de escoamento.
(c) a deformação específica normal na esfera.
(d) o aumento do diâmetro externo do vaso.

P14.5 A deformação específica normal medida na superfície externa de um vaso de pressão é 820 $\mu\varepsilon$. A esfera, que tem um diâmetro externo de 54 in (137,2 cm) e uma espessura de parede de 0,50 in (1,27 cm), será construída de uma liga de alumínio [E = 10.000 ksi (68,9 GPa); ν = 0,33]. Determine:

(a) a tensão normal na parede do vaso.
(b) a pressão interna no vaso.

P14.6 Um típico tanque de mergulho é mostrado na Figura P14.6. O diâmetro externo do tanque é 200 mm e a espessura da parede é 12 mm. Se o ar no tanque for pressurizado até 20 MPa, determine:

(a) a tensão longitudinal e a tensão tangencial na parede do tanque.
(a) a tensão cisalhante máxima no plano da parede do cilindro.
(c) a tensão cisalhante máxima absoluta na superfície externa da parede do cilindro.

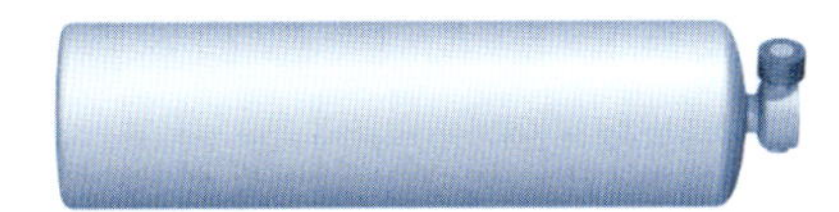

FIGURA P14.6

P14.7 Um aquecedor cilíndrico com diâmetro externo de 3,60 m e espessura de parede de 40 mm é feito de uma liga de aço que tem uma tensão de escoamento de 415 MPa. Determine:

(a) a tensão normal máxima produzida por uma pressão interna de 2 MPa.
(b) a pressão máxima admissível se for exigido um coeficiente de segurança de 3,3 em relação ao escoamento.

P14.8 Quando cheio com sua capacidade total, o tanque de armazenagem não pressurizado mostrado na Figura P14.8 contém água até uma altura de h = 24 ft (7,32 m). O diâmetro externo do tanque é 8 ft (2,44 m) e a espessura de parede é 0,625 in (1,5875 cm). Determine a tensão normal máxima e a tensão cisalhante máxima absoluta na superfície externa da base do tanque. (Peso específico da água = 62,4 lb/ft³ = 9.807 kN/m³.)

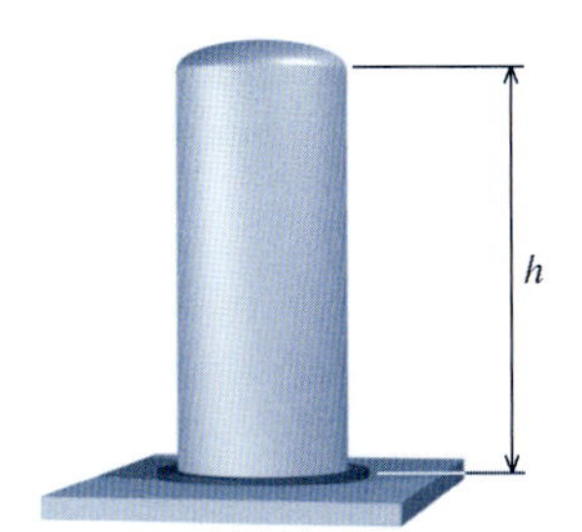

FIGURA P14.8

P14.9 Um tanque vertical alto e aberto no topo (Figura P14.9) tem diâmetro interno de 2.250 mm e espessura de parede de 8 mm. O tanque contém água, com massa específica de 1.000 kg/m³.

(a) Que altura h de água produzirá uma tensão tangencial de 16 MPa na parede do tanque vertical?
(b) Qual é a tensão axial na parede do tubo vertical devida à pressão da água?

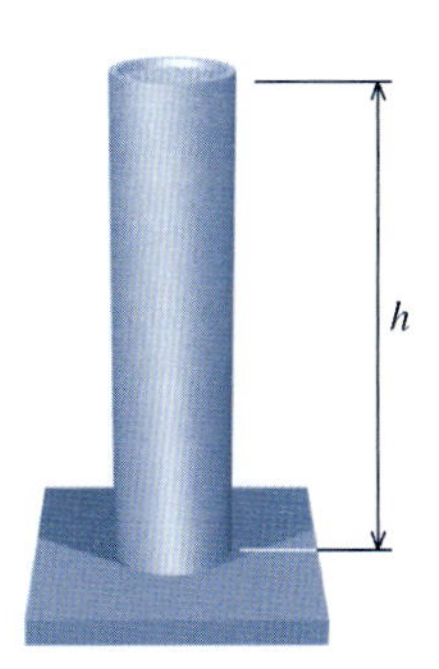

FIGURA P14.9

P14.10 O tanque de pressão da Figura P14.10/11 é fabricado com placas de metal enroladas no formato de uma espiral e soldadas nas costuras segundo a orientação mostrada. O tanque tem um diâmetro interno de 600 mm e uma espessura de parede de 5 mm. Determine a maior pressão manométrica admissível sabendo que a tensão normal admissível perpendicular à solda é de 100 MPa e a tensão cisalhante admissível paralela à solda é de 30 MPa.

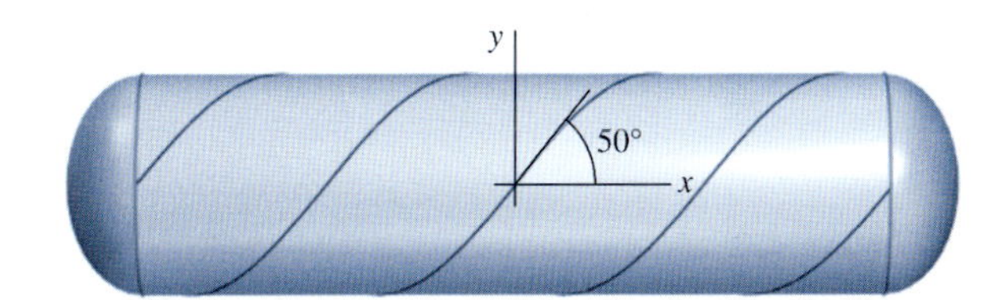

FIGURA P14.10/11

P14.11 O tanque de pressão da Figura P14.10/11 é fabricado com placas de metal enroladas no formato de uma espiral e soldadas nas costuras segundo a orientação mostrada. O tanque tem um diâmetro interno de 800 mm e uma espessura de parede de 10 mm. Para uma pressão manométrica de 1,25 MPa, determine:

(a) a tensão normal perpendicular à solda.
(b) a tensão cisalhante paralela à solda.

P14.12 O tanque de pressão da Figura P14.12/13 é fabricado com placas de metal enroladas no formato de uma espiral e soldadas nas costuras segundo a orientação mostrada. O tanque tem um diâmetro interno de 1.500 mm e uma espessura de parede de 8 mm. Para uma pressão manométrica de 1,2 MPa, determine:

(a) a tensão normal perpendicular à solda.
(b) a tensão cisalhante paralela à solda.

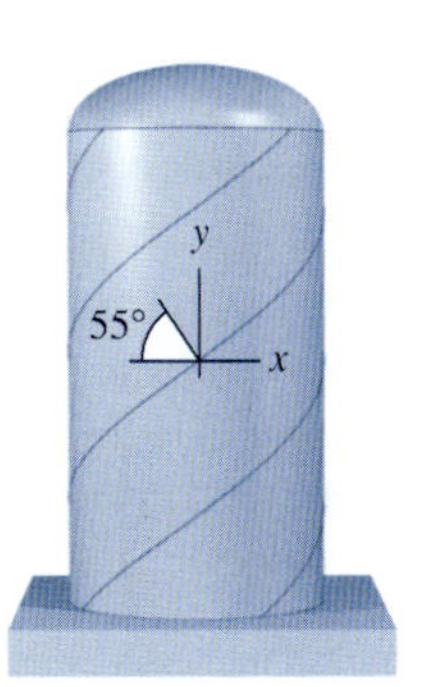

FIGURA P14.12/13

P14.13 O tanque de pressão da Figura P14.12/13 é fabricado com placas de metal enroladas no formato de uma espiral e soldadas nas costuras segundo a orientação mostrada. O tanque tem um diâmetro interno de 48 in (121,9 cm) e uma espessura de parede de 0,375 in (0,9525 cm). Determine a maior pressão manométrica admissível sabendo que a tensão normal admissível perpendicular à solda é de 12 ksi (82,7 MPa) e a tensão cisalhante admissível paralela à solda é de 7 ksi (48,3 MPa).

P14.14 Um extensômetro é preso à superfície externa do aquecedor (boiler) mostrado na Figura P14.14. O aquecedor tem um diâmetro interno de 60,0 in (152,4 cm) e espessura de parede de 1,000 in (2,54 cm) e é feito de aço inoxidável [E = 28.000 ksi (193,1 GPa); ν = 0,27]. Determine:

(a) a pressão interna no aquecedor quando a leitura do extensômetro for 120 $\mu\varepsilon$.
(b) a tensão cisalhante máxima no plano da parede do aquecedor.
(c) a tensão cisalhante máxima absoluta na superfície externa do aquecedor.

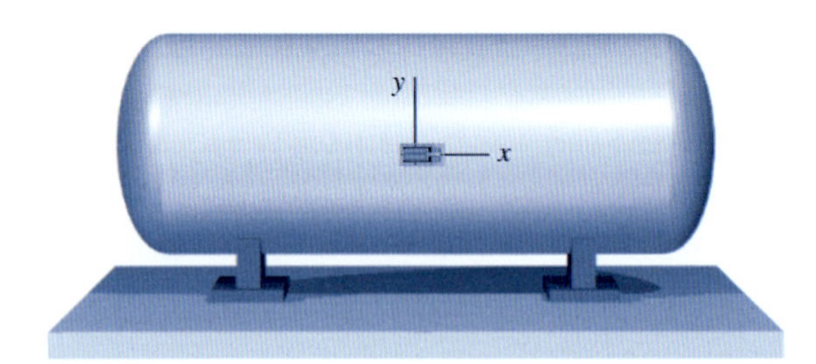

FIGURA P14.14

P14.15 Um tanque cilíndrico fechado contendo um fluido pressurizado tem diâmetro interno de 250 mm e uma espessura de parede de 10 mm. As tensões na parede do tanque que agem em um elemento inclinado possuem os valores indicados na Figura P14.15. Determine a pressão do fluido.

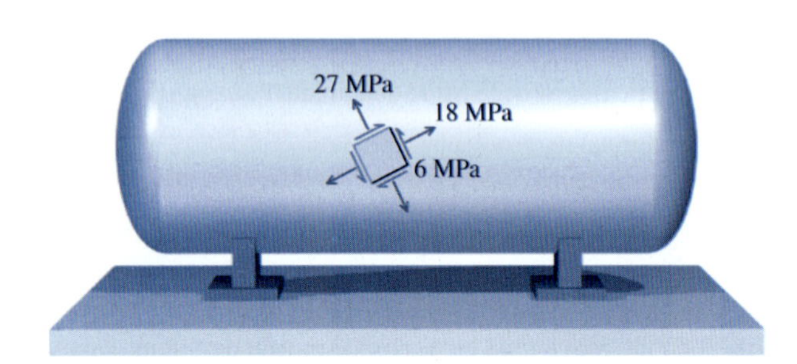

FIGURA P14.15

P14.16 Um vaso cilíndrico fechado (Figura P14.16) contém um fluido a uma pressão de 720 psi (4.964 kPa). O cilindro, que tem diâmetro externo de 64 in (162,6 cm) e uma espessura de parede de 1,000 in (2,54 cm) é fabricado de aço inoxidável [E = 28.000 ksi (193,1 GPa); ν = 0,27]. Determine o aumento de diâmetro e o aumento de comprimento do cilindro.

P14.17 Um extensômetro é preso segundo uma inclinação de 30° em relação ao eixo longitudinal do vaso de pressão mostrado na Figura P14.17/18. O vaso de pressão é fabricado de alumínio [E = 10.000 ksi (68,9 GPa); ν = 0,33] e tem um diâmetro interno de 48 in (121,9 cm) e espessura de parede de 0,375 in (0,9525 cm). Se o extensômetro indicar uma medida de deformação específica normal de 330 $\mu\varepsilon$, determine:

(a) a pressão interna no cilindro.
(b) a tensão cisalhante máxima absoluta na superfície externa do cilindro.
(c) a tensão cisalhante máxima absoluta na superfície interna do cilindro.

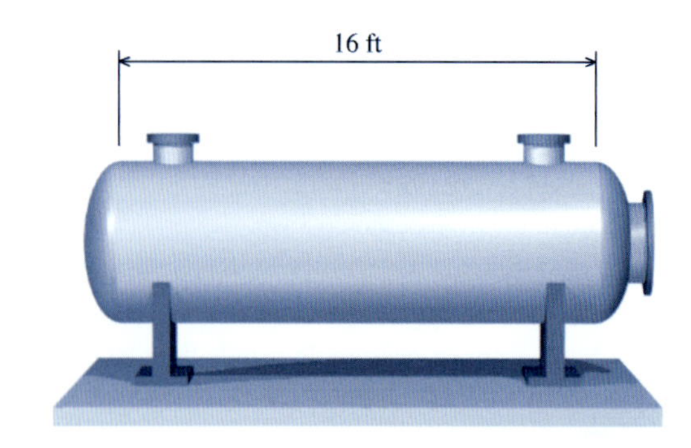

FIGURA P14.16

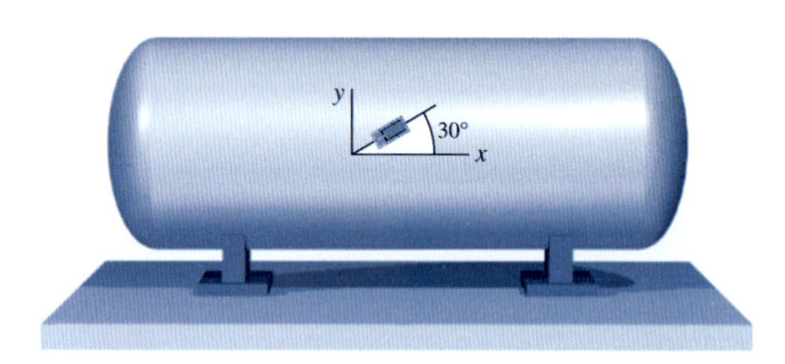

FIGURA P14.17/18

P14.18 Um extensômetro é preso segundo uma inclinação de 30° em relação ao eixo longitudinal do vaso de pressão mostrado na Figura P14.17/18. O vaso de pressão é fabricado de alumínio [E = 10.000 ksi (68,9 GPa); ν = 0,33] e tem um diâmetro interno de 54 in (137,2 cm) e espessura de parede de 1,00 in (2,54 cm). Se a pressão interna no cilindro for igual a 720 psi (4.964 kPa), determine:

(a) a leitura esperada do extensômetro (em $\mu\varepsilon$).
(b) as deformações específicas principais, a máxima deformação específica por cisalhamento e a deformação específica por cisalhamento máxima absoluta na superfície externa do cilindro.

P14.19 O vaso de pressão da Figura P14.19 consiste em placas de aço enroladas no formato de uma espiral e soldadas nas costuras na orientação mostrada. O cilindro tem um diâmetro interno de 600 mm e uma espessura de parede de 8 mm. As extremidades do cilindro são revestidas de duas placas rígidas. A pressão manométrica no interior do cilindro é de 3,6 MPa e são aplicadas cargas axiais compressivas de P = 160 kN às extremidades rígidas. Determine:

(a) a tensão normal perpendicular às costuras da solda.
(b) a tensão cisalhante paralela às costuras da solda.
(c) a tensão cisalhante máxima absoluta no cilindro.

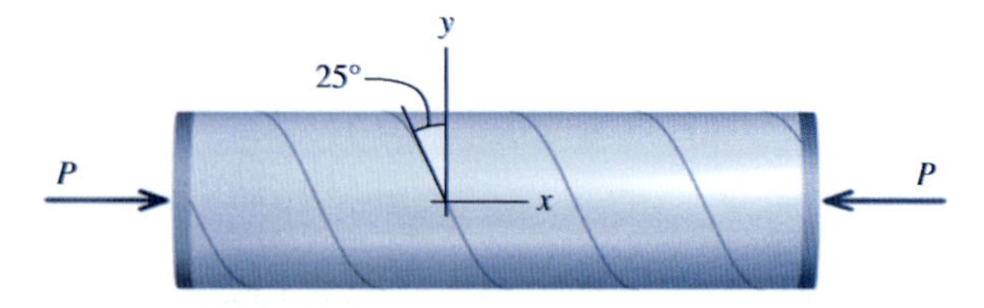

FIGURA P14.19

CARREGAMENTOS COMBINADOS 15

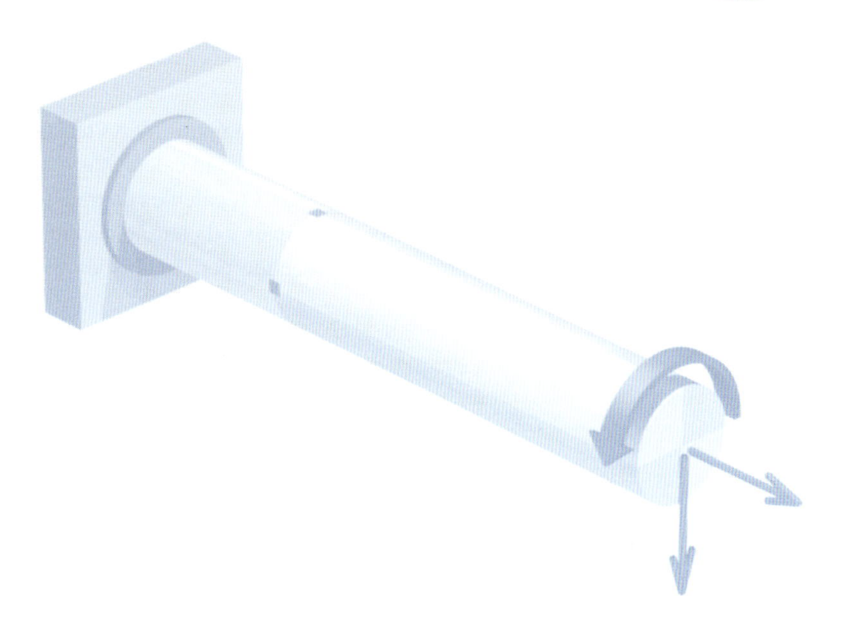

15.1 INTRODUÇÃO

As tensões e as deformações produzidas pelos três tipos fundamentais de cargas (cargas axiais, de torção e de flexão) foram analisadas nos capítulos anteriores. Muitos equipamentos ou componentes estruturais estão sujeitos a uma combinação dessas cargas, e é exigido um procedimento para o cálculo das tensões decorrentes em um ponto de uma determinada seção. Um método é substituir o sistema de forças dado por um sistema estaticamente equivalente de forças e momentos agindo na seção de interesse. O sistema de forças equivalentes pode ser avaliado sistematicamente para que sejam determinados o tipo e o módulo das tensões produzidas no ponto e essas tensões podem ser calculadas usando os métodos desenvolvidos nos capítulos anteriores. O efeito combinado pode ser obtido pelo princípio da superposição se as tensões combinadas não ultrapassarem o limite de proporcionalidade. Várias combinações de cargas que podem ser analisadas desta maneira são comentadas nas seções a seguir.

15.2 CARGAS AXIAIS E DE TORÇÃO COMBINADAS

Um eixo ou outro componente de máquina está sujeito tanto a uma carga axial como a uma carga de torção em várias situações. Exemplos disso incluem uma haste de perfuração para um poço assim como o eixo propulsor de uma embarcação. Como a tensão radial e a tensão circunferencial são nulas, a combinação das cargas axiais com as cargas de torção cria situações de estado plano de tensões em muitos pontos do corpo. Embora as tensões normais e axiais sejam idênticas em todos os pontos da seção transversal, as tensões cisalhantes devidas à torção são maiores na periferia. Por esse motivo, as tensões críticas são normalmente investigadas na superfície externa do eixo.

O exemplo a seguir ilustra a análise das cargas axiais e de torção combinadas em um eixo.

EXEMPLO 15.1

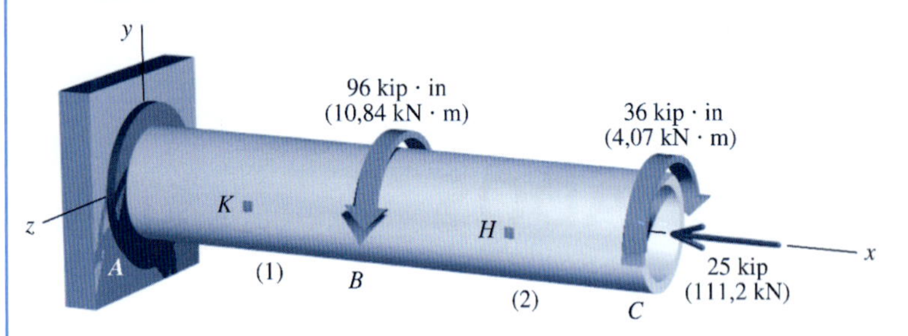

Um eixo circular oco, com diâmetro externo de 4 in (10,16 cm) e espessura de parede de 0,25 in (0,635 cm), é carregado conforme a ilustração. Determine as tensões principais e a tensão cisalhante máxima nos pontos H e K.

Planejamento da Solução

Depois de calcular as propriedades exigidas da seção para o eixo tubular, serão determinadas as forças equivalentes que atuam no ponto H. As tensões normais e cisalhantes criadas pelo esforço normal interno e pelo torque serão calculadas e mostradas nos seus sentidos adequados em um paralelepípedo elementar. Os cálculos de transformação de tensões serão usados para a determinação das tensões principais e da tensão cisalhante máxima para o paralelepípedo elementar em H. O processo será repetido para as tensões que atuam em K.

SOLUÇÃO

Propriedades da Seção

O diâmetro externo D do tubo é 4 in, e a espessura da parede do tubo é 0,25 in; desta forma, o diâmetro interno é $d = 3{,}5$ in. Será necessária a área da seção transversal do tubo para calcular a tensão normal causada pela força axial:

$$A = \frac{\pi}{4}[D^2 - d^2] = \frac{\pi}{4}[(4 \text{ in})^2 - (3{,}5 \text{ in})^2] = 2{,}9452 \text{ in}^2$$

e será exigido o momento polar de inércia para calcular a tensão cisalhante causada pelos torques internos no tubo:

$$J = \frac{\pi}{32}[D^4 - d^4] = \frac{\pi}{32}[(4 \text{ in})^4 - (3{,}5 \text{ in})^4] = 10.4004 \text{ in}^4$$

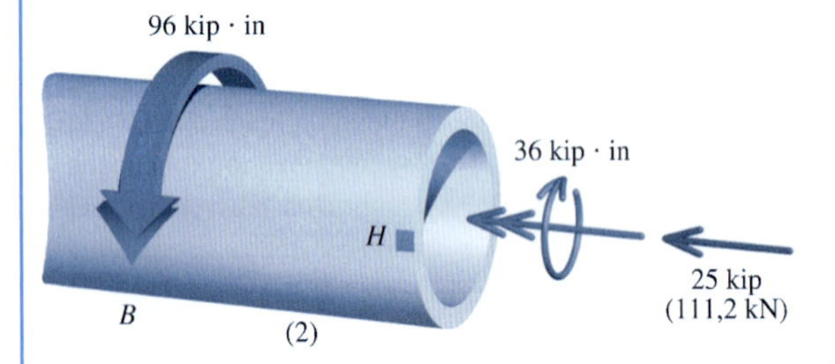

Forças Equivalentes em H

O tubo será seccionado imediatamente à direita do paralelepípedo elementar em H e serão determinadas as forças e momentos equivalentes atuantes na seção de interesse. Isso é fácil em H onde a força equivalente é simplesmente a força axial de 25 kip e o torque equivalente é igual a 36 kip-in aplicado em C.

Tensão Normal e Tensão Cisalhante em H

A tensão normal e a tensão cisalhante em H podem ser calculadas pelas forças equivalentes mostradas na figura acima. A força axial de 25 kip cria uma tensão normal de compressão de

$$\sigma_{\text{axial}} = \frac{F}{A} = \frac{25 \text{ kip}}{2{,}9452 \text{ in}^2} = 8{,}49 \text{ ksi (C)}$$

A tensão cisalhante criada pelo torque de 36 kip · in é calculada pela fórmula da torção no regime elástico:

$$\tau = \frac{Tc}{J} = \frac{(36 \text{ kip} \cdot \text{in})\,(2 \text{ in})}{10{,}4004 \text{ in}^4} = 6{,}92 \text{ ksi}$$

A tensão normal e a tensão cisalhante que agem em um ponto devem ser resumidas em um paralelepípedo elementar antes que sejam iniciados os cálculos de transformação de tensões. Em geral, é mais eficiente calcular o valor absoluto das tensões pela fórmula apropriada e determinar a direção adequada das tensões por inspeção.

A tensão axial age na mesma direção que a força de 25 kip; portanto, a tensão axial de 8,49 ksi é de compressão e age na direção x.

Pode ser confuso determinar a direção da tensão cisalhante de torção no ponto de interesse. Examine a ilustração e observe a direção do torque equivalente que age em H. A seta da tensão cisalhante na face $+x$ do paralelepípedo elementar age na mesma direção que o torque; portanto, a tensão cisalhante de 6,92 ksi age *de baixo para cima* na face $+x$ do paralelepípedo elementar. Depois de ser estabelecido o sentido correto da tensão cisalhante em uma face, os sentidos das tensões cisalhantes nas outras três faces serão conhecidos.

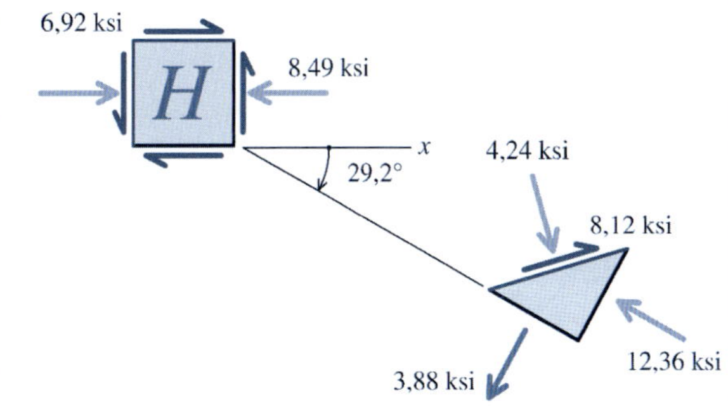

Resultados da Transformação de Tensões em H

As tensões principais e a tensão cisalhante máxima em H podem ser determinadas pelas equações de transformação de tensões e pelos procedimentos detalhados no Capítulo 12. Os resultados desses cálculos são mostrados na figura à direita.

Forças Equivalentes em K

O tubo será seccionado imediatamente à direita de um paralelepípedo elementar em K e as forças e os momentos equivalentes que agem na seção de interesse serão determinados. Enquanto a força equivalente é simplesmente a força axial de 25 kip, o torque equivalente em K é a soma dos torques aplicados no eixo tubular em B e C. O torque equivalente na seção de interesse é 60 kip · in.

Tensão Normal e Tensão Cisalhante em K

A tensão normal e a tensão cisalhante em K podem ser calculadas pelas forças equivalentes mostradas na figura. A força axial cria uma tensão normal de compressão de 8,49 ksi. O torque equivalente de 60 kip · in cria uma tensão cisalhante dada por

$$\tau = \frac{Tc}{J} = \frac{(60 \text{ kip} \cdot \text{in})\,(2 \text{ in})}{10{,}4004 \text{ in}^4} = 11{,}54 \text{ ksi}$$

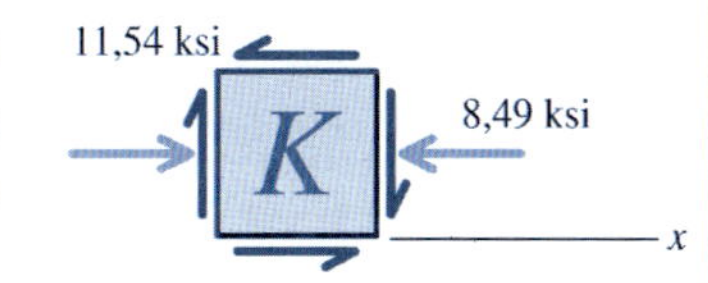

Da mesma forma que em H, a tensão axial de 8,49 ksi é de compressão e age na direção x. O torque equivalente em K cria uma tensão cisalhante que age *de cima para baixo* na face $+x$ do paralelepípedo elementar. O paralelepípedo elementar adequado correspondente ao ponto K é mostrado na figura.

Resultados da Transformação de Tensões em K

As tensões principais e a tensão cisalhante máxima em K são mostradas na figura à direita.

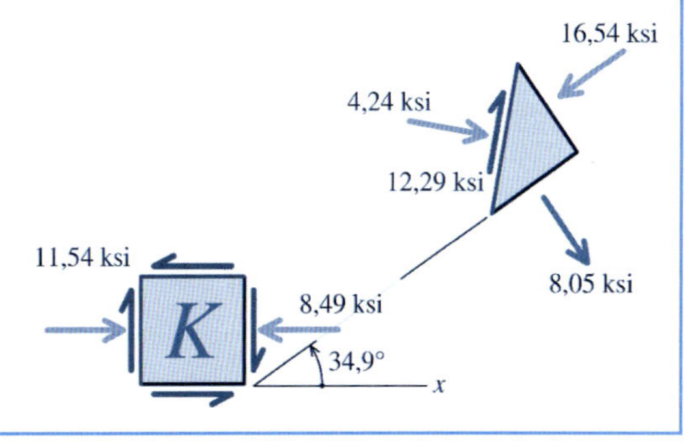

Exemplo do MecMovies M15.1

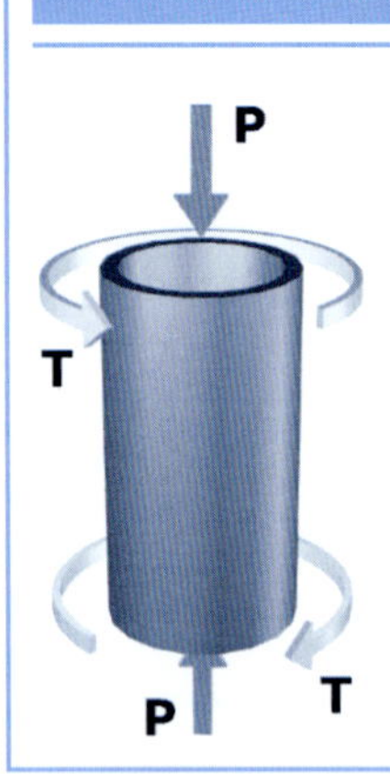

Um eixo tubular de diâmetro externo $D = 114$ mm e diâmetro interno $d = 102$ mm está sujeito simultaneamente a um torque $T = 5$ kN · m e uma carga axial $P = 40$ kN. Determine as tensões principais e a tensão cisalhante máxima em um ponto típico da superfície do eixo.

PROBLEMAS

P15.1 Um eixo maciço com 3 in (7,62 cm) de diâmetro está sujeito tanto a um torque $T = 25$ kip · in (2,82 kN · m) como a uma carga axial de tração $P = 40$ kip (177,9 kN) conforme mostra a Figura P15.1/2.

(a) Determine as tensões principais e a tensão cisalhante máxima no ponto H da superfície do eixo.

(b) Mostre as tensões da parte (a) e suas direções em um desenho esquemático apropriado.

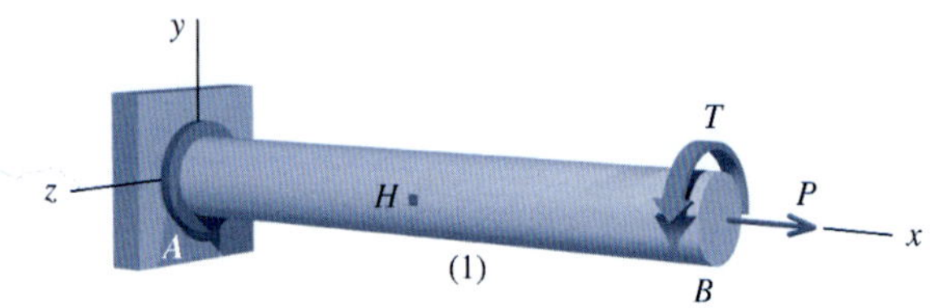

FIGURA P15.1/2

P15.2 Um eixo maciço com 90 mm de diâmetro está sujeito tanto a um torque $T = 4.000$ N · m como a uma carga axial de tração $P = 150$ kN conforme mostra a Figura P15.1/2.

(a) Determine as tensões principais e a tensão cisalhante máxima no ponto H da superfície do eixo.

(b) Mostre as tensões da parte (a) e suas direções em um desenho esquemático apropriado.

P15.3 Um eixo oco com diâmetro externo de 400 mm e diâmetro interno de 350 mm está sujeito tanto a um torque $T = 300$ kN · m quanto a uma carga axial de tração $P = 1.200$ kN, conforme mostra a Figura P15.3/4.

(a) Determine as tensões principais e a tensão cisalhante máxima no ponto H da superfície do eixo.

(b) Mostre as tensões da parte (a) e suas direções em um desenho esquemático apropriado.

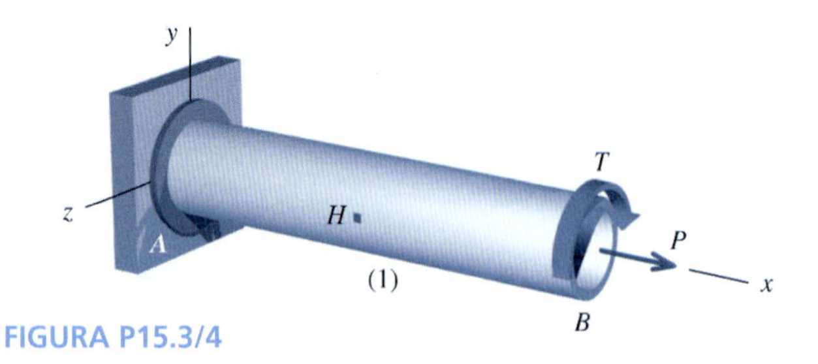

FIGURA P15.3/4

P15.4 Um eixo oco com diâmetro externo de 4,50 in (11,43 cm) e diâmetro interno de 4,00 in (10,16 cm) está sujeito tanto a um torque $T = 600$ lb · ft (813,5 N · m) como a uma carga axial de tração $P = 7.000$ lb (31,14 kN), conforme mostra a Figura P15.3/4.

(a) Determine as tensões principais e a tensão cisalhante máxima no ponto H da superfície do eixo.

(b) Mostre as tensões da parte (a) e suas direções em um desenho esquemático apropriado.

P15.5 Um eixo maciço com 2 in (5,08 cm) de diâmetro é usado em um motor de aeronave para transmitir 130 hp (96,9 kW) a 2.100 rpm a um propulsor que desenvolve um impulso de 1.800 lb (8,01 kN). Determine os valores absolutos das tensões principais e a tensão cisalhante máxima em qualquer ponto do diâmetro externo do eixo.

P15.6 Um eixo maciço com 40 mm de diâmetro é usado em um motor de aeronave para transmitir 100 kW a 1.600 rpm a um propulsor que desenvolve um impulso de 12 kN. Determine os valores absolutos das tensões principais e a tensão cisalhante máxima em qualquer ponto do diâmetro externo do eixo.

P15.7 Um eixo com diâmetro de 3,5 in (8,89 cm) deve suportar uma carga axial de tração de valor absoluto desconhecido enquanto transmite um torque de 60 kip · in (6,78 kN · m). Determine o valor máximo admissível para a carga axial se a tensão principal de tração na superfície externa do eixo não deverá ultrapassar 9.000 psi (62 MPa).

P15.8 Um eixo maciço com diâmetro de 60 mm deve transmitir um torque de valor absoluto desconhecido enquanto suporta uma carga axial de tração de 40 kN. Determine o valor máximo admissível para o torque se a tensão principal de tração na superfície externa do eixo não deverá ultrapassar 100 MPa.

P15.9 Um eixo oco com diâm7etro externo de 150 mm e diâmetro interno de 130 mm está sujeito a uma carga axial de tração $P = 75$ kN e aos torques $T_B = 16$ kN · m e $T_C = 7$ kN · m, que agem nos sentidos mostrados na Figura P15.9/10.

(a) Determine as tensões principais e a tensão cisalhante máxima no ponto H da superfície do eixo.

(b) Mostre essas tensões em um desenho esquemático apropriado.

P15.10 Um eixo oco com diâmetro externo de 150 mm e diâmetro interno de 130 mm está sujeito a uma carga axial de tração $P = 75$ kN

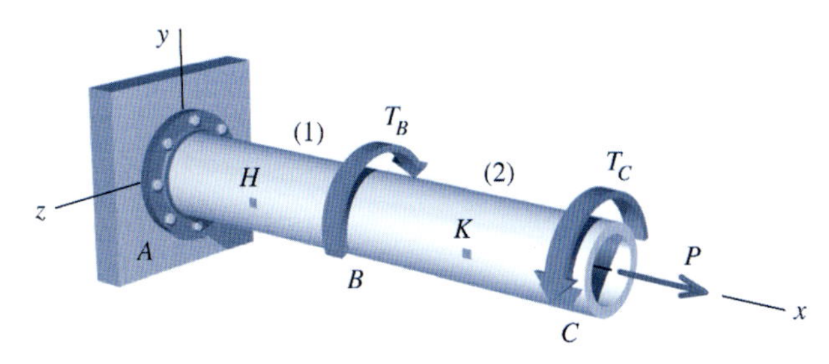

FIGURA P15.9/10

e aos torques $T_B = 16$ kN · m e $T_C = 7$ kN · m, que agem nos sentidos mostrados na Figura P15.9/10.

(a) Determine as tensões principais e a tensão cisalhante máxima no ponto K da superfície do eixo.
(b) Mostre essas tensões em um desenho esquemático apropriado.

P15.11 Um eixo composto consiste em dois segmentos tubulares. O segmento (1) tem diâmetro externo de 220 mm e espessura de parede de 10 mm. O segmento (2) tem diâmetro externo de 140 mm e espessura de parede de 15 mm. O eixo está sujeito a uma carga axial de compressão $P = 100$ kN e aos torques $T_B = 8$ kN · m e $T_C = 12$ kN · m, que agem nos sentidos mostrados na Figura P15.11/12/13/14.

(a) Determine as tensões principais e a tensão cisalhante máxima no ponto K da superfície do eixo.
(b) Mostre essas tensões em um desenho esquemático apropriado.

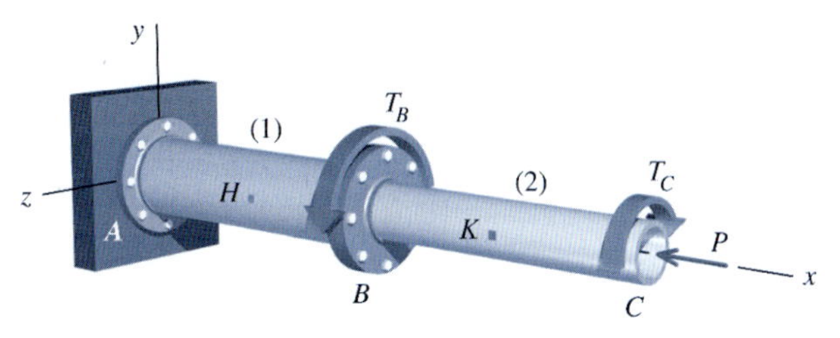

FIGURA P15.11/12/13/14

P15.12 Um eixo composto consiste em dois segmentos tubulares. O segmento (1) tem diâmetro externo de 220 mm e espessura de parede de 10 mm. O segmento (2) tem diâmetro externo de 140 mm e espessura de parede de 15 mm. O eixo está sujeito a uma carga axial de compressão $P = 100$ kN e aos torques $T_B = 8$ kN · m e $T_C = 12$ kN · m, que agem nos sentidos mostrados na Figura P15.11/12/13/14.

(a) Determine as tensões principais e a tensão cisalhante máxima no ponto H da superfície do eixo.
(b) Mostre essas tensões em um desenho esquemático apropriado.

P15.13 Um eixo composto consiste em dois segmentos tubulares. O segmento (1) tem diâmetro externo de 6,50 in (16,51 cm) e espessura de parede de 0,375 in (0,953 cm). O segmento (2) tem diâmetro externo de 4,50 in (11,43 cm) e espessura de parede de 0,50 in (1,27 cm). O eixo está sujeito a uma carga axial de compressão $P = 50$ kip (222,4 kN) e aos torques $T_B = 30$ kip · ft (40,7 kN · m) e $T_C = 8$ kip · ft (10,8 kN · m), que agem nos sentidos mostrados na Figura P15.11/12/13/14.

(a) Determine as tensões principais e a tensão cisalhante máxima no ponto H da superfície do eixo.
(b) Mostre essas tensões em um desenho esquemático apropriado.

P15.14 Um eixo composto consiste em dois segmentos tubulares. O segmento (1) tem diâmetro externo de 6,50 in (16,51 cm) e espessura de parede de 0,375 in (0,953 cm). O segmento (2) tem diâmetro externo de 4,50 in (11,43 cm) e espessura de parede de 0,50 in (1,27 cm). O eixo está sujeito a uma carga axial de compressão $P = 50$ kip (222,4 kN) e aos torques $T_B = 30$ kip · ft (40,7 kN · m) e $T_C = 8$ kip · ft (10,8 kN · m), que agem nos sentidos mostrados na Figura P15.11/12/13/14.

(a) Determine as tensões principais e a tensão cisalhante máxima no ponto K da superfície do eixo.
(b) Mostre essas tensões em um desenho esquemático apropriado.

P15.15 O cilindro da Figura P15.15 consiste em placas de aço enroladas no formato de uma espiral e soldadas nas costuras de acordo com a orientação mostrada. O cilindro tem diâmetro externo de 320 mm e espessura de parede de 8 mm. As extremidades do cilindro são constituídas por duas placas rígidas. O cilindro está sujeito a cargas axiais de tração $P = 85$ kN e aos torques $T = 40$ kN · m, aplicados às extremidades rígidas nos sentidos mostrados na Figura P15.15. Determine:

(a) a tensão normal perpendicular às costuras da solda.
(b) a tensão cisalhante paralela às costuras da solda.
(c) a tensão cisalhante máxima absoluta na superfície externa do cilindro.

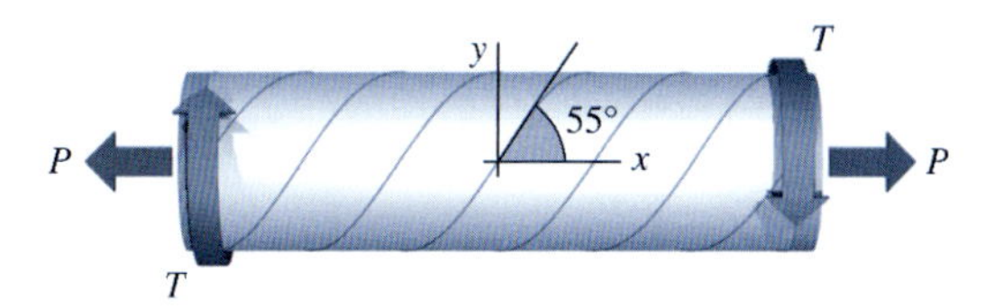

FIGURA P15.15

P15.16 O cilindro da Figura P15.16 consiste em placas de aço enroladas no formato de uma espiral e soldadas nas costuras de acordo com a orientação mostrada. O cilindro tem diâmetro externo de 36 in (91,44 cm) e espessura de parede de 0,375 in (0,953 cm). As extremidades do cilindro são constituídas por duas placas rígidas. O cilindro está sujeito a cargas axiais de tração $P = 100$ kip (444,8 kN) e aos torques $T = 240$ kip · ft (325,4 kN · m), aplicados às extremidades rígidas nos sentidos mostrados na Figura P15.16. Determine:

(a) a tensão normal perpendicular às costuras da solda.
(b) a tensão cisalhante paralela às costuras da solda.
(c) as tensões principais e a tensão cisalhante máxima no plano da superfície externa do cilindro.

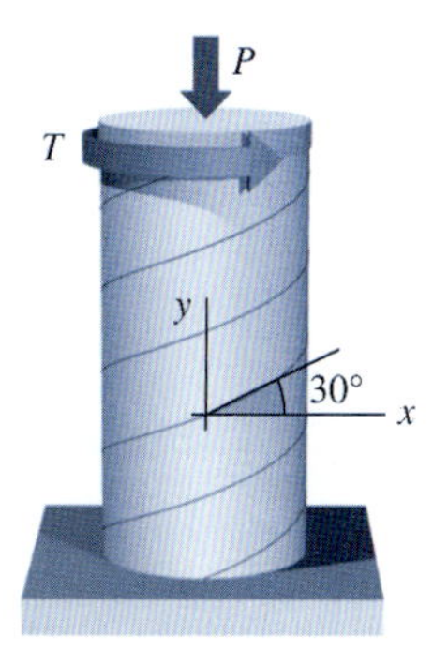

FIGURA P15.16

P15.17 Um eixo oco está sujeito a uma carga axial P e a um torque T, que agem nos sentidos mostrados na Figura P15.17. O eixo é feito de alumínio [$E = 70$ GPa; $\nu = 0,33$] e tem diâmetro externo de 100 mm e diâmetro interno de 90 mm. Um extensômetro é fixado fazendo um ângulo de 35° em relação ao eixo longitudinal do eixo, conforme mostra a Figura P15.17.

(a) Se $P = 45.000$ N e $T = 3.100$ N · m, determine a leitura de deformação específica que seria esperada no extensômetro.

(b) Se o extensômetro fornecer uma leitura de -1.700 $\mu\varepsilon$ quando a carga axial tiver valor absoluto de $P = 52.000$ N, qual será o valor absoluto do torque T aplicado ao eixo?

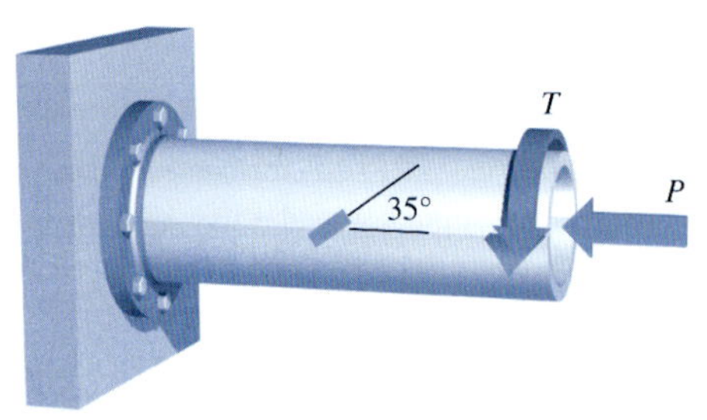

FIGURA P15.17

P15.18 Um eixo maciço com 3 in (7,62 cm) de diâmetro está sujeito a uma carga axial P e a um torque T, que agem nos sentidos mostrados na Figura P15.18. O eixo é feito de alumínio [$E = 10.000$ ksi (68,95 GPa); $\nu = 0{,}33$]. Os extensômetros a e b são fixados no eixo segundo as orientações mostradas na Figura P15.18.

(a) Se $P = 43$ kip (191,3 kN) e $T = 27$ kip · in (3,05 kN · m), determine as leituras de deformações específicas que seriam esperadas nos extensômetros.

(b) Se os extensômetros fornecerem leituras $\varepsilon_a = 870$ $\mu\varepsilon$ e $\varepsilon_b = -635$ $\mu\varepsilon$, determine a carga axial P e o torque T aplicados ao eixo.

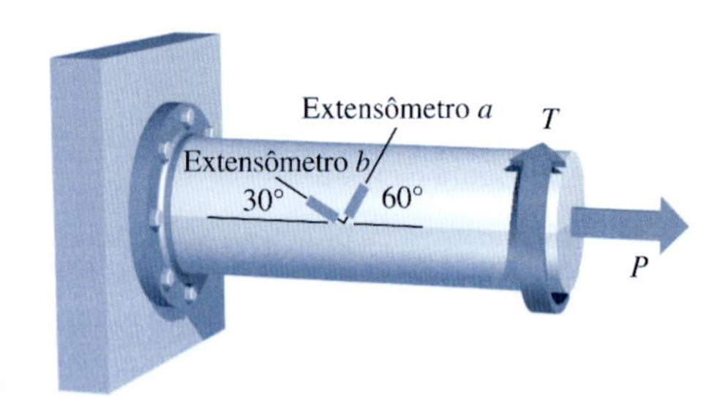

FIGURA P15.18

15.3 TENSÕES PRINCIPAIS EM UM ELEMENTO ESTRUTURAL SUJEITO À FLEXÃO

Os procedimentos para localizar as seções críticas de uma viga (isto é, esforço cortante interno máximo V e momento fletor interno máximo M) foram apresentados no Capítulo 7. Os métodos para calcular a tensão oriunda da flexão em qualquer ponto de uma viga foram apresentados nas Seções 8.3 e 8.4. Os métodos para determinar as tensões cisalhantes horizontais e transversais em qualquer ponto de uma viga foram apresentados nas Seções 9.5 a 9.7. Entretanto, a análise das tensões em vigas estará incompleta sem a consideração das tensões cisalhantes máximas que ocorrem no local do esforço cortante máximo e no local do momento fletor máximo.

A tensão normal causada pela flexão é maior tanto na superfície superior como na superfície inferior de uma viga, mas as tensões cisalhante horizontal e transversal são nulas nesses locais. Consequentemente, as tensões normais de tração e de compressão nas superfícies do topo e da base de vigas também são tensões principais e a tensão cisalhante máxima correspondente é igual à metade da tensão normal devida à flexão [isto é, $\tau_{\text{máx}} = (\sigma_P - 0)/2$]. Na superfície neutra, a tensão normal devida à flexão é nula; entretanto, normalmente as maiores tensões de cisalhamento horizontais e transversais ocorrem na superfície neutra. Nesse caso, a tensão principal e a máxima tensão de cisalhamento são iguais à tensão de cisalhamento horizontal. Em pontos entre esses extremos, pode-se imaginar se há combinações de tensões normais e cisalhantes que criam tensões principais maiores do que aquelas que acontecem nos extremos. Infelizmente, o módulo das tensões principais ao longo de uma seção transversal não pode ser expresso para todas as seções como uma simples função da posição; entretanto, o software atual de análise fornece frequentemente um entendimento da distribuição das tensões principais por meio de gráficos com contornos coloridos.

SEÇÃO TRANSVERSAL RETANGULAR

Para vigas com seção transversal retangular, normalmente a maior tensão principal é a tensão normal máxima devida à flexão, que ocorre na superfície do topo ou na superfície da base das vigas. Normalmente, a máxima tensão de cisalhamento ocorre no mesmo local, tendo um módulo igual à metade da tensão normal devida à flexão. Embora possa ser de menor intensidade, a tensão cisalhante horizontal (calculada por $\tau = VQ/It$) na superfície neutra também pode ser uma consideração significativa, particularmente para materiais que possuem um plano horizontal de fraqueza, como uma típica viga de madeira.

SEÇÕES TRANSVERSAIS COM ABAS

Se a seção transversal da viga possuir um formato com aba, então as tensões principais na ligação entre a aba e a alma também devem ser investigadas. Quando sujeitas a uma combinação de um grande V com um grande M, algumas vezes as tensões normais devidas à flexão e as tensões cisalhantes transversais que ocorrem na ligação da aba e da alma produzem tensões principais que são maiores do que as tensões nas superfícies extremas da aba. Em geral, em qualquer ponto de uma viga, uma combinação de valores grandes de V, M, Q e y com pequenos valores de t deve sugerir uma verificação das tensões principais em tal ponto. Caso contrário, muito provavelmente a tensão normal máxima devida à flexão será a tensão principal, e a tensão cisalhante máxima no plano das tensões provavelmente ocorrerá no mesmo ponto.

TRAJETÓRIAS DAS TENSÕES

O conhecimento das direções das tensões principais pode ajudar na previsão da direção das fissuras em um material frágil (concreto, por exemplo) e assim pode ajudar no projeto de reforços para suportar as tensões de tração. As curvas desenhadas com suas tangentes em cada ponto nas direções das tensões principais são denominadas *trajetórias de tensões*. Como em geral há duas tensões principais diferentes de zero em cada ponto (estado plano de tensões), há duas trajetórias passando através de cada ponto. Essas curvas serão ortogonais, uma vez que as tensões principais são ortogonais; um conjunto de curvas representará as tensões máximas, ao passo que o outro conjunto de curvas representará as tensões mínimas. As trajetórias para uma viga simplesmente apoiada com seção transversal retangular sujeita a uma carga concentrada no meio do vão são mostradas na Figura 15.1. As linhas tracejadas representam as direções das tensões compressivas, enquanto as linhas contínuas representam as direções das tensões de tração. Existem concentrações de tensões nas vizinhanças do carregamento e das reações de apoio e, consequentemente as trajetórias de tensões se tornam muito mais complicadas nessas regiões. A Figura 15.1 omite o efeito da concentração de tensões.

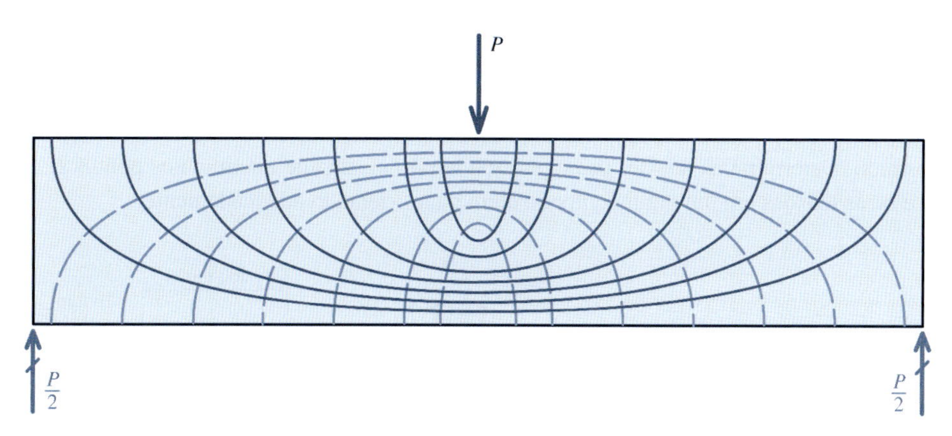

FIGURA 15.1 Trajetórias das tensões para uma viga simplesmente apoiada, sujeita a uma carga concentrada no meio do vão.

PROCEDIMENTO GERAL DE CÁLCULO

Para determinar as tensões principais e a tensão cisalhante máxima em um determinado ponto em uma viga, o seguinte procedimento é útil:

1. Calcule as forças e os momentos (se houver algum) de reação externos da viga.
2. Determine o esforço axial interno (se aplicável), o esforço cortante e o momento fletor que atuam na seção de interesse. Para determinar os esforços internos, pode ser conveniente construir os diagramas de esforços cortantes e de momentos fletores completos para a viga, ou pode ser suficiente considerar simplesmente um diagrama de corpo livre que corte a viga na seção de interesse.
3. Uma vez conhecidos as forças internas e os momentos, determine o módulo de cada tensão normal e tensão cisalhante produzida no ponto específico de interesse.
   a. As tensões normais são produzidas por um esforço interno F e por um momento fletor interno M. O valor absoluto da tensão normal devida à força axial é dado por $\sigma = F/A$ e o

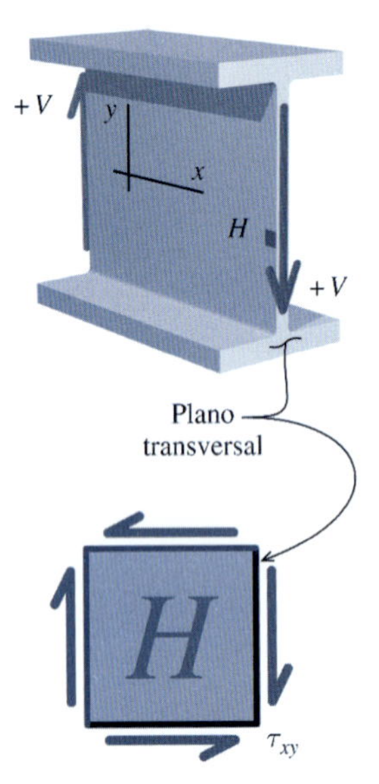

FIGURA 15.2 Correspondência entre os sentidos de V e τ.

valor absoluto da tensão normal devida ao momento fletor é dado pela fórmula da flexão: $\sigma = -My/I$.

b. A tensão cisalhante produzida por uma flexão não uniforme é calculada por $\tau = VQ/It$.

4. Resuma os resultados dos cálculos das tensões em um paralelepípedo elementar, tomando o cuidado de identificar a direção apropriada de cada tensão.

   a. As tensões normais causadas por F e M agem na direção longitudinal da viga, tanto em tração como em compressão.

   b. Algumas vezes é difícil estabelecer a direção adequada para a tensão cisalhante τ produzida por uma flexão não uniforme. Determine a direção do esforço cortante V que age em um plano transversal no ponto de interesse (Figura 15.2). A tensão cisalhante transversal τ age no mesmo sentido nesse plano. Depois de ter sido estabelecido o sentido da tensão cisalhante em uma face do paralelepípedo elementar, serão conhecidos os sentidos em todas as quatro faces.

   c. Geralmente é mais confiável usar *inspeção visual* para estabelecer o sentido da tensão normal e da tensão cisalhante que agem no paralelepípedo elementar. Examine o esforço cortante interno positivo V mostrado na Figura 15.2. (Lembre-se de que um esforço V positivo age de cima para baixo na face do lado direito de um segmento de viga e de baixo para cima na face do lado esquerdo.) Embora o esforço cortante V seja *positivo*, a tensão cisalhante τ_{xy} correspondente é considerada *negativa* de acordo com a convenção de sinais usada nas equações de transformação de tensões.

5. Uma vez conhecidas todas as tensões em planos ortogonais que passam através do ponto e depois de essas tensões serem colocadas em um paralelepípedo elementar, podem ser usados os métodos do Capítulo 12 para calcular as tensões principais e as tensões cisalhantes máximas no ponto.

Os exemplos a seguir ilustram o procedimento.

EXEMPLO 15.2

A viga constituída por um perfil de abas largas e simplesmente apoiada suporta o carregamento mostrado. Determine as tensões principais e a tensão cisalhante máxima nos pontos H e K. Mostre essas tensões em um paralelepípedo elementar orientado adequadamente.

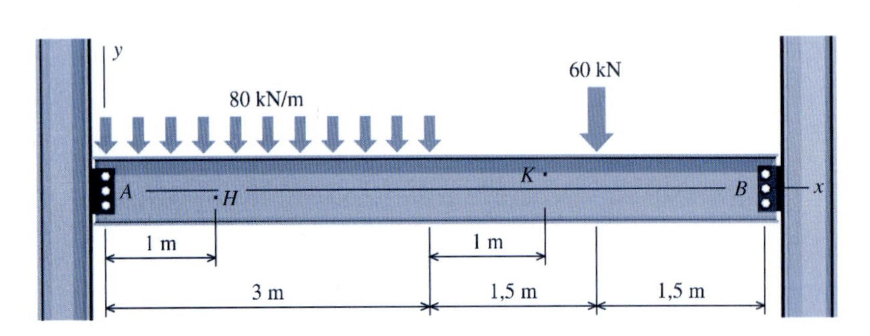

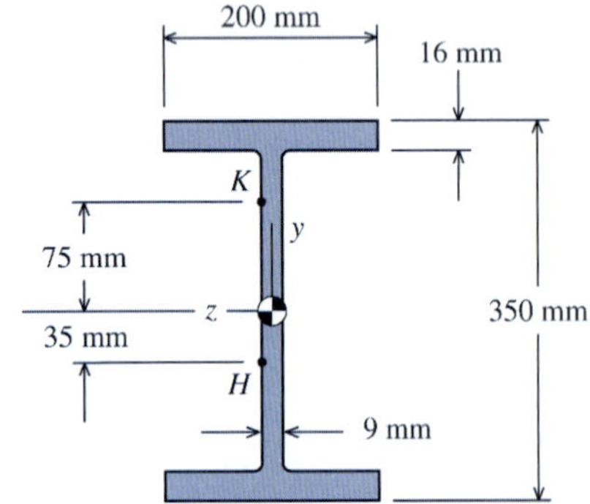

Planejamento da Solução

Será calculado o momento de inércia de um perfil de abas largas com base nas dimensões da seção transversal. Serão construídos os diagramas de esforços cortantes e de momentos fletores para uma viga simplesmente apoiada. Desses diagramas, serão determinados o esforço cortante interno e o momento fletor interno que atuam nos pontos de interesse. A fórmula da flexão e a fórmula da tensão cisalhante serão usadas para calcular a tensão normal e a tensão cisalhante que atuam em cada ponto. As tensões serão indicadas em paralelepípedos elementares para cada ponto e depois serão usadas as equações de transformação de tensões para que sejam determinadas as tensões principais e a tensão cisalhante máxima para o paralelepípedo elementar em H. O processo será repetido para as tensões que atuam em K.

SOLUÇÃO

Momento de Inércia

O momento de inércia da seção de abas largas pode ser calculado pela seguinte expressão:

$$I_z = \frac{(200\ \text{mm})(350\ \text{mm})^3}{12} - \frac{(191\ \text{mm})(318\ \text{mm})^3}{12} = 202{,}74 \times 10^6\ \text{mm}^4$$

Diagrama de Esforços Cortantes (DEC) e Diagrama de Momentos Fletores (DMF)

Os diagramas de esforços cortantes e de momentos fletores para a viga simplesmente apoiada são mostrados a seguir:

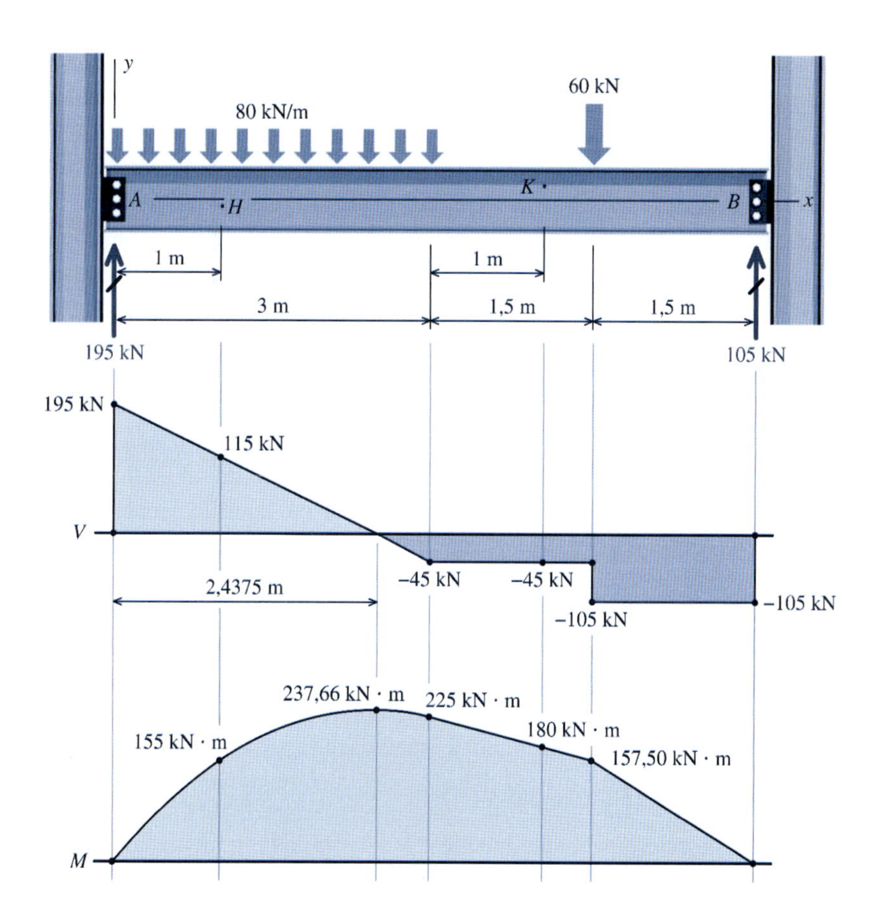

Esforço Cortante e Momento Fletor em *H*

No local do ponto H, o esforço cortante interno é $V = 115$ kN e o momento fletor interno é $M = 155$ kN · m. Esses esforços internos agem nos sentidos mostrados na figura.

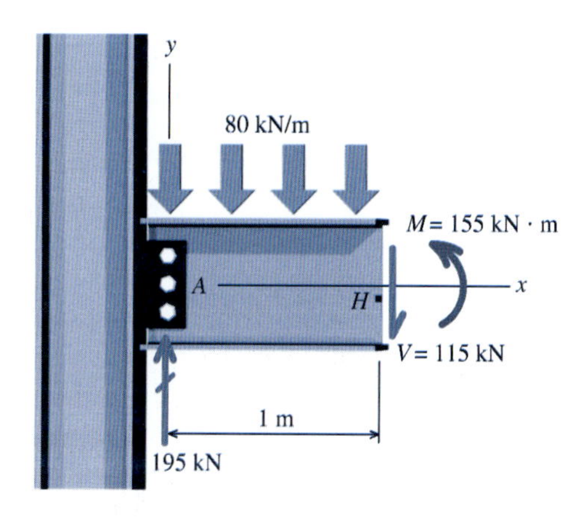

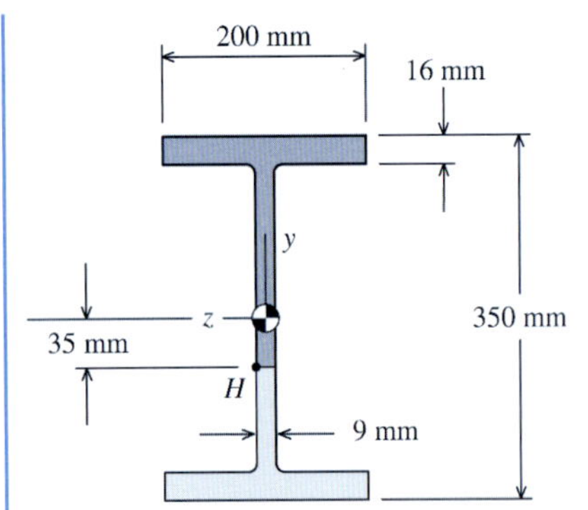

Tensão Normal e Tensão Cisalhante em *H*

O ponto *H* está localizado 35 mm abaixo do eixo baricêntrico z; portanto, $y = -35$ mm. A tensão normal em *H* causada pela flexão pode ser calculada pela fórmula da flexão:

$$\sigma_x = -\frac{My}{I_z} = -\frac{(155 \text{ kN} \cdot \text{m})(-35 \text{ mm})(1.000 \text{ N/kN})(1.000 \text{ mm/m})}{202{,}74 \times 10^6 \text{ mm}^4}$$
$$= 26{,}76 \text{ MPa} = 26{,}76 \text{ MPa (T)}$$

Observe que essa tensão normal de tração atua no sentido paralelo ao eixo longitudinal da viga; isto é, na direção x.

Antes de ser calculada a tensão cisalhante para o ponto *H*, deve ser calculado Q para a área em destaque. O momento estático da área destacada em relação ao eixo baricêntrico z é $Q = 642.652 \text{ mm}^3$. A tensão cisalhante em *H* devida à flexão da viga pode ser calculada como

$$\tau = \frac{VQ}{I_z t} = \frac{(115 \text{ kN})(642.652 \text{ mm}^3)(1.000 \text{ N/kN})}{(202{,}74 \times 10^6 \text{ mm}^4)(9 \text{ mm})} = 40{,}50 \text{ MPa}$$

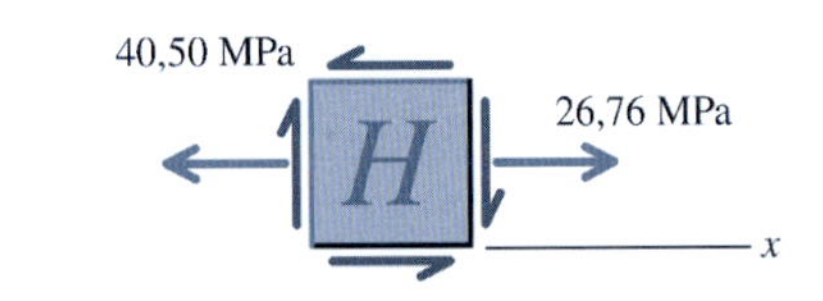

Essa tensão cisalhante age no mesmo sentido que o esforço cortante V. Portanto, na *face direita* do paralelepípedo elementar, a tensão cisalhante τ age *de cima para baixo*.

Paralelepípedo Elementar para o Ponto *H*

A tensão normal de tração devida ao momento fletor atua nas faces x do paralelepípedo elementar. A tensão cisalhante age *de cima para baixo* na face $+x$ do paralelepípedo elementar. Depois de ser estabelecido o sentido apropriado para a tensão cisalhante em uma face, serão conhecidos os sentidos da tensão cisalhante nas outras três faces.

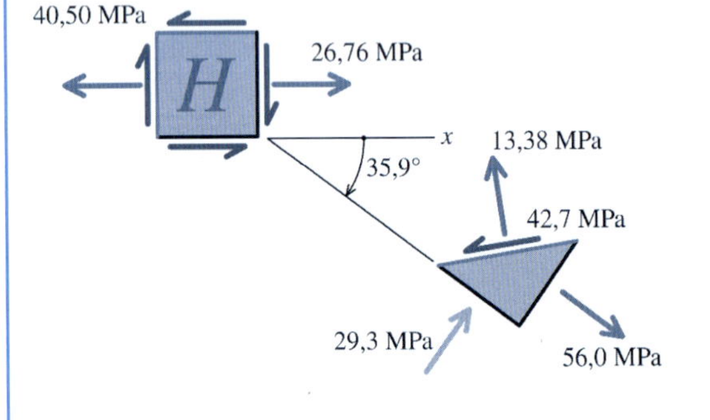

Resultados da Transformação de Tensões em *H*

As tensões principais e a tensão cisalhante máxima em *H* podem ser determinadas por intermédio das equações de transformação de tensões e dos procedimentos detalhados no Capítulo 12. Os resultados desses cálculos são mostrados na figura à esquerda.

Esforço Cortante e Momento Fletor em *K*

No local do ponto *K*, o esforço cortante interno é $V = -45$ kN e o momento fletor interno é $M = 180 \text{ kN} \cdot \text{m}$. Esses esforços internos agem nos sentidos mostrados na figura abaixo.

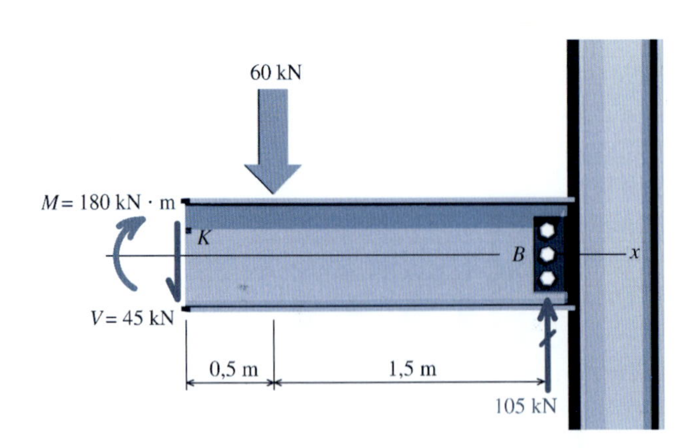

Tensão Normal e Tensão Cisalhante em *K*

O ponto *K* está localizado 75 mm acima do eixo baricêntrico z; portanto, $y = 75$ mm. A tensão normal em *K* causada pela flexão pode ser calculada pela fórmula da flexão:

$$\sigma_x = -\frac{My}{I_z} = -\frac{(180 \text{ kN} \cdot \text{m})(75 \text{ mm})(1.000 \text{ N/kN})(1.000 \text{ mm/m})}{202{,}74 \times 10^6 \text{ mm}^4}$$
$$= -66{,}6 \text{ MPa} = 66{,}6 \text{ MPa (C)}$$

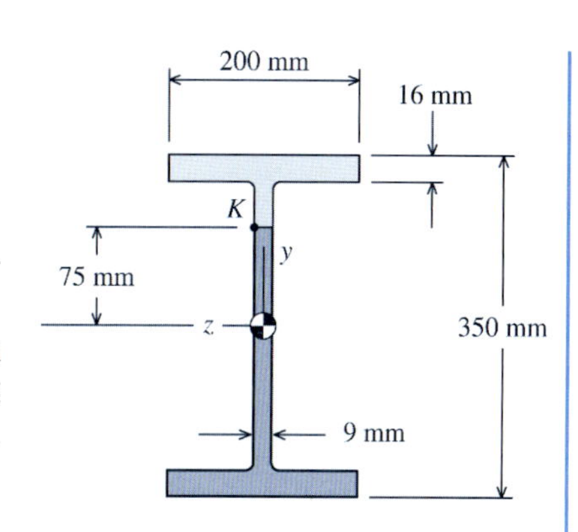

Observe que essa tensão normal de compressão atua no sentido paralelo ao eixo longitudinal da viga; isto é, na direção x.

Para ser calculada a tensão cisalhante em K, deve ser calculado Q para a área em destaque. O momento estático da área destacada em relação ao eixo baricêntrico z é $Q = 622.852 \text{ mm}^3$. A tensão cisalhante em K devida à flexão da viga pode ser calculada como

$$\tau = \frac{VQ}{I_z t} = \frac{(45 \text{ kN})(622.852 \text{ mm}^3)(1.000 \text{ N/kN})}{(202{,}74 \times 10^6 \text{ mm}^4)(9 \text{ mm})} = 15{,}36 \text{ MPa}$$

Geralmente, é usado o valor absoluto de V nesse cálculo e o sentido da tensão cisalhante é determinado por inspeção visual. A tensão cisalhante age no mesmo sentido que o esforço cortante V. Portanto, na *face esquerda* do paralelepípedo elementar, a tensão cisalhante τ age *de cima para baixo*.

Paralelepípedo Elementar para o Ponto K

A tensão normal de compressão devida ao momento fletor atua nas faces x do paralelepípedo elementar. A tensão cisalhante age *de cima para baixo* na face $-x$ do paralelepípedo elementar. Depois de ser estabelecido o sentido apropriado para a tensão cisalhante em uma face, serão conhecidos os sentidos da tensão cisalhante nas outras três faces.

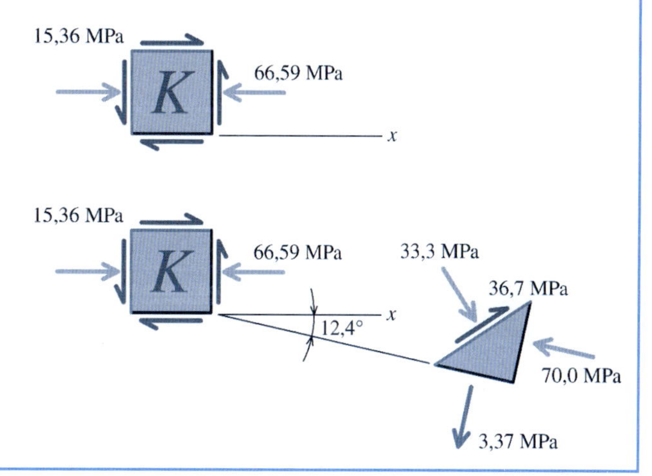

Resultados da Transformação de Tensões em K

As tensões principais e a tensão cisalhante máxima em K são mostradas na figura à direita.

Exemplo do MecMovies M15.2

Uma viga em balanço tem uma carga uniformemente distribuída de 2 kip/ft (29,2 kN/m). A seção transversal da viga tem o formato de um perfil em T. A uma distância de 1 ft (30,48 cm) do apoio fixo, determine as tensões principais e a tensão cisalhante máxima no ponto D que está localizado 4 in (10,16 cm) acima da superfície inferior da alma do T.

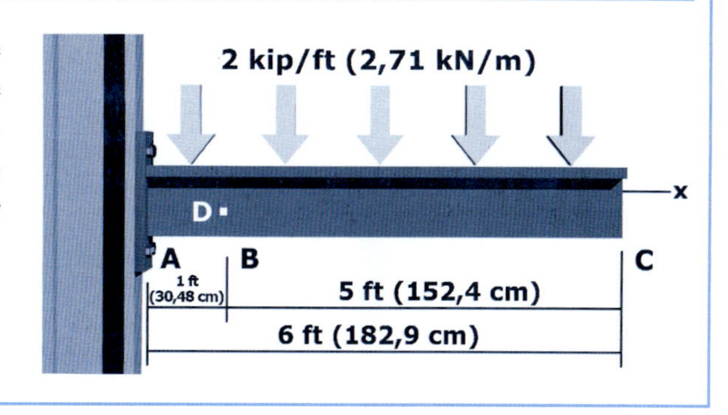

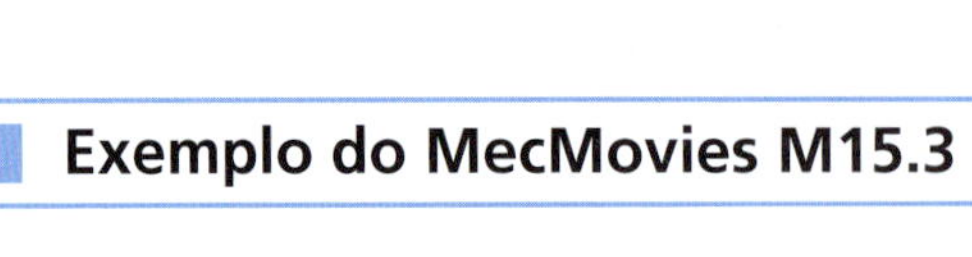

Exemplo do MecMovies M15.3

Um perfil retangular e tubular de aço é usado como uma viga para suportar as cargas mostradas. Determine as tensões principais e a tensão cisalhante máxima no ponto H, que está localizado 1 m à direita do apoio de segundo gênero (pino) em A.

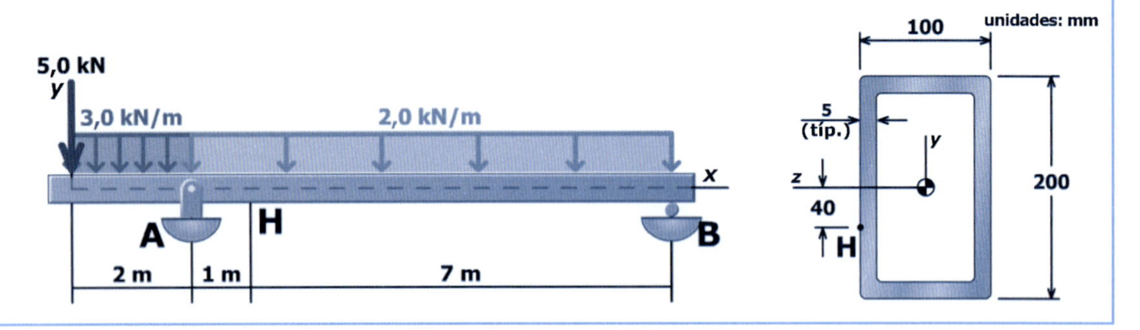

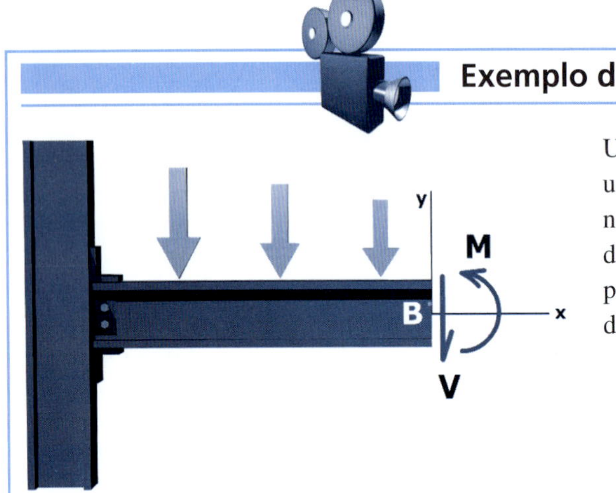

Exemplo do MecMovies M15.4

Uma viga feita de um perfil de abas largas suporta as cargas que criam um esforço cortante $V = 60$ kip (266,9 kN) e um momento fletor interno $M = 150$ kip · ft (203,4 kN · m) em um determinado ponto ao longo do vão. Determine a tensão normal e a tensão cisalhante que atuam no ponto B localizado na superfície do perfil de aço, 3 in (7,62 cm) acima do centro de gravidade.

EXEMPLO 15.3

Um perfil estrutural oco de aço (HSS) é suportado por uma conexão de pino em A e por uma haste inclinada de aço (1) em B, conforme ilustrado. É aplicada uma carga concentrada de 20 kip (89,0 kN) no ponto C da viga. Determine as tensões principais e a tensão cisalhante máxima que age no ponto H.

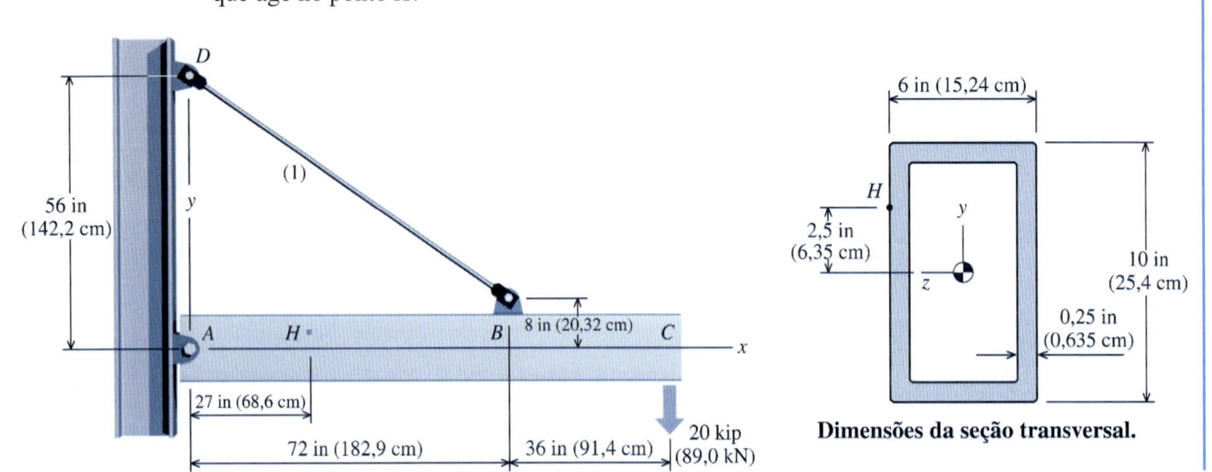

Dimensões da seção transversal.

Planejamento da Solução

A haste inclinada (1), um elemento estrutural sujeito a duas forças colineares, fornecerá uma força de reação vertical no ponto B da viga. Como a haste está inclinada, ela cria uma força axial que comprime a viga na região entre A e B. A haste também está presa 8 in acima da linha central do perfil HSS e essa excentricidade produz um momento fletor adicional na viga. A análise se inicia calculando as forças de reação nos pontos A e B da viga. Uma vez determinadas essas forças, será desenhado um diagrama de corpo livre (DCL) que corte a viga em H para determinar as forças equivalentes que agem na seção de interesse. A tensão normal e a tensão cisalhante criadas pelas forças equivalentes serão calculadas e mostradas em um paralelepípedo elementar para o ponto H. Serão usadas as equações de transformação de tensões para calcular as tensões principais e a tensão cisalhante máxima em H.

SOLUÇÃO

Reações da Viga

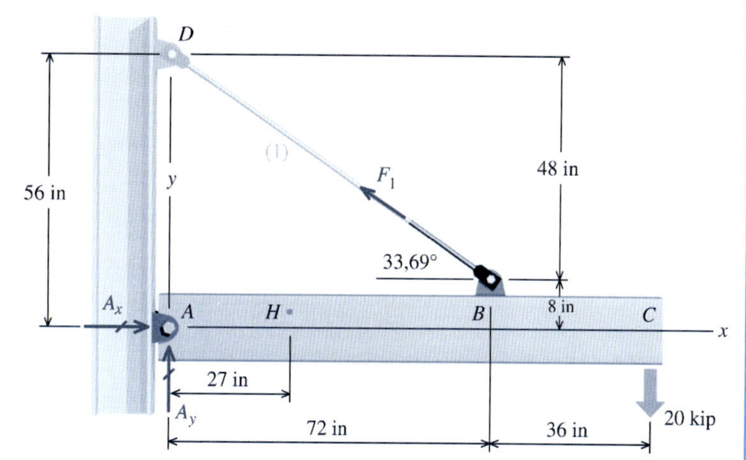

É desenhado um DCL mostrando as forças de reação horizontais e verticais no pino da conexão em A e a força axial na haste inclinada (1), que é um elemento estrutural sujeito a duas forças colineares. Observe que o ângulo da haste (1) deve levar em consideração o deslocamento de 8 in do local de conexão da haste em relação à linha central do perfil HSS:

$$\tan\theta = \frac{56 \text{ in} - 8 \text{ in}}{72 \text{ in}} = 0{,}66667$$

$$\therefore \theta = 33{,}69°$$

Do DCL podem ser obtidas as seguintes equações de equilíbrio:

$$\Sigma F_x = A_x - F_1 \cos(33{,}69°) = 0 \qquad \text{(a)}$$

$$\Sigma F_y = A_y + F_1 \operatorname{sen}(33{,}69°) - 20 \text{ kip} = 0 \qquad \text{(b)}$$

$$\Sigma M_A = F_1 \operatorname{sen}(33{,}69°)(72 \text{ in}) + F_1 \cos(33{,}69°)(8 \text{ in}) - (20 \text{ kip})(72 \text{ in} + 36 \text{ in}) = 0 \qquad \text{(c)}$$

Da Equação (c), o esforço axial interno na haste (1) pode ser calculado como $F_1 = 46{,}4$ kip. Esse resultado pode ser substituído nas Equações (a) e (b) para obter as reações no pino A: $A_x = 38{,}6$ kip e $A_y = -5{,}71$ kip. Como o valor calculado para A_y é negativo, na realidade essa força de reação age no sentido oposto ao admitido inicialmente.

DCL Mostrando os Esforços Internos em H

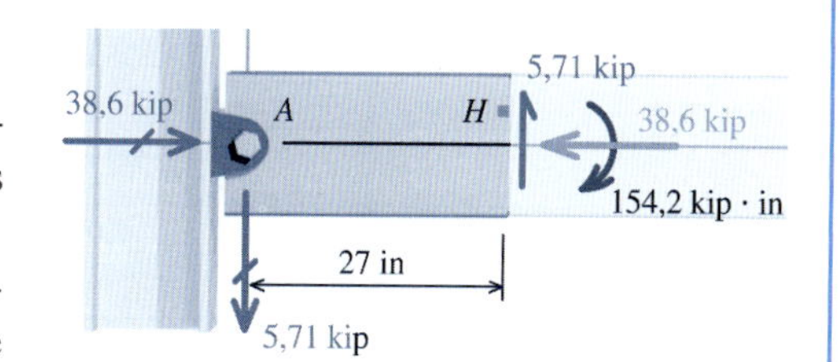

Diagrama de corpo livre em H.

É desenhado um DCL da seção que contém o ponto H. Sua representação, incluindo as forças de reação no pino A, é mostrada na figura. Os esforços internos que agem na seção de interesse podem ser calculados com base nesse DCL.

O esforço axial interno é $F = 38{,}6$ kip e é de compressão. O esforço cortante (cisalhante) interno é $V = 5{,}71$ kip, agindo de baixo para cima na face direita exposta (isto é, a face $+x$) do DCL. O momento fletor interno pode ser calculado somando os momentos em torno da linha central do perfil HSS na seção que contém o ponto H:

$$\Sigma M_H = (5{,}71 \text{ kip})(27 \text{ in}) - M = 0 \qquad \therefore M = 154{,}2 \text{ kip} \cdot \text{in} \qquad \text{(d)}$$

Propriedades da Seção: A área da seção transversal do perfil HSS é

$$A = (6 \text{ in})(10 \text{ in}) - (5{,}5 \text{ in})(9{,}5 \text{ in}) = 7{,}75 \text{ in}^2$$

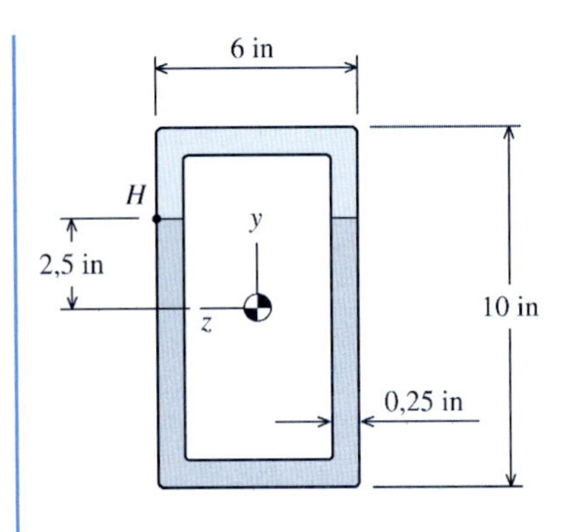

O momento de inércia da área da seção transversal em torno do eixo baricêntrico z é

$$I_z = \frac{(6 \text{ in})(10 \text{ in})^3}{12} - \frac{(5{,}5 \text{ in})(9{,}5 \text{ in})^3}{12} = 107{,}04 \text{ in}^4$$

Pode ser calculado o momento estático Q correspondente ao ponto H como

$$\begin{aligned} Q_H &= 2(0{,}25 \text{ in})(2{,}5 \text{ in})(3{,}75 \text{ in}) + (5{,}5 \text{ in})(0{,}25 \text{ in})(4{,}875 \text{ in}) \\ &= 11{,}391 \text{ in}^3 \end{aligned}$$

Cálculos das Tensões

Tensão Normal Devida à Carga Axial F: O esforço normal (axial) interno $F = 38{,}6$ kip causa uma tensão normal de compressão distribuída uniformemente que atua na direção x. O valor absoluto da tensão é calculado como

$$\sigma_{\text{axial}} = \frac{F}{A} = \frac{38{,}6 \text{ kip}}{7{,}75 \text{ in}^2} = 4{,}98 \text{ ksi (C)}$$

O momento fletor interno de 154,2 kip · in, atuando conforme ilustrado, causa tensões normais de tração acima do eixo baricêntrico z no perfil HSS. Para calcular as tensões normais usando a fórmula da flexão no regime elástico, o momento fletor tem um valor de $M = -154{,}2$ kip · in e a coordenada y do ponto H é $y = 2{,}5$ in.

$$\sigma_{\text{flexão}} = -\frac{My}{I_z} = -\frac{(-154{,}2 \text{ kip} \cdot \text{in})(2{,}5 \text{ in})}{107{,}04 \text{ in}^4} = 3{,}60 \text{ ksi (T)}$$

A tensão cisalhante em H associada à força cortante de 5,71 kip pode ser calculada pela fórmula da tensão cisalhante:

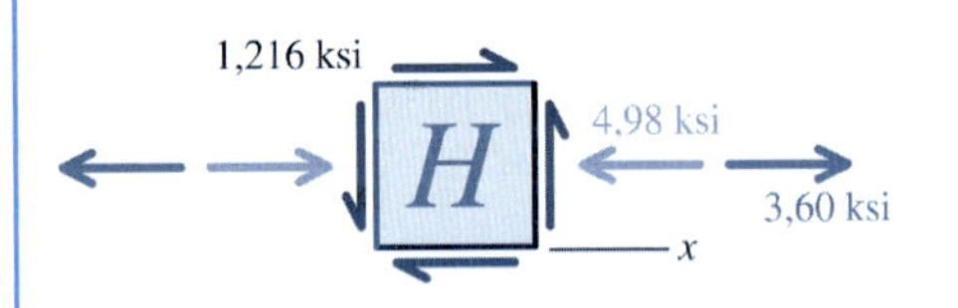

$$\tau_H = \frac{VQ}{I_z t} = \frac{(5{,}71 \text{ kip})(11{,}391 \text{ in}^3)}{(107{,}04 \text{ in}^4)(2 \times 0{,}25 \text{ in})} = 1{,}215 \text{ ksi}$$

Paralelepípedo Elementar: As tensões normais e cisalhantes são mostradas no paralelepípedo elementar. As tensões normais devidas tanto ao esforço normal (força axial) como ao momento fletor agem na direção x.

A direção da tensão cisalhante no paralelepípedo elementar pode ser determinada utilizando o DCL em H. O esforço cortante interno em H age de baixo para cima na face direita do DCL. A tensão cisalhante devida a $V = 5{,}71$ kip age na mesma direção; isto é, de baixo para cima na face direita do paralelepípedo elementar.

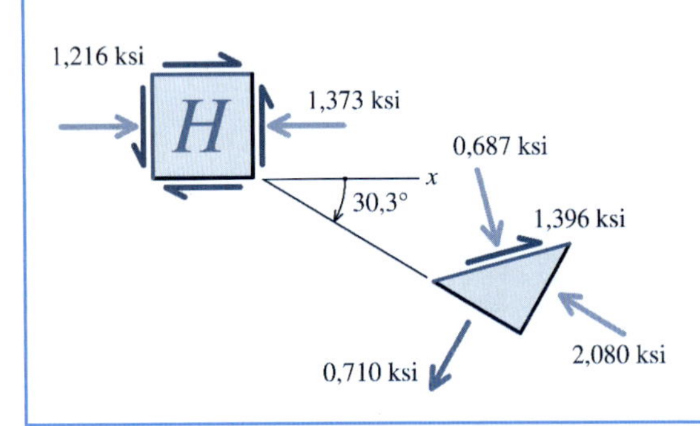

Resultados da Transformação de Tensões em H: As tensões principais e a tensão cisalhante máxima em H podem ser determinadas pelas equações de transformação de tensões e pelos procedimentos detalhados no Capítulo 12. Os resultados desses cálculos são mostrados na figura à esquerda.

EXERCÍCIOS do MecMovies

M15.2 O perfil em T invertido está sujeito a uma força cortante transversal V e a um momento fletor M, com cada um desses esforços agindo nas direções mostradas. Determine a tensão normal devida à flexão, o valor absoluto da tensão cisalhante transversal, as tensões principais e a tensão cisalhante máxima agindo no local H.

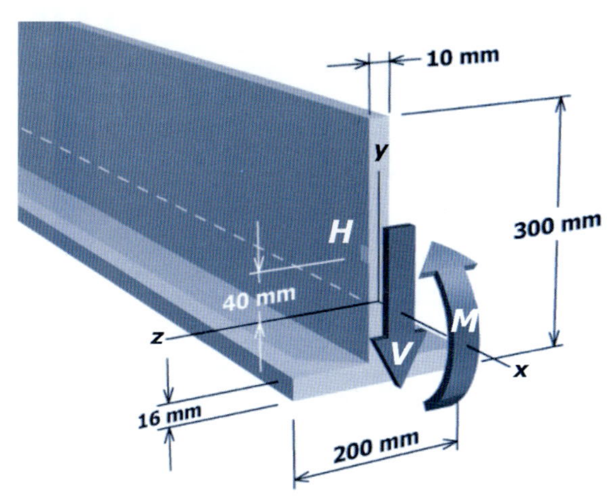

FIGURA M15.2

M15.3 O tubo retangular está sujeito a uma força cortante transversal V e a um momento fletor M, com cada um desses esforços agindo nas direções mostradas. Determine a tensão normal devida à flexão, o valor absoluto da tensão cisalhante transversal, as tensões principais e a tensão cisalhante máxima agindo no local H.

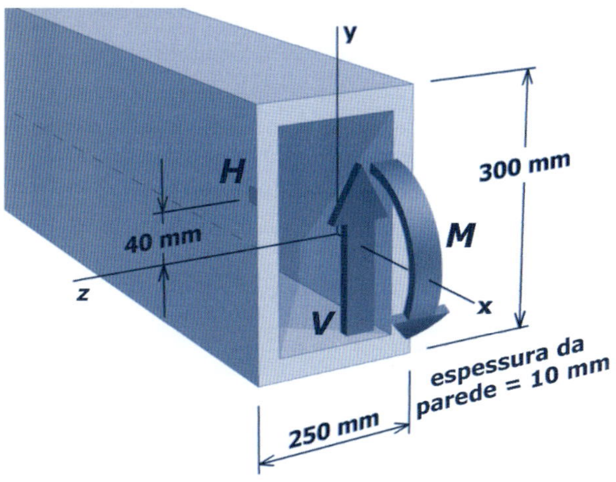

FIGURA M15.3

M15.4 O perfil de abas largas está sujeito a uma força cortante transversal V e a um momento fletor M, com cada um desses esforços agindo nas direções mostradas. Determine a tensão normal devida à flexão, o valor absoluto da tensão cisalhante transversal, as tensões principais e a tensão cisalhante máxima agindo no local H.

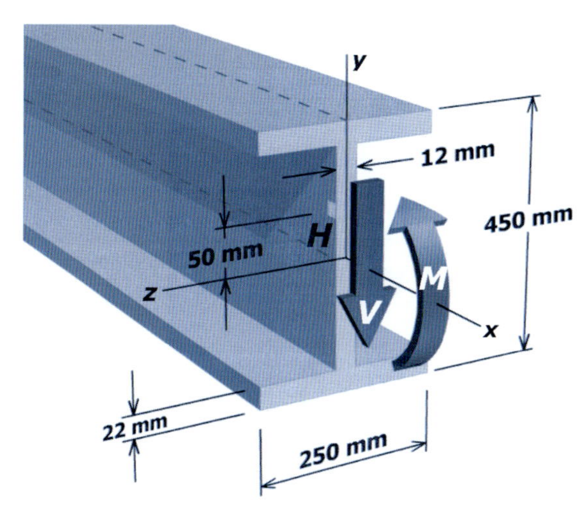

FIGURA M15.4

PROBLEMAS

P15.19 Um elemento estrutural composto por um perfil de abas largas está sujeito a uma força normal (axial) interna de 8,5 kN, a uma força cortante (cisalhante) interna de 13,2 kN e a um momento fletor interno de 2,1 kN · m conforme mostra a Figura P15.19*a*. Determine as tensões principais e a tensão cisalhante máxima que agem nos pontos *H* e *K* conforme ilustra a Figura P15.19*b*. Mostre essas tensões em um desenho esquemático adequado para cada ponto.

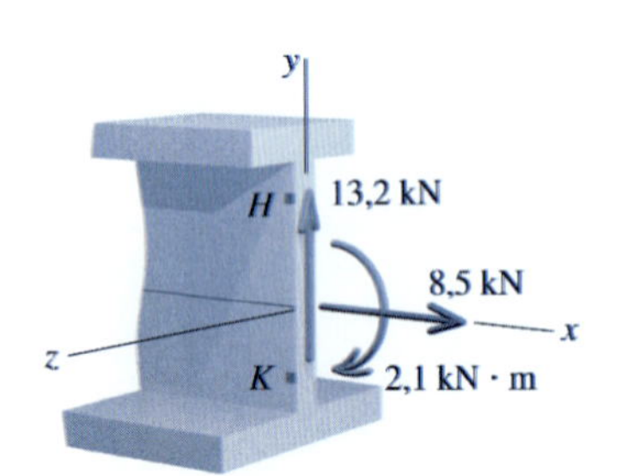

FIGURA P15.19*a*

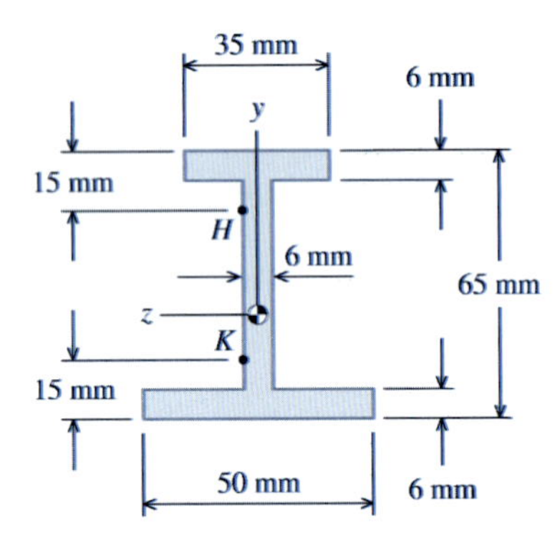

FIGURA P15.19*b*

P15.20 Um elemento estrutural oco (Figura P15.20*b*) está sujeito à carga mostrada na Figura P15.20*a*. Determine as tensões principais e a tensão cisalhante máxima que agem nos pontos *H* e *K* conforme ilustrado na Figura P15.20*b*. Mostre essas tensões em um desenho esquemático adequado para cada ponto.

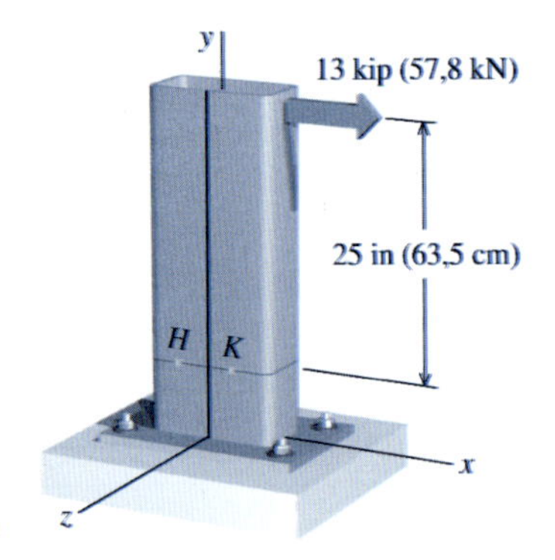

FIGURA P15.20*a*

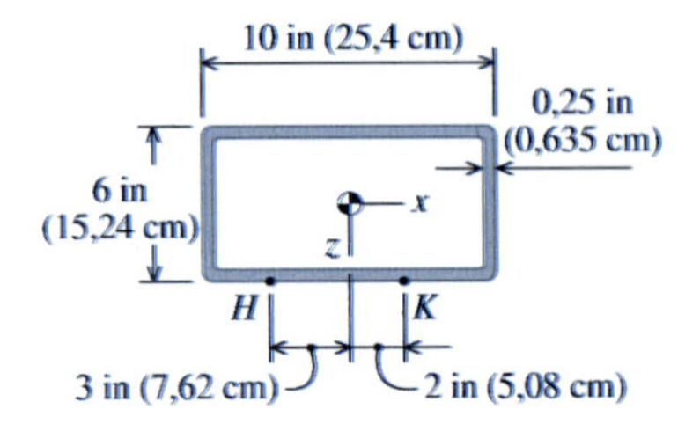

FIGURA P15.20*b*

P15.21 Para a viga simplesmente apoiada mostrada, determine as tensões principais e a tensão cisalhante máxima que agem no ponto *H* conforme ilustrado nas Figuras P15.21*a*/22*a* e P15.21*b*/22*b*. Mostre essas tensões em um desenho esquemático adequado.

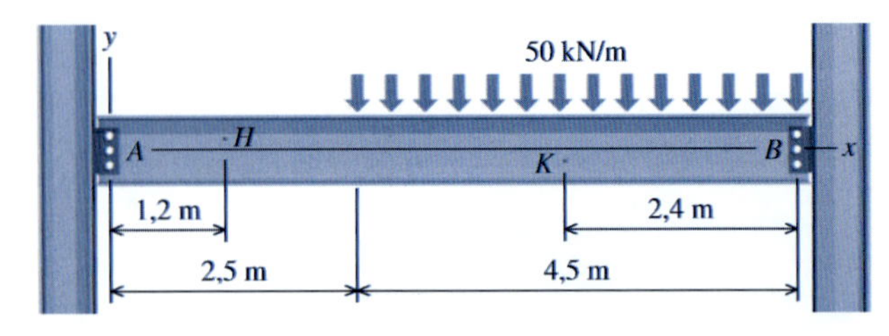

FIGURA P15.21*a*/22*a*

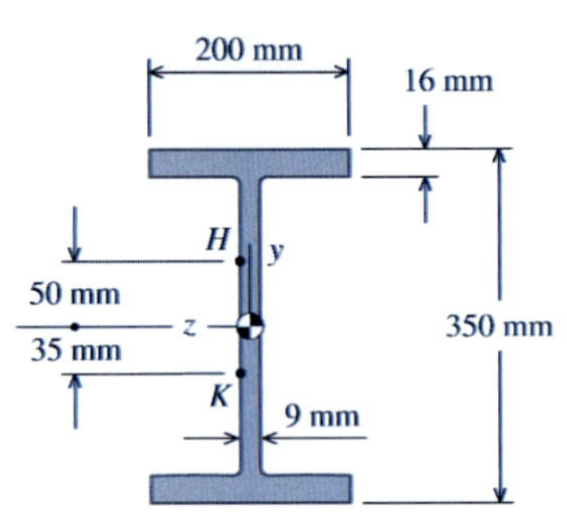

FIGURA P15.21*b*/22*b*

P15.22 Para a viga simplesmente apoiada mostrada, determine as tensões principais e a tensão cisalhante máxima que agem no ponto *K* conforme ilustrado nas Figuras P15.21*a*/22*a* e P15.21*b*/22*b*. Mostre essas tensões em um desenho esquemático adequado.

P15.23 Para a viga simplesmente apoiada mostrada, determine as tensões principais e a tensão cisalhante máxima que agem no ponto *H* conforme ilustrado nas Figuras P15.23*a*/24*a* e P15.23*b*/24*b*. Mostre essas tensões em um desenho esquemático adequado.

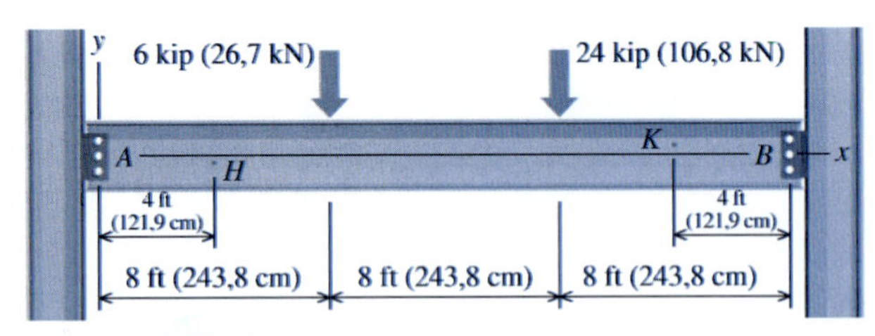

FIGURA P15.23*a*/24*a*

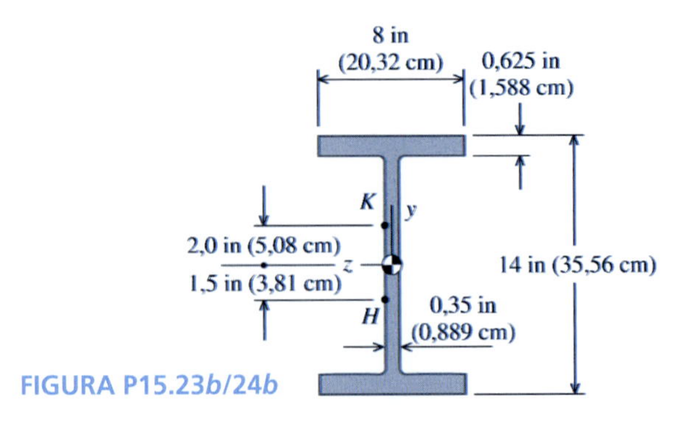

FIGURA P15.23*b*/24*b*

P15.24 Para a viga simplesmente apoiada mostrada, determine as tensões principais e a tensão cisalhante máxima que agem no ponto K conforme ilustrado nas Figuras P15.23*a*/24*a* e P15.23*b*/24*b*. Mostre essas tensões em um desenho esquemático adequado.

P15.25 Para a viga simplesmente apoiada mostrada, determine as tensões principais e a tensão cisalhante máxima que agem no ponto H conforme ilustrado nas Figuras P15.25*a*/26*a* e P15.25*b*/26*b*. Mostre essas tensões em um desenho esquemático adequado.

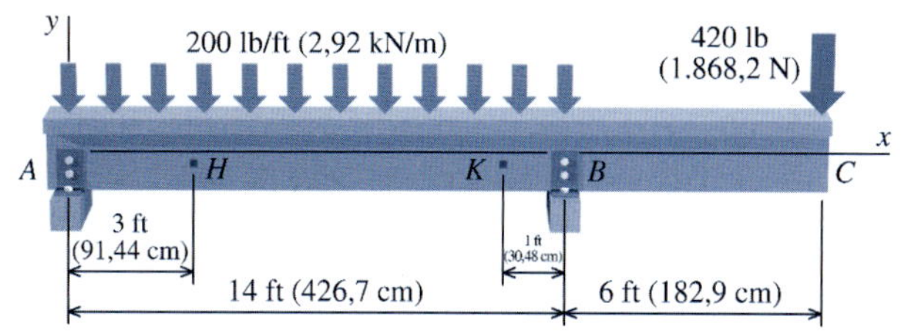

FIGURA P15.25*a*/26*a*

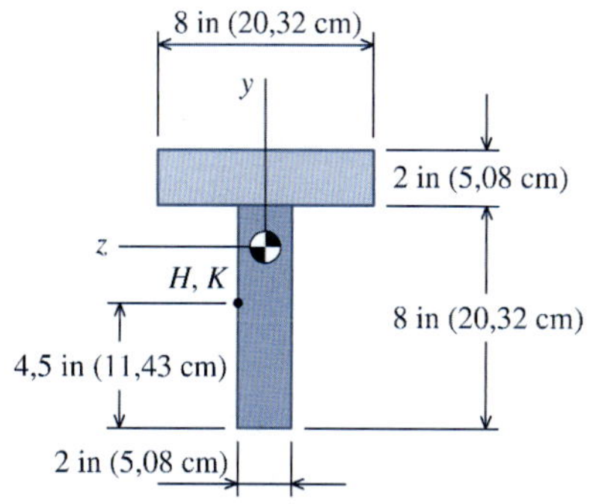

FIGURA P15.25*b*/26*b*

P15.26 Para a viga simplesmente apoiada mostrada, determine as tensões principais e a tensão cisalhante máxima que agem no ponto K conforme ilustrado nas Figuras P15.25*a*/26*a* e P15.25*b*/26*b*. Mostre essas tensões em um desenho esquemático adequado.

P15.27 Para o elemento estrutural vertical sob flexão ilustrado, determine as tensões principais e a tensão cisalhante máxima que age nos pontos H e K mostrados nas Figuras P15.27*a* e P15.27*b*. Mostre essas tensões em um desenho esquemático adequado para cada ponto.

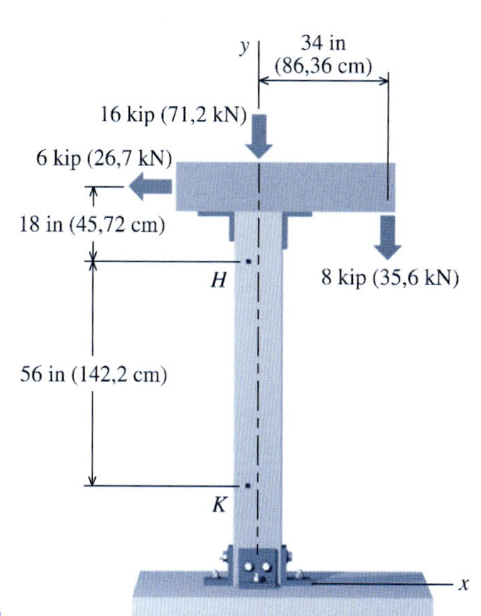

FIGURA P15.27*a*

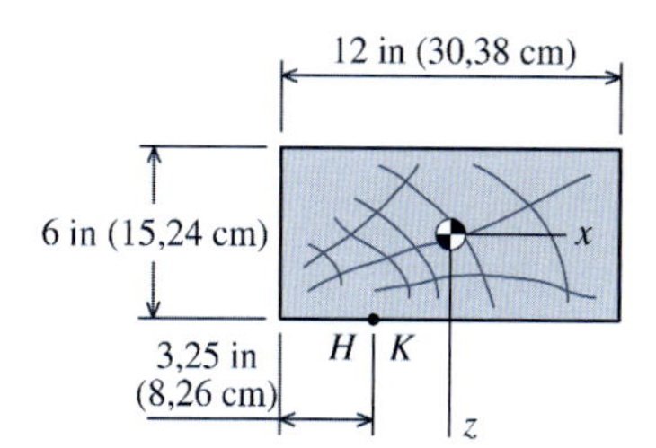

FIGURA P15.27*b*

P15.28 Para o elemento estrutural horizontal AB sob flexão, determine as tensões principais e a tensão cisalhante máxima que age nos pontos H e K mostrados nas Figuras P15.28*a* e P15.28*b*. Mostre essas tensões em um desenho esquemático adequado para cada ponto.

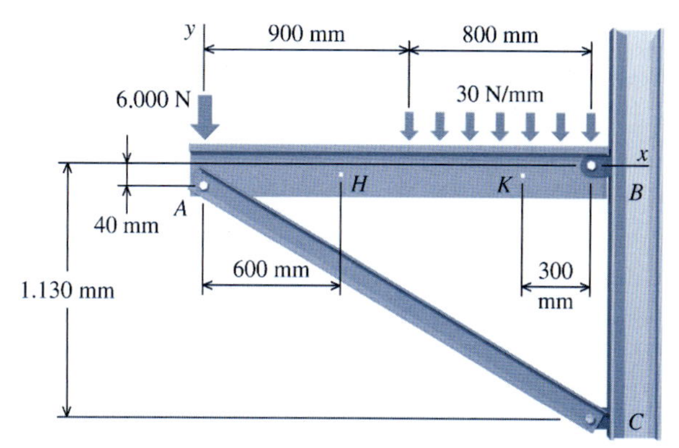

FIGURA P15.28*a*

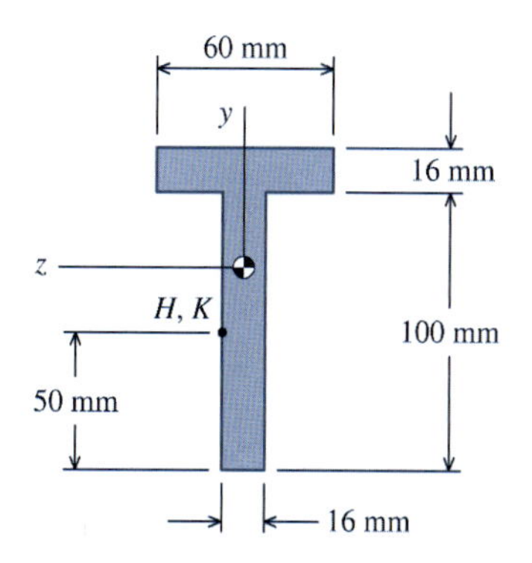

FIGURA P15.28*b*

P15.29 Para o elemento estrutural vertical BD sob flexão, determine as tensões principais e a tensão cisalhante máxima que age no ponto H mostrado nas Figuras P15.29*a* e P15.29*b*. Mostre essas tensões em um desenho esquemático adequado para cada ponto.

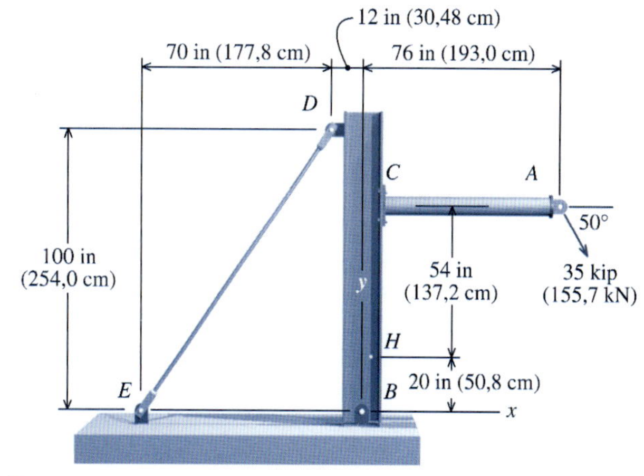

FIGURA P15.29*a*

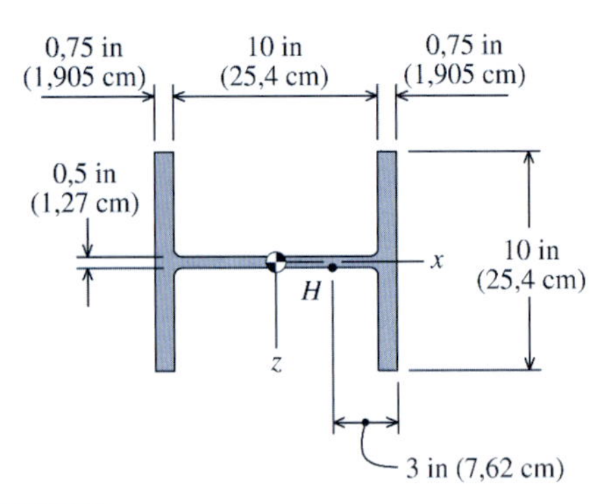

FIGURA P15.29*b*

P15.30 Para o elemento estrutural horizontal *AB* sob flexão, determine as tensões principais e a tensão cisalhante máxima que age nos pontos *H* e *K* mostrados nas Figuras P15.30*a* e P15.30*b*. Mostre essas tensões em um desenho esquemático adequado para cada ponto.

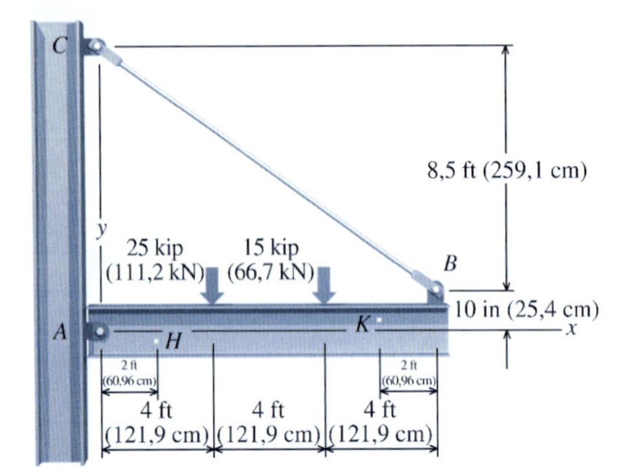

FIGURA P15.30*a*

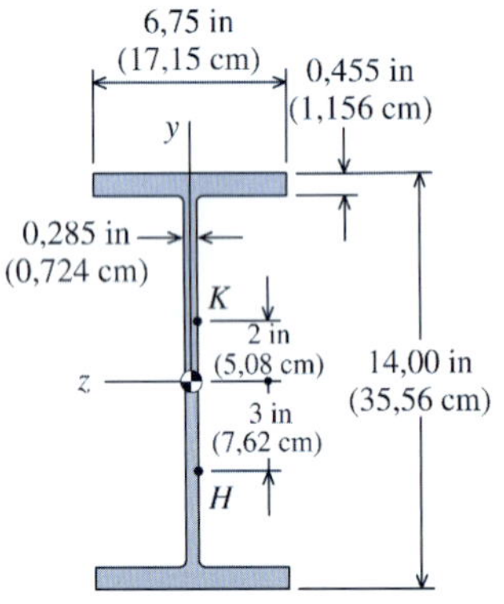

FIGURA P15.30*b*

P15.31 Um componente de máquina está sujeito a uma carga de 3.800 N. Determine as tensões principais e a tensão cisalhante máxima no ponto *H*, conforme mostram as Figuras P15.31*a* e P15.31*b*. Mostre essas tensões em um desenho esquemático adequado.

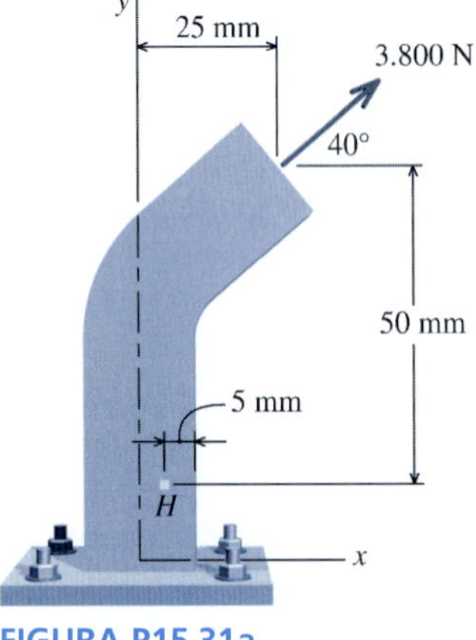

FIGURA P15.31*a*

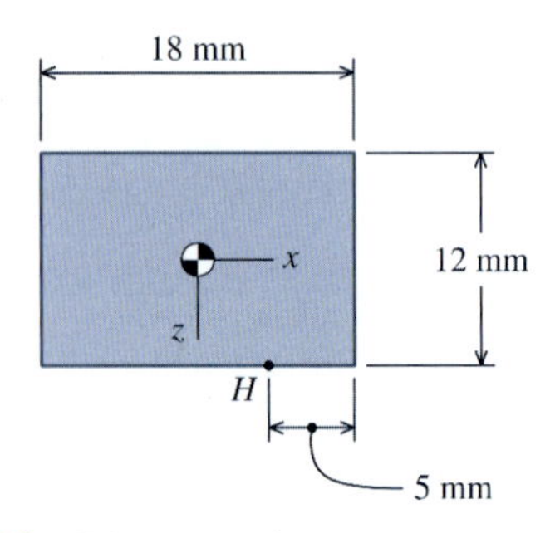

FIGURA P15.31*b* Dimensões da seção transversal.

P15.32 Uma carga de 1.800 N age na peça de máquina mostrada na Figura P15.32*a*. A peça de máquina tem espessura uniforme de 6 mm (isto é, espessura de 6 mm na direção *z*). Determine as tensões principais e a tensão cisalhante máxima que age nos pontos *H* e *K*, que são mostrados no detalhe da Figura P15.32*b*. Mostre essas tensões em um desenho esquemático adequado para cada ponto.

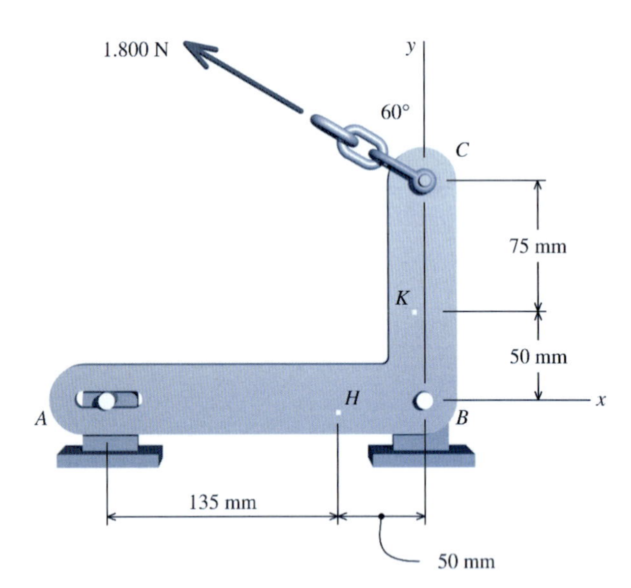

FIGURA P15.32*a*

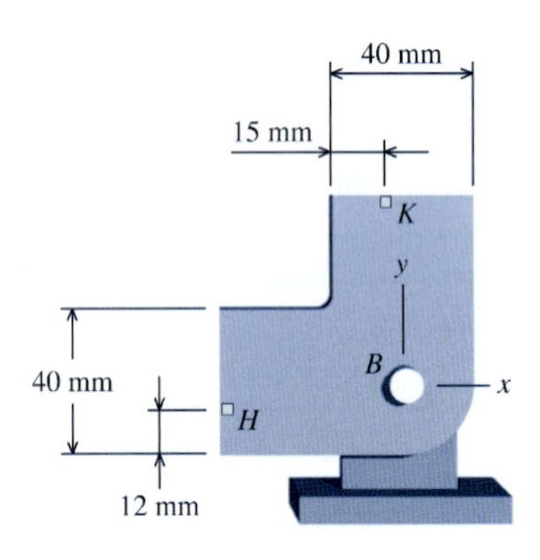

FIGURA P15.32*b* Detalhe do pino em *B*.

P15.33 A viga de madeira mostrada na Figura P15.33*a* tem a seção transversal mostrada na Figura P15.33*b*. No ponto *H*, a tensão principal de compressão vale 400 psi (2.758 kPa) e a tensão cisalhante admissível no plano das tensões é de 110 psi (758 kPa). Determine a carga máxima admissível *P* que pode ser aplicada à viga.

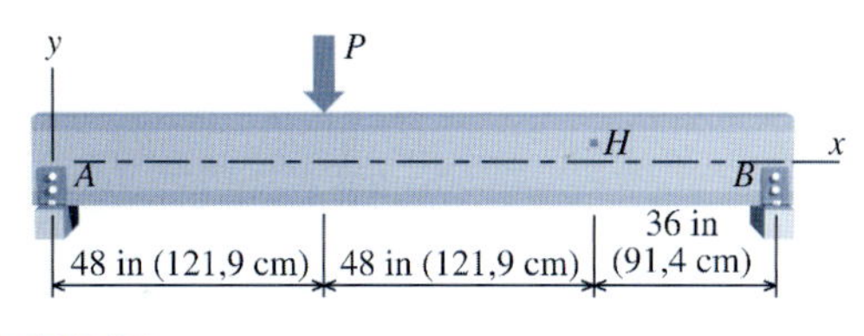

FIGURA P15.33*a*

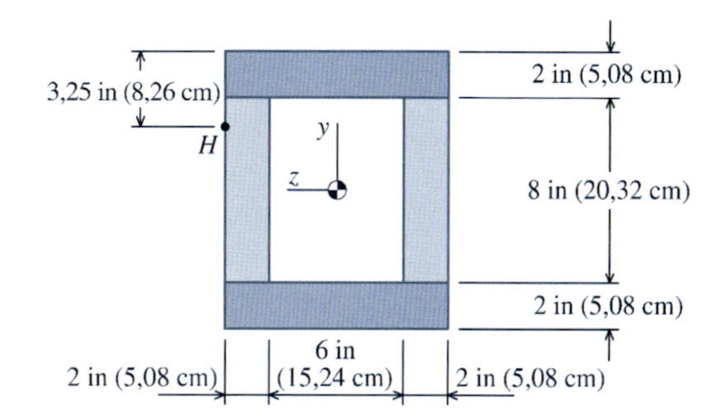

FIGURA P15.33*b*

15.4 CARREGAMENTOS COMBINADOS GERAIS

Em várias situações industriais, as cargas axiais, de torção e de flexão agem simultaneamente em componentes de máquina, e os efeitos combinados dessas cargas devem ser analisados para que sejam determinadas as tensões críticas desenvolvidas no componente. Embora, normalmente, um projetista experiente possa prever um ou mais pontos onde é provável que aconteçam tensões elevadas, o ponto solicitado mais intensamente em uma seção transversal qualquer pode não ser tão óbvio. Em consequência, normalmente é necessário analisar as tensões em mais de um ponto antes que sejam conhecidas as tensões críticas naquele componente.

PROCEDIMENTO DE CÁLCULO

Para determinar as tensões principais e a tensão cisalhante máxima em um determinado ponto de um componente sujeito a cargas axiais, torção, flexão e pressão, o seguinte procedimento é útil:

1. Determine as forças e os momentos estaticamente equivalentes que agem nas seções de interesse. Nessa etapa, um componente, ou uma estrutura tridimensional, complicado sujeito a várias cargas é reduzido a um elemento estrutural simples com não mais do que três forças e três momentos atuando na seção de interesse.
   a. Na determinação das forças e dos momentos estaticamente equivalentes, com frequência mostra-se conveniente levar em consideração a parte da estrutura ou componente que vai da seção de interesse até a extremidade livre da estrutura. As forças estaticamente equivalentes na seção de interesse são encontradas somando as cargas que agem nessa parte da estrutura (isto é, ΣF_x, ΣF_y e ΣF_z). Observe que esses somatórios não incluem as forças de reação.
   b. Pode ser mais difícil determinar corretamente os momentos estaticamente equivalentes uma vez que a combinação de um valor de carga com um termo que indique uma distância faz surgir um componente de momento. Um método é levar em consideração cada carga na estrutura por sua vez. Para cada carga, devem ser determinados o módulo de um momento, o eixo em torno do qual o momento atua e o sinal do momento. Além disso, uma única carga na estrutura pode criar momentos específicos em torno de dois eixos. Depois de todos os componentes de momentos terem sido determinados, são encontrados os momentos estaticamente equivalentes na seção de interesse pela soma dos componentes de momento em cada direção (isto é, ΣM_x, ΣM_y e ΣM_z).
   c. Quando a geometria da estrutura e as cargas se tornarem mais complicadas, normalmente é mais fácil usar vetores de posição e vetores de forças para calcular os momentos equivalentes. É determinado um vetor de posição **r** da seção de interesse ao ponto específico da aplicação das cargas juntamente a um vetor **F** que descreva as forças que agem naquele ponto. O vetor dos momentos **M** é calculado pelo produto vetorial dos vetores de posição e de força; isto é, $\mathbf{M} = \mathbf{r} \times \mathbf{F}$. Se houver cargas aplicadas em mais de um local na estrutura, então devem ser calculados vários produtos vetoriais.

Observe que o produto vetorial não é comutativo; portanto, o vetor do momento deve ser calculado como $\mathbf{M} = \mathbf{r} \times \mathbf{F}$ e não $\mathbf{M} = \mathbf{F} \times \mathbf{r}$.

2. Depois de terem sido determinados as forças e os momentos equivalentes na seção de interesse, **prepare dois desenhos esquemáticos** mostrando o valor absoluto e o sentido de todas as forças e todos os momentos que atuam naquela seção. Desenhos típicos são mostrados nas Figuras

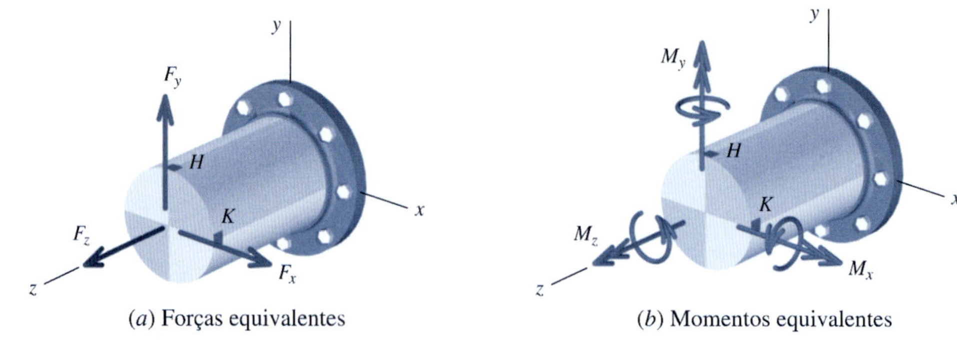

(*a*) Forças equivalentes (*b*) Momentos equivalentes

FIGURA 15.3 Forças e momentos estaticamente equivalentes na seção de interesse.

Observe que é usado o **momento de inércia de área *I*** para calcular as tensões cisalhantes associadas às forças cortantes. Lembre-se de que as tensões cisalhantes surgem da flexão não uniforme no componente flexionado.

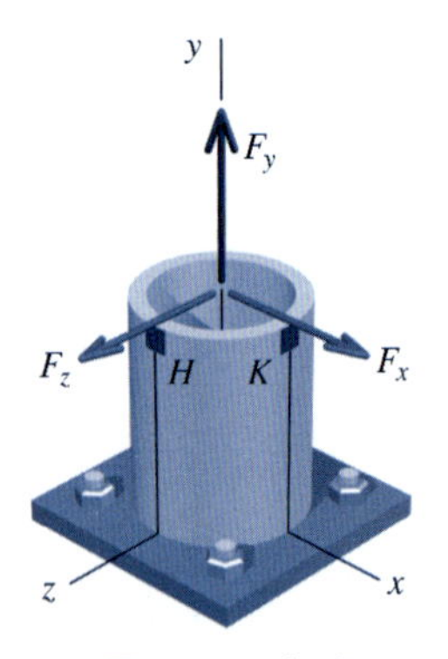

(*a*) Forças equivalentes

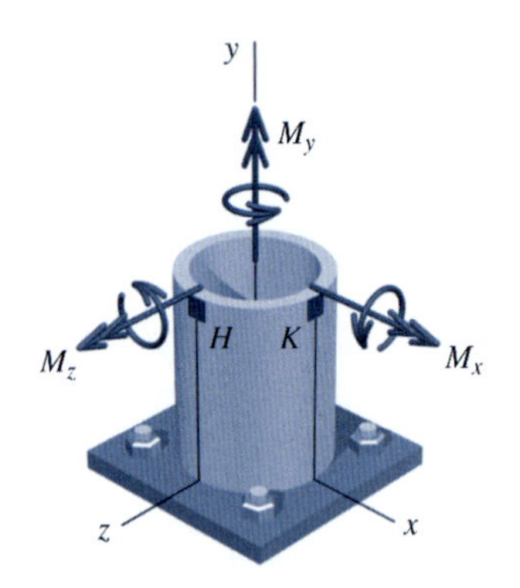

(*b*) Momentos equivalentes

FIGURA 15.4 Forças e momentos estaticamente equivalentes na seção de interesse.

15.3 e 15.4. Esses desenhos ajudam a organizar e esclarecer os resultados antes de continuar com os cálculos das tensões.

3. Determine as tensões que cada uma das forças equivalentes produz.
   a. Uma força axial (força F_z na Figura 15.3*a* e força F_y na Figura 15.4*a*) produz tensões normais de tração ou compressão dadas por $\sigma = F/A$.
   b. As tensões cisalhantes calculadas pela equação $\tau = VQ/It$ estão associadas aos esforços cortantes (forças F_x e F_y na Figura 15.3*a* e forças F_x e F_z na Figura 15.4*a*). Use o sentido da seta do esforço cortante na seção de interesse para estabelecer o sentido de τ na face correspondente do paralelepípedo elementar. Lembre-se de que a tensão cisalhante τ associada às forças cortantes é distribuída parabolicamente em uma seção transversal (por exemplo, veja a Figura 9.10). Para seções transversais circulares, Q é calculado pelas Equações (9.7) ou (9.8) para seções maciças ou pela Equação (9.10) para seções transversais vazadas (ocas).
4. Determine as tensões produzidas pelos momentos equivalentes.
   a. Os momentos em torno do eixo longitudinal do componente na seção de interesse são denominados *torques*. Na Figura 15.3*b*, M_z é um torque, ao passo que M_y é um torque na Figura 15.4*b*. Os torques produzem tensões cisalhantes que são calculadas por $\tau = Tc/J$, em que J é o **momento polar de inércia**. Lembre-se de que o momento polar de inércia para uma seção transversal circular é calculado como

$$J = \frac{\pi}{32} d^4 \quad \text{(para seções circulares maciças)}$$

$$J = \frac{\pi}{32}[D^4 - d^4] \quad \text{(para seções circulares ocas)}$$

   Use a direção do torque para determinar o sentido de τ na face transversal do paralelepípedo elementar no ponto de interesse.
   b. Os momentos fletores produzem tensões normais que estão distribuídas linearmente em relação ao eixo de flexão. Na Figura 15.3*b*, M_x e M_y são momentos fletores, ao passo que M_x e M_z são momentos fletores na Figura 15.4*b*. Calcule os valores absolutos das tensões normais devidas à flexão utilizando $\sigma = My/I$, em que I é o **momento de inércia de área**. Lembre-se de que o momento de inércia de área para uma seção transversal circular é calculado como

$$I = \frac{\pi}{64} d^4 \quad \text{(para seções circulares maciças)}$$

$$I = \frac{\pi}{64}[D^4 - d^4] \quad \text{(para seções circulares ocas)}$$

   O sentido da tensão (seja ela de tração ou de compressão) pode ser determinado por inspeção visual. Lembre-se de que as tensões normais devidas à flexão agem no sentido paralelo ao eixo longitudinal do elemento estrutural sob flexão. Portanto, as tensões normais devidas à flexão na Figura 15.3*b* agem na direção *z*, ao passo que, na Figura 15.4*b*, as tensões normais devidas à flexão agem na direção *y*.

5. Se o componente for uma seção circular vazada que estiver sujeita a uma pressão interna, surgem tensões normais longitudinais e circunferenciais. A tensão longitudinal é calculada por $\sigma_{\text{long}} = pd/4t$ e a tensão circunferencial (tangencial) é dada por $\sigma_{\text{tang}} = pd/2t$, na qual d é o diâmetro interno. Observe que o termo t nessas duas equações se refere à espessura da parede do tubo ou cano. O termo t que aparece no contexto da equação da tensão de cisalhamento $\tau = VQ/It$ tem significado diferente. Para um tubo, o termo t que aparece na equação $\tau = VQ/It$ é na realidade igual *ao dobro da espessura da parede!*
6. Usando o princípio da superposição, resuma os resultados em um paralelepípedo elementar, tomando o cuidado de identificar as direções adequadas de cada componente de tensão. Conforme mencionado anteriormente, em geral é mais confiável usar a *inspeção visual* para estabelecer o sentido das tensões normais e cisalhantes que agem em um paralelepípedo elementar.
7. Uma vez conhecidas e desenhadas em um paralelepípedo elementar as tensões em planos ortogonais que passam pelo ponto, podem ser usados os métodos do Capítulo 12 para calcular as tensões principais e as tensões cisalhantes máximas no ponto.

Para as tensões abaixo do limite de proporcionalidade, o princípio da superposição permite que sejam somados entre si tipos similares de tensões em um ponto específico. Por exemplo, todas as tensões normais que agem na face x do paralelepípedo elementar podem ser somadas algebricamente.

Os exemplos a seguir ilustram o procedimento para a solução de problemas elásticos de carregamentos combinados.

EXEMPLO 15.4

Um pilar curto suporta uma carga $P = 70$ kN conforme ilustrado. Determine as tensões normais nos cantos a, b, c e d da coluna.

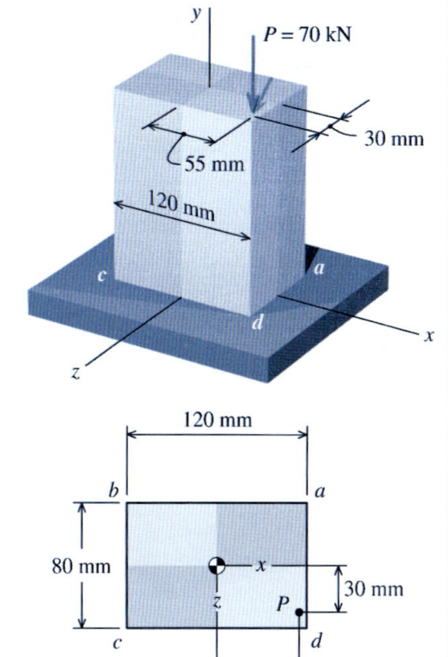

Dimensões da seção transversal e localização da aplicação das cargas.

Planejamento da Solução

A carga $P = 70$ kN criará tensões normais nos cantos do pilar de três maneiras. A carga axial P criará tensão normal de compressão que está distribuída uniformemente em toda a seção transversal. Como P está aplicada a 30 mm do eixo baricêntrico x e a 55 mm do eixo baricêntrico z, P também criará momentos fletores em torno desses dois eixos. O momento em torno do eixo x criará tensões normais de tração e de compressão que estarão distribuídas linearmente através da largura de 80 mm do pilar. O momento em torno do eixo z criará tensões normais de tração e de compressão que estarão distribuídas linearmente através da altura de 120 mm da seção transversal. As tensões normais criadas pela força axial e pelo momento fletor serão determinadas em cada um dos quatro cantos e os resultados serão superpostos para fornecer as tensões normais em a, b, c e d.

SOLUÇÃO

Propriedades da Seção

A área da seção transversal do pilar é

$$A = (80 \text{ mm})(120 \text{ mm}) = 9.600 \text{ mm}^2$$

O momento de inércia da área da seção transversal em torno do eixo baricêntrico x é

$$I_x = \frac{(120 \text{ mm})(80 \text{ mm})^3}{12} = 5{,}120 \times 10^6 \text{ mm}^4$$

e o momento de inércia em torno do eixo baricêntrico z é

$$I_z = \frac{(80 \text{ mm})(120 \text{ mm})^3}{12} = 11{,}52 \times 10^6 \text{ mm}^4$$

Como $I_z > I_x$ para os eixos coordenados mostrados, o eixo x é denominado *eixo fraco* e o eixo z é denominado *eixo forte*.

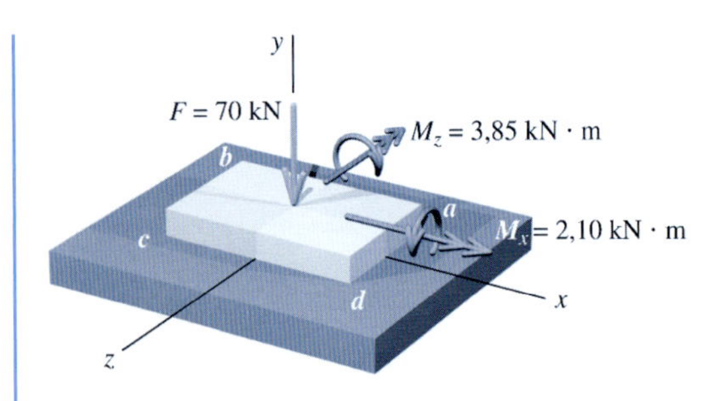

Forças Equivalentes no Pilar

A carga vertical $P = 70$ kN aplicada a 30 mm do eixo x e a 55 mm do eixo z é estaticamente equivalente a uma força axial interna $F = 70$ kN, a um momento fletor interno $M_x = 2{,}10$ kN · m e a um momento fletor interno $M_z = 3{,}85$ kN · m. As tensões que cada um desses esforços faz surgir serão levadas em consideração sequencialmente.

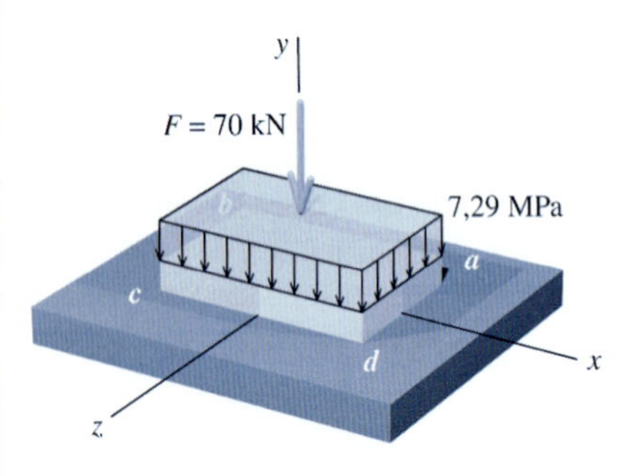

Tensões Axiais (Normais) Devidas a F

O esforço normal (axial) interno $F = 70$ kN cria tensão normal de compressão que está distribuída uniformemente ao longo de toda a seção transversal. O valor absoluto da tensão é calculado como

$$\sigma_{\text{axial}} = \frac{F}{A} = \frac{(70 \text{ kN})(1.000 \text{ N/kN})}{9.600 \text{ mm}^2} = 7{,}29 \text{ MPa (C)}$$

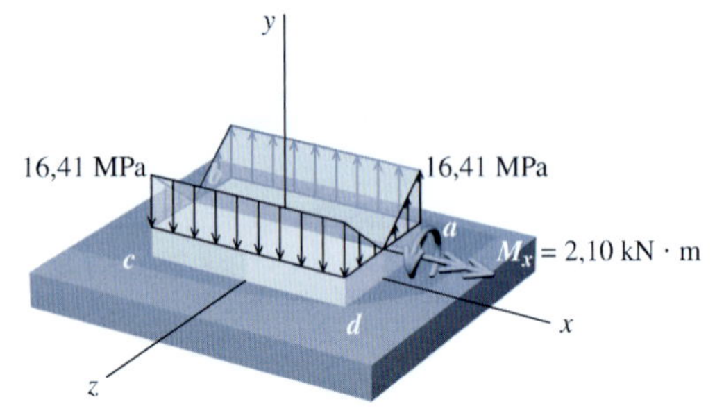

Tensão Normal da Flexão Causada por M_x

O momento fletor atuando conforme a figura em torno do eixo x cria tensão normal de compressão no lado cd e tensão normal de tração no lado ab do pilar. A tensão normal máxima devida à flexão ocorre a uma distância de $z = \pm 40$ mm do eixo neutro (que é o eixo baricêntrico x para M_x). O valor absoluto da tensão normal máxima devida à flexão pode ser calculado como

$$\sigma_{\text{flexão}} = \frac{M_x z}{I_x} = \frac{(2{,}10 \text{ kN} \cdot \text{m})(\pm 40 \text{ mm})(1.000 \text{ N/kN})(1.000 \text{ m/m})}{5{,}120 \times 10^6 \text{ mm}^4}$$
$$= \pm 16{,}41 \text{ MPa}$$

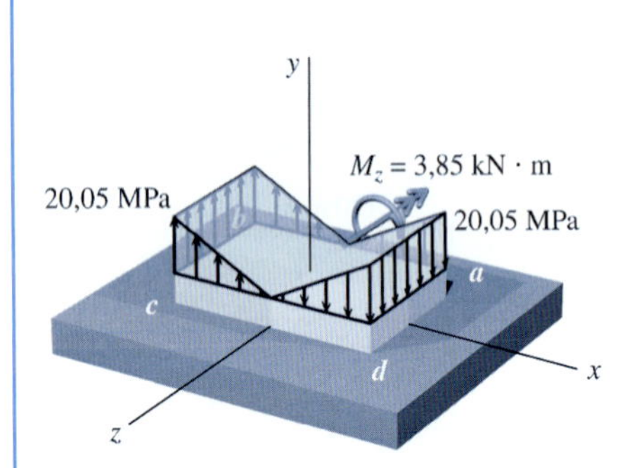

Tensão Normal da Flexão Causada por M_z

O momento fletor atuando conforme a figura em torno do eixo baricêntrico z cria tensão normal de compressão no lado ad e tensão normal de tração no lado bc do pilar. A tensão normal máxima devida à flexão ocorre a uma distância de $x = \pm 60$ mm do eixo neutro (que é o eixo baricêntrico z para M_z). O valor absoluto da tensão normal máxima devida à flexão pode ser calculado como

$$\sigma_{\text{flexão}} = \frac{M_z x}{I_z} = \frac{(3{,}85 \text{ kN} \cdot \text{m})(\pm 60 \text{ mm})(1.000 \text{ N/kN})(1.000 \text{ m/m})}{11{,}52 \times 10^6 \text{ mm}^4}$$
$$= \pm 20{,}05 \text{ MPa}$$

Tensões Normais nos Cantos a, b, c e d

As tensões normais que atuam em cada um dos quatro cantos do pilar podem ser determinadas pela superposição dos resultados obtidos anteriormente. Em todos os casos, as tensões normais atuam na direção vertical, isto é, na direção y. O sentido da tensão, seja ela de tração ou de compressão, pode ser determinado por inspeção.

Canto a:

$$\sigma_a = 7{,}29 \text{ MPa (C)} + 16{,}41 \text{ MPa (T)} + 20{,}05 \text{ MPa (C)}$$
$$= -7{,}29 \text{ MPa} + 16{,}41 \text{ MPa} - 20{,}05 \text{ MPa}$$
$$= -10{,}93 \text{ MPa} = 10{,}93 \text{ MPa (C)}$$

Resp.

Canto b:

$$\sigma_b = 7{,}29 \text{ MPa (C)} + 16{,}41 \text{ MPa (T)} + 20{,}05 \text{ MPa (T)}$$
$$= -7{,}29 \text{ MPa} + 16{,}41 \text{ MPa} + 20{,}05 \text{ MPa}$$
$$= 29{,}17 \text{ MPa} = 29{,}17 \text{ MPa (T)}$$

Resp.

Canto c:

$$\sigma_c = 7{,}29 \text{ MPa (C)} + 16{,}41 \text{ MPa (C)} + 20{,}05 \text{ MPa (T)}$$
$$= -7{,}29 \text{ MPa} - 16{,}41 \text{ MPa} + 20{,}05 \text{ MPa}$$
$$= -3{,}65 \text{ MPa} = 3{,}65 \text{ MPa (C)}$$

Resp.

Canto d:

$$\sigma_d = 7{,}29 \text{ MPa (C)} + 16{,}41 \text{ MPa (C)} + 20{,}05 \text{ MPa (C)}$$
$$= -7{,}29 \text{ MPa} - 16{,}41 \text{ MPa} - 20{,}05 \text{ MPa}$$
$$= -43{,}75 \text{ MPa} = 43{,}75 \text{ MPa (C)}$$

Resp.

Exemplo do MecMovies M15.5

Duas cargas são aplicadas conforme ilustrado na viga em balanço de 80 mm por 45 mm. Determine as tensões normais e cisalhantes no ponto *H*.

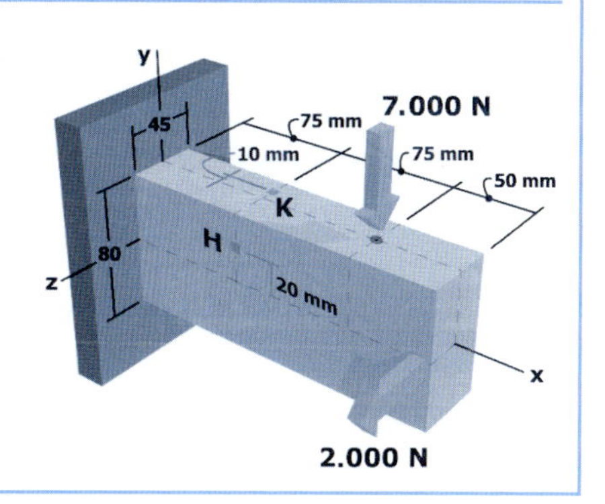

Exemplo do MecMovies M15.7

Um pilar retangular tem, como dimensões de sua seção transversal, 200 mm (altura) por 80 mm (largura). O pilar está sujeito a uma força concentrada de 10 kN atuando no plano x–y e fazendo um ângulo de 60º com a direção vertical. Determine as tensões que agem nas direções x e y no ponto B, que está localizado na face frontal do pilar, 10 mm à esquerda da linha de centro longitudinal.

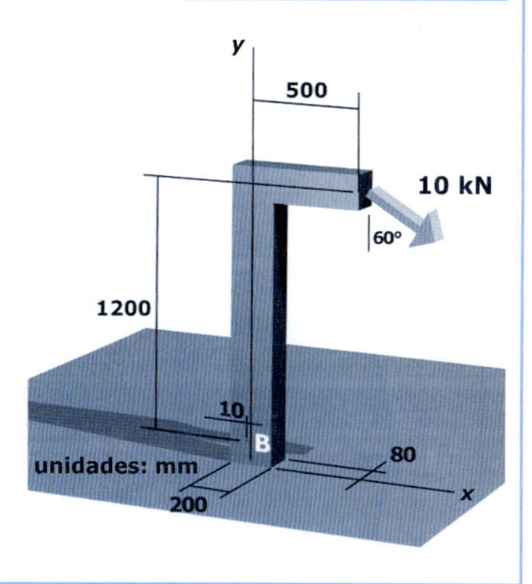

EXEMPLO 15.5

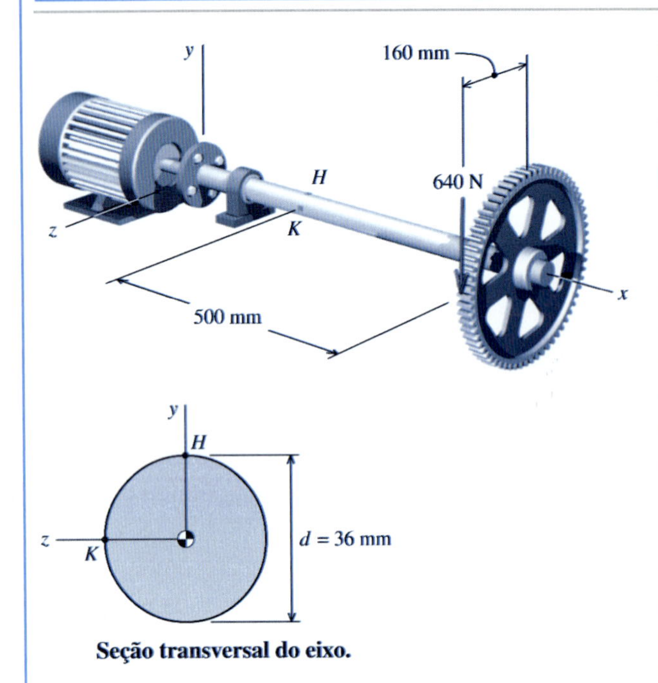

Seção transversal do eixo.

Um eixo maciço com 36 mm de diâmetro suporta uma carga de 640 N conforme ilustrado. Determine as tensões principais e a máxima tensão cisalhante nos pontos H e K.

Planejamento da Solução

A carga de 640 N aplicada à engrenagem criará um esforço cortante vertical, um torque e um momento fletor na seção de interesse do eixo. Esses esforços internos criarão tensões normais e cisalhantes nos pontos H e K, mas em face de o ponto H estar localizado no topo do eixo e de o ponto K estar localizado na lateral do eixo, os estados de tensão serão diferentes nos dois pontos. A solução começará determinando um sistema de forças e momentos atuantes na seção de interesse que sejam estaticamente equivalentes à carga de 640 N aplicada ao dente da engrenagem. As tensões normais e cisalhantes criadas por esse sistema de forças equivalentes serão calculadas e mostradas nas direções adequadas em um paralelepípedo elementar, tanto para o ponto H como para o ponto K. Os cálculos de transformação de tensões serão usados para determinar as tensões principais e a tensão cisalhante máxima para cada paralelepípedo elementar.

SOLUÇÃO

Sistema de Forças Equivalentes

Um sistema de forças e momentos que sejam estaticamente equivalentes à carga de 640 N pode ser determinado rapidamente para a seção de interesse.

A força equivalente na seção é igual à carga de 640 N na engrenagem. Como a linha de ação da carga de 640 N não passa através da seção que inclui os pontos H e K, devem ser determinados os momentos produzidos por essa carga.

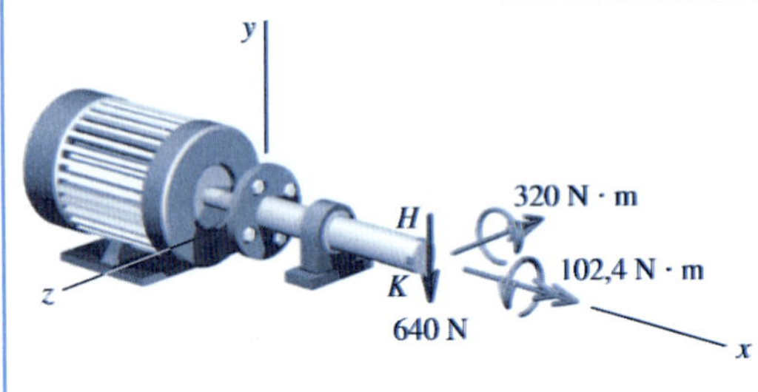

O momento em torno do eixo x (isto é, um torque) é o produto do valor absoluto da força pela distância na direção z da seção de interesse até o dente da engrenagem: $M_x = (640 \text{ N})(160 \text{ mm}) = 102.400 \text{ N} \cdot \text{mm} = 102{,}4 \text{ N} \cdot \text{m}$. Similarmente, o momento em torno do eixo z é o produto da força pela distância na direção x dos pontos H e K até o dente da engrenagem: $M_z = (640 \text{ N})(500 \text{ mm}) = 320.000 \text{ N} \cdot \text{mm} = 320 \text{ N} \cdot \text{m}$. Por inspeção, esses momentos agem nas direções mostradas.

Método alternativo: A geometria deste problema é relativamente simples; portanto, os momentos equivalentes podem ser determinados de maneira rápida por inspeção. Para situações que são mais complicadas, algumas vezes é mais fácil determinar os momentos equivalentes usando vetores de posição e vetores de força.

O vetor posição $\mathbf{r}$ da seção de interesse até o ponto de aplicação da carga é $\mathbf{r} = 500 \text{ mm } \mathbf{i} + 160 \text{ mm } \mathbf{k}$. A carga que age no dente da engrenagem pode ser expressa como o vetor de força $\mathbf{F} = -640 \text{ N}\mathbf{j}$. O vetor do momento equivalente $\mathbf{M}$ pode ser determinado pelo produto vetorial $\mathbf{M} = \mathbf{r} \times \mathbf{F}$:

$$\mathbf{M} = \mathbf{r} \times \mathbf{F} = \begin{vmatrix} \mathbf{i} & \mathbf{j} & \mathbf{k} \\ 500 & 0 & 160 \\ 0 & -640 & 0 \end{vmatrix} = 102.400 \text{ N} \cdot \text{mm}\,\mathbf{i} - 320.000 \text{ N} \cdot \text{mm}\,\mathbf{k}$$

Para os eixos coordenados usados aqui, o eixo da estrutura se estende na direção x; portanto, o componente i do vetor do momento é reconhecido como um torque, enquanto o componente k é simplesmente um momento fletor.

Propriedades da Seção

O diâmetro do eixo é 36 mm. O momento polar de inércia será exigido para calcular a tensão cisalhante causada pelo torque interno no eixo:

$$J = \frac{\pi}{32} d^4 = \frac{\pi}{32}(36 \text{ mm})^4 = 164.896 \text{ mm}^4$$

O momento de inércia da haste em torno do eixo baricêntrico z é

$$I_z = \frac{\pi}{64} d^4 = \frac{\pi}{64}(36 \text{ mm})^4 = 82.448 \text{ mm}^4$$

Tensões Normais em *H*

O momento fletor de 320 N · m que age em torno do eixo z ocasiona uma tensão normal que varia ao longo da altura da estrutura. No ponto H, a tensão normal devida à flexão pode ser calculada pela fórmula da flexão como

$$\sigma_x = \frac{Mc}{I_z} = \frac{(320.000 \text{ N} \cdot \text{mm})(18 \text{ mm})}{82.448 \text{ mm}^4} = 69{,}9 \text{ MPa (T)}$$

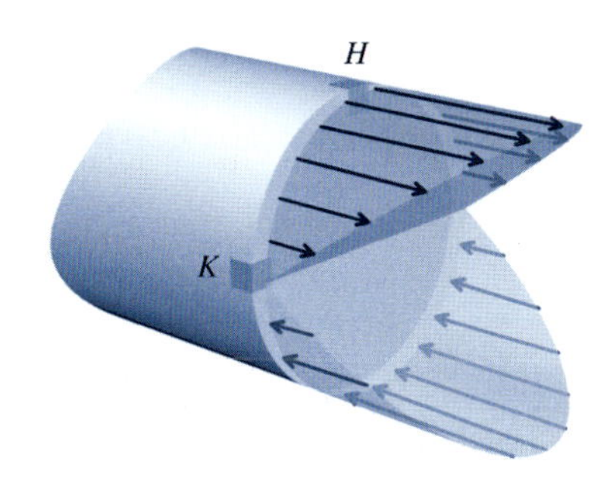

Tensões Cisalhantes em *H*

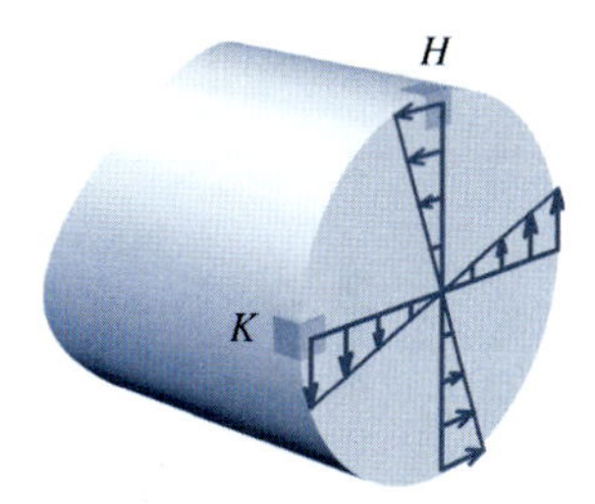

O torque de 102,4 N · m que age em torno do eixo x faz surgir tensões cisalhantes em H. O valor absoluto dessa tensão cisalhante pode ser calculado pela fórmula da torção no regime elástico:

$$\tau = \frac{Tc}{J} = \frac{(102.400 \text{ N} \cdot \text{mm})(36 \text{ mm}/2)}{164.896 \text{ mm}^4} = 11{,}18 \text{ MPa}$$

A tensão cisalhante transversal associada à força cortante de 640 N é nula em H.

Tensões Combinadas em *H*

A tensão normal e a tensão cisalhante que agem no ponto H podem ser resumidas em um paralelepípedo elementar.

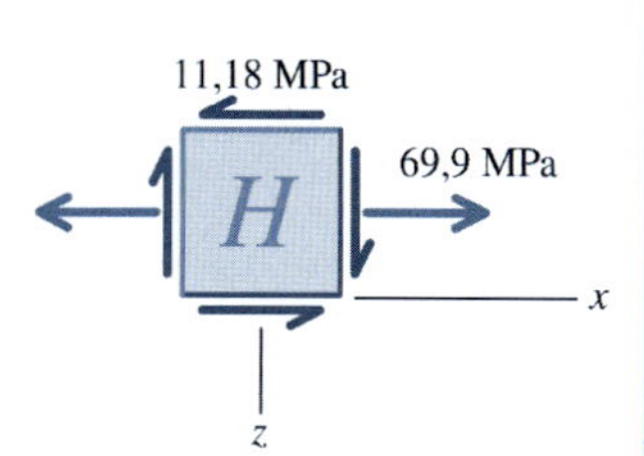

Resultados da Transformação de Tensões em *H*

As tensões principais e a tensão cisalhante máxima em H são mostradas na figura.

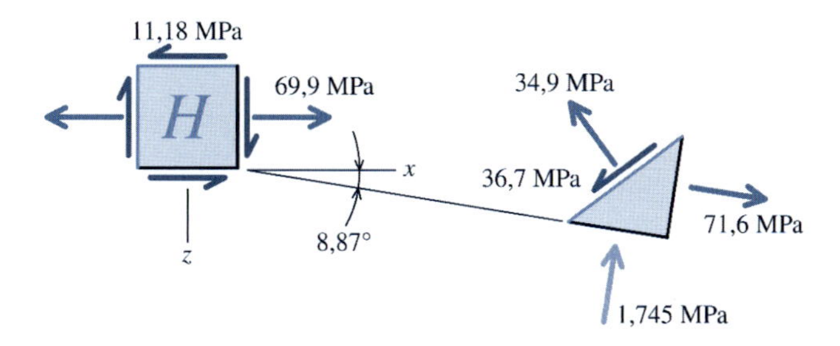

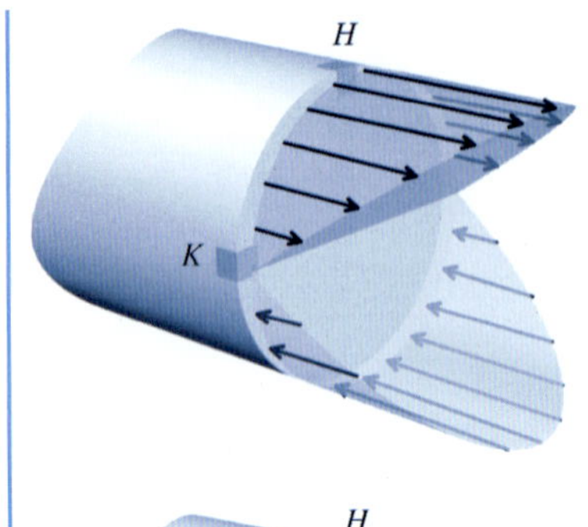

Tensões Normais em K

O momento fletor de 320 N · m que age em torno do eixo z cria uma tensão normal que varia ao longo da altura do eixo. Entretanto, o ponto K está localizado no eixo z, que é o eixo neutro para o momento fletor. Consequentemente, a tensão normal devida à flexão em K é nula.

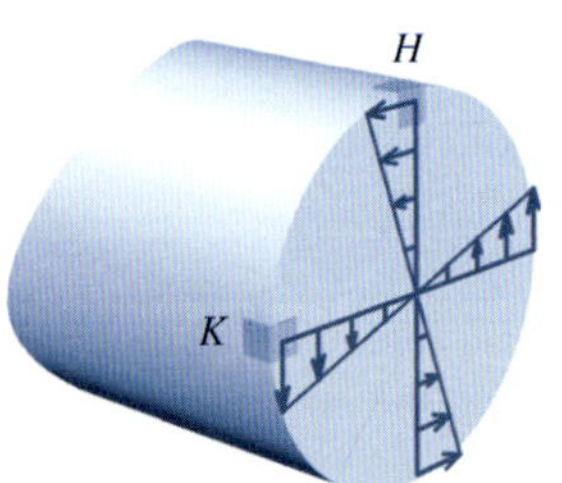

Tensões Cisalhantes em K

O torque de 102,4 N · m que age em torno do eixo x faz surgir tensões cisalhantes em K. O valor absoluto dessa tensão cisalhante em K é igual ao da tensão em H: $\tau = 11{,}18$ MPa.

O esforço cortante de 640 N que age verticalmente na seção de interesse também está associado à tensão cisalhante no ponto K. Da Equação (9.8), o momento estático de área Q para a seção circular maciça é

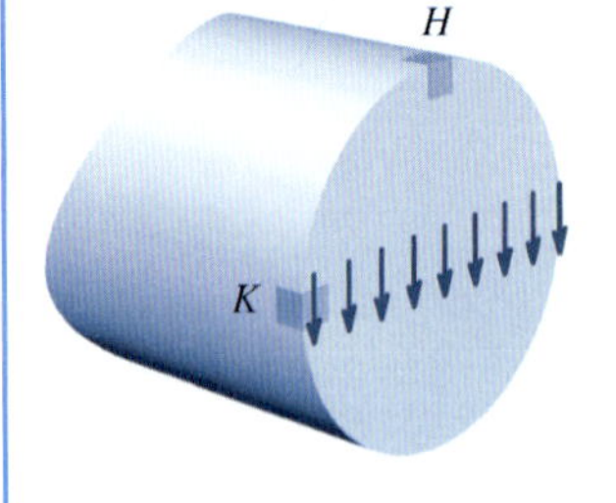

$$Q = \frac{d^3}{12} = \frac{(36 \text{ mm})^3}{12} = 3.888 \text{ mm}^3$$

Usa-se a fórmula da tensão cisalhante [Equação (9.2)] para calcular essa tensão:

$$\tau = \frac{VQ}{I_z t} = \frac{(640 \text{ N})(3.888 \text{ mm}^3)}{(82.448 \text{ mm}^4)(36 \text{ mm})} = 0{,}838 \text{ MPa}$$

Tensões Combinadas em K

A tensão normal e a tensão cisalhante que agem no ponto K podem ser resumidas em um paralelepípedo elementar. Observe que, no ponto K, ambas as tensões cisalhantes agem *de cima para baixo* na face $+x$ do paralelepípedo elementar. Depois de ser estabelecido o sentido conveniente da tensão cisalhante em uma face, serão conhecidos os sentidos das tensões de cisalhamento nas outras faces.

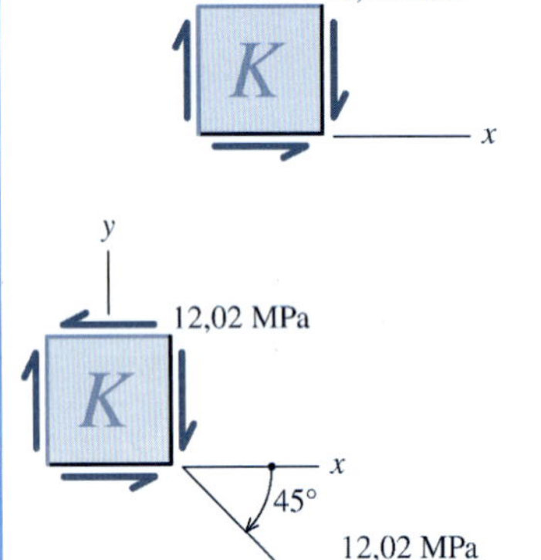

Resultados da Transformação de Tensões em K

As tensões principais e a tensão cisalhante máxima em H podem ser determinadas pelas equações de transformação de tensões e pelos procedimentos detalhados no Capítulo 12. Os resultados desses cálculos são mostrados na figura à esquerda.

EXEMPLO 15.6

Uma coluna tubular vertical, com diâmetro externo $D = 9{,}0$ in (22,86 cm) e diâmetro interno $d = 8{,}0$ in (20,32 cm), suporta as cargas mostradas. Determine as tensões principais e a tensão cisalhante máxima nos pontos H e K.

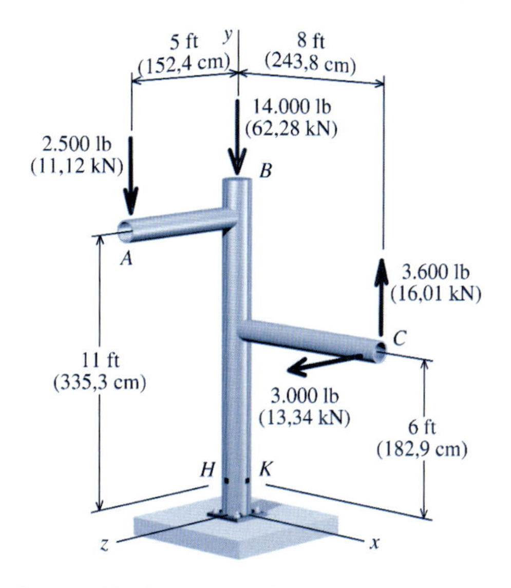

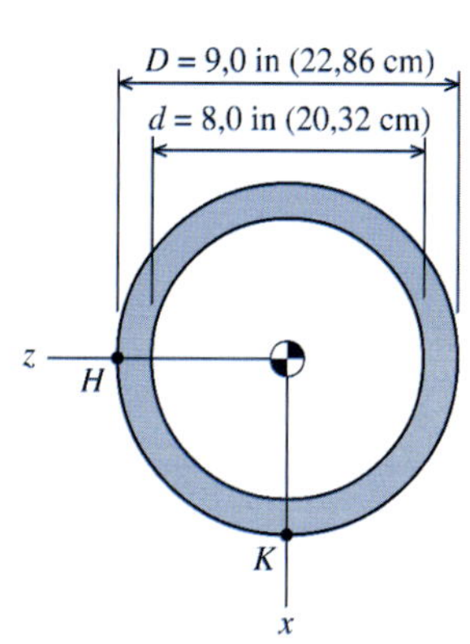

Dimensões da seção transversal da coluna.

Planejamento da Solução

Há várias cargas agindo na estrutura, tornando-a aparentemente complicada. Entretanto, a análise pode ser simplificada consideravelmente reduzindo inicialmente o sistema de quatro cargas a um sistema de forças e momentos estaticamente determinados que atuem na seção de interesse. As tensões normais e cisalhantes originadas por esse sistema de forças equivalentes serão calculadas e mostradas nas direções adequadas nos paralelepípedos elementares para os pontos H e K. Serão usados os cálculos de transformação de tensões para determinar as tensões principais e a tensão cisalhante máxima para cada paralelepípedo elementar.

SOLUÇÃO

Sistema de Forças Equivalentes

Um sistema de forças e momentos que sejam estaticamente equivalentes às quatro cargas aplicadas nos pontos A, B, C e D pode ser determinado rapidamente para a seção de interesse.

As forças equivalentes são simplesmente iguais às cargas aplicadas. Não há força agindo na direção x. A soma das forças na direção y é

$$\Sigma F_y = -2.500 \text{ lb} - 14.000 \text{ lb} + 3.600 \text{ lb} = -12.900 \text{ lb}$$

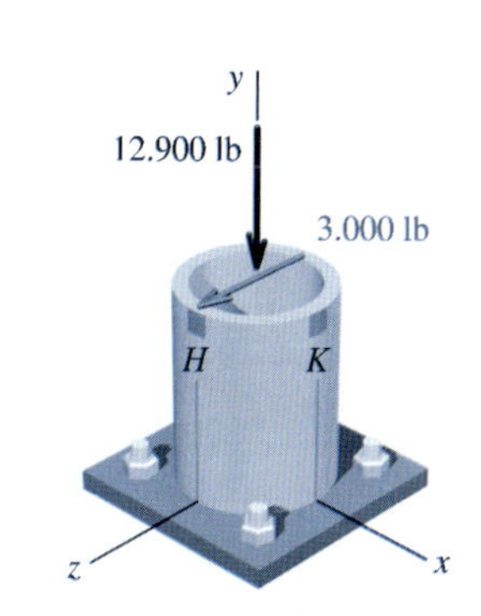

Forças equivalentes na seção que contém os pontos H e K.

Na direção z, a única força é a carga de 3.000 lb aplicada ao ponto C. As forças equivalentes que agem na seção são mostradas na figura à direita.

Os momentos equivalentes que agem na seção de interesse podem ser determinados levando em consideração sequencialmente cada carga.

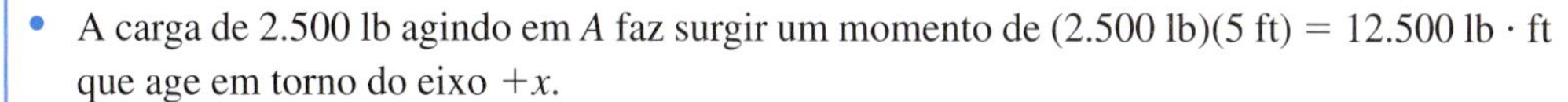

- A carga de 2.500 lb agindo em A faz surgir um momento de (2.500 lb)(5 ft) = 12.500 lb · ft que age em torno do eixo $+x$.
- A linha de ação da carga de 14.000 lb passa através da seção de interesse; portanto ela não origina momentos em H e K.
- A carga de 3.600 lb agindo verticalmente em C faz surgir um momento em torno do eixo $+z$ de (3.600 lb)(8 ft) = 28.800 lb · ft.
- A carga de 3.000 lb agindo horizontalmente em C faz surgir dois componentes de momentos.
  - Um componente de momento age em torno do eixo $-y$ com valor absoluto de (3.000 lb)(8 ft) = 24.000 lb · ft.
  - Um segundo componente de momento age em torno do eixo $+x$ com valor absoluto de (3.000 lb)(6 ft) = 18.000 lb · ft.
- Os momentos que agem em torno do eixo x podem ser somados para determinar o momento equivalente:

$$M_x = 12.500 \text{ lb} \cdot \text{ft} + 18.000 \text{ lb} \cdot \text{ft} = 30.500 \text{ lb} \cdot \text{ft}$$

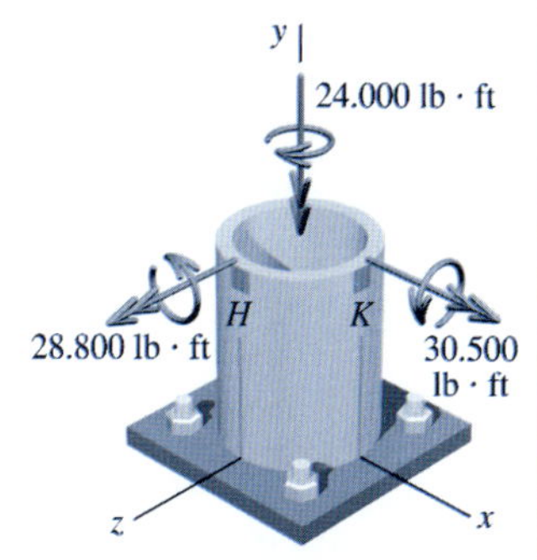

Momentos equivalentes na seção que contém os pontos H e K.

Para o sistema de coordenadas utilizado aqui, o eixo da coluna tubular se estende na direção y; portanto, o componente de momento que age em torno do eixo y é reconhecido como um torque; os componentes em torno dos eixos x e z são simplesmente momentos fletores.

Método alternativo: Os momentos equivalentes ao sistema de quatro cargas podem ser calculados sistematicamente usando os vetores de posição e de forças. O vetor de posição **r** da seção de interesse até o ponto A é $\mathbf{r}_A = = 11$ ft $\mathbf{j} + 5$ ft $\mathbf{k}$. A carga em A pode ser expressa como o vetor de força $\mathbf{F}_A = -2.500$ lb $\mathbf{j}$. O momento produzido pela carga de 2.500 lb pode ser determinado pelo produto vetorial $\mathbf{M}_A = \mathbf{r}_A \times \mathbf{F}_A$:

$$\mathbf{M}_A = \mathbf{r}_A \times \mathbf{F}_A = \begin{vmatrix} \mathbf{i} & \mathbf{j} & \mathbf{k} \\ 0 & 11 & 5 \\ 0 & -2.500 & 0 \end{vmatrix} = 12.500 \text{ lb} \cdot \text{ft } \mathbf{i}$$

O vetor de posição **r** da seção de interesse até o ponto C é $\mathbf{r}_C = = 8$ ft $\mathbf{i} + 6$ ft $\mathbf{j}$. A carga em C pode ser expressa como $\mathbf{F}_C = 3.600$ lb $\mathbf{j} + 3.000$ lb $\mathbf{k}$. Os momentos podem ser determinados pelo produto vetorial $\mathbf{M}_C = \mathbf{r}_C \times \mathbf{F}_C$:

$$\mathbf{M}_C = \mathbf{r}_C \times \mathbf{F}_C = \begin{vmatrix} \mathbf{i} & \mathbf{j} & \mathbf{k} \\ 8 & 6 & 0 \\ 0 & 3.600 & 3.000 \end{vmatrix} = 18.000 \text{ lb} \cdot \text{ft } \mathbf{i} - 24.000 \text{ lb} \cdot \text{ft } \mathbf{j} + 28.800 \text{ lb} \cdot \text{ft } \mathbf{k}$$

Os momentos equivalentes na seção de interesse são encontrados pela soma de $\mathbf{M}_A$ com $\mathbf{M}_C$:

$$\mathbf{M} = \mathbf{M}_A + \mathbf{M}_C = 30.500 \text{ lb} \cdot \text{ft } \mathbf{i} - 24.000 \text{ lb} \cdot \text{ft } \mathbf{j} + 28.800 \text{ lb} \cdot \text{ft } \mathbf{k}$$

Propriedades da Seção

O diâmetro externo da coluna tubular é $D = 9{,}0$ in e o diâmetro interno é $d = 8{,}0$ in. A área, o momento de inércia e o momento polar de inércia para a seção transversal são

$$A = \frac{\pi}{4}[D^2 - d^2] = \frac{\pi}{4}[(9{,}0 \text{ in})^2 - (8{,}0 \text{ in})^2] = 13{,}352 \text{ in}^2$$

$$I = \frac{\pi}{64}[D^4 - d^4] = \frac{\pi}{64}[(9{,}0 \text{ in})^4 - (8{,}0 \text{ in})^4] = 121{,}00 \text{ in}^4$$

$$J = \frac{\pi}{32}[D^4 - d^4] = \frac{\pi}{32}[(9{,}0 \text{ in})^4 - (8{,}0 \text{ in})^4] = 242{,}00 \text{ in}^4$$

Tensões em *H*

As forças e os momentos equivalentes que agem na seção de interesse serão avaliados sequencialmente para determinar o tipo, o valor absoluto e o sentido de quaisquer tensões originadas em H.

A força axial de 12.900 lb origina uma tensão normal de compressão, que age na direção y:

$$\sigma_y = \frac{F_y}{A} = \frac{12.900 \text{ lb}}{13{,}352 \text{ in}^2} = 966 \text{ psi (C)}$$

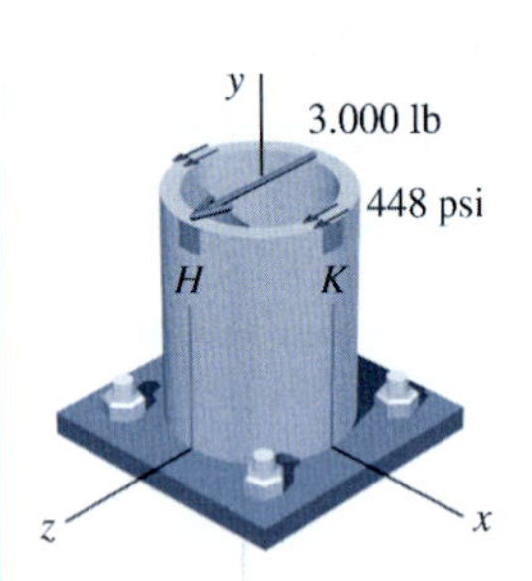

Embora as tensões de cisalhamento estejam associadas à força cortante de 3.000 lb, a tensão cisalhante no ponto H é nula.

O momento fletor de 30.500 lb · ft em torno do eixo x origina tensão normal de compressão em H.

$$\sigma_y = \frac{M_x c}{I_x} = \frac{(30.500 \text{ lb} \cdot \text{ft})(4{,}5 \text{ in})(12 \text{ in/ft})}{121{,}0 \text{ in}^4} = 13.612 \text{ psi (C)}$$

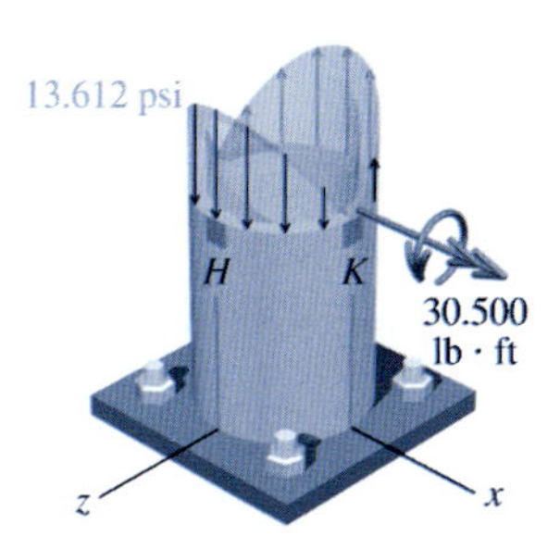

O torque de 24.000 lb · ft que age em torno do eixo y faz surgir uma tensão cisalhante em H. O valor absoluto dessa tensão cisalhante pode ser calculado pela fórmula da torção no regime elástico:

$$\tau = \frac{Tc}{J} = \frac{(24.000 \text{ lb} \cdot \text{ft})(4{,}5 \text{ in})(12 \text{ in/ft})}{242{,}0 \text{ in}^4} = 5.355 \text{ psi}$$

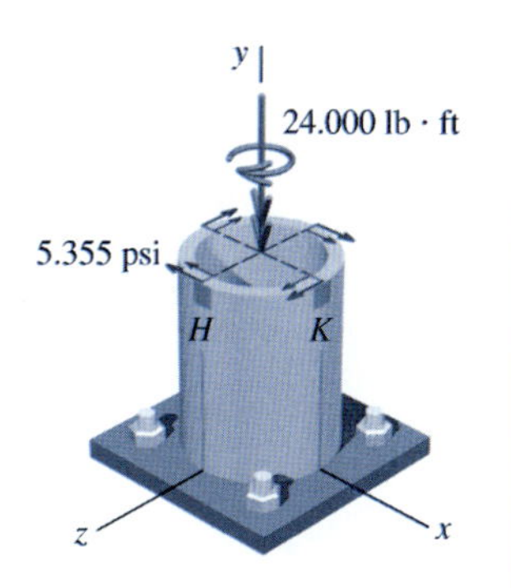

O momento fletor de 28.800 lb · ft em torno do eixo z faz surgir tensões normais devidas à flexão na seção de interesse. Entretanto, o ponto H está localizado no eixo neutro para esse momento fletor e, por isso, a tensão normal devida à flexão em H é nula.

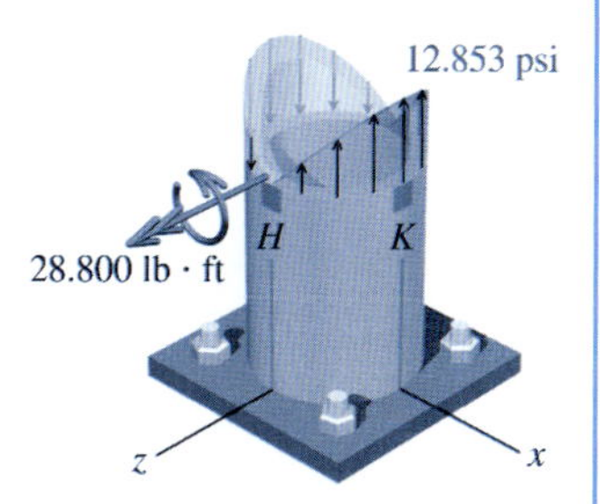

Tensões Combinadas em *H*

As tensões normais e cisalhantes que agem no ponto H podem ser resumidas em um paralelepípedo elementar. Observe que a tensão cisalhante originada pela torção age na direção $-x$ da face $+y$ do paralelepípedo elementar. Depois de serem estabelecidos os sentidos adequados das tensões cisalhantes em uma face, os sentidos das tensões cisalhantes nas outras faces serão conhecidos.

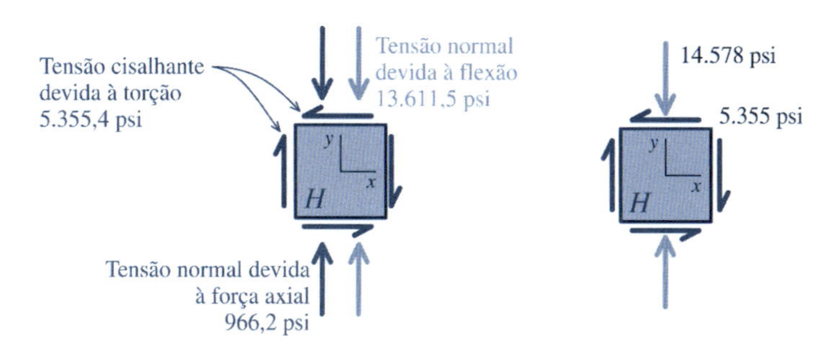

Resultados da Transformação de Tensões em *H*

As tensões principais e a tensão cisalhante máxima em H podem ser determinadas pelas equações de transformação de tensões e pelos procedimentos detalhados no Capítulo 12. Os resultados desses cálculos são mostrados na figura à direita.

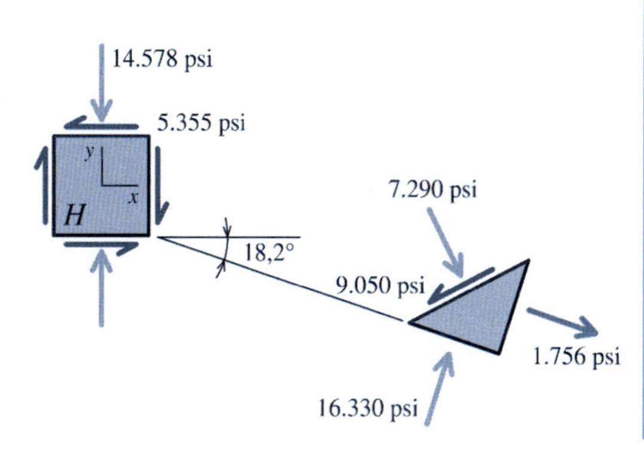

Tensões em *K*

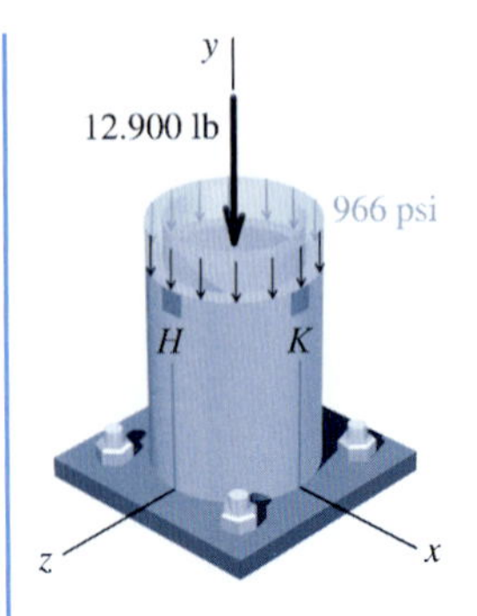

As forças e os momentos equivalentes que agem na seção de interesse serão mais uma vez avaliados sequencialmente, agora para determinar o tipo, o valor absoluto e o sentido de quaisquer tensões originadas em *K*.

A força axial de 12.900 lb origina uma tensão normal de compressão, que age na direção *y*:

$$\sigma_y = \frac{F_y}{A} = \frac{12{,}900 \text{ lb}}{13{,}352 \text{ in}^2} = 966 \text{ psi (C)}$$

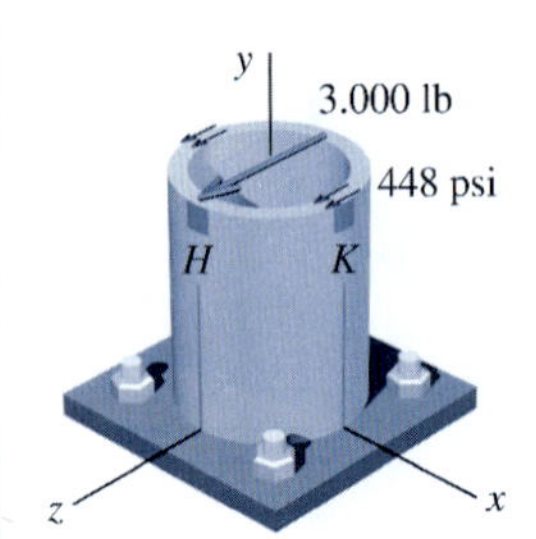

A força cortante de 3.000 lb que age horizontalmente na seção de interesse também está associada à tensão cisalhante no ponto *K*. Da Equação (9.10), o momento estático de área *Q* para a seção circular vazada (oca) é

$$Q = \frac{1}{12}[D^3 - d^3] = \frac{1}{12}[(9{,}0 \text{ in})^3 - (8{,}0 \text{ in})^3] = 18{,}083 \text{ in}^3$$

Usa-se a fórmula da tensão cisalhante [Equação (9.2)] para calcular a tensão de cisalhamento:

$$\tau = \frac{VQ}{I_x t} = \frac{(3.000 \text{ lb})(18{,}083 \text{ in}^3)}{(121{,}0 \text{ in}^4)(9 \text{ in} - 8 \text{ in})} = 448 \text{ psi}$$

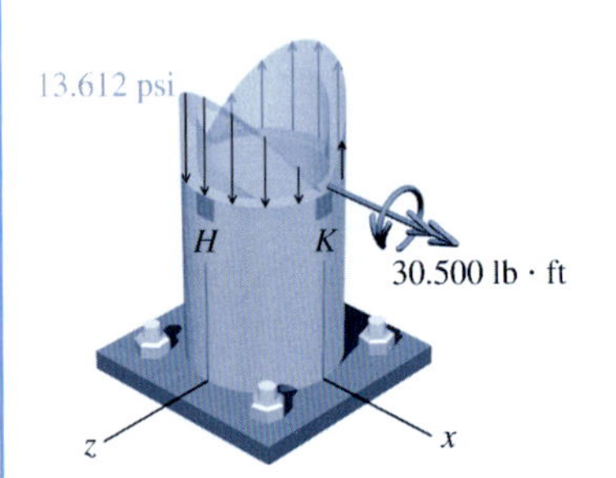

O momento fletor de 30.500 lb · ft em torno do eixo *x* origina tensões normais pela flexão da seção de interesse. Entretanto, o ponto *K* está localizado no eixo neutro para esse momento fletor e, consequentemente, a tensão normal devida à flexão em *K* é nula.

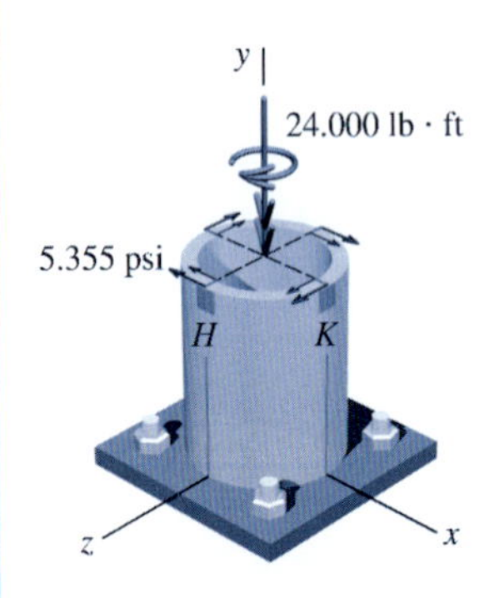

O torque de 24.000 lb · ft que age em torno do eixo *y* faz surgir uma tensão cisalhante em *K*. O valor absoluto dessa tensão cisalhante pode ser calculado pela fórmula da torção no regime elástico:

$$\tau = \frac{Tc}{J} = \frac{(24.000 \text{ lb} \cdot \text{ft})(4{,}5 \text{ in})(12 \text{ in/ft})}{242{,}0 \text{ in}^4} = 5.355 \text{ psi}$$

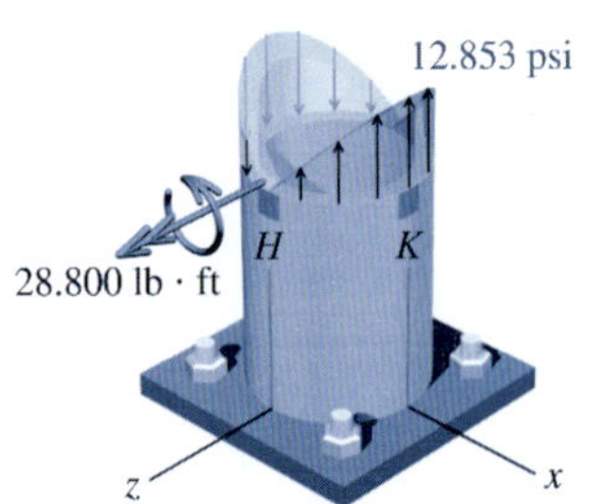

O momento fletor de 28.800 lb · ft em torno do eixo *z* faz surgir uma tensão normal de tração em *K*:

$$\sigma_y = \frac{M_x c}{I_x} = \frac{(28.800 \text{ lb} \cdot \text{ft})(4{,}5 \text{ in})(12 \text{ in/ft})}{121{,}0 \text{ in}^4} = 12.853 \text{ psi (T)}$$

Tensões Combinadas em *K*

As tensões normais e cisalhantes que agem no ponto *K* podem ser resumidas em um paralelepípedo elementar.

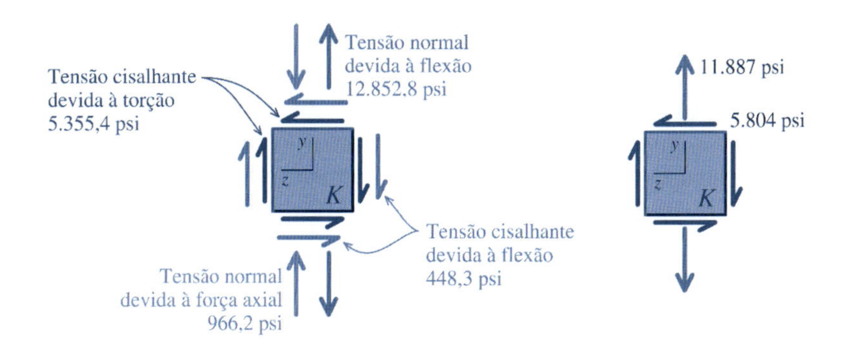

Resultados da Transformação de Tensões em K

As tensões principais e a tensão cisalhante máxima em K são mostradas na figura a seguir.

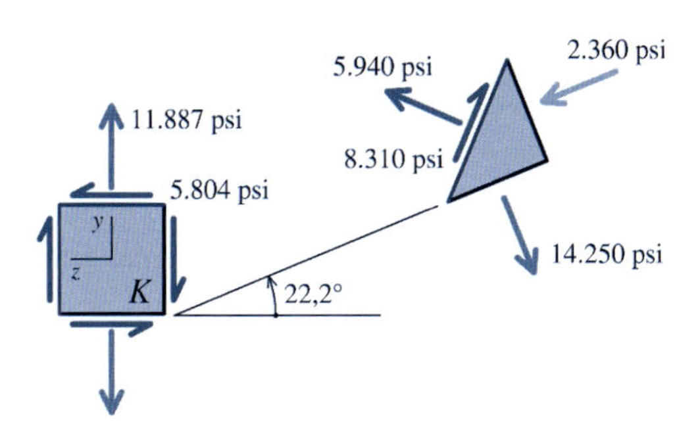

EXEMPLO 15.7

Um sistema de encanamento transporta um fluido que tem pressão interna de 1.500 kPa. Além da pressão do fluido, o encanamento suporta uma carga vertical de 9 kN e uma carga horizontal de 13 kN (agindo na direção $+x$) na aba A. O tubo tem diâmetro externo D = 200 mm e diâmetro interno d = 176 mm. Determine as tensões principais, a tensão cisalhante máxima e a tensão cisalhante máxima absoluta nos pontos H e K.

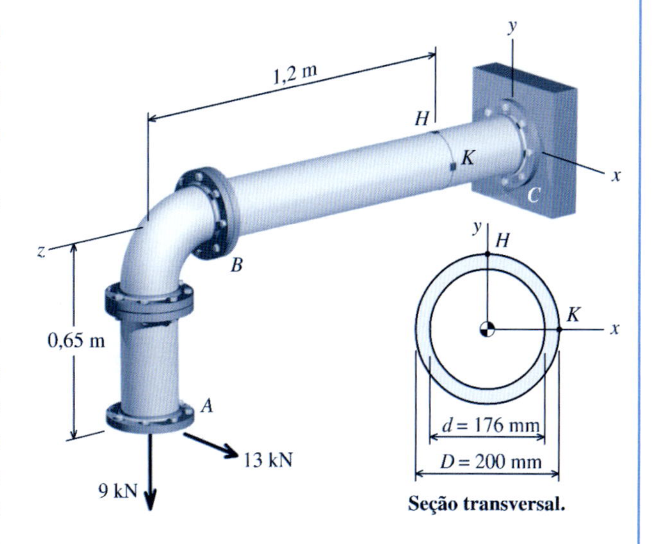

Seção transversal.

Planejamento da Solução

A análise inicia pela determinação do sistema de forças e momentos estaticamente equivalentes que age internamente na seção que contém os pontos H e K. As tensões normais e cisalhantes criadas por esse sistema de forças equivalentes será calculado e mostrado em suas direções adequadas em um paralelepípedo elementar tanto para o ponto H como para o ponto K. A pressão interna do fluido também cria tensões normais que agem longitudinal e circunferencialmente na parede do tubo. Essas tensões serão calculadas e incluídas nos paralelepípedos elementares para H e K. Os cálculos de transformação de tensões serão usados para determinar as tensões principais, a tensão cisalhante máxima e a tensão cisalhante máxima absoluta para cada paralelepípedo elementar.

SOLUÇÃO

Sistema de Forças Equivalentes

Para a seção de interesse, pode ser determinado um sistema de forças e momentos que sejam estaticamente equivalentes às cargas aplicadas na aba A.

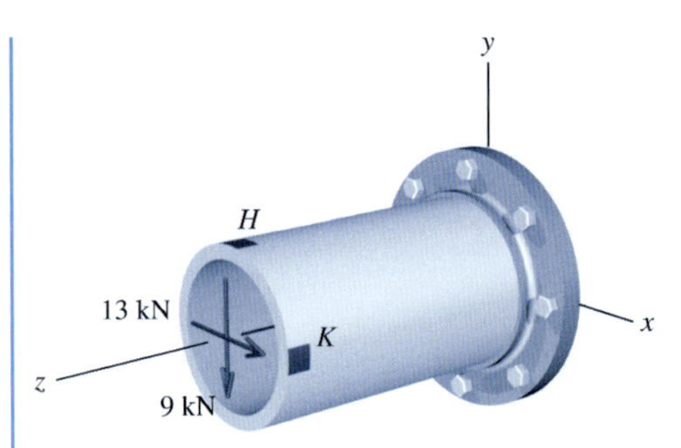

Forças equivalentes na seção que contém os pontos *H* e *K*.

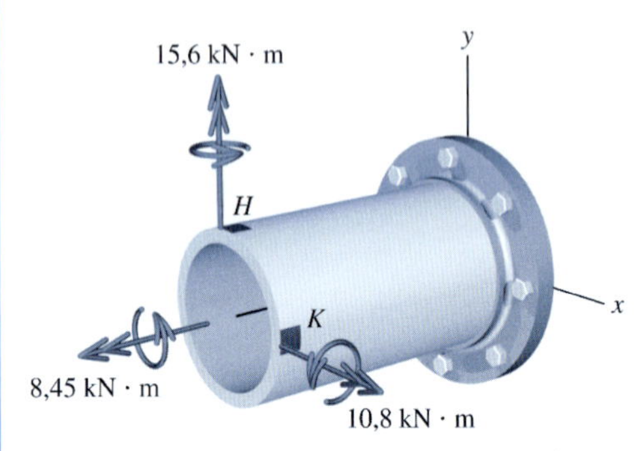

Momentos equivalentes na seção que contém os pontos *H* e *K*.

As forças equivalentes são simplesmente iguais às cargas aplicadas. Uma força de 13 kN age na direção $+x$, uma força de 9 kN age na direção $-y$ e não há força atuando na direção z.

Os momentos equivalentes que atuam na seção de interesse podem ser determinados levando em consideração sequencialmente cada carga. A carga de 9 kN que age em A faz surgir um momento de (9 kN)(1,2 m) = 10,8 kN · m, que age em torno do eixo $+x$. A carga de 13 kN que age horizontalmente em H faz surgir dois componentes de momentos.

- Um componente de momento age em torno do eixo $+y$ com valor absoluto de (13 kN)(1,2 m) = 15,6 kN · m.
- Um segundo componente de momento age em torno do eixo $+z$ com valor absoluto de (13 kN)(0,65 m) = 8,45 kN · m.

Para o sistema de coordenadas usado aqui, o eixo longitudinal do tubo se estende na direção z; portanto, o componente de momento que age em torno do eixo z é reconhecido como um torque; enquanto os componentes em torno dos eixos x e y são simplesmente momentos fletores.

Método alternativo: Os momentos equivalentes às duas cargas em A podem ser calculados sistematicamente usando os vetores de posição e de força. O vetor de posição $\mathbf{r}$ da seção de interesse até o ponto A é $\mathbf{r}_A = -0{,}65\text{ m}\,\mathbf{j} + 1{,}2\text{ m}\,\mathbf{k}$. A carga em A pode ser expressa como o vetor de força $\mathbf{F}_A = 13\text{ kN}\,\mathbf{i} - 9\text{ kN}\,\mathbf{j}$. O momento produzido por $\mathbf{F}_A$ pode ser determinado pelo produto vetorial $\mathbf{M}_A = \mathbf{r}_A \times \mathbf{F}_A$:

$$\mathbf{M_A} = \mathbf{r_A} \times \mathbf{F_A} = \begin{vmatrix} \mathbf{i} & \mathbf{j} & \mathbf{k} \\ 0 & -0{,}65 & 1{,}2 \\ 13 & -9 & 0 \end{vmatrix}$$

$$= 10{,}8\text{ kN}\cdot\text{m}\,\mathbf{i} + 15{,}6\text{ kN}\cdot\text{m}\,\mathbf{j} + 8{,}45\text{ kN}\cdot\text{m}\,\mathbf{k}$$

Propriedades da Seção

O diâmetro externo da coluna tubular é D = 200 mm e o diâmetro interno é d = 176 mm. O momento de inércia e o momento polar de inércia para a seção transversal são

$$I = \frac{\pi}{64}[D^4 - d^4] = \frac{\pi}{64}[(200\text{ mm})^4 - (176\text{ mm})^4] = 31.439.853\text{ mm}^4$$

$$J = \frac{\pi}{32}[D^4 - d^4] = \frac{\pi}{32}[(200\text{ mm})^4 - (176\text{ mm})^4] = 62.879.706\text{ mm}^4$$

Tensões em *H*

As forças e os momentos equivalentes que atuam na seção de interesse serão avaliados sequencialmente para que sejam determinados o tipo, o valor absoluto e a direção de quaisquer tensões criadas em H. A tensão cisalhante transversal está associada à força cisalhante de 13 kN que age na direção $+x$ na seção de interesse. Da Equação (9.10), o momento estático de área Q no centro de gravidade para uma seção transversal circular vazada é

$$Q = \frac{1}{12}[D^3 - d^3] = \frac{1}{12}[(200\text{ mm})^3 - (176\text{ mm})^3] = 212.352\text{ mm}^3$$

A fórmula da tensão cisalhante [Equação (9.2)] é usada para calcular a tensão de cisalhamento:

$$\tau = \frac{VQ}{I_y t} = \frac{(13\text{ kN})(212.352\text{ mm}^3)(1.000\text{ N/kN})}{(31.439.853\text{ mm}^4)(200\text{ mm} - 176\text{ mm})} = 3{,}659\text{ MPa}$$

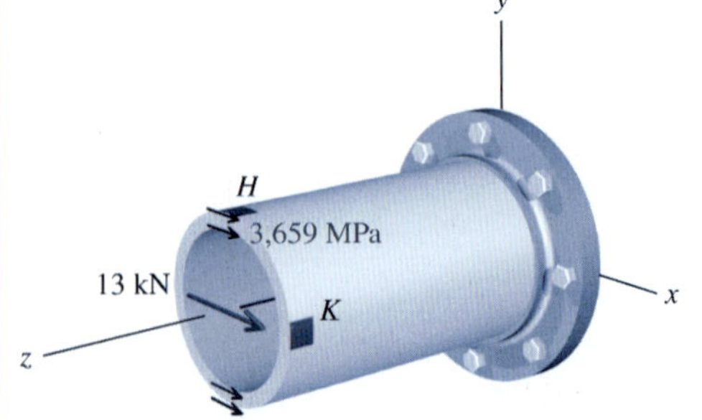

Embora as tensões cisalhantes estejam associadas à força cortante de 9,4 kN que age na direção $-y$, a tensão cisalhante no ponto H é nula.

O momento fletor de 10,8 kN · m (isto é, 10,8 × 10⁶ N · mm) em torno do eixo x faz surgir uma tensão normal de tração em H:

$$\sigma_z = \frac{M_x c}{I_x} = \frac{(10{,}8 \times 10^6 \text{ N} \cdot \text{mm})(100 \text{ mm})}{31.439.853 \text{ mm}^4} = 34{,}351 \text{ MPa (T)}$$

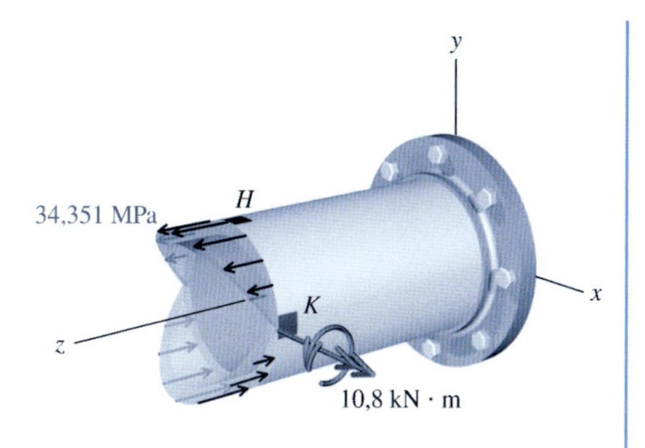

O momento fletor de 15,6 kN · m em torno do eixo y faz surgir tensões normais pela flexão na seção de interesse. Entretanto, o ponto H está localizado no eixo neutro para esse momento fletor e, consequentemente, a tensão normal devida à flexão em H é nula.

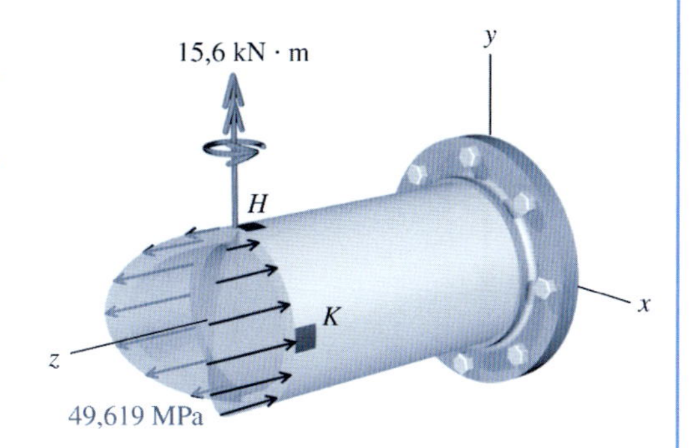

O torque de 8,45 kN · m (isto é, 8,45 × 10⁶ N · mm) que age em torno do eixo z faz surgir uma tensão cisalhante em H. O valor absoluto dessa tensão cisalhante pode ser calculada pela fórmula da torção no regime elástico:

$$\tau = \frac{Tc}{J} = \frac{(8{,}45 \times 10^6 \text{ N} \cdot \text{mm})(100 \text{ mm})}{62.879.706 \text{ mm}^4} = 13{,}438 \text{ MPa}$$

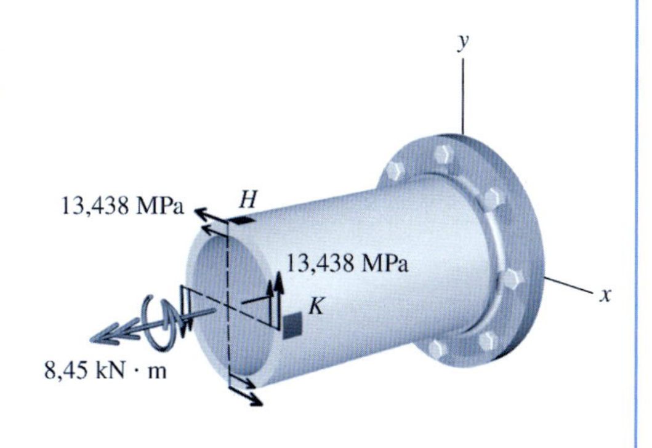

A pressão interna do fluido de 1.500 kPa faz surgir tensões normais de tração na parede do tubo com espessura de 12 mm. A tensão longitudinal na parede do tubo é

$$\sigma_{\text{long}} = \frac{pd}{4t} = \frac{(1.500 \text{ kPa})(176 \text{ mm})}{4(12 \text{ mm})} = 5.500 \text{ kPa} = 5{,}500 \text{ MPa (T)}$$

e a tensão tangencial é

$$\sigma_{\text{tang}} = \frac{pd}{2t} = \frac{(1.500 \text{ kPa})(176 \text{ mm})}{2(12 \text{ mm})} = 11.000 \text{ kPa} = 11{,}000 \text{ MPa (T)}$$

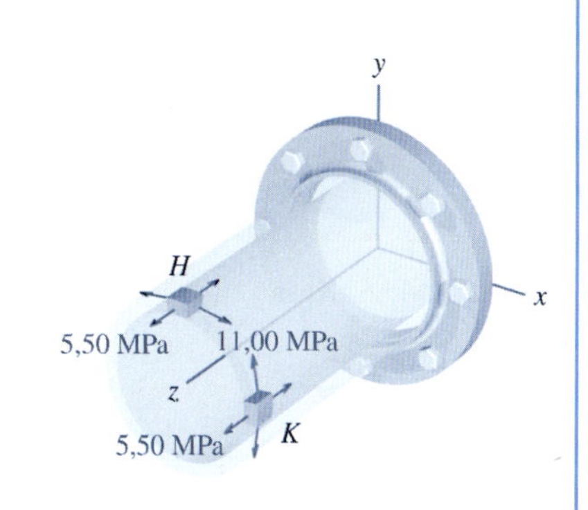

Observe que a tensão longitudinal age na direção z. No ponto H, a direção circunferencial é a direção x.

Tensões Combinadas em H

As tensões normais e cisalhantes que agem no ponto H estão resumidas em um paralelepípedo elementar. Observe que no ponto H, a tensão cisalhante devida à torção age na direção $-x$ da face $+z$ do paralelepípedo elementar. A tensão cisalhante associada à força cortante de 13 kN age na direção oposta.

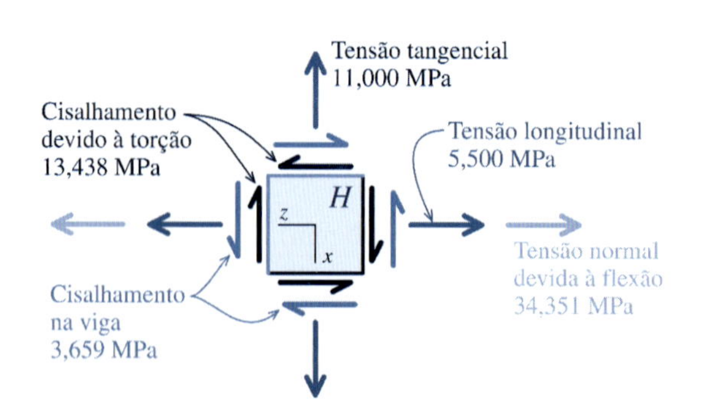

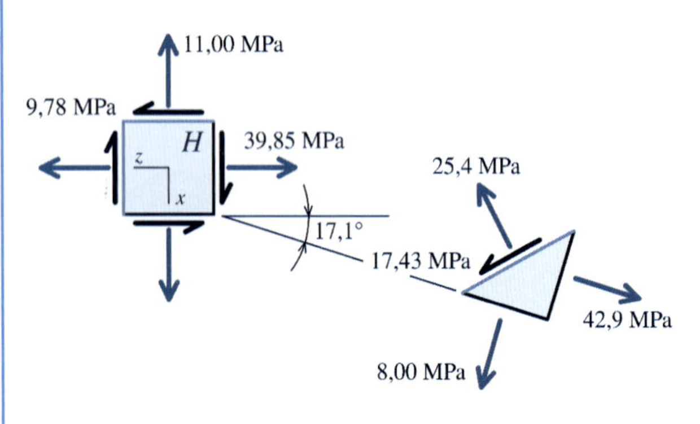

Resultados da Transformação de Tensões em *H*

As tensões principais e a tensão cisalhante máxima em *H* podem ser determinadas pelas equações de transformação de tensões e pelos procedimentos detalhados no Capítulo 12. Os resultados desses cálculos estão mostrados na figura.

A tensão cisalhante máxima absoluta em *H* é 21,43 MPa.

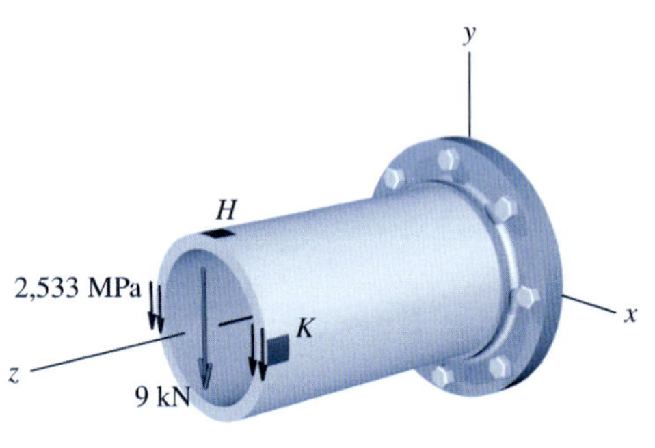

Tensões em *K*

Embora as tensões cisalhantes estejam associadas à força cortante de 13 kN que age na direção $-y$, a tensão cisalhante no ponto *K* é nula.

A tensão cisalhante transversal está associada à força cortante de 9 kN que age na direção $-y$ na seção de interesse. A fórmula da tensão cisalhante [Equação (9.2)] é usada para calcular a tensão de cisalhamento:

$$\tau = \frac{VQ}{I_y\, t} = \frac{(9\text{ kN})(212.352\text{ mm}^3)(1.000\text{ N/kN})}{(31.439.853\text{ mm}^4)(200\text{ mm} - 176\text{ mm})} = 2{,}533\text{ MPa}$$

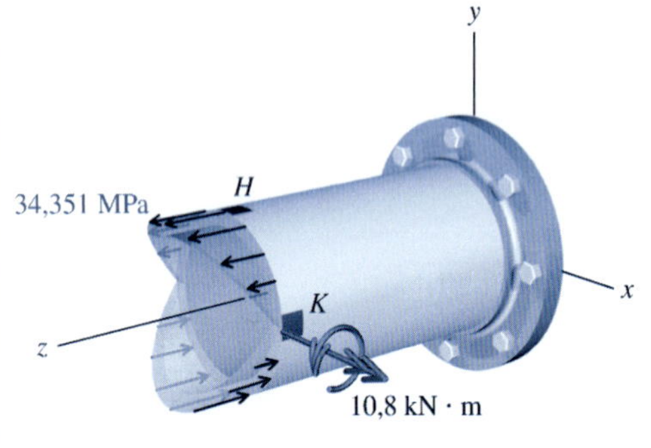

O momento fletor de 10,8 kN · m (isto é, 10,8 × 10⁶ N · mm) em torno do eixo *x* faz surgir tensões normais pela flexão da seção de interesse. Entretanto, o ponto *K* está localizado no eixo neutro para esse momento fletor e, consequentemente, a tensão normal devida à flexão em *K* é nula.

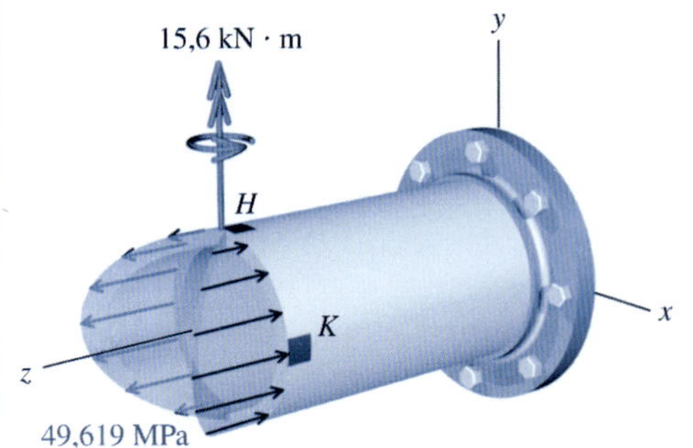

O momento fletor de 15,6 kN · m (isto é, 15,6 × 10^6 N · mm) em torno do eixo *y* faz surgir uma tensão normal de compressão em *K*:

$$\sigma_z = \frac{M_x c}{I_x} = \frac{(15{,}6 \times 10^6\text{ N}\cdot\text{mm})(100\text{ mm})}{31.439.853\text{ mm}^4} = 49{,}619\text{ MPa (C)}$$

O torque de 8,45 kN · m (isto é, 8,45 × 10^6 N · mm) que age em torno do eixo *z* faz surgir uma tensão cisalhante em *K*. O valor absoluto dessa tensão cisalhante pode ser calculada pela fórmula da torção no regime elástico:

$$\tau = \frac{Tc}{J} = \frac{(8{,}45 \times 10^6\text{ N}\cdot\text{mm})(100\text{ mm})}{62.879.706\text{ mm}^4} = 13{,}438\text{ MPa}$$

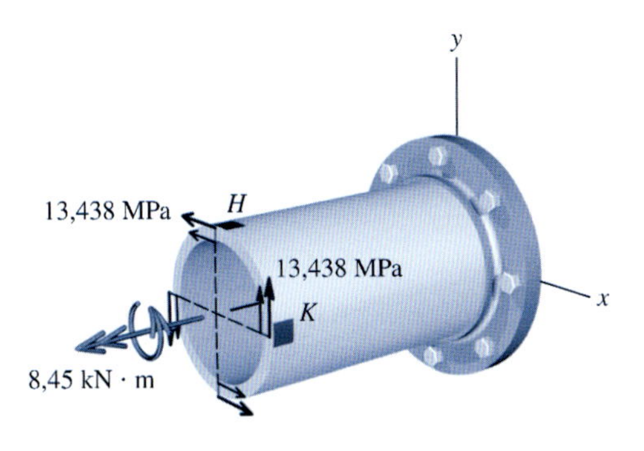

A pressão interna do fluido de 1.500 kPa faz surgir tensões normais de tração na parede do tubo com espessura de 12 mm. A tensão longitudinal na parede do tubo é

$$\sigma_{\text{long}} = \frac{pd}{4t} = \frac{(1.500 \text{ kPa})(176 \text{ mm})}{4(12 \text{ mm})} = 5.500 \text{ kPa} = 5{,}500 \text{ MPa (T)}$$

e a tensão tangencial é

$$\sigma_{\text{tang}} = \frac{pd}{2t} = \frac{(1.500 \text{ kPa})(176 \text{ mm})}{2(12 \text{ mm})} = 11.000 \text{ kPa} = 11{,}000 \text{ MPa (T)}$$

Observe que a tensão longitudinal age na direção z. Além disso, no ponto K, a direção circunferencial é a direção y.

Tensões Combinadas em K

As tensões normais e cisalhantes que agem no ponto K estão resumidas em um paralelepípedo elementar. Observe que no ponto K, a tensão cisalhante devida à torção age na direção $+y$ da face $+z$ do paralelepípedo elementar. A tensão cisalhante transversal associada à força cortante de 9 kN age na direção oposta.

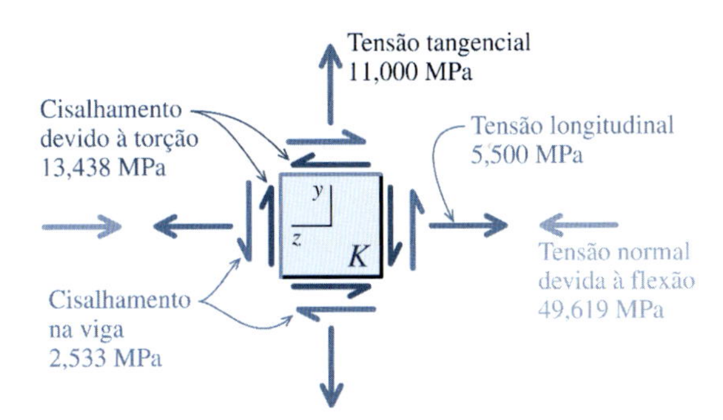

Resultados da Transformação de Tensões em K

As tensões principais e a tensão cisalhante máxima em K podem ser determinadas pelas equações de transformação de tensões e pelos procedimentos detalhados no Capítulo 12. Os resultados desses cálculos estão mostrados na figura abaixo.

A tensão cisalhante máxima absoluta em K é 29,64 MPa.

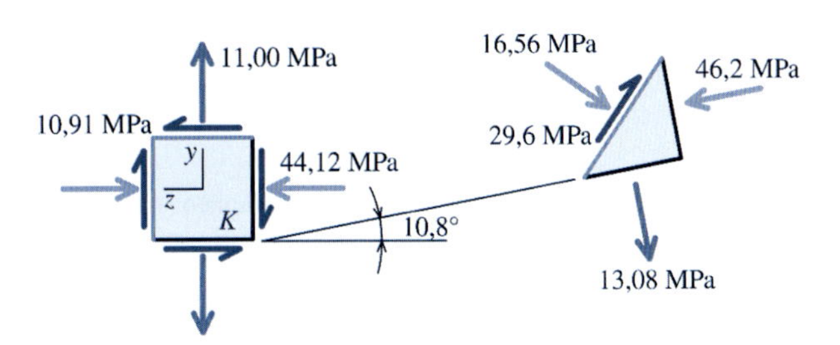

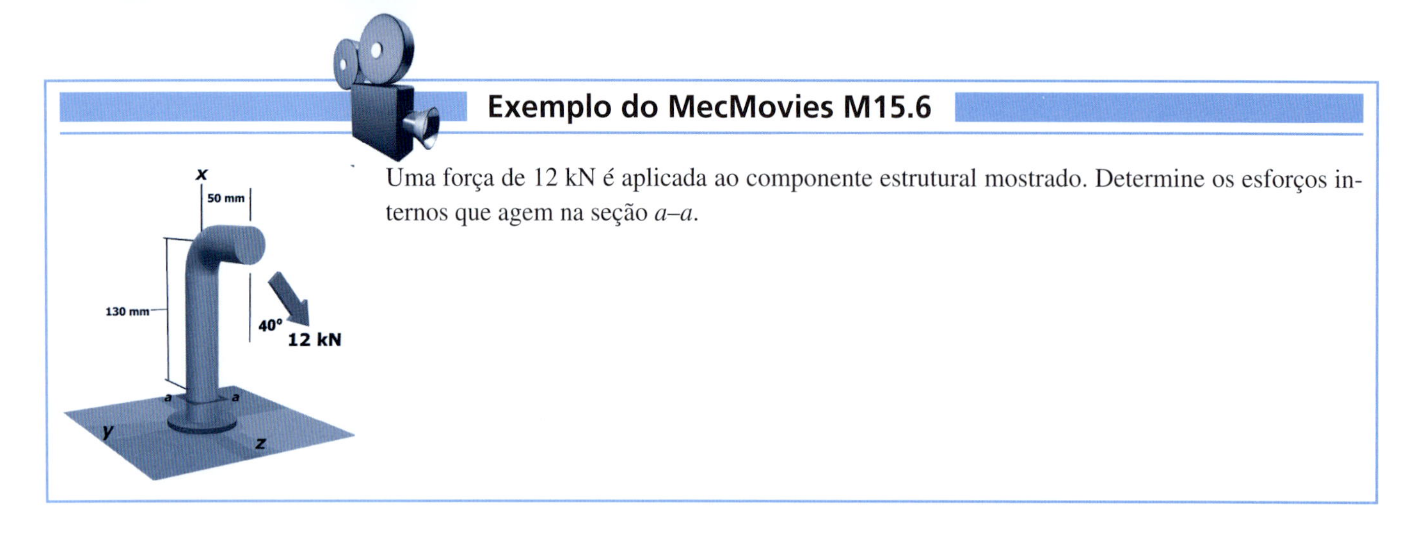

Exemplo do MecMovies M15.6

Uma força de 12 kN é aplicada ao componente estrutural mostrado. Determine os esforços internos que agem na seção a–a.

EXERCÍCIOS do MecMovies

M15.5 Determine as tensões que agem no ponto K da viga.

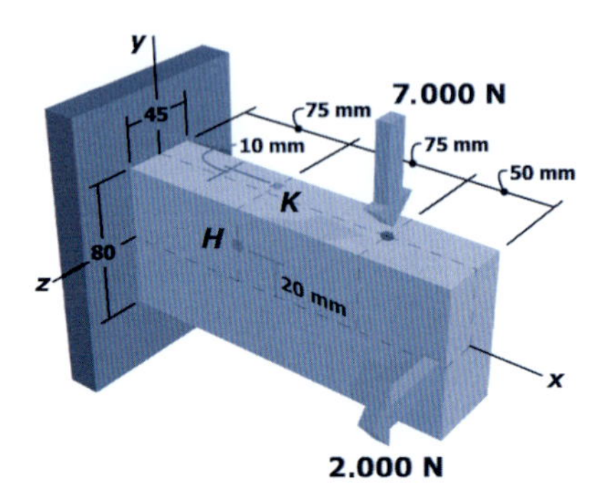

FIGURA M15.5

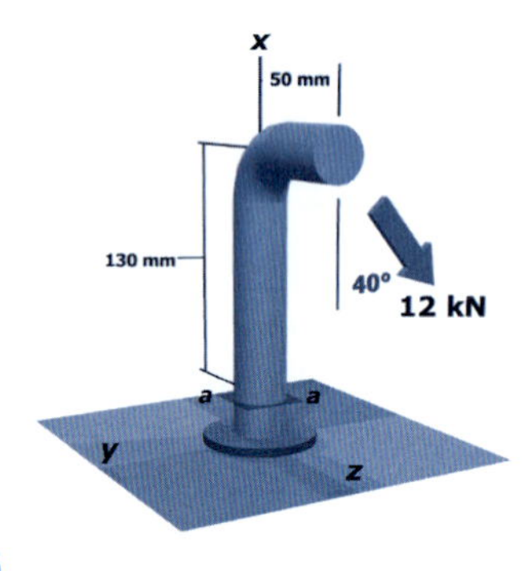

FIGURA M15.6

M15.6 Determine os esforços internos (esforço normal, esforço cortante, momento fletor e momento torçor) em um local específico de um elemento estrutural sujeito a esforços em três dimensões.

PROBLEMAS

P15.34 Um pilar retangular curto suporta uma carga de compressão P = 90 kN, conforme ilustra a Figura P15.34*a*. A Figura P15.34*b* mostra uma vista superior do pilar e o local na superfície do topo onde a carga P é aplicada. Determine as tensões normais verticais nos cantos a, b, c e d.

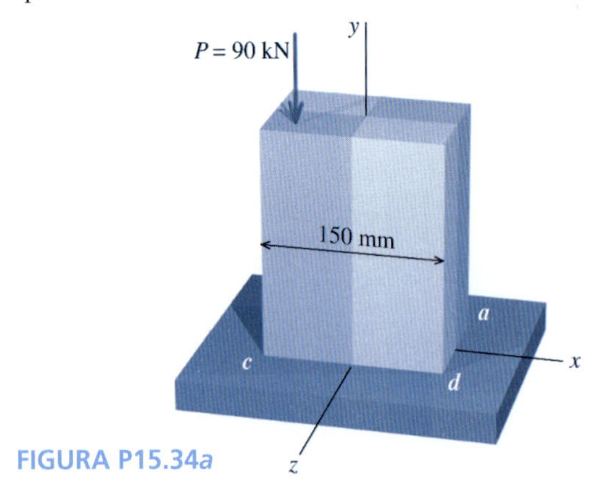

FIGURA P15.34*a*

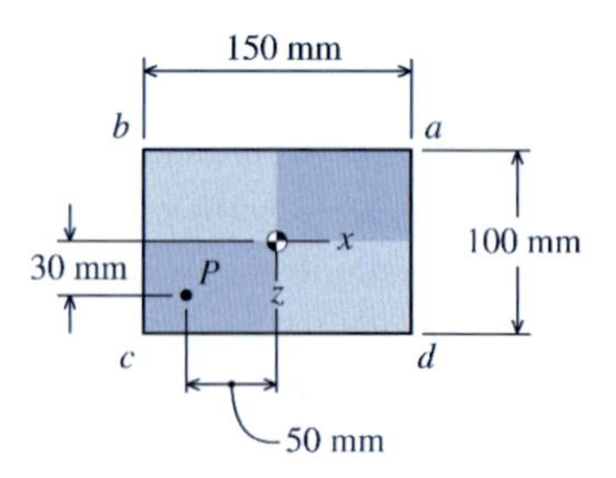

FIGURA P15.34*b* Vista superior do pilar.

P15.35 Um pilar retangular curto suporta uma carga de compressão P = 38.000 lb (169,0 kN), conforme ilustra a Figura P15.35*a*. A Figura P15.35*b* mostra uma vista superior do pilar e o local na superfície do topo onde a carga P é aplicada. Determine as tensões normais verticais nos cantos a, b, c e d.

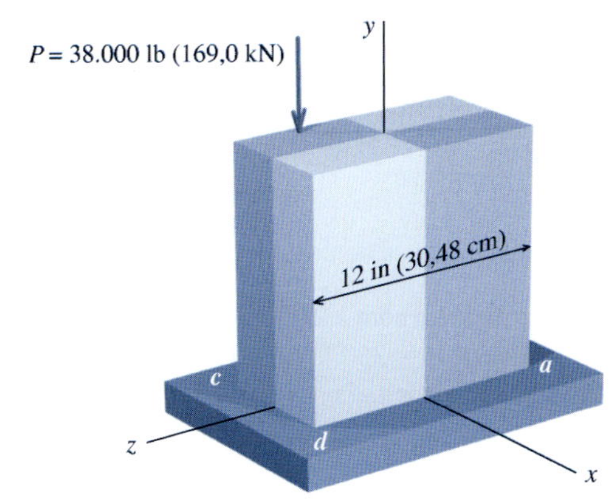

FIGURA P15.35*a*

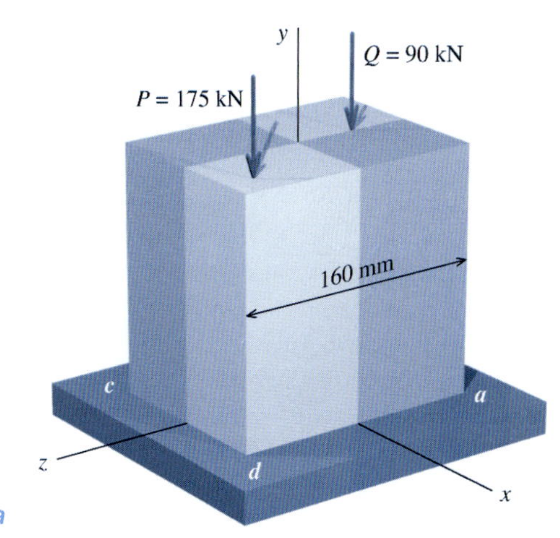

FIGURA P15.36*a*

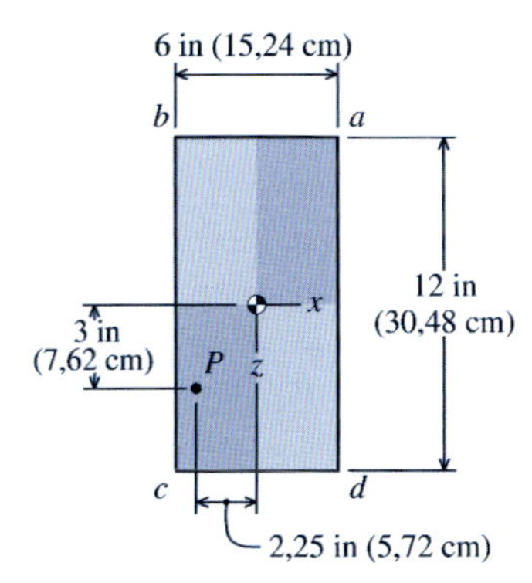

FIGURA P15.35*b* Vista superior do pilar.

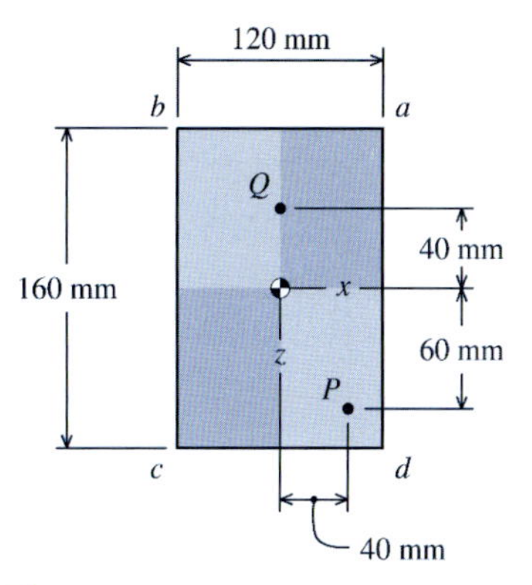

FIGURA P15.36*b* Vista superior do pilar.

P15.36 Um pilar retangular curto suporta as cargas de compressão $P = 175$ kN e $Q = 90$ kN conforme ilustra a Figura P15.36*a*. A Figura P15.36*b* mostra uma vista superior do pilar e o local na superfície do topo onde as carga P e Q são aplicadas. Determine as tensões normais verticais nos cantos *a*, *b*, *c* e *d*.

P15.37 São aplicadas três cargas ao pilar retangular curto mostrado na Figura P15.37*a*/38*a*. As dimensões da seção transversal do pilar são mostradas na Figura P15.37*b*/38*b*. Determine:

(a) as tensões normais e cisalhantes no ponto H.
(b) as tensões principais e a tensão cisalhante máxima no plano das tensões no ponto H e a orientação dessas tensões em um desenho esquemático apropriado.

P15.38 São aplicadas três cargas ao pilar retangular curto mostrado na Figura P15.37*a*/38*a*. As dimensões da seção transversal do pilar são mostradas na Figura P15.37*b*/38*b*. Determine:

(a) as tensões normais e cisalhantes no ponto K.
(b) as tensões principais e a tensão cisalhante máxima no plano das tensões no ponto K e a orientação dessas tensões em um desenho esquemático apropriado.

P15.39 São aplicadas três cargas à viga em balanço mostrada na Figura P15.39*a*/40*a*. As dimensões da seção transversal do pilar são mostradas na Figura P15.39*b*/40*b*. Determine:

(a) as tensões normais e cisalhantes no ponto H.
(b) as tensões principais e a tensão cisalhante máxima no plano das tensões no ponto H e a orientação dessas tensões em um desenho esquemático apropriado.

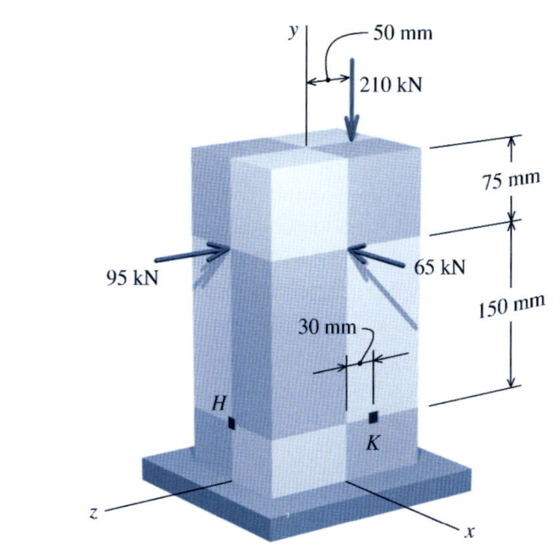

FIGURA P15.37*a*/38*a*

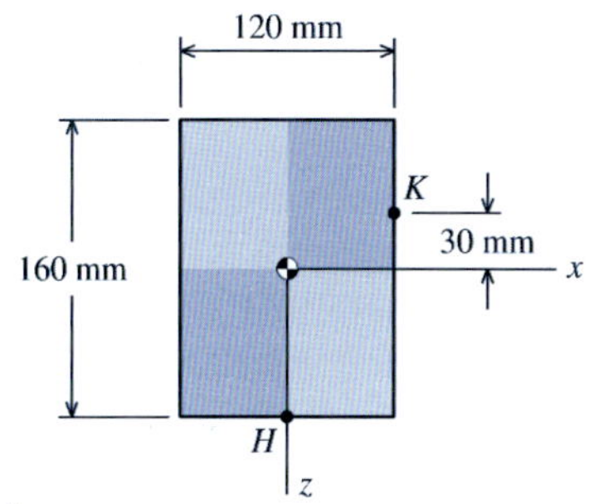

FIGURA P15.37*b*/38*b*
Dimensões da seção transversal.

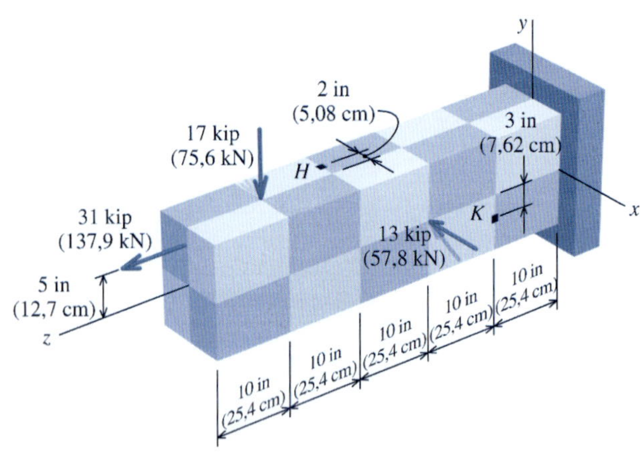

FIGURA P15.39*a*/40*a*

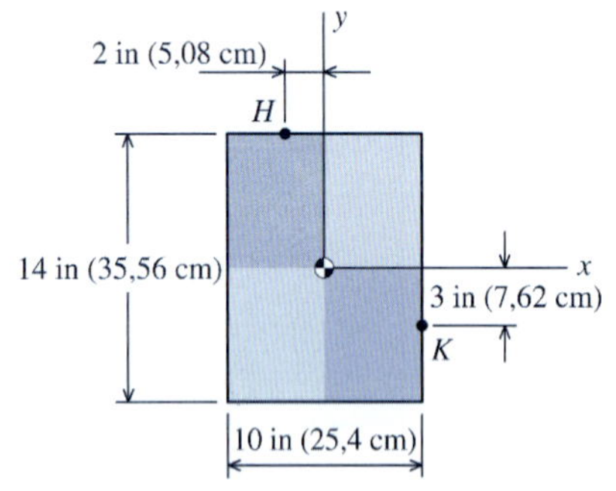

FIGURA P15.39*b*/40*b* Dimensões da seção transversal.

P15.40 São aplicadas três cargas à viga em balanço mostrada na Figura P15.39*a*/40*a*. As dimensões da seção transversal do pilar são mostradas na Figura P15.39*b*/40*b*. Determine:

(a) as tensões normais e cisalhantes no ponto K.

(b) as tensões principais e a tensão cisalhante máxima no plano das tensões no ponto K e a orientação dessas tensões em um desenho esquemático apropriado.

P15.41 Um pilar maciço de alumínio com 2,5 in (6,35 cm) de diâmetro está sujeito a uma força horizontal $V = 3$ kip (13,34 kN), a uma força vertical $P = 7$ kip (31,14 kN) e a um torque concentrado $T = 11$ kip · in (1.243 N · m) que agem nas direções mostradas na Figura P15.41/42. Admita $L = 3{,}5$ in (8,89 cm). Determine as tensões normais e cisalhantes:

(a) no ponto H.

(b) no ponto K.

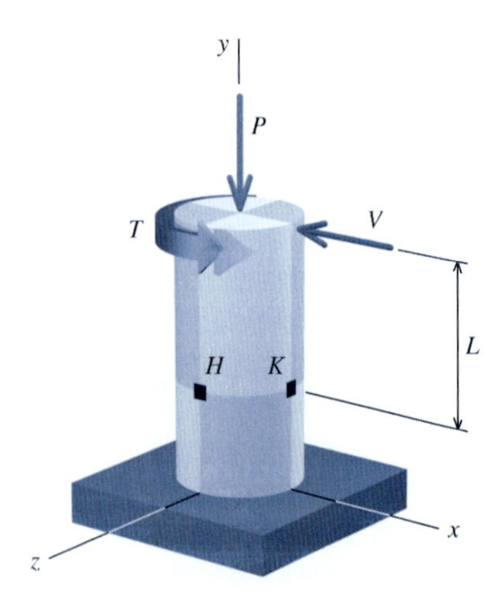

FIGURA P15.41/42

P15.42 Um pilar maciço de alumínio com 75 mm de diâmetro está sujeito a uma força horizontal $V = 17$ kN, a uma força vertical $P = 50$ kN e a um torque concentrado $T = 2{,}50$ kN · m que agem nas direções mostradas na Figura P15.41/42. Admita $L = 120$ mm. Determine as tensões normais e cisalhantes:

(a) no ponto H.

(b) no ponto K.

P15.43 Um eixo maciço com 1,25 in (3,17 cm) de diâmetro está sujeito a uma força axial $P = 360$ lb (1.601,4 N), a uma força vertical $V = 215$ lb (956 N) e a um torque concentrado $T = 430$ lb · in (48,6 N · m) que atuam nas direções mostradas na Figura P15.43/44. Admita $L = 4{,}5$ in (11,43 cm). Determine as tensões normais e cisalhantes:

(a) no ponto H.

(b) no ponto K.

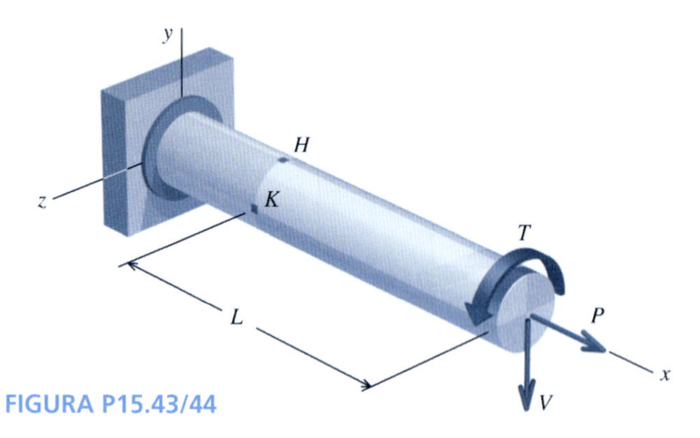

FIGURA P15.43/44

P15.44 Um eixo maciço com 40 mm de diâmetro está sujeito a uma força axial $P = 2.600$ N, a uma força vertical $V = 1.700$ N e a um torque concentrado $T = 60$ N · m que atuam nas direções mostradas na Figura P15.43/44. Admita $L = 130$ mm. Determine as tensões normais e cisalhantes:

(a) no ponto H.

(b) no ponto K.

P15.45 Um tubo de aço com diâmetro externo de 4,500 in (11,430 cm) e diâmetro interno de 4,026 in (10,226 cm) suporta o carregamento mostrado na Figura P15.45/46. Determine:

(a) as tensões normais e cisalhantes no ponto H no topo do tubo.

(b) as tensões principais e o valor absoluto da tensão cisalhante máxima no plano das tensões no ponto H e mostre a orientação dessas tensões em um desenho esquemático apropriado.

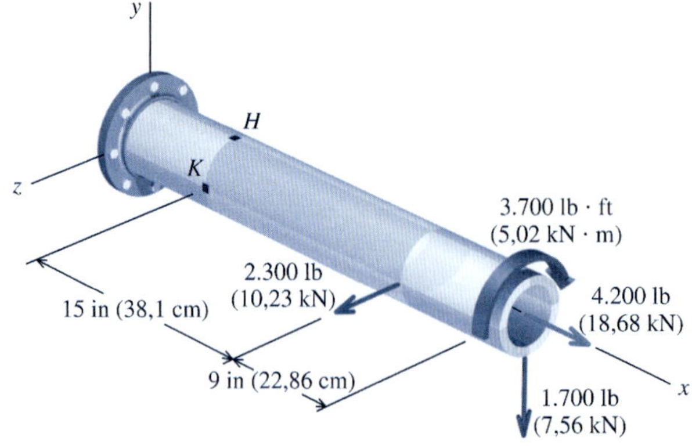

FIGURA P15.45/46

P15.46 Um tubo de aço com diâmetro externo de 4,500 in (11,430 cm) e diâmetro interno de 4,026 in (10,226 cm) suporta o carregamento mostrado na Figura P15.45/46. Determine:

(a) as tensões normais e cisalhantes no ponto K na lateral do tubo.
(b) as tensões principais e o valor absoluto da tensão cisalhante máxima no plano das tensões no ponto K e mostre a orientação dessas tensões em um desenho esquemático apropriado.

P15.47 Um tubo de aço com diâmetro externo de 95 mm e diâmetro interno de 85 mm suporta o carregamento mostrado na Figura P15.47/48. Determine:

(a) as tensões normais e cisalhantes no ponto H na superfície superior do tubo.
(b) as tensões principais e o valor absoluto da tensão cisalhante máxima no plano das tensões no ponto H e mostre a orientação dessas tensões em um desenho esquemático apropriado.

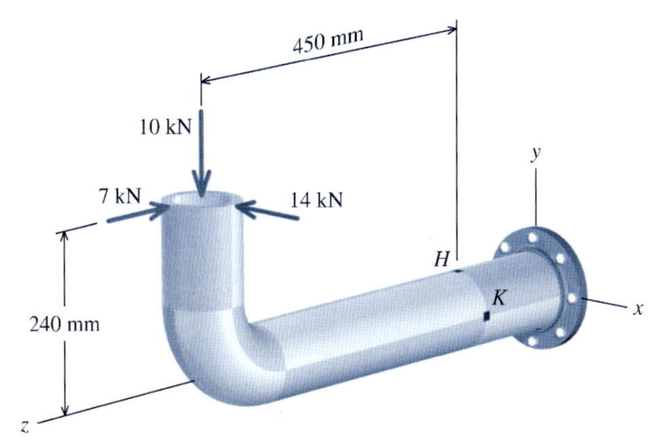

FIGURA P15.47/48

P15.48 Um tubo de aço com diâmetro externo de 95 mm e diâmetro interno de 85 mm suporta o carregamento mostrado na Figura P15.47/48. Determine:

(a) as tensões normais e cisalhantes no ponto K na superfície superior do tubo.
(b) as tensões principais e o valor absoluto da tensão cisalhante máxima no plano das tensões no ponto K e mostre a orientação dessas tensões em um desenho esquemático apropriado.

P15.49 Uma manivela maciça de aço tem diâmetro externo de 30 mm. Para o carregamento mostrado na Figura P15.49/50, determine:

(a) as tensões normais e cisalhantes no ponto H, localizado na parte superior da manivela.
(b) as tensões principais e o valor absoluto da tensão cisalhante máxima no plano das tensões no ponto H e mostre a orientação dessas tensões em um desenho esquemático adequado.

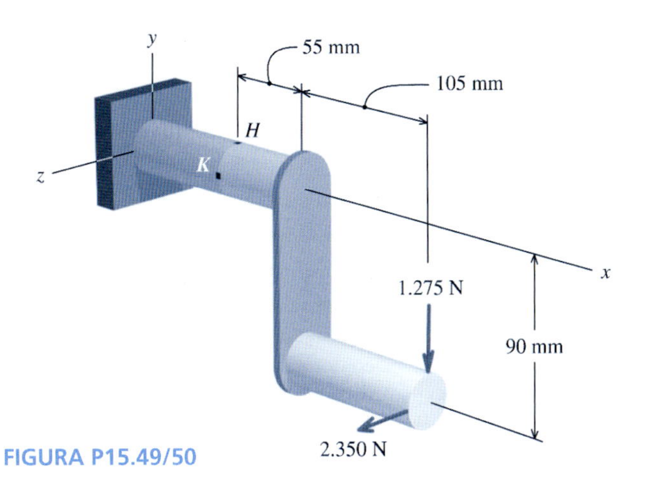

FIGURA P15.49/50

P15.50 Uma manivela maciça de aço tem diâmetro externo de 30 mm. Para o carregamento mostrado na Figura P15.49/50, determine:

(a) as tensões normais e cisalhantes no ponto K, localizado na parte lateral da manivela.
(b) as tensões principais e o valor absoluto da tensão cisalhante máxima no plano das tensões no ponto K e mostre a orientação dessas tensões em um desenho esquemático adequado.

P15.51 Um tubo de aço com diâmetro externo de 6,625 in (16,827 cm) e diâmetro interno de 6,065 in (15,405 cm) suporta o carregamento mostrado na Figura P15.51. Determine:

(a) as tensões normais e cisalhantes no ponto H, localizado na parte superior da manivela.
(b) as tensões normais e cisalhantes no ponto H, localizado na lateral do tubo.

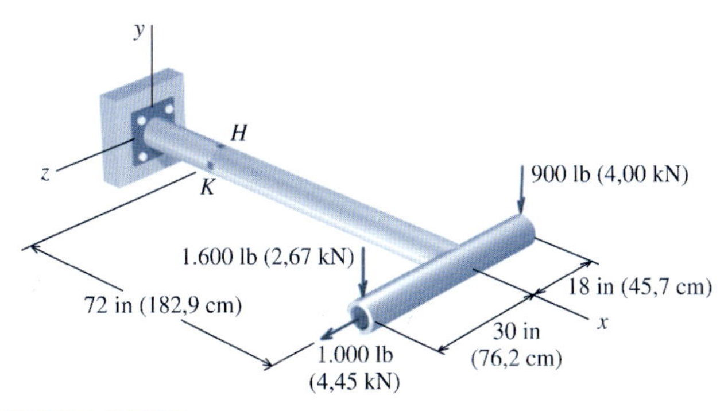

FIGURA P15.51

P15.52 Uma placa de sinalização em uma rodovia pesa 6 kN e é suportada por um tubo estrutural que tem diâmetro externo de 275 mm e espessura de parede de 12,5 mm. A força resultante da pressão do vento que age na placa é 11 kN, conforme mostra a Figura P15.52. Determine:

(a) as tensões normais e cisalhantes no ponto H.
(b) as tensões normais e cisalhantes no ponto K.

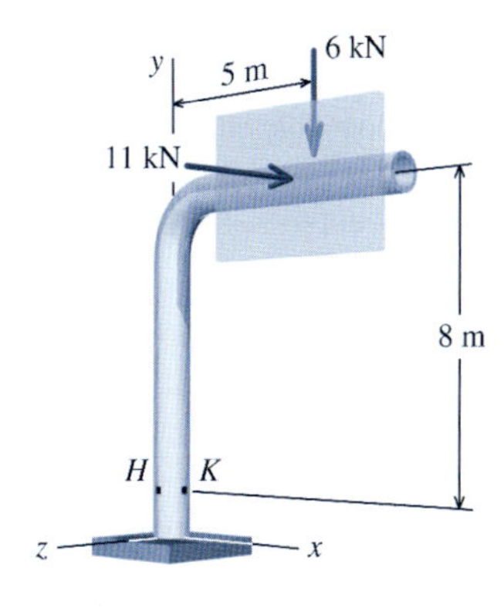

FIGURA P15.52

P15.53 Uma coluna tubular vertical com diâmetro externo de 325 mm e espessura de parede de 10 mm suporta as cargas mostradas na Figura P15.53/54. Determine os valores absolutos das tensões principais e das tensões cisalhantes máximas no ponto H.

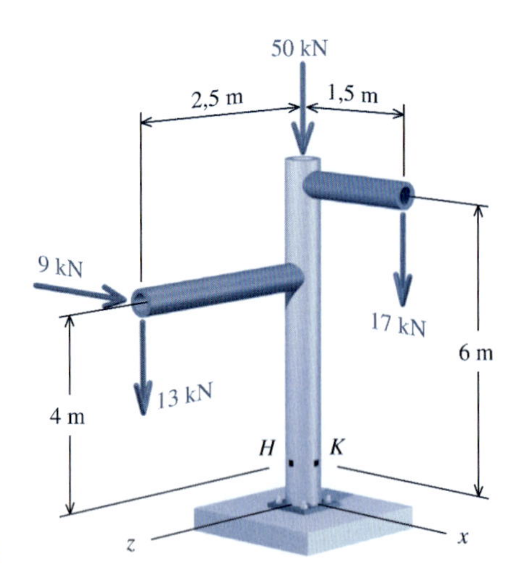

FIGURA P15.53/54

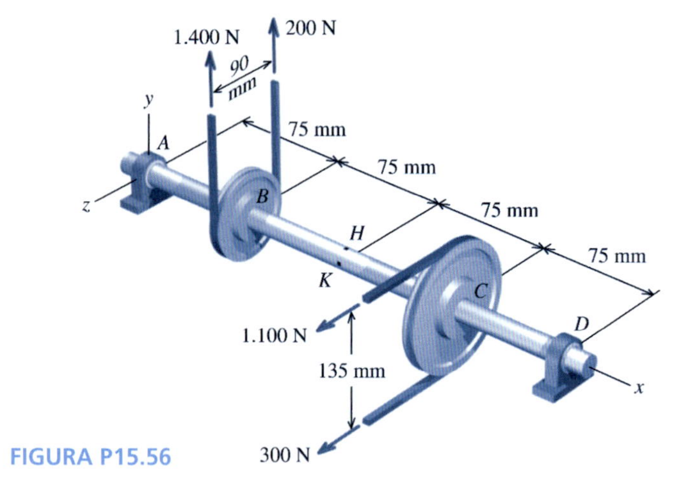

FIGURA P15.56

P15.54 Uma coluna tubular vertical com diâmetro externo de 325 mm e espessura de parede de 10 mm suporta as cargas mostradas na Figura P15.53/54. Determine os valores absolutos das tensões principais e das tensões cisalhantes máximas no ponto K.

P15.55 Um eixo de aço com diâmetro externo de 1,25 in (3,175 cm) é suportado por apoios flexíveis em suas extremidades. Duas roldanas estão presas ao eixo por chavetas e recebem forças de tração das correias conforme mostra a Figura P15.55. Determine:

(a) as tensões normais e cisalhantes no ponto H, localizado na parte superior do eixo.

(b) as tensões normais e cisalhantes no ponto K, localizado na parte lateral do eixo.

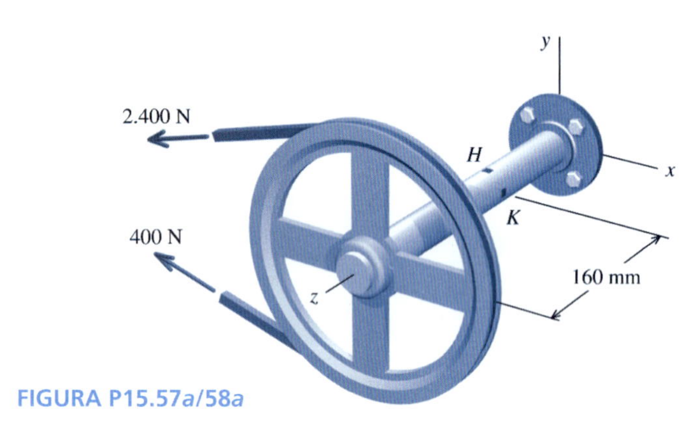

FIGURA P15.57*a*/58*a*

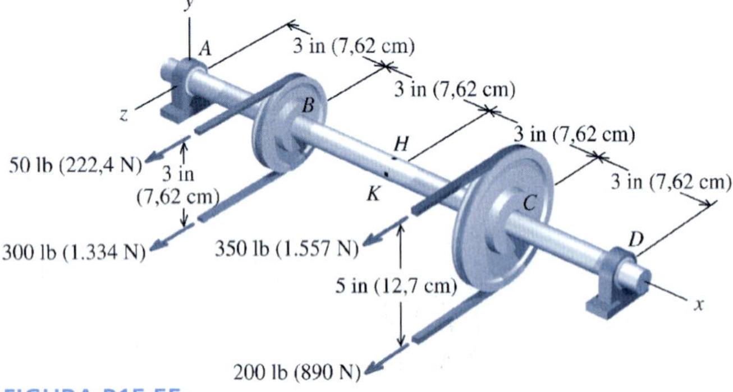

FIGURA P15.55

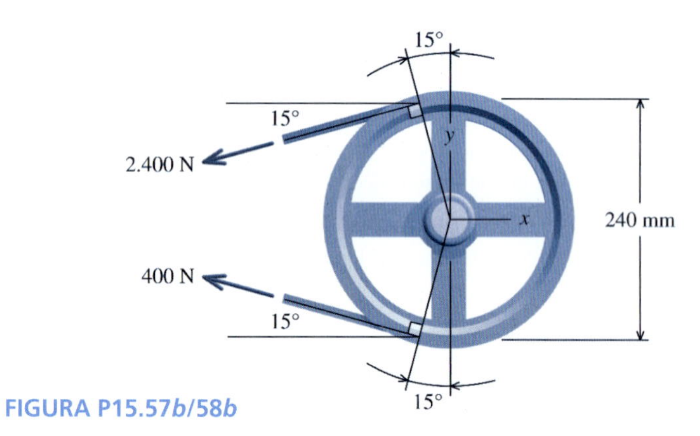

FIGURA P15.57*b*/58*b*

P15.56 Um eixo de aço com diâmetro externo de 30 mm é suportado por apoios flexíveis em suas extremidades. Duas roldanas estão presas ao eixo por chavetas e recebem forças de tração das correias conforme mostra a Figura P15.56. Determine:

(a) as tensões normais e cisalhantes no ponto H, localizado na parte superior do eixo.

(b) as tensões normais e cisalhantes no ponto K, localizado na parte lateral do eixo.

P15.57 Um eixo de aço com diâmetro externo de 36 mm suporta uma roldana com 240 mm de diâmetro (Figura P15.57*a*/58*a*). As forças de tração de 2.400 N e 400 N agem nos ângulos mostrados na Figura P15.57*b*/58*b*. Determine:

(a) as tensões normais e cisalhantes no ponto H, localizado na parte superior do eixo.

(b) as tensões principais e a tensão cisalhante máxima no plano das tensões no ponto H e mostre a orientação dessas tensões em um desenho esquemático adequado.

P15.58 Um eixo de aço com diâmetro externo de 36 mm suporta uma roldana com 240 mm de diâmetro (Figura P15.57*a*/58*a*). As forças de tração de 2.400 N e 400 N agem nos ângulos mostrados na Figura P15.57*b*/58*b*. Determine:

(a) as tensões normais e cisalhantes no ponto K, localizado na parte lateral do eixo.

(b) as tensões principais e a tensão cisalhante máxima no plano das tensões no ponto K e mostre a orientação dessas tensões em um desenho esquemático adequado.

P15.59 Um tubo pressurizado com diâmetro externo de 355 mm e espessura de parede de 10 mm está sujeito a uma força axial $P = 18$ kN e a um torque $T = 5{,}5$ kN · m, conforme mostra a Figura P15.59/60. Se a pressão interna no tubo for 1.200 kPa, determine as tensões principais, a tensão cisalhante máxima no plano das tensões e o a tensão cisalhante máxima absoluta na superfície externa do tubo.

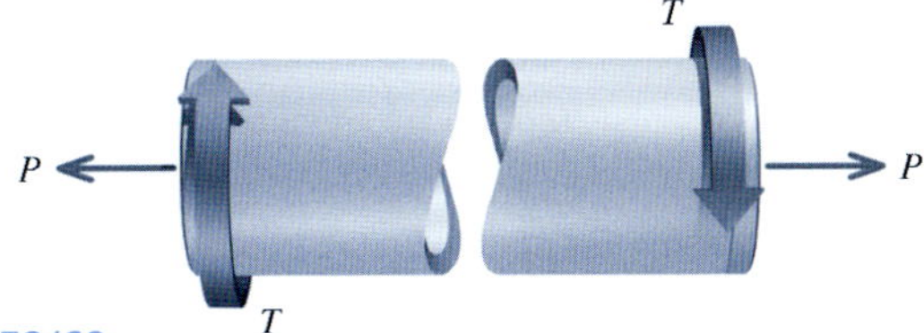

FIGURA P15.59/60

P15.60 Um tubo pressurizado com diâmetro externo de 10,75 in (27,305 cm) e espessura de parede de 0,25 in (0,635 cm) está sujeito a uma força axial $P = 33.000$ lb (146,8 kN) e a um torque $T = 12.000$ lb · ft (16,27 kN · m), conforme mostra a Figura P15.59/60. Se a pressão interna no tubo for 240 psi (1,65 MPa), determine as tensões principais, a tensão cisalhante máxima no plano das tensões e a tensão cisalhante máxima absoluta na superfície externa do tubo.

P15.61 Um tubo com diâmetro externo de 140 mm e espessura de parede de 5 mm está sujeito ao carregamento mostrado na Figura P15.61. A pressão interna no tubo é 1.600 kPa. Determine as tensões normais e cisalhantes:

(a) no ponto H.
(b) no ponto K.

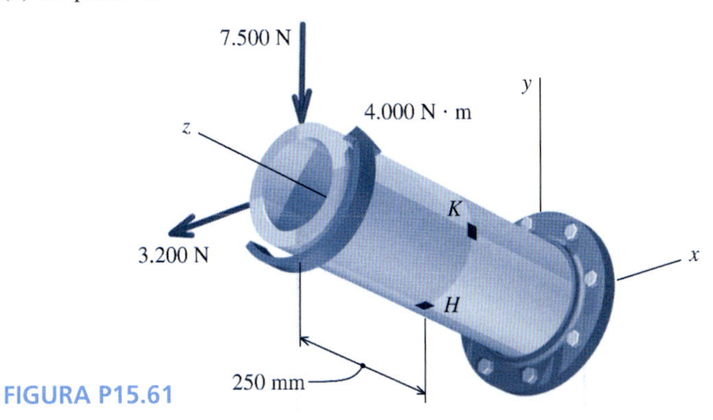

FIGURA P15.61

P15.62 Um tubo com diâmetro externo de 220 mm e espessura de parede de 5 mm está sujeito ao carregamento mostrado na Figura P15.62/63. A pressão interna no tubo é 2.000 kPa. Determine as tensões normais e cisalhantes no ponto H, localizado na parte superior do tubo.

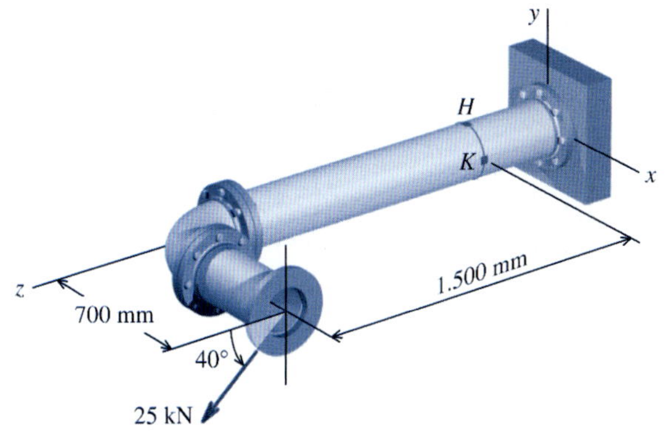

FIGURA P15.62/63

P15.63 Um tubo com diâmetro externo de 220 mm e espessura de parede de 5 mm está sujeito ao carregamento mostrado na Figura P15.62/63. A pressão interna no tubo é 2.000 kPa. Determine as tensões normais e cisalhantes no ponto K, localizado na parte lateral do tubo.

P15.64 Um tubo com diâmetro externo de 8,50 in (21,59 cm) e espessura de parede de 0,25 in (0,635 cm) está sujeito à carga de 3 kip (13,34 kN) mostrada na Figura P15.64/65. A pressão interna no tubo é 320 psi (2,21 MPa).

(a) Determine as tensões normais e cisalhantes no ponto H, localizado na parte superior do tubo.
(b) Determine as tensões principais e a tensão cisalhante máxima no plano das tensões no ponto H e mostre a orientação dessas tensões em um desenho esquemático adequado.
(c) Calcule a tensão cisalhante máxima absoluta em H.

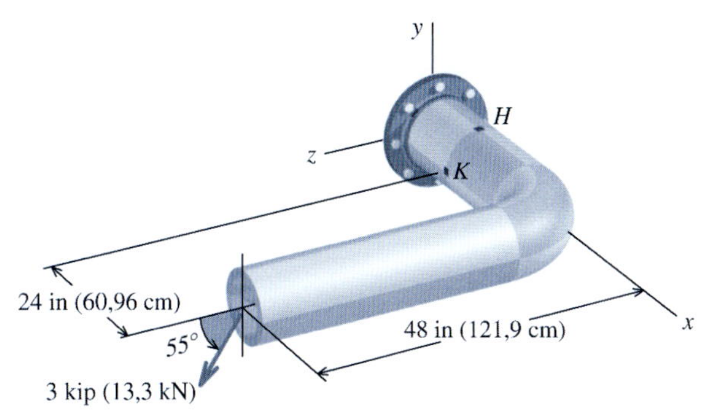

FIGURA P15.64/65

P15.65 Um tubo com diâmetro externo de 8,50 in (21,59 cm) e espessura de parede de 0,25 in (0,635 cm) está sujeito à carga de 3 kip (13,34 kN) mostrada na Figura P15.64/65. A pressão interna no tubo é 320 psi (2,21 MPa).

(a) Determine as tensões normais e cisalhantes no ponto K, localizado na parte lateral do tubo.
(b) Determine as tensões principais e a tensão cisalhante máxima no plano das tensões no ponto K e mostre a orientação dessas tensões em um desenho esquemático adequado.
(c) Calcule a tensão cisalhante máxima absoluta em K.

P15.66 Um tubo com diâmetro externo de 8,50 in (21,59 cm) e espessura de parede de 0,25 in (0,635 cm) está sujeito à carga mostrada na Figura P15.66/67. A pressão interna no tubo é 320 psi (2,21 MPa).

(a) Determine as tensões normais e cisalhantes no ponto H, localizado na superfície externa do tubo.
(b) Determine as tensões principais e a tensão cisalhante máxima no plano das tensões no ponto H e mostre a orientação dessas tensões em um desenho esquemático adequado.
(c) Calcule a tensão cisalhante máxima absoluta em H.

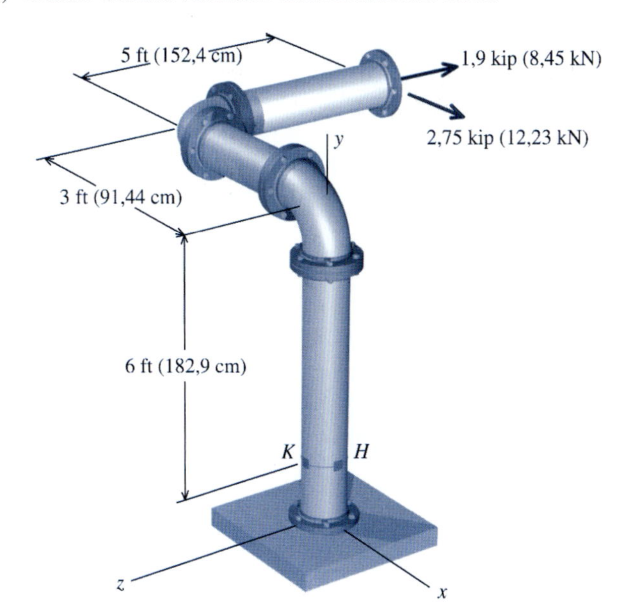

FIGURA P15.66/67

P15.67 Um tubo com diâmetro externo de 8,50 in (21,59 cm) e espessura de parede de 0,25 in (0,635) está sujeito à carga mostrada na Figura P15.66/67. A pressão interna no tubo é 320 psi (2,21 MPa).

(a) Determine as tensões normais e cisalhantes no ponto *K*, localizado na superfície externa do tubo.

(b) Determine as tensões principais e a tensão cisalhante máxima no plano das tensões no ponto *K* e mostre a orientação dessas tensões em um desenho esquemático adequado.

(c) Calcule a tensão cisalhante máxima absoluta em *K*.

15.5 CRITÉRIOS DE RESISTÊNCIA (TEORIAS DE FALHA)

É fácil realizar um ensaio de tração de um elemento estrutural carregado axialmente e os resultados, para muitos tipos de materiais, são bem conhecidos. Quando um de tais elementos se rompe, a ruptura (falha estrutural) ocorre para uma determinada tensão principal (isto é, uma tensão axial), para uma deformação específica axial definida, para uma tensão cisalhante máxima igual à metade da tensão axial e para um determinado valor de energia de deformação específica por unidade de volume de material sob tensão. Como todos esses limites são alcançados simultaneamente para uma carga axial, é indiferente o critério utilizado (tensão, deformação específica ou energia) para prever a ruptura em outro elemento de mesmo material e carregado axialmente.

Entretanto, para um elemento sujeito a um carregamento biaxial ou triaxial, a situação é mais complicada porque os limites da tensão normal, da deformação específica normal, da tensão cisalhante e da energia de deformação existentes na ruptura não são alcançados simultaneamente. Em outras palavras, em geral, a causa exata da falha estrutural é desconhecida. Em tais casos, se torna importante determinar o melhor critério para prever a falha, porque os resultados dos ensaios são difíceis de obter e porque são infinitas as combinações possíveis de cargas. Foram propostas várias teorias para prever a falha estrutural de vários tipos de materiais sujeitos a muitas combinações de cargas. Infelizmente, não há uma teoria isolada que concorde com os dados dos ensaios de todos os tipos de materiais e de todos os tipos de cargas. Várias das teorias mais comuns de falha estrutural* são apresentadas e explicadas brevemente nos parágrafos que se seguem.

MATERIAIS DÚCTEIS

Teoria da Máxima Tensão Cisalhante.[1] Quando uma barra plana de um material dúctil conhecido como aço doce é submetido a um ensaio de tração uniaxial, o escoamento do material é acompanhado por linhas que aparecem na superfície da barra. Essas linhas, conhecidas como **linhas de Lüder** são causadas pelo *deslizamento* (em escala macroscópica) que acontece ao longo dos planos dos grãos ordenados aleatoriamente que constituem o material. As linhas de Lüder estão inclinadas a 45° em relação ao eixo longitudinal do corpo de prova (Figura 15.5). Portanto, se alguém admitir que o deslizamento é o mecanismo de falha estrutural associado ao escoamento do material, então a tensão que caracteriza melhor essa falha estrutural é a tensão cisalhante nos planos de deslizamento. Em um ensaio de tração uniaxial, o estado de tensões no escoamento pode ser representado pelo paralelepípedo elementar mostrado na Figura 15.6*a*. O círculo de Mohr correspondente a esse estado de tensões é mostrado na Figura 15.6*b*. O círculo de Mohr revela que a tensão cisalhante máxima no corpo de prova de um ensaio de tração uniaxial ocorre a uma orientação de 45° em relação à direção da carga (Figura 15.6*c*), exatamente como as linhas de Lüder.

FIGURA 15.5 Linhas de Lüder em um corpo de prova de um ensaio de tração.

Com base nessas observações, a teoria da tensão cisalhante máxima prevê que ocorrerá a falha estrutural em um componente (isto é, um componente sujeito a qualquer combinação de cargas) quando a tensão cisalhante máxima em qualquer ponto no objeto alcançar a tensão cisalhante de falha $\tau_f = \sigma_Y/2$, em que σ_Y é determinado por um ensaio de tração ou compressão axial do mesmo material. Para materiais dúcteis, o limite elástico de cisalhamento, de acordo com a determinação de um ensaio de torção (cisalhamento puro), é maior do que metade do limite de elasticidade de tração (um valor médio para τ_f é aproximadamente $0{,}57\sigma_Y$). Como a teoria da tensão cisalhante máxima se baseia em σ_Y obtido no ensaio de tração, essa teoria apresenta erro pelo lado conservador.

* As várias teorias de falha estrutural também são denominadas critérios de resistência, ou critérios de ruptura (N.T.)

[1] Algumas vezes denominada teoria de Coulomb porque foi originalmente enunciada por ele em 1773. Mais frequentemente denominada critério de Tresca ou superfície de escoamento de Tresca–Guest em face do trabalho do físico H. E. Tresca (1814 –1885) que foi ampliado pelo trabalho de J. J. Guest na Inglaterra em 1900.

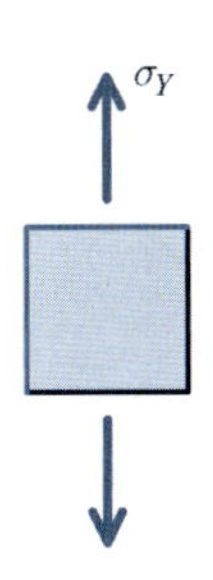

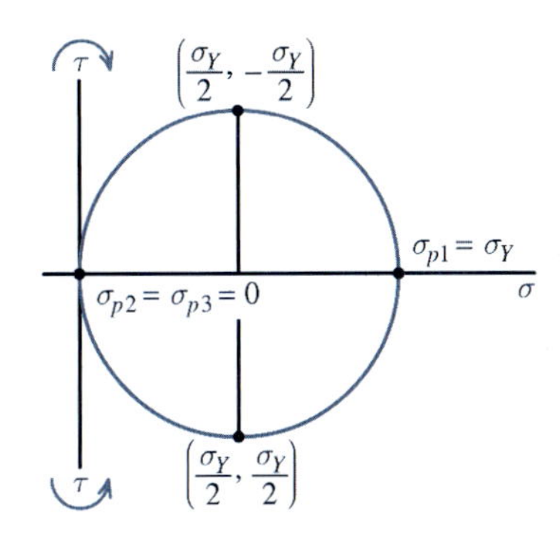

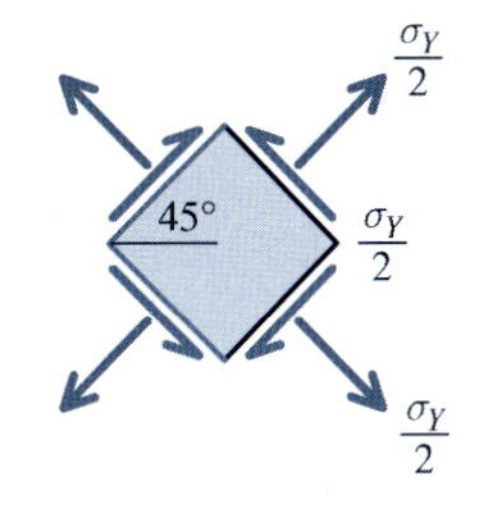

(*a*) Paralelepípedo elementar no escoamento para o corpo de prova do ensaio

(*b*) Círculo de Mohr para o corpo de prova do ensaio no escoamento

(*c*) Paralelepípedo elementar com a máxima tensão de escoamento

FIGURA 15.6 Estados de tensões para um ensaio de tração uniaxial.

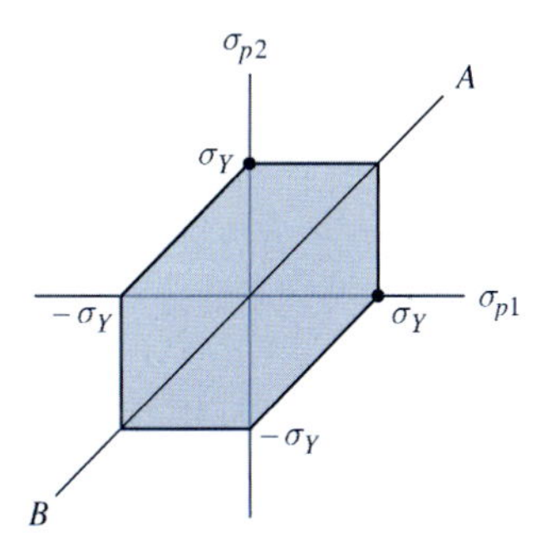

• Dados experimentais do ensaio de tração.

FIGURA 15.7 Diagrama de falha estrutural para a teoria da máxima tensão cisalhante (estado plano de tensões).

A teoria da tensão cisalhante máxima é representada graficamente na Figura 15.7 para um elemento sujeito a tensões principais biaxiais (isto é, estado plano de tensões). No primeiro e no terceiro quadrante, σ_{p1} e σ_{p2} possuem o mesmo sinal; portanto, a tensão cisalhante máxima absoluta age na direção fora do plano das tensões e tem valor absoluto numericamente igual à metade da maior tensão principal σ_{p1} ou σ_{p2}, conforme explicado na Seção 12.7 [veja a Equação (12.18)]. No segundo e no terceiro quadrante, nos quais σ_{p1} e σ_{p2} são de sinais opostos, a tensão cisalhante máxima é igual à metade da soma aritmética das duas tensões principais (isto é, simplesmente o raio do círculo de Mohr do estado plano).

Portanto, a teoria da tensão cisalhante máxima aplicada a um *estado plano de tensões* com as tensões principais no plano desse estado σ_{p1} e σ_{p2} prevê que a falha por escoamento ocorrerá sob as seguintes condições:

- Se σ_{p1} e σ_{p2} possuírem o mesmo sinal, então ocorrerá a falha estrutural se $|\sigma_{p1}| \geq \sigma_Y$ ou $|\sigma_{p2}| \geq \sigma_Y$.
- Se σ_{p1} for positiva e σ_{p2} for negativa, então ocorrerá a falha estrutural se $\sigma_{p1} - \sigma_{p2} \geq \sigma_Y$.

Se for respeitada a convenção de nomenclatura das tensões principais (isto é, $\sigma_{p1} > \sigma_{p2}$), então todas as combinações de σ_{p1} e σ_{p2} serão representadas no gráfico à direita ou abaixo da linha *AB* mostrada na Figura 15.7.

Teoria da Máxima Energia de Distorção.[2] A teoria da máxima energia de distorção fundamenta-se no conceito de *energia de deformação específica* (ou simplesmente *energia de deformação*). Pode-se determinar a energia total de deformação por unidade de volume para um corpo de prova sujeito a qualquer combinação de cargas. Além disso, a energia total de deformação pode ser dividida em duas categorias: a energia de deformação que está associada à variação do volume do corpo de prova e a energia de deformação que está associada à variação da forma ou à *distorção* do corpo de prova. Essa teoria prevê que ocorrerá a falha estrutural quando a energia de deformação que causa a distorção alcançar a mesma intensidade que a energia de deformação na falha estrutural encontrada em ensaios axiais de tração ou compressão do mesmo material. Evidências que suportam essa teoria são encontradas em experiências que revelam que materiais homogêneos podem suportar tensões hidrostáticas muito altas (isto é, tensões normais com intensidade idêntica em três direções ortogonais) sem sofrer escoamento. Com base nessa observação, a teoria da máxima energia de distorção admite que apenas a energia de deformação que produz variação de forma é responsável pela falha estrutural do material. A energia de deformação correspondente à distorção é calculada mais rapidamente pela determinação da energia total de deformação do material sob tensão, da qual é subtraída a energia de deformação associada à variação do volume.

O conceito de energia de deformação é ilustrado na Figura 15.8. Uma barra com seção transversal uniforme sujeita a uma carga axial P aplicada lentamente é mostrada na Figura 15.8*a*. Um

[2] Chamada frequentemente teoria de Huber–von Mises–Hencky ou critério de escoamento de von Mises porque foi proposto por M. T. Huber da Polônia em 1904 e independentemente por R. von Mises da Alemanha em 1913. A teoria foi desenvolvida ainda mais por H. Hencky e von Mises na Alemanha e nos Estados Unidos.

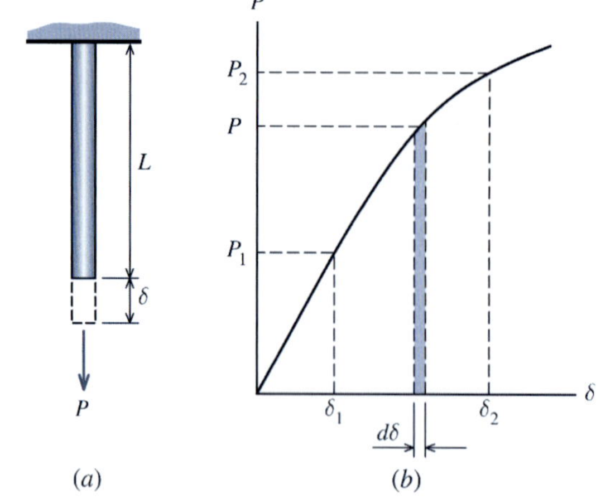

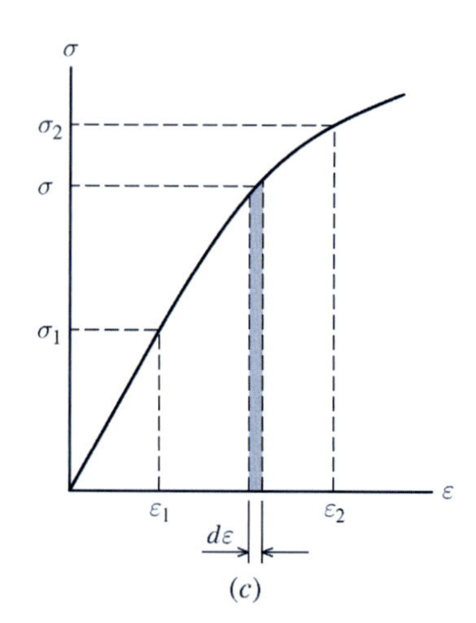

FIGURA 15.8 Conceito de energia de deformação.

A carga P deve ser aplicada lentamente de modo que não haja energia cinética associada à aplicação da carga. Todo o trabalho feito por P é armazenado como energia potencial na barra deformada.

diagrama carga-deformação para a barra é mostrado na Figura 15.8*b*. O trabalho feito no alongamento da barra de um valor δ_2 é

$$W = \int_0^{\delta_2} P\,d\delta \qquad \text{(a)}$$

em que P é uma função de δ. O trabalho feito na barra deve ser igual à variação de energia do material[3] e essa variação de energia, por envolver a configuração deformada do material, é denominada *energia de deformação U*. Se δ for expresso em termos da deformação específica axial ($\delta = L\varepsilon$) e P for expresso em termos da tensão axial ($P = A\sigma$), a Equação (a) se torna

$$W = U = \int_0^{\varepsilon_2} (\sigma)(A)(L)\,d\varepsilon = AL\int_0^{\varepsilon_2} \sigma\,d\varepsilon \qquad \text{(b)}$$

na qual σ é uma função de ε (veja a Figura 15.8*c*). Se a Lei de Hooke puder ser aplicada,

$$\varepsilon = \sigma/E \qquad d\varepsilon = d\sigma/E$$

e a Equação (b) se torna

$$U = \left(\frac{AL}{E}\right)\int_0^{\sigma_2} \sigma\,d\sigma$$

ou

$$U = AL\left(\frac{\sigma_2^2}{2E}\right) \qquad \text{(c)}$$

A Equação (c) fornece a *energia de deformação elástica* (que é, em geral, recuperável[4]) para o carregamento axial de um material que obedece à Lei de Hooke. A quantidade entre parênteses $\sigma_2^2/(2E)$, é a energia elástica de deformação u na tração ou compressão por unidade de volume ou *energia específica de deformação* (ou *energia de deformação por unidade de volume*) para um determinado valor de tensão σ abaixo do limite de proporcionalidade do material. Desta forma,

$$u = \frac{\sigma^2}{2E} = \frac{\sigma\varepsilon}{2} \qquad (15.1)$$

[3] Conhecido como *teorema de Clapeyron*, em homenagem ao engenheiro francês B. P. E. Clapeyron (1799-1864).
[4] A histerese elástica é ignorada aqui como uma complicação desnecessária.

Para cargas de cisalhamento, a expressão seria idêntica, exceto que σ seria substituído por τ, ε por γ e E por G.

O conceito de energia de deformação elástica pode ser estendido para incluir carregamentos biaxiais e triaxiais escrevendo a expressão para a energia específica de deformação u como $\sigma\varepsilon/2$ e somando as energias devidas a cada uma das tensões. Como a energia é um valor escalar positivo, a adição é a soma aritmética das energias. Para um sistema de tensões principais triaxiais, σ_{p1}, σ_{p2} e σ_{p3}, a energia específica de deformação elástica total é

$$u = (1/2)\,\sigma_{p1}\varepsilon_{p1} + (1/2)\,\sigma_{p2}\varepsilon_{p2} + (1/2)\,\sigma_{p3}\varepsilon_{p3} \tag{d}$$

Quando as expressões da Lei de Hooke generalizada para as deformações em termos das tensões da Equação (13.16) da Seção 13.8 forem substituídas na Equação (d), o resultado será

$$u = \frac{1}{2E}\{\sigma_{p1}\,[\sigma_{p1} - \nu(\sigma_{p2} + \sigma_{p3})] + \sigma_{p2}\,[\sigma_{p2} - \nu(\sigma_{p3} + \sigma_{p1})] + \sigma_{p3}\,[\sigma_{p3} - \nu(\sigma_{p1} + \sigma_{p2})]\}$$

do qual

$$u = \frac{1}{2E}[\sigma_{p1}^2 + \sigma_{p2}^2 + \sigma_{p3}^2 - 2\nu(\sigma_{p1}\sigma_{p2} + \sigma_{p2}\sigma_{p3} + \sigma_{p3}\sigma_{p1})] \tag{15.2}$$

A energia total de deformação pode ser parcelada em componentes associados a uma variação de volume (u_v) e a uma distorção (u_d) considerando as tensões principais como constituídas em dois conjuntos de tensões conforme indicam as Figuras 15.9*a*–*c*. O estado de tensões reproduzido na Figura 15.9*c* produzirá apenas distorção (sem variação de volume) se a soma das outras três deformações específicas normais for igual a zero. Isto é,

$$\begin{aligned} E(\varepsilon_{p1} + \varepsilon_{p2} + \varepsilon_{p3})_d &= [(\sigma_{p1} - p) - \nu(\sigma_{p2} + \sigma_{p3} - 2p)] \\ &+ [(\sigma_{p2} - p) - \nu(\sigma_{p3} + \sigma_{p1} - 2p)] \\ &+ [(\sigma_{p3} - p) - \nu(\sigma_{p1} + \sigma_{p2} - 2p)] = 0 \end{aligned}$$

em que p é a tensão hidrostática. Essa equação se reduz a

$$(1 - 2\nu)(\sigma_{p1} + \sigma_{p2} + \sigma_{p3} - 3p) = 0$$

Portanto, a tensão hidrostática p é

$$p = \frac{1}{3}(\sigma_{p1} + \sigma_{p2} + \sigma_{p3})$$

As três deformações específicas normais devidas à tensão hidrostática p são, da Equação (13.16),

$$\varepsilon_v = \frac{1}{E}(1 - 2\nu)p$$

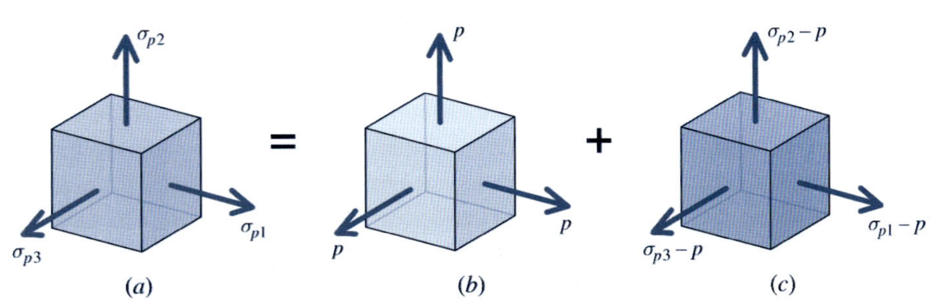

FIGURA 15.9 Exprimindo o estado de tensões em termos dos componentes de variação de volume e de distorção.

e a energia resultante da tensão hidrostática (isto é, a variação de volume) é

$$u_v = 3\left(\frac{p\varepsilon_v}{2}\right) = \frac{3}{2}\frac{1-2\nu}{E}p^2 = \frac{(1-2\nu)}{6E}(\sigma_{p1} + \sigma_{p2} + \sigma_{p3})^2$$

A energia resultante da distorção (isto é, da variação de forma) é

$$\begin{aligned} u_d &= u - u_v \\ &= \frac{1}{6E}\left[3(\sigma_{p1}^2 + \sigma_{p2}^2 + \sigma_{p3}^2) - 6\nu(\sigma_{p1}\sigma_{p2} + \sigma_{p2}\sigma_{p3} + \sigma_{p3}\sigma_{p1}) - (1-2\nu)(\sigma_{p1} + \sigma_{p2} + \sigma_{p3})^2\right] \end{aligned}$$

Quando o terceiro termo entre parênteses for expandido, a expressão pode ser reorganizada para fornecer

$$\begin{aligned} u_d &= \frac{1+\nu}{6E}[(\sigma_{p1}^2 - 2\sigma_{p1}\sigma_{p2} + \sigma_{p2}^2) + (\sigma_{p2}^2 - 2\sigma_{p2}\sigma_{p3} + \sigma_{p3}^2) + (\sigma_{p3}^2 - 2\sigma_{p3}\sigma_{p1} + \sigma_{p1}^2)] \\ &= \frac{1+\nu}{6E}\left[(\sigma_{p1} - \sigma_{p2})^2 + (\sigma_{p2} - \sigma_{p3})^2 + (\sigma_{p3} - \sigma_{p1})^2\right] \end{aligned} \quad \text{(c)}$$

A teoria de falha da máxima energia de distorção assume que a ação inelástica ocorrerá sempre que a energia dada pela Equação (e) ultrapassar o valor limite obtido em um ensaio de tração. No ensaio de tração, apenas uma das tensões principais será diferente de zero. Se essa tensão for chamada σ_Y, o valor de u_d se tornará

$$(u_d)_Y = \frac{1+\nu}{3E}\sigma_Y^2$$

e quando esse valor é substituído na Equação (e), o critério de resistência da máxima energia de distorção é expresso como

$$\sigma_Y^2 = \frac{1}{2}\left[(\sigma_{p1} - \sigma_{p2})^2 + (\sigma_{p2} - \sigma_{p3})^2 + (\sigma_{p3} - \sigma_{p1})^2\right] \quad (15.3)$$

ou

$$\sigma_Y^2 = \sigma_{p1}^2 + \sigma_{p2}^2 + \sigma_{p3}^2 - (\sigma_{p1}\sigma_{p2} + \sigma_{p2}\sigma_{p3} + \sigma_{p3}\sigma_{p1})$$

para falha estrutural por escoamento. O critério de resistência da máxima energia de distorção pode ser enunciado alternativamente em termos das tensões normais e da tensão cisalhante em três planos ortogonais:

$$\sigma_Y^2 = \frac{1}{2}\left[(\sigma_x - \sigma_y)^2 + (\sigma_y - \sigma_z)^2 + (\sigma_x - \sigma_z)^2 + 6(\tau_{xy}^2 + \tau_{yz}^2 + \tau_{xz}^{22})\right] \quad (15.4)$$

Quando existir um estado plano de tensões (isto é, $\sigma_{p3} = 0$), a Equação (15.3) se tornará

$$\sigma_Y^2 = \sigma_{p1}^2 - \sigma_{p1}\sigma_{p2} + \sigma_{p2}^2 \quad (15.5)$$

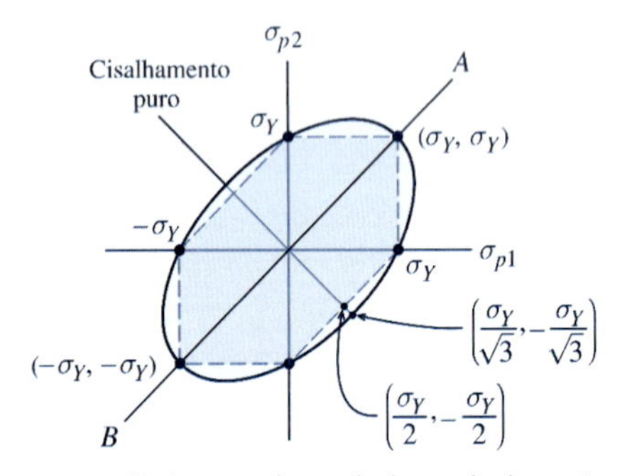

FIGURA 15.10 Diagrama de falha estrutural para a teoria da máxima energia de distorção (estado plano de tensões).

Essa última expressão é a equação de uma elipse no plano $\sigma_{p1} - \sigma_{p2}$ com seu eixo maior ao longo da linha $\sigma_{p1} = \sigma_{p2}$, conforme ilustra a Figura 15.10. Com a finalidade de comparação, o hexágono de falha para a teoria de escoamento da máxima tensão cisalhante também é mostrado em linhas tracejadas na Figura 15.10. Enquanto ambas as teorias preveem a falha estrutural nos seis vértices do hexágono, a teoria da máxima tensão de cisalhamento fornece uma estimativa mais conservadora das tensões exigidas para produzir o escoamento, uma vez que o hexágono fica inscrito na elipse para todas as outras combinações de tensões.

Se for respeitada a convenção de nomenclatura das tensões principais (isto é, $\sigma_{p1} > \sigma_{p2}$), então todas as combinações de σ_{p1} e σ_{p2} serão representadas no gráfico à direita ou abaixo da linha *AB* mostrada na Figura 15.10.

Tensão Equivalente de von Mises. Um modo conveniente de empregar a teoria da máxima energia de distorção é estabelecer uma quantidade de tensão equivalente σ_M que seja definida como o quadrado do lado direito da Equação (15.3). A tensão σ_M é denominada **tensão equivalente de von Mises** (ou **tensão equivalente de Mises**):

$$\sigma_M = \frac{\sqrt{2}}{2}\left[(\sigma_{p1} - \sigma_{p2})^2 + (\sigma_{p2} - \sigma_{p3})^2 + (\sigma_{p3} - \sigma_{p1})^2\right]^{1/2} \quad (15.6)$$

Similarmente, a Equação (15.4) também pode ser usada para calcular a tensão equivalente de von Mises:

$$\sigma_M = \frac{\sqrt{2}}{2}\left[(\sigma_x - \sigma_y)^2 + (\sigma_y - \sigma_z)^2 + (\sigma_x - \sigma_z)^2 + 6(\tau_{xy}^2 + \tau_{yz}^2 + \tau_{xz}^2)\right]^{1/2} \quad (15.7)$$

Para o caso do estado plano de tensões, a tensão equivalente de von Mises pode ser expressa pela Equação (15.5) como

$$\sigma_M = \left[\sigma_{p1}^2 - \sigma_{p1}\sigma_{p2} + \sigma_{p2}^2\right]^{1/2} \quad (15.8)$$

ou pode ser encontrada pela Equação (15.4) fazendo $\sigma_z = \tau_{yz} = \tau_{xz} = 0$ para fornecer

$$\sigma_M = \left[\sigma_x^2 - \sigma_x\sigma_y + \sigma_y^2 + 3\tau_{xy}^2\right]^{1/2} \quad (15.9)$$

Para usar a tensão equivalente de von Mises, σ_M é calculado para o estado de tensões agindo em qualquer ponto específico do componente. Esse valor de σ_M é comparado com a tensão de escoamento na tração σ_Y e se $\sigma_M > \sigma_Y$, então pode ser previsto que a falha do material se dará de acordo com a teoria da máxima tensão de distorção. A utilidade da tensão equivalente de von Mises levou ao seu uso generalizado em resultados tabelados de análises na forma de gráficos coloridos de níveis de tensões comuns em resultados da análise de elementos finitos.

MATERIAIS FRÁGEIS

Diferentemente dos materiais dúcteis, os materiais frágeis tendem a falhar de maneira repentina por ruptura com pouca evidência de escoamento; portanto, a tensão limite apropriada para materiais frágeis é a tensão de ruptura (ou a resistência última) em vez da tensão de escoamento. Além disso, frequentemente, a resistência à tração de um material frágil é diferente de sua resistência à compressão.

Teoria da Tensão Normal Máxima.[5] A teoria da máxima tensão normal prevê a falha ocorrerá em um corpo de prova sujeito a qualquer combinação de cargas quando a tensão normal máxima em qualquer ponto do corpo de prova alcançar a tensão axial de falha determinada por um ensaio axial de tração ou compressão do mesmo material.

A teoria da tensão normal máxima é apresentada graficamente na Figura 15.11 para um elemento estrutural sujeito a tensões principais biaxiais nas direções $p1$ e $p2$. A tensão limite σ_U é a tensão de ruptura para esse material quando carregado axialmente. Qualquer combinação de tensões principais biaxiais σ_{p1} e σ_{p2} representada por um ponto no interior do quadrado da Figura 15.11 é satisfatório de acordo com essa teoria, ao passo que qualquer combinação de tensões representada por um ponto fora do quadrado causará a falha do elemento com base nessa teoria.

Critério de Resistência de Mohr. Para muitos materiais frágeis, as resistências últimas à tração e à compressão são diferentes e, em tais casos, a teoria da tensão normal máxima não deve ser usada. Uma teoria alternativa de falha, proposta pelo engenheiro alemão Otto Mohr, é chamada critério de resistência de Mohr. Para usar esse critério de resistência, são realizados um ensaio de tração uniaxial e um ensaio de compressão uniaxial a fim de estabelecer, respectivamente, a resistência última à tração σ_{UT} e a resistência última à compressão σ_{UC} do material. Os círculos

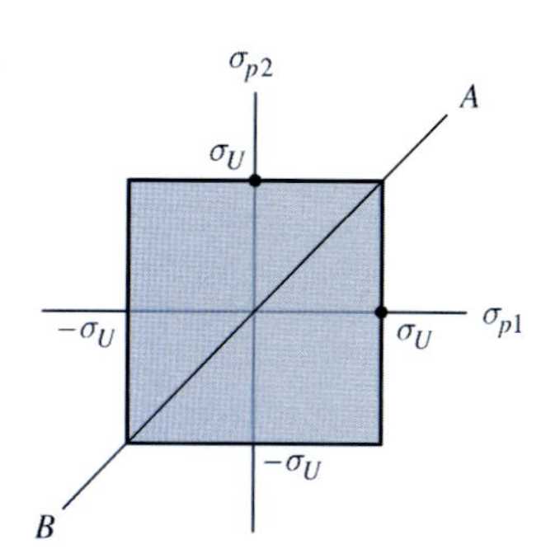

FIGURA 15.11 Diagrama de falha estrutural para a teoria da tensão normal máxima (estado plano de tensões).

[5] Chamada frequentemente Teoria de Rankine, em homenagem a W. J. M. Rankine (1820-1872), um eminente professor de engenharia na Glasgow University na Escócia.

de Mohr para os ensaios de tração e de compressão são mostrados na Figura 15.12*a*. A teoria de Mohr sugere que ocorre a falha estrutural em um material sempre que o círculo de Mohr para a combinação de tensões em um ponto de um corpo ultrapassar a ìenvoltóriaî definida pelos círculos de Mohr para os ensaios de tração e compressão.

O critério de resistência de Mohr para um estado plano de tensões pode ser representado em um gráfico das tensões principais no plano $\sigma_{p1} - \sigma_{p2}$ (Figura 15.12*b*). As tensões principais para todos os círculos de Mohr que possuam centro no eixo σ e forem tangentes às linhas tracejadas na Figura 15.12*a* serão plotados como pontos ao longo das linhas tracejadas no plano $\sigma_{p1} - \sigma_{p2}$ da Figura 15.12*b*.

Se for respeitada a convenção de nomenclatura das tensões principais (isto é, $\sigma_{p1} > \sigma_{p2}$), então todas as combinações de σ_{p1} e σ_{p2} serão representadas no gráfico à direita ou abaixo da linha *AB* mostrada na Figura 15.11.

O critério de resistência de Mohr aplicado ao *estado plano de tensões* com as tensões principais no plano das tensões σ_{p1} e σ_{p2} prevê que a falha estrutural ocorrerá sob as seguintes condições:

- Se tanto σ_{p1} como σ_{p2} forem positivas (isto é, tração), então ocorrerá a falha estrutural se $\sigma_{p1} \geq \sigma_{UT}$.
- Se tanto σ_{p1} como σ_{p2} forem negativas (isto é, compressão), então ocorrerá a falha estrutural se $\sigma_{p2} \leq -\sigma_{UC}$.

Se a convenção de nomenclatura para as tensões principais for respeitada (isto é, $\sigma_{p1} > \sigma_{p2}$), então todas as combinações de σ_{p1} e σ_{p2} serão representadas no gráfico à direita ou abaixo da linha *AB* mostrada na Figura 15.12*b*. Os estados de tensão com $\sigma_{p1} > 0$ e $\sigma_{p2} < 0$ serão representados no quarto quadrante da Figura 15.12*b*. Para esses casos, o critério de falha de Mohr prevê que a falha estrutural ocorrerá para aquelas combinações cuja representação no gráfico fique sobre a linha tracejada, ou em outras palavras:

- Se σ_{p1} for positiva e σ_{p2} for negativa, então ocorrerá a falha estrutural se $\dfrac{\sigma_{p1}}{\sigma_{UT}} - \dfrac{\sigma_{p2}}{\sigma_{UC}} \geq 1$.

Se estiverem disponíveis os dados dos ensaios de torção, a linha tracejada no quarto quadrante pode ser modificada para incorporar esses dados experimentais.

Os exemplos a seguir ilustram a aplicação das teorias de falha na previsão da capacidade de suporte de carga de um elemento estrutural.

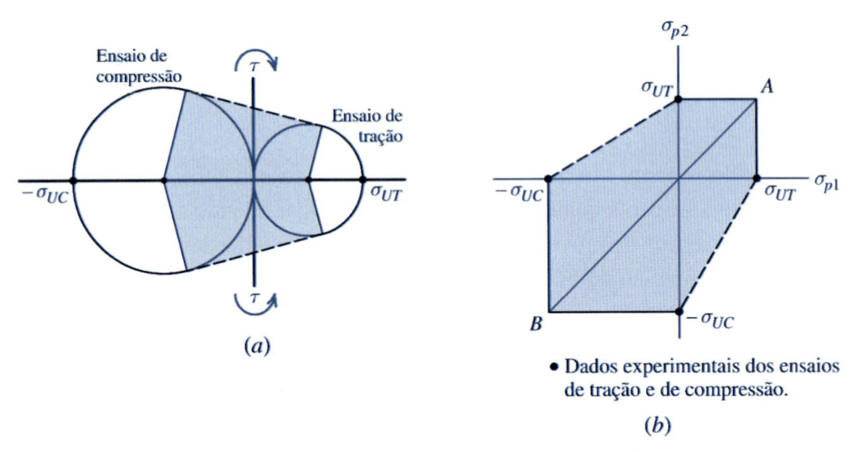

FIGURA 15.12 Critério de resistência de Mohr (estado plano de tensões).

EXEMPLO 15.8

90 MPa
75 MPa

As tensões na superfície livre de um componente de máquina estão ilustradas no paralelepípedo elementar. O componente é feito de alumínio 6061-T6 com tensão de escoamento $\sigma_Y = 270$ MPa.

(a) Qual é o coeficiente de segurança previsto pela teoria de falha da máxima tensão cisalhante para o estado de tensões ilustrado? Segundo essa teoria, o componente apresentará falha estrutural?

(b) Qual o valor da tensão equivalente de von Mises para o estado plano de tensões dado?
(c) Qual é o coeficiente de segurança previsto pelo critério de resistência da teoria de falha da máxima energia de distorção? Segundo essa teoria, o componente apresentará falha estrutural?

Planejamento da Solução

As tensões principais serão determinadas para um dado estado de tensões. De posse do valor dessas tensões, serão usadas a teoria da máxima tensão cisalhante e a teoria da máxima energia de distorção para investigar o potencial para a falha estrutural.

SOLUÇÃO

As tensões principais podem ser calculadas pelas equações de transformação de tensões [Equação (12.12)] ou pelo círculo de Mohr, conforme analisado na Seção 12.9. A Equação 12.12 será usada aqui. Do paralelepípedo elementar, os valores a serem usados nas equações de transformação de tensões são $\sigma_x = +75\text{MPa}$, $\sigma_y = 0$ MPa e $\tau_{xy} = +90$ MPa. As tensões principais no plano das tensões são calculadas como

$$\begin{aligned}\sigma_{p1,p2} &= \frac{\sigma_x + \sigma_y}{2} \pm \sqrt{\left(\frac{\sigma_x - \sigma_y}{2}\right)^2 + \tau_{xy}^2} \\ &= \frac{75 \text{ MPa} + 0 \text{ MPa}}{2} \pm \sqrt{\left(\frac{75 \text{ MPa} - 0 \text{ MPa}}{2}\right)^2 + (90 \text{ MPa})^2} \\ &= 135{,}0 \text{ MPa}, -60{,}0 \text{ MPa}\end{aligned}$$

(a) Teoria da Máxima Tensão Cisalhante

Como σ_{p1} é positiva e σ_{p2} é negativa, ocorrerá a falha estrutural se $\sigma_{p1} - \sigma_{p2} \geq \sigma_Y$. Para as tensões principais que atuam no componente:

$$\sigma_{p1} - \sigma_{p2} = 135{,}0 \text{ MPa} - (-60{,}0 \text{ MPa}) = 195{,}0 \text{ MPa} < 270 \text{ MPa}$$

Portanto, o componente não apresentará falha estrutural de acordo com a teoria da máxima tensão cisalhante. O coeficiente de segurança associado a esse estado de tensões pode ser calculado como

$$\text{CS} = \frac{270 \text{ MPa}}{195{,}0 \text{ MPa}} = 1{,}385$$ **Resp.**

(b) Tensão Equivalente de von Mises

A tensão equivalente de von Mises σ_M associada à teoria da máxima energia de distorção pode ser calculada pela Equação (15.8) para o estado plano de tensões considerado aqui.

$$\begin{aligned}\sigma_M &= \left[\sigma_{p1}^2 - \sigma_{p1}\,\sigma_{p2} + \sigma_{p2}^2\right]^{1/2} \\ &= \left[(135{,}0 \text{ MPa})^2 - (135{,}0 \text{ MPa})(-60{,}0 \text{ MPa}) + (-60{,}0 \text{ MPa})^2\right]^{1/2} \\ &= 173{,}0 \text{ MPa}\end{aligned}$$ **Resp.**

(c) Coeficiente de Segurança da Teoria da Máxima Energia de Distorção

O coeficiente de segurança para a máxima energia de distorção pode ser calculada pela tensão equivalente de von Mises:

$$\text{CS} = \frac{270 \text{ MPa}}{173{,}0 \text{ MPa}} = 1{,}561$$ **Resp.**

De acordo com a teoria da máxima energia de distorção, o componente não apresentará falha estrutural.

EXEMPLO 15.9

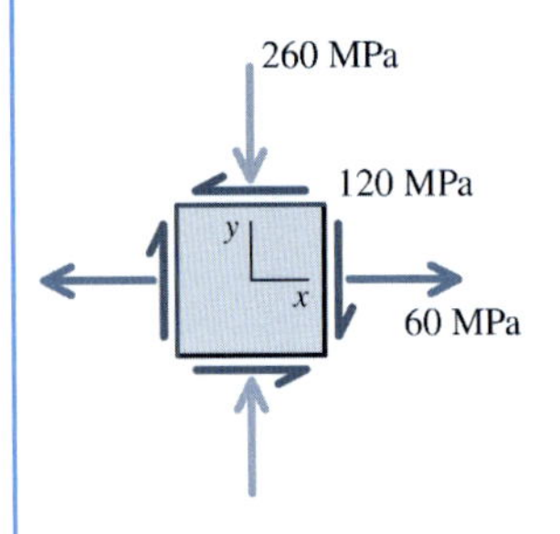

As tensões na superfície livre de um componente de máquina são mostradas no paralelepípedo elementar. O componente é feito de material frágil com resistência última à tração de 200 MPa e resistência última à compressão de 500 MPa. Use o critério de resistência de Mohr para determinar se esse componente é seguro para ser utilizado no estado de tensões mostrado.

Planejamento da Solução

Serão determinadas as tensões principais para o estado de tensões dado. De posse do valor dessas tensões, será usado o critério de resistência de Mohr para investigar o potencial para a falha estrutural.

SOLUÇÃO

As tensões principais podem ser calculadas pela Equação (12.12):

$$\sigma_{p1,p2} = \frac{\sigma_x + \sigma_y}{2} \pm \sqrt{\left(\frac{\sigma_x - \sigma_y}{2}\right)^2 + \tau_{xy}^2}$$

$$= \frac{60\text{ MPa} + (-260\text{ MPa})}{2} \pm \sqrt{\left(\frac{60\text{ MPa} - (-260\text{ MPa})}{2}\right)^2 + (-120\text{ MPa})^2}$$

$$= 100\text{ MPa}, -300\text{ MPa}$$

Critério de Resistência de Mohr

Como σ_{p1} é positiva e σ_{p2} é negativa, ocorrerá a falha estrutural se a seguinte equação de interação for maior ou igual a 1:

$$\frac{\sigma_{p1}}{\sigma_{UT}} - \frac{\sigma_{p2}}{\sigma_{UC}} \geq 1$$

Para as tensões principais existentes no componente,

$$\frac{\sigma_{p1}}{\sigma_{UT}} - \frac{\sigma_{p2}}{\sigma_{UC}} = \frac{100\text{ MPa}}{200\text{ MPa}} - \frac{(-300\text{ MPa})}{500\text{ MPa}} = 0{,}5 - (-0{,}6) = 1{,}1 > 1 \qquad \textbf{Resp.}$$

Portanto, o componente sofrerá falha estrutural de acordo com o critério de Mohr.

PROBLEMAS

P15.68 As tensões da superfície de uma viga são mostradas na Figura P15.68. A viga é feita de aço estrutural e tem tensão de escoamento σ_Y = 36 ksi (248,2 MPa).

(a) Qual é o coeficiente de segurança previsto para a teoria da máxima tensão cisalhante para o estado de tensões mostrado? Segundo essa teoria, o componente apresentará falha estrutural?
(b) Qual o valor da tensão equivalente de von Mises para o estado plano de tensões dado?
(c) Qual é o coeficiente de segurança previsto pelo critério de resistência da teoria de falha da máxima energia de distorção? Segundo essa teoria, o componente apresentará falha estrutural?

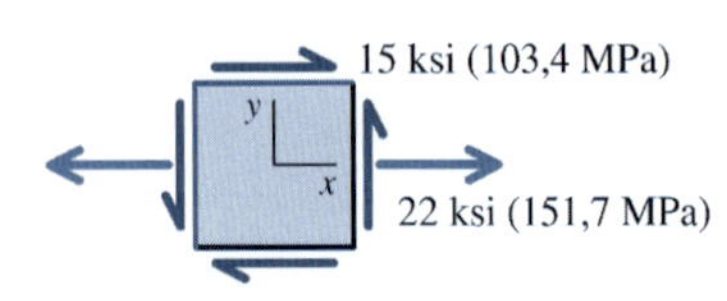

FIGURA P15.68

P15.69 As tensões da superfície de um componente estrutural de aço são mostradas na Figura P15.69. A tensão de escoamento do aço é σ_Y = 36 ksi (248,2 MPa).

(a) Qual é o coeficiente de segurança previsto para a teoria da máxima tensão cisalhante para o estado de tensões mostrado? Segundo essa teoria, o componente apresentará falha estrutural?
(b) Qual o valor da tensão equivalente de von Mises para o estado plano de tensões dado?
(c) Qual é o coeficiente de segurança previsto pelo critério de resistência da teoria de falha da máxima energia de distorção? Segundo essa teoria, o componente apresentará falha estrutural?

P15.70 As tensões da superfície de um componente de bronze são mostradas na Figura P15.70. A tensão de escoamento do bronze é σ_Y = 345 MPa.

(a) Qual é o coeficiente de segurança previsto para a teoria da máxima tensão cisalhante para o estado de tensões mostrado? Segundo essa teoria, o componente apresentará falha estrutural?

(b) Qual o valor da tensão equivalente de von Mises para o estado plano de tensões dado?

(c) Qual é o coeficiente de segurança previsto pelo critério de resistência da teoria de falha da máxima energia de distorção? Segundo essa teoria, o componente apresentará falha estrutural?

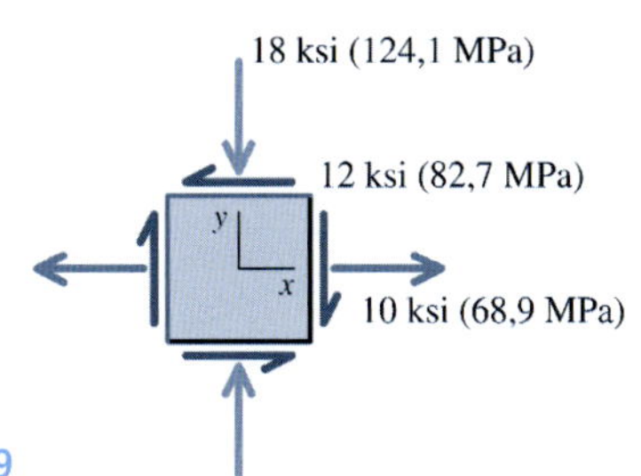

FIGURA P15.69

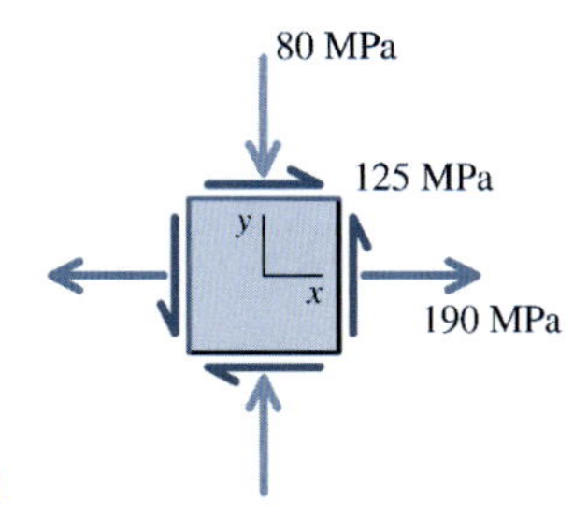

FIGURA P15.70

P15.71 As tensões da superfície de um componente de bronze são mostradas na Figura P15.71. A tensão de escoamento do bronze é σ_Y = 345 MPa.

(a) Qual é o coeficiente de segurança previsto para a teoria da máxima tensão cisalhante para o estado de tensões mostrado? Segundo essa teoria, o componente apresentará falha estrutural?

(b) Qual o valor da tensão equivalente de von Mises para o estado plano de tensões dado?

(c) Qual é o coeficiente de segurança previsto pelo critério de resistência da teoria de falha da máxima energia de distorção? Segundo essa teoria, o componente apresentará falha estrutural?

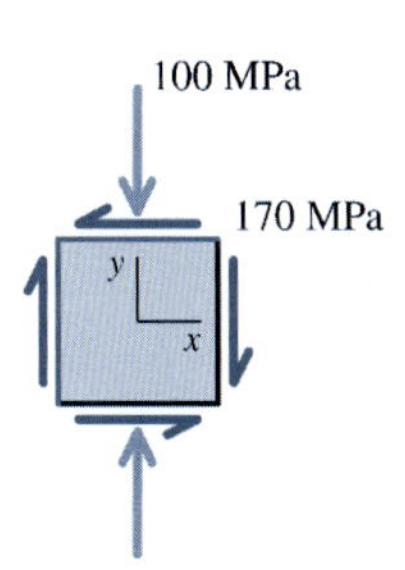

FIGURA P15.71

P15.72 Se um eixo for feito de uma liga de alumínio para a qual σ_Y = 410 MPa, determine a tensão cisalhante mínima devida à torção exigida para causar o escoamento usando:

(a) a teoria da máxima tensão cisalhante.

(b) a teoria da máxima energia de distorção.

P15.73 O eixo circular maciço mostrado na Figura P15.73 tem diâmetro externo de 75 mm e é feito de uma liga de bronze para a qual σ_Y = 340 MPa. Determine o maior torque permissível T que pode ser aplicado ao eixo com base na:

(a) teoria da máxima tensão cisalhante.

(b) teoria da máxima energia de distorção.

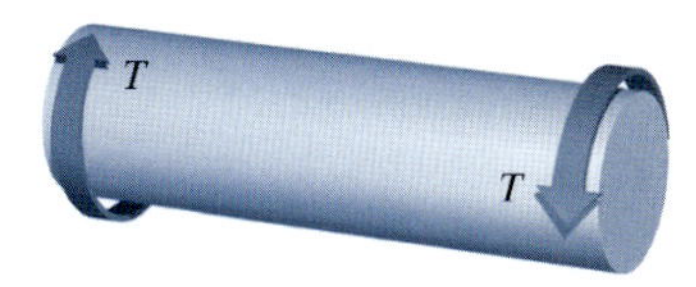

FIGURA P15.73

P15.74 Um eixo composto consiste em dois segmentos tubulares de aço. O segmento (1) tem diâmetro externo de 6,50 in (16,51 cm) e espessura de parede de 0,375 in (0,953 cm). O segmento (2) tem diâmetro externo de 4,50 in (11,43 cm) e espessura de parede de 0,50 in (1,27 cm). O eixo está sujeito a uma carga axial de compressão P = 50 kip (222,4 kN) e aos torques T_B = 30 kip · ft (40,7 kN · m) e T_C = 10 kip · ft (13,56 kN · m), que age na direção mostrada na Figura P15.74. A tensão de escoamento do aço é σ_Y = 36 ksi (248,2 MPa) e é exigido pelas especificações o coeficiente de segurança mínimo $CS_{mín}$ = 1,67. Considere os pontos H e K, e determine se o eixo composto satisfaz as especificações de acordo com:

(a) a teoria da máxima tensão cisalhante.

(b) a teoria da máxima energia de distorção.

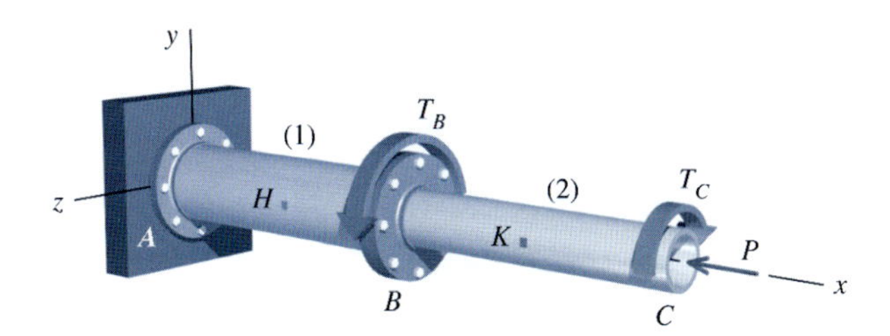

FIGURA P15.74

P15.75 Um elemento estrutural oco de aço está submetido à flexão (Figura P15.75*b*) pela atuação da carga mostrada na Figura P15.75*a*. A tensão de escoamento do aço é σ_Y = 320 MPa. Determine:

(a) os coeficientes de segurança previstos para os pontos H e K pela teoria de falha da máxima tensão cisalhante.

(b) as tensões equivalentes de von Mises nos pontos H e K.

(c) os coeficientes de segurança dos pontos H e K previstos pela teoria da máxima energia de distorção.

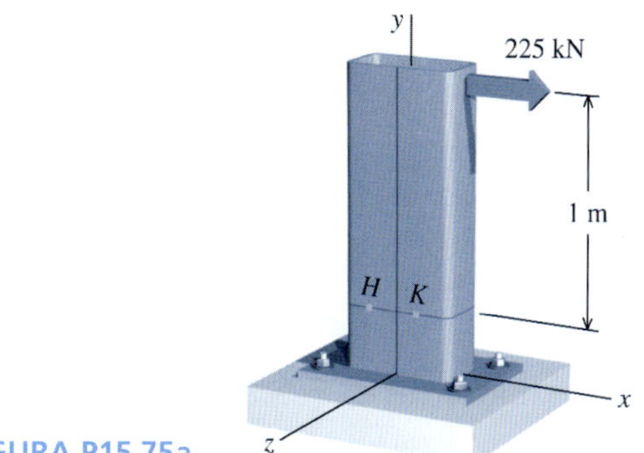

FIGURA P15.75*a*

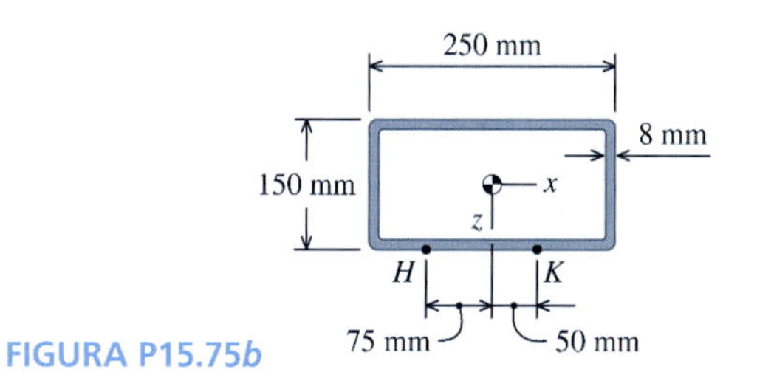

FIGURA P15.75*b*

P15.76 Um pilar maciço de alumínio com 2,5 in (6,35 cm) de diâmetro está sujeito a uma força horizontal $V = 9$ kip (40,03 kN), a uma força vertical $P = 20$ kip (89,0 kN) e a um torque concentrado $T = 4$ kip · ft (5,42 kN · m) que atuam nas direções mostradas na Figura P15.76. Admita $L = 3{,}5$ in (8,89 cm). O limite de escoamento do alumínio é $\sigma_Y = 50$ ksi (344,7 MPa) e é exigido pelas especificações o coeficiente de segurança mínimo $CS_{mín} = 1{,}67$. Considere os pontos H e K, e determine se o pilar de alumínio satisfaz as especificações de acordo com:

(a) a teoria da máxima tensão cisalhante.
(b) a teoria da máxima energia de distorção.

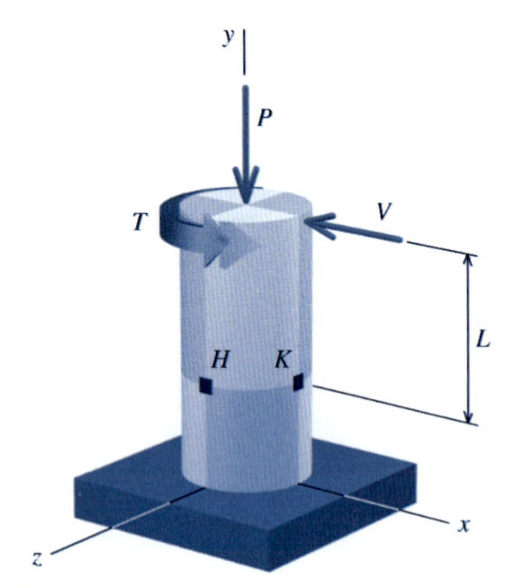

FIGURA P15.76

P15.77 Um eixo de aço com diâmetro externo de 20 mm está apoiado em suportes flexíveis em suas extremidades. Duas roldanas estão presas a um eixo por meio de chavetas e as roldanas transmitem trações de correias conforme ilustra a Figura P15.77. O limite de escoamento do aço é $\sigma_Y = 350$ MPa. Determine:

(a) os coeficientes de segurança previstos para os pontos H e K pela teoria de falha da máxima tensão cisalhante.
(b) as tensões equivalentes de von Mises nos pontos H e K.
(c) os coeficientes de segurança nos pontos H e K previstos pela teoria de falha da máxima energia de distorção.

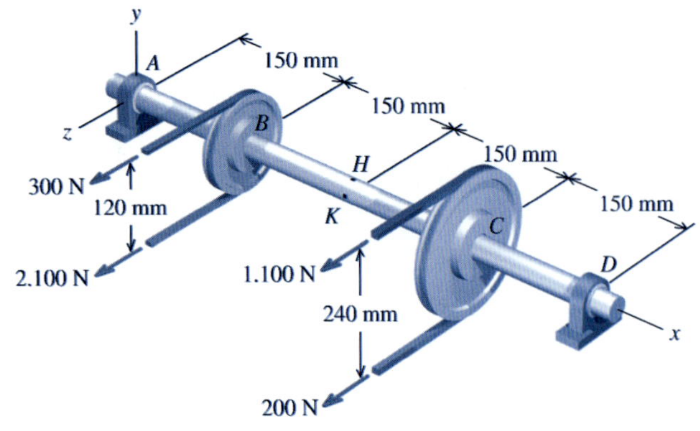

FIGURA P15.77

P15.78 Um eixo de aço com diâmetro externo de 20 mm está apoiado em suportes flexíveis em suas extremidades. Duas roldanas estão presas a um eixo por meio de chavetas, e as roldanas transmitem trações de correias conforme ilustra a Figura P15.78. O limite de escoamento do aço é $\sigma_Y = 350$ MPa. Determine:

(a) os coeficientes de segurança previstos para os pontos H e K pela teoria de falha da máxima tensão cisalhante.
(b) as tensões equivalentes de von Mises nos pontos H e K.
(c) os coeficientes de segurança nos pontos H e K previstos pela teoria de falha da máxima energia de distorção.

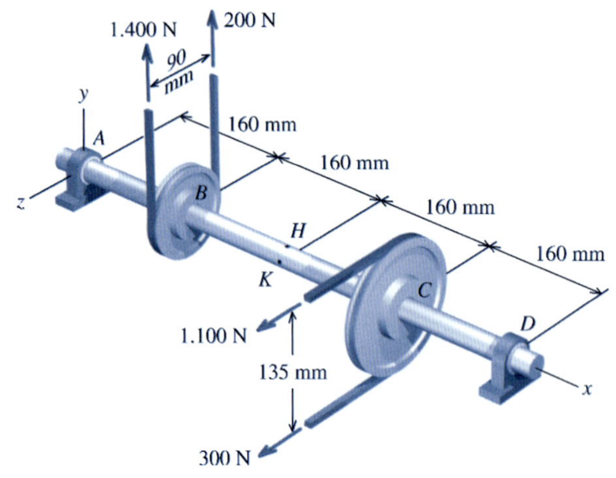

FIGURA P15.78

P15.79 Um tubo com diâmetro externo de 140 mm e espessura de parede de 7 mm está sujeito à carga de 16 kN mostrada na Figura P15.79. A pressão interna no tubo é 2,50 MPa e o limite de escoamento do aço é $\sigma_Y = 240$ MPa. Determine:

(a) os coeficientes de segurança previstos para os pontos H e K pela teoria de falha da máxima tensão cisalhante.
(b) as tensões equivalentes de von Mises nos pontos H e K.
(c) os coeficientes de segurança nos pontos H e K previstos pela teoria de falha da máxima energia de distorção.

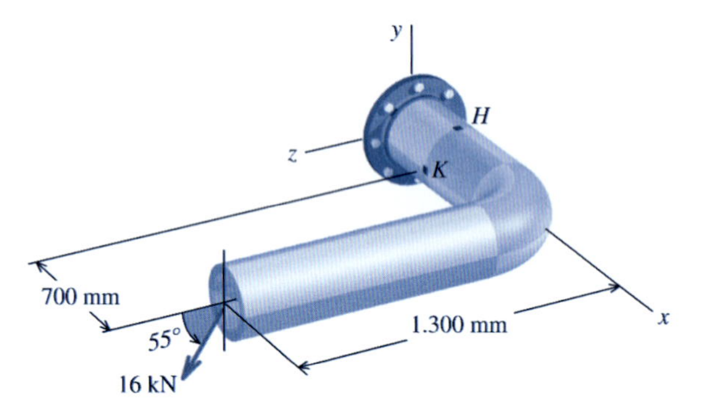

FIGURA P15.79

P15.80 Uma liga de alumínio deve ser usada para uma árvore (eixo) de transmissão que transmite 160 hp a 1.200 rpm. O limite de escoamento da liga de alumínio é $\sigma_Y = 37$ ksi (255,1 MPa). Se for exigido um coeficiente de segurança $CS = 3{,}0$ em relação ao escoamento, determine o eixo de menor diâmetro que pode ser selecionado com base:

(a) na teoria da máxima tensão cisalhante.
(b) na teoria da máxima energia de distorção.

P15.81 Uma liga de alumínio deve ser usada para uma árvore (eixo) de transmissão que transmite 90 kW a 12 Hz. O limite de escoamento da liga de alumínio é $\sigma_Y = 255$ MPa. Se for exigido um coeficiente de segurança $CS = 3{,}0$ em relação ao escoamento, determine o eixo de menor diâmetro que pode ser selecionado com base:

(a) na teoria da máxima tensão cisalhante.
(b) na teoria da máxima energia de distorção.

P15.82 As tensões na superfície de um componente de máquina estão mostradas na Figura P15.82. As resistências últimas para esse material são 200 MPa na tração e 600 MPa na compressão. Use o critério de resistência de Mohr para determinar se é segura a utilização desse componente para o estado de tensões mostrado. Justifique sua resposta com os cálculos adequados.

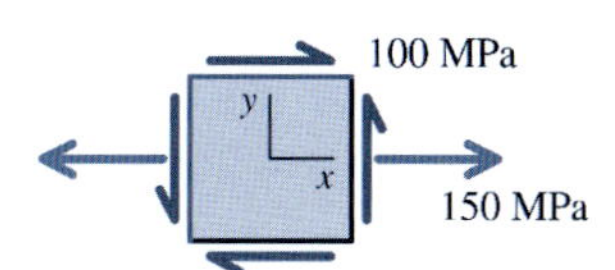

FIGURA P15.82

P15.83 As tensões na superfície de um componente de máquina estão mostradas na Figura P15.83. As resistências últimas para esse material são 200 MPa na tração e 600 MPa na compressão. Use o critério de resistência de Mohr para determinar se é segura a utilização desse componente para o estado de tensões mostrado. Justifique sua resposta com os cálculos adequados.

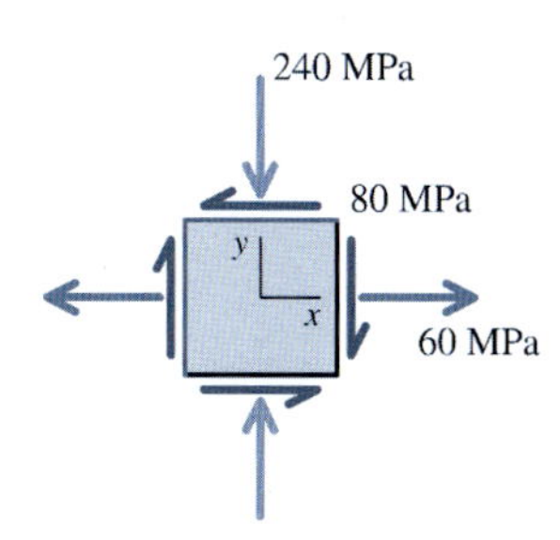

FIGURA P15.83

P15.84 O eixo circular maciço mostrado na Figura P15.84 tem diâmetro externo de 50 mm e é feito de uma liga que tem resistência última à ruptura de 260 MPa na tração e 440 MPa na compressão. Determine o maior torque admissível que pode ser aplicado ao eixo com base no critério de resistência de Mohr.

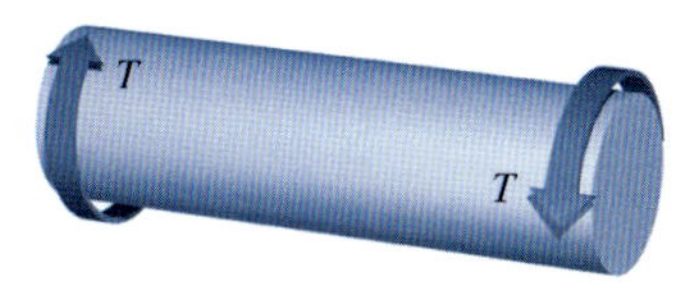

FIGURA P15.84

P15.85 Um eixo maciço com 1,25 in (3,175 cm) de diâmetro está sujeito a uma força axial $P = 7.000$ lb (31,14 kN), a uma força horizontal $V = 1.400$ lb (6,23 kN) e a um torque concentrado de $T = 220$ lb · ft (298,3 N · m), que agem nas direções mostradas na Figura P15.85. Admita $L = 6{,}0$ in (15,24 cm). A resistência última à ruptura para esse material é de 36 ksi (248,2 MPa) na tração e 50 ksi (344,7 MPa) na compressão. Use o critério de resistência de Mohr para avaliar a segurança desse componente nos pontos H e K, Justifique sua resposta com os cálculos adequados.

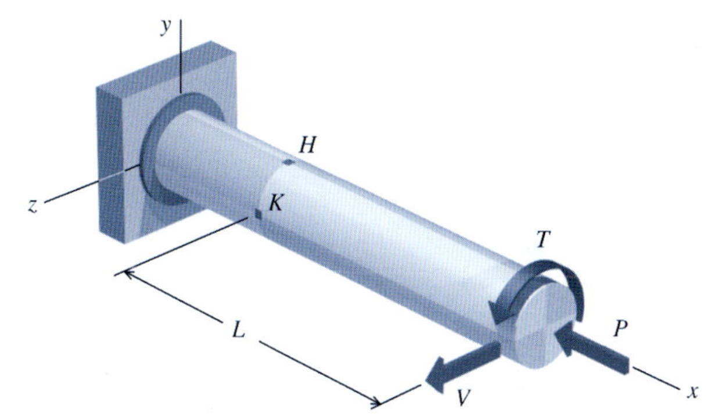

FIGURA P15.85

16 COLUNAS

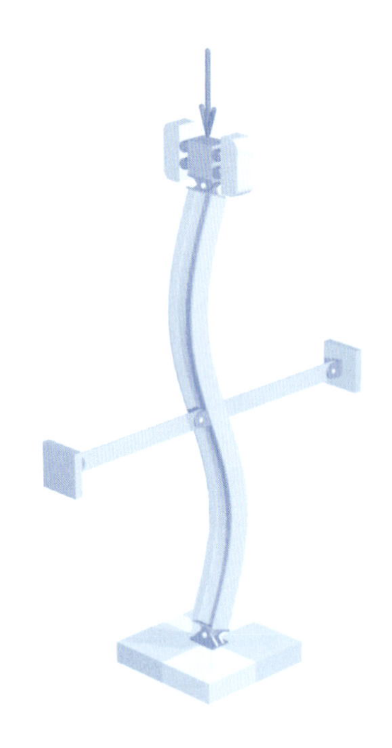

16.1 INTRODUÇÃO

Em sua forma mais simples, as colunas são barras longas, retas e prismáticas sujeitas a cargas axiais de compressão. Contanto que a coluna permaneça reta, ela pode ser analisada pelos métodos do Capítulo 1; entretanto, se uma coluna começar a se deformar lateralmente, a deflexão pode se tornar grande e levar a uma falha estrutural catastrófica. Essa situação, denominada **flambagem**, pode ser definida como a deformação repentina de uma estrutura devida a um pequeno aumento da carga existente sob a qual a estrutura tivesse exibido pouca, ou nenhuma, deformação antes de a carga ser aumentada.

Um "teste" simples de flambagem pode ser realizado para ilustrar esse fenômeno usando uma régua fina ou um metro para representar uma coluna. Uma pequena força compressiva axial aplicada às extremidades da coluna não causará efeito visível. Aumente gradualmente o valor da força compressiva aplicada. Quando um determinado valor de carga crítica for atingido, a coluna sofrerá uma flexão lateral de maneira repentina ou "formará um arco". A coluna flambou. Uma vez ocorrida a flambagem, um aumento relativamente pequeno da força de compressão produzirá uma deflexão lateral relativamente grande, criando momentos adicionais na coluna. Entretanto, se a carga de compressão for removida, a coluna retornará ao seu formato reto original. A falha estrutural por flambagem ilustrada por esse teste não é uma falha do material. O fato de que a coluna se torna reta depois de a carga de compressão ser removida demonstra que o material permanece elástico; isto é, as tensões na coluna não ultrapassaram o limite de proporcionalidade do material. Em vez disso, a falha estrutural por flambagem é uma **falha de estabilidade**. A coluna passou de um equilíbrio estável para um instável.

EQUILÍBRIO DA ESTABILIDADE

O conceito de equilíbrio da estabilidade no que diz respeito a colunas pode ser examinado com o modelo elementar de flambagem mostrado na Figura 16.1*a*. Nessa representação, a coluna é modelada como duas barras rígidas e perfeitamente retas, *AB* e *BC*, conectadas por pinos. O modelo da coluna é ligado a um pino (apoio de segundo gênero) em A e a um pino em uma ranhura (apoio deslizante) em C que evita o movimento lateral, mas permite que o pino em C possa deslizar livremente na direção vertical. Além do pino em B, as barras são conectadas por uma mola de torção que tem constante de mola igual a K. Admite-se que as barras estejam perfeitamente alinhadas na vertical antes de a carga P ser aplicada, tornando o modelo de coluna inicialmente reto.

Como a carga P age na vertical e o modelo de coluna está reto no início, não deve existir tendência para que o pino em B se mova lateralmente quando a carga P for aplicada. Além disso, pode-se supor que a intensidade da carga P poderia ser aumentada para qualquer valor sem que fosse criado um efeito na mola de torção. Entretanto, o bom-senso nos diz que isso não pode ser verdadeiro – para uma determinada carga P o pino em B se moverá para o lado. Para examinar mais esse aspecto, devemos analisar o modelo da coluna depois de o pino em B ter se deslocado lateralmente certa distância.

Na Figura 16.1*b* o pino em B foi um pouco deslocado para a direita, de modo que cada barra formou um pequeno ângulo $\Delta\theta$ com a linha vertical. A mola de torção em B reage à rotação angular de $2\Delta\theta$ em B, tendendo a retornar as barras AB e BC a suas posições verticais iniciais. Dessa configuração deformada, a questão é se o modelo de coluna sujeito a uma carga axial P retornará a sua configuração inicial ou se o pino em B se moverá ainda mais para a direita. Se o modelo de coluna retornar a sua configuração inicial, diz-se que o sistema é *estável*. Se o pino em B se mover ainda mais para a direita, diz-se que o sistema é *instável*.

Para responder a essa questão, veja o diagrama de corpo livre da barra BC mostrado na Figura 16.1*c*. Na configuração deformada, as forças P que agem nos pinos B e C criam um binário que tende a fazer com que o pino B se mova para ainda mais longe de sua posição inicial. O momento criado por esse binário é denominado *momento de tombamento*. A mola de torção cria um *momento restaurador M*, que tende a retornar o sistema a sua posição vertical inicial. O momento produzido pela mola de torção é igual ao produto da constante de mola K e pela rotação angular em B, que é $2\Delta\theta$. Portanto, a mola de torção produz um momento restaurador de $M = K(2\Delta\theta)$ em B. Se o momento restaurador for maior do que o momento de tombamento, então o sistema tenderá a retornar a sua configuração inicial.

Entretanto, se o momento de tombamento for maior do que o momento restaurador, então o sistema será instável na configuração deformada e o pino B se moverá ainda mais para a direita até que o equilíbrio seja atingido ou o modelo se rompa. O valor absoluto da carga axial P sob a qual o momento restaurador se iguala ao momento de tombamento é chamado *carga crítica* P_{cr}. Para determinar a carga crítica do modelo de coluna, considere o equilíbrio de momentos da barra BC na Figura 16.1*c* para a carga $P = P_{cr}$:

$$\Sigma M_B = P_{cr}\,(L/2)\,\text{sen}\,\Delta\theta - K(2\Delta\theta) = 0 \tag{a}$$

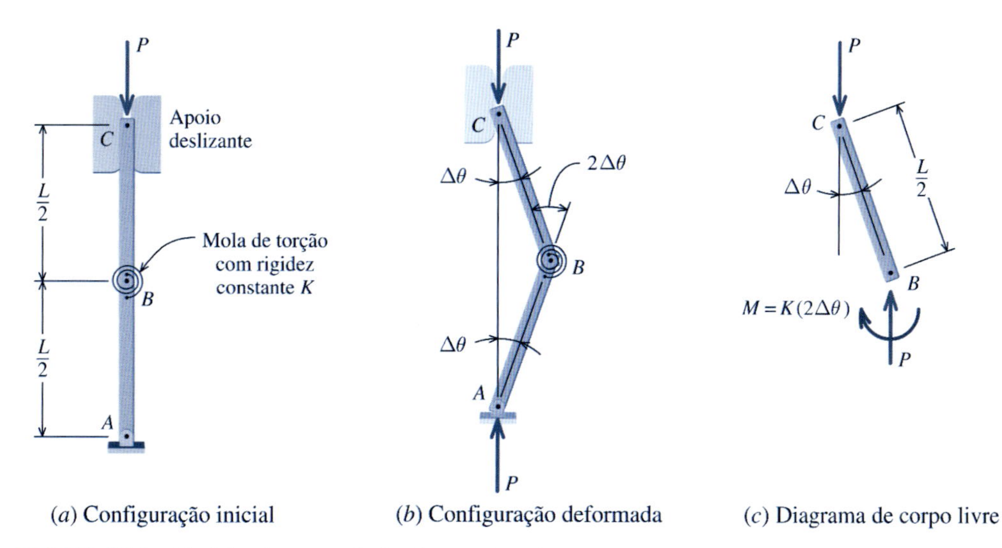

(*a*) Configuração inicial (*b*) Configuração deformada (*c*) Diagrama de corpo livre

FIGURA 16.1 Modelo elementar de flambagem de colunas.

Por ter sido admitido que o deslocamento lateral em B é pequeno, sen $\Delta\theta \approx \Delta\theta$, e assim, a Equação (a) pode ser simplificada e exprimir o valor de P_{cr}:

$$P_{cr}(L/2)\Delta\theta = K(2\Delta\theta)$$
$$\therefore P_{cr} = \frac{4K}{L} \qquad \text{(b)}$$

Se a carga P aplicada ao modelo de coluna for menor do que P_{cr}, então o momento restaurador será maior do que o momento de tombamento e o sistema será estável. Entretanto, se $P > P_{cr}$, então o sistema é instável. No ponto de transição em que $P = P_{cr}$, o sistema não será estável nem instável, mas em vez disso, diz-se que ele está em *equilíbrio neutro*. O fato de $\Delta\theta$ não aparecer na Equação (b) indica que a carga crítica pode ser resistida para qualquer valor de $\Delta\theta$. O pino B poderia ser movido lateralmente para qualquer posição e não haveria tendência de que o modelo da coluna retornasse a sua configuração reta inicial ou que se movesse para longe dela.

A Equação (b) também sugere que a estabilidade do modelo elementar de flambagem pode ser reforçado tanto pelo *aumento da rigidez K* como pela *diminuição do comprimento L*. Nas seções que se seguem, observaremos que as mesmas relações são aplicáveis para as cargas críticas de colunas reais.

As noções de estabilidade e instabilidade podem ser definidas da seguinte maneira:

Estável – Uma pequena ação produz um pequeno efeito.
Instável – Uma pequena ação produz um grande efeito.

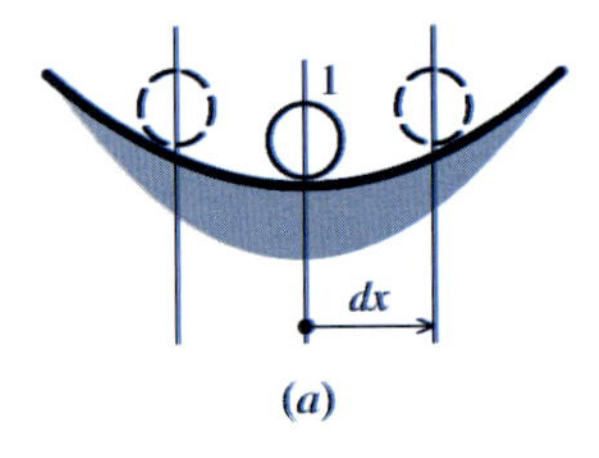

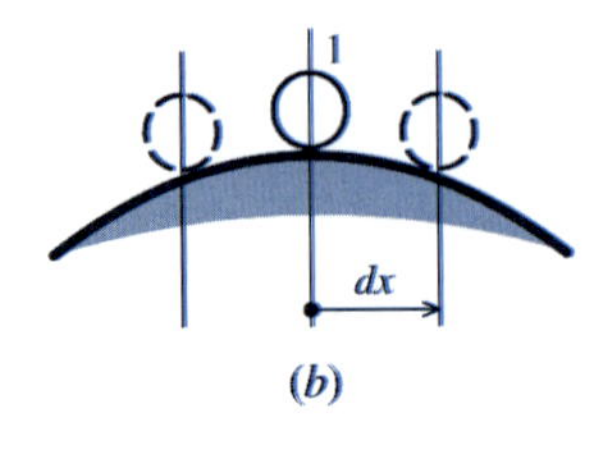

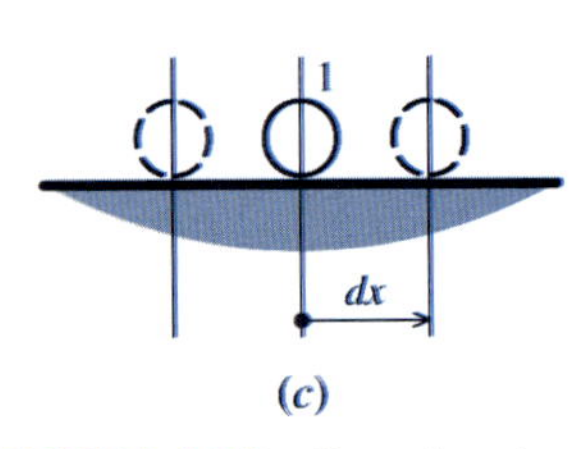

FIGURA 16.2 Conceitos de equilíbrio (*a*) estável, (*b*) instável e (*c*) neutro.

Essas noções e o conceito de três estados de equilíbrio podem ser ilustrados pelo equilíbrio de uma bola repousando em três superfícies diferentes, conforme ilustra a Figura 16.2. Em todos os três casos, a bola está em equilíbrio na posição 1. Para examinar a estabilidade associada a cada superfície, a bola deve ser deslocada uma distância infinitesimal dx para qualquer lado da posição 1. Na Figura 16.2*a*, uma bola deslocada lateralmente de dx e liberada rolaria de volta para sua posição inicial. Em outras palavras, uma pequena ação (isto é, fazer com que a bola tenha um deslocamento dx) produz um pequeno efeito (ou seja, a bola se move de volta uma distância dx). Portanto, uma bola na posição 1 na superfície côncava da Figura 16.2*a* ilustra a noção de *equilíbrio estável*. A bola na Figura 16.2*b*, se fosse deslocada dx lateralmente e liberada, não retornaria à posição 1. Em vez disso, a bola rolaria ainda para mais longe da posição 1. Em outras palavras, uma pequena ação (ou seja, fazer com que a bola tenha um deslocamento dx) produz um grande efeito (isto é, a bola rola uma grande distância até alcançar posteriormente outra posição de equilíbrio). A bola em repouso na superfície convexa da Figura 16.2*b* ilustra a noção de *equilíbrio instável*. A bola na Figura 16.2*c* é uma posição de equilíbrio neutro no plano horizontal porque ela permanece em qualquer posição nova para a qual for deslocada, não tendendo a voltar ou a se afastar de sua posição original.

RESUMO

Quando a carga de compressão na coluna é aumentada gradualmente a partir de zero, a coluna fica inicialmente em um estado de equilíbrio estável. Durante esse estado, se a coluna for perturbada pela indução de pequenas deflexões laterais, ela retornará a sua configuração reta quando as cargas forem removidas. Quando a carga for aumentada ainda mais, um valor crítico é alcançado no qual a coluna fica no limite de experimentar grandes deflexões laterais; isto é, a coluna está na transição entre o equilíbrio estável e instável. A carga compressiva máxima para a qual a coluna está em equilíbrio estável é chamada *carga crítica de flambagem*. A carga compressiva não pode ultrapassar esse valor crítico, a menos que a coluna esteja apoiada (restrita) lateralmente. Para colunas longas e esbeltas, a carga crítica de flambagem ocorre em níveis de tensão muito menores do que o do limite de proporcionalidade do material, indicando que esse tipo de flambagem é um fenômeno elástico.

16.2 FLAMBAGEM DE COLUNAS COM APOIOS NAS EXTREMIDADES

A estabilidade de colunas reais será examinada analisando uma coluna longa e esbelta com apoios (pinos) nas extremidades (Figura 16.3*a*). A coluna é carregada por uma carga compressiva P que passa pelo centroide da seção transversal nas extremidades. Os pinos dos apoios em cada extremidade são lisos (sem atrito) e a carga é aplicada à coluna pelos pinos. A coluna em si é perfeitamente reta e feita de um material linearmente elástico que obedece à Lei de Hooke. Por ser admitido que a coluna não possua imperfeições, ela é denominada **coluna ideal**. Admite-se que a coluna ideal na Figura 16.3*a* seja simétrica em relação ao plano x–y e que quaisquer deflexões acontecem no plano x–y.

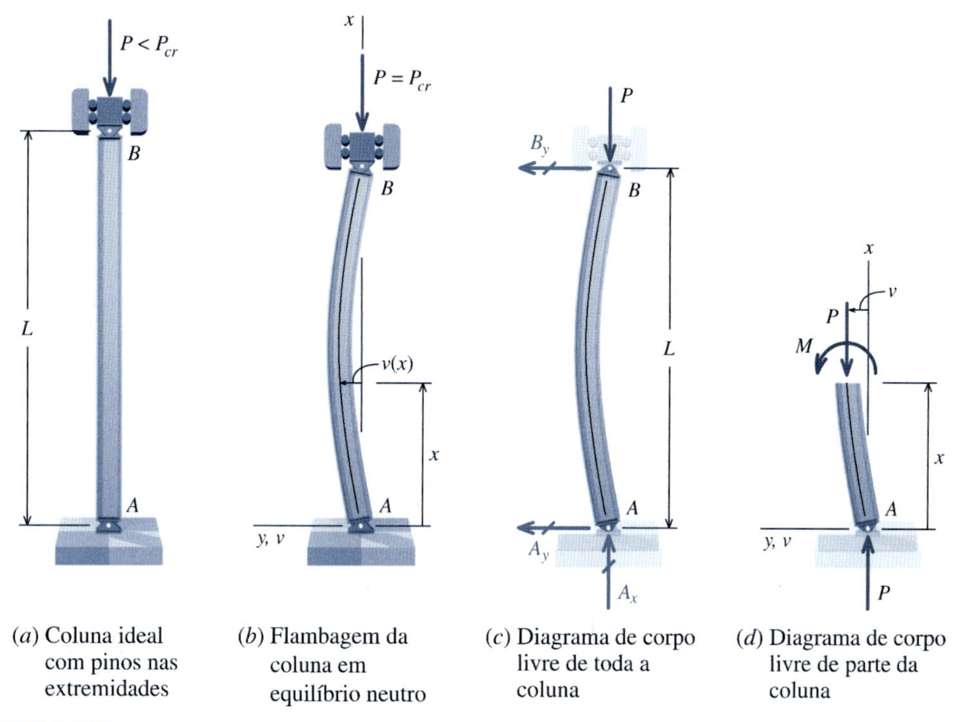

(*a*) Coluna ideal com pinos nas extremidades

(*b*) Flambagem da coluna em equilíbrio neutro

(*c*) Diagrama de corpo livre de toda a coluna

(*d*) Diagrama de corpo livre de parte da coluna

FIGURA 16.3 Flambagem de uma coluna com apoios (pinos) nas extremidades.

CONFIGURAÇÃO DE FLAMBAGEM

Se a carga compressiva P for menor do que a carga crítica P_{cr}, então a coluna permanecerá reta e se encurtará em resposta a uma tensão axial (normal) uniforme de compressão $\sigma = P/A$. Se $P < P_{cr}$, a coluna estará em *equilíbrio estável*. Quando a carga compressiva P for aumentada até atingir a carga crítica P_{cr}, a coluna estará no ponto de transição entre o equilíbrio estável e o equilíbrio instável, que é denominado *equilíbrio neutro*. Em $P = P_{cr}$, a configuração deformada mostrada na Figura 16.3*b* também satisfaz o equilíbrio. O valor da carga crítica P_{cr} e o formato da coluna na flambagem serão determinados pela análise da configuração deformada.

EQUILÍBRIO DA COLUNA SOB FLAMBAGEM

Um diagrama de corpo livre de toda a coluna sob flambagem é mostrado na Figura 16.3*c*. O somatório das forças na direção vertical fornece $A_x = P$, o somatório dos momentos em torno de A fornece $B_y = 0$ e o somatório das forças na direção horizontal fornece $A_y = 0$.

A seguir, considere um diagrama de corpo livre que seccione a coluna a uma distância x da origem (Figura 16.3*d*). Como $A_y = 0$, qualquer força cortante V que aja na direção horizontal na superfície exposta do diagrama de corpo livre da coluna também deve ser igual a zero para satisfazer o equilíbrio. Consequentemente, tanto a reação horizontal A_y como a força cortante V devem ser omitidas no diagrama de corpo livre da Figura 16.3*d*.

EQUAÇÃO DIFERENCIAL PARA A FLAMBAGEM DA COLUNA

Na coluna flambada da Figura 16.3*d*, tanto a deflexão da coluna v como o momento fletor interno M são mostrados em suas direções positivas. De acordo com a definição na Seção 10.2, o momento fletor M cria uma curvatura positiva. Do diagrama de corpo livre da Figura 16.3*d*, a soma dos momentos em torno de A é

$$\Sigma M_A = M + Pv = 0 \tag{a}$$

Da Equação (10.1), a relação momento-curvatura (admitindo pequenos deslocamentos) pode ser expressa como

$$M = EI\frac{d^2v}{dx^2} \tag{b}$$

A Equação (b) pode ser substituída na Equação (a) para fornecer

$$EI\frac{d^2v}{dx^2} + Pv = 0 \tag{16.1}$$

A Equação (16.1) é a equação diferencial que governa a configuração deformada de uma coluna ideal apoiada por apoios (pinos ou rótulas) nas extremidades. Essa equação é uma equação diferencial ordinária e homogênea de segunda ordem com coeficientes constantes e que tem como condições de contorno $v(0) = 0$ e $v(L) = 0$.

SOLUÇÃO DA EQUAÇÃO DIFERENCIAL

Existem métodos conhecidos disponíveis para a solução de equações como a Equação (16.1). Para usar esses métodos, inicialmente a Equação (16.1) é simplificada por uma divisão por EI, fornecendo

$$\frac{d^2v}{dx^2} + \frac{P}{EI}v = 0$$

O termo P/EI será substituído por k^2

$$k^2 = \frac{P}{EI} \tag{16.2}$$

de forma que a Equação (16.1) pode ser reescrita como

$$\frac{d^2v}{dx^2} + k^2v = 0$$

A solução geral para essa equação homogênea é

$$v = C_1 \operatorname{sen} kx + C_2 \cos kx \tag{16.3}$$

em que C_1 e C_2 são constantes que devem ser determinadas usando as condições de contorno. Da condição de contorno $v(0) = 0$, obtemos

$$\begin{gathered} 0 = C_1 \operatorname{sen}(0) + C_2 \cos(0) = C_1(0) + C_2(1) \\ \therefore C_2 = 0 \end{gathered} \tag{c}$$

Das condições de contorno $v(L) = 0$, obtemos

$$0 = C_1 \operatorname{sen}(kL) \tag{d}$$

A Equação (d) pode ser resolvida por $C_1 = 0$; entretanto, essa é uma solução trivial uma vez que simplesmente implicaria que $v = 0$ e, em consequência, a coluna permaneceria perfeitamente reta. A outra solução para a equação (d) é que $\text{sen}(kL) = 0$. A função seno é igual a zero para múltiplos inteiros de π, portanto,

$$kL = n\pi \qquad n = 1,2,3,... \tag{e}$$

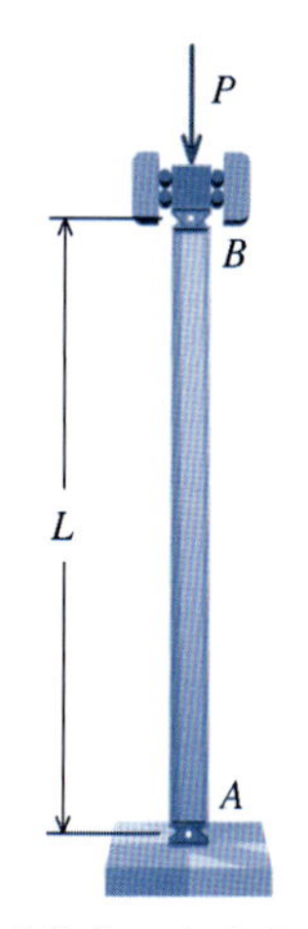

(*a*) Coluna indefinida

Da Equação (16.2), k pode ser expresso como

$$k = \sqrt{\frac{P}{EI}}$$

Essa expressão para k pode ser substituída na Equação (e) para fornecer

$$\sqrt{\frac{P}{EI}}L = n\pi$$

e fornecer o valor da carga P:

$$P = \frac{n^2\pi^2EI}{L^2} \qquad n = 1,2,3,... \tag{16.4}$$

CARGA DE FLAMBAGEM DE EULER E MODOS DE FLAMBAGEM

O objetivo desta análise é determinar a carga mínima P para a qual ocorrem deflexões laterais na coluna; portanto, a menor carga P que causa flambagem ocorre para $n = 1$ na Equação (f) uma vez que ela fornece o valor mínimo de P para uma solução não trivial. Essa carga é chamada carga crítica de flambagem, P_{cr}, para uma coluna com apoios (pinos) nas extremidades:

$$P_{cr} = \frac{\pi^2EI}{L^2} \tag{16.5}$$

A carga crítica para uma coluna ideal é conhecida como **carga de flambagem de Euler**, em homenagem ao matemático suíço Leonhard Euler (1707-1783), que publicou a primeira solução para a flambagem de colunas longas e esbeltas em 1757. A Equação (16.5) é conhecida também como a **fórmula de Euler**.

A Equação (e) pode ser substituída na Equação (16.3) para descrever a configuração deformada da coluna sob flambagem:

$$v = C_1 \,\text{sen}\, kx = C_1 \,\text{sen}\left(\frac{n\pi}{L}x\right) \qquad n = 1, 2, 3,... \tag{16.6}$$

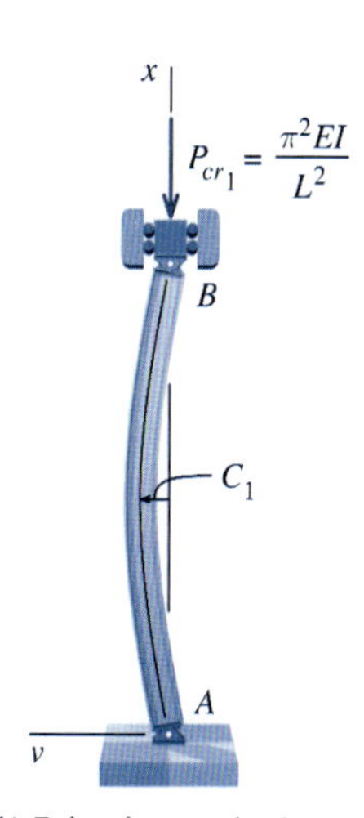

(*b*) Primeiro modo de flambagem ($n = 1$)

Uma coluna ideal sujeita a uma carga axial de compressão P é mostrada na Figura 16.4*a*. A configuração deformada da coluna sob flambagem correspondente à carga de flambagem de Euler dada na Equação (16.5) é mostrada na Figura 16.4*b*. Observe que os valores específicos para a constante C_1 não podem ser obtidos porque a posição deformada exata da coluna sob flambagem não é conhecida. Entretanto, admite-se que a deflexão é pequena. A configuração deformada é chamada *modo de vibração* e a configuração de flambagem correspondente a $n = 1$ na Equação (16.6) é chamada *primeiro modo de flambagem* (Figura 16.4*b*). Considerando maiores valores de n nas Equações (16.4) e (16.6), teoricamente é possível obter um número infinito de cargas críticas e modos de flambagem correspondentes. A carga crítica e o modo de vibração para o segundo modo de flambagem estão ilustrados na Figura 16.4*c*. A carga crítica para o segundo modo é quatro vezes maior do que a carga crítica do primeiro modo. Entretanto, as configurações de flambagem para os modos maiores não apresentam interesse prático uma vez que a coluna flamba depois de alcançar seu menor valor de carga crítica. Os modos de flambagem maiores só podem ser conseguidos fornecendo restrições laterais à coluna em locais intermediários para evitar a flambagem da coluna no primeiro modo.

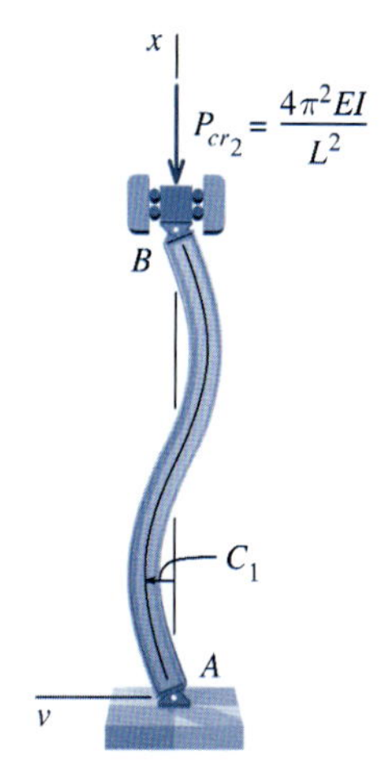

(*c*) Segundo modo de flambagem ($n = 2$)

FIGURA 16.4 Dois exemplos de modos de flambagem.

TENSÃO DE FLAMBAGEM DE EULER

A tensão normal em uma coluna sujeita à carga crítica é

$$\sigma_{cr} = \frac{P_{cr}}{A} = \frac{\pi^2 EI}{AL^2} \tag{f}$$

O *raio de giração* r é uma propriedade da seção definida como

$$r^2 = \frac{I}{A} \tag{16.7}$$

Se o momento de inércia I for substituído por Ar^2, a Equação (f) se torna

$$\sigma_{cr} = \frac{\pi^2 E(Ar^2)}{AL^2} = \frac{\pi^2 Er^2}{L^2} = \frac{\pi^2 E}{(L/r)^2} \tag{16.8}$$

A quantidade L/r é denominada *índice de esbeltez* e é determinada para o eixo em torno do qual a flambagem tende a ocorrer. Para uma coluna ideal com apoios nas extremidades e sem suporte intermediário para restringir a deflexão lateral, a flambagem ocorre em torno do eixo de momento de inércia mínimo (que também corresponde ao mínimo raio de giração).

Observe que a flambagem de Euler é um *fenômeno elástico*. Se a carga compressiva axial for removida de uma coluna ideal que flambou da maneira descrita aqui, a coluna retornará a sua configuração reta inicial. Na flambagem de Euler, a tensão crítica σ_{cr} permanece abaixo do limite de proporcionalidade do material.

Na Figura 16.5, são apresentados os gráficos da tensão de flambagem de Euler [Equação (16.8)] para o aço estrutural e para uma liga de alumínio. Como a flambagem de Euler é um fenômeno elástico, a Equação (16.8) só é valida quando a tensão crítica for menor do que o limite de proporcionalidade do material porque o desenvolvimento foi baseado na Lei de Hooke. Portanto, a linha horizontal é desenhada no gráfico na tensão do limite de proporcionalidade de 36 ksi para o aço estrutural e no limite de proporcionalidade de 60 ksi para a liga de alumínio e as respectivas curvas de tensão de Euler são truncadas nesses valores.

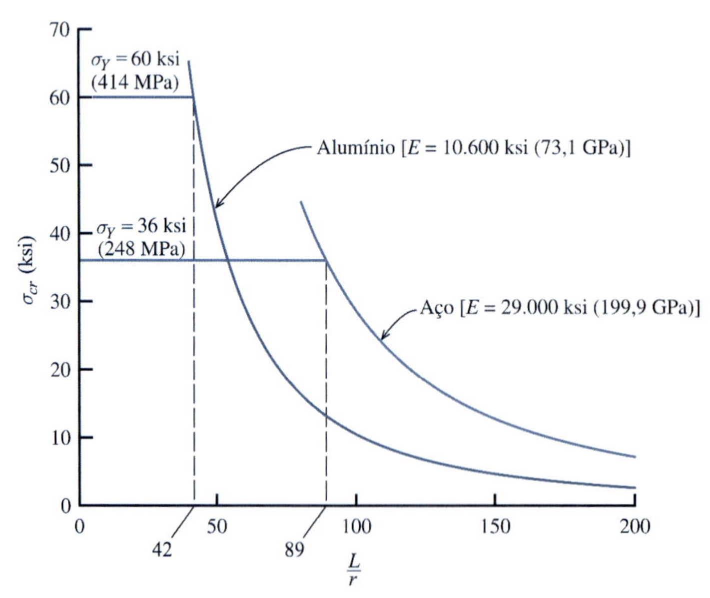

FIGURA 16.5 Gráficos da tensão de flambagem de Euler para o aço e uma liga de alumínio.

IMPLICAÇÕES DA FLAMBAGEM DE EULER

Um exame das Equações (16.5) e (16.8) revela várias implicações da flambagem de uma coluna com apoios ou pinos nas extremidades:

- A carga de flambagem de Euler é inversamente proporcional ao quadrado do comprimento da coluna. Portanto, a carga que causa a flambagem diminui rapidamente quando o comprimento da coluna aumenta.
- A única propriedade de material que aparece nas Equações (16.5) e (16.8) é o módulo de elasticidade E, que representa a *rigidez* do material. Um meio de aumentar a capacidade de carga de uma determinada coluna é usar um material com um maior valor de E.
- A flambagem ocorre em torno do eixo da seção transversal que corresponde ao *momento de inércia mínimo* (que também corresponde ao mínimo raio de giração). Portanto, geralmente é ineficiente selecionar um perfil que tenha grande diferença entre o momento de inércia máximo e o momento de inércia mínimo para ser usado em colunas. Essa ineficiência pode ser evitada se houver contraventamento (suporte) lateral adicional para restringir a deflexão lateral em torno do eixo mais fraco.
- Como a carga de Euler está diretamente relacionada com o momento de inércia I da seção transversal, com frequência a capacidade de suporte de carga de uma coluna pode ser melhorada sem o aumento da área de sua seção transversal empregando perfis tubulares de paredes finas. Seções estruturais de tubos ocos circulares e retangulares são particularmente eficientes no que diz respeito a isso. O raio de giração r definido na Equação (16.7) fornece uma boa medida da relação entre o momento de inércia e a área da seção transversal. Na escolha entre dois perfis com mesma área para serem usados em colunas, o perfil com maior raio de giração será capaz de suportar mais carga.
- A equação da carga de flambagem de Euler [Equação (16.5)] e a equação da tensão de flambagem de Euler [Equação (16.8)] dependem apenas do comprimento da coluna L, da rigidez do material (E) e das propriedades da seção transversal (I). A carga crítica de flambagem é independente da resistência do material. Por exemplo, considere duas hastes redondas de aço que possuam mesmo diâmetro e mesmo comprimento, mas diferentes resistências. Como os valores de E, I e L são os mesmos para ambas as hastes, as cargas de flambagem de Euler para as duas hastes serão idênticas. Portanto, nesse caso não há vantagem em usar o aço de alta resistência (que provavelmente é mais caro) em vez do aço de baixa resistência.

A carga de flambagem de Euler dada conforme a Equação (16.5) concorda bem com o ensaio apenas para colunas "longas" para as quais o índice de esbeltez L/r é alto, normalmente maior do que 140 para colunas de aço. Enquanto o elemento comprimido "curto" pode ser tratado da maneira explicada no Capítulo 1, as colunas mais utilizadas possuem comprimento "intermediário" e, portanto, nenhuma solução é aplicável. Essas colunas de comprimento intermediário são analisadas por fórmulas empíricas descritas nas últimas seções. O índice de esbeltez é o parâmetro principal utilizado para classificar as colunas como longas, intermediárias e curtas.

EXEMPLO 16.1

Uma barra de alumínio retangular de 15 mm por 25 mm é usada como elemento estrutural longo comprimido. As extremidades do elemento estrutural comprimido são apoiadas. Determine o índice de esbeltez e a carga de flambagem de Euler para o elemento estrutural comprimido. Admita $E = 70$ GPa.

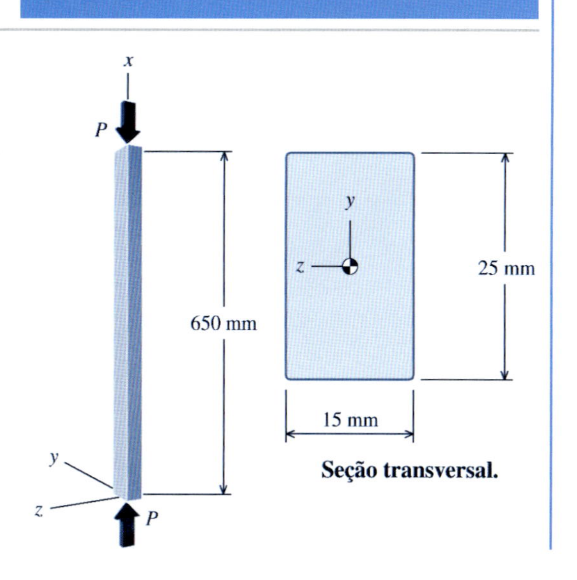

Seção transversal.

Planejamento da Solução

A barra de alumínio flambará em torno do mais fraco dentre os dois eixos principais para a forma de seção transversal do elemento estrutural comprimido analisado aqui. O menor momento de inércia para a seção transversal ocorre em torno do eixo y; portanto, sob a carga crítica P_{cr}, a flambagem produzirá a flexão do elemento estrutural comprimido no plano x–z.

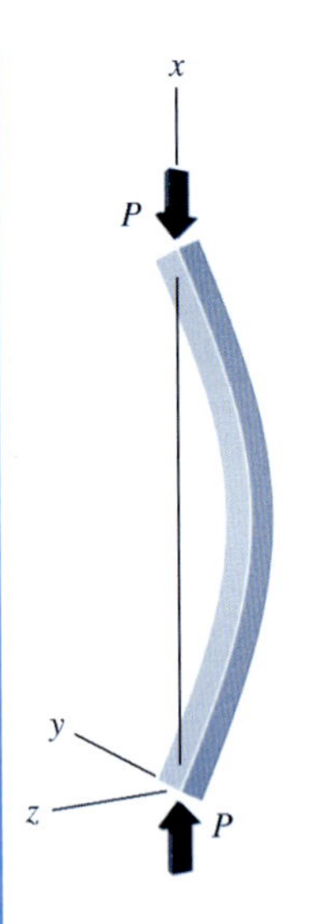

SOLUÇÃO

A área da seção transversal do elemento estrutural comprimido é $A = (15\text{ mm})(25\text{ mm}) = 375\text{ mm}^2$ e seu momento de inércia em torno do eixo y é

$$I_y = \frac{(25\text{ mm})(15\text{ mm})^3}{12} = 7.031{,}25\text{ mm}^4$$

O índice de esbeltez é igual ao comprimento da coluna dividido por seu raio de giração. Para essa seção transversal, o raio de giração em relação ao eixo y é

$$r_y = \sqrt{\frac{I_y}{A}} = \sqrt{\frac{7.031{,}25\text{ mm}^4}{375\text{ mm}^2}} = 4{,}330\text{ mm}$$

e, portanto, o índice de esbeltez para a flambagem em torno do eixo y é

$$\frac{L}{r_y} = \frac{650\text{ mm}}{4{,}330\text{ mm}} = 150{,}1$$ **Resp.**

Nota: Nesse caso, o índice de esbeltez não é necessário para a determinação da carga de flambagem de Euler; entretanto, o índice de esbeltez é um parâmetro importante usado em muitas fórmulas empíricas de colunas.

A carga de flambagem de Euler para esse elemento estrutural comprimido pode ser calculada pela Equação (16.5):

$$P_{cr} = \frac{\pi^2 EI}{L^2} = \frac{\pi^2(70.000\text{ N/mm}^2)(7.031{,}25\text{ mm}^4)}{(650\text{ mm})^2} = 11.498\text{ N}$$

$$= 11{,}50\text{ kN}$$ **Resp.**

Quando o elemento estrutural comprimido flambar, ele apresentará flexão no plano x–z conforme ilustrado.

EXEMPLO 16.2

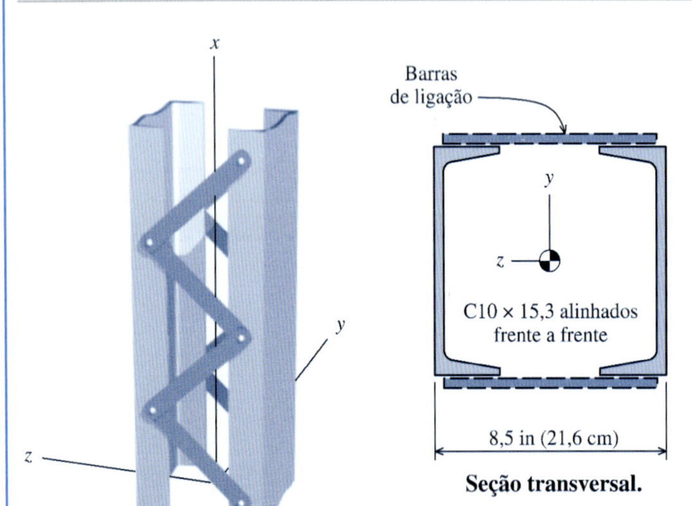

Seção transversal.

Uma coluna com 40 ft (12,19 m) de comprimento é fabricada conectando dois perfis C10 × 15,3 (veja as propriedades da seção transversal no Apêndice B) com barras de ligação conforme a ilustração. As extremidades da coluna são apoiadas. Determine a carga de flambagem de Euler para a coluna. Admita $E = 29.000$ ksi (199,9 GPa) para o aço.

Planejamento da Solução

A coluna é construída com dois perfis canal padronizados de aço. As barras de ligação servem apenas para conectar os dois perfis canal de forma que trabalhem como um único elemento estrutural. Eles não melhoram a resistência à compressão da coluna. Que eixo principal da seção transversal é o eixo forte e que eixo é o fraco? Isso não fica evidente por inspeção visual; portanto, para iniciar devem ser calculados os momentos de inércia em torno dos eixos principais. Como ambas as extremidades da coluna são apoiadas, a flambagem irá acontecer em torno do eixo que corresponde ao menor momento de inércia.

SOLUÇÃO

As seguintes propriedades de um perfil padrão C10 × 15,3 de aço são dadas no Apêndice B:

$$A = 4{,}48 \text{ in}^2$$
$$I_x = 67{,}3 \text{ in}^4$$
$$I_y = 2{,}27 \text{ in}^4$$
$$\bar{x} = 0{,}634 \text{ in}$$

Do Apêndice B.

No Apêndice B, o eixo X–X é o eixo forte para o perfil e o eixo Y–Y é o eixo fraco. Para o sistema de coordenadas definido neste problema, o eixo X–X será denominado eixo z' e o eixo Y–Y será denominado eixo y'.

A área da seção transversal da coluna composta é igual a duas vezes a área de um perfil canal isolado:

$$A = 2(4{,}48 \text{ in}^2) = 8{,}96 \text{ in}^2$$

O momento de inércia em torno do eixo z da coluna composta também é igual ao dobro do momento de inércia de um perfil simples em torno do eixo forte (isto é, o eixo z'):

$$I_z = 2(67{,}3 \text{ in}^4) = 134{,}6 \text{ in}^4$$

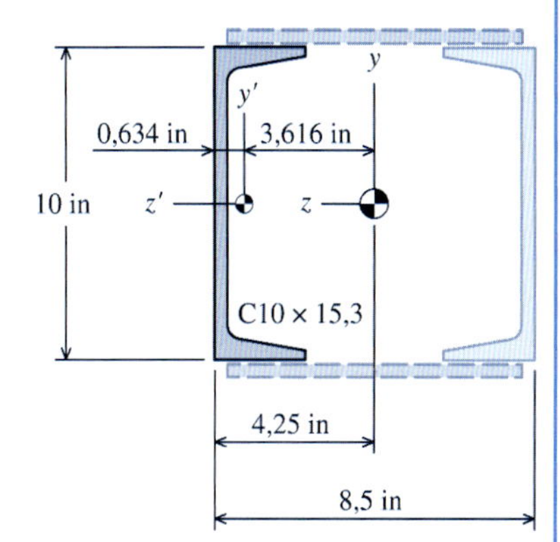

O momento de inércia da coluna composta em torno do eixo y deve ser calculado usando o teorema dos eixos paralelos. A distância horizontal do eixo baricêntrico y para toda a seção transversal até a parte traseira de um perfil é 4,25 in. A distância da parte traseira de um perfil até seu eixo baricêntrico y' é dado no Apêndice B como 0,634 in. Portanto, a distância entre o eixo baricêntrico de toda a seção e o eixo baricêntrico de um perfil isolado é igual à diferença: 4,25 in − 0,634 in = 3,616 in. Essa distância é mostrada na figura.

Usando o teorema dos eixos paralelos, o momento de inércia do perfil composto em torno de seu eixo baricêntrico y pode ser calculado como

$$I_y = 2[2{,}27 \text{ in}^4 + (3{,}616 \text{ in})^2(4{,}48 \text{ in})^2] = 121{,}6961 \text{ in}^4$$

Como $I_y < I_z$, a coluna composta flambará em torno do eixo y.

A carga de flambagem de Euler é calculada pela Equação (16.5):

$$P_{cr} = \frac{\pi^2 EI}{L^2} = \frac{\pi^2(29.000 \text{ ksi})(121{,}6961 \text{ in}^4)}{[(40 \text{ ft})(12 \text{ in/ft})]^2} = 151{,}2 \text{ kip (673 kN)}$$ **Resp.**

PROBLEMAS

P16.1 Determine o índice de esbeltez e a carga de flambagem de Euler para barras redondas de madeira que possuem 1 m de comprimento e um diâmetro de:

(a) 16 mm.
(b) 25 mm.

Admita E = 10 GPa.

P16.2 Um tubo de liga de alumínio com diâmetro externo de 3,50 in (88,9 mm) e espessura de parede de 0,30 in (7,62 mm) é usado como uma coluna com 14 ft (4,27 m) de comprimento. Admita que E = 10.000 ksi (68,9 GPa) e que são usados apoios com pinos em cada extremidade da coluna. Determine o índice de esbeltez e a carga de flambagem de Euler para a coluna.

P16.3 Um perfil WT8 × 25 de aço estrutural (veja as propriedades da seção transversal no Apêndice B) é usado para uma coluna de 20 ft (6,10 m). Admita que existam apoios com pinos em cada extremidade da coluna. Determine:

(a) o índice de esbeltez.
(b) a carga de flambagem de Euler; use E = 29.000 ksi (199,9 GPa) para o aço.
(c) a tensão normal (axial) na coluna quando a carga de Euler for aplicada.

P16.4 Um perfil WT205 × 30 de aço estrutural (veja as propriedades da seção transversal no Apêndice B) é usado para uma coluna de 6,5 m. Admita que existam apoios com pinos em cada extremidade da coluna. Determine:

(a) o índice de esbeltez.
(b) a carga de flambagem de Euler; use E = 29.000 ksi (199,9 GPa) para o aço.
(c) a tensão normal (axial) na coluna quando a carga de Euler for aplicada.

P16.5 Determine a carga máxima de compressão que uma coluna de perfil de aço estrutural HSS6 × 4 × 1/4 (veja as propriedades da seção transversal no Apêndice B) pode suportar se possuir 24 ft (7,32m) de comprimento e for especificado um coeficiente de segurança de 1,92. Use E = 29.000 ksi (199,9 GPa) para o aço.

P16.6 Determine a carga máxima de compressão que uma coluna de perfil de aço estrutural HSS254 × 152,4 × 12,7 (veja as propriedades da seção transversal no Apêndice B) pode suportar se possuir 9 m de comprimento e for especificado um coeficiente de segurança de 1,92. Use $E = 200$ GPa para o aço.

P16.7 Dois perfis C12 × 25 (veja as propriedades de sua seção transversal no Apêndice B) são usados para uma coluna de 35 ft (10,67 m) de comprimento. Admita que existam apoios com pinos em cada uma das extremidades da coluna e use $E = 29.000$ ksi (199,9 GPa) para o aço. Determine a carga total de compressão exigida para a flambagem dos dois elementos estruturais se:

(a) estiverem independentes entre si.
(b) estiverem ligados por suas partes traseiras conforme a Figura P16.7.

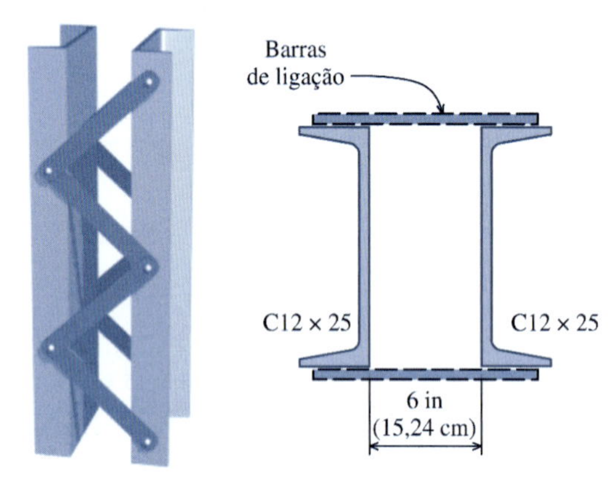

FIGURA P16.7

P16.8 Duas cantoneiras L5 × 3 × 1/2 de aço estrutural (veja as propriedades de sua seção transversal no Apêndice B) são usadas como um elemento comprimido com 20 ft (6,10 m) de comprimento. As cantoneiras são separadas em intervalos por blocos espaçadores e conectadas por parafusos, conforme a Figura P16.8, que assegura a atuação do conjunto de duas cantoneiras como um único elemento estrutural. Admita que existam apoios com pinos em cada uma das extremidades da coluna e use $E = 29.000$ ksi (199,9 GPa) para o aço. Determine a carga de flambagem de Euler para a coluna de duas cantoneiras se a espessura dos blocos espaçadores for de:

(a) 0,25 in (6,35 mm).
(b) 0,75 in (1,91 mm).

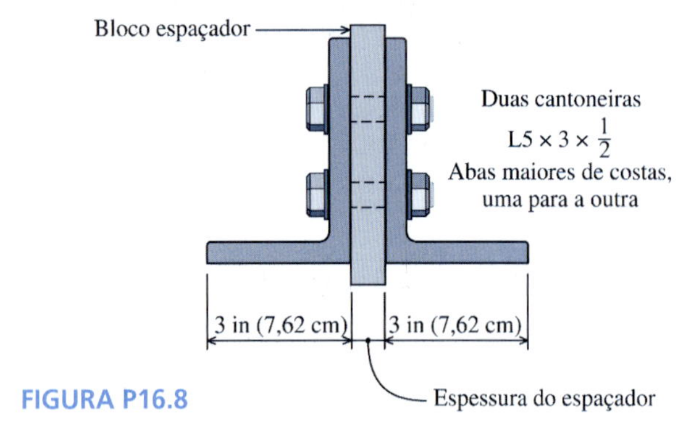

FIGURA P16.8

P16.9 Duas cantoneiras L102 × 76 × 9,5 de aço estrutural (veja as propriedades de sua seção transversal no Apêndice B) são usadas como um elemento comprimido com 4,5 m de comprimento. As cantoneiras são separadas em intervalos por blocos espaçadores e conectadas por parafusos, conforme a Figura P16.9, que assegura a atuação do conjunto de duas cantoneiras como um único elemento estrutural. Admita que existam apoios com pinos em cada uma das extremidades da coluna e use $E = 200$ GPa para o aço. Determine a carga de flambagem de Euler para a coluna de duas cantoneiras se a espessura dos blocos espaçadores for de:

(a) 5 mm.
(b) 20 mm

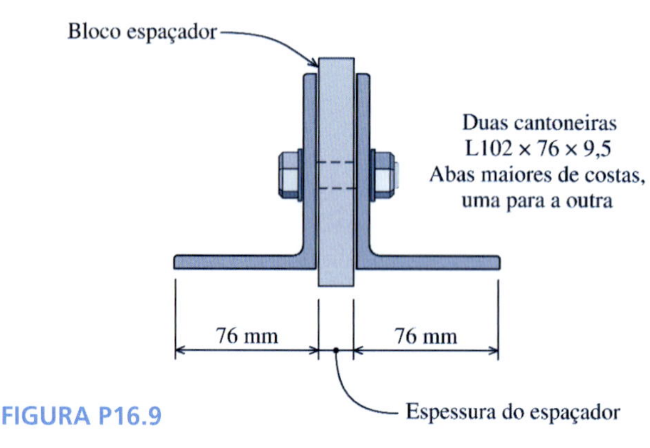

FIGURA P16.9

P16.10 Uma haste maciça de aço laminado a frio, com 0,5 in (12,7 mm) de diâmetro está presa a apoios fixos por meio de pinos em A e B, conforme a Figura P16.10. O comprimento da haste é $L = 24$ in (61,0 cm), seu módulo de elasticidade é $E = 30.000$ ksi (207 GPa) e seu coeficiente de dilatação térmica é $\alpha = 6{,}6 \times 10^{-6}$/°F ($11{,}9 \times 10^{-6}$/°C). Determine o aumento de temperatura ΔT que fará com que a haste flambe.

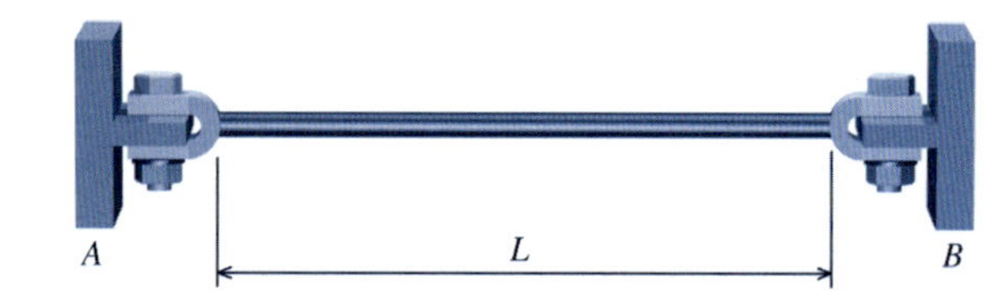

FIGURA P16.10

P16.11 A viga rígida ABC é suportada por um pino na conexão em A e por um poste de madeira conectado por pinos em B e D, conforme a Figura P16.11/12. Uma carga distribuída de $w = 2$ kip/ft (29,2 kN/m) age na viga de 14 ft (4,27 m) de comprimento, que apresenta as dimensões $x_1 = 8$ ft (2,44 m) e $x_2 = 6$ ft (1,83 m). O poste de madeira tem comprimento $L = 10$ ft (3,05 m), módulo de elasticidade $E = 1.800$ ksi (12,4 GPa) e seção transversal quadrada. Se for especificado um coeficiente de segurança de 2,0 em relação à flambagem, determine a largura mínima exigida para o poste quadrado.

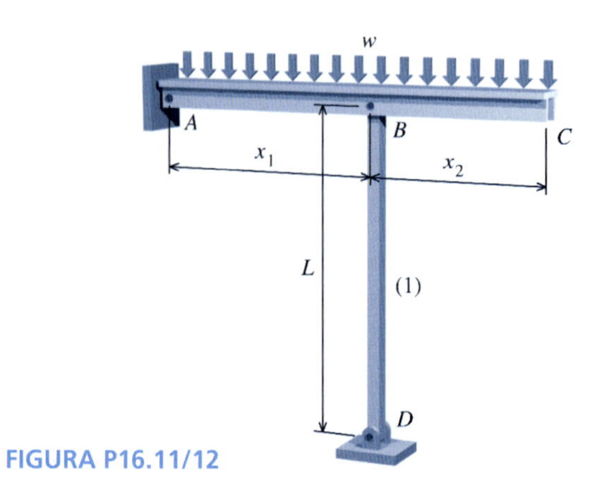

FIGURA P16.11/12

P16.12 A viga rígida *ABC* é suportada por um pino na conexão em *A* e por um poste quadrado de madeira, com 180 mm por 180 mm, conectado por pinos em *B* e *D*, conforme a Figura P16.11/12. Os valores dos comprimentos da viga são $x_1 = 3{,}6$ m e $x_2 = 2{,}8$ m. O poste de madeira tem comprimento $L = 4$ m e módulo de elasticidade $E = 12$ GPa. Se for especificado um coeficiente de segurança de 2,0 em relação à flambagem, determine o valor da maior carga distribuída *w* que pode ser suportada pela viga.

P16.13 A viga rígida *ABC* é suportada por um pino na conexão em *C* e por uma escora inclinada, conectada por pinos em *B* e *D*, conforme a Figura 16.13*a*. A escora é fabricada a partir de duas barras de aço [E = 200 GPa], que possuem 70 mm de largura e 15 mm de espessura. Entre *B* e *D*, as barras são separadas e conectadas por dois blocos espaçadores, que possuem 25 mm de espessura. A seção transversal da escora é mostrada na Figura P16.13*b*. Determine:

(a) a força de compressão que surge na escora *BD* em consequência das cargas que agem na viga rígida.
(b) os índices de esbeltez da escora em torno do eixo forte e do eixo fraco.
(c) o coeficiente de segurança mínimo da escora em relação à flambagem.

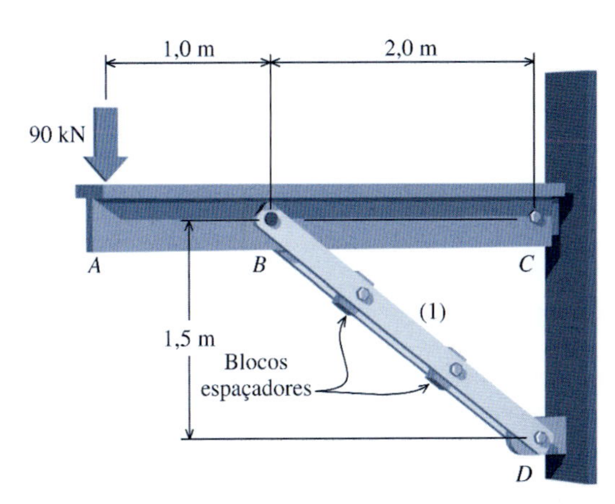

FIGURA P16.13*a*

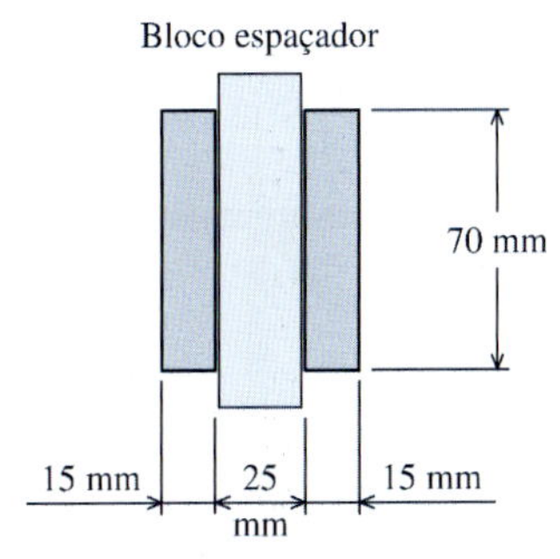

FIGURA P16.13*b*

P16.14 Uma viga rígida é suportada por um pino na conexão em *B* e por uma escora inclinada, conectada por pinos em *A* e *C*, conforme ilustra a Figura P16.14*a*. A escora é fabricada a partir de duas cantoneiras L102 × 76 × 9,4 de aço [E = 200 GPa], que estão orientadas de modo que as partes traseiras de suas abas maiores estejam voltadas, uma para a outra, conforme a Figura P16.14*b*. As cantoneiras são separadas e conectadas por blocos espaçadores, que possuem 30 mm de espessura. Determine:

(a) a força de compressão que surge na escora em consequência das cargas que agem na viga.
(b) os índices de esbeltez da escora em torno do eixo forte e do eixo fraco do conjunto de duas cantoneiras.
(c) o coeficiente de segurança mínimo da escora em relação à flambagem.

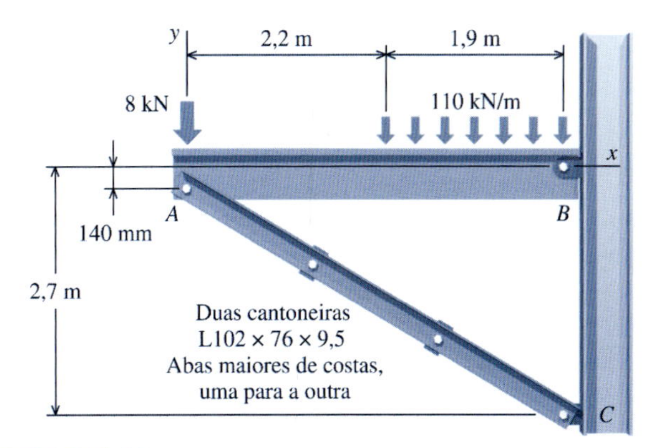

FIGURA P16.14*a*

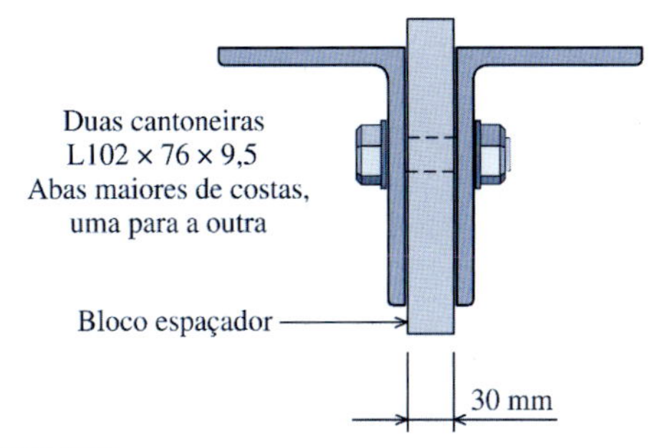

FIGURA P16.14*b*

P16.15 Na Figura P16.15, a barra rígida *ABC* é suportada por uma barra (1) conectada por pinos. A barra (1) tem 1,50 in (3,81 cm) de largura e 1,00 in (2,54 cm) de espessura e é feita de alumínio, que tem módulo de elasticidade E = 10.000 ksi (68,9 GPa). Determine o valor absoluto da maior carga *P* que pode ser aplicada à barra rígida sem que ocorra a flambagem do elemento estrutural (1).

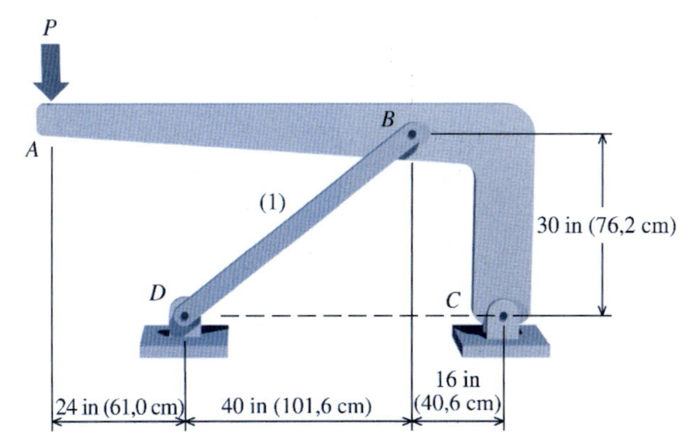

FIGURA P16.15

P16.16 Os elementos da treliça mostrada na Figura P16.16 são tubos de alumínio que possuem diâmetro externo de 4,50 in (114,3 mm), espessura de parede de 0,237 in (6,02 mm) e módulo de elasticidade E = 10.000 ksi (68,9 GPa). Determine o valor absoluto da maior carga *P* que pode ser aplicada à treliça sem que ocorra a flambagem de qualquer um de seus elementos.

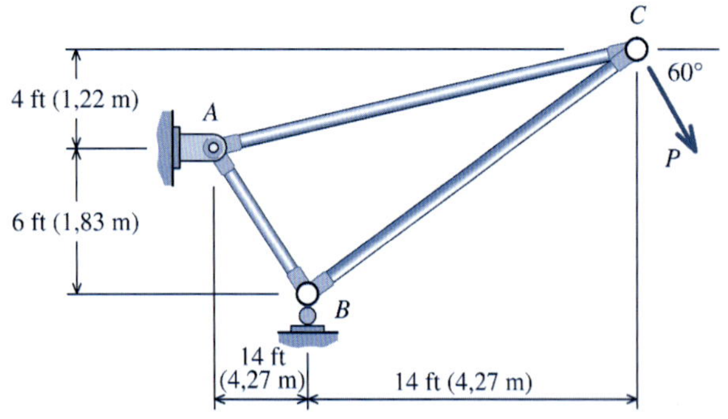

FIGURA P16.16

P16.17 O conjunto mostrado na Figura P16.17/18 consiste em duas hastes maciças de aço (1) e (2), com 50 mm de diâmetro [E = 200 GPa]. Admita que as hastes estejam conectadas por pinos e que o nó B tenha translação na direção z impedida. É exigido um coeficiente de segurança mínimo de 3,0 para a capacidade de flambagem de cada haste. Determine a máxima carga P admissível que pode ser suportada pelo conjunto.

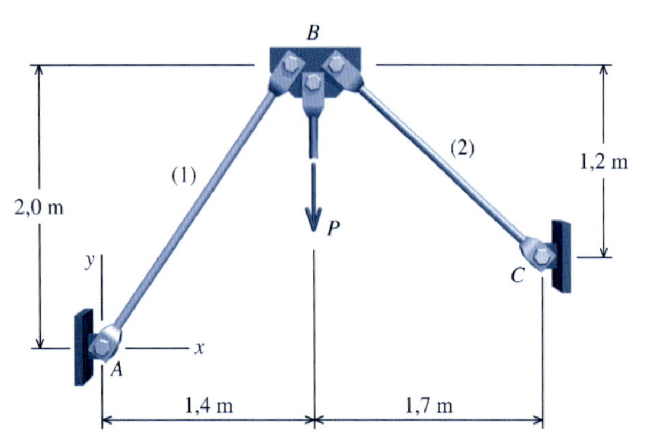

FIGURA P16.17/18

P16.18 O conjunto mostrado na Figura P16.17/18 consiste em duas hastes circulares maciças de aço (1) e (2), com 50 mm de diâmetro [E = 200 GPa]. Admita que as hastes estejam conectadas por pinos e que o nó B tenha translação na direção z impedida. Se for aplicada uma carga P = 60 kN ao conjunto, determine os diâmetros mínimos das hastes se for exigido um coeficiente de segurança mínimo de 3,0 para cada haste.

P16.19 Uma estrutura consistindo em um tirante (1) e uma escora tubular (2) é usada para suportar uma carga de 80 kip (356 kN), que está aplicada no nó B. A escora (2) é um tubo de aço [E = 29.000 ksi (199,9 GPa)], com pinos nas suas extremidades e com diâmetro externo de 8,625 in (219,0 mm) e espessura de parede de 0,322 in (8,18 mm). Para o carregamento mostrado na Figura P16.19, determine o coeficiente de segurança do elemento estrutural (2) em relação à flambagem.

P16.20 Um tirante (1) e um perfil WT (2) de aço estrutural são usados para suportar uma carga P conforme a Figura P16.20. O tirante (1) é uma haste de aço com 1,125 in (28,6 mm) de diâmetro e o elemento (2) é um perfil WT8 × 20 orientado de forma que a alma do T está voltada para cima. Tanto o tirante como o perfil WT possuem módulo de elasticidade de 29.000 ksi (199,9 GPa) e tensão de escoamento 36 ksi (248 MPa). Determine a carga P máxima que pode ser aplicada à estrutura se forem especificados um coeficiente de segurança de 2,0 em relação à falha por escoamento e um coeficiente de segurança de 3,0 em relação à falha por flambagem.

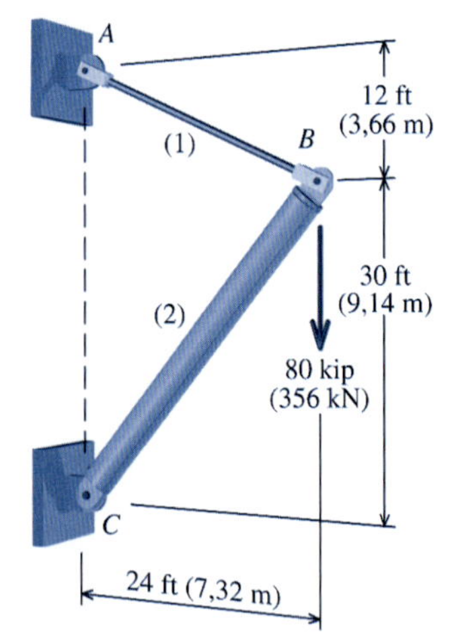

FIGURA P16.19

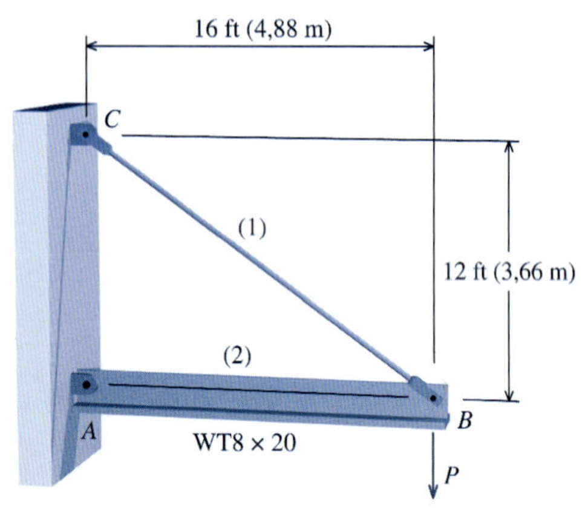

FIGURA P16.20

P16.21 Uma treliça simples de madeira, conectada por pinos, é carregada e suportada conforme a Figura P16.21. Os elementos da treliça são barras de pinho Douglas que possuem seção transversal quadrada de 3,5 in (88,9 mm) por 3,5 in (88,9 mm) e módulo de elasticidade E = 1.600 ksi (11,03 GPa). Considere todas as barras comprimidas e determine o coeficiente de segurança mínimo para a treliça em relação à falha por flambagem.

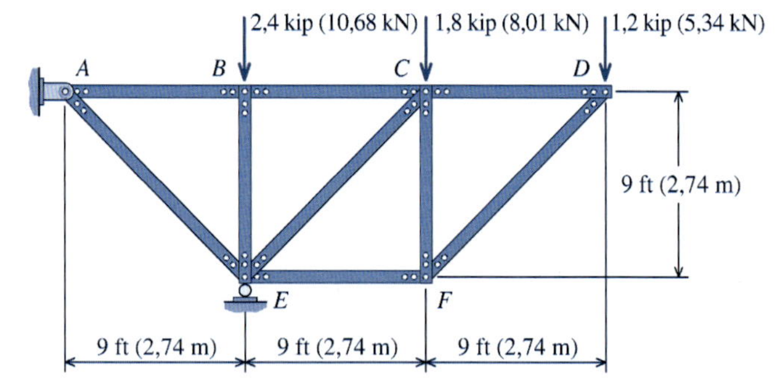

FIGURA P16.21

16.22 Uma treliça simples conectada por pinos é carregada e suportada conforme a Figura P16.22. Todos os elementos da treliça são tubos de alumínio [E = 10.000 ksi (68,9 GPa)] com diâmetro externo de 4,00 in (101,6 mm) e espessura de parede de 0,226 in (5,74 mm). Considere todas as barras comprimidas e determine o coeficiente de segurança mínimo para a treliça em relação à falha por flambagem.

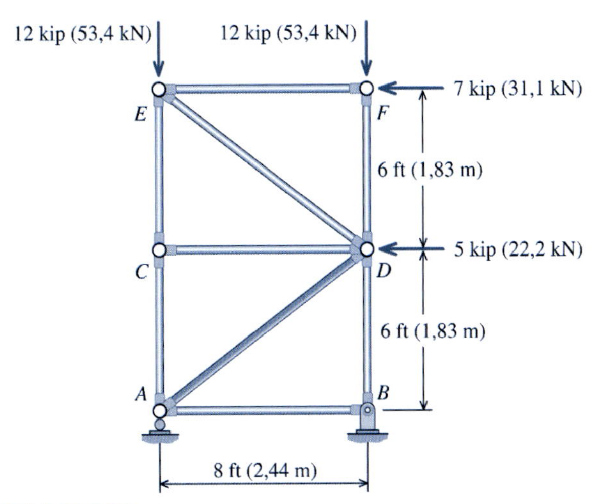

FIGURA P16.22

P16.23 Uma treliça simples de madeira, conectada por pinos, é carregada e suportada conforme a Figura P16.23. Os elementos da treliça são barras de pinho Douglas que possuem seção transversal quadrada de 150 mm por 150 mm e módulo de elasticidade $E = 11$ GPa. Considere todas as barras comprimidas e determine o coeficiente de segurança mínimo para a treliça em relação à falha por flambagem.

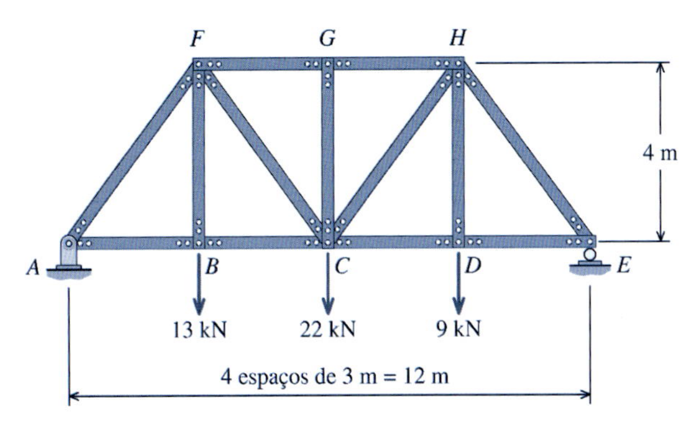

FIGURA P16.23

P16.24 Uma treliça simples conectada por pinos é carregada e suportada conforme a Figura P16.24. Todos os elementos da treliça são tubos de alumínio [$E = 70$ GPa] com diâmetro externo de 50 mm e espessura de parede de 5 mm. A tensão de escoamento do alumínio é 250 MPa. Determine a carga máxima P que pode ser aplicada à estrutura se forem especificados um coeficiente de segurança de 2,0 em relação à falha por escoamento e um fator de segurança de 3,0 em relação à falha por flambagem.

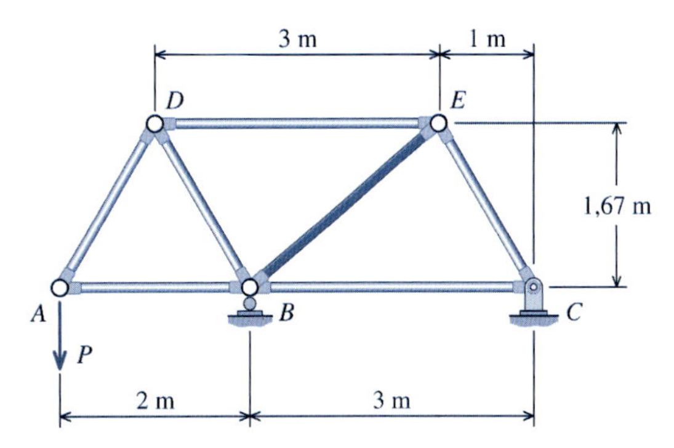

FIGURA P16.24

P16.25 Uma treliça simples conectada por pinos é carregada e suportada conforme a Figura P16.25. Todos os elementos da treliça são tubos de aço [$E = 200$ GPa] com diâmetro externo de 140 mm e espessura de parede de 10 mm. A tensão de escoamento do aço é 250 MPa. Determine o valor máximo de P que pode ser aplicado à estrutura se forem especificados um coeficiente de segurança de 2,0 em relação à falha por escoamento e um fator de segurança de 3,0 em relação à falha por flambagem.

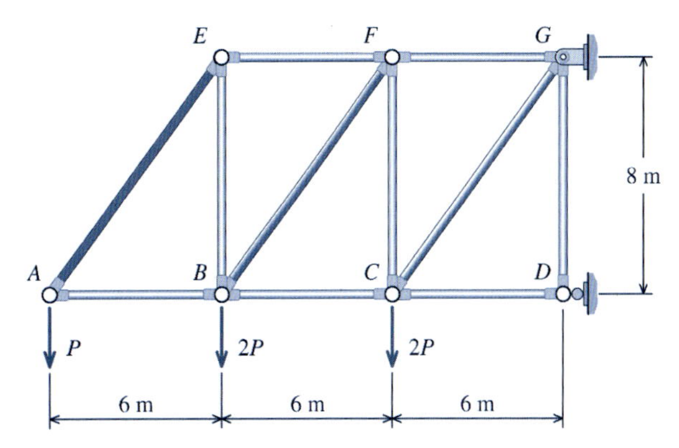

FIGURA P16.25

16.3 O EFEITO DAS CONDIÇÕES DE EXTREMIDADE NA FLAMBAGEM DE COLUNAS

A fórmula de flambagem de Euler expressa pela Equação (16.5) ou pela Equação (16.8) foi desenvolvida para uma coluna ideal com apoios (ou pinos) nas extremidades (isto é, extremidades com momento nulo e livres para girar, mas com translação restrita). Frequentemente, as colunas são apoiadas de outras maneiras e essas condições de extremidade diferentes causam um efeito significativo na carga sob a qual ocorre a flambagem. Nesta seção, será examinado o efeito de diferentes *condições idealizadas de extremidade* sobre a carga crítica de flambagem para uma coluna.

A carga crítica de flambagem para colunas com várias combinações de condições de extremidade pode ser determinada usando o mesmo procedimento adotado na Seção 16.2 para analisar uma coluna com apoios nas extremidades. Em geral, admite-se que a coluna esteja em uma condição de flambagem e obtém-se uma expressão para o momento fletor interno da coluna flambada. Dessa equação de equilíbrio, pode ser expressa uma equação diferencial da curva elástica usando a relação momento-curvatura [Equação (10.1)]. A equação diferencial pode ser resolvida com as condições de contorno pertinentes ao conjunto específico de condições de extremidade e, dessa solução, a carga crítica de flambagem e a configuração deformada da coluna podem ser determinadas.

Para ilustrar esse procedimento, será analisada a coluna com um engaste e um apoio (pino) nas extremidades (coluna engastada-apoiada), mostrada na Figura 16.6*a* para determinar a carga crítica de flambagem e a configuração deformada da coluna. A seguir, será apresentado o *conceito de comprimento efetivo*. Esse conceito fornece uma maneira conveniente de determinar a carga crítica de flambagem para colunas com várias condições de extremidade.

CONFIGURAÇÃO DE FLAMBAGEM

O suporte fixo em A impede tanto a translação como a rotação da coluna em sua extremidade inferior. O apoio com pino em B impede a translação na direção y, mas permite que a coluna gire em sua extremidade superior. Quando a coluna flambar, deverá surgir uma reação momento M_A porque a rotação em A está impedida. Com base nessas restrições, a configuração de flambagem da coluna pode ser esquematizada conforme a ilustração da Figura 16.6*b*. O valor da carga crítica P_{cr} e a configuração da coluna durante a flambagem serão determinados com base na análise dessa configuração deformada.

EQUILÍBRIO DA COLUNA SOB FLAMBAGEM

A Figura 16.6*c* mostra um diagrama de corpo livre de toda a coluna durante a flambagem. O somatório das forças na direção vertical fornece $A_x = P$. O somatório dos momentos em torno de A revela que deve existir a força de reação horizontal B_y na extremidade superior da coluna em consequência da reação momento M_A no suporte fixo (engaste). A presença de B_y necessita, por sua vez, de uma força de reação horizontal A_y na base da coluna para satisfazer o equilíbrio de forças na direção horizontal.

A seguir, examine um diagrama de corpo livre seccionado a uma distância x da origem (Figura 16.6*d*). Poderíamos considerar tanto a parte inferior como a parte superior da coluna, mas aqui levaremos em consideração a parte superior da coluna para a análise que se segue.

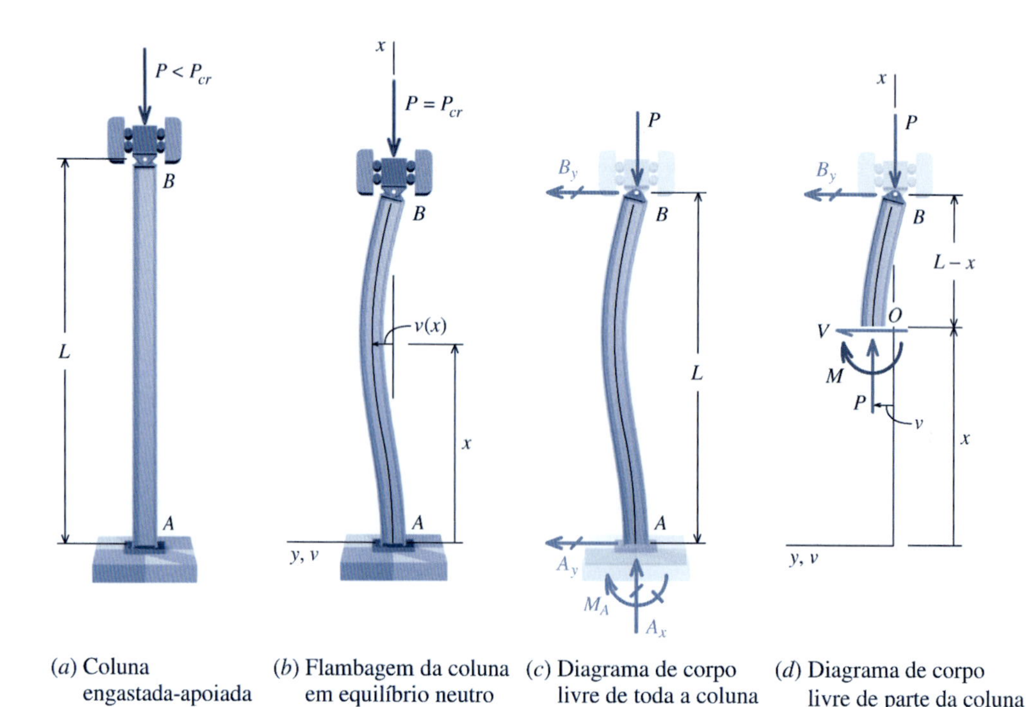

FIGURA 16.6 Flambagem de uma coluna engastada-apoiada.

EQUAÇÃO DIFERENCIAL PARA A FLAMBAGEM DA COLUNA

Na coluna sob flambagem da Figura 16.6*d*, tanto a deflexão da coluna v como o momento fletor interno M são mostrados em suas direções positivas. Do diagrama de corpo livre na Figura 16.6*d*, a soma dos momentos em torno da superfície exposta O é

$$\Sigma M_O = -M - Pv + B_y(L - x) = 0 \quad \text{(a)}$$

Da Equação (10.1), a relação momento-curvatura (admitindo pequenos deslocamentos) pode ser expressa como

$$M = EI\frac{d^2v}{dx^2} \quad \text{(b)}$$

que pode ser substituída na Equação (a) para fornecer

$$EI\frac{d^2v}{dx^2} + Pv = B_y(L - x) \quad (16.9)$$

Dividindo ambos os lados da Equação (16.9) por EI e mais uma vez substituindo o termo $k^2 = P/EI$, a equação diferencial para a coluna engastada-apoiada pode ser expressa como

$$\frac{d^2v}{dx^2} + k^2v = \frac{B_y}{EI}(L - x) \quad (16.10)$$

A Equação (16.10) é uma equação diferencial ordinária não homogênea de segunda ordem com coeficientes constantes que têm como condições de contorno $v(0) = 0$, $v'(0) = 0$ e $v(L) = 0$.

SOLUÇÃO DA EQUAÇÃO DIFERENCIAL

A solução geral da Equação (16.10) é

$$v = C_1 \operatorname{sen} kx + C_2 \cos kx + \frac{B_y}{P}(L - x) \quad (16.11)$$

na qual os dois primeiros termos são a solução homogênea (que é idêntica à solução homogênea para a coluna apoiada-apoiada) e o terceiro termo é a solução particular. As constantes C_1 e C_2 devem ser determinadas usando as condições de contorno. Da condição de contorno $v(0) = 0$, obtemos

$$0 = C_1 \operatorname{sen}(0) + C_2 \cos(0) + \frac{B_y}{P}(L) = C_2 + \frac{B_yL}{P} \quad \text{(c)}$$

Da condição de contorno $v(L) = 0$, obtemos

$$0 = C_1 \operatorname{sen}(kL) + C_2 \cos(kL) + \frac{B_y}{P}(L - L)$$

que pode ser simplificada para

$$0 = C_1 \tan(kL) + C_2 \quad \text{(d)}$$

A derivada da Equação (16.11) em relação a x é

$$\frac{dv}{dx} = C_1 k \cos kx - C_2 k \operatorname{sen} kx - \frac{B_y}{P}$$

Com base na condição de contorno $v'(0) = 0$, obtém-se a seguinte expressão:

$$0 = C_1 k \cos(0) - C_2 k \operatorname{sen}(0) - \frac{B_y}{P} = C_1 k - \frac{B_y}{P} \quad \text{(e)}$$

Para obter uma solução não trivial, B_y é eliminado das Equações (c) e (e) para que seja obtida uma expressão para C_2. Da Equação (e), $B_y = C_1 kP$ e essa expressão pode ser substituída na Equação (c) para fornecer

$$C_2 = -\frac{B_y L}{P} = -\frac{C_1 kPL}{P} = -C_1 kL \tag{f}$$

Com a substituição desse resultado na Equação (d), obtém-se a seguinte expressão:

$$0 = C_1 \tan(kL) + C_2 = C_1 \tan(kL) - C_1 kL$$

que pode ser simplificada para

$$\tan(kL) = kL \tag{16.12}$$

A solução da Equação (16.12) fornece a carga crítica de flambagem para uma coluna engastada-apoiada. Como essa é uma solução transcendental, não é possível obter uma solução explícita. Entretanto, a solução dessa equação pode ser determinada numericamente:

$$kL = 4{,}4934 \tag{g}$$

Observe que há interesse aqui apenas no menor valor de kL que satisfaz a Equação (16.12). Como $k^2 = P/EI$, a Equação (g) pode então ser expressa como

$$\sqrt{\frac{P}{EI}}L = 4{,}4934$$

e resolvida para exprimir o valor da carga de flambagem P_{cr}:

$$P_{cr} = \frac{20{,}1907EI}{L^2} = \frac{2{,}0457\pi^2 EI}{L^2} \tag{16.13}$$

A equação da coluna sob flambagem pode ser obtida pela substituição de $C_2 = -C_1 kL$ [Equação (f)] e de $B_y/P = C_1 k$ [da Equação (e)] na Equação (16.11) para obter

$$\begin{aligned} v &= C_1 \operatorname{sen} kx - C_1 kL \cos kx + C_1 k(L - x) \\ &= C_1[\operatorname{sen} kx - kL \cos kx + k(L - x)] \\ &= C_1 \left\{ \operatorname{sen}\left(\frac{4{,}4934x}{L}\right) + 4{,}4934\left[1 - \frac{x}{L} - \cos\left(\frac{4{,}4934x}{L}\right)\right]\right\} \end{aligned} \tag{16.14}$$

A expressão no interior dos colchetes é o modo de vibração do primeiro modo de flambagem para uma coluna engastada-apoiada. A constante C_1 não pode ser determinada; portanto, a amplitude da curva é indefinida, embora seja admitido que as deflexões sejam pequenas.

CONCEITO DE COMPRIMENTO EFETIVO

A carga de flambagem de Euler para uma coluna apoiada-apoiada foi

$$P_{cr} = \frac{\pi^2 EI}{L^2} \tag{16.5}$$

e a carga crítica de flambagem para uma coluna engastada-apoiada foi encontrada como

$$P_{cr} = \frac{2{,}0457\pi^2 EI}{L^2} \tag{16.13}$$

Uma comparação entre essas duas equações mostra que a forma da equação da carga crítica para uma coluna engastada-apoiada é aproximadamente igual à forma da equação da carga crítica de flambagem de Euler. As duas equações diferem apenas de uma constante. Essa similaridade sugere que é possível relacionar as cargas de flambagem de colunas com várias condições de extremidade com a carga de flambagem de Euler.

A carga crítica de flambagem para uma coluna engastada-apoiada de comprimento L é dada pela Equação (16.13) e essa carga crítica é maior do que a carga de flambagem de Euler para uma coluna com apoios (pinos) nas extremidades de mesmo comprimento L (admitindo que EI seja o mesmo para ambos os casos). *Que comprimento uma coluna equivalente com apoios (pinos) nas extremidades precisaria ter a fim de que a coluna apoiada-apoiada equivalente flambasse com a mesma carga crítica que a coluna real engastada-apoiada?* Vamos indicar por L o comprimento da coluna engastada-apoiada e por L_e o comprimento da coluna equivalente com apoios nas extremidades que flamba sob a mesma carga crítica. Igualando as duas cargas críticas tem-se

$$\frac{2.0457\pi^2 EI}{L^2} = \frac{\pi^2 EI}{L_e^2}$$

ou

$$L_e = 0{,}7L$$

Portanto, se o comprimento da coluna usado na equação da carga de flambagem de Euler fosse modificado para um *comprimento efetivo* de $L_e = 0{,}7L$, a carga crítica calculada pela Equação (16.5) seria idêntica à carga crítica usando o comprimento real da coluna na Equação (16.13). Essa ideia de relacionar a carga crítica de flambagem de colunas com várias condições de extremidade com a carga de flambagem de Euler é conhecida como o **conceito de comprimento efetivo**.

O comprimento efetivo L_e para qualquer coluna é definido como o comprimento da coluna equivalente com apoios nas extremidades. *Qual o significado de equivalente nesse contexto?* Uma coluna equivalente com apoios nas extremidades tem a mesma carga crítica de flambagem e a mesma configuração deformada que toda ou parte da coluna real.

Outra maneira de expressar a ideia de um comprimento efetivo de coluna é considerar os pontos de momento fletor interno nulo. A coluna com apoios nas duas extremidades, por definição, tem momentos fletores nulos em cada extremidade. O comprimento L na equação de flambagem de Euler, portanto, é a distância entre pontos sucessivos de momento fletor interno nulo. Tudo que é necessário para adaptar a equação de flambagem de Euler para que ela seja usada com outras condições de extremidade é substituir L por L_e, na qual L_e é definido como o *comprimento efetivo* da coluna, que é a distância entre dois pontos sucessivos de momento fletor interno nulo. Um ponto de momento fletor interno nulo é denominado *ponto de inflexão*.

Os comprimentos efetivos de quatro colunas comuns são mostrados na Figura 16.7. A coluna com apoios de pinos nas duas extremidades é mostrada na Figura 16.7*a* e, por definição, o comprimento efetivo dessa coluna é igual ao seu comprimento real L. A coluna engastada-apoiada é mostrada na Figura 16.7*b* e conforme mencionada na análise anterior, seu comprimento efetivo é $L_e = 0{,}7L$.

As extremidades da coluna da Figura 16.7*c* são fixas (engastadas). Como a curva de deflexão é simétrica para essa coluna, os pontos de inflexão ocorrem a distâncias de $L/4$ de cada extremidade fixa. Portanto, o comprimento efetivo dessa coluna é representado por uma metade do comprimento da coluna. Desta forma, o comprimento efetivo L_e de uma coluna engastada-engastada para uso na equação de flambagem de Euler é igual à metade de seu comprimento real ou, em outras palavras, $L_e = 0{,}5L$.

A coluna da Figura 16.7*d* é fixa (engastada) em uma extremidade e livre na outra; consequentemente, a coluna só apresenta momento fletor interno nulo em uma extremidade. Se for visualizada uma imagem espelhada dessa coluna abaixo da extremidade fixa, o comprimento efetivo entre os pontos de momento nulo é visto como o dobro de seu comprimento real ($L_e = 2L$).

COEFICIENTE DE COMPRIMENTO EFETIVO

Para simplificar os cálculos de carga crítica, muitas especificações técnicas empregam um coeficiente adimensional K chamado *coeficiente de comprimento efetivo*, que é definido como

$$L_e = KL \tag{16.15}$$

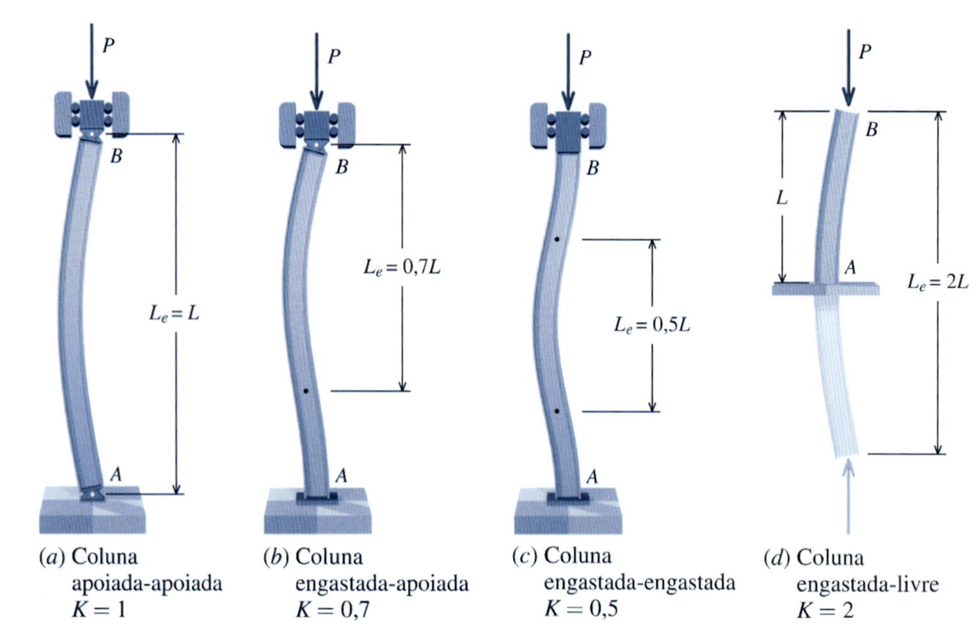

FIGURA 16.7 Comprimentos efetivos L_e e coeficientes de comprimentos efetivos K para colunas ideais com várias condições de extremidade.

em que L é o comprimento real da coluna. Os coeficientes de comprimento efetivo são dados na Figura 16.7 para quatro tipos comuns de colunas. Com o coeficiente de comprimento efetivo, o efeito das condições de extremidade na capacidade da coluna pode ser incluído rapidamente na equação da carga crítica de flambagem:

$$P_{cr} = \frac{\pi^2 EI}{(KL)^2} \tag{16.16}$$

e na equação da tensão crítica de flambagem:

$$\sigma_{cr} = \frac{\pi^2 E}{(KL/r)^2} \tag{16.17}$$

em que KL/r é a *relação comprimento efetivo-índice de esbeltez*.

CONSIDERAÇÕES PRÁTICAS

É importante ter em mente que as condições de extremidade da coluna mostradas na Figura 16.7 são *idealizações*. Uma coluna com pinos nas extremidades é normalmente carregada através de um pino que, em consequência do atrito, não é livre por completo para girar. Portanto, sempre haverá um momento indeterminado (embora normalmente pequeno) nas extremidades de uma coluna apoiada por pinos que reduzirá a distância entre os pontos de inflexão para um valor menor do que L. Na teoria, as conexões com extremidades fixas (engastadas) fornecem restrição perfeita contra a rotação. Entretanto, normalmente as colunas estão conectadas a outros elementos estruturais que possuem uma determinada quantidade de flexibilidade intrínseca e por isso fica muito difícil construir uma conexão real que evite todas as rotações. Desta forma, uma coluna engastada-engastada (Figura 16.7*c*) terá um comprimento efetivo um pouco maior do que $L/2$. Em face dessas considerações práticas, os coeficientes teóricos K dados na Figura 16.7 normalmente são alterados para levar em conta a diferença entre o comportamento idealizado e o comportamento real das conexões. As normas técnicas que utilizam coeficientes de comprimento efetivo especificam um valor prático recomendado para os coeficientes K em vez dos valores teóricos.

EXEMPLO 16.3

Um perfil W8 × 24 (veja as propriedades da seção transversal no Apêndice B), longo e esbelto de aço estrutural é usado como uma coluna com 35 ft (10,67 m) de comprimento. A coluna tem um apoio na direção vertical na base em A e possui pinos nas extremidades A e C que impedem a translação nas direções y e z. Existe um suporte lateral em B, situado no ponto médio da altura da coluna, que restringe o deslocamento no plano x–z; entretanto, em B, a coluna tem liberdade para se deslocar no plano x–y. Determine a maior carga compressiva P que a coluna pode suportar se for exigido um coeficiente de segurança de 2,5. Em sua análise, considere a possibilidade de que a flambagem possa ocorrer tanto em torno do eixo forte (isto é, o eixo z) como em torno do eixo fraco (isto é, o eixo y). Admita $E = 29.000$ ksi (199,9 GPa) e $\sigma_Y = 36$ ksi (248 MPa).

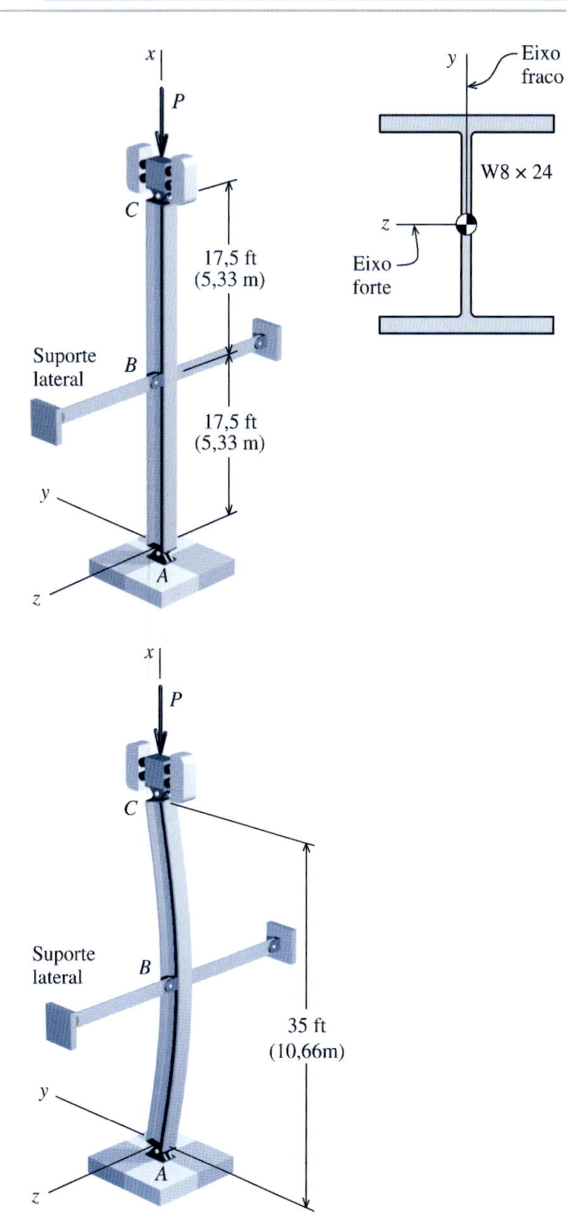

Flambagem em torno do eixo forte.

Planejamento da Solução

Se a coluna do perfil W8 × 24 fosse suportada apenas em suas extremidades, então seria esperada a flambagem em torno do eixo fraco da seção transversal. Entretanto, é fornecido um suporte lateral extra a essa coluna de forma que o comprimento efetivo em relação à flambagem em torno do eixo fraco é reduzido. Por esse motivo, devem ser levados em consideração tanto o comprimento efetivo como o raio de giração em relação ao eixo forte e ao eixo fraco da coluna. A carga crítica de flambagem será determinada pelo maior dentre as duas relações comprimento efetivo-índice de esbeltez.

SOLUÇÃO

As seguintes propriedades da seção transversal do perfil W8 × 24 de aço estrutural podem ser obtidas no Apêndice B. Os subscritos para essas propriedades foram modificados para corresponder aos eixos mostrados na seção transversal da figura.

$$I_z = 82{,}7 \text{ in}^4 \qquad I_y = 18{,}3 \text{ in}^4$$
$$r_z = 3{,}42 \text{ in} \qquad r_y = 1{,}61 \text{ in}$$

Flambagem em Torno do Eixo Forte

A coluna poderia flambar em torno de seu eixo forte, resultando na configuração deformada mostrada na figura, na qual a coluna apresenta deflexão no plano x–y. Para esse modo de falha estrutural, o comprimento efetivo da coluna é $KL = 35$ ft. Portanto, a carga crítica de flambagem é

$$P_{cr} = \frac{\pi^2 E I_z}{(KL)_z^2} = \frac{\pi^2(29.000 \text{ ksi})(82{,}7 \text{ in}^4)}{[(35 \text{ ft})(12 \text{ in/ft})]^2} = 134{,}2 \text{ kip}$$

Embora não seja exigido determinar P_{cr} é instrutivo calcular a relação comprimento efetivo-índice de esbeltez para a flambagem em torno do eixo forte:

$$(KL/r)_z = \frac{(35 \text{ ft})(12 \text{ in/ft})}{3{,}42 \text{ in}} = 122{,}8$$

Flambagem em Torno do Eixo Fraco

Alternativamente, a coluna poderia flambar em torno do eixo fraco. Nesse caso, a deflexão da coluna ocorreria no plano x–z, conforme é ilustrado na figura a seguir. Para esse modo de falha

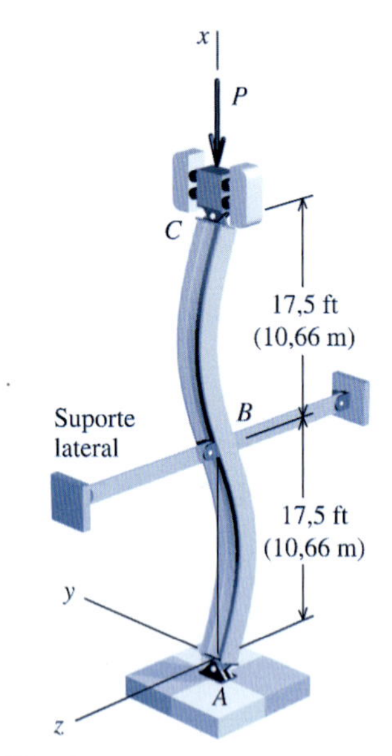

Flambagem em torno do eixo fraco.

estrutural, o comprimento efetivo da coluna é $KL = 17{,}5$ ft. Portanto, a carga crítica de flambagem em torno do eixo fraco é

$$P_{cr} = \frac{\pi^2 EI_y}{(KL)_y^2} = \frac{\pi^2(29.000 \text{ ksi})(18{,}3 \text{ in}^4)}{[(17{,}5 \text{ ft})(12 \text{ in/ft})]^2} = 118{,}8 \text{ kip}$$

A relação comprimento efetivo-índice de esbeltez para a flambagem em torno do eixo fraco é

$$(KL/r)_y = \frac{(17{,}5 \text{ ft})(12 \text{ in/ft})}{1{,}61 \text{ in}} = 130{,}4$$

A carga crítica da coluna é a menor dentre os dois valores de carga:

$$P_{cr} = 118{,}8 \text{ kip}$$

Tensão Crítica

A equação da carga crítica [Equação (16.16)] só é válida se as tensões na coluna permanecerem dentro dos limites elásticos; portanto, a tensão crítica de flambagem deve ser comparada com o limite de proporcionalidade do material. Para o aço estrutural, o limite de proporcionalidade é basicamente igual à tensão de escoamento.

A tensão crítica de flambagem será calculada usando a **maior** dentre as duas relações comprimento efetivo-índice de esbeltez:

$$\sigma_{cr} = \frac{\pi^2 E}{(KL/r)^2} = \frac{\pi^2(29.000 \text{ ksi})}{(130{,}4)^2} = 16{,}83 \text{ ksi} < 36 \text{ ksi} \qquad \text{O.K.}$$

Como a tensão crítica de flambagem de 16,83 ksi é menor do que a tensão de escoamento do aço, que é de 36 ksi, os cálculos de carga crítica são válidos.

Carga Admissível na Coluna

É exigido um coeficiente de segurança de 2,5. Portanto, a carga axial admissível é

$$P_{adm} = \frac{118{,}8 \text{ kip}}{2{,}5} = 47{,}5 \text{ kip (211 kN)} \qquad \textbf{Resp.}$$

EXEMPLO 16.4

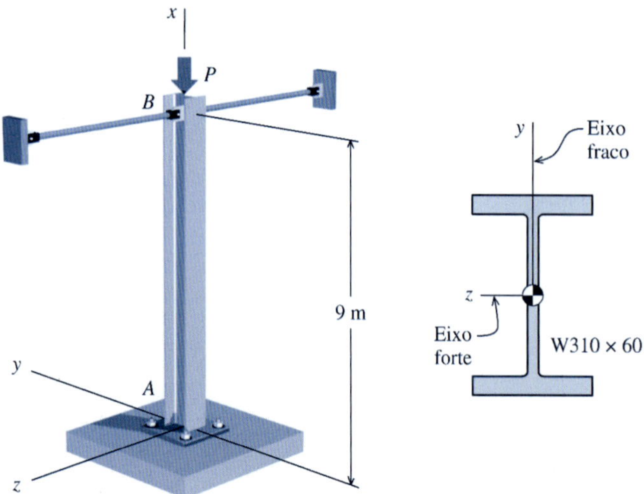

Um perfil W310 × 60 (veja as propriedades da seção transversal no Apêndice B) de aço estrutural é usado como uma coluna com $L = 9$ m de comprimento real. A coluna está fixa em A. Existe um suporte lateral na extremidade superior da coluna que restringe o seu deslocamento no plano x–z; entretanto, em B, a coluna tem liberdade para se deslocar no plano x–y. Determine carga crítica de flambagem P_{cr} da coluna. Admita $E = 200$ GPa e $\sigma_Y = 250$ MPa.

Planejamento da Solução

Embora o comprimento real da coluna seja 9 m, as diferentes condições de extremidade em relação ao eixo forte e ao eixo fraco da seção transversal criam comprimentos efetivos nitidamente diferentes para as duas direções. Com base na Figura 16.7, serão selecionados os coeficientes de comprimento efetivo-índice de esbeltez apropriados.

SOLUÇÃO

Propriedades da Seção

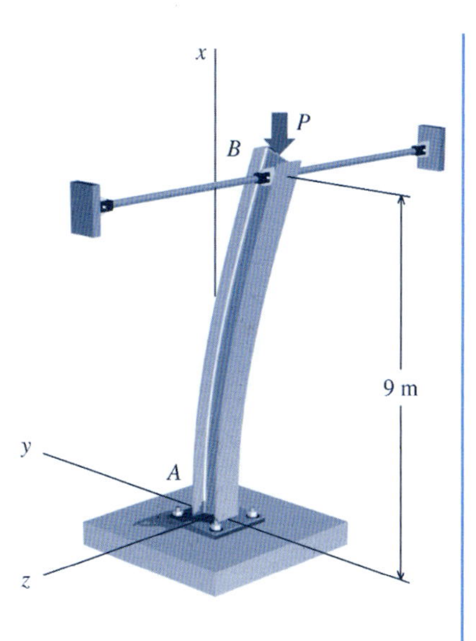

As seguintes propriedades da seção transversal do perfil W310 × 60 de aço estrutural podem ser obtidas no Apêndice B. Os subscritos para essas propriedades foram modificados para corresponder aos eixos mostrados na seção transversal da figura.

$I_z = 128 \times 10^6 \text{ mm}^4 \qquad r_z = 130 \text{ mm} \qquad I_y = 18{,}4 \times 10^6 \text{ mm}^4 \qquad r_y = 49{,}3 \text{ mm}$

Flambagem em Torno do Eixo Forte

A coluna poderia flambar em torno de seu eixo forte, resultando na configuração deformada mostrada na figura, na qual a coluna apresenta flambagem em torno do eixo z e deflexão no plano x–y. Para esse modo de flambagem, a base da coluna está fixa e sua extremidade superior está livre. Da Figura 16.7, o coeficiente apropriado de comprimento efetivo-índice de esbeltez é $K_z = 2{,}0$ e o comprimento efetivo da coluna é $(KL)_z = (2{,}0)(9 \text{ m}) = 18$ m. Portanto, a carga crítica de flambagem é

$$P_{cr} = \frac{\pi^2 EI_z}{(KL)_z^2} = \frac{\pi^2(200.000 \text{ N/mm}^2)(128 \times 10^6 \text{ mm}^4)}{[(2{,}0)(9 \text{ m})(1.000 \text{ mm/m})]^2}$$
$$= 779.821 \text{ N} = 780 \text{ kN}$$

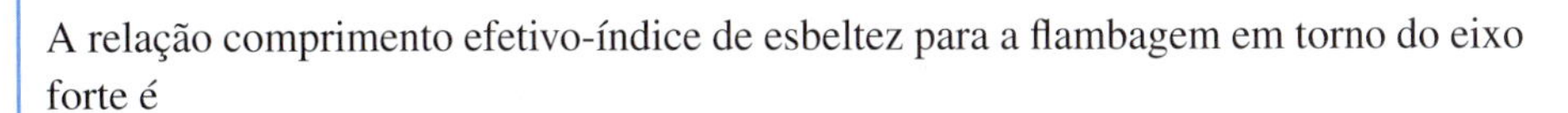

A relação comprimento efetivo-índice de esbeltez para a flambagem em torno do eixo forte é

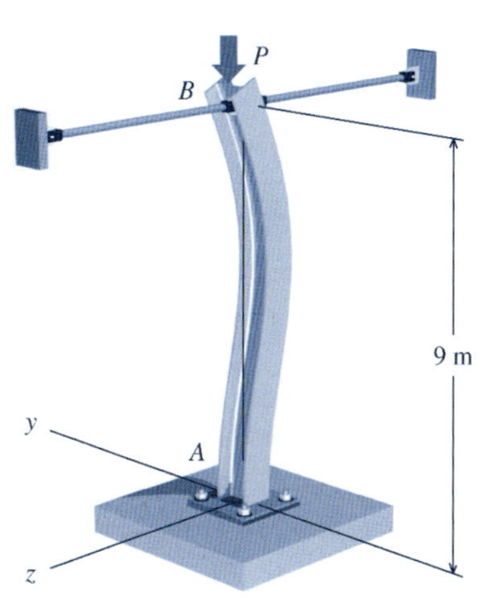

$$(KL/r)_z = \frac{(2{,}0)(9 \text{ m})(1.000 \text{ mm/m})}{130 \text{ mm}} = 138{,}5$$

Flambagem em Torno do Eixo Fraco

Alternativamente, a coluna poderia flambar em torno do eixo fraco. Nesse caso, a flambagem da coluna ocorreria em torno do eixo y e a deflexão ocorreria no plano x–z, conforme é ilustrado na figura. Para a flambagem em torno do eixo fraco, a coluna está fixa (engastada) em A e possui um pino em B. Da Figura 16.7, o coeficiente comprimento efetivo-índice de esbeltez apropriado é $K_y = 0{,}7$ e o comprimento efetivo da coluna é $(KL)_y = (0{,}7)(9 \text{ m}) = 6{,}3$ m. Portanto, a carga crítica de flambagem em torno do eixo fraco é

$$P_{cr} = \frac{\pi^2 EI_y}{(KL)_y^2} = \frac{\pi^2(200.000 \text{ N/mm}^2)(18{,}4 \times 10^6 \text{ mm}^4)}{[(0{,}7)(9 \text{ m})(1.000 \text{ mm/m})]^2}$$
$$= 915.096 \text{ N} = 915 \text{ kN}$$

A relação comprimento efetivo-índice de esbeltez para a flambagem em torno do eixo fraco é

$$(KL/r)_y = \frac{(0{,}7)(9 \text{ m})(1.000 \text{ mm/m})}{49{,}3 \text{ mm}} = 127{,}8$$

A carga crítica da coluna é a menor dentre os dois valores de carga:

$$P_{cr} = 780 \text{ kN}$$ **Resp.**

Tensão Crítica

A equação da carga crítica [Equação (16.16)] só é válida se as tensões na coluna permanecerem dentro dos limites elásticos; portanto, a tensão crítica de flambagem deve ser comparada com o limite de proporcionalidade do material. Para o aço estrutural, o limite de proporcionalidade é basicamente igual à tensão de escoamento.

A tensão crítica de flambagem será calculada usando a **maior** dentre as duas relações comprimento efetivo-índice de esbeltez:

$$\sigma_{cr} = \frac{\pi^2 E}{(KL/r)^2} = \frac{\pi^2(200.000 \text{ MPa})}{(138{,}5)^2} = 102{,}9 \text{ MPa} < 250 \text{ MPa} \qquad \text{O.K.}$$

Como a tensão crítica de flambagem de 102,9 MPa é menor do que a tensão de escoamento do aço, que é de 250 MPa, os cálculos de carga crítica são válidos.

PROBLEMAS

P16.26 Uma coluna tubular de aço [E = 200 GPa] com 9 m de comprimento tem diâmetro externo de 220 mm e espessura de parede de 8 mm. A coluna é suportada apenas em suas extremidades e pode flambar em qualquer direção. Calcule a carga crítica P_{cr} para as seguintes condições de extremidade:

(a) apoiada-apoiada
(b) engastada-livre
(c) engastada-apoiada
(d) engastada-engastada

P16.27 Uma seção HSS10 × 6 × 3/8 (veja as propriedades da seção transversal no Apêndice B) de aço estrutural [E = 29.000 ksi (199,9 GPa)] é usada como uma coluna com comprimento real de 32 ft (9,75 m). A coluna é suportada apenas em suas extremidades e pode flambar em qualquer direção. Se for especificado um coeficiente de segurança de 2 em relação à falha estrutural por flambagem, determine a maior carga que pode ser aplicada com segurança à coluna para as seguintes condições de extremidade:

(a) apoiada-apoiada
(b) engastada-livre
(c) engastada-apoiada
(d) engastada-engastada

P16.28 Uma seção HSS152,4 ×101,6 × 6,4 (veja as propriedades da seção transversal no Apêndice B) de aço estrutural [E = 200 GPa] é usada como uma coluna com comprimento real de 6 m. A coluna é suportada apenas em suas extremidades e pode flambar em qualquer direção. Se for especificado um coeficiente de segurança de 2 em relação à falha estrutural por flambagem, determine a maior carga que pode ser aplicada com segurança à coluna para as seguintes condições de extremidade:

(a) apoiada-apoiada
(b) engastada-livre
(c) engastada-apoiada
(d) engastada-engastada

P16.29 Uma seção W8 × 48 (veja as propriedades da seção transversal no Apêndice B) de aço estrutural [E = 29.000 ksi (199,9 GPa)] é usada como uma coluna com comprimento real L = 27 ft (8,23 m). A coluna é suportada apenas em suas extremidades e pode flambar em qualquer direção. A coluna está fixa em sua base e tem um apoio em sua extremidade, conforme ilustra a Figura P16.29/30. Determine a carga máxima P que a coluna pode suportar se for especificado um coeficiente de segurança de 2,5 em relação à flambagem.

P16.30 Uma seção W250 × 80 (veja as propriedades da seção transversal no Apêndice B) de aço estrutural [E = 200 GPa] é usada como uma coluna com comprimento real L = 12 m. A coluna é suportada apenas em suas extremidades e pode flambar em qualquer direção. A coluna está fixa em sua base e tem um apoio em sua extremidade superior, conforme ilustra a Figura P16.29/30. Determine a carga máxima P que a coluna pode suportar se for especificado um coeficiente de segurança de 2,5 em relação à flambagem.

FIGURA P16.29/30

P16.31 Uma seção W14 × 53 (veja as propriedades da seção transversal no Apêndice B) de aço estrutural [E = 29.000 ksi (199,9 GPa)] é usada como uma coluna com comprimento real L = 16 ft (4,88 m). A coluna está fixa em sua base e não tem restrição alguma em sua extremidade superior, conforme ilustra a Figura P16.31/32. Determine a carga máxima P que a coluna pode suportar se for especificado um coeficiente de segurança de 2,5 em relação à flambagem.

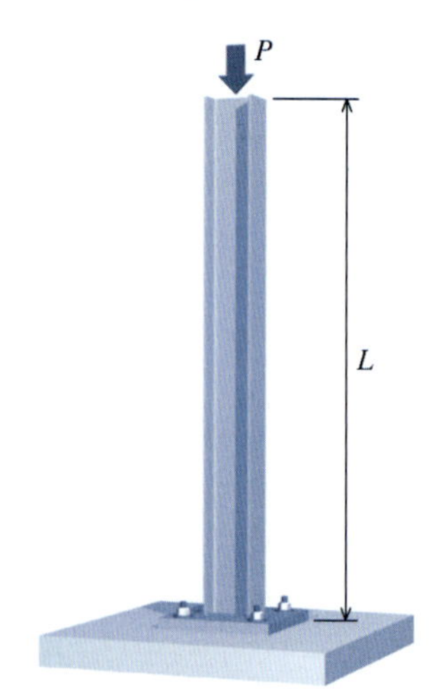

FIGURA P16.31/32

P16.32 Uma seção W310 × 74 (veja as propriedades da seção transversal no Apêndice B) de aço estrutural [E = 200 GPa] é usada como uma coluna com comprimento real L = 5 m. A coluna está fixa em sua base e não tem restrição alguma em sua extremidade superior, conforme ilustra a Figura P16.31/32. Determine a carga máxima P que a coluna pode suportar se for especificado um coeficiente de segurança de 2,5 em relação à flambagem.

P16.33 Um perfil longo e esbelto de alumínio [E = 70 GPa] (Figura P16.33*b*) é usado como uma coluna de 7 m de comprimento. A coluna é apoiada na direção x na base A e possui pinos nas extremidades A e C que impedem a translação nas direções y e z. Existe um suporte lateral em B, situado no ponto médio da altura da coluna, que impede o deslocamento da coluna no plano x–z; entretanto, em B, a coluna tem liberdade para se deslocar no plano x–y (Figura P16.33*a*). Determine a maior carga compressiva P que a coluna pode suportar se for exigido um coeficiente de segurança de 2,5. Em sua análise, considere a possibilidade de que a flambagem possa ocorrer tanto em torno do eixo forte (ou seja, o eixo z) como em torno do eixo fraco (ou seja, o eixo y) da coluna de alumínio.

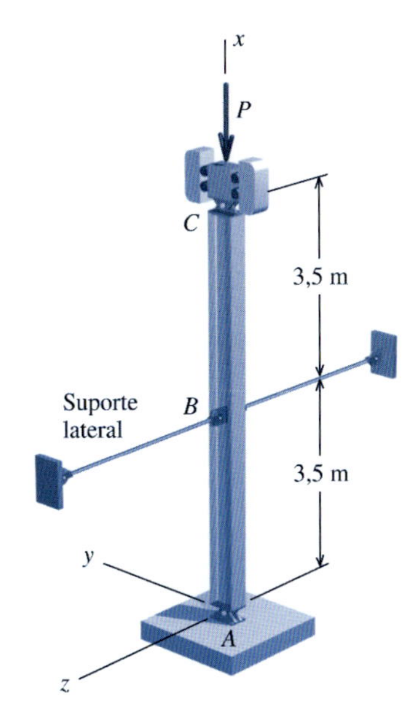

FIGURA P16.33*a*

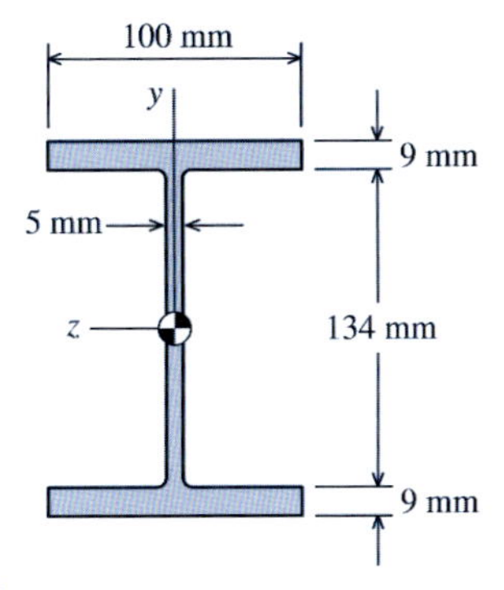

FIGURA P16.33*b*

P16.34 Um perfil HSS8 × 4 × 1/4 (veja as propriedades da seção transversal no Apêndice B), longo e esbelto de aço estrutural [E = 29.000 ksi (199,9 GPa)] é usado como uma coluna com 32 ft (9,75 m) de comprimento. A coluna tem um apoio na direção x na base em A e possui pinos nas extremidades A e C que impedem a translação nas direções y e z. Existe um suporte lateral em B, situado no ponto médio da altura da coluna, que restringe o deslocamento no plano x–z; entretanto, em B, a coluna tem liberdade para se deslocar no plano x–y (Figura P16.34). Determine a maior carga compressiva P que a coluna pode suportar se for exigido um coeficiente de segurança de 1,92. Em sua análise, considere a possibilidade de que a flambagem possa ocorrer tanto em torno do eixo forte (isto é, o eixo z) como em torno do eixo fraco (isto é, o eixo y) da coluna de aço.

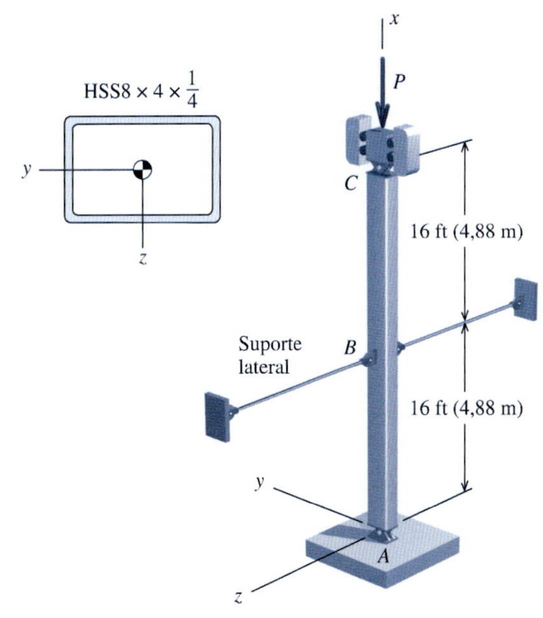

FIGURA P16.34

P16.35 A barra uniforme de latão AB mostrada na Figura P16.35 tem seção transversal retangular. A barra é suportada por pinos e chapas em suas extremidades. Os pinos permitem a rotação em torno de um eixo horizontal (isto é, o eixo forte da seção transversal retangular), mas as chapas impedem a rotação em torno de um eixo vertical (isto é, o eixo fraco). Determine:

(a) a carga crítica de flambagem do conjunto estrutural para os seguintes parâmetros: L = 400 mm, b = 6 mm, h = 14 mm e E = 100 GPa.

(b) a relação b/h para a qual a carga crítica de flambagem em torno do eixo forte seja igual à carga crítica de flambagem em torno do eixo fraco.

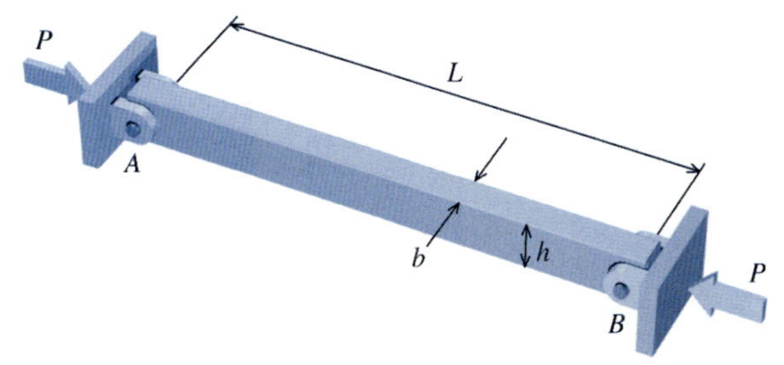

FIGURA P16.35

P16.36 A coluna de alumínio mostrada na Figura P16.36 tem seção transversal retangular e suporta uma carga axial P. A base da coluna está fixa (engastada). O apoio superior permite rotação da coluna no plano x–y (ou seja, flexão em torno do eixo forte), mas impede a rotação no plano x–z (ou seja, flexão em torno do eixo fraco). Determine:

(a) a carga crítica de flambagem da coluna para os seguintes parâmetros: L = 50 in (127,0 cm), b = 0,50 in (1,27 cm), h = 0,875 in (2,22 cm) e E = 10.000 ksi (68,9 GPa).

(b) a relação b/h para a qual a carga crítica de flambagem em torno do eixo forte seja igual à carga crítica de flambagem em torno do eixo fraco.

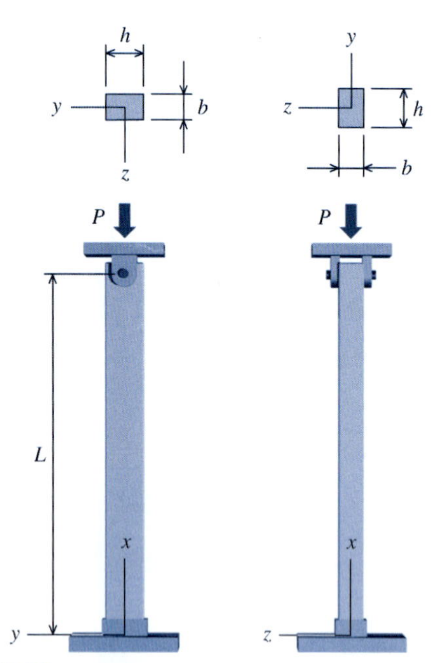

FIGURA P16.36

P16.37 A ligação comprimida de aço mostrada na Figura P16.37/38 tem seção transversal retangular e suporta uma carga axial P. Os suportes permitem rotação em torno do eixo forte da seção transversal da ligação, mas evitam a rotação em torno do eixo fraco. Determine a carga de compressão admissível P se for especificado um coeficiente de segurança de 2,0. Use os seguintes parâmetros: L = 36 in (91,4 cm), b = 0,375 in (9,53 mm), h = 1,250 in (31,8 mm) e E = 30.000 ksi (207 GPa).

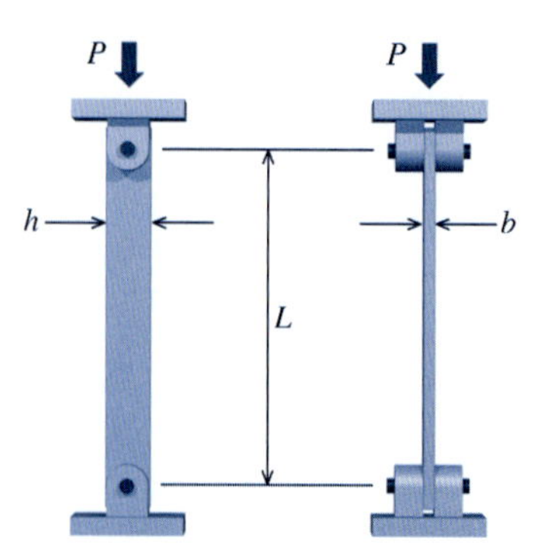

FIGURA P16.37/38

P16.38 Resolva o Problema 16.37 com os seguintes parâmetros: L = 1.200 mm, b = 15 mm, h = 40 mm e E = 200 GPa.

P16.39 Um tubo de aço inoxidável com diâmetro externo de 100 mm e espessura de parede de 8 mm está ligado rigidamente a suportes fixos (engastes) em A e B, conforme ilustra a Figura P16.39. O comprimento do tubo é L = 8 m, seu módulo de elasticidade é E = 190 GPa e seu coeficiente de dilatação térmica é $\alpha = 17{,}3 \times 10^{-6}/°C$. Determine o aumento de temperatura ΔT que fará ocorrer a flambagem do tubo.

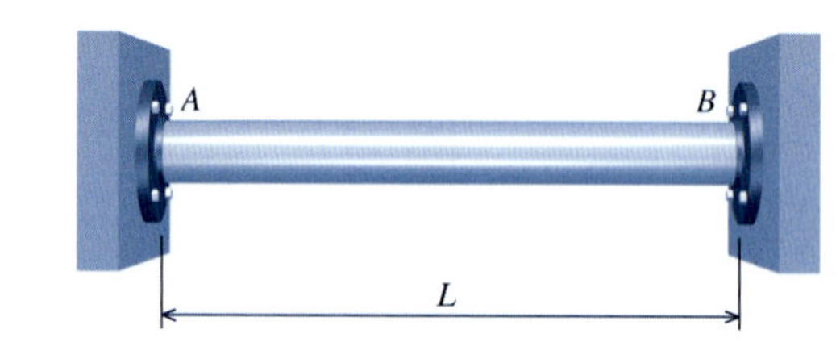

FIGURA P16.39

16.4 A FÓRMULA DA SECANTE

Muitas colunas reais não se comportam conforme previsto pela fórmula de Euler devido às imperfeições no alinhamento da carga. Nesta seção, o efeito do alinhamento imperfeito é examinado considerando o carregamento excêntrico. Consideraremos uma coluna apoiada-apoiada sujeita a forças compressivas que agem com uma excentricidade e em relação à linha central da coluna indeformada, conforme mostra a Figura 16.8a. (**Nota:** Os símbolos dos apoios foram omitidos da figura para torná-la mais clara.) A Figura 16.8b mostra o diagrama de corpo livre da coluna quando a excentricidade for diferente de zero. Desse diagrama de corpo livre, vê-se que o momento fletor em qualquer seção pode ser expresso como

$$\Sigma M_A = M + Pv + Pe = 0$$
$$\therefore M = -Pv - Pe$$

e, se a tensão não ultrapassar o limite de proporcionalidade e os deslocamentos forem pequenos, a equação diferencial da curva elástica se torna

$$EI\frac{d^2v}{dx^2} + Pv = -Pe$$

ou

$$\frac{d^2v}{dx^2} + \frac{P}{EI}v = -\frac{P}{EI}e$$

Da mesma forma que no desenvolvimento de Euler, o termo P/EI será indicado por k^2 [Equação (16.2)] de modo que a equação diferencial possa ser reescrita na forma

$$\frac{d^2v}{dx^2} + k^2v = -k^2e$$

A solução da equação tem a forma

$$v = C_1 \operatorname{sen} kx + C_2 \cos kx - e \tag{a}$$

Existem duas condições de contorno para a coluna. No apoio A, a condição de contorno $v(0) = 0$ fornece

$$v(0) = 0 = C_1 \operatorname{sen} k(0) + C_2 \cos k(0) - e$$
$$\therefore C_2 = e$$

No apoio B, a condição de contorno $v(L) = 0$ fornece

$$v(L) = 0 = C_1 \operatorname{sen} kL + C_2 \cos kL - e = C_1 \operatorname{sen} kL - e(1 - \cos kL)$$
$$\therefore C_1 = e\left[\frac{1 - \cos kL}{\operatorname{sen} kL}\right]$$

Usando as identidades trigonométricas

$$1 - \cos\theta = 2\operatorname{sen}^2\frac{\theta}{2} \qquad \text{e} \qquad \operatorname{sen}\theta = 2\operatorname{sen}\frac{\theta}{2}\cos\frac{\theta}{2}$$

A Equação (a) pode ser reescrita como

$$C_1 = e\left[\frac{2\operatorname{sen}^2(kL/2)}{2\operatorname{sen}(kL/2)\cos(kL/2)}\right] = e\tan\frac{kL}{2}$$

Com essa expressão para C_1, a solução da equação diferencial [Equação (a)] se torna

$$\begin{aligned} v &= e\tan\frac{kL}{2}\operatorname{sen} kx + e\cos kx - e \\ &= e\left[\tan\frac{kL}{2}\operatorname{sen} kx + \cos kx - 1\right] \end{aligned} \tag{16.18}$$

Neste caso, pode ser encontrada a relação entre a deflexão máxima $v_{máx}$ da coluna apoiada-apoiada, que ocorre em $x = L/2$, e a carga P. Desta forma,

$$\begin{aligned} v_{máx} &= e\left[\tan\frac{kL}{2}\operatorname{sen}\frac{kL}{2} + \cos\frac{kL}{2} - 1\right] \\ &= e\left[\frac{\operatorname{sen}^2(kL/2)}{\cos(kL/2)} + \frac{\cos^2(kL/2)}{\cos(kL/2)} - 1\right] \\ &= e\left[\frac{1}{\cos(kL/2)} - 1\right] = e\left[\sec\frac{kL}{2} - 1\right] \end{aligned} \tag{b}$$

Como $k^2 = P/EI$, a Equação (b) pode ser reescrita em termos da carga P e da rigidez à flexão EI como

$$v_{máx} = e\left[\sec\left(\frac{L}{2}\sqrt{\frac{P}{EI}}\right) - 1\right] \tag{c}$$

A Equação (c) indica que, para uma determinada coluna na qual E, I e L são dados e $e > 0$, a coluna exibe uma deflexão lateral até mesmo para valores pequenos de P. Para qualquer valor de e, a expressão

$$\sec\left(\frac{L}{2}\sqrt{\frac{P}{EI}}\right) - 1$$

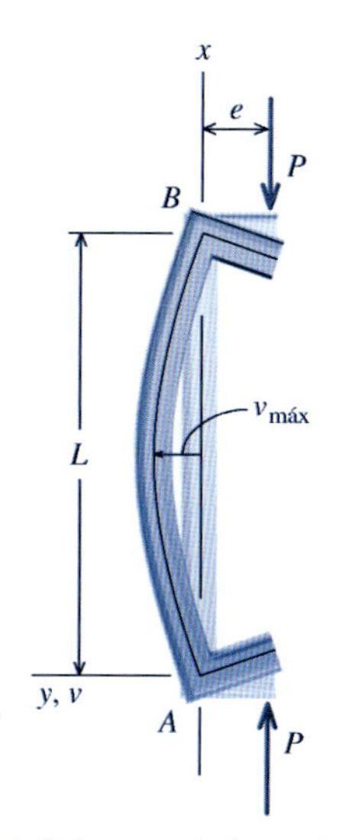

(*a*) Coluna apoiada-apoiada

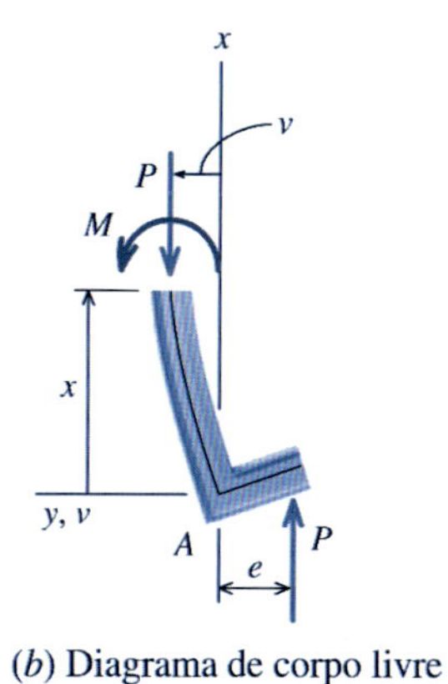

(*b*) Diagrama de corpo livre

FIGURA 16.8 Coluna apoiada-apoiada e sujeita a uma carga excêntrica.

se aproxima do valor infinito positivo ou negativo quando o argumento se aproximar de $\pi/2$, $3\pi/2$, $5\pi/2$, ..., e a deflexão v aumenta sem limite, indicando que a carga crítica corresponde a um desses ângulos. Se for escolhido $\pi/2$ (uma vez que esse ângulo leva a menor carga), então

$$\frac{L}{2}\sqrt{\frac{P}{EI}} = \frac{\pi}{2}$$

ou

$$\sqrt{\frac{P}{EI}} = \frac{\pi}{L}$$

a partir da qual

$$P_{cr} = \frac{\pi^2 EI}{L^2} \tag{16.19}$$

que é a fórmula de Euler examinada na Seção 16.2.

Diferentemente da coluna de Euler, que só apresenta deflexão lateral se P for igual ou ultrapassar a carga de flambagem de Euler, uma coluna carregada excentricamente apresenta deflexão lateral para qualquer valor de P. Para ilustrar isso, as grandezas E, I e L podem ser eliminadas da Equação (b) usando a Equação (16.19) para produzir uma expressão para a deflexão lateral máxima da coluna em termos de P e P_{cr}. Da Equação (16.19), seja $EI = P_{cr}L^2/\pi^2$. Substituindo essa expressão na Equação (b), tem-se

$$v_{\text{máx}} = e\left[\sec\left(\frac{L}{2}\sqrt{\frac{P}{EI}}\right) - 1\right] = e\left[\sec\left(\frac{L}{2}\sqrt{\frac{P}{P_{cr}}\frac{\pi^2}{L^2}}\right) - 1\right] = e\left[\sec\left(\frac{\pi}{2}\sqrt{\frac{P}{P_{cr}}}\right) - 1\right] \tag{d}$$

Dessa equação, vê-se que a deflexão máxima se torna infinito quando o valor de P se aproximar do valor da carga de flambagem de Euler P_{cr}; entretanto, sob essas condições, a inclinação da coluna deformada não é mais suficientemente pequena para ser omitida da expressão da curvatura.

Em consequência, só podem ser obtidas deflexões precisas usando a forma não linear da equação diferencial da curva elástica.

A Figura 16.9 mostra os gráficos da Equação (d) para vários valores da excentricidade e. Essas curvas revelam que a deflexão máxima da coluna $v_{\text{máx}}$ é extremamente pequena quando e tende a zero até a carga P alcançar a carga crítica de Euler P_{cr}. Quando P se aproxima de P_{cr}, $v_{\text{máx}}$ aumenta com rapidez. No limite, quando $e \to 0$, a curva se degenera em duas linhas que representam a coluna reta sem flambagem ($P < P_{cr}$) e a configuração deformada ($P = P_{cr}$); em outras palavras, simplesmente a flambagem de Euler.

FÓRMULA DA SECANTE

Quando foi escrita a equação da curva elástica, foi admitido que as tensões não ultrapassassem o limite de proporcionalidade. Com base nessa hipótese, a tensão máxima de compressão pode ser

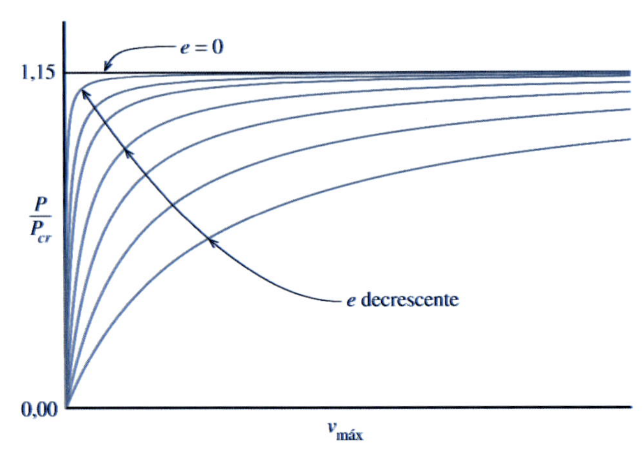

FIGURA 16.9 Diagrama carga-deslocamento para uma coluna carregada excentricamente.

obtida por superposição da tensão normal devida a esforços axiais com a tensão normal máxima devida à flexão. A tensão máxima devida à flexão ocorre em uma seção no meio do vão da coluna onde o momento fletor atinge seu valor máximo, $M_{máx} = P(e + v_{máx})$. Desta forma, o valor absoluto da tensão máxima de compressão na coluna pode ser expresso como

$$\sigma_{máx} = \frac{P}{A} + \frac{M_{máx}c}{I} = \frac{P}{A} + \frac{P(e + v_{máx})c}{Ar^2} \qquad \text{(e)}$$

em que r é o raio de giração da seção transversal da coluna em torno do eixo de flexão. Da Equação (c).

$$v_{máx} = e\left[\sec\left(\frac{L}{2}\sqrt{\frac{P}{EI}}\right) - 1\right]$$

Reorganizando essa equação obtém-se uma expressão para $e + v_{máx}$:

$$e + v_{máx} = e\sec\left(\frac{L}{2}\sqrt{\frac{P}{EI}}\right)$$

Usando essa expressão, a Equação (e) pode ser escrita como

$$\sigma_{máx} = \frac{P}{A}\left[1 + \frac{ec}{r^2}\sec\left(\frac{L}{2}\sqrt{\frac{P}{EI}}\right)\right]$$

que pode ser simplificada ainda mais usando $I = Ar^2$ para fornecer uma expressão para a tensão máxima de compressão na coluna sob flambagem:

A tensão máxima de compressão $\sigma_{máx}$ ocorre no lado interno (côncavo) da seção situada na metade da altura da coluna.

$$\sigma_{máx} = \frac{P}{A}\left[1 + \frac{ec}{r^2}\sec\left(\frac{L}{2r}\sqrt{\frac{P}{EA}}\right)\right] \qquad (16.20)$$

A Equação (16.20) é conhecida como a **fórmula da secante** e ela relaciona a força média por unidade de área P/A que causa uma tensão máxima especificada $\sigma_{máx}$ em uma coluna com as dimensões da coluna, as propriedades do material da coluna e a excentricidade e. O termo L/r é a mesma relação de esbeltez encontrada na fórmula da tensão de flambagem de Euler [Equação (16.8)]; desta forma, para colunas com condições de extremidade diferentes (veja a Seção 16.3), a fórmula da secante pode ser reescrita como

$$\sigma_{máx} = \frac{P}{A}\left[1 + \frac{ec}{r^2}\sec\left(\frac{KL}{2r}\sqrt{\frac{P}{EA}}\right)\right] \qquad (16.21)$$

A grandeza ec/r^2 é conhecida como *taxa de excentricidade* e depende da excentricidade da carga e das dimensões da coluna. Se a coluna for carregada com precisão em seu centro de gravidade, $e = 0$ e $\sigma_{máx} = P/A$. Entretanto, é virtualmente impossível eliminar toda a excentricidade que poderia resultar de vários fatores como a curvatura inicial da coluna, falhas minúsculas no material, falta de uniformidade da seção transversal assim como a excentricidade acidental da carga.

Para determinar a maior carga de compressão que pode ser aplicada para uma determinada excentricidade em uma coluna em particular, pode-se igualar a tensão máxima de compressão à tensão de escoamento na compressão e a Equação (16.20) pode então ser resolvida numericamente para P/A. A Figura 16.10 é um gráfico da força por unidade de área P/A *versus* o índice de esbeltez L/r para vários valores da taxa de excentricidade ec/r^2. A Figura 16.10*a* é desenhada para o aço estrutural com módulo de elasticidade $E = 29.000$ ksi (199,9 GPa) e tensão de escoamento de compressão $\sigma_Y = 36$ ksi (248 MPa), e a Figura 16.10*b* mostra as curvas correspondentes em unidades do SI.

A envoltória externa da Figura 16.10, consistindo na linha horizontal $P/A = 36$ ksi (248 MPa) e a curva de Euler, corresponde a $e = 0$. A curva de Euler é truncada em 36 ksi, uma vez que essa é a tensão máxima admissível para o material. As curvas apresentadas na Figura 16.10 destacam

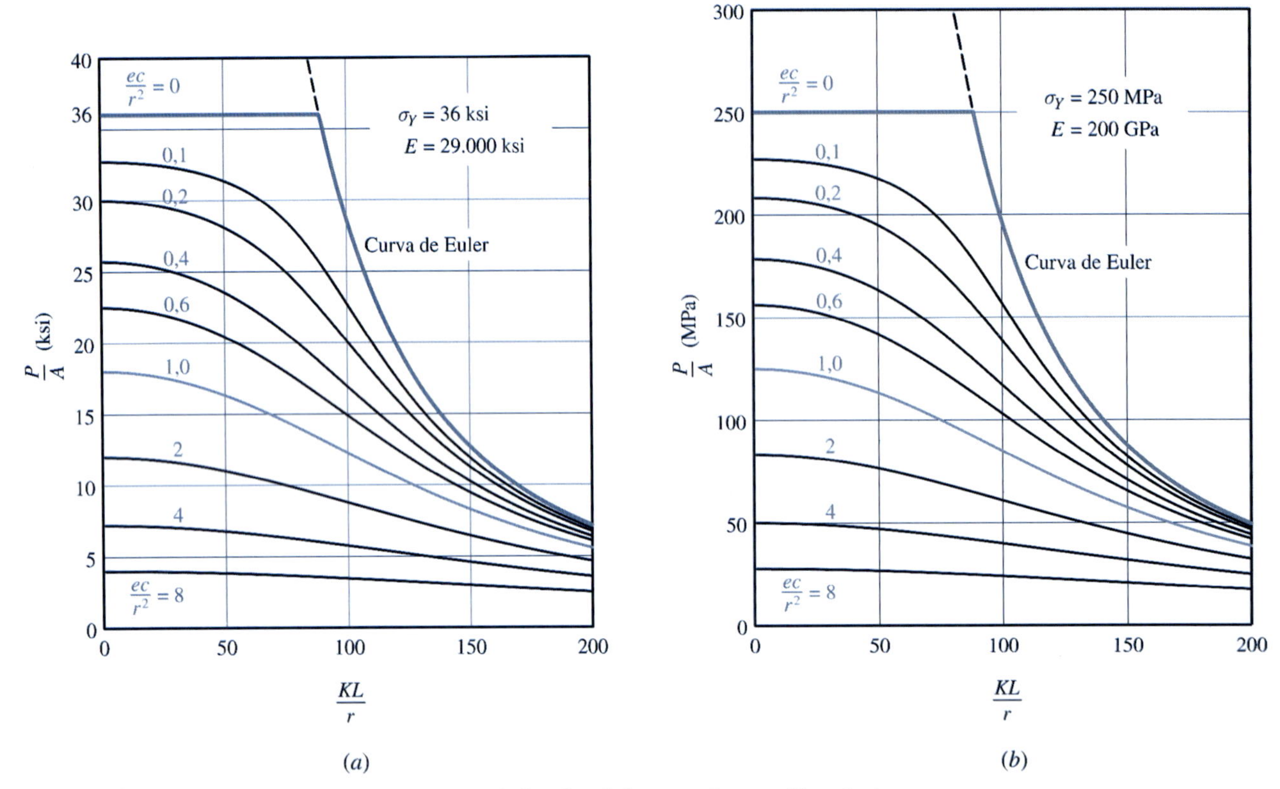

FIGURA 16.10 Tensão média de compressão *versus* índice de esbeltez com base na fórmula da secante.

o significado da excentricidade da carga na redução da carga admissível em colunas curtas ou intermediárias (isto é, índice de esbeltez menor do que aproximadamente 126 para o aço admitido na Figura 16.10). Para grandes índices de esbeltez, as curvas para as várias taxas de excentricidade tendem a se confundir com a curva de Euler. Portanto, a fórmula de Euler pode ser usada para analisar colunas com grandes índices de esbeltez. Para um determinado problema, *o índice de esbeltez deve ser calculado* para determinar se a equação de Euler é válida ou não.

PROBLEMAS

P16.40 Uma carga axial P é aplicada a uma haste maciça de aço AB com 30 mm de diâmetro, conforme é mostrado na Figura P16.40/41. Para L = 1,5 m, P = 18 kN e e = 3,0 mm, determine:

(a) a deflexão lateral no meio da distância entre A e B.
(b) a tensão máxima na haste.

Use E = 200 GPa.

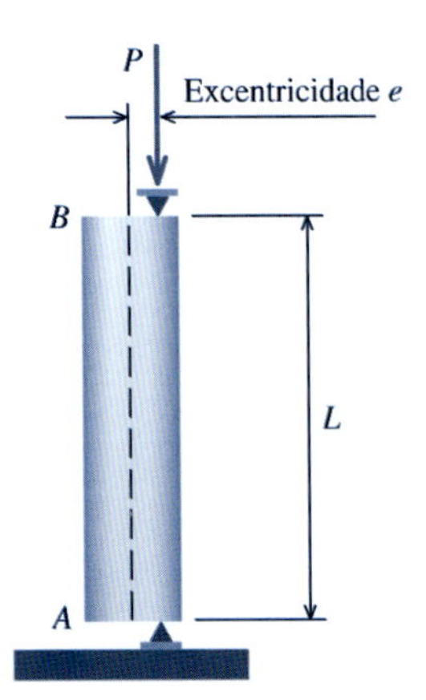

FIGURA P16.40/41

P16.41 Uma carga axial P é aplicada a uma haste maciça de aço AB com 2,0 in (5,08 cm) de diâmetro, conforme é mostrado na Figura P16.40/41. Para L = 6 ft (1,83 m), P = 8 kip (35,6 kN) e e = 0,50 in (1,27 cm), determine:

(a) a deflexão lateral no meio da distância entre A e B.
(b) a tensão máxima na haste.

Use E = 29.000 ksi (199,9 GPa).

P16.42 Um perfil tubular quadrado feito de uma liga de alumínio suporta uma carga excêntrica de compressão P que está aplicada a uma excentricidade e = 4,0 in (10,16 cm) em relação à linha central do perfil (Figura P16.42). A largura do tubo quadrado é 3 in (76,2 mm) e a espessura de sua parede é 0,12 in (3,05 mm). A coluna está engastada (fixa) em sua base e livre em sua extremidade superior e seu comprimento é L = 8 ft (2,44 m). Para uma carga aplicada P = 900 lb (4,0 kN), determine:

(a) a deflexão lateral da extremidade superior da coluna.
(b) a tensão máxima no tubo quadrado.

Use $E = 10 \times 10^6$ psi (68,9 GPa).

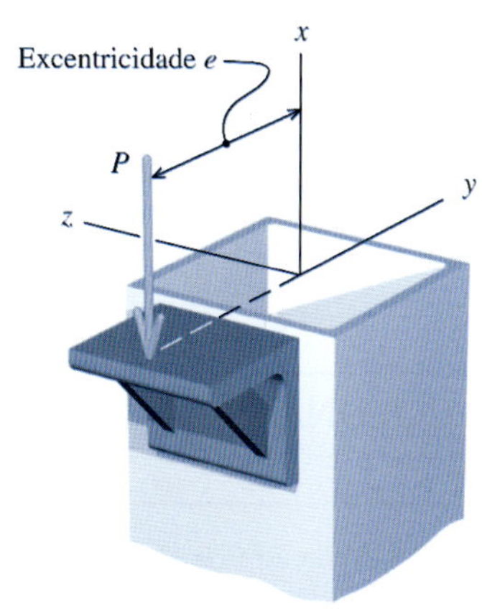

FIGURA P16.42

P16.43 Um tubo de aço (diâmetro externo = 130 mm; espessura da parede = 12,5 mm) suporta uma carga axial P = 25 kN, que está aplicada a uma excentricidade e = 175 mm da linha central do tubo (Figura P16.43/44). A coluna está engastada (fixa) em sua base e livre em sua extremidade superior e seu comprimento é L = 4,0 m. Determine:

(a) a deflexão lateral da extremidade superior da coluna.
(b) a tensão máxima no tubo.

Use E = 200 GPa.

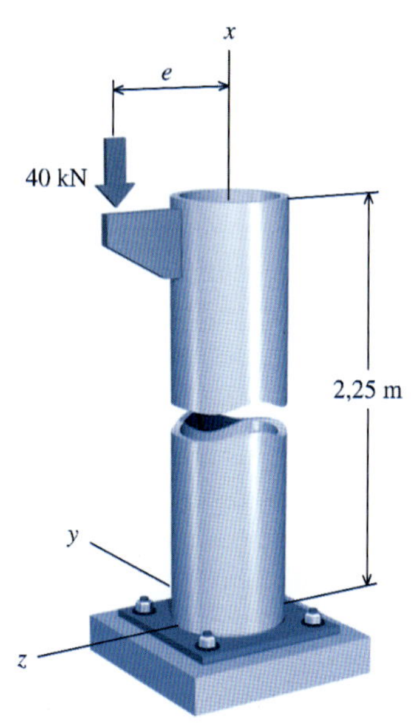

FIGURA P16.43/44

P16.44 Um tubo de aço [E = 200 GPa] com diâmetro externo de 170 mm e espessura de parede de 7 mm suporta uma carga axial P, que está aplicada com uma excentricidade e = 150 mm da linha central (Figura P16.43/44). A coluna está engastada (fixa) em sua base e livre em sua extremidade superior e seu comprimento é L = 4,0 m. A tensão máxima de compressão na coluna deve estar limitada a $\sigma_{máx}$ = 80 MPa.

(a) Use um procedimento de tentativa e erro ou uma solução numérica interativa para determinar a carga excêntrica P admissível que pode ser aplicada.
(b) Determine a deflexão lateral da extremidade superior da coluna para a carga admissível P.

P16.45 A coluna de aço estrutural [E = 29.000 ksi (199,9 GPa)] mostrada na Figura P16.45/46 está engastada (fixa) em sua base e livre em sua extremidade superior. No topo da coluna, é aplicada uma carga P = 35 kip (155,7 kN) à base de suporte reforçada com uma excentricidade e = 7 in (17,78 cm) em relação ao eixo baricêntrico do perfil de abas largas. Determine:

(a) a tensão máxima produzida na coluna.
(b) a deflexão lateral da extremidade superior da coluna.

P16.46 A coluna de aço estrutural [E = 29.000 ksi (199,9 GPa)] mostrada na Figura P16.45/46 está engastada (fixa) em sua base e livre em sua extremidade superior. No topo da coluna, é aplicada uma carga P à base de suporte reforçada com uma excentricidade e = 6 in (15,24 cm) em relação ao eixo baricêntrico do perfil de abas largas. Se a tensão de escoamento do aço for σ_Y = 36 ksi (248 MPa), determine:

(a) a carga máxima P que pode ser aplicada à coluna.
(b) a deflexão lateral da extremidade superior da coluna para a carga máxima P.

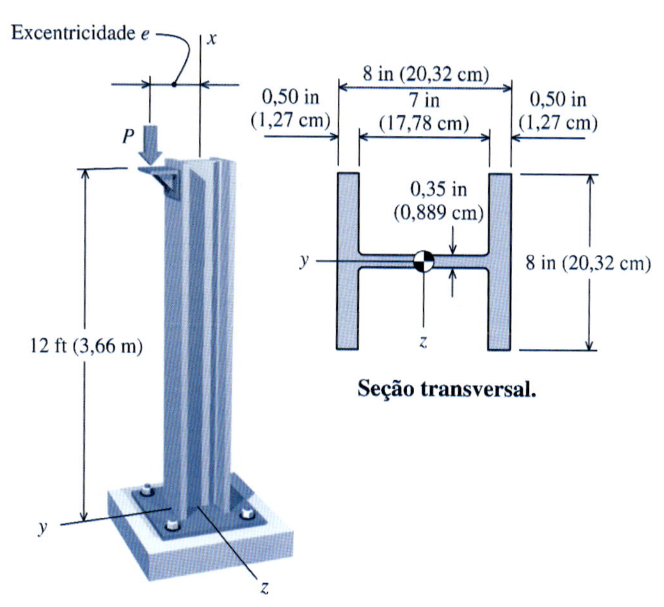

FIGURA P16.45/46

P16.47 Um tubo de aço [E = 200 GPa] com 3 m de comprimento suporta uma carga axial P aplicada excentricamente conforme mostrado na Figura P16.47/48. O tubo tem diâmetro externo de 75 mm e espessura de parede de 6 mm. Para uma excentricidade e = 8 mm, determine:

(a) a carga P para a qual a deflexão horizontal no ponto médio da distância entre A e B seja de 12 mm.
(b) a tensão máxima correspondente no tubo.

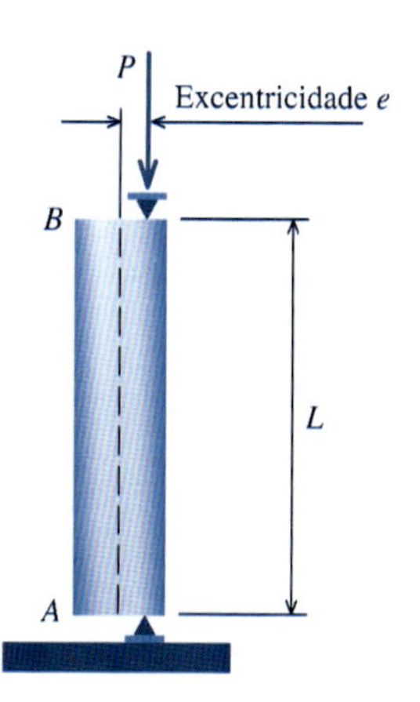

FIGURA P16.47/48

P16.48 Um tubo de aço [E = 29.000 ksi (199,9 GPa); σ_Y = 36 ksi (248 MPa)] com 4 ft (1,22 m) de comprimento suporta uma carga axial P aplicada excentricamente conforme mostra a Figura P16.47/48. O tubo tem diâmetro externo de 2,00 in (50,8 mm) e espessura de parede de 0,15 in (3,81 mm). Para uma excentricidade e = 0,25 in (6,35 mm), determine:

(a) a carga máxima P que pode ser aplicada sem causar flambagem ou escoamento do tubo.

(b) a deflexão máxima correspondente ao ponto médio da distância entre A e B.

16.5 FÓRMULAS EMPÍRICAS PARA COLUNAS – CARREGAMENTO CENTRADO

A fórmula de flambagem de Euler para a carga crítica [Equação (16.16)] e para a tensão crítica [Equação (16.17)] foi desenvolvida para colunas ideais. Ao considerar as colunas ideais, admitiu-se que a coluna era perfeitamente reta, que a carga de compressão estava aplicada exatamente no centro de gravidade da seção transversal e que o material da coluna permanecia abaixo do seu limite de proporcionalidade durante a flambagem. Entretanto, as colunas utilizadas na prática raramente satisfazem todas as condições admitidas para colunas ideais. Ainda que as equações de Euler forneçam previsões razoáveis para a resistência de colunas longas e esbeltas, os primeiros pesquisadores descobriram em pouco tempo que a resistência de colunas curtas e intermediárias não era prevista satisfatoriamente por essas fórmulas. A Figura 16.11 mostra um gráfico representativo dos resultados para vários ensaios de carga em colunas desenhados em função do índice de esbeltez. Esse gráfico mostra um intervalo disperso de valores que variam da tensão de escoamento para as colunas muito curtas até a tensão de flambagem de Euler, para as colunas muito longas. No amplo intervalo de índices de esbeltez entre esses dois extremos, nem a tensão de escoamento, nem a tensão de flambagem de Euler mostram-se uma boa previsão para a resistência da coluna. Além disso, a maioria das colunas usadas na prática recai nessa classe intermediária de índices de esbeltez. Portanto, o projeto prático de uma coluna baseia-se principalmente em fórmulas empíricas que foram desenvolvidas para representar o melhor ajuste dos resultados dos ensaios para uma faixa de colunas com dimensões reais. Essas fórmulas empíricas incorporam coeficientes apropriados de segurança, de comprimento efetivo e outros coeficientes modificadores.

A resistência de uma coluna e o modo como ela demonstra a falha estrutural dependem enormemente de seu comprimento efetivo. Por exemplo, considere o comportamento de uma coluna feita de aço.

Colunas curtas de aço: Uma coluna muito curta de aço pode ser carregada até o aço alcançar sua tensão de escoamento; consequentemente, colunas muito curtas não flambam. A resistência desses elementos estruturais é a mesma tanto na compressão como na tração; entretanto, essas colunas são tão curtas que não possuem utilização prática.

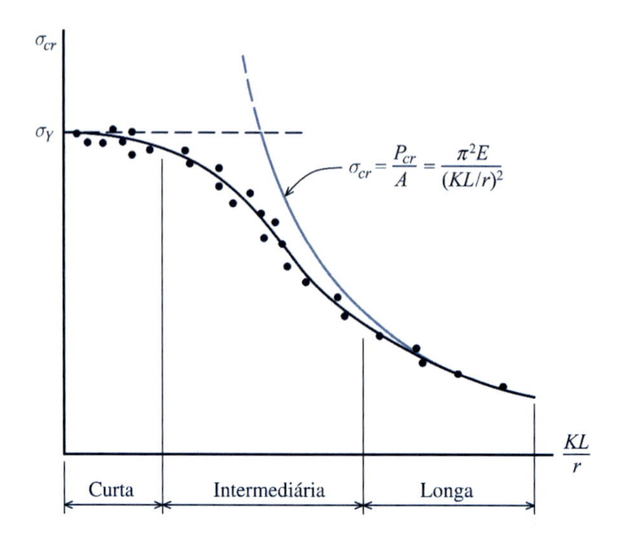

FIGURA 16.11 Dados representativos de ensaios de colunas para um intervalo de valores de índices de esbeltez.

Colunas intermediárias de aço: A maioria das colunas de aço usadas na prática recai nessa categoria. Quando o comprimento efetivo (ou o índice de esbeltez) aumenta, a causa da falha estrutural se torna mais complicada. Em colunas de aço e em particular em colunas de aço laminado a frio, a carga aplicada pode fazer com que, em algumas partes da seção transversal, as tensões de compressão ultrapassem o limite de proporcionalidade e, desta forma, a coluna apresentaria falha estrutural tanto por escoamento como por flambagem. Diz-se que essas colunas flambam *inelasticamente*. A resistência de flambagem de colunas de aço laminado a frio é particularmente influenciada pela presença de *tensões residuais*. As tensões residuais são tensões que estão "presas no interior" de um perfil metálico durante o processo de fabricação porque as abas e as almas de aço se resfriam com mais rapidez do que os cantos nas regiões de suas ligações. Devido às tensões residuais e a outros fatores, a análise e o projeto de colunas intermediárias de aço baseiam-se em fórmulas empíricas desenvolvidas a partir de resultados de ensaios.

Colunas longas de aço: Colunas longas e esbeltas de aço flambam *elasticamente*, uma vez que a tensão de flambagem de Euler está bem abaixo do limite de proporcionalidade (mesmo levando em conta a presença de tensões residuais). Portanto, as equações de flambagem de Euler são previsores confiáveis para colunas longas. Entretanto, colunas longas e esbeltas de aço não são muito eficientes uma vez que a tensão de flambagem de Euler para essas colunas é muito menor do que o limite de proporcionalidade para o aço.

Várias fórmulas empíricas representativas para o projeto de colunas de aço, alumínio e madeira com carregamento centrado serão apresentadas para introduzir os aspectos básicos do projeto de colunas.

COLUNAS ESTRUTURAIS DE AÇO

Colunas estruturais de aço são projetadas, nos Estados Unidos, de acordo com as especificações publicadas pelo American Institute for Steel Construction (AISC). A norma para determinação de tensão admissíveis (Allowable Stress Design[1]) do AISC faz distinção entre colunas curtas e intermediárias e colunas longas.* O ponto de transição entre essas duas categorias é definido como a relação comprimento efetivo-índice de esbeltez que corresponda a uma tensão de flambagem de Euler de $\sigma_{cr} = 0{,}5\sigma_Y$. Essa relação comprimento efetivo-índice de esbeltez é indicada por C_c, em que

$$C_c = \sqrt{\frac{2\pi^2 E}{\sigma_Y}} \tag{16.22}$$

Para colunas curtas e intermediárias com relações de comprimento efetivo-índice de esbeltez menores ou iguais a C_c, a fórmula do AISC assume o formato de uma parábola:

$$\sigma_{\text{adm}} = \frac{\sigma_Y}{\text{CS}}\left[1 - \frac{(KL/r)^2}{2C_c^2}\right] \quad \text{em que } \frac{KL}{r} \le C_c \tag{16.23}$$

em que CS é um coeficiente de segurança variável definido pela seguinte relação:

$$\text{CS} = \frac{5}{3} + \frac{3}{8}\left(\frac{KL/r}{C_c}\right) - \frac{1}{8}\left(\frac{KL/r}{C_c}\right)^3 \tag{16.24}$$

Observe que o coeficiente de segurança definido pela Equação (16.24) varia de um valor mínimo de CS = 5/3 em $KL/r = 0$ até um valor de CS = 23/12 em $KL/r = C_c$.

Para colunas longas com relações de comprimento efetivo-índice de esbeltez maiores do que C_c a fórmula do AISC assume o formato da curva de tensões de flambagem de Euler.

[1] *Manual of Steel Construction*, 9th ed., American Institute of Steel Construction, Nova York, 1989.

* No Brasil, a norma para cálculo de elementos estruturais de aço é a NBR 8800 – Projeto de Estruturas de Aço e Estruturas Mistas de Aço e Concreto de Edifícios, da ABNT. (N.T.)

$$\sigma_{\text{adm}} = \frac{\pi^2 E}{\text{FS}(KL/r)^2} = \frac{12\pi^2 E}{23(KL/r)^2} \qquad \text{em que } \frac{KL}{r} > C_c \tag{16.25}$$

em que CS é um valor constante de 23/12. O AISC não permite que as colunas tenham relação comprimento efetivo-índice de esbeltez maiores do que 200.

COLUNAS DE LIGAS DE ALUMÍNIO

A Aluminum Association publica as especificações para o projeto de estruturas de ligas de alumínio. A fórmula de Euler é a base da equação para o projeto de colunas longas e são prescritas linhas retas para colunas curtas e intermediárias. As fórmulas de projeto são especificadas pela Aluminum Association[2] para cada liga de alumínio e têmpera em particular. Uma das ligas mais comuns usada em aplicações estruturais é a 6061-T6 e as fórmulas de projeto de colunas para essa liga são dadas aqui. Cada uma dessas fórmulas de projeto inclui um coeficiente de segurança apropriado.

Para colunas curtas com relações comprimento efetivo-índice de esbeltez menores ou iguais a 9,5:

$$\begin{aligned} \sigma_{\text{adm}} &= 19 \text{ ksi} \\ &= 131 \text{ MPa} \qquad \text{em que } \frac{KL}{r} \leq 9{,}5 \end{aligned} \tag{16.26}$$

Para colunas intermediárias com relações comprimento efetivo-índice de esbeltez entre 9,5 e 66:

$$\begin{aligned} \sigma_{\text{adm}} &= [20{,}2 - 0{,}125(KL/r)] \text{ ksi} \\ &= [139 - 0{,}868(KL/r)] \text{ MPa} \qquad \text{em que } 9{,}5 < \frac{KL}{r} \leq 66 \end{aligned} \tag{16.27}$$

Para colunas longas com relações comprimento efetivo-índice de esbeltez maiores do que 66:

$$\begin{aligned} \sigma_{\text{adm}} &= \frac{51.000}{(KL/r)^2} \text{ ksi} \\ &= \frac{351.000}{(KL/r)^2} \text{ MPa} \qquad \text{em que } \frac{KL}{r} > 66 \end{aligned} \tag{16.28}$$

COLUNAS DE MADEIRA

O projeto de elementos estruturais de madeira é determinado pela *National Design Specification for Wood Construction* publicado pela American Forest & Paper Association.* A *National Design Specification*[3] (NDS) fornece uma única fórmula para o projeto de colunas retangulares de madeira. O formato dessa fórmula tem alguma diferença em relação às fórmulas para o aço e o alumínio, já que a relação comprimento efetivo-índice de esbeltez é expressa por KL/d, em que d é a dimensão acabada da seção transversal retangular. A relação comprimento efetivo-índice de esbeltez para as colunas de madeira deve satisfazer à condição $KL/d \leq 50$.

$$\sigma_{\text{adm}} = F_c \left\{ \frac{1 + (F_{cE}/F_c)}{2c} - \sqrt{\left[\frac{1 + (F_{cE}/F_c)}{2c}\right]^2 - \frac{F_{cE}/F_c}{c}} \right\} \tag{16.29}$$

em que

F_c = tensão admissível para compressão paralela às fibras

[2] *Specifications for Aluminum Structures*, Aluminum Association, Inc., Washington, D.C., 1986.

* No Brasil, o cálculo de estruturas de madeira é regulado pela norma técnica NBR 7190 — Projeto de Estruturas de Madeira, da ABNT. (N.T.)

$$F_{cE} = \frac{K_{cE}E}{(KL/d)^2} = \text{tensão reduzida de flambagem de Euler}$$

E = módulo de elasticidade

K_{cE} = 0,30 para madeira classificada visualmente

c = 0,8 para madeira serrada

A relação comprimento efetivo-índice de esbeltez KL/d é tomada como o maior valor dentre KL/d_1 e KL/d_2, em que d_1 e d_2 são as duas dimensões acabadas da seção transversal retangular.

INSTABILIDADE LOCAL

Toda a análise até aqui teve como objetivo a *instabilidade global* da coluna, na qual todo o comprimento da coluna sofre deflexão como um todo e assume o formato de uma curva suave. Nenhuma análise sobre carregamentos de compressão estará completa sem tratar de *instabilidade local*. A instabilidade local acontece quando *elementos* da seção transversal, como uma aba ou uma alma, flambam devido à carga de compressão que age sobre elas. Seções abertas, como cantoneiras, canais (seções em U ou C), e seções W são particularmente sensíveis à instabilidade local; entretanto, a instabilidade local pode ser uma preocupação com qualquer placa ou elemento de casca fino. Para tratar da instabilidade local, normalmente as especificações de projeto definem limites de relações comprimento efetivo-índice de esbeltez aceitáveis para os vários tipos de elementos de seções transversais.

EXEMPLO 16.5

Uma barra comprimida de uma pequena treliça consiste em duas cantoneiras de abas desiguais L3 × 2 × 1/4 de aço com suas abas maiores colocadas em oposição entre si (seção T) conforme ilustrado. As cantoneiras são separadas de modo descontínuo por blocos espaçadores com 0,375 in (9,53 mm) de espessura. Determine a carga axial admissível P_{adm} que pode ser suportada pela barra comprimida se o comprimento efetivo for de:

(a) KL = 8 ft (2,44 m).

(b) KL = 10 ft (3,05 m).

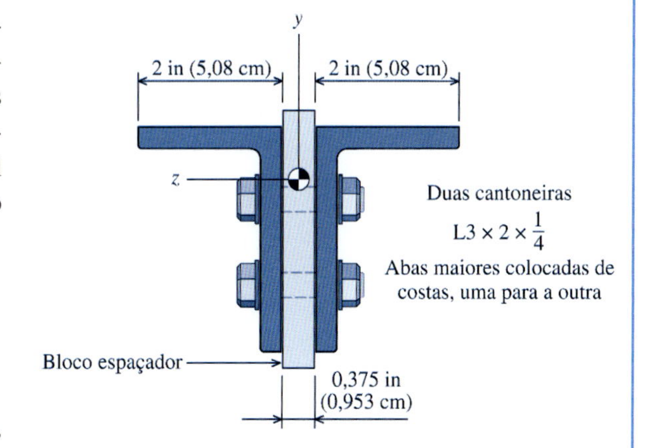

Planejamento da Solução

Depois de calcular as propriedades da seção para o perfil composto, serão usadas as fórmulas constantes na norma Allowable Stress Design, do AISC [isto é, Equações (16.22) a (16.25)] para determinar as cargas axiais admissíveis.

SOLUÇÃO

Propriedades da Seção

As seguintes propriedades da seção podem ser obtidas no Apêndice B para o perfil estrutural L3 × 2 × 1/4 de aço. Os subscritos para essas propriedades foram adaptados aos eixos correspondentes aos mostrados na seção transversal da figura.

$$A = 1{,}19 \text{ in}^2 \qquad I_z = 1{,}09 \text{ in}^4 \qquad r_z = 0{,}953 \text{ in} \qquad I_y = 0{,}390 \text{ in}^4$$

Além disso, a distância da parte traseira da aba de 3 in ao centro de gravidade do perfil em cantoneira é dado no Apêndice B como x = 0,487 in. Para o sistema de coordenadas definido aqui, essa distância é medida na direção z; portanto, indicaremos a distância da parte traseira da aba de 3 in ao centro de gravidade do perfil em cantoneira como z = 0,487 in.

O perfil de cantoneira é fabricado com duas cantoneiras orientadas com suas abas maiores opostas, uma à outra, e com uma distância de 0,375 in entre as duas peças. A área do perfil composto de duas cantoneiras é a soma de ambas as áreas; isto é, $A = 2(1{,}19\ \text{in}^2) = 2{,}38\ \text{in}^2$. Devem ser determinadas propriedades adicionais da seção para esse perfil composto.

Propriedades em torno do eixo z para o perfil composto de duas cantoneiras: O eixo baricêntrico z para o perfil composto de duas cantoneiras coincide com o eixo baricêntrico do perfil de uma única cantoneira. Portanto, o momento de inércia em torno do eixo baricêntrico z para o perfil composto de duas cantoneiras é simplesmente o dobro do momento de inércia de uma única cantoneira: $I_z = 2(1{,}09\ \text{in}^4) = 2{,}18\ \text{in}^4$. O raio de giração em torno do eixo baricêntrico z é idêntico ao de uma única cantoneira; portanto, $r_z = 0{,}953$ in para o perfil composto de duas cantoneiras.

Propriedades em torno do eixo y para o perfil composto de duas cantoneiras: O eixo baricêntrico y para o perfil composto de duas cantoneiras pode ser localizado por simetria. Como os centros de gravidade das duas cantoneiras isoladas não coincidem com o eixo baricêntrico y para o perfil composto, o momento de inércia em torno do eixo baricêntrico vertical deve ser calculado usando o teorema dos eixos paralelos:

$$I_y = 2\left[0{,}390\ \text{in}^4 + \left(\frac{0{,}375\ \text{in}}{2} + 0{,}487\ \text{in}\right)^2 (1{,}19\ \text{in}^2)\right] = 1{,}8628\ \text{in}^4$$

O raio de giração em torno do eixo baricêntrico y é calculado com base nos valores do momento de inércia do perfil composto I_y e da área A:

$$r_y = \sqrt{\frac{I_y}{A}} = \sqrt{\frac{1{,}8628\ \text{in}^4}{2{,}38\ \text{in}^2}} = 0{,}885\ \text{in}$$

Índice de esbeltez determinante: Como $r_y < r_z$ para esse perfil composto, a relação comprimento efetivo-índice de esbeltez para a flambagem em torno do eixo y será maior do que a relação comprimento efetivo-índice de esbeltez para a flambagem em torno do eixo z. Portanto, a flambagem em torno do eixo baricêntrico y determinará a carga de compressão no elemento estrutural analisado aqui.

Fórmulas da Norma Allowable Stress Design (ASD), do AISC

As fórmulas do AISC ASD usam o parâmetro C_c da relação comprimento efetivo-índice de esbeltez [veja a Equação (16.22)] para fazer a distinção entre colunas curtas/intermediárias e colunas longas. Para $\sigma_Y = 36$ ksi, o parâmetro C_c é calculado como

$$C_c = \sqrt{\frac{2\pi^2 E}{\sigma_Y}} = \sqrt{\frac{2\pi^2(29.000\ \text{ksi})}{36\ \text{ksi}}} = 126{,}1$$

(a) Carga axial admissível P_{adm} para $KL = 8$ ft: Para um comprimento efetivo $KL = 8$ ft, a relação comprimento efetivo-índice de esbeltez determinante para o elemento estrutural de duas cantoneiras sob compressão é

$$\frac{KL}{r} = \frac{KL}{r_y} = (8\ \text{ft})(12\ \text{in/ft})/0{,}885\ \text{in} = 108{,}5$$

Como $KL/r_y \leq C_c$, a coluna é considerada uma coluna intermediária e a tensão de compressão admissível será calculada usando a Equação (16.23). O coeficiente de segurança exigido para essa fórmula da AISC é calculado pela Equação (16.24):

$$\text{CS} = \frac{5}{3} + \frac{3}{8}\left(\frac{KL/r}{C_c}\right) - \frac{1}{8}\left(\frac{KL/r}{C_c}\right)^3 = \frac{5}{3} + \frac{3}{8}\left(\frac{108{,}5}{126{,}1}\right) - \frac{1}{8}\left(\frac{108{,}5}{126{,}1}\right)^3 = 1{,}910$$

A tensão de compressão admissível é determinada pela Equação (16.23):

$$\sigma_{adm} = \frac{\sigma_Y}{\text{CS}}\left[1 - \frac{(KL/r)^2}{2C_c^2}\right] = \frac{36\ \text{ksi}}{1{,}910}\left[1 - \frac{(108{,}5)^2}{2(126{,}1)^2}\right] = \frac{36\ \text{ksi}}{1{,}910}[0{,}62983] = 11{,}87\ \text{ksi}$$

Usando essa tensão admissível, a carga axial admissível para um comprimento efetivo de $KL = 8$ ft é

$$P_{adm} = \sigma_{adm}A = (11{,}87 \text{ ksi})(2{,}38 \text{ in}^2) = 28{,}3 \text{ kip } (125{,}9 \text{ kN}) \qquad \textbf{Resp.}$$

(b) Carga axial admissível P_{adm} para $KL = 10$ ft: Para um comprimento efetivo $KL = 10$ ft, a relação comprimento efetivo-índice de esbeltez determinante para o elemento estrutural de duas cantoneiras sob compressão é

$$\frac{KL}{r} = \frac{KL}{r_y} = (10 \text{ ft})(12 \text{ in/ft})/0{,}885 \text{ in} = 135{,}6$$

Como $KL/r_y > C_c$, a coluna é classificada como uma coluna longa e será usada a Equação (16.25) para calcular a tensão admissível de compressão:

$$\sigma_{adm} = \frac{12\pi^2 E}{23(KL/r)^2} = \frac{12\pi^2(29.000 \text{ ksi})}{23(135{,}6)^2} = 8{,}12 \text{ ksi}$$

A carga axial admissível para $KL = 10$ ft pode ser calculada com base no valor da tensão admissível como

$$P_{adm} = \sigma_{adm}A = (8{,}12 \text{ ksi})(2{,}38 \text{ in}^2) = 19{,}33 \text{ kip } (86{,}0 \text{ kN}) \qquad \textbf{Resp.}$$

EXEMPLO 16.6

Um tubo quadrado de liga de alumínio 6061-T6 tem as dimensões de sua seção transversal mostradas na figura. Use as fórmulas para cálculo de colunas da Aluminum Association a fim de determinar a carga axial admissível P_{adm} que pode ser suportada pelo tubo se o comprimento efetivo do elemento estrutural comprimido for:

(a) $KL = 1.500$ mm.
(b) $KL = 2.750$ mm.

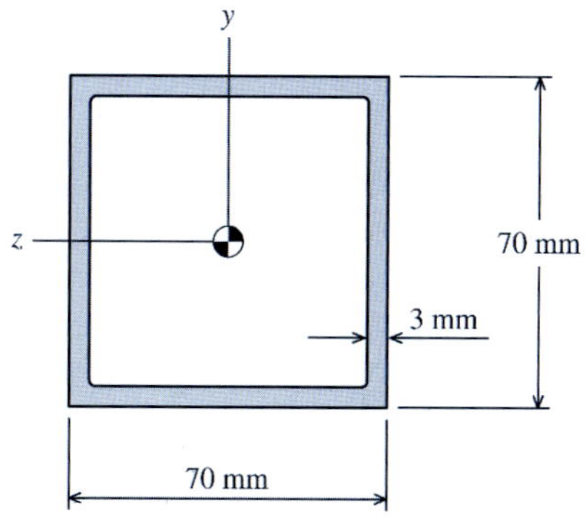

Planejamento da Solução

Depois de calcular as propriedades da seção para o tubo quadrado, serão usadas as fórmulas de projeto da Aluminum Association [isto é, Equações (16.26) a (16.28)] para calcular as cargas axiais admissíveis para os comprimentos efetivos especificados.

SOLUÇÃO

Propriedades da Seção

O centro de gravidade do tubo quadrado é encontrado por simetria. A área da seção transversal do tubo é

$$A = (70 \text{ mm})^2 - (64 \text{ mm})^2 = 804 \text{ mm}^2$$

Os momentos de inércia em torno dos dois eixos baricêntricos y e z são idênticos:

$$I_y = I_z = \frac{(70 \text{ mm})^4}{12} - \frac{(64 \text{ mm})^4}{12} = 602.732 \text{ mm}^4$$

Similarmente, os raios de giração em torno dos eixos baricêntricos são os mesmos:

$$r_y = r_z = \sqrt{\frac{602.732 \text{ mm}^4}{804 \text{ mm}^2}} = 27{,}38 \text{ mm}$$

(a) Carga axial admissível P_{adm} para $KL = 1.500$ mm: Para um comprimento efetivo $KL = 1.500$ mm, a relação comprimento efetivo-índice de esbeltez para o elemento estrutural de tubo quadrado é

$$\frac{KL}{r} = \frac{1.500 \text{ mm}}{27,38 \text{ mm}} = 54,8$$

Como esse índice de esbeltez é maior do que 9,5 e menor do que 66, deve ser utilizada a Equação (16.27) para determinar a tensão admissível de compressão. A versão SI dessa equação pode ser usada para fornecer σ_{adm}:

$$\sigma_{adm} = [139 - 0,868(KL/r)] \text{ MPa} = [139 - 0,868(54,8)] = 91,43 \text{ MPa}$$

Com base nessa tensão admissível, pode-se calcular a carga axial admissível como

$$P_{adm} = \sigma_{adm}A = (91,43 \text{ N/mm}^2)(804 \text{ mm}^2) = 73,510 \text{ N} = 73,5 \text{ kN}$$ **Resp.**

(b) Carga axial admissível P_{adm} para KL = 2.750 mm: Para um comprimento efetivo KL = 2.750 mm, a relação comprimento efetivo-índice de esbeltez é

$$\frac{KL}{r} = \frac{2.750 \text{ mm}}{27,38 \text{ mm}} = 100,4$$

Como esse índice de esbeltez é maior do que 66, a tensão admissível de compressão é determinada pela Equação (16.28):

$$\sigma_{adm} = \frac{351.000}{(KL/r)^2} \text{MPa} = \frac{351.000}{(100,4)^2} = 34,82 \text{ MPa}$$

Portanto, a carga axial admissível é

$$P_{adm} = \sigma_{adm}A = (34,82 \text{ N/mm}^2)(804 \text{ mm}^2) = 27.995 \text{ N} = 28,0 \text{ kN}$$ **Resp.**

EXEMPLO 16.7

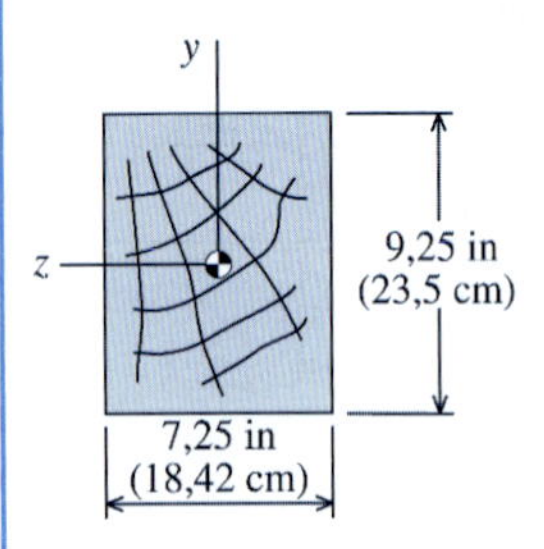

Uma prancha serrada retangular, de madeira classificada visualmente como nº 2 SPF (abeto-branco) tem dimensões acabadas de 7,25 in (18,42 cm) por 9,25 in (23,5 cm). Para essa espécie e classe de madeira, a tensão admissível de compressão paralela às fibras é F_c = 975 psi (6,72 MPa) e o módulo de elasticidade é E = 1.100.000 psi (7,58 GPa). A coluna de madeira tem um comprimento de L = 16 ft (4,88 m) e são usados apoios em cada uma das extremidades da coluna. Use a fórmula da NFPA NDS para projeto de colunas a fim de determinar a carga axial admissível P_{adm} que pode ser suportada pela coluna.

Planejamento da Solução

Será usada a fórmula da NFPA NDS para o projeto de colunas dada na Equação (16.29) para calcular a carga axial admissível.

SOLUÇÃO

A fórmula da NFPA NDS para projeto de colunas é

$$\sigma_{adm} = F_c \left\{ \frac{1 + (F_{cE}/F_c)}{2c} - \sqrt{\left[\frac{1 + (F_{cE}/F_c)}{2c}\right]^2 - \frac{(F_{cE}/F_c)}{c}} \right\}$$

em que

F_c = tensão admissível para compressão paralela às fibras

$F_{cE} = \dfrac{K_{cE}E}{(KL/d)^2}$ = tensão reduzida de flambagem de Euler

E = módulo de elasticidade

K_{cE} = 0,30 para madeira classificada visualmente

c = 0,8 para madeira serrada

As dimensões acabadas da coluna de madeira são 7,25 in por 9,25 in. A menor dentre essas duas dimensões é tomada como d no termo KL/d. Como a coluna tem apoios nas extremidades, o coeficiente do comprimento efetivo é $K = 1{,}0$; portanto,

$$\frac{KL}{d} = \frac{(1{,}0)(16 \text{ ft})(12 \text{ in/ft})}{7{,}25 \text{ in}} = 26{,}48$$

O termo da tensão de flambagem reduzida de Euler F_{cE} usado na fórmula da NFPA NDS tem o valor de

$$F_{cE} = \frac{K_{cE}E}{(KL/d)^2} = \frac{(0{,}30)(1.100.000 \text{ psi})}{(26{,}48)^2} = 470{,}63 \text{ psi}$$

A relação F_{cE}/F_c tem o valor de

$$\frac{F_{cE}}{F_c} = \frac{470{,}63 \text{ psi}}{975 \text{ psi}} = 0{,}4827$$

Essa relação, juntamente com os valores de $F_c = 975$ psi e $c = 0{,}8$ (para madeira serrada) são usados na fórmula da NFPA NDS para calcular a tensão admissível de compressão para a coluna de madeira:

$$\begin{aligned}\sigma_{adm} &= F_c \left\{ \frac{1 + (F_{cE}/F_c)}{2c} - \sqrt{\left[\frac{1 + (F_{cE}/F_c)}{2c}\right]^2 - \frac{(F_{cE}/F_c)}{c}} \right\} \\ &= (975 \text{ psi}) \left\{ \frac{1 + (0{,}4827)}{2(0{,}8)} - \sqrt{\left[\frac{1 + (0{,}4827)}{2(0{,}8)}\right]^2 - \frac{0{,}4827}{0{,}8}} \right\} \\ &= (975 \text{ psi})\{0{,}9267 - \sqrt{0{,}9267^2 - 0{,}6034}\} \\ &= 410{,}8 \text{ psi}\end{aligned}$$

Portanto, a carga axial admissível P_{adm} que pode ser suportada pela coluna é

$$P_{adm} = \sigma_{adm}A = (410{,}8 \text{ psi})(7{,}25 \text{ in})(9{,}25 \text{ in}) = 27.549 \text{ lb} = 27.500 \text{ lb}$$ **Resp.**

PROBLEMAS

Colunas de Aço

P16.49 Use as equações do AISC para determinar a carga axial admissível P_{adm} que pode ser suportada pela coluna feita com o perfil de abas largas W8 × 48 para os seguintes comprimentos efetivos:

(a) $KL = 13$ ft (3,96 m)
(b) $KL = 26$ ft (7,92 m)

Admita $E = 29.000$ ksi (199,9 GPa) e $\sigma_Y = 50$ ksi (345 MPa).

P16.50 Use as equações do AISC para determinar a carga axial admissível P_{adm} que pode ser suportada pela coluna feita com o perfil HSS152,4 × 101,6 × 6,4 para os seguintes comprimentos efetivos:

(a) $KL = 3{,}75$ m
(b) $KL = 7{,}5$ m

Admita $E = 200$ GPa e $\sigma_Y = 320$ MPa.

P16.51 Use as equações do AISC para determinar a carga axial admissível P_{adm} que pode ser suportada pela coluna feita com o perfil de abas largas W310 × 86 para os seguintes comprimentos efetivos:

(a) $KL = 7{,}0$ m
(b) $KL = 10{,}0$ m

Admita $E = 200$ GPa e $\sigma_Y = 250$ MPa.

P16.52 Use as equações do AISC para determinar a carga axial admissível P_{adm} que pode ser suportada pela coluna feita com o perfil de abas largas W12 × 40 para os seguintes comprimentos efetivos:

(a) $KL = 12$ ft (3,66 m)
(b) $KL = 24$ ft (7,32 m)

Admita $E = 29.000$ ksi (199,9 GPa) e $\sigma_Y = 36$ ksi (248 MPa).

P16.53 Use as equações do AISC para determinar a carga axial admissível P_{adm} para a coluna tubular de aço, engastada em sua base e livre no topo (Figura P16.53/54) para os seguintes comprimentos:

(a) $L = 10$ ft (3,05 m)
(b) $L = 22$ ft (6,71 m)

O diâmetro externo do tubo é 8,625 in (219,1 mm) e a espessura da parede é 0,322 in (8,18 mm). Admita $E = 29.000$ ksi (199,9 GPa) e $\sigma_Y = 36$ ksi (248 MPa).

P16.54 Use as equações do AISC para determinar a carga axial admissível P_{adm} para a coluna tubular de aço, engastada em sua base e livre no topo (Figura P16.53/54) para os seguintes comprimentos:

(a) $L = 3$ m
(b) $L = 4$ m

O diâmetro externo do tubo é 168 mm e a espessura da parede é 11 mm. Admita $E = 200$ GPa e $\sigma_Y = 250$ MPa.

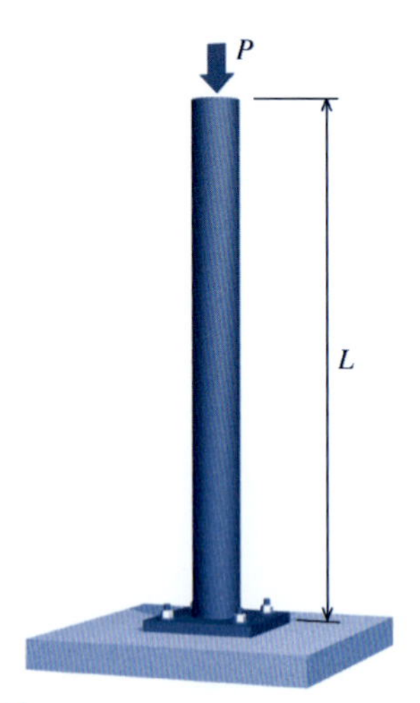

FIGURA P16.53/54

P16.55 A coluna feita com o perfil HSS304,8 × 203,2 × 9,5 (veja as propriedades da seção transversal no Apêndice B), com 10 m de comprimento e mostrada na Figura P16.55/56 está engastada em sua base A em relação à flexão em torno do eixo forte e do eixo fraco do perfil. Na extremidade superior B, a coluna tem restrição para rotação e translação no plano x–z (ou seja, flexão em torno do eixo fraco) e está restrita para translação no plano x–y (isto é, livre para girar em torno do eixo forte). Use as equações do AISC para determinar a carga axial admissível P_{adm} que pode ser suportada pela coluna quanto a:

(a) flambagem no plano x–y.
(b) flambagem no plano x–z.

Admita $E = 200$ GPa e $\sigma_Y = 320$ MPa.

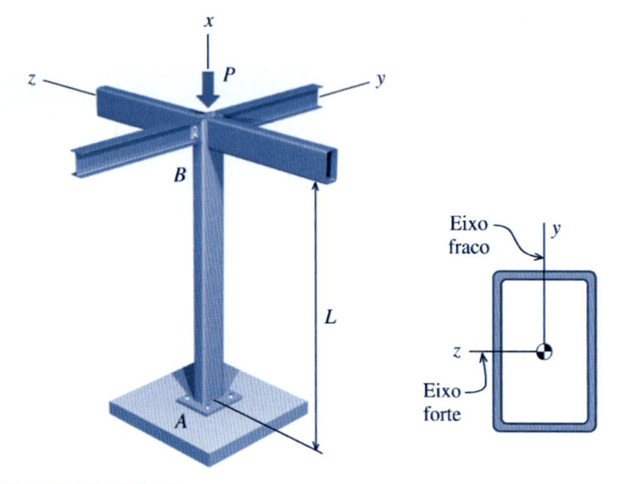

FIGURA P16.55/56

P16.56 A coluna feita com o perfil HSS6 × 4 × 1/8 (veja as propriedades da seção transversal no Apêndice B), com 25 ft (7,62 m) de comprimento e mostrada na Figura P16.55/56 está engastada em sua base A em relação à flexão em torno do eixo forte e do eixo fraco do perfil. Na extremidade superior B, a coluna tem restrição para rotação e translação no plano x–z (ou seja, flexão em torno do eixo fraco) e está restrita para translação no plano x–y (isto é, livre para girar em torno do eixo forte). Use as equações do AISC para determinar a carga axial admissível P_{adm} que pode ser suportada pela coluna quanto a:

(a) flambagem no plano x–y.
(b) flambagem no plano x–z.

Admita $E = 29.000$ ksi (199,9 GPa) e $\sigma_Y = 46$ ksi (317 MPa).

P16.57 Uma coluna com comprimento efetivo de 28 ft (8,53 m) é fabricada unindo dois perfis C15 × 40 de aço (veja as propriedades da seção transversal no Apêndice B) por meio de barras de ligação conforme ilustrado na Figura P16.57/58. Use as equações do AISC para determinar a carga axial admissível P_{adm} que pode ser suportada pela coluna se $d = 10$ in (25,4 cm). Admita $E = 29.000$ ksi (199,9 GPa) e $\sigma_Y = 36$ ksi (248 MPa).

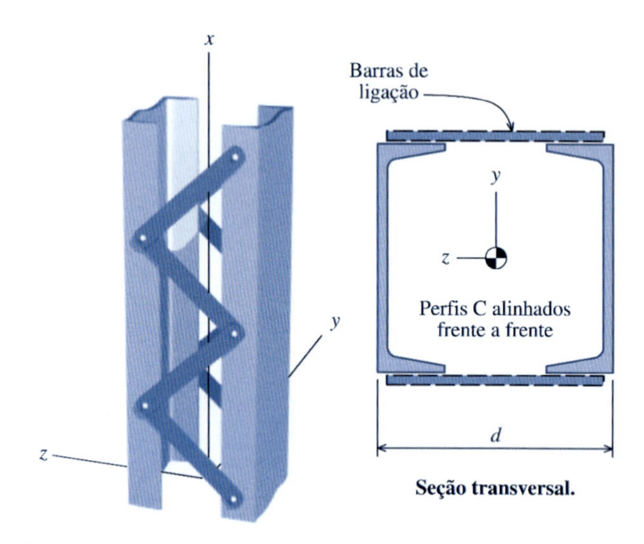

FIGURA P16.57/58

P16.58 Uma coluna é fabricada unindo dois perfis C310 × 45 de aço (veja as propriedades da seção transversal no Apêndice B) por meio de barras de ligação conforme ilustrado na Figura P16.57/58.

(a) Determine a distância d exigida de forma que os momentos de inércia da seção transversal em torno dos dois eixos principais sejam iguais.
(b) Para uma coluna com comprimento efetivo de $KL = 9,5$ m, determine a carga axial admissível P_{adm} que pode ser suportada pela coluna usando o valor de d determinado na parte (a).

Use as equações do AISC e admita $E = 200$ GPa e $\sigma_Y = 340$ MPa.

P16.59 Uma coluna com comprimento efetivo de 12 m é fabricada unindo dois perfis C230 × 30 de aço por meio de barras de ligação conforme ilustrado na Figura P16.59/60. Use as equações do AISC para determinar a carga axial admissível P_{adm} que pode ser suportada pela coluna se $d = 100$ mm. Admita $E = 200$ GPa e $\sigma_Y = 250$ MPa.

P16.60 Uma coluna é fabricada unindo dois perfis C8 × 18,7 de aço por meio de barras de ligação conforme ilustrado na Figura P16.59/60.

(a) Determine a distância d exigida de forma que os momentos de inércia da seção transversal em torno dos dois eixos principais sejam iguais.
(b) Para uma coluna com comprimento efetivo de $KL = 32$ ft (9,75 m), determine a carga axial admissível P_{adm} que pode ser suportada pela coluna usando o valor de d determinado na parte (a).

Use as equações do AISC e admita $E = 29.000$ ksi (199,9 GPa) e $\sigma_Y = 36$ ksi (248 MPa).

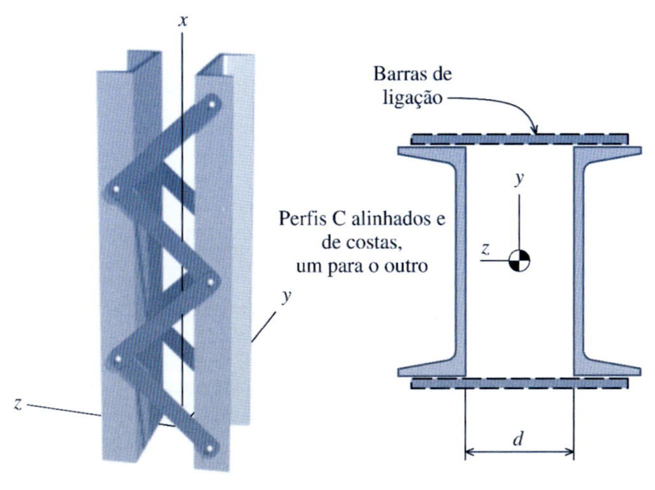

FIGURA P16.59/60

P16.61 Uma barra comprimida de uma pequena treliça consiste em duas cantoneiras de abas desiguais L5 × 3 × 1/2 de aço com suas abas maiores colocadas em oposição entre si (seção T) conforme ilustrado na Figura P16.61. As cantoneiras são separadas de modo descontínuo por blocos espaçadores com 0,375 in (9,53 mm) de espessura. Se o comprimento efetivo for $KL = 12$ ft (3,66 m), determine a carga axial admissível P_{adm} que pode ser suportada pela barra comprimida. Use as equações do AISC e admita $E = 29.000$ ksi (199,9 GPa) e $\sigma_Y = 36$ ksi (248 MPa).

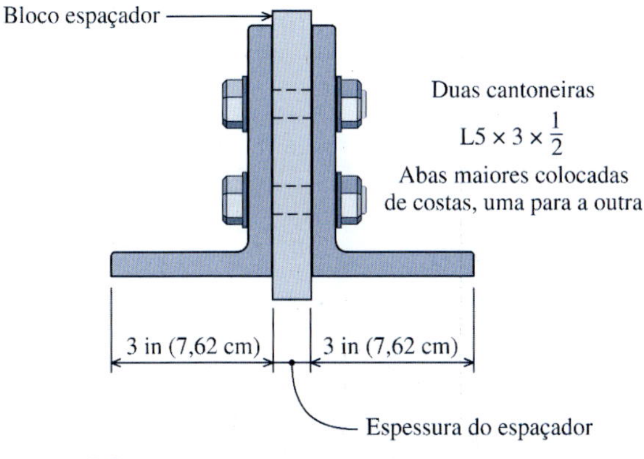

FIGURA P16.61

P16.62 Uma barra comprimida de uma pequena treliça consiste em duas cantoneiras de abas desiguais L127 × 76 × 12,7 de aço com suas abas maiores colocadas em oposição entre si (seção T) conforme ilustrado na Figura P16.62. As cantoneiras são separadas de modo descontínuo por blocos espaçadores,

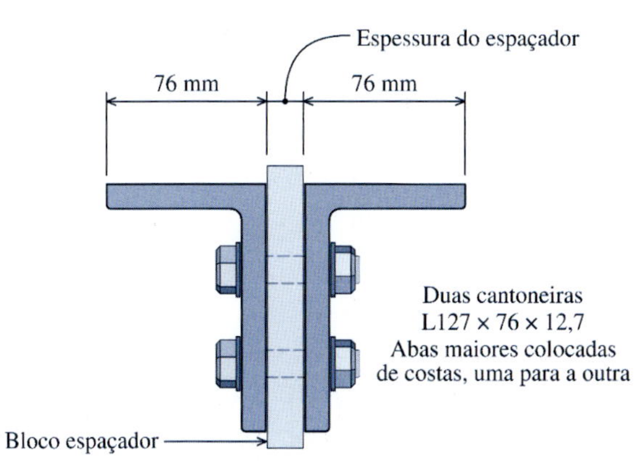

FIGURA P16.62

(a) Determine a espessura exigida para os espaçadores de modo que os momentos de inércia da seção em relação aos dois eixos principais sejam iguais.

(b) Para uma barra comprimida com um comprimento efetivo de $KL =$ 7 m, determine a carga admissível P_{adm} que pode ser suportada pela coluna usando espaçadores com a espessura encontrada na parte (a).

Use as equações do AISC e admita $E = 200$ GPa e $\sigma_Y = 340$ MPa.

P16.63 Desenvolva uma lista de três perfis WT de aço estrutural aceitáveis (dentre aqueles listados no Apêndice B) que possam ser utilizados como uma coluna com 18 ft (5,49 m) de comprimento e com apoios nas extremidades a fim de suportar uma carga axial de compressão de 30 kip (133,4 kN). Inclua os perfis WT8, WT9 e WT10,5 mais econômicos na lista de possibilidades e selecione o perfil mais econômico dentre as alternativas disponíveis. Use as equações do AISC para colunas longas [Equação (16.25)] e admita $E = 29.000$ ksi (199,9 GPa) e $\sigma_Y = 50$ ksi (345 MPa).

P16.64 Desenvolva uma lista de três perfis WT de aço estrutural aceitáveis (dentre aqueles listados no Apêndice B) que possam ser utilizados como uma coluna com 6 m de comprimento e com apoios nas extremidades a fim de suportar uma carga axial de compressão de 230 kN. Inclua os perfis WT205, WT230 e WT265 mais econômicos na lista de possibilidades e selecione o perfil mais econômico dentre as alternativas disponíveis. Use as equações do AISC para colunas longas [Equação (16.25)] e admita $E = 200$ GPa e $\sigma_Y = 340$ MPa.

Colunas de Alumínio

P16.65 Uma coluna tubular de liga de alumínio 6061-T6 com apoios nas extremidades tem diâmetro externo de 4,50 in (114,3 mm) e espessura de parede de 0,237 in (6,02 mm). Determine a carga axial admissível P_{adm} que pode ser suportada pelo tubo de alumínio para os seguintes comprimentos efetivos:

(a) $KL = 7{,}5$ ft (2,29 m)
(b) $KL = 15$ ft (4,57 m)

Use as fórmulas para projeto de colunas da Aluminum Association.

P16.66 Uma coluna tubular de liga de alumínio 6061-T6 com apoios nas extremidades tem diâmetro externo de 42 mm e espessura de parede de 3,5 mm. Determine a carga axial admissível P_{adm} que pode ser suportada pelo tubo de alumínio para os seguintes comprimentos efetivos:

(a) $KL = 625$ mm
(b) $KL = 1.250$ mm

Use as fórmulas da Aluminum Association para projeto de colunas.

P16.67 Um perfil de abas largas de liga de alumínio 6061-T6 tem as dimensões mostradas na Figura P16.67. Determine a carga axial ad-

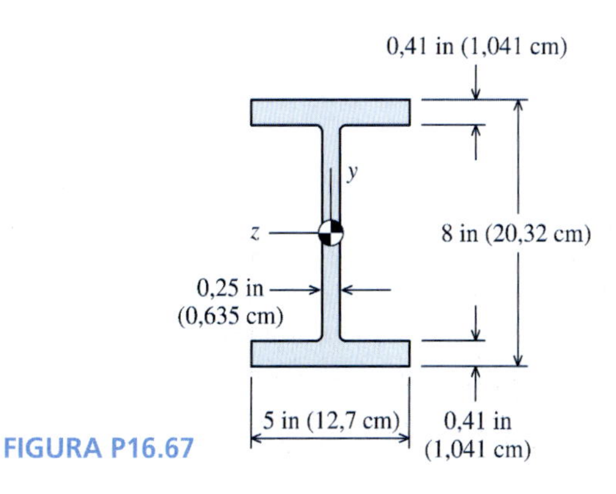

FIGURA P16.67

missível P_{adm} que pode ser suportada pela coluna de alumínio para os seguintes comprimentos efetivos:

(a) $KL = 5$ ft (1,52 m)
(b) $KL = 15$ ft (4,57 m)

Use as fórmulas da Aluminum Association para projeto de colunas.

P16.68 Um tubo retangular de liga de alumínio 6061-T6 tem as dimensões mostradas na Figura P16.68/69. O tubo retangular é usado como um elemento estrutural comprimido com 2,5 m de comprimento. Ambas as extremidades do elemento comprimido são engastadas (fixas). Determine a carga axial admissível P_{adm} que pode ser suportada pelo tubo retangular. Use as fórmulas da Aluminum Association para projeto de colunas.

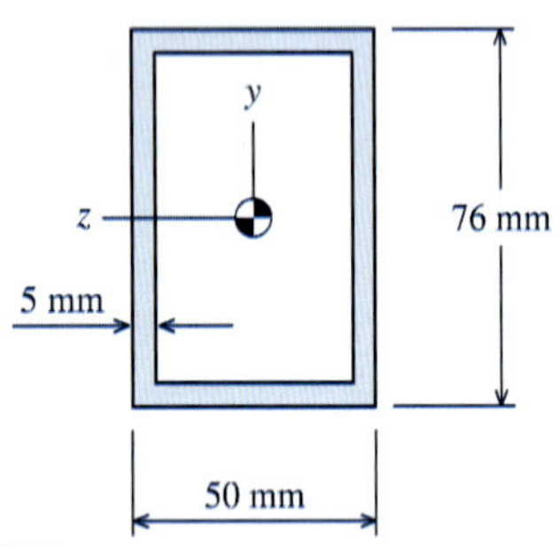

FIGURA P16.68/69

P16.69 Um tubo retangular de liga de alumínio 6061-T6 tem as dimensões mostradas na Figura P16.68/69. O tubo retangular é usado como um elemento estrutural comprimido com 3,6 m de comprimento. Para flambagem em torno do eixo z, admita que haja apoios em ambas as extremidades da coluna. Entretanto, para flambagem em torno do eixo y, admita que ambas as extremidades da coluna estejam engastadas (fixas). Determine a carga axial admissível P_{adm} que pode ser suportada pelo tubo retangular. Use as fórmulas da Aluminum Association para projeto de colunas.

P16.70 A coluna de alumínio mostrada na Figura P16.70/71 tem seção transversal retangular e suporta uma carga axial de compressão P. A base da coluna está engastada (fixa). O apoio no topo permite a rotação da coluna no plano x–y (ou seja, flexão em torno do eixo forte), mas evita a rotação no plano x–z (ou seja, flexão em torno do eixo fraco). Determine a carga axial admissível P_{adm} que pode ser aplicada à coluna para os seguintes parâmetros: $L = 1.800$ mm, $b = 30$ mm e $h = 40$ mm. Use as fórmulas da Aluminum Association para projeto de colunas.

P16.71 A coluna de alumínio mostrada na Figura P16.70/71 tem seção transversal retangular e suporta uma carga axial de compressão P. A base da coluna está engastada (fixa). O apoio no topo permite a rotação da coluna no plano x–y (isto é, flexão em torno do eixo forte), mas evita a rotação no plano x–z (isto é, flexão em torno do eixo fraco). Determine a carga axial admissível P_{adm} que pode ser aplicada à coluna para os seguintes parâmetros: $L = 60$ in (152,4 cm), $b = 1,25$ in (3,18 cm) e $h = 2,00$ in (5,08 cm). Use as fórmulas da Aluminum Association para projeto de colunas.

P16.72 Um perfil de abas largas de liga de alumínio 6061-T6, com as dimensões da seção transversal mostradas na Figura P16.72*b*, é usado como uma coluna de comprimento $L = 4,2$ m. A coluna está engastada (fixa) na base A. Há um suporte lateral conectado por pinos em B de forma que a deflexão no plano x–z está restrita na extremidade superior da coluna; entretanto, a coluna está livre para se deslocar no plano x–y em B (Figura P16.72*a*). Use as fórmulas para projeto de colunas da Aluminum Association a fim de determinar a carga axial admissível P_{adm} que a coluna pode suportar. Em sua análise, considere a possibilidade de que a flambagem possa ocorrer tanto em torno do eixo forte (ou seja, o eixo z) como em torno do eixo fraco (ou seja, o eixo y) da coluna de alumínio.

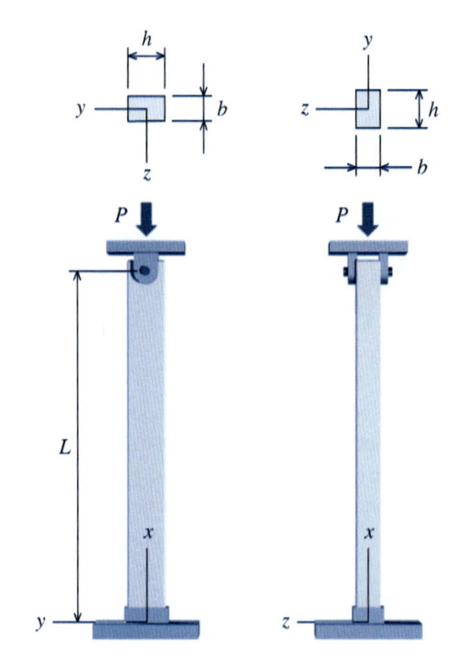

FIGURA P16.70/71

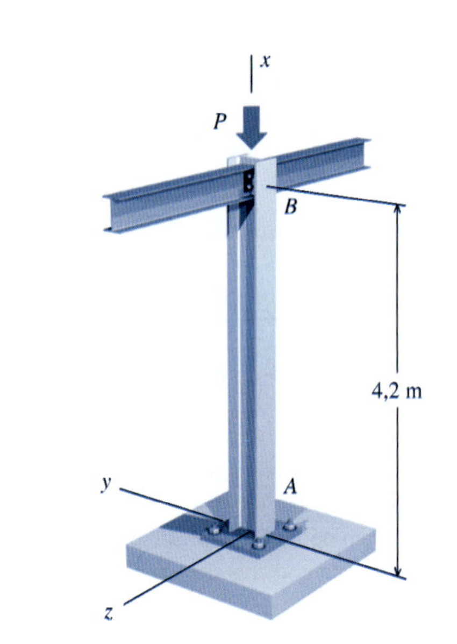

FIGURA P16.72*a*

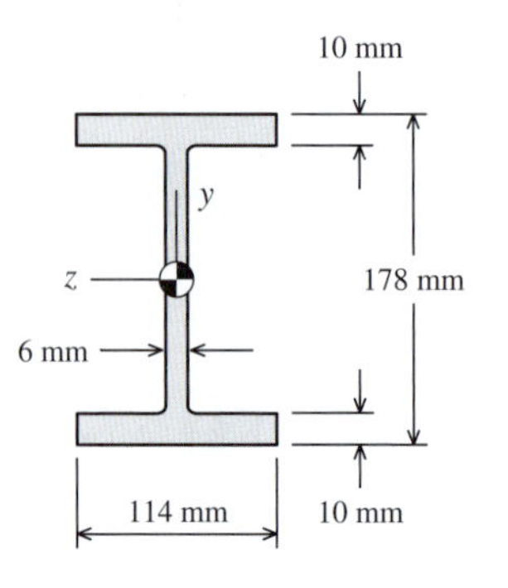

FIGURA P16.72*b*

Colunas de Madeira

P16.73 Um poste de madeira com seção transversal retangular (Figura P16.73/74) consiste em madeira de categoria Select Structural e classe pinho Douglas [F_c = 1.700 psi (11,72 MPa); E = 1.900.000 psi (13,1 GPa)]. As dimensões acabadas do poste são b = 3,5 in (8,89 cm) e h = 5,5 in (13,97 cm). Admita que existam apoios em cada uma das extremidades do poste. Determine a carga axial admissível P_{adm} que pode ser suportada pelo poste para os seguintes comprimentos:

(a) L = 6 ft (1,83 m)
(b) L = 10 ft (3,05 m)
(c) L = 14 ft (4,27 m)

Use a fórmula para projeto de colunas da NFPA NDS.

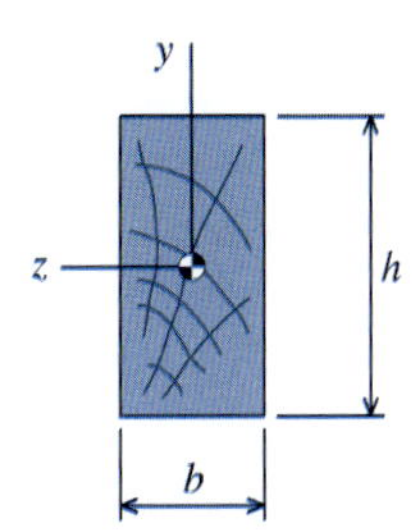

FIGURA P16.73/74

P16.74 Um poste de madeira com seção transversal retangular (Figura P16.73/74) consiste em madeira de classe nº 1 e SPF (F_c = 7,25 MPa; E = 8,25 GPa). As dimensões acabadas do poste são b = 140 mm e h = 185 mm. Admita que existam apoios em cada uma das extremidades do poste. Determine a carga axial admissível P_{adm} que pode ser suportada pelo poste para os seguintes comprimentos:

(a) L = 3 m
(b) L = 4,5 m
(c) L = 6 m

Use as fórmulas para projeto de colunas da NFPA NDS.

P16.75 Uma coluna de madeira de categoria Select Structural e espécie Hem-Fir [F_c = 1.500 psi (10,34 MPa); E = 1.600.000 psi (11,03 GPa)] com seção transversal retangular tem dimensões acabadas de b = 4,50 in (11,43 cm) e h = 9,25 in (23,5 cm). O comprimento da coluna é L = 18 ft (5,49 m). A coluna está engastada em sua base A. Há um suporte lateral conectado por pinos em B de forma que a deflexão no plano x–z está impedida na extremidade superior da coluna; entretanto, a coluna está livre para se deslocar no plano x–y em B (Figura P16.75/76). Use a fórmula para projeto de colunas da NFPA NDS a fim de determinar a carga admissível de compressão P_{adm} que a coluna pode suportar. Em sua análise considere a possibilidade de que a flambagem ocorra tanto em torno do eixo forte (ou seja, o eixo z) como em torno do eixo *fraco* (ou seja, o eixo y) da coluna de madeira.

P16.76 Uma coluna de madeira de categoria Select Structural e espécie Hem-Fir (F_c = 10,3 MPa; E = 11 GPa) com seção transversal retangular tem dimensões acabadas de b = 75 mm e h = 185 mm. O comprimento da coluna é L = 4,5 m. A coluna está engastada em sua base A. Há um suporte lateral conectado por pinos em B de forma que a deflexão no plano x–z está impedida na extremidade superior da coluna; entretanto, a coluna está livre para se deslocar no plano x–y em B (Figura P16.75/76). Use a fórmula para projeto de colunas da NFPA NDS a fim de determinar a carga admissível de compressão P_{adm} que a coluna pode suportar. Em sua análise considere a possibilidade de que a flambagem ocorra tanto em torno do eixo forte (isto é, o eixo z) como em torno do eixo *fraco* (isto é, o eixo y) da coluna de madeira.

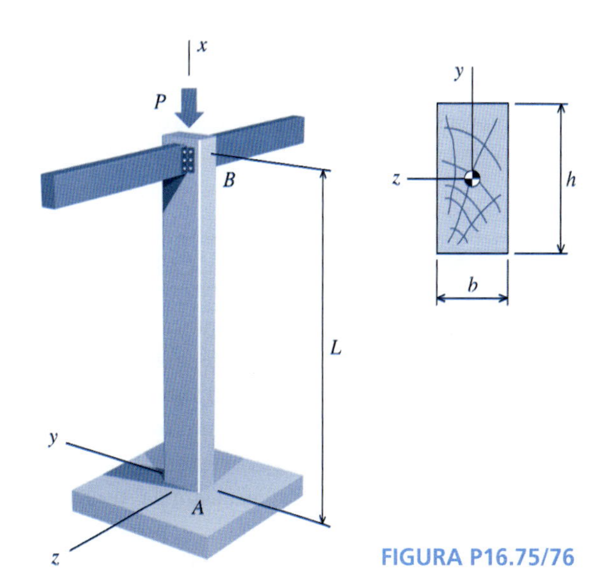

FIGURA P16.75/76

P16.77 Uma treliça simples de madeira, conectada por pinos, está carregada e apoiada conforme ilustrado na Figura P16.77. Os elementos da treliça são barras quadradas de madeira pinho Douglas [dimensões acabadas = 3,5 in (8,89 cm) por 3,5 in (8,89 cm)] com F_c = 1.500 psi (10,34 MPa) e E = 1.800.000 psi (12,41 GPa).

(a) Para as cargas mostradas, determine as forças axiais produzidas nos elementos estruturais AF, FG, GH e EH e nas diagonais internas BG e DG.
(b) Use a fórmula para projeto de colunas da NFPA NDS a fim de determinar a carga admissível de compressão P_{adm} para cada uma dessas barras.
(c) Indique a relação P_{adm}/P_{real} para cada uma dessas barras.

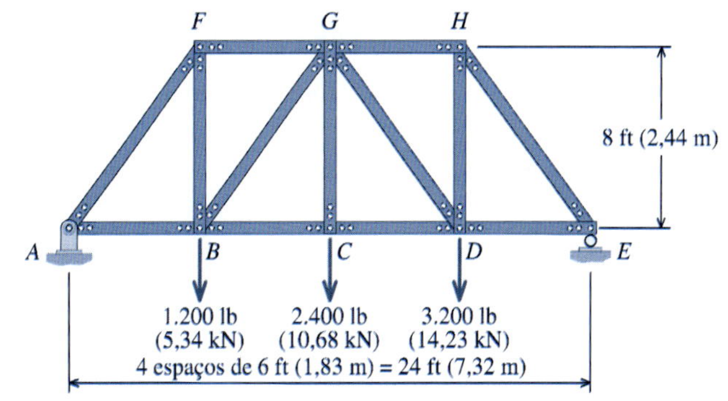

FIGURA P16.77

P16.78 Uma treliça simples de madeira, conectada por pinos, está carregada e apoiada conforme ilustrado na Figura P16.78. Os elementos da treliça são barras quadradas de madeira SPF, classe nº 2 (dimen-

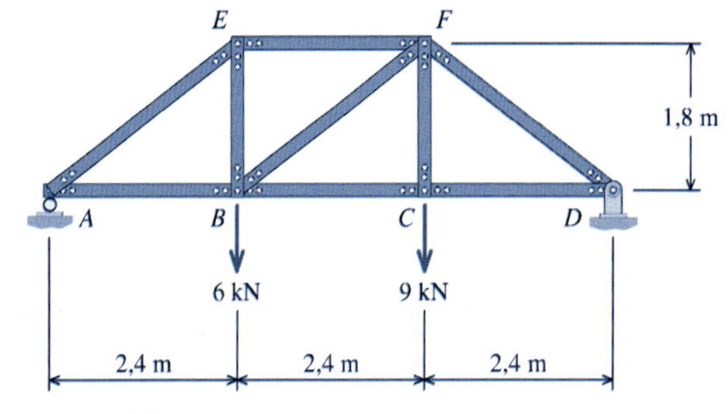

FIGURA P16.78

sões acabadas = 90 mm por 90 mm) que tem as propriedades $F_c = 6{,}7$ MPa e $E = 7{,}5$ GPa.

(a) Para as cargas mostradas, determine as forças axiais produzidas nos elementos estruturais *AE*, *EF* e *DF* e na diagonal interna *BF*.

(b) Use a fórmula para projeto de colunas da NFPA NDS a fim de determinar a carga admissível de compressão P_{adm} para cada uma dessas barras.

(c) Indique a relação P_{adm}/P_{real} para cada uma dessas barras.

16.6 COLUNAS CARREGADAS EXCENTRICAMENTE

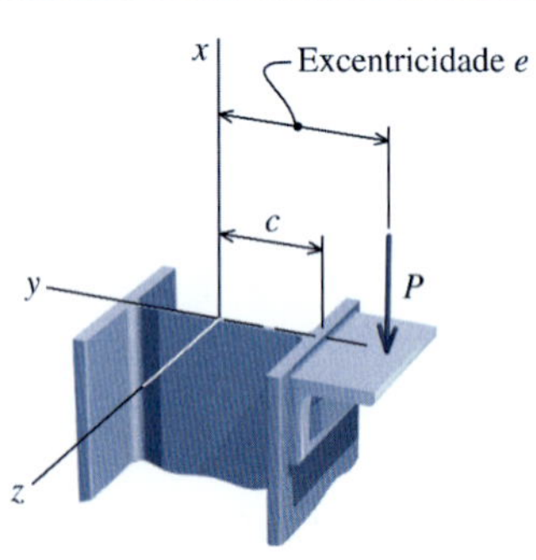

FIGURA 16.12 Coluna sujeita a uma carga excêntrica *P*.

Embora uma determinada coluna suporte sua carga máxima quando a carga estiver aplicada centralmente, algumas vezes é necessário aplicar uma carga excêntrica em uma coluna. Por exemplo, uma viga de piso em um edifício pode ser suportada por uma cantoneira presa por rebites ou soldada ao lado de uma coluna conforme ilustra a Figura 16.12. Como a força de reação da viga age com alguma excentricidade *e* em relação ao centroide da coluna, surge um momento fletor na coluna além da carga de compressão axial. O momento fletor aplicado à coluna elevará a tensão na coluna e, por sua vez, diminuirá sua capacidade de suporte de carga. Serão apresentados aqui três métodos para analisar colunas que estejam sujeitas a uma carga axial excêntrica.

A FÓRMULA DA SECANTE

A fórmula da secante [Equação (16.20)] foi desenvolvida com base na hipótese de que a carga aplicada tinha uma excentricidade inicial *e*. Se a excentricidade *e* for conhecida, então seu valor pode ser substituído na fórmula da secante para que seja determinada a carga que corresponde à falha estrutural (isto é, a carga que causa ação inelástica incipiente). Conforme mencionado, normalmente há uma pequena quantidade inevitável de excentricidade que deve ser aproximada quando essa fórmula for usada para cargas centrais. Algumas vezes, a forma da fórmula da secante a torna difícil de ser resolvida para fornecer o valor de *P*/*A* que produz um valor específico de tensão máxima de compressão; entretanto, estão disponíveis vários programas computacionais que podem produzir rapidamente esse tipo de solução numérica.

MÉTODO DA TENSÃO ADMISSÍVEL

O tópico da flexão devida a uma carga excêntrica foi analisado na Seção 8.7. A Figura 8.14 representou as distribuições de tensões causadas por cargas axiais e por momentos fletores e ela ilustrou a distribuição de tensões resultante dos efeitos combinados. A Equação (8.19) foi usada para calcular a tensão normal produzida pela combinação de uma força axial e um momento fletor. Na Seção 8.7, a flambagem não foi levada em consideração; entretanto, o procedimento adotado na Equação (8.19) pode ser adaptado para o uso no contexto atual.

O método da tensão admissível exige simplesmente que a soma da tensão normal de compressão devida à força axial com a tensão normal de compressão devida ao momento fletor seja menor do que a tensão admissível de compressão prescrita pela fórmula para carregamento central pertinente à coluna. A Equação (8.19) pode ser reescrita como

$$\sigma_x = \frac{P}{A} + \frac{Mc}{I} \leq \sigma_{adm} \tag{16.30}$$

na qual as tensões de compressão são tratadas como quantidades positivas. Na Equação (16.30), σ_{adm} é a tensão admissível calculada por uma das fórmulas empíricas de projeto apresentadas na Seção 16.5 usando o maior valor da relação comprimento efetivo-índice de esbeltez para a seção transversal sem considerar o eixo em torno no qual ocorre a flambagem. Entretanto, os valores de *c* e *I* usados nos cálculos da tensão normal devida à flexão dependem do eixo de flexão. Geralmente, o método da tensão admissível e a Equação (16.30) produzem um projeto conservador.

MÉTODO DA INTERAÇÃO

Em uma coluna carregada excentricamente, grande parte da tensão total pode ser causada pelo momento fletor. Entretanto, a tensão normal admissível devida à flexão geralmente é maior do que a tensão normal admissível de compressão. Assim sendo, como conseguir alcançar algum equilíbrio entre as duas tensões admissíveis? Considere a tensão normal devida a uma força axial $\sigma_a = P/A$. Se a tensão axial admissível para um elemento estrutural utilizado como coluna for indicada por $(\sigma_{adm})_a$, então a área A_a exigida para uma determinada força axial P pode ser expressa como

$$A_a = \frac{P}{(\sigma_{adm})_a}$$

A seguir, considere a tensão normal devida à flexão dada por $\sigma_{flexão} = Mc/I$. O momento de inércia I pode ser expresso em termos da área e do raio de giração como $I = Ar^2$, em que r é o raio de giração no plano da flexão. A tensão normal admissível devida à flexão será designada por $(\sigma_{adm})_{flexão}$. A área $A_{flexão}$ exigida para um determinado momento fletor M pode ser expressa por

$$A_{flexão} = \frac{Mc}{r^2\,(\sigma_{adm})_{flexão}}$$

Portanto, a área total exigida para uma coluna sujeita a uma força axial e a um momento fletor pode ser expressa como a soma dessas duas expressões:

$$A = A_a + A_{flexão} = \frac{P}{(\sigma_{adm})_a} + \frac{Mc}{r^2\,(\sigma_{adm})_{flexão}}$$

Dividindo essa expressão pela área total A e fazendo $Ar^2 = I$, tem-se

$$\frac{P/A}{(\sigma_{adm})_a} + \frac{Mc/I}{(\sigma_{adm})_{flexão}} = 1 \qquad (16.31)$$

Se a coluna tiver uma carga axial, mas nenhum momento fletor (isto é, coluna com carregamento central), a Equação (16.31) indica que a coluna será analisada de acordo com a tensão normal admissível devida a uma carga axial. Se a coluna tiver um momento fletor, mas nenhuma carga axial (em outras palavras, se na verdade ela for uma viga), então as tensões normais devem satisfazer a tensão normal admissível devida à flexão. Entre esses dois extremos, a Equação (16.31) leva em conta a importância relativa de cada componente da tensão normal em relação ao efeito combinado. A Equação (16.31) é conhecida como a *fórmula de interação* e esse procedimento é um modo comum de considerar os efeitos combinados de carregamentos axiais e momentos fletores em colunas.

Ao usar a Equação (16.31), $(\sigma_{adm})_a$ é a tensão normal admissível devida a cargas axiais e dada por uma das fórmulas empíricas para cálculo de colunas na Seção 16.5 e $(\sigma_{adm})_{flexão}$ é a tensão normal admissível devida ao momento fletor. As especificações do AISC permitem que a Equação (16.31) seja usada para analisar esforços normais de compressão e flexão combinados contanto que $(P/A)/(\sigma_{adm})_a \leq 0{,}15$; caso contrário, o segundo termo da Equação (16.31) é expandido para fornecer os momentos de segunda ordem originados pela deflexão lateral da coluna.

EXEMPLO 16.8

Uma coluna construída com o perfil de aço estrutural W12 × 58 (veja as propriedades da seção transversal no Apêndice B) e mostrada na figura está engastada (fixa) em sua base e livre em sua extremidade superior. No topo da coluna, é aplicada uma carga P a um suporte, com excentricidade e = 14 in (35,6 cm) em relação ao eixo baricêntrico do perfil de abas largas. Use as fórmulas do AISC Allowable Stress Design dadas na Seção 16.5 e admita que E = 29.000 ksi (199,9 GPa) e σ_Y = 36 ksi (248 MPa).

(a) Determine, usando o método da tensão admissível, se a coluna é segura para ser submetida a uma carga P = 25 kip (111,2 kN). Indique os resultados na forma da relação entre tensões σ_x/σ_{adm}.

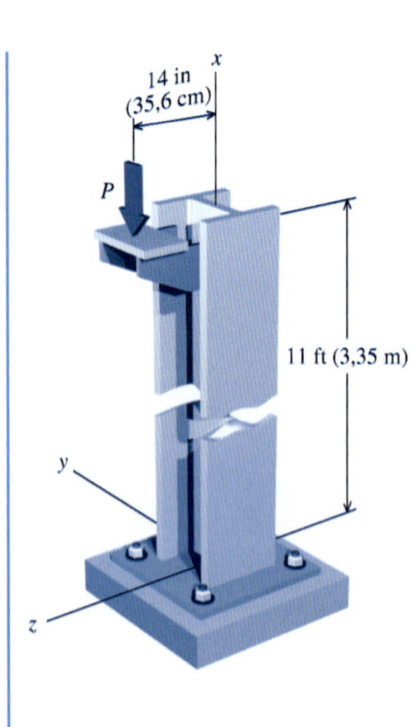

(b) Determine o valor absoluto da maior carga excêntrica P que pode ser aplicada à coluna, de acordo com o método da tensão admissível.

(c) Repita a análise usando o método da interação e determine se a coluna é segura para ser submetida a uma carga de $P = 25$ kip (111,2 kN). Admita que a tensão normal admissível devida à flexão seja $(\sigma_{adm})_{flexão} = 24$ ksi (165,5 MPa). Indique o valor da equação de interação.

(d) Determine o valor absoluto da maior carga excêntrica P que pode ser aplicada à coluna, de acordo com o método da interação.

Planejamento da Solução

As propriedades da seção transversal para o perfil de aço estrutural W12 × 58 podem ser obtidas no Apêndice B. Usando essas propriedades, as tensões de compressão devidas à força axial e ao momento fletor podem ser determinadas para a carga especificada de 25 kip e a tensão admissível de compressão pode ser determinada pelas fórmulas do AISC ASD. A seguir, esses valores, juntamente com o valor especificado da tensão normal admissível devida à flexão podem ser utilizados na Equação (16.30) do método da tensão admissível e na Equação (16.31) do método da interação a fim de determinar se a coluna pode suportar com segurança a carga $P = 25$ kip com a excentricidade especificada de 14 in. Para determinar a maior carga excêntrica admissível, as tensões normais devidas à carga axial e ao momento fletor são especificadas em termos de P e em seguida utilizadas para a determinação do valor absoluto da carga máxima.

SOLUÇÃO

Propriedades da Seção

As seguintes propriedades podem ser obtidas no Apêndice B para o perfil W12 × 58 de aço estrutural. Os subscritos dessas propriedades foram revisados para corresponder aos eixos mostrados na figura.

$$A = 17{,}0 \text{ in}^2 \qquad I_z = 475 \text{ in}^4 \qquad r_z = 5{,}28 \text{ in} \qquad I_y = 107 \text{ in}^4 \qquad r_y = 2{,}51 \text{ in}$$

Além disso, a largura da aba do perfil W12 × 58 é $b_{aba} = 10{,}0$ in.

Cálculo da Tensão Normal Devida à Carga Axial

A carga de 25 kip produzirá tensão normal de compressão na coluna:

$$\sigma_{\text{axial}} = \frac{P}{A} = \frac{25 \text{ kip}}{17{,}0 \text{ in}^2} = 1{,}47 \text{ ksi} \qquad \text{(a)}$$

Cálculo da Tensão Normal Devida à Flexão

A carga axial excêntrica P aplicada com uma excentricidade $e = 14$ in produzirá um momento fletor de $M_y = Pe$ em torno do eixo y (ou seja, o eixo fraco) do perfil de abas largas. A tensão normal devida à flexão pode ser calculada pela fórmula da flexão $\sigma_{\text{flexão}} = M_y c / I_y$, na qual c é igual à metade da largura da aba: $c = b_{aba}/2 = 10{,}0 \text{ in}/2 = 5{,}0$ in. Para a carga axial especificada de $P = 25$ kip, o valor absoluto da tensão normal máxima devida à flexão é

$$\sigma_{\text{flexão}} = \frac{M_y c}{I_y} = \frac{Pec}{I_y} = \frac{(25 \text{ kip})(14 \text{ in})(5{,}0 \text{ in})}{107 \text{ in}^4} = 16{,}36 \text{ ksi} \qquad \text{(b)}$$

A flexão produzirá tanto tensões normais de tração como de compressão; entretanto, as tensões normais de compressão são o objeto de nosso interesse aqui.

Fórmulas do AISC para Determinação da Tensão Admissível de Compressão (Allowable Stress Design)

As fórmulas do AISC ASD usam o parâmetro C_c de comprimento efetivo-índice de esbeltez [veja a Equação (16.22)] para fazer a diferenciação entre colunas curtas/intermediárias e colunas longas. Para $\sigma_Y = 36$ ksi, o parâmetro C_c tem o valor

$$C_c = \sqrt{\frac{2\pi^2 E}{\sigma_Y}} = \sqrt{\frac{2\pi^2(29.000 \text{ ksi})}{36 \text{ ksi}}} = 126{,}1$$

Da Figura 16.7, a relação comprimento efetivo-índice de esbeltez apropriada para uma coluna engastada em sua base e livre em sua extremidade superior é $K_y = K_z = 2{,}0$. Portanto, as relações comprimento efetivo-índice de esbeltez para a flambagem em torno do eixo forte e do eixo fraco do perfil W12 × 58 são, respectivamente

$$\frac{K_z L}{r_z} = \frac{(2{,}0)(11 \text{ ft})(12 \text{ in/ft})}{5{,}28 \text{ in}} = 50{,}0 \qquad \frac{K_y L}{r_y} = \frac{(2{,}0)(11 \text{ ft})(12 \text{ in/ft})}{2{,}51 \text{ in}} = 105{,}2$$

A relação comprimento efetivo-índice de esbeltez para a coluna é 105,2. Como $KL/r_y \leq C_c$, a coluna é considerada como de comprimento intermediário e a tensão de compressão admissível será calculada usando a Equação (16.23). O coeficiente de segurança exigido para essa fórmula do AISC é calculado pela Equação (16.24):

$$\text{CS} = \frac{5}{3} + \frac{3}{8}\left(\frac{KL/r}{C_c}\right) - \frac{1}{8}\left(\frac{KL/r}{C_c}\right)^3 = \frac{5}{3} + \frac{3}{8}\left(\frac{105{,}2}{126{,}1}\right) - \frac{1}{8}\left(\frac{105{,}2}{126{,}1}\right)^3 = 1{,}907$$

A tensão de compressão admissível é determinada pela Equação (16.23):

$$\begin{aligned}\sigma_{\text{adm}} &= \frac{\sigma_Y}{\text{CS}}\left[1 - \frac{(KL/r)^2}{2C_c^2}\right] = \frac{36 \text{ ksi}}{1{,}910}\left[1 - \frac{(105{,}2)^2}{2(126{,}1)^2}\right] \\ &= \frac{36 \text{ ksi}}{1{,}907}[0{,}65201] = 12{,}31 \text{ ksi}\end{aligned} \qquad \text{(c)}$$

(a) A coluna é segura ao ser submetida à carga P = 25 kip de acordo com o método da tensão admissível? O método da tensão admissível exige simplesmente que a soma das tensões normais de compressão devidas à força axial e ao momento fletor sejam menores do que a tensão admissível de compressão prescrita pela fórmula pertinente do AISC ASD para carregamento central. A soma da tensão normal de compressão devida à força axial com a tensão normal de compressão devida à flexão tem o valor

$$\sigma_x = 1{,}47 \text{ ksi} + 16{,}36 \text{ ksi} = 17{,}83 \text{ ksi (C)} \qquad \text{(d)}$$

Como σ_x é maior do que a tensão admissível de 12,31 ksi, a coluna **não é segura** para receber a carga $P = 25$ kip de acordo com o método da tensão admissível. A relação entre a tensão admissível e a tensão real tem o valor de

$$\frac{\sigma_x}{\sigma_{\text{adm}}} = \frac{17{,}83 \text{ ksi}}{12{,}31 \text{ ksi}} = 1{,}45 > 1 \qquad \text{Não}$$

(b) Valor absoluto da maior carga excêntrica P: As tensões normais devidas à força axial e ao momento fletor no método da tensão admissível podem ser expressas em termos da força desconhecida P:

$$\sigma_x = \frac{P}{A} + \frac{Pec}{I_y} = P\left[\frac{1}{A} + \frac{ec}{I_y}\right] \qquad \text{(e)}$$

O valor absoluto da maior carga pode ser calculado igualando a Equação (e) à tensão admissível de compressão dada pela Equação (c) e encontrando o valor de P:

$$\sigma_x = \sigma_{\text{adm}} = 12{,}31 \text{ ksi} = P\left[\frac{1}{A} + \frac{ec}{I_y}\right] = P\left[\frac{1}{17{,}0 \text{ in}^2} + \frac{(14 \text{ in})(5{,}0 \text{ in})}{107 \text{ in}^4}\right] = P[0{,}71303 \text{ in}^{-2}]$$

$$\therefore P = 17{,}26 \text{ kip (76,8 kN)}$$ **Resp.**

(c) A coluna é segura ao ser submetida à carga $P = 25$ kip de acordo com o método da interação? No método da interação, a tensão normal devida à carga axial é dividida pela tensão admissível de compressão, a tensão normal devida à flexão é dividida pela tensão normal admissível devida à flexão e a soma desses dois termos não deve ser maior do que 1.

$$\frac{P/A}{(\sigma_{adm})_a} + \frac{M_y c/I_y}{(\sigma_{adm})_{flexão}} = 1$$

As tensões normais devidas à carga axial e ao momento fletor foram calculadas nas Equações (a) e (b). A tensão admissível de compressão $(\sigma_{adm})_a$ foi calculada na Equação (c) e a tensão normal admissível devida à flexão foi especificada como $(\sigma_{adm})_{flexão} = 24$ ksi. Usando esses valores, a equação de interação para a coluna carregada excentricamente é

$$\frac{1{,}47 \text{ ksi}}{12{,}31 \text{ ksi}} + \frac{16{,}36 \text{ ksi}}{24 \text{ ksi}} = 0{,}1194 + 0{,}6817 = 0{,}8011 < 1 \quad \text{O.K.} \qquad \textbf{Resp.}$$

Como o valor da equação de interação é menor do que 1, a coluna é segura ao ser submetida a uma carga $P = 25$ kip de acordo com o método da interação.

(d) Valor absoluto da maior carga excêntrica P: A soma das tensões normais devidas à carga axial e ao momento fletor para a coluna de perfil W12 × 58 carregada excentricamente pode ser expressa em termos de uma força desconhecida P:

$$\frac{P}{A(\sigma_{adm})_a} + \frac{Pec}{I_y(\sigma_{adm})_{flexão}} = P\left[\frac{1}{A(\sigma_{adm})_a} + \frac{ec}{I_y(\sigma_{adm})_{flexão}}\right] = 1 \qquad \text{(f)}$$

A Equação (f) pode ser resolvida de modo a fornecer o valor absoluto da maior carga P:

$$P\left[\frac{1}{A(\sigma_{adm})_a} + \frac{ec}{I_y(\sigma_{adm})_{flexão}}\right] = P\left[\frac{1}{(17{,}0 \text{ in}^2)(12{,}31 \text{ ksi})} + \frac{(14 \text{ in})(5{,}0 \text{ in})}{(107 \text{ in}^4)(24 \text{ ksi})}\right] = P[0{,}032037 \text{ kip}^{-1}]$$

$$\therefore P = 31{,}2 \text{ kip } (138{,}8 \text{ kN}) \qquad \textbf{Resp.}$$

EXEMPLO 16.9

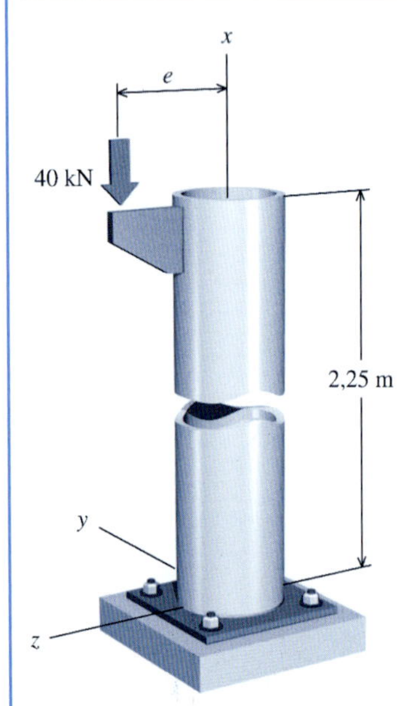

Um tubo (diâmetro externo = 130 mm; espessura de parede = 12,5 mm) de liga de alumínio 6061-T6 suporta uma carga axial $P = 40$ kN, que está aplicada com uma excentricidade e em relação à linha central do tubo. O tubo de 2,25 m de comprimento está engastado em sua base e livre em sua extremidade superior. Aplique as equações da Aluminum Association dadas na Seção 16.5 e admita que a tensão normal admissível devida à flexão para a liga 6061-T6 seja de 150 MPa. Determine o valor máximo da excentricidade e que pode ser utilizada:

(a) com base no método da tensão admissível.

(b) com base no método da interação.

Planejamento da Solução

Calcule as propriedades da seção transversal do tubo e depois use as equações da Aluminum Association para determinar a tensão admissível de compressão para a coluna engastada-livre com 2,25 m de comprimento. Exprima tanto o método da tensão admissível como o método da interação em termos de P e e para encontrar a excentricidade admissível e.

SOLUÇÃO

Propriedades da Seção

O diâmetro interno do tubo é $d = 130 \text{ mm} - 2(12{,}5 \text{ mm}) = 105$ mm.

A área da seção transversal do tubo é

$$A = \frac{\pi}{4}[(130 \text{ mm})^2 - (105 \text{ mm})^2] = 4.614{,}2 \text{ mm}^2$$

Os momentos de inércia em torno de ambos os eixos baricêntricos y e z são idênticos:

$$I_y = I_z = I = \frac{\pi}{64}[(130 \text{ mm})^4 - (105 \text{ mm})^4] = 8.053.246 \text{ mm}^4$$

Similarmente, os raios de giração em torno de ambos os eixos baricêntricos são iguais:

$$r_y = r_z = r = \sqrt{\frac{8.053.246 \text{ mm}^4}{4.614{,}2 \text{ mm}^2}} = 41{,}78 \text{ mm}$$

Tensão Admissível de Compressão

Da Figura 16.7, o coeficiente de comprimento efetivo-índice de esbeltez para uma coluna engastada livre é $K = 2{,}0$. Portanto, a relação comprimento efetivo-índice de esbeltez para o tubo de 6061-T6 com 2,25 m de comprimento é

$$\frac{KL}{r} = \frac{(2{,}0)(2.250 \text{ mm})}{41{,}78 \text{ mm}} = 107{,}7$$

como esse índice de esbeltez é maior do que 66, a tensão admissível de compressão é determinada pela Equação (16.24):

$$\sigma_{\text{adm}} = \frac{351.000}{(KL/r)^2} \text{ MPa} = \frac{351.000}{(107{,}7)^2} = 30{,}26 \text{ MPa} \qquad \text{(a)}$$

(a) Excentricidade máxima de acordo com o método da tensão admissível: As tensões normais devidas à carga axial e ao momento fletor na equação do método da tensão admissível podem ser expressas como

$$\sigma_x = \frac{P}{A} + \frac{Pec}{I} = P\left[\frac{1}{A} + \frac{ec}{I}\right] \qquad \text{(b)}$$

em que c é o raio externo do tubo ($c = 130$ mm/2 $= 65$ mm). Iguale a Equação (b) à tensão admissível de compressão determinada pela Equação (a) e encontre a excentricidade máxima e:

$$30{,}26 \text{ MPa} = (40{,}000 \text{ N})\left[\frac{1}{4.614{,}2 \text{ mm}^2} + \frac{(65 \text{ mm})e}{8.053.246 \text{ mm}^4}\right]$$

$$\frac{30{,}26 \text{ N/mm}^2}{40.000 \text{ N}} - \frac{1}{4.614{,}2 \text{ mm}^2} = \left[\frac{65 \text{ mm}}{8.053.246 \text{ mm}^4}\right]e$$

$$\therefore e_{\text{máx}} = 66{,}9 \text{ mm}$$ **Resp.**

(b) Excentricidade máxima de acordo com o método da interação: Para determinar a excentricidade máxima, a equação de interação para as tensões normais devidas à carga axial e ao momento fletor é expressa como

$$\frac{P}{A(\sigma_{\text{adm}})_a} + \frac{Pec}{I(\sigma_{\text{adm}})_{flexão}} = P\left[\frac{1}{A(\sigma_{\text{adm}})_a} + \frac{ec}{I(\sigma_{\text{adm}})_{flexão}}\right] = 1 \qquad \text{(c)}$$

A tensão admissível de compressão foi calculada na Equação (a); portanto $(\sigma_{\text{adm}})_a = 30{,}26$ MPa. A tensão normal admissível devida à flexão foi especificada como $(\sigma_{\text{adm}})_{flexão} = 150$ MPa. A excentricidade máxima de acordo com o método da interação pode ser calculada usando esses valores juntamente com o valor de $P = 40$ kN:

$$P\left[\frac{1}{A(\sigma_{\text{adm}})_a} + \frac{ec}{I\,(\sigma_{\text{adm}})_{flexão}}\right] = 1$$

$$(40.000\ \text{N})\left[\frac{1}{(4.614{,}2\ \text{mm}^2)(30{,}26\ \text{N/mm}^2)} + \frac{(65\ \text{mm})e}{(8.053.246\ \text{mm}^4)(150\ \text{N/mm}^2)}\right] = 1$$

$$\left[\frac{(65\ \text{mm})}{(8.053.246\ \text{mm}^4)(150\ \text{N/mm}^2)}\right]e = \frac{1}{40.000\ \text{N}} - \frac{1}{(4.614{,}2\ \text{mm}^2)(30{,}26\ \text{N/mm}^2)}$$

$$\therefore e_{\text{máx}} = 332\ \text{mm}$$ **Resp.**

Como a relação comprimento efetivo-índice de esbeltez do tubo é relativamente grande, a tensão admissível de compressão calculada na Equação (a) é relativamente pequena. Como o método da tensão admissível depende inteiramente dessa tensão admissível, a excentricidade máxima de 66,9 mm é muito conservadora. No método da interação, apenas o termo da tensão normal devida à carga axial (isto é, P/A) é afetado diretamente pela pequena tensão admissível de compressão. O componente de tensão normal devida à flexão, que é uma parcela significativa da tensão total, é dividida pela tensão normal admissível devida à flexão de 150 MPa. Portanto, a excentricidade determinada pelo método da interação é muito maior do que a excentricidade encontrada pelo método da tensão admissível.

PROBLEMAS

P16.79 Uma carga P de compressão é aplicada com uma excentricidade de $e = 10$ mm em relação à linha central de uma haste maciça de aço com 40 mm de diâmetro (Figura P16.79). A haste tem um comprimento de $L = 1.200$ mm e possui pinos nas conexões em A e B. Usando o método da tensão admissível, determine o valor absoluto da maior carga excêntrica P que pode ser aplicada à coluna. Admita $E = 200$ GPa e $\sigma_Y = 415$ MPa e use as equações do AISC dadas na Seção 16.5.

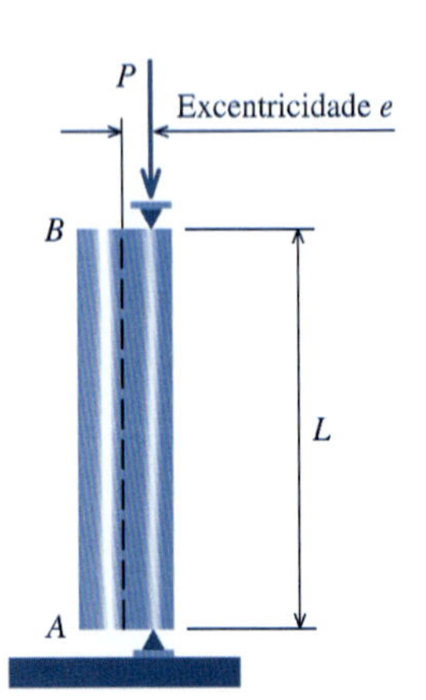

FIGURA P16.79

P16.80 Um perfil de aço estrutural HSS10 × 4 × 3/8 (veja as propriedades da seção transversal no Apêndice B) é usado como uma coluna para suportar uma carga axial excêntrica P. A coluna tem 80 in (203,2 cm) de comprimento e está engastada (fixa) em sua base e livre em sua extremidade superior. Na extremidade superior da coluna (Figura P16.80/81), é aplicada a carga P em um suporte e a uma distância $e = 8$ in (20,32 cm) do eixo x, criando um momento fletor em torno do eixo fraco do perfil HSS (isto é, o eixo y). Aplique as equações do AISC dadas na Seção 16.5 e admita que $E = 29.000$ ksi (199,9 GPa) e $\sigma_Y = 46$ ksi (317 MPa). De acordo com o método da tensão admissível, determine:

(a) se a coluna estará segura ao ser aplicada uma carga $P = 25$ kip (111,2 kN); indique os resultados na forma da relação entre tensões $\sigma_x/\sigma_{\text{adm}}$.
(b) o valor absoluto da maior carga P que pode ser aplicada à coluna.

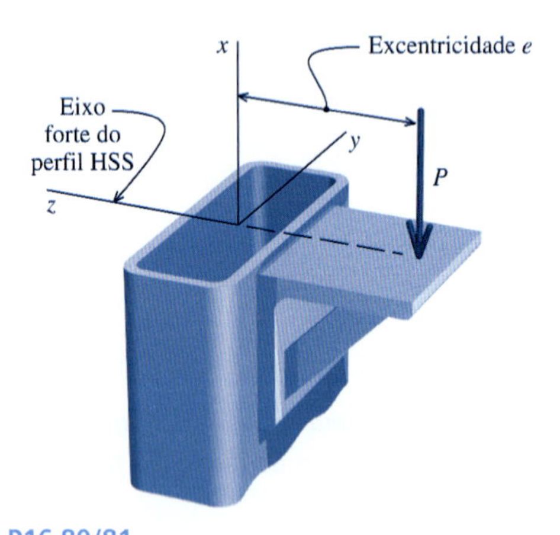

FIGURA P16.80/81

P16.81 Um perfil de aço estrutural HSS203,2 × 101,6 × 9,5 (veja as propriedades da seção transversal no Apêndice B) é usado como uma coluna para suportar uma carga axial excêntrica P. A coluna tem 2 m de comprimento e está engastada (fixa) em sua base e livre em sua extremidade superior. Na extremidade superior da coluna (Figura P16.80/81), é aplicada a carga P em um suporte e a uma distância e do eixo x, criando um momento fletor em torno do eixo fraco do perfil HSS (ou seja, o eixo y). De acordo com o método da tensão admissível, determine a excentricidade máxima e que pode ser usada no suporte se a carga aplicada for:

(a) $P = 80$ kN.
(b) $P = 160$ kN.

Aplique as equações do AISC dadas na Seção 16.5 e admita que $E = 200$ GPa e $\sigma_Y = 320$ MPa.

P16.82 A coluna de aço estrutural mostrada na Figura P16.82/83 está engastada (fixa) em sua base e livre em sua extremidade superior. No topo da coluna, é aplicada uma carga P ao suporte de base reforçada com uma excentricidade $e = 9$ in (22,9 cm) em relação ao eixo baricêntrico do perfil de abas largas. Use as equações do AISC dadas na Seção 16.5 e admita que $E = 29.000$ ksi (199,9 GPa) e $\sigma_Y = 36$ ksi (248 MPa). Empregue o método da tensão admissível para determinar:

(a) se a coluna estará segura ao ser submetida a uma carga $P = 15$ kip (66,7 kN); indique os resultados na forma da relação entre tensões σ_x/σ_{adm}.
(b) o valor absoluto da maior carga excêntrica P que pode ser aplicada à coluna.

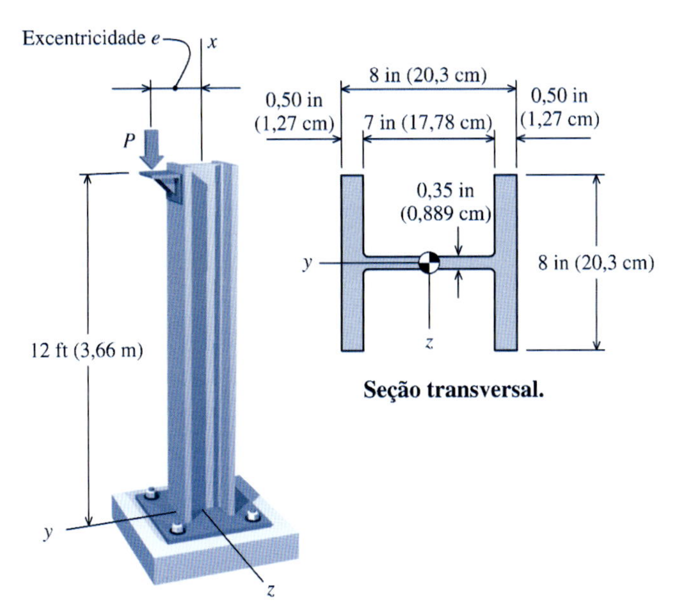

FIGURA P16.82/83

P16.83 A coluna de aço estrutural mostrada na Figura P16.82/83 está engastada (fixa) em sua base e livre em sua extremidade superior. No topo da coluna, é aplicada uma carga P ao suporte de base reforçada com uma excentricidade e em relação ao eixo baricêntrico do perfil de abas largas. Usando o método da tensão admissível, determine a máxima excentricidade admissível e se:

(a) $P = 15$ kip (66,7 kN).
(b) $P = 35$ kip (155,7 kN).

Aplique as equações do AISC dadas na Seção 16.5 e admita que $E = 29.000$ ksi (199,9 GPa) e $\sigma_Y = 50$ ksi (345 MPa).

P16.84 A coluna tubular de aço estrutural BC mostrada na Figura 16.84 está engastada (fixa) em sua base e livre no topo. O diâmetro externo da coluna tubular é 8,625 in (219,1 mm) e a espessura da parede é 0,322 in (8,18 mm). É aplicada uma carga P à viga AB que está conectada à extremidade superior da coluna. Use as equações do AISC dadas na Seção 16.5 e admita que $E = 29.000$ ksi (199,9 GPa), $\sigma_Y = 36$ ksi (248 MPa) e $(\sigma_{adm})_{flexão} = 24$ ksi (165,5 MPa). Usando o método da equação de interação, determine:

(a) se a coluna estará segura ao ser submetida a uma carga $P = 2,5$ kip (11,12 kN); indique o valor da equação de interação.
(b) o valor absoluto da maior carga excêntrica P que pode ser aplicada à coluna.

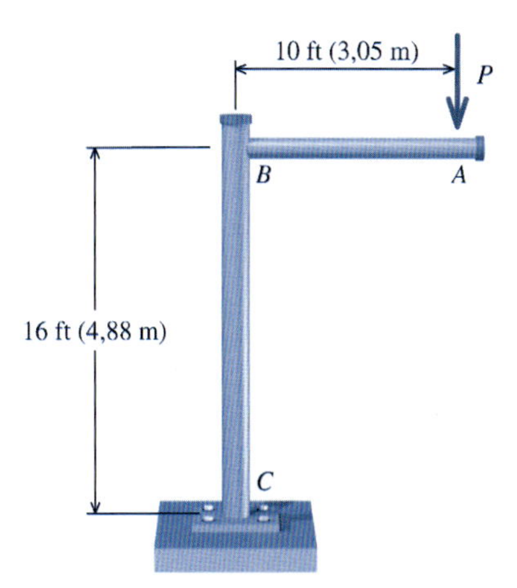

FIGURA P16.84

P16.85 Um perfil de aço estrutural W10 × 54 (veja as propriedades da seção transversal no Apêndice B) é usado como uma coluna para suportar uma carga axial excêntrica P. A coluna tem 25 ft (7,62 m) de comprimento e possui apoios tanto em sua base como em sua extremidade superior. Na extremidade superior da coluna (Figura P16.85/86), é aplicada a carga P a um suporte e a uma distância de $e = 9$ in (22,9 cm) do eixo x, criando um momento fletor em torno do eixo forte do perfil W10 × 54 (isto é, o eixo z). Use as equações do AISC dadas na Seção 16.5 e admita que $E = 29.000$ ksi (199,9 GPa) e $\sigma_Y = 50$ ksi (345 MPa). Usando o método da tensão admissível, determine:

(a) se a coluna estará segura ao ser submetida a uma carga $P = 75$ kip (334 kN); indique os resultados na forma da relação entre tensões σ_x/σ_{adm}.
(b) o valor absoluto da maior carga excêntrica P que pode ser aplicada à coluna.

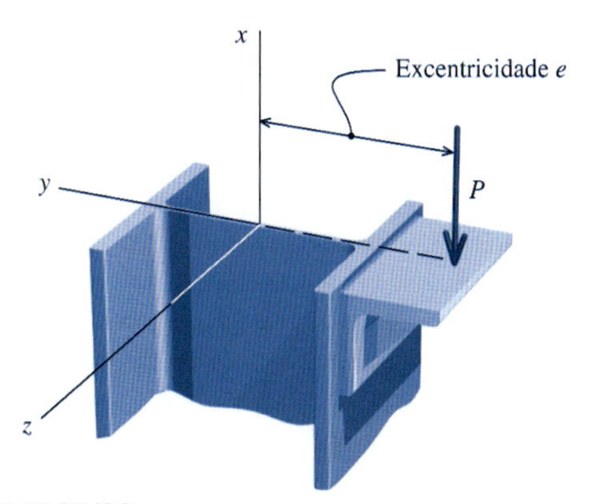

FIGURA P16.85/86

P16.86 Um perfil de aço estrutural W200 × 46,1 (veja as propriedades da seção transversal no Apêndice B) é usado como uma coluna para suportar uma carga axial excêntrica P. A coluna tem 3,6 m de comprimento e está engastada (fixa) em sua base e livre em sua extremidade superior. Na extremidade superior da coluna (Figura P16.85/86), é aplicada a carga P a um suporte e a uma distância de $e = 170$ mm do eixo x, criando um momento fletor em torno do eixo forte do perfil W200 × 46,1 (ou seja, o eixo z). Aplique as equações do AISC dadas na Seção 16.5 e admita que $E = 200$ GPa e $\sigma_Y = 250$ MPa. De acordo com o método da tensão admissível, determine:

(a) se a coluna estará segura ao ser submetida a uma carga $P = 125$ kN; indique os resultados na forma da relação entre tensões σ_x/σ_{adm}.
(b) o valor absoluto da maior carga excêntrica P que pode ser aplicada à coluna.

P16.87 A coluna mostrada na Figura P16.87/88 é fabricada de dois perfis de aço padrão C250 × 30 (veja as propriedades da seção transversal no Apêndice B) que estão orientados com suas abas maiores em oposição, uma à outra, e com um intervalo de 25 mm entre os dois perfis. A coluna está fixa em sua base e livre para experimentar translação na direção y em sua extremidade superior. Entretanto, a translação na direção z está restrita no topo. É aplicada a carga P a uma distância de afastamento em relação às abas do perfil. Usando o método da tensão admissível determine a máxima distância de afastamento que é aceitável se:

(a) $P = 125$ kN.
(b) $P = 200$ kN.

Use as equações do AISC dadas na Seção 16.5 e admita que $E = 200$ GPa e $\sigma_Y = 250$ MPa.

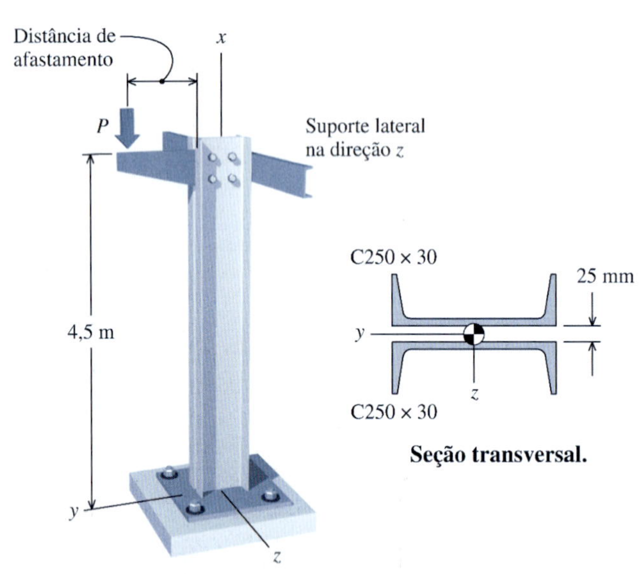

FIGURA P16.87/88

P16.88 A coluna mostrada na Figura P16.87/88 é fabricada de dois perfis de aço padrão C250 × 30 (veja as propriedades da seção transversal no Apêndice B) que estão orientados com suas abas maiores em oposição, uma à outra, e com um intervalo de 25 mm entre os dois perfis. A coluna está fixa em sua base e livre para experimentar translação na direção y em sua extremidade superior. Entretanto, a translação na direção z está restrita no topo. É aplicada a carga P a uma distância de afastamento de 500 mm em relação às abas do perfil. Use as equações do AISC dadas na Seção 16.5 e admita que $E = 200$ GPa, $\sigma_Y = 250$ MPa e $(\sigma_{adm})_{flexão} = 150$ MPa. Usando o método da equação de interação, determine:

(a) se a coluna estará segura ao ser submetida a uma carga $P = 75$ kN; indique o valor da equação de interação.
(b) o valor absoluto da maior carga P que pode ser aplicada à coluna.

P16.89 Uma coluna com 3 m de comprimento consiste em um perfil de abas largas feito de liga de alumínio 6061-T6. A coluna, que tem apoios em sua extremidade superior e em sua extremidade inferior, suporta uma carga axial excêntrica P. Na extremidade superior da coluna, é aplicada a carga P com uma excentricidade $e = 180$ mm do plano x–y (Figura P16.89a), criando um momento fletor em torno do eixo fraco do perfil com abas (isto é, o eixo y). As dimensões da seção transversal do perfil de abas largas de alumínio são mostradas na Figura P16.89b. Use o método da interação para determinar o valor absoluto da maior carga P. Use as equações da Aluminum Association dadas na Seção 16.5 e admita que a tensão normal admissível devida à flexão da liga 6061-T6 é 150 MPa.

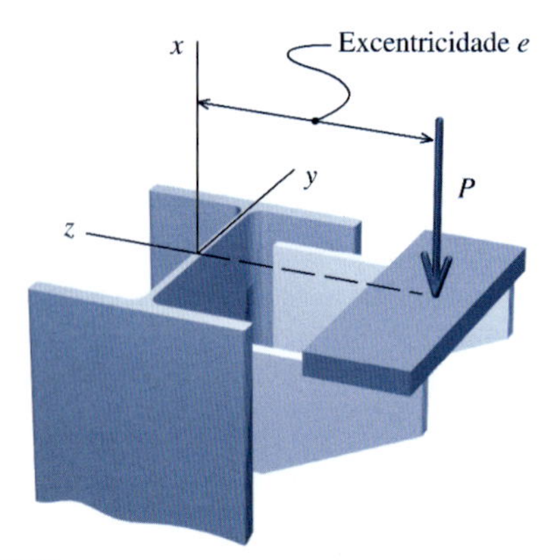

FIGURA P16.89a

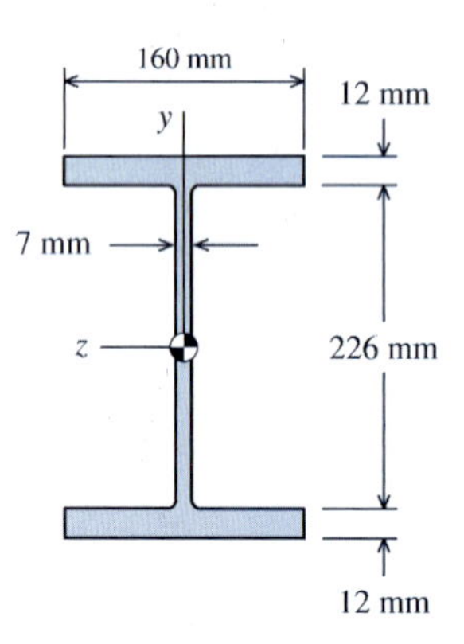

FIGURA P16.89b

P16.90 Uma carga excêntrica de compressão $P = 32$ kN está aplicada com uma excentricidade $e = 12$ mm em relação à linha central de uma haste maciça de liga de alumínio 6061-T6 com 45 mm de diâmetro (Figura P16.90/91). Usando o método da interação e uma tensão normal admissível devida à flexão de 150 MPa, determine o maior comprimento efetivo L que pode ser usado

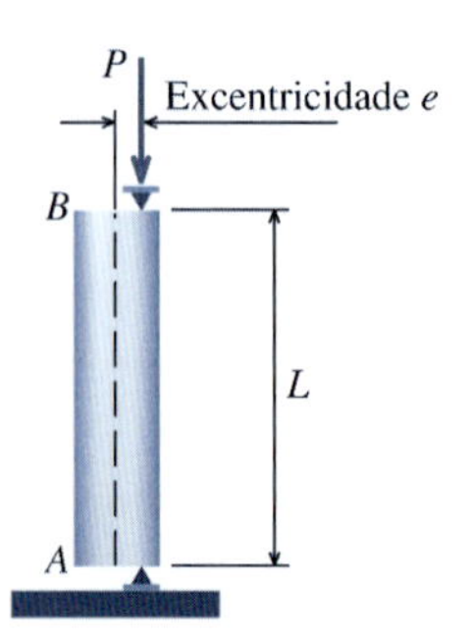

FIGURA P16.90/91

P16.91 Uma carga excêntrica de compressão $P = 13$ kip (57,8 kN) está aplicada com uma excentricidade $e = 0,75$ in (19,05 mm) em relação à linha central de uma haste maciça de liga de alumínio 6061-T6 (Figura P16.90/91). A haste tem comprimento efetivo de 45 in (114,3 cm). Usando o método da interação e uma tensão normal admissível devida à flexão de 21 ksi (144,8 MPa), determine o menor diâmetro que pode ser usado.

P16.92 Um perfil tubular quadrado feito de liga de alumínio 6061-T6 suporta uma carga excêntrica de compressão P que está aplicada com uma excentricidade $e = 4{,}0$ in (10,16 cm) em relação à linha central do perfil (Figura P16.92). A largura do tubo quadrado é 3 in (76,2 mm), sua espessura de parede é 0,12 in (3,05 mm) e seu comprimento efetivo é $L = 65$ in (165,1 cm). Usando o método da interação e uma tensão normal admissível devida à flexão de 21 ksi (144,8 MPa), determine a carga máxima admissível P que pode ser suportada pela coluna.

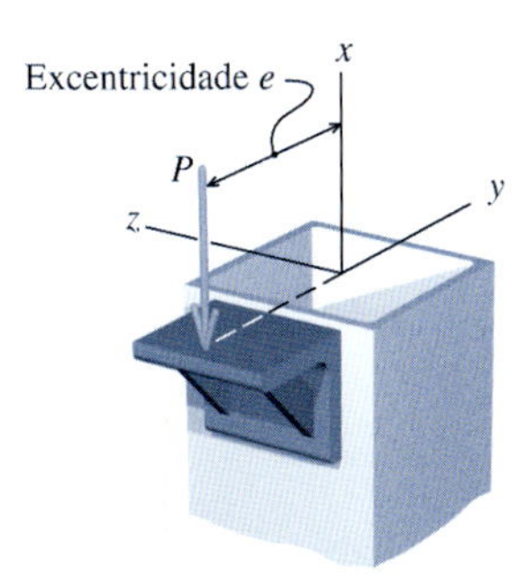

FIGURA P16.92

P16.93 Um poste de madeira serrada e de seção transversal retangular (Figura P16.93) consiste em uma peça de madeira de categoria SPF nº 1 [$F_c = 1.050$ psi (7,24 MPa); $E = 1.200.000$ psi (8,27 GPa)]. As dimensões acabadas do poste são $b = 5{,}5$ in (13,97 cm) e $h = 7{,}25$ in (18,42 cm). O poste tem 12 ft (3,66 m) de comprimento e as extremidades do poste estão apoiadas. Usando o método da interação e uma tensão normal admissível devida à flexão de 850 psi (5,86 MPa), determine a carga máxima admissível que pode ser suportada pelo poste se a carga P agir com uma excentricidade $e = 6$ in (15,24 cm) em relação à linha central do poste. Use a fórmula da NFPA NDS para projeto de colunas.

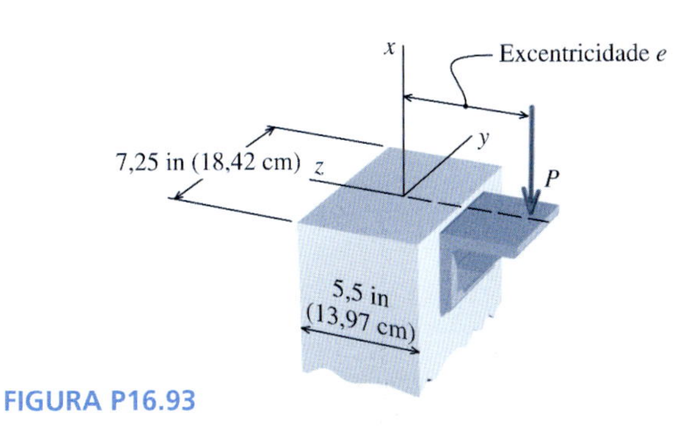

FIGURA P16.93

P16.94 Uma coluna quadrada de madeira é feita de madeira de categoria SPF nº 1 ($F_c = 7{,}2$ MPa; $E = 8{,}3$ GPa). As dimensões acabadas da coluna são 140 mm por 140 mm, a coluna tem 3,5 m de comprimento e admite-se que as extremidades do poste estão apoiadas. Usando o método da interação e uma tensão normal admissível devida à flexão de 6,0 MPa, determine a carga máxima admissível que pode ser suportada pelo poste se a carga P agir com um afastamento de 400 mm em relação à face da coluna (Figura P16.94). Use a fórmula da NFPA NDS para projeto de colunas.

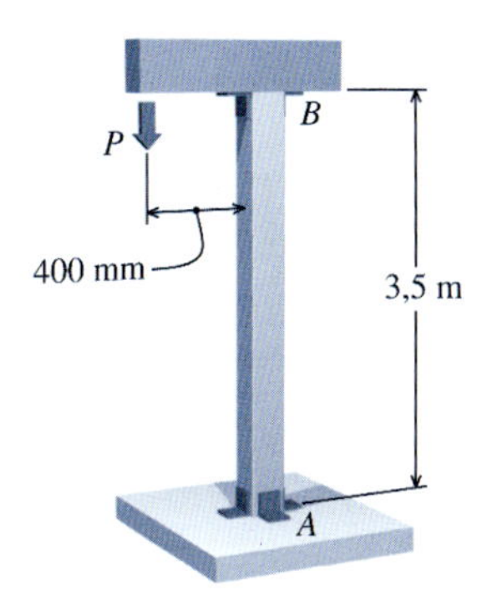

FIGURA P16.94

P16.95 Uma coluna quadrada de madeira é feita de cedro nº 2 ($F_c = 7{,}2$ MPa; $E = 8{,}3$ GPa). As dimensões acabadas da coluna são 140 mm por 140 mm e o comprimento efetivo da coluna é 5 m. Usando o método da tensão admissível, determine a carga máxima admissível que pode ser suportada pelo poste se a carga P agir com uma excentricidade $e = 90$ mm (Figura P16.95). Use a fórmula da NFPA NDS para projeto de colunas.

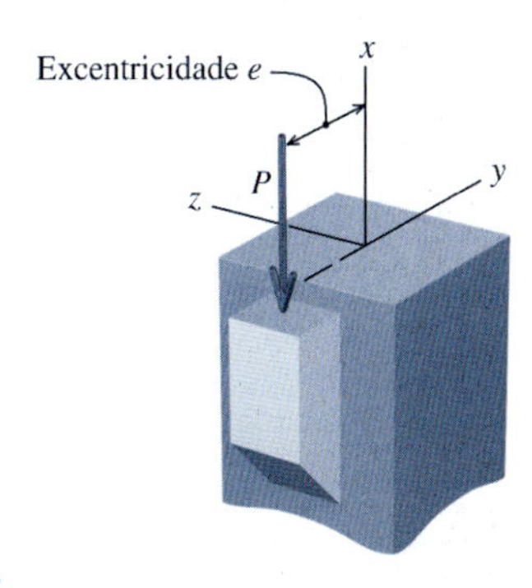

FIGURA P16.95

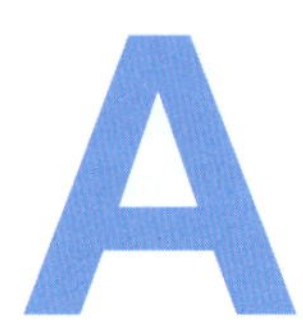

PROPRIEDADES GEOMÉTRICAS DE UMA ÁREA

A.1 CENTRO DE GRAVIDADE DE UMA ÁREA

O centro de gravidade (centroide) de uma área se refere ao ponto que define o centro geométrico da área. Para um formato arbitrário (Figura A.1*a*), as coordenadas x e y do centro de gravidade c são determinadas pelas fórmulas:

$$\bar{x} = \frac{\int_A x\,dA}{\int_A dA} \qquad \bar{y} = \frac{\int_A y\,dA}{\int_A dA} \tag{A.1}$$

O termo *primeiro momento* é usado para descrever $x\,dA$ uma vez que x é um termo elevado à *primeira potência*, como em $x^1 = x$. Outra propriedade geométrica de uma área, o momento de inércia, inclui o termo x^2 e, em consequência, o momento de inércia de uma área é denominado algumas vezes *segundo momento de área*.

As expressões $x\,dA$ e $y\,dA$ são denominadas *momentos estáticos da área dA* (ou *primeiros momentos de área de dA*) em torno dos eixos y e x, respectivamente (Figura A.1*b*). Os denominadores da Equação (A.1) são expressões da área total A do formato considerado.

O centro de gravidade sempre estará situado sobre um eixo de simetria. Nos casos onde a área possuir dois eixos de simetria, o centro de gravidade será encontrado na interseção dos dois eixos. Os centros de gravidade de várias formas planas comuns estão resumidos na Tabela A.1

ÁREAS COMPOSTAS

Frequentemente, a área da seção transversal de muitos componentes mecânicos e estruturais pode ser dividida em um grupo de formas simples como retângulos e círculos. Essa área subdividida é denominada *área composta*. Em virtude da simetria inerente a retângulos e círculos, os locais dos centros de gravidade dessas seções são facilmente determinados; em consequência, o procedimento para cálculo do centro de gravidade de áreas compostas pode ser desenvolvido de modo que não necessite de integração. Podem ser usadas expressões análogas à da Equação (A.1), na qual os termos com integrais são substituídos por termos com somatórios. Para uma área composta, constituída de i formas simples, o local do centro de gravidade pode ser calculado com as seguintes expressões:

Tabela A.1 Propriedades de Figuras Planas

1. Retângulo

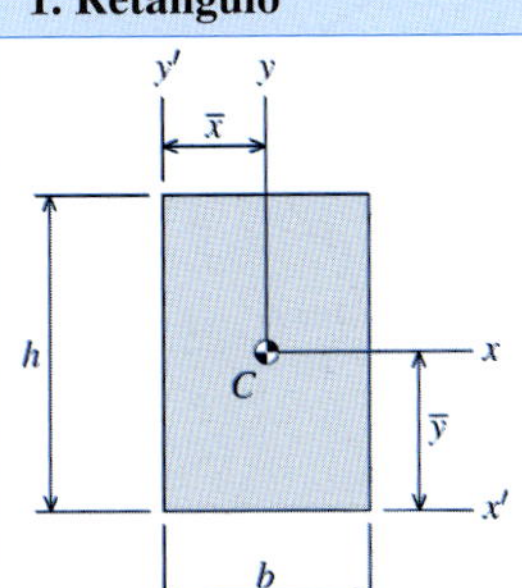

$$A = bh$$

$$\bar{y} = \frac{h}{2} \qquad I_x = \frac{bh^3}{12}$$

$$\bar{x} = \frac{b}{2} \qquad I_y = \frac{hb^3}{12}$$

$$I_{x'} = \frac{bh^3}{3} \qquad I_{y'} = \frac{hb^3}{3}$$

2. Triângulo Retângulo

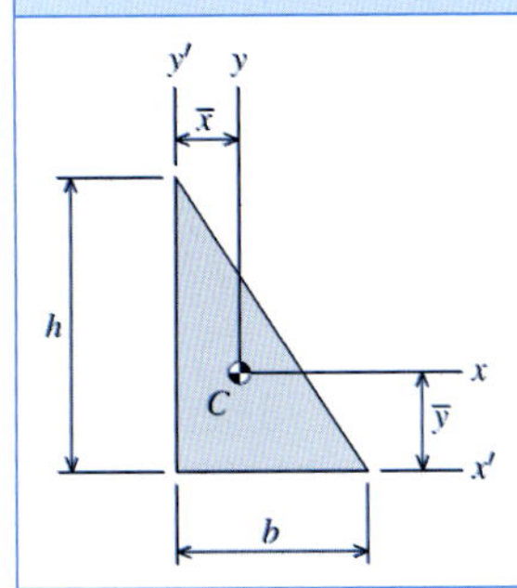

$$A = \frac{bh}{2}$$

$$\bar{y} = \frac{h}{3} \qquad I_x = \frac{bh^3}{36}$$

$$\bar{x} = \frac{b}{3} \qquad I_y = \frac{hb^3}{36}$$

$$I_{x'} = \frac{bh^3}{12} \qquad I_{y'} = \frac{hb^3}{12}$$

3. Triângulo

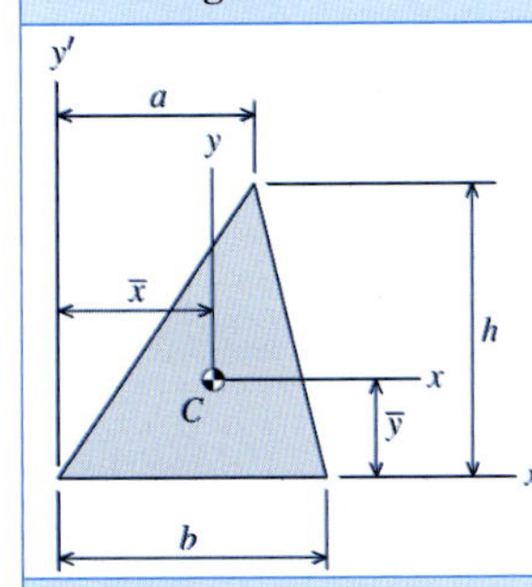

$$A = \frac{bh}{2}$$

$$\bar{y} = \frac{h}{3} \qquad I_x = \frac{bh^3}{36}$$

$$\bar{x} = \frac{(a+b)}{3} \qquad I_y = \frac{bh}{36}(a^2 - ab + b^2)$$

$$I_{x'} = \frac{bh^3}{12}$$

4. Trapézio

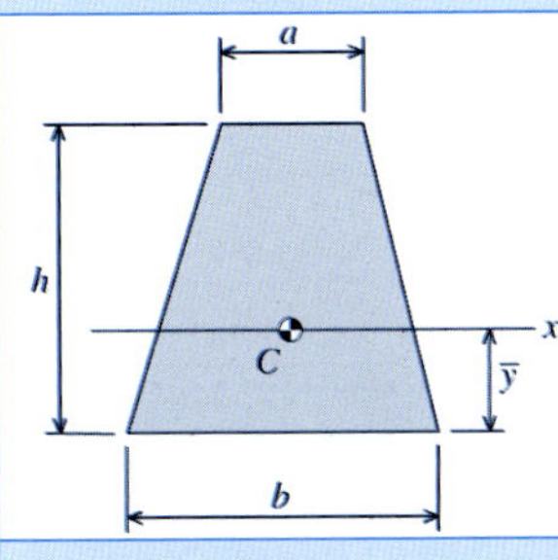

$$A = \frac{(a+b)h}{2}$$

$$\bar{y} = \frac{1}{3}\left(\frac{2a+b}{a+b}\right)h$$

$$I_x = \frac{h^3}{36(a+b)}(a^2 + 4ab + b^2)$$

5. Semicírculo

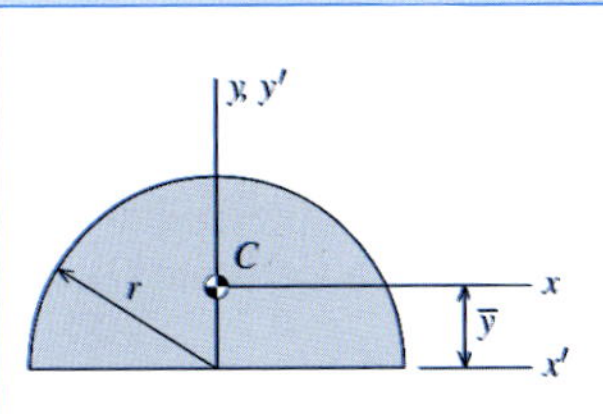

$$A = \frac{\pi r^2}{2}$$

$$\bar{y} = \frac{4r}{3\pi} \qquad I_x = \left(\frac{\pi}{8} - \frac{8}{9\pi}\right)r^4$$

$$I_{x'} = I_{y'} = \frac{\pi r^4}{8}$$

6. Círculo

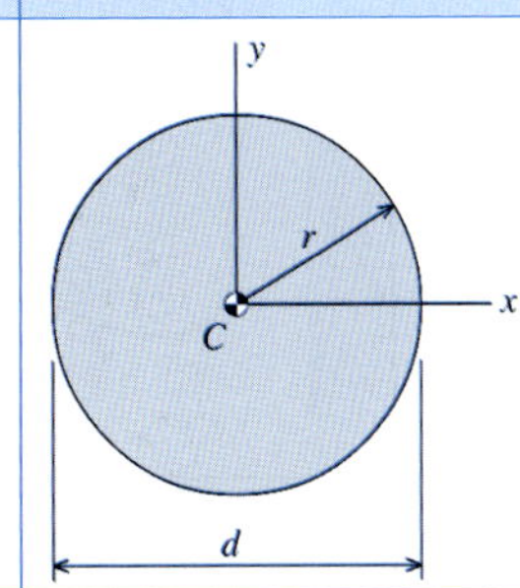

$$A = \pi r^2 = \frac{\pi d^2}{4}$$

$$I_x = I_y = \frac{\pi r^4}{4} = \frac{\pi d^4}{64}$$

7. Coroa Circular

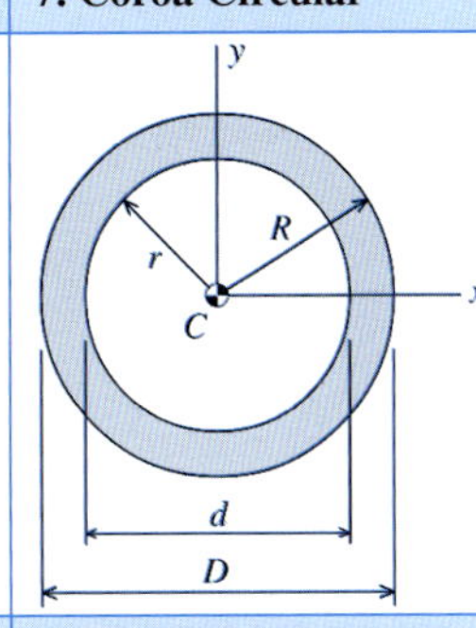

$$A = \pi(R^2 - r^2) = \frac{\pi}{4}(D^2 - d^2)$$

$$I_x = I_y = \frac{\pi}{4}(R^4 - r^4)$$

$$= \frac{\pi}{64}(D^4 - d^4)$$

8. Parábola

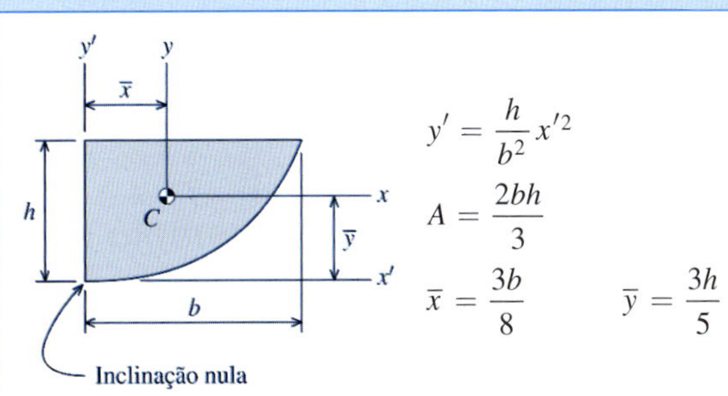

$$y' = \frac{h}{b^2}x'^2$$

$$A = \frac{2bh}{3}$$

$$\bar{x} = \frac{3b}{8} \qquad \bar{y} = \frac{3h}{5}$$

9. Área sob uma Parábola

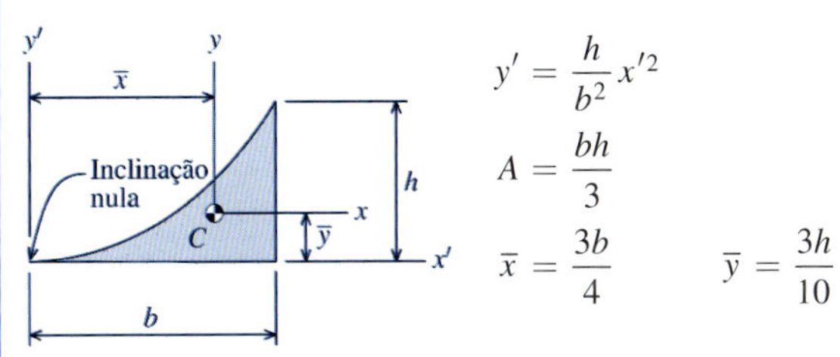

$$y' = \frac{h}{b^2}x'^2$$

$$A = \frac{bh}{3}$$

$$\bar{x} = \frac{3b}{4} \qquad \bar{y} = \frac{3h}{10}$$

10. Área sob uma curva de Grau *n*

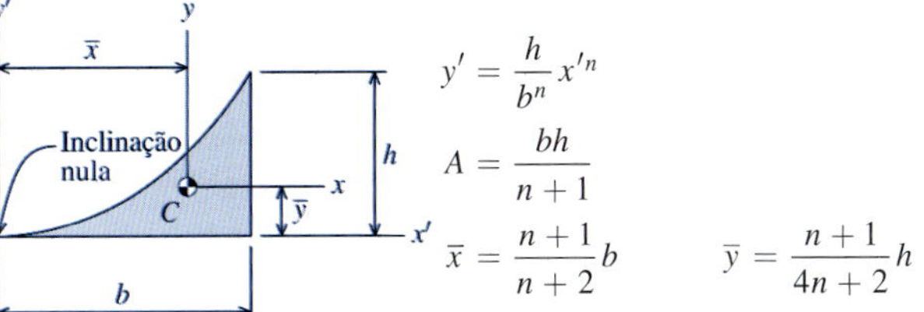

$$y' = \frac{h}{b^n}x'^n$$

$$A = \frac{bh}{n+1}$$

$$\bar{x} = \frac{n+1}{n+2}b \qquad \bar{y} = \frac{n+1}{4n+2}h$$

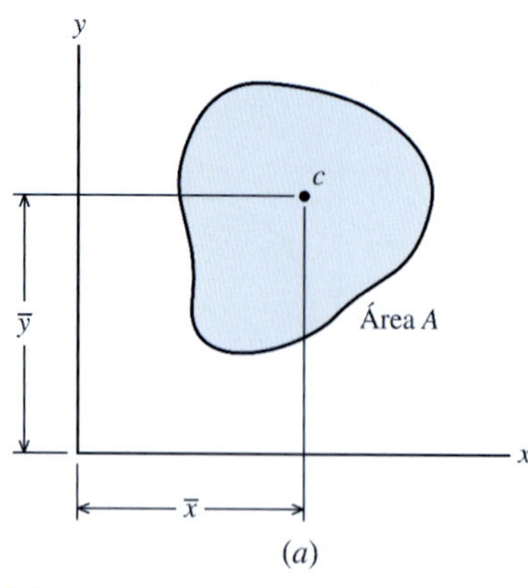

y
dA
Área A
y
x
x
(b)

FIGURA A.1 Centro de gravidade de uma área.

$$\bar{x} = \frac{\Sigma x_i A_i}{\Sigma A_i} \qquad \bar{y} = \frac{\Sigma y_i A_i}{\Sigma A_i} \tag{A.2}$$

em que x_i e y_i são as *distâncias algébricas* ou coordenadas medidas a partir de determinados eixos de referência até os centros de gravidade de cada uma das áreas simples que formam a área composta. O termo ΣA_i representa a soma das áreas simples, que é igual à área total da área composta. Se houver um furo ou região sem material dentro de uma área composta, então esse furo é tratado como uma *área negativa* no procedimento de cálculo.

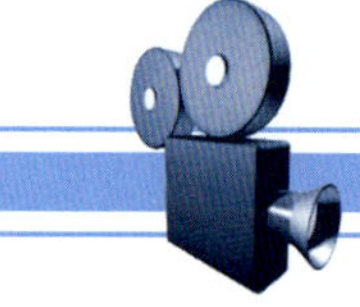

Exemplo do MecMovies A.1

The Centroids Game

Learning the Ropes

O Jogo dos Centros de Gravidade: Aprendendo os Conceitos Básicos (The Centroids Game: Learning the Ropes)

Um jogo que ajuda a adquirir proficiência no cálculo de centros de gravidade de áreas compostas constituídas de retângulos.

EXEMPLO A.1

30 mm
18 mm
6 mm
90 mm
10 mm
90 mm

Determine o local do centro de gravidade do perfil com abas mostrado na figura.

Planejamento da Solução

O local do centro de gravidade na direção horizontal pode ser determinado apenas pela simetria. Para determinar o local vertical do centro de gravidade, a figura é subdividida em três áreas retangulares. Usando a borda inferior como eixo de referência, a Equação (A.2) é usada a seguir para o cálculo do local do centro de gravidade.

SOLUÇÃO

O local do centro de gravidade na direção horizontal pode ser determinado apenas pela simetria; entretanto, o local do centro de gravidade na direção y deve ser calculado. Inicialmente, o perfil com abas é subdividido nas figuras retangulares (1), (2) e (3), e a área A_i para cada uma dessas áreas será calculada. Para fins de cálculo, deve ser estabelecido um eixo de referência. Neste exemplo, o eixo de referência será colocado na borda inferior da figura. Determina-se a distância y_i na direção vertical do eixo de referência até o centro de gravidade de cada área retangular A_i e o produto y_iA_i (denominado *momento estático de área*) é calculado. O local do centro de gravidade $\overline{y}$ medido a partir do eixo de referência é calculado como a soma dos momentos estáticos das áreas y_iA_i dividida pela soma das áreas A_i. O cálculo para a seção transversal em questão está resumido na tabela a seguir.

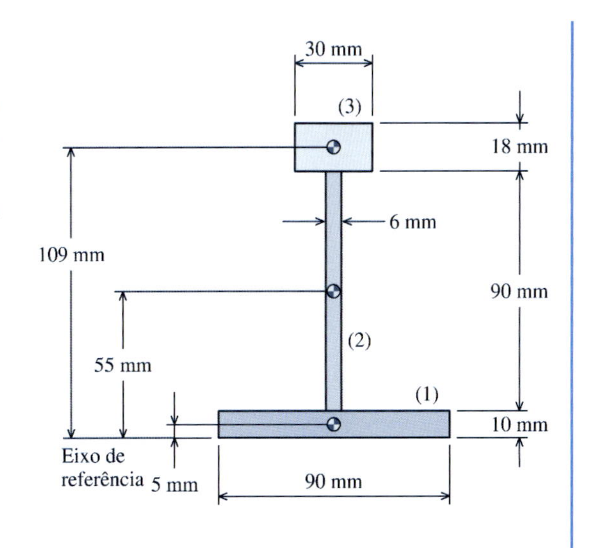

	A_i (mm²)	y_i (mm)	y_iA_i (mm³)
(1)	900	5	4.500
(2)	540	55	29.700
(3)	540	109	58.860
	1.980		93.060

$$\overline{y} = \frac{\Sigma y_i A_i}{\Sigma A_i} = \frac{93.060 \text{ mm}^3}{1.980 \text{ mm}^2} = 47{,}0 \text{ mm}$$ **Resp.**

Portanto, o centro de gravidade está localizado 47,0 mm acima da borda inferior da seção transversal.

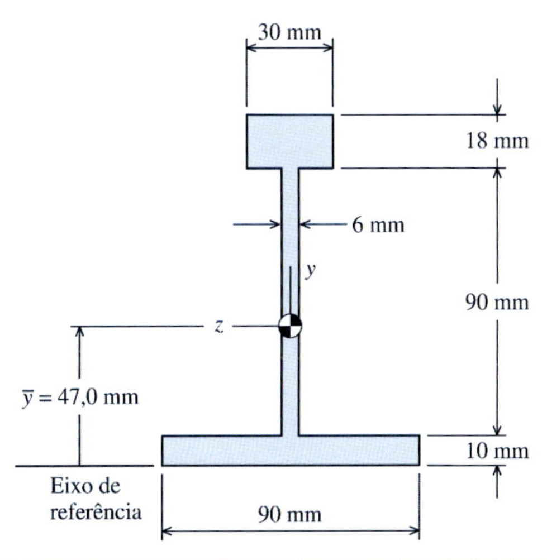

Exemplo do MecMovies A.2

Exemplo animado do procedimento para cálculo do centro de gravidade de um perfil T.

150 mm
16 mm
240 mm
22 mm

Exemplo do MecMovies A.3

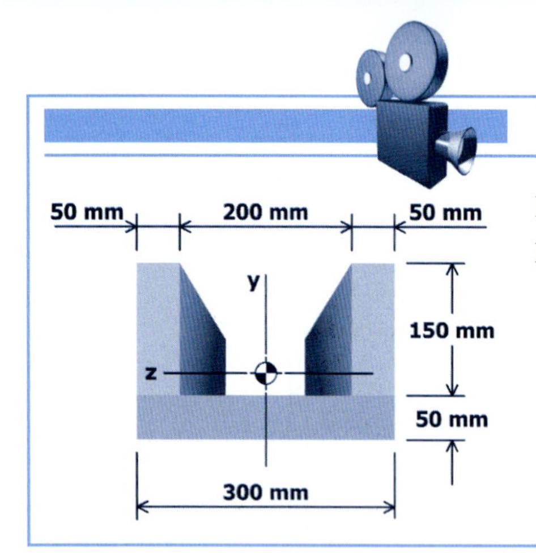

Exemplo animado do procedimento para cálculo do centro de gravidade para um perfil U.

A.2 MOMENTO DE INÉRCIA DE UMA ÁREA

O termo *momento de inércia* é aplicado ao segundo momento de área devido à sua similaridade com o momento de inércia de massa de um corpo.

Aparecem os termos $\int x\,dA$ e $\int y\,dA$ na definição de um centro de gravidade [Equação (A.1)] e esses termos são denominados *momentos estáticos de áreas* (ou *primeiros momentos de áreas*) em torno dos eixos y e x, respectivamente, porque x e y são termos de primeira ordem. Em mecânica dos materiais, são obtidas várias equações que contêm integrais da forma $\int x^2\,dA$ e $\int y^2\,dA$, e esses termos são denominados *segundos momentos de área* porque x^2 e y^2 são termos de segunda ordem. Entretanto, em geral o segundo momento de área é conhecido como *momento de inércia* de uma área.

Na Figura A.2, o momento de inércia da área A em torno do eixo x é definido como

$$I_x = \int_A y^2\,dA \tag{A.3}$$

Similarmente, o momento de inércia da área A em torno do eixo y é definido como

$$I_y = \int_A x^2\,dA \tag{A.4}$$

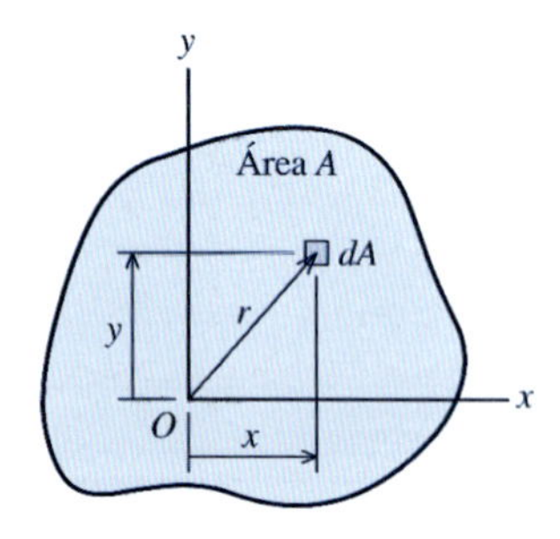

FIGURA A.2

A expressão de um momento de inércia também pode estar relacionada a um eixo de referência que seja normal ao plano (tais eixos são denominados *polos*). Na Figura A.2, o eixo z que passa através da origem O é perpendicular ao plano da área A. Pode-se escrever uma expressão integral denominada *momento de inércia polar J* em termos da distância r do eixo de referência z a dA:

$$J = \int_A r^2\,dA \tag{A.5}$$

Usando o teorema de Pitágoras, a distância r está relacionada às distâncias x e y por $r^2 = x^2 + y^2$. Desta forma, a Equação (A.5) pode ser expressa como

$$J = \int_A r^2\,dA = \int_A (x^2 + y^2)\,dA = \int_A x^2\,dA + \int_A y^2\,dA$$

e assim,

$$J = I_y + I_x \tag{A.6}$$

Observe que os eixos x e y podem ser qualquer par de eixos perpendiculares entre si que interceptem em O.

Das definições dadas nas Equações (A.3), (A.4) e (A.5), os momentos de inércia são sempre termos positivos que possuem dimensão de comprimento elevado à quarta potência (L^4). As unidades usuais são mm^4 e in^4.

Os momentos de inércia de várias figuras planas usuais estão resumidos na Tabela A.1.

TEOREMA DOS EIXOS PARALELOS PARA UMA ÁREA

Quando for determinado o momento de inércia de uma área em relação a um determinado eixo, pode ser obtido o momento de inércia em relação a um eixo paralelo por meio do **teorema dos eixos paralelos**, contanto que um dos eixos passe pelo centro de gravidade da área em questão.

O momento de inércia da área da Figura A.3 em torno do eixo de referência b é

$$\begin{aligned} I_b &= \int_A (y+d)^2\, dA = \int_A y^2\, dA + 2d\int_A y\, dA + d^2\int_A dA \\ &= I_x + 2d\int_A y\, dA + d^2 A \end{aligned} \qquad \text{(a)}$$

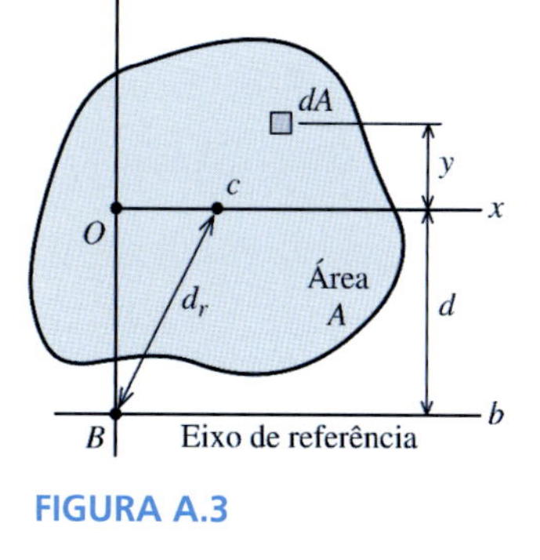

FIGURA A.3

A integral $\int_A y\, dA$ é simplesmente o momento estático da área A em torno do eixo x. Da Equação (A.1),

$$\int_A y\, dA = \bar{y}A$$

Se o eixo x passar pelo centro de gravidade c da área, então $\bar{y} = 0$ e a Equação (a) é reduzida para

$$I_b = I_c + d^2 A \qquad \text{(A.7)}$$

em que I_c é o momento de inércia da área A em torno do eixo baricêntrico paralelo ao eixo de referência (ou seja, o eixo b neste caso) e d é a distância perpendicular entre os dois eixos. De modo similar, pode-se mostrar que o teorema dos eixos paralelos também se aplica aos momentos de inércia polares:

$$J_b = J_c + d_r^2 A \qquad \text{(A.8)}$$

O teorema dos eixos paralelos afirma que o momento de inércia de uma área em torno de um eixo é igual ao momento de inércia da área em torno de um eixo paralelo que passa no centro de gravidade da área mais o produto da área pelo quadrado da distância entre os dois eixos.

ÁREAS COMPOSTAS

Frequentemente é necessário calcular o momento de inércia de uma área com formato irregular. Se tal área puder ser subdividida em várias formas simples como retângulos, triângulos e círculos, então o momento de inércia de uma área irregular pode ser encontrado convenientemente usando o teorema dos eixos paralelos. O momento de inércia de uma área composta é igual à soma dos momentos de inércia das áreas componentes:

$$I = \Sigma(I_c + d^2 A)$$

Se uma área, como por exemplo um orifício, for removida de uma área maior, então seu momento de inércia deve ser subtraído do somatório anterior.

Exemplo do MecMovies A.4

O Jogo do Momento de Inércia: Iniciando com o Primeiro Quadrado

Um jogo que ajuda a adquirir proficiência no cálculo do momento de inércia para áreas compostas constituídas de retângulos.

The Moment of Inertia Game

Starting From Square One

Exemplo do MecMovies A.5

Determine o local do centro de gravidade e o momento de inércia em torno de um eixo baricêntrico para um perfil T.

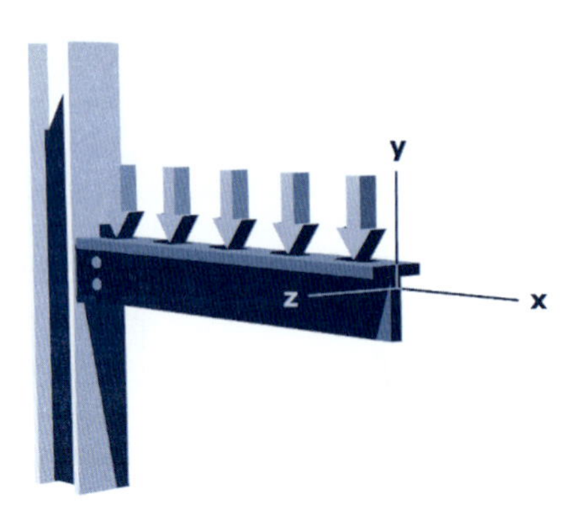

EXEMPLO A.2

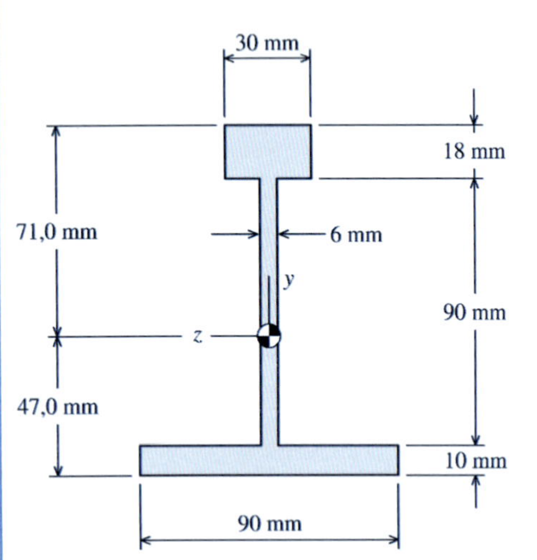

Determine o momento de inércia em torno dos eixos z e y para o perfil com abas mostrado no Exemplo A.2.

Planejamento da Solução

No Exemplo A.1, o perfil com abas foi subdividido em três retângulos. O momento de inércia de um retângulo em torno de seu eixo baricêntrico é dado por $I_c = bh^3/12$. Para calcular I_z, será usada essa relação com o teorema dos eixos paralelos para calcular os momentos de inércia de cada um dos três retângulos em torno do eixo baricêntrico z do perfil com abas. Esses três termos serão somados entre si para fornecer I_z de todo o perfil. O cálculo de I_y será similar; entretanto, o teorema dos eixos paralelos não será exigido uma vez que os centros de gravidade de todos os três retângulos se situam sobre o eixo baricêntrico y.

SOLUÇÃO

(a) Momento de Inércia em Torno do Eixo Baricêntrico z

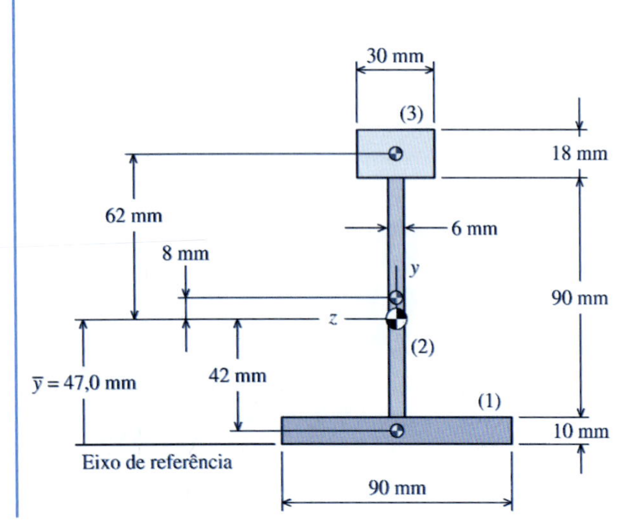

Deve ser calculado o momento de inércia I_{ci} de cada área retangular em torno de seu próprio centro de gravidade para início dos cálculos. O momento de inércia de um retângulo em torno de seu eixo baricêntrico é dado pela equação geral $I_c = bh^3/12$, na qual b é a dimensão paralela ao eixo e h é a dimensão perpendicular a ele.

Por exemplo, o momento de inércia da área (1) em torno de seu eixo baricêntrico horizontal é calculado como $I_{c1} = bh^3/12 = (90\ \text{mm})\ (10\ \text{mm})^3/12 = 7.500\ \text{mm}^4$. A seguir, deve ser determinada a distância perpendicular d_i entre o eixo baricêntrico z para todo o perfil com abas e o eixo baricêntrico z para a área A_i. O termo d_i é elevado ao quadrado e multiplicado por A_i e o resultado é adicionado a I_{ci} para fornecer o momento de inércia de cada forma retangular em torno do eixo baricêntrico z de toda a seção transversal do perfil com abas. Os resultados para todas as áreas A_i são somados para determinar o momento de inércia da seção transversal do perfil em torno de seu eixo baricêntrico z. O procedimento completo de cálculo está resumido na tabela a seguir.

	I_{ci} (mm⁴)	$\|d_i\|$ (mm)	$d_i^2 A_i$ (mm⁴)	I_z (mm⁴)
(1)	7.500	42,0	1.587.600	1.595.100
(2)	364.500	8,0	34.560	399.060
(3)	14.580	62,0	2.075.760	2.090.340
				4.084.500

Desta forma, o momento de inércia do perfil com abas em torno de seu eixo baricêntrico z é $I_z = 4.080.000$ mm^4. **Resp.**

(b) Momento de Inércia em Torno do Eixo Baricêntrico y

Como antes, para início dos cálculos deve ser calculado o momento de inércia I_{ci} de cada forma retangular em torno de seu próprio centro de gravidade. Entretanto, aqui é exigido o momento de inércia em torno do eixo baricêntrico vertical. Por exemplo, o momento de inércia da área (1) em torno de seu eixo baricêntrico vertical é calculado como $I_{c1} = bh^3/12 = (10 \text{ mm})(90 \text{ mm})^3/12 = 607.500$ mm^4. (Comparando com o cálculo de I_z, observe que são associados valores diferentes a b e h na fórmula padrão $bh^3/12$.) O teorema dos eixos paralelos não é necessário para esse cálculo porque os centros de gravidade de cada retângulo se situam no eixo baricêntrico y do perfil com abas. O procedimento completo de cálculo está resumido na tabela a seguir.

	I_{ci} (mm⁴)	$\|d_i\|$ (mm)	$d_i^2 A_i$ (mm⁴)	I_y (mm⁴)
(1)	607.500	0	0	607.500
(2)	1.620	0	0	1.620
(3)	40.500	0	0	40.500
				649.620

O momento de inércia do perfil com abas em torno de seu eixo baricêntrico y é então $I_y = 650.000$ mm^4. **Resp.**

EXEMPLO A.3

Determine o momento de inércia em torno dos eixos baricêntricos x e y para o perfil Z mostrado na figura.

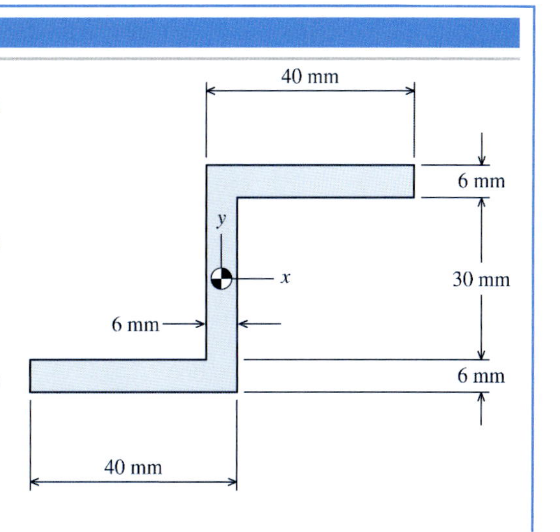

Planejamento da Solução

Depois de subdividir a área em três retângulos, serão calculados os momentos de inércia I_x e I_y usando $I_c = bh^3/12$ e o teorema dos eixos paralelos.

SOLUÇÃO

O local do centro de gravidade para o perfil Z é mostrado na figura. O cálculo completo de I_x e I_y está resumido nas tabelas a seguir.

(a) Momento de Inércia em Torno do Eixo Baricêntrico x

	I_{ci} (mm⁴)	$\lvert d_i \rvert$ (mm)	A_i (mm²)	$d_i^2 A_i$ (mm⁴)	I_z (mm⁴)
(1)	720	18,0	240	77.760	78.480
(2)	13.500	0	180	0	13.500
(3)	720	18,0	240	77.760	78.480
					170.460

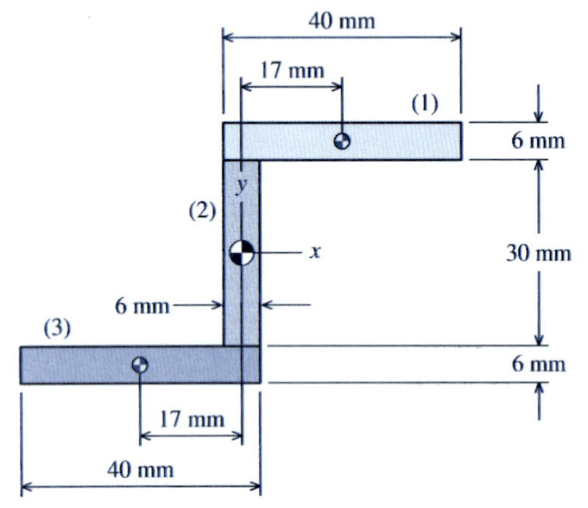

(b) Momento de Inércia em Torno do Eixo Baricêntrico y

	I_{ci} (mm⁴)	$\lvert d_i \rvert$ (mm)	A_i (mm²)	$d_i^2 A_i$ (mm⁴)	I_z (mm⁴)
(1)	32.000	17,0	240	69.360	101.360
(2)	540	0	180	0	540
(3)	32.000	17,0	240	69.360	101.360
					203.260

Os momentos de inércia para o perfil Z são $I_x = 170.500$ mm⁴ e $I_y = 203.000$ mm⁴. **Resp.**

A.3 PRODUTO DE INÉRCIA DE UMA ÁREA

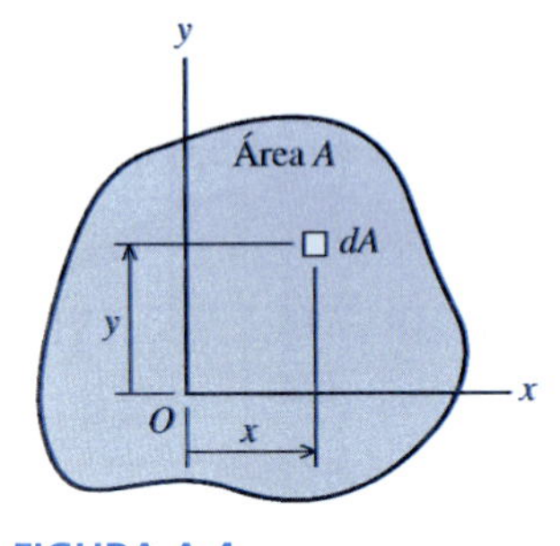

FIGURA A.4

O produto de inércia dI_{xy} do elemento de área dA mostrado na Figura A.4 em relação aos eixos x e y é definido como o produto das duas coordenadas do elemento multiplicado pela área do elemento. O produto de inércia da área total A é

$$I_{xy} = \int_A xy\, dA \tag{A.9}$$

As dimensões do produto de inércia são idênticas àquelas dos momentos de inércia (isto é, unidades de comprimento elevadas à quarta potência). Enquanto o momento de inércia é sempre positivo, *o produto de inércia pode ser positivo, negativo ou nulo*.

O produto de inércia de uma área em relação a dois eixos ortogonais quaisquer é nulo quando um dos eixos for eixo de simetria. Essa afirmação pode ser demonstrada pela Figura A.5 na qual a área é simétrica em relação ao eixo x. Os produtos de inércia dos elementos dA e dA' em lados opostos do eixo de simetria terão valores absolutos iguais e sinais opostos; desta forma, eles se cancelarão mutuamente no somatório. O produto de inércia resultante para toda a área será nulo.

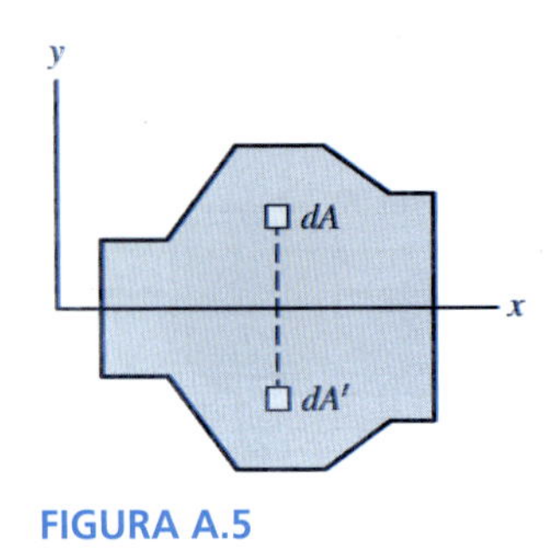

FIGURA A.5

O teorema dos eixos paralelos para produtos de inércia pode ser obtido utilizando a Figura A.6 na qual os eixos x' e y' passam pelo centro de gravidade c e são paralelos aos eixos x e y. O produto de inércia em relação aos eixos x e y é

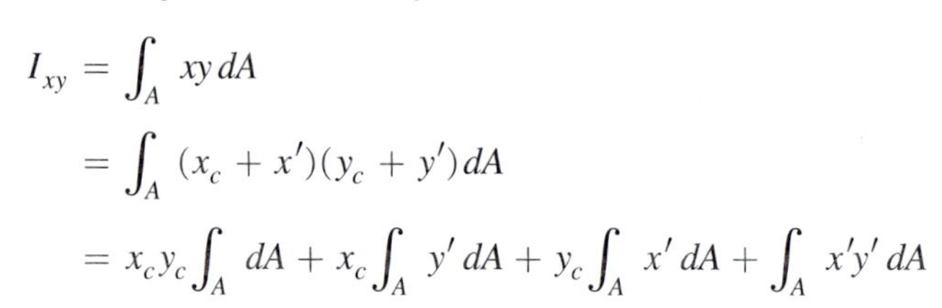

$$\begin{aligned} I_{xy} &= \int_A xy\, dA \\ &= \int_A (x_c + x')(y_c + y')\, dA \\ &= x_c y_c \int_A dA + x_c \int_A y'\, dA + y_c \int_A x'\, dA + \int_A x'y'\, dA \end{aligned}$$

A segunda e a terceira integral na equação anterior são nulas, uma vez que x' e y' são eixos baricêntricos. A última integral é o produto de inércia da área A em relação a seu centro de gravidade. Consequentemente, o produto de inércia é

$$I_{xy} = I_{x'y'} + x_c y_c A \tag{A.10}$$

O teorema dos eixos paralelos para produtos de inércia pode ser enunciado da seguinte maneira: *O produto de inércia de uma área em relação a dois eixos ortogonais x e y é igual ao produto de inércia da área em relação ao par de eixos baricêntricos paralelo aos eixos x e y somado ao produto da área pelas distâncias do centro de gravidade aos eixos x e y.*

O produto de inércia é usado na determinação dos eixos principais de inércia, conforme análise na próxima seção. A determinação do produto de inércia é ilustrada nos dois exemplos que se seguem.

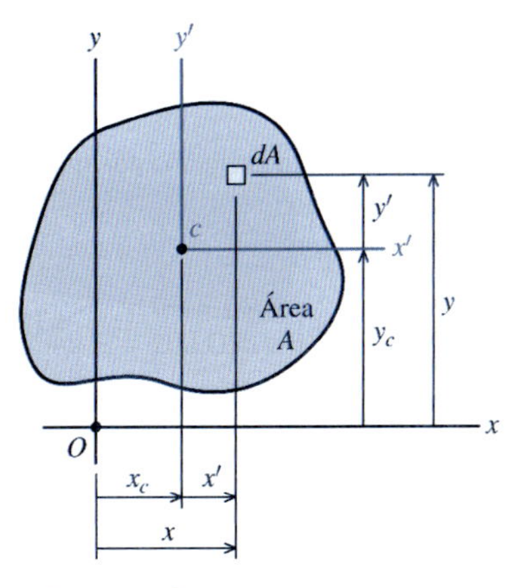

FIGURA A.6

EXEMPLO A.4

Determine o produto de inércia do perfil Z mostrado na figura do Exemplo A.3.

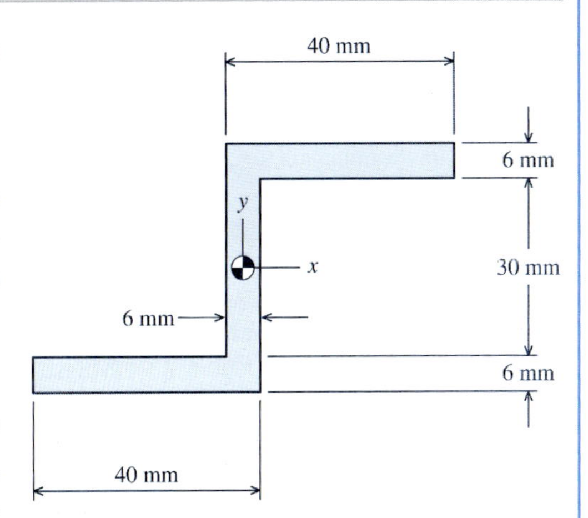

Planejamento da Solução

O perfil Z pode ser subdividido em três retângulos. Como os retângulos são simétricos, seus produtos de inércia respectivos em torno de seus próprios eixos baricêntricos são iguais a zero. Consequentemente, o produto de inércia de todo o perfil Z será obtido totalmente pelo teorema dos eixos paralelos.

SOLUÇÃO

O local do centro de gravidade do perfil Z é mostrado na figura. Ao calcular o produto de inércia usando o teorema dos eixos paralelos [Equação A.10], é essencial que seja dedicada uma atenção especial para os sinais de x_c e y_c. Os termos x_c e y_c são medidos *a partir* do centro de gravidade de todo o perfil *até* o centro de gravidade de determinada área. Os cálculos completos para I_{xy} estão resumidos na tabela a seguir.

	$I_{x'y'}$ (mm⁴)	x_c (mm)	y_c (mm)	A_i (mm²)	$x_c y_c A_i$ (mm⁴)	I_{xy} (mm⁴)
(1)	0	17,0	18,0	240	73.440	73.440
(2)	0	0	0	180	0	0
(3)	0	−17,0	−18,0	240	73.440	73.440
						146.880

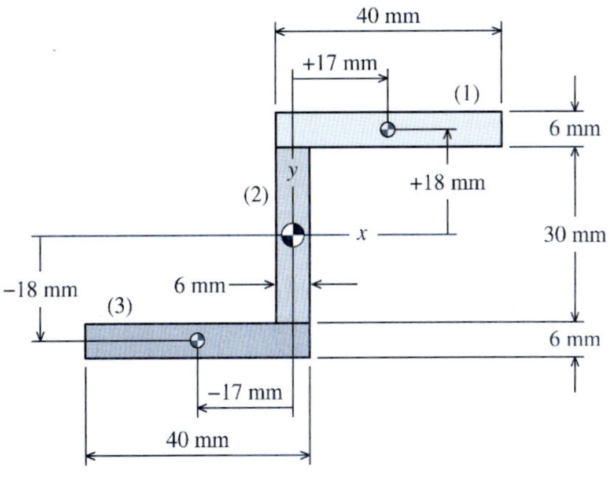

O produto de inércia para o perfil Z é, portanto, $I_{xy} = 146.900 \text{ mm}^4$.

Resp.

EXEMPLO A.5

Determine os momentos de inércia e o produto de inércia para a cantoneira de abas desiguais mostrada em relação ao centro de gravidade da área.

Planejamento da Solução

A cantoneira de abas desiguais é dividida em dois retângulos. Os momentos de inércia são calculados em torno dos eixos x e y. O cálculo do produto de inércia é realizado do modo como foi demonstrado no Exemplo A.4.

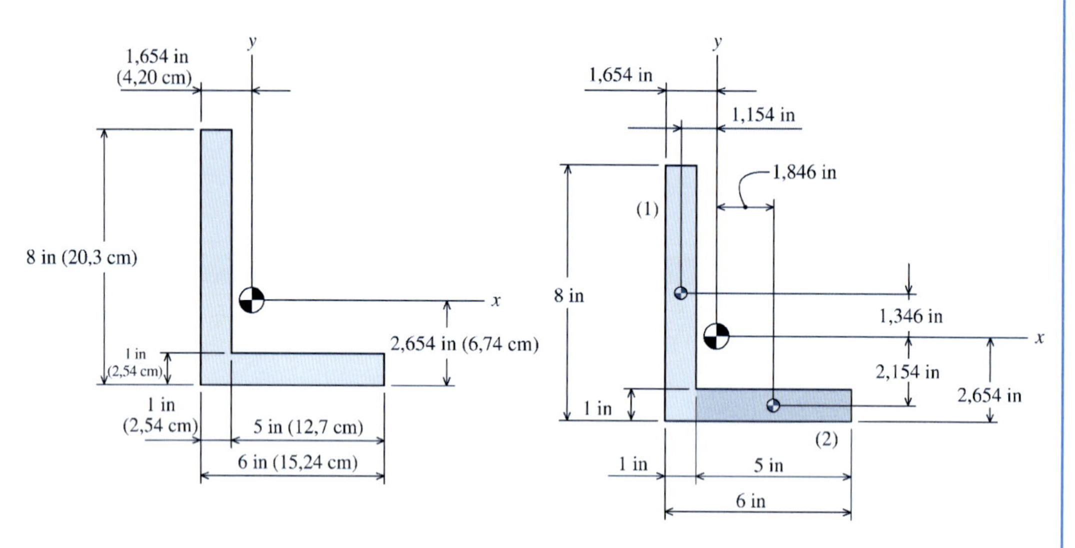

SOLUÇÃO

O local do centro de gravidade para a cantoneira de abas desiguais está mostrado no desenho. O momento de inércia para a cantoneira de abas desiguais em torno do eixo baricêntrico x é

$$I_x = \frac{(1 \text{ in})(8 \text{ in})^3}{12} + (1 \text{ in})(8 \text{ in})(1{,}346)^2 + \frac{(5 \text{ in})(1 \text{ in})^3}{12} + (5 \text{ in})(1 \text{ in})(2{,}154 \text{ in})^2$$
$$= 80{,}8 \text{ in}^4 \; (3.363 \text{ cm}^4)$$

Resp.

e o momento de inércia em torno do eixo baricêntrico y é

$$I_y = \frac{(8 \text{ in})(1 \text{ in})^3}{12} + (8 \text{ in})(1 \text{ in})(1{,}154 \text{ in})^2 + \frac{(1 \text{ in})(5 \text{ in})^3}{12} + (1 \text{ in})(5 \text{ in})(1{,}846 \text{ in})^2$$
$$= 38{,}8 \text{ in}^4 \; (1.615 \text{ cm}^4)$$

Resp.

Ao calcular o produto de inércia usando o teorema dos eixos paralelos [Equação (A.10)], é essencial que seja dedicada atenção especial para os sinais de x_c e y_c. Os termos x_c e y_c são medidos *a partir* do centro de gravidade da área total *até* o centro de gravidade da área individual. O cálculo completo de I_{xy} está resumido na tabela a seguir.

	$I_{x'y'}$ (in^4)	x_c (in)	y_c (in)	A_i (in^2)	$x_c y_c A_i$ (in^4)	I_{xy} (in^4)
(1)	0	−1,154	1,346	8,0	−12,426	−12,426
(2)	0	1,846	−2,154	5,0	−19,881	−19,881
						−32,307

O produto de inércia da cantoneira de abas desiguais é, portanto, $I_{xy} = -32{,}3 \text{ in}^4$ (-1.344 cm^4).

Resp.

A.4 MOMENTOS PRINCIPAIS DE INÉRCIA

O momento de inércia da área A na Figura A.7 em relação ao eixo x', que passa por O, variará, em geral, com o ângulo θ. Os eixos x e y usados na obtenção da Equação (A.6) são quaisquer pares de eixos ortogonais no plano da área que passam por O; portanto,

$$J = I_x + I_y = I_{x'} + I_{y'}$$

em que x' e y' são um par qualquer de eixos ortogonais que passa por O. Como a soma de $I_{x'}$ e $I_{y'}$ é constante, $I_{x'}$ será o momento de inércia máximo e o $I_{y'}$ correspondente será o momento de inércia mínimo para um determinado valor de θ.

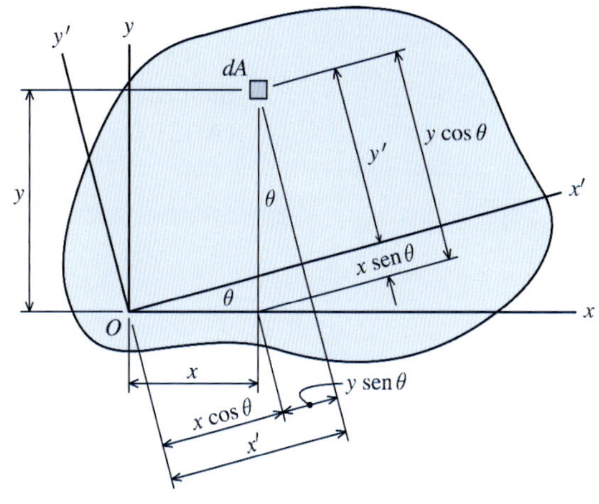

FIGURA A.7

O conjunto de eixos para os quais os momentos de inércia são máximo e mínimo são chamados *eixos principais* da área para o ponto O e são indicados por eixos $p1$ e $p2$. Os momentos de inércia em relação a esses eixos são denominados momentos de inércia principais para a área e são indicados por I_{p1} e I_{p2}. Há apenas um conjunto de eixos principais para qualquer área, a menos que todos os eixos tenham o mesmo momento de inércia, como os diâmetros de um círculo.

Um modo conveniente de determinar os momentos principais de inércia para uma área é expressar $I_{x'}$ como uma função de I_x, I_y, I_{xy} e θ, e depois igualar a zero a derivada de $I_{x'}$ em relação a θ a fim de obter o valor de θ que fornece os momentos de inércia máximo e mínimo. Da Figura A.7,

$$dI_{x'} = y'^2 dA = (y\cos\theta - x\,\text{sen}\,\theta)^2\,dA$$

e assim,

$$\begin{aligned} I_{x'} &= \cos^2\theta\int_A y^2\,dA - 2\,\text{sen}\,\theta\cos\theta\int_A xy\,dA + \text{sen}^2\,\theta\int_A x^2\,dA \\ &= I_x\cos^2\theta - 2I_{xy}\,\text{sen}\,\theta\cos\theta + I_y\,\text{sen}^2\theta \end{aligned}$$

que é reorganizada normalmente para formar

$$I_{x'} = I_x\cos^2\theta + I_y\,\text{sen}^2\,\theta - 2I_{xy}\,\text{sen}\,\theta\cos\theta \qquad \text{(A.11)}$$

A Equação (A.11) pode ser escrita em uma forma equivalente substituindo as seguintes identidades trigonométricas de ângulo duplo:

$$\begin{aligned} \cos^2\theta &= \frac{1}{2}(1 + \cos 2\theta) \\ \text{sen}^2\,\theta &= \frac{1}{2}(1 - \cos 2\theta) \\ 2\,\text{sen}\,\theta\cos\theta &= \text{sen}\,\theta \end{aligned}$$

para fornecer

$$I_{x'} = \frac{I_x + I_y}{2} + \frac{I_x - I_y}{2}\cos 2\theta - I_{xy}\,\text{sen}\,2\theta \qquad \text{(A.12)}$$

O ângulo 2θ para o qual $I_{x'}$ é máximo pode ser obtido igualando a zero a derivada de $I_{x'}$ em relação a θ; portanto,

$$\frac{dI_{x'}}{d\theta} = -(2)\frac{I_x - I_y}{2}\,\text{sen}\,2\theta - 2I_{xy}\cos 2\theta = 0$$

da qual

$$\tan 2\theta_p = -\frac{2I_{xy}}{I_x - I_y} \qquad \text{(A.13)}$$

em que θ_p representa os dois valores de θ que indicam a posição dos eixos principais $p1$ e $p2$. *Os valores positivos de θ indicam uma rotação no sentido contrário ao dos ponteiros do relógio (anti-horário) a partir do eixo de referência.*

Observe que os dois valores de θ_p obtidos na Equação (A.13) diferem de 90° entre si. Os momentos de inércia principais podem ser obtidos substituindo esses valores de θ_p na Equação (A.12). Da Equação (A.13),

$$\cos 2\theta_p = \mp \frac{(I_x - I_y)/2}{\sqrt{\left(\frac{(I_x - I_y)}{2}\right)^2 + I_{xy}^2}}$$

e

$$\operatorname{sen} 2\theta_p = \pm \frac{I_{xy}}{\sqrt{\left(\frac{(I_x - I_y)}{2}\right)^2 + I_{xy}^2}}$$

Quando essas expressões forem substituídas na Equação (A.12), os momentos de inércia principais se reduzem a

$$I_{p1,p2} = \frac{I_x + I_y}{2} \pm \sqrt{\left(\frac{I_x - I_y}{2}\right)^2 + I_{xy}^2} \quad \text{(A.14)}$$

A Equação (A.14) não indica diretamente que momento de inércia principal, I_{p1} ou I_{p2}, está associado aos dois valores de θ que indicam a posição dos eixos principais [Equação (A.13)]. A solução da Equação (A.13) sempre fornece um valor de θ_p entre +45° e −45° (inclusive). O momento de inércia principal associado a esse valor de θ_p pode ser determinado pela seguinte regra:

- Se o termo $I_x - I_y$ for positivo, θ_p indica a orientação de I_{p1}.
- Se o termo $I_x - I_y$ for negativo, θ_p indica a orientação de I_{p2}.

Os momentos de inércia principais determinados pela Equação (A.14) *sempre serão valores positivos*. Ao nomear os momentos de inércia principais, I_{p1} é o valor algebricamente maior.

O produto de inércia do elemento de área da Figura A.7 em relação aos eixos x' e y' é

$$dI_{x'y'} = x'y'dA = (x\cos\theta + y\operatorname{sen}\theta)(y\cos\theta - x\operatorname{sen}\theta)dA$$

e o produto de inércia da área é

$$\begin{aligned} I_{x'y'} &= (\cos^2\theta - \operatorname{sen}^2\theta)\int_A xy\,dA + \operatorname{sen}\theta\cos\theta\int_A y^2\,dA - \operatorname{sen}\theta\cos\theta\int_A x^2\,dA \\ &= I_{xy}(\cos^2\theta - \operatorname{sen}^2\theta) + I_x\operatorname{sen}\theta\cos\theta - I_y\operatorname{sen}\theta\cos\theta \end{aligned}$$

que normalmente é reorganizado na forma

$$I_{x'y'} = (I_x - I_y)\operatorname{sen}\theta\cos\theta + I_{xy}(\cos^2\theta - \operatorname{sen}^2\theta) \quad \text{(A.15)}$$

Uma forma equivalente da Equação (A.15) é obtida com a substituição das identidades trigonométricas de ângulo duplo:

$$I_{x'y'} = \frac{I_x - I_y}{2}\operatorname{sen} 2\theta + I_{xy}\cos 2\theta \quad \text{(A.16)}$$

O produto de inércia $I_{x'y'}$ será nulo para valores de θ dados por

$$\tan 2\theta = -\frac{2I_{xy}}{I_x - I_y}$$

Observe que essa expressão é idêntica à Equação (A.13), que fornece a orientação dos eixos principais. Consequentemente, *o produto de inércia em relação aos eixos principais é nulo*. Como o produto de inércia em relação a qualquer eixo de simetria é nulo, segue-se que **qualquer eixo de simetria deve ser também um eixo principal**.

EXEMPLO A.6

Determine os momentos de inércia principais para o perfil Z considerado no Exemplo A.4. Indique a orientação dos eixos principais.

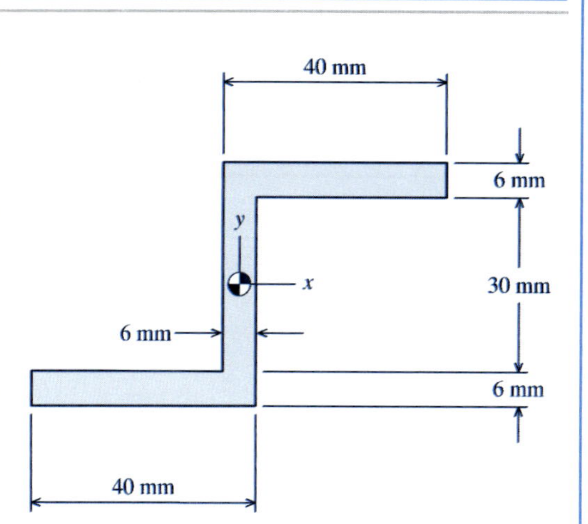

Planejamento da Solução

Usando os momentos de inércia e o produto de inércia determinado nos Exemplos A.3 e A.4, a Equação (A.14) fornecerá os valores absolutos de I_{p1} e I_{p2} e a Equação (A.13) definirá a orientação dos eixos principais.

SOLUÇÃO

Dos Exemplos A.3 e A.4, o momento de inércia e o produto de inércia do perfil Z são

$$I_x = 170.460 \text{ mm}^4$$
$$I_y = 203.260 \text{ mm}^4$$
$$I_{xy} = 146.880 \text{ mm}^4$$

Os momentos de inércia principais podem ser calculados utilizando a Equação (A.14):

$$\begin{aligned} I_{p1,p2} &= \frac{I_x + I_y}{2} \pm \sqrt{\left(\frac{I_x - I_y}{2}\right)^2 + I_{xy}^2} \\ &= \frac{170.460 + 203.260}{2} \pm \sqrt{\left(\frac{170.460 - 203.260}{2}\right)^2 + (146.880)^2} \\ &= 186.860 \pm 147.793 \\ &= 335.000 \text{ mm}^4,\ 39.100 \text{ mm}^4 \end{aligned}$$

Resp.

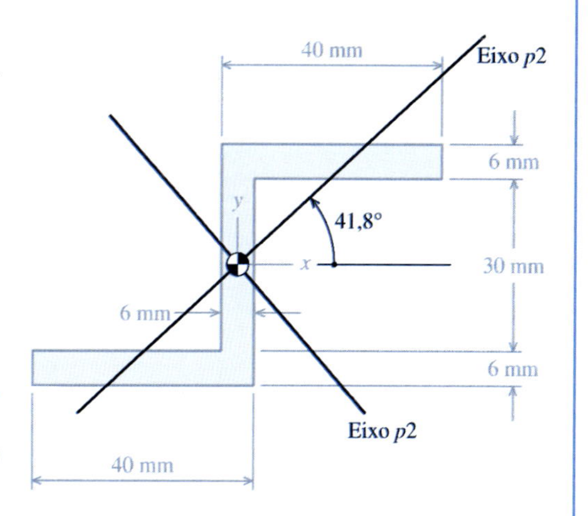

A orientação dos eixos principais é encontrada utilizando a Equação (A.13):

$$\tan 2\theta_p = -\frac{2I_{xy}}{I_x - I_y} = -\frac{2(146.880)}{170.460 - 203.260} = 8{,}9561$$
$$\therefore 2\theta_p = 83{,}629°$$

Portanto, $\theta_p = 41{,}8°$. Como o denominador dessa expressão (isto é, $I_x - I_y$) é negativo, o valor obtido para θ_p fornece a orientação do eixo $p2$ em relação ao eixo x. O valor positivo de θ_p indica que o eixo $p2$ está inclinado em 41,8° no sentido anti-horário em relação ao eixo x.

A orientação dos eixos principais é mostrada na figura.

EXEMPLO A.7

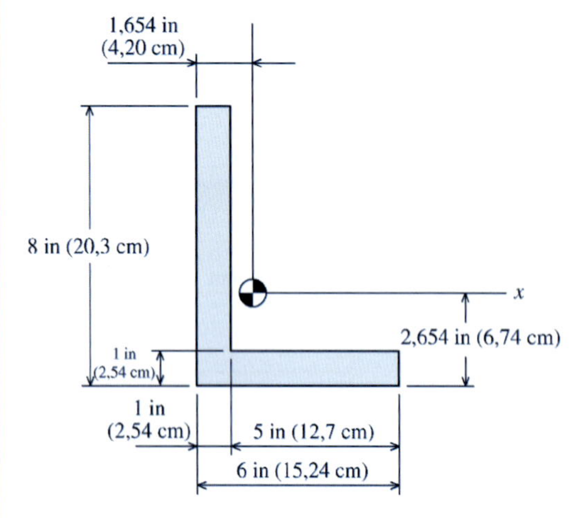

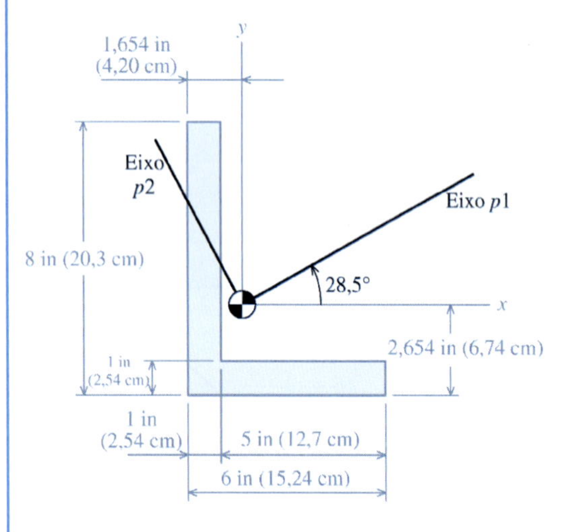

Determine os momentos de inércia principais para a cantoneira de abas desiguais considerada no Exemplo A.5. Indique a orientação dos eixos principais.

Planejamento da Solução

Usando os momentos de inércia e o produto de inércia determinado no Exemplo A.5, a Equação (A.14) fornecerá os valores absolutos de I_{p1} e I_{p2}, e a Equação (A.13) definirá a orientação dos eixos principais.

SOLUÇÃO

Do Exemplo A.5, os momentos de inércia e o produto de inércia para a cantoneira de abas desiguais são

$$I_x = 80{,}8 \text{ in}^4$$
$$I_y = 38{,}8 \text{ in}^4$$
$$I_{xy} = -32{,}3 \text{ in}^4$$

Os momentos de inércia principais podem ser calculados utilizando a Equação (A.14):

$$I_{p1,p2} = \frac{I_x + I_y}{2} \pm \sqrt{\left(\frac{I_x - I_y}{2}\right)^2 + I_{xy}^2}$$
$$= \frac{80{,}8 + 38{,}8}{2} \pm \sqrt{\left(\frac{80{,}8 - 38{,}8}{2}\right)^2 + (-32{,}3)^2} \qquad \textbf{Resp.}$$
$$= 59{,}8 \pm 38{,}5$$
$$= 98{,}3 \text{ in}^4 \ (4.092 \text{ cm}^4)\ ,\ 21{,}3 \text{ in}^4 \ (887 \text{ cm}^4)$$

A orientação dos eixos principais é encontrada utilizando a Equação (A.13):

$$\tan 2\theta_p = -\frac{2I_{xy}}{I_x - I_y} = -\frac{2(-32{,}3)}{80{,}8 - 38{,}8} = 1{,}538095$$
$$\therefore 2\theta_p = 56{,}97°$$

Portanto, $\theta_p = 28{,}5°$. Como o denominador dessa expressão (isto é, $I_x - I_y$) é positivo, o valor obtido para θ_p fornece a orientação do eixo $p1$ em relação ao eixo x. O valor positivo de θ_p indica que o eixo $p1$ está inclinado em 28,5° no sentido anti-horário em relação ao eixo x.

A orientação dos eixos principais é mostrada na figura.

A.5 CÍRCULO DE MOHR PARA OS MOMENTOS PRINCIPAIS DE INÉRCIA

O uso do círculo de Mohr para a determinação das tensões principais foi examinado na Seção 12.9. Uma comparação das Equações (12.5) e (12.6) com as Equações (A.12) e (A.16) sugere que pode ser usado um procedimento similar para obter os momentos de inércia principais de uma área.

A Figura A.8 ilustra o uso do círculo de Mohr para os momentos de inércia. Admita que I_x é maior do que I_y e que I_{xy} é positivo. Os momentos de inércia são colocados no gráfico ao longo do eixo horizontal e os produtos de inércia são colocados ao longo do eixo vertical. Os momentos de inércia são sempre positivos e são colocados à direita da origem. Os produtos de inércia podem ser tanto positivos como negativos. Os valores positivos são colocados acima do eixo horizontal. A distância horizontal OA' é igual a I_x, e a distância vertical $A'A$ é igual a I_{xy}. Similarmente, a distância horizontal OB' é igual a I_y e a distância vertical $B'B$ é igual a $-I_{xy}$ (isto é, o negativo algébrico do valor do produto de inércia, que pode ser um número positivo ou negativo). A linha AB intercepta o eixo horizontal em C e a linha AB é o diâmetro do círculo de Mohr. Cada ponto do círculo representa $I_{x'}$ e $I_{x'y'}$ para uma determinada orientação dos eixos x' e y'. Assim como no círculo de Mohr para a análise de tensões, os ângulos no círculo de Mohr são ângulos duplos 2θ. Desta forma, todos os ângulos no círculo de Mohr são duas vezes maiores do que os ângulos correspondentes para uma determinada área.

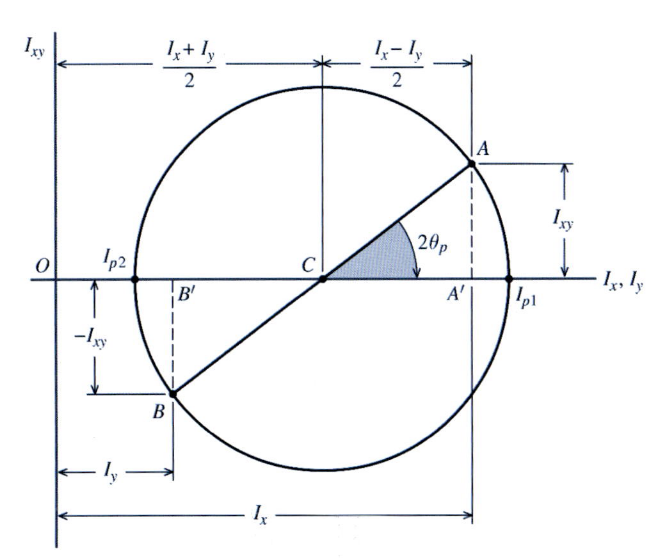

FIGURA A.8 Círculo de Mohr para os momentos de inércia.

Como a coordenada horizontal de cada ponto no círculo representa um valor específico de $I_{x'}$, os momentos de inércia máximo e mínimo são encontrados quando o círculo intercepta o eixo horizontal. O momento de inércia máximo é I_{p1} e o momento de inércia mínimo é I_{p2}. O centro do círculo C está localizado em

$$C = \frac{I_x + I_y}{2}$$

e o raio do círculo é o comprimento de CA, que pode ser encontrado utilizando o teorema de Pitágoras:

$$CA = R = \sqrt{\left(\frac{I_x - I_y}{2}\right)^2 + I_{xy}^2}$$

O momento de inércia máximo I_{p1} é, portanto,

$$I_{p1} = C + R = \frac{I_x + I_y}{2} + \sqrt{\left(\frac{I_x - I_y}{2}\right)^2 + I_{xy}^2}$$

e o momento de inércia mínimo I_{p2} é

$$I_{p2} = C - R = \frac{I_x + I_y}{2} - \sqrt{\left(\frac{I_x - I_y}{2}\right)^2 + I_{xy}^2}$$

Essas expressões estão de acordo com a Equação (A.14).

Exemplo do MecMovies A.6

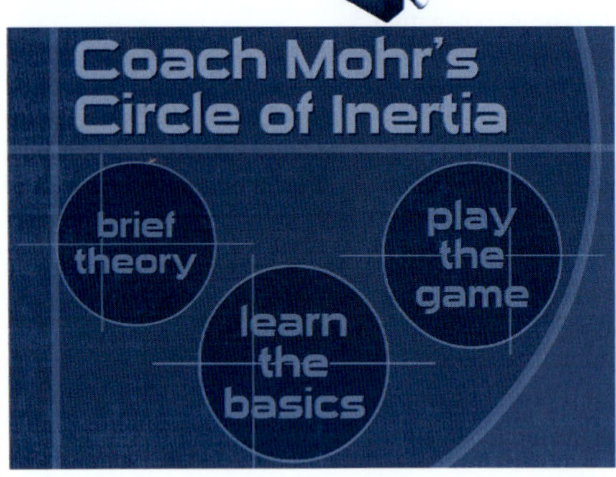

A teoria e os procedimentos para a determinação dos momentos de inércia principais usando o círculo de Mohr são apresentados em uma animação interativa.

EXEMPLO A.8

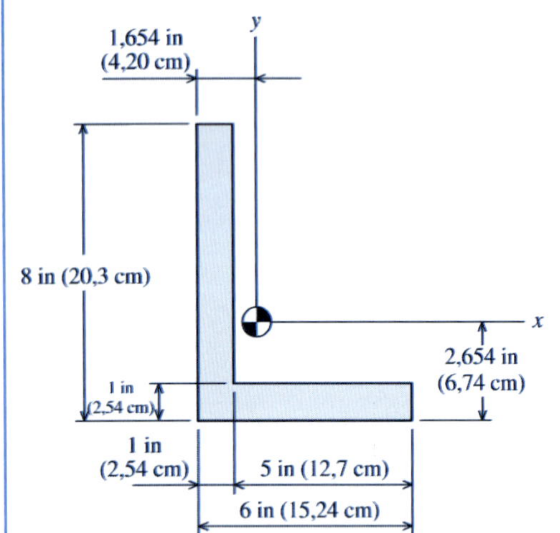

Resolva o Exemplo A.7 por meio do círculo de Mohr.

Planejamento da Solução

Os momentos de inércia e o produto de inércia determinados no Exemplo A.5 serão usados para construir o círculo de Mohr para os momentos de inércia.

SOLUÇÃO

Do Exemplo A.5, os momentos de inércia e o produto de inércia para uma cantoneira de abas desiguais são

$$I_x = 80{,}8 \text{ in}^4$$
$$I_y = 38{,}8 \text{ in}^4$$
$$I_{xy} = -32{,}3 \text{ in}^4$$

No gráfico, os momentos de inércia são colocados ao longo do eixo horizontal e os produtos de inércia são colocados no eixo vertical. Comece desenhando o ponto (I_x, I_{xy}) e denominando-o x. Observe que, como I_{xy} tem valor negativo, o ponto x é desenhado abaixo do eixo horizontal.

A seguir, desenhe o ponto $(I_y, -I_{xy})$ e denomine-o y. Como I_{xy} tem valor negativo, o ponto y é desenhado acima do eixo horizontal.

Desenhe o diâmetro do círculo que conecta os pontos x e y. O centro do círculo está localizado onde seu diâmetro cruza o eixo horizontal. Identifique o centro do círculo com a letra C. Usando o centro do círculo C, desenhe o círculo que passa pelos pontos x e y. Esse é o círculo de Mohr para os momentos de inércia. Os pontos do círculo de Mohr representam possíveis combinações de momentos de inércia com produtos de inércia.

O centro do círculo está localizado no meio da distância entre os pontos x e y.

$$C = \frac{80{,}8 + 38{,}8}{2} = 59{,}8$$

Usando as coordenadas do ponto x e do centro C, o raio do círculo pode ser calculado empregando o teorema de Pitágoras:

$$R = \sqrt{\left(\frac{80{,}8 - 59{,}8}{2}\right)^2 + (-32{,}3)^2} = 38{,}5$$

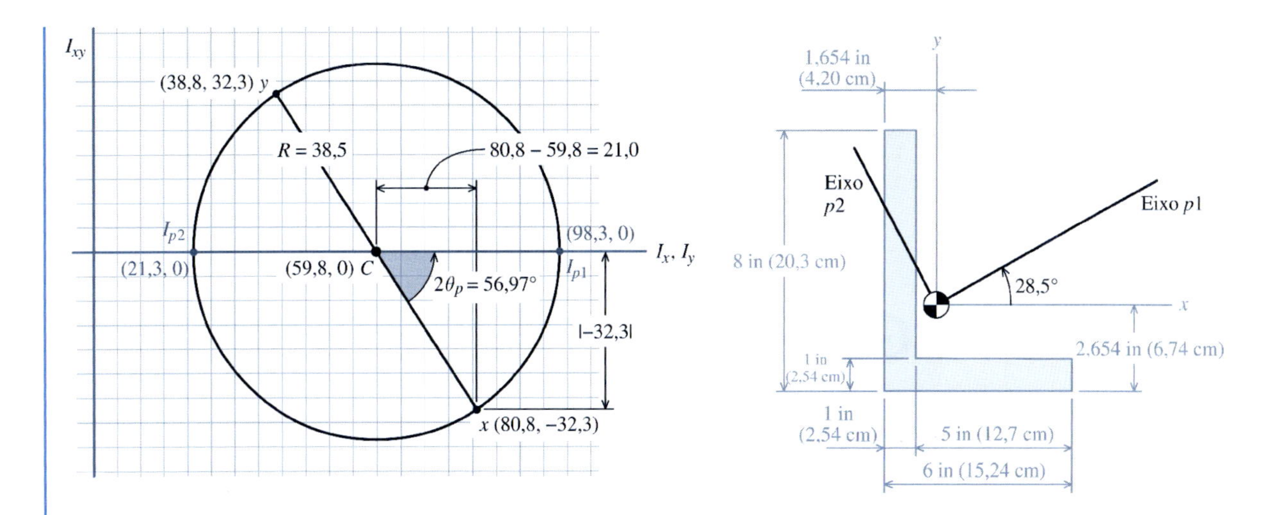

Os momentos de inércia principais são dados por

$$I_{p1} = C + R = 59{,}8 + 38{,}5 = 98{,}3 \qquad \text{e} \qquad I_{p2} = C - R = 59{,}8 - 38{,}5 = 21{,}3$$

A orientação dos eixos principais é encontrada pelo ângulo entre o raio que passa por x e o eixo horizontal:

$$\tan 2\theta_p = \frac{|-32{,}3|}{80{,}8 - 59{,}8} = 1{,}538095$$

$$\therefore 2\theta_p = 56{,}97°$$

Observe que é usado o valor absoluto no numerador porque apenas o valor absoluto de $2\theta_p$ é necessário aqui. Por inspeção do círculo de Mohr, fica evidente que o ângulo do ponto x até I_{p1} gira no sentido anti-horário.

Finalmente, os resultados obtidos do círculo de Mohr devem ser transportados de volta para a cantoneira real de abas desiguais. Como os ângulos encontrados no círculo de Mohr são duplos, o ângulo do eixo x até o eixo de máximo momento de inércia é $\theta_p = 28{,}5°$, girando no sentido anti-horário. O momento de inércia máximo para a cantoneira de abas ocorre em torno do eixo $p1$. O eixo do momento de inércia mínimo I_{p2} é perpendicular ao eixo $p1$.

B

PROPRIEDADES GEOMÉTRICAS DE PERFIS ESTRUTURAIS DE AÇO

Seções de Abas Largas ou Seções W — Unidades Usuais Americanas

Designação	Área A	Altura d	Espessura da alma t_w	Largura da aba b_f	Espessura da aba t_f	I_x	S_x	r_x	I_y	S_y	r_y
	in²	in	in	in	in	in⁴	in³	in	in⁴	in³	in
W24 × 94	27,7	24,3	0,515	9,07	0,875	2700	222	9,87	109	24,0	1,98
24 × 76	22,4	23,9	0,440	8,99	0,680	2100	176	9,69	82,5	18,4	1,92
24 × 68	20,1	23,7	0,415	8,97	0,585	1830	154	9,55	70,4	15,7	1,87
24 × 55	16,2	23,6	0,395	7,01	0,505	1350	114	9,11	29,1	8,30	1,34
W21 × 68	20,0	21,1	0,430	8,27	0,685	1480	140	8,60	64,7	15,7	1,80
21 × 62	18,3	21,0	0,400	8,24	0,615	1330	127	8,54	57,5	14,0	1,77
21 × 50	14,7	20,8	0,380	6,53	0,535	984	94,5	8,18	24,9	7,64	1,30
21 × 44	13,0	20,7	0,350	6,50	0,450	843	81,6	8,06	20,7	6,37	1,26
W18 × 55	16,2	18,1	0,390	7,53	0,630	890	98,3	7,41	44,9	11,9	1,67
18 × 50	14,7	18,0	0,355	7,50	0,570	800	88,9	7,38	40,1	10,7	1,65
18 × 40	11,8	17,9	0,315	6,02	0,525	612	68,4	7,21	19,1	6,35	1,27
18 × 35	10,3	17,7	0,300	6,00	0,425	510	57,6	7,04	15,3	5,12	1,22
W16 × 57	16,8	16,4	0,430	7,12	0,715	758	92,2	6,72	43,1	12,1	1,60
16 × 50	14,7	16,3	0,380	7,07	0,630	659	81,0	6,68	37,2	10,5	1,59
16 × 40	11,8	16,0	0,305	7,00	0,505	518	64,7	6,63	28,9	8,25	1,57
16 × 31	9,13	15,9	0,275	5,53	0,440	375	47,2	6,41	12,4	4,49	1,17
W14 × 68	20,0	14,0	0,415	10,0	0,720	722	103	6,01	121	24,2	2,46
14 × 53	15,6	13,9	0,370	8,06	0,660	541	77,8	5,89	57,7	14,3	1,92
14 × 48	14,1	13,8	0,340	8,03	0,595	484	70,2	5,85	51,4	12,8	1,91
14 × 34	10,0	14,0	0,285	6,75	0,455	340	48,6	5,83	23,3	6,91	1,53
14 × 30	8,85	13,8	0,270	6,73	0,385	291	42,0	5,73	19,6	5,82	1,49
14 × 26	7,69	13,9	0,255	5,03	0,420	245	35,3	5,65	8,91	3,55	1,08
14 × 22	6,49	13,7	0,230	5,00	0,335	199	29,0	5,54	7,00	2,80	1,04

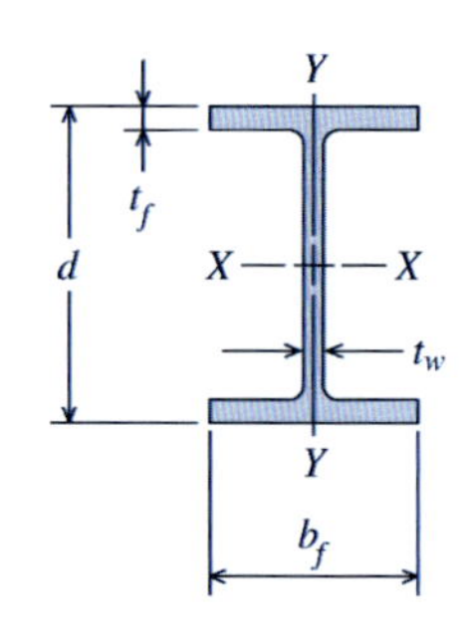

Designação	Área A	Altura d	Espessura da alma t_w	Largura da aba b_f	Espessura da aba t_f	I_x	S_x	r_x	I_y	S_y	r_y
	in^2	in	in	in	in	in^4	in^3	in	in^4	in^3	in
W12 × 58	17,0	12,2	0,360	10,0	0,640	475	78,0	5,28	107	21,4	2,51
12 × 50	14,6	12,2	0 370	8,08	0,640	391	64,2	5,18	56,3	13,9	1,96
12 × 40	11,7	11,9	0,295	8,01	0,515	307	51,5	5,13	44,1	11,0	1,94
12 × 30	8,79	12,3	0,260	6,52	0,440	238	38,6	5,21	20,3	6,24	1,52
12 × 26	7,65	12,2	0,230	6,49	0,380	204	33,4	5,17	17,3	5,34	1,51
12 × 22	6,48	12,3	0,260	4,03	0,425	156	25,4	4,91	4,66	2,31	0,848
12 × 14	4,16	11,9	0,200	3,97	0,225	86,6	14,9	4,62	2,36	1,19	0,753
W10 × 54	15,8	10,1	0,370	10,0	0,615	303	60,0	4,37	103	20,6	2,56
10 × 45	13,3	10,1	0,350	8,02	0,620	248	49,1	4,32	53,4	13,3	2,01
10 × 30	8,84	10,5	0,300	5,81	0,510	170	32,4	4,38	16,7	5,75	1,37
10 × 26	7,61	10,3	0,260	5,77	0,440	144	27,9	4,35	14,1	4,89	1,36
10 × 22	6,49	10,2	0,240	5,75	0,360	118	23,2	4,27	11,4	3,97	1,33
10 × 15	4,41	10,0	0,230	4,00	0,270	68,9	13,8	3,95	2,89	1,45	0,81
W8 × 48	14,1	8,50	0,400	8,11	0,685	184	43,2	3,61	60,9	15,0	2,08
8 × 40	11,7	8,25	0,360	8,07	0,560	146	35,5	3,53	49,1	12,2	2,04
8 × 31	9,12	8,00	0,285	8,00	0,435	110	27,5	3,47	37,1	9,27	2,02
8 × 24	7,08	7,93	0,245	6,50	0,400	82,7	20,9	3,42	18,3	5,63	1,61
8 × 15	4,44	8,11	0,245	4,01	0,315	48	11,8	3,29	3,41	1,70	0,876
W6 × 25	7,34	6,38	0,320	6,08	0,455	53,4	16,7	2,70	17,1	5,61	1,52
6 × 20	5,87	6,20	0,260	6,02	0,365	41,4	13,4	2,66	13,3	4,41	1,50
6 × 15	4,43	5,99	0,230	5,99	0,260	29,1	9,72	2,56	9,32	3,11	1,45
6 × 12	3,55	6,03	0,230	4,00	0,280	22,1	7,31	2,49	2,99	1,50	0,918

Seções de Abas Largas ou Seções W — Unidades do SI

Designação	Área A	Altura d	Espessura da alma t_w	Largura da aba b_f	Espessura da aba t_f	I_x	S_x	r_x	I_y	S_y	r_y
	mm^2	mm	mm	mm	mm	10^6 mm^4	10^3 mm^3	mm	10^6 mm^4	10^3 mm^3	mm
W610 × 140	17900	617	13,1	230	22,2	1120	3640	251	45,4	393	50,3
610 × 113	14500	607	11,2	228	17,3	874	2880	246	34,3	302	48,8
610 × 101	13000	602	10,5	228	14,9	762	2520	243	29,3	257	47,5
610 × 82	10500	599	10,0	178	12,8	562	1870	231	12,1	136	34,0
W530 × 101	12900	536	10,9	210	17,4	616	2290	218	26,9	257	45,7
530 × 92	11800	533	10,2	209	15,6	554	2080	217	23,9	229	45,0
530 × 74	9480	528	9,65	166	13,6	410	1550	208	10,4	125	33,0
530 × 66	8390	526	8,89	165	11,4	351	1340	205	8,62	104	32,0
W460 × 82	10500	460	9,91	191	16,0	370	1610	188	18,7	195	42,4
460 × 74	9480	457	9,02	191	14,5	333	1460	187	16,7	175	41,9
460 × 60	7610	455	8,00	153	13,3	255	1120	183	7,95	104	32,3
460 × 52	6650	450	7,62	152	10,8	212	944	179	6,37	83,9	31,0
W410 × 85	10800	417	10,9	181	18,2	316	1510	171	17,9	198	40,6
410 × 75	9480	414	9,65	180	16,0	274	1330	170	15,5	172	40,4
410 × 60	7610	406	7,75	178	12,8	216	1060	168	12,0	135	39,9
410 × 46,1	5890	404	6,99	140	11,2	156	773	163	5,16	73,6	29,7
W360 × 101	12900	356	10,5	254	18,3	301	1690	153	50,4	397	62,5
360 × 79	10100	353	9,40	205	16,8	225	1270	150	24,0	234	48,8
360 × 72	9100	351	8,64	204	15,1	201	1150	149	21,4	210	48,5
360 × 51	6450	356	7,24	171	11,6	142	796	148	9,70	113	38,9
360 × 44	5710	351	6,86	171	9,78	121	688	146	8,16	95,4	37,8
360 × 39	4960	353	6,48	128	10,7	102	578	144	3,71	58,2	27,4
360 × 32,9	4190	348	5,84	127	8,51	82,8	475	141	2,91	45,9	26,4

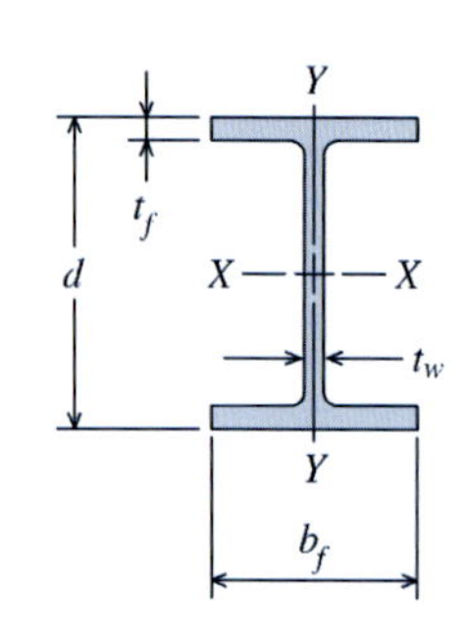

Designação	Área A	Altura d	Espessura da alma t_w	Largura da aba b_f	Espessura da aba t_f	I_x	S_x	r_x	I_y	S_y	r_y
	mm^2	mm	mm	mm	mm	10^6 mm^4	10^3 mm^3	mm	10^6 mm^4	10^3 mm^3	mm
W310 × 86	11000	310	9,14	254	16,3	198	1280	134	44,5	351	63,8
310 × 74	9420	310	9,40	205	16,3	163	1050	132	23,4	228	49,8
310 × 60	7550	302	7,49	203	13,1	128	844	130	18,4	180	49,3
310 × 44,5	5670	312	6,60	166	11,2	99,1	633	132	8,45	102	38,6
310 × 38,7	4940	310	5,84	165	9,65	84,9	547	131	7,20	87,5	38,4
310 × 32,7	4180	312	6,60	102	10,8	64,9	416	125	1,94	37,9	21,5
310 × 21	2680	302	5,08	101	5,72	36,9	244	117	0,982	19,5	19,1
W250 × 80	10200	257	9,40	254	15,6	126	983	111	42,9	338	65,0
250 × 67	8580	257	8,89	204	15,7	103	805	110	22,2	218	51,1
250 × 44,8	5700	267	7,62	148	13,0	70,8	531	111	6,95	94,2	34,8
250 × 38,5	4910	262	6,60	147	11,2	59,9	457	110	5,87	80,1	34,5
250 × 32,7	4190	259	6,10	146	9,14	49,1	380	108	4,75	65,1	33,8
250 × 22,3	2850	254	5,84	102	6,86	28,7	226	100	1,20	23,8	20,6
W200 × 71	9100	216	10,2	206	17,4	76,6	708	91,7	25,3	246	52,8
200 × 59	7550	210	9,14	205	14,2	60,8	582	89,7	20,4	200	51,8
200 × 46,1	5880	203	7,24	203	11,0	45,8	451	88,1	15,4	152	51,3
200 × 35,9	4570	201	6,22	165	10,2	34,4	342	86,9	7,62	92,3	40,9
200 × 22,5	2860	206	6,22	102	8,00	20	193	83,6	1,42	27,9	22,3
W150 × 37,1	4740	162	8,13	154	11,6	22,2	274	68,6	7,12	91,9	38,6
150 × 29,8	3790	157	6,60	153	9,27	17,2	220	67,6	5,54	72,3	38,1
150 × 22,5	2860	152	5,84	152	6,60	12,1	159	65,0	3,88	51,0	36,8
150 × 18	2290	153	5,84	102	7,11	9,2	120	63,2	1,24	24,6	23,3

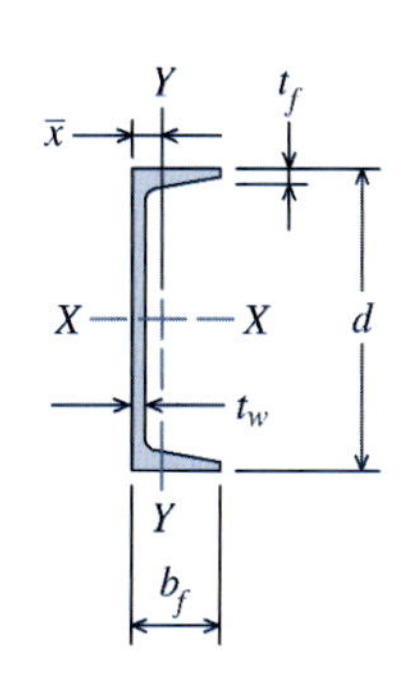

Perfis C ou Perfis Canal Padrão Americano — Unidades Usuais Americanas

Designação	Área A	Altura d	Espessura da alma t_w	Largura da aba b_f	Espessura da aba t_f	Centro de gravidade $\bar{x}$	I_x	S_x	r_x	I_y	S_y	r_y
	in^2	in	in	in	in	in	in^4	in^3	in	in^4	in^3	in
C15 × 50	14,7	15	0,716	3,72	0,650	0,799	404	53,8	5,24	11,0	3,77	0,865
15 × 40	11,8	15	0,520	3,52	0,650	0,778	348	46,5	5,45	9,17	3,34	0,883
15 × 33,9	10,0	15	0,400	3,40	0,650	0,788	315	42,0	5,62	8,07	3,09	0,901
C12 × 30	8,81	12	0,510	3,17	0,501	0,674	162	27,0	4,29	5,12	2,05	0,762
12 × 25	7,34	12	0,387	3,05	0,501	0,674	144	24,0	4,43	4,45	1,87	0,779
12 × 20,7	6,08	12	0,282	2,94	0,501	0,698	129	21,5	4,61	3,86	1,72	0,797
C10 × 30	8,81	10	0,673	3,03	0,436	0,649	103	20,7	3,42	3,93	1,65	0,668
10 × 25	7,34	10	0,526	2,89	0,436	0,617	91,1	18,2	3,52	3,34	1,47	0,675
10 × 20	5,87	10	0,379	2,74	0,436	0,606	78,9	15,8	3,66	2,80	1,31	0,690
10 × 15,3	4,48	10	0,240	2,60	0,436	0,634	67,3	13,5	3,87	2,27	1,15	0,711
C9 × 20	5,87	9	0,448	2,65	0,413	0,583	60,9	13,5	3,22	2,41	1,17	0,640
9 × 15	4,41	9	0,285	2,49	0,413	0,586	51,0	11,3	3,40	1,91	1,01	0,659
9 × 13,4	3,94	9	0,233	2,43	0,413	0,601	47,8	10,6	3,49	1,75	0,954	0,666
C8 × 18,7	5,51	8	0,487	2,53	0,390	0,565	43,9	11,0	2,82	1,97	1,01	0,598
8 × 13,7	4,04	8	0,303	2,34	0,390	0,554	36,1	9,02	2,99	1,52	0,848	0,613
8 × 11,5	3,37	8	0,220	2,26	0,390	0,572	32,5	8,14	3,11	1,31	0,775	0,623
C7 × 14,7	4,33	7	0,419	2,30	0,366	0,532	27,2	7,78	2,51	1,37	0,772	0,561
7 × 12,2	3,6	7	0,314	2,19	0,366	0,525	24,2	6,92	2,60	1,16	0,696	0,568
7 × 9,8	2,87	7	0,210	2,09	0,366	0,541	21,2	6,07	2,72	0,957	0,617	0,578
C6 × 13	3,81	6	0,437	2,16	0,343	0,514	17,3	5,78	2,13	1,05	0,638	0,524
6 × 10,5	3,08	6	0,314	2,03	0,343	0,500	15,1	5,04	2,22	0,86	0,561	0,529

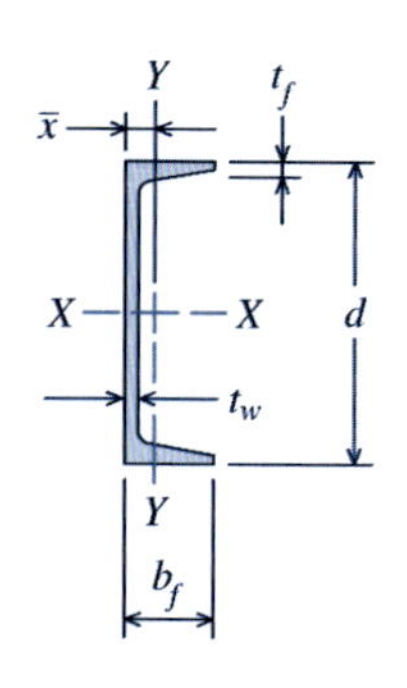

Perfis C ou Perfis Canal Padrão Americano — Unidades do SI

Designação	Área A	Altura d	Espessura da alma t_w	Largura da aba b_f	Espessura da aba t_f	Centro de gravidade $\bar{x}$	I_x	S_x	r_x	I_y	S_y	r_y
	mm^2	mm	mm	mm	mm	mm	10^6 mm^4	10^3 mm^3	mm	10^6 mm^4	10^3 mm^3	mm
C380 × 74	9480	381	18,2	94,5	16,5	20,3	168	882	133	4,58	61,8	22,0
380 × 60	7610	381	13,2	89,4	16,5	19,8	145	762	138	3,82	54,7	22,4
380 × 50,4	6450	381	10,2	86,4	16,5	20,0	131	688	143	3,36	50,6	22,9
C310 × 45	5680	305	13,0	80,5	12,7	17,1	67,4	442	109	2,13	33,6	19,4
310 × 37	4740	305	9,83	77,5	12,7	17,1	59,9	393	113	1,85	30,6	19,8
310 × 30,8	3920	305	7,16	74,7	12,7	17,7	53,7	352	117	1,61	28,2	20,2
C250 × 45	5680	254	17,1	77,0	11,1	16,5	42,9	339	86,9	1,64	27,0	17,0
250 × 37	4740	254	13,4	73,4	11,1	15,7	37,9	298	89,4	1,39	24,1	17,1
250 × 30	3790	254	9,63	69,6	11,1	15,4	32,8	259	93,0	1,17	21,5	17,5
250 × 22,8	2890	254	6,10	66,0	11,1	16,1	28,0	221	98,3	0,945	18,8	18,1
C230 × 30	3790	229	11,4	67,3	10,5	14,8	25,3	221	81,8	1,00	19,2	16,3
230 × 22	2850	229	7,24	63,2	10,5	14,9	21,2	185	86,4	0,795	16,6	16,7
230 × 19,9	2540	229	5,92	61,7	10,5	15,3	19,9	174	88,6	0,728	15,6	16,9
C200 × 27,9	3550	203	12,4	64,3	9,91	14,4	18,3	180	71,6	0,820	16,6	15,2
200 × 20,5	2610	203	7,70	59,4	9,91	14,1	15,0	148	75,9	0,633	13,9	15,6
200 × 17,1	2170	203	5,59	57,4	9,91	14,5	13,5	133	79,0	0,545	12,7	15,8
C180 × 22	2790	178	10,6	58,4	9,30	13,5	11,3	127	63,8	0,570	12,7	14,2
180 × 18,2	2320	178	7,98	55,6	9,30	13,3	10,1	113	66,0	0,483	11,4	14,4
180 × 14,6	1850	178	5,33	53,1	9,30	13,7	8,82	100	69,1	0,398	10,1	14,7
C150 × 19,3	2460	152	11,1	54,9	8,71	13,1	7,20	94,7	54,1	0,437	10,5	13,3
150 × 15,6	1990	152	7,98	51,6	8,71	12,7	6,29	82,6	56,4	0,358	9,19	13,4

Perfis Originados de Seções de Abas Largas ou Perfis WT

Designação	Área A	Altura d	Espessura da alma t_w	Largura da aba b_f	Espessura da aba t_f	Centro de gravidade $\bar{y}$	I_x	S_x	r_x	I_y	S_y	r_y
	in^2	in	in	in	in	in	in^4	in^3	in	in^4	in^3	in
WT12 × 47	13,8	12,2	0,515	9,07	0,875	2,99	186	20,3	3,67	54,5	12,0	1,98
12 × 38	11,2	12,0	0,440	8,99	0,680	3,00	151	16,9	3,68	41,3	9,18	1,92
12 × 34	10,0	11,9	0,415	8,97	0,585	3,06	137	15,6	3,70	35,2	7,85	1,87
12 × 27,5	8,10	11,8	0,395	7,01	0,505	3,50	117	14,1	3,80	14,5	4,15	1,34
WT10,5 × 34	10,0	10,6	0,430	8,27	0,685	2,59	103	12,9	3,20	32,4	7,83	1,80
10,5 × 31	9,13	10,5	0,400	8,24	0,615	2,58	93,8	11,9	3,21	28,7	6,97	1,77
10,5 × 25	7,36	10,4	0,380	6,53	0,535	2,93	80,3	10,7	3,30	12,5	3,82	1,30
10,5 × 22	6,49	10,3	0,350	6,50	0,450	2,98	71,1	9,68	3,31	10,3	3,18	1,26
WT9 × 27,5	8,10	9,06	0,390	7,53	0,630	2,16	59,5	8,63	2,71	22,5	5,97	1,67
9 × 25	7,33	9,00	0,355	7,50	0,570	2,12	53,5	7,79	2,70	20,0	5,35	1,65
9 × 20	5,88	8,95	0,315	6,02	0,525	2,29	44,8	6,73	2,76	9,55	3,17	1,27
9 × 17,5	5,15	8,85	0,300	6,00	0,425	2,39	40,1	6,21	2,79	7,67	2,56	1,22
WT8 × 28,5	8,39	8,22	0,430	7,12	0,715	1,94	48,7	7,77	2,41	21,6	6,06	1,60
8 × 25	7,37	8,13	0,380	7,07	0,630	1,89	42,3	6,78	2,40	18,6	5,26	1,59
8 × 20	5,89	8,01	0,305	7,00	0,505	1,81	33,1	5,35	2,37	14,4	4,12	1,56
8 × 15,5	4,56	7,94	0,275	5,53	0,440	2,02	27,5	4,64	2,45	6,2	2,24	1,17

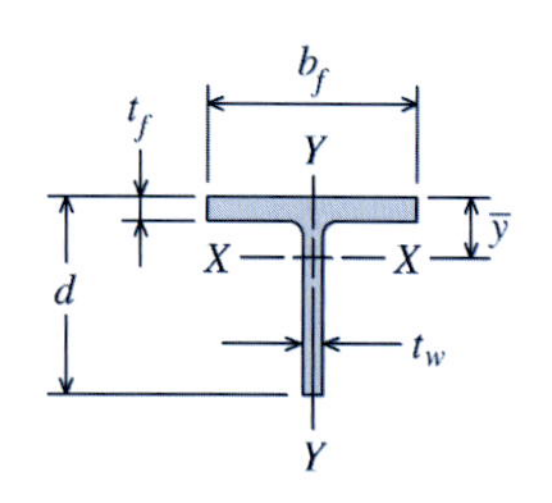

Designação	Área A	Altura d	Espessura da alma t_w	Largura da aba b_f	Espessura da aba t_f	Centro de gravidade $\bar{y}$	I_x	S_x	r_x	I_y	S_y	r_y
	mm^2	mm	mm	mm	mm	mm	10^6 mm^4	10^3 mm^3	mm	10^6 mm^4	10^3 mm^3	mm
WT305 × 70	8900	310	13,1	230	22,2	75,9	77,4	333	93,2	22,7	197	50,3
305 × 56,5	7230	305	11,2	228	17,3	76,2	62,9	277	93,5	17,2	150	48,8
305 × 50,5	6450	302	10,5	228	14,9	77,7	57,0	256	94,0	14,7	129	47,5
305 × 41	5230	300	10,0	178	12,8	88,9	48,7	231	96,5	6,04	68,0	34,0
WT265 × 50,5	6450	269	10,9	210	17,4	65,8	42,9	211	81,3	13,5	128	45,7
265 × 46	5890	267	10,2	209	15,6	65,5	39,0	195	81,5	11,9	114	45,0
265 × 37	4750	264	9,65	166	13,6	74,4	33,4	175	83,8	5,20	62,6	33,0
265 × 33	4190	262	8,89	165	11,4	75,7	29,6	159	84,1	4,29	52,1	32,0
WT230 × 41	5230	230	9,91	191	16,0	54,9	24,8	141	68,8	9,37	97,8	42,4
230 × 37	4730	229	9,02	191	14,5	53,8	22,3	128	68,6	8,32	87,7	41,9
230 × 30	3790	227	8,00	153	13,3	58,2	18,6	110	70,1	3,98	51,9	32,3
230 × 26	3320	225	7,62	152	10,8	60,7	16,7	102	70,9	3,19	42,0	31,0
WT205 × 42,5	5410	209	10,9	181	18,2	49,3	20,3	127	61,2	8,99	99,3	40,6
205 × 37,5	4750	207	9,65	180	16,0	48,0	17,6	111	61,0	7,74	86,2	40,4
205 × 30	3800	203	7,75	178	12,8	46,0	13,8	87,7	60,2	5,99	67,5	39,6
205 × 23,05	2940	202	6,99	140	11,2	51,3	11,4	76,0	62,2	2,58	36,7	29,7

Seções Estruturais Ocas ou Perfis HSS

Designação	Altura d	Largura b	Espessura da parede (nom.) t	Peso por pé	Área A	I_x	S_x	r_x	I_y	S_y	r_y
	in	in	in	lb/ft	in²	in⁴	in³	in	in⁴	in³	in
HSS12 × 8 × 1/2	12	8	0,5	62,3	17,2	333	55,6	4,41	178	44,4	3,21
× 8 × 3/8	12	8	0,375	47,8	13,2	262	43,7	4,47	140	35,1	3,27
× 6 × 1/2	12	6	0,5	55,5	15,3	271	45,2	4,21	91,1	30,4	2,44
× 6 × 3/8	12	6	0,375	42,7	11,8	215	35,9	4,28	72,9	24,3	2,49
HSS10 × 6 × 1/2	10	6	0,5	48,7	13,5	171	34,3	3,57	76,8	25,6	2,39
× 6 × 3/8	10	6	0,375	37,6	10,4	137	27,4	3,63	61,8	20,6	2,44
× 4 × 1/2	10	4	0,5	41,9	11,6	129	25,8	3,34	29,5	14,7	1,59
× 4 × 3/8	10	4	0,375	32,5	8,97	104	20,8	3,41	24,3	12,1	1,64
HSS8 × 4 × 1/2	8	4	0,5	35,1	9,74	71,8	17,9	2,71	23,6	11,8	1,56
× 4 × 3/8	8	4	0,375	27,4	7,58	58,7	14,7	2,78	19,6	9,80	1,61
× 4 × 1/4	8	4	0,25	19,0	5,24	42,5	10,6	2,85	14,4	7,21	1,66
× 4 × 1/8	8	4	0,125	9,85	2,70	22,9	5,73	2,92	7,90	3,95	1,71
HSS6 × 4 × 3/8	6	4	0,375	22,3	6,18	28,3	9,43	2,14	14,9	7,47	1,55
× 4 × 1/4	6	4	0,25	15,6	4,30	20,9	6,96	2,20	11,1	5,56	1,61
× 4 × 1/8	6	4	0,125	8,15	2,23	11,4	3,81	2,26	6,15	3,08	1,66
× 3 × 3/8	6	3	0,375	19,7	5,48	22,7	7,57	2,04	7,48	4,99	1,17
× 3 × 1/4	6	3	0,25	13,9	3,84	17,0	5,66	2,10	5,70	3,80	1,22
× 3 × 1/8	6	3	0,125	7,30	2,00	9,43	3,14	2,17	3,23	2,15	1,27

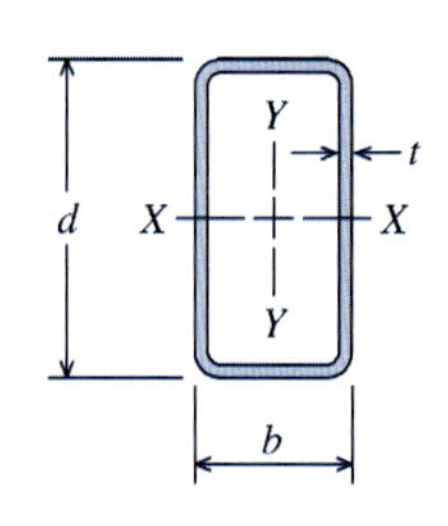

Designação	Altura d	Largura b	Espessura da parede (nom.) t	Massa por metro	Área A	I_x	S_x	r_x	I_y	S_y	r_y
	mm	mm	mm	kg/m	mm^2	10^6 mm^4	10^3 mm^3	mm	10^6 mm^4	10^3 mm^3	mm
HSS304,8 × 203,2 × 12,7	304,8	203,2	12,7	137	11100	139	911	112	74,1	728	81,5
× 203,2 × 9,5	304,8	203,2	9,53	105	8520	109	716	114	58,3	575	83,1
× 152,4 × 12,7	304,8	152,4	12,7	122	9870	113	741	107	37,9	498	62,0
× 152,4 × 9,5	304,8	152,4	9,53	94,2	7610	89,5	588	109	30,3	398	63,2
HSS254 × 152,4 × 12,7	254	152,4	12,7	107	8710	71,2	562	90,7	32,0	420	60,7
× 152,4 × 9,5	254	152,4	9,53	82,9	6710	57,0	449	92,2	25,7	338	62,0
× 101,6 × 12,7	254	101,6	12,7	92,4	7480	53,7	423	84,8	12,3	241	40,4
× 101,6 × 9,5	254	101,6	9,53	71,7	5790	43,3	341	86,6	10,1	198	41,7
HSS203,2 × 101,6 × 12,7	203,2	101,6	12,7	77,4	6280	29,9	293	68,8	9,82	193	39,6
× 101,6 × 9,5	203,2	101,6	9,53	60,4	4890	24,4	241	70,6	8,16	161	40,9
× 101,6 × 6,4	203,2	101,6	6,35	41,9	3380	17,7	174	72,4	5,99	118	42,2
× 101,6 × 3,2	203,2	101,6	3,18	21,7	1740	9,53	93,9	74,2	3,29	64,7	43,4
HSS152,4 × 101,6 × 9,5	152,4	101,6	9,53	49,2	3990	11,8	155	54,4	6,20	122	39,4
× 101,6 × 6,4	152,4	101,6	6,35	34,4	2770	8,70	114	55,9	4,62	91,1	40,9
× 101,6 × 3,2	152,4	101,6	3,18	18,0	1440	4,75	62,4	57,4	2,56	50,5	42,2
× 76,2 × 9,5	152,4	76,2	9,53	43,5	3540	9,45	124	51,8	3,11	81,8	29,7
× 76,2 × 6,4	152,4	76,2	6,35	30,6	2480	7,08	92,8	53,3	2,37	62,3	31,0
× 76,2 × 3,2	152,4	76,2	3,18	16,1	1290	3,93	51,5	55,1	1,34	35,2	32,3

Cantoneiras ou Perfis L

Designação	Peso por pé	Área A	I_x	S_x	r_x	y	I_y	S_y	r_y	x	r_z	tan α
	lb/ft	in^2	in^4	in^3	in	in	in^4	in^3	in	in	in	
L5 × 5 × 3/4	23,6	6,94	15,7	4,52	1,50	1,52	15,7	4,52	1,50	1,52	0,972	1,00
× 5 × 1/2	16,2	4,75	11,3	3,15	1,53	1,42	11,3	3,15	1,53	1,42	0,980	1,00
× 5 × 3/8	12,3	3,61	8,76	2,41	1,55	1,37	8,76	2,41	1,55	1,37	0,986	1,00
L5 × 3 × 1/2	12,8	3,75	9,43	2,89	1,58	1,74	2,55	1,13	0,824	0,746	0,642	0,357
× 3 × 3/8	9,80	2,86	7,35	2,22	1,60	1,69	2,01	0,874	0,838	0,698	0,646	0,364
× 3 × 1/4	6,60	1,94	5,09	1,51	1,62	1,64	1,41	0,600	0,853	0,648	0,652	0,371
L4 × 4 × 1/2	12,8	3,75	5,52	1,96	1,21	1,18	5,52	1,96	1,21	1,18	0,776	1,00
× 4 × 3/8	9,80	2,86	4,32	1,50	1,23	1,13	4,32	1,50	1,23	1,13	0,779	1,00
× 4 × 1/4	6,60	1,94	3,00	1,03	1,25	1,08	3,00	1,03	1,25	1,08	0,783	1,00
L4 × 3 × 5/8	13,6	3,89	6,01	2,28	1,23	1,37	2,85	1,34	0,845	0,867	0,631	0,534
× 3 × 3/8	8,50	2,48	3,94	1,44	1,26	1,27	1,89	0,851	0,873	0,775	0,636	0,551
× 3 × 1/4	5,80	1,69	2,75	0,988	1,27	1,22	1,33	0,585	0,887	0,725	0,639	0,558
L3 × 3 × 1/2	9,40	2,75	2,20	1,06	0,895	0,929	2,20	1,06	0,895	0,929	0,580	1,00
× 3 × 3/8	7,20	2,11	1,75	0,825	0,910	0,884	1,75	0,825	0,910	0,884	0,581	1,00
× 3 × 1/4	4,90	1,44	1,23	0,569	0,926	0,836	1,23	0,569	0,926	0,836	0,585	1,00
L3 × 2 × 1/2	7,70	2,25	1,92	1,00	0,922	1,08	0,667	0,470	0,543	0,580	0,425	0,413
× 2 × 3/8	5,90	1,73	1,54	0,779	0,937	1,03	0,539	0,368	0,555	0,535	0,426	0,426
× 2 × 1/4	4,10	1,19	1,09	0,541	0,953	0,980	0,390	0,258	0,569	0,487	0,431	0,437

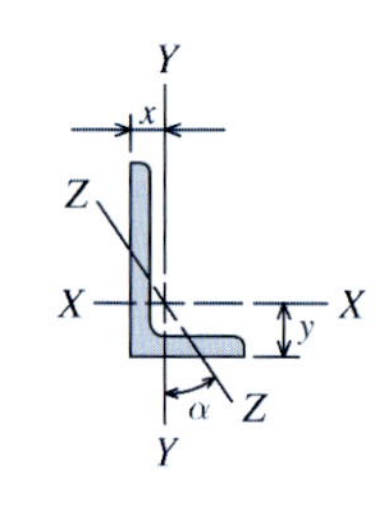

Designação	Massa por metro	Área A	I_x	S_x	r_x	y	I_y	S_y	r_y	x	r_z	tan α
	kg/m	mm^2	10^6 mm^4	10^3 mm^3	mm	mm	10^6 mm^4	10^3 mm^3	mm	mm	mm	
L127 × 127 × 19	35,1	4480	6,53	74,1	38,1	38,6	6,53	74,1	38,1	38,6	24,7	1,00
× 127 × 12,7	24,1	3060	4,70	51,6	38,9	36,1	4,70	51,6	38,9	36,1	24,9	1,00
× 127 × 9,5	18,3	2330	3,65	39,5	39,4	34,8	3,65	39,5	39,4	34,8	25,0	1,00
L127 × 76 × 12,7	19,0	2420	3,93	47,4	40,1	44,2	1,06	18,5	20,9	18,9	16,3	0,357
× 76 × 9,5	14,5	1850	3,06	36,4	40,6	42,9	0,837	14,3	21,3	17,7	16,4	0,364
× 76 × 6,4	9,80	1250	2,12	24,7	41,1	41,7	0,587	9,83	21,7	16,5	16,6	0,371
L102 × 102 × 12,7	19,0	2420	2,30	32,1	30,7	30,0	2,30	32,1	30,7	30,0	19,7	1,00
× 102 × 9,5	14,6	1850	1,80	24,6	31,2	28,7	1,80	24,6	31,2	28,7	19,8	1,00
× 102 × 6,4	9,80	1250	1,25	16,9	31,8	27,4	1,25	16,9	31,8	27,4	19,9	1,00
L102 × 76 × 15,9	20,2	2510	2,50	37,4	31,2	34,8	1,19	22,0	21,5	22,0	16,0	0,534
× 76 × 9,5	12,6	1600	1,64	23,6	32,0	32,3	0,787	13,9	22,2	19,7	16,2	0,551
× 76 × 6,4	8,60	1090	1,14	16,2	32,3	31,0	0,554	9,59	22,5	18,4	16,2	0,558
L76 × 76 × 12,7	14,0	1770	0,916	17,4	22,7	23,6	0,916	17,4	22,7	23,6	14,7	1,00
× 76 × 9,5	10,7	1360	0,728	13,5	23,1	22,5	0,728	13,5	23,1	22,5	14,8	1,00
× 76 × 6,4	7,30	929	0,512	9,32	23,5	21,2	0,512	9,32	23,5	21,2	14,9	1,00
L76 × 51 × 12,7	11,5	1450	0,799	16,4	23,4	27,4	0,278	7,70	13,8	14,7	10,8	0,413
× 51 × 9,5	8,80	1120	0,641	12,8	23,8	26,2	0,224	6,03	14,1	13,6	10,8	0,426
× 51 × 6,4	6,10	768	0,454	8,87	24,2	24,9	0,162	4,23	14,5	12,4	10,9	0,437

C

TABELA DE INCLINAÇÕES E DESLOCAMENTOS TRANSVERSAIS EM VIGAS

Vigas Simplesmente Apoiadas

Viga	Inclinação	Deslocamento Transversal	Curva Elástica
v, P, x, θ_1, θ_2, $v_{máx}$, $\frac{L}{2}$, $\frac{L}{2}$	$\theta_1 = -\theta_2 = -\dfrac{PL^2}{16EI}$	$v_{máx} = -\dfrac{PL^3}{48EI}$	$v = -\dfrac{Px}{48EI}(3L^2 - 4x^2)$ para $0 \le x \le \dfrac{L}{2}$
v, P, x, θ_1, θ_2, a, b, L	$\theta_1 = -\dfrac{Pb(L^2 - b^2)}{6LEI}$ $\theta_2 = +\dfrac{Pa(L^2 - a^2)}{6LEI}$	$v = -\dfrac{Pab}{6LEI}(L^2 - a^2 - b^2)$ em $x = a$	$v = -\dfrac{Pbx}{6LEI}(L^2 - b^2 - x^2)$ para $0 \le x \le a$
v, M, x, θ_1, θ_2, L	$\theta_1 = -\dfrac{ML}{3EI}$ $\theta_2 = +\dfrac{ML}{6EI}$	$v_{máx} = -\dfrac{ML^2}{9\sqrt{3}EI}$ em $x = L\left(1 - \dfrac{\sqrt{3}}{3}\right)$	$v = -\dfrac{Mx}{6LEI}(2L^2 - 3Lx + x^2)$
v, w, x, θ_1, θ_2, $v_{máx}$, $\frac{L}{2}$, $\frac{L}{2}$	$\theta_1 = -\theta_2 = -\dfrac{wL^3}{24EI}$	$v_{máx} = -\dfrac{5wL^4}{384EI}$	$v = -\dfrac{wx}{24EI}(L^3 - 2Lx^2 + x^3)$
v, w, x, θ_1, θ_2, a, L	$\theta_1 = -\dfrac{wa^2}{24LEI}(2L - a)^2$ $\theta_2 = +\dfrac{wa^2}{24LEI}(2L^2 - a^2)$	$v = -\dfrac{wa^3}{24LEI}(4L^2 - 7aL + 3a^2)$ em $x = a$	$v = -\dfrac{wx}{24LEI}(Lx^3 - 4aLx^2 + 2a^2x^2 + 4a^2L^2 - 4a^3L + a^4)$ para $0 \le x \le a$ $v = -\dfrac{wa^2}{24LEI}(2x^3 - 6Lx^2 + a^2x + 4L^2x - a^2L)$ para $a \le x \le L$
v, w_0, x, θ_1, θ_2, L	$\theta_1 = -\dfrac{7w_0L^3}{360EI}$ $\theta_2 = +\dfrac{w_0L^3}{45EI}$	$v_{máx} = -0{,}00652\dfrac{w_0L^4}{EI}$ em $x = 0{,}5193L$	$v = -\dfrac{w_0x}{360LEI}(7L^4 - 10L^2x^2 + 3x^4)$

Vigas Engastadas

Viga	Inclinação	Deslocamento Transversal	Curva Elástica
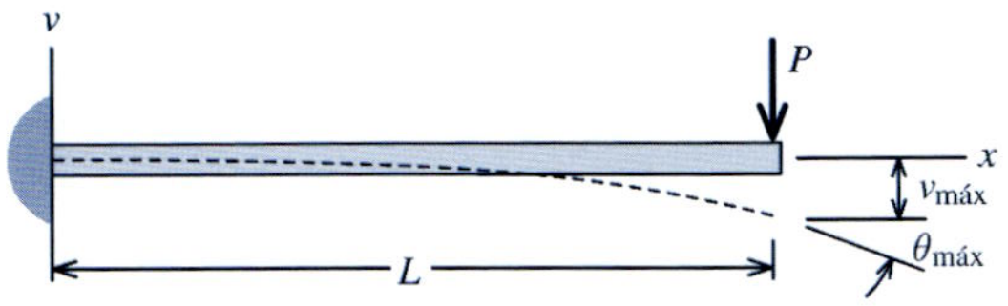	$\theta_{máx} = -\dfrac{PL^2}{2EI}$	$v_{máx} = -\dfrac{PL^3}{3EI}$	$v = -\dfrac{Px^2}{6EI}(3L - x)$
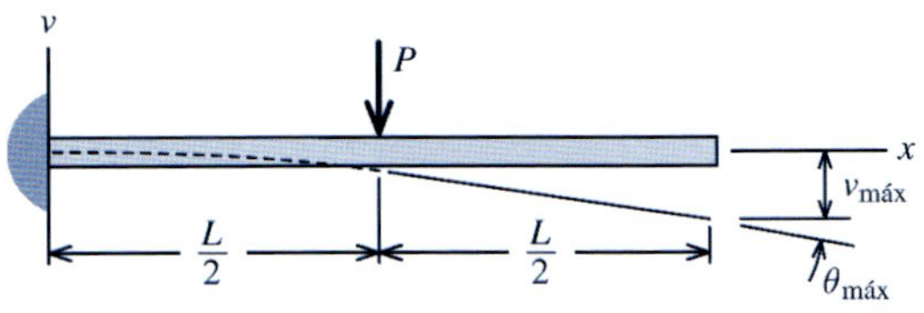	$\theta_{máx} = -\dfrac{PL^2}{8EI}$	$v_{máx} = -\dfrac{5PL^3}{48EI}$	$v = -\dfrac{Px^2}{12EI}(3L - 2x) \quad \text{para } 0 \le x \le \dfrac{L}{2}$ $v = -\dfrac{PL^2}{48EI}(6x - L) \quad \text{para } \dfrac{L}{2} \le x \le L$
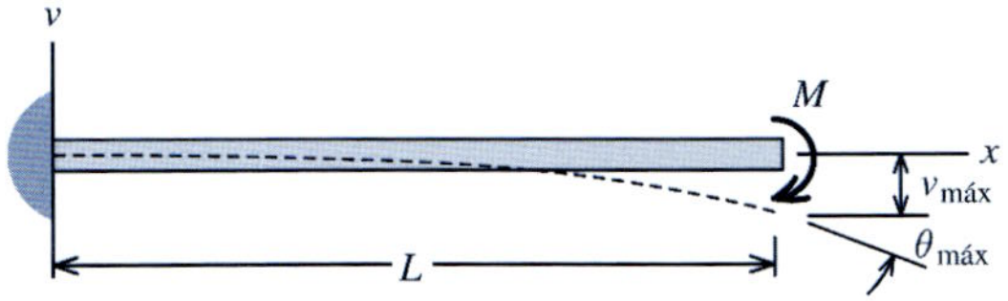	$\theta_{máx} = -\dfrac{ML}{EI}$	$v_{máx} = -\dfrac{ML^2}{2EI}$	$v = -\dfrac{Mx^2}{2EI}$
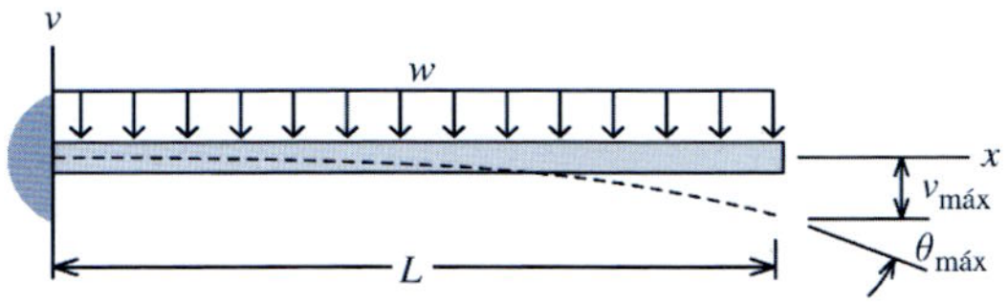	$\theta_{máx} = -\dfrac{wL^3}{6EI}$	$v_{máx} = -\dfrac{wL^4}{8EI}$	$v = -\dfrac{wx^2}{24EI}(6L^2 - 4Lx + x^2)$
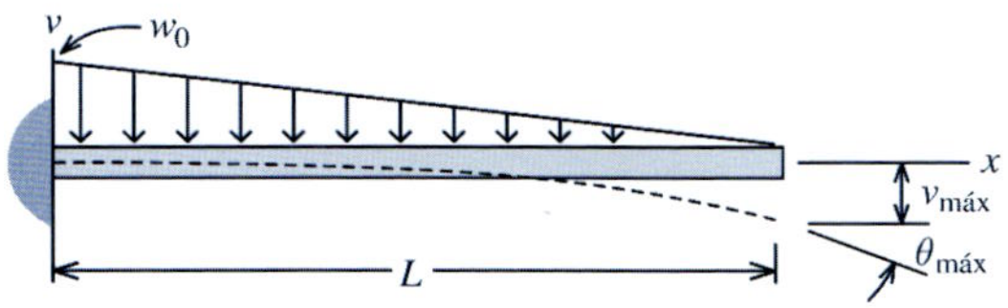	$\theta_{máx} = -\dfrac{w_0L^3}{24EI}$	$v_{máx} = -\dfrac{w_0L^4}{30EI}$	$v = -\dfrac{w_0x^2}{120LEI}(10L^3 - 10L^2x + 5Lx^2 - x^3)$

D

PROPRIEDADES MÉDIAS DE MATERIAIS SELECIONADOS

As propriedades mecânicas de materiais metálicos empregados em engenharia variam significativamente em consequência do trabalho mecânico, do tratamento térmico, da composição química e de vários outros fatores. Os valores apresentados nas Tabelas D.1*a* e D.1*b* devem ser considerados *valores representativos* apenas com a finalidade educacional. Aplicações comerciais de projeto devem se basear em valores apropriados para os materiais em particular e para seus usos específicos em vez de nos valores médios apresentados aqui.

Tabela D.1*a* Propriedades Médias de Materiais Selecionados — Unidades Usuais Americanas

Materiais	Peso específico (lb/ft³)	Limite de escoamento (ksi)[a,b]	Resistência à ruptura (ksi)[a]	Módulo de elasticidade longitudinal (1.000 ksi)	Módulo de elasticidade transversal (1.000 ksi)	Coeficiente de Poisson	Alongamento percentual em relação ao comprimento de 2 in do extensômetro	Coeficiente de dilatação térmica (10^{-6}/°F)
Ligas de Alumínio								
Liga 2014-T4 (A92014)	175	42	62	10,6	4	0,33	20	12,8
Liga 6061-T6 (A96061)	170	40	45	10	3,8	0,33	17	13,1
Latão								
Latão Vermelho C23000	550	18	44	16,7	6,4	0,307	45	10,4
Latão Vermelho C83600	550	17	37	12	4,5	0,33	30	10,0
Bronze								
Bronze C86100	490	48	95	15,2	6,5	0,34	20	12,2
Bronze C95400 TQ50	465	45	90	16	6	0,316	8	9,0
Ferro Fundido								
Cinza, ASTM A48 Classe 20	450		20	12,2	5	0,22	<1	5,0
Maleável, ASTM A47 45008	450	45	65	26	10,2	0,27	8	6,7
Aço								
Estrutural, ASTM-A36	490	36	58	29	11,5	0,26	21	6,5
AISI 1020, Laminado a frio	490	62	90	30	11,6	0,29	15	6,5
SAE 4340, Tratado termicamente	490	132	150	31	12	0,29	20	6,0
Inoxidável (18-8), sem níquel	490	36	85	28	12,5	0,12	55	9,6
Inoxidável (18-8) laminado a frio	490	165	190	28	12,5	0,12	8	9,6
Titânio								
Liga (6% Al, 4% V)	280	120	130	16,5	6,2	0,33	10	5,3

[a] Para materiais dúcteis, é comum admitir que as propriedades na compressão tenham os valores iguais aos das suas propriedades na tração.

[b] Para a maioria dos metais, esse é o valor do deslocamento de 0,2%.

Tabela D.1*b* Propriedades Médias de Materiais Selecionados — Unidades do SI

Materiais	Peso específico (kN/m³)	Limite de escoamento (MPa)[a,b]	Resistência à ruptura (MPa)[a]	Módulo de elasticidade longitudinal (GPa)	Módulo de elasticidade transversal (GPa)	Coeficiente de Poisson	Alongamento percentual em relação ao comprimento de 2 in do extensômetro	Coeficiente de dilatação térmica (10^{-6}/°C)
Ligas de Alumínio								
Liga 2014-T4 (A92014)	27	290	427	73	28	0,33	20	23,0
Liga 6061-T6 (A96061)	27	276	310	69	26	0,33	17	23,6
Latão								
Latão Vermelho C23000	86	124	303	115	44	0,307	45	18,7
Latão Vermelho C83600	86	117	255	83	31	0,33	30	18,0
Bronze								
Bronze C86100	77	331	655	105	45	0,34	20	22,0
Bronze C95400 TQ50	73	310	621	110	41	0,316	8	16,2
Ferro Fundido								
Cinza, ASTM A48 Classe 20	71		138	84	34	0,22	<1	9,0
Maleável, ASTM A47 45008	71	310	448	179	70	0,27	8	12,1
Aço								
Estrutural, ASTM-A36	77	248	400	200	79	0,26	21	11,7
AISI 1020, Laminado a frio	77	427	621	207	80	0,29	15	11,7
SAE 4340, Tratado termicamente	77	910	1.034	214	83	0,29	20	10,8
Inoxidável (18-8), sem níquel	77	248	586	193	86	0,12	55	17,3
Inoxidável (18-8) laminado a frio	77	1.138	1.310	193	86	0,12	8	17,3
Titânio								
Liga (6% Al, 4% V)	44	827	896	114	43	0,33	10	9,5

[a]Para materiais dúcteis, é comum admitir que as propriedades na compressão tenham os valores iguais aos das suas propriedades na tração.

[b]Para a maioria dos metais, esse é o valor do deslocamento de 0,2%.

Tabela D.2 Propriedades Típicas de Madeiras Selecionadas Utilizadas em Construção

	Tensões Admissíveis											
	Flexão		Tensão paralela às fibras		Cisalhamento horizontal		Compressão perpendicular às fibras		Compressão paralela às fibras		Módulo de elasticidade longitudinal	
Tipo e grau	**psi**	**MPa**	**psi**	**MPa**	**psi**	**MPa**	**psi**	**MPa**	**psi**	**MPa**	**ksi**	**GPa**
Madeira de Quadros Estruturais: 2 in a 4 in de espessura por 2 in ou mais de largura												
Abeto Douglas-Lariço												
Classe Select Structural	1.450	10,0	1.000	6,9	95	0,66	625	4,3	1.700	11,7	1.900	13,1
Nº 2	875	6,0	575	4,0	95	0,66	625	4,3	1.300	9,0	1.600	11,0
Hem-Fir												
Classe Select Structural	1.400	9,7	900	6,2	75	0,52	405	2,8	1.500	10,3	1.600	11,0
Nº 2	850	5,9	500	3,4	75	0,52	405	2,8	1.250	8,6	1.300	9,0
SPF (Sul)												
Classe Select Structural	1.300	9,0	575	4,0	70	0,48	335	2,3	1.200	8,3	1.300	9,0
Nº 2	750	5,2	325	2,2	70	0,48	335	2,3	975	6,7	1.100	7,6
Cedros do Oeste												
Classe Select Structural	1.000	6,9	600	4,1	75	0,52	425	2,9	1.000	6,9	1.100	7,6
Nº 2	700	4,8	425	2,9	75	0,52	425	2,9	650	4,5	1.000	6,9
Vigas: espessura de 5 in e maiores, largura com 2 in a mais do que a espessura												
Abeto Douglas-Lariço												
Classe Select Structural	1.600	11,0	950	6,6	85	0,59	625	4,3	1.100	7,6	1.600	11,0
Nº 2	875	6,0	425	2,9	85	0,59	625	4,3	600	4,1	1.300	9,0
Hem-Fir												
Classe Select Structural	1.250	8,6	725	5,0	70	0,48	405	2,8	925	6,4	1.300	9,0
Nº 2	675	4,7	325	2,2	70	0,48	405	2,8	475	3,3	1.100	7,6
SPF (Sul)												
Classe Select Structural	1.050	7,2	625	4,3	65	0,45	335	2,3	675	4,7	1.200	8,3
Nº 2	575	4,0	300	2,1	65	0,45	335	2,3	350	2,4	1.000	6,9
Cedros do Oeste												
Classe Select Structural	1.150	7,9	700	4,8	70	0,48	425	2,9	875	6,0	1.000	6,9
Nº 2	625	4,3	325	2,2	70	0,48	425	2,9	475	3,3	800	5,5
Colunas: 5 in por 5 in e maiores, largura com não mais do que 2 in maior do que a espessura												
Abeto Douglas-Lariço												
Classe Select Structural	1.500	10,3	1.000	6,9	85	0,59	625	4,3	1.150	7,9	1.600	11,0
Nº 2	700	4,8	475	3,3	85	0,59	625	4,3	475	3,3	1.300	9,0
Hem-Fir												
Classe Select Structural	1.200	8,3	800	5,5	70	0,48	405	2,8	975	6,7	1.300	9,0
Nº 2	525	3,6	350	2,4	70	0,48	405	2,8	375	2,6	1.100	7,6
SPF (Sul)												
Classe Select Structural	1.000	6,9	675	4,7	65	0,45	335	2,3	700	4,8	1.200	8,3
Nº 2	350	2,4	225	1,6	65	0,45	335	2,3	225	1,6	1.000	6,9
Cedros do Oeste												
Classe Select Structural	1.100	7,6	720	5,0	70	0,48	425	2,9	925	6,4	1.000	6,9
Nº 2	500	3,4	350	2,4	70	0,48	425	2,9	375	2,6	800	5,5

RESPOSTAS AOS PROBLEMAS ÍMPARES

Capítulo 1

1.1 $P = 172{,}8$ kN

1.3 $\sigma_1 = 176{,}8$ MPa (T), $\sigma_2 = 144{,}4$ MPa (C)

1.5 $d_1 = 0{,}691$ in, $d_2 = 1{,}545$ in

1.7 $\sigma_1 = 5{,}09$ ksi (C), $\sigma_2 = 7{,}92$ ksi (T), $\sigma_3 = 3{,}68$ ksi (C)

1.9 $d_1 = 19{,}96$ mm, $d_2 = 16{,}13$ mm

1.11 $\sigma_{AB} = 5{,}97$ ksi (C), $\sigma_{AC} = 7{,}51$ ksi (T), $\sigma_{BC} = 7{,}93$ ksi (C)

1.13 $\sigma_{AB} = 41{,}6$ MPa (T), $\sigma_{AC} = 87{,}3$ MPa (T), $\sigma_{BC} = 62{,}6$ MPa (C)

1.15 $P_{\text{máx}} = 13{,}50$ kip

1.17 $\tau = 118{,}4$ MPa

1.19 $\tau = 14{,}97$ ksi

1.21 $d_{\text{mín}} = 0{,}595$ in

1.23 $P_{\text{mín}} = 125{,}3$ kip

1.25 $a = 8{,}89$ mm

1.27 $a_{\text{mín}} = 396$ mm

1.29 $P_{\text{máx}} = 23{,}6$ kip

1.31 $d_{\text{mín}} = 2{,}21$ in

1.33 $\sigma_n = 3{,}43$ ksi, $\tau_{nt} = 5{,}94$ ksi

1.35 $P_{\text{máx}} = 479$ kN

1.37 $t_{\text{mín}} = 15{,}32$ mm

1.39 $t_{\text{mín}} = 0{,}900$ in

1.41 (a) $P = 187{,}5$ kN
(b) $\sigma = 16{,}00$ MPa
(c) $\sigma_{\text{máx}} = 25{,}0$ MPa, $\tau_{\text{máx}} = 12{,}50$ MPa

Capítulo 2

2.1 $\delta_2 = 0{,}1170$ in, $\varepsilon_1 = 825\ \mu\varepsilon$

2.3 (a) $\varepsilon_2 = 1.147\ \mu\varepsilon$
(b) $\varepsilon_2 = 2.260\ \mu\varepsilon$
(c) $\varepsilon_2 = 35{,}6\ \mu\varepsilon$

2.5 $\varepsilon_2 = 3.040\ \mu\varepsilon$

2.7 (a) $\delta = \dfrac{\gamma L^2}{6E}$
(b) $\varepsilon_{\text{méd}} = \dfrac{\gamma L}{6E}$
(c) $\varepsilon_{\text{máx}} = \dfrac{\gamma L}{3E}$

2.9 $\gamma = 412.000\ \mu$rad, $\tau = 627$ kPa

2.11 $\gamma_{Q'} = 2.300\ \mu$rad

2.13 $\gamma_P = -1.944\ \mu$rad

2.15 $\delta = -52{,}0$ mm

2.17 (a) $\Delta D = 0{,}1999$ mm, $\Delta d = 0{,}1762$ mm, $\Delta L = 2{,}54$ mm

2.19 35,1°C

2.21 $v_{\text{ponteiro}} = 0{,}0241$ in $\uparrow$

2.23 $\Delta T = 175{,}9$°C, $T = 25$°C $+ 175{,}9$°C $= 201$°C

Capítulo 3

3.1 (a) $E = 10.360$ ksi
(b) $\nu = 0{,}321$
(c) $\sigma_{PL} = 43{,}0$ ksi

3.3 (a) $E = 2{,}17$ GPa
(b) $\nu = 0{,}370$
(c) Δespessura $= -0{,}0833$ mm

3.5 (a) $\nu = 0{,}306$
(b) $E = 117{,}3$ GPa

3.7 (a) $F = 30{,}4$ kip
(b) $\delta = 0{,}318$ in

3.9 (a) deformação permanente = 0,0035 mm/mm
(b) comprimento da barra descarregada = 351,225 mm
(c) $\sigma_{PL} = 444$ MPa

3.11 $G = 64{,}7$ psi

3.13 $\delta = 1{,}336$ mm

3.15 (a) $\sigma_1 = 87{,}5$ MPa
(b) $P = 20{,}4$ kN
(c) $v_C = 13{,}82$ mm ↓

3.17 (a) $E = 30.000$ ksi
(b) $\sigma_{PL} = 60$ ksi
(c) $\sigma_U = 159$ ksi
(d) $\sigma_Y = 80$ ksi
(e) $\sigma_{\text{ruptura}} = 135$ ksi
(f) σ_{ruptura} real = 270 ksi

3.19 (a) $E = 138.400$ MPa
(b) $\sigma_{PL} = 234$ MPa
(c) $\sigma_U = 394$ MPa
(d) para um deslocamento (ou deformação permanente) de 0,05% $\sigma_Y = 239$ MPa
(e) para um deslocamento (ou deformação permanente) de 0,20% $\sigma_Y = 259$ MPa
(f) $\sigma_{\text{ruptura}} = 350$ MPa
(g) σ_{ruptura} real = 457 MPa

3.21 (a) $E = 11.180$ ksi
(b) $\sigma_{PL} = 33{,}6$ ksi
(c) $\sigma_U = 70{,}4$ ksi
(d) para um deslocamento (ou deformação permanente) de 0,05% $\sigma_Y = 44{,}4$ ksi
(e) para um deslocamento (ou deformação permanente) de 0,20% $\sigma_Y = 54{,}5$ ksi
(f) $\sigma_{\text{ruptura}} = 70{,}4$ ksi
(g) σ_{ruptura} real = 87,9 ksi

3.23 (a) $P = 1{,}800$ kip
(b) $v_E = 0{,}1913$ in

3.25 (a) $P = 5{,}74$ kip
(b) $\varepsilon_2 = 1{,}833$ $\mu\varepsilon$

3.27 (a) $P_C = 18{,}19$ kN
(b) $\tau = 42{,}7$ MPa

Capítulo 4

4.1 (a) tensão na barra $\sigma = 362{,}5$ MPa, $\sigma_Y = 550$ MPa, $\text{CS}_{\text{escoamento}} = 1{,}517$
(b) $\sigma_U = 1.100$ MPa, $\text{CS}_{\text{última}} = 3{,}03$

4.3 barra (1) de latão vermelho CS = 1,494, barra (2) de alumínio CS = 1,303

4.5 $P_{\text{adm}} = 79{,}3$ kip, barra (1): CS = 1,825, barra (2): CS = 1,600

4.7 (a) pino A: CS = 2,64, pino B: CS = 1,848
(b) barra de ligação BC: CS = 2,23

4.9 (a) $P_{\text{máx}} = 15{,}03$ kN
(b) pino em A: $d_{\text{mín}} = 13{,}46$ mm

4.11 $P_{\text{máx}} = 2{,}47$ kip

4.13 $P_{\text{máx}} = 5{,}65$ kip

4.15 (a) $d_1 = 1{,}335$ in
(b) $d_B = 0{,}771$ in
(c) $d_A = 1{,}033$ in

4.17 (a) $P_{\text{máx}} = 11{,}28$ kip

4.19 (a) $A_{\text{mín}} = 6{,}01$ in^2
(b) $A_{\text{mín}} = 5{,}78$ in^2

4.21 (a) $d_{\text{mín}} = 1{,}578$ in
(b) $d_{\text{mín}} = 1{,}358$ in

Capítulo 5

5.1 $d_{\text{mín}} = 21{,}9$ mm

5.3 $P = 118{,}7$ kN

5.5 $u_A = 3{,}18$ mm → (isto é, se move na direção de C)

5.7 (a) $P = 80{,}6$ kN
(b) $u_B = 0{,}497$ mm ↓

5.9 (a) $\delta_1 = -0{,}0581$ in
(b) $u_D = -0{,}0946$ in
(c) $\sigma_{\text{máx}} = 29{,}0$ ksi (C)

5.11 $\delta = 0{,}000393$ in ↓

5.13 $\delta = 90{,}6 \times 10^{-6}$ in ↓

5.15 (a) $\sigma_1 = 186{,}0$ MPa (C), $\sigma_2 = 26{,}0$ MPa (T)
(b) $v_A = 1{,}488$ mm ↓
(c) $P = 77{,}5$ kN

5.17 (a) $P_{\text{máx}} = 15{,}05$ kip
(b) $v_D = 0{,}248$ in ↓
(c) pino em B: $d_{\text{mín}} = 0{,}730$ in

5.19 $P_{\text{máx}} = 77{,}3$ kN

5.21 $d_{\text{mín}} = 1{,}901$ in

5.23 (a) $\sigma_1 = 75{,}0$ MPa (C), $\sigma_2 = 4{,}50$ MPa (C)
(b) $u_B = 0{,}450$ mm ↓

5.25 (a) $\sigma_1 = 74{,}8$ MPa (T), $\sigma_2 = 6{,}58$ MPa (C)
(b) $u_B = 1{,}122$ mm ↓

5.27 (a) $\sigma_1 = 7{,}84$ ksi (T), $\sigma_2 = 17{,}10$ ksi (C)
(b) $u_B = 0{,}1254$ in →

5.29 $d_{\text{mín}} = 26{,}4$ mm

5.31 (a) $P_{\text{máx}} = 130{,}6$ kip
(b) $u_B = 0{,}0720$ in ↓

5.33 (a) $\sigma_1 = 12{,}08$ ksi (T), $\sigma_2 = 20{,}5$ ksi (T)
(b) $v_D = 0{,}1034$ in ↓

5.35 (a) $P_{máx} = 79,3$ kN
(b) $v_B = 2,24$ mm ↓

5.37 (a) $\sigma_1 = 146,7$ MPa (T), $\sigma_2 = 67,4$ MPa (T)
(b) $v_D = 1,761$ mm ↓

5.39 (a) $P_{máx} = 231$ kN
(b) $u_B = 2,24$ mm ↓
(c) $\varepsilon_1 = -393$ με

5.41 (a) $\sigma_1 = 26,0$ ksi (T), $\sigma_2 = 8,66$ ksi (C)
(b) $CS_1 = 2,38$, $CS_2 = 8,66$
(c) $u_B = 0,1458$ in ↓

5.43 (a) $\sigma_1 = 10,98$ ksi (C), $\sigma_2 = 12,81$ ksi (T)
(b) $v_D = 0,0598$ in ↓

5.45 (a) $\Delta T = -94,0$°F
(b) $d_{mín} = 0,405$ in

5.47 (a) $\sigma = 561$ psi (C)
(b) $\varepsilon = 3.125$ με

5.49 (a) 108,6°F
(b) alumínio: $\sigma_1 = 20,9$ ksi (C),
aço inoxidável: $\sigma_2 = 31,4$ ksi (C)
(c) alumínio: $\varepsilon_1 = 283$ με (C),
aço inoxidável: $\varepsilon_2 = 703$ με (C)
(d) Δlargura = 0,00913 in (aumento)

5.51 (a) alumínio: $\sigma_1 = 29,3$ ksi (C),
bronze: $\sigma_2 = 13,03$ ksi (C)
(b) $u_B = 0,01389$ in ←
(c) $\Delta d = 0,00294$ in (aumento)

5.53 (a) $\sigma_1 = 15,24$ MPa (T), $\sigma_2 = 19,51$ MPa (C)
(b) $\varepsilon_1 = -693$ με, $\varepsilon_2 = -693$ με

5.55 (a) $\sigma_1 = 22,6$ MPa (C), $\sigma_2 = 29,0$ MPa (C)
(b) $u_B = 0,0369$ mm →

5.57 (a) $\sigma_1 = 1,550$ ksi (T), $\sigma_2 = 9,66$ ksi (T)
(b) $v_D = 0,1767$ in ↓

5.59 (a) $\sigma_1 = 74,5$ MPa (T), $\sigma_2 = 9,97$ MPa (C)
(b) $v_D = 0,454$ mm ↓

5.61 (a) $\sigma_1 = 35,0$ MPa (C), $\sigma_2 = 70,0$ MPa (C)
(b) $v_A = 0,365$ mm ↑

5.63 (a) $\sigma_1 = 7,68$ ksi (C), $\sigma_2 = 18,32$ ksi (T)
(b) $\varepsilon_1 = -520$ με, $\varepsilon_2 = 347$ με
(c) $v_C = 0,0277$ in ↓

5.65 (a) alumínio: $\sigma_1 = 124,0$ MPa (C),
ferro fundido: $\sigma_2 = 53,1$ MPa (C),
bronze: $\sigma_3 = 186,0$ MPa (C)
(b) força nos apoios = 148,8 kN (C)
(c) $u_B = 0,01257$ mm →, $u_C = 0,1600$ mm →

5.67 $P_{adm} = 103,3$ kN

5.69 $P_{adm} = 51,1$ kN

5.71 $r_{mín} = 9$ mm

5.73 (a) $d_{máx} = 37$ mm
(b) $r_{mín} = 5$ mm

Capítulo 6

6.1 $\tau_{máx} = 7.850$ psi

6.3 (a) $\tau_{máx} = 47,4$ MPa
(b) $d_{mín} = 83,9$ mm

6.5 $\tau_1 = 7,22$ ksi, $\tau_2 = 16,95$ ksi

6.7 (a) $d_1 = 125,0$ mm
(b) $d_2 = 109,2$ mm

6.9 (b) $d_{mín} = 24,1$ mm

6.11 (a) $\tau = 76,0$ MPa
(b) $\phi = 0,0815$ rad = 4,67°

6.13 $d_{mín} = 0,882$ in

6.15 diâmetro interno: $d_{máx} = 2,66$ in

6.17 $T_{C,máx} = 3.310$ lb · in

6.19 diâmetro interno: $d_{máx} = 56,4$ mm

6.21 (a) $\tau_{máx} = 9.170$ psi
(b) $\phi_C = 0,0220$ rad
(c) $\phi_D = -0,0257$ rad

6.23 (b) $\tau_2 = -32,8$ MPa
(c) $\phi_C = -0,001352$ rad

6.25 (a) $\tau_{máx} = 5.010$ psi
(b) $\phi_C = 0,0520$ rad
(c) $\phi_E = 0,0433$ rad

6.27 (a) $T_A = 270$ N · m
(b) $\tau_1 = 50,9$ MPa, $\tau_2 = 84,9$ MPa
(c) $d_{1,mín} = 28,4$ mm, $d_{2,mín} = 33,7$ mm

6.29 $T_D = 31,4$ N · m

6.31 (a) $d_1 = 2,09$ in, $d_2 = 1,597$ in
(b) $d_{mín} = 2,09$ in

6.33 (a) $d_1 = 53,5$ mm, $d_2 = 39,9$ mm
(b) $d_{mín} = 53,5$ mm

6.35 (a) $T_E = 3.600$ N · m
(b) $d_1 = 50,8$ mm, $d_2 = 64,0$ mm

6.37 (a) $T_A = 120$ lb · ft
(b) $\tau_1 = 6.520$ psi, $\tau_2 = 5.500$ psi

6.39 (a) $T_1 = -405$ lb · ft, $T_2 = 225$ lb · ft
(b) $\phi_1 = -0,0317$ rad, $\phi_2 = 0,0293$ rad
(c) $\phi_B = -0,0317$ rad, $\phi_C = 0,0570$ rad
(d) $\phi_D = 0,0863$ rad

6.41 $d_{mín} = 48,8$ mm

6.43 $\tau = 2.280$ psi

6.45 $\tau = 44,6$ MPa

6.47 $P = 113{,}6$ hp

6.49 (a) $P = 40{,}6$ hp
(b) $P = 146{,}0$ hp

6.51 $D_{mín} = 2{,}88$ in

6.53 (a) $d_{mín} = 1{,}401$ in
(b) diâmetro interno: $d_{máx} = 1{,}800$ in
(c) economia de peso $= 61{,}3\%$

6.55 (a) $d_1 = 87{,}7$ mm
(b) $d_3 = 56{,}9$ mm
(c) $\phi_D = 0{,}0503$ rad $= 2{,}88°$

6.57 (a) $\tau_1 = 61{,}5$ MPa, $\tau_2 = 25{,}0$ MPa
(b) $P = 5{,}65$ kW @ 120 rpm
(c) $T_A = 450$ N · m

6.59 (a) $\tau_1 = 4.890$ psi, $\tau_2 = 16.510$ psi
(b) $\phi_D = 0{,}0394$ rad

6.61 (a) $\tau_1 = 3.194$ psi
(b) $d_2 = 0{,}606$ in

6.63 (a) $\tau_1 = 31{,}1$ MPa, $\tau_2 = 46{,}7$ MPa
(b) $\phi_D = 0{,}0747$ rad

6.65 (a) $P_{máx} = 19{,}28$ kW
(b) $T_E - 368$ N · m
(c) $\omega_E = 8{,}33$ Hz

6.67 (a) $T_{adm} = 35{,}2$ kip · in
(b) $T_1 = 21{,}0$ kip · in, $T_2 = 14{,}22$ kip · in
(c) $\phi = 0{,}0475$ rad por 10 in de comprimento.

6.69 (a) $\tau_1 = 67{,}5$ MPa, $\tau_2 = 77{,}2$ MPa
(b) $\phi_B = 0{,}0289$ rad

6.71 (a) $T_{adm} = 1.196$ N · m
(b) $T_1 = 736$ N · m, $T_2 = 460$ N · m
(c) $\phi_B = 0{,}0540$ rad

6.73 (a) $\tau_1 = 58{,}0$ MPa, $\tau_2 = 39{,}4$ MPa
(b) $\phi_B = 0{,}0259$ rad

6.75 (a) $T_{B,adm} = 1{,}837$ kip · in
(b) $T_1 = 1{,}571$ kip · in, $T_2 = 0{,}266$ kip · in
(c) $\phi_B = 0{,}0429$ rad

6.77 (a) $\tau_1 = 6{,}69$ ksi, $\tau_2 = 9{,}32$ ksi
(b) $\phi_B = 0{,}01903$ rad

6.79 (a) $\tau_1 = 27{,}2$ ksi
(b) $\tau_3 = 9{,}81$ ksi
(c) $\phi_C = 0{,}0420$ rad

6.81 (a) $T_{C,adm} = 15{,}91$ kN · m
(b) $\tau_1 = 40{,}1$ MPa
(c) $\tau_3 = 152{,}0$ MPa

6.83 (a) $T_{0,adm} = 41{,}5$ kip · in
(b) $\tau_3 = 21{,}8$ ksi
(c) $\tau_2 = 3{,}02$ ksi

6.85 (a) $\tau_3 = 169{,}0$ MPa
(b) $\tau_2 = 91{,}9$ MPa
(c) $\phi_C = -0{,}0326$ rad

6.87 (a) $\tau_1 = 77{,}8$ MPa
(b) $\tau_2 = 72{,}2$ MPa
(c) $\tau_2 = 188{,}6$ MPa
(d) $\phi_B = 0{,}0463$ rad
(e) $\phi_C = -0{,}0343$ rad

6.89 (a) $\tau_1 = 11{,}46$ ksi
(b) $\tau_3 = 5{,}64$ ksi
(c) $\phi_E = -0{,}0353$ rad
(d) $\phi_C = 0{,}1846$ rad

6.91 (a) $\tau_1 = 12{,}93$ ksi
(b) $\tau_3 = 14{,}55$ ksi
(c) $\phi_E = -0{,}0213$ rad
(d) $\phi_C = 0{,}0329$ rad

6.93 (a) $T'_B = 14{,}24$ kip · in
(b) $\tau_{inicial} = 4{,}01$ ksi
(c) $\tau_1 = 18{,}54$ ksi, $\tau_2 = 19{,}05$ ksi

6.95 $\tau = 40{,}4$ MPa

6.97 $r_{mín} = 0{,}25$ in

6.99 $r_{mín} = 7$ mm

6.101 $P_{máx} = 202$ kW

6.103 $T_{máx} = 310$ N · m

6.105 $P_{máx} = 4{,}08$ hp

6.107 (a) $b_{mín} = 27{,}0$ mm
(b) $b_{mín} = 26{,}5$ mm
(c) $b_{mín} = 19{,}87$ mm

6.109 (a) $T_a = 230$ N · m, $T_b = 308$ N · m
(b) $\phi_a = 0{,}0542$ rad, $\phi_b = 0{,}0424$ rad

6.111 (a) $T = 110{,}0$ kip · in
(b) $T = 66{,}5$ kip · in
(c) $T = 86{,}4$ kip · in
(d) $T = 76{,}8$ kip · in

6.113 $t_{mín} = 0{,}0983$ in

6.115 $\tau = 12{,}73$ ksi

6.117 $\tau = 12{,}20$ ksi

Capítulo 7

7.1 (a) $V = w_0(L - x)$,

$$M = -\frac{w_0}{2}(L^2 + x^2) + w_0 Lx$$

7.3 (a) $0 \leq x < a$: $V = -w_a x$, $M = -\dfrac{w_a}{2}x^2$

$a \leq x < a + b$: $V = -(w_a - w_b)a - w_b x$,

$$M = -\frac{w_b}{2}x^2 - (w_a - w_b)ax + \frac{(w_a - w_b)a^2}{2}$$

7.5 (a) $V = -\dfrac{w_0}{2L}x^2, \quad M = -\dfrac{w_0}{6L}x^3$

7.7 (a) $0 \leq x < 3$ m:
$V = 65$ kN, $M = (65 \text{ kN})x$
$3 \text{ m} \leq x < 6$ m:
$V = 15$ kN, $M = (15 \text{ kN})x + 150 \text{ kN} \cdot \text{m}$
$6 \text{ m} \leq x < 10$ m:
$V = -60$ kN, $M = -(60 \text{ kN})x + 600 \text{ kN} \cdot \text{m}$

7.9 (a) $0 \leq x < 9$ ft:
$V = -(7 \text{ kip/ft})x$, $M = -(3{,}5 \text{ kip/ft})x^2$
$9 \text{ ft} \leq x < 30$ ft:
$V = -(7 \text{ kip/ft})x + 150$ kip,
$M = -(3{,}5 \text{ kip/ft})x^2 + (150 \text{ kip})x - 1.350 \text{ kip} \cdot \text{ft}$

7.11 (a) $0 \leq x < 10$ ft:
$V = 68$ kip, $M = (68 \text{ kip})x$
$10 \text{ ft} \leq x < 30$ ft:
$V = -(6 \text{ kip/ft})x + 86$ kip,
$M = -(3 \text{ kip/ft})x^2 + (86 \text{ kip})x + 120 \text{ kip} \cdot \text{ft}$

7.13 (a) $0 \leq x < 8$ ft:
$V = 0$, $M = -120 \text{ kip} \cdot \text{ft}$
$8 \text{ ft} \leq x < 14$ ft:
$V = -(5 \text{ kip/ft})x + 40$ kip,
$M = -(2{,}5 \text{ kip/ft})x^2 + (40 \text{ kip})x - 280 \text{ kip} \cdot \text{ft}$

7.15 (a) $0 \leq x < 13$ ft:
$V = -(7 \text{ kip/ft})x + 61{,}03$ kip,
$M = -(3{,}5 \text{ kip/ft})x^2 + (61{,}03 \text{ kip})x$
$13 \text{ ft} \leq x < 17$ ft:
$V = -(7 \text{ kip/ft})x + 61{,}03$ kip,
$M = -(3{,}5 \text{ kip/ft})x^2 + (61{,}03 \text{ kip})x - 250 \text{ kip} \cdot \text{ft}$
$17 \text{ ft} \leq x < 25$ ft:
$V = -(7 \text{ kip/ft})x + 175$ kip,
$M = -(3{,}5 \text{ kip/ft})x^2 + (175 \text{ kip})x - 2.187{,}5 \text{ kip} \cdot \text{ft}$
(c) máx. $+M = 266 \text{ kip} \cdot \text{ft}$ em $x = 8{,}72$ ft,
máx. $-M = -224 \text{ kip} \cdot \text{ ft}$ em $x = 17$ ft

7.17

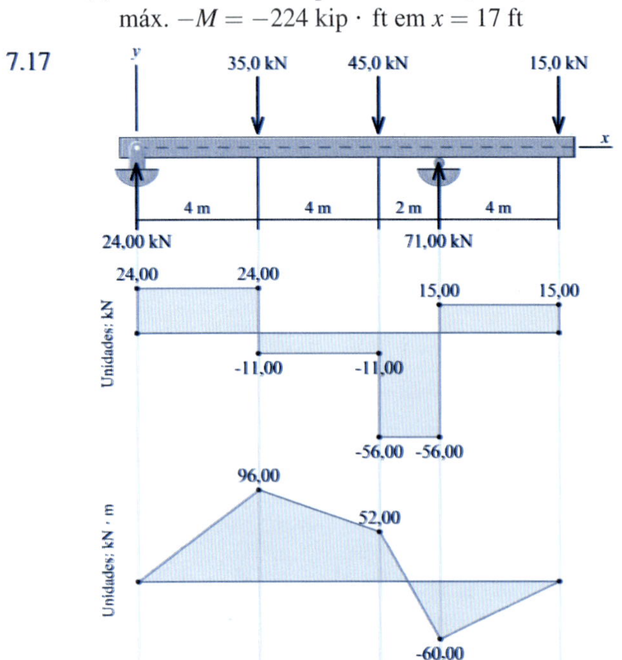

7.19

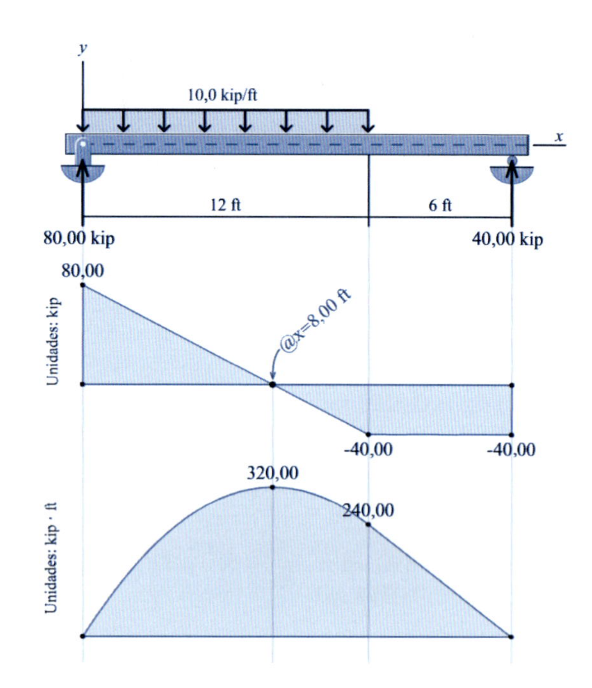

7.21

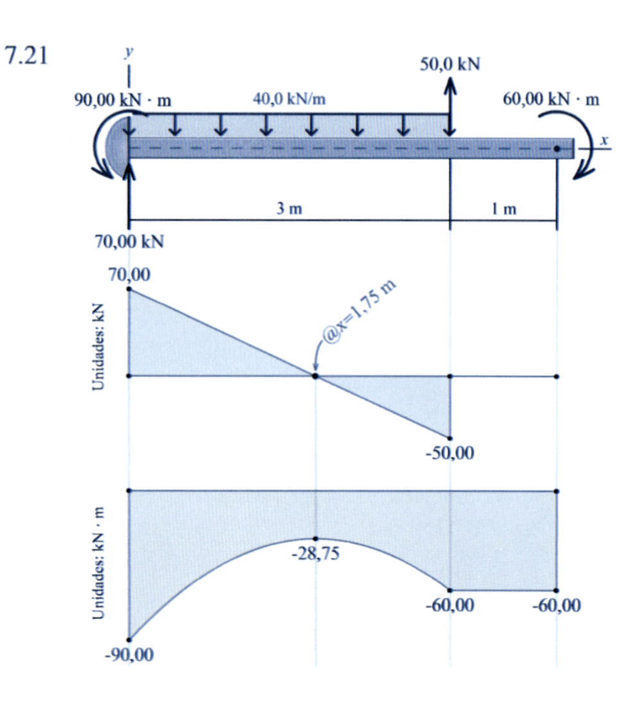

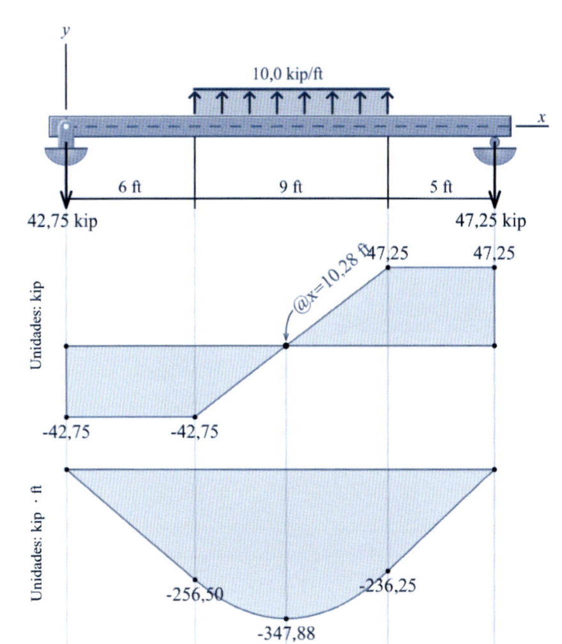

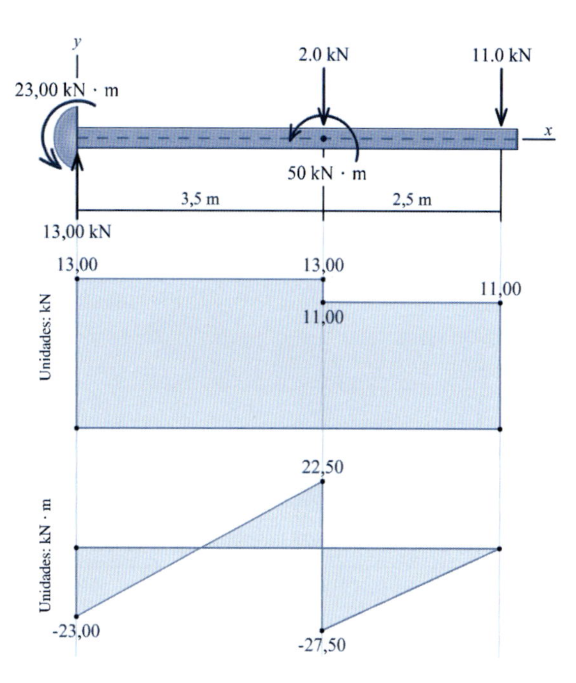

7.25

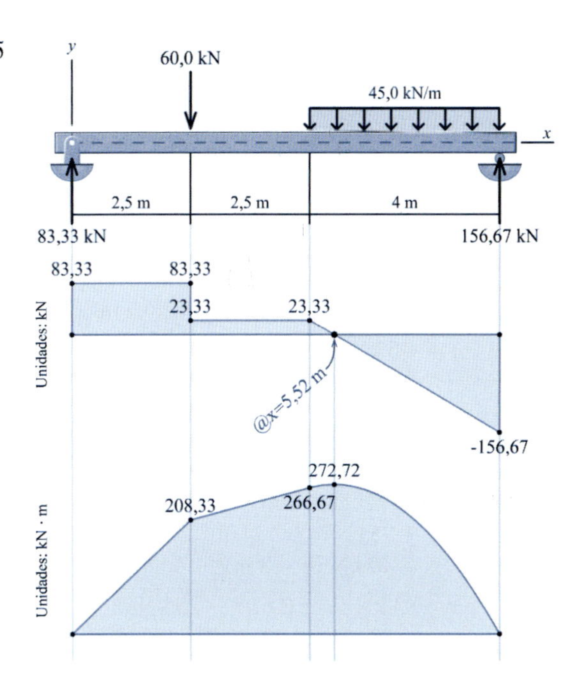

7.29

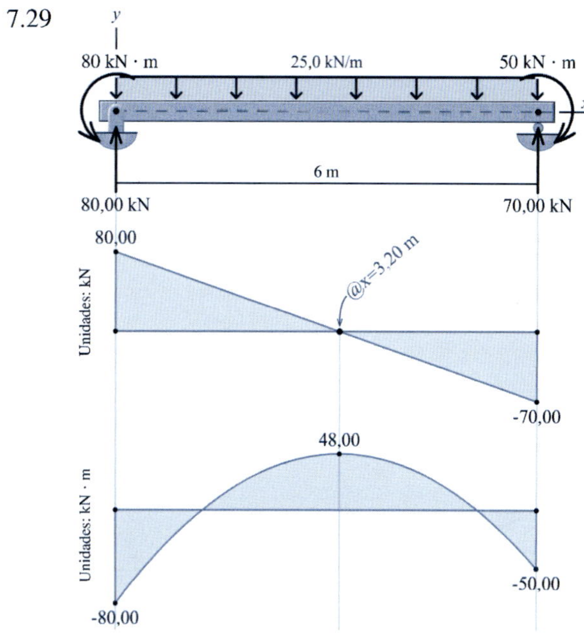

7.31 (a) $V_{máx} = 16{,}50$ kip
(b) $M_{máx} = 33{,}0$ kip · ft

7.33 (a) $V = 177{,}5$ kN, $M = 1.167$ kN · m
(b) $V = -323$ kN, $M = 442$ kN · m

7.35 (a) $V = 91{,}3$ kN, $M = 199{,}2$ kN · m
(b) $V = -103{,}8$ kN, $M = 180{,}5$ kN · m

7.37 (a) $V = 93{,}7$ kN, $M = 23{,}9$ kN · m
(b) $V = -125{,}1$ kN, $M = 75{,}7$ kN · m

7.39 (a) $V = 285$ kN, $M = 63{,}8$ kN · m
(b) $V = -190{,}0$ kN, $M = 331$ kN · m

7.41 $V_{\text{máx}} = 32{,}3$ kip, $M_{\text{máx}} = 88{,}3$ kip · ft

7.43 $V_{\text{máx}} = -32{,}0$ kip, $M_{\text{máx}} = 90{,}0$ kip · ft

7.45 $V_{\text{máx}} = 55{,}0$ kN, $M_{\text{máx}} = -50{,}0$ kN · m

7.47 $V_{\text{máx}} = -5.640$ lb, $M_{\text{máx}} = 20.700$ lb · ft

7.49 $V_{\text{máx}} = -245$ kN, $M_{\text{máx}} = -208$ kN · m

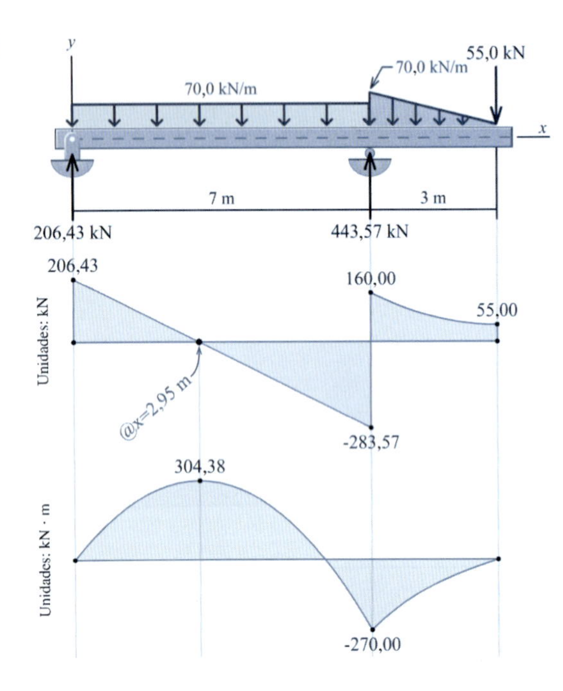

7.53

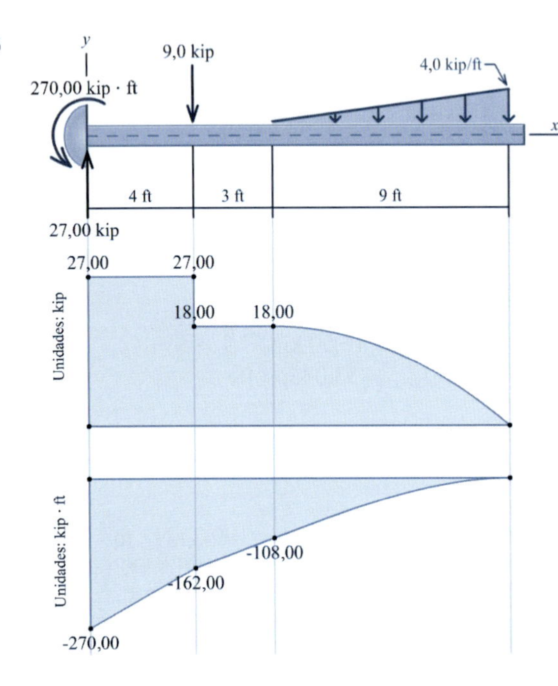

7.55

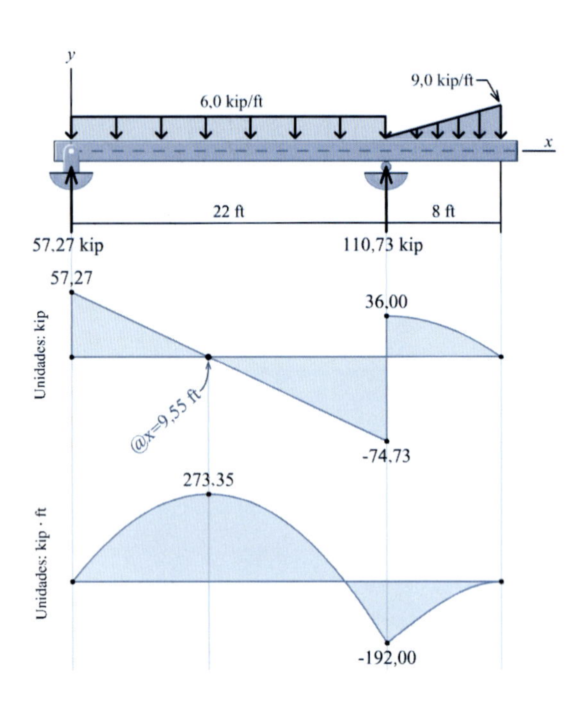

7.57 (a) $w(x) = -10\text{ kN}\,\langle x - 0\text{ m}\rangle^{-1} + 29\text{ kN}\,\langle x - 2{,}5\text{ m}\rangle^{-1} - 35\text{ kN}\,\langle x - 5{,}5\text{ m}\rangle^{-1} + 16\text{ kN}\,\langle x - 7{,}5\text{ m}\rangle^{-1}$

(b) $V(x) = -10\text{ kN}\,\langle x - 0\text{ m}\rangle^{0} + 29\text{ kN}\,\langle x - 2{,}5\text{ m}\rangle^{0} - 35\text{ kN}\,\langle x - 5{,}5\text{ m}\rangle^{0} + 16\text{ kN}\,\langle x - 7{,}5\text{ m}\rangle^{0}$

$M(x) = -10\text{ kN}\,\langle x - 0\text{ m}\rangle^{1} + 29\text{ kN}\,\langle x - 2{,}5\text{ m}\rangle^{1} - 35\text{ kN}\,\langle x - 5{,}5\text{ m}\rangle^{1} + 16\text{ kN}\,\langle x - 7{,}5\text{ m}\rangle^{1}$

7.59 (a) $w(x) = -5\text{ kN}\,\langle x - 0\text{ m}\rangle^{-1} + 20\text{ kN}\cdot\text{m}\,\langle x - 3\text{ m}\rangle^{-2} + 5\text{ kN}\,\langle x - 6\text{ m}\rangle^{-1} + 10\text{ kN}\cdot\text{m}\,\langle x - 6\text{ m}\rangle^{-2}$

(b) $V(x) = -5\text{ kN}\,\langle x - 0\text{ m}\rangle^{0} + 20\text{ kN}\cdot\text{m}\,\langle x - 3\text{ m}\rangle^{-1} + 5\text{ kN}\,\langle x - 6\text{ m}\rangle^{0} + 10\text{ kN}\cdot\text{m}\,\langle x - 6\text{ m}\rangle^{-1}$

$M(x) = -5\text{ kN}\,\langle x - 0\text{ m}\rangle^{1} + 20\text{ kN}\cdot\text{m}\,\langle x - 3\text{ m}\rangle^{0} + 5\text{ kN}\,\langle x - 6\text{ m}\rangle^{1} + 10\text{ kN}\cdot\text{m}\,\langle x - 6\text{ m}\rangle^{0}$

7.61 (a) $w(x) = 83\text{ kN}\,\langle x - 0\text{ m}\rangle^{-1} - 25\text{ kN/m}\,\langle x - 0\text{ m}\rangle^{0} + 25\text{ kN/m}\,\langle x - 4\text{ m}\rangle^{0} - 32\text{ kN}\,\langle x - 6\text{ m}\rangle^{-1} + 49\text{ kN}\,\langle x - 8\text{ m}\rangle^{-1}$

(b) $V(x) = 83\text{ kN}\,\langle x - 0\text{ m}\rangle^{0} - 25\text{ kN/m}\,\langle x - 0\text{ m}\rangle^{1} + 25\text{ kN/m}\,\langle x - 4\text{ m}\rangle^{1} - 32\text{ kN}\,\langle x - 6\text{ m}\rangle^{0} + 49\text{ kN}\,\langle x - 8\text{ m}\rangle^{0}$

$$M(x) = 83\text{ kN}\langle x - 0\text{ m}\rangle^{1} - \frac{25\text{ kN/m}}{2}\langle x - 0\text{ m}\rangle^{2} + \frac{25\text{ kN/m}}{2}\langle x - 4\text{ m}\rangle^{2} - 32\text{ kN}\langle x - 6\text{ m}\rangle^{1} + 49\text{ kN}\langle x - 8\text{ m}\rangle^{1}$$

7.63

(a) $w(x) = 14.400\text{ lb}\langle x - 0\text{ ft}\rangle^{-1} - 158.400\text{ lb}\cdot\text{ft}\langle x - 0\text{ ft}\rangle^{-2} - 800\text{ lb}\cdot\text{ft}\langle x - 0\text{ ft}\rangle^{0} + 800\text{ lb/ft}\langle x - 12\text{ ft}\rangle^{0} - 800\text{ lb/ft}\langle x - 18\text{ ft}\rangle^{0} + 800\text{ lb/ft}\langle x - 24\text{ ft}\rangle^{0}$

(b) $V(x) = 14.400 \text{ lb}\langle x - 0 \text{ ft}\rangle^0 - 158.400 \text{ lb} \cdot \text{ft}\langle x - 0 \text{ ft}\rangle^{-1}$
$- 800 \text{ lb} \cdot \text{ft}\langle x - 0 \text{ ft}\rangle^1 + 800 \text{ lb/ft}\langle x - 12 \text{ ft}\rangle^1$
$- 800 \text{ lb/ft}\langle x - 18 \text{ ft}\rangle^1 + 800 \text{ lb/ft}\langle x - 24 \text{ ft}\rangle^1$

$$M(x) = 14.400 \text{ lb}\langle x - 0 \text{ ft}\rangle^1 - 158.400 \text{ lb} \cdot \text{ft}\langle x - 0 \text{ ft}\rangle^0 - \frac{800 \text{ lb} \cdot \text{ft}}{2}\langle x - 0 \text{ ft}\rangle^2 + \frac{800 \text{ lb/ft}}{2}\langle x - 12 \text{ ft}\rangle^2 - \frac{800 \text{ lb/ft}}{2}\langle x - 18 \text{ ft}\rangle^2 + \frac{800 \text{ lb/ft}}{2}\langle x - 24 \text{ ft}\rangle^2$$

7.65 (a)

$$w(x) = 57{,}27 \text{ kip}\langle x - 0 \text{ ft}\rangle^{-1} - 6 \text{ kip/ft}\langle x - 0 \text{ ft}\rangle^0 + 110{,}73 \text{ kip}\langle x - 22 \text{ ft}\rangle^{-1} + 6 \text{ kip/ft}\langle x - 22 \text{ ft}\rangle^0 - \frac{9 \text{ kip/ft}}{8 \text{ ft}}\langle x - 22 \text{ ft}\rangle^1 + \frac{9 \text{ kip/ft}}{8 \text{ ft}}\langle x - 30 \text{ ft}\rangle^1 + 9 \text{ kip/ft}\langle x - 30 \text{ ft}\rangle^0$$

(b)

$$V(x) = 57{,}27 \text{ kip}\langle x - 0 \text{ ft}\rangle^0 - 6 \text{ kip/ft}\langle x - 0 \text{ ft}\rangle^1 + 110{,}73 \text{ kip}\langle x - 22 \text{ ft}\rangle^0 + 6 \text{ kip/ft}\langle x - 22 \text{ ft}\rangle^1 - \frac{9 \text{ kip/ft}}{2(8 \text{ ft})}\langle x - 22 \text{ ft}\rangle^2 + \frac{9 \text{ kip/ft}}{2(8 \text{ ft})}\langle x - 30 \text{ ft}\rangle^2 + 9 \text{ kip/ft}\langle x - 30 \text{ ft}\rangle^1$$

$$M(x) = 57{,}27 \text{ kip}\langle x - 0 \text{ ft}\rangle^1 - \frac{6 \text{ kip/ft}}{2}\langle x - 0 \text{ ft}\rangle^2 + 110{,}73 \text{ kip}\langle x - 22 \text{ ft}\rangle^1 + \frac{6 \text{ kip/ft}}{2}\langle x - 22 \text{ ft}\rangle^2 - \frac{9 \text{ kip/ft}}{6(8 \text{ ft})}\langle x - 22 \text{ ft}\rangle^3 + \frac{9 \text{ kip/ft}}{6(8 \text{ ft})}\langle x - 30 \text{ ft}\rangle^3 + \frac{9 \text{ kip/ft}}{2}\langle x - 30 \text{ ft}\rangle^2$$

(c)

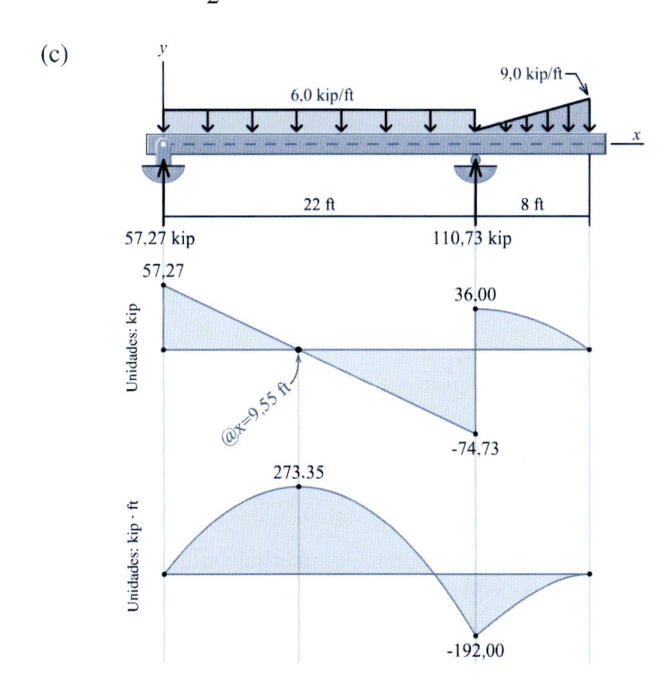

7.67 (a)

$$w(x) = -9 \text{ kN} \cdot \text{m}\langle x - 0 \text{ m}\rangle^{-2} + 21 \text{ kN}\langle x - 1 \text{ m}\rangle^{-1} - 18 \text{ kN/m}\langle x - 1 \text{ m}\rangle^0 + \frac{18 \text{ kN/m}}{3 \text{ m}}\langle x - 1 \text{ m}\rangle^1 - \frac{18 \text{ kN/m}}{3 \text{ m}}\langle x - 4 \text{ m}\rangle^1 + 6 \text{ kN}\langle x - 4 \text{ m}\rangle^{-1}$$

(b)

$$V(x) = -9 \text{ kN} \cdot \text{m}\langle x - 0 \text{ m}\rangle^{-1} + 21 \text{ kN}\langle x - 1 \text{ m}\rangle^0 - 18 \text{ kN/m}\langle x - 1 \text{ m}\rangle^1 + \frac{18 \text{ kN/m}}{2(3 \text{ m})}\langle x - 1 \text{ m}\rangle^2 - \frac{18 \text{ kN/m}}{2(3 \text{ m})}\langle x - 4 \text{ m}\rangle^2 + 6 \text{ kN}\langle x - 4 \text{ m}\rangle^0$$

$$M(x) = -9 \text{ kN} \cdot \text{m}\langle x - 0 \text{ m}\rangle^0 + 21 \text{ kN}\langle x - 1 \text{ m}\rangle^1 - \frac{18 \text{ kN} \cdot \text{m}}{2}\langle x - 1 \text{ m}\rangle^2 + \frac{18 \text{ kN} \cdot \text{m}}{6(3 \text{ m})}\langle x - 1 \text{ m}\rangle^3 - \frac{18 \text{ kN} \cdot \text{m}}{6(3 \text{ m})}\langle x - 4 \text{ m}\rangle^3 + 6 \text{ kN}\langle x - 4 \text{ m}\rangle^1$$

(c)

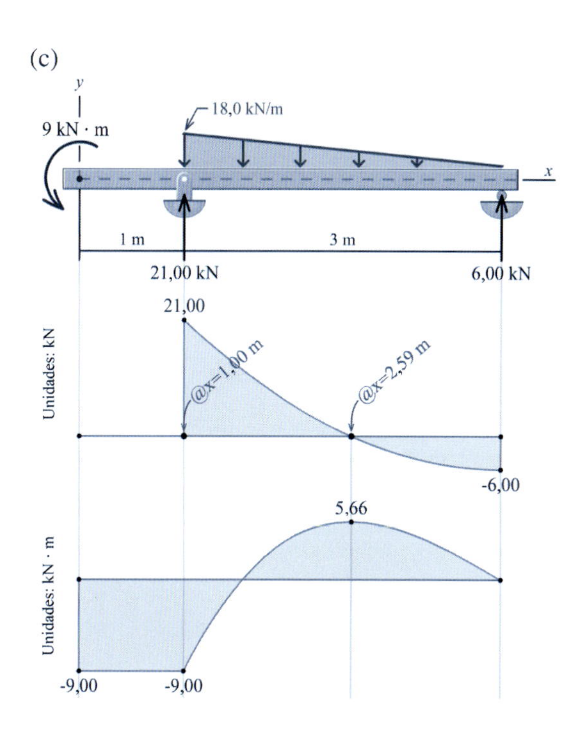

7.69 (a)

$$w(x) = 42{,}09 \text{ kip}\langle x - 0 \text{ ft}\rangle^{-1} - 5 \text{ kip/ft}\langle x - 0 \text{ ft}\rangle^0 + 5 \text{ kip/ft}\langle x - 6 \text{ ft}\rangle^0 - 9 \text{ kip/ft}\langle x - 6 \text{ ft}\rangle^0 + \frac{9 \text{ kip/ft}}{21 \text{ ft}}\langle x - 6 \text{ ft}\rangle^1 + 82{,}41 \text{ kip}\langle x - 16 \text{ ft}\rangle^{-1} - \frac{9 \text{ kip/ft}}{21 \text{ ft}}\langle x - 27 \text{ ft}\rangle^1$$

(b)

$$V(x) = 42{,}09 \text{ kip}\langle x - 0 \text{ ft}\rangle^0 - 5 \text{ kip/ft}\langle x - 0 \text{ ft}\rangle^1 + 5 \text{ kip/ft}\langle x - 6 \text{ ft}\rangle^1 - 9 \text{ kip/ft}\langle x - 6 \text{ ft}\rangle^1 + \frac{9 \text{ kip/ft}}{2(21 \text{ ft})}\langle x - 6 \text{ ft}\rangle^2 + 82{,}41 \text{ kip}\langle x - 16 \text{ ft}\rangle^0 - \frac{9 \text{ kip/ft}}{2(21 \text{ ft})}\langle x - 27 \text{ ft}\rangle^2$$

$$M(x) = 42{,}09 \text{ kip}\langle x - 0 \text{ ft}\rangle^1 - \frac{5 \text{ kip/ft}}{2}\langle x - 0 \text{ ft}\rangle^2 + \frac{5 \text{ kip/ft}}{2}\langle x - 6 \text{ ft}\rangle^2 - \frac{9 \text{ kip/ft}}{2}\langle x - 6 \text{ ft}\rangle^2 + \frac{9 \text{ kip/ft}}{6(21 \text{ ft})}\langle x - 6 \text{ ft}\rangle^3 + 82{,}41 \text{ kip}\langle x - 16 \text{ ft}\rangle^1 - \frac{9 \text{ kip/ft}}{6(21 \text{ ft})}\langle x - 27 \text{ ft}\rangle^3$$

(c)

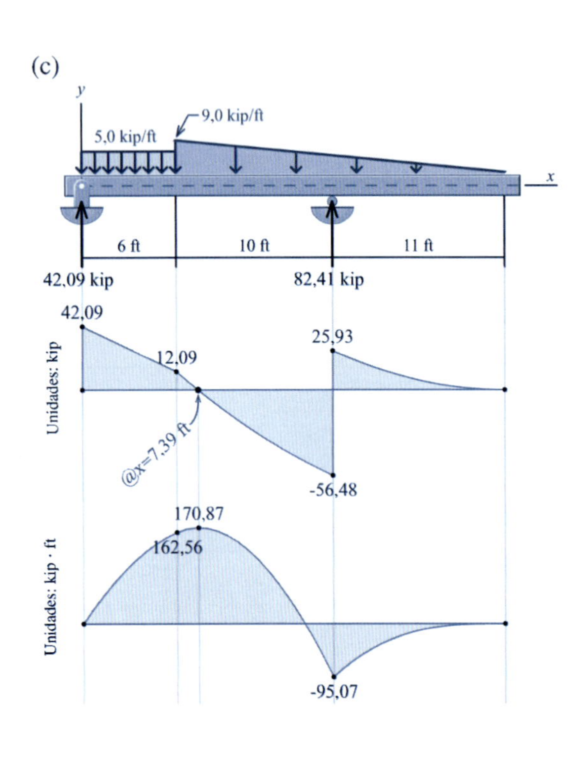

(b)

$$V(x) = -30 \text{ kN/m}\langle x - 0 \text{ m}\rangle^1 - 40 \text{ kN/m}\langle x - 0 \text{ m}\rangle^1 + \frac{40 \text{ kN/m}}{2(7{,}0 \text{ m})}\langle x - 0 \text{ m}\rangle^2 + 234{,}24 \text{ kN}\langle x - 1{,}5 \text{ m}\rangle^0 + 30 \text{ kN/m}\langle x - 7 \text{ m}\rangle^1 - \frac{40 \text{ kN/m}}{2(7{,}0 \text{ m})}\langle x - 7 \text{ m}\rangle^2 + 215{,}76 \text{ kN}\langle x - 7 \text{ m}\rangle^0 - 50 \text{ kN/m}\langle x - 7{,}0 \text{ m}\rangle^1 + 50 \text{ kN/m}\langle x - 9{,}0 \text{ m}\rangle^1$$

$$M(x) = -\frac{30 \text{ kN/m}}{2}\langle x - 0 \text{ m}\rangle^2 - \frac{40 \text{ kN/m}}{2}\langle x - 0 \text{ m}\rangle^2 + \frac{40 \text{ kN/m}}{6(7{,}0 \text{ m})}\langle x - 0 \text{ m}\rangle^3 + 234{,}24 \text{ kN}\langle x - 1{,}5 \text{ m}\rangle^1 + \frac{30 \text{ kN/m}}{2}\langle x - 7 \text{ m}\rangle^2 - \frac{40 \text{ kN/m}}{6(7{,}0 \text{ m})}\langle x - 7 \text{ m}\rangle^3 + 215{,}76 \text{ kN}\langle x - 7 \text{ m}\rangle^1 - \frac{50 \text{ kN/m}}{2}\langle x - 7{,}0 \text{ m}\rangle^2 + \frac{50 \text{ kN/m}}{2}\langle x - 9{,}0 \text{ m}\rangle^2$$

(c)

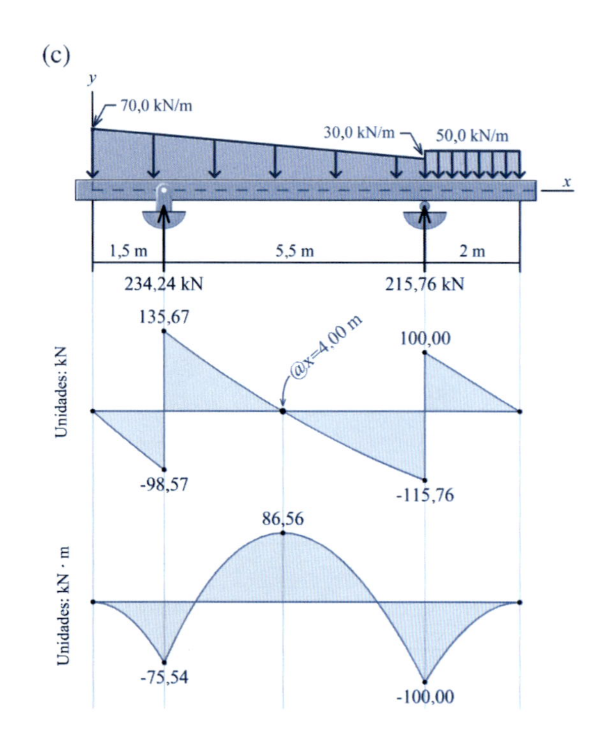

7.71 (a)

$$w(x) = -30 \text{ kN/m}\langle x - 0 \text{ m}\rangle^0 - 40 \text{ kN/m}\langle x - 0 \text{ m}\rangle^0 + \frac{40 \text{ kN/m}}{7{,}0 \text{ m}}\langle x - 0 \text{ m}\rangle^1 + 234{,}24 \text{ kN}\langle x - 1{,}5 \text{ m}\rangle^{-1} + 30 \text{ kN/m}\langle x - 7 \text{ m}\rangle^0 - \frac{40 \text{ kN/m}}{7{,}0 \text{ m}}\langle x - 7 \text{ m}\rangle^1 + 215{,}76 \text{ kN}\langle x - 7 \text{ m}\rangle^{-1} - 50 \text{ kN/m}\langle x - 7{,}0 \text{ m}\rangle^0 + 50 \text{ kN/m}\langle x - 9{,}0 \text{ m}\rangle^0$$

Capítulo 8

8.1 $\sigma = 1{,}979$ ksi

8.3 $\sigma = 443$ MPa

8.5 (a) $y = 110{,}0$ mm acima da superfície inferior, $I_z = 18.646.000 \text{ mm}^4$, $S_z = 169.500 \text{ mm}^3$
(b) em H, $\sigma_b = 25{,}7$ MPa (C)
(c) $\sigma_b = 70{,}8$ MPa (T)

8.7 (a) $y = 19{,}67$ mm acima da superfície inferior, $I_z = 257.600 \text{ mm}^4$, $S_z = 8.495 \text{ mm}^3$
(b) em H, $\sigma_b = 21{,}3$ MPa (T)
(c) $\sigma_b = 55{,}3$ MPa (C)

8.9 (a) $M_z = 790 \text{ N} \cdot \text{m}$
(b) em H, $\sigma_b = 130{,}8$ MPa (T)

8.11 $M_z = 2.240 \text{ lb} \cdot \text{ft}$

8.13 (a) em H: $\sigma_b = 68{,}1$ MPa (T)
(b) $M_z = 379 \text{ kN} \cdot \text{m}$

8.15 (a) $\sigma_b = 703$ psi (T)
(b) $\sigma_b = 825$ psi (C)

8.17 tração máxima: $\sigma_b = 157{,}8$ MPa (T), compressão máxima: $\sigma_b = 40{,}7$ MPa (C)

8.19 (a) $\sigma_b = 133{,}3$ MPa (T)
(b) $\sigma_b = 195{,}9$ MPa (C)

8.21 (a) $\sigma_b = 14{,}73$ ksi (T)
(b) $\sigma_b = 9{,}94$ ksi (C)

8.23 (a) $\sigma_b = 11{,}51$ ksi (T)
(b) $\sigma_b = 12{,}80$ ksi (C)

8.25 $\sigma_b = 9.980$ psi

8.27 $\sigma_b = 116{,}5$ MPa

8.29 $\sigma_b = 26{,}9$ ksi

8.31 $d_{\text{mín}} = 1{,}563$ in

8.33 $b_{\text{mín}} = 9{,}71$ in

8.35 $b_{\text{mín}} = 322$ mm

8.37 (a) resposta não fornecida
(b) W16×31

8.39 (a) resposta não fornecida
(b) W460×74

8.41 (a) resposta não fornecida
(b) HSS10×4×3/8

8.43 (a) $\sigma_{\text{fibra de vidro na face}} = 11{,}12$ MPa, $\sigma_{\text{núcleo}} = 2{,}65$ MPa
(b) $\sigma_{\text{fibra de vidro na interface}} = 7{,}94$ MPa

8.45 (a) $\sigma_{\text{alumínio}} = 4.970$ psi (T), $\sigma_{\text{aço}} = 9.570$ psi (C)
(b) $\sigma_{\text{alumínio}} = 1.706$ psi (T), $\sigma_{\text{aço}} = 5.120$ psi (T)

8.47 $M_{\text{máx}} = 97{,}7 \text{ kip} \cdot \text{ft}$

8.49 (a) $\sigma_{\text{madeira}} = 5{,}85$ MPa (C), $\sigma_{\text{CFRP}} = 50{,}9$ MPa (T)
(b) $P_{\text{máx}} = 6{,}15$ kN

8.51 $P_{\text{máx}} = 5{,}02$ kip

8.53 $\sigma_H = 16.430$ psi (T), $\sigma_K = 14.930$ psi (C)

8.55 $\sigma = 12{,}09$ ksi (C)

8.57 $P = 88{,}3$ kip

8.59 $\sigma_H = 40{,}0$ MPa (C), $\sigma_K = 44{,}0$ MPa (T)

8.61 $P = 9.570$ lb

8.63 $P = 35{,}6$ kN

8.65 (a) $\sigma_x = \pm 102{,}7$ MPa
(b) $\beta = 128{,}0°$ ou $\beta = -52{,}0°$

8.67 (a) $\sigma_H = 3{,}42$ ksi (T)
(b) $\sigma_K = 3{,}42$ ksi (C)
(c) $\sigma_x = \pm 9{,}47$ ksi
(d) $\beta = 54{,}9°$

8.69 $M_{\text{máx}} = 42{,}0 \text{ kN} \cdot \text{m}$

8.71 $M_{\text{máx}} = 26{,}3 \text{ kip} \cdot \text{in}$

8.73 (a) $\sigma_H = 40{,}8$ MPa (T)
(b) $\sigma_K = 82{,}6$ MPa (C)
(c) $\sigma_{\text{máx}} = 101{,}0$ MPa (T), $\sigma_{\text{máx}} = 82{,}6$ MPa (C)
(d) $\beta = 40{,}1°$

8.75 $M_{\text{máx}} = 5{,}82 \text{ kip} \cdot \text{ft}$

8.77 $M_{\text{máx}} = 796 \text{ N} \cdot \text{m}$

8.79 $M_{\text{máx}} = 111{,}8 \text{ lb} \cdot \text{ft}$

8.81 $P_{\text{máx}} = 1.525$ N

8.83 $P_{\text{máx}} = 1.572$ N

Capítulo 9

9.1 (b) $F_{1A} = 8{,}36$ kip (C), $F_{1B} = 9{,}75$ kip (C)
(c) $F_H = 1{,}393$ kip dirigida de A para B a fim de satisfazer o equilíbrio da área (1).

9.3 (b) $F_{1A} = 20{,}5$ kN (T), $F_{1B} = 11{,}33$ kN (T)
(c) $F_H = 9{,}21$ kN dirigida de A para B a fim de satisfazer o equilíbrio da área (1).

9.5 (b) $F_{1A} = 3{,}41$ kip (T), $F_{1B} = 2{,}92$ kip (T)
(c) $F_H = 0{,}487$ kip dirigida de A para B a fim de satisfazer o equilíbrio da área (1).

9.7 (b) $F_{1A} = 7{,}15$ kN (C), $F_{1B} = 7{,}63$ kN (C)
(c) $F_H = 0{,}477$ kN dirigida de A para B a fim de satisfazer o equilíbrio da área (1).

9.9 $y = 140$ mm, $\tau = 0$ kPa; $y = 105$ mm, $\tau =$ não fornecido; $y = 70$ mm, $\tau = 241$ kPa; $y = 35$ mm, $\tau =$ não fornecido; $y = 0$ mm, $\tau =$ não fornecido

9.11 (a) $\tau_H = 756$ kPa
(b) $\tau_K = 416$ kPa
(c) $\tau_{\text{máx}} = 1.500$ kPa
(d) $\sigma = 25{,}0$ MPa (C)

9.13 (a) $w = 1.024$ lb/ft
(b) $\tau_H = 84{,}0$ psi
(c) $\sigma = 2.400$ psi (T)

9.15 (a) $\tau_{\text{máx}} = 633$ kPa
(b) $\sigma = 8.680$ kPa (T)

9.17 (a) $\tau_{\text{máx}} = 522$ psi
(b) $\sigma = 17.520$ psi (T)

9.19 (a) $\tau_{\text{máx}} = 5{,}41$ MPa
(b) $\sigma = 137{,}5$ MPa (C)

9.21 (a) $\tau_{\text{máx}} = 5{,}98$ MPa
(b) $\sigma = 78{,}2$ MPa (T)

9.23 (a) $Q = 128.170$ mm^3
(b) $P_{\text{máx}} = 189{,}0$ kN

9.25 (a) $\tau_{\text{máx}} = 1.427$ psi
(b) $\sigma = 17.130$ psi (T)

9.27 (a) $Q_K = 26{,}3343$ in^3
(b) $P_{\text{máx}} = 49{,}7$ kip

9.29 (a) $\tau_K = 49{,}1$ MPa
(b) $\tau_{\text{máx}} = 53{,}3$ MPa

9.31 (a) $\tau_H = 42{,}3$ MPa
(b) $\tau_{\text{máx}} = 42{,}9$ MPa

9.33 (a) $\tau_H = 4{,}80$ ksi
(b) $\tau_K = 7{,}42$ ksi

9.35 (a) $V_{\text{máx}} = 175$ kN
(b) $\tau_H = 59{,}3$ MPa
(c) $\tau_{\text{máx}} = 65{,}6$ MPa
(d) $\sigma_{\text{máx}} = 169{,}4$ MPa

9.37 (a) $\tau_{\text{máx}} = 1.356$ psi
(b) $\sigma_b = 12.800$ psi (C)
(c) $\sigma_b = 11.510$ psi (T)

9.39 (a) $V_{\text{máx}} = 3.664$ lb
(b) $\tau_H = 1.307$ psi
(c) $\tau_{\text{máx}} = 1.439$ psi
(d) $\sigma_b = 6.670$ psi (C), 5,86 ft à direita de A.

9.41 (a) $P_{\text{máx}} = 831$ lb
(b) $P_{\text{máx}} = 2.140$ lb, $s_{\text{máx}} = 1{,}750$ in

9.43 $s_{\text{máx}} = 52{,}8$ mm

9.45 $V_{\text{máx}} = 6{,}14$ kN, $M_{\text{máx}} = 15{,}79$ kN · m

9.47 (a) $\tau_{\text{alma}} = 133{,}9$ psi
(b) $\tau_{\text{parafusos}} = 4.550$ psi
(c) $\sigma_{\text{máx}} = 753$ psi

9.49 (a) $\tau_{\text{máx}} = 228$ kPa
(b) $V_f = 802$ N
(c) $\sigma_{\text{máx}} = 8{,}31$ MPa

9.51 (a) $V_{\text{máx}} = 6{,}85$ kN
(b) $s_{\text{máx}} = 281$ mm

9.53 (a) $s_{\text{máx}} = 811$ mm
(b) apenas o perfil W310×60: $M_{\text{adm}} = 127{,}2$ kN · m,
perfil W310×60 com placas de cobertura:
$M_{\text{adm}} = 141{,}4$ kN · m, aumento percentual = 11,17%

9.55 $d_{\text{mín}} = 22{,}7$ mm

9.57 (a) $F_{\text{parafuso}} = 32{,}5$ kN
(b) $d_{\text{mín}} = 23{,}5$ mm

Capítulo 10

10.1 (a) $v = -\dfrac{M_0 x^2}{2EI}$
(b) $v_B = -\dfrac{M_0 L^2}{2EI}$
(c) $\theta_B = -\dfrac{M_0 L}{EI}$

10.3 (a) $v = -\dfrac{w_0}{120LEI}(x^5 - 5L^4x + 4L^5)$
(b) $v_A = -\dfrac{w_0 L^4}{30EI}$
(c) $\theta_A = \dfrac{w_0 L^3}{24EI}$

10.5 (a) $v = -\dfrac{M_0 x}{6LEI}(x^2 - 3Lx + 2L^2)$
(b) $\theta_A = -\dfrac{M_0 L}{3EI}$
(c) $\theta_B = \dfrac{M_0 L}{6EI}$
(d) $v_{x=L/2} = -\dfrac{M_0 L^2}{16EI}$

10.7 (a) $v = \dfrac{Px}{12EI}(L^2 - x^2)$
(b) $v_{x=L/2} = \dfrac{PL^3}{32EI}$
(c) $\theta_A = \dfrac{PL^2}{12EI}$
(d) $\theta_B = -\dfrac{PL^2}{6EI}$

10.9 (a) $v = -\dfrac{wx}{24EI}(x^3 - 2Lx^2 + L^3) - \dfrac{Px}{24EI}(x^2 - L^2)$
(b) $v_{x=L/2} = -\dfrac{5wL^4}{384EI} + \dfrac{PL^3}{64EI}$
(c) $\theta_B = \dfrac{wL^3}{24EI} - \dfrac{PL^2}{12EI}$

10.11 $v_B = -8{,}27$ mm

10.13 $v_B = -18{,}10$ mm

10.15 (a) $v = -\dfrac{w_0 x^2}{120LEI}(x^3 - 10L^2x + 20L^3)$
(b) $v_B = -\dfrac{11w_0 L^4}{120EI}$
(c) $\theta_B = -\dfrac{w_0 L^3}{8EI}$

10.17

(a) $v = -\dfrac{wLx^2}{48EI}(9L - 4x)$

$(0 \le x \le L/2)$

$v = -\dfrac{w}{384EI}(16x^4 - 64Lx^3 + 96L^2x^2 - 8L^3x + L^4)$

$(L/2 \le x \le L)$

(b) $v_B = -\dfrac{7wL^4}{192EI}$

(c) $v_C = -\dfrac{41wL^4}{384EI}$

(d) $\theta_C = -\dfrac{7wL^3}{48EI}$

10.19 (a) não fornecido

(b) $v_C = -\dfrac{5wL^4}{8EI}$

(c) $\theta_B = -\dfrac{wL^3}{2EI}$

10.21 (a) $v = -\dfrac{w_0}{120LEI}(x^5 - 5L^4x + 4L^5)$

(b) $v_{máx} = -\dfrac{w_0L^4}{30EI}$

10.23 (a) $v = -\dfrac{w_0}{840EIL^3}(x^7 - 7L^6x + 6L^7)$

(b) $v_A = -\dfrac{w_0L^4}{140EI}$

(c) $B_y = \dfrac{w_0L}{4}\uparrow,\ M_B = \dfrac{w_0L^2}{20}$ (sentido horário)

10.25 (a) $v = \dfrac{w_0}{2\pi^4EI}\left[-32L^4\cos\dfrac{\pi x}{2L} - 4\pi^2L^2x^2 + 8(\pi - 2)\pi L^3x + 4\pi(4 - \pi)L^4\right]$

(b) $v_A = -0{,}1089\dfrac{w_0L^4}{EI}$

(c) $B_y = \dfrac{2w_0L}{\pi}\uparrow,\ M_B = \dfrac{4w_0L^2}{\pi^2}$ (sentido horário)

10.27

(a) $v = -\dfrac{2w_0}{3\pi^4EI}\left[24L^4\,\text{sen}\dfrac{\pi x}{2L} + \pi^2Lx^3 - (24 + \pi^2)L^3x\right]$

(b) $v_{x=L/2} = -0{,}00869\dfrac{w_0L^4}{EI}$

(c) $\theta_A = -0{,}0262\dfrac{w_0L^3}{EI}$

(d) $A_y = \dfrac{2w_0L}{\pi^2}(\pi - 2)\uparrow,\ B_y = \dfrac{4w_0L}{\pi^2}\uparrow$

10.29 $v_D = 0{,}226$ in $\downarrow$

10.31 (a) $\theta_C = -0{,}00915$ rad
(b) $v_C = 8{,}15$ mm $\downarrow$

10.33 $v_C = 27{,}3$ mm $\downarrow$

10.35 (a) $\theta_A = -0{,}01174$ rad
(b) $v_{\text{meio do vão}} = 27{,}7$ mm $\downarrow$

10.37 (a) $\theta_A = -0{,}00994$ rad
(b) $v_{\text{meio do vão}} = 0{,}712$ in $\downarrow$

10.39 (a) $v_A = 0{,}0407$ in $\downarrow$
(b) $v_C = 0{,}0951$ in $\downarrow$

10.41 (a) $\theta_E = 0{,}01326$ rad
(b) $v_C = 0{,}858$ in $\downarrow$

10.43 (a) $\theta_B = 0{,}00575$ rad
(b) $v_A = 1{,}028$ in $\downarrow$

10.45 (a) $\theta_A = -0{,}00778$ rad
(b) $v_B = 0{,}717$ in $\downarrow$

10.47 (a) $v_A = 6{,}77$ mm $\uparrow$
(b) $v_C = 11{,}30$ mm $\downarrow$

10.49 (a) $v_H = 7{,}50$ mm $\uparrow$
(b) $v_H = 4{,}00$ mm $\downarrow$
(c) $v_H = 9{,}33$ mm $\downarrow$
(d) $v_H = 12{,}00$ mm $\downarrow$

10.51 (a) $v_H = 9{,}00$ mm $\uparrow$
(b) $v_H = 4{,}64$ mm $\downarrow$
(c) $v_H = 11{,}25$ mm $\downarrow$
(d) $v_H = 6{,}00$ mm $\uparrow$

10.53 $v_C = 0{,}584$ in $\downarrow$

10.55 $v_B = 12{,}50$ mm $\downarrow$

10.57 (a) $v_B = 0{,}257$ in $\downarrow$
(b) $v_C = 0{,}577$ in $\downarrow$

10.59 (a) $v_B = 0{,}0566$ in $\downarrow$
(b) $v_C = 0{,}242$ in $\downarrow$

10.61 (a) $v_A = 0{,}0942$ in $\uparrow$
(b) $v_C = 0{,}432$ in $\downarrow$

10.63 (a) $v_A = 0{,}0641$ in $\uparrow$
(b) $v_C = 0{,}219$ in $\uparrow$

10.65 (a) $v_A = 4{,}14$ mm $\downarrow$
(b) $v_C = 6{,}37$ mm $\downarrow$

10.67 $v_B = 1{,}933$ mm $\downarrow$

10.69 $v_B = 6{,}06$ mm $\downarrow$

10.71 (a) $v_A = 1{,}520$ mm $\downarrow$
(b) $v_C = 13{,}30$ mm $\downarrow$

10.73 (a) $v_C = 0{,}432$ in $\downarrow$
(b) $v_F = 0{,}0665$ in $\uparrow$

10.75 (a) $v_C = 8{,}79$ mm $\downarrow$
(b) $v_E = 9{,}43$ mm $\downarrow$

10.77 $v_C = 21{,}4$ mm $\downarrow$

10.79 (a) $v_A = 0{,}1230$ in ↓
(b) $v_D = 0{,}409$ in ↓

10.81 (a) $v_A = 0{,}733$ in ↓
(b) $v_C = 0{,}214$ in ↓

10.83 $v_C = 41{,}0$ mm ↓

10.85 $v_C = 1{,}325$ in →

Capítulo 11

11.1 $M_0 = \dfrac{wL^2}{6}$ (sentido horário)

11.3 $P = \dfrac{3wL}{8} \uparrow$

11.5 (a) $A_y = \dfrac{3wL}{8} \uparrow,\ B_y = \dfrac{5wL}{8} \uparrow,$
$M_B = \dfrac{wL^2}{8}$ (sentido horário)

11.7 $B_y = \dfrac{13w_0L}{60} \uparrow$

11.9 $A_y = \dfrac{2w_0L}{\pi} - \dfrac{48w_0L}{\pi^4}$

11.11 $A_y = B_y = \dfrac{w_0L}{\pi} \downarrow,\ M_A = M_B = \dfrac{2w_0L^2}{\pi^3}$

11.13 (a) $A_y = B_y = \dfrac{wL}{2} \uparrow,$
$M_A = \dfrac{wL^2}{12}$ (sentido anti-horário),
$M_B = \dfrac{wL^2}{12}$ (sentido horário)
(c) $v_{x=L/2} = \dfrac{wL^4}{384EI} \downarrow$

11.15 (a) $A_y = \dfrac{5P}{16} \uparrow,\ C_y = \dfrac{11P}{16} \uparrow,$
$M_C = \dfrac{3PL}{16}$ (sentido horário)
(c) $v_B = \dfrac{7PL^3}{768EI} \downarrow$

11.17 (a) $A_y = \dfrac{41wL}{128} \uparrow,\ C_y = \dfrac{23wL}{128} \uparrow,$
$M_C = \dfrac{7wL^2}{128}$ (sentido horário)

11.19 (a) $A_y = 225$ kN ↓, $M_A = 375$ kN · m (sentido horário),
$B_y = 225$ kN ↑
(b) $v_C = 23{,}4$ mm ↓

11.21 (a) $A_y = 52{,}8$ kip ↑, $B_y = 43{,}2$ kip ↑,
$M_B = 179{,}2$ kip · ft (sentido horário)
(b) $v = 0{,}285$ in ↓

11.23 (a) $A_y = 306$ kN ↑, $C_y = 495$ kN ↑,
$D_y = 81{,}0$ kN ↓
(b) $v_B = 6{,}48$ mm ↓

11.25 (a) $B_y = 65{,}9$ kip ↑, $D_y = 19{,}13$ kip ↑,
$M_D = 105{,}9$ kip · ft (sentido horário)
(b) $v_C = 0{,}211$ in ↓

11.27 (a) $B_y = 245$ kN ↑, $C_y = 120{,}0$ kN ↑,
$D_y = 5{,}00$ kN ↓
(b) $v_A = 14{,}40$ mm ↓

11.29 (a) $P = 19{,}50$ kip
(b) $M = 135{,}0$ kip · ft

11.31 (a) $P = 12{,}50$ kip
(b) $M = 310$ kip · ft

11.33 $A_y = 2w_0L/5 \uparrow$, $B_y = w_0L/10 \uparrow$,
$M_A = w_0L^2/15$ (sentido anti-horário)

11.35 $A_y = 17wL/16 \uparrow$, $B_y = 7wL/16 \uparrow$,
$M_B = wL^2/16$ (sentido horário)

11.37 $A_y = 9M_0/16L \downarrow$, $C_y = 9M_0/16L \uparrow$,
$M_A = M_0/8$ (sentido horário)

11.39 $A_y = 3P/8 \uparrow$, $C_y = 7P/8 \uparrow$, $D_y = P/4 \downarrow$

11.41 $B_y = 3wL/2 \uparrow$

11.43 $B_y = 11P/8 = 1{,}375P \uparrow$

11.45 (a) $A_y = 160{,}0$ kN ↓, $B_y = 480$ kN ↑,
$C_y = 220$ kN ↑
(b) $\sigma_{máx} = 235$ MPa

11.47 $A_y = 1.284$ lb ↑, $D_y = 276$ lb ↑,
$M_A = 17.600$ lb · in (sentido anti-horário)

11.49 (a) $A_y = 7.230$ N ↑, $C_y = 6.770$ N ↑,
$M_A = 449.000$ N · mm (sentido anti-horário)
(b) $v_B = 15{,}83$ mm ↓

11.51 (a) $A_y = 2.750$ lb ↓, $B_y = 10.750$ lb ↓,
$M_A = 25.000$ lb · in (sentido horário)
(b) $\sigma_{máx} = 12.670$ psi

11.53 (a) $A_y = 208$ N ↑, $C_y = 1.014$ N ↑,
$E_y = 228$ N ↑
(b) $\sigma_{máx} = 168{,}1$ MPa

11.55 (a) $B_y = 79{,}0$ lb ↑, $C_y = 157{,}5$ lb ↑,
$E_y = 93{,}5$ lb ↑
(b) $\sigma_{máx} = 14.290$ psi

11.57 (a) $A_y = 52{,}8$ kN ↑, $C_y = 97{,}2$ kN ↑,
$M_A = 144$ kN · m (sentido anti-horário),
$M_C = 216$ kN · m (sentido horário)
(b) $\sigma_{máx} = 103{,}9$ MPa (em C)
(c) $v_B = 6{,}24$ mm ↓

11.59 (a) $F_1 = 7.150$ lb (T)
(b) $\sigma_{máx} = 1.160$ psi
(c) $v_B = 0{,}233$ in ↓

11.61 (a) $F_1 = 6{,}08$ kip (T)
(b) $\sigma_{máx} = 17{,}66$ ksi
(c) $v_C = 0{,}231$ in ↓

11.63 (a) $A_y = 4{,}39$ kip ↑, $C_y = 5{,}61$ kip ↑, $M_A = 27{,}7$ kip · ft (sentido anti-horário)
(b) $\sigma_{máx} = 17{,}47$ ksi (em B)
(c) $v_C = 0{,}0281$ in ↓

11.65 (a) $A_y = 134{,}5$ kN ↑, $B_y = 178{,}8$ kN ↑, $C_y = 13{,}31$ kN ↓
(b) $\sigma_{máx} = 157{,}9$ MPa
(c) $v_B = 3{,}73$ mm ↓

11.67 (a) $A_y = 193{,}7$ kN ↑, $B_y = 226$ kN ↑, $M_A = 242$ kN · m (sentido anti-horário)
(b) $\sigma_{máx} = 181{,}2$ MPa (em A)

Capítulo 12

12.1 $\sigma_x = 26{,}5$ MPa, $\tau_{xy} = -48{,}9$ MPa

12.3 (a) $\sigma_x = -3{,}96$ ksi, $\tau_{xy} = -5{,}28$ ksi
(b) $\sigma_x = -8{,}91$ ksi, $\tau_{xy} = 7{,}64$ ksi

12.5 $\sigma_x = -468$ psi, $\tau_{xy} = -319$ psi

12.7 (a) $\sigma_x = 3.250$ psi, $\tau_{xy} = 981$ psi
(b) $\sigma_x = -1.486$ psi, $\tau_{xy} = 1.092$ psi

12.9 $\sigma_y = -57{,}7$ MPa, $\tau_{xy} = 20{,}1$ MPa

12.11 (a) $\sigma_x = 26{,}7$ MPa, $\tau_{xy} = -4{,}15$ MPa
(b) $\sigma_y = -10{,}89$ MPa, $\tau_{xy} = -6{,}85$ MPa

12.13 (a) $\sigma_y = -24{,}8$ MPa, $\tau_{xy} = 64{,}8$ MPa
(b) $\sigma_y = 81{,}3$ MPa, $\tau_{yz} = -76{,}6$ MPa

12.15 (a) $\sigma_x = -5{,}66$ MPa, $\tau_{xz} = 23{,}0$ MPa
(b) $\sigma_x = -109{,}4$ MPa, $\tau_{xy} = -18{,}86$ MPa

12.17 $\sigma_n = 189{,}1$ MPa, $\tau_{nt} = -55{,}5$ MPa

12.19 $\sigma_n = -20{,}7$ MPa, $\tau_{nt} = 251$ MPa

12.21 $\sigma_n = 311$ MPa, $\tau_{nt} = -54{,}4$ MPa

12.23 $\sigma_n = 20{,}2$ MPa, $\tau_{nt} = -30{,}4$ MPa

12.25 $\sigma_n = 2.790$ psi, $\tau_{nt} = -1.182$ psi

12.27 $\sigma_n = -2{,}67$ ksi, $\tau_{nt} = -7{,}78$ ksi

12.29 $\sigma_n = 10{,}06$ ksi, $\tau_{nt} = -5{,}16$ ksi

12.31 $\sigma_n = -34{,}5$ MPa, $\tau_{nt} = -47{,}6$ MPa

12.33 $\sigma_n = -13{,}03$ MPa, $\tau_{nt} = -42{,}4$ MPa

12.35 $\sigma_n = -10.080$ psi, $\tau_{nt} = -4.430$ psi

12.37 $\sigma_n = 65{,}6$ MPa, $\sigma_t = -30{,}6$ MPa, $\tau_{nt} = 18{,}55$ MPa

12.39 $\sigma_x = -23{,}8$ MPa, $\sigma_y = 31{,}8$ MPa, $\tau_{xy} = -51{,}8$ MPa

12.41

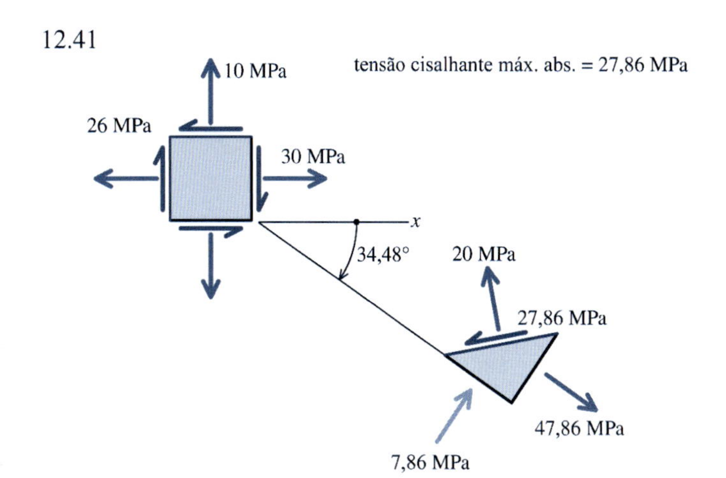

12.43

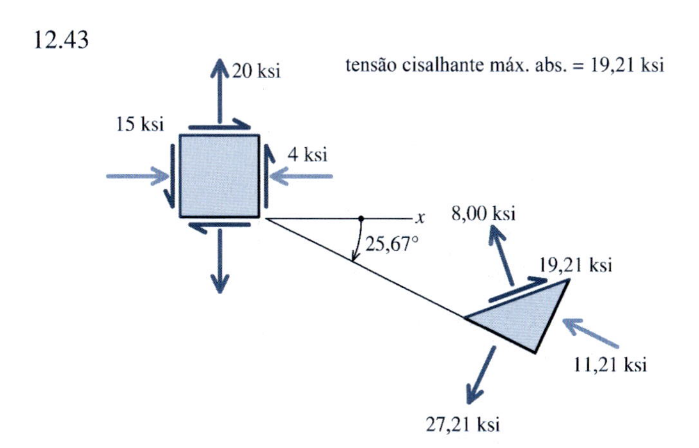

12.45

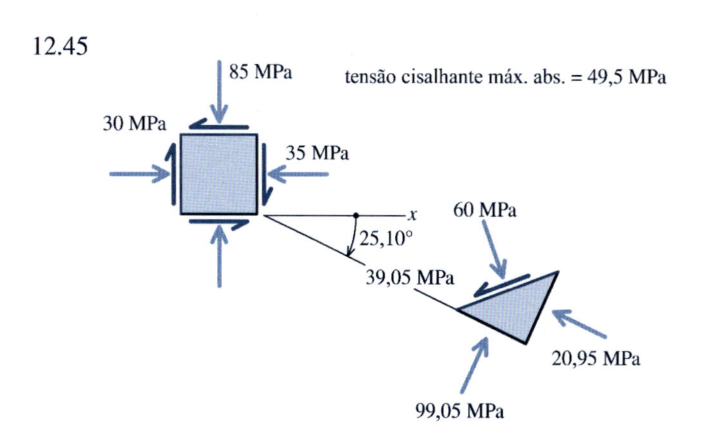

12.47

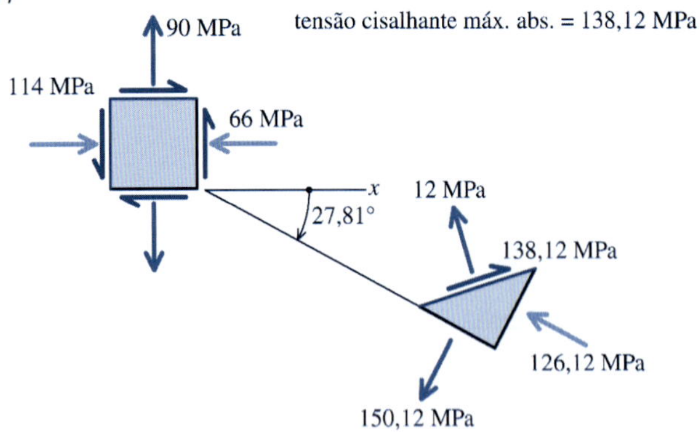

12.49 (a) $\sigma_{p1} = 47{,}0$ ksi, $\sigma_{p2} = 13{,}00$ ksi,
$\theta_p = -14{,}04°$, $\tau_{\text{máx}} = 17{,}00$ ksi
(c) $\tau_{\text{máx abs}} = 23{,}5$ ksi

12.51 (a) $\sigma_{p1} = -24{,}8$ MPa, $\sigma_{p2} = -60{,}2$ MPa,
$\theta_p = -32{,}44°$, $\tau_{\text{máx}} = 17{,}67$ MPa
(c) $\tau_{\text{máx abs}} = 30{,}1$ MPa

12.53 (a) $\sigma_{p1} = 7{,}74$ ksi, $\sigma_{p2} = -67{,}7$ ksi,
$\theta_p = -29{,}0°$, $\tau_{\text{máx}} = 37{,}7$ ksi
(c) $\tau_{\text{máx abs}} = 37{,}7$ ksi

12.55 (a) $\sigma_{p1} = 7{,}82$ ksi, $\sigma_{p2} = 1{,}68$ ksi,
$\theta_p = -32{,}97°$, $\tau_{\text{máx}} = 3{,}07$ ksi
(c) $\tau_{\text{máx abs}} = 3{,}91$ ksi

12.57 $\sigma_y = -117{,}5$ psi

12.59 $\tau_{xy} = -19{,}98$ ksi, $\sigma_{p1} = 27{,}0$ ksi,
$\sigma_{p2} = -37{,}0$ ksi, $\sigma_{p3} = 0$

12.61 (a) máx. $\sigma_y = 55{,}0$ ksi
(b) $\sigma_{p1} = 58{,}5$ ksi, $\sigma_{p2} = 26{,}5$ ksi

12.63

5 ksi, 20 ksi, 35 ksi, x, 26,57°, 20 ksi, 25 ksi, 45 ksi, 5 ksi

12.65

20 MPa, 30 MPa, 100 MPa, 40 MPa, x, 13,28°, 67,08 MPa, 107,08 MPa, 27,08 MPa

12.67

10 MPa, 50 MPa, t, n, 30 MPa, 20 MPa, 15 MPa, 57,2°, 60 MPa

12.69

τ, (5, 13), y, R=16,01, C=-5,00, 2, 1, σ, (-21,01, 0), (11,01, 0), 128,66°, x, (-15, 13), τ, 1 quadrícula = 2 ksi

tensão cisalhante máx. abs. = 16,01 ksi

5 ksi, 12,5 ksi, 15 ksi, x, 25,67°, 5 ksi, 16,01 ksi, 21,01 ksi, 11,01 ksi

12.71

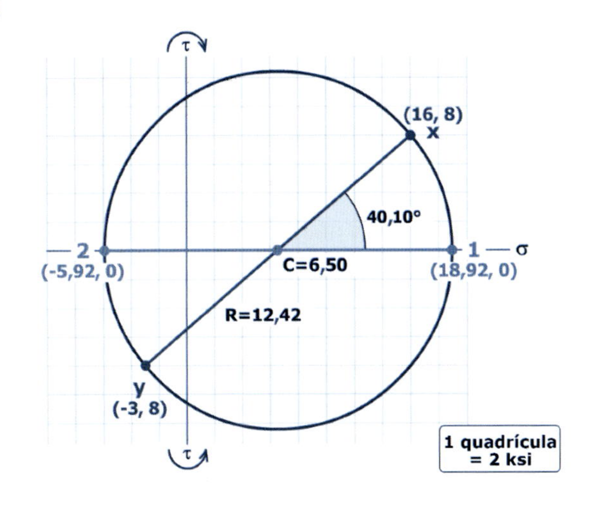

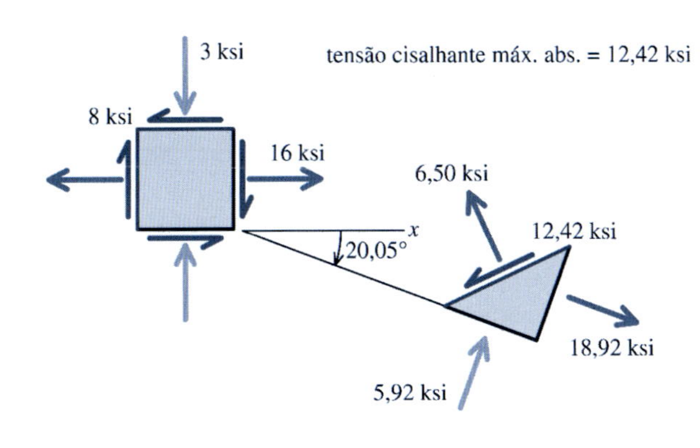

12.73

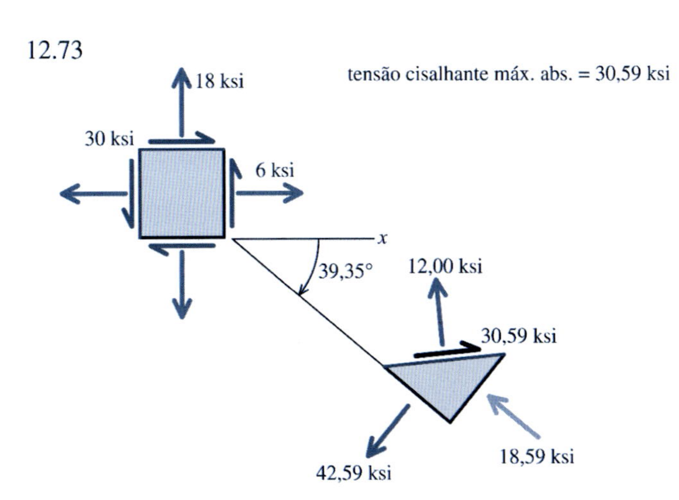

12.75

45 MPa

tensão cisalhante máx. abs. = 33,63 MPa

25 MPa

22,50 MPa

x

24,01°

33,63 MPa

11,13 MPa

56,13 MPa

12.77 (b) $\sigma_{p1} = 108{,}5$ MPa, $\sigma_{p2} = 41{,}5$ MPa,
$\tau_{\text{máx}} = 33{,}5$ MPa,
$\theta_p = -31{,}72°$ (para σ_{p2})
(d) $\tau_{\text{máx abs}} = 54{,}3$ MPa

12.79 (b) $\sigma_{p1} = -139{,}2$ psi, $\sigma_{p2} = -610{,}8$ psi,
$\tau_{\text{máx}} = 235{,}8$ psi,
$\theta_p = -29{,}00°$ (para σ_{p1})
(d) $\tau_{\text{máx abs}} = 305{,}4$ psi

12.81 (b) $\sigma_{p1} = -33{,}7$ MPa, $\sigma_{p2} = -121{,}3$ MPa,
$\tau_{\text{máx}} = 43{,}8$ MPa,
$\theta_p = -36{,}71°$ (para σ_{p2})
(c) $\sigma_n = -42{,}3$ MPa, $\tau_{nt} = 26{,}1$ MPa
(d) $\tau_{\text{máx abs}} = 60{,}7$ MPa

12.83 (b) $\sigma_{p1} = 121{,}1$ MPa, $\sigma_{p2} = 28{,}9$ MPa,
$\tau_{\text{máx}} = 46{,}1$ MPa,
$\theta_p = -24{,}70°$ (para σ_{p1})
(c) $\sigma_n = 45{,}7$ MPa, $\tau_{nt} = -35{,}6$ MPa
(d) $\tau_{\text{máx abs}} = 60{,}55$ MPa

12.85 (b) $\sigma_{p1} = 133{,}1$ MPa, $\sigma_{p2} = -93{,}1$ MPa,
$\tau_{\text{máx}} = 113{,}1$ MPa,
$\theta_p = 22{,}50°$ (para σ_{p2})
(c) $\sigma_n = 49{,}3$ MPa, $\tau_{nt} = -109{,}3$ MPa
(d) $\tau_{\text{máx abs}} = 113{,}1$ MPa

12.87 (b) $\sigma_{p1} = 264{,}4$ MPa, $\sigma_{p2} = -104{,}4$ MPa,
$\tau_{\text{máx}} = 184{,}4$ MPa,
$\theta_p = 38{,}74°$ (para σ_{p1})
(c) $\sigma_n = -60{,}0$ MPa, $\tau_{nt} = 120{,}0$ MPa
(d) $\tau_{\text{máx abs}} = 184{,}4$ MPa

12.89 (a) $\sigma = -11{,}50$ ksi, $\tau = 8{,}50$ ksi
(seta aponta para a direita)
(b) $\sigma_x = -19{,}00$ ksi, $\sigma_y = -4{,}00$ ksi, $\tau_{xy} = 4{,}00$ ksi
(c) $\tau_{\text{máx abs}} = 10{,}00$ ksi

12.91 (a) $\sigma_n = 71{,}9$ MPa, $\tau_{nt} = 10{,}95$ MPa
(b) $\sigma_{p1} = 73{,}8$ MPa, $\sigma_{p2} = 9{,}41$ MPa,
$\sigma_{p3} = -43{,}2$ MPa, $\tau_{\text{máx abs}} = 58{,}5$ MPa

12.93 (a) $\sigma_n = 217$ MPa, $\tau_{nt} = 99{,}7$ MPa
(b) $\sigma_{p1} = 262$ MPa, $\sigma_{p2} = -0{,}999$ MPa,
$\sigma_{p3} = -51{,}5$ MPa, $\tau_{\text{máx abs}} = 157{,}0$ MPa

12.95 (a) $\sigma_n = 41{,}3$ MPa, $\tau_{nt} = 53{,}0$ MPa
(b) $\sigma_{p1} = 81{,}3$ MPa, $\sigma_{p2} = -4{,}75$ MPa, $\sigma_{p3} = -36{,}6$ MPa, $\tau_{\text{máx abs}} = 58{,}9$ MPa

12.97 (a) $\sigma_{p1} = 91{,}3$ MPa, $\sigma_{p2} = 3{,}97$ MPa, $\sigma_{p3} = -55{,}2$ MPa, $\tau_{\text{máx abs}} = 73{,}3$ MPa
(b) $\alpha = 33{,}2°$, $\beta = 71{,}2°$, $\gamma = 63{,}7°$

12.99 (a) $\sigma_{p1} = 9{,}15$ ksi, $\sigma_{p2} = -22{,}4$ ksi, $\sigma_{p3} = -31{,}7$ ksi, $\tau_{\text{máx abs}} = 20{,}4$ ksi
(b) $\alpha = 57{,}8°$, $\beta = 128{,}2°$, $\gamma = 125{,}3°$

Capítulo 13

13.1 (a) $\varepsilon_{AC} = 773$ με
(b) $\varepsilon_{BD} = 145{,}4$ με

13.3 (a) $\varepsilon_n = -225$ με
(b) $\gamma_{nt} = 2.050$ μrad

13.5 $\varepsilon_n = 487$ με, $\varepsilon_t = -617$ με, $\gamma_{nt} = -843$ μrad

13.7 $\varepsilon_n = 819$ με, $\varepsilon_t = -166{,}8$ με, $\gamma_{nt} = -835$ μrad

13.9 $\varepsilon_n = -854$ με, $\varepsilon_t = 374$ με, $\gamma_{nt} = 625$ μrad

13.11 $\varepsilon_{p1} = 504$ με, $\varepsilon_{p2} = -594$ με, $\gamma_{\text{máx}} = 1{,}097$ μrad, $\theta_p = -16{,}02°$, $\gamma_{\text{máx abs}} = 1.097$ μrad

13.13 $\varepsilon_{p1} = 159{,}6$ με, $\varepsilon_{p2} = -1{,}825$ με, $\gamma_{\text{máx}} = 1.984$ μrad, $\theta_p = -32{,}56°$, $\gamma_{\text{máx abs}} = 1.984$ μrad

13.15 $\varepsilon_{p1} = -146{,}2$ με, $\varepsilon_{p2} = -854$ με, $\gamma_{\text{máx}} = 708$ μrad, $\theta_p = -21{,}35°$, $\gamma_{\text{máx abs}} = 854$ μrad

13.17 $\varepsilon_{p1} = -362$ με, $\varepsilon_{p2} = -1.138$ με, $\gamma_{\text{máx}} = 777$ μrad, $\theta_p = -14{,}44°$, $\gamma_{\text{máx abs}} = 1.138$ μrad

13.19 $\varepsilon_{p1} = -228$ με, $\varepsilon_{p2} = -552$ με, $\gamma_{\text{máx}} = 323$ μrad, $\theta_p = 10{,}90°$, $\gamma_{\text{máx abs}} = 552$ μrad

13.21 $\varepsilon_{p1} = -391$ με, $\varepsilon_{p2} = -1.179$ με, $\gamma_{\text{máx}} = 787$ μrad, $\theta_p = -31{,}80°$, $\gamma_{\text{máx abs}} = 1.179$ μrad

13.23 $\varepsilon_x = 500$ με, $\varepsilon_y = -340$ με, $\gamma_{xy} = -710$ μrad; ou $\varepsilon_x = -340$ με, $\varepsilon_y = 500$ με, $\gamma_{xy} = 710$ μrad
(b) $\gamma_{\text{máx}} = \gamma_{\text{máx abs}} = 1.100$ μrad

13.25 (a) $\varepsilon_x = 1.217$ με, $\varepsilon_y = 618$ με, $\gamma_{xy} = 999$ μrad; ou $\varepsilon_x = 618$ με, $\varepsilon_y = 1.217$ με, $\gamma_{xy} = -999$ μrad
(b) $\gamma_{\text{máx}} = 1.165$ μrad, $\gamma_{\text{máx abs}} = 1.500$ μrad

13.27 $\varepsilon_{p1} = 444$ με, $\varepsilon_{p2} = -334$ με, $\gamma_{\text{máx}} = 779$ μrad, $\theta_p = 12{,}13°$, $\gamma_{\text{máx abs}} = 779$ μrad

13.29 $\varepsilon_{p1} = 182{,}4$ με, $\varepsilon_{p2} = -882$ με, $\gamma_{\text{máx}} = 1.065$ μrad, $\theta_p = -42{,}31°$, $\gamma_{\text{máx abs}} = 1.065$ μrad

13.31 $\varepsilon_{p1} = 1.237$ με, $\varepsilon_{p2} = 363$ με, $\gamma_{\text{máx}} = 873$ μrad, $\theta_p = -38{,}38°$, $\gamma_{\text{máx abs}} = 1.237$ μrad

13.33 $\varepsilon_{p1} = -248$ με, $\varepsilon_{p2} = -1.702$ με, $\gamma_{\text{máx}} = 1.453$ μrad, $\theta_p = -31{,}72°$, $\gamma_{\text{máx abs}} = 1.702$ μrad

13.35 $\varepsilon_{p1} = 1.622$ με, $\varepsilon_{p2} = 208$ με, $\gamma_{\text{máx}} = 1.414$ μrad, $\theta_p = 13{,}92°$, $\gamma_{\text{máx abs}} = 1.622$ μrad

13.37 $\varepsilon_{p1} = 324$ με, $\varepsilon_{p2} = -984$ με, $\gamma_{\text{máx}} = 1.309$ μrad, $\theta_p = -23{,}27°$, $\gamma_{\text{máx abs}} = 1.309$ μrad

13.39 (a) $\varepsilon_x = 550$ με, $\varepsilon_y = -375$ με, $\gamma_{xy} = -1.635$ μrad
(b) $\varepsilon_{p1} = 1.027$ με, $\varepsilon_{p2} = -852$ με, $\gamma_{\text{máx}} = 1.879$ μrad, $\theta_p = -30{,}25°$ (para ε_{p1})
(d) $\gamma_{\text{máx abs}} = 1.879$ μrad

13.41 (a) $\varepsilon_x = 830$ με, $\varepsilon_y = 235$ με, $\gamma_{xy} = 395$ μrad
(b) $\varepsilon_{p1} = 890$ με, $\varepsilon_{p2} = 175$ με, $\gamma_{\text{máx}} = 714$ μrad, $\theta_p = 16{,}79°$ (para ε_{p1})
(d) $\gamma_{\text{máx abs}} = 1.414$ μrad

13.43 (a) $\varepsilon_x = -230$ με, $\varepsilon_y = 126{,}7$ με, $\gamma_{xy} = 387$ μrad
(b) $\varepsilon_{p1} = 211$ με, $\varepsilon_{p2} = -315$ με, $\varepsilon_{p3} = 18{,}24$ με, $\gamma_{\text{máx}} = 526$ μrad, $\theta_p = -23{,}66°$ (para ε_{p2})
(d) $\gamma_{\text{máx abs}} = 526$ μrad

13.45 (a) $\varepsilon_x = -1.450$ με, $\varepsilon_y = -615$ με, $\gamma_{xy} = -1.185$ μrad
(b) $\varepsilon_{p1} = -308$ με, $\varepsilon_{p2} = -1.757$ με, $\varepsilon_{p3} = 364$ με, $\gamma_{\text{máx}} = 1.450$ μrad, $\theta_p = 27{,}42°$ (para ε_{p2})
(d) $\gamma_{\text{máx abs}} = 2.120$ μrad

13.47 (a) $\varepsilon_x = 380$ με, $\varepsilon_y = -85$ με, $\gamma_{xy} = -885$ μrad
(b) $\varepsilon_{p1} = 647$ με, $\varepsilon_{p2} = -352$ με, $\varepsilon_{p3} = -40{,}2$ με, $\gamma_{\text{máx}} = 1.000$ μrad, $\theta_p = -31{,}14°$ (para ε_{p1})
(d) $\gamma_{\text{máx abs}} = 1.000$ μrad

13.49 (a) alongamento $AB = 0{,}1431$ mm, alongamento $AD = 0{,}01457$ mm
(b) alongamento $AC = 0{,}1345$ mm
(c) variação de espessura $= -0{,}00849$ mm

13.51 $\sigma_x = 480$ MPa, $\sigma_y = 200$ MPa

13.53 $\sigma_x = 10{,}28$ ksi, $\sigma_z = 15{,}45$ ksi

13.55 (a) $\sigma_x = 88{,}3$ MPa
(b) $\varepsilon_{p1} = \varepsilon_y = 1.001$ με, $\varepsilon_{p2} = \varepsilon_x = 531$ με, $\theta_p = 0$, $\gamma_{\text{máx}} = 470$ μrad
(c) $\gamma_{\text{máx abs}} = 1.603$ μrad.

13.57 $\sigma_n = 2{,}96$ ksi

13.59 $\sigma_x = -10{,}94$ ksi, $\sigma_y = 6{,}81$ ksi, $\tau_{xy} = 7{,}13$ ksi

13.61 $\sigma_x = 8{,}12$ ksi, $\sigma_y = -1{,}741$ ksi, $\tau_{xy} = 4{,}61$ ksi

13.63 $\sigma_x = 2{,}17$ ksi, $\sigma_y = -2{,}42$ ksi, $\tau_{xy} = -1{,}444$ ksi

13.65 $\sigma_x = -7{,}25$ ksi, $\sigma_y = 10{,}43$ ksi, $\tau_{xy} = 6{,}05$ ksi

13.67 (a) $\sigma_x = -12{,}88$ ksi, $\sigma_y = -17{,}50$ ksi, $\tau_{xy} = -0{,}917$ ksi
(b) $\sigma_{p1} = -12{,}70$ ksi, $\sigma_{p2} = -17{,}67$ ksi, $\tau_{\text{máx}} = 2{,}49$ ksi, $\theta_p = -10{,}82°$ (para σ_{p1})
(c) $\tau_{\text{máx abs}} = 8{,}84$ ksi

13.69 (a) $\sigma_x = 27{,}2$ ksi, $\sigma_y = 37{,}4$ ksi, $\tau_{xy} = -6{,}38$ ksi
(b) $\sigma_{p1} = 40{,}5$ ksi, $\sigma_{p2} = 24{,}1$ ksi, $\tau_{\text{máx}} = 8{,}18$ ksi, $\theta_p = 25{,}60°$ (para σ_{p2})
(c) $\tau_{\text{máx abs}} = 20{,}2$ ksi

13.71 (a) $\sigma_x = 3{,}24$ ksi, $\sigma_y = -5{,}89$ ksi, $\tau_{xy} = -10{,}32$ ksi
(b) $\sigma_{p1} = 9{,}96$ ksi, $\sigma_{p2} = -12{,}61$ ksi, $\tau_{máx} = 11{,}28$ ksi, $\theta_p = -33{,}07°$ (para σ_{p1})
(c) $\tau_{máx\ abs} = 11{,}28$ ksi

13.73 (a) $\varepsilon_x = -910\ \mu\varepsilon$, $\varepsilon_y = -210\ \mu\varepsilon$, $\gamma_{xy} = -543$ μrad
(b) $\varepsilon_{p1} = -117{,}1\ \mu\varepsilon$, $\varepsilon_{p2} = -1.003\ \mu\varepsilon$, $\varepsilon_{p3} = 354\ \mu\varepsilon$, $\gamma_{máx} = 886$ μrad
(c) $\sigma_{p1} = -3{,}42$ ksi, $\sigma_{p2} = -9{,}85$ ksi, $\tau_{máx} = 3{,}21$ ksi, $\theta_p = 18{,}89°$ (para σ_{p2})
(d) $\tau_{máx\ abs} = 4{,}92$ ksi

13.75 (a) $\varepsilon_x = 120\ \mu\varepsilon$, $\varepsilon_y = 970\ \mu\varepsilon$, $\gamma_{xy} = 290$ μrad
(b) $\varepsilon_{p1} = 994\ \mu\varepsilon$, $\varepsilon_{p2} = 95{,}9\ \mu\varepsilon$, $\varepsilon_{p3} = -239\ \mu\varepsilon$, $\gamma_{máx} = 898$ μrad
(c) $\sigma_{p1} = 17{,}77$ ksi, $\sigma_{p2} = 4{,}83$ ksi, $\tau_{máx} = 6{,}47$ ksi, $\theta_p = -9{,}42°$ (para σ_{p2})
(d) $\tau_{máx\ abs} = 8{,}88$ ksi

13.77 (a) $\varepsilon = 473\ \mu\varepsilon$
(b) $P = 37{,}1$ kN

Capítulo 14

14.1 $\sigma_a = 1{,}962$ MPa

14.3 $t_{mín} = 63{,}0$ mm

14.5 (a) $\sigma_{long} = 12{,}24$ ksi
(b) $p = 462$ psi

14.7 (a) $\sigma_{tang} = 88{,}0$ MPa
(b) $p_{máx} = 2{,}86$ MPa

14.9 (a) $h = 11{,}60$ m
(b) $\sigma_{long} = 0$ MPa

14.11 (a) $\sigma_n = 35{,}3$ MPa
(b) $\tau_{nt} = -12{,}31$ MPa

14.13 $p_{adm} = 282$ psi

14.15 $p = 2{,}40$ MPa

14.17 (a) $p = 153{,}3$ psi
(b) $\tau_{máx\ abs} = 4{,}91$ ksi
(c) $\tau_{máx\ abs} = 4{,}98$ ksi

14.19 (a) $\sigma_n = 71{,}0$ MPa
(b) $\tau_{nt} = 29{,}9$ MPa
(c) $\tau_{máx\ abs} = 69{,}3$ MPa (fora do plano)

Capítulo 15

15.1 (a) $\sigma_{p1} = 8{,}33$ ksi, $\sigma_{p2} = -2{,}67$ ksi, $\theta_p = -29{,}52°$ (para σ_{p1}), $\sigma_{méd} = 2{,}83$ ksi, $\tau_{máx} = 5{,}50$ ksi, $\tau_{máx\ abs} = 5{,}50$ ksi

15.3 (a) $\sigma_{p1} = 81{,}6$ MPa, $\sigma_{p2} = -40{,}8$ MPa, $\theta_p = 35{,}28°$ (para σ_{p1}), $\sigma_{méd} = 20{,}4$ MPa, $\tau_{máx} = 61{,}2$ MPa, $\tau_{máx\ abs} = 61{,}2$ MPa

15.5 $\sigma_{p1} = 2.790$ psi, $\sigma_{p2} = -2.210$ psi, $\sigma_{méd} = 286$ psi, $\tau_{máx} = 2.500$ psi

15.7 $P_{máx} = 32{,}3$ kip

15.9 (a) $\sigma_{p1} = 40{,}8$ MPa, $\sigma_{p2} = -23{,}8$ MPa, $\theta_p = 37{,}35°$ (para σ_{p1}), $\sigma_{méd} = 8{,}53$ MPa, $\tau_{máx} = 32{,}3$ MPa, $\tau_{máx\ abs} = 32{,}3$ MPa

15.11 (a) $\sigma_{p1} = 28{,}5$ MPa, $\sigma_{p2} = -45{,}5$ MPa, $\theta_p = 51{,}64°$ (para σ_{p1}) ou $\theta_p = -38{,}36°$ (para σ_{p2}), $\sigma_{méd} = -8{,}49$ MPa, $\tau_{máx} = 37{,}0$ MPa, $\tau_{máx\ abs} = 37{,}0$ MPa

15.13 (a) $\sigma_{p1} = 9{,}63$ ksi, $\sigma_{p2} = -16{,}56$ ksi, $\theta_p = -52{,}67°$ (para σ_{p1}) ou $\theta_p = 37{,}33°$ (para σ_{p2}), $\sigma_{méd} = -3{,}46$ ksi, $\tau_{máx} = 13{,}10$ ksi, $\tau_{máx\ abs} = 13{,}10$ ksi

15.15 (a) $\sigma_n = 38{,}8$ MPa
(b) $\tau_{nt} = -6{,}37$ MPa
(c) $\tau_{máx\ abs} = 34{,}0$ MPa

15.17 (a) $\varepsilon = -1.062\ \mu\varepsilon$
(b) $T = 5.370$ N · m

15.19 ponto H: $\sigma_{p1} = 107{,}0$ MPa, $\sigma_{p2} = -11{,}72$ MPa, $\theta_p = 18{,}31°$ (para σ_{p1}), $\sigma_{méd} = 47{,}7$ MPa, $\tau_{máx} = 59{,}4$ MPa;
ponto K: $\sigma_{p1} = 21{,}1$ MPa, $\sigma_{p2} = -69{,}5$ MPa, $\theta_p = 61{,}15°$ (para σ_{p1}) ou $\theta_p = -28{,}85°$ (para σ_{p2}), $\sigma_{méd} = -24{,}2$ MPa, $\tau_{máx} = 45{,}3$ MPa

15.21 $\sigma_{p1} = 16{,}72$ MPa, $\sigma_{p2} = -38{,}12$ MPa, $\theta_p = -56{,}49°$ (para σ_{p1}) ou $\theta_p = 33{,}51°$ (para σ_{p2}), $\sigma_{méd} = -10{,}70$ MPa, $\tau_{máx} = 27{,}4$ MPa

15.23 $\sigma_{p1} = 3{,}69$ ksi, $\sigma_{p2} = -1{,}990$ ksi, $\theta_p = -36{,}29°$ (para σ_{p1}), $\sigma_{méd} = 0{,}850$ ksi, $\tau_{máx} = 2{,}84$ ksi

15.25 $\sigma_{p1} = 235$ psi, $\sigma_{p2} = -7{,}08$ psi, $\theta_p = -9{,}85°$ (para σ_{p1}), $\sigma_{méd} = 113{,}9$ psi, $\tau_{máx} = 121{,}0$ psi

15.27 ponto H: $\sigma_{p1} = 231$ psi, $\sigma_{p2} = -42{,}2$ psi, $\theta_p = -66{,}84°$ (para σ_{p1}) ou $\theta_p = 23{,}16°$ (para σ_{p2}), $\sigma_{méd} = 94{,}3$ psi, $\tau_{máx} = 136{,}6$ psi;
ponto K: $\sigma_{p1} = 10{,}93$ psi, $\sigma_{p2} = -892$ psi, $\theta_p = -6{,}32°$ (para σ_{p1}), $\sigma_{méd} = -440$ psi, $\tau_{máx} = 451$ psi

15.29 $\sigma_{p1} = 0{,}561$ ksi, $\sigma_{p2} = -5{,}21$ ksi, $\theta_p = 18{,}17°$ (para σ_{p1}), $\sigma_{méd} = -2{,}33$ ksi, $\tau_{máx} = 2{,}89$ ksi

15.31 $\sigma_{p1} = 5{,}09$ MPa, $\sigma_{p2} = -51{,}7$ MPa, $\theta_p = 17{,}41°$ (para σ_{p1}), $\sigma_{méd} = -23{,}3$ MPa, $\tau_{máx} = 28{,}4$ MPa

15.33 $P_{máx} = 6.230$ lb

15.35 $\sigma_a = 1.451$ psi (T), $\sigma_b = 924$ psi (C),
$\sigma_c = 2.510$ psi (C), $\sigma_d = 131{,}9$ psi (C)

15.37 (a) $\sigma_x = 0$ MPa, $\sigma_y = 37{,}4$ MPa,
$\tau_{xy} = -5{,}08$ MPa
(b) $\sigma_{p1} = 38{,}1$ MPa,
$\sigma_{p2} = -0{,}677$ MPa, $\theta_p = 7{,}60°$ (para σ_{p2}),
$\sigma_{méd} = 18{,}70$ MPa, $\tau_{máx} = 19{,}38$ MPa

15.39 (a) $\sigma_x = 0$ psi, $\sigma_z = 1.216$ psi, $\tau_{xz} = 0$ psi
(b) $\sigma_{p1} = 1.216$ psi, $\sigma_{p2} = 0$ psi, $\theta_p = 0°$ (para σ_{p1}),
$\sigma_{méd} = 608$ psi, $\tau_{máx} = 608$ psi

15.41 (a) ponto H: $\sigma_x = 0$ psi, $\sigma_y = -1.426$ psi,
$\tau_{xy} = 2.770$ psi
(b) ponto K: $\sigma_z = 0$ psi, $\sigma_y = 5.420$ psi,
$\tau_{yz} = -3.590$ psi

15.43 (a) ponto H: $\sigma_x = 5.340$ psi, $\sigma_z = 0$ psi,
$\tau_{xz} = 1.121$ psi
(b) ponto K: $\sigma_x = 293$ psi, $\sigma_y = 0$ psi,
$\tau_{xy} = -1.355$ psi

15.45 (a) $\sigma_x = 14.020$ psi, $\sigma_z = 0$ psi, $\tau_{xz} = -5.460$ psi
(b) $\sigma_{p1} = 15.890$ psi, $\sigma_{p2} = -1.876$ psi,
$\theta_p = 18{,}96°$ (sentido anti-horário do eixo x até σ_{p1}),
$\sigma_{méd} = 7.010$ psi, $\tau_{máx} = 8.880$ psi

15.47 (a) $\sigma_x = 0$ MPa, $\sigma_z = 88{,}3$ MPa, $\tau_{xz} = -75{,}3$ MPa
(b) $\sigma_{p1} = 131{,}5$ MPa, $\sigma_{p2} = -43{,}2$ MPa,
$\theta_p = -29{,}81°$ (sentido horário do eixo z até σ_{p1}),
$\sigma_{méd} = 44{,}2$ MPa, $\tau_{máx} = 87{,}3$ MPa

15.49 (a) $\sigma_x = 77{,}0$ MPa, $\sigma_z = 0$ MPa, $\tau_{xz} = -35{,}5$ MPa
(b) $\sigma_{p1} = 90{,}8$ MPa, $\sigma_{p2} = -13{,}85$ MPa,
$\theta_p = 21{,}33°$ (sentido anti-horário do eixo x até σ_{p1}),
$\sigma_{méd} = 38{,}5$ MPa, $\tau_{máx} = 52{,}3$ MPa

15.51 (a) ponto H: $\sigma_x = 21.200$ psi, $\sigma_z = 0$ psi,
$\tau_{xz} = 2.230$ psi
(b) ponto K: $\sigma_x = -8.470$ psi, $\sigma_y = 0$ psi,
$\tau_{xy} = -2.770$ psi

15.53 $\sigma_{p1} = 4{,}97$ MPa, $\sigma_{p2} = -56{,}0$ MPa,
$\sigma_{méd} = -25{,}5$ MPa, $\tau_{máx} = 30{,}5$ MPa

15.55 (a) ponto H: $\sigma_x = 0$ psi, $\sigma_z = 0$ psi,
$\tau_{xz} = 1.032$ psi
(b) ponto K: $\sigma_x = 7.040$ psi, $\sigma_y = 0$ psi,
$\tau_{xy} = -978$ psi

15.57 (a) $\sigma_x = 0$ MPa, $\sigma_z = 18{,}08$ MPa,
$\tau_{xz} = -29{,}7$ MPa
(b) $\sigma_{p1} = 40{,}1$ MPa, $\sigma_{p2} = -22{,}0$ MPa,
$\theta_p = -36{,}55°$ (sentido horário do eixo z até σ_{p1}),
$\sigma_{méd} = 9{,}04$ MPa, $\tau_{máx} = 31{,}1$ MPa

15.59 $\sigma_{p1} = 21{,}1$ MPa, $\sigma_{p2} = 10{,}73$ MPa,
$\theta_p = 17{,}90°$ (sentido anti-horário do eixo longitudinal até σ_{p2}),
$\sigma_{méd} = 15{,}91$ MPa, $\tau_{máx} = 5{,}17$ MPa,
$\tau_{máx\ abs} = 10{,}54$ MPa

15.61 (a) ponto H: $\sigma_x = 20{,}8$ MPa,
$\sigma_z = -16{,}73$ MPa, $\tau_{xz} = 25{,}9$ MPa
(b) ponto K: $\sigma_y = 20{,}8$ MPa,
$\sigma_z = 22{,}0$ MPa, $\tau_{yz} = 21{,}9$ MPa

15.63 $\sigma_y = 42{,}0$ MPa, $\sigma_z = 102{,}2$ MPa,
$\tau_{yz} = -41{,}2$ MPa

15.65 (a) $\sigma_x = -0{,}621$ ksi, $\sigma_y = 5{,}12$ ksi,
$\tau_{xy} = -5{,}30$ ksi
(b) $\sigma_{p1} = 8{,}28$ ksi, $\sigma_{p2} = -3{,}78$ ksi,
$\theta_p = 30{,}78°$ (sentido anti-horário do eixo x até σ_{p2}),
$\sigma_{méd} = 2{,}25$ ksi, $\tau_{máx} = 6{,}03$ ksi
(c) $\tau_{máx\ abs} = 6{,}03$ ksi

15.67 (a) $\sigma_x = 5{,}12$ ksi, $\sigma_y = 13{,}10$ ksi, $\tau_{xy} = -8{,}14$ ksi
(b) $\sigma_{p1} = 18{,}17$ ksi, $\sigma_{p2} = 0{,}0434$ ksi,
$\theta_p = 31{,}95°$ (sentido anti-horário do eixo x até σ_{p2}),
$\sigma_{méd} = 9{,}11$ ksi, $\tau_{máx} = 9{,}07$ ksi
(c) $\tau_{máx\ abs} = 9{,}09$ ksi

15.69 (a) CS = 0,976; o componente apresentará falha estrutural.
(b) $\sigma_M = 32{,}2$ ksi
(c) CS = 1,118; o componente não apresentará falha estrutural.

15.71 (a) CS = 0,973; o componente apresentará falha estrutural.
(b) $\sigma_M = 311$ MPa
(c) CS = 1,109; o componente não apresentará falha estrutural.

15.73 (a) $T_{máx} = 14{,}08$ kN · m
(b) $T_{máx} = 16{,}26$ kN · m

15.75 (a) $CS_H = 0{,}935$, $CS_K = 1{,}281$
(b) ponto H: $\sigma_M = 338$ MPa,
ponto K: $\sigma_M = 242$ MPa
(c) $CS_H = 0{,}948$, $CS_K = 1{,}325$

15.77 (a) $CS_H = 2{,}59$, $CS_K = 0{,}923$
(b) ponto H: $\sigma_M = 117{,}1$ MPa,
ponto K: $\sigma_M = 373$ MPa
(c) $CS_H = 2{,}99$, $CS_K = 0{,}939$

15.79 (a) $CS_H = 1{,}115$, $CS_K = 1{,}104$
(b) ponto H: $\sigma_M = 197{,}8$ MPa,
ponto K: $\sigma_M = 189{,}0$ MPa
(c) $CS_H = 1{,}213$, $CS_K = 1{,}270$

15.81 (a) $d_{mín} = 52{,}3$ mm
(b) $d_{mín} = 49{,}9$ mm

15.83 situação segura; equação de interação = 0,833

15.85 ponto H: situação segura; equação de interação = 0,402; pontot K: situação insegura; equação de interação = 1,035

Capítulo 16

16.1 (a) $L/r = 250$, $P_{cr} = 318$ N
(b) $L/r = 160$, $P_{cr} = 1.892$ N

16.3 (a) $L/r = 150{,}9$
(b) $P_{cr} = 92{,}4$ kip
(c) $\sigma_{cr} = 12{,}54$ ksi

16.5 $P_{adm} = 19{,}95$ kip

16.7 (a) $P_{cr} = 14{,}44$ kip
(b) $P_{cr} = 336$ kip

16.9 (a) $P_{cr} = 307$ kN
(b) $P_{cr} = 320$ kN

16.11 $b_{mín} = 4{,}67$ in

16.13 (a) $F_{BD} = 225$ kN (C)
(b) 123,7, 122,2
(c) CS = 1,204

16.15 $P_{máx} = 2.070$ lb

16.17 $P_{adm} = 41{,}5$ kN

16.19 CS = 1,334

16.21 $CS_{mín} = 1{,}425$

16.23 $CS_{mín} = 1{,}738$

16.25 $P_{máx} = 23{,}5$ kN, $2P_{máx} = 47{,}0$ kN

16.27 (a) $P_{adm} = 60{,}0$ kip
(b) $P_{adm} = 15{,}00$ kip
(c) $P_{adm} = 122{,}4$ kip
(d) $P_{adm} = 240$ kip

16.29 $P_{adm} = 135{,}5$ kip

16.31 $P_{adm} = 44{,}8$ kip

16.33 $P_{adm} = 33{,}9$ kN

16.35 (a) $P_{cr} = 6.220$ N
(b) $b/h = 0{,}5$

16.37 $P_{adm} = 2.510$ lb

16.39 $\Delta T = 38{,}0°C$

16.41 (a) $v_{máx} = 0{,}1403$ in
(b) $\sigma_{máx} = 9{,}07$ ksi

16.43 (a) $v_{máx} = 24{,}2$ mm
(b) $\sigma_{máx} = 45{,}6$ MPa

16.45 (a) $\sigma_{máx} = 12{,}23$ ksi
(b) $v_{máx} = 0{,}780$ in

16.47 (a) $P = 93{,}2$ kN
(b) $\sigma_{máx} = 161{,}2$ MPa

16.49 (a) $P_{adm} = 282$ kip
(b) $P_{adm} = 93{,}6$ kip

16.51 (a) $P_{adm} = 891$ kN
(b) $P_{adm} = 461$ kN

16.53 (a) $P_{adm} = 127{,}4$ kip
(b) $P_{adm} = 38{,}8$ kip

16.55 (a) $P_{adm} = 1.247$ kN
(b) $P_{adm} = 1.258$ kN

16.57 $P_{adm} = 368$ kip

16.59 $P_{adm} = 242$ kN

16.61 $P_{adm} = 81{,}8$ kip

16.63 o mais leve é WT8×20; outros perfis aceitáveis são WT9×20 e WT10,5×22.

16.65 (a) $P_{adm} = 40{,}5$ kip
(b) $P_{adm} = 11{,}39$ kip

16.67 (a) $P_{adm} = 82{,}4$ kip
(b) $P_{adm} = 13{,}46$ kip

16.69 $P_{adm} = 23{,}6$ kN

16.71 $P_{adm} = 18{,}45$ kip

16.73 (a) $P_{adm} = 19.830$ lb
(b) $P_{adm} = 8.700$ lb
(c) $P_{adm} = 4.610$ lb

16.75 $P_{adm} = 8.870$ lb

16.77 (a) não fornecido
(b) não fornecido
(c) relação P_{adm}/P_{real}: barras externas $AF = 1{,}438$, $FG = 5{,}35$, $GH - 3{,}98$, $EH = 1{,}070$; diagonais internas $BG = 2{,}45$, $DG = 5{,}96$

16.79 $P_{máx} = 30{,}0$ kN

16.81 (a) $e = 173{,}0$ mm
(b) $e = 70{,}1$ mm

16.83 (a) $e_{máx} = 12{,}10$ in
(b) $e_{máx} = 3{,}51$ in

16.85 (a) A coluna não é segura para $P = 75$ kip. $\sigma_x/\sigma_{adm} = 1{,}471$
(b) $P_{máx} = 51{,}0$ kip

16.87 (a) afastamento máximo = 187,7 mm (corresponde a $e = 314{,}7$ mm)
(b) afastamento máximo = 44,1 mm (corresponde a $e = 171{,}1$ mm)

16.89 $P_{máx} = 67{,}4$ kN

16.91 $d_{mín} = 2{,}13$ in

16.93 $P_{máx} = 4.030$ lb

16.95 $P_{máx} = 7{,}38$ kN

ÍNDICE

A

Aba, 255
Aço
de baixo carbono, 42
doce, 42
Ângulo(s)
de rotação, 139
de torção, 133
principais, 457
Apoio(s)
de pino, 192
de primeiro gênero, 193
de rolete, 192
de segundo gênero, 193
fixo, 193
tipos de, 192

B

Barra rígida, 27
Braço do momento, 242
Buckling, 137

C

Calibração do código, 75
Cantoneira, 193, 256
Carga(s)
axial(is), 543
centrada, 283
excêntrica, 283
combinações de, 77
concentradas, 194
crítica de flambagem, 598
de flambagem de Euler, 601
de neve, 63
de serviço, 63
de vento, 63
distribuídas, 194
efeitos de, histograma de, 74
linearmente distribuída, 194
permanentes, 62
região das, 209
símbolos usados para vários tipos de, 194
tipos de, 62, 194
transversais, 237
uniformemente distribuídas, 194
variáveis, 62
Carregamento(s)
centrado, 626
central, 20
cêntrico, 20
combinados, 440, 543-595
cargas axiais, 543
e de torção, combinadas, 543
critérios de resistência, 584
tensões principais em um elemento estrutural sujeito a flexão, 548
uniaxial, 18
Casca, estruturas de, 530
Círculo de Mohr
aplicação à análise tridimensional de tensões, 494
construção
básica do, 473
gráfica do, convenção de sinais usadas para, 472
do estado plano de tensões, 471
jogo do, 485
para a superfície do cilindro, 535
para o estado plano de deformações, 506
utilidade do, 472
Cisalhamento
deformação de, 33
devida à torção, 133
direto, tensão de, 7
duplo, 8
força de, 308
fluxo de, 187
em elementos estruturais compostos, 336
por punção, 10
simples, 7
tensão de, 7
em vigas, 306-348
Coeficiente(s)
angular, 207
de comprimento efetivo, 613
de expansão, 37
de Poisson, 50
de segurança, 64
Coluna(s), 193, 596-647
carregadas excentricamente, 637
de ligas de alumínio, 628
de madeira, 628
efeito das condições de extremidades na flambagem das, 609
embalagem de colunas com apoios nas extremidades, 599
equação diferencial para flambagem da, 600
equilíbrio sob flambagem, 599
estruturais de aço, 627
fórmula(s)
da secante, 620
empíricas para, 626
ideal, 599
Comportamento
elástico, 45
plástico, 45
Compressão, 245
Comprimento
de medição, 41
efetivo, conceito, 613
útil, 41
Concentração de tensões, 81
Confiabilidade, análise de, 75
Constante de integração, 228
Continuidade, condições de, 354
Contorno, condições de, 353
Contração, 26
Corte, tensão de, 7
Critério de resistência de Mohr, 589
Curva(s)
da carga distribuída, 208
de deflexão, 237
elástica, 237, 350
equação diferencial da, 350
Curvatura
centro de, 239
raio de, 239

D

Deflexão causada pela flexão, 237
Deformação(ões), 25-39
axial, 80-130
concentração de tensões, 125
efeitos térmicos sobre a, 114
elementos estruturais estaticamente indeterminados carregados axialmente, 98
princípio de Saint-Venant, 81
de flexão, específicas, 239
de um corpo, 26
devida à flexão, 239
em barras carregadas axialmente, 82
em um sistema de barras carregadas axialmente, 91

específica(s)
de cisalhamento, 26
deslocamento e o conceito de, 25
elástica, 44
inelástica, 44
normal, 26
permanente, 45
plástica, 45
roseta de, 33
térmica, 37
totais, 37
transformação de, 495-529
estado plano de, 496
geometria da, 87
negativa, 86
por cisalhamento, 33
transversais, 240
Derivadas, relação entre as, 351
Descontinuidade(s)
expressões das, 230, 372
funções de, 225
cargas básicas representadas por, 228
integrais da, 227
Deslizamento, 584
Deslocamento(s)
de corpo rígido, 26
transversais, 28
em vigas, 349-403
deflexões por integração, 353, 367, 371
equação diferencial da curva elástica, 350
método da superposição, 381
relação momento-curvatura, 350
Diagrama(s)
de deformação, 28
de esforços cortantes, 194, 195, 254
construção dos, seis regras para, 210
regras para a construção, 211
método gráfico para a construção, 206
de momentos fletores, regras para construção, 210
regras para a construção, 211
tensão-deformação, 42
específica, 40
Dígito(s)
elemento, 3
significativos, 3
Dilatação térmica, 37
Distorção, 33, 133
Ductibilidade, 41, 48
medidas de, 49

E

Eixo(s)
longitudinal, 237
neutro, 239, 284
orientação do, 295
Elasticidade
limite de, 45
módulo de, 43
Elastoplásticos, 46
Elemento(s), 85
de tensões, 438, 6
dígito, 3
estruturais estaticamente indeterminados carregados axialmente, 98
Empenamento, 132
Encruamento, endurecimento por, 44
Encurtamento, 86
Endurecimento
a frio, 42
por deformação plástica, 47
por encruamento, 42, 44
por trabalho mecânico, 42
Energia
de deformação, 585
de distorção, teoria da máxima, 585
Engastamento, 193
Engrenagens em conjuntos sujeitos a torção, 150
Equação(ões)
de compatibilidade, 99, 421
de equilíbrio, 99
de transformação
do estado plano de tensões, 450
para o estado plano de deformações, 497
diferencial
da curva elástica, 350
para a flambagem da coluna, 600
do momento fletor, 354
momento-curvatura, 243
Equilíbrio, 153
corpo sólido em, 437
da coluna sob flambagem, 599
da estabilidade, 596
do paralelepípedo elementar, 439
estável, 598
neutro, 598
Escoamento, 46
Esforços cortantes, 194
variação, 208
Esmagamento, tensão de, 11
Estabilidade
equilíbrio da, 596
falha de, 596
Estado(s)
bidimensional, 496
de tensões, 440
geral em um ponto, 489
-limite, 77
métodos dos, 73
plano
de deformações, 496
de tensões, 440
equações gerais para a transformação do, 448
método do equilíbrio para transformação do, 446
Estrangulamento, 47
Estricção, 47
Euler
fórmula de, 601
índice de esbeltez, 602
tensão de flambagem de, 602
Excentricidade, 283
Expressões de descontinuidade, 372
Extensômetro, 27, 41, 511

F

Factor of safety, 64
Falha(s), 4
de estabilidade, 137, 596
taxa teórica de, 76
teoria da, 584
Fator(es)
de extensômetro, 511
de sensibilidade, 511
Fibras longitudinais, 238
Flambagem, 137, 596
configuração de, 599, 610
de colunas
com apoios nas extremidades, 599
efeito das condições de extremidade na, 609
modelo elementar, 597
de Euler, 8
carga de, 601
implicações, 602
tensão, 602
equilíbrio da coluna sob, 599, 610
modos de, 601
Flexão(ões), 237-305
assimétrica, 292, 293
concentração de tensões sobre carregamentos de, 302
deformações específicas, 239
normais em viga, 240
devida a um carregamento axial excêntrico, 283
fórmula da, 243
não uniforme, 239, 244
plano de, 293
projeto inicial de vigas com base na resistência, 265
pura, 238
rigidez à, 243
tensões de, 243
Força(s)
axial, 2
cortante, 7
-deformação, relações, 86
externas, 1
Fórmula
da secante, 620
da tensão cisalhante, 313, 572
de Euler, 601
de fluxo de cisalhamento, 337
Fotocorrosão, 511
FS. Veja *Factor of safety*
Função(ões)
de degrau, 226
de descontinuidade, 225
cargas básicas representadas por, 228
deflexões usando, 371
integrais das, 227
de Macaulay, 226
de singularidade, 226
rampa, 226

G

Geometria da deformação, 87
Gráfico força-alongamento de um ensaio de tração, 42

H

Hiperestáticos, 419
Hooke, lei de, 49
Hoop stress, 533
HSS (*hollow structural section*), 256

I

Igualdade das tensões de cisalhamento em planos perpendiculares, 20

Impacto, 62
Inclinação, 207
Inércia, momento de, 242
Instabilidade estrutural, 137
Integrais das funções de continuidade, 227
Invariante
de deformações específicas, 499
de tensões, 450

J

Jogo do círculo de Mohr, 485

L

Lei de Hooke, 49
generalizada, 518
para materiais isotrópicos, 517
Linhas de Lüder, 584
Lüder, linhas de, 584

M

Macaulay
função de, 226
parêntese de, 226
Material(is)
dúcteis, 48, 584
frágeis, 48, 589
homogêneo, 37
isotrópico, 37
lei de Hooke generalizada para, 517
propriedades mecânicas dos, 40-60
coeficiente de Poisson, 50
diagrama tensão-deformação, 42
ensaio de tração, 40
lei de Hooke, 49
Megapascal, 3
Mesas, 255
Método(s)
da dupla integração, procedimento para o, 354
da interação, 638
da mecânica dos materiais, 80
da resistência dos materiais, 80
da tensão admissível, 63, 638
de dupla integração, 353
de seções, 2
de superposição, 381
dos estados-limite, 73
Módulo(s)
de elasticidade, 43
de Young, 43
elástico, 43
Mohr, círculo de, do estado de plano de tensões, 471
Momento(s)
braço do, 242
concentrados, 194
região dos, 209
-curvatura
equação, 243
relação, 242, 350
de inércia, 242, 258, 551
de área, 562
fletores, 254
em viga, 194
métodos gráficos para construção de, 206
equivalentes, 562
máximos e mínimos, 209
polar de inércia, 144, 562
variação, 208
restaurador, 597

P

Pa (pascals), 3
Paralelepípedo elementar
equilíbrio do, 439
geração do, 440
Paredes finas, vasos de pressão de, 530
Parênteses de Macaulay, 226
Pascals, 3
Perfil(s)
canal, 256
de abas largas, 255
-padrão
de aço, 256
para vigas, seleção, 266
T(WT), 256
Pilar, 193
Placa de cisalhamento, 193
Plano(s)
de flexão, 238
de seção, 2
longitudinal de simetria, 237, 238
principais, 457
tensões cisalhantes nos, 458
Poisson, coeficiente de, 50
Potência, transmissão de, 158
Pressões manométricas, 532
Princípio(s)
de Saint-Venant, 80, 81
de superposição, 517
Probabilidade, conceitos, 74
Projetos, conceitos, 61-79
métodos de tensão admissível, 63
segurança, 63
tipos de cargas, 62
Proporcionalidade, limite de, 43
psi (*pounds per square inch*), 3

Q

Quilolibras, 3

R

Razão de aspecto, 266
Reação(ões)
hiperestáticas, 405
redundantes, 404
Recalque
de apoio, 354
diferencial, 426
Relação(ões)
de transmissão, 151
entre as derivadas, 351
entre engrenagens, 151
força-deformação, 86
momento-curvatura, 341
Resistance, 74
Resistência, 1
estática, 47, 3
Rigidez, 1
Rolete, 423
Rosca(s)
entalhadas, 41
recalcadas, 41
Rosetas de deformações, 33, 510
Ruptura, 47

S

Saint-Venant, princípio de, 81
Seção(ões)
métodos de, 2
plano de, 2
transversal
com abas, 548
retangular, 548
Segurança, 63
Simetria
condições de, 354
plano longitudinal de, 237, 238
Sinais, convenção de
para a variação de componentes, 83
para as deformações específicas de, por cisalhamento, 33
para as tensões, 438
para o ângulo de rotação e de torção, 140
para o torque interno, 139
para tensões normais, 2
usadas na plotagem do círculo de Mohr, 507
utilizadas em problemas de torção, 139
Sistema internacional de unidades, 3
Sobrecarga, 63
Step function, 226
Strain gage, 27
Superfície neutra, 239
Superposição, princípio da, 517

T

Tabela de vigas, 381
Taxa(s)
de aspecto, 266
modular, 272
teórica de falha, 76
Tensão(ões)
admissível, 63
cisalhante, 142
em vigas com seção retangular, 319
fórmula da, 313, 316
horizontal, 316
máxima, 456
transversal, 316
concentração de, 81, 125
convenções de sinais para as, 438
utilizadas em problemas de torção, 139
de cisalhamento
devida à torção, 134
direto, 7
em placas perpendiculares, igualdade das, 20
de curvatura, 243
de esmagamento, 11
de flexão, 243
forças resultantes produzidas por, 306
deformação
causadas pela torção, 137
de cisalhamento devida à torção, 133
elementos estruturais estaticamente indeterminados submetidos à torção, 164

em eixos circulares submetidos ao carregamento de torção, concentrações de, 182
em planos oblíquos, 135
em seções inclinadas, 18
em um ponto geral de um corpo carregado arbitrariamente, 437
engrenagens em conjuntos sujeitos à torção, 150
equivalente de von Mises, 588, 589
estado uniaxial de, 240
invariante de, 450
máximas em uma seção transversal, 244
média, 2
na superfície interna, 532
nominal, 47, 182
normais
produzidas pela flexão em viga, 254
sob carregamento axial, 2
pela flexão em vigas de dois materiais, 270
plano de, 534
principais, 456
em um elemento estrutural sujeito à flexão, 548
in-plane, 459
provocadas pela flexão em vigas de dois materiais, 270
real, 47
sob carregamentos de flexão, concentração de, 302
tangencial, 533
torção
de eixos não circulares, 185
de tubos de paredes finas, 187
trajetória das, 549
transformação de, 436-494
apresentação dos resultados da transformação de tensões, 463
círculo de Mohr do estado plano de tensões, 471
equações gerais para a transformação do estado plano de tensões, 448
equilíbrio do paralelepípedo elementar, 439
estado
de tensões geral em um ponto, 489
plano de tensões, 440
geração do paralelepípedo elementar, 440
método do equilíbrio para transformações do estado plano de tensões, 446
transmissão de potência, 157
unidades de, 3
Teoria
da máxima
energia de distorção, 585
tensão cisalhante, 584
da tensão normal máxima, 589
de falha, 584
Tirante, 4, 428
Torção(ões)
ângulo de, 133
combinadas, 543
de eixos não circulares, 185
deformações causadas pela, 137
engrenagens em conjuntos sujeitos a, 150
pura, 133
tensão cisalhante devida à, 134
Torque, 9, 131, 151
Tração, 3, 245
ensaio de, 40
medidas de, 41
Trajetória das tensões, 549
Transformação(ões)
de deformações específicas, 495-529
apresentação dos resultados, 502
círculo de Mohr para o estado plano de deformações, 506
equações de transformação para o estado plano de transformações, 497
estado
bidimensional, 496
plano de deformações, 496
lei de Hooke generalizada para materiais isotrópicos, 517
medidas de deformações específicas e rosetas de deformações, 510
de tensões, 436-494
Transmissão de potência, 158
Trecho em balanço, 193
Triângulos, semelhança de, 29

U

Unidade(s)
de deformação específica, 27
de potência, 158
de velocidade angular, 159

V

Valor absoluto das tensões principais, 458
Vaso(s) de pressão
cilíndricos, 533
de paredes finas, 530-542
esféricos, 531
Velocidade
angular, unidades de, 159
de rotação, 152
Viga(s), 237
biapoiada, 193
com base na resistência, 265
com seções transversais simétricas, 295
compostas, 270
contínua, 405
de concreto armado, 255
de extremidades fixas, 405
deslocamentos transversais em, 349-403
engastada
e apoiada, 404
e livre, 194
equilíbrio de, 192-236
esforços cortantes e momentos fletores em, 194
método gráfico para construção de diagrama de esforços cortantes e de momentos fletores, 206
equivalentes, 271
estaticamente indeterminadas, 404-435
método
da integração, 406
da superposição, 419
tipos, 193, 404
uso das funções de descontinuidade para, 413
estável, 405
liberada, 405
prismáticas de seção transversal arbitrária, 293
seções transversais de, formatos, 254
simples com balanço, 194
simplesmente apoiada, 194
tabela de, 381
tensão de cisalhamento em, 306-348
Von Mises, tensão equivalente, 588, 589

Pré-impressão, impressão e acabamento

grafica@editorasantuario.com.br
www.graficasantuario.com.br
Aparecida-SP
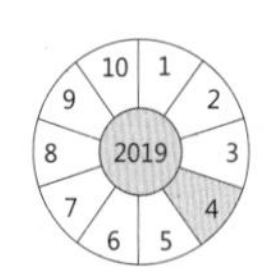

Propriedades Médias de Materiais Selecionados – Unidades Usuais Americanas

Materiais	Peso específico (lb/ft^3)	Limite de escoamento (ksi)[a, b]	Resistência à ruptura (ksi)[a]	Módulo de elasticidade longitudinal (1000 ksi)	Módulo de elasticidade transversal (1000 ksi)	Coeficiente de Poisson	Alongamento percentual em relação ao comprimento de 2 in do extensômetro	Coeficiente de dilatação térmica ($10^{-6}/°F$)
Ligas de Alumínio								
Liga 2014-T4 (A92014)	175	42	62	10,6	4	0,33	20	12,8
Liga 6061-T6 (A96061)	170	40	45	10	3,8	0,33	17	13,1
Latão								
Latão Vermelho C23000	550	18	44	16,7	6,4	0,307	45	10,4
Latão Vermelho C83600	550	17	37	12	4,5	0,33	30	10,0
Bronze								
Bronze C86100	490	48	95	15,2	6,5	0,34	20	12,2
Bronze C95400 TQ50	465	45	90	16	6	0,316	8	9,0
Ferro Fundido								
Cinza, ASTM A48 Grade 20	450	—	20	12,2	5	0,22	<1	5,0
Maleável, ASTM A47 45008	450	45	65	26	10,2	0,27	8	6,7
Aço								
Estrutural, ASTM-A36	490	36	58	29	11,5	0,26	21	6,5
AIST 1020, Laminado a frio	490	62	90	30	11,6	0,29	15	6,5
SAE 4340, Tratado termicamente	490	132	150	31	12	0,29	20	6,0
Inoxidável (18-8), sem níquel	490	36	85	28	12,5	0,12	55	9,6
Inoxidável (18-8) laminado a frio	490	165	190	28	12,5	0,12	8	9,6
Titânio								
Liga (6% Al, 4% V)	280	120	130	16,5	6,2	0,33	10	5,3

[a]Para materiais dúcteis, é comum admitir que as propriedades na compressão tenham os valores iguais aos das suas propriedades na tração.
[b]Para a maioria dos metais, esse é o valor do deslocamento de 0,2%.